Meß- und Automatisierungstechnik

Lexikon Meß- und Automatisierungstechnik

Herausgegeben von
Prof. Dr. rer. nat. Elmar Schrüfer

CIP-Kurztitelaufnahme der Deutschen Bibliothek

Lexikon Meß- und Automatisierungstechnik
hrsg. von Elmar Schrüfer.
[Die Autoren G. Hartmut Altenmüller . . .]. –
Düsseldorf: VDI-Verl., 1992
ISBN 978-3-642-95753-6
NE: Schrüfer, Elmar [Hrsg.]

Redaktion: Dipl.-Ing. Zitta Glaser
Graphische Darstellungen: Peter Lübke
Gesamtherstellung: Bonner Universitäts-Buchdruckerei

Softcover reprint of the hardcover 1st edition 1992

ISBN 978-3-642-95753-6 ISBN 978-3-642-95752-9 (eBook)
DOI 10.1007/978-3-642-95752-9

Vorwort

Die Meß- und Automatisierungstechnik wächst überproportional und ist von zunehmender Bedeutung für unser gesamtes Wirtschaftsleben. So sind nicht nur die Verfahren reproduzierbar zu gestalten, um Produkte gleichbleibend hoher Qualität zu erhalten, sondern es sind generell Rohstoffe und Energien sparsam zu verwenden. Die Prozesse sind so zu führen, daß die Umwelt so gering wie möglich belastet wird. Dazu leistet die Meß- und Automatisierungstechnik einen unverzichtbaren Beitrag.

Sie bedient sich dabei der modernen Entwicklungen der Mikroelektronik und Informationstechnik. So ändert sich nicht nur die Gerätetechnik, sondern es lassen sich auch völlig neue Verfahren und Methoden realisieren. Damit ist auch die Begriffsbildung in der Automatisierungstechnik noch nicht abgeschlossen. Während bei den klassischen Teilen der Meß- und Regelungstechnik durch Normen definierte Begriffe zur Verfügung stehen, muß sich bei den modernen Methoden eine deutsche Fachsprache erst noch herausbilden. Das Lexikon versucht, dazu einen Beitrag zu leisten. Generell will es bei schnellem Zugriff die gewünschte Information liefern, um den Leser den gefragten Sachverhalt richtig einordnen und auch Beziehungen zu Nachbargebieten herstellen zu lassen.

Die Abgrenzung zu den anderen Teilen der Technik ist nicht leicht. So sei hier insbesondere auf die beiden in der VDI-Lexika-Reihe erschienenen Werke „Elektronik und Mikroelektronik" und „Werkstofftechnik" hingewiesen. Desweiteren werden — obwohl in der Automatisierungstechnik viele Rechner verwendet werden und obwohl die Wertschöpfung immer mehr auf dem Gebiet der Programmerstellung liegt — die Rechnersysteme und das Software-Engineering nicht in diesem Lexikon, sondern in dem der „Informatik und Kommunikationstechnik" behandelt.

Den Autoren bin ich für ihre umfangreiche Arbeit verpflichtet. Der Fachredaktion und hier insbesondere Frau Dipl.-Ing. Z. Glaser danke ich für die kompetente Betreuung, dem VDI-Verlag für die hervorragende Ausstattung. Autoren und Verlag wünschen, daß das Lexikon auf eine freundliche Resonanz stößt. Sie sind dankbar für Hinweise auf Korrekturen oder Ergänzungen, um zukünftige Ausgaben noch informativer gestalten zu können.

Elmar Schrüfer
München

Der Herausgeber

Professor Dr. rer. nat. Elmar Schrüfer hat nach der Promotion in Physik an der Universität Würzburg 1958 seine Industrietätigkeit auf dem Gebiet der Meßtechnik in der AEG-Fabrik Heiligenhaus begonnen. Nach einem Wechsel in die Kraftwerksabteilung war er dort mit der Projektierung, Beschaffung, Montage und Inbetriebnahme der leittechnischen Einrichtungen in Kraftwerken und insbesondere Kernkraftwerken beschäftigt, zuletzt als Hauptabteilungsleiter bei der Kraftwerk-Union. Aus dieser Zeit stammt das Handbuch „Strahlung und Strahlungsmeßtechnik in Kernkraftwerken". 1975 wurde er an die Technische Universität München, an den neu einzurichtenden Lehrstuhl für Elektrische Meßtechnik berufen. Der den Studenten angebotene Stoff ist in den Werken „Elektrische Meßtechnik", „Signalverarbeitung" und „Zuverlässigkeit von Meß- und Automatisierungssystemen" festgehalten. In den am Lehrstuhl durchgeführten Diplomarbeiten und Dissertationen werden zum Teil aktuelle Aufgabenstellungen aus der industriellen Meßtechnik bearbeitet. Professor Schrüfer ist Mitglied verschiedener VDI/VDE-Fachausschüsse.

Die Autoren

G. Hartmut Altenmüller, Freier Journalist, Königswinter

Heinz Bahr, Philips Components GmbH, Hamburg

Prof. Dr. rer. nat. Dr.-Ing. habil. Arndt Bode, Institut für Informatik, Technische Universität München

Dr.-Ing. Ute Bormann, Institut für Software und Theoretische Informatik, Technische Universität Berlin

Dipl.-Ing. Jens Both, Philips Components, UB der Philips GmbH, Hamburg

Prof. Dr.-Ing. Anneliese Böttiger, Institut für Meß- und Regelungstechnik, Universität der Bundeswehr, Neubiberg

Dr. rer nat. Hans Dammann, Forschungslaboratorium Philips GmbH, Hamburg

Dr. J. Debelius, Deutscher Verband Technisch-Wissenschaftlicher Vereine, Düsseldorf

Dipl.-Ing. Franz Fick, Philips Components, UB der Philips GmbH, Hamburg

Dr.-Ing. F. Freyberger, Lehrstuhl und Laboratorium für Steuerungs- und Regelungstechnik, Technische Universität München

Prof. Jens Froese, Fachbereich Seefahrt, Fachhochschule Hamburg

Dr. Hans Fuss, Gesellschaft für Mathematik und Datenverarbeitung mbH, Sankt Augustin

Dipl.-Ing. Hartwig Hammerschmidt, Lehrstuhl für Elektrische Meßtechnik, Technische Universität München

Dr.-Ing. Michael Hausdörfer, BTS Broadcast Television Systems GmbH, Darmstadt

Prof. Dr. Joachim Heidberg, Institut für Physikalische Chemie und Elektrochemie, Universität Hannover

Prof. Dr. rer. nat. Dr. rer. nat. habil. Klaus Heinz, Institut für Angewandte Physik, Universität Erlangen

Prof. Dr. rer. nat. Reinhard Helbig, Institut für Angewandte Physik, Universität Erlangen

Prof. Karl-Heinz Herrmann, Institut für Angewandte Physik, Universität Tübingen

Dr.-Ing. Hartmann Hieber, Centrum für Mikroverbindungstechnik in der Elektronik, Forschung und Entwicklung GmbH, Neumünster

Dipl.-Ing. Werner E. Hoffmann, vorm. VdTÜV, Essen

Prof. Dr. rer. nat. Alex Hubert, Lehrstuhl VI (Werkstoffe der Elektrotechnik), Institut für Werkstoffwissenschaften, Universität Erlangen

Dr. rer. nat. Ronald Kaiser, Heinrich-Hertz-Institut, Berlin

Dipl.-Ing. Kurt Kiesel, Forschungsinstitut der Deutschen Bundespost, Darmstadt

Dipl.-Ing. Wolfgang Knappe, Lehrstuhl für Elektrische Meßtechnik, Technische Universität München

Dr.-Ing. Siegfried Kokoschka, Lichttechnisches Institut, Universität Karlsruhe

Prof. Dr.-Ing. Jürgen Krauser, Fachhochschule der Deutschen Bundespost, Berlin

Dipl.-Ing. Klaus G. Krieg, DIN Deutsches Institut für Normung e. V., Berlin

Dr.-Ing. Helmut Lauruschkat, Verein Deutscher Ingenieure, Düsseldorf

Dipl.-Ing. Gerhard Lebelt, Lehrstuhl für Elektrische Meßtechnik, Technische Universität München

Prof. Dr. Walter Masing, Unternehmensberatung Erbach/Odenwald

Prof. Dr.-Ing. Kurt Mauel, Institut für Technikgeschichte, Technische Universität Berlin; Verein Deutscher Ingenieure, Düsseldorf

Dipl.-Ing. Helmut Mettler, Siemens AG, Karlsruhe

Dipl.-Ing. Klaus Nerstheimer, vorm. Philips Components, UB der Philips GmbH, Hamburg

Prof. Ph. D. Bernd Neumann, Fachbereich Informatik, Universität Hamburg

Dipl.-Ing. Hermann Obermeir, Siemens-Nixdorf Informationssysteme AG, München

Peter Pagnin, Siemes AG, München

Prof. Dr.-Ing. habil. Reinhold Paul, Arbeitsbereich Elektrotechnik V/Technische Elektronik, Technische Universität Hamburg-Harburg

Dipl.-Ing. Hans-Jürgen Plaumann, Philips Components, UB der Philips GmbH, Hamburg

Dr. Jürgen Pottharst, MiDiTec GmbH, Riegel

Dipl.-Ing. Ulf Rauterberg, Siemens AG, München

Prof. Dr. rer. nat. Manfred Rosenzweig, Technische Fachhochschule Berlin

Dipl.-Ing. Karl Ruschmeyer, Philips Components, UB der Philips GmbH, Hamburg

Prof. Dr. Heiner Ryssel, Fraunhofer Arbeitsgruppe für Integrierte Schaltungen, Erlangen; Lehrstuhl für Elektronische Bauelemente, Universität Erlangen

Prof. Dr. Hanno Schaumburg, Lehrstuhl für Halbleitertechnik, Technische Universität Hamburg-Harburg

Dipl.-Ing. D. Scheithauer, Universität der Bundeswehr, Neubiberg

Dipl.-Ing. Wolfgang Schill, Fraunhofer Institut für Informations- und Datenverarbeitung, IITB, Karlsruhe

Prof. Dr. Sigram Schindler, Institut für Software und Theoretische Informatik, Technische Universität Berlin

Prof. Dr.-Ing Friedrich Schneider, Lehrstuhl für Elektrische Meßtechnik, Technische Universität München

Prof. Dr. rer. nat. Elmar Schrüfer, Lehrstuhl für Elektrische Meßtechnik, Technische Universität München

Prof. Dr. Otto Spaniol, Lehrstuhl für Informatik IV, Rheinisch-Westfälische Technische Hochschule Aachen

Prof. Dr. rer. nat. Hartwig Steusloff, Fraunhofer Institut für Informations- und Datenverarbeitung, IITB, Karlsruhe

Dr. rer. nat. Günther Strohrmann, vorm. Hüls AG, Marl

Dipl.-Ing. Rolf Tannhäuser, Siemens-Nixdorf Informationssysteme AG, München

Prof. Dr.-Ing. Roger Thull, Abt. für experimentelle Zahnmedizin, Universität Würzburg

Dr.-Ing. Erwin Trischler, Siemens-Nixdorf Informationssysteme AG, München

Prof. Dr. Reinhard Ulrich, Arbeitsbereich Optik und Meßtechnik, Technische Universität Hamburg-Harburg

Dr.-Ing. Joachim Voss, vorm. IBM Deutschland GmbH, Stuttgart

Prof. Dr.-Ing. Felix Wachsmann, Lehrstuhl für Elektrische Meßtechnik, Technische Universität München

Dipl.-Ing. Herbert Wiefels, Verein Deutscher Ingenieure, Düsseldorf

Prof. Günter Winnicker, Fachbereich Seefahrt, Fachhochschule Hamburg

Dipl.-Phys. Karlheinz Winter, Siemens-Nixdorf Informationssysteme AG, München

Erläuterungen zur Benutzung

Die zahlreichen Gebiete der Meß- und Automatisierungstechnik sind in rund 1 800 Stichwörter aufgegliedert. Unter einem aufgesuchten Stichwort ist seine erläuternde Erklärung zu finden, die dem Benutzer das entsprechende Wissen vermittelt. Die zahllosen Verweise führen entweder zu einem synonymen oder zu einem übergeordneten Begriff, in dem das entsprechende Stichwort abgehandelt ist. Die Querverweise im Text (→) sollen durch Aufsuchen anderer, verwandter oder ergänzender Stichwörter zu einer Vertiefung des Wissens verhelfen. Der Verweisungspfeil → fordert dazu auf, das dahinterstehende Wort nachzuschlagen, um weitere Auskunft zu finden.

Die Stichworte folgen einander alphabetisch. Die alphabetische Reihenfolge ist – auch bei zusammengesetzten Stichwörtern oder bei Abkürzungen – strikt eingehalten. Zusammengesetzte Begriffe sind vorwiegend unter dem Substantiv eingeordnet. Auch sind die Substantive in der Regel im Singular aufgeführt. Ausnahmen sind nur zur besseren Handhabung gemacht worden, wobei auf übliche Ausdrucksweise geachtet wurde (Adjektiv vor Substantiv, weil ausschlaggebend beim Aufsuchen). Bei Stichwörtern, die eine Zahl enthalten, wie z. B. ‚^{3}He-Zählrohr', wurde bei der alphabetischen Einordnung die Zahl vernachlässigt.

Wie in lexikalischen Werken üblich, werden die Umlaute ä, ö, ü und die wie Umlaute gesprochenen Doppelbuchstaben ae, oe, ue wie die einfachen Buchstaben behandelt.

Die zahlreichen Illustrationen zu den einzelnen Stichwörtern sind in der Regel im Anschluß an den Absatz, in welchem sie erwähnt oder erläutert wurden, plaziert. Ausnahmsweise kann es auch vorkommen, daß diese – besonders im Falle von zweispaltigen Zeichnungen oder Tabellen – erst auf der nächsten Seite stehen. Die Zuordnung ist durch das Wiederholen des Stichwortes in der Bildunterschrift oder in der Tabellenüberschrift gewährleistet.

In den Texten vorkommende Begriffe aus dem Bereich Elektronik sind im vorliegenden Werk nur in einzelnen Fällen erläutert. Für eine weitere Vertiefung des Wissensstandes empfehlen wir in dem ‚Lexikon Elektronik und Mikroelektronik' nachzuschlagen.

Literaturhinweise sind knapp gehalten und auf die wichtigsten Werke beschränkt. Deutschsprachige Werke sind – soweit vorhanden – bevorzugt.

Lektorat

November 1991

A

Å. Abk. für Ångström-Einheit: 1 Å = 10^{-10} m. Keine gesetzliche Einheit. *Hammerschmidt*

Abgleich-Widerstandsmeßbrücke →Meßbrücke

Ablaufkette →Ablaufsteuerung

Ablaufsteuerung. Die A. oder sequentielle Steuerung ist dadurch gekennzeichnet, daß die einzelnen Steuerungsoperationen und -eingriffe schrittweise, in bestimmter Reihenfolge, durch ein sog. Ablaufschaltwerk gesteuert, ablaufen. Nach vollzogenem Schrittwechsel verharrt die Steuerung in der neuen Schrittstellung so lange, bis die Übergangsbedingung für den Wechsel in den nächsten, durch das Programm festgelegten Folgeschritt, erfolgt. Während dieses Beharrungszustandes gibt die Steuerung die dem Schritt zugeordneten Steuerungsbefehle aus oder führt, in allgemeinerem Sinne, Ausgabeoperationen aus. Schrittfolge, Übergangsbedingungen und Ausgabeoperationen repräsentieren das Steuerungsprogramm.

Struktur der Schrittfolge bzw. Sequenz und Abhängigkeit der Übergangsbedingungen werden zur Charakterisierung der A. herangezogen. Die Strukturelemente für den Aufbau von Schrittfolgen (Bild) sind in der Regel das Schritt(speicher)element und das Übergangs- oder Transitionselement. Unterschieden werden:

□ die einfache lineare Folge, die auch Ablaufkette oder Ablaufzweig genannt wird und die einfach durchlaufen wird,

□ die geschlossene Kette, die zyklisch einfach oder mehrfach durchlaufen werden kann,

□ die →Verzweigung oder Aufspaltung mit alternativem oder auch parallelem d. h. nebenläufigem Durchlaufen der folgenden Zweige,

□ die →Vereinigung mit oder ohne Synchronisation der Teilzweige

□ der Sprung, der auch als Sonderfall von alternativer Verzweigung und Vereinigung interpretierbar ist.

Aus diesen Strukturelementen lassen sich praktisch beliebige Ablaufprogramme aufbauen, deren schrittweiser Ablauf innerhalb der Steuerung durch das sog. Ablaufschaltwerk bewirkt wird. Dieses Schaltwerk kann in Hardware aus Verknüpfungselementen und bistabilen Speicherelementen ausgeführt oder als Programm softwaremäßig realisiert sein.

Bei der Charakterisierung der A. nach der Abhängigkeit der Übergangsbedingungen wird unterschieden zwischen der Abhängigkeit

– von der Zeit bzw. von Zeitintervallen für das Verharren in einer Schrittlage; man bezeichnet diesen Typ als zeitgeführte A. (Beispiel: bestimmte Verkehrsampelsteuerungen mit festem Tagesprogramm),

– von der Veränderung von Prozeß- und Bediensignalen und nennt diesen Typ prozeßgeführte A. (Beispiel: NC-Maschinensteuerung).

In der Praxis liegen in den meisten Fällen jedoch Mischformen vor.

Zur Darstellung von A. zum Zwecke der Programmierung wie auch der Dokumentation sind heute neben den Anweisungslisten, der Funktionsplantechnik mit sog. Schritt- und Befehlselementen auch aus der Graphentheorie entlehnte Techniken wie Petri Netz (Bild) oder →Steuergraph, ein dem Petri Netz ähnlicher Ereignisgraph, gebräuchlich.

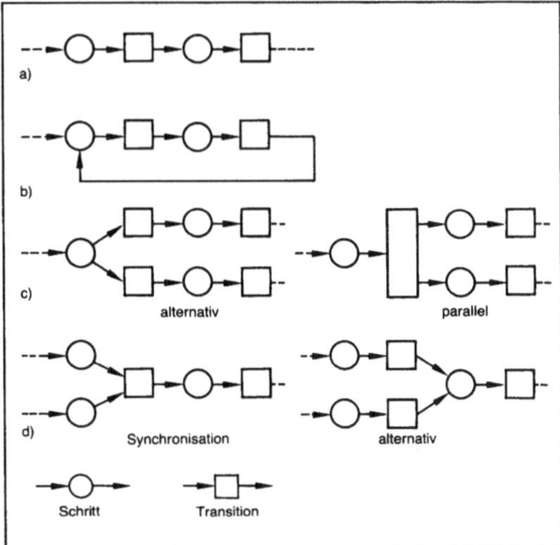

Ablaufsteuerung: Strukturelemente von A.
a) lineare Folge
b) zyklisch durchlaufene lineare Folge
c) Verzweigung; alternativ, parallel
d) Vereinigung; Synchronisation, alternativ.

A. spielen im gesamten Bereich der Automatisierung eine herausragende Rolle. Die Realisierungskomponente für diesen Steuerungstyp ist überwiegend die →speicherprogrammierbare Steuerung (SPS). *Freyberger*

Ablaufsteuerung, prozeßgeführte. Bei p. A. erfolgt der Wechsel von einem Ablaufschritt bzw. Programmschritt zum nächsten aufgrund von Änderungen von Prozeßmeßsignalen und Bediensignalen sowie ggfs. Merkersignalen. Diese Signale sind in einer Verknüpfungsbedingung der sog. Fortschalt- oder Transitionsbedingung logisch verknüpft.
Freyberger

Ablaufsteuerung, zeitgeführte. Bei z. A. erfolgt der Wechsel von einem Ablaufschritt zum nächsten und damit von einem Programmschritt zum nächsten nach Ablauf eines vorgegebenen Zeitintervalls. Die Werte für diese Zeitintervalle sind →Parameter der Steuerung.

Die Zeitintervalle oder Ablaufzeiten können von Zeitgebern oder programmierbaren Uhren abgeleitet werden. Je nach Steuerungsaufgabe können die Zeitintervalle in beliebiger Relation zur Tageszeit stehen oder fest an sie gebunden sein. Ein typisches Beispiel für eine z. A. ist die tageszeitabhängige Steuerung von Verkehrsampelphasen. *Freyberger*

Ablenkeinheit. Bei den weitaus meisten →Kathodenstrahlröhren erfolgt die Strahlablenkung magnetisch. Der dafür erforderlichen Felderzeugung dient die A. Diese hat zwei Teilspulen für die Horizontal- und zwei Teilspulen für die Vertikalablenkung.

Die jeweils zwei Teilspulen stehen sich um jeweils 180° gegeneinander versetzt um den Röhrenhals gelegt gegenüber. Die Teilspulen sind entweder Sattelspulen oder Toroidspulen. Sie werden in den

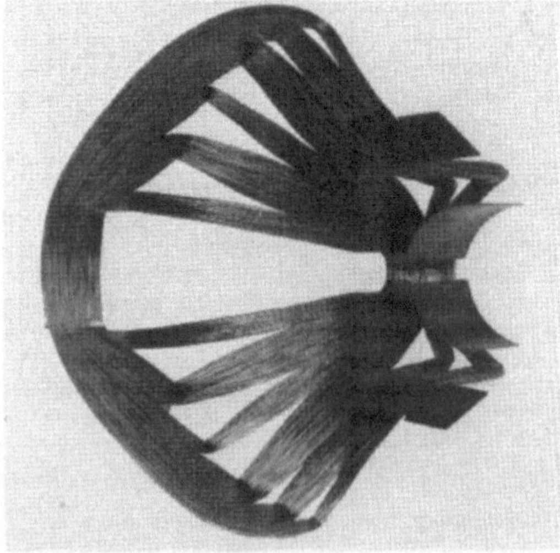

Ablenkeinheit 1: Sattelteilspule zur Vertikalablenkung in Strangwickeltechnik mit ablenkfeldformenden Blechen zur Komakorrektur. Die A. zu dieser Teilspule ist Bestandteil eines Systems mit Selbstkonvergenz. (Quelle: Philips)

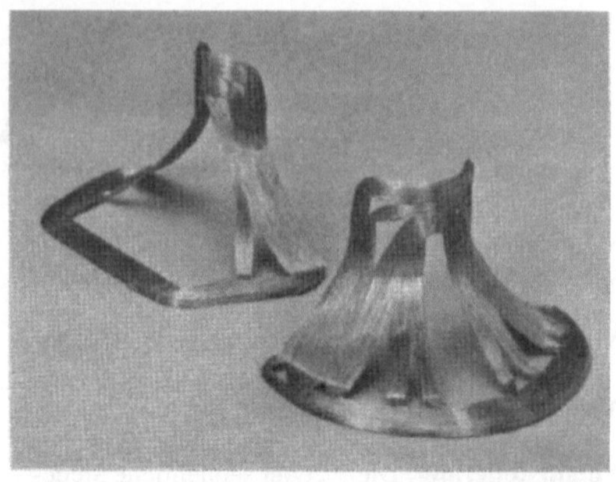

Ablenkeinheit 2: Teilspulen, links für Horizontal- und rechts für Vertikal-Ablenkung. Zu einer A. gehören je zwei solcher Teilspulen. Diese A. ist Bestandteil eines Systems mit Selbstkonvergenz. (Quelle: Philips)

meisten Fällen horizontal parallel und vertikal in Serie geschaltet.

Dem Entwurf der A. kommt insofern große Bedeutung zu, als von der Ablenkung Abbildungsfehler maßgeblich beeinflußt werden. Diese Abbildungsfehler können sowohl von der A. hervorgerufen werden, als auch durch die A. kompensiert werden. D. h. es kann das Display-System Kathodenstrahlröhre/Ablenkeinheit als Ganzes bzgl. Abbildungsfehler optimiert werden. Ob das gelingt, hängt ab vom Verlauf des Horizontal- und des Vertikalablenkfeldes längs der Bahn der Elektronenstrahlen.

Um einen bestimmten gewünschten Feldverlauf im Entwurf zu realisieren, werden mehr und mehr die Feldkomponenten höherer Ordnung herangezogen.

Werkzeuge, die dabei zur Verfügung stehen, sind hauptsächlich:

- □ Wahl der Spulenart Toroid- oder Sattelspule
- □ Spulen- und damit Feldlänge
- □ Wickelungsverteilung
- □ Feldformende Elemente
- □ Form des Magnetkernes
- □ Position der Ablenkeinheit relativ zur Bildröhre.

Abbildungsfehler durch die A. treten nicht in der Bildschirmmitte auf; Ablenkung Null heißt auch Fehler Null. Abbildungsfehler, die durch die A. beeinflußt werden können, sind vor allem

- □ (dynamische) Konvergenz
- □ Landung
- □ Bildgeometrie
- □ Bildschärfe (Schärfe).

Es ist nicht verwunderlich, daß bei der Vielzahl der zu berücksichtigenden Parametern einzelne Anforderungen einander widersprechen. Letztlich soll die A. zunächst mit einer praktikablen Empfindlichkeit den Elektronenstrahl horizontal (Index: h) und vertikal (Index: v) ablenken.

Unter *Ablenkempfindlichkeit* versteht man den Strom, der benötigt wird, um den Spot aus der Bildmitte bei einer bestimmten Anodenspannung (Betriebswert z. B. 25 kV) bis zum jeweiligen Bildrand (oben, unten, rechts, links) abzulenken. Eine hohe Anodenspannung (schnelle Elektronen) verringert die Ablenkempfindlichkeit. Auch die Position der A. auf der Bildröhre beeinflußt die Ablenkempfindlichkeit. Je weiter nach „hinten" d. h. in Richtung Röhrensockel die A. positioniert ist, desto höher ist die Ablenkempfindlichkeit. Begrenzt wird dieses durch „Abschatten", d. h. der Elektronenstrahl „eckt" im Hals- Konusbereich am Glas an.

Ein weiterer, von der A. mit beeinflußter Parameter ist die Landung. Eine gute Landung mit ausreichender „Landungsreserve" ist Voraussetzung für eine gute Farbreinheit. Die A. muß dafür innerhalb eines bestimmten Verschiebebereiches so positioniert werden, daß die Abbildung der Elektronenstrahlen durch die Löcher der Lochmaske hindurch auf den Leuchtstoff-Dots möglichst „zentrisch" erfolgt. In der Praxis wird das am ehesten in der Bildschirmmitte erreicht werden. In den Randzonen ist man dann auf die „Landungsreserve" und je nach System auf geringe Korrekturmöglichkeiten mit dem Multipol angewiesen.

Der wichtigste Parameter allerdings, der von der A. bestimmt wird, ist die dynamische Konvergenz, d. h. die Konvergenz außerhalb der Bildschirmmitte.

Die A. besteht im Prinzip aus folgenden Unterteilen:

□ Magnetkern (Joch)
□ Gehäuse
□ Vertikalspule (bestehend aus zwei Teilspulen)
□ Horizontalspule (bestehend aus zwei Teilspulen)
□ Klemmband

Man unterscheidet zwei Grundtypen von A.:

- Sattelspulen und
- Toroidspulen.

Bei Sattelspulen ist das Hauptfeld der zwei Teilspulen auch das Ablenkfeld. Bei Toroidspulen hingegen ist das Streufeld das Ablenkfeld. Beide Spulenarten können in einer A. kombiniert werden. In der Praxis haben sich zwei Typen als am besten handhabbar herauskristallisiert:

□ *Doppelsattelspule:* Sowohl die Horizontal- als auch die Vertikalablenkspule ist als Sattelspule ausgeführt, findet vor allem bei großformatigen 110° Kathodenstrahlröhren Anwendung.

□ *Hybridablenkeinheit:* Die Horizontalablenkspule ist als Sattelspule, die Vertikalablenkspule als Toroidspule ausgeführt (Tabelle). *Nerstheimer*

Literatur: Bildröhren und Ablenkmittel 1966. Hrsg.: SEL, Eßlingen. – „Einführung in die Farbfernsehservicetechnik, Bd. I, Grundlagen der Farbfernsehtechnik. Hrsg.: N. V. Philips Gloeilampenfabrieken, Eindhoven, Niederlande. – Elektronik-Taschenbuch Bd. II, Bonn. – Farbfernsehtechnik I. Hrsg.: Telefunken, München. – Farbfernsehtechnik II. Hrsg.: Telefunken, Berlin. – *Fink, D. G.:* Television Engineering. New York. – Principles of Color Television. Hrsg.: Hazeltine Laboratories Staff, New York. – Valvo Datenbuch 1986: Farbbildröhren-Systeme für Fernsehen. Hamburg. – *Wentworth, John W.:* Color Television Engineering. New York.

Ablenkkoeffizient →Elektronenstrahl-Oszilloskop

Ablesbarkeit einer Anzeige. Unter der A. oder auch Lesbarkeit, einer Anzeige versteht man die Eigenschaft alphanumerische Zeichen mit großer Sicherheit zu erkennen. Als objektive Meßgrößen dienen

□ die Genauigkeit
□ die Geschwindigkeit
□ die Fehlerrate

beim Lesen der auf der Anzeige dargestellten Information.

Ablenkeinheit. Tabelle: Typische Impedanzen und Ablenkströme für Farbfernsehdisplays.

	A42-592X1620 90° Narrow Neck	A36EAM00X01 90° Mini Neck	A66EAK00X01 110° Narrow Neck	A66EAK51X32 110° für 32 kHz/100 Hz
LH (mH)	1,73	2,43	1,85	0,425
RH (Ohm)	1,79	3,2	1,85	0,6
IH MM (A)	3,28	2,11	4,10	8,9
LV (mH)	29,1	26,2	11,0	6,5
RV (Ohm)	11,0	12,2	6,5	3,95
IV MM (A)	0,94	0,82	1,70	2,25

Die letzte Spalte zeigt die Werte für eine 66 cm Röhre „flat and square" für flimmerfreien Betrieb: f_H = 32 kHz, f_V = 100 Hz

Die beiden Horizontal-Ablenkspulen sind in der Regel parallel geschaltet. Bei den Vertikal-Ablenkspulen gibt es sowohl Parallel- als auch Serienschaltung. Die Tabelle zeigt die Werte für Parallelschaltung, für Serienschaltung ändern sich die Zahlenwerte entsprechend

Maßgebend für gute Lesbarkeit sind Parameter der Zeichengestaltung wie:
- Zeichenhöhe
- Zeichenbreite
- Verhältnis von Zeichenhöhe und -breite
- Helligkeit der Anzeige
- Kontrast (Intensitäts- und Farbkontrast) gegenüber der Umgebung
- Leseabstand

Zwischen dem Leseabstand und der Zeichenhöhe kann als Erfahrungswert von einer Relation
- Zeichenhöhe = Leseabstand / 200

ausgegangen werden.

Manche Autoren gehen sogar von einem Faktor 500 aus. Diese Beziehung ergibt sich aus der Tatsache, daß ein Zeichen im Auge dann gut abgebildet wird, wenn es – ausreichende Helligkeiten vorausgesetzt – einen Sehwinkel von 20–30 Bogenminuten überschreitet. Daraus errechnet sich z. B. folgende Zeichengröße

□ 2,5 mm bei einem Leseabstand von ca. 50 cm
□ 7,5 mm bei einem Leseabstand von 1,5 m
□ 60 mm bei einem Leseabstand von ca. 12 m

Das Verhältnis von Höhe zu Breite sollte im Bereich von 2 bis 1 liegen. Zu hohe Zeichen erscheinen schlank. Untersuchungen haben Hinweise darauf gegeben, daß ältere Menschen hohe, schlanke Zeichen leichter erkennen, als Zeichen in Fettschrift. Dies dürfte jedoch mit einer gewissen Unschärfe der Abbildung im Auge zu tun haben.

Normalsichtige Menschen erkennen jedoch in vielen Fällen Zeichen in Fettschrift besser als Zeichen in dünner Strichstärke. Bei (passiven) transmissiven und bei aktiven Anzeigen sind Zeichenformate in Fettschrift zu bevorzugen, da bei ihnen das Flächenverhältnis von geschalteter zu Gesamtfläche größer als bei schlanken Zeichen ist. Die Helligkeit der Anzeige sollte im Bereich zwischen 10 bis 250 cd/m^2 liegen. Der exakte Wert hängt stark von der Helligkeit der Umgebung ab. Bei zu hohen Helligkeiten wird das menschliche Auge überstrahlt; die Information erscheint zunächst unscharf; bei noch größeren Helligkeiten wird das Auge geblendet.

Als nutzbaren Kontrastbereich geben die meisten Autoren Werte zwischen ca. 1,5 und 7 für reflektive Anzeigen und zwischen 2 und 30 für aktive (selbstleuchtende) Anzeigen an. Auch hier gilt, daß zu hohe Kontrastwerte das Auge überstrahlen; die Information erscheint unscharf.

Die Gestaltung der Zeichen spielt eine weitere, entscheidende Rolle für gute Lesbarkeit. Darin spiegelt sich z. B. die Gewohnheit, Zeichen in einem bekannten Format schneller als in einem weniger geläufigen Format zu erkennen (Lerneffekt). So sind viele ältere Menschen noch heute die „deutsche" Schrift gewohnt, während die meisten jüngeren Menschen diese Zeichen evtl. lesen, aber meist nicht mehr flüssig lesen können. Die „Computerschrift", d. h. die Darstellung der Ziffern mit Hilfe eines Sieben-Segmentformates und alphanumerischer Zeichen mit einer 5 × 7 Matrix, bereitete den meisten Menschen vor wenigen Jahren noch erhebliche Schwierigkeiten, während sich heute bereits die Mehrzahl an diese Zeichenformate gewöhnt hat und sie sicher und schnell liest.

Es versteht sich von selbst, daß Zeichen möglichst scharf dargestellt werden sollten.

Bei der Festlegung von Schriftformaten ist große Sorgfalt auf die Abstimmung mit der Gestaltung der gesamten Umgebung zu verwenden, da das Auge ein Gesamtbild aufnimmt, aber nur einen bestimmten Flächenanteil mit hoher Sicherheit und hoher Geschwindigkeit erkennen und lesen möchte.

Bei Werbeanzeigen wenden viele Hersteller das Prinzip der „Laufschrift" an. Ausführliche Untersuchungen haben ergeben, daß die Lesegeschwindigkeit in dieser Darstellungsart nur sehr gering ist. Gute Lesbarkeit wird hier mit dem Ziel aufgegeben, einen schnellen Werbeeffekt durch Erregen von Aufmerksamkeit zu erzielen. *Pottharst*

Abnahme. Überprüfung eines →Prozeßleitsystems und seiner Komponenten auf Qualität und Quantität vor der endgültigen Übernahme durch den Kunden. A. größerer Systeme können sehr kostenintensiv sein und den Inbetriebnahmetermin beeinflussen. Umfang und Abwicklung der A. sollten deshalb schon in der Bestellphase des Systems bis ins Detail geplant und vereinbart werden.

Vertraglich sind u. a. festzulegen: Abnahmegegenstand, abzunehmende Leistung, Art und Umfang der A., Festlegen der Mängel, die zum Abbruch der A. führen, Kosten der A. am Leitsystem und am Prozeß. Es ist an die organisatorischen Vorbereitungen zu denken und an den genauen terminlichen Ablauf.

Komplexe Prozeßleitsysteme wird man in Stufen abnehmen müssen. Die Richtlinie VDI/VDE 3690 schlägt z. B. vor, einzelne Hard- oder Softwarekomponenten beim Hersteller zu prüfen. Diesem →Komponententest folgt die Basissystemabnahme: Das ist die A. des Gesamtsystems ohne prozeßspezifische Software. Es soll das Zusammenwirken der Komponenten des Systems und ihre Integration in die Zielanlage oder eine ihr gleichwertige Zielumgebung geprüft werden, insbesondere die Hard- und Softwareschnittstellen. Am Zielort wird das Gesamtsystem in der vorgesehenen Konfiguration abgenommen. Der Prozeß kann dabei angeschlossen sein oder simuliert werden. Schließlich ist noch ein Probebetrieb unter realen Bedingungen mit direkter Prozeßbeeinflussung während einer bestimmten Dauer festzulegen. *Strohrmann*

Literatur: VDI/VDE 3690: Abnahme von Prozeßrechnersystemen. Ausg. Dez. 1981.

Absorptionskoeffizient. Die elektromagnetische Strahlung wie auch Teilchenstrahlung wird beim Durchlaufen von Materie, aufgrund von Elementarprozessen wie
- □ Anregung von Atom-, Molekül- und Gitterschwingungen
- □ Anregung von Elektronenzuständen
- □ Streuung

geschwächt. Die Abnahme ΔI der Strahlungsintensität I beim Durchlaufen der Strecke Δx wird beschrieben durch das Gesetz

$$\Delta I = -\alpha \cdot I \cdot \Delta x \quad (1)$$

wobei α als A. bezeichnet wird. α ist in vielen wichtigen Fällen – insbesondere bei kleinen Intensitäten – in guter Näherung eine Konstante. Die Integration von (1) ergibt die Ortsabhängigkeit I(x) der Intensität:

$$I = I(0) \exp(-\alpha \cdot x) \quad (2)$$

I(0) ist die Strahlungsintensität vor Eintritt in die absorbierende Materie. Häufig ist der A. proportional zur Dichte ρ_m der absorbierenden Materie, so daß gilt:

$$\alpha = \alpha' \cdot \rho_m \quad (3)$$

Der Wert α' wird dann als Massenabsorptionskoeffizient bezeichnet. *Schaumburg*

Literatur: *Schaumburg, H. (Hrsg.).:* Werkstoffe und Bauelemente der Elektrotechnik. Bd. 3: Sensoren. Stuttgart 1992.

Absorptionsmodulator. Intensitätsmodulator, der die Änderung der Absorption durch ein elektrisches Feld ausnutzt (Elektro-Absorption bzw. Franz-Keldysh-Effekt).

Im äußeren elektrischen Feld $\vec{E}$ verändert sich die Bandstruktur des Halbleiters (Stark-Effekt), so daß die Bandkante E_g zu geringeren Energien (längeren Wellen) verschoben wird:

$$\Delta E_g = -\frac{3}{2}\sqrt[3]{\frac{(e_o\,\hbar\,\vec{E})^2}{m^*}}$$

(m^* effektive Masse, e_o Elementarladung, $\hbar$ Plancksches Wirkungsquantum). Für eine feste Photonenenergie geringfügig unterhalb der Bandkante im feldfreien Fall erhöht sich die Absorption mit Anlegen des Feldes daher sehr stark.

In der technischen Ausführung besteht ein A. aus einem schwach dotierten Schicht- oder Streifenwellenleiter (Bild). Das elektrische Feld wird durch einen inversen pn-Übergang oder Schottky-Kontakt aufgebaut; die maximal erreichbaren Feldstärken liegen bei 1–5 · 10^5 V/cm. Die Länge des Wellenleiters und die Höhe der angelegten Spannung sind so einzustellen, daß minimale Verluste und hohe Modulationstiefen erreicht werden. Für GaAs-Modulatoren wurde bei λ = 900 nm eine Änderung der Transmission um den Faktor 100 bei einer Spannung von 8 V realisiert. *Rosenzweig*

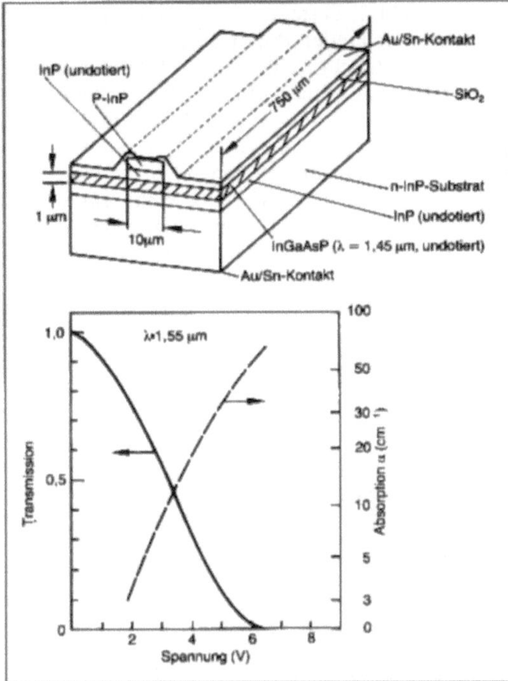

Absorptionmodulator: Schematische Darstellung eines A. auf InP-Basis (oben) und Transmission bzw. Absorption in Abhängigkeit von der äußeren Spannung.

Literatur: *Hunsperger R. G.:* Integrated Optics: Theory and Technology, Berlin–Heidelberg–New York 1982.

Abtast- und Haltekreis. Der Ausgang x_a dieses Gerätes ist proportional dem Eingang x_e, bis ein Halte-Signal gegeben wird. Nach dem Empfang dieses Signals wird der Ausgang konstant gehalten, obwohl sich der Eingang ändern kann (Bild 1).

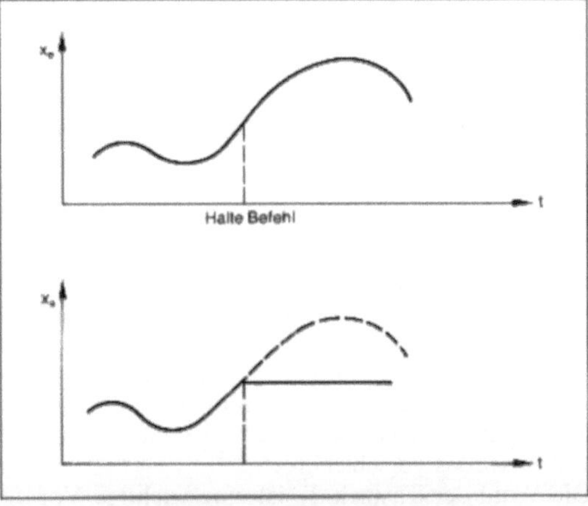

Abtast- und Haltekreis 1: Wirkungsweise.

Der A. (Bild 2) besteht aus zwei unabhängigen Verstärkern verbunden durch einen Schalter. Solange der Schalter S geschlossen ist, folgt der Ausgang dem Eingang (Track-Mode); gleichzeitig wird der Kondensator C aufgeladen. Mit dem Halte-Befehl wird der Schalter geöffnet. Da sich der Kondensator über den unendlich hohen Eingangswiderstand des folgenden Verstärkers nicht entladen kann, hält er seinen Wert. Somit bleibt der Ausgang x_a konstant, zumindest für eine gewisse Zeit. Das Halte-Signal kann erzeugt werden durch einen externen Kreis (verbunden mit einem Prozeß oder Experiment), durch einen Rechner oder durch eine programmierte digitale Steuerung.

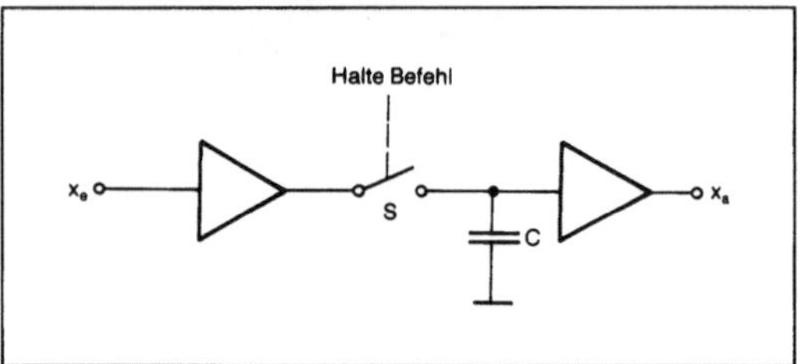

Abtast- und Haltekreis 2: Schematischer Aufbau.

A. erfüllen gewisse Aufgaben in Meßwerterfassungssystemen. Gewöhnlich bestehen eine oder beide folgenden Bedingungen:

□ Der Wert eines einzelnen Signals muß zu einem genauen Zeitpunkt bestimmt werden oder

□ Die Werte von zwei Signalen müssen zu einem genauen Zeitpunkt verglichen werden.

Diese Bedingungen können nicht von einem Multipexer mit →Analog-Digital-Umsetzer erfüllt werden, weil solch ein System eine endliche Einstell- und Umsetzzeit benötigt. Mit einem A. dagegen kann man den Momentanwert von ein oder mehreren Eingangssignalen über den Zeitraum halten, den man zum Umsetzen in Digitalwerte benötigt.

Böttiger

Abtastoszilloskop →Elektronenstrahl-Oszilloskop

Abtastregelung. In einem Abtastregelkreis werden die Signale nur zu bestimmten Zeitpunkten, meist in regelmäßigen Abständen (äquidistant) abgefragt.

Die abgetasteten Signale bilden eine amplitudenmodulierte Impulsfolge. Zur Verarbeitung werden die Impulse über das Tastintervall konstant gehalten entweder im Rechner oder durch ein Halteglied. So entsteht eine Treppenfunktion, deren Mittelwert ihrem kontinuierlichen Signal um die halbe Abtastzeit nacheilt. Durch diese Totzeit wird die →Stabilität des Kreises verschlechtert.

Die Wahl der Tastzeit T_0 ist eine wichtige Voraussetzung zur Auslegung einer A. Die Tastzeit soll so kurz wie möglich sein, um möglichst gute Dynamik und die gleiche Regelgüte zu erzielen wie mit kontinuierlichen Reglern. Dem stehen entgegen die Verarbeitungszeit im Regler oder Rechner, mögliche Stellzeiten oder der Stellaufwand des Stellgliedes, Meß- und Identifikationszeiten. Als Minimalbedingung gilt das *Shannon*'sche Abtasttheorem

$$T_0 \leq \pi / \omega_{max}$$

Dann werden Signalanteile bis zur Kreisfrequenz ω_{max} verarbeitet oder ausgeregelt. Als Richtwert wird gelegentlich empfohlen, daß die Tastzeit etwa 1/15 bis 1/4 der Einschwingdauer betragen kann; die Einschwingdauer ist die Zeit, die die →Übergangsfunktion der Regelstrecke mit Ausgleich benötigt, um 95 % ihres Endwertes zu erreichen.

Zur Untersuchung der Dynamik von Abtastsystemen verwendet man meistens – vor allem für Mehrgrößensysteme mit →Zustandsdarstellung (→Zustandsgrößen) – die zeitdiskrete Schreibweise als Differenzengleichung, um die Methoden für zeitkontinuierliche Systeme entsprechend anwenden zu können. Sie eignet sich gut für die digitale Signalverarbeitung. Bei einschleifigen Regelkreisen arbeitet man gerne mit der z-Transformation. Sie stellt ein Äquivalent zur Laplace-Transformation im kontinuierlichen Kreis dar. So können Methoden für Übertragungsfunktionen übernommen werden.

Nach heutigem Stand der Technik ist ein Abtastregler ein digitaler Regler (→Regelung, digitale) entweder als Einzelgerät mit Mikroprozessoren oder als Teil einer umfassenden Reglerstruktur in einem →Prozeßrechner. *Böttiger*

Literatur: *Ackermann, J.:* Abtastregelung. Berlin 1983. – *Föllinger, O.:* Lineare Abtastsysteme. München 1982. – *Isermann, R.:* Digitale Regelsysteme. Berlin 1987. – *Unbehauen, H.:* Regelungstechnik II. Braunschweig 1983.

Abtastregler →Abtastregelung

Abtastzeitpunkt. Der A. ist der Zeitpunkt innerhalb eines →Prüfzyklus, zu dem die Ausgangsdaten eines Prüflings nach Spezifikation gültig sind. Der zu diesem Zeitpunkt von der →Pinelektronik erfaßte logische Zustand wird für den digitalen Soll-/Istwertvergleich verwendet. Pro Prüfzyklus können je nach Hardwareausstattung ein oder mehrere A. (entsprechend gibt es dann mehrere logische Zustände je Prüflingspin als Sollwerte) programmiert werden. Entsprechend können unterschiedlichen Pins unterschiedliche A. zugeordnet werden.

Der A. ist hinsichtlich seiner Lage innerhalb eines Prüfzyklus programmierbar. Preisgünstige Tester allerdings arbeiten mit einem festen A., der i. d. R. mit dem Ende eines Prüfzyklus zusammenfällt. Aufwendige Pinelektroniken arbeiten zusätzlich mit einem *window strobe.* Hiermit läßt sich kontrollieren, ob ein logischer Zustand über einen bestimmten Zeitraum hinweg unverändert bestehen bleibt.

Winter

AC-/DC-Test. Bezeichnung bestimmter Tests bei der Prüfung vornehmlich digitaler Bausteine. Hierbei werden im Gegensatz zur →Funktionsprüfung, bei der die Überprüfung des logischen Verhaltens, also die Reaktion auf die angelegten →Stimuli im Vordergrund steht, bestimmte statische und dynamische →Parameter der Signale an den einzelnen Anschlußpins gemessen.

Beim AC-Test werden somit die zeitabhängigen Parameter, beim DC-Test die rein statischen Werte für Ströme und Spannungen überprüft. Zum Erreichen bestimmter Zustände müssen dabei u. U. bestimmte Stimuli in einer bestimmten Reihenfolge angelegt werden, also →Prüfbitmuster aus dem Funktionstest.

Im einzelnen werden folgende Tests durchgeführt:

□ AC-Test:

- Grenzfrequenz der Bauelemente für die Verarbeitung von Bitmusterfolgen
- Zeitparameter wie rise-time, fall-time, propagation-delay, set up- und hold-time usw.
- Stromaufnahme beim Wechsel der Logikzustände des Bauelementes

□ DC-Test:

- Spannungspegel der Eingangs- und Ausgangspins
- Stromaufnahme der Versorgungspins, Stromaufnahme der Ein- und Ausgangspins, Schaltschwellen der Eingangspins, Hysterese der Schaltschwellen

Für kritische dynamische Parameter werden oft zusätzliche Bitmusterfolgen im sog. ‚Combined AC-/Function-Test' verwendet.

Winter

Achse, neutrale. Bei der Herstellung von →Beschleunigungssensoren und →Drucksensoren geht man häufig vom Prinzip des Biegebalkens aus. Betrachtet man den Abstand y von der Mitte des Biegebalkens (→Biegebalken, Bild 1), dann ergibt sich als Normalspannung σ_{xx} ein Wert proportional zu y, d. h. in der Balkenmitte bei $y = 0$ ist die Normalspannung Null. Die Fläche xz mit $y = 0$ wird als neutrale Achse bezeichnet.

Schaumburg

A/D-Einrampen-Umsetzer. Der A/D-E.-U. (*engl.* single slope converter, Spannung-Zeit-Umsetzer) gehört zur Gruppe der indirekten →Analog/Digital-Umsetzer. Die zu messende Spannung wird erst in ein Zeitintervall umgeformt, dessen Länge mit Hilfe eines →Quarzoszillators dann ausgezählt wird.

Die umzusetzende Spannung u_x (Bild) wird in dem Komparator K_x mit einer linear mit der Zeit sich ändernden Spannung u_a (Sägezahn-Spannung) verglichen. Diese wird von dem →Operationsverstärker V geliefert, der den konstanten Eingangsstrom $I_o = U_o/R$ integriert. Der Komparator K_o stellt den Nulldurchgang dieser Integratorausgangsspannung u_a fest. Die Komparatorsignale gehen auf das Exklusiv-ODER-Gatter, das über die UND-Verknüpfung die vom Taktgenerator gelieferten Impulse sperrt oder auf den →Zähler gelangen läßt.

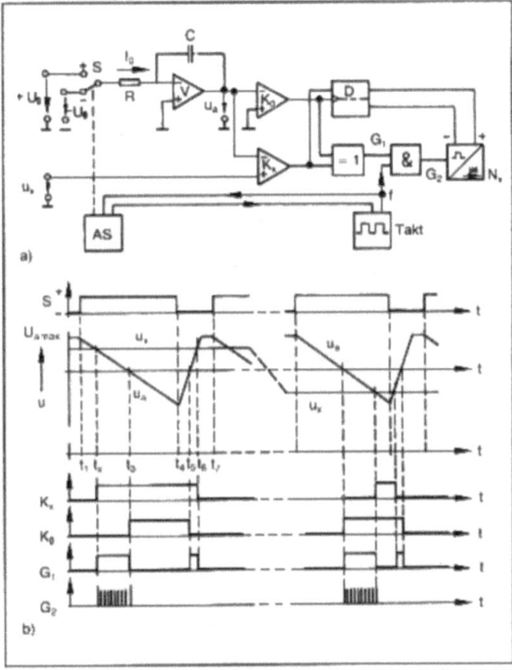

A/D-Einrampen-Umsetzer: Schematische Darstellung.
a) Blockschaltbild
b) Signale.

Das die zu messende Spannung u_x abbildende Zeitintervall ergibt sich als Differenz der beiden Komparatorschaltpunkte. In diesem Zeitintervall $t_3 - t_x$ werden N_x Impulse gezählt mit

$$N_x = \frac{fRC}{U_o} u_x = Ku_x.$$

Der Zählerstand N_x ist also proportional dem Augenblickswert der umgesetzten Spannung u_x. In den Proportionalitätsfaktor K gehen die Frequenz f des Taktgenerators, die Konstantspannung U_o, der Widerstand R zur Spannungs/Strom-Umformung und die Kapazität C in der Gegenkopplung des Integrationsverstärkers ein. Ändern sich die in der Konstanten zusammengefaßten Größen, so kommen damit Unsicherheiten und Fehler in das Meßergebnis.

Soll die größte zu messende Spannung auf drei Stellen genau angegeben werden, so ist der Meßbereich in 999 Schritte einzuteilen. Die das Meßsignal kennzeichnende duale Zahl benötigt also zehn Stellen. Bei einer Frequenz f des Taktgenerators von 1 MHz sind 1000 Impulse nach

$$t_3 - t_x = \frac{N_x}{f} = \frac{1000}{10^6}\,s^{-1} = 10^{-3}\,s$$

gezählt. Die eigentliche Meßzeit beträgt also 1 ms, wobei noch die Zeiten für die Rücksetzung des Integrators und für die →Ablaufsteuerung hinzukommen. *Schrüfer*

A/D-Ladungsbilanz-Umsetzer. Er gehört zur Gruppe der indirekten →Analog/Digital-Umsetzer. Die umzusetzende Spannung wird in eine Folge von Rechteck-Impulsen umgeformt. Die Frequenz dieser Impulsfolge ist linear proportional zum Mittelwert der umgesetzten Spannung.

Der L.-U. ist ähnlich wie der →A/D-Sägezahn-Umsetzer aufgebaut. Zusätzlich zu diesem enthält er noch eine Stromquelle, die den konstanten Strom I_0 liefert (Bild 1). Mit Hilfe dieses Stroms wird über den von der monostabilen Kippstufe gesteuerten Schalter S die Kapazität C in der Gegenkopplung des →Integrationsverstärkers entladen. Gemessen wird die Frequenz f_x der vom →Komparator oder von der monostabilen Kippstufe gelieferten Impulse.

$$f_x = \frac{\bar{u}_x}{RI_0T_a}$$

ist direkt proportional dem Mittelwert $\bar{u}_x$ der gemessenen Spannung.

Synchroner Ladungsbilanz-Umsetzer: Der A/D-L.-U. läßt sich verbessern, indem die Entladezeit T_a der Kapazität nicht von einer monostabilen Kippstufe, sondern von demselben Taktgenerator gesteuert wird, der für die Messung der Frequenz f_x benötigt wird.

In Bild 2 ist die monostabile Kippstufe von Bild 1 durch ein D-Flip-Flop ersetzt. Mit der nach der Komparatorflanke kommenden Taktflanke wird der Schalter S für eine vorher festgelegte Zahl von Taktperioden geschlossen. Im Bild wäre dies für genau eine der Fall. Der Kondensator wird entladen und ein neuer Umsetzvorgang kann beginnen.

Der sich bei der Messung der Frequenz f_x ergebende Zählerstand

$$N_x = \frac{k}{RI_0}\,\bar{u}_x$$

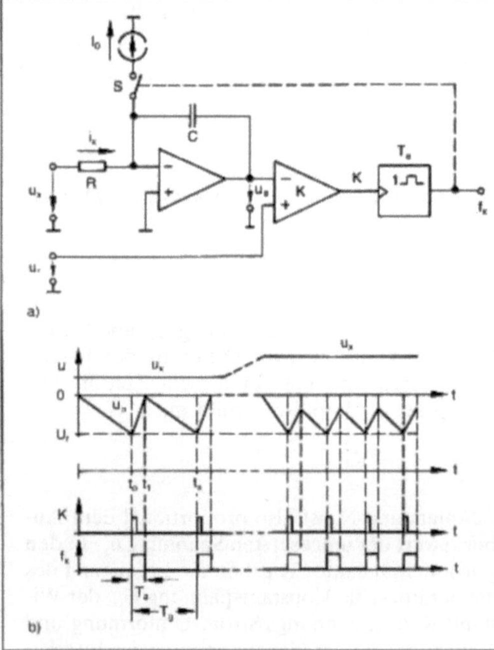

A/D-Ladungsbilanz-Umsetzer 1: Schematische Darstellung.
a) Schaltung
b) Signale.

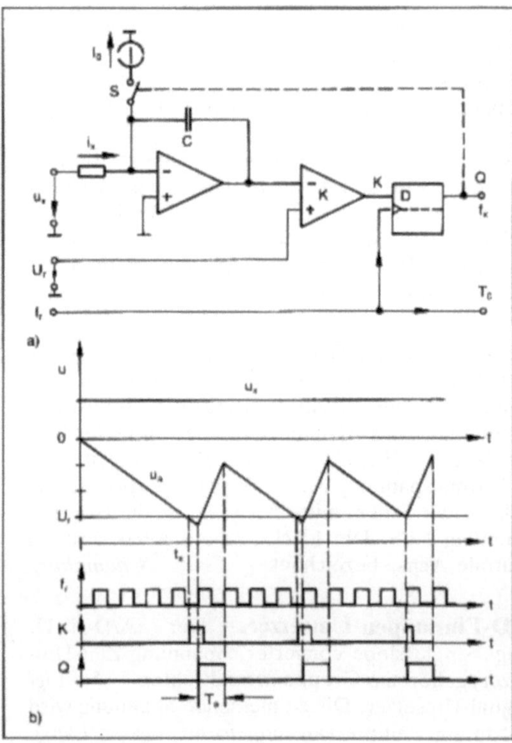

A/D-Ladungsbilanz-Umsetzer 2: Synchrone Ausführung.
a) Schaltung
b) Signale.

ist also linear proportional zum Mittelwert $\bar{u}_x$ der zu messenden Spannung. In den Proportionalitätsfaktor gehen nur noch der Widerstand R zur Spannungs/Strom-Umformung und der Strom I_o der Stromquelle ein. Änderungen nur der letzten beiden Parameter beeinflussen die Meßgenauigkeit. Diese ist ähnlich wie beim →A/D-Zweirampen-Umsetzer nicht mehr abhängig von der Frequenz f_r des Taktgenerators und der Kapazität C in der Gegenkopplung des Integrationsverstärkers. *Schrüfer*

A/D-Nachlaufumsetzer. Er gehört zur Gruppe der direktvergleichenden →Analog/Digital-Umsetzer. Er ist ähnlich aufgebaut wie der →A/D-Stufen-Umsetzer. Beim Nachlaufumsetzer wird jedoch am Ende der Messung die →Vergleichsspannung nicht auf null zurückgestellt, sondern gehalten. Ein neuer Umsetzvorgang startet also von dem im vorausgegangenen Abgleich festgestellten Meßwert.

Der Nachlaufumsetzer (Bild) ist mit einem Vorwärts- und Rückwärtszähler ausgerüstet und kann so sowohl steigenden als auch fallenden Meßwerten folgen. Bei konstanten Meßwerten wird die Vergleichsspannung abwechselnd um eine Stufe erhöht und erniedrigt. Die Unsicherheit der Anzeige ist bei stationären Meßwerten damit von der Größe des niedrigstwertigen bit. Bei sich schnell ändernden Spannungen entsteht dann ein größerer dynamischer Fehler, wenn die Vergleichsspannung des Nachlaufumsetzers der zu messenden Spannung nicht schnell genug folgen kann. *Schrüfer*

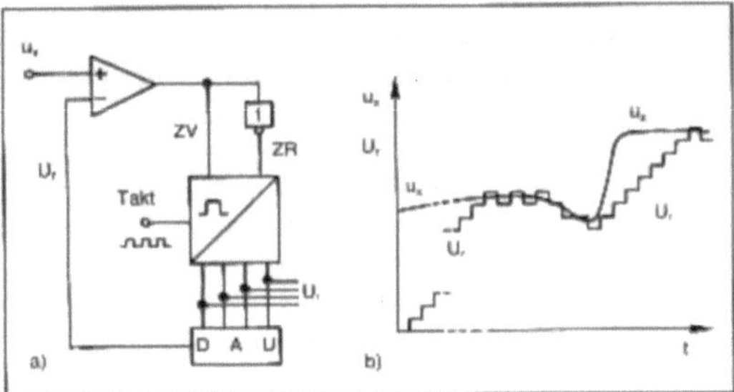

A/D-Nachlaufumsetzer: Schematische Darstellung.
a) Schaltung
b) Signale.

A/D-Parallel-Seriell-Umsetzer. Er gehört zur Gruppe der direktvergleichenden →Analog/Digital-Umsetzer. Um eine hohe Arbeitsgeschwindigkeit bei erträglichem Aufwand zu erreichen, verwendet er zwei hintereinander geschaltete Umsetzer.

Der Augenblickswert der umzusetzenden Spannung u_x wird in einem →Abtast- und Halteglied für eine kurze Zeit gespeichert und in einem →A/D-Umsetzer mit parallelen Komparatoren umgesetzt (Bild). Dieser liefert ein digitales Signal, das in einem →Digital/Analog-Umsetzer wieder in die analoge Spannung u_d zurückgewandelt wird. Diese Spannung u_d unterscheidet sich wegen der begrenzten Auflösung des Umsetzers von der Eingangsspannung u_x. Sie wird von letzterer subtrahiert und die Differenz $u_x - u_d$ wird – eventuell nach einer Verstärkung – in einem zweiten A/D-Umsetzer ebenfalls umgeformt. Dieser zweite Umsetzer kann wieder parallele Komparatoren enthalten oder auch nach dem Verfahren der sukzessiven Approximation arbeiten. Am Ende des Umsetzvorganges werden die Ergebnisse der beiden Wandlungen kombiniert, wobei der erste Umsetzer die höherwertigen und der zweite die niedrigwertigen bit liefert. *Schrüfer*

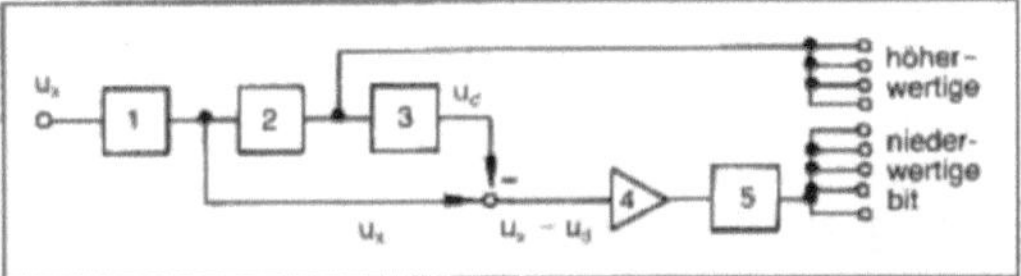

1) Abtast- und Halteglied, 2) A/D-Umsetzer mit parallelen Komparatoren für die höherwertigen bit, 3) D/A-Umsetzer, 4) Verstärker, 5) A/D-Umsetzer für die niederwertigen bit

A/D-Parallel-Seriell-Umsetzer: Prinzip dieses Umsetzers (Steuerlogik nicht gezeichnet).

A/D-Relaxationsoszillator-Umsetzer. Er gehört zur Gruppe der indirekten →Analog/Digital-Umsetzer. Die zu messende Spannung legt die Periodendauer oder die Frequenz einer astabilen Kippschaltung fest. Periodendauer oder Frequenz werden dann mit Hilfe eines Quarzoszillators ausgezählt. Ein Vorteil dieses Verfahrens ist, daß Nullpunktfehler nicht in das Meßergebnis eingehen. Damit ist das Prinzip auch für Messungen im Mikrovoltbereich geeignet.

In der Schaltung (Bild) wird zunächst ein konstanter Hilfsstrom integriert. Die Integratorausgangsspannung wird dann mit der zu messenden, um den Faktor k verstärkten Spannung u_x verglichen. Der Meßzyklus beginnt mit der Integration des negativen Hilfsstroms $-U_o/R$. Zum Zeitpunkt t_1 erreicht die Integratorausgangsspannung die Vergleichsspannung ku_x. Der →Komparator wechselt sein Ausgangssignal und die Eingangssignale werden umgeschaltet. Integriert wird jetzt der positive Strom U_o/R, wodurch die Spannung u_1 linear mit der Zeit abnimmt. Der Eingang des Verstärkers V_1 ist auf Masse gelegt, so daß die Abintegration bis zum Wert $u_1 = 0$ fortgeführt wird. Dieser ist zum Zeitpunkt t_2 erreicht; der Komparator schaltet und ein neuer Meßzyklus beginnt. Die Periodendauer T_x einer Schwingung ergibt sich mit $K = 2kRC/U_o$ zu $T_x = Ku_x$.

Die Besonderheit der Schaltung liegt in ihrer Unempfindlichkeit gegen Offsetdriften, solange sich diese nur langsam ändern. Damit hängt die →Ge-

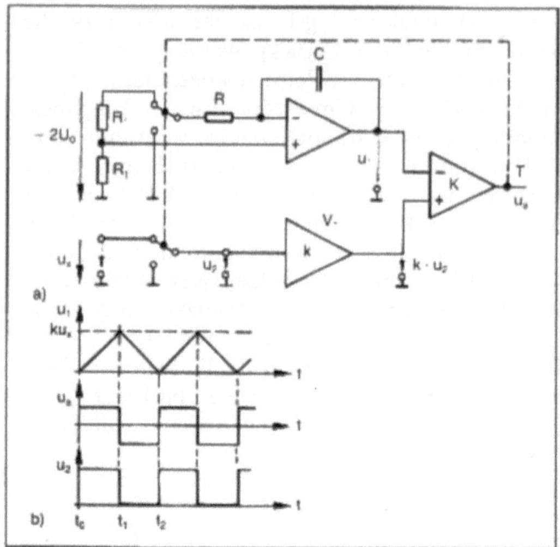

A/D-Relaxationsoszillator-Umsetzer: Schematische Darstellung.
a) Schaltung
b) Signale.

nauigkeit der Umsetzung nur von der Konstanz des durch eine Gegenkopplung leicht zu stabilisierenden Verstärkungsgrades k, von den Bauelementen R und C und der Konstantspannung U_o ab.

Schrüfer

A/D-Sägezahn-Umsetzer. Der A/D-S.-U. (Spannungs/Frequenz-Umsetzer) gehört zur Gruppe der indirekten →Analog/Digital-Umsetzer. Die umzusetzende Spannung wird in eine Folge von Rechteck-Impulsen umgeformt. Die Frequenz dieser Impulsfolge ist mit einer nichtlinearen Kennlinie proportional dem Mittelwert der umgesetzten Spannung.

Der Sägezahn-Umsetzer (Bild) besteht aus dem Integrationsverstärker V, dem Komparator K und der monostabilen Kippstufe mit der Entladezeit T_a. Der der umzusetzenden Spannung proportionale Strom u_x/R wird so lange integriert, bis die Ausgangsspannung des Integrationsverstärkers u_a die Höhe der Vergleichsspannung U_r erreicht hat. Dann wird während der Zeit T_a die Kapazität C in der Gegenkopplung des Integrierers entladen und ein neuer Umsetzvorgang kann beginnen. Gezählt wird die Frequenz f_x der vom Komparator oder von der monostabilen Kippstufe gelieferten Impulse. Diese hängt mit

$$f_x = \frac{\bar{u}_x}{-U_rRC + T_a\bar{u}_x}$$

nichtlinear mit dem Mittelwert $\bar{u}_x$ der umzusetzenden Spannung zusammen. Das Ergebnis wird fehlerhaft, falls die Parameter U_r, R, C und T_a nicht konstant bleiben. Diese Nachteile werden zum Teil durch den →A/D-Ladungsbilanz-Umsetzer vermieden.

Schrüfer

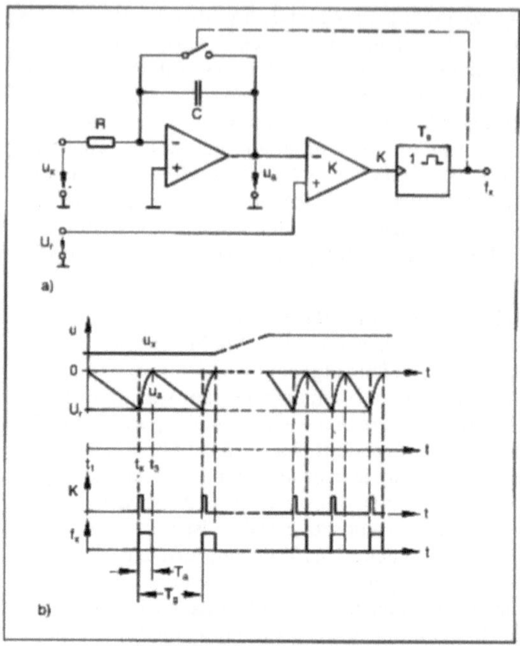

A/D-Sägezahn-Umsetzer: Schematische Darstellung.
a) Schaltung
b) Signale.

A/D-Stufenumsetzer. Der A/D-S.-U. (inkrementaler Stufenumsetzer) gehört zu der Gruppe der direktvergleichenden →Analog/Digital-Umsetzer. Er vergleicht die umzusetzende Spannung u_x mit einer diskreten, einstellbaren Vergleichsspannung U_r, die von einem →Digital/Analog-Umsetzer geliefert wird. Die Referenzspannung wird durch einen →Zähler so gesteuert, daß sie sich, von null ausgehend, mit jedem Takt um einen konstanten Wert erhöht (Bild).

Solange die zu messende Spannung größer als die Referenzspannung ist, liefert der →Komparator sein 1-Signal und die Impulse des Taktgebers laufen über das UND-Gatter in den Zähler. Dieser erhöht die Vergleichsspannung stufenförmig, bis sie schließlich größer als die zu messende Spannung wird. Der Komparator schaltet, sein 0-Signal sperrt das UND-Gatter und stoppt den Zähler. Der Zählerstand ist ein Maß für die Summe der zurückgelegten Stufen, und damit ein Maß für die Höhe der Vergleichsspannung, die sich von der zu messenden Spannung an u_x um weniger als eine Spannungsstufe unterscheidet.

Ein Nachteil des inkrementalen Stufenumsetzers ist seine relativ große Umsetzzeit, da die Vergleichsspannung immer von null aus in vielen kleinen Schritten an den Wert der zu messenden Spannung herangeführt wird. Schneller sind der →A/D-Nachlaufumsetzer und der →A/D-Umsetzer mit sukzessiver Approximation. *Schrüfer*

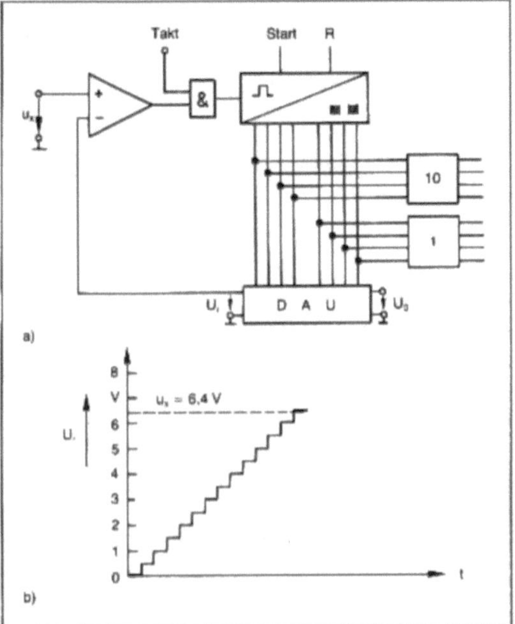

A/D-Stufenumsetzer: Inkrementaler Stufenumsetzer.
a) Schaltung
b) die Vergleichsspannung nimmt im Takt des Zählers zu.

A/D-Umsetzer →Analog-Digital-Umsetzer

A/D-Umsetzer mit parallelen Komparatoren. Der parallele A/D-Umsetzer (*engl.* flash converter, Parallel-Umsetzer, Simultan-Umsetzer) gehört zu der Gruppe der direktvergleichenden →Analog/Digital-Umsetzer. Er verwendet mehrere parallel liegende Komparatoren mit unterschiedlichen Schaltpunkten (Bild). Diese werden aus einer Referenzspannung U_0 mit Hilfe eines Spannungsteilers gewonnen. Die umzusetzende Spannung u_x wird allen Komparatoren zugeführt und mit den jeweiligen Referenzspannungen verglichen. Ist die zu messende Spannung größer als die →Vergleichsspannung, so schaltet der →Komparator. Die Komparatorsignale werden in einer logischen Schaltung ausgewertet, so daß bei Verwendung von n Komparatoren insgesamt n + 1 unterschiedliche Spannungswerte angezeigt werden können.

Die industriell gefertigten Geräte enthalten natürlich mehr als die im Bild gezeigten vier Komparatoren. Die prinzipielle Stärke der parallelen Um-

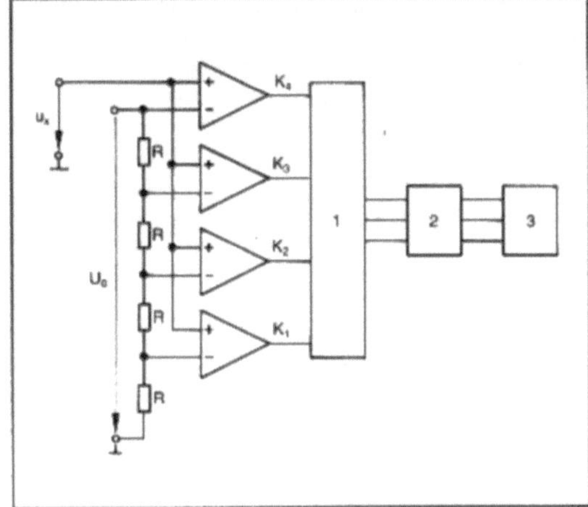

1) Logische Schaltung zur Bildung einer Gray-Zahl aus den Komparatorsignalen, 2) Speicher, 3) Dekodierer vom Gray-Code in den Dual- oder BCD-Code.

A/D-Umsetzer mit parallelen Komparatoren: Schematische Darstellung.

setzung liegt in ihrem einfachen Aufbau und in ihrer hohen Umsetzrate. So läßt sich z. B. mit 255 parallelen Komparatoren eine unbekannte Spannung innerhalb von 10 ns in ein 8-bit-Datenwort umwandeln. *Schrüfer*

A/D-Umsetzer mit sukzessiver Approximation. Der A/D-Umsetzer mit sukzessiver Annäherung an den Meßwert gehört zur Gruppe der direktvergleichenden →Analog/Digital-Umsetzer. Die Referenzspannung wird nicht in gleichen, sondern in unterschiedlich großen Stufen geändert. Die Arbeitsweise gleicht der einer Balkenwaage, bei der nicht viele kleine, sondern wenige, unterschiedlich schwere Gewichtsstücke aufgelegt werden. Aus diesem Grunde ist auch die Bezeichnung *Wäge-Umsetzer* gebräuchlich.

Die Referenzspannung U_r wird aus einer konstanten Hilfsspannung U_0 gebildet (Bild). Sie ist oft im Dual- oder BCD-Code gestuft. Im Komparator K wird die unbekannte Spannung u_x mit der Referenzspannung U_r verglichen. Die Messung beginnt, indem die höchste Teilspannung (das bit mit der größten Wertigkeit) $U_r = U_0/2$ eingestellt wird. Ist $u_x > U_r$, so bleibt $U_0/2$ eingeschaltet. Die nächste Teilspannung $U_0/4$ wird hinzuaddiert und der Vergleich wird von neuem durchgeführt. Solange die zu messende Spannung größer als die Referenzspannung ist, bleibt der hinzugekommene Teilbetrag erhalten. Ansonsten wird er abgeschaltet und der Abgleich wird mit der Addition der nächstniedrigen Teilspannung versucht. Am Ende der Messung hat sich die Referenzspannung sukzessiv der zu messenden Spannung genähert und weicht von dieser höchstens um die kleinste Spannungsstufe ab. Der Wert der gesuchten Spannung u_x kann dann von den Stellungen der Schalter in der Referenzspannungsquelle als Dual- oder BCD-Zahl abgelesen werden. Ist die betreffende Teilspannung noch zugeschaltet, so wird für das entsprechende bit eine 1, andernfalls eine 0 gesetzt. Das Ablaufdiagramm (Bild b) gilt für eine zu messende Spannung $u_x = 6{,}5$ V und für eine Konstantspannung $U_o = 16$ V, die in insgesamt 2×4 Stufen von 8, 4, 2, 1 und 0,8, 0,4, 0,2, 0,1 V unterteilt ist. Ergebnis des Abgleichs ist die BCD-Zahl 0110 0101.

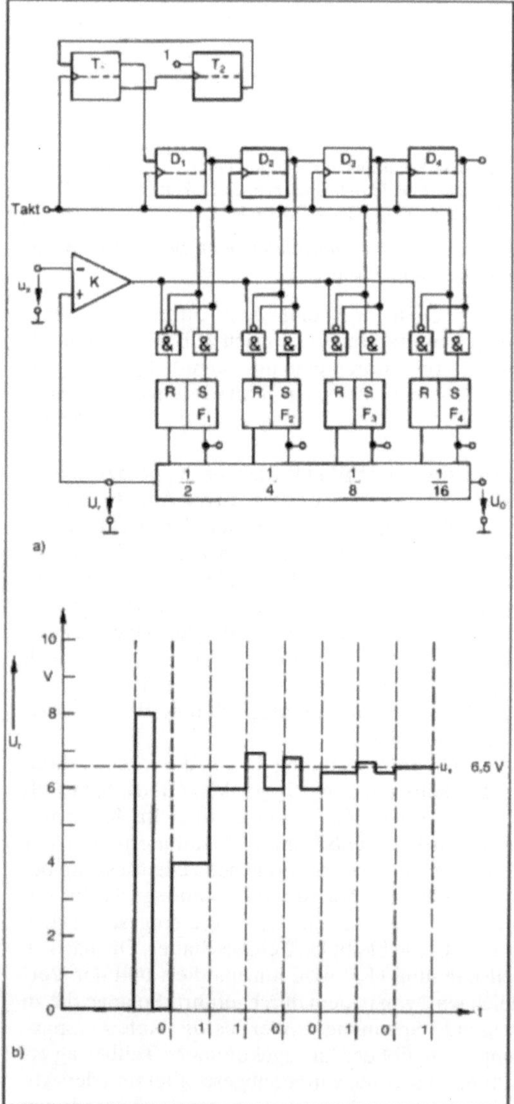

A/D-Umsetzer mit sukzessiver Approximation: Prinzipielle Darstellung.
a) Schaltung
b) Abgleichvorgang.

Der Umsetzer mit sukzessiver Annäherung an den Meßwert wird häufig eingesetzt. Bei einem Auflösungsvermögen von 12 bit können Wäge-Umsetzer 10^5 Meßwerte in der Sekunde umsetzen. Bei geringeren Ansprüchen an das Auflösungsvermögen werden höhere Umsetzgeschwindigkeiten erreicht. Die →Genauigkeit der Messung hängt von der Stabilität der Referenzspannung und von dem Abgleich der Widerstände in der digital steuerbaren Spannungsquelle ab. Die Geschwindigkeit der Umsetzung wird bestimmt durch die Einstellzeit des Komparators und der →Vergleichsspannung.

Schrüfer

A/D-Zweirampen-Umsetzer. Der A/D-Z.-U. (*engl.* dual slope converter, integrierender Zweirampen-Umsetzer) gehört zur Gruppe der indirekten →Analog-Digital-Umsetzer. Die zu messende Spannung wird in ein Zeitintervall umgeformt, dessen Länge mit Hilfe eines Quarzoszillators ausgezählt wird.

Aufbau (Bild): dem Integrationsverstärker V wird über den Schalter S entweder die zu messende Spannung u_x oder die Konstantspannung $-U_o$ zugeführt. Die Zeit, während der der Schalter S mit der Konstantspannung $-U_o$ verbunden ist, wird durch die Ablaufsteuerung AS festgelegt. Nach Ablauf dieser Zeit, zum Zeitpunkt t_2, wird auf u_x umgeschaltet. Der Strom u_x/R wird so lange integriert, bis die Ausgangsspannung u_a des Integrierers zum Zeitpunkt t_x den Wert 0 erreicht hat. Zu diesem Zeitpunkt schaltet der Komparator K_o und ein neuer Umsetzvorgang kann beginnen.

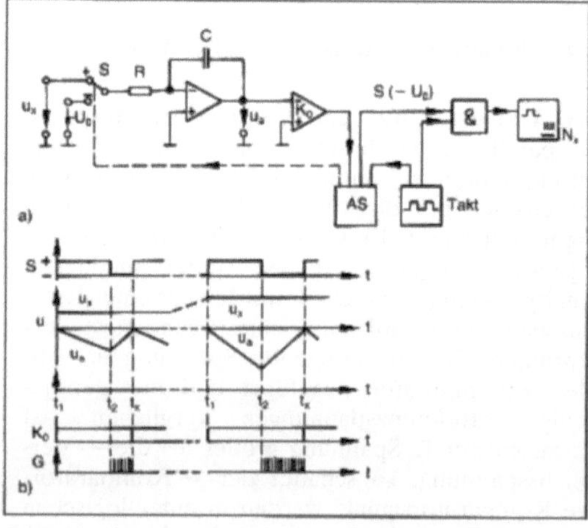

A/D-Zweirampen-Umsetzer: Prinzipielle Darstellung.
a) Blockschaltbild
b) Signale.

Das Zeitintervall $t_x - t_2$ wird ausgezählt. Dabei ergibt sich der Zählerstand N_x zu $N_x = K\bar{u}_x$.

Der Zählerstand ist also proportional dem Mittelwert $\bar{u}_x$ der umgesetzten Spannung. Als eine die →Genauigkeit bestimmende Größe geht in den Proportionalitätsfaktor K nur noch die Vergleichsspannung $-U_0$ ein. Anders als beim →A/D-Einrampen-Umsetzer sind die Größen f, R, C nicht mehr enthalten. Das bedeutet, daß der Zweirampen-Umsetzer unabhängig ist gegenüber Änderungen dieser Größen. Darüber hinaus mißt er keinen Augenblickswert, sondern den über die Abintegrationszeit gemittelten Meßwert. Liegen periodische Einstreuungen vor und ist die Abintegrationszeit gleich einer oder mehrerer Perioden dieser Störungen, so ist deren linearer Mittelwert null, und die Einstreuung verfälscht damit nicht das Meßergebnis. Erkauft werden diese Vorteile durch eine längere Umsetzzeit, da jetzt zweimal integriert werden muß.

Der Einfachheit halber wurde im Bild die Arbeitsweise nur für eine Polarität der Eingangsspannung erklärt. Diese Beschränkung ist nicht notwendig. Indem eine zweite, positive Hilfsspannung und eine die Polarität erkennende Logikschaltung benutzt wird, ist die Umsetzung positiver und negativer Eingangsspannungen ohne Schwierigkeit möglich. *Schrüfer*

Addierverstärker. Der A. ist ein →Meßverstärker (invertierender →Operationsverstärker), dessen Ausgangsspannung u_a proportional ist der Summe der Eingangsströme i_1, i_2, bzw. proportional ist der Summe der Eingangsspannungen u_1, u_2:

$$u_a = -R_g(i_1 + i_2) = -R_g\left(\frac{u_1}{R_1} + \frac{u_2}{R_2}\right).$$ *Schrüfer*

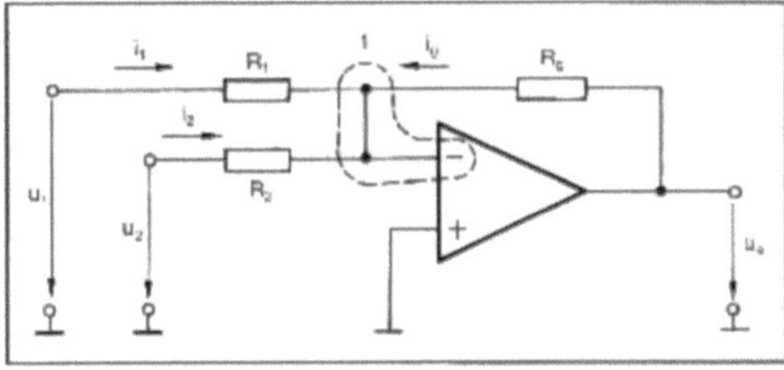

Addierverstärker: Schematische Darstellung.

Adressierung, magnetische →Display, magnetooptisches

Adressierung, thermomagnetische →Display, magneto-optisches

ADU →Analog-Digital-Umsetzer

AICT. Abk. für analoger →In-Circuit-Test.

Aktivierungsdosimeter →Neutronen-Dosismessung

Aktivitätskonzentration in Abluft und Abwasser →Aktivitätsmessung

Aktivitätsmessung. Aufgabe der A. ist, die Aktivität der in Technik und Medizin verwendeten radioaktiven Nuklide zu messen, sowie im Strahlenschutz das Ausmaß eventuell vorhandener Kontaminationen festzustellen. Die Einheit der Aktivität ist das →Becquerel (Bq) mit
1 Bq = 1 Zerfall/s.

Die früher übliche Einheit →Curie, die auf die in einem Gramm Radium stattfindende Zahl von Zerfällen/s zurückgeht, ist mit
1 Ci = $3{,}7 \times 10^{10}$ Zerfälle/s = $3{,}7 \times 10^{10}$ Bq
erheblich größer.

Von den →Strahlungsdetektoren liefern nur die →Szintillationsmeßköpfe mit einem großvolumigen Szintillator eine Impulsrate, die direkt proportional der Aktivität ist. Der Ausgangsstrom der →Ionisationskammern ist nicht der Aktivität, sondern der Dosisleistung proportional. Die Impulsrate von Zählrohren ist sehr von der Energie der auftreffenden Photonen abhängig und kann nur als ungefähres Maß für die Aktivität genommen werden.

Neben Aktivitäten sind auch Aktivitätskonzentrationen, d. h. auf die Fläche oder auf das Volumen bezogene Aktivitäten in Bq/m^2 oder Bq/m^3 zu messen. Hierfür werden die oben erwähnten Detektoren benutzt.

Oft sind sehr geringe Aktivitäten und Aktivitätskonzentrationen, z. B. in der Abluft oder im Abwasser von Kernkraftwerken, nachzuweisen. In diesem Fall wird die Messung durch die immer und überall vorhandene natürliche Hintergrundstrahlung gestört. Um trotzdem messen zu können, muß der auf die natürliche Strahlung zurückgehende Nulleffekt durch eine Abschirmung, oder durch eine Differenz- oder →Antikoinzidenzschaltung reduziert bzw. eliminiert werden. *Wachsmann*

Literatur: *Kiefer, H.* u. *R. Maushart:* Überwachung der Radioaktivität in Abwasser und Abluft. 2. Aufl. Stuttgart 1967. – *Schrüfer, E.:* Strahlung und Strahlungsmeßtechnik in Kernkraftwerken. Berlin 1974.

Aktor. Die Aufgabe der A. besteht in der Wandlung von Daten in analoge, physikalische Größen zur Beeinflussung eines Prozesses. Die Einteilung wird nach der zu beeinflussenden physikalischen Größe vorgenommen:
- mechanisch: Länge, Winkel, Geschwindigkeit, Beschleunigung, z. B. Hammer für Drucker, Kraft, Moment, Druck (statisch und dynamisch, z. B. Schall), Temperatur;
- elektrisch: Spannung, Strom, Ladung, elektrische und magnetische Felder, Strahlung, Temperatur.

Die Arten unterscheiden sich nach dem Informationsgehalt (Tabelle).

Aktor. Tabelle: Informationsgehalte von A.

Informationsgehalt	Art	Beispiel
1 bit	Stellglied für 2 Betriebszustände	Hubmagnet, Motor für Start-Stopp-Betrieb
2 bit	Stellglied für 4 Betriebszustände	Schrittmotor für Start-Stopp-Betrieb und zum Richtungswechsel, z. B. vor/rück
3 bit	Antrieb für 6 Betriebszustände	Motor mit Start-Stopp-, Vor-/Rück- und Schnell-Langsam-Lauf
3^n bit	Antrieb für n Freiheitsgrade	Motor für Punkt-zu-Punkt-Steuerung mit Start-Stopp-, Vor-/Rück-, Schnell-Langsam-Lauf für n Freiheitsgrade (z. B. für Roboter-Antrieb)
∞ bit	analoge Bewegungen	Lautsprecher Motor
∞^n bit	analoge Bewegungen für n Freiheitsgrade	Antrieb für Bahnsteuerung mit n Freiheitsgraden (z. B. Roboterantrieb)

Die Entwicklungstendenz geht auf Grund der einfacher, kostengünstiger, kleiner und genauer werdenden A. von:

- analog zu digital,
- Stellgrößeneingabe zur Sollwerteingabe,
- A. ohne Rückmeldung zum A. mit Rückmeldung. *Lauruschkat*

Literatur: VDI/VDE 2422 Vorentwurf: Entwicklungsmethodik für Geräte und Steuerung durch Mikroelektronik. VDI/VDE-Handb. Feinwerktechn.

Aktorik. Sammelbegriff für diejenigen Komponenten im Feld, die den ausgangsseitigen Informationsfluß eines Leitsystems in einen Materialfluß umformen. Dem aus der Bionik stammenden Begriff A. sind gerätetechnisch zuzuordnen: Stelleinrichtungen mit den Komponenten Steller und →Stellglied, aber auch örtliche Leistungsverstärker, →Stellungsregler, örtliche →Digital-Analog-Umsetzer und weitere Geräte mit peripherer Intelligenz gehören zur A. *Strohrmann*

Akzeptanzwinkel. Der A. α_{max} ist der halbe Öffnungswinkel des Strahlenkegels, bei dem die Lichtstrahlen nach Eintritt in die Glasfaser an der Grenzfläche zwischen Kern (Brechzahl n_k) und Mantel (Brechzahl n_m) gerade noch total reflektiert und somit im Glasfaserkern geführt werden.

Dazu müssen die Strahlen auf die Faserstirnfläche unter dem Winkel $\alpha \leq \alpha_{max} = \arcsin \{\sqrt{n_K^2 - n_M^2}/n_o\}$ einfallen (Bild). Das Produkt aus dem Sinus des Akzeptanzwinkels und der Brechzahl n_o des die Eintrittsfläche des Lichtwellenleiters umgebenden Mediums (i. a. $n_o = 1$) wird mit numerischer Apertur $A_n = n_o \cdot \sin\alpha_{max}$ bezeichnet. Diese hängt nur von den Brechzahlen des Kern- und Mantelmaterials, nicht aber von den Abmessungen des Lichtwellenleiters ab: $A_N = \sqrt{n_K^2 - n_M^2}$. Unter Benutzung der relativen Brechzahldifferenz $\Delta = (n_k^2 - n_m^2)/2n_k^2$ ergibt sich $A_N = n_k \sqrt{2\Delta}$. Lichtstrahlen, die mit $\alpha > \alpha_{max}$ auf die Stirnfläche einfallen, können im Mantel der Faser durch Totalreflexion an der äußeren Mantelgrenze als Mantelmoden geführt werden. Ist α so groß, daß an dieser Grenze keine Totalreflexion mehr stattfinden kann, entstehen Strahlungsmoden. Mantel- und Strahlungsmoden sind für die Nachrichtenübertragung unerwünscht. Bei Stufenfasern ist der Akzeptanzwinkel über der gesamten Kernquerschnittsfläche konstant, bei Gradientenfasern ist er eine Funktion des Kernradius. *Krauser*

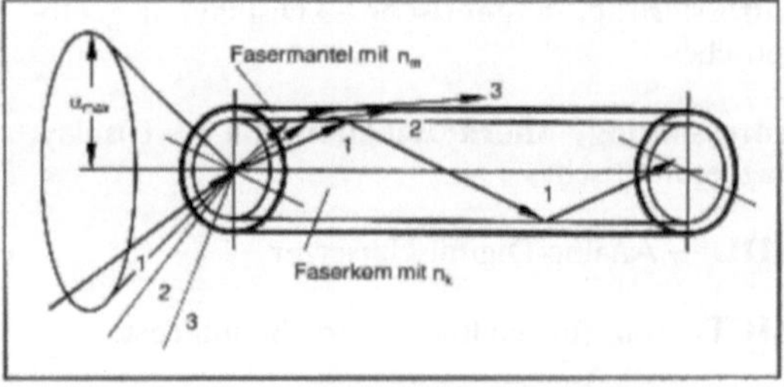

Akzeptanzwinkel: Schematische Darstellung für eine Stufenfaser.

Alanin-Dosimeter →Elektronenspinresonanz-Dosimeter

Albedo-Dosimeter →Neutronen-Dosismessung

Algorithmic Pattern Generator. (Abk. ALPG, APG). Hardwarezusatz im →Prüfautomaten, der beliebig lange Folgen von mathematisch definierbaren →Prüfbitmustern, aber auch Zufallsbitmuster mit hoher Folgerate erzeugen kann. Eingesetzt wird der APG zum Beispiel hauptsächlich beim Speichertest aber auch zur Prüfung von Bausteinen, deren logisches Verhalten mit mathematischen Regeln beschreibbar ist (z. B. ALU's).

Der APG wird durch entsprechende Steuerfunktionen im →Prüfprogramm parametriert. Vorteil gegenüber Softwareverfahren ist die Patterngenerierungsmöglichkeit in Echtzeit, nachteilig neben zusätzlicher Hardwarekosten eine u. U. nicht ausreichende Flexibilität. *Winter*

Amorphe Schicht. Durch Ionenimplantation entstehen Strahlenschäden, da die hochenergetischen Ionen Atome des Substrats (Halbleiterscheibe) von ihrem Gitterplatz versetzen können. Bei hohen Implantationsdosen können die geschädigten Gebiete überlappen und es entstehen a. S., in denen die Gitteratome keine Fernordnung mehr aufweisen. Die Dosis, ab der a. S. entstehen, hängt von der Masse der implantierten Ionen und von der Stromdichte ab. In der Tabelle sind Werte der amorphen Dosis für niedrige Stromdichten ($< 1 \mu A/cm^2$) für Silicium, GaAs und GaP wiedergegeben. Bei höheren Stromdichten kommt es, unabhängig vom Wärmekontakt der Halbleiterscheiben zu ihrer Halterung, zu einer Erwärmung der Scheiben, die zu einem Ausheilen der Strahlenschäden führen kann und die Ausbildung von a. S. verhindert oder wesentlich höhere Dosen erforderlich macht. Durch Implantation erzeugte a. S. zeichnen sich dadurch aus, daß sie bei Temperaturen um 550 °C bis 600 °C epitaktisch rekristallisieren. Dabei werden Dotierelemente teilweise in höheren Konzentrationen als ihrer Löslichkeit entsprechend in das Kristallgitter eingebaut. Solche sog. übersättigten Lösungen sind metastabil und relaxieren bei höheren Temperaturen.

A. S. entstehen ebenfalls bei der Abscheidung von Siliciumschichten bei Temperaturen unter ca. 580 °C in LPCVD Reaktoren und beim →Aufdampfen oder Aufsprühen von verschiedenen Halbleiterschichten (Halbleiter, amorpher). *Ryssel*

Literatur: *Ryssel, H.* und *I. Ruge:* Ion Implantation. Chichester 1986.

Ampere. Nach *A. M. Ampère* (1775–1836) benannte SI-Basiseinheit der elektrischen Stromstärke. Einheitenzeichen A (→Einheiten des SI). *Hammerschmidt*

Amplitudengang →Bode-Diagramm

Amplitudenrand →Nyquist-Kriterium

Amplitudenverteilung, Messung. Es ist ungünstig, sich schnell ändernde deterministische oder

Amorphe Schicht. Tabelle: Werte der kritischen Dosis für die Bildung von a. S. für verschiedene Elemente bei Raumtemperatur.

Halbleiter	Element	Masse des Hauptisotopes	Dosis (cm^{-2})
Si	B	11	8×10^{16}
	N	14	2×10^{15}
	Ne	20	10^{14}
	Al	27	$\geq 5 \times 10^{14}$
	P	31	6×10^{14}
	Ar	40	4×10^{14}
	Ga	70	2×10^{14}
	As	75	2×10^{14}
	Kr	84	2×10^{14}
	In	115	10^{14}
	Sb	121	10^{14}
	Tl	205	5×10^{13}
	Bi	209	5×10^{13}
GaAs	C	12	10^{15}
	Si	28	2×10^{14}
	Zn	64	3×10^{13}
	Cd	114	3×10^{13}
GaP	Te	130	10^{14}

stochastische Meßsignale in Abhängigkeit von der Zeit darstellen zu wollen. Besser ist, die Amplitude des Signals zu bestimmten Zeiten zu messen und die Häufigkeit der Amplituden, die A., zu ermitteln. Aus ihr können dann z. B. der Mittelwert der Amplituden, ihre Standardabweichung und weitere Kenngrößen abgeleitet werden.

Zur Gewinnung der A. wird das analog-Signal abgetastet und mit Hilfe eines →Analog-Digital-Umsetzers digitalisiert. Diese Information wird an ein Rechnersystem gegeben, das für jedes mögliche Wort einen eigenen Zähler bereitstellt. Bei einer 12-bit-Umsetzung sind so 4096 Zähler erforderlich. Wird eine bestimmte Amplitude festgestellt, so wird der Inhalt des zugeordneten Zählers um 1 erhöht. Am Ende der Messung wird dann die Häufigkeit für jede Amplitude ausgegeben, womit die A. ermittelt ist. Aus dem Mittelwert und der Standardabweichung der Verteilung lassen sich dann Rückschlüsse auf den überwachten Prozeß ziehen.

Wird bei impulsliefernden Detektoren die Häufigkeit der verschiedenen Impulsscheitelwerte ermittelt, so läßt sich eine →Impulshöhenanalyse durchführen. Diese ist die Grundlage der Gamma-Spektroskopie. *Schrüfer*

Analog/Digital-Umsetzer. Der A/D-U. setzt amplitudenanaloge Eingangssignale in das digitale Datenformat um. Dies ist immer dann notwendig, wenn das Signal eines analogen Aufnehmers, Sensors oder Meßumformers digital weiterverarbeitet werden soll.

Dem A/D-U. sind in der Regel ein →Abtast- und Halteglied und ein analoges Filter zur Bandbegrenzung (→Antialiasing-Filter) vorgeschaltet (Bild). Der A/D-U. liefert dann das der analogen Spannung des Aufnehmers entsprechende wert- und zeitdiskrete Signal.

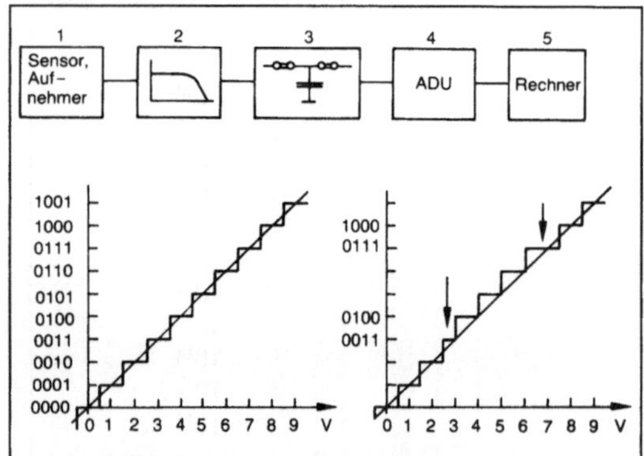

1) Meßwertgeber mit analogem Ausgangssignal, 2) Anti-Aliasing-Filter, 3) Abtast- und Halteglied, 4) Analog/Digital-Umsetzer, 5) digitale Datenverarbeitung.

Analog/Digital-Umsetzer: Blockschaltbild einer Meßkette mit digitaler Signalverarbeitung.

Die elektronischen A/D-U. lassen sich in die beiden Gruppen der direkt und der indirekt vergleichenden Umsetzer einteilen. Bei der ersten Gruppe wird die unbekannte Spannung anhand einer bekannten Referenzspannung ermittelt. Die zweite Gruppe wandelt hingegen die analoge Eingangsgröße zunächst in ein Zeitintervall oder in eine Frequenz als Zwischengröße um. Der Wert dieser Zwischengröße wird dann über eine Impulszählung erfaßt und als Zahl ausgegeben. Der Vergleich der analogen Größe mit der Referenzgröße erfolgt also nicht in der Größenart Spannung, sondern in der Größenart Zeit. Das ist kein Umweg, da sich Zeitintervalle und Frequenzen einfach und besonders genau messen lassen.

Zu der ersten Gruppe der direkt vergleichenden Umsetzer gehören:

→A/D-Umsetzer mit parallelen Komparatoren (flash converter)
→A/D-Stufenumsetzer
→A/D-Nachlaufumsetzer
→A/D-Umsetzer mit sukzessiver Approximation
→A/D-Parallel-Seriell-Umsetzer,
sowie der rückgekoppelte →Sigma-Delta-Modulator.

Die Klasse der indirekt vergleichenden Umsetzer umfaßt den

→A/D-Einrampen-Umsetzer (*engl.* single slope converter)
→A/D-Zweirampen-Umsetzer (*engl.* dual slope converter)
→A/D-Sägezahnumsetzer
→A/D-Ladungsbilanz-Umsetzer
→A/D-Relaxationsoszillator-Umsetzer.

Wichtig bei der Umsetzung sind die erreichbare Genauigkeit und die benötigte Zeit. Die Tabelle zeigt, daß die direktvergleichenden Umsetzer mit parallelen Komparatoren die kürzesten Umsetzzeiten im Bereich von ns erreichen. Das Auflösungsvermögen ist begrenzt. Für eine 8-bit-Umsetzung sind 255 einzelne Komparatoren und 255 genau abgeglichene Widerstände notwendig. Auch die Umsetzer nach dem Verfahren der sukzessiven Approximation sind sehr schnell. Die indirekten, integrierenden Verfahren wie die Zweirampen-Umsetzung oder die Ladungsbilanz-Umsetzung benötigen etwa die 1000fache Umsetzzeit, bieten aber auch eine höhere Auflösung und Genauigkeit.

Während der Übergang von zeitkontinuierlichen zu zeitdiskreten Abtastwerten unter bestimmten Voraussetzungen eine vollständige und fehlerfreie Rekonstruktion des analogen Signals zuläßt, bedeutet die Darstellung eines wertkontinuierlichen Analogsignals durch die endlich vielen Binärstellen des digitalen Wortes einen irreversiblen Informationsverlust. Durch diese Digitalisierung oder Quantisierung entsteht der Digitalisierungs- oder →Quanti-

Analog-Digital-Umsetzer. Tabelle: Technische Daten einiger Ausführungen.

Prinzip		Vollausschlag in V	Zahl der Stufen	Wert einer Stufe in mV	Umsetzzeit	Nullpunktsdrift in μV/K	Verstärkungsdrift in μV/K
parallele	[1]	1,5	256	5,859	10 ns		
Komparatoren	[2]	2	1 024	1,953	50 ns		
sukzessive	[3]	10	4 096	2,441	1,5 μs	± 100	± 300
Approxi-	[4]	10	4 096	2,441	3 μs	± 200	± 300
mation	[5]	10	4 096	2,441	10 μs	± 150	± 300
u/t-Zweirampen-	[6]	2	20 000	0,100	100 ms	± 2	± 10
Umsetzung	[7]	10	65 536	0,152	4 ms	± 6	± 100
u/f-	[8]	10	20 000	0,500	2 000 ms	± 30	± 750
Umsetzung	[9]	10	3 000	3,333	33 ms	± 5	± 500
u/f-Landungsbilanz-Umsetzung	[10]	10	20 000	0,500	20 ms	± 30	± 250

Typen: [1] SDA 8010; [2] TDC 1020; [3] ADC 803; [4] AD 578; [5] ADC 84; [6] ICL 7135; [7] MP 8037; [8] AD 650; [9] VFC 320; [10] AD 651

sierungsfehler. Er begrenzt die Auflösung, die sich unter gewissen Voraussetzungen dann nur durch eine →Überabtastung noch verbessern läßt.

Die Genauigkeit wird zunächst, wie bei analogen Geräten, durch die Nullpunkt- und Verstärkungsfehler begrenzt. Die Datenblätter schreiben vor, wie bei der Inbetriebnahme der Nullpunkt und die Verstärkung abzugleichen sind. Ist dieses richtig erfolgt, so bleibt eine Ungenauigkeit oder *integrierte Nichtlinearität* von der Größe des halben oder ganzen niedrigstwertigen bit übrig (least significant bit, lsb). Bei Temperaturänderungen driften Nullpunkt und Verstärkung, ohne daß für einen individuellen Umsetzer das Vorzeichen dieser →Drift im Datenblatt angegeben werden könnte.

Ungleichmäßige Quantisierungsstufen führen zu einer *differentiellen Nichtlinearität.* Jedem digitalen Wort entspricht ein Spannungsintervall von 1 V. Die differentiellen Nichtlinearitäten entstehen nur bei einer fehlerhaften Gewichtung der bits. Ist der Fehler eines höherwertigen bit größer als 1 lsb, so treten bei der Umsetzung gewisse Werte überhaupt nicht mehr auf. Codes gehen verloren. Um dieses zu vermeiden, muß die Ungenauigkeit der höherwertigen bit kleiner als 1 lsb bleiben. Differentielle Nichtlinearitäten sind bei den direkt vergleichenden Umsetzern eher zu erwarten als bei den indirekten, bei denen nur Zeitintervalle oder Frequenzen monoton auszuzählen sind.

Die Eigenschaften der realen A/D-U. führen dazu, daß das →Signal-Rausch-Verhältnis oft nicht seinen theoretisch maximalen möglichen Wert erreicht, sondern kleiner ist. Daraus resultiert, daß in diesen Fällen nicht mit n bit Auflösung quantisiert wurde, sondern nur mit der effektiven Bitzahl n_{eff}, die immer kleiner als die maximal mögliche Bitzahl n ist.

Im allgemeinen ist auch noch ein Fehler der Abtast- und Halteschaltung in Betracht zu ziehen. Dieser *Apertur-Fehler* oder *Apertur-Jitter* kommt dadurch zustande, daß

- die Abtastimpulse keine (zu vernachlässigende) konstante Breite haben und
- die Abtastung nicht exakt äquidistant erfolgt.

Die Geschwindigkeit der A/D-Umsetzung bestimmt die maximal mögliche Abtastfrequenz. Diese muß mehr als das doppelte der höchsten im Signal enthaltenen Frequenzkomponente betragen, um das Signal wieder vollständig rekonstruieren zu können (→Signalanalyse). *Schrüfer*

Literatur: *Scheingold, D. H.:* Analog Digital Conversion Handbook. 3. Aufl. 1986, Norwood, Mass. – *Schmid, H.:* Electronic Analog-Digital Conversion. New York 1970. – *Schrüfer, E.:* Elektrische Meßtechnik. 3. Aufl. München 1988. – *Schüßler, H. W.:* Digitale Signalverarbeitung. 2 Bd. Berlin–Heidelberg–New York 1988. – *Seitzer, D.:* Elektronische Analog-Digital-Umsetzer. Berlin–Heidelberg–New York 1977. – *Zander, H.:* Analog-Digital-Wandler in der Praxis. 1983.

Analog-Multiplexer →Meßstellenumschalter

Analogprüfung. Sammelbegriff für alle manuellen oder automatisierten Prüfvorhaben, bei denen die Prüfung über eine Messung von Absolutwerten analoger Größen erfolgt.

Die Prüflinge bei der A. können sein: Bauelemente vom einfachen Widerstand über Einzelhalbleiter bis zum integrierten Schaltkreis, Baugruppen mit diesen Bauelementen sowie elektrische und elektronische Geräte und Systeme. Auch an digitalen integrierten Schaltkreisen und Baugruppen mit digitalen Schaltungsinhalt werden A. vorgenommen; sie werden dort als Parameterprüfungen bezeichnet. Ein Beispiel einer →Parameterprüfung ist die Messung und Bewertung des Eingangsstromes an einem TTL-Schaltkreis.

Die Grundgrößen Spannung, Strom, Frequenz, Zeit, Widerstand, Kapazität und Induktivität müssen z. T. über große Wertebereiche erfaßt werden. Daneben gibt es eine Vielzahl von abgeleiteten komplexen Größen wie Klirrfaktor, Bandbreite, Modulationsgrad und Kurvenform, um nur einige Beispiele zu nennen. Für alle bei einem →Prüfling zu überprüfenden Parameter müssen an einem manuellen Prüfplatz oder in einem Prüfautomaten die entsprechenden Geräte zur Verfügung stehen.

Prüfen bedeutet Stimulieren – Messen – Vergleichen. Ein Analogprüfling verlangt für seine Funktionserfüllung die gleichzeitige Stimulierung mehrerer Signale z. B. mehrerer Versorgungsspannungen und eines Nutzsignals. Messungen werden jedoch in der Regel zeitlich nacheinander vorgenommen. Da die Stimuli- und Meßsignale an wechselnden Anschlüssen des Prüflings angelegt bzw. abgenommen werden, muß das Schaltfeld als Signalverteiler möglichst flexibel sein.

Die Reihenfolge der Vorgänge beim Test eines Signales ist:
- Verbindungen zwischen Geräten und dem Prüfling über das Schaltfeld herstellen
- Stimuligeräte einstellen und damit Signale an die Prüflingseingänge legen
- Meßgerät einstellen und Messung vornehmen
- Meßwert mit Sollwert vergleichen
- nicht mehr benötigte Stimulisignale abschalten
- nicht mehr benötigte Verbindungen lösen.

Die →Prüfperipherie der Analogprüfautomaten enthält in Zahl und Art sehr unterschiedliche Meß- und Stimuligeräte, deren Auswahl vom Signalspektrum der Prüflinge bestimmt wird. Die Einbeziehung komplexer Einzelgeräte für spezielle Meßaufgaben wird durch den standardisierten →IEC-Bus (DIN IEC 66.22, IEEE 488) erleichtert. Signale mit hohen Anforderungen an Strom, Spannung, Frequenz usw. werden oft unter Umgehung des Schaltfeldes direkt zum Adapter geführt.

Die →Prüfsprache für einen Analogprüfautomaten muß alle Einstellungen und Abfragen der Prüfperipheriegeräte ermöglichen. Hochsprachen bieten die Möglichkeit, über vom Anwender selbst erstellbare Unterprogramme oder Prozeduren selbst komplizierte Einstellfolgen einfach zu programmieren und aufzurufen. Hilfsmittel für eine automatisierte Erstellung von Prüfprogrammen und →Prüfdaten sind bei A. nur ansatzweise vorhanden. Beides wird noch vorwiegend manuell vorgenommen. Das gleiche trifft auf die →Fehlersuche bei Baugruppen zu. Hier hilft vor allem eine gut durchdachte Strukturierung des Prüfprogrammes mit Hinweisen auf stimulierte und gemessene Signalparameter für die manuelle Fehlersuche. Vielfach wird der →In-Circuit-Test zur Fehlersuche eingesetzt.

Mettler

Analogschalter. Ein idealer Schalter für kontinuierliche Signale erfüllt folgende Forderungen: Im „Ein"-Zustand ist unabhängig vom Strom I der Spannungsabfall U = 0, es treten auch keine Versatzspannungen (offset voltage) oder andere Störspannungen auf. Im „Aus"-Zustand ist unabhängig von der Spannung der Strom I = 0. Die Steuerung für „Ein" und „Aus" erfolgt leistungslos, außerdem sind die steuernde und die gesteuerte Größe nicht miteinander verkoppelt. Ferner erfolgen die Übergänge zwischen den beiden Schaltzuständen verzögerungsfrei. Umgebungseinflüsse wie Temperatur, Feuchtigkeit, mechanische Erschütterungen usw. spielen keine Rolle.

Alle diese Eigenschaften besitzt keines der üblichen Schaltelemente wie →Relais, →Halbleiterdioden (Diode), Bipolartransistoren und Feldeffekttransistoren, Thyristoren und Thyratrons gleichzeitig. In der Praxis wählt man den Schalter mit den für den Verwendungszweck günstigsten Eigenschaften aus und versucht, nachteilige Eigenschaften zu verbessern. Anwendungsfälle für A. werden nachstehend beschrieben.

Mechanische Schalter und Relais zeichnen sich durch sehr niedrige Durchlaßwiderstände (einige mΩ) an geschlossenen Kontakten und sehr hohe Widerstandswerte (GΩ und mehr) an geöffneten Kontakten aus. Dem stehen gegenüber die Verzögerung beim Schaltvorgang und die Prellneigung der Kontakte. Anwendung in großer Anzahl z. B. zum Durchschalten der Sprechwege in Fernsprechvermittlungen sowie für langsame →Meßstellenumschalter (Scanner), z. B. in Punktdruckern.

Halbleiterdioden arbeiten verzögerungs- und prellfrei, jedoch stören hier der relativ hohe Durchlaßwiderstand, die Durchlaßspannung und die besonderen Maßnahmen zum Entkoppeln von steuerndem und gesteuertem Signal. Durch den Einsatz eines →Operationsverstärkers oder durch Anordnung als Diodenbrücke lassen sich jedoch die Eigenschaften eines Schalters mit Halbleiterdioden verbessern.

Bipolartransistoren haben einen niedrigen Durchlaß- und einen hohen Sperrwiderstand, allerdings bleibt im Durchlaßbereich eine Restspannung von 100 – 10 mV bestehen, die sich insbesondere beim Schalten kleinerer Spannungen ungünstig auswirken kann.

Feldeffekttransistoren (FET) eignen sich dagegen gut zum Schalten kleiner Spannungen, weil sie keine bleibende Restspannung aufweisen. Eine

Analogschalter. Tabelle: Typische Daten

Analogschalter	Signalspannung	Durchlaß-widerstand	Sperr-widerstand (Sperrstrom)	Ansprechzeit Abfallzeit	Steuerstrom
Relais, Reed-Relais	± 300 V	30 mΩ	10^{10} Ω	10 . . . 1 ms	10 mA
Diodenbrücke	± 2,5 V			< 1 ns	
Bipolar-Transistor	± 1 . . . 100 V	1 Ω	1 MΩ	100 ns	10 mA
JFET	± 10 V	100 Ω		400 ns	3 μA
CMOS	± 15 V	75 Ω	(0,1 . . . 1 nA)	100 . . . 300 ns	10 μA
Steilheits-verstärker				Bandbreite > 100 MHz	

Übersicht über die bei A. typischen Daten gibt die Tabelle. *Hammerschmidt*

AND-Glied →UND-Glied

Andrucksteckverbinder. A. sind mehrpolige →Steckverbinder, bei denen die Kontaktkraft erst nach dem Stecken des beweglichen Teils durch Betätigen eines Keiles, Drehen einer Nockenwelle oder einfach durch Schrauben aufgebracht wird.

A. werden dann angewendet, wenn sehr hohe Polzahlen, z. B. mehrere hundert Kontakte gleichzeitig angeschlossen werden sollen und die Betätigungskräfte zu hohe Werte annehmen. Ein weiterer Anwendungsfall ist der Anschluß von dünnen Folien, die bereits bei kleinen Steckkräften zum Knikken neigen. *Pagnin*

Anemometer. Das A. oder Hitzdraht-A. dient zur →Durchflußmessung bei Gasen. Ein beheizter Widerstandsdraht wird durch die zu messende Gasströmung abgekühlt. Aus der durch das Gas abgeführten Wärme wird auf die Strömungsgeschwindigkeit und damit den Durchfluß des Gases geschlossen. Bei konstanter Heizleistung ist die Temperatur des Fühlers, bei konstanter Temperatur die Heizleistung ein Maß für die Strömungsgeschwindigkeit.

Im ersten Fall (Bild) liegt der Hitzdraht in einer Brücke, die mit konstantem Strom gespeist wird und die z. B. bei Durchfluß Q = O abgeglichen ist. Wird nun der Hitzdraht durch das vorbeistreichende Gas abgekühlt, so wird die Brücke verstimmt, da sich die Temperatur und damit der Widerstand des Hitzdrahtes ändert. Aus der gemessenen Diagonalspannung der Brücke kann der Widerstand und die Temperatur des Drahtes berechnet werden. Die Temperatur wiederum hängt für ein bestimmtes Gas eindeutig von der Strömungsgeschwindigkeit ab.

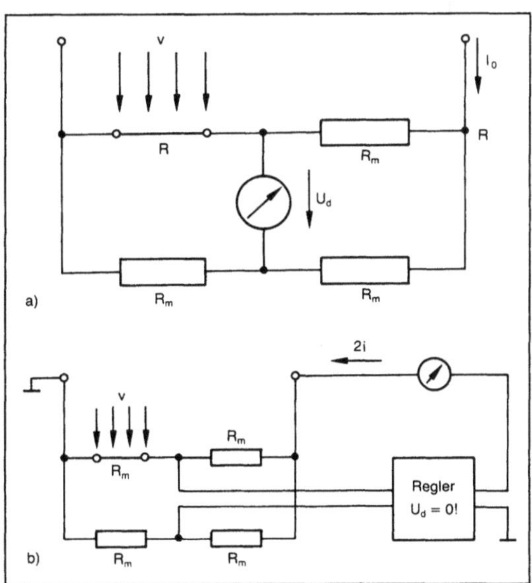

Anemometer: Prinzipschaltung.
a) Messung bei konstantem Heizstrom
b) Messung bei konstanter Hitzdrahttemperatur.

Bei der Messung bei konstanter Hitzdrahttemperatur liegt der Hitzdraht wiederum in einer Brücke. Hier dient die Diagonalspannung aber als Eingangsgröße eines Reglers, der den Brückenstrom so verstellt, daß die Diagonalspannung immer auf null geregelt wird. In diesem Fall ist die Temperatur des Hitzdrahtes konstant. Der Brückenstrom ist ein (nichtlineares) Maß für die Geschwindigkeit v des Gases. Die dynamischen Eigenschaften bei der zweiten Meßmethode sind sehr gut, da die Zeiten zum Erreichen der Drahtendtemperatur entfallen. Daher können damit auch schnelle Durchflußänderungen gemessen werden.

Beim Differential-Hitzdraht-A. sind zwei Hitzdrähte in der Strömung hintereinander angeordnet. Beide sind beheizt. Durch die Strömung wird der erste Draht abgekühlt, der zweite durch die abgeführte Wärme des ersten erwärmt. Beide sind in einer Brücke verschaltet. Von Vorteil ist, daß die Diagonalspannung für kleine Volumenströme linear von der Strömungsgeschwindigkeit abhängt. Damit lassen sich Volumenströme der Größenordnung 10^{-4} mm³/s erfassen.

Handelsübliche Hitzdrahtgeber verwenden platinüberzogenen Wolframdraht von etwa 0,005 mm Durchmesser und 1 mm Länge. Bei schwierigen Umgebungsbestimmungen werden Heißfoliengeber (Platinfolie auf Glas) verwendet. *F. Schneider*

Ångström. Längeneinheit. Einheitenzeichen Å, 1 Å = 10^{-10} m. Seit 1. 1. 1978 in der Bundesrepublik Deutschland im geschäftlichen und amtlichen Verkehr nicht mehr zugelassen. *Hammerschmidt*

Anlagensicherung. Unter A. ist die Sicherung verfahrenstechnischer Anlagen gegen Fehlzustände zu verstehen. Die Fehlzustände können dabei sowohl materieller Art (z. B. Beschädigungen von Apparaten und Maschinen oder die Beeinträchtigung von Produktionsergebnissen) als auch ideeller Art (z. B. Umwelt- oder Personenschäden) sein.

Aufgabe der leittechnischen Einrichtungen zur A. ist es im allgemeinen, beim Über- oder Unterschreiten eines Grenzwertes eine Aktion einzuleiten. Das kann eine Warnung der Betriebsmannschaft oder ein automatischer Eingriff in die Anlage sein, z. B. ein Abschalten, eine Entspannung oder Absperrung. Dazu vergleicht ein →Grenzsignalgeber die in einem analogen Wertebereich anfallende Meßgröße mit einem vorgegebenen Grenzwert. Je nachdem, ob die Meßgröße im Gut- oder im Fehlbereich liegt, gibt er ein Gut- oder Fehlsignal aus. Eine Signalverarbeitung führt dann das binäre Signal des Grenzsignalgebers in eine Meldung über oder leitet eine automatische Aktion ein (Bild 1).

In modernen Großanlagen sind bis zu einigen Tausend Grenzwerte zu überwachen, und es müssen außerdem bei unterschiedlichen Fehlzuständen des Prozesses auf diese Zustände abgestimmte automatische Aktionen eingeleitet werden. Für die Meldeeinrichtungen sind dazu besondere Strategien zur richtigen Erkennung, wie Neu- und Erstwertmeldungen, erforderlich, und für die Abschaltungen wurden ausgeklügelte Systeme mit Verriegelungen, Prüfmöglichkeiten und fehlersicheren Bauelementen entwickelt.

Die Problematik der A. liegt darin, daß es trotz aller Anstrengungen nicht möglich ist, die Einrichtungen so zu projektieren, zu bauen, zu montieren und zu betreiben, daß jedes Ausfallrisiko absolut ausgeschlossen werden kann. Es bleibt eine gewisse sicherheitstechnische →Unverfügbarkeit übrig, die vorgegebene Grenzen nicht übersteigen darf.

Bei Sicherheitsüberlegungen ist zu beachten, daß es bei den möglichen Fehlern und Ausfällen einmal passive oder funktionshemmende gibt, die unerkannt anstehen und damit eine →Schutzeinrichtung unwirksam machen. Diesen Fehlern und Ausfällen ist nur durch manuelle oder selbsttätige periodische Prüfungen entgegenzuwirken: Durch hinreichend kurze Prüfabstände läßt sich die sicherheitstechnische Unverfügbarkeit auf das erforderliche Maß einschränken. Allerdings ist der Aufwand manueller Prüfungen oft sehr hoch, besonders weil die Prüfungen die Grenzwertüberschreitung möglichst betriebsgerecht simulieren sollen.

Neben den passiven gibt es aktive oder funktionsauslösende Fehler und →Ausfälle, welche zwar nicht sicherheitsrelevant sind, die Anlage aber unnötig abschalten. Aktive Fehler und Ausfälle vermitteln einer Schutzeinrichtung ein Fail-Safe-Verhalten (Bild 2). Die Anordnung ist gegen die hier als wahrscheinlich angenommenen Fehler Verstopfung der Meßleitung und Ausfall der Hilfsenergie

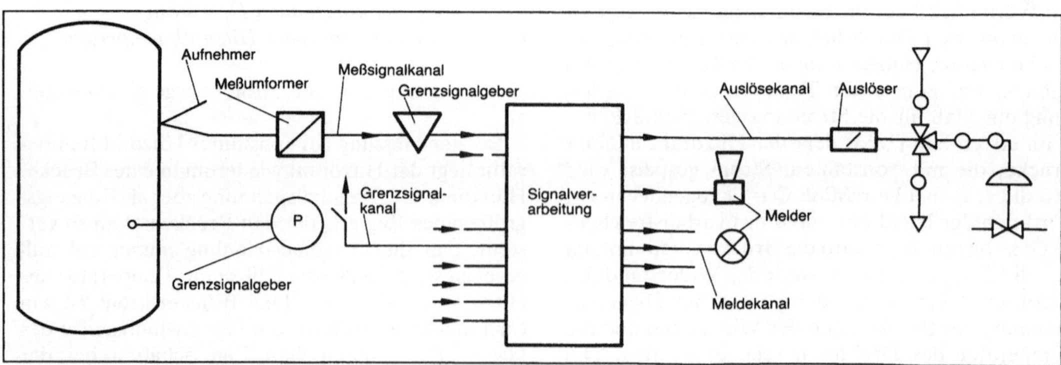

Anlagensicherung 1: Komponenten einer leittechnischen Einrichtung zur A.

fail-safe: Bei Verstopfung der Meßleitung staut sich der Spülstickstoff an und löst über den Druckwächter die Abschaltung aus, bei Hilfsenergieausfall schließt mittels Federkraft das Stellventil im Zulauf, und das in der Entspannungsleitung öffnet. Gegen andere Fehler und Ausfälle, wie Bruch der Stellfedern oder Ausfall des Stickstoffdruckes ist die im Bild gezeigte Gerätewahl nicht fail-safe.

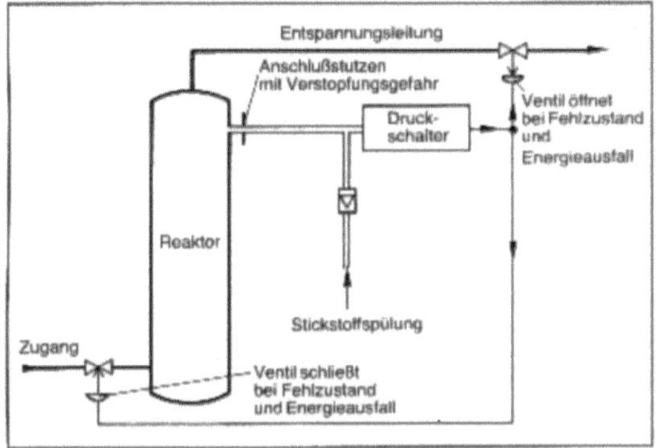

Anlagensicherung 2: Fail-Safe-Verhalten der Überdrucksicherung eines Reaktors.

Durch redundante Anordnung der Schutz- und →Überwachungseinrichtungen können Prüfabstände vergrößert, besonders aber die Auswirkungen aktiver Fehler und Ausfälle stark eingeschränkt werden. Die Entwickler von Sicherungseinrichtungen versuchen deshalb, die Geräte so zu konzipieren, daß die als möglich angesehenen Fehler und Ausfälle aktiver Art sind oder daß passiven Fehlern und Ausfällen durch interne Überwachungsroutinen ein aktives Verhalten aufgeprägt wird. Solche Geräte sind bauteilfehlersicher und können für bestimmte Anforderungen, z. B. nach den Technischen Regeln für Dampfkessel, zugelassen werden.

Der Aufwand für Ausführung und Betrieb der leittechnischen Einrichtungen zur A. ist, soweit keine gesetzlichen Auflagen vorliegen und die Einrichtungen damit in Eigenverantwortung erstellt und betrieben werden, den Schutzzielen und der Gefährdung anzupassen. Dazu bietet sich u. a. die →Klassifizierung leittechnischer Einrichtungen an, besonders das Herausheben der Schutzeinrichtungen aus der Masse der Überwachungseinrichtungen (→Meldesystem). *Strohrmann*

Literatur: DIN 19235: Steuerungstechnik. Meldung von Betriebszuständen. Ausg. Juni 1983. – *Strohrmann, G.*: Anlagensicherung mit Mitteln der MSR-Technik. München–Wien 1983. – VDI/VDE 2180 Blatt 1: Sicherung von Anlagen der Verfahrenstechnik mit Mitteln der Meß-, Steuerungs- und Regelungstechnik. Einführung, Begriffe, Erklärungen. Ausg. April 1986; Blatt 2: Berechnungsmethoden für Zuverlässigkeitskenngrößen von Sicherungseinrichtungen. Ausg. April 1986; Blatt 3: Klassifizierung von Meß-, Steuerungs- und Regelungseinrichtungen. Ausg. Dez. 1984; Blatt 4: Ausführung und Prüfung von Schutzeinrichtungen. Ausg. Juli 1988; Blatt 5: Bauliche und installationstechnische Maßnahmen zur Funktionssicherung von Meß-, Steuerungs- und Regelungseinrichtungen in Ausnahmezuständen. Ausg. Dez. 1984. – VDI/VDE 3541 Blatt 1: Steuerungseinrichtungen mit vereinbarter gesicherter Funktion. Einführung, Begriffe, Erklärungen. Ausg. Okt. 1985; Blatt 2: Vereinbarung der gesicherten Funktion. Ausg. Okt. 1985; Blatt 3: Maßnahmen für die Erstellung. Ausg. Okt. 1985.

Anpassung, akustische. Eine mechanische oder a. A. ist zweckmäßig bei der Auslegung von piezoelektrischen Sensoren. Sie dient zur Herabsetzung der mechanischen Impedanz, um hohe mechanische Leistungen einkoppeln zu können. Für den transversalen piezoelektrischen Effekt mit einer Krafteinwirkung auf die Fläche b · d eines Quaders der Länge l ergibt sich als mechanische Impedanz

$$Z_m \sim \frac{b \cdot d}{l}$$

d. h. für das Schlankheitsmaß (d/l) «1 kann Z_m erheblich reduziert werden (Bild).

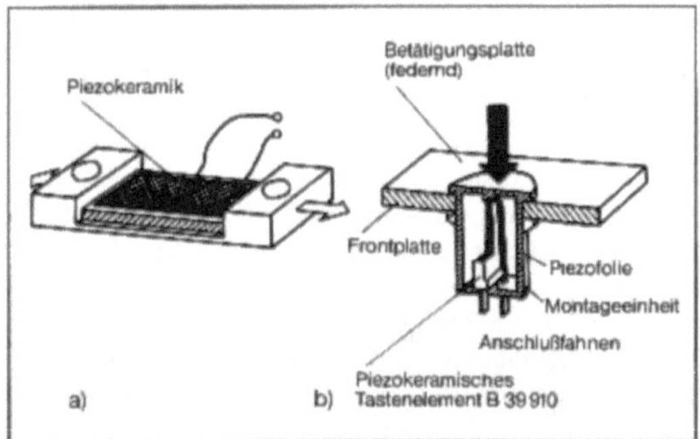

Anpassung, akustische: Piezoelektrische Sensoren mit verminderter akustischer Impedanz.
a) Klopfsensor (Verbrennungsmotor)
b) Piezodrucktaste (Dehnungsmesser).

Bei piezokeramischen Membranen läßt sich die mechanische Impedanz absenken durch ein möglichst kleines Verhältnis von Membrandicke d zu Membranlänge oder -durchmesser l. *Schaumburg*

Literatur: *Heywang, W.*: Sensorik. Berlin 1984.

Anpassung, elektrische. Um hohe elektrische Leistungen in einen piezoelektrischen Sensor einkoppeln zu können, muß die elektrische Impedanz abgesenkt werden. Für den transversalen piezoelektrischen Effekt ergibt sich für dieselbe Ausführungsform wie in →Anpassung, akustische für die elektrische Impedanz eines Quaders oder einer Membran:

$$Z_e \sim \frac{d}{l}$$

d. h. bei einem niedrigen Schlankheitsmaß (d/l) wird auch die elektrische Impedanz abgesenkt.

Schaumburg

Literatur: *Heywang, W.:* Sensorik. Berlin 1984.

Ansteuerung von Anzeigen. Die →Informationsdarstellung in elektronischen →Anzeigen basiert auf der Aktivierung einzelner, ausgewählter Bildpunkte einer Anzeige. Die Zahl der Bildpunkte kann – bei einer numerischen Anzeige lediglich sieben Segmente pro Zeichen, oder bei einem Bildschirm bis zu mehreren Millionen Bildpunkte umfassen. Bereits aus dieser ersten Betrachtung folgt, daß Ansteuerungsschaltungen komplexe und damit teure elektronische Systeme sind. Der Entwickler wird deshalb stets auf der Suche nach wirksamen, aber auch preiswerten Lösungen sein, um das komplette System der Anzeige angemessen preiswert zu gestalten.

Prinzipiell lassen sich alle bekannten A.-Prinzipien in zwei Kategorien einteilen:

□ Anzeigen, deren Bildpunkte durch einen Strahl aktiviert werden

□ Anzeigen, die zur Aktivierung eines Bildpunktes ein elektrisches Signal benötigen, das über eine Elektrode zugeführt wird.

Das bekannteste Beispiel einer Anzeige mit Strahladressierung ist wohl die →Kathodenstrahlröhre. Genügt zur A. einer monochromen Röhre ein einzelner Elektronenstrahl, so erfordert eine Schattenmaskenröhre bereits drei Elektrodensysteme. Andere Flachröhrenprinzipien, wie die RCA-Röhre, setzen zur A. jedes einzelnen Bildpunktes ein eigenes Elektronenstrahlsystem ein (Multikanal-Röhren). In anderen Anzeigen, wie der Vakuumfluoreszenmz-Anzeige, verwendet man sogenannte Flutkathoden. Bei ihnen werden die Elektronen nicht mehr zu einem Strahl fokussiert, sondern die Elektronen werden mit Hilfe von elektrischen Feldern, die von Elektrodengittern ausgehen, aus einem Reservoir gesogen und auf die flächenhafte Anode hin beschleunigt.

Laser-Anzeigen verwenden als anregendes Medium einen intensiven Lichtstrahl, der ähnlich wie ein Elektronenstrahl über die Projektionsfläche geführt wird. Als →Ablenkeinheiten werden Spiegel oder elektrooptische Ablenker (z. B. unter Verwendung des Kerr-Effektes) verwendet.

Flache Anzeigen nutzen als elektrooptischen Wandler ein Gas (→Plasmaanzeige), eine Flüssigkeit (→Flüssigkristall-Anzeige) oder eine Festkörperschicht (→Elektrolumineszenz-Anzeige).

Die Ansteuerungssignale werden über Elektroden an jeden einzelnen Bildpunkt geführt. Das elektrooptische Medium befindet sich dann zwischen den Elektroden und wird bei Anliegen des Ansteuerungssignals aktiviert.

Die Signalform und das Timing der Ansteuerungssignale sind charakteristisch für jede Anzeigetechnik (Tabelle).

Ansteuerung von Anzeigen. Tabelle: Signalform für die wichtigsten Anzeigetechniken

Anzeigetechnik	Signalform
● Flüssigkristall-Anzeigen LCD	1–10 V Rechteck 25–250 Hz
● ac-Plasmaanzeigen	100–250 V Rechteck 100 kHz
● ac-Elektrolumineszenz	150–250 V Rechteck 30 kHz
● Elektrochrome Anzeige	1–2 V Gleichspannung
● Elektronenstrahlröhre	10–25 V Gleichspannung
● Vakuumfluoreszenz-Anzeigen	10–50 V Gleichspannung

Bei Anzeigen mit geringer Bildpunktzahl, wählt man im Interesse hoher Helligkeit ein statisches A.-Verfahren. Dabei wird der angesteuerte Bildpunkt ständig aktiviert. Bei Anzeigen mit hoher Informationsdichte verbietet sich die statische A. Auf der einen Seite wäre es nicht möglich, die Vielzahl der Leitungen zu Bildpunkten im Zentrum der Anzeige zu verlegen, auf der anderen Seite stünde an den Kanten nicht ausreichend Raum für die Kontakte zur Verfügung; darüber hinaus ist bei diesem Verfahren pro Bildpunkt eine elektrische Torschaltung erforderlich. Die Kosten für einen Bildschirm würden damit konkurrenzlos groß. Ein anwendbarer Ausweg besteht in der A. solcher Anzeigen nach einem Matrix-Verfahren. Dabei bilden die Elektroden ein orthogonales System, in dessen Kreuzungspunkten sich die Wandlerelemente (Bildpunkte) befinden. Jede Elektrode ist mit einem elektrischen Schaltkreis verbunden. Zur A. eines ausgewählten Bildpunktes legt man an die zugehörigen Spalten- und Zeilenelektrode das angemessene Signal. Dann werden alle Bildpunkte unter der Elektrode der betreffenden Zeile und Spalte das Teilsignal empfangen (z. B. ½ D).

Am Kreuzungspunkt beider Elektroden addieren sich die Teilsignale und führen zur Aktivierung. Voraussetzung für derartiges Verhalten ist eine stark nicht lineare Kennlinie des Wandlermediums. Der Bildaufbau erfolgt bei Matrixanzeigen meist nach einem zeilensequentiellen Verfahren. Dabei wird die Information jeweils einer kompletten Zeile angesteuert. Das komplette Bild sollte in ca. 50 ms aufgebaut sein. Dies fordert dann eine Schaltzeit des Wandlermediums im Bereich von weniger als 100 μsec.

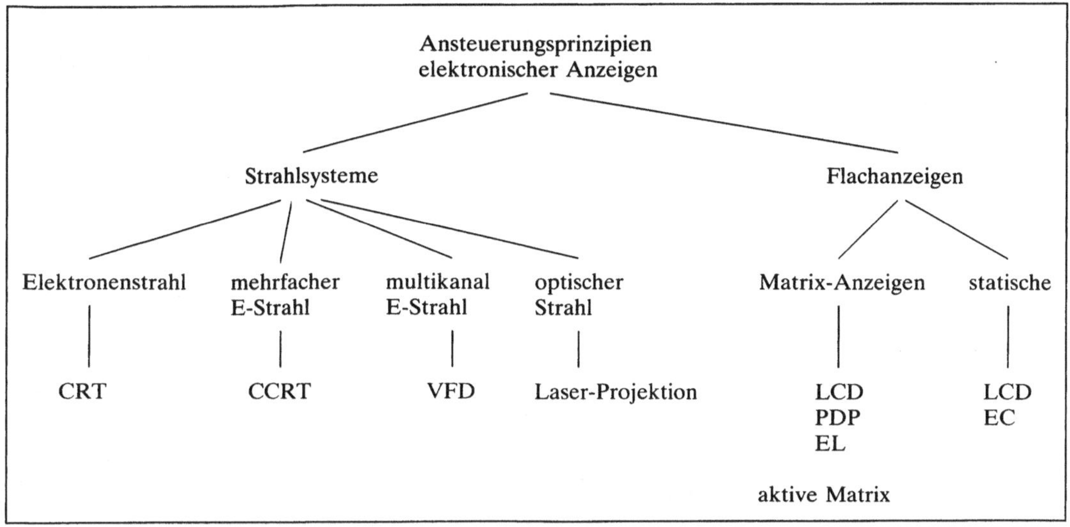

Ansteuerung von Anzeigen: Schematische Darstellung der A.-Prinzipien elektronischer Anzeigen. CRT-Kathodenstrahlröhre, CCRT-Kathodenstrahl-Farbbildröhre, VFD-Vakuumfluoreszenzanzeige, LCD-Flüssigkristallanzeige, PDP-Plasmaanzeige, EL-Elektrolumineszenzanzeige, EC-Elektrochrome Anzeigen.

Eine wesentliche Vereinfachung der Schaltungstechnik und der Leistungsmerkmale der Anzeigen kann durch inhärentes Speicherverhalten des Wandlermediums erwartet werden. Damit wird jedoch der Parametersatz der Leistungsanforderungen an die Werkstoffe vergrößert. Bisher sind nur wenige realisierbare Ansätze für derartige Werkstoffe bekannt, wie speichernde Elektrolumineszenz-Schichten oder ferroelektrische Flüssigkristall-Anzeigen bekannt.

Zur A. von Anzeigen werden am Markt integrierte Schaltkreise angeboten. Sie beinhalten bereits die angepaßten Signalgeneratoren. So liefern die Ansteuerungs-IC's für Flüssigkristall-Anzeigen bereits die Rechteckgeneratoren, Datenspeicher und Zeichengeneratoren. In anderen IC's sind bereits die Datenquellen integriert, wie z. B. bei Uhren-IC's. *Potthartst*

Anstiegsantwort. Die A. ist die Ausgangsfunktion v(t) eines Übertragungsgliedes, an dessen Eingang eine Anstiegsfunktion oder Rampe gelegt wird,

$$u(t) = V t\, \sigma(t).$$

V ist die Steigung der Rampe. Der Einheitssprung als Faktor gibt an, daß $u(t) = 0$ für $t \leq 0$ (→Sprungantwort). Die Anstiegsfunktion mit $V = 1$ ist das zeitliche Integral des Einheitssprunges. Somit ist die A. proportional dem zeitlichen Integral der →Übergangsfunktion:

$$v(t) = V \int_0^t h(\tau)\, d\tau$$

Die Laplace-Transformierte V(s) der A. eines Übertragungsgliedes mit der Übertragungsfunktion F(s) ist demnach $V(s) = F(s)\, v / s^2$ (→Systemantwort). *Böttiger*

Antialiasing-Filter. Ein analoges Tiefpaßfilter, das zur Bandbegrenzung eines analogen Signals dient. Es muß bei einer Abtastung des analogen Signals verwendet werden um sicherzustellen, daß die Abtastfrequenz höher als das Doppelte der höchsten im →Signal enthaltenen Frequenzkomponente ist. *Schrüfer*

Antikoinzidenzschaltung. Schaltung, um die Nicht-Gleichzeitigkeit von Ereignissen zu erkennen.

In bestimmten Anwendungsfällen, wie z. B. in der Strahlungsmeßtechnik, interessieren nur die von zwei →Strahlungsdetektoren gelieferten Impulse, die nicht gleichzeitig auftreten. Die anderen sind auszublenden. Dies gelingt mit der A. (Bild).

Die beiden Detektorsignale E_1 und E_2 werden in einem UND- und in einem ODER-Gatter verknüpft. Die fallenden Flanken der Gattersignale steuern jeweils eine monostabile Kippstufe, wobei die Schaltzeit der dem UND-Gatter zugeordneten Kippstufe größer eingestellt ist als die der dem ODER-Gatter anhängenden. Das Ausgangsgatter (Signal 7) liefert nur dann einen Impuls, wenn die beiden Eingangsimpulse nicht gleichzeitig erscheinen und sich auch nicht überlappen. *Schrüfer*

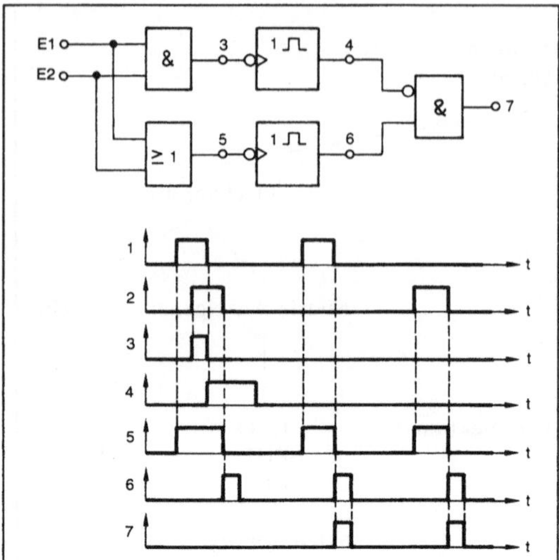

Antikoinzidenzschaltung: Schematische Darstellung. Am Ausgang 7 wird nur dann ein Impuls geliefert, wenn die beiden Eingangsimpulse E_1 und E_2 nicht gleichzeitig auftreten.

Anweisungsliste. Die A. für eine →speicherprogrammierbare-Steuerung (SPS) ist die zeilenweise Auflistung aller Steuerungsanweisungen mit entsprechenden, den Steuerungsablauf erläuternden Klartextkommentaren. Die Steuerungsanweisung (Bild 1) ist hierbei die kleinste Programmschritteinheit. Sie besteht aus dem Operationsteil und dem Operandenteil. Der Operationsteil legt die in der Anweisung auszuführende Steuerungsoperation, z. B. Verknüpfungs-, Zeit-, Zähl- oder andere komplexwertige Operationen der Signalverarbeitung, oder der Programmorganisation, z. B. laden, Nulloperation, Programmverzweigung, in mnemonischer Schreibweise fest. Der Operandenteil enthält die für die Ausführung der Operation notwendigen Operanden bzw. Steuerungsvariablen und Parameter.

Die A. ist praktisch identisch mit dem Steuerungsprogramm in mnemotechnischer Formulierung. Sie wird beim →Steuerungsentwurf erstellt und ist zusammen mit der →Zuordnungsliste wesentlicher Bestandteil der Dokumentation des Steuerungsprogrammes.

Die mnemotechnische Schreibweise für Operations- und Operandenteil ist in der Regel herstellerspezifisch, die Normung noch nicht abgeschlossen. Bild 2 gibt beispielhaft für eine →Verknüpfungssteuerung den Booleschen Verknüpfungsausdruck, den →Funktionsplan und eine zugehörige A. (DIN 19329, DIN IEC 65 (Sec) 67 Entwurf) wieder. Die Liste zeigt deutlich die Zerlegung in die elementaren Anweisungsschritte. *Freyberger*

Steuerungsanweisung			
Operationsteil	Operandenteil		
	Kennzeichen	Ergänzungen	Parameter

Anweisungsliste 1: Aufbau der Steuerungsanweisung.

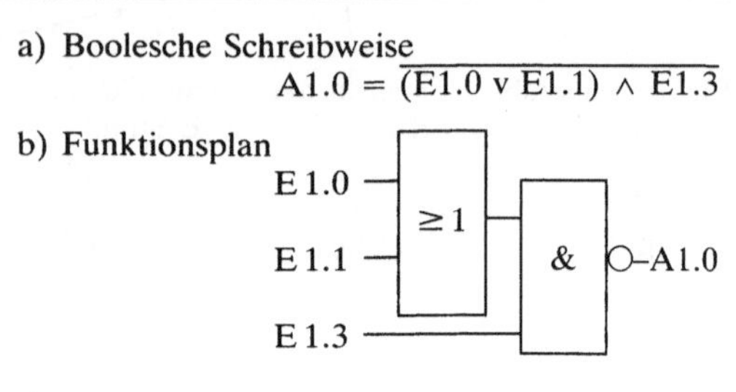

c) Anweisungsliste

Operationsteil	Operandenteil	Kommentar
L	E 1 . 0	Eingangsvariable laden
O	E 1 . 1	ODER verknüpfen mit E 1.1
=	M 0 . 1	Zwischenergebnis
L	E 1 . 3	E 1.3 laden
U	M 0 . 1	UND verknüpfen
= N	A 1 . 0	Ausgabe des negierten Ergebnisses

Anweisungsliste 2: Programmiertechnische Darstellungsformen einer Verknüpfungsbeziehung.

Anwenderprogramm. A. sind Programme, die die Aufgabenstellung des Prozesses beschreiben. A. für leittechnische Aufgaben lassen sich entweder mit Echtzeit-Programmiersprachen frei programmieren, aus →Programmpaketen erstellen oder mit →Firmware konfigurieren. Für das freie Programmieren kamen ursprünglich maschinenabhängige Sprachen (Assemblersprachen) zum Einsatz, die sich zwar durch minimalen Speicherplatzbedarf und kurze Programmlaufzeiten auszeichnen, aber sehr hohen Programmieraufwand erfordern. Heute werden für die freie Programmierung maschinenunabhängige Echtzeit-Programmiersprachen eingesetzt. Es ist zu unterscheiden zwischen verfahrensorientierten, für leittechnische Aufgaben allgemein anwendbare Sprachen, wie PROZESS-FORTRAN 75, PEARL, PASCAL oder ADA, und problemorientierten, für bestimmte Aufgabenstellungen einsetzbaren Sprachen, wie EXAPT für die Werkzeugmaschinensteuerung, ATLAS für rechnergesteuerte Prüfautomaten oder PROSEL für die Automatisierung von →Chargenprozessen. Ohne oder mit nur geringen Programmierkenntnissen lassen sich A. aus Programmpaketen konfigurieren und noch einfacher aus dedizierten Programmbausteinen, die als Firmware in dezentralen Automatisierungssystemen vorliegen (→Echtzeitbearbeitung; →Programmbaustein, dedizierter; →Programmpaket). *Strohrmann*

Literatur: *Hofmann, W.*: Programmierung von Prozeßrechnern. In: Messen, Steuern, Regeln in der Chemischen Technik. Hrsg.: *Hengstenberg, J., K. H. Schmitt, B. Sturm* und *O. Winkler*. 3. Aufl. Band IV, S. 74–112. Berlin–Heidelberg 1983.

Anzeige, aktive/passive. Der Grundaufbau einer elektronischen →Anzeige umfaßt folgende Baugruppen (Bild):

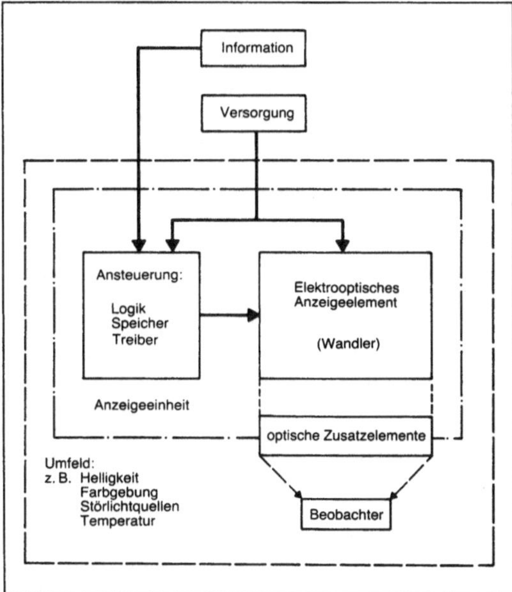

Anzeige, aktive/passive: Grundaufbau einer elektronischen Anzeige. (Quelle: ITG-Empf. S. 7/09)

□ das →Anzeigenelement, das elektrische in optisch wahrnehmbare Signale umwandelt (→Wandler),
□ die elektronische Ansteuerungsschaltung, mit einem logischen Teil (z. B. Zeichengenerator), einem Datenspeicher und der Treiberschaltung zur Ansteuerung der einzelnen Bildpunkte des Wandlers,
□ Zusatzelemente, wie optische Filter etc.
□ elektronische Schnittstelle zur Datenquelle

Beim Anlegen eines Ansteuerungssignals an das elektro-optische Anzeigenelement, ändert sich dessen optischer Zustand. Typische Beispiele sind:
– Aussenden von Licht, vorzugsweise in einer definierten Farbe, wie bei einer lichtemittierenden Diode (→LED), einer →Elektrolumineszenz-Anzeige (EL), einer →Vakuumfluoreszenz-Anzeige (VFD)
– Änderung des →Brechungsindex, wie bei einer →Flüssigkristall-Anzeige (LCD)
– Änderung der Farbe, wie bei einer elektrochromen Anzeige (EC)

Elektronische A., die bei der Ansteuerung Licht aussenden, bezeichnet man als *aktive* A.; entsprechend nennt man die Anzeigen, die Licht modulieren *passive* A.

Zur Gruppe der aktiven A. zählt man
□ Bildröhren
□ LED
□ Vakuumfluoreszenz-Anzeigen VFD
□ Elektrolumineszenz-Anzeigen (EL)
□ Anzeigen mit Lampen.

Zu den technisch bedeutenden passiven A. gehören:
□ Flüssigkristall-Anzeigen LCD
□ elektrochrome Anzeigen (EC)
□ dichroitische Anzeigen (CD)
□ elektromechanische Anzeigen (EM)
sowie eine Vielzahl weiterer weniger bedeutender Basistechniken.

Bei den aktiven A. hängt die Lesbarkeit entscheidend von der Helligkeit im Vergleich zur Helligkeit des Umgebungslichtes, der Farbe und eventuellen Filtern ab. Dennoch darf die Helligkeit bestimmte Grenzen nicht überschreiten, um das Auge des Betrachters nicht zu blenden. Aktive A. sind deshalb besonders gut in Dunkelheit oder in Räumen zu erkennen. Bei hoher Intensität des Umgebungslichtes, z. B. im Sonnenlicht, sind aktive A. meist nur schwer zu erkennen. Optische Filter, deren Farbe der der Anzeige angepaßt ist, können hier Verbesserungen bringen, da das Licht der Anzeige das Filter einmal, das des Umgebungslichtes jedoch zweimal durchlaufen muß. Dabei wird das Umgebungslicht wesentlich stärker als das emittierte Licht gedämpft. Typische Beispiele sind die roten Filter vor den LED, bzw. die grünen Filter vor VFD (Vakuumfluoreszenz-Anzeigen). Sollen aktive A. in einer Umgebung mit stark wechselnder Helligkeit betrieben werden, so ist eine Intensitätsregelung empfehlenswert. Die Blendwirkung und das damit verbundene unscharfe Bild einer zu intensiven Anzeige, ist den meisten Betrachtern z. B. an leuchtenden Verkehrsschildern bei Nacht aufgefallen.

Passive A. modulieren einfallendes, bzw. reflektiertes Licht. Ihre Erkennbarkeit ist damit kaum von der Helligkeit der Umgebung abhängig. Da sich das Auge auf Farbe und Intensität des Umgebungslichtes eingestellt hat, wirken passive A. meist ruhiger auf den Betrachter. Bei Dunkelheit müssen passive A. mit Hilfe einer zusätzlichen Lichtquelle ausgeleuchtet werden.

Wird die Lichtquelle hinter der Anzeige angeordnet, so nutzt man die Änderung der Transmission der Anzeige. Optisch wirkt sie dann auf den Betrachter wie eine aktive A. Bekannt sind die hinterleuchteten LCD, wie man sie als Informationsanzeigen findet. Die Anzeige wirkt als Lichtventil. Farbe und Helligkeit der Anzeige lassen sich allein durch die Lichtquelle und den Farbfilter einstellen. Die Farbe der Anzeige kann entweder durch Farbfilter, oder durch eine farbige Lichtquelle erzeugt werden. Bei zusätzlicher Anordnung von geeigneten Streufiltern und hinreichend hoher Transmission des Lichtventils erreicht man, daß die Erkennbarkeit hinterleuchteter, passiver A. weitgehend unabhängig von der Intensität des Umgebungslichtes ist. *Pottharst*

Anzeige, alphanumerische. Elektrisch ansteuerbare a. A. dienen der Darstellung von Texten in Ausgabeeinheiten von Computern, Meßgeräten oder Informationssystemen. Die Darstellung erfolgt dabei in einer nach Zeichen organisierten Struktur der Anzeige. Im Gegensatz dazu gestatten →Graphikanzeigen die Darstellung von Informationen an jeder beliebigen Stelle der Anzeigefläche. Herzstück der Anzeige ist der elektrooptische Wandler, der mit Hilfe eines Prozessors zur Steuerung des Programmablaufs, einem Zeichengenerator, einem Datenspeicher und einer Treiberschaltung für den Wandler angesteuert wird.

Im Hinblick auf die technische Realisierung – und damit auch auf die Kosten für die Anzeige – werden die einzelnen Schriftzeichen aus einer möglichst geringen Anzahl von Bildpunkten aufgebaut. Dem steht die gute Lesbarkeit der angezeigten Information gegenüber, die eine möglichst hohe Bildpunktzahl pro Zeichen erfordert. Als Minimallösung haben Anzeigen mit 5 × 7 Bildpunkten breite Anwendung gefunden. Jeder Bildpunkt wird i. a. durch eine Kreisfläche, ein Rechteck, oder ein Quadrat repräsentiert (Bild). A. A. dieser Art gestatten nur

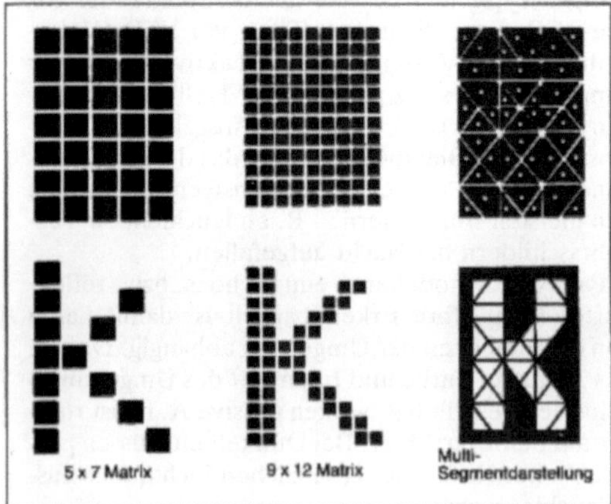

Anzeige, alphanumerische: Gebräuchliche Zeichenformate.

die Darstellung von einfachen Schriftzeichen, wie z. B. lateinische Großbuchstaben, einige Sonderzeichen und Ziffern. Für die Darstellung von feiner aufzulösenden Zeichen ist eine größere Bildpunktzahl erforderlich. Gebräuchlich sind deshalb auch Matrixanordnungen mit 7 × 9, 7 × 11 oder 9 × 12 Bildpunkten. Handschriftliche Zeichen, arabische oder chinesische Schriftzeichen erfordern eine Matrix von mindestens 30 × 30 Bildpunkten. Eine andere Darstellungsart geht von einer segmentartigen Struktur der Zeichen aus. Gebräuchlich sind Anzeigen mit 14 oder 16 Segmenten.

Die grobe Darstellung der Zeichen durch eine Matrix oder durch Segmente mit minimaler Zahl erfordert vom Leser ein erhebliches Maß von Abstraktionsvermögen. Ziel vieler Untersuchungen ist deshalb die Gestaltung von Schriftzeichen aus möglichst wenigen, aber allen Schriftzeichen gemeinsamen Segmenten. In einer Kreuzdot-Matrix werden die quadratischen Bildpunkte weiter in gleichseitige Dreiecke unterteilt. Dadurch stehen für die Zeichenerzeugung auch unter 45 Grad verlaufende Grenzlinien zur Verfügung. Durch Segment-Zeichensätze mit ca. 60 Segmenten ist bereits eine druckschriftähnliche Darstellung der lateinischen Schrift möglich. Um einen möglichst hohen Kontrast der Schrift zu erreichen, soll der schaltbare Flächenanteil so groß als möglich sein. Alle diese Entwicklungen erleichtern die Lesbarkeit der elektronisch erzeugten Zeichen erheblich. Sie werden allerdings erst durch die Optimierung der Leistungsmerkmale des Wandlers, wie Kontrast, Helligkeit, Farbe etc. nutzbar.

Als elektrooptische Wandler für a. A. in kleinen Geräten und Systemen werden heute meist →Kathodenstrahlröhren, →LED's, →Flüssigkristall-Anzeigen, →Plasmaanzeigen oder →Elektrolumineszenz-Anzeigen verwendet. In großformatigen Informationsanzeigen setzt man dagegen meist elektromechanische Anzeigen, Flüssigkristall-Anzeigen und vereinzelt auch Elektrolumineszenz-Anzeigen und Kathodenstrahlröhren ein. Dabei kann die Zeichengröße erfordern, daß jedes Zeichen, oder sogar jeder einzelne Bildpunkt, durch eine →Kathodenstrahlröhre, bzw. eine Zelle einer →Matrixanzeige erzeugt wird. Beispiel sind große Anzeigeflächen, wie sie als Werbeflächen in Großstädten oder in Stadien zu finden sind.

Die hohen Kosten der Anzeigen ergeben sich aus den Kosten für den elektrooptischen Wandler und den aufwendigen Ansteuerungsschaltungen. Zur Ansteuerung der meisten alphanumerischen Anzeigen wird deshalb – soweit dies aus technischen Gründen realisierbar ist – eine Multiplex-Ansteuerung gewählt. *Pottharst*

Anzeige, elektrochemische. Unter diesem Begriff faßt man elektrochrome und elektrolytische Anzeigen zusammen. Bei ihnen verändert sich die Farbe oder der Reflexionsgrad der Anzeige durch Ladungs- und/oder Materietransport und damit verbundene reversible elektrochemische Prozesse.

Elektrochrome Anzeigen (Bild 1) bestehen aus einer Zelle mit folgenden Schichten:

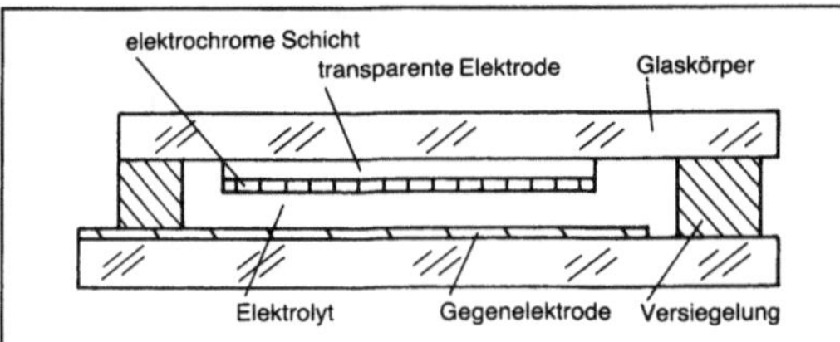

Anzeige, elektrochemische 1: Grundaufbau einer elektrochromen Anzeige.

□ transparente Elektrode, meist Indium-Zinn-Oxid (→ITO-Schicht)
□ dünne Schicht einer elektrochromen Substanz, wie WO_3, IrO_x oder ein Viologen
□ Elektrolyt (Lösung oder pastöse oder feste Schicht)
□ rückwärtige Elektrode.

Beim Anlegen einer elektrischen Spannung werden Ladungsträger in die elektrochrome Schicht injiziert. Dies führt zu einer strukturellen Veränderung, die als Verfärbung der Schicht sichtbar wird. Dazu müssen elektrochrome Anzeigen mit einer IrO_x-Schicht anodisch und solche mit einer WO_3-Schicht kathodisch gepolt sein.

Die Signalspannungen von elektrochromen Anzeigen sind mit 1–2 V sehr gering. Der Ladungstransport muß sehr genau geregelt werden, da sonst die Anzeige zerstört wird.

Bei elektrolytischen Anzeigen werden Metallionen (z. B. Ag^+) oder Ionen eines Farbstoffs an einer der Elektroden abgeschieden (Elektrodeposition). Ihr Aufbau entspricht dem einer typischen Elektrolytzelle (Bild 2).

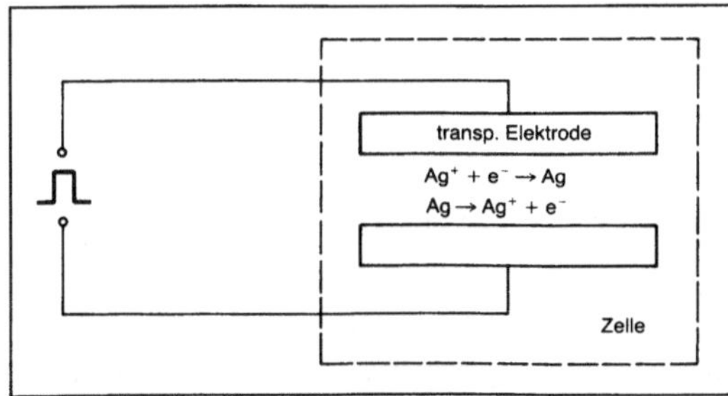

Anzeige, elektrochemische 2: Grundaufbau einer Elektrolytanzeige.

Trotz der sehr guten optischen Eigenschaften der e. A., wie ihr hoher Kontrast, ihre nur geringfügige Winkelabhängigkeit, die geringe Schaltspannung, die geringe Leistungsaufnahme, die inhärente Speichereigenschaft etc. haben sie sich bisher keinen dauerhaften Markterfolg sichern können. Die Gründe dafür sind in der bisher begrenzten →Lebensdauer von ca. 1 Mio. Schaltzyklen, der kritischen Signalführung, der mit ca. 100 ms großen Schaltzeit und der teuren Ansteuerungsschaltung zu suchen. E. A. sind nicht multiplexbar. *Potthars*t

Anzeige, elektrochrome →Anzeige, elektrochemische

Anzeige, elektrolytische →Anzeige, elektrochemische

Anzeige, elektromechanische. Anzeigen, deren Informationsinhalt durch eine elektrisch initiierte Bewegung einer Blende, eines Blattes oder eines Bandes sichtbar gemacht wird, werden durch den Begriff e. A. gekennzeichnet. Typische Beispiele sind die Fallklappenanzeigen, wie sie auf Bahnhöfen oder Flughäfen zur Anzeige von Verkehrsverbindungen verwendet werden, Rollbandanzeigen und Drehelementanzeigen, wie sie zur Zeit in Omnibussen und Straßenbahnen zur Anzeige des Zielortes eingesetzt werden.

Bei den Fallklappenanzeigen ist auf je einem Blatt eine feste Information aufgedruckt; ein Zielort, eine Ziffer oder Zahl, ein Buchstabe oder ein Logo. Die Blätter sind auf einer Trommel zusammengefaßt. Der Antrieb der Trommel erfolgt mit Hilfe eines kleinen Elektromotors. Dabei wird das vorderste Blatt über eine als Bremse wirkende Schwelle gehoben und klappt nach unten. Die auf der Rückseite des Blattes aufgedruckte Information wird für einen Betrachter sichtbar. Der Drehwinkel der Trommel, und damit die angezeigte Information, wird mit Hilfe eines Kontrollers überwacht. Er erhält seine Information über elektrische Kontakte, die auf einem der Zahnräder angebracht sind.

Kleine Fallklappenanzeigen, wie Uhren oder Datumsanzeigen, enthalten im allgemeinen nur eine Trommel mit allen notwendigen Informationen. Auf großen Anzeigen, z. B. auf Flughäfen, sind bis zu mehreren hundert solcher Trommeln zusammengefaßt.

Die wesentlichen Vorteile der Fallklappenanzeigen bestehen in der Darstellbarkeit von beliebig gestalteten Zeichen oder Farben und der guten Lesbarkeit, auch von der Seite her. Fallklappenanzeigen sind passive Anzeigen und benötigen deshalb eine ausreichende Ausleuchtung des Anzeigefeldes.

Als Nachteile sind hohe Investitionskosten für das Komplettsystem, hohe Kosten bei der Änderung oder Ergänzung des Informationsinhaltes sowie hohe Wartungskosten, insbesondere bei staubiger oder feuchter Umgebung, zu nennen.

Bei den Rollbandanzeigen befindet sich der gesamte Informationsinhalt aufgedruckt auf einem Kunststoff- bzw. Seidenband. Ein typisches Beispiel sind die Frontanzeigen von Linienomnibussen im öffentlichen Nahverkehr.

Das Band wird von einem Motor angetrieben; die gewünschte Information wird dabei in eine feste Position in einer Blende eingestellt. Zur Verbesserung des optischen Erscheinungsbildes der Information kann das Band z. B. mit Hilfe einer großflächigen Lichtquelle hinterleuchtet werden. Die Rollbandanzeigen sind sowohl als Hellfeld- oder auch als Dunkelfeldanzeigen im Einsatz. Die Lesbarkeit ist bei beiden Darstellungsarten sehr gut.

Trotz der ausgezeichneten Lesbarkeit, der Freiheit in der Gestaltung der dargestellten Information, wird heute nach elektronischen Alternativen gesucht. Die hohen Kosten für Änderungen des Informationsinhaltes sowie die kurze Lebensdauer der Bänder, verursachen hohe Gesamtkosten dieser elektromechanischen Anzeigen.

Eine wesentliche Verfeinerung der elektromechanischen Anzeigetechniken brachten die Rollelement- und Drehelement-Anzeigen. Bei ihnen sind die Bildelemente in regelmäßigen Abständen, wie bei einer elektronischen →Graphikanzeige, drehbar angeordnet. Jedes →Bildelement ist auf Front- und Rückseite farblich unterschiedlich gestaltet. Als besonders gut lesbar hat sich die Farbkombination schwarz-gelb erwiesen. Die Elemente bestehen aus einem hartmagnetischen Werkstoff, die als Plättchen bzw. als Zylinder ausgeführt sind. Ein Elektromagnet, der hinter dem Element angeordnet ist, bewirkt bei entsprechender Polung eine Drehung des Elementes. Zur Darstellung einer Information wird deshalb zunächst das gesamte Anzeigefeld in eine Grundstellung, z. B. schwarzes Feld, gebracht. Danach werden die Steuerbefehle an die Feldspulen der Magnete gegeben. Sie stellen dann die Elemente in die gewünschte (Farb-)Position ein.

Drehelementanzeigen sind sowohl als Graphik- als auch als Sieben-Segmentanzeigen zur Darstellung von Zahlen im Einsatz. So findet man an Tankstellen Preisanzeigen als sehr große Sieben-Segmentanzeigen in dieser Technik. In vielen Städten Frankreichs sind Drehelementanzeigen zur Darstellung allgemeiner Stadtinformationen und für Werbung im Betrieb. Diese Anzeigen weisen eine graphikfähige Anordnung der Bildelemente auf.

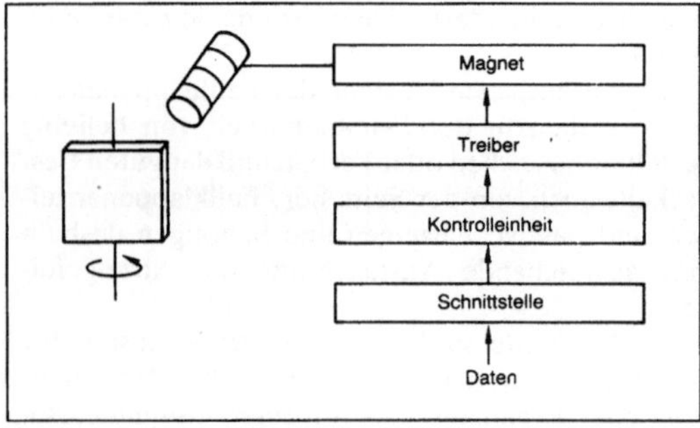

Anzeige, elektromechanische: Grundaufbau einer Drehelementanzeige.

Weitere Anordnungen für e. A. sind bekannt, z. B. als Trommelanzeigen, bei denen Festinformationen auf einem Zylindermantel aufgebracht sind. Die Trommel wird hinter einer Blende so gedreht, daß nur die gewünschte Information im Blendenrahmen sichtbar ist. Ähnliche Anordnungen wurden als Polyeder ausgeführt.

Prinzipiell haben e. A. überall dort ihre Vorteile, wo eine begrenzte Informationsmenge mit geringer Änderungsgeschwindigkeit angezeigt werden soll. Sie bringen dann die Vorteile der vom Druck bekannten optischen Erscheinungsformen zur Wirkung. Die prinzipiellen Nachteile, wie geringe Änderungsgeschwindigkeit, hohe Kosten etc. veranlassen Entwicklungsingenieure und Anwender nach vollelektronischen Alternativen zu suchen.

Pottharst

Anzeige, elektronische. Zur Sichtbarmachung von Informationen, die in einem Rechner aufbereitet wurden, bedient man sich elektronischer Baugruppen. Sie wandeln die elektrischen Signale in optisch wahrnehmbare Signale um. Diese Baugruppen kann man unter dem Begriff der e. A. zusammenfassen.

E. A. stellen eine →Schnittstelle zwischen dem Rechner und dem Menschen dar. Beide Seiten stellen besondere Anforderungen an die Leistungsmerkmale dieser Baugruppen. So sind dies auf der Seite des Rechners u. a. die Betriebsspannung der Anzeige, der Leistungsbedarf, die Geschwindigkeit der Informationsübertragung – und auf der Seite des Beobachters der Kontrast und die Helligkeit der Anzeige, deren Farbe, die Geschwindigkeit des Informationswechsels etc.

Die heute gebräuchlichen e. A. können in zwei Gruppen unterteilt werden: die elektromechanischen Anzeigen und die elektrooptischen Anzeigen.

Bei den elektromechanischen →Anzeigen wird bei der Ansteuerung eines Bildelementes eine elektrisch initiierte Bewegung gesteuert. Bei den elektrooptischen Anzeigen bewirkt dagegen ein elektrisches Signal entweder eine Änderung der optischen Eigenschaften der Anzeige, wie z. B. die Absorption, die Farbe, die Helligkeit, die Reflexion o. ä.

Die nutzbare Leistung stellt stets einen Kompromiß zwischen technischen, aber auch zwischen technischen und kommerziellen Forderungen dar. Die technischen Leistungsmerkmale werden im Zusammenhang mit den einzelnen Anzeigetechniken behandelt.

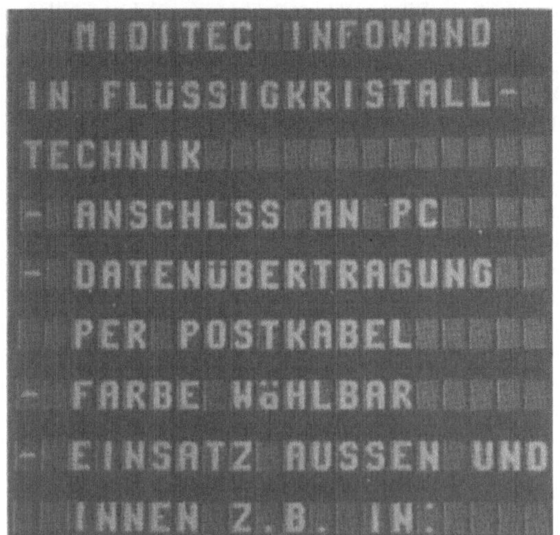

Anzeige, elektronische: Ausführungsbeispiel in LCD-Technik. Die Zeichenhöhe beträgt 61 mm, hinterleuchtet.

Als Beispiel für kommerzielle Forderungen sei hier an die Kosten für eine Anzeige erinnert. Für nahezu alle Anwendungen fordert der Kunde einen Minimalpreis für oft außerordentliche hohe Leistungsmerkmale der Anzeige. Dieser Minimalpreis läßt sich nur dadurch erreichen, daß die Zahl der anzusteuernden Bildpunkte so gering als möglich gehalten wird. Der einzelne Bildpunkt verursacht Kosten nicht nur bei seiner Herstellung, sondern ebenfalls für die Herstellung der Ansteuerungsschaltkreise. Der weitgehende Einsatz von integrierten Schaltkreisen hat auf der einen Seite bereits zu einer erheblichen, generellen Kostensenkung für die Anzeigen geführt. Auf der anderen Seite ist die Herstellung von IC's für hohe Spannungen und Ströme prinzipiell teurer, als die von Schaltkreisen für leistungsarme Verbraucher. E. A. werden deshalb meist so aufgebaut, daß sie mit möglichst wenigen Bildelementen auskommen und daß für deren Ansteuerung möglichst geringe elektrische Leistung erforderlich ist.

Die Forderung nach guter und sicherer Erkennbarkeit und Lesbarkeit einer Anzeige führt oft zu einer Erhöhung der Zahl der Bildelemente und macht damit die Anzeige teurer. *Potthharst*

Anzeige, elektrophoretische. E. A. sind passive Anzeigen. Ihr Wirkungsprinzip beruht auf dem Transport von elektrisch geladenen Teilchen in einem kolloidalen System. E. A. (Bild) bestehen aus einer ca. 50 μm dicken Zelle, in der sich die Suspension befindet. Die Zelle ist mit einer stark lichtabsorbierenden Flüssigkeit gefüllt, in der feinste, polare Partikel mit lichtstreuenden Eigenschaften suspendiert sind. Die Größe der Partikel beträgt weniger als 1 μm. Die Innenwände der Zelle sind mit Elektroden beschichtet. Mindestens die dem Betrachter zugewandte Elektrode ist transparent. Legt man an die Elektroden eine elektrische Spannung an, so werden die Partikel zu der Elektrode mit entgegengesetzter Polarität angezogen und dort deponiert. Der Betrachter sieht unter der Elektrode die Partikel. An den anderen Stellen erscheint dagegen nach wie vor die Farbe der eingefärbten Suspension. Bei Umkehr der Polarität der Ansteuerungssignale werden die Partikel auf der rückwärtigen Elektrode deponiert, die Anzeige erscheint in der Eigenfarbe der Suspension. Der Materialtransport erfolgt bei sehr geringem Leistungsbedarf. Nach Einstellung eines Schaltungszustandes, d. h. nach dem Einschreiben einer Information, bleibt dieser Zustand erhalten, bis ein anderer Zustand eingeschrieben wird. Man nennt dieses Verhalten inhärentes Speicherverhalten.

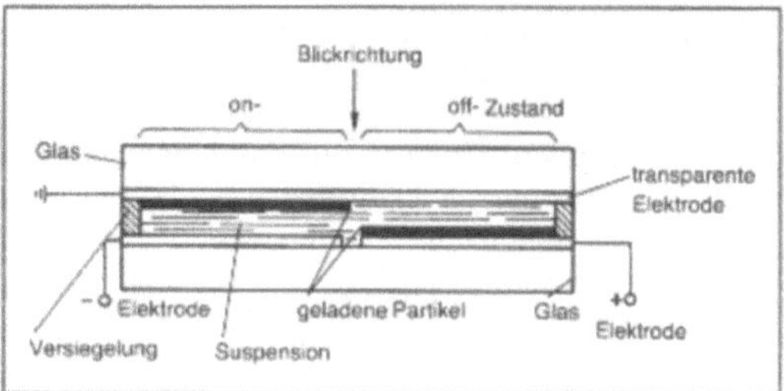

Anzeige, elektrophoretische: Grundaufbau.

Als bedeutendstes Leistungsmerkmal, das e. A. vor anderen elektronischen Anzeigetechniken auszeichnet, ist der hohe Kontrast und die ausgezeichnete Winkelabhängigkeit der Lesbarkeit zu erwähnen. Der Kontrast der Anzeige hängt von Zusammensetzung der Suspension, der angepaßten Zellendicke sowie dem elektrischen Feld ab.

Die Absorption der Suspension muß der Zellendicke exakt angepaßt werden, da bei zu hoher Absorption der Kontrast der Anzeige wieder merklich abfällt.

Sorgfältige Anpassung der kritischen Parameter erlaubt die Auswahl von unterschiedlichen Farbkombinationen für die beiden Schaltungszustände. Zur → Ansteuerung einer e. A. sind i. a. Spannungen von 25–100 V erforderlich. Wegen der ausgezeichneten optischen Eigenschaften wurde deshalb versucht, sie mit einer Transistormatrix direkt anzusteuern. Mit dieser Methode ist die Darstellung sogar von Bewegtbildern bei hoher Punktzahl und Auflösung möglich. Bei der üblichen Ansteuerungstechnik sind hohe Multiplexraten realisierbar. Die geringe Schaltgeschwindigkeit läßt jedoch nur die Darstellung von Daten mit relativ geringer Bildwechselrate zu.

Trotz der herausragenden elektrooptischen Eigenschaften der e. A. haben sie praktische Bedeu-

tung bisher nicht erlangen können. Ob weitere Verbesserungen, insbesondere der begrenzten Lebensdauer der Suspensionen möglich sind, läßt sich derzeit nicht beurteilen. Hohe Schaltspannungen werden die Kosten für die Ansteuerungselektronik jedoch stets teuer gestalten. Die Kostenstruktur einer Anzeige darf jedoch nur auf der Basis der Kosten für das gesamte System beurteilt werden.
*Potthars*t

Anzeige, ferroelektrische. Werkstoffe, deren dielektrische Polarisation eine Sättigung und einen Speichereffekt zeigen, werden als ferroelektrische Werkstoffe bezeichnet. Die bekanntesten Beispiele sind $BaTiO_3$, das bei Temperaturen unterhalb von etwa 100 °C ferroelektrische Eigenschaft zeigt; aber auch die als PLZT (Lanthan-dotiertes Blei-Zirkonat-Titanat) bekannt gewordene transparente Keramik zeigt für bestimmte Zusammensetzungen ferroelektrische Eigenschaften.

Alle diese Werkstoffe zeigen in Verbindung mit den besonderen dielektrischen auch ausgeprägte elektrooptische Eigenschaften, wie z. B. eine elektrisch steuerbare Doppelbrechung, Absorption oder Lichtstreuung. Diese Eigenschaften sind stark von der Temperatur abhängig, lassen sich jedoch in begrenzten Temperaturbereichen in elektrooptischen Anzeigen ausnutzen.

So konnte bereits in den siebziger Jahren mit der Herstellung einer kleinen Bildröhre die Existenz von f. A. demonstriert werden. In dieser Röhre befand sich als Bildschirm eine kleine Platte aus dem ferroelektrischen Material KDP (Kaliumdihydrogenphosphat). Die Doppelbrechung in diesem Bildschirm wurde durch einen Elektronenstrahl punktweise verändert. Es entstand auf der KDP-Platte ein Abbild des eingeschriebenen Bildes als Doppelbrechungsstruktur. Sie konnte dann mit Hilfe von polarisiertem Licht sichtbar gemacht werden. Auf diese Weise wurden z. B. großflächige Fernsehbilder mit Hilfe eines Großprojektors erzeugt.

Mit Hilfe von transparenter ferroelektrischer Keramik wurden ebenfalls numerische Anzeigen und Lichtventile, z. B. zur Ansteuerung von optischen Druckern, entwickelt. Die f. A. bestehen dabei aus einer dünnen Keramikplatte, auf die transparente Elektroden (ITO) aufgebracht sind. Die Ansteuerungsspannungen liegen meist im Bereich von 100 V; der Leistungsbedarf ist sehr gering. Die tatsächlichen Leistungsmerkmale der Anzeigen können durch Variation der Zusammensetzung in weiten Bereichen eingestellt werden. Damit stellen sie ein ähnlich breites Spektrum von Grundeigenschaften wie die flüssigkristallinen Werkstoffe zur Verfügung.

Ferroelektrische Anzeigebauelemente werden heute in optischen Druckern und als lichtsteuernde Elemente in Pilotenschutzbrillen und Schutzbrillen für Schweißer eingesetzt. *Pottharst*

Anzeige, flache. Fernsehröhren haben von allen elektronischen →Anzeigen die größte wirtschaftliche Bedeutung erlangt. Ihr Erscheinungsbild ist neben den herausragenden optischen Leistungsmerkmalen durch Begriffe, wie groß, schwer, große Bautiefe, gebogene Frontscheibe etc. gekennzeichnet. Bei vielen Anwendungen sind aber eben diese Eigenschaften störend. So nimmt es nicht Wunder, wenn die Suche nach alternativen Bauelementen weltweit großes Entwicklungspotential gebunden hat. Dabei standen und stehen u. a. im Vordergrund der Arbeiten die Entwicklung von solchen Bauelementen für die Bilddarstellung, die die elektrooptischen Leistungsmerkmale der →Bildröhre erreichen oder übertreffen und gleichzeitig leichter und flacher sind, sowie keine gebogene Frontscheibe haben.

Bildröhren ohne stark gebogene Frontscheibe werden seit geraumer Zeit am Markt angeboten. Die wesentlichen Probleme, die bei ihrer Entwicklung eine Rolle spielten, sind Bildverzerrungen, die besonders an den Bildecken deutlich hervortreten. Neben den optischen Verbesserungen der Bilddarstellung wollte man gleichzeitig eine merkliche Kostenreduzierung bei der Herstellung des Bildschirms durch Einsatz von Drucktechniken zur Aufbringung der streifenförmig angeordneten Farbpigmente erreichen.

Die Bautiefen konnten durch diesen Entwicklungsschritt nicht verringert werden.

Unter dem Begriff der f. A. versteht man im engeren Sinn eine Anzeige, deren Bautiefe sehr klein ist im Vergleich zu Höhe oder Breite der Schirmfläche. Diese Forderung können nur moderne Techniken, wie Flüssigkristall-Bildschirme, Elektrolumineszenz-Bildschirme, Plasma-Bildschirme und auch in diesem Sinne wirkliche flache Röhren erfüllen. Auch bei den genannten Bildtechniken muß eine Bautiefe von mehreren cm akzeptiert werden. So sind selbst extrem dünn aufgebaute Flüssigkristall-Schirme 5–10 mm dick. Zusätzlich kommen die Baugruppen, wie Netzgerät und Prozessoreinheit und eventuell die Lichtquelle für die Hinterleuchtung, die ebenfalls eine Bautiefe von mehreren cm aufweisen.

Als Beispiele für flache Bildröhren seien hier Experimental-Bildröhren erwähnt, wie sie u. a. von den Firmen Philips, aber auch von Siemens in Zusammenarbeit mit SEL, entwickelt worden sind. Keine dieser großflächigen Lösungen konnte bisher zur Marktreife entwickelt werden. Als kleinformatige flache Röhren mit einer Schirmdiagonalen von maximal 7 Zoll, sind dagegen flache Röhren der Firma Sony am Markt. Bei allen diesen Lösungen dient ein Elektronenstrahl zur Anregung eines weitgehend konventionell aufgebauten Leuchtpigmentschirms. Der Elektronenstrahl wird meist parallel zum Bildschirm in das Sichtfeld eingeschossen und über spezielle Elektroden so abgelenkt, daß er nahezu senkrecht auf den Pigmentschirm auftrifft. Zur Verringerung der Ablenkleistung wird deshalb z. B. bei der Lösung der Philipsröhre ein besonders leistungsarmer Elektronenstrahl abgelenkt und unmittelbar vor dem Schirm in einer Dynodenplatte verstärkt und durch ein elektrisches Feld zusätzlich nachbeschleunigt. Der auf den Schirm auftreffende Elektronenstrahl hat dann nahezu die gleiche Leistung wie bei einer vergleichbaren Bildröhre heutiger Bauart. Die Bautiefe einer solchen großformatigen Bildröhre kann dann im Bereich von 5–10 cm liegen. Flache Frontscheibe und geringe Bautiefe tragen in diesem Fall dann zu Recht zur Bezeichnung „flacher Bildschirm" bei. *Pottharst*

Anzeige, magnetooptische. Neben flüssigkristallinen und ferroelektrischen Werkstoffen zeigen auch magnetooptische Werkstoffe, wie z. B. das ferrimagnetische Eisengranat, einen ausgeprägten Doppelbrechungseffekt (→Faraday-Effekt). Er kann zur punktweisen Modulation von Licht verwendet werden.

Funktionsweise (Bild 1): Als magnetooptisches Material wird z. B. eine dünne Schicht aus Gallium-Gadoliniumgranat verwendet, die zellenförmig (Zellengröße ca. $100 \times 100\ \mu m^2$) auf einem geeigneten nicht-magnetischen Substrat als Trägermaterial aufgebracht ist. Die Polarisationsrichtung der einzelnen Zellen bestimmt die Drehrichtung der Polarisationsebene von Licht, das die Zellen durchflutet. Optische Polarisationsfolien, die als Polarisator, bzw. Analysator auf das System aufgebracht sind, führen zu einer punktweisen Modulation der Helligkeit. Die Zuleitung der elektrischen Signale zur Umkehr der Polarisationsrichtung der Zellen erfolgt über dünne Leiterbahnen, die sich zwischen den Bildelementen befinden.

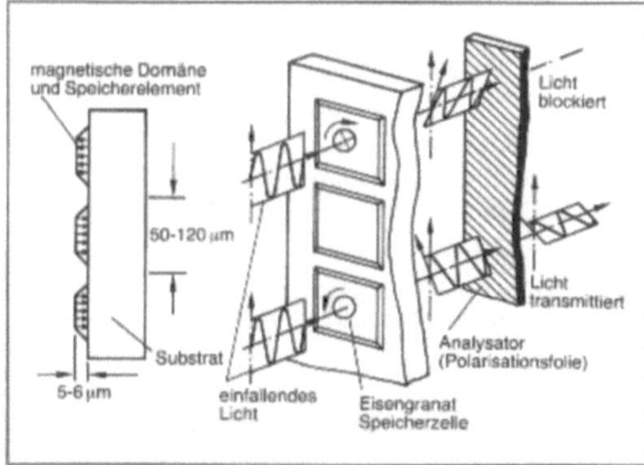

Anzeige, magnetooptische 1: Querschnitt und Funktionsprinzip.

Bei Betrieb der Anzeige wird zunächst durch ein starkes Magnetfeld eine einheitliche Ausrichtung aller magnetischen Domänen erzwungen. Danach wird die Richtung des Feldes um 180° gedreht. Die Domänen können dieser Drehung nur dann folgen, wenn sie entweder einen entsprechenden magnetischen Zusatzimpuls erhalten, so daß ein kritischer Wert des resultierenden Magnetfeldes überschritten wird, oder wenn die Temperatur der Zelle so weit erhöht wird, daß infolge der Temperaturabhängigkeit der Koerzitivkraft die Drehung bereits bei der anliegenden Feldstärke erfolgen kann. Jede der Eisengranat-Zellen kann wie in einer Matrix individuell angesteuert werden (Bild 2). Damit ist der Aufbau von hochinformativen Anzeigen mit hoher Auflösung möglich. M. A. sind passive Anzeigen und erfordern zur Ausleuchtung eine zusätzliche Lichtquelle (polarisiertes Licht).

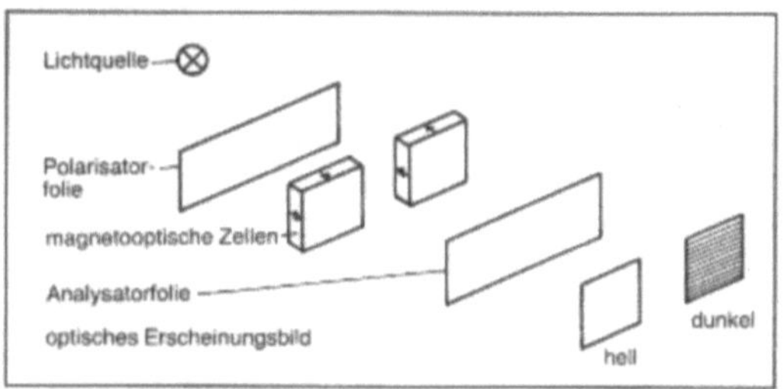

Anzeige, magnetooptische 2: Grundaufbau.

Der Vorteil der Technik besteht im reinen Festkörperaufbau der Anzeige, seiner schnellen Schaltzeit von ca. 10 µs und dem inhärenten Speicherverhalten. Nachteilig wirken sich die relativ hohen Systemkosten und die lediglich monochrome Darstellung – gelb/orange – der Information aus.

Pottharst

Literatur: *Hill, B.* und *K. P. Schmidt:* Philips J. of Res. 33 (1978).

Anzeigegerät →Meßgerät

Anzeigenelement. Die wichtigsten Baugruppen einer elektronischen →Anzeige sind:
- das A., das die die Information tragenden elektrischen Signale in optisch erkennbare Signale umwandelt,
- die Ansteuerungsschaltung mit seinen logischen Baugruppen, seinem Datenspeicher und der elektronischen Schnittstelle zur Datenquelle
- Elemente zur Verbesserung des optischen Erscheinungsbildes der Anzeige, wie →Filter, Zusatzlichtquelle etc.

Die direkte Umwandlung der elektrischen Signale wird durch einen elektro-optischen Wandler, dem A., durchgeführt. Als für breite technische Anwendungsgebiete effektive Wandler haben sich Bauelemente in einer Reihe von sehr unterschiedlichen

Techniken erwiesen. Nach dem heutigen Stand der Technik sind dies u. a.

□ →Flüssigkristall-Anzeigen (LCD)
□ →Anzeigen, elektrochrome (ECD)
□ →Anzeigen, elektromechanische (EM)
□ Lichtemittierende Dioden (→LED)
□ →Vakuumfluoreszenz-Anzeigen (VFD)
□ →Elektrolumineszenz-Anzeigen (ELD)
□ Lampen-Anzeigen

und andere Techniken.

Je nach Aufgabenstellung, Umgebungsbedingungen, Leistungsbedarf etc. bietet die eine oder andere der Techniken besondere Vorteile. Bei der Auswahl der Anzeigen sind deshalb stets sorgfältig die Vor- und Nachteile gegeneinander abzuwägen. So wird man für Anwendungen, die minimalen Leistungsbedarf erfordern, z. B. in tragbaren Geräten, und bei denen die darzustellende Informationsmenge nicht extrem hoch ist, auf eine →Flüssigkristall-Anzeige zurückgreifen. Für die Darstellung von bewegten Farbbildern mit einer Anzeigefläche von ca. 0,5 m^2 ist man dagegen derzeit noch immer auf den Einsatz einer →Bildröhre bei allen ihren sonstigen Nachteilen angewiesen.

Da die Geschwindigkeit der Entwicklungsfortschritte sehr hoch ist, kann keine generelle Empfehlung für den Einsatz einzelner Techniken gegeben werden.

A. bestehen meist nicht nur aus dem →Wandler für einen Bildpunkt, wie z. B. eine LED, sondern können gleichzeitig zur Darstellung vieler Bildelemente dienen.

Die meisten der oben genannten A. sind technisch anspruchsvolle Bauelemente und können nur unter Einsatz von teuren Fertigungseinrichtungen hergestellt werden. So sind weltweit nur wenige Hersteller in der Lage, diese Bauelemente in der erforderlichen Quantität und Qualität anzufertigen. Typische Beispiele sind u. a. die Elektrolumineszenz-Anzeigen, für die weltweit z. Z. weniger als fünf Hersteller bekannt sind. Für Flüssigkristall-Zellen dürften heute ca. 25 namhafte Hersteller am Markt sein. Die Unterschiede des Standes der Technik und der Qualität sind beträchtlich. *Pottharst*

Anzeiger. Geräte zur visuellen Anzeige von Meßwerten in analoger, quasianaloger oder digitaler Darstellung, die bezüglich der Abmessungen und bezüglich der →Informationsdarstellung im allgemeinen dem Konzept des Leitsystems angepaßt sind. Es kommen sowohl mechanische Ausschlaggeräte mit Servoantrieb zur analogen Darstellung als auch optoelektronisch arbeitende Balkenanzeiger zur analogen oder quasianalogen Darstellung zum Einsatz. Die elektronisch arbeitenden Geräte haben oft zusätzlich eine Ziffernanzeige. In einem Gerät lassen sich bis zu vier Meßwerte anzeigen, meist ist auch eine Grenzwertüberwachung möglich. Fehlergrenzen dieser Geräte liegen bei ±0,5% oder höher. Reine Digitalanzeiger sind meist zentralen Anzeigen von Temperaturen vorbehalten. Je nach Stellenzahl können sie auch geringere Fehlergrenzen als die Analoganzeiger haben.

Das Bild zeigt links einen pneumatischen Kompaktregler mit vier mechanischen A. für Istwert, Sollwert (transparenter Zeiger), Stellwert–Regler und Stellwert-Hand. Rechts daneben sind zwei Anzeigegeräte mit Balkendarstellungen abgebildet. Das mittlere Gerät hat ein leuchtstarkes Fluoreszenz-Display mit hellblauen Segmenten. Oben und unten sind Marken für die Grenzwerteinstellungen zu erkennen. Das rechte Gerät arbeitet mit einer passiven (nicht leuchtenden) Flüssigkristallanzeige. In den linken Teil des Anzeigefeldes sind Grenzwerteinstellungen und Fehlbereiche eingeblendet. Die rechte Balkenanzeige stellt den Istwert dar. In beiden Geräten läßt sich der Meßwert zusätzlich digital ablesen. Damit ist durch die Balkenanzeige sowohl ein schneller Überblick gegeben als auch durch die →Digitalanzeige ein sehr genaues Ablesen möglich. Werden in Prozeßleitwarten selbstleuchtende A. eingesetzt, so sind wechselnde Beleuchtungsverhältnisse zu vermeiden, weil grelles Licht das Ablesen erschwert (→Bargraphanzeige, →Balkenanzeige). *Strohrmann*

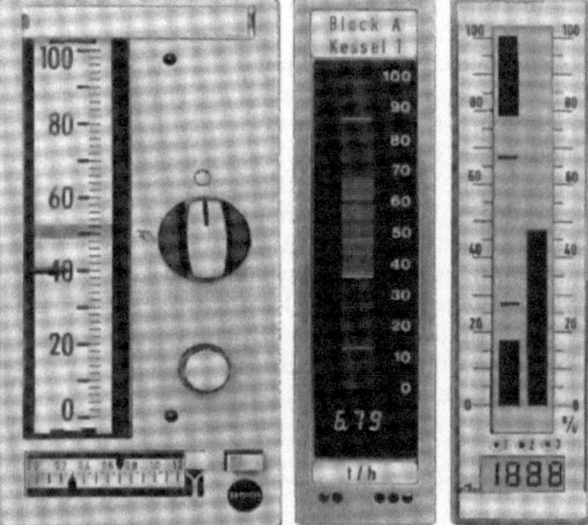

Anzeiger: Kompaktregler 420 von Samson (links); Anzeigegeräte mit Balkendarstellungen Indicomp A 2000 und Indicomp 3 von Hartmann & Braun (Mitte u. rechts).

Literatur: *Strohrmann, G.:* Automatisierungstechnik, Bd. 1 Grundlagen, analoge und digitale Prozeßleitsysteme. 2. Aufl. München–Wien 1990.

Approachvektor →Weltkoordinaten

AQL-Wert. Abk. für *engl.* Accepted quality level. Angabe des Anteils schlechter Bauelemente in einem bestimmten Lieferlos, meist in Prozent oder ppm (parts per million), der entsprechend den Lieferbedingungen vom Kunden noch akzeptiert wird. Der AQL-W. kann für verschiedene Produkteigenschaften u. U. eigens angegeben werden (z. B. elektrisches Verhalten, funktionales Verhalten, mechanische Abmessungen, thermisches Verhalten usw.). *Winter*

Äquivalenzdosis →Dosismessung

Ar. Gesetzliche Einheit nur für die Angabe der Fläche von Grundstücken und Flurstücken. Einheitenzeichen a. 1 a = 100 m². (→Einheiten, gesetzliche). *Hammerschmidt*

Arbeitsmessung. Elektrische Arbeit ist eine mögliche Form der Energie (Arbeit). Sie läßt sich auch als Zeitintegral der elektrischen Wirkleistung darstellen:

$$W = \int P\,dt$$

Die SI-Einheit der (elektrischen) Arbeit ist die Wattsekunde (Ws; 1 Ws = 1 Nm = 1 J). Während bei der →Leistungsmessung das Produkt aus Spannung und Strom zu bilden ist, kommt hier noch die zeitliche Integration hinzu. Wichtigster Anwendungsfall für elektrische A. ist der →Elektrizitätszähler, der in die Stromzuleitungen zu jedem Haushalt zwischengeschaltet wird und deshalb das am weitesten verbreitete elektrische Meßgerät ist. Nur zugelassene Elektrizitätszählerbauarten dürfen im geschäftlichen Verkehr verwendet werden; außerdem muß jeder einzelne Zähler von einer zuständigen Behörde geeicht oder einer staatlichen anerkannten Prüfstelle beglaubigt sein.

Da elektrische Energie hauptsächlich als Wechselstrom oder Drehstrom verteilt wird, sollen hier nur Elektrizitätszähler für diese Stromarten behandelt werden. Meist angewendet wird der Induktionsmotorzähler, auch kurz Induktionszähler genannt, der auf dem zuerst von *Ferraris* angegebenen Prinzip der Wechselwirkung zwischen einem periodisch sich ändernden magnetischen Fluß und den von ihm in einer Läuferscheibe aus Aluminium induzierten Strömen beruht. Dem so entstehenden antreibenden Drehmoment wirkt ein von einem Dauermagneten über Wirbelströme erzeugtes Drehmoment entgegen.

Das Bild zeigt den grundsätzlichen Aufbau des Meßwerks eines Induktionszählers. Auf dem Spannungstriebeisen 2 sitzt die Spannungsspule mit vielen Windungen dünnen Drahtes, die parallel zu den Verbrauchern angeschlossen wird. Die Stromspule auf dem Stromtriebeisen 3 besteht aus wenigen Windungen dicken Drahtes und liegt in Reihe zu den Verbrauchern. Mit dem Anschluß des Zählers an das Netz wird im Spannungseisen ständig ein magnetischer Wechselfluß erzeugt. Zu einem Drehmoment kommt es aber erst, wenn auch im Stromeisen durch den Laststrom ein Wechselfluß entsteht. Die entstehende Umdrehungsgeschwindigkeit ist der Wirkleistung proportional. Vom oberen Ende der Läuferscheibe wird ein mechanisches mehrstelliges Zählwerk angetrieben, das die Anzahl der Umdrehungen aufintegriert und somit die entnommene elektrische Arbeit z. B. in kWh registriert.

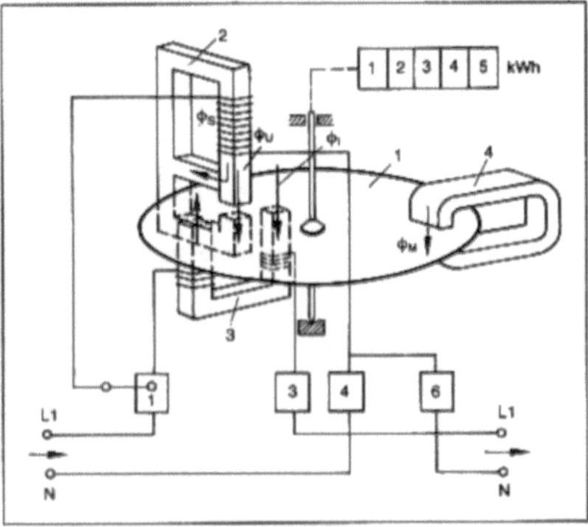

1 Läuferscheibe, 2 Spannungstriebeisen, 3 Stromtriebeisen, 4 Bremsmagnet

Arbeitsmessung: Meßwerk eines Induktionszählers.

Im Mehrphasen-Induktionszähler (Drehstromzähler) arbeiten mehrere Triebsysteme auf einen gemeinsamen Läufer. Mehrfachtarifzähler („Tag- und Nacht-Strom") kuppeln das Meßwerk mit verschiedenen Zählwerken, deren mechanische Umschaltung durch eine Schaltuhr oder durch Fernsteuerung erfolgt. Weitere Induktionszählerbauarten ermöglichen das Erfassen von Blind- bzw. Scheinverbrauch, andere dienen der Mittelwert-, Maximum- oder Überverbrauch-Erfassung.

Um bei Haushalts- und Gewerbekunden differenzierte Tarife anwenden zu können, bei denen berücksichtigt wird, wie gleichmäßig und zu welcher Tageszeit und mit welcher maximalen Leistung Energie bezogen wird, gibt es elektrische Zusatzgeräte zum konventionellen Zähler.

Diese könenn alle erforderlichen Werte erfassen, speichern, verknüpfen und auswerten; sie bringen dem Abnehmer eine wesentlich bessere Transparenz seines Energieverbrauchs. Diese Geräte können aber auch Steuersignale zur Verbrauchsregelung empfangen, und sie ermöglichen eine maschinelle Ablesung vor Ort oder die Fernabfrage über die Netzleitung.

Die Messung der elektrischen Arbeit ist auch auf elektronische Weise möglich, und zwar etwa um den Faktor 10 genauer. Elektronische Wattstundenzähler haben keine beweglichen Teile und sind daher frei von mechanischen Reibungs-, Brems- und Verschleißproblemen. Der zum Messen und Integrieren der elektrischen Leistung erforderliche Aufwand läßt jedoch vorläufig nur die Herstellung elektronischer Präzisionszähler für Drehstrom wirtschaftlich erscheinen.

Für Industrie- und Gewerbekunden gibt es Zähler, die neben dem beschriebenen Ferraris-Meßwerk noch ein Mikrorechner-System enthalten, das für mehrere Tarife und mindestens 12 Monate sowohl die Verbrauchswerte als auch die maximal entnommene Leistung je Monat errechnet und abspeichert.

Auch nichtelektrische Arbeit läßt sich elektrisch bzw. elektronisch messen. Die *mechanische Arbeit* ergibt sich z. B. durch Integration der über →Drehmomentmessung und →Drehzahlmessung erfaßten Leistung. Den Wärmeverbrauch *(thermische Arbeit)* in einer zentralbeheizten Wohnung kann man durch elektronische Meßgeräte messen, die den Durchfluß des Heizmittels und die Temperaturdifferenz zwischen Vorlauf und Rücklauf erfassen und nach Multiplikation integrieren (→Wärmemengenmessung). *Hammerschmidt*

Literatur: *Beetz, W., A. Schrohe* u. *K. Forger:* Elektrizitätszähler und Meßwandler. Karlsruhe 1959. – Johannsen, K. (Hrsg.): AEG-Hilfsbuch 1. Grundlagen der Elektrotechnik. Berlin 1976. – *Schrüfer, E.*: Elektrische Meßtechnik. München 1990. – *Stöckl, M.* u. *K.-H. Winterling*: Elektrische Meßtechnik. Stuttgart 1978.

Arbeitsplatzkonzentration, maximale →Immissionsgrenzwerte

Arbeitsplatzrechner. Rechner, der in seinen physischen und ergonomischen Eigenschaften für den Einsatz direkt am Arbeitsplatz ausgelegt ist. Im Englischen wird dieser Begriff feiner unterschieden in PC (Personal-Computer) und →Workstation. Grundlage für einen multifunktionalen Arbeitsplatz. *Schindler/Bormann*

Arbeitspunkt. Betriebspunkt in der Kennlinienbeschreibung oder -darstellung (Kennlinie) eines elektronischen Bauelementes, der durch Gleichströme und -spannungen (ohne äußere Signalaussteuerung) bestimmt ist. Er wird durch die Schaltungsbemessung festgelegt und bestimmt in hohem Maße das →Übertragungsverhalten einer Schaltung (Gegentaktschaltung). *R. Paul*

Array. Häufig ist die Information mehrerer gleichartiger Sensoren in einer bestimmten räumlichen Anordnung erforderlich, um die gewünschte Information zu erhalten. Dieses trifft insbesondere für die Messung der örtlichen Verteilung von Umweltparametern zu, die eindimensional (linienförmig), zweidimensional (flächenartig) und dreidimensional (räumlich) aufgelöst werden kann.

Eine solche ein-, zwei- oder dreidimensionale Anordnung gleichartiger Sensoren wird als A. bezeichnet. Eine wichtige Anwendung von A. ist der →Bildsensor, eine wichtige Ausführungsform der →CCD-Sensor. *Schaumburg*

Arrhenius-Gleichung. Die Reaktionsrate vieler chemischer Prozesse steigt nach der von *Arrhenius* gefundenen Beziehung exponentiell mit der absoluten Temperatur T. Der Anstieg hängt ab von einer für den jeweiligen Prozeß charakteristischen Aktivierungsenergie E. Die entsprechende Gleichung wird in der Zuverlässigkeitstechnik für einige Effekte angenommen, die zum →Ausfall der Bauelemente führen. Dementsprechend wird die →Ausfallrate λ in Abhängigkeit von der Temperatur T angesetzt als

$$\lambda = B\, e^{-E/kT}$$

In dieser Gleichung ist B ein Proportionalitätsfaktor, und k ist die *Boltzmann*-Konstante $k = 1{,}38 \cdot 10^{-23}$ Ws/K.

Die Aktivierungsenergien liegen im Bereich zwischen 0,3 eV (Oxideffekte) und 1,4 eV (Ionen-Migration). Entsprechend Bild 1 unterscheiden sich zwischen 150 °C und 55 °C die Ausfallraten um den Faktor $\lambda_{150}/\lambda_{55} = 10$ bei einer Aktivierungsenergie von 0,3 eV und um den Faktor 3500 bei einer Aktivierungsenergie von 1 eV.

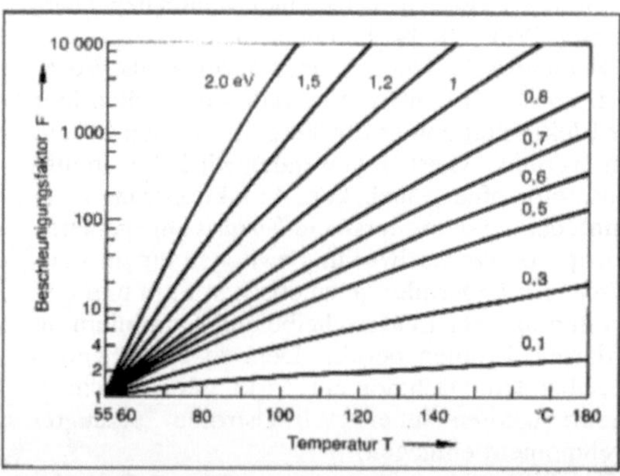

Arrhenius-Gleichung 1: Beschleunigungsfaktor F in Abhängigkeit von der Temperatur T mit der Aktivierungsenergie (eV) als Parameter.

In der Praxis treten stets mehrere Effekte auf, die einzeln zu berücksichtigen sind. Insgesamt nimmt aber die Ausfallrate mit der Temperatur zu. Dabei ist die Temperatur der Sperrschicht maßgebend (Sperrschichttemperatur).

□ Ermittlung der Aktivierungsenergie im Experiment: Die in der obigen Gleichung stehenden Konstanten B und E sind für die einzelnen Bauelemente durch Versuche zu ermitteln. Dazu werden verschiedene Lose bei verschiedenen Temperaturen betrieben. Für jedes Los wird die mittlere Lebensdauer $\bar{t}$ oder die Ausfallrate λ bestimmt. Werden diese Werte in Abhängigkeit von 1/T in einem Koordinatenpapier mit logarithmisch geteilter Ordinate eingetragen, so können die Meßpunkte für die mittleren Lebensdauern durch eine steigende, die für die Ausfallrate durch eine fallende Gerade ausgemittelt werden (Bild 2). Die Steigung dieser Geraden liefert den Wert für die Aktivierungsenergie E.

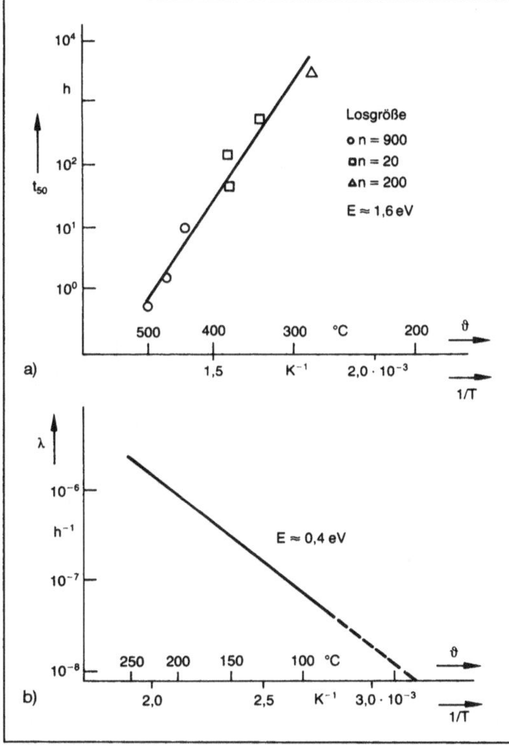

Arrhenius-Gleichung 2: Graphische Darstellung des Gesetzes von Arrhenius
a) Medianwerte der Lebensdauer von Transistoren in Abhängigkeit von der Temperatur,
$ln\,\bar{t} = -ln\,B + E/kt$
b) Ausfallrate bipolarer integrierter Schaltkreise in Abhängigkeit von der Temperatur,
$ln\,\lambda = lnB - E/kT.$

□ →Beschleunigungsfaktor: Ist die Aktivierungsenergie E für eine Bauelementart bekannt, so läßt sich die in einem zeitraffenden Test bei erhöhter Temperatur ermittelte Ausfallrate λ_2 auf die Ausfallrate λ_1 bei niedrigerer Temperatur umrechnen. Der Beschleunigungsfaktor (*engl.* acceleration factor) oder Raffungsfaktor

$$F = \frac{\lambda_2}{\lambda_1} = e^{-\frac{E}{k}\left(\frac{1}{T_2} - \frac{1}{T_1}\right)}$$

hängt von der Höhe und der Differenz der Temperaturen T_2 und T_1 ab. Nimmt die Temperatur von 45 °C auf 100 °C zu, so steigt die Ausfallrate der integrierten Schaltkreise (Bild 2 b) um den Faktor 7, bei einer Temperaturzunahme von 100 °C auf 150 °C um den Faktor 5. *Schrüfer*

Literatur: *Birolini, A.*: Qualität und Zuverlässigkeit technischer Systeme. Berlin 1985. – *Gerling, W.*: Methodik und Aussagefähigkeit zeitraffender Zuverlässigkeitserprobung an Halbleiterbauelementen. NTG – 54. – *Schrüfer, E.*: Zuverlässigkeit von Meß- und Automatisierungseinrichtungen. München 1984. – TELEREL, Qualitätssicherungssystem für Halbleiterbauelemente AEG-TELEFUNKEN AG, Heilbronn.

ATE. Abk. für *engl.* Automatic Test Equipment. Zusammenfassender Begriff für alle Hilfsmittel in Hard- und Software, die für die automatisierte Durchführung der Prüfung benötigt werden. *Winter*

Atmosphäre. Technische und physikalische Druckeinheit. Einheitenzeichen at (techn.) und atm (phys.). 1 at = 98066,5 Pa, 1 atm = 101325 Pa. Beide Einheiten sind seit 1. 1. 1978 in der Bundesrepublik Deutschland im geschäftlichen und amtlichen Verkehr nicht mehr zugelassen. Neue Einheit: →Pascal (→Einheiten des SI). *Hammerschmidt*

Atomare Masseneinheit. Einheitenzeichen u. 1 u = $1{,}6605655 \cdot 10^{-27}$ kg. In der Bundesrepublik Deutschland gesetzliche Einheit, jedoch keine SI-Einheit (→Einheiten, gesetzliche). *Hammerschmidt*

ATPG. Abk. für *engl.* Automatic Test Program Generator (→Prüfprogrammgenerator) (→Testmustergenerierung). *Winter*

Atto.... SI-Vorsatz für →Einheiten im Meßwesen. Bezeichnet das 10^{-18}fache der jeweiligen Einheit. Abk. a. *Hammerschmidt*

Ätzen. Durch Ä. werden Halbleiterscheiben gereinigt (Reinigen), strukturiert oder Defekte sichtbar gemacht. Zur Strukturierung durch Ä. wird eine Maskierungsschicht benötigt, die beständig gegenüber dem Ätzmedium ist. Zur Maskierung wird meist Photolack verwendet. Bei der Verwendung einiger Ätzmedien ist Photolack nicht ausreichend beständig. In solchen Fällen werden SiO_2, Si_3N_4 oder Metallschichten als Ätzmaske verwendet. Die

Strukturierung der Maske erfolgt durch Lithographie und Ä.

Bei der Strukturierung einer SiO_2-Schicht und einer Si_3N_4-SiO_2-Schicht auf Silicium durch Ätzprozesse (Bild a, b, c, d) wird auf der zu ätzenden SiO_2-Schicht ein Photolack aufgebracht, durch Lithographie strukturiert, die SiO_2-Schicht geätzt und der Photolack wieder entfernt. Im zweiten Beispiel (Bild a', b', c', d') ist auf der zu ätzenden Si_3N_4-Schicht eine SiO_2-Schicht aufgebracht, da der Photolack gegen das Ätzmittel für Si_3N_4 nicht beständig ist. Nach der Strukturierung des SiO_2 wie oben beschrieben, wird der Photolack entfernt, das Si_3N_4 mit dem SiO_2 als Maske geätzt und anschließend die darunterliegende SiO_2-Schicht ebenfalls geätzt. Dabei wird gleichzeitig die auf dem Si_3N_4 befindliche SiO_2-Hilfsschicht abgeätzt.

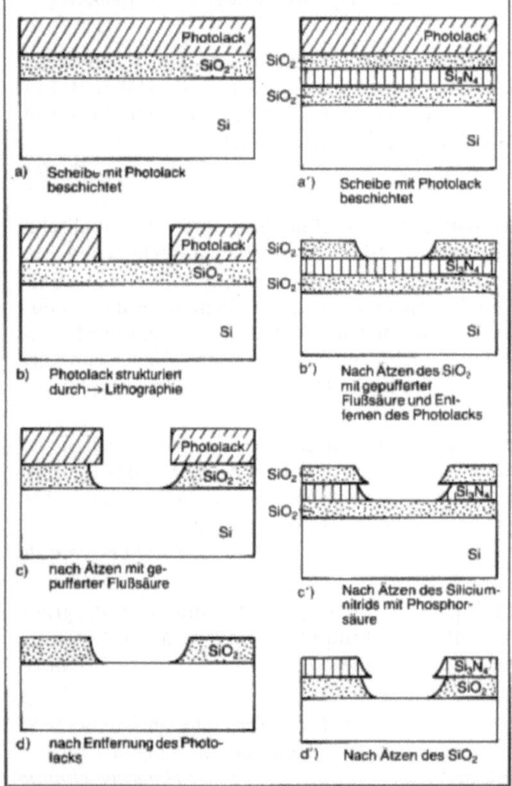

Ätzen: Schematische Darstellung von Ätzprozessen zur Strukturierung einer SiO_2-Schicht und einer Si_3N_4-SiO_2-Schicht auf Silicium.

Früher wurden zur Strukturierung ausschließlich Flüssigkeiten (Naßätzen), die vorwiegend aus unterschiedlichen Säuregemischen bestehen, verwendet. Bei hochkomplexen Strukturen geht man mehr und mehr zu Trockenätzen über. Der Vorteil der letzteren Methode ist die bessere Anisotropie der Ätzung, nachteilig ist die geringere Selektivität. Zum Sichtbarmachen von Defekten wird ausschließlich Naßätzen verwendet. *Ryssel*

Aufbaueffekt bei ionisierenden Strahlungen →Dosisverteilung-Ermittlung

Aufdampfen. Die Herstellung von Metallkontakten auf Halbleiterbauelementen erfolgte klassisch durch A. Heutzutage werden in zunehmendem Maße →Sputtern und CVD (→Schichtabscheidung) verwendet. Seltener werden in der Mikroelektronik auch dielektrische Schichten aufgedampft. Beim A. muß in einer Vakuumapparatur ein ausreichend hoher Dampfdruck des aufzubringenden Metalls erzeugt werden. Dies geschieht durch Beheizung des Metalls. Man unterscheidet die direkte, indirekte und Metalloberflächenbeheizung.

Bei der direkten Beheizung wird mit einem widerstandsgeheizten Verdampfer gearbeitet, der aus einem hochschmelzenden Metall (Wolfram oder Molybdän) besteht. Je nach Form des Verdampfers spricht man von Draht-, Band- oder Stab-(Block-)heizer.

Beim Drahtheizer wird aus dem Heizdraht ein Körbchen gebildet, in das das Metall gelegt werden kann, oder man hängt U-förmigen Metalldraht einfach in einen als Wendel geformten Heizdraht. Der Nachteil dieses Verfahrens ist, daß nur kleine Mengen Metall ohne Nachladen verdampft werden können. Außerdem muß das flüssige Metall den Heizdraht benetzen.

Beim Bandheizer wird aus dem Widerstandsmaterial ein Schiffchen gebildet, das mit dem Metall gefüllt werden kann. Hierbei können größere Mengen Metall ohne Nachfüllen verdampft werden. Beschränkungen bestehen durch Blasenbildung beim Aufheizen. Teilweise Abdeckung des Schiffchens (Prallbleche) vermindert das Spritzen des Metalls.

Bei Stab- oder Blockheizern handelt es sich um massive Stäbe aus dem Widerstandsmaterial (hier meist Bornitrid, Titandiborid oder Graphit), die zur Verdampfung von Substanzen mit niedrigem Dampfdruck geeignet sind. Diese Methoden sind einfach realisierbar und kostengünstig, darüber hinaus entsteht keine ionisierende Strahlung. Dagegen besteht die Gefahr von Verunreinigungen durch das Heizsystem, die erreichbaren Schichtdicken sind relativ gering. Die →Lebensdauer der Verdampfer ist sehr begrenzt, auch ergeben sich Schwierigkeiten bei der Abscheidung von Legierungen.

Bei der indirekten Beheizung wird das Metall in Tiegel (meist aus Al_2O_3 oder BN) gefüllt, die dann von außen widerstands- oder induktiv beheizt werden.

Die indirekte Beheizung der Metalloberfläche erfolgt technisch üblich durch Beschuß mit Elektronen aus sog. 180°- oder 270°-Kanonen (Bild 1), d. h. die elektronenemittierende Glühkathode sitzt neben (180°-Kanone) oder unter (270°-Kanone) dem wassergekühlten (Kupfer-)Tiegel, der das Metall enthält. Der Elektronenstrahl wird magnetisch auf eine Kreisbahn gezwungen und auf die Metalloberfläche gelenkt, wobei der Strom in der Größenordnung von 1 A, die Beschleunigungsspannung bei ca. 10 kV liegt. Hierbei wird nur ein Teil des Metalls aufgeschmolzen und verdampft, während der Rest und vor allem das Tiegelmaterial nicht aufgeschmolzen werden. Durch die räumliche Trennung von Glühkathode und Metalloberfläche werden Querkontaminationen der Substrate mit Glühkathodenmaterial und der Glühkathode mit abdampfendem Metall vermieden. Mit dieser Methode können hochreine Metallschichten erzeugt werden, allerdings sind die thermische Belastung und die Schädigung der Substrate durch Röntgenstrahlen, die beim Abbremsen der beschleunigten Elektronen entstehen, höher als bei den Verfahren mit direkter und indirekter Beheizung. Außerdem ist der anlagentechnische Aufwand wesentlich größer. Durch Verwendung großflächiger Quellen wird die Abscheidung relativ dicker Schichten möglich. Diese Methode bietet den Vorteil, daß bei Benutzung verschiedener Quellen die Abscheidung mehrerer unterschiedlicher Schichten ohne zwischenzeitliches Belüften der Vakuumanlage sowie die Legierungsbildung realisierbar sind. Der hohe Energieinhalt ermöglicht Abscheideraten bis zu ca. 0,5 µm/min.

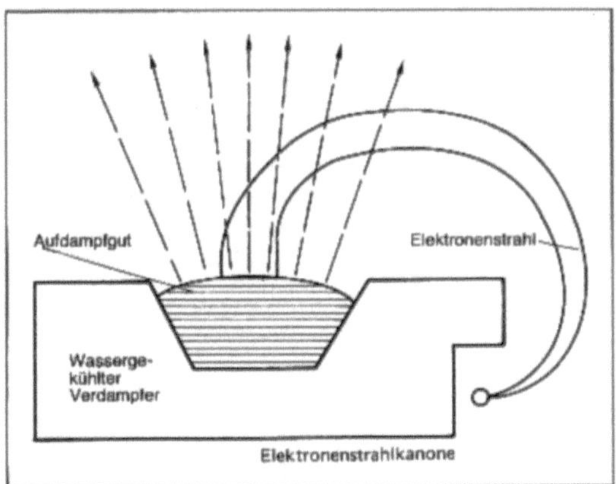

Aufdampfen 1: Elektronenstrahlverdampfung (schematisch).

Für den Transport des Metalldampfes zu den Substraten muß beachtet werden, daß die mittlere freie Weglänge wesentlich größer als die Dimensionen des Rezipienten sein muß. Außerdem muß der Restgaseinbau in die Metallschicht sehr gering gehalten werden. Man arbeitet deshalb im Hochvakuum (10^{-5}–10^{-7} mbar). Das verdampfte Metall kondensiert auf den Halbleiterscheiben und natürlich auch an den Wänden des Vakuumrezipienten. Für eine homogene Abscheidung des Metalls auf den Substraten sind das Verhältnis von Abdampfoberfläche und Substratfläche und die Stellung der Substrate zur Quelle verantwortlich. Die Abdampfcharakteristik entspricht einem cosφ-Gesetz, d. h. der Dampfstrom ist in der Normalen zur Tiegeloberfläche am größten und nimmt mit dem Winkel φ zur Normalen proportional cosφ ab. Die Substrate werden in Kalotten befestigt, die planetenartig oberhalb der Quelle bewegt werden (Bild 2).

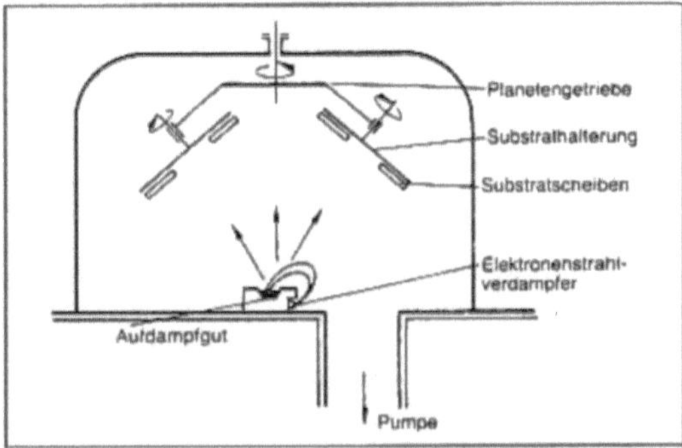

Aufdampfen 2: Aufdampfanlage mit Planetengetriebe für die Substrathalterung.

Für eine bessere Kantenbedeckung werden die Substrate häufig mit Quarz- oder Keramikstrahlern auf 200–300 °C aufgeheizt. Die aufgedampften Schichten sind amorph oder polykristallin (Ausnahme: Molekularstrahlepitaxie). Zur Prozeßkontrolle wird meist an einer repräsentativen Stelle im Rezipienten ein Schwingquarz angebracht, der mit metallisiert wird. Die Änderung der Schwingfrequenz gibt dann Aufschluß über die Dicke der bereits abgeschiedenen Metallschicht. Übliche Schichtdicken liegen zwischen 0,5 bis 1 µm für Leiterbahnen und Kontakte und weniger als 10 nm für lichtempfindliche Schottky-Photodioden. *Ryssel*

Auflösungsvermögen. Als A. eines optisch abbildenden Systems (z. B. Mikroskop, Fernrohr u. a.) bezeichnet man den Abstand zweier punktförmiger Objekte, den diese mindestens haben müssen, um im Bild sicher als getrennte Bildpunkte erkannt zu werden. Da jedem Objektpunkt ein Beugungsscheibchen entspricht, dessen erster dunkler Ring im Abstand $1{,}22\ \frac{\lambda}{r}$ (r = Radius der Objektivöffnung, λ = Lichtwellenlänge) müssen die Objektpunkte mindestens den Winkelabstand $0{,}61 \cdot \frac{\lambda}{r}$ besitzen. Abbildungsfehler setzen das A. in fast allen Fällen herab (Apodisation). Beim Mikroskop unterscheidet man das laterale A. ΔX für seitlich ausgedehnte Strukturen $\Delta X = \frac{\lambda}{2A}$ (A = numerische Apparatur, λ = Lichtwellenlänge) und das Tiefenauflösungsvermögen ΔZ, das sich auf in die Tiefe ausgedehnte Strukturen bezieht, $\Delta Z = \frac{\lambda}{2A^2}$. Das A. wird also für kleine Wellenlängen und größere Aperturen besser. Beim Fernrohr ist das Auflösungsvermögen $d = 1{,}22 \cdot \frac{\lambda \cdot f}{D}$ (f = Brennweite und D = Durchmesser des Objektives).

Bei Spektrometern versteht man unter A. den Quotienten $E/\Delta E$, wobei ΔE den Energieabstand zweier gerade noch trennbarer Spektrallinien und E das arithmetische Mittel der beiden Spektrallinienenergien darstellt. Bei optischen Spektrometern gilt überdies $E/\Delta E = \nu/\Delta\nu = \lambda/\Delta\lambda$, wobei ν die Frequenz und λ die Wellenlänge der Strahlung darstellt.

→Meßgerät *Helbig*

Aufnahmeröhre. In Farbfernsehkameras werden gegenwärtig zur Bildsignalerzeugung A. verwendet, doch wird in absehbarer Zeit eine Ablösung der A. durch Festkörper-Flächensensoren erfolgen.

A. wurden in großer Vielfalt entwickelt. Als für die Farbfernsehtechnik geeignet haben sich jedoch nur wenige Ausführungen erwiesen, deren Eigenschaften die hohen Anforderungen erfüllen. Die heute eingesetzten A. entsprechen der Vidicon-Gattung, besitzen jedoch einen Sperrschicht-Photoleiter geringer zeitlicher Trägheit als optisch-elektrische Wandlerschicht (Bild). Die Wandlerschicht ist auf einer transparenten leitenden Kontaktschicht aufgebracht, die eine Verbindung nach außen hat. In engem Abstand dazu ist ein Feldnetz angeordnet, das die Landung des Elektronenstrahls kontrolliert und einen wesentlichen Beitrag zum →Auflösungsvermögen des Aufnahmerohrs leistet. Der Elektronenstrahl wird von einem Strahlerzeugungssystem mit sehr kleiner Strahlapertur von einigen 10 µm abgegeben und im Laufraum bei magnetischer Fokussierung durch ein axiales Magnetfeld mit Hilfe einer Wandelektrode auf die Rückseite der Wandlerschicht – das Target – fokussiert. Zur Strahlablenkung werden gekreuzte magnetische bzw. elektrische Felder verwendet, die im ersten Fall durch gekreuzte Sattelspulenpaare, im letzteren Fall von auf der Röhreninnenwand aufgebrachten Elektroden erzeugt werden.

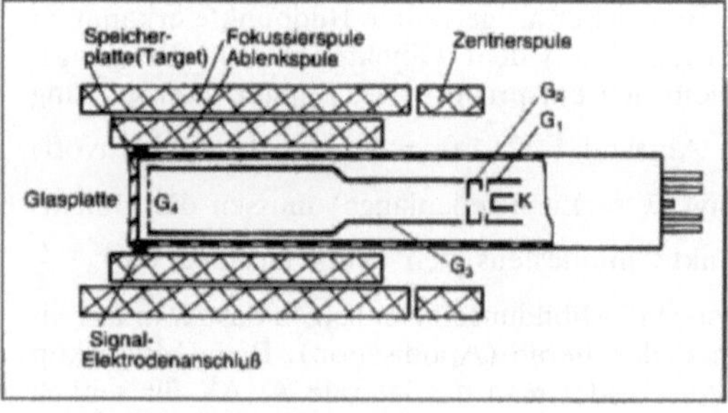

Aufnahmeröhre: Schematischer Aufbau einer A. vom Vidicontyp.

Die Bildsignalerzeugung läßt sich wie folgt beschreiben:

Das abgedunkelte Target ist in erster Näherung ein Isolator der durch den Abtaststrahl in einem Areal zeilenweise abgetastet und dessen Oberfläche dadurch auf Kathodenpotential „stabilisiert" wird. An die transparente Elektrode, auf der das Target aufgebaut ist, wird über einen Widerstand von mehreren MΩ eine positive Spannung gelegt.

Das Target stellt einem Modell zufolge eine Anordnung von Elementarkondensatoren dar. Erfolgt eine punktförmige Belichtung des Targets, so werden dort Elektron-Loch-Paare proportional zu der Belichtungsintensität erzeugt, die eine lineare Entladung der Elementarkondensatoren bewirken. Diese Entladung dauert eine Vollbildperiode (40 ms) und wird innerhalb einer Bildpunktdauer (0,1 µs), wenn der Elektronenstrahl die belichtete Targetstelle passiert, wieder ausgeglichen (Ladungsspeicherprinzip). Der Rückladestrom erzeugt eine Spannungsschwankung an dem Targetwiderstand bzw. einen Ladestromstroß am Eingang des Vorverstärkers, der dem Bildsignal entspricht.

A. mit Sperrschicht-Photoleitertarget besitzen eine lineare Licht-Signalstromkennlinie, was für die Anwendung in einer Farbfernsehkamera unerläßlich ist.

In den Farbkameras des Fernsehrundfunks werden heute ausschließlich A. mit Sperrschichttarget eingesetzt, typische Vertreter sind das Plumbicon bzw. das Saticon. Beide Ausführungen zeigen eine hohe Quantenausbeute im für das Farbfernsehen interessanten Spektralbereich, verfügen über ein ausreichend hohes Auflösungsvermögen (Modulationstiefe) sowie über eine geringe zeitliche Trägheit (Lag), so daß die erreichbare Bildqualität hoch ist. *Hausdörfer/Weitzel*

Literatur: *Heimann, B.* und *W. Heimann:* Fernseh- und Kinotechnik. 32 (1978) Nr. 9 + 10, S. 341–348, S. 395–402.

Aufnehmer. Der A. (Meßaufnehmer, Geber, Sensor, Detektor, Fühler, Transducer) dient zur elektrischen Messung nichtelektrischer Größen. Aufgrund eines physikalischen Effekts (Tabelle) formt er die zu messende nichtelektrische Größe in ein elektrisches Signal um, das dann mit den Mitteln der elektrischen →Meßtechnik weiterverarbeitet werden kann.

Bei ein und demselben A. sind jeweils verschiedene Einflußgrößen wirksam. Der elektrische Widerstand eines Leiters z. B. ist sowohl von der Temperatur als auch von mechanischen Spannungen abhängig. Soll die Temperatur gemessen werden, sind mechanische Spannungen zu vermeiden. Umgekehrt müssen dann bei der Dehnungsmessung die

Aufnehmer. Tabelle: Effekte, die in A. zur elektrischen Messung nichtelektrischer Größen benutzt werden.

Mechanische Größen:
Induktionsgesetz
piezoelektrischer Effekt
reziproker piezoelektrischer Effekt
Abhängigkeit des elektrischen Widerstandes von geometrischen Größen
Änderung des spezifischen Widerstands unter mechanischer Spannung
Kopplung zweier Spulen über einen Eisenkern
Abhängigkeit der Induktivität einer Spule vom magnetischen Widerstand
Abhängigkeit der Kapazität eines Kondensators von geometrischen Größen
Änderung der relativen Permeabilitätszahl unter mechanischer Spannung
Abhängigkeit der Eigenfrequenz einer Saite oder eines Stabes von mechanischen Spannungen
Wirkdruckverfahren
Erhaltung des Impulses (Coriolis-Durchflußmesser)
Wirbelbildung hinter einem Störkörper
Durchflußmessung über die Bestimmung der Wärmeabfuhr
Abhängigkeit der Schallgeschwindigkeit von der Geschwindigkeit des Mediums

Thermische Größen:
thermoelektrischer Effekt
pyroelektrischer Effekt
Abhängigkeit des elektrischen Widerstandes von der Temperatur
Abhängigkeit der Eigenleitfähigkeit von der Temperatur
Ferroelektrizität
Abhängigkeit der Quarz-Resonanzfrequenz von der Temperatur

Optische oder radioaktive Größen:
äußerer Fotoeffekt
innerer lichtelektrischer Effekt, Sperrschicht-Fotoeffekt
Fotoeffekt, Compton-Effekt und Paarbildung
Anregung zur Lumineszenz

Chemische Größen:
Bildung elektrochemischer Potentiale an Grenzschichten
Änderung der Austrittsarbeit an Phasengrenzen
Temperaturabhängigkeit des Paramagnetismus von Sauerstoff
Gasanalyse über die Bestimmung der Wärmeleitfähigkeit
Gasanalyse über die Bestimmung der Wärmetönung
Sauerstoff-Ionenleitfähigkeit von Festkörper-Elektrolyten
Prinzip des Flammen-Ionisationsdetektors
hygroskopische Eigenschaften des LiCl
Abhängigkeit der Kapazität vom Dielektrikum

Temperatureinflüsse korrigiert werden. Generell sind die A. so zu entwerfen und zu konstruieren, daß sie mindestens reproduzierbar und nach Möglichkeit auch selektiv auf die zu messende Größe reagieren. Störgrößen müssen, falls sie nicht vermieden werden können, korrigierbar sein.

Der A. wird charakterisiert durch seine Kennlinie, die den Zusammenhang zwischen der gemessenen nichtelektrischen Größe und dem abgegebenen elektrischen Signal beschreibt. Sie kann in Form einer Gleichung, einer Tabelle oder einer gezeichneten Kurve angegeben werden.

Die nichtelektrischen Größen können aktiv oder passiv in die elektrischen umgeformt werden. Die *aktiven* A. kommen ohne eine elektrische →Hilfsenergie aus. Sie wandeln mechanische Energien (z. B. Drehzahlmesser), thermische (z. B. →Thermoelement) oder auch chemische (elektrochemischer Sensor) in elektrische um. Sie liefern am Ausgang eine Spannung, eine Ladung oder einen Strom.

Das Ersatzschaltbild eines spannungsliefernden A. ist eine Spannungsquelle, die durch die Leerlaufspannung und den Innenwiderstand beschrieben wird. Beide Größen sind wichtig. Schwierigkeiten bei der Messung können entstehen, wenn entweder die abgegebene Spannung sehr niedrig oder der Innenwiderstand der Quelle sehr hoch ist. Um wirklich die von der Quelle gelieferte Spannung zu erfassen, ist die →Spannungsmessung hochohmig durchzuführen. Umgekehrt ist bei der Stromquelle, die als Stromgenerator mit parallel liegendem hohen Innenwiderstand gezeichnet werden kann, der gelieferte Strom möglichst niederohmig zu messen.

Die *passiven* A. sind auf eine elektrische Energieversorgung angewiesen. Die nichtelektrische Größe beeinflußt, steuert oder moduliert einen elektrischen Parameter. Bei den Widerstands-A. ist dies z. B. der ohm'sche Widerstand (z. B. Widerstandsaufnehmer, →Dehnungsmeßstreifen), bei den induktiven A. ist es die Induktivität (→Meßaufnehmer, induktiver) und bei den kapazitiven ist es die Kapazität (→Meßaufnehmer, kapazitiver). Die passiven A., bei denen ein elektrischer Parameter nur moduliert wird, beeinflussen in der Regel die zu messende Größe weniger als die aktiven, bei denen eine Energie entnommen wird. Die passiven A. sind rückwirkungsfrei und haben oft auch die größere →Empfindlichkeit.

Für A., die sich automatisiert, in großen Stückzahlen, preisgünstig fertigen lassen, wird auch der Begriff des Sensors benutzt. Solche Sensoren können z. B. mit Hilfe der Dickschicht-, Dünnschicht- oder Silicium-Technologie hergestellt werden (→Dickschichtsensor, →Dünnschichtsensor, →Silicium-Sensor). Wird schon am Ort des Sensors sein Signal aufbereitet, so entsteht der integrierte, smarte oder intelligente Sensor. *Schrüfer*

Literatur: *Ahlers, H.*, und *J. Waldmann:* Mikroelektronische Sensoren. Heidelberg 1990. – *Grave, H. F.:* Elektrische Messung nichtelektrischer Größen. Frankfurt/M 1965. – *Hartmann & Braun:* Meßtechnik; Einführung, Anwendung, L 3350, Frankfurt/Main. – *Heuberger, A.:* Mikromechanik. Berlin 1989. – *Jüttemann, H.:* Grundlagen des elektrischen

Messens nichtelektrischer Größen. Düsseldorf 1974. – *Heywang, W.*: Sensorik. Berlin 1983. – *Kronmüller, H.; B. Zehner.*: Prinzipien der Prozeßmeßtechnik I und II. Karlsruhe. – *Niebuhr, J.*: Physikalische Meßtechnik; Bd. I: Aufnehmer und Anpasser. – *Profos, P.* (Hrsg.): Handbuch der industriellen Meßtechnik. Essen 1978. – *Rohrbach, C.*: Handbuch für elektrisches Messen mechanischer Größen. Düsseldorf 1967. – *Samal, E.*: Elektrische Messung von Prozeßgrößen. AEG-Telefunken (Hrsg.) Handbücher Band 17. Berlin 1974. – *Schrüfer, E.*: Elektrische Meßtechnik, 3. Auflage München 1988. – Siemens (Hrsg.): Messen in der Prozeßtechnik. Berlin 1972. – *Wiegleb, G.*: Sensortechnik. München 1986.

Ausbreitungswiderstand. Setzt man auf die Oberfläche eines quaderförmigen Materials einen elektrischen Punktkontakt auf, dessen Abmessungen d viel kleiner sind als die des Quaders, dann ergibt sich als elektrischer Widerstand zwischen dem Punktkontakt und der Rückseite des Quaders (Bild) der A.

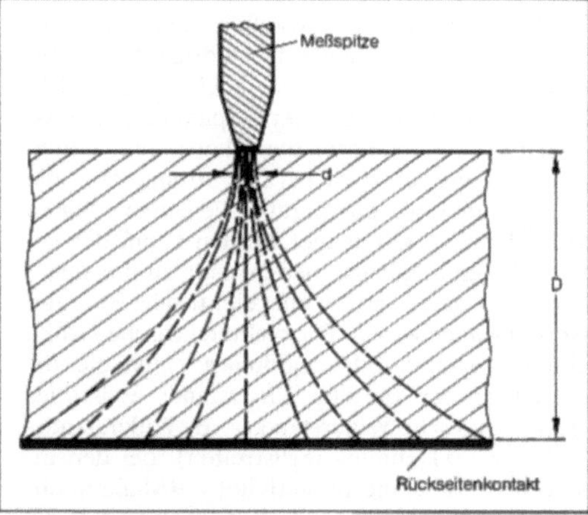

Ausbreitungswiderstand: Anordnung zur Messung des A. eines Materials mit dem spezifischen Widerstand ρ_{sp}.

$$R = \frac{\rho_{sp}}{2\,d}$$

(ρ_{sp} = spezifischer Widerstand des Materials)

In der →Sensorik wird der A. von Materialien gemessen, deren spezifischer Widerstand von einem bestimmten Umweltparameter abhängt. Bei Halbleitern ergibt sich häufig eine Temperaturabhängigkeit des spezifischen Widerstands, die sich für die Herstellung von Temperatursensoren oder Silicium-Sensoren anwenden läßt. Eine Ausführungsform wie in Bild mit Messung des A. wird dabei häufig verwendet. *Schaumburg*

Ausdehnungsthermometer →Temperaturmessung

Ausfall. Im deutschen Sprachgebrauch werden die Begriffe *Fehler* und *Ausfall* oft synoym gebraucht. Da der Terminus Fehler (*engl.* error) in der →Meßtechnik schon als Abweichung vom wahren Wert definiert ist und in der Umgangssprache eine falsche Handlung zum Ausdruck bringt, wird in der Zuverlässigkeitstechnik die Funktionsunfähigkeit einer Komponente vorzugsweise mit A. (*engl.* failure, defect) bezeichnet. Dabei wird unterschieden hinsichtlich

- der Ursache zwischen zufälligem und deterministischem A.,
- des Umfangs zwischen →Totalausfall (catastrophic failure) und →Teilausfall (defect)
- der Geschwindigkeit zwischen →Sprungausfall und →Driftausfall.
- der Erkennbarkeit zwischen erkennbarem und nicht erkennbarem A.
- der Wirkung zwischen nicht gefährlichem und gefährlichem A., bzw. sicherheitsgerichtetem und nicht sicherheitsgerichtetem A.
- der Richtung zwischen →Nichtanregung und →Fehlanregung.

In die →Ausfallrate sind nur die zufälligen, totalen und plötzlichen A. eingerechnet. Vor dem Bereich mit der konstanten Ausfallrate liegen die →Frühausfälle; am Ende der Nutzungsdauer treten →Verschleißausfälle auf (→Badewannenkurve). *Schrüfer*

Ausfall, abhängiger (*engl.* common mode failure). →Ausfall von Komponenten auf Grund einer gemeinsamen Ursache (systematischer Ausfall im Gegensatz zu zufälligen Ausfall).

Die bei den →Auswahlschaltungen (→Redundanz) durchgeführten Wahrscheinlichkeitsrechnungen basieren auf der Annahme, daß die einzelnen Kanäle zufallsbedingt und unabhängig voneinander ausfallen. Die dortigen Rechnungen gelten nicht für die Klasse der a. A. Hier können auf Grund eines einzigen Ereignisses, auf Grund einer gemeinsamen Ursache, alle redundanten Kanäle versagen. Die a. A. sind nicht mehr unabhängig voneinander. Dementsprechend ist mit bedingten Wahrscheinlichkeiten zu rechnen. Sind die Ausfälle der einzelnen Kanäle miteinander gekoppelt, so fallen mit dem ersten Kanal auch die übrigen aus, und die gesamte Redundanz ist hinfällig.

□ Ursachen für a. A.: Insbesondere menschliche Irrtümer und außergewöhnliche Umgebungsbedingungen, wie z. B.

- fehlerhafte Auslegung oder falsch eingesetzte baugleiche Komponenten,
- menschlicher Irrtum bei Betrieb oder Wartung,
- Verwendung gemeinsamer Komponenten (z. B. gemeinsame Spannungsversorgung, Abhängigkeit von einer gemeinsamen Heizungs- oder Klimaanlage),
- gleiche Umweltbedingungen (z. B. Brand, Hochwasser, Sturm, Blitzschlag, Erdbeben),

sind Ursachen für a. A.

□ Vermeidung von a. A.: Um trotz der oben skizzierten Möglichkeiten die gleichzeitigen Ausfälle infolge einer gemeinsamen Ursache zu vermeiden, empfehlen sich insbesondere die folgenden Maßnahmen:

- Besondere Sorgfalt bei der Planung, Begutachtung, bei dem Bau und Betrieb einer Anlage unter Beachtung der folgenden Prinzipien:
  - →Qualitätssicherung bei der Fertigung
  - Verwendung erprobter Konstruktionen
  - Verwendung standardisierter Bauteile
  - Verwendung ausfallerkennender Einrichtungen
  - einfacher Aufbau der Sicherheitssysteme
  - Vermeidung vermaschter Systeme
  - zyklische Funktionsprüfungen.
- Räumliche Trennung. Die zueinander redundanten Schutz-Teilsysteme sollen räumlich getrennt aufgebaut werden. Damit lassen sich insbesondere a. A. infolge von Umwelteinflüssen vermeiden. Werden bei einem (2 von 3)-System die Geräte der drei Kanäle in getrennten, voneinander entfernten und geschützten Räumen untergebracht und werden die Verbindungsleitungen zu diesen drei Räumen auf getrennten Trassen geführt, so ist gewährleistet, daß z. B. bei einem örtlich begrenzten Brand in der Anlage, bei einem Rohrleitungsbruch oder bei einer Überschwemmung nur eine der Redundanzen ausfällt. Die anderen bleiben funktionsfähig und gewährleisten die Sicherheit.
- Elektrische Entkopplung. Die einzelnen Teilsysteme sind nicht nur räumlich, sondern auch elektrisch zu trennen. Zwischen den zueinander redundanten Teilsystemen bestehen zunächst eine Reihe von Querverbindungen. Diese sind notwendig, um die (2 von 3)-Auswahl der Meß- und Steuersignale treffen zu können. Solange bei einem Störfall die Leitungen intakt bleiben, sorgt schon die *selektive Absicherung* für die Begrenzung einer →Störung. Wird aber z. B. ein Geräteschrank durch Brand zerstört, so können Signalleitungen, die im bestimmungsgemäßen Betrieb auf einer Spannung von wenigen Volt liegen, unter Umständen das Potential der Steuerleitungen führen.

Diese erhöhten Spannungen werden dann in die Geräteschränke eines anderen Teilsystems verschleppt, führen dort eventuell zu einer Überlastung, im Extremfall zu einem weiteren Brand und zerstören damit auch das redundante System.

Um diesen Schadensmechanismus auszuschließen, sind alle ankommenden und abgehenden Leitungen eines Teilsystems galvanisch gegen die höchste im System vorkommende Spannung entkoppelt. Durch diese *galvanische Trennung* sind die elektronischen Systeme gegen von außen kommende, zu hohe Spannungen geschützt.

- Verwendung diversitärer Komponenten. Trotz aller Sorgfalt lassen sich insbesondere Irrtümer nur schwer vermeiden. Diese sind natürlich nicht bekannt, andernfalls würden sie ja korrigiert. Um die Wirkung dieser im Prinzip möglichen Fehler einzugrenzen, werden
  - unterschiedliche Prozeßvariablen zur Anzeige des Prozeßzustands benutzt
  - die Signale der Prozeßvariablen ggfs. in unterschiedlicher Technik verarbeitet und
  - unterschiedliche Hilfsenergien zur Ausführung der Sicherheitsmaßnahmen benutzt.

Bei einem Sattdampf-Kessel sind z. B. der Druck und die Temperatur zwei unterschiedliche, diversitäre Prozeßvariablen. Jede ist für sich zur Überwachung des Kessels geeignet. Bei der diversitären Ausführung werden beidc Variablen (dreifach) gemessen und jede Variable liefert ggf. den Abschaltbefehl. Die in den Meßkanälen verwendeten Geräte unterscheiden sich, und so ist es unwahrscheinlich, daß, z. B. infolge eines Bauelement-Fehlers, sowohl die Druck- als auch die Temperaturmessung ausfällt.

Auch Steuersignale lassen sich diversitär verarbeiten. Eine Logikschaltung z. B. kann mit Relais, TTL-Schaltkreisen, RTL-Schaltkreisen oder Mikroprozessoren aufgebaut werden. Für die Ausführung der Sicherheitsmaßnahme kann bei den Stellgliedern zwischen elektrischer, hydraulischer und pneumatischer Hilfsenergie gewählt werden.

So läßt sich als →Schutz gegen a. A. über den zu überwachenden Prozeß ein dichtes Netz aus Anregegrößen und Sicherheitsmaßnahmen legen, in denen Störfälle – unabhängig davon, ob ihr genauer Verlauf vorausgedacht worden ist – möglichst frühzeitig abgefangen werden. *Schrüfer*

Literatur: Deutsche Risikostudie Kernkraftwerke, Studie im Auftrag des Bundesministeriums für Forschung und Technologie, Köln 1979. – *Rasmussen, N. C.:* Reactor Study – An Assessment of Accident Risks in US Commercial Nuclear Power Plants. United States Nuclear Regulatory Commission, WASH-1400 (NUREG-75/014) 1975. – *Schrüfer, E.:* Zuverlässigkeit von Meß- und Automatisierungseinrichtungen, München 1984.

Ausfall, sicherheitsgerichteter. →Ausfall eines Geräts oder eines ganzen Überwachungssystems derart, daß auch bei jeder Funktionsunfähigkeit des Geräts oder des Überwachungssystems der überwachte Prozeß in den gefahrlosen Zustand überführt wird.

Bei vielen Maschinen oder Prozessen läßt sich ein gefahrloser, sicherer Zustand angeben. Dies kann z. B. der Stillstand oder der energielose Zustand sein (Abschalten der Brennstoffzufuhr und Druckentlastung bei einem Heizkessel). In diesen Fällen kann die überwachte Komponente bei Ausfall oder Funktionsunfähigkeit der →Überwachungseinrichtung durch eine Abschaltung in den ungefährlichen Zustand überführt werden. Die elektronischen

Schaltungen, die bei Ausfällen innerhalb der Schaltungen zwangsweise das Abschaltsignal liefern, werden als fail safe oder ausfallsicher bezeichnet. Die Ausfälle sind *sicherheitsgerichtet* und führen zu einem eindeutigen, ungefährlichen Systemzustand. Bei einem Ausfall innerhalb der Überwachungseinrichtung wird die Maschine oder der Prozeß stillgesetzt. Die Sicherheit wird auf Kosten der → Verfügbarkeit erreicht.

Ausfallsichere Schaltungen werden in der Regel durch die Verwendung
- dynamischer → Signale oder
- durch den ausfallsicheren Vergleich der Signale redundanter Schaltungen (→ Ausfallerkennung durch Redundanz) erreicht. *Schrüfer*

Ausfalldichte → Lebensdauerverteilung

Ausfalleffektanalyse. Komponenten von Geräten oder Systemen können ausfallen. Dadurch wird die Funktion des Geräts oder Systems beeinflußt. Aufgabe der A. ist, die Effekte derartiger Komponentenausfälle systematisch zu untersuchen.

Zu Beginn einer A. ist das → Ausfallmodell zu definieren, d. h. die zu untersuchenden Ausfallarten sind aufzulisten. Die Analyse selbst kann dann
- entweder experimentell an der ausgeführten Schaltung oder
- theoretisch an der mit einem Simulationsprogramm nachgebildeten Schaltung

erfolgen. Das zu untersuchende Gerät ist dabei jeweils mit Eingangssignalen zu stimulieren, die im fehlerfreien Fall zu bekannten Ausgangssignalen führen.

□ Experimentelle Analyse. Bei der experimentellen Analyse elektronischer Geräte empfiehlt es sich, Leiterplatten ohne Schutzlack zu verwenden und die Bauelemente auf Sockel zu setzen (Bild). Die Anschlüsse sind dann jeweils nacheinander zu unterbrechen (evtl. auszulöten) und kurzzuschließen. Nach Einbau eines Ausfalls wird das Ausgangssignal auf einem Oszilloskop und auf einem anzeigenden oder schreibenden Meßgerät beobachtet. Desgleichen wird die Stromaufnahme der Schaltung, eine evtl. abgegebene Gefahrenmeldung oder eine sonstige auffällige Erscheinung wie z. B. eine Schwingung protokolliert. Nach jedem Fehlereinbau ist die ordnungsgemäße Funktion des Geräts zu überprüfen und ggfs. wieder herzustellen, bevor der nächste Komponentenausfall eingebaut und untersucht werden kann.

Die Ausfalleffekte hängen von der Eingangsbelegung ab. Bei einer derartigen experimentellen Analyse soll das untersuchte Gerät möglichst unter den späteren Einsatzbedingungen betrieben werden.

□ Analyse mit Hilfe eines Simulationsprogramms. Bei der softwaremäßig ausgeführten Analyse ist die zu untersuchende Schaltung auf einem Rechner zu simulieren und die Totalausfälle der Bauelemente

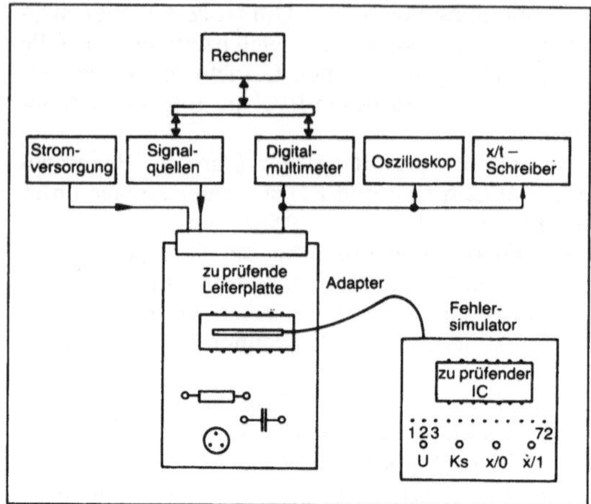

Erläuterung: Die Ausfälle der 2- oder 3poligen Elemente werden direkt auf der zu prüfenden Leiterplatte eingebaut. Die integrierten Schaltkreise werden von der Leiterplatte genommen und in einen, über einen Adapter angeschlossenen Fehlersimulator gesteckt. Dort lassen sich mittels Tasten die notwendigen Unterbrechungen, Kurzschlüsse und Ständigfehler realisieren. Nach Einbau der Fehler läuft die Analyse weitgehend selbsttätig ab. Der Rechner steuert die Signalquellen, erfaßt die Ausgangssignale und wertet sie aus.

Ausfalleffektanalyse: Rechnergestützte, experimentelle A.

sind nacheinander zu aktivieren. Dabei kann die Schwierigkeit auftreten, daß die dem Programm zugrunde liegenden Transistor- oder Verstärkermodelle nur das Kleinsignalverhalten dieser Komponenten, d. h. das Verhalten in der Nähe eines Arbeitspunktes, genügend genau beschreiben. Bei Totalausfällen wird der → Arbeitspunkt aber extrem verschoben, so daß einerseits die Komponenten nicht mehr richtig nachgebildet werden und andererseits die dabei auftretenden Ströme und Spannungen eventuell den definierten Wertebereich des Programms überschreiten.

□ Bilden von Fehlerklassen. Der Nutzen einer A. hängt davon ab, ob es gelingt, die vielen unterschiedlichen Ausfallwirkungen sinnvoll zu ordnen. Eine brauchbare Gruppierung läßt sich nicht allgemein angeben, sondern richtet sich nach der Aufgabe und der Peripherie des untersuchten Geräts.

Als Beispiel sei die Analyse eines Trennverstärkers beschrieben, der Eingangsspannungen von ±10 mV in galvanisch getrennte Ströme von ±20 mA mit einer Klassengenauigkeit von 0,5 % umformte. Er enthielt 213 Bauelemente. 277 Unterbrechungen und 278 Kurzschlüsse wurden experimentell eingebaut. Die Wirkung jedes Ausfalls wurde bei den drei verschiedenen Eingangsspannungen von −8 V, 0 V und +8 V gemessen. Um die Ergebnisse zu ordnen, wurden die als Folge der einzelnen Ausfälle auftretenden Signale in die Gruppen, den sog. Fehlerklassen zusammengefaßt (Tabelle).

Ausfalleffektanalyse. Tabelle: Ergebnis der A. eines Trennverstärkers

Ausfalleffekt	Fehlerklasse	Zahl der Ausfälle	Ausfallrate $10^6\,\lambda$ in h^{-1}
Ausgangsstrom			
– ändert sich nicht	a	231	11,8
– ist um höchstens 7,5 % zu hoch	b	8	1,0
– ist um mehr als 7,5 % zu hoch	c	53	5,7
– ist um höchstens 7,5 % zu niedrig	d	30	2,7
– ist um mehr als 7,5 % zu niedrig	e	233	20,1
Summe		555	41,3

Rund 40 % der Bauelementeausfälle führen also zur Fehlerklasse a; d. h. die Ausfälle bleiben ohne Wirkung auf den Ausgangsstrom des Verstärkers.
□ Aufteilung der Ausfälle in erkennbare und nicht erkennbare: Der Ausgangsstrom des untersuchten Trennverstärkers werde durch eine →Überwachungseinrichtung kontrolliert, die grobe Abweichungen des Ausgangssignales erkennen kann. So sollen z. B. die Signale, die um mehr als ±7,5 % vom richtigen Ausgangsstrom abweichen, als fehlerhaft gemeldet werden. Damit sind die Ausfälle, die zu den Fehlerklassen c und e führen, erkennbar; die anderen bleiben unentdeckt. Die Ausfalleffekte können so in erkennbare und nicht erkennbare eingeteilt werden.
□ Aufteilung der Ausfälle in nicht gefährliche und gefährliche: Aufgabe des betrachteten Trennverstärkers sei, bei Erreichen und Überschreiten eines bestimmten Ausgangsstromes einen Prozeß abzuschalten. Eine nicht erfolgende Abschaltung könnte zu Schäden führen und wird deshalb als gefährlich betrachtet. Fehlerhaft zu große Ströme des Trennverstärkers lösen dann eine vorzeitige Abschaltung aus; sie liegen auf der sicheren Seite und sind dementsprechend ungefährlich (Fehlerklassen b und c). Gefährlich sind nur die Ausfälle, die ein zu geringes Ausgangssignal verursachen und eine eventuell notwendige Abschaltung verhindern. Im Beispiel sind dies die zu den Fehlerklassen d und e führenden Ausfälle. Sind die Aufgaben des analysierten Geräts bekannt, so können also die Ausfälle in nicht gefährliche und gefährliche eingeteilt werden.
□ Berechnung der →Ausfallrate für jede Fehlerklasse. Um aus der Zahl der Bauelementeausfälle einer Fehlerklasse die Wahrscheinlichkeit für diese Fehlerklasse zu finden, ist die Kenntnis der Wahrscheinlichkeiten notwendig, mit der die einzelnen Ausfälle auftreten können. Das bedeutet, daß die Ausfallrate eines Bauelements auf die möglichen Ausfallarten aufzuteilen ist. Bei Schichtwiderständen z. B. ist ein Ausfall durch Unterbrechung sehr viel häufiger als durch Kurzschluß, so daß 9/10 der Ausfallrate der Ausfallart Unterbrechung zugeordnet werden. Bei einem integrierten Schaltkreis werden die Ausfälle als gleich wahrscheinlich angenommen. An einem Gehäuse mit 14 Anschlußpunkten sind 14 Unterbrechungen und 14 Kurzschlüsse benachbarter Leitungen möglich. Beträgt die Gesamtausfallrate des Schaltkreises $1 \cdot 10^{-6}\,h^{-1}$, so hat jeder der 28 Ausfälle eine Rate von $0{,}036 \cdot 10^{-6}\,h^{-1}$. Auf diese Weise läßt sich jeder Ausfallart eine Ausfallrate zuordnen und die Ausfallraten der Bauelementeausfälle einer Fehlerklasse lassen sich addieren. Für den untersuchten Trennverstärker sind in der letzten Spalte der Tabelle die entsprechenden Werte angegeben. Die Ausfallraten sind also nicht direkt proportional der Zahl der Ausfälle. Die Ausfallrate für die Fehlerklasse d (der Strom des Trennverstärkers ist um weniger als 7,5 % zu niedrig), macht mit $2{,}7 \cdot 10^{-6}\,h^{-1}$ nur 7 % der Gesamtausfallrate aus. *Schrüfer*

Literatur: DIN 25448 Ausfalleffektanalyse. – *Schrüfer, E.:* Zuverlässigkeit von Meß- und Automatisierungseinrichtungen. München 1984.

Ausfallerkennung. Ein Bauelement-Ausfall in einem Gerät oder ein partieller oder totaler →Ausfall eines Geräts in einem System bleibt oft zunächst ohne Folgen für die Funktionsfähigkeit des Systems. Der Ausfall bleibt insbesondere dann unentdeckt, wenn das System nicht eingreifen muß. Um zu verhindern, daß sich unerkannte Teilausfälle akkumulieren und daß im Anforderungsfall das System funktionsunfähig ist, ist eine A. notwendig. Aufgrund der A. können dann Ersatzmaßnahmen ergriffen werden. Das System ist dann nicht nur ausfallerkennend, sondern auch ausfall- oder fehlertolerierend.

Die A. ist unabhängig von Sicherheitsüberlegungen z. B. auch bei Geräten notwendig, denen im Eichwesen jeweils für eine bestimmte Zeit eine ausreichende Meßbeständigkeit bescheinigt wird. Dazu müssen diese Geräte vorher eine von der Physikalisch-Technischen-Bundesanstalt durchgeführte *Bauartprüfung auf Zulassung zur Eichung* mit Enfolg bestanden haben. Im Rahmen dieser Baurtzulassung wird insbesondere kontrolliert, ob die Funktionsfehler-Erkennbarkeit hinreichend gewährleistet ist.

Entsprechend der Bedeutung der A. werden viele unterschiedliche Methoden zur Erreichung dieses Ziels angewendet, so z. B.

- die kontinuierliche Überwachung von Teilfunktionen (→Thermoelement-Bruchsicherung, →Statussignal)
- die Stimulation durch heuristische Prüfsignale
- die Stimulation durch vollständige Mindesttestmengen
- die A. durch den Vergleich redundanter Kanäle (→Ausfallerkennung durch Redundanz)
- die →Plausibilitätskontrolle
- die Verwendung fehlererkennender Codes
- die →Mustererkennung
- die Verwendung von Komponenten mit sicherheitsgerichteten Ausfällen (→Ausfall, sicherheitsgerichteter).

Die Wirksamkeit einer Maßnahme zur A. wird durch den →Ausfallerkennungsfaktor c (*engl.* coverage factor) ausgedrückt. Dieser wird in Tests als das Verhältnis

$$c = \frac{\text{Zahl der erkannten Ausfälle}}{\text{Zahl der eingebauten Ausfälle}}$$

ermittelt.

Bei Verwendung mehrerer Prüf- oder Überwachungseinheiten hat jede Einheit einen Ausfallerkennungsfaktor kleiner als 100%. Keine Überwachungsschaltung findet jeden Fehler. Einige Fehler werden durch mehrere Kontrollschaltungen detektiert, andere werden überhaupt nicht gefunden (Bild).

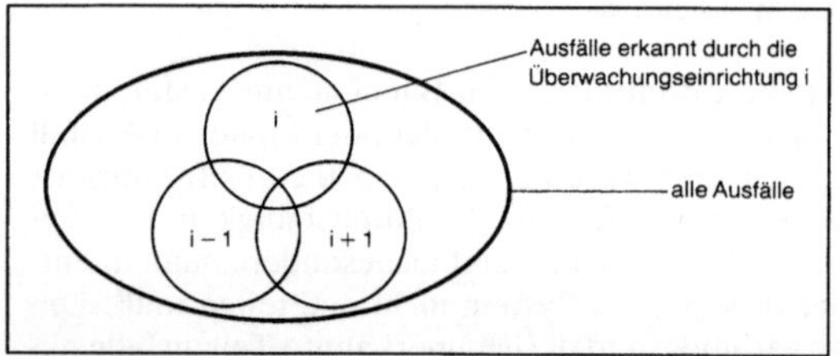

Ausfallerkennung: A. durch mehrere Überwachungseinrichtungen.

Unter der Annahme, daß die Ausfallmeldungen der einzelnen Überwachungsschaltungen zufällige unabhängige und vereinbare Ereignisse sind, lassen sich mit

- Ereignis E_i: die Überwachungseinheit i findet den Ausfall
- Ereignis $\bar{E}_i$: Die Überwachungseinheit i findet nicht den Ausfall
- $w(E_i) = c_i$: Wahrscheinlichkeit, daß die Überwachungseinheit i den Ausfall findet
- $w(\bar{E}_i) = 1-c_i = \bar{c}_i$: Wahrscheinlichkeit, daß die Überwachungseinheit i den Ausfall nicht findet

die folgenden Größen berechnen:

□ Gesamtwirksamkeit c_{tot}: Die Ereignisse sind unabhängig, aber vereinbar. Die Wahrscheinlichkeit, daß ein Ausfall entweder von der Prüfeinheit 1 oder von der Prüfeinheit 2 oder von der Prüfeinheit n entdeckt wird, berechnet sich zu

$$c_{tot} = w(E_1 \vee E_2 \vee \ldots \vee E_n) = 1 - \prod_1^n w(\bar{E}_i) = 1 - \prod_1^n \bar{c}_i.$$

□ →Restfehleranteil $\bar{c}_{tot}$: Der Anteil der unentdeckten Fehler, bzw. die Wahrscheinlichkeit, daß keine der Überwachungseinrichtungen den Fehler findet, errechnet sich als Komplement zur obigen Gleichung zu

$$\bar{c}_{tot} = 1 - c_{tot} = \prod_1^n \bar{c}_i.$$

□ Nettowirksamkeit c_n^* der n-ten Prüfeinheit: Werden mehrere Prüfeinrichtungen verwendet, so entsteht die Frage nach ihrem Nutzen. Eine zusätzliche →Überwachungseinrichtung ist nur dann sinnvoll, wenn sie neue, zusätzliche Ausfälle erkennt, die die anderen Prüfeinrichtungen nicht gefunden haben. Die Prüfeinrichtungen werden dazu zweckmäßigerweise nach zunehmenden mittleren Ausfallerkennungszeiten →MFDT geordnet. Entdecken zwei Überwachungsmechanismen denselben Ausfall, so wird er dem häufiger laufenden Test angerechnet. Der Anteil c_n^* der Ausfälle, den die n-te Kontrollschaltung zusätzlich zu den anderen (n-1) vorhandenen Überwachungseinrichtungen noch findet, ergibt sich als Wahrscheinlichkeit der folgenden konjunktiv verknüpften Ereignisse zu

$$c_n^* = w(\bar{E}_1 \wedge \bar{E}_2 \wedge \ldots \wedge \bar{E}_{n-1} \wedge E_n) = \bar{c}_1\, \bar{c}_2 \ldots \bar{c}_{n-1}\, c_n.$$

□ Mittlere Ausfallerkennungszeit: Die mittlere Ausfallerkennungszeit der i-ten Prüfeinrichtung sei $MFDT_i$. Die aus dem Zusammenwirken der verschiedenen Überwachungseinrichtungen resultierende gesamte Ausfallerkennungszeit $MFDT_{tot}$ läßt sich als gewichtetes Mittel berechnen:

$$MFDT_{tot} = \frac{c_1 MFDT_1 + c_2^* MFDT_2 + \ldots c_n^* MFDT_n}{c_1 + c_2^* + \ldots c_n^*}$$

Dieser mittleren Ausfallerkennungszeit läßt sich eine resultierende →Ausfallerkennungsrate ε_{tot} zuordnen mit

$$\varepsilon_{tot} = \frac{1}{MFDT_{tot}}.$$

Beispiel: Ein aus drei parallel arbeitenden Rechnern bestehendes System wird durch die in der Ta-

Ausfallerkennung. Tabelle: Überwachung eines Dreifach-Rechner-Systems (Quelle: Plögert, K.)

i	Ausfallerkennung durch	C_i	$\bar{c}_i$	$\bar{c}_{tot}$	c_i^*	$MFDT_i$	$MFDT_{tot}$
1	Vergleich der Rechenergebnisse	0,7	0,3	0,3		1 s	
2	Test der Ein-/Ausgabe	0,6	0,4	0,12	0,18	1 s	1 s
3	Test der Zentraleinheit	0,9	0,1	0,012	0,108	3 min	20,6 s
4	Speichertest	0,6	0,4	0,0048	0,0072	1 h	46,5 s
5	Generalüberholung	0,99	0,01	0,000048	0,004752	5000 h	23,8 h

belle zusammengestellten Prüfroutinen überwacht. Ein Teil der Ausfälle wird bei einem Vergleich der Rechenergebnisse gefunden, ein geringerer Teil bei dem Testen der Ein- und Ausgabeeinheiten und des Speichers. Erfolgreicher ist natürlich der für die Zentraleinheit geschriebene Test, und die größte Wirksamkeit hat die Generalüberholung. Der Restfehleranteil, der für jede einzelne Maßnahme nicht zu vernachlässigen ist, ist für die Summe aller Tests hinreichend niedrig. *Schrüfer*

Literatur: *Plögert, K.*: Stufenweise Berechnung der Sicherheit von sich selbst prüfenden einkanaligen digitalen Automatisierungseinrichtungen, Diss. TU. München 1983. – *Schrüfer, E.*: Zuverlässigkeit von Meß- und Automatisierungseinrichtungen. München 1984.

Ausfallerkennung durch Redundanz. →Ausfallerkennung durch den Vergleich der Signale redundanter Meß- oder Automatisierungseinrichtungen (→Redundanz, →Auswahlschaltung).

Die Vorgehensweise wird anhand dreier Beispiele erläutert.

□ Analoge Signale: Bild 1 zeigt eine dreifache redundante Ausführung einer Messung mit den Meßumformen M1, M2 und M3. Die Signale der →Meßumformer werden paarweise miteinander verglichen, M1 mit M2, M2 mit M3, und M3 mit M1. Die Vergleicher signalisieren, wenn der Unterschied der beiden Meßsignale zu groß ist. Indem noch das Vorzeichen bewertet wird, läßt sich das

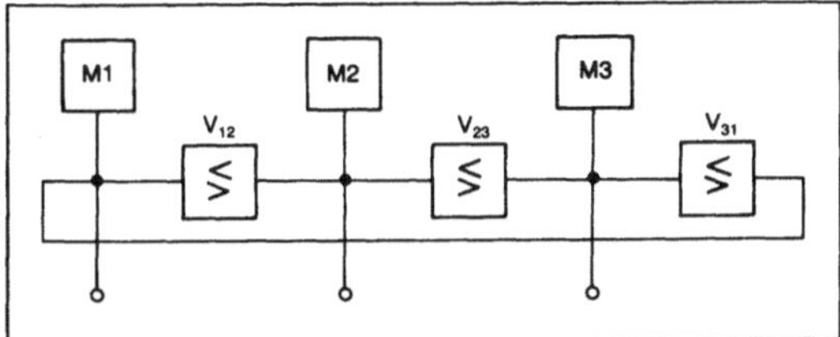

Ausfallerkennung durch Redundanz 1: Überwachung der drei Meßkanäle M1 bis M3 durch drei Vergleicher V_{ij}.

→Meßgerät erkennen, dessen Signal von den beiden anderen abweicht.

Da die Meßgeräte schon prozeßbedingt etwas unterschiedliche Signale liefern, werden die Vergleicher mit einer Ansprechschwelle von etwa ±5 % ausgeführt. →Fehler, welche die →Empfindlichkeit weniger beeinflussen, bleiben unentdeckt.

Häufig werden die →Signale der Meßumformer noch auf die Über- oder Unterschreitung einer Schwelle hin überwacht. In diesem Fall kann für jeden Meßumformer die Differenz zwischen dem eingestellten Grenzwert und dem Istwert gebildet werden. Diese Differenzen werden dann wieder dreimal paarweise verglichen. Damit ist dann auch eine eventuelle →Drift des eingestellten Grenzwerts erkennbar.

□ Binäre Signale: Bei dem Endschalter von Bild 2 liegt die Redundanz darin, daß anstelle eines einfa-

Ausfallerkennung durch Redundanz. Tabelle: Signale an den Ausgängen eines Endschalters mit Wechselkontakt bei verschiedenen Fehlern

	richtig	Fehler								
		U_1	U_2	U_3	M_1	M_2	M_3	K_{12}	K_{13}	K_{23}
Ausgang A	1	0	1	0	0	1	0	1	1	1
Ausgang $\bar{A}$	0	0	0	0	0	0	0	1	0	1
Ausgang y Äquivalenzgatter	0	1	0	1	1	0	1	1	0	1

U_i) Unterbrechung der Leitung i; M_i) Verbindung mit der Leitung i mit Masse;
K_{ij}) Kurzschluß zwischen den Leitungen i und j

chen Öffners oder Schließers ein Umschaltkontakt verwendet wird. Damit lassen sich Fehler mit Hilfe eines einfachen Äquivalenzgatters erkennen. An dem Endschalter können z. B. Ausfälle auftreten infolge einer Unterbrechung U, eines Masseschlusses M oder eines Kurzschlusses K. Diese Fehlermöglichkeiten und ihre Auswirkungen sind in der Tabelle zusammengestellt. Während bei einem funktionsfähigen Schalter an den Ausgängen A und Ā immer die antivalenten Signale 1 (24 V) und 0 (0 V) vorliegen, führen die Ausfälle in sechs von den neun betrachteten Fällen zu einer 00- oder 11-Signalkombination. Diese wird durch das Äquivalenzgatter gemeldet. Die restlichen drei Fehler, die das richtige Signal nicht verfälschen, werden in dem Moment entdeckt, in dem der Schalter betätigt wird.

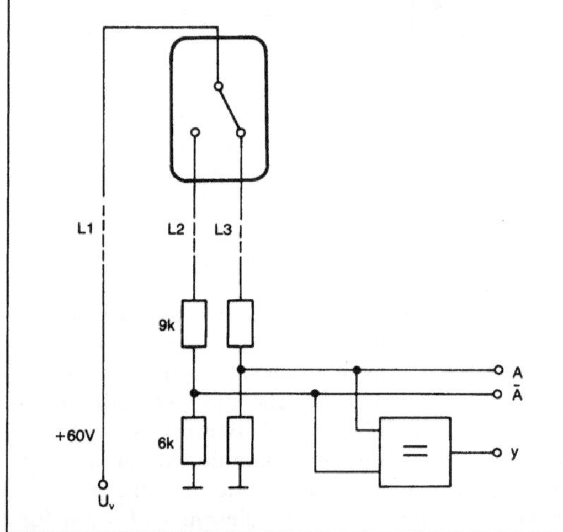

Ausfallerkennung durch Redundanz 2: Endlagenschalter mit Wechselkontakt.

□ Rechnersystem: Um bei Prozeßrechnern eine Ausfallerkennung zu erhalten, können zwei parallel arbeitende Rechner zu einem System zusammengeschaltet werden. Bild 3 zeigt als Beispiel ein zweikanaliges, Mikroprozessoren enthaltendes, sicheres Steuersystem, das für die Brennersteuerungen in Kraftwerken eingesetzt wird. Das System ist einschließlich der Meßwertgeber und der Stellbefehl-Ausgabe doppelt aufgebaut. Die Programme der beiden Mikroprozessorsysteme sind identisch. Die beiden Prozessoren laufen befehlssynchron. Damit liegen auf den beiden Bussen zu gleichen Zeiten jeweils dieselben Signale an. Jeder Schreib- und Leseverkehr auf dem Bus wird durch Hardware-Vergleicher überwacht. Fehler werden als Abweichungen erkannt. Die Prozeßausgänge werden dann energielos geschaltet und der Prozeß wird sicherheitsgerichtet stillgesetzt.

Die Erkennung der Ausfälle setzt Signaländerungen voraus. Defekte Speicherzellen z. B. werden

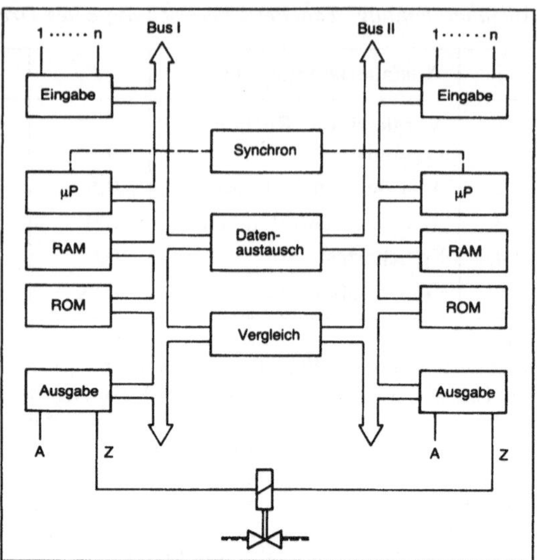

Ausfallerkennung durch Redundanz 3: Struktur eines (2 von 2)-Rechnersystems mit sicherheitsgerichteten Ausfällen.

nur dann entdeckt, wenn diese Zellen gelesen werden und die entsprechenden Daten auf den Bussen erscheinen.

Die vollständige →Fehlererkennung wird daher durch die Programme unterstützt. Unabhängig von den betrieblich notwendigen Operationen wird ein zyklischer Datenfluß im System erzwungen, der eventuelle Fehler offenbart. Der Vergleicher selbst wird durch Prüfsignale periodisch angeregt und damit dynamisch betrieben. Die jeweilige Soll-Reaktion wird von beiden Teilsystemen überwacht. Durch diese zweikanalige Rückkontrolle über unabhängige Wege wird, auch bei Versagen eines Kanals, der Fehler vom anderen Teilsystem noch gefunden.

Bild 3 zeigt auch die doppelte, einzeln prüfbare Ansteuerung eines Magnetventils. Ein energieloser Stellausgang genügt, um das Ventil zu entregen und den Prozeß in den sicheren Zustand zu bringen.

Dieses zweikanalige Rechnersystem erlaubt nur dann einen Betrieb des zu steuernden Prozesses, wenn beide Kanäle funktionsfähig sind. Es ist hinsichtlich der Funktionsfähigkeit ein (2 von 2)-System. Die Wahrscheinlichkeit, daß in diesem zweikanaligen System ein →Ausfall auftritt, ist doppelt so groß wie bei einem Einzelsystem. Die Ausfallerkennung und Sicherheit werden also zu Lasten der →Verfügbarkeit erreicht. *Schrüfer*

Literatur: *Kling, U.* u. *E. Schrodi:* Redundantes, hochverfügbares Automatisierungssystem AS 220 H im dezentralen Prozeßleitsystem Teleperm M, Siemens-Energietechnik, H. 2 (1983), S. 73/76. – *Schrüfer, E.:* Zuverlässigkeit von Meß- und Automatisierungseinrichtungen. München 1984.

Ausfallerkennungsfaktor. Der A. c (*engl.* coverage factor) ist das Verhältnis aus der Zahl der erkennbaren Ausfälle und der Summe aller Ausfälle bzw. das Verhältnis aus den entsprechenden Ausfallraten (→ Ausfalleffektanalyse)

$$c = \frac{\text{Zahl der erkennbaren Ausfälle}}{\text{Zahl der erkennbaren und der nicht erkennbaren Ausfälle}} =$$

$$= \frac{\lambda\ (\text{erkennbar})}{\lambda\ (\text{erkennbar}) + \lambda\ (\text{nicht erkennbar})} = \frac{\lambda_e}{\lambda_e + \lambda_{ne}}.$$

Experimentell läßt sich der A. mit Hilfe einer vereinfachten Ausfalleffektanalyse bestimmen. In dem Gerät werden die Ausfälle nacheinander entsprechend dem zur Anwendung kommenden → Fehlermodell eingebaut. Das Gerät wird mit Eingangssignalen stimuliert. Bei analogen Schaltungen kann z. B. die Kennlinie durchfahren werden. Digitale Schaltungen werden mit einem repräsentativen oder zufälligen oder vollständigen Satz von Testmustern belegt. Festgestellt wird, ob

- der → Ausfall sich auf das Ausgangssignal auswirkt und
- die → Überwachungseinrichtung den Ausfall erkennt.

Danach wird das Gerät wieder erneuert und der nächste Ausfall wird untersucht. Am Ende der Analyse läßt sich die Wirksamkeit c berechnen aus

$$c = \frac{\text{Zahl der erkannten Ausfälle}}{\text{Zahl der eingebauten Ausfälle}}.$$

Schrüfer

Ausfallerkennungsfehler → Fehlerüberdeckung

Ausfallerkennungsrate. Die A. ist ein Parameter zur Beschreibung der → Ausfallerkennungswahrscheinlichkeit. Der Kehrwert der A. ε ist die mittlere Ausfallerkennungszeit → MFDT (mean failure detection time)

$$\frac{1}{\varepsilon} = \text{MFDT}.$$

Schrüfer

Ausfallerkennungswahrscheinlichkeit. Die A. d(t) ist mit Hilfe der → Ausfallerkennungsrate ε definiert zu

$$d(t) = \frac{\text{Zahl der erkannten Ausfälle}}{\text{Zahl der erkennbaren Ausfälle}} = 1 - e^{-\varepsilon t}$$

Die Formel bringt zum Ausdruck, daß einige Ausfälle sehr schnell, einige wenige aber erst nach längerer Zeit entdeckt werden (Bild 1). Nach genügend langer Zeit nimmt die A. den Wert 1 an; d. h. alle erkennbaren Ausfälle sind gefunden. Nicht entdeckt bleiben die nichterkennbaren Ausfälle.

Der Kehrwert der Ausfallerkennungsrate ist die mittlere → Fehlererkennungszeit oder → MFDT (mean failure detection time)

$$\text{MFDT} = \frac{1}{\varepsilon}.$$

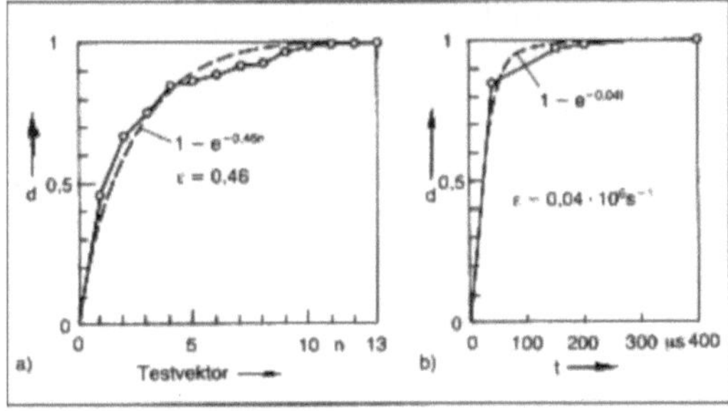

Ausfallerkennungswahrscheinlichkeit 1: Die Wahrscheinlichkeit d für die Ausfallerkennung läßt sich mit Hilfe einer Ausfallerkennungsrate ε beschreiben. a) Erkennung der Ausfälle einer digitalen Schaltung mit 50 Gattern in Abhängigkeit von der Zahl der Testvektoren b) Erkennung der Ausfälle eines Mikrorechners in Abhängigkeit von der Laufzeit des Testprogramms. Das Testprogramm des Minicomputers für ein Flugkontrollsystem benötigt eine Laufzeit von 380 µs. Während der ersten 30 µs werden 85 % aller Fehler gefunden.

Die mittlere Ausfallerkennungszeit ist bei periodisch stimulierten, ohne Unterbrechung laufenden Überwachungseinrichtungen die halbe Prüfdauer.

□ Komponente mit → Ausfallerkennung und Reparatur: Bei Berücksichtigung von Ausfallerkennung und Reparatur läßt sich eine Komponente durch die geschlossene, keinen absorbierenden Zustand enthaltende *Markow*-Kette (Bild 2) beschreiben. Die Zustände sind:

- Zustand 1: Gerät ist funktionsfähig
- Zustand 2: Gerät ist ausgefallen; der → Ausfall ist noch nicht erkannt
- Zustand 3: Gerät ist ausgefallen; der Ausfall ist erkannt.

Den Übergang vom Zustand 1 in den Zustand 2 beschreibt die → Ausfallrate λ, den vom Zustand 2 in den Zustand 3 die Ausfallerkennungsrate ε. Mit

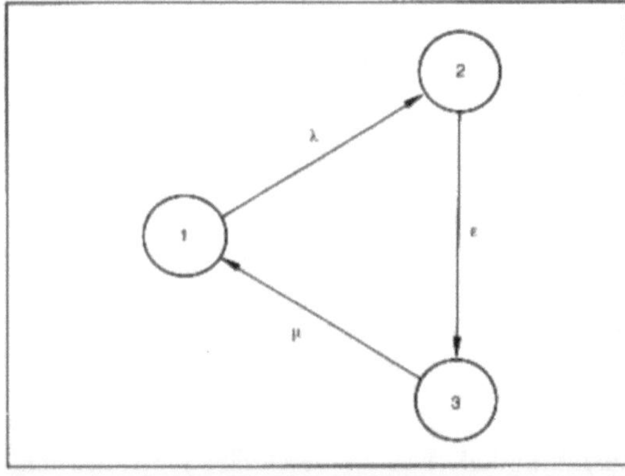

Ausfallerkennungswahrscheinlichkeit 2: Komponente mit Erneuerung und zwei Ausfallzuständen.

der → Reparaturrate μ wird die Komponente in den Zustand 1 *funktionsfähig* zurückgeführt.

Die Besetzungswahrscheinlichkeiten w_i ergeben sich für den stationären Fall ($t \to \infty$) bzw. $\dot{w}_i = 0$, wie folgt:

$$w_1(t \to \infty) = \frac{1/\lambda}{1/\lambda + 1/\varepsilon + 1/\mu} = \frac{\to \mathrm{MTBF}}{\mathrm{MTBF} + \mathrm{MFDT} + \to \mathrm{MTTR}}$$

$$w_2(t \to \infty) = \frac{1/\varepsilon}{1/\lambda + 1/\varepsilon + 1/\mu} = \frac{\mathrm{MFDT}}{\mathrm{MTBF} + \mathrm{MFDT} + \mathrm{MTTR}}$$

$$w_3(t \to \infty) = \frac{1/\mu}{1/\lambda + 1/\varepsilon + 1/\mu} = \frac{\mathrm{MTTR}}{\mathrm{MTBF} + \mathrm{MFDT} + \mathrm{MTTR}}$$

Die Gerätefunktion ist verfügbar im Zustand 1 (→ Verfügbarkeit)

$$V(t) = w_1(t)$$

und ist nicht verfügbar in den Zuständen 2 und 3 (→ Unverfügbarkeit)

$$U(t) = w_2(t) + w_3(t).$$

□ Unendlich schnelle Reparatur: Wird bei Erkennung eines Ausfalls sofort eine Ersatzmaßnahme, wie z. B. die Umschaltung auf ein Reservegerät, ergriffen, so ist die Reparaturzeit 0 und die Reparaturrate geht gegen unendlich, $\mu \to \infty$. Die drei Zustände von Bild 2 reduzieren sich auf zwei. Aus den obigen Gleichungen entsteht für $\mu \to \infty$ und für $\mathrm{MTTR} = 0$:

$$V(t \to \infty) = \frac{\varepsilon}{\lambda + \varepsilon} = \frac{\mathrm{MTBF}}{\mathrm{MTBF} + \mathrm{MFDT}}$$

$$U(t \to \infty) = \frac{\lambda}{\lambda + \varepsilon} = \frac{\mathrm{MFDT}}{\mathrm{MTBF} + \mathrm{MFDT}}$$

In technischen Systemen ist die MFDT kurz gegenüber der MTBF, so daß die letzte Gleichung übergeht in

$$U(t \to \infty) = \frac{\lambda}{\varepsilon} = \frac{\mathrm{MFDT}}{\mathrm{MTBF}}.$$

Schrüfer

Literatur: *Kadzioch, G.*: Erstellung vollständiger Mindesttestmengen für digitale Schaltungen, Diss. TU. München. – *Schrüfer, E.*: Zuverlässigkeit von Meß- und Automatisierungseinrichtungen. München 1984. – *Tasar, V.*: Analysis of Fault Detection Coverage of Self-Test Software Program, 8th Symp. on Fault Tolerant Computing FTCS-8 1978, S. 65–71.

Ausfallmodell. Das A. beschreibt die statischen Einzelausfälle, die z. B. einer → Ausfalleffektanalyse zugrunde gelegt werden.

Bei *linearen* Schaltungen werden Totalausfälle der Bauelemente, d. h.

- Unterbrechungen (Leerlauf) und
- Kurzschlüsse benachbarter Anschlußstifte

angenommen. Ein Zweipol (Widerstand, Diode, Induktivität, Kapazität) kann jeweils einmal unterbrochen und einmal kurzgeschlossen sein. Bei einem Dreipol (Transistor) sind drei Unterbrechungen und drei Kurzschlüsse zwischen den Anschlußstiften möglich. Bei einem integrierten Schaltkreis in einem Gehäuse mit N Anschlüssen sind N Unterbrechungen und N Kurzschlüsse zwischen benachbarten Stiften zu betrachten. Zusätzlich wird bei Operationsverstärkern noch die Wirkung der Offsetspannungen und -ströme untersucht.

Anhand der Stückliste eines Gerätes läßt sich überprüfen, ob wirklich alle definierten Ausfälle berücksichtigt sind. Dieses systematische Vorgehen stellt dann sicher, daß die Analyse von verschiedenen Personen an verschiedenen Orten in der gleichen Weise und vollständig ausgeführt werden kann.

Die *digitalen* Schaltungen enthalten, wie die linearen, Transistoren, Dioden, Widerstände usw. und das A. ließe sich im Prinzip, wie bei den analogen Schaltungen unter der Annahme von Bauelement-Totalausfällen definieren. Dieses Vorgehen wäre jedoch nicht besonders zweckmäßig. Die digitalen Schaltkreise verarbeiten binäre Signale mit den Zuständen 0 und 1. Diese Zweiwertigkeit bleibt auch bei einem Bauelementausfall erhalten. Dieser kann nur zu einem der beiden möglichen Ergebnisse führen:

- das logische Signal wird verfälscht oder
- das logische Signal wird nicht verfälscht.

Bis zu einem gewissen Grad sind die Details der Schaltung ohne Einfluß auf die Ausfalleffektanalyse. So ist es naheliegend, nicht die Wirkung der physikalischen Bauelementausfälle, sondern die der logischen Fehler zu untersuchen. Dabei wird jeder Ein- und Ausgang eines Gatters abwechselnd mit einem 0- und 1-Signal belegt und das Ausgangssignal wird gemessen.

Die logischen Fehler werden als sogenannte → Klemmfehler, → Ständigfehler oder → Stuckfehler angenommen und als x/0 bzw. x/1 geschrieben. Diese Darstellung bedeutet, daß das Signal x ständig den Wert 0 beziehungsweise den Wert 1 führt (stuck at 0; stuck at 1). Es läßt sich zeigen, daß Bauelement-Totalausfälle und logische Fehler durch dieselben Testmengen erkannt werden.

Bei den Bauelement-Totalausfällen wurde die Unterbrechung und der Kurzschluß benachbarter Anschlußstifte unterstellt. Die bei den digitalen Schaltungen angenommenen x/0 und x/1 Klemmfehler schließen, mit Ausnahme der CMOS-Schaltkreise, die Unterbrechungen mit ein. Je nach Funktion des Gatters (z. B. NAND oder NOR) und nach der Art des Schaltkreises (z. B. TTL) wirkt ein unterbrochener Eingang wie mit einer 1 oder 0 belegt. Bei CMOS-Gattern sind die zwischen den einzelnen Leitungen liegenden Streu- und Schaltkapazitäten noch von Bedeutung, so daß hier die Unterbrechungen zu untersuchen sind.

Die Kurzschlüsse zwischen den Anschlußstiften sind durch die logischen Fehler noch nicht abgedeckt. Sie können zu einer Änderung der logischen Funktion führen. Sie sind also von großer Bedeutung und müssen zusätzlich zu den logischen Fehlern untersucht werden. Bei einem Kurzschluß zwischen den Eingangsvariablen eines UND-Gatters entsteht ein verdrahtetes ODER, bei einem Kurzschluß zwischen dem Eingangs- und Ausgangssignal eines Inverters geht die Signalumkehr verloren. Eventuell kann auch der Systemtakt an den Ausgang verschleppt werden.

In einem weiteren Schritt können nun bei integrierten Schaltungen noch Unterbrechungen und Kurzschlüsse der Leiterbahnen unterstellt werden. Die Unterbrechungen führen wieder zu Klemmfehlern. Die Kurzschlüsse zwischen benachbarten Leitungen jedoch können verschiedene Gatter und verschiedene Ein- und Ausgangssignale miteinander verbinden und führen zu neuen Schaltungen. Diese lassen sich jedoch nur dann analysieren, wenn die Leitungsführung der Schaltung bekannt ist. Im allgemeinen steht diese Information nicht zur Verfügung, und so wird bei dem gegenwärtigen Stand der Technik der Ausfalleffektanalyse digitaler Schaltungen das folgende A. zugrunde gelegt:

- Unterbrechung der Bauelement-Anschlußstifte bei CMOS-Schaltkreisen
- logischer x/0-Fehler
- logischer x/1-Fehler
- Kurzschluß benachbarter Bauelement-Anschlußstifte.

Schrüfer

Literatur: *Görke, W.*: Fehlerdiagnose digitaler Schaltungen. Stuttgart 1973. – *Schrüfer, E.*: Zuverlässigkeit von Meß- und Automatisierungseinrichtungen. München 1984.

Ausfallrate. Die A. ist definiert als Quotient aus der Ausfalldichte und der →Überlebenswahrscheinlichkeit (→Lebensdauerverteilung). Im Falle von exponentiell verteilten Lebensdauern ist die A. unabhängig von der Zeit, also eine Konstante (→Exponentialverteilung).

Diese konstante, von der Zeit unabhängige A. λ hängt von verschiedenen, in der Regel multiplikativen Einflußgrößen ab. Nach den Modellvorstellungen des MIL-HDBK-217 errechnet sich die A. eines diskreten Bauelements z. B. aus folgendem Produkt

$$\lambda = \lambda_b \, \pi_Q \, \pi_L \, \pi_T \, \pi_P \, \pi_E.$$

In dieser Gleichung bedeutet λ_b die von der Technologie und der Konstruktion abhängige Basis-A. Die übrigen π-Faktoren berücksichtigen den Einfluß

- der Qualität: π_Q (quality) →quality level
- der Erfahrung: π_L (learning) →learning factor
- der Temperatur: π_T (temperature) →Temperaturfaktor
- der Belastung: π_P (power) →Belastungsfaktor
- der Umwelt: π_E (environment) →Umweltfaktor.

In Abhängigkeit von diesen Einsatzbedingungen kann für ein und dasselbe Bauelement die A. um zwei bis drei Größenordnungen schwanken. Eine Übersicht mit den Werten MIL-HDBK-217 gibt das Bild. Des weiteren können A. den Tabellen 1–3 entnommen werden (s. S. 50, 51, 52).

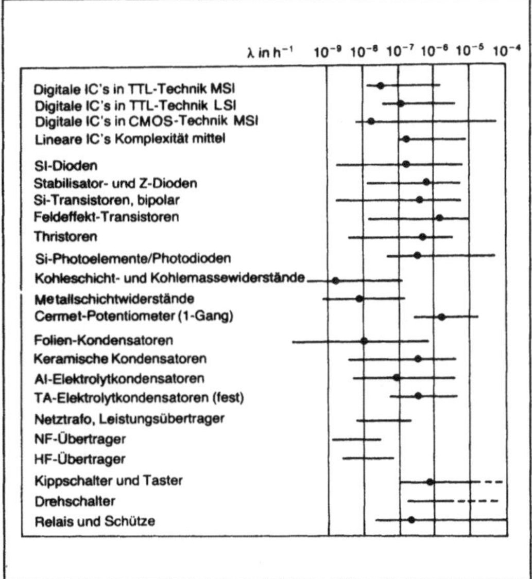

Ausfallrate: Bandbreite der Bauelement-A.; die Kreise kennzeichnen die A. für den normalen industriellen Einsatz.

Zusätzlich zu den Werten des MIL-HDBK-217 haben die größeren Firmen der Elektroindustrie speziell die Lebensdauern ihrer eigenen Produkte verfolgt und die Ergebnisse in firmenspezifischen Datensammlungen festgehalten. Mit den dort angegebenen Erwartungswerten für die A. weisen sie ihren Kunden die →Zuverlässigkeit ihrer Erzeugnisse nach. Auf die Einflußgrößen der A. wird unterschiedlich detailliert eingegangen. Geschieht dies, so werden praktisch immer die Modellvorstellungen des MIL-HDBK-217 verwendet.

Für Stillstandszeiten, für Zeiten, während der die Bauelemente nicht in Betrieb sind, wird oft 10% der A. unter Betriebsbedingungen angenommen.

Ausfallrate. Tabelle 1: A. für diskrete Halbleiter nach MIL-HDBK 217 D.

		Typ	λ Ausfälle/10^9 h 40°C	70°C
Transistoren ≦ 1 W	Ge npn	AC 187 K	71	160
	Ge pnp	AC 188 K	26	590
	Ge pnp, HF	AF 139	26	270
	Si npn	BC 107, BC 547	1	2
	Si pnp	BC 177, BC 557	2	2
	Si npn, HF	BF 199	2	3
	Si pnp, HF	BF 450	2	48
1 . . . 5 W	Si npn	BC 140	1	19
	Si pnp	BC 160	2	3
20 . . . 50 W	Si npn	BD 135	5	9
	Si pnp	BD 136	8	15
	Si npn, HF	BU 208	3	5
> 50 . . . 200 W	Si npn	2N 3055	10	18
	Si npn	2N 3771	10	18
	Si pnp	2N 3791	16	30
	Si npn	BU 626A	10	18
n-Kanal-, p-Kanal-FET			44	79
Universalcode Ge		AA 117	7	13
Schaltdiode Si		1N 4148	1	2
Gleichrichterdiode Si		1N 4004	2	4
Leistungsgleichrichterdiode Si		BYX 28/400	6	14
Zenerdiode Si		ZPD 6,8	4	6
Kapazitätsdiode Si		BA 121	81	140
Tunneldiode Ge		AEY 11	160	280
30 V, 800 mA Thyristor		Br 103	36	74
600 V, 10 A Thyristor		BSTD 1040M	360	740

Parameter: Betriebsart: 40 % linearer Betrieb, 60 % Schaltbetrieb; Beanspruchung: 60 % Nennspannung, 60 % Nennleistung; Qualitätsstufe JAN; Gehäuse- und Umgebungstemperatur 40 °C bzw. 70 °C Ortsfester Einsatz.
Bei den untenstehenden Bedingungen sind die Ausfallraten mit den folgenden Faktoren zu multiplizieren: 18 bei Einsatz in mobilen Geräten (G_M), 1,5 bei 100 % linearem Betrieb, 0,7 bei 100 % Schaltbetrieb, 0,1 bei der Qualitätsstufe JANTXV, 10 bei der schlechtesten Qualitätsstufe plastic

Da die A. aus Erfahrungen mit bereits im Einsatz befindlichen Komponenten abgeleitet sind, dürfen diese A. nur dann auf neue Produkte übertragen werden, wenn sich die die Zuverlässigkeit bestimmenden Parameter nicht geändert haben. Da sich aber die Technologie weiter entwickelt, ist diese Übertragbarkeit nicht völlig gegeben. Eine Verbesserung der Zuverlässigkeit bei Neuentwicklungen wirkt sich erst verzögert in den A.-Sammlungen aus.

In den Daten des MIL-HDBK-217 kommt die verbesserte Qualität zum Ausdruck. So sind unter vergleichbaren Einsatzbedingungen z. B. in der Ausgabe von 1982 für integrierte Schaltkreise um einen Faktor 50 kleinere A. als in der Ausgabe von 1979 genannt.

Bei hochintegrierten digitalen Schaltkreisen nimmt die A. nicht mit der Zahl der realisierten Gatterfunktionen, sondern weit weniger zu. So ist der Einsatz integrierter Schaltkreise nicht nur wegen der geringeren Kosten, sondern auch wegen der höheren Zuverlässigkeit pro Gatterfunktion empfehlenswert.

Schrüfer

Ausfallrate. Tabelle 2: λ. für lineare integrierte Schaltkreise nach MIL-HDBK 217 D

Funktion	Typ	Zahl der Transistoren	λ Ausfälle/10^6 h G_B 40°C	G_B 70°C	G_M 40°C	G_M 70°C
Operationsverstärker	LM 101 A	21	0,30	4,39	0,64	4,72
1fach "	LM 741 A	23	0,32	4,65	0,65	4,97
"	HA-2510	31	0,35	5,22	0,73	5,60
"	LF 155	32	0,40	5,93	0,77	6,30
Operationsverstärker	LH 2101 A	42	0,52	7,49	1,10	8,07
2fach "	LM 747 A	46	0,56	8,01	1,17	8,62
Operationsverstärker	LM 148	84	0,87	12,88	1,55	13,57
4fach "						
Analogschalter 1fach	DG 188	15	0,24	3,37	0,56	3,69
Analogschalter 2fach	DG 200	20	0,30	4,10	0,75	4,60
DAU, 8 bit	DAC-08 A	75	0,80	11,87	1,51	12,57
Spannungsregler	7805	17	0,28	4,20	0,48	4,00
"	LM 723	20	0,29	4,14	0,69	4,53
"	LM 117 K	26	0,38	5,60	0,62	5,85
Zeitgeber	555	46	0,72	10,80	1,29	10,84

Erläuterung: Die λ. sind ermittelt für nichthermetische DIP-Gehäuse, für Gehäusetemperaturen von 40°C und 70°C, für eine Leistungsbeanspruchung von 60%, für die Qualitätsstufe C-1 ($\pi_Q = 13$), für den ortsfesten Einsatz G_B ($\pi_E = 0{,}38$) und den Einsatz in Fahrzeugen G_M ($\pi_E = 4{,}2$). Um die λ. der Stufe mit der höchsten Qualität S zu erhalten, sind die angegebenen Werte mit 0,04 zu multiplizieren; die λ. der Qualität commercial sind 2,7 mal so groß wie die der angegebenen.

Literatur: *Ackmann, W.*: Zuverlässigkeit elektronischer Bauelemente. Heidelberg 1976. – AEG-Telefunken: Handbuch Bauelementezuverlässigkeit. – IEEE Spectrum: Reliability, October 1981, Vol. 18, No. 10, S. 33–103. – ITT: Reliability Prediction Data. – *Käs, G.*: Qualität und Zuverlässigkeit elektronischer Bauelemente und Systeme. München, Wien 1983. – *Schrüfer, E.*: Zuverlässigkeit von Meß- und Automatisierungseinrichtungen. München 1984. – SIEMENS AG: Ausfallraten Bauelemente SN 29500. – US Department of Defense, Washington, Military Handbook 217, Ausgabe D 1982.

Ausfallsteilheit →Weibull-Verteilung

Ausfallstrategie. Maßnahme, die Auswirkungen des Ausfalls einer Komponente eines Leitsystems auf den zu automatisierenden Prozeß zu unterbinden oder auf ein erträgliches Maß einzuschränken. Als erträgliches Maß wird allgemein der →Ausfall einer einzelnen Komponente eines parallelen Leitsystems (→Strukturen von Leitsystemen), wie einzelne →Meßumformer, →Regler oder Stellgeräte angesehen, da es sich beim Einsatz von analogen →Prozeßleitsystemen in der Vergangenheit gezeigt hat, daß die Produktionsbetriebe solche Ausfälle beherrschen konnten. Dabei spielt die in den Prozessen und in den Leitsystemen meist inhärent vorhandene →Redundanz eine wesentliche Rolle. Erträgliches Maß kann – wenn der Ausfall hinreichend unwahrscheinlich ist und im Prozeß entsprechende Zwischenspeicher vorhanden sind – auch der Ausfall eines abgegrenzten Prozeßabschnittes sein, z. B. der einer Destillationskolonne oder der eines Reaktors.

In Leitsystemen mit zentralen Komponenten würde der Ausfall einer zentralen Komponente einen Gesamtausfall zur Folge haben und den Prozeß beträchtlich stören. Um das zu verhindern, werden meist Redundanz- oder Strukturierungsmaßnahmen vorgesehen. Wie die Bilder 1 und 2 beispielhaft zeigen, wird häufig von beiden Möglichkeiten kombiniert Gebrauch gemacht. Bild 1 zeigt ein verteiltes →Prozeßleitsystem, das sich der Struktur des Prozesses anpassen läßt. Zusätzlich kann bei Störungen ein Reserveregler die Funktionen von einem aus vier Arbeitsreglern übernehmen. Ein Bereitschaftswächter überwacht dazu Arbeits- und Reserveregler auf Funktionsfähigkeit und schaltet auf den Reserveregler um, wenn ein Arbeitsregler gestört ist, nachdem er dessen Parameter dem Reserveregler mitgeteilt hat. Nicht redundant vorhanden ist der Bereitschaftswächter.

Ausfallrate. Tabelle 3: A. für digitale integrierte Schaltkreise nach MIL-HDBK 217 D (Betriebsbedingungen wie bei Tabelle 2).

Funktion	Typ	Zahl der Gatter	λ Ausfälle/10^6 h G_B 40°C	G_B 70°C	G_M 40°C	G_M 70°C
3 × 3fach NAND	5410	3	0,033	0,052	0,30	0,32
3 × 3fach NOR	5427	3	0,037	0,082	0,30	0,31
6 × Inverter	5404	6	0,035	0,081	0,31	0,35
1 × JK-Master-Slave-FF	5472	8	0,038	0,074	0,30	0,33
1 × retriggerbares Monoflop	54LS122	10	0,040	0,12	0,28	0,36
2 × D-FF	5474	12	0,049	0,11	0,33	0,39
Multiplexer 4 × 2 zu 1	54LS158	15	0,052	0,14	0,38	0,48
Decoder	54LS138	16	0,053	0,15	0,39	0,48
8 × Bustreiber	54LS245	18	0,15	0,51	0,58	0,94
8 × D-Latch	54LS373	58	0,084	0,25	0,52	0,69
4 bit Binärzähler	54LS191	59	0,064	0,20	0,39	0,53
4 bit Arithm. logische Einheit (ALU)	54LS181	63	0,11	0,37	0,66	0,92
3 × 3fach NAND	4023 B	3	0,062	0,76	0,33	1,03
3 × 3fach NOR	4025 B	3	0,062	0,76	0,33	1.03
6 × Puffer	4069 B	6	0,076	0,96	0,35	1,23
JK-Master-Slave FF	4096 B	22	0,10	1,50	0,36	1,76
2 × D-FF	4013 B	24	0,11	1,55	0,39	1,83
2 × retriggerbares Monoflop	4098 B	28	0,12	1,65	0,45	1,98
2 × 1 aus 4 Decoder	4556 B	34	0,12	1,76	0,46	2,10
4 × 1 aus 2 Daten-Selektor/Multiplexer	40257 B	41	0,13	1,91	0,46	2,23
8 bit Latch	4099 B	76	0,15	2,31	0,49	2,65
2 × Binärzähler	4520 B	80	0,15	2,31	0,49	2,65
2 × Multiplexer, 16-Kanal	4067 B	80	0,17	2,33	0,70	2,86
2 × Multiplexer, 8-Kanal	4097 B	92	0,21	2,56	0,72	2,86
16 bit Registerfile	54LS670	146	0,17	0,76	0,54	1,13
4 bit CPU LSTTL	2901 A	537	0,55	2,19	1,54	3,1
16 bit-CPU I^2L	SPB 9900	3 100	0,90	7,88	3,10	10,1
8 bit-CPU CMOS	1802 D	1 375	3,3	35,4	7,9	40,0
8 bit-CPU NMOS	8080	1 100	2,5	21,1	3,5	22,1
8 bit-CPU NMOS	6800	1 300	5,3	40,1	6,3	41,1
8 bit-CPU NMOS	Z-80	2 833	5,3	42,2	6,3	43,2

Redundant im zentralen Teil und strukturiert in den Ein-/Ausgangskomponenten ist das Prozeßleitsystem nach Bild 2: Die im Zentrum angeordnete Komponente Datenspeicher veranlaßt den aktiven Hauptrechner, seine aktuellen Daten alle 0,5 s in einen gesonderten Pufferspeicher zu übertragen, die der Nebenrechner nur dann übernimmt, wenn der Hauptrechner fehlerfrei läuft. Ist das nicht der Fall, so wird auf den Nebenrechner umgeschaltet, der den Prozeß mit den letzten gültigen Werten weiterführt.

Strohrmann

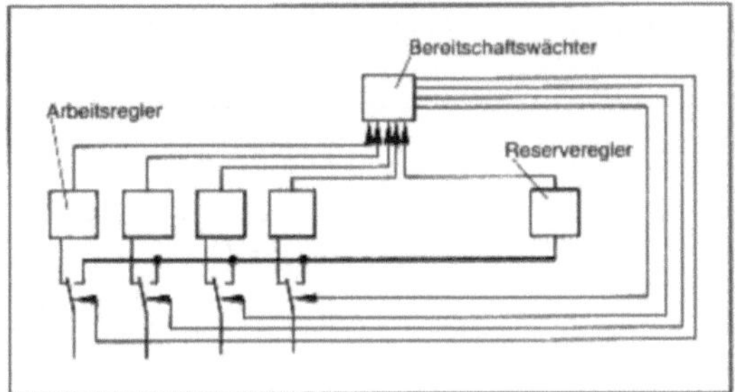

Ausfallstrategie 1: 1 von n-Redundanz.

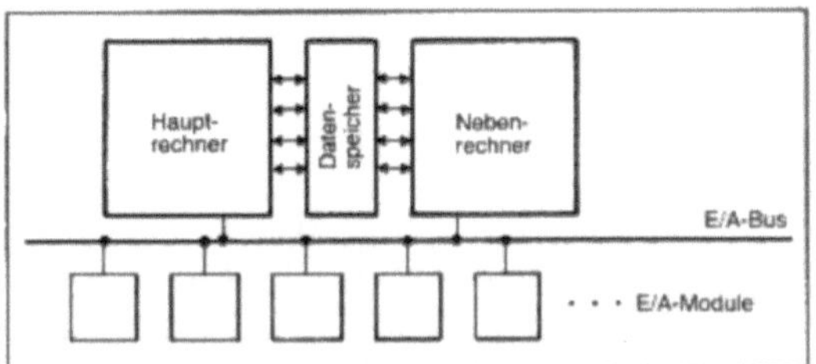

Ausfallstrategie 2: System mit voller Redundanz des zentralen Teils.

Literatur: *Strohrmann, G.*: Automatisierungstechnik, Bd. 1 Grundlagen, analoge und digitale Prozeßleitsysteme. 2. Aufl. München, Wien 1990.

Ausfallwahrscheinlichkeit →Lebensdauerverteilung

Ausfallwahrscheinlichkeit, sicherheitsbezogene. Für die s. A. werden nur die gefährlichen Ausfälle und nicht die nicht gefährlichen betrachtet (→Ausfalleffektanalyse).

Von den vier möglichen Ausfallarten
- nicht gefährlich, erkennbar
- nicht gefährlich, nicht erkennbar
- gefährlich, erkennbar
- gefährlich, nicht erkennbar,

werden für die s. A. $F_s(t)$ nur die beiden letzten mit den Ausfallraten λ_{21} und λ_{22} betrachtet. Die Wahrscheinlichkeit, daß ein die Sicherheit berührender Ausfall eintritt, läßt sich mit Hilfe der beiden *Markow*-Ketten berechnen:

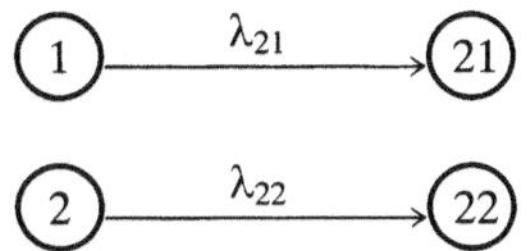

□ Zustand 1: Das Gerät hat keinen gefährlichen, erkennbaren Ausfall

□ Zustand 21: Das Gerät ist gefährlich, erkennbar ausgefallen; die Übergangsrate ist λ_{21}

□ Zustand 2: Das Gerät hat keinen gefährlichen, nicht erkennbaren Ausfall

□ Zustand 22: Das Gerät ist gefährlich, nicht erkennbar ausgefallen; die Übergangsrate ist λ_{22}.

Die erkennbaren und nicht erkennbaren Ausfälle sind *vereinbare* Ereignisse; sie können u. U. gleichzeitig eintreten.

Das Gerät ist für die Sicherheit nicht mehr funktionsfähig, wenn es erkennbar oder nicht erkennbar gefährlich ausgefallen ist. Die entsprechende s. A. errechnet sich zu:

$$F_s(t) = 1 - e^{-(\lambda_{21} + \lambda_{22})t}.$$

Schrüfer

Ausfallwahrscheinlichkeit redundanter Systeme.

□ Aktive Redundanz ohne Reparatur: Die →Überlebenswahrscheinlichkeit R(t) und die Ausfallwahrscheinlichkeit F(t) sind zusammen mit anderen Kenngrößen für verschiedene Auswahlschaltungen, das heißt für redundante Systeme (Redundanz) in der Tabelle einander gegenübergestellt.

Zum Zeitpunkt t = t der mittleren →Lebensdauer (→Lebensdauerverteilung) ist die Überlebenswahrscheinlichkeit R(t) auf unter 40 % gesunken. Eine derartig niedrige Überlebenswahrscheinlichkeit (→Zuverlässigkeit) ist für einen technischen Betrieb nicht ausreichend. Die Meß- und Steuereinrichtungen sind stets so ausgelegt, daß sie mit einer nahe bei dem Wert 1 liegenden Zuverlässigkeit betrieben werden. So ist die mittlere Lebensdauer keine besonders aussagekräftige Größe, um konkurrierende Systeme miteinander zu vergleichen. Besser geeignet ist z. B. die Ableitung der Überlebenswahrscheinlichkeit nach der Zeit zum Zeitpunkt t = 0. Diese Größe gibt an, wie schnell sich die Überlebenswahrscheinlichkeit von dem Wert 1 entfernt. Da diese Abnahme von R(t) mit der Zeit in dem linearen Maßstab von Bild 1 nicht deutlich genug zum Ausdruck

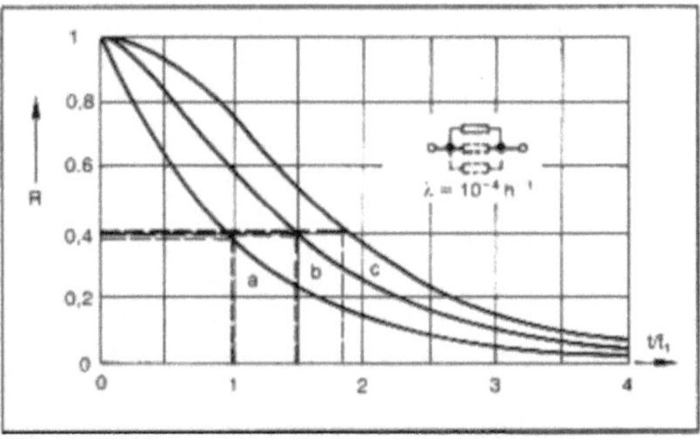

a) nicht redundante Einzelkomponente, b) (1 von 2)-System, c) (1 von 3)-System

Ausfallwahrscheinlichkeit redundanter Systeme 1: Überlebenswahrscheinlichkeit R(t) für (1 von n)-Systeme mit aktiver Redundanz; t_l ist die mittlere Lebensdauer der Einzelkomponente (Ausfallrate λ).

Ausfallwahrscheinlichkeit redundanter Systeme. Tabelle: Zuverlässigkeits-Kenngrößen verschiedener Auswahlschaltungen

	nicht redundante Einzelkomponente	aktive Redundanz (1 von n)-System	aktive Redundanz (2 von 3)-System	passive Redundanz (1 von 2)-System; $\lambda_k = 0$
Zuverlässigkeit R(t)	$e^{-\lambda t}$	$1 - (1 - e^{-\lambda t})^n$	$3e^{-2\lambda t} - 2e^{-3\lambda t}$	$(1 + \lambda t)e^{-\lambda t}$
$\frac{dR}{dt}\Big\vert_{t=0}$	$-\lambda$	0	0	0
MTBF = $\bar{t}$	$\frac{1}{\lambda}$	$\frac{1}{\lambda} + \frac{1}{2\lambda} + \ldots + \frac{1}{n\lambda}$	$\frac{5}{6}\frac{1}{\lambda}$	$2\frac{1}{\lambda}$
Ausfallwahrscheinlichkeit F(t)	$1 - e^{-\lambda t}$	$(1 - e^{-\lambda t})^n$	$1 - 3e^{-2\lambda t} + 2e^{-3\lambda t}$	$1 - (1 + \lambda t)e^{-\lambda t}$
F(t) für $\lambda t \ll 1$	λt	$(\lambda t)^n$	$3\lambda^2 t^2$	$(\lambda t)^2$

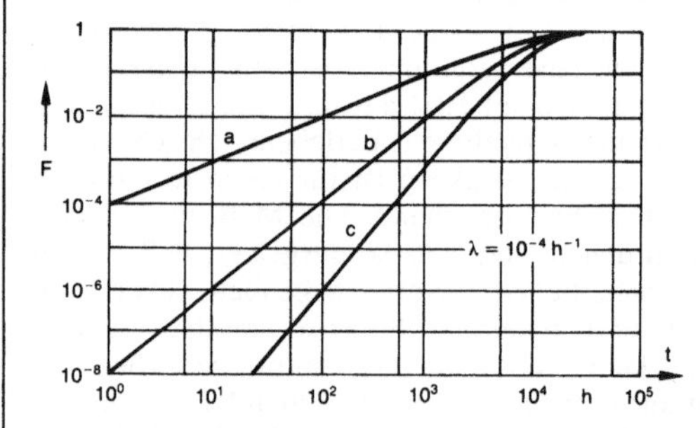

a) nicht redundante Einzelkomponente, b) (1 von 2)-System, c) (1 von 3)-System

Ausfallwahrscheinlichkeit redundanter Systeme 2: Ausfallwahrscheinlichkeit F(t) für (1 von n)-Systeme mit aktiver Redundanz.

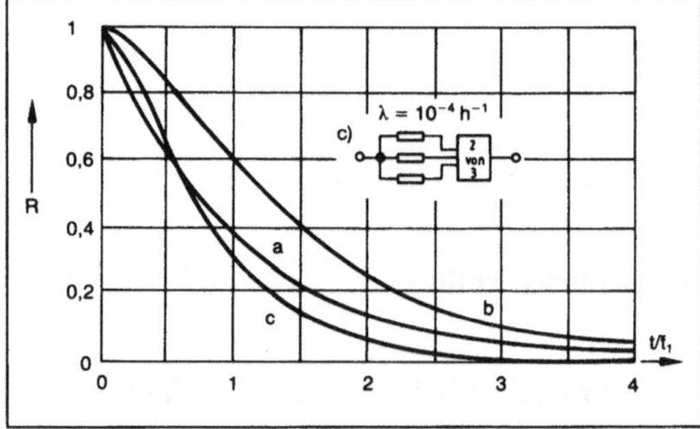

a) nicht redundante Einzelkomponente, b) (1 von 2)-System, c) (2 von 3)-System

Ausfallwahrscheinlichkeit redundanter Systeme 3: Überlebenswahrscheinlichkeit R(t) für (m von n)-Systeme mit aktiver Redundanz; t_1 ist die mittlere Lebensdauer der Einzelkomponente (Ausfallrate λ).

kommt, ist in Bild 2 das Einser-Komplement der Überlebenswahrscheinlichkeit, die Ausfallwahrscheinlichkeit F(t) = 1 – R(t) im logarithmischen Maßstab dargestellt.

Die Bilder zeigen, daß bei (1 von n)-Systemen die mittleren Lebensdauern t mit wachsendem n nur noch unbedeutend zunehmen. Unter dem Gesichtspunkt der mittleren Lebensdauer ist demnach die Verwendung redundanter Kanäle wenig attraktiv. Die mittlere Lebensdauer der (2 von 3)-Schaltung ist sogar niedriger als die eines einzelnen Kanals (Bild 3).

Das ist kein besonderer Nachteil, da der Sinn der Redundanz nicht in der Erhöhung der mittleren Zeit bis zum → Ausfall liegt, sondern in der Verzögerung der Abnahme der Überlebenswahrscheinlichkeit bei kleinen Zeiten. Die Überlebenswahrscheinlichkeit der (1 von 2)-Schaltung (Kurve b) nimmt mit der Zeit weniger stark ab als die der Einzelkomponente (Kurve a). Die Zuverlässigkeit der (2 von 3)-Schaltung ist erst besser, dann aber schlechter als die einer Einzelkomponente. Bild 4 macht dann deutlich, daß bei kleinen Zeiten die Ausfallwahrscheinlichkeit der (1 von 2)- oder der (2 von 3)-Schaltung um Zehnerpotenzen geringer sein kann als die der Einzelkomponente. Die Ausfallwahrscheinlichkeit der (2 von 3)-Schaltung ist allerdings immer größer als die einer (1 von 2)-Auswahl. Die geringfügige Verschlechterung ist der Preis dafür, daß die (2 von 3)-Schaltung auch gegen Fehlauslösungen schützt.

□ Passive Redundanz ohne Reparatur: Im Unterschied zur aktiven Redundanz ist bei der passiven Redundanz die Reserveeinheit zunächst nicht in Betrieb, sondern wird erst zugeschaltet, wenn eine zusätzliche Überwachungseinheit den Ausfall der ersten Einheit erkannt hat (Bild 5) (stand

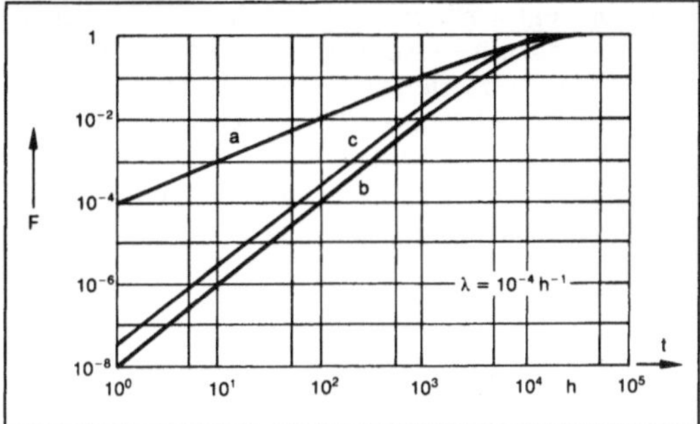

a) nicht redundante Einzelkomponente, b) (1 von 2)-System, c) (2 von 3)-System

Ausfallwahrscheinlichkeit redundanter Systeme 4: Ausfallwahrscheinlichkeit F(t) für (m von n)-Systeme mit aktiver Redundanz.

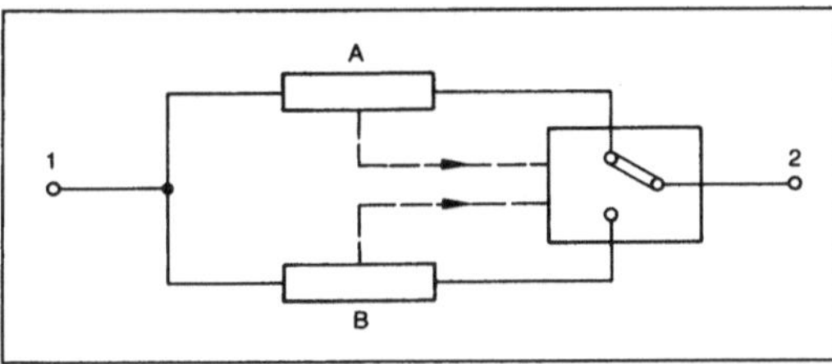

Ausfallwahrscheinlichkeit redundanter Systeme 5: (1 von 2)-System mit passiver Redundanz; zunächst ist die Komponente A in Betrieb. Erkennt die Überwachungseinrichtung den Ausfall, wird auf die Reserveeinheit B umgeschaltet.

by system, Redundanz). Mit den idealisierenden Annahmen
- die Reserveeinheit kann vor ihrer Inbetriebnahme nicht ausfallen,
- die Überwachungseinheit und der Umschalter können nicht versagen,

ist die Ausfallwahrscheinlichkeit des passiven (1 von 2)-Systems geringer als die des aktiven. Dieser rechnerische Vorteil geht jedoch verloren, wenn realistischerweise das Versagen der Überwachungseinheit und der Umschalteinrichtung nicht mehr ausgeschlossen wird. Ist die →Ausfallrate der →Überwachungseinrichtung von der Größenordnung der Ausfallrate eines Kanals, so hat das passive (1 von 2)-System, das mehr Komponenten als das aktive enthält, zu jeder Zeit eine höhere Ausfallwahrscheinlichkeit als das aktive (Bild 6, 7).

Ein zusätzliches Argument spricht gegen die zuschaltbare passive Reserve. Die modernen →Prozeßleitsysteme verarbeiten sehr viele Informationen. Eine Reserveeinheit, die nicht in Betrieb ist, kennt nicht den aktuellen Prozeßzustand und ist damit nicht in der Lage, beim Ausfall der Originaleinheit stoßfrei die Führung des Prozesses zu übernehmen.

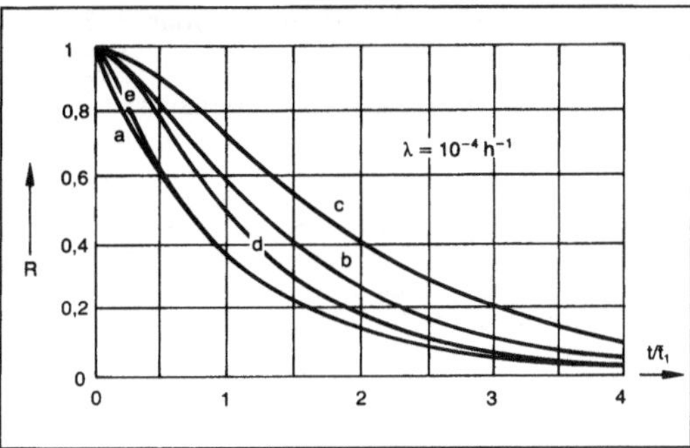

a) nicht redundante Einzelkomponente mit der Ausfallrate λ, b) (1 von 2)-System mit aktiver Redundanz, c) (1 von 2)-System mit Umschalter; $\lambda_k = 0\ h^{-1}$, d) (1 von 2)-System mit Umschalter; $\lambda_k = 10^{-4}\ h^{-1}$, e) (1 von 2)-System mit Umschalter; $\lambda_k = 10^{-3}\ h^{-1}$

Ausfallwahrscheinlichkeit redundanter Systeme 6: Überlebenswahrscheinlichkeit R für verschiedene Systeme; λ_k ist die Ausfallrate der Überwachungseinrichtung.

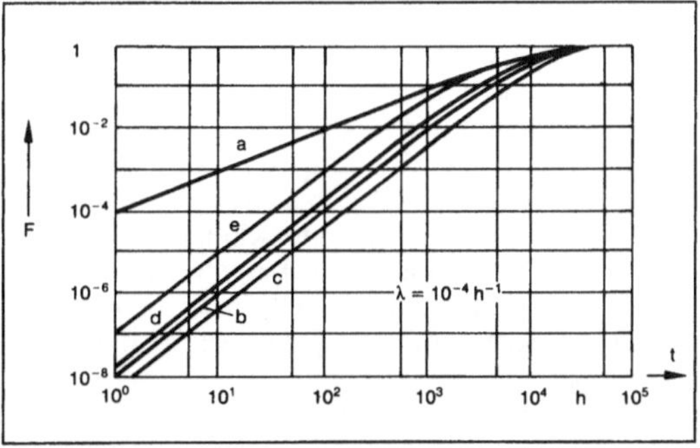

a) nicht redundante Einzelkomponente mit der Ausfallrate λ, b) (1 von 2)-System mit aktiver Redundanz, c) (1 von 2)-System mit Umschalter; $\lambda_k = 0\ h^{-1}$, d) (1 von 2)-System mit Umschalter; $\lambda_k = 10^{-4}\ h^{-1}$, e) (1 von 2)-System mit Umschalter; $\lambda_k = 10^{-3}\ h^{-1}$

Ausfallwahrscheinlichkeit redundanter Systeme 7: Ausfallwahrscheinlichkeit F für verschiedene Systeme; λ_k ist die Ausfallrate der Überwachungseinrichtung.

Des weiteren ist zu beachten, daß bei einer passiven Redundanz neben dem Betriebsversagen auch das bisher noch nicht diskutierte Startversagen möglich ist. Bei Notstrom-Dieseln z. B. ist die Wahrscheinlichkeit, bei Anforderung auszufallen mit drei Versagern auf 100 Starts etwa genauso groß wie die Wahrscheinlichkeit, bei Betrieb innerhalb von sechs Stunden funktionsunfähig zu werden ($\lambda = 5 \cdot 10^{-3}\ h^{-1}$).

Aus diesen Gründen wird die zuschaltbare Reserve bei elektronischen Einrichtungen kaum verwendet. Sie wird nur dann eingesetzt, wenn die Komponenten sich abnutzen und durch Verschleiß ausfallen können (→Verfügbarkeit redundanter Systeme). *Schrüfer*

Literatur: *Birolini, A.*: Qualität und Zuverlässigkeit technischer Systeme. Berlin 1985. – *Dombrowski, E.*: Einführung in die Zuverlässigkeit elektronischer Geräte und Systeme. AEG-Tfk. Berlin 1970. – *Görke, W.*: Zuverlässigkeitsprobleme elektrischer Schaltungen. Mannheim 1969. – *Green, A. E.* u. *A. J. Bourne*: Reliability Technology. London 1977. – *Kuhlmann, A.*: Einführung in die Sicherheitswissenschaft. Köln 1981. – MBB: Technische Zuverlässigkeit. Berlin, Heidelberg 1977. – *Meyna, A.*: Einführung in die Sicherheitstheorie. München, Wien 1982. – *Preuß, H.*: Zuverlässigkeit elektronischer Einrichtungen. Ost-Berlin 1976. – *Rosemann, H.*: Zuverlässigkeit und Verfügbarkeit technischer Anlagen und Geräte. Berlin, Heidelberg 1981. – *Schaefer, E.*: Zuverlässigkeit, Verfügbarkeit und Sicherheit in der Elektronik. Würzburg 1979. – *Schneeweiss, W.*: Zuverlässigkeits-Systemtheorie, Methoden zur Beurteilung der Zuverlässigkeit technischer Systeme. Köln 1980. – *Schrüfer, E.*: Zuverlässigkeit von Meß- und Automatisierungseinrichtungen. München 1984. – VDI Handbuch Technische Zuverlässigkeit. VDI 4001–4010. Berlin, Köln.

Ausgangsschaltung, analoge. Die a. A. einer →Steuerung liefert ein analoges →Signal zur Ansteuerung kontinuierlich wirkender Stelleinrichtungen, unterlagerter Regelungen oder analoger Anzeige- und Registriergeräte.

A. A. werden in der Regel zu mehreren Einheiten (4, 8, ...) auf einer Baugruppe zusammengefaßt betrieben. Es ergeben sich dabei zwei grundlegende Anordnungen (Bild). Sie unterscheiden sich dadurch, daß im ersten Fall jeder Ausgabekanal einen eigenen →Digital/Analog(D/A)-Umsetzer besitzt, in dessen Register der Ausgabewert in digitaler Form abgelegt wird, und daß im zweiten Fall jeder Ausgabekanal ein →Abtast/Halteglied enthält, der entsprechend adressiert von einem →Digital/Analog-Umsetzer mit dem analogen Ausgabewert gespeist wird. Die in beiden Fällen nötigen Steuerungsoperationen wie auch der Datenaustausch über den steuerungsinternen Bus direkt oder einen besonderen Ein-/Ausgabebus ist Aufgabe der Ausgabesteuerung.

Das Ausgangssignal steht üblicherweise hardwaremäßig wählbar als Stromnormsignal (0,4–20 mA) oder Spannungssignal, uni- oder bipolar (0–(5)10V, ±(5)10V) zur Verfügung. Die typische Wortbreite der Digital/Analog-Umsetzer liegt bei 8–12 Bit. *Freyberger*

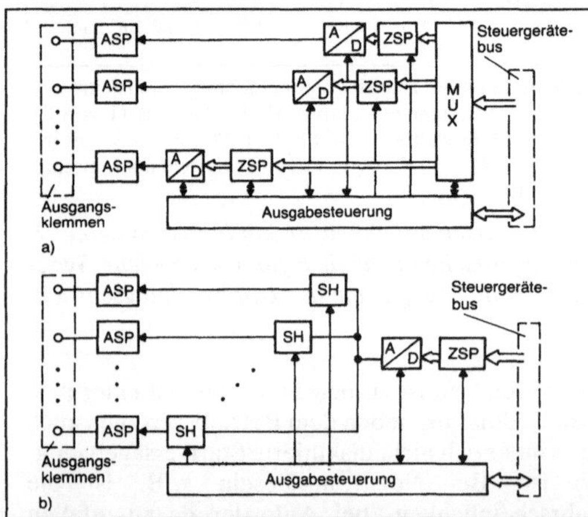

ASP Ausgangssignal-Anpassung, ZSP digitaler Zwischenspeicher, D/A Digital/Analog-Umsetzer, SH Abtast/Halteverstärker, MUX digitaler Multiplexer

Ausgangsschaltung, analoge: Prinzipieller Aufbau der a. A.
a) separater D/A-Umsetzer
b) zentraler D/A-Umsetzer und Abtast/Halteglied je Ausgabekanal.

Ausgangsschaltung, binäre. B. A. bei Steuerungen geben binäre Signale einerseits an die Stelleinrichtungen im Prozeß und andererseits an einfache Elemente wie Lampen, Hupen, Schauzeichen etc. zur Prozeßbeobachtung und Fehlermeldung ab.

Die b. A. ist entweder für Signalpegel und geringe Belastung im Ausgangssignalkreis oder aber bereits zur Ansteuerung von Stelleinrichtungen direkt, sog. Kleinleistungs-Ausgaben, ausgelegt (Bild 1).

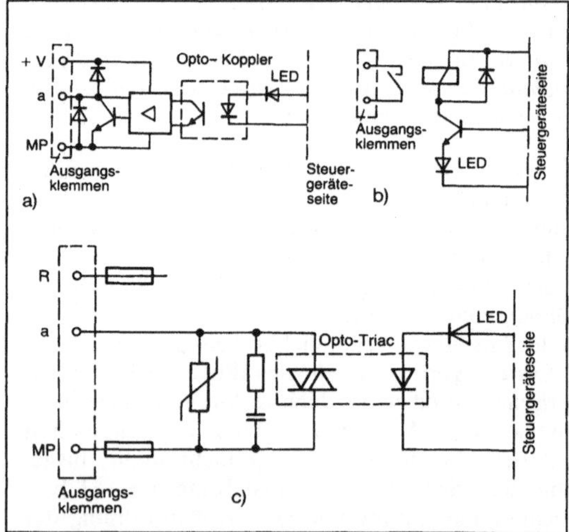

Ausgangsschaltung, binäre 1: Prinzipschaltungen der Ausgangssignal-Anpassung bei binären Ausgaben.
a) Transistorausgang direkt
b) Relaisausgang
c) Triac-Wechselstromausgang mit RC-Bedämpfung, Überspannungs- und Überstromschutz.

Die Ausgangssignalkreise sind optoelektronisch oder bei Relaisausgabe über die Kontakte von den steuerungsinternen Signalkreisen getrennt. Schmelzsicherungen oder elektronische Sicherungen bilden bei den aktiven Ausgängen den Schutz gegen Überlast durch z. B. Kurzschluß. In der Regel zeigen Leuchtdioden (→LED) die Schaltzustände der Ausgänge an. Ausgangsschaltungen mit aktiven Ausgangselementen wie Transistor oder Triac werden auch mit Überwachungsschaltungen für die Signalisierung defekter Sicherungen oder Schaltelemente ausgerüstet.

B. A. werden bei Steuerungen entsprechend byteorientierter Arbeitsweise in Gruppen zu 8, 16 oder 32 binären Einzelausgaben auf Baugruppen zusammengefaßt (Bild 2). Dabei kann jeder einzelne Ausgabekanal oder nur die Gruppen untereinander potentialgetrennt ausgeführt sein.

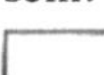

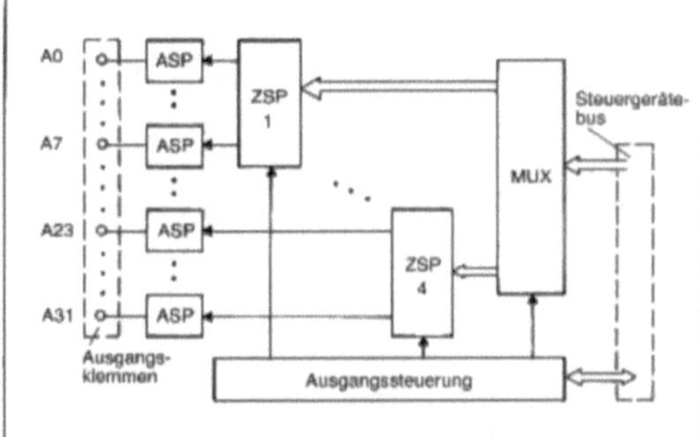

MUX digitaler Multiplexer, ZS Zwischenspeicher, ASP Ausgangssignal-Anpassung

Ausgangsschaltung, binäre 2: Funktionseinheiten für eine byteorientierte binäre Mehrfach-Ausgabe für 32 Ausgabekanäle.

Bei b. A. für den Kleinleistungsbereich stehen im Prinzip Einheiten zur Verfügung für:

- Gleichspannung: 12–48 V, ca. 0,1–2 A
- Wechselspannung: 110–220 V, ca. 0,2–3 A.

Freyberger

Ausgangsschaltung, digitale. Die d. A. ist im Prinzip als eine binäre Mehrfach-Ausgangsschaltung aufgebaut (Bild). Die Ausgabebelastbarkeit ist hierbei auf Signalanforderungen beschränkt. Die Ausgabe des digitalen Wertes erfolgt wie bei der digitalen →Eingangsschaltung parallel und in codierter Form. Häufig verwendete →Codes sind der reine binäre Code (*engl.* pure binary code), der dezimal orientierte binäre Code (*engl.* Binary Coded Decimal, BCD) sowie sog. einschrittige Codes wie z. B. der Gray-Code. Vergleichbar der digitalen Eingangsschaltung ist es auch bei der d. A. in der Regel nötig, dem empfangenden Gerät die Gültigkeit der Ausgabe durch ein zusätzliches binäres Steuersignal anzuzeigen. Parallele Ausgaben dieser Art werden zunehmend durch schnelle serielle Ein-/Ausgaben ersetzt. *Freyberger*

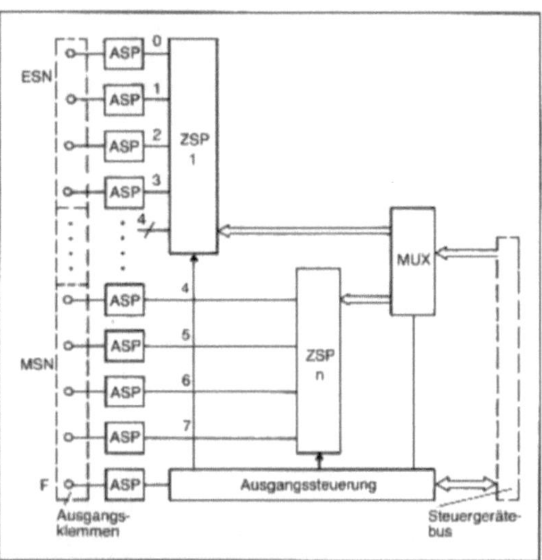

MUX digitaler Multiplexer, ZSP Zeichenspeicher, ASP Ausfer der höchsten Wertigkeit, LSN (**L**east **S**ignificant **N**umber) Ziffer der niedrigsten Wertigkeit, F Steuersignal für die Freigabe der Ausgabe

Ausgangsschaltung, digitale: Funktionseinheiten einer d. A. für eine BCD-Ausgabe.

Ausgleichsrechnung. Oft interessiert der Zusammenhang zwischen zwei Variablen x und y die als (x_n,y_n) Wertpaare mit n als Zählparameter vorliegen. Um ihn in Form eines analytischen Ausdrucks angeben zu können, wird durch diese Wertepaare eine Ausgleichskurve $y = y(x)$ so gelegt, daß die Summe der quadrierten Differenzen zwischen der Ausgleichskurve und den Wertepaaren ein Minimum wird (Gauß'sches Prinzip der kleinsten Quadrate). Sind die in den (x_n,y_n)-Wertepaaren enthaltenen →Meßfehler normalverteilt, so werden diese zufälligen Meßfehler durch diese Art des Ausgleichs am besten eliminiert. Aufgabe der A. ist, die Koeffizienten der Ausgleichskurven (Gerade, Polynome, rationale Funktionen, Exponentialfunktionen, Fourier-Reihen) zu bestimmen. *Schrüfer*

Ausleseverfahren. Bei Sensor-arrays fallen gleichzeitig viele äquivalente Sensordaten an. Das A. bestimmt, auf welche Weise und in welcher Reihenfolge die einzelnen Sensordaten abgefragt werden sollen. Die Abfrage kann sequentiell und parallel erfolgen, wobei die erstere erheblich mehr Zeit in Anspruch nimmt als die zweite. Zur Erfassung schnell veränderlicher örtlich verteilter Umweltparameter ist daher eine parallele Auslegung vorteilhaft.

Spezielle Arrays wie →CCD-Sensoren erlauben eine besonders einfache sequentielle Auslesung. *Schaumburg*

Auslösezählrohr. A., die sog. Geiger-Müller-Zählrohre, werden mit Spannungen betrieben, bei denen schon die Absorption eines einzigen Strahlenquants bzw. die Bildung eines einzigen Ionenpaars im empfindlichen Volumen die Entstehung einer Elektronenlawine bewirkt. Der Verstärkungsfaktor beträgt dabei 10^7 bis 10^{10}.

Je nach der Bauart wird zwischen zylindrischen Kammern mit einem dünnen Draht als Innenelektrode, Glockenzählrohren, d. h. Endfensterzählrohren mit dünnwandigem Strahleneintrittsfenster für die Messung energiearmer Beta- und Alphastrahlung, Doppelmantelzählrohren zur Messung durchlaufender Flüssigkeiten und Nadelzählrohren mit einem Durchmesser von wenigen mm usw. unterschieden. A. werden vorwiegend zum empfindlichen Nachweis von Röntgen- und Gammastrahlen höherer Energien im Strahlenschutz und weniger zur Dosimetrie benützt. Sie sprechen aber bei geeigneter Bauweise auch auf alle anderen ionisierenden Strahlungen an.

Dank ihrer großen Gasverstärkung erfordern A. relativ einfache Anzeigesysteme. Sie werden daher häufig im Strahlenschutz verwendet. Die Zuordnung des Meßwerts zur Meßgröße ist, insbesondere bei energiearmen Strahlungen, allerdings sehr energieabhängig und unterhalb 100 keV ohne Kenntnis des Spektrums der zu messenden Strahlung unmöglich. Oberhalb 150 keV Gamma-Strahlung sind A. für Strahlenschutzzwecke ausreichend energieunabhängig. Ihr Meßbereich reicht i. a. von etwa einigen µGy bis Gy/h.

Die Lebensdauer von A. ist mit Rücksicht auf irreversible Veränderungen im Zählgas auf etwa 10^{10} Impulse beschränkt. *Wachsmann*

Literatur: DIN 6118 Tl. 5: Strahlenschutzdosimeter, Zählrohr-Dosisleistungsmesser für Gamma- und Röntgenstrahlen. Hrsg. Dt. Inst. f. Normung. Ausg. 1979.

Ausschaltverknüpfung → Ausschaltverriegelung

Ausschaltverriegelung. Verknüpfung von Bedingungen, die bei Anstehen von Fehlsignalen den Betrieb einer verfahrenstechnischen Einrichtung (Verdichter, Pumpe, Heizofen usw.) verbieten sollen. Diese Bedingungen sind vielfältiger Art, z. B. zu hohe Temperaturen oder Drücke, fehlender Öldruck, verlöschende Flammen. A. sind dauernd wirksam, also auch beim Einschalten. Zur Inbetriebnahme ist es allerdings manchmal erforderlich, einzelne Ausschaltbedingungen vorübergehend unwirksam zu machen. *Strohrmann*

Ausschaltverzögerung → Verzögerungsglied

Ausschlag-Widerstandsmeßbrücke → Meßbrücke

Aussteuerbereich → Regler

Auswahlschaltung. Eine A. besteht aus mindestens zwei parallelen Meß- oder Steuerkanälen und ggfs. einer logischen Schaltung, die eine (m von n)-Entscheidung trifft. Der bestimmungsgemäße Betrieb ist gewährleistet, solange von den vorhandenen n parallelen Kanälen mindestens m funktionsfähig sind. Die A. oder redundanten Schaltungen werden eingesetzt, um in Meß- und Automatisierungssystemen die unabhängigen zufallsbedingten Einzelausfälle zu beherrschen (→ Redundanz).

Bei (1 von n)-Schaltungen nimmt die Wahrscheinlichkeit für das Versagen des Gesamtsystems (→ Nichtanregung) mit der Zahl n der Kanäle ab (Tabelle). Gleichzeitig steigt jedoch die Wahr-

Auswahlschaltung. Tabelle: Funktions- und Ausfallwahrscheinlichkeit für verschiedene A.

	w(Funktion) R	W(Ausfall) F	Nichtanregung	Fehlanregung
(1 von n)-System Funktion bei 1 von n Ausfall bei n von n			nicht wahrscheinlich	wahrscheinlich
(1 von 2)-System	$1 - p^2$	p^2		
(1 von n)-System	$1 - p^n$	p^n		
(m von n)-System Funktion bei (m von n) Ausfall bei ([n − m + 1] von n)			ausfalltolerant	ausfalltolerant
(2 von 3)-System	$1 - 3p^2 + 2p^3$	$3p^2 - 2p^3$		

q = Funktionswahrscheinlichkeit einer Komponente
p = 1 − q = Ausfallwahrscheinlichkeit einer Komponente

scheinlichkeit für eine →Fehlanregung. Die einfachste Schaltung, die sowohl gegen Nichtanregung als auch gegen Fehlanregung schützt, ist die (2 von 3)-Auswahlschaltung (Bild). Da hier eine Maßnahme nur ausgeführt wird, wenn mindestens zwei Geräte das entsprechende Signal liefern, bleibt die Nicht- und die Fehlanregung einer Einheit ohne Folgen. Das (2 von 3)-System ist in beiden Ausfallrichtungen fehlertolerant (→Ausfallwahrscheinlichkeit redundanter Systeme, →Verfügbarkeit redundanter Systeme). *Schrüfer*

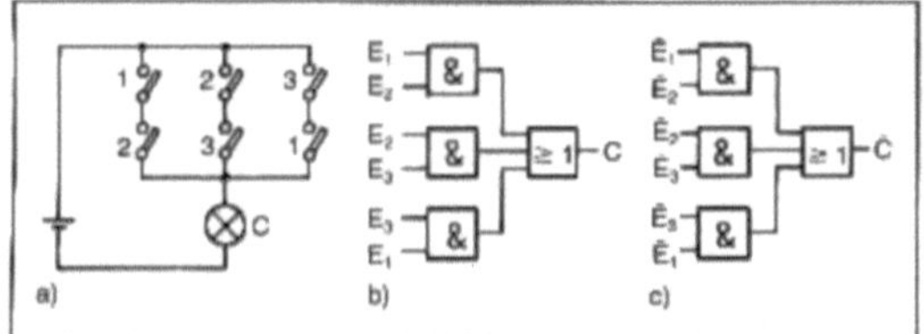

Auswahlschaltung: Prinzip einer (2 von 3)-Schaltung (a) mit Erfolgsbaum (b) und Fehlerbaum (c); $C = (E_1 \wedge E_2) \vee (E_2 \wedge E_3) \vee (E_3 \wedge E_1)$.

Autokorrelationsfunktion. Die A. (→Korrelationsmeßtechnik) eines stochastischen Signals hat ihr Maximum bei der Verzögerungszeit $\tau = 0$ und nimmt für größere Verzögerungszeiten monoton ab. Die A. eines periodischen Signals hingegen ist eine periodische Funktion mit derselben Frequenz wie das Zeitsignal. Aufgrund dieses Verhaltens lassen sich über die Bildung der A. periodische und stochastische Anteile eines →Signals trennen.

Das Bild verdeutlicht diesen Sachverhalt. Das →Thermoelement mißt die Temperatur des von einem Rührer bewegten Wassers. Als Maß für die Temperatur wird normalerweise die tiefpaßgefilterte Thermospannung benutzt. Bei der Bildung der A. wird jedoch die Thermospannung hochpaßgefiltert und verstärkt. Dieses Signal wird abgetastet und die A. wird berechnet. Sie zeigt einen periodischen Verlauf, dem bei der Verzögerungszeit $\tau = 0$ ein stochastischer Anteil überlagert ist. In dem periodischen Anteil ist die Drehzahl des Rührers zu erkennen; der stochastische Anteil geht auf die Turbulenzen der Wärmebewegung zurück. Über die Bildung der A. lassen sich so generell stochastische und periodische Signale trennen. Diese Methode wird z. B. eingesetzt, um beim Walzen von Blechen, beim Weben oder Bedrucken von Stoffen periodische Fehler zu finden.

Die A. an der Stelle $\tau = 0$ liefert den quadratischen →Mittelwert, also das Quadrat des Effektivwerts der gemessenen Größe. *Schrüfer*

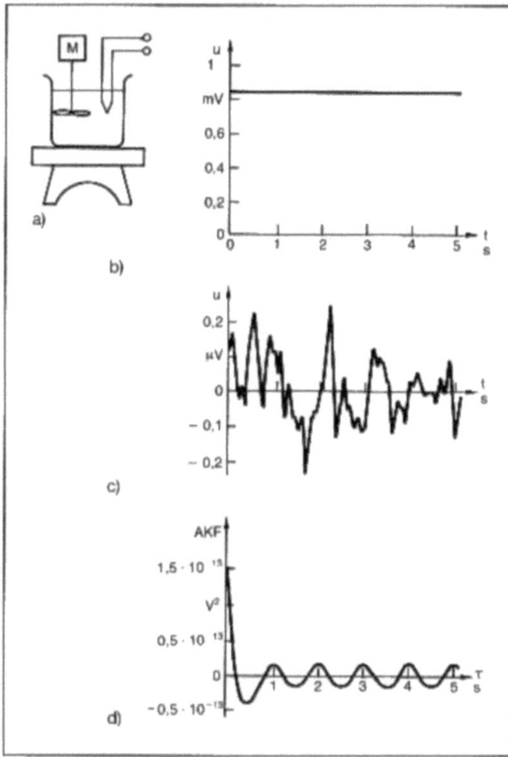

Autokorrelationsfunktion: Über die Bildung einer A. lassen sich periodische und stochastische Signalanteile trennen;
a) Versuchsanordnung
b) Thermospannung
c) dieselbe Thermospannung, bei der der Gleichanteil weggefiltert und das verbliebene Rauschen verstärkt worden ist
d) Autokorrelation des Signals von Bild 1 c (Meßzeit 1697mal 5 s).

Automat. Im technischen Sinne ein Gerät, das auf äußere Einwirkungen sich in einer vorhersagbaren Weise verhält; systemtheoretisch betrachtet, eine Zustandsmaschine (*engl.* state machine).

Unvorhergesehenes Verhalten kann folgende Ursachen haben:
□ in einem technischen Defekt; oder
□ die Anforderungen an seine Präzision (Systemspezifikation) waren zu hoch für diese technische Ausführungsmöglichkeit, so daß der (häufig: zeitliche) Spielraum, die Toleranz, zu gering war (oder die Reibung zu groß); oder
□ die Ursache/Wirkungs-Beziehungen, die beim parallelen Arbeiten (→Nebenläufigkeit) der Einzelteile auftreten, sind durch die Implementation mißachtet worden (oder schon die Spezifikation hatte sie erst gar nicht korrekt beachtet), indem die kausalen Bedingungen durch (global)-zeitliche ersetzt worden waren. *Fuss*

Automatenbetriebssystem →Prüfautomatenbetriebssystem

Automatenselbsttest →Prüfautomatenselbsttest

Automatisierungssystem, dezentrales. Funktionell oder räumlich dezentralisiertes Automatisierungssystem auf Mikroprozessorbasis mit bildschirmgestützter →Prozeßführung. Dezentrale oder verteilte Automatisierungs- oder Prozeßleitsysteme haben sich neben den konventionellen, voll parallelen sowie neben den von zentralen Prozeßrechnern gesteuerten Systemen seit ihrer ersten Einführung im Jahre 1975 rasch zu einem leistungsfähigen Werkzeug der →Prozeßautomatisierung entwickelt. Bei einer großen Zahl unterschiedlicher Realisierungen findet man folgende gemeinsame Grundzüge:
- Möglichkeit, die Struktur des Automatisierungssystems der Struktur des Prozesses funktionell und räumlich anzupassen.
- Konsequentes Anwenden der Mikroprozessortechnik.
- Informationsaustausch über Busverbindungen.
- Prozeßführung über Bildschirme mit zugehörigen, auf sinnfällige Bedienung zugeschnittenen Tastaturen.
- Vorhandene und aufrüstbare →Redundanz.
- Koppelungsmöglichkeiten zu hierarchisch über- und untergeordneten Systemen (z. B. zu Prozeßrechnern oder zu pneumatischen Regelkreisen).
- Programmierung mit fest vorprogrammierten (dedizierten) Programmbausteinen.
- Gleichartige Bedien-, Konfigurier- und Strukturierkonzepte für Regelungen und Steuerungen.

Das Bild zeigt ein typisches d. A.: Ein redundant vorhandener serieller Systembus verbindet die Prozeßstationen mit den Leit-, Koordinator- und Computerinterface-Stationen. Die Prozeßstationen haben Verbindung mit den peripheren Geräten wie Meßumformern, Aufnehmern, Schaltern oder Stellgeräten. Sie lassen sich der Struktur des zu automatisierenden Prozesses sowohl funktionell – die Regelungen und Steuerungen einer Destillationskolonne werden z. B. von einer →Prozeßstation ausgeführt – als auch räumlich anpassen, letzteres ist besonders bei Anlagen größerer Ausdehnung von Vorteil, weil ein Großteil der sternförmig zu den Prozeßstationen zu führenden Verkabelung dabei eingespart werden kann. Die Stationen bearbeiten ihre Regelungs-, Steuerungs- und Sicherungsaufgaben autark. Unterschiedliche Redundanzkonzepte in den Prozeßstationen ermöglichen es, Störungen des Prozeßablaufs bei →Ausfall einer Prozeßstation zu vermeiden. Im System (Bild) kann z. B. eine Redundanzstation die Aufgaben einer von vier Prozeßstationen übernehmen (→Ausfallstrategie).

Über die mit Bildschirmen und Funktionstastaturen ausgerüsteten redundanten Leitstationen wird

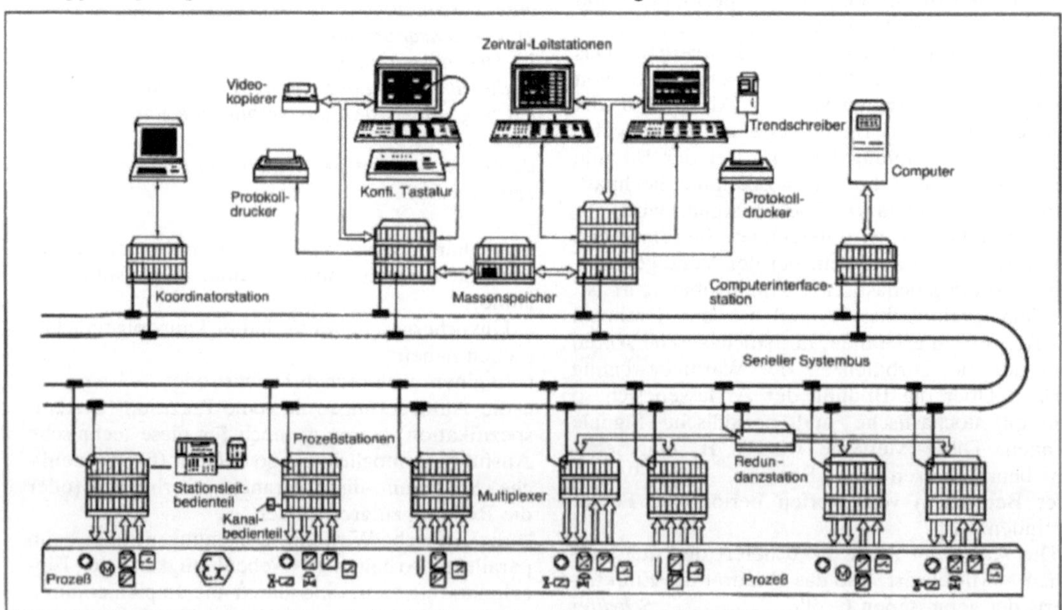

Automatisierungssystem, dezentrales: Struktur eines dezentralen Prozeßleitsystems Contronic-P. Ein redundanter Bus verbindet die mit der Peripherie zusammenwirkenden Prozeßstationen mit den zentralen Stationen. (Quelle: Hartmann & Braun)

der Prozeß geführt und das →Prozeßleitsystem konfiguriert und parametriert (→Konfigurierung; →Parametrierung).

Ist der zu bearbeitende Funktionsumfang für eine Prozeßstation zu umfangreich, was bei rezepturgeführten Ablaufsteuerungen in Chargenprozessen oder bei aufwendigen Optimierungen der Fall sein kann, so läßt sich mit der Koordinatorstation das Zusammenwirken mehrerer Prozeßstationen steuern. Für noch aufwendigere Automatisierungsaufgaben ist eine Computer-Interfacestation vorgesehen, über die zentrale →Prozeßrechner in das System integriert werden können.

Für die Anwenderprogramme stehen dedizierte Programmbausteine, in vielen Systemen auch zusätzlich freiprogrammierbare Bausteine und manchmal noch Programmpakete zur Verfügung (→Informationsdarstellung auf Bildschirmen; →Strukturierung; →Systemauswahl). *Strohrmann*

Literatur: *Hengstenberg, J.; K. H. Schmitt, B. Sturm* und *O. Winkler:* Messen, Steuern und Regeln in der Chemischen Technik. 3. Aufl., Bd. IV. Berlin–Heidelberg–New York–Tokyo 1983. – *Strohrmann, G.:* Automatisierungstechnik, Bd. 1 Grundlagen, analoge und digitale Prozeßleitsysteme. 2. Aufl. München–Wien 1990.

Automatisierungssystem, verteiltes. Synonym gebrauchter Begriff für →Automatisierungssystem, dezentrales.

Automatisierungstechnik →Meß- und Automatisierungstechnik; →Leittechnik

B

Backdriving. Verfahren zur funktionellen Isolierung digitaler Bauelemente im Schaltungsverbund einer Baugruppe beim →In-Circuit-Test.

Der In-Circuit-Test digitaler Bauelemente ist eine →Funktionsprüfung des Einzelbauelementes bzw. einer einzelnen Funktionseinheit eines Bauelementes auf der Baugruppe wie z. B. eines NAND-Gatters oder eines definierten Schaltungskomplexes (→Clusterprüfung).

Bei eingeschalteter Versorgungsspannung liegen an den Eingängen des →Prüflings (→Prüftechnik) die Signale der benachbarten Bauelemente. Diese Signale werden zur Prüfung mit Testsignalen überlagert, wodurch die erforderlichen Signalzustände an den Eingängen des Prüflings erzwungen werden (Bild). Diese Vorgehensweise wird als B., vereinzelt auch als *Node-Forcing* bezeichnet.

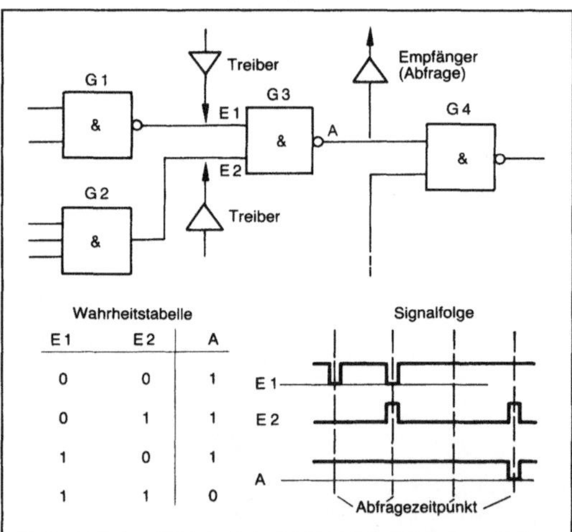

E 1	E 2	A
0	0	1
0	1	1
1	0	1
1	1	0

Backdriving: Am Beispiel eines in eine Schaltung eingebetteten NAND-Gatters G 3 wird gezeigt, wie die Wahrheitstabelle durch Aufprägen der erforderlichen Logikpegel auf die statischen Ausgangssignale G 1 und G 2 durchlaufen wird.

Für die Ausgänge der vorgeschalteten Bauelemente ist dies eine Übersteuerung, die schon bei kurzer Dauer zu einer Zerstörung durch Überhitzung führen kann. Daher wird die Spannungsaufprägung nur für sehr kurze Zeit mit Strombegrenzung vorgenommen.

Für die verschiedenen Schaltkreistechnologien und jedes einzelne integrierte Bauelement wurden auf Grund genauer Kenntnisse der Beschädigungsmechanismen die Zeitbereiche ermittelt, in denen ein sicheres B. möglich ist. Die entsprechenden Parameter sind in den →Prüfprogrammbibliotheken der In-Circuit-Prüfautomaten enthalten. Die aus langen Prüffolgen resultierende Gesamtprüfzeit führt bei hochintegrierten Bauelementen jedoch zu in die Prüffolgen eingeblendeten Abkühlzeiten bzw. sogar zur Verhinderung einer vollständigen Prüfung des Bauelementes. *Mettler*

Back-up-System. Auch Stand-by-System genannt. Einrichtung, die ein Weiterführen eines rechnergestützten Prozesses bei Rechnerausfall möglich macht. Meist werden für B.-u.-S. analoge elektrische oder pneumatische Komponenten eingesetzt, die im Störungsfall jedoch höheren Personaleinsatz erfordern und die Regelqualität einschränken. B.-u.-S. hatten vor allem in der Anfangszeit des Prozeßrechnereinsatzes Bedeutung, als die heute verbreiteten Ausfallstrategien wie →Redundanz und →Strukturierung noch nicht oder nur eingeschränkt zur Verfügung standen (→Ausfallstrategie). *Strohrmann*

Badewannenkurve. Der Verlauf der →Ausfallrate elektronischer Komponenten in ihrer Abhängigkeit von der Zeit wird oft anhand der B. (Bild) diskutiert. Die Kurve gliedert sich in drei Bereiche.

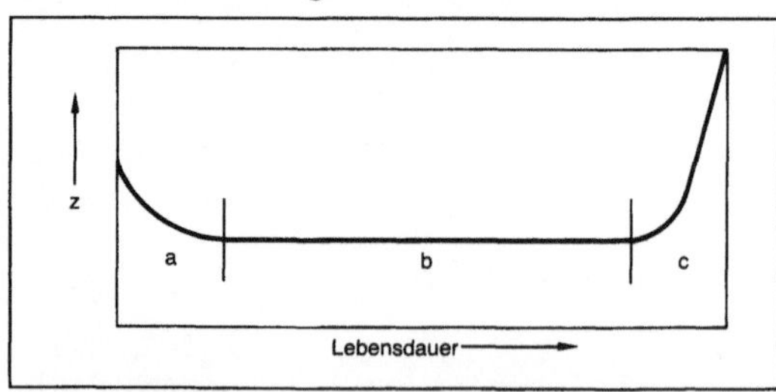

Badewannenkurve: Verlauf der Ausfallrate.

Der Bereich a zeigt die mit der Zeit abnehmende Ausfallrate der →Frühausfälle (*engl.* infant mortality). Frühausfälle treten auf, falls Material- oder →Fertigungsfehler im Prüffeld unentdeckt geblieben sind. Die Ausfallrate stabilisiert sich, sobald die vorgeschädigten Komponenten ausgefallen sind. Dies ist bei diskreten Bauelementen nach einigen hundert Stunden, bei integrierten Schaltkreisen etwa nach einigen Monaten der Fall.

Der Bereich b kennzeichnet die Nutzungsdauer der Bauelemente. In dieser Phase werden die Ausfälle als Zufallsereignisse aufgefaßt (→Exponentialverteilung). Die dabei niedrige, von der Zeit unabhängige Ausfallrate hängt ab von den Betriebs- und Umgebungsbedingungen. Sie bleibt nach theoretischen Überlegungen konstant für etwa 30 bis 50 Jahre, bis dann (Bereich c) die vermuteten, praktisch aber noch nicht beobachteten →Verschleißausfälle auftreten (→Weibull-Verteilung).

Wegen der potentiellen Frühausfälle und der sehr spät erst einsetzenden Verschleißausfälle empfiehlt sich bei elektronischen Komponenten keine vorbeugende Wartung. *Schrüfer*

Bahnberechnung →Regelungsverfahren, →Simulation

Bahnsteuerung →Regelungsverfahren

Balkenanzeige. Analoge oder quasianaloge Anzeige von Meß-, Soll-, Grenz- und Stellwerten in Anzeigern oder Bildschirmdisplays als – meist senkrechter – Balken, dessen Höhe dem anzuzeigenden Wert proportional ist. Der Balken kann selbstleuchtend oder passiv in der Lichtemission sein (→Bargraphanzeige; →Anzeiger; →Darstellung, vorgestaltete in Videobild). *Strohrmann*

Balloneffekt. Bei Druckmembranen wird in der Regel gefordert, daß die Auslenkung s in der Mitte der Membran kleiner ist als deren Dicke d. Anderenfalls vergrößert die Membran unter Druckeinwirkung ihre Oberfläche wie ein Ballon. In diesem Fall gibt es keine neutrale Achse.

Insbesondere bei hohen Drücken kann der B. nie völlig vernachlässigt werden, er führt zu Abweichungen von der idealen Sollkennlinie. *Schaumburg*

Bananensteckverbinder. B. besitzen mehrere bogenförmig gekrümmte Kontaktfedern am Steckerteil. Diese sind konzentrisch um einen Stift angeordnet, so daß auch bei schrägem Stecken die dünnen Federn vor Überlastung geschützt sind. Die B. eignen sich für robuste und häufige Betätigung, wie sie z. B. im Labor für Meß- und Prüfsteckverbinder gefordert werden. *Pagnin*

Bandbreite. Bei elektrischen Zweitoren (Vierpolen) wie →Filtern (Frequenzfilter), Verstärkern usw. die Differenz zwischen der höchsten und der tiefsten noch durchgelassenen Frequenz. Nach einer genaueren Definition ist sie der Frequenzbereich, an dessen Grenzen das Dämpfungsmaß um einen bestimmten Betrag, meist um 3 dB (halbe Leistung) höher ist als im Durchlaßbereich.

Der Begriff läßt sich sinngemäß auch auf →Signale, z. B. Sprach- oder Musiksignale und auf →Wandler, wie Mikrophone oder Lautsprecher und auf Antennen anwenden.

Die *effektive* B. eines Zweitors ist gleich der B. eines hypothetischen Zweitors mit gleicher Grunddämpfung und rechteckiger Dämpfungskurve, das für „weißes" Rauschen die gleiche Leistungsdämpfung hat. *Lenz*

Bandkabelsteckverbinder. B. dienen zur Verbindung von Bandkabeln mit fest eingebauten Steckern auf Leiterplatten, Baugruppen u. ä. Die elektrische Verbindung zwischen Bandkabel und Stecker wird durch die Schneidklemmanschlüsse hergestellt. Die Schneidklemmen sind dabei so in einer Ebene angeordnet, daß nach dem Einlegen des Bandkabels alle Anschlüsse mit einem Preßvorgang gleichzeitig hergestellt werden. B. werden bevorzugt in den Geräten der Datenverarbeitung, Nachrichtenübertragung und der Regel- und Steuerungstechnik eingesetzt. *Pagnin*

Bandkante, Verschiebung durch Temperatur. Wegen der Temperaturabhängigkeit der Gitterkonstante kristalliner Materialien ist die B. temperaturabhängig, sie nimmt in der Regel mit steigender Temperatur ab (Bild).

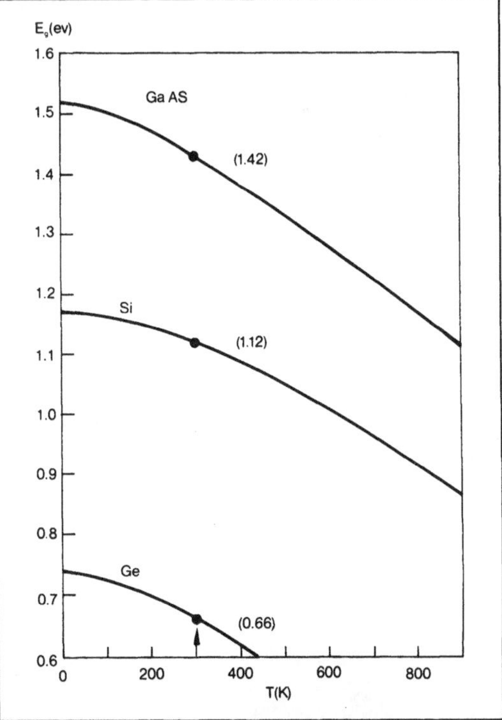

Bandkante: Temperaturabhängigkeit der Bandkante von Germanium, Silicium und Galliumarsenid. (Quelle: S. M. Sze)

Die B. beeinflußt wesentliche Halbleitereigenschaften wie Ladungsträgerdichte, Absorptionsvermögen und andere. *Schaumburg*

Literatur: *Schaumburg, H. (Hrsg.):* Werkstoffe und Bauelemente der Elektrotechnik. Bd. 2: Halbleiter. Stuttgart 1991. – *Sze, S. M.:* Physics of Semiconductor Devices, New York 1984.

Bar. Druckeinheit. Einheitenzeichen bar. 1 bar = 10^5 N/m^2 = 10^5 Pa (≃1,02 at). In der Bundesrepublik Deutschland gesetzliche Einheit, jedoch keine SI-Einheit. Neue Einheit: →Pascal (→Einheiten des SI). *Hammerschmidt*

Bare Board Test. *Engl.* Bezeichnung für den Test unbestückter Leiterplatten (→Leiterplattenprüfung). *Winter*

Bargraphanzeige. Balkenanzeige durch ein senkrechtes Band, das aus – z. B. 200 – waagerecht liegenden, übereinander angeordneten metallischen Segmenten besteht. Die Segmente werden etwa 70mal in der Sekunde zum Leuchten angeregt, so daß für den Betrachter ein kontinuierlich leuchtendes Band erscheint (Bild). Die Anregung der Segmente geschieht von unten nach oben, sie wird abgebrochen, wenn die Höhe des Leuchtbandes den anzuzeigenden Skalenwert erreicht hat. Die Fehlergrenzen sind – bedingt durch die Zahl der Segmente – ±0,5 % ±1 Segment. Der Leuchteffekt beruht auf einer Glimmentladung: Die 200 metallischen Segmente sind die Kathoden, Anode ist ein in Betrachtungsrichtung davor liegender durchsichtiger Metallstreifen. *Strohrmann*

Bargraphanzeige: Anzeigegerät mit zwei B. (Quelle: Siemens)

Barn. Flächeneinheit. In der Bundesrepublik Deutschland nur bei der Angabe des Wirkungsquerschnittes von Teilchen in der Atom- und Kernphysik zulässig, Einheitenzeichen b. 1 b = 10^{-28} m^2 (→Einheiten, gesetzliche). *Hammerschmidt*

Barrel. Amerikanische Volumeneinheit. Verschieden je nach Material, für Mineralöle gilt z. B. 1 barrel ≈ 0,159 m^3. *Hammerschmidt*

Bartonzelle. Die B. gehört zu den elastischen Manometern und dient zum Messen des Differenzdrucks im Bereich zwischen 50 mbar und 25 bar bei statischen Drücken bis zu 400 bar. Sie ist überlastbar bis zum Betriebsdruck und ist für kleine Meßfehler erhältlich (0,5 % v. E.).

Zwei Membranfaltenbälge sind durch eine Ventilstange miteinander verbunden (Bild). Sie bilden einen mit einer neutralen, frostbeständigen Flüssigkeit gefüllten Innenraum, durch den die Faltenbälge vor Überlastungen durch den statischen Druck geschützt werden. Ein unterschiedlicher Druck in den Meßkammern bewirkt ein Zusammendrücken des Meßbalges im Plus-Druckraum und ein Auseinanderziehen des Balges im Minus-Druckraum. Dabei wird die Ventilstange verschoben, bis sich durch die Meßbereichsfedern das Gleichgewicht einstellt. Über ein Hebelsystem wird die lineare Bewegung in eine Drehbewegung umgesetzt und mittels einer Torsionsrohrdurchführung aus dem Druckraum herausgeführt. Bei Vollausschlag ergibt sich ein Drehwinkel von 8°, der bei →Fernmessung über induktive oder magnetische Winkelfühler abgegriffen und in ein →Einheitssignal umgeformt wird. *F. Schneider*

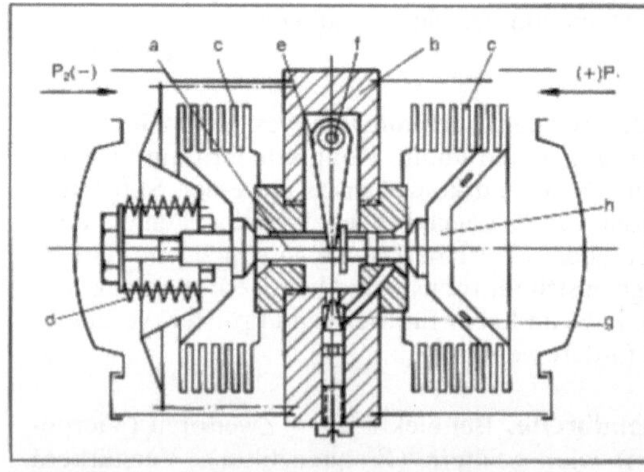

a Ventilstange, b Zentralplatte, c Membranfaltenbalg, d Meßbereichfedern, e Übertragungshebel, f Torsionsrohr, g Nadelventil (Pulsationsdämpfung), h Temperaturausdehnungskammer

Bartonzelle: Meßzelle im Schnitt. (Quelle: Hartmann & Braun)

Batch-Prozeß →Chargenprozeß

Baud. Maß für die Schrittgeschwindigkeit bei der Nachrichtenübertragung. Abk. Bd. Schrittgeschwindigkeit (Baud) = 1 / Schrittdauer (s).

Fernschreib- und Datensender geben die Nachrichten kodiert ab. Dabei entsteht durch den →Code aus jedem zu übertragenden Buchstaben und Zeichen ein elektrisches →Signal, das häufig aus gleich vielen und gleich langen Signalelementen aufgebaut ist. Das internationale Telegraphenalphabet Nr. 2 benutzt z. B. einen Fünf-Schritte-Code. Die Dauer eines Signalelementes wird Schrittdauer genannt. Der Kehrwert dieser Schrittdauer ist die Telegraphier- oder Schrittgeschwindigkeit. Gibt man die Anzahl der in 1 Sekunde möglichen Schritte an, erhält man die Schrittgeschwindigkeit in Baud.

Beispiel: Beträgt die Schrittdauer 20 ms (wie beim Fernschreiber), dann ergibt sich die Schrittgeschwindigkeit zu 50 Baud. Wird die Übertragung mit Binärsignalen (nur zwei Signalzustände, z. B. Strom/kein Strom) vorgenommen, so ist der Nachrichtenfluß in Bit/Sekunde gleich der Schrittgeschwindigkeit in Baud. *Hammerschmidt*

Bauelementeprüfung. Bei der B. werden Bauelemente auf die Einhaltung ihrer Spezifikationsdaten überprüft. Je nach Art der Bauelemente (passive, digitale, analoge oder hybride) werden unterschiedliche Prüfsysteme hierfür benötigt. Die Prüfung der Bauelemente beim Hersteller bezeichnet man als →Produktionsprüfung und die Prüfung beim Anwender als →Wareneingangsprüfung. *Tannhäuser*

Baugruppenprüfung. (*engl.* Board Test). Die Prüfung einer →Leiterplattenbaugruppe durchläuft im Laufe des Fertigungsprozesses mehrere aufeinanderfolgende Prüfprozesse, wobei bestimmte Prüfprozesse ausgenommen sein können:
- Elektrische oder optische Prüfung der Leiterbahnen einzelner Lagen (*engl.* layers) einer unbestückten Leiterplatte auf Durchgang und Isolation (→Durchgangsprüfung, →Kurzschlußprüfung); Prüfung der mechanischen Beschaffenheit
- Prüfung der Leiterbahnen einer verpreßten unbestückten Leiterplatte auf Durchgang und Isolation
- Optische Bestückungskontrolle (automatisch oder personell durchgeführt) oder mit Laserabtastung
- Lötkontrolle (in der Regel personell durchgeführt)
- Burn-in-Verfahren zur Vermeidung von Frühausfällen

□ Prüfungen ohne Betriebsspannung:
- →Kontaktierungsprüfung zur Sicherstellung korrekter Adaptierung
- →Kurzschluß- und Durchgangsprüfung
- →In-Circuit-Test für analoge (passive) Bauelemente

□ Prüfungen mit Betriebsspannung:
- Prüfung der Stromaufnahme
- →Bustest
- In-Circuit-Test für analoge (aktive) Bauelemente
- In-Circuit-Test für digitale Bauelemente
- →Prozessortest
- Speichertest
- Funktionstest
- Parametertest
- →Selbsttest
- im Fehlerfall:
  - Ausführung spezieller Fehlersuchprogramme
  - Fehlerverfolgung mit dem Guided Probe Verfahren
  - Anwendung der Fehlerkatalogmethode oder des Erfahrungskataloges
  - Anwendung spezieller Strommeßverfahren oder magnetischer Meßverfahren zur Diagnose von Fehlerursachen innerhalb eines Leitungsnetzes
- Umwelttests: Prüfung unter Unter- und Überspannung, Temperaturstreß, mechanische Prüfung (Rütteltest)
- Systemtest
- Dauertest. *Winter*

Baugruppenprüfung: Baugruppentestsystem mit Steuerrechner, Pinelektronik, Adaptiervorrichtung und Bildschirm. (Quelle: Hewlett-Packard)

Baumstruktur. Höchste Ebene der Informationsverarbeitung in einem hierarchisch gegliederten System. In einer B. werden mehrere Subsysteme – teilweise mit unterschiedlichen Busstrukturen – in einem Rechner zusammengeführt und gesteuert. B. finden Anwendung bei komplizierten Sensorsystemen, z. B. in der →Prozeßautomatisierung. *Schaumburg*

Bausteintester. Spezialform eines →Prüfautomaten, mit dem einzelne elektronische Bausteine oder auch die einzelnen Schaltungen auf einem Silicium-Wafer geprüft werden können. In der Regel liegt beim Bausteintest neben dem Funktionstest ein Schwerpunkt auf Parametertests und Tests unter Echtzeitbedingungen entsprechend dem Datenblatt.

B. sind optimiert hinsichtlich →Prüfgeschwindigkeit und klar definierter Signalzuführung (→Skew) zum →Prüfling. In der Regel können sie mit Vorrichtungen zur schnellen automatisierten Beschikkung bzw. Kontaktierung einzelner Bausteine (→Handler) oder mit →Waferprobern kombiniert werden. *Winter*

BCD-Ein/Ausgabe. Die BCD (*engl.* Binary Coded Decimal)-Ein/Ausgabe ist orientiert an der speziellen Binärcodierung der einzelnen dezimalen Ziffern (Bild) des von einer →Steuerung einzulesenden oder auszugebenden dezimalen Wertes. Sie ist

Zahl: 1234 $= 1\cdot10^3 + 2\cdot10^2 + 3\cdot10^1 + 4\cdot10^0$

($2^3 2^2 2^1 2^0$ Bit-Wertigkeiten)

BCD:	0001	0010	0011	0100
	10^3	10^2	10^1	10^0
	MSN	MSN		LSN

Byteweise Darstellung			
1. Byte	0 0 0 1	0 0 1 0	
2. Byte	0 0 1 1	0 1 0 0	
	MSB	LSN	LSB

MSN Most Significant Number
LSN Least Significant Number
MSB Most Significant Bit
LSB Least Significant Bit

BCD-Ein-/Ausgabe: Darstellung des vierstelligen dezimalen Wertes 1234 im BCD-Form

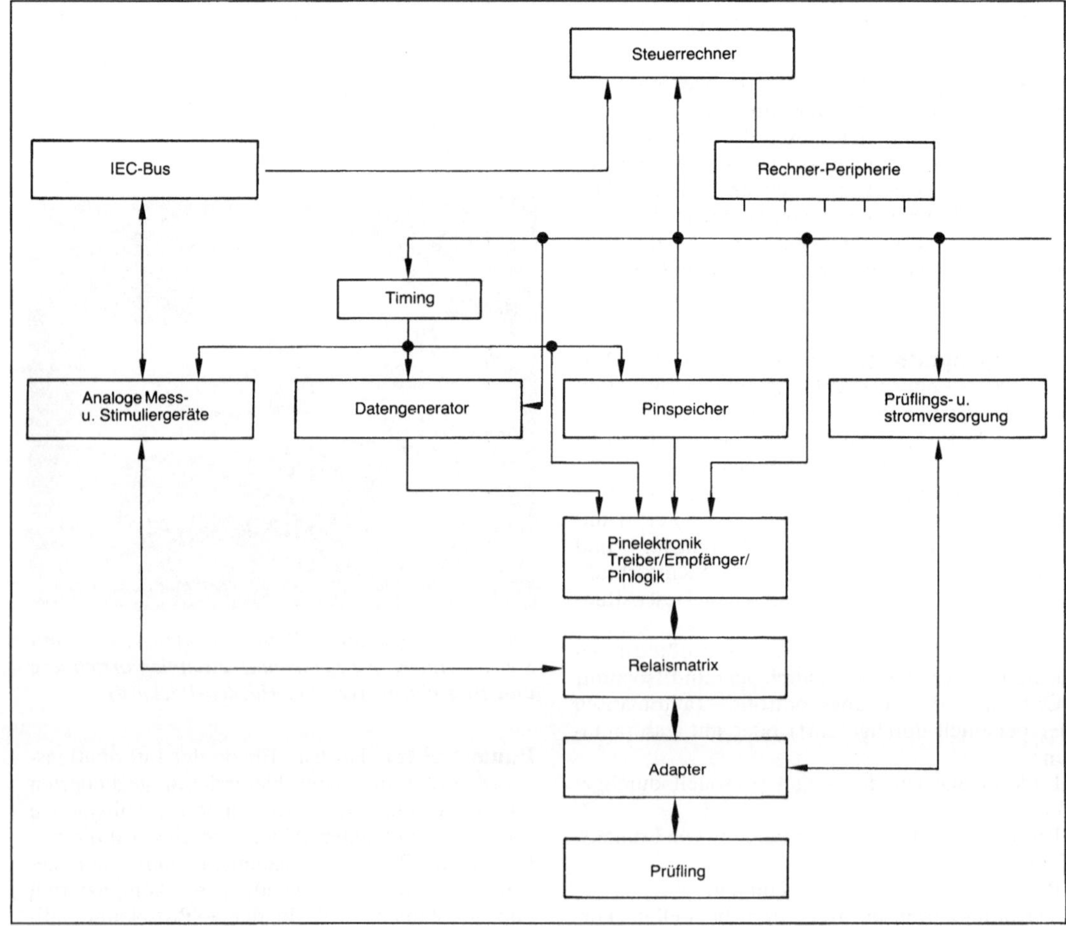

Bausteintester: Blockschaltbild.

als eine kombinierte digitale →Eingangsschaltung und →Ausgangsschaltung aufgebaut. Die Anzahl der binären Mehrfacheingänge und Mehrfachausgänge hängt dabei vom dezimalen Wertebereich der einzulesenden oder auszugebenden Werte ab. Sie beträgt vier je Dezimalziffer bei vollständiger paralleler Ein/Ausgabe. Die Berücksichtigung eines Vorzeichens ist vorzusehen. Daneben sind andere Organisationsformen der BCD-E./A. gebräuchlich, wie z. B. eine byteserielle Arbeitsweise. Hierbei werden je Byte in der Reihenfolge von der Ziffer mit dem höchsten Wert zur Ziffer mit dem niedrigsten Wert jeweils zwei Ziffern (vier + vier Bit) oder je Byte geordnet die Dezimalstelle (vier Bit) und der zugehörige Wert (vier Bit) ausgegeben oder eingelesen.

Steuersignale für Fertigmeldungen und Anforderungen von BCD-Werten ergänzen diese Schnittstelle. *Freyberger*

Becquerel. SI-Einheit der Aktivität einer radioaktiven Substanz, nach *H. Becquerel* (1852–1908) benannt. Einheitenzeichen Bq. $1 \text{ Bq} = 1 \text{ s}^{-1}$ (→Einheiten des SI). *Hammerschmidt*

Bediensignal. B. umfassen alle Signaleingaben in die →Steuerung die zur Führung des gesteuerten Betriebes eines Prozesses nötig sind. Dies gilt für den ungestörten oder gestörten Betrieb wie auch für die Übergänge beim Anfahren und Abfahren des Prozesses. Die B. können
- analog mit Hilfe von Potentiometern,
- quasi stetig über softwareunterstützte Inkrementier/Dekrementier-Tasten,
- digital über Ziffernschalter, Bildschirmtastaturen und Funktionstasten,
- binär über einfache Schalter und Taster

eingegeben werden.

Die Bedieneingaben beziehen sich auf
□ Sollvorgaben und -verläufe für Prozeßgrößen
□ Betriebsarten, wie gesteuerter Betrieb, Handbetrieb, Anfahren, Stillstetzen, Unterbrechen
□ Quittungseingaben auf Meldungen aus dem Prozeßablauf und den steuerungstechnischen Einrichtungen unterschiedlichster Art. *Freyberger*

Befehlselement. Das B. oder allgemeines Aktionselement (vgl. DIN 40719 Teil 6, Entwürfe DIN IEC 65 A (Sec) 67, DIN 40719 Teil 60 und VDI 2880 Blatt 6) ist im Vergleich zu den binären Grundgliedern wie UND-, ODER-Verknüpfung und Negation, ein erweitertes, zusammengesetztes Funktionselement. Es beschreibt in kompakter Symbolform die Ausgaben der →Steuerung an den Prozeß (Prozeßausgänge) und an steuerungsinterne Operationen, Zustands- und Ergebnisspeicher (Merker, Setz-, Rücksetzoperationen etc.).

Das B. symbolisiert ein waagerecht angeordnetes, längliches Rechteck. Es weist Signaleingänge für Ansteuern, Freigeben und Rücksetzen auf und ist zur Kennzeichnung in drei Felder eingeteilt (Bild).

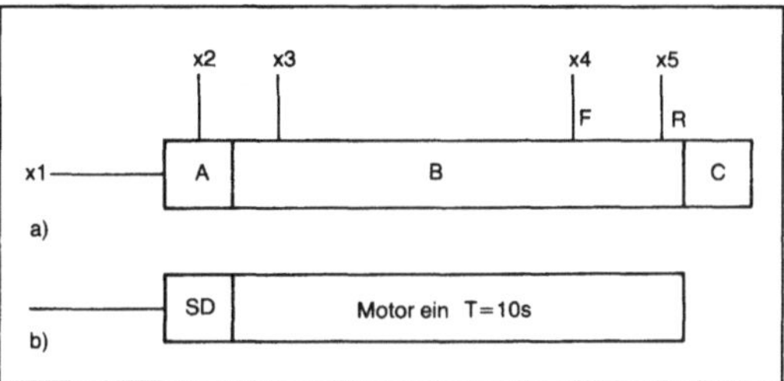

Befehlselement: Darstellung.
a) allgemeines Symbol
b) Beispiel für verzögerten gespeicherten Befehl, Verzögerungszeit $T = 10\,s$.

- Das Feld A dient der Angabe der Befehlsart. Dabei sind die in der Tabelle eingetragenen Abkürzungen eingeführt.
- In das mittlere, größte Feld B werden im Klartext Angaben zur Wirkungsart des Befehls, zur beeinflußten Prozeßgröße oder steuerungsinternen Operation sowie zugehörige →Parameter eingetragen.
- Das Feld C steht zur Kennzeichnung der Befehlsausführung zur Verfügung. Sie kann als Bedingung für Folgeoperationen, wie es bei Ablaufsteuerungen häufig der Fall ist, herangezogen werden.

Eingänge und Ausgänge des B. werden durch entsprechende Wirkungslinien am Befehlssymbol dargestellt (Bild). Das Ansteuer- oder Setzsignal, das z. B. Ergebnis einer Verknüpfung oder des Setzens eines zugeordneten Schrittelementes ist, kann bei bedingten Befehlen UND-verknüpft mit weiteren, nicht zusätzlich gekennzeichneten Eingängen sein. Die Ausgabe des Befehls kann von einem Freigabesignal, am Symbol mit F gekennzeichnet, abhängig gemacht werden. Bei gespeicherten Befehlen besteht die Möglichkeit, sie über ein Rücksetzsignal, mit R gekennzeichnet, zu löschen. Werden mehrere Befehle von einem gemeinsamen Ansteuersignal gesetzt, so können diese kompakt, zu einem Block zusammengefaßt, gezeichnet werden.

Das Befehlssymbol bietet für Entwurf und vor allem für Dokumentation von Steuerungen ein kompaktes, übersichtliches Darstellungsmittel. Daneben wird es, von herstellerspezifischen Modifikationen abgesehen auch zur blockorientierten, graphischen Programmierung von Speicherprogrammierbaren Steuerungen (→SPS) verwendet. *Freyberger*

Befehlselement. Tabelle: Abkürzungen für die Kennzeichnung von Befehlsarten

Zeichen	Befehlsausgabe
Hauptkennzeichen	
S	gespeichert, Rücknahme durch Befehl oder Rücksetzsignal
NS	nicht gespeichert, Rücknahme durch das Ansteuersignal
Ergänzungskennzeichen	
. . D	verzögerte Befehlsausgabe, Angabe der Verzögerungszeit (Parameter) im Feld B (Abb. 1)
. . C	bedingte Befehlsausgabe, z. B. abhängig von einem Freigabesignal
. . P	pulsförmig,
. . L	zeitlich begrenzt
. . F	Freigabe notwendig
. . R	mit Rückmeldung der Befehlsausführung
. . X	Störungsmeldung

Begrenzerschaltung. Schaltung zur Begrenzung der Amplitude einer Spannung oder eines Stroms. Die Begrenzung wird durch nichtlineare Bauelemente wie z. B. Dioden, Zener-Dioden oder temperaturabhängige Widerstände (→Kaltleiter) realisiert.

Der Effekt der Spannungsbegrenzung durch zwei antiparallel geschaltete Dioden ist in Bild 1 gezeigt. B. werden z. B. benutzt, um die Kennlinien von Meßgeräten definiert zu verzerren. In Bild 2a liegt eine in Sperrichtung gepolte Zener-Diode in Reihe mit dem Meßgerät R_M. Damit kann erst dann über das Instrument ein Strom fließen, wenn die anliegende Spannung U größer als die Durchbruchspannung der Zener-Diode ist. Der Anfang des Meßbereichs wird unterdrückt.

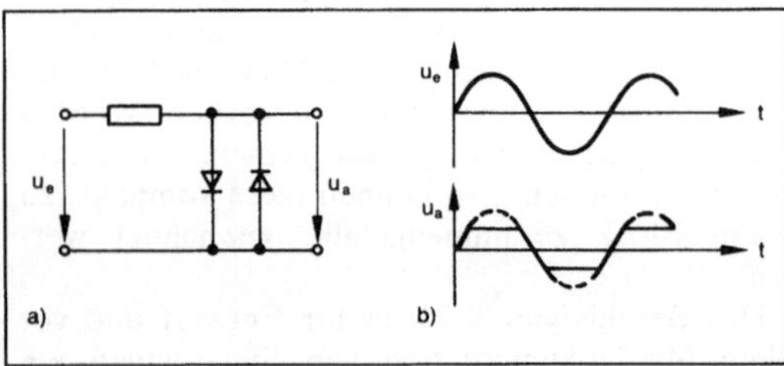

Begrenzerschaltung 1: B. aus zwei antiparallelen Dioden.
a) Prinzip mit Eingangsspannung u_e und Ausgangsspannung u_a
b) Verlauf der Eingangs- und Ausgangsspannung in Abhängigkeit von der Zeit t.

Liegt die Zener-Diode parallel zum Meßgerät (Bild 2b), so fließt zunächst der ganze Strom über das Meßgerät. Die Zener-Diode wird stromführend, wenn der Spannungsabfall am Meßgerät größer als die Zener-Spannung wird. Von diesem →Arbeitspunkt an bleibt der Strom über das Meßgerät praktisch konstant, und eine eventuelle weitere Zunahme des Gesamtstroms führt nur zu einem größeren Strom über die Zener-Diode. Die Zener-Diode schützt damit das Meßgerät vor Überlastung. *Schrüfer*

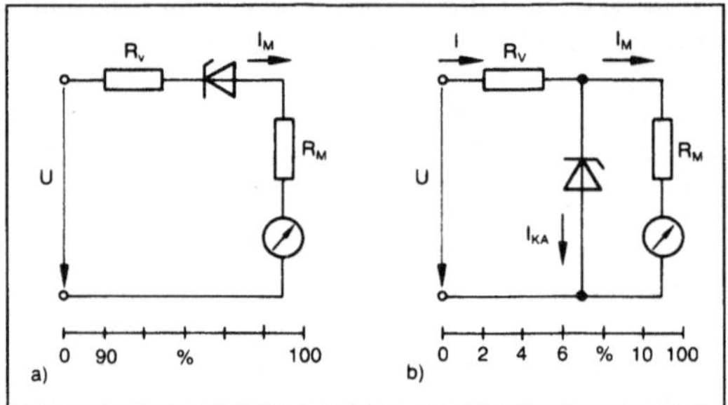

Begrenzerschaltung 2: B. am Drehspulinstrument.
a) Unterdrückter Anfangsbereich
b) Unterdrückter Endbereich.

Bel →Dezibel

Belastungsfaktor. Der B. ist in der Ausfallratenberechnung der Faktor, der die Abhängigkeit der →Ausfallrate von der elektrischen Belastung berücksichtigt.

Die elektrische Belastung eines Bauelements führt im allgemeinen zu erhöhten Temperaturen und damit schon zu einer vergrößerten Ausfallrate. Darüber hinaus werden durch Spannungen und Ströme aber auch andere, nicht temperaturbedingte Ausfallmechanismen aktiviert.

□ Elektrische Feldstärke: Bei den dünnen Oxidschichten der MOS-Transistoren von etwa 50 nm führt eine Spannung von 10 V zu einer Feldstärke von 2 MV/cm. Diese kann das Oxid an vorgeschädigten Stellen zerstören. Die Ausfallrate, die proportional dem Spannungs-Streßfaktor π_V (Bild) ist, nimmt mit der Versorgungsspannung zu. Im Interesse einer langen →Lebensdauer ist also eine niedere Versorgungsspannung wünschenswert.

□ Stromdichte: Stromdichten in der Größenordnung von 10^6 A/cm^2 führen zur Elektromigration insbesondere an den Stellen, an denen unterschiedliche Materialien zusammentreffen. Die Ausfallrate steigt etwa mit dem Quadrat der Stromdichte.

□ Erhöhung der Lebensdauer durch Unterlastung: Im Interesse einer langen Lebensdauer sind die Bauelemente unterhalb ihrer Nennwerte zu betrei-

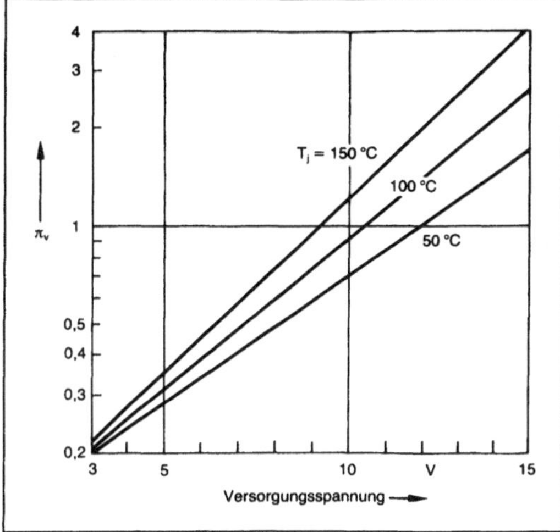

Belastungsfaktor: Spannungsfaktor π_V für CMOS-Schaltkreise mit Nenn-Versorgungsspannung zwischen 12 und 15,5 Volt (Tabelle 5.1.2.5-15 des MIL-HDBK-217).

ben. Durch diese Unterlastung wird oft ein erheblicher Gewinn an →Zuverlässigkeit erreicht. Ein Maß für die Unterlastung ist der *derating factor,* der als Quotient zwischen der Betriebsgröße und ihrem Nennwert zu verstehen ist. So sollen, um lange Lebensdauern zu erzielen, die Bauelemente unterhalb ihrer Nennwerte betrieben werden.

Besonders effektiv ist die Unterlastung bei Komponenten, die einem Verschleiß unterliegen. Die Lebensdauer t von Glühlampen z. B. läßt sich aus der Nennlebensdauer t_o, der Nennspannung U_o und der Betriebsspannung U gemäß der folgenden Beziehung berechnen, wobei für den Exponenten n ein Zahlenwert zwischen 12 und 14 einzusetzen ist:

$$\frac{t}{t_o} = \left(\frac{U_o}{U}\right)^n.$$

Bei einer Unterlastung um 20 % steigt die Lebensdauer auf das 10fache.

Die Erhöhung der Zuverlässigkeit durch Unterlastung hat dann ihre Grenzen, wenn wegen der Unterlastung mehr Bauelemente eingesetzt werden müßten. In diesem Fall nimmt die Zuverlässigkeit infolge der gestiegenen Zahl von Komponenten wieder ab. Auch ist zu berücksichtigen, daß schwache Signale besonders leicht durch elektromagnetische Einstreuungen gestört werden können. Im Interesse einer sicheren Signalverarbeitung sollten die Signalpegel nicht zu niedrig gewählt werden. Weiterhin können insbesondere mechanische Teile bei einer Unter- oder Nichtbelastung ihre Funktionsfähigkeit verlieren. Längere Zeit nicht bewegte Wellen verschmutzen und werden schwergängig; nicht betätigte offene Kontakte oxidieren oder korrodieren. Höhere Spannungen oder Ströme sind dann notwendig, um die Schmutzschichten zu überwinden. *Schrüfer*

Belastungsgrobanalyse. In den B. wird geprüft, ob die in einer elektronischen Schaltung eingesetzten Bauelemente unterhalb ihrer Nennwerte betrieben werden und damit eine lange →Lebensdauer erwarten lassen. Die entsprechenden Grenzwerte sind in den Datenblättern festgelegt. So sind z. B. Nennwerte spezifiziert

- bei einer Diode für Spannung, Strom, Sperrschichttemperatur,
- bei einem Transistor für Spannung, Strom, Leistung, Sperrschichttemperatur,
- bei einem Widerstand für die Leistung,
- bei einer Induktivität für den Strom,
- bei einer Kapazität für die Spannung.

Die Analyse wird dabei möglichst einfach durchgeführt. Direkt einsichtige, die tatsächliche Belastung oft erheblich übersteigende Annahmen werden getroffen. Erst wenn sich damit die konservative Auslegung nicht nachweisen läßt, sind die Randbedingungen genauer zu überlegen und einzugrenzen. *Schrüfer*

Benchmarktest. →Leistungstest eines Digitalrechners durch Erfüllen einer typischen Aufgabe. Für →Prozeßrechner mit dedizierten Programmbausteinen ist Leistungsmerkmal nicht nur die Rechenzeit, sondern auch die erforderliche Anzahl von Programmbausteinen und der Aufwand für die Konfigurierung. Als Benchmark können dazu die Funktionen eines standardisierten Analogreglers in Kaskaden-, Kaskaden-Durchfluß-Verhältnis- und Auswahlregelungen gewählt werden. Einzubeziehen sind auch Möglichkeiten zur stoßfreien Umschaltung zwischen allen Betriebsarten und zum geordneten Rückzug bei →Ausfall von Meßwerten. *Strohrmann*

Literatur: *Eckelmann, W., W. Hofmann* und *H. Schlingmann:* Konfigurieren von komplexen Regelungen in Prozeßleitsystemen. Regelungstechnische Praxis *26* (1984), Nr. 5, S. 210–219. – *Eckelmann, W.* und *W. Hofmann:* Vergleich von Regelalgorithmen in Automatisierungssystemen. Regelungstechnische Praxis *25* (1983), Nr. 10, S. 423–426.

Beobachtbarkeit. B. ist ein zur →Steuerbarkeit dualer Begriff. Bei einer Darstellung eines Systems im n-dimensionalen →Zustandsraum bedeutet B., daß von der Kenntnis der Ausgangsfunktionen her auf den Verlauf der Zustandsgrößen zurückgeschlossen werden kann. Dieses ist dann der Fall, wenn in den Ausgangsgrößen alle Eigenschwingungsformen des Prozesses erscheinen.

Zeitkontinuierliche sowie zeitdiskrete Systeme sind beobachtbar, wenn die Matrix $[\underline{C}^T | (\underline{C}\,\underline{A})^T | \ldots | (\underline{C}\,\underline{A}^{n-1})^T]$ den Rang n besitzt.

In DIN 19226 ist B. folgendermaßen definiert: Ein →Übertragungsglied heißt bezüglich seiner Zustandsbeschreibung beobachtbar zum Zeitpunkt t_0, wenn der beliebige Anfangszustand $\underline{x} = \underline{x}(t_0)$ aus dem Verlauf des Ausgangsvektors während eines endlichen Zeitintervalls bei bekanntem Eingangsvektor bestimmt werden kann.

Bei der →Parameteridentifikation erscheint eine der B. ähnliche Problemstellung. Es muß verlangt werden, daß sich aus den gemessenen Eingangs- und Ausgangsgrößen die gesuchten Parameter schätzen lassen. Man spricht in diesem Fall von der Identifizierbarkeit eines Systems bezüglich seiner Parameter. *Scheithauer/Böttiger*

Literatur: *Unbehauen, H.*: Regelungstechnik II. Braunschweig, 1983. – DIN 19226.

Beobachter. B. dienen in der →Regelungstechnik zur →Zustandsidentifikation bei deterministischen Prozessen. Sie werden eingesetzt, wenn einzelne Zustandsgrößen aus Kosten- und physikalischen Gründen nicht gemessen werden können und dennoch eine vollständige Zustandsrückführung realisiert werden soll (→Zustandsregelung).

B., deren Theorie von *Luenberger* entwickelt wurde, gehören zu den Ausgangsfehlerverfahren (→Systemidentifikation). Mit Hilfe der Eingangs- und Ausgangsvektoren $\underline{u}$ (t) bzw. $\underline{v}$ (t) sowie einem mathematischen Modell des Systems werden Schätzwerte $\hat{\underline{x}}$ (t) für den Zustandsvektor $\underline{x}$ (t) bestimmt. Die →Beobachtbarkeit des Systems muß vorausgesetzt werden.

Die grundlegenden Eigenschaften eines B. lassen sich anhand des Schätzfehlers $\tilde{\underline{x}}(t) = \underline{x}(t) - \hat{\underline{x}}(t)$ ablesen. Für den Verlauf des Schätzfehlers $\tilde{\underline{x}}(t)$ (Bild) ergibt sich die homogene Differentialgleichung

$$\dot{\tilde{\underline{x}}}(t) = [\underline{A} - \underline{K}\,\underline{C}]\tilde{\underline{x}};\ \tilde{\underline{x}}(t=0) = \underline{x}_0 - \hat{\underline{x}}_0$$

Die Schätzwerte $\hat{\underline{x}}$ (t) stimmen von Beginn an mit den wahren Werten $\underline{x}$ (t) überein, wenn der Anfangszustand $\underline{x}_0$ genau bekannt ist.

Desweiteren geht der Schätzfehler $\tilde{\underline{x}}$ (t) mit der Zeit asymptotisch gegen Null, falls die Verstärkungsmatrix $\underline{K}$ so gewählt wird, daß obige Differentialgleichung ein stabiles System kennzeichnet (→Stabilität). Zur Bestimmung der Verstärkungsmatrix $\underline{K}$ werden die Verfahren der optimalen →Regelung und der →Polvorgabe herangezogen.

Der B. im Zustandsregelkreis verändert das →Übertragungsverhalten des rückgekoppelten Systems nicht. Das Separationstheorem beschreibt die Eigenschaft, daß die Pole des B. jene des zurückgekoppelten Systems nicht beeinflussen.

Unter reduzierten B. versteht man solche, mit denen nur ein Teil der Zustandsgrößen eines Systems geschätzt wird, während die übrigen direkt meßbar sind.

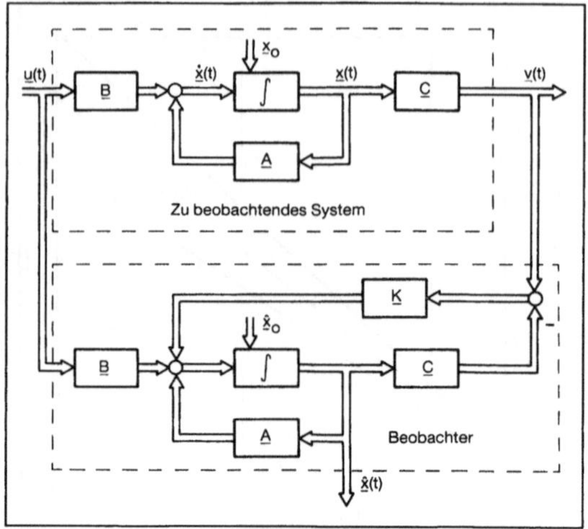

Beobachter: Zu beobachtendes System und B.

Von Kontrollbeobachtern ist die Rede, wenn die Schätzwerte $\hat{\underline{x}}$ (t) nicht explizit bestimmt werden, sondern Regelgesetz und B. des geringeren physikalischen Realisierungsaufwandes wegen zusammengezogen werden.

Eine Erweiterung bzw. ein anderer Zugang zur Beobachtertheorie ist durch die Theorie des →*Kalman*-Filters gegeben. *Scheithauer/Böttiger*

Literatur: *Grübel, G.*: Beobachter zur Reglersynthese. Habilitationsschrift. Bochum 1977. – *Unbehauen, H.*: Regelungstechnik II. Braunschweig 1983.

Berührungsthermometer →Temperaturmessung

Beschleunigungsfaktor →Arrhenius-Gleichung

Beschleunigungsmessung →Schwingungsmessung

Beschleunigungssensor. Wegen der Newton'schen Beziehung $\vec{F} = m\,\vec{b}$ zwischen der Kraft $\vec{F}$, der Masse m und der Beschleunigung $\vec{b}$ kann bei bekannter Masse m jede Beschleunigungsmessung in eine →Kraftmessung (→Kraftsensor) überführt werden. Alternativ dazu kann die Beschleunigung gemessen werden über eine zeitabhängige →Wegmessung eines Weges $\vec{l}(t)$ über den Zusammenhang

$$b = \frac{d^2\vec{l}(t)}{dt^2}.$$

Schaumburg

Beschleunigungssteuerung →Kinetik und Kinematik eines Roboters

Beschreibungsfunktion. Die B. stellt einen funktionellen Zusammenhang dar zwischen dem sinusförmigen Eingangssignal und der Grundwelle des Ausgangssignals für ein Übertragungsglied mit nichtlinearer, symmetrischer Kennlinie (→Übertragungsglied, nichtlineares).

Bei einem Eingangssignal u (t) = û sin ωt entsteht am Ausgang eine nichtlineare Schwingung gleicher Frequenz. Diese Schwingung kann als *Fourier*-Reihe aus Grundschwingung und Harmonischen dargestellt werden. Die Grundwelle des Ausgangs ist dann $v_1(t) = \hat{v}_1 \sin(\omega t + \Phi_1)$. Amplitude $\hat{v}_1$ und Phase Φ_1 sind abhängig von der Eingangsamplitude û. Mit einem komplexen Ansatz für die sinusförmigen Signale erhält man nach Auswertung der Fourier-Integrale die komplexe B.

$$\underline{B}(\hat{u}) = \frac{\hat{v}_1(\hat{u})}{\hat{u}} e^{j\varphi_1(\hat{u})}$$

Sie hat für das nichtlineare Übertragungsglied die Bedeutung, die der Frequenzgang $\underline{F}(j\omega)$ für das lineare Übertragungsglied hat.

Für eindeutige Kennlinien ist die B. reell, d. h. das Übertragungsglied verursacht keine Phasenverschiebung. Bei Übertragungsgliedern mit einer mehrdeutigen Kennlinie (z. B. Hysterese) eilt das Ausgangssignal dem Eingangssignal nach.

Die B. wird überwiegend zur Untersuchung der →Schwingungsbedingung in einem →Regelkreis mit einem nichtlinearen Übertragungsglied eingesetzt. *Böttiger*

Literatur: *Böttiger, A.*: Regelungstechnik. München 1988. – *Föllinger, O.*: Nichtlineare Regelungen I. München 1982.

Bestückungsprüfung. Die Prüfung von elektronischen Baugruppen mit Methoden des →In-Circuit-Tests zur Auffindung von →Fertigungsfehlern (*engl.* Prescreening).

Ziel ist die Überprüfung der richtigen Bestückung der Baugruppe. Im allgemeinen werden folgende Teilprüfungen vorgenommen:
- Kurzschluß-/Unterbrechungstest der Verbindungen
- Messung des Widerstandes zwischen den Schaltungsknoten
- Ermittlung der Polung von Diodenstrecken
- Orientierungstest von integrierten Schaltkreisen.

Die Knotenimpedanz-Messung ist die einfachste Prüfmethode. Sie besteht aus Messung und Bewertung der Widerstände zwischen jeweils zwei Schaltungsknoten ohne Ermittlung der genauen Bauelementewerte. Die Sollwerte werden an einem Musterprüfling gelernt, wobei mehrere Referenzprüflinge zur Mittelwertbildung herangezogen werden (→Lernverfahren). Im Fehlerfall muß das fehlerhafte Bauelement mit manueller Unterstützung gefunden werden. Zur Bestimmung der Bauelementeparameter wird die →Guarding-Technik eingesetzt, mit der die Einflüsse der Schaltungsumgebung unterdrückt werden. *Mettler*

Bestückungsprüfung, optische. Optischer Vergleich der bestückten →Leiterplattenbaugruppe mit einer als gut akzeptierten Leiterplattenbaugruppe. Der Vergleich kann manuell erfolgen oder mit Hilfe von bildverarbeitenden Systemen. Die Bildaufzeichnung kann dabei mit TV-Kamera oder mit Hilfe eines Lasers erfolgen. *Winter*

Betriebseinrichtung. Leittechnische Einrichtung, die dem bestimmungsgemäßen Betrieb der Anlage dient. Dieser umfaßt insbesondere
- den Normalbetrieb,
- den An- und Abfahrbetrieb,
- den Probebetrieb sowie
- Inspektions-, Instandhaltungs- und Instandsetzungsvorgänge (→Klassifizierung leittechnischer Einrichtungen). *Strohrmann*

Between-Zustand. I. d. Regel fehlerhafter logischer Zustand digitaler Prüflingsausgänge (bei binärer Logik), der *zwischen* den erlaubten Pegeln für logisch *LOW* und logisch *HIGH* liegt. *Winter*

Bewegung, kartesische →Regelungsverfahren

Bewegungsgleichungen →Kinetik und Kinematik eines Roboters

Bewegungsstrategie →Robotik

BF_3-Zählrohr. Ein →Zählrohr, das BF_3 als Füllgas verwendet (Proportional-Zählröhre). Dieses BF_3 enthält das Isotop Bor-10. Es fängt thermische Neutronen ein und zerfällt unter Aussendung von Alpha-Teilchen in das stabile Lithium-7. Die Alpha-Teilchen der B-10 (n, α) Li-7-Reaktion ionisieren das Zählrohrgas, so daß die Impulsrate des Zählrohrs proportional der Neutronenflußdichte ist.

Neben den Alpha-Teilchen führen auch Gammaquanten über Photo- und Compton-Elektronen zu Zählrohrimpulsen. Da dieses jedoch im Proportionalbereich betrieben wird, lassen sich die Gamma-Impulse mit Hilfe eines Diskriminators von den Alpha-Impulsen unterscheiden und unterdrücken. Das BF_3-Z. ermöglicht es so, Neutronenflußdichten auch in Gegenwart von Gamma-Strahlung spezifisch zu messen. *Schrüfer*

Biegebalken. Der B. ist eines der mechanischen Grundelemente für den Aufbau von Kraftsensoren. An der freien Stirnfläche eines einseitig fest eingespannten Balkens der Länge l_x und der Querschnittsdimensionen l_y und l_z wirkt tangential eine Kraft F_y (Bild).

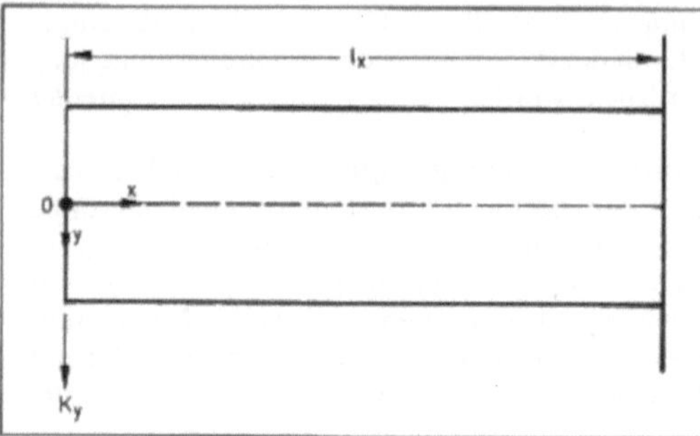

Biegebalken: Schematische Darstellung.

Die wichtigsten Elemente des Spannungstensors sind:

$$\sigma_{xx} = -\frac{3}{2}\frac{F_y}{l_y^2 \cdot l_z} x\,y$$

$$\sigma_{xy}\,(x = o) = -\frac{3F_y}{4l_y l_z}\left(1 - \frac{y^2}{l_y^2}\right).$$

Schaumburg

Literatur: *Timoshenko, S.:* Theory of plates and shells. New York 1959.

Bildelement. Die kleinste individuell ansteuerbare Einheit eines →Anzeigeelementes wird als ein B. bezeichnet.

B. können sehr unterschiedlich gestaltet sein. Generell sucht der Designer nach einer Gestaltung der B., die komplexe Informationen – wie Buchstaben – mit einer möglichst geringen Anzahl von B. darstellen zu können, ohne daß das Erscheinungsbild dieser Information oder deren Erkennbarkeit leidet. So haben sich für die Darstellung von Ziffern weitgehend die Sieben-Segmentanzeigen durchgesetzt. Zur Darstellung von alphanumerischen Zeichen, wie lateinischen Buchstaben etc., werden heute meist Anordnungen der Bildelemente in einer 5 × 7-Punktmatrix eingesetzt. Zusätzlich besteht die Möglichkeit, lateinische Buchstaben mit nur 39 B. eleganter als mit der 5 × 7-Punktmatrixanordnung darzustellen (Bild).

B. können jedoch auch komplexe Zeichengebilde, wie vollständige Worte, Logos etc. darstellen.

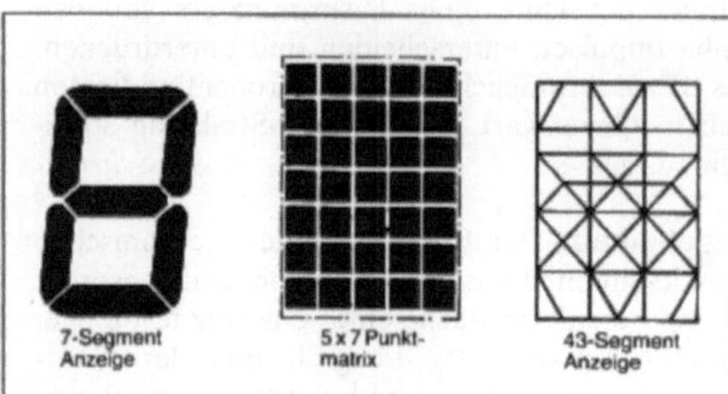

Bildelement: Ausführungsbeispiele.

So sind auf kleinen Taschenspielautomaten ganze Landschaften aus einzelnen B. aufgebaut worden, die Element für Element angesteuert werden können.

Um Information mit Hilfe einer vorgegebenen Anzeigetechnik optimal anzuzeigen, ist eine sorgfältige Abstimmung des Designs der B. auf die Leistungsmerkmale der Anzeigetechnik vorzunehmen. *Potthartst*

Bildröhre. Wandlerelement zur Umsetzung elektrischer Signale in monochrome oder farbige Bilder. Die B. muß dazu mit mindestens einem Elektronenstrahlsystem sowie dem Leuchtschirm ausgestattet und äußerlich mit einer →Ablenkeinheit zur Beeinflussung des Elektronenstrahls versehen sein. Allgemeine Kennzeichen der B. sind die Schirmgröße (als Diagonale angegeben) und der Ablenkwinkel (90° oder 110°), wobei 110°-B. den Vorteil einer kürzeren Baulänge haben.

Die Elektronenstrahlsysteme der Schwarzweiß-B. für Fernsehsignale sowie der weiß-, grün- oder orangefarbenen Monochrom-B. für Computersignale enthalten neben der Kathode als Elektronenquelle (oft als Elektronenkanone bezeichnet), dem Wehnelt-Zylinder zur Helligkeitsregelung und der Hauptanode (die mit einem leitenden Belag verbunden ist, der Teile des Röhrenhalses und des Kolbens bedeckt) noch weitere Hilfselektroden (Bild 1). Sie dienen als elektrische Linsen zur Bündelung des Elektronenstrahls und werden deshalb auch Fokus-Elektroden genannt.

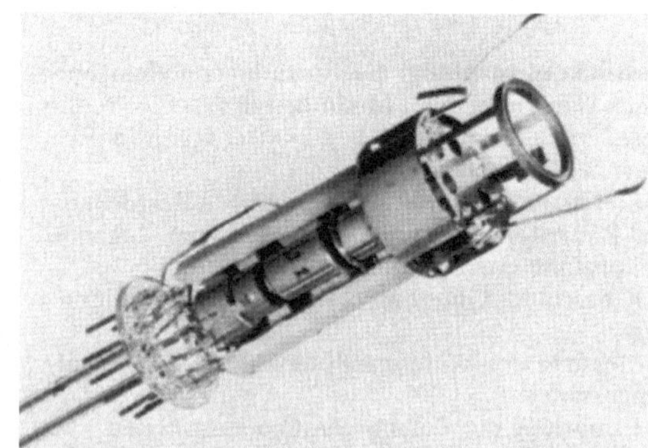

Bildröhre 1: Elektrodensystem einer Delta-Farbröhre.

Farbbildröhren sind mit drei Elektronenstrahlsystemen ausgestattet, die bei älteren Ausführungen in Form eines Dreiecks (Delta-Farbröhre) und bei modernen Typen nebeneinander im Hals der B. angeordnet sind (Inline-Farbröhre). Außerdem enthält die Farbbildröhre eine Lochmaske (Bild 2), die unmittelbar hinter dem Leuchtschirm sitzt und für die exakte Landung der drei Elektronenstrahlen

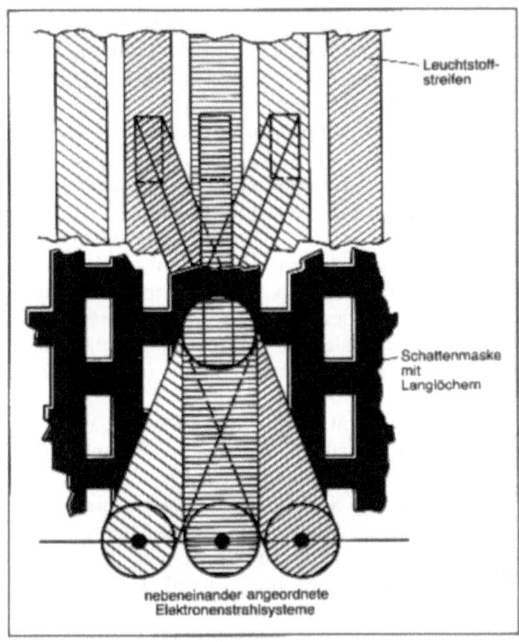

Bildröhre 2: Anordnung der Leuchtstoffstreifen und Funktion der Schattenmaske mit Langlöchern einer Inline-Farbröhre.

auf den ihnen zugeordneten farbigen Leuchtstoffen eine wichtige Rolle spielt. Da die Lochmaske den Durchmesser der Elektronenstrahlen begrenzt bzw. abschattet, spricht man auch von einer Schattenmaske.

Für eine saubere Farbwiedergabe sind darüber hinaus noch weitere Maßnahmen zu treffen. Während früher die Konvergenz (das genaue Aufeinandertreffen der drei Elektronenstrahlen für Rot, Blau und Grün in einem Punkt der Lochmaske) mit Hilfe von besonderen Konvergenzspulen und -magneten weitgehend manuell eingestellt werden mußte, ist dies etwa seit Anfang der 80er Jahre durch die sog. selbstkonvergierenden Systeme entfallen. Erreicht wurde dieser Fortschritt u. a. mit einer hochpräzisen Fertigung, wobei sichergestellt wird, daß die Hauptachse von B. und Ablenkeinheit sowie der Mittelpunkt der Strahlablenkung und der Belichtungsmittelpunkt des Bildschirms übereinstimmen.

Die Bildpunktschärfe (Auflösung) wird maßgeblich durch die elektrischen Eigenschaften der Elektronenstrahlsysteme (Helligkeit, Strahlfokussierung) und bei Farbbildröhren außerdem durch die Anordnung der Farbstreifen bzw. Farbpunkte auf dem Bildschirm bestimmt. Bildpunkte sind die kleinsten Elemente, aus denen der Bildinhalt einer Fernsehzeile besteht. Beim Schwarzweiß-Fernsehen ergeben sich rein rechnerisch 833 Bildpunkte pro Zeile, wenn man Höhe und Breite eines Bildpunktes gleich Zeilenhöhe wählt (Bildformat 4 : 3), und insgesamt 520 625 Bildpunkte für ein Vollbild aus 625 Zeilen. Beim Farbfernsehen setzt sich ein weißer Bildpunkt dagegen aus drei Farbpixeln (Rot, Grün, Blau) zusammen. Das Farbbild wird um so schärfer, je geringer der sog. Pitch (Mittenabstand) zwischen den Pixelgruppen ist, die auch Triplets genannt werden. Der Pitch ist abhängig von der Röhrengröße und beträgt bei 70-cm-Röhren z. B. 0,8 mm und bei 36-cm-Röhren 0,65 mm (Standardversion). Beide liefern ein subjektiv gleich gutes Bild. Bei Farbmonitoren für hohe Ansprüche an das →Auflösungsvermögen (speziell im Computerbereich) und ebenfalls 36-cm-Diagonale sind Pitch-Abstände von 0,31 mm oder 0,28 mm üblich, einige Monitorbildröhren weisen sogar noch kleinere Werte auf.

Die auffälligsten Verbesserungen bei der jüngsten Röhrengeneration betreffen die äußere Form des Farbbildschirms und die Wiedergabeeigenschaften. Sie zeichnen sich durch mehr Bildfläche (schärfere Ecken), einen flacheren Bildschirm (geringere Fremdlicht-Reflexionen und größerer seitlicher Betrachtungswinkel) sowie eine gesteigerte Bildschärfe aus (wichtig u. a. für die alphanumerische Zeichenwiedergabe bei Videotext und Btx. Dunkel getönte Bildschirme und weitere Detailoptimierungen wie schwarz hinterlegte Triplets verhelfen den neuen B. (Herstellerbezeichnungen: Black-Line, Black-Super-Planar, Black-Trinitron u. ä.) zu ihren kontrastreichen und farbkräftigen Bildern. Technische Voraussetzungen sind hierfür Hochspannungen bis zu 30 000 V für die Hauptanode mit entsprechend hohen Strahlströmen und gleichzeitig neue Lochmasken aus speziellen Metallegierungen, um ein Verziehen der Lochmaske durch die auftretende Wärme zu verhindern und Farbfehler auszuschließen.

Als Standardgröße für das Wohnzimmer konnte sich die Rechteckröhre mit einer Diagonale von 70 cm etablieren. Die Entwicklung geht weiter in Richtung noch größerer B. mit Diagonalen bis zu 90 und 100 cm. Auch das Bildformat wird sich von 4 : 3 auf 16 : 9 ändern, weil das kommende hochzeilige Fernsehen (HDTV) eine dem Breitwandfilm ähnliche Bilddarstellung erfordert. Allerdings dürfte die auf der Vakuumtechnologie beruhende klassische Bildröhre damit zumindest größenmäßig ihr Endstadium erreicht haben. Wegen der großen Abmessungen und des hohen Gewichtes gibt es nicht nur fertigungsseitige Probleme, sondern diese treten auch in der Wohnung des Kunden, beim Gerätetransport und in der Servicewerkstatt auf.

Bei den B. für Fernsehwiedergabe ist die Strahlung aus dem Gerät durch entsprechende Vorschriften über einzuhaltende Grenzwerte auf eine für den Zuschauer ungefährliche Größenordnung abgesenkt worden. Dies betrifft in erster Linie die Röntgenstrahlung, die nach der Röntgenverordnung eine Strahlenmenge von 0,5 Millirem pro Stunde, gemessen in einem Abstand bis zu fünf Zentimeter rund um das Gehäuse, nicht überschreiten darf. Da der Betrachtungsabstand wohl in jedem Fall um ein Vielfaches größer ist, dürfte eine gesundheitliche Gefährdung der Zuschauer nicht relevant sein.

Durch die zunehmende Verbreitung von Computerarbeitsplätzen hat dieses Thema eine neue Bedeutung erhalten, weil die Menschen hier nicht nur erheblich näher am Bildschirm sitzen, sondern dort auch über eine sehr viel längere Zeitspanne verbleiben. Da bis heute aber keine gesicherten Erkenntnisse über mögliche Schädigungen vorliegen bzw. hierzu recht unterschiedliche Meinungen vertreten werden, ist der Begriff „strahlungsarm" offiziell noch gar nicht definiert worden. Nur die Richtlinien des Schwedischen Instituts für Strahlenschutz enthalten bestimmte, sehr niedrige Werte für die noch als zulässig erachteten elektrostatischen und elektromagnetischen Felder. Auf diese Werte beziehen sich in der Regel daher auch die Hersteller der als strahlungsarm angebotenen Monitore. Im wesentlichen wird die Strahlungsarmut durch metallische Abschirmungen im Gehäuseinnern und eine entsprechende Auslegung der Ablenkspulen erreicht. Auch bei Computerbildröhren liegt die Röntgenstrahlung weit unter den vorgeschriebenen Grenzwerten. *Bahr*

Bildsensor. →Sensor zur elektronischen Aufnahme von Bildern für eine visuelle Beobachtung oder eine Bildverarbeitung. Die am häufigsten verwendeten B. sind Kameraröhren (z. B. Vidikon) und Halbleitersensoren (→CCD-Sensor, →CCD-Bildwandler, →CID-Element).

Die Halbleiter-Bildsensoren haben gegenüber den Kameraröhren den großen Vorteil des geringeren Volumen- und Energiebedarfs, häufig aber auch den Nachteil der geringeren Auflösung.

Schaumburg

Robotik. Ein B. in der Robotik dient zur Aufnahme, Analyse und Identifikation von optischer, ein- bis dreidimensionaler Information sowie deren Umsetzung in Merkmale, die zu Steuerungs- und Diagnosezwecken in Robotersystemen verwendet werden können.

Eine Analyse von Bildverarbeitungsaufgaben in der Robotik führt zu folgenden Anforderungen an ein praktisch einsetzbares B.-System:

□ Flexibilität: Das System soll für unterschiedliche Aufgaben einsetzbar sein. Die Anpassung an neue Produktvarianten oder die Umstellung auf neue Aufgaben muß einfach und schnell durchgeführt werden können.

□ Genauigkeit: Das System soll bei solchen Sichtprüfungsaufgaben, die auf Messungen geometrischer Parameter reduzierbar sind, mit der nötigen Auflösung arbeiten. Diese muß folglich variabel sein.

□ Geschwindigkeit: Das System soll eine hohe Erkennungsrate besitzen und unempfindlich sein gegen stochastische Veränderungen im Umfeld (z. B. Be-

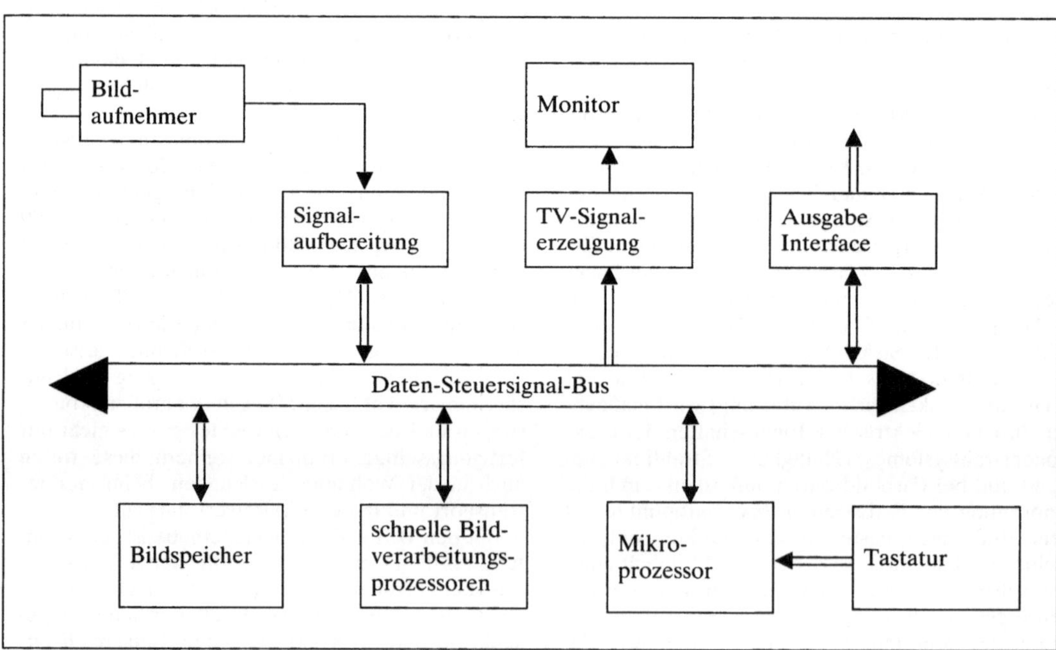

Bildsensor: Struktur eines B.

leuchtungs-, Strom- und Temperaturschwankungen).

□ Kosten/Nutzen-Verhältnis: Das System sollte, vom wirtschaftlichen Standpunkt betrachtet, gegenüber alternativen Aufgabenlösungen ein Fortschritt sein, wozu außer einem vertretbaren Preis auch eine schnelle verfügbare Wartung gehört.

Im Bild ist die Struktur eines B. dargestellt, ausgehend vom optoelektronischen Wandler zu Bild- und Signalverarbeitung bis hin zur Entscheidungsebene, von der aus über definierte Schnittstellen periphere Geräte angesteuert werden.

Um eine möglichst störungsfreie Aufnahme von Bildern zu gewährleisten, ist es notwendig, für die optoelektronische Wandlung die Objektbeleuchtung, die eingesetzte Optik und den entsprechenden Wandler geeignet zu wählen.

Die Gerätetechnik (Prozessoren, Speicher usw.) ist weitgehend vorhanden, wobei bereits Bestrebungen zur Standardisierung absehbar sind. *Steusloff*

Literatur: *Ahlers, J.* und *M. Rueff:* Grundlagen der Bildverarbeitung und Mustererkennung. FhG-Ber. 2/3-1987, Automatisierung, Logistik, Werkstoffe, S. 7–9. – *Winkler, G.:* Konzept für ein visuelles Interpretationssystem für technische Anwendungen (VISTA). FhG-Ber. 2-84, Mitt. aus dem Fraunhofer-Institut für Informations- und Datenverarbeitung, IITB, 1984, S. 4–7.

Bildwandler. B. transformieren zweidimensionale Intensitätsverteilungen elektromagnetischer Wellen (Bilder) mit oder ohne Verstärkung von einem Spektralbereich in einen anderen.

So können z. B. Bilder, die in einem dem Auge nicht zugänglichen Frequenzbereich ν_1 vorliegen (z. B. Infrarot (IR)-, Ultraviolett (UV)- oder Röntgenstrahlung), sichtbar gemacht werden (Frequenzbereich ν_2). Eine solche Bildwandlung kann zusätzlich mit einer Verstärkung verbunden sein. B., die lediglich die Intensität der Bilder innerhalb eines Spektralbereiches verstärken ($\nu_1 = \nu_2$), tragen die Bezeichnung Bildverstärker.

□ Bildwandlerröhre: Besteht im wesentlichen aus einer evakuierten Glasröhre, in der eine Photokathode (spektral angepaßt an die nachzuweisende Strahlung), ein elektrooptisches Linsensystem und ein Leuchtschirm untergebracht sind (Bild). Die Intensitätsverteilung des zu transformierenden Bildes einer einfallenden elektromagnetischen Strahlung der Frequenz ν_1 löst auf der Photokathode durch den äußeren photoelektrischen Effekt Elektronen heraus. Die Anzahl dieser Photoelektronen ist der am jeweiligen Ort x vorhandenen Lichtintensität proportional. Mittels des folgenden elektrooptischen Linsensystems werden die herausgelösten Elektronen beschleunigt und auf einen Leuchtschirm abgebildet. Dort setzen sie Photonen frei, z. B. mit einer sichtbaren Frequenz ν_2, deren örtliche Intensitätsverteilung wieder dem ursprünglichen Bild entspricht.

□ Festkörper-B.: Bei diesem B., der bevorzugt im optischen Spektralbereich eingesetzt wird (IR bis UV), sind mehrere Halbleitermodule zu einer Matrix angeordnet. Jeder dieser Module wandelt an seinem Ort x eine einfallende Sichtstrahlung mit der Frequenz ν_1 in eine Lichtstrahlung mit der Frequenz ν_2 um und besteht im wesentlichen aus einem →Photodetektor (z. B. →Photodiode, →Phototransistor) und einer →LED oder einem →Halbleiterlaser als Lichtquelle. Der vom Photodetektor erzeugte Strom wird dabei in die LED oder den Halbleiterlaser injiziert und kann durch eine elektrische Verstärkerstufe noch zusätzlich vergrößert werden. Die Auflösung des entstehenden Bildes wird bestimmt durch die räumliche Dichte dieser Module.

Verbreitete Anwendung finden B. in der Kernphysik, der Medizin (u. a. Röntgendiagnostik), der optoelektronischen Vermittlungstechnik, der Astronomie sowie im Überwachungs- und Militärbereich (z. B. Infrarotsichtgeräte). *Kaiser*

Literatur: *Dennis, P. N. J.:* Photodetectors: An Introduction to Current Technology. New York–London, 1985.

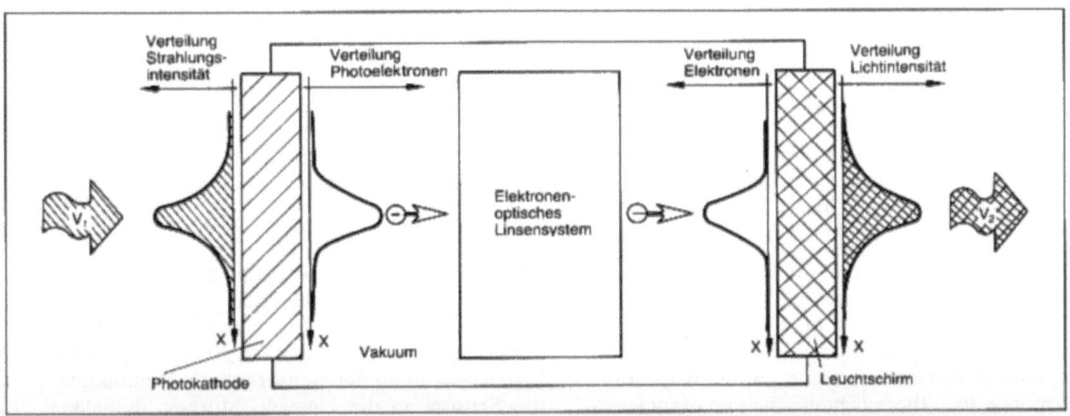

Bildwandler: Prinzipieller Aufbau und Funktionsweise einer Bildwandlerröhre (x: Ortskoordinate).

Binning. Selektion von →Prüflingen nach unterschiedlichen Qualitätsanforderungen, z. B. – als Trivialfall – die Trennung guter und schlechter Prüflinge. *Winter*

Biologische Dosismessung →Dosismessung, biologische

Biosensor. Eine Meßgröße läßt sich durch Vergleich mit einem Standard oder einem geeichten System erfassen, wenn als Information ein zur Meßgröße korreliertes Signal zur Verfügung steht. Als Meßsystem dient in der physiologischen Meßtechnik häufig ein →Sensor oder →Transducer, in der speziellen Anwendung, als B. bezeichnet. Ein B. wandelt eine Eingangsinformation in eine Ausgangsinformation um.

B. können z. B. die Temperatur mit Hilfe eines Thermoelements direkt in ein elektrisches Signal umsetzen. Andere Sensoren müssen energieversorgt werden oder setzen die Meßgröße in mehreren Schritten in ein elektrisches Signal um, etwa Drucksensoren in der Blutdruckmeßtechnik. Chemische Meßgrößen, etwa Ionenkonzentrationen oder Gaspartialdrucke können über elektrochemische oder optische Sensoren bestimmt werden. Der Aufnahme von elektrischen Biosignalen dienen Elektroden der unterschiedlichsten Bauart.

Neben der Bestimmung quantitativer Größen können B. auch Ereignisse registrieren. *Geddes* und *Baker* haben 1968 deren Umwandelbarkeit, mit der Fähigkeit des Sensors definiert, dem Ereignis ein elektrisches Signal zuzuordnen.

In einigen Fällen wird das generierte elektrische Signal durch ein zusätzlich aufgeprägtes kompensiert, um den Sensor selbst im Gleichgewichtszustand zu belassen. Die Kompensationsspannung stellt dann die Ausgangsinformation dar.

Physiologische Meßgrößen treten entweder zeitkonstant oder abhängig von der Zeit auf. Da zeitkonstante Signale definitionsgemäß keine Information enthalten, sind unter diesem Begriff solche Größen zu verstehen, die sich entweder sehr langsam, quasistationär, oder geschaltet, von einem stabilen Zustand in einen anderen, verändern.

Zeitabhängige Signale können periodisch, einschwingend oder statistisch sein. Periodische Signale wiederholen sich nach einer festen Zeit während sich Einschwing- oder Übergangsvorgänge identisch nicht wiederholen. Statistische Signale treten unkorreliert zur Zeitachse auf und sind nur durch statistische Methoden beschreibbar.

B. wandeln Meßgrößen über physikalische oder chemische Prinzipien um. →Temperaturmessungen nutzen thermoelektrische, thermokapazitive, thermoresistive, thermochemische und pyroelektrische Effekte oder die temperaturabhängige Ausdehnung. Dehnungen lassen sich basierend auf →Dehnungsmeßstreifen sowie kapazitiven, induktiven, elektromagnetischen, optischen und piezoelektrischen Wandlern bestimmen. Geschwindigkeiten sind mit Hilfe der magnetischen Induktion, dem Dopplereffekt und Verdünnungsmethoden zu registrieren. Durch Differentiation der elektrischen, geschwindigkeitsproportionalen Ausgangsgröße lassen sich auch Beschleunigungen messen. Kräfte werden piezoelektrisch, magnetorestriktiv oder durch Kompensation detektiert. Schließlich lassen sich Flüsse (→Durchflußmessung) durch Druckdifferenzen, mechanisch, thermisch, elektromagnetisch, durch Ultraschall und durch bestimmte Indikatormethoden erfassen. Indikatoren sind Wärmemengen oder Farbstoffe. *Thull*

BIST →Built-In Self Test

Bit. Abk. für *engl.* binary digit (binäre Ziffer). Ein B. ist ein Zeichen in einer binären Zahlendarstellung, d. h. eine 0 oder 1, das zur Bezeichnung der kleinsten Einheit in einem Speicher verwendet wird. Die Anzahl der B. gibt also an, wieviele Binärstellen der Speicher aufnehmen kann. Diese Zahl ist der Logarithmus zur Basis 2 von der Anzahl der möglichen Zustände des Speichers. (Die Zustände des Speichers sind die möglichen 0–1-Kombinationen).

In der Informationstheorie wird bit als Maßeinheit für den Informationsgehalt einer Nachricht verwendet.

Paritätsbit: Ein Prüfbit, das anzeigt, ob die Anzahl der binären Einsen in einem Byte oder Wort (außer dem Paritätsbit selbst) ungerade oder gerade ist. Eine 1 als Paritätsbit zeigt eine ungerade, eine 0 eine gerade Anzahl an, so daß die Gesamtzahl der Einsen (mit dem Paritätsbit) stets gerade ist. Die umgekehrte Lösung, also stets eine ungerade Anzahl von Einsen zu erzeugen, hat den Vorteil, daß nie alle Bits in einem Wort oder Byte gleichzeitig den Wert 0 annehmen; bei dieser Lösung spricht man auch vom Imparitätsbit. *H.-Jürgen Schneider*

Bitbus →Feldbus

Blindleistungsmessung →Leistungsmessung, elektrische

BLIP. Unterer Grenzwert des detektierbaren Signals (*engl.* background limited performance). Der BLIP wird vorgegeben durch die Eigenschaften des Sensormaterials (→Rauschen, Querempfindlichkeiten u. a.) und den Sensoraufbau (Ankoppelung des Sensors an die Umwelt, Störempfindlichkeit, Verlustgrößen u. a.) *Schaumburg*

Blutdruckmessung. Wichtige Anwendung von →Drucksensoren in der Medizintechnik. Für eine direkte Messung des Blutdrucks werden stark miniaturisierte Drucksensoren eingesetzt, welche mit Hilfe von Kathetern direkt in die Blutbahnen eingeführt werden können. *Schaumburg*

Bode-Diagramm. Das B.-D. ist die graphische Darstellung des →Frequenzgangs im logarithmischen Maßstab. Dazu wird der Frequenzgang $\underline{F}(j\omega) = A(\omega)\, e^{j\varphi(\omega)}$ logarithmiert, so daß $\lg[\underline{F}(j\omega)] = \lg[A(\omega)] + \varphi(\omega) \cdot j \lg(e)$.

Über der Kreisfrequenz ω im logarithmischen Maßstab werden der Betrag $A(\omega)$ als →Amplitudengang logarithmisch oder linear in dB (→Dezibel) und der Winkel $\varphi(\omega)$ als →Phasengang linear aufgetragen. Der Koeffizient $j \lg(e)$ kann als Maßstabsfaktor angesehen werden. Der Vorteil dieser logarithmischen Darstellung liegt darin, daß Frequenzgänge von Kettenschaltungen (→Übertragungsglied, linear) durch Überlagerung (Addition) der einzelnen Amplituden- bzw. Phasengänge erstellt werden können. Inverse Frequenzgänge erhält man durch Spiegelung an der 0 dB-Linie (entspricht dem Wert 1) bzw. an der 0°-Linie.

Die Abbildung zeigt das B.-D. eines →Übertragungsgliedes zweiter Ordnung und zwar eines P-T_2-Gliedes mit reellen Polen. In diesem Fall ist es eine Kettenschaltung von zwei P-T_1-Gliedern (→Übertragungsglied erster Ordnung, →Verzögerungsglied). Sein Frequenzgang ist

$$\underline{F}(j\omega) = \frac{K}{1 + j\omega\,(T_1 + T_2) - \omega^2 T_1 T_2}$$

mit dem Amplitudengang

$$A(\omega) = \frac{K}{\sqrt{(1 + \omega^2 T_1^2)\,(1 + \omega^2 T_2^2)}}$$

und dem Phasengang

$$\varphi(\omega) = -\arctan(\omega T_1) - \arctan(\omega T_2).$$

An der gestrichelten Linie erkennt man die Überlagerung der geradlinigen Näherungen für die P-T_1-Glieder. An der ersten Eckkreisfrequenz $\omega_1 = 1/T_1$ beginnt im Amplitudengang der Abfall mit -1 bzw. -20 dB/Dekade, nach der zweiten Eckkreisfrequenz $\omega_2 = 1/T_2$ ist die Neigung -2 bzw. -40 dB/Dekade.

Der exakt berechnete Verlauf (ausgezogene Linie) liegt darunter. Bei Reglerentwurf und Stabilitätsuntersuchung (→*Nyquist*-Kriterium) arbeitet man mit der geradlinigen Näherung auf der sicheren Seite. Im Phasengang ist der Unterschied zwischen exaktem Verlauf und der Überlagerung aus den linearen Näherungen kaum festzustellen. Bei Regelkreisuntersuchung und -auslegung genügt es daher in den meisten Fällen, mit den geradlinigen Näherungen zu arbeiten. *Böttiger*

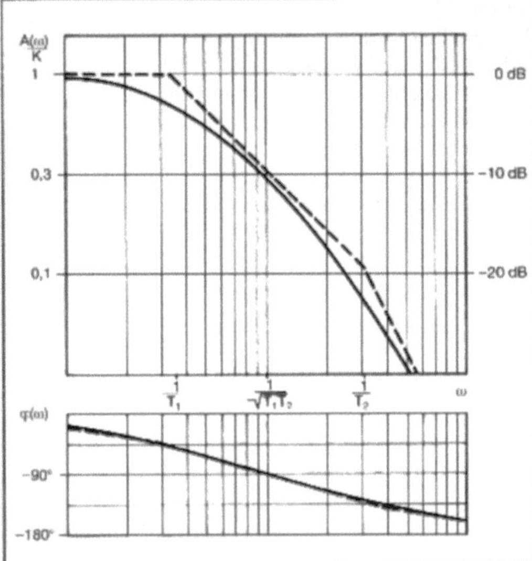

Bode-Diagramm: B.-D. eines P-T_2-Gliedes mit reellen Polen

Bohrlochkristall für Strahlenmessung →Szintillationsmeßkopf

Bolometer →Pyrometer

Boltzmann-Gleichung. Eine Verteilungsfunktion $f(\vec{r}, \vec{v})$ wird dadurch definiert, daß der Ausdruck $f(\vec{r}, \vec{v})\, d^3\vec{r}\, d^3\vec{v}$ die Anzahl der Teilchen mit der Geschwindigkeit $\vec{v}$ angibt, welche sich in einem Volumenelement bei $\vec{r}$ befindet. Die *Boltzmannsche* Transportgleichung oder B.-G. gibt den Zusammenhang zwischen der zeitlichen Veränderung dieser Funktion und den Änderungen nach dem Ort und der Geschwindigkeit an:

$$\frac{\partial f}{\partial t} + \vec{v} \cdot \nabla_{\vec{r}} f + \frac{\partial \vec{v}}{\partial t} \cdot \nabla_{\vec{v}} f = \left(\frac{\partial f}{\partial t}\right)_{\text{Stoß}}$$

Dabei ist der Term auf der rechten Seite die zeitliche Veränderung der Verteilungsfunktion aufgrund von Teilchenstößen. Dieser Ausdruck läßt sich häufig mit Hilfe einer Relaxationszeit τ_c beschreiben durch

$$\left(\frac{\partial f}{\partial t}\right)_{\text{Stoß}} = -\frac{(f - f_o)}{\tau_c},$$

wobei f_o die Verteilungsfunktion im thermischen Gleichgewicht ist.

Die B.-G. erlaubt die quantitative Berechnung einer großen Anzahl von Sensoreffekten.

Schaumburg

Literatur: *Kittel C.* und *H. Krömer:* Physik der Wärme. München 1984.

Bonden. Unter B. (*engl.* to bond, verbinden) versteht man die Montage von Chips in Gehäuse (Chip-Bonden) oder auf Chipträger und die Verbindung der Kontaktgebiete des Chips mit den nach außen führenden Kontakten des Gehäuses bzw. des Chipträgers (Drahtbonden).

Beim Chip-B. wird ein einzelner →Chip in einem Chipbonder mittels Epoxydkleber auf ein Gehäuse oder einen Chipträger geklebt (Bild 1). Ist der Serienwiderstand von Bedeutung, werden nicht zu großflächige Chips auch auf den Träger gelötet oder legiert.

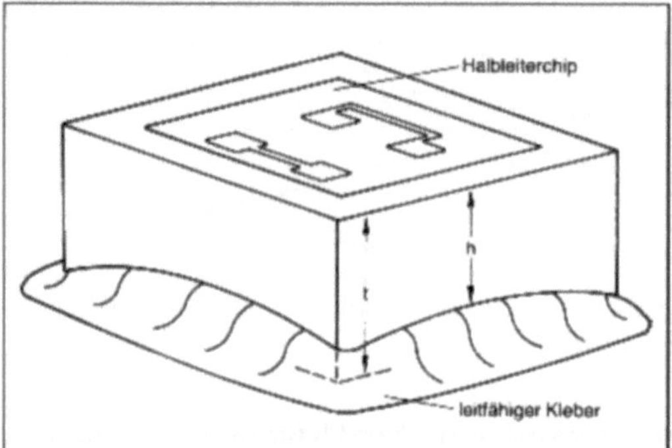

Bonden 1: Klebeverbindung eines Halbleiterkristalls.

Zur elektrischen Verbindung der Kontaktgebiete der Chips (Bondpads) mit den Kontaktbahnen des Gehäuses dienen meist Aluminium- oder Golddrähte mit einem Durchmesser von 17–50 µm, selten auch dicker. Es gibt zwei wichtige Drahtbondverfahren: das Wedge-B. und das Ball-Point- oder Nailhead-B.

□ Wedge-B.: Beim Wedge-B. (*engl.* wedge, Keil) wird der Bonddraht horizontal über die Bondfläche gehalten und von einem keilförmigen Werkzeug abgequetscht. Der überschüssige Draht wird dann weggezogen (Bild 2).

□ Ball Point B.: Dieses auch Nailhead-B. genannte Drahtbondverfahren hat seinen Namen von der Kugel, die am Ende des vorausgegangenen Bondzyklus mit Hilfe einer Wasserstoffflamme oder eines elektrischen Funkens am Ende des Bonddrahtes gebildet wurde. Da der Durchmesser dieser Kugel größer ist als der Innendurchmesser einer Kapillare, kann der Bonddraht von der Kapillare auf die Bondfläche gedrückt werden (Bild 3).

Bei beiden Verfahren werden zur Unterstützung des Bondvorganges entweder die Bondflächen auf 320–350 °C aufgeheizt, und/oder das Bondwerkzeug vibriert horizontal mit ca. 40 kHz mit einer Amplitude von einigen µm (Ultraschall). Elektronische Bildsysteme erkennen die relative Lage von Chip und Chipträger und sind deshalb imstande, die

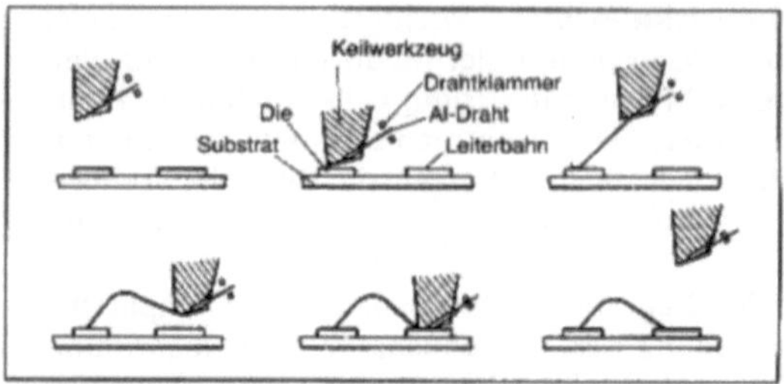

Bonden 2: Verfahrensablauf beim Wedge-Wedge-B.

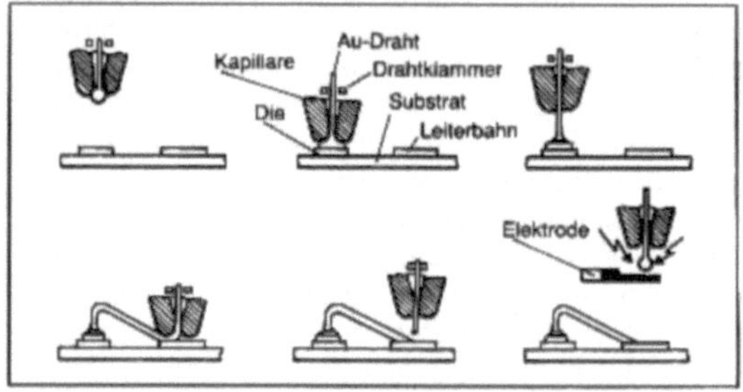

Bonden 3: Verfahrensablauf beim Ball-Point-B.

Drahtverbindungen vollautomatisch mit großem Durchsatz herzustellen. *Ryssel*

Literatur: *Reichl, H.*: Hybridintegration. Heidelberg 1986.

Bor-Ionisationskammer. Eine B.-I. ist eine →Ionisationskammer, von deren Elektroden mindestens eine mit Bor-10 belegt ist. Dieses Bor-10 fängt thermische Neutronen ein und zerfällt unter Aussendung von Alpha-Teilchen in das stabile Lithium-7. Diese Alpha-Teilchen der B-10 (n, α) Li-7-Reaktion ionisieren das Kammergas, so daß der Ionisationskammerstrom proportional der Neutronenflußdichte ist.

Gamma-Kompensation: Die Bor-belegte Ionisationskammer ist leider auch für Gammastrahlen empfindlich. Der Ionisationskammerstrom setzt sich aus einem Anteil, der dem Neutronenfluß proportional ist, und einem Anteil, der von der Gammadosisleistung abhängt, zusammen. Zur Korrektur dieses Gammastroms enthält die γ-kompensierte B.-I. eine weitere, nicht mit Bor belegte Elektrode, so daß noch ein nur gegenüber Gammastrahlung empfindliches Volumen entsteht. Der Ionisationsstrom aus diesem Volumen wird von dem Strom, der aus dem Neutronen- und γ-empfindlichen Teil stammt, abgezogen, so daß die Differenz der Ströme weitgehend nur noch vom Neutronenfluß abhängt.

Die Kompensation ist um so wirkungsvoller, je besser die Gamma-Empfindlichkeiten beider Volumina übereinstimmen. Die →Empfindlichkeit der Gamma-Kammer läßt sich dabei entweder über die

Wahl der Hochspannung (elektrisch kompensiert) oder über eine Veränderung des Gamma-empfindlichen Volumens (mechanisch kompensiert, Bild) verstellen. *Schrüfer*

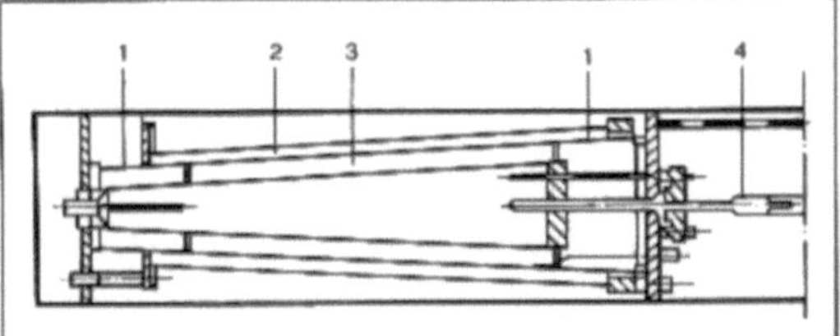

1) Schutzring, 2) Neutronen- und Gamma-empfindliches Volumen, 3) Gamma-empfindliches Volumen, 4) Spindel zum Verfahren der inneren Elektrode, wodurch das Gamma-empfindliche Volumen (3) verändert wird

Bor-Ionisationskammer: Schnitt durch eine mechanisch kompensierte Neutronen-Ionisationskammer (Quelle: Mannesmann AG Hartmann & Braun).

Boundary Scan. B. S. ist eine Maßnahme des testgerechten Entwurfes, die eine systematische Erkennung und Fehlerlokalisierung typischer →Fertigungsfehler bei Baugruppen und Systemen ermöglicht. Die hier beschriebene Ausprägung von B. S. wurde seitens →JTAG vorgeschlagen und im Rahmen der IEEE-Norm 1149.1 (Standard Test Access Port and Boundary Scan Architecture) näher spezifiziert. Mittels B. S. kann ein eingeschränkter →In-Circuit-Test ohne mechanische Kontaktierung durchgeführt werden, womit das umstrittene, mit dem Risiko der Beschädigung behaftete Back-driving vermieden wird. Außerdem können über den Test Access Port beliebige andere Testhilfen im Baustein gesteuert werden, wodurch dieser zu einem Bindeglied der Testhilfen auf Baustein- und Baugruppenebene wird.

Die Architektur von B. S. gliedert sich in vier Bereiche:

- Test Access Port (TAP)
- Testdatenregister (DR)
- Instruktionsregister (IR)
- Test Access Port Controller

□ Test Access Port (TAP).

Über diese flexible Schnittstelle erfolgt die Kommunikation mit allen bausteininternen Testhilfen. Sie besteht aus vier vorgeschriebenen und einem optionalen →Pin.

- TDI (Test Data Input): Über diesen Pin werden alle Testdaten und Instruktionen seriell eingeschoben.
- TDO (Test Data Output): Über diesen Pin werden alle Testantworten seriell ausgeschoben.
- TMS (Test Mode Select): Durch ein serielles Protokoll an diesem Pin in Verbindung mit über TDI eingeschobenen Instruktionen werden die Testaktivitäten auf dem Baustein gesteuert.
- TCK (Test Clock): Hier wird ein vom Systemtakt unabhängiger Testtakt angelegt. Dieser erlaubt auch während des Betriebs des Bausteins einen Zugriff auf Testeinrichtungen.
- TRST* (Test Reset Input): Über diesen optionalen Pin kann der TAP-Controller initialisiert werden.

Der genormte Test Access Port erlaubt die Steuerung und den Zugriff auf testunterstützende Schaltungen innerhalb des Bausteins. Über diese vier (5) Pins kann in Verbindung mit dem B. S. auf alle Pins seriell zugegriffen werden. Durch ein sehr flexibles Schnittstellenprotokoll können vom Bausteinentwickler beliebige weitere Testhilfen wie z. B. Scan Path oder BIST integriert werden, ohne daß die Anzahl der Pins erhöht werden muß.

□ Testdatenregister (DR).

Über die Testdatenregister werden →Testmuster eingeschoben und Testantworten ausgeschoben. In der IEEE-Norm 1149.1 sind dabei das Bypass-Register und das Boundary Scan Register spezifiziert und zwingend vorgeschrieben. Ein ebenfalls spezifiziertes Herstellerregister kann optional eingebaut werden. Alle weiteren benutzerspezifischen Register wie z. B. Scan-Path, Diagnoseregister, Signaturregister usw. werden in der Norm nicht spezifiziert und müssen im Datenblatt dokumentiert sein, falls sie vorhanden sind.

Das B.-S.-Register besteht aus einer Kette von B.-S.-Zellen und muß als Testdatenregister vorhanden sein. Alle Ein- und Ausgangspins des Bausteins, z. B. Datenein- und Datenausgänge, Takte, Enable-Leitungen usw. müssen in diesem Pfad enthalten sein. Die B.-S.-Zellen dürfen nicht für die normale Funktion des Bauelements mitverwendet werden. Durch die in der Norm vorgesehene zweistufige Auslegung der B.-S.-Zelle können die Testmuster an der Logik während des Schiebevorganges konstant gehalten werden (Bild 1).

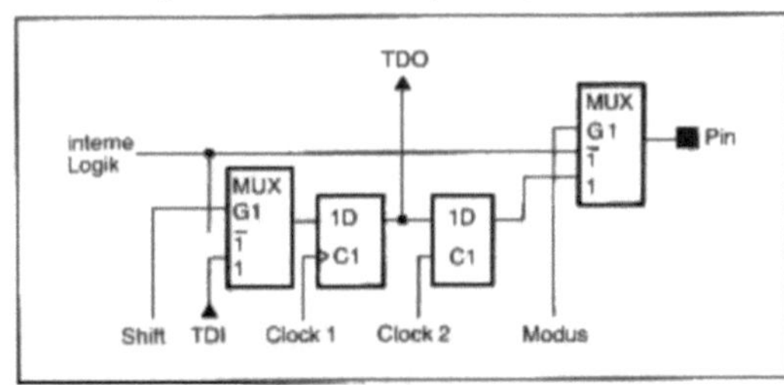

Boundary Scan 1: B.-S.-Ausgangszelle.

□ Instruktionsregister (IR).

Über das Instruktionsregister werden die möglichen Testmodi und Datenregister ausgewählt. Dieses Register kann ebenfalls seriell geladen werden. Der Inhalt dieses Registers wird decodiert und daraus die ausgewählte Testkonfiguration erzeugt. Werden vom Hersteller zusätzliche Testmodi und

Testdatenregister eingebaut, so ist auch eine entsprechende Instruktion vorzusehen und zu decodieren.

□ Test Access Port (TAP)-Controller.

Der TAP Controller empfängt das serielle Protokoll über den Pin TMS und leitet daraus interne Steuersignale ab. Insbesondere wird hier entschieden, ob das Instruktionsregister oder das gerade ausgewählte Testdatenregister geladen oder ausgelesen wird. Außerdem werden entsprechend dem Inhalt des Instruktionsregisters geeignete interne, für die Testhilfen notwendige Takte abgeleitet (Bild 2).

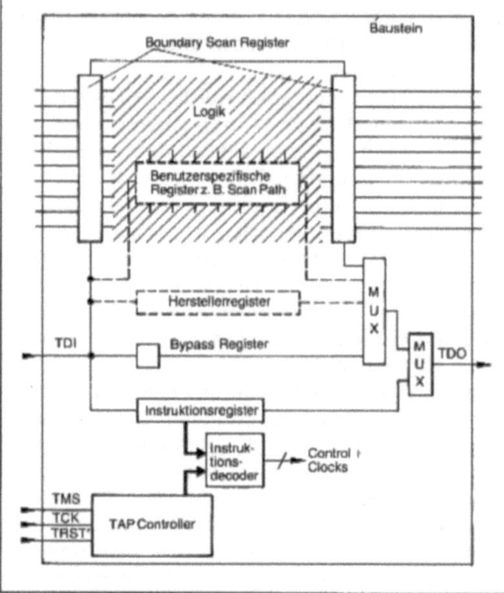

Boundary Scan 2: B.-S.-Architektur.

Die B.-S.-Anschlüsse können auf der Baugruppe auf verschiedene Art und Weise miteinander verbunden werden.

Bei einer Ringkonfiguration ist TDO eines Bausteins mit TDI des nächsten Bausteins verbunden. Der Testdatenweg bildet einen großen Ring, wobei Teile des Rings über das Bypass-Register ausgeblendet werden können.

Bei einer Sternkonfiguration sind alle TDI und alle TDO Pins miteinander verbunden. Für jeden Baustein wird eine eigene TMS-Leitung notwendig, und immer nur ein Baustein darf Testdaten auf TDO legen.

Neben der reinen Ring- und Sternkonfiguration ist jede Mischform erlaubt (Bild 3).

Der hier beschriebene B. S. läßt sich in drei unterschiedlichen Testmodi (Externer Modus, interner Modus und Sample Modus) einsetzen.

Beim externen Modus lassen sich alle relevanten Fertigungsfehler bei Baugruppen wie z. B. Unterbrechungen und Kurzschlüsse erkennen und z. T. lokalisieren. Auch nicht-b.-s.-fähige Schaltungsteile zwischen B.-S.-Bausteinen lassen sich in diesem Modus prüfen.

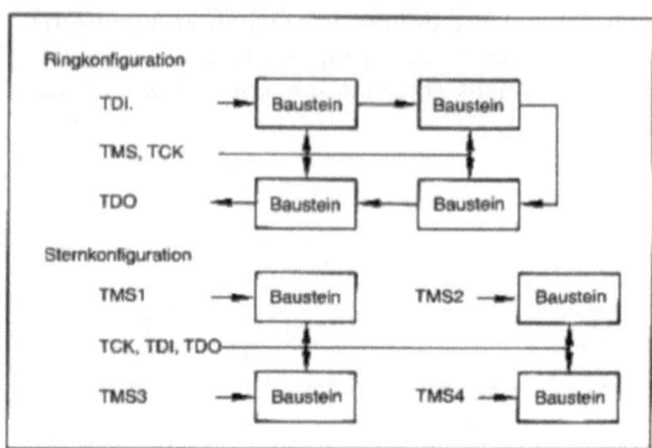

Boundary Scan 3: B.-S.-Konfiguration.

Beim Test im internen Modus können Zustände innerhalb des zu prüfenden Bausteins abgefragt werden. Die Stimulierung erfolgt über die an den Eingängen des Bausteins liegenden B.-S.-Zellen, die Auswertung der Funktion durch Abfrage der an den Ausgängen des Bausteins liegenden B.-S.-Zellen.

Für einen vollständigen internen Test eines Bausteines sind sehr viele Abfragen notwendig, so daß der Test prüfzeitintensiv wird. Besser ist da die Möglichkeit, einen in den Baustein eingebauten BIST anzustoßen und nur dessen Ergebnis, z. B. eine Signatur, abzufragen. Ein weiterer Vorteil ist, daß BIST eine →Echtzeitprüfung erlaubt.

Durch den Sample Modus besteht die Möglichkeit, während des Ablaufes der normalen Funktion an allen Ein- und Ausgängen des Bausteins die zu einem bestimmten Zeitpunkt vorhandenen Informationen in die B.-S.-Zellen zu übernehmen und deren Zustände nach dem Auslesen in das TDO-Register des Testsystems auszuwerten, ohne die normale Funktion des Bausteins zu unterbrechen.

Trischler

Literatur: IEEE Std. 1149.1: Standard Test Access Port and Boundary Scan Architecture. – *Maunder, C. M.* and *R. E. Tullocs:* The Test Access Port and Boundary-Scan Architecture, IEEE Computer Society Press Tutorial, 1990.

Brandmelder. Brandmeldeanlagen sind automatisch arbeitende Feuermeldeanlagen zum selbsttätigen Erkennen von Bränden sowie zum Alarmieren hilfeleistender Kräfte und zum selbsttätigen Steuern von Brandschutzeinrichtungen und Betriebsmitteln im Brandfall (Bild 1). Brandmeldeanlagen werden in den meisten Fällen an eine öffentliche →Feuermeldeanlage angeschlossen.

Automatische Branddetektoren *(B.)* überwachen ständig die zu schützenden Räume und Gebäude

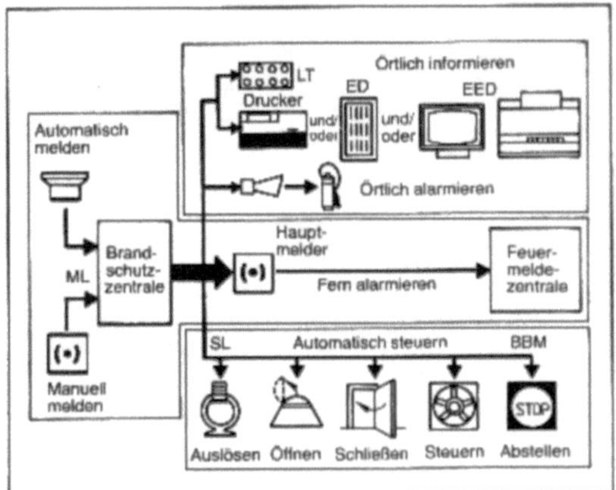

ED Einsatzdatei mit Meldebereichskarten, EED Elektronische Einsatzdatei, LT Lampentableau, BBM Brandschutz- und Betriebsmittel, ML Meldelinien, SL Steuerlinien.

Brandmelder 1: Aufbau einer Brandmeldeanlage.

und geben bei Auftreten von Anzeichen eines Brandes ein Alarmsignal unmittelbar an die Brandmeldezentrale. Über Druckknopffeuermelder kann auch manuell Alarm gegeben werden. Der Alarm wird örtlich an der Brandmeldezentrale sowie an anderen geeigneten Stellen akustisch und optisch signalisiert (Hupen, Glocken, Leuchttableaus u. a.), um die internen Hilfskräfte zu mobilisieren (z. B. Werkfeuerwehr) und zu informieren. Mit Hilfe eines Druckers können Alarm- und Störungssignale mit Datum, Uhrzeit und Liniennummer registriert werden. Einsatzdateien dienen zur eingehenden Information der hilfeleistenden Kräfte über Besonderheiten des Einsatzgebiets, wie z. B. gefährliches Lagergut u. ä. Diese Daten sind auf Meldebereichskarten eingetragen, die im Alarmfall gezielt von der Einsatzdatei ausgeworfen werden. Gleichzeitig mit der internen Alarmierung leitet die Brandmeldezentrale den Alarm an die Feuerwehr weiter.

Bei Bedarf können von der Brandmeldezentrale verschiedene Steueraufgaben durchgeführt werden, wie z. B. Auslösen einer stationären Löschanlage, Öffnen von Rauch- und Wärmeabzugsanlagen, Schließen von Feuerschutzabschlüssen, Abschalten von Klima- und Lüftungsanlagen, Maschinen usw.

Brandmeldeanlagen sind nach dem Liniensystem aufgebaut, d. h. die B. werden jeweils über Zweidraht-Leitungen (Meldelinien) an die Zentrale angeschlossen.

Ein optisches Signal am Melder selbst oder in seiner Nähe – die Melderanzeige (Individualanzeige) – macht den alarmierenden Melder kenntlich.

Die Meldelinien (Bild 2) können, je nach Empfangsschaltung in der Zentrale, nach dem Stromschwächungs- oder dem Stromverstärkungsprinzip sowie dem Pulsmelderprinzip (digitale Signalübertragung) arbeiten. Beim Stromschwächungsprinzip werden die Melder in Reihe in die Linie geschaltet, beim Stromverstärkungsprinzip parallel.

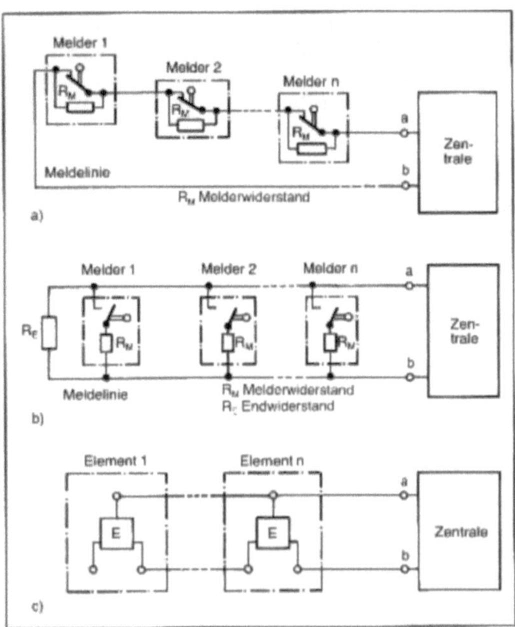

Brandmelder 2: Meldelinien in Brandmeldeanlagen.
a) Stromschwächungsprinzip
b) Stromverstärkungsprinzip
c) Pulsmelderprinzip.

Die von der Brandmeldezentrale im Alarmfall anzusteuernden Brandschutz- und Betriebsmittel sind über Steuerlinien an die Zentrale angeschlossen (Bild 1).

Melde- und Steuerlinien sind ständig auf Drahtbruch, Kurzschluß und Erdschluß überwacht. Das Auftreten einer dieser Störungen wird sofort an der Zentrale signalisiert.

Die Stromversorgung der Zentrale wird aus dem Netz gespeist. Da Brandmeldeanlagen aber Sicherheitsanlagen nach VDE 0833 sind, wird eine Batterie als zweite Stromquelle vorgesehen, die die Funktion der Anlage bei Netzausfall aufrechterhalten kann (Notstromversorgung). Die Batterie wird ständig aus dem Netz in voll geladenem Zustand gehalten (Bereitschaftsparallelbetrieb).

Brandmeldezentralen gibt es in verschiedenen Größen. So werden für kleine Anlagen (Läden, Kleinbetriebe u. ä.) Zentralen mit nur einer Meldelinie angeboten, während für umfangreichere Anlagen (z. B. Industriebetriebe) Zentralen mit bis zu mehreren hundert Linien (Melde-, Steuerlinien) zur Verfügung stehen.

Automatische B. sind Detektoren, die auf bestimmte Erscheinungen eines beginnenden Schadenfeuers ansprechen und den Brand selbsttätig an die Brandmeldezentrale signalisieren, mit der sie über die Meldelinie verbunden sind. Nach den Branderscheinungen Rauch, Strahlung und Wärme unterscheidet man folgende B.-Arten:

□ Rauchmelder

Nach der Wirkungsweise unterscheidet man zwischen Rauchmelder nach dem Ionisationsprinzip und optischem Rauchmelder.

Beide Melderarten sind Frühwarnmelder, d. h. sie ermöglichen die frühzeitige Feststellung von Brandausbrüchen, z. B. bei Schwelbränden, lange bevor sich Flammen bilden oder die Temperatur stark ansteigt. Dadurch ist es möglich, einen Brand noch im Anfangsstadium mit geringem Aufwand zu bekämpfen und damit Brand- und Löschschäden zu vermeiden.

Beim Rauchmelder nach dem Ionisationsprinzip (Bild 3) verändert das Eindringen von Rauch den Gleichgewichtszustand eines aus zwei Ionisationskammern bestehenden Spannungsteilers.

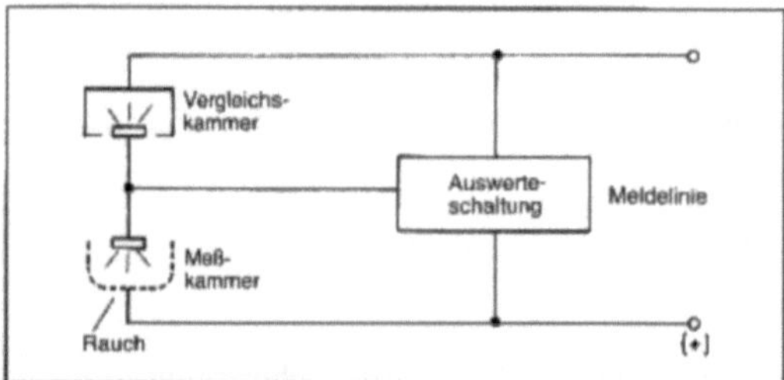

Brandmelder 3: Prinzipschaltbild des Rauchmelders nach dem Ionisationsprinzip.

Beide Ionisationskammern enthalten je eine äußerst schwache radioaktive Strahlungsquelle, welche die Luft in den beiden Kammern ionisieren. Dadurch kann durch die in Reihe geschalteten Kammern ein geringer Strom fließen. Eine Kammer ist für die Außenluft zugänglich (Meßkammer), während die andere abgeschlossen ist. Beim Eindringen von Rauch in die Meßkammer wird deren Widerstand durch die Einwirkung der Rauchteilchen auf den Ionisationsstrom vergrößert. Eine elektronische Schaltung wertet die Widerstandsänderung aus und signalisiert bei Überschreiten eines Schwellenwerts Alarm an die B.-Zentrale.

Der optische Rauchmelder (Bild 4) arbeitet nach dem Streulichtprinzip (Tyndall-Prinzip). Eine lichtemittierende Halbleiterdiode (→LED) und eine →Photodiode D sind in einer Labyrinthkammer so angeordnet, daß nur von Rauchteilchen gestreutes Licht auf die Photodiode fällt. Eine elektronische Schaltung wertet die Spannungsänderung an der Photozelle aus und signalisiert bei Überschreiten eines Schwellenwerts Alarm an die Brandmeldezentrale.

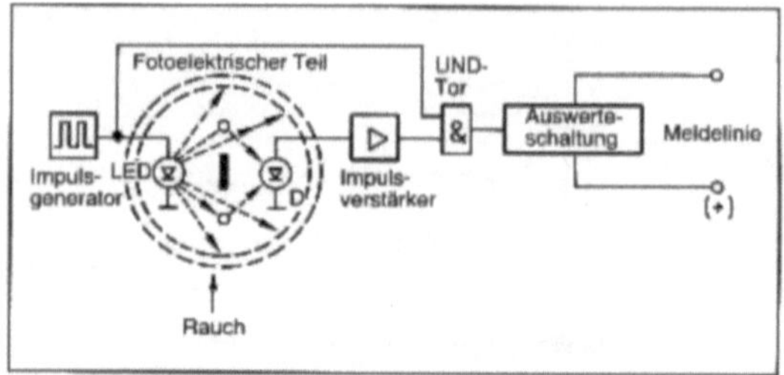

Brandmelder 4: Prinzipschaltbild des optischen Rauchmelders.

□ Flammenmelder

Der Flammenmelder (Bild 5) reagiert auf die infrarote Strahlung der Flammen, die durch die typische Flackerfrequenz moduliert ist. Die Strahlung gelangt durch ein Infrarotfilter zu einem →Photowiderstand und erzeugt dort eine Wechselspannung der Flackerfrequenz von etwa 5–8 Hz, die selektiv verstärkt wird. Nach Überschreiten eines Schwellenwerts während eines bestimmten Zeitraums wird Alarm an die Brandmeldezentrale signalisiert.

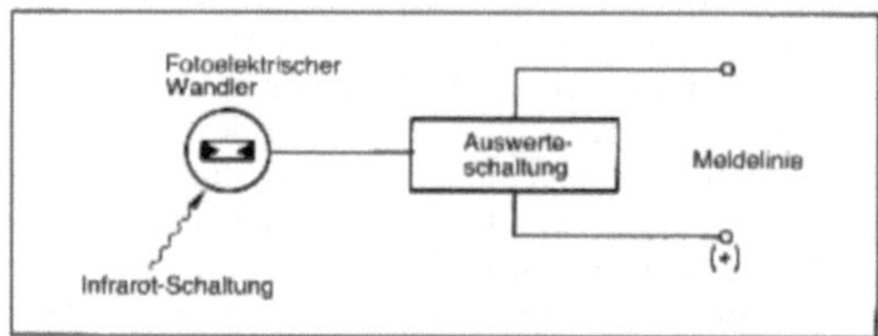

Brandmelder 5: Prinzipschaltbild des Flammenmelders.

Flammenmelder ermöglichen das Erkennen von Flammen in Räumen, in denen wegen arbeitsbedingter Rauchentwicklung keine Rauchmelder eingesetzt werden können. Außerdem sind sie, kombiniert mit dem Rauchmelder, zur Überwachung von hohen Räumen (z. B. Flugzeughallen) und von Räumen mit leicht entflammbaren Stoffen geeignet.

□ Wärmemelder

Wärmemelder (Bild 6) reagieren auf die Überschreitung einer vorgegebenen Maximaltemperatur, der Differentialmelder zusätzlich auf die Geschwindigkeit des Temperaturanstiegs.

Erhöht sich die Umgebungstemperatur am Melder, so verändert sich der Gleichgewichtszustand eines Spannungsteilers, der einen Temperaturfühler (→Heißleiter) enthält. Eine elektronische Schaltung wertet die Spannungsänderung aus und signalisiert beim Überschreiten eines Schwellenwerts Alarm an die Brandmeldezentrale. Einfache Maximalmelder sind mit einem Bimetall- oder Schmelzlotkontakt versehen.

Wärmemelder dürfen dort eingesetzt werden, wo die Forderungen des baulichen Brandschutzes weitgehend erfüllt sind; Brandausbreitungs- und Verqualmungsgefahr (Personengefährdung) dürfen nur

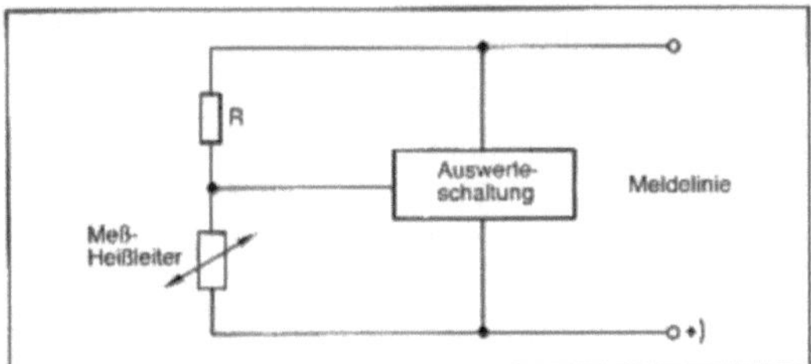

Brandmelder 6: Prinzipschaltbild des Wärmemelders.

gering sein. Sie sind auch geeignet für die Anwendung in Räumen, in denen wegen betriebsbedingter Störeinflüsse (Rauchentwicklung) der Einsatz von empfindlichen Frühwarnmeldern nicht möglich ist. *Hammerschmidt*

Literatur: DIN 14675 (Jan. 1984). – DIN 57833 (VDE 0833), Teil 1 und 2 (Aug. 82).

Braun-Röhre →Elektronenstrahl-Oszilloskop

Brechungsindex, optischer. Materialkonstante optischer Materialien, die angibt, um welchen Faktor die Phasengeschwindigkeit des Lichtes in dem betr. Material kleiner ist als im freien Raum. An der Grenzfläche zweier optischer Medien mit unterschiedlichem o. B. wird das Licht gemäß dem *Snellius*'schen Brechungsgesetz entweder gebrochen oder totalreflektiert. Die Messung des o. B. erfolgt mittels →Refraktometer. *Ulrich*

Brückenschaltung →Meßbrücke

Built-In Self Test. Oberbegriff für alle Maßnahmen, die erlauben, daß sich eine Schaltung selbst überprüft. Dazu muß eine Schaltung um folgende Funktionen erweitert werden:

- Selbsttestablaufsteuerung
- →Testmustergenerierung
- Testdatenkomprimierung und -auswertung.

Eine Selbsttestablaufsteuerung versetzt die Schaltung in den Selbsttestbetrieb und steuert sowohl die Testmustergenerierung als auch die Testdatenkomprimierung und -auswertung. Mit Hilfe der Testmustergenerierung, die in der Regel als ein Pseudozufallszahlengenerator realisiert ist, werden →Testmuster erzeugt und an die zu überprüfenden kombinatorischen Schaltungsteile angelegt. Die Komprimierung der Testantworten erfolgt nach dem Prinzip der →Signaturanalyse. Die Auswertung des Selbsttestergebnisses liefert schließlich die Information, ob die Schaltung fehlerbehaftet ist oder nicht.

Das BILBO-Verfahren (*engl.* Built-In Logic Block Observer) kann als ein typisches Verfahren zur Erzeugung und Komprimierung von Testmustern angesehen werden. In einem BILBO sind vier Funktionen zusammengefaßt:

□ Normale Funktion
□ Prüfpfad (→Design for Testability)
□ Testmustergenerierung/Signaturanalyse
□ Rücksetzen der Speicherelemente. *Trischler*

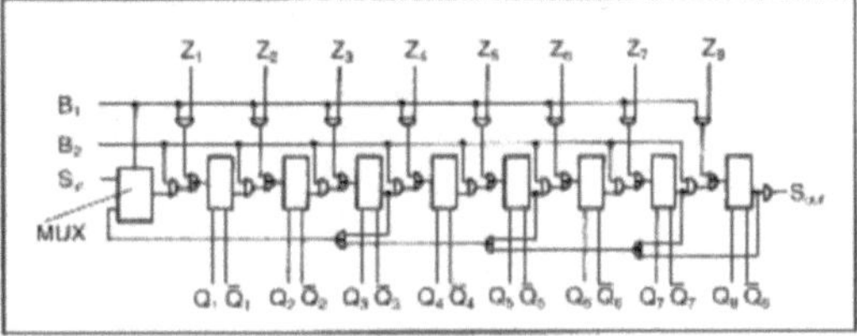

Built-in Self Test: BILBO-Verfahren.

Literatur: *Bardell, P. H.* and *W. H. McAnney, J. Savir:* Built-In Test For VLSI Pseudorandom Techniques. New York 1987. – *Könemann, B.* and *J. Mucha, G. Zwiehoff:* Built-In Logic Block Observation Techniques. Proc. of the 1979 Test Conference. pp. 37–41.

Bundes-Immissionsschutz-Gesetz (BImSchG). Den Schutz vor schädlichen Umwelteinwirkungen durch Luftverunreinigung, Geräusche, Erschütterungen u. ä. regelt das BImSchG. vom 15. März 1974 (BGBl. I S. 721) i. d. F. vom 25. Juli 1986 (BGBl. I S. 1165). Zweck des Gesetzes ist es, den Menschen und seine Umwelt vor schädlichen Einwirkungen und Gefahren, aber auch vor Belästigungen und Nachteilen zu schützen und dem Entstehen von Umweltschäden vorzubeugen (§ 1). Schädlich in diesem Sinne sind nach § 3 Auswirkungen, die nach Art, Ausmaß oder Dauer geeignet sind, Gefahren, erhebliche Nachteile oder erhebliche Belästigungen für die Allgemeinheit oder für die Nachbarschaft herbeizuführen. Das Gesetz enthält im Bereich des Rechts der Anlagen überwiegend unmittelbar vollziehbare Vorschriften. Die übrigen Regelungsbereiche sind zum großen Teil als Verordnungsermächtigungen ausgestaltet. Im einzelnen befaßt sich das Gesetz mit der Genehmigung und Überwachung von Anlagen einschl. Raumplanung und Immissionsschutzbeauftragten für größere Anlagen, ferner mit Vorschriften über die Beschaffenheit von Produkten und den Straßenbau.

1. Anlagen sind nach § 3 (5) Betriebsstätten und sonstige ortsfeste Einrichtungen. Das Gesetz unterscheidet genehmigungsbedürftige Anlagen und die Anforderungen an den Betrieb nicht genehmigungsbedürftiger Anlagen. Welche Anlagen im einzelnen genehmigungsbedürftig sind, regelt eine VO i. d. F. vom 24. Juli 1985 (BGBl. I S. 1586) – Art. 1 u. Anhang –, die den Kreis der betroffenen Anlagen wesentlich erweitert. Das BImSchG erfaßt als genehmigungsbedürftige Anlagen solche, die in besonders hohem Maße geeignet sind, schädliche Umwelteinwirkungen hervorzurufen, oder die sonst

besonders nachteilig oder lästig sind. Die Anlagen müssen so errichtet werden, daß Umweltschädigungen möglichst vermieden werden, für die ordnungsgemäße Beseitigung der Abfälle muß gesorgt sein (§ 5). Für die Anforderungen im einzelnen sind Verwaltungsvorschriften *(„technische Anleitungen“)* sowie technische Normen von Bedeutung. Genehmigungsformen sind die uneingeschränkte Genehmigung (Vollgenehmigung), ferner die Teilgenehmigung (vorläufige Genehmigung auf Grund kursorischer Überprüfung – § 8) sowie der Vorbescheid, mit dem die Behörde sich verbindlich zu den Genehmigungsaussichten für eine Anlage äußert (§ 9).

Die Grundsätze des Genehmigungsverfahrens regelt die VO vom 18. Februar 1977 (BGBl. I 274), so vor allem Form und Inhalt des Genehmigungsantrags sowie die erforderlichen Unterlagen (§§ 3–5) und die Beteiligung der Betroffenen durch Bekanntmachung, Akteneinsicht und öffentliche Verhandlung über rechtzeitige Einwendungen (§§ 8–19). Die Planungen müssen veröffentlicht werden, Einwendungen können befristet von jedermann erhoben werden, spätere Einwendungen sind nicht zulässig. Die Genehmigung ist zu erteilen, wenn sichergestellt ist, daß die Anlage den Zwecken des Gesetzes gerecht wird. Der innerbetrieblichen Überwachung und Wahrung der Belange des Umweltschutzes dient bei genehmigungsbedürftigen Anlagen die Einrichtung des Immissionsschutzbeauftragten.

Wer gewerblich oder nichtgewerblich andere lästige Anlagen betreibt, hat nach § 22 diese so zu errichten und zu betreiben, daß vermeidbare Umweltschädigungen verhindert und unvermeidbare auf ein Mindestmaß beschränkt werden; er hat ferner für die ordnungsgemäße Beseitigung der Abfälle zu sorgen (Vollzugsregelung durch RechtsVO). Durch die Genehmigung oder auch durch Untätigkeit der Behörden können die Nachbarn in subjektiven öffentlichen Rechten verletzt sein. Die Durchsetzung der Immissionsschutzverpflichtungen gewährleisten geeignete Anordnungen der ermächtigten Behörden, die auch nach Genehmigung ergehen können.

2. Im 3. und 4. Teil des Gesetzes werden der Bundesregierung im wesentlichen Ermächtigungen erteilt, durch RechtsVO die Beschaffenheit von Anlagen (§§ 23, 33), Brennstoffen und Treibstoffen (§ 34, BenzinbleiG), Stoffen und Erzeugnissen (§ 35) sowie Fahrzeugen (§ 38) festzulegen und Schallschutzmaßnahmen anzuordnen (§ 43). Dadurch soll eine vorbeugende Kontrolle auf Umweltschädlichkeit gewährleistet werden.

3. Auch die Vorschriften über den Straßenbau enthalten im wesentlichen Verordnungsermächtigungen, durch die eine umweltfreundliche Straßenplanung erreicht werden soll. *W. Hoffmann*

Burn-In →quality level

Burst. Ausführung einer Folge von Prüfzyklen mit Hilfe einer →High-Speed-Pinelektronik, die hardwaregesteuert, also ohne weitere Beteiligung des Prüfautomatenbetriebssystemes, in Echtzeit ablaufen. Voraussetzung dafür ist, daß der →Pinspeicher der →Pinelektronik die notwendige Prüfinformation enthält. Nach Ausführung des B. oder nach einer Unterbrechung des B. im Fehlerfall übernimmt das →Prüfautomatenbetriebssystem die entsprechende Auswertung der Meßergebnisse bzw. die Fehleranalyse (Sequence control, local memory). *Winter*

Bus. B. dienen zum Austausch von Daten zwischen den Teilnehmern über einen gemeinsamen Verbindungsweg (Sammelleitungen). Aus diesem Grunde ist zur Abwicklung des Datenverkehrs über den B. die Einhaltung exakt vorgeschriebener Übertragungsregeln notwendig.

Da an einem B. häufig sehr unterschiedlich strukturierte Teilnehmer angeschlossen werden sollen, müssen die Regeln für die Busschnittstelle eindeutig und vollständig sein. Diese Regeln betreffen sowohl die mechanischen (Stecker), die elektrischen, wie auch die logischen Anschlußbedingungen, also den Ablauf der eigentlichen Datenübertragung.

Die am Markt vertretenen B. haben höchst unterschiedliche Leistungsmerkmale. Das wichtigste Unterscheidungskriterium ist, ob die Datenübertragung parallel oder seriell erfolgt.

□ Bei parallelen B. liegen in der Regel sowohl die zu übertragenden Daten wie auch die Adresse parallel bzw. am Daten- bzw. Adreßbus an, wobei die Übertragung durch entsprechende Steuerbussignale (→Steuerbus) ausgeführt wird. Diese Ausführung wird durch den Teilnehmer veranlaßt, der die Kontrolle über den B. besitzt. Mittels der anliegenden Adresse kann jeder Teilnehmer über eine Decodiereinrichtung feststellen, ob er angesprochen ist.

Die einzelnen Einheiten eines Rechners wie CPU, Speicher und Ein-/Ausgabegeräte arbeiten in der Regel über einen solchen parallelen B.

Hauptvorteile sind die hohe Übertragungsleistung (bit/s), die sich an der Taktrate des Rechners orientiert, und die relativ einfachen Übertragungsprotokolle. Hauptnachteil ist die geringe Entfernung, die überbrückt werden kann.

□ Bei seriellen B. werden sowohl die zu übertragenden Daten wie auch die Adresse über eine Zweidrahtleitung gesendet. Man unterscheidet dabei zwei grundlegende Übertragungsmöglichkeiten, nämlich die Übertragung der Nachricht (Adresse und Daten) als Frequenz- oder Zeitmultiplex. Von überragender Bedeutung ist heute die letztere Variante, bei der die Adressen und Daten zeitlich nacheinander über eine Übertragungsstrecke transportiert werden.

Hierzu sind Einrichtungen zur Parallel-/Serienumsetzung am Sendeort und zur Serien-/Parallelumsetzung am Empfangsort, zur Synchronisierung mittels Anfangs- und Enderkennung und zur Modulation und Demodulation (Modem) erforderlich.

Hauptanwendungsgebiete für serielle B. liegen in der Vernetzung von Rechnern in der Bürokommunikation über Lokale Netzwerke (→LAN, *engl.* Local Area Network) und in der →Prozeßautomatisierung, bei der häufig sehr viele Subsysteme mit zentralen Steuer- und Überwachungseinrichtungen verbunden werden. Bei letzteren sind die Reaktionszeiten in vielen Fällen kritisch und dürfen einen bestimmten Wert unter keinen Umständen überschreiten.

In neuester Zeit – mit der Möglichkeit viele Funktionen eines Bussystems in einem oder wenigen Bausteinen zu integrieren – werden in zunehmendem Maße →Feldbusse definiert, welche die Verbindung zwischen den Meßfühlern und Aktoren auf der Prozeßseite und der zugehörigen Automatisierungseinheit aufwandsarm herstellen.

Ein wesentlicher Vorteil serieller B. ist die große Entfernung (mehrere 100 m bis zu vielen km), die überbrückt werden kann. Erkauft wird dieser Vorteil durch die systembedingte, langsamere Datenübertragungsrate.

Ein Mittelding zwischen parallelen und seriellen Bussen ist der →IEC-Bus.

Bussysteme werden auf sehr unterschiedlichen Ebenen eingesetzt. Eine grobe Systematisierung läßt eine Unterscheidung in Verbindungsstrukturen für die Nahbereichs- und die Fernbereichskommunikation zu. Fernbereichskommunikation erfolgt nahezu ausschließlich über öffentliche Dienste wie Telefon, DATEX L, DATEX P, TEMEX u. a. mit zum Teil großen Entfernungen und/oder großen Teilnehmerzahlen. Kennzeichen hierfür sind häufig „vermaschte Netze" mit vielen, unabhängigen Übertragungswegen. Im Nahbereich mit Verbindungswegen bis zu mehreren Kilometern gibt es im wesentlichen drei Verbindungsstrukturen (Bild):

– →Sternstruktur: Alle Teilnehmer sind durch eine eigene Übertragungsleitung mit einer zentralen Einheit verbunden.

– →Ringstruktur: Die Teilnehmer sind ringförmig miteinander verbunden und können jeweils zu ihrem Nachbarn übertragen, Nachrichten an weiter entfernte Teilnehmer müssen von Teilnehmer zu Teilnehmer weitergeschickt werden.

– Busstruktur: Alle Teilnehmer sind durch einen gemeinsamen Übertragungsweg miteinander verbunden. Zu einem Zeitpunkt kann nur eine Nachricht auf dem B. transportiert werden. Als Übertragungsmedien werden verdrillte Leitungen, Koaxialkabel im Basisband- oder Breitbandbetrieb und →Lichtwellenleiter eingesetzt. Die Buszuteilung, d. i. die Regelung, wann und wie Teilnehmer Übertragungen durchführen dürfen, läßt sich nach drei Merkmalen gliedern:

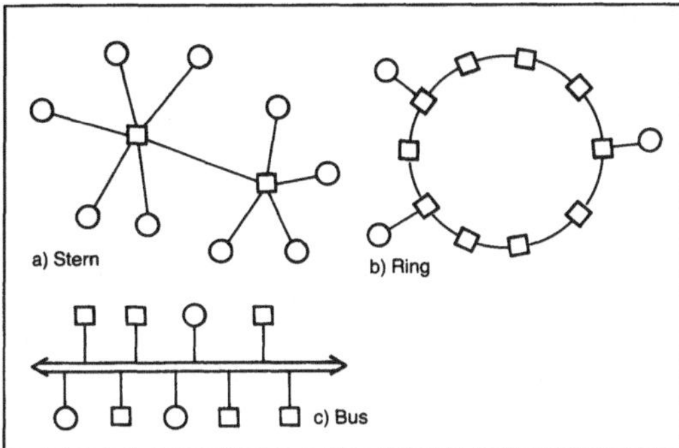

Bus: Verbindungsstrukturen.
a) Stern
b) Ring
c) Bus.

□ Nach dem Ort, an dem die Zuteilungslogik im Bussystem realisiert ist,
- zentral, oder
- dezentral, auf alle angeschlossenen Teilnehmer verteilt.

□ Nach dem Verfahren, das bei der Auswahl des Teilnehmers für die nächste Buszuteilung zugrunde gelegt wird (Auswahlregeln):
- statistische Prioritätsverfahren,
- faire Zuteilung,
- sequentielle Bearbeitung (zyklisch rotierend).

□ Nach den zeitlichen Bedingungen, unter denen Busanforderungen von den Teilnehmern abgegeben werden dürfen:
- fest vorgegebene Zeitpunkte,
- freie Anforderungszeitpunkte.

Die Synchronisation der Teilnehmer kann nach synchronen oder asynchronen Übertragungsprinzipien erfolgen. Die Kommunikationsmöglichkeiten der einzelnen Teilnehmer können sehr unterschiedlich sein. Prinzipiell lassen sich folgende Funktionen unterscheiden, wobei aber in einem Teilnehmer durchaus mehrere Funktionen gleichzeitig verwirklicht werden können:

– Als Zuhörer ohne Antwortberechtigung ist es einem Teilnehmer nur möglich, Nachrichten, die an ihn gerichtet sind, vom B. zu übernehmen (Listener/Slave).

– Ein Zuhörer mit Antwortberechtigung übernimmt vom B. Nachrichten die für ihn bestimmt sind, und ist in der Lage, eine Quittung und gegebenenfalls eine Antwort zu übertragen (Slave/Liste-

ner, Slave/Talker). Es ist auch möglich, daß ein solcher Teilnehmer für das Übertragen der Antwort selbst Master wird (Master/Talker).
- Ein Initiator hat die Fähigkeit, den B. selbständig anzufordern. Er kann schreibende und lesende Übertragungen auf dem B. steuern (Master/Talker, Master/Listener).
- Durch die Alarmgeber-Funktion wird ein Teilnehmer in die Lage versetzt, bestimmte Ereignisse anderen Teilnehmern „sofort" mitzuteilen. Ein Alarm wird auf dem B. bevorzugt behandelt und mit möglichst geringer Verzögerung weitergeleitet (Demander-Funktion).
- Die Kontroll-Funktion beinhaltet die Durchführung folgender Aufgaben (Supervisor, Controller):
- - Vergabe des B. entsprechend vorliegender Anforderungen der Teilnehmer (Busarbitrierung),
- - Überwachung der Übertragungen auf dem B. und Behandlung auftretender Fehler,
- - Überwachung des B. bezüglich fehlerhafter Teilnehmer.
- Ein Teilnehmer mit Leitfunktion entscheidet und überwacht, welcher Teilnehmer die Kontrollfunktion durchführt. Im Fehlerfall kann er die Kontrollfunktion einem Teilnehmer wegnehmen und einem anderen übertragen.

Der Austausch der Nachrichten in einem Bussystem erfolgt über ein Busprotokoll. Dies ist ein Satz von Regeln über Format und Inhalt von auszutauschenden Nachrichten zwischen kommunizierenden Prozessen. Dabei werden diese Busprotokolle heute in der Regel in verschiedene Ebenen gegliedert, die im →ISO-Referenzmodell festgelegt sind. Jede dieser Protokollebenen muß unabhängig von den spezifischen Aufgaben folgende Funktionen und Anforderungen erfüllen.
- Datentransfer mit hoher Integrität (d. h. vollständig und fehlerfrei).
- Benachrichtigung der nächst höheren Ebene, falls unkorrigierbare Fehler auftreten.
- Logische Vollständigkeit.
- Unabhängigkeit von Leitungslänge und -geschwindigkeit (gilt nicht für die unterste Ebene).
- Unterstützung einer variablen Anzahl von Busteilnehmern.
- Unterstützung unterschiedlicher Betriebsmodi der Busteilnehmer. *F. Schneider*

Literatur: *Färber, G.:* Bussysteme. München–Wien 1984.

Bus, paralleler →Bus

Bus, serieller →Bus

Busstruktur →Bus

Bustechnik. Mittel für den in der Regel bitseriellen Datenaustausch zwischen räumlich verteilten Komponenten digital arbeitender Prozeßleitsysteme über Leitungssysteme mit linienförmigen Strukturen. Für Prozeßleitsysteme haben Bedeutung:
□ Der →Feldbus für die Datenübertragung zwischen →Prozeßleitsystem und im Feld räumlich verteilten Meß- und Stellgeräten,
□ Der Systembus, der die Komponenten dezentraler Automatisierungssysteme miteinander verbindet sowie
□ Busverbindungen in lokalen Netzen zum Datenaustausch mit Prozeßrechnersystemen hierarchisch übergeordneter Ebenen (→LAN). *Strohrmann*

Bustest. Überprüfung, ob die Busleitungen einer →Leiterplattenbaugruppe frei von Kurzschlüssen und Unterbrechungen sind und sich die einzelnen am →Bus angeschlossenen Bausteine hochohmig schalten lassen. Der fehlerfrei abgelaufene B. ist die Voraussetzung für weitere Tests insbesondere bei mikroprozessorbestückten Baugruppen. *Winter*

C

CAD/CAE. Abk. für *engl.* Computer Aided Design/Engineering, computergestütztes Design/Entwicklung. *Winter*

Candela. SI-Basiseinheit der Lichtstärke. Einheitenzeichen cd. (→Einheiten des SI). *Hammerschmidt*

CAQ. Abk. für *engl.* Computer Aided Quality assurance, computergestützte Qualitätssicherung *Winter*

CAR. Abk. für *engl.* Computer Aided Repairing, computergestützte Reparatur (→Qualitätsdatenmanagement). *Winter*

CAT. Abk. für *engl.* Computer Aided/Automated Testing, d. h. →Prüfvorbereitung, Prüfdurchführung und Prüfauswertung mit Computerhilfe. *Winter*

CAX. Abk. für *engl.* Computer Aided . . ., Oberbegriff für alle rechnerunterstützten Verfahren bei der Entwicklung, Fertigung und Prüfung eines Produktes. *Winter*

CCD-Bildwandler. →Bildwandler lassen sich mit Hilfe von →CCD-Sensoren vorteilhaft herstellen. Dabei wird die Tatsache ausgenutzt, daß sich mit den Verfahren der modernen Halbleitertechnologie gleichzeitig viele hundert Photodioden und MOS-Speicherkondensatoren in einem gemeinsamen Herstellungsprozeß erzeugen lassen.

Die Auslesung der Bildzeilen-Information erfolgt seriell, wobei die Anzahl der Ansteuerungsleitungen an die Photodioden erheblich reduziert wird (Bild).

Durch Parallelschalten mehrerer CCD-Liniensensoren lassen sich zweidimensionale Bildwandler herstellen. Eine Farbtüchtigkeit erhält man zusätz-

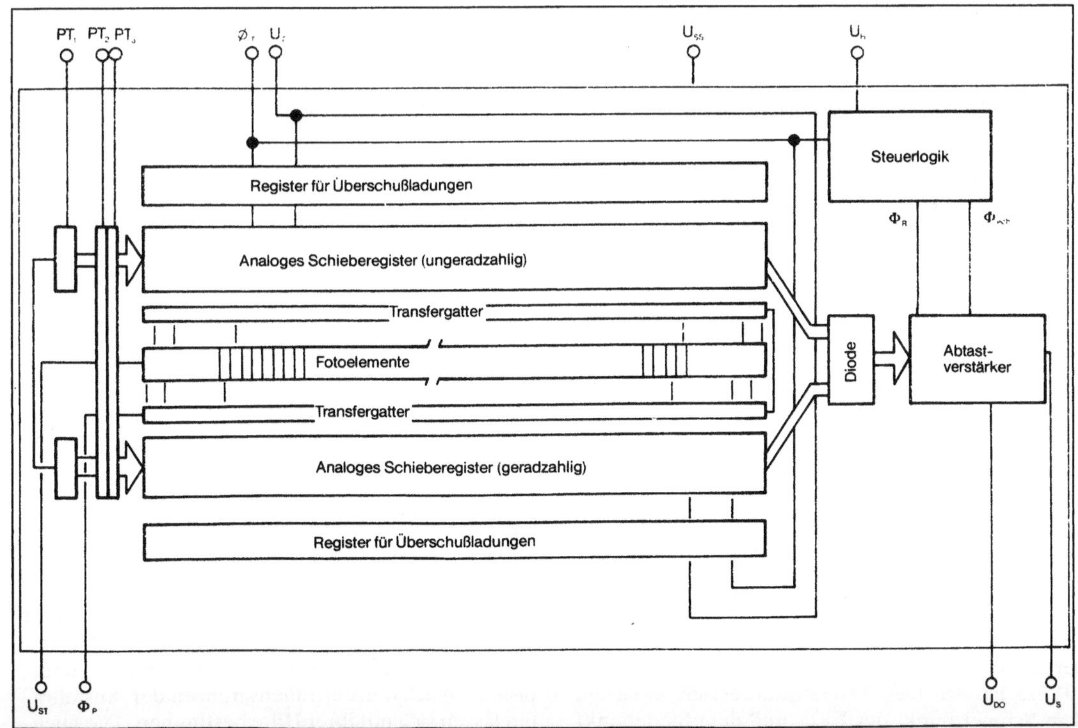

CCD-Bildwandler: Blockschaltbild: Aufbau mit dazugehörigen Peripherie. (Quelle: Schanz)

lich, wenn anstelle einer CCD-Zeile gleichzeitig drei dicht nebeneinanderliegende Zeilen belichtet werden, die mit Farbfiltern der Komplementärfarben bedeckt sind. *Schaumburg*

Literatur: *Schanz, G. W.:* Sensoren. Heidelberg 1986.

CCD-Sensor. (*engl.* CCD, charge coupled device). Eine größere Anzahl gleichartiger Photodioden (→Halbleiter-Bildsensor, →Halbleiter-Detektor, →Silicium-Sensor), die in einer Reihe angeordnet sind. Jeder Diode ist ein MOS-Kondensator als Speicherelement zugeordnet. Alternativ dazu sind die MOS-Kondensatoren als Photokondensatoren mit teilweise lichtdurchlässigem Gatebereich ausgeführt.

Die Ladungen der linienartig angeordneten MOS-Speicherkapazitäten können durch Anlegen geeigneter Spannungen an jeweils benachbarte Elemente entlang der Linie nach beiden Seiten hin verschoben werden, sie können am Ende der Linie daher mit relativ geringem Aufwand seriell ausgelesen werden (Bild). *Schaumburg*

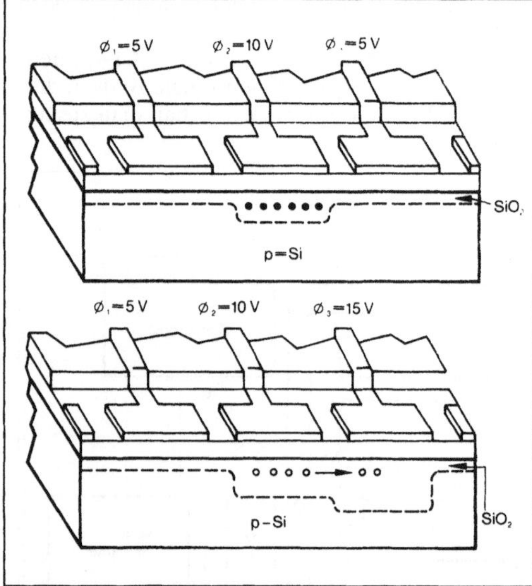

CCD-Sensor: Wirkung eines Drei-Phasen-CCDs. Die Ladung des mittleren Kondensators wird nach rechts verschoben. (Quelle: S. M. Sze)

Literatur: *Schaumburg, H.:* Werkstoffe und Bauelemente der Elektrotechnik. Bd. 2: Halbleiter. Stuttgart 1991. – *Sze, S. M.:* Physics of Semiconductor Devices. New York 1981.

Celsiusskala. Temperaturskala, deren Nullpunkt der Schmelzpunkt des Eises unter Normdruck p_n = 101 325 Pa ist. Der Temperaturbereich zwischen dem Schmelzpunkt des Eises und dem Siedepunkt des Wassers, ebenfalls bei Normdruck p_n, ist in 100 Grad Celsius (°C) eingeteilt. (→Grad Celsius, →Einheiten des SI, →Temperaturskalen). *Hammerschmidt*

CGS-System. Früheres System der physikalischen Maßeinheiten mit den drei Grundeinheiten Centimeter, →Gramm und →Sekunde. Die zugehörigen Einheiten für elektrische und magnetische Größen wurden mit Hilfe der Coulomb-Gesetze getrennt aus den drei Grundeinheiten abgeleitet. Es entstanden dabei das elektrostatische und das elektromagnetische CGS-S. mit teilweise sehr unanschaulichen Definitionen der abgeleiteten Einheiten. Die Stromstärke ergab sich z. B. in der Einheit $g^{1/2} \cdot cm^{3/2} \cdot s^{-2}$ (elektrostat. CGS-S.) bzw. $g^{1/2} \cdot cm^{1/2} \cdot s^{-1}$ (elektromagn. CGS-S.).

Die meisten Einheiten dieses Systems sind seit der Einführung der →Einheiten des SI für den geschäftlichen und amtlichen Verkehr nicht mehr zugelassen. Die Umrechnung in →SI-Einheiten ist unter den entsprechenden Einheitennamen angegeben. *Hammerschmidt*

Chargenprozeß. In Ansätzen (Chargen oder Batches) diskontinuierlich ablaufender verfahrenstechnischer Prozeß. In C. überwiegen prozeßabhängige und zeitgeführte →Ablaufsteuerungen gegenüber Regelungen. Es lassen sich vier verschiedene Typen von C. unterscheiden:

□ Einproduktprozeß/Einstranganlage: feste Organisation von Grundoperationen, fester Satz von Parametern und fester Produktweg.
□ Einproduktprozeß/Mehrstranganlage: feste Organisation von Grundoperationen, fester Satz von Parametern und wechselnder Produktweg.
□ Mehrproduktprozeß/Einstranganlage: flexible Organisation von Grundoperationen, variabler Satz von Parametern und fester Produktweg.
□ Mehrproduktprozeß/Mehrstranganlage: flexible Organisation von Grundoperationen, variabler Satz von Parametern und wechselnder Produktweg. *Strohrmann*

Literatur: *Uhlig, R. J.:* Erstellen von Ablaufsteuerungen für Chargenprozesse mit wechselnden Rezepturen. Automatisierungstechnische Praxis *29* (1987), Nr. 1, S. 17–23.

Chemische Dosismessung →Dosismessung, chemische

Chi-Quadrat-Verteilung. Die χ^2-Verteilung wird in der schließenden Statistik häufig verwendet, um →Parameter zu schätzen oder Hypothesen zu überprüfen. Auch die Vertrauensgrenzen der Ausfallraten lassen sich mit ihrer Hilfe bestimmen. Die Dichtefunktion $f_\chi(x)$ (Bild) und die Summenfunktion

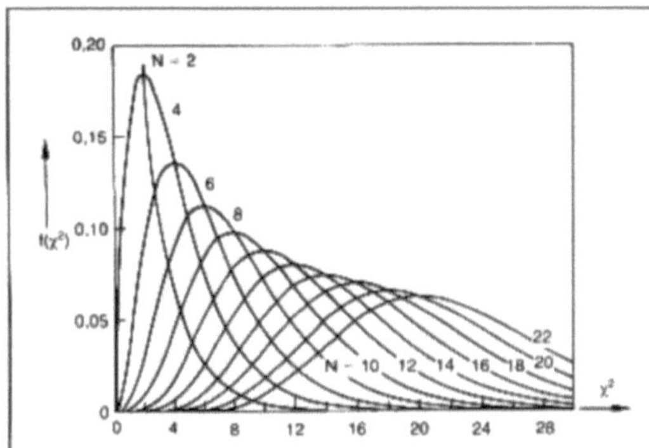

Chi-Quadrat-Verteilung: Dichtefunktion für verschiedene Freiheitsgrade N.

$F_\chi(x)$ einer χ^2-verteilten Zufallsgröße sind wie folgt definiert:

$$f_\chi(x) = K_N\, x^{\frac{N-2}{2}}\, e^{-\frac{x}{2}}$$

$$F_\chi(x) = K_N \int_{v=0}^{x} v^{\frac{N-2}{2}}\, e^{-\frac{v}{2}}\, dv.$$

Die Zahl N bezeichnet den Freiheitsgrad der Verteilung. Der Normierungsfaktor K_N gewährleistet, daß die Summenfunktion bei $x \to \infty$ den Wert 1 annimmt. Für ganzzahlige N hat der Normierungsfaktor den Wert

$$K_N = \frac{2^{-\frac{N}{2}}}{\left(\frac{N-2}{2}\right)!}$$

Die χ^2-Verteilung läßt sich in die → Poisson-Verteilung überführen, wobei unter Beachtung der folgenden Transformationsvorschrift die Größe x der χ^2-Verteilung der Größe α der Poisson-Verteilung und der Freiheitsgrad N dem Parameter k der Poisson-Verteilung zugeordnet ist:

$$x = 2\alpha; \qquad \alpha = \frac{x}{2}$$

$$N = 2(k+1); \qquad k = \frac{N-2}{2}$$

Die χ^2-Verteilung vom Grad $N = 2(k+1)$ entspricht der Poisson-Verteilung mit dem Parameter k. Dabei ist das Argument x der χ^2-Verteilung doppelt so groß wie die Variable α der Poisson-Verteilung, $x = 2\alpha$ (Tabelle, S. 90). *Schrüfer*

Literatur: *Gaede, K. W.*: Zuverlässigkeit, Mathematische Modelle. München/Wien 1977. – *Härtler, G.*: Statistische Methoden für die Zuverlässigkeitsanalyse. Ost-Berlin 1983. – *Heinhold, J.* u. *K. W. Gaede:* Ingenieur-Statistik. München 1964. – *Köchel, P.*: Zuverlässigkeit technischer Systeme. Leipzig 1983, Thun, Frankfurt/Main. – *Kreyszig, E.*: Statistische Methoden und ihre Anwendungen. Göttingen 1975. – MBB: Technische Zuverlässigkeit. Berlin, Heidelberg 1977. – *Schrüfer, E.*: Zuverlässigkeit von Meß- und Automatisierungseinrichtungen. München 1984. – *Störmer, H.*: Mathematische Theorie der Zuverlässigkeit, Einführung und Anwendung. München 1970.

Chip. Während Leistungshalbleiterbauelemente häufig aus einer vollständigen Halbleiterscheibe bestehen, werden mikroelektronische Schaltkreise und Einzelbauelemente stets in großer Anzahl gleichzeitig auf einer Halbleiterscheibe hergestellt (Bild). Nach Fertigstellung werden die Scheiben durch Ritzen und Brechen oder durch Sägen (Trennen) zerteilt. Das Siliciumstück mit einem einzelnen Schaltkreis wird Chip (*engl.*, Stück) genannt. Diese C. werden anschließend durch → Bonden in Gehäuse eingebaut (Chip-Bonden) und mit Kontaktfahnen (Drahtbonden) elektrisch leitend verbunden. *Ryssel*

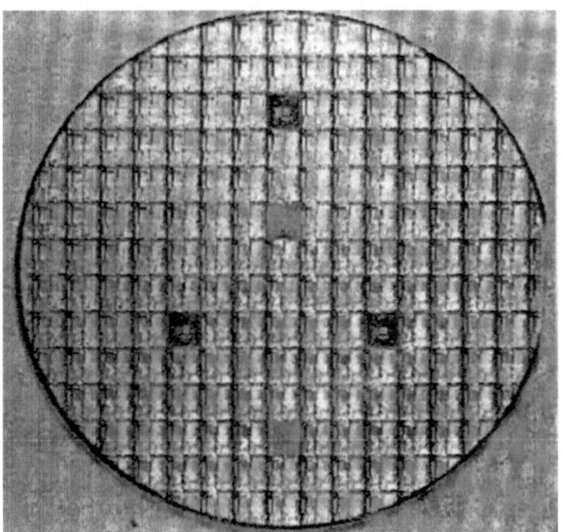
Chip: Siliciumscheibe mit zahlreichen identischen Schaltkreisen und fünf davon unterscheidbaren Gebieten mit Teststrukturen.

Literatur: *Häusler, L.*: MOS-Technologie. Berlin 1980.

Chip-Tester → Bausteintester

Chipprüfung. Die C. oder verbreiteter der Test integrierter Schaltungen umfaßt generell alle Maßnahmen, die die anforderungsgerechte Funktionsfähigkeit und die Fehlerfreiheit einer solchen Schaltung sicherstellen sollen.

Während Schaltungen mit sehr kleinem Integrationsgrad etwa auf SSI-Niveau noch sehr einfach von den Anschlußklemmen her zu prüfen waren und fehlerhafte mit geringem Aufwand nochmals neu entworfen werden konnten, wurde dies mit steigendem Integrationsgrad immer weniger möglich. Gleichzeitig stieg der Testaufwand (von der Daten-

Chi-Quadrat-Verteilung. Tabelle: Quantile der x^2-Verteilung

Beispiel: Bei dem Freiheitsgrad N = 20 ist mit der Wahrscheinlichkeit $F(x^2)$ = 0,95 der Wert von x^2 kleiner oder gleich 31,4104).

N	F(x^2) 0.005	0.05	0.25	0.5	0.75	0.95	0.995
2	0.0100	0.1026	0.5754	1.3863	2.7726	5.9915	10.5966
4	0.2070	0.7107	1.9226	3.3567	5.3853	9.4877	14.8602
6	0.6757	1.6354	3.4546	5.3481	7.8408	12.5916	18.5476
8	1.3444	2.7326	5.0706	7.3441	10.2189	15.5073	21.9950
10	2.1559	3.9403	6.7372	9.3418	12.5489	18.3070	25.1882
12	3.0738	5.2260	8.4384	11.3403	14.8454	21.0261	28.2995
14	4.0747	6.5706	10.1653	13.3393	17.1169	23.6848	31.3194
16	5.1422	7.9616	11.9122	15.3385	19.3689	26.2962	34.2672
18	6.2648	9.3905	13.6753	17.3379	21.6049	28.8693	37.1564
20	7.4338	10.8508	15.4518	19.3374	23.8277	31.4104	39.9968
22	8.6427	12.3380	17.2396	21.3370	26.0393	33.9244	42.7956
24	9.8862	13.8484	19.0373	23.3367	28.2411	36.4150	45.5584
26	11.1602	15.3792	20.8434	25.3365	30.4346	38.8851	48.2898
28	12.4613	16.9279	22.6572	27.3362	32.6205	41.3371	50.9934
30	13.7867	18.4927	24.4776	29.3360	34.7997	43.7730	53.6720
32	15.1340	20.0719	26.3041	31.3359	36.9730	46.1943	56.3280
34	16.5012	21.6643	28.1361	33.3357	39.1408	48.6024	58.9640
36	17.8867	23.2686	29.9730	35.3356	41.3036	50.9985	61.5812
38	19.2889	24.8839	31.8146	37.3355	43.4619	53.3835	64.1814
40	20.7065	26.5093	33.6603	39.3353	45.6160	55.7585	66.7660
42	22.1384	28.1440	35.5099	41.3352	47.7662	58.1240	69.3360
44	23.5837	29.7875	37.3631	43.3352	49.9129	60.4809	71.8926
46	25.0413	31.4390	39.2197	45.3351	52.0562	62.8296	74.4366
48	26.5106	33.0981	41.0794	47.3350	54.1964	65.1708	76.9688
50	27.9907	34.7642	42.9421	49.3349	56.3336	67.5048	79.4900
52	29.4812	36.4371	44.8075	51.3349	58.4681	69.8322	82.0008
54	30.9812	38.1162	46.6755	53.3348	60.6000	72.1532	84.5020
56	32.4904	39.8013	48.5460	55.3348	62.7294	74.4683	86.9938
58	34.0084	41.4920	50.4188	57.3347	64.8565	76.7778	89.4768
60	35.5344	43.1880	52.2938	59.3347	66.9815	79.0819	91.9516
62	37.0684	44.8890	54.1709	61.3346	69.1043	81.3810	94.4186
64	38.6098	46.5949	56.0500	63.3346	71.2251	83.6753	96.8782
66	40.1582	48.3054	57.9310	65.3345	73.3441	85.9649	99.3304
68	41.7134	50.0202	59.8138	67.3345	75.4612	88.2502	101.7760
70	43.2752	51.7393	61.6983	69.3345	77.5767	90.5312	104.2148
72	44.8430	53.4623	63.5845	71.3344	79.6904	92.8083	106.6476
74	46.4170	55.1892	65.4723	73.3344	81.8026	95.0815	109.0744
76	47.9965	56.9198	67.3616	75.3344	83.9133	97.3510	111.4954
78	49.5816	58.6539	69.2523	77.3344	86.0225	99.6169	113.9108

komplexität her) immer mehr. Deshalb haben neben den eigentlichen →Testverfahren (auf verschiedenen Ebenen) zunehmend an Bedeutung erlangt:

□ Der testfreundliche Entwurf, d. h. Entwurfsstrategien, die auf die spätere Testung Rücksicht nehmen sowie der Einsatz von Testverfahren und -mitteln im Entwurfsvorgang selbst mit dem Ziel, Entwurfsfehler zu vermeiden. Dazu gehört auch die Erzeugung von Testmusterfolgen, um bei der →Simulation solche Fehler zu erkennen (→Design for testability).

□ Der Trend zu selbsttestenden Schaltungen, d. h. zum Einbau sog. aktiver Testhilfen. Dabei enthält die integrierte Schaltung eigene Testmustergeneratoren, die auf ein Kommando hin Teilbereiche einer Schaltung überprüfen (→Built-in self test).

□ Der Einsatz fehlertolerierender oder redundanter Prinzipien. Hier sind die nie ganz auszuschließenden Herstellungsfehler bereits vom Entwurf her derart berücksichtigt, daß die Funktion fehlerhafter Funktionselemente bzw. Schaltungsteile entweder selbsttätig oder durch Steuerung von außen von anderen Elementen übernommen werden.

Der Test integrierter Schaltungen schließt u. a. eine Fülle von Maßnahmen sowohl während des Durchlaufs durch die Entwicklung und Herstellung als auch beim Anwender zu verschiedenen Zeitpunkten und mit ganz unterschiedlichen Zielsetzungen ein:

– während des Herstellungsprozesses zur Kontrolle der einzelnen Fertigungsschritte, also mehr aus der Sicht der Prozeßentwicklung und -kontrolle. Hierfür werden entweder spezielle Chips (sog. Testfelder) oder Teile eines Chips verwendet, die Schaltungen geringen Umfanges, einfache Gatterkombinationen oder auch nur Funktionselemente enthalten. Ziel ist u. a. die Kontrolle der Einhaltung technologischer Parameter, Studium der Ausfallursachen und Gewinnung von Modellparametern und Entwurfsgrößen für den Entwurf. Meßtechnisch fallen hier vor allem hochgenaue Strom- und Spannungsmessungen an.

Die Testmethoden dieser Stufe nutzen neben den typischen elektrischen Halbleitermeßverfahren zunehmend auch fortgeschrittene physikalische Verfahren wie Elektronen-, Ionen- und Laserstrahlabtastung, Infrarotverfahren vor allem zur Untersuchung lokaler Herstellungs- und Schaltungsfehler.

– Neben den Testfeldern werden die vollständigen integrierten Schaltungen selbst im Verlaufe des Herstellungsprozesses zweimal geprüft: als Schaltung auf der Scheibe (Wafer) und später nach der Montage im Gehäuse im Sinne einer Fertigungsendprüfung zur Sicherung der dem Anwender gegenüber garantierten Eigenschaften.

Der Test auf der Scheibe dient vor allem dazu, Schaltungen mit prinzipiellen Fehlern zu erkennen und von der weiteren Verarbeitung auszuschließen. Funktionsuntüchtige Schaltungen werden dabei farbig markiert (sog. *inken*). Technisch werden bei diesem Test die Meßspitzen des Testgerätes auf die an der Schaltungsperipherie an den Chiprändern liegenden Anschlußfelder gesetzt. Bei der Fertigungsendprüfung hingegen können die Gehäuseanschlüsse verwendet werden.

Das →Prüfprogramm besteht in beiden Fällen im Regelfall aus folgenden Gruppen, die je nach Ziel des Testverfahrens unterschiedlich umfangreich eingesetzt werden:

– der →Funktionsprüfung (*engl.* Functional Test Program) zur Überprüfung der grundsätzlichen System- oder Schaltungsfunktion. Bei Digitalschaltungen beispielsweise werden dazu individuelle →Prüfmuster (Test Pattern) am Ein- und Ausgang verwendet. Dazu wird das Ausgangssignal der Schaltung bei anliegendem Eingangssignal mit einem Ausgangssollmuster Takt für Takt verglichen. Das Testergebnis lautet Test bestanden oder nicht.

– der Prüfung typischer statischer Parameter (DC-Parametric Test), wobei etwa die Spannungspegel und Ströme mit den Sollwerten verglichen werden.

– der Prüfung des dynamischen Verhaltens (AC-Parametric Test). Dazu zählen Parameter wie →Grenzfrequenz, max. Taktfrequenz, Flankenmessungen, Laufzeiten, Haltezeiten u. a.

Außer den genannten Tests erfahren die integrierten Schaltungen am Ende des Herstellungsprozesses noch eine Reihe von Prüfungen, die ihre →Zuverlässigkeit innerhalb gesetzter Grenzen gewährleisten sollen: Dichtigkeits-, Frühausfall-, Lebensdauer-Test.

Die Wichtigkeit der einzelnen Teilprüfungen hängt nicht nur davon ab, an welcher Stelle des Herstellungsvorganges die Prüfung erfolgt, sondern auch sehr stark von der Schaltungskomplexität. Vor allem bei hochintegrierten Schaltungen steigt der Aufwand für die Logiküberprüfung sehr rasch, weil gleichzeitig Schaltungs- und Systemkomplexe über nur sehr wenige Anschlüsse geprüft werden müssen. Hier haben sich für typische Schaltkreise – Speicher, Mikroprozessoren, AD-Wandler – sehr unterschiedliche Teststrategien herausgebildet, die stark davon abhängen, wie die Testbarkeit bereits beim Entwurf berücksichtigt worden ist.

Ein zentrales Problem für den Test vor allem höher integrierter Schaltungen ist die Erzeugung des individuellen Prüfmusters oder der Testmusterfolge, kurz als Testvektorgenerierung bezeichnet. Darunter versteht man eine Folge von Eingangsvektoren der Länge 2^{n+m}, die 2^{n+m} Gesamtzustände enthält. Weil ein völliger Ablauf des Testmusters bei LSI-Schaltungen bereits zu Laufzeiten von Jahren führen würde, muß der Testvektor so gestaltet sein, daß er mit möglichst wenigen Testmustern möglichst viele (ideal alle) Fehler aufspürt und diese an den Anschlüssen auch tatsächlich nachweisbar machen.

Die Erzeugung solcher Testvektoren ist ein zeitintensiver und kostspieliger Teil des Schaltungsentwurfs, der heute z. T. durch sog. automatische Test-Pattern-Generatoren (ATPG) softwaremäßig besorgt wird, sofern man bei kleineren Schaltungen (etwa 100 Gatter) nicht zum Handentwurf (sog. Adhoc-Generierung) übergehen kann. Auch algorithmische und algebraische Verfahren sind für kombinatorische Schaltungen üblich.

Eine wichtige Grundlage für die Testvektorerzeugung ist die Fehlermodellierung, d. h. die Darstellung, wie sich Fehler der Technologie, Topologie, der Schaltung und des Entwurfs meßtechnisch bemerkbar machen. Verbreitet ist dafür das Haftfehlermodell (Single Stuck at 0,1). Es nimmt an, daß sich alle Fehler so auswirken, als ob ein Ein- oder Ausgang fest auf logisch eins oder null liegt. Bei gegebener Zahl der Ein- und Ausgänge läßt sich dann die Zahl möglicher Haftfehler mit den tatsächlich vorhandenen vergleichen.

In CMOS-Schaltungen beispielsweise reicht dieses Modell jedoch nur sehr bedingt aus, weil z. B. jeder einzelne Transistor eines Komplementärpaares unabhängig vom anderen permanent leitend (Stuck short) oder nichtleitend (Stuck open) sein kann. Hierfür wurden verbesserte Modelle entwikkelt.

Bereits beim einfachen Haftfehlermodell bemerkt man, daß ein Testvektor oft mehrere Fehler ansprechen kann; m. a. W. Fehler zusammenfallen können. Dies kann zu systematischen Reduktionsverfahren ausgenutzt werden.

Die bisherigen Verfahren zielten darauf ab, Fehler zu entdecken, mit der die hergestellte integrierte Schaltung behaftet ist. Sie können entweder aus der Fertigung stammen (sog. →Fertigungsfehler) oder bereits im Entwurf entstanden sein (Entwurfsfehler). Um insgesamt den Prüfaufwand deutlich zu senken, gibt es deswegen mehrere, z. T. parallel verfolgte Wege beim Schaltungsentwurf:

□ Vermeidung von Entwurfsfehlern auf allen Entwurfsebenen (z. B. der elektrischen Schaltung, der Logik, im Layout). Ein wichtiges Hilfsmittel ist hierbei die Fehlersimulation, d. h. eine Simulation unter Fehlerbedingungen (→Fehlermodell). Dabei wird die Schaltung durch eingefügte Fehler geändert und neu simuliert, was sehr zeitaufwendig ist. Daher wird in neueren Verfahren parallel und gleichzeitig simuliert, so daß der Fehler schließlich erkannt und beseitigt werden kann. Neben dieser nachträglichen Fehlerbeseitigung entwickelt sich zunehmend der fehlerfreie Entwurf, in dem der Entwurfsvorgang selbst automatisiert erfolgt und menschlich bedingte Fehler nicht entstehen können. Dieses Verfahren – durchweg als *Silicon Compiler* bezeichnet – steht noch in den Anfängen mit z. T. erheblichen Einschränkungen der Entwurfsfreiheiten.

□ Schaltungsentwurf mit prüffreundlichen Strukturen, kurz als testfreundlicher Schaltungsentwurf *(Design for Testability)* bezeichnet. Im Prinzip werden dabei Testhilfen eingebaut, die die Strukturen der Schaltung nicht, wohl aber ihre logische Funktion beeinflußt. Grundsätzlich ist dazu weitere Chipfläche erforderlich, weil die folgenden typischen Grundelemente eingefügt werden:

– Testpunkte, die interne, schwer zu kontrollierende Schaltungspunkte zur Außenwelt führen (sog. Prüfbus, →*scan-path*).
– Schieberegister, die zunächst als parallele Ein-Aus-Register arbeiten und durch ein Steuersignal seriell über wenige Anschlußpunkte ausgelesen werden.
– Linear-rückgekoppelte Schieberegister zur Datenkompression und Testvektorerzeugung,
– sog. BILBO-Strukturen (Built in Logic Block Observation) als universelle Teststruktur, die über Steuersignale als Register, Schieberegister und linear-rückgekoppeltes Schieberegister arbeiten können.
– Unterteilung komplexer Schaltungen in einfachere Funktionsmodule. Da größere Systeme mit Busstrukturen arbeiten, ist es oft nur erforderlich, einen Buszugang z. B. über zusätzl. →Multiplexer zu verschaffen.

Daneben werden jeweils noch eine Reihe von prüftechnischen Entwurfsregeln beachtet, vor allem der vollsynchrone Entwurf (Trennung von Daten und Takt, Beschränkung auf flankengesteuerte Speicherelemente u. a., Beschränkung der sequentiellen Tiefe). Nach den Testmethoden selbst haben sich neben der schon erwähnten Ad-hoc-Technik (für kleinere Schaltungen) vor allem strukturierte Verfahren, wie die Scan-Techniken und Verfahren für reguläre Strukturen (PLA u. a.) durchgesetzt.

Die Scan-Verfahren (Abtastverfahren) beruhen darauf, ein Schaltwerk durch Erweiterung seiner speichernden Elemente durch ein externes Signal in ein Schaltnetz umzuwandeln und dabei die Speicherelemente zu einem Schieberegister zusammenzuschalten (Testmode). In diesem Zustand kann der Inhalt des Registers seriell ausgelesen oder mit einem →Testmuster versehen werden. Wird die Schaltung für eine Taktperiode in den Normalzustand rückgeschaltet, so reagiert die Logik auf den bekannten Speicherinhalt und das Eingangssignal und speichert gleichzeitig das Ergebnis in den Speicherelementen. Es kann im nächsten Schritt im Testmode ausgelesen und mit dem Ausgangssignal verglichen werden.

Je nach der Struktur der verwendeten Zustandsspeicher gibt es verschiedene Varianten des Scan-Verfahrens.
– Für reguläre Strukturen, wie z. B. PLA, lassen sich durch Einbau von Schieberegistern universelle Testvektoren erzeugen.
– Dem letzten Testprinzip lag u. a. der Gedanke zugrunde, das System für den Test in kleinere Einheiten zu zerlegen, die sich einfacher prüfen lassen. Konsequent ist es nun, die dafür erforderlichen einfacheren Prüfprogramme nicht von außen (wie bisher) zuzuführen, sondern intern selbst zu erzeugen. Damit entstehen die Selbsttest-Schaltungen. Sie er-

sparen einerseits Testhardware, zum anderen können damit auch Schaltungsteile überprüft werden, die von außen schlecht zugängig sind. Ein sehr verbreitetes Selbsttestverfahren ist der Einbau eines BILBO (Built in Logic Block Observer). Dies ist ein Funktionsblock, der auf Steuersignal hin sowohl Testvektorgenerator als auch Testvektoranalysator sein kann. So entfällt u. a. auch das zeitaufwendige Ein- und Auslesen der Testvektoren. Das BILBO-Konzept eignet sich vor allem für modular aufgebaute kombinatorische Funktionseinheiten, die über Register zusammenarbeiten.

– Ein Verfahren, das mehr auf eine Ausbeuteerhöhung hinzielt und die Möglichkeit von Herstellungsfehlern bereits vom Entwurf her berücksichtigt, besteht in der Nutzung fehlertolerierender Methoden. Hierbei wird die Schaltung so konzipiert, daß die Funktion eines fehlerhaften Elementes resp. der zugehörigen komplexeren Schaltung automatisch von anderen Schaltungsteilen mit übernommen wird. Diese Technik gewinnt zunehmend für →Halbleiterspeicher im Megabit-Bereich an Bedeutung. *R. Paul*

Literatur: *Tsui, F.*: LSI/VLSI Testability Design. New York 1987.

Chromosomenaberration zur Dosismessung →Dosismessung, biologische

Chuck. Der C. ist ein Bestandteil eines voll- oder teilautomatischen →Waferprobers. Er dient zur Aufnahme und Fixierung einer Halbleiterscheibe während einer Messung. Wichtiger Teil des C. ist eine mit kleinen Löchern und Rillen versehene runde Metallplatte. Der Wafer liegt auf dieser Platte und wird über die Löcher durch Unterdruck fixiert.

Um eine sichere Kontaktierung aller Meßpunkte auf dem Wafer mit den Prüfspitzen der →Nadelkarte zu erreichen ist der C. feinst positionierbar. Drehung um z-Achse, Verschiebung in x, y, z-Richtung.

Bei manchen Waferprobern kann man den C. aufheizen oder kühlen um die elektrischen Eigenschaften auch bei Grenzwerten der Betriebstemperatur messen zu können. *Obermeir*

CID-Element. (*engl.* CID, charge injection device) Photodioden, im Gegensatz zu →CCD-Sensoren welche mit zwei Datenleitungen angesteuert werden. *Schaumburg*

Clamp. Maßnahme, realisiert durch Hard- oder Software die verhindert, daß bestimmte Grenzen z. B. Spannungen oder Ströme an einem →Prüfling oder auch am →Prüfautomaten auf keinen Fall überschritten werden. *Winter*

Clusterprüfung. Art der →Baugruppenprüfung, bei der mehrere funktional zusammengehörige Bausteine (ein Cluster) über In-Circuit-Verfahren funktionsmäßig getestet werden. Diese Cluster müssen durch entsprechende Maßnahmen im Schaltungsdesign elektrisch von den umliegenden Bausteinen entkoppelt werden können und die elektrischen Schnittstellen müssen zugänglich sein (Prüfpads, zusätzliche Stecker). Sinn der C. ist eine Vereinfachung der Prüfprogrammerstellung wegen der damit verbundenen Abnahme an Komplexität der Funktion im Vergleich zu der der Gesamtschaltung. In günstigen Fällen können für ein Cluster →Prüfdaten direkt aus der →Prüfsimulation übernommen werden. *Winter*

CNC (Abk. *engl.* **C**omputerized **N**umerical **C**ontrol) →Steuerung, numerische

Code. Das Wort C. wird in der Informatik in zwei Weisen verwendet:

1. Im Bereich der Programmierung bezeichnet man den Programmtext als Programmcode und spricht beim Übersetzerbau von Quellencode (dem Text in der höheren Sprache) und vom Maschinencode, der oft auch einfach C. genannt wird.

2. In der Codierungstheorie ist ein C. über einem (stets als endlich und nicht, leer vorausgesetzten) Zeichenvorrat Z eine endliche, nichtleere Teilmenge des freien Monoids Z*, d. h. eine Menge von Wörtern, die Codewörter heißen. Ist A ein weiterer Zeichenvorrat (ein Alphabet einer Sprache), so heißt eine injektive Abbildung C von A in $Z^* \setminus \{\Lambda\}$ eine Codierung. Das Bild eines Zeichenvorrats unter einer Codierung ist ein C.

Für die Praxis sind nur C. interessant, deren Decodierung eindeutig möglich ist. Bekannte Codes sind

– die verschiedenen Binärdarstellungen für Dezimalziffern, wie die C. von *Stibitz, Aiken, Gray,* etc., die früher in der Rechnerhardware verwendet wurden,

– der ASCII-C. zur rechnerinternen Darstellung alphanumerischer Zeichen, der in den Normen DIN 66003 und ISO 646 festgelegt ist – er ermöglicht die Hinzunahme eines Paritätsbits,

– der Morsecode für die Morsetelegraphie,

– der CCIT-C. des internationalen Telex-Systems

– der ISBN-C., den viele Verlage zur Kennzeichnung von Büchern verwenden. *Brauer*

Codierschalter. Ein →Schalter, bei dem ein oder mehrere Stromkreise in bestimmter Reihenfolge geschaltet oder unterbrochen werden. Die Reihenfolge ist bestimmt durch den gewünschten Code (Verschlüsselung), bzw. durch die jedem Code zugeordnete →Wahrheitstabelle. Nachstehend ein Beispiel einer Wahrheitstabelle; das Zeichen x deutet jeweils an, welche der Anschlüsse (1, 2, 4, 8) bei der jeweiligen Schaltstellung des Schalters mit seinem gemeinsamen Anschluß C (*engl.* C, common = gemeinsam) elektrisch verbunden sein müssen, wenn es sich um einen binär codierten C. handelt.

Schaltstellung	Anschluß C verbunden mit Anschluß Nr.:			
	1	2	4	8
0				
1	x			
2		x		
3	x	x		
4			x	
5	x		x	
6		x	x	
7	x	x	x	
8				x
9	x			x

Codierschalter: Wahrheitstabelle für Binär-Code (0–9)

C. eignen sich zur Einstellung der Betriebszustände von elektronischen Geräten und Baugruppen wie z. B. zur Einstellung vom Meßbereich bei einem →Meßgerät, oder zur Umschaltung von Normal- auf Diagnose-Betrieb bei Wartungsarbeiten und Reparaturen. *Pagnin*

Codierung, optische. Unter der o. C. eines Meßwertes versteht man bei faseroptischen Sensoren die Darstellung des Meßwertes durch die physikalischen Parameter eines Lichtstromes. Die einfachste Codierung ist die Intensitätscodierung. Dabei repräsentiert die Gesamtleistung des Lichtstromes den Meßwert. Diese Codierung erfolgt typisch in Modulatoren nach dem Prinzip der →Lichtschranke. Sie erfüllt jedoch oft nicht die Forderung nach →Streckenneutralität. Besser in dieser Hinsicht sind Codierungen in das Leistungsverhältnis zweier oder mehrerer Teile des Lichtstromes, die sich aufgrund ihrer räumlichen Verteilung, zeitlichen Variation, ihres Spektrums oder ihrer Polarisation unterscheiden. Ganz besonders streckenneutral sind verschiedene Formen spektraler Codierung, speziell die →Weißlichtinterferometrie. *Ulrich*

Common-mode-failure →Ausfall, abhängiger

Coriolis-Massendurchflußmesser. Der C.-M. ist ein Flüssigkeits-Durchflußmesser, bei dem der Meßeffekt direkt proportional dem durchgehenden Massenstrom in z. B. kg/s ist. Auch bei Dichteänderungen des durchgehenden Mediums wird der Massenstrom angezeigt.

Der C.-M. nutzt die Coriolis-Kraft aus. Das zu messende Medium durchströmt ein gerades oder schleifenförmiges Rohr, das senkrecht zur Strömungsrichtung zu Schwingungen bei seiner Eigenfrequenz angeregt wird. Mit dem Rohr schwingt das durchströmende Medium. In der Einlaufstrecke ist das durchgehende Medium dabei zu beschleunigen, in der Auslaufstrecke abzubremsen. Es bildet sich eine Coriolis-Kraft, die in der Schwingungsebene wirkt. Sie führt dazu, daß bei durchgehendem Medium die Schwingung der Einlaufstrecke phasenverschoben zu der der Auslaufstrecke ist. Die Phasenverschiebung ist ein direktes Maß des durchströmenden Massenflusses.

Um die Phasenverschiebung zu erhalten, wird die Rohrschwingung in der Einlauf- und Auslaufstrecke durch induktive, kapazitive, optische oder magnetische →Aufnehmer erfaßt. Aus deren Signalen wird dann die Phasenverschiebung ermittelt. Sie ist gering und liegt am Ende des Meßbereichs etwa bei 5°.

Die Vorteile dieses relativ aufwendigen Meßverfahrens liegen

- in der direkten Anzeige des Massenstromes,
- in der großen Meßspanne zwischen z. B. 5 % und 100 % des Meßbereichs und
- in der großen →Genauigkeit (Bild).

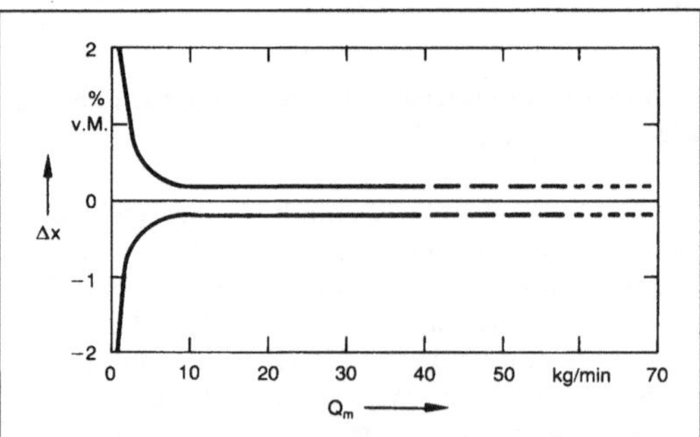

Δ_x Meßunsicherheit in % vom angezeigten Meßwert; Q_m durchgehende Masse.

Coriolis-Massendurchflußmesser: Fehler eines C.-M. (Quelle: Krohne)

Die Meßunsicherheit bleibt im gesamten Meßbereich kleiner als z. B. ±0,2 % vom angezeigten Meßwert. Der relative Fehler ist über den gesamten Meßbereich konstant.

Die Messung vereinfacht sich, wenn zwei im Gegentakt schwingende Rohrstücke eingesetzt und deren Schwingungsamplituden relativ zueinander gemessen werden. Ein solches Differentialsystem ist unempfindlicher gegen Schwingungen der Umgebung als ein einzelnes Rohrstück. Im letzteren Fall sind unter Umständen besondere Maßnahmen erforderlich, um die Schwingung des Meßrohres von eventuellen Schwingungen der gesamten Rohrleitung zu entkoppeln.

Der C.-M. mit einem schleifenförmigen Rohr hat gegenüber dem mit einem geraden Rohr den Vorteil des größeren Meßeffektes. Der C.-M. mit geradem Rohrstück hingegen ist besser zu säubern und zu überprüfen. Man kann durch ihn hindurchsehen und die Innenwände betrachten. Des weiteren ist er bei entsprechendem Einbau selbstentleerend. Sein Druckverlust ist geringer als der der Rohrschleife.

Der C.-M. schwingt bei seiner mechanischen Eigenfrequenz unabhängig davon, ob er gerade oder schleifenförmige Rohre enthält. Aus dieser Eigenfrequenz läßt sich die Dichte des Mediums ermitteln. Der C.-M. mißt so nicht nur den Massenstrom, sondern auch die Dichte. *Schrüfer*

Coulomb. SI-Einheit der elektrischen Ladung, nach *Ch. A. de Coulomb* (1736–1806) benannt. Einheitenzeichen C. 1 C = 1 As (→Einheiten des SI). *Hammerschmidt*

Coverage factor →Ausfallerkennungsfaktor

CRC-Check. Abk. für *engl.* Cyclic Redundancy Check (→Signaturanalyse). *Winter*

Crestfaktor. Als C. oder Scheitelfaktor bezeichnet man das Verhältnis von Scheitelwert zu Effektivwert einer Größe, z. B. einer elektrischen Spannung. Meßgeräte sind üblicherweise in Effektivwerten der Sinusform skaliert (→Mittelwert einer periodischen Zeitfunktion), wobei der C. $\sqrt{2}$ beträgt. Bei Signalen mit anderem C. ist mit Abweichungen bei der Anzeige zu rechnen. Wenn Meßgeräte den „echten" Effektivwert anzeigen, ist darauf zu achten, daß der zulässige C. nicht vom C. des zu messenden Signales (z. B. einer Spannung mit Phasenanschnittsteuerung) überschritten wird. *Hammerschmidt*

Crimpverbindung. Lötfreie elektrische Verbindung eines Drahtes mit einem Steckkontakt. Zur Herstellung der C. wird ein Draht in eine Hülse eingelegt und mit einem Werkzeug bei hoher Druckkraft zu einer dauerhaften elektrischen und mechanischen Verbindung verformt. Durch die auftretenden plastischen Verformungen entsteht eine gasdichte metallische Verbindung zwischen Leiter und Kontakt. Ein gleichbleibend niedriger Übergangswiderstand wird dadurch über lange Zeit sichergestellt. C. können für Leiterquerschnitte von 0,05 mm^2 bis zu mehreren 100 mm^2 eingesetzt werden.

Der Crimpanschluß ist meistens in zwei Bereiche gegliedert: dem Bereich zur Verbindung mit dem vorher abisolierten elektrischen Leiter und dem Bereich zur zusätzlichen mechanischen Befestigung der Isolierhülle. Beide Bereiche werden in einem Arbeitsgang verformt. Es werden offene und geschlossene Crimphülsen verwendet. Die offene Crimphülse, so bezeichnet weil sie vor der Verbindung noch geöffnet ist, wird durch den Crimpvorgang auf eine genau bestimmte Form geschlossen. Die geschlossene Crimphülse ist bereits vor der Verformung rohrartig ausgebildet.

Zur Herstellung der C. stehen sowohl einfache handbetätigte als auch halb- und vollautomatisch arbeitende Preßwerkzeuge zur Verfügung. Es werden Anschlagleistungen mit bis zu 5000 und mehr Verbindungen pro Stunde erreicht. *Pagnin*

Curie. Früher gebräuchliche Einheit der Aktivität einer radioaktiven Substanz, Einheitenzeichen Ci. 1 Ci = $3{,}7 \cdot 10^{10}$ Bq. In der Bundesrepublik Deutschland keine gesetzliche Einheit mehr. Gültige Einheit ist das →Becquerel (Bq) (→Einheiten des SI). *Hammerschmidt*

Cursor. In der Datenverarbeitung Markierung der momentanen Schreibposition auf alphanumerischen Bildschirmen. Bei →Elektronenstrahl-Oszilloskopen und →Logikanalysatoren ist ein C. eine durch Drehknopf oder Tasten horizontal oder vertikal auf dem Bildschirm verschiebbare Linie, mit der Signaleinzelheiten markiert werden können. Die aktuelle Position des C. wird alphanumerisch in das Bild eingeblendet. Damit müssen nicht mühsam Kästchen addiert und mit dem Ablenkkoeffizienten multipliziert werden. Wenn horizontal bzw. vertikal jeweils zwei C. zur Verfügung stehen, können auch Zeit- bzw. Spannungsdifferenzen ausgemessen und angezeigt werden. *Hammerschmidt*

D

D-Übertragungsverhalten. Bei einem Übertragungsglied mit D-Verhalten ist das Ausgangssignal v(t) proportional der Ableitung des Eingangssignals u(t) nach der Zeit. Man bezeichnet es als D-Glied.

Mit dem Differenzierbeiwert K_D lautet die zugehörige Differentialgleichung

$$v(t) = K_D \dot{u}(t)$$

Die →Übergangsfunktion wäre ein *Dirac*-Impuls. Ein solches ideales D-Glied kommt in der Praxis nicht vor. Es enthält mindestens eine einfache Verzögerung (→Verzögerungsglied) mit einer Zeitkontante T. Die Differentialgleichung für das reale D-Glied, das D-T_1-Glied, lautet dann

$$v(t) + T\dot{v}(t) = K_D \dot{u}(t)$$

Die Übergangsfunktion als Lösung für eine Anregung mit Einheitssprung, u(t) = σ(t), ist eine abklingende e-Funktion

$$v(t) = h(t) = K_D e^{-t/T} \sigma(t)$$

Dieses Übergangsverhalten zeigt beispielsweise der Ladestrom eines Kondensators C, wenn er über einen Widerstand R zum Zeitpunkt t = 0 an eine konstante Spannung gelegt wird. Der Maximalwert ist bestimmt durch die angelegte Spannung und den Widerstandswert. Die →Zeitkonstante T ist das Produkt RC.

Das wesentliche Merkmal des D-Verhaltens ist die Signalvoreilung, der Vorhalt, vor allem bei sinusförmigen Signalen zu erkennen. Da eilt das Ausgangssignal dem Eingangssignal voraus (→PD-Übertragungsverhalten). D-Glieder werden überwiegend zur Dämpfung und Stabilisierung von stark schwingenden Systemen eingesetzt. Oft kann das D-Glied durch die Messung der Änderungsgeschwindigkeit der betreffenden Größe ersetzt werden.

Böttiger

D/A-Umsetzer →Digital-Analog-Umsetzer

Dämpfungsgrad →Übertragungsglied zweiter Ordnung

Darstellung, vorgestaltete in Videobild. Hierarchisch gegliederte Darstellungsform für die →Prozeßführung über Bildschirme, in der durch feste Formate die notwendigen Informationen und deren Ort, Form und Farbe in Videobildern festgelegt sind. Die Festlegung kann firmenspezifisch geschehen oder nach VDI/VDE 3695. Die v. D. – sie heißt auch normierte, konfektionierte oder Blockdarstellung – erleichtert den Übergang von der konventionellen Wartentechnik zur Sichtgerätetechnik, weil Kommunikationselemente der ersteren Technik auf dem Bildschirm abgebildet werden, z. B. Leitgeräte als Leitfelder.

Das Bild zeigt ein Gruppenbild in v. D.: Auf dem Bildschirm sind die Elemente zum Führen von acht Regelkreisen eingeblendet. Über virtuelle Tasten in der untersten Zeile kann mit Lichtgriffeln auf den Prozeß eingewirkt werden. Den Gruppenbildern hierarchisch übergeordnet sind die Bereichs- und manchmal noch Anlagenbilder, untergeordnet die Kreisbilder.

Strohrmann

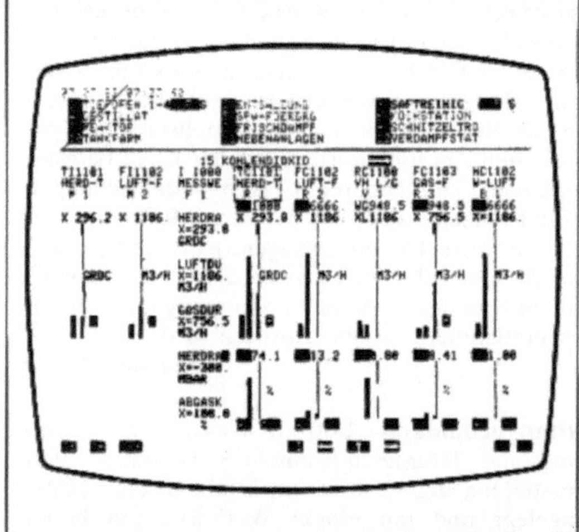

Darstellung, vorgestaltete in Videobild: Gruppenbild in v. D. Über den nebeneinander angeordneten Kommunikationselementen für acht Kreise ist eine Bereichsübersicht eingeblendet, die auf Störungen in anderen Gruppen hinweisen kann. (Quelle: Siemens)

Literatur: VDI/VDE 3695: Vorgestaltete Darstellung zur Prozeßführung über Bildschirm in verfahrenstechnischen Anlagen. Ausg. Juli 1986.

Darstellung von leittechnischen Aufgaben. Darstellung leittechnischer Aufgaben und Funktionen durch Kombinationen von Bildelementen und alphanumerischen Zeichen, z. B. in Fließbildern verfahrenstechnischer Anlagen nach DIN 19227,

Teile 1, 3 und 4. Das Bild zeigt beispielhaft die funktionelle Darstellung einer Temperatur-Druck-Kaskadenregelung an einem dampfbeheizten Wärmetauscher. Führungskreis ist eine Temperaturregelung mit der MSR-Stellen-Nr. 1. Den Meßort kennzeichnet ein Kreis von 2 mm Durchmesser an der Produktleitung. In dem Kreis von 10 mm Durchmesser ist die mit konventioneller Technik zu realisierende MSR-Aufgabe spezifiziert: T steht für Temperatur, R für Registrieren, der waagerechte Strich gibt an, daß die Kommunikation zwischen Mensch und Prozeß in der Prozeßleitwarte geschehen soll und die Zahl 1 ist die MSR-Stellen-Nr. Der daneben liegende gestreckte Halbkreis zeigt durch seine Form, daß eine Rechnerbearbeitung vorgesehen ist. T steht wieder für Temperatur, I für Anzeigen (*engl.* Indicating), R für Registrieren und C für Regeln (*engl.* Controlling). Der Rechner soll im SPC-Betrieb arbeiten, und die vom Halbkreis ausgehende Wirkungslinie endet am Sinnbild des Folgekreises mit der Nummer 2. Hier steht P für den Druck (*engl.* Pressure) und die Buchstaben I und C haben wieder die Bedeutung Anzeigen und Regeln. Der Druck wird im Wärmetauscher aufgenommen. Der Regler wirkt auf ein Stellgerät im Dampfstrom.

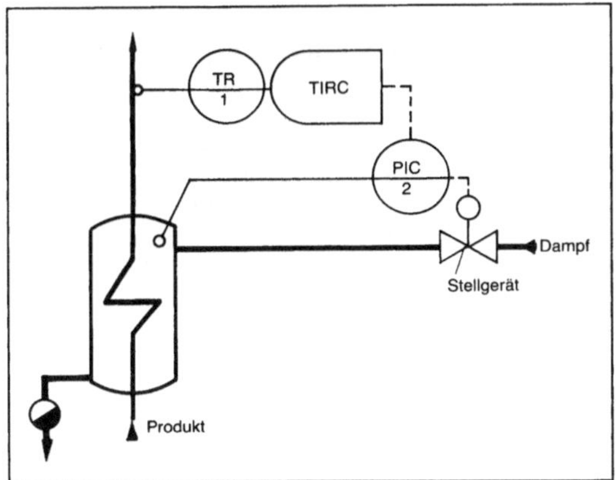

Darstellung der leittechnischen Aufgaben: Temperatur-Druck-Kaskadenregelung nach DIN 19227.

Ähnlich lassen sich nach DIN 19227 auch andere MSR-Funktionen darstellen. Grundsätzlich gilt, daß der erste Buchstabe die Meßgröße repräsentiert. Sie kann modifiziert werden mit den Buchstaben D für Differenz – z. B. PD für Druckdifferenz –, F für Verhältnis oder Q für Integral, Summe. Die dann folgenden Buchstaben legen die Verarbeitungsfunktionen fest. Neben den im Bild gezeigten lassen sich z. B. Grenzwertmeldung mit A, Sichtzeichen mit O oder Notfunktion mit Z kennzeichnen.

Abweichend von der Darstellung im Bild wird – ebenfalls normgerecht – meist der Kreis für den Meßort weggelassen und die Wirkungslinien durchgezogen statt gestrichelt gezeichnet. Um die Wirkungsrichtung deutlich zu machen, dürfen Pfeile eingezeichnet werden. Um MSR-Funktionen in Veröffentlichungen darzustellen, benutzen die Autoren oft Vereinfachungen, bei denen sie von den Verarbeitungsfunktionen nur die für das Verständnis unbedingt notwendigen eintragen; auch werden Unterstreichungen zum Kennzeichnen des Kommunikationsortes meist weggelassen. Weitere Beispiele für die Darstellung von MSR-Funktionen: →Drei-Komponenten-Regelung, →Druckregelung, →Durchflußregelung, →Füllstandregelung, →Kontrollpunktregelung, →Temperaturregelung. *Strohrmann*

Literatur: DIN 19227 Teil 1: Bildzeichen und Kennbuchstaben für Messen, Steuern, Regeln in der Verfahrenstechnik; Zeichen für die funktionelle Darstellung, Ausg. Sept. 1973. – DIN 19227 Teil 3: Messen, Steuern, Regeln; Sinnbilder für die Verfahrenstechnik; Zeichen für die funktionelle Darstellung, Ausg. Sept. 1978. – DIN 19227 Teil 4: Messen, Steuern, Regeln; Sinnbilder für die Verfahrenstechnik; Zeichen für die funktionelle Darstellung beim Einsatz von Prozeßrechnern, Ausg. Sept. 1978. – *Strohrmann, G.:* Automatisierungstechnik, Bd. 2: Stellgeräte, Strecken, Projektabwicklung. München–Wien 1990.

Datalogging. Allgemeiner Begriff für die Erfassung, Abspeicherung und Weiterverarbeitung von Meßwerten. *Winter*

Datenkomprimierung. (*engl.* data compression). Bei der Prüfung digitaler Bausteine und Leiterplattenbaugruppen werden i. a. große Mengen von →Prüfbitmustern sowohl zum Stimulieren des Prüflings als auch für die Meßwertverarbeitung benötigt. Bei komplexen Schaltungen mit vielen hochintegrierten Schaltkreisen wie Mikroprozessoren, Speicher oder kundenspezifische Schaltungen (ASIC's) steigt die benötigte Datenmenge oft auf viele Megabytes. Große Datenmengen beeinflussen die Wirtschaftlichkeit der Prüfung jedoch nachteilig, da dadurch lange Ladezeiten für die Prüfprogramme beim Prüflingswechsel oder zum Laden der Burstinformation (→Burst) verursacht werden. Sowohl für die →Stimuli als auch für die →Responsedaten wurden deshalb Verfahren entwickelt, mit denen die benötigte Datenmenge erheblich reduziert werden kann.

□ D. für die Stimulierung (Stimulus) von Eingangspins.

– Änderungsschreibweise im →Prüfprogramm. Die Änderungsschreibweise bedeutet, daß der jeweilige Logikzustand und die Anzahl der Zyklen an einem oder mehreren Pins, für die er gültig ist, durch das →Prüfautomatenbetriebssystem gespeichert wird. In den meisten Fällen ändern sich die Daten an einem →Pin einer digitalen Schaltung während der Prüfung relativ selten bezogen auf ei-

nen einzelnen Pin. Deshalb ist es in der Regel nützlich, die →Prüfbitmuster für die einzelnen Anschlußpins in der Änderungsschreibweise abzuspeichern und ähnlich wie beim algorithmischen Verfahren erst im Prüfgerät wieder zu expandieren.
– Algorithmische Prüfbitmustererzeugung. Lassen sich die →Prüfdaten mittels eine Algorithmus erzeugen, so kann dieser Algorithmus direkt im Prüfgerät bearbeitet werden. Das heißt, die Prüfdaten werden im Prüfgerät erzeugt, so daß anstelle der gesamten Prüfdaten nur der entsprechende Algorithmus und die notwendigen →Parameter gespeichert werden müssen. Der Algorithmus kann dabei mittels einer Softwareroutine oder direkt durch eine entsprechende Hardwareschaltung (→Algorithmic Pattern Generator) in Prüfbitmuster umgesetzt werden. Die Software-Realisierung ist preisgünstiger und flexibler (kann leicht umprogrammiert werden), aber langsamer als die wesentlich schnellere, aber auch teurere Hardwarelösung.
– Komprimierung von Prüfdaten im →Pinspeicher. Analog zur Änderungsschreibweise im Prüfprogramm werden bei bestimmten Prüfautomaten nicht alle Prüfdaten vollständig 1 : 1 im Pinspeicher abgelegt. Mit bestimmten Kompressionsmechanismen können erhebliche Einsparungen (ca. Faktor 1 : 10) bei der Belegung des Pinspeichers erreicht werden (Sequence control).
□ D. für die →Meßwerterfassung von Ausgangspins (→Response).
– Pulswechselzahlverfahren. Das Pulswechselverfahren (*engl.* transition counting) ist die einfachste Methode der Ergebnisdarstellung und -auswertung für Responsepattern. Mit elektronischen Zählern wird die Zahl der Signalwechsel an den einzelnen Pins gleichzeitig oder hintereinander in mehreren Prüfdurchläufen gezählt und mit den Werten verglichen, die mit Hilfe eines als gut anerkannten Prüflings gewonnen wurden. Der Vergleich ist nur im Fehlerfall eindeutig. Im Gutfall ist die Methode nicht eindeutig, weil bei gleicher Pulswechselzahl die logischen Übergänge zu unterschiedlichen Zeiten erfolgen können. Aus diesem Grunde wird das Verfahren nur bei sehr preisgünstigen Testern oder bei der Reparatur mit einfachen Reparaturhilfsmitteln angewandt.
– Signaturanalyseverfahren. Sowohl für einzelne Pins wie auch für mehrere oder alle Ausgangspins läßt sich über ein ganzes Prüfprogramm oder Teile davon eine →Signaturanalyse durchführen. Anstelle diskreter logischer Werte müssen so nur noch die in der Regel 16 Bit breiten Signaturen gespeichert werden. Das →Prüfautomatenbetriebssystem vergleicht die gemessenen Signaturen mit den an einem guten →Prüfling oder per Simulation gewonnenen Signaturen. Die Signaturanalyse wird bevorzugt bei der statischen Prüfung und streng taktsynchronen Schaltungen eingesetzt.

Komprimierverfahren lassen sich nur dann ohne Einschränkung anwenden, wenn die Aufeinanderfolge der Prüfbitmuster eindeutig definiert ist, also z. B. nicht von undefinierten Zuständen des Prüflings abhängt (→Match-Mode).

Allen Datenkomprimierungsverfahren gemeinsam ist, daß im Fehlerfall eine eindeutige Ermittlung der →Fehlerursache erschwert wird bzw. daß bei einer softwaregesteuerten Fehlerauswertung die Solldaten nachträglich erst berechnet werden müssen. Schwierigkeiten bereitet somit die Relation zwischen den komprimierten Prüfprogrammdaten und den in der Regel linear und expandiert abgelegten Solldaten für die automatisierte →Fehlersuche oder das →Fehlerkatalogverfahren. *Winter*

Datenschnittstelle. D. in der →Robotik dienen zur Übertragung von Sensor- und Programmdaten an die Robotersteuerung. Gerätetechnisch sind diese D. entweder genormte, serielle Übertragungsschnittstellen (z. B. RS232) oder spezielle parallele Schnittstellen für Sensoren. Zur Zeit sind offene und genormte gerätetechnische Steuerungsschnittstellen noch nicht allgemein eingeführt.

Für die Übertragung von Programminformation zwischen Programmiereinrichtungen und Robotersteuerungen existiert aber eine einheitliche, genormte D. Sie wird unter der Bezeichnung IRDATA in der VDI-Richtlinie VDI 2863, begleitet von VDI 2864, festgelegt.

Der IRDATA-D. liegt das Konzept zugrunde, unterschiedliche Programmiereinrichtungen mit unterschiedlichen Robotersteuerungen hinsichtlich der Programmdaten zu verbinden (Bild). Dazu stellt VDI 2863 einen standardisierten IRDATA-Code für die Ausgabe von Programmiersystemen bereit, während VDI 2864 einen standardisierten Eingangscode für Robotersteuerungen definiert. Zwischen beiden Schnittstellen müssen Übersetzer (Post-Prozessoren) oder Interpreter verfügbar sein, um die definierten Codes ineinander umzuwandeln.

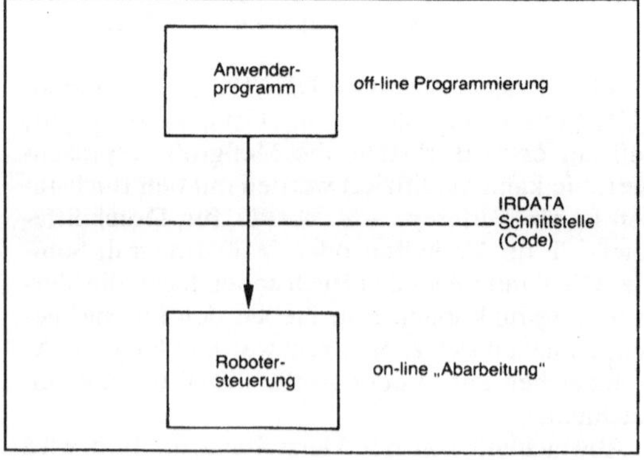

Datenschnittstelle: Softwareschnittstelle IRDATA.

Die IRDATA-D. orientiert sich in ihren Codierungsmöglichkeiten an NC-Schnittstellen (CLDATA). Roboter-Anwenderprogramme in einer beliebigen Programmiersprache müssen durch IRDATA-Codes abbildbar sein. Umgekehrt muß eine Robotersteuerung nicht jedes IRDATA-Codeelement direkt verstehen, aber durch geeignete Übersetzer oder Interpreter jedes IRDATA-Codeelement ausführen können.

IRDATA-Sätze bestehen aus einer Folge von Wörtern, die durch Komma getrennt und durch Semikolon abgeschlossen sind. Jedes Wort besteht aus einer Zeichenfolge. Ein Satz beginnt immer mit Angaben zu Satztyp und Codezahl, gefolgt von Angaben über Speicherbereiche oder Variable des Anwenderprogramms. Es bestehen vier Gruppen von IRDATA-Sätzen, nämlich Beschreibende Sätze zur Bereitstellung von Informationen, Operative Sätze für aktive Funktionen sowie Reservierte Sätze für Normerweiterungen und benutzerspezifische Satztypen.

Genormte D. in der Robotik sorgen für eine Integration von Robotersteuerungen und Roboter-Programmiersystemen unterschiedlicher Art bis hin zu CAD-Systemen. Sie machen die Steuerungsentwicklung unabhängig von der Entwicklung der Programmiersysteme und ermöglichen dem Anwender eine für ihn optimale Zusammenstellung beider Teilsysteme. *Steusloff*

Datenverdichtung. Maßnahmen zur rationellen Speicherung digital anfallender Prozeßdaten. Meist werden Mittelwerte gespeichert und dabei der zeitliche Verlauf der Werte von Prozeßgrößen zwangsläufig geglättet. Andere Verfahren speichern die Kurvenverläufe in Vektorform und können damit trotz D. noch Vorgänge abspeichern, die nur eine Abtastperiode lang angedauert haben (Bild). *Strohrmann*

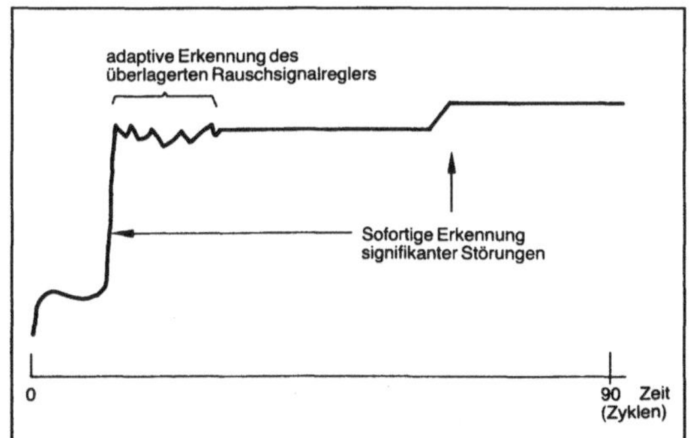

Datenverdichtung: Darstellung des zeitlichen Werteverlaufs von Prozeßgrößen in Vektorform. Durch Speicherung des so umgewandelten Kurvenverlaufs lassen sich auch steile Anstiege mit vertretbarem Aufwand festhalten.

Dauertest. Für bestimmte Chargen von Prüflingen bzw. stichprobenhaft angewandtes Prüfverfahren, um →Fehler, die u. U. erst nach längerer Betriebszeit auftreten, erkennen bzw. ausschließen zu können. Der D. erstreckt sich auf Stunden oder Tage, während deren der →Prüfling unter den gleichen Betriebsbedingungen arbeitet wie beim späteren Einsatz. *Winter*

dB →Dezibel

DDC *engl.* direct digital control, →Regelung, direkte digitale

Debugger. Software-Hilfsmittel als Bestandteil des →Prüfautomatenbetriebssystems zum Austesten von Prüfprogrammen. Der D. enthält Funktionen, die für die produktive Prüfung gewöhnlich nicht notwendig sind: schrittweise Verfolgung des Programmablaufes, Modifikation der natürlichen Ablaufrichtung (z. B. Ausführung zusätzlicher Schleifen), Prüfprogrammunterbrechung abhängig von vorgebbaren Prüflingszuständen, zusätzliche Eingriffs- und Meßmöglichkeiten am →Prüfling usw.

Der D. wird in der Regel nur vom Prüfprogrammentwickler genutzt. Im Falle eines interpretierenden Prüfsystemes (→Prüfsprachencompiler) läßt sich der Debug-Modus relativ einfach wegen fehlender Compilierungszeiten handhaben. *Winter*

Decoder. (*engl.* decoder, decoding network). Nach DIN 44300 ein Code-Umsetzer – d. h. eine Funktionseinheit, die den Zeichen eines Zeichenvorrats eindeutig die Zeichen eines anderen zuordnet –, bei dem für jede spezifische Kombination von Eingangssignalen immer nur ein bestimmter Ausgang ein →Signal abgibt. Ein Beispiel ist ein Ausgabegerät, bei dem jede 8-Bit-Kombination das Anschlagen eines bestimmten Zeichens hervorruft (→Digital-Analog-Umsetzer).

Allgemein eine Schaltung zur Decodierung (Rückgängigmachung einer Codierung) einer Information. Je nach der Information unterscheidet man z. B.:

□ Farbdecoder in Farbfernsehempfängern zur Gewinnung der übertragenen Farbwertsignale aus dem vollständigen Farbbildsignal,

□ Stereodecoder in Rundfunkempfängern zur Rückführung des Multiplexsignals in die ursprünglichen Stereosignale,

□ D. in der Digitaltechnik. Dazu gehören beispielsweise

– Logische D.: Sie leiten ein Signal – durch einen Adresseneingang gesteuert – an einen bestimmten Ausgang weiter. Angewendet werden sie in der Adressenstruktur eines Halbleiterspeichers als →Demultiplexer, ferner zur Erzeugung mehrpha-

siger Taktsignale in Taktverteilungssystemen u. a. m.
- Eine spezielle Form des Demultiplexers, der entweder keinen Eingang hat oder dessen Eingang immer ein H-Signal führt. Dann führt die der gegebenen Adresse entsprechende Ausgangsleitung immer ein H-Signal.
- Anzeigendecoder zur Steuerung der Ziffern von Anzeigeeinheiten, üblicherweise mit einem BCD-Eingang versehen. Die sieben bis zehn Ausgänge des Anzeigendecoders sind oft mit Treiberstufen kombiniert. Sie können einzeln (z. B. für Nixie-Röhren) oder gemeinsam (Sieben-Segment-Anzeigen) angesteuert werden.
- Codeconverter zur Umwandlung unterschiedlicher →Codes untereinander.

Schaltungstechnisch werden (digitale) D. entweder durch ein Schaltnetz aus Gattern realisiert oder auch durch einen Festwertspeicher. Dabei entspricht die Adresse einem Code und ihr Adresseninhalt dem zweiten Code. Von der Schaltungsstruktur her gesehen handelt es sich dabei um eine Matrix von Schaltelementen, die einen oder mehrere Ausgangskanäle je nach Anordnung der anliegenden Eingangssignale auswählt.

D. stehen für die unterschiedlichsten Aufgaben als integrierte Schaltungen in verschiedenen Technologien in breitem Spektrum zur Verfügung.

R. Paul/H.-Jürgen Schneider

Degradation. Eigenschaft vieler Sensoren, nach langandauernder Lagerung oder Beeinflussung durch die Umwelt ihre Eigenschaften zu verändern. Dieses ist häufig mit einer Veränderung der Eichkurve des Sensors verbunden.

Die D. ist besonders ausgeprägt bei →Gassensoren. *Schaumburg*

Dehnungsmeßstreifen (DMS). Es sind die wichtigsten elektrischen →Meßaufnehmer für relative Längenänderungen. Das Prinzip wurde 1856 durch *Lord Kelvin* entdeckt und in den 30er Jahren dieses Jahrhunderts erstmals praktisch angewendet.

Eine relative Längenänderung wird in der Technik auch mit Dehnung oder – wenn sie ein negatives Vorzeichen hat – auch mit Stauchung bezeichnet. Wenn auf einen Leiter mit der Länge l und dem Querschnitt A eine Zugkraft ausgeübt wird, nimmt l zu (Dehnung) und A ab (Querkontraktion, Poisson-Effekt). In Bild 1 ist der ungedehnte und (stark übertrieben) der gedehnte Leiter gezeichnet. Es leuchtet ein, daß der elektrische Widerstand des gedehnten Leiters größer wird, weil dieser länger und dünner geworden ist. Weiterhin ändert sich auf Grund der im Material auftretenden mechanischen Spannung auch der spezifische Widerstand. Dieser Effekt ist bei den üblichen Widerstandsmaterialien gering, so daß die Widerstandsänderung hauptsächlich von der Formänderung verursacht wird. Bei Halbleiter-DMS überwiegt jedoch der Einfluß des veränderten spezifischen Widerstandes. Soweit das Leitermaterial nicht überdehnt wird, gilt ein linearer Zusammenhang zwischen der relativen Widerstandsänderung $\Delta R/R$ und der Dehnung ε:

$$\frac{\Delta R}{R} = K \frac{\Delta l}{l} = K \cdot \varepsilon$$

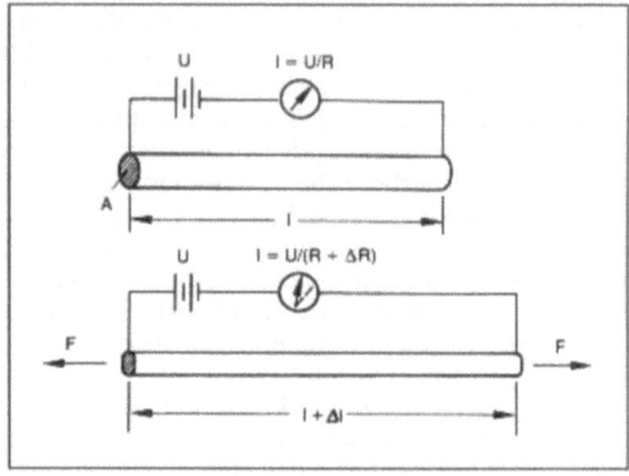

$R = \rho \cdot \frac{l}{A}$ = Widerstand, l = Länge des Leiters, A = Querschnittsfläche des Leiters, ρ = spezifischer Widerstand, $K = \frac{\Delta R/R}{\Delta l/l} = \frac{\Delta R/R}{\varepsilon}$ = Empfindlichkeit des DMS („K-Faktor"), $\Delta R/R$ = relative Widerstandsänderung, $\Delta l/l = \varepsilon$ = relative Längenänderung (Dehnung), F = angreifende Zugkraft

Dehnungsmeßstreifen 1: Grundlagen.

Dabei ist K die →Empfindlichkeit des DMS. Übliche Werte für K liegen bei Metall-DMS zwischen 2 und 4, bei Halbleiter-DMS können Werte zwischen −100 und +130 erreicht werden.

□ Ausführungsformen: Bild 2 zeigt einen DMS aus Widerstandsdraht (häufig Konstantan mit etwa 20 bis 30 µm Durchmesser). Im Längs- und Querschnitt erkennt man den Träger aus Papier und Kunstharz, in den Meßdraht und Anschlußdrähte eingebettet sind. Der Träger ist auf den Körper auf-

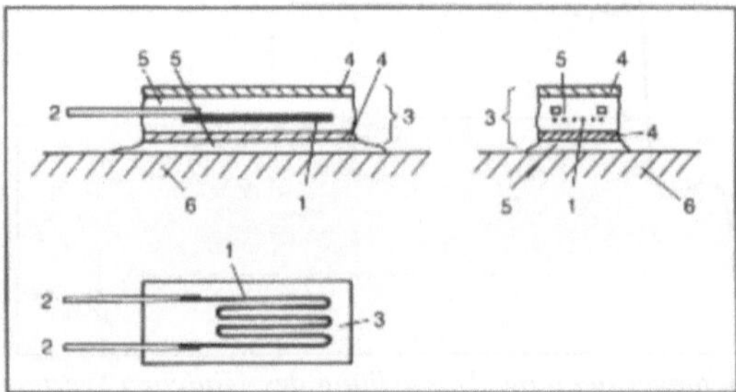

1 Meßdraht, 2 Anschlußdrähte, 3 Träger, 4 Papier, 5 Klebstoff, meist auf Kunstharzbasis, 6 Meßobjekt, dessen Dehnung erfaßt werden soll

Dehnungsmeßstreifen 2: Draht-DMS.

geklebt, dessen Dehnung gemessen werden soll. Außer Konstantan werden noch einige andere Legierungen eingesetzt.

Anstelle von Widerstandsdrähten kann man auch Folien (Dicke 2–10 μm) aus Widerstandsmaterial verwenden, von denen man je nach Verwendungszweck die nicht benötigten Flächen wegätzt (Bild 3). Folien-DMS haben eine höhere Festigkeit, sie lassen sich in beliebigen Formen herstellen.

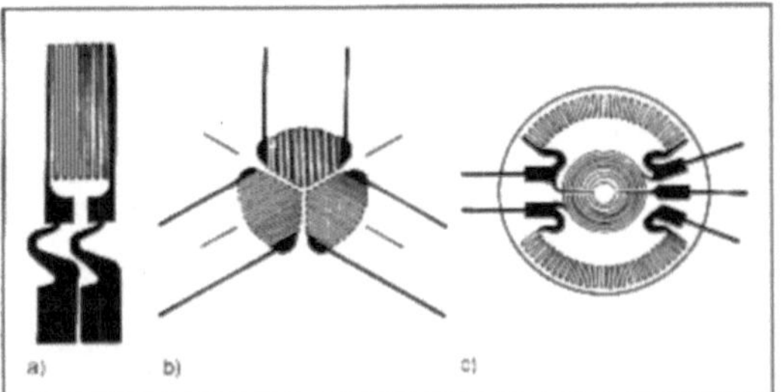

Dehnungsmeßstreifen 3: Folien-DMS. (Quelle: Hottinger Baldwin Meßtechnik GmbH)
a) DMS, empfindlich für eine Richtung
b) Delta-Rosette, 60°
c) 4-Element-Rosette für Messungen an Membranen.

Noch dünnere DMS werden im Vakuum direkt auf den Körper aufgedampft, an dem gemessen werden soll. Dies ist z. B. notwendig bei sehr dünnen Federn, bei denen ein Folien-DMS und die zugehörige Klebung zu stark auf das Meßobjekt zurückwirken würden.

Halbleiter-DMS auf Silicium-Basis haben eine wesentlich größere Empfindlichkeit, so daß sie vielfach keinen gesonderten →Verstärker mehr benötigen. Allerdings ist die Linearität weniger gut als bei Metall-DMS, außerdem muß man mit einer stärkeren Temperaturabhängigkeit des →K-Faktors rechnen.

□ Anwendung. Es sind zwei verschiedene Einsatzbereiche zu unterscheiden:

– Anwendungen, bei denen die Messung einer Dehnung der primäre Zweck der Messung ist, z. B. Dehnung von Maschinenteilen, Schiffskörpern, Brückenkonstruktionen.

– Anwendungen, bei denen über die Dehnung eine andere Größe gemessen wird, z. B. Kraft, Druck, Stoß, Beschleunigung und andere mit der wirkenden Kraft verknüpfte Größen.

Übliche Nennwiderstände für DMS sind 120 Ω, 300 Ω und 600 Ω. Da die meisten Materialien, an denen man messen möchte, einen elastischen Bereich bis ca. 1‰ Dehnung haben, kann man bei K = 2 mit einer maximalen relativen Widerstandsänderung von nur 2‰ rechnen. Derart geringe Widerstandsänderungen werden zweckmäßig mit Wheatstone-Brücken (→Meßbrücke) in elektrische Spannungsänderungen umgesetzt. Diese Brücken werden mit Gleichspannung oder mit Wechselspannung (225 Hz, 5 kHz, 50 kHz) betrieben. Bei entsprechend sorgfältiger Ausführung von Klebung (Klebstoff) und Anschluß der DMS und gut ausgelegter Auswerteschaltung (Elimination von Störgrößen wie z. B. Temperatur, Störspannungen) lassen sich mit Hilfe von DMS →Kraftaufnehmer für eichpflichtige Waagen herstellen. *Hammerschmidt*

Literatur: *Profos, P.:* Handbuch der industriellen Meßtechnik. 3. Aufl. Essen 1984. – *Schrüfer, E.:* Elektrische Meßtechnik. 3. Aufl. München 1988.

Dehnungsmessung →Dehnungsmeßstreifen

Deka.... SI-Vorsatz für →Einheiten im Meßwesen, bezeichnet das 10fache der jeweiligen Einheit. Abk. da. *Hammerschmidt*

Delta-Modulation. Die D.-M. gehört zu den Modulationsverfahren, bei denen jeweils die Differenz (Delta) zwischen dem interessierenden Signalwert x(t) und einem Vorhersagewert y(t) übertragen wird. Die Differenz wird als ein binäres →Signal gebildet. Es ist also nur zu entscheiden, ob der zu messende Signalwert größer oder kleiner als der vorhergesagte Wert ist. Diese Entscheidung läßt sich mit einem →Komparator, also mit einem geringen Geräteaufwand treffen.

In Bild 1 ist x(t) das zu messende Signal, y(t) der vorhergesagte Wert. Die Differenz dieser Signale wird mittels eines Vergleichers in ein binäres Signal umgesetzt. Dieses wird abgetastet und im einfachsten Fall entsteht aus der Integration des Abtastsignals der Vorhersagewert y(t). Übertragen wird der 1-bit-breite Datenstrom. In dem Decodierer, bestehend aus einem Integrator und einem Rekonstruktionstiefpaß, wird dann das ursprüngliche Signal x(t) wieder rekonstruiert (Bild 2).

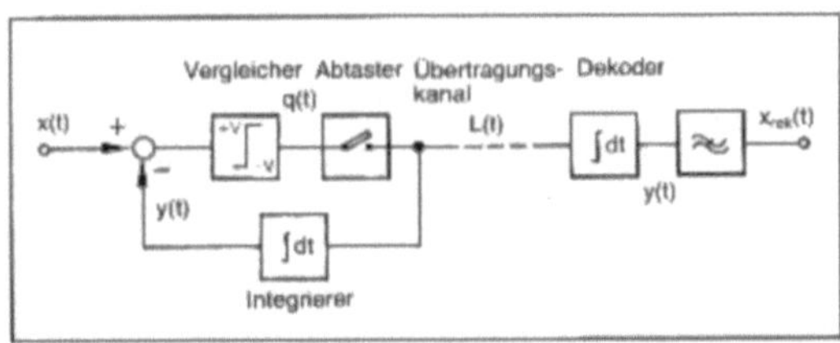

Delta-Modulation 1: Blockschaltbild eines D.-M.

Nachteilig bei diesem Verfahren ist das Fehlen eines Signalbezugswertes. Dieser muß gesondert erzeugt oder zu null angenommen werden. Übertragungsfehler des Bitstroms auf dem Weg zum →Decoder bedingen nichtkorrigierbare Verschiebungen im rekonstruierten Signalverlauf. Des weiteren können hochfrequente Signale nur bis zu einer maximalen Änderungsgeschwindigkeit umgesetzt werden. Bei zu schnellen Signaländerungen kann das vorhergesagte Signal dem Eingangssignal nicht mehr folgen (Bild 3).

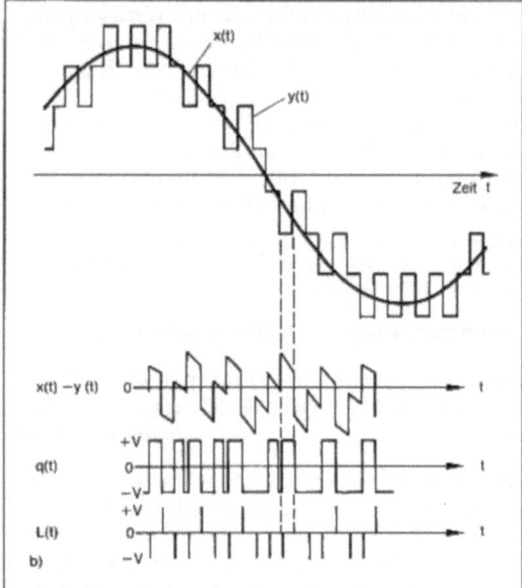

Delta-Modulation 2: Signale der Schaltung in Bild 1.

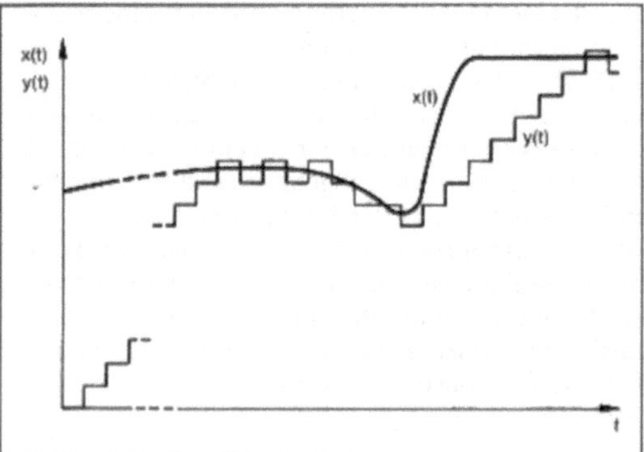

Delta-Modulation 3: Das rückgeführte Signal y(t) kann dem Eingangssignal x(t) gegebenenfalls nur zeitverzögert folgen.

Das Spektrum des Quantisierungsfehlers bei der D.-M. ist nicht mehr gleichverteilt, sondern infolge des Integrators im Rückkoppelzweig so verformt, daß die niederfrequenten Anteile stark unterdrückt, die höherfrequenten Anteile jedoch angehoben werden (noise shaping). Dieses Verhalten ermöglicht in Verbindung mit einer →Überabtastung einen →Analog/Digital-Umsetzer mit hoher Auflösung bei geringem analogen Schaltungsaufwand zu realisieren (→Sigma-Delta-Modulator).

Schrüfer/Knappe

Delta-Sigma-Modulator →Sigma-Delta-Modulator

Demultiplexer. Funktionseinheit, die ein an einem Eingang anliegendes Digital- oder Analogsignal durch Vorgabe einer Adresse (Adressensteuerung) auf unterschiedliche Ausgangskanäle (4, 8, 16) schaltet (Bild). Funktionell wandelt der D. Übertragungskanäle vom Zeitmultiplex- in den Raummultiplexbetrieb um, er ist deshalb das Gegenstück zum →Multiplexer. Fehlt dem D. der Eingang oder wird er ständig mit H-Signal betrieben, so wird diese spezielle Form als →Decoder bezeichnet. Durch einen Anrufeingang können D. zu größeren Einheiten mit mehr als 16 Ausgangskanäle zusammengeschaltet werden. D. stehen als integrierte Schaltungen in verschiedensten Technologien zur Verfügung.

R. Paul

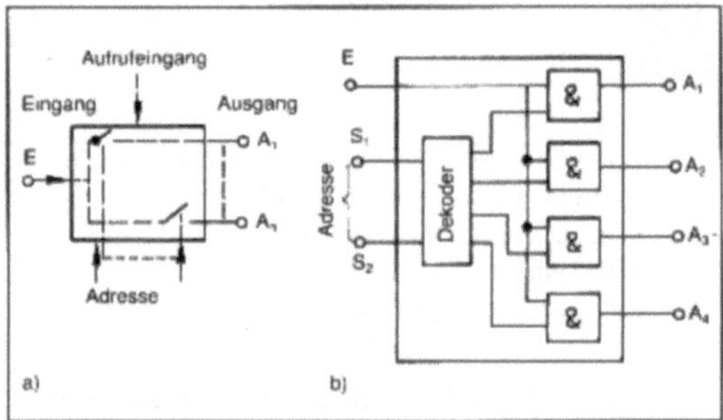

Demultiplexer: Funktionsprinzip
a) Symbolische Darstellung
b) Beispiel mit vier Ausgängen (AND-Gatter) sowie einem Decoder zur Gewinnung der Steuersignale für die durchzuschaltenden Gatter aus den Adressignalen S_1, S_2.

DENAVIT-HARTENBERG-Matrix. Die verschiedenen Koordinatensysteme beim Einsatz von Robotern (→Weltkoordinaten, →Roboterkoordinaten) müssen ineinander umgeformt werden. Dies bedeutet die Aufgabe, eine Punkt (x_1'', y_1'', z_1'') (Bild), beschrieben im Koordinatensystem K″, durch Rotation der Euler-Winkel (Weltkoordination) und Translation in den Punkt (x_1, y_1, z_1) beschrieben, im Koordinatensystem K, zu überführen:

$$\begin{pmatrix} x_1 \\ y_1 \\ z_1 \end{pmatrix} = \underbrace{\begin{pmatrix} l_1 & n_1 & m_1 \\ l_2 & n_2 & m_2 \\ l_3 & n_3 & m_3 \end{pmatrix} \begin{pmatrix} x_1'' \\ y_1'' \\ z_1'' \end{pmatrix}}_{\text{Rotation}} + \underbrace{\begin{pmatrix} x_0 \\ y_0 \\ z_0 \end{pmatrix}}_{\text{Translation}} \qquad (1)$$

Faßt man die Rotation und die Translation in einer (4×4)-Matrix zusammen,

$$\begin{pmatrix} x_1 \\ y_1 \\ z_1 \\ 1 \end{pmatrix} = \begin{pmatrix} l_1 & n_1 & m_1 & x_0 \\ l_2 & n_2 & m_2 & y_0 \\ l_3 & n_3 & m_3 & z_0 \\ 0 & 0 & 0 & 1 \end{pmatrix} \begin{pmatrix} x_1'' \\ y_1'' \\ z_1'' \\ 1 \end{pmatrix} \qquad (2)$$

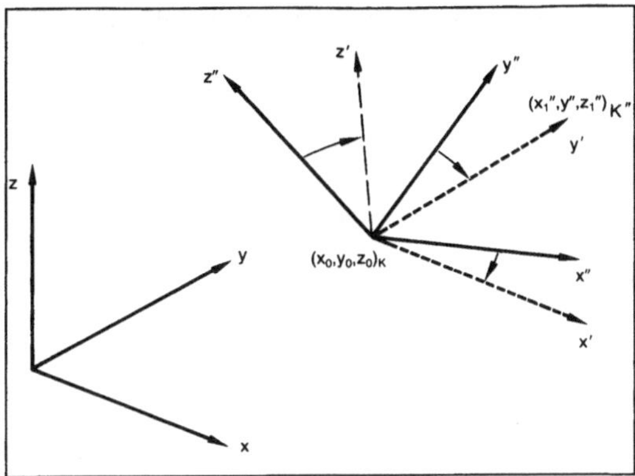

Denavit-Hartenberg-Matrix: Transformation des Bildpunktes (x_1'', y_1'', z_1'') im Koordinatensystem K'' durch Rotation und Translation in das Koordinatensystem K

so spricht man von der D.-H.-M. Gl. (1) und Gl. (2) sind einander äquivalent. Transformationen über mehrere Koordinatensysteme hinweg lassen sich damit besonders einfach in Form der Multiplikation von D.-H.-M. durchführen, die — durch schnelle Prozessoren unterstützt — auch Echtzeit-Koordinatentransformationen erlauben. *Steusloff*

Literatur: *Denavit, J. and R. S. Hartenberg:* A Kinematic Notation for Lower-Pair Mechanisms Based on Matrices, ASME J. of Appl. Mechanics. Juni 1955, p. 215—221.

Derating factor. Bei elektronischen Komponenten der Quotient aus Betriebsgröße und ihrem Nennwert, z. B. Betriebsspannung/Nennspannung oder Betriebsstrom/Nennstrom, (→Belastungsfaktor). *Schrüfer*

Design for Testability. (*engl.*, prüfgerechter Entwurf) Oberbegriff für alle Maßnahmen, die zur Verbesserung der Prüfbarkeit einer Schaltung beitragen.

Die meisten Maßnahmen laufen auf eine Verbesserung der Einstellbarkeit und →Beobachtbarkeit hinaus, in der Regel durch Einfügung zusätzlicher Ein- und Ausgänge oder durch spezielle Zusatzschaltungen; dabei macht jede Maßnahme die Einhaltung spezifischer Regeln erforderlich. Bekannteste D. f. T. Maßnahmen sind vollständiger und partieller Prüfpfad (*engl.* →scan path und level-sensitive scan design) sowie random access scan. *Trischler*

Literatur: *McCluskey, E. J.:* Logic Design Principles. Englewood Cliffs, New Jersey 1986. - *Wojtkowiak, H.:* Test und Testbarkeit digitaler Schaltungen. Stuttgart, 1988.

Deskewing. Form der →Kalibrierung bei einem digitalen Prüfautomaten, bei der der →Skew der →Pinelektronik minimiert wird. Durchgeführt u. a. mittels der →Reflexionszeitmessung. *Winter*

Detektivität. Die D. (*engl.* detectivity) D ist eine als Kehrwert der äquivalenten →Rauschleistung (NEP) festgelegte Größe (D = 1/NEP) und dient als Gütemaß für die Nachweisgrenze von Photodetektoren.

Das so definierte Nachweisvermögen hängt von den gleichen Parametern wie die NEP ab [NEP = f (Lichtwellenlänge λ, Signalfrequenzbandbreite Δf, Temperatur T, Detektorfläche A)]. Ohne zusätzliche Angaben ist ein eindeutiger Vergleich zwischen den Werten unterschiedlicher Detektoren nicht möglich. In den Datenblättern der Hersteller wird daher meist die spezifische D. (engl. specific detectivity) D* angegeben. Sie ist wie folgt definiert $D^* = D \cdot \sqrt{A \cdot \Delta f}$ Einheit: $(\mathrm{cm} \cdot \sqrt{\mathrm{Hz}})/\mathrm{W}$ und der Vollständigkeit halber durch die Angabe zusätzlich erforderlicher Parameter wie Lichtwellenlänge λ und Temperatur T zu ergänzen. Vielfach wird die spektrale Abhängigkeit von D* dargestellt. *R. Kaiser*

Literatur: *Winstel, G.* und *C. Weyrich:* Optoelektronik II, Reihe: Halbleiter-Elektronik, Bd. 11, Berlin–Heidelberg–New York, 1986.

Detektormatrix. Sensoren, die in einem zweidimensionalen →Array angeordnet sind, werden häufig als D. bezeichnet. Sie dienen zur Aufnahme zweidimensionaler Verteilungen der Meßgröße. *Schaumburg*

Dezentrales Automatisierungssystem →Automatisierungssystem, dezentrales.

Dezi.... SI-Vorsatz für →Einheiten im Meßwesen, bezeichnet das 10^{-1}fache der jeweiligen Einheit. Abk. d. *Hammerschmidt*

Dezibel. Abk. dB. Logarithmiertes Maß z. B. für Schalldruckpegel. 1 dB = 0,1 B. Das Verhältnis von elektrischen oder akustischen Größen gleicher Einheit zueinander oder zu genormten Bezugswerten wird häufig logarithmiert angegeben. Mit logarithmierten Größenverhältnissen (.. maße) entspricht man dem exponentiellen Verlauf von Spannungen, Strömen und Leistungen auf elektrischen Leitungen und der Empfindlichkeit des menschlichen Gehörs innerhalb weiter Amplitudenbereiche. Logarithmische Maße von hintereinanderliegenden Teilsystemen können einfach addiert werden (bei linear angegebenen Größenverhältnissen müßte man multiplizieren!).

Bei Benutzung der dekadischen Logarithmen kennzeichnet man das logarithmierte Verhältnis x mit Bel (B), oder, was gebräuchlicher ist, den

10. Teil davon, mit dem Dezibel (dB). Früher benutzte man auch die natürlichen Logarithmen und kennzeichnete das Verhältnis mit Neper (Np). International hat sich das D. durchgesetzt.

Bei der Festlegung des Bel ging man von den Leistungen P_1 am Eingang und P_2 am Ausgang eines Systems aus:

$$10^x = P_1/P_2; \quad x \text{ in B} = \lg P_1/P_2$$
$$10^{0,1x} = P_1/P_2; \quad x \text{ in dB} = 10 \lg P_1/P_2$$

Setzt man die Amplituden A_1 und A_2 von Feldgrößen (z. B. Spannung oder Strom) ins Verhältnis (Eingangswiderstand und Lastwiderstand seien als gleich groß angenommen), ergibt sich daraus

$$10^x = P_1/P_2 = (A_1/A_2)^2; \; 10^{x/2} = A_1/A_2;$$
$$x \text{ in B} = 2 \lg A_1/A_2$$

$$10^{0,1x} = P_1/P_2 = (A_1/A_2)^2; \; 10^{0,1x/2} = A_1/A_2;$$
$$x \text{ in dB} = 20 \lg A_1/A_2$$

Entspricht das Größenverhältnis einer ganzzahligen Zehnerpotenz, so ergeben sich ganzzahlige dB-Werte (Tabelle).

Bei der Festlegung des Neper ging man von den Amplituden der Spannungen bzw. Ströme aus:

$$e_x = A_1/A_2; \; x \text{ in Np} = \ln A_1/A_2$$

Für das Leistungsverhältnis gilt (gleiche Voraussetzung wie oben)

$$P_1/P_2 = (A_1/A_2)^2 = e^{2x}; \; x \text{ in Np} = 1/2 \ln A_1/A_2$$

Angaben in Neper lassen sich in dB umrechnen: 1 Np = 8,6859 dB (Tabelle).

Bei Angaben in dB findet man häufig folgende Zusätze:

dBm Leistungspegel, bezogen auf 0,775 V an 600 Ω entsprechend einer Leistung von 1 mW
dB(re) Pegel, bezogen auf eine zu definierende Bezugsgröße
dB(A) Schallpegel, bewertet mit Filterkurve A, z. B. Schallpegel 130 dB(A): Schmerzgrenze,
90 dB(A): Motorrad,
40 dB(A): Flüstern,
0 dB(A): Hörschwelle

Bemerkung: Energiegrößen sind Größen, die der Energie proportional sind, z. B. Energie, Leistung. Feldgrößen sind Größen, deren Quadrate in linearen Systemen der Energie proportional sind z. B. Spannung, Strom, Schalldruck. Anwendung z. B. in der Nachrichtenübertragungstechnik, Hochfrequenztechnik, Regelungstechnik, Akustik.

Hammerschmidt

DFT →Design for testability; →Frequenzanalyse

DGQ. Die Deutsche Gesellschaft für Qualität e. V. (DGQ) wurde 1952 als „Ausschuß Technische Statistik im AWF" gegründet und 1968 umbenannt in Deutsche Gesellschaft für Qualität.

Zweck der Gesellschaft ist die Förderung der →Qualitätssicherung in allen Zweigen der deutschen Wirtschaft durch Informationen, Erfahrungsaustausch und berufliche Weiterbildung in Lehrgängen und Seminaren. *Debelius*

DH-Matrix →DENAVIT-HARTENBERG-Matrix

Diagnoseverfahren. Die Fehlerlokalisierung bei als schlecht erkannten Prüflingen kann vom Prüfautomaten mit Hilfe unterschiedlicher Verfahren durchgeführt oder unterstützt werden. Das D. kann dabei fester Bestandteil des →Prüfautomatenbetriebssystemes sein, wenn das Verfahren universell einsetzbar sein soll, oder im →Prüfprogramm individuell je Prüflingstyp vorgegeben werden. Neben der rein manuellen Diagnose aufgrund fehlerhafter Meßwerte gibt es verschiedene rechnerunterstützte Verfahren:

- Neben den Meßwerten (z. B. logische Bitmuster, Spannungs-, Zeitmeßwerte) werden die entsprechenden Sollwerte und Umgebungsbedingungen (Betriebsspannungen) angezeigt.
- Anzeige des Prüflingslayouts auf dem Bildschirm zur Unterstützung der Bedienperson.
- Pfadmethode/Guided-Probe-Verfahren: Der →Fehler wird mittels einer →Prüfspitze und unter Kontrolle des Prüfautomatenbetriebssystemes bis zu seinem Entstehungsort ‚verfolgt'.
- Die Lokalisierung der Fehlerquelle bis auf den fehlerhaften Baustein oder die fehlerhafte Leiterbahn (Kurzschluß/Unterbrechung) mit Hilfe von Strommeßsonden oder Meßverfahren, die das Magnetfeld von Strömen messen und auswerten.

Dezibel. Tabelle: D. und Neper

Beispiele									
Amplituden-Verhältnis	10^{-3}	10^{-1}	1/2	$1/\sqrt{2}$	1	$\sqrt{2}$	2	10^{+1}	10^4
Leistungs-Verhältnis	10^{-6}	10^{-2}	1/4	1/2	1	2	4	100	10^8
Log. Maß in dB	−60	−20	≈−6	≈−3	0	≈3	≈6	20	80
Log. Maß in Np	−6,908	−2,303	≈−0,69	≈−0,345	0	≈0,345	≈0,69	2,303	9,21
	Dämpfung					Verstärkung			

– Bestimmte Prüfprogrammroutinen, mit deren Hilfe eine Eingrenzung der →Fehlerursache in bestimmten vorher anvisierten Fällen möglich ist.
– Die Fehlerkatalogmethode basierend auf Simulationsdaten.
– Anwendung des Erfahrungskataloges im Falle bereits früher analysierter Fehlerursachen.
– Optoelektronische/thermovisuelle Analysemethoden (→Thermographie, →Laserstrahlmeßtechnik, →Elektronenstrahlmeßtechnik, →Emissionsmeßtechnik), angewandt insbesondere bei Bausteinen im Prototypentest. *Winter*

Dichtemessung. Die Dichte ρ eines Stoffs ist der Quotient aus seiner Masse m und seinem Volumen Q,

$$\rho = \frac{m}{Q}.$$

Üblicherweise wird die Dichte in g/cm³ angegeben. Weiterhin können folgende Dimensionen für die Dichte verwendet werden: kg/m³, kg/l, g/l und g/ml. Die relative Dichte d ist das Verhältnis der Dichte eines Stoffes zu der Dichte einer Bezugssubstanz unter Bedingungen, die für beide Stoffe anzugeben sind. Sie ist eine unbenannte Zahl. Bei festen Stoffen und Flüssigkeiten wählt man als Bezugsstoff meist Wasser von 4 °C beim Druck von 1013 mbar. Die Dichte der Gase und Dämpfe hängt von Druck und Temperatur ab. Sie wird i. a. für den Normzustand 0 °C und 1013 mbar als Normdichte angegeben. Bezugsstoff ist in der Regel Luft.

In der folgenden Tabelle sind die Dichten einiger Substanzen (unter Normbedingungen) angegeben.

Substanz	Dichte (g/cm³)	Substanz	Dichte (g/m³)
Alkohol	0,794	Kupfer	8,90
Aluminium	2,70	Luft	0,001293
Benzin	0,67	Platin	21,45
Blei	11,3	Quecksilber	13,55
Eisen	7,86	Sauerstoff	0,001429
Glas	2,4–2,8	Silber	10,5
Glyzerin	1,27	Stickstoff	0,001251
Gold	19,3	Wasser (4 °C)	0,999973
Kohlendioxid	0,001977	Wasserstoff	0,0000899

Die Dichte fester Stoffe wird mittels Wäge- oder Auftriebsmethode gemessen. Bei der Wägemethode wird die Masse durch Wiegen bestimmt. Läßt sich das Volumen bei unregelmäßiger Gestalt nicht errechnen, so mißt man die Volumenänderung einer Flüssigkeit, wenn man den Körper in einem mit Flüssigkeit gefüllten Behälter ganz untertaucht. Statt aber das verdrängte Flüssigkeitsvolumen direkt zu messen, kann man es auch durch Wägung ermitteln. Das Pyknometer wird bis zu einer festen Marke mit einer Flüssigkeit bekannter Dichte gefüllt und die Masse M bestimmt. Sodann wird soviel Flüssigkeit entfernt, daß bei Eintauchen des zu messenden Körpers mit der Masse m gerade die gleiche Marke erreicht wird. Hiervon wird wiederum die Masse M' bestimmt. Die Masse der verdrängten Flüssigkeit ist dann M + m – M'. Damit ergibt sich die Dichte des Körpers zu

$$\rho = \frac{m}{M + m - M'} \cdot \rho_{Fl}$$

mit ρ_{Fl} als Dichte der Flüssigkeit.

Bei der Auftriebsmethode (Auftrieb) wird die Dichte nach dem Prinzip von Archimedes bestimmt. Man wiegt dazu zunächst den Körper in Luft (m) und dann in einer Flüssigkeit bekannter Dichte m', ς_{Fl}. Man erhält so aus dem Auftrieb m – m'

$$\rho = \frac{m}{m - m'} \cdot \rho_{Fl} \cdot$$

Bei Flüssigkeiten läßt sich die Dichte ebenfalls mittels Pyknometer bestimmen. Hierzu wird das Gefäß mit bekanntem Volumen V einmal leer und einmal mit Flüssigkeit gefüllt gewogen. Aus der Differenz und dem Volumen V läßt sich dann die Dichte als Quotient bestimmen. Im Aräometer wird wiederum die Auftriebsmethode verwendet. Dieses besteht aus einem langen schlanken Glasrohr, das mit einer Teilung versehen ist, und aus einem spindelförmigen, ballastbeschwerten Senkkörper. Die Skale umfaßt in Abhängigkeit vom Senkkörper und Ballast einen bestimmten Dichtebereich. Die Dichte der Flüssigkeit kann direkt an der Skale abgelesen werden. Beide Verfahren arbeiten diskontinuierlich; die Wäge- und Auftriebsmethode kann man aber auch zur kontinuierlichen D. verwenden. Im ersteren Fall wird ein U-förmiges Rohr an seinen offenen Enden drehbar gelagert und von der Flüssigkeit durchströmt. Das andere Ende des Meßrohrs hängt an der Wägevorrichtung, deren Signal pneumatisch oder induktiv erfaßt wird. Bei der Auftriebsmethode durchströmt die zu messende Flüssigkeit ein Gefäß mit einem Auftriebskörper bestimmter Form und konstanter Masse. Die Eintauchtiefe läßt sich über einen Differentialtransformator kontinuierlich bestimmen.

Mit sehr geringen Flüssigkeitsmengen kommt man bei der Resonanzmethode aus. Hierbei füllt man in ein U-Rohr die zu prüfende Flüssigkeit und regt es elektrodynamisch zu Eigenschwingungen an. Die Schwingungsdauer ist ein Maß für die Dichte der zu untersuchenden Flüssigkeit. Aus der Schwingungsdauer, die bei einer Referenzsubstanz und bei der zu messenden Flüssigkeit ermittelt wird, läßt sich die Dichte mit hoher →Genauigkeit bestimmen. Hierzu ist allerdings die genaue Einhaltung einer bestimmten Prüftemperatur, die durch einen

Thermostaten eingestellt wird, erforderlich. Als Unsicherheit wird etwa $\pm 2{,}5 \cdot 10^{-4}$ g/cm³ angegeben. Besonders zur D. von aggressiven oder breiartigen Flüssigkeiten – auch bei hohen Temperaturen und Drücken – wird die Intensitätsabnahme radioaktiver Strahlung beim Durchgang durch die Flüssigkeit benutzt.

Die Strahlen einer radioaktiven Quelle werden mittels Ionisationskammer einmal nach Durchgang durch das Meßgut und einmal ungeschwächt gemessen. Die Differenz ist ein Maß für die Dichte des Stoffs.

Die Dichte von Gasen läßt sich ebenfalls durch →Wägen bestimmen. Hierzu wird ein großer leichter Behälter, der einmal mit dem Referenzgas (meist trockene Luft), einmal mit dem Meßgas gefüllt ist, gewogen. Bei der Dichtebestimmung muß der Auftrieb berücksichtigt werden. Gasdichten lassen sich auch mit der Resonanzmethode bestimmen. *F. Schneider*

Dichtigkeitsprüfung →quality level

Dickenmessung, elektrische. Bei der D. besteht die Aufgabe, die Dicke des betrachteten Meßobjekts kontinuierlich in der SI-Einheit m zu erfassen. Aus der Dicke kann man bei bekannter Dichte auf das Flächengewicht schließen. Besonders wichtig in vielen Herstellungsprozessen ist das Messen der Schichtdicken. Die D. gehört zur →Längenmessung. Bei der D. und Flächengewichtsmessung durch mechanisches Abtasten sind Diamant-Meßkugeln oder -Rollen mit einem Tastsystem verbunden, dessen Abstandsänderungen durch Wegaufnehmer in elektrische Signale umgewandelt werden. Ihr Zeitverhalten ist bestimmt durch die Masse der Tastsysteme, den einstellbaren Meßdruck und den →Meßumformer. Mechanische Abtastgeräte haben normalerweise eine Meßtiefe von max. 100 mm. Sie sind an warmem und plastischem Meßgut nicht zu verwenden und messen insbesondere nicht berührungslos.

Zur D. von leitenden Materialien bzw. zur Schichtdickenmessung von nichtleitenden Schichten auf NE-Metallen lassen sich Wirbelströme verwenden. Das Wechselfeld einer Spule erzeugt im leitenden Material Wirbelströme, deren Rückwirkung je nach Schichtdicke die Induktivität der induzierenden Spule oder die Kopplung zweier Spulen verändert. Nach Weiterverarbeitung und →Linearisierung erhält man ein der Schichtdicke proportionales Signal.

Auch der Queranker-Aufnehmer (→Längenmessung) läßt sich zur D. nichtmagnetischer Schichten verwenden.

Insbesondere zur D. von Kunststoffolien lassen sich kapazitive Aufnehmer (→Meßaufnehmer, kapazitive) verwenden. Bei einem Plattenkondensator verändert sich die Kapazität durch die dickeabhängige Veränderung des Dielektrikums. Die Spannungsänderung, die die Kapazitätsänderung hervorruft, wird in einem nachgeschalteten →Operationsverstärker aufbereitet.

Mittels ionisierender Strahlung läßt sich sowohl die Flächengewichtsbestimmung wie auch die Schichtdickenmessung durchführen. Grundlage hierfür ist das Absorptionsgesetz

$$I_s = I_{so} \cdot e^{-\mu d}$$

mit I_{so} ungeschwächte Strahlungsintensität,
I_s geschwächte Strahlungsintensität,
μ Absorptionskoeffizient,
d Dicke des durchstrahlten Materials.

Der →Absorptionskoeffizient μ ist von der Art der Strahlung und den Materialeigenschaften des Absorbers abhängig, insbesondere von der Dichte des durchstrahlten Materials. Damit läßt sich die Dicke von Kunststoff- oder Metallbändern messen, wenn die Dichte des Materials bekannt und konstant ist, und die Dichte eines Materials bei konstanter Dicke (→Dichtemessung). Neben der Messung des durchgelassenen Strahls wird häufig auch die Rückstreuung zur Messung verwendet. Man verwendet Röntgen-, β- und γ-Strahlen zum Messen (→Strahlungsmessung).

Mittels Laufzeitauswertung von Ultraschall ist eine berührungslose D. im Bereich zwischen 0,25 bis 300 mm möglich. Man wendet sie beim Prüfen von Behältern und Rohrleitungen an. Bei der D. mit Mikrowellen von 35 GHz arbeitet das Meßsystem als →Interferometer. Es dient zum Bestimmen der Dicke metallischer Beschichtungen auf Kunststoff-Trägermaterial, zwischen 5 und 250 nm, wie etwa bei Kondensatorfolien oder der Compaktdisk. *F. Schneider*

Dickfilm. D. sind Sinterwerkstoffe aus einer Glasmatrix mit oder ohne eingeschlossenen Metallpartikeln, die festhaftend auf einem keramischen oder halbleitenden Substrat aufgebracht werden. Auch polymerbasierte Schichten werden als D. bezeichnet. D. dienen als Elektroden an Dielektrika und Widerstandsschichten und bilden Anschlußflächen für Fügeverbindungen durch Schweißen, Weichlöten und Kleben. Die Bezeichnungsweise kann bezogen auf die Schichtdicke in die Irre führen, weil die sog. Dickschichten mit Höhen ab etwa 5 µm bis zu rund 30 µm und kondensierte bzw. elektrochemisch abgeschiedene Dünnschichten (→Dünnschichttechnik) bis zu 30 µm Höhe Anwendung finden.

Die Sinterschichten aus Verbundwerkstoffen sind in der Mikroelektronik deshalb von großer Bedeutung, weil sie sich ohne kostspielige Vakuumprozesse herstellen lassen, wie sie für die Technik der kondensierten Schichten erforderlich sind. Sinterschichten werden aus viskosen Pulverpasten gebrannt, deren geometrische Struktur bei der Aufbringung – rakeln durch ein Sieb oder eine Lochmaske – vorgegeben wird. Damit können auch kostspielige Werkstoffe wie edelmetallhaltige Metallpulver sparsam verwendet werden. Weiterhin ergeben die hohen Sintertemperaturen eine ausgezeichnete Stabilität der elektrischen Schaltungseigenschaften. Der wesentliche Nachteil der →Dickschichttechnik liegt in der Grenze zu Strukturen kleiner Abmessungen, minimale Leiterbahnbreite rd. 50 µm.

Der weitere wesentliche Vorteil der Sinterschichten liegt in der gemeinsamen Herstellung passiver Funktionsträger in einer Schaltkreisebene zu hybridintegrierten Schaltkreisen (*engl.* Hybrid Integrated Circuits, HICs, Hybridintegration). Dies sind Induktivitäten, z. B. niederohmige Leiterbahnen als flache Ringe, Spiralen oder gerade Resonatoren für Höchstfrequenzen, Widerstände und Kondensatoren. Komplexe Schaltungen werden in Dickfilmtechnik in zwei oder mehreren Leiterbahnlagen mit zwischengeschalteten Isolierschichten gefertigt, z. B. als Zweilagenverdrahtung. Der elektrische Widerstand ohmscher Leiter läßt sich durch die chemische Zusammensetzung und Morphologie der Pulverbestandteile zwischen rd. $2 \cdot 10^{-7}$ Ωm (Leiterbahnen mit hohem Ag- und Pd-Gehalt) und einigen Ωm (Widerstandsschichten mit Rh_2O_3-haltigen Gläsern) einstellen; der →Temperaturkoeffizient wird durch Einstellung des Metallgehalts (positiver Temperaturkoeffizient) und des halbleitenden Volumens an unterstöchiometrischen Metalloxiden (negativer Temperaturkoeffizient) in bestimmten Mischungen bis $|\delta R/R \cdot 1/\delta T| < 50$ ppmK^{-1} gebracht. Entwicklungen von Sinterschichten ohne Edelmetallanteil auf Kupfer, sogar auf Aluminium-Grundlage versprechen eine weitere Kostenreduktion der Dickschichttechnik.

□ Herstellung: Grundstoff der Metall-Glas-Schichten ist eine Paste (*engl.* Ink, Tinte). Sie besteht aus einem metallisch leitenden Pulver, einem Glaspulver, einem organischen Bindemittel und Zusätzen, wie sie in der Lackiertechnik gebraucht werden, Verdünnern und Tensiden. Die Rohbestandteile des Glaszusatzes (meistens BiO_2, $PbGeO_3$, PbO_2 und andere Oxide mit niedrigem Schmelzpunkt) werden gemischt, gefrittet und abgeschreckt, um das Glasgefüge zu erhalten und die Kristallisation zu vermeiden. Das Glas wird gemahlen. Beide Metallpulver und das Glaspulver werden in einer Drei-Walzen-Mühle in Etylzellulose (ähnlich dem Tapetenkleister) eingetragen. Die rasche Reibgeschwindigkeit an den Walzflächen bewirkt eine innige Vermischung der Pulver untereinander.

Die Dickschichten lassen sich bei niedriger Temperatur (−18°C) lange lagern, da sie nur Lösungsmittel wie Glykolether und keine aushärtenden Polymere enthalten. Die Pastenbehälter sollen dampfdicht sein, um ein Eintrocknen zu verhindern. Vor jedem Siebdrucken rührt man die Dickschichtpasten sorgfältig um, am besten auf maschinelle Weise. Das „Topfen“ oder die Thixotropie der Dickschichtpasten gibt an, in welchem Ausmaße beim Herausziehen eines benetzten Körpers aus der Paste ein Zapfen hängen bleibt. Verhält sich die Dickschichtpaste zu dünnflüssig, so leidet die Bedeckung an Stufen und Kanten.

□ Siebdruck: Bei gleichbleibenden Bedingungen (Maschenweite des Siebes, Anpreßkraft und Vorschubgeschwindigkeit des Rakels) können die Höhe und Randgestalt der Beschichtung reproduzierbar eingestellt werden. Schädliche Wirkungen aus Pasten- und Druckfehlern sind das Einsinken in der Mitte von Leiterbahnen, auslaufende Ränder (mitunter bis zum Kurzschluß zwischen benachbarten Leiterbahnen) und Risse beim Trocknen und Sintern.

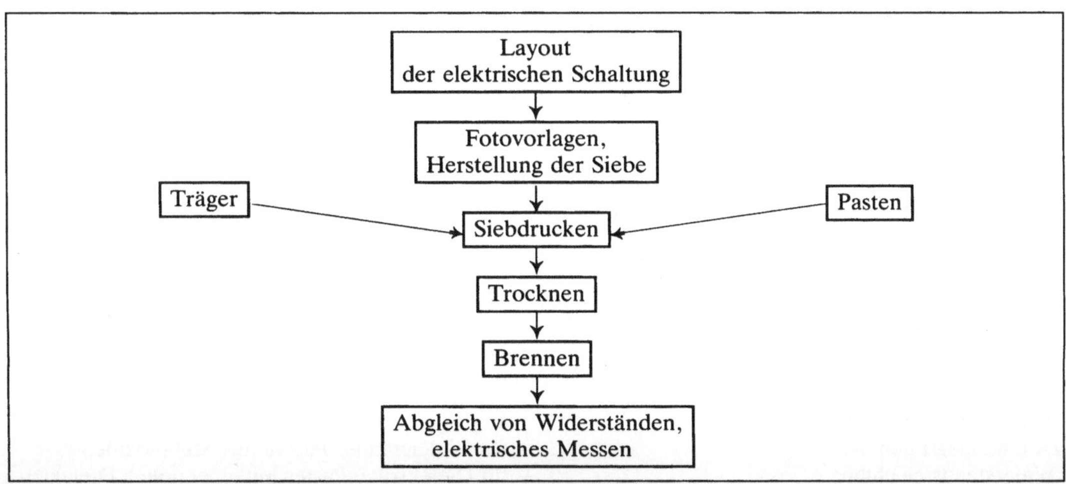

Dickfilm 1: Dickschichttechnik für hybridintegrierte Schaltkreise.

Dickfilm. Tabelle: Bestandteile von Siebdruckpasten

	für elektrische Leiter und Anschlüsse	für ohmische Widerstände	für Isolierschichten
Elektrisch wirksame Bestandteile	Au, Pt (Au) Ag, Pd (Ag) Cu Ni	Pd (Ag) $Bi_2Ru_2O_7$ RuO_2	$BaTiO_3$ Gläser und keramische Werkstoffe oft komplizierter Zusammensetzung
Glasbestandteile	Borsilikat-Gläser, Aluminium-Silikatgläser CuO, CdOt		
nicht flüchtiger Binder	Ethyl-Zellulose		
flüchtige Bestandteile	Terpinol		

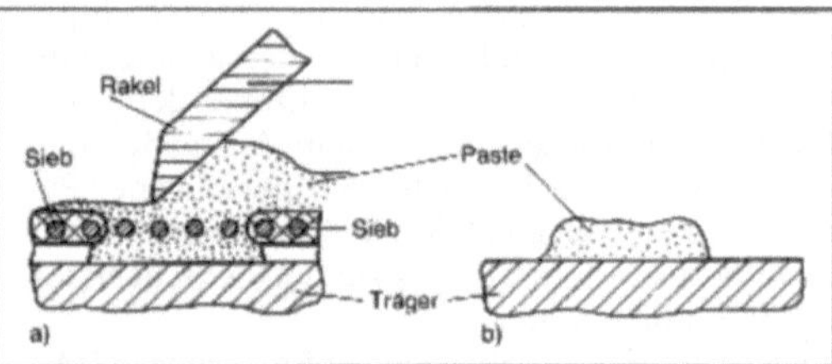

Dickfilm 2: Siebdruckverfahren.
a) Aufrakeln
b) gedruckte Struktur.

□ Brennen: Die Brenntemperatur von Dickfilm-Widerständen muß im Bereich zwischen 900 und 1200 K bei Brennzeitintervallen von einigen 100 bis 1000 s auf ± 2 K genau eingehalten werden. Damit ändert sich nämlich die Reaktionsgeschwindigkeit bereits um rund 2 % mit merklicher Wirkung auf die Widerstandseigenschaften. Die folgende Übersicht gibt Anhaltspunkte zur Prüfung von Metall-Glas-Pasten:

Alle Pastenarten:
- chemische Bindung auf dem Träger
- Dicke/Höhe nach dem Druck und Trocknen
- laterale Auflösung, Qualität der Ränder und Positionierung der Siebe

Leiterbahnen:
- Eignung zum Mikroschweißen
- Eignung zum Weichlöten
- Gleichstromwiderstand
- Leitungsverluste in Höchstfrequenzschaltkreisen

Isolierschichten:
- relative Dielektrizitätskonstante
- Durchschlagspannung

Widerstandsschichten:
- Flächenwiderstand
- Widerstand als Funktion der Abmessungen und Anschlußelektroden. *Hieber*

Dickschichtsensor. Ein D. ist ein in der Dickschicht-Technologie gefertigter →Sensor.

Passive elektronische Komponenten wie Widerstände, Kondensatoren und Leiterbahnen lassen sich auf einem nichtleitenden Substrat aus Keramik oder Glas aufdrucken. Aus einem mit einem photoempfindlichen Lack beschichteten Sieb wird mit Hilfe der Photolitographie die Druckform gewonnen. An den Stellen, an denen der photoempfindliche Lack entfernt ist, werden die aufzudruckenden Pasten durch das Sieb auf das Substrat gedrückt (Bild). Anschließend werden sie getrocknet und eingebrannt. Werden aktive Bauteile benötigt, so sind sie nachträglich in die Schaltung einzulöten (Hybridtechnik). Die Schichtdicken liegen zwischen 10 und 50 µm. Die Leiterbahnen haben eine Breite und einen Abstand von etwa 200 µm.

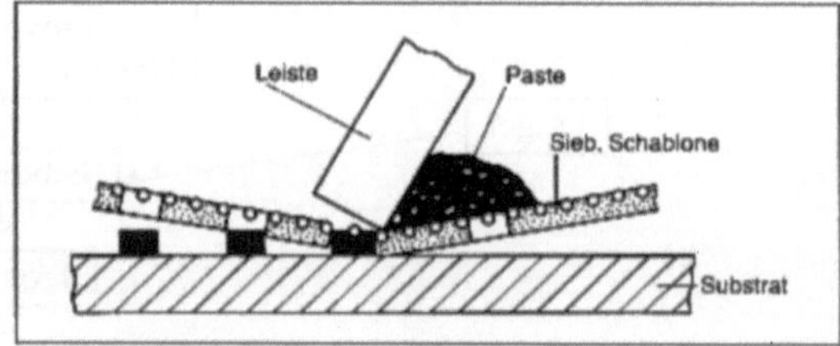

Dickschichtsensor: Schematische Darstellung des Siebdruckverfahrens.

Verfügbar sind
- für Widerstände: Pasten aus Metalloxiden
- für Dielektrika: Pasten mit einer hohen Dielektrizitätszahl (Tantal-Oxid, Barium-Titanat)

- für Leiterbahnen: Pasten mit Metallpulver (Gold, Silber, Platin, Kupfer, Nickel)
- für Abdeck- und Schutzschichten: Glaspasten.

Die Widerstände werden mit Hilfe des Laser-Schneidens auf den genauen Wert abgeglichen.

Die in der →Dickschichttechnik hergestellten Sensoren werden z. B. zur
- Temperaturmessung,
- Druckmessung,
- Feuchtemessung

eingesetzt. *Schrüfer*

Dickschichttechnik. Die D. unter Verwendung von →Dickfilmen bildet einen wesentlichen Teil des Aufbaues übergeordneter oder hybridintegrierter Schaltkreise. Das Herstellungsverfahren umfaßt:
- Erstellung einer ersten Lage von niederohmigen Leiterbahnen, z. B. Au-Glas, nach Brenntemperatur 1250 K;
- Erstellung einer zweiten Leiterbahnlage Ag(Pd)-Glas, Brenntemperatur 1120 K;
- Einbringen der ersten Isolationsschicht;
- Einbringen von Widerständen;
- Einbringen der zweiten Isolationsschicht;
- Überdrucken von Leiterbahnkreuzungen;
- Abgleich von Widerständen, z. B. durch Laserschneiden;
- Siebdruck der Weichlotpaste;
- Vorschmelzen der Weichlotpaste;
- Waschen zur Befreiung von Flußmittelresten;
- Drucken des Leitklebers;
- Montage der Halbleiter-Chip-Bauelemente sowie der passiven Chip-Bauelemente;
- Aushärten des Klebers;
- Mikroschweißen der Halbleiter-Drahtanschlüsse, sodann folgen entweder

□ der Einbau in ein hermetisches Gehäuse mit
- Einkleben;
- Aushärten;
- Anschließen der Gehäuse-Durchführungen;
- Verschließen der Gehäuse

oder

□ die Umhüllung mit Polymer:
- Passivieren der Halbleiteroberfläche;
- Aushärten der Passivierung;
- Verlöten der Anschlußverbindungen und Auswaschen der Flußmittelreste;
- Eingießen und Aushärten der Umhüllung.

In der Gestaltung von Hybridschaltkreisen (Hybridintegration) ist die D. als Beschichtungstechnik bzw. elektronische Schichttechnik außerordentlich flexibel. Die Strukturierungstechnik wird empirisch an die Folge der für einen bestimmten Schaltkreis erforderlichen Verfahrensschritte angepaßt. Eine Besonderheit liegt in der Möglichkeit, ohmsche Widerstände auch nachträglich in der fertigen Schaltung elektrisch zu justieren. *Hieber*

Dickschichttechnik: Hybridschaltkreis, bestückt mit Bauelementen. (Quelle: Philips Components)

DICT. Abk. für →In-Circuit-Test, digitaler.

Differential-Transformator →Längen- und Winkelmessung

Differentialfeldplatte. Feldplatten zur Messung von Magnetfeldern haben den Nachteil einer hohen Temperaturempfindlichkeit. Zur weitgehenden →Temperaturkompensation werden Feldplatten daher in einer *Wheatstone*'schen Brückenschaltung eingesetzt (Bild). Die beiden dafür erforderlichen Feldplatten werden bereits als Paare in definiertem Abstand hergestellt. *Schaumburg*

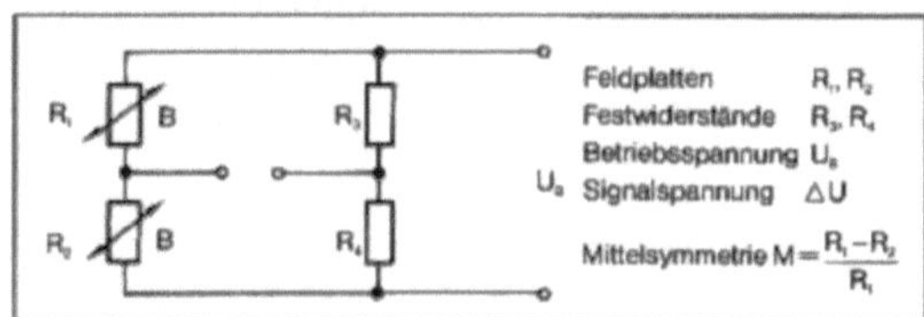

Differentialfeldplatte: Brückenschaltung. (Quelle: Heywang)

Literatur: *Heywang, W.:* Sensorik. Berlin 1984.

Differenzdruckmessung. Diese dient primär zum Messen des Unterschieds zwischen zwei Drücken. Die D. wird nach dem Wirkdruckverfahren zur →Durchflußmessung und nach dem hydrostatischen Verfahren zur Höhenstandsmessung eingesetzt. Die Einheiten (→Pascal, →bar) sind dieselben wie bei der →Druckmessung.

Jeder Überdruckaufnehmer kann auch den Differenzdruck messen, wenn man den zweiten Druck über einen geeigneten Anschluß auf die zweite Aufnehmerseite aufbringt. Sind dabei kleine Druckdifferenzen bei hohen Absolutdrücken zu messen, stellt sich die Frage nach der Überlastsicherheit. Aus diesem Grunde werden Differenzdruckaufnehmer mit Membransystemen, die aus zwei oder drei Membranen bestehen, versehen. Der Zwischenraum wird gefüllt mit einer Koppelflüssigkeit, in der sich ein mittlerer Druck aufbaut, so daß die einzelne Membran nur mit der halben Druckdifferenz beaufschlagt ist. Bei Überlast (z. B. →Druckabfall auf der einen Aufnehmerseite) werden die Membranen vor der Zerstörung dadurch gesichert, daß sie sich an eine feste Platte anlegen.

Das bekannteste Meßverfahren für Differenzdruck ist das Zweikammernprinzip. Die Drücke p_1 und p_2 werden über Schutzmembranen mit Hilfe einer Koppelflüssigkeit beidseitig auf eine Meßmembran übertragen. Sowohl die Auslenkung als auch die (mechanischen) Spannungen in der Membran sind proportional zur Druckdifferenz. Während die Auslenkung mit kapazitiven oder induktiven Verfahren bestimmt werden kann, lassen sich die Spannungen mit →Dehnungsmeßstreifen messen. Eine Weiterentwicklung dieses Prinzips sind Einkammer-Differenzdruckaufnehmer in →Dickschichttechnik (Bild). Bei diesem wird auf die mittlere Meßmembran verzichtet. Die äußeren Schutzmembranen übernehmen die Meßfunktion. Über Silikonöl wird der Druck von einer Membran auf die andere übertragen. Damit sind beide Membranen parallel geschaltet. Die eine Membran wird nach innen, die andere nach außen ausgelenkt und die Lage der Membranen kapazitiv erfaßt. Der Differenzdruck $p_1 - p_2$ ist proportional zur kapazitiven Abstandsänderund $d_1 - d_2$. Betrachtet man diese Meßkondensatoren als Plattenkondensatoren, so ist die Kapazität umgekehrt proportional zum Elektrodenabstand. Es ist also $p_1 - p_2 \sim \frac{1}{C_1} - \frac{1}{C_2}$.

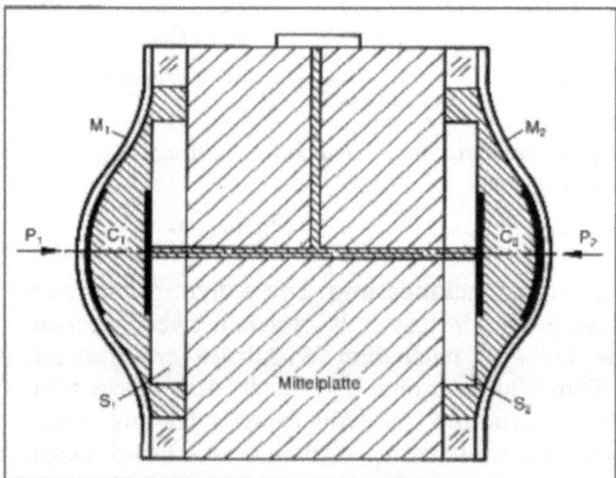

M_1, M_2 Membranen aus Al_2O_3-Keramik, S_1, S_2 Überlastschutz aus Glaskeramik, C_1, C_2 Kapazitäten

Differenzdruckmessung: Einkammer-Differenzdruckaufnehmer in Dickschichttechnik.

Aus den beiden Kapazitäten C_1 und C_2 läßt sich zusätzlich ein Temperatursignal zur (analogen) Kompensation der Temperaturabhängigkeit ermitteln. Damit sind Kennlinienabweichungen von unter 0,1 % und Temperaturfehler von weniger als 0,1 % / 1OK zu erreichen. Die Meßbereiche reichen von wenigen Millibar bis 2 000 mbar bei Nenndrükken von 160 bar. Ein weiterer Differenzdruckaufnehmer ist die →Bartonzelle. *F. Schneider*

Differenzierverstärker. Der Differenzierer ist ein →Meßverstärker (invertierender →Operationsverstärker), dessen Ausgangsspannung u_a proportional der Änderungsgeschwindigkeit der Eingangsspannung u_e ist. Aus dem in dem Knoten 1 (Bild) fließenden Eingangsstrom

$$i_e = C \frac{du_e}{dt}$$

ergibt sich die Ausgangsspannung

$$u_a = - R_g C \frac{du_e}{dt}$$

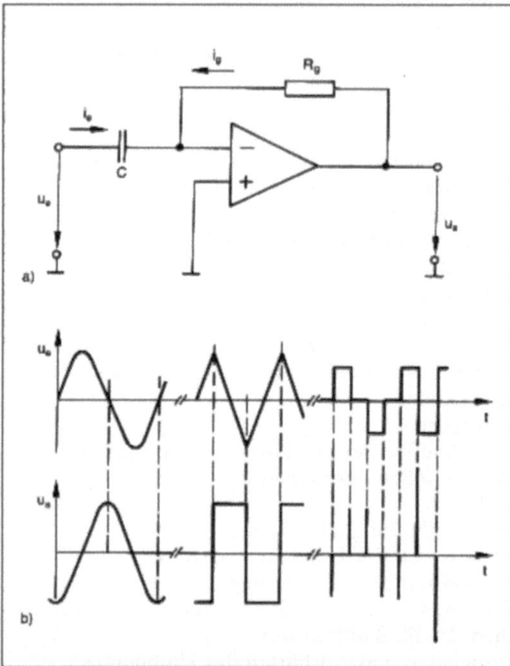

Differenzierverstärker: Differenzieren mit dem Umkehrverstärker.
a) Schaltung und
b) Signale.

Das Differenzieren bereitet erfahrungsgemäß in der Praxis mehr oder minder große Schwierigkeiten, da durch diese Operation das →Rauschen und die höherfrequenten Störsignale besonders hervorgehoben werden. Für den praktischen Einsatz ist der Differenzierer noch um →Filter zu erweitern, die das Signalband begrenzen und das →Signal/Rausch-Verhältnis verbessern. *Schrüfer*

Digital-Analog-Umsetzer. Der DAU (D/A-Umsetzer) ist ein Gerät, das proportional zu einem eingegebenen digitalen Signal eine Spannung oder einen Strom liefert. Der DAU wird benötigt, wenn mit digitalen Signalen Geräte angesteuert werden sollen, die eine Spannung oder einen Strom als Eingangssignal benötigen. Dies ist z. B. bei der Betätigung analoger Geräte (Stellantriebe, Oszilloskope, Sichtgeräte, Schreiber, Meßgeräte mit Skalenanzeige) der Fall. Der DAU kann als digital einstellbare Spannungsquelle aufgefaßt werden.

Das Ausgangssignal eines DAU ist eine Spannung, die aber nicht analog im eigentlichen Sinne des Wortes ist. Da ja der Informationsgehalt des Ausgangssignales nicht größer als der des Eingangssignales sein kann, kann sich auch die Ausgangsspannung nur in diskreten Stufen ändern.

□ Spannung/Strom-Verstärker: Der in Bild 1 dargestellte DAU enthält einen u/i-Meßverstärker, der bei der konstanten Eingangsspannung U_o den konstanten, eingeprägten Eingangsstrom $I_a = U_o/R_g$ liefert. Dieser Strom fließt über entsprechend dem verwendeten Code abgestufte Widerstände, die zunächst durch parallel liegende Kontakte überbrückt sind. Die Kontakte werden von dem umzusetzenden digitalen Wort so gesteuert, daß das 1-Signal den Kontakt öffnet, das 0-Signal den Kontakt geschlossen hält. Die an den stromdurchflossenen Teilwiderständen R_i abfallende Spannung U_a ist dann ein Maß für das umgesetzte digitale Wort

$$U_a = I_a \Sigma R_i$$

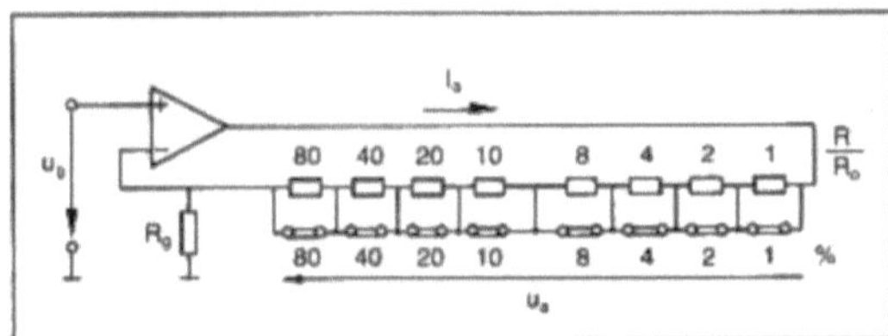

Digital-Analog-Umsetzer 1: Anordnung mit U/I-Verstärker.

□ Strom/Spannung-Verstärker: Die Schaltung von Bild 2 verwendet einen invertierenden i/u-Verstärker mit der Ausgangsspannung $U_a = -R_g I_e$. Hier bestimmen überbrückbare Widerstände die Höhe des Eingangsstroms. Für jeden Widerstand sind zwei Kontakte vorgesehen, die wechselweise öffnen und schließen. Bei einem mit 1 belegten bit wird der obere Kontakt geschlossen und der untere geöffnet. Damit fließt über den Widerstand R_i der Teilstrom U_o/R_i. Diese Teilströme addieren sich zu dem gesamten Eingangsstrom I_e. Die Ausgangsspannung U_a dieses Verstärkers ist damit proportional dem umgesetzten digitalen Wort,

$$U_a = -R_g \Sigma \frac{U_o}{R_i}$$

Damit ein eventueller Leckstrom über die oberen, offenen Kontakte sich nicht zum Eingangsstrom addiert und diesen verfälscht, wird er durch die unteren, im Bild geschlossenen gezeichneten Kontakte nach der Masse abgeleitet.

□ R/2R-Netzwerk: Die Schaltungen von Bild 1 und Bild 2 benötigen dual abgestufte Widerstände. Diese müssen einen weiten Bereich überstreichen. Bei einem 12 bit DAU stehen die Widerstandswerte im Verhältnis von $1:2^{12}$, d. h. 1 : 4 096. Es ist aufwendig, die verschiedenen Widerstände mit der erforderlichen →Genauigkeit zu realisieren. Aus diesem Grunde wird häufig das R/2R-Netzwerk (Kettenleiter-Netzwerk) von Bild 3 verwendet. Es benötigt zwar doppelt soviele Widerstände, diese aber nur mit den Werten R und 2R. In die Genauigkeit der Umsetzung geht nur das Verhältnis der Widerstände ein, das leichter konstant zu halten ist, als deren absolute Werte.

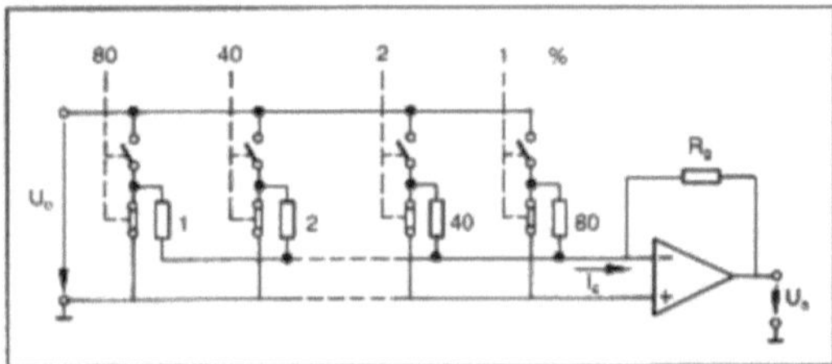

Digital-Analog-Umsetzer 2: Anordnung mit I/U-Verstärker.

Bei dem Netzwerk von Bild 3 halbiert sich die angelegte Spannung U_o jeweils von Knoten zu Knoten. Der Umschaltkontakt realisiert die Koeffizienten (bit) a_i des digitalen Worts mit den Wertigkeiten 0 oder 1. In der Schalterstellung 1 ($a_i = 1$) fließt jeweils der Strom $(U_o/16\,R)\,2^i$ in den Knoten K am invertierenden Eingang des Operationsverstärkers. Die Ströme summieren sich zum Gesamtstrom

$$I_e = \frac{U_o}{16\,R} \Sigma\, a_i 2^i$$

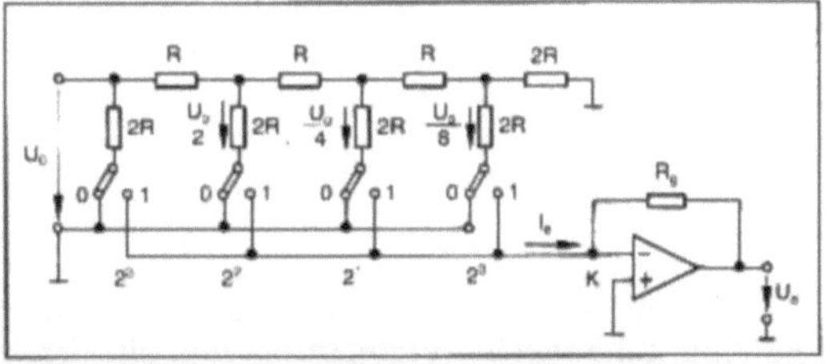

Digital-Analog-Umsetzer 3: Stromverstärker mit R/2R-Netzwerk.

Die Ausgangsspannung des Stromverstärkers $U_i = -R_g I_e$ entspricht dann dem steuernden digitalen Wort. *Schrüfer*

Digitalanzeige →Meßgerät

Digitale Signalanalyse →Frequenzanalyse

Digitalfilter. D. dienen zur Verarbeitung wertdiskreter und zeitdiskreter Signale, die als Zahlenfolgen vorliegen. Im Prinzip lassen sich dieselben Funktionen (Tiefpaß, Hochpaß, Bandpaß, Bandsperre) wie bei analogen Filtern realisieren. Dabei ist jedoch zu berücksichtigen, daß bei einem derartigen Abtastsystem die →Übertragungsfunktion periodisch mit der Abtastfrequenz f_a verläuft (Bild 1). Durchlaß- und Sperrbereich wiederholen sich periodisch.

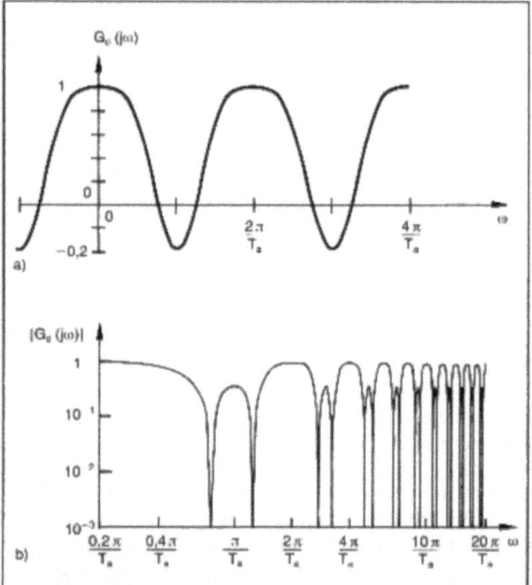

Digitalfilter 1: Periodische Übertragungsfunktionen $G_d(j\omega)$ des nichtrekursiven D.

$$y_n = \frac{1}{35}(-3x_{n+2} + 12x_{n+1} + 17x_n + 12x_{n-1} - 3x_{n-2})$$

Beim *nichtrekursiven* D. ist die Ausgangszahlenfolge y_n über die Filterkoeffizienten a_k mit der Eingangszahlenfolge x_n gemäß der folgenden Gleichung verknüpft:

$$y_n = \sum_{k=0}^{N} a_k x_{n-k}.$$

Die Eingangswerte werden von x_n ausgehend um je ein Abtastintervall T_a verzögert bis zum ältesten Wert x_{n-N}. Jeder Wert wird mit dem zugehörigen Filterkoeffizienten a_k multipliziert. Die Produkte werden addiert, um den Ausgangswert y_n zu erzeugen. Das nichtrekursive D. ist ein →Filter mit einer endlichen Impulsantwort, ein Impulse Response Filter, ein IIR-Filter.

Beim *rekursiven* D. (Bild 2) gehen zusätzlich zu den Werten des Eingangssignals auch zurückliegende Werte des Ausgangssignal in das neue aktuelle Ausgangssignal ein. Bei einer Beschränkung auf
- den augenblicklichen Eingangswert x_n und auf zurückliegende Eingangswerte x_{n-k},
- die →Rückführung von nur vergangenen Ausgangswerten y_{n-k},
- eine endliche Anzahl von Koeffizienten

lautet der entsprechende Algorithmus

$$y_n = \sum_{k=0}^{N} a_k x_{n-k} - \sum_{k=1}^{M} b_k y_{n-k}.$$

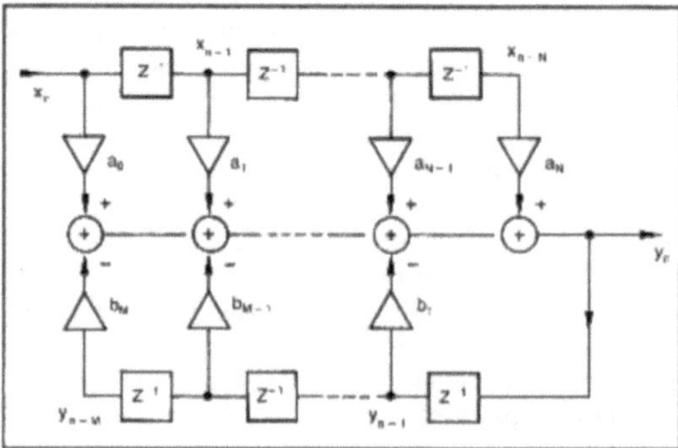

Der Block mit z^{-1} beinhaltet eine Zeitverzögerung um ein Abtastintervall T_a. Wird das Ausgangssignal y_n nicht zurückgeführt (die Koeffizienten b_k sind null), so entsteht aus dem rekursiven D. ein nichtrekursives D.

Digitalfilter 2: Blockschaltbild eines rekursiven Filters

Das rekursive Filter hat eine endliche Impulsantwort. Es ist ein Finite-Impulse-Response-Filter, ein FIR-Filter. *Schrüfer*

Literatur: *Azizi, S. A.:* Entwurf und Realisierung digitaler Filter. München–Wien 1983. – *Hamming, R. W.:* Digitale Filter. Weinheim 1983. – *Lacroix, A.:* Digitale Filter. München–Wien 1980. – *Leonhard, W.:* Digitale Signalverarbeitung in der Meß- und Regelungstechnik. Teubner Studienbücher 1989. – *Lücker, R.:* Grundlagen digitaler Filter. Springer-Verlag Berlin 1985. – *Schrüfer, E.:* Signalverarbeitung. Numerische Verarbeitung digitaler Signale. C. Hanser Verlag München 1990. – *Schüßler, W.:* Digitale Signalverarbeitung. Springer-Verlag Berlin 1988. – *Stearns, S. D.:* Digitale Verarbeitung analoger Signale. Oldenbourg Verlag München 1987.

Digitalmultimeter →Multimeter

Digitalprüfung. Sammelbegriff für alle manuellen oder automatisierten Prüfvorgänge, bei denen die Prüfung über eine Messung und Bewertung digitaler Signale bei i. d. R. zweiwertiger Logik erfolgt. Wegen der i. a. großen Komplexität heutiger Prüflinge werden für die D. praktisch nur noch automatisierte Verfahren eingesetzt.

Die Prüflinge bei der D. können sein: Wafer, Bausteine, Leiterplattenbaugruppen, die mit digitalen Bausteinen bestückt sind, sowie elektronische Geräte oder Systeme.

Die meßtechnisch zu bewertenden Grundgrößen bei der D. sind i. d. R. zwei logische Spannungspegel, deren jeweils erlaubter Spannungsbereich abhängig von der verwendeten Schaltungstechnologie (TTL, ECL usw.) eindeutig vorgegeben ist und ein dritter quasilogischer Zustand, der hochohmige sog. Tristate-Zustand (→Tristate-Prüfung). Bewertet wird zudem die zeitliche Aufeinanderfolge dieser logischen Zustände und u. a. auch die Qualität der Signale und Signalübergänge zwischen ihnen (Flankenanstiegs- und Abfallzeiten, Übergangszeit aktiv/inaktiv u. umgekehrt, Parametertest) abhängig von bestimmten Umgebungsbedingungen. Informationstechnisch relevant ist jedoch nur der zeitliche Verlauf der logischen Pegel, nicht ihre Qualität.

Die Erzeugung und Messung digitaler Signale im Prüfautomaten erfolgt über die in der →Prüfperipherie eines Prüfautomaten enthaltenen digitalen →Stimuli und Meßgeräte (→Pinelektronik), die digitale Signale mit den geforderten Signalpegeln und ihrem qualitativ und zeitlich korrekten Verlauf für die Eingangspins des Prüflings erzeugen und in gleicher Weise digitale Signale an den Ausgangspins des Prüflings messen können (→Fensterkomparator). Stimuli und Meßgeräte stehen i. d. R. gemeinsam für jeden einzelnen Anschlußpin eigens zur Verfügung. Dies gilt nicht für Stimuli und Meßgeräte, die für parametrische Messungen an digitalen Schaltungen benötigt werden. Hier gelten die Aussagen betr. →Analogprüfung.

Die Erzeugung der digitalen Signale an den Eingangspins des Prüflings wird durch das →Prüfautomatenbetriebssystem auf Grund der Angaben im →Prüfprogramm gesteuert. Die Bewertung der digitalen Ausgangssignale kann in der Hardware des Prüfautomaten (Hardwarevergleich) oder auf Programmebene durch das Prüfautomatenbetriebssystem (Softwarevergleich) durchgeführt werden.

Ein typischer Ablauf für die Prüfung einer bestimmten digitalen Funktion besteht darin, daß innerhalb eines festgelegten Zeitrahmens (→Prüfzyklus) ein Eingangsbitmuster (→Prüfbitmuster) oder Kombinationen davon an den →Prüfling angelegt werden und nach einer bestimmten Zeit, der →Reaktionszeit des Prüflings (Abtastzeit) oder die Ausgangssignale (Expect data) gemessen und bewertet werden.

Abhängig von den zeitlichen Anforderungen des Prüflings unterscheidet man zwischen statischer und dynamischer D.:

□ Statische Digitalprüfung. Bei der statischen D. kann der →Prüfautomat die Prüfbitmuster mit beliebig langsamer Geschwindigkeit – parallel oder hintereinander für alle Eingangspins – anlegen und nach beliebiger Zeit die Ausgangsbitmuster auswerten. Das Prüfgeschehen wird im wesentlichen durch den Prüfautomaten bestimmt. Es werden keine →Fehler erkannt, die auf das zeitkritische Verhalten oder Zusammenwirken einzelner Komponenten zurückzuführen sind und muß daher um andere Testverfahren, z. B. einem →Systemtest, ergänzt werden.

□ Dynamische D. Bei der dynamischen D. muß das Timing des Prüflings – entsprechend dem Datenblatt – berücksichtigt werden und das Prüfgeschehen wird damit zum großen Teil vom Prüfling mitbestimmt. Der Prüfautomat muß somit Signale in Echtzeit (→Echtzeitprüfung) mit hoher Frequenz und Präzision erzeugen und messen können und auch fähig sein, sich mit dem Prüfling hardwaremäßig synchronisieren zu können (→Match-Mode).

Die Prüfinformation für die log. Werte und Zeiten digitaler Signale ist in den passenden Prüfprogrammen abgespeichert. Prüfprogramme für digitale Prüflinge unterscheiden sich von denen für analoge Prüflinge dadurch, daß zwar mit qualitativ relativ wenigen Einstellgrößen und Meßgrößen (logische Pegel, Impulslängen) gearbeitet wird, die Komplexität durch die sich bei hohen Pinzahlen ergebenden Kombinationsmöglichkeiten logischer Zustände (Wert- und Zeitenfolgen) jedoch soweit zugenommen hat, daß eine manuelle Prüfprogrammerstellung praktisch nicht mehr durchführbar wird.

Aus diesem Grunde wird die D. schon sehr früh beim Entwicklungsprozess berücksichtigt und die Prüfinformation (Prüfbitmuster, Timing) aus den Simulationsdaten (→Prüfsimulation) abgeleitet.

Die hohe Komplexität digitaler Prüflinge erfordert im Interesse kurzer Prüfprogrammlaufzeiten, geringen Speicherbedarfs für Prüfprogramme im Steuerrechner und Reduzierung der Aufwände für die Prüfprogrammerstellung die Anwendung von besonderen Algorithmen (→Algoritmic Pattern Generator) für die Signalerzeugung und Meßwertinterpretation, die sowohl per Software wie auch per Hardware realisiert werden (→Datenkomprimierung). Dies ist möglich, weil die Funktionalität auch großer Schaltungskomplexe häufig streng determinierbar und verhältnismäßig einfach mathematisch beschreibbar ist (Speicher, ALU's, →Decoder, Encoder, →Multiplexer u. ä. Elemente).

Typisch für digitale Prüflinge ist die Tatsache, daß i. d. R. die Ausgangssignale rückwirkungsfrei sind, d. h. die zugehörigen Eingangssignale nicht beeinflussen. Dieser Umstand erlaubt es, mit einfachen Meßverfahren u. U. aber komplizierten Softwarefunktionen, Fehler in einer Schaltung ausgehend von fehlerhaften Ausgangspins mit verschiedenen Methoden zu lokalisieren (→Pfadverfolgung, →Fehlerkatalogverfahren) und die →Fehlerursache eindeutig zu diagnostizieren (→Fehlerdiagnose). *Winter*

Digitalregler →Regler, digitaler

DIN. Das Wort DIN ist seit 1975 Namensbestandteil des →DIN Deutsches Institut für Normung e. V. Als Bestandteil des Namens der deutschen Normungsorganisation ist das Wort DIN nach § 12 des Bürgerlichen Gesetzbuches (BGB) und § 16 des Gesetzes gegen den unlauteren Wettbewerb (UWG) gegen Mißbrauch geschützt. DIN wird ständig als Abkürzung für die Benennung Deutsches Institut für Normung benutzt. In der inzwischen zurückgezogenen Norm DIN 31 hieß es hierzu:

Das Wort DIN war ursprünglich die Abkürzung für Deutsche Industrie-Norm. Nachdem der „Normenausschuß der deutschen Industrie" im Jahre 1926 die Bezeichnung „Deutscher Normenausschuß" erhalten hatte, wurde DIN als „Das ist Norm" gedeutet.

Beide Deutungen sind überholt.

Das Wort DIN ist auch in dem Verbandszeichen DIN enthalten. Mit ihm werden z. B. die herausgegebenen Ergebnisse der →Normungsarbeit (z. B. →DIN-Normen) und sonstige Veröffentlichungen des DIN Deutsches Institut für Normung e. V. gekennzeichnet.

Als Aussage der →Normenkonformität, insbesondere von technischen Erzeugnissen, findet man das Zeichen DIN auch auf Waren außerhalb des Tätigkeitsbereiches des DIN. *Krieg*

DIN Deutsches Institut für Normung e. V. Das DIN Deutsches Institut für Normung e. V. ist die zentrale, national wie international als normenschaffende Körperschaft anerkannte deutsche „Nationale Normungsorganisation".

Seine Hauptaufgabe besteht darin, Normen (→Normung, technische) zu erstellen, anzuerkennen oder anzunehmen, sowie diese der Öffentlichkeit zugänglich zu machen.

Das DIN ist Mitglied in den entsprechenden regionalen (europäischen) und internationalen Normungsorganisationen (→Normung, regionale; →Normung, internationale). Ergebnisse der →Normungsarbeit im DIN sind Deutsche Normen (→DIN-Normen), die unter dem Verbandszeichen DIN vom DIN herausgegeben werden und das Deutsche Normenwerk bilden. Internationale und Europäische Normen, ausländische Normen sowie technische Regeln anderer Regelsetzer werden (z. B. als →DIN-ISO-Normen oder →DIN-EN-Normen) auch als Deutsche Normen in das Deutsche Normenwerk übernommen.

Das DIN hat die Rechtsform eines eingetragenen Vereins auf ausschließlich gemeinnütziger Grundlage mit Sitz in Berlin. Gegründet wurde es 1917.

Das DIN vertritt Deutschland in den internationalen Normungsorganisationen. Bis 1961 hatte es dies gemäß Kontrollratsbeschluß aus dem Jahre 1946 für alle vier Besatzungszonen getan. Die ab 1968, als die Mitgliedsfirmen aus der ehemaligen DDR ihren Austritt aus dem DIN erklärten, geltende Beschränkung seiner Tätigkeit auf das damalige Bundesgebiet einschl. Berlin (West) wurde mit der Verwirklichung des geeinten Deutschlands wieder aufgehoben.

Oberstes Organ des DIN ist die Mitgliederversammlung (Bild). Mitglied des DIN können Firmen oder Verbände sowie alle an der Normung interessierten Körperschaften, Behörden und Organisationen sein. Einzelpersonen können nicht Mitglied des DIN werden. Zur Zeit hat das DIN etwa 6 400 Mitglieder.

Im Jahre 1975 hat das DIN mit der Bundesrepublik Deutschland einen Vertrag (Normenvertrag) geschlossen. Demzufolge betrachtet die Bundesregierung das DIN nach Maßgabe der DIN-internen Regularien als die zuständige Normungsorganisation in nichtstaatlichen internationalen Normungsorganisationen. Der Normenvertrag findet auch in den fünf neuen Bundesländern sinngemäße Anwendung.

Das DIN verpflichtet sich in dem Normenvertrag, bei seinen Normungsarbeiten das öffentliche Interesse zu berücksichtigen und bei der Ausarbeitung der DIN-Normen insbesondere dafür Sorge zu tragen, daß die Normen bei der Gesetzgebung, in der öffentlichen Verwaltung und im Rechtsverkehr als Umschreibungen technischer Anforderungen herangezogen werden können.

Der Normenvertrag regelt die Beziehungen zwischen dem DIN und dem Staat in einer Weise, die die Grundsätze der Normungsarbeit des DIN gewährleistet. Diese neun Grundsätze (Maxime der Normung) sind gleichzeitig auch die wesentlichen Randbedingungen des eigentlichen Normungsprozesses. Im einzelnen sind es folgende:

□ Freiwilligkeit. Jedermann – wenn die Gegenseitigkeit gewährleistet ist, auch am Markt vertretene ausländische interessierte Kreise – hat das Recht, mitzuarbeiten, niemand wird jedoch dazu gezwungen. Die Arbeitsergebnisse sind Empfehlungen, die keine andere Macht hinter sich haben, als den in ihnen liegenden akkumulierten Sachverstand.

□ Öffentlichkeit. Alle Normungsvorhaben und Entwürfe zu DIN-Normen werden öffentlich bekannt und für jedermann zugänglich gemacht.

□ Beteiligung aller interessierten Kreise. Jedermann kann sein Interesse einbringen. Der Staat ist dabei ein wichtiger Partner neben anderen. Kritiker

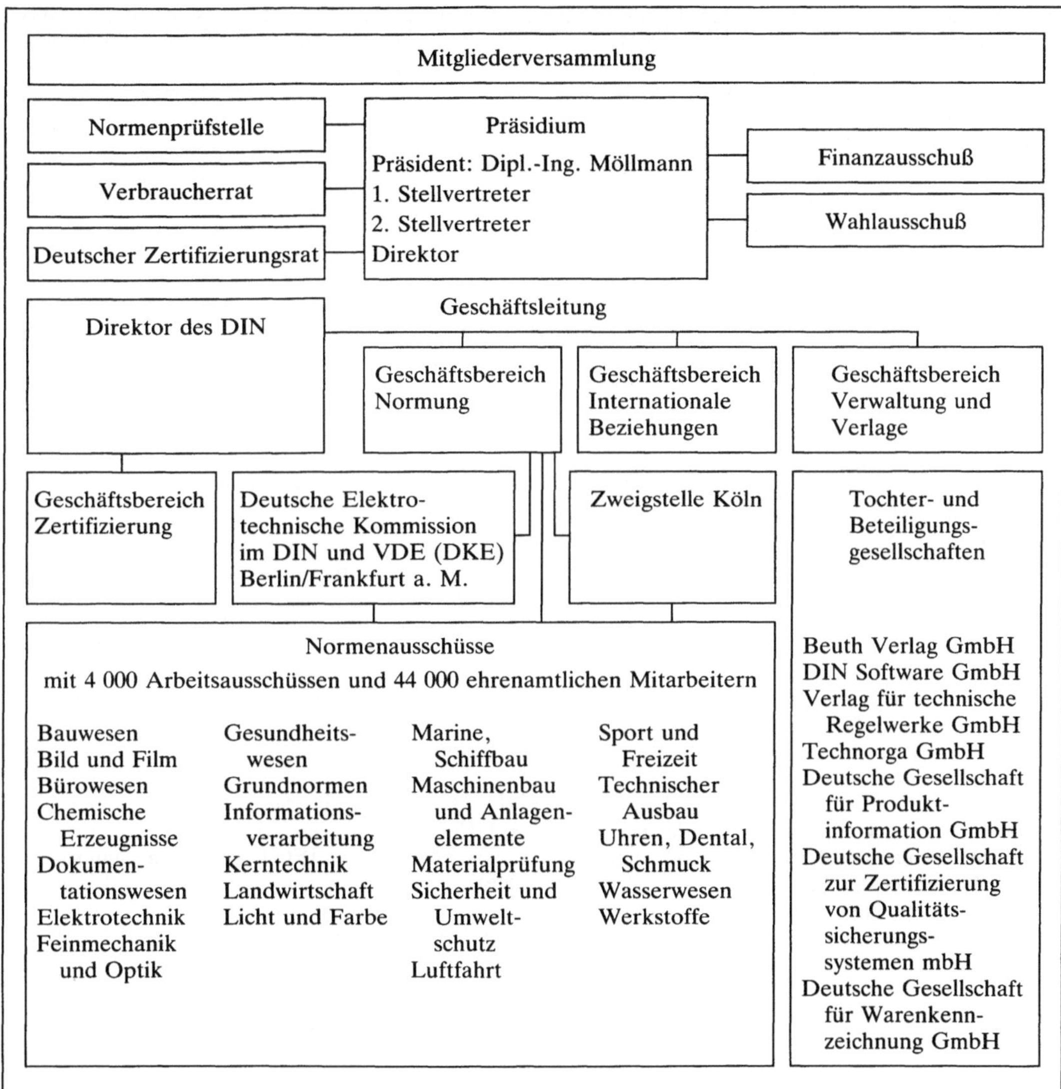

DIN Deutsches Institut für Normung e. V.: Gliederung

werden an den Verhandlungstisch gebeten. Ein Schlichtungs- und Schiedsverfahren sichert die Rechte von Minderheiten.

□ Einheitlichkeit und Widerspruchsfreiheit. Das Deutsche Normenwerk befaßt sich insbesondere mit allen technischen Disziplinen. Die Regeln der Normungsarbeit sichern seine Einheitlichkeit.

□ Sachbezogenheit. Das DIN normt keine Weltanschauung. DIN-Normen sind ein Spiegelbild der Wirklichkeit. Sie werden abgefaßt auf der Grundlage technisch-wissenschaftlicher Erkenntnisse, ohne sich darin zu erschöpfen.

□ Ausrichtung am allgemeinen Nutzen. DIN-Normen haben gesamtgesellschaftliche Ziele einzubeziehen. Es gibt keine wertfreie Normung. Der Nutzen für alle steht über dem Vorteil einzelner.

□ Ausrichtung am Stand der Technik. Die Normung des DIN vollzieht sich in dem Rahmen, den die naturwissenschaftlichen Erkenntnisse und die Erfahrungen der Praxis setzen. Sie sorgt für die schnelle Umsetzung neuer Erkenntnisse. DIN-Normen sind Niederschrift des Standes der Technik.

□ Ausrichtung an den wirtschaftlichen Gegebenheiten. Jede Normensetzung wird auf ihre wirtschaftlichen Wirkungen hin untersucht. Es wird nur das unbedingt Notwendige genormt.

□ Internationalität. Das DIN will einen von technischen Handelshemmnissen freien Welthandel und unterstützt im Rahmen seiner Möglichkeiten die internationale Zusammenarbeit, Verständigung und den Erfahrungsaustausch auf allen Gebieten. Die Aufgaben der Normung in Deutschland sind demzufolge nicht nur auf das Inland beschränkt. Als Richtschnur werden hierfür Internationale Normen und im Rahmen der internationalen Normung Europäische Normen benötigt.

Die eigentliche fachliche Arbeit (→Normungsarbeit) des DIN wird in Arbeitsausschüssen geleistet, die in der Regel zu Normenausschüssen zusammengefaßt sind.

Mit der Interessenwahrnehmung der nicht gewerblichen Letztverbraucher befaßt sich der Verbraucherrat im DIN. Sein Ziel ist es, die Ausgewogenheit der Interessen zwischen Herstellern und Verbrauchern zu verbessern. So berät und unterstützt er die Lenkungs- und Arbeitsgremien des DIN in allen Fragen, die für den Verbraucher von Bedeutung sind.

Der Nutzen der Normung des DIN kann nur dann seine volle Wirkung erzielen, wenn die Informationsquellen über die Normung den potentiellen Anwendern bekannt sind und die Informationsbeschaffung problemlos zu handhaben ist. Aus diesem Grunde bietet das DIN neben den von seinem Deutschen Informationszentrum für technische Regeln (DITR) angebotenen Dienstleistungen noch folgende Informations- und Beschaffungsmöglichkeiten an.

□ Beuth Verlag GmbH. Der Verlag ist die zentrale Bezugsquelle für technische Regeln in der Bundesrepublik Deutschland. Neben DIN-Normen und anderen deutschen technischen Regeln liefert der Beuth Verlag die Normen aller Mitgliedsländer der →ISO sowie alle ausländischen nationalen Normen.

Der Verlag bietet folgende *Dienstleistungen:*
45 000 deutsche technische Dokumente und Buchtitel aus 30 technisch-wissenschaftlichen Institutionen,
260 000 ausländische Normen, Abonnementsdienste für Normen und andere Publikationen.

DIN-Mitteilungen + elektronorm. Die DIN-Mitteilungen + elektronorm, eine Zeitschrift, ist das Zentralorgan der deutschen Normung und die Chronik des Deutschen Normenwerkes. Sie enthält monatlich Informationen, in denen alle Veränderungen am Deutschen Normenwerk, im Bereich der europäischen Normung und anderen technischen Regelwerken (AD, →VDI, VdTÜV usw.) aufgezeigt werden.

DIN-Taschenbücher enthalten auf A5 verkleinerte wichtige DIN-Normen eines Fach- oder Anwendungsbereiches.

Bibliothek. In der Bibliothek des DIN können viele deutsche technische Regelwerke sowie ein breites Spektrum an Tertiärliteratur zur Normung eingesehen werden.

Auslandsarchiv. Das DIN tauscht mit den nationalen Normungsinstituten von mehr als 70 europäischen und überseeischen Ländern seine Normen aus. Die Anzahl der Auslandsnormen, die für die deutsche Wirtschaft zur Verfügung stehen, beträgt rund 40 000 Exemplare.

DIN-Bezugsquellen für normgerechte Erzeugnisse im Seibt-Industriekatalog. Bestandteil des Seibt-Industriekataloges ist ein DIN-numerischer Bezugsquellenteil für DIN-genormte Erzeugnisse und deren Hersteller bzw. Händler.

Beuth-Kommentare. In den Beuth-Kommentaren werden bereits zum Erscheinungstermin von wichtigen Normen eines Fachgebietes Hinweise und Vorschläge zur Anwendung sowie Beispiele aus der Praxis für dieses Gebiet gegeben.

Darüber hinaus wird über den Zusammenhang mit Gesetzen, Verordnungen und Richtlinien sowie sonstigen Festlegungen von Staat und Wirtschaft informiert. *Krieg*

Literatur: Normenheft 10. Grundlagen der Normungsarbeit des DIN. 5. Auflage. Berlin, 1987. – Handbuch der Normung, Innerbetriebliche Normungsarbeit; Band 1. Grundlagen der Normungsarbeit. 7. Auflage. Berlin, 1989.

DIN-EN-Norm. In das Deutsche Normenwerk als DIN-Norm unverändert übernommene Europäische Norm (EN-Norm) von CEN/CENELEC (→Normung, regionale). *Krieg*

DIN-IEC-Norm. In das Deutsche Normenwerk als DIN-Norm unverändert übernommene Internationale Norm der →IEC (→Normung, internationale). *Krieg*

DIN-ISO-Norm. In das Deutsche Normenwerk als DIN-Norm unverändert übernommene Internationale Norm der →ISO (→Normung, internationale). *Krieg*

DIN-Meßbus. Der DIN-M. ist ein →Feldbus, der in der DIN-Norm 66 348 Teil 2 „Schnittstellen und Steuerungsverfahren für die serielle Meßdatenübermittlung – Start-Stop-Übertragung-4-Draht-Meßbus“ festgelegt ist. Dieser →Bus ist für die Fertigungstechnik mit Blick auf die →Qualitätssicherung konzipiert. Er wurde von der →Physikalisch-Technischen-Bundesanstalt Braunschweig (PTB) initiiert und ist eichfähig.

Die ausdrückliche Festlegung des Master-Slave-Prinzips erlaubt ein Bussystem mit Full-Duplex-Eigenschaften und den Einsatz von Rechnern mit RS 422-Schnittstelle als →Leitstation, die z. B. als Einstiegspunkt für die nächsthöheren Hierarchieebenen zur Verfügung steht. Zur Verbindung der Leitstation mit den Meßgeräten werden getrennte Hin- und Rückleiter (2 × verdrilltes Leitungspaar) verwendet. Daraus ergeben sich Vorteile für die Sicherheit, →Verfügbarkeit und Schnelligkeit des Bussystems (z. B. ein fehlerhaft arbeitender Teilnehmer – Dauersender – kann nicht das gesamte Bussystem blockieren). Auch ist die Prozeßbelastung wesentlich geringer als bei einem Zwei-Draht-Bus. Mit Hilfe von Repeatern läßt sich der Bus nahezu beliebig verlängern (bis 500 m nach Norm ohne Repeater). Damit lassen sich sehr flexible Topologien von Meßbus-Netzwerken aufbauen. Die einstellbaren Übertragungsgeschwindigkeiten reichen bis zu 1 MBit/s. Genormt sind die Schichten 1 und 2 des →ISO-Referenzmodells.

F. Schneider

DIN-Normen. D.-N. sind auf nationaler Ebene durch ehrenamtlich tätige Fachleute aus den interessierten Kreisen in Normenausschüssen erarbeitete (→Normungsarbeit) und vom →DIN Deutsches Institut für Normung e. V. herausgegebene technische Normen. D. enthalten Festlegungen (Angaben, Anweisungen, Empfehlungen oder Anforderungen) z. B. für die

□ Verständigung (zwischen verschiedenen Fachbereichen),
□ Beschaffenheit und Prüfung technischer Erzeugnisse (→Normenkonformität),
□ Herstellung, Instandhaltung und Handhabung von Gegenständen und Anlagen,
□ Gestaltung und den organisatorischen Ablauf von Verfahren und Dienstleistungen,
□ Sicherheit, Gesundheit und den Umweltschutz.

Aufgrund ihres Inhaltes oder dem Grad der Normung kann zwischen verschiedenen Normenarten unterschieden werden. D.-N. werden allgemein beachtet und angewendet.

D. unterscheiden sich von den überbetrieblichen Empfehlungen (technische Regel) anderer Regelsetzer, weil sie nach den u. a. in den Normen der Reihe DIN 820 enthaltenen Grundsätzen und festgelegten Verfahrensregeln des DIN erstellt und herausgegeben werden. Ein wesentlicher Aspekt ist hierbei die selbstauferlegte und durch den Normenvertrag bestätigte Pflicht, bei der Normungsarbeit das öffentliche Interesse zu berücksichtigen sowie die Beteiligung der Öffentlichkeit an der Normensetzung sicherzustellen.

Ein weiteres Unterscheidungsmerkmal ist auch darin zu sehen, daß allein durch D.-N. die Verbindung mit den Internationalen Normen und Europäischen Normen hergestellt wird. Durch die Übernahme dieser multinationalen Normen in das Deutsche Normenwerk, leisten D.-N. einen wichtigen Beitrag zum Abbau von Handelshemmnissen.

Einen Sonderfall im Rahmen der Normungsarbeit des DIN stellen die Vornormen dar. Durch die Möglichkeit, das nach DIN 820 Teil 4 vorgeschriebene Aufstellungsverfahren zu variieren, kann, auch auf technischen Gebieten, die einer raschen Entwicklung unterliegen, technischen Neuerungen kurzfristig Rechnung getragen werden.

D.-N. stehen jedermann zur Anwendung frei. Eine Anwendungspflicht kann sich aus Rechts- oder Verwaltungsvorschriften, Verträgen oder aus sonstigen Rechtsgrundlagen ergeben. Als zeitgerechte (D.-N. müssen spätestens alle fünf Jahre auf ihre Aktualität hin überprüft werden) Spiegelung des Standes der Technik (technische Regel) sind sie eine wichtige Erkenntnisquelle für fachgerechtes und marktgerechtes Verhalten im Normalfall und bilden damit einen Maßstab für einwandfreies technisches Verhalten. Dieser Maßstab ist auch im Rahmen der Rechtsordnung von Bedeutung. So sollen sich die D.-N. als „anerkannte Regeln der Technik" einführen und zur Ausfüllung der unbestimmten Rechtsbegriffe „anerkannte Regel der Technik" oder „Stand der Technik" durch den Gesetzgeber herangezogen werden können. Bei sicherheitstechnischen Festlegungen in D.-N. besteht sogar eine tatsächliche Vermutung dafür, daß sie „anerkannte Regeln der Technik" sind (Beispiele hierfür sind die auf dem elektrotechnischen Gebiet herausgegebenen DIN-VDE-Normen, die zugleich →VDE-Bestimmungen sind). Durch das Anwenden von D.-N. entzieht sich jedoch niemand der Verantwortung für eigenes Handeln. D.-N. sind urheberrechtlich geschützt. Die Urheberrechte nimmt das DIN wahr. Vervielfältigungen von D.-N., auch das Einspeichern von D.-N. und Norm-Inhalten in EDV-Anlagen, müssen durch das DIN genehmigt werden. Der Vertrieb der D.-N. wird vom Beuth Verlag, Berlin, wahrgenommen. Auskünfte zu D.-N. und anderen technischen Regeln erteilt das Deutsche Informationszentrum für technische Regeln (DITR) im DIN. *Krieg*

Literatur: Normenheft 10: Grundlagen der Normungsarbeit des DIN. 5. Aufl. Berlin 1987. – *Budde, E.* und *Reihlen, H.*: Zur Bedeutung technischer Regeln in der Rechtsprechungspraxis der Richter. In: DIN-Mitt. Bd. 63 (1984), Nr. 5, S. 248 bis 250. – *Hesser, W.*: Untersuchungen zum Beziehungsfeld zwischen Konstruktion und Normung. Dissertation, TU-Berlin (1980). – Normungskunde Bd. 16. Berlin. 1981 – *Muschalla, R.*: Überregelung – Sachzwang oder menschliches Versagen? In: DIN-Mitt. Bd. 61 (1982), Nr. 9, S. 513 bis 517.

Diodenkette. In der industriellen Technik werden häufig →Meßumformer verwendet, die als genormtes Ausgangssignal einen eingeprägten Strom von 0 bis 20 mA oder von 4 bis 20 mA liefern. Um in diesen 20 mA Stromkreis ohne Unterbrechung des Stromkreises Meßgeräte anschließen oder abklemmen zu können, sind Dioden hintereinandergeschaltet und bilden die D. (Bild). Die Anzeigegeräte, Schreiber oder Regler werden parallel zu den gezeichneten Zenerdioden an den Abgängen 1 bis 5 angeklemmt. Der Spannungsabfall an diesen Geräten ist kleiner als die Knickspannung der Zener-diode, so daß der Strom über diese Geräte fließt. Lediglich in den Fällen, in denen die vorbereiteten Plätze nicht besetzt sind, geht der eingeprägte Ausgangsstrom über die Zenerdioden. *Schrüfer*

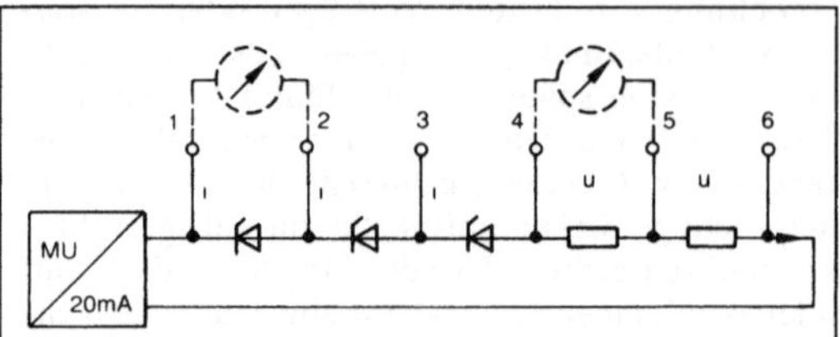

Diodenkette: Der Meßumformer liefert einen eingeprägten Strom von 20 mA bei Vollausschlag. An den Klemmen 1 bis 4 können ohne Unterbrechung des Stromkreises Geräte mit Strommeßwerken angeschlossen werden. Die gezeichneten Widerstände dienen zur Strom-Spannungs-Umformung. An die Klemmen 4 bis 6 können Meßgeräte mit Spannungsmeßwerken gelegt werden.

Dioptrie. Gesetzliche Einheit der Brechkraft, keine SI-Einheit. Einheitenzeichen dpt. 1 dpt ist gleich der Brechkraft eines optischen Systems mit der Brennweite 1 m in einem Medium mit der Brechzahl 1. *Hammerschmidt*

DIP-Schalter. Bei einem D.-S. (*engl.* DIP, dual-in-line-package) sind in einem gemeinsamen Gehäuse mehrere →Schließer (Ein-Aus-Schalter) oder →Wechsler (Umschalter) nebeneinander untergebracht, die unabhängig voneinander geschaltet werden können. Häufiger Anwendungsfall ist die Adreßeinstellung in digitalen Schaltungen. *Pagnin*

Direkte digitale Regelung. Auch direkte digitale Steuerung. (*engl.* DDC, Direct Digital Control) →Regelung, direkte digitale.

Diskette. D. dienen als auswechselbare Datenträger in Diskettenlaufwerken. Normalerweise ist eine runde Scheibe aus organischem Folienmaterial (z. B. Polyester) mit einer dünnen Schicht (ca. 2 µm) aus magnetisierbaren Partikeln in einem ebenfalls organischem Bindemittel versehen. Auf dieser Speicherschicht werden die Signale in Form winziger magnetisierter Flächen aufgezeichnet (→Magnetplattenlaufwerk).

Die an sich schon wenig empfindlichen Scheiben (Platten) befinden sich ständig in geschlossenen Hüllen mit Öffnungen für den Antrieb, die Schreib-/Leseköpfe (beidseitig) und die optische Abtastung der Lochungen für Spur- bzw. Sektoranfang. Zur Reduzierung der Reibung befindet sich auf der Innenseite der Hülle ein Vlies.

D. sind auswechselbare Medien, die man beschreiben, überschreiben und deren Informationsinhalt man löschen kann. Sie eignen sich auch für kleine, manuell verwaltete Archive, die nicht ständig im Zugriff eines Informationsverarbeitungssystems (z. B. Personalcomputers) sein müssen.

Als magnetisches Material in der Beschichtung (→Magnetplatte) dient meist Eisenoxid, manchmal mit magnetisierbarem Kobalt überzogen („dotiert"), was zu höherer Koerzivität führt.

Gängige Ausführungen:
Durchmesser in Zoll: 8, 5¼, 3½) (Trend zu 3½)
Spuren / Zoll: 48 und 96
Vorformatierte Sektoren: 10, 16, 26

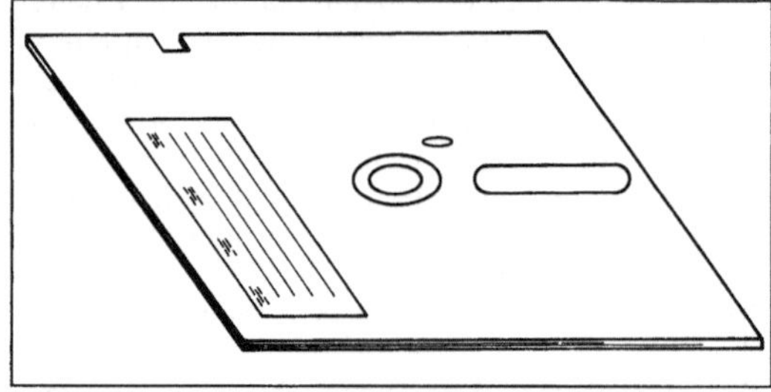

Diskette: Ausführung.

Weil ihre Laufwerke zu den „berührenden Aufzeichnungssystemen" zählen, haben D. polierte, wiederstandsfähige und mit einem Gleitmittel versehene Oberflächen. Sie werden von den meisten Herstellern am Ende des Produktionsprozesses auf eindeutige Signalwiedergabe über die gesamte Fläche getestet. *Voss*

Diskrete Fourier-Transformation →Frequenzanalyse

Diskriminator.

1. Schaltung zur Bewertung von Signalparametern. Ein Amplitudendiskriminator z. B. gibt einen Impuls ab, wenn das Eingangssignal eine bestimmte, einstellbare Amplitude über- oder unterschreitet. Schaltungen, die einen Impuls liefern, wenn das Eingangssignal innerhalb eines einstellbaren Bereiches liegt, nennt man auch Fensterdiskriminatoren. Anwendung z. B. bei der →Strahlungsmessung.

2. Schaltung, die aus einem frequenz (FM)- oder phasenmodulierten (PM) Signal das Nutzsignal detektiert und als amplitudenmoduliertes Signal abgibt. Anwendung z. B. im UKW-(FM-)Teil von Rundfunkempfängern. Bei FM-Sendern wird die Trägerfrequenz entsprechend den zu übertragenden Nutzsignalamplituden (z. B. aus Sprache, Musik) verändert bzw. moduliert. Der FM-Empfänger macht diesen Vorgang mittels des D. wieder rückgängig. *Hammerschmidt*

Display. In einem englischsprachigen Lexikon findet man unter diesem Begriff z. B. die folgenden Erklärungen:
- Anzeige,
- Vorführung,
- Entfaltung,
- Warenauslage,
- Aufwand,
- Hervorhebung,
- Auslage und anderes.

Dies entspricht in seiner Vielfalt dem oft verwendeten deutschen Ausdruck „Anzeige“.

Auf dem Gebiet der Elektronik versteht man unter dem Begriff D. sowohl ein elektronisches Bauelement zur Umwandlung von elektrischen in optisch sichtbare Signale, als auch komplette Systeme, wie Datenendgeräte (Terminals).

Nach der Definition der Informationstechnischen Gesellschaft ITG (ITG-Empfehlung 5.7/09) aus dem Jahre 1988 sollte statt dieses englischen besser der deutsche Begriff einer „elektrooptischen Anzeige“ oder auch einer „Anzeigeeinheit“ verwendet werden. *Pottharst*

Display, magneto-optisches. Zweidimensionale Anordnung von Bildpunkten (→Pixel) in einer magnetooptischen Schicht, in der die Transparenz jedes Pixels einzeln adressierbar in willkürlicher Reihenfolge eingestellt bzw. geändert werden kann. Die Transparenz der Pixel ändert sich nicht von selbst, so daß es sich um ein vollkommen passives, aber steuerbares Speicherdisplay handelt.

Die magnetooptische Schicht ist ein dünner Film aus magnetischem Granat auf einem unmagnetischen Substrat, der mit Hilfe photolithographischer Methoden zu einer zweidimensionalen Anordnung von Inseln (den Pixeln) strukturiert wird. Die Inseln sind parallel oder antiparallel zur Filmnormalen magnetisiert, so daß durch den →Faraday-Effekt die Polarisationsebene von linear polarisiertem Licht beim Durchgang durch diese Bereiche entsprechend gedreht wird. Durch geeignete Anordnung von optischen Polarisatoren läßt sich erreichen, daß die Pixel je nach ihrer Magnetisierungsrichtung transparent oder undurchsichtig erscheinen, so daß bei externer Beleuchtung der Schicht ein entsprechendes Lichtmuster entsteht.

Zur willkürlichen Änderung des Lichtmusters müssen die Pixel-Bereiche einzeln magnetisch umgeschaltet werden können. Dazu dient ein zweidimensionales Netz von Leiterbahnen, so daß an jedem Pixel sich genau zwei Leiterbahnen kreuzen. Nur wenn durch beide Leiterbahnen gleichzeitig Strom fließt, reicht das magnetische Feld zum Umschalten des betreffenden Bereichs aus. Man spricht dann von magnetischer Adressierung. In einer anderen Ausführung kann man das Leiterbahnnetz dazu benutzen, um gezielt an einem Pixel Ohm'sche Wärme zu erzeugen und so die Temperatur lokal zu erhöhen. Man kann so die Temperatur in die Nähe des sogenannten Kompensationspunktes bringen, wo zum magnetischen Umschalten nur noch ein sehr kleines Magnetfeld erforderlich ist. Dieses Feld kann durch eine große Leiterschleife rings um das gesamte Bildfeld erzeugt werden. Die nicht erwärmten Pixel bleiben alle stabil in ihrer ursprünglichen Magnetisierungsrichtung, nur das erwärmte Pixel wird umgeschaltet. Man spricht dann von thermomagnetischer Adressierung.

Der im Lichtmuster erreichbare Kontrast ist 20 : 1 für weißes und 1000 : 1 für einfarbiges Licht. Die Anzahl der Bildpunkte liegt im Bereich 48×48 bis 2048×2048 (geplant), typisch bei 128×128 mit einer Bildpunktgröße von $76 \times 76\ \mu m^2$ und einer Bildfrequenz von 50 Hz (Datenblatt Fa. Semetex, USA). Neben den Display-Anwendungen kommen folgende Einsatzgebiete in Frage: optische Signal- und Bildverarbeitung, Bildabtastung, Speicherung, Drucker, optische Schalter. *Dammann*

Diversität. Bildung von →Redundanz durch unterschiedliche Komponenten oder Maßnahmen (→Ausfall, abhängiger). *Schrüfer*

Dividierer →Multiplizierer

Dividier-Verstärker. Der D.-V. ist ein →Meßverstärker (invertierender →Operationsverstärker), dessen Ausgangsspannung u_a proportional dem Quotienten zweier Eingangsspannungen u_1 und u_2 ist. Dies wird erreicht, indem ein →Multiplizierer mit $u_g = ku_2u_a$ in die Gegenkopplung des invertierenden Verstärkers gelegt wird (Bild). Dessen Ausgangsspannung u_a ist dann

$$u_a = -\frac{R_g}{kR_1}\frac{u_1}{u_2}.$$

Schrüfer

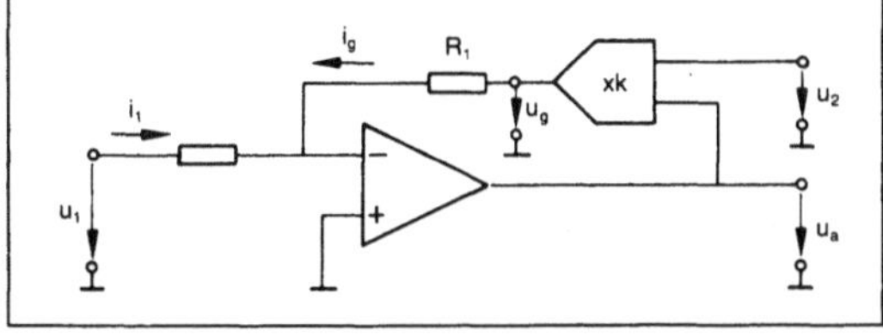

Dividier-Verstärker: Prinzipieller Aufbau.

Doppelmantelzählrohr →Auslösezählrohr

Doppelweggleichrichtung →Meßgleichrichter

Dosimeter zur Strahlungsmessung →Dosismessung

Dosismessung. Aufgabe der D. ionisierender Strahlungen ist, die Energiedosis und die Äquivalentdosis für technische-, medizinische- und Strahlenschutzzwecke zu erfassen.

Die Energiedosis ist die pro Masseneinheit absorbierte Strahlungsenergie. Die dabei benutzte SI-Einheit ist das →Gray (Gy), das mit der früher üblichen Einheit →Rad (rad) wie folgt verknüpft ist: 1 Gy = 1 J/kg = 100 rad.

Die Äquivalentdosis berücksichtigt die unterschiedliche biologische Wirksamkeit der verschiedenen Strahlenarten in Form von dimensionslosen Bewertungsfaktoren (RBW-Faktor). Für Röntgen- und Gammastrahlen hat der RBW-Faktor den Wert 1. Die Äquivalentdosis in der Einheit →Sievert (Sv) ergibt sich als das Produkt aus der Energiedosis und dem RBW-Faktor. Mit der früher üblichen Einheit →Rem (rem) ist das Sievert wie folgt verknüpft:
1 Sv = 1 J/kg = 100 rem.

Neben der Dosis wird auch die Dosisleistung gemessen, d. h. die je Zeiteinheit aufgenommene Dosis.

Die Messung der in Arbeits- und Aufenthaltsräumen auftretenden Dosen bzw. Dosisleistungen ist durch die →Strahlenschutz- und Röntgen-Verordnung vorgeschrieben. Sie ist wichtig, um die in diesen Räumen Beschäftigten über ihre Strahlenbelastung zu informieren und ihnen die Möglichkeit zu geben, sich strahlenschutzbewußt zu verhalten. Die Messung der Ortsdosen soll wiederholt durchgeführt werden, zumindest jedoch bei der Inbetriebnahme von Neuanlagen und bei jeder Änderung der Einrichtungen, der Strahlenschutzvorrichtungen oder der Betriebsweise.

Die Personendosis wird an der erwartungsgemäß am stärksten exponierten Stelle der Körperoberfläche gemessen. Für beruflich strahlenexponierte Personen ist die Messung gesetzlich vorgeschrieben. Unterstellt wird, daß der gewonnene Meßwert repräsentativ für die vom gesamten Körper aufgenommene Strahlung ist.

Die Organdosis ist die Energiedosis, die in den einzelnen Organen des menschlichen Körpers auftritt. Da meist keine Dosimeter in das Innere des Körpers eingeführt werden können, wird bei externer Bestrahlung die Organdosis aus dem Wert der gemessenen Oberflächen-Personendosis berechnet (→Dosis-Phantom, →Dosisverteilung, Ermittlung in der Strahlentherapie).

Auch bei einer inneren Strahlenexposition durch inkorporierte Radionuklide werden die Organdosen rechnerisch ermittelt.

Grundsätzlich können alle Wirkungen einer ionisierenden Strahlung für Zwecke der Dosimetrie herangezogen werden. Um sie für die praktische Dosimetrie geeignet zu machen, müssen sie allerdings meßtechnischen Anforderungen genügen. Hierzu gehört z. B. eine gute Reproduzierbarkeit und eine Unabhängigkeit des Meßeffekts von äußeren Störeinflüssen, sowie eine dem Verwendungszweck angepaßte Empfindlichkeit und Genauigkeit. Die jeweils verwendeten Dosimeter werden im Hinblick auf die Art und Energie der nachzuweisenden Strahlung ausgewählt. Ihre Anzeige soll möglichst unabhängig sein von

- der Strahlenenergie,
- der Dosisleistung,
- der Strahlenrichtung und
- Störeinflüssen.

Praktisch werden zur D. neben den biologischen, chemischen und kalorimetrischen Effekten (→D., biologische, →D., chemische, →D., kalorimetrische) insbesondere die folgenden Dosimeter benutzt: →Filmdosimeter, →Ionisationskammer-Dosimeter, →Silicium-Dosimeter, →Thermolumineszenz-Dosimeter. *Wachsmann*

Literatur: DIN 6809 Tl. 1: Klinische Dosimetrie, Therapeutische Anwendung gebündelter Röntgen-, Gamma- und Elektronenstrahlung. Hrsg. Dt. Inst. f. Normung. Ausg. 1976. – DIN 6814 Bl. 3: Begriffe und Benennungen in der radiologischen Technik; Strahlenschutz. Hrsg. Dt. Inst. f. Normung. Ausg. 1972. – DIN 6818 Tl. 2: Strahlenschutzdosimeter. Hrsg. Dt. Inst. f. Normung. Ausg. 1979. – *Jäger, R. G.*, u. *W. Hübner:* Dosimetrie und Strahlenschutz. 2. Aufl. Stuttgart 1974. – *Kase, K. R., B. E. Bjarngard* u. *F. H. Attix:* The dosimetry of ionising radiation. (3 Bd.) New York, London 1985. – Richtlinie für die physikalische Strahlenschutzkontrolle. Gemeinsames Ministerialbl. 29, Nr. 22, Ausg. A, S. 248/45. Bonn 1978. – *Schrüfer, E.:* Strahlung und Strahlungsmeßtechnik in Kernkraftwerken. Berlin 1974. – Verordnung über den Schutz vor Schäden durch ionisierende Strahlen (Strahlenschutzverordnung) vom 30. Juni 1989; Bundesgesetzbl. I S. 1321 vom 30. Juni 1989 – Verordnung über den Schutz vor Schäden durch Röntgenstrahlen (Röntgenverordnung – RöV) Bundesgesetzbl. Tl. I Z 5702 A (1987). – *Wachsmann, F.* u. *G. Drexler:* Kurven und Tabellen für die Radiologie. 2. Aufl. Berlin, Heidelberg, New York 1976. – *Wachsmann, F.* u. *G. Drexler:* Messungen im Zusammenhang mit ionisierenden Strahlungen. In: *Profos, P.* (Hrsg.): Handbuch der industriellen Meßtechnik. 5. Aufl. Essen 1991.

Dosismessung, biologische. In der Unfalldosimetrie, d. h. besonders dort, wo Verdacht besteht, daß bei Personen, die keine Personendosimeter getragen haben, Überschreitungen der höchstzulässigen oder gar lebensbedrohenden Dosen stattgefunden haben, besteht das Bedürfnis, die aufgetretenen Dosen aus Reaktionen des Körpers nachträglich wenigstens abzuschätzen. Dazu werden verschiedene Möglichkeiten benutzt, von denen hier nur Beeinflussungen des Stoffwechsels, wie z. B. die Zahl der Chromosomenbrüche, die Steigerung des Enzymgehalts in Verdauungssekreten oder die Herabsetzung der Ultraschallresistenz roter Blutkörperchen als Beispiele genannt sein. Eine größere praktische Bedeutung hat keine dieser Methoden erlangt, da die Ergebnisse in starkem Maße von Nebenumständen abhängig sind.

Unter den in diesem Zusammenhang untersuchten Methoden nimmt lediglich die Messung der Chromosomenaberration eine Sonderstellung ein, da sie relativ genaue und zuverlässige Ergebnisse zu liefern vermag. Sie besteht darin, daß die prozentuale Häufigkeit des Auftretens von vom Normalen abweichenden Chromosomenkonfigurationen, z. B. sog. dezentrische Chromosomen, in den Kernen bestimmter weißer Blutkörperchen, insbesondere in T-Lymphozyten, ausgezählt werden. Während diese im Blut unbestrahlter Personen etwa 0,4‰ beträgt, steigt sie bereits durch eine Dosis von 50 mGy Röntgenstrahlung im Versuch bei Kalibrierungsbestrahlungen auf etwa 1,5‰ und bei gleicher Dosis Neutronenstrahlung auf 10‰ an. In der Praxis lassen sich mit der Chromosomendosimetrie bei Röntgen- und Gammastrahlen äquivalente Körperdosen von 50–100 mSv zuverlässig erkennen.

Zum Auswerten werden experimentell ermittelte Dosis/Effekte-Kurven verwendet, die den linear quadratischen Verlauf der Dosis/Wirkungsbeziehungen berücksichtigen. Auch muß stets beachtet werden, daß die Zahl der ausgezählten Chromosomenaberrationen infolge einsetzender Reparaturvorgänge mit einer Halbwertzeit von etwa 1 Jahr abnimmt, d. h., der Zeitpunkt der Strahleneinwirkung muß bekannt sein, um die Dosis, die eingewirkt hat, einigermaßen richtig bestimmen zu können. *Wachsmann*

Literatur: *Eisert, W. H.*, u. *Mendelssohn:* Biological Dosimetry. Berlin, Heidelberg 1984.

Dosismessung, chemische. Durch ionisierende Strahlungen erzeugte chemische Änderungen können vor allem im Hochdosisbereich mit gutem Erfolg für dosimetrische Zwecke benützt werden, wenn sie folgende Bedingungen erfüllen:

- Die erzielten Reaktionen müssen empfindlich, stabil und leicht und genau nachzuweisen sein;
- Die induzierten Änderungen müssen von der Strahlenenergie und Dosisleistung möglichst unabhängig sein;
- Temperatur-Licht- und Fremdstoffeinflüsse sollen möglichst gering sein.

Zur chemischen Messung der Energiedosis können grundsätzlich feste, flüssige und gasförmige Stoffe verwendet werden (→Verfärbungs-Dosimeter). Hier soll insbesondere über die Verwendung der chemischen Veränderungen von Flüssigkeiten berichtet werden. Für diese kommen die in der Tabelle als Beispiele genannten Methoden in Betracht.

Wichtig sind dabei vor allem die den verschiedenen Systemen eigenen G-Werte, d. h. die Zahlen der je Absorption von 100 eV veränderten Moleküle. Diese sind letzten Endes auch für die →Empfindlichkeit und den erzielbaren Meßbereich maßgebend. Mit chemischen Dosimetern können Dosen von einem Bruchteil eines Gy bis 10^7 Gy und auch darüber gemessen werden. Jedes System gestattet dabei nur Meßbereiche von drei Größenordnungen zu bestreichen. Die praktische Unabhängigkeit von der Energie der Quanten- und Elektronenstrahlung reicht von etwa 25 keV bis 50 MeV. Gemessen wird die Dosis durch Bestimmen der Lichtintensität vor und hinter dem als Detektor dienenden Absorber oder spektralphotofluorometrisch.

Eine besondere Rolle zur Absolutbestimmung der Energiedosis spielt das mit Eisensulfat (Fe SO_4) arbeitende Fricke-Dosimeter. Es zeichnet sich im Bereich von 0,1–50 MeV Strahlenenergie durch eine Energieunabhängigkeit aus, die $< 0{,}5$–$1{,}5\,\%$ ist. Unterhalb 100–10 keV beträgt diese dann bis zu 10%, kann bei der Auswertung aber berücksichtigt werden, wenn die Energie der Strahlung bekannt ist. Der Meßbereich der Fricke-Dosimeter reicht von 0,4–400 Gy und höher und kann durch Zusätze von Metallsalzen wie $CuSO_4$ in Konzentrationen von etwa 10^{-2}–10^{-3} molar erweitert werden. Ausgewertet werden Fricke-Dosimeter meist unter Verwendung einer UV-Strahlung von 304 nm Wellenlänge. *Wachsmann*

Literatur: DIN 6800 Tl. 3. Dosismeßverfahren in der radiologischen Technik, Eisensulfatdosimeter. Hrsg. Dt. Inst. f. Normung. Ausg. 1980. – *Jaeger, R. G.*, u. *W. Hübner:* Dosimetrie und Strahlenschutz. 2. Aufl. Stuttgart 1974.

Dosismessung, chemische. Tabelle: Beispiele chemischer Dosimetersysteme.

System	Auswertung	G-Werte $(100\text{eV})^{-1}$	Dosisbereich
Eisensulfat ($FeSO_4$)			
(Fricke-Dosimeter)	radiometrisch	15,3	0,4– 400 Gy
Cersulfat (Ce_2SO_4)	spektralphotometrisch	2,50	1 – 100 kGy
Benzol	kolorimetrisch	1,81	0,1– 400 Gy
Oxalsäure	kolorimetrisch	4,9	16 –1 600 kGy
Terephthalsäure	spektralphotometrisch	0,95	10 –1 000 Gy

Dosismessung, kalorimetrische. Die k. D. beruht auf dem Messen der Erwärmung von Probekörpern infolge der in diesen erfolgten Strahlenabsorption. Ihr Vorteil ist zweifellos, daß die gemessenen Werte der Definition →Energiedosis unmittelbar weitgehend entsprechen und von der Art und Energie der einwirkenden Strahlen in jedem beliebigen Material (Gewebe) unabhängig sind.

Eine gewisse Schwierigkeit bei der Anwendung der Methode besteht nur darin, daß die durch Strahlenabsorption bewirkten Temperaturerhöhungen in der als Detektor verwendeten Materie sehr klein sind; es sind z. B. in Wasser etwa 5 000 Gy erforderlich, um einen Temperaturanstieg von 1 °C zu bewirken. Dies erfordert sehr empfindliche und genau arbeitende Temperaturmeßeinrichtungen. Ein besonderes Problem ist bei der Realisierung von kalorimetrischen Dosimetern auch die Notwendigkeit, den Meßkörper thermisch so zu isolieren, daß die in ihm erzeugte Wärme während des Messens nicht abgeleitet oder abgestrahlt wird.

Eine weitere Schwierigkeit besteht bei der k. D. insofern, als man nicht die ganze einwirkende Strahlenenergie zum Erwärmen des Prüfkörpers verwendet. Ein kleiner Teil dieser wird vielmehr auch für chemische Umwandlungen benutzt. Dieser „Wärmedefekt“ muß bei der Auswertung berücksichtigt werden.

Dies alles bringt es mit sich, daß k. D. in der Praxis nur zur Fundamentalbestimmung der auftretenden Energiedosen benutzt wird. Es lassen sich Dosen von 1 MGy bzw. Dosisleistungen von 0,1 Gy/min bis 10^8 Gy/s mit Genauigkeiten bis zu ± 1–2 % messen. *Wachsmann*

Dosis-Phantom. Im Strahlenschutz entsteht die Aufgabe, die auf Grund einer externen oder internen Bestrahlung in den einzelnen Organen eines Körpers absorbierte Energie zu ermitteln (→Dosismessung). Dies gelingt z. B. mit Tiefendosiskurven, die oft aus Messungen in Wasserkästen abgeleitet sind (→Dosisverteilung, Ermittlung in der Strahlentherapie). Eine weitere Möglichkeit zur Gewinnung der Organdosen liegt in der Verwendung von Phantomen, die den menschlichen Körper nachbilden. Ein derartiges physikalisches Phantom läßt sich definiert bestrahlen. An den gewünschten Stellen im Körper können →Dosimeter untergebracht werden, welche die Dosis direkt erfassen.

Ein solches Phantom ist z. B. das *Alderson*-Phantom. Es enthält ein reales menschliches Skelett und besteht ansonsten aus lungen- und weichteiläquivalentem Material. Es läßt sich in Scheiben zerlegen. Innerhalb jeder Scheibe befinden sich Löcher für die Aufnahme von z. B. Thermolumineszenz-Dosimetern.

Das *Alderson*-Phantom weicht jedoch in wichtigen Details vom sog. Referenz-Menschen ab. Die Daten dieses Referenz-Menschen sind durch umfangreiche anatomische Studien gewonnen worden. Auf der Grundlage dieser Daten wurde im *O*ak *R*idge *N*ational *L*aboratory USA (ORNL) ein mathematisches Phantom, das MIRD-5-Phantom (*Snyder-Fisher*-Phantom) entwickelt (Veröffentlichung im Pamphlet Nr. 5 des *M*edical *I*nternational *R*adiation *D*ose Committee). Dieses Phantom entspricht in seinen Abmessungen und seiner Zusammensetzung dem männlichen Referenz-Menschen von ICRP 23, enthält aber noch zusätzlich Ovarien und einen Uterus. Rechenprogramme sind verfügbar, mit denen in Abhängigkeit von den Bestrahlungsbedingungen die Organdosen berechnet werden können.

Eine geschlechtsspezifische Weiterentwicklung des MIRD-5 sind die ebenfalls mathematischen Phantome ADAM und EVA des Instituts für Strahlenschutz der Gesellschaft für Strahlenforschung Neuherberg (Bild). Eine noch bessere Nachbildung des menschlichen Körpers bei einer Berücksichtigung des Knochenmarks bilden die CT-Phantome, die auf den Ergebnissen von Computer-Tomogrammen beruhen.

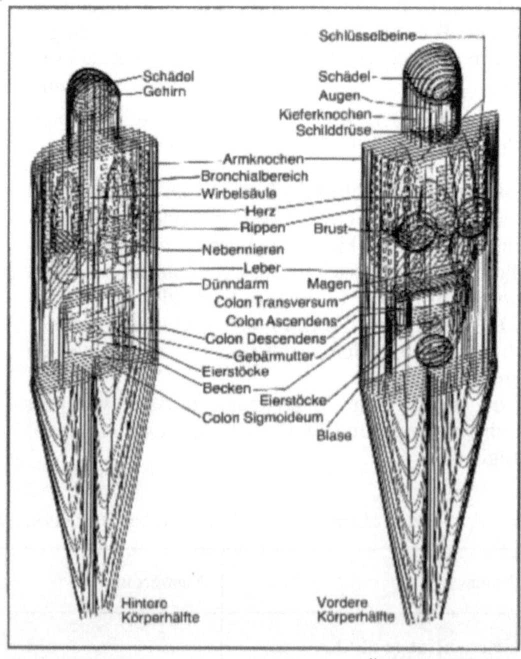

Dosis-Phantom: Perspektivische Überlagerungen von Längsschnitten durch das weibliche Phantom EVA.

Zur Absicherung der MIRD-5-Rechnung wurde mit den dem mathematischen Modell zugrunde liegenden Daten ein weiteres physikalisches Phantom, der MR. ADAM konstruiert (*engl.* *M*ock up of a *R*epresentative *A*nalytical *D*escription of an *A*dult *M*ale). In diesem Phantom können Dosimeter an den gewünschten Stellen untergebracht werden. Die Organdosen lassen sich so direkt messen. Die Ergebnisse stimmen für inkorporierte gammastrahlende Nuklide und für röntgendiagnostische Aufnahmen mit Monte-Carlo-Rechnungen am MIRD-5-Phantom überein.

Schrüfer

Literatur: *Kramer, R.:* Ermittlung von Konversionsfaktoren zwischen Körperdosen und relevanten Strahlungskenngrößen bei externer Röntgen- und Gamma-Bestrahlung. Diss. an der Technischen Universität München, Fachbereich Elektrotechnik, 1978. – *Kramer, R.*, M. Zankl, G. Williams u. *G. Drexler:* The Calculation of Dose from External Photon Exposures Using Reference Human Phantoms and Monte Carlo Methods. GSF-Bericht S-885 1986.

Dosisverteilung-Ermittlung. In der Strahlentherapie und im Strahlenschutz interessiert auch die Dosis an Stellen und in Organen, an die der →Dosismessung dienende →Strahlendetektoren nicht herangebracht werden können, wie z. B. im Inneren der bestrahlten Personen. Da aber zur Durchführung einer ordnungsgemäßen Strahlentherapie die D.-E. im ganzen Körper ausreichend genau bekannt sein muß, wird in der Praxis wie folgt vorgegangen:

Zunächst wird die Dosis an den zugänglichen Orten mit Dosimetern an der Körperoberfläche bzw. im Dosismaximum des Strahleneinfallfelds gemessen. Aus dieser Dosis ermittelt man dann die Dosis in verschiedenen Tiefen des bestrahlten Felds aus Kurven oder Tabellen, die die „relativen Tiefendosen", d. h. die Dosen in Prozent der Dosis an der Körperoberfläche des Strahleneinfallfelds oder im Dosismaximum, wiedergeben. Da die Steilheit des Dosisabfalls in hohem Maße von der Art und Energie der verwendeten Strahlung, dem Fokushautabstand (FHA) und der Feldgröße abhängt, müssen für die verschiedenen Strahlungen, Fokushautabstände und Feldgrößen getrennte Tiefendosiskurven benützt werden (Bild 1).

Die in der Strahlentherapie wichtige relative Tiefendosis kann man für die verschieden energiereichen Quantenstrahlungen zusammenfassend auch als Gewebe Halbwerttiefe (GHWT) ausdrücken. Dabei ist jedoch zu beachten, daß die zweite und folgenden GHWT bei Strahlungen über etwa 30 keV Quantenenergie infolge Aufweichung der Strahlung durch hinzukommende Streustrahlung immer etwas kleiner sind als die erste GHWT (Bild 2).

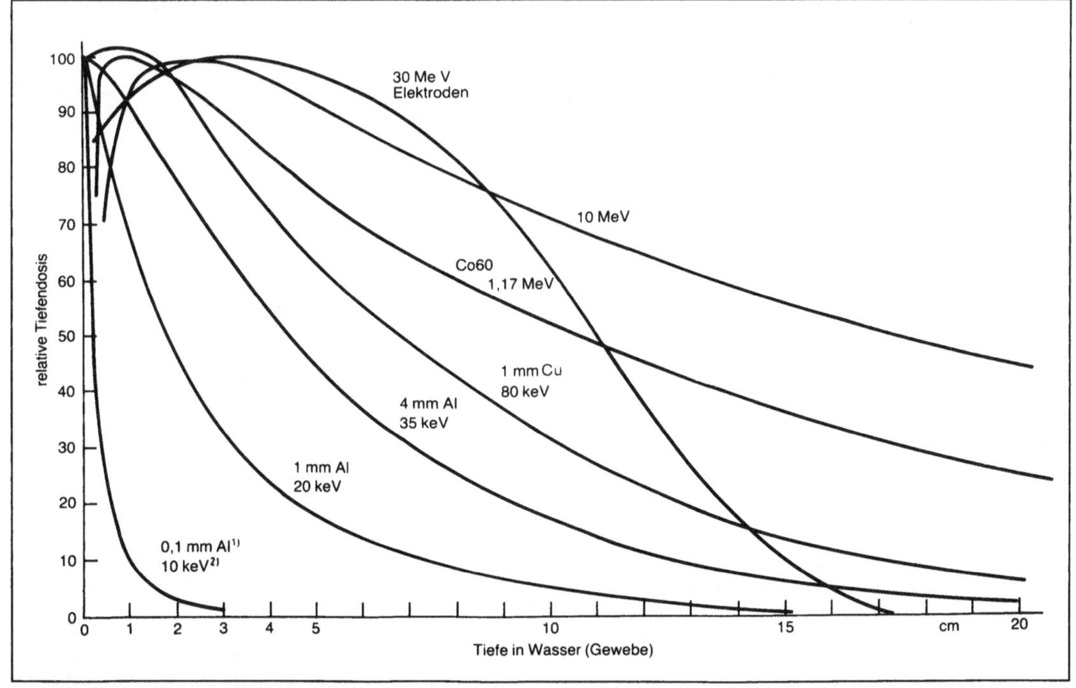

1) Halbwertschichtdicke, 2) effektive Strahlenenergie

Dosisverteilung-Ermittlung 1: Beispiele des Verlaufs der relativen Tiefendosis verschiedener in der Therapie benutzter Strahlungen. Fokushautabstand (FHA) etwa 50 cm, Feldgröße 100 cm².

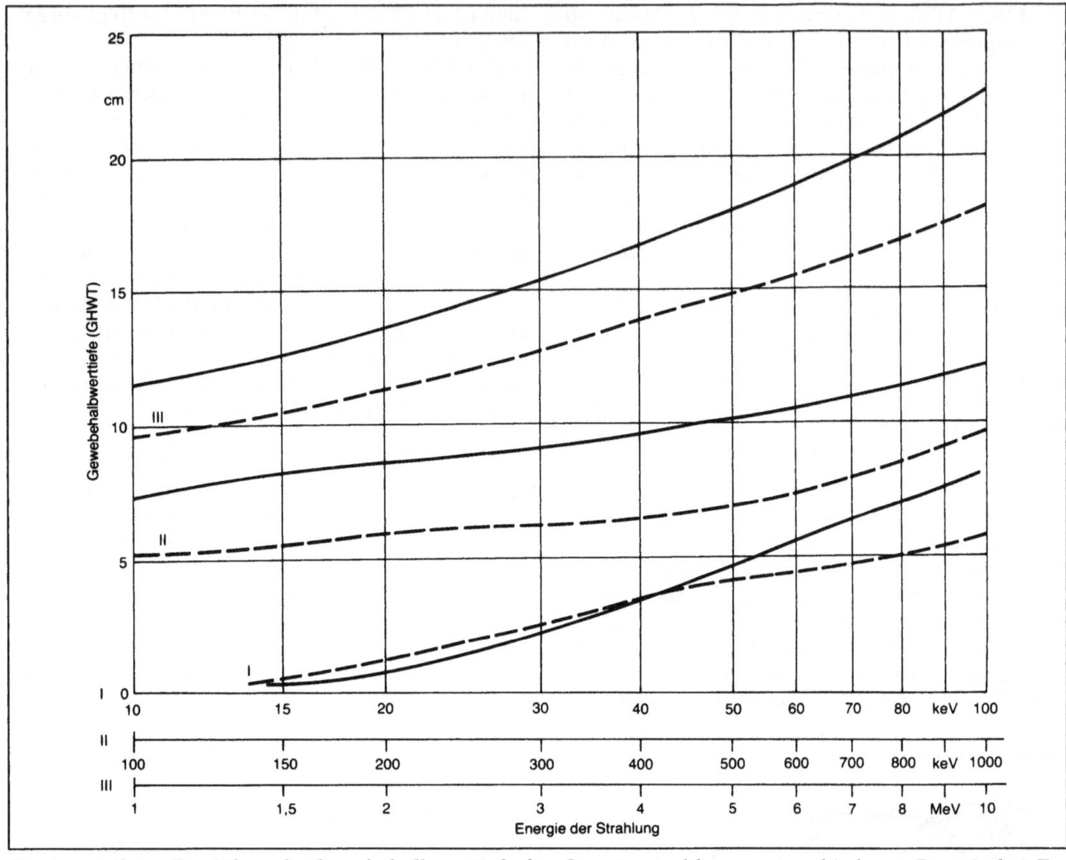

Dosisverteilung-Ermittlung 2: Gewebehalbwerttiefe für Quantenstrahlungen verschiedener Energie bei Fokushautabständen von 50 cm und Feldgrößen von 100 cm².

Eine gewisse Schwierigkeit bei energiereichen Strahlungen besteht darin, daß sich die in der Fachliteratur angegebenen Kurven der relativen Tiefendosis immer auf das Dosismaximum beziehen, das, des Aufbaueffekts wegen, in einer von der Strahlenenergie abhängigen Tiefe liegt (Bild 1). Um zuverlässige und von Nebenumständen möglichst unabhängige Werte zu erhalten, ist es nötig, die Messung der Bezugsdosis nicht an der Oberfläche, sondern in der Tiefe vorzunehmen, in der das Dosismaximum auftritt bzw. zum Ermitteln der Dosis im Dosismaximum eine mit einer entsprechend dicken Kappe aus gewebeäquivalentem Material versehene Meßkammer zu verwenden (Bild 3).

Der gut ausgerüsteten strahlentherapeutischen Praxis stehen heute im übrigen weitgehend automatisch und genau arbeitende elektronische Hilfsgeräte zum Ermitteln der Dosis in der Körpertiefe zur Verfügung, die eine optimale Bestrahlungsplanung ermöglichen. *Wachsmann*

Literatur: *Wachsmann, F.*, u. *G. Drexler:* Kurven und Tabellen für die Radiologie. 2. Aufl. Berlin, Heidelberg, New York 1976.

DPM. Abk. für *engl.* Defects per million, also der Zahl fehlerhafter Bauteile hochgerechnet auf ein Los von einer Million Bauteilen. Verwendet bei der →Wareneingangsprüfung. *Winter*

Dreheisenmeßwerk →Meßgerät, elektrisches

Drehmagnetmeßwerk →Meßgerät, elektrisches

Drehmomentmessung. Drehmomente müssen z. B. zum Überwachen und Steuern technischer Prozesse, auf Prüfständen für die Abnahme von Maschinen oder für Forschungszwecke gemessen werden. Wenn eine Welle durch ein Drehmoment beansprucht ist, führt die Torsionsspannung zu einer Verformung der Wellenoberfläche (in Bild 1 a stark vergrößert). Die größten Verformungen treten unter Winkeln von 45 ° zur Wellenachse auf, so daß sich unter diesen Winkeln die Messung durch →Dehnungsmeßstreifen (DMS) empfiehlt. Bild 1 b zeigt vier DMS so geklebt, daß bei einer Torsionsspannung wie in Bild 1 a die DMS 2 und 3 maximal

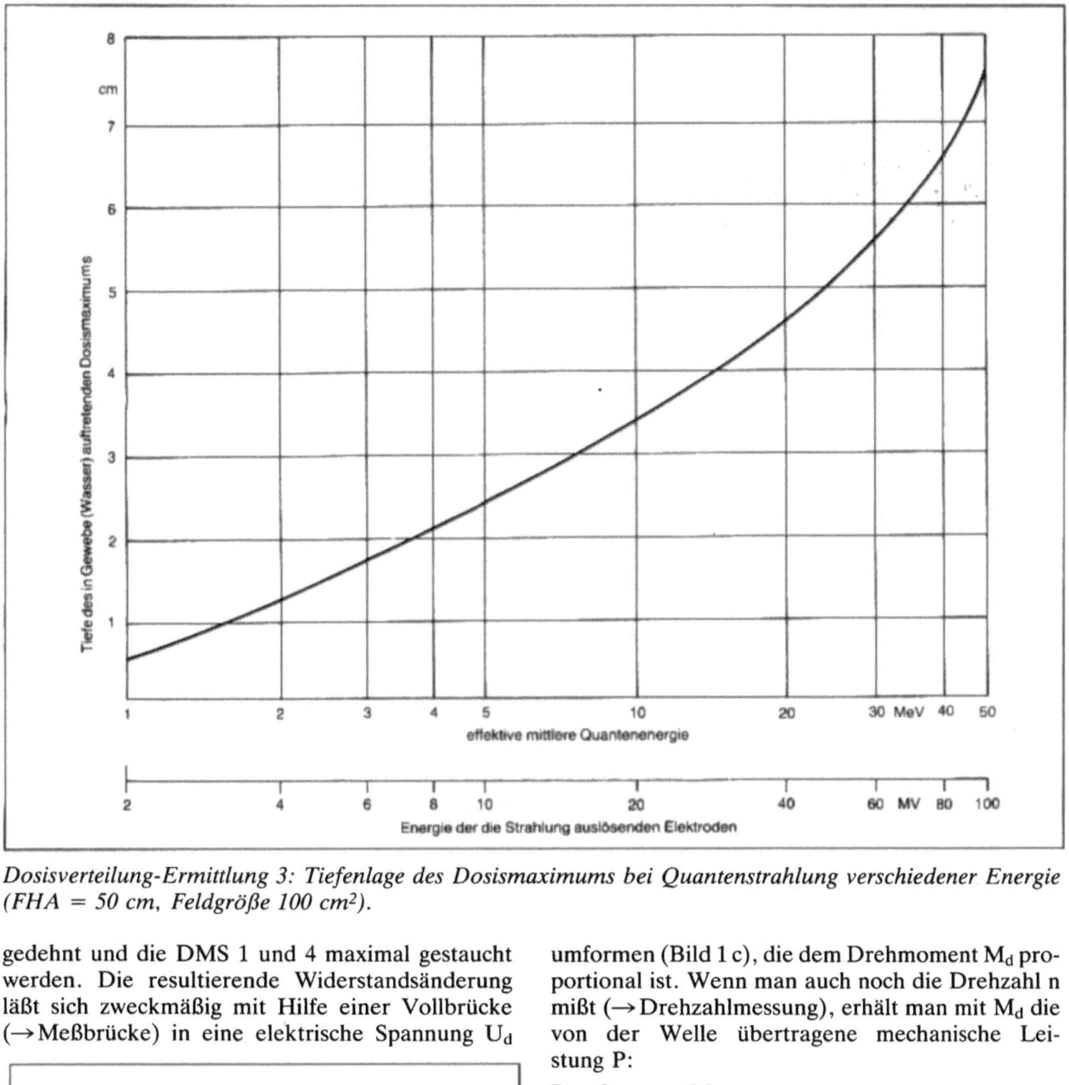

Dosisverteilung-Ermittlung 3: Tiefenlage des Dosismaximums bei Quantenstrahlung verschiedener Energie (FHA = 50 cm, Feldgröße 100 cm²).

gedehnt und die DMS 1 und 4 maximal gestaucht werden. Die resultierende Widerstandsänderung läßt sich zweckmäßig mit Hilfe einer Vollbrücke (→Meßbrücke) in eine elektrische Spannung U_d

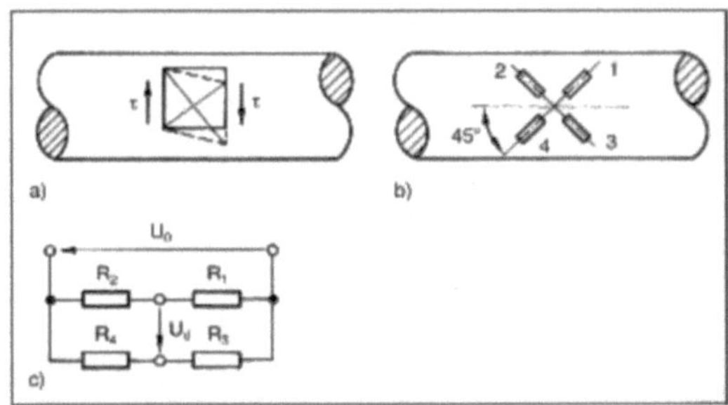

Drehmomentmessung 1: Messen einer Torsionsspannung.
a) Verformung eines Quadrats auf der Wellenoberfläche zu einem Parallelogramm
b) Anordnung von vier Dehnungsmeßstreifen (DMS) auf der Welle
c) Vier DMS in einer Vollbrücke.

umformen (Bild 1 c), die dem Drehmoment M_d proportional ist. Wenn man auch noch die Drehzahl n mißt (→Drehzahlmessung), erhält man mit M_d die von der Welle übertragene mechanische Leistung P:

$$P = 2\,\pi \cdot n \cdot M_d$$

Bei der D. müssen die mit der Welle umherlaufenden DMS einerseits mit der Betriebsspannung U_o versorgt, andererseits die Signalspannung U_d abgenommen werden. Dies ist im Prinzip über vier Schleifringe möglich. Wenn man die Brücke mit Wechselspannung speist, kann man auch zwei Transformatoren für diese Aufgaben verwenden. Bei diesen dreht sich jeweils die eine Hälfte mit, während die andere Hälfte feststeht. Bild 2 zeigt eine Einrichtung, bei der die Übertragung des Meßsignals kapazitiv erfolgt. Die Drehzahl wird gemessen (inkremental).

Andere Drehmoment-Meßaufnehmer arbeiten induktiv (→Meßaufnehmer, induktiver), benutzen das magnetoelastische Prinzip (→Kraftmessung) oder beruhen auf der Frequenzänderung einer

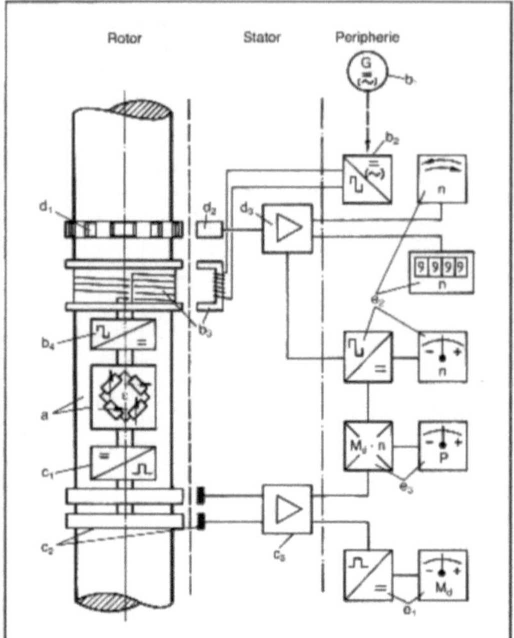

a Federkörper mit DMS, b Speisegruppe, b_1 Netz oder Batterie, b_2 Frequenzgenerator 13 kHz, b_3 Induktionsübertrager (Transformator zweigeteilt), b_4 Gleichrichtung und Stabilisierung, c Signalgruppe Drehmoment, c_1 U/f-Umsetzer, c_2 kapazitive Übertragung, c_3 Empfangsvorverstärker, d Signalgruppe Drehzahl, d_1 Impulsgeber, d_2 Impulsaufnehmer, d_3 Umsetzer für Drehzahl und Drehrichtung, e Auswertung und Anzeige, e_1 Drehmoment, e_2 Drehzahl und -richtung, e_3 Mechanische Leistung

Drehmomentmessung 2: Prinzipschaltbild einer Drehmoment-Meßwelle mit schleifringloser Signalübertragung. (Quelle: Hottinger Baldwin Meßtechnik)

Schwingsaite (→Schwingsaiten-Frequenzumsetzer). *Hammerschmidt*

Drehschwingungsmessung. Anwendung der Schwingungsmeßtechnik bei rotierenden Teilen. Grundlegende Meßverfahren: →Schwingungsmessung. *Hammerschmidt*

Drehspul-Linienschreiber →Registriergerät

Drehspulmeßwerk →Meßgerät, elektrisches

Drehzahlmessung. Zum Messen von Drehzahlen (Umdrehungsfrequenzen) wendet man verschiedene Meßprinzipien an.

□ Beim Fliehkraft-Tachometer werden an der sich drehenden Welle befestigte Körper durch die Fliehkraft gegen eine Federkraft gespreizt und bewegen dabei einen Zeiger.

□ Beim Wirbelstrom-Tachometer entstehen in einer im Magnetfeld rotierenden Aluminiumtrommel Wirbelströme, die ein federgefesseltes System um so stärker mitnehmen, je höher die Drehzahl ist.

□ Bei stroboskopischen Verfahren macht man mit Hilfe des Lichtblitz-Stroboskops einzelne Phasen der Drehbewegung kurzzeitig durch Beleuchtung sichtbar. Für das Auge ergibt sich bei passender Frequenzeinstellung ein stehendes Bild. Aus der Frequenz, mit der die Lichtblitze zur Beleuchtung des Meßobjekts ausgesendet werden, kann man die Drehzahl ermitteln. (→Stroboskop).

□ Tachogeneratoren nutzen das Induktionsgesetz zur D. aus. Die in einer im Magnetfeld rotierenden Spule erzeugte Spannung ist der Drehzahl proportional. Bei Gleichspannungs-Tachogeneratoren wird diese Spannung über einen Kommutator abgenommen. Wegen des Aufwands durch den Kommutator zieht man heute den Wechselspannungs-Tachogenerator vor. Falls notwendig, kann man mit Hilfe von →Halbleiterdioden auch hier Gleichspannung erzeugen. Nicht nur die so erhaltene Spannung, sondern auch die Frequenz der Generatorausgangsspannung ist dann der Drehzahl proportional. Anwendungen im Drehzahlbereich 100–10^4 1/min, Ausgangsspannungen bis 220 V. Drehzahldifferenzen bzw. Schlupfwerte können mit Hilfe von zwei Tachogeneratoren und elektrischen Differenz- bzw. Quotientenschaltungen ermittelt werden.

□ Impuls-Drehzahlaufnehmer werden für mittelwertbildende und zählende Verfahren benötigt. Diese →Aufnehmer erzeugen je Umdrehung mindestens einen Impuls, und zwar vorwiegend mit opto-elektronischen oder magnetischen Mitteln. Wenn man die Anzahl der Impulse z. B. je Sekunde zählt, erhält man nach Division durch die Impulszahl je Umdrehung die Drehzahl in Umläufen pro Sekunde. Die Impulszählung wird elektronisch durchgeführt. Beim Durchlichtverfahren (Bild 1 a) wird mittels einer umlaufenden Lochscheibe ein Lichtstrahl auf eine →Photodiode unterbrochen. Beim Streulicht- oder Reflexionsverfahren (Bild 1 b) sendet eine Lampe Licht auf das umlaufende Meßobjekt, das von den dort angebrachten Markierungen z. B. Schwarz-Weiß-Raster, mehr oder weniger reflektiert und von einem opto-elektronischen Bauelement aufgenommen wird. Mit Hilfe von opto-elektronischen Drehzahlaufnehmern lassen sich Drehzahlen bis 3 Mio/min erfassen. Magnetische Drehzahlaufnehmer (Bild 2) benutzen statt der Lochscheibe eine Magnetscheibe. Der einfachste Empfänger für Frequenzen bis 400 Hz ist ein Reed-Relais (a), dessen Kontakt im Magnetfeld geschaltet wird. Ein weiterer magnetischer Aufnehmer ist die Differential-Feldplatte (b) (→Feldplatte), ein magnetisch steuerbarer Widerstand. Mit einer →Hall-Sonde (c) wird eine Spannung erzeugt, die von der jeweiligen Stellung der Magnetscheibe abhängt. Die beiden letztgenannten Verfahren arbeiten berührungslos und sind deshalb auch für höhere Frequenzen geeignet.

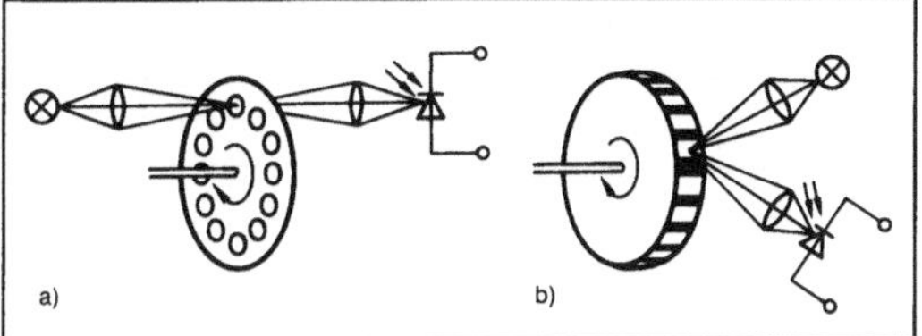

Drehzahlmessung 1: Photoelektrische Abtastung.
a) Durchlichtverfahren
b) Streulicht- oder Reflexionsverfahren.

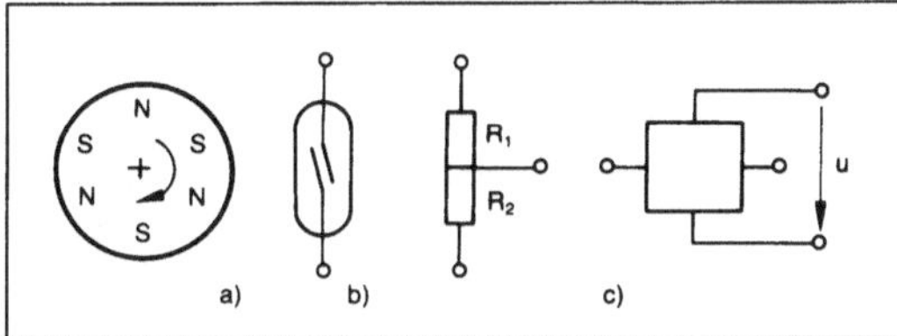

Drehzahlmessung 2: Magnetischer Aufnehmer.
a) mit Reedrelais
b) mit Differential-Feldplatte
c) mit Hallsonde.

Man kann die benötigten Impulse (Bild 3) auch gewinnen über eine Induktionsspule (a), mit Hilfe eines Wiegand-Sensors (b), durch einen →Meßaufnehmer, induktiver (c) oder durch einen Hochfrequenz-Meßkopf (d).

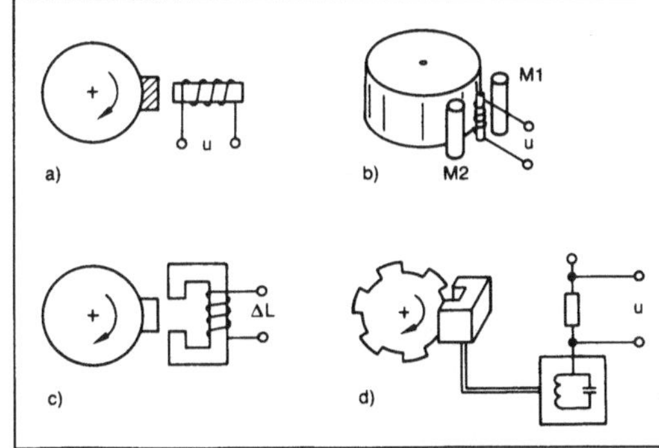

Drehzahlmessung 3: Weitere Drehzahlaufnehmer.
a) Induktionsaufnehmer
b) Wiegand-Sensor mit den Magneten M 1 und M 2
c) Induktiver Aufnehmer
d) Hochfrequenz-Meßkopf.

□ Mittelwert-Verfahren basieren auf den vorbeschriebenen Impulsaufnehmern. Mit Hilfe von Impulsformern gewinnt man Impulse gleicher Fläche. Sodann mißt man den arithmetischen Mittelwert der Impulsserie. Bei hinreichend großer Impulsfrequenz ist die Anzeige der Drehzahl besonders einfach durch ein →Drehspulmeßwerk (→Meßgerät) möglich. Der Transistor-Drehzahlmesser in Kraftfahrzeugen beruht auf diesem Prinzip. Er erhält seine Impulse aus der Zündanlage.

□ Bei den zählenden Verfahren (Bild 4) wird die Anzahl der Umdrehungen in einer festgelegten Zeit bestimmt. Wenn man als Meßzeit 1 s nimmt, ergibt sich bei einem Impuls pro Umdrehung die Drehzahl (Umdrehungsfrequenz) direkt in Hz. Soll die Drehzahl in 1/min angegeben werden, so empfiehlt es sich, in der Meßzeit den Faktor 6 vorzusehen, z. B. 0,6 s oder 6 s. Außer den beschriebenen Drehzahl-Impulsaufnehmern kann man auch die Ausgangsspannung eines Wechselspannungs-Tachogenerators zählend auswerten. Die Meßzeit wird durch Frequenzteilung aus einem quarzstabilisierten Taktgeber (z. B. 1 MHz) gewonnen. Bei sehr kleinen Drehzahlen würden nur wenige Impulse innerhalb der Meßzeit zählbar sein. In diesen Fällen besteht die Möglichkeit, statt der Umdrehungsfrequenz den Zeitbedarf (Periodendauer) für eine Umdrehung genau zu messen. Der Kehrwert der Periodendauer ist dann die Umdrehungsfrequenz (Drehzahl).

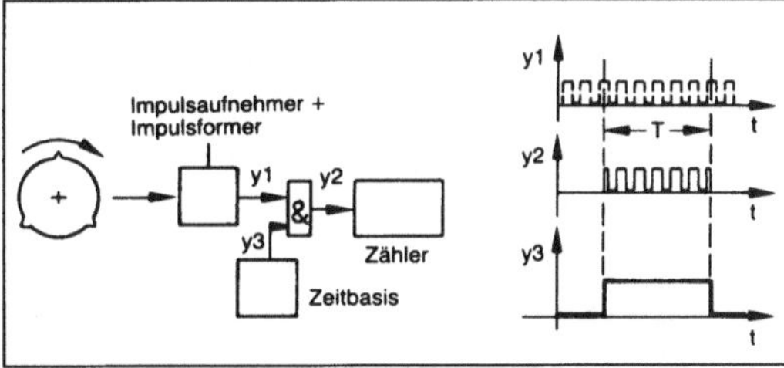

Drehzahlmessung 4: Zählendes Verfahren.

Geschwindigkeiten von Linearbewegungen lassen sich auch über eine D. erfassen, wenn man die lineare Bewegung in eine Drehbewegung umformt. Anwendung in Fahrzeugen aller Art.

Hammerschmidt

Literatur: *Schrüfer, E.:* Elektrische Meßtechnik. München 1990.

Drehzahlsensor. →Sensor zur Bestimmung der Umdrehungen pro Zeiteinheit von rotierenden Körpern. Wird auch als Tachogenerator bezeichnet.

Eine →Drehzahlmessung kann häufig auf eine Positionsmessung (→Positionssensor) zurückgeführt werden, wenn auf dem rotierenden Körper Merkmale angebracht sind, die durch einen Positionssensor erfaßt werden können. Aus dem Zeitabstand der →Positionsmeldung wird die Drehzahl berechnet.

Für die Positionsmessung kann eine mechanische, magnetische bzw. optische Abtastung verwendet werden. Mit dem rotierenden Objekt wird eine Steuerscheibe (Polrad) in eine Umdrehung versetzt, auf welcher sich die entsprechenden Merkmale befinden. Für eine mechanische Abtastung können es hervorstehende Teile sein, die z. B. einen →Schalter mechanisch betätigen, bei der magnetischen Abtastung werden magnetische oder magnetisierbare Marken auf der Steuerscheibe angeordnet, die mit den entsprechenden Meßverfahren (→Magnetfeldsensor) detektiert werden können. Bei der optischen Abtastung kommen →Lichtschranken oder andere die optische Strahlung modulierenden Einrichtungen zur Anwendung. *Schaumburg*

Drehzelle, nematische →Flüssigkristall-Anzeige

Drei-Komponenten-Regelung. Regeldynamisch günstige Struktur zur →Füllstandregelung besonders in Dampftrommeln. Eine Verhältnisregelung zwischen zulaufendem Speisewasser und abströmendem Dampf erhält ihren Sollwert vom Füllstandregler, der auf diese Weise nur sehr verhalten eingreifen muß (Bild). *Strohrmann*

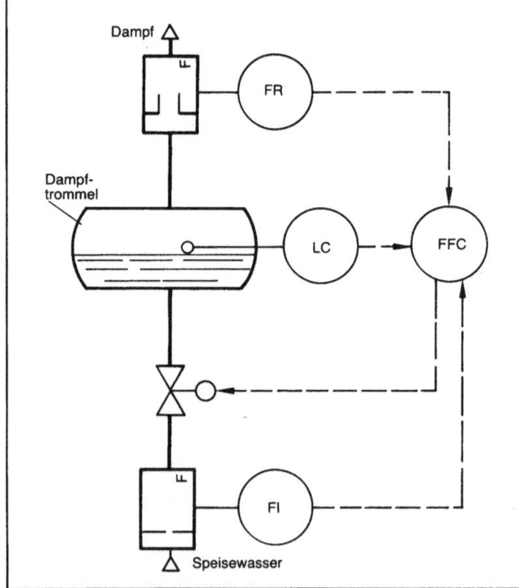

Drei-Komponenten-Regelung: Darstellung nach DIN 19227.

Dreipunktregler. Ein D. ist ein nichtlineares Übertragungsglied mit drei möglichen Ausgangswerten; er ist ein →Schalter.

Gemäß der idealen, symmetrischen Kennlinie (Bild, links) ist die Stellgröße $y = 0$ für kleine Regeldifferenz $-a < e < a$; für $e > a$ ist $y = Y_h$, und für $e < -a$ ist $y = -Y_h$. Die Schaltpunkte liegen also am Rand der Totzone (unempfindlicher Bereich) bei $e = a$ und $e = -a$. Y_h kennzeichnet den →Stellbereich des Reglers. Die reale Kennlinie im rechten Diagramm hat eine Schaltdifferenz oder Hysterese h.

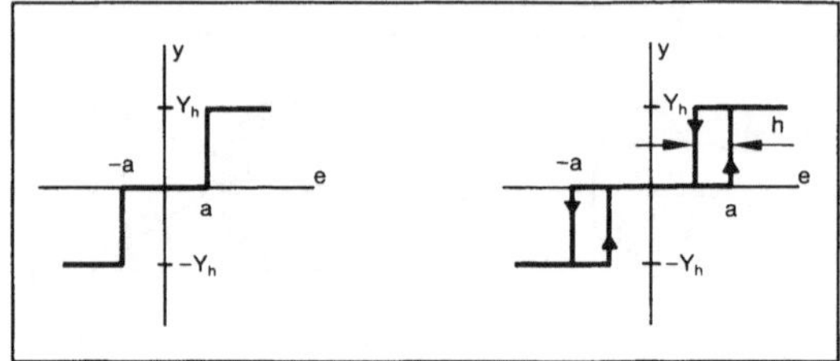

Dreipunktregler: Kennlinien des symmetrischen D.

Häufig wird der D. durch zwei gegeneinandergeschaltete →Zweipunktregler (Ein – Aus) erstellt, vor allem beim Aufbau kommerzieller Schrittregler (→Regler, elektrische). Das Einsatzgebiet des D. entspricht dem des Zweipunktreglers. Er wird vor allem dann bevorzugt, wenn der →Regelkreis im →Arbeitspunkt (kleine Regeldifferenz am Reglereingang) in Ruhe bleiben soll, d. h. keine Dauerschwingung ausführt wie mit dem Zweipunktregler. *Böttiger*

Drift. D. ist die (unerwünschte) Änderung des Nullpunkts von →Meßgeräten, insbesondere von →Meßverstärkern. Sie hat ihre Ursache in Änderungen der Temperatur, der Speisespannungen, der Gleichtaktspannung und der Bauelementeeigenschaften z. B. durch Alterung. Man gibt die Temperatur-D. eines Verstärkers z. B. in µV/K an. Zeit-D. werden durch die maximal beobachteten Änderungen in einem bestimmten Zeitraum, z. B. in einer Stunde oder in einem Monat, gekennzeichnet. *Hammerschmidt*

Driftausfall. Der D. ist der →Ausfall einer Komponente dadurch, daß ein Parameter mit der Zeit sich langsam verschlechtert und schließlich zur Funktionsunfähigkeit der Komponente führt.

Als Beispiel einer Parameterdrift ist im Bild die relative Änderung des Wertes von Metallschichtwiderständen gezeigt. Getestet wurden insgesamt 148 Exemplare. Im Bild sind der Mittelwert der Widerstandsänderung (Kurve a) und die Grenzen der Verteilung eingetragen. 90 % der untersuchten Widerstände liegen zwischen den Kurven b und c. Die Widerstandsänderungen steigen ungefähr mit der Wurzel aus der Betriebszeit. In den Datenblättern ist oft die nach $t_0 = 1000$ h eingetretene Widerstandsänderung spezifiziert. Damit läßt sich die Widerstandsänderung zum Zeitpunkt t aus der folgenden Beziehung bestimmen:

$$\left[\frac{\Delta R}{R}\right]_t = \left[\frac{\Delta R}{R}\right]_{t_0} \sqrt{\frac{t}{t_0}}\,.$$

Schrüfer

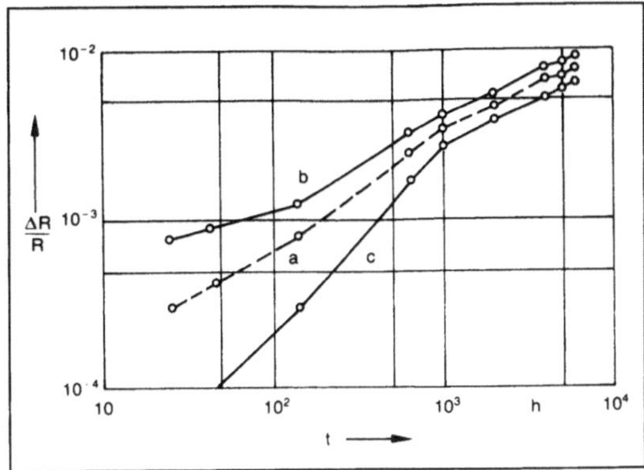

a) Mittelwert, b) und c) 90 % Bereich

Driftausfall: Drift von 15-kΩ-Schichtwiderständen.

Literatur: *Valvo GmbH:* Technische Information TI 171)

Drosselgerät. Zur →Durchflußmessung nach dem Wirkdruckverfahren wird ein Wirkdruckgeber benötigt, der aus dem Durchfluß einen Wirkdruck erzeugt. Das D. ist ein derartiger Wirkdruckgeber; es ist eine i. a. konzentrische Einengung der Rohrleitung, durch die sich einerseits die Geschwindigkeit des Fluids erhöht, durch die sich andererseits der statische Druck vermindert (Bernouille'sche Gleichung). Den prinzipiellen Druckverlauf an einem D. zeigt das Bild. Nach dem Kontinuitätsgesetz ist der Durchfluß Q in einer Rohrleitung an allen Stellen gleich. Es gilt

$Q = q_1 \cdot v_1 = q_2 \cdot v_2$;

q_1, v_1 bzw. q_2, v_2 Querschnitt, Geschwindigkeit vor dem D. bzw. an der Drosselstelle.

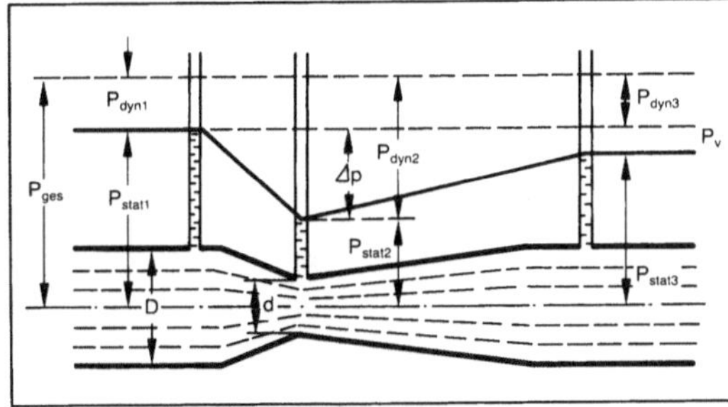

P_{stat} statischer Druck, P_{dyn} dynamischer Druck, $P_{ges} = P_{stat_1} + P_{dyn_1}$ Gesamtdruck, $\Delta P = P_{stat_1} - P_{stat_2}$ Wirkdruck $P_v = P_{ges} - (P_{stat_3} + P_{dyn_3})$ bleibendr Druckverlust

Drosselgerät: Druckverlauf.

Bei inkompressibler Flüssigkeit, horizontaler Rohrleitung und vernachlässigbaren Reibungskräften ist nach *Bernouilli:*

$$p_1 + \frac{1}{2} \varrho \cdot v_1^2 = p_2 + \frac{1}{2} \varrho \cdot v_2^2;$$

ϱ Dichte des Fluids.

Daraus ergibt sich

$$\Delta p = p_1 - p_2 = \frac{\varrho}{2} \left(\frac{1}{q_2^2} - \frac{1}{q_1^2} \right) \cdot Q^2.$$

Da in der Praxis keine reibungsfreie Strömung vorhanden ist, wird deren Einfluß (Kontraktion, Geschwindigkeitsprofil, Lage der Druckentnahmestellen) in der Durchflußzahl zusammengefaßt; so gilt

$$Q = \alpha \cdot q_2 \sqrt{\frac{2}{\varrho} (p_1 - p_2)}.$$

Die dimensionslose Durchflußzahl α hängt für ein bestimmtes D. bei bestimmten Einbauverhältnissen nur von der Reynoldszahl ab. Diese ist

$$Re_D = \frac{v \cdot d_1 \cdot \varrho}{\eta};$$

darin bedeuten: v Strömungsgeschwindigkeit, d_1 Rohrdurchmesser, ϱ Dichte, η Zähigkeit.

Sie hat die Eigenschaft, daß Strömungen in Rohrleitungen mit der gleichen Reynoldszahl einander ähnlich sind. Neben der Abhängigkeit von der Reynoldszahl geht der Durchmesser der Drosselstelle d_2 in die Durchflußzahl α ein. Die Bauarten der D. sind nach DIN 1952 genormt. Man unterscheidet Blenden, Düsen und Venturidüsen.

Blenden sind dünne Scheiben mit kreisrunder Öffnung und scharfer Kante. Ihre Dicke ist klein gegen den Rohrdurchmesser. Sind sie entsprechend DIN 1952 aufgebaut, so spricht man von →Normblenden. Blenden sind leicht einzubauen und auszuwechseln, preiswert und genau. Nachteilig ist die verhältnismäßig starke Abwetzung der scharfen Kanten und der relativ hohe (bleibende) Druckverlust.

Düsen bestehen aus einem sich verengenden Einlauf und einem anschließenden zylindrischen Halsteil. Die Normdüse ist entsprechend DIN 1952 aufgebaut. Die Düse ist aufwendiger als die Blende, der bleibende Druckverlust ist geringer als bei der Blende.

Venturidüsen bestehen aus einem sich verengenden Einlauf, einem anschließenden zylindrischen Halsteil und einem sich konisch erweiternden Auslauf. Bei ihnen ist der bleibende Druckverlust am geringsten. *F. Schneider*

Druckabfall, erforderlicher. Aus regelungsdynamischen Gründen erforderlicher Mindestdruckabfall an Stellgliedern bei maximalem Durchfluß, der aus energetischen Gründen möglichst gering zu halten ist. Für den D. am →Stellglied werden meist 50 % des dynamischen D. der Anlage (ohne Stellglied) gefordert und statische D. dabei vernachlässigt. Unter Berücksichtigung der Betriebskennlinien, Durchflußbereiche, Grundkennlinien der Stellglieder sowie der Anpassungsfähigkeit der

→Regler ist es an vielen Regelstrecken auch möglich, mit geringeren D. auszukommen. Günstig dafür sind: Flache Pumpenkennlinien, geringe Durchflußbereiche, gleichprozentige Kennlinien und Selbstoptimierung der Regelparameter. Letztere, weil sie sich wechselnden Streckenverstärkungen selbsttätig anpassen können. (→K_v-Wert; →Durchflußkennlinie). *Strohrmann*

Literatur: *Engel, H. O!:* Energieökonomie bei der Anwendung von Regelventilen. Automatisierungstechnische Praxis **33** (1991), Nr. 4, S. 188–194.

Druckmembran. Dünne radial verankerte Scheibe, welche einen Druckunterschied oder eine lokal einwirkende Kraft in eine mechanische Auslenkung umwandelt, die dann ihrerseits z. B. über →Dehnungsmeßstreifen quantitativ erfaßt werden kann.

Die elastische Verformung von D. kann nach den Gesetzen der Elastizitätstheorie exakt berechnet werden. Man geht dabei aus von dünnen kreissymmetrischen Platten hoher Elastizität mit einem Radius, der sehr viel größer als die Plattendicke ist (Bild 1).

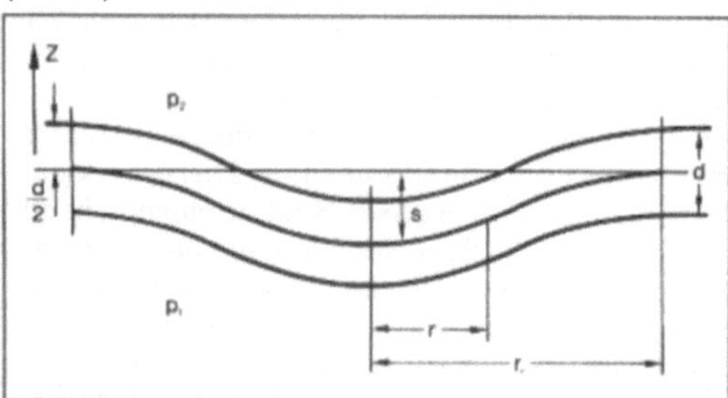

Druckmembran 1: Durchbiegung einer eingespannten Kreisplatte bei gleichförmiger Druckbelastung $\Delta p = p_2 - p_1$.

Die radial wirkende Spannung σ_r ist auf der Oberseite in der Membranmitte positiv (Kompression), am Membranrand hingegen, aufgrund der Membraneinspannung negativ (Dilatation). Die senkrecht zur Radialspannung wirkende Tangentialspannung σ_φ hat qualitativ einen ähnlichen Verlauf (Bild 2). Voraussetzung für diese Berechnung ist die Randbedingung $s < r$ zur Vermeidung des Balloneffekts. Auf der Membran gibt es Kreisringe (Bild 2), auf denen die Spannungen jeweils verschwinden (Achse, neutrale).

D. werden häufig zum Aufbau von Drucksensoren angewendet. Dabei wird die durch die Spannungen erzeugte Dehnung der D. über Dehnungsmeßstreifen erfaßt. Bei Berücksichtigung des →Piezowiderstandes, longitudinaler und transversaler ergibt sich für eine (111)-orientierte Siliciummembran die in Bild 3 dargestellte Ortsabhängigkeit. *Schaumburg*

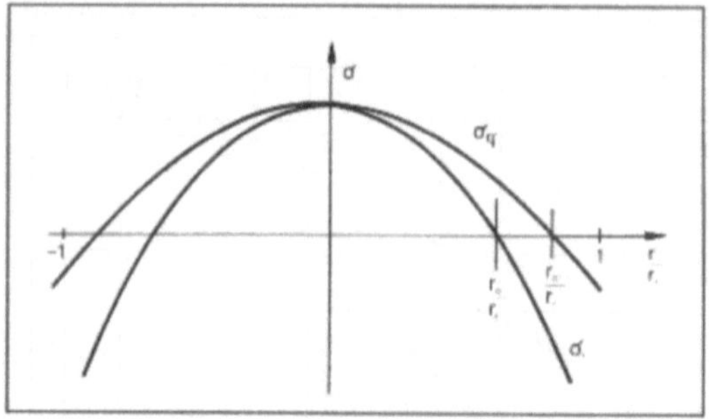

Druckmembran 2: Ortsabhängigkeit von Radial- und Tangentialspannung.

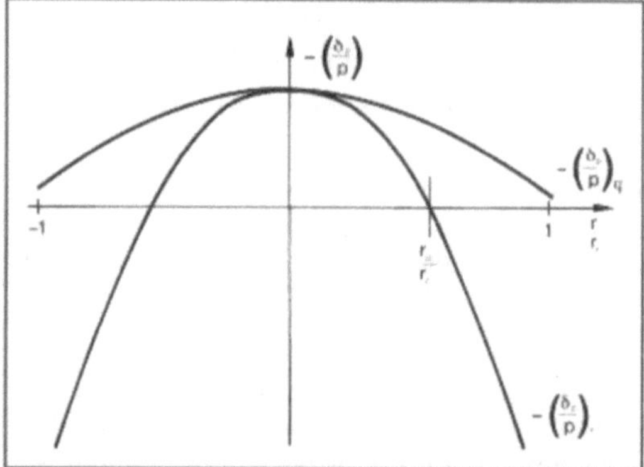

Druckmembran 3: Ortsabhängigkeit des relativen Widerstandseffektes.

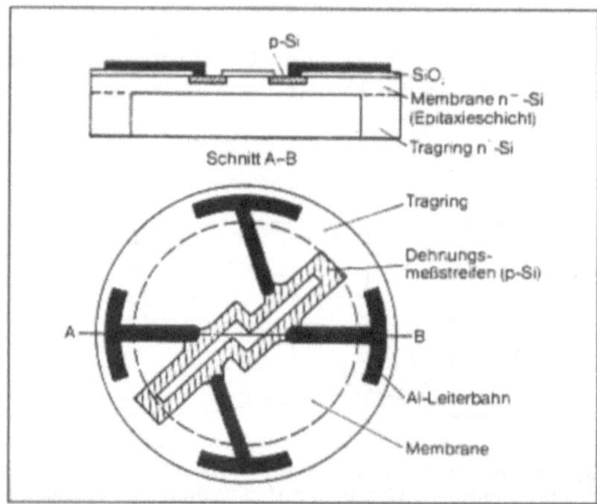

Druckmembran 4: Drucksensor mit Silicium-D. und integrierten Dehnungsmeßstreifen. (Quelle: Heywang)

Literatur: *Heywang, W.:* Sensorik. Berlin 1984.

Druckmessung. Der Druck (abgekürzt p von engl. pressure) eines Fluids – das ist der Sammelbegriff für Gase, Dämpfe und Flüssigkeiten – ist definiert als Kraftwirkung, die senkrecht auf eine Flächeneinheit einwirkt. Ist F die Kraft, q der Querschnitt der Fläche, so gilt $p = F/q$.

Es ist zu unterscheiden, ob der absolute Druck, oder ob ein Über- oder Unterdruck gegenüber dem Atmosphärendruck zu messen ist. Dabei ist der Überdruck p_e definiert als Druck vermindert um den Atmosphärendruck. Er ist positiv, wenn der Druck größer ist als der Atmosphärendruck. Analog dazu ist der Unterdruck als Differenz zwischen Atmosphärendruck und (Absolut-)Druck definiert. Mittels Differenz-D. kann nicht nur die Differenz zwischen zwei Drücken gemessen werden, vielmehr wird damit auch der Durchfluß von Flüssigkeiten (→Durchflußmessung) erfaßt.

□ Einheiten: Als Druckeinheiten sind im internationalen Einheitensystem die Einheiten →Pascal (Pa) und →Bar vorgesehen;
1 Pa = 1 Newton je m^2 (N/m^2), 1 bar = 10^5 N/m^2.

Nicht mehr zugelassen, aber z. T. noch im Gebrauch sind die Einheiten

Kilopond je cm^2	1 kp/cm^2 = 0,980665 bar,
technische Atmosphäre	1 at = 1 kp/cm^2,
Atmosphäre	1 atm = 1,033227 kp/cm^2 = 760 Torr,
mm Wassersäule	1 mm WS = 0,0001 kp/cm^2,
Torr oder mm Quecksilbersäule	1 mm Hg = 132,3224 N/m^2 = 1,00000014 Torr.

In angelsächsischen Ländern sind folgende Einheiten noch gebräuchlich:
1 lb/in^2 = 0,070307208 kp/cm^2 (UK),
1 p/in^2 (psi) = 0,070306682 kp/cm^2 (USA).

□ Meßverfahren: Das unmittelbarste Verfahren der D. ist die Ermittlung der auf eine gegebene Fläche wirkenden Kraft. Hierzu gehören die Druckwaagen und Flüssigkeitsmanometer.

Beim Kolbendruckmesser – einer Druckwaage – wird der zu messende Druck über eine Ölvorlage auf den beweglichen Kolben übertragen, der so lange verschoben wird, bis durch die Meßbereichsfedern das Kräftegleichgewicht erreicht wird. Die D. wird also in eine Wegmessung umgewandelt. Dabei ist der zurückgelegte Weg dem zu messenden Druck proportional und wird über ein Getriebe in einen Winkelausschlag verwandelt. Ausgeführte Kolbendruckmesser haben Meßbereiche von 1 bar bis 100 bar, wobei eine Nullpunktunterdrückung durch Vorbelastung des Kolbens mit Gewichten bis zum sechsfachen Meßbereich möglich ist. Die mit Kolbendruckmessern erreichbare →Genauigkeit liegt bei 0,5 % v. E.

Bei den Flüssigkeitsmanometern ist der Druck nur von der Höhe und dem spezifischen Gewicht der Flüssigkeitssäule abhängig. Das Prinzip läßt sich am besten an Hand eines U-Rohr-Manometers erläutern. Wirkt auf den einen Schenkel des U-Rohres der zu messende Druck, der andere Schenkel sei zugeschmolzen und evakuiert, so läßt sich der Absolutdruck errechnen zu $p_v = 0{,}0981 \cdot h \cdot \varrho$ (mbar) mit h als Höhendifferenz der beiden Flüssigkeitssäulen in mm und ϱ dem spezifischen Gewicht der Sperrflüssigkeit in kg/dm^3. Bevorzugte Sperrflüssigkeiten sind: Wasser, evtl. mit Fluoreszein gefärbt ($\varrho = 1$ kg/dm^3), Quecksilber ($\varrho = 13{,}55$ kg/dm^3, Quecksilbermanometer), Ethylalkohol, Silikon, Öl u. ä. (Bild 1).

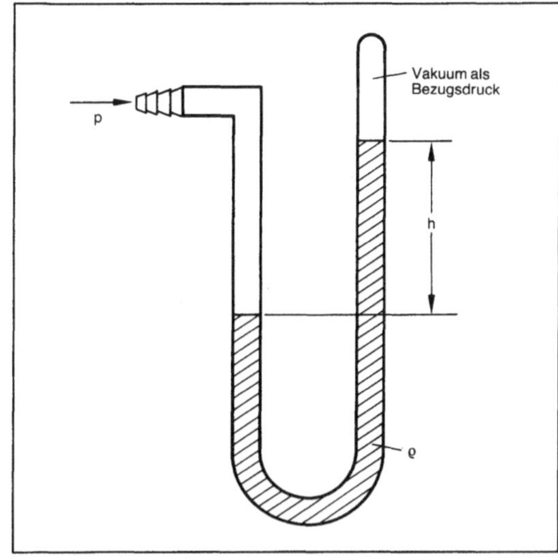

Druckmessung 1: U-Rohr-Manometer.

Druckgeräte, die mit Sperrflüssigkeit arbeiten, dienen zum Messen kleiner Drücke oder kleiner Druckdifferenzen. Wird ein Schenkel des U-Rohrs zugeschmolzen und evakuiert, so läßt sich mit diesem auch der Absolutdruck messen. Eine weitere Ausführungsform des Flüssigkeitsmanometers ist das Schrägrohrmanometer.

Neben diesen beiden „absoluten“ Druckmeßverfahren werden eine große Anzahl physikalischer Effekte zur D. benutzt. Von diesen seien hier die federelastischen Druckaufnehmer als mittelbare mechanische Druckaufnehmer angeführt. Neben dem Platten- und Kapselfedermeßwerk hat das Rohrfedermeßwerk (Bourdonmeßwerk) in der Betriebsmeßtechnik Bedeutung (Bild 2).

Die Rohr- oder Bourdonfeder ist ein kreisförmig gebogenes Rohr mit vorzugsweise ovalem Querschnitt. Ein Rohrende ist mit einem Federträger, der meist zugleich Anschlußzapfen ist, verlötet oder verschweißt. Gibt man auf die Rohrfeder einen Druck, so biegt sich das freie Rohrende auf. Diese Bewegung – etwa 3–6 mm – wird über eine Zugstange auf ein Zeigerwerk übertragen. Das Rohrfedermeßwerk wird in der Betriebsmeßtechnik am meisten verwendet und ist in unterschiedlichen Ausführungsformen für Meßbereiche von 600 mbar bis

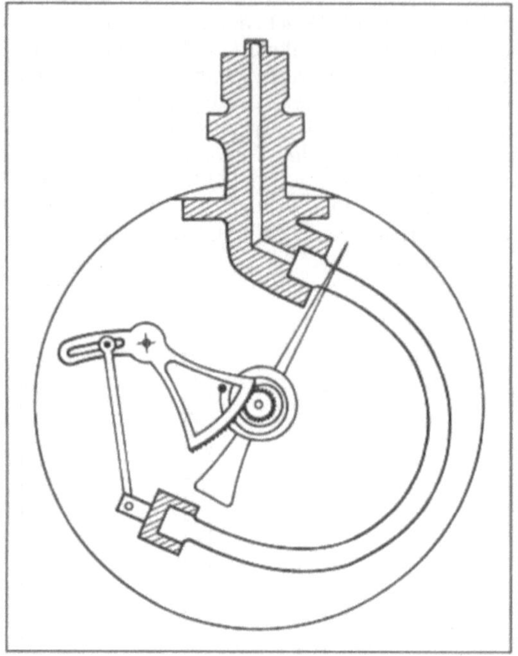

Druckmessung 2: Rohrfedermeßwerk (Bourdonfeder).

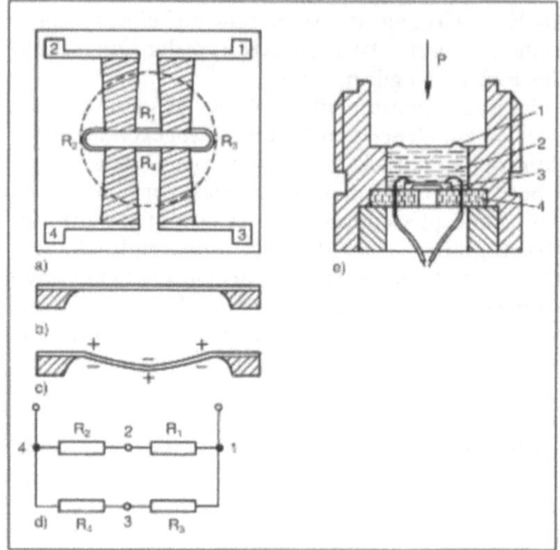

1 Stahlmembran, 2 Ölvorlage, 3 Siliciumchip, 4 druckdichte Durchführung der elektrischen Anschlüsse

Druckmessung 3: Meßzelle eines piezoresistiven Druckaufnehmers.
a) Siliciumchip mit den eindotierten Widerständen R_1 bis R_4
b) Schnitt durch den unbelasteten Chip
c) Schnitt durch den belasteten Chip mit gedehnten (+) und gestauchten (−) Bereichen
d) Schaltung der eindotierten Widerstände
e) Schnitt durch den Aufnehmer.

1 000 bar einsetzbar. Erwähnt sei auch die Barton-Meßzelle, die hauptsächlich zur Differenz-D. eingesetzt wird. Sollen mechanische Druckaufnehmer in (elektrischen) Automatisierungssystemen einbezogen werden, so müssen die mechanischen Größen mittels Druckmeßumformer in elektrische Größen umgewandelt werden. Daher haben in den letzten Jahren Druckaufnehmer, die elektrische Effekte zur D. verwenden, Bedeutung erlangt. Von ihnen seien folgende angeführt:

Beim DMS-Druckaufnehmer werden auf eine Membran vier →Dehnungsmeßstreifen in einer Wheatstone-Brücke (→Meßbrücken) aufgeklebt. Wird diese Membran durch einen Druck ausgelenkt, ändern sich die Widerstände der DMS. Beim monolithisch integrierten piezoresistiven Drucksensor, bei dem die Änderung des spezifischen Widerstands des Halbleiters den wesentlichen Meßeffekt (piezoresistiver →Effekt) darstellt, besteht die Membrane aus einer wenige µm dicken Siliciumschicht, die durch elektrolytisches →Ätzen hergestellt wird. Auch die dehnungsabhängigen Widerstände der →Meßbrücke und die Widerstände zur →Temperaturkompensation und in manchen Ausführungsformen ein →Operationsverstärker sind auf dem Chip integriert (Bild 3).

Grundlage für die piezoelektrische D. ist der piezoelektrische Effekt, nach dem auf bestimmten Kristallen Ladungen auftreten, wenn diese mechanisch beansprucht werden. Quarzkristalle (SiO_2) haben die höchste Konstanz ihrer Eigenschaften und die beste Isolation, weshalb sie für Meßwerke am besten geeignet sind. Baut man zwei Piezokristalle, die mechanisch hintereinander, elektrisch aber parallel liegen, in eine Dose ein, die mit einer Membran abgeschlossen ist, so übt der auf die Membran wirkende Druck eine Kraft auf den Piezokristall aus. Die daraus resultierende Ladung wird mit Hilfe eines Ladungsverstärkers (→Ladungsmessung) in eine Spannung umgewandelt. Das Haupteinsatzgebiet der piezoelektrischen Druckaufnehmer liegt bei schnellen dynamischen Messungen. Die Meßbereiche der vorgenannten Druckaufnehmer reichen von einigen mbar bis zu einigen kbar. Im Gegensatz hierzu messen induktive und kapazitive Druckaufnehmer insbesondere kleine Drücke. *F. Schneider*

Literatur: *Schrüfer, E.:* Elektrische Meßtechnik. München, Wien 1988.

Druckregelung. →Regelung des Druckes von Gasen und Flüssigkeiten in Rohrleitungen und Behältern, meist durch Drosseln strömenden Fluides. Bei D. ist zwischen Überström- und Reduzierregelung zu unterscheiden, je nachdem, ob der Druck vor oder nach dem Stellgerät geregelt werden soll (Bild 1). Für Reduzier- und Überströmregelungen sind in großer Zahl Regler ohne Hilfsenergie marktgängig. Dynamisch handelt es sich bei diesen Regelungen meist um Strecken erster Ordnung mit Ausgleich ohne Totzeit. Sie sind – besonders bei Gasen – leicht zu stabilisieren, wenn die Inhalte der Rohrleitungen und Behälter, in denen der Druck zu regeln ist, relativ groß gegenüber den Durchflüssen sind. Wichtig sind D. an Pumpen und Verdichtern, mit denen sich die Pumpen- und Verdichterleistungen den Lastzuständen der Verfahrensanlage angleichen lassen.

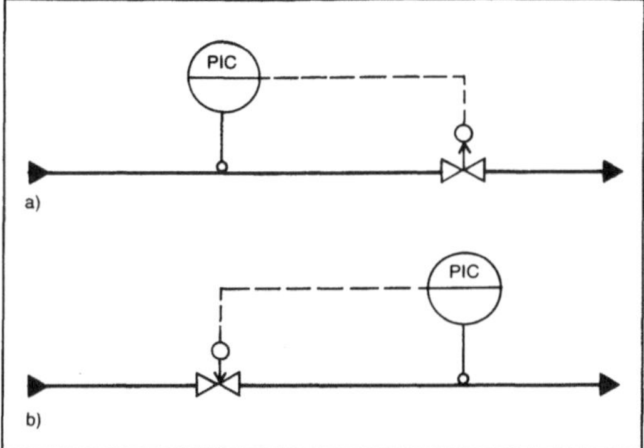

Druckregelung 1: Überströmregelung (a) und Reduzierregelung (b).

Neben diesen Regelungen durch Drosseln von Produktströmen wird häufig der Druck auch indirekt geregelt. Das geschieht z. B. durch Heizen flüssigen oder durch Kühlen dampfförmigen Produktes. Nach der Dampfdruckkurve bestimmt die Siede- bzw. die Kondensationstemperatur dabei den zugehörigen Druck. Bild 2 zeigt eine nach diesem Prinzip arbeitende D. einer Destillationskolonne. Voraussetzung ist, daß sich die Dämpfe in der Kolonne bei den Kühlwassertemperaturen vollständig kondensieren lassen, in der Kolonne also keine inerten Gase vorhanden sind. *Strohrmann*

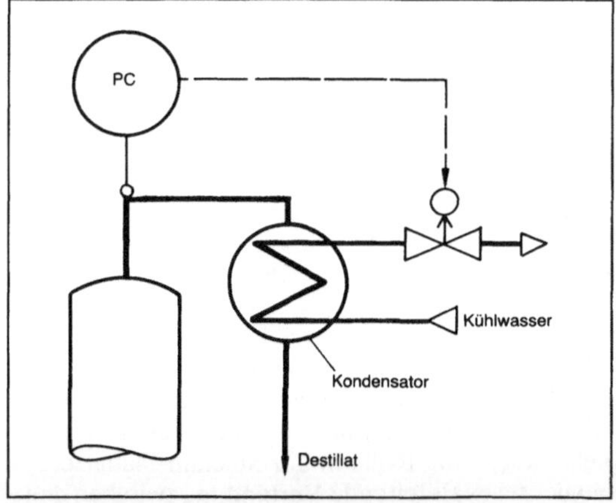

Druckregelung 2: D. einer Destillationskolonne.

Literatur: *Hengstenberg, J., B. Sturm* und *O. Winkler:* Messen, Steuern und Regeln in der Chemischen Technik. 3. Aufl., Bd. III. Berlin–Heidelberg–New York 1981. – *Strohrmann, G.:* Automatisierungstechnik, Bd. 1 Grundlagen, analoge und digitale Prozeßleitsysteme. 2. Aufl. München–Wien 1990.

Drucksensor. →Druckmembran; →Druckmessung

Dual Slope Converter →A/D-Zweirampen-Umsetzer

Dunkelfeldanzeige. Vom Zeitungs- und auch Buchdruck her sind wir gewohnt, einen Text als dunkle Zeichen auf einem hellen Hintergrund zu lesen. Dabei nimmt der gedruckte Text nur einen kleinen Bruchteil der gesamten Fläche ein. Das menschliche Sehsystem integriert die Helligkeit über die gesamte im Auge abgebildete Fläche und regelt darüber die Öffnung der Pupille. Variationen des gedruckten Textes führen nur zu einer geringfügigen Helligkeitsveränderung. Lesen eines Buches strengt daher in diesem Sinne wenig an.

Werden die Zeichen dagegen als helle Zeichen auf einem dunklen Feld dargestellt, so hängt die in das Auge gelangende Intensität in starkem Maße vom Inhalt des Textes und dem Format der Zeichen ab. Je kleiner der Flächenanteil des Textes im Vergleich zur Gesamtfläche des Feldes ist, desto heller müssen die Zeichen dargestellt werden, um als eine ausreichend helle Gesamtfläche zu erscheinen. Das Auge wird ständig auf die sich verändernde Helligkeitssituation neu eingestellt. Es ermüdet schnell.

Eine entsprechende Situation ergibt sich beim Lesen einer Information, die auf einer elektronischen →Anzeige, z. B. einem Bildschirm, dargestellt ist.

Die Darstellung der hellen Zeichen auf einem dunklen Feld wird dabei oft als D. bezeichnet. In anderem Zusammenhang wird diese Darstellungsart oft als *Negativdarstellung* bezeichnet.

Vorteil dieser D. ist, daß die Zeichen farbig auf dem dunklen Grund erscheinen. Bei mehreren Anzeigetechnologien, wie den →Flüssigkristall-Anzeigen, läßt sich dann die Farbe beliebig wählen.

D. sind für →Informationsdarstellung in einer Umgebung mit geringer Helligkeit gut geeignet. Bei einer Darstellung in heller Umgebung, wie z. B. in direktem Sonnenlicht, muß die Intensität der dargestellten Information mit der zum Betrachter gelangenden Intensität der Umgebung der Information vergleichbar sein. D. benötigen deshalb eine Oberfläche, die Licht nur in geringem Umfang reflektiert, bzw. streut. Bei den bekannten LED-Feldern setzt man deshalb oft eine Filterscheibe vor die Dioden, damit das Umgebungslicht beim zweimaligen Durchgang durch die Filterscheibe so weit gedämpft wird, daß sie die leuchtenden →LED nicht mehr überstrahlt. *Pottharst*

Dünne Schichten. Von d. S. eines Stoffes spricht man i. a. wenn sie aus einem Dampf oder einer Lösung, also aus der dispersen Phase abgeschieden werden. Im Gegensatz dazu spricht man bei einer Herstellung aus einem festen oder flüssigen Ausgangsstoff (Gießen, Walzen) von Folien. Vier Herstellungsverfahren für d. S. sind zu unterscheiden.

□ →Aufdampfen im Vakuum: Die Substanzen werden im Vakuum (besser als 10^{-4} mbar) entweder aus einem elektrisch beheizten Tiegel oder im Elektronenstrahl verdampft und ohne weitere Stöße oder Wechselwirkungen auf dem Substrat niedergeschlagen.

□ Kathodenzerstäubung (*engl.* sputtering): In einer Gasentladung wird der Kathodenwerkstoff durch Ionenbeschuß zerstäubt (in atomarer Form freigesetzt) und auf der Gegenelektrode niedergeschlagen.

□ Abscheidung aus der Lösung: In Frage kommt hierbei die Abscheidung aus einer übersättigten Lösung, die Abscheidung durch chemische Reaktionen mit dem Substrat, sowie die elektrolytische (galvanische) Abscheidung.

□ Abscheidung aus der Dampfphase: Auch hierbei ist wieder die Abscheidung aus einem übersättigten Dampf und die Abscheidung auf Grund einer chemischen Reaktion (*engl.* CVD, chemical vapour deposition) zu unterscheiden.

Vor- und Nachteile der einzelnen Verfahren lassen sich nicht allgemein angeben. Die Aufdampfmethode ist sicherlich die universellste. Sie findet ihre Grenzen bei Substanzen, die sich nicht ohne chemische Zersetzung in die Dampfform überführen lassen. Die anderen Methoden können in diesen Fällen helfen, sie bieten auch vielfach, wenn sie angewandt werden können, Kostenvorteile, da der Prozeßschritt der Evakuierung entfällt.

Die Schichtdicke der d. S. wird am häufigsten mit Hilfe der Resonanzfrequenz eines mitbedampften Quarzoszillators bestimmt. In manchen Fällen wird auch die Durchlässigkeit oder Reflexivität einer Schicht als Maß für die Dicke benutzt.

Die Struktur der d. S. ist je nach den Herstellungsbedingungen verschieden. Normalerweise entsteht eine sehr feinkristalline, stark gestörte Schicht mit einem wesentlichen Fremdstoffgehalt, der aus dem Dampf oder Lösungsmittel mit eingebaut wird. Schnelle Abscheidung auf einen gekühlten Träger führt bei geeigneter Zusammensetzung zu amorphen, glasartigen Schichten. Langsame Abscheidung auf einen erhitzten, einkristallinen Träger führt bei günstigen Bedingungen zur Bildung von einkristallinen Schichten (Epitaxie).

Es bestehen drei breite industrielle Anwendungsbereiche von d. S.:

□ Metallische Schichten zur Oberflächenbehandlung und Vergütung, angefangen von galvanischen Schutzschichten auf Metallen bis zu den auf Glas, Keramik und Plastikwerkstoffen aufgedampften Metallisierungen und Dekorschichten.

□ Optisch wirksame Schichten z. B. zur Reflexminderung, als Spiegel oder Filter.

□ Elektronische Bauteile und Komponenten von integrierten Schaltungen bis zu magnetischen Speichern.

Darüber hinaus besteht ein breites Forschungsinteresse, das von den speziellen elektronischen Eigenschaften etwa monoatomarer Schichten bis zum Studium von nur in Form d. S. stabiler metallographischer Phasen reicht.

Dünne Metallschichten (Metallisierungen) dienen, auf Plastikfolien aufgedampft, z. B. als Kondensatorelektroden oder zur thermischen Isolation. Kontakte keramischer dielektrischer Werkstoffe werden ebenso durch Aufdampfen hergestellt. Die gleiche Technik dient zur Dekoration von Glas und Plastikteilen und zur Herstellung von Spiegeln.

Optischen Zwecken dienen transparente Schichten (sog. dielektrische Schichten), deren Schichtdicke im Bereich der optischen Wellenlänge λ liegt, so daß Interferenzeffekte auftreten. So beseitigt eine Schicht, deren Dicke $d = n \cdot \lambda/4$ erfüllt, und für deren →Brechungsindex $n = \sqrt{n_0}$ gilt, wobei n_0 der Brechungsindex des Substrats ist, die Reflexion der betreffenden Oberfläche (Optische Vergütung). Für gewöhnliches Glas ($n = 1.5$) erfüllt eine etwa 100 nm dicke Schicht aus MgF_2 ($n = 1.39$) angenähert diese Bedingung. Mehrfache Schichten ergeben verbesserte Entspiegelungen, aber auch z. B. verlustfreie Hochleistungsspiegel, wie sie in der Lasertechnik benötigt werden. Alle Interferenzeffekte sind wellenlängenabhängig, so daß transparente d. S. auch Farberscheinungen zeigen (Farben dünner Blättchen), die für dekorative Zwecke sowohl von der Natur (Schmetterlingsflügel) wie in der Schmuckindustrie verwendet werden. Durch gezielte Kombination verschiedener Schichten lassen sich farbselektive Spiegel (Kaltlichtspiegel, Wärmereflexionsfilter) und Filter (Interferenzfilter) konstruieren. Die wichtigsten Werkstoffe für transparente Schichten sind neben dem schon genannten MgF_2 Kryolith ($n = 1.31$), SiO ($n = 1.97$), ZnS ($n = 2.34$) und TiO_2 ($n = 2.66$).

In der Elektrotechnik dienen d. S. unter anderem zur Herstellung integrierter Schaltungen hoher Zuverlässigkeit (→Dünnschichttechnik). Leiterbahnen, Widerstände und kleine Kondensatoren werden dabei durch Aufdampfen hergestellt. D. S. spielen auch eine Rolle in der Silicium-Planartechnologie, sei es als leitende Verbindung zwischen den einzelnen Bauelementen, sei es als isolierende

Schicht zwischen den verschiedenen Lagen einer integrierten Schaltung. Ein wichtiges Qualitätskriterium in diesen Anwendungen ist der Flächenwiderstand. Er ist ein Maß für den Widerstand einer dünnen Schicht, definiert als der Quotient zwischen spezifischem Widerstand und Schichtdicke (Einheit: Ωm/m = Ω; oft auch als $\Omega/\square$, ohm per square dargestellt).

Magnetische d. S. erfüllen vielfältige Funktionen vor allem in der Speicher- und der Meßtechnik. Am verbreitesten sind die Nickeleisen- oder Permalloyschichten, die zu etwa 80% aus Nickel bestehen. Anwendung finden sie z. B. als Steuerelement im Magnetblasenspeicher und als Schreib- und Lesekopf-Elemente in der magnetischen Aufzeichnung. Die eigentliche Trägerschicht der Magnetblasen stellt auch eine magnetische d. S. dar. Andere, hartmagnetische d. S. werden als Aufzeichnungsmedium in der magnetischen und magnetooptischen Aufzeichnung (Magnetspeicher) eingesetzt. Supraleitende d. S. dienen z. B. im Josephson-Magnetometer zum Nachweis extrem schwacher Magnetfelder. *Hubert*

Dünnschichtsensor. Ein D. ist ein in der →Dünnschichttechnik hergestellter →Sensor. Die erforderlichen →dünnen Schichten werden dabei durch →Aufdampfen, Aufstäuben oder Abscheiden erzeugt.

□ Beim Hochvakuum-Aufdampfen befindet sich das zu verdampfende Material und das zu beschichtende Substrat in einem evakuierten Behälter (Bild). Der Tiegel mit dem zu verdampfenden Material wird beheizt. Die verdampften Atome breiten sich gradlinig aus und kondensieren auf dem (evtl. geheizten) Substrat. Strukturen lassen sich durch eine vor dem Substrat liegende Maske erzeugen. Ist diese als eine getrennte Schablone aufgelegt, so haben die kleinsten Strukturen eine Breite von etwa 50 μm. Eine um den Faktor 10 bessere Auflösung wird mit Hilfe der Photolitographie erreicht.

□ Bei dem Kathoden-Zerstäuben (sputtering) wird der zunächst evakuierte Behälter wieder mit einem Gas (Argon, Stickstoff) bis zu einem Druck gefüllt, bei dem sich nach Anlegen einer elektrischen Spannung eine Glimmentladung ausbilden kann (Bild b). In der Glimmentladung werden die Gasatome ionisiert. Die positiven Ionen werden zur Kathode beschleunigt und prallen dort derartig heftig auf, daß sie aus dem Kathodenmaterial Atome herausschlagen. Diese kondensieren auf dem zu beschichtenden Substrat. Ihre kinetische Energie ist wesentlich größer als die der thermisch verdampften Atome. Das Kathoden-Zerstäuben ergibt daher besonders haftfähige und dichte Schichten.

Die aufgedampften oder aufgestäubten Schichten sind polykristallin oder amorph. Sie haben qualitativ ähnliche Eigenschaften wie die monokristallinen. Während jedoch die monokristallinen Scheiben aus einem Einkristall herausgeschnitten sind und damit in ihrer Fläche begrenzt sind, fällt bei den aufgedampften oder aufgestäubten Schichten diese Einschränkung weg.

□ Ein weiteres Verfahren zur Herstellung dünner Schichten ist das *Abscheiden aus der Gas- oder Dampfphase* (chemical vapour deposition, →Schichtabscheidung). Diese Methode benötigt nur relativ niedrige Temperaturen und führt zu amorphen Schichten. Zur Herstellung einer Siliciumschicht z. B. wird ein Behälter mit Silan SiH_4 soweit evakuiert, bis sich eine Hochfrequenz-Glimmentladung ausbilden kann. In der Glimmentladung zerfällt das SiH_4-Molekül. Die Siliciumatome wachsen auf dem auf Erdpotential befindlichen Substrat zu einer amorphen Schicht auf. Sie bilden ein Gitter mit eingebauten Wasserstoffatomen. Dieses amorphe hydrogenisierte Silicium a-Si:H wird für großflächige Photosensoren oder Solarzellen benutzt.

In der →Dünnschichttechnologie lassen sich neben Widerstandsschichten, Isolationsschichten, Schutzschichten und Leiterbahnen insbesondere die folgenden Sensorschichten aufbringen:

- temperaturempfindliche Widerstandsschichten (Platin, Nickel, Permalloy)
- dehnungsempfindliche Widerstandsschichten (Tantal, Nickel, Chrom)
- lichtempfindliche Schichten (Si, CdS, PbS)
- piezoelektrische und pyroelektrische Schichten
- magnetische Schichten (Permalloy)
- supraleitende Schichten.

Bei der Fertigung der Sensoren sind die Verfahrensschritte mehrmals zu wiederholen. Für einen

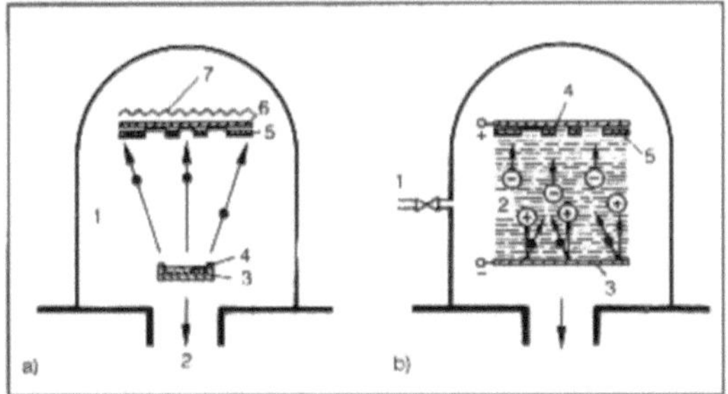

1) evakuiertes Volumen, 2) Anschluß zur Pumpe, 3) Tiegel, 4) Schmelze, 5) Maske, 6) zu bedampfendes Substrat, 7) Heizung

a) Prinzip des Vakuum-Aufdampfens:

1) Gaseinlaß, 2) Glimmentladung, 3) auf negativem Potential befindliche Kathode (Target), 4) auf positivem Potential befindliches zu beschichtendes Substrat (Anode), 5) Maske

b) Prinzip der Kathodenzerstäubung:

Dünnschichtsensor: Verfahren zur Herstellung dünner Schichten.

Dünnfilm-Dehnungsmeßstreifen z. B. sind auf der metallischen Unterlage nacheinander eine Isolationsschicht, eine dehnungsempfindliche Widerstandsschicht, eine niederohmige Leiterschicht und zum Schluß noch eine Schutzschicht aufzubringen.
Schrüfer

Dünnschichttechnik. Beschichtungen sind festhaftende Oberflächenbedeckungen aus einem geeigneten Werkstoff zur Erzielung verbesserter oder neuer Eigenschaften des Grundwerkstoffes. Für die Aufbau- und die Mikroverbindungstechnik fallen darunter die elektrische Leitfähigkeit, die Fügefähigkeit (also die Konditionierung der Oberflächen des Grundwerkstoffes zum Aufbringen von Schweiß-, Löt- und Klebeverbindungen) und auch andere physikalische oder chemische Eigenschaften wie Lichtreflexion, chemische Absorption oder Physisorption.

Beschichtungen dienen vielfach auch als Schutz vor chemischer Einwirkung und werden dann als Passivierung bezeichnet. In Bauelementen und in übergeordneten Schaltkreisen (Hybridtechnik) dienen Beschichtungen oft verschiedenen Zwecken gleichzeitig wie beispielsweise Passivierungsschichten auf Halbleiterkristallen dem Schutz gegen die Einwirkung von Feuchtigkeit und der elektrischen Isolation von Leiterbahnen.

Als Beschichtungen gelten in Einordnung nach ihrer technischen Funktion

□ Elektrische Leiterbahnen mit niedrigen ohmschen Widerständen; sie werden auf strukturierten Halbleiterbauelementen angebracht und gliedern sich in die eigentlichen Leiterbahnen auf isolierendem Untergrund, in die einlegierten Verbindungen als elektrische Anschlüsse der halbleitenden Zonen und in die Orte, an denen Fügeverbindungen aufgebracht werden. Die Leiterbahnen sind im µm-Bereich geometrisch strukturiert (Strukturierungstechnik, Dünnschichtschaltkreis).

□ Elektrische Leiterbahnen in passiven Bauelementen und in übergeordneten Schaltkreisen unterliegen den Anforderungen der weiterführenden Aufbau- und Fügetechnik. Sie dienen außerdem als Elektroden in passiven Bauelementen.

Je nach Anwendungsbereich werden reine oder legierte Metalle verwendet:

* Kontakte an Halbleitern und Leiterbahnen	Al, Al(Cu), Al(Si), Al(Ti), Au-Ti(W), Au-Ni(Cr)
* Leiterbahnen auf Trägern und in übergeordneten Schaltkreisen	Cu-Mehrfachschichten Au-Mehrfachschichten Ni, Ni(P)
* Elektroden an Dielektrika	Ta, Ni, Pd, Pd-Ag
* Widerstände	NiCr, Ni(Cr, Al), Cr(Si), Ta(O, N)
* Datenspeicher	Ni-Fe, Mn-Bi, Fe(Co), Gd(Te)

→Dünne Schichten werden durch Phasenübergänge auf dem Substrat niedergeschlagen (Bild 1). Die Kondensation erfolgt aus der Dampfphase (*engl.* Physical Vapour Deposition, PVD) oder aus einem elektrisch oder elektromagnetisch aktivierten Plasma (Aufstäuben oder Sputtering). Bei der chemischen Abscheidung aus der Dampfphase (*engl.* Chemical Vapour Deposition, CVD) wird das Molekül der Dampfphase auf einem heißen Substrat zersetzt, oder Licht dient der Zersetzung auf der Sub-

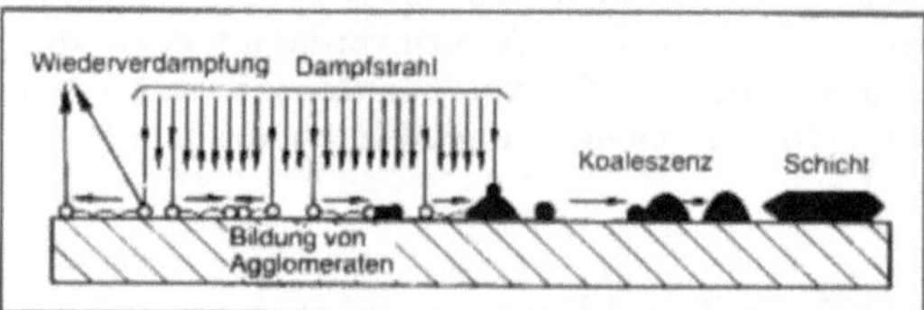

Dünnschichttechnik 1: Mechanismen der Schichtkondensation aus der Dampfphase (nach Harsdorff).

Dünnschichttechnik. Tabelle: Physikalische Abscheidung von Metallschichten aus der Gasphase:

Aufbringungsverfahren	Vakuumdruck [Pa]	Geschwindigkeit des Schichtwachstums [nms^{-1}]	Energie der auftreffenden Atome/Ionen [eV]	Wärmeleistung auf der Trägeroberfläche [Wcm^{-2}]
1) mit direkter Heizung des Tiegels	10^{-5} bis 10^{-3}	0.1 bis 10	einige 1/10	10^{-1} bis 10^{+1}
2) Elektronenstrahlheizung	10^{-4} bis 10^{-3}	0.1 bis > 100	einige 1/10	10^{-1} bis 10^{+1}
3) Aufstäuben	10^{-1} bis 10^{+1}	0.1 bis 10	0.1 bis 20	5 bis 10
4) Magnetronstäuben	10^{-3} bis 10^{0}	0.1 bis > 100	0.1 bis 5	≈ 1

Dünnschichttechnik 2: Durchstrahlungsbild einer Aluminium-Metallisierung.

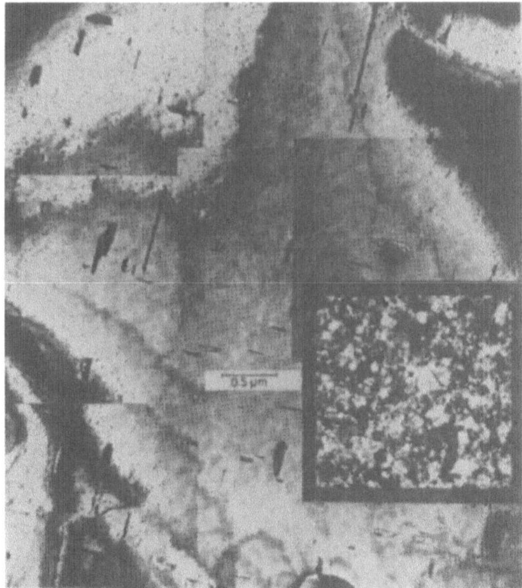

Dünnschichttechnik 3: Durchstrahlungsbild einer Gold-Beschichtung mit Kornwachstum nach Wärmebehandlung (Ausgangsgefüge im Kasten).

stratoberfläche (laserchemische Abscheidung). Die elektrochemische Abscheidung erfolgt durch Entladung von Metallion-Komplexen, aus denen neutrale Metallatome auf der Substratoberfläche abgeschieden werden.

Bei der Abscheidung kristallisierender Metalle werden Kristallkeime neu gebildet, sie wachsen zu Clustern zusammen, die nach der Koaleszenz durch Auffüllen der Poren zu kompakten Schichten werden. Die Verfahren zur Aufbringung dünner kondensierter Metallschichten auf Träger unterscheiden sich im Grad der Beimengung chemischer Kontaminanten. Gut vorgereinigte Trägeroberflächen werden vor der Schichtaufbringung noch einmal ausgeheizt, um anhaftende Adsorbate wie Wasser zu entfernen. Die Trägeroberfläche wird durch Elektronenbestrahlung bzw. Ionenätzen (Verschiebung des elektrischen Potentials des Trägers zu positiven Werten) gereinigt. Unter den Bedingungen der Herstellung und technischen Anwendung verändert sich das kristallographische Gefüge der kondensierten Schichten. Schon beim Aufwachsen werden Gitterfehlstellen eingebaut: Korngrenzen, Versetzungen, Leerstellen. Metalle mit niedriger Stapelfehlerenergie bilden Zwillinge. *Hieber*

Durchflußkennlinie. Abhängigkeit des Durchflusses durch ein →Stellglied von dessem Hub oder dessem Stellwinkel. Um zu einheitlichen Darstellungen zu kommen, bezieht man den Durchfluß auf den Nenndurchfluß und den Hub oder Stellwinkel auf den Nennhub bzw. Nennstellwinkel. Für inkompressible Flüssigkeiten, große Reynoldszahlen und konstanten Druckabfall kann der Durchfluß durch den bezogenen Durchfluß ersetzt und als →k_v-Wert oder – in der relativen Darstellung – als Quotient k_v/k_{vs}-Wert angegeben werden.

Für die praktischen Anwendungen werden von den vielen möglichen Grundkennlinien besonders zwei ausgewählt: die lineare Grundkennlinie, bei der gleichen Hubänderungen gleiche Änderungen des k_v-Wertes entsprechen, und die gleichprozentige Grundkennlinie, bei der gleichen Hubänderungen gleiche prozentuale Änderungen des Durchflusses entsprechen (Bild).

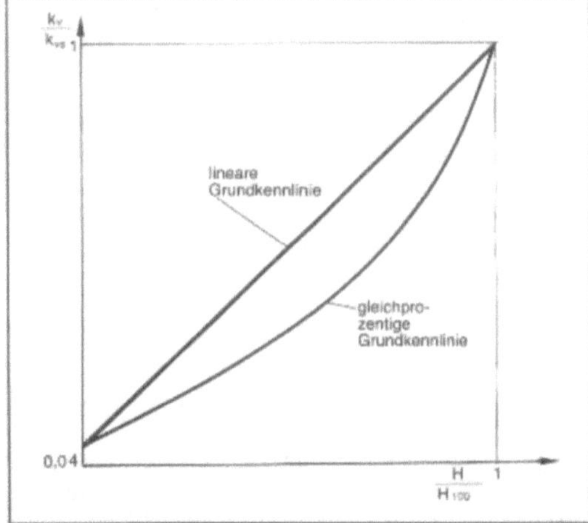

Durchflußkennlinie: Lineare und gleichprozentige Grundkennlinie eines Stellgliedes mit dem theoretischen Stellverhältnis von 1 : 25.

Meist unterscheiden sich die tatsächlichen Betriebsdurchflußkennlinien von den Grundkennlinien. Im allgemeinen sind vor allem die Voraussetzungen des konstanten Druckabfalls wegen weiterer dynamischer Druckabfälle im Prozeß nicht gegeben. Aus diesen Gründen werden den Stellgliedern mit linearer Grundkennlinie meist solche mit gleichprozentiger vorgezogen, die in realen Strecken ein größeres nutzbares Stellverhältnis und einen für den gesamten Hubbereich konstanteren Verstärkungsfaktor haben. Dagegen verhalten sich in Füllstandregelstrecken Stellglieder mit linearer Kennlinie oft dynamisch günstiger als Stellglieder mit gleichprozentiger Kennlinie (→Druckabfall, erforderlicher). *Strohrmann*

Literatur: *Hengstenberg, J., B. Sturm* und *O. Winkler:* Messen, Steuern und Regeln in der Chemischen Technik. 3. Aufl., Bd. III. Berlin–Heidelberg–New York 1981. – *Strohrmann, G.:* Automatisierungstechnik. Bd. 2: Stellgeräte, Strecken, Projektabwicklung. München–Wien 1990.

Durchflußmessung. Der Durchfluß eines Fluids – Sammelbegriff für Gase, Dämpfe und Flüssigkeiten – ist definiert als die Stoffmenge, die je Zeiteinheit einen Leitungsquerschnitt durchfließt bzw. durchströmt. Die Stoffmenge kann entweder in Volumeneinheiten $Q_v = V/t$ oder in Masseeinheiten $Q_m = m/t$ angegeben werden. Zwischen beiden Größen besteht die Beziehung $Q_m = \rho \cdot Q_v$ (ρ Dichte des zu messenden Stoffs). In Sonderfällen kann die Stoffmenge auch eine Stückzahl je Zeiteinheit sein (z. B. Verkehrszählung).

Eng verwandt zur D. ist die →Mengenmessung, denn der Durchfluß ist die auf die Zeiteinheit bezogene Menge bzw. die Menge der über die Zeit aufsummierte Durchfluß.

Für die Messung des Volumendurchflusses werden die Einheiten Kubikmeter pro Stunde (m^3/h), für die Messung des Massedurchflusses Tonnen pro Stunde (t/h) bzw. davon hergeleitete Einheiten verwendet.

Es interessiert der vom Betriebszustand unabhängige Massedurchfluß, insbesondere als Grundlage bei Verrechnungen. Die meisten Meßeinrichtungen messen aber den Volumendurchfluß, so daß zum Ermitteln des Massedurchflusses die Kenntnis der Dichte am Meßort – der Betriebsdichte – erforderlich ist. Bei Verrechnungsmessungen, bei denen es auf hohe →Genauigkeit ankommt, ist meist die Produktqualität und -zusammensetzung genau spezifiziert, so daß bei Flüssigkeiten die Dichte und bei Gasen die Dichte im Normzustand (0 °C, 1013 HPa) als kosntant angenommen werden kann. Die Umrechnung der Dichte auf die Dichte bei Betriebstemperatur und Betriebsdruck ist über Gleichungen oder Tabellen leicht möglich. In Fällen, in denen die Dichte als nicht konstant angenommen werden kann, muß diese mittels Meßgeräten zur →Dichtemessung laufend erfaßt werden. Den Durchfluß zu messen ist z. T. schwierig und aufwendig, insbesondere wenn man die sehr unterschiedlichen Zustände der zu messenden Stoffe betrachtet, angefangen von Gasen bei hohem Druck und hoher Temperatur bis hin zu sehr zähflüssigen Stoffen in unterschiedlichsten Mengen. Es ist daher kaum verwunderlich, daß es eine große Anzahl unterschiedlicher Effekte gibt, die zur D. herangezogen werden.

Die Bernouillische Gleichung ist die wesentliche Grundlage der Wirkdruckverfahren. Mittels eines Wirkdruckgebers – das ist ein →Drosselgerät (z. B. Blende oder Düse) oder ein Staugerät (z. B. Staurohr oder Stauscheibe) – wird aus dem Durchfluß ein Wirkdruck erzeugt, der mit einem Wirkdruckmesser gemessen wird.

Durch das Drosselgerät wird die Geschwindigkeit des Fluids erhöht und damit ein Druckabfall gemäß der Bernouillischen Gleichung erzeugt.

Nach dem Kontinuitätsgesetz ist der Durchfluß Q in einer Rohrleitung an allen Stellen gleich. Beträgt der Querschnitt vor dem Drosselgerät q_1 und die Geschwindigkeit v_1 und der Querschnitt an der Drosselstelle q_2 und die Geschwindigkeit v_2 so gilt $Q = q_1 v_1 = q_2 v_2$.

Ist die Flüssigkeit inkompressibel, die Rohrleitung horizontal und die Reibungskräfte innerhalb der Strömung vernachlässigbar, so gilt nach *Bernouilli*

$$p_1 + \frac{1}{2}\rho \cdot v_1^2 = p_2 + \frac{1}{2}\rho \cdot v_2^2,$$

ρ Dichte des Stoffs,

p_1, p_2 Druck vor bzw. an der Drosselstelle.

Daraus ergibt sich

$$\Delta p = p_1 - p_2 = \frac{\rho}{2} \cdot \left(\frac{1}{q_2^2} - \frac{1}{q_1^2}\right) Q^2 = cQ^2.$$

Da in Praxis keine reibungsfreie Strömung vorhanden ist, wird deren Einfluß (Kontraktion, Geschwindigkeitsprofil, Lage der Druckentnahmestelle) durch eine Kennzahl, der Durchflußzahl α, beschrieben (→Drosselgerät). Wie aus obiger Gleichung ersichtlich, muß zur Bestimmung des Durchflusses der Differenzdruck gemessen werden (→Differenzdruckmessung). Zusätzlich muß der gemessene Wert radiziert werden.

Beim Staudruckverfahren kommt die Strömung an der Meßstelle durch Einbau eines Staukörpers (Staurohr oder Stauscheibe) zur Ruhe. Über die Bernouilli-Gleichung ergibt sich wiederum eine Druckdifferenz.

Schwebekörper-Durchflußmesser beruhen auf der Kraftwirkung, die der bewegliche angeströmte Schwebekörper erfährt (Bild 1). Ein senkrecht stehendes, sich nach oben konisch erweiterndes Rohr, in dem sich ein Schwebekörper befindet, wird von

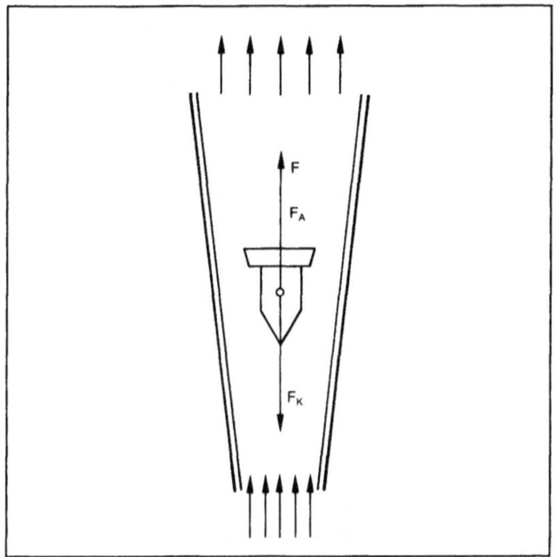

F_K Schwerkraft, F_A Auftriebskraft, F von der Strömung ausgeübte Kraft

Durchflußmessung 1: Prinzip eines Schwebekörper-Durchflußmessers.

unten nach oben vom Fluid durchströmt. Nach unten wirkt das Gewicht des Schwebekörpers, nach oben der Auftrieb und die Strömungskraft. Wegen der konischen Form des Meßrohrs ergibt sich bei einer bestimmten Höhe das Kräftegleichgewicht. Diese Höhe ist in erster Näherung dem Durchfluß proportional. Für Anzeigegeräte ist der Konus aus Glas gefertigt und mit einer Durchflußskale versehen. In Automatisierungsanlagen wird die Höhe entweder induktiv oder bei kleinsten Meßbereichen (1 cm^3/h) photoelektrisch in ein →Einheitssignal umgeformt.

Beim Turbinenzähler ist die Drehzahl des propellerartigen Laufrads dem Durchfluß proportional (Bild 2). Durch Zählen der Umdrehungen erhält man die Menge bzw. das Volumen (Mengenmessung).

Der →Induktions-Durchflußmesser verwendet als Meßprinzip das Induktionsgesetz. Besitzt die strömende Flüssigkeit eine bestimmte Mindestleitfähigkeit, so wird durch ein senkrecht zur Strömungsrichtung angelegtes Magnetfeld eine Spannung induziert, die an zwei zum Magnetfeld senkrechten Elektroden abgegriffen werden kann. Die induzierte Spannung ist direkt proportional zum Durchfluß.

Beim →Wirbelfrequenz-Durchflußmesser wird die Wirbelbildung hinter einem Störkörper, der von der zu messenden Flüssigkeit umströmt wird, genutzt.

Das →Anemometer dient zur D. von Gasen und beruht auf der Abkühlung eines beheizten Widerstandsdrahts durch die Gasströmung. *F. Schneider*

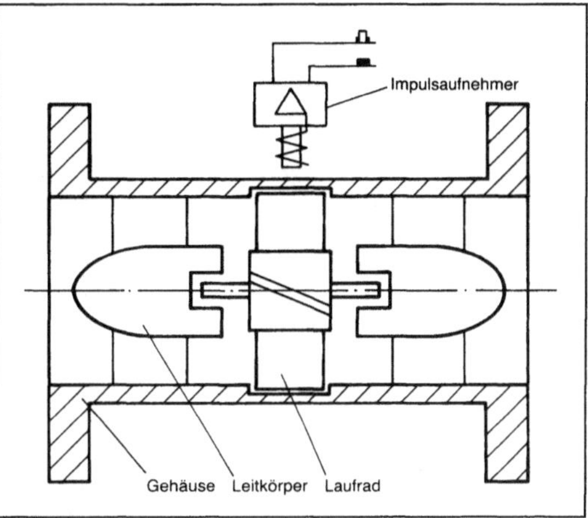

Durchflußmessung 2: Prinzip eines Turbinenradzählers.

Literatur: *Bonfig, K. W.:* Technische Durchflußmessung. Essen 1986. – *Strohrmann, G.:* Einführung in die Meßtechnik im Chemiebetrieb. München 1980.

Durchflußregelung. →Regelung des Durchflusses von Gasen, Flüssigkeiten und Schüttgütern. Die meisten Durchflußregelstrecken der Verfahrenstechnik sind zwar verzögerungsarm, einer kurzen Verzugszeit folgt aber ein plötzliches Ansteigen der →Regelgröße fast ohne Ausgleichzeit. Es ergibt sich so, besonders bei Flüssigkeitsregelungen, fast reines Totzeitverhalten, das dynamisch ungünstig ist.

Bei D. kommt es meist auf genaues Einhalten vorgegebener Werte an. Das gilt auch für eine Variante der D., die Verhältnisregelung. Das Bild zeigt,

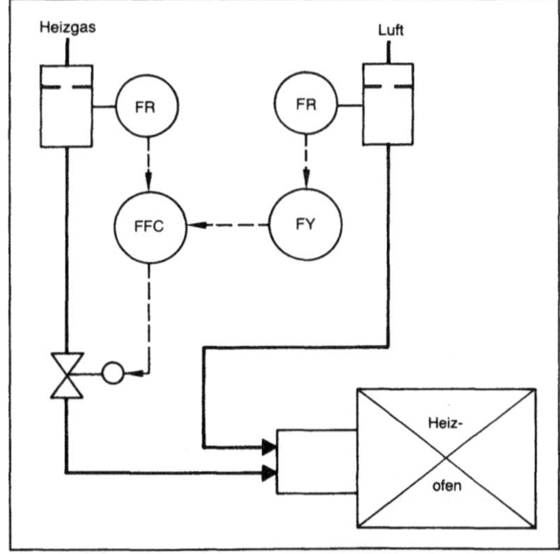

Durchflußregelung: Verhältnisregelung. Mit dem Rechenglied FY läßt sich das Verhältnis zwischen Luft- und Heizgasdurchfluß vorgeben.

wie ein Durchfluß – hier ist es der der Verbrennungsluft zu einem Heizofen – den Durchfluß des untergeordneten Regelkreises, hier des Heizgases, nachzieht. Der mit einem einstellbaren Faktor multiplizierte Durchfluß der Luft wird dazu als Sollwert dem Heizgas-Durchflußregler vorgegeben.

Für besondere Aufgaben, z. B. zum Beschicken oder Spülen von Betriebsanalysengeräten oder zur Durchflußbegrenzung, werden auch Durchflußregler ohne Hilfsenergie eingesetzt.

Zur D. von Schüttgütern kommen Dosierbandwaagen zum Einsatz, die über die Bandgeschwindigkeit und die auf das Band wirkende Gewichtskraft den Massenstrom bestimmen. Zusätzlich wird die Bandgeschwindigkeit so geregelt, daß sich ein einem vorgegebenen Sollwert entsprechender Durchfluß einstellt. Besonders der Regelung kleiner Durchflüsse von Flüssigkeiten dienen Dosierpumpen. Ihr Hub läßt sich ferngesteuert so verstellen, daß die Pumpe einen gewünschten Durchfluß fördert. *Strohrmann*

Literatur: *Hengstenberg, J., B. Sturm* und *O. Winkler:* Messen, Steuern und Regeln in der Chemischen Technik. 3. Aufl., Bd. III. Berlin–Heidelberg–New York 1981. – *Strohrmann, G.:* Automatisierungstechnik, Bd. 1 Grundlagen, analoge und digitale Prozeßleitsysteme. 2. Aufl. München–Wien 1990.

Durchflußsensor. Für die Messung der Menge strömender Medien kommen im wesentlichen die folgenden Verfahren zur Anwendung

□ Differenzdruckverfahren: Druckverlust beim Durchströmen einer Blende, Messung über Drucksensoren

□ Schwebekörper: Die Strömung (vertikal) hält einen Schwebekörper auf einer Höhe, die ein Maß für die Strömung ist. Die Lage des Schwebekörpers wird über einen →Positionssensor erfaßt.

□ Flügelradsensor: Die Strömung treibt ein Flügelrad an, dessen Umdrehungszahl über einen →Drehzahlsensor erfaßt wird.

□ Magnetisch-induktive Messung: Die Strömung geladener Teilchen wird nach dem →Hall-Effekt über die →Hallspannung gemessen.

□ Ultraschallmessung: Die Laufzeit bzw. Dopplerverschiebung von Ultraschallwellen, die entlang oder entgegen der Strömung ausgesendet werden, läßt eine Berechnung der Strömungsgeschwindigkeit zu.

□ Staudruckmessung (*Prandtl*-Staurohr)

□ Hitzdrahtanemometer: Die von einer Wärmequelle definiert ausgesendete Wärme wird durch die Strömung transportiert und über einen →Temperatursensor detektiert. *Schaumburg*

Literatur: Technisches Messen tm **52** (1985) Nr. 1.

Durchgangsprüfung. Prüfung von Leitungen auf einer Leiterplatte auf galvanische Durchgängigkeit. Dies geschieht bei der unbestückten Leiterplatte, aber auch bei der bestückten →Leiterplattenbaugruppe.

Meßverfahren: →Leiterplattenprüfung. *Winter*

DUT. Abk. für *engl.* Device under Test; Kurzbezeichnung für den →Prüfling. Der Begriff wird besonders im Zusammenhang mit der automatisierten Prüfung mittels Prüfautomaten verwendet. *Winter*

DUT-Board. Begriff aus der →Bauelementeprüfung. Das →DUT (device under test, der →Prüfling) ist in diesem Fall das zu prüfende IC, das über das DUT-B. mit dem Prüfautomaten verbunden ist. Das DUT-B. fungiert als Adapter zwischen →Prüfautomat und IC und ermöglicht die Anpassung der verschiedenen IC-Gehäuseformen an die Prüfautomatenschnittstelle. Es muß den schnellen Wechsel der zu prüfenden IC's ermöglichen und muß für viele Tausend Steckungen ausgelegt sein. In vielen Fällen befindet sich auf dem DUT-B. zusätzliche Elek-

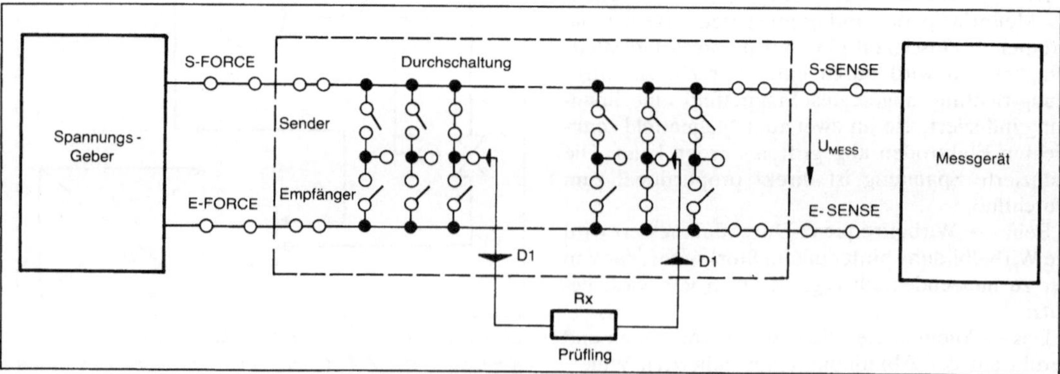

Durchgangsprüfung: Schematische Darstellung der Hardware für Durchgangsmessungen.

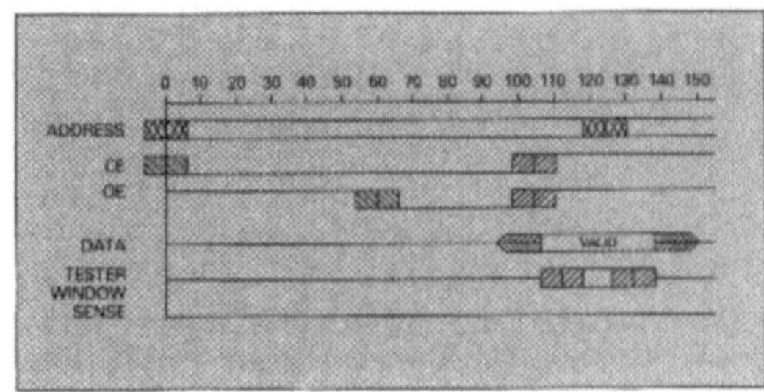

DUT-Board: DUT-B. zur Adaptierung von Bausteinen. (Quelle: Teradyne)

tronik, mit der z. B. der Wellenwiderstand der Prüfautomatenzuleitungen an den Eingangswiderstand des Prüflings-IC's angepaßt wird. Die Verbindung der Force-Sense-Leitungen (Spannungsfühler) der →Prüflingsstromversorgung wird ebenfalls auf dem DUT-B. vorgenommen. *Winter*

Dyn. Krafteinheit im →CGS-System. Einheitenzeichen dyn. 1 dyn = 10^{-5} N. In der Bundesrepublik Deutschland im geschäftlichen und amtlichen Verkehr nicht mehr zugelassen (→Einheiten des SI). *Hammerschmidt*

E

Echolot. Von einem akustischen (z. B. piezoelektrischen) Generator wird ein definiertes Schallsignal emittiert und nach Reflexion an dem zu messenden Objekt wieder detektiert. Bei bekannter Schallgeschwindigkeit in dem betreffenden Medium läßt sich aus der Laufzeit und dem Abstrahlwinkel der Abstand zwischen Schallgenerator/detektor und reflektierendem Objekt berechnen.

E. werden standardmäßig zur Bestimmung der Wassertiefe (Abstand Schiffshöhe-Meeresboden) eingesetzt. *Schaumburg*

Echtzeit-Simulation. (*engl.* real time simulation). Eine computergestützte →Simulation, in der die Simulationszeit (also die gedachte Uhrzeit in der Simulation) und die gegenwärtig laufende Zeit nur in einer Weise (Richtung) differieren dürfen, nämlich daß die Simulationsuhr schneller läuft als die reale Zeit. Die Abläufe im simulierenden System dürfen also nicht länger dauern als die Prozesse im simulierten (also im realen) System. Der Sinn einer solchen Simulationsrechnung ist, daß man die Simulationsergebnisse zum Steuern des realen Systems verwenden möchte. *Fuss*

Echtzeitbearbeitung. Bearbeitung, bei der das Programm synchron zum Prozeß abläuft. Echtzeit- oder Real-Time-Bearbeitung ist ein Kennzeichen für →Prozeßrechner. Sie müssen dabei nicht nur Rechenoperationen durchführen, sondern auch durch die Prozeßdynamik bestimmte Zeitforderungen zwischen der Datenaufnahme und der Ausgabe der zu bearbeitenden Daten einhalten. Um diese Aufgaben erfüllen zu können, ist einerseits ein Echtzeit-Betriebssystem und zum andern eine für Echtzeitanwendungen geeignete Programmiersprache erforderlich, wie PROZESS-FORTRAN oder PEARL.

Im Gegensatz zur E. steht die Stapelbearbeitung der kommerziellen Datenverarbeitungsanlagen (→Anwenderprogramm). *Strohrmann*

Echtzeitprüfung. Prüfung unter Zeitbedingungen, wie sie beim tatsächlichen Einsatz des Prüflings vorkommen. Die E. erfordert in der Regel eine Prüfhardware, die Signale ebenso schnell wie der →Prüfling erzeugen bzw. verarbeiten kann. Neben dem funktionellen Verhalten werden auch dynamische Größen wie Stromaufnahme, Flankensteilheiten und Spannungspegel überprüft. *Winter*

EDA. Abk. für *engl.* Electronic Design Automation Systems. Unter diesen Begriff fallen alle Hard- und Softwaresysteme, die zum Design elektronischer Komponenten verwendet werden. *Winter*

EDIF. Abk. für *engl.* ‚Electronic Design Interchange Format', international gebräuchliches Datenformat zum Austausch von Schaltungs-, graphischen Schaltplan- oder Layoutdaten der Elektronik.

Für Prüfzwecke werden die Schaltungsbeschreibung und im sog. TSF-Format die →Prüfbitmuster incl. ihrem Zeitverhalten aus der →Simulation verwendet. Für die Adapterdaten werden die Daten aus dem Leiterplattenlayout mit den Koordinaten für die kontaktierbaren Punkte und den Angaben für die Verdrahtung verwendet. *Winter*

Effekt, akusto-optischer. Änderung des →Brechungsindex durch mechanische Spannungen hervorgerufen durch akustische Wellen.

Der akusto-optische Effekt ist eine Sonderform des photoelastischen →Effektes, der durch den materialspezifischen Tensor (p_{ijkl}) beschrieben wird. Die Änderung des Brechungsindex Δn ist stark von der Orientierung des Kristalls abhängig. Für ausgewählte Anordnungen gilt

$$\Delta n = \sqrt{\frac{n^6\, p^2\, P_a}{2\,\rho\, v_a^3\, A} \cdot 10^7} = \sqrt{\frac{M\, P_a}{2\, A}};$$

$$M = \frac{n^6\, p^2}{\rho\, v_a^3} \cdot 10^7$$

wobei n der Brechungsindex, p Materialkonstante (Element des photo-elastischen Tensors), P_a die Leistung der Schallwelle, ρ die Dichte, v_a die Schallgeschwindigkeit und A die beschallte Fläche sind. Für die beiden Materialien mit hohem akusto-optischen Effekt (Quarz und $LiNbO_3$) werden

Quarz: $M = 1{,}51 \cdot 10^{-11}\ s^3/cm$ und

$LiNbO_3$: $M = 6{,}9 \cdot 10^{-11}\ s^3/cm$

erreicht, so daß selbst für Schalldichten von 100 W/cm² nur Änderungen in der Größenordnung von 10^{-4} ergeben. Da die Schallwelle aber eine periodische Struktur (Gitter) erzeugt, können durch die phasenrichtige Überlagerung der einzelnen Effekte weit größere Gesamteffekte erreicht werden.

Der a.-o. E. wird in Modulations- und Schaltelementen ausgenutzt. In der integrierten Optik werden i. a. laufende Schallwellen verwendet, was aber keinen Unterschied zu stehenden Wellen darstellt, da die Frequenzunterschiede zwischen akustischen und optischen Wellen mehr als zehn Größenordnungen betragen. Als Schallwellen können sowohl Volumen- als auch Oberflächenwellen verwendet werden, da die Eindringtiefe der Oberflächenwellen (etwa eine Wellenlänge) immer noch ausreichend groß ist im Verhältnis zu den Dimensionen optischer Wellenleiter. *Rosenzweig*

Literatur: *Hunsperger, R. G.:* Integrated Optics: Theory and Technology. Berlin–Heidelberg–New York 1982.

Effekt, elektrooptischer. Beeinflussung optischer Eigenschaften von Kristallen und Flüssigkeiten durch Brechzahländerungen unter dem Einfluß externer elektrischer Felder.

Ohne Einwirkung externer elektrischer Felder wird das optische Verhalten einer eingestrahlten Lichtwelle innerhalb eines Festkörperkristalles von dessen i. a. richtungsabhängigen Brechzahlen bestimmt. Diese Richtungsabhängigkeit wird durch die Kristallsymmetrie vorgegeben und findet in der Kristalloptik überwiegend mittels des räumlichen Indexellipsoids (Indikatrix) ihre theoretische Beschreibung. Unter der Voraussetzung eines kartesischen Koordinatensystemes gilt:

$$\frac{x^2}{n_x^2} + \frac{y^2}{n_y^2} + \frac{z^2}{n_z^2} = 1 \tag{1}$$

Die Größen n_x, n_y und n_z bilden hierbei die Hauptachsen des Indexellipsoids und repräsentieren real die feldfreien optischen Brechzahlen für Lichtwellen, die entlang der Hauptkristallachsen $x = a$, $y = b$ und $z = c$ polarisiert sind.

Ein extern anliegendes elektrisches Feld $\vec{E}_{ext}$ verzerrt die Elektronenverteilungen um die Atome des Kristallgitters. Dieser Effekt ist mit einer Veränderung der optischen Brechzahlen verbunden, da die neue Elektronenverteilung vom elektromagnetischen Wechselfeld der Lichtwelle anders polarisiert wird. Im Bild der Indikatrix spiegelt sich dieses Verhalten durch die Veränderung der räumlichen Lage, Form und/oder Größe des Ellipsoids wider. Dies bedeutet real eine richtungsabhängige Änderung der Brechzahlen um Δn. Ein z. B. unter natürlichen Bedingungen isotroper Kristall (z. B. GaAs, InP) mit ebenso isotropen optischen Eigenschaften zeigt unter der Einwirkung eines externen elektrischen Feldes $\vec{E}_{ext}$ eine optische Anisotropie (Doppelbrechung). Dies wird beschrieben durch die Verformung der Indikatrix von einer Kugel ($\vec{E}_{ext} = O$) zu einem Rotationsellipsoid ($\vec{E}_{ext} \neq O$). Eine bereits vorhandene Doppelbrechung kann dabei ebenso verändert werden (z. B. bei KDP, $LiNbO_3$).

Zur mathematischen Beschreibung des Indexellipsoids bei Einwirkung eines elektrischen Feldes $\vec{E}_{ext}$ gestaltet sich die Beziehung (1) wie folgt:

$$\frac{x^2}{n_x^2} + \frac{y^2}{n_y^2} + \frac{z^2}{n_z^2} + \begin{pmatrix} x \\ y \\ z \end{pmatrix} \cdot \left(R_1 \cdot \vec{E}_{ext} + R_2 \cdot \vec{E}_{ext}^{\,2} + \dots \right.$$

$$\left. \dots R_m \vec{E}_{ext}^{\,m}\right) \cdot \begin{pmatrix} x \\ y \\ z \end{pmatrix} = 1 \tag{2}$$

Die R_1, R_2, ... R_m werden als elektrooptische Tensoren bezeichnet, deren Komponenten von der Symmetrie und der Atomart des Kristalls abhängig sind. Die von Null verschiedenen Elemente sind bekannt als elektrooptische Koeffizienten oder Module. Die Kenntnis dieser materialspezifischen Parameter sowie die Vorgabe von Richtung und Stärke des angelegten elektrischen Feldes liefern durch Lösung der Gleichung (2) die Brechzahländerungen Δn, die für Lichtwellen mit Polarisationsrichtungen entlang der verschiedenen Kristallrichtungen auftreten. Wie die Beziehung (2) außerdem zeigt, kann das Feld mit unterschiedlichen Potenzen zu den jeweils erzeugten Brechzahländerungen beitragen ($\Delta n \sim R_1\vec{E}_{ext} + R_2\vec{E}_{ext}^2 + \dots$). Entsprechend wird zwischen dem linearen elektrooptischen Effekt (Pockelseffekt), dem quadratischen elektrooptischen Effekt (Kerreffekt) und den Effekten höherer Ordnung unterschieden. *R. Kaiser*

Literatur: *Born, M., Wolf, E.:* Principles of Optics. Oxford–New York–Toronto–Sydney–Frankfurt. 1986. – *Ebeling, K. J.:* Integrierte Optoelektronik. Berlin–New York–Heidelberg–London–Paris–Tokyo–Hongkong. 1989.

Effekt, innerer lichtelektrischer. Bei Absorption von Lichtquanten ausreichender Energie in einem Halbleiter können Elektronen vom Valenz- in das Leitungsband gehoben werden. Dadurch nimmt die Leitfähigkeit zu, der Widerstand nimmt ab. Dieser i. l. E. wird ausgenutzt z. B. in Selen, Cadmium-Selenid, Cadmium-Sulfid, Germanium und Silicium zum Bau von Photosensoren (→Photowiderstand, →Photoelement und →Photodiode). Die einzelnen Sensoren unterscheiden sich dabei in ihrer statischen, dynamischen und spektralen →Empfindlichkeit (Bild). *Schrüfer*

Effekt, photoelastischer. Änderung des →Brechungsindex eines Mediums durch mechanische Spannung (Druck, Zug).

Der photoelastische Effekt wird beschrieben durch einen Tensor 4. Stufe, der die Änderung des dielektrischen Tensors (ε_{ij}) mit dem Tensor der äußeren Spannung (σ_{kl}) bzw. der Dehnung (d_{kl}) verknüpft:

$$\Delta(1/\varepsilon_{ij}) = (\pi_{ijkl})\,(\sigma_{kl}) = (p_{ijkl})\,(d_{kl})$$

p_{ijkl} elasto-optische Koeffizienten (dimensionslos)
π_{ijkl} piezo-optische Koeffizienten (10^{-12} m/Newton)

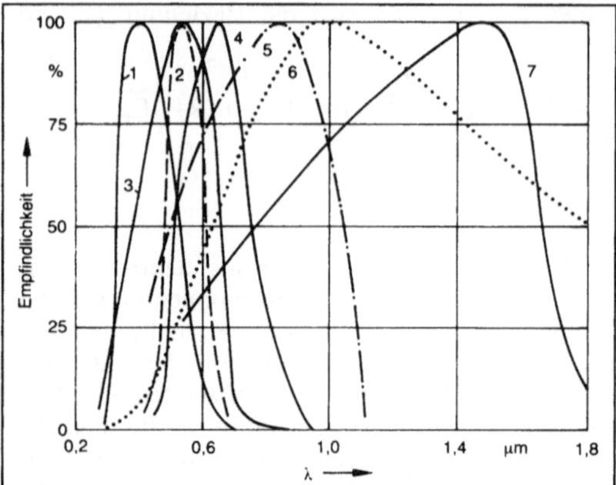

1) Photozelle mit Sb-Cs-Kathode, 2) Augenempfindlichkeit, 3) Se-Photoelement, 4) CdS-Photowiderstand, 5) Si-pin-Photodiode, 6) spektrale Emission einer Glühlampe, 7) Ge-Photodiode

Effekt, innerer lichtelektrischer: Normierte spektrale Empfindlichkeit einiger optoelektrischer Meßgrößenumformer.

Die Anzahl der untereinander und von Null verschiedenen Tensorelemente hängt von der Symmetrie des Kristalls ab. Die Brechungsindexänderung ergibt sich zu:

$$\Delta n_{ij} = -\frac{1}{2} n^3 (p_{ijkl}) (d_{kl})$$

Wirkt eine uniaxiale Verspannung auf einen optisch isotropen Körper, so wird er als Folge des photoelastischen Effektes i. a. doppelbrechend, so daß eine das Material durchlaufende Welle eine Phasenverschiebung bzw. eine Drehung der Polarisationsebene erfährt.

Der p. E. kann ausgenutzt werden, um mechanische Spannungen nachzuweisen (Spannungsoptik) oder zur akustischen Beeinflussung von optischen Wellen (→Effekt, akusto-optischer). *Rosenzweig*

Literatur: *Nye, J. F.*: Physical properties of Crystals: Oxford, London 1957.

Effekt, photoelektromagnetischer (PEM-Effekt.) Auftreten einer äußeren Spannung bei Bestrahlung eines homogenen Photoleiters mit Licht (Photoleitung) unter gleichzeitiger Präsenz eines Magnetfelds.

Dabei erzeugt das einfallende Licht durch den inneren →Photoeffekt freie Elektronen und Löcher im Leitungs- bzw. Valenzband des Photoleiters. Allerdings erfolgt diese Anregung aufgrund der starken Absorption nur in einer dünnen Oberflächenschicht (Bild). Damit ergibt sich ein Konzentrationsgradient freier Ladungsträger in das Volumen des Photoleiters hinein, so daß eine Diffusion der Träger in diese Richtung einsetzt (*Dember*-Effekt). Das parallel zur Oberfläche anliegende Magnetfeld bewirkt auf die sich bewegenden Ladungsträger eine senkrecht zur Magnetfeld- und Geschwindigkeitsrichtung gerichtete Kraft (*Lorentz*-Kraft), die Elektronen und Löcher in entgegengesetzte Richtungen ablenkt. Diese Ladungstrennung führt zu einer äußeren Spannung, die im Unterschied zur Demberspannung zwischen den nicht beleuchteten und zueinander parallelen Flächen parallel zur Magnetfeldrichtung anliegt. *Heinz*

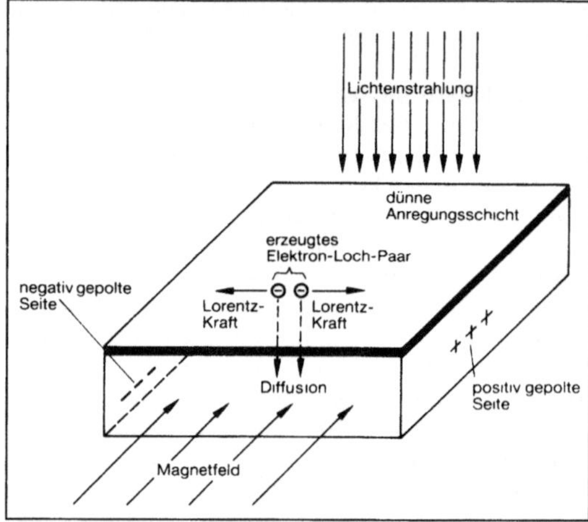

Effekt, photoelektromagnetischer: Entstehung – schematisches Modell.

Effekt. piezoresistiver →Piezowiderstandseffekt

Effekt, thermoelektrischer. Ein Material A sei (Bild) mit dem Material B an der Stelle I und das Material B sei mit dem Material A an der Stelle II verlötet oder verschweißt. Die Temperaturen der Verbindungsstellen sind T_1 und T_2. Unterscheiden sich diese, so entsteht in dem Kreis eine Spannung U, die sog. Thermospannung (t. E., *Seebeck-Effekt*). An der Berührungsstelle zweier Metalle treten Elektronen von einem in das andere über. Maßgebend für diesen Vorgang ist die Austrittsarbeit der Elektronen. Das Metall mit der geringeren Austrittsarbeit gibt Elektronen ab und wird positiv. Dadurch bildet sich an der Grenzfläche ein elektrisches Feld. Es entsteht ein Gleichgewichtszustand zwischen den Elektronen, die von A nach B diffundieren und denen, die infolge des elektrischen Feldes von B nach A gezogen werden. An der Berührungsstelle I bildet sich die Kontaktspannung U_1, die nach der *Boltzmann*-Verteilung der dort herrschenden Temperatur T_1 und dem Verhältnis der Elektronenzahldichten n_A und n_B in den beiden Materialien proportional ist:

$$U_1 = \frac{kT_1}{e_o} \ln \frac{n_A}{n_B} = \left(\frac{k}{e_o} \ln \frac{n_A}{n_B}\right) T_1$$

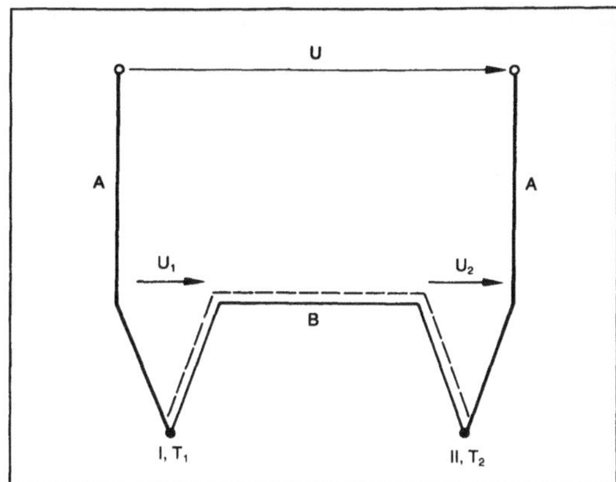

Effekt, thermoelektrischer: Schematische Darstellung.

In dieser Gleichung bedeutet k die *Boltzmann*-Konstante und e_0 die Elementarladung. Auf der rechten Seite lassen sich die in der Klammer stehenden Terme zu einer Materialkonstanten k_{AB} zusammenfassen, wodurch die Gleichung übergeht in

$$U_1 = k_{AB} T_1$$

Entsprechend bildet sich an der Lötstelle II die Spannung $U_2 = k_{BA} T_2$.

Die Summe der beiden Kontaktspannungen U_1 und U_2 ergibt die Thermospannung U. Aus der Maschengleichung des Thermoelements und aus der Beobachtung, daß bei Temperaturgleichheit $T_1 = T_2$ keine Thermospannung auftritt, folgt $U_1 = -U_2$ und

$$k_{AB} = - k_{BA}$$

mit dieser letzten Beziehung ergibt sich die Thermospannung U zu

$$U = U_1 + U_2 = k_{AB} (T_1 - T_2)$$

Die entstandene Thermospannung hängt von den Werkstoffen A und B ab und wächst mit der Temperaturdifferenz $T_1 - T_2$ zwischen den Verbindungsstellen I und II.

Um den Proportionalitätsfaktor k_{AB} nicht für alle möglichen Werkstoffkombinationen angeben zu müssen, wurden die Empfindlichkeiten der einzelnen Materialien gegenüber Platin ermittelt. Die Ergebnisse sind in der thermoelektrischen Spannungsreihe zusammengestellt.

Genutzt wird der t. E. zur →Temperaturmessung bei den Thermoelementen. Die von diesen gelieferte Thermospannung entspricht nur in erster Näherung den obigen Gleichungen. Bei genauen Messungen und bei Messungen über einen größeren Temperaturbereich sind noch höhere Potenzen von $(T_1 - T_2)$ zu berücksichtigen. *Schrüfer*

Effektivwertmessung. Der Effektivwert einer beliebigen periodischen Funktion, z. B. einer Wechselspannung u(t), ist definiert als ihr quadratischer Mittelwert

$$u_{eff} = \sqrt{\frac{1}{T}\int_0^T u^2(t)dt}$$

Bei rein sinusförmiger Wechselspannung

$u(t) = \hat{u} \sin \omega t$ beträgt $u_{eff} = \frac{1}{\sqrt{2}} \hat{u} = 0{,}707\ \hat{u}$.

Wenn verschiedene periodische Wechselgrößen (Spannung, Strom) in einem Widerstand gleiche Wärmeleistung hervorrufen, haben sie den gleichen Effektivwert (u_{eff}, i_{eff}), der mit der entsprechenden Gleichgröße (Gleichspannung U, Gleichstrom I) identisch ist: $u_{eff} = U$, $i_{eff} = I$.

Zur Messung des Effektivwerts gibt es eine Reihe von Verfahren. Bei bekannter Kurvenform kann man den →Gleichrichtwert oder den Scheitelwert ermitteln und erhält durch Multiplikation mit einem konstanten Faktor den Effektivwert (→Meßgleichrichter). Soweit wegen nicht bekannter Kurvenform der Effektivwert ermittelt werden muß, geht man von der obigen Definitionsgleichung aus und führt nach Quadrierung des Signals eine Mittelung und Radizierung aus. Bessere Ergebnisse als dieser direkte Weg liefern integrierte Schaltungen, in denen Signale logarithmiert und rückgekoppelt werden. Hier werden Toleranzen von 0,1 % bei Signalfrequenzen bis 100 kHz erreicht. Mittels eines Thermoumformers kann man die E. auch auf eine →Leistungsmessung (elektrische) zurückführen. Dabei wird die Erwärmung eines Widerstandsdrahts mit Hilfe eines Thermoelements gemessen. Man kann die Temperatur auch über die Temperaturabhängigkeit von Si-Transistor-Kennlinien messen (→Temperaturmessung). Thermische Effektivwertmesser gibt es als integrierte Schaltungen mit Toleranzen von 0,05 % bis 100 kHz und 2 % bei 10 MHz. Grenzfrequenzen > 1 GHz sind möglich. *Hammerschmidt*

Eichgesetz. Das Gesetz über Meß- und Eichwesen (EichG) i. d. F. vom 22. Februar 1985 (BGBl. I S. 410) begründet im 1. Abschn. eine Eichpflicht zur Richtighaltung der Meßgeräte für den geschäftlichen Verkehr (z. B. für Längen- und Flächenmeßgeräte, Abfüllmaschinen, Gas-, Wasser-, Stromzähler-, Wegestreckenmesser, Gewichte und Waagen), für den amtlichen Verkehr, das Verkehrswesen, für die Heilkunde und die Herstellung von Arzneimitteln. Die Eichfähigkeit eines Meßgerätes ist gegeben, wenn die Bauart richtige Meßergebnisse und eine ausreichende Meßbeständigkeit erwarten läßt. Die Meßwerte müssen in gesetzlichen →Einheiten angezeigt werden. Der zweite Abschn. des Gesetzes betrifft alle vorverpackten Verbrauchsgüter des täglichen Bedarfs, die nach Gewicht oder Volumen verkauft werden, sowie Vorschriften über Schankgefäße. Wer gewerbsmäßig Fertigpackungen in den Verkehr bringt, hat die Füllmenge nach Gewicht und Volumen auf der Basis des Grundpreises für 1 kg oder 1 Liter des Erzeugnisses anzugeben. Das Eichgesetz enthält ferner u. a. Vorschriften über →Wägen an öffentlichen Waagen, über Zuständigkeiten, Kostenregelung sowie Bußgeldvorschriften.

Eine wichtige Rechtsverordnung zum E. mit zusammenfassenden Angaben über Eichpflicht und Ausnahmen und technischen Detailforderungen ist die →Eichordnung. *W. Hoffmann*

Eichordnung. Als Folgevorschrift zum →Eichgesetz ist die E. am 15. Januar 1975 erschienen und liegt in der Fassung vom 8. März 1985 (BGBl. I S. 568) vor. Die E. besteht aus dem Verordnungstext selber, den Anhängen und den Anlagen. Das Kernstück der Verordnung sind Vorschriften über die Zulassung von Meßgeräten zur Eichung, die Eichung selbst und die Nacheichung. Bei Bauartzulassung und Eichung wird zwischen den innerstaatlichen und den EWG-Verfahren unterschieden, wobei im einzelnen die Zulassungsbekanntmachung, Anbringung und Form des Zulassungszeichens geregelt sind. Die Anhänge enthalten die vorgeschriebenen Stempelzeichen für die innerstaatliche und EWG-Eichung und -Prüfung. In 21 Anlagen zur E. sind spezielle Prüf- und Eichregelungen für die verschiedensten Meßgerätearten, z. B. Längen-, Zeit-, Schallpegel-, Heilkunst-, Volumenmeßgeräte, festgelegt. *W. Hoffmann*

Eigenbewegung. Die E. eines Systems wird beschrieben durch die Lösung seiner homogenen Differentialgleichung. Dieses dynamische Verhalten hängt nur von den Anfangsbedingungen ab.

Ein anfangs ausgelenktes Pendel schwingt entsprechend seiner E. weiter, bis es wieder zur Ruhe kommt. Mathematisch wird die E. durch die Eigenwerte, nämlich den Lösungen $s_1, \ldots, s_n$ der charakteristischen →Gleichung beschrieben und zwar mit dem Ansatz

$$x_h(t) = \sum_{j=1}^{n} k_j e^{s_j t}.$$

Die freien Konstanten k_j ergeben sich aus den Anfangsbedingungen. Beim oben erwähnten Pendel ist z. B. die Anfangslage gegeben, die Anfangsgeschwindigkeit ist Null. Für konjugiert komplexe Eigenwerte mit negativem Realteil liefert der Exponentialansatz eine abklingende Schwingung. *Böttiger*

Eigenkreisfrequenz →Übertragungsglied zweiter Ordnung

Eigensicherheit von Meßeinrichtungen. Die in der chemischen Industrie und in verwandten Betrieben bestehende Explosionsgefahr erfordert besondere Vorkehrungen bei der Auslegung von Meßeinrichtungen. Die notwendige Sicherheit zu schaffen besteht darin, alle in die gefährdeten Räume führenden Stromkreise eigensicher zu dimensionieren. Die in diesen Stromkreisen vorhandene elektrische Energie wird so begrenzt, daß die Stromkreise weder im Normalbetrieb noch im Störfall (z. B. Leerlauf, Kurzschluß) in der Lage sind, explosionsfähige Gemische zu zünden. *Hammerschmidt*

Eimerkettenschaltung. (*engl.* Abk. BBD, Bucket Brigade Device) Elektronische Schaltung zur Speicherung und Weiterleitung von analogen oder digitalen Signalen nach dem Ladungstransportprinzip (CCD) aus der Gruppe der Ladungsverschiebeschaltungen. Dazu wird in einer integrierten Schaltung (Bild 1) eine größere Zahl eng benachbarter Kondensatoren kettenförmig angeordnet, die durch →Schalter miteinander verkoppelt sind. Durch taktweise Betätigung der Schalter wird die Ladung, die sich in einem Anfangskondensator befindet, zum nächsten „weitergeschoben" usw. Um einen gerichteten Transport solcher Ladungspakete zu erreichen, werden die jeweils geradzähligen und die ungeradzähligen Schalter mit dem jeweiligen Taktsignal versorgt. Diese taktweise Weitergabe der Ladung von Kondensator zu Kondensator erinnert an das Eimerkettenprinzip: eine Menschenkette gibt eimerweise Wasser weiter. Die Idee der E. wurde zunächst mit Bipolartransistoren als Schalter realisiert, konnte sich aber so nicht richtig durchsetzen. Deutliche Verbesserungen ergab der Einsatz von MOSFET-Schaltern (Bild 2). Dabei ist die Realisierung der Kondensatoren sehr einfach: man muß die Gateelektrode nur hinreichend weit über den Drain-Bereich ausdehnen, so daß eine Überdekkungskapazität entsteht. Außerdem bildet der Drain-Bereich des vorhergehenden Schalters zugleich den Source-Bereich des Folgeschalters. Auf diese Weise wurden bereits E. mit 500 Stufen und mehr realisiert, die mit Taktfrequenzen bis in den MHz-Bereich arbeiten.

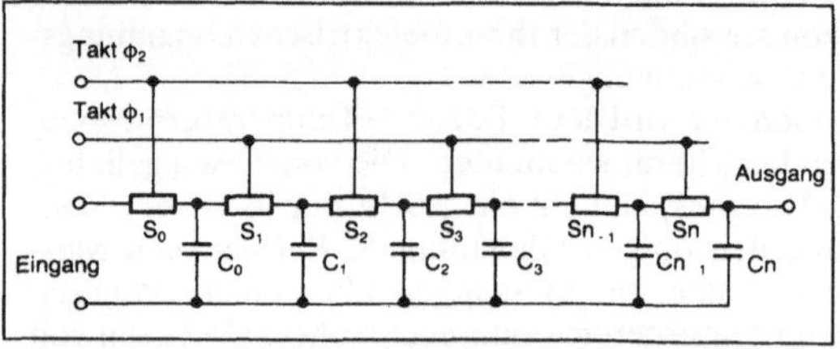

Eimerkettenschaltung 1: Funktionsprinzip.

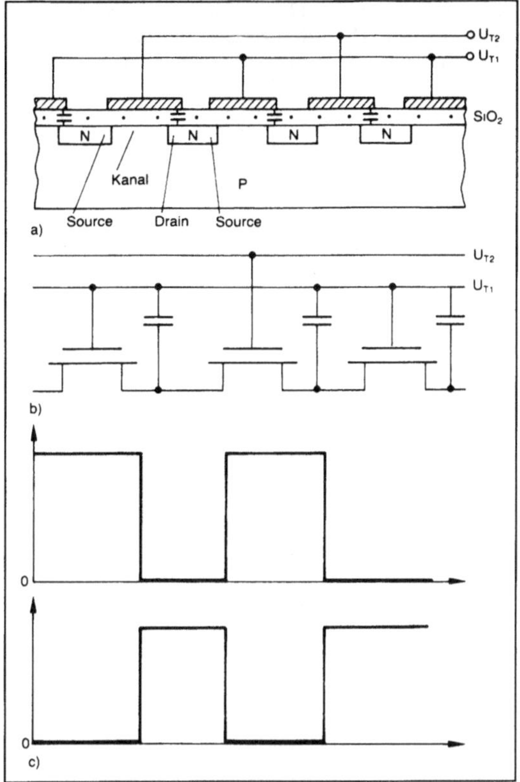

Eimerkettenschaltung 2: Ausführung in NMOS-Technik.
a) Aufbau
b) Schaltungsprinzip
c) Taktsignale.

Vom Ladungstransport her gesehen unterscheiden sich die E. von den CCD grundsätzlich: während dort Minoritätsträger in Potentialmulden unter den Elektroden des MOS-Kondensators als Informationsträger benutzt werden, sind es hier Majoritätsträger. Daher unterscheiden sich auch die Eingabeschaltungen.

Die Anwendungsbereiche der E. liegen zunächst in der digitalen Signalverarbeitung: Schieberegister (auch analoge) Verzögerungsleitungen, →Multiplexer und vor allem Anwendungen in der Filtertechnik. Versieht man die Eimerketten mit photosensorischen Elementen, so sind sie auch zur Bildaufnahme geeignet.

Durch die rasche Entwicklung der CCD-Strukturen ist die Bedeutung der E. jedoch in letzter Zeit rückläufig. *R. Paul*

Einbruchmelder. E. melden Einbruchversuche in gesicherte Räume und Bereiche und bestehen aus den eigentlichen Meldern, der Meldezentrale und entsprechenden Alarmgeräten. An Türen und Fenstern können elektromechanische Melder angebracht werden wie z. B. Magnetschalter und Erschütterungskontakte. Erstere werden in verschiedenen Formen zum Einlassen in Holz oder zur Oberflächenmontage bei Metall- und Kunststoffenstern angeboten. Sie sprechen auf Öffnen an. Glasbruchmelder werden mit Spezialklebern auf die zu überwachende Scheibe geklebt und reagieren nur auf bestimmte Frequenzen, die bei Glasbruch und beim Splittern von Glas auftreten. Tretmelder lösen beim Betreten Alarm aus und bestehen aus Kontakten aus Edelstahl in verschweißten PVC-Matten.

Räume lassen sich mittels elektronischer Bewegungsmelder überwachen. Der passive Infrarot-Bewegungsmelder mißt die infrarote Ausstrahlung von Menschen und Gegenständen. Mit Hilfe von Spiegeln, in deren Brennpunkt ein empfindlicher Infrarotdetektor sitzt, wird ein Raum in empfindliche und unempfindliche Zonen aufgeteilt. Bewegt sich nun eine Person im Raum so, daß er von einer empfindlichen Zone in eine unempfindliche wechselt oder umgekehrt, so wird durch den im Sensor festgestellten Wechsel im Infrarotbereich der Alarm ausgelöst.

Beim Ultraschall-Bewegungsmelder wird in einem breiten Abstrahlwinkel Ultraschall mit konstanter Frequenz ausgesandt. Das reflektierte Signal ändert sich bei Bewegung eines Eindringlings und löst dadurch Alarm aus. Radar-Bewegungsmelder arbeiten nach dem Doppler-Effekt. Sind die Sicherheitsansprüche hoch und sollen insbesondere Fehlalarme vermieden werden, so bietet sich eine Kombination der vorstehend beschriebenen Prinzipien an, so gibt es z. B. Bewegungsmelder mit integriertem Infrarot- und Radarwellen-Sensor. Mittels aktiver Infrarottechnik lassen sich (unsichtbare) Lichtschranken aufbauen zur Zugangskontrolle. Bei diesen sendet ein Infrarotsender einen modulierten Infrarotlichtstrahl aus, der auf einen →Empfänger auftrifft. Dieser Lichtstrahl wird beim Durchschreiten unterbrochen und löst damit Alarm aus. Bei kapazitiven Meldern wird ein elektrisches Feld durch die eindringende Person verändert. Die Signale der einzelnen Melder werden über Leitungen oder auch per Funk zur Meldezentrale übertragen. Dabei werden mehrere Melder zu Meldelinien zusammengefaßt. Die Meldezentrale überwacht die einzelnen Meldelinien und steuert ggf. die angeschlossenen Alarmgeräte an. Bei Alarmmeldungen oder auch Leitungsstörungen leuchten die den betroffenen Meldelinien zugeordneten Kontrollampen so lange auf, bis sie von Hand zurückgesetzt werden. An Alarmgeräten stehen akustische, optische und/oder stille Signalgeber zur Verfügung. Bei akustischen Signalgebern wie elektronische Summer, Motorsirenen, Druckkammer-Lautsprecher, Starkton-Horn muß die Alarmzeit begrenzt werden. Bei Blitzleuchten und beim Einschalten der

(Außen-)Beleuchtung wird Daueralarm gegeben. Mit stillen Alarmgebern kann man über Telefonwählgeräte den Alarm an Polizei und/oder Bewachungsgesellschaften weitergeben. Wichtig sind auch die Scharfschalte-Einrichtungen, durch die nach Verlassen des gesicherten Bereiches die Überwachung eingeschaltet werden kann. Hier reichen die Möglichkeiten vom Blockschloß über Schlüsselschalter bis zu elektronischen Codierschaltern, bei denen mittels sechsstelliger Codezahl eine Geheimnummer eingestellt werden kann. *F. Schneider*

Eingabe/Ausgabe, serielle. Unter s. E./A., häufig auch serielle Schnittstelle genannt, wird in allgemeiner Form das asynchrone bitweise Senden und Empfangen von digitalen Werten oder Informationen zwischen zwei Teilnehmern verstanden. Dazu müssen in der Schnittstelleneinrichtung die in der Regel byteweise parallel vorliegenden Daten von der Schnittstellensteuerung mit bestimmten, für die Übertragung und Sicherung notwendigen zusätzlichen binären Zeichen versehen und mit festgelegter Geschwindigkeit (Bit-Rate) seriell (bitweise) übertragen werden.

Diese Prozeduren sind für eine einfache serielle Verbindung zwischen zwei Geräten z. B. einer →Steuerung und einem →Programmiergerät für zwei wichtige, sehr verbreitete Schnittstellen festgelegt. Es handelt sich dabei um die sog. 20 mA-Linienstrom-Schnittstelle und die V 24-Schnittstelle. Im Bild sind Übertragungsgeschwindigkeiten, Pegelfestlegung und Aufbau des Einzelwertes bei der Übertragung für die V 24-Schnittstelle beispielhaft zusammengestellt.

a) Übertragungsgeschwindigkeiten:

0,3	0,6	1,2	2,4	4,8	9,6	19,2 kBaud

(1 kBaud = 1 000 Einzelbits/s)

b) zulässige Signalpegelbereiche

Binärwert 0	+ 3 bis +15 V
Binärwert 1	−15 bis − 3 V

c) Bitfolge bei der Übertragung eines 7-Bit ASCII Zeichens

Srt	D0	D1	D2	D3	D4	D5	D6	Pty	Sop	Sop

1 Start-, 7 Daten-, 1 Parity-, 2 Stop-Bit

Eingabe/Ausgabe, serielle: Vereinbarungen zur V 24-Schnittstelle

Für die Übertragung der Daten stehen acht Einzelbits bei codeunabhängiger oder sieben Einzelbits bei codeabhängiger Darstellung zur Verfügung, wobei der ASCII-Code (**A**merican **S**tandard **C**ode for **I**nformation **I**nterchange) in den meisten Fällen Anwendung findet. Das einzelne Datum wird zur Übertragung mit einem Startbit, einem Parity-Bit und mit ein oder zwei Stopbits ergänzt (Bild c), so daß je Datum 10–12 Einzelbits übertragen werden müssen. Die Übertragung erfolgt bei Minimalausführung über Drei-Drahtleitung, ein Draht für Senden (T **T**ransmit) einer für Empfangen (R **R**eceive) und einer für die gemeinsame Signalerde.

Neben dieser einfachen, seriellen Punkt zu Punkt Verbindung, finden bei der Kopplung mehrerer Steuerungen auch komplexere Übertragungs- und Vernetzungsmaßnahmen, z. B. sog. serielle Busse, Anwendung. Sie ermöglichen den Echtzeit-Datenaustausch unter mehreren, an einer gemeinsamen Busleitung (physikalisch: Zweidrahtleitung, Koaxialkabel, Lichtleiter, ggfs. Funk) angeschlossenen Steuerungsgeräten wobei vereinbarte Übertragungsprotokolle und Zuweisungsmechanismen für den Aufbau der Übertragungswege Anwendung finden. Solche Busse erlauben den Aufbau von vernetzten Steuerungssystemen in sehr flexiblen sog. →LAN (**L**ocal **A**rea **N**etwork)-Strukturen. Hinsichtlich der Standardisierung sei auf →MAP (**M**anufacturing **A**utomation **P**rotocol), ETHERNET als offene Systeme gemäß der von der →ISO (**I**nternational **S**tandards **O**rganisation, USA) vorgestellten OSI-(**O**pen **S**ystems **I**nterconnect) Normen, vgl. IEEE 802.x, verwiesen. *Freyberger*

Eingangsschaltung, analoge. Die a. E. dient dem Anschluß der analogen Prozeß- und Bediensignale an eine Steuerung. Sie umfaßt im Falle einer digital realisierten Steuerung auch die Abtastung und Umsetzung in ein digitales →Signal.

Die Funktionseinheiten, aus denen die Eingangsschaltung aufgebaut werden kann, zeigt das Bild. In der Funktionseinheit Eingangssignal-Modifikation erfolgt die Umformung und Filterung.

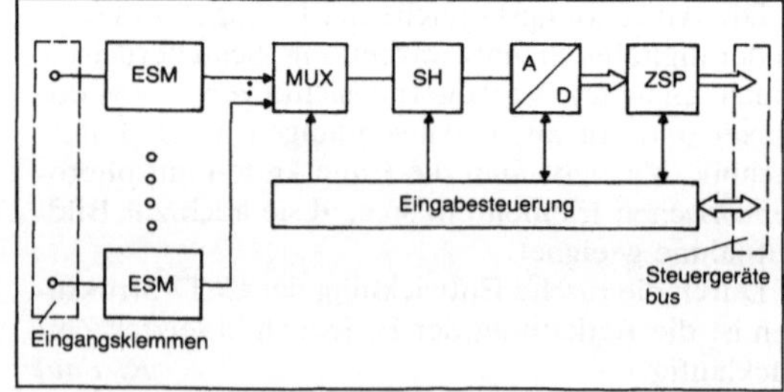

ESM Eingangssignal-Modifikation, MUX Multiplexer, SH Abtast/Halteverstärker, A/D Analog/Digital-Umsetzer, ZSP digitaler Zwischenspeicher

Eingangsschaltung, analoge: Funktionseinheiten einer a. E.

Die Umformung erzeugt aus dem aktiven oder passiven elektrischen Eingangssignal, z. B. elektrische Widerstandsänderung, Thermospannung, diverse Geberspannungen im Bereich von mV bis kV oder Geberströme, z. B. das Stromnormsignal, ein, an die Erfordernisse der nachgeschalteten Funktionseinheiten angepaßtes, Spannungssignal. Schaltungstechnisch gehören dazu nicht nur die notwendige Verstärkung oder Signalabschwächung sondern auch die Bereitstellung der für die Umformung erforderlichen Hilfsgrößen oder -signale, z. B. eingeprägter Meßstrom zur Umformung einer Widerstandsänderung in eine Spannung.

Die häufig passiv ausgeführte, analoge Filterung dient der Bandbegrenzung des Prozeßsignals. Dadurch wird zum einen eine Unterdrückung von Störungen im →Meßsignal erreicht und zum anderen, bei nachfolgender Analog/Digital-Umsetzung, der sog. Stroboskopeffekt weitgehend vermieden.

Liegen die analogen Eingangssignale bereits als Einheitssignale oder Normsignale vor, reduziert sich die Signalmodifikation praktisch auf die passive Filterung und im Falle des Einheitsstromsignales auf die Umformung mittels eines Meßwiderstandes in ein Spannungssignal, z. B. 0(1)–5 V zur internen Weiterverarbeitung.

Da in der Regel bei den a. E. ein →Analog/Digital (A/D)-Umsetzer im Zeitmultiplex, also zeitlich hintereinander, mehrere Eingangssignale umsetzt, ist der Signalmodifikation eine Multiplexereinheit nachgeschaltet. Sie ist als ein steuerbarer, analoger, mehrpoliger Umschalter ausgeführt, der über die Steuerung der Eingangsschaltung die einzelnen Eingangssignalkanäle an den A/D-Umsetzer für die Dauer des Umsetzvorganges durchschaltet.

Der im Bild gezeigte Abtast/Halteverstärker (*engl.* sample and hold amplifier) wird nur im Falle eines nichtintegrierend arbeitenden A/D-Umsetzers benötigt. Er tastet die durchgeschaltete Signalspannung ab und hält sie für die Dauer des Umsetzvorganges auf dem abgetasteten Wert fest. Damit ermöglicht er einen einwandfreien Umsetzvorgang.

Die Eingangsschaltung ist ausgangsseitig an den internen →Bus des Steuergerätes direkt oder an einen besonderen Ein-/Ausgabebus angeschlossen. Über diesen erhält sie die Anweisungen für die Steuerung von →Multiplexer und A/D-Umsetzer und gibt die in der Regel zwischengespeicherten digitalen Werte byte- oder wortweise über den Bus zur Verarbeitung an das Steuergerät weiter.

Einige typische Angaben für Eingangsschaltungen, die in der Regel auf sog. Eingabebaugruppen zusammengefaßt aufgebaut sind, sind:
- Umformung über symmetrische Differenzverstärker oder unsymmetrische, einfach potentialgebundene Verstärker,
- 8–32 analoge Eingabekanäle je Baugruppe,
- Multiplexer in Halbleitertechnologie oder mit Relais mit Schutzgaskontakten ausgeführt,
- Arbeitsprinzip des A/D-Umsetzers integrierend oder nachlaufend abgleichend z. B. sukzessive Approximation
- Umsetzzeit je Eingangssignal ca. 0,1–100 ms,
- Auflösung der Umsetzung 10 oder 12 Bit.

Freyberger

Eingangsschaltung, binäre. Über b. E. werden die binären Geber- oder Sensorsignale und Bediensignale am Steuerungsgerät angeschlossen. Physikalische Signalträger sind aktive Größen wie Gleich- oder Wechselspannungen bzw. Ströme oder passive Größen wie Schaltkontakte. Diese Signale werden zunächst, wie der prinzipielle Aufbau der b. E. in Bild 1 zeigt, in der ersten Funktionseinheit so modifiziert, daß sie an die steuerungsinterne Verarbeitung angepaßt sind. Weitere Maßnahmen sind Verpolungsschutz und Potentialtrennung bzw. →Signalisolation zwischen den einzelnen Sensorsignalkreisen und den steuerungsinternen Signalkreisen.

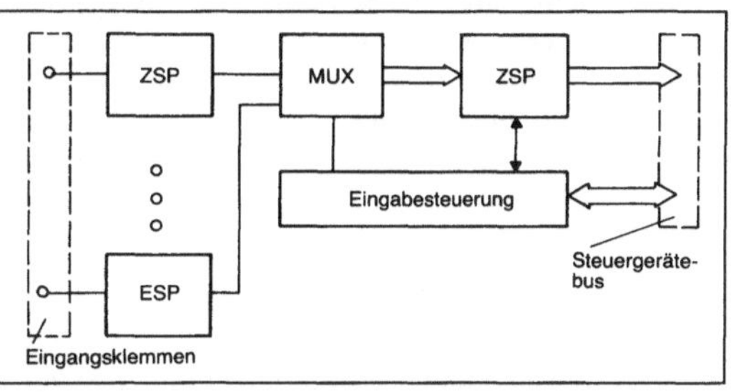

ESP Eingangssignal-Anpassung, MUX digitaler Multiplexer, ZSP digitaler Zwischenspeicher

Eingangsschaltung, binäre 1: Funktionseinheiten der b. E.

Prinzipielle Signalanschaltungen, als Bestandteil der Eingangssignal-Anpassung gemäß Bild 1, sind im Bild 2 für passiven Schaltkontakt, für Gleichspannungs- und für Wechselspannungssignal dargestellt. Die Signalisolation erfolgt in den gezeigten Fällen opto-elektronisch, als der am häufigsten eingesetzten Art. Für Kontrollzwecke, vor allem bei Inbetriebnahme und Fehlersuche, wird der Zustand des binären Einganges durch eine Leuchtdiode (→LED) angezeigt. Zur Speisung der Signalkreise bei passiven Gebern steht meistens eine Spannungsquelle in der Eingangsschaltung zur Verfügung. Üblich ist es bei b. E. dem logischen Zustand „wahr" (1 oder H) Stromfluß im Signalkreis, als active high bezeichnet, zuzuordnen.

In speziellen Fällen, wenn z. B. die anzuschließenden binären Signale bereits das steuerungsinterne Niveau besitzen und gerätetechnisch eine potentialgebundene Verschaltung, ohne Störprobleme zu verursachen, möglich ist, kann die Eingangssignal-Anpassung praktisch vollständig entfallen.

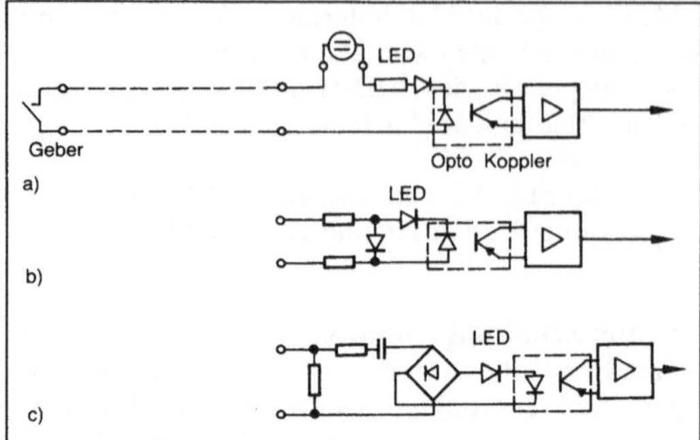

Eingangsschaltung, binäre 2: Prinzipien der binären Signalanschaltung.
a) passiver Geberkontakt
b) Gleichspannungssignal oder -stromsignal
c) Wechselspannungs- oder Wechselstromsignal.

Die einzelnen binären Eingänge werden (Bild 1) zu Gruppen von 8 oder 16, entsprechend der steuerungsinternen Verarbeitungsstruktur, zusammengefaßt. Die Signalwerte werden ggfs. über einen Zwischenspeicher an den Datenbus der Steuerung geschaltet. →Adressierung der Eingänge und Abwicklung des Datenaustausches über den steuerungsinternen Bus direkt oder einen besonderen Ein-/Ausgabebus organisiert programmgemäß die Eingabesteuerung.

Eingabeschaltungen bei Speicher-Programmierbaren-Steuerungen werden heute für die Signalspannungsnennwerte von 24 V DC, 110, 220, 380 V AC bei 50 oder 60 Hz ausgelegt und als Standardkomponenten bereitgehalten. *Freyberger*

Eingangsschaltung, digitale. Digitale Eingangsdaten für Steuerungen liegen entweder in Bit-serieller oder in Byte-serieller bzw. Wort-serieller sog. paralleler Form vor. Bit-serielle Eingangsdaten werden in der Regel über bidirektional arbeitende, kombinierte Ein/Ausgabeschaltungen oder kurz serielle Ein/Ausgaben angeschaltet. Byte- oder Wortserielle digitale Eingangsdaten bestehen aus acht oder entsprechend der Bitzahl der Wortlänge (in der Regel ganzzahlige vielfache von 4 Bit) parallelen binären Werten. Sie werden durch parallel anstehende binäre Signale (Bild) dargestellt.

Die Eingangssignal-Anpassung für das einzelne binäre Teilsignal des digitalen Signales entspricht im wesentlichen der bei binären Eingangsschaltungen. Allerdings erfordert die Tatsache, daß die digitalen Werte an den Eingangsklemmen asynchron zu den Verarbeitungsvorgängen in der Steuerung wechseln und ein zusätzliches binäres Steuersignal das den Wechsel des digital anstehenden Wertes anzeigt. In einzelnen Fällen ist es auch zweckmäßig seitens der d. E. die digitale Datenquelle z. B. digitaler Absolutwinkelgeber, →Zähler, zur Abgabe eines Wertes anzustoßen. Hierzu muß die Eingangsschaltung ein entsprechendes Steuersignal (Bild) erzeugen.

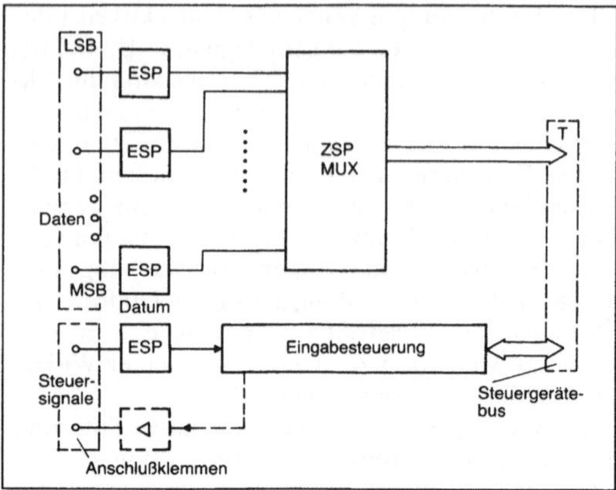

ESP Eingangssignal-Anpassung, ZSP MUX Zwischenspeicher mit digitalem Multiplexer, LSB (**L**east **S**ignificant **B**it) Bit niedrigster Wertigkeit, MSB (**M**ost **S**ignificant **B**it) Bit höchster Wertigkeit

Eingangsschaltung, digitale: Prinzipieller Aufbau einer d. E.

Der Kopplung zwischen dem in der Regel byteorientierten Datenteil des steuerungsseitigen Busses und dem Digitalwert dient ein Zwischenspeicher und ein digitaler Multiplexer. Ihre Aufgaben sind, den digitalen Wert, z. B. fünfstelliges Zählergebnis in paralleler BCD-Form (entspricht 20 Bit parallel), zu speichern und über die Steuerung der Eingangsschaltung organisiert, in Byte-Blöcken mit fester Reihenfolge der Wertigkeit, an den steuerungsinternen Bus direkt oder einen besonderen Ein-/Ausgabebus bei Aufruf zu senden. *Freyberger*

Eingangswert-Begrenzung. Begrenzung der Werte von Eingangssignalen eines Reglers durch ein externes →Einheitssignal. Die E.-B. hat u. a. für Sicherheitsaufgaben in mehrkanaligen Systemen Bedeutung (→Stellwert-Begrenzung). *Strohrmann*

Einheiten des SI. Das Internationale Einheitensystem wurde 1960 festgelegt (→Einheiten im Meßwesen). In der Folgezeit wurde das SI unter Mitarbeit der internationalen Normungsgremien vervollkommnet. Das SI ist inzwischen in über 100 Staaten verbindlich eingeführt. (Man spricht nicht vom SI-System, da das S bereits für System steht!)

Ein in sich abgeschlossenes System in Naturwissenschaft und Technik kann durch wenige methodisch bestimmbare Größen beschrieben werden. Diese Größen sind unabhängig voneinander und werden Basisgrößen genannt. Das SI kennt sieben Basisgrößen, für die sieben Basiseinheiten festgelegt sind (Tabelle 1). Die Definitionen der sieben SI-Basiseinheiten sind in Tabelle 2 zusammengestellt. Aus den Basisgrößen wurde eine Vielzahl von

Einheiten des SI. Tabelle 1: Basisgrößen und Basiseinheiten des SI.

SI-Basisgrößen		SI-Basiseinheiten	
Name	Zeichen	Name	Zeichen
Länge	l	das Meter	m
Masse	m	das Kilogramm	kg
Zeit	t	die Sekunde	s
el. Stromstärke	I	das Ampere	A
thermodyn. Temperatur	T	das Kelvin	K
Stoffmenge	n	das Mol	mol
Lichtstärke	I_v	die Candela	cd

Einheiten des SI. Tabelle 2: Definitionen der SI-Basiseinheiten

Meter	Das Meter ist die Länge der Strecke, die das Licht im Vakuum während der Dauer von (1/299 792 458) Sekunden durchläuft (17. Generalkonferenz für Maß und Gewicht, 1983)
Kilogramm	Das Kilogramm ist die Masse des Internationalen Kilogrammprototyps (1. Generalkonferenz für Maß und Gewicht, 1889). Dieser Internationale Kilogrammprototyp aus Platin-Iridium wird im Internationalen Büro für Maß und Gewicht unter den 1889 festgelegten Bedingungen aufbewahrt.
Sekunde	Die Sekunde ist das 9 192 631 770fache der Periodendauer der dem Übergang zwischen den beiden Hyperfeinstrukturniveaus des Grundzustandes von Atomen des Nuklids Cs 133 entsprechenden Strahlung (13. Generalkonferenz für Maß und Gewicht, 1967)
Ampere	Das Ampere ist die Stärke eines zeitlich unveränderlichen elektrischen Stroms, der durch zwei im Vakuum parallel im Abstand 1 m voneinander angeordnete, geradlinige, unendlich lange Leiter von vernachlässigbar kleinem, kreisförmigem Querschnitt fließend, zwischen diesen Leitern je 1 m Leiterlänge, elektrodynamisch die Kraft $0{,}2 \cdot 10^{-6}$ N hervorrufen würde (9. Generalkonferenz für Maß und Gewicht, 1948).
Kelvin	Das Kelvin ist der 273,16te Teil der thermodynamischen Temperatur des Tripelpunktes des Wassers (13. Generalkonferenz für Maß und Gewicht, 1967). Anmerkung: Auch Temperaturintervalle und Temperaturdifferenzen werden in Kelvin angegeben. Neben der thermodynamischen Temperatur (Formelzeichen T) wird auch die Celsius-Temperatur (Formelzeichen t) benutzt, die durch die Gleichung $t = T - T_0$ definiert ist, wobei $T_0 = 273{,}15$ K per definitionem ist. *Grad Celsius* ist ein spezieller Name anstelle der Einheit *Kelvin*, wenn die Celsius-Temperatur angegeben wird. Ein Celsius-Termperaturintervall oder eine Celsius-Temperaturdifferenz darf auch in Grad Celsius angegeben werden.
Mol	Das Mol ist die Stoffmenge eines Systems bestimmter Zusammensetzung, das aus ebenso vielen Teilchen besteht, wie Atome in (12/1000) kg des Nuklids C 12 enthalten sind. Bei Benutzung des Mol müssen die Teilchen spezifiziert werden. Es können Atome, Moleküle, Ionen, Elektronen usw. oder eine Gruppe solcher Teilchen genau angegebener Zusammensetzung sein (14. Generalkonferenz für Maß und Gewicht, 1971).
Candela	Die Candela ist die Lichtstärke in einer bestimmten Richtung einer Strahlungsquelle, die monochromatische Strahlung der Frequenz $540 \cdot 10^{12}$ Hertz aussendet und deren Strahlstärke in dieser Richtung (1/683) Watt durch Steradiant beträgt (16. Generalkonferenz für Maß und Gewicht, 1979)

Größen abgeleitet. Die zugehörigen abgeleiteten Einheiten wurden im SI durch Multiplikation und/oder Division aus den Basiseinheiten gebildet. Dabei hat man für jede Größe nur eine einzige bevorzugte Einheit vorgesehen. Abgeleitete SI-Einheiten enthalten außer den Basiseinheiten nur noch den Zahlenfaktor 1; man nennt sie deshalb kohärent (zusammenhängend) abgeleitete Einheiten.

Für 21 häufig gebrauchte abgeleitete SI-Einheiten wurden eigene Namen festgelegt (Zusammenstellung Tabelle 3, Definitionen Tabelle 4), für andere nicht. Zusammen mit den SI-Basiseinheiten bilden diese ein kohärentes Einheitensystem. Mit kohärenten Einheitensystemen läßt sich sehr leicht rechnen, da die Umrechnung von Einheiten nicht erforderlich ist.

Einheiten des SI. Tabelle 3: Abgeleitete SI-Einheiten mit besonderen Einheitennamen

Abgeleitete Größe im SI	SI-Einheit		Beziehung zu	
	Name	Zeichen	SI-Basiseinheiten	andere SI-Einheiten
Ebener Winkel	Radiant	rad	$= m^1 m^{-1}$	
Raumwinkel	Steradiant	sr	$= m^2 m^{-2}$	
Frequenz	Hertz	Hz	$= s^{-1}$	
Aktivität	Becquerel	Bq	$= s^{-1}$	
Kraft	Newton	N	$= m\ kg\ s^{-2}$	
Druck/mech. Spannung	Pascal	Pa	$= m^{-1} kg\ s^{-2}$	$= N/m^2$
Energie, Arbeit, Wärmemenge	Joule	J	$= m^2 kg\ s^{-2}$	= Nm
Leistung, Wärmestrom	Watt	W	$= m^2 kg\ s^{-3}$	= J/s
Energiedosis	Gray	Gy	$= m^2\ s^{-2}$	= J/kg
Äquivalentdosis	Sievert	Sv	$= m^2\ s^{-2}$	= J/kg
Elektrische Ladung	Coulomb	C	= s A	
Elektrische Spannung	Volt	V	$= m^2 kg\ s^{-3}\ A^{-1}$	= W/A
Elektrische Kapazität	Farad	F	$= m^{-2} kg^{-1}\ s^4\ A^2$	= C/V
Elektrischer Widerstand	Ohm	Ω	$= m^2 kg\ s^{-3}\ A^{-2}$	= V/A
Elektrischer Leitwert	Siemens	S	$= m^{-2} kg^{-1}\ s^3\ A^2$	= A/V
Magnetischer Fluß	Weber	Wb	$= m^2 kg\ s^{-2}\ A^{-1}$	= V s
Magnetische Flußdichte	Tesla	T	$= kg\ s^{-2}\ A^{-1}$	$= Wb/m^2$
Induktivität	Henry	H	$= m^2 kg\ s^{-2}\ A^{-2}$	= Wb/A
Celsius-Temperatur	Grad Celsius	°C	= 1 K	
Lichtstrom	Lumen	lm	$= m^2 m^{-2}$ cd	= cd sr
Beleuchtungsstärke	Lux	lx	$= m^2 m^{-4}$ cd	$= lm/m^2$

Einheiten des SI. Tabelle 4: Definitionen der abgeleiteten SI-Einheiten mit besonderen Einheitennamen

Radiant	Ein Radiant ist gleich dem ebenen Winkel, der als Zentriwinkel eines Kreises vom Halbmesser 1 m aus dem Kreis einen Bogen von 1 m Länge ausschneidet.
Steradiant	Ein Steradiant ist gleich dem räumlichen Winkel, der als gerader Kreiskegel mit der Spitze im Mittelpunkt einer Kugel vom Halbmesser 1 m aus der Kugeloberfläche eine Kalotte der Fläche 1 m^2 ausschneidet.
Hertz	Ein Hertz ist gleich der Frequenz eines periodischen Vorgangs der Periodendauer 1 s.
Becquerel	Ein Becquerel als Einheit der Aktivität einer radioaktiven Substanz ist gleich der Aktivität einer Menge eines radioaktiven Nuklids, in der der Quotient aus dem statistischen Erwartungswert für die Zahl der Umwandlungen oder isomeren Übergänge und der Zeitspanne, in der diese Umwandlungen oder Übergänge stattfinden, bei abnehmender Zeitspanne dem Grenzwert 1/s (Bq) zustrebt.
Newton	Ein Newton ist gleich der Kraft, die einem Körper der Masse 1 kg die Beschleunigung 1 m/s^2 erteilt.

Einheiten des SI. noch Tabelle 4: Definitionen der abgeleiteten SI-Einheiten mit besonderen Einheitennamen

Pascal	Ein Pascal ist gleich dem auf eine Fläche gleichmäßig wirkenden Druck, bei dem senkrecht auf die Fläche 1 m^2 die Kraft 1 N ausgeübt wird.
Joule	Ein Joule ist gleich der Arbeit, die verbraucht wird, wenn der Angriffspunkt der Kraft 1 N in Richtung der Kraft um 1 m verschoben wird.
Watt	Ein Watt ist gleich der Leistung, bei der während der Zeit 1 s die Energie 1 J umgesetzt wird.
Gray	Ein Gray ist gleich der Energiedosis, die bei Übertragung der Energie 1 J auf Materie der Masse 1 kg durch ionisierende Strahlung räumlich konstanter Energieflußdichte entsteht.
Sievert	Ein Sievert ist gleich der Äquivalentdosis, die bei Übertragung der Energie 1 J auf Materie der Masse 1 kg durch ionisierende Strahlung räumlich konstanter Energieflußdichte entsteht.
Coulomb	Ein Coulomb ist gleich der Elektrizitätsmenge, die während der Zeit 1 s bei einem zeitlich unveränderlichen elektrischen Strom der Stärke 1 A durch den Querschnitt eines Leiters fließt.
Volt	Ein Volt ist gleich der Spannung oder elektrischen Potentialdifferenz zwischen zwei Punkten eines fadenförmigen homogenen und gleichmäßig temperierten metallischen Leiters, in dem bei einem zeitlich unveränderlichen Strom der Stärke 1 A zwischen den beiden Punkten die Leistung 1 W umgesetzt wird.
Farad	Ein Farad ist gleich der elektrischen Kapazität eines Kondensators, der durch die Elektrizitätsmenge 1 C auf die elektrische Spannung 1 V aufgeladen wird.
Ohm	Ein Ohm ist gleich dem elektrischen Widerstand zwischen zwei Punkten eines fadenförmigen, homogenen und gleichmäßig temperierten elektrischen Leiters, durch den bei der elektrischen Spannung 1 V zwischen den beiden Punkten ein zeitlich unveränderlicher elektrischer Strom der Stärke 1 A fließt.
Siemens	Ein Siemens ist gleich dem elektrischen Leitwert eines Leiters vom elektrischen Widerstand 1 Ohm.
Weber	Ein Weber ist gleich dem magnetischen Fluß, bei dessen gleichmäßiger Abnahme während der Zeit 1 s auf Null in einer ihn umschlingenden Windung die elektrische Spannung 1 V induziert wird.
Henry	Ein Hernry ist gleich der Induktivität einer geschlossenen Windung, die, von einem elektrischen Strom der Stärke 1 A durchflossen, im Vakuum den magnetischen Fluß 1 Wb umschlingt.
Tesla	Ein Tesla ist gleich der Flächendichte des homogenen magnetischen Flusses 1 Wb, der die Fläche 1 m^2 senkrecht durchsetzt.
Grad Celsius	Ein Grad Celsius ist gleich 1 Kelvin bei der Angabe der Celsius-Temperatur $t = T - T_0$ mit T = thermodynamische Temperatur in K und $T_0 = 273{,}15$ K sowie zur Angabe von Celsius-Temperaturdifferenzen.
Lumen	Ein Lumen ist gleich dem Lichtstrom, den eine punktförmige Lichtquelle mit der Lichtstärke 1 cd gleichmäßig nach allen Richtungen in den Raumwinkel 1 sr aussendet.
Lux	Ein Lux ist gleich der Beleuchtungsstärke, die auf einer Fläche herrscht, wenn auf 1 m^2 der Fläche gleichmäßig verteilt der Lichtstrom 1 lm fällt.

Grundsätzlich könnte man überall in Wissenschaft und Technik mit SI-Einheiten auskommen. Allerdings würden sich dann vielfach recht unhandliche Zahlenwerte ergeben (Beispiel 0,000001 m = 1 µm). Deshalb wurde es gesetzlich zugelassen, durch dezimale Vorsätze Vielfache oder Teile von SI-Einheiten als neue Einheiten zu bilden (Tabelle 5). Die so gebildeten Einheiten sind nicht mehr kohärent zu den SI-Einheiten, damit also keine SI-Einheiten. Deshalb ist dem Benutzer folgendes zu empfehlen:

Einheiten des SI. Tabelle 5: SI-Vorsätze für dezimale Vielfache und Teile von Einheiten.

Bedeutung	Vorsatz		Faktor als Zehnerpotenz
	Name	Zeichen	
Trillionstel	Atto ...	a ...	10^{-18}
Billiardstel	Femto ...	f ...	10^{-15}
Billionstel	Piko ...	p ...	10^{-12}
Milliardstel	Nano ...	n ...	10^{-9}
Millionstel	Mikro ...	µ ...	10^{-6}
Tausendstel	Milli ...	m ...	10^{-3}
Hunderstel	Zenti ...	c ...	10^{-2}
Zehntel	Dezi ...	d ...	10^{-1}
Zehnfache	Deka ...	da ...	10
Hundertfache	Hekto ...	h ...	10^{2}
Tausendfache	Kilo ...	k ...	10^{3}
Millionenfache	Mega ...	M ...	10^{6}
Milliardenfache	Giga ...	G ...	10^{9}
Billionenfache	Tera ...	T ...	10^{12}
Billiardenfache	Peta ...	P ...	10^{15}
Trillionenfache	Exa ...	E ...	10^{18}

Hinweise: Wenn an ein mit einem SI-Vorsatz versehenes Einheitenzeichen ein Potenzexponent angefügt ist, so gilt dieser Exponent auch für den Vorsatz: z. B. 1 $cm^3 = (10^{-2}\ m)^3 = 10^{-6}\ m^3$.
Hintereinandersetzen mehrere SI-Vorsätze ist unzulässig: z. B. nicht 1 mµm, sondern 1 nm.

□ Für Berechnungen sollte man möglichst nur SI-Einheiten einsetzen. Vorteil: Man braucht die Einheiten bei der Berechnung nicht besonders zu beachten und kann mit ihrer Hilfe die formale Richtigkeit der verwendeten Größengleichung ohne Mühe überprüfen.
□ Zur Angabe einzelner Größenwerte kann man zusätzlich auch noch die durch dezimale Vorsätze erweiterten SI-Einheiten benutzen, um gut handhabbare Zahlenwerte (etwa zwischen 0,1 und 1000) zu erhalten. Beispiele:
Entfernung 13 km statt 13 000 m
Kapazität 1 µF statt 0,000001 F
□ Alle anderen zulässigen Einheiten sollte man vermeiden. Beispiel: Einen Massenstrom von 54 t/h gibt man besser als 15 kg/s an. *Hammerschmidt*

Literatur: DIN 1301 Teil 1: Einheiten; Einheitennamen, Einheitenzeichen. Berlin 1985. – *Rümcker, B.*: SI-Einheiten/Gesetzliche Einheiten und ihre Anwendungspflicht in der Praxis. 3. Aufl. Kissing 1978. – SI: Das Internationale Einheitensystem. Hrsg.: Amt für Standardisierung, Meßwesen und Warenprüfung, Deutsche Demokratische Republik. Bundesamt für Eich- und Vermessungswesen, Österreich. Eidgenössisches Amt für Maß und Gewicht, Schweiz. Physikalisch Technische Bundesanstalt, Bundesrepublik Deutschland. Braunschweig, 1982.

Einheiten im Meßwesen. Eine Einheit ist eine aus einer Menge miteinander vergleichbarer Größen ausgewählte und festgelegte Bezugsgröße. Bereits in vorgschichtlicher Zeit wird man die Größen Länge, Fläche, Volumen, Masse und Zeit für den alltäglichen Bedarf gemessen haben. In Europa wuchs bis zum 18. Jahrhundert die Zahl der dabei verwendeten E. zu einer unüberschaubaren Fülle an.

Ein erster wesentlicher Schritt zur Vereinheitlichung war der Abschluß der Meterkonvention durch 17 Staaten im Jahre 1875, der heute über 40 Staaten angehören. Ziel dieser Konvention war es, das *metrische System* weiterzuentwickeln. Dazu wurde die Generalkonferenz für Maß und Gewicht (CGPM, Conférence Générale des Poids et Mesures) geschaffen, die trotz vieler in der Folgezeit gefällter Entscheidungen und gegebener Empfehlungen die Ausbreitung verschiedener Einheitensysteme zunächst nicht verhindern konnte (→CGS-System, →MKSA-System).

Deshalb beauftragte 1948 die 9. CGPM das Internationale Komitee für Maß und Gewicht (CIPM, Comité International des Poids et Mesures), „die Schaffung einer vollständigen Neuordnung zu prüfen", „die darüber in Kreisen der Wissenschaft, der Technik und des Unterrichts aller Länder herrschenden Vorstellungen durch eine offizielle Umfrage in Erfahrung zu bringen" und „Empfehlungen über die Einführung eines praktischen Einheitensystems vorzubereiten, das zur Annahme durch alle Signatarstaaten der Meterkonvention geeignet ist". Die 11. CGPM nahm dieses praktische Einheitensystem 1960 als Internationales Einheitensystem (SI, Système International d'Unités) an (→Einheiten des SI).

In der Bundesrepublik Deutschland wurden entsprechend den Empfehlungen der CGPM das Gesetz über Einheiten im Meßwesen (GE, 1979) und die Ausführungsverordnung zum Gesetz über Einheiten im Meßwesen (AV, 1970) erlassen und später mehrfach novelliert. Durch das GE und die AV wurden alle gesetzlichen Vorschriften über E. in einem einzigen Gesetz zusammengefaßt, was für den Benutzer eine erhebliche Verbesserung bedeutet. GE und AV führten das Internationale Einheitensystem gesetzlich ein (→Einheiten, gesetzliche). Neben den SI-E. legte man auch noch eine Reihe weiterer E. gesetzlich fest.

Mit Wirkung vom 1. 1. 1978 wurde die Benutzung der meisten gesetzlichen E. im amtlichen und geschäftlichen Verkehr obligatorisch, während viele früher gebräuchlichen E. seit diesem Zeitpunkt nicht mehr zulässig sind. Obwohl die Benutzung der gesetzlichen E. außerhalb des amtlichen und geschäftlichen Verkehrs nicht vorgeschrieben ist, z. B. in Forschung, Entwicklung, Fachliteratur und Unterricht, sollten die SI-E. wegen ihrer Vorteile auch hier konsequent und ausschließlich angewendet werden.

Eine physikalische Größe oder kurz Größe beschreibt eine einzelne genau definierte Eigenschaft einer Erscheinung qualitativ und quantitativ. Daraus folgt, daß Größen meßbar sind. Beispiele für Größen: Länge, Masse, Zeit. Betrachtet man bei einer konkreten Erscheinung eine Größe, so nennt man diese eine spezielle Größe, z. B. Länge einer Strecke. Will man wissen, welche Quantität eine spezielle Größe hat, muß man ermitteln, wie oft eine andere spezielle Größe, die Vergleichsgröße, in dieser Größe enthalten ist. Man erhält so einen Zahlenwert: den Vorgang nennt man messen. Will man das Meßergebnis Partnern z. B. in Technik und Handel mitteilen, so muß man sich mit diesen über Vergleichsgröße einigen. Eine solche festgelegte Vergleichsgröße nennt man physikalische Einheit oder kurz Einheit.

Beispiel: Die Länge einer Strecke erhält man, indem man ermittelt und durch einen Zahlenwert angibt, wie oft eine Längeneinheit (z. B. 1 Meter) in der Länge der Strecke (Größe) enthalten ist. Grundsätzlich gilt: Größe = Zahlenwert × Einheit, dabei macht der Zahlenwert die quantitative, die

Einheiten im Meßwesen. Tabelle: Schreibweise physikalischer Gleichungen

Größengleichung: In einer Größengleichung wird eine Beziehung zwischen Größen hergestellt. Beispiel: Die Beziehung zwischen der Geschwindigkeit v, der Weglänge s und der Zeitspanne t kann durch die Größengleichung v = s/t dargestellt werden. Eine Größengleichung gilt unabhängig von der Wahl der Einheiten. Sie ist deshalb bevorzugt anzuwenden. Beispiel: $s = 450\ m,\ t = 30\ s : v = 450\ m/30\ s = 15\ m/s$ $s = 0{,}45\ km,\ t = 0{,}5\ min : v = 0{,}45\ km/0{,}5\ min = 15\ m/s$ $s = 0{,}45\ km,\ t = 1/120\ h : v = 0{,}45\ km/(1/120)\ h = 15\ m/s$ Verwendet man bei der Auswertung einer Größengleichung nur Einheiten eines kohärenten Einheitensystems, z. B. Einheiten des SI, so erhält man das Ergebnis ohne jede Umrechnung und ohne einen zusätzlichen Zahlenfaktor in einer Einheit desselben Einheitensystems. Beispiel: $F = m\ a$ Mit $m = 5\ kg$ und $a = 3\ m/s^2$ wird $F = 15\ N$
Zugeschnittene Größengleichung: Hier ist jede Größe durch eine ihr zugeordnete Einheit dividiert. $\frac{v}{km/h} = 3{,}6\ \frac{s/m}{t/s}$ Auf diese Weise lassen sich auch nicht kohärente Einheiten besser handhaben, z. B. hier die Einheit km/h. Wenn man jedoch nur kohärente Einheiten verwendet, erübrigen sich zugeschnittene Größengleichungen.
Einheitengleichungen: Eine Einheitengleichung gibt die zahlenmäßige Beziehung zwischen Einheiten wieder. Beispiele: $1\ N = 1\ m \cdot kg \cdot s^{-2}$ $1\ kW \cdot h = 3{,}6\ MJ$ $1\ m = 100\ cm$
Zahlenwertgleichungen: Eine Zahlenwertgleichung gibt die Beziehung zwischen Zahlenwerten von Größen wieder. Eine Zahlenwertgleichung erfordert immer die zusätzliche Angabe der Einheiten, für die die Zahlenwerte gelten. Beispiel: $v = 3{,}6\ s/t$ mit v in km/h, s in m, t in s; mit $s = 540$ und $t = 30$ lautet das Ergebnis $v = 64{,}8$ Nach Einführung des SI sollte man Zahlenwertgleichungen durch Verwendung der kohärenten SI-Einheiten möglichst vermeiden. Zahlenwertgleichungen hatten früher größere Bedeutung bei der Verknüpfung von Größen, deren Einheiten nur mittels Umrechnung ineinander überführbar waren. Bei diesen Umrechnungen fiel dann in der Regel ein Zahlenfaktor an, der Bestandteil der Zahlenwertgleichung war.

Einheit die qualitative Aussage über eine spezielle Größe.

Physikalische Gleichungen geben Beziehungen

□ zwischen physikalischen Größen oder
□ zwischen Zahlenwerten oder
□ zwischen Einheiten in einer vereinbarten Schreibweise wieder.

In den Gleichungen stehen Formelzeichen, die entweder Größen oder E. oder Zahlenwerte bedeuten. Danach unterscheidet man Größengleichungen, Einheitengleichungen und Zahlenwertgleichungen (Tabelle). Eine besondere Form der Größengleichung ist die zugeschnittene Größengleichung, bei der jede Größe durch eine ihr zugeordnete Einheit dividiert ist. *Hammerschmidt*

Literatur: DIN 1313, Teil 4: Schreibweise physikalischer Gleichungen. Berlin 1978.

Einheiten, gesetzliche. Durch das Gesetz über →Einheiten im Meßwesen vom 2. Juli 1969 und die Ausführungsverordnung dazu ist die Anwendung der SI-Einheiten (→Einheiten des SI) für den geschäftlichen und amtlichen Verkehr vorgeschrieben. Alle SI-Einheiten sind – von unwesentlichen Einschränkungen abgesehen – auch g. E. Dies gilt auch für die durch dezimale Vielfache oder Teile erweiterten SI-Einheiten.

Leider hat man auch noch eine Reihe weiterer Einheiten gesetzlich zugelassen, die SI-fremd und meist auch nicht kohärent sind. Keine dieser zusätzlichen Einheiten ist unbedingt notwendig, die meisten ließen sich bequem durch SI-Einheiten ausdrücken. Soweit diese Einheiten einen eigenen Namen haben, sind sie in der Tabelle zusammengestellt.

Kombinationen der in der Tabelle angegebenen Einheiten untereinander und auch mit SI-Einheiten sind ebenfalls gesetzlich zulässig. Die so entstandenen Einheiten dürfen auch noch mit den dezimalen SI-Vorsätzen versehen werden (Bild).

Hinweis: Bisher gebräuchliche Einheiten mit besonderem Einheitennamen, die weder zu den SI-Einheiten gehören noch in der Tabelle enthalten sind, sind für den geschäftlichen und amtlichen Verkehr unzulässig. *Hammerschmidt*

Literatur: DIN 1301 Teil 3: Einheiten; Umrechnungen für nicht mehr anzuwendende Einheiten. Berlin/Köln 1979.

Einheitssignal. Signalbereich der pneumatischen oder elektrischen →Hilfsenergie zum Übertragen von Meß- und Stellwerten, der durch Normen festgelegt ist. E. ermöglichen es, Einrichtungen unterschiedlicher Hersteller zu kombinieren. In Prozeßleitsystemen werden international bevorzugt die Signalbereiche 0,2 bis 1,0 bar, 4 bis 20 mA, 0 bis 20 mA und 0 bis 10 V angewandt (→Life-Zero). *Strohrmann*

Einpreßverbindung. Die E. dient zur lötfreien elektrischen Verbindung von Steckverbinderanschlüssen mit Leiterplatten, meist Rückwandverdrahtungsplatten. Zur Herstellung der Verbindung werden die Kontaktstifte in metallisierte Leiterplattenlöcher eingepreßt und damit dauerhafte elektri-

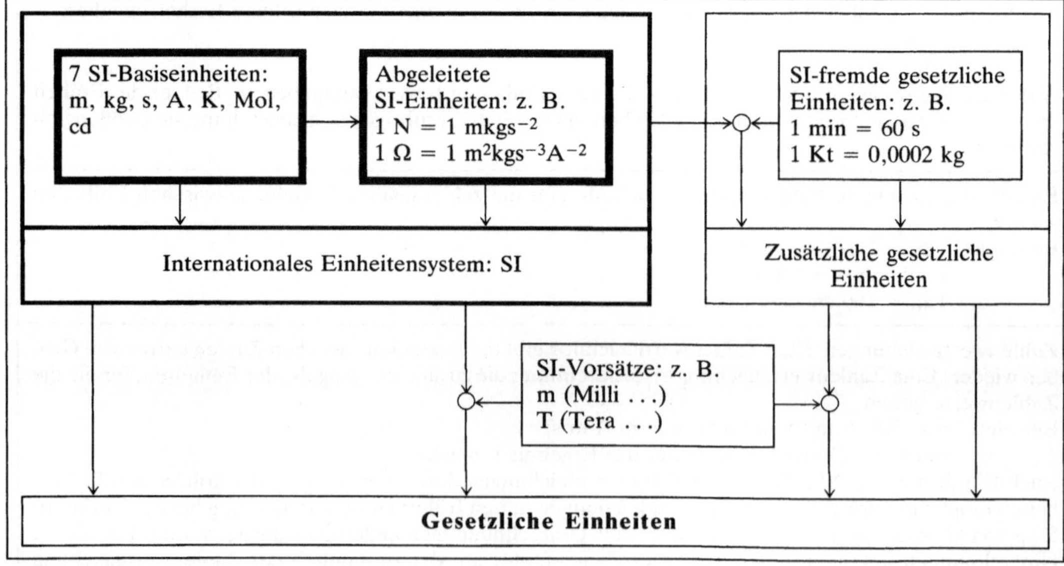

Einheiten, gesetzliche: Funktioneller Aufbau der g. E.

Einheiten, gesetzliche. Tabelle: SI-fremde gesetzliche Einheiten mit besonderem Einheitennamen

Größe	Einheit		Beziehung zu SI-Einheiten
	Name	Zeichen	
Ebener Winkel	Sekunde Minute Gon Grad Vollwinkel	"[1] '[1] gon °[1] [3]	$= (\pi/648\,000)$rad $= (\pi/10\,800)$rad $= (\pi/200)$rad $= (\pi/180)$rad $= 2\pi$ rad
Brechwert von opt. Systemen	Dioptrie	dpt[7]	$= m^{-1}$
Fläche	Ar[2] Hektar[2] Barn[8]	a ha[1] b	$= 100\ m^2$ $= 10^4\ m^2$ $= 10^{-28}\ m^2$
Volumen	Liter	l, L	$= 0{,}001\ m^3 = 1\ dm^3$
Masse	Karat[4] Gramm Tonne atomare Masseneinh.[8]	Kt[7] g t u	$= 0{,}0002$ kg $= 10^{-3}$ kg $= 10^3$ kg $= 1{,}6605655 \cdot 10^{-27}$ kg
Massenbehang	Tex[6]	tex	$= 0{,}000001$ kg/m
Zeit	Minute Stunde Tag	min[1] h[1] d[1]	= 60 s = 3 600 s = 86 400 s
Druck	Bar Millimeter-Quecksilbersäule[5]	bar mmHg[1]	$= 10^5$ Pa = 133,322 Pa
Energie	Elektronvolt[8]	eV	$= 1{,}6021892 \cdot 10^{-19}$ J
El. Blindleistung	Var	var	= W

[1]) nicht mit Vorsätzen verwenden
[2]) nur bei Grundstücken und Flurstücken zulässig
[3]) ein Einheitenzeichen fehlt bisher
[4]) nur bei Edelsteinen zulässig
[5]) nur für Blutdruck und Druck anderer Körperflüssigkeiten in der Medizin zulässig
[6]) nur bei Textilfasern und Garnen zulässig
[7]) nicht international genormt
[8]) nur in der Atom- und Kernphysik zulässig

sche Verbindungen erreicht. Durch den Preßsitz entstehen zwischen den Stift- und Lochflächen gasdichte Kontaktzonen. Es werden *massive* und *elastische* Einpreßanschlüsse unterschieden.

Beim massiven Einpreßstift wird die erforderliche Preßkraft überwiegend durch die Verformung der Leiterplatte erzielt. Stifte mit elastischem Einpreßbereich erreichen die Preßkraft durch elastische Verformung von Preßzone und Leiterplatte. Der elastische Einpreßanschluß kann aufgrund der federnd ausgebildeten Einpreßzone größere Abweichungen in den Leiterplattendurchmessern ausgleichen. Er behält eine gewisse Restelastizität auch nach dem Einpreßvorgang und besitzt dadurch eine höhere Kontaktzuverlässigkeit. Die Stifte werden einzeln oder bereits im → Steckverbinder komplett vorbestückt in die Leiterplatte eingepreßt. Mit geeigneten Werkzeugen können mehrere hundert Stifte mit einem Hub eingepreßt werden. Steckverbinder mit Einpreßanschlüssen eignen sich besonders gut für große Leiterplatten mit Mehrlagenaufbau, wie sie z. B. in der Datentechnik, Nachrichtenübertragung und Steuerungstechnik gebräuchlich sind. *Pagnin*

Einschaltverknüpfung → Einschaltverriegelung

Einschaltverriegelung. Verknüpfung von Bedingungen, die bei Anstehen von Fehlsignalen das Einschalten einer verfahrenstechnischen Einrichtung (Verdichter, Pumpe, Heizofen usw.) verbieten sollen. Diese Bedingungen können z. B. sein, daß die zugehörigen Stellgeräte die zum Einschalten vorgesehenen Endstellungen haben. Die E. ist unwirksam, wenn die verfahrenstechnische Einrichtung in Betrieb ist. *Strohrmann*

Einschaltverzögerung → Verzögerungsglied

Einschubsteckverbinder. Anlagen mit großvolumiger Elektronik verwenden als Aufbausystem meist Gestelle und Schränke. Die Elektronikbaugruppen und -aggregate sind dabei in Einschubmodulen untergebracht, die zur leichteren Prüfung und Reparatur steckbar ausgeführt sind. E. werden zur Verbindung von solchen Einschüben mit der zugehörigen Gestellverdrahtung im Aufbausystem verwendet. Aufgrund ihres Gewichts werden Einschübe mit Hilfe von Führungen in die Steckposition geschoben. Die E. sind deshalb für hohe mechanische Belastungen ausgelegt. Sie besitzen entweder eigene Zentriervorrichtungen oder erfordern besondere Montage- und Zentriermaßnahmen (schwimmende Montage), um die Kontakte vor zu großen mechanischen Belastungen zu schützen. Die runden oder rechteckigen Kontaktquerschnitte sind für die Übertragung großer Ströme geeignet. Die Kontaktanschlüsse sind vorwiegend für freie Verdrahtung z. B. für Löt- und Crimpanschlüsse ausgelegt. *Pagnin*

Einstellregeln. Die E. dienen dem Techniker vor Ort zur Einstellung der Reglerkennwerte aufgrund von einfachen Messungen am → Regelkreis oder an der → Regelstrecke. In diesem Zusammenhang kommen nur drei Reglertypen in Frage und zwar solche mit → P-, → PI- und → PID-Übertragungsverhalten.

Für das erste Verfahren wird der Regelkreis mit P-Regler in Betrieb genommen, d. h. der I- und D-Anteil des Reglers werden zu Null gesetzt. Die Verstärkung K_R des Reglers wird so lange erhöht, bis der Kreis anfängt zu schwingen. Dann muß $K_R = K_K$ so eingestellt werden, daß die Schwingung mit konstanter Amplitude bestehen bleibt. Wenn diese Schwingung innerhalb des P-Bereichs liegt (→ Regler), arbeitet der Kreis an der Stabilitätsgrenze. Die kritische Reglerkonstante K_K und die kritische Schwingungsdauer T_K sind Grundlage zu Einstellregeln nach *Ziegler-Nichols.* Tabelle 1 enthält als Beispiel einen Satz möglicher Kennwerte für eine → Festwertregelung.

Beim zweiten Verfahren wird die → Übergangsfunktion der Regelstrecke bezüglich ihres Steuerverhaltens aufgenommen. Nach dem → Wendetangentenverfahren ermittelt man die Übertragungskonstante K_s, die Ausgleichszeit T_g und die Verzugszeit T_u. In Tabelle 2 sind als Beispiel je ein Satz

Einstellregeln. Tabelle 1: E. mit Kennwerten aus der Stabilitätsgrenze.

Reglertyp	K_R	T_n	T_v
P	0,5 K_k	–	–
PI	0,45 K_k	0,85 T_k	–
PID	0,6 K_k	0,5 T_k	0,12 T_k

Einstellregeln. Tabelle 2: E. mit Kennwerten aus dem Wendetangentenverfahren.

Reglertyp	Kennwerte	Störverhalten	Führungsverhalten
P	K_R	$\frac{0{,}3}{K_S}\ \frac{T_g}{T_u}$	$\frac{0{,}3}{K_S}\ \frac{T_g}{T_u}$
PI	K_R	$\frac{0{,}6}{K_S}\ \frac{T_g}{T_u}$	$\frac{0{,}35}{K_S}\ \frac{T_g}{T_u}$
	T_n	4 T_u	1,2 T_g
PID	K_R	$\frac{0{,}95}{K_S}\ \frac{T_g}{T_u}$	$\frac{0{,}65}{K_S}\ \frac{T_g}{T_u}$
	T_n	2,4 T_u	T_g
	T_V	0,42 T_u	0,5 T_u

Reglerkennwerte für eine Festwert- und eine → Folgeregelung mit aperiodischem Einschwingverhalten zusammengestellt. Das Verhältnis T_g/T_u geht in die Übertragungskonstante K_R des Reglers ein. Je größer es ist, ein desto größeres K_R kann eingestellt werden. Daher wird dieses Verhältnis als ein Maß für die Regelbarkeit der Strecke angesehen. Für Werte größer als 10 ist die Strecke gut regelbar, und für Werte kleiner als 3 ist sie schlecht regelbar. *Böttiger*

Literatur: *Unbehauen, H.:* Regelungstechnik I. Braunschweig 1982.

Einweggleichrichtung → Meßgleichrichter

Einzelfehler-Kriterium. Das E.-K. bringt zum Ausdruck, daß ein technisches System nicht auf Grund des Ausfalls einer einzigen Komponente oder einer einzigen Ausfallursache versagen kann (→ Fehlerbaum). *Schrüfer*

Einzelsteuerung. E. oder auch Antriebssteuerungen werden, bei hierarchisch gegliederten Steuerungssystemen, die prozeßnahen Steuerungen der Einzel- oder Antriebssteuerungsebene (DIN 19237) bezeichnet. Sie steuern in erster Linie Stelleinrichtungen, Stellantriebe, Antriebsaggregate, lokale Regelkreise etc. Der Umfang der Steuerungsfunktionen ist gering und beschränkt sich in der Regel auf:

– Umsetzung der Ansteuersignale in Stell- oder sonstige Befehlsaktionen,
– Steuerung der Betriebsarten der lokalen Maßnahme wie automatischer Betrieb, Handeingriff, Störungsbehandlung, Notabschaltung,
– Erzeugung von Meldesignalen für Betriebszustände wie arbeitend, nicht betriebsbereit, Störung und Fehler wie z. B. Überlast, Überhitzung, Klemmen des Antriebs, Ausfall der →Hilfsenergie,
– Ausführung von →Verriegelung oder Freigabe von Befehlsaktionen.

Auf diesen Basisfunktionen der E. setzen die übergeordneten Steuerungen der →Gruppensteuerungsebene auf. *Freyberger*

Elastizitätskoeffizient. Die Tensoren der E. geben den linearisierten Zusammenhang zwischen Spannungstensor σ und Verzerrungstensor ε wieder.

Im einfachstmöglichen Fall isotroper Körper gilt das *Hooke*-Gesetz für den Fall uniaxialer Kompression oder Dilatation in Richtung 3

$\sigma_{33} = E\ \varepsilon_{33}$

mit dem Elastizitätsmodul E. *Schaumburg*

Literatur: *Schaumburg, H.:* Werkstoffe und Bauelemente der Elektrotechnik. Bd. 1: Werkstoffe. Stuttgart 1990.

Elektrizitätszähler →Arbeitsmessung, elektrische

Elektrolumineszenz-Anzeige. Die Grundidee für eine dünne Festkörperschicht, die Licht beim Anlegen einer elektrischen Spannung emittiert, wurde im Jahre 1936 von *Destriau* entwickelt. Er verwendete kleine ZnS-Kristallite, die er in eine dielektrische Paste einbettete und beidseitig mit Elektroden belegte.

Diese Grundidee wird noch heute in den sogenannten Elektrolumineszenz-Folien (EL-Folien) verwendet. Sie dienen als großflächige Lichtquellen für die Hinterleuchtung von →Flüssigkristall-Anzeigen. Die Helligkeit dieser Folien ist relativ gering; die Lebensdauer ist begrenzt. Sie beträgt – je nach Betriebsbedingungen – wenige hundert bis einige tausend Betriebsstunden.

Eine wesentliche Verbesserung der Leistungsmerkmalen gelang durch die Präparation der Schichten unter Verwendung von Dünnschichtprozessen sowohl für die dieletrischen, als auch für die dotierte ZnS-Schicht. Die emittierte Leuchtdichte konnte auf mehrere tausend cd/m^2 gesteigert werden. Eine derart hohe Leuchtdichte genügt, um die →Ablesbarkeit einer Anzeige auch im Tageslicht zu gewährleisten. Die Lebensdauer der Dünnschicht-Elemente konnte gleichzeitig auf mehr als 10 000 Stunden gesteigert werden. Außerdem zeigt die Kennlinie starke Nichtlinearitäten, so daß gute Multiplex-Eigenschaften zur Ansteuerung von Schirmen mit hoher Bildpunktzahl erwartet werden konnten.

Die Anregungssignale für eine E.-A. liegen im Bereich von ca. 200 V.; die Frequenz des Wechselspannungssignals beträgt 5–10 kHz. Mit Hilfe von Dünnschicht-Elektrolumineszenz-Elementen (TFEL) werden heute monochrom emittierende Bildschirme mit bis zu 720 × 480 Bildpunkten angeboten.

Der Markt wird heute von drei Herstellern bedient: der japanischen Firma Sharp, der amerikanischen Firma Planar Systems und der finnischen Firma Lohja. Die Technologie der Firma Lohja unterscheidet sich von den anderen Anbietern durch die spezielle Abscheidetechnik für die ZnS-Schicht. Lohja dampft wechselweise eine Zn- bzw. eine S-Schicht auf das sehr heiße Substrat auf. Dadurch wird eine wesentliche Verbesserung der Stöcheometrie als bei der sonst gebräuchlichen Kathodenzerstäubung erreicht.

Die bisher am Markt angebotenen EL-Bildschirme emittieren im gelb-orange Spektralbereich. Diese Farbe ist auf die Mn-Dotierung zurückzuführen. Die optimale Mn-Konzentration beträgt ca. 1 %.

Bildschirme mit anderen Emissionsfarben konnten in mehreren Laboratorien entwickelt werden. Die Anregungsbedingungen, als auch die Grundwerkstoffe für die Schichten mit anderen Emissionsfarben unterscheiden sich merklich von den ZnS-Mn-Schichten. Deshalb ist bisher die Herstellung eines anwendungsreifen, farbtauglichen EL-Bildschirms nicht gelungen.

Aus technologischer Sicht muß der Elektrolumineszenz-Bildschirm als einer der aussichtsreichsten technischen Ansätze verstanden werden, da der flache Bildschirm mit seiner Hilfe kostengünstig hergestellt werden könnte. Die für die hohen Betriebsspannungen erforderlichen IC's kompensieren jedoch die optischen und Kostenvorteile erheblich. Dennoch ist damit zu rechnen, daß EL-Farbbildschirme in wenigen Jahren angeboten werden und sich eine feste Marktposition erwerben können. *Pottharst*

Elektrometer. E. sind hochempfindliche Meßgeräte zum Messen von Spannungen und Ladungen. Sie beruhen auf der elektrostatischen Anziehung bzw. Abstoßung.

Durch elektronische Verstärker (→Meßverstärker) mit sehr hohen Eingangswiderständen sind die E. heute weitgehend ersetzt. Lediglich eine spezielle Bauart, bei der ein leitender Faden als bewegliche Elektrode dient, wird noch zur →Ladungsmessung in Taschendosimetern und in kleinen Ionisationskammern in Füllhalterform zum Messen der Dosis ionisierender Strahlung eingesetzt (→Strahlungsmessung). *Hammerschmidt*

Elektrometer-Verstärker. Gerät mit einem sehr hohen Eingangswiderstand zur Verstärkung von Spannungen. Die früher allgemein übliche Elektrometerröhre wird heute nur noch in Spezialfällen verwendet. Eingesetzt werden gegengekoppelte, aus Feldeffekt-Transistoren aufgebaute →Operationsverstärker (→Meßverstärker).

Das Bild zeigt den gegengekoppelten Spannungsverstärker (nichtinvertierenden →Verstärker). Der Verstärkungsgrad k_u wird durch die beiden zur Gegenkopplung benutzten Widerstände R_1 und R_2 festgelegt. Er ergibt sich zu

$$k_u = \frac{u_a}{u_e} = 1 + \frac{R_1}{R_2}$$

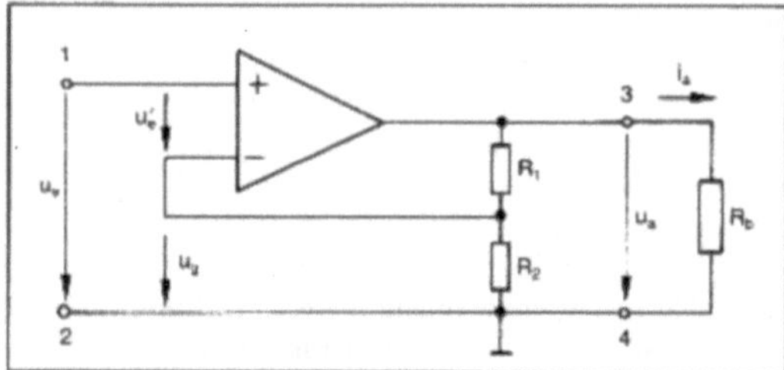

Elektrometer-Verstärker: Gegengekoppelter U/U-Verstärker.

In dem Maße, in dem durch die Gegenkopplung der Verstärkungsgrad k' des nicht gegengekoppelten (offenen) Verstärkers verringert wird, nimmt der Eingangswiderstand R_e des gegengekoppelten Verstärkers gegenüber dem des nicht gegengekoppelten mit dem Wert R_e' zu:

$$R_e \approx \frac{k'}{k_u} R_e'$$

Bei einem Operationsverstärker mit $k' = 10^5$ und $R_e'' = 10^{10}\,\Omega$ steigt bei einem Verstärkungsgrad des gegengekoppelten Verstärkers von $k_u = 1000$ der Eingangswiderstand auf $R_e = 10^{12}\,\Omega$. *Schrüfer*

Elektronenbeweglichkeit. In den meisten Leitern ergibt sich eine Proportionalität zwischen Elektronengeschwindigkeit und dem elektrischen Feld gemäß

$$\vec{v}_n = -\mu_n \vec{E} \qquad (1)$$

Die Proportionalitätskonstante μ_n wird als E. bezeichnet. Das Gesetz (1) ist nicht mehr gültig im Bereich hoher elektrischer Feldstärken $\vec{E}$.

Besonders wichtig ist die E. bei Halbleitersensoren (Magnetsensoren).

Die wichtigsten E. sind in $m^2 v^{-1} s^{-1}$

InSb:	7,7
InAs	3,0
Si	0,15
GaAs	0,8

Die angegebenen Werte können in Abhängigkeit von der Dotierung und der Temperatur erheblich variieren. *Schaumburg*

Literatur: *Schaumburg, H.:* Werkstoffe und Bauelemente der Elektrotechnik. Bd. 2: Halbleiter. Stuttgart 1991.

Elektronenbildverstärker. Wandlung von Elektronenbildern in Videosignale zur Beobachtung auf Fernsehmonitoren, zur elektronischen Speicherung und als Rechnerinterface. Für die Beobachtung extrem schwacher Endbilder von Durchstrahlungselektronenmikroskopen, wie sie bei höchsten Vergrößerungen, kohärenter Bestrahlung und strahlenempfindlichen Objekten anfallen, erweist sich der übliche Leuchtschirm als unzureichend. Bildverstärker verschiedener Bauart beheben diesen Mangel und stellen das Endbild auf einem Fernsehmonitor dar. Ihre Empfindlichkeit kann so hoch sein, daß die Signale der statistisch einfallenden Einzelelektronen sichtbar sind. Elektronische Bildspeicher erlauben dann, die Information zu einem ausreichenden Signalrauschverhältnis zu akkumulieren. Für die Aufzeichnung von Bildern geringer Intensität und von Bildserien sowie für die rechnerische Auswertung dienen derartige Anordnungen als Interface zwischen Mikroskop und Bildverarbeitungssystem.

Bewährte E. benutzen einen Transmissionsleuchtschirm, der über eine Faseroptik an eine hochempfindliche Fernsehkameraröhre angekoppelt ist (Bild). Das Videosignal wird nach Digitalisierung dem Bildspeicher zugeführt, dessen Inhalt laufend auf dem Monitor beobachtet werden kann. Die Bildpunktzahl derartiger Systeme ist durch die Fernsehnorm auf 512 · 512 begrenzt und daher der einer Photoplatte für die Aufzeichnung von Elek-

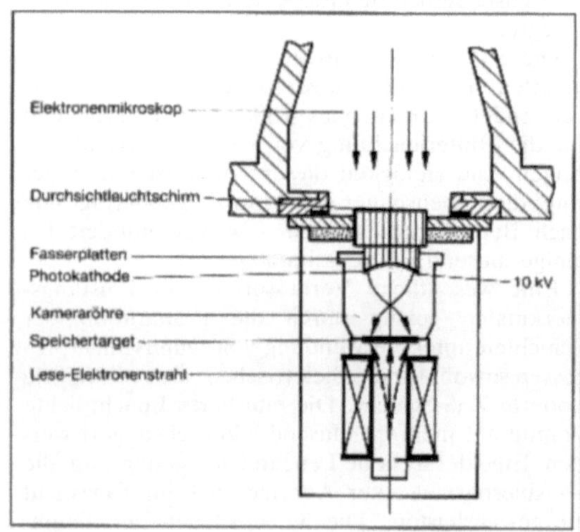

Elektronenbildverstärker: Fernsehbildverstärker mit hochempfindlicher SIT-Kameraröhre am Elektronenmikroskop.

tronenbildern unterlegen. Andererseits kann durch elektronische Normierung der hochverstärkten Einzelelektronensignale und anschließende ortsbezogene Zählung im Digitalspeicher der Idealdetektor angenähert werden, der jedes einfallende Elektron mit gleichem Gewicht zählt.

Zunehmend werden die Kameraröhren durch Festkörperbildwandler nach dem CCD-Prinzip (CCD, charge coupled device) ersetzt, die nicht nur eine höhere Bildpunktzahl (1k × 1k), sondern vor allem eine sehr viel größere Dynamik ($>10^4$) besitzen. *Herrmann*

Literatur: *Herrmann, K. H.* and *D. Krahl:* Electronic Image Recording in Conventional Electron Microscopy. Adv. Opt. El. Micr. Vol. 9. London, New York, 1984.

Elektronendetektor. Meßgerät für kleine Ströme freier Elektronen. Geringe Elektronenströme lassen sich mit Faradaybechern und angeschlossenen rauscharmen Strommeßverstärkern bis herab zu 0,1 pA messen. Die für die Signalgewinnung in Rasterelektronenmikroskopen notwendige →Empfindlichkeit unter 1 fA läßt sich aber nur mit Detektoren erreichen, die Einzelelektronen zählen. Für Sekundärelektronen (Energie < 50 eV) bietet dies der *Everhart-Thornley-Detektor,* in dem die eintretenden Elektronen auf ca. 10 keV nachbeschleunigt und auf einen Szintillator fokussiert werden, dessen Signalimpulse von einem über Lichtleiter angeschlossenen Photomultiplier gemessen werden (Szintillationsdetektor).

Ebenfalls für langsame Elektronen eignet sich das *Channeltron,* ein Röhrchen mit halbleitender Innenwand hoher Sekundärelektronenausbeute, das mittels eines Feldgradienten eine Sekundäremissionsverstärkung einfallender Elektronen bewirkt. Elektronen oberhalb 10 keV (z. B. rückgestreute Elektronen in Rasterelektronenmikroskopen) mißt man mit Szintillationsdetektoren oder mit Silicium-Halbleiter-Sperrschichtdetektoren, in denen die gebildeten Elektronen-Loch-Paare in einer Feldzone getrennt und über einen ladungsempfindlichen →Verstärker nachgewiesen werden. Parallelverarbeitung von ein- oder zweidimensionalen Strahlungsfeldern gelingt mit ortsauflösenden Detektoren, welche die Auftreffkoordinaten der Elektronen mit Hilfe strukturierter Auffänger oder Vielfachdetektoren ermitteln und digital speichern (→Elektronenbildverstärker). *Herrmann*

Literatur: *Reimer, L.:* Scanning Electron Microscopy. Berlin, Heidelberg, New York 1985.

Elektronenmikroskop. E. sind abbildende Geräte zur hoch vergrößerten Darstellung kleinster Objekte mit Hilfe von Elektronenstrahlen, welche vorwiegend für die Mikrostrukturforschung in Materialwissenschaft und Biologie eingesetzt werden. Die Auflösung abbildender Mikroskope ist nach *E. Abbe* durch die Wellenlänge der verwendeten Strahlung begrenzt. Während Lichtmikroskope nur etwa 0,3 µm auflösen, ermöglicht die kleine Materiewellenlänge beschleunigter Elektronen (3,7 pm bei einer Energie von 100 keV) die Lieferung von Strukturinformationen bis in atomare Dimensionen (0,1 nm). Mit Elektronenlinsen lassen sich verschiedenartige optische Systeme aufbauen, die die Abbildung, die Elektronenbeugung und mit Zusatzgeräten auch die analytische Elektronenmikroskopie ermöglichen.

Neben dem „klassischen“ Durchstrahlungselektronenmikroskop, das einen hohen Reifegrad erreicht und mit vielfältiger Zusatzausstattung ein weites Anwendungsfeld in Biologie und Materialwissenschaft gefunden hat, wurden Rasterelektronenmikroskope und Durchstrahlungs-Rasterelektronenmikroskope entwickelt, deren sequentielle Bilderzeugung manche Vorteile für die analytische Elektronenmikroskopie und für die Bildauswertung on-line bietet. Geringer Präparationsaufwand, hohe Tiefenschärfe und einfache Handhabung haben den Rastermikroskopen trotz ihrer schlechteren Auflösung (um 3 nm) zu einer weiten Verbreitung verholfen. Ihre Anwendung umfaßt biologische und physikalische Gebiete und reicht bis in die Entwicklung und Fertigung mikroelektronischer Bauelemente (→Elektronenstrahlmeßtechnik).

Die Bildkontraste in E. werden durch elastische und unelastische Streuung der Elektronen im Objekt bestimmt. Die unelastische Wechselwirkung der Elektronen mit den atomaren Energieniveaus des bestrahlten Objekts liefert analytische Informationen über die Spektren der emittierten Röntgenstrahlung, der Augerelektronen und der Elektronenenergieverluste. Durch geeignete →Spektrometer können daher E. für die Mikroanalyse ausgebaut werden. In Durchstrahlungselektronenmikroskopen ist eine Rastereinheit für den feinfokussierten Elektronenstrahl zu benutzen, wenn die örtliche Verteilung von Elementen aufgezeichnet werden soll (Ausnahme: abbildende Energiefilter).

Die Standard-Ausrüstung für die Röntgenmikroanalyse ist der Si(Li)-Detektor, der gemeinsam mit dem Feldeffekttransistor des ladungsempfindlichen Vorverstärkers auf die Temperatur des flüssigen Stickstoffs gekühlt wird. Die in einem Vielkanalanalysator akkumulierte Impulshöhenverteilung – das Spektrum der Quantenenergien – kann auf einem Monitor beobachtet werden, beliebige Quantenenergien können als Signal eines Rasterbildes ausgewählt werden. Energieauflösungen unter 150 eV sind erreichbar, fensterlose Detektoren arbeiten bis zur Bor Kα-Strahlung herab. Die erzielbare Ortsauflösung ist bei massiven Objekten durch die Reichweite der Elektronen im Festkörper, bei durchstrahlbaren Präparaten allein durch die Größe der Elektronensonde begrenzt.

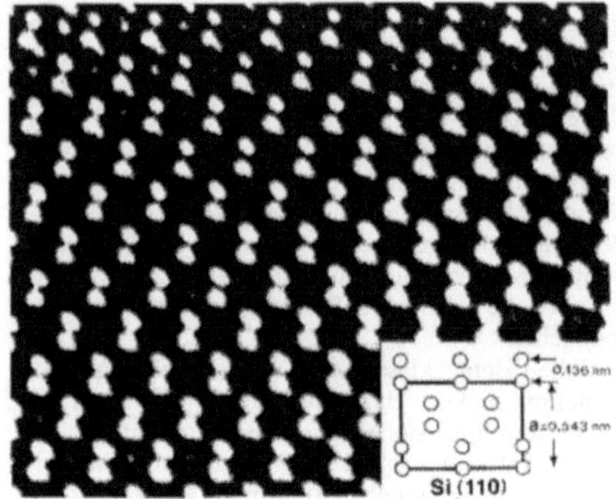

Elektronenmikroskop: Abbildung eines Siliciumeinkristalls in 110-Orientierung mit einem 400 keV-Hochauflösungsmikroskop. (Quelle: J. L. Hutchison, T. Honda und E. D. Boyes)

Ein Elektronenenergieanalysator in einem Durchstrahlungselektronenmikroskop macht das Energieverlustspektrum der Elektronen für die Mikroanalyse nutzbar. Vorteilhaft gegenüber der Röntgenmikroanalyse sind der hohe Nutzungswirkungsgrad der unelastisch gestreuten Elektronen und die Eignung des Verfahrens für Elemente kleiner Ordnungszahl. Nachteilig dagegen sind der hohe Untergrund des Spektrums, der bei quantitativen Aufgaben zu subtrahieren ist, sowie die Beschränkung auf dünnste Präparate.

Für Durchstrahlungselektronenmikroskope sind neuerdings aberrationsarme abbildende Energiefilter entwickelt worden, die das Bild achromatisch übertragen, aber in einer energiedispersiven Zwischenebene den Energiebereich selektieren, der zum Endbild beiträgt. Diese Geräte erlauben nicht nur das Objektbild, sondern auch das Beugungsbild zu filtern und das Energieverlustspektrum eines ausgewählten Objektbereichs aufzuzeichnen.

Augerelektronen werden für die Oberflächenanalytik genutzt. Mit einem zylindrischen Spiegelanalysator ausgerüstete Augermikrosonden erreichen eine Auflösung von nahezu 30 nm. Wegen der geringen Informationstiefe der Augerelektronen ist UHV hierfür unerläßlich. *Herrmann*

Literatur: *Picht, J.* und *J. Heydenreich:* Einführung in die Elektronenmikroskopie. Berlin 1966. – *Reimer, L.:* Transmission Electron Microscopy. Berlin, Heidelberg, New York 1989. – *Reimer, L.:* Scanning Electron Microscopy. Berlin, Heidelberg, New York 1985.

Elektronenspinresonanz-Dosimeter. In organischen und anorganischen kristallinen und amorphen Materialien werden durch ionisierende Strahlung Radikale mit ungepaarten Elektronen erzeugt. Diese können mit der Elektronenspinresonanz-Spektrometrie nachgewiesen und ihre Konzentration als Maß für die Strahlendosis benutzt werden. Zur Dosimetrie eignen sich alle Substanzen, deren Radikale eine hinreichende Stabilität haben.

Mit der kristallinen Aminosäure Alanin als Dosimetersubstanz lassen sich Quanten- und Korpuskularstrahlen im Dosisbereich von etwa 0,1 Gy bis 100 kGy weitgehend energieunabhängig bestimmen. Charakteristisch für die Alanindosimetrie sind die gewebeäquivalente effektive Ordnungszahl (A = 7,2), die gewebeähnliche spezifische Dichte (ϱ = 1,15 g/cm^3), der dynamische Meßbereich, das energieunabhängige Ansprechvermögen, die Langzeitstabilität der Radikale sowie die relativ geringe Abhängigkeit des Ansprechvermögens von der Bestrahlungstemperatur (0,18 L%/°C). Das Ansprechvermögen variiert innerhalb eines Dosimeterkollektivs im Bereich von 1 %.

Alanindosimeter finden in Pulverform oder als Preßlinge, bestehend aus Alaninpulver und einem Bindemittel, Verwendung. Alanindosimeter sind nicht toxisch, die Preßlinge mechanisch widerstandsfähig und deren Anzeige unempfindlich gegenüber Oberflächenverunreinigungen. Die Methode erfordert durch das teure ESR-Spektrometer allerdings einen erheblichen meßtechnischen Aufwand; geeignete Kleingeräte sind in Entwicklung.

Anwendungsgebiete der E.-D. sind, die Unfalldosimetrie sowie die Messung hoher Dosen bei der Sterilisation und Lebensmittelbestrahlung. Auf Grund der hohen Zuverlässigkeit dieser Methode ist eine Anwendung als Referenzdosimeter möglich. *Wachsmann*

Literatur: *Regulla, D. F.*, u. *U. Deffner:* Dosimetry by ESR Spectroscopy of Alanine. Int. J. Appl. Radiat. Isot. 33 (1982), S. 1101/14.

Elektronenstrahl-Oszilloskop. Elektronisches Meßgerät, welches als „Zeiger" einen trägheitsarmen Elektronenstrahl benutzt, der auf einen Leuchtschirm trifft. Es ermöglicht die visuelle Beobachtung und photographische Aufzeichnung von (meist periodisch) veränderlichen elektrischen Spannungen und anderen elektrisch abbildbaren Größen mit Frequenzen von 0 Hz bis über 1000 MHz.

Ein E.-O. besteht aus der Elektronenstrahlröhre (oder →Kathodenstrahlröhre), dem Trigger- und Zeitablenkgerät und verschiedenen Verstärkern (Verstärkerschaltungen) (Bild 1).

Für eine Abbildung auf dem Bildschirm des E.-O. werden drei Signale benötigt:

- Spannung für die Y-Ablenkung (Vertikal-Ablenkung),
- Spannung für die X-Ablenkung (Horizontal-Ablenkung),
- Spannung für die Z-Modulation (Helligkeitssteuerung).

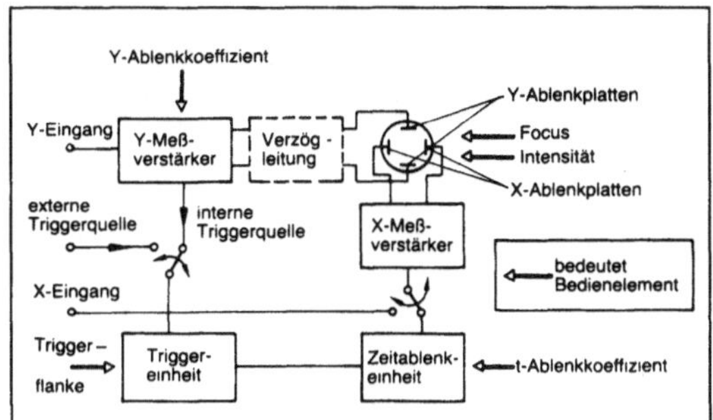

Elektronenstrahl-Oszilloskop 1: Blockschaltbild.

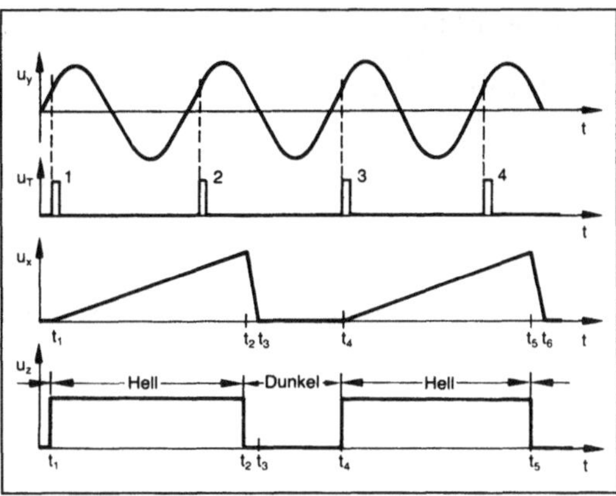

Bei den eingestellten Werten von u_y wird zum Zeitpunkt t_1 die Zeitablenkung gestartet. Zwischen t_2 und t_3 läuft der Elektronenstrahl zum Anfangspunkt zurück. Zum Zeitpunkt t_4 beginnt ein neuer Ablenkvorgang. Die Kurvenstücke t_1 bis t_2 und t_4 bis t_5 werden übereinander geschrieben. Helltastung (über u_z) erfolgt jeweils nur zwischen t_1 und t_2, t_4 und t_5 usw.

Elektronenstrahl-Oszilloskop 2: Arbeitsweise der Triggereinheit.

Diese Signale werden durch die im folgenden kurz beschriebenen Bausteine bereitgestellt.

□ Ablenkung und Triggerung: Zur Ablenkung des Strahls sind an den Ablenkplatten Spannungen bis ca. 100 V nötig, die durch getrennte →Meßverstärker für die vertikale (Y) und die horizontale (X) Ablenkung erzeugt werden. Die Anforderungen an die Meßverstärker sind sehr hoch. Sie müssen über einen großen Frequenzbereich eine amplituden- und phasentreue Verstärkung sicherstellen.

Mit geeigneten Spannungen an den X- und Y-Eingängen können nun beliebige Funktionen (Y = f(X)) dargestellt werden; üblicherweise in rechtwinkeligen Koordinaten. Man spricht dann vom X-Y-Betrieb des E.-O.

Für die Vielzahl der Fälle, in denen die unabhängige Variable die Zeit t ist, erzeugt eine kalibrierte Zeitablenkeinheit die zeitproportionale Auslenkung in X-Richtung (Sägezahn). In dieser Betriebsart ist der X-Eingang abgeschaltet. Man spricht dann vom Y-t-Betrieb.

Damit bei periodischen Y-Signalen ein stehendes Bild erscheint, muß der Sägezahn immer an der gleichen Stelle des Y-Signals gestartet werden. Diese Aufgabe übernimmt die Trigger-Einheit (Bild 2). Ihr Eingangssignal kann entweder vom Y-Meßverstärker (intern) oder von außen (extern) zugeführt werden. Während des Strahlrücklaufs vom rechten zum linken Bildrand wird über den Z-Anschluß der Elektronenstrahlröhre der Elektronenstrahl unterdrückt (Dunkelsteuerung), ebenso in der Wartezeit bis zum nächsten Schreibvorgang.

Aufwendige Oszilloskope enthalten zwei Zeitablenkeinheiten, mit deren Hilfe man Details eines Signalverlaufs mit besonders großer zeitlicher Auflösung untersuchen kann.

Soll ein Oszilloskop für die Wiedergabe sehr steiler Impulsflanken geeignet sein, so muß das Y-Signal, nachdem es die Triggereinheit angestoßen hat, um rd. 50 ns verzögert werden, bevor es die Y-Ablenkplatten erreicht. Diese Zeit ist notwendig, um die Zeitablenkung zu starten und den Elektronenstrahl hell zu steuern. Ohne die →Verzögerungsleitung, die sich zwischen Y-Verstärker und Röhre befindet, würden die ersten 50 ns des Impulses am Bildschirm nicht zu sehen sein.

Sind quantitative Messungen mit dem E.-O. durchzuführen, kann man die Auslenkung des Strahls in cm bestimmen und aus der eingestellten Ablenkempfindlichkeit die außen anliegende Spannung ermitteln.

Der Grenzwert für die Y-Ablenkempfindlichkeit liegt bei etwa 1 cm/μV, bei der Zeitablenkung erreicht man etwa 1 cm/200 ps. Die Impedanz der Y-Eingänge beträgt üblicherweise 1 MΩ parallel mit etwa 20 pF.

□ Mehrkanalbetrieb. Im Y-t-Betrieb besteht häufig der Wunsch, nicht nur eine, sondern mehrere Variable abhängig von der Zeit darzustellen. Zum Beispiel wird oft die gleichzeitige Beobachtung von Strom und Spannung gewünscht, oder es sollen mehrere Meßpunkte den Zustand einer logischen Schaltung aufzeigen. Diese Aufgabe erfüllen Mehrkanaloszilloskope und →Logikanalysatoren. Grundsätzlich besteht die Möglichkeit, in eine Röhre mehrere Elektronenstrahlsysteme einzubauen. Aus Platzgründen werden solche Röhren aber mit höchstens zwei Systemen hergestellt, und auch nur im Frequenzbereich bis 400 MHz.

Für E.-O. mit größerem Frequenzbereich, für Low-cost-Ausführungen und für Logikanalysatoren verzichtet man auf Mehrstrahlsysteme. In solchen Fällen werden die verschiedenen Y-Eingänge über Vorverstärker geführt, deren Ausgangssignale dann über einen elektronischen Umschalter abwechselnd dem Y-Meßverstärker zugeführt werden. Für die Steuerung des elektronischen Umschalters stehen zwei Möglichkeiten offen:

– Die Umschaltfrequenz liegt wesentlich höher als die Sägezahnfrequenz der Zeitablenkeinheit. In diesem Fall spricht man von Chopperbetrieb (*engl. chopper,* Zerhacker).
– Die Sägezahnfrequenz steuert den Umschalter. In diesem Fall spricht man von einem alternierenden Betrieb.
□ Ausführungsformen und Anwendungsbeispiele. Heutige E.-O. haben je nach Aufwand recht unterschiedliche meßtechnische Eigenschaften. Ein wesentliches Merkmal ist die Bandbreite der eingesetzten Verstärker, insbesondere der Y-Meßverstärker.

Standard-Oszilloskope haben zwei Kanäle und eine Bandbreite von 20 MHz. Bild 3 zeigt die Frontplatte eines solchen Oszilloskops, das zusätzlich über die unten erwähnte Möglichkeit der Digitalspeicherung verfügt. Spitzenprodukte können bis zu acht Kanäle gleichzeitig darstellen, ihre Bandbreite reicht bis 1 GHz. Sollen noch schnellere periodische Vorgänge erfaßt werden (bis über 10 GHz), geht man zur Sampling-Methode über. Ein Sampling-Oszilloskop entnimmt einer Reihe aufeinanderfolgender Perioden eines Meßsignals jeweils zeitlich verschobene Abschnitte und setzt diese zu einer langsameren Kurve derselben Form auf dem Bildschirm zusammen. Das Verfahren entspricht der stroboskopischen Messung eines Bewegungsvorgangs (→Stroboskop).

Zur Darstellung von einmaligen, statistischen oder mit niedrigerer Folgefrequenz ablaufenden Vorgängen dient das Analog-Speicheroszilloskop. Dieses ist mit einer Speicherröhre ausgestattet, die die Beobachtung eines einmal aufgenommenen Oszillogramms über Minuten bis Stunden gestattet. Derartige Oszilloskope werden mit Grenzfrequenzen bis 500 MHz und Speichergeschwindigkeiten bis 40 m/µs ausgeführt. Beim Digital-Oszilloskop werden die Meßsignale in Y- und t-Richtung quantisiert

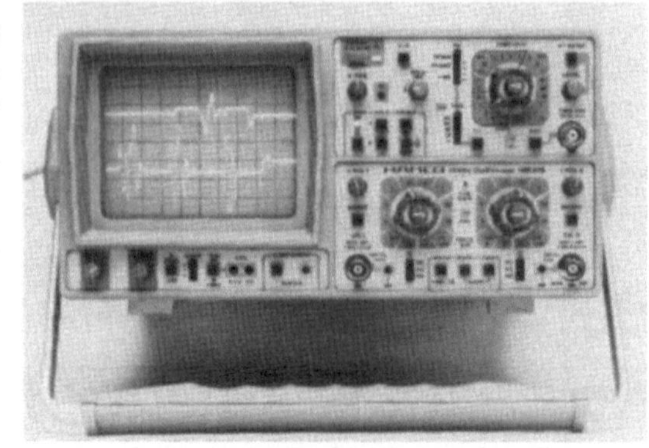

Elektronenstrahl-Oszilloskop 3: 20-MHz-Oszilloskop mit Digitalspeicher. (Quelle: Hameg GmbH)

und digital gespeichert. Sie lassen sich dann beliebig oft und beliebig lange auf dem Bildschirm darstellen. Gute Digital-Oszilloskope ermöglichen durch ihre eingebauten Rechner (Bild 4) ein sehr komfortables Arbeiten. Abtastraten bis ca. 1 GHz sind derzeit möglich.

Ähnlich wie bei Transientenspeichern kann man hier auch Teile des Signalverlaufs *vor* dem Triggerzeitpunkt betrachten.

Logikanalysatoren sind spezielle Oszilloskope, bei denen mittels eines elektronischen Umschalters acht oder 16 Kanäle mit logischen Signalen gleichzeitig auf einem Bildschirm dargestellt werden. Sie dienen der Untersuchung digitaler (logischer) Schaltungen. *Hammerschmidt*

Literatur: *Schrüfer, E.:* Elektrische Meßtechnik. München 1988.

Elektronenstrahlmeßtechnik. Mit zunehmendem Integrationsgrad mikroelektronischer Schaltungen

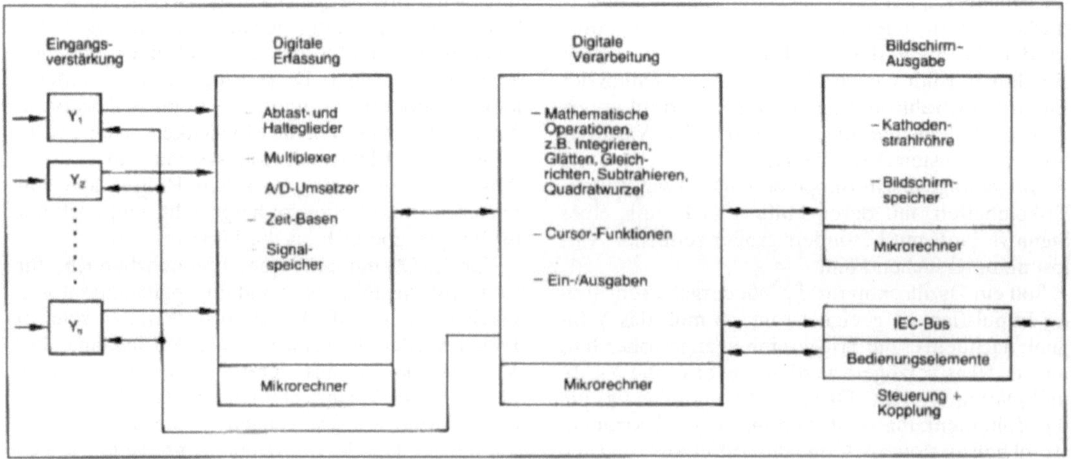

Elektronenstrahl-Oszilloskop 4: Funktionen eines Digital-Oszilloskops mit umfangreicher Ausstattung.

müssen die elektromechanischen und lichtoptischen Prüfverfahren für Masken und Waferstrukturen durch Elektronenstrahlabtastung ersetzt werden. Die den Rasterelektronenmikroskopen ähnlichen Geräte erlauben sowohl die Kontrolle der Geometrie mit den dort üblichen Kontrastsignalen, als auch die Überprüfung der elektrischen Funktion u. a. mit EBIC (*engl.* electron beam induced current, Elektronen-ausgelöster Strom) – und Potentialkontrast, wobei erst die Anwendung von Rechnern für Strahlsteuerung und →Mustererkennung die hohe, in der Bauelementefertigung anfallende Information hinreichend schnell zu erfassen gestattet.

Da die zu prüfenden Bauelemente meist auch Isolatoren enthalten, ist die elektrische Aufladung ein besonderes Problem, das durch Niederenergiesonden mit genauer Anpassung der Elektronenenergie an den Neutralpunkt der Sekundäremission (bei 1 keV) gelöst wird. Elektronenstrahlen lassen sich auch so schnell steuern, daß elektrische Vorgänge in ultraschnellen Halbleiterbauelementen mit Strahlimpulsen im ps-Bereich stroboskopisch untersucht werden können.

Komplexe Verdrahtungsmuster werden heute in der Fertigung automatisch ebenfalls durch Elektronenstrahlen in speziellen Geräten getestet, die auf großen Abtastfeldern mit verminderter Ortsauflösung das Auf- und Umladungsverhalten der Leitungsbahnelemente durch den abtastenden Elektronenstrahl über den Potentialkontrast erfassen.

Herrmann

Literatur: *Rehme, H.:* Elektronenstrahl – Potentialmeßtechnik. Meß- und Prüftechnik. Berlin 1986.

Elektronvolt. Atomphysikalische Einheit der Energie. Gesetzliche Einheit, aber keine SI-Einheit. Einheitenzeichen eV; 1 eV ist die Energie, die ein Elektron bei Durchlaufen einer Potentialdifferenz von 1 V gewinnt: 1 eV ≈ 1,602 J. Die Einheit wird auch in Verbindung mit SI-Vorsätzen benutzt. Z. B. 1 keV = 10^3 eV, 1 MeV = 10^6 eV. (→Einheiten, gesetzliche). *Hammerschmidt*

Emission, induzierte. Typisches Kennzeichen der Lichtemission von Lasern. Dabei erfolgt die strahlende Rekombination von angeregten Elektronenzuständen nicht spontan, sondern induziert durch ein vorhandenes elektromagnetisches Feld. In einem optischen →Resonator mit parallelen Endflächen führt dieses zu einer weitgehend kohärenten örtlich und spektral stark gebündelten Lichtemission. *Schaumburg*

Emissionsgrenzwerte. E. sind Grenzwerte, die den Ausstoß von Schadstoffen aus einer Anlage bei ihrem bestimmungsgemäßen Betrieb begrenzen. E. sind sowohl schadstoff- als auch anlagenbezogen festgelegt. Die im Genehmigungsbescheid einer Anlage festgelegten Grenzwerte werden Emissionsbegrenzungen genannt. Sie beruhen auf den in der TA Luft aufgeführten Emissionswerten.

Emissionsbegrenzungen sind die im Genehmigungsbescheid vorgeschriebenen

– zulässigen Massenkonzentrationen (MK) von Luftverunreinigungen im Abgas. Die Anlage ist so auszurüsten, daß dieser Wert MK von sämtlichen Tagesmittelwerten nicht überschritten wird, daß 97 % aller Halbstundenmittelwerte 6/5 dieses Wertes MK und daß alle Halbstundenmittelwerte das zweifache dieses Wertes nicht überschreiten;
– zulässigen Massenverhältnisse; das ist das Verhältnis der Masse der emittierten Stoffe zur Masse der erzeugten oder verarbeiteten Stoffe;
– zulässigen Emissionsgrade; das ist das Verhältnis der im Abgas emittierten Masse eines Schadstoffs zu der mit den Brenn- oder Einsatzstoffen zugeführten Masse;
– zulässigen Massenströme; das ist die Masse der emittierten Stoffe bezogen auf die Zeit;
– einzuhaltenden Geruchsminderungsgrade;
– sonstigen Aufforderungen zur Vorsorge gegen schädliche Umwelteinwirkungen durch Luftverunreinigungen.

Die Begrenzung richtet sich dabei einerseits nach der Toxizität der Schadstoffe, andererseits nach dem Stand der Technik zur Emissionsminderung. So sind krebserzeugende Stoffe unter Beachtung des Grundsatzes der Verhältnismäßigkeit so weit wie möglich zu begrenzen. Die krebserzeugenden Stoffe sind in drei Klassen eingeteilt, für die in der TA Luft jeweils ein Grenzwert festgelegt ist, der auch bei Vorhandensein mehrerer Stoffe derselben Klasse nicht überschritten werden darf. So ist z. B. für Asbest als Feinstaub in Klasse I ein Grenzwert von 0,1 mg/m^3 vorgeschrieben. Arsen- und Chromverbindungen sind in Klasse II mit einem Grenzwert von 1 mg/m^3 angegeben. Des weiteren sind Grenzwerte erlassen für den Gesamtstaub, für staubförmige anorganische Stoffe, für staubförmige Emissionen bei Aufbereitung, Herstellung, Transport, Be- und Entladung sowie Lagerung staubender Güter, für dampf- oder gasförmige anorganische und organische Stoffe. Für geruchsintensive Stoffe ist zwar kein absoluter Grenzwert festgelegt worden, wohl aber Regeln zur Geruchsminderung.

Daneben gibt es Emissionswerte für bestimmte Anlagenarten. Bei diesen sind anlagenspezifisch und schadstoffspezifisch Grenzwerte festgelegt. Die aufgeführten Anlagenarten überstreichen praktisch die gesamte Industrie, angefangen vom Bergbau über die Chemie bis hin zur Abfallbehandlung. Die zum Prüfen der Emissionsbegrenzungen erforderlichen Messungen sind nach →Meßverfahren auszuführen, die in den Richtlinien des VDI-Handbuches Reinhaltung der Luft aufgeführt sind. Nur für Anlagen mit kleinen Masseströmen sind Einzelmessungen zulässig, für alle Anlagen mit Emissionsbegrenzungen sind dagegen kontinuierliche Messungen vorzusehen mit entsprechender automatisierter Auswertung. *F. Schneider*

Literatur: Technische Anleitung zur Reinhaltung der Luft (TA Luft) vom 27. Februar 1986. Köln, Berlin, Bonn, München.

Emissionsmeßtechnik. Prüfverfahren für Wafer, bei denen die Strahlungswirkung im IR-Bereich an bestimmten Strukturen (Halbleiterübergängen) in der Schaltung während des Betriebs zur Umwandlung durch bildgebende Verfahren für eine visuelle Kontrolle ausgenutzt wird. Aus den Bilddarstellungen können Fehler oder Schwächen im Design ermittelt werden. *Winter*

Empfänger, optoelektronisch. Als o. E. werden in der Technik all diejenigen Komponenten bezeichnet, welche die Umwandlung eines Lichtsignales in ein elektrisches Strom- oder Spannungssignal bewirken.

Die Güte der vom Empfänger erzielten optoelektronischen Signalumwandlung wird durch seine Photoempfindlichkeit oder durch seinen Quantenwirkungsgrad angegeben. Im einfachsten Fall besteht ein o. E. aus einem einzelnen →Photodetektor, der unter Ausnutzung verschiedener physikalischer Mechanismen in zahlreichen Ausführungsformen herstellbar ist.

O. E. sind ferner hybrid oder monolithisch aufgebaute Module, die neben einzelnen oder mehreren Photodetektoren zusätzliche Komponenten enthalten können, die z. B. zur Verarbeitung der empfangenen Lichtsignale vor und zur Verstärkung der erzeugten elektrischen Signale nach der optoelektronischen Signalumwandlung dienen (Bild). Meist bilden derartige Module kleinere kompakte Untereinheiten in einem komplexeren optoelektronischen Empfängersystem (z. B. Kamera, Leistungsmeßgerät, optischer Nachrichtenempfänger). Häufig werden hierfür auch die Begriffe integrierter Photodetektor, integrierter Empfänger, optoelektronischer Wandler oder optoelektronischer Empfängermodul verwendet.

□ Hybrid integrierter o. E.: Diese Empfänger bestehen aus unterschiedlichen diskreten Bauelementen, die durch zusätzlich hergestellte Verbindungen (Kabel, →Lichtwellenleiter, u. a.) miteinander gekoppelt und mechanisch in einer kompakten Einheit zusammengefaßt wurden. Beispiele sind

– die Kombination Photodetektor + Glasfaseranschluß (*pig-tail*);
– die Kombination Photodetektor + rauscharmer elektrischer Vorverstärker mit oder ohne pig-tail (z. B. pin-FET-Empfänger);
– die Zusammenfassung einer größeren Anzahl von Photodetektoren zu einer Matrix (meist als Photodiodenarrays, z. B. für Bildsensoren).

Hybrid aufgebaute o. E. sind kommerziell in den verschiedensten Ausführungen erhältlich und lassen sich für spezielle Anwendungen relativ einfach durch Auswahl und Verbindung diskreter Bauelemente ohne größeren Aufwand realisieren. Für die Herstellung von o. E. in sehr großen Stückzahlen (z. B. für die optische Nachrichtenübertragung) ist eine solche Hybridtechnik jedoch nicht wirtschaftlich. In diesem Fall sind monolithisch integrierte o. E. vorzuziehen.

□ Monolithisch integrierter o. E.: Empfängereinheiten, bei denen sowohl die einzelnen Bauelemente als auch die erforderlichen Verbindungen in und auf dünnen, nur wenige µm dicken Halbleiterschichten strukturiert sind. Je nach den geforderten spektralen Arbeitsbereichen der Empfänger gelangen unterschiedliche Element-, Binär- oder Mischkristallhalbleiter zur Anwendung (z. B. Si, Ge, GaAs, GaAlAs, InGaAsP). Diese werden i. a. epitaktisch bei nahezu gleicher Gitterkonstante auf ein

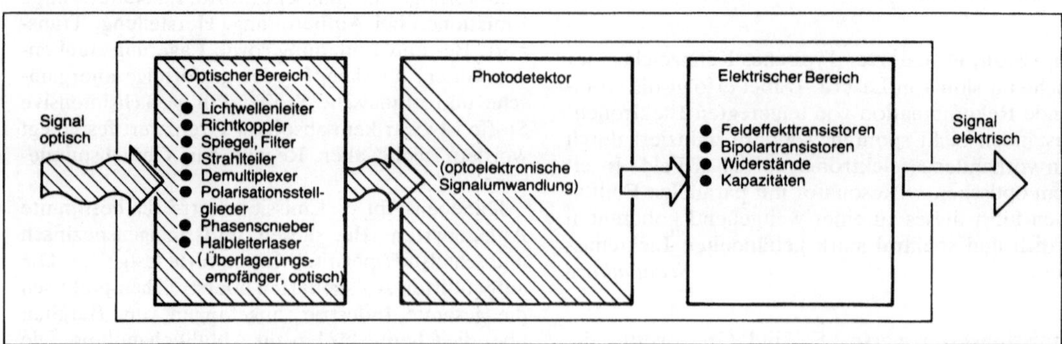

Empfänger, optoelektronisch: Schematische Darstellung.

entsprechendes Trägermaterial (Substrat), wie z. B. Si, GaAs oder InP, gewachsen. Derartige, monolithisch integrierte optoelektronische Komponenten werden als OEICs (**O**pto-**E**lectronic **I**ntegrated **C**ircuits) bezeichnet. Praktische Beispiele hierfür sind:

- Photodioden-Matrizen in Kameraröhren (Vidikons);
- selbstauslesende Festkörper-Bildsensoren in der Form von Photodiodenarrays oder Charge-Coupled-Devices (CCDs);
- →Bildwandler (z. B. als →Array bestehend aus mehreren Phototransistor/ LED-Kombinationen);
- optoelektronische Wandler und optische Überlagerungsempfänger für die optische Nachrichtentechnik;
- integrierte Photodetektoren für die Steuerungs- und Regelungstechnik (z. B. pin-FET-Empfänger).

Bedingt durch eine wirtschaftlichere Massenproduktion, die vielfach besseren optoelektronischen Eigenschaften und eine erhöhte Zuverlässigkeit gegenüber hybrid aufgebauten o. E. wird in vielen Bereichen die Entwicklung von unterschiedlich komplexer OEIC-Empfängereinheiten verstärkt vorangetrieben. *R. Kaiser*

Literatur: *Bleicher, M.*: Halbleiter-Optoelektronik, Heidelberg, 1986.

Empfindlichkeit. Steigerung der Eichkurve eines Sensors. Im Bereich kleiner Signale wird die Sensorempfindlichkeit durch die →BLIP eingeschränkt. Weiterhin wird die Sensorempfindlichkeit eingeschränkt durch die →Querempfindlichkeit (→Meßgerät). *Schaumburg*

Emulationstest. Verfahren, um Prüfprogramme für Mikroprozessorbaugruppen in Form von Assemblerprogrammen unter den durch die Bestükkung der Baugruppe vorgegebenen Randbedingungen ablaufen zu lassen. Der Ablauf der Programme erfolgt analog zu denen, wie sie in einem Mikroprozessor-Entwicklungssystem zum Ablauf kommen. Die prozessorspezifischen Signale werden entweder durch den (mit Zusatzhardware versehenen) Prozessor der Baugruppe selbst oder durch Zusatzeinrichtungen im Prüfautomaten, die das Signalverhalten des bei der Prüfung stillgelegten Prozessors nachbilden, erzeugt (Processor-Oriented-Device).

Prüfprogramme werden in der Regel in der Assemblersprache des Prozessors geschrieben, jedoch können auch Programme in einer höheren Programmiersprache verwendet werden. Dabei werden eigene Programme für die Prüfung entwickelt oder Programmteile aus der vorhandenen Baugruppenfirmware miteinbezogen. *Winter*

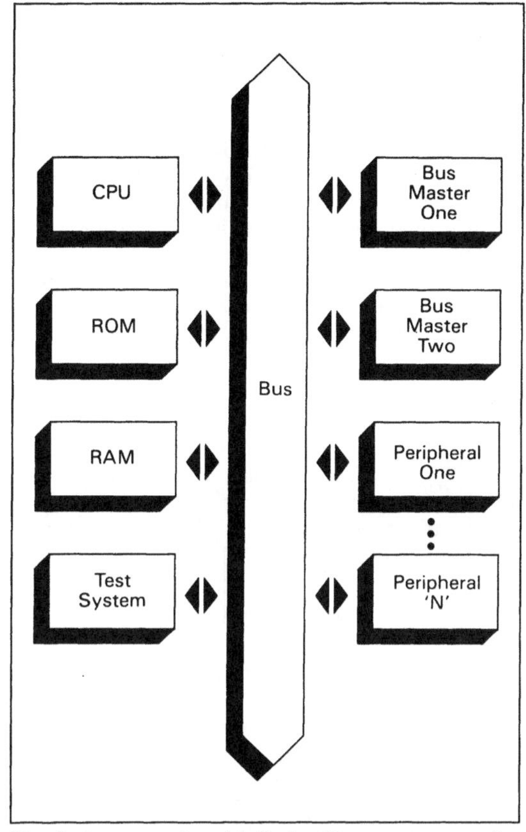

Emulationstest: Anschluß des Testsystems an eine Mikroprozessor-Schaltung. (Quelle: GenRad)

Emulator. Dies ist die Menge der Programme, die den Maschinenbefehlssatz eines Rechners X auf einem anderen Rechner Y auszuführen gestattet. In diesem Fall dient der E. hauptsächlich dazu, Programme für den Rechner Y auf dem (komfortablen) Rechner X testen zu können.

Zum anderen muß in Echtzeitsystemen nicht nur die Software alleine, sondern auch zusammen mit der angeschlossenen Peripherie (Hardware) getestet werden. Hierzu dienen Emulationsadapter (*engl.* in circuit Emulator), die in die Fassung des Ziel-Mikroprozessors gesteckt werden. Der Emulationsadapter bildet das Verhalten des Mikroprozessors im Anwendersystem nach, die Programme des Anwendungsrechners laufen jetzt aber unter Kontrolle des angeschlossenen Entwicklungssystems mit den entsprechenden Testhilfeprogrammen ab. Damit ist es möglich, die Anwenderprogramme einschließlich der Hardwareperipherie unter Echtzeitbedingungen zu testen. Der E. erlaubt z. B. Haltepunkte zu setzen, im Einzelschritt weiterzufahren, sich mit „Trace“ die Vergangenheit anzuschauen sowie Speicherbereiche abzubilden. *F. Schneider*

EMV. Die EMV (Elektromagnetische Verträglichkeit) ist die Fähigkeit einer elektrischen Einrichtung, in ihrer elektromagnetischen Umgebung zufriedenstellend zu funktionieren, ohne diese Umgebung, zu der auch andere Einrichtungen gehören, unzulässig zu beeinflussen. Grundaufgabe dieses Arbeitsgebietes ist es, die EMV durch geeignete Maßnahmen sicherzustellen, wozu man die physikalischen Grundlagen der Beeinflussungsarten kennen muß.

Das Bild zeigt das Schema der Störbeeinflussung. Die Übertragung der Störungen kann galvanisch, induktiv, kapazitiv oder über elektromagnetische Wellen erfolgen.

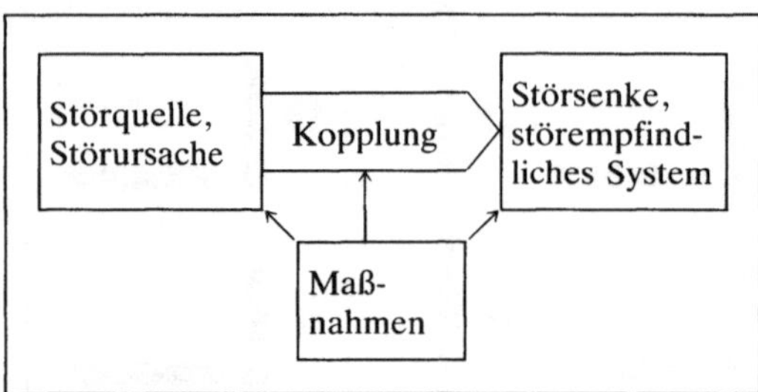

EMV. Schema der Störbeeinflussung

□ Beispiele für Störquellen bzw. Störursachen elektrischer Systeme:
- Atmosphärischer Blitz
- elektromagnetischer Puls (NEMP)
- Universalmotoren
- Schalter (Relais, Schaltnetzteile, Leistungselektronik)
- Zündanlagen in Kfz
- hohe Pegelunterschiede der beteiligten Teilsysteme
- verkopplungsträchtige Eigenschaften von Digitalschaltungen (kurze Ansprechzeiten, schnelle Signalwechsel, impulsförmige Belastung der Stromversorgung durch getaktete Verarbeitung)

□ Beispiele für störempfindliche Systeme:
- Automatisierungssysteme
- Kfz-Mikroelektronik
- Meß-, Steuer- und Regelgeräte
- Datenverarbeitungsanlagen
- Herzschrittmacher
- Bioorganismen

□ Beispiele für Maßnahmen zur Erreichung der EMV:
- Bei der Störquelle: Schirmung, Spektrumbegrenzung, Richtantenne.
- Bei der Kopplung: Schirmung, Filterung, Leitungstopologie, Lichtleiter.
- Bei der Störsenke: Schirmung, Filterung, Schaltungskonzept.

□ Speziell der geräteinternen EMV können folgende Maßnahmen dienen:
- Bildung von Bereichen unterschiedlicher Leistungs- und Störniveaus sowie räumliche Trennung dieser Bereiche
- Schaffung getrennter Bezugspotialsysteme für Analog-, Digital- und Leistungsteil
- laststromfreie Verbindung der einzelnen Potentialsysteme an einem zentralen Bezugspunkt
- kapazitive Abstützung der Versorgungsgleichspannung so nah wie möglich am jeweiligen Verbraucher
- verkopplungsarme Signalübertragung.

Hammerschmidt

Literatur: DIN-VDE-Taschenbücher 515/516 (Elektromagnetische Verträglichkeit 1/2). Berlin 1989. – *Habiger, E.*: Elektromagnetische Verträglichkeit. Heidelberg 1985. – *Schmeer, H. R.* (Hrsg.): EMV'90. Berlin 1990. – *Schwab, A. J.*: Elektromagnetische Verträglichkeit. Berlin 1990.

EMV-Test. Test der elektromagnetischen Verträglichkeit. Leiterplattenbaugruppen und Systeme dürfen weder eine unzulässige Störstrahlung abgeben, noch durch Störstrahlung in ihrer Funktion beeinflußt werden. Beim EMV-T. wird eine eventuelle Störstrahlung eines Prüflings kontrolliert bzw. der →Prüfling einer Störstrahlung ausgesetzt oder die Stromversorgung und andere Zuführungsleitungen des Prüflings werden mit gezielten Störsignalen beaufschlagt und die Reaktionen werden überprüft. *Winter*

Endfensterzählrohr →Auslösezählrohr

Endkontrolle. Abschließender Test eines Produktes vor der Auslieferung, bei Baugruppen und Systemen häufig im Zusammenhang mit der Hardwareumgebung, in die der →Prüfling letztlich integriert wird. *Winter*

Endlagenschalter. E. sind binäre Signalgeber. Sie stellen eine mechanische Realisierungsform von berührenden Näherungssensoren dar. Zur Erfassung einer Endlage, z. B. die Endstellung einer Ventilstange, haben sie direkten Kontakt über ein Tastelement mit dem Meßobjekt.

E. bestehen aus
- dem Schaltelement, in der Regel ein →Schalter mit Springkontakt oder ein →Schnappschalter, der als →Öffner, →Schließer oder Umschalter, ein- oder mehrpolig ausgeführt ist,
- dem Tastelement, das unterschiedlichste Konstruktionsvarianten aufweist, abhängig von der erforderlichen Schaltkraft, dem notwendigen Schaltweg und der Kontaktgabe zwischen dem abgetasteten Objekt und dem Tastelement,
- den Motagevorkehrungen.

Die Ausführungsformen sind entscheidend durch die Einsatzfelder geprägt. Die Anwendungspallette reicht vom Einsatz in Kleingeräten wie Druckern,

Recordern, Haushaltsgeräten etc. bis hin zu Schwermaschinen. Besonders bei Einsatz in mechanisch stark belasteter oder agressiver Umgebung bewähren sich entsprechend robuste, massive Ausführungsformen. *Freyberger*

Energiedosis ionisierender Strahlung →Dosismessung

Entkopplung. Die Bewegungen der verschiedenen Freiheitsgrade eines Industrieroboters (Bewebungsachsen) sind abhängig von der mechanischen Konstruktion des Industrieroboters, nicht unabhängig. Als einleuchtendes Beispiel mag der Einfluß der Rotationsgeschwindigkeit einer vertikalen Roboter-Grundachse auf die Haltekraft einer horizontalen translatorischen Ausfahrachse dienen; auch bei gewünschter Ruhelage der ausfahrachse während einer Drehung um die vertikale Grundachse muß der Antrieb dieser Ausfahrachse ein Rückhaltemoment entwickeln, um die an der Last angreifende Zentrifugalkraft auszugleichen. Verkopplungen dieser Art lassen sich teilweise durch konstruktive Maßnahmen vermeiden; so ist ein selbsthemmender translatorischer Antrieb (Spindelantrieb) unempfindlich gegenüber außenangreifenden Krafteinflüssen. Konstruktive E.-Maßnahmen verschlechtern aber häufig die dynamischen Eigenschaften des Roboters und sind zudem aufwendig. Man zieht daher die Regelalgorithmen zum Ausgleich von Verkopplungen heran.

Die Enstellung der Regelalgorithmen für Industrieroboter ist aufgrund dieser Verkopplungen schwieriger. Die Verkopplungen bewirken, daß bei Ansteuerung eines Systemeinganges nicht nur ein zugehöriger Ausgang bewegt wird, sondern gleich mehrere. Diese Schwierigkeit kann man umgehen, wenn man vor die Ansteuerung des Roboters ein System schaltet, welches die Verkopplung kompensiert.

Für Mehrgrößensysteme gibt es Rechenvorschriften zur Bildung eines Kompensationssystems, das als inverses System bezeichnet wird. Aus dem Prinzip des inversen Systems läßt sich eine günstige Regelungsstruktur herleiten, wenn zwischen dem Strukturteil „inverses System“ und deren Strukturteil „Regelung“ getrennt wird.

Mit den Bewegungsgleichungen eines Industrieroboters

$$\underline{F} = \underline{\underline{M}}(\ddot{q}) \cdot q + \underline{\underline{H}}\dot{q} + \underline{f}(\underline{q}, \dot{q}) + \underline{g}(q) \qquad (1)$$

mit

$\underline{\underline{M}}(q)$	–	die (nxn)-Massenmatrix
$\underline{\underline{H}}$	–	die (nxn)-viskose Reibungskraft-Diagonalmatrix
$\underline{f}(q,\dot{q})$	–	den Coriolis- und Zentrifugalkraftvektor
$\underline{g}(q)$	–	den Gravitationskraftvektor
$\underline{F}$	–	den Antriebskraftvektor als Stellgrößenvektor
q	–	Roboterkoordinatenvektor

ist das inverse System schon als Gleichungssystem gegeben (Bild). *Steusloff*

Literatur: *Patzelt, W.:* Zur Lageregelung von Industrierobotern auf der Grundlage des inversen Systems. Dissertation Univ. Duisburg 1982.

Entladung statischer Elektrizität. Eine besondere Gefahr für die elektronischen Bauelemente liegt in der E. s. E. (*engl.* ESD electrostatic discharge). Der Mensch ist Träger von elektrostatischen Ladungen. Je nach Art der Kleidung und des Fußbodenbelags kann sich eine bewegende Person auf Spannungen bis zu 40 000 V aufladen (Bild). Die Berüh-

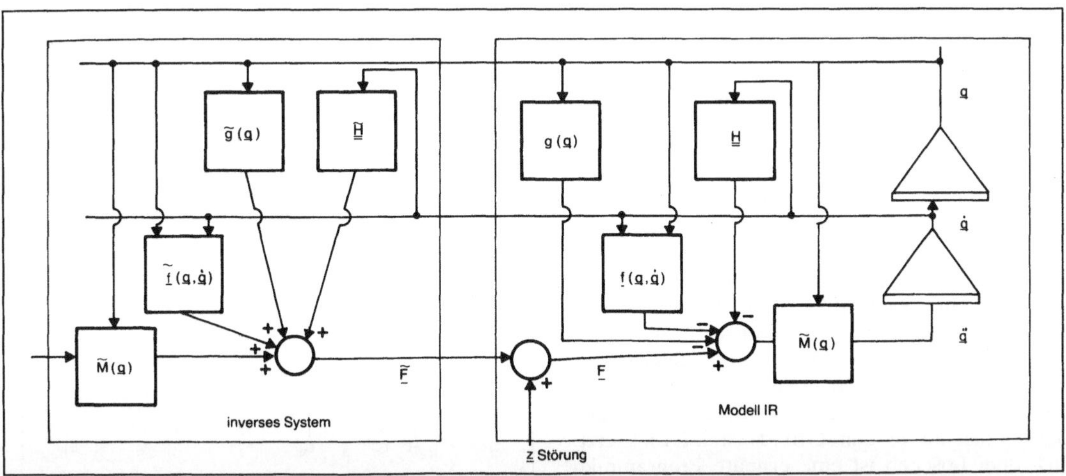

Entkopplung: Modell eines Industrieroboters mit seinem inversen System.

rung eines auf einem tieferen Potential liegenden Halbleiters oder auch allein das zu diesem aufgebaute elektrische Feld kann dann im Halbleiter zu einer Entladung führen, die diesen schädigt oder zerstört. Diese Art des Ausfalls tritt nicht nur bei MOS-IC's, sondern auch bei bipolaren Schaltungen auf. Untersuchungen an ausgefallenen bipolaren Operationsverstärkern z. B. ergaben als häufigste Ursache für den Ausfall die E. s. E. *Schrüfer*

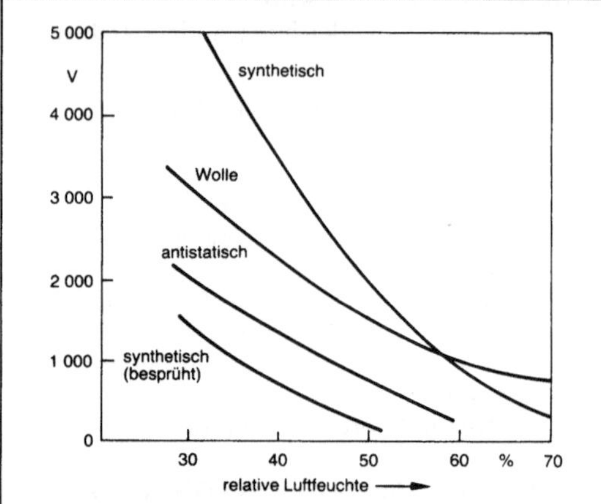

Entladung statischer Elektrizität: Elektrostatische Spannung, auf die sich eine Person, während des Laufens über Teppiche verschiedener Stoffe, aufladen kann.

Literatur: Einsatzbedingungen Elektromagnetische Verträglichkeit, Entwurf DIN IEC 65[CO]28 [1983]).

Entwurf, prüfgerechter →Design for testability

EPROM. Abk. für *engl.* **E**rasable **P**rogrammable **R**ead **O**nly **M**emory, löschbarer und programmierbarer Nurlese-Speicher auf der Basis binärer Halbleiterspeicherbausteine.

Die Grundelemente dieser Speicherbausteine sind MOS-Transistoren, die durch Ansteuerung mit einer technologieabhängigen Programmierspannung in einen festen Schaltzustand versetzt werden. Dabei wird das mit einer Oxidschicht isolierte Gate durch Lawineninjektion negativ aufgeladen. Dieser Zustand bleibt praktisch beliebig lange erhalten und wird durch Auslesen der Speicherzelle nicht verändert. Die Besonderheit des EPROM's liegt in der Löschbarkeit dieses Zustandes durch Bestrahlung mit ultraviolettem (UV) Licht oder Röntgenlicht bzw. -Strahlen. Die Strahlung bewirkt, daß im Kristallgitter des Halbleiters Elektronen-Lochpaare erzeugt werden, die unter dem Einfluß des elektrischen Feldes einen Strom bilden, der die am Gate gespeicherte Ladung abfließen läßt und damit den Speicherzustand in den Grundzustand rücksetzt. Nach dem Löschen ist eine erneute Programmierung möglich.

EPROMs sind normalerweise wortorganisiert, d. h. es sind immer 8(16) Bit (= 1(2) Byte) parallel adressierbar. Sie sind derzeit mit Speicherkapazitäten bis zu 4 MBit ausgeführt. Die Zugriffszeit, die Zeit, die für →Adressierung und Auslesen benötigt wird liegt je nach Typ im Bereich von ca. 50–300 ns. Die Versorgungsspannung entspricht den bei TTL-Bauelementen üblichen 5 V. Der Programmiervorgang dauert bei beschleunigter Programmierung wenige Sekunden, bei normaler Programmierung wenige Minuten und wird mit Impulsen bestimmter Dauer und Amplitude (typisch 0,1 –2 ms, 12,5 V) vorgenommen. Je nach Strahlungsleistung der UV-Lichtquelle kann ein EPROM innerhalb von 10–15 min gelöscht werden. Hergestellt werden EPROMs in NMOS- oder CMOS-Technologie.

Einsatzbereiche für EPROMs liegen hauptsächlich in der Computerherstellung bei Kleinserien und Prototypen, sowie überall dort, wo ein Festwertspeicher bei Bedarf geändert werden soll. Damit haben EPROMs neben den elektrisch löschbaren EEPROMs (*engl.* **E**lectrically **E**rasable PROM) bei →speicherprogrammierbaren Steuerungen (SPS) ein breites Anwendungsfeld. *Freyberger*

Ereignisablauf-Analyse. Als Reaktion auf ein auslösendes Ereignis (Störfall) sind Gegenmaßnahmen zu treffen. Je nachdem, ob die Gegenmaßnahmen erfolgreich oder nicht erfolgreich sind, entstehen unterschiedliche Ereignisabläufe. Der Ereignisablauf (*engl.* event tree) untersucht die möglichen Abläufe, faßt sie im Ereignis-Ablaufdiagramm zusammen und berechnet die Wahrscheinlichkeiten für die verschiedenen Auswirkungen.

Im Ereignis-Ablaufdiagramm werden das Eintreffen oder Nichteintreffen einer Maßnahme (eines Ereignisses) in Form einer Verzweigung dargestellt. Der rechte Abgang bedeutet jeweils ja, Eintreffen des Ereignisses, der linke nein, Nichteintreffen des Ereignisses. Das Nichteintreffen eines Ereignisses wird dabei durch den Querstrich über dem Symbol (negiertes Ereignis) dargestellt.

Beispiel (Bild): Als auslösendes Ereignis $\overline{A}$ wird unterstellt:

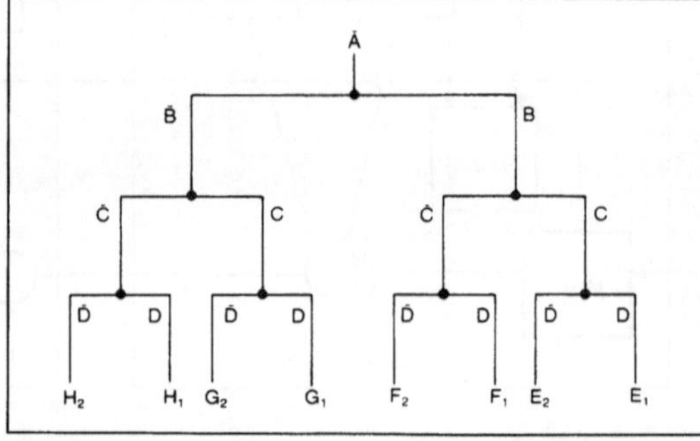

Ereignis-Ablaufanalyse: Ereignis-Ablaufdiagramm.

$\bar{A}$: zentrale Heizungsanlage ist wegen des Ausfalls der elektrischen Energieversorgung nicht verfügbar.

In Abhängigkeit von den Ereignissen (Maßnahmen) B, C, D:

B: dezentrale Öfen (keine elektrische →Hilfsenergie notwendig) und Brennstoffe sind verfügbar
C: elektrische Energieversorgung ist nach kurzer Zeit verfügbar
D: Frostabschwächung

ergeben sich für die verschiedenen Ereignisabläufe die Auswirkungen:

E_i befristete, geringere Absenkung der Raumtemperatur
F_i anhaltende Absenkung der Raumtemperatur
G_i befristete, stärkere Absenkung der Raumtemperatur
H_i Frostschäden (H_1 später, H_2 früher).

Das Ereignis H_2 setzt die Ereignisse $\overline{A}$, $\overline{B}$, $\overline{C}$ und $\overline{D}$ voraus,

$$H_2 = \overline{A} \wedge \overline{B} \wedge \overline{C} \wedge \overline{D}$$

Seine Wahrscheinlichkeit $w(H_2)$ errechnet sich demnach aus den Einzelwahrscheinlichkeiten zu

$$w(H_2) = w(\overline{A}) \cdot w(\overline{B}) \cdot w(\overline{C}) \cdot w(\overline{D}).$$ *Schrüfer*

Literatur: Deutsche Risikostudie Kernkraftwerke, Studie im Auftrag des Bundesministeriums für Forschung und Technologie, Köln 1979. – *Rasmussen, N. C.:* Reactor Study – An Assessment of Accident Risks in US Commercial Nuclear Power Plants, United States Nuclear Regulatory Commission, WASH-1400 (NUREG-75/014), 1975.

Erfahrungskatalog. Speicherung aller ermittelten Fehlerursachen bei einem →Prüfling mit dem Ziel, beim wiederholten Auftreten des gleichen Fehlerbildes möglichst rasch eine Lokalisierung zu erzielen. Da ein bestimmtes Fehlerbild nicht unbedingt eindeutig auf eine bestimmte →Fehlerursache hinweist, muß die tatsächliche Fehlerursache noch einmal nachgeprüft werden. *Winter*

Erfolgsbaum. Der E. zeigt die Darstellung der logischen →Verknüpfung von Basis-Ereignissen, die zu dem Ereignis *Erfolg* führen.

Um beispielsweise mit einem Auto fahren zu können (Erfolgsereignis A), müssen die Basisereignisse E_i

E_1: Kraftfahrzeug ohne technische Mängel
E_2: Kraftstoff vorhanden
E_3: Reifenluftdruck vorhanden
E_4: Fahrer 1 hat den Führerschein oder
E_5: Fahrer 2 hat den Führerschein

erfüllt sein. Die Ereignisse sind entweder gegeben oder nicht gegeben. Sie können als binäre Variablen dargestellt und in Form von *Boole'schen* Gleichungen verknüpft werden. Für das obige Beispiel entsteht

$$A = E_1 \wedge E_2 \wedge E_3 \wedge (E_4 \vee E_5)$$

Der E. wird erhalten, indem diese Gleichung mit den Symbolen der Schaltalgebra gezeichnet wird (Bild).

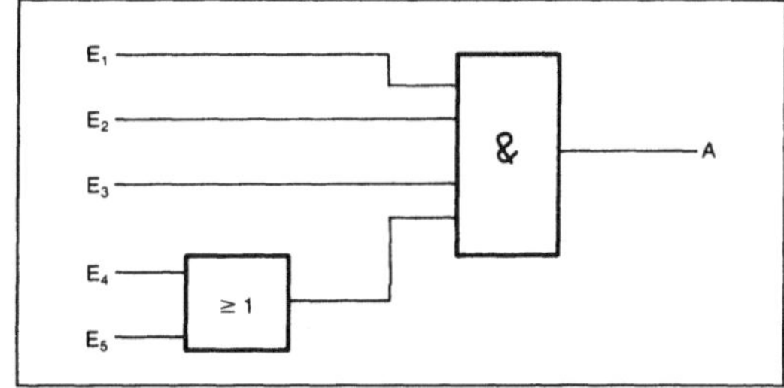

Erfolgsbaum: $A = E_1 \wedge E_2 \wedge E_3 \wedge (E_4 \wedge E_5)$.

Das negierte Ereignis *Erfolg* ergibt das Ereignis *Fehler.* Die *Boole'sche* Gleichung für den Fehler entsteht aus der für den Erfolg, indem

- alle Variablen negiert und
- die UND-Verknüpfungen und ODER-Verknüpfungen vertauscht werden.

Der →Fehlerbaum des obigen Beispiels ist also eine Darstellung der Gleichung

$$\overline{A} = \overline{E}_1 \vee \overline{E}_2 \vee \overline{E}_3 \vee (\overline{E}_4 \wedge \overline{E}_5)$$

Um die Wahrscheinlichkeit für das Ereignis *Erfolg* zu berechnen, müssen die Wahrscheinlichkeiten für die Basisereignisse bekannt sein. Bei verknüpften Ereignissen sind die Idempotenz- und Absorptions-Gesetze zu berücksichtigen. Bei unabhängigen UND-verknüpften Ereignissen werden die Wahrscheinlichkeiten multipliziert, bei ODER-verknüpften Ereignissen addiert. *Schrüfer*

Erg. Energieeinheit im →CGS-System. Einheitenzeichen erg. 1 erg = 10^{-7} J (→Einheiten des SI). In der Bundesrepublik Deutschland im geschäftlichen und amtlichen Verkehr nicht mehr zugelassen. *Hammerschmidt*

Ergonomie. Anpassen des Leitsystems an die Leistungsmöglichkeiten und Leistungsgrenzen der den Prozeß führenden Menschen. Durch das Gestalten der Pulte und Tafeln mit ihren Beobachtungs- und Eingriffsmöglichkeiten ist z. B. auf die Maßverhältnisse des menschlichen Körpers (Anthropometrie) Rücksicht zu nehmen, durch richtige Beleuchtung, geeignete Farbgebung und Helligkeitskontraste oder geordnete Blinkfrequenzen und -phasen kann leichtes Erfassen von Störungen erreicht und zu frühes Ermüden verhindert werden. Auch durch hierarchische oder prozeßbezogene Strukturen läßt sich das Leitsystem den Leistungsmöglichkeiten des Menschen anpassen (→Mensch-Maschine-Kommunikation). *Strohrmann*

Literatur: DIN 33400: Gestalten von Arbeitssystemen nach arbeitswissenschaftlichen Erkenntnissen. Begriffe und allgemeine Leitsätze. Ausg. Okt. 1983. – *Strohrmann, G.*: Automatisierungstechnik, Bd. 2: Stellgeräte, Strecken, Projektabwicklung. München–Wien 1990.

Erstwertmeldung. Die E. hebt aus einer (kleineren) Gruppe von Signalen dasjenige durch Blinken hervor, dessen Zustand sich nach dem letzten Quittieren zuerst geändert hat.

Die E. muß gesondert quittiert werden. Es ist zweckmäßig, dafür einen Schlüsselschalter zu installieren. Das hat den Vorteil, daß die Betriebsaufsicht auch dann selbst die Ursache der Abschaltung feststellen kann, wenn sie nicht sofort zugegen ist (Bild). Die Meldeeinrichtungen sind meist als Einfachquittierung ausgelegt: Die anderen in der Gruppe zusammengefaßten →Sichtmelder gehen bei Fehlzustand sofort in Dauerlicht über (→Meldesystem). *Strohrmann*

Zu meldender Betriebszustand 1	
Anzeige Sichtmelder 1	
Zu meldender Betriebszustand 2	
Anzeige Sichtmelder 2	
Zu meldender Betriebszustand 3	
Anzeige Sichtmelder 3	
Erstwert-Quittierung	

Erstwertmeldung: Funktionsdiagramm für E. mit Einfachquittierung (nach DIN 19235).

ESD *engl.* electrostatic discharge, →Entladung statischer Elektrizität

eV →Elektronvolt

Exa.... SI-Vorsatz für →Einheiten im Meßwesen. Abk. E. Bezeichnet das 10^{18}fache der jeweiligen Einheit. *Hammerschmidt*

Exklusiv-ODER-Glied. Das E.-O.-G. (*engl.* **Ex**clusive **Or** EXOR) ist ein →Grundfunktionsglied der →Steuerungstechnik. Es verknüpft binäre Eingangssignale nach der Exklusiv-ODER-Funktion (Antivalenzfunktion) zum Ausgangssignal. Im Bild sind mathematischer Ausdruck, Schalttabelle und Funktionsplan-Symbol zusammengestellt. *Freyberger*

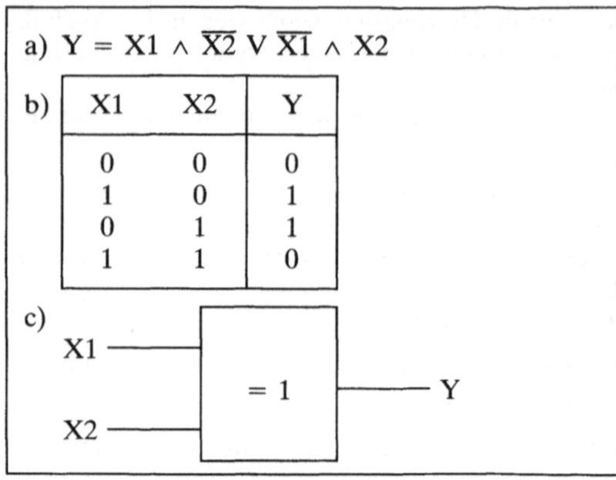

X1	X2	Y
0	0	0
1	0	1
0	1	1
1	1	0

Exklusiv-ODER-Glied: Darstellung
a) Boole'sche Schreibweise
b) Schalttabelle und
c) Funktionsplan-Symbol

Exoelektronen-Dosimeter. Die Methode nützt die Eigenschaft ionisierender Strahlen aus, in gewissen Festkörpern (z. B. Gips, Al_2O_3 oder BeO) Elektronen aus ihren Haftstellen zu lösen, die dann bei Bestrahlen mit UV-Licht oder thermischem Anregen aus der Oberfläche austreten und als Maß für die einwirkende Dosis gezählt werden.

Mit E.-D. lassen sich Photonen- und Korpuskularstrahlungen, aber auch Neutronen, nachweisen. Sie sind je nach der Art des verwendeten Detektormaterials mehr oder weniger energieabhängig. Ihr Meßbereich erstreckt sich von µGy bis zu Dosen von 10 Gy und mehr. Beim Messen kleiner Dosen wird die Anzahl der freiwerdenden Elektronen mit Hilfe eines →Auslösezählrohrs gezählt, bei hohen Dosen kann auch die Aufladung eines Kondensators als Dosismaß benützt werden.

Die erzielbare Genauigkeit von etwa 10–20 % ist für viele Zwecke ausreichend. E.-D. haben den Vorteil, daß das Meßvolumen des Detektors klein ist (Tiefenausdehnung etwa 0,1 µm). Zur Zeit verwendet man die Methode praktisch nur für Sonderzwecke; Anwendungsmöglichkeiten zeichnen sich, besonders im Bereich der Betadosimetrie, ab. *Wachsmann*

Literatur: *Kramer J.*: Der Nachweis ionisierender Strahlung mit Exoelektronen. 2. Angewandte Physik 15 (1963) S. 20.

EXOR-Glied →Exklusiv-ODER-Glied

Expect data. Beschreibung der logischen Zustände am Ausgang eines digitalen Prüflings, wie sie auf Grund vorgegebener →Prüfbitmuster erwartet werden. *Winter*

Expertensystem. Wissensbasiertes System, in dem menschliche Expertise maschinell verfügbar gemacht wird. E. sind eine wichtige Anwendung der →Künstlichen Intelligenz (KI).

Probleme werden in Form von Fakten (auch Hypothesen oder Zielen) in eine Wissensbasis eingetragen (Bild). Die Inferenzkomponente bearbeitet die Fakten durch Auswahl und Anwendung passender Regeln. Durch die Regelanwendung wird die Faktenbasis im allgemeinen verändert, so daß beim nächsten Zyklus andere Regeln zur Anwendung kommen können. Die Benutzerschnittstelle kann unter anderem eine Erklärungskomponente enthalten, die dem Benutzer Einblick in das Systemverhalten ermöglicht. Zur Eingabe von Expertenwissen kann ein Wisseneditor oder anderes Werkzeug vorgesehen sein.

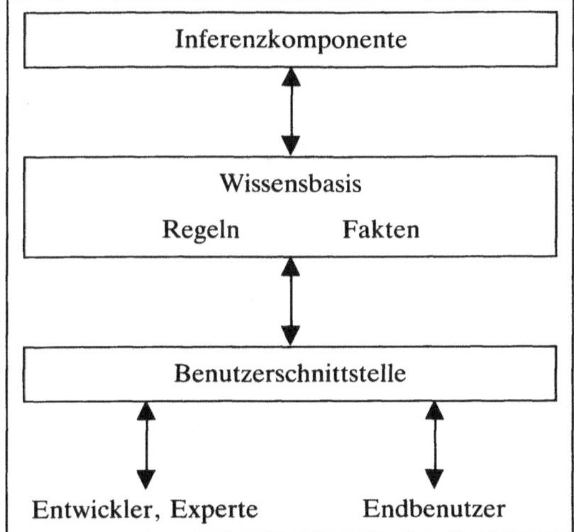

Expertensystem: Grobstruktur.

Die wichtigsten Anwendungskategorien von E. sind Diagnose (z. B. medizinische Diagnose, Fehlverhalten technischer Systeme, Interpretation seismischer Daten) und Konstruktion (z. B. Konfigurierung technischer Anlagen, Methodenauswahl, Planung).

Zur Entwicklung eines E. für eine konkrete Anwendung verwendet man häufig eine Expertensystem-Shell. Dies ist ein „leeres" E., das im wesentlichen aus einer Inferenzkomponente, einer Benutzerschnittstelle und Werkzeugen zur →Wissensrepräsentation besteht. Dadurch reduziert sich die Entwicklung auf den Aufbau einer anwendungsspezifischen Wissensbasis. Die Überführung von menschlichem Wissen in eine formale, für das E. adäquate Form wird als Wissenstechnik (*engl.* knowledge engineering) bezeichnet, Fachleute für diese Aufgabe heißen Wissensingenieure.

Neumann

Exponentialverteilung.

Lebensdauer. Fallen Komponenten nicht deterministisch, sondern rein zufällig aus, so sind ihre Lebensdauern exponentiell verteilt (→Lebensdauerverteilung). Dies trifft z. B. für die Lebensdauern elektronischer Komponenten zu.

Die in Bild 1 betrachtete Komponente befindet sich entweder im Zustand 1 oder im Zustand 2:
Zustand 1: Komponente funktionsfähig
Zustand 2: Komponente nicht funktionsfähig

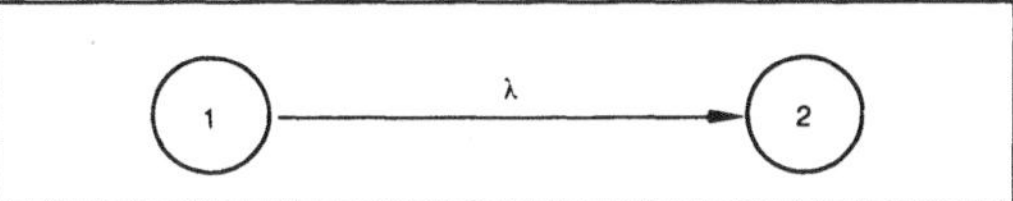

Exponentialverteilung 1: Markow-Kette mit den Zuständen 1 und 2 und der Übergangsrate λ.

Der Übergang vom Zustand 1 in den Zustand 2 erfolgt mit der Übergangsrate λ. Um die Besetzungswahrscheinlichkeiten w_1 (des Zustandes 1) und w_2 (des Zustandes 2) zu finden, ist das die *Markow*-Kette beschreibende System von Differentialgleichungen zu lösen:

$$\dot{w}_1 = -\lambda w_1$$
$$\dot{w}_2 = \lambda w_1$$

Mit der Anfangsbedingung $w_1(t = 0) = 1$ und Randbedingung $w_1 + w_2 = 1$ ergibt sich

$$w_1(t) = e^{-\lambda t}$$
$$w_2(t) = 1 - e^{-\lambda t}$$

Die Wahrscheinlichkeit, daß sich die betrachtete Einheit zum Zeitpunkt t im Zustand *funktionsfähig* befindet, ist identisch mit der →Überlebenswahrscheinlichkeit oder →Zuverlässigkeit R(t) (Bild 2):

$$R(t) = w_1(t) = e^{-\lambda t}$$

Die Wahrscheinlichkeit, daß sich die betrachtete Einheit zum Zeitpunkt t im Zustand *nicht funktionsfähig* befindet, ist die →Ausfallwahrscheinlichkeit F(t):

$$F(t) = w_2(t) = 1 - e^{-\lambda t}.$$

Damit ergeben sich für die →Ausfalldichte f(t) und für die →Ausfallrate z(t) die folgenden Ausdrücke

$$f(t) = \lambda e^{-\lambda t}$$
$$z(t) = \lambda.$$

Oft ist die Übergangsrate λ sehr viel kleiner als 1, so daß in der Ausfallwahrscheinlichkeit die e-Funktion durch ihre nach dem ersten Glied abgebrochene *Taylor*-Reihe ersetzt werden kann. Daraus entsteht die Näherungsformel

$$F(t) \approx \lambda t \text{ für } \lambda t \ll 1.$$

Bei exponentiell verteilten Lebensdauern ist die Ausfallrate z(t) unabhängig von der Zeit; sie ist eine Konstante. Aus diesem Grund wird der Parameter λ direkt Ausfallrate genannt.

Die mittlere Lebensdauer $\bar{t}$ ergibt sich als Kehrwert der Ausfallrate λ,

$$\bar{t} = \frac{1}{\lambda};$$

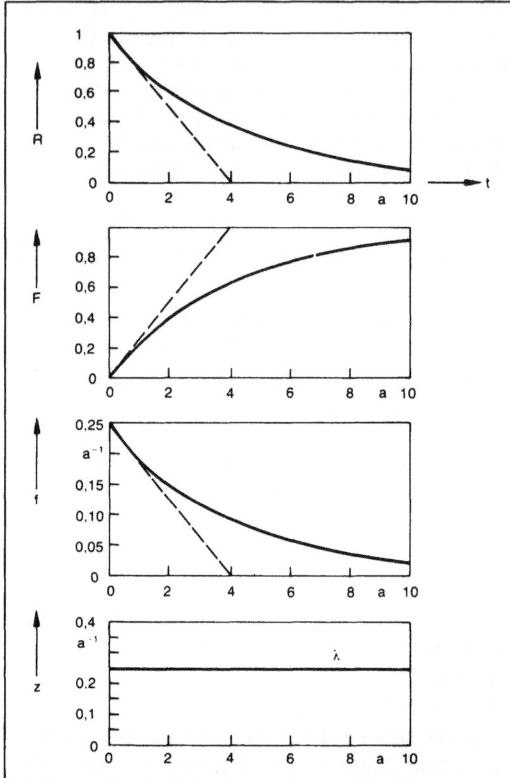

Exponentialverteilung. 2: Überlebenswahrscheinlichkeit R(t), Ausfallwahrscheinlichkeit F(t), Dichtefunktion f(t) und Ausfallrate z(t) bei exponentiellverteilten Lebensdauern mit der Ausfallrate $\lambda = 0{,}25$ $(Jahre)^{-1}$.

sie wird als →MTTFF (mean time to first failure) bezeichnet. Zum Zeitpunkt der mittleren Lebensdauer sind 63 % der Komponenten schon ausgefallen. Die Lebensdauern der restlichen Komponenten können unter Umständen sehr große Werte erreichen.

Die Begriffe Überlebenswahrscheinlichkeit und Ausfallwahrscheinlichkeit beziehen sich auf Komponenten ohne Reparatur. Werden die ausgefallenen Einheiten wieder instand gesetzt (→Reparaturwahrscheinlichkeit), so entspricht der Überlebenswahrscheinlichkeit die →Verfügbarkeit und der Ausfallwahrscheinlichkeit die →Nichtverfügbarkeit.

Da bei den Komponenten mit exponentiell verteilten Lebensdauern die Ausfallrate zeitlich konstant ist, läßt sich die Zuverlässigkeit durch eine vorbeugende Wartung, durch einen frühzeitigen Austausch von Komponenten, nicht verbessern. Es ist nicht empfehlenswert, in einem funktionsfähigen System die noch arbeitenden elektronischen Komponenten durch neue zu ersetzen. Ein derartiger Eingriff würde sowohl eine →Störung des Systems bedeuten als auch die Gefahr von Frühausfällen beinhalten.

Graphische Darstellung: Um zu prüfen, ob die in einem Versuch ermittelten Lebensdauern exponentiell verteilt sind, können die Ergebnisse graphisch dargestellt werden. Von Vorteil ist ein Koordinatensystem, dessen Abszisse linear und dessen Ordinate logarithmisch geteilt ist. In diesem halblogarithmischen Netz ist das Bild einer e-Funktion eine Gerade, die sich durch die Meßpunkte ziehen läßt. Der Mittelwert $\bar{t}$ der Zufallsvariablen ergibt sich dann als der zu der Ordinate $R(t) = e^{-1} = 0{,}37$ gehörende Abzissenwert (Bild 3).

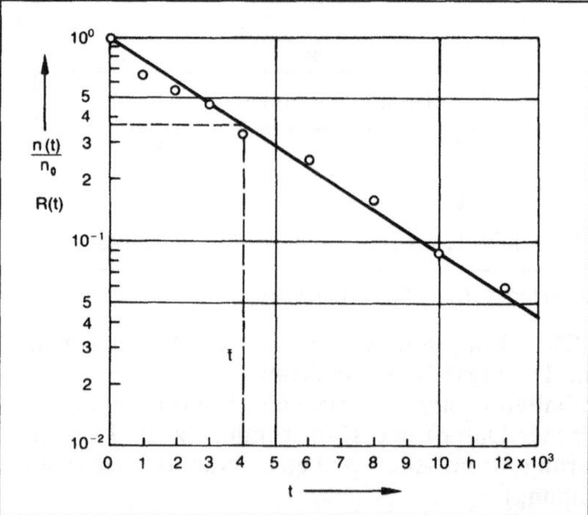

Exponentialverteilung 3: Darstellung der Meßwerte der Tabelle auf halblogarithmischem Papier. Mittlere Lebensdauer $\bar{t}$ = 4000 h.

Exponentialverteilung. Tabelle: Abnahme der funktionsfähigen Komponenten mit der Betriebszeit bei n_o = 1000 eingesetzten Einheiten

Betriebszeit t in h	0	1 000	2 000	3 000	4 000	6 000	8 000	10 000	12 000
n(t) funktionsfähige Einheiten	1 000	660	550	480	340	250	155	85	60
$\frac{n(t)}{n_o} = R(t)$	1	0,66	0,55	0,48	0,34	0,25	0,15	0,085	0,06

Reparaturzeiten und Ausfallerkennungszeiten. Die E. wird in der Zuverlässigkeitstechnik weiterhin für die →Wartbarkeitsfunktion und für die Ausfallerkennungsfunktion benutzt. *Schrüfer*

Literatur: *Gaede, K. W.:* Zuverlässigkeit, Mathematische Modelle. München, Wien 1977. – *Härtler, G.:* Statistische Methoden für die Zuverlässigkeitsanalyse. Ost-Berlin 1983. – *Heinhold, J.* u. *K. W. Gaede:* Ingenieur-Statistik. München 1964. – *Köchel, P.:* Zuverlässigkeit technischer Systeme. Leipzig 1983, Thun und Frankfurt/Main. – *Kreyszig, E.:* Statistische Methoden und ihre Anwendungen. Göttingen 1975. – MBB: Technische Zuverlässigkeit. Berlin, Heidelberg 1977. – *Schrüfer, E.:* Zuverlässigkeit von Meß- und Automatisierungseinrichtungen. München 1984. – *Störmer, H.:* Mathematische Theorie der Zuverlässigkeit, Einführung und Anwendung. München 1970. – VDI Handbuch Technische Zuverlässigkeit. VDI 4001–4010, Berlin, Köln.

Extremwertauswahl. Auswahl eines von mehreren analogen Signalen in parallelen Kanälen leittechnischer Einrichtungen. Abhängig von der Regelungsaufgabe oder dem Schutzziel wird der größte oder der kleinste Wert ausgewählt. Man nennt das auch Maximal- bzw. Minimalauswahl (→Maximal-Auswahl-Gerät; →Minimal-Auswahl-Gerät). *Strohrmann*

F

Fachsprache. Unter F. wird vereinfachend eine Programmiersprache verstanden, die im wesentlichen aus anwendungsspezifischen Makroelementen bzw. Funktionsbausteinen besteht. Diese meist blockorientierten Softwarebausteine werden in der Regel durch Ein/Ausgangszuweisungen und Parametervorgaben zum Programm zusammengebaut. Diese Vorgehensweise des Programmaufbaues wird auch als Konfigurieren bezeichnet. Freie Programmierbarkeit ist häufig nur über den Umweg der Erstellung neuer, spezieller Funktionsbausteine möglich.

Die Elemente der F. können sowohl mnemonisch wie auch graphisch repräsentiert sein. Im Anwendungsbereich der Steuerungstechnik sind →Anweisungsliste, →Funktionsplan, →Kontaktplan typische Beispiele einer F. *Freyberger*

Fahrenheitskala. In den englischsprachigen Ländern bislang verwendete Temperaturskala. Einheitenzeichen für Grad Fahrenheit: °F. Umrechnungen: →Temperaturskalen. *Hammerschmidt*

Fahrkammersystem. Das F. ermöglicht, einen Neutronendetektor in den Kern eines Leistungsreaktors einzufahren und dort die örtliche Neutronenflußdichte zu messen (→Neutronenflußmessung). Die Messung dient

- zur Bestimmung der dreidimensionalen Leistungsdichteverteilung im Reaktorkern und
- zum Kalibrieren der Leistungsverteilungs-Detektoren, deren →Empfindlichkeit sich infolge des Abbrandes mit der Zeit ändert.

Fingerhutrohre, die dem Reaktordruck standhalten und nach außen offen sind, bilden mit einer Wählvorrichtung, einem Scherventil, dem Fahrkammerantrieb und der Fahrkammer selbst das F. (Bild). Zum Vergleich der Empfindlichkeiten der Fahrkammern mehrerer Systeme untereinander können alle in einem Reaktorkern benutzten F. über eine Weiche mit einer Referenzlanze verbunden werden.

Der Fahrkammerantrieb besteht aus einer Aufspulvorrichtung, die die mit einem steifen Metall-Keramik-Kabel verbundene Fahrkammer in das Fingerhutrohr hineinschiebt und auch wieder zurückzieht. Das Metall-Keramik-Kabel wird dabei auf einer Trommel von ca. 1 m Durchmesser auf- und abgewickelt. Die Position der Fahrkammer

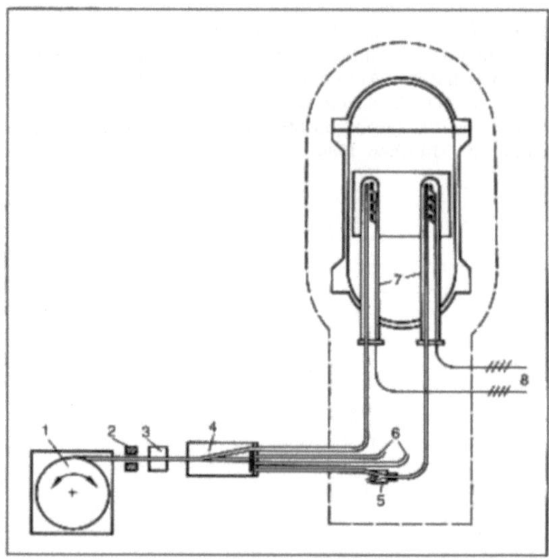

1) Fahrkammerantrieb mit Kabeltrommel, 2) Bleiabschirmung, 3) Scherventil, 4) Wählvorrichtung, 5) Weiche zur Referenzlanze, 6) Fingerhutrohr, 7) Neutronenfluß – Meßlanze, 8) Kabel der festinstallierten Neutronenflußdetektoren.

Fahrkammersystem: Schematische Darstellung.

wird an der Trommel gemessen und digital angezeigt. Während der Messung im Reaktorkern und beim Passieren der Wählvorrichtung wird die Fahrkammer mit einer Geschwindigkeit von etwa 5 m/min. verfahren. Auf der übrigen Strecke wird sie mit etwa 20 m/min. bewegt, um die Leistungsverteilungsmessung in einer kurzen Zeit durchzuführen. Die F. können von Hand oder vom Prozeßrechner gestartet werden. Sie werden im Taktverfahren automatisch gesteuert, wobei sich jeweils nur eine Fahrkammer im Reaktorkern befindet.

Fahrkammer und Kabel werden beim Durchfahren des Reaktorkerns aktiviert. Im ausgefahrenen Zustand sind sie in einer Bleiabschirmung geparkt.

Die Fahrkammer entspricht in ihrem Aufbau einer →Spaltkammer, wie sie zur Messung der Leistungsverteilung im Reaktorkern benutzt wird. Ihre Oberfläche ist besonders verschleißfest ausgeführt und alle Kanten sind gerundet, um ein sicheres Gleiten zu ermöglichen. Die Fahrkammer ist – da sie im Fingerhutrohr nicht durch das Reaktorkühlmittel gekühlt wird – zur Verminderung der Aufheizung durch Gamma-Strahlung besonders leicht und massearm ausgeführt.

Als Fahrkammern lassen sich auch Gamma-Ionisationskammern verwenden. Bei diesen fehlt die neutronenempfindliche Schicht. Ihr Signal ist nicht dem Neutronenfluß, sondern der Gamma-Dosisleistung proportional. Bei Vollast sind die prompte Spalt-Gamma-Strahlung und die Einfang-Gamma-Strahlung größer als die Spaltprodukt-Gamma-Strahlung, so daß auch das Signal der Gammakammer mit der Reaktorleistung korreliert ist. Die örtliche Gamma-Dosisleistung im Reaktorkern hat keine so starken Gradienten wie der thermische Neutronenfluß, so daß das Signal der Gammakammer unabhängig von der exakten radialen Positionierung im Fingerhutrohr ist und sich damit besonders gut reproduzieren läßt. *Schrüfer*

Literatur: Neutronenmeßsystem für Siedewasserreaktoren; Produktinformation A96000-D1684 der Siemens AG, UB KWU.

Fahrtmessung. Geräte zur Messung der Geschwindigkeit (Fahrt) eines Seeschiffes werden Log oder Logge genannt. In früherer Zeit wurde die Geschwindigkeit mit der Logge festgestellt und in ein besonderes Buch eingetragen. Das Buch bekam den Namen Logbuch. In der weiteren Entwicklung diente das Logbuch auch der Weiterleitung von wichtigen Mitteilungen an die jeweils wachhabenden Offiziere. Daraus ist dann das heutige Logbuch entstanden, in dem alle wichtigen Ereignisse des Bordbetriebes festgehalten werden. Es hat den Charakter eines Dokumentes.

Zur Bestimmung der Geschwindigkeit eines Schiffes können Fahrtmeßgeräte unterschiedlicher Art verwendet werden. Sie unterscheiden sich vor allem durch das physikalische Prinzip, das der Konstruktion zugrunde liegt. Einige wichtige Geräte sind hier erläutert.

Bei der Geschwindigkeitsbestimmung nach der Schraubendrehzahl dient der aus den gemessenen Umdrehungen des Propellers mit bekannter Steigung ermittelte theoretische Weg durch das Wasser abzüglich dem lastabhängigen Slip (Schlupf), als Erfahrungs- oder Näherungswert, als Grundlage der F. Das Ergebnis ist sehr ungenau.

Relingslog ist eine ohne technischen Aufwand herzustellende Einrichtung. Man mißt an der Reling des Fahrzeugs eine möglichst lange Strecke ab. Dann wird ein schwimmfähiger Gegenstand über Bord geworfen. Man stoppt die Zeit, die der Gegenstand benötigt, um die abgemessene Strecke am Schiff vorbeizutreiben. Hieraus erhält man die Geschwindigkeit des Fahrzeugs relativ zur Wasseroberfläche.

Bei hydromechanischen Loggen wird hinter dem Fahrzeug ein besonderer Propeller nachgeschleppt. Durch die Geschwindigkeit des Schiffes wird der Propeller vom Wasser angeströmt und gerät in Drehungen. Die Anzahl der Umdrehungen pro Minute ist ein Maß für die Geschwindigkeit durch das Wasser.

Das hydrodynamische Log, auch Staudrucklog oder Stevenlog genannt, nutzt die Abhängigkeit des hydrodynamischen Drucks von der Geschwindigkeit aus. Diese Geräte beruhen auf dem Effekt des Pitot-Rohres. Es wird entweder unterhalb des Schiffsrumpfes aus dem Boden ausgefahren (Staudrucklog) oder ist in Form von Bohrungen unmittelbar in den Vorsteven des Schiffes eingebaut (Stevenlog). Durch eine in Fahrtrichtung liegende Öffnung wird die Summe aus statischem und dynamischen Druck gemessen und durch eine quer zur Fahrtrichtung liegende nur der statische Druck. Beide Drücke werden je einer Kammer eines Differenzmanometers zugeführt. So wird der dynamische Druck ermittelt. Er ist proportional dem Quadrat der Geschwindigkeit.

Das elektromagnetische Log basiert auf dem Prinzip der elektromagnetischen Induktion. Am Schiffsboden ist eine stromdurchflossene Schleife als Sonde angebracht. Durch diese Schleife wird ein Magnetfeld aufgebaut. Das am Schiff vorbeiströmende Seewasser wirkt wie ein in einem Magnetfeld bewegter Leiter. Es wird im Wasser ein elektrisches Potentialfeld aufgebaut. Durch zwei Sonden, die querschiffs angeordnet sind, wird das Potential abgegriffen. Die gemessene Spannung ist ein Maß für die Geschwindigkeit, mit der das Wasser am Schiff vorbeiströmt.

Die bisher beschriebenen Verfahren erlauben nur die Bestimmung der Geschwindigkeit durch das Wasser. Bewegt sich die das Schiff umgebende Wassermasse ebenfalls (Strom, Abdrift), stimmt die gemessene Geschwindigkeit nicht mit der absoluten Geschwindigkeit über Grund überein. Das Sonar-Doppler-Log kann, solange die Wassertiefen nicht zu groß werden (bis ca. 400 m), die Geschwindigkeit über Grund messen. Das Meßprinzip baut auf den Dopplereffekt auf. Bewegt sich das Schiff gegenüber dem Meeresboden vorwärts und strahlt dabei Ultraschallwellen in Schiffsvorausrichtung aus, erfährt die reflektierte und am Schiff empfangene Energie eine Frequenzverschiebung, aus der die Schiffsgeschwindigkeit abgeleitet wird. Wird die Meßeinrichtung zusätzlich auch noch querschiffs angeordnet, kann neben der Vorausgeschwindigkeit die Quergeschwindigkeit ermittelt werden. Werden die Wassertiefen zu groß, so daß die Messung gegen den Meeresboden nicht mehr möglich ist, wird gegen die das Schiff umgebende Wassermasse gemessen. *Froese/Winnicker*

fail-safe-Schaltung. Fehlersichere Schaltung; Schaltung mit sicherheitsgerichteten Ausfällen; Schaltung, die nicht unerkennbar ausfallen kann (→ Ausfalleffektanalyse).

Die fail-safe-Geräte sind in der Regel Komponenten eines Sicherheitssystems, das eine definierte Aufgabe hat. Die fehlersicheren Geräte sind so ausgelegt, daß auch bei einem Geräteausfall die Schutzfunktion immer ausgelöst wird. Dies kann z. B. durch die Verwendung dynamischer Signale erreicht werden (→Signal, dynamisches). *Schrüfer*

Failure analysis memory. Teil des Pinspeichers einer →High-Speed-Pinelektronik welcher die Signalfolgen, die vor Erkennen eines Fehlers während eines Bursts bei der →Echtzeitprüfung aufgetreten sind, aufzeichnet. *Winter*

Farad. SI-Einheit der elektrischen Kapazität, benannt nach *M. Faraday* (1791–1867). Einheitenzeichen F. $1F = 1\ m^{-2} kg^{-1}\ s^4\ A^2$. In der Praxis häufiger vorkommende Kapazitätswerte liegen in den Größenordnungen pF, nF, µF (→Einheiten des SI). *Hammerschmidt*

Faraday-Effekt. Drehung der Polarisationsebene einer elektromagnetischen Welle (z. B. Lichtwelle) in einem in Fortpflanzungsrichtung magnetisierten Material (→magnetooptische Effekte). Die Drehrichtung wechselt mit dem Vorzeichen der Magnetisierung, ist aber unabhängig von der Fortpflanzungsrichtung der Welle. Spiegelt man also die Welle nach Durchlaufen des magnetisierten Materials, so hebt sich die Drehung nicht wie im Fall der optischen Aktivität wieder auf, sondern verdoppelt sich. Diese Tatsache steht nicht im Widerspruch zu dem Satz von der Umkehrbarkeit der Ausbreitung elektromagnetischer Wellen, der nur gilt, wenn kein Magnetfeld vorhanden ist.

Die Ausbreitung von Licht in einem Material kann durch die Wirkung eines Magnetfeldes beeinflußt werden. Die Polarisationsebene des Lichtes erfährt dabei eine Drehung um einen Winkel $\Theta = VlH$, der proportional ist zur durchlaufenen Wegstrecke l und zur Komponente H des Magnetfeldes entlang der Ausbreitungsrichtung. Die materialspezifische Proportionalitätskonstante V heißt *Verdet*-Konstante.

Der F.-E. wird ausgenutzt in den nicht-reziproken Bauelementen, zur Beobachtung magnetischer Domänen, in magnetooptischen Displays und in optischen Speichern. Hierzu verwendet man im allgemeinen magnetische Granate mit speziellen Zusammensetzungen, in denen der F.-E. besonders groß ist.

Der F.-E. wird zur optischen Messung von Magnetfeldern und elektrischen Strömen benutzt (→Strommessung, faseroptische). *Dammann/Ulrich*

Farbmessung. Methoden und Techniken zur Messung von Farben bzw. präziser von Farbvalenzen. Das Ziel ist, Farben für technische Zwecke eindeutig zu kennzeichnen, um Übereinstimmung mit Vorschriften oder Produkten überprüfen und gegebenenfalls gezielt Veränderungen vornehmen zu können. Unter dem Begriff Farbvalenz versteht man Klassen gleichaussehender Farben, unabhängig von ihrer spektralen Zusammensetzung.

Für technische Zwecke erfolgt die F. hauptsächlich im sog. Normvalenzsystem (DIN 5033). Die Koordinaten dieses Farbenraumes sind die Normfarbwerte X, Y, Z oder die Normfarbwertanteile x, y, aus denen eine Reihe anderer – auch annähernd empfindungsgemäß gleichabständiger – Farbkoordinaten abgeleitet werden können. (Farbmaßzahlen).

F. bedeutet also primär die Messung der Normfarbwerte und zwar entweder im 2°-System (CIE-Normalbeobachter 1931) oder im 10°-System (CIE-Normalbeobachter 1964). Wird eine spezielle Gesichtsfeldgröße gemeint, so wird diese üblicherweise durch einen Index angegeben, z. B. X_2 oder X_{10}. Angaben ohne Index beziehen sich meist auf das 2°-System. Für die Normfarbwerte (anschaulich die Beträge bzw. Koordinaten im XYZ-Farbenraum) gilt:

$$\begin{aligned} X &= k \int \varphi(\lambda)\ \bar{x}(\lambda)\ d\lambda) \\ Y &= k \int \varphi(\lambda)\ \bar{y}(\lambda)\ d\lambda) \qquad (1) \\ Z &= k \int \varphi(\lambda)\ \bar{z}(\lambda)\ d\lambda) \end{aligned}$$

Die Aufsummierung erfolgt über das gesamte sichtbare Spektralgebiet. Die Farbreizfunktion $\varphi(\lambda)$ ist die relative spektrale Strahldichteverteilung (auch Strahlungsfunktion bezeichnet) des zu bewertenden Objektes (Selbstleuchter oder Körperfarbe). Die Normspektralwertfunktionen $\bar{x}(\lambda)$, $\bar{y}(\lambda)$, $\bar{z}(\lambda)$ wurden international vereinbart (farbmetrischer Normalbeobachter).

Die Konstante k in Gl. (1) ist bei Selbstleuchtern beliebig wählbar. Bei Körperfarben ist sie durch die Definition des Hellbezugswertes festgelegt.

Methodisch unterscheidet man folgende Meßverfahren:
- Spektralverfahren;
- Dreibereichsverfahren;
- Gleichheitsverfahren.

□ Spektralverfahren: Farbmeßgeräte nach dem Spektralverfahren messen die Farbreizfunktion $\varphi(\lambda)$ mittels Monochromatoren und berechnen daraus die Normfarbwerte X, Y, Z und andere Farbmaßzahlen durch darin integrierte oder externe Computer.

□ Dreibereichsverfahren: Farbmeßgeräte nach dem Dreibereichsverfahren bestehen im Prinzip aus einem Meßkopf mit den drei an die Normspektralwertfunktionen angepaßten Empfängern. Man spricht von Vollfilterung, wenn ein oder mehrere gleichstarke Filter vor dem jeweiligen Empfänger angebracht werden. Für Präzisionsfarbmeßgeräte wird die Technik der Partialfilterung angewandt, wobei Farbfilter, z. T. in sehr kleinen Filterstückchen, hinter- und nebeneinander angeordnet werden. Ferner besteht die Möglichkeit, vor demselben Empfänger die drei Anpassungsfilter zeitlich nacheinander anzubringen. Bild 1 zeigt schematisch das Prinzip der parallelen und der sequentiellen Empfängeranordnung.

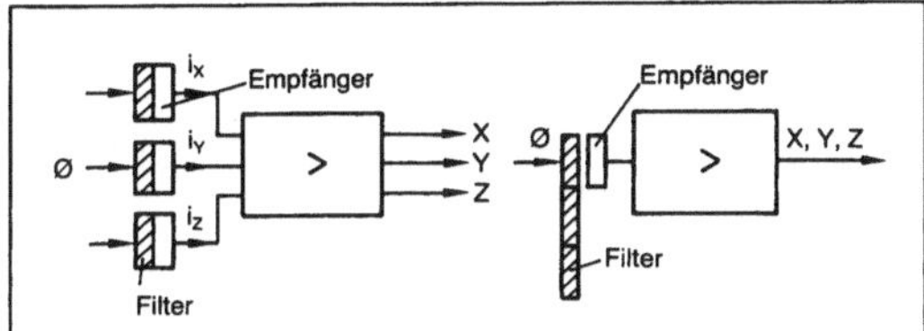

Farbmessung 1: Die beiden Prinzipien des Dreibereichsverfahrens. Links: drei angepaßte Empfänger, rechts: ein Empfänger mit drei nacheinander davorzuschaltenden Anpassungsfiltern.

□ Gleichheitsverfahren: Dieses Verfahren beruht auf dem Prinzip des subjektiven Farbabgleichs. Die zu messende Farbvalenz wird unter definierten Bedingungen (DIN 6173) durch Vergleich mit einer bekannten Farbvalenz bestimmt, z. B. mit Hilfe der Farbkarten zu DIN 6164. Problematisch ist dabei das Abschätzen von Zwischenwerten.

Bei physiologisch-optischen Untersuchungen wird der Farbabgleich mit Hilfe sogenannter Dreifarbenmeßgeräte durchgeführt. Dabei wird in einem zweigeteilten Gesichtsfeld die zu messende Farbe durch drei am Gerät einstellbare Farbvalenzen (Rot, Grün und Blau) nachgemischt (Bild 2). Das Ergebnis einer solchen Nachmischung sind drei Instrumenten-Farbwerte R, G, B, die durch eine Kalibriermatrix in die Normfarbwerte X, Y, Z umgerechnet werden.

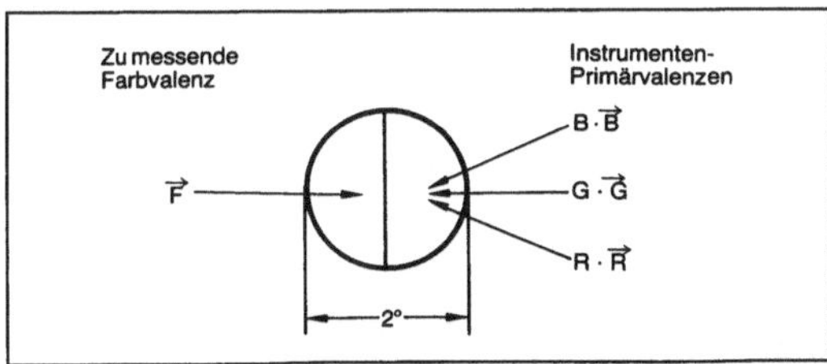

Farbmessung 2: Schematische Darstellung eines subjektiven Farbabgleichs.

Für die technische F. hat das Gleichheitsverfahren heute an Bedeutung verloren. Es ist jedoch (analog dem Helligkeitsabgleich in der Photometrie) die Basismethode der Farbmeßtechnik.

– F. an Selbstleuchtern.

F. an Lichtquellen und Anzeigen können nach dem Spektralverfahren oder nach dem Dreibereichsverfahren durchgeführt werden.

Selbstleuchter werden im allgemeinen durch ihre Farbart, d. h. durch Angabe der Normfarbwertanteile x, y gekennzeichnet. Zusätzlich wird oft ein Helligkeitsmaß, im allgemeinen die Leuchtdichte, mitangegeben. Wurden z. B. die Normfarbwerte einer Lichtquelle zu X=300, Y=325, Z=250 und die Leuchtdichte zu 8000 cd/m² ermittelt, so lautet das Ergebnis der F.:

Normfarbwertanteile: x = 0,3429; y = 0,3714;
Leuchtdichte: L = 8000 cd/m².

Zur besseren Übersicht werden die Ergebnisse von F. oft in der Farbtafel dargestellt. Bild 3 zeigt als Beispiel die Normfarbtafel mit den Farborten einiger Lichtquellen und die Farborte für die Primärfarben des Farbfernsehens im System PAL I.

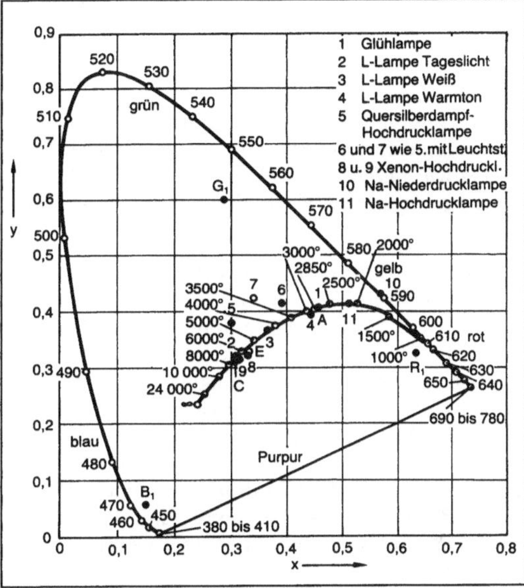

Farbmessung 3: Farborte in der Normfarbtafel von Temperaturstrahlern, einigen technischen Lichtquellen sowie den Primärfarben (R_1, G_1, B_1) beim Fernsehen.

– F. an Körperfarben.

Die Farbreizfunktion φ(λ) von Körperfarben – somit auch deren Farbort – hängt von der Strahlungsfunktion S(λ) des beleuchtenden Lichtes und der Reflexionsfunktion R(λ) der zu bewertenden Probe ab. Es gilt

$\varphi(\lambda) = S(\lambda)\, R(\lambda)$.

Zum Zwecke der besseren Vergleichbarkeit werden Körperfarben oft auf bestimmte Lichtarten bezogen (Bild 4). Dabei simuliert Normlichtart D65 natürliches Tageslicht, Normlichtart A steht für Glühlampenlicht.

Reale Oberflächen weichen von einer ideal matten Oberfläche mehr oder weniger stark ab. Der Reflexionsfaktor realer Proben hängt daher auch von der Beleuchtungs- und Beobachtungsgeometrie ab, so daß zum Zwecke einer besseren Vergleichbarkeit standartisierte Meßgeometrien vereinbart

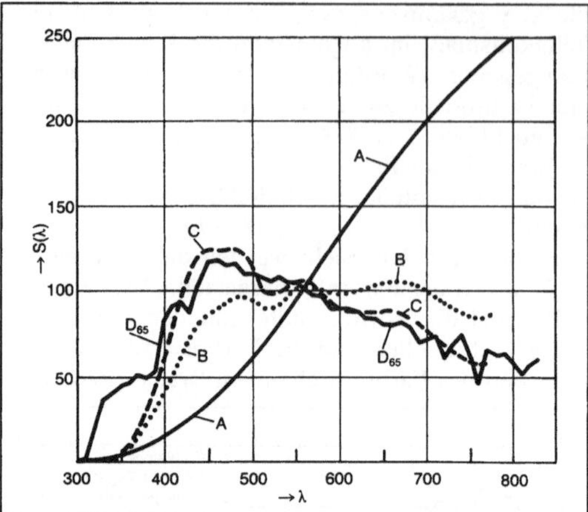

Farbmessung 4: Strahlungsfunktion (relative spektrale Strahldichteverteilung) der Normlichtarten D65 und A sowie anderer Lichtarten. (C simuliert Tageslicht mit geringerem UV-Anteil als D65. B simuliert Sonnenlicht).

wurden. In Meßgeometrie 0/45 erfolgt die Einstrahlung gerichtet unter 0 ° in bezug auf die Flächennormale, die Beobachtung erfolgt unter 45 °. Die Meßgeometrie 45/0 ist dazu die Umkehrung. Bei der 8/d-Meßgeometrie wird unter 8 ° eingestrahlt und halbräumlich diffus gemessen, entsprechend umgekehrt bei d/8. Die Reflexionsfaktoren werden jeweils auf den vollkommen matten Körper bezogen.

Zur Bestimmung der Normfarbwerte nach Gl. (1) wird die Konstante k so bestimmt, daß der Normfarbwert Y für die vollkommen mattweiße Fläche unabhängig von der beleuchtenden Lichtart den Zahlenwert 100 annimmt. Daraus folgt für die Konstante $k = 100/\int \varphi(\lambda)\ \bar{y}(\lambda)\ d\lambda$.

Das 100fache von Y wird als Hellbezugswert A bezeichnet. Körperfarben werden durch die Normfarbwertanteile und den Hellbezugswert gekennzeichnet. Ferner ist die beleuchtende Normlichtart und die Meßgeometrie anzugeben. Angenommen die Reflexionsfunktion R(λ) sei als Ergebnis einer spektralphotometrischen Messung bei der Geometrie d/8 bekannt. Die beleuchtende Lichtart sei Normlichtart A. Die Auswertung ergab:

$\Sigma\ \varphi(\lambda) \cdot \bar{y}(\lambda) = 539{,}2$
$\Sigma\ \varphi(\lambda) \cdot \bar{x}(\lambda) \cdot R(\lambda) = 277{,}4$
$\Sigma\ \varphi(\lambda) \cdot \bar{y}(\lambda) \cdot R(\lambda) = 291{,}7$
$\Sigma\ \varphi(\lambda) \cdot \bar{z}(\lambda) \cdot R(\lambda) = 100{,}1$

dann erhält man für die Konstante k = 100/539, 2 = 0.185 und für die Normfarbwerte nach Gl. (1) X = 51,4; Y = 54,0 und Z = 18,5. Das Ergebnis der F. lautet dann:

Normfarbwertanteile: x = 0,415; y = 0,436
Hellbezugswert: A = 54,0 %

Besondere Maßnahmen sind erforderlich bei der F. von fluoreszierenden Flächen, deren spektrale Remission von der Art der beleuchteten Lichtart abhängt. *Kokoschka*

Literatur: DIN 5033 (Farbmessung), CIE-Publikation Nr. 15.

Farbstoffzelle →Flüssigkristall-Anzeige

Faserkreisel →Gyroskop, faseroptisches

Fast Fourier Transform, FFT. Die FFT ist ein Rechenverfahren, um die Diskrete Fourier-Transformation DFT (→Frequenzanalyse) besonders schnell durchzuführen. Bei der DFT sind für die Berechnung des Spektrums aus N Abtastwerten insgesamt N^2 komplexe Multiplikationen und N(N−1) komplexe Additionen durchzuführen. Wegen der großen Zahl von Multiplikationen dauert die Berechnung eine gewisse Zeit. Um diese abzukürzen, wurde eine Vielzahl von Algorithmen entwickelt, die unter dem Begriff der FFT zusammengefaßt werden. Diese optimieren die Berechnung der DFT hinsichtlich der Rechengeschwindigkeit, des Speicherplatzes oder der Rechnerarchitektur.

Der Grundgedanke der FFT ist, die Folge der N Eingangsdaten in kleinere Teilfolgen zu zerlegen, die dann getrennt transformiert werden. Besonders effizient ist diese Aufteilung, wenn N eine Potenz zur Basis 2 ist. Bei einer derartigen Abspaltung werden eine Reihe redundanter Berechnungen vermieden, die sonst trotz der Periodizität der komplexen Kreisfunktion notwendig wären. Dabei geht die Zahl der durchzuführenden Multiplikationen von N^2 auf 0,5 N ld N zurück. Das Rechenergebnis ist natürlich dasselbe, das auch die DFT liefert. *Schrüfer*

Literatur: *Brigham, O. E.*: FFT, Schnelle Fourier-Transformation. München 1985.

Feedback →Rückführung

Feed-back-Control. *Engl.* für →Regelung, einem Vorgang, bei dem die zu regelnde Größe fortlaufend erfaßt, mit der →Führungsgröße verglichen und im Sinne einer Angleichung an die Führungsgröße beeinflußt wird. *Strohrmann*

Feed-forward-Control. *Engl.* für →Steuerung, einem Vorgang, bei dem eine oder mehrere Größen als Eingangsgrößen andere Größen als Ausgangsgrößen aufgrund der dem System eigentümlichen Gesetzmäßigkeiten beeinflussen. *Strohrmann*

Fehlanregung. Eine Komponente eines Sicherheitssystems fällt so aus, daß die Schutzmaßnahme (Meldung, Abschaltung) unnötig ausgelöst wird. Dadurch wird die →Verfügbarkeit vermindert.

Ein Beispiel ist die Drucküberwachung eines Kessels. Bei einem →Ausfall der Überwachungseinheit in der ungefährlichen Richtung wird der Kessel abgeschaltet, ohne daß ein gefährlicher Betriebszustand vorgelegen hätte.

Eine zweite Art des Ausfalls ist die →Nichtanregung.

In Parallelsystemen, in denen das Schutzsignal durch mehrere parallel liegende, redundante Geräte gebildet wird, ist die F. wahrscheinlicher als die Nichtanregung. Das einfachste System, das bei einem Einzelausfall sowohl gegen Nichtanregung als auch gegen F. schützt, ist die (2 von 3)-Auswahl-Schaltung. *Schrüfer*

Fehler. Synonym für →Ausfall.

Fehler, sporadischer. Fehler, die relativ selten und dabei statistisch verteilt auftreten und deshalb nur schwer lokalisierbar sind. Ursache ist u. U. eine ungünstige Lage bestimmter Prüflingsparameter (Spannungen, Impulslängen) knapp an den Toleranzgrenzen, aber auch triviale Fehler wie Kontaktfehler u. ä. *Winter*

Fehler, transienter. Funktionelle Auswirkungen beliebiger Ursachen, die zu vorübergehendem nicht aufgabengerechten Verhalten von Leitsystemen führen. Die Dauer der Einwirkungen ist bei t. F. im allgemeinen so kurz, daß der Fehler wohl zu erkennen, nicht aber ohne besondere Maßnahmen zu orten ist (→Fehlererkennung; →Fehlerortung). *Strohrmann*

Fehlerbaum. Darstellung der logischen Verknüpfungen von Basisereignissen, die zu dem Ereignis *Fehler* (→Ausfall) führen. Der F. ist der negierte →Erfolgsbaum.

Die zeichnerische Wiedergabe der F. soll mit den Bildzeichen der DIN 25 424 erfolgen (Bild 1). Zu seiner Aufstellung ist zunächst das unerwünschte Ereignis (top event) als Spitze zu definieren. Die Ursachen werden als *Bool'sche* Variable aufgefaßt und konjunktiv oder disjunktiv verknüpft. Dabei werden die zunächst relativ grob formulierten Ereignisse von Stufe zu Stufe immer mehr aufgelöst, bis schließlich die Basis- oder Elementarereignisse erreicht sind. Der F. zeigt dann die Wege, die von den Basisereignissen zur Spitze führen.

In dem Beispiel von Bild 2 ereignet sich das Ereignis A, wenn die Bedingungen B und C erfüllt sind:

$A = B \wedge C$

Das Ereignis B hängt von D und E ab; C von F, G und H:

$B = D \wedge E$
$C = F \vee G \vee H$

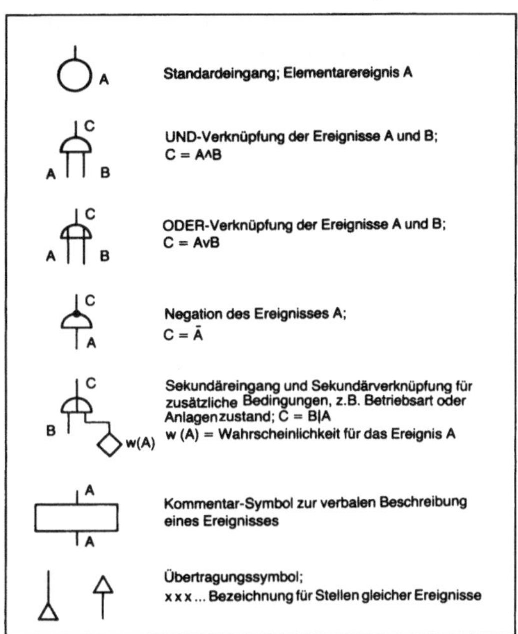

Fehlerbaum 1: Bildzeichen nach DIN 25.424.

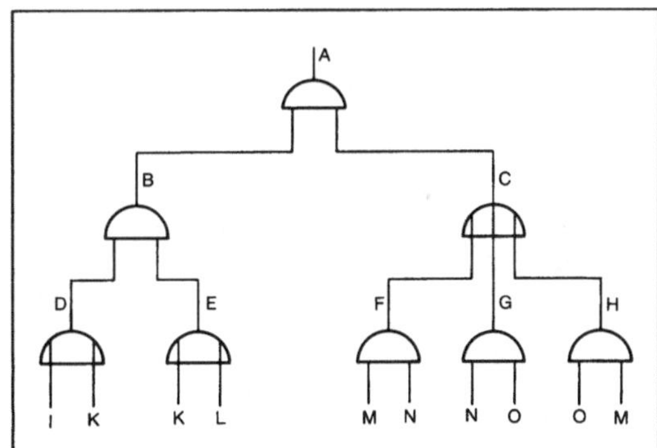

Fehlerbaum 2: Ereignisabhängigkeiten.

Wird schließlich die Spitze des F. bis auf die Elementarereignisse zurückverfolgt, so entsteht

$$A = [D \wedge E] \wedge [F \vee G \vee H] = [(I \vee K) \wedge (K \vee L)] \wedge [(M \wedge N) \vee (N \wedge O) \vee (M \wedge O)].$$

Sobald die Ereignisse definiert sind, sind in einem zweiten Schritt die Wahrscheinlichkeiten zu bestimmen. Dazu wird von den Ausfallwahrscheinlichkeiten oder Nichtverfügbarkeiten der Basisereignisse ausgegangen. Bei der Verknüpfung von Ereignissen ist Vorsicht geboten. Hier sind insbesondere die Idempotenz- und Absorptionsgesetze zu berücksichtigen. In der obenstehenden *Bool'schen* Funktion sind z. B. in der ersten eckigen Klammer (Ereignis B) die Ereignisse D und E nicht unabhängig voneinander, da jedes Ereignis das Basisereignis K

enthält. In diesem Fall ist die *Bool'sche* Funktion für das Ereignis B zunächst zu minimieren. Aus
$B = (I \vee K) \wedge (K \vee L)$ entsteht
$B = K \vee (I \wedge L)$.

Der Ausdruck für C läßt sich nicht weiter vereinfachen. Die Abhängigkeit der Ereignisse F, G und H stört hier nicht, da sie nur disjunktiv verknüpft sind.

Bei Unabhängigkeit der Ereignisse B und C errechnet sich damit die Wahrscheinlichkeit für das Topereignis A zu

$$w(A) = w(B) \cdot w(C)$$

$$\text{mit } w(B) = w(K) + w(I)w(L) - w(I)w(K)w(L)$$

$$\text{und } w(C) = w(M \wedge N) + w(N \wedge 0) + w(0 \wedge M) - 2 \cdot w(M \wedge N \wedge 0)$$

$$= w(M)w(N) + w(N)w(0) + w(0)w(M) - 2\, w(M)w(N)w(0).$$

Bei F., die dem →Einzelfehler-Kriterium genügen, gibt es keine Ausfallursache, die für sich allein, ohne in Kombination mit einer anderen, das unerwünschte Ereignis auslöst. Für den Ausfall eines derartigen Systems sind also mindestens zwei unabhängige Basisausfälle erforderlich (→Fehlerbaumanalyse). *Schrüfer*

Fehlerbaumanalyse. Analyse eines technischen Systems durch Aufstellung eines →Fehlerbaums.

Die Vorgehensweise bei der F. ist umgekehrt zu der bei der →Ausfalleffektanalyse. Bei letzterer wird von den Ausfällen der Komponenten ausgegangen. Diese werden systematisch für alle Komponenten untersucht, unabhängig davon, ob sie den Ausgang beeinflussen oder nicht. Beim Fehlerbaum hingegen werden, von der Spitze aus rückwärts, nur die Komponentenausfälle betrachtet, die einen Beitrag zum unerwünschten Ereignis liefern. Der zu entwickelnde Fehlerbaum ist sehr von der Systemkenntnis und der Erfahrung des durchführenden Ingenieurs abhängig. Die Vollständigkeit der Ausfallerfassung läßt sich, anders wie bei der Ausfalleffektanalyse, nicht beweisen.

Auswertung: Die Fehlerbäume größerer technischer Systeme umfassen teilweise mehr als 1000 Ereignisse. Diese werden rechnergestützt entweder analytisch oder in Form einer →Simulation ausgewertet.

Bei der analytischen Methode wird die logische Abhängigkeit des Topereignisses von den Basisereignissen formuliert. Der sich ergebende Ausdruck wird in Minimalschnitte zerlegt. Gruppen von Ereignissen werden gebildet, die den Systemausfall nach sich ziehen. Die Idempotenz- und Absorptionsgesetze sind zu berücksichtigen. Aus den Wahrscheinlichkeiten (Erwartungswerte) für die Basisereignisse läßt sich dann die Wahrscheinlichkeit für das Topereignis berechnen.

Bei dem →Monte-Carlo-Verfahren wird etwas anders vorgegangen. Hier ist zunächst ein statisches Modell des Systems mit all seinen Komponenten zu erstellen. Anschließend wird von einem Zufallsgenerator der Zustand der Komponenten (funktionsfähig, ausgefallen, in Reparatur, in Wartung) vorgegeben und der Systemzustand wird berechnet. Dieses Spiel wird mit neuen, vom Zufallsgenerator gelieferten Eingangsdaten so lange wiederholt, bis die Wahrscheinlichkeit für den Systemzustand mit der gewünschten statistischen Sicherheit angegeben werden kann. Hier läßt sich nicht nur der Erwartungswert, sondern auch der dazugehörige →Vertrauensbereich bestimmen. Bei sehr zuverlässigen Systemen ist der Rechenaufwand allerdings sehr groß.

Ergebnis: Die F. liefert die Wahrscheinlichkeit für das unerwünschte Ereignis. Die Genauigkeit hängt naturgemäß von der Vollständigkeit der betrachteten Ereignisse und von der Unsicherheit der Eingangsdaten (Wahrscheinlichkeiten) ab. Unabhängig von diesen Einschränkungen ist die F. sehr gut geeignet,
- Schwachstellen eines Systems zu offenbaren und
- konkurrierende Systeme quantitativ miteinander zu vergleichen. *Schrüfer*

Literatur: *Camarinopoulos, L.:* u. *A. Becker:* Zuverlässigkeits- und Risikoanalysen. KTG-Seminar Bd. 2, Köln 1983. – DIN 25424 Fehlerbaumanalyse 1977. – *Reinschke, K.:* Aufstellen von Zuverlässigkeitsersatzschaltungen und Fehlerbäumen. Berlin 1977. – *Schneeweiss, W. G.:* Zuverlässigkeitsanalyse von komplexen Datenverarbeitungsstrukturen mit Hilfe von Fehlerbäumen. Elektronische Rechenanlagen 1977, H. 3, S. 122–128. – *Schrüfer, E.:* Zuverlässigkeit von Meß- und Automatisierungseinrichtungen. München 1984.

Fehlerbibliothek. Die →Fehlersuche bei digitalen Baugruppen mit Hilfe einer F. versucht, aus dem Fehlerbild der Funktionsprüfung auf das fehlerhafte Bauelement zu schließen.

Jede Baugruppe hat eine eigene F. Zu jedem in Frage kommenden Fehler müssen die resultierenden Ausgangsdaten des Prüflings ermittelt und in der Bibliothek abgelegt werden. Bei der Ermittlung durch Fehlersimulation (→Simulation) werden in das Schaltungsmodell Fehler eingebaut und die zugehörigen Ausgangsdaten errechnet. In der Praxis werden häufig F. verwendet, welche aus der Prüferfahrung entstehen und mit jedem neu auftretenden Fehler wachsen. Die Anwendung beschränkt sich auf Schaltungen mit geringer logischen Tiefe. Bei komplexen Baugruppen führt das Verfahren zu großen Datenmengen und mehrdeutigen Fehlerzuordnungen. Hier ist ein sinnvoller Einsatz die Kombination mit der →Pfadverfolgung (→Digitalprüfung). *Mettler*

Fehlerdiagnose →Diagnoseverfahren

Fehlereffektanalyse → Ausfallefektanalyse

Fehlererkennung. Erkennen von funktionellen Auswirkungen, die zu vorübergehendem oder dauerndem fehlerhaften Verhalten von Leitsystemen führen. Im Echtzeitbetrieb arbeitende Leitsysteme müssen einen hohen Grad von Funktionsfähigkeit haben, und es ist unbedingt erforderlich, fehlerhaftes Arbeiten im On-line-Betrieb so rechtzeitig zu erkennen, daß Maßnahmen eingeleitet werden können, den Betrieb in einem bestimmungsgemäßen Zustand zu halten.

Fehlerhaftes Arbeiten kann mit Hard- oder Softwaremaßnahmen erkannt werden. Hardwaremäßig realisierbare Fehlererkennungsmöglichkeiten sind z. B.: Überwachung des Taktgenerators des Prozessors, Paritätskontrollen der Speicher, der Prozeß- und Standard-Ein/Ausgabegeräte oder die Erkennung nicht interpretierbarer Befehle. Softwaremäßig realisierbar sind: Überwachung des Zeitgebers mittels Watchdog, Einlesen von Konstantspannungen, die hinter dem → Analog-Digital-Umsetzer invertierte Binärmuster haben oder Rückkopplung von Rechnerausgängen auf Eingänge und Vergleich von ausgegebenen und wieder eingelesenen Prüfsignalen.

Ein sehr schnelles Erkennen von Fehlern ist bei Doppelrechnersystemen möglich, besonders, wenn sie im Synchronbetrieb arbeiten: Eine Vergleichereinheit kann dann Bit für Bit die Ausgangssignale beider Einheiten überprüfen und innerhalb weniger Mikrosekunden fehlerhaftes Arbeiten feststellen und Gegenmaßnahmen einleiten (→ Fehlerortung). *Strohrmann*

Literatur: VDI/VDE 3553: Erkennung und Ortung von Hardware- und Softwarefehlern in Prozeßrechnersystemen. Ausg. Mai 1977.

Fehlererkennungszeit, mittlere → MFDT

Fehlerfortpflanzung → Gaußsches-Fehlerfortpflanzungsgesetz

Fehlerkatalogverfahren. Verfahren, um die automatisierte → Fehlersuche vornehmlich an → Leiterplattenbaugruppen mit möglichst wenig Kontaktierungen durchzuführen. Bezogen auf jeden simulierten Einzelfehler an einem beliebigen internen Schaltungsknoten wird hierzu per → Prüfsimulation ermittelt, an welchen Ausgangspins einer Schaltung und zu welchen Zeiten ein vom guten Zustand abweichendes logisches Verhalten auftritt. Aufgrund des Vergleiches des aktuellen Fehlerbildes mit dem bei der → Simulation errechneten Fehlerbild läßt sich relativ schnell der Fehlerort ermitteln. Es ist allerdings notwendig, den Fehler eindeutig zu verifizieren, weil die Simulation aller denkbaren Fehler und insbesondere beliebige Kombinationen von Mehrfachfehlern nicht mit akzeptablen Zeitaufwand durchgeführt werden kann. *Winter*

Fehlerklassifikation. Insbesondere bei → Leiterplattenbaugruppen werden die Fehler in bestimmte Fehlerklassen eingeteilt:

□ → Fertigungsfehler:
- Kurzschlüsse durch Lötfehler (→ Klemmfehler)
- Kurzschlüsse zwischen Leiterbahnen
- Unterbrechungen von Leiterbahnen oder bei Durchkontaktierungen
- Unterbrechungen durch mangelhafte Lötstellen
- Bestückungsfehler (falsches Bauteil oder falsche Plazierung)
- Beschriftungsfehler
- mechanische Fehler (Kontakte, Maßhaltigkeit) usw.

□ Bauteilfehler:
- elektrisch defekt (Klemmfehler)
- mechanisch defekt
- Temperaturfehler
- Toleranzfehler

□ Entwicklungsfehler:
- Dimensionierungsfehler
- logische → Funktionsfehler
- worst-case-Fehler beim Zusammenwirken einzelner Bauteile. *Winter*

Fehlermodell. Die Grundlage für die Fehlersimulation digitaler Schaltungen sind F., welche Fehler beliebiger physikalischer Ursache auf konkrete logische Fehler abbilden.

Zur Bestimmung der Fehlererkennungsrate (Prüfschärfe) werden bei der Fehlersimulation (→ Simulation) Fehler in das Modell der digitalen Schaltung (IC oder Baugruppe) eingebaut. Dabei werden diejenigen physikalischen Fehler berücksichtigt, welche sich in einer Abweichung des logischen Signales vom Sollverhalten äußern und damit in einem F. abgebildet werden können. Dies trifft auf die Hauptfehlerursachen Kurzschlüsse und Unterbrechungen von Verbindungsleitungen auf dem Chip (Metall- und Diffusionsbahnen) und auf der Baugruppe (einschließlich schlechter Lötungen) zu. Fehler, die sich derart nicht modellieren lassen, sind vor allem parametrische Fehler.

Das verbreitetste F. ist das der „Stuck-at"-Fehler (Haftfehler), das die meisten physikalischen Ursachen abdeckt. „Stuck-at" bedeutet, daß ein Signalpegel entgegen seiner Sollfunktion ständig auf 0 (stuck-at-0 oder sa0) oder 1 (stuck-at-1 oder sa1) liegt. Auch offene Eingänge und Kurzschlüsse äußern sich als „Stuck-at"-Fehler.

Bei einem Gatter mit n Ein- und Ausgängen sind 2n Stuck-at-Einzelfehler möglich. Für Mehrfachfehler ergeben sich 3^n-1 Fehlerkombinationen, eine mit vertretbarem Aufwand nicht mehr beherrschbare Fehlerzahl. Daher und weil die Erfahrung gezeigt hat, daß die Mehrzahl aller Mehrfachfehler durch das Einzelfehlermodell abgedeckt ist, werden nur Einzelfehler behandelt, d. h. jeder Fehlerort wird einzeln auf „Stuck-at"-Fehler untersucht, bei sonst fehlerfreier Schaltung.

Das F. ist für Bipolar- und MOS-Technologie anerkannt. Bei CMOS sind die zusätzlichen Fehlertypen „stuck-open" (Unterbrechung mit Wirkung eines fehlerhaft hochohmigen Ausganges) und „stuck-on" (Ausgang undefiniert, da beide Ausgangszweige leiten) zu beachten. Sie lassen sich bei geeigneter Modellierung unter Verwendung zusätzlicher Schaltelemente in die bekannten F. sa0 und sa1 überführen. *Mettler*

Literatur: *Zerbst, M.*: Meß- und Prüftechnik. Berlin–Heidelberg–New York–Tokyo. 1986. (Halbleiter-Elektronik, Bd. 20).

Fehlerortung. Lokalisieren von funktionellen Auswirkungen, die zu vorübergehendem oder dauerndem fehlerhaften Verhalten von Leitsystemen führen. Moderne Systeme haben Prüfroutinen, mit denen sie ein Großteil der Hardwarefehler finden. Das geschieht hardwaremäßig im Mikrosekundenbereich, z. B. durch Überwachung von Takt- oder Quittierungszeiten, des Ausfalls angeschlossener Geräte sowie durch Paritätskontrolle. Mit Softwareroutinen lassen sich Speicher, Busse, Prozessoren oder Peripheriegeräte prüfen. Dies kann teilweise im On-line-Betrieb geschehen, für aufwendige Überprüfungen muß das System vom Prozeß getrennt werden. Zur Ortung der oft sehr schwer erkennbaren transienten →Fehler müssen auf das Erscheinungsbild des Fehlers angepaßte Softwareroutinen in das Programm eingefügt werden. Bei Verdacht auf einen transienten Hardwarefehler ist es oft am einfachsten, durch Auswechseln wenigstens die fehlerhafte Komponente zu lokalisieren (→Fehlererkennung). *Strohrmann*

Literatur: VDI/VDE 3553: Erkennung und Ortung von Hardware- und Softwarefehlern in Prozeßrechnersystemen. Ausg. Mai 1977.

Fehlerschlupf. Derjenige Anteil von Fehlern, der in einer bestimmten Prüfstufe nicht erkannt wird und bei der Prüfung „durchschlupft". Angabe i. a. in Prozent bezüglich aller möglichen Fehler, wie sie bei der →Simulation angenommen wurden (→Fehlermodell). *Winter*

Fehlerstatistik. Statistik über Zahl und Art von Prüflingsfehlern. Aus der F. können Rückschlüsse über die Qualität einzelner Fertigungsstufen gewonnen werden und entsprechende Verbesserungen im Fertigungsprozeß oder bei der Zulieferung angeregt werden. Die F. kann manuell oder automatisch durch den Prüfautomaten erstellt werden. Im letzten Fall ist dabei eine Identifizierung des Prüflings z. B. mit Hilfe von →Strichcode notwendig, um z. B. Mehrfachprüfungen des gleichen Prüflings erkennen zu können.

Das Ergebnis der F. sind häufig Graphiken, aus denen sich Trends leicht ablesen lassen. *Winter*

Fehlersuche. Die Auffindung der →Fehlerursache, des Fehlerortes und des verursachenden Bauelementes, um eine Reparatur eines defekten Prüflings vornehmen zu können.

Da eine manuelle F. zum Teil sehr aufwendig ist, sind verschiedene Methoden zur Automatisierung – zum Teil implizit in den Prüfverfahren – im Einsatz.

Bei der →Verdrahtungsprüfung werden serielle Einzelprüfungen vorgenommen, weshalb beim Auftreten eines Fehlers sofort die fehlerhafte Verbindung oder mangelhafte Isolation erkannt wird.

Die →Bauelementeprüfung erfordert keine F., da Bauelemente im allgemeinen nicht reparierbar sind.

Beim →In-Circuit-Test von Baugruppen werden die Bauelemente einzeln nacheinander überprüft, so daß der Fehlerort ebenfalls sofort gefunden ist.

Am schwierigsten ist die F. bei der →Funktionsprüfung, bei der die Auswirkung des Fehlers sich an anderer Stelle in der Schaltung zeigen kann. Für die Anwendung automatisierter, rechnerunterstützter Verfahren gelten hier grundsätzlich die Forderungen
- gute Beschreibbarkeit des Aufbaus und der Wirkungsweise der Schaltung,
- wenige verschiedene Meßgrößen zur Beurteilung des Sollverhaltens und
- Einteilung in kleine rückwirkungsfreie Schaltungseinheiten (Bild).

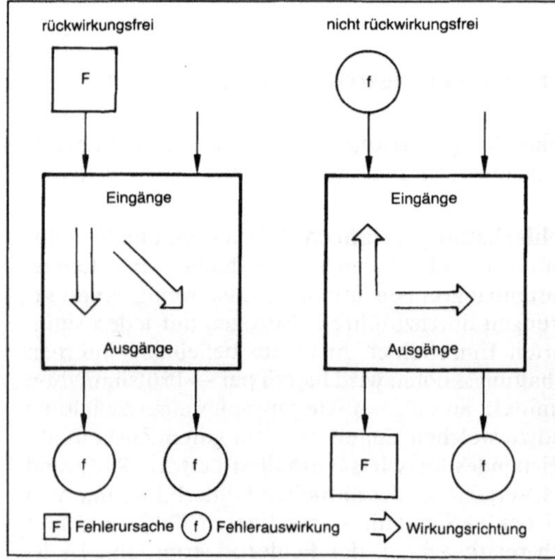

Fehlersuche: Rückwirkungsfreiheit der Schaltungseinheiten.

Diese Forderungen sind bei Digitalschaltungen am besten erfüllt.

Zwei Verfahren haben sich einzeln oder in Kombination miteinander durchgesetzt, die →Pfadverfolgung und die →Fehlerbibliothek.

Für Analogschaltungen gibt es keine brauchbare automatisierte Fehlersuchverfahren, weshalb meist der In-Circuit-Test verwendet wird. *Mettler*

Fehlerüberdeckung. (auch Ausfallerkennungsfehler, *engl.* coverage factor). Angabe über die Wirksamkeit der verwendeten Eingangsbitmuster bei der →Digitalprüfung. Die F. gibt an, wieviel Prozent der Fehler entsprechend dem bei der Simulation gewählten →Fehlermodell mit den verwendeten Prüfbitmustern erkannt werden können. Der Begriff wird vor allem im Zusammenhang mit der Fehlersimulation und insbesondere auch bei der →Testmustergenerierung verwendet, bei der solange →Prüfbitmuster erzeugt werden, bis ein vorgegebenes Maß der F. erreicht ist. Der theoretische Wert der F. wird ohne Rücksicht auf das wahrscheinliche Auftreten eines Fehlers in der Praxis, z. B. durch Schwächen im Design, ermittelt (→Fehlerschlupf). *Winter*

Fehlerursache →Fehlerklassifikation

Feinwerktechnik. F. hat eine lange Tradition, wenn man sie auf die ersten Waagen oder Uhren bezieht. Als eigenes Fachgebiet gibt es die F. seit Anfang unseres Jahrhunderts, wobei zunächst die Mechanik vorherrschte.

Dabei war die F. schon immer interdisziplinär, indem sie Elemente der Mechanik, Optik, Elektrotechnik zur Lösung ihrer Aufgaben nutzte. Seit einigen Jahrzehnten erhöht sich der Einfluß der Elektronik, der durch integrierte Schaltkreise und Mikroprozessoren ab Mitte der siebziger Jahre zu einem tiefgreifenden Strukturwandel führt.

Die Technologie der Mikroelektronik strahlt auch in die Mechanik: mit ähnlichen Verfahren lassen sich Sensoren und andere mikromechanische Bauelemente herstellen. Ähnliches vollzieht sich im Bereich der Mikrooptik. F. und →Mikrotechnik wachsen zusammen. Durch mikroelektronische Bausteine können mechanische Funktionen und Bauelemente überall dort durch elektronische ersetzt werden, wo es sich ökonomisch – oder aus Platzgründen – anbietet. Andererseits hat die Computer-Peripherie ein neues weites Feld der Feinmechanik hervorgebracht.

So entsteht eine neue Qualität der F. Gleichzeitig steigen Flexibilität, Universalität, Funktionsumfang und Automatisierungsgrad. Es eröffnen sich noch kaum überschaubare Perspektiven.

Die F. und Mikrotechnik umfassen ein weites Spektrum von Produkten wie Instrumente, Apparate, Geräte, Anlagen oder Systeme, deren Grundlagen aus verschiedenen Disziplinen der Naturwissenschaft stammen. Die Ingenieurtätigkeiten sind daher interdisziplinär wirkende Aufgaben (Bild) in Entwicklung und Produktion, deren Grenzen sich nicht genau abstecken lassen. Deshalb seien die wichtigsten Industrieprodukte der F. und Mikrotechnik genannt:

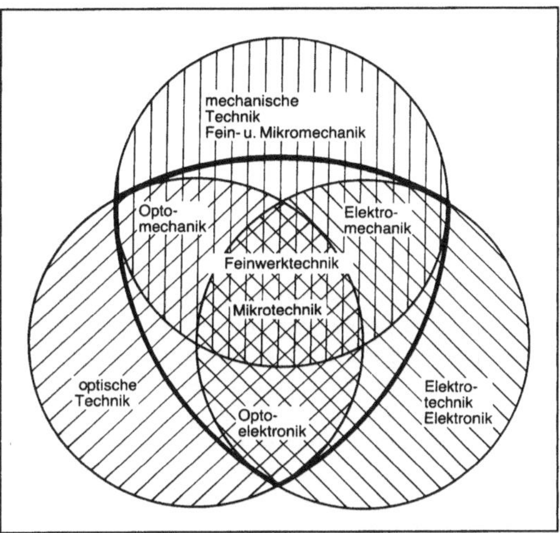

Feinwerktechnik: Gerätetechnischer Anwendungssektor der wichtigsten physikalischen Disziplinen in der F. und Mikrotechnik (schematisch).

– Telekommunikationstechnik: Fernsprech-, Fernschreib-, Faxgeräte; Geräte der Richtfunk-, Radar-, Peilertechnik usw.
– Konsumelektronik: Videogeräte, Rundfunk- und Fernsehgeräte; Ton- und Bildspeichergeräte
– Datenverarbeitungstechnik: Rechner mit Peripheriegeräten, Organisations- und Bürotechnik
– →Meß- und Automatisierungstechnik: Sensoren, Steuerungs- und Regelgeräte, allgemeine Industrie-Elektronik
– Produktionstechnik: Geräte zur Produktion von mikroelektronischen Bauelementen, Manipulatoren, Roboter
– Feinmechanik und Optik: Kameras, Filmgeräte, Projektoren, Mikroskope
– Medizintechnik: Diagnose-, Analysegeräte, Geräte der Operationstechnik, Prothesen
– Ausrüstungstechnik für Kraftfahrzeuge
– Elektro-Hausgerätetechnik: Waschmaschinen, Nähmaschinen, Mikrowellenherde etc.
– Spielzeugtechnik. *Lauruschkat*

Feldbus. Unter einem F. versteht man einen seriellen →Bus zur aufwandsarmen Ankopplung von Fühlern und Stellgeräten (wie z. B. Temperaturfühler, Servoantriebe, →Regler) in Prozeßsteuerungs- und -überwachungsanlagen an ein zentrales Prozeßleitsystem. Im Gegensatz zu der weitgehend verbreiteten sternförmigen Verbindung (→Sternverbund) eignet sich der F. besonders für das Zusammenwirken mit Feldgeräten mit peripherer Intelligenz, z. B. wenn neben einem analogen Durchflußwert noch mengenwertige Impulse, Summenwerte sowie Grenz- und Statussignale zu übertragen sind. Wegen der rauhen „Feld"-umgebung sind die Anforderungen in bezug auf Störfestigkeit, Handhabbarkeit, Austausch und Einfügen von Komponenten hoch. In verfahrenstechnischen Anlagen wird darüber hinaus vielfach →Eigensicherheit gefordert (z. B. eigensichere Ausführung des PROFIBUSses).

Die Einsatzgebiete des F. liegen sowohl in der Fertigungstechnik wie auch in der verfahrenstechnischen Industrie. Zur Zeit gibt es eine Vielzahl von Vorschlägen, die in Demonstrationsprojekten auf Messen Fühler und Geräte unterschiedlicher Hersteller verbinden. Einer verbreiteten Einführung in die Praxis steht zur Zeit noch die ungeklärte Normungssituation entgegen. Eine Reihe der Vorschläge ist bei nationalen/internationalen Normungsgremien zur →Normung eingereicht (der DIN-Meßbus auch schon als nationale Norm erlassen); welche(r) sich aber durchsetzen werden (wird), ist zur Zeit noch nicht absehbar.

Da der F. echtzeitfähig sein muß, ist die Verwendung von Netzwerkstrukturen, die alle Ebenen des ISO/OSI-Referenzmodells vorsehen (→ISO-Referenzmodell) nicht möglich; Feldbussysteme sehen nur die Ebenen 1, 2 und 7 der Sieben-Ebenen-Architektur vor. Als Übertragungsmedium (physikalische Ebene) werden vorzugsweise verdrillte abgeschirmte Zwei- oder Vierdrahtleitungen vorgeschlagen, aber auch der Übergang auf →Lichtwellenleiter ist wegen der Robustheit gegenüber elektromagnetischen Störungen optional in Diskussion. Die maximale räumliche Ausdehnung eines Feldbussystems liegt bei 1 000–2 000 m. Aus Aufwands-, Verfügbarkeits- und Zeitgründen wird die maximale Teilnehmeranzahl am Bus auf etwa 30 begrenzt. Je nach Anwendungsgebiet werden Reaktionszeiten von 10 ms und darunter gefordert. Auch die Bitübertragungsraten sind höchst unterschiedlich und reichen von 9 600 Bit/s bis zu 3 MBit/s, wobei die hohen Übertragungsraten selbstverständlich nur bei verminderten Reichweiten zu erreichen sind.

Die Nutzdatenlänge je übertragbarer Nachricht liegt in der Regel bei wenigen Bytes (Echtzeitforderung). Die Zugriffsberechtigung zum Bus erfolgt häufig über ein Master/Slave-Verhältnis, teilweise auch über Token.

Die Dienste auf MAC- (Medium Access Protocol, Medienzugangskontrolle) und LLC-(Logical Link Control) Ebene sind grundsätzlich verbindungslos, um Zeitverzögerungen durch den Auf- und Abbau von Verbindungen zu vermeiden. Im folgenden sollen einige dieser Dienste und Protokolle vorgestellt werden.

□ MAC-Ebene. Der Ersatz der Punkt-zu-Punkt-Verbindungen bringt den Nachteil mit sich, daß der Medienzugriff (auf Medium-Access-Ebene) auf das gemeinsame Medium geregelt werden muß. Dies kann in dieser Umgebung, in der üblicherweise zur Konfiguration des Systems bekannt ist, welche Abfragen wann zu erfolgen haben, durch eine zentrale Überwachungsstation erfolgen (→FIP, MIL-STD 1553B). Um die Funktionalität des Gesamtsystems auch beim →Ausfall einer zentralen Bussteuerung zu gewährleisten, können die Funktionen der Bussteuerung häufig auch von anderen Stationen übernommen werden. Eine weiterere Möglichkeit ist die, daß sich mehrere primäre Stationen (Master-Stationen) gleichberechtigt das Übertragungsmedium teilen. In diesem Fall wird die Zugangsberechtigung durch Token-Passing geregelt, das durch Zeitschranken eine obere Zugriffsverzögerung für jede Station gewährleisten kann.

□ LLC-Ebene. Typische Dienste auf Logical-Link-Control-Ebene sind:
- SDN (Send Data with No Acknowledge), der nach der Nachrichtenübertragung keine Quittung der Empfänger-Station verlangt und sich somit für Broadcast-Übertragungen (Broadcast) eignet.
- SDA (Send Data with Acknowledge), der eine Quittung für die übertragenen Daten vom Empfänger verlangt.
- RDR (Receive Data with Reply), der Daten von der Partnerstation anfordert.
- SRD (Send and Receive Data), der Daten in beide Richtungen befördert.

Einige F.-Systeme verwenden darüber hinaus zyklische Dienste, welche die Reihumabfrage von z. B. Sensoren ermöglichen.

□ Anwendungsebene. Die Dienste der Anwendungsebene beziehen sich häufig nur auf Variablen-Zugriff und Variablen-Management (ISA). Einige F.-Systeme verwenden auch Teilmengen der MMS-Dienste (MMS) neben ihren eigenen.

Von den zur Zeit in Europa mehr oder weniger breit diskutierten und zur Norm eingereichten Feldbussen seien der DIN-Meßbus, der Field-Bus, der →FIP und der →PROFIBUS genannt.

Neben diesen allgemeinen Vorschlägen von F. gibt es eine Reihe von firmenspezifischen F., die entweder schon am Markt eingeführt sind wie z. B. der BITBUS oder für spezielle Anwendungsgebiete geschaffen wurden wie z. B. der CAN-Bus (Controll Area Network) und der ABUS (Automobile Bit-serielle Universal-schnittstelle) im Auto.

F. Schneider/Spaniol/Strohrmann

Feldbus, eigensicher. Dies ist üblicherweise eine eigensichere Ausführung eines existierenden Feldbusses, wobei in der Regel aus Hilfsenergiegründen die Anzahl der anschließbaren Geräte deutlich geringer ist als beim →Feldbus im Normalbereich. Maßgebend ist die Zündschutzart, für die der →Bus zugelassen ist (z. B. Eigensicherheit E Ex ib II c). Die →Hilfsenergie wird entweder über das Buskabel oder über eine separate Leitung geführt. Die Verbindung zwischen nicht eigensicherem und eigensicherem Teil eines Busses wird über sogenannte Ex i-Trenner vorgenommen. *F. Schneider*

Feldmultiplexer. Funktionseinheit, die über einen oder einige wenige Nachrichtenkanäle mit dem →Prozeßleitsystem verbunden ist und in wechselseitigem Zusammenwirken mit diesem im Feld Signalverteilung und -verarbeitung durchführt. Es werden sowohl Signale einer größeren Zahl (10–60, typisch 30) von Eingangskanälen aufgenommen, aufbereitet und an das Prozeßleitsystem weitergeleitet als auch vom Prozeß kommende Signale aufbereitet, z. B. in Analogsignale umgeformt, und einer größeren Zahl von Ausgangskanälen zugeteilt.

F. können besonders in räumlich ausgedehnten Anlagen Einsparungen an Verkabelungsaufwand bringen. In Chemieanlagen ist meist Explosionsschutz erforderlich, und wegen der dort weitgehend mit pneumatischer →Hilfsenergie betriebenen Stellgeräte ist es vorteilhaft, wenn der F. auch pneumatische Stellsignale ausgeben kann. Wegen der Mehrfachnutzung zentraler Komponenten und der Nachrichtenkanäle wird im allgemeinen eine redundante Auslegung des F. erforderlich sein, um Verfügbarkeitsforderungen erfüllen zu können. *Strohrmann*

Feldplatte. →Magnetfeldsensor auf der Basis der magnetischen Widerstandsänderung. Unter dem Einfluß eines Magnetfeldes wird die Bahn der Ladungsträger durch den Leiter vergrößert (→Hallspannung, →Hallwinkel), so daß sich hierdurch der elektrische Widerstand des Leiters vergrößert. Dieser Effekt ist besonders ausgeprägt, wenn das Verhältnis von Leiterquerschnitt zu Leiterlänge groß wird. Werden viele Leiterstücke mit diesem Größenverhältnis hintereinandergeschaltet, was sich durch eine alternierende Lamellarstruktur von Leiterstücken und Kontaktbereichen realisieren läßt, dann erhält man ein relativ hochohmiges Bauelement mit einem großen magnetischen Widerstandseffekt, das als F. bezeichnet wird.

Bei Verwendung einer eutektischen Mischung von InSb und NiSb erhält man eine ähnlich gestaltete Struktur durch plattenförmige Ausscheidungen der wesentlich leitfähigeren NiSb-Phase (mit der Funktion der Kontaktgebiete) in einer hochohmigeren Matrix aus InSb (mit der Funktion des Leiters) (Bild).

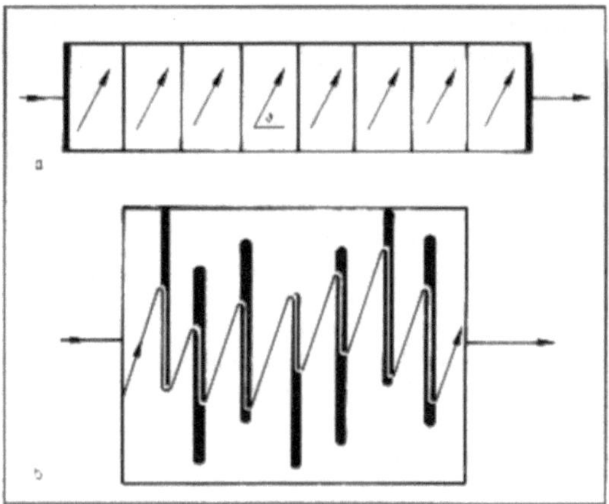

Feldplatte: Strombahnen im Magnetfeld (senkrecht Zeichenebene) im Falle der Halbleiterschicht mit Kurzschlußstreifen (a) und des InSb/NiSb-Eutektikums (b). (Quelle: Heywang)

In die magnetische Widerstandsänderung geht die Ladungsträgerbeweglichkeit (→Elektronenbeweglichkeit) quadratisch ein, deshalb wird als Material für den Leiter ein Werkstoff mit hoher Ladungsträgerbeweglichkeit, wie InSb oder InAs, bevorzugt.

Ein Nachteil von F. ist die große Temperaturabhängigkeit. Diese läßt sich weitgehend kompensieren durch Einsatz von Differentialfeldplatten. *Schaumburg*

Literatur: *Heywang, W.:* Sensorik. Berlin 1984.

Feldregler. Pneumatischer Einheitsregler mit PI-Verhalten für Durchfluß- und schnelle Druckregelstrecken, der in der Anlage so montiert wird, daß sich ein möglichst kurzer Verbindungsweg zwischen Meß- und Stellort ergibt. Mit F. lassen sich schnelle Regelstrecken auch dann pneumatisch optimal regeln, wenn die Entfernung zwischen Prozeßleitwarte und →Regelstrecke über 100 m liegt. Das Führen der F. von der Warte erfordert für jeden →Regler fünf verbindende pneumatische Leitungen, nämlich für Istwert, Sollwert, Stellwert–Regler, Stellwert-Hand und für ein Schaltsignal, das den Regler bei Handfahrweise vom Stellgerät trennt. *Strohrmann*

Femto.... SI-Vorsatz für →Einheiten im Meßwesen. Abk. f. Bezeichnet das 10^{-15}fache der jeweiligen Einheit. *Hammerschmidt*

Fensterkomparator. System aus zwei Komparatoren, die logisch miteinander verknüpft die Aussage erlauben, ob ein Spannungswert innerhalb des Toleranzbereiches, darunter oder darüber liegt. Angewandt zur Erkennung der logischen Zustände HI, LO oder ‚between'. *Winter*

Fermi. In der Kernphysik verwendete Längeneinheit. Einheitenzeichen f. 1 f = 10^{-15} m. Keine gesetzliche Einheit, soll durch die erweiterte SI-Einheit Femtometer (Einheitenzeichen fm) ersetzt werden: 1 fm = 10^{-15} m. *Hammerschmidt*

Fernmessung. Die F. ist eine Messung, bei der der Meßort und die Meßwertanzeige/Meßwertverarbeitung räumlich voneinander getrennt sind. Heute werden unter F. folgende zwei Arten verstanden

- direkte Übertragung und →Anzeige von Meßwerten in eine Warte in Industrieanlagen,
- Übermittlung von Meßwerten unter Verwendung nachrichtentechnischer Mittel zu einer Zentrale als Teil der Fernwirktechnik. Die Überwachung des Betriebszustands räumlich entfernter Betriebsmittel geschieht mittels Fernüberwachen, die Übermittlung des Werts gemessener Mengen, die über einen spezifischen Parameter, z. B. über eine Zeitspanne integriert werden, mittels Fernzähler. Schließlich bedeutet Fernanzeigen das Fernüberwachen von Zuständen wie z. B. Alarmzuständen, Schalterstellungen, Schieberstellungen usw. F. (im Sinne der Fernwirktechnik), Fernüberwachen, Fernanzeigen und Fernzählen sind zusammengenommen die Melderichtung der Fernwirktechnik.

Die F. im ursprünglichen Sinne bestand darin, daß man die am Meßort eingebauten (mechanischen) Meßgeräte mit elektrischen Zusatzeinrichtungen versah, durch die eine Weitermeldung des Ausschlags an einen zentralen Ort erfolgte. Nach diesem Prinzip arbeitet der (auch heute noch eingesetzte) Widerstandsferngeber (Bild). Demgegenüber haben sich seit langer Zeit Normsignale für die (analoge) F. durchgesetzt, durch die einerseits die Störbeeinflussung, andererseits die Entfernungsabhängigkeit und die Gerätevielfalt drastisch reduziert werden können. Allgemein wird heute die 0–20 mA-Schnittstelle in (verfahrenstechnischen) Industrieanlagen verwendet. Hierzu ist es erforderlich, daß die Ausgangsgröße des Meßaufnehmers in ein elektrisches Signal umgewandelt und entsprechend verstärkt wird. Dies geschieht mit Hilfe von Meßumformern, die zunächst das nichtelektrische Signal in ein elektrisches Signal umwandeln (z. B. Druck über einen Waagebalken in einen Strom), dieses im →Meßverstärker verstärken und ggf. in einem →Trennverstärker galvanisch entkoppeln. Um Störbeeinflussungen zu vermeiden, werden die →Meßumformer in der Betriebsmeßtechnik in der Nähe der →Meßaufnehmer montiert und sind daher den gleichen (rauhen) Umgebungsbedingungen unterworfen wie die →Aufnehmer.

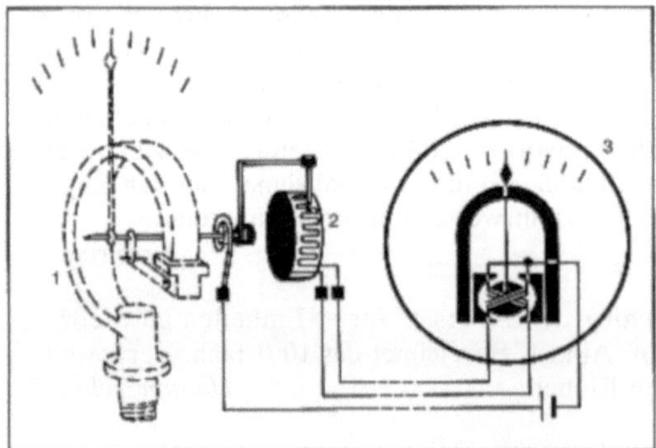

1 Druckgeber, 2 Widerstands-Winkelaufnehmer, 3 Quotientenmesser

Fernmessung: Widerstands-Winkelaufnehmer zur Fernübertragung eines Druckmeßwerts. (Quelle: Hartmann & Braun)

Da bei großen Industrieanlagen der Verkabelungsaufwand für die vielen Meßwerte beträchtlich ist, sind Bestrebungen im Gange, mit Hilfe der immer billiger werdenden Mikroelektronik den Verkabelungsaufwand durch serielle Busübertragung drastisch zu reduzieren. Hierzu ist es erforderlich, mittels eines „intelligenten Mikrosensors" das →Meßsignal zu verstärken, zu digitalisieren und es auf Anforderung durch eine Meßstation seriell auf einen →Bus zu übertragen. Die hierfür erforderliche →Normung der digitalen Übertragung wird z. Z. versucht, und zwar unter dem Namen „→Feldbus". *F. Schneider*

Fertigungsfehler. Gebräuchlicher Begriff bei der →Baugruppenprüfung: Alle Fehler, die während der Fertigung einer →Leiterplattenbaugruppe entstehen, nicht jedoch z. B. Bauteilfehler, also Lötfehler, Bestückfehler, Bedruckungsfehler, mechanische Beschädigungen (→Fehlerklassifikation). *Winter*

Fertigungsleittechnik →Prozeßleittechnik

Fertigungsqualität. Die F. gibt an, mit welcher Güte z. B. elektronische →Leiterplattenbaugruppen aus der Fertigung ins Prüffeld angeliefert werden. I. a. spricht man von F. nach dem Durchlaufen des Prüflings durch das Lötbad, wobei meist noch eine optische Kontrolle vorweggenommen wird. Die F. wird durch den sogenannten →Q-Wert ausgedrückt, der den Anteil der fehlerfreien Leiterplattenbaugruppen an der Gesamtstückzahl in Prozent angibt (Q85 = 85 % fehlerfrei). *Winter*

Feststoffelektrolyt. Im Gegensatz zu Elektronenleitern erfolgt bei Ionenleitern der Ladungstransport über die Bewegung von Ionen, d. h. die elektrische Leitung ist mit einem Massentransport verbunden. Häufig erfolgt die Bewegung der Ionen über Leerstellen der entsprechenden Ionensorte.

→Ionenleiter werden auch als F. bezeichnet, sie finden Anwendung bei der Herstellung von →Gassensoren und →Sauerstoffsensoren. *Schaumburg*

Literatur: *Schaumburg, H.*: Werkstoffe und Bauelemente der Elektrotechnik. Bd. 1: Werkstoffe. Stuttgart 1990.

Festwertregelung. Die F. wird eingesetzt zur Verbesserung des Störverhaltens einer Anlage (→Regelstrecke), die an einem fest eingestellten Betriebspunkt arbeiten soll.

Diese Regelungsaufgabe (→Regelung) läßt sich folgendermaßen beschreiben. Für eine Anlage ist ein fester Arbeitspunkt X_A vorgegeben, er soll unabhängig von Störeinflüssen eingehalten werden. Man denke sich als Regelstrecke einen elektrischen Gleichstromantrieb, dessen Nenndrehzahl X_A bei Nennlast Z_A über die Nennankerspannung Y_A eingestellt ist. Eine Laständerung Δz (→Störgröße) verursacht eine Drehzahlabweichung Δx. Die gestrichelte Linie in der Abbildung zeigt den zeitlichen Verlauf der Drehzahlabsenkung bei sprungartiger Belastungszunahme. Danach kann man das →Störverhalten der Regelstrecke durch ein P-T_1-Glied mit dem Übertragungsfaktor K_L und der →Zeitkonstante T_L annähernd darstellen (→Verzögerungsglied, →Übertragungsglied erster Ordnung). Das Steuerverhalten der Regelstrecke läßt sich durch sprungartige Änderung der Ankerspannung, der →Stellgröße Δy, ermitteln. Der Antrieb ist eine Regelstrecke mit Ausgleich, und es genügt, nur eine Zeitkonstante zu berücksichtigen (Übertragungsfaktor K_S, Zeitkonstante $T_S \simeq T_L$).

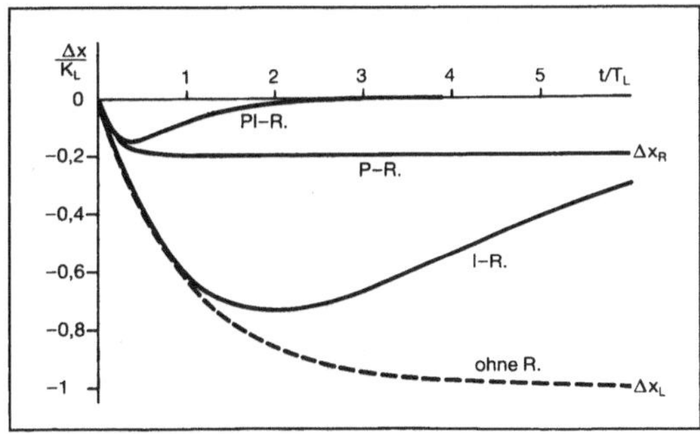

Festwertregelung: Störsprungantworten.

Durch eine Regelung soll nun die bleibende Abweichung Δx_L reduziert werden. Dazu muß man den →Regelkreis über einen →Regler schließen. Wählt man den einfachstens Regler, nämlich einen mit →P-Übertragungsverhalten (Übertragungsfaktor K_P), so läßt sich die bleibende Abweichung auf Δx_R reduzieren. Der Regler wurde mit $K_P = 4/K_S$ so eingestellt, daß der →Regelfaktor $r = \Delta x_R/\Delta x_L = 0{,}2$ ist. Der Endwert wird dann fünf mal schneller erreicht als ohne Regelung (Verlauf P-R in der Abbildung). Dazu muß die →Führungsgröße w am Regler auf den Sollwert $W_A = (X_A + r\, K_L Z_A)/(1-r)$ eingestellt werden.

Gibt man dem Regler →I-Übertragungsverhalten mit der →Übertragungsfunktion $F_R\,(s) = K_I/s$ dann muß im stationären Zustand der Reglereingang verschwinden: $e(t \to \infty) = 0$. Dazu gehört die Sollwerteinstellung $W_A = X_A$; und der Regelfaktor ist $r = 0$ (Verlauf I-R in der Abbildung). Der Regelkreis kann nun zum Schwingen neigen (→Übertragungsglied zweiter Ordnung). Für ein aperiodisches Verhalten mit dem →Dämpfungsgrad $d = 1$ muß $K_I = 1/(4\, K_S T_S)$ eingestellt werden. Das Einschwingen dauert dann sehr lange. Nach etwa zwei Zeitkonstanten ist die maximale Abweichung von gut $0{,}7\, \Delta x_L$ erreicht, und man muß eine Dauer von etwa 15 Zeitkonstanten abwarten, bis der Störeinfluß abgeklungen ist. Für die F. an einer Regelstrecke mit Ausgleich gilt daher folgende Aussage:

Ein P-Regler ist statisch ungenau aber dynamisch schnell; ein I-Regler ist statisch genau aber dynamisch langsam.

Die Vorteile jedes Reglers lassen sich durch Einsatz eines PI-Reglers mit der Übertragungsfunktion $F_R\,(s) = K_R\,(1 + 1/s\,T_n)$ ausnützen (→PI-Übertragungsverhalten). Mit dem Übertragungsfaktor K_R und der →Nachstellzeit T_n hat man nun zwei Kenngrößen, um das Schwingungsverhalten einzustellen. Der Kreis soll bei gleichem Dämpfungsgrad $d = 1$ fünfmal so schnell einschwingen. Mit $K_R = 4/K_S$ und $T_n = 0{,}64\ T_S$ wird dies erreicht (Verlauf PI-R in der Abbildung). Die maximale Abweichung wird dann auf ⅕ reduziert.

Ein zusätzlicher D-Anteil (→D-Übertragungsverhalten) in einem PD- oder PID-Regler lohnt sich für solch eine einfache Regelung nicht. Bei diesem Beispiel würden die hochfrequenten Schwingungen, die dem →Signal aus dem Drehzahlgeber überlagert sind, noch verstärkt. Ein D-Anteil (oft durch Messung der zeitlichen Änderung der →Regelgröße realisiert) dient zur Dämpfung der →Eigenbewegung oder zur Stabilisierung. *Böttiger*

Literatur: *Böttiger, A.*: Regelungstechnik. München 1988.

Feuchtemessung. Die Feuchte gibt den Wasserdampfgehalt von Luft oder Gasen an. Man unterscheidet die absolute und die relative Feuchte. Die absolute Feuchte f_a ist gleich der Masse des Wasserdampfs m_w bezogen auf das Volumen V, in dem sich dieser befindet:

$$f_a = \frac{m_w}{V} \cdot \frac{g}{m^3}$$

Ihre Kenntnis ist notwendig, um Trockenvorgänge zu steuern und Wärmebilanzen durchführen zu können. Die relative Feuchte f_r ist das Verhältnis aus der absoluten Feuchte f_a und der maximal möglichen Feuchte $f_{a,max}$; sie ist eine dimensionslose Zahl:

$$f_r = \frac{f_a}{f_{a,\,max}}$$

Sie ist von Bedeutung, wenn Stoffe gelagert oder verarbeitet werden, die mit der umgebenden Luft im Feuchteausgleich stehen.

Die Luft (oder ein Gas) kann bei einer bestimmten Temperatur nur eine gewisse Menge Wasserdampf aufnehmen. Diese Sättigungsfeuchte ist im Bild in Abhängigkeit von der Temperatur dargestellt. Enthält die Luft mehr Wasserdampf als es dieser Kurve entspricht, so wird der Taupunkt unterschritten und ein Teil des Wasserdampfs kondensiert. Die Temperatur, bei der die Luft mit Wasserdampf gesättigt ist, wird Taupunkt-Temperatur genannt. Bei 50 °C z. B. können in 1 m^3 Luft max. 83 g Wasserdampf enthalten sein. Ist bei dieser Temperatur der tatsächliche Wasserdampfgehalt 50 g/m^3, so hat die Luft eine relative Feuchte von 50/83 = 0,60.

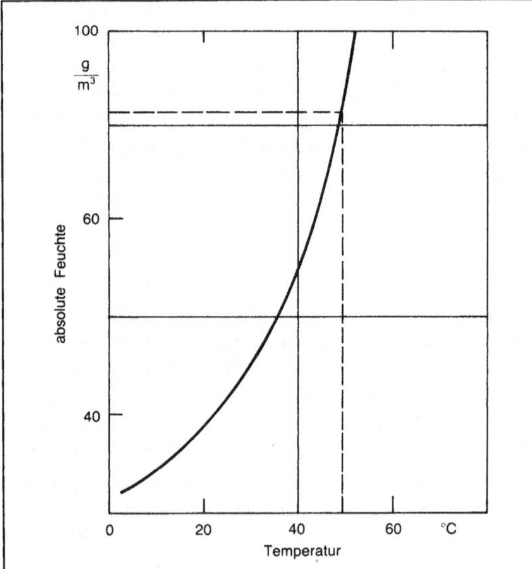

Feuchtemessung: Sättigungsfeuchte der Luft.

Für den Wassergehalt fester oder flüssiger Stoffe gibt es drei Definitionen. Am gebräuchlichsten ist die Feuchte f

$$f = 100 \cdot \frac{m_w}{m_{tr} + m_w} \quad [\%]$$

mit m_W Masse des eingelagerten Wassers,
m_{tr} Masse der darrtrockenen Substanz.

In der Holz- und Zellstoffindustrie ist die Feuchteangabe f_{tr} üblich

$$f_{tr} = 100 \cdot \frac{m_w}{m_{tr}} \quad [\%].$$

Daneben gibt es noch den sog. Trockengehalt TG

$$TG = 100 \cdot \frac{m_{tr}}{m_{tr} + m_w}$$

[% Atro = abs. Trockenheit].

Schon *Leonardo da Vinci* (um 1500) baute →Hygrometer. Heutzutage gibt es eine große Anzahl von Verfahren zur F., und zwar für die relative und absolute Feuchte in Luft und in anderen Gasen, bzw. zum Bestimmen des Feuchtegehalts in festen oder flüssigen Stoffen.

□ Luftfeuchtemeßverfahren.

Beim Taupunkthygrometer wird ein kleiner Metallspiegel im Meßgasstrom durch Peltierelemente stets so gekühlt, daß die regelnden Photozellen gerade einen Tau- oder Eisniederschlag auf dem Spiegel feststellen. Die mit Thermoelementen gemessene Spiegeltemperatur ist etwa die Taupunkttemperatur. Die Einstellzeit beträgt nur wenige Sekunden; es wird kontinuierlich gemessen.

Beim →LiCl-Feuchtemeßgeber wird zum Bestimmen der Feuchte die Umwandlungstemperatur einer Lithiumchlorid-Lösung in Lithiumchlorid-Salz ausgenutzt. Beim (belüfteten) Psychrometer wird die Abkühlung durch Verdunsten als Differenz zwischen der Lufttemperatur ϑ und der Temperatur eines befeuchteten und folglich abgekühlten Thermometers ϑ_f gemessen. Damit läßt sich die absolute Feuchte auf ± 0,3 °K Taupunkt und die relative Feuchte auf ± 2 % genau messen. Beim Haarhygrometer wird die über den relativen Luftfeuchtebereich um etwa 25 % betragende Längsquellung von Haaren mechanisch übersetzt und angezeigt.

Beim kapazitiven Feuchtemesser (→Meßaufnehmer, kapazitiver) verwendet man einen speziellen Kunststoff als Dielektrikum, bei dem ein eindeutiger Zusammenhang zwischen der relativen Feuchte der Luft und dem durch den Kunststoff molekular aufgenommenen Wasser besteht. Infolge der hohen Dielektrizitätszahl von Wasser ($\varepsilon_r = 81$) läßt sich aus der gemessenen Kapazität die relative Feuchte der umgebenden Luft bestimmen.

□ Materialfeuchtemeßverfahren.

Die Dörr-Wäge-Methode, bei der eine Probe thermisch getrocknet und vorher und hinterher gewogen wird, ist die klassische Feuchtigkeitsbestimmungsmethode. Die Calciumcarbid- und die *Karl-Fischer*-Methode gehören zu den chemischen Wasserbestimmungsmethoden, bei denen eine Probe des feuchten Meßguts mit Chemikalien zusammengebracht wird, die mit dem Wassergehalt der Probe reagieren. Das Reaktionsprodukt ist der Probenfeuchte mengenproportional. Kleine Wassergehalte lassen sich auch gaschromatographisch (Gaschromatographie) bestimmen. Die elektrische →Leitfähigkeitsmessung nimmt bei der Feuchtebestimmung einen bevorzugten Platz ein, wenn es sich um Stoffe handelt, die in trockenem Zustand nichtleitend sind, die aber hygroskopisch sind. Zwischen der Feuchte und der elektrischen Leitfähigkeit besteht ein logarithmischer Zusammenhang. Auch die Änderung der Dielektrizitätszahl durch Feuchtigkeit (→Aufnehmer, kapazitiv) läßt sich zur F. verwenden. Ist die Feuchte von festen, nichtleitenden Stoffen wie z. B. Getreide, Textilien, Holz oder Kohle festzustellen, so werden diese Stoffe durch die Platten eines Kondensators geführt. Aus der gemessenen Kapazität wird dann auf den in diesen Stoffen enthaltenen Wassergehalt geschlossen.

F. Schneider

Literatur: *Lück, W.:* Feuchtigkeit Grundlagen Messen Regeln. München 1964. – *Schrüfer, E.:* Elektrische Meßtechnik. München, Wien 3. Auflage, 1988.

Feuchtesensor →Feuchtemessung

Feuermeldeanlage. F. sind Gefahrenmelde-Anlagen zur Sicherung von Leben und Sachwerten. Sie dienen zum Alarmieren Hilfe leistender Kräfte (Feuerwehr) bei Brandausbrüchen sowie Not- und Katastrophenfällen. Sie bestehen aus einer Zentrale in der Feuerwache und einer Anzahl öffentlich zugänglicher Melder an Straßen und Plätzen des der Feuerwache zugeordneten Gebiets (Hauptmeldeanlage).

Im Alarmfall wird die Feuermeldung meist durch Einschlagen einer Glasscheibe und Betätigen eines Druckknopfs am Melder ausgelöst. Bei Meldern mit Sprecheinrichtung besteht nach der Meldungsabgabe Sprechmöglichkeit mit der Feuerwache.

Feuermelder einer Hauptmeldeanlage können auch von automatischen F. (Nebenmeldeanlagen) fernausgelöst werden. Diese, meist im privaten Bereich eingesetzten, selbsttätig arbeitenden Anlagen werden in der Fachsprache als Brandmeldeanlagen bezeichnet.

Öffentliche Hauptmeldeanlagen können als
- Schleifensysteme oder als
- Liniensysteme (Radialsysteme)

aufgebaut sein.

Beim herkömmlichen, noch weit verbreiteten Schleifensystem sind die Melder in Reihe in eine einadrige Leitungsschleife geschaltet, die in der Zentrale beginnt und endet (Bild 1).

Bei den moderneren Liniensystemen (Bild 2) ist jeder Melder über eine eigene Zweidraht-Leitung an die Zentrale angeschlossen. Eine besondere Identifizierung des Melders erübrigt sich daher. Bei den meisten Liniensystemen ist nach der Meldungsabgabe eine Sprechverbindung zwischen dem Meldenden und der Zentrale möglich. Als Meldelinien können gemietete Postleitungen verwendet werden. Sämtliche Meldeleitungen sind ständig auf Drahtbruch und Kurzschluß überwacht. Das Auftreten solcher Störungen wird signalisiert.

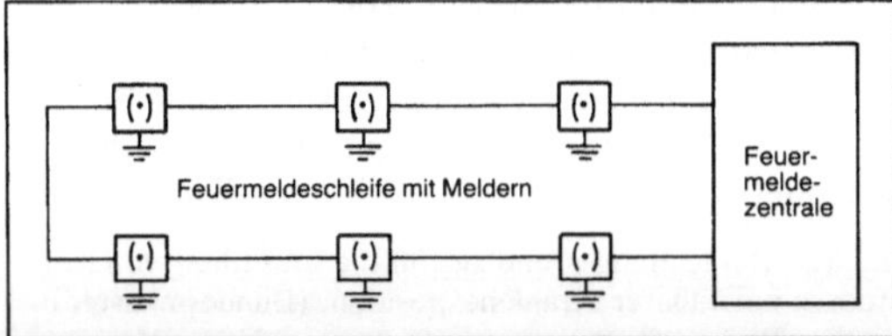

Feuermeldeanlage 1: F. nach dem Schleifensystem.

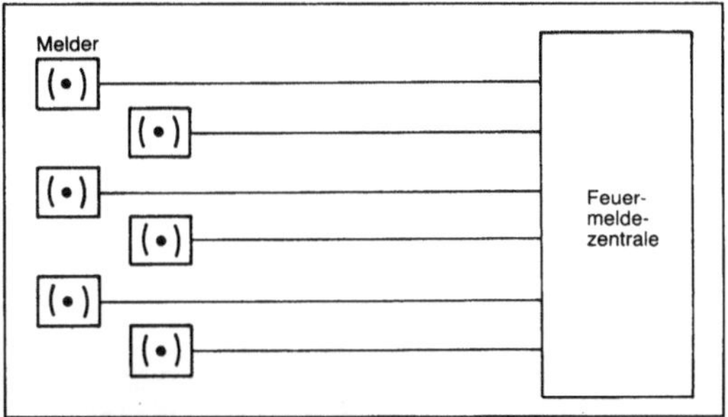

Feuermeldeanlage 2: F. nach dem Liniensystem.

Einrichtungen zur selbsttätigen Erkennung von Bränden: →Brandmelder. *Hammerschmidt*

Literatur: DIN 14675 (Jan. 1984). – DIN 57833 (VDE 0833), Teil 1 und 2 (Aug. 82).

FFT →Fast Fourier Transform

Filmdosimeter. Die Filmdosimetrie hat sich seit etwa 30 Jahren zum Messen der →Personendosis, d. h. der Dosis an der Körperoberfläche der Beschäftigten im Strahlenschutz, weltweit durchgesetzt. Allein in der Bundesrepublik Deutschland wurden 1989 monatlich über 260 000 Personen mit dieser Methode überwacht.

Bei dem F. besteht zunächst das Problem, daß das in der photographischen Emulsion als aktive Substanz vorhandene Silbernitrat eine vom menschlichen Gewebe abweichende effektive Ordnungszahl besitzt und damit in Abhängigkeit von der Energie, Strahlung anders absoribiert als Gewebe. Diese Energieabhängigkeit photographischer Emulsion läßt sich dabei entweder mit der Kompensationsfiltermethode oder dem filteranalytischen Verfahren berücksichtigen (Bild 1).

Bei der Kompensationsfiltermethode wird die höhere Empfindlichkeit der Filmemulsion bei energiearmen Photonen dadurch unterdrückt, daß man vor den Film ein Filter von etwa 1 mm Blei setzt, in dem die weichen, auf den Film stärker wirkenden Strahlungen entsprechend geschwächt werden. Mit der Kompensationsfiltermethode läßt sich Photonenstrahlung über 80 keV Quantenenergie (Röhrenspannung etwa 100 kV) annähernd energieunabhängig bestimmen. Der Nachteil dieser Methode ist, daß sich weichere Strahlen unterhalb dieser Energie praktisch überhaupt nicht mehr messen lassen (Bild 2).

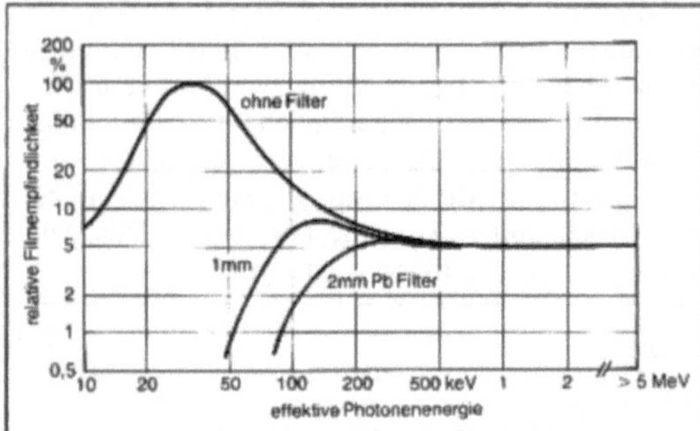

Filmdosimeter 1: Energieabhängigkeit photographischer Emulsionen ohne und mit Kompensationsfilter.

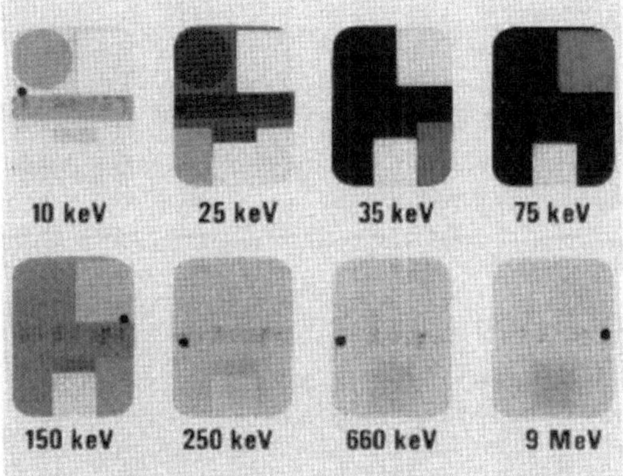

Filmdosimeter 2: Bei der Anwendung der filteranalytischen Methode mit Strahlungen verschiedener Photonenenergie, aber immer gleicher Dosis belichtete Dosismeßfilme.

Bei dem filteranalytischen Verfahren werden dem Film Filter unterschiedlicher Dicke aus verschiedenen Materialien (z. B. Kupfer, Blei) vorgesetzt. Aus dem Verhältnis der Schwärzungen hinter den verschiedenen Filtern läßt sich die Energie der Strahlung ermitteln, die auf den Film eingewirkt hat. Bei Vorliegen von Mischstrahlungen kann man näherungsweise auch die der verschiedenen Strahlenanteile bestimmen. Unter Berücksichtigung der Strahlenenergie – bzw. bei Vorliegen von Mischstrahlung, der Strahlenenergie der einzelnen Komponenten der Strahlung – läßt sich die Dosis, die auf dem Film eingewirkt hat, angenähert richtig bestimmen.

Der Meßbereich der Filmdosimetrie hängt von der Empfindlichkeit der verwendeten Filme, d. h. insbesondere vom Silbergehalt der Emulsion, ab. Praktisch werden in der Bundesrepublik Deutschland von den amtlichen Personendosismeßstellen zwei übereinandergelegte, doppelt beschichtete Filme benützt, deren Empfindlichkeiten sich ungefähr um den Faktor 30 voneinander unterscheiden. Um mit diesen Filmen auch noch höhere Dosen messen zu können, besteht die Möglichkeit, von dem wenig empfindlichen Film eine Emulsion abzuschaben und dadurch den Meßbereich nochmals etwa um den Faktor 50 nach oben zu erweitern (Bild 2). Damit wird der für die Personendosisüberwachung interessierende Dosisbereich von 200 μGy bis 10 Gy für alle vorkommenden Strahlenqualitäten gut bestrichen.

Außer Photonenstrahlung, d. h. Röntgen- und Gammastrahlen, können mit Hilfe der Filmdosimetrie in gewissen Grenzen auch Betastrahlen und schnelle Elektronen oberhalb etwa 300 keV Energie erkannt werden. Bei Neutronen können, neben der Kernspurmessung, Aussagen über die Anwesenheit thermischer Neutronen gemacht werden.

Bei längerer Zeit zwischen Exposition der Filme und Entwicklung – die Überwachungsperioden sind meist ein Monat lang – muß man mit einem Rückgang des latenten Bilds, dem sog. Fading rechnen. Dies ist besonders groß, wenn die Filme nach der Exposition großer Luftfeuchtigkeit ausgesetzt werden; unter Normalbedingungen ist es zu vernachlässigen.

Die Messung der Filmschwärzung erfolgt mit handelsüblichen Photometern. In Auswertungsstellen, die monatlich viele 1 000 F. auszuwerten haben, sind diese Photometer mit elektronisch arbeitenden Einrichtungen so gekoppelt, daß die auftretenden Dosen und Strahlenqualitäten gleich automatisch ausgedruckt werden. Voraussetzung ist, daß für die gerade verwendete Filmemulsion eine →Kalibrierung vorliegt.

Ein Vorteil der Filmdosimetrie ist, daß sie wie kein anderes Verfahren außer der Angabe der Dosis und Strahlenqualität auch Hinweise auf die Strahleneinfallsrichtung, Art der Exposition (einmalig oder fraktioniert) oder eine eventuelle Kontamination zu geben vermag. Diese zu kennen ist u. U. für das Abstellen unbefriedigender Strahlenschutzverhältnisse wichtiger als übermäßige Genauigkeitsansprüche. Schließlich aber bietet die Filmdosimetrie die Möglichkeit, Fälschungsabsichten zu erkennen sowie die, das Meßergebnis zu dokumentieren.

Die an der Körperoberfläche gemessenen Personendosen genügen noch nicht, die Strahlengefährdung der Träger der →Dosimeter einzuschätzen. Es müssen vielmehr aus den Personendosen unter Berücksichtigung der mit ihrer Hilfe ermittelten Strahlenart und Energie von den zuständigen Strahlenschutzbeauftragten die Körper- und Organdosen berechnet werden. *Wachsmann*

Literatur: Berechnungsgrundlage für die Ermittlung von Körperdosen bei äußerer Strahlenexposition. (Bundesminister d. Innern. Red.: *G. Schnepel*). Stuttgart, New York. – DIN 6816: Filmdosimetrie nach dem filteranalytischen Verfahren zur Strahlenschutzüberwachung. Hrsg. Dt. Inst. f. Normung. Ausg. 1984. – *Fischer:* Veröffentlichungen der Strahlenschutzkommission. Bd. 3. 1986.

Filter. Ein F. ist eine Siebschaltung, um aus den in einem →Signal enthaltenen Frequenzen bestimmte Bereiche durchzulassen oder zu sperren. Dabei werden Tiefpaß-, Hochpaß-, Bandpaß- oder Bandsperre-F. unterschieden (Bild 1). Kriterien bei der Filterauslegung sind die erreichbare Sperrdämpfung, die Flankensteilheit und gegebenenfalls auch die Welligkeit im Durchlaß- und im Sperrbereich. F. können als rein passive Netzwerke mit Widerständen, Induktivitäten und Kapazitäten aufgebaut sein oder auch aktive Komponenten wie →Verstärker enthalten. Die erstgenannten *passiven* F. dämpfen unter Umständen auch das Signal im Durchlaßbereich. Diese Verluste lassen sich bei den *aktiven* F. mit Verstärker wieder ausgleichen. Letztere haben im allgemeinen auch eine stärkere Flankensteilheit.

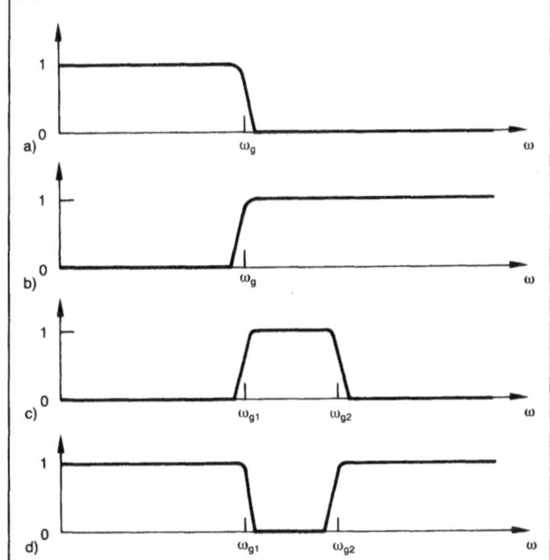

Filter 1: Durchlaßkurven der vier Grundtypen von Frequenzfiltern
a) Tiefpaß
b) Hochpaß
c) Bandpaß
d) Bandsperre.

Je nach dem, ob ein bestimmter Frequenzbereich amplitudenrichtig übertragen wird oder ob Impulse verarbeitet werden sollen, sind unterschiedliche Filtertypen gebräuchlich:

□ Das *Butterworth*-F. oder *Potenz*-F. ist optimiert auf einen maximal flachen →Amplitudengang im Durchlaßbereich. Überschwinger treten nicht auf. Die Steilheit nimmt mit der Ordnung des F. zu. Die →Sprungantwort schwingt merklich über. Das Butterworth-F. kann Impulse nicht formgetreu übertragen (Bild 2).

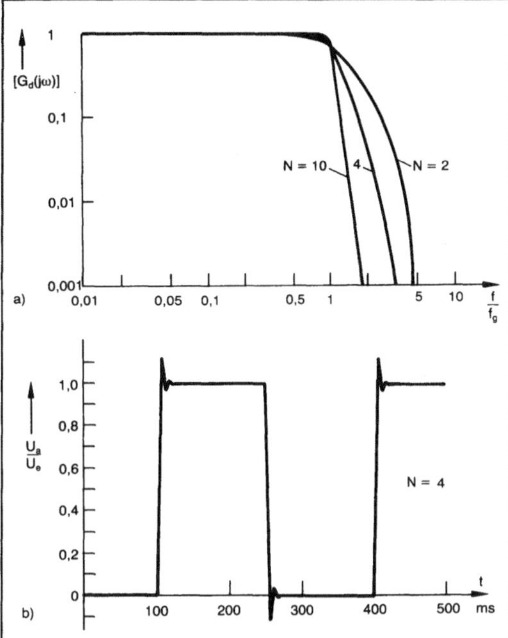

Filter 2: Butterworth-Tiefpässe der Ordnung N
a) Amplitudengang
b) Impulswiedergabe.

□ Beim *Bessel*-F. ist die Phasenverschiebung der einzelnen Frequenzen proportional zur Frequenz. Die Gruppenlaufzeit ist konstant. Damit hat das Bessel-F. das beste Rechteck-Übertragungsverhalten. Der Amplitudengang fällt weniger steil ab als beim Butterworth-F. (Bild 3).

□ Das *Tschebyscheff*-F. hat entweder im Durchlaßbereich oder im Sperrbereich eine Welligkeit mit definierter maximaler Amplitude. Der Übergang vom Durchlaß- zum Sperrbereich erfolgt steiler als bei den vorgenannten F. Die Sprungantwort schwingt stark über.

□ Das *Cauer*-F. hat zwar eine Welligkeit sowohl im Durchlaß- als auch im Sperrbereich, dafür aber die größtmögliche Flankensteilheit. Um ein gegebenes Toleranzschema einzuhalten, kann die Ordnung eines Cauer-F. im allgemeinen niedriger bleiben, als die der anderen Filtertypen. Für die Impulswiedergabe ist das Cauer-F. nicht geeignet (Bild 4).

Analoge, wertkontinuierliche Signale können zeitkontinuierlich oder zeitdiskret gefiltert werden. Zu der letzten Gruppe der sogenannten Abtastanalogfilter gehören die Schalter-Kondensator-F. (Switched Capacitor Filter, SCF) und die Schaltungen mit Ladungsverschiebung (Charge Transfer Devices, CTD) wie →Eimerkettenschaltungen (Bukket Brigade Devices, BBD) und ladungsgekoppelte

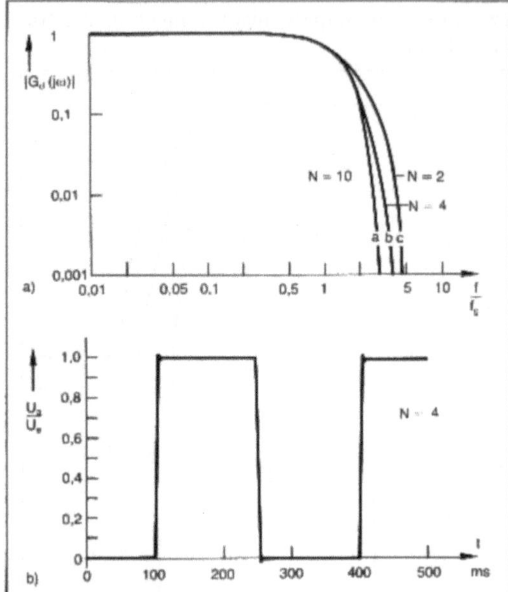

Filter 3: Bessel-Tiefpässe der Ordnung N
a) Amplitudengang
b) Impulswiedergabe.

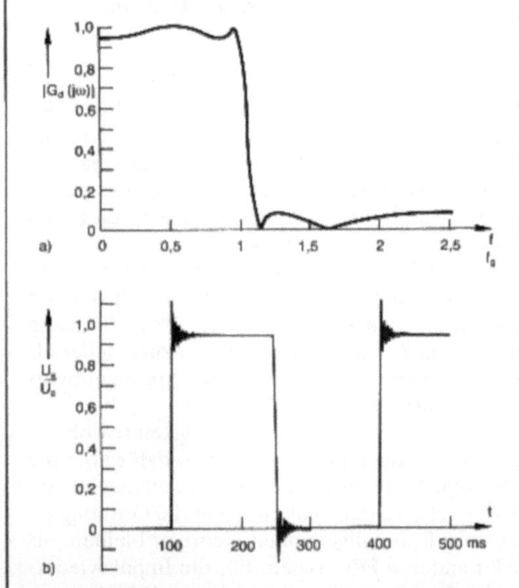

Filter 4: Cauer-Tiefpaß 4. Ordnung C 04 50 35 c
a) Amplitudengang
b) Impulswiedergabe.

Strukturen (Charge Coupled Devices, CCD). Werden wertdiskrete Signale auch zeitdiskret verarbeitet, so geschieht dies in den Digitalfiltern. *Schrüfer*

Literatur: *Christian, E.* and *E. Eisenmann:* Filter Design Tables and Graphs. London 1966. – *Entenmann, W.:* CCD-Filter, München 1980. – *Rienecker, W.:* Elektrische Filtertechnik. München 1981. – *Saal, R.:* Handbuch zum Filterentwurf. Berlin 1979. – *Tietze, U.* und *Ch. Schenk:* Halbleiter-Schaltungstechnik. Berlin–Heidelberg–New York 1980. – *Unbehauen, R.:* Synthese elektrischer Netzwerke und Filter. München 1988.

Fingerhutkammer →Ionisationskammer-Dosimeter

FIP. Der FIP (*engl.* Factory Instrumentation Protocol)-Bus ist ein Vorschlag zur Feldbusnormung (→Feldbus) von französischen Firmen und wissenschaftlichen Instituten. Sowohl dem Standardisierungsgremium ISA-SP50 wie auch dem IEC SC65 ist dieser Vorschlag zur Standardisierung vorgelegt worden, obwohl sich der Protokollaufbau nicht exakt an das →ISO-Referenzmodell hält.

FIP-Bussysteme unterstützen Übertragungsraten von bis zu 5 MBit/s mit Manchester-Codierung. Der Medienzugriff wird zentral von einem Bus-Arbitrator (BA) gesteuert. Hierbei werden zwei Phasen unterschieden, die sich an die Verkehrsstruktur der automatisierten Fertigungsumgebung anpassen. Die regelmäßige Abfrage von Geräten oder Prozessen wird in der synchronen Phase durchgeführt, der sich jeweils eine asynchrone Phase für die Übertragung nicht-periodischer Nachrichten anschließt. In der synchronen Phase initiiert der Bus-Arbitrator die Datenübertragung für die einzelnen Anwendungen, indem er den entsprechenden Identifier (Bezeichner) auf das Übertragungsmedium gibt. Mit der Antwort kann die Station Sendewünsche für die asynchrone Phase bekannt geben.
→Feldbus; →MMS; →PDV-Bus; →Profibus.

Spaniol

Literatur: FIP: Contribution for the field bus standard. Proposal ISA-SP50, Oktober 1986. – *Ulloa, G.* and *J. P. Besuchet; J. C. Gregoire:* A Modular and High Performance Architecture for a Field Bus. Sixth Symposium of Applied Informatics. Grünewald, Schweiz, Feb. 1988.

Firmware. Ersatz der Software oder bestimmter Teile davon durch Hardware. Die Programmfunktionen sind bei F. in einem Festspeicher als Mikroprogramm gespeichert. Die Programmfunktionen werden bei der Herstellung eingeschrieben (ROM), beim Hersteller eingebrannt oder nachträglich nach Löschen mit UV-Licht (PROM bzw. →EPROM . . .). EAROM- oder EEPROM-Speicher lassen sich mit elektrischer Energie überschreiben.

Weitgehend als F. werden die Funktionen zur Prozeßautomation in dezentralen →Automatisierungssystemen vorgehalten. Sie lassen sich so konfigurieren, daß das Anforderungsprofil erfüllt wird (→Konfigurierung). *Strohrmann*

fit. (*engl.* failure in time). Zahlenbehaftete Einheit der →Ausfallrate. Bei der Ausfallrate 1 fit = $1 \cdot 10^{-9}\,h^{-1}$ tritt ein →Ausfall bei 10^9 Bauelement-Stunden auf. *Schrüfer*

Flammen-Ionisationsdetektor. Der F.-I. ist ein Gerät zum Nachweis von Kohlenwasserstoffen in Luft.

Das zu analysierende Gasgemisch (Meßgas) wird einer H_2-Flamme zugeführt, in der die im Meßgas enthaltenen Kohlenwasserstoffe verbrennen (Bild). Der für die Oxidation notwendige Sauerstoff wird von der Raumluft geliefert. Vor der Brennerdüse befindet sich eine gitterförmige Auffang-Elektrode. Brennerdüse und Auffang-Elektrode bilden die Elektroden einer Ionisationskammer. Bei Anlegen einer Spannung fließt zwischen den Elektroden ein Strom proportional zur Konzentration der Kohlenwasserstoffe im Meßgas. Die Nachweisgrenze liegt bei etwa 10^{-12} g/s. *Schrüfer*

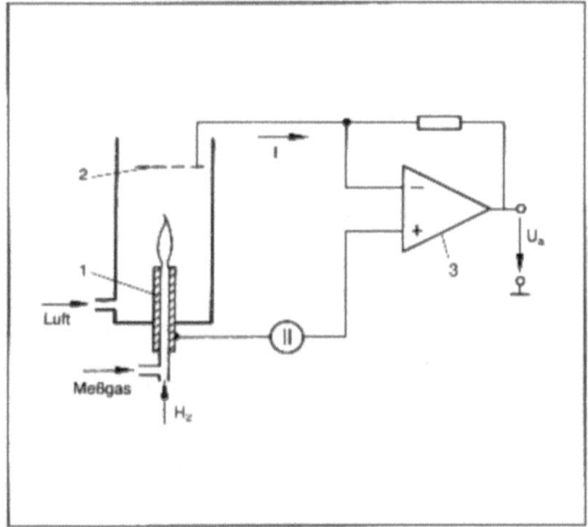

1) Brennerdüse, 2) Auffang-Elektrode, 3) Stromverstärker.

Flammen-Ionisationsdetektor: Die Ausgangsspannung U_a des Verstärkers ist proportional der Konzentration an Kohlenwasserstoffen im Meßgas.

Flammenwächter. →Grenzsignalgeber zur Überwachung von Flammen. Sie sollen verhindern, daß Flammen von Brennern durch vorübergehenden Brennstoffmangel nicht unversehens verlöschen und anschließend wieder eintretender Brennstoff sich dann an heißen Ofenwänden oder -einbauten oder an Rußpartikeln explosionsartig entzündet. Die Überwachung der Brenner geschieht photoelektrisch. Die Geräte müssen zwischen der Strahlung der Flamme und der Strahlung der Ofeneinbauten unterscheiden können. Das läßt sich dadurch erreichen, daß die Geräte nur ultraviolette Strahlung oder nur Strahlung wechselnder Intensität (Flackerlicht) als Gutzustand erkennen, denn beide Strahlungsarten können nur von Flammen, nicht aber von den Ofeneinbauten emittiert werden. *Strohrmann*

Flash-Converter →A/D-Umsetzer mit parallelen Komparatoren

Fließbilddarstellung. Darstellungsform für die →Prozeßführung über Bildschirme, in der sich mit vorprogrammierten Bildelementen die notwendigen Informationen und Eingriffsmöglichkeiten sowie deren Ort, Form und Farbe anlagenspezifisch in Videobildern kombinieren lassen.

Die anlagenspezifische F. wird oft hierarchisch aufgebaut. Eingriffsmöglichkeiten bieten vor allem die unteren Hierarchieebenen, die Ausschnitte aus dem Gesamtbild darstellen. Der Übergang zu anderen Ausschnitten kann durch Bildanwahl, durch Blättern oder durch Rollen geschehen. Beim Blättern erscheint Seite um Seite, beim Rollen läßt sich der Ausschnitt über das Gesamtbild horizontal und vertikal verschieben. Die anlagenspezifische Darstellung bringt besonders bei →Chargenprozessen Vorteile. Das Bild zeigt in F. die Prozeßinformationen der Gas-, Luft- und Abgasströme eines Industrieofens (→Informationsdarstellung auf Bildschirmen). *Strohrmann*

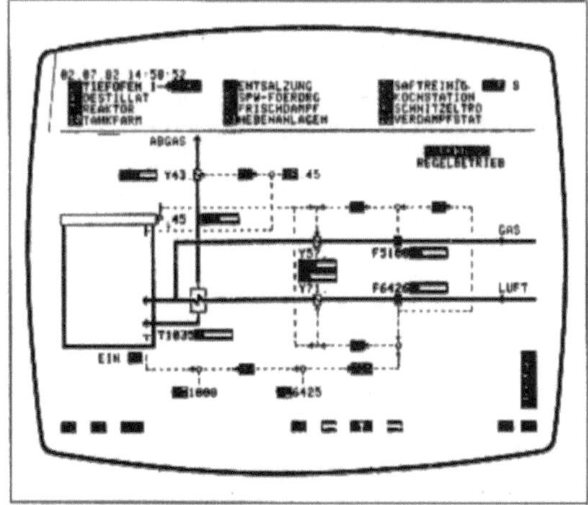

Fließbilddarstellung: Gruppenbild in F. Zum Bedienen ist mit einem Lichtgriffel zunächst die betreffende Komponente (Pumpe, Ventil) anzutippen und dann über die virtuellen Tasten in der unteren Bildzeile der Stellvorgang einzuleiten. (Quelle: Siemens)

Floppy-Disk. F.-D. ist ein magnetischer Massenspeicher mit motorischem Antrieb für Computer. Es besteht aus dem Laufwerk (*engl.* Floppy-Disc-Drive), in das die Speicherplatte (→Diskette oder Floppy-Disk) eingeschoben wird und der Steuerung (*engl.* Floppy-Disc-Controller), die für den Betrieb des Laufwerks verantwortlich ist.

Die Diskette ist eine flexible Kunststoffscheibe, die in der Regel beidseitig mit einer Magnetschicht versehen ist. Sie steckt auch während des Schreib/Lesebetriebes in einer quadratischen Schutzhülle. Diese ist u. a. mit verschiedenen Öffnungen (Fenster) für den Antrieb der Scheibe, für die Abtastung des Speicherinhaltes und für die Abtastung des Spuranfangs, markiert durch das Indexloch, versehen. Reibung der rotierenden Scheibe in der Hülle wird durch ein sich aufbauendes Luftpolster weitgehend verhindert.

Die Datenspeicherung erfolgt auf konzentrischen Spuren, die von einem radial bewegten Magnetkopf dem Schreib/Lesekopf abgetastet werden. Beim Schreibvorgang erzeugt der Schreibkopf Magnetisierungswechsel auf der Magnetschicht der Diskette, die die gespeicherte Information repräsentieren. Beim Lesevorgang werden diese durch Induktionswirkung im Magnetkopf wieder in Spannungsimpulse umgewandelt (gelesen). Die Aufzeichnung der Daten erfolgt frequenzmoduliert (FM) bei einfacher Schreibdichte und mit einem modifizierten FM-Verfahren (MFM, M^2FM) bei doppelter Schreibdichte. Da die Speicherkapazität einer der nummerierten konzentrischen Spuren relativ groß ist, werden die Disketten zweckmäßigerweise zusätzlich in Sektoren eingeteilt. Diese können durch sog. Sektorlöcher auf der Diskette hardwaremäßig oder softwaremäßig durch entsprechende Formatierung gekennzeichnet sein. Anhand der Sektormarken erfolgt die Orientierung des Schreib/Lesekopfes und die → Adressierung der Datenblöcke. Jeder Sektor ist in Adreßfeld, Datenfeld und verschiedene Lücken (Gaps) aufgeteilt. Je nach verwendetem Format werden bis zu 30 % der Speicherkapazität zur Datenorganisation benötigt.

Die gebräuchlichsten Größen von F.-D. sind in nachstehender Tabelle zusammengestellt.

Floppy-Disk. Tabelle: Diskettengrößen nach maxell

Bezeichnung	Diskettengröße
Standard Floppy-Disk	(8″)
Mini Floppy-Disk	(5 1/4″)
Micro Floppy-Disk	(3 1/2″)
Compact Floppy-Disk	(2 1/2″)

Die Speicherkapazität beträgt derzeit 1,2–2,88 Mbyte und die mittlere Datentransferrate 250–500 Kbit/s.

F. sind billige Massenspeicher mit mittlerer Kapazität und Zugriffszeit, die in allen Bereichen der Datenverarbeitung und → Steuerungstechnik einen festen Platz haben. *Freyberger*

Fluidik → Steuerung, fluidische

Flüssigkeitsszintillator → Szinillationsmeßkopf

Flüssigkristall-Anzeige. (*engl.* LCD, Liquid Crystal Display). Der Begriff Flüssigkristall beschreibt zunächst die Eigenschaft vieler natürlicher, aber auch künstlich hergestellter Substanzen. In einem festen Temperaturbereich verhalten sie sich auf der einen Seite wie eine Flüssigkeit, das heißt z. B., daß sie ein durch ein Gefäß angebotenes Volumen ausfüllen; auf der anderen Seite verhalten sich die einzelnen Moleküle jedoch wie die eines Kristalls. Sie nehmen in Bezug auf ihre Nachbarmoleküle in mindestens einer Richtung feste Positionen ein. Flüssigkristalline Substanzen verbinden damit die Eigenschaften einer Flüssigkeit mit der eines Kristalls.

Entdeckt wurden diese Eigenschaften von *Reinitzer* (1888) und *Lehmann* (1890). Der breite technische Einsatz begann allerdings erst mit der Entwicklung der verdrillt nematischen Zelle (TN-Zelle, *engl.* TN, twisted nematic) zu Beginn der siebziger Jahre.

Flüssigkristalline Moleküle haben meist eine zylinderförmige Gestalt. Wegen ihrer polaren Eigenschaften bilden sich weitreichende Kräfte innerhalb eines kritischen Temperaturbereiches aus, die zu der ausgeprägten Orientierung der Moleküle führen. Optisch verhalten sich diese Moleküle und damit auch dünne Schichten dieser Substanzen, wie optisch einachsige Kristalle. Die heute gebräuchlichen Substanzen sind meist Mischungen, die auf die Gegebenheiten der Zelle optimiert sind.

Die Flüssigkristall-Zellen sind aus zwei Glasplatten aufgebaut, deren Abstand weniger als 10 µm beträgt, aufgebaut. Die erlaubten Toleranzen liegen im Bereich von 0,2 µm. Auf den Innenseiten sind sie mit transparenten Elektroden und einer speziellen Orientierungsschicht bedeckt. Als Orientierungsschicht wird heute meist eine Polyimmidschicht verwendet. Bei der Herstellung wird die Schicht durch Reiben z. B. mit einem feinen Tuch so aufbereitet, daß sie die angrenzende Schicht der Flüssigkristall-Moleküle in eine Vorzugsrichtung zwingt. Von hier aus bilden die Moleküle durch die gesamte Schichtdicke hindurch eine Helix. Auf der gegenüberliegenden Grenzschicht sind die Moleküle um 90° verdrillt. Diese Anordnung hat zur Bezeichnung *verdrillt nematische Zelle* (TN-Zelle) geführt. Die Orientierung der ersten Molekülschicht erhält bei den konventionellen TN-Zellen (Bild 1) einen Inklinationswinkel zwischen typisch 1 und 3°.

Als transparentes Elektrodenmaterial wird heute nahezu ausschließlich Indium-Zinnoxid (→ ITO-Schicht) eingesetzt.

Der Vektor des Lichtes, das die Flüssigkristall-Zelle passiert, wird in der Schraube der Moleküle mitgeführt.

Legt man an die Elektroden der Zelle eine geeignete Spannung an – meist ein Wechselspannungssi-

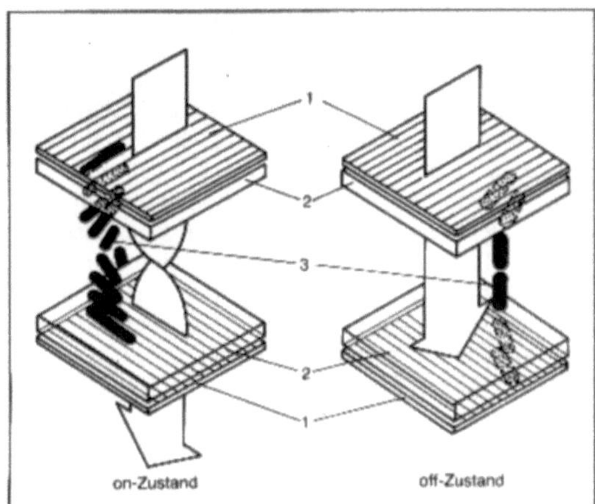

1) Polarisationsfolie, 2) Glasplatte mit transparenten Elektroden und Orientierungsschicht, 3) Polarisationsfolie

Flüssigkristall-Anzeige 1: Grundaufbau einer verdrillt nematischen Flüssigkristall-Zelle (TN-LCD).

gnal von 2–10 V – dann werden die Flüssigkristall-Moleküle aus ihrer Schraubenorientierung in die Feldrichtung gedreht. Die Flüssigkristallschicht – nicht aber das einzelne Molekül – verliert damit die Eigenschaft den Polarisationsvektor des Lichtes zu verdrillen; das Licht passiert die Zelle ohne Änderung der Richtung der Schwingungsebene.

Nun ist aus der klassischen Optik bekannt, daß derartige Vorgänge mit Hilfe von polarisiertem Licht sichtbar gemacht werden können. Deshalb verklebt man die Flüssigkristall-Zellen auf den Außenseiten mit einer →Polarisationsfolie. Der Vektor des Lichtes, das die Flüssigkristall-Zelle erreicht, schwingt deshalb nur in der durch die Folie vorgegebenen Ebene. Je nach Ausrichtung der beiden Polarisationsfolien auf Front- und Rückseite (parallel oder um 90° gegeneinander verdreht) kann Licht die Zelle im Ruhezustand passieren oder wird in der als Analysator wirkenden Polarisationsfolie absorbiert (Dunkelzustand). Im geschalteten Zustand ergibt sich dabei der inverse Helligkeitszustand. F. bieten deshalb die Möglichkeit, Informationen als helle Zeichen auf dunklem Feld (→Dunkelfeldanzeige) oder dunkle Zeichen in hellem Feld (→Hellfeldanzeige) darzustellen.

Die Verdrillung der Moleküle in der Zelle zeigt eine ausgeprägte, nichtlineare Kennlinie (Bild 2). Die Steilheit der Kennlinie hängt entscheidend von der Zellenkonstruktion und der Anpassung der Flüssigkristall-Mischung ab. Eine Spannung, die geringer als der Schwellwert ist, führt zu keiner merklichen Änderung der Transmission. Dies ist eine der wichtigen Voraussetzungen zum Aufbau von Zellen mit einer Multiplexansteuerung.

Typische Werte für die Ansteuerungssignale einer Flüssigkristall-Zelle sind:

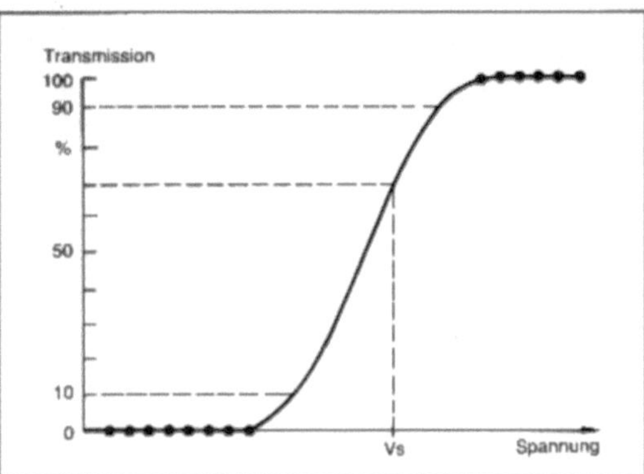

Flüssigkristall-Anzeige 2: Typische elektrooptische Kennlinie einer verdrillt nematischen LCD-Zelle. V_3-Schwellspannung.

□ Spannungspegel: 2–10 V
□ Wechselfrequenz: 25–100 Hz, heutige Ansteuerungs-IC's verwenden Rechteckimpulse
□ Die Gleichspannungskomponente darf einen Pegel von ca. 50 mV nicht überschreiten, da sonst langfristig elektrolytische Effekte zu einer Zerstörung der Zelle führen.

Der darstellbare Informationsinhalt einer Flüssigkristall-Zelle wird durch die Strukturierung der transparenten Elektroden bestimmt. So sind die Elektroden in Anzeigen numerische Zeichen meist als 7-Segmentelektroden ausgeführt, während sie in Zellen für die Darstellung alphanumerischer Zeichen entweder als Blöcke mit 5×7 Bildpunkten oder gar in graphikfähige Anordnung hergestellt sind. Beim Design der Elektroden ist darauf zu achten, daß nur die Bereiche einer Zelle angesteuert werden können, deren Elektroden auf Front- und Rückseite sich überlappen.

Das typische Erscheinungsbild von Flüssigkristallen bietet dunkle Zeichen auf hellem Feld, oder helle Zeichen auf dunklem Feld. Am bekanntesten sind reflektive Anzeigen. Bei ihnen ist auf die Rückseite ein Reflektor aufgeklebt. Dieser Reflektor kann jedoch auch so ausgeführt sein, daß der Reflexionsgrad merklich weniger als 100 % beträgt.

Man spricht in diesem Fall von einer transflektiven Zelle. Ihre Reflexion beträgt typisch 50 %. Vorteil dieser Anordnung ist, daß die Zelle bei hohen Intensitäten des Umgebungslichtes das Feld ausreichend hell erscheint, während für den Betrieb bei Dunkelheit eine Hilfslichtquelle auf der Rückseite der Zelle für eine Ausleuchtung des Anzeigefeldes sorgt. Die Farbe dieses Feldes kann in weiten Grenzen variiert werden.

Zur Darstellung von Informationen in Farbe werden heute meist transmissive Zellen als Dunkelfeldanzeigen verwendet. Auf der Rückseite befindet sich dann eine intensive Lichtquelle, deren Farbspektrum kombiniert mit der Dunkelfarbe eines

Farbfilters, die Farbe der dargestellten Information bestimmt.

Die gestiegenen Anforderungen hinsichtlich der darzustellenden Informationsmenge, des Arbeitstemperaturbereichs, der Winkelabhängigkeit etc. haben zu einer bemerkenswerten Weiterentwicklung der Zellentechnologie geführt.

So wurden Techniken entwickelt, bei denen die Flüssigkristall-Mischung dichroitische Farbstoffe enthält. Man spricht in diesen Fällen von Farbstoff-Zellen. Vorteil dieser Zellen ist, daß auf der einen Seite der Kontrast und die Winkelabhängigkeit verbessert werden kann. Im Fall einer hohen Farbstoffkonzentration kann sogar erreicht werden, daß die Polarisationsfilter teilweise oder gar gänzlich entfallen können. Hauptproblem dieser Zellen ergeben sich bei tiefen Temperaturen. Hier verringert sich die Löslichkeit der dichroitischen Farbstoffe merklich, so daß sie ausfallen. Weitere Nachteile bestehen in einer verlängerten Schaltzeit und einer Abflachung der elektrooptischen Kennlinie. Die Multiplexansteuerung wird dadurch weitgehend verhindert.

Ein spektakulärer Entwicklungsschritt wurde durch Zellen mit einer Schraubenverdrillung von 180–270° erreicht. Damit verbunden ist eine sehr steile Kennlinie, die die Multiplexansteuerung mit sehr hoher Multiplexrate erlaubt. Zellen dieses Typs sind heute unter den Bezeichnungen STN (*engl.* super twisted nematic), HBE (*engl.* highly-twisted birefringence effect) oder SBE (*engl.* super-twisted birefringence effect)-Zellen (Bild 3) am Markt. Die Multiplexrate dieser Produkte liegt im Bereich bis zu 1 : 200. Damit werden heute Zellen mit einer Bildpunktzahl von ca. 640 × 720 als Serienprodukt gefertigt.

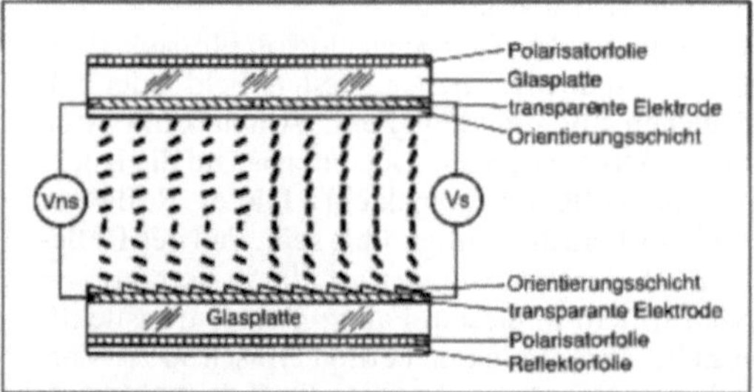

Flüssigkristall-Anzeige 3: Grundaufbau einer reflektiven Flüssigkristall-Zelle (SBE-Zelle) in nicht angesteuertem (links) und angesteuertem (rechts) Zustand.

Verbesserungen des Kontrastes mit dem Ziel einer Schwarz-Weiß-Darstellung der Information, lassen sich mit speziellen Zellenanordnungen erreichen. So bietet die OMI-Zelle (*engl.* Optical Mode Interference) bereits sehr geringe Wellenlängenabhängigkeiten der Transmission im Ruhezustand sowie geringe Temperaturabhängigkeiten und Erleichterungen der Herstelltoleranzen für die Zelle. Nachteil dieser speziellen Zelle ist die geringe Transmission, so daß die Helligkeit hinterleuchteter Zellen prinzipiell gering sein wird. Zellen dieses Typs werden bisher nicht am Markt angeboten.

Eine weitere Alternative besteht in einer Anordnung, bei der zwei STN-Zellen mit entgegengesetzter Verdrillungsrichtung zu einer Einheit zusammengefaßt werden. Man spricht hier von Doppelzellen oder *Double-layer* STN-Zellen. Der Vorteil dieser Anordnung besteht in der nahezu farbunabhängigen Transmission des Lichtes bei gleichzeitig hohen Transmissionswerten. Allerdings wird dieser Vorteil mit höheren Herstellkosten erkauft.

Beträgt der Inklinationswinkel der Flüssigkristall-Moleküle in einer TN- oder STN-Zelle an der Grenzschicht zur Orientierungsschicht nur wenige Grad, so erreicht man durch Vergrößerung dieses Winkels auf 90° (die zylinderförmigen Moleküle stehen dann auf ihrer Spitze), daß die elektrooptische Kennlinie sehr steil wird. Zellen dieses Typs werden als ECB-Zellen (*engl.* electrically controlled birefringence) bezeichnet. Dieser Zustand entspricht bei gekreuzten Polarisatoren einem dunklen, nicht transparenten Zustand der Zelle. Bei Anlegen eines elektrischen Feldes werden die Moleküle so gedreht, daß ihre Zylinderachse senkrecht zur Feldrichtung steht. Sind die beiden Polarisationsfilter gekreuzt, so entspricht dies einem Hellzustand. Die Änderung der effektiven Doppelbrechung der Zelle und damit der Transmission ist proportional zur anliegenden Spannung.

Flüssigkristall-Substanzen zeigen neben der oben beschriebenen nematischen Phase auch eine sogenannte smektische Phase. Sie zeichnet sich dadurch aus, daß die Moleküle schichtförmig angeordnet sind. Benachbarte Schichten sind leicht gegeneinander versetzt. Substanzen dieser Art zeigen als dünne Schicht ein ausgeprägtes Speicherverhalten. Dies ähnelt den dielektrischen Eigenschaften ferroelektrischer Kristalle. Man bezeichnet entsprechende Flüssigkristalle deshalb auch als ferroelektrische Flüssigkristalle. Neben dem Speichereffekt zeichnen sie sich durch sehr kurze Schaltzeiten (µsec im Vergleich zu den Schaltzeiten einer typischen TN-Zelle im Bereich msec) aus. Zellen mit ferroelektrischen Flüssigkristallen werden deshalb derzeit als besonders aussichtsreich für Anzeigen mit hohem Informationsinhalt betrachtet. Da jedoch die Zellentechnologie und die Herstellung von Mischungen mit optimierten Eigenschaften besondere – noch nicht komplett gelöste – Probleme aufwirft, sind diese Anzeigen noch nicht am Markt erhältlich.

Für den Benutzer sind meist die folgenden Eigenschaften von herausragendem Interesse:

□ angepaßte Informationsmenge,
□ hoher Kontrast der Anzeige,

□ angepaßter Temperaturbereich,
□ kostengünstige Herstellung des Gesamtsystems,
□ gutes optisches Erscheinungsbild der Information.

Als kritischer Parameter – neben der Technologie der Zelle – stellt sich in der Praxis immer wieder die Ansteuerungsschaltung heraus. Je geringer die Multiplexrate ist, desto besser werden Kontrast, Winkelabhängigkeit, Temperaturverhalten.

Für viele Anwendungen ist im Interesse eines hohen Kontrastes und hoher Transmission im geschalteten Zustand der Flüssigkristall-Zelle eine statische Ansteuerung wünschenswert. Dies läßt sich bei Zellen für hohen Informationsinhalt und geringer Bildpunktgröße nicht realisieren. Deshalb arbeiten viele Laboratorien seit mehr als zehn Jahren an der Entwicklung von Ansteuerungsschaltungen, die direkt in die Flüssigkristall-Zelle integriert werden können. Als besonders aussichtsreiche Techniken haben sich bisher Schaltungen mit Dünnschicht-Transistoren (TFT-Matrix) und nichtlineare, passive Schaltungen mit einer Schichtfolge Metall-Isolator-Metall (MIM) erwiesen. Jeder Bildpunkt wird mit einem derartigen Element in der Flüssigkristall-Zelle integriert. Es bewirkt, daß nach Ansteuerung des elektrischen Schaltelementes (der Dünnschichttransistor oder das MIM-Element) der betreffende Bildpunkt in der Flüssigkristall-Schicht „statisch" angesteuert wird. Damit erreicht man auf der einen Seite hohe Multiplexraten – die Speichereigenschaften werden von der elektronischen Schaltung übernommen – und auf der anderen Seite vorteilhafte optische Eigenschaften.

Der derzeitige Stand der Technik läßt eine abschließende Beurteilung, welche der sehr unterschiedlichen technischen Ansätze (TFT oder MIM) einer optimalen Flüssigkristall-Technik letztlich die künftige Entwicklung bestimmen wird, nicht zu. Man kann jedoch davon ausgehen, daß die Flüssigkristall-Techniken insgesamt eine der den Markt für elektronische Anzeigen bestimmende Technik sein werden. Der Ersatz der →Kathodenstrahlröhre durch eine der Flüssigkristall-Techniken ist auf diesem Wege ein wichtiger Meilenstein. *Pottharst*

Folgeausfall. Der F. ist der →Ausfall einer Komponente als Folge eines vorausgegangenen Ausfalls einer anderen Komponente. Der F. ist also ein deterministisches und nicht ein zufälliges Ereignis. *Schrüfer*

Folgeregelung. Bei einer F. soll die →Regelgröße x(t) einer beliebigen →Führungsgröße w(t) möglichst genau folgen, d. h. der Unterschied zwischen beiden Funktionen, die →Regeldifferenz e(t), soll innerhalb gegebener Grenzen bleiben. Der →Regelkreis muß ein gutes →Folge- oder →Führungsverhalten haben.

In dieser →Regelung ist die →Regelstrecke ein Nachführsystem und daher ohne Ausgleich. Der →Regler liefert dazu eine →Stellgröße y, so daß sein Eingangssignal, die Regeldifferenz e, sehr klein wird oder verschwindet.

Bei einem Folgeradarsystem beispielsweise ist die Führungsgröße w der Azimutwinkel des zu verfolgenden Zieles; die Regelgröße x ist der Azimutwinkel von der Mittellinie des Radarschirmes.

Im Regler wird die Differenz gebildet und entsprechend →P- oder →PI-Übertragungsverhalten des Stellsignals z. B. als Spannungsänderung für den elektrischen Antrieb abgegeben. (Für den Elevationswinkel des Folgeradarsystems ist ein entsprechender Regelkreis erforderlich). Der Antrieb selbst kann als →Übertragungsglied erster Ordnung (→Verzögerungsglied) angenähert werden, d. h. als P-T_1-Glied. Da aber nicht die Drehzahl sondern der Winkel der Antriebs- bzw. der Getriebewelle interessiert, kommt noch ein I-Anteil (→I-Übertragungsverhalten) hinzu, so daß die Regelstrecke ein I-T_1-Glied ist (Übertragungskonstante K_I, Zeitkonstante T_S).

Eine F. soll mindestens eine Anstiegsfunktion, d. h. eine Führungsgröße mit konstanter Geschwindigkeit V, gut nachführen können (→Systemantwort).

Bei einem P-Regler ist die Stellgröße y proportional der Regeldifferenz e. Da die Regelgröße x durch den Antrieb verzögert wird, kommt sie der Führungsgröße nicht nach (Bild: Verlauf P-R. w(t) gestrichelt). Es bleibt ein konstanter Schleppfehler (Folge-, Führungsverhalten), nämlich der Geschwindigkeitsfehler e_v. Wenn man den Übertragungsfaktor des Reglers mit $K_P = 1/(K_I T_S)$ so einstellt, daß der →Dämpfungsgrad des Kreises $d = 0{,}5$ ist, dann wird $e_v = V\ T_S$.

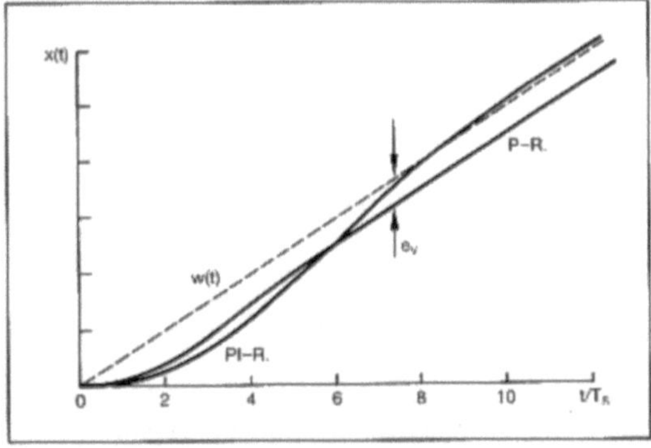

Folgeregelung: Anstiegsantworten bei einer F.

Ein I-Regler kommt wegen der notwendigen →Stabilität des Kreises (→*Nyquist*-Kriterium) nicht in Frage. Ein PI-Regler kann wegen seines zusätzlichen I-Anteils eine Verbesserung gegenüber dem P-Regler bringen. Die Rechnung weist nach, daß der Geschwindigkeitsfehler verschwindet, $e_v = 0$. Man erkennt beim Verlauf PI-R (Bild), daß es jedoch ziemlich lange dauert bis der Radarschirm exakt am Ziel „festhängt". Hier wurde der Regler nach dem Symmetrischen →Optimum so eingestellt, daß der Kreis ein ähnliches Einschwingverhalten hat wie mit dem P-Regler (d = 0,5).

Bei mechanischen Systemen, bei denen Führungs- und Regelgröße Winkel oder Positionen sind, wie hier beim Folgeradar, wird häufig der Begriff →Nachlaufregelung verwendet. Die Bezeichnung F. ist allgemeiner, es muß sich nicht um mechanische Bewegungen handeln. →Fernmessungen oder Systeme zum Aufzeichnen von Meßgrößen enthalten Folgeregelkreise. *Böttiger*

Literatur: *Böttiger, A.*: Regelungstechnik. München 1988.

Folgeverhalten. Bei der Untersuchung des F. oder Führungsverhaltens eines Regelkreises wird festgestellt, wie gut die →Regelgröße x der →Führungsgröße w folgt. Der Unterschied zwischen Führungs- und Regelgröße, die →Regeldifferenz $e = w - x$, ist ein Maß für die Qualität des Führungsverhaltens. Bei beliebigen Funktionen w(t) spricht man vom Schleppfehler e(t). Er wird mittels der Fehlerübertragungsfunktion

$$F_e(s) = \frac{E(s)}{W(s)} = \frac{1}{1 + F_0(s)}$$

bestimmt, wobei $F_0(s)$ die →Kreisübertragungsfunktion des Regelkreises ist. Um die Eigenschaften einer solchen →Folgeregelung besser beschreiben zu können, wählt man Führungsfunktionen w(t) mit eindeutigen stationären Eigenschaften (→Systemantworten). Mit Hilfe der *Laplace*-Transformation und ihres Endwertsatzes definiert man entsprechende stationäre Folgefehler

$$e = \lim_{t \to \infty} e(t) = \lim_{s \to 0} [s\, E(s)] = \lim_{s \to 0} [s\, F_e(s)\, W(s)]$$

□ Der Positionsfehler e_p wird bestimmt für eine konstante Führungsgröße mit der Position P, d. h. ihre Laplace-Transformierte ist $W(s) = P/s$ (→Sprungantwort, →Übergangsfunktion).

□ Der Geschwindigkeitsfehler e_v ergibt sich für eine Führungsgröße mit konstanter Geschwindigkeit V, so daß $W(s) = V/s^2$. Nach Beendigung des Einschwingens bleibt die Position x um den Schleppfehler e_v hinter der Führungsgröße w zurück (→Anstiegsantwort).

□ Beim Beschleunigungsfehler e_A hat die Führungsgröße eine konstante Beschleunigung A, und es ist $W(s) = A/s^3$. Stationär läuft dann die Regelgröße um den Schleppfehler e_A der Führungsgröße nach.

Im allgemeinen wird von einer Folge- oder →Nachlaufregelung verlangt, daß $e_v = 0$ ist. Bei einfachen Servosystemen genügt meist $e_P = 0$. *Böttiger*

Literatur: *Böttiger, A.*: Regelungstechnik. München 1988

Foliensteckverbinder. Zur elektrischen Verbindung von beweglichen Aggregaten sowie in der Steuerungselektronik werden häufig Leiterfolien eingesetzt. Werden lösbare Verbindungen benötigt, müssen die Folien an →Steckverbinder angeschlossen werden. Es bestehen dazu Ausführungen in Löttechnik, Crimptechnik und Andrucktechnik. Typischer Anwendungsfall ist der Anschluß des Typenrades eines Druckers. *Pagnin*

Format-Set. Das F.-S. dient gemeinsam mit dem →Time-Set dazu, die möglichen Signalverläufe innerhalb eines →Prüfzyklusses zu bestimmen. Es enthält dazu das eigentliche Testsignalformat (→Format von Prüfbitmustern); Die wichtigsten sind hierbei das NRZ-Format (*engl.* Non Return to ZERO), das typisch für Datensignale ist und das RZ-Format (*engl.* Return to Zero) das typisch für Clocksignale ist.

Im F.-S. ist auch die Signalrichtung festgelegt (wichtig zur Richtungsumschaltung bei bidirektionalen Signalen) und ob ein Ausgang bewertet werden soll.

Der Begriff F.-S. existiert nicht bei allen Prüfautomaten. Die entsprechende Information ist oft auch an anderer Stelle, etwa direkt im Testvektorspeicher abgelegt, z. B. wenn mehr als ein Bit pro Testvektor und Testerkanal vorhanden sind. *Obermeir*

Format von Prüfbitmustern. Das F. v. P. ist die Beschreibung der qualitativen Aufeinanderfolge logischer/elektrischer Zustände der Treiberpins der digitalen →Pinelektronik innerhalb eines →Prüfzyklus. Mit dem F. v. P. wird die Zustandsfolge ‚logisch aktiv'/‚logisch inaktiv' (Driver-Format) und ‚elektrisch aktiv'/‚elektrisch inaktiv' (Inhibit-Format) ohne Rücksicht auf das aktuelle Timing und den momentanen logischen Wert dargestellt. Die Aufeinanderfolge kann zeitlich äquidistant oder unterschiedlich sein. Sinn der Verwendung von F. v. P. und ihrer hardwaremäßigen Umsetzung in der Pinelektronik ist eine vereinfachte Signalerzeugungsmöglichkeit in Hard- und Software. Zusammen mit dem aktuellen logischen Wert und den aktuellen Werten des Timing-Generators für einen bestimmten Prüfzyklus kann der komplette elektrische Signalverlauf innerhalb eines Zyklus' beschrieben werden. Die aktuellen Werte für das Driver- und das Inhibit-Format, den logischen Zustand und ggf. das Timing werden im →Pinspeicher der Pinelektronik abgespeichert.

Da sowohl das F. v. P. wie auch das Timing für jeweils bestimmte Klassen von Pins typisch bzw. weitgehend konstant ist, lassen sich durch die Anwendung des Format-Mechanismus Aufwände einsparen bezüglich der Funktionen der Pinelektronik wie auch hinsichtlich des Volumens der compilierten Prüfprogramme. Typische Driver-Formate von

Testsignalen sind ‚return to zero', ‚delayed return to zero', ‚non return to zero', ‚surrounded by complement', constant HI, constant HI, constant LO usw. (Bild 1).

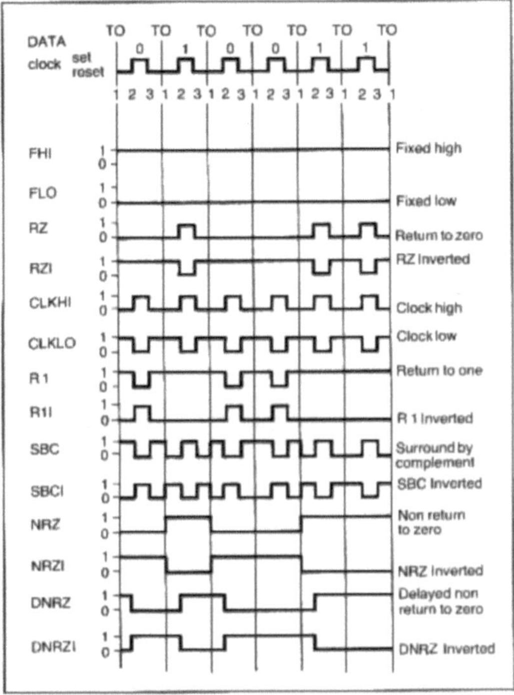

T_0-Zyklusgrenze

Format von Prüfbitmustern 1: Treiber-Formate. (Quelle: Siemens)

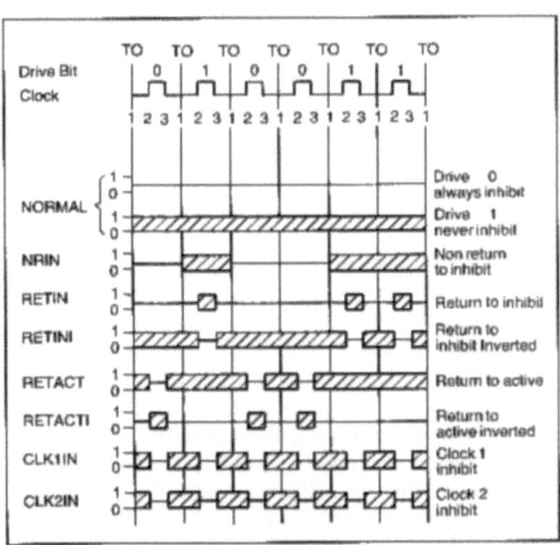

T_0-Zyklusgrenze. Die schraffierten Flächen zeigen den jeweils aktiven elektrischen Zustand an.

Format von Prüfbitmustern 2: Typische Inhibit-Formate. (Quelle: Siemens)

Typische Inhibit-Formate sind ‚always inhibit', ‚never inhibit', ‚return to inhibit', ‚return to inhibit inverted' usw. (Bild 2).

Die Format-Angaben im →Prüfprogramm werden zusammen mit den Timing-Informationen und den Prüfbitmusterangaben mit Hilfe des Formatters in das physikalische Signal, das an den →Prüfling angelegt wird, umgesetzt. *Winter*

Formfaktor →Meßgleichrichter

Fourier-Analyse →Frequenzanalyse

Fourier-Spektrometer. Das F.-S. enthält dieselben Komponenten wie ein Michelson-Interferometer, nämlich die Lichtquelle, den Strahlteiler, einen festen Spiegel, einen beweglichen Spiegel und einen Detektor zur Messung der Lichtintensität (Bild 1). Bei dem →Interferometer ist die Wellenlänge λ des monochromatischen kohärenten Lichts bekannt, und aus dem Detektorsignal wird der Weg s des bewegten Spiegels berechnet. Beim F.-S. hingegen wird der Weg s des Spiegels vorgegeben. Aus dem Signal des Detektors, dem sog. Interferogramm, wird dann in Abhängigkeit vom Weg s über die Fourier-Transformation (→Frequenzanalyse) das →Spektrum des oft polychromatischen nichtkohärenten Lichts ermittelt (Bild 2). Befindet sich im Strahlengang zwischen Lichtquelle und Detektor eine absorbierende Substanz, so läßt sich diese auf Grund ihres Absorptionsspektrums identifizieren. Das F.-S. dient so zum Nachweis flüssiger oder gasförmiger Substanzen.

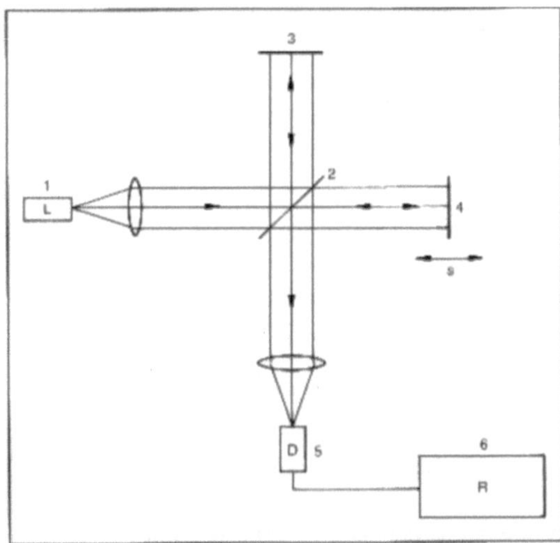

1) Lichtquelle, 2) Strahlteiler, 3) feststehender Spiegel, 4) beweglicher Spiegel, 5) Detektor zur Aufnahme des Interferogramms in Abhängigkeit von der Stellung s des beweglichen Spiegels, 6) Rechner zur Ermittlung des Spektrums aus dem Interferogramm.

Fourier-Spektrometer 1: Prinzip eines F.-S.

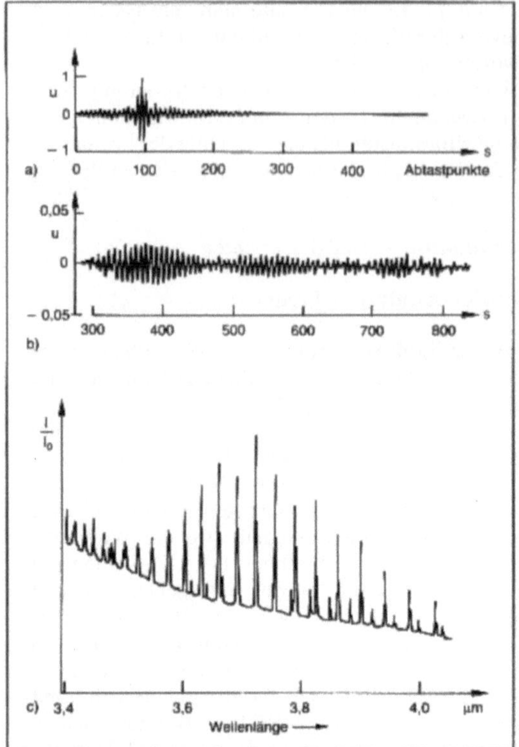

Fourier-Spektrometer 2: Signale des F.-S. mit einer brennenden PVC-Folie als Lichtquelle.

a) Interferogramm; Ausgangsspannung des Detektors in Abhängigkeit von der Auslenkung s des beweglichen Spiegels
b) Bei einer höheren Verstärkung der Detektorspannung werden auch bei größeren Spiegelauslenkungen noch Strukturen im Interferogramm erkennbar
c) Aus dem Interferogramm berechnetes Spektrum (Ausschnitt).

Vorteile des F.-S. sind die große spektrale Auflösung, die mit dem Hub des bewegten Spiegels steigt, und seine geringe Meßzeit. Das Signal des Detektors setzt sich aus den Amplituden aller Wellenlängen zusammen, die also nicht nacheinander ausgemessen werden müssen. Es ist so auch zur Untersuchung der Kinetik chemischer Reaktionen geeignet. *Schrüfer*

Fourier-Transformation → Frequenzanalyse

Frequenzanalyse. Die F. ermittelt mit Hilfe der Fourier-Transformation die in einem, in Abhängigkeit von der Zeit, aufgenommenen Signal enthaltenen Frequenzen und deren Amplituden (harmonische Analyse, Fourier-Analyse, Signalanalyse, digitale Signalanalyse, Spektralanalyse). Das hinsichtlich seines Frequenzinhalts auszuwertende Signal f(t) kann z. B. von einem Beschleunigungsaufnehmer, Wegaufnehmer, Druckaufnehmer, optoelektronischen Aufnehmer oder auch von einem → Oszillator stammen.

□ Kontinuierliche Fourier-Transformation eines zeitbegrenzten Signals. Kann das Meßsignal f(t) in Form eines geschlossenen mathematischen Ausdrucks angegeben werden, wie z. B. in Bild 1 a, so kann mit Hilfe der Fourier-Transformation die Fourier-Transformierte F(jω) berechnet werden aus (Bild 2 a)

$$F(j\omega) = \int_{-\infty}^{+\infty} f(t)\, e^{-j\omega t}\, dt. \qquad (1)$$

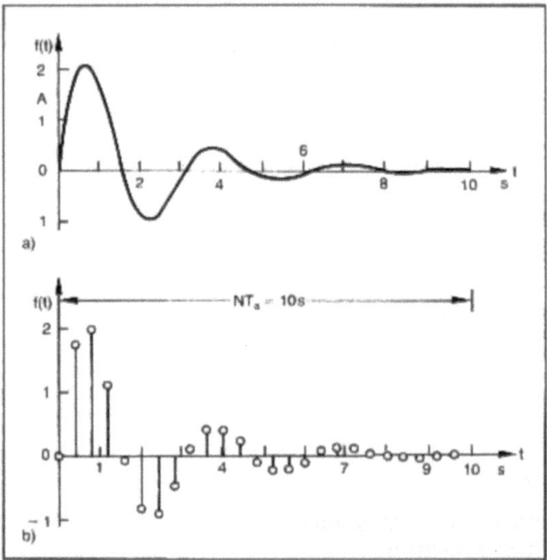

Frequenzanalyse 1: Die transiente Zeitfunktion $f(t) = 3e^{-t/t} \sin 2\pi ft$ mit der Dämpfungszeitkonstante $T = 2$ s und der Frequenz $f = \frac{1}{\pi}\, s^{-1}$.

a) zeitlicher Verlauf
b) Abtastsatz (Abtastintervall $T_a = 0{,}4$ s, Zahl der Abtastpunkte $N = 25$, Gesamte Meßzeit $NT_a = 10$ s).

□ Diskrete Fourier-Transformation (DFT) eines zeitbegrenzten Signals. In der Mehrzahl der Fälle kann das Meßsignal jedoch nicht analytisch angegeben werden. In diesem Fall wird es abgetastet und mit Hilfe eines → Analog/Digital-Umsetzers digitalisiert. Mit der Abtastfrequenz f_a, dem Abtastintervall $T_a = 1/f_a$ und einem Zählparameter n entsteht aus dem kontinuierlichen Signal f(t) der Abtastsatz, der die zu den diskreten Zeitpunkten nT_a gewonnenen abgetasteten Werte $f(nT_a)$ enthält. Dieser Abtastsatz (Bild 1 b) mit insgesamt N Meßwerten wird in einen Rechner eingelesen, der dann für diskrete Frequenzen ω_k die zugehörigen Amplituden $F_d(j\omega_k)$ mit Hilfe des Algorithmus der Diskreten Fourier-Transformation DFT berechnet,

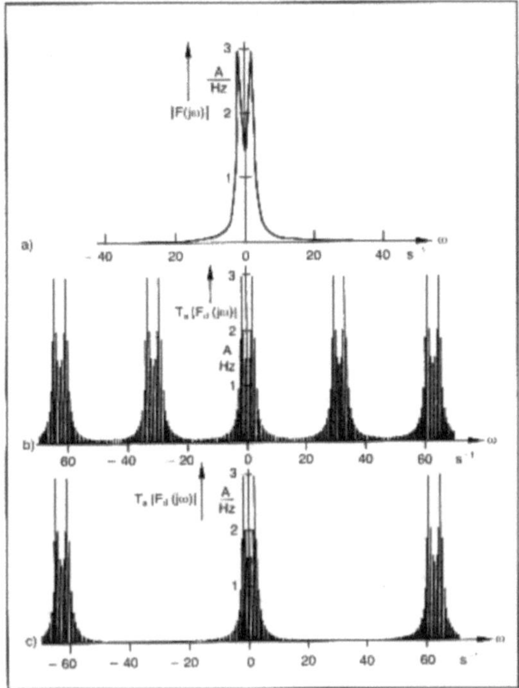

Frequenzanalyse 2: Spektrum der Zeitfunktion von Frequenzanalyse 1
a) Fourier-Transformierte nach Gl. (1)
b) Diskrete Fourier-Transformierte bei einem Abtastintervall $T_a = 0{,}2\,s$
c) Diskrete Fourier-Transformierte bei einem Abtastintervall $T_a = 0{,}1\,s$.

$$F_d(j\omega_k) = \sum_{n=0}^{N-1} f(nT_a)\, e^{-j\omega_k nT_a} \qquad (2)$$

Die diskrete Fourier-Transformierte nach Gl. (2) unterscheidet sich dabei von der kontinuierlichen Fourier-Transformierten nach Gl. (1) hauptsächlich in den folgenden Punkten:
- Bei der DFT werden die Amplituden nur für diskrete Frequenzen ω_k bzw. f_k berechnet.
- Das diskrete Spektrum wiederholt sich periodisch bei den Frequenzen $z \cdot 2\pi f_a$, bzw. bei $z \cdot f_a$.
- Die Amplituden der DFT sind erst nach Multiplikation mit dem Abtastintervall T_a der Größe und der Einheit nach gleich der Amplitude der kontinuierlichen Fourier-Transformation:

$$|F_d(j\omega)| \cdot T_a = |F(j\omega)|.$$

Die diskreten Amplituden liegen im Abstand

$$\omega_{k+1} - \omega_k = \frac{2\pi}{NT_a}, \text{ bzw. } f_{k+1} - f_k = \frac{1}{NT_a}.$$

Je größer also die gesamte Meßzeit NT_a ist, desto besser ist das → Auflösungsvermögen, desto schärfer lassen sich benachbarte Frequenzen trennen.

Die sich periodisch fortsetzenden diskreten Spektren sollen sich nicht überlappen (Bild 2b, c). Dies ist nicht der Fall, falls die Abtastfrequenz f_a größer ist als das doppelte der maximalen im Signal enthaltenen Frequenzkomponente f_{max}. Das Abtasttheorem der kontinuierlichen Fourier-Transformation ist also auch bei der diskreten einzuhalten.

□ Diskrete Fourier-Transformation eines nicht zeitbegrenzten Signals. Bei einer F. werden die Meßwerte nur während der Meßzeit NT_a abgetastet. In Bild 1 ergeben sich keine Schwierigkeiten, da das betrachtete Meßsignal außerhalb des Meßfensters nicht vorhanden ist. Im allgemeinen Fall sind jedoch die Amplituden des Meßsignals vor und nach dem Meßfenster von null verschieden. Der Rechner kennt aber nur die abgetasteten Werte und nicht die außerhalb des Zeitfensters liegenden. Mathematisch läßt sich dieser Sachverhalt berücksichtigen, indem die Meßwerte $f(nT_a)$ mit einer Fensterfunktion $w(nT_a)$ multipliziert werden. Im Falle des Rechteckfensters ist $w = 0$ vor und nach der Messung und $w = 1$ innerhalb des Meßfensters. Diese Multiplikation der beiden Funktionen im Zeitbereich führt zu einer Faltung ihrer Spektren im Frequenzbereich. Das bedeutet, die DFT liefert nicht das Spektrum des interessierenden Meßsignals für sich allein, sondern immer gefaltet mit dem Spektrum des Fensters. Dieses wirkt sich aus in einer Verbreiterung des Spektrums. Die scharfen Kanten des Rechteckfensters sind in dieser Beziehung besonders ungünstig. So werden eine Reihe anderer Datenfenster eingesetzt, die den Amplitudensprung am Anfang und am Ende vermeiden.

Die F. wird häufig angewendet; so z. B. bei der → Schwingungsüberwachung und beim → Fourier-Spektrometer. *Schrüfer*

Literatur: *Beauchamp, K. G.; u. C. K. Yuen:* Digital Methods for Signal Analysis. London 1979. – *Leonhard, W.:* Digitale Signalverarbeitung in der Meß- und Regelungstechnik. Stuttgart 1989. – *Marko, H.:* Methoden der Systemtheorie. Berlin–Heidelberg–New York 1982. – *Oppenheim, W. and R. W. Schafer:* Digital Signal Processing. *Englewood Cliffs 1975.* – *Rabiner, L. R. u. B. Gold:* Theory and Application of Digital Signal Processing. Wood Lane End. – *Schrüfer, E.:* Signalverarbeitung; Numerische Verarbeitung digitaler Signale. München 1990. – *Schüßler, W.:* Digitale Signalverarbeitung. Berlin–Heidelberg–New York 1988. – *Stearns, D. D.:* Digitale Verarbeitung analoger Signale. München 1987. – *Unbehauen, R.:* Systemtheorie. München–Wien 1971.

Frequenzgang. Der F. als komplexe Funktion der Kreisfrequenz beschreibt die Beziehung zwischen sinusförmigem Eingangs- und sinusförmigem Ausgangssignal eines linearen → Übertragungsgliedes im eingeschwungenen Zustand.

Das Referenzsignal am Eingang komplex angesetzt ist $u(t) = \hat{u} \exp(j\omega t)$. Das stationäre Ausgangssignal ist dann $v(t) = \hat{v} \exp(j\omega t + \Phi)$. Dabei sind Amplitude $\hat{v}$ und Phasenlage Φ abhängig von der anregenden Kreisfrequenz $\omega = 2\pi f$. Für die Ableitungen nach der Zeit gilt dann $d^n v(t)/dt^n = (j\omega)^n v(t)$. Geht man mit diesem Ansatz in die das →Übertragungsverhalten beschreibende Differentialgleichung, so erhält man analog wie bei der Aufstellung der →Übertragungsfunktion den F.

$$\underline{F}(j\omega) = \frac{b_0 + b_1 j\omega + b_2 (j\omega)^2 + \ldots + b_m (j\omega)^m}{a_0 + a_1 j\omega + a_2 (j\omega)^2 + \ldots + a_n (j\omega)^n}$$

d. h. der Operator s in der Übertragungsfunktion F(s) wird durch den Faktor $j\omega$ ersetzt, um den F. $\underline{F}(j\omega)$ zu erhalten. Für regelungstechnische Untersuchungen wird die komplexe Funktion zerlegt nach Betrag und Phase $\underline{F}(j\omega) = A(\omega)\, e^{j\Phi(\omega)}$

Der Betrag $A(\omega)$ gibt an, wie stark die Ausgangsamplitude $\hat{v}(\omega)$ im Vergleich zur Eingangsamplitude $\hat{u}$ abhängig von der Kreisfrequenz ω verstärkt oder gemindert wird: $\hat{v}(\omega) = A(\omega)\hat{u}$. Die Schwingung am Ausgang eilt der Eingangsschwingung um den Phasenwinkel $\Phi(\omega)$ vor bzw. nach; positiver Winkel bedeutet Voreilung, negativer Winkel Nacheilung.

Die Zerlegung nach Betrag und Phase erleichtert die Produktbildung aus mehreren F., z. B. aus Regler- und Streckenfrequenzgang für einen →Regelkreis.

Zur Stabilitätsuntersuchung oder Reglerauslegung verwendet man die graphische →Darstellung des F. entweder als Ortskurve in der komplexen Ebene oder als Frequenzkennlinien. Für letztere werden der Betrag $A(\omega)$ als →Amplitudengang und die Phase $\Phi(\omega)$ als →Phasengang über der Kreisfrequenz ω aufgetragen (→Bode-Diagramm).

Böttiger

Literatur: *Böttiger, A.:* Regelungstechnik. München 1988. – *Unbehauen, H.:* Regelungstechnik I. Braunschweig 1982.

Frequenzmessung. Gemäß Definition entspricht die Frequenz f_x der Anzahl N_x der Schwingungen oder Ereignisse, die in einer bestimmten Zeitdauer T auftreten, dividiert durch diese Zeit: $f_x = N_x/T$. Setzt man T in Sekunden ein, ergibt sich die Frequenz in der SI-Einheit →Hertz (Hz).

Diese Definition ist direkt in den elektronischen Digitalzählern verwirklicht (→Zähler). Das Prinzip ergibt sich aus Bild 1. Die mit f_x periodische elektrische Größe wird durch einen Impulsformer in eine Rechteckschwingung umgewandelt und auf einen elektronischen Schalter gegeben. Ein Quarzgenerator erzeugt eine hochgenaue Normalfrequenz f_N von z. B. 1 MHz, deren relative Abweichung 10^{-4} und weniger betragen kann (→Zeitmessung). Die Frequenz f_N wird über einen Teiler mit dem Teilerfaktor N_T von z. B. 10^6 geteilt, so daß f_T z. B. dann noch 1 Hz beträgt, woraus sich eine Torzeit $T = 1/f_T = 1$ s ergibt. Nach dem Start wird die Steuerlogik das Tor für die Zeit T, d. h. nach obigem Beispiel für 1 s schließen, so daß dann $N_x = T f_x$ Impulse im Zähler erfaßt werden und die Frequenz direkt in Hz angezeigt wird. Als Torzeiten sind auch 10 ms, 0,1 s und 10 s üblich.

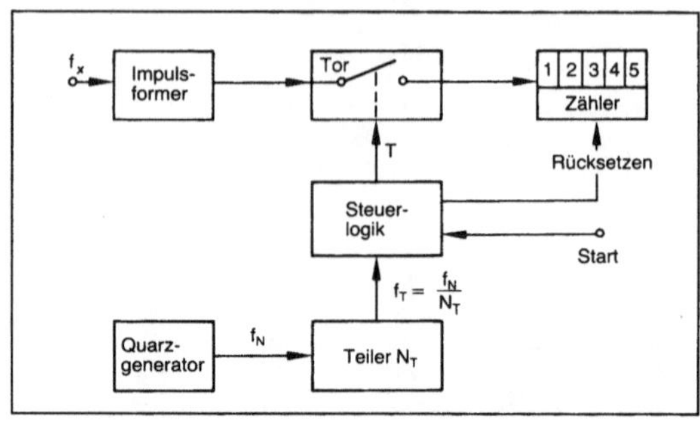

N_x Zählerstand
N_T Teilerfaktor
f_x unbekannte Frequenz
f_N Normalfrequenz
f_T geteilte Normalfrequenz
T Meß- oder Torzeit

$$N_x = T \cdot f_x \quad (1)$$

$$T = \frac{1}{f_T} = N_T \cdot \frac{1}{f_N} \quad (2)$$

aus (1) und (2) $$f_x = \frac{N}{t} = \frac{f_N}{N_T} \cdot N_x = \text{const.} \cdot N_x$$

Frequenzmessung 1: Digitale F.

Für die Meßunsicherheit ergibt sich hier lediglich ±1 Schritt in der letzten Stelle von N_x, dazu kommt der Fehler der Normalfrequenz f_N, der aber sehr klein gehalten werden kann. Nach diesem Prinzip sind direkte F. für Frequenzen bis über 10 GHz möglich. Um zu Meßzeiten von unter 1 s zu kommen und trotzdem eine Auflösung von 1 Hz zu erreichen, führt man in der Praxis eine Multi-Periodendauermessung durch und errechnet daraus die Frequenz. Mit Zusatzeinrichtungen (Frequenzvervielfacher, Mischer) lassen sich Frequenzen bis über 100 GHz indirekt digital messen. Für Messungen von Frequenzen f_x unter 10 kHz wird das direkte Verfahren bei den üblichen Meßzeiten zu ungenau. Will man eine Verlängerung der Meßzeit vermeiden, vertauscht man in der Schaltung (Bild 1) Meßfrequenz und Normalfrequenz und mißt mit dem digitalen →Universalzähler die Periodendauer $T_x = 1/f_x$. Diese Zähler enthalten zwei komplette Zählkanäle. Über Schalter können verschiedene Betriebsarten gewählt werden, z. B. auch die digitale Messung der Differenz oder des Quotienten zweier Frequenzen sowie die Messung von Zeitintervallen, Impulsbreiten und Periodendauern.

Mit dem →Elektronenstrahl-Oszilloskop ist bei kalibrierter Zeitablenkung eine ungefähre Frequenzbestimmung möglich, indem man die Periodendauer T_x des dargestellten Signals abliest und die Frequenz $f_x = 1/T_x$ berechnet. Eine genauere Messung ist möglich, wenn man in Zweikanaldarstellung eine Normalfrequenz zusätzlich schreibt. Gibt man die unbekannte Frequenz f_x auf den Y-Eingang und die einstellbare Normalfrequenz f_N auf den X-Eingang (XY-Betrieb), erhält man als Schirmbild einen Kreis, wenn $f_N = f_x$ gemacht wird, die Amplituden an beiden Ablenkplattenpaaren gleichgroß sind und die Phasenverschiebung 90° beträgt. Ist die Phasenverschiebung $\neq 90°$, erhält man Ellipsen, aus denen man die Größe der Phasenverschiebung errechnen kann. Diese Schirmbilder werden *Lissajous*-Figuren genannt. Auch dann, wenn $f_x/f_N = n/m$ ist, wobei n und m kleine ganze Zahlen sind, erhält man wieder stillstehende, auswertbare Lissajous-Figuren.

Bei sehr hohen Frequenzen, insbesondere bei Mikrowellenschaltungen, kann man zur F. auch Wellenleiter, z. B. Lecher-Leitungen, einsetzen, auf denen man aus dem Abstand der Spannungsmaxima die Wellenlänge λ bestimmt. Die Frequenz ist dann $f_x = c/\lambda$ mit c = Lichtgeschwindigkeit. Resonanzverfahren, bei denen man die Daten der Schwingkreisglieder so ändert, daß die unbekannte Frequenz Resonanz hervorruft, arbeiten im Mikrowellenbereich mit abstimmbaren Topfkreisen und Hohlraumresonatoren.

Die verschiedenen analog arbeitenden F. mit →Skalenanzeige, die aber durch die digitalen Verfahren kaum noch praktische Bedeutung haben, nutzen entweder die Frequenzabhängigkeit von Scheinwiderständen aus oder sie beruhen auf der periodischen Ladung und Entladung eines Kondensators. Bild 2 zeigt für den letztgenannten Fall ein Beispiel. Die Spannung U_x mit der zu messenden Frequenz f_x wird mittels des Vorwiderstands R_v und der beiden gleichen Z-Dioden (→Halbleiterdioden) in eine angenäherte Rechteckspannung U_R umgeformt. Bei jeder positiven Halbwelle wird der Kondensator C über die Diode D_1 auf $+|U_R|$ aufgeladen (D_2 sperrt dabei). Während der negativen Halbwelle erfolgt eine Umladung des C von $+|U_R|$ auf $-|U_R|$ über D_2 und das →Meßwerk. Bei vollständiger Ladung und Entladung fließt je Periode also eine Elektrizitätsmenge $Q = 2 \cdot U_R \cdot C$ über das Meßwerk; der Mittelwert des fließenden Stroms ist $I = Q/T_x = Q \cdot f_x = 2 \cdot U_R \cdot C \cdot f_x$ und somit der Frequenz f_x proportional.

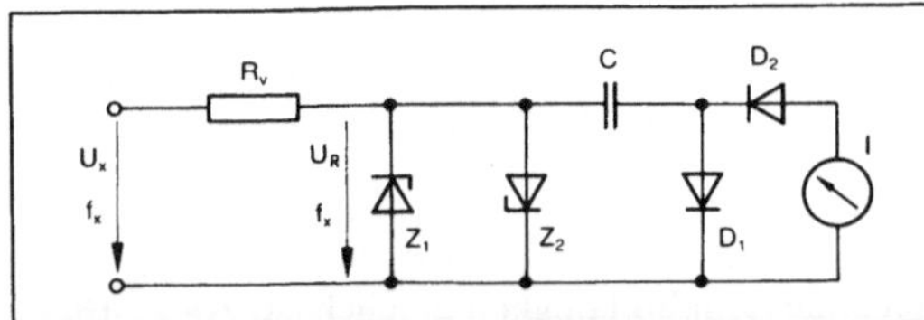

Frequenzmessung 2: Frequenzmesser mit Kondensatorladung.

Auch die →Meßbrücke nach *Wien-Robinson* kann als Frequenzmeßgerät verwendet werden, da ihr Abgleich frequenzabhängig ist.

Zungen-F. (Vibrationsmeßwerke) besitzen eine Anzahl abgestimmter Stahlzungen, die durch einen Wechselstrom mit der Frequenz f_x elektromagnetisch zu Resonanzschwingungen angeregt werden. Es schwingt diejenige Zunge in Vollresonanz, deren Eigenfrequenz $2f_x$ beträgt. Auch Zwischenwerte sind ablesbar. Anwendung im Frequenzbereich 15 bis 1000 Hz. *Hammerschmidt*

Literatur: *Schrüfer, E.*: Elektrische Meßtechnik. München 1990. – *Stöckl, M.* u. *K. H. Winterling*: Elektrische Meßtechnik. Stuttgart 1982.

Frequenzteiler. Schaltung zum Herabsetzen der Frequenz einer Sinusschwingung oder eines Pulses um ein ganzzahliges Verhältnis. Bei feststehenden Frequenzen, z. B. beim Fernsehen für die Ableitung der Bildfrequenz von 25 Hz aus der Zeilenfrequenz von 15 625 Hz (Teilerverhältnis 625 : 1), verwendet man synchronisierbare Multivibratoren. Zur Teilung von variablen Pulsfrequenzen sind – insbesondere für Teilerverhältnisse $2^n : 1$ (n ganze Zahl) – hintereinandergeschaltete Flipflop-Schaltungen geeignet. *Kersten/Schrüfer*

Fricke-Dosimeter →Dosismessung, chemische

Frühausfall. Der F. einer Komponente tritt infolge nicht entdeckter Material- oder →Fertigungsfehler auf (→Badewannenkurve, →Weibull-Verteilung). *Schrüfer*

Führungsgröße →Regelungsverfahren; →Regelkreis; →Folgeregelung; →Folgeverhalten

Führungsgrößenaufschaltung →Vorsteuerung

Führungsverhalten →Folgeverhalten

Füllstandmessung. Messung der Füllhöhe von Feststoffen oder Flüssigkeiten in Behältern. Bei nicht transparenten Stoffen kann man den Füllstand durch gestaffelt angebrachte →Lichtschranken messen, wobei die gewünschte Auflösung und der Meßbereich die Anzahl der Lichtschranken bestimmen.

Ein →Ultraschallsensor ermittelt über eine →Laufzeitmessung den Abstand zwischen Sensor und Oberfläche des Füllgutes.

In einem nicht unter Druck stehenden Behälter erzeugt eine Flüssigkeit der Dichte ϱ und der Füllhöhe h bei der Erdbeschleunigung g den Bodendruck $p_h = \varrho \cdot g \cdot h \cdot$ Da p_h proportional zu h ist, läßt sich h über eine →Druckmessung ermitteln. Wenn ein Behälter unter Druck steht, führt eine Messung des Differenzdruckes zu einem Meßwert für h.

Ein kapazitives Meßverfahren zur F., bei der das Füllgut Teil eines Kondensators ist: →Längen- und Winkelmessung mit kontinuierlichen Verfahren.

Die Überfüllsicherung bei Heizöltanks bedient sich eines Kaltleiters, dessen Widerstand deutlich abnimmt, wenn er vom ansteigenden Öl umspült wird. *Hammerschmidt*

Füllstandregelung. Regelung des Höhenstandes von Flüssigkeiten und Schüttgütern oder der Trennschicht zwischen zwei nicht vollständig mischbaren Flüssigkeiten unterschiedlicher Dichte. Meist geschieht die Regelung durch Stellen des zu- oder ablaufenden Füllgutes. Füllstandregelstrecken sind häufig Strecken ohne Ausgleich, die den Einsatz von Reglern mit reinem Integralverhalten verbieten.

Bei F. kommt es häufig nicht auf Einhalten eines bestimmten Höhenstandes in einem Behälter an. Der Füllstand soll vielmehr dazu dienen, Produktionsschwankungen oder -störungen abzupuffern. Bild 1 zeigt eine F., welche die Leistung einer Kreiselpumpe im Zulauf einer Destillationskolonne dem Lastzustand anpassen soll.

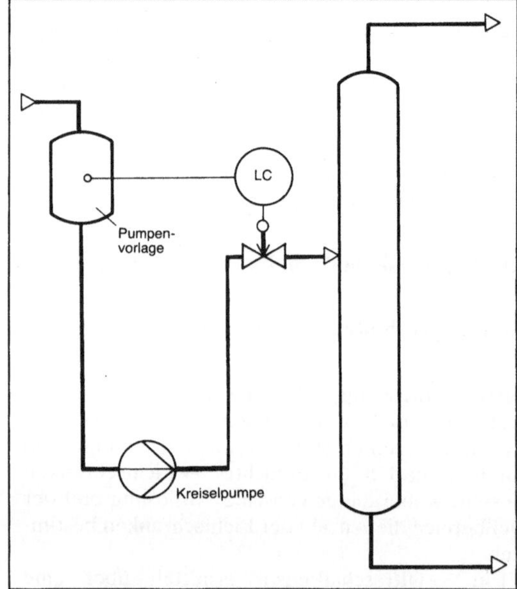

Füllstandregelung 1: F. einer Pumpenvorlage im Zulauf einer Destillationskolonne.

Dynamisch problematisch kann die Standregelung von Dampftrommeln sein. Abhilfe kann in diesen Fällen eine →Drei-Komponenten-Regelung schaffen. Neben dem Stellen des zu- oder ablaufenden Füllgutes sind auch indirekte F. möglich. Bild 2 zeigt eine Sumpfstandregelung einer Destillationskolonne durch Stellen des Dampfes zum Verdampfer. Diese Regelschaltung ermöglicht es, das Sumpfprodukt in konstantem Strom abzuziehen und ist besonders dann angebracht, wenn relativ geringe Mengen an Sumpfprodukt anfallen (→Niveauwächter, →Drei-Komponenten-Regelung). *Strohrmann*

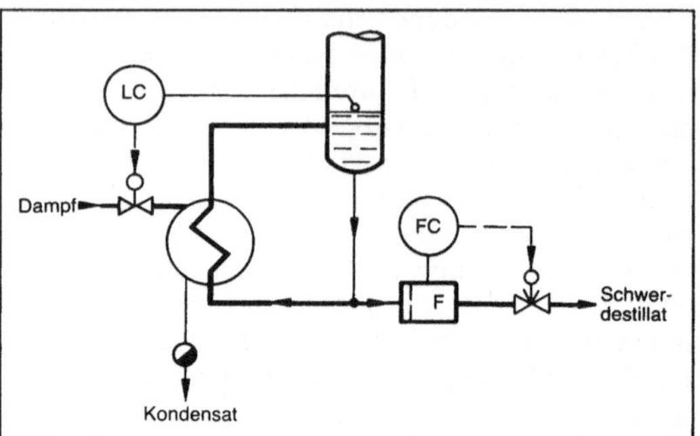

Füllstandregelung 2: Indirekte F. In besonderen Fällen kann ein Vertauschen der Stellgröße vorteilhaft sein.

Literatur: *Strohrmann, G.:* Automatisierungstechnik, Bd. 1 Grundlagen, analoge und digitale Prozeßleitsysteme. 2. Aufl. München–Wien 1990.

Functional Test →Funktionsprüfung

Fundamentalbestimmung der Dosis →Dosismessung, kalorimetrische

Funktionsfehler. Fehler, die sich nur beim Zusammenspiel mehrerer oder aller Komponenten eines Prüflings zeigen. Meist schwierige Fehlerlokalisierung, wenn alle Einzelfunktionen z. B. beim →In-Circuit-Test ordnungsgemäß ablaufen (→Funktionsprüfung). *Winter*

Funktionsplan. Der F. ist im Zusammenhang mit Steuerungen eine allgemeine graphische Darstellungsmöglichkeit für Ablaufketten und Verknüpfungsbeziehungen sowie aller sonstigen Signalverarbeitungsoperationen, wie arithmetische Operationen, Signalfilterung, lokale Regelung, Signalkonvertierung etc. Er dokumentiert in graphischer Form das Steuerungsprogramm. Die Darstellung der einzelnen F.-Elemente ist dabei so gewählt, daß eine Dokumentation auf einfachen alphanumerischen Druckern und eine Darstellung auf Bildschirmen ohne Graphikfähigkeit möglich ist. Als F.-Elemente und zugehörige Symbole (Bild) lassen sich grob drei Gruppen feststellen:

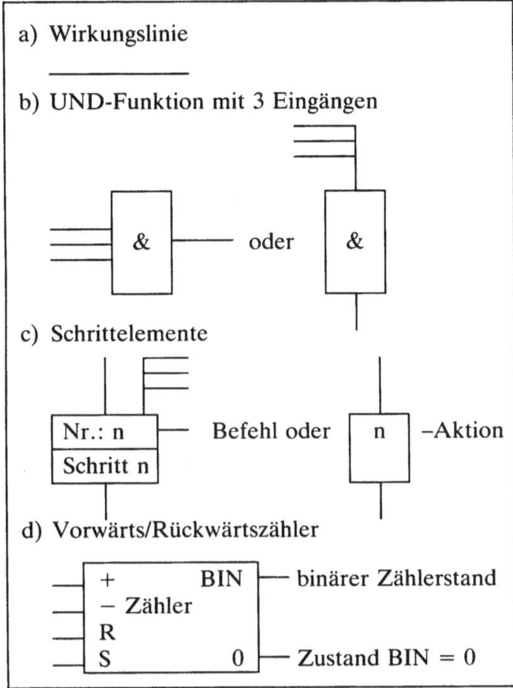

Funktionsplan: Beispiele für Funktionsplansymbole

□ Grundfunktionsglieder für *Boole*sche Funktionen, Speicher-, Zeit-, Zähloperationen, arithmetische Funktionen,

□ standardisierte erweiterte Funktionsglieder wie →Schritt- und →Befehlselement, z. B. zum Aufbau von →Ablaufsteuerungen

□ freie Funktionsglieder wie parametrierbare Programmbausteine sog. Funktionsbausteine.

Allgemeines Bausteinsymbol ist das Rechteck, in das die Funktionskennzeichnung eingetragen wird und das die Bezeichnung der Ein- und Ausgänge enthält. Die Signalverbindungen, die sog. Wirkungslinien zwischen den Funktionssymbolen, werden in der Regel so angelegt, daß der Signalfluß von links nach rechts bzw. von oben nach unten erfolgt. In diesen Fällen wird auf die Kennzeichnung der Flußrichtung verzichtet, andernfalls muß sie durch Pfeile angegeben werden. Für eine Reihe von Grundfunktionen ist die Funktionskennzeichnung in der Tabelle zusammengestellt. *Freyberger*

Funktionsprüfung. Prüfung der Funktion von Bausteinen oder Baugruppen, also ihrer Reaktion auf vorgegebene Eingangssignale, wie sie beim reellen Betrieb vorkommen, im Gegensatz z. B. zum Parametertest, wo die Qualität einzelner Signale untersucht wird.

Im Gegensatz zum →In-Circuit-Test wird bei der Baugruppenfunktionsprüfung neben den einzelnen Bausteinfunktionen auch das Zusammenwirken einzelner Bausteine untereinander und ggf. auch zusammen mit der auf der Baugruppe vorhandenen Software überprüft.

Die F. erfordert eine Nachbildung der Eingangssignale und auch der notwendigen Beschaltung des

Funktionsplan. Tabelle: Funktionskennzeichnung für Grundelemente und -operationen (DIN 19239)

Funktionsart	Bezeichnung	Kennzeichnung
logisch	UND	&
	ODER	≥1
	Exklusiv ODER	=1
	Negation	—○| |○—
arithmetisch	Addition	+
	Subtraktion	−
	Multiplikation	x oder *
	Division	:
	Vergleich	>, >=, =, <=, < (> größer, = gleich, < kleiner)
Zeitfunktion	Impuls	1 ⎍
	Einschaltverzögerung	t_1 0
	Ausschaltverzögerung	0 t_2
speichern, zählen	Setzen	S
	Rücksetzen	R
	vorwärts zählen	+
	rückwärts zählen	−

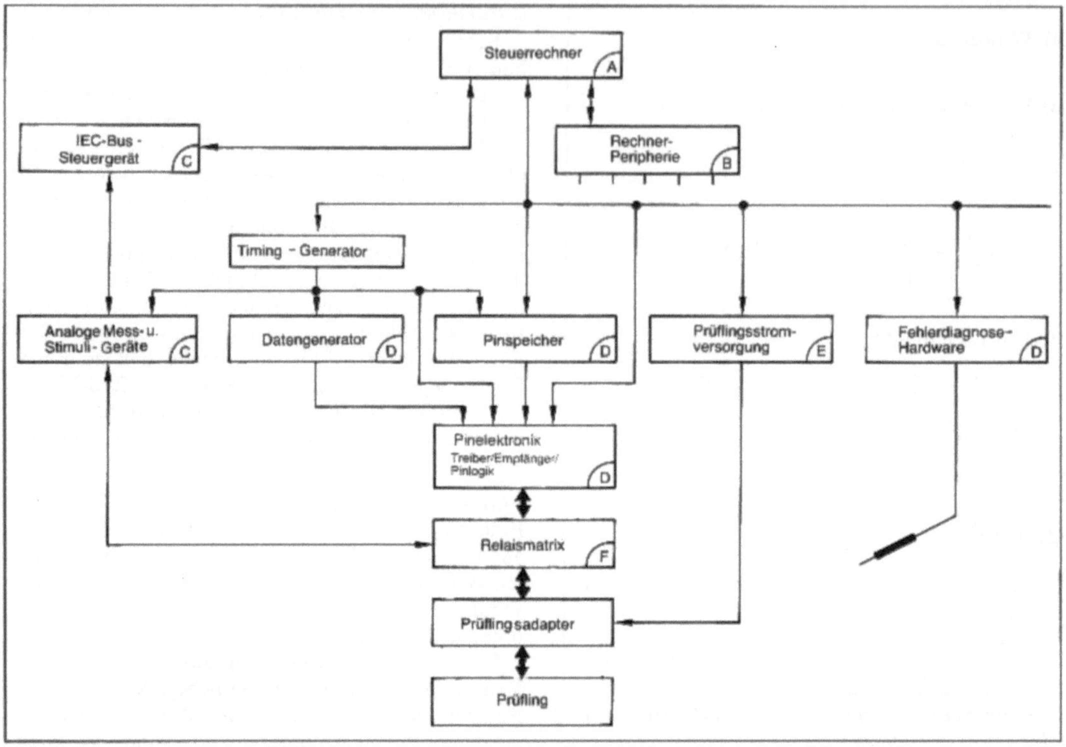

Funktionsprüfung: Blockschaltbild eines Baugruppen-Funktionstesters

Prüflings durch den Prüfautomaten oder durch den Prüflingsadapter (z. B. Widerstände, Kondensatoren, Induktivitäten). Die Vorgabe der Ausgangssignale entspricht dabei dem tatsächlichen Verhalten des Prüflings. Bei der F. wird darüber hinaus versucht, im späteren Einsatz vorkommende variierende Umweltbedingungen (unterschiedliche Betriebsspannungen, Einsatz bei unterschiedlichen Temperaturen, Eingangssignale mit verändertem Zeitverhalten) zu berücksichtigen.

Die F. ist am vollständigsten unter allen Testverfahren, benötigt jedoch erheblichen Programmieraufwand und zusätzlich im Fehlerfall aufwendige Verfahren zur Lokalisierung von Fehlern (→Pfadverfolgung). In der Regel, insbesondere im digitalen Bereich, kann die Programmerstellung für die F. nur noch mit Rechnerunterstützung (Simulatoren, →Prüfsimulation) durchgeführt werden. *Winter*

Funktionstastatur. Tastatur mit fester Zuordnung einer Funktion zu einer bestimmten →Taste (Bild). Jedem der von der Tastatur zu bedienenden acht Regelkreise ist ein eigener Tasterblock zugeordnet. Links sieht man Tasten für die Betriebsarten Hand (MAN), Regler (AUT) und Rechner (COM). Daneben sind Tasten angeordnet für schnelles und für langsames Betätigen des Stellgerätes in beide Richtungen. Mit dem rechten Block lassen sich die Sollwerte für die acht Kreise vorgeben. Dazu ist zusätzlich eine von den Tasten 1 bis 8 zu betätigen.

Funktionstastatur: Beispiel. (Quelle: Eckardt)

F., besonders wenn sie auf einer Pultfläche verschiebbar angeordnet sind, bieten eine größere Flexibilität in der Position des Bedieners als die →Lichtgriffelbedienung: Eine Sitzhaltung ist zur gelegentlichen Bedienung nicht erforderlich (→Tastenfeld, virtuelles). *Strohrmann*

FWT. Die FWT, VDI/VDE-Gesellschaft Feinwerktechnik, ist eine Fachgesellschaft der beiden Ingenieurverbände Verein Deutscher Ingenieure

(→VDI) und Verband Deutscher Elektrotechniker (→VDE) mit über 4 000 persönlich zugeordneten Mitgliedern.

Auf den Ingenieur der Feinwerk- und Mikrotechnik kommen durch rasante technische Entwicklungen immer neue Anforderungen zu, denen er mit ständig neuen Methoden und erweiterten Kenntnissen gerecht werden muß. Der Ingenieur dieses Fachgebietes ist heute stärker denn je auf fachliche Unterstützung, aktuelle Information, Erfahrungsaustausch, Weiterbildung in seinem Fach und Richtlinien für seine Arbeit angewiesen. All dies bietet die FWT, die sich in Richtung →Mikrotechnik erweitert hat.

Ihre Aufgaben erfüllt die FWT durch:

- Veranstalten von Kongressen und Seminaren
- Mitwirken bei der Aus- und Weiterbildung
- Austauschen und Auswerten von Erfahrungen und Informationen
- Erarbeiten von Richtlinien und anderen Empfehlungen
- Herausgeben und Fördern technisch-wissenschaftlichen Schrifttums
- Einflußnahme auf bildungspolitische Entscheidungen
- Fördern junger Ingenieure
- Anregen und Unterstützen von Forschungsarbeiten
- Zusammenarbeit mit in- und ausländischen Vereinigungen

550 Fachleute arbeiten ehrenamtlich in rund 30 Ausschüssen der Gesellschaft. Das Themenspektrum der Ausschußarbeit ist in sechs Fachbereichen weit gespannt: Information und Bildung, Methoden der Produktentwicklung, Technologie und Fertigungsverfahren, Werkstoffe, Leiterplattentechnik, Mikrotechnik. *Lauruschkat*

G

Gal. Frühere Einheit zur Angabe von Fallbeschleunigung in der Geodäsie und Geophysik. Einheitenzeichen Gal. 1 Gal = 1 cm/s^2 = 10^{-2} m/s^2. Gehörte zum →CGS-System. Seit 1. 1. 1978 in der Bundesrepublik Deutschland im geschäftlichen und amtlichen Verkehr nicht mehr zugelassen.
Hammerschmidt

Gallone. *Engl.* gallon. Im englisch-sprachigen Raum verwendete Volumeneinheit. Einheitenzeichen gal. 1 gal = 4,55 l (Großbritannien) bzw. = 3,785 l (USA, Kanada). *Hammerschmidt*

Galvanomagnetischer Effekt. Effekt, der auf dem Zusammenwirken eines magnetischen Feldes mit einem elektrischen Strom beruht. Grundlage aller galvanomagnetischen Erscheinungen ist die Ablenkung eines Elektrons in einem Magnetfeld vermöge der *Lorentz*kraft:

$$K = e\,(v \times B) \qquad (1)$$

Hierbei ist e die Ladung des Elektrons, v seine Geschwindigkeit und B die magnetische Induktion. Die direkte Folge der Lorentzkraft ist der →*Hall*-Effekt: legt man senkrecht zu einem elektrischen Strom ein Magnetfeld an, dann entsteht ein elektrisches Feld senkrecht und proportional zu beiden, das sich in folgender Form darstellen läßt:

$$E_H = R_H\,(j \times B) \qquad (2)$$

j = Stromdichte, B = magnetische Induktion.

Die Spannung $U_H = E_H \cdot d$ (Bild) heißt die →Hallspannung. R_H ist die Hallkonstante und der Winkel ϑ, welchen das elektrische Feld mit der Stromrichtung bildet, heißt der →Hallwinkel. Es gilt $\tan\vartheta = R_H B/\sigma$, σ = elektrische Leitfähigkeit.

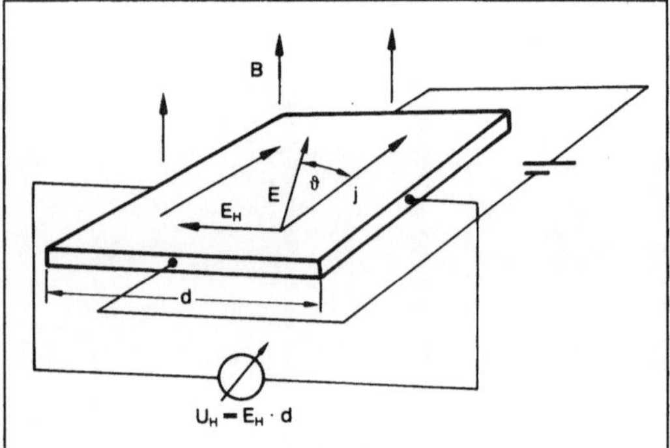

Galvanomagnetischer Effekt: Schema des Halleffekts.

Wird der Strom durch eine Ladungsträgerart der Ladung e und der Dichte n hervorgerufen, dann folgt aus j = env durch Vergleich mit der Formel für die Lorentzkraft die einfache Beziehung

$$R_H = 1/ne \qquad (3)$$

Die Hallkonstante gibt also unmittelbar Auskunft über das Vorzeichen und die Dichte der Ladungsträger. Analog zum Hall-Effekt ist der *Ettingshausen-Nernst*-Effekt, nur daß an Stelle der elektrischen Feldstärke ein Temperaturgradient erzeugt wird.

Zusätzlich zu diesen beiden in B linearen Effekten gibt es quadratische Effekte, nämlich die magnetische Widerstandsänderung und die magnetisch induzierte Änderung der Wärmeleitfähigkeit. In beiden Fällen ist noch der longitudinale und der transversale Effekt zu unterscheiden, je nach der Orientierung des Magnetfeldes relativ zum Strom. Die Effekte sind in Metallen i. a. klein und erst in extrem großen Magnetfeldern merklich. Lediglich in ferromagnetischen Stoffen können kleine äußere Felder schon zu Widerstandsänderungen in der Größe einiger Prozent führen, wenn dabei die Magnetisierungsrichtung um 90° gedreht wird. Dieser Effekt wird zum Auslesen der Information in magnetischen Speichern genutzt. Um Größenordnungen stärkere Effekte ergeben sich in Halbleitern. Hall-Effekt-Bauelemente auf Halbleiterbasis (InSb, InAs) dienen zur Messung magnetischer Felder, und auch die magnetische Widerstandsänderung in Indiumantimonid kann diesem Zweck dienen, wenn man den dabei störenden Hall-Effekt durch eingelagerte leitende Nadeln aus Nickelantimonid neutralisiert (→Feldplatte).

Wesentlich stärkere g. E. zeigen sich in reinen Metallen bei tiefen Temperaturen, wenn die freie Weglänge der Elektronen so groß wird, daß sie im Magnetfeld einen vollen Umlauf ohne Streuung durchlaufen können. In diesem Bereich treten auch Quanteneffekte auf, von denen der bekannteste der *de Haas-van Alphen*-Effekt ist. *Hubert*

Literatur: *Weiß, H.*: Physik und Anwendung galvanomagnetischer Bauelemente. Braunschweig 1969.

Galvanometer. Hochempfindliches →Meßgerät für sehr kleine Spannungen und Ströme. Einsatz vorzugsweise im Nullzweig von Meßbrücken und

Kompensatoren (→Kompensations-Meßverfahren). Für diese Meßaufgaben ist die sehr große →Empfindlichkeit der G. wichtiger als der zu erwartende →Meßfehler. Heute vielfach ersetzt durch elektronische →Verstärker. Eine Sonderform mit sehr kleiner Federkonstante und sehr kleiner Dämpfung, das ballistische G., erlaubt die Messung des Zeitintegrals impulsförmig verlaufender elektrischer Größen. *Hammerschmidt*

Ganzkörperzähler. Die Kenntnis der im Körper befindlichen Radionuklide ist von Wichtigkeit, da diese mit ungefähr 30 % zur Exposition des Menschen aus natürlichen Strahlenquellen beitragen.

Gemessen wird der Gehalt des Körpers an Radionukliden im sog. G. Dieser besteht aus einem oder mehreren, um eine hohe →Empfindlichkeit zu erreichen, meist großen →Szintillationsmeßköpfen bzw. seltener aus einem den Körper allseitig umgebenden Flüssigkeitszähler als Detektor. Die von diesen gemessenen Impulse werden in einem Impulshöhenanalysator elektronisch registriert und gestatten anzugeben, welche Aktivitäten verschiedener Radionuklide in dem untersuchten Körper enthalten sind.

Mit neuzeitlichen G. lassen sich, sofern es sich um Radionuklide handelt, die Gammastrahlen aussenden, die aus dem untersuchten Körper austreten, also z. B. Strahlungen, die Gammastrahlen vom Cäsium 134 oder Cäsium 137 und Kalium-40 bei Aktivitäten bis herunter zu etwa 50 Bq messen.

G. werden im Strahlenschutz insbesondere zum Messen der inkorporierten Radionuklide von mit offenen radioaktiven Stoffen umgehenden Personen benützt. *Wachsmann*

Garantiefehlergrenze →Meßfehler

Gasanalyse. Die G. dient dazu, in einem Meßsystem eine bestimmte Komponente kontinuierlich und quantitativ zu erfassen und das Meßergebnis in ein elektrisches →Einheitssignal umzuwandeln. Dieses Signal steht dann für die Weiterverarbeitung wie Registrierung, Überwachung, Steuerung oder als Eingangssignal in rechnergesteuerte Meßwertverarbeitungsanlagen zur Verfügung.

Die zur Messung angewendeten Verfahren beruhen heute nach Möglichkeit auf physikalischen Meßprinzipien (zum Teil auch auf chemisch-physikalischen Meßprinzipien), die folgenden drei Hauptkriterien genügen müssen:

- →Selektivität
- →Empfindlichkeit
- →Stabilität.

Dabei versteht man unter Selektivität die meßtechnische Erfassung einer bestimmten Komponente im Meßgas ohne Beeinflussung durch andere Begleitgase. Unter Stabilität versteht man die Langzeitkonstanz der Kennlinien der Gasanalysegeräte.

Die G. wird eingesetzt bei der →Emission und Immission von Gasen wie auch in der industriellen →Meßtechnik verfahrenstechnischer Prozesse. Je nach zu analysierender Gaskomponente und je nach Zusammensetzung werden unterschiedliche Meßprinzipien angewendet, von denen die wichtigsten im folgenden genannt sind:

□ Nicht-Dispersive Infrarot-Absorption (NDIR).
Diese beruht auf der für ein Meßgas spezifischen Absorption im infraroten Strahlungsbereich von ca. 2.5 µm bis 12 µm.

□ Nicht-Dispersive Ultraviolett-Absorption (NDUV).
Ein weiterer selektiver Absorptionsbereich für einige Gaskomponenten liegt im ultravioletten Strahlungsspektrum (ca. 200 nm bis 800 nm).

□ Chemielumineszenz.
Bei dieser entsteht durch Reaktion des Meßgases mit einem zweiten Gas (z. B. NO mit Ozon O_3) eine angeregte Komponente, die unter Aussendung von Strahlen in einem bestimmten Wellenlängenbereich in den Grundzustand zurückfällt. Die Intensität dieser Strahlung hängt von der Konzentration der Reaktionspartner ab und wird mittels Photomultiplier oder Sekundärelektronenvervielfacher gemessen.

□ Fluoreszenz.
Die Moleküle eines Gases absorbieren elektromagnetische Strahlung bestimmter Wellenlänge, wodurch ihre Hüllenelektronen angeregt werden. Diese geben ihre Anregungsenergie innerhalb sehr kurzer Zeit (10^{-8} s) als Fluoreszenzstrahlung wieder ab. Diese ist in der Regel langwelliger als die anregende Strahlung und wird wiederum mittels Photomultiplier oder Sekundärelektronenvervielfacher gemessen (z. B. Nachweis von SO_2 mit gepulstem UV-Licht im Bereich 190–230 nm ergibt eine Fluoreszenzstrahlung im Bereich 320–380 nm.

□ Flammenionisationsdetektor (FID).
Dieser wird hauptsächlich zum Nachweis des Gesamtkohlenwasserstoffes mit und ohne Methan (C_nH_m) eingesetzt und beruht darauf, daß der Ionisationsstrom von kohlenwasserstoffhaltigen Gasen um Größenordnungen höher ist als der von reinen Gasen (z. B. H_2). Dabei ist die Größe des Ionisationsstromes in einem weiten Spannungsbereich von ca. 100–300 V direkt proportional zur Konzentration.

Diese Ionisation wird durch die thermische Energie einer (Wasserstoff-)Flamme erreicht und läßt sich durch Einbringen von zwei gegeneinander isolierten Elektroden in das Gas, an die eine Saugspannung angelegt wird, messen.

Sind die zu messenden Komponenten in zu geringer Konzentration vorhanden, so erfolgt eine Anreicherung über die Zeit in einem Prozeßchromatographen. Der Nachteil dieser Messung liegt darin, daß damit keine kontinuierliche Messung mehr möglich ist, vielmehr Zykluszeiten von 3–30 min auftreten.

Neben der eigentlichen Messung der Gesamtkomponente mit Umsetzung in ein elektrisches Signal besteht die Meßanordnung noch aus dem →Probenahmesystem, der Entnahmeleitung, bei der mittels Heizung definierte Umgebungsbedingungen geschaffen werden, Filtern, Pumpen und gegebenenfalls Kalibriermöglichkeiten.

Zur kontinuierlichen Überwachung von Gaskomponenten werden die Meßgeräte für die verschiedenen Komponenten in Meßkabinen zusammengefaßt und die Meßwerte mit Hilfe eines rechnergestützten Überwachungssystems gespeichert (→Meßnetz zur Luftüberwachung).

Gemessen wird in folgenden Einheiten:
- als Massekonzentration in mg/m^3 oder µg/m^3.

Dies ist die Masse des luftverunreinigenden Stoffes bezogen auf das Volumen der verunreinigten Luft (bei Normbedingungen 0 °C oder 20 °C und 1 013 HPa).
- als Volumenkonzentration in ppm (parts per million) oder ppb (parts per billion).

Dies ist das Volumen des luftverunreinigenden Stoffes bezogen auf das Volumen der verunreinigten Luft.
- als Konzentration an Staubpartikel in 1/cm^3.

Dies ist die Anzahl der Staubpartikel bezogen auf das Volumen der verunreinigten Luft.
- als Staubniederschlag in g/(m^2 · d).

Dies ist die Masse des niedergeschlagenen Staubes bezogen auf die Auffangfläche und die Meßzeit.

F. Schneider

Gasentladungsadapter. Der G. wird bei der Verdrahtungsprüfung von unbestückten Leiterplatten eingesetzt. Die Leiterplatte wird hierzu im Vakuum gezielten elektrischen Entladungen zwischen passend plazierten Elektroden ausgesetzt, so daß auf eine mechanische Kontaktierung verzichtet werden kann. Die Entladungsströme werden gemessen und vom →Prüfautomatenbetriebssystem für eine Gut- oder Schlechtaussage ausgewertet. *Winter*

Gaslaser. Der G. ist neben dem →Halbleiterlaser die wichtigste technische Anwendung des Laserprinzips. →Laser ist ein Kunstwort und bedeutet Lichtverstärkung durch stimulierte Emission (*engl.* Light Amplification by Stimulated Emission of Radiation). Es handelt sich im Prinzip um eine Lichtquelle in Form eines stark gebündelten Strahls hoher Energiedichte, die weitgehend kohärente elektromagnetische Wellen im Frequenzbereich des fernen Infrarots über den sichtbaren Teil des Spektrums bis zum Ultraviolett bzw. sogar Röntgenlicht abstrahlt.

Diese Strahlung entsteht aus dem primären Vorgang, der Verstärkung, durch Rückkopplung und Selbsterregung. Die Vorgänge im Laser beruhen auf quantenphysikalischen Prozessen. Der Energiezustand der Gasatome bzw. -moleküle ist durch die Existenz diskreter Energieniveaus oder Energiebänder beschrieben. Die für den Laserbetrieb geeigneten Energieniveaus haben eine energetische Breite, die klein gegen die Differenz der Niveaus ist. Die Existenz und Lage der Energieniveaus äußert sich in den Absorptions- und Emissionsspektren, deren Frequenzen sich aus den Energiedifferenzen ergeben.

Nur im Nullpunkt der absoluten Temperatur befinden sich alle Teilchen im niedrigsten Energieniveau, d. h. im Grundzustand. Bei höherer Temperatur ergibt sich ohne Energiezufuhr von außen eine Verteilung der Teilchen auf die einzelnen Niveaus in der Weise, daß die Besetzungszahlen mit wachsender Höhe der Energieniveaus abnehmen. Bei äußerer Energiezufuhr werden Teilchen auf höhere Niveaus gebracht. Dies kann z. B. durch Absorption elektromagnetischer Strahlung geschehen, deren Frequenz sich aus der Energiedifferenz zweier Energieniveaus ergibt. Befinden sich mehr Teilchen in einem oberen als in einem unteren Niveau, dann spricht man von Besetzungsumkehr oder Inversion.

Die angeregte Materie geht durch Energieabgabe wieder in einen energetisch niedrigeren Zustand über. Dies kann spontan geschehen und führt zu spontaner Emission, einer Art →Rauschen. Wird Strahlung einer bestimmten Energie, die gleich der Differenz der beteiligten Energieniveaus ist, eingestrahlt, dann werden Übergänge vom oberen zum unteren Energieniveau induziert. Die dadurch erzeugte Strahlung wird stimulierte Emission genannt.

Ein weiterer Teil der Energie kann noch in Wärme umgewandelt werden, z. B. durch Stöße der Gasmoleküle.

Die Herstellung der Inversion wird auch Pumpen genannt. Das Pumpen geschieht vom untersten auf das oberste Niveau, von dort wird durch spontane, strahlungslose Übergänge das mittlere Niveau angereichert bis Besetzungsumkehr zum unteren erreicht ist (Bild 1). Beim Übergang vom mittleren zum untersten Energieniveau entsteht Laserstrahlung mit der Frequenz $\upsilon_{1,2}$.

Ein G. (Bild 2) besteht aus einem optischen →Resonator und einer Gassäule aus dem aktiven Lasermaterial. Der Resonator wird im allgemeinen aus hochreflektierenden sphärischen Spiegeln gebildet. Das Gas befindet sich in einem zylindrischen Gefäß, das entweder durch die Spiegel vakuumdicht abgeschlossen wird oder durch transparente Fenster, die unter dem Brewsterschen Winkel angeordnet sind. Es steht unter niedrigem Druck und wird durch eine Gasentladung oder durch Einstrahlen von Pumplicht angeregt. Tritt nun infolge induzierter Emission eine Verstärkung ein und wird diese größer als die Resonatorverluste, dann kommt es

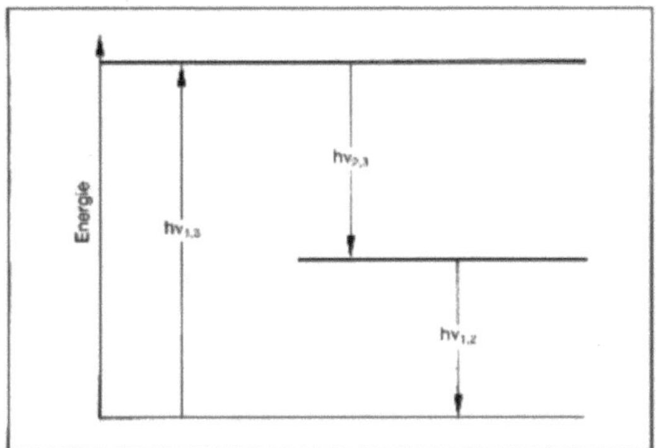

Gaslaser 1: Termschema eines Lasers mit drei Energieniveaus. h – Planck'sches Wirkungsquantum. υ – Lichtfrequenz. hυ – Quantenenergie des betr. Niveaus.

zur Selbsterregung, d. h. Laseroszillation. Wegen der relativ geringen Gasdichte des aktiven Gases sind entsprechend lange Verstärkungswege erforderlich. Übliche Baulängen liegen im Dezimeterbereich.

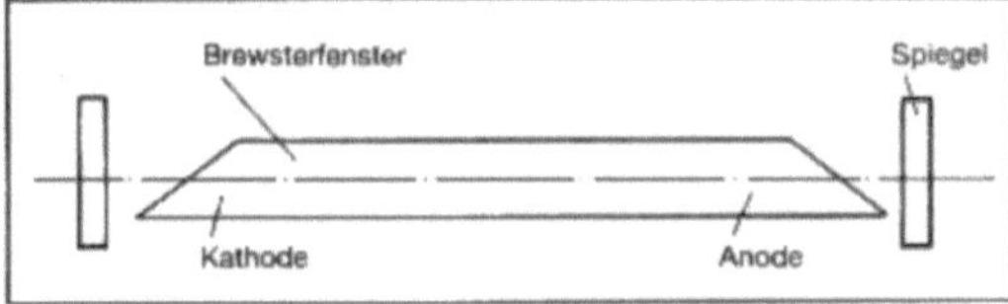

Gaslaser 2: Schematischer Aufbau.

Der G. ist dem Festkörperlaser vor allem hinsichtlich der Strahlungsqualität eindeutig überlegen. Die aktive Gassäule ist frei von Spannungen, Schlieren und Einschlüssen und besitzt eine homogene Dotierung an aktiven Atomen. Streuverluste treten deshalb praktisch nur an den Spiegeln und den Abschlußfenstern auf, außerdem ist die Linienbreite der Laserübergänge sehr gering.

Der erste kontinuierlich arbeitende Laser wurde mit einem Helium-Neon-Gemisch realisiert, bei dem Neon die aktive Komponente ist. Dieser Laser hat auch heute noch die größte Bedeutung im sichtbaren Bereich. An der Lichterzeugung sind weit mehr als die drei Energieniveaus (Bild 1) beteiligt, dementsprechend kann der Laser eine Reihe von Spektrallinien im Sichtbaren und nahen Infrarot mit Leistungen bis 100 mW abstrahlen. Helium-Neon-Laser werden heute in hohen Stückzahlen gefertigt und wegen ihrer →Zuverlässigkeit, sowie der guten Strahlqualität vielseitig angewendet. Hauptsächlich wird die rote Linie bei 632,8 nm benutzt. Haupteinsatzgebiete für rote HeNe-Laser sind Laser-Scanner mit ca. 1 mW Ausgangsleistung, Laserdrucker mit 5–40 mW Leistung, die Medizin und wissenschaftliche Instrumente.

Beim modernen Helium-Neon-Laser befindet sich das HeNe-Plasma in einer Glaskapillare und wird durch eine Gleichstromentladung angeregt. Ein Spiegel reflektiert nahezu total, der andere hat eine Transmission von typisch 1–2 %. Bei Ausgangsleistungen bis 15 mW sind die Spiegel in das Laserrohr integriert. Ein koaxialer, symmetrischer Aufbau sorgt für hohe Temperaturkonstanz und geometrische Stabilität des Resonators.

Technische Bedeutung hat auch der CO_2-Laser erlangt. Er wird insbesondere zur Erzeugung großer Pulsleistungen bis in den MW-bereich hinein bei Wellenlängen um 10,6 µm verwendet. Hier wird er im Zusammenhang mit Wärmebildgeräten betrieben. Die Laseremission bei diesem Typ beruht auf dem Energieaustausch zwischen Rotations-Schwingungstermen des Elektronengrundzustands, die Anregungsenergien sind sehr gering. Daraus ergeben sich theoretisch sehr hohe Laserwirkungsgrade bis zu 30 %. *Kiesel*

Literatur: *Kleen, W.* und *Müller:* Laser. Berlin–Heidelberg–New York 1969. – ITG-Fachber. Nr. 108 Vakuumelektronik und Displays. Berlin–Offenbach 1989.

Gassensor. Sensor, der die Anwesenheit und Konzentration bestimmter Gase anzeigt. Zur Anwendung kommen verschiedene Verfahren:

□ →Pellistor: Messung der Wärmetönung bei der Reaktion des Pellistormaterials mit Gasen

□ →Wärmeleitsensor: Änderung der Wärmeleitfähigkeit durch die Anwesenheit von Gasen

□ Ionensensitiver Feldeffekttransistor (ISFET): MOS-Feldeffekttransistor, dessen Gateelektrode bei einer Reaktion mit Gasen ihre Austrittsarbeit ändert (→Wasserstoffsensor)

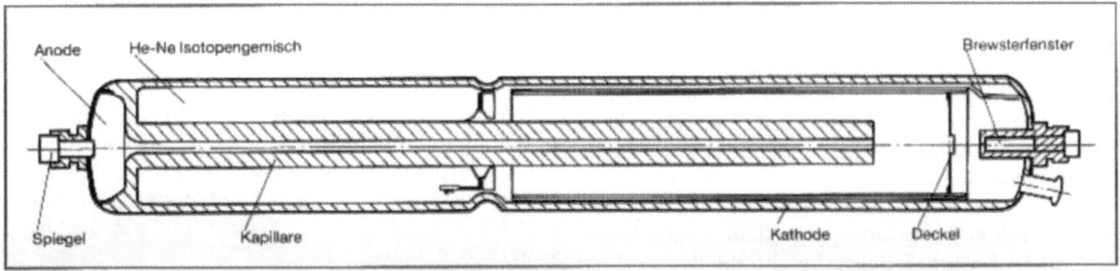

Gaslaser 3: HeNe-Laser in koaxialer Bauweise.

□ Metalloxidsensor: Halbleitende Metalloxide, die ihren Widerstand bei Reaktion mit Gasen verändern (→Sauerstoffsensor)
□ optische Absorption: Gemessen wird die gasspezifische Lichtabsorption, die besonders ausgeprägt im Infrarotbereich ist. *Schaumburg*

Gate Array. G. gehören zur Klasse der sog. anwendungsspezifischen integrierten Schaltungen (ASIC's Application Specific Integrated Circuits). Sie sind Halbleiterchips, deren Funktion nach den Wünschen des Anwenders unter Einsatz einer vorgegebenen Funktionenbibliothek festgelegt wird.

Der →Chip enthält im Mittelfeld (Arrayfeld) untereinander identische Zellen, zum Aufbau von Grundfunktionen z. B. Gatterfunktionen. Aus mehreren Zellen lassen sich komplexere Funktionen, auch als Makros bezeichnet, zusammenschalten. Sie ergeben zusammen mit den Grundfunktionen den Inhalt der Funktionenbibliothek. Um das Arrayfeld gruppieren sich Elemente für den Aufbau von Eingangs- und Ausgangsschaltungen. Durch die individuelle Verdrahtung (Maske mit dem Verbindungslayout) werden dann die speziellen Funktionen, Ein-/Ausgangsschaltungen u. a. in einem der letzten Technologieprozesse in der Herstellung realisiert. Der Entwurf erfolgt mit Hilfe von CAD-Systemen meist iterativ und in mehreren Stufen:
□ G.-A.-gerechter Schaltungsentwurf mit simulativer Überprüfung der Funktion (korrekte Logik etc.), der Teststrategie und Testbarkeit,
□ Entwurf der Verteilung der Macros auf dem Chip und des Verbindungslayouts, simulative Überprüfung des Zeitverhaltens der Schaltung (dynamischer Test).

Der wirtschaftliche Einsatz dieser hochintegrierten Schaltung liegt derzeit bei Stückzahlen ab ca. 500. Gegenüber herkömmlicher Schaltungstechnik liegen die Vorzüge in der höheren Verarbeitungsgeschwindigkeit und Zuverlässigkeit sowie der kleineren Leistungsaufnahme, dem kleineren Bauvolumen, dem geringeren Montageaufwand und nicht zuletzt der Nachbausicherheit solcher Schaltungen.

G. A. werden heute mit über 10 000 äquivalenten Gatterfunktionen in CMOS und bipolarer Technologie, mit in den nächsten Jahren noch erheblich steigender Integrationsdichte und Anzahl der Schaltelemente, hergestellt. Sie arbeiten mit den üblichen Versorgungsspannungen und Signalpegeln und sind daher kompatibel zu anderen integrierten Schaltkreisfamilien. *Freyberger*

Gauge-Faktor. Abgeleitet von dem englischen Wort für →Sensor, Gauge, beschreibt der G.-F. den Zusammenhang zwischen der relativen Widerstandsänderung und der relativen Längenänderung:

$$\frac{\Delta R}{R} = k\,\frac{\Delta l}{l}$$

Alternativ wird der G.-F. auch k-Faktor genannt. *Schaumburg*

Gauß. Einheit der magnetischen Flußdichte im elektro-magnetischen →CGS-System. Einheitenzeichen G. 1 G = 10^{-4}T (→Einheiten des SI). In der Bundesrepublik Deutschland im geschäftlichen und amtlichen Verkehr nicht zugelassen. *Hammerschmidt*

Gauß-Fehlerfortpflanzungsgesetz. Das G.-F. ermöglicht den →Fehler Δy einer berechneten Größe y aus den Fehlern Δx_i der gemessenen Größen x_i zu ermitteln.
□ Rechnen mit den Standardabweichungen: Die Größen x_i sind jeweils mehrmals gemessen. Ihre Meßwerte sind normalverteilt mit den Mittelwerten oder Erwartungswerten $\bar{x}_i$ und den Standardabweichungen s_i. Die Standardabweichungen s_i der Größen x_i werden dabei auch als mittlere quadratische Abweichung der Meßwerte oder auch als mittlere quadratische Fehler der Meßwerte bezeichnet. Aus den gemessenen Größen x_i wird eine Größe y berechnet, $y = f(x_i)$. Wird die Größe y aus allen Kombinationen der gemessenen Werte der Größen x_i berechnet, so ergeben sich verschiedene y-Werte. Diese sind normalverteilt mit dem Erwartungswert $\bar{y}$ und der Standardabweichung s_y. Das G. liefert die Rechenvorschrift zur Ermittlung dieser Größen.

Der Erwartungswert $\bar{y}$ ergibt sich, indem in die Formel zur Berechnung von y die Erwartungswerte $\bar{x}_i$ eingesetzt werden,

$$\bar{y} = f(\bar{x}_i)$$

Die Standardabweichung s_y, bzw. der mittlere quadratische Fehler des berechneten Wertes y wird erhalten, indem die Standardabweichungen der gemessenen Größen mit den an den Stellen $\bar{x}_i$ genommenen partiellen Ableitungen multipliziert und geometrisch addiert werden. Der Schätzwert s_y für die Standardabweichung der y-Werte errechnet sich dementsprechend zu

$$s_y = \sqrt{\sum_{i=1}^{n} \left(\frac{\partial f}{\partial x_i}\right)^2 s_i^2}.$$

□ Rechnen mit den Geräte-Fehlergrenzen: In der Praxis sind häufig nicht die Standardabweichungen der Meßgrößen, sondern die Fehlergrenzen G_i der Meßgeräte bekannt. Aus der Fehlergrenze G_i und dem Meßbereichsendwert X_i berechnet sich die Unsicherheit Δx_i aus

$$\Delta x_i = X_i G_i$$

Auch hier entsteht die Frage, zu welcher Unsicherheit Δy einer berechneten Größe $y = f(x_i)$ die Unsicherheiten Δx_i der gemessenen Größen führen. Dabei wird zwischen der maximal möglichen Unsicherheit Δy^* und der wahrscheinlichen Unsicherheit Δy^{**} unterschieden.

– Maximal mögliche Unsicherheit Δy^*; lineare Addition der Beträge der Fehlergrenzen: Hier wird mit den Beträgen der Geräte-Fehlergrenzen gerechnet und für den Meßbereichsendwert wird die maximal mögliche Unsicherheit des y-Wertes angesetzt als

$$\Delta y^* = \sum \left| \frac{\partial f}{\partial x_i} \Delta x_i \right| = \sum \left| \frac{\partial f}{\partial x_i} X_i G_i \right|$$

Der Meßwert wird dann angegeben als

$$y_w = y \pm \Delta y^* = y \left(1 \pm \frac{\Delta y^*}{y}\right)$$

Die durch $\pm\Delta y^*$ abgesteckten Grenzen werden als maximale oder sichere Ergebnis-Fehlergrenzen bezeichnet. Die so berechneten Unsicherheiten sind sehr unwahrscheinlich. Es ist nicht zu erwarten, daß eine der Meßgrößen x_i um den vollen Wert der Fehlergrenze G_i falsch ist. Noch unzutreffender ist die der Gleichung zugrunde liegende Annahme, daß jede Einzelgröße x_i ihren maximal möglichen Fehler hat und daß alle Einzelfehler in dieselbe Richtung wirken. Realistischer ist, die statistischen oder wahrscheinlichen Fehlergrenzen zu ermitteln.

– Wahrscheinliche Unsicherheit Δy^{**}; geometrische Addition der Fehlergrenzen: Hier besteht zunächst die Schwierigkeit, daß die Verteilung der Fehler innerhalb der Fehlergrenze eines Geräts meistens nicht bekannt ist. So kann eine wahrscheinliche Fehlergrenze nicht mathematisch begründet angegeben werden. Des weiteren unterscheidet sich die Garantiefehlergrenze G_i als äußerste Abweichung vom wahren Wert von der Standardabweichung s_i als mittlere Abweichung der einzelnen Meßwerte untereinander. Trotzdem ist es üblich, die oben angegebene Rechenvorschrift zur Ermittlung der Standardabweichung für die Bestimmung der statistischen oder wahrscheinlichen Fehlergrenze Δy^{**} zu übernehmen. Diese ergibt sich für den Meßbereichsendwert zu

$$\Delta y^{**} = \sqrt{\sum\left(\frac{\partial f}{\partial x_i} \Delta x_i\right)^2} = \sqrt{\sum\left(\frac{\partial f}{\partial x_i} X_i G_i\right)^2}$$

Die durch diese Gleichung definierte wahrscheinliche Unsicherheit wird durch praktische Erfahrungen weitgehend bestätigt. Darin kommt zum Ausdruck, daß in der Natur und in der Technik statistisch unabhängige Einflußgrößen zu normalverteilten Merkmalen führen.

Das Meßergebnis wird angegeben als

$$y_w = y \pm \Delta y^{**} = y \left(1 \pm \frac{\Delta y^{**}}{y}\right).$$

Schrüfer

Literatur: DIN 1319: Grundbegriffe der Meßtechnik, Bl. 3: Begriffe für die Fehler beim Messen. – VDE/VDI 2620 Bl. 1 u. 2: Fortpflanzung von Fehlergrenzen bei Messungen.

Gauß-Verteilung →Normalverteilung

Gegentaktstörung. Störsignal, das mit der Nutzspannung in Reihe geschaltet auf die Eingänge eines Gerätes einwirkt. Der Einfluß von G. (*engl.* differential mode voltages) läßt sich durch Abschirmen und Verdrillen der Leitungen unterdrücken (→Gleichtaktstörung). *Strohrmann*

Literatur: *Strohrmann, G.*: Automatisierungstechnik, Bd. 2: Stellgeräte, Strecken, Projektabwicklung. München–Wien 1990. – VDI/VDE 3551: Empfehlungen zur Störsicherheit der Signalübertragung beim Einsatz von Prozeßrechnern. Ausg. Okt. 1976.

Geiger-Müller-Zählröhre. Eine von *H. Geiger* und *W. Müller* entwickelte gasgefüllte Elektronenröhre zum Nachweis und Messen ionisierender Strahlung.

In einen dünnwandigen Metallzylinder als Kathode taucht axial ein Metallstab als Anode und ist im Deckel durch eine Glaseinschmelzung isoliert gehalten. Der Boden des G.-M.-Z. ist entweder ebenfalls aus Metall oder aber es ist ein Glimmerfenster eingesetzt, das β- und, wenn es dünn genug ist, auch α-Strahlung nur wenig geschwächt durchläßt (γ-Strahlung kann durch alle Wandungen des Zählrohrs eindringen). Die Röhre enthält meist Edelgase unter niedrigem Druck, denen zur Selbstlöschung meist Halogen-Verbindungen in geringem Maße zugesetzt werden.

Wird eine kleine Spannung an die G.-M.-Z. gelegt, so werden die von der ionisierenden Strahlung erzeugten Ladungen an den Elektroden gesammelt: die Röhre arbeitet als Ionisationskammer (Bild). Mit steigender Spannung wird dieser Bereich verlassen; die von der Strahlung erzeugten Ionen werden so stark beschleunigt, daß sie weitere Ionisationsvorgänge auslösen können, der durch die Elektroden fließende Strom ist proportional der primären Ionisation: Proportionalbereich. Mit weiter zunehmender Spannung gelangt man an einen Punkt, von dem ab bei jedem ionisierenden Ereignis praktisch das gesamte Füllgas der Röhre ionisiert wird, d. h. man erreicht den Geiger-Müller-Bereich (auch Auslösebereich genannt), den eigentlichen Arbeitsbereich der Röhre. Hier steigt die Pulsrate nur noch geringfügig mit der Spannung (Geiger-Müller-Plateau). Wird die Spannung noch weiter gesteigert, dann bildet sich schließlich in der Röhre eine Glimmentladung aus, die die Röhre schnell schädigen kann.

Bei Betrieb im Geiger-Müller-Bereich muß die Röhre nach jeder Entladung entionisieren und ist während dieser Zeit für Strahlung unempfindlich.

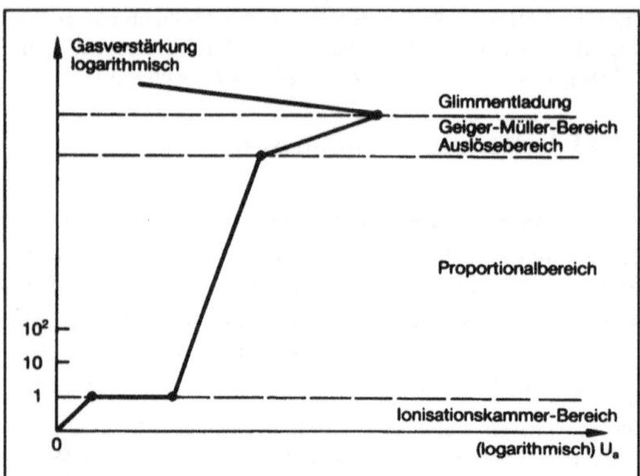

Geiger-Müller-Zählröhre: Gasverstärkung in Abhängigkeit von der angelegten Anodenspannung.

Die Länge dieser Totzeit hängt nicht nur von Konstruktion, Gasfüllung und Löschsubstanz der Röhre, sondern auch von der äußeren Beschaltung ab. *Golombek*

→Auslösezählrohr, →Zählrohr

Literatur: *Neuert:* Kernphysikalische Meßverfahren. Karlsruhe 1966.

Genauigkeit. Mit diesem Begriff wird gelegentlich die Qualität eines Meßgeräts oder eines Meßergebnisses gekennzeichnet. In Verbindung mit Zahlenangaben sollte dieser nicht exakt definierte Begriff jedoch nicht verwendet werden. An seine Stelle sollten je nach Anwendungsfall die Begriffe Meßabweichung, Vertrauensbereich, Meßunsicherheit, Fehlergrenzen und Toleranz treten. (→Meßfehler). *Hammerschmidt*

Generator, thermischer. Die Fermienergie von Leitern hängt in unterschiedlicher Weise von der Temperatur ab. Werden zwei verschiedene Leiter einseitig miteinander verbunden, dann entsteht an den beiden freien Enden eine elektrische Spannung, wenn eine Temperaturdifferenz angelegt wird. Diese Spannung wird als *Thermospannung* bezeichnet; Sie ist proportional zur Temperaturdifferenz und der materialabhängigen Thermokraft, die sich als Differenz der absoluten Thermokräfte der beiden Materialien ergibt. Dieser Effekt kann zu der Umwandlung von thermischer in elektrische Energie verwendet werden. *Schaumburg*

Germanium-Strahlendetektor →Halbleiter-Strahlungsdetektor

Geschwindigkeitsmessung. Die Geschwindigkeit v ist der Quotient aus Länge (Weg) s und Zeit t: v = s/t. Die SI-Einheit der Geschwindigkeit ist Meter durch Sekunde (Einheitenzeichen m/s). Ebenfalls gebräuchlich, aber keine SI-Einheit, ist Kilometer durch Stunde (km/h). Diese Definition ist ähnlich wie die der Drehzahl (Umdrehungsfrequenz). Wenn man eine Linearbewegung mittels eines angekoppelten Rades in eine Drehbewegung umsetzt, kann man die G. in einfacher Weise auf eine →Drehzahlmessung zurückführen. Der Drehzahlmesser kann dann so kalibriert werden, daß er die Geschwindigkeit in der gewünschten Einheit anzeigt. Industrielle G. beruhen vielfach auf dieser Vorgehensweise. Beispiele: Überwachung der Transportgeschwindigkeit von Förderbändern, G. in Fahrzeugen, Messung der Ablaufgeschwindigkeit von Textilfäden in der Produktion, Messung der Geschwindigkeit strömender Gase (z. B. Wind) oder Flüssigkeiten mittels Meßturbinen (→Anemometer).

Wenn an der Strecke, an der die Geschwindigkeit gemessen werden soll, ein äquidistant geteiltes Wegraster angebracht ist, kann man die Geschwindigkeit auch durch Abtasten dieses Rasters messen, in dem man die in einer bestimmten Zeit einlaufenden Impulse abzählt. (→Längen- und Winkelmessung, →Frequenzmessung).

Auch ohne ein besonders angebrachtes Wegraster kann man wegen der Unregelmäßigkeiten der Oberflächen die Geschwindigkeit z. B. von durchlaufendem Warmwalzgut oder von Papierbahnen berührungslos messen. Das Meßprinzip beruht auf der Korrelation (→Korrelationsmeßtechnik) zweier Meßsignale. Die Eigenstrahlung des vorbeilaufenden warmen Walzgutes ändert sich ständig entsprechend dem jeweiligen Oberflächengefüge. Diese Strahlung wird von zwei Infrarot-Sensoren (→Pyrometer) im Meßfühler erfaßt, die im Abstand L voneinander entfernt angeordnet und je mit einer schmalen Blende versehen sind. Beide Sensoren registrieren, mit einer bestimmten zeitlichen Verschiebung, dasselbe Signal. Das Zeitintervall T zwischen den beiden Signalen ist ein Maß für die Laufgeschwindigkeit v des Walzgutes. Es wird gemessen, indem das Signal des ersten Sensors durch ein Schieberregister so weit verzögert wird, bis beide Signalbilder zur Deckung gebracht sind. Die Verzögerung des Schieberegisters entspricht dann dem Zeitintervall, und daraus läßt sich die Geschwindigkeit $v = \frac{L}{T}$ bestimmen.

Kaltes Material, zum Beispiel eine Papierbahn, gibt keine Eigenstrahlung ab und muß deshalb beleuchtet werden. Die reflektierte Strahlung wird dann wie beschrieben von den Sensoren erfaßt und zur Ermittlung der Geschwindigkeit oder Länge herangezogen. Entsprechende Versuche wurden auch gemacht, um Geschwindigkeiten von Straßenfahrzeugen zu messen.

Weiterhin kann man Geschwindigkeiten über die durch den Doppler-Effekt entstehende Frequenzverschiebung messen. Als Beispiel sei das Laser-

Doppler-Anemometer (→Anemometer) genannt. Auch bei Schallwellen treten Dopplerverschiebungen auf (Schall, Ultraschall), aus denen sich die Geschwindigkeit errechnen läßt, mit der sich der Abstand von Schallsender und -empfänger ändert.

Zum Messen von Schwinggeschwindigkeiten haben elektrische Aufnehmer mit elektrodynamischem Meßsystem eine große Bedeutung erlangt. Durch elektronische Integration oder Differentiation der Meßspannung können diese Aufnehmer auch zum Messen von Schwingwegen oder Schwingbeschleunigungen verwendet werden (→Schwingungsmessung). *Hammerschmidt*

Geschwindigkeitssteuerung →Kinetik und Kinematik eines Roboters

Gewebe-Halbwertschicht-Tiefe (GWHT) →Dosisverteilung-Ermittlung

Gewichtsfunktion. Die G. g(t) ist die Ausgangsfunktion eines Übertragungsgliedes, an dessen Eingang ein *Dirac*-Impuls δ(t) gelegt wird.

Der Dirac-Impuls kann mit Hilfe des Einheitssprunges σ(t) (→Sprungantwort) wie folgt definiert werden:

$$\delta(t) = \lim_{t_1 \to 0} \frac{1}{t_1} [\sigma(t) - \sigma(t - t_1)] = \frac{d\,\sigma(t)}{dt}$$

Die Laplace-Transformierte des Dirac-Impulses ist 1. Somit ist die Laplace-Transformierte G(s) der G. eines Übertragungsgliedes gleich seiner →Übertragungsfunktion: G(s) = F(s).

Da der Dirac-Impuls die zeitliche Ableitung des Einheitssprunges ist, ist auch die G. g(t) eines Übertragungsgliedes gleich der zeitlichen Ableitung seiner →Übergangsfunktion h(t):

$$g(t) = \dot{h}(t)$$

Die G. wird auch als Impulsantwort bezeichnet (→Systemantwort). *Böttiger*

Giga.... SI-Vorsatz für →Einheiten im Meßwesen, Abk. G, bezeichnet das 10^9fache der jeweiligen Einheit. *Hammerschmidt*

Gilbert. Einheit der magnetischen Spannung im elektro-magnetischen →CGS-System. Einheitenzeichen Gb. SI-Einheit für die magnetische Spannung ist das →Ampère (→Einheiten des SI). 1 Gb = 10/4π A. *Hammerschmidt*

Glas-Dosimeter →Radiophotolumineszenz-Dosimeter

Glasfaserdämpfung. Als G. wird die exponentielle Abnahme der optischen Leistung zwischen zwei Querschnittsflächen einer Glasfaser im Abstand $(z_2 - z_1)$ voneinander auf Grund von Absorptions-, Streu- und Strahlungsverlusten bezeichnet.

Die Dämpfung wird durch den Dämpfungskoeffizienten α in dB/km angegeben:

$$\alpha = \frac{10}{z_2 - z_1} \lg \left(\frac{P(z_2)}{P(z_1)} \right)$$

mit $P(z_1)$ bzw. $P(z_2)$ optische Leistung in der Faserquerschnittsfläche an der Stelle z_1 bzw. z_2, $(z_2 - z_1)$ in km.

Die Gesamtdämpfung ist gegeben durch

$$\alpha = \alpha_R + \alpha_{IR} + \alpha_{UV} + \alpha_{ST} + \alpha_K + \alpha_{MK}$$

Den Hauptbeitrag zur Dämpfung liefert die *Rayleigh*streuung α_R, deren Streuintensität mit der vierten Potenz der Wellenlänge abnimmt:

$$\alpha_R \sim \frac{1}{\lambda^4}.$$

Bei der Absorption wird zwischen instrinsischen (Eigenabsorption) und extrinsischen Verlusten α_{ST} (verursacht durch Störstellen) unterschieden.

Die Eigenabsorption ist durch elektronische Übergänge im ultravioletten α_{UV} und durch Anregung von Molekülschwingungen im infraroten Spektralbereich α_{IR} bedingt.

Die extrinsische Absorption α_{ST} wird von Übergangsmetallionen und durch OH^--Ionen verursacht. In einer SiO_2-Faser liegt die Grundabsorption der OH^--Ionen bei der Wellenlänge λ = 2,78 μm. Oberschwingungen treten bei λ = 1,39 μm, 1,24 μm und 0,95 μm auf. OH^--Ionen-Verunreinigungen haben im wesentlichen ihre Ursache in der Verwendung eines Knallgasbrenners bei der Herstellung der Glasfaservorform (→Glasfaserherstellungsverfahren).

Beim Beschichten, Verkabeln und Verlegen können Abweichungen von der geradlinigen Faserachse in der Größenordnung von Mikrometern auftreten (Mikrokrümmungen), die ebenfalls zu Verlusten α_{MK} führen. Auch zu geringe Krümmungsradien der Glasfaser ergeben zusätzliche Verluste α_K.

Im Bild ist der spektrale Dämpfungsverlauf einer SiO_2-Faser mit den OH^--Absorptionsbanden, der intrinsischen UV- und IR-Absorption sowie der Rayleighstreuung dargestellt. Die Bereiche minimaler Dämpfung liegen bei λ = 1,3 μm und λ = 1,55 μm. Als derzeit niedrigste Dämpfungswerte werden ca. 0,29 dB/km bei 1,3 μm und 0,154 dB/km bei λ = 1,55 μm angegeben. Standardmäßig werden in der industriellen Produktion 0,2–0,17 dB/km bei λ = 1,55 μm für →Monomodefasern erreicht. Da in diesem Wellenlängengebiet auch das Dispersionsminimum der SiO_2-Faser liegt, stellt dies den favorisierten Bereich für optische Übertragungssysteme dar. Das theoretische Dämpfungsminimum ist mit 0,154 dB/km bei λ = 1,55 μm fast erreicht.

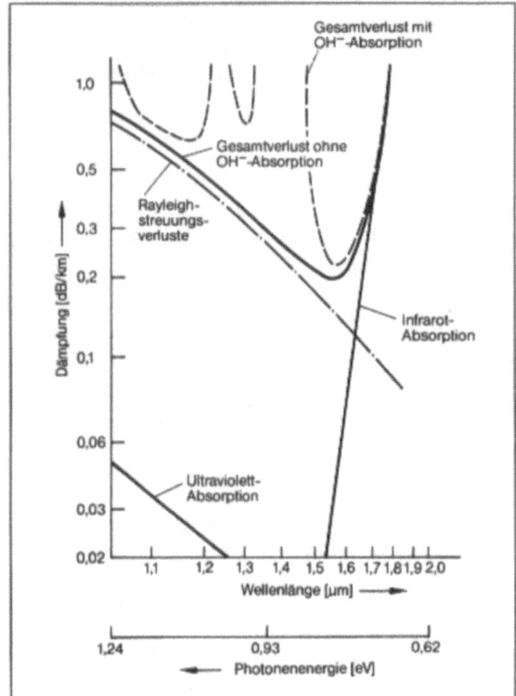

Glasfaserdämpfung: Spektraler Dämpfungsverlauf einer SiO_2-Faser

Derzeit werden Fluorid- und Chalkogenidgläser untersucht, von denen Dämpfungswerte kleiner 0,01 dB/km erwartet werden. Die Wellenlänge minimaler Dämpfung ist im Vergleich zu SiO_2-Fasern weiter in den IR-Bereich verschoben. Ein vielversprechendes Material ist ZrF_4 (Zirkonfluorid), mit dem bisher Faserdämpfungen von 0,7 dB/km bei 2,63 µm erzielt wurden. *Krauser*

Literatur: *Frank, W.:* Physik zukünftiger optischer Fasern. Der Fernmeldeingenieur **44** (1990) Nr. 3, S. 1–10. – *Heitmann, W.:* Attenuation Analysis of Silica-Based Single-Mode Fibres. J. of Optical Communiations, **11** (1990) Nr. 4, S. 122–129

Glasfaserherstellungsverfahren. Die Herstellung von Glasfasern erfolgt i. a. in zwei Schritten: Zunächst wird eine Vorform gefertigt, die dann zur Faser ausgezogen wird (Bild 1). Die Vorform kann aus Quarzglas (SiO_2) oder Mehrkomponentengläsern (z. B. Na_2O-B_2O_3-SiO_2: Natrium-Borosilikatglas, Na_2O-CaO-SiO_2: Natrium-Calcium-Silikatglas) bestehen. Zur Vorformherstellung werden Abscheideverfahren aus der Gasphase oder Glasschmelzverfahren eingesetzt.

– Abscheidung aus der Gasphase.

Quarzglas hat von allen derzeit bekannten Materialien die niedrigsten Verluste im Nahinfrarot-Spektralbereich. Die Brechzahl von Quarzglas kann durch Dotieren variiert werden: Zur Brechzahlerniedrigung führt eine Fluor- oder Boroxid-Dotierung, zur Brechzahlerhöhung wird mit Zirkonoxid (ZrO_2), Titanoxid (TiO_2), Aluminiumoxid (Al_2O_3), Germaniumoxid (GeO_2) oder Phosphorpentoxid (P_2O_5) dotiert, ohne daß die Transmissionseigenschaften wesentlich beeinträchtigt werden (Bild 2). GeO_2 als Dotierstoff ist besonders gut geeignet, weil damit Glasfasern mit minimaler Dämpfung (→Glasfaserdämpfung) von weniger als 0,2 dB/km hergestellt werden können. Um den extrem hohen Reinheitsgrad (Verunreinigung $< 10^{-9}$) zu erreichen, werden die Vorformen i. a. durch Abscheidung aus der Gasphase auf einem Substrat erzeugt. Die Ausgangsmaterialien sind hochreine Chloride, die als Gas dem Reaktor zugeführt werden. Die Reaktionsgleichung zur Abscheidung von reinem Quarzglas lautet:

$$SiCl_4 + O_2 \rightarrow SiO_2 + 2\,Cl_2$$

Für dotierte Quarzgläser gelten z. B. folgende Reaktionsgleichungen:

$$SiCl_4 + BCl_2 + O_2 \rightarrow SiO_2 - B_2O_3$$

(Brechzahlerniedrigung für Fasermantel) oder

$$SiCl_4 + GeCl_4 + O_2 \rightarrow SiO_2 - GeO_2$$

(Brechzahlerhöhung für Faserkern).

Die Reaktionstemperaturen liegen je nach Verfahren i. a. zwischen 1 100 °C und 1 700 °C. Die Gasströme werden mit Ventilen und Durchflußreglern in einer komplexen Gasaufbereitungsanlage durch einen →Prozeßrechner gesteuert, so daß die gewünschten Brechzahlprofile mit großer Genauigkeit aufgebaut und während der Vorformherstellung eingehalten werden können.

Man unterscheidet zwischen Außen- und Innenabscheidungsprozessen. Beim erst genannten schlagen sich die Glaspartikel durch Flammenhydrolyse auf der Oberfläche eines Glasstabes, beim zweiten durch direkte Oxidation auf der Innenseite eines

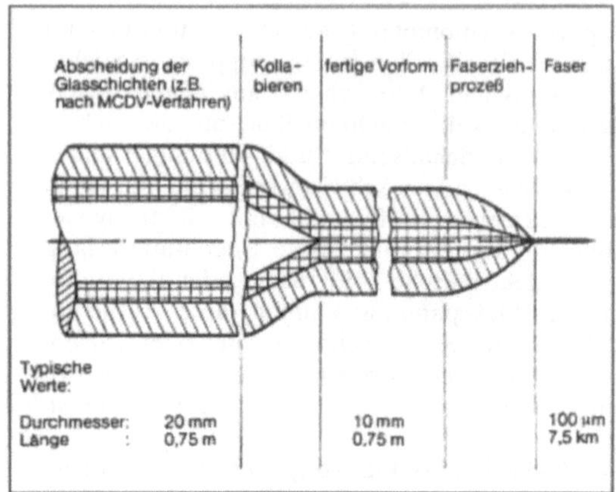

Glasfaserherstellungsverfahren 1: Prinzip der Glasfaserherstellung.

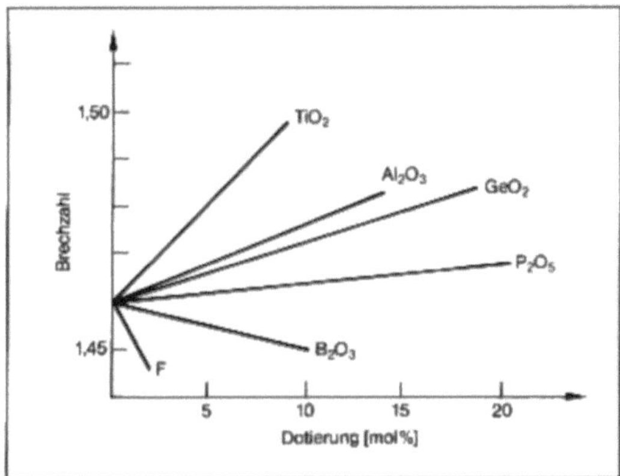

Glasfaserherstellungsverfahren 2: Brechzahlverlauf von Dotierstoffen für die Glasfaservorformherstellung ($\lambda = 600$ nm).

Quarzglasrohres nieder. Folgende vier Verfahren werden eingesetzt:
OVD-Verfahren
VAD-Verfahren
MCVD-Verfahren
PCVD-Verfahren

□ OVD-Verfahren (*engl.* Outside-Vapour-Deposition.

Durch chemische Reaktion scheiden sich kleine Glaspartikel auf der Außenseite eines rotierenden Trägerstabes aus Quarzglas oder Keramik ab (Bild 3).

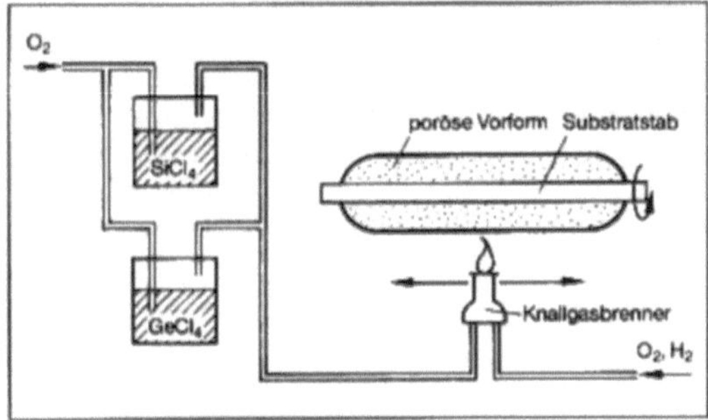

Glasfaserherstellungsverfahren 3: Schematische Darstellung des OVD-Verfahrens.

Die Prozeßgase werden einem Knallgasbrenner zugeführt, der sich in axialer Richtung von einem Ende des Trägerstabes zum anderen bewegt. Auf diesem Stab bildet sich durch Flammenhydrolyse eine poröse Glasschicht, der Stabdurchmesser kann nach mehreren Brennerdurchläufen einige Zentimeter betragen. Das Brechzahlprofil wird durch das Verhältnis von $SiCl_4$ zum jeweiligen Dotierchlorid bestimmt und stufenweise dem gewünschten Profil angenähert. Der Prozeß findet bei einer Temperatur von ca. 1 500 °C statt; die durchschnittliche Abscheiderate beträgt ca. 2 g/min, die Materialausnutzung weniger als 50 %. Anschließend wird der Substratstab herausgezogen, die Vorform gesintert und kollabiert. Während der hohen Temperatur beim Kollabieren verdampft ein Teil der zur Brechzahlerhöhung im Kern eingebauten Dotierstoffe, wodurch in der Kernmitte ein abrupter Abfall der Brechzahl auftritt. Durch die große Oberfläche der porösen Vorform kann eine OH-Konzentration bis zu 200 ppm auftreten, was zur Erhöhung der Glasfaserdämpfung führt. Durch Chlorgaszugabe während des Sinterns kann der OH-Gehalt auf etwa 0,1 ppm abgesenkt werden.

□ VAD-Verfahren (*engl.* Vapour Phase Axial Deposition).

Mit dem VAD-Verfahren können Vorformen von im Prinzip beliebiger Länge für Quarzglasfasern hergestellt werden. Die Glaspartikel werden durch Flammenhydrolyse auf der Stirnfläche eines rotierenden Quarzstabes abgeschieden (Bild 4).

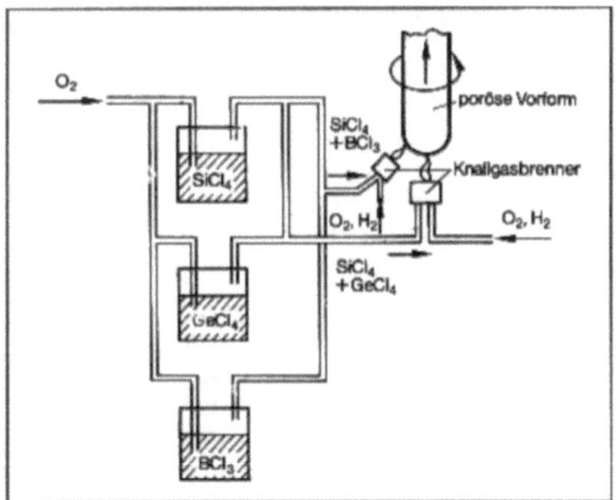

Glasfaserherstellungsverfahren 4: Schematische Darstellung des VAD-Verfahrens.

Der Substratstab wird mit der gleichen Geschwindigkeit (ca. 15 cm/h), mit der das Material sich abscheidet, nach oben gezogen (Bild 4). Am oberen Ende befindet sich eine Heizzone, in der die poröse Vorform gesintert wird. Das Kollabieren der Vorform, das beim MCVD-, PCVD- und OVD-Verfahren erforderlich ist, entfällt. Die Dotiergase werden wie beim OVD-Verfahren den Brennern zugeführt. Das erzeugte Brechzahlprofil hängt im wesentlichen vom Gasgemisch, den Gasflüssen, der Oberflächentemperatur und der Drehzahl des Substratstabes ab. Daher ist die Steuerung des Prozesses sehr aufwendig. Da die Vorform ohne Substratstab wächst, ist auch der Mittenbereich bezüglich der Brechzahl homogen und weitgehend frei von Profilstörungen (center dip). Daher ist dieses Verfahren besonders für Einmodenfasern geeignet. Die Ausgangsmaterialien werden zu etwa 50 % ausgenutzt.

□ MCVD-Verfahren (*engl.* Modified Chemical Vapour Deposition).

Die Glaspartikel werden durch chemische Reaktion auf der Innenseite eines Quarzglasrohres abgeschieden (Innenabscheideverfahren).

Die Reaktionsgase werden in das rotierende Substratrohr geführt, das mit ca. 60–70 U/min um eine horizontale Achse rotiert. Mit einem Knallgasbrenner wird das Rohr auf eine Temperatur von 1 400–1 600 °C erhitzt (Bild 5). Durch die dabei stattfindende Reaktion von Chloriden mit Sauerstoff schlagen sich Glaspartikel auf der Substratwand nieder (Bild 5). Der Brenner ist beweglich angeordnet und wird mit einer Geschwindigkeit von ca. 20 cm/min in Strömungsrichtung der Gase bewegt. Es können 50–100 Schichten für den Faserkern (z. B. für eine →Gradientenfaser mit 50 µm Kerndurchmesser), die bei jedem Durchlauf eine Dicke von 1–10 µm haben, erzeugt werden. Die Abscheiderate beträgt 0,5–1 g/min. Durch Änderung der Dotierstoffanteile im Gasgemisch für jeden Durchlauf des Brenners können die vorgegebenen Brechzahlprofile stufenweise angenähert werden. Danach wird das Substratrohr auf ca. 2 000 °C erhitzt und zu einem Stab kollabiert. Während der hohen Temperatur des Kollabierens verdampft ein Teil der zur Brechzahlerhöhung im Kern eingebauten Dotierstoffe. Dadurch entsteht eine Erniedrigung der Brechzahl in der Mitte des Faserkernes (center dip).

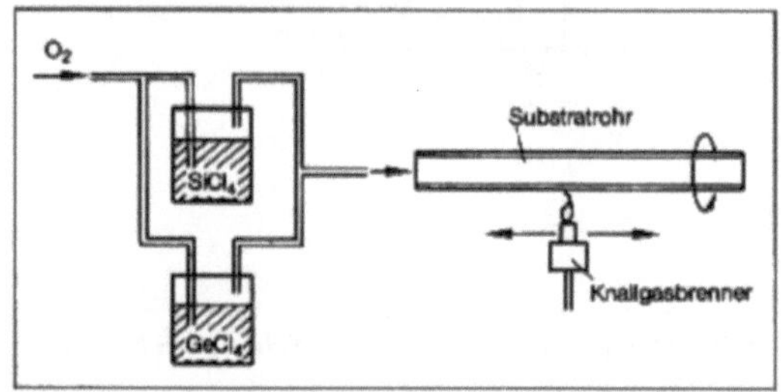

Glasfaserherstellungsverfahren 5: Schematische Darstellung des MCVD-Verfahrens.

□ PCVD-Verfahren (*engl.* Plasma Activated Chemical Vapour Deposition).

Beim PCVD-Verfahren wird das Gasgemisch in das Innere eines Quarzglasrohres geführt, wo ein Mikrowellenresonator ein Plasma erzeugt, das die Abscheidung der Glaspartikel auf der Rohrinnenseite aktiviert (Bild 6).

Das feststehende Substratrohr ist von einer Heizung umgeben, die die Rohrtemperatur auf etwa 1 200 °C konstant hält. Der das Plasma erzeugende Mikrowellenresonator wird mit einer Geschwindigkeit von ca. 10 cm/s entlang der Rohrachse bewegt. Hierdurch können nacheinander einige 1 000 Kernglasschichten von jeweils 0,1–0,5 µm Dicke aufgebracht werden. Damit läßt sich ein gewünschtes Brechzahlprofil mit hoher Genauigkeit approximieren. Die Abscheiderate beträgt 2,5 g/min, die Materialausnutzung fast 100 %. Die Glaspartikel schlagen sich auf der Innenwand bereits als transparente Glasschicht nieder, so daß der Sinterprozeß entfällt. Wie beim MCVD- und OVD-Verfahren muß auch die PCVD-Vorform kollabiert werden.

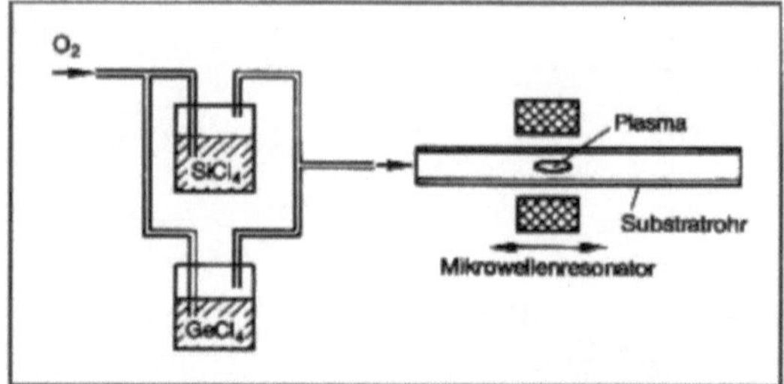

Glasfaserherstellungsverfahren 6: Schematische Darstellung des PCVD-Verfahrens.

Eine Weiterentwicklung des PCVD-Verfahrens ist das PICVD-Verfahren (*engl.* Plasma Impulse Chemical Vapour Deposition). Hierbei befindet sich das gesamte Quarzrohr in einem Mikrowellenresonator. Damit entfallen die mechanisch beweglichen Apparaturen, die beim PCVD-Verfahren erforderlich sind. Durch Impulse von ca. 0,5 ms Dauer wird eine Gasentladung ausgelöst, die ein Plasma mit Temperaturen zwischen 10 000 und 20 000 °C erzeugt. Die Wiederholfrequenz liegt bei typischerweise 100 Hz. Die Abscheiderate beträgt 0,5 g/min, wobei bis zu 10^6 Kernschichten abgeschieden werden können. Somit wird das gewünschte Brechzahlprofil „kontinuierlich“ angenähert.

– Faserziehprozeß

Der zweite Herstellungsschritt ist das Ausziehen der Vorform zur Glasfaser (Bild 7). Die Vorform wird senkrecht in der Faserzieheinrichtung eingespannt und am unteren Ende bis zum Schmelzpunkt erhitzt. Aus dem sich bildenden Tropfen läßt sich die Faser abziehen, die dann durch ein Beschich-

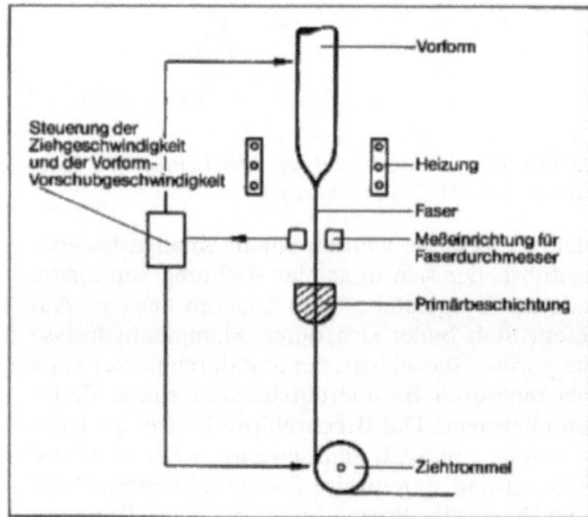

Glasfaserherstellungsverfahren 7: Prinzip einer Glasfaserzieheinrichtung.

tungsbad geführt und auf eine Trommel gewickelt wird.

Vor dem Beschichtungsbad ist eine Durchmessereinrichtung angebracht. Durch einen Regelkreis wird eine Abweichung vom Sollwert von weniger ± 3 % erreicht. Der Durchmesser der Vorform wird auf den Faserdurchmesser (ca. 100 μm) reduziert. Das Verhältnis von Ziehgeschwindigkeit zum Vorformvorschub ist proportional dem Quadrat des Verhältnisses von Vorformdurchmesser zum Faserdurchmesser. Die Ziehgeschwindigkeit kann bis zu 10 m/s betragen. Die Länge, bis zu der eine Vorform ausgezogen werden kann, hängt von deren Volumen ab: Die Vorformen, die mit dem MCVD-, PCVD- und OVD-Verfahren hergestellt werden, haben eine typische Länge von 0,75–1 m und einen Durchmesser von ca. 10 mm. Daraus kann eine Faser von 100 μm Durchmesser bis zu einer Länge von 7,5–10 km gefertigt werden. Mit Vorformen, die nach dem VAD-Verfahren hergestellt wurden, können größere Faserlängen erreicht werden.

Das Brechzahlprofil der Faser entspricht dem der Vorform.

Im Beschichtungsbad wird die Faser mit dem Primärcoating (Kunststoffmaterial, z. B. Silikonkautschuk, Epoxy-Acrylate) versehen. Diese Schutzschicht soll die Faser vor allem vor der Umgebungsfeuchtigkeit schützen und die Langzeitfestigkeit gewährleisten.

– Vorformherstellung durch Schmelzen.

Doppeltiegelverfahren: Mehrkomponentengläser werden durch Schmelzen der entsprechenden Glassorten hergestellt. Durch Variation der Zusammensetzung kann die Brechzahl in der gewünschten Weise für Kern- und Mantelmaterial eingestellt werden. Die so entstandenen Glasformen werden dann in einem nächsten Schritt nach der Doppeltiegelmethode zur Faser ausgezogen. Der Doppeltiegel besteht aus zwei konzentrisch angeordneten Gefäßen (Bild 8), von denen der innere Tiegel die Kernglasschmelze und der äußere die Mantelglasschmelze enthält. Es ist nicht erforderlich, feste Vorformen zu verwenden, vielmehr können die einzelnen Glaskomponenten in den Tiegeln geschmolzen und direkt zur Faser ausgezogen werden. Aus Mehrkomponentengläsern werden Stufenfasern mit großem Kerndurchmesser und hoher numerischer Apertur (bis zu 0,6) gefertigt. Sie finden Anwendung für kurze Übertragungsstrecken und geringe Bandbreiten. Das Doppeltiegelverfahren wird besonders zur Herstellung von Dickkernfasern (typischer Kerndurchmesser 200 μm) eingesetzt. Die erreichbaren Dämpfungswerte liegen mit 5–20 dB/km bei 800 nm wesentlich höher als die mit Gasphasenverfahren hergestellten Fasern.

Auch Gradientenfasern können nach dem Doppeltiegelverfahren gezogen werden. Das Brechzahlprofil wird durch Diffusion geeigneter Ionen im Gebiet zwischen der Düse des inneren und äußeren Tiegels gebildet.

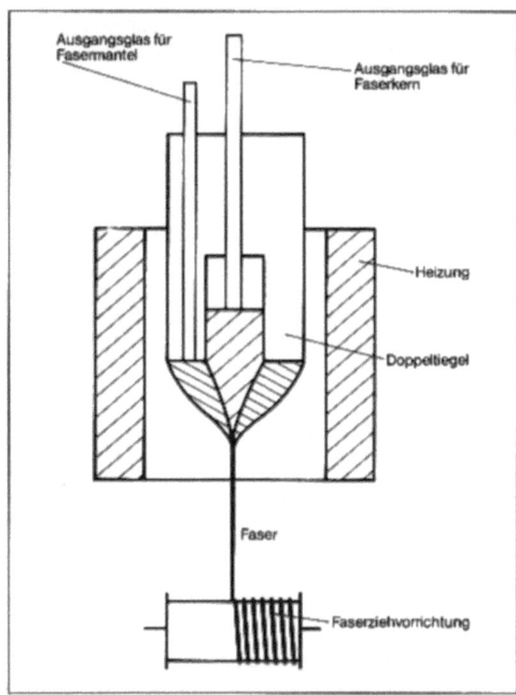

Glasfaserherstellungsverfahren 8: Prinzip des Doppeltiegelverfahrens.

Stab-Rohr-Verfahren: Dabei wird ein Glasstab als Kern in ein Hohlrohr geschoben, dessen Brechzahl etwas geringer als die des Stabes ist und als Mantel dient. Daraus wird nach dem beschriebenen Verfahren eine Stufenfaser gezogen. Durch unvermeidliche Verunreinigungen und Störungen an der Grenzfläche Stab-Rohr zeigen derartige Fasern hohe Verluste (500–1 000 dB/km). *Krauser*

Literatur: *Haist, W.*: Optische Telekommunikationssysteme. Bd. 1: Physik und Technik. Gelsenkirchen 1989.

Glasfaserkabel. G. bestehen aus einer oder mehreren Glasfasern, die außer mit der Primärbeschichtung (→ Glasfaserherstellungsverfahren) von weiteren geeigneten Materialien umgeben sind, die einen Schutz gegen äußere Einflüsse bieten, eine einfachere Handhabung ermöglichen und die beim Verlegen und durch Temperaturänderungen auftretenden Kräfte auffangen können.

Beim Verlegen eines G. können Mikro- und Makrokrümmungen auftreten, z. B. dann, wenn das Kabel um Ecken gezogen wird. Unter Makrokrümmungen versteht man Abweichungen der Faserachse von einer geraden Linie. Als Folge hiervon kann eine Zusatzdämpfung auftreten (→ Glasfaserdämpfung). Mit zunehmender Krümmung werden höhere Moden nicht mehr im Kern geführt, sondern in

Mantel- oder Strahlungsmoden (→Glasfasermoden) umgewandelt. Kernnahe (mit niedriger Ordnungszahl) werden durch Makrokrümmungen gar nicht oder nur geringfügig beeinflußt. Je stärker die Führung im Kern ist, desto geringer ist die →Empfindlichkeit gegenüber Mikrokrümmungen. Die Wellenlängenabhängigkeit beider Krümmungsdämpfungen sind unterschiedlich. Während bei →Multimodefasern Mikrokrümmungsverluste nur geringfügig von der Wellenlänge abhängen, nehmen bei →Monomodefasern die Mikrokrümmungsverluste mit der Wellenlänge exponentiell zu. Dispersionsverschobene und dispersionsflache Fasern sind besonders empfindlich gegenüber Mikrokrümmungen, da das optische Feld relativ weit ausgedehnt ist.

Durch die Kabelkonstruktion dürfen die Übertragungseigenschaften nicht beeinträchtigt werden. Folgende vier Konstruktionsprinzipien sind derzeit gebräuchlich:

- Hohladerkabel
- Kammerkabel
- Volladerkabel
- Bandkabel

Mögliche Quer-, Biege- und Kontraktionskräfte werden gut beherrscht durch Hohladerkonstruktionen. Hierbei liegen eine (Einzelader) oder mehrere Fasern (Bündelader) lose in einem Kunststoffröhrchen, dessen Inneres entweder hohl oder mit einem pastösen Material gefüllt ist, das eine fast kräftefreie Beweglichkeit der Fasern gestattet (Bild 1). Dieser Füllstoff soll die Längswasserdichtigkeit des Kabels gewährleisten. Die Einzel- oder Bündeladern sind um ein zentrales Stützelement (Kunststoff oder Stahldraht) gruppiert. Außer den Glasfaserbündeln werden häufig noch Adernpaare oder Vierer aus Cu-Leitern mitverseilt, um Dienstleitungen (z. B. zum Einmessen des Kabels) zur Verfügung zu haben. Anforderungen gestellt wie an metallische Kabel.

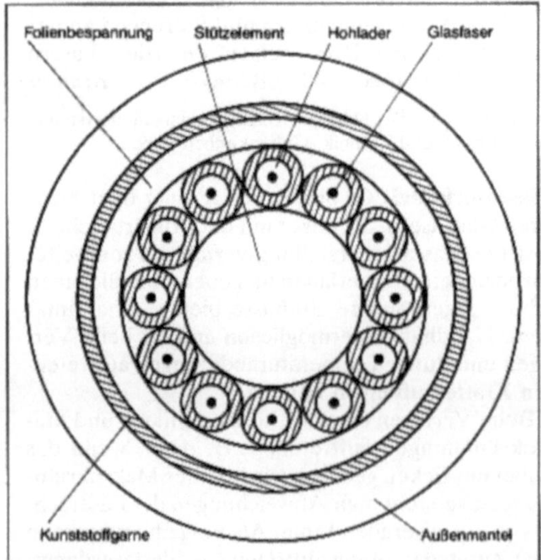

Glasfaserkabel 1: Zwölffaseriges Kabel (typischer Außendurchmesser 15,5 mm).

Durch die Hohladerkonstruktion legen sich die Fasern in die Position mit größtmöglichem Krümmungsradius. Dieser soll 60 mm nicht unterschreiten. Deutliche Änderungen des Übertragungsverhaltens können bereits bei Radien von 30 mm auftreten. Bei Kontraktion oder Dehnung des äußeren Mantels bewegen sich die Fasern nach außen bzw. nach innen, bis sie an den Innenwänden der Hohlader anliegen (Bild 2).

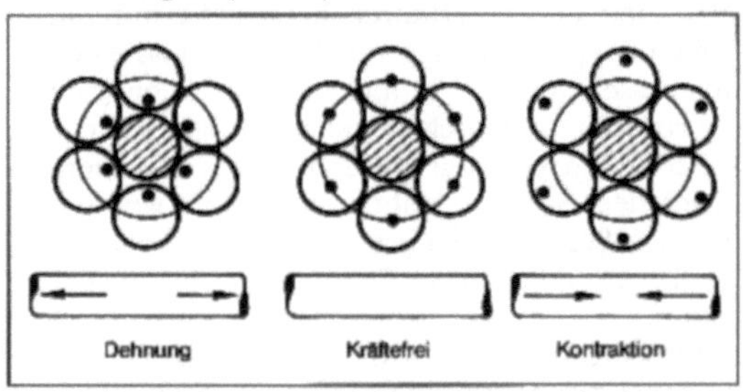

Glasfaserkabel 2: Verhalten eines Glasfaserhohladerkabels bei Kontraktion und Dehnung.

Das Kammerkabel enthält wie das Hohladerkabel ein zentrales Stützelement, das von U- oder V-förmigen Kunststoffkammern umgeben ist, in denen sich die Einzelfasern befinden. Die Kammern sind mit einem wasserabweisenden Gel gefüllt. Die Eigenschaften des Kammerkabels sind mit denen des Hohladerkabels vergleichbar.

In Volladerkabel sind die Glasfasern mit einer festen Kunststoffhülle umgeben, wobei zwischen dieser und dem Primärcoating eine dünne Gleitschicht vorhanden ist, wodurch die Kunststoffhülle leichter entfernt werden kann (z. B. für Verbindungszwecke). Volladerkabel haben den Nachteil, daß alle am Mantel angreifenden Kräfte direkt auf die Faser einwirken und zu Mikrokrümmungsverlusten führen können. Volladerkabel werden hauptsächlich im Innenbereich eingesetzt.

Im Bandkabel sind mehrere Fasern in planarer Anordnung seitlich zu einem Faserband miteinander verbunden. Mehrere Faserbänder sind in einer zentralen Hohlader eingebettet. Faserbänder bieten den Vorteil von rationell anzufertigenden Mehrfachverbindungen.

In postalischen Fernnetzen werden weltweit Hohl- und Bündeladerkabel mit 10 bis 40 Fasern eingesetzt, mit der Ausnahme, daß in den USA auch Bandkabel im Fernnetz verwendet werden. Im Bereich der DBP werden seit einigen Jahren nur noch Kabel mit Monomodefasern verlegt. Derzeit wird die Übertragung im Bereich von 1 300 nm durchgeführt, wobei Dämpfungswerte von

0,38 dB/km und ca. 3,5 ps/km/nm Dispersion erreicht werden. Damit wird eine Bitrate von 565 Mbit/s über eine Länge von 36 km ohne Regenerator übertragen.

Die zulässigen Kabelbiegeradien liegen im Bereich des ca. 20fachen vom Kabelaußendurchmesser.

Die üblichen Lieferlängen liegen zwischen 0,5 km und 2 km. *Krauser*

Literatur: *Mahlke, G.* und *P. Gössing:* Lichtwellenleiterkabel 1988 Berlin–München.

Glasfasermoden. G. sind die in Multimode- oder Monomodefasern auftretenden verschiedenen optischen Wellenformen. Sie werden im Faserkern geführt oder breiten sich außerhalb des Kernes als Verlustwellen aus.

Die Ausbreitung des Lichtes in einer Glasfaser wird mit den *Maxwell*-Gleichungen beschrieben. Durch Lösen der skalaren Wellengleichung erhält man die in einem zylindrischen Wellenleiter möglichen Verteilungen des elektromagnetischen Feldes (→Moden). Aus den sich ergebenden Eigenwerten wird der Strukturparameter (Strukturkonstante, normalisierte Frequenz, V-Parameter) definiert:

$V = 2\pi a A_N/\lambda$,

A_N: numerische Apertur, a: Kernradius, λ: Wellenlänge.

Mit Hilfe des V-Parameters läßt sich die Gesamtzahl N der ausbreitungsfähigen Moden bestimmen:

$N \approx \frac{1}{2} V^2 \frac{g}{g+2}$,

g: Profilexponent (→Stufenfaser, →Gradientenfaser).

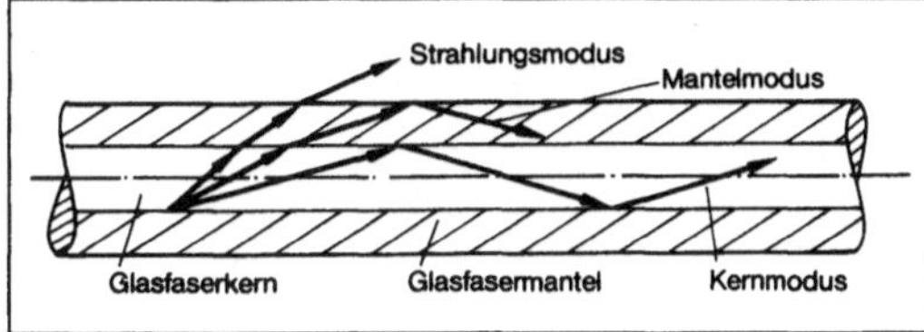

Glasfasermoden 1: Kernwellen und Verlustwellen in einer Stufenfaser.

Verlustwellen werden mehr oder weniger stark gedämpft und sind für die Signalübertragung unerwünscht, während die Kernwellen in einer idealen Faser (Absorption und Streuung 0) ungedämpft übertragen werden. Die Kernwellen existieren als Meridionalstrahlen und schiefe Strahlen. Meridionalstrahlen breiten sich in einer Ebene aus, die die Faserachse enthält, schiefe Strahlen verlaufen windschief in Stufenfasern, in Gradientenfasern auf gekrümmten Bahnen, ohne die Faserachse zu schneiden. In Gradientenfasern können Helixstrahlen auftreten, die Schraubenbahnen um die Faserachse vollführen.

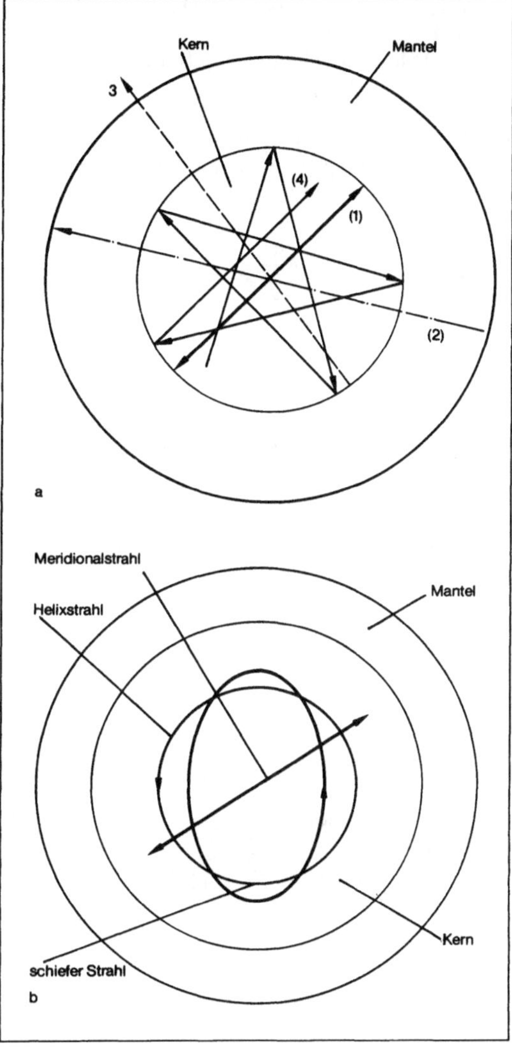

1. Meridionaler Kernstrahl, 2. meridionaler Mantelstrahl, 3. meridionaler Strahlungsmodus, 4. schiefer Kernstrahl

Glasfasermoden 2: Projektion verschiedener Strahlen auf den Querschnitt
a) einer Stufenfaser
b) einer Gradientenfaser mit parabolischem Brechzahlprofil.

Die Verlustmoden werden entweder abgestrahlt (Strahlungsmoden) oder im Fasermantel geführt (Mantelmoden). Durch Einsatz eines Mantelmodenfilters können Mantelmoden eliminiert werden.

Die auftretenden Moden werden durch Modenkennzahlen charakterisiert: LP_{nm}, wobei LP linear polarisiert, n die azimutale Modenkennzahl und m die radiale Modenkennzahl bedeuten.

Die azimutale Modenkennzahl gibt die Anzahl der Lichtpunkte je konzentrischen Halbring an (n = 0, 1, 2, 3, . . .), wobei n = 0 bedeutet, daß der Ring nicht unterteilt ist.

Die radiale Modenkennzahl gibt die Anzahl der konzentrischen Ringe an (m = 1, 2, 3, . . .) (Bild 3). Der Grundmodus hat danach die Bezeichnung LP_{01} und besitzt näherungsweise eine gaußförmige Feldverteilung (→Monomodefaser). *Krauser*

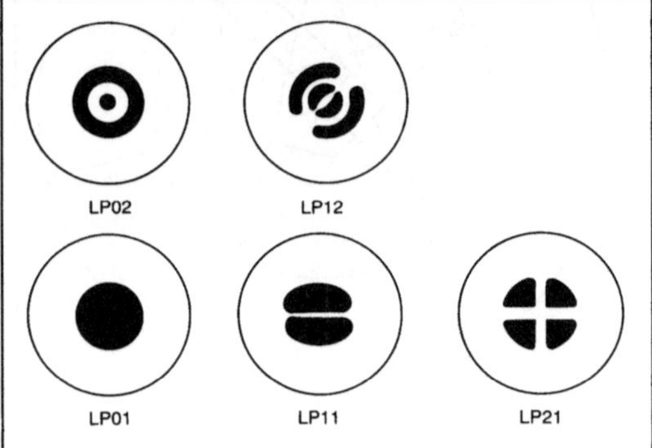

Glasfasermoden 3: Die ersten LP_{nm}-Moden in Glasfasern.

Glasfaserschalter. G. bestehen aus einer oder zwei ankommenden Fasern, deren Stirnflächen einem abgehenden Faserpaar gegenüberstehen. Die Position zueinander kann elektromechanisch geschaltet werden (Bild).

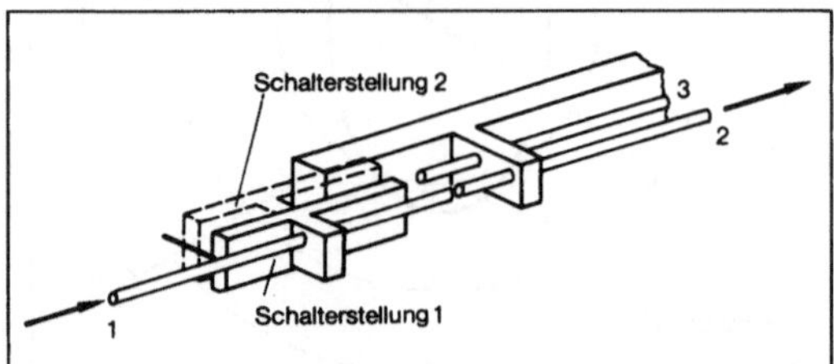

Glasfaserschalter: Prinzip eines optischen Schalters.

Im Schaltzustand 1 koppelt das Licht von Faser 1 nach Faser 2, im Schaltzustand 2 von Faser 1 nach Faser 3. Die wesentlichen Dämpfungsbeiträge sind durch Winkel- und Abstandsfehler, radialen Versatz der Faserenden sowie durch Reflexionsverluste an den Stirnflächen gegeben (→Glasfasersteckverbindungen). Derartige →Schalter werden mit Multimodefasern (sowohl Gradienten- als auch Stufenfasern) realisiert. Die Durchgangsdämpfung beträgt ca. 1 dB, die Übersprechdämpfung ≥40 dB. Das Haupteinsatzgebiet sind lokale optische Netze (Local Area Network, →LAN). *Krauser*

Glasfasersteckverbindung. Eine G. ist im Gegensatz zum Spleiß eine lösbare, wieder zu verwendende Koppelkomponente. Die Stirnflächen zweier Glasfaserenden werden so zueinander justiert, daß eine maximale Überkopplung der optischen Leistung gewährleistet ist.

Man unterscheidet zwischen direkter Kopplung, wobei die Faserenden möglichst nahe aneinandergebracht werden, und indirekter Kopplung, bei der die aus der einen Faser austretende Strahlung über ein (mikro)optisches System in die andere Faser eingekoppelt wird (Bild 2b).

An die Steckverbindung, die ein rein mechanisches Zentrierelement darstellt, werden folgende Anforderungen gestellt: Niedrige und nach häufigem Verbinden und Lösen reproduzierbare Dämpfung, einfache Montage und Handhabung, hohe mechanische Belastbarkeit, geringe Kosten.

Die Zusatzdämpfungen an Steckverbindungen können durch unterschiedliche Eigenschaften (z. B. geometrische Abmessungen, verschiedene Brechzahlprofile) der zu verbindenden Fasern, durch unzureichende Justierung im mechanischen Aufbau der Faserenden, durch Reflexions- und Streuverluste auftreten.

Im mechanischen Aufbau sind folgende Fehler möglich: Winkel-, Abstandsfehler und radialer Versatz der Fasermittelachsen (Bild 1). Die erforderli-

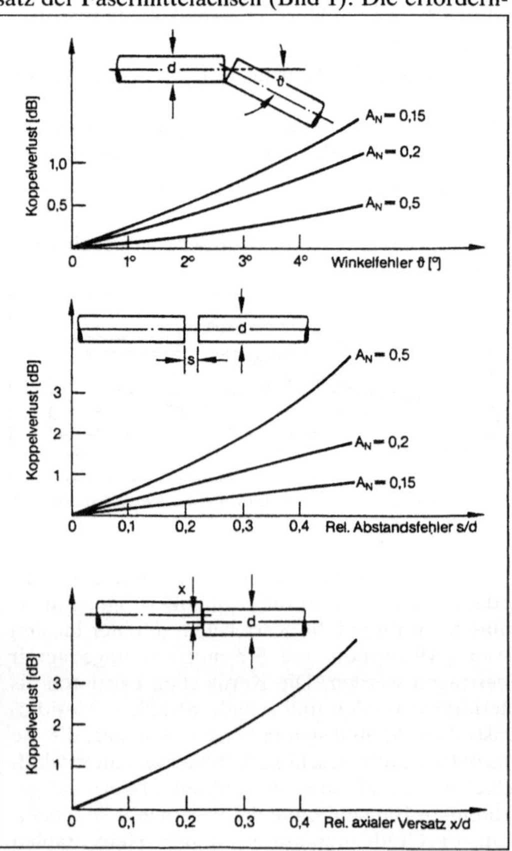

Glasfasersteckverbindung 1: Einflußgrößen auf die Dämpfung einer optischen Steckverbindung.

che →Genauigkeit der Faserzentrierung liegt für Multimodefasern mit 50 μm Kerndurchmesser bei einigen μm, für Monomodefasern bei weniger als 1 μm. Bild 2a zeigt das Prinzip einer optischen Steckverbindung mit Zwangspositionierung.

Krauser

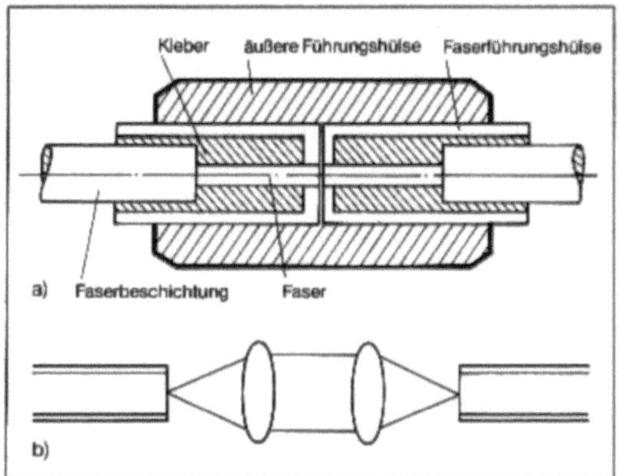

Glasfasersteckverbindung 2:
a) Prinzip einer optischen Steckverbindung mit Zwangspositionierung (nicht justierbar)
b) Prinzip eines Linsensteckers.

Literatur: *Roßberg, R.:* Lichtwellenleiterverbindungstechniken, Telekom Praxis **4** (1991) Nr. 6, S. 18–33.

Glasfaserverzweiger. G. verteilen möglichst verlustarm optische Leistung von einer ankommenden Faser auf zwei oder mehr abgehende Fasern oder in umgekehrter Richtung. Sie werden z. B. in optischen Komunikationsnetzen und Datenbussystemen eingesetzt.

Man unterscheidet zwischen T-Kopplern und Mehrfachverzweigern (Sternkoppler). Ein T-Koppler kann nach folgenden Prinzipien aufgebaut sein: Stirnflächen-, Oberflächen- und Strahlteilerkoppler.

Beim Stirnflächenkoppler nach dem Versatzprinzip (Bild 1) wird durch Überlappung der Kernquerschnittsflächen der Fasern 2 und 3 mit der Faser 1 der Grad der Aufteilung der optischen Leistung festgelegt. Stirnflächenkoppler werden in der Regel mit Stufenindexfasern aus Gründen der modenunabhängigen Kopplung realisiert. Die Verluste liegen um 1 dB.

Beim Gabelkoppler werden zwei Fasern auf einer Länge von einigen cm unter kleinem Winkel zur Faserachse (1 °–3 °) angeschliffen und miteinander sowie mit einer ungestörten Faser verklebt (Bild 1). Es werden Dämpfungswerte von 0,5 dB erreicht.

Oberflächenkoppler (Glasfaserkoppler) können nach dem Kernverschmelzungs-, dem Taper- oder Kernanschliffsprinzip hergestellt werden.

Beim Strahlteilerkoppler wird ein Miniaturstrahlteilerwürfel verwendet, wobei durch eine dielektrische Zwischenschicht die Aufteilung der optischen Leistung vorgenommen wird. Die Glasfasern werden direkt an den Würfel angebracht (Bild 2).

Es können aber auch zwei Fasern unter 45 ° angeschliffen, mit einer Teilerschicht versehen und wie-

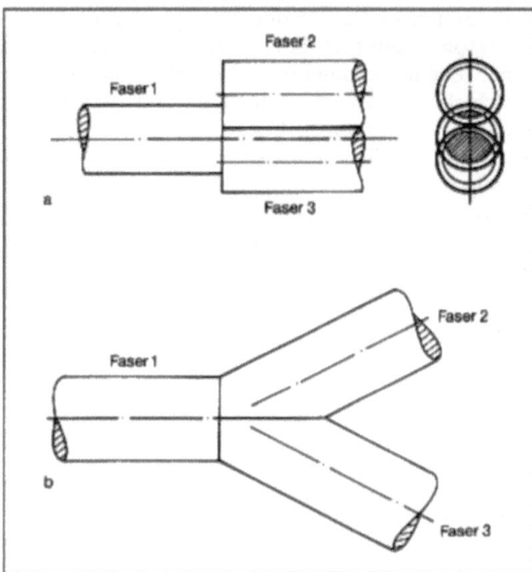

Glasfaserverzweiger 1: Stirnflächenkoppler nach dem Versatzprinzip (a) oder Gabelprinzip (b).

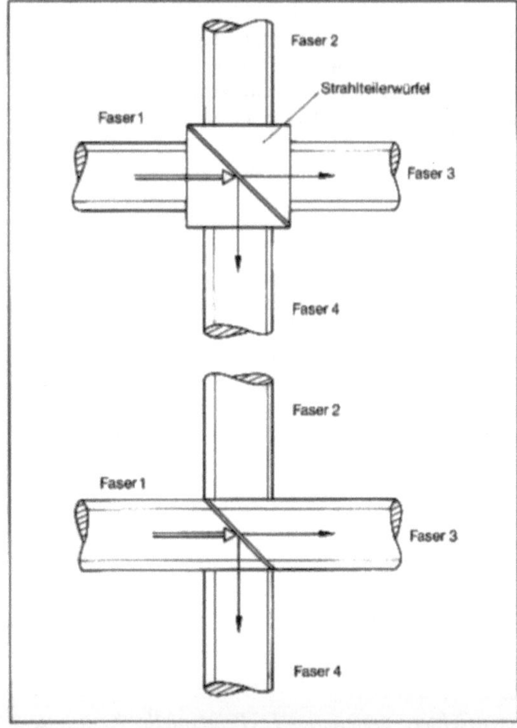

Glasfaserverzweiger 2: Strahlteiler-Verzweiger.

der zusammengekittet werden (Bild 2). Die Fasern 2 und 4 stoßen senkrecht auf die zusammengefügten →Lichtwellenleiter und sammeln so die an der Zwischenschicht reflektierte Leistung. Die Verluste werden mit 0,5 dB angegeben.

Auch mit Gradientenlinsen lassen sich optische Verzweiger aufbauen (Bild 3). Durch die Abbildungseigenschaften der Gradientenlinse wird das Licht von der Faser 1 zum Teil in die Faser 4 eingekoppelt bzw. an der Teilerschicht reflektiert und zur Faser 2 geführt. Auch hier liegen die Verluste bei 0,5 dB. *Krauser*

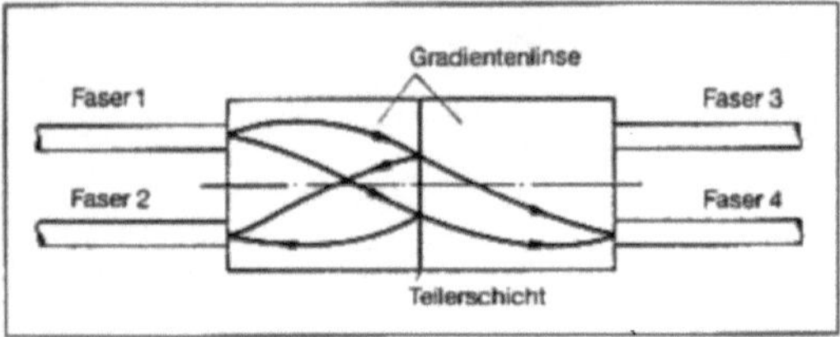

Glasfaserverzweiger 3: Gradientenlinsen-Verzweiger.

Gleichrichter →Meßgleichrichter

Gleichrichter, gesteuerter. G. G. wandeln Wechselströme in Gleichströme mit steuerbarem Übersetzungsverhältnis um. Neben Anwendungen in der elektrischen Meßtechnik (Synchrongleichrichter, Phasenselektion-Gleichrichter) und in der Nachrichtentechnik (Demodulatoren) werden sie als Leistungsstellglieder zur Steuerung elektrischer Gleichstromantriebe (Drehzahlsteuerung) verwendet.

Diese G. G. bestehen heute überwiegend aus Halbleiterdioden und Thyristoren. Thyristoren sind mehrschichtige Halbleiterbauelemente mit bistabilem Verhalten (Bild 1). Sie sperren, oder sie lassen nach einer sog. Zündung durch einen Spannungsimpuls am Steuereingang (Gitter) Stromfluß in einer Richtung zu. Nach dem Zünden des Thyristors bleibt er leitend bis die Spannung zwischen Anode und Kathode, die sog. Haltespannung, unterschritten wird und der Thyristor dadurch löscht. Er verbleibt in diesem Sperrzustand, bis er erneut gezündet wird.

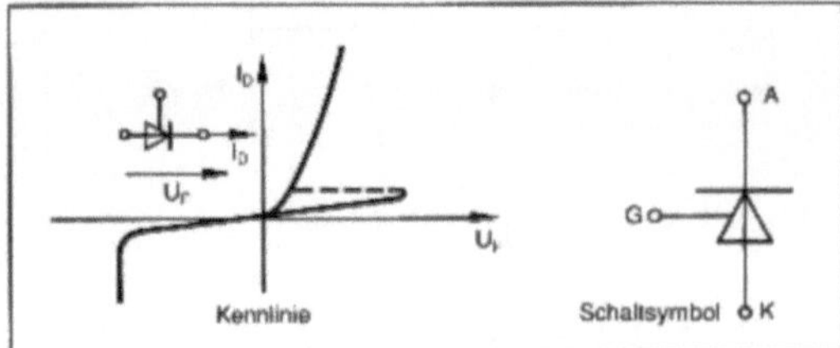

Gleichrichter, gesteuerter 1: Prinzipielle Kennlinie eines Thyristors und Schaltsymbol.

Thyristoren werden für Ströme bis ca. 1 000 A und Spannungen bis ca. 2 500 V ausgeführt. Ihr Steuerverhalten beim Einsatz in Gleichrichtern verdeutlicht Bild 2. Es werden nur positive Halbwellen des Stromes I durchgelassen (Gleichrichtereffekt) und mit Hilfe der Veränderung des Zündzeitpunktes kann der zeitliche Verlauf von Strom und Spannung und damit der →Gleichrichtwert, d. h. der zeitlineare Mittelwert von Strom und Spannung, gesteuert werden. Man bezeichnet dies als Phasenanschnittsteuerung mit dem Steuerwinkel a/T (Bild 2). Die Phasenlage von Spannung und Strom hängt zusätzlich zum Steuereingriff allerdings auch von der an den g. G. angeschlossenen Last ab. So kann es bei induktiven Lasten zu sog. Stromlücken kommen.

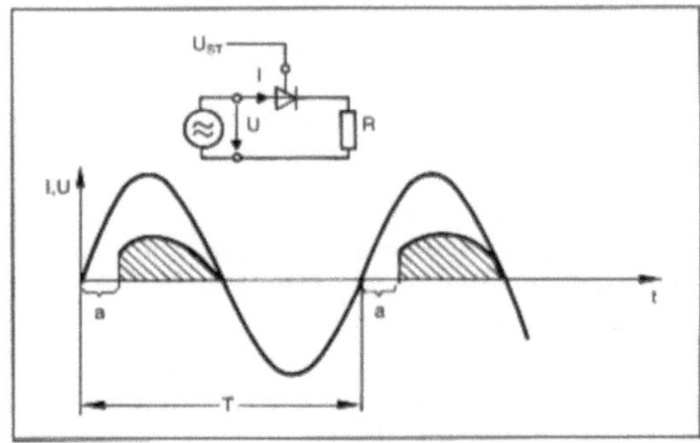

Gleichrichter, gesteuerter 2: Zeitlicher Verlauf von Spannung und Strom am Thyristor bei ohmscher Last.

Für den technischen Einsatz werden mehrere Dioden und Thyristoren zu Mittelpunkts- und Brükkenschaltungen verschaltet (Bild 3). Vorzüge beim halbgesteuerten Gleichrichter liegen im geringeren Aufwand bei der Ansteuerung und der geringeren Thyristorzahl. Neben den im Bild 3 gezeigten Brükkenschaltungen für einphasigen Betrieb sind zahlreiche Schaltungsvarianten für mehrphasigen Betrieb gebräuchlich. *Freyberger*

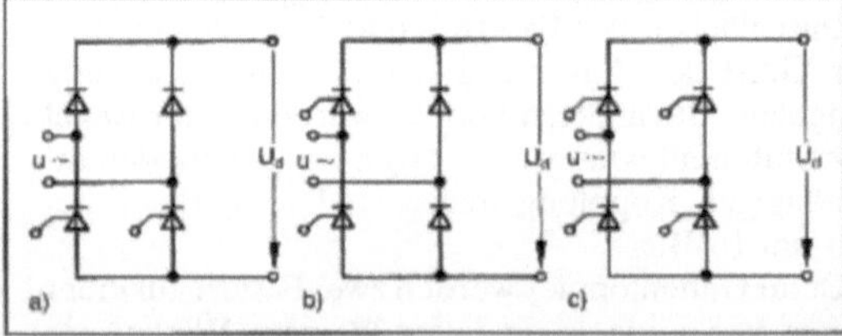

Gleichrichter, gesteuerter 3: Einphasige Brückenschaltung.
a) symmetrisch halbgesteuert
b) unsymmetrisch halbgesteuert
c) vollgesteuert.

Literatur: *Heumann, K.:* Stromrichter in Hütte Taschenbücher der Technik (Hrsg. W. Boning). Bd. 2: Geräte. Berlin–Heidelberg–New York 1978.

Gleichrichtwert →Meßgleichrichter, →Mittelwert einer periodischen Zeitfunktion

Gleichspannungskompensator →Kompensations-Meßverfahren

Gleichspannungswandler. (oft auch Transverter genannt) G. dienen zur Bereitstellung einer (beliebigen) Gleichspannung aus einer anderen vorgegebenen Gleichspannung mit oder ohne Polaritätsumkehr.

Im G. wird eine gegebene Gleichspannung – oft die einer Batterie – zunächst durch einen Transistor im Schalterbetrieb in eine periodische Impulsspannung umgesetzt, diese anschließend transformiert, gleichgerichtet und gesiebt (und evtl. in einer Regelschaltung stabilisiert). Häufig benötigte Ausgangsspannungen sind Versorgungsspannungen von Schaltkreisfamilien (z. B. TTL 5 V +/− 0,25 V, CMOS 3 . . . 15 V, Operationsverstärker +/−12 . . . +/− 18 V).

Als G. haben sich drei Grundtypen durchgesetzt (Bild):

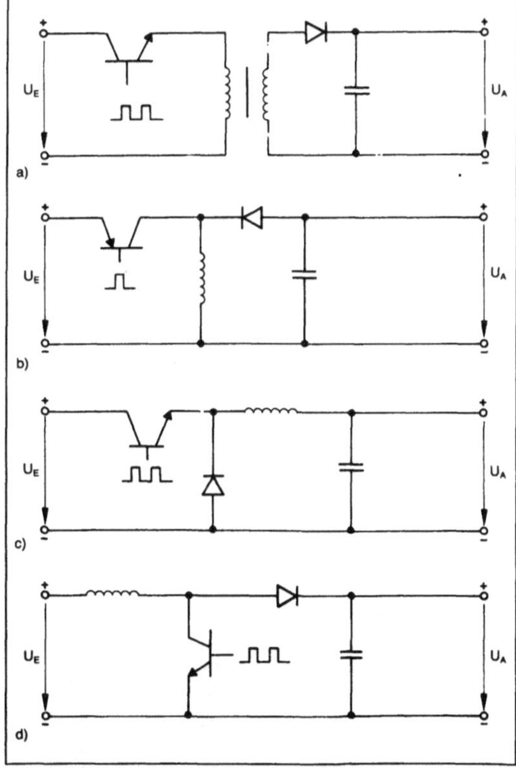

Gleichspannungswandler: Prinzipielle Schaltungen.
a) Sperrwandler aufwärts ($_A \geq E\ U_E$).
b) Sperrwandler invertierend ($U_A < o$).
c, d) Durchflußwandler.

□ Der Sperrwandler für kleinere Leistungen (<100 W). Hier wird die Energie aus dem Eingangskreis während der Sperrphase des Schalttransistors in den Ausgangskreis übertragen, also muß die gesamte zu übertragende Energie im Transformator zwischengespeichert werden (Bild a).

□ Der Flußwandler (bei mittleren Leistungen ≈100 – 200 W), bei dem die Energieübertragung in den Ausgangskreis bei leitendem Schalttransistor erfolgt (Bild c).

□ Der Gegentaktwandler (bei großen Leistungen >200 W), bestehend aus zwei im Gegentakt arbeitenden Durchflußwandlern.

Breite Anwendung finden G. in den netztransformatorlosen Stromversorgungen, den sog. Schaltnetzteilen. Dabei wird die Netzspannung direkt gleichgerichtet. Ein nachfolgender G. zerhackt diese Spannung in eine periodische Rechteckimpulsfolge (Frequenzbereich 10–20 kHz), die in einem Ferritübertrager entsprechend transformiert und anschließend wieder gleichgerichtet und gesiebt wird. Durch Regelung des Tastverhältnisses des Schaltertransistors läßt sich die Ausgangsspannung konstant halten.

Die Vorteile der Schalternetzteile sind vor allem

– Wegfall des teueren und schweren 50 Hz-Netztransformators,
– hoher Wirkungsgrad (bis 90 %) gegenüber etwa 30–40 % bei konventionell geregelten Netzteilen,
– geringer Aufwand an Siebmitteln,
– großer Schwankungsbereich der Eingangsspannung zulässig (z. B. 110/220 V ohne Umschaltung).

Die Vorteile der G. werden jedoch mit einigem Aufwand erkauft: größerem Schaltungsaufwand, die Forderung nach hochspannungsfesten Leistungsschalttransistoren mit großer Geschwindigkeit, schnelle Gleichrichterdioden (→Schottky-Dioden), der erforderliche Ansteuerschaltkreis sowie die auftretenden starken HF-Störungen, die zusätzliche Schirmung erfordern. *R. Paul*

Gleichstromkompensation →Kompensations-Meßverfahren

Gleichstromrelais. Elektromechanisches (Schalt-) →Relais, das mit Gleichstrom (oder Gleichspannung) angesteuert (erregt) wird. Dabei kann es sich um länger anhaltenden oder impulsförmigen Gleichstrom handeln. Der zu schaltende Strom (Gleich- oder Wechselstrom) ist von dieser Bezeichnung unabhängig.

G. können z. B. als mono- oder bistabile, als gepolte oder ungepolte, als Remanenz- oder →Reedrelais ausgeführt sein. *Rauterberg*

Gleichtaktstörung. Störsignal, das mit gleicher Phase und gleicher Amplitude auf beide Eingänge eines Gerätes einwirkt. Der Einfluß von G. (*engl.* common mode voltages) läßt sich mit Differenzverstärkern weitgehend unterdrücken (→Gegentaktstörung). *Strohrmann*

Literatur: *Strohrmann, G.*: Automatisierungstechnik, Bd. 2: Stellgeräte, Strecken, Projektabwicklung. München-Wien 1990. – VDI/VDE 3551: Empfehlungen zur Störsicherheit der Signalübertragung beim Einsatz von Prozeßrechnern. Ausg. Okt. 1976.

Gleichtaktunterdrückung →Gleichtaktverstärkung

Gleichtaktverstärkung. Der →Operationsverstärker (Bild) mit dem Verstärkungsfaktor k′ verstärkt zunächst die Differenzspannung u_D (Gegentaktspannung) auf

$$u_a = k'(u_p - u_n) = k'u_D.$$

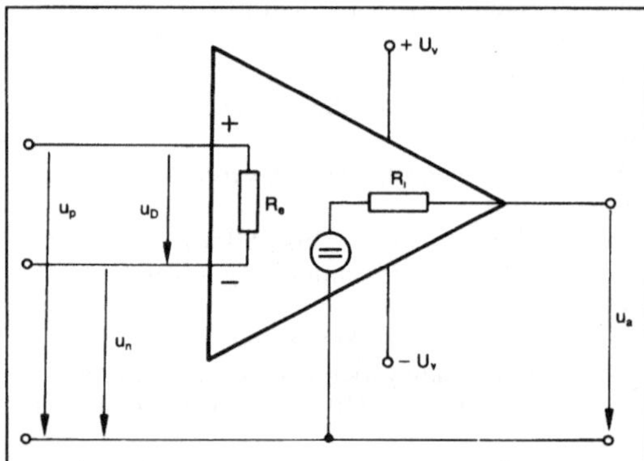

Gleichtaktverstärkung: Schaltbild eines Operationsverstärkers.

Wird an den p- und an den n-Eingang dieselbe Spannung, nämlich die Gleichtaktspannung $u_{Gl} = u_p = u_n$ gelegt, so ist die Differenz der Eingangsspannungen null, $u_p - u_n = 0$. Dementsprechend sollte bei dieser Gleichtaktaussteuerung auch keine Ausgangsspannung auftreten. Dies ist jedoch bei realen Verstärkern nicht der Fall. Die Ausgangsspannung ändert sich auch bei einer gleichsinnigen Änderung der an den Eingängen liegenden Spannung u_{Gl}. Eine G. k'_{Gl} läßt sich definieren mit

$$k'_{Gl} = \frac{\Delta U_a}{\Delta U_{Gl}}.$$

Die Ausgangsspannung u_a des Operationsverstärkers hängt somit von der Gegentaktspannung u_D und der Gleichtaktspannung u_{Gl} ab:

$$u_a = k'u_D|_{u_{Gl} = \text{konst}} + k'_{Gl}u_{Gl}|_{u_D = \text{konst}}$$

Die G. k'_{Gl} ist sehr viel niedriger als die Gegentaktverstärkung k′. Das Verhältnis $\frac{k'}{k'_{Gl}}$ wird als Gleichtaktunterdrückung bezeichnet (*engl.* common mode rejection ratio). Die Zahlenwerte liegen zwischen 10^4 und 10^6. Beim invertierenden →Verstärker ist der p-Eingang mit dem Massepotential verbunden und eine Gleichtaktaussteuerung tritt dementsprechend nicht auf. *Schrüfer*

Gleichung, charakteristische. In der →Regelungstechnik dient die c. G. zur Bestimmung der Eigenwerte eines dynamischen Systems bzw. der Pole seiner Gesamtübertragungsfunktion. Diese Gleichung entsteht bei der Lösung der homogenen Differentialgleichung mit dem Lösungsansatz $x_h(t) = \exp(st)$. Aus einer gewöhnlichen Differentialgleichung n-ter Ordnung erhält man eine algebraische Gleichung n-ten Grades.

$$a_n s^n + a_{n-1}s^{n-1} + \ldots + a_2 s^2 + a_1 s + a_0 = 0 \quad (1)$$

Die Lösungen $s_1, \ldots, s_n$ sind dann die Eigenwerte des durch die Differentialgleichung beschriebenen Systems. Da es sich um reale Systeme handelt, sind die Koeffizienten $a_0, \ldots, a_n$ reell, und komplexe Eigenwerte treten paarweise konjugiert auf.

Für Regelkreise oder -systeme erhält man die c. G., wenn man den Nenner seiner Gesamtübertragungsfunktion zu Null setzt. Für einschleifige Regelkreise haben Führungs- und Störübertragungsfunktion den Nenner $1 + F_0(s)$, wobei $F_0(s)$ die →Kreisübertragungsfunktion ist. So ergibt sich als Ansatz

$$1 + F_0(s) = 0 \quad (2)$$

Wird das System durch Zustandsgleichungen beschrieben (→Mehrgrößensysteme, →Zustandsgrößen, →Zustandsregelung), dann enthält die Systemmatrix $\underline{A}$ die Informationen über das System. Beim Aufstellen der Gesamtübertragungsfunktion erscheint die Inverse der Matrix $(s\underline{I} - \underline{A})$ im Ansatz, so daß die c. G. dann lauten muß

$$\det(s\underline{I} - \underline{A}) = 0 \quad (3)$$

Die Gleichungen (2) und (3) lassen sich in die Polynomform (1) überführen.

Die c. G. dient zur Untersuchung der →Stabilität von Regelkreisen (→*Hurwitz*-Kriterium. →*Nyquist*-Kriterium). Zur näherungsweisen Bestimmung der Eigenwerte wird das Wurzelortsverfahren (→Wurzelortskurve) herangezogen. Die Eigenwerte geben Auskunft über die →Eigenbewegung des Systems (→Polvorgabe). *Böttiger*

Literatur: *Böttiger, A.*: Regelungstechnik. München 1988.

Glockenzählrohr →Auslösezählrohr

GMA. VDI/VDE-Gesellschaft Meß- und Automatisierungstechnik (GMA), Düsseldorf, technisch/wissenschaftliche Fachgesellschaft des →VDI und des →VDE mit über 15 000 Mitgliedern.

Die Aufgaben der GMA sind:

□ Austauschen und Auswerten von Erfahrungen und Informationen,
□ Durchführen von Kongressen, Fachtagungen und Aussprachetagen,
□ Zusammenarbeit mit in- und ausländischen Vereinigungen des Fachgebietes,
□ Anregen und Unterstützen von Forschungsarbeiten,
□ Herausgeben und Fördern technisch-wissenschaftlichen Schrifttums,
□ Erarbeiten von Richtlinien und anderen Empfehlungen,
□ Fördern junger Ingenieure,
□ Mitwirken in der Aus- und Weiterbildung.

In der GMA gibt es folgende Fachbereiche:

- Grundlagen, Theorie
- Meßverfahren, Aufnehmer/Sensoren
- Meß-, Steuer- und Regelgeräte und Basisfunktionen
- Informationstechnik in der Automatisierung
- Betrieb von Automatisierungssystemen
- Angewandte Leittechnik
- Meßtechnik für die automatisierte Fertigung.

Die VDI/VDE-GMA ist die deutsche Mitgliedorganisation in der IMEKO – Internationale Meßtechnische Konföderation sowie in IFAC – International Federation of Automatic Control. *Wiefels*

GO/NOGO-Test. →Produktionstest, bei dem der →Prüfling nur gegenüber der gültigen Spezifikation geprüft wird. Vereinfacht ausgedrückt wird nur eine Gut-/Schlecht-Aussage getroffen und keine Charakterisierung bestimmter Eigenschaften z. B. abhängig von der angelegten Betriebsspannung durchgeführt. Es wird auch keine →Fehlersuche durchgeführt. *Winter*

Golden Board. (auch Golden Device, known good devive, KGD). Der – theoretisch angenommene – Idealfall eines fehlerfreien Bausteines oder einer →Leiterplattenbaugruppe mit korrektem funktionalem Verhalten und z. B. optimaler Mittenlage aller toleranzbehafteter Größen (Spannungswerte, Impulslängen usw.) z. B. als Basis für →Vergleichsverfahren und →Lernverfahren. *Winter*

Gon. Gesetzliche Einheit für ebene Winkel, keine SI-Einheit. Einheitenzeichen gon. 1 gon = 0,9° = π/200 rad (→Einheiten des SI).

Die Einheit Gon (= Neugrad) ergibt sich, wenn man den Vollwinkel in 400 Teile unterteilt statt in 360 Teile wie bei der Winkel-Einheit →Grad (→Einheiten, gesetzliche). *Hammerschmidt*

GPIB. Abk. für *engl.* General Purpose Interface Bus, eines bevorzugt in der →Prüftechnik eingesetzten Bus-Systemes (→IEC-Bus). *Winter*

Grad. Gesetzliche Einheit für ebene Winkel. Einheitenzeichen °. 1° = π/180 rad. Keine SI-Einheit (→Einheiten des SI). *Hammerschmidt*

Grad Celsius. Besonderer Name für SI-Basiseinheit →Kelvin (Einheitenzeichen K) bei der Angabe von Celsiustemperaturen. Einheitenzeichen C. Nach *A. Celsius* (1701–1744) benannt. Celsiustemperatur: $t/°C = (T - T_0)/K$ mit der Kelvin-Temperatur T und $T_0 = 273{,}15$ K. Differenzen von Celsiustemperaturen können in °C oder in K angegeben werden, z. B. $\Delta t = 27\ °C - 17\ °C = 10\ °C = 10$ K (→Einheiten des SI, →Temperaturskalen). *Hammerschmidt*

Gradientenfaser. Eine G. ist ein zylindersymmetrischer Wellenleiter, der aus einem Kerngebiet mit einem radiusabhängigen Brechzahlprofil $n_k(r)$ und einem Mantelbereich mit konstanter Brechzahl n_m aufgebaut ist.

Der Brechzahlverlauf im Kern wird beschrieben durch:

$$n_k(r) = n_k(0) \cdot [1 - 2 \cdot \delta \cdot f(r)]^{1/2} \approx n_k(0) \cdot [1 - \delta \cdot f(r)],$$

mit $\delta \approx (n_k - n_m)/n_k$ und der Profilfunktion f(r), für die gilt:

$f(r) = 0$ bei $r = 0$ und
$f(r) = 1$ bei $r \geq a$ (Kernradius).

f(r) ist in der Regel von der Form $f(r) = (r/a)^g$, mit g: Profilexponent, a: Kernradius.

In Multimode-G. (→Multimodefaser) kann durch Optimierung von g die Modenlaufzeitdifferenz auf 30–200 ps/km reduziert werden. Der Laufzeitausgleich kommt dadurch zustande, daß achsennahe →Moden zwar einen kürzeren Weg als achsenferne zurücklegen, dafür aber das Gebiet mit der größeren Brechzahl durchlaufen und somit eine längere Laufzeit als achsenferne Moden haben (Bild 1).

Die numerische Apertur (→Akzeptanzwinkel) einer G. ist ortsabhängig. Die lokale numerische Apertur ist für ein parabolisches Brechzahlprofil $(g = 2)$ (Bild 2):

$$A_N = n_k(0) \cdot 2 \cdot \delta \cdot (1 - (r/a)^2)$$

Für die Anzahl der ausbreitungsfähigen Moden M (→Glasfasermoden) gilt für parabolisches Brechzahlprofil näherungsweise: $M \approx 1/4 \cdot V^2$, mit $V = 2\pi a A_N/\lambda$ (λ: Wellenlänge).

Die Monomodegrenze für ein Profil mit $g = 2$ liegt bei $V \leq 3{,}5$.

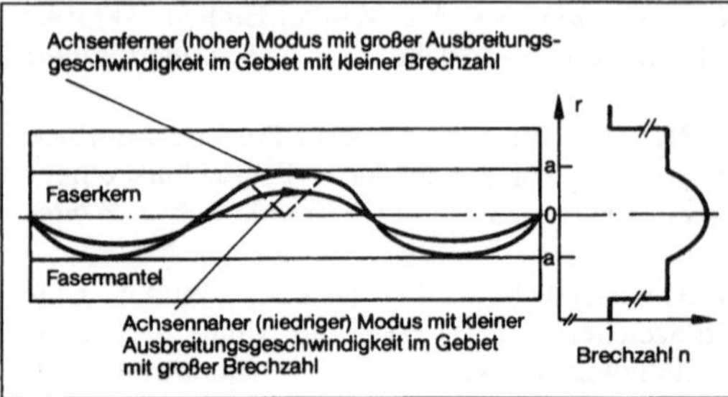

Gradientenfaser 1: Ausbreitung optischer Wellen in einer Gradientenfaser mit einem Brechzahlprofil $g \approx 2$, wodurch die Laufzeitdifferenz zwischen hohen und niedrigen Moden kompensiert wird.

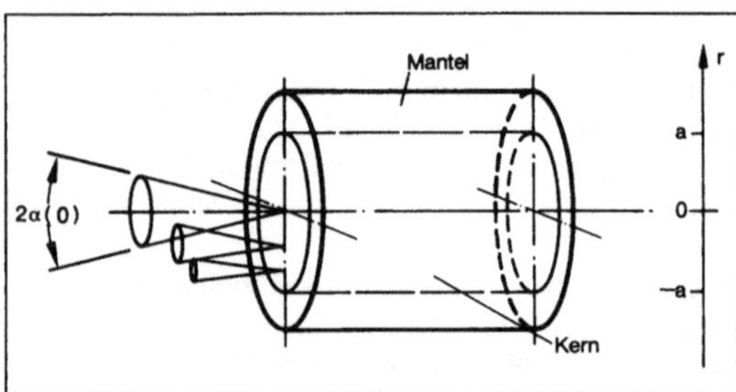

Gradientenfaser 2: Schematische Darstellung des lokalen Akzeptanzwinkels $\alpha(r)$ einer Gradientenfaser.

Typische Werte für Multimode-G. sind:

Kerndurchmesser 2a	40 µm–100 µm
Manteldurchmesser d	100 µm–200 µm
relative Brechzahldifferenz δ	$\approx$ 0,01
maximaler Akzeptanzwinkel α_{max}	$\approx$ 12°. *Krauser*

Graetz-Schaltung →Meßgleichrichter

Gramm. Gesetzliche Einheit für Masse. Einheitenzeichen g. 1 g = 10^{-3} kg; keine SI-Einheit (→Einheiten, gesetzliche). *Hammerschmidt*

Granat, magnetischer. Klasse der ferrimagnetischen Oxide. Bekanntester Vertreter dieser Selten-erd-Eisen-Granate ist der Yttrium-Eisen-Granat (YIG). Besondere Bedeutung haben m. G. in der Form von dünnen (einige Mikrometer), einkristallinen Filmen auf nicht-magnetischen Granat-Substraten gewonnen. Zur Herstellung derartiger Filme wird die Flüssigphasenepitaxie eingesetzt, neuerdings auch die Sputterepitaxie.

Die Hauptanwendungen der m. G., insbesondere auch der Filme, liegen in der Mikrowellentechnik und der optischen Nachrichtentechnik (→Isolatoren), bei den Magnetblasenspeichern, den optischen Speichern und den magnetooptischen →Displays. *Dammann*

Graphikanzeige. Der Begriff der graphikfähigen Anzeige hat durch das Angebot von zeichenorientierten Anzeigen am Markt besondere Bedeutung erlangt. Bei einer graphikfähigen Anzeige oder G., sind die Bildpunkte so angeordnet, daß sowohl alphanumerische Zeichen, als auch Linien und Flächen dargestellt werden können. Die einzelnen Bildpunkte haben meist gleiche Abstände. Typische Beispiele sind die heute am Markt erhältlichen, flachen Anzeigen mit z. B. 64 × 240 oder 200 × 640 Bildpunkten, aber auch Großanzeigen in Stadien sowie die meisten Anzeigen in Elektrolumineszenz- oder Plasma-Technologie. Die Bildpunkte ergeben sich oft aus den sich kreuzenden streifenförmigen Elektroden als Rechtecke.

Ihren Einsatz finden graphikfähige Anzeigen meist zur →Darstellung von Graphiken, Texten und allgemeinen Informationen in Meßgeräten, oder Datenterminals. Die Fähigkeit zur Darstellung von Graustufen wird von diesen Anzeigen nicht gefordert. Damit entfällt die Möglichkeit zur Darstellung von Bildern.

Bei den zeichenorientierten Anzeigen sind dagegen die Bildpunkte meist als Block so angeordnet, daß Zeichen nur an dafür vorgesehenen Plätzen angesteuert und damit sichtbar gemacht werden können. Typische Beispiele für diese Anzeigen sind kleine Textanzeigen mit 2 × 16 oder 2 × 40 Zeichen. Bei ihnen werden die einzelnen Zeichen mit Hilfe einer 5 × 7 oder 5 × 8 Punktmatrix dargestellt. Diese Anordnung der Bildpunkte wird aus Kostengründen gewählt. *Pottharst*

Gray. SI-Einheit der →Energiedosis (ionisierender Strahlung), nach *L. H. Gray* (1905–1965) benannt. Einheitenzeichen Gy. 1 Gy = 1 J/kg = 1 $m^2 s^{-2}$ (→Einheiten des SI). *Hammerschmidt*

Gray-Code-Test. →Testverfahren für digitale kombinatorische Schaltungen, bei dem die Inhalte der →Wahrheitstabelle entsprechend dem Gray-Code-Algorithmus (Änderung jeweils nur an einer Bitstelle zwischen zwei Prüfzyklen) an den →Prüfling angelegt werden. *Winter*

Grenzfrequenz.

1. Frequenz, bei der eine Übertragungseigenschaft eines Übertragungsgliedes oder Bauelementes (z. B. →Verstärker, →Filter, →Wandler, Übertragungsleitung u. a. m.) einen bestimmten Wert gegenüber einem Bezugswert hat. Sind dabei Eingangs- und Ausgangsgröße eines Übertragungsgliedes von gleicher Größenart, so definiert man die G. oft so, daß die übertragene Leistung auf die Hälfte, die übertragene Spannung also auf den $1/\sqrt{2}$-fachen Bezugswert gefallen ist (dem entspricht in logarithmischer Angabe die sog. 3 dB-G.).

2. Speziell bei Halbleiterbauelementen werden G. (3 dB-G.) für eine Reihe typischer Übertragungsgrößen angegeben: Steilheit, Kurzschlußstromverstärkung (in verschiedenen Grundschaltungen) u. a. Beim Betrieb in der Schaltung können G. von der Beschaltung abhängen.

Neben diesen sog. 3 dB-G. gibt es auch noch andere Festlegungen, z. B. die Schwinggrenzfrequenz als diejenige Frequenz, bei der die Leistungsverstärkung eines Vierpols (Bauelement als solches aufgefaßt) bei beiderseitiger Leistungsanpassung den Wert eins erreicht. *R. Paul*

Grenzschwingung. Die G. ist eine stationäre Dauerschwingung in einem nichtlinearen System. Bei einem System zweiter Ordnung wird sie als Grenzzyklus definiert.

Die Amplitude der Schwingung wird von der →Kennlinie des nichtlinearen Übertragungsgliedes bestimmt, die Schwingungsfrequenz von der Dynamik, die dem linearen →Übertragungsglied eines Kreises zugeordnet wird (→Schwingungsbedingung. →Beschreibungsfunktion). *Böttiger*

Literatur: *Böcker, J.* und *I. Hartmann, Ch. Zwanzig:* Nichtlineare und adaptive Regelungssysteme. Berlin 1986. – *Föllinger, O.:* Nichtlineare Regelungen I und II. München 1982, 1980.

Grenzsignalgeber. G. vergleichen die Werte von Prozeßgrößen mit fest eingestellten oder veränderlichen Grenzwerten. Werden die Grenzwerte über- oder unterschritten, so ändern sich die binären Ausgangssignale, die Grenzsignale.

Zu unterscheiden ist zwischen direkt wirkenden G., also solchen, die die Meßgröße ohne Zwischenschaltung eines Meßumformers verarbeiten können, und zwischen G., deren Eingangsgröße das →Einheitssignal eines Meßumformers ist. Zu unterscheiden ist weiter zwischen anzeigenden und nichtanzeigenden G.

Die Arbeitsweise eines direkt wirkenden, anzeigenden G. (Bild 1): Mit dem Zeiger des Meßwerkes ist die Steuerfahne, ein kleiner Metallstreifen, fest verbunden. Wenn diese in den Kopf des Abgriffsystems eintaucht, ändert sich der Schaltzustand des nachgeschalteten Verstärkers. Der Abgriffkopf ist konzentrisch zur Zeigerachse schwenkbar, so daß er sich so einstellen läßt, daß sich das Ausgangssignal des G. dann ändert, wenn die Meßgröße den Grenzwert erreicht hat.

Dieses oder ähnliche Prinzipien der Wegeabgriffe lassen sich in G. für viele Meßgrößen verwirklichen. Die meisten Geräte sind mit induktiven Abgriffen ausgerüstet. Die Steuerfahne bedämpft beim Eintauchen in den Abgriffkopf dabei einen Transistor-Oszillator, unterbricht dessen Schwingungen, und ein nachgeschaltetes Relais fällt ab (Bild 2). Die relativ einfache Grundschaltung läßt sich ohne sehr großen Aufwand zu bauteilfehlersicheren Schaltungen erweitern, die den Vorteil bieten, alle als möglich angesehenen →Fehler aus dem Schaltzustand sofort erkennen zu können.

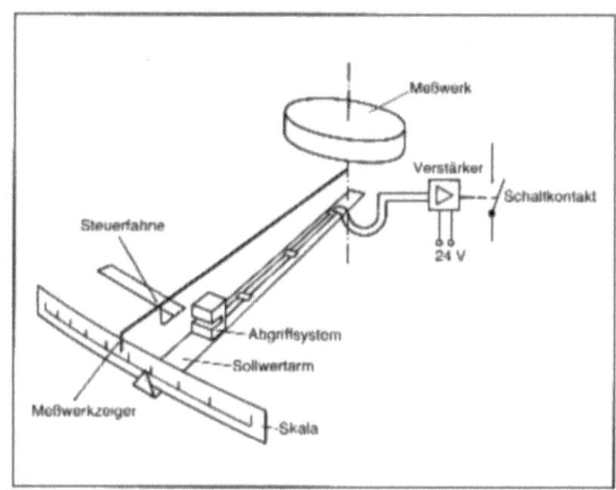

Grenzsignalgeber 1: Flachprofilgerät mit induktivem Abgriff.

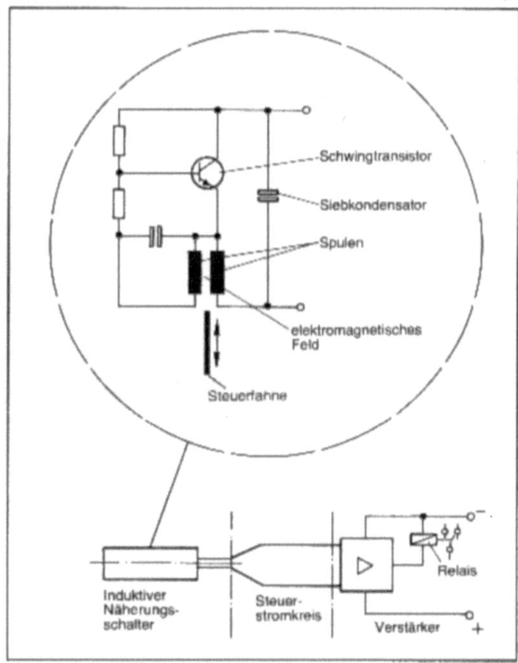

Grenzsignalgeber 2: Prinzipschaltung eines induktiven Abgriffes. Oben ist die Innenschaltung und unten der gesamte Stromkreis dargestellt.

Die kleinsten Abgriffköpfe haben Abmessungen von 8 × 8 × 11 mm, der zum Durchschalten erforderliche Weg beträgt etwa 0,1 mm und auf das Meßsystem wirkt eine kaum bestimmbare Kraft von 10^{-10} Newton.

Stehen größerer Raum, größere Schaltwege und größere Betätigungskräfte zur Verfügung, so werden auch Mikroschalter, Reed-Kontakte oder pneumatische Abgriffe eingesetzt.

Geringere Bedeutung haben optische oder kapazitive Abgriffsysteme. An Bedeutung verloren haben die vor Jahren gebräuchlichen Fallbügelabgriffe, die Quecksilber-Ringrohre, die Magnetspringkontakte und die offenen Kontakte.

Grenzwerte elektrisch erfaßbarer Größen, z. B. bei →Temperaturmessungen mit →Widerstandsthermometern und →Thermoelementen, oder Grenzwerte elektrischer Einheitssignale, lassen sich auch rein elektronisch, etwa über Brückenschaltungen, bilden.

Von besonderer Bedeutung sind G. für
- Druck (Druckwächter, →Kontaktmanometer),
- Füllstand (→Niveauwächter, Überfüllsicherungen),
- Temperatur (→Thermostate),
- Durchfluß (Strömungswächter),
- Flammen (→Flammenwächter).

Von den Möglichkeiten der Bauteilfehlersicherheit und der selbsttätigen Prüfung wird weitgehend Gebrauch gemacht, um die →Verfügbarkeit der Geräte zu erhöhen (→Anlagensicherung).

Strohrmann

Literatur: *Strohrmann, G.:* Anlagensicherung mit Mitteln der MSR-Technik. München–Wien 1983.

Grenztaster. G. sind →Schalter die nicht von Hand sondern von einem Teil eines Gerätes oder einer Maschine betätigt werden um z. B. einen Elektromotor ein- bzw. auszuschalten und damit eine Bewegung auszulösen bzw. zu stoppen. Hierbei werden oft →*Schnappschalter* verwendet, die mit einem spezifischen Betätigungshebel und evtl. mit einer Rolle ausgerüstet sind, um die Abnutzung des Hebels und des Geräte- oder Maschinenteiles zu vermeiden.

Anwendungsbeispiel für G. ist die Sicherung der Tür einer Waschmaschine oder einer Geschirrspülmaschine; bei versehentlichem Öffnen der Tür während des Betriebes wird die Maschine zum Stillstand gebracht. Hier werden die Schaltzustände des G. (ein-/ausgeschaltet) und damit auch die Stromzufuhr zu den Aggregaten der Maschine durch die zwei Zustände der Tür (zu/offen) gesteuert.

Pagnin

Grenzzyklus →Grenzschwingung

Größen, physikalische →Einheiten im Meßwesen, →Einheiten, gesetzliche, →Einheiten des SI

Grundfunktionsglied. G. sind Basisbausteine für den Aufbau von Steuerungen. Sie führen elementare Signalverarbeitungsfunktionen aus. Verarbeitungsfunktionen in diesem Sinne sind:
- binäre, logische Verknüpfungen durch UND-, ODER-, NICHT-, NOR-, NAND-, Exklusiv-ODER-Glieder etc.
- Speicherfunktionen durch bistabile Setz/Rücksetz-Speicherglieder, Speicherglieder mit Impulseingang etc.
- Zeitfunktionen zur Signalmodifikation wie Verlängern, Verzögern, Verkürzen.

G. stehen entweder als Softwaremodule z. B. in speicherprogrammierbaren Steuerungen (→SPS) oder als Hardwarebausteine von elektronischen, elektromechanischen oder fluidischen d. h. pneumatischen und hydraulischen Bausteinsystemen für den Steuerungsaufbau zur Verfügung. *Freyberger*

Gruppenleitebene →Gruppensteuerungsebene

Gruppensteuerung. Die G. bei hierarchisch gegliederten Steuerungssystemen (DIN 19237) sind Steuerungen, die der mittleren Ebene der hierarchischen Gliederungsstruktur zugeordnet werden. Im Hinblick auf den automatischen Betrieb einer Anlage ist es ihre Aufgabe, einen technologisch in seiner Wirkung eng zusammenhängenden Teilprozeß, aufgesetzt auf dessen Einzelsteuerungen, zu steuern. Da in der Regel mehrere Subprozesse in Teilanlagen zusammenwirken, können G. für diese Subprozesse (Untergruppen) den G. der Teilanlagen unterlagert sein.

Die benötigten Steuerungs-Grundfunktionen sind dabei u. a. logische Verknüpfungen, Ablaufketten, Zeitfunktionen, arithmetische Operationen, Regelungsoperationen und vor allem Bedien- und Beobachtungsfunktionen.

Typische Steuerungsgeräte hierfür sind speicherprogrammierbare Steuerungen (→SPS) sowie Multifunktionskomponenten, Kernkomponenten von sog. Leitsystemen. *Freyberger*

Gruppensteuerungsebene. Ebene eines hierarchisch strukturierten →Prozeßleitsystems, das Funktionseinheiten zum Führen zusammenhängender Teilprozesse umfaßt. Die G. ist den zugehörigen Einzel- und Antriebssteuerungen übergeordnet und kann einer →Leitsteuerung untergeordnet sein. *Strohrmann*

Guarding-Technik. Verfahren zur Isolierung eines elektrischen Bauelementes im Netzwerkverbund einer Baugruppe beim →In-Circuit-Test.

Das Prüfprinzip des analogen In-Circuit-Tests beruht darauf, den Widerstand zwischen zwei Punkten eines Bauelementes in einem Netzwerk zu messen und zu bewerten. Um das Bauelement gegenüber seiner Schaltungsumgebung zu isolieren, wird durch Setzen von sogenannten Guardpunkten jedes Widerstandsnetzwerk in eine dreipolige Ersatzschaltung überführt. Wird diese in den Eingangszweig eines Operationsverstärkers gelegt, gilt die im Bild b enthaltene Ausgangsgleichung. Die Einflüsse der Netzwerkwiderstände Z_A und Z_B sind ausgeschaltet. Z_A ist eine zusätzliche Belastung der Spannungsquelle U_E, und über Z_B am virtuellen Nullpunkt des Operationsverstärkers fällt keine Spannung ab.

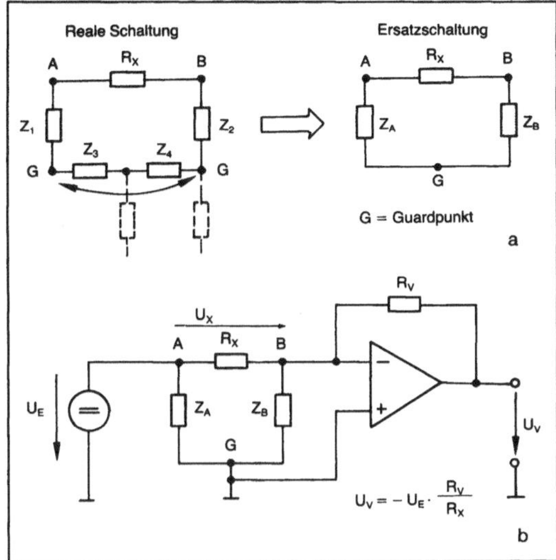

Guarding-Technik: Schematische Darstellung am Beispiel eines Operationsverstärkers.

Durch Verwendung von unterschiedlichen Leitungen für Messung und Spannungszuführungen (vier- und sechs-Draht-Messung) werden die Einflüsse der Leitungswiderstände eliminiert und die Meßgenauigkeit verbessert. Ein Guard-Verstärker in der Leitung zum Punkt G (aktives Guarding) bringt eine weitere Verbesserung.

Eine Erhöhung der Meßgeschwindigkeit wird durch den Einsatz eines →Fensterkomparators für die Spannung U_X statt des Operationsverstärkers erzielt. Dabei wird nicht der genaue Widerstandswert ermittelt, sondern seine Lage bezüglich des über das Fenster eingestellten Toleranzbandes.

Alle Prüfungen erfolgen mit Spannungen unterhalb der Diodendurchlaßspannungen der Halbleiterbauelemente. Kapazitäten und Induktivitäten werden über Wechselspannungseinspeisung und phasenselektive Spannungsmessung ermittelt. Die Orientierung von Halbleiterübergängen wird mit Gleichspannungen im Bereich weniger Volt bestimmt.

Beim digitalen Guarding wird durch konsequentes Sperren und Inaktivschalten von umgebenden Digitalbauelementen auf das →Backdriving verzichtet. Dazu ist jedoch ein wesentlich höherer Programmerstellungsaufwand erforderlich. *Mettler*

Literatur: *Reuber, W.:* In-Circuit-Testen mit moderner Hardware. ELEKTRONIK (1982) Nr. 10, S. 65–68 und ELEKTRONIK (1982) Nr. 11, S. 77–80.

Guided-Probe-Verfahren →Pfadverfolgung

Gütebestätigung für elektronische Bauelemente. Die Bestätigung durch eine vom Hersteller unabhängige Prüfstelle, daß das Produkt nach geprüften Spezifikationen gefertigt ist und die zugesicherten Daten aufweist.

Für den Anwender ist es vorteilhaft, nach einheitlichen Richtlinien gefertigte und geprüfte Bauelemente gleichbleibender Qualität von verschiedenen Herstellern beziehen zu können. In den USA ist dieses Ziel durch das Military Specification System (MIL) erreicht. Im europäischen zivilen Bereich fehlten entsprechende firmen- und länderübergreifende Normen. So einigten sich 1968 Großbritannien, Frankreich und die Bundesrepublik Deutschland, ein gemeinsames System der G. für die Bauelemente der Elektronik auszuarbeiten. Die Durchführung ist dem europäischen Komitee für die elektrotechnische Normung CENELEC (Comité européen de normalisation électrotechnique) übertragen. Vereinbart wurde das CECC-System (CENELEC Electronic Components Committee), dem sich inzwischen mehrere Länder angeschlossen haben.

Die Elemente dieses G.-Systems sind
- die zwischen den einzelnen Ländern harmonisierten Normen
- die Anerkennung der Hersteller, der Prüflaboratorien und der Auslieferungsläger
- die Bauartzulassung und die Prüfung der Bauelemente in Übereinstimmung mit den harmonisierten Normen
- die Aufzeichnung der Prüfergebnisse.

In der Bundesrepublik Deutschland nimmt die VDE-Prüfstelle in Offenbach die Funktion einer nationalen Überwachungsstelle wahr. Sind die Qualifikationsprüfungen bestanden, so wird das Produkt in die Liste der zugelassenen Erzeugnisse der CECC aufgenommen und darf das VDE-Electronik-Prüfzeichen tragen. Das CECC-Gütebestätigungssystem schließt keine Lebensdaueruntersuchungen ein und gibt keine Ausfallraten an.

Schrüfer

Literatur: *Becker, P.:* Das europäische Gütebestätigungssystem für Bauelemente der Elektronik. Elektronik (1976) H. 1, S. 57–60. – *Hofmann, D.:* Handbuch der Meßtechnik und Qualitätssicherung. Braunschweig 1983, Ost-Berlin 1980. – ZVEI: CECC-Gütebestätigungssystem für Bauelemente der Elektronik. ZVEI-Bauelemente-Symposium 1983. Berlin, Offenbach.

Gyroskop. Meßinstrument zur Bestimmung von Drehbewegungen (→Laserkreisel, →Gyroskop, faseroptisches). *Ulrich*

Gyroskop, faseroptisches. (*engl.* Fibre Optic Gyroscope, FOG). Ein faseroptisches →Interferometer vom *Sagnac*-Typ mißt die Phasendifferenz φ zwischen zwei Lichtsignalen, die dasselbe Stück aufgespulter, optischer Glasfaser in entgegengesetzten Richtungen durchlaufen. Aufgrund des *Sagnac*-Effektes ist diese Phasendifferenz φ proportional zur absoluten Drehrate (Winkelgeschwindigkeit) Ω der Faserspule um ihre Achse. Wenn A die Fläche der Spule bezeichnet, m ihre Windungszahl, λ die Vakuumwellenlänge des Meßlichtes und c die Lichtgeschwindigkeit im freien Raum, so gilt $\varphi = 8\pi m A \Omega / \lambda c$. Aus einer Messung dieser Phasendifferenz wird die Drehrate Ω ausgewertet und angezeigt.

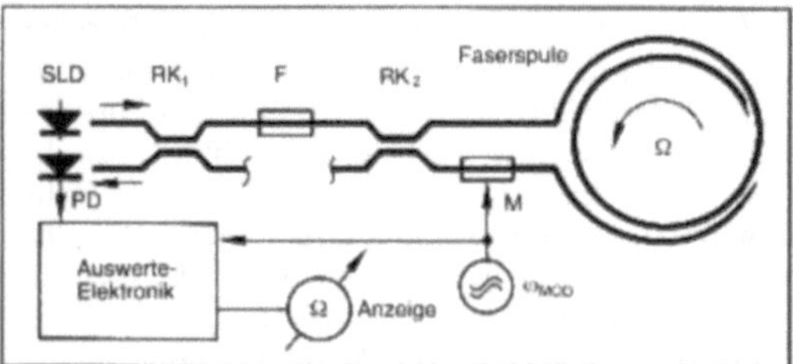

SLD: Superlumineszenzdiode, PD: Photodiode, RK: Richtkoppler, M: Modulator, F: Polarisations- und Modenfilter

Gyroskop, faseroptisches 1: Schematische Darstellung.

Das f. G. findet Anwendungen in der →Navigation von Land-, Luft- und Seefahrzeugen, anstelle herkömmlicher, schnell rotierender mechanischer Kreisel. Ein Hauptvorteil des f. G. ist dabei die Abwesenheit mechanisch bewegter Teile, woraus eine sehr viel größere Lebensdauererwartung resultiert. Wegen seines robusten, kompakten Aufbaues (insbesondere in integriert-optischer Form) ist das f. G. speziell auch für militärische Anwendungen von Interesse.

Von seiner Wirkungsweise her kann das Sagnac-Interferometer als ein in sich gefaltetes faseroptisches Interferometer vom *Mach-Zehnder* Typ aufgefaßt werden (Bild 2). Das von der Lichtquelle (SLD) in die Faser gekoppelte Licht wird in dem faseroptischen Richtkoppler RK_2 in zwei Teillichtströme aufgespalten, die in die beiden Enden der Faserspule gespeist werden. Nach Durchlaufen der Faser werden sie in RK_2 wieder überlagert und am →Photodetektor PD zur Interferenz gebracht. Durch besondere Modulations- und Auswerteverfahren kann aus dem Detektorsignal die Sagnacphase φ bestimmt werden.

Gyroskop, faseroptisches 2: Ansicht eines geöffneten Gyroskops. Deutlich zu erkennen im Inneren der Faserspule (100 m Faser) sind als Baublöcke die Halbleiter-Lichtquelle (oben) und ein Elektronik-Modul (unten). Außendurchmesser 80 mm, Höhe 35 mm. (Quelle: SEL-Alcatel)

In einem typischen f. G. hat die Faserspule einen Durchmesser von 5–10 cm, die Faserlänge beträgt 50–500 m. Die erzielbare Meßgenauigkeit, ausgedrückt als die kleinste meßbare Drehrate, ist praktisch durch die Nullpunktsdrift des Ausgangssignales begrenzt. Zahlreiche Einzelprobleme mußten gelöst werden (Arbeitspunktseinstellung, Reziprozität, Polarisations- und Modenfilterung, Störreflexionen, Rückstreuung, Doppelbrechung, Temperatursymmetrie, Leistungssymmetrie, Magnetfelder, Skalenfaktor-Konstanz, etc. . .), um die Nullpunktsdrift soweit zu vermindern, daß sie bei einem guten f. G. nur noch 10^{-2}–10^{-3} der Erddrehrate (15 °/h) beträgt. Dies ist für viele Anwendungen ausreichend. Zahlreiche Ausführungsformen des f. G. unterscheiden sich funktionell in der Art der Modulation und der Signalauswertung, sowie konstruktiv in der Verwendung faseroptischer bzw. integriert-optischer oder mikro-optischer Komponenten. *Ulrich*

H

Halbleiter-Bildsensor. →Bildsensor auf der Basis von Halbleiterbauelementen. Zur Anwendung kommen vorzugsweise →CCD-Sensoren, →CCD-Bildwandler und →CID-Elemente.

Gegenüber den anderen Bildwandlern zeichnen sich H.-B. aus durch ein geringes Gewicht und einen niedrigen Volumen- und Energiebedarf.

Schaumburg

Halbleiter-Detektor. Halbleiterbauelement zur Erfassung bestimmter Signale. Handelt es sich bei den Signalen um Umweltparameter, insbesondere optische, akustische und Wärmestrahlung, dann wird der Begriff H.-D. auch als Synonym für Halbleiter-Sensor verwendet. *Schaumburg*

Halbleiterdiode. Zweipolbauelement mit einer stark asymmetrischen Funktionskennlinie – in der Regel die Strom-Spannungskennlinie – als Hauptmerkmal. Die beiden Anschlüsse werden häufig als Anode und Kathode bezeichnet (Begriffe von der Elektronenröhre übernommen). Die Spannung zwischen den Anschlüssen heißt Diodenspannung, der zugeordnete Strom Diodenstrom. Abhängig von der Richtung der anliegenden Spannung gibt es die

– Durchlaß-, Fluß- oder Vorwärtsrichtung (großer Strom (Durchlaßstrom) bei relativ kleiner Spannung) und die

– Sperr- oder Rückwärtsrichtung (sehr kleiner Strom (Sperrstrom) bei relativ großer Spannung).

Diese Haupteigenschaft kommt in der Diodenkennlinie (Bild 1) zum Ausdruck und wird zur Gleichrichtung in sog. Universaldioden, zur Mischung (Mischdiode) sowie zum elektronischen

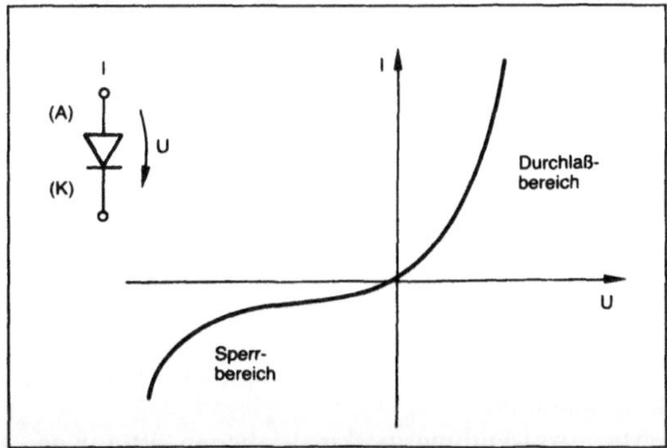

Halbleiterdiode 1: Schaltbild und Kennlinie.

Schalten (Schalterdiode) umfangreich angewendet. Dioden für extrem hohe Strom- und Spannungsbelastbarkeit heißen Leistungsdioden, sie werden vor allem für die Leistungselektronik benötigt.

Nicht alle H. haben die im Bild dargestellte Kennlinie (z. B. Tunnel-, Z-Diode), auch interessiert für bestimmte Anwendungen weniger diese Kennlinie als vielmehr eine andere typischc Eigenschaft der H., z. B.:

– die Sperrschichtkapazität bei Kapazitätsdioden,

– der Spannungsdurchbruch für Z-Dioden. Übersteigt nämlich die Sperrspannung einen bestimmten Wert – den der Durchbruchsspannung –, so steigt der Strom zufolge des Durchbruchs stark an und die H. geht trotz der Sperrspannung in den niederohmigen Zustand über,

– die Strahlungserzeugung in Lumineszenz- und Laserdioden,

– die Spannungserzeugung durch Lichteinstrahlung in Photodioden und Solarzellen,

– die Schwingungserzeugung etwa durch Mikrowellendioden,

– die Magnetfeldabhängigkeit bei der Magnetdiode,

– die Druckabhängigkeit bei Piezodioden u. a.

H. kann man nach sehr verschiedenen Gesichtspunkten unterteilen, z. B.

– nach dem verwendeten Halbleiterwerkstoff. Silicium ist gegenwärtig das meist eingesetzte Material, für viele Spezialanwendungen (Mikrowellenbauelemente, optoelektronische Bauelemente) sind aber III–V-Halbleiter (GaAs, GaP, $Ga_{1-x}Al_xAs$, $GaAs_xP_{1-x}$) eine notwendige Voraussetzung. Vor Jahren wurden vorwiegend Germanium-H. eingesetzt; heute finden sie kaum noch Anwendung,

– nach der Art und Weise, wie die betreffende Klemmeneigenschaft zustande kommt, also dem Stromflußmechanismus. Grundsätzlich entsteht die nichtlineare Zweipoleigenschaft (Diodenkennlinie, Kapazitätsverlauf über der Spannung u. a.) stets im Zusammenhang mit spannungsbeaufschlagten Grenzflächensystemen, wie pn-, pin-Übergang (Halbleiterübergang), Schottky-Übergang, MIS-Übergang.

Deshalb ist der Begriff H. sinnvollerweise in Verbindung mit dem verwendeten Übergang zu verwenden. So kann etwa eine bestimmte Eigenschaft – z. B. eine Kapazitätsdiode – durch einen pn-, Schottky- oder MIS-Übergang realisiert werden (Bild 2).

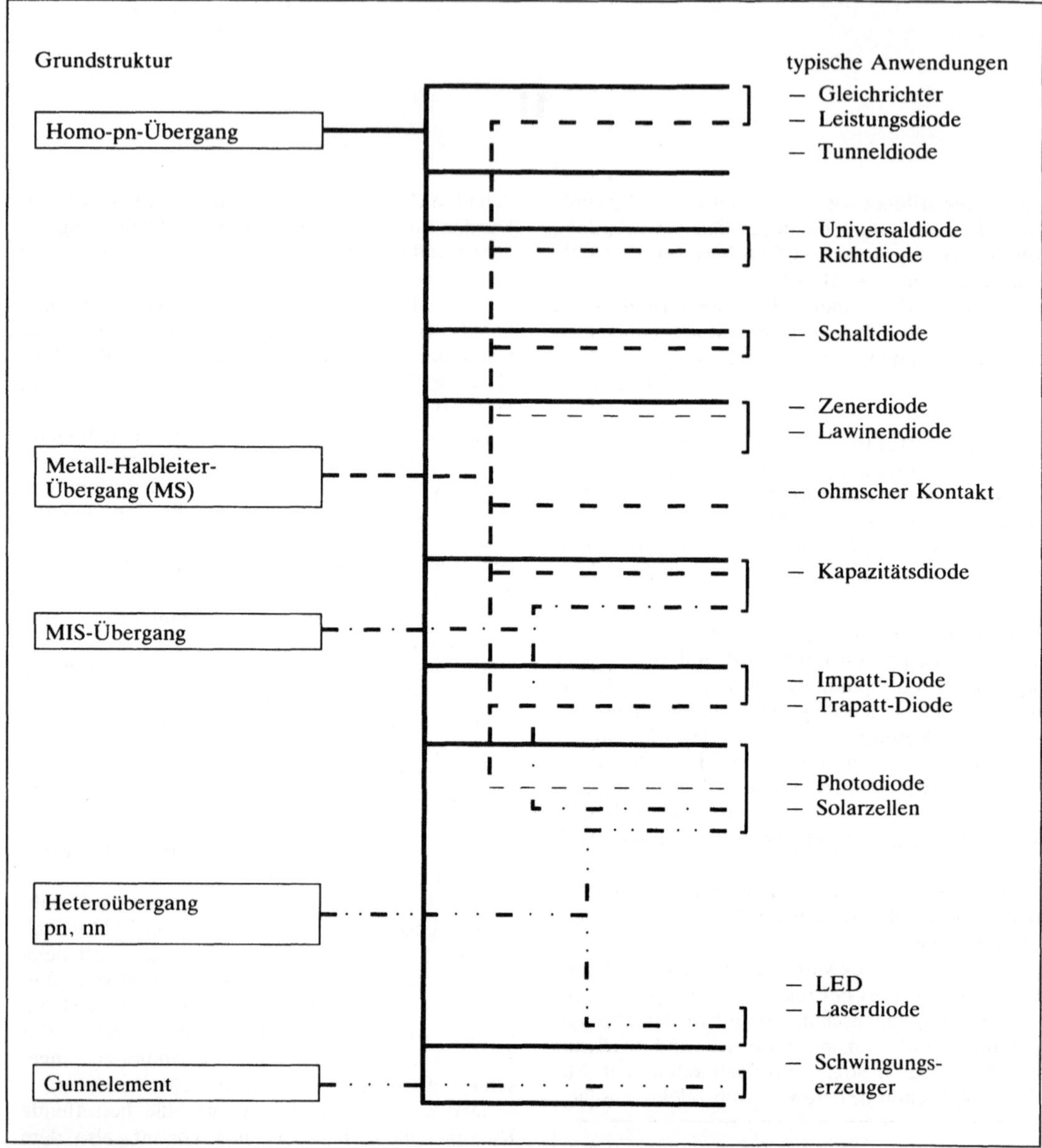

Halbleiterdiode 2: Durch verschiedene Grundstrukturen realisierte Halbleiterdioden und deren typischen Anwendungen.

Die betreffenden Grundstrukturen – z. B. pn-Übergang können dabei als Homo- oder Heteroübergänge auftreten, im letzteren Falle typisch für optoelektronische Bauelemente.

Als H. werden auch Zweipolanordnungen mit mehr als einem Übergang bezeichnet (z. B. Vierschichtdioden mit einer Zonenfolge pnpn). Neben diesen an Grenzflächensysteme gebundenen typischen Eigenschaften der H. gibt es auch Anordnungen, die im Sprachgebrauch als H. bezeichnet werden, in denen aber keine Grenzflächensysteme enthalten sind: z. B. Gunn-Diode (ein reiner Volumeneffekt), bestimmte dielektrische Dioden und auch bestimmte Magnetdioden.

Weitere Einteilungskriterien für H. können auch Bauformen und Herstellungstechnik sein, z. B. Epitaxial-Planar-Diode, Mesa-, Spitzen-, Flächen-, Mehrfachdiode.

Auch Anwendungsmerkmale dienen oft zur näheren Kennzeichnung der Funktion einer H.: Be-

Halbleiterdiode. Tabelle: Eigenschaften und Anwendungsgebiete.

	Schaltbild	Struktur	spezielle Eigenschaften	Hauptanwendungen
Universaldiode		p^+n	stark asymetrische Kennlinie, gutes Durchlaß-Sperrverhältnis	– Allgemeine Gleichrichtung – HF-Gleichrichter, Modulator – Mischer, Begrenzer – Digitale Schaltungstechnik
Leistungs-gleichrichter		psw	hohe Sperrspannung, hoher Flußstrom	– Leistungsgleichrichterschaltungen
Schaltdiode		p^+n	kurze Schaltzeiten, steile Flußkennlinie	– Impulsanwendungen, – elektronische Schalter – Schalter, Pulsformer
pin-Diode		pin	Auslegung mit schmalem oder breitem Mittelgebiet, geringe Spannungsabhängigkeit der Sperrschichtkapazität	– Mikrowellenschalter und -modulator, – Schaltdiode – Frequenzvervielfacher
Speicher-varactor		psn		– Pulsformer – Frequenzvervielfacher
Varactor-Kapazitäts-diode		p^+np^+ (kurz) mis	pn-Übergang mit speziellem Dotierprofil für eine gewünschte c(U)Abhängigkeit	– Ersatz mechanisch abgestimmter Kapazitäten – Modulator – Frequenzumsetzung
Z-Diode		pn p^+np^+	pn-Übergang mit speziellem Dotierungsprofil für definierte Durchbruchskennlinie	– Spannungsreferenzquelle – Begrenzerfunktion – Kopplungsdiode – Schutzdiode
Lawinendiode		pn psn	Diode mit hoher reversibler Durchbruchspannung	– Hochspannungsgleichrichter – Spannungsreferenzquelle
Step-recovery-Diode		p^+n	pn-Übergang entworfen für große Ladungsspeicherung, die rasch abführbar ist	– Frequenzvervielfacher
Tunneldiode		p^+n^+	pn-Übergang mit entarteten Bahnbieten. Hat fallenden Kennlinienbereich durch Tunnelvorgang in Flußrichtung	– HF-Oszillator – Verstärker, Schalter – bistabile Schaltungen

grenzer-, Gleichrichter-, Klammer-, Freilauf-, Abstimm-, Referenz-, Mischdiode u. a.

Als sehr verbreitetes Einteilungsschema dienen jedoch typische Merkmale einer H., mit denen sich zugleich auch bestimmte Hauptanwendungen verbinden:

– Avalanchediode mit lawinenartigem Spannungsdurchbruch,

– Avalanche-Photodiode mit Trägervervielfachung optisch erzeugter Ladungsträger durch den Lawineneffekt,

– Backward-Diode mit niederohmigem Verhalten im Sperrbereich,

– Diac, Wechselstromschaltdiode,

– Doppelbasisdiode,

– Doppeldrift-Impatt-Diode: Sonderausführung der Impatt-Diode,

– Feldeffektdiode,

– Impatt-Diode zur Mikrowellenerzeugung,

– Kapazitätsdiode, bei der die Spannungsabhängigkeit der Kapazität ausgenutzt wird,

– →LED, →Lumineszenzdiode,

– →Schottky-Diode,

– pin-Diode als Diode mit sehr hoher Sperrspannung,

– Schaltdiode für Schalterzwecke,

– Speicherschaltdiode,

– TRAPATT-Diode,

noch: Halbleiterdiode. Tabelle: Eigenschaften und Anwendungsgebiete.

	Schaltbild	Struktur	spezielle Eigenschaften	Hauptanwendungen
Rückwärts-diode		pn	wie Tunneldiode, aber mit geringem Höckerstrom und Tunnelvorgang in Sperrichtung, sehr geringe Sperrspannung ($U_{BR} \rightarrow 0$)	- HF-Gleichrichter für sehr kleine Eingangsspannung
Impatt-Diode	((p^+inp^+))	p^+nin^+	durch Lawineneffekt und Laufzeit entsteht negativer Wirkwiderstand	- Hf-Schwingungserzeugung - HF-Verstärker
Baritt-Diode		p^+np^+	Stromfluß durch die ausgedehnte Potentialbarriere einer Raumladungszone. Durch Laufzeiteffekt entsteht negativer Wirkwiderstand	- HF-Schwingungserzeugung - HF-Verstärker
Volumenbar-rierendiode		npn	Steuerung des Stromes über eine intern erzeugte Potentialbarriere	- allgemeiner Gleichrichter - Detektor
Schottkydiode		mnn^+	sehr gute dynamische Eigenschaften durch Wegfall von Minoritätseffekten	- HF-Diode - Mischer, Modulator - Impulsformung - schnelle Impulstechnik
Heterodiode		p^+n, nn	stark asymmetrische Kennlinie mit guten dynamischen Eigenschaften	- Anwenung vorwiegend in der Optoelektronik sowie zu neuen Bauelementekonzepten
MIS-Varactor-diode		MIS	feldgesteuerte Kapazität, abhängig von der Isolatordicke: Kapazität oder stromdurchflossener Übergang	- Einsatz als abstimmbare Kapazität - Frequenzvervielfacher - Anwendung in der Optoelektronik - Anwendung als Speicherstruktur
Gunnelement		GaAs-Volumen-halbleiter	durch fallende V-E-Kennlinie (Elektronentransfer), Bildung von Raumladungsinstabilitäten, die zu negativem Widerstand führen	- Mikrowellen-Schwingungserzeugung - Mikrowellenverstärker - Impulserzeugung und -formung

- Tunneldiode,
- Varaktordiode,
- Vierschichtdiode als Triggerdiode,
- Z-Diode zur Referenzspannungserzeugung.

Eine zusammenfassende Übersicht ist in der Tabelle gegeben. *R. Paul*

Literatur: *Hart, W.* und *M. Claassen:* Aktive Mikrowellendioden. Berlin 1981. – *Kesel, G.* und *J. Hammerschmitt; F. Lange:* Signalverarbeitende Dioden. Berlin 1982. – *Paul, R.:* Halbleiterdioden. Heidelberg 1977.

Halbleiter-Kühlelement. Halbleiterbauelement auf der Basis des Peltiereffekts (→Peltier-Element), das einen Stromfluß in einen Temperaturunterschied umsetzt und insbesondere zur Abkühlung von Metallflächen eingesetzt wird. Hierfür ist das Halbleitermaterial Wismuttellurit Bi_2Te_3 besonders geeignet. *Schaumburg*

Halbleiterlaser. In Flußrichtung betriebene →Halbleiterdiode, die durch stimulierte Emission kohärentes, spektral schmalbandiges Licht erzeugt und gerichtet abstrahlt.

Die für den Laserprozeß notwendige Besetzungsinversion wird erreicht durch eine hohe Dotierung des Ausgangsmaterials ($10^{18}\,cm^{-3}$, entarteter Halbleiter) und Strominjektion in einen pn-Übergang. Der H. ist als *Vier-Niveau-System* anzusehen. Durch den Strom werden Elektronen im Leitungsband des n-Gebietes und Löcher im Valenzband des p-Gebietes oberhalb bzw. unterhalb der Quasi-Ferminiveaus F_L, F_V injiziert; sie relaxieren anschließend zur Unter- bzw. Oberkante der Bänder. Im Bereich des pn-Überganges, in dem Elektronen und Löcher räumlich benachbart vorliegen, erfolgt dann die induzierte strahlende Rekombination, wobei das emittierte Photon ungefähr die Energie des Bandabstandes E_g hat (Bild 1). Die Laserbedingung für den H. ist somit $F_L - F_V > E_g$

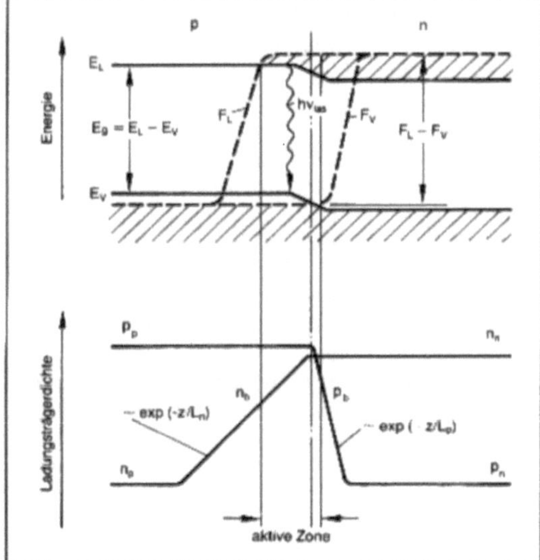

Halbleiterlaser 1: Bandenergieverlauf und Ladungsträgerdichte eines entarteten pn-Überganges.

Der optische Resonator wird im einfachsten Fall aus zwei gegenüberliegenden, zum pn-Übergang senkrecht stehenden, gespaltenen Endflächen des Bauelementes gebildet (*Fabry-Perot*-Typ, Halbleiterlaser-Resonatorspiegel). Die Resonatorlänge beträgt typisch 150–400 µm (Bild 2).

Die Laseremission setzt ein, wenn die Absorptions- und Auskoppelverluste des Resonators durch die Lichtverstärkung (Gain) kompensiert sind. Unterhalb dieser Schwellenstromdichte emittiert der H. Licht wie eine →Lumineszenzdiode, oberhalb wird mit einem differentiellen Quantenwirkungsgrad von bis zu 70 % Strom direkt in Licht verwandelt. Homostruktur-Laser haben infolge der Diffusion der Ladungsträger in Gebiete ohne Besetzungsinversion hohe Schwellenstromdichten bis zu $100\,kAcm^{-2}$ und geringe Quantenwirkungsgrade. Hetero- und Doppelheterostruktur-Laser, bei denen die Ladungsträger auf eine dünne Schicht (0,1–0,4 µm) konzentriert werden, erreichen Schwellenstromdichten von einigen $100\,Acm^{-2}$. Die weitere Begrenzung des aktiven Bereiches auf einen Streifen von 2–10 µm Breite (Streifenlaser) führt zu Schwellenströmen von 10–150 mA. H. erreichen Ausgangsleistungen von 3–30 mW im kontinuierlichen- oder 1 bis 10 W im Pulsbetrieb; eine weitere Steigerung ist durch Zusammenschalten mehrerer Laser in sog. Arrays möglich.

In der beschriebenen Form bildet der H. den kleinsten, technisch einfachsten und mit höchstem Wirkungsgrad arbeitenden Laser, der zudem geringe Alterungserscheinungen (Halbleiterlaser-Alterung) aufweist.

Die kleinen Dimensionen beeinflussen die optischen Eigenschaften des H. deutlich. Durch Beugungseffekte an den extrem kleinen Austrittsfenstern erfolgt die Lichtaussendung (Abstrahlcharakteristik) in Form einer asymmetrischen Keule (Bild 3). Die kurze Baulänge des Resonators bedingt einen spektralen Abstand zwischen resonanzfähigen →Moden von 0,3–1,3 nm, so daß innerhalb des 10 bis 20 nm breiten Verstärkungsprofils (Gain) des Halbleitermaterials mehrere longitudinale Moden anschwingen (→Halbleiterlaser-Spektrum). Dieses Spektrum ändert sich mit der Stromstärke und der Temperatur.

Eine Modulation der Lichtemission kann grundsätzlich direkt über den Strom erfolgen (Halbleiterlaser-Modulationsverhalten); die Grenzfrequenzen (bis zu 16 GHz) ergeben sich aus den Lebensdauern der Ladungsträger und den parasitären Kapazitäten der Schichtstruktur. Mit der Strommodulation ist i. a. auch eine Modulation des Spektrums verknüpft. Dynamisch einmodige Laser (Dynamic Single Mode, DSM-Laser) lassen sich realisieren durch Kopplung von Resonatoren oder den Einbau selektiver Elemente (z. B. Bragg-Gitter). Die Breite der Verstärkungskurve bietet die Möglichkeit des spektral durchstimmbaren Halbleiterlasers.

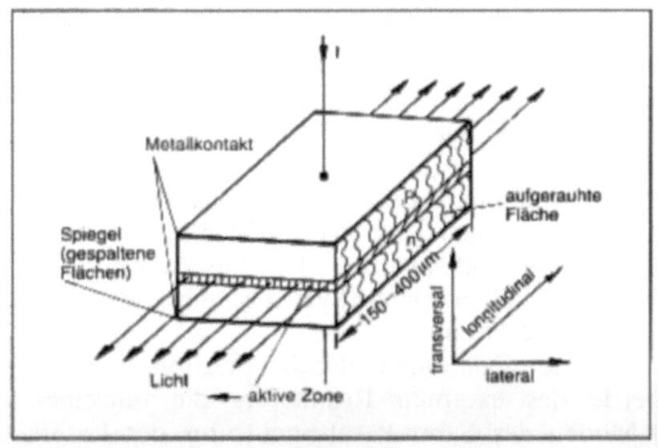

Halbleiterlaser 2: Schematischer Aufbau.

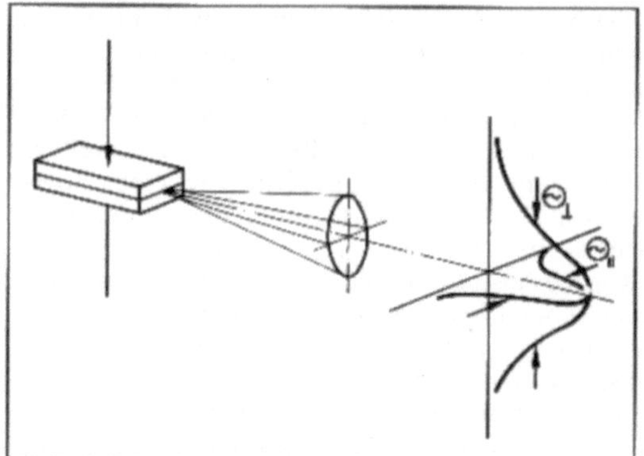

Halbleiterlaser 3: Abstrahlcharakteristik.

H. werden aus epitaktischen Schichten nach Verfahren der Halbleitertechnologie aus den III-V-Lumineszenzhalbleitern Ga, In, As, P, Sb und Al sowie den Bleichalkogeniden Pb:S, Se, Te, Sn hergestellt (Halbleiterlaser-Herstellung). Laser des Materialsystems GaAlAs gewachsen auf GaAs emittieren im kurzwelligen IR (750 bis 950 nm) und werden verwendet für CD-Plattenspieler, Laserdrucker und lokale optische Nachrichtensysteme sowie in der Medizin. Laser des quaternären Systems InGaAsP auf InP decken den Bereich von 1,0 bis 1,6 μm ab und werden speziell für die optische Nachrichtentechnik mit den Wellenlängen 1,3 μm und 1,55 μm (Dämpfungsminima der Glasfaser) hergestellt. Die Bleichalkogenide dienen meßtechnischen Aufgaben im ferneren IR von 3 bis 30 μm.

Neuere Entwicklungen bauen den aktiven Bereich aus einer oder mehreren extrem dünnen Schichten auf (Quantum-Well-Halbleiterlaser). Im Hinblick auf die spektrale Einmodigkeit bietet die Dotierung der aktiven Zone mit Atomen der Seltenen Erden eine Alternative zum selektiven Resonator (Halbleiter-Festkörperlaser). *Rosenzweig*

Literatur: *Bleicher, M.:* Halbleiter-Optoelektronik, Heidelberg 1986; – *Kersten, R. Th.:* Einführung in die optische Nachrichtentechnik, Berlin–Heidelberg–New York 1983; – *Lutzke, D.:* Lichtwellenleiter Technik, München 1986; – *Paul, R.:* Optoelektronische Halbleiterbauelemente, Stuttgart 1985.

Halbleiterlaser, durchstimmbarer. →Halbleiterlaser mit nur einer longitudinalen Mode, dessen spektrale Lage über einen Bereich von einigen nm variiert werden kann.

Durchstimmbare Laser basieren auf den dynamisch einmodigen Lasern (DSM-Halbleiterlaser). Es ist zu unterscheiden zwischen Lasern mit externer Selektion (gekoppelte Systeme) und solchen mit interner Selektion.

Im ersten Fall können durch Variation der Geometrie des externen Resonators die einzelnen →Moden des Fabry-Perot-Spektrums des Lasers selektiert werden. Die Durchstimmung erfolgt in Sprüngen über den Gain-Bereich des Lasers. Wird allerdings ein einseitig entspiegelter Laseroszillator mit einem externen Gitter als zweiten Resonatorspiegel gekoppelt, so ist auch eine kontinuierliche Durchstimmung möglich (Bild 1).

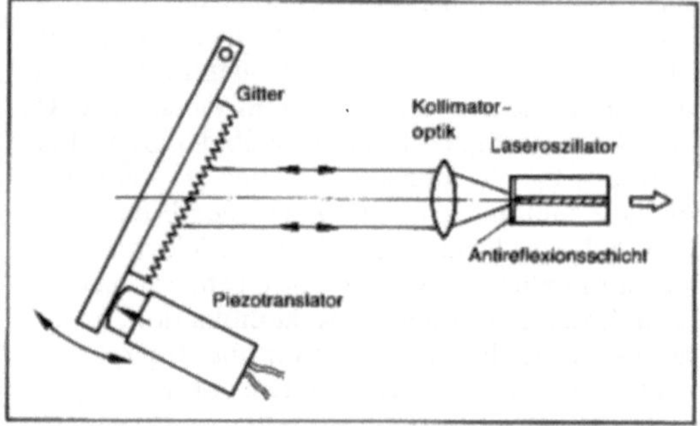

Halbleiterlaser, durchstimmbarer 1: Ausführung mit einem Gitter als Resonatorspiegel.

Im zweiten Fall erfolgt die Konzentration der stimulierten Emission auf nur einen Mode durch ein optisches Gitter entsprechender Periode Λ, die sich zusammensetzt aus der Gitterkonstante des mechanischen Gitters Λ_0 und dem effektiven →Brechungsindex n*. Für eine spektrale Durchstimmung scheidet eine Änderung von Λ_0 praktisch aus, da alle möglichen Effekte zu klein sind. Dagegen läßt sich n verändern

– elektrostatisch durch die aus dem *Stark*-Effekt resultierenden elektrooptischen Effekte wie Kerr- und Pockelseffekt oder

– durch Erhöhung der Ladungsträgerdichte mittels Strominjektion. In den für Halbleiterlaser verwendeten III-V-Verbindungen sind die elektro-optischen Effekte sehr klein; sie erlauben eine Änderung von $\Delta\lambda/\lambda<0{,}1\,\%$. Durch Ladungsträgerinjektion sind immerhin $\Delta\lambda/\lambda<1\,\%$ möglich.

Da im aktiven Bereich oberhalb des Schwellenstromes sowohl die elektrische Feldstärke als auch die Ladungsträgerdichte konstant sind, erfordern elektrisch durchstimmbare Laser mindestens zwei elektrisch voneinander isolierte Sektionen, wobei die Durchstimmsektion unterhalb der Schwelle betrieben werden muß. Durch weitere isolierte Sektionen lassen sich die Eigenschaften der Laser noch verbessern.

Zwei-Sektions-DFB-Laser (Bild 2) sind technisch einfach zu realisieren, da beide Sektionen den gleichen Schichtaufbau haben. Der Nachteil besteht darin, daß die Durchstimmsektion unterhalb der Schwelle absorbiert, was einerseits die Schwelle in die Höhe treibt und andererseits den Durchstimmbereich Δλ einschränkt ($\Delta\lambda\approx2$ nm). Durch eine dritte Sektion läßt sich die spektrale Verbreiterung bei Amplitudenmodulation (chirping) verringern.

Physikalisch sinnvoller sind Zwei-Sektions-DBR-Laser (Bild 2), da hier Emission und spektrale Se-

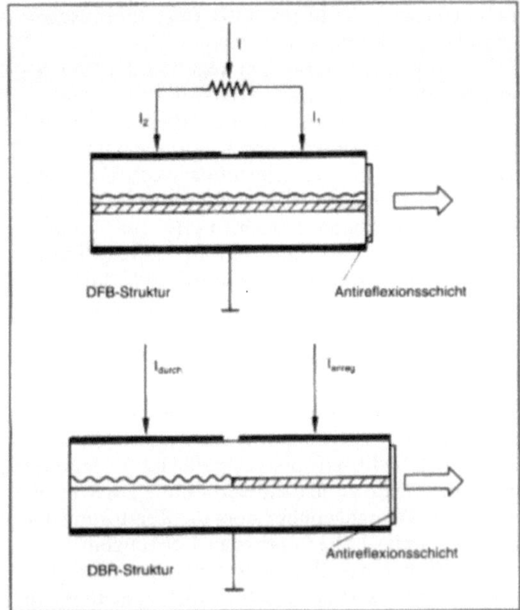

Halbleiterlaser, durchstimmbarer 2: Elektrisch durchstimmbare Laser auf der Basis der DFB- und DBR-Struktur.

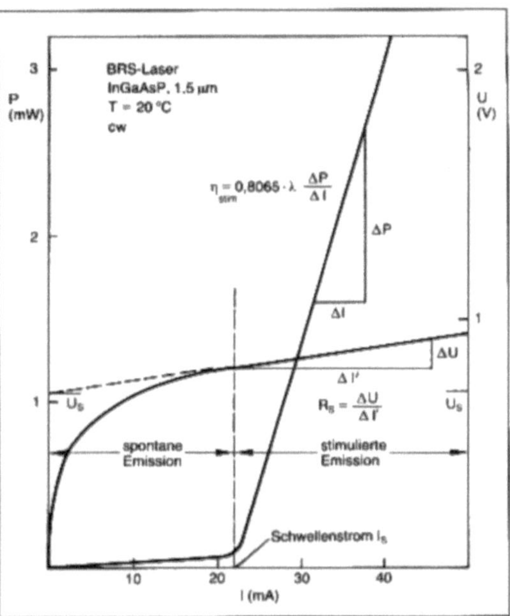

Halbleiterlaser-Kennlinie 1: U-I- und P-I-Kennlinie eines BSR-Lasers für 1,5 µm.

lektion funktionell voneinander getrennt sind. Die Gitterkonstante wird im optisch transparenten Bragg-Reflektor variiert. Der Durchstimmbereich ist daher größer, er läßt sich durch eine dritte Sektion noch erweitern ($\Delta\lambda \approx 6$ nm).

Grundsätzlich läßt sich die Emissionswellenlänge von Halbleiterlasern auch mit der Temperatur durchstimmen (→Halbleiterlaser-Spektrum). Diese Methode hat praktisch keine Bedeutung, da sie einerseits sehr träge ist und andererseits die Betriebsbedingungen des Lasers verschlechtert und damit seine →Lebensdauer reduziert.

Elektrisch durchstimmbare Laser finden ihre Anwendung in einem zukünftigen Coherent Multi-Carrier-Verteilsystem als Sender definierter Wellenlänge (elektrische Feinabstimmung) und als Lokaloszillator im optischen Tuner des Empfängers.

Rosenzweig

Literatur: *Coldren, L. A.* and *S. W. Corzine:* Continuously-tunable single Frequency Semiconductor lasers IEEE J. Quant. Electronics QE 23 (1987) S. 903; – *Wyatt, R. and K. H. Cameron, M. R. Matthews:* Tunable narrow line external cavity lasers for coherent optical systems, Br. Telecom. Technol. J. 3, (1985) 5.

Halbleiterlaser-Kennlinie. Zusammenhang zwischen Spannung U bzw. optischer Leistung P und Strom I einer Laserdiode (Bild 1).

Die U-I-Kennlinie entspricht der einer normalen pn-Diode, d. h. der Stromfluß steigt zunächst exponentiell an bis zum Schwellenstrom I_s. Oberhalb von I_s bleibt die Spannung am pn-Übergang konstant; diese Schleusenspannung U_s ist direkt proportional zum Bandabstand $E_g = U_s e_o$ (e_o Elementarladung). Bedingt durch den Serienwiderstand R_s (typ. 2–5 Ω) aus Material-, Grenzflächen- und Kontaktwiderständen ergibt sich ein weiterer linearer Anstieg.

$U = E_g/e_o + R_s I$

In der P-I-Kennlinie steigt die optische Leistung bis zur Schwelle I_S sehr schwach mit dem Strom an (Bereich der spontanen Emission), oberhalb dagegen sehr steil (stimulierte Emission). Die Steigungen werden durch die externen differentiellen Quantenwirkungsgrade η_{spon} und η_{stim} ausgedrückt

$P = (0.8065 \cdot \lambda)^{-1} (\eta_{spon} I + \eta_{stim} (I - I_s))$ W µm/A

Typische Werte liegen bei $\eta_{spon} < 0{,}05$ % und $\eta_{stim} = 10$–35 % pro Spiegelfläche. Die maximalen Ausgangsleistungen von Einzellasern liegen bei 10–30 mW, von speziell strukturierten bei 1 W, im kontinuierlichen Betrieb bzw. bei 1–25 W im Pulsbetrieb.

Die optische Kennlinie ist stark temperaturabhängig (Bild 2); mit wachsender Temperatur steigt der Schwellenstrom und sinkt der Quantenwirkungsgrad. Abweichungen vom linearen Verhalten treten auf in Form einer Sättigung der optischen Leistung durch unzureichende Wärmeabfuhr oder von Stufen (sog. kinks) durch Modensprünge, durch Selbstpulsation oder durch optische Rückkopplung infolge externer Reflexionen. *Rosenzweig*

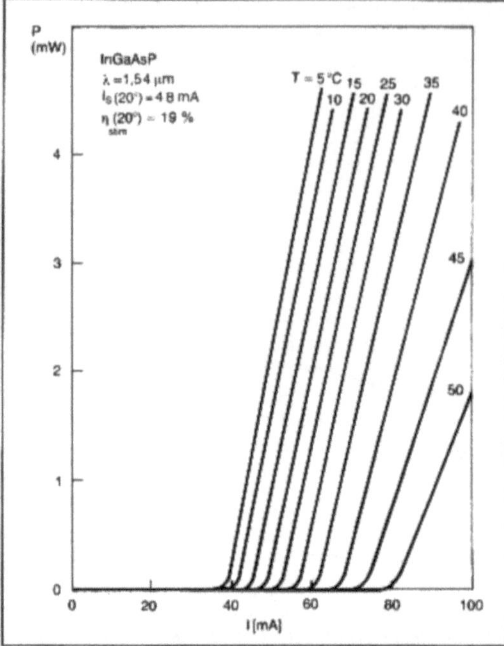

Halbleiterlaser-Kennlinie 2: P-I-Kennlinie eines index-geführten Halbleiterlasers für verschiedene Temperaturen.

Literatur: *Lutzke, D.*: Lichtwellenleiter Technik, München 1986.

Halbleiterlaser-Lebensdauer. Die →Lebensdauer von Halbleiterlasern beträgt 10^4–10^5 Stunden (1 bis 10 Jahre). Sie wird begrenzt durch irreversible elektrische, thermische und optische Degradationsprozesse, die mit zunehmender Betriebsdauer den Schwellenstrom erhöhen und den Quantenwirkungsgrad mindern.

Die Hauptursache für die Alterung sind kristallographische Defekte (Versetzungen, Stapelfehler, Punktdefekte). Versetzungen wachsen während des Betriebes aus dem Substrat in die aktive Schicht oder entstehen dort. Sie bilden parallel laufende dunkle Linien (*engl.* dark line defects), die mit zunehmender Betriebsdauer zu einem dreidimensionalen Versetzungsnetzwerk auswachsen. Solche Linien sind Bereiche erhöhter nichtstrahlender Rekombinationen, die zu einer Erwärmung und damit weiterer Absorption führen. Die Ausbreitung der Versetzungen kann durch Einbau gezielter Punktdefekte verhindert werden (z. B. Al in GaAs). Im Bereich kristallographischer Fehler tritt in Mischkristallen eine bevorzugte Diffusion einzelner Komponenten zur Oberfläche auf (z. B. Phosphor in InP), so daß sich die stöchiometrische Zusammensetzung ändert. Diese sog. thermische Degradation führt ebenfalls zu Bereichen stark verminderter strahlender Rekombination. Sie tritt vor allem auf an Oberflächen, die ungeschützt einer thermischen Behandlung ausgesetzt waren.

Weitere Alterungsursachen liegen in der Bauelementemontage und der Kontaktierung. Unterschiedliche Ausdehnungskoeffizienten des Chips und der Wärmesenke führen zu mechanischen Spannungen, die das Entstehen von Defekten fördern. Inhomogene Wärmeableitung durch unterschiedlich dicke Lotschichten auf rauhen Oberflächen, Absorptionszentren durch Diffusion von Fremdatomen in die aktive Schicht (z. B. Gold aus den Kontakten) und zunehmende Kontaktwiderstände führen zu einer Erhöhung der Schichttemperatur und damit des Schwellenstromes.

Kritisch sind außerdem die Spiegelflächen, die als Spaltflächen viele Gitterfehler enthalten. Anwachsen der Fehler sowie photochemische Reaktionen (Oxidation) bedingen eine allmähliche Verminderung der Reflexion und damit Erhöhung des Schwellenstromes. Demgegenüber steht die Zerstörung der Spiegel durch hohe optische Leistungen (cw, $P > 1\,MW/cm^2$), was als *catastrophic degradation* bezeichnet wird. Es ist noch nicht eindeutig geklärt, ob durch lokale Absorptionserhitzung oder durch nichtlineare optoakustische Effekte das Material zum Schmelzen gebracht wird. Durch eine Oberflächenpassivierung (Al_2O_3) und durch geometrische Gestaltung der Austrittsfenster (z. B. Verbreiterung des aktiven Streifens zum Fenster hin) kann dieser Prozeß weitgehend verhindert werden.

Dark-line defects und catastrophic degradation waren die Hauptursachen für die Alterung von GaAlAs/GaAs-Lasern. Die Verwendung versetzungsarmer Substrate ($< 10^3/cm^2$) und Passivierungsschichten erhöhen aber auch hier die Lebensdauern auf mehr als 10^5 Stunden. Beide Effekte sind von geringer Bedeutung in InGaAsP/InP-Lasern, so daß generell höhere Lebensdauern zu erwarten sind. Nach bisherigen Beobachtungen spielt die thermische Degradation hier die entscheidende Rolle für die Alterung.

Als Lebensdauer wird i. a. nicht die Zeit bis zum →Totalausfall definiert, sondern die Zeit, bis zu der sich bei konstantem Betriebsstrom die optische Leistung halbiert hat oder der Betriebsstrom bei konstanter optischer Leistung um 50 % zugenommen hat. Alterungsuntersuchungen werden unter sog. Streßbedingungen, d. h. bei erhöhter Temperatur ($50\,°C < T < 70\,°C$) und Leistung ($P > 5\,mW$) vorgenommen und dann auf die Raumtemperatur extrapoliert ($t_{leb} \sim \exp(\Delta E/kT)$, wobei ΔE eine materialspezifische Aktivierungsenergie ist ($0{,}7\,eV < \Delta E < 0{,}9\,eV$). Der Anwender kann die Lebensdauer erheblich beeinflussen; je höher die optische Leistung und die Temperatur, um so rascher verläuft die Alterung. *Rosenzweig*

Literatur: *Lutzke, D.*: Lichtwellenleiter-Technik, München 1986.

Halbleiterlaser-Spektrum. Die emittierte optische Leistung eines Halbleiterlasers verteilt sich i. a. auf mehrere Linien (Fabry-Perot-Typ), kann aber durch entsprechenden Aufbau auf eine Linie konzentriert werden (Dynamic Single Mode-(DSM-) Laser).

Das →Spektrum eines Fabry-Perot-Lasers hängt ab von der aus Bandabstand und Injektionsstrom resultierenden gain-Kurve des Halbleitermaterials (typ. 15–25 nm breit) und den Resonatoreigenwerten $m\lambda = 2nL$, m ganze Zahl, λ Wellenlänge, n →Brechungsindex, L Resonatorlänge (typ. 150 bis 500 µm)). Der Abstand dieser axialen oder longitudinalen →Moden ist

$$\Delta\lambda = \lambda^2 (2\,L\,n_o (1 - dn_o/d\lambda))^{-1}$$

(z. B. $L = 300\ \mu m$, $n_o = 3{,}6$, $dn_o/d\lambda = 10^{-4}\ nm^{-1}$, $\lambda = 850$ nm bzw. $\lambda = 1{,}5\ \mu m$: $\Delta\lambda = 0{,}36$ nm bzw. $\Delta\lambda = 1{,}11$ nm.

Gain-geführte Laser haben ein breites Modenspektrum mit einer Einhüllenden entsprechend der Gain-Kurve, während index-geführte Laser dazu tendieren, sich mit zunehmender Leistung auf wenige Moden zu beschränken (Bild). Dieses durchaus erwünschte Verhalten wird allerdings durch Rückkopplung infolge externer Reflexionen und durch direkte Strommodulation aufgehoben.

Neben der axialen Resonanzbedingung sind aber auch transversal und lateral Eigenwerte zu erfüllen. Sie spiegeln sich vor allem in der Intensitätsverteilung in der Austrittsfläche (Nahfeld) wieder. Die sehr dünnen aktiven Schichten ($d < 0{,}5\ \mu m$) der Doppelheterostruktur bedingen grundsätzlich eine Abstrahlung im transversalen Grundmodus. Lateral erfolgt dies nur bei schmalen Streifen von $w = 1–5\ \mu m$, wie sie i. a. in index-geführten Lasern auftreten. In den breiten Streifen ($w > 10\ \mu m$) der gain-geführten Laser können mit wachsendem Injektionsstrom mehrere laterale Moden anschwingen, was sich in Sprüngen der →Halbleiterlaser-Kennlinie und in einer Feinstruktur der longitudinalen Moden wiederspiegelt (Bild).

Bei transversal und lateral einmodiger Abstrahlung ist die Halbwertsbreite Δf einer longitudinalen Mode umgekehrt proportional zur optischen Leistung P

$$\Delta f = \pi h f_R (\Delta f)^2 (1 - N_u/N_o)^{-1} P^{-1}$$

(Δf_R Halbwertsbreite des ungepumpten Resonators, N_u/N_o Verhältnis der rekombinierenden Elektronen zur Gesamtzahl ($N_u/N_o \ll 1$)). Halbwertsbreiten von weniger als 10 MHz wurden erreicht.

Das Spektrum eines Halbleiterlasers verschiebt sich entsprechend der Bandkante des Materials mit wachsender Temperatur zu größeren Wellenlängen, z. B. GaAlAs dλ/dT 0,2 nm/K; InGaAsP

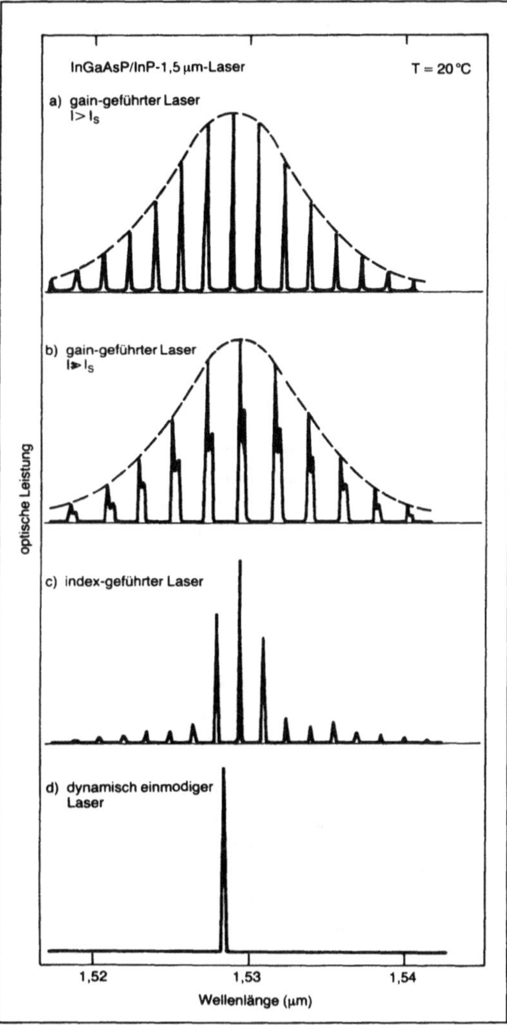

Halbleiterlaser-Spektrum: Spektren verschiedener Lasertypen.

(λ=1,5 µm) dλ/dT 0,3 nm/K). Während bei gain-geführten Lasern eine Verschiebung des gesamten Modenkammes erfolgt, treten bei index-geführten Lasern Intensitätsverschiebungen von einem Mode zum anderen auf (mode-hopping).

Dynamic-single-mode-Laser emittieren unabhängig von der Modulationsfrequenz eine longitudinale Mode, die sich allerdings mit wachsender Frequenz verbreitert (Halbleiterlaser-chirping).

Bei selektiven Resonatoren (DBR, DFB-Laser) wird die Temperaturabhängigkeit der Emissionswellenlänge durch die Änderung des Brechungsindex dn/dT bestimmt. Sie beträgt bei GaAs und InGaAsP 0,06–0,1 nm/K. Da sich die Gain-Kurve mit 0,3 nm/K verschiebt, fällt die selektive Resonatorwellenlänge nur innerhalb eines begrenzten Temperaturbereiches mit der gain-Kurve zusammen; außerhalb kann ein Fabry-Perot-Verhalten auftreten. In gekoppelten Systemen (z. B. C^3-Laser, LCC-Laser, externe Spiegel) verschiebt sich die Emissionswellenlänge innerhalb sehr enger Bereiche entsprechend dn/dT, dann erfolgt ein mode-hopping, so daß eine Gesamtverschiebung entsprechend der gain-Kurve erfolgt. *Rosenzweig*

Literatur: *Paul, R.:* Optoelektronische Halbleiterbauelemente, Stuttgart 1985.

Halbleiter-Metall-Kontakt. (Auch Metall-Halbleiter-Kontakt, oder *Schottky*-Kontakt). Halbleitergrundstruktur, die durch eine Grenzfläche Metall-Halbleiter und deren elektronisches Verhalten gekennzeichnet ist. Dabei entsteht an der Grenzfläche durch die Differenz der Austrittsarbeiten der beiden Festkörper eine Raumladungszone, die zusammen mit den Materialeigenschaften, insbesondere der Halbleiterdotierung, bei anliegender Spannung den Stromfluß bestimmt. Aus den vier Möglichkeiten (p-, n-Halbleiter, Austrittsarbeitsdifferenz positiv oder negativ) ergeben sich zwei wichtige Fälle:

□ Sperrender Kontakt, verbreiteter als Schottky-Kontakt, Schottky-Barriere, Schottky-Übergang bezeichnet. Hier entsteht z. B. bei positiver Differenz der Metall-Halbleiteraustrittsarbeit und n-Halbleiter eine Verarmungsrandschicht mit einer Diodenkennlinie, die ausgeprägte Fluß- und Sperrbereiche besitzt (→ Schottky-Diode). Im Gegensatz zum pn-Übergang kommt es hier in Flußrichtung zur Injektion von Majoritätsträgern.

□ Nichtsperrender oder ohmscher Kontakt. Hier bildet sich z. B. beim n-Halbleiter und negativer Differenz der Austrittsarbeiten eine Anreicherungszone mit linearer Strom-Spannungskennlinie. Dieser Fall wird immer begünstigt, wenn der Halbleiter in Grenzschichtnähe sehr hoch dotiert ist. Dadurch kommt es zu einem Tunnelvorgang durch die Sperrschicht und die Sperreigenschaften unterbleiben. Solche Kontakte sind zur elektrischen Verbindung von Halbleitergebieten mit der äußeren Schaltung in jedem Halbleiterbauelement erforderlich.

Schottky-Kontakte werden sowohl direkt zu Bauelementen eingesetzt (Schottky-Diode, MESFET), oft dienen sie aber auch nur zur Eigenschaftsverbesserung anderer Halbleiterbauelemente und integrierter Schaltungen (Schottky-Kollektortransistor, Schottky-Klammer-Diode, Schottky-TTL u. a.). Der Halbleiter-Metall-Kontakt zählt neben dem pn-Übergang und dem MIS-Übergang zu den wichtigsten Grundstrukturen der Halbleitertechnik, die in Halbleiterbauelementen eingesetzt werden. *R. Paul*

Halbleiterrelais → Relais, statisches

Halbleiterspeicher. Monolithisch integrierte Schaltung für die kurz- oder langzeitige Speicherung von digitalen Informationen kleineren bis größten Umfanges, der hauptsächlich vom Integrationsgrad bestimmt ist.

Grundsätzlich besteht ein H. aus Speicherzellen, die so organisiert sind, daß von außen zu jeder Zelle Zugriff besteht. Jede Zelle vermag 1 bit zu speichern. Mehrere Zellen lassen sich zu einem Wort (Datenbreite z. B. 4 oder 8 bit) zusammenfassen. Die Bits eines Wortes werden gleichzeitig adressiert sowie parallel eingeschrieben oder ausgelesen. Im Gegensatz zu so einem wortorganisierten Speicher wird beim bitorganisierten jede Speicherzelle einzeln adressiert.

Hinsichtlich der Speicherorganisation unterscheidet man verschiedene Gruppen:

□ Speicher mit seriellem (sequentiellem) Zugriff, dann hängt die Zugriffszeit zu einer Zelle von deren räumlicher Lage ab,

□ Speicher mit beliebigem Zugriff, dann ist die Zugriffszeit zu jeder Zelle etwa gleich.

□ Speicher mit inhaltsorientiertem oder assoziativem Zugriff. Im Gegensatz dazu nennt man die ersten beiden Gruppen ortadressiert (Adreßspeicher).

Aufbaumäßig enthält der H. deshalb außer den Speicherzellen noch Schaltungen zum Auffinden der Information (Adressenauswahl und -dekodierung, Lese- und Pufferverstärker) sowie Steuereinheiten, die alle auf dem Chip mit integriert sind. Die wichtigsten Kenngrößen eines H. sind:

– Die *Speicherkapazität,* die die speicherbare Informationsmenge angibt. Sie wird in → Bit oder Byte angegeben, je nach der Organisationsform. Die Speicherkapazität ist der Zellenzahl proportional. Man verwendet zur Angabe die Potenzen 2^{10}, 2^{20}, 2^{30} (oder die entsprechenden Vorsätze K, M, G, z. B. 1 Mbit = 2^{20} bit = 1 024 000 bit (zum Vergleich: eine Schreibmaschinenseite DIN A4 enthält etwa die Informationsmenge 16 Kbit = 2 Kbyte).

– Die *Zugriffszeit* als Maß für die Geschwindigkeit der Informationsverarbeitung: Zeit zwischen dem Anlegen einer Speicheradresse und dem Zugriff zur gespeicherten Information.

– Die *Zykluszeit* als mindestens erforderliche Zeit zwischen zwei aufeinanderfolgende Speicherzugriffe. Ihr Kehrwert entspricht bei Speichern mit frei wählbarem Zugriff – etwa einem RAM der maximalen Datenrate (z. B. RAM mit einer Wortlänge 4 bit und einer Zykluszeit von 1 μs hat eine maximale Datenrate von 4 bit/1 μs = 4 Mbit/s).

Andere Merkmale eines H. beziehen sich auf elektrische Größen: Verlustleistung, Betriebsspannung, Zahl der Anschlüsse. Ein weiteres wichtiges Kennzeichen der H. ist ihr Verhalten beim Abschalten der Betriebsspannung. Danach unterscheidet man flüchtige und nichtflüchtige Speicher. Im ersten Fall geht die Information verloren, im letzten nicht. Eng damit zusammen hängt die Löschbarkeit des Speichers. Sie kann gewollt sein (wenn der Speicher z. B. zur Aufnahme neuer Informationen bereit sein soll) oder ungewollt (nicht löschbar, wenn die Information auch bei Spannungsabfall erhalten bleiben soll).

Bei H. unterscheidet man deshalb folgende typische Gruppen (Bild 1):

□ Schreib-Lese-Speicher (RWM). Hier kann die Information beliebig oft ein- und ausgelesen werden. Sie dienen zum schnellen Datenaustausch (deshalb oft auch Variablenspeicher genannt) und zählen zu den flüchtigen Speichern, da sie ihre Information bei Spannungsausfall verlieren. RWM werden entweder als statische oder dynamische Speicher ausgeführt. Im letzten Fall muß die Information im Speicher periodisch aufgefrischt werden, weil sie in Kondensatoren gespeichert wird. Diese Technik hat deutliche Vorteile bei der Integration gegenüber statischen Speicherzellen, wo die Speicherzelle aus Flip-Flops besteht. Nach der Zugriffszeit lassen sich diese Speicher weiter unterteilen.

□ Vorwiegend-Lese-Speicher (RMM, Read mostly Memories). Der Speicherinhalt ist beliebig oft lesbar, das Einschreiben jedoch nur begrenzt oft und erheblich langsamer möglich. Besonders wichtige Untergruppen sind hierbei die ROM's (Nur-Lese-Speicher) und PLAs (Programmierbare Felder). Im ersten Fall kann die Information beliebig oft gelesen, aber nur einmal (z. B. durch den Schaltkreishersteller oder Anwender) eingeschrieben werden. Weil dies eine sehr starke Einschränkung bedeutet, hat man andere Formen – sog. programmierbare ROM's (PROM, →EPROM, EEROM) entwikkelt, die vom Anwender z. T. mehrfach beschrieben werden können (Tabelle).

Nach der Schaltungsstruktur lassen sich H. unterteilen in Umlaufspeicher und Matrixspeicher, die sich in der Wirkungsweise grundsätzlich unterscheiden. Umlaufspeicher bestehen aus Schieberegistern (wobei mehrere parallel angeordnet sein können), in denen die gespeicherte Information zyklisch umläuft. Dieses Speicherkonzept findet sich – außer in den Schieberegistern – vor allem bei Ladungstransportspeichern (CCD-, BBD-Schaltungen), bestehend z. B. aus dicht nebeneinander liegenden MOS-Kapazitäten, in denen Ladungen gespeichert sind und die durch ein Taktsignal verschoben werden. Die gespeicherte Information ist dabei in den Ladungspaketen enthalten, und es liegt ein dynamisches Speicherprinzip vor.

Die Matrixspeicher lehnen sich in ihrer Aufbaustruktur an die Kernspeicher an. In den Schnittpunkten der x-y-Adreßleitungen sitzen die Speicherzellen mit der gespeicherten Information (Bild 2).

Vom Schaltungskonzept her gesehen werden die Halbleiterspeicher in nahezu allen wesentlichen Realisierungstechniken ausgeführt:

– in Bipolartechnik als RAM mit kleinerer Speicherkapazität (wegen des Fehlens einer bipolaren Höchstintegrationstechnik mit hoher Packungsdichte, auch nur statische Technik, sehr breit in MOS-Technik (Einkanal-, zunehmend CMOS-Technik) für größte Speicherkapazitäten in statischer und vor allem dynamischer Technik,

– zunehmend in GaAs-MESFET-Technik, jedoch mit kleinerer Speicherkapazität.

Je nach der Speicherart (SRAM, DRAM, ROM, PROM, EEPROM) unterscheiden sich die einzelnen H. schaltungstechnisch z. T. deutlich, obwohl nur eine relativ begrenzte Zahl von Wirkprinzipien, Lese- und Schreibverfahren Anwendung findet.

Trend: H. zählen wegen ihres regelmäßigen Aufbaus, der großen Einsatzbreite und ihrer großen wirtschaftlichen Bedeutung für die Computerindustrie zu den technisch wie wirtschaftlich interessantesten Produkten der Mikroelektronik. Vor allem aus wirtschaftlichen Gründen sind sie deshalb schon sehr früh zum Schrittmacher für die Erhöhung des Integrationsgrades geworden; ein Trend, der heute

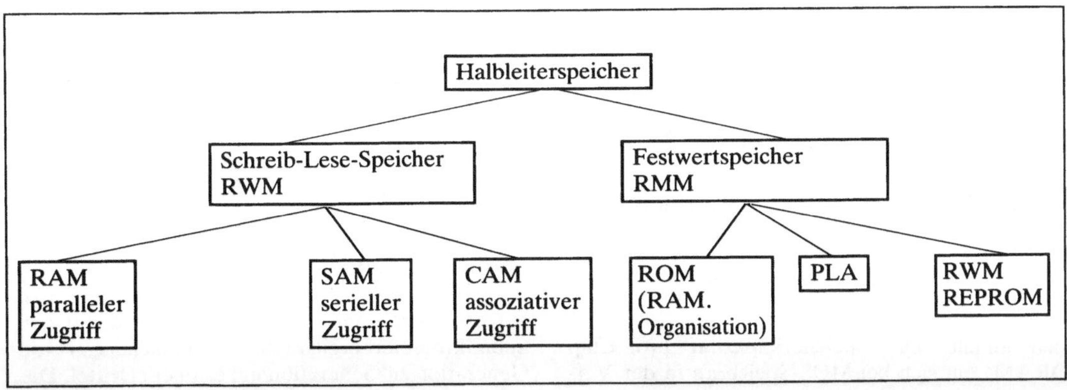

Halbleiterspeicher 1: Einteilung und Übersicht.

Halbleiterspeicher. Tabelle: Zusammenstellung typischer Prinzipien von Halbleiterspeichern mit Matrixstruktur.

Speicherart		Ort und Art der Informationsspeicherung	Schreiben	Lesen	Bemerkungen
RAM	SRAM	Flip-Flop (Schaltung), Strom-Spannungszustand	Ladungsimpuls auf Schreibleitung	Nichtzerstörende Messung der Ladung	
	DRAM	Kapazität der Speicherzelle, Ladung		Zerstörende Messung der Ladung	Periodische Informationsauffrischung erforderlich
RMM	ROM	Leitungsverbindung (oder Unterbrechung)	Leitungsverbindung	Nicht zerstörendes Lesen der Verbindung	nicht löschbar
	(PROM)		(vom Anwender durchführbar)		
	EPROM	Floating-Gate-Transistor, Schwellspannungsänderung	Ladungsinjektion auf Floating-Gate	Nichtzerstörende Bezugnahme auf eingestellte Schwellenspannung	Löschen des ganzen Speichers durch UV-Bestrahlung
	EEROM	Floating-Gate Transistor (auch MNOS-Transistor), Schwellspannungsänderung	Tunnel-Injektion auf Floating-Gate	Nichtzerstörende Bezugnahme auf eingestellte Schwellenspannung	Löschen der Einzelzelle durch Ladungsabsaugen über Tunneleffekt

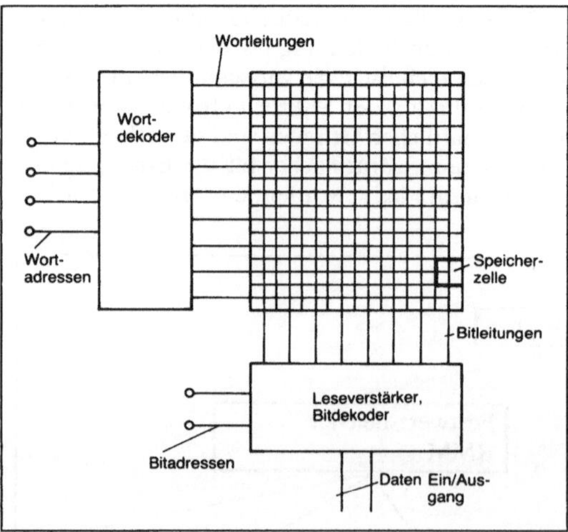

Halbleiterspeicher 2: Prinzipieller Aufbau im Falle der Matrixform.

noch anhält. Die Speicherkapazität pro Chip (DRAM) hat sich bei MOS-Speichern in der Vergangenheit etwa alle drei Jahre vervierfacht. Gegenwärtig befinden sich 4-Mbit-Speicher (DRAM) in einem ausgereiften Entwicklungsstadium und für Mitte der 90er Jahre werden 64-Mbit-Speicher erwartet. Bei Bipolarspeichern verlief die Entwicklung weniger stürmisch, weil die Packungsdichte geringer ist.

Die Erhöhung der Speicherkapazität wird hauptsächlich durch drei Maßnahmen verfolgt:
- schaltungstechnische Vereinfachung der Speicherzelle, wobei die derzeit für DRAM verwendeten Ein-Transistor-Kondensatorzellen kaum noch Vereinfachungen erlauben,
- Verkleinerung der Speicherzellenfläche (Lateralstruktur) durch verbesserte technologische Verfahren mit kleinerer minimaler Strukturgröße. Galten für 16-Kbit-Speicher noch 5 µm als typische Strukturbreite, so hat sich diese Zahl mit jeder neuen Speichergeneration (64 Kbit (3), 256 Kbit (2), 1 Mbit (1)) verkleinert (DRAM).

Für das Gebiet jenseits von 1 Mbit rechnet man mit Strukturen unter 1 µm und betritt damit den Submikrometerbereich. Die Zellenfläche sank von Generation zu Generation um etwa ein Drittel. Das dabei eine Reserve in der dreidimensionalen Inte-

gration gesehen wird, liegt auf der Hand. Tatsächlich haben moderne Ein-Transistorzellen schon einen Kondensator, der in die Tiefe reicht und damit die dritte Dimension beansprucht.
– Durch Ausbeutesteigerung, um einerseits die Herstellung wirtschaftlich zu machen, andererseits nicht durch Einbau fehlerorientierender Maßnahmen einen Teil des durch die Strukturverkleinerung erzielten Flächengewinns wieder zu verlieren.

Die Kosten pro Bit fielen während des gesamten Zeitraums ständig. Hieraus erkennt man zugleich die wirtschaftliche Ursache der Höchstintegration: es ist nicht allein die technische Forderung an sich.

Weitere wichtige Kennwerte sind die Verlustleistung der Zelle (Leistungsaufnahme pro Bit) sowie die Höhe der Versorgungsspannungen. Geht man davon aus, daß die Gesamtverlustleistung eines H. gehäusebestimmt ist und einige wenige Watt (1–3 W) beträgt, so folgt daraus über der Zeit eine kontinuierliche gesunkene Verlustleistung pro Zelle.

Die Höhe der Betriebsspannung ergibt sich seit langem aus der Forderung nach Kompatibilität zu TTL-Schaltungen (5 V). Weil diese Spannung vor allem bei Kurzkanaltransistoren zu Heißelektroneneffekte führt, die die →Zuverlässigkeit stark beeinträchtigen, ist die Forderung nach kleinerer Betriebsspannung stark gestiegen, obwohl damit z. B. die Empfindlichkeit der Leseverstärker erhöht werden muß. Spannungsumsetzerschaltungen auf dem Chip sind vorgeschlagene Wege, das Betriebsspannungsproblem unter Beibehaltung der TTL-Kompatibilität zu lösen.

Der allgemeine Trend der Speicherentwicklung zielt ab auf:
□ Eine weitere Vergrößerung der Speicherkapazität aus wirtschaftlichen Gründen. Dabei sind 16-Mbit- und 64-Mbit-Speicher durchaus mit den jetzigen Mitteln der Halbleitertechnik machbar.
□ Forcierte Maßnahmen zur Erreichung hoher Ausbeute und Zuverlässigkeit (Fehlertoleranz, Beherrschung verschiedener Degradationseffekte).
□ Intensive Weiterentwicklung der EEPROM zu größerer Zuverlässigkeit, bequemer Löschbarkeit und hoher Datenstandzeit.
□ Maßnahmen zur Erhöhung der Datendurchsatzrate (RAM durch andere Betriebsmoden).
□ Einsatz sehr verlustarmer und schneller Schaltungstechniken. So tendiert die Entwicklung der SRAM eindeutig zur CMOS-Technik im VLSI-Bereich, doch gibt es für die Peripherie Schaltungsteile, die zweckmäßig in Mischtechnik ausgeführt werden.

Insgesamt ist aus heutiger Sicht abzusehen, daß die Entwicklung der Halbleiterspeicher auch weiterhin die Haupttriebkraft für die weitere Entwicklung der Mikroelektronik sein wird. *R. Paul*

Literatur: *Millman, J.* and *A. Grabel:* Microelectronics. New York 1986. – *Paul, R.:* Mikroelektronik – eine Übersicht. Berlin 1990. – *Tietze, U.* und *Ch. Schenk:* Halbleiterschaltungstechnik. Berlin 1985.

Halbleiter-Strahlungsdetektor. Die bei der Absorption eines ionisierenden Photons oder Teilchens in einem geeigneten Halbleiter freigesetzten und gesammelten Ladungen führen bei ladungsempfindlicher Verstärkung des Signals zu diskreten Impulsen, deren Höhe proportional der absorbierten Strahlenenergie ist. Wird die gesamte Energie eines Teilchens oder Photons im Detektor abgegeben (Totalabsorbtion), entstehen Impulse, deren Höhe der Teilchen- oder Photonenenergie proportional sind (→Silicium-Dosimeter).

Als Halbleitermaterialien werden Germanium (in Reinstform oder Lithium dotiert), Silicium (mit Lithium dotiert) oder III-V-Verbindungen (wie Galliumarsenid oder Cadmiumtellurid) verwendet. Die Bauweise der Halbleiterdetektoren und das Material sind der Meßaufgabe angepaßt.

Geladene Teilchenstrahlen (z. B. Alphastrahlen) oder sehr niederenergetische Photonen werden mit Silicium-Detektoren nachgewiesen, deren empfindliche Schicht, der p-n-Übergang, an der Oberfläche liegt. Diese Schicht wird durch Oberflächenoxidation (Oberflächensperrschichtdetektoren) oder Ionenimplantation (PIPS-Detektoren) hergestellt. Die erreichbare Energieauflösung liegt bei der Alphaspektrometrie bei etwa 20 keV.

Zum Nachweis von Photonenstrahlung (Röntgen- oder Gammastrahlung) dienen Einkristalle aus Reinstgermanium (High-purity-Ge-Detektoren) oder lithiumdotiertem Germanium (Ge(Li)-Detektoren). Sie müssen allerdings während des Betriebs (die Ge(Li)-Detektoren auch bei Lagerung) auf tiefe Temperatur gekühlt werden. Die Detektoren werden in verschiedenen Bauformen (Planar-, Koaxial- oder Bohrlochversion) mit unterschiedlichem Volumen und damit auch unterschiedlicher Empfindlichkeit hergestellt.

Photonenstrahlung von 3 keV bis zu mehreren MeV wird mit hoher Empfindlichkeit und guter Energielinearität nachgewiesen. Der große Vorteil der Germanium-Detektoren liegt in ihrer extrem guten Energieauflösung; 2 keV-Auflösung bei 1 MeV Gammastrahlenenergie sind möglich. Sie übertreffen merklich das Energieauflösungsvermögen von Szintillationszählern. Ein weiterer wichtiger Vorteil der Germaniumdetektoren ist das günstige Verhältnis zwischen der Höhe des Photopeaks und der Höhe des Compton-Untergrunds. Diese Eigenschaften machen es möglich, mit Germaniumdetektoren auch die Spektren komplexer Nuklidgemische analysieren zu können. Allerdings haben Germaniumdetektoren einen hohen Anschaffungspreis und benötigen wegen der Kühlung einen hohen Unterhaltsaufwand. *Wachsmann*

Hall-Effekt. Auftreten einer elektrischen Spannung (→Hallspannung) senkrecht zu einem elektrischen Strom in einem Festkörper, wenn dieser sich in einem Magnetfeld befindet. Sie hängt von der Konzentration und Polarität der Ladungsträger ab.

Ein bewegter Ladungsträger (Geschwindigkeit $\underline{v}$) mit der Ladung q erfährt in einem Magnetfeld $\underline{B}$ die Lorentzkraft $\underline{F} = q\,(\underline{v}\times\underline{B})$. Bei einem Strom der Dichte $\underline{j} = qn\underline{v}$ (n = Ladungsträgerkonzentration, z. B. von Elektronen in einem Metall) werden daher die Ladungsträger abgelenkt, sodaß transversal zu $\underline{v}$ und $\underline{B}$ ein elektrisches Feld (Hall-Feld $\underline{E}_H$) entsteht (Bild). Dessen Kraft $q\underline{E}_H$ auf die Ladung egalisiert im Gleichgewicht die Lorentzkraft, so daß sich

$$\underline{E}_H = \frac{1}{qn}\,(\underline{j}\times\underline{B}) = R_H\,(\underline{j}\times\underline{B})$$

ergibt, wobei $R_H = 1/qn$ Hall-Koeffizient (auch Hallkonstante) heißt. Die Hall-Spannung ergibt sich als transversales Intagral über das Hall-Feld, erstreckt über die Probenbreite d, $U_H = E_H d$. Da der Strom durch ein von außen angelegtes elektrisches Feld $\underline{E}_a$ getrieben wird ($\underline{j} = \sigma\underline{E}_a = qbn\underline{E}_a$, σ = Leitfähigkeit, b = Beweglichkeit), ergibt sich das resultierende innere Feld E als Überlagerung $\underline{E} = \underline{E}_H + \underline{E}_a$. Zwischen $\underline{E}$ und $\underline{E}_H$ (bzw. $\underline{j}$) besteht der →Hallwinkel ϑ mit $\tan\vartheta = R_H B\sigma = bB$, wenn Strom und Magnetfeld aufeinander senkrecht stehen. Während also ϑ von der Beweglichkeit b abhängt, geht in R_H nur die Ladungsträgerkonzentration und ihr Vorzeichen ein. Für Elektronenleitung in Metallen ($q = -e$, $e = 1{,}602 \times 10^{-19}$ As = Elementarladung) ist daher $R_H < 0$ (normaler H.-E.), für reine Löcherleitung in Halbleitern ($q = +e$) ist $R_H > 0$ (anomaler H.-E., diese Bezeichnung wird aber auch für den besonders starken H.-E. in Ferromagneten benutzt).

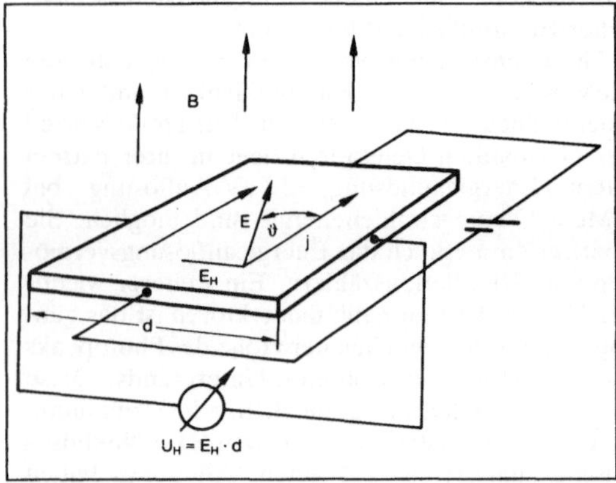

Hall-Effekt: Geometrische Anordnung.

Mit dem H.-E. läßt sich also auf den Leitungstyp schließen. Allerdings sind bei Halbleitern die Verhältnisse komplizierter als im Metall. Während bei letzterem praktisch nur Elektronen bei der Energie des Fermi-Niveaus am Ladungstransport teilnehmen, muß bei Halbleitern über die Energieverteilung der Träger in den Bändern integriert werden. Selbst bei Vorherrschen eines Leitungstyps (p- oder n-Leitung, d. h. $q = +e$ bzw. $q = -e$) muß daher der Hallkoeffizient mit einem Faktor A korrigiert werden ($1 < A < 2$), so daß sich $R_H = A/ep$ bzw. $R_H = -A/en$ ergibt (p = Löcherkonzentration, n = Elektronenkonzentration). Komplizierter sind die Verhältnisse bei gemischter n- und p-Leitung, wobei i. A.

$$R_H = \frac{A_p e p b_p^2 - A_n e n b_n^2}{(epb_p + enb_n)^2}$$

resultiert. Wert und Vorzeichen von R_H hängen dabei kompliziert von Beweglichkeiten und Konzentrationen ab, was auch für den Hall-Winkel

$$\tan\vartheta = \frac{A_p p b_p^2 - A_n n b_n^2}{pb_p + nb_n}$$

gilt. In Kristallen ergibt sich zudem noch eine Abhängigkeit von der relativen Orientierung zwischen Gitter und Magnetfeld. Bei kleinen Proben ist auch deren Geometrie von Einfluß.

Aus dem H.-E. sind Rückschlüsse auf Konzentration und Beweglichkeit (Hall-Beweglichkeit) der Ladungsträger einer Substanz möglich. Umgekehrt kann er wegen seiner Abhängigkeit vom Magnetfeld auch zu dessen Messung verwendet werden (→Hall-Sonde). Bei tiefen Temperaturen und für Elektronen in sehr dünnen Schichten können sich von dem oben skizzierten Erscheinungsbild des H.-E. spektakuläre Abweichungen ergeben (→H.-E., quantisierter). *Heinz*

Hall-Effekt, quantisierter. Erscheinung im zweidimensionalen Elektronengas eines Festkörpers bei tiefen Temperaturen und hohen Magnetfeldern, bei der die →Hallspannung als Funktion der Elektronendichte oder der Magnetfeldstärke nur bestimmte (quantisierte) Werte annimmt. (*K. v. Klitzing*, Nobelpreis Physik 1985).

Wie beim klassischen →Hall-Effekt werden auch hier die Elektronen eines Festkörpers durch die Lorentz-Kraft in einem Magnetfeld B abgelenkt und erzeugen dadurch eine Hall-Spannung. Besonderheiten treten im zweidimensionalen Elektronengas auf, das z. B. im n-Kanal eines MOS-Feldeffekttransistors (MOSFET) realisiert werden kann (Bild 1). Dabei wird eine dünne Schicht (ca. 10 nm) von Elektronen unterhalb des Gates erzeugt, wobei die Elektronendichte n durch die Gatespannung V_g variiert werden kann. Senkrecht zur Schichtfläche können sich die Elektronen nicht bewegen. Legt man nun in diese Richtung ein hohes Magnetfeld (ca. 10–20 T) an, so werden die Zustände der Elektronen stark modifiziert – sie können nur noch *Landau*-Niveaus besetzen. Dies tritt ohne Störungen jedoch nur bei tiefen Temperaturen ein (etwa unterhalb 10 K). Prägt man im n-Kanal einen Strom I ein durch Anlegen einer Spannung U zwischen Source und Drain, so tritt senkrecht dazu die Hall-Spannung U_H auf. Variiert man n mittels V_g, so müßte sich nach dem klassischen Hall-Effekt $U_H \sim 1/n \sim 1/V_g$ ergeben. Bild 2 (durchgezogene Linie) demonstriert jedoch, daß statt dessen eine stufenförmige Funktion mit diskreten (quantisierten) Werten $U_H = (h/e^2j)\ I$ resultiert, mit dem Hall-Widerstand (→Hall-Koeffizient) $R_H = \frac{h}{e^2} \cdot \frac{1}{j}$ (j = 1, 2, 3, . . . h = Plancksches Wirkungsquantum, e = Elementarladung). Gleichzeitig zeigt die zum Einprägen des Stroms notwendige Spannung Nullstellen, d. h. der longitudinale Widerstand verschwindet (gestrichelte Kurve, wobei die Zwischenmaxima durch andere, hier weniger wichtige Effekte bedingt sind).

Am Verständnis dieses Quanten-Hall-Effektes wird noch intensiv gearbeitet. Der Schlüssel dazu liegt in der Konzentration der Elektronenzustände auf die Landau-Niveaus, die bei genügend hohem

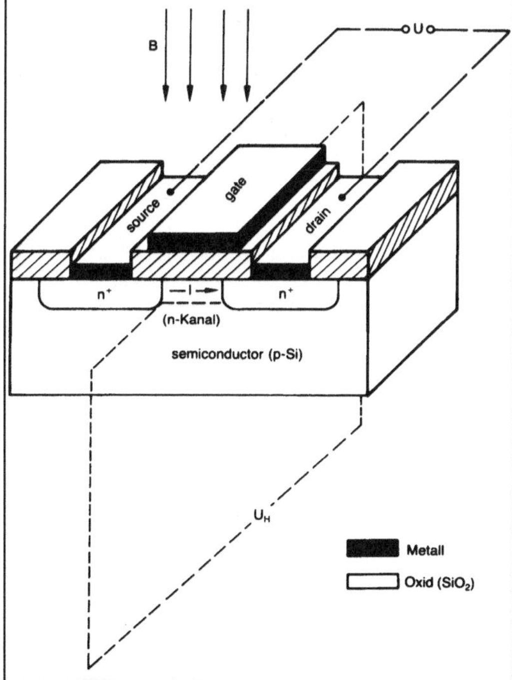

Hall-Effekt, quantisierter 1: Zweidimensionales Elektronengas im n-Kanal eines MOSFET's, in dem die Spannung U den Strom I treibt und dabei die Hall-Spannung U_H erzeugt wird.

Magnetfeld energetisch weit auseinanderliegen. Sind bei einer bestimmten Elektronendichte nur völlig gefüllte oder ganz leere Landau-Niveaus vorhanden, so können die Elektronen bei ihrer Streuung keine neuen Zustände in energetischer Nähe finden, d. h. es findet gar keine Streuung statt. Der Widerstand verschwindet und die Hall-Spannung nimmt ein konstantes Niveau ein. Dies tritt mit der Füllung jedes Landau-Niveaus mit zunehmender Elektronendichte (Bild 2) auf, aber auch – wie in anderen Experimenten – als Funktion des Magnetfelds. Die Landau-Niveaus sind nicht ideal scharf, sondern durch Störstellen verbreitert, wobei man jedoch annimmt, daß Elektronen in diesen Verbreiterungsbereichen lokalisiert sind. Auch gebrochen rationale Werte von j sind (abweichend vom obigen ganzzahligen Wert) festgestellt worden (*Fraktionierter Quanten-Hall-Effekt*), deren Ursache in der Wechselwirkung zwischen Elektronen vermutet wird.

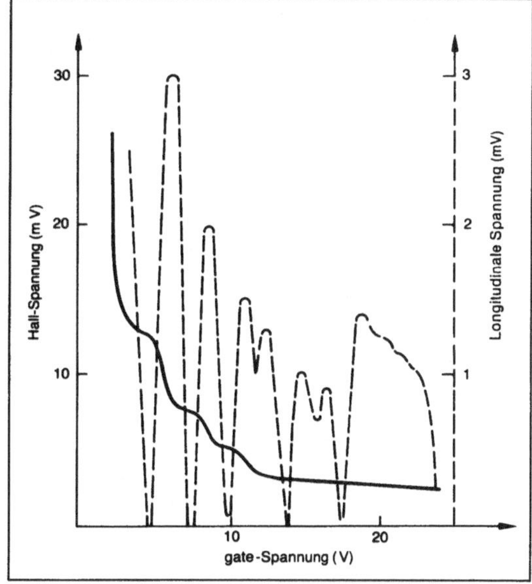

Hall-Effekt, quantisierter 2: Verhalten der Hall-Spannung (U_H) und longitudinalen Spannung (U) als Funktion der Elektronendichte, die durch die Gate-Spannung V_g variiert wird (nach K. v. Klitzing).

Die quantisierten Werte von R_H treten immer scharf auf und völlig unabhängig von der genaueren experimentellen Anordnung. Die erreichte Reproduzierbarkeit ist besser als 10^{-8}, d. h. die Resultate verschiedener Experimente stimmen besser als bis auf 1/100 eines Millionstel überein. Damit lassen sich die →Normale für den elektrischen Widerstand überwachen bzw. ersetzen. Mit $h/e^2 = 25\,812{,}79\ \Omega$ wird eine natürliche Einheit des elektrischen Widerstands etabliert. Umgekehrt kann durch Vergleich mit dem herkömmlichen Widerstandsnormal der

Quotient h/e^2 bestimmt werden, woraus die *Sommerfeld*sche Feinstrukturkonstante $\alpha = (e^2/h)(1/2c\,\varepsilon_o)$ folgt (c = Lichtgeschwindigkeit, ε_o = Influenzkonstante). Da diese auch aus der Feinstruktur atomarer Spektrallinien mittels der Quantenelektrodynamik folgt, läßt sich letztere mit der Präzisionsmessung von α testen. Quantenelektrodynamik und Festkörperphysik berühren sich also hier. Aufgrund des fundamentalen Charakters des Quanten-Hall-Effekts wird auch eine weitreichende Bedeutung für das Verständnis verwandter Bereiche durch ihn erwartet. *Heinz*

Literatur: *v. Klitzing, K.:* Der Quanten-Hall-Effekt. Spektrum der Wissenschaft Nr. 3. 1986. – *Prange, R. E.* and *S. M. Girvin:* The Quantum Hall-Effect. Berlin, Heidelberg, New York 1986.

Hall-Element. Sensor zum Nachweis und Messung magnetischer Felder über die →Hallspannung (→Hall-Generator). H.-E. aus Silicium lassen sich zusammen mit einer Auswerteelektronik (z. B. Differenzverstärker) monolithisch integriert fertigen (Bild). (→Sensor, integrierter). *Schaumburg*

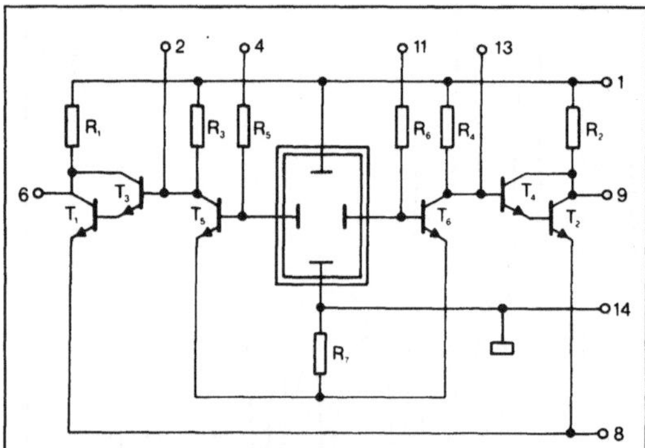

Hall-Element: Schaltung mit integriertem Differenzverstärker TCA 450 A). (Quelle: Philips Components)

Literatur: Sensoren, Hrsg. Valvo, Hamburg 1980.

Hall-Generator. Bauelement zur Messung des →Hall-Effektes (→Hallspannung, →Hall-Element). Bei der rechteckigen Ausführungsform (Bild) sollte zur Vermeidung von Meßfehlern die Kontaktbreite s möglichst viel kleiner als der Kontaktabstand w gewählt werden, die kreuzförmige Ausführungsform ist in dieser Hinsicht weniger kritisch.

Die Widerstandsbahnen von H.-G. haben bei monokristallinem Hall-Material Werte von einigen Ohm, bei aufgedampften H.-G. von einigen Hundert Ohm und bei ionenimplantierten H.-G. (→Sensor, ionenimplantierter) von einigen Kiloohm.

Nicht zu vernachlässigende Nebeneffekte bei H.-G. sind Temperatureffekte, z. B. durch Aufheizung des H.-G. durch den Steuerstrom, sowie die magnetische Widerstandsänderung. *Schaumburg*

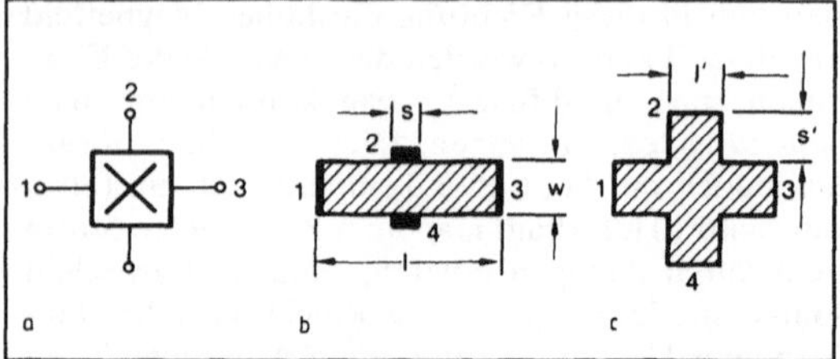

Hall-Generator: Schaltungssymbol (a) und Definition der geometrischen Größen bei rechteckigen (b) und kreuzförmigen (c) Ausführungen. (Quelle: Heywang)

Literatur: *Heywang, W.:* Sensorik. Berlin 1984.

Hall-Generator, aufgedampfter. Die Strukturen von →Hall-Generatoren lassen sich in vielen Fällen vorteilhaft durch →Aufdampfen der aktiven Schicht auf ein isolierendes Substrat mit einer anschließenden Strukturierung, z. B. über Photolithographie, herstellen. Die Schichtdicken betragen dabei 5–6 µm. Als Material für aufgedampfte Hall-Generatoren wird häufig InSb oder InAs eingesetzt, die Schichten haben eine polykristalline Struktur. *Schaumburg*

Hall-Koeffizient. Proportionalitätsfaktor zwischen der →Hallspannung und dem Produkt aus dem Steuerstrom I und der magnetischen Induktionsflußdichte B. Bei Elektronenleitern hat der H.-K. R_H die Form

$$R_H = -\frac{1}{|q| \cdot \rho_n}$$

mit der Elektronenladung |q| und der Elektronendichte ρ_n. *Schaumburg*

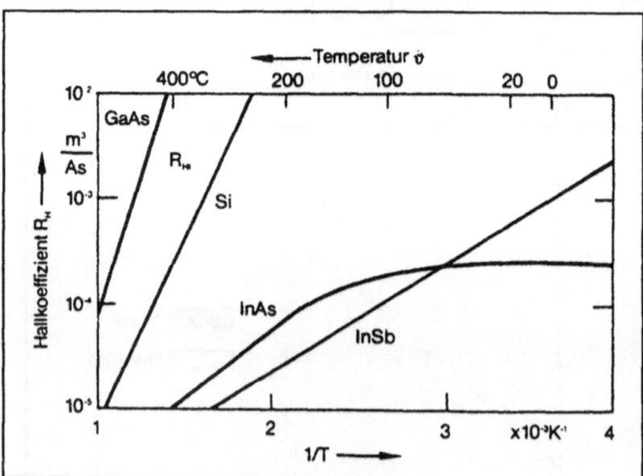

Hall-Koeffizient: Werte in Abhängigkeit von der reziproken Temperatur für eigenleitendes InSb, Si, GaAs und n-leitendes InAs. (Quelle: Heywang)

Literatur: *Heywang, W.:* Sensorik. Berlin 1984.

Hall-Sensor, epitaktischer. Beim →Hall-Koeffizient ist die Ladungsträgerdichte eine wichtige Materialgröße, über diese wird die →Hallspannung in →Hall-Generatoren mitbestimmt. Bei Hall-Generatoren, die aus monokristallinen Halbleitergebieten bestehen, kann die Ladungsträgerkonzentration relativ genau eingestellt werden, wenn die Halbleiterschicht durch epitaktisches Wachstum auf einem monokristallinen Substrat des umgekehrten Leitungstyps (d. h. p-leitendes Substrat bei n-leitendem Hall-Generator) hergestellt wird.
Schaumburg

Hall-Sonde →Hall-Generator

Hallspannung. Bei einer magnetischen Induktionsflußdichte B ist der Zusammenhang

$$U_H = \frac{R_H}{d} \cdot I \cdot B$$

mit der Dicke d des Hall-Generators. R_H ist der Hall-Koeffizient, der bei Elektronenleitung negative, bei Löcherleitung dagegen positive Werte annimmt.
Schaumburg

Hallwinkel. In einem →Hall-Generator überlagert sich das elektrische Feld aufgrund des Steuerstroms I zu dem elektrischen Feld, das durch die →Hallspannung erzeugt wird. Aufgrund dieses Effekts neigen sich die Flächen gleichen elektrischen Potentials (Äquipotentialflächen) nach Einwirkung einer magnetischen Induktionsflußdichte gegenüber dem Zustand ohne Magnetfeld um den H. θ_H (Bild). Zwischen dem H. und der magnetischen Induktionsflußdichte besteht der Zusammenhang

$$\tan \theta_H = \mu_H \cdot B$$

μ_H wird als Hall-Beweglichkeit bezeichnet.
Schaumburg

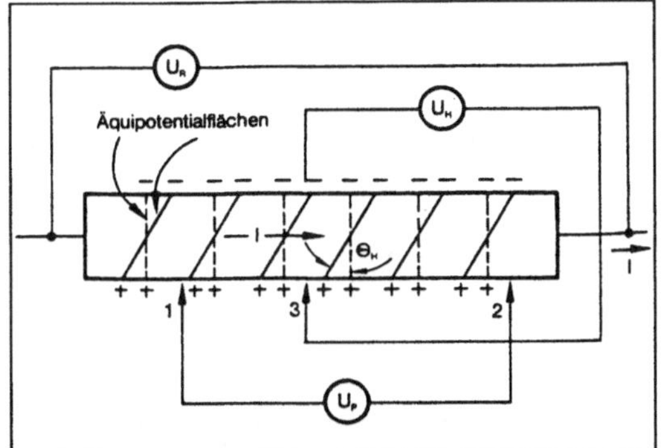

Hallwinkel: Äquipotentialflächen mit (durchgezogen) und ohne (gestrichelt) Magnetfeld. (Quelle: Heywang)

Literatur: *Heywang, W.:* Sensorik. Berlin 1984.

Handler. Vorrichtung zur Zuführung der Prüflinge beim Bausteintest. Der H. greift automatisch gesteuert Bausteine aus einem Magazin, fügt sie in einen passenden Sockel ein, gibt den Start zur Prüfung und legt die geprüften Bausteine abhängig vom Prüfergebnis in unterschiedlichen Prüflingsmagazinen ab (→Binning).
Winter

Harmonische Analyse →Frequenzanalyse

^{3}He-Zählrohr. ^{3}He-Z. sind kugel- oder zylinderförmige Proportional-Z., die mit ^{3}He Gas, einem natürlichen Isotop des Edelgases Helium, gefüllt sind. Typische Ausführungen haben ein Meßvolumen zwischen 1 und 5 cm^3, bei Gasdrucken zwischen etwa 200 und 1 000 kPa.

^{3}He-Z. dienen zum Nachweis von Neutronen über die exotherme Reaktion $^3_2$He $(^1_0n, ^1_1p)$ $^3_1$T mit der Wärmetönung 0,764 MeV. Die Reaktionswahrscheinlichkeit mit thermischen Neutronen ist sehr hoch, der Wirkungsquerschnitt beträgt 5,3 10^{-21} cm^3. Die ^{3}He-Z. werden benutzt als:

□ Detektoren für thermische Neutronen in Moderatoranordnungen z. B. im Zentrum eines Äquivalentdosismeßgeräts (für diesen Zweck sind auch BF_3-Proportional-Z. verwendbar) und

□ →Spektrometer zum Bestimmen der Energieverteilung von schnellen Neutronen. Für diesen Zweck wird der Energiesumme die Energie der gleichzeitig freigesetzten Teilchen (Protonen und Tritonen) zugesetzt und der dieser proportionale elektrische Impuls mit einer nachgeschalteten Elektronik nach seiner Höhe analysiert (→Impulshöhenanalyse). Der nutzbare Energiebereich liegt etwa zwischen 1 und 6 MeV.

Wegen ihrer sehr guten Langzeitstabilität und der guten Diskriminierbarkeit gegen einen eventuell vorhandenen Photonenuntergrund werden die ^{3}He-Proportionalzähler im unteren MeV-Energiebereich auch gerne zur Neutronen-Fluenz-Messung verwendet.
Wachsmann

Heißleiter. Ein H. ist ein kugel-, scheiben- oder zylinderförmiger Sensor zur →Temperaturmessung. Er besteht aus einem halbleitenden Material, dessen Eigenleitfähigkeit mit der Temperatur zunimmt. Dadurch nimmt der elektrische Widerstand mit zunehmender Temperatur ab. H. haben einen negativen Temperaturkoeffizienten. Sie werden auch als NTC-Widerstände (negative temperature coefficient resistors), Thermistoren oder Thernewids bezeichnet. Hergestellt sind sie aus Oxiden von Schwermetallen oder seltenen Erden.

□ R(T)-Kennlinie: Der elektrische Widerstand R (Ohm) eines H. hängt näherungsweise von seiner Temperatur T (K) wie folgt ab (Bild 1):

$$R(T) = R_o e^{b\left(\frac{1}{T} - \frac{1}{T_o}\right)}$$

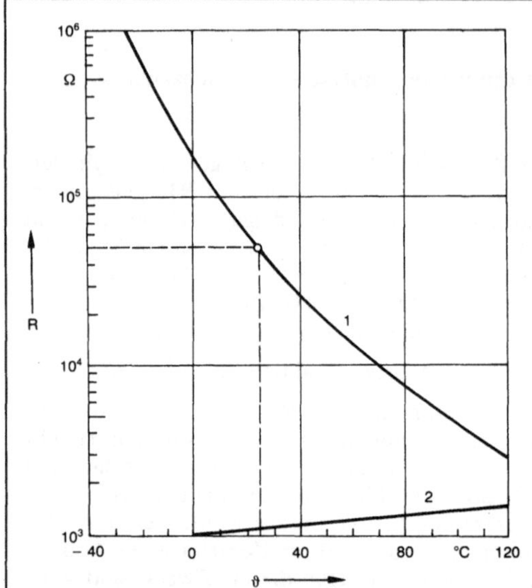

Heißleiter 1: Widerstand eines H. 1 (Nennwiderstand 50 kΩ) und eines Platin-Widerstandsthermometers 2 (Nennwiderstand 1 000 Ω) in Abhängigkeit von der Temperatur ϑ.

In dieser Gleichung ist b eine Materialkonstante und R_o ist der Widerstand bei der Temperatur T_o. Mit $K_o = R_o e^{-b/T_o}$ läßt sich die Gleichung umformen in

$$R(T) = K_o e^{b/T}$$

Der →Temperaturkoeffizient α des H. ist negativ. Er nimmt mit steigender Temperatur ab:

$$\alpha(T) = -\frac{b}{T^2} K^{-1}$$

Er hat bei Raumtemperatur den Betrag von etwa $4 \cdot 10^{-2} K^{-1}$. Damit ist er 10mal größer als der eines Platin-Widerstands-Thermometers.

□ U(I)-Kennlinie: Wird durch den H. ein Strom geschickt und der zugehörige Spannungsabfall gemessen (Bild 2), so wird zunächst eine strenge Proportionalität zwischen durchfließendem Strom I und abfallender Spannung U gefunden. Die zugeführte elektrische Leistung ist in diesem Bereich so gering, daß keine Eigenerwärmung auftritt. Der *Kaltwiderstand* des H. wird nur von der Umgebungstemperatur T_U bestimmt. Mit zunehmendem Strom erwärmt sich der H., sein Widerstand nimmt ab, und die Spannung steigt damit weniger schnell

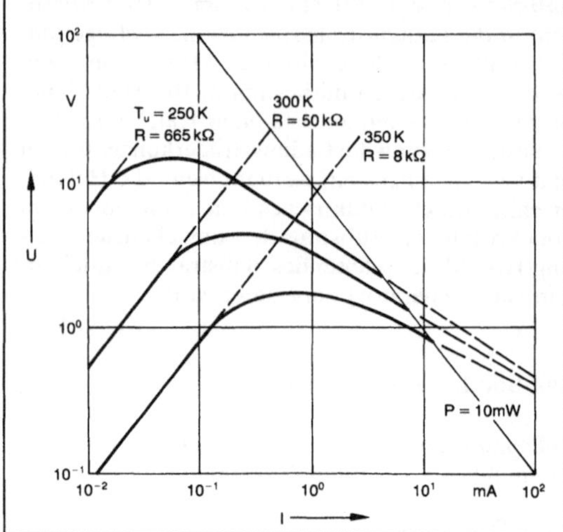

Heißleiter 2: Spannungsabfall U an einem H. in Abhängigkeit vom durchgehenden Strom 1; Parameter ist die Umgebungstemperatur T_u.

als der zugehörige Strom. In einem kleinen Bereich wird die Stromzunahme durch eine Widerstandsabnahme kompensiert. Die Spannung bleibt ungefähr konstant, bis schließlich die Widerstandsabnahme größer als die Stromzunahme wird und die Spannung wieder fällt. Wird die Kennlinie bei einer höheren Umgebungstemperatur aufgenommen, so ist der Widerstand des H. niedriger und die Erwärmung beginnt erst bei höheren Strömen.

Temperaturmessungen sind nur in dem ohmschen Bereich der Kennlinie möglich. Nur dort ist der Widerstand des H. ein Maß für die Temperatur seiner Umgebung.

Anwendung: Eingesetzt werden die H. in der Haustechnik, in Kraftfahrzeugen und in Verbrauchsgütern als kostengünstige, mit einer einfachen Signalverarbeitung auskommende Temperatursensoren. Sie sind z. B. in Fieberthermometern, Kühlgeräten, Warm- und Heißwasser-Geräten, Waschmaschinen, Geschirrspülautomaten, in Heiz- und Bügelgeräten und generell in der Heizungs- und Klimatechnik verwendet. *Schrüfer*

Hektar. Gesetzliche Flächeneinheit nur für die Angabe der Fläche von Grundstücken und Flurstükken. Einheitenzeichen ha. 1 ha = 100 a = 10^4 m^2 (→Einheiten, gesetzliche). *Hammerschmidt*

Hekto.... SI-Vorsatz für →Einheiten im Meßwesen. Abk. h. Bezeichnet das 10^2fache der jeweiligen Einheit. *Hammerschmidt*

Hellfeldanzeige. Das vom Buchdruck her bekannte Erscheinungsbild dunkler Zeichen auf einem hellen Untergrund wird oft als Positivdarstellung, oder auch als Hellfelddarstellung, bezeichnet. Entsprechend bezeichnet man elektronische Anzeigen mit diesem optischen Erscheinungsbild als H.

Bekanntestes Beispiel sind die üblichen reflektiven Flüssigkristall-Anzeigen in Armbanduhren, Meßgeräten etc. Bei ihnen erscheinen die angesteuerten Zeichen dunkel auf dem silbergrau bis grüngrau erscheinenden Feld. Der große transparente Flächenanteil trägt bei den →Flüssigkristall-Anzeigen wesentlich dazu bei, daß die Anzeige ausreichend hell erscheint.

In der gleichen Darstellungsart können auch hinterleuchtete Anzeigen betrieben werden. Bei ihnen erscheint dann das helle, nicht angesteuerte Feld, in der Farbe der Hintergrundausleuchtung. Ein zusätzlicher Reflektor, bzw. eine Streuschicht, bewirkt, daß von außen auftreffendes Licht zusätzlich zur Aufhellung des Feldes beiträgt. Angesteuerte Zeichen erscheinen dunkel. Die Farbe des Feldes kann bei Verwendung von geeigneten Farbfiltern in jeder beliebigen Farbe erscheinen. Als besonders kontrastreich hat sich die Darstellung der dunklen Zeichen auf gelbem oder orangefarbenem Feld erwiesen.

H. sind für den Einsatz in einer Umgebung mit wechselnder Intensität, wie Außenanwendungen, besonders geeignet.

Um eine H. in dunkler Umgebung nicht störend erscheinen zu lassen, empfiehlt sich die Regelung der Intensität der Hintergrundlichtquelle. *Pottharst*

Henry. SI-Einheit der Induktivität, benannt nach *J. Henry* (1797–1878). Einheitenzeichen H. 1 H = 1 Wb/A = 1 m^2 kg $s^{-2}A^{-2}$ (→Einheiten des SI). *Hammerschmidt*

Hertz. SI-Einheit der Frequenz, nach *H. R. Hertz* (1857–1894) benannt. Einheitenzeichen Hz. 1 Hz = 1 s^{-1} (→Einheiten des SI). *Hammerschmidt*

High-Speed-Pinelektronik. Digitale →Pinelektronik, die den durch das Format, das Timing und den logischen Zustand (→Prüfbitmuster) beschriebenen Signalverlauf für mehrere Pins und über mehrere Zyklen zwischenspeichern und hardwaremäßig mit hoher Geschwindigkeit (bis in den Megahertz-Bereich) in ein reales Signal u. U. auch prüflingssynchron umsetzen kann. Analog dazu können mit gleicher Geschwindigkeit digitale Signale aufgezeichnet werden. *Winter*

Hilfsenergie, elektrische. E. H. für leittechnische Einrichtungen sind Gleich- oder Wechselspannungen meist von 24 oder 220 V. Der Signalbereich leittechnischer Feldgeräte liegt im allgemeinen zwischen 4 und 20 mA, in Einzelfällen auch zwischen 0 und 20 mA. Geräte mit dem Life-Zero-Signal benötigen keine gesonderte Energieversorgung (→Zweileitertechnik), Geräte mit dem 0- bis 20-mA-Signal müssen über gesonderte Leitungen versorgt werden (→Vierleitertechnik). Wartengeräte arbeiten häufig mit Gleichspannungssignalen von 0 bis 10 V.

Vorteile der elektrischen gegenüber der pneumatischen →Hilfsenergie sind:

– hohe Übertragungsgeschwindigkeit der Signale und kaum eingeschränkter Aktionsradius,

– hohe Leistungsfähigkeit der mit e. H. arbeitenden Geräte, besonders der digitalen, bezüglich Rechengenauigkeit, Datenaufbereitung für die Bildschirme und flexiblem Anpassen an die Aufgabenstellung des Prozesses.

Korrosionsschutz wird erreicht durch Abkapselung, Vergießen und meist auch noch durch eine geringe Eigenerwärmung, die eine Kondensation korrosiver Nebel auf den Geräten erschwert. Gegen elektromagnetische Einstreuungen schützen Verdrillung und Abschirmung der Leiter. Explosionsschutz der Feldgeräte ist meist in der Zündschutzart „→Eigensicherheit" realisiert. In räumlich ausgedehnten Anlagen sind Vorkehrungen gegen Überspannungen durch Blitzeinwirkungen zu treffen, die besonders Komponenten digital arbeitender Geräte zerstören können.

Ein Zusammenschalten von Geräten unterschiedlicher Hersteller ist meist problembehaftet und die Betreiber ziehen den Bezug von Systemen dem einzelner Geräte vor (→Einheitssignal; →Hilfsenergieversorgung, elektrische). *Strohrmann*

Literatur: *Strohrmann, G.*: Automatisierungstechnik, Bd. 2: Stellgeräte, Strecken, Projektabwicklung. München–Wien 1990.

Hilfsenergie, pneumatische. P. H. für leittechnische Einrichtungen ist öl-, wasser- und verunreinigungsfreie Druckluft mit Drücken von 1,4 bar für die Signalverarbeitung und von bis 6 bar für die Stellantriebe. Die Signale haben einen →Life-Zero. Ihr Bereich liegt – international genormt – zwischen 0,2 und 1,0 bar, praktisch gleich dem (noch gebräuchlichen) angloamerikanischen Bereich von 3–15 psi. Kondensation von Wasser in pneumatischen Geräten ist unbedingt zu vermeiden, und der Taupunkt der Druckluft muß deshalb unter −25 °C liegen. In Sonderfällen, z. B. in Gasfernleitungen, können auch andere Gase als Hilfsenergie dienen. Vorteile der pneumatischen gegenüber der elektrischen →Hilfsenergie sind in leittechnischen Anlagen:

– Hohes Arbeitsvermögen sowie hohe Kompensations- und Stellkräfte der →Meßumformer, →Regler und →Stellantriebe. Wegen des hohen Arbeitsvermögens und der hohen Stellkräfte werden auch in Prozeßleitsystemen, die mit elektrischer Hilfs-

energie arbeiten, meist pneumatische Stellantriebe eingesetzt.
- Korrosionsschutz. Durch Eigenluftverbrauch stellt sich eine Luftspülung mit innerem Überdruck ein, der korrosive Stoffe am Eindringen in die Geräte hindert.
- Übersichtliche Installationen und problemloses Verknüpfen pneumatischer Einrichtungen. Die Verrohrung geschieht einpolig und die Geräte haben unendlich hohen Eingangswiderstand. Die Systeme sind unempfindlich gegen elektromagnetische Einstreuungen und Blitzeinwirkungen.

Nachteile der pneumatischen gegenüber der elektrischen Hilfsenergie sind:
- Geringer Aktionsradius von maximal 300 bis 400 m durch Signalübertragungsgeschwindigkeiten, die unter der Schallgeschwindigkeit liegen.
- Beschränkte →Genauigkeit pneumatischer Rechenglieder,
- Keine der →Prozeßführung über Bildschirme entsprechende zentrale Kommunikationsmöglichkeit (→Hilfsenergieversorgung, pneumatische).

Strohrmann

Literatur: *Strohrmann, G.*: Automatisierungstechnik, Bd. 2: Stellgeräte, Strecken, Projektabwicklung. München–Wien 1990.

Hilfsenergieversorgung, elektrische. Die zur Versorgung leittechnischer elektrischer Geräte erforderlichen Umspann-, Glättungs-, Puffer- und Umschalteinrichtungen können entweder zentral für alle Geräte gemeinsam oder dezentral für kleinere Funktionseinheiten angeordnet werden. Unerläßlich ist - besonders für digitale Prozeßleitsysteme - eine unterbrechungsfreie Versorgung. Die zulässigen Toleranzen sind oft relativ groß: z. B. für Gleichspannungsversorgung ±15%, manchmal ±25% und für Wechselspannungsversorgung −15 bis +10% bei Frequenzen zwischen 48 und 62 Hz.

In Systemen, die mit →Zweileitertechnik arbeiten, werden alle Geräte vom Schaltraum aus gespeist (Bild). Die Verbindung zwischen Schaltraum und den Feldgeräten geschieht über vieladrige verseilte und abgeschirmte Kabel mit Querschnitten von etwa 1 mm².

Geräte in Systemen, die mit →Vierleitertechnik arbeiten, müssen örtlich mit Hilfsenergie versorgt werden (→Hilfsenergie, elektrische). *Strohrmann*

Literatur: *Strohrmann, G.*: Automatisierungstechnik, Bd. 2: Stellgeräte, Strecken, Projektabwicklung. München–Wien 1990.

Hilfsenergieversorgung, pneumatische. Der Versorgung leittechnischer pneumatischer Geräte mit Hilfsenergie dient ein ausreichend dimensioniertes, ausschließlich diesem Zwecke vorbehaltenes Luftnetz. Abscheider und Filter halten tropfbare Flüssigkeit bzw. Stäube aus dem Werksdruckluftnetz zurück. Sicherheitsventile schützen die MSR-Geräte vor Überdruck, wenn eine Reduzierstation versagt. Ist die Luft im Werksdruckluftnetz nicht zentral getrocknet, so ist eine Lufttrocknung, z. B. mit Kieselgel-Adsorbern, vorzusehen. Die Druckluft kann entweder zentral (A) oder örtlich (B) auf den Versorgungsdruck der Geräte (→Hilfsenergie, pneumatisch) reduziert werden (Bild). Zweckmäßig ist eine redundante Einspeisung, um eine unter-

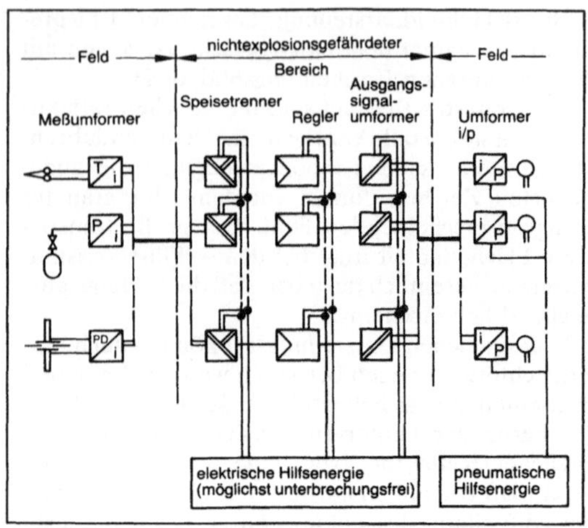

Hilfsenergieversorgung, elektrische: Aufbau eines Versorgungsnetzes für analoge elektrische Meßumformer, Regler und elektropneumatische Umformer.

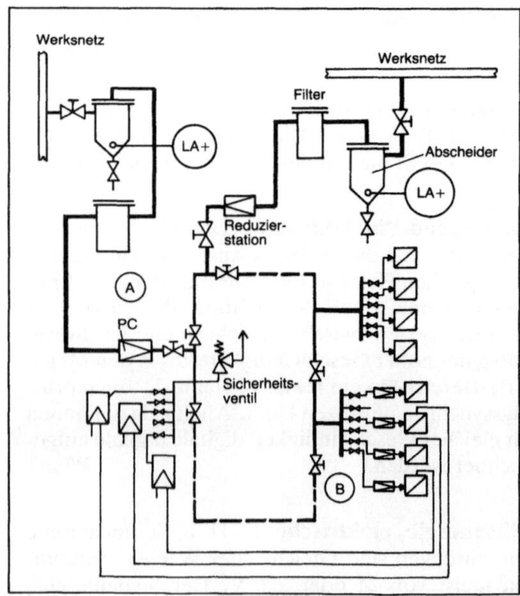

Hilfsenergieversorgung, pneumatische: Hilfsenergie-Versorgungsnetz für pneumatische Geräte.

brechungsfreie Versorgung zu garantieren, sowie eine →Ringstruktur des Netzes, um bei erforderlich werdenden Reparaturen, Änderungen oder Ergänzungen nicht das gesamte Netz abstellen zu müssen. Im Bild sind rechts die im Feld montierten →Meßumformer und links die in der Warte befindlichen →Regler gezeigt. Die Abscheider haben →Niveauwächter, um den Betrieb vor einem bei Störungen oder Fehlbedienungen möglichen Anfall größerer Wassermengen zu warnen (→Hilfsenergie, pneumatische). *Strohrmann*

Literatur: *Strohrmann, G.:* Automatisierungstechnik, Bd. 2: Stellgeräte, Strecken, Projektabwicklung. München–Wien 1990.

Hilfsregelgröße. H. werden als zusätzliche Signale im →Regelkreis zur →Regelung herangezogen, um das dynamische Verhalten des Kreises zu verbessern.

Mit solch einer H. kann bezüglich der →Regelgröße ein Vorhalt (→D-, →PD-Übertragungsverhalten) erzeugt werden. So dient sie häufig zur Dämpfung des Regelkreises. Bei der →Zustandsregelung kann ein Teil der Zustandsgrößen als H. betrachtet werden. Die häufigste Anwendung findet man in der →Kaskadenregelung. *Böttiger*

Hitzdraht-Anemometer →Anemometer

Hochtemperaturlagerung →quality level

Hörmelder. Akustische Geräte zur Meldung von Betriebszuständen. H. werden für Sammelmeldungen eingesetzt und sind in dauernd besetzten Prozeßleitwarten nach Wahrnehmung zu quittieren. In nicht dauernd besetzten Räumen ist der Einsatz von H. mit Impulston angebracht. Nach Quittierung der Sammelmeldung läßt sich durch →Sichtmelder der gemeldete Betriebszustand, z. B. eine Grenzwertüberschreitung, erkennen. Gebräuchliche H. sind Lautsprecher, Hupe, Gong und Glocke (→Meldesystem). *Strohrmann*

Hubmagnet. H. werden abgesehen von Hochleistungshaltesystemen in der eisenverarbeitenden Schwerindustrie in der →Steuerungstechnik meist als elektromechanische →Stellglieder kleiner Leistung eingesetzt, wo weder große mechanische Kräfte noch große Stellwege erforderlich sind, z. B. Sicherungsstift bei Aufzugtüren oder Arretierung großer Lasten im Stillstand, Antriebselement bei sog. Magnetventilen und elektromechanischen Leistungsrelais. Hauptvorteil ist der geringe Aufwand zur Realisierung.

H. werden ausgeführt für Ansteuerung mit Gleich- oder Wechselstrom. Aufgebaut sind H. aus Erregerspule und Magnetkreis (Eisenkern mit beweglichem Anker). Bei Erregung bewegt sich der Anker so, daß sich der Luftspalt des magnetischen Kreises zu schließen sucht. Als Rückstellkraft dient meist eine Feder. Der Elektromagnet ist in der Regel als Tauchankermagnet ausgeführt, da sich hiermit relativ lange Stellwege erreichen lassen. In Sonderfällen werden wegen ihrer größeren Stellkräfte auch Topfmagneten verwendet. Hier liegt der Nachteil in den kurzen Stellwegen. Dimensioniert werden die Hubmagnete in erster Linie nach gewünschtem Stellweg, Stellkraft und erwarteter Schalthäufigkeit (thermische Belastung).

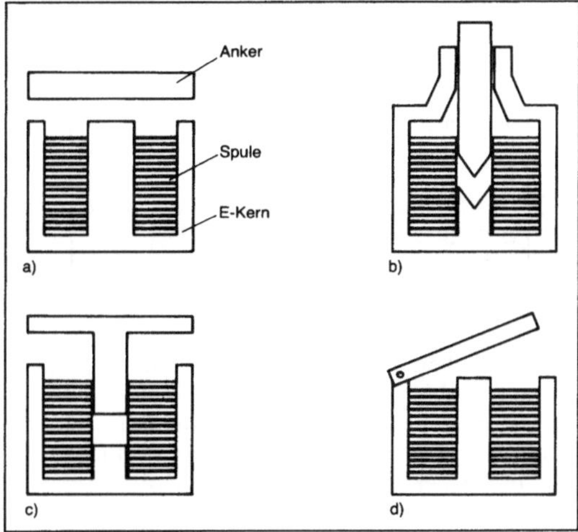

Hubmagnet: Beispiele für Bauformen.
a) Flachanker-E-Magnet
b) Tauchanker-I-Magnet
c) Tauchanker-Magnet mit T-Anker
d) Klappanker-Magnet.

Versorgt werden die H. mit Gleichstrom oder ein- oder mehrphasigem Wechselstrom. Eine Gleichstromversorgung ist meist aufwendiger, bringt aber als Vorteil eine höhere statische Haltekraft mit sich. Bei H. für Magnetventile werden teilweise die Gleichrichterdioden mit in das Spulensystem konstruktiv einbezogen. *Freyberger*

Literatur: *Kallenbach, E.:* Der Gleichstrommagnet. Leipzig 1969.

Hurwitz-Kriterium. Mit dem H.-K. wird festgestellt, ob ein lineares System oder →Übertragungsglied stabil ist (→Stabilität).

Das H.-K. stellt Bedingungen für die Koeffizienten der charakteristischen →Gleichung auf, nach denen die Lösungen negativen Realteil haben; die Lösungen selbst werden nicht berechnet. Dazu muß die charakteristische Gleichung eines Systems oder Übertragungsgliedes in Polynomform gegeben sein:

$$a_0 + a_1 s + a_2 s^2 + \ldots + a_n s^n = 0 \qquad (1)$$

mit den reellen Koeffizienten $a_0, \ldots, a_n$.

Das H.-K. sagt aus:

Alle Lösungen $s_1, \ldots, s_n$ von Gl. (1) haben negativen Realteil, wenn:

□ alle Koeffizienten vorhanden sind und gleiches Vorzeichen haben (hier positiv vorausgesetzt) und

□ für $n \geq 3$ die *Hurwitz*-Determinante H und alle prinzipiellen Unterdeterminanten U_i positiv sind.

Wenn die erste Bedingung nicht erfüllt ist, braucht die zweite nicht untersucht zu werden.

Für die *Hurwitz*-Determinante werden alle Koeffizienten in versetzten Zeilenpaaren wie folgt angeordnet

$$H = \begin{vmatrix} a_1 & a_3 & a_5 & a_7 & . & . & . & 0 \\ a_0 & a_2 & a_4 & a_6 & . & . & . & 0 \\ 0 & a_1 & a_3 & a_5 & . & . & . & 0 \\ 0 & a_0 & a_2 & a_4 & . & . & . & 0 \\ 0 & 0 & a_1 & a_3 & . & . & . & 0 \\ 0 & 0 & a_0 & a_2 & . & . & . & . \\ . & . & . & . & & & & . \\ . & . & . & . & & & & . \end{vmatrix}$$

Die restlichen Stellen werden mit Nullen aufgefüllt, so daß ebenso viele Zeilen wie Spalten entstehen. Die prinzipiellen Unterdeterminanten werden entlang der Hauptdiagonalen von oben links nach unten rechts gebildet:

$$U_1 = a_1; \quad U_2 = \begin{vmatrix} a_1 & a_3 \\ a_0 & a_2 \end{vmatrix}; \quad U_3 = \begin{vmatrix} a_1 & a_3 & a_5 \\ a_0 & a_2 & a_4 \\ 0 & a_1 & a_3 \end{vmatrix}$$

Dann muß gelten $H > 0$; $U_1 > 0$; $U_2 > 0$; $U_3 > 0 \ldots$

Der Einsatz des H.-K. lohnt sich eigentlich nur für $n = 3$, weil die Bedingung $U_2 = a_1a_2 - a_0a_3 > 0$ leicht zu behalten ist, allenfalls noch für $n = 4$ mit $U_3 = a_3\,U_2 - a_1^2\,a_4 > 0$.

Für Systeme höherer Ordnung ist der Rechenaufwand zu hoch. Entweder man wählt ein anderes Kriterium, oder man bestimmt die Eigenwerte mit Hilfe des Digitalrechners. *Böttiger*

Hybridprüfung. Hybridbausteine und Hybridbaugruppen beinhalten sowohl analoge als auch digitale Funktionen (z. B. →Digital-Analog-Umsetzer). Die Prüfung dieser Bausteine wird als H. bezeichnet. Entsprechend der Funktionen solcher Hybride ist eine gleichzeitige Behandlung (Stimulation und Bewertung) der Analog- und Digitalfunktionen erforderlich. Hierfür werden Hybridtester mit synchron ablaufenden digitalen und analogen Testereigenschaften benötigt. *Tannhäuser*

Hybridrelais. Relais, insbesondere →Schaltrelais, das sowohl mechanisch bewegte Teile (wie das elektromechanische →Relais) als auch elektronische Schaltungen wie das statische →Relais enthält.

Als H. gelten sowohl Relais mit elektronischem Eingangsteil und schaltenden Kontakten im Ausgangsteil, als auch solche, die auf der Eingangsseite ein elektromechanisches Relais und am Ausgang einen Leistungshalbleiter als Schaltbauteil enthalten.

Auch Relais, die abgesehen von einem →Reedrelais zum Zweck der elektrischen Trennung zwischen Eingang und Ausgang nur elektronische Bauteile enthalten, sind den H. zuzurechnen.

Ziele beim Einsatz von Elektronik im Relais sind z. B.: Erhöhung der Schaltlebensdauer, Wahl des jeweils günstigsten Schaltzeitpunktes beim Schalten von Wechselstrom, Anpassung an Steuersignale von Logikbauteilen, elektronische Rückmeldung des Schaltzustandes, Selbstabschaltung im Störungsfall und Realisierung verschiedener Schaltfunktionen, abhängig von der externen Beschaltung (z. B. mono- oder bistabile Funktion). *Rauterberg*

Hygrometer. Meßgerät zur Erfassung der Luftfeuchtigkeit (→Feuchtesensor). Früher wurde bei dem Bau von H. die Eigenschaft vieler organischer Substanzen (tierische Häute und Haare u. a.) ausgenutzt, in Abhängigkeit von der Menge des adsorbierten Wasserdampfes ihre mechanischen Eigenschaften (z. B. Ausdehnung) zu ändern.

Schaumburg

I

I-Übertragungsverhalten. Bei einem →Übertragungsglied mit I-Verhalten ist das Ausgangssignal v(t) proportional dem Integral des Eingangssignals u(t) über der Zeit. Es wird auch als I-Glied bezeichnet.

Mit dem Integralbeiwert K_I lautet die zugehörige Differentialgleichung

$$\dot{v}(t) = K_I u(t)$$

mit dem Lösungsansatz

$$v(t) = v(t_0) + K_I \int_{t_0}^{t} u(\tau)\, d\tau$$

Die →Übergangsfunktion ist somit eine Rampe oder Anstiegsfunktion (→Anstiegsantwort. →Systemantwort). Bei der Übertragung von sinusförmigen Signalen erzeugt das I-Glied eine Nacheilung von 90°, und die Ausgangsamplitude ist umgekehrt proportional der Frequenz. Dies ergibt sich aus dem →Frequenzgang mit dem Betrag $A(\omega) = K_I/\omega$ und der Phase $\Phi(\omega) = -90°$. Im →Bode-Diagramm bildet der →Amplitudengang eine mit −20 dB/Dekade oder der Neigung −1 abfallende Gerade.

Böttiger

IDD-Test. Überprüfung der Stromaufnahme beim Test digitaler Bausteine (statisch und dynamisch).

Winter

IEC. Kurzform für *engl.* International Electrotechnical Commission (Internationale Elektrotechnische Kommission). →Normung, internationale.

Krieg

IEC-Bus. Der IEC-B. ist ein byteserieller, bitparalleler →Bus zur Verbindung programmierbarer Meßgeräte. Er ist in DIN IEC 625 Teil 1 und 2 genormt und kommt in zwei unterschiedlichen Ausführungsformen vor, da neben dieser Norm noch die amerikanische Norm IEEE 488 existiert, die in ihren elektrischen und funktionellen Spezifikationen völlig gleich ist. Der Unterschied liegt in der Verwendung zweier unterschiedlicher Steckersysteme, der eine (gemäß IEEE 488) ist 24polig, der andere 25polig, wobei sowohl die Pinbelegung wie auch die Steckerform unterschiedlich sind.

Der IEC-B. ist neben den genormten Bezeichnungen auch unter den Firmenbezeichnungen GPIB (General Purpose Interface-Bus) und HP-IB (Hewlett-Packard Interface-Bus) bekannt. Er ist heute der Standard-Bus in der Laborautomatisierung.

IEC-Bus: Grundgerät für den modularen Aufbau der Meßelektronik auf Bus-Basis. (Quelle: Hewlett Packard)

Das IEC-B. Schnittstellensystem besteht aus insgesamt 16 Leitungen, acht dieser Leitungen dienen zur (parallelen) Datenübertragung und bilden den Datenbus, fünf dienen zur Schnittstellensteuerung und drei als Übergabesteuerbus. An diesem Bus können Geräte mit folgenden drei grundlegenden Funktionsblöcken angeschlossen werden, wobei in einem Gerät durchaus mehr als ein Funktionsblock enthalten sein kann:

- Steuereinheit (Controller)
- Sprecher (Talker)
- Hörer (Listener).

Die Steuereinheit ist heute in der Regel als Einschubkarte zu einem PC realisiert, sie darf in einem System zur gleichen Zeit nur einmal aktiv sein. Sie adressiert die angeschlossenen Geräte als Sprecher und Hörer und überwacht den Informationsfluß.

Der Hörer wird von der Steuereinheit über eine Schnittstellennachricht adressiert und kann dann Gerätenachrichten von einem anderen an das System angeschlossenen Gerät empfangen. Der Nur-Hörer kann weder den Informationsfluß überwachen, noch kann er Gerätenachrichten an andere Geräte übertragen. Der Sprecher wird ebenfalls von der Steuereinheit adressiert und sendet Gerätenachrichten an andere Geräte, die als Hörer adressiert sind. Zur selben Zeit kann in einem System immer nur ein Gerät als Sprecher adressiert sein.

Über den IEC-B. werden zwei grundsätzliche unterschiedliche Nachrichtenarten ausgetauscht:

□ Gerätenachrichten.
Diese werden von Schnittstellensystemen zwar übertragen, beeinflussen aber nicht die Verarbeitung. In den adressierten Geräten werden sie ausgewertet und weiterverarbeitet.
□ Schnittstellennachrichten.
Diese dienen nur zur Steuerung des Systems.

In der Norm sind sowohl mechanische, elektrische und logische Festlegungen enthalten, wie auch die Schnittstellenfunktionen und Nachrichten genau spezifiziert sind.

Die Daten werden byteparallel übertragen und zwar in der Regel als ASCII-Zeichen. Die maximale Übertragungsrate hängt von der maximalen Kabellänge und der Kabellänge von Gerät zu Gerät und den verwendeten Treiberbausteinen ab; so ist die maximale Kabellänge bei 250 000 Byte/s 20 m, dabei 2 m pro Gerät bei einem 48 mA Open-Collector Treiber. Bei 1 000 000 Byte/s sind die Werte 10 m, dabei 1 m pro Gerät bei einem 48 mA Tri-State-Treiber. *F. Schneider*

Literatur: DIN IEC 625: Ein byteserielles, bitparalleles Schnittstellensystem für programmierbare Meßgeräte. Teil 1: Funktionelle, elektrische und mechanische Festlegungen, Anwendungen des Systems und Richtlinien für Entwickler und Anwender. Berlin 1981. – DIN IEC 625 Teil 2: Vereinbarungen über Codes und Datenformate. Berlin 1980.

Immissionsgrenzwerte. I. sind Grenzwerte, die die zulässige Konzentration von Schadstoffen in der Luft an den betrachteten Orten begrenzen. Je nach Aufgabenstellung und Einwirkungsort gibt es eine Reihe verschiedener I.:
– Maximale Arbeitsplatzkonzentration (MAK-Wert); dieser gibt die höchstzulässige Konzentration eines Arbeitsstoffs als Gas, Dampf oder Schwebstoff in der Luft am Arbeitsplatz an, bei der nach gegenwärtigem Stand der Kenntnis auch bei wiederholter und langfristiger Einwirkung die Gesundheit der Beschäftigten i. a. nicht beeinträchtigt wird und bei der die dadurch hervorgerufene Belästigung nicht unangemessen hoch ist. Man geht dabei von einer täglich 8stündigen Einwirkung aus bei max. 42 h/Woche.

Für eine Reihe krebserzeugender und erbgutändernder Stoffe können MAK-Werte nicht festgelegt werden, da hierfür der Kenntnisstand der Zusammenhänge nicht ausreicht. Statt dessen werden sog. technische Richtkonzentrationen (TRK) angegeben; diese orientieren sich an den aktuellen technischen Möglichkeiten. Die MAK- und TRK-Werte werden jährlich in Form von Mitteilungen der Senatskommission zur Prüfung gesundheitsschädlicher Arbeitsstoffe durch die Deutsche Forschungsgemeinschaft bekanntgegeben.
– Maximale Immissionskonzentration (MIK-Wert); dieser ist definiert als die Konzentration des Schadstoffs in bodennahen Schichten, unterhalb derer nach heutigem Wissensstand Mensch, Tier, Pflanze und Sachgüter geschützt sind. Weil dabei sowohl akute als auch chronische Schäden zu berücksichtigen sind, gibt es Grenzwerte für halbstündige, 24stündige und jährliche Einwirkung. Sie sind in der Richtlinie VDI 2310 enthalten, sind rein wirkungsbezogene, wissenschaftlich begründete oder aus praktischer Erfahrung gewonnene Werte mit medizinischer oder naturwissenschaftlicher Indikation, die aber keine rechtliche Wirkung haben.
– Immissionswerte. Dies sind Grenzwerte, die der Gesetzgeber mit dem →Bundesimmissionsschutzgesetz (BImSchG) bzw. mit der TA Luft festgelegt hat; sie sind in der Umgebung einer Anlage einzuhalten. Es wird unterschieden zwischen Immissionswerten für Langzeiteinwirkungen IW1 und für Kurzzeiteinwirkungen IW2. Der Immissionswert IW1 wird mit dem arithmetischen Mittelwert aller Meßwerte (= Halbstundenwert bei gasförmigen Verunreinigungen) verglichen, der Immissionswert IW2 mit dem 98 %-Wert der Summenhäufigkeitsverteilung aller Meßwerte. Diese müssen von den Behörden bei der Genehmigung neuer Anlagen oder bei Erweiterungen eingehalten werden. Die Immissionswerte beziehen sich, mit Ausnahme von Staub mit einer Korngröße unter 10 µm und Schwefeldioxid, deren gleichzeitiges Auftreten in Betracht gezogen ist, auf die alleinige Wirkung der jeweiligen luftverunreinigenden Stoffe. *F. Schneider*

Immissionskonzentration, maximale (MIK-Wert) →Immissionsgrenzwerte.

Immissionsmessung. Die I. dient der Messung luftverunreinigender Stoffe bei ihrem Übertritt aus der Atmosphäre in den Umgebungsbereich von Mensch, Tier, Pflanze oder anderen Sachen, um damit den Grad der Luftverschmutzung objektiv beurteilen zu können. Die Hauptaufgaben der I. sind:
– Ermitteln der Vorbelastung in der Umgebung einer geplanten industriellen Anlage im Rahmen des Genehmigungsverfahrens. Nur wenn die Kenngrößen für die Gesamtbelastung, die aus den Kenngrößen für die Vorbelastung und für die Zusatzbelastung durch die zu genehmigende Anlage ermittelt werden, niedriger sind als die in der TA Luft festgelegten Immissionswerte, kann man eine Anlage genehmigen.
– Ermitteln der Gesamtbelastung in der Umgebung von bestehenden Anlagen im Beschwerdefall, für die Sanierung von Altanlagen und zur Erkennung anlagenspezifischer Schadstoffe.
– Erfassen der Immissionssituation in Belastungsgebieten nach dem Vorsorgeprinzip. Gemäß § 44 Abs. 2 des →Bundes-Immissionsschutzgesetzes (BImSchG) sind Belastungsgebiete definiert als Gebiete, in denen Luftverunreinigungen auftreten

oder zu erwarten sind, die wegen der Häufigkeit und Dauer ihres Auftretens, ihrer hohen Konzentration oder der Gefahr des Zusammenwirkens verschiedener Luftverunreinigungen in besonderem Maße schädliche Umwelteinwirkungen hervorrufen können. Die Ausweisung von Belastungsgebieten ist Angelegenheit der Bundesländer nach Kriterien, die vom Länderausschuß für Immissionsschutz aufgestellt werden. So ist beispielsweise das gesamte Gebiet von (West-) Berlin als Belastungsgebiet ausgewiesen, während es in Bayern acht Gebiete sind, die 4,2 % der Gesamtfläche betragen.

– Erkennen von Smogsituationen zur Einleitung von Warn-, Vorsorge-, Schutz- und Abhilfemaßnahmen. Hier werden mit Hilfe der Smog-Verordnungen der einzelnen Bundesländer bei Überschreiten festgelegter Grenzwerte Maßnahmen in verschiedenen Stufen in Kraft gesetzt, die von der einfachen Vorwarnung bis hin zum Verbot des Individualverkehrs mit Autos und zum Abschalten von Industrieanlagen reichen.

– Grundlagenermittlung zur lufthygienischen Planung;

– Feststellen der Wirkung von lufthygienischen Maßnahmen und Trendbeobachtungen.

Für das Messen in der Umgebung von Industrieanlagen ist die Stichprobenmessung geeignet. Das Meßnetz ist radial (in Hauptwindrichtung) um den (die) Emittenten angeordnet, die Messungen werden mit Meßfahrzeugen durchgeführt. Das Ergebnis ist die flächenhafte Verteilung der Immissionen.

Der zeitliche Verlauf der Immissionskonzentrationen kann nur durch Dauermessungen erfolgen. Das Meßnetz ist in einem 4-km-Raster angeordnet; die Messung wird mit ortsfesten Meßstationen oder -containern durchgeführt. Will man zusätzlich in Belastungsgebieten die flächenhafte Verteilung der Immissionsbelastung ermitteln, so erfolgt dies mittels zusätzlicher Stichprobenmessungen. Die Dauermessungen werden mit rechnergesteuerten, automatischen →Meßnetzen zur Luftüberwachung durchgeführt.

Während bei den Stichprobenmessungen in der Umgebung industrieller Anlagen die zu messenden Komponenten von der Art der Anlage abhängen, werden bei den Dauermessungen folgende Komponenten gemessen:
Schwefeldioxid (SO_2),
(Schwefelwasserstoff [H_2S]),
(Gesamtschwefel),
Kohlenmonoxid (CO),
Kohlenwasserstoffe (C_mH_n) einschließlich oder ausschließlich Methan,
Stickoxide (NO, NO_2, NO_x),
Ozon (O_3),
Staubkonzentration,
Staubniederschlag.

Hinzu kommt, zumindest an ausgewählten Orten, die Erfassung meteorologischer Daten wie Windrichtung und -geschwindigkeit, Lufttemperatur und -feuchte, Strahlungsbilanz, Niederschlag und pH-Wert.

Gemessen werden die Immissionen als
– Masse der luftverunreinigenden Stoffe bezogen auf das Volumen der (verunreinigten) Luft im Normzustand (0 °C; 1013 HPa) als Massenkonzentration in den Einheiten mg/m^3 oder g/m^3;
– bei Gasen: Volumen der luftverunreinigenden Stoffe bezogen auf das Volumen der (verunreinigten) Luft als Volumenkonzentration in den Einheiten cm^3/m^3 (ppm = parts per million) oder mm^3/m^3 (ppb = parts per billion);
– bei Staub: Anzahl der Staubpartikel bezogen auf das Volumen der verunreinigten Luft als Staubkonzentration in der Einheit 1/m^3;
– bei Staub als Staubniederschlag: Masse des niedergeschlagenen Staubs bezogen auf die Auffangfläche und auf die Meßzeit als zeitbezogene Massenbedeckung in den Einheiten g/(m$^2 \cdot$ d) oder mg/(m$^2 \cdot$ d).

Die zu messende Luft wird am Meßort über das sog. →Probenahmesystem entnommen und den einzelnen Meßgeräten für die verschiedenen Komponenten (ggf. über Filter) zugeführt. Die Meßgeräte nützen sehr unterschiedliche physikalische oder chemische Effekte zum Erfassen der Meßgröße aus.

Allen gemeinsam ist, daß sie ein elektrisches Ausgangssignal besitzen, das über einen →Analog/Digital-Umsetzer leicht digitalisiert werden kann. Die folgenden Meßverfahren für die Einzelkomponenten sind als Beispiele zu verstehen.

Zum Messen von Kohlenmonoxid (CO) wird ein nichtdispersives Infrarot-Photometer (NDIR) eingesetzt. Hierbei macht man sich die Strahlungsabsorption von Gasen zunutze. Dazu dient ein thermischer Detektor, der in den Absorptionskammern eine Druckdifferenz hervorruft, die mittels Membrankondensator in ein elektrisches Signal umgesetzt wird.

Gesamtkohlenwasserstoff (C_mH_n) einschl. Methan kann mit Hilfe eines →Flammen-Ionisationsdetektors (FID) bestimmt werden. In einer Wasserstoffflamme von 2 500–2 800 K werden die vorhandenen Kohlenwasserstoffe ionisiert. Wird nun eine Saugspannung von 100–300 V an zwei isolierten Elektroden im Gas angelegt, so kann der Sättigungsionisationsstrom als Maß für die Konzentration mit Hilfe eines empfindlichen Stromverstärkers mit extrem hohem Eingangswiderstand gemessen werden. Gesamtkohlenwasserstoff ohne Methan wird wegen seiner geringen Konzentration und zum Trennen vom Methan durch einen Chromatographen geschickt und dort angereichert. Nach dem anschließenden Austreiben durch Aufheizen auf

300–400 °C in wenigen Sekunden lassen sich die angereicherten Kohlenwasserstoffe wiederum mittels Flammenionisationsdetektors bestimmen. Zu beachten ist hier, daß Meßwerte nur diskontinuierlich anfallen und elektrisch gespeichert werden müssen.

Zum Messen des Stickoxids (NO) wird die Chemielumineszenz verwendet. Wird dem Stickoxid z. B. mittels UV-Licht erzeugtes Ozon zugemischt, so entsteht (zu ca. 10 %) angeregtes Stickdioxid, das unter Abgabe von Licht im Bereich von 600–3 200 nm in den Grundzustand zurückfällt. Dieses Licht, dessen Intensität proportional der Konzentration der Reaktionspartner ist, kann mit Hilfe eines Photomultipliers gemessen werden. Soll nicht nur NO, sondern die Summe $NO_x = NO + NO_2$ gemessen werden, so muß das Stickstoffdioxid mit Hilfe eines thermischen oder thermisch-katalytischen Konverters quantitativ zu NO reduziert werden.

Auch zum Ozonmessen wird die Chemielumineszenz verwendet, hier allerdings wird als Reaktionspartner Ethylen (C_2H_4) benutzt. Beim Bestimmen des Schwefeldioxid (SO_2) wird die Fluoreszenz verwendet. Durch Bestrahlen der verunreinigten Luft mit UV-Licht entsteht angeregtes SO_2, das unter Abgabe von (längerwelliger) Strahlung wieder in den Grundzustand zurückfällt. Diese Strahlung läßt sich wiederum mittels Photomultiplier oder Sekundärelektronenvervielfacher in ein elektrisches Signal umwandeln.

Staubniederschlag läßt sich durch Sammeln in Auffanggefäßen oder mit Haftflächen messen. Das Bergerhoff-Gerät, das zur ersten Gruppe gehört, ist in Deutschland Standardgerät. Die Expositionszeit beträgt 30 Tage, man kann nur im Labor auswerten.

Die Staubkonzentration läßt sich über die β-Strahlenabsorption von Filtern bestimmen. Hierzu wird mit einer Vergleichskammer die Absorption vor der Exposition und mit der Meßkammer während der Exposition gemessen. Bei konstantem Luftstrom ist die Schwächung der β-Strahlung direkt abhängig von der durchstrahlten Flächenmasse (Lenard'sches Gesetz).

Die von den verschiedenen Meßgeräten gelieferten Meßdaten werden zu Halbstundenmittelwerten aufsummiert. Diese Halbstundenwerte bilden die Grundlage für alle weiteren Auswertungen. Es werden daraus gebildet:
- Mittelwerte über Tag, Monat, Jahr,
- Höchstwerte über Tag, Monat, Jahr (= höchster Halbstundenwert des betrachteten Zeitraums),
- Häufigkeitsverteilungen über Monat, Jahr. Hier wird üblicherweise die Summenhäufigkeit angegeben, z. B. der 98 %-Wert.

Die daraus ermittelten Kenngrößen werden mit bestimmten →Immissionsgrenzwerten verglichen. *F. Schneider*

Literatur: *Birkle, M.:* Meßtechnik für den Immissionsschutz. München, Wien 1979. – Technische Anleitung zur Reinhaltung der Luft (TA Luft) vom 27. Februar 1986. Köln, Berlin, Bonn, München.

Impedanzwandler →Spannungsfolger

Impulsglied. Das I. oder Laufzeitglied ist Grundglied der →Steuerungstechnik. Es besitzt monostabiles Verhalten und erzeugt, aufgrund des Wechsels eines binären Eingangssignales (dynamisches →Signal), z. B. Wechsel von L (**L**ow) nach H (**H**igh) bzw. positive Flanke, oder Wechsel von H nach L negative bzw. Flanke, ein binäres Ausgangssignal bestimmter Zeitdauer. Die Zeitdauer dieses auch als Kippglied bezeichneten Elementes kann fest oder einstellbar sein.

Mit diesem Grundglied können Signale in ihrer zeitlichen Dauer verkürzt oder verlängert werden. Im Bild sind →Schaltfolgeplan und Funktionsplansymbol beispielhaft dargestellt. *Freyberger*

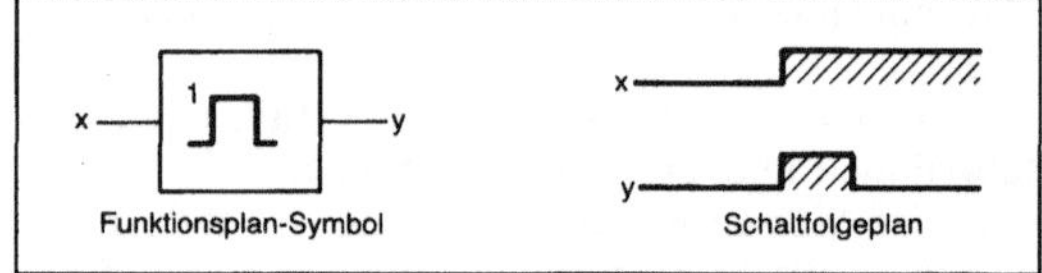

Impulsglied: I. – Symbol und vereinfachter Schaltfolgeplan

Impulshöhenanalyse. Gewisse →Strahlendetektoren, z. B. →Ionisationskammern, →Proportionalzählrohre, Szintillationszähler und →Halbleiterdetektoren liefern Signale, deren Höhe von der Energie der einfallenden Quanten oder Teilchen abhängt. Damit lassen sich über eine Messung der Impulshöhe die die Strahlung aussenden Nuklide identifizieren.

Die I. ermittelt, welche Impulshöhen mit welcher Häufigkeit auftreten. Im einfachsten Fall werden für diese Aufgaben Diskriminatoren verwendet. Ein größeres →Auflösungsvermögen bietet der Vielkanalanalysator. In ihm wird der Maximalwert eines Impulses gespeichert, abgetastet und ins digitale Datenformat umgesetzt. Jedem digitalen Wert sind Speicherzellen zugeordnet, in denen die Anzahl der aufgetretenen Impulse einer bestimmten Höhe festgehalten wird (→Amplitudenverteilung, Gamma-Spektroskopie). Auf einem Bildschirm oder mit einem Plotter können die in einer bestimmten Zeit aufgelaufenen Speicherinhalte in Abhängigkeit von den Impulshöhen dargestellt werden. Auf diese Weise erhält man eine Darstellung der Impulshöhenverteilung in Form eines Histogramms (Impulshöhen-Spektrum) (Bild). Für genaue quantitative Auswertungen können die einzelnen Kanäle ausgewählt und der Speicherinhalt digital angezeigt werden. *Wachsmann*

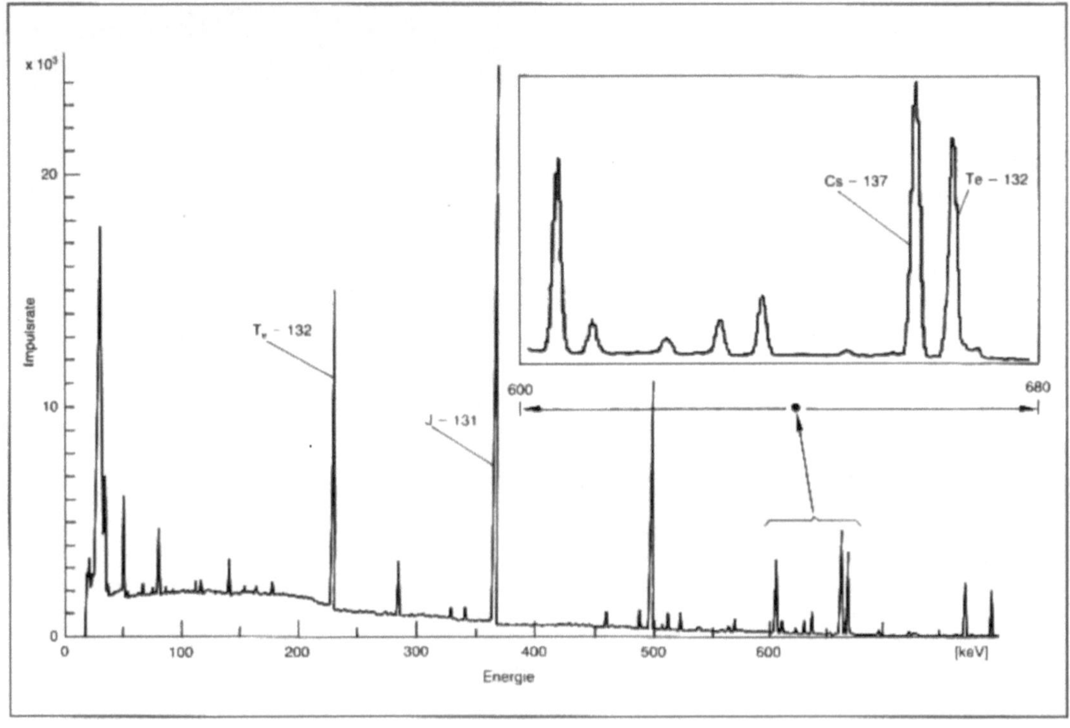

Detektor: Reinstgermanium, Auflösung 1,83 keV, Kanalzahl 8000, Kanalspeicherkapazität 2^{23} (= etwa 8.10^6)

Impulshöhenanalyse: Gammaspektrum aufgenommen mit einem Vielkanalanalysator. (Quelle: EG & G Ortec)

Impulssignal. I. sind zeitlich begrenzte binäre Signale. Die zeitliche Dauer (Impulsdauer) und der Amplitudenverlauf charakterisieren das →Signal. Die Amplitude der I. kann unipolaren oder bipolaren Verlauf aufweisen. Liegt die Impulsdauer unterhalb bzw. im Bereich der Laufzeit der Steuerungselemente, so spricht man auch von Wischimpuls oder →Wischsignal.

Entstehen die I. unkontrolliert (sog. Hazards), z. B. aufgrund von Laufzeiteffekten in asynchron arbeitenden Verknüpfungsnetzwerken von Steuerungen, ist im allgemeinen fehlerhaftes Verhalten die Folge. *Freyberger*

In-Circuit-Test. Verfahren zur Prüfung von Elektronikbaugruppen, bei dem die Einzelbauelemente nacheinander überprüft werden.

Das Prinzip des I.-C.-T. besteht darin, die Bauelemente einer Baugruppe einzeln nacheinander zu überprüfen. Ziel sind besonders die →Fertigungsfehler wie Bestückungsfehler (fehlende, falsche, verdrehte Bauelemente), Verbindungsfehler (Kurzschlüsse, Unterbrechungen) und Bauelementedefekte durch die Fertigung (Überhitzung, statische Aufladung, mechanische Beschädigung) oder Fehler bereits an den unbestückten Bauelementen (ungenügende Wareneingangskontrolle). Mit dem Fehler ist der Fehlerort und damit das defekte Bauelement gefunden (→Fehlersuche). Da jedoch das Verhalten der Bauelemente zueinander nicht geprüft werden kann, bleibt ein Restfehleranteil von bis 10–20 % der möglichen Gesamtfehler übrig. Diese Fehler liegen vor allem im parametrischen und dynamischen Bereich und sind nur über eine →Funktionsprüfung zu erfassen.

Um das einzelne Bauelement gegenüber den anderen im Schaltungsverbund für die Prüfung zu isolieren, sind verschiedene Verfahren im Einsatz: Knotenimpedanz-Messung (→Bestückungsprüfung) und →Guarding-Technik für Analogprüfungen sowie →Backdriving und digitales Guarding (Guarding-Technik) für Digitalprüfungen. Alle Verfahren haben gemeinsam, daß zur Kontaktierung der Bauelementeanschlüsse auf der Baugruppe →Nadeladapter verwendet werden.

Die →Prüfperipherie (→Prüfautomaten) der In-Circuit-Test-Automaten besteht im wesentlichen aus dem drei- bis sechspoligem Schaltfeld und der Meßeinheit für Analogprüfungen sowie der →Pinelektronik, der Prüflingsspannungsversorgung und einer Meßeinheit für Zeit- und Frequenzmessungen für Digitalprüfungen (Bild). Für große Baugruppen sind über 1000 Anschlüsse an Schaltfeld (→Relais-Matrix) bzw. Pinelektronik vorhanden.

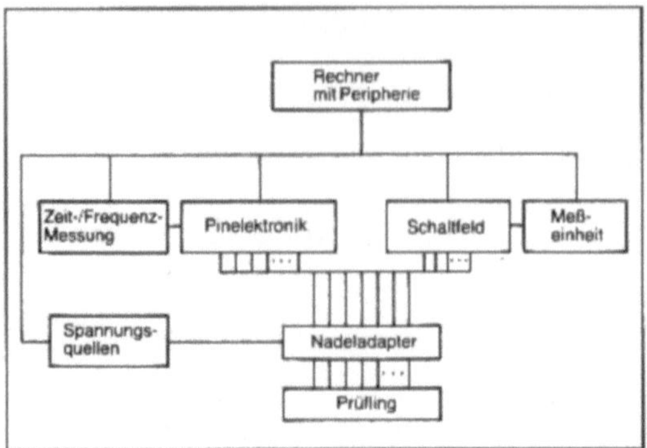

In-Circuit-Test: Prüfperipherie.

Die Betriebssoftware enthält für die →Prüfvorbereitung automatische Prüfprogrammgeneratoren, Bauelementebibliotheken mit den Testroutinen der Standardbauelemente (besonders digitale IC) und Netzwerkanalysatoren zur automatischen Auffindung der Guardpunkte. Die Eingabe der Schaltungsparameter (Knoten, Bauelementewerte, Toleranzen, Adapterzuordnung) erfolgt mit einer einfachen Beschreibungssprache. *Mettler*

Literatur: *Reuber, W.*: In-Circuit-Testen mit Konzept. ELEKTRONIK 23 (1982), S. 49–52 und ELEKTRONIK 24 (1982), S. 75–79.

In-Circuit-Test, digitaler. Anwendung des →In-Circuit-Tests im digitalen Bereich. Es werden digitale Signale an den Eingängen der einzelnen Bausteine einer →Leiterplattenbaugruppe eingeprägt (→Backdriving) und die Ausgänge überprüft. Der d. I.-C.-T. erfolgt bei angelegter Betriebsspannung. Analog zu den →Guarding-Techniken im analogen Bereich wird ein ‚digitales Guarding' angewandt, d. h. es werden z. B. mit zusätzlichen Adapterpins Bausteine, die das Einspeisen von Signalen an Bus-Leitungen u. U. stören, inaktiv geschaltet (‚disabled', ‚inhibited') oder es werden z. B. Rückkopplungsschleifen in einer Schaltung unterbrochen. Bestimmte →Design-for-testabilty (DFT)-Maßnahmen werden bei der Anwendung des d. I.-C.-T. vorausgesetzt.

Die Prüfprogrammerstellung erfolgt jeweils nur für einzelne Bausteine. Diese einzelnen Prüfprogramme werden in einer eigenen →Prüfprogrammbibliothek zur Verfügung gestellt, so daß der Aufwand für die Prüfprogrammerstellung erheblich reduziert werden kann. Beim d. I.-C.-T. dürfen bezüglich des backdriving bestimmte Ströme/Zeiten nicht überschritten werden, um Schädigungen des Prüflings auszuschließen.

Die auf die einzelnen Bausteine bezogene Prüfung ist in der Regel unvollständig, sie muß i. d. R. um einen Funktionstest oder →Systemtest ergänzt werden (→Clusterprüfung). *Winter*

In-Circuit-Test, digitaler: Baugruppenprüfung mit einem In-Circuit-Prüfgerät. (Quelle: Schlumberger)

Induktions-Drehzahlgeber →Drehzahlmessung

Induktions-Durchflußmesser. Der I.-D. verwendet als Meßprinzip das Induktionsgesetz. Im Fluid vorhandene Ladungsträger (Ionen) mit der Ladung q werden durch ein senkrecht zur Bewegungsrichtung liegendes Magnetfeld mit der Kraft $F_m = q \cdot v \cdot B$ zur Seite abgelenkt (Bild). Dadurch entsteht ein elektrisches Feld E, das auf die Ladungsträger die Kraft $F_e = q \cdot E$ ausübt und an zwei senkrecht zum Magnetfeld angebrachten Elektroden (im Abstand des Rohrdurchmessers D) als Spannung U abgegriffen werden kann. Ist die Strömungsgeschwindigkeit v konstant, so läßt sich der Durchfluß Q als Produkt dieser Geschwindigkeit und dem Rohrquerschnitt berechnen. Es ergibt sich

$$Q = \frac{\pi}{4} \cdot \frac{D}{B} \cdot U$$

d. h. ein linearer Zusammenhang zwischen abgegriffener Spannung und Durchfluß. Die Spannung U liegt in der Größenordnung von einigen mV. Erschwerend kommt hinzu, daß I. hochohmige Quellen sind, so daß der nachfolgende →Meßverstärker einen sehr großen Eingangswiderstand besitzen muß. Ist das Magnetfeld ein Gleichfeld, so

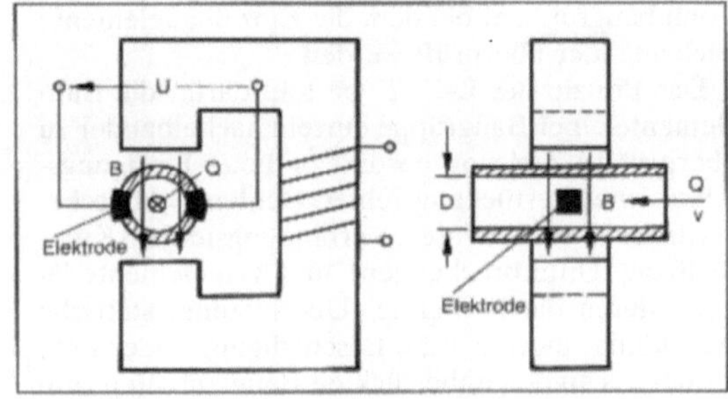

Induktions-Durchflußmesser: Prinzipieller Aufbau.

überlagern sich der induzierten Meßspannung Polarisationsspannungen, die u. U. ein Mehrfaches des Nutzsignals betragen können. Zum Ausschalten dieser Störsignale verwendet man neben Wechselfeldern getaktete, umgeschaltete Gleichfelder, deren Periodendauer groß ist gegenüber der Netzfrequenz, aber kurz genug, daß noch keine Polarisationsspannungen auftreten. Ferner wird die Meßzeit so gewählt, daß die während des Umschaltens auftretenden Störspannungen vorher abgeklungen sind. Neben der →Linearität hat der I.-D. den Vorteil, daß kein Druckverlust durch Blenden oder Düsen eintritt. Die Meßgenauigkeit ist hoch (<1% vom angezeigten Wert zwischen 10 und 100% des Meßbereichs). Besonders hervorzuheben ist die Möglichkeit, auch stark verschmutzte Flüssigkeiten, Flüssigkeiten mit hohen Festkörperanteilen, Pasten, Säuren und Basen zu messen (so lange sie eine Mindestleitfähigkeit von ca. 0,05 μS/cm nicht unterschreiten).

F. Schneider

Induktionsmeßwerk →Arbeitsmessung

Induktivitätsmessung. Die Induktivität einer →Spule mit konstanter Permeabilität im Bereich des Magnetfelds (also z. B. ohne Eisenkern) hat einen festen Wert L. Einem Wechselstrom mit der festen Frequenz f setzt die Spule den Blindwiderstand $X = 2\pi f \cdot L$ entgegen. Bei ferromagnetischem Kern ist die Induktivität der Spule vom →Arbeitspunkt abhängig. Der Wicklungswiderstand der Spule liefert einen gewissen Beitrag zum Scheinwiderstand, so daß man eigentlich die Blind- und die Wirkkomponente einer Spule gesondert erfassen müßte.

Ähnliches gilt für den Ableitwiderstand eines nichtidealen Kondensators. Bei den induktiven und den kapazitiven Aufnehmern wird allerdings nur der Betrag des Blindwiderstands ($2\pi f \cdot L$ bzw. $1/(2\pi f \cdot C)$) als Maß für die nichtelektrische Größe genommen. Der →Verlustwinkel beschreibt die Größe der Abweichung vom idealen Blindwiderstand.

Die Messung von Blindwiderständen ist durch Anlegen einer Sinusspannung bekannter und konstanter Frequenz möglich. Wenn man ähnlich wie bei der →Widerstandsmessung gleichzeitig die angelegte Spannung U und den durchfließenden Strom I mißt, erhält man bei hinreichend kleinem Verlustwinkel

$$|Z_x| = \left|\frac{U}{I}\right| = 2\pi f \cdot L_x \text{ bzw. } = \frac{1}{2\pi f \cdot C_x}$$

und daraus die Größe von L_X bzw. C_X.

Wenn ein Referenzelement (L_{ref}, C_{ref}) zur Verfügung steht, so kann der gesuchte Blindwiderstand bei gegebener Wechselspannung aus einem Vergleich der Ströme oder bei gegebenem Wechselstrom aus einem Vergleich der abfallenden Spannungen ermittelt werden.

Mit Hilfe verschiedener →Meßbrücken lassen sich Blindwiderstände gut erfassen. Diese Meßbrücken arbeiten entweder im Ausschlagverfahren (meist angewandt, wenn der Blindwiderstand Abbild einer anderen Meßgröße ist, die weiterverarbeitet werden muß), oder im Abgleichverfahren (eher für Anwendungen im Labor).

Der Abgleich kann auch automatisch sein, z. B. bei den käuflichen RLC-Meßbrücken, die gleichzeitig alle interessierenden Parameter einer Impedanz messen und anzeigen.

Man kann den unbekannten Blindwiderstand (L_x, C_x) auch zusammen mit einem Referenzelement (C_{ref}, L_{ref}) in einem →LC-Oszillator betreiben und aus der Resonanzfrequenz $f_r = \frac{1}{2\pi\sqrt{L \cdot C}}$ auf L_x bzw. C_x schließen.

Hammerschmidt

Informationsdarstellung auf Bildschirmen. Darstellung von zur Führung eines Prozesses momentan wichtigen, meist hierarchisch strukturierten Informationen in – im allgemeinen farbigen – Videobildern. Das Prozeßgeschehen läßt sich sowohl in vorgestalteter Form (→Darstellung, vorgestaltete in Videobild) als auch in Fließbildform (→Fließbilddarstellung [Videobilder]) darstellen. Hierarchisch strukturiert können für beide Formen Anlagen-, Bereichs-, Gruppen- und Kreisbilder vorgesehen sein. Aktiv läßt sich auf den Prozeß nur von den unteren Hierarchieebenen über Leitfelder einwirken. In oder neben den Leitfeldern stehen ausführliche aktuelle Informationen über den jeweils angewählten, kleineren Prozeßabschnitt. Um bei der Führung dieser Prozeßabschnitte nicht den Überblick über den Gesamtprozeß zu verlieren, ist im oberen Teil der Videobilder meist eine Bereichsübersicht oder ein Meldefeld angeordnet. Da auch der Dialog mit dem Prozeß vom Bildschirm gestützt oder mittels virtueller Tasten gar über ihn geführt wird, ist entsprechender Platz für Dialogzeilen vorgesehen, und die Videobilder sind meist in Meldefeld oder Bereichsübersicht, Darstellungsfeld und Dialogzeile (Bild) gegliedert.

Neben der eigentlichen Führung des Prozesses kann über den gleichen oder über einen parallelen Bildschirm auch das →Prozeßleitsystem konfiguriert werden. Geschieht das on-line, so bleibt auf dem Bildschirm die Bereichsübersicht oder das Meldefeld eingeblendet, um bei Grenzwertüberschreitungen oder anderen Meldungen rechtzeitig zum Bedienungsdialog zurückschalten und der →Störung entgegenwirken zu können (→Videobild).

Strohrmann

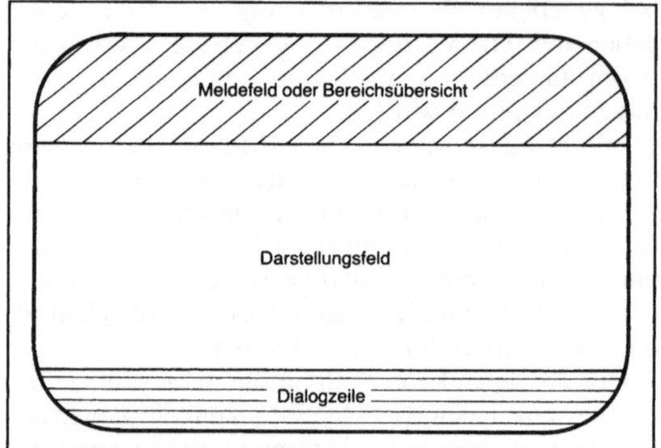

Informationsdarstellung auf Bildschirmen: Aufteilung von Videobildern auf Bildschirmen. In der Dialogzeile werden Eingabedaten dargestellt, um sie vor der Übernahme in das Prozeßleitsystem noch einmal überprüfen zu können.

Instrumentenverstärker. Der I. (*engl.* instrumentation amplifier, Instrumentationsverstärker, Instrumentierungsverstärker) dient zur hochohmigen Messung der Differenz zweier Spannungen. Er ist aus gegengekoppelten Operationsverstärkern, aus zwei Elektrometer-Verstärkern und einem Subtrahier-Verstärker aufgebaut (Bild). Häufig wird er z. B. in Brückenschaltungen zur Verstärkung der Diagonalspannung eingesetzt.

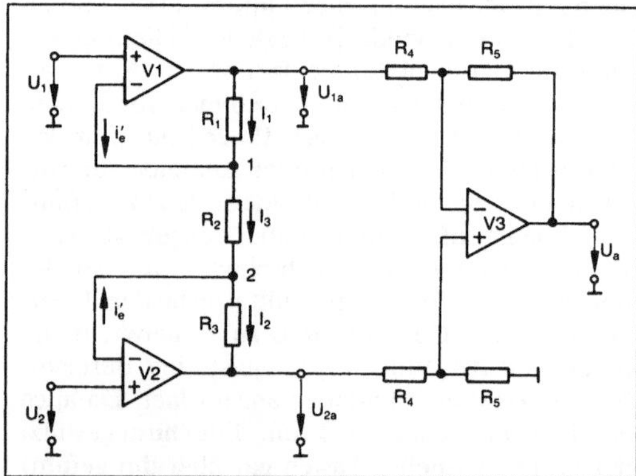

Instrumentenverstärker: Prinzipieller Aufbau.

Die Ausgangsspannung U_a des I.-V. ist proportional der Differenz der Eingangsspannungen U_1 und U_2. Für $R_1 = R_2$ wird

$$U_a = -\frac{R_5}{R_4}\left(1 + \frac{2R_1}{R_3}\right)(U_1 - U_2).$$

Die drei →Verstärker des instrumentation amplifier sind auf einem Chip integriert. Sie sind weitgehend gleich aufgebaut und im Betrieb denselben Umgebungs- und Temperaturbedingungen ausgesetzt. Die Offsetgrößen werden sich daher nach dem Abgleich nur gleichsinnig ändern (→Offset). Die Offsetspannungen der →Elektrometer-Verstärker V_1 und V_2 gehen als Differenz in das Gesamtergebnis ein und kompensieren sich so weitgehend. Damit kann nur noch die Offsetspannung des Verstärkers V_3 zu einem Fehler führen. Um ihn gering zu halten, ist die Verstärkung von V_3 (R_5/R_4) klein und die der Elektrometer-Verstärker ($1 + 2R_1/R_3$) möglichst groß zu wählen. Dies ist durch eine geeignete Dimensionierung der Widerstände leicht möglich. *Schrüfer*

Integrationsverstärker. Der I. ist ein →Meßverstärker (invertierender →Operationsverstärker) mit einer Kapazität C in der Gegenkopplung (Bild), so daß seine Ausgangsspannung u_a proportional dem über die Zeit integrierten Eingangsstrom i_e bzw. der über die Zeit integrierten Eingangsspannung u_e ist:

$$u_a = -\frac{1}{C}\int_0^t i_e dt,$$

$$u_a = -\frac{1}{RC}\int_0^t u_e dt.$$

Da das Produkt aus Strom und Zeit eine Ladung ergibt, wird der Integrierer auch als ladungsempfindlicher Verstärker oder Ladungsverstärker bezeichnet. *Schrüfer*

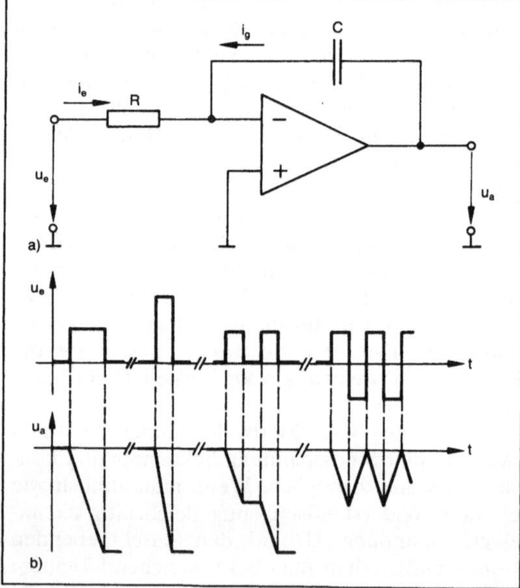

Integrationsverstärker: Integrieren mit dem Umkehrverstärker.
a) Schaltung und
b) Signale.

Integrierte Optik →Optik, integrierte

Interferometer. Meßgerät zur hochauflösenden inkrementaler →Längenmessung (Bild). Der Strahl einer Laserlichtquelle wird aufgeweitet, geteilt und in einem feststehenden und einem beweglichen Prisma reflektiert. Die reflektierten Lichtbündel überlagern sich, und senkrecht zur Zeichenebene entstehen Interferenzringe, die von zwei gegeneinander versetzten →Photodetektoren erfaßt werden. Wird das bewegliche Prisma verschoben, so laufen die Ringe nach innen oder außen. Die Detektoren zählen die Hell-Dunkel-Übergänge und bewerten zusätzlich die Richtung. Die Verschiebung s des beweglichen Prismas ergibt sich aus der Zahl der Nulldurchgänge m und der Wellenlänge λ zu

$$s = m\,\frac{\lambda}{2}$$

Das →Auflösungsvermögen ist bei diesem inkrementalen Zählverfahren halb so groß wie die Wellenlänge des benutzten Lichts. Wird noch die Phasenverschiebung der beiden Lichtsignale ausgewertet, so können Verschiebungen von etwa 0,02 λ aufgelöst werden. *Hammerschmidt*

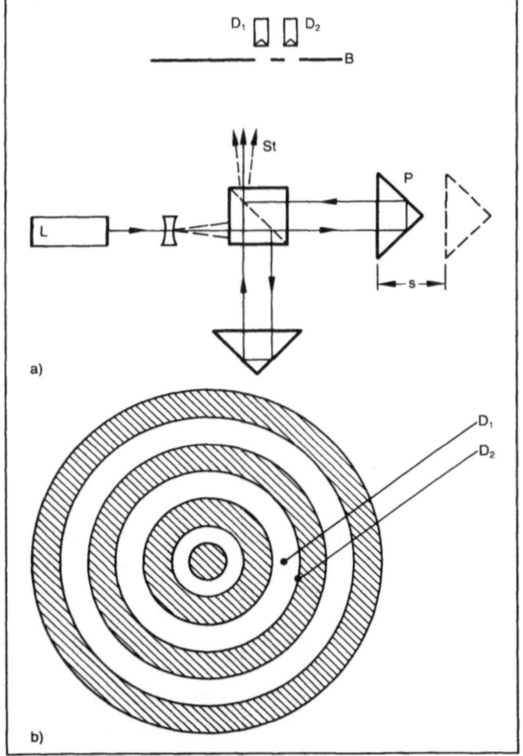

Interferometer: Schematische Darstellung
a) I. mit Lichtquelle L, Strahlteiler St, beweglichem Prisma P, Blende B und zwei Photodetektoren D_1 und D_2
b) Interferenzmuster in der zum Meßtisch senkrechten Ebene.

Literatur: *Schrüfer, E.:* Elektrische Meßtechnik, München 1990.

Interferometer, faseroptisches. Ein optisches →Interferometer, bei dem die interferierenden Lichtströme in Glasfasern geführt werden. Seine wichtigsten Anwendungen findet es in der Form intrinsischer faseroptischer Sensoren, z. B. für Druck oder Druckänderungen (Hydrophon), für elastische Faserdehnungen (Magnetometer) sowie für Drehungen (→Gyroskop).

Die Grundform eines Zweistrahl-f.I. entspricht der klassischen Interferometer-Anordnung nach Mach-Zehnder (Bild). Der Lichtstrom einer Quelle wird in einem faseroptischen Richtkoppler in zwei Teillichtströme aufgespalten, die sich in zwei Glasfasern entlang verschiedener Wege ausbreiten. Signalfaser und Referenzfaser stellen die Arme des Interferometer dar. Die Meßgröße wirkt nur auf die Signalfaser ein. Jede Änderung der Meßgröße erzeugt eine Phasendifferenz φ der Teillichtströme. In einem zweiten Richtkoppler werden diese wieder überlagert und zur Interferenz gebracht. Dadurch wird φ in entsprechende Leistungsänderungen der Ausgangslichtströme $I_1 = I \sin\varphi$ und $I_2 = I \cos\varphi$ umgesetzt. Diese werden von Photodioden detektiert und zur Anzeige gebracht. Eine Phasenänderung der Größe 2π (verursacht etwa durch eine Längenänderung der Signalfaser entsprechend einer optischen Wellenlänge in der Faser) ergibt also einen vollen Hell/Dunkel-Wechsel der Ausgangslichtströme.

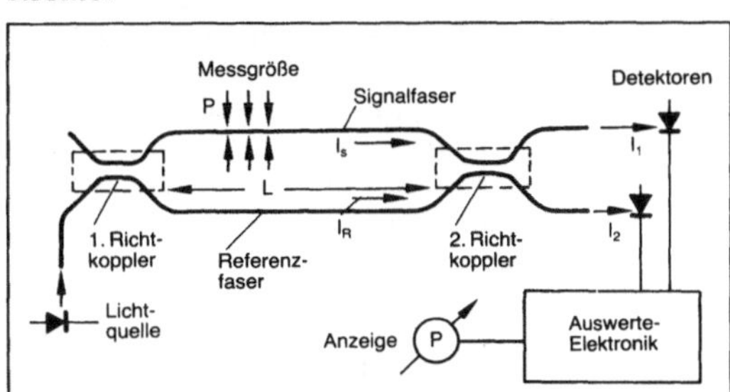

Interferometer, faseroptisches: Schematischer Aufbau eines f. I. als faseroptischer Sensor zur Erfassung hydrostatischer Druckänderungen. Eine Druckänderung p bewirkt in der Signalfaser eine elasto-optische Phasenänderung φ, die interferometrisch ausgewertet und angezeigt wird.

Wegen dieser periodischen Abhängigkeit von φ stellt ein f. I. allgemein einen inkrementalen Sensor dar. Durch Zählung ganzer Perioden und Interpolation von Perioden-Bruchteilen werden sehr hohe Auflösungen erreicht. Zur Erfassung der Richtung von Signaländerungen kann ein Quadratursignal verwendet werden.

Für einen hohen Kontrast der Interferenz ist es typisch erforderlich, für die Arme eines f. I. →Monomodefasern zu verwenden und als Lichtquelle einen →Laser.

Andere Formen f. I. entsprechen den klassischen Zweistrahl-Anordnungen nach *Michelson* und *Sagnac* (Gyroskop), sowie der Vielstrahl-Interferometer-Anordnung nach *Fabry-Perot*. Ferner können auch faseroptische Sensoren mit polarisations-optischer Modulation als f. I. aufgefaßt werden, bei denen die beiden Arme des Interferometers räumlich zusammenfallen, sich aber durch ihre Polarisationszustände unterscheiden. *Ulrich*

Interferometer, optisches. Meßinstrument zur Untersuchung der Eigenschaften von Licht, von Materialien sowie geometrischer und anderer Meßgrößen.

In o. I. nutzt man die Interferenzerscheinungen aus die auftreten, wenn zwei oder mehr Lichtwellenzüge räumlich und zeitlich zur Überlagerung gebracht werden. Die Wellen können sich dabei mehr oder weniger stark auslöschen (destruktive Interferenz) oder sich gegenseitig verstärken (konstruktive Interferenz). Die bekannteste Interferenzerscheinung sind die sog. Farben dünner Plättchen, die z. B. ein Ölfilm auf Wasser zeigt.

Allgemeine Voraussetzung für das Auftreten von Interferenzen ist die Kohärenz der beteiligten Wellenzüge, d. h. ihre Interferenzfähigkeit. Sie ist nur dann gegeben, wenn die Wellenzüge gleiche Wellenlänge (Frequenz), gleiche Polarisationen und eine während der Beobachtungszeit konstante Phasendifferenz besitzen. Dies wird dadurch erreicht, daß die zu überlagernden Wellenzüge aus derselben Lichtquelle abgeleitet werden.

Ein o. I. (Bild) umfaßt deshalb grundsätzlich einen Strahlteiler ST, der das von der Quelle LQ kommende Licht in eine oder mehrere Teilwellen zerlegt, und einen Strahlvereiniger SV, der die Teilwellen wieder überlagert. Typisch werden hierfür teildurchlässige Spiegel verwendet. Strahlteilung und -Vereinigung in einem o. I. können auch von demselben optischen Bauelement wahrgenommen werden. Je nach Zahl der Teilwellen unterscheidet man Zweistrahl-Interferometer und Vielstrahl-Interferometer. Die Lichtwege zwischen Strahlteiler und -Vereiniger werden als die Arme des o. I. bezeichnet. Der Strahlengang in den Armen kann durch Umlenkspiegel in vielfältiger Weise gestaltet werden. Interferenzerscheinungen werden typisch dann beobachtet, wenn die Arme verschiedene optische Längen besitzen, wenn also zwischen den interferierenden Teilwellen ein Wegunterschied s besteht. Die Interferenz hängt dann vom Phasenunterschied $\varphi = 2\pi ns/\lambda$ der Teilwellen ab. Hier bedeutet n den optischen →Brechungsindex und λ die Lichtwellenlänge im freien Raum. Die Erfassung der Interferenzen in den Überlagerungsbereichen an den Ausgängen A1, A2 des o. I. kann visuell, pho-

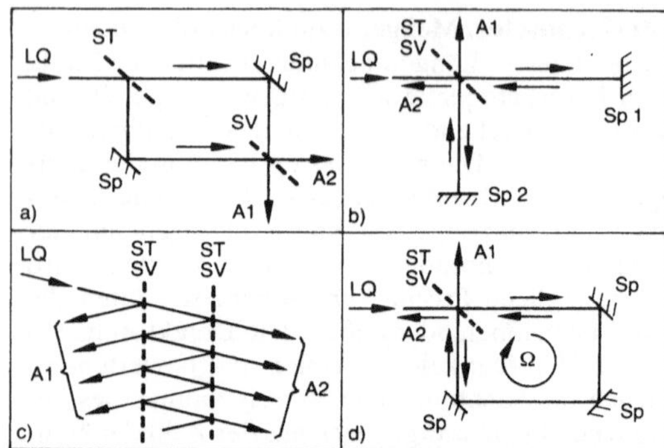

LQ Lichtquelle, ST Strahlteiler, SV Strahlvereiniger, Sp Spiegel zur Strahlumlenkung, A1, A2 Ausgänge (Überlagerungsbereiche) des Interferometers

Interferometer, optisches: Schematischer Strahlengang in verschiedenen Typen o. I., nach
a) Mach-Zehnder
b) Michelson
c) Fabry-Perot
d) Sagnac.

tographisch oder durch optoelektronische Empfänger erfolgen. In besonders einfachen Fällen sind die Lichtleistungen an den Ausgängen A1, A2 proportional zu $\sin^2\varphi$ und $\cos^2\varphi$.

Die meßtechnischen Anwendungen o. I. sind zahlreich. Sie zeichnen sich allgemein aus durch hohe Auflösung, Meßgeschwindigkeit, hohe absolute und relative Genauigkeiten sowie dadurch, daß die Messung in vielen Fällen berührungslos erfolgt, sodaß praktisch keine Rückwirkung auf das Meßobjekt erfolgt.

Wichtige Anwendungen finden o. I. bei der →Längen- und Winkelmessung, z. B. beim interferometrischen Längenvergleich mit Endmaßen. Mit dem *Michelson*-Interferometer (Bild) kann eine unbekannte Länge dadurch gemessen werden, daß der Spiegel SP1 in der Lichtausbreitungsrichtung um die zu messende Strecke verschoben wird. Gleichzeitig werden die an den Ausgängen resultierenden periodischen Helligkeitsvariationen (Interferenzen) optoelektronisch erfaßt und ausgewertet. Eine Periode entspricht dabei einer Änderung des Wegunterschiedes um eine Lichtwellenlänge, also einer Spiegelverschiebung um eine halbe Wellenlänge. Zur genauen Maßverkörperung wird als Lichtquelle ein →Laser mit wohldefinierter Wellenlänge verwendet, z. B. ein HeNe-Laser. Es lassen sich noch Längenunterschiede von 10^{-9} m und darunter auflösen.

Eine andere meßtechnische Anwendung o. I. ist die Untersuchung hochwertiger Oberflächen (z. B. Teleskopspiegel, Linsen, Substrate der Halbleitertechnologie, etc.) im Hinblick auf lokale und globale Abweichungen ihrer Oberflächenform von einer Sollform. Dazu wird die zu untersuchende Oberfläche als Spiegel eines o. I. eingesetzt, z. B. in ein *Michelson*-Interferometer (Bild b) anstelle von Sp1, und eine Referenzfläche, welche die Sollform besitzt, anstelle von Sp2. Als Lichtquelle dient wieder ein Laser. Bei Beobachtung an den Ausgängen des Interferometers sieht man Interferenzstreifen, deren Form und Lage Aufschluß über die bestehenden Abweichungen gibt.

Des weiteren werden o. I. zur Bestimmung optischer Materialeigenschaften verwendet, speziell des optischen Brechungsindex durchsichtiger Medien. Da der Brechungsindex eine (bei gegebener Wellenlänge und Temperatur) charakteristische Stoffgröße ist, kann von ihm auf Verunreinigungen, auf die Konzentration von Gemischen, auf Inhomogenitäten, innere Spannungen und andere allgemeine oder lokale Materialeigenschaften geschlossen werden. Der Brechungsindex wird gemessen, indem das zu untersuchende Material in einen Arm des Interferometers eingebracht wird, z. B. vom Typ *Mach-Zehnder* oder *Michelson*. Das Material ändert den optischen Phasenunterschied φ des o. I. und damit die Interferenz am Ausgang. Die Auswertung der Änderungen erlaubt Bestimmungen des Brechungsindex mit Genauigkeiten bis zu 10^{-7}.

Das *Sagnac*-Interferometer dient zur Messung absoluter Drehungen. Bei ihm durchlaufen die beiden Teilwellen in den Armen des o. I. denselben Lichtweg in entgegengesetzten Richtungen. Ein Phasenunterschied entsteht erst dann, wenn das Interferometer als ganzes eine Drehung ausführt. Eine genaue Erklärung dieses sog. *Sagnac*-Effektes ist nur mit Hilfe der allgemeinen Relativitätstheorie möglich. Das Sagnac-Interferometer findet meßtechnische Anwendung in der →Navigation zur Messung des Drehungsanteiles von Fahrzeugbewegungen (→Gyroskop).

Neue Anwendungen in der Meßtechnik finden o. I. seit einigen Jahren in Form faseroptischer →Interferometer. *Ulrich*

Internationales Einheitensystem →Einheiten des SI

Ionenleiter. Festkörper, bei denen der Ladungstransport nicht über Elektronen, sondern über Ionen erfolgt (→Feststoffelektrolyt). I. werden zur Herstellung von →Gassensoren, insbesondere →Sauerstoffsensoren, eingesetzt. *Schaumburg*

Literatur: *Schaumburg, H.:* Werkstoffe und Bauelemente der Elektrotechnik. Bd. 1: Werkstoffe. Stuttgart 1990.

Ionisations-Rauchmelder →Brandmelder

Ionisationskammer. Eine I. besteht aus zwei Elektroden, deren Zwischenraum mit einem ionisierbaren Gas, wie z. B. Luft oder Argon, gefüllt ist (Bild 1). Die Elektroden werden an eine Spannung gelegt, so daß sich ein elektrisches Feld aufbaut. Trifft eine Alpha-, Beta- oder Gamma-Strahlung das Gas, so werden dessen Atome ionisiert. Das elektrische Feld trennt die entstandenen Ladungen. Diese fließen zu den Elektroden ab und bilden den im Außenkreis meßbaren I.-Strom I_m.

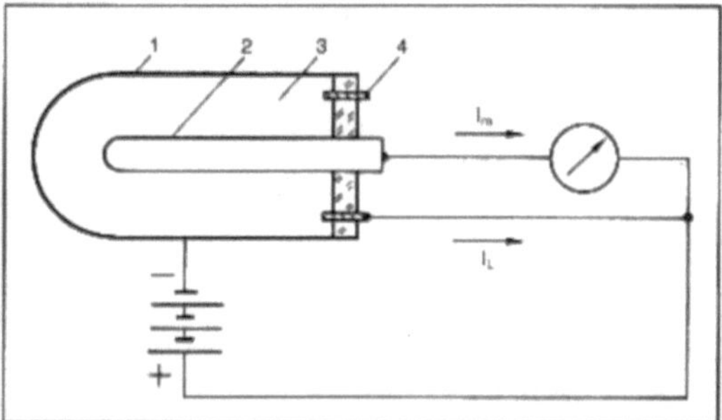

Ionisationskammer 1: Prinzipieller Aufbau.

1) Außenelektrode, 2) Innenelektrode, 3) Gasfüllung, 4) Schutzring.

Der I.-Strom steigt zunächst mit der an der Kammer liegenden Spannung, bis alle primär gebildeten Ladungsträger die Elektroden erreicht haben. Von da an ist dann der I.-Strom nur noch abhängig von der in der Kammer erzeugten Ladung. Er ist somit ein Maß für die Dosisleistung $\dot{D}$ der auftreffenden Gamma-Strahlung (Bild 2). Die I. werden so insbesondere im Strahlenschutz zur Messung und Überwachung der Dosisleistung und Dosis verwendet (→Ionisationskammer-Dosimeter). *Schrüfer*

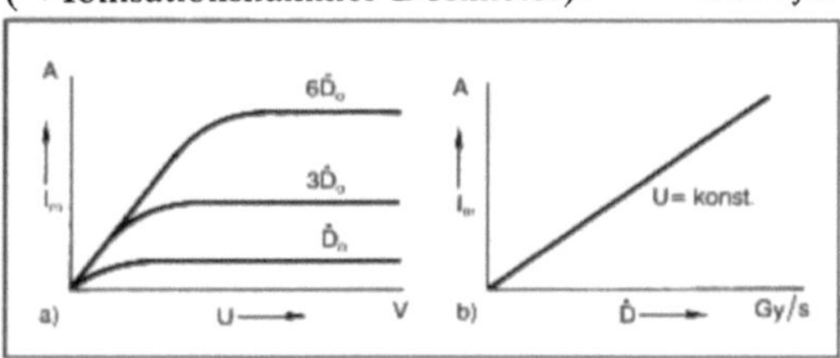

Ionisationskammer 2: I(U)-Kennlinie (a) und I(D)-Kennlinie (b) einer I.

Ionisationskammer-Dosimeter. Ein I.-D. besteht aus einer →Ionisationskammer und dem zugehörigen →Anzeigegerät für die erhaltene Dosis.

Die Ionisation in Luft ist ein gutes Maß für die Ionisation in Weichteilgeweben des Körpers (Muskel oder Organgewebe), da die effektive Ordnungszahl der Luft mit 7,64 nahezu gleich der von Wasser mit 7,42 ist und diese weitgehend der von Weichteilgeweben entspricht. Um Wandeinflüsse zu vermeiden, wird die Ionisationskammer vorwiegend aus sog. gewebeäquivalentem Material gefertigt, aus einem Material, dessen effektive Ordnungszahl auch praktisch gleich der von Luft oder Wasser ist.

Das zum I.-D. gehörende Anzeigegerät enthält die Vorrichtung zur Spannungsversorgung der Ionisationskammer, die elektrischen oder elektronischen Mittel zum Messen der von der Dosimetersonde gesammelten Ionenladung, entweder nach der Auflademethode, Entlademethode, Strommeßmethode oder Kompensationsmethode, und die Vorrichtung zum Anzeigen des Meßwerts.

Gemessen wird der von der Meßkammer gelieferte Strom, der der Dosisleistung proportional ist. Wird der Strom integriert, das heißt z. B. zum Auf- oder Entladen eines Kondensators benützt, so kann die aufgelaufene Dosis direkt angezeigt werden.

Ionisations-Dosimeter sind je nach ihrer Bauart für Photonenstrahlung im Energiebereich von 5 keV bis 50 MeV, für Elektronenstrahlung im Energiebereich von 200 keV bis 50 MeV und für Energiedosisleistungen von etwa 1 mGy/h bis 10 000 Gy/h geeignet. Die Energieabhängigkeit der Ionisationskammern und ihre →Genauigkeit muß dabei den in DIN 6817 und 1818/2 vorgegebenen Fehlergrenzen genügen (Bild 1).

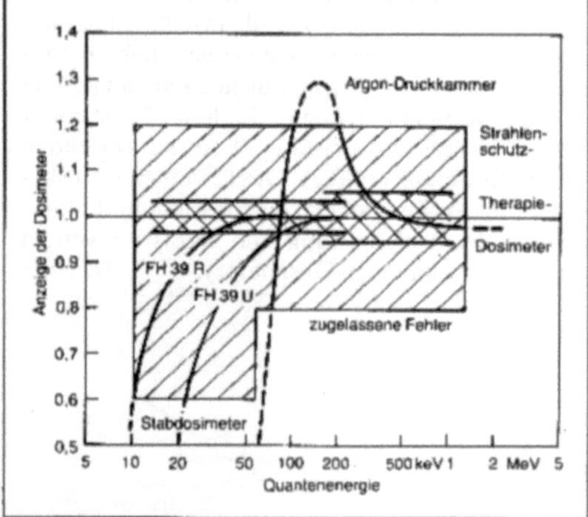

Ionisationskammer-Dosimeter 1: Nach DIN 6817 und 1818/2 für verschiedene Ionisationsdosimeter zugelassene Fehlergrenzen und Beispiele der Energieabhängigkeit einiger handelsüblicher Strahlenschutz- und Therapiedosimeter.

In der medizinischen Strahlenschutzdosimetrie werden hauptsächlich folgende Arten von Ionisationskammern benützt:

□ Fingerhutkammern, die eine fingerhutförmige zylindrische Form haben mit dem Vorteil, daß ihre Anzeige von der Strahleneinfallsrichtung unabhängig ist. Das Volumen der Fingerhutkammern liegt zwischen etwa 0,1 und 1 000 cm^3.

□ Die Weichstrahlkammer mit besonders dünnem Strahleneintrittsfenster bis unter 10 μm Dicke zum Messen von Quantenstrahlung ab etwa 5 keV oder relativ energiearmer Beta- oder Elektronenstrahlung bis herunter zu etwa 200 keV Energie;

□ Die Phantomkammer bei der das empfindliche Luftvolumen in wasseräquivalente Phantommasse eingebettet ist, um auch die rückgestreuten Strahlenanteile zu erfassen, sowie

□ Die Kondensatorkammer, bei der die Ionisationskammer mit einem vor der Messung elektrisch aufgeladenen hochisolierten Kondensator zusammengebaut ist, dessen nach Bestrahlung verbleibende Restladung als Maß für die aufgelaufene Dosis dient. Bei dem Verwenden dieser ist besonders auf den Selbstablauf infolge endlich hoher Isolation oder gar Isolationsfehler zu achten (Bild 2).

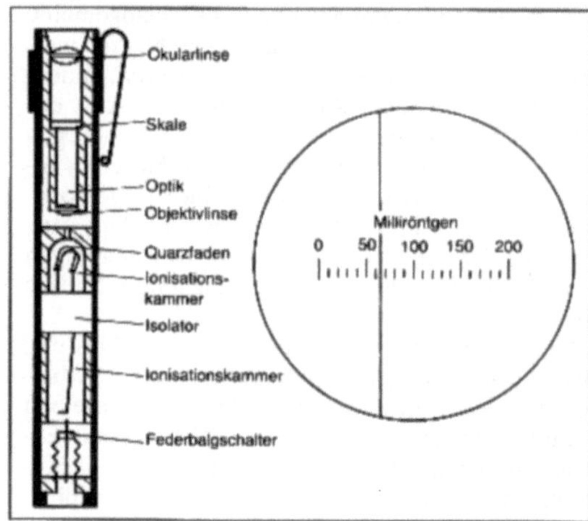

Ionisationskammer-Dosimeter 2: Kondensatorkammer-Taschendosimeter für die Messung von Personendosen im Strahlenschutz.

Bei der Verwendung von Ionisationskammern ist jedenfalls auf die richtige Auswahl der verschiedenen Kammertypen für die vorliegende Meßaufgabe zu sorgen.

Mit Ionisationskammern lassen sich im allgemeinen recht genaue Meßergebnisse erzielen. Die Meßwertschwankung liegt u. U. unter ± 1 %. In der Strahlentherapie werden z. B. Ionisationskammergeräte benutzt, deren →Fehler meist gut innerhalb der für diese geltenden Fehlergrenzen von ± 3–5 % liegen (Bild 1). Um die richtige Funktion dieser sicherzustellen, unterliegen die in der Strahlentherapie benutzten →Dosimeter mit Ionisationskammern gewissen Bauartbedingungen, die in DIN 6817 niedergelegt sind, und der Vorschrift, daß diese in Abständen von längstens einem Jahr bzw. häufiger amtlich geeicht werden. Diese Eichungen werden in der Bundesrepublik Deutschland von der Physikalischen Bundesanstalt bzw. von den von dieser bestimmten Sekundär-Standard-Laboratorien durchgeführt.

Zusammengefaßt zeichnen sich die mit Ionisationskammern betriebenen Dosismeßgeräte durch die Einfachheit ihrer Konstruktion, Genauigkeit, Zuverlässigkeit und Empfindlichkeit aus. Sie sind für die praktischen Anwendungen und für die Standarddosimetrie die wichtigsten Dosimeter.

Wachsmann

Literatur: DIN 6800 Tl. 2: Dosismeßverfahren in der radiologischen Technik, Ionisationsdosimetrie. Hrsg. Dt. Inst. f. Normung. Ausg. 1980. – DIN 6817: Dosimeter mit Ionisationskammern für Photonen- und Elektronenstrahlung zur Verwendung in der Strahlentherapie; Regeln für die Herstellung. Hrsg. Dt. Inst. f. Normung. Ausg. 1983. – DIN 6818 Tl. 4: Strahlenschutzdosimeter; Tragbare Ionisationsdosimeter für Gamma- und Röntgenstrahlen. Hrsg. Dt. Inst. f. Normung. Ausg. 1979. – *Jaeger, R. G.* u. *W. Hübner:* Dosimetrie und Strahlenschutz. 2. Aufl. Stuttgart 1974.

ISO. Kurzform für *engl.* International Organisation for Standardization (Internationale Normenorganisation); →Normung, internationale. *Krieg*

ISO-Referenzmodell. Das ISO-R. ist ein von der →ISO entwickeltes →Modell, das den Ablauf einer Nachrichtenübertragung in hierarchisch aufeinander aufbauende Ebenen teilt. Jede dieser Ebenen hat bestimmte Aufgaben zu erfüllen, deren Bearbeitung durch speziell gewählte Protokolle festgelegt wird. Die Protokolle regeln jeweils den Informationsaustausch zwischen Instanzen derselben Ebene in verschiedenen Netzknoten oder Endgeräten. Darüber hinaus hat jede Ebene die Möglichkeit, mit der nächsthöheren und der nächstniedrigeren Ebene zu kommunizieren. Der nächsthöheren Ebene werden die eigenen Dienste (Dienstprimitiv) angeboten, während die Dienste der nächstniedrigeren Ebene in Anspruch genommen werden (Bild 1).

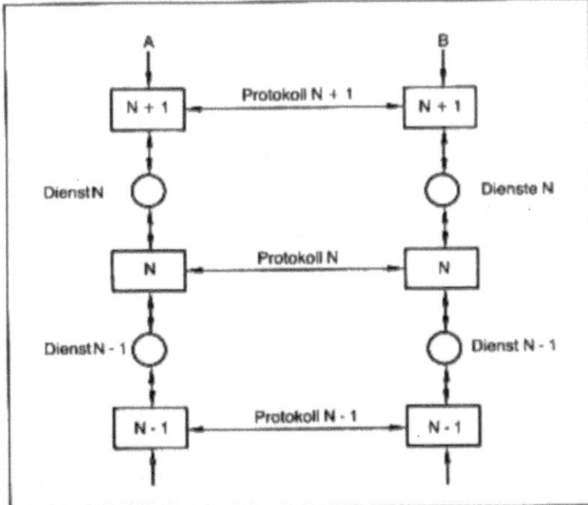

ISO-Referenzmodell 1: Zusammenspiel der Ebenen.

Beim Entwurf dieses Modells hat man zwei wesentliche Prinzipien verfolgt. Erstens wollte man möglichst viele Ebenen schaffen, um die einzelnen Aufgaben möglichst einfach gestalten zu können. Zweitens wollte man nicht mehr Ebenen als unbedingt nötig, um die Probleme der Überschaubarkeit und der Schnittstellen klein zu halten. Es hat sich gezeigt, daß eine Aufteilung in sieben Schichten diesen Anforderungen am besten gerecht wird. Dabei ist es jedoch auch durchaus möglich, daß einzelne Ebenen selbst noch weiter aufgeteilt bzw. übersprungen werden dürfen, diese also eine Nullfunktion ausüben, was für bestimmte Anwendungen durchaus sinnvoll sein kann (Bild 2, S. 270).

Die Bitübertragungsebene (physical layer) hat die Aufgabe, die ihr von höheren Ebenen übermittelten Daten sicher bitweise zu übertragen. Die Sicherungsebene (data link layer) muß Fehler der Bitübertragungsebene erkennen und diese beseitigen, um eine sichere Systemverbindung zu gewährleisten. Die Netzwerkebene (Vermittlungsebene, network layer) ist verantwortlich für den Aufbau, Betrieb und den Abbau einer Netzwerkverbindung. Die Aufgabe der Transportebene (transport layer) ist es, das gegebene Netzwerk möglichst optimal auszunutzen. Darüber hinaus sollen netzunabhängige Verbindungen errichtet und der Steuerungsebene (session layer) zur Verfügung gestellt werden. Diese wiederum sorgt für eine synchronisierte Verbindung zwischen zwei Instanzen der Darstellungsebene und unterstützt somit einen geordneten Datenaustausch. In der Darstellungsebene (presentation layer) werden die gesendeten/empfangenen Daten verschlüsselt/entschlüsselt. Die Anwendungsebene (application layer) schließlich stellt dem Benutzer Prozeduren und Prozesse zur Verfügung, die einen Zugang zu offenen Systemen ermöglichen. *Spaniol*

Isolationsprüfung. Die I. als Teil des Leiterplatten- und Kabeltests stellt sicher, daß bestimmte Isolationswerte zwischen Leiterbahnen eingehalten werden. Die I. wird mit Hilfe der spezifizierten Isolationsspannungen durchgeführt. *Winter*

Isolator, optischer. Nicht-reziprokes Bauelement der optischen Nachrichtentechnik, das Lichtwellen nur in einer Richtung durchläßt, in der Umkehrrichtung dagegen sperrt (optische Falle). Es wird hauptsächlich benutzt, um →Halbleiterlaser (optische Sender) gegenüber Reflexen aus der Übertragungsstrecke abzuschirmen.

Unkontrollierte Rückkopplungen aus der Strecke führen zu unerwünschten Frequenz-, Phasen- und Amplitudenschwankungen der →Laser und infolgedessen zu einer Vergrößerung der Bitfehlerrate im Übertragungssystem. Besonders wichtig sind

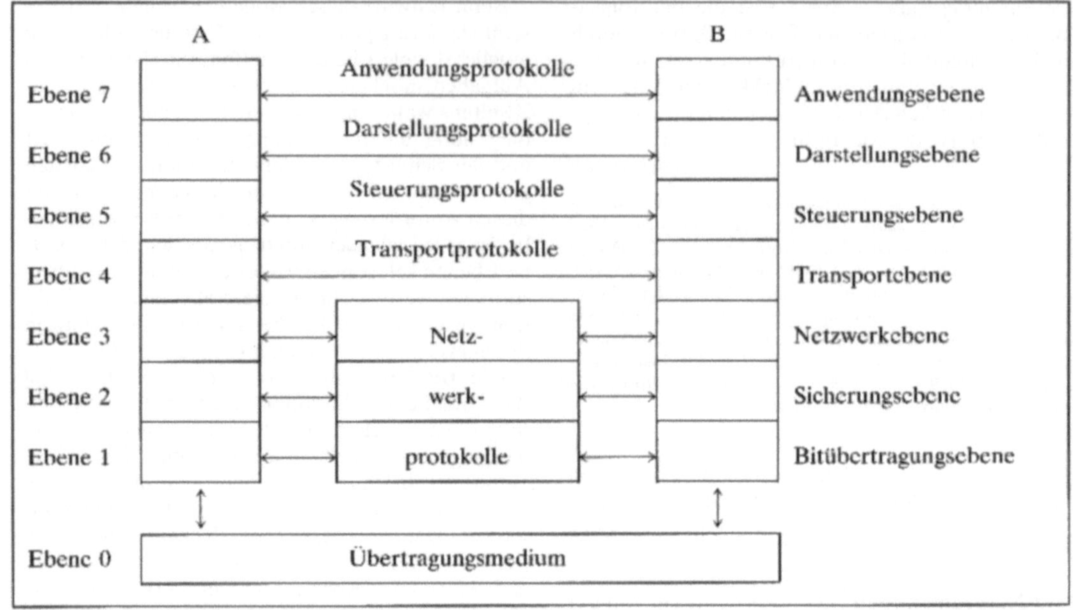

ISO-Referenzmodell 2: Struktur-Darstellung.

Isolatoren in kohärenten optischen Systemen mit Überlagerungsempfang, in denen außerordentlich stabile Laser benötigt werden. Dort wird eine Isolation in der Größenordnung 60 dB verlangt, d. h. ein Leistungsverhältnis von auslaufender zu rücklaufender Welle von $10^6:1$.

Ein I. ist im einfachsten Fall aus einem homogenen, magnetooptischen Festkörper geeigneter Länge zwischen zwei um 45° zueinander gedrehten, optischen Polarisatoren aufgebaut (Bild). Durch Magnetisierung des Festkörpers in Lichtausbreitungsrichtung entsteht ein Faraday-Rotator, der die Polarisationsebene um 45° dreht. Eine Lichtwelle, die von links nach rechts den 0°-Polarisationsfilter passiert, wird dann auch vom 45°-Polarisationsfilter durchgelassen *(Durchlaßrichtung)*. Dagegen wird eine Lichtwelle, die von rechts nach links den 45°-Polarisationsfilter passiert, wegen der nicht-reziproken 45°-Drehung am 0°-Polarisationsfilter abgeblockt *(Sperrichtung)*.

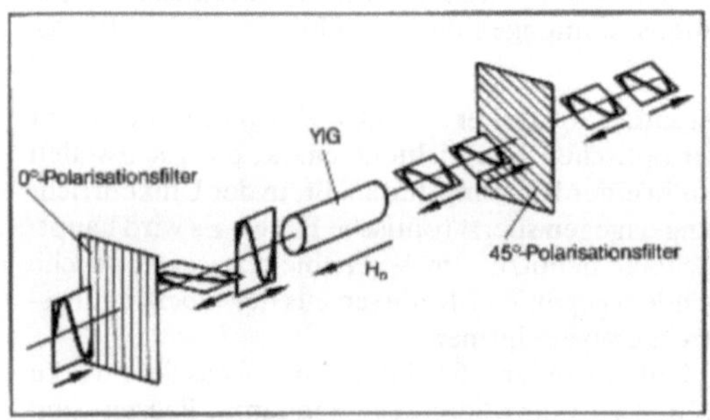

Isolator, optischer: Prinzip des 45°-Faraday-Isolators; H_0 Magnetfeld; YIG Yttrium-Eisen-Granat-Kristall.

Basismaterial für die Faraday-Rotatoren in der optischen Nachrichtentechnik ist Yttrium-Eisen-Granat (YIG, magnetische Granate). Vielfältige Substitutionsmöglichkeiten erlauben es, die Eigenschaften dieser Granate entsprechend den Anwendungen weitgehend einzustellen. Typische Werte für die Verwendung in o. I. bei $\lambda \geqslant 1.3$ µm sind: spezifische Faraday-Rotation $\simeq 150°$/cm, Absorption < 1 dB/cm, externes Magnetfeld < 10 mTesla.

Im optischen Nachrichtensystem wird der I. (Bild) in ein paralleles Strahlenbündel zwischen zwei Abbildungslinsen gesetzt. Mit Hilfe dieser Linsen wird z. B. das vom Laser emittierte Licht in eine Glasfaserstrecke eingekoppelt. Derartige mikrooptische Bauelemente liefern zwar ausreichende Isolation bei vertretbaren Verlusten, passen aber schlecht in moderne optische Nachrichtensysteme, die in Wellenleiterstruktur aufgebaut sind. Dafür werden Wellenleiter-I. benötigt, so daß eine Integration mit den anderen Systembauteilen möglich wird. Es gibt im wesentlichen drei Typen von Wellenleiter-I.:

□ *45°-Wellenleiter-I.:* Dies ist eine Nachbildung des oben beschriebenen, mikrooptischen I. in Wellenleiterstruktur, d. h. der magnetooptische Festkörper (YIG) wird durch einen magnetooptischen Wellenleiter ersetzt. An die Stelle der Faraday-Rotation tritt dann die Kopplung zwischen senkrecht zueinander polarisierten →Moden. Dies führt zu einer →Modenkonversion, d. h. einer Energieübertragung von einer Mode auf die andere. Eine ausreichende Modenkonversion setzt voraus, daß die Ausbreitungsgeschwindigkeiten der beiden Moden hinreichend übereinstimmen, d. h. sogenannte Phasenanpassung gegeben ist. Diese Phasenanpassung ist normalerweise nicht erfüllt, sondern muß durch zusätzliche Maßnahmen erzwungen werden.

□ *Leckwellen-I.* (semi-leaky Wellenleiter-Isolator): Bei diesem Typ ist keine genaue Phasenanpassung erforderlich, und auf Polarisationsfilter kann verzichtet werden. Dafür muß der Wellenleiter – neben dem →Faraday-Effekt – eine optische Doppelbrechung in geeigneter Form und Größe aufweisen, so daß

– nur eine der beiden senkrecht zueinander polarisierten Moden geführt, die andere abgestrahlt wird, und

– eine reziproke →Modenkopplung erzeugt wird, die vom Betrag her mit der nicht-reziproken Kopplung (Faraday-Effekt) übereinstimmt. In Durchlaßrichtung des I. heben sich dann die beiden Koppeleffekte auf, und die geführte Mode kann ungestört passieren, während in umgekehrter Lichtrichtung sich die beiden Kopplungen addieren, so daß laufend Energie auf die nicht-geführte Mode übertragen und somit abgestrahlt wird. Der resultierende Isolationsgrad (in dB) ist proportional zur Länge des Wellenleiters und kann somit in gewissen Grenzen eingestellt werden.

□ *Mach-Zehnder-Strukturen:* Ein integriert-optisches →Mach-Zehnder-Interferometer aus magnetooptischem Material kann als I. betrieben werden. Dazu müssen die optischen Weglängen in den beiden Armen des Interferometers im unmagnetisierten Zustand sich nun exakt $\lambda/4$ unterscheiden entsprechend 90° Phasenverschiebung zwischen den beiden Teilwellen, und zusätzlich wird durch eine Magnetisierung senkrecht zur Lichtausbreitungsrichtung in den magnetooptischen Wellenleitern eine nicht-reziproke Phasenverschiebung von +45° bzw. −45° relativer Phase in den beiden Interferometerarmen erzeugt. Dadurch wird in Durchlaßrichtung die eingebaute Phasenverschiebung von 90° gerade aufgehoben, so daß am Ausgang des Interferometers die beiden Teilwellen sich konstruktiv überlagern und in die abgehende Leitung einkoppeln. In Sperrichtung dagegen ergänzen sich die Phasenverschiebungen zu 180°, und bei der Überlagerung der beiden Teilwellen entsteht eine Feldverteilung, die nicht in die abgehende Leitung „paßt", so daß die Energie abgestrahlt bzw. reflektiert wird.

Bei der Realisierung von Wellenleiter-I. geht man von planaren Lichtwellenleitern in der Form von dünnen, einkristallinen Filmen von magnetischen Granaten aus. Durch geeignete Maskierungs- und Ätzverfahren werden daraus Stegwellenleiter erzeugt, wobei durch nachträgliches Überwachsen dieser Stege mit Mantelschichten auch vergrabene, einmodige Streifenwellenleiter (*engl.* channel waveguides) hergestellt werden können, die für eine direkte und verlustarme Stirnflächenkopplung mit den anderen Komponenten (z. B. Glasfaserlichtwellenleitern) geeignet sind. *Dammann*

Isolierverstärker. I. (auch →Trennverstärker) dienen zur galvanischen Trennung von analogen Signalkreisen. Eingesetzt werden sie z. B. im medizinischen Bereich, im explosionsgefährdeten (Ex-, Schlagwetterschutz) Bereichen (Sicherheitsgründe) und bei der Lösung spezieller Meßaufgaben z. B. in Hochspannungsumgebung.

I. bestehen üblicherweise aus drei Baueinheiten (Bild), der Eingangsstufe, der Ausgangsstufe und dem Versorgungsteil. Das Versorgungsteil liefert eine Wechselspannung mit einer Frequenz typisch 50 kHz. Sie wird über je einen Trenntransformator in die Eingangs- und Ausgangsstufe eingekoppelt, dort gleichgerichtet, geglättet und zur Versorgung der Schaltungen verwendet. Gleichzeitig wird diese Wechselspannung als Trägerfrequenz für die Amplitudenmodulation des in der Regel in einem Differenzverstärker angepaßten Eingangssignals herangezogen. Dieses modulierte Signal wird über einen dritten Trennübertrager in die Ausgangsstufe übertragen, dort demoduliert und nach entsprechender Filterung und Verstärkung am Ausgang zur Verfügung gestellt. Die Versorgungsspannungen von Ein- und Ausgangsstufen können als Bezugspotentiale für die vor- und nachgeschalteten Baugruppen bzw. Signalkreise verwendet werden.

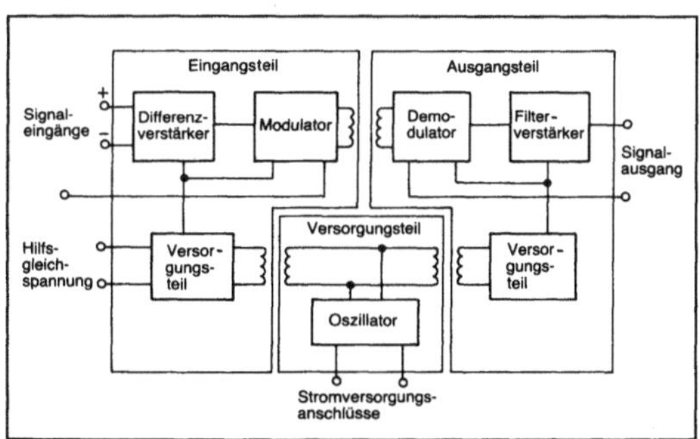

Isolierverstärker: Prinzipieller Aufbau.

Aufgrund der hohen Arbeitsfrequenz können die Übertrager sehr klein ausgeführt werden, so daß I. in z. B. →Dickschichttechnik ausgeführt, in äußerst kleinem Bauvolumen angeboten werden. Sie sind spannungsfest bis zu mehreren tausend Volt und weisen Signalverzerrungen kleiner 0.02% auf. *Freyberger*

ITO-Schicht. Bei allen elektrooptischen → Anzeigen benötigt man transparente, elektrisch leitende Bahnen, um die Ansteuerungssignale von den Außenkanten der Anzeige zu jedem einzelnen Bildpunkt zu führen. Als ein besonders gut geeignetes Material hat sich das halbleitende Indium-Zinn-Oxid erwiesen und heute weitgehend durchgesetzt. Andere Materialien mit ähnlichen Eigenschaften sind SnO_2 und In_2O_3.

ITO-S. werden i. a. mit Hilfe der Kathodenzerstäubung auf die Glasplatten aufgebracht. Die Schichten, wie sie für den Einsatz in Anzeigen verwendet werden, haben typischerweise eine Schichtdicke von 0,1–0,3 µm. Die chemische Zusammensetzung entspricht der Formel 90 % In_2O_3; 10 % SnO_2.

Mechanische, elektrische und optische Leistungsdaten der ITO-S. hängen entscheidend vom Oxidationsgrad ab. So sind nur teilweise oxidierte Schichten kratzempfindlich und lassen sich sehr leicht auch in verdünnten Säuren ätzen. Man verwendet sie deshalb vielfach, um den Ätzvorgang möglichst schnell und einfach führen zu können. Die abschließende Oxidation wird danach bei einer Temperatur von ca. 450 °C in Sauerstoff durchgeführt. Die Transparenz der ITO-S. liegt meist im Bereich von 95 %; der elektrische Leitwert zwischen meist 10 und 500 Ω/□.

Für Anwendungen in besonders schnell schaltenden Anzeigeelementen sind Schichten mit hoher Leitfähigkeit von weniger als 100 Ω/□ erforderlich. Reichen diese Leitwerte nicht aus, so sind die ITO-S. durch zusätzlich aufgebrachte Metallschichten in den nichtsichtbaren Bereichen noch niederohmiger zu machen.

Die Haftung der Schichten auf Glas ist hervorragend. So sind gut hergestellte Schichten nahezu kratzfest. Deshalb können z. B. metallische → Steckverbinder direkt auf die ITO-S. gesteckt werden, ohne sie merklich zu verletzen.

Die Strukturierung der ITO-S. zur Gestaltung der Elektroden, erfolgt mit Hilfe von photolithographischen Prozessen. Als Ätzmittel verwendet man oft eine Mischung aus HCl und HNO_3. Die Ätztoleranzen liegen bei 10 µm. *Potthast*

J

Joint Test Action Group. (Abgek. JTAG). Ein Zusammenschluß von vielen bedeutenden Elektronikfirmen (Philips, Siemens, IBM, ATT, Texas Instruments, Alcatel u. v. a.), um eine einheitliche, systematische und strukturorientierte Testmethodik für Bausteine, Baugruppen und Systeme einzuführen.

Die Aufgabe von JTAG bestand in:

- Einführung von →Boundary Scan als einer normierten →Design for Testability-Maßnahme bei sowohl Standard-VLSI- als auch ASIC-Bausteinen
- Erarbeiten einer funktionalen Spezifikation für den Boundary Scan und deren Abstimmung zwischen den beteiligten Firmen
- Durchsetzung dieser Forderung gegenüber den Baustein-Herstellern
- Normierung des von JTAG spezifizierten Boundary Scan und Test Access Port im Rahmen des IEEE Normenausschusses P 1149.1
- Bekanntmachung von JTAG- und Boundary-Scan-Aktivitäten in der Fachpresse, Konferenzen usw.

Um die Ernsthaftigkeit des ganzen Vorhabens von der Anwenderseite her zu unterstreichen, haben die meisten Firmen ein „Letter of Intent" unterschrieben, in dem sie die Bereitschaft zum Einsatz von Bausteinen mit Boundary Scan kundgetan haben bzw. in dem sie JTAG unterstützen. Die JTAG wurde auf Betreiben von Philips im November 1985 gegründet und existierte bis März 1990, als sie nach Erreichung ihrer Ziele aufgelöst wurde. *Trischler*

Josephson-Effekt. Von *B. D. Josephson* (Nobelpreis 1973) vorhergesagter Tunneleffekt zwischen zwei durch eine dünne Isolationsschicht getrennten Supraleitern. Im Gegensatz zum normalen Tunneleffekt tunneln dabei Paare von Elektronen (Cooper-Paare), der durch diesen Josephson-Kontakt getragene Strom fließt widerstandslos.

Analog zum Tunneln einzelner Elektronen (Tunneleffekt) können auch die die Supraleitung tragenden Elektronenpaare (Cooper-Paare) durchtunneln. Die isolierende Trennschicht des Josephson-Kontakts (Bild 1 a) muß dazu sehr dünn sein (Größenordnung 10^{-9} m). Das Überraschende hierbei ist, daß bereits ohne einen Spannungsabfall über den Kontaktbereich (U = 0) ein beträchtlicher Gleichstrom fließt (Josephson-Gleichstrom, Josephson-Gleichstrom-Effekt), wobei seine Richtung durch die Polung im äußeren Stromkreis festgelegt wird. Der widerstandslos fließende Strom (Bild 1 b) wird durch die strenge Phasenkohärenz zwischen den Cooper-Paaren ermöglicht. Ordnet man den Cooper-Paar-Wellenfunktionen in den beiden Supraleitern die Phasen φ_1 bzw. φ_2 zu, so kann $\Delta\varphi = \varphi_1 - \varphi_2$ als Phasendifferenz zwischen zwei schwingenden Systemen interpretiert werden. Da über die Isolierschicht durch die Tunnelmöglichkeit eine schwache Kopplung zwischen den beiden Supraleitern besteht, führt $\Delta\varphi$ ähnlich dem Fall (schwach) gekoppelter Pendel zu einem Energietransfer (Stromfluß), der maximal ist, wenn $\Delta\varphi = \pi/2$. Bei Verwendung von zwei gleichen Supraleitern ergibt sich für diesen ohne Spannungsabfall fließenden Josephson-Gleichstrom

$$I = I_{max} \sin(\Delta\varphi)$$

mit

$$I_{max} = 2\,W_T\,N\,2e/\hbar$$

wobei W_T die Transferwechselwirkungsenergie zwischen den beiden Supraleitern und N die Zahl der beteiligten Cooper-Paare bezeichnet. Es wird deutlich, daß es wesentlich nur auf die (schwache) Kopplung zwischen den beiden Supraleitern ankommt. Dadurch sind auch Josephson-Kontakte möglich, die ohne isolierende Trennschicht auskommen, z. B. Spitzenkontakte aus Supraleitern mit sehr

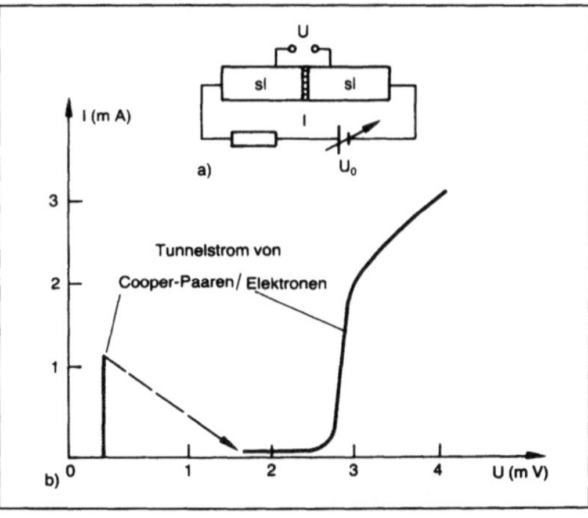

Josephson-Effekt 1: Josephson-Kontakt (a) aus zwei Supraleitern sl getrennt durch eine dünne Isolierschicht J (schematisch). Die über dem Kontakt abfallende Spannung U ($\neq U_o$) ergibt mit dem fließenden Strom die Strom-Spannungs-Kennlinie (b).

kleinem Durchmesser der Kontaktstelle ($\approx 10^{-6}$ m) oder Dünnschichtstreifen mit starken Einschnürungen.

Erhöht man die äußere Spannung U_o im Stromkreis des Josephson-Kontaktes, so daß auch eine endliche Spannung U über dem eigentlichen Kontaktbereich abfällt, so nehmen die Cooper-Paare bei dessen Überquerung die Energie 2eU auf. Ist diese größer als ihre Bindungsenergie, so brechen die Paare auf, es erfolgt der Übergang in eine Tunnelkennlinie, die auf dem Tunneln von Einzelelektronen besteht (rechter Teil in Bild 1 b). Für kleinere Spannungen kann dies jedoch noch nicht eintreten. Entsprechend ihrem Energiegewinn, beginnt dann die Phase der Cooper-Paare zeitlich zu variieren, $\Delta\varphi = \Delta\varphi_o + (2eU/\hbar)\ t$. Damit fließt über die Tunnelstrecke ein Wechselstrom (Josephson-Wechselstrom, Josephson-Wechselstrom-Effekt)

$$I = I_{max} \sin\left(\Delta\varphi_o + \frac{2eU}{\hbar} t\right)$$

mit der Frequenz

$$\nu = \frac{2e}{h} U.$$

Da Frequenzmessungen besonders genau durchführbar sind, wird damit eine besonders genaue Spannungsmessung möglich. Außerdem gelingen sehr präzise Messungen von h/e. Für z. B. U = 1 mV ergibt sie $\nu = 4{,}85 \cdot 10^{11}$ Hz. Das mit dem Wechselstrom erzeugte Strahlungsfeld liegt damit im Frequenzbereich sehr langwelliger Ultrarotstrahlung. Die emittierte Strahlungsleistung ist zwar in der Regel für Anwendungszwecke zu gering, jedoch kann die Rückwirkung eines äußeren entsprechend langwelligen Strahlungsfeldes auf den Kontakt, die sich in Stufen in der →Kennlinie äußert, zum Nachweis des Strahlungsfeldes verwendet werden. So konnten selektive und abstimmbare Strahlungsempfänger mit Empfindlichkeiten von 10^{-14} W gebaut werden.

Ein Magnetfeld, das die Isolierschicht (Dicke d, Höhe l) senkrecht zur Stromrichtung durchsetzt, beeinflußt den Josephson-Gleichstrom drastisch. Beim Durchqueren des Feldgebietes, dessen Ausdehnung sich aus Isolierschichtdicke und Londonschen Eindringtiefen der Supraleiter zusammensetzt, erleiden die Cooper-Paare zusätzliche Phasenänderungen, die den Gleichstrom nach

$$I = I_{max} \frac{\sin(\pi\Phi/\Phi_o)}{\pi\Phi/\Phi_o}$$

modifizieren. Dabei ist Φ der den Kontakt durchsetzende Fluß, $\Phi = B\, l\, (2\lambda + d)$, und Φ_o das Flußquant $\Phi_o = h/2e$. In Abhängigkeit des äußeren Feldes (Induktion B) variiert Φ und damit der Strom I (Bild 2). Die Minima ergeben sich immer dann, wenn Φ ein ungeradzahliges Vielfaches von Φ_o ist.

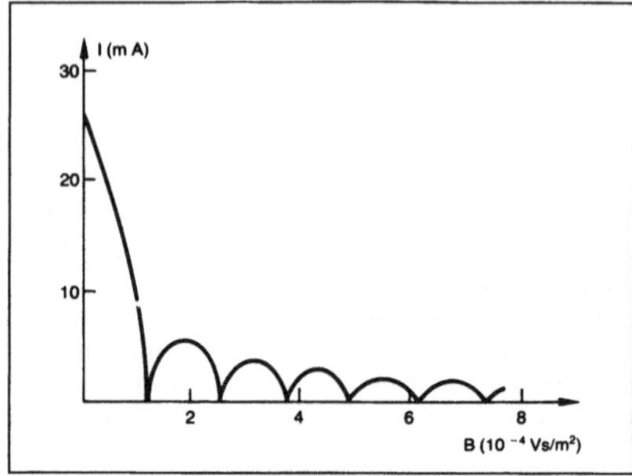

Josephson-Effekt 2: Einfluß eines äußeren Magnetfelds auf den Josephson-Gleichstrom.

Damit sind sehr genaue Messungen des magnetischen Flusses möglich, die durch spezielle Bauweisen bzw. Kombinationen von Josephson-Kontakten noch erhöht werden können. So kommt es bei Parallelschaltung von zwei Josephson-Kontakten zu Strominterferenzen ähnlich der Interferenz in einem Michelsoninterferometer. Das das →SQUID (Superconducting QUantum Interference Device) durchdringende Magnetfeld kann mit einer →Genauigkeit von besser als 10^{-14} Vs/m² bestimmt werden. Entsprechend genau kann auf den das Magnetfeld erzeugenden Strom bzw. die zugrundeliegende Spannung geschlossen werden (z. B. 10^{-16} V). Durch die hohe Empfindlichkeit der SQUIDS auf Magnetfelder ergeben sich neue Einsatzmöglichkeiten in der Medizin (z. B. Gehirnforschung) an. *Heinz*

Literatur: *Buckel, W.*:Superconductivity. Weinheim 1991.

Josephson-Element. Das J.-E. basiert auf dem →Josephson-Effekt (*Josephson,* 1962): Zwischen zwei supraleitenden Schichten, die durch eine dünne Isolatorschicht (einige nm dick) getrennt sind, tritt ein Stromfluß zufolge des Tunneleffektes auf (Bild). Im Unterschied zum üblichen Tunneleffekt wird dieser Josephson-Tunnelstrom nicht von einzelnen Elektronen geführt, sondern von ungebundenen Elektronenpaaren (Cooper-Paare), die für die Supraleitung maßgebend sind. Im Gefolge treten an J.-E. zwei typische Erscheinungen auf:

□ Der supraleitende Tunnelstrom. Unterhalb eines Stromgrenzwertes I_m (der vom einwirkenden Magnetfeld abhängt) verhält sich die Isolatorschicht wie ein Supraleiter, d. h. bei Stromfluß tritt kein Spannungsabfall, sondern eine Energielückenspannung U_{SN} auf (sog. Gleichstromeffekt). Für $I > I_m$ liegt Normalleitung vor, und der Tunnelwiderstand kann durch einen ohmschen Widerstand ersetzt

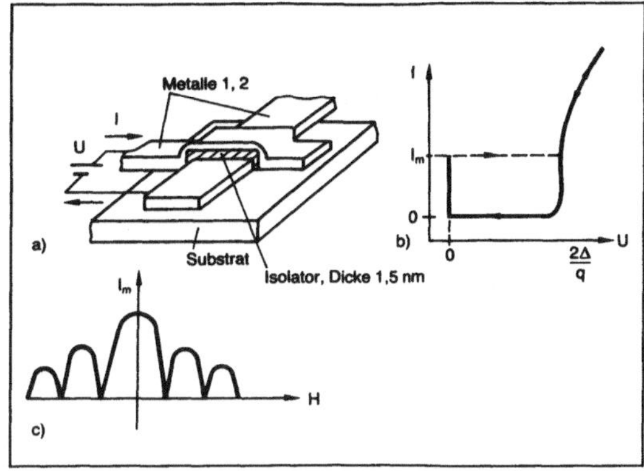

Josephson-Element: Prinzipaufbau des J.-Tunnelelementes (a), Kennlinie (b) und Abhängigkeit des maximalen Tunnelstromes I_m vom Magnetfeld (c).

werden. Die Energielückenspannung U_{SN} für $I > I_m$ beträgt

$$U_{SN} = \frac{2\Delta}{q}$$

Δ Energielücke $\sim T_c$, T_c kritische Temperatur für Supraleitung.

Die Energielückenspannung ist materialabhängig und lag lange Zeit bei üblichen kritischen Temperaturen T_c für Supraleitung bei 0,1–1 meV mit einem sprunghaften Anstieg auf über 90 K bei einigen keramischen Materialien vom Typ Y-Ba-CuO in den letzten Jahren.

Der Maximalstrom I_m hängt vom Magnetfeld ab und zeigt einen resonanzähnlichen Verlauf, der durch Quanteneffekte beeinflußt wird. Bei bestimmten magnetischen Flußwerten (magn. Flußquant)

$$\psi_o = \frac{h}{2q} \approx 2{,}07 \cdot 10^{-15}\ \mathrm{Vs}$$

(oder ganzzahligen Vielfachen davon) verschwindet der Maximalwert I_m. Dabei gibt es zwei Schwellwerte, die das Element für Schaltzwecke geeignet machen (Gleichstromeffekt).

□ Legt man an das J.-E. eine kleine Gleichspannung ($\lesssim 10$ mV), so fließt durch den Übergang ein sinusförmiger Wechselstrom der Amplitude I_m, dessen Frequenz der anliegenden Gleichspannung U proportional ist (Wechselstromeffekt). Es gilt

$$f = 2q/h \cdot U$$

Beispielsweise gehört zu einer Spannung von 1 mV eine Strahlung von 485 GHz (Wellenlänge ≈ 600 µm, ultrarot). Umgekehrt führt die Absorption von Strahlung im Josephson-Kontakt zur Erzeugung einer Spannung.

Der J.-E. führte sehr bald nach seiner Entdekkung zu zahlreichen bauelementebezogenen Anwendungen. So eignet sich der Gleichstromeffekt zum Aufbau sehr schneller Logik- und Speicheranordnungen (sog. Kryospeicher). Solche Anordnungen haben die kürzesten, bisher an elektronischen Bauelementen nachgewiesenen Schaltzeiten (≤ 10 ps). Sie bieten neben dem Vorteil einer hohen Packungsdichte (etwa $5 \cdot 10^4$ FF/cm^2), einer sehr geringen Verlustleistung sowie einer Permanent-Speichermöglichkeit (unabhängig von der Netzspannung) vor allem den der extrem kurzen Schaltzeit.

Der Gleichstromeffekt läßt sich auch zum Nachweis sehr schwacher Magnetfelder mittels des supraleitenden Quanteninterferrometers (→SQUID) verwenden.

Der Wechselstromeffekt dient vor allem zur Erzeugung, Mischung und Demodulation hoher Frequenzen (bis weit in den THz-Bereich hinein, der mit anderen Bauelementekonzepten derzeit nicht erreichbar ist. Er gestattet auch die Schaffung eines Spannungsnormals über eine →Frequenzmessung.

Seit der Entdeckung des Josephson-Effektes wurde eine Vielzahl elektronischer Bauelemente (auch integrierter Konzepte) entwickelt und untersucht, vor allem zum Bau extrem schneller Digitalrechner und Mikrowelleneinrichtungen. Die gravierende Barriere für den technischen Einsatz solcher Elemente war bisher noch der hohe Aufwand zur Erzeugung der niedrigen Temperaturen von $T < 20$ K, weil bisher nur Materialien mit Spannungstemperaturen T_c in diesem Bereich verfügbar gewesen sind, die eine Kühlung mit flüssigem Helium erfordern. Die Situation könnte sich aber drastisch ändern, wenn es gelingt, die neuerdings bekanntgewordenen supraleitenden Materialien auf Keramikoxid-Basis mit Sprungtemperaturen von 90 K und deutlich darüber reproduzierbar herzustellen. *R. Paul*

Joule. SI-Einheit der Energie (bzw. Arbeit, Wärmemenge), nach *J. P. Joule* (1818–1889) benannt. Einheitenzeichen J. $1\ \mathrm{J} = 1\ \mathrm{W\,s} = 1\ \mathrm{m^2\,kg\,s^{-2}} = 1\ \mathrm{Nm} = 1/4{,}\ 1868$ cal (→Einheiten des SI).
Hammerschmidt

JTAG →Joint Test Action Group

K

k-Faktor. Proportionalitätskonstante zwischen relativer Widerstands- und Längenänderung (→Gaugefaktor) eines Dehnungsmeßstreifens. Bei Leitern, die bei einer Längenänderung ihr Volumen nicht ändern (wegen einer Querkontraktion), gilt k = 2. Bei den meisten Festkörpern ändert sich bei einer mechanischen Verformung die Elektronenstruktur (Bandstruktur), dieses führt zu einem zusätzlichen Beitrag zum k-Faktor. Bei Metallen werden k-F. zwischen 2,0 (Konstantan) und 6,6 (Platin-Iridium) gemessen, bei Halbleitern wie z. B. Silicium ergeben sich teilweise sehr viel größere Werte (Bild). Dieser große k-F. wird bei der Herstellung von Silicium-Drucksensoren mit integrierten →Dehnungsmeßstreifen ausgenutzt. Zu beachten ist allerdings die Temperaturabhängigkeit des k-F. *Schaumburg*

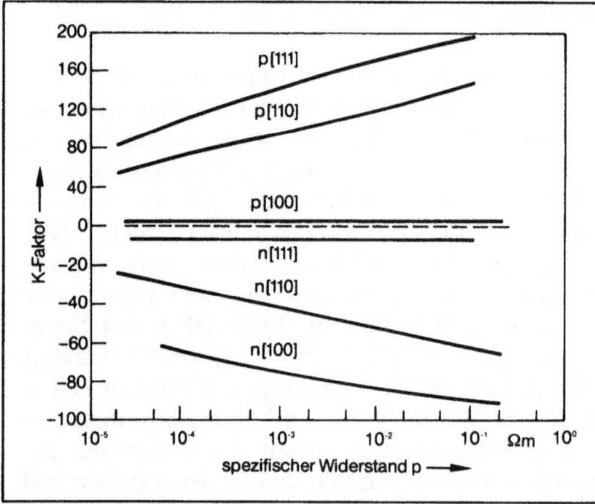

k-Faktor: Werte von n- und p-leitendem Silicium als Funktion des spezifischen Widerstands bei verschiedenen Orientierungen. (Quelle: Heywang)

Literatur: *Heywang, W.:* Sensorik. Berlin 1984.

k_v-Wert. Vom Stellhub oder Stellwinkel abhängige Maßzahl für den auf Einheitsbedingungen bezogenen Durchfluß durch ein →Stellglied. Bezugsgrößen und -werte sind: Ein Durchfluß in m³/h von strömenden Wasser mit der Dichte von 1 000 kg/m³ und der dynamischen Zähigkeit von 1 mPa.s sowie ein Druckabfall von 0,98 bar am Stellglied.

Die k_v-W. von Stellgliedern werden von den Herstellern bei Einheitsbedingungen gemessen oder nach Messung bei anderen, die Ähnlichkeitsgesetze erfüllenden Bedingungen auf Einheitsbedingungen umgerechnet. Besonders bei großen Durchflüssen ist es oft technisch nicht möglich, Druckabfälle von 1 bar einzustellen und die Stellglieder werden dann mit geringeren Druckabfällen kalibriert. Bei Beachtung der Ähnlichkeitsgesetze (gleiche Reynoldszahlen) gilt:

$$k_v = q_v \frac{\alpha_E}{\alpha} \sqrt{\frac{\delta p_E}{\delta p} \frac{\varrho}{\varrho_E}}$$

mit q_v Volumendurchfluß in m³/h, α Durchflußzahl, Δp Druckabfall in bar und ρ Dichte in kg/m³. Für die mit E indizierten Größen sind die Einheitsbedingungen einzusetzen. Wird näherungsweise $\alpha_E/\alpha = 1$ gesetzt, so ergeben sich die Gleichungen für die K_v-W.-Berechnung von Flüssigkeiten, mit denen sich aus den Betriebsdaten die erforderlichen k_v-W. berechnen lassen.

Neben dem k_v-W., der eine Funktion des Hubes ist, hat vor allem der k_v-W. bei Nennöffnung, der K_{vs}-Wert Bedeutung sowie der niedrigste, die Neigungstoleranz noch einhaltende k_v-W., der K_{vr}-Wert (→Druckabfall, erforderlicher; →Durchflußkennlinie; →Stellglied). *Strohrmann*

Literatur: *Strohrmann, G.:* Automatisierungstechnik, Bd. 2: Stellgeräte, Strecken, Projektabwicklung. München–Wien 1990.

Kabelprüfung. Bei der K. unterscheidet man:

□ Statische Prüfung: Prüfung der einzelnen Leitungen eines Kabels auf Durchgang, Belastbarkeit und auf Isolation gegeneinander. Meßverfahren: →Leiterplattenprüfung.

□ Dynamische Prüfung (bei Hochfrequenzkabeln): Überprüfung der dynamischen Signalübertragung z. B. durch Messung des Wellenwiderstandes, Überprüfung des Übersprechverhaltens.

Im Fehlerfall: →Reflexionszeitmessung zum Erkennen von Störstellen. *Winter*

Kalibrierung in der Prüftechnik. Bestimmte Meßeigenschaften eines →Prüfautomaten bedürfen einer eindeutigen Referenz ihrer Meßgrößen. Für genaue Messungen werden deshalb genormte Meßsignale (Spannungspegel, Impulse bekannter Dauer) mit spezieller äußerer oder intern eingebauter Hardware dem Prüfautomaten zugeführt und mit Hilfe des Prüfautomatenbetriebssystems verglichen. Das →Prüfautomatenbetriebssystem kann damit entsprechende Korrekturen in Hard- oder Software vornehmen.

Erfolgt die K. automatisch und ausschließlich mit den Mitteln des Prüfautomaten, spricht man von *Autocalibration*. *Winter*

Kalman-Filter. Als K.-F. wird ein spezieller →Beobachter zur →Zustandsidentifikation bei stochastischen Prozessen bezeichnet. Die Auslegung erfolgt mittels eines quadratischen Gütekriteriums (→Regelung, optimale), nämlich der Forderung nach minimaler Varianz der Schätzfehler, wozu Annahmen über die statistischen Kennwerte der Störungen benötigt werden.

Das K.-F. wird vorwiegend auf Digitalrechnern implementiert (Bild). Bei seiner Anwendung muß ein zeitkontinuierliches mathematisches →Modell des Prozesses folglich diskretisiert werden (→Zustandsgrößen). Es ist hierbei sinnvoll, das System zu äquidistanten Zeitpunkten mit einer geeigneten Schrittweite T abzutasten.

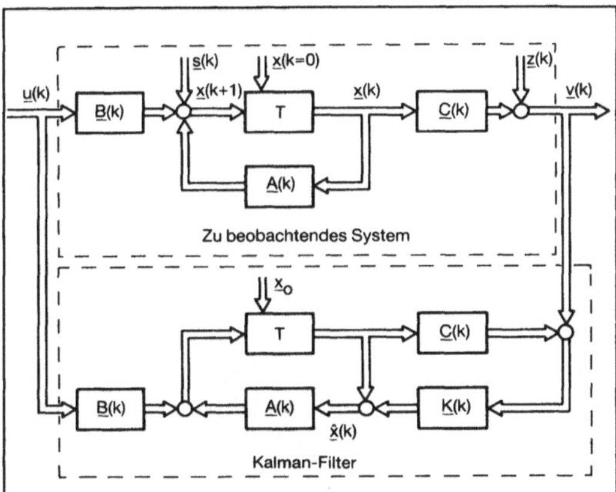

Kalman-Filter: Zu beobachtendes System und K.-F. mit diskreter Formulierung.

Für die Rauschprozesse am Systemeingang $\underline{s}$ (k) und am Systemausgang $\underline{z}$ (k) wird angenommen, daß sie normalverteiltes Weißes Rauschen mit den Mittelwerten $E\{\underline{s}(k)\} = \underline{O}$ bzw. $E\{\underline{z}(k)\} = \underline{O}$ und den Kovarianzmatrizen $E\{\underline{s}(k)\underline{s}^T(\kappa)\} = \underline{S}(k)\delta(k)$ sowie $E\{\underline{z}(k)\,\underline{z}^T(\kappa)\} = \underline{Z}(k)\delta(k)$, die gemäß der Deltafunktion nur für $k = \kappa$ ungleich Null sind, darstellen. Das Eingangsrauschen $\underline{s}$ (k), das die Eigenbewegungen des Systems anregt, führt zu zeitlich korrelierten Störungen am Systemausgang und unterscheidet sich dadurch qualitativ vom Meßrauschen $\underline{z}$ (k). Der Anfangszustand $\underline{x}(k = 0)$ wird ebenfalls als Zufallsvariable mit dem Erwartungswert $E\{\underline{x}(k = 0)\} = \underline{x}_0$ und der Kovarianzmatrix

$$E\{[\underline{x}(k = 0) - \underline{x}_0][\underline{x}(k = 0) - \underline{x}_0]^T\} = \underline{P}(k_0)$$

eingeführt. Im übrigen seien die drei Rauschprozesse miteinander unkorreliert.

Der rekursive Algorithmus zur Bestimmung der Filterverstärkungsmatrix $\underline{K}$ (k) ergibt sich unter diesen Voraussetzungen zu:

$$\underline{P}^*(k_0) = \underline{P}(k_0)$$
$$\tilde{\underline{P}}(k) = \underline{P}^*(k) - \underline{K}(k)\underline{C}(k)\underline{P}^*(k)$$
$$\underline{K}(k) = \underline{P}^*(k)\underline{C}^T(k)[\underline{C}(k)\underline{P}^*(k)\underline{C}^T(k) + \underline{Z}(k)]^{-1}$$
$$\underline{P}^*(k+1) = \underline{A}(k)\tilde{\underline{P}}(k)\underline{A}^T(k) + \underline{S}(k)$$

Die Varianzen der Schätzfehler $\tilde{\underline{x}}(k) = \underline{x}(k) - \hat{\underline{x}}(k)$ stehen in der Hauptdiagonalen der Kovarianzmatrix $\tilde{\underline{P}}(k)$. Sie sind vom Startzeitpunkt an minimal.

Interessanterweise sind die Schätzfehler $\tilde{x}(k)$ zu unterschiedlichen Abtastzeiten unkorreliert.

Häufig wird mit den stationären Werten für die Verstärkungsmatrix $\underline{K}$, die sich aus dem Algorithmus für k gegen Unendlich ergeben, gearbeitet. In diesem Fall spricht man vom *Wiener*-Filter.

Wenn auf das System andere stochastische Prozesse als Weißes Rauschen einwirken, lassen sich diese in den meisten Fällen mittels eines Formfilters, das durch Weißes Rauschen angeregt wird, nachbilden. Die Systemordnung erhöht sich um die Ordnung des Formfilters.

Das *Extended* K.-F. ist eine Erweiterung der Kalman-Filter-Theorie im Hinblick auf nichtlineare Systemzusammenhänge. *Scheithauer/Böttiger*

Literatur: *Brammer, K.* und *G. Siffling:* Kalman-Bucy-Filter. München 1989.

Kalorie. Frühere Einheit für Energie bzw. Wärmemenge. Einheitenzeichen cal. 1 cal = 4,1868 J. Seit dem 1. 1. 1978 in der BRD im geschäftlichen und amtlichen Verkehr nicht mehr zugelassen (→Einheiten des SI). *Hammerschmidt*

Kalorimetrische Dosismessung →Dosismessung, kalorimetrische

Kaltleiter. Der K. ist ein →Temperatursensor aus einem halbleitenden und ferroelektrischen Material. Im kalten Zustand ist der Widerstand relativ niedrig und zeigt den negativen Temperaturkoeffizienten der →Heißleiter. Oberhalb einer von der Stoffzusammensetzung abhängenden Temperatur wird der Effekt der Ferroelektrizität wirksam. Die vorher einheitliche Ausrichtung der einzelnen Kristallite löst sich auf. Dies führt in einem schmalen Temperaturbereich zu einem exponentiellen Anstieg des Widerstandes, zu einem hohen positiven Temperaturkoeffizienten (Bild 1). Wegen dieser Widerstandszunahme werden K. auch als PTC-Widerstände (*engl.* positive temperature coefficient resistors) bezeichnet.

□ R(T)-Kennlinie: Im Gebiet des steilen Widerstandsanstiegs hängt der Widerstand (Ohm) von der

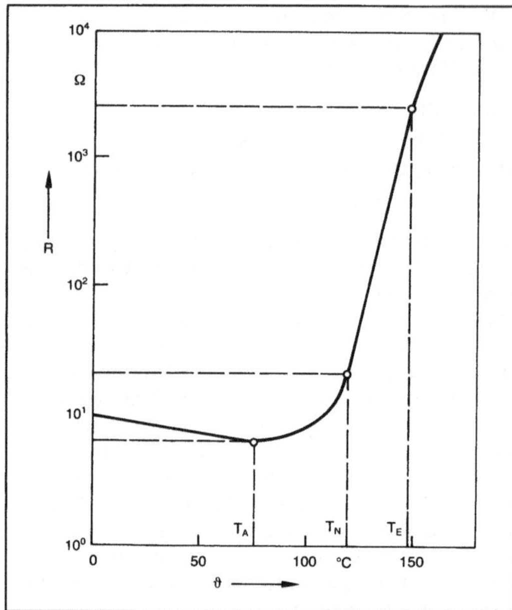

T_A = Temperatur, bei der der Temperaturkoeffizient positiv wird, T_N = Nenntemperatur, Beginn des steilen Widerstandsanstiegs, T_E = Endtemperatur, Ende des steilen Widerstandsanstiegs

Kaltleiter 1: Widerstand eines K. in Abhängigkeit von der Temperatur.

Temperatur (K) gemäß der folgenden Beziehung ab:

$$R = R_0 e^{b(T-T_0)}.$$

In dieser Gleichung bedeutet b eine Materialkonstante in K^{-1} und R_0 ist der Widerstand in Ohm bei der Temperatur T_0. Der →Temperaturkoeffizient α ist unabhängig von der Temperatur und gleich der Materialkonstanten b:

$$\alpha = b\ K^{-1}.$$

Der Betrag des Temperaturkoeffizienten α ist mit ungefähr 0,25 K^{-1} 5mal größer als der von Heißleitern. Damit sind die K. sehr empfindliche Temperaturfühler. Nachteilig ist jedoch die große Streuung der Materialkonstanten und die noch nicht befriedigende Meßdauerhaftigkeit.

□ I(U)-Kennlinie: Wird an den K. eine niedrige Gleichspannung gelegt (Bild 2), so steigt der durch den Fühler fließende Strom zunächst mit der Spannung an.

Der Strom durch den K. erwärmt ihn, sein Widerstand nimmt zu und wirkt so einem weiteren Stromanstieg entgegen. Bei noch weiter steigender Spannung werden Temperatur und Widerstand des K. so groß, daß der Strom nach einem Maximum schließlich wieder abnimmt. Die Kennlinie läuft in Form einer Hyperbel aus. Wird sie bei einer höheren

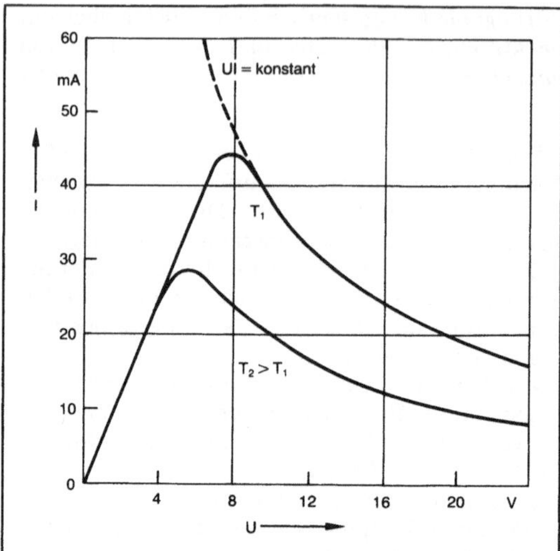

Kaltleiter 2: Höhe des durch einen K. fließenden Stroms, in Abhängigkeit von der angelegten Spannung, bei verschiedenen Umgebungstemperaturen.

Umgebungstemperatur aufgenommen, so führt schon ein niedrigerer Strom zur Erwärmung des K. und die Kennlinie liegt dann entsprechend tiefer.

Anwendung: Die Bauformen der K. entsprechen denen der Heißleiter und auch die Anwendungsgebiete sind ähnlich. K. werden hauptsächlich für die einfacheren, keine besondere Präzision erfordernden Überwachungsaufgaben eingesetzt. Sie wirken infolge des steil ansteigenden Widerstandes ähnlich wie →Schalter und schützen elektrische Verbraucher (z. B. Motoren, Heizgeräte) vor Übertemperatur. Darüber hinaus dienen sie auch zur Überwachung solcher verfahrenstechnischer Größen, die mit der Temperatur korreliert sind (Heizöl-Überfüllsicherung). *Schrüfer*

Kapazitätsmeßbrücke →Meßbrücke

Kapazitätsmessung. Messung eines kapazitiven Blindwiderstands, Verfahren ähnlich wie beim induktiven Blindwiderstand (→Induktivitätsmessung, →Meßbrücke, →LC-Oszillator, →RC-Oszillator). *Hammerschmidt*

Karat. Nur zur Angabe der Masse von Edelsteinen in der Bundesrepublik Deutschland zugelassene Einheit. Einheitenzeichen Kt. Keine SI-Einheit. 1 Kt = $2 \cdot 10^{-4}$ kg = 200 mg (→Einheiten, gesetzliche). *Hammerschmidt*

Karnaugh-Diagramm. Das K.-D. bzw. die *Karnaugh*-Tafel dient der tabellenartigen Darstellung binärer Verknüpfungsfunktionen in bestimmter, geordneter Form. Sie wird u. a. zur →Minimierung des Verknüpfungsaufwandes im Hinblick auf eine schaltungstechnische Realisierung herangezogen.

Die matrixartige Tafel (Bild a) ist in Felder eingeteilt, in die das jeweilige Verknüpfungsergebnis eingetragen wird, das sich aus den Eingangssignalwerten, die den Spalten und Reihen zugeordnet sind, und der darzustellenden Verknüpfungsbeziehung ergibt. Das Ergebnis kann „wahr" (logisch 1), „falsch" (logisch 0) oder auch „unbestimmt" (vom Typ dont care) sein, falls gewisse Kombinationen der Eingangssignale z. B. technisch bedingt, nicht auftreten. Beim Einsatz zur Minimierung ist die Reihenfolge der Spalten und Zeilen so zu wählen, daß sich bei benachbarten Spalten und Zeilen die zugeordneten Eingangssignalwerte nur um einen Wert ändern. Das Bild b zeigt eine →Verknüpfung für eine einfache Verriegelungsfunktion in Funktionsplan-Darstellung und als Karnaugh-Tafel. Ohne Verlust an Übersichtlichkeit ist sie sinnvoll nur zur Darstellung von Verknüpfungsfunktionen mit wenigen Eingangssignalen einsetzbar.

Freyberger

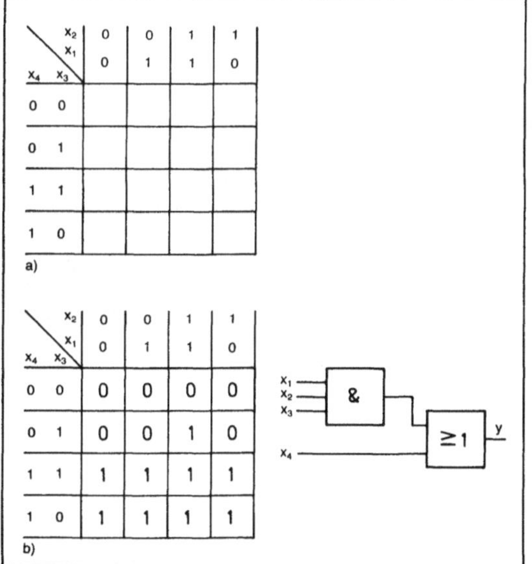

Karnaugh-Diagramm: Darstellung einer Verknüpfung als Funktionsplan und als Karnaugh-Tafel
a) Grundlegende Anordnung einer Karnaugh-Tafel für vier Eingangssignale $x_1, \ldots x_4$
b) Beispielhafte Gegenüberstellung einer Verknüpfungsfunktion $y = x_1 \wedge x_2 \wedge x_3 \wedge x_4$ als Karnaugh-Tafel und als Funktionsplan.

Literatur: *Karnaugh, M.:* The Map Method for Synthesis of Combinational Logic Circuits. Comm. and Electronics **72** (1953) pp. 593–599. – *Veitch, E.:* A Chart Method for Simplifying Truth Functions. Proc. ACM. Mai 1952, pp. 127–133.

Kaskadenregelung. Für eine K. werden zwei oder mehrere →Regler hintereinandergeschaltet, so daß ein verschachtelter →Regelkreis entsteht. Die Regler bilden sozusagen eine Kaskade.

Der innere Regelkreis (Bild) regelt die →Hilfsregelgröße x_2, um den Einfluß der →Störgröße z_2 am Störort zu kompensieren, so daß er sich im äußeren Regelkreis nur wenig auswirkt. Der äußere Regelkreis als Hauptregelkreis muß den durch die →Führungsgröße w_1 vorgegebenen →Arbeitspunkt einhalten (→Festwertregelung). Die →Stellgröße y_1 ist die Führungsgröße für den inneren Kreis, der eine →Folgeregelung darstellt. Eine Führungsgröße w_2 wird nur dann vorgegeben, wenn eine Begrenzung für x_2 notwendig ist.

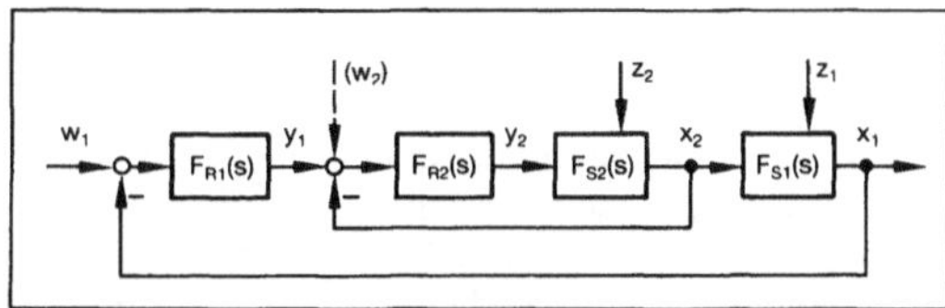

Kaskadenregelung: Wirkungsplan einer zweistufigen K.

K. findet man überwiegend in der Verfahrenstechnik und der elektrischen Antriebstechnik. Für einen elektrischen Antrieb ist x_1 die Drehzahl, und somit ist der Hauptregler mit der →Übertragungsfunktion $F_{R1}(s)$ der Drehzahlregler. Der innere Regelkreis ist der Stromregelkreis mit $F_{R2}(s)$ als Stromregler und →Stellglied (Thyristor). Über w_2 kann man den Strom x_2 begrenzen.

Folgende Vorteile kann man einer K. zuschreiben:

□ Durch Unterteilung der →Regelstrecke in einfachere Teilabschnitte (F_{S1} und F_{S2}) wird das Entwurfsproblem erleichtert – man geht von innen nach außen vor – (einfachere Regler, einfachere Einstellungen).

□ Störgrößen, die im inneren Teilabschnitt angreifen (z_2), werden bereits dort ausgeregelt. Ihre Auswirkung auf die Hauptregelgröße (x_1) wird reduziert.

□ Wesentliche Zwischengrößen (x_2), denen ein eigener Regler (F_{R2}) zugeordnet ist, können auf einfache Weise über die zugehörige Führungsgröße (w_2) begrenzt werden.

□ Die Auswirkung von Nichtlinearitäten im inneren Kreis wird eingegrenzt.

□ Die Regelung kann schrittweise von innen nach außen in Betrieb genommen werden. Durch Fehlschaltungen hervorgerufene Gefahren werden dadurch reduziert.

Böttiger

Literatur: *Leonhard, W.:* Regelung in der elektrischen Antriebstechnik. Stuttgart 1974. – *Leonhard, W.:* Einführung in die Regelungstechnik. Braunschweig 1981

Kathodenstrahlröhre. K. sind die in ihrer wirtschaftlich-technologischen Bedeutung wichtigsten

→Displays. Sie spielen in der Fernsehtechnik eine entscheidende Rolle, finden jedoch auch in der professionellen Elektronik wichtige Anwendungsgebiete. Obwohl auf allen Anwendungsgebieten alternative Displaytechniken – z. B. LCD-Anzeigen – zunehmend an Bedeutung gewinnen, wird auch in absehbarer Zukunft die K. ihre Bedeutung behalten.

Zunächst zur Geschichte: Am 15. Februar 1897 meldete *Ferdinand Braun,* Professor in Straßburg, ein Patent an mit dem Titel: „Über ein Verfahren zur Demonstration und zum Studium des zeitlichen Verlaufs variabler Ströme".

Das war die Geburtsstunde des Kathodenstrahldisplays, der Braunschen Röhre.

Bereits 13 Jahre früher (16. Januar 1884) hatte *Paul Nipkow* das Patent auf seine *Scheibe* erhalten. Mit dieser Scheibe wurden Bilder in Zeilen zerlegt und sequentiell übertragen. Die Kombination beider Elemente – *Nipkow*-Scheibe und Braunsche Röhre – mit der Erfindung der drahtlosen Übertragung der Signale hat erstmals Fernsehen oder Bildübertragung ermöglicht. Es blieb neben anderen Brauns Schüler *Max Dieckmann* überlassen, diese Möglichkeit 1906 in einem praktischen Versuch nachzuweisen.

In der Theorie hatte hingegen bereits 1902 *Otto von Bronk* ein „Verfahren zum Fernsichtbarmachen von Bildern bzw. Gegenständen unter vorübergehender Auflösung der Bilder in parallele Punktreihen" zum Patent angemeldet. Dieses beschrieb erstmalig in Deutschland das Farbfernsehen.

Die beschriebenen frühen Ideen krankten jedoch alle noch an zwei Stellen:

□ Die mechanische Abtastung mit der Nipkow-Scheibe oder Spiegelrad auf der Sende- und Empfangsseite war zu aufwendig.

□ Sie waren auf das „langsame" Selen angewiesen. Ihre Realisierung führte zu einer sehr langsamen Bildübertragung.

Erst in der ersten Hälfte der dreißiger Jahre wurde ein befriedigend arbeitendes, voll elektronisches Fernsehen demonstriert. Dieses stützte sich auf Sender und Empfängerseite auf dem Prinzip der Sender- und Braunschen K. ab.

An der Entwicklung der Grundlagen unseres heutigen Fernsehens waren in den 20er und 30er Jahren viele Forscher und Entwickler beteiligt, wie z. B. *Wehnelt, v. Lieben, v. Mihaly, Zworykin, Bredow, Karolus, Baird, F. Kerkhof, Farnsworth, v. Ardenne* und *Schröter.*

Während durch den zweiten Weltkrieg die Entwicklung des Fernsehsystems und seiner Komponenten in Europa nahezu zum Erliegen kam, ging die Entwicklung in den USA weiter. So konnte dort, als Gemeinschaftsleistung der Industrie (NTSC = National Television System Committee) Anfang der 50er Jahre der Welt erstes funktionierendes Farbfernsehsystem NTSC eingeführt werden. Dazu gehörten auch die von RCA entwickelte Farbbildröhre nach dem Schattenmasken-Prinzip. Diese erst machte das „rückwärts" kompatible NTSC-Farbfernsehsystem brauchbar.

Sie ist das Herzstück aller Farbfernsehsysteme und dient ebenso der mehrfarbigen Darstellung von alpha-numerischen Zeichen (Texten) oder von graphischen und mehrfarbigen Bilddarstellungen der Kommunikationstechnik.

Die ersten Displays hatten runde Leuchtschirme. Sie waren aufgrund der kleinen Ablenkwinkel (<30°) sehr lang. Die Entwicklung ging weiter bis zu Ablenkwinkeln von 110° und 114°. Entsprechend verringerte sich die Einbautiefe der Bildröhren und erhöhte sich die Akzeptanz der Fernsehgeräte durch den Konsumenten.

Nun ist das Kathodenstrahldisplay nicht nur Farbfernsehröhre. Das technische Grundkonzept ist sehr universell und flexibel anwendbar. Wir finden es daher in einer ganzen Palette ähnlich arbeitender Bauelemente wieder. Mit ihnen lassen sich Informationen der verschiedensten Art darstellen:

- Fernsehbilder
- alpha-numerische Zeichen
- graphische Darstellungen
- Meßwerte in Abhängigkeit von verschiedensten Parametern wie z. B. der Zeit.

Es gibt Kathodenstrahldisplays in verschiedenen Ausführungsformen, die bezüglich bestimmter Parameter auf die jeweilige Anwendung hin optimiert worden sind. Solche Parameter können sein: Größe, Schirmformat, Schirmoberfläche, Bildfarbe, Helligkeit, Kontrast, Nachleuchtdauer, Art der Ablenkung, Ablenkempfindlichkeit, Schärfe, Auflösung, Rastergüte, Konvergenz usw.

Man kann die Kathodenstrahldisplays in folgenden Arten einteilen:

- Schwarz-Weiß-Bildröhren
- Farbbildröhren
- Monitorröhren (monochrom oder mehrfarbig)
- Oszillographen-Röhren
- Sonderausführungen (Radarbildschirme, Cockpit-Displays für Flugzeuge, Bildverstärkerröhren, Projektionsröhren usw.)

Schwarz-Weiß-Bildröhren gibt es in Schirmabmessungen von wenigen Zentimetern bis hin zu über 60 cm. Sie werden in der Regel eingesetzt in Fernsehempfänger verschiedener Abmessungen. Sie finden aber aufgrund ihrer relativ geringen Kosten und einfachen Anwendung auch Einsatz in einfachen Standardmonitoren für z. B. Bahnsteiganzeigen, Spielgeräten, Computer-Displays und in Meßgeräten.

Diese Schwarz-Weiß-Bildröhren sind Standardbauelemente aus Großserienfertigung. Ihre Haupteigenschaften sind abgestimmt auf die Anforderungen des Unterhaltungsfernsehens. Damit sind auch

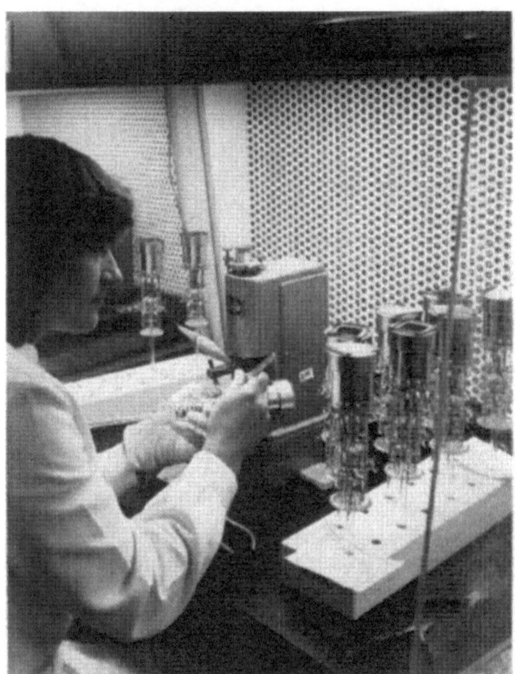

Kathodenstrahlröhre 1: Montage von Elektronenstrahlerzeugern für Oszilloskopröhren. (Quelle: AEG)

annähernd die Grenzen ihrer Einsatzmöglichkeit beschrieben.

Farbbildröhren gibt es heute im Formatbereich von ca. 15 cm bis hin zu ca. 1 m Bildschirmdiagonale. Die Hauptanwendung „Fernsehen" liegt allerdings im Bereich von ca. 35 cm bis 70 cm. Die heutigen Farbbildröhren sind in der Regel:

- selbstkonvergierend (Sie brauchen keine Schaltung mehr zur Konvergenzkorrektur)
- und rasterkorrekturfrei: sie brauchen nur noch geringen Aufwand zur Korrektur des abgebildeten Rasters.

Es sind ausschließlich In-line-Röhren, d. h. die drei Elektronenstrahlsysteme Rot, Grün, Blau liegen in einer horizontalen Ebene.

Monitorröhren gibt es in monochromen und mehrfarbigen Ausführungen. Hier werden höhere Anforderungen an Bildgüte gestellt. Dort wo die Monitorröhren in sog. Bildschirmarbeitsplätze einfließen, werden darüber hinaus an bestimmte Parameter ganz besondere ergonomische Anforderungen gestellt. Solche können sein:

- Farbe des Leuchtstoffes
- Kontrast
- Helligkeit
- Auflösung
- Flimmern
- Entspiegelung
- Störstrahlung

Kathodenstrahlröhre 2: Bei direktem Sonnenauflicht ablesbare, höchstauflösende Farbmonitorröhren von AEG im „Experimental Aircraft Program" der Fa. British Aerospace. (Quelle: British Aerospace Smith Industries)

Monitorröhren werden auch abweichend von der Fernsehnorm betrieben, d. h. mit höheren Ablenkfrequenzen (bis zu 64 kHz Horizontalablenkfrequenz). Auch wird z. B. der zeilenweise Bildaufbau (Rasterscan) verlassen. Stattdessen kann dann z. B. ein *Vector-scan*-Verfahren angewandt werden. Dabei wird der Elektronenstrahl wie ein Bleistift beim Zeichnen oder Schreiben abgelenkt, geführt und gesteuert.

In nahezu allen Geräten, in denen Signale (analoge oder digitale) auftreten, deren Verlauf gemessen oder überwacht werden soll, können Oszillographen-Röhren eingesetzt werden. Hierzu gehören auch medizinische Therapie- und Überwachungsgeräte, Signalüberwachungsgeräte, nachrichtentechnische Anlagen, Prozeßsteueranlagen, usw. d. h. alle Geräte und Anlagen in denen schnelle Signalverläufe gemessen oder überwacht werden sollen. Natürlich gehören dazu auch die eigentlichen Oszillographen für Service, Entwicklung usw.

Auch die Technik der Oszillographen-Röhren ist einer ständigen Weiterentwicklung unterworfen, was gerade in den letzten Jahren zu deutlichen Verbesserungen geführt hat.

Die Weiterentwicklung geht in Richtung flacher, heller, kontrastreicher, schneller, hohe Ablenkempfindlichkeit.

Die letzte Gruppe der K. bilden vor allem Sonderausführungen der bereits erwähnten Grundtypen. So sind z. B. die Projektionsbildröhren monochromatische Monitorröhren besonderer Bauform mit besonderen Leuchtstoffen.

Eine dieser Sonderausführungen ist auch der Bildverstärker. Man unterscheidet drei Grundtypen mit Lichtverstärkungen zwischen 20-fach und 10^5-fach. Anwendung finden sie z. B. als elektronische Schnellverschlüsse (Öffnungszeiten bis zu 1 ns) oder in Nachtsichtgeräten.

K. haben sich in ihrer langjährigen Geschichte zu sehr vielfältigen Ausführungs- und Anwendungsformen entwickelt. Daher läßt sich die Frage nach ihrer Ablösung durch andere Displaytechnologien, insbesondere durch sog. *flache* Displays nicht generell beantworten.

Die Technologie, der man heute die größte Chance einräumen muß, wenn nach einem flachen Display gefragt wird, ist die LCD-Technologie.

Allerdings ist die Entwicklung des Kathodenstrahl-Displays noch nicht am Ende. D. h. für konkurrierende Technologien wird es immer schwieriger, die Bildgüte und die Kostenvorgaben des Kathodenstrahldisplays zu erreichen. Selbst für den „flachen Bildschirm" ist das Kathodenstrahlprinzip nicht auszuschließen.

In immer stärkerem Maße werden Kathodenstrahldisplays an Arbeitsplätzen eingesetzt, als

- Datendisplays in der EDV
- Grafikdisplays in CAD/CAM-Anwendungen
- Displays in der Prozeßkontrolle

Hier werden z. T. besondere ergonomische Anforderungen gestellt, die z. B. ein ermüdungsfreies Arbeiten mit den Bildschirmen erlauben.

Zusammenfassend ist festzustellen, daß das Kathodenstrahldisplay ein ausgereiftes, vielfältig anwendbares Bauelement ist, das ein noch nicht voll ausgeschöpftes Innovationspotential besitzt.

Nerstheimer

Literatur: Bildröhren und Ablenkmittel 1966. Hrsg. SEL, Eßlingen. – Die Fernseh-Bildröhre. Hrsg. Telefunken, Ulm. – Einführung in die Farbfernsehservicetechnik, Bd. I: Grundlagen der Farbfernsehtechnik. Hrsg. N. V. Philips Gloeilampenfabrieken Eindhoven, Niederlande. – Farbfernsehtechnik I. Hrsg. Telefunken, München. – Farbfernsehtechnik II. Hrsg. Telefunken, Berlin. – *Find, G.:* Television Engineering. New York. – Principles of Color Television. Hrsg. Hazeltine Laboratories Staff, New York. – Tradition in Qualität: Bildröhrenfertigung in Aachen. Hrsg. Philips, Hamburg. – Valvo Datenbuch 1986: Farbbildröhren-Systeme für Fernsehen. Hrsg. Valvo, Hamburg.

Kelvin. SI-Basiseinheit der Temperatur, nach *Lord Kelvin, William Tompson* (1824–1907) benannt. Einheitenzeichen K (°K unzulässig!) (→Einheiten des SI, →Temperaturskalen). *Hammerschmidt*

Kennfeldoptimierung. Wird eine Größe Z über die Sensorsignale X und Y gesteuert, dann kann das gewünschte Steuerverhalten über eine dreidimensionale Abbildung, das Kennfeld, graphisch dargestellt werden.

Ein z. B. experimentell ermitteltes Kennfeld kann nach zusätzlichen betriebstechnischen Gesichtspunkten, wie z. B. kurze Einstellzeit, Betriebssicherheit, Kosten- und Energieersparnis etc. nachträglich manipuliert werden. Dieser Vorgang wird als K. bezeichnet. *Schaumburg*

Kennkreisfrequenz →Übertragungsglied zweiter Ordnung

Kennlinie →Meßgerät

Kennlinienkorrektur. Nachträgliche Aufarbeitung der experimentell anfallenden Sensorkennlinien. Eine bleibende K. erfolgt häufig durch Trimmen am →Sensor selbst oder einem damit eng verbundenen Netzwerk von Bauelementen. Ein typisches Beispiel dafür ist das Lasertrimmen von Dickschichtbauelementen am oder in der Umgebung des Sensors. Häufig erfolgt die K. auch dynamisch in einer nachgeschalteten Auswerteelektronik, z. B. in einem Rechner. *Schaumburg*

Keramik, piezoelektrisch. Viele Keramiken haben ausgeprägte piezoelektrische Eigenschaften. Die folgende Tabelle gibt einen Überblick über die wichtigsten piezoelektrischen Koeffizienten und andere wichtige Eigenschaften. Eine wichtige Gruppe bilden dabei Keramikmischungen aus Bleizirkonat und Bleititanat (PZT). *Schaumburg*

Literatur: *Heywang, W.:* Sensorik. Berlin 1984.

Kernreaktor-Fernüberwachungssystem (KFÜ). Ein KFÜ dient zur betreiberunabhängigen staatlichen Überwachung von Kernkraftwerken in zwei Bereichen:

□ Normalbetriebsüberwachung: Überwachung der radioaktiven Ableitungen im bestimmungsgemäßen Betrieb sowie EDV-unterstützte Verdichtung, Aufbereitung und Darstellung von strahlenschutzbedeutsamen Daten,

□ Störfallüberwachung: frühzeitiges Erkennen von Störfällen oder betrieblichen Unregelmäßigkeiten sowie Bereitstellung von Daten über radioaktive Emissionen und deren Auswirkungen auf die Umgebung als Entscheidungshilfe für evtl. zu veranlassende Notfallschutzmaßnahmen.

Aufbau des Meßnetzes: An bestimmten Punkten in einem Kernkraftwerk und in seiner Umgebung befinden sich Detektoren, deren Meßsignale über Satellitenstationen zur Subzentrale im Kernkraftwerk weitergeleitet werden. Dort werden die Meßsignale vorverarbeitet und zwischengespeichert. Die Meßnetzzentrale fragt über Datenfernübertragung (z. B. DATEX-L oder DATEX-P) zyklisch die einzelnen Subzentralen ab und verarbeitet und speichert die Meßwerte.

→Meßwerterfassung: Die Meßstellen sind teilweise Bestandteil des KFÜ, teilweise werden die Signale von Betreibermeßstellen (Betriebsparameter) mitverwendet. Gemessen wird insbesondere

Keramik, piezoelektrisch. Tabelle: Eigenschaften wichtiger Piezomaterialien. (Quelle: Heywang)

	Elastizitätskoeffizient	Dielektrizitätszahl	Piezoelektrische Koeffizienten			Curietemperatur
Einheit	$10^{-12}m^2/N$	–	–	$10^{-12}C/N$	C/m^2	°C
Symbol	s^E	$\varepsilon_f^{\int}$	κ	d	e	ϑc
Einkristalle:						
α-Quarz	$s_{11} = 12{,}8$	$\varepsilon_{11} = 4{,}5$	$\kappa_{11} = 0{,}1$	$d_{11} = 2{,}3$	$e_{11} = 0{,}17$	–
Lithiumniobat	$s_{44} = 17$		$\kappa_{15} = 0{,}64$	$d_{15} = 68$	$e_{15} = 3{,}7$	
	$s_{11} = 5{,}8$	$\varepsilon_{11} = 84$	$\kappa_{22} = 0{,}34$	$d_{22} = 21$	$e_{22} = 2{,}5$	1 150
	$s_{33} = 5{,}0$	$\varepsilon_{33} = 30$	$\kappa_{33} = 0{,}17$	$d_{33} = 6$	$e_{33} = 1{,}3$	
Zinkoxid			$\kappa_{31} = 0{,}34$			
(Schicht)		$\varepsilon = 8$	$\kappa_{33} = 0{,}45$			
Keramiken:						
Banumtitanat			$\kappa_{15} = 0{,}47$	$d_{15} = 550$		
	$s_{11} = 8{,}5$	$\varepsilon_{11} = 1\,620$	$\kappa_{31} = 0{,}20$	$d_{31} = -150$		120
	$s_{33} = 8{,}9$	$\varepsilon_{33} = 1\,900$	$\kappa_{33} = 0{,}49$	$d_{33} = 374$		
PZT normal	$s_{44} = 48$		$\kappa_{15} = 0{,}68$	$d_{15} = 584$	$e_{15} = 12{,}3$	
	$s_{11} = 16$	$\varepsilon_{11} = 1\,730$	$\kappa_{31} = 0{,}33$	$d_{31} = -171$	$e_{31} = -5{,}4$	330
	$s_{33} = 19$	$\varepsilon_{33} = 1\,700$	$\kappa_{33} = 0{,}69$	$d_{33} = 374$	$e_{33} = 15{,}8$	
Hohes ε	$s_{44} = 40$		$\kappa_{15} = 0{,}66$	$d_{15} = 765$		
	$s_{11} = 14{,}3$	$\varepsilon_{11} = 3\,750$	$\kappa_{31} = 0{,}34$	$d_{31} = -235$		185
	$s_{33} = 17{,}5$	$\varepsilon_{33} = 4\,000$	$\kappa_{33} = 0{,}69$	$d_{33} = 545$		
Niedrige						
Verluste	$s_{44} = 31$		$\kappa_{15} = 0{,}57$	$d_{15} = 295$		
	$s_{11} = 11{,}8$	$\varepsilon_{11} = 960$	$\kappa_{31} = 0{,}28$	$d_{31} = -90$		330
	$s_{33} = 13{,}8$	$\varepsilon_{33} = 1\,000$	$\kappa_{33} = 0{,}60$	$d_{33} = 240$		
Blei-Metaniobat			$\kappa_{31} = 0{,}01$	$d_{31} = -5$		>400
		$\varepsilon_{33} = 300$	$\kappa_{33} = 0{,}42$	$d_{33} = 85$		
Polymere:						
PVDF	$s_{11} = 400$		$\kappa_{31} = 0{,}1$	$d_{31} = 20$		
	$s_{33} = 400$	$\varepsilon_{33} = 12$	$\kappa_{33} = 0{,}15$	$d_{33} = 30$		
Nylon 11				$d_{31} = 3$		

die Ableitung radioaktiver Stoffe im Fortluftkamin. Dies sind

- Edelgasaktivitätskonzentration,
- Aerosolaktivitätskonzentration,
- Jodaktivitätskonzentration,
- Hochdosisleistung.

Die Abwasserüberwachung erfolgt mit betreibereigenen Meßgeräten und umfaßt die Messung der Aktivität nach dem Abgabebehälter und im Kühlwasserrücklaufkanal sowie die dazu gehörigen Wassermengen.

Weiterhin sind an das KFÜ eine Reihe ausgewählter Betreibermeßgrößen angeschlossen wie z. B. Generatorschalter Ein/Aus, γ-Dosisleistung im Reaktorgebäude usw.

Neben diesen Emissionsmessungen werden auf dem Gelände des Kernkraftwerks die γ-Dosisleistung und in der nächstgelegenen Ortschaft die γ-Dosisleistung und die Aerosolaktivität betreiberunabhängig gemessen (Immissionen). Schließlich wird, insbesondere für die Ausbreitungsrechnung, der meteorologische Zustand erfaßt (Bild).

Satellitenstation und Subzentrale: Alle eingesetzten Meßgeräte müssen von einem (Mikro-)rechner ansteuerbar sein und liefern neben dem eigentlichen Meßwert weitere Statussignale über ihren Zustand. Die Verbindung zwischen Meßgerät und Datenverarbeitungsanlage erfolgt über eine standardisierte →Schnittstelle, die neben dem eigentlichen Meßwert (analog oder digital) wei-

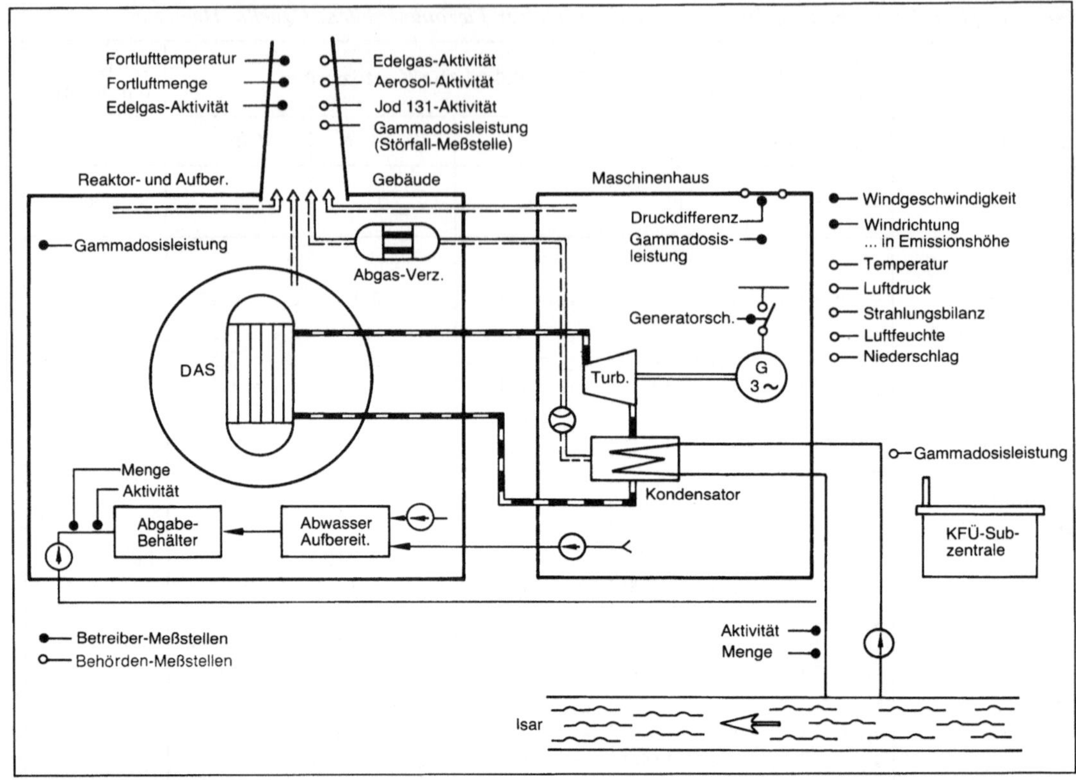

Kernreaktor-Fernüberwachungssystem (KFÜ): Anordnung der Meßstellen im Kernkraftwerk Isar.

tere Signale zur Meßgeräteerkennung, zur Statusabfrage und als Steuerkommandos zur Verfügung stellt.

Von Meßgeräten, die in räumlicher Nähe der Subzentrale angeordnet sind, werden die Daten parallel über ein Interface an den Rechner in der Subzentrale übergeben, bei größerer Entfernung wird in der Satellitenstation parallel/seriell umgesetzt und über Datenfernübertragung (DFÜ) angeschlossen. Die Subzentrale übernimmt die automatische →Ablaufsteuerung der Meßwerterfassung, verarbeitet die eingelesenen Meßwerte vor und speichert sie bis zum Abruf durch die Zentrale. Weiterhin stellt sie auf Anforderung durch die Zentrale die angeforderten Datenblöcke zusammen und übermittelt sie über Datenfernübertragung an die Zentrale. Treten Grenzwertüberschreitungen auf, so kann auch die Subzentrale spontan eine Datenfernübertragung veranlassen. Weiterhin überwacht sie die angeschlossenen Meßgeräte auf ordnungsgemäße Funktion.

Zentrale: Diese besteht aus einem größeren →Prozeßrechner, der mit umfangreichen Magnetplattenspeichern und Datensichtgerätesystemen ausgestattet ist. Die Hauptaufgabe liegt im Erfassen, Verarbeiten und Speichern der Meßdaten. Insbesondere die Darstellung der Ergebnisse in graphischer und tabellarischer Form ist für das Beurteilen einer aktuellen Emissionssituation von Bedeutung. Mittels On-line-Ausbreitungsrechnung lassen sich im Normalbetrieb Abschätzungen über Langzeit-Strahlenbelastungen erstellen. In Störfällen kann der gefährdete Bereich berechnet werden. Da ein →Ausfall der Zentrale das Meßnetz komplett lahm legt, ist es erforderlich, daß für diesen Fall Vorsorge getroffen wird, z. B. durch Verdoppelung der Meßnetzzentrale. *F. Schneider*

Literatur: *Eder, E., G. Gietl* u. *H. Starke:* Das Kernreaktor-Fernüberwachungssystem in Bayern (KFÜ) (2. Aufbauphase). Schriftenreihe Bayerisches Landesamt für Umweltschutz, H. 47 München 1981.

Kerntechnischer Ausschuß KTA. Der KTA hat die Aufgabe, auf Gebieten der Kerntechnik, bei denen sich auf Grund von Erfahrungen eine einheitliche Meinung von Fachleuten der Hersteller, Ersteller und Betreiber von Atomanlagen, der Gutachter und der Behörden abzeichnet, für die Aufstellung sicherheitstechnischer Regeln zu sorgen und deren Anwendung zu fördern. Die Regeln betreffen neben anderen Komponenten von Kernkraftwerken auch die →Meßtechnik, die →Leittechnik und die elektrische Energieversorgung der leittechnischen Systeme. *Schrüfer*

Literatur: Bekanntmachung des Bundesministers für Umwelt, Naturschutz und Reaktorsicherheit über die Bildung eines Kerntechnischen Ausschusses in der Fassung vom 1. 9. 1986, veröffentlicht in BAnz. Nr. 183 vom 2. 10. 1986.

Kettenstruktur. In der Meßtechnik wird von K. gesprochen, wenn die verschiedenen Meßgeräte eines Meßsystems oder eines Meßkreises hintereinandergeschaltet sind. Eine derartige →Meßkette mit drei in Reihe liegenden Meßgeräten ist als Beispiel im Bild dargestellt. Die Meßgeräte haben die Empfindlichkeiten (Übertragungsfaktoren) k_1, k_2 und k_3, die durch die Eingangssignale x_{ei} und durch die Ausgangssignale x_{ai} definiert sind: $x_{ai} = k_i x_{ei}$

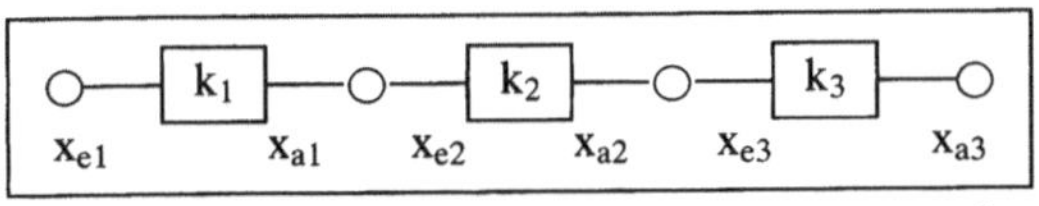

Kettenstruktur: Meßkette aus drei Geräten mit den Eingangssignalen x_{ei}, den Ausgangssignalen x_{ai} und den Empfindlichkeiten k_i.

Die Gesamtempfindlichkeit K einer aus n Geräten aufgebauten Meßkette ergibt sich als das Produkt der einzelnen Geräteempfindlichkeiten k_i zu $k = k_1 k_2 \ldots k_n$.

Sind die Übertragungsfaktoren k_i mit den Unsicherheiten Δk_i behaftet, so berechnet sich nach dem →*Gauß*schen Fehlerfortpflanzungsgesetz die wahrscheinliche relative Unsicherheit des Übertragungsfaktors K der gesamten Meßkette zu

$$\frac{\Delta K}{K} = \sqrt{\left(\frac{\Delta k_1}{k_1}\right)^2 + \left(\frac{\Delta k_2}{k_2}\right)^2 + \ldots + \left(\frac{\Delta k_n}{k_n}\right)^2}\,.$$

Haben die einzelnen Geräte die Frequenzgänge $G_i(j\omega)$, so ergibt sich der →Frequenzgang G der gesamten Meßkette als das Produkt der Frequenzgänge der einzelnen Geräte, $G = G_1 G_2 \ldots G_n$.

Die Signale in der Meßkette laufen nur in Vorwärtsrichtung. Die K. unterscheidet sich darin von der →Kreisstruktur. Die Signalverarbeitung in Meßketten zählt zu den *Ausschlagverfahren*, während die Kreisstruktur Grundlage der Kompensationsverfahren ist. *Schrüfer*

Kilo.... SI-Vorsatz für →Einheiten im Meßwesen. Abk. k. Bezeichnet das 10^3fache der jeweiligen Einheit. *Hammerschmidt*

Kilogramm. SI-Basiseinheit der Masse. Einheitenzeichen kg (→Einheiten des SI). *Hammerschmidt*

Kilopond. Krafteinheit im →MKSA-System. Einheitenzeichen kp. 1 kp ≈ 9,81 N. In der Bundesrepublik Deutschland im geschäftlichen und amtlichen Verkehr seit 1. 1. 1978 nicht mehr zugelassen (→Einheiten des SI). *Hammerschmidt*

Kinetik und Kinematik eines Industrieroboters. Geht man bei der K. eines Industrieroboters (IR) von der Annahme einer starren Mehrkörperstruktur aus, so läßt sich das dynamische Systemverhalten durch die nichtlineare und gekoppelte Bewegungsgleichung

$$\underline{F} = \underline{\underline{M}}(\underline{q})\,\underline{\ddot{q}} + \underline{\underline{H}}(\underline{\dot{q}}) + \underline{f}(\underline{q},\underline{\dot{q}}) + g(\underline{q}) \qquad (1)$$

beschreiben. Dabei kennzeichnen

$\underline{\underline{M}}(\underline{q})$	– die (nxn)-Massenmatrix
$\underline{\underline{H}}$	– die (nxn)-viskose Reibungskraft-Diagonalmatrix
$\underline{f}(\underline{q}, \underline{\dot{q}})$	– den Coriolis- und Zentrifugalkraft-Vektor
$\underline{g}(\underline{q})$	– den Gravitationskraftvektor
$\underline{F}$	– den Antriebskraftvektor oder Stellgrößenvektor
$\underline{q}$	– den Achskoordinatenvektor (Roboterkoordinatenvektor)

Die relativ umfangreichen Bewegungsgleichungen (1) lassen sich auf der Grundlage bekannter Methoden nach *Lagrange* oder *Newton/Euler* ermitteln, wobei sich der Aufwand durch Anwenden rechnergestützter Verfahren stark reduzieren läßt. Um dem IR bei der räumlichen Bewegung die notwendigen sechs kinematischen Freiheitsgrade zu garantieren, muß der IR über wenigstens n = 6 Antriebsachsen verfügen. Der interne Systemzustand des IR wird dann durch die Achsenkoordinaten und deren erste Ableitung nach der Zeit ausreichend beschrieben. Die Achskoordinaten sind durch Positionsgeber, z. B. Resolver oder Winkelcodierer, die zeitliche Ableitung der Achskoordinaten durch Tachogeneratoren meßbar. Als Antriebe für die Roboterachsen sind elektrische, pneumatische oder hydraulische Antriebsmotoren (linear oder rotatorisch) vorzusehen.

Von vorrangiger Bedeutung für die Handhabungsaufgaben ist der externe Systemzustand der IR. Dieser Systemzustand wird durch die Positions- und Orientierungskoordinaten der Roboterhand und deren erste zeitliche Ableitungen im kartesischen Inertialsystem der IR beschrieben. Zwischen den externen Handkoordinaten $\underline{p}$, den →Weltkoordinaten, und den internen Achsenkoordinaten $\underline{q}$, den →Roboterkoordinaten, besteht eine eindeutige transzendente Beziehung

$$\underline{p}(t) = \underline{p}(\underline{q}(t)), \qquad (2)$$

die sich mit Hilfe der Matrizen-Transformationstechnik nach den →DH-Matrizen, elegant beschreiben läßt. Die Umkehrung der →Koordinatentransformation, die für die Berechnung der Regelungs-Referenzwerte erforderlich ist,

$$\underline{q}(t) = \underline{q}(\underline{p}(t)) \qquad (3)$$

läßt sich nur für besondere kinematische Strukturen oder bei Annahme bestimmter geometrischer Einschränkungen der IR geschlossen lösen. Im Vektor $\underline{p}$ sind nicht nur die Lage der Hand sondern auch deren Orientierung bezüglich der Umwelt beschrieben.

Bei der Positionssteuerung wird aus (2) die Roboterposition berechnet und – falls notwendig – durch numerische Differentiation daraus die Geschwindigkeiten und Beschleunigungen gewonnen.

Bei der Geschwindigkeitssteuerung wird durch Differentiation der Gleichung (3) zunächst die zu $\dot{\underline{p}}$ gehörende Geschwindigkeit $\dot{\underline{q}}$ berechnet und daraus durch Integration $\underline{q}$ gewonnen.

Bei der Beschleunigungssteuerung werden durch zweimalige Differentiation von Gleichung (3) zunächst die Größen $\ddot{\underline{q}}$ und $\ddot{\underline{p}}$ berechnet und daraus durch Integration zunächst $\dot{\underline{q}}$ und dann $\underline{q}$ bestimmt. *Steusloff*

Literatur: *Denavit, J., R. S. Hartenberg.* A Kinematic Notation for Lower Pair Mechanisms Based on Matrices. J. of Applied Mechanics, vol. 22, Trans. ASME, vol. 77, 215–221. – *Klotter, K.:* Technische Schwingungslehre. 2. Bd. Berlin–Heidelberg–New York, S. 31–37. – *Schielen, W.; E. Kreuzer:* Rechnergestütztes Aufstellen der Bewegungsgleichungen gewöhnlicher Mehrkörpersysteme. Ingenieur-Archiv 46 (1977), S. 185–194.

Klassengenauigkeit →Meßgerät, elektrisches

Klassifikation. Zuordnen eines unbekannten Musters oder Objekts zu einer von mehreren Klassen. Zentrale Aufgabe der →Mustererkennung (im engeren Sinn). Die K. erfolgt in der Regel an Hand der Merkmale des Musters und an Hand von Vorwissen über Klasseneigenschaften. Liegen klassenbedingte Merkmalswahrscheinlichkeiten sowie a priori Klassenwahrscheinlichkeiten vor, so kann *Bayes*-K. verwendet werden (→Minimierung der Fehlerwahrscheinlichkeit oder des Risikos). Bei fehlender statistischer Information können geometrische Abstandskriterien verwendet werden (z. B. minimaler Abstand zu Klassenrepräsentanten).

Klassifikationsregeln können durch Vorgabe von Lernstichproben automatisch gelernt werden. Die Klassifikationstheorie gilt als ausgereift und umfaßt auch →Lernverfahren zum Aufbau eines Klassifikators. *Neumann*

Klassifizierung leittechnischer Einrichtungen. Einteilung der leittechnischen Einrichtungen analog VDI/VDE 2180, Blatt 3, in die Klassen

- MSR-Betriebseinrichtungen (→Betriebseinrichtung),
- MSR-Überwachungseinrichtungen (→Überwachungseinrichtung) und
- MSR-Schutzeinrichtungen (→Schutzeinrichtung),

um sie aufgabengerecht und mit wirtschaftlich angemessenem Aufwand auslegen und betreiben sowie Verantwortlichkeiten klar abgrenzen zu können. Besondere Bedeutung hat das Unterscheiden zwischen Überwachungs- und Schutzeinrichtungen: Von – in größeren Unternehmen in die Tausende gehenden – Sicherungseinrichtungen sind, um die Instandhaltungsanforderungen glaubhaft machen zu können, die wenigen wirklich wichtigen auszuwählen.

Das Bild zeigt schematisch die unterschiedliche Wirkungsweise von MSR-Überwachungs- und MSR-Schutzeinrichtungen. Nach VDI/VDE 2180 wird zwischen Gutbereich, zulässigem und unzuläs-

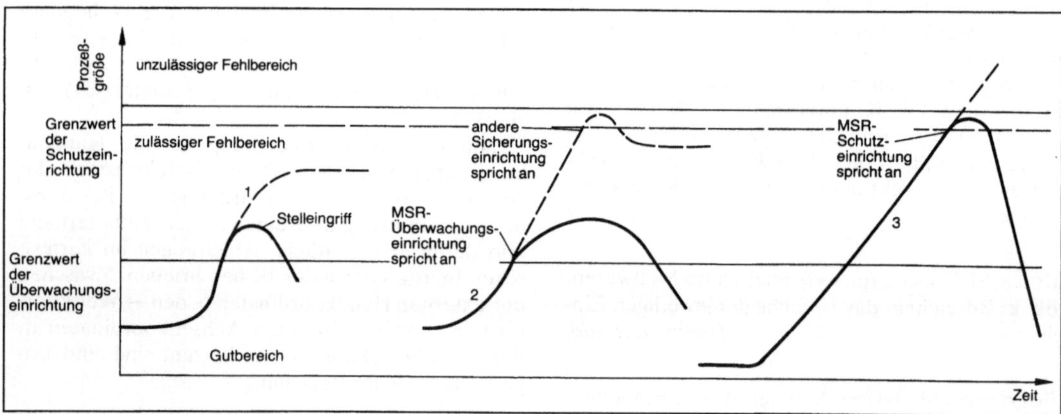

Klassifizierung leittechnischer Einrichtungen: Schematische Darstellung der Wirkungsweise von Überwachungs- und Schutzeinrichtungen (nach VDI/VDE 2180, Blatt 3). Der Grenzwert der Schutzeinrichtung ist unter Berücksichtigung der Dynamik der Prozeßgröße so einzustellen, daß diese den unzulässigen Fehlbereich nicht erreicht.

sigem Fehlbereich unterschieden. Schutzeinrichtungen sind nur solche, die die Prozeßgröße davor bewahren, den unzulässigen Fehlbereich zu erreichen (Bild, Kurve 3). Kann die Prozeßgröße den unzulässigen Fehlbereich verfahrensbedingt nicht erreichen (Bild, Kurve 1) oder ist die leittechnische Einrichtung einer anderen Schutzeinrichtung, z. B. einem Sicherheitsventil, vorgeschaltet (Bild, Kurve 2), ist die leittechnische Einrichtung als Überwachungseinrichtung zu klassifizieren (→Anlagensicherung). *Strohrmann*

Literatur: VDI/VDE 2180 Blatt 3: Sicherung von Anlagen der Verfahrenstechnik mit Mitteln der Meß-, Steuerungs- und Regelungstechnik. Klassifizierung von Meß-, Steuerungs- und Regelungseinrichtungen. Ausg. Dez. 1984.

Klemmfehler. Fehler in einer digitalen Schaltung derart, daß ein Signal nicht mehr zwischen den beiden logischen Pegeln niedrig und hoch wechseln kann.

Bei einem K. (logischen Fehler, →Ständigfehler, →Stuckfehler, stuck at zero, stuck at one) kann die Spannung an mindestens einer Eingangs- oder Ausgangsklemme nicht mehr der zu realisierenden logischen Funktion folgen, sondern ist auf niedrigem oder hohem Potential *festgeklemmt.* Die Schreibweise x/0 bzw. x/1 bedeutet, daß das Signal x ständig den Wert 0 bzw. 1 führt.

Bauelement-Totalausfälle und logische Fehler werden durch dieselben Testmengen erkannt. *Schrüfer*

Klimaprüfung. Bei der K. für Bauelemente, Leiterplattenbaugruppen und Geräte wird eine →Simulation aller spezifierten klimatischen Umgebungsbedingungen in einem Klimaschrank (Temperatur, Feuchte, Druck) mit bestimmter Variation der einzelnen Werte und gleichzeitiger Prüfung des funktionellen Verhaltens unter diesen Bedingungen vorgenommen. *Winter*

Klinkensteckverbinder. K. sind zweipolige →Steckverbinder, die konzentrisch auf einem Stift hintereinander angeordnet sind. Nach dem Einführen des Steckerstiftes in die Klinke und dem Betätigen der beiden Kontakte rasten diese in Ringnuten ein. Die Stecker dienen zum Anschluß von geschirmten oder ungeschirmten Leitungen. Im Falle der geschirmten Leitung ist die Buchse in einer metallischen Hülse eingebaut, die elektrisch mit dem Leitungsschirmgeflecht verbunden ist. K. werden häufig in der Fernsprechvermittlungstechnik eingesetzt. *Pagnin*

Knoten. Einheit zur Angabe der Schiffsgeschwindigkeit. Einheitenzeichen kn. 1 kn = 1 Seemeile / Stunde = 1,852 km / h ≈ 0,514 m/s. In der Bundesrepublik Deutschland keine gesetzliche Einheit. *Hammerschmidt*

Knotenanalyse. Mit der K. wird bei der →Fehlersuche in Digitalschaltungen nach der Auffindung des fehlerhaften Schaltungsknotens das fehlerverursachende Bauelement ermittelt.

Da an einem Knoten zwei oder mehr Bauelemente bzw. Schaltungseinheiten angeschlossen sind, ist nur im Einzelfall mit dem fehlerhaften Knoten auch das defekte Bauelement gefunden. Ist eine geringe Zahl von SSI- oder MSI-Schaltkreisen mit den Knoten verbunden, kann es billiger sein, zur Reparatur alle in Frage kommenden Bauelemente auszuwechseln. Anders bei LSI-/VLSI-Schaltkreisen und bei Busleitungen mit vielen Bauelementen, welche meist bidirektional arbeiten. Hier muß eine exakte Fehlerlokalisierung vorgenommen werden.

Da die allermeisten →Fehler an Schaltkreiseingängen und -ausgängen aus Kurzschlüssen gegenüber 0V oder der Versorgungsspannung bestehen, kann aus dem Spannungspegel des Knotens und der Stromrichtung direkt an den Schaltkreisanschlüssen auf das fehlerhafte Bauelement geschlossen werden. Liegt z. B. der Knoten auf 0V, ist der Bauteilanschluß defekt, in den der Strom hineinfließt.

Die wesentlichen Verfahren zur K. sind

□ Bestimmung der kleinsten Impedanz am Knoten durch Spannungseinprägung und Messung der Stromrichtung und

□ Verfolgung des Stromes durch induktive Abtastung.

Mit letzterem Verfahren lassen sich vielfach auch Kurzschlüsse zwischen Leiterbahnen finden (→Pfadverfolgung). *Mettler*

Koaxial-Steckverbinder. K.-S. werden als lösbare Verbindung zwischen koaxialen Leitungen zur Übertragung hochfrequenter elektrischer Signale benutzt. Die Übertragung elektrischer Signale ab etwa 3 MHz erfordert von den Steckverbindern die Einhaltung eines konstanten Wellenwiderstandes. Dieser ist abhängig vom Durchmesserverhältnis des inneren und äußeren Zylinders der Leitung und von der Dielektrizitätskonstante des Isolationsmaterials zwischen den beiden konzentrischen Leitungen. Die aufgrund von Maßabweichungen auftretende Widerstandsänderung kann sich bei der Übertragung als frequenzabhängige Reflexion bemerkbar machen. Diese Abweichung wird als *Reflexionsfaktor* bezeichnet.

Als weitere Eigenschaft wird vom K.-S. eine gute Abschirmung der Übertragungssignale von äußerer Fremdstrahlung an der Verbindungsstelle gefordert. Als Maß der Wirksamkeit der Abschirmung dient der *Kopplungswiderstand* bei den vorhandenen Frequenzen. Die K.-S. sind im Stift-Buchse-Prinzip (→Steckverbinder) aufgebaut. Der Innen- und der Außenleiter der Verbindung werden jeweils durch runde Stifte und zugehörige federnde Buchsen elektrisch verbunden. Damit kann erreicht werden, daß die elektrischen Eigenschaften des K.-S. und die der Koaxialleitung möglichst wenig voneinander abweichen. Je nach Verwendungsart werden Kabel-, Gehäuse-, Zwischen- und Bügelstecker unterschieden. Zum Anschluß der Koaxialleitung an die Stecker werden Löt- und →Crimpverbindungen hergestellt. *Pagnin*

Kohlenmonoxidsensor. Sensoren zur Messung des Gases Kohlenmonoxid (CO) lassen sich auf der Basis von elektrochemischen Zellen herstellen (Bild). Über eine gasdurchlässige Membran gelangt CO an die Arbeitselektrode einer elektrochemischen Zelle mit einer verdünnten Schwefelsäurelösung als Elektrolyt. Hält man die Spannung zwischen Arbeits- und Gegenelektrode konstant, dann ist die Oxidation des CO zu CO_2 an der Arbeitselektrode als Stromfluß meßbar, dieser ist damit dem CO-Gehalt des gemessenen Gases proportional. *Schaumburg*

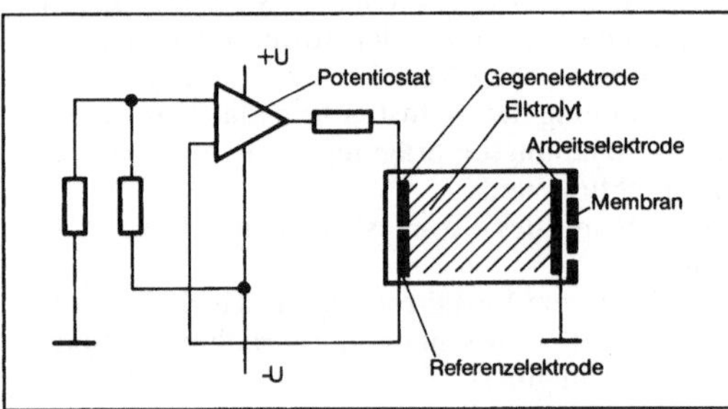

Kohlenmonoxidsensor: Aufbau und Funktionsprinzip eines Kohlenmonoxid-(CO-)Meßkopfs mit elektrochemischem Sensor. (Quelle: Schanz)

Literatur: *Schanz, G. W.:* Sensoren. Heidelberg 1986.

Koinzidenzschaltung. Schaltung, um die Gleichzeitigkeit von Ereignissen zu erkennen.

In bestimmten Anwendungsfällen, wie z. B. in der Strahlungsmeßtechnik, ist es wichtig zu wissen, ob die von verschiedenen Detektoren gelieferten Impulse gleichzeitig auftreten. Dazu werden die Impulse normiert und einem UND-Gatter zugeführt (Bild). Dessen Ausgang ist nur für die Zeit mit

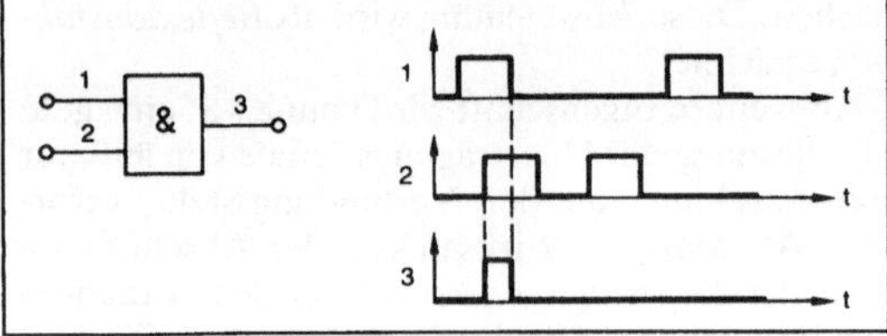

1), 2) Eingangssignale, 3) Ausgangssignal.

Koinzidenzschaltung: Ausführung mit UND-Gatter.

einer logischen 1 belegt, während der die beiden Impulse sich überlappen. Das UND-Gatter liefert nur dann einen Ausgangsimpuls, wenn die beiden Impulse koinzident sind, wenn sie zusammentreffen. *Schrüfer*

Kolloid-Anzeige. Stäbchenförmige oder scheibenartige Kristallite, die Poly-Iodidketten enthalten, zeigen dichroitische Eigenschaften. Sie werden in den sogenannten K.-A. oder auch Suspensionsanzeigen, technisch genutzt. Eines der wesentlichsten Probleme dieser Technik besteht darin, die dichroitischen Kristallite in einem nichtleitenden flüssigen Medium im Schwebezustand in einer Zelle zu halten. Der Zellenaufbau ähnelt der einer Flüssigkristall-Zelle. Die Richtung der dichroitischen Partikel ist statistisch verteilt. Durch die Zelle hindurchtretendes Licht wird absorbiert; die Zelle erscheint dunkel. Ein elektrisches Feld zwingt die Partikel in eine Vorzugsrichtung (Feldrichtung). Damit wird die Zelle transparent. Die Zelle trägt auf den Innenseiten transparente Elektroden. Zwischen ihnen liegt das elektrische Feld zur Ansteuerung einzelner Bildpunkte.

Die Schichtdicke der Suspensionen in der Zelle der K.-A. liegt im Bereich von 50 bis 100 μm. Je nach Grundeigenschaften und Konzentration der Partikel liegt die Resttransmission bei Werten unter 1%.

Liegt zwischen den Elektroden eine Spannung von ca. 50 V an, so werden die Partikel in Feldrichtung gedreht. Die Absorption erhöht sich auf ca. 50%; die Anzeige erscheint im angesteuerten Bereich transparent. Da die elektrooptische Kennlinie der bekannten Suspensionen flach ist, eignen sie sich nur für eine statische Ansteuerung.

Die wesentlichen Vorteile dieser Anzeigetechnik bestehen in

□ hohem Kontrast,

□ geringer Winkelabhängigkeit,

□ geringer Abhängigkeit der Transmission vom Spektralbereich des hindurchtretenden Lichtes,

□ einfacher Zellenaufbau ohne Polarisationsfolien und ohne hoher Toleranzanforderungen.

Diesen Vorteilen stehen leider die noch nicht gänzlich gelösten Probleme, wie

- Stabilität der Suspension bei hohen Temperaturen sowie
- Randeffekte an den Elektrodenkanten

gegenüber. Die Zukunft dieser im Prinzip guten Anzeigetechnik ist deshalb ungewiß. *Pottharst*

Kombitester. →Prüfautomat, mit dem sowohl der Funktionstest, wie auch der →In-Circuit-Test durchgeführt werden kann. Für beide Prüfverfahren stehen entweder eine jeweils eigene →Pinelektronik oder eine entsprechend aufwendige universelle Pinelektronik zur Verfügung, die die für beide Prüfungen notwendigen Fähigkeiten in sich vereint. *Winter*

Kommunikation, offene. Möglichkeit eines durchgängigen Datenaustauschs zwischen unterschiedlichen digitalen Systemen. O. K. ist eine Voraussetzung zur Integration der Computeraktivitäten eines ganzen Unternehmens zu CIM (*engl.* Computer Integrated Manufacturing) mit den Untergruppen Unternehmensplanung, Auftragsabwicklung, Produktionsplanung, CAD (Computer Aided Design), CAP (Computer Aided Planing), →CAQ (Computer Aided Quality Control) und CAM (Computer Aided Manufacturing).

O. K. läßt sich technisch realisieren durch einen standardisierten Datenverkehr, z. B. OSI (Open Systems Interconnection), →LAN (Local Area Networks), →MAP (Manufacturing Automation Protocol), →TOP (Technical and Office Protocol) oder durch Übertragungsbaugruppen zwischen Systemen mit unterschiedlichen Datenübertragungsstrukturen. Diese Baugruppen werden meist als Gateways bezeichnet. *Strohrmann*

Kompaktregler →Leitgerät

Komparator. Ein nichtlinearer →Verstärker, mit dem man feststellen kann, ob der Informationsparameter eines Signals, z. B. die Signalspannung, größer oder kleiner als eine Bezugsgröße ist. K. haben nur zwei mögliche Ausgangszustände, die man in der Digitaltechnik häufig auch mit logisch „0“ und logisch „1“ bezeichnet. Wenn beim idealen K. die Eingangsgröße die Bezugsgröße erreicht bzw. durchfährt, nimmt der K. den jeweils anderen Ausgangszustand an. K. werden durch elektronische Verstärker mit hoher Verstärkung und hoher Nullpunktstabilität realisiert. Wenn man einen →Operationsverstärker ohne Gegenkopplung betreibt, hat man bereits einen K. (Bild). Falls die Umschaltzeit eines solchen K. mit ca. 10 µs zu groß sein sollte, kann man auf spezielle integrierte K.-Verstärker mit Umschaltzeiten von 1 µs – 0,2 ns zurückgreifen.

Bei praktisch ausgeführten K. kann es vorkommen, daß die Umschaltung bei ansteigender Eingangsgröße nicht exakt bei der gleichen Bezugsgröße stattfindet wie bei abfallender Eingangsgröße. Diese Eigenschaft des K. nennt man Hysterese (→Meßgerät, elektrisches).

Anwendung z. B. beim →Analog/Digital-Umsetzer.

Ebenfalls als K. werden digitale Schaltungen zum Vergleich zweier Digitalwörter bezeichnet.

K. werden auch zur genauen →Längenmessung eingesetzt; dabei wird der zu messende Gegenstand

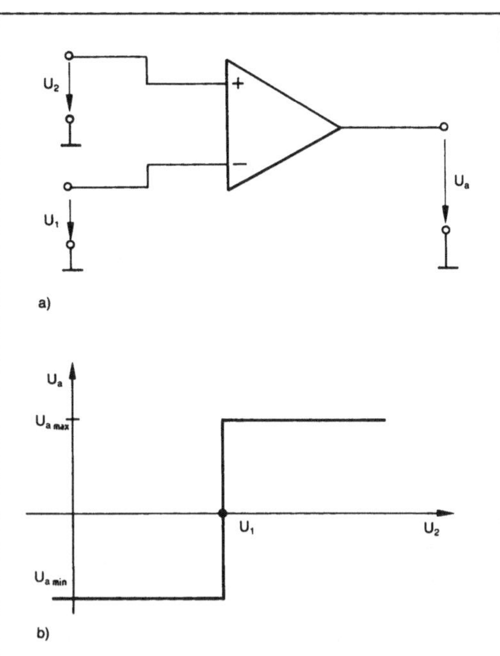

Komparator: Operationsverstärker als K.
a) Schaltung
b) Kennlinie.

mit Hilfe zweier Meßmikroskope mit einem Strichmaßstab hoher Genauigkeit verglichen. *Hammerschmidt*

Kompensations-Meßverfahren. Meßsysteme können nach ihrer Struktur unterschieden werden in Ausschlagverfahren (Geradeausverfahren) und Kompensationsverfahren (Nullverfahren). Beim Ausschlagverfahren wird der durch die Meßgröße bewirkte Zeigerausschlag mit den bei der →Kalibrierung der Skala festgelegten Ausschlägen verglichen (→Meßgeräte, elektrische). Der Vergleich mit dem Normal erfolgt hier mittelbar über die vorher stattgefundene Kalibrierung. Die Meßglieder bilden beim Ausschlagverfahren eine →Meßkette (Bild 1). Einige praktische Beispiele gibt Bild 2. Ausschlagverfahren sind preisgünstiger zu realisieren. Nachteile sind: Mögliche Verfälschung des Meßergebnisses infolge der Belastung des Meßobjekts durch den →Meßauf-

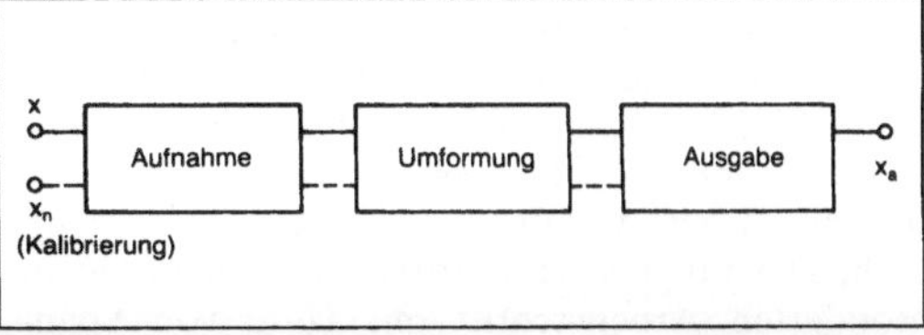

Kompensations-Meßverfahren 1: Kettenstruktur beim Ausschlagverfahren.

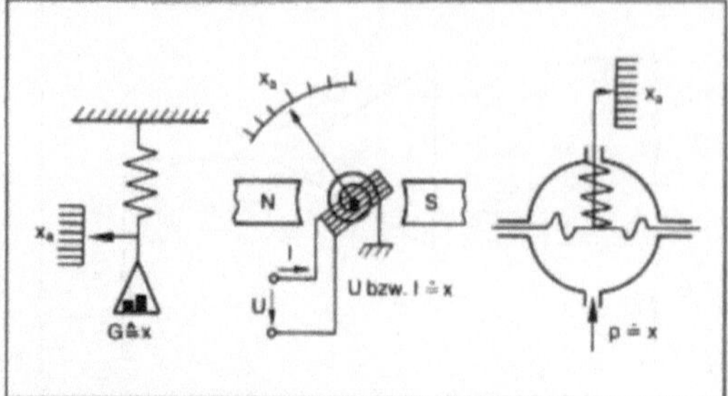

Kompensations-Meßverfahren 2: Beispiele für Ausschlagverfahren.

nehmer, mögliche Veränderung der Skalierung infolge Alterung von Bauteilen, Defekten u. a., was ohne Nachkalibrierung nicht erkannt werden kann.

Beim K.-M. erfolgt ein unmittelbarer Vergleich mit einem Normal oder einem Referenzglied, in der elektrischen Meßtechnik in der Regel mit einem Spannungsnormal. Hier bilden die Meßglieder einen → Regelkreis (Bild 3). Praktische Beispiele gibt Bild 4. Das veränderliche Normal wird solange manuell oder automatisch verstellt, bis am Ausgang der Subtraktionsstelle der Nullindikator die Differenz 0 erkennt. Zur Anzeige des Meßwerts dient dann der eingestellte Wert des Normals. Der Aufwand ist hier größer als beim Ausschlagverfahren, jedoch läßt sich so genauer messen. Der Nullindikator muß nur im Bereich des Nullpunkts gute Eigenschaften (große Empfindlichkeit, kleiner Nullpunktfehler) aufweisen. Ansonsten wird die Meßunsicherheit des Verfahrens durch die Meßunsicherheit des Normals bestimmt. Bei entsprechender Anordnung kann man es erreichen, daß das Meßobjekt überhaupt nicht durch das Meßsystem belastet wird, daß die Messung also leistungslos erfolgt.

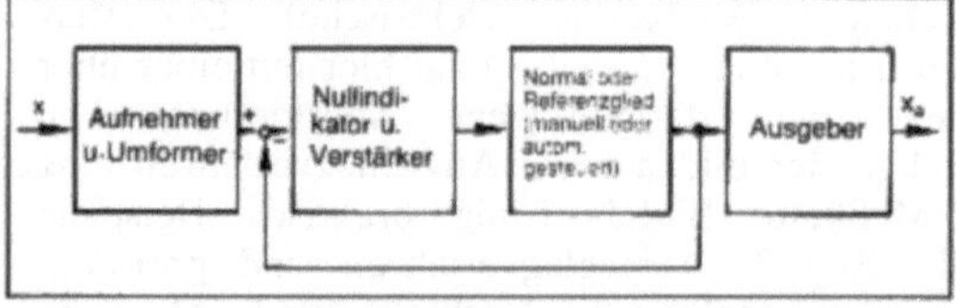

Kompensations-Meßverfahren 3: Kreisstruktur.

Beim Gleichspannungskompensator nach *Poggendorff* wird eine veränderliche Teilspannung an einem Widerstand abgegriffen, der von einem konstanten Hilfsstrom durchflossen ist. Der Kompensator nach *Lindeck-Rothe* verfügt über einen variablen Hilfsstrom, der über einen festen Widerstand geschickt wird. Die Hilfsströme werden in einem gesonderten Arbeitsschritt mit Hilfe von Spannungsnormalen (z. B. Weston-Element) eingestellt. Der Abgleich kann auch automatisch erfolgen, z. B. durch einen Motor wie etwa beim Kompensationsschreiber (→ Registriergeräte) oder durch eine digitale elektronische Schaltung (→ A/D-Umsetzer). Auch Gleichströme lassen sich durch K.-M. völlig leistungslos messen, d. h. ohne jeden Spannungsabfall am Meßsystem.

Hammerschmidt

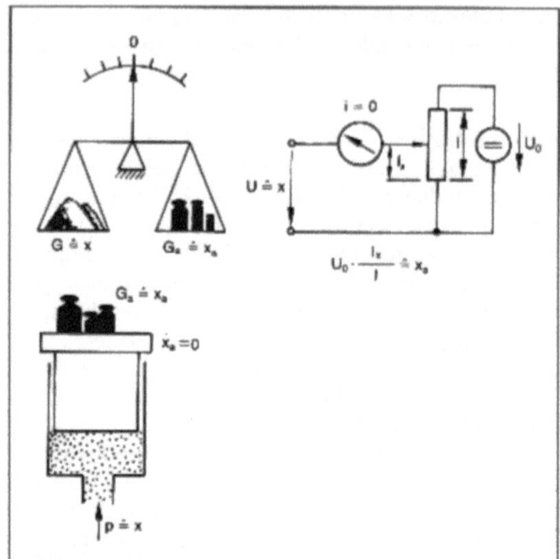

Kompensations-Meßverfahren 4: Beispiele für Kompensationsverfahren.

Kompensationsdose → Thermoelement

Kompensationsfiltermethode → Filmdosimeter

Kompensationsschreiber → Registriergerät

Komponentenanalyse. Erfassen einzelner Bildkomponenten eines Binärbildes. Bei Anwendungen der Binärbildanalyse kommt es vielfach darauf an, die im Bild sichtbaren Komponenten einzeln zu beschreiben, z. B. für eine nachfolgende Objekterkennung. „Komponente" bezeichnet einen maximal zusammenhängenden Bildbereich, „Zusammenhang" eine Verbindung gemäß einer Nachbarschaftsdefinition. Am häufigsten wird die 4- oder die 8-Nachbarschaft im Rechteckraster verwendet.

	N			N	N	N
N	X	N		N	X	N
	N			N	N	N
	4-Nachbarn				8-Nachbarn	

Alternativen sind die unsymmetrische 6-Nachbarschaft im Rechteckraster oder die symmetrische 6-Nachbarschaft im Hexagonalraster:

	N	N
N	X	N
N	N	

	N	
N		N
	X	
N		N
	N	

Für die K. gibt es einfache zeilensequentielle Algorithmen. Die Ausgabe besteht aus einer Liste der gefundenen Komponenten, jeweils beschrieben durch einfache Merkmale wie z. B. Lage des Schwerpunktes, Fläche, Umfang, Hauptachsenrichtung, Flächenträgheitsmomente, u. a. *Neumann*

Komponententest. Test einzelner Komponenten (Bausteintest) aber auch der einzelnen Bausteine auf einer →Leiterplattenbaugruppe im Rahmen des →In-Circuit-Test. Der K. gibt noch keine Aussage über das Funktionsverhalten der Baugruppe. *Winter*

Kondensatorkammer →Ionisationskammer-Dosimeter

Konfigurierung. Auswahl und Verknüpfen vorprogrammierter (dedizierter) Programmbausteine, z. B. für PID-Regelung, Grenzwertüberwachung, Bildschirmdarstellungen und für Formate von Protokolldruckern, zum →Anwenderprogramm, das auf die in Programmbausteinen vorliegenden Funktionen eingeschränkt ist. Manche Systeme sehen neben den fest vorprogrammierten auch freiprogrammierbare Programmbausteine vor, die in das konfigurierte Programm eingebunden werden und so den Funktionsvorrat anwendungsbezogen erweitern können, ohne auf die wesentlichen Vorteile der K. verzichten zu müssen.

Zum Konfigurieren sind im allgemeinen keine Softwarekenntnisse erforderlich. Die durch Konfigurieren zusammengesetzte Programme sind – weil die Programmbausteine ausgetestet sind – weitgehend fehlerfrei (→Programmbaustein, dedizierter; →Programmpaket). *Strohrmann*

Konflikt. Ein zentraler Begriff der moderneren →Systemtheorie; er beschreibt das Vorliegen eines Entscheidungsbedarfs, wobei aber an der Entscheidungsstelle nicht genügend Information vorhanden ist, so daß z. B. Würfeln als ein fairer Algorithmus angesehen werden könnte. K. (zeitlicher bzw. Resourcen-K., Interessen-K.) ist ein Begriff, der zu System gehört, „Entscheidung" zu Prozeß. Eine genauere Analyse des Systems kann möglicherweise ergeben, daß der dargestellte K. lediglich ein lokaler bzw. nur ein Scheinkonflikt ist, d.h. daß das System die erforderliche Information bis spätestens zur Ausführungszeit, also dann wenn der K. entschieden werden muß, bereitstellt. Ein Beispiel hierfür: Die Systemdarstellung (das Organigramm) einer Firma zeige, daß zwei Abteilungsleiter um einen Dienstwagen konkurrieren. Die weitere Systemanalyse ergebe aber eine Invariante: Die Aufgaben, wofür jeder den Wagen benötigen würde, wechseln aber unter ihnen umschichtig (jeder ist an einem anderen Tag damit dran), so daß sie wegen übergeordneter Gesichtspunkte gar nicht in Konflikt geraten können. Betrachtungen der Netztheorie zeigen, daß man Resourcenkonflikte (und „Zeit" ist da auch eine Resource) durch keine technische Verfeinerung aus der Welt schaffen kann; Interessenkonflikte kann man aushandeln.

Ein Schulbeispiel für ein Konfliktproblem, das in der Systemtheorie in allen möglichen Darstellungen abgehandelt worden ist, ist das Problem der *mutual exclusion,* des ausschließlichen Zugriffs auf eine *critical section* genannte Resource. Einer der bekanntesten – weil frühesten – Lösungsversuche *(E. Dijkstra)* ist der mittels „Semaphore", d. h. solcher Anzeigen, die Reservierung oder Freistellung bezeichnen. Genauere Untersuchungen zeigen, daß das Wettrennen um die kritische Sektion verlagert worden ist in ein Rennen um die Semaphore. (In dem speziellen Fall einer Programmiersprache, aus dessen Zusammenhang die Aufgabe stammt, ist dann die Konfliktentscheidung abgegeben an die Hardware der Maschine, oder an das Betriebssystem, das die erforderliche Sequentialisierung, also die Entscheidung über den Ausgang des Rennens, wenn's kritisch genug war, vornahm.) *Fuss*

Konfliktauflösung. Verfahren zur Auswahl einer Regel aus der →Konfliktmenge im Auswahl-Anwendungszyklus eines →Expertensystems. Die wichtigsten Auswahlkriterien sind Speicherfolge, Spezifizität, Alter der betroffenen Fakten und Vermeiden von Regelwiederholungen. Die K. gehört zu den Aufgaben einer Inferenzkomponente. *Neumann*

Konfliktmenge. Menge anwendbarer Regeln im Auswahl-Anwendungszyklus eines →Expertensystems. Durch →Konfliktauflösung wird eine Regel aus der K. ausgesucht und nachfolgend zur Anwendung gebracht. Das Berechnen der K. muß durch die Inferenzkomponente des Expertensystems für jeden Zyklus durchgeführt werden. Inkrementelle Berechnungsverfahren können wesentlich zur Effektivität des Gesamtsystems beitragen. *Neumann*

Konstanten, allgemeine.
Konstanten, allgemeine. Tabelle.

Name	Zeichen	Größe
Avogadro-Konstante	N_A	$6{,}022045 \cdot 10^{23}$ mol^{-1}
Basis der natürlichen Logarithmen	e	2,718282
Boltzmann-Konstante	k	$1{,}380662 \cdot 10^{-23}$ J K^{-1}
Elektronenladung	e	$1{,}6021892 \cdot 10^{-19}$ C
Fallbeschleunigung, normale	g_n	9,80665 m/s^2
Faraday-Konstante	F	$9{,}648456 \cdot 10^4$ Cmol^{-1}
Feldkonstante, elektrische	ε_0	$8{,}85418782 \cdot 10^{-12}$ Fm^{-1}
Feldkonstante, magnetische	μ_0	$4\pi \cdot 10^{-7}$ Hm^{-1}
Gaskonstante, universelle	R_0	8,31441 J mol^{-1}K^{-1}
Gravitationskonstante	f	$6{,}6720 \cdot 10^{-11}$ Nm^{2}kg^{-2}
Lichtgeschwind. i. Vakuum	c	$2{,}99792458 \cdot 10^8$ ms^{-1}
Ludolfsche Zahl	π	3,1415926536
Normdruck	p_n	101325 Pa
Normtemperatur	T_n	273,15 K
Planck-Strahlungskonstanten	c_1	$3{,}741832 \cdot 10^{-16}$ Wm^2
	c_2	$1{,}438786 \cdot 10^{-2}$ K · m
Planck-Wirkungsquantum	h	$6{,}626176 \cdot 10^{-34}$ J Hz^{-1}
Ruhmasse des Elektrons	m_e	$9{,}109534 \cdot 10^{-31}$ kg
Ruhmasse des Neutrons	m_n	$1{,}6749543 \cdot 10^{-27}$ kg
Ruhmasse des Protons	m_p	$1{,}6726485 \cdot 10^{-27}$ kg
Stefan-Boltzmann-Konstante	σ	$5{,}67032 \cdot 10^{-8}$ Wm^{-2} K^{-4}
Stoffmengenbezogenes Normvolumen des idealen Gases bei 273,15 K und 101325 Pa	V_o	$22{,}41383 \cdot 10^{-3}$ m^3 mol^{-1}
Wien-Verschiebungskonst.	A	$2{,}8978 \cdot 10^{-3}$ K · m

Hammerschmidt

Konstantspannungsquelle. Galvanische Elemente (Normal) und mit Z-Dioden stabilisierte elektronische Schaltungen werden als K. (Referenzspannungsquellen) verwendet, z. B. bei →Kompensations-Meßverfahren, →Analog/Digital-Umsetzern. Bild 1 a zeigt eine einfache Spannungsstabilisierung mit der Z-Diode D. Änderungen bei U_e wirken sich nur zu 10%-1% bei U_{ref} aus. Wegen wechselnder Belastung kann sich die abgegebene Spannung U_{ref} ändern. Durch einen nachgeschalteten →Verstärker nach Bild 1 b wird die Schaltung in Bild 1 a praktisch nicht belastet. Wenn man die Z-Diode nach Bild 2 an der stabilisierten Spannung anschließt, wirken sich Spannungsänderungen bei U_e nur noch mit $\approx 10^{-4}$ bei U_{ref} aus. Größere Änderungen von U_{ref} können sich dann durch den Temperaturkoeffizienten von U_Z ergeben, der bei $\pm 1 \cdot 10^{-3}$/K liegt. Durch Serienschaltung von Dioden läßt sich dieser Einfluß bis auf $1 \cdot 10^{-6}$/K vermindern. Ausgeführte Werte von U_{ref} sind z. B. 10 V oder 10,24 V.

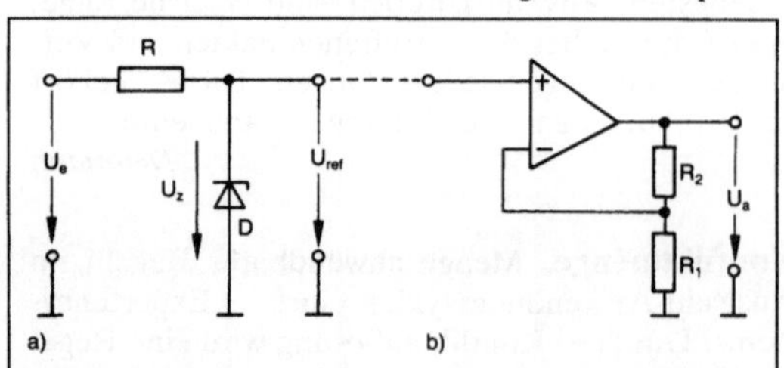

Konstantspannungsquelle 1: Funktionsprinzip
a) Spannungsstabilisierung mit Z-Diode $U_{ref} = U_Z$
b) Enkopplung mittels Spannungsverstärker

$$U_a = \left(1 + \frac{R_2}{R_1}\right) U_{ref}$$

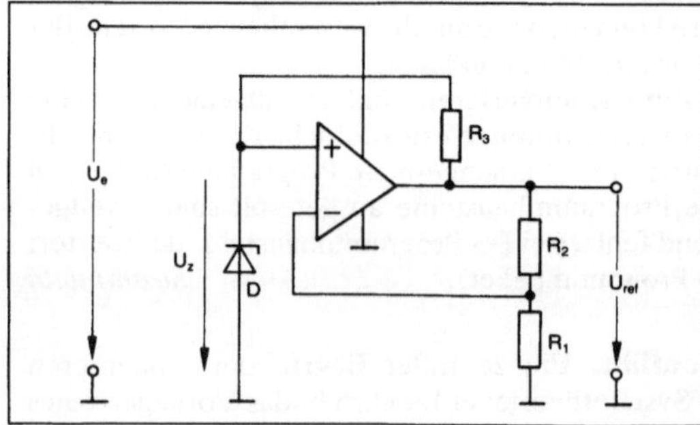

Konstantspannungsquelle 2: Betrieb der Z-Diode aus der geregelten Spannung

$$U_{ref} = \left(1 + \frac{R_2}{R_1}\right) U_Z$$

Man kann im Prinzip auch die Durchlaßspannung einer Diode oder die Basis-Emitter-Spannung eines Bipolartransistors (→Transistor) als Spannungsreferenz einsetzen. Allerdings ist der →Temperaturkoeffizient mit −2 mV/K bei 0,6 V recht hoch. Er läßt sich kompensieren, indem man eine Spannung mit einem Temperaturkoeffizienten von +2 mV/K hinzuaddiert. Bild 3 zeigt eine solche Schaltung, bei der diese Spannung durch einen zweiten Transistor erzeugt wird. Die Transistoren werden mit U_{ref} betrieben, nur ein Teil von U_{ref} wird auf die Basisanschlüsse zurückgekoppelt. So lassen sich auch andere Konstantspannungen als die Bandabstands-Spannung von Silicium erzeugen, welche an R_4 auftritt: $U_{BG} = 1{,}205$ V. Diese Bandabstands-Referenzen werden in großer Vielfalt als integrierte Schaltungen angeboten. Sie benötigen niedrigere Betriebsspannungen als Referenzen auf der Basis von Z-Dioden. Ausgeführte Werte für U_{ref} sind z. B. 1,2 V; 2,5 V, 5 V; 10 V mit Toleranzen zwischen 2 % und 0,02 %; Temperaturkoeffizienten liegen bei 10^{-5}-2 · 10^{-5}/K. Wenn die enthaltene temperaturabhängige Spannung (−2 mV/K) separat herausgeführt ist, kann man diese Schaltungen auch zur →Temperaturmessung verwenden. Soweit Spannungsreferenzen nicht genügend belastbar sind, kann man ihnen einen gegengekoppelten Verstärker wie in Bild 1 b nachschalten. *Hammerschmidt*

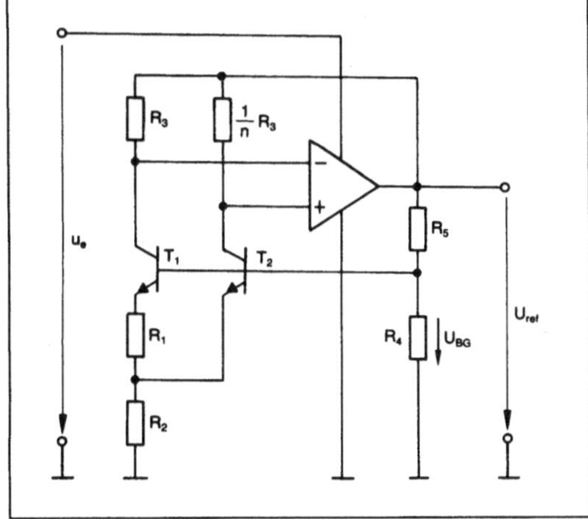

Konstantspannungsquelle 3: Bandabstands-Referenz

$$U_{ref} = \left(1 + \frac{R_5}{R_4}\right) U_{BG}, \; mit \; U_{BG} = 1{,}205 \; V$$

Literatur: *Tietze, U.* u. *C. Schenk:* Halbleiterschaltungstechnik. Berlin 1986.

Konstantstromquelle. Auch Präzisionsstromquelle, Stromspiegel, Strombank (letztere für ganz bestimmte Schaltungsanordnungen) genannt. Elektronische Schaltung, die durch ihren sehr großen Innenwiderstand einen konstanten Strom unabhängig von der Ausgangsspannung (und damit der Last) in gewissen Grenzen liefert. Oft läßt sich der Ausgangsstrom definiert einstellen.

Ein weiteres großes Einsatzgebiet der K. sind integrierte Analogschaltungen, wo zur Konstanthaltung des Arbeitspunktstromes einzelner Stufen z. B. innerhalb eines Operationsverstärkers eigenständige Schaltungstechniken, die Stromspiegel (Strombänke), entwickelt wurden. Die Grundschaltung einer solchen K. ist der Emitterfolger (Bild), dessen Kollektorstrom unabhängig von der Kollektorspannung gleich dem Emitterstrom ist, der durch die Basis-Emitterspannung eingestellt wird. Ein Referenzstrom erzeugt dann diese Spannung (dabei besorgt die Diode D lediglich eine →Temperaturkompensation) und diese wiederum legt den Kollektorstrom des Transistors in gewissen Grenzen unabhängig vom Lastwiderstand fest. Damit wird der Referenzstrom quasi auf den Laststrom „gespiegelt“. Stromspiegel dieser Art werden in integrierten Analogschaltungen verbreitet als dynamische Lastwiderstände (die sog. aktive oder Transistorlast) eingesetzt. *R. Paul*

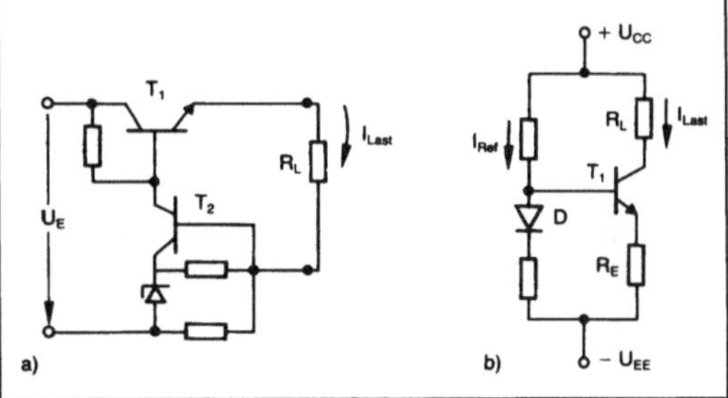

Konstantstromquelle: Grundschaltung.
a) Reglerschaltung
b) Emitterfolger als Referenzquelle.

Kontakt.

1. Berührung zwischen elektrischen Leitern zum Zweck des Stromüberganges.

2. Gesamtheit der Teile, die den aufgrund von 1. fließenden Strom führen. Dazu gehören insbesondere Kontaktfedern, Kontaktträger und Kontaktstücke.

K. befinden sich u. a. in →Relais, →Schaltern, →Tasten, →Steckverbindern und Kollektoren von elektrischen Maschinen.

Man unterscheidet verschiedene Kontaktarten:
- Schaltkontakte (in Schaltern, Tasten, Relais und Schützen)
- Steckkontakte (in Steckverbindern aller Art)
- Gleitkontakte (in Stromabnehmern von Elektrofahrzeugen, Kollektoren von elektrischen Maschinen und in Potentiometern).

Die Zusammenfassung mehrerer Schaltkontakte wird als →Kontaktsatz bezeichnet.

3. Häufig gebrauchte Bezeichnung anstelle des Begriffs Kontaktstück. Gemeint ist das häufig aus Edelmetallegierungen (→Kontaktwerkstoff) bestehende Teil bzw. die Materialschicht, an denen der Stromübergang erfolgt. Man unterscheidet zwischen Niet- und Schweißkontakten sowie galvanischen K. *Rauterberg*

Kontaktierungsprüfung. Prüfung, ob ein →Prüfling korrekt mit dem Prüfadapter verbunden ist. Die Prüfung erfolgt in der Regel vor Beginn weiterer Messungen und wird mittels einer →Strommessung durchgeführt. Das Verfahren ist deshalb nur einsetzbar, wenn z. B. die Eingangswiderstände des Prüflings nicht extrem hoch sind. *Winter*

Kontaktmanometer. Direkt wirkende anzeigende →Grenzsignalgeber für Druck. Früher mit Quecksilberringrohren oder Magnetspringkontakten ausgerüstet, haben sie heute fast ausschließlich induktive Abgriffe (Bild). Chemie-Einheitsmanometer mit diesen Abgriffen lassen sich durch die robuste Ausführung, durch große Korrosionsbeständigkeit, durch eine weite Auswahl an Meßbereichen und durch die Möglichkeit, Schwingungsbelastungen durch eine Flüssigkeitsfüllung zu mindern, weitgehend allen Sicherungsaufgaben für Druck anpassen. *Strohrmann*

Kontaktmanometer: Chemie-Einheitsmanometer mit Induktivabgriff. (Quelle: Wiegand)

Kontaktplan. Der K. (*engl.* ladder-diagram) stellt eine an der Relais-Schaltungstechnik orientierte, graphische Beschreibungsform für →Verknüpfungs- und →Ablaufsteuerungen dar. Diese Beschreibungsform wird bei einem Teil der speicherprogrammierbaren Steuerungen auch zur Programmierung und zur Programmdokumentation eingesetzt.

Eine Auswahl der vereinbarten Grundsymbole gemäß DIN 19239, DIN IEC 65 A (Sec) 67 Entwurf und VDI-Richtlinie 2880 Blatt 4 sind in der Tabelle zusammengestellt. Sie stellen verallgemeinerte →Kontakte (Ruhe- und Arbeitskontakte) und →Relais bzw. Ausgabeelemente dar, die in gedachte Strompfade eingebaut und so miteinander verknüpft bzw. verschaltet werden. Die K. sind dabei so zu erstellen, daß der fiktive Stromfluß waagerecht von links nach rechts erfolgt.

Kontaktplan. Tabelle: Grundsymbole der Kontaktplantechnik

Operation	Symbol	Beschreibung
Eingabe	—] [—	binärer Eingang oder Merker
	—]/[—	binärer Eingang oder Merker negiert
	—] [→	positive Flanke
	—]/[→	negative Flanke
Abschluß	—( )—|	z. B. Zwischenergebnis, Ausgabe
	—(/)—|	negiert
	—(xx)—|	xx: S Setzen, Starten; R Rücksetzen; ZV zählen vorwärts; ZR zählen rückwärts.

Mit den Grundelementen und Symbolen können primär binäre Operationen beschrieben werden. Allerdings lassen sich auch nicht mit Kontaktsymbolen darstellbare Steuerungsfunktionen wie Arithmetik, Programmsprünge etc. in Funktionsplanform in den K. einbauen. Ein Beispiel für ein Verknüpfungsnetzwerk, d. h. alle zum Aufbau der →Verknüpfung nötigen Kontaktplanelemente zeigt das Bild. Im Vergleich zum →Funktionsplan weist der K. einen höheren Detaillierungsgrad auf, der bei umfangreichen Steuerungen leicht zur Unübersichtlichkeit von Programm und Dokumentation führen kann. *Freyberger*

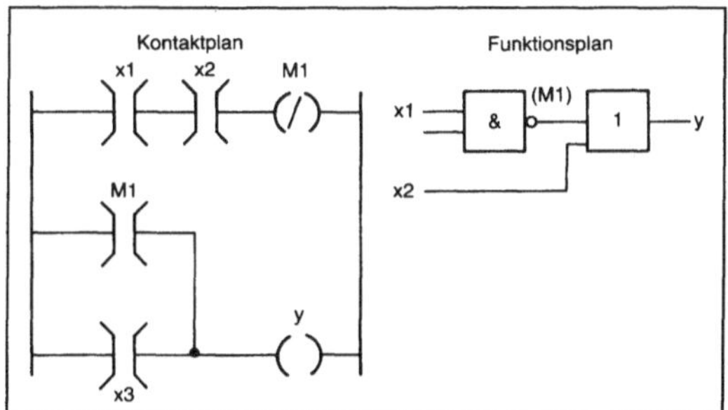

Kontaktplan: Gegenüberstellung von Funktionsplan und K. am Beispiel der Verknüpfung: $Y = X_1 \wedge X_2 \vee X_3$.

Kontaktsatz. Zusammenfassung aller Kontakte eines elektromechanischen →Relais oder Schalters. Ein K. kann mehrere →Öffner, →Schließer und →Wechsler enthalten.

Für erhöhte Sicherheitsanforderungen – z. B. für Maschinensteuerungen – werden, insbesondere bei Relais, K. mit Zwangsführung eingesetzt. Bei diesen ist durch mechanische Vorkehrungen sichergestellt, daß auch im Störungsfall Öffner und Schließer nie gleichzeitig geschlossen sein können. *Rauterberg*

Kontaktwerkstoff. Material, das an der Stromübergangsstelle eines Kontaktes verwendet wird. Je nach Art des →Kontaktes (Schaltkontakt, Steckkontakt oder Gleitkontakt) und je nach den Einsatzbedingungen werden verschiedene Werkstoffe, meist Metalle und ihre Legierungen, in massiver Form oder in geschichtetem Aufbau verwendet.

Für Gleitkontakte werden vornehmlich Werkstoffe auf Graphitbasis eingesetzt.

Für Steckkontakte kleiner Belastung wird meist Gold, häufig jedoch auch Palladium und dessen Legierungen verwendet. Bei hoher Belastung (z. B. für →Steckverbinder in Kraftfahrzeugen) wird i. a. Zinn und Silber verwendet.

Für Schaltkontakte werden bei kleiner Belastung Gold und Legierungen mit hohem Goldanteil verwendet. Bei mittleren Lasten kommen vorwiegend Silber und Silber-Palladium, Rhodium und Palladium-Nickel zu Einsatz. Für hohe Belastungen werden u. a. Silber-Nickel, Palladium-Kupfer, Silber-Cadmiumoxid und Wolfram verwendet. Als Ersatz für Silber-Cadmiumoxid wird aus Umweltschutzgründen zunehmend Silber-Zinnoxid eingesetzt.

In →Quecksilberrelais und Quecksilberschaltern wird – vorwiegend für kleine und mittlere Schaltleistungen – der flüssige K. Quecksilber eingesetzt. *Rauterberg*

Literatur: *Keil. A.* und *W. A. Merl, E. Vinaricky:* Elektrische Kontakte und ihre Werkstoffe. Berlin/Heidelberg/New York/Tokio 1984.

Kontiprozeß. Kontinuierlich ablaufender verfahrenstechnischer Prozeß. In Konti- oder Fließprozessen überwiegen Regelungen gegenüber Steuerungen. Bei den Steuerungen handelt es sich meist um →Verknüpfungssteuerungen (→Chargenprozeß). *Strohrmann*

Kontrollpunktregelung. Temperaturregelung an Destillationskolonnen im Übergangsgebiet zweier siedender Stoffe. Mit der K. läßt sich die Stofftrennung führen. Wie das Bild zeigt, wirkt einer Temperaturerhöhung, die ein Zeichen dafür ist, daß das höher siedende Sumpfprodukt nach oben steigt, ein Zurücknehmen des Heizgasdurchflusses entgegen. K. sind meist dynamisch sehr anspruchsvoll, und die im Bild dargestellte Schaltung ist noch zu ergänzen und zu modifizieren. So gibt es spezielle Rechnerprogramme, welche die K. in die gesamte Regel-

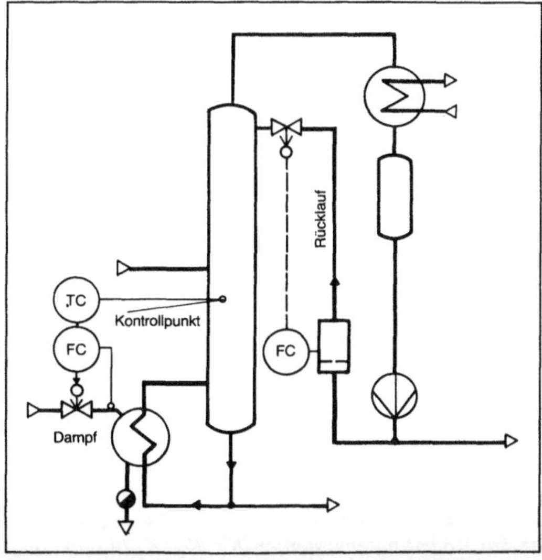

Kontrollpunktregelung: K. einer Destillationskolonne.

strategie der Kolonne optimal einbinden. Mit Erfolg wird bei Kontrollpunktregelaufgaben auch von der modalen Regelung Gebrauch gemacht.

Strohrmann

Koordinaten →Kinetik und Kinematik eines Roboters

Koordinatentransformation. Die Bewegung der einzelnen Achsen eines Industrie-Roboters (IR) erfolgt in den Achsen-Koordinatensystemen (→Roboterkoordinaten), während die Beschreibung einer Aufgabenlösung mit einem IR in →Weltkoordinaten geschehen sollte (→Roboterprogrammierung). Dies bedeutet die Bahnvorgabe (→Bahnberechnung) in Weltkoordinaten und deren Transformation in Roboterkoordinaten als Sollwerte der Achsregler (→Regelungsverfahren). Auch die umgekehrte Transformation (Roboter- in Weltkoordinaten) ist von Bedeutung, z. B. beim Einrichten und bei der Überprüfung von IR.

Die Transformation von Welt- in Roboterkoordinaten soll an einem Beispiel vorgestellt werden (Bahnberechnung, →DH-Matrix, Weltkoordinaten). Die Stellung des Gelenkkoordinatensystems K_{i+1} in dem Gelenkkoordinatensystem K_i läßt sich in Roboterkoordinaten durch die Gelenkvariable Θ_i bzw. α_i und die Strecke S_i der $\underline{A}_i$-Matrix schreiben:

$$\underline{A}_i = \begin{pmatrix} \cos\Theta_i & -\sin\Theta_i\cos\alpha_i & \sin\Theta_i\sin\alpha_i & a_i\cos\Theta_i \\ \sin\Theta_i & \cos\Theta_i\cos\alpha_i & \cos\Theta_i\sin\alpha_i & a_i\sin\Theta_i \\ 0 & \sin\alpha_i & \cos\alpha_i & s_i \\ 0 & 0 & 0 & 1 \end{pmatrix} \quad (1)$$

Bei einem dreiachsigen IR (Bild) ist die kartesische Position und Orientierung des Handkoordinatensystems (Weltkoordinaten) in der Matrix

$$\underline{I}_3 = \underline{A}_0 \cdot \underline{A}_1 \cdot \ldots \cdot \underline{A}_3 \quad (2)$$

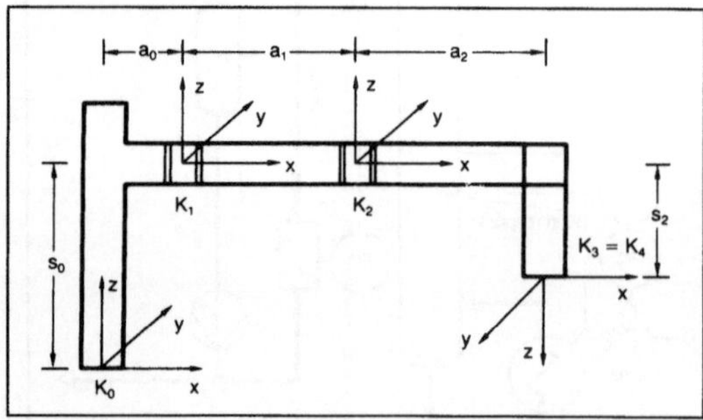

Koordinatentransformation: Dreiachsiger Roboter mit drei aufeinander folgenden Rotationsgelenken mit den Koordinatensystemen K_1, K_2, K_3 in den einzelnen Gelenken, K_4 als Handkoordinatensystem und K_0 als absolutes Weltkoordinatensystem.

beschrieben. Im Beispiel sind die Gelenkvariablen Θ_i, α_i und s_i ($i = 0,1, \ldots, 3$) und mit Gl. (1) gilt:

$$\underline{A}_0 = \begin{pmatrix} 1 & 0 & 0 & \alpha_0 \\ 0 & 1 & 0 & 0 \\ 0 & 0 & 1 & s_0 \\ 0 & 0 & 0 & 1 \end{pmatrix} \quad (3)$$

$$\underline{A}_1 = \begin{pmatrix} \cos\Theta_1 & -\sin\Theta_1 & 0 & \alpha_1\cos\Theta_1 \\ \sin\Theta_1 & \cos\Theta_1 & 0 & \alpha\sin\Theta_1 \\ 0 & 0 & 1 & 0 \\ 0 & 0 & 0 & 1 \end{pmatrix} \quad (4)$$

$$\underline{A}_2 = \begin{pmatrix} \cos\Theta_2 & \sin\Theta_2 & 0 & \alpha_2\cos\Theta_2 \\ \sin\Theta_2 & -\cos\Theta_2 & 0 & \alpha_2\sin\Theta_2 \\ 0 & 0 & -1 & -s_2 \\ 0 & 0 & 0 & 1 \end{pmatrix} \quad (5)$$

$$\underline{A}_3 = \begin{pmatrix} \cos\Theta_3 & -\sin\Theta_3 & 0 & 0 \\ \sin\Theta_3 & \cos\Theta_3 & 0 & 0 \\ 0 & 0 & 1 & 0 \\ 0 & 0 & 0 & 1 \end{pmatrix} \quad (6)$$

Die Matrix $\underline{I}_3$ wird wie folgt angesetzt (Umweltkoordinaten):

$$\underline{I}_3 = \begin{pmatrix} l_1 & m_1 & n_1 & x_3 \\ l_2 & m_2 & n_2 & y_3 \\ l_3 & m_3 & n_3 & z_3 \\ 0 & 0 & 0 & 1 \end{pmatrix} \quad (7)$$

Nach Ausmultiplikation von $\underline{A}_0 \ldots \times \underline{A}_3$ der Gl. (3)–(6) erhält man durch Koeffizientenvergleich mit Gl. (7)

$$l_1 = \cos\Theta_3 (\cos\Theta_1 \cos\Theta_2 - \sin\Theta_1 \sin\Theta_2) + \sin\Theta_3 (\cos\Theta_1 \sin\Theta_2 - \sin\Theta_1 \cos\Theta_2) \quad (8)$$

$$l_2 = \cos\Theta_3 (\sin\Theta_1 \cos\Theta_2 + \cos\Theta_1 \sin\Theta_2) + \sin\Theta_3 (\sin\Theta_1 \sin\Theta_2 - \cos\Theta_1 \cos\Theta_2) \quad (9)$$

$$l_3 = 0 \quad (10)$$

$$m_1 = -\sin\Theta_3 (\cos\Theta_1 \cos\Theta_2 - \sin\Theta_1 \sin\Theta_2) + \cos\Theta_3 (\cos\Theta_1 \sin\Theta_2 + \sin\Theta_1 \cos\Theta_2) \quad (11)$$

$$m_2 = -\sin\Theta_3 (\sin\Theta_1 \cos\Theta_2 + \cos\Theta_1 \sin\Theta_2) + \cos\Theta_3 (\sin\Theta_1 \sin\Theta_2 - \cos\Theta_1 \cos\Theta_2) \quad (12)$$

$$m_3 = 0 \quad (13)$$

$$n_1 = 0 \quad (14)$$

$$n_2 = 0 \quad (15)$$

$$n_3 = -1 \quad (16)$$

$$x_3 = a_2 (\cos \Theta_1 \cos \Theta_2 - \sin \Theta_1 \sin \Theta_2) + a_1 \cos_1 + a_2 \quad (17)$$

$$y_3 = a_2 (\sin \Theta_1 \cos \Theta_2 + \cos \Theta_1 \sin \Theta_2) + a_1 \sin \Theta_1 \quad (18)$$

$$z_3 = - s_2 + s_0 \quad (19)$$

Nach umfangreicher Rechnung (quadrieren, addieren der entsprechenden Gleichungen) erhält man als Lösung für die Roboterkoordinaten:

$$\Theta_2 = \arccos \frac{(x^3 - a_0)^2 + y_3^2 - a_2^2 - a_1^3}{2\, a_1 \cdot a_2} \quad (20)$$

$$\Theta_1 = \arctan \frac{A \cdot y_3 - B\,(x_3 - a_0)}{A\,(x_3 - a_0) + B\, y_3} \quad (21)$$

mit

$$A = a_2 \cdot \cos \Theta + a_1 \quad (22)$$

$$B = a_2 \sin \Theta_2 \quad (23)$$

$$\Theta_3 = \arctan \frac{l_1 \sin(\Theta_1 + \Theta_2) - l_2 \cos(\Theta_1 + \Theta_2)}{l_1 \cos(\Theta_1 + \Theta_2) + l_2 \sin(\Theta_1 + \Theta_2)} \quad (24)$$

Mit diesen Gleichungen ist es möglich, durch Vorgabe von x_3, y_3 und λ_1, die Gelenkvariablen Θ_1, Θ_2 und Θ_3 zu ermitteln.

Dieses Beispiel zeigt eine geschlossen lösbare Transformation der Welt- in die Roboterkoordinaten. Abgesehen von dem erheblichen Rechenaufwand, der ggf. in Echtzeit zu erbringen ist, existiert je nach Art der IR-Kinematik u. U. keine geschlossene Lösung dieser Transformationsaufgabe. In solchen Fällen muß die Lösung iterativ unter Nutzung der immer existierenden Transformation von Roboter- in Weltkoordinaten erfolgen.

Steusloff/Schill

Literatur: Informatik – Forschung und Entwicklung. – *Meisel, K.-H.:* Integrierter Sensoreinsatz bei Industrieroboteranwendungen – Konzept und Realisierungsmethoden für die Robotersteuerung, Dissertation 1986. Universität des Saarlandes, Saarbrücken.

Koppelplan →Kontaktplan

Kopplungsfaktor. Der piezoelektrische K. entspricht dem thermodynamischen Wandlungsgrad, d. h. dem Verhältnis von elektrischer Energiedichte zu mechanisch zugeführter Energiedichte. Für den Längseffekt (→Piezowiderstandseffekt) ergibt sich für den K. der Wert k_{33}^2 (→Keramik, piezoelektrisch).

Analog wird der pyroelektrische K. k_π^2 durch das Verhältnis η von elektrischer Energiedichte zu der Dichte der thermisch zugeführten Energie definiert, nach dem Gesetz

$$\eta = \frac{\Delta T}{T_o} k_\pi^2$$

(T_o ist die Betriebstemperatur, ΔT die Temperaturdifferenz bei der Wärmezuführung). *Schaumburg*

Literatur: *Heywang, W.:* Sensorik. Berlin 1984.

Körperdosis →Filmdosimeter

Körperschallmessung. Unter Körperschall werden Schwingungen fester Körper verstanden. Dabei können unterschiedliche Schwingungsmoden auftreten. Die Analyse ist im allgemeinen recht kompliziert und erfordert einen großen mathematischen Aufwand.

Gemessen wird der Körperschall mit Absolutweggebern (Beschleunigungsaufnehmer, seismische Geber, →Schwingungsüberwachung), die an die Außenwand der zu überwachenden Rohrleitungen oder Behälter aufgeschraubt, aufgeschweißt oder magnetisch festgehalten werden. Die überwachten Frequenzen gehen bis zu 10 kHz.

Eingesetzt wird die K. zur Detektion abgelöster oder gelockerter Konstruktionselemente. Diese losen, von einem strömenden Medium mitgerissenen, oder die noch ortsfesten, aber schwingenden oder vibrierenden Teile, erzeugen beim Anschlagen an die Wände den Körperschall. Die Einzelschallereignisse in Form von abklingenden Schwingungen (bursts) überlagern sich dem normalen Hintergrundgeräusch und lassen sich auf Grund ihrer größeren Amplitude erkennen. Die Interpretation ist jedoch nicht ganz einfach, da auch im bestimmungsgemäßen Betrieb – z. B. bei Ein- und Ausschaltvorgängen – ähnliche Bursts wie bei schlagenden Teilen auftreten können.

Die Körperschallsignale pflanzen sich mit einer frequenzabhängigen Ausbreitungsgeschwindigkeit fort, so daß sich ihre Form verändert. Über eine zläßt sich ggf. der Entstehungsort lokalisieren. Dies gelingt um so besser, je ausführlicher die Inbetriebnahmemessungen durchgeführt wurden. Dabei werden mit Hilfe definierter Schläge Körperschallsignale an verschiedenen Stellen des Rohrleitungssystems erzeugt. Die Ausbreitungsgeschwindigkeit und die Form der Signale werden dokumentiert. Diese Ergebnisse sind dann die Grundlage für die Interpretation der später im Betrieb evtl. auftretenden Bursts. *Schrüfer*

Korrelation. Statistischer, nicht notwendigerweise auch kausaler Zusammenhang. *Fuss*

Korrelationsmeßtechnik. Die K. ermittelt den Zusammenhang zwischen zwei oder mehreren Meßreihen, ohne daß im deterministischen Sinn die eine Meßreihe als eine Funktion der anderen betrachtet werden könnte. Die Meßreihen werden also nicht als unabhängig und abhängig angesehen, sondern als gleichwertig betrachtet. Im Falle der →Kreuzkorrelation stammen die Meßreihen von unterschiedlichen Größen. Bei der Autokorrelation werden die zeitverschobenen Meßwerte einer einzigen Größe untersucht.

Ist f(t) die eine gemessene Größe und g(t) die andere, so ist die Kreuzkorrelationsfunktion (KKF) Φ_{fg} in Abhängigkeit von der Verzögerungszeit τ erklärt durch

$$\Phi_{fg}(\tau) = \lim_{T\to\infty} \frac{1}{2T} \int_{-T}^{+T} f(t)\, g(t-\tau)\, dt. \qquad (1)$$

Um sie zu erhalten, sind also die folgenden Operationen durchzuführen (Bild):

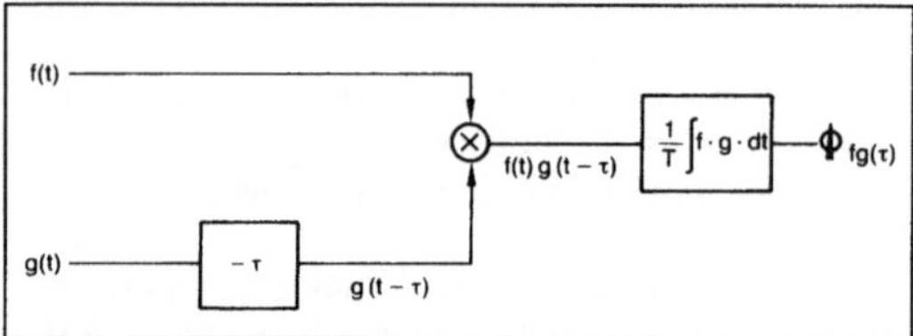

Korrelationsmeßtechnik: Operationen beim Bilden der Kreuzkorrelationsfunktion Φ_{fg}

- das Signal g(t) ist um die Zeit τ zu verzögern
- die beiden Signale f(t) und $g(t-\tau)$ sind miteinander zu multiplizieren
- der Mittelwert über diese Produkte ist zu bilden.

Die so entstandene Kreuzkorrelationsfunktion ist dann nicht mehr eine Funktion der Zeit t, sondern der Verzögerungszeit τ.

Dem Stand der Technik entsprechend werden die gemessenen Signale zu diskreten Zeitpunkten im Abstand T_a abgetastet, ins digitale Datenformat umgesetzt, und die KKF wird aus den diskreten, zu den Zeitpunkten nT_a gewonnenen Meßwerten $f(nT_a)$ berechnet. Die Verzögerungszeit kT_a wird ebenfalls als ein Vielfaches des Abtastintervalls ausgedrückt. Für diese diskreten Werte geht das obige Integral in eine Summe über mit

$$\Phi_{fg}(k) = \frac{1}{N} \sum_{n=1}^{N} f(nT_a)\, g([n-k]T_a). \qquad (2)$$

Die vorstehend genannten Rechenvorschriften lassen sich auch auf eine einzige Funktion f(t) anwenden, indem sie mit ihrem zeitverzögerten Wert $f(t-\tau)$ multipliziert wird. In diesem Fall entstehen die Autokorrelationsfunktionen (AKF) Φ_{ff} mit

$$\Phi_{ff}(\tau) = \lim_{T\to\infty} \frac{1}{T} \int_{-T}^{+T} f(t)\, f(t-\tau)\, dt \qquad (3)$$

$$\Phi_{ff}(k) = \frac{1}{N} \sum_{n=1}^{N} f(nT_a)\, f([n-k]T_a). \qquad (4)$$

Spektraldarstellung der Korrelationsfunktionen: Die →Systemtheorie zeigt, daß unter bestimmten Voraussetzungen im Zeitbereich und im Frequenzbereich die folgenden Funktionen über die Fourier-Transformation oder über die inverse Fourier-Transformation miteinander korrespondieren:
- Die Spektralfunktion $F(j\omega)$ ist die Fourier-Transformierte der Zeitfunktion f(t).
- Das Autoleistungsdichtespektrum (ALDS, auto power spectral density APSD) $S_{ff}(j\omega)$ ist die Fourier-Transformierte der →Autokorrelationsfunktion Φ_{ff}.
- Das Kreuzleistungsdichtespektrum (KLDS, cross power spectral density CPSD) $S_{fg}(j\omega)$ ist die Fourier-Transformierte der Kreuzkorrelationsfunktion Φ_{fg}.

Über die inverse Fourier-Transformation kann dann aus der Spektralfunktion wieder die zugehörige Zeitfunktion berechnet werden. Es gelten also die Beziehungen der Tabelle.

Während früher häufig aus der Zeitfunktion f(t) zunächst die Autokorrelationsfunktion Φ_{ff} und aus dieser die Spektralfunktion S_{ff} berechnet wurde (Sequenz 1 a → 4 a → 4 b), wird heute meistens aus der Zeitfunktion f(t) zunächst die Spektralfunktion $F(j\omega)$ berechnet, aus dieser das Autoleistungsdichtespektrum S_{ff} als quadriertes Amplitudenspektrum gewonnen und dann erst auf die Autokorrelationsfunktion Φ_{ff} übergegangen (Sequenz 1 a → 2 b → 3 b → 3 a). Auf diesem indirekten Weg läßt sich, mit den zur Verfügung stehenden leistungsfähigen Algorithmen der →Fast-Fourier-Transformation, die Korrelationsfunktion im allgemeinen schneller bestimmen. *Schrüfer*

Literatur: *Bendat, J. S.* u. *A. G. Piersol:* Random Data. London 1971. – *Lange, F. H.:* Korrelationselektronik, Ost-Berlin. – *Wehrmann, W.:* Korrelationstechnik. Grafenau 1977.

Kostenschätzmethode. Methodik, die Kosten für Leitsysteme im Ablauf der Projektabwicklung mit zunehmender Genauigkeit abschätzen zu können. In der ersten Phase der Projektabwicklung lassen sich überschlägig die Kosten für ein Leitsystem anteilig zu den Gesamtkosten eines Projektes ermitteln: Für verschiedene Prozeßtypen, wie Verarbeitungsmaschinen, Kontiprozesse, Chargenprozesse, sowie für verschiedene Anlagengrößen haben Planungsingenieure anteilige Kosten des Leitsystems an den Gesamtkosten abgerechneter Projekte ermittelt, die dann auf Neuprojekte übertragen wer-

Korrelationsmeßtechnik. Tabelle: Spektraldarstellung der Korrelationsfunktionen.

Zeitbereich		Frequenzbereich	
1a	$f(t)$	1b	$F(j\omega)$
2a	$f(t) = \frac{1}{2\pi} \int_{-\infty}^{+\infty} F(j\omega)\, e^{j\omega t}\, d\omega$	2b	$F(j\omega) = \int_{-\infty}^{+\infty} f(t)\, e^{-j\omega t}\, dt$
3a	$\Phi_{ff}(\tau) = \frac{1}{2\pi} \int_{-\infty}^{+\infty} S_{ff}(j\omega)\, e^{j\omega\tau}\, d\omega$	3b	$\lvert S_{ff}(j\omega)\rvert = \frac{\lvert F(j\omega)\rvert^2}{2T}$
4a	$\Phi_{ff}(\tau) = \lim_{T\to\infty} \frac{1}{2T} \int_{-T}^{T} f(t)\, f(t-\tau)\, dt$	4b	$S_{ff}(j\omega) = \int_{-\infty}^{+\infty} \Phi_{ff}(\tau)\, e^{-j\omega\tau}\, d\tau$

den. Bei Verfahrensanlagen kann dieser anteilige Wert z. B. zwischen 10 und 20 %, bei Anlagen mit sehr kleinen Apparaten aber noch wesentlich höher liegen.

Im weiteren Projektfortschritt lassen sich Erfahrungswerte heranziehen, die mit signifikanten Komponenten des Leitsystems oder des Prozesses gewonnen wurden. Z. B. gibt es Zahlen für die Kosten pro →Regelkreis oder pro →Stellventil, die dadurch gewonnen wurden, daß die Gesamtkosten für ein abgerechnetes Leitsystem durch die Zahl der Regelkreise bzw. der Stellventile dividiert wurden. Wenn z. B. ein Regelkreis etwa DM 40 000,– kostet, dann kostet ein Leitsystem mit 20 Regelkreisen DM 800 000,–. Auf die Komponenten des Prozesses bezogen lassen sich Erfahrenswerte für das Ausrüsten dieser Komponenten (z. B. Destillationskolonne, Rührkesselreaktor, Verdichter) mit Leiteinrichtungen sammeln, die dann auf das neue Projekt übertragen werden. Nach Vorliegen der ersten Detailpläne läßt sich dann der gerätetechnische Aufwand überschlägig ermitteln. Die Kosten für die Planung und für die Montage müssen dabei meist wieder auf Grund von Erfahrungswerten anteilig zum Geräteaufwand geschätzt werden.

In ganz grober Näherung teilen sich die Kosten für Leitsysteme so auf: 50 % für Geräte, 20 % für Montagematerial und 30 % für Montagelohnkosten. Dazu kommen noch 10–20 % der Gesamtkosten des Leitsystems für das Engineering. Im weiteren Projektablauf lassen sich dann Angebote einholen und die Gerätekosten relativ früh recht genau ermitteln. Weniger genau ist das meist bei den Montagekosten, besonders wenn nicht pauschal, sondern nach Aufwand abgerechnet wird. *Strohrmann*

Literatur: *Hengstenberg, J., K. H. Schmitt, B. Sturm* und *O. Winkler:* Messen, Steuern und Regeln in der Chemischen Technik. 3. Aufl., Bd. V. Berlin–Heidelberg–New York–Tokyo 1985. *Strohrmann, G.:* Automatisierungstechnik, Bd. 2: Stellgeräte, Strecken, Projektabwicklung. München–Wien 1990.

Kraftaufnehmer, piezoelektrischer →Kraftmessung

Kraftmeßdose, magnetoelastische →Kraftmessung

Kraftmessung. Die Kraft ist eine abgeleitete Größe im Internationalen Einheitensystem (→Einheiten des SI) und hat die Einheit →Newton (N). Ein Newton ist gleich der Kraft, die einem Körper mit der Masse 1 kg die Beschleunigung 1 m/s^2 erteilt: 1 N = 1 kgms^{-2} ($\approx$ 0,102 kp).

K. kommen im täglichen Leben, in Technik und Handel eine erhebliche Bedeutung zu, insbesondere weil bei vielen Wägevorgängen die Aufgabe der Bestimmung einer Masse auf eine K. zurückgeführt wird.

Zum Messen von Kräften nutzt man verschiedene physikalische Effekte aus, bei denen ein definierter und möglichst linearer Zusammenhang zwischen der Kraft und einer anderen Größe besteht, z. B. Elastizität, Druck, Piezoelektrizität, Magnetostriktion. Am weitesten verbreitet ist die Ausnutzung der Verformung von Federkörpern, soweit diese elastisch erfolgt, also dem Hookeschen Gesetz genügt. Kraft F und Dehnung ε bzw. Längenänderung Δl sind dann proportional:

$$F = k \cdot \frac{\Delta l}{l} = k \cdot \varepsilon.$$

Die Dehnung ε bzw. die Längenänderung Δl werden mit den nachstehend beschriebenen Verfahren erfaßt.

Rein mechanische Kraftaufnehmer werden einerseits für grobe Messungen angewendet (z. B. Federwaage), andererseits haben sie im Eich- und Prüfwesen noch eine gewisse Bedeutung. Im letzten Fall werden die elastischen Verformungen des Verformungskörpers mit Meßuhren oder optischen Verfahren erfaßt, Meßunsicherheiten von 2 % bis

<0,1 % vom Nennwert sind erreichbar. Nennkräfte bis 10 MN serienmäßig.

Hydraulische Kraftaufnehmer bestehen aus einem allseitig umschlossenen Druckvolumen und einem → Anzeigegerät (Druckmesser). Die Meßunsicherheiten liegen bei 1 bis 2 % vom Nennwert. Nennkräfte 200 N bis 20 MN.

Elektrische Kraftaufnehmer sind für die vielfältigsten Einsatzfälle entwickelt worden. Besonders in der Wägetechnik haben sie eine erhebliche Bedeutung erlangt, seitdem ihre Meßunsicherheit so klein gemacht werden konnte, daß diese Kraftaufnehmer für Waagen eichfähig wurden.

Wichtigste Vertreter der elektrischen Kraftaufnehmer sind die DMS-Kraftaufnehmer. Im einfachsten Fall werden auf einen elastischen Hohlzylinder vier → Dehnungsmeßstreifen (DMS) geklebt, (Bild 1). Wird der Zylinder durch eine Belastung gestaucht, verändern sich die Widerstände der DMS (Dehnungsmeßstreifen). Die vier DMS werden in einer Wheatstone-Brücke (→ Meßbrücke) zusammengeschaltet. Für höhere Nennkräfte werden rohrförmige anstelle von stabförmigen Verformungskörpern eingesetzt.

Bei kleinen Nennkräften nimmt man auch Biegekörper, um einen höheren Meßeffekt zu erhalten. DMS-Kraftaufnehmer lassen sich mit Meßunsicherheiten unter 0,1 % vom Nennwert herstellen. Sie eignen sich für statische und für dynamische Messungen. Nennkräfte von 5 N bis 20 MN. Man kann zur Addition oder Subtraktion von Einzelkräften auch mehrere DMS-Kraftaufnehmer in Serie schalten. Auf diese Weise kann man z. B. die Belastung einer von vier Aufnehmern getragenen Plattform einer elektromechanischen → Waage unabhängig von der Lastverteilung bestimmen.

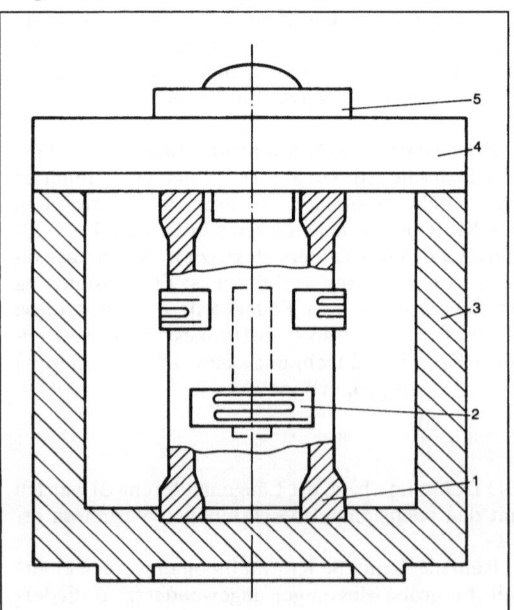

1 Hohlzylinder, 2 Dehnungsmeßstreifen, 3 Gehäuse, 4 Deckel, 5 Druckstück

Kraftmessung 1: Kraftmeßdose mit DMS (schematischer Aufbau).

Bei induktiven Kraftaufnehmern wird die Abstandsänderung zwischen zwei Punkten eines Verformungskörpers infolge Krafteinwirkung gemessen, und zwar mittels eines induktiven Aufnehmers für den Weg. Nennkräfte von etwa 10 mN bis 1 MN. Induktive Kraftaufnehmer werden mit einem Trägerfrequenzmeßverstärker betrieben.

Der magnetoelastische Kraftaufnehmer beruht auf dem magnetoelastischen Effekt von ferromagnetischen Materialien, deren Permeabilität sich unter Krafteinwirkung ändert (Bild 2). Die sich durch die Krafteinwirkung ergebende Induktivitätsänderung ändert den angezeigten Strom I. Meßverstärker sind hier nicht erforderlich. Einsatz besonders für robuste Betriebsmessungen.

Grundlage für die piezoelektrische K. ist der piezoelektrische Effekt, nach dem auf bestimmten Kristallen Ladungen auftreten, wenn diese mechanisch

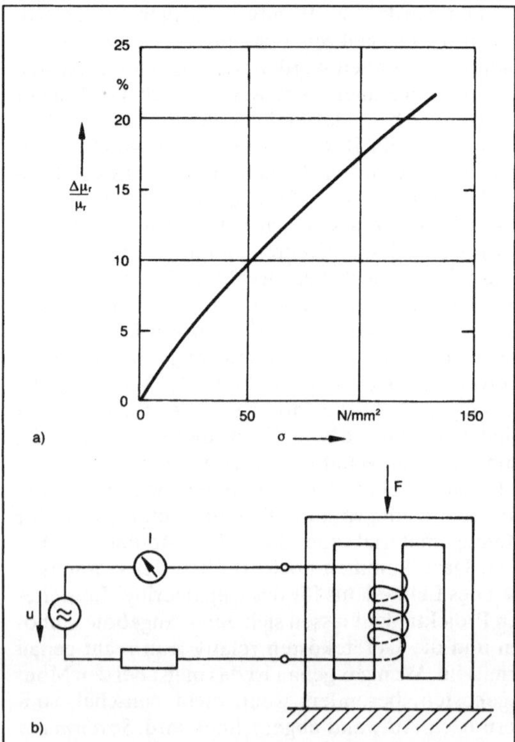

Kraftmessung 2: Magnetoelastische Kraftmeßdose. a) Änderung der Permeabilität einer Nickel-Eisen-Legierung in Abhängigkeit von der Normalspannung σ
b) Prinzip.

beansprucht werden. Quarzkristalle (SiO_2) haben die höchste Konstanz ihrer Eigenschaften und die beste Isolation, weshalb sie für Meßzwecke am besten geeignet sind. Den Aufbau einer piezoelektrischen Kraftmeßdose zeigt Bild 3. Dabei wirkt die Kraft F auf zwei Piezokristalle, die mechanisch hintereinander, elektrisch aber parallel liegen. Auf diese Weise kann man die erforderliche Isolierung der mittleren Elektrode ohne weiteren Aufwand nur mittels der beiden Piezokristalle erreichen. Piezoelektrische Kraftaufnehmer sind sehr steif und verformen sich bei Belastung nur um wenige µm. Die Ausgangsgröße des piezoelektrischen Kraftaufnehmers ist eine Ladung, die von einem Ladungsverstärker (→Ladungsmessung) in eine entsprechende Spannung umgewandelt wird. Da die Isolation des Gesamtsystems nicht unendlich gut sein kann, fällt die infolge einer konstanten Kraft entstandene Ladung langsam ab. Daraus ersieht man, daß eine statische K. mit diesem Aufnehmer nicht möglich ist. Das Haupteinsatzgebiet der piezoelektrischen Kraftaufnehmer liegt deshalb bei schnellen dynamischen Messungen, bei denen es auf kleine Baugröße bzw. auf Unempfindlichkeit gegenüber Temperaturschwankungen ankommt. Es gibt z. B. spezielle Zündkerzen mit eingebauten Kraftaufnehmern, mit denen man den Kraft- bzw. Druckverlauf im Innern von Verbrennungsmaschinen messen kann. Weitere Merkmale der piezoelektrischen Kraftaufnehmer

1,2 Quarzkristalle, 3 Metallgehäuse, 4 Abgriff von der isolierten Elektrode

$U = \frac{Q}{C_{ges}} = k\,F$

C_{ges} = Kapazität der Anordnung einschließlich Verstärker

Kraftmessung 3: Piezoelektrische Kraftmeßdose.

sind: →Grenzfrequenz für dynamische K. bis über 100 kHz, sehr gute Auflösung (bis 10^{-6}), Meßunsicherheit ca. 1 % vom Nennwert. *Hammerschmidt*

Kraftsensor. Mit Hilfe einer Kraft läßt sich ein →Biegebalken definiert auslenken, so daß dessen Dehnung ein Maß für die Größe der Kraft darstellt. Die Dehnung läßt sich über →Dehnungsmeßstreifen, die auf dem Biegebalken angeordnet sind, messen. *Schaumburg*

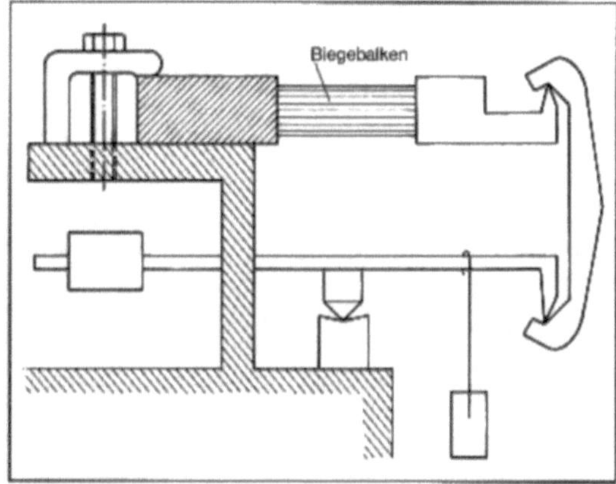

Kraftsensor: Kraftmessung über einen Biegebalken am Beispiel einer elektronischen Waage.

Kreiselkompaß. Dem K. liegt das Prinzip zugrunde, daß ein rotierender Kreisel, auf den von außen keine die Achse kippenden Drehmomente einwirken, die Richtung seiner Achse im Raum beibehält. Auf Grund dieser Tatsache ist es theoretisch möglich, mit Hilfe eines Kreisels einmal die Nordrichtung zu fixieren und ihn dann zur Festlegung jeder beliebigen Richtung zu benutzen, in die ein Schiff oder Flugzeug sich bewegt oder bewegen soll. In der praktischen Ausführung scheitert dies Verfahren daran, daß man den Massenmittelpunkt eines Kreisels und den Aufhängepunkt nicht präzise in Übereinstimmung bringen kann. Bereits bei einer Abweichung dieser beiden Punkte um Bruchteile von Millimetern erzeugt die Schwerkraft ein kippendes Drehmoment auf die Kreiselachse. Deshalb kann eine Richtungskonstanz für längere Zeit nicht erreicht werden. Entsprechende Geräte sind deshalb nur dort zu gebrauchen, wo die Reisedauer wenige Stunden nicht überschreitet.

In der Praxis, vor allem in der Seeschiffahrt, bevorzugt man deshalb ein richtungsuchendes Kreiselsystem. Dabei wird der Kreisel in der Horizontalen festgehalten. Mit der Erddrehung kippt die Horizontalebene eines Punktes der Erdoberfläche relativ zum Weltraum. Infolge der horizontalen Fesselung muß die Kreiselachse diese Kippbewegung mitmachen. Auf diese erzwungene Kippung reagiert die Kreiselachse mit einem Drehmoment (Kreiselmoment), indem sie in der Horizontalen rechtwinklig zur Kippbewegung ausweicht. So bleibt eine Kreiselachse, die horizontal festgehalten wird und z. B. in Richtung Osten zeigt, zwar in der Horizontalen, dreht aber in die Nordrichtung. Ist sie in der Nordrichtung angekommen, findet nur noch eine Drehung der Kreiselachse in sich und eine Parallelverschiebung aber keine Kippbewegung mehr statt. Somit tritt auch kein erzwungenes Kreiselmoment mehr auf, die Kreiselachse kommt zur Ruhe und zeigt die Nordrichtung an.

Die Ausnutzung dieser Gesetzmäßigkeit in der Praxis hat lange Zeit erhebliche Schwierigkeiten bereitet. Durch die geringe Winkelgeschwindigkeit der Erddrehung ($7{,}27 \cdot 10^{-5}\ s^{-1}$) ist das ausrichtende Kreiselmoment sehr klein. Deshalb muß man versuchen, die Reibung für die Bewegung der Kreiselachse in der Horizontalebene möglichst zu vermeiden.

Die gebräuchlichste Art ist die von *Anschütz-Kämpfe* um die Jahrhundertwende erfundene hydrostatische Flüssigkeitslagerung (Bild 1). Das richtungsuchende Kreiselsystem wird in eine fest verschlossene Kugel, die Kreiselkugel, eingebaut. Diese lagert konzentrisch in einer zweiten Kugel, der Hüllkugel. Die Hüllkugel ist mit einer elektrisch leitenden Flüssigkeit, der Tragflüssigkeit, gefüllt. Die Dichte dieser Flüssigkeit ist so bemessen, daß der Auftrieb der Kugel nur um wenige N geringer ist, als deren Gewicht. Das verbleibende Restgewicht wird mit Hilfe einer Induktionsspule durch Wirbelstromeffekt kompensiert. Damit erreicht man, daß die Kreiselkugel innerhalb der Hüllkugel schwebend gehalten werden kann. Es tritt keine mechanische Reibung auf und kleinste an der Kreiselkugel angreifende Drehmomente haben auch eine Drehbewegung zur Folge. Durch entsprechende Gewichtsverteilung innerhalb der Kreiselkugel wird für eine stabile Schwimmlage gesorgt. Damit ist sichergestellt, daß das hydrostatisch gelagerte System immer in der Horizontalen bleibt.

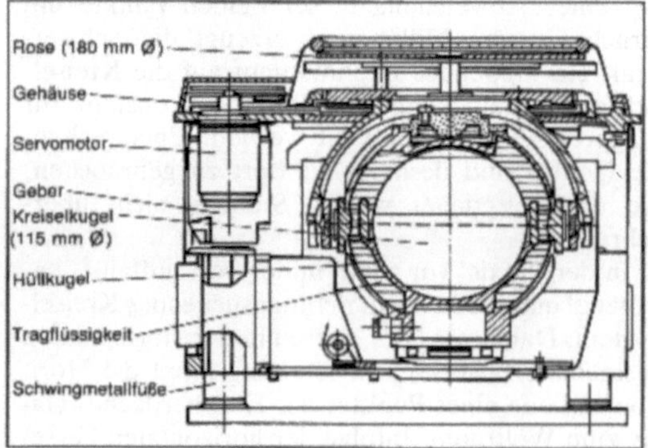

Kreiselkompaß 1: Schnitt durch einen K. mit hydrostatischer Flüssigkeitslagerung.

Die Stromzufuhr in das Innere der Kreiselkugel erfolgt von der Hüllkugel aus mit Hilfe von großflächigen einander gegenüberstehenden leitenden Belegungen. Im Schwebezustand der Kugel besteht zwischen der Kreiselkugel und den entsprechenden Flächen der Hüllkugel ein Abstand von ca. 8 mm. Um diesen Abstand elektrisch zu überbrücken, ist die Tragflüssigkeit mit Hilfe einer meist organischen Säure elektrisch leitend. Damit ist die Übertragung der elektrischen Energie in das Innere der Kreiselkugel schleifkontaktfrei, also auch frei von mechanischer Reibung. Ändert das Fahrzeug, z. B. das Schiff, seine Fahrtrichtung, so bedeutet das eine Drehbewegung, an der das Gehäuse mitsamt der Hüllkugel teilnimmt, während die Kreiselkugel ihre ursprüngliche Richtung beibehält. Damit kommt es zu einer Verdrehung zwischen Hüllkugel und Kreiselkugel, die durch die leitende Tragflüssigkeit hindurch elektrisch meßbar ist und auf den Geber übertragen wird. Durch den Servomotor wird dann die Hüllkugel um diesen Betrag zurückgedreht. Die Kompaßrose ist fest mit der Hüllkugel verbunden und dreht um den gleichen Betrag. Da das Gehäuse zusammen mit dem Schiff um den Betrag der Änderung der Fahrtrichtung gedreht bleibt, ist dieser Kursänderungswinkel leicht meßbar. Man kann ohne Schwierigkeiten weitere Kompaßrosen, die an anderen Stellen aufgestellt sind, an den Servomotor anschließen. Sie werden Tochterkompasse genannt. Dadurch kann man an jeder beliebigen Stelle des Fahrzeugs eine Anzeige über den derzeitigen Kurs des Fahrzeugs erhalten.

Da die Funktion des K. nur von der Kippbewegung der Horizontalebene abhängt, ist er im Gegensatz zum Magnetkompaß von geospezifischen Unregelmäßigkeiten frei. Es ist jedoch zu bemerken, daß die Achse, um die sich ein Punkt der Erdoberfläche gegenüber dem Weltraum bewegt, immer parallel zur Erdachse steht. Für einen Punkt auf dem Äquator liegt diese Achse genau in der Horizontalebene. Daher führt diese hier eine reine Kippbewegung aus. Das ausrichtende Kreiselmoment ist maximal. An den geographischen Polen der Erde steht die Erdachse senkrecht zur Horizontalebene. Deshalb kommt hier eine reine Drehbewegung und keine Kippbewegung zustande. Zwischen dem Äquator und den Polen bildet die Parallele zur Erdachse einen Winkel mit der Horizontalebene, der gleich der geographischen Breite ist. Deshalb kann die Bewegung der Horizontalebene zwischen Äquator und Pol in eine kippende und eine drehende Komponente zerlegt werden. Die kippende Komponente nimmt zu den Polen hin ab, die drehende zu. Damit nimmt auch das durch die Kippbewegung hervorgerufene Kreiselmoment vom Äquator zu den Polen hin ab. Am Pol ist es Null. D. h. an den Polen der Erde ist ein richtungssuchender K. unbrauchbar.

Wird ein K. auf einem Fahrzeug aufgestellt, das sich auf der Erdoberfläche bewegt, so bewirkt diese Bewegung einen nicht vermeidbaren →Fehler, der Fahrtfehler genannt wird. Da die Fläche, auf der sich das Fahrzeug bewegt, in erster Näherung eine Kugelfläche ist, bewirkt diese Bewegung eine eigenständige Kippung der Horizontalebene. Die Achse dieser Kippbewegung ist senkrecht zur Kurslinie. Der Vektor ω_F liegt in Richtung dieser Achse und stellt die Winkelgeschwindigkeit dar, mit der sie kippt (Bild 2). Der Betrag von ω_F ist nur abhängig vom Betrag der Geschwindigkeit des Fahrzeugs. Die Kippung der Horizontalebene durch die Erddrehung wird durch den Vektor ω_E dargestellt. Er weist immer in Richtung Nord. Sein Betrag ist aus den oben dargestellten Gründen von der geographischen Breite abhängig, auf der sich das Fahrzeug befindet. Aus der vektoriellen Addition von ω_F und ω_E ergibt sich der Vektor ω. Er zeigt die Richtung der Achse an, um die die Horizontalebene für das Fahrzeug tatsächlich kippt, weil es an der Erddrehung teilnimmt und sich selbst auf der Erdoberfläche bewegt. In diese Richtung stellt sich die Kreiselachse ein. Sie weicht von der Nordrichtung um den Winkel δ ab. Um diesen Winkel zeigt der K. auf einem bewegten Fahrzeug falsch an. Deshalb hat er den Namen Fahrtfehler. Er kann für jede Richtung, jede Geschwindigkeit und jede geographische Breite berechnet und zur manuellen oder automatischen Fahrtfehlerberichtigung herangezogen werden. Für den praktischen Gebrauch ist er tabelliert. *Froese/Winnicker*

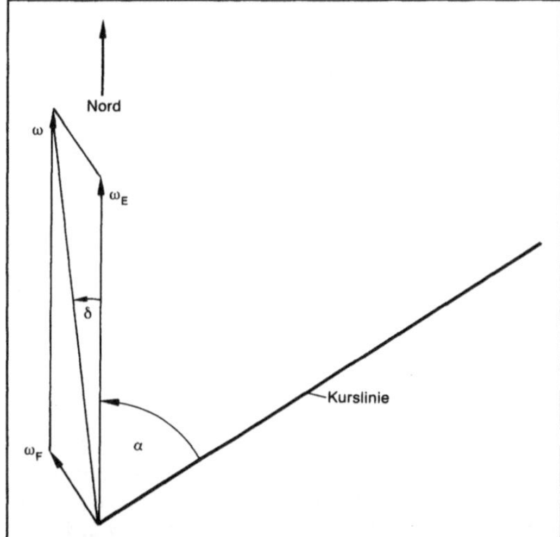

Kreiselkompaß 2: Entstehung des Fahrtfehlers. a) rechtweisender Kurs b) Fahrtfehler.

Kreisstruktur. In der Meßtechnik wird von K. dann gesprochen, wenn das Signal eines Meßgeräts vom Ausgang an den Eingang zurückgeführt wird (Bild). Das rückgeführte Signal $x_g = k_g x_a$ wird im Summationspunkt 1 entweder zum Eingangssignal addiert (Vorzeichen +) oder von diesem subtrahiert (Vorzeichen −). Die →Rückführung des Signals mit einem positiven Vorzeichen (Mitkopplung) kann zu schwingungsfähigen Systemen führen. Die zweite Betriebsweise, in der das rückgeführte Signal abgezogen wird (Gegenkopplung), liegt den gegengekoppelten Meßverstärkern und allgemein allen Kompensationsverfahren zugrunde. Ist k_1 der Übertragungsfaktor der Meßeinrichtung im Vorwärtszweig und k_g der im Rückführungszweig, so hängen Eingangs- und Ausgangssignal gemäß

$$x_a = \frac{k_1}{1 + k_1 k_g} x_e$$

zusammen, und die →Empfindlichkeit E der Meßeinrichtung wird

$$E = \frac{dx_a}{dx_e} = \frac{k_1}{1 + k_1 k_g} = \frac{1}{1/k_1 + k_g} \approx \frac{1}{k_g} \text{ für } k_1 \to \infty.$$

Solange also der Übertragungsfaktor k_1 groß genug ist, um seinen Kehrwert gegenüber k_g vernachlässigen zu können, beeinflußt er nicht die Empfindlichkeit der Meßeinrichtung. Diese wird allein bestimmt durch den Übertragungsfaktor k_g in Rückwärtsrichtung, der im allgemeinen durch stabile passive Bauelemente realisiert werden kann. Die große Verstärkung k_1 in Vorwärtsrichtung erzwingt praktisch die Gleichheit von x_e und x_g, also $x_e - x_g \approx 0$.

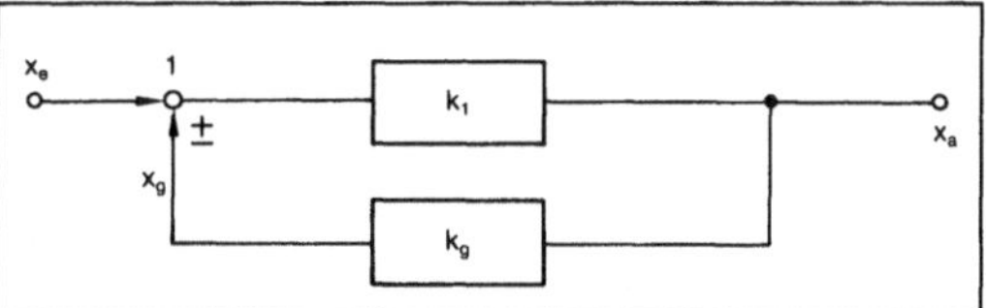

Kreisstruktur: Meßeinrichtung mit dem rückgeführten Signal x_g.

Kompensationsverfahren: Der geschlossene Wirkungskreis einer gegengekoppelten Meßeinrichtung bedeutet immer eine Kompensationsmessung. Die Meßgröße wird mit einer Referenz verglichen und die Messung ist durchgeführt, wenn die Differenz genügend klein geworden ist. Für die →Genauigkeit ist der Übertragungsfaktor k_g im Rückwärtszweig maßgebend.

Meßeinrichtungen mit K. benötigen immer eine Hilfsenergie, um das rückgeführte Signal, die Vergleichsgröße, zu erzeugen. Dafür wird dem Meßobjekt keine Energie entzogen, da ja die Meß- und die Vergleichsgrößen gleich groß sind. Bei dem Kompensationsverfahren ist eine Rückwirkung vom Meßgerät auf das Meßobjekt praktisch nicht vorhanden. Eine Spannung z. B. kann gemessen werden, ohne die Quelle mit einer Stromentnahme zu belasten.

Von dem Kompensationsverfahren wird das Ausschlagverfahren unterschieden, das der →Kettenstruktur zugrunde liegt. *Schrüfer*

Kreisübertragungsfunktion. Die K. ist das Produkt aller Einzelübertragungsfunktionen eines Kreises, sie ist die Gesamtübertragungsfunktion der Kettenschaltung des aufgeschnittenen Kreises.

Für einen →Regelkreis, der nur den →Regler mit der →Übertragungsfunktion $F_R(s)$ und die →Regelstrecke mit $F_S(s)$ enthält, ist die K. $F_0(s) = F_R(s)F_S(s)$. Wird in die →Rückführung noch ein Meßglied mit $F_M(s)$ hinzugefügt, dann ist $F_0(s) = F_R(s)F_S(s)F_M(s)$. Die K. ist wichtig zur Aufstellung der charakteristischen →Gleichung und zur Untersuchung der →Stabilität des Regelkreises. *Böttiger*

Kreisverstärkung. Die K. ist das Produkt aller Einzelverstärkungen eines Kreises bzw. die Verstärkung (oder der Verstärkungsfaktor) des aufgeschnittenen Kreises.

Für einen →Regelkreis, dessen Regler den Verstärkungsfaktor K_R und dessen →Regelstrecke den Verstärkungsfaktor K_S hat, ist die K. $K_0 = K_R K_S$ (→Kreisübertragungsfunktion). *Böttiger*

Kreuzkorrelation. Die K. wird zur Lösung schwieriger Meßaufgaben herangezogen (→Korrelationsmeßtechnik), bei denen direktere Methoden versagen. Einige wenige Anwendungen sind im folgenden kurz erläutert.

□ Extraktion korrelierter (Unterdrückung nicht korrelierter) Signalanteile: Bild 1 zeigt als Beispiel für die Unterdrückung nicht korrelierter Signalanteile ein Nutzsignal x(t), das in zwei parallelen Kanälen verstärkt wird. In diesen Kanälen überlagert sich das Rauschen $s_1(t)$ bzw. das Rauschen $s_2(t)$ dem Nutzsignal, so daß an den Verstärkerausgängen die Signale f(t) und g(t) anstehen

$$f(t) = x(t) + s_1(t);\; g(t) = x(t) + s_2(t).$$

Unter der Annahme, daß die beiden Rauschsignale voneinander statistisch unabhängig, d. h. nicht korreliert sind, verschwinden in der K.-Funktion Φ_{fg} (KKF) wegen der zeitlichen Mitteilung die Rauschanteile. Die KKF Φ_{fg} ist identisch mit der →Autokorrelationsfunktion Φ_{xx} (AKF) des Nutzsignals

$$\Phi_{fg}(\tau) = \Phi_{xx}(\tau).$$

Die AKF (Autokorrelation) liefert bei der Verzögerungszeit $\tau = 0$ das Quadrat des Effektivwerts, der damit störungsfrei gemessen wird.

□ →Geschwindigkeitsmessung: In Strömungsrichtung eines Mediums liegen versetzt zwei Meßfühler, so daß das Medium erst den Fühler 1 und dann den

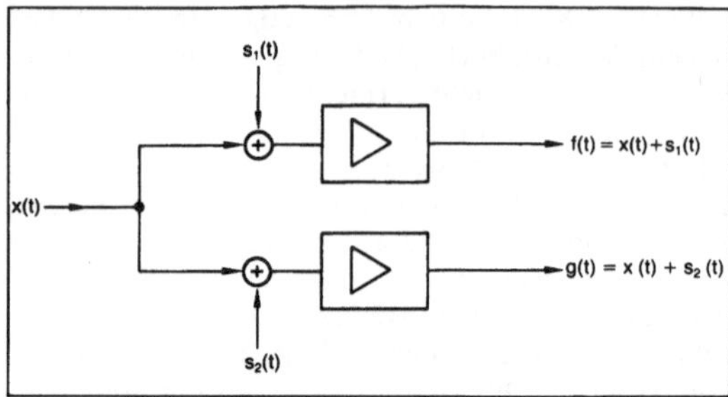

Kreuzkorrelation 1: Zweikanalige Verstärkung des Signals x(t); dem Nutzsignal x(t) überlagern sich die Störsignale $s_1(t)$ und $s_2(t)$.

Fühler 2 passiert (Bild 2). Die Aufnehmer messen eine Stoffeigenschaft wie z. B. Temperatur, Dichte, Reflexion oder Absorption. Diese Größen ändern sich in geringem Maße, so daß z. B. eine Stelle geringerer Dichte (Luftblase) zunächst das Signal f(t) des Fühlers 1 und dann das Signal g(t) des Fühlers 2 beeinflußt. Die beiden Signale werden korreliert und es ergibt sich die KKF (Abstand) Φ_{fg} als die um die Laufzeit T verschobene AKF Φ_{ff} des Aufnehmers 1,

$$\Phi_{fg}(\tau) = \Phi_{ff}(T-\tau).$$

Die Laufzeit T läßt sich aus der Lage des Maximums der KKF ermitteln. Der Abstand l der beiden Aufnehmer ist bekannt, so daß die Geschwindigkeit v des Mediums aus

$$v = \frac{l}{T}$$

bestimmt werden kann. Ein Vorteil dieses Verfahrens ist, daß die Geschwindigkeit berührungslos, z. B. über eine optische Abtastung, gemessen wird.

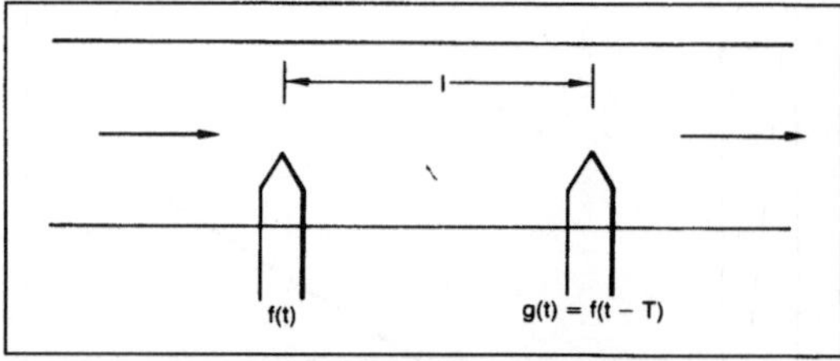

Kreuzkorrelation 2: Rohrleitung mit zwei im Abstand l eingebauten Thermoelementen; der Transport der Wärmeballen vorbei an den Thermoelementen führt zu einem korrelierten Signalanteil, aus dem sich die Strömungsgeschwindigkeit v bestimmen läßt.

□ Entfernungsmessung: Zum Zwecke der Ortung wird ein Signal abgestrahlt und von einem Objekt, dessen Position bestimmt werden soll, als f(t) reflektiert (Bild 3). Dasselbe Signal wird auf einem zweiten Weg um die Zeit τ verzögert mit $g(t) = f(t - \tau)$. Die KKF Φ_{fg} der beiden Signale hat

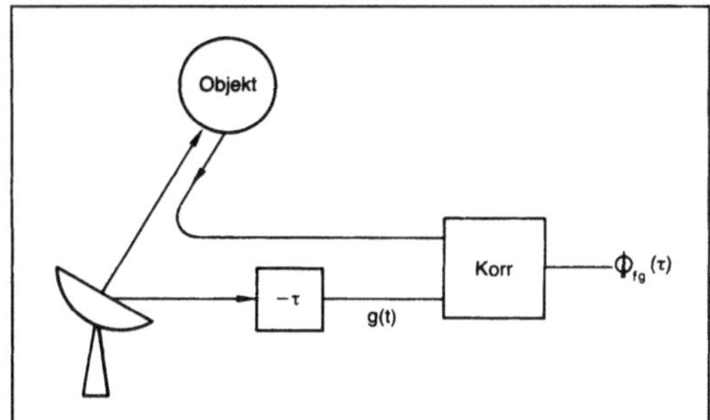

Kreuzkorrelation 3: Das von einem Objekt reflektierte Signal f(t) wird mit dem um die Zeit τ verzögerten formgleichen Signal g(t) = f(t − τ) korreliert.

ihr Maximum bei der Laufzeit T des Signals. Die Geschwindigkeit v des Signals ist bekannt, so daß sich die Entfernung des gesuchten Objekts aus der ermittelten Laufzeit T ergibt zu

$$l = \frac{v}{T}$$

Nach derselben Methode lassen sich in Rohrleitungen über →Körperschallmessungen z. B. Leckstellen finden.

□ Lärmanalyse: Mit Hilfe der KKF können die Wege festgestellt werden, auf denen von einem oder mehreren Störern Vibrationen oder Geräusche zu einem bestimmten Ort übertragen werden. Dadurch lassen sich Lärmschutzmaßnahmen begründet einsetzen, und ihre Wirksamkeit läßt sich überprüfen.

□ Bestimmung der →Übertragungsfunktion: Die Übertragungsfunktion H(jω) eines Geräts mit dem Eingangssignal f(t) und dem Ausgangssignal g(t) läßt sich aus den zugehörigen Spektralfunktionen (Fourier-Transformierten) F(jω) und G(jω) bestimmen

$$H(j\omega) = \frac{G(j\omega)}{F(j\omega)}.$$

Sind die Zeitsignale verrauscht, so werden die Spektralfunktionen nur mit größeren Unsicherheiten gewonnen, die sich in die Übertragungsfunktion fortpflanzen. In diesem Fall ist es vorteilhaft, die Übertragungsfunktion H(jω) aus der Fourier-Transformierten der KKF und der Fourier-Transformierten der AKF zu ermitteln (Bild 4). Mit dem entsprechenden Kreuzleistungsdichtespektrum S_{fg} und dem Autoleistungsdichtespektrum S_{ff} ergibt sich

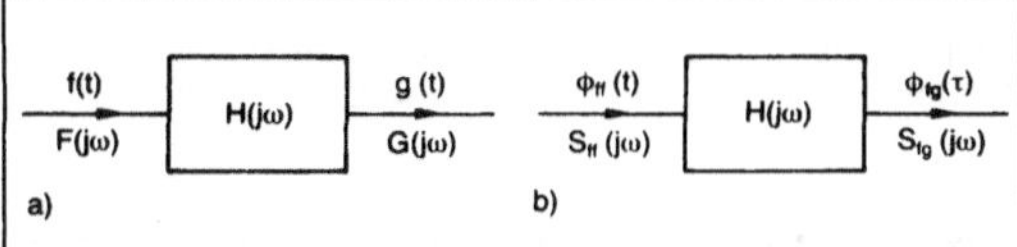

Kreuzkorrelation 4: Die Übertragungsfunktion H(jω) läßt sich bestimmen aus a) den Spektralfunktionen F(jω) und G(jω) oder b) den Dichtespektren $S_{ff}(j\omega)$ und $S_{fg}(j\omega)$.

$$H(j\omega) = \frac{S_{fg}(j\omega)}{S_{ff}(j\omega)}$$

Diese Methode ist unempfindlich gegen Störungen. Besonders einfach wird die Messung, wenn das Gerät mit weißem Rauschen stimuliert wird, dessen Autoleistungsdichtespektrum unabhängig von der Frequenz ist, $S_{ff} = k$. *Schrüfer*

KTA →Kerntechnischer Ausschuß

Kugelmeßsystem. Das K. ermöglicht Stahlkugeln in den Kern eines Leistungsreaktors pneumatisch ein- und auszuführen (→Neutronenflußmessung). Im Reaktorkern werden die Kugeln aktiviert. Außerhalb des Kerns wird ihre Aktivität ausgemessen. Die Meßwerte dienen

- zur Bestimmung der dreidimensionalen Leistungsdichteverteilung im Reaktorkern und
- zur →Kalibrierung der Leistungsverteilungs-Detektoren, deren →Empfindlichkeit sich infolge Abbrands mit der Zeit ändert.

Die Kugeln werden im Reaktorkern zu Säulen, entsprechend der aktiven Kernhöhe, aufgeschichtet. Sie haben einen Durchmesser von z. B. 1,7 mm und bestehen aus einem kohlenstoffarmen rostfreien Stahl, mit etwa 1,5 % Vanadium als Indikatormaterial. Im Neutronenfluß entsteht aus dem Vanadium-51 durch einen (n, γ)-Prozeß das Vanadium-52. Dieses ist nicht stabil, sondern zerfällt mit einer Halbwertszeit von 3,7 Minuten unter Aussendung von Beta- und Gamma-Strahlen in das stabile Chrom-52. Die 1,43 MeV-Gamma-Strahlung wird, nachdem die Kugeln aus dem Kern wieder heraustransportiert sind, mit →Halbleiterdetektoren gemessen. Sie ist ein Maß für den bei der Aktivierung aufgetretenen Neutronenfluß. Die Aktivierungszeit im Kern beträgt dabei etwa 2 min.

Der mechanische Teil des K. besteht zunächst aus den Kugelführungsrohren, in denen die Kugelsäulen zwischen einem Meßtisch und dem Reaktorkern hin und her transportiert werden (Bild 1). Das dazu benötigte Treibgas (Stickstoff) wird bis zum Reaktordeckel in getrennten Rohren zugeführt, wobei durch Magnetventile die Kugeln in beiden Richtungen bewegt werden können. Innerhalb des Reaktors sind die beiden Stickstoffrohre zu einer konzentrisch aufgebauten Kugelmeßsonde zusammengefaßt (Bild 2), die sich in einem freien Regelstabführungsrohr eines Brennelements befinden. Drei bis vier solcher Führungsrohre bilden zusammen mit einem Rohr, zur Aufnahme fest installierter Neutronenflußdetektoren (→Self Powered Detector), eine Mehrfingerlanze.

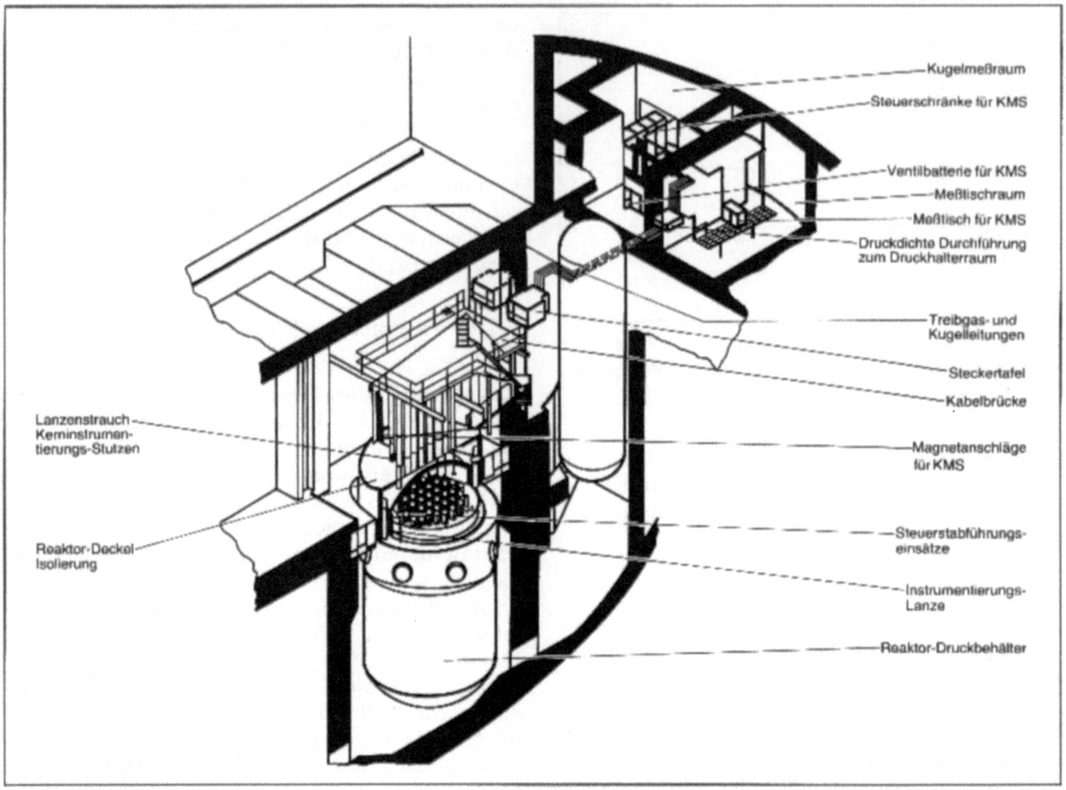

Kugelmeßsystem 1: Räumliche Anordnung des K. in einem Kernkraftwerk mit Druckwasserreaktor. (Quelle: Kraftwerk Union AG, Mülheim)

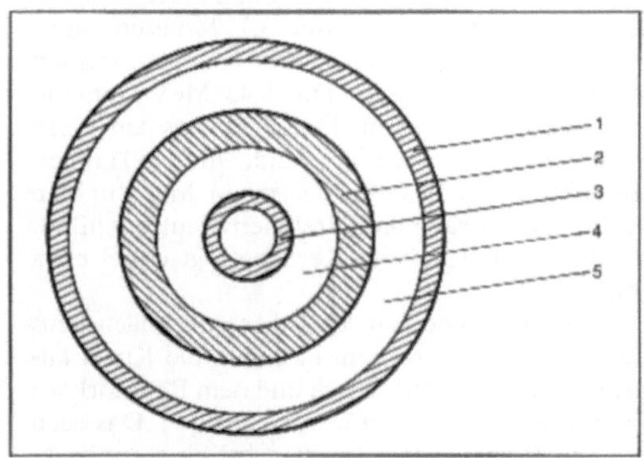

1) Leitrohr, 2) Druckrohr, 3) Führungsrohr für die Kugeln, 4) Zuführung der Preßluft beim Herausschießen der Kugeln, 5) Zwischenraum zwischen dem Leitrohr und dem Druckrohr, gefüllt mit dem Reaktorkühlmittel

Kugelmeßsystem 2: Querschnitt durch das Kugelsäulen-Leitrohr einer Mehrfingerlanze.

Die Mehrfingerlanzen bestehen aus dem am Kernrand befindlichen Schaft, dem am oberen Kerngerüst aufliegenden Joch und den an diesem Joch befindlichen Fingern zur Aufnahme der Kugelmeßsonden. Der Meßtisch besteht aus acht Meßbalken von der Länge einer Kugelsäule. An der Unterseite eines Balkens befinden sich vier Kugeltransportrohre. Ein Balken enthält an dreißig Stellen im Abstand von etwa 10 cm einen Ausblendkanal, dessen kegelförmige Innenbohrung mit dem die Gamma-Strahlung messenden →Halbleiter-Strahlungsdetektor abschließt. Durch Bleileisten sind die einzelnen Kugelsäulen voneinander abgeschirmt.

Die Steuerung des K. und die Auswertung der Messungen erfolgen rechnergestützt. Der Steuerungsrechner übernimmt die Steuerung, →Meßwerterfassung und Vorkorrektur der Meßwerte und leitet die Daten an den Überwachungsrechner weiter, der dann noch umfangreiche nukleare Kernberechnungen durchführt. *Schrüfer*

Literatur: Das Kugelmeßsystem mit Steuerungsrechner; Produktinformation K-10506 der Siemens AG, UB KWU.

Künstliche Intelligenz. Bezeichnung für ein Teilgebiet der Informatik, bei dem es um das Verstehen menschlicher Intelligenz sowie um Computerprogramme zur Implementierung intelligenter Problemlösungen geht. Zur KI gehören Anwendungsbereiche wie Verstehen natürlicher Sprache, Bildverstehen, Planen von Roboterhandlungen, Problemlösen mit Expertenwissen, logische Deduktionen, Lernen u. a. Die KI entwickelt hierfür informationsverarbeitende Theorien. Das bedeutet: KI-Theorien können auf einem Computer implementiert und zur Anwendung gebracht werden.

Die KI umfaßt sowohl grundlegende, allgemeingültige Methoden als auch anwendungsspezifische Methoden. Zu den grundlegenden Methoden gehören Suche und →Wissensverarbeitung. Suche dient dazu, eine Lösung aus einer großen Zahl von Alternativen durch schrittweises Vorgehen zu ermitteln (Suchgraph). Z. B. kann man (beim Schachspiel) einen guten Zug durch schrittweises Erkunden möglicher Zugfolgen bestimmen. Im allgemeincn ist es nicht möglich, alle Alternativen zu prüfen. In der KI werden zur Steuerung der Suche Heuristiken verwendet, die zum Auffinden einer Lösung beitragen.

Wissen gilt als die wichtigste Komponente zum Lösen komplexer Aufgaben. Die systematische Repräsentation und Verarbeitung von Wissen aller Art, auch von informellem Alltagswissen, gehört zu den zentralen Themen der KI (→Wissensrepräsentation). In verschiedenen Anwendungsbereichen der KI, z. B. beim Sprachverstehen und bei der maschinellen Sprachübersetzung, hängt die Qualität der Lösung entscheidend vom verfügbaren Wissen ab. Um beispielsweise den Satz
„Er wachte mit einem schweren Kater auf"
hinsichtlich der Mehrdeutigkeit von „Kater" richtig zu verstehen (und ggf. zu übersetzen), muß Wissen über Schlafgewohnheiten, Folgen von Alkoholkonsum, etc. herangezogen werden.

In der KI werden drei Beschreibungsebenen für informationsverarbeitende Systeme unterschieden. Auf der Wissensebene wird das Verhalten von Systemen durch Spezifikation des dafür erforderlichen Wissens beschrieben. Diese umfaßt Eingabe, Zwischenergebnisse und Ausgabe von Wissen, sowie eine Verarbeitungstheorie. Auf dieser Ebene vermittelt die KI Theorien und beschreibt konzeptuelle Zusammenhänge. Für die KI-Forschung hat die Wissensebene eine Leitfunktion.

Eine Verarbeitungstheorie kann im allgemeinen durch verschiedene Repräsentationen und Algorithmen realisiert werden. Sie kennzeichnen das Systemverhalten auf der Repräsentationsebene. Experimentelle KI-Systeme werden vielfach auf dieser Ebene beschrieben, wenn keine klare Verarbeitungstheorie bekannt ist.

Die niedrigste Ebene, auf der Systemverhalten beschrieben werden kann, ist die Implementationsebene. Hier geht es um die Hardware, auf der informationsverarbeitende Prozesse ablaufen. KI umfaßt die für diese Ebene spezifischen Fragestellungen, z. B. spezielle Rechnerstrukturen (→LISP-Maschinen).

Das Forschungsgebiet KI entstand um 1950, etwa gleichzeitig mit der Verfügbarkeit von Digitalrechnern. Erste Ansätze zur „Mechanisierung des Denkens" finden sich allerdings bereits viel früher, z. B. bei *Leibnitz, Boole* und *Babbage*. Zu den modernen Pionieren der KI gehört der englische Mathematiker *Alan Turing*. Auf ihn geht ein als „Turing-Test" bekannter Vorschlag zur Definition maschineller Intelligenz zurück: Einem Rechner kann dann Intelligenz zugesprochen werden, wenn ihn eine Testperson, in einem „Gespräch" über Tastatur und Bildschirm, nicht von einem Menschen unterscheiden kann. Der Turing-Test kann nur als ein beschränkter Gradmesser für intelligente Fähigkeiten angesehen werden, weil Wahrnehmung und Agieren ausgeklammert sind. Allgemein akzeptierte quantitative Kriterien für maschinelle Intelligenz konnten bisher nicht gefunden werden.

Die Bezeichnung Künstliche Intelligenz (*engl.* Artificial Intelligence) geht auf *John McCarthy* zurück, der 1957 zu einer ersten KI-Arbeitstagung in Dartmouth, USA, einlud. Zu dieser Zeit begannen auch einige größere KI-Projekte, darunter der Problemlöser GPS (General Problem Solver) von *Newell, Shaw* und *Simon*; das System STRIPS, das *Fikes* und *Nilsson* für das Problemlösen in der →Robotik entwickelten, Programme zum Schach- und Damespiel, sowie Projekte zur maschinellen Sprachübersetzung. Ein wesentliches Ergebnis dieser ersten Bemühungen war die Erkenntnis, daß intelligente Leistungen vielfach umfangreiches Wissen über den jeweiligen Anwendungsbereich erfordern.

Seit Mitte der 70er Jahre ist die KI ein blühendes Forschungsgebiet mit Forschungsgruppen an vielen Universitäten und zunehmend auch Industrielabors. Zu Beginn der 80er Jahre machen erste kommerzielle KI-Anwendungen von sich reden, namentlich das Expertensystem XCON (früher R1), das sich als nützliches Werkzeug für die →Konfigurierung von Computer-Anlagen erweist. Auch in den Anwendungsgebieten Sprachverstehen und Bildverstehen werden KI-Systeme als kommerzielle Produkte angeboten, wenn auch meist für eingeschränkte Domänen, z. B. als natürlichsprachliche Zugangssysteme für Datenbanken.

Die zukünftigen Möglichkeiten der KI sind noch umstritten. KI-Experten sind sich allerdings einig, daß KI-Systeme nicht bei den Fähigkeiten des menschlichen Geistes stehenbleiben werden.

Neumann

Kurvenform →Meßgleichrichter

Kurzschlußprüfung. (*engl.* shorts test). Teil der Prüfung der unbestückten oder bestückten →Leiterplattenbaugruppe. Die K. stellt sicher, daß alle Versorgungsspannungsanschlüsse eines Prüflings frei von Kurzschlüssen gegenüber jeweils anderen Potentialen bzw. Masse sind und alle Signalpins frei sind von Kurzschlüssen gegeneinander bzw. gegen Versorgungspotentiale. Kurzschlüsse können sowohl am →Prüfling wie im Prüfadapter auftreten.

Bei der Prüfung der Versorgungsspannungspins wird in der Regel eine →Strommessung bei niedrigen Spannungen durchgeführt. Eine zu hohe Stromaufnahme läßt auf einen Kurzschluß schließen und führt zum Abbruch der Prüfung.

Die Durchführung der K. bei Signalpins erfolgt prinzipiell so, daß bei nicht angelegter Versorgungsspannung an jeweils einem bestimmten →Pin ein definiertes Potential angelegt wird und an allen anderen Pins überprüft wird, ob dieses Potential auch dort aufgetreten ist. Ist dies der Fall, muß auf einen Kurzschluß geschlossen werden.

Die praktische Durchführung erfolgt z. B. in der Weise, daß alle Signalpins über Widerstände an ein Potential von einigen 100mV gelegt werden und jeweils ein Pin fest auf Masse gelegt wird. Im Fehlerfall wird sich dieses Massepotential an den kurzgeschlossenen Pins durchsetzen und das Meßergebnis läßt damit auf einen Kurzschluß schließen.

Hardwaremäßig wird die K. mit den Meß- und Stimuli-Einrichtungen der →Pinelektronik durchgeführt. Spannungen und Ströme werden dabei so gewählt, daß einerseits eine ausreichende Meßgenauigkeit erreicht wird, weitere Zerstörungen am Prüfling im Fehlerfall jedoch ausgeschlossen werden. Zur Beschleunigung der K. werden bestimmte Algorithmen hinsichtlich der Zuordnung der zwei Potentiale zu bestimmten Pins angewandt, so daß Kurzschlüsse mit 2 exp n (n = Zahl der zu überprüfenden Prüflingsanschlüsse) Parallelmessungen vollständig überprüft werden können (Bild). *Winter*

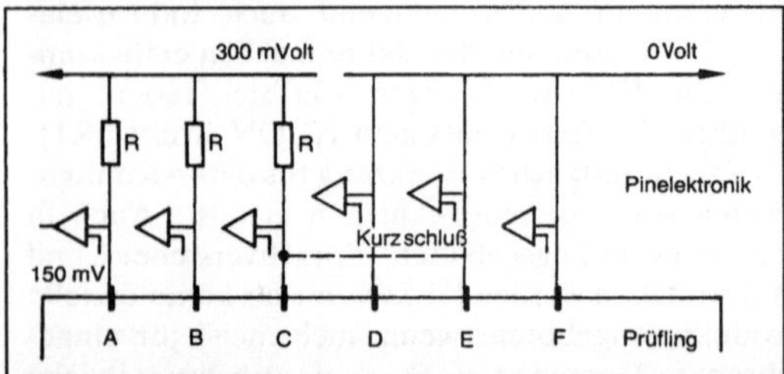

Mit einer Parallelmessung über die Pins A–F werden alle Kurzschlüsse zwischen den Pingruppen A–C einerseits und D–F andererseits, somit also auch der angedeutete Kurzschluß C–E, erkannt.

Kurzschlußprüfung: Schematische Darstellung.

Kurzschlußring-Sensor. Der K.-S. ist ein →Sensor zur →Weg- oder →Winkelmessung und besteht aus einem w-förmigen Kern, dessen Mittelschenkel die Erregerspule und den beweglich angeordneten Kurzschlußring trägt (Bild).

Fließt ein Wechselstrom durch die Erregerspule, so entsteht ein magnetisches Wechselfeld, das in dem Kurzschlußring Wirbelströme zur Folge hat. Diese erzeugen ein magnetisches Gegenfeld, das nur unbedeutend schwächer als das anregende Feld ist. Der den Kurzschlußring durchsetzende magnetische Fluß wird praktisch null und das magnetische Feld der Erregerspule wird auf den Raum zwischen Spule und Kurzschlußring begrenzt. Gemessen wird die Induktivität der Erregerspule, die von dem Abstand zwischen Erregerspule und Kurzschlußring abhängt. *Schrüfer*

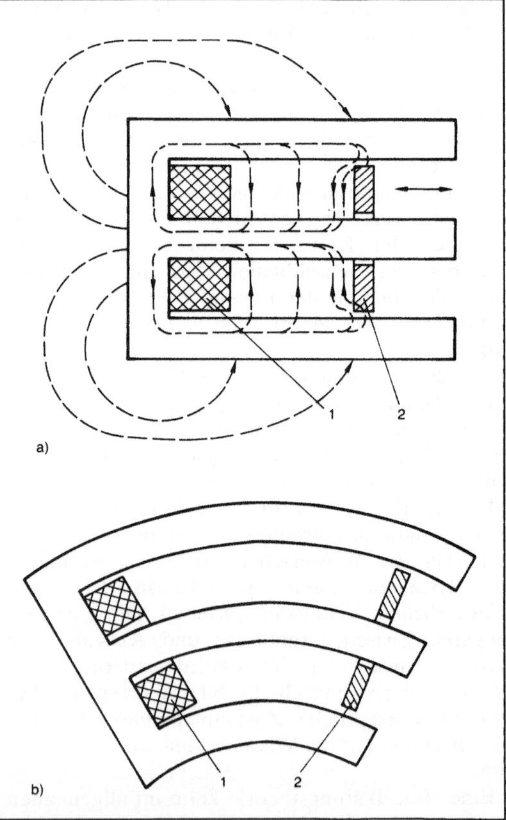

1) Erregerspule, 2) beweglicher Kurzschlußring

Kurzschlußring-Sensor: Ausführungen
a) zur Wegmessung,
b) zur Winkelmessung.

L

Ladungsmessung. Die elektrische Ladung Q ergibt sich aus dem zeitlichen Integral eines Stromes i: $Q = \int i dt$. Die SI-Einheit der elektrischen Ladung ist das →Coulomb (Cb); 1 Cb = 1 As. Der auf dem piezoelektrischen Effekt beruhende Piezo-Kraftaufnehmer, der auf eine sich ändernde Kraft mit einer proportionalen Ladungsänderung reagiert, ist ein wichtiger Anwendungsfall für die elektrische L. Die Ausgangsgröße Ladung wird mittels eines Integrationsverstärkers erfaßt, den man in diesem Zusammenhang auch Ladungsverstärker nennt (Bild). Bei genügend großer Verstärkung v wird die Eingangsspannung $u_e \approx 0$, und es ergibt sich ohne Berücksichtigung des Gegenkopplungswiderstands R_g für die Ausgangsspannung

$$u_a = -\frac{Q}{C_g},$$

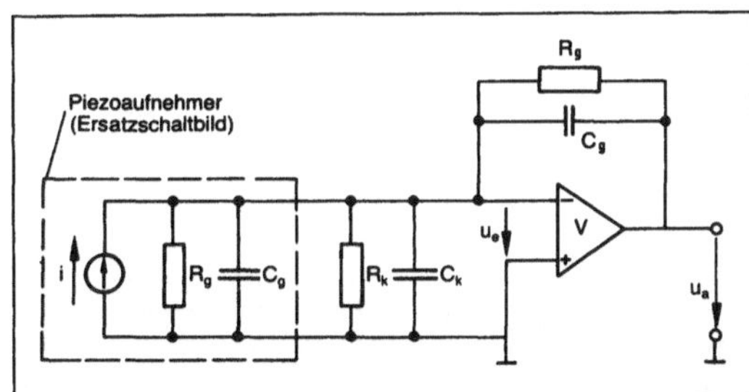

$Q = \int i dt$ Ladung des Piezoaufnehmers, R_q Ableitwiderstand des Aufnehmers, C_q Kapazität des Aufnehmers, R_k Ableitwiderstand des Anschlußkabels, C_k Kapazität des Anschlußkabels, R_g Gegenkopplungswiderstand, C_g Gegenkopplungskapazität

Ladungsmessung: Piezoaufnehmer mit Ladungsverstärker.

woraus sich die Ausgangsgröße Ladung Q des Piezoaufnehmers leicht errechnen läßt. R_q, C_q, R_k, C_k spielen im Ergebnis keine Rolle. In der Praxis wird die Ausgangsspannung so weiterverstärkt, daß direkt die zugrundeliegende Meßgröße (z. B. Kraft, Druck, Beschleunigung) angezeigt werden kann. Wenn man noch den Widerstand R_g (z. B. Ableitwiderstand von C_g) berücksichtigt, so klingt die Anzeige mit der Zeitkonstante $\tau = R_g C_g$ exponentiell ab. Dieser Abklingvorgang kann noch überlagert sein durch eine →Drift, die vom Offsetstrom des Meßverstärkers herrührt (→Kraftmessung).

Hammerschmidt

Lageregelung →Regelungsverfahren

Lambda-Sonde. In der Kraftfahrzeugtechnik wird mit der Größe Lambda λ die Luftzahl des dem Motor zugeführten Gemisches bezeichnet. Bekommt der Motor genausoviel Luftsauerstoff wie zur vollständigen Verbrennung des Kraftstoffes erforderlich ist, so ist die Luftzahl $\lambda = 1$; bei $\lambda < 1$ fehlt Sauerstoff; das Gemisch ist fett. Es ist mager bei $\lambda > 1$ (Luftüberschuß).

Die L.-S. ist ein →Sensor, mit dessen Hilfe der Motor im Hinblick auf einen möglichst geringen Schadstoffausstoß geregelt werden kann. Die Sonde besteht aus einem keramischen Feststoff-Ionenleiter aus Zirkon- und Yttriumoxid, der mit Platin-Elektroden ummantelt ist (Bild 1). Die L.-S. wird so in die Abgasleitung des Motors geschraubt, daß sie auf der einen Seite vom Abgas, auf der anderen von der Außenluft umgeben ist. Diese beiden Gase haben eine unterschiedliche Sauerstoffkonzentra-

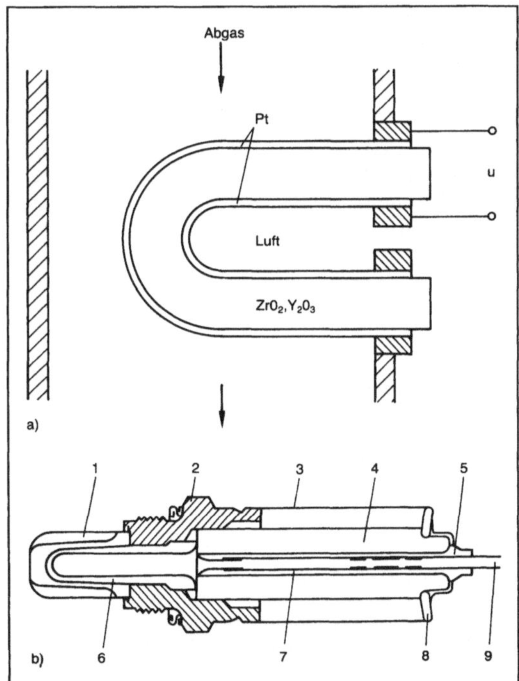

1 Schutzrohr mit Schlitzen, 2 Sonden-Gehäuse, 3 Schutzhülse, 4 Stützkeramik, 5 Isolierteil, 6 Sonderkeramik, 7 Kontaktierung, 8 Tellerfeder, 9 Anschlußleitung

Lambda-Sonde 1: Schematische Darstellung.
a) Aufbau
b) Schnittbild. (Quelle: Bosch)

tion, so daß sich an den Platin-Elektroden eine Spannung einstellt, die von dem Restsauerstoff im Abgas und damit von der Luftzahl abhängt (Bild 2). Diese Spannung wird gemessen. Mit ihrer Hilfe werden Verbrennungsluft und Kraftstoff einander so zugemessen, daß der Motor bei einer Luftzahl im Bereich zwischen 0,99 und 1,0 betrieben wird. Bei einem derartigen →Arbeitspunkt werden die Schadstoffemissionen minimiert (Bild 3).

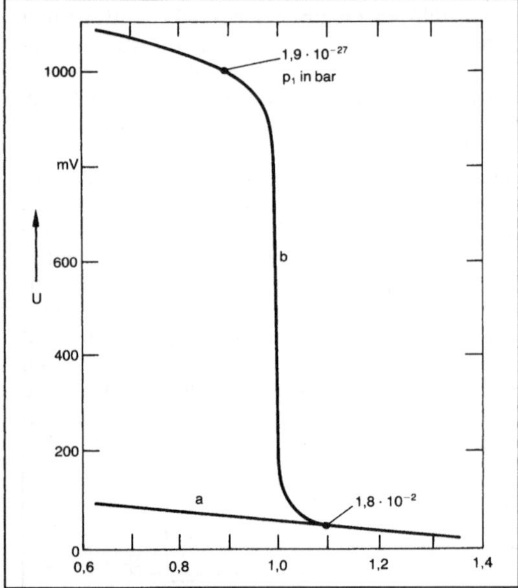

Lambda-Sonde 2: Leerlaufspannung der L.-S. bei einer Temperatur von 780 K in Abhängigkeit von der Luftzahl λ; Kurve a: katalytisch nicht aktive und Kurve b: katalytisch aktive abgasseitige Elektrode; angegeben ist der Gleichgewichts-Sauerstoff-Partialdruck p_l in der abgasseitigen Elektrode.

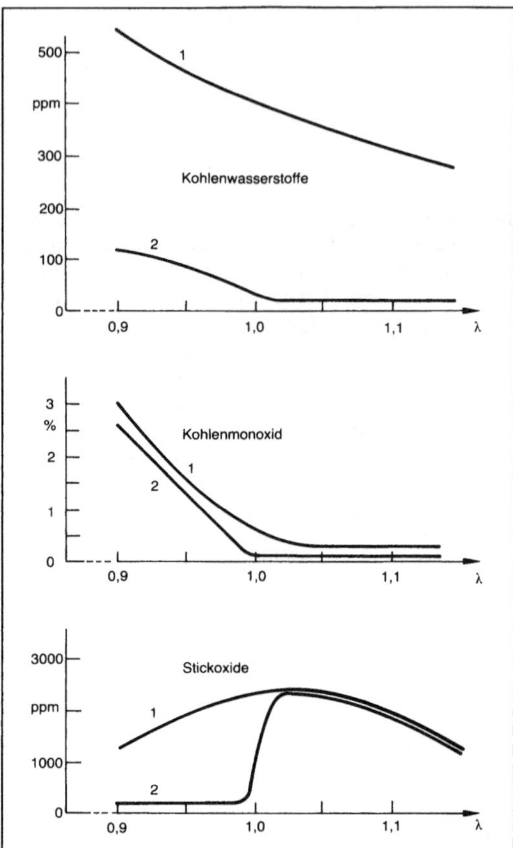

Lambda-Sonde 3: Schadstoffemissionen eines Fahrzeugs mit geregeltem Katalysator in Abhängigkeit von der Luftzahl (1,7 l Hubraum, 3 000 Upm); Kurve 1: ohne geregelten Katalysator, Kurve 2: mit geregeltem Katalysator.

Die L.-S. beruht auf der Sauerstoff-Ionenleitfähigkeit des Festkörperelektrolyts. Da diese erst oberhalb 400 °C einsetzt, ist die L.-S. – insbesondere beim Start des Motors – auf eine Temperatur von etwa 700 °C aufzuheizen. Im Betrieb kann sich die Kennlinie infolge Alterung in Richtung größerer Luftzahlen verschieben. Die →Lebensdauer einer L.-S. liegt bei einigen tausend Stunden. *Schrüfer*

Literatur: *Dueker, H., K.-H. Friese* und *W.-D. Haecker:* Ceramic Aspects of the Bosch Lambda-Sensor; Automotive Engineering Congress and Exposition Detroit, Michigan, February 24–28, 1975; Society of Automotive Engineers.

LAN. (*engl.* Abk. für Local Area Network) Standardisierungsvorgabe der IEEE (Institut of Electrical and Electronics Engineers) zur offenen Kommunikation in lokalen Netzen für die unteren Ebenen des →ISO-Referenzmodells zur offenen Kommunikation. LAN wurde ursprünglich für die Büroautomatisierung entwickelt, ist aber auch für andere Anwendungsfälle geeignet. *Strohrmann*

Längen- und Winkelmessung mit diskontinuierlichen Verfahren. Oft besteht die Aufgabe, ein →Meßsignal für eine Länge oder einen Winkel möglichst direkt in eine digitale Darstellung zu überführen.

Bei einem inkrementalen Meßsystem wird die zu messende Größe, eine Länge oder ein Winkel, in gleichgroße Teilstücke Δx (Inkremente) unterteilt. Ein solcher Rastermeßstab setzt sich dann aus Teilstücken unterschiedlicher physikalischer Eigenschaften zusammen, bei optischen Systemen z. B. aus hellen und dunklen oder durchsichtigen und undurchsichtigen Flächen. Der Abstand zweier gleichartiger Teilstücke wird Teilungsperiode $T = 2 \cdot \Delta x$ genannt (Bild 1). Rastermaßstäbe werden hauptsächlich optisch (→Photodetektoren) oder magnetisch (→Hall-Sonde, →Wiegand-Sensor, →Feldplatte) abgetastet. Wenn sich ein Rastermaßstab um die Strecke l = n · T am Abtaster vorbeibewegt, wird dieser n Impulse liefern, die nach Impulsformung digital gezählt werden und somit die Lageinformation vermitteln. Sobald sich die Bewegungsrichtung des Rasters ändert, muß dafür gesorgt werden, daß sich auch die Zählrichtung im →Zähler ändert. Dazu bringt man zwei um T/4 versetzte Abtaster an, aus deren Signalen die Richtungsinformation gewonnen wird, welche dann den Zähler steuert. Mit acht Abtastelementen kann durch besondere Schaltungen eine Auflösung erreicht werden, die T/16 entspricht.

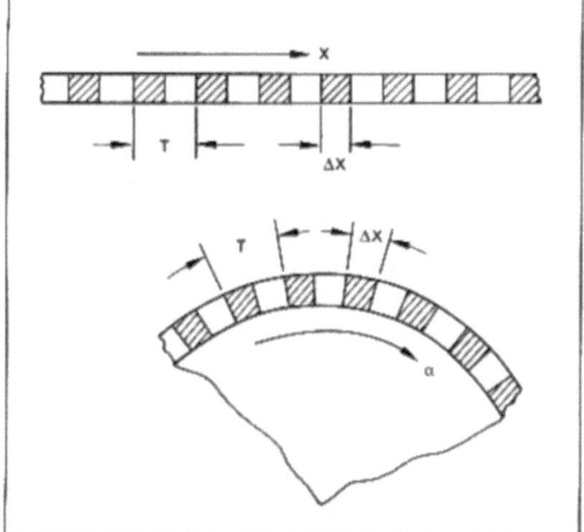

Längen- und Winkelmessung mit diskontinuierlichen Verfahren 1: Raster zur inkrementalen Längen- und Winkelmessung.

Beim Längengeber nach Bild 2 wird optisch abgetastet. Im Strahlengang liegt zwischen der Lichtquelle und dem →Photodetektor das Raster mit seinen lichtdurchlässigen und lichtundurchlässigen Segmenten. Die Ausgangsspannung des Detektors ändert sich bei einer Bewegung des Rasters in Abhängigkeit von der Beleuchtung ungefähr dreieckförmig. Sie wird in einem →Komparator mit einem vorgegebenen Schwellwert verglichen und in ein binäres Signal umgesetzt. Die dabei entstehende Folge von rechteckförmigen Impulsen wird auf einen Zähler gegeben, der z. B. die ansteigenden Flanken erfaßt. Der Zählerstand ist dann ein Maß für die Strecke, die das Werkstück zurückgelegt hat. Durch Nullstellen des Zählers kann der Anfangspunkt der Messung beliebig innerhalb des Meßbereichs verschoben werden.

Inkremental geteilte Maßstäbe mit optischer Abtastung gibt es mit folgenden Eigenschaften: Meßlängen bis zu mehreren Metern, Rasterabstand bis herab zu 1 µm, Auflösung (durch elektronische Ver-

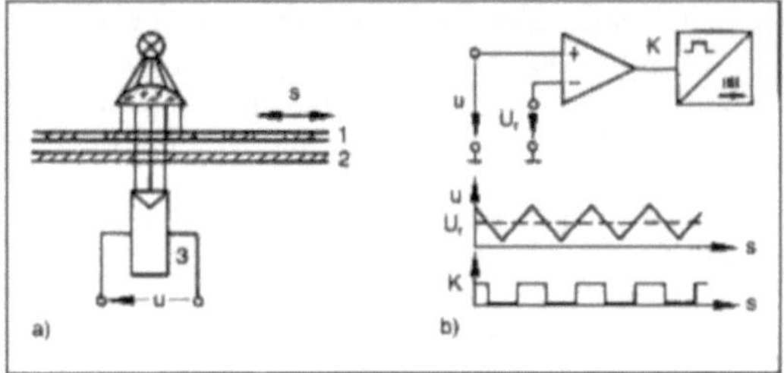

1 Raster, 2 Blende, 3 spannunglieferender Photodetektor

Längen- und Winkelmessung mit diskontinuierlichen Verfahren 2: Optischer inkrementaler Längengeber.
a) Schema
b) Signale.

vielfachung) bis zu 0,05 m, Toleranz der Maßstäbe je nach Länge bis herab zu ±0,5 µm. Bei inkrementalen Winkelgebern lauten die Grenzdaten für die Auflösung 0,00001 ° und die Toleranz ±0,00006 °.

Zu den inkrementalen Verfahren zählt auch das Laser-Interferometer (Bild 3), das auf dem Michelson-Interferometer basiert und als monochromatische Lichtquelle einen →Laser benutzt. Wenn sich das Meßobjekt mit dem an ihm angebrachten Spiegel in Pfeilrichtung bewegt, so ergeben sich beim Strahl 3 durch Interferenz der Strahlen 1' und 2' abwechselnd Lichtverstärkungen oder -auslöschungen, die ein →Beobachter oder ein Photodetektor registrieren kann. Ein voller Zyklus der Lichthelligkeit entsteht, wenn sich das Meßobjekt lediglich um eine halbe Lichtwellenlänge bewegt. Die Messung des zurückgelegten Weges erfolgt durch Abzählen der vom Photodetektor gelieferten Impulse. Auflösungen bis unter 10^{-6} m sind möglich. Weiterentwickelte Laser-Interferometer benutzen einen Zweifrequenz-Laser und berücksichtigen automatisch die von Luftdruck, -temperatur und -feuchte verursachten Veränderungen der tatsächlichen Lichtwellenlänge.

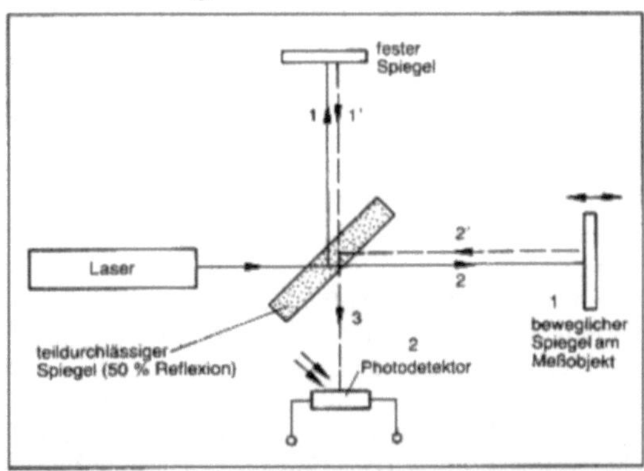

Längen- und Winkelmessung mit diskontinuierlichen Verfahren 3: Prinzip des Laser-Interferometers.

Die inkrementalen → Aufnehmer zählen eventuell auch Störimpulse und „vergessen“ bei Netzausfall den Meßwert. Deshalb gibt es auch absolut kodierte Maßstäbe für Absolutaufnehmer, bei denen jeder Schritt über die volle Lage- bzw. Winkelinformation verfügt (Bild 4). Nach einem Netzausfall ist die absolute Lage sofort wieder bekannt.

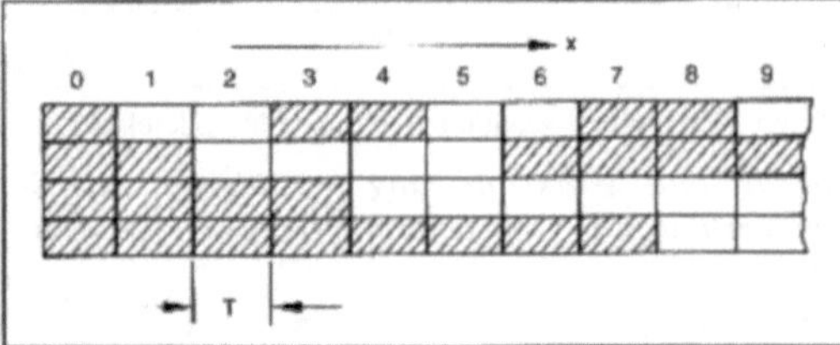

Längen- und Winkelmessung mit diskontinuierlichen Verfahren 4: Raster zur absolut kodierten Längenmessung (Gray-Code).

Neue Möglichkeiten für Längen- und Winkelaufnehmer ergeben sich zum einen durch faseroptische Aufnehmer und Übertragungsstrecken (→ Sensoren, faseroptische), zum anderen durch optoelektronische Positionsdetektoren, die linear und diskret (Diodenzeilen, Diodenarrays) arbeiten.

Hammerschmidt

Literatur: *Schrüfer, E.*: Elektrische Meßtechnik. 3. Aufl. München 1988.

Längen- und Winkelmessung mit kontinuierlichen Verfahren. Meßaufgaben, bei denen das Meßergebnis in den SI-Einheiten → Meter (m) oder → Radiant (rad) angegeben werden kann, sind Messungen von Längen und Winkeln. Dabei kann sich insbesondere die Längenmessung auch darstellen (oft abhängig davon, ob sich das Meßobjekt bewegt oder nicht) als Messung von Wegen, Abständen, Positionen, Lagen, Dicken, Schichtdicken, Füllständen, Breiten, Durchmessern usw. Mit geeigneten Einrichtungen kann man geradlinige Bewegungen in Drehbewegungen und umgekehrt überführen. Man wird in der Praxis die jeweils günstigste Lösung wählen.

Beim Potentiometer-Aufnehmer (Potentiometer) wird der Ort des Schleifers auf einer Widerstandsbahn (gerade oder kreisförmig angeordnet) elektrisch erfaßt. Durch Anlegen einer Spannung an das Potentiometer erhält man eine wegabhängige Spannungsteilung.

Beim Potentiometer-Aufnehmer können Schwierigkeiten auftreten durch den Übergangswiderstand des Schleifers sowie durch Verschleiß der Widerstandsbahn. Der induktive Wegaufnehmer (→ Meßaufnehmer, induktiver) hat diese Probleme nicht. In seiner einfachsten Form besteht ein induktiver Wegaufnehmer aus einer Spule, in die ein verschiebbarer Eisenkern eingetaucht ist (Tauchankergeber, Bild 1).

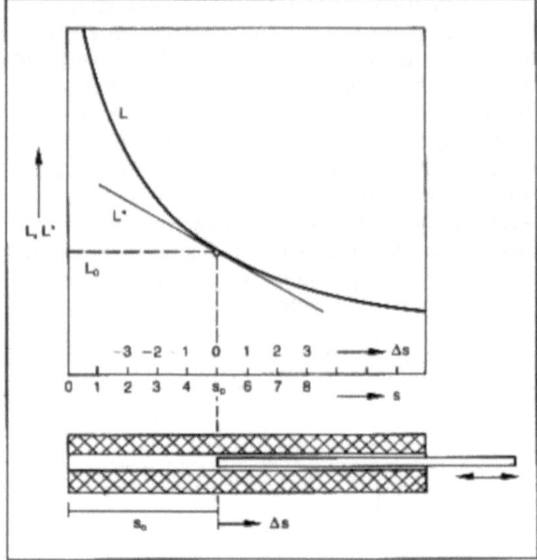

Aufbau und Kennlinie L = f (Δs), Tangente L* = f (Δs) im Punkt s_0 eingezeichnet

Längen- und Winkelmessung mit kontinuierlichen Verfahren 1: Tauchankergeber.

Der Zusammenhang zwischen der Verschiebung Δs und der Induktivität L ist aus Bild 1 ersichtlich. Die Auswertung von L erfolgt in einer Viertelbrükke (→ Meßbrücke). Nur in einem engen Bereich um den → Arbeitspunkt s_0 herum darf man angenähert Proportionalität zwischen Δs und L unterstellen. Diesen Nachteil hat der Differential-Tauchankergeber nicht, der aus zwei getrennten Spulen mit einem gemeinsamen Eisenkern besteht. Für die Messung kleiner Wege werden vorwiegend Queranker-Aufnehmer benutzt. Einige Anwendungsbeispiele für die beschriebenen induktiven Längen- (Dicken-) Aufnehmer zeigt Bild 2.

Ein anderes, induktives Verfahren zur Messung kleiner Abstände (mm-Bereich) erzeugt in einer leitenden Ebene des Meßobjekts Wirbelströme, deren Rückwirkung die Induktivität der induzierenden Spule oder die Kopplung zweier Spulen verändert. Nach Weiterverarbeitung und → Linearisierung erhält man ein dem Abstand proportionales Signal.

Der → Differential-Transformator zur → Wegmessung beruht auf dem Induktionsgesetz. Er besteht aus einer Primärspule und zwei Sekundärspulen, die auf einer Hülse sitzen (Bild 3). Gekoppelt sind die Spulen über einen in der Hülse verschiebbaren Kern. Wird der Kern verfahren, nimmt die Ausgangsspannung der einen Spule zu, die der anderen ab, und die Differenz wächst streng linear mit der Verschiebung s. Mit dem Differentialtransformator kann ohne einen mechanischen Kontakt zwischen Kern und Spule ein Weg in eine Spannung umgeformt werden. Oft werden diese Aufnehmer

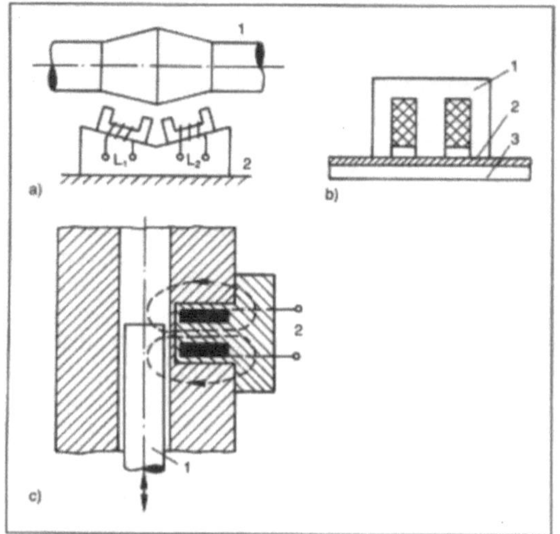

1 Turbinenwelle, 2 Gehäuse
1 Drossel, 2 nichtmagnetische Komponente (Folie, Lackschicht), 3 Eisenkern
1 Ventilstange, 2 Anschlüsse der Spule

Längen- und Winkelmessung mit kontinuierlichen Verfahren 2: Anwendungen induktiver Längenaufnehmer.
a) Messung der Relativdehnung zwischen Turbinenwelle und Gehäuse
b) Messung der Dicke von nichtmagnetischen Schichten
c) Messung der Ventilstellung in einer Hochdruck-Dampfleitung.

auch mit der Abkürzung LVDT (*engl.* Linear Variable Differential Transformer) bezeichnet.

Auch mit kapazitiven Aufnehmern (→Meßaufnehmer, kapazitiver) kann man verschleißfrei Längen und Winkel messen. Bei einem Plattenkondensator läßt sich die Kapazität beeinflussen durch Änderung des Plattenabstands, der Plattenfläche sowie der Verschiebung oder Veränderung des Dielektrikums. Anwendungsbeispiel: Messung der Füllhöhe (des Füllstands) einer Flüssigkeit nach Bild 4. In einem Fall befindet sich eine elektrisch leitende Flüssigkeit im Behälter. Die Elektrode 1 und die leitende Flüssigkeit bilden die Kapazität mit der Isolationsschicht 4 als Dielektrikum. Die Kapazität C dieses Kondensators ist proportional zum Füllstand h. Im anderen Fall befindet sich ein nichtleitendes Material (Flüssigkeit oder Schüttgut) im Behälter, die Isolationsschicht 4 kann entfallen. Es handelt sich hier um einen Kondensator, der entsprechend der Füllhöhe h mit einem Dielektrikum ausgefüllt ist. Auch hier besteht Proportionalität zwischen h und C.

Als kapazitiver Winkelaufnehmer eignet sich auch der früher in Rundfunkgeräten unentbehrliche Drehkondensator ($C = f(\alpha)$).

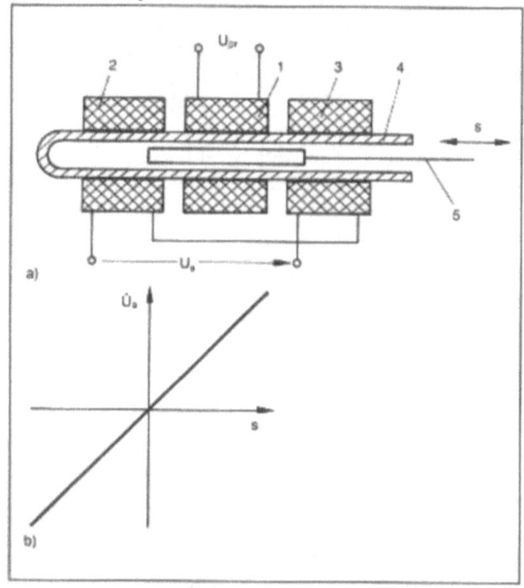

1 Primärspule, 2, 3 Sekundärspulen, 4 Hülse, 5 verschiebbarer Kern

Längen- und Winkelmessung mit kontinuierlichen Verfahren 3: Differential-Transformator.
a) Aufbau
b) Kennlinie.

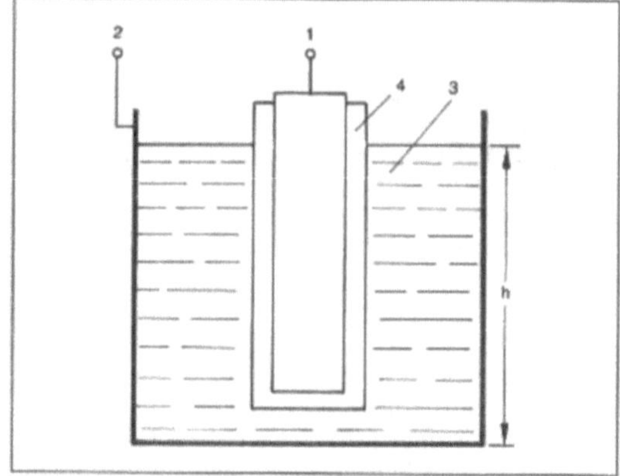

1 Elektrode, 2 Gegenelektrode, 3 Prüfmedium mit leitender Flüssigkeit bzw. mit isolierendem Füllgut ($\varepsilon_r > 1$), 4 Isolationsschicht

Längen- und Winkelmessung mit kontinuierlichen Verfahren 4: Kapazitive Füllstandsmessung.

Mittels Laufzeitauswertung von Ultraschall ist eine berührungslose Abstandsmessung über mehrere Meter möglich, was z. B. zum automatischen Fokussieren von Photokameras angewendet wird. Das gleiche Prinzip läßt sich auch mittels Laufzeitauswertung von Licht verwirklichen.

Ein Verfahren zum Messen von Geschwindigkeit und Länge von durchlaufendem Warmwalzgut bedient sich zweier Infrarotsensoren, die in geringem Abstand hintereinander in Bewegungsrichtung angeordnet sind und die Eigenstrahlung des Walzguts aufnehmen. Diese Strahlung ist örtlich nicht konstant, sondern hängt vom jeweiligen Oberflächengefüge ab. Der Verlauf der Strahlung, die in den ersten Sensor eintritt, wird mit einem kleinen zeitlichen Versatz auch auf den zweiten Sensor treffen. Der Zeitunterschied zwischen den beiden Signalen läßt sich durch Korrelationsverfahren ermitteln und ist bei konstantem Sensorabstand der Geschwindigkeit proportional. Durch zeitliche Integration der Geschwindigkeit ist die Bandlänge bestimmbar. Das Verfahren kann mit entsprechenden Sensoren auch bei nichtstrahlenden Oberflächen, z. B. Papierbahnen oder Straßenbelägen eingesetzt werden, die man dann beleuchtet. Bestimmung von Geschwindigkeit und Länge bzw. zurückgelegter Strecke erfolgen wie oben beschrieben.

Die Messung von relativen Längenänderungen ist mit →Dehnungsmeßstreifen möglich. Meßverfahren für Dicke und Schichtdicke beruhen auf verschiedenen Prinzipien. Beim Kondensatorverfahren wird die Veränderung der Kapazität eines Plattenkondensators erfaßt (→Meßaufnehmer, kapazitiver). Weitere magnetische Verfahren basieren auf der Beeinflussung des Magnetfelds oder des magnetischen Flusses durch das Meßobjekt. Da Ultraschall an Grenzflächen reflektiert wird, kann das Laufzeitprinzip auch hier eingesetzt werden.

Bei bewegten Meßobjekten wie z. B. bei Papier- oder Textilbahnen oder bei Aluminiumbändern mißt man deren Stärke vielfach auch mittels Absorption von Röntgenstrahlung oder radioaktiver Strahlung, wobei ein exponentieller Zusammenhang zwischen Dicke und Intensität der durchgelassenen Strahlung besteht (→Strahlungsmessung).

Hammerschmidt

Lärm.

Bewertung. Zur Bewertung einer gegebenen Lärmeinwirkung ist es nötig, das Lärmereignis meßtechnisch zu erfassen, d. h. ihm einen bestimmten Schalldruck- oder Schalleistungspegel zuzuordnen, der dann mit einem vom Gesetzgeber vorgegebenen Immissions- oder Emissionsrichtwert, Planungsrichtwert oder allgemeinen Grenzwert verglichen werden kann.

Ziel der Lärmmessung müßte es sein, ein für alle typischen Emissionen anwendbares einheitliches Meß- und Bewertungsverfahren anzuwenden, das einen energieäquivalenten Mittelungspegel ergibt. Die Bedeutung des Mittelungspegels ist in der Hypothese zu sehen, daß ein schwankendes Geräusch in seiner Störwirkung äquivalent ist einem gleichbleibenden Geräusch, dessen Pegel gleich ist dem Mittelungspegel des zeitlich schwankenden Geräusches.

In der akustischen Praxis ist es jedoch so, daß wegen der unterschiedlichen Emissions- bzw. Immissionscharakteristiken der einzelnen Geräusche eine Reihe von Meß- und Bewertungsverfahren nebeneinander bestehen, deren Ergebnisse nicht ohne weiteres miteinander verglichen werden können.

Neben der Frequenzbewertung muß noch der Zeitverlauf einer Lärmbelastung berücksichtigt werden; dabei sind grundsätzlich zwei Fakten zu berücksichtigen:
- die Schnelligkeit, mit der die Meßgeräteanzeige dem physikalischen →Signal folgen kann,
- die Art der Probenahme, d. h. die zeitliche Auswahl der Stichprobenelemente aus dem Zeitverlauf des Lärmereignisses.

Für die Schnelligkeit kann am Schallpegelmesser die sog. Dynamik auf verschiedene Zeitkonstanten eingestellt werden: Slow (S), Fast (F), Impuls (I).

Bei der Anzeigeart *Slow* werden im Unterschied zu *Fast* nicht alle kurzdauernden Pegelschwankungen erfaßt. Eine besondere Anzeigeart ist die Impulsanzeige. Sie hat eine kürzere Anstiegszeitkonstante und eine längere Rücklaufkonstante.

Die Angabe L_{AF} bedeutet: Schalldruckpegel L mit der Frequenzbewertung A und der Zeitbewertung Fast (schnell).

Zur Ermittlung des Schalldruckpegels werden in der Praxis als Ergebnis des oben Ausgeführten im wesentlichen zwei Verfahren verwendet.

Beim Taktmaximalpegelverfahren wird am Meßgerät der Maximalpegel in einem bestimmten Zeitintervall abgelesen und daraus nach bestimmten Verfahren (Technische Anleitung zum Schutz gegen Lärm) ein Mittelungspegel gebildet. Dieses Verfahren wird vor allem bei der Messung von Industrie- und Gewerbelärm angewendet und versucht die Wirkung des L. auf den Menschen zu berücksichtigen.

Beim Stichprobenverfahren wird zu bestimmten Zeitpunkten, z. B. alle 0,1 s, 0,3 s, 1 s oder alle 5 s der auftretende Pegel vermerkt. Aus diesen Pegelwerten, die einzelnen Pegelklassen, z. B. in der Breite von 5 dB, zugeordnet werden, wird der Mittelungspegel bestimmt.

Messung. Für die Bestimmung des Schalldruckpegels eines beliebig kompliziert zusammengesetzten Geräusches stehen in einem Bereich von 20–140 dB Meßgeräte zur Verfügung, die für weitere Aussagen über das Lärmereignis noch mit Zusatzgeräten versehen werden können.

Ein Präzisionsschallpegelmesser besteht im wesentlichen aus einem Mikrofon, einem elektrischen →Verstärker, den Frequenzbewertungsfiltern, dem Wechselspannungsausgang, der Zeitbewertungseinheit, dem Anzeigeinstrument und dem Gleichspannungsausgang.

Auf die wesentlichen Bestandteile des Meßgerätes wird im folgenden näher eingegangen.

Das Mikrofon ist ein elektroakustischer Wandler, der ein Schallsignal in ein analoges elektrisches Signal umsetzt. Als Meßmikrofone werden bei Präzisionsschallpegelmessern Kondensator-Mikrofone verwandt.

Bei der Mikrofonkapsel eines Kondensatormikrofons bildet die hauchdünne Empfangsmembran zusammen mit der massiven Gegenelektrode einen Kondensator, der durch eine konstante Polarisationsspannung elektrisch aufgeladen wird. Beim Auftreten der Schalldruckwellen auf die Empfangsmembran wird der Elektrodenabstand und damit die Kondensatorkapazität entsprechend der Luftdruckschwankungen verändert. Es kommt zu einer Ladungsverschiebung zwischen den Kondensatorelektroden, die über einen Widerstand mit galvanischer Entkopplung als schalldruckproportionale Wechselspannungsgröße abgegriffen wird.

Bei den neuerdings verwendeten Elektret-Mikrofonen wird die Polarisationsspannung durch eine Elektretschicht zwischen den Kondensatorelektroden erzeugt.

Das von der Mikrofonkapsel erzeugte elektrische Signal ist für eine meßtechnische Erfassung zu gering und muß durch mehrere Verstärkerstufen auf einen ausreichenden Spannungswert verstärkt werden.

Um die Schallpegelerfassung der frequenzabhängigen Empfindlichkeit des menschlichen Ohres anzunähern, sind gegenüber der unbewerteten linearen Pegeldarstellung die Frequenzbewertung durch verschiedene →Filter erforderlich. Die in den einschlägigen Normen, Richtlinien und Verwaltungsvorschriften vorgeschriebene A-Bewertung ist bei allen Meßgeräten vorhanden. Sie bewirkt, daß die tiefen und hohen Frequenzen im Vergleich zum anliegenden physikalischen Signal unterbewertet werden, während der Bereich von 1 000 bis 4 000 Hz geringfügig stärker bewertet wird.

Es können in der Regel noch weitere Frequenz-Filter bei den Meßgeräten, wie B, C und D Filter, an einem Wahlschalter eingestellt werden.

Anstelle der eingebauten Filter besteht bei vielen Meßgeräten die Möglichkeit, externe Oktav- oder Terzfilter anzuschließen bzw. einzuschließen. Mit Schmalbandanalysatoren läßt sich eine Auftrennung in noch schmälere Frequenzbänder erreichen. Aus der Bestimmung der vorherrschenden Frequenzanteile lassen sich spezifische Aussagen über die Lärmquellen gewinnen, sowie auch genauere Angaben über mögliche Lärmschutzmaßnahmen machen. Diese Analyse kann auch bei Tonbandaufzeichnungen nachträglich durchgeführt werden.

Während für einfache Geräte nur die Möglichkeit der augenblicklichen optischen Ablesung besteht, kann durch einen Pegelschreiber der zeitlich sich ändernde Schalldruckpegel innerhalb eines Bereiches von 50 dB auf einem Papierstreifen mit dB-Einteilung aufgezeichnet werden. Der Pegelschreiber wird dazu mit dem Wechselspannungsausgang des verwendeten Meßgerätes verbunden. Bei der Wahl eines ausreichend schnellen Papiervorschubes kann das aufgezeichnete Geräusch auch nachträglich noch mit einem Zeitraster von 5 s nach dem Takt-Maximalwertverfahren ausgewertet werden. Bei der Aufzeichnung gekennzeichnete Störgeräusche können dabei eliminiert werden.

Eine weitere Möglichkeit, Schallsignale mit großer Dynamik vollständig zu erfassen, bietet die Aufzeichnung der Geräusche auf ein Tonband. Die Aufzeichnungen auf dem Tonband können dann nach der Messung entsprechend der Aufgabenstellung ausgewertet werden.

Für die Bildung des energieäquivalenten Dauerschallpegels sowie des Pegels nach dem Takt-Maximalpegelverfahren werden mittlerweile integrierende Meß- und Zusatzgeräte angeboten. Sie bilden während der Messung die Summe der auf das Meßmikrofon auftreffenden Schallenergie durch Integration nach dem gewählten Auswerteverfahren. Am Ende der Messung kann der gewünschte Meßwert direkt abgerufen werden. *Schrüfer/Kellner*

Literatur: *Barkhausen, H.:* Ein neuer Schallpegelmesser für die Praxis. VDI-Z. Nr. 71, S. 1471–1474, 1927. – DIN 45631 Berechnung des Lautstärkepegels aus dem Geräuschspektrum, Verfahren nach E. Zwicker. – *Fastl, H.:* Gehörbezogene Lärmmeßverfahren. DAGA 88. Bad Honnef 1988. – Handbuch des Umweltschutzes. München 1977. – IEC 651 Sound level meters. – Technische Anleitung zum Schutz gegen Lärm (TALärm) vom 16. 7. 1968. Beilage zum Bundesanzeiger Nr. 137 vom 26. 7. 1968.

Lärmschutzmaßnahme. Konstruktives Gestalten der →Stellglieder zu geräuscharmer Entspannung und Vermeiden unnötiger Druckabfälle durch richtiges verfahrenstechnisches Auslegen der Anlagen als primäre sowie der Einsatz von Schalldämpfern und Schallisolierungen als sekundäre Maßnahme. Stellgeräte können unter bestimmten kritischen Betriebsbedingungen sehr lärmintensive Geräuschquellen sein. Die wesentlichen Ursachen sind:

□ Mechanische Vibrationen der beweglichen Innenteile der Stellglieder wie Ventilkegel, Ventilstange oder Klappenscheibe. Die Geräuschentwicklung ist besonders stark, wenn Resonanzerscheinungen auftreten. Die Schwingungen liegen dabei im Frequenzbereich von 2–7 kHz und können auch zu mechanischen Zerstörungen führen.

□ Kavitation bei der Entspannung von Flüssigkeiten. Bild 1 zeigt die Abhängigkeit der Geräuschemission vom Druckverhältnis: Bei niedrigen Druckverhältnissen wird der Schallpegel im wesentlichen durch die mit der Strömungsgeschwindigkeit zunehmenden Turbulenz bestimmt. Bei einem bestimmten, von der Stellgliedkonstruktion abhängigen Druckverhältnis z fällt der Druck im engsten Drosselquerschnitt bis zum Siededruck der Flüssigkeit ab und eine teilweise Verdampfung setzt ein. In der nachfolgenden Querschnittserweiterung steigt der Druck wieder an, und die Dampfblasen fallen schlagartig zusammen. Die typischen damit verbundenen Kavitationsgeräusche erreichen bei weiterem Anstieg des Druckverhältnisses ein Maximum und fallen dann wegen der Dämpfung durch größere Dampfanteile wieder ab.

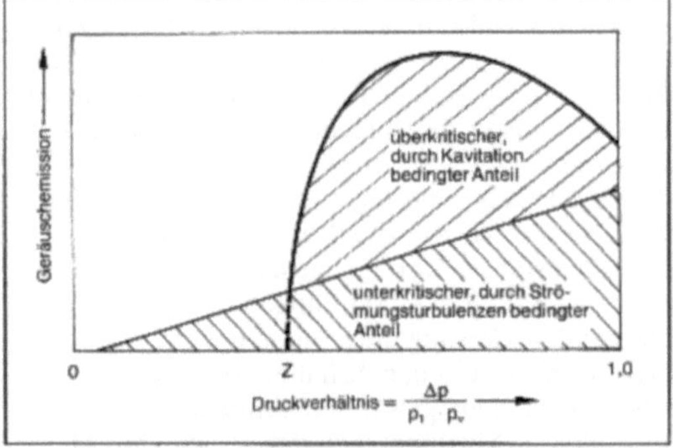

Lärmschutzmaßnahme 1: Geräuschemission bei der Entspannung von Flüssigkeiten. Δp Druckabfall am Ventil, p_1 Vordruck, p_v Siededruck der Flüssigkeit.

□ Aerodynamische Geräusche bei der Entspannung von Gasen und Dämpfen durch Turbulenzen und Strahllärm. Unterschreitet der Druck im engsten Querschnitt ungefähr den halben Vordruck, so wird Schallgeschwindigkeit, bei düsenähnlichen Drosselungen auch Überschallgeschwindigkeit erreicht und es treten zusätzlich starke Stoßwellengeräusche auf.

Neben einer mit nicht zu hohen Sicherheitszuschlägen behafteten Berücksichtigung der dynamischen Widerstände der Anlagenkomponenten und einer gut angepaßten Auslegung der Verdichter-, Gebläse- und Pumpenleistungen, die unnötige Druckabfälle an den Stellgliedern vermeiden, steht als weitere primäre Maßnahme zur Lärmminderung eine geeignete Gestaltung der Stellgliedinnenteile. Reihen- und Parallelschaltungen von mehreren festen und variablen Drosselstellen verwirbeln das Fluid im →Stellglied und vermeiden damit, daß der Druck im engsten Querschnitt zu sehr absinkt und daß sich Freistrahlen ausbilden.

Bild 2 zeigt häufig angewandte Realisierungen: Ein →Stellventil mit stufenweisem Druckabbau verhindert, daß sich Kavitation oder Schallgeschwindigkeit einstellt (Bild 2, a). Mit dieser Anordnung sind Schallpegelminderungen von 15–20 dB(A) zu erreichen. Einstufige Ventile mit Lochkegeln (Bild 2, b) teilen den Freistrahl in viele Einzelstrahlen auf und mindern die Pegel bis zu 10 dB(A) bei Flüssigkeiten und 20 dB(A) bei Gasen. Die wirksamste Methode zur geräuscharmen Entspannung von Gasen und Dämpfen ist eine Kombination von Strömungsteilung und stufenwei-

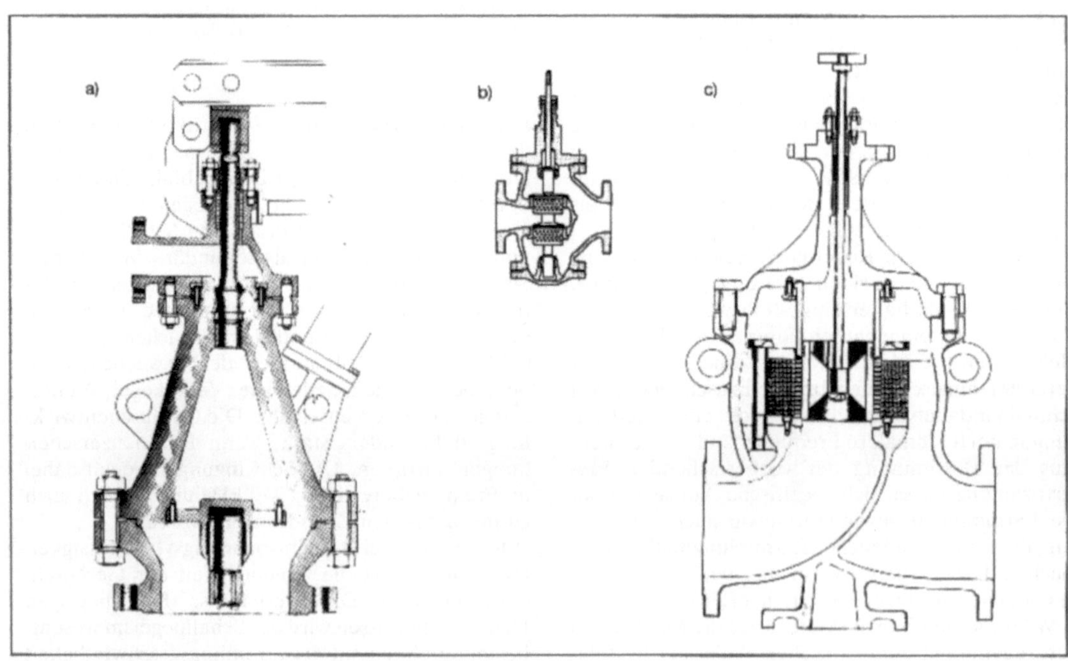

Lärmschutzmaßnahme 2: Geräuscharme Ventilkonstruktionen. (Quelle: Gulde).

sem Druckabbau in Ventilen mit regelbaren labyrinthartigen Strömungswiderständen (Bild 2, c). Es ergeben sich Schallpegelminderungen bis 30 dB(A) gegenüber den Standardventilen. Viele geräuscharme Stellgliedkonstruktionen haben zusätzliche integrierte oder nachgeschaltete feste Strömungswiderstände. Diese festen Widerstände sind nur für einen bestimmten Anlagenzustand optimal wirksam und können die Betriebskennlinie (→Durchflußkennlinie) ungünstig beeinflussen.

Als sekundäre Maßnahmen bieten sich an der Einbau von Schalldämpfern möglichst unmittelbar hinter dem Stellglied sowie eine schalldämmende Isolierung des Stellgliedes und der benachbarten schallabstrahlenden Rohrleitungsteile.

Der Einsatz geräuscharmer Stellgliedkonstruktionen kann mit folgenden Nachteilen verbunden sein: geringer K_{vs}-Wert (→k_v-Wert), komplizierter Innengarnituraufbau, Verstopfungsgefahr, ungünstige Kennlinie und hohe Kosten. Maßnahmen zur Lärmminderung müssen deshalb gezielt angesetzt werden. Die dafür erforderliche Berechnung der zu erwartenden Lärmemission aus den Betriebs- und Stellglieddaten kann ungefähr nach dem VDMA-Einheitsblatt 24 422 oder nach Rechnerprogrammen der Hersteller geschehen. Eine andere Möglichkeit ist, daß die Hersteller nur die Schalleistung der Stellglieder angeben, und Schallexperten daraus und aus der Rohrleitungsgeometrie die Schallemission des Stellgliedes und der vor- und nachgestalteten Rohrleitungsteile berechnen. (→Stellhahn; →Stellklappe; →Stellventil). *Strohrmann*

Literatur: *Dümmler, S.:* Lärmschutz. In Ullmanns Encyklopädie der technischen Chemie, 4. Aufl. Weinheim 1981. – *Hoffmann, H.:* Neuere Entwicklungen bei geräuscharmen Stellventilen. Automatisierungstechnische Praxis **29** (1987), Nr. 6, S. 253–259.

Laser. Abk. für *engl.* Light Amplification by Stimulated Emission of Radiation, Lichtverstärkung durch induzierte Strahlungsemission. Andere Bezeichnungen sind optischer Maser (Maser), Lichtverstärker, Quantenverstärker, Quantengenerator (in der sowjetischen Literatur gebräuchlich). Der L. ist ein →Verstärker und Generator von elektromagnetischen Wellen mit Frequenzen im Sichtbaren und angrenzenden Spektralbereichen. Seine Funktionsweise beruht auf der Wechselwirkung von Lichtquanten mit einem quantenmechanisch zu beschreibenden System. In dieser Hinsicht unterscheidet sich der L. von klassischen Verstärkern, deren Funktionsweise durch klassische Felder und Ströme beschrieben wird. Wird das im L. vorhandene aktive Medium in einer Rückkopplungsschaltung (→Resonator) verwendet, so entsteht der Laseroszillator der zur Schwingungserzeugung (Lichtquelle) verwendet wird. Das von einem Laseroszillator erzeugte Licht zeichnet sich durch große Monochromasie (d. h. geringe Bandbreite $\Delta\nu$) und hohen Kohärenzgrad (d. h. große Kohärenzzeit und große Kohärenzlänge) aus (Tabelle 1).

Laser. Tabelle 1: Eigenschaften verschiedener Lichtquellen im Vergleich zu Laserlicht.

Strahlungsquelle	Bandbreite $\Delta\nu[s^{-1}]$	Kohärenzzeit $\Delta t[s]$	Kohärenzlänge $l_k = 2 \cdot c\Delta t[cm]$
Sonne	$5 \cdot 10^{14}$	$3 \cdot 10^{-16}$	$2 \cdot 10^{-5}$
Interferenzfilter ($\Delta\lambda = 10$ Å)	$5 \cdot 10^{11}$	$3 \cdot 10^{-13}$	$2 \cdot 10^{-2}$
Spektrallampe	10^9	$1{,}5 \cdot 10^{-10}$	10
Fabry-Perot-Interferometer	10^8	$1{,}5 \cdot 10^{-9}$	10^2
Laser	10^3	$1{,}5 \cdot 10^{-4}$	10^7

Grundlagen der Funktionsweise: die Möglichkeit zur Verstärkung von Licht beruht auf dem Vorgang der induzierten Emission, der 1917 von *Einstein* bei seiner Ableitung des *Planck'*schen Strahlungsgesetzes (schwarzer Körper) eingeführt wurde. Zur Erläuterung betrachten wir eine große Zahl von quantenmechanischen Systemen (Atome, Moleküle, Ionen in Kristallen u. a.) von denen jedes zwei stationäre Energieniveaus E_1 und E_2 ($E_1 < E_2$) hat. Im thermischen Gleichgewicht wird die Zahl der Systeme N_1 im Zustand E_1 größer sein als die Zahl der Systeme im Zustand N_2 ($N_1 < N_2$) und aus einem einfallenden Strahlungsfeld wird Energie der Frequenz $\nu_{12} = \frac{E_2 - E_1}{h}$ mit einer Rate von

$$\left.\frac{dU}{dt}\right|_{\text{Absorption}} = N_1 B_{12}\, U(\nu_{12})$$

absorbiert, wobei $U(\nu_{12})$ die spektrale Energiedichte des Strahlungsfeldes ist. Systeme, die im energiereicheren Zustand E_2 sind, können unter Emission von Strahlung in den Zustand E_1 übergehen. Dafür gibt es zwei Möglichkeiten: die spontane Emission, die ohne erkennbare äußere Ursachen erfolgt und die induzierte Emission, bei der die Energiedichte $U(\nu_{12})$ des Strahlungsfeldes den Emissionsprozeß hervorruft, die Emissionsrate ist

$$\left.\frac{dU}{dt}\right|_{\text{Emission}} = \underbrace{B_{12} N_2(\nu_{12})}_{\text{induzierte Emission}} + \underbrace{A\, N_2,\ U(\nu_{12})}_{\text{spontane Emission}}$$

(B_{12} und A sind Konstante)

Die Verstärkung eines Signals der Energiedichte $U(\nu_{12})$ und der Frequenz ν_{12} ist daher nur möglich, wenn $N_2 > N_1$ ist. Im thermischen Gleichgewicht kann diese Bedingung nicht erfüllt werden, da nach der Boltzmannverteilung

$$\frac{N_1}{N_2} = e^{(E_2-E_1)/kT}$$

ist. Für verschiedene Systeme ist es jedoch möglich durch Einwirkung von Anregungsleistung (Pumpleistung) Nichtgleichgewichtszustände mit $N_2 > N_1$ herzustellen, man spricht dann von einem aktiven Medium, das auch als Medium mit negativer Besetzungstemperatur beschrieben werden kann. Der Verstärkungsprozeß wird durch spontane Emission gestört, die eine Ursache für das →Rauschen des Verstärkungsvorganges darstellt. Bei den verschiedenen Laserarten wird das aktive Medium auf unterschiedliche Weise hergestellt. Unterschiede ergeben sich auch aus der „Beschaltung" des aktiven Mediums, d. h. die Anordnung in der das Strahlungsfeld und das aktive Medium miteinander gekoppelt werden.

Zur Verstärkung eines Lichtsignals ist es nur notwendig, Lichtbündel durch das passende aktive Material zu schicken, der Verstärkungsfaktor G ergibt sich aus der Länge L des aktiven Materials, dem Besetzungsunterschied $\Delta N = N_1 - N_2$ und Wirkungsquerschnitt σ für den optischen Übergang zu

$$G = e^{-\Delta N \cdot \sigma \cdot L}$$

Zur Erhöhung der Verstärkung ist es zweckmäßig (wie auch in der HF-Technik), einen Teil des Ausgangssignals rückzukoppeln. Durch die Rückkopplung kann der Laserverstärker zum Laseroszillator (Lasergenerator) werden (Selbsterregung) (Bild 1). Die Rückkopplung wird im allgemeinen dadurch erreicht, daß das aktive Material in einen Resonator gebracht wird, z. B. in ein *Fabry-Perot-Interferometer*.

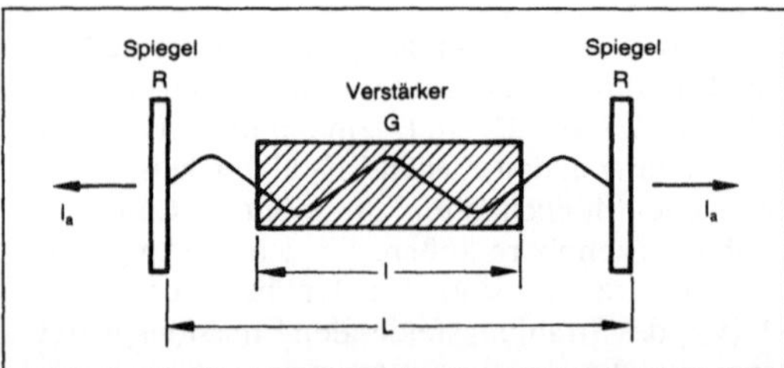

Laser 1: Laseroszillator durch Rückkopplung des Strahlungsfeldes in einem Resonator.

Die Verstärkung G für einen Durchgang durch das aktive Material muß größer sein als Reflexionsverluste R und die sonstigen Verluste V (z. B. durch Auskoppelung), es gilt die Selbsterregungsformel

$$G \cdot R \cdot V > 1$$

Wegen der Kleinheit der Lichtwellenlänge im Vergleich zu den Resonatordimensionen können dabei viele axiale Eigenschwingungen (→Moden) des Resonators angeregt werden (Beispiel: Resonatorlänge L = 10 cm, dann ist der Frequenzabstand zweier stehender Wellen im Resonator $v = \frac{c}{2L} = 1{,}5 \cdot 10^9$Hz, das Emissionsmaximum der Rubinfluoreszenz liegt bei $4{,}32 \cdot 10^{16}$Hz, also wird der Resonator etwa in der 10^6-ten Oberwelle angeregt. Die Halbwertsbreite der Rubinfluoreszenz ist ca. $3 \cdot 10^{10}$Hz und damit können 20 verschiedene stehende Wellen im Resonator angeregt werden. Neben den axialen Eigenschwingungen des Resonators, die allein nur im Fall unendlich großer Spiegeldurchmesser auftreten würden, gibt es wegen der endlichen Spiegelgröße noch transversale Moden, die sich durch ihre Intensitätsverteilung über der Spiegeloberfläche unterscheiden; nur die transversale Grundmode (TEM_{00}) hat eine kreisförmige Intensitätsverteilung bezüglich der Resonatorachse. Durch geeignete Maßnahmen, wie z. B. Verwendung gekrümmter Resonatorspiegel bezüglich der transversalen Moden und Hinzufügen eines zweiten Resonators hoher Güte (z. B. Fabry-Perot-Etalon) bezüglich der axialen Moden, läßt sich die Schwingung des Laseroszillators in nur einer Mode erreichen. Der Öffnungswinkel des aus dem Resonator austretenden Laserlichtes ist durch die Beugung an der Spiegelbegrenzung gegeben. Bei nachfolgender Fokussierung mit Hilfe einer Linse kann die gesamte Laserleistung im Grenzfall (TEM_{00}) auf einen Fleck vom Durchmesser der Lichtwellenlänge abgebildet werden. Es können so Leistungsdichten von 10^{15} Watt/cm^2 (Vergleich: fokussiertes Sonnenlicht $\approx 5 \cdot 10^2$ Watt/cm^2) erreicht werden.

Erzeugung kurzer Lichtimpulse durch L.: Die einfachste Methode um mit dem L. kurze Lichtimpulse herzustellen, ist die Modulation der Anregungsleistung für das aktive Medium (Tabelle 2).

Laser. Tabelle 2: Überblick über Leistung und Pulsdauer von mit Lasern erzeugten Lichtimpulsen.

Verfahren	Spitzenleistung P_{max}[Watt]	Pulsdauer Δt[sec]
kontinuierliche Laser	10^3	∞
gepulster Laser	10^3–10^5	10^{-5}–10^{-7}
Q-switch	10^6–10^8	10^{-7}–10^{-8}
Modenkopplung	10^7–10^{10}	10^{-9}–10^{-12}

Kürzere Zeiten und höhere Leistungen lassen sich mit der Methode der Q-Schaltung (Gütemodulation, Q-switch) erreichen (Bild 2).

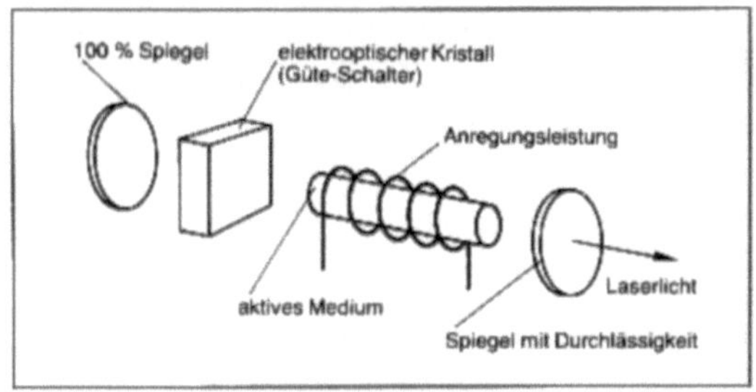

Laser 2: Laseroszillator mit Q-Schaltung (Gütemodulation)

Dabei wird in den Resonator ein Güte-Schalter (elektrooptischer Kristall, mechanischer Drehspiegel, selbstbleichender Absorber) eingebracht mit dem die Güte des Resonators zeitlich gesteuert werden kann. Bei undurchlässigem Schalter wird durch die Anregungsleistung ein Besetzungsunterschied erreicht, der weit über dem Wert für Selbsterregung im Resonator bei offenem Schalter liegt. Dann wird der Güte-Schalter geöffnet, innerhalb kürzester Zeit wird die gespeicherte Anregungsenergie durch induzierte Emission in Strahlungsenergie umgewandelt, wobei zum Schluß der Besetzungsunterschied im Medium unter den Wert sinkt, der für die Selbsterregung notwendig ist.

In dem Bereich der Picosekunden (10^{-12} s) für die Dauer der Lichtimpulse stößt man durch die Koppelung von Schwingungsmoden (mode-Locking) im Resonator vor. Werden n Moden eines Resonators mit gleicher Phase überlagert, so entsteht ein Lichtimpuls der Dauer

$$t = \frac{T}{n}, \text{ wobei } T = \frac{2L}{c}$$

(c = Lichtgeschwindigkeit, L = Resonatorlänge) die doppelte Laufzeit des Lichtes durch den Resonator ist. Experimentell besteht die Schwierigkeit, die einzelnen Moden mit gleicher Phase anzuregen, dies wird u. a. durch einen periodisch arbeitenden Güte-Schalter im Resonator möglich, der z. B. durch eine stehende Ultraschallwelle in einem Quarzblock realisiert werden kann.

Beispiele für Laseroszillatoren, Laserarten:

□ Optische gepumpte Festkörperlaser: Zwischen zwei Energieniveaus E_1 und E_2 läßt sich durch Absorption von Licht der Frequenz $v_{12} = \frac{E_2 - E_1}{t}$ höchstens Gleichbesetzung erreichen. Die für Laserbetrieb erforderliche Inversion erreicht man durch optische Absorption z. B. in einem Dreiniveausystem wie es für die Chromionen im Saphir (= Rubin) der Fall ist (Bild 3).

Wird ein Rubinkristall mit blauem und/oder grünem Licht bestrahlt, so wird das Licht von den Chromionen absorbiert, sie gehen dabei vom Grundzustand E_1 in die beiden angeregten stark

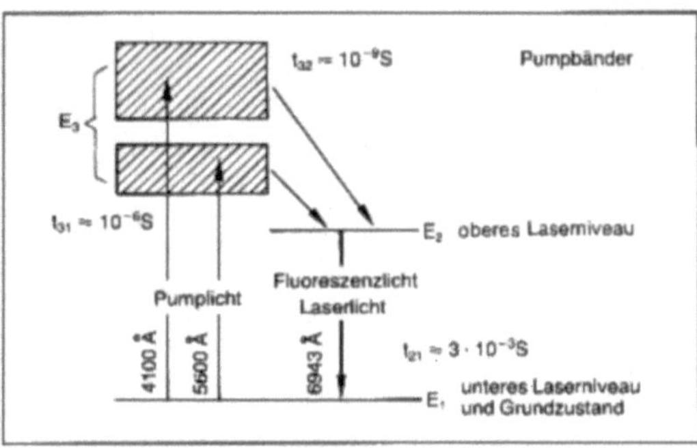

Laser 3: Vereinfachtes Schema eines Dreiniveau-Lasers (Chromionen im Saphir-Rubin)

verbreiterten Energiezustände E_3 über. Von dort können die Chromionen in den Grundzustand zurückkehren (Übergangszeit = $3 \cdot 10^{-6}$ sec) oder in den Energiezustand E_2 (Übergangszeit = 10^{-9} sec); d. h. von 1 000 angeregten Chromionen kehren drei in den Grundzustand zurück, die anderen unter Abgabe von Wärmeschwingungen in den Zustand E_2. Im Zustand E_2 haben die Chromionen eine lange Lebensdauer ($3 \cdot 10^{-3}$sec), d. h. die Chromionen werden schneller nach E_2 befördert als sie in den Grundzustand zurückkehren, bei hinreichend intensivem Pumplicht kann daher Inversion erreicht werden (Zahl der Chromionen im Zustand $E_2 >$ Zahl der Chromionen im Zustand E_1) und es liegt ein aktives Medium vor (Bild 4).

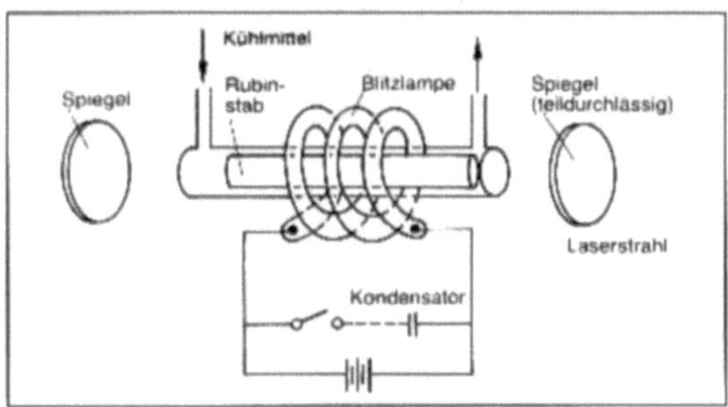

Laser 4: Anordnung eines optisch gepumpten Festkörperlasers (Rubin-Laser).

Mit geringerer Pumpleistung kann ein Vierniveausystem betrieben werden, bei dem die induzierte Emission nicht zwischen Grundzustand und oberem Niveau, sondern zwischen oberem Niveau E_2 und einem dicht über dem Grundzustand liegendem Niveau E_1 erfolgt; ein Beispiel dafür ist der Neodym-Glas-Laser.

□ → Gaslaser: Die Anregung erfolgt beim Gaslaser durch Elektronenstoß in einer Gasentladung.

Dabei kann es vorteilhaft sein, eine Mischung verschiedener Gase zu verwenden, da in dem nicht laserwirksamen Gas Anregungsenergie gespeichert wird und durch Stöße 2. Art auf das wirksame Gas übertragen werden kann (He/Ne-Laser). Neben dem He/Ne-Laser (Emissionswellenlängen: 0,6328 μm; 1,15 μm; 3,39 μm) sind die Edelgaslaser mit Argon (Emissionswellenlängen: 514,5 nm, 488 nm, 476 nm) und Krypton (Emissionswellenlängen: 752 nm, 647 nm, 530 nm, 413 nm), CO_2-Laser (Emissionswellenlänge: 10,6 μ) wegen der hohen Gesamtausgangsleistung (bis einige 10^4 Watt), von Bedeutung.

□ Farbstofflaser: Als aktives Medium werden hier Farbstoffmoleküle mit sehr großem Molekulargewicht (z. B. Rhodamin, Na-fluorescin u. a.) verwendet, die in Wasser, Alkohol oder anderen Lösungsmittel gelöst werden. Die Anregung erfolgt mit Hilfe einer Blitzlampe oder kontinuierlich arbeitenden anderem L. (z. B. Argon-L.). Wegen der zahlreichen Schwingungszustände des Moleküls ist die Emission eine breite Bande, deswegen kann der Farbstofflaser über einen größeren Wellenlängenbereich ($\approx 10^2$ Å) abgestimmt werden, das geschieht z. B. durch Ersetzen des einen Resonatorspiegels durch ein Beugungsgitter. Der Resonator wird dann durch Änderung der Gitterstellung auf die verschiedenen Wellenlängen abgestimmt.

□ →Halbleiterlaser: Die Möglichkeit, in einem Halbleiterkristall durch Dotierung mit Fremdatomen verschiedene Leitfähigkeitstypen (Elektronen- und Löcherleitung) zu erzeugen, schafft eine neue bequeme Möglichkeit zur Anregung und Erzeugung eines aktiven Mediums. Wird ein p-n-Übergang in Flußrichtung belastet, so werden Elektronen und Löcher durch die angelegte Spannung aufeinander zugetrieben und können unter Aussendung eines Lichtquants strahlend rekombinieren.

Um Laserbetrieb (Inversion) zu erreichen, muß mindestens bei der einen Seite des p-n-Übergangs so starke Dotierung vorliegen, daß das zugehörige Ferminiveau in einem Band liegt.

Anwendungen: L. haben sich in der Technik bei zahlreichen Anwendungen durchgesetzt:
- in der →Optoelektronik als schnell modulierbare Lichtquelle für die Nachrichtenübertragung
- im Vermessungswesen als Justierhilfe und bei der Entfernungsmessung
- bei der Materialbearbeitung (Bohren, Trennen, Abtragen).

In der →Meßtechnik werden L. aller Wellenlängen als intensive, monochromatische Lichtquellen z. B. in Verbindung mit den verschiedenen Spektrometern benutzt. L. ermöglichen erst zahlreiche Kurzzeituntersuchungen und die Aufnahme holographischer Bilder. Die Möglichkeiten der Nutzung von Hochleistungslasern bei der Kernfusion über den Trägheitseinschluß werden intensiv untersucht. *Helbig*

Literatur: *Bergman-Schaefer:* Lehrbuch der Experimentalphysik Bd. 3, Berlin 1978. – *Haaken, H.:* Handbuch d. Physik Bd. XXV/2c, Berlin 1970. – *Lengyel, B. A.:* Introduction to Laser Physics, New York 1966. – *Mollwo, E.* und *W. Kaule:* Maser und Laser, Hochschultaschenbücher 71/79a, Mannheim 1966. – *Röss, D.:* Laser, Lichtverstärker und -Oszillatoren, Frankfurt/M. 1966. – *Yariv, A.:* Quantum Electronics, New York 1975.

Laserkreisel. Meßgerät zur Bestimmung absoluter Drehungen. Es beruht auf dem sogen. *Sagnac*-Effekt in einem Ringlaser und findet seiner hohen →Genauigkeit und →Zuverlässigkeit wegen Anwendung in der Flugnavigation. Der L. löst daher bei kritischen Anwendungen den konventionellen mechanischen Kreisel als Rotationssensor ab.

Der optische Strahlengang im L. wird typisch durch drei Spiegel vorgegeben (Bild), die einen dreieckigen, in sich geschlossenen Lichtweg definieren (Laserresonator). Entlang dieses Weges wird durch Gasentladungen in einem Helium-Neon Gasgemisch die Oszillation zweier →Laser aufrechterhalten. Die Lichtströme dieser Laser laufen in entgegengesetzten Richtungen auf dem geschlossenen Lichtweg um. Da die Umfangslängen der Lichtwege beider Lichtströme genau gleich lang sind, schwingen die Laser zunächst auf der gleichen optischen Frequenz.

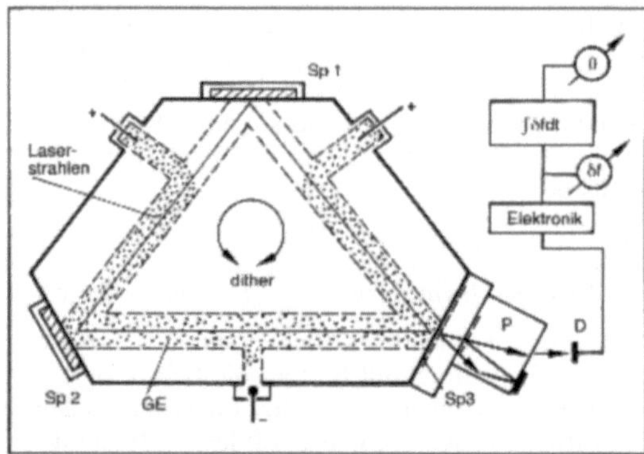

Sp Laserspiegel, davon Sp3 teildurchlässig zur Lichtauskopplung, GE Gasentladung, Prismenoptik zur Überlagerung der Laserstrahlen, D Detektor

Laserkreisel: Dreiecks-Laserresonator mit entgegengesetzt umlaufenden Laseroszillationen.

Diese Situation ändert sich jedoch, wenn der durch die Spiegel definierte Lichtweg eine Drehung um eine zur Dreiecksfläche senkrechte Achse ausführt. Infolge des relativistisch bedingten Sagnac-Effektes entsteht dann zwischen den Laseroszillationen eine Frequenzdifferenz der Größe $\delta f = (4A/\lambda\ U) \cdot \Omega$. In dieser Formel bedeutet A die vom Lichtweg umschlossene Fläche, U deren Umfang, λ die Wellenlänge des Lichtes und Ω die Drehrate (Winkelgeschwindigkeit der Drehung). Die Frequenzdifferenz δf wird gemessen, indem die

Lichtströme der beiden Laseroszillationen an einer Ecke aus dem Laserresonator ausgekoppelt und mittels eines teildurchlässigen Spiegels überlagert und zur Interferenz gebracht werden. Die Signale der Detektoren D1, D2 enthalten direkt die Frequenz δf. Sie wird von einer Elektronik im Hinblick auf die gesuchte Drehrate Ω ausgewertet. Durch zeitliche Integration (Zählung der Perioden von δf) wird auch der insgesamt durchlaufene Drehwinkel $\Theta = \int \Omega \cdot dt$ bestimmt.

Zur vollständigen Kursbestimmung eines Flugzeuges müssen fortlaufend die Komponenten der Drehung um drei zueinander orthogonale Achsen gemessen werden. Dafür sind drei L. der beschriebenen Art erforderlich.

Eine besondere Schwierigkeit beim L. ist der sog. *lock-in*-Effekt. Darunter versteht man die unerwünschte gegenseitige Synchronisation der beiden Laseroszillationen, die zum vollständigen Verschwinden des Ausgangssignales bei kleinen Drehraten führt. Diese Störung wird durch eine ständige oszillierende Rotationsbewegung (sog. „dither") des gesamten L. vermieden.

Von der Funktionsweise verwandt mit dem L. ist das faseroptische →Gyroskop. *Ulrich*

Laserstrahlmeßtechnik. Verfahren analog zur →Elektronenstrahlmeßtechnik, um elektrische Vorgänge im mikroskopischen Bereich (Waferstrukturen) analysieren zu können. Ein Laserstrahl wird auf die zu untersuchenden Schaltelemente gerichtet. Durch den entstehenden Pockelseffekt können die elektrooptischen Reaktionen zum Teil direkt (bei GaAs) oder unter Zuhilfenahme optischer Anpassungen mit bildgebenden Verfahren umgesetzt werden. Der Vorteil gegenüber der Elektronenstrahlmeßtechnik ist die höhere Arbeitsgeschwindigkeit (Laserpulse im Subnanosekundenbereich), die größere Effektivität bezüglich der zu übertragenden Anregungsenergie, die bessere Fokusierung und die Tatsache, daß kein Vakuum notwendig ist.

Neuere Entwicklungen zielen auf eine Anwendung des Verfahrens beim Baugruppentest zur Lokalisierung von Fehlern. Der Laserstrahl und die verwendete Meßtechnik treten hier anstelle der →Prüfspitze.

Im Falle der IC-Prototypenprüfung können unter bestimmten Voraussetzungen auch Signale eingespeist und auch Reparaturen durchgeführt werden. *Winter*

Laufzeitmessung. Messung der Zeitdifferenz, die ein →Signal benötigt, um vom Eingang eines Bausteines oder einer →Leiterplattenbaugruppe zum Ausgang oder zu einem vorgegebenen Knoten zu gelangen.

→Kreuzkorrelation *Winter*

LC-Oszillator. Der LC-O. ist ein harmonischer →Oszillator mit einem LC-Netzwerk als frequenzbestimmende Komponente (Bild). Die Resonanzfrequenz f_r errechnet sich zu

$$f_r = \frac{1}{2\pi} \frac{1}{\sqrt{LC}}$$

Schrüfer

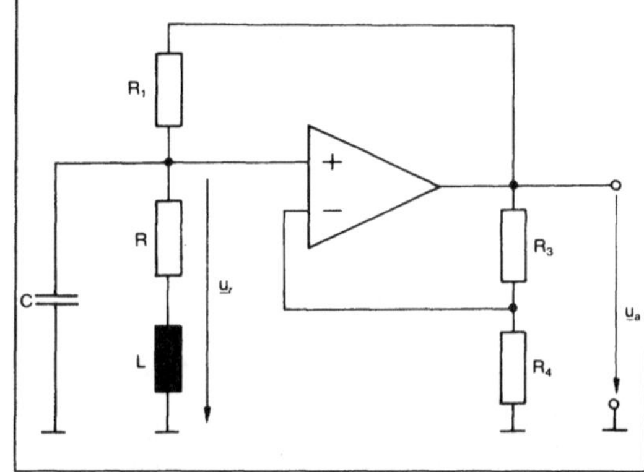

LC-Oszillator: Prinzipieller Aufbau.

learning factor. Faktor in der Ausfallratenberechnung, der bei erstmalig eingeführten Prozessen oder Produkten deterministische Ausfälle infolge ungenügender Erfahrung berücksichtigt.

Bei gravierenden Änderungen in der Produktion sind Störungen und Unvollkommenheiten zu erwarten, die durch die Qualitätsüberwachung erkannt und beseitigt werden. Mit zunehmender Erfahrung steigt die →Zuverlässigkeit der Produkte und ihre →Ausfallrate nimmt ab. Bei einer wesentlichen Änderung im Entwurf oder in der Technologie erfolgt dann oft ein Rückschlag, die Qualität der Produkte ist wieder schlechter, bis sie auch hier wieder in mehreren Schritten verbessert wird (Bild). Dieser Lerneffekt ist bei der Berechnung der Ausfallrate

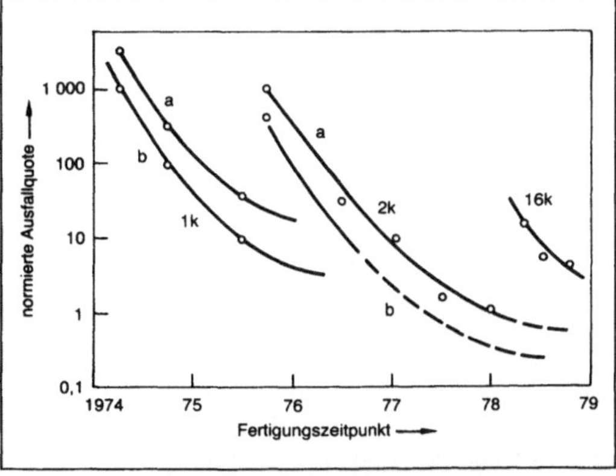

a) ohne Vorbehandlung, b) mit Vorbehandlung

learning factor: Lernkurve für LSI-Speicherschaltungen.

nach den Modellen des MIL-HDBK-217 Handbuchs durch den l. f. π_L berücksichtigt, der unter gewissen Bedingungen bei integrierten Schaltkreisen z. B. den Wert 10 hat. *Schrüfer*

Lebensdauer, charakteristische →Weibull-Verteilung

Lebensdauer, mittlere. →Lebensdauerverteilung

Lebensdauernetz →Weibull-Verteilung

Lebensdauertest. Test zur Ermittlung der →Lebensdauer von Komponenten (→Lebensdauerverteilung).

Bei Komponenten mit Verschleißausfällen (→Normalverteilung) läßt sich ein Los bis zum →Ausfall der letzten Einheit prüfen. Bei dieser *vollständigen* →Stichprobe ergibt sich der Schätzwert $\hat{\bar{t}}$ der mittleren Lebensdauer als arithmetisches Mittel der Lebensdauern t_i der n eingesetzten Komponenten

$$\hat{\bar{t}} = \frac{1}{n} \sum_{i=1}^{n} t_i.$$

Bei Komponenten mit Zufallsausfällen (→Exponentialverteilung) ist es nicht zweckmäßig, das Los bis zum Ausfall der letzten Einheit zu prüfen, da dieser Ausfall unter Umständen erst nach sehr langer Zeit stattfindet. In diesem Fall wird der Test als zensierte oder gestutzte Stichprobe ausgeführt (Bild 1, 2).

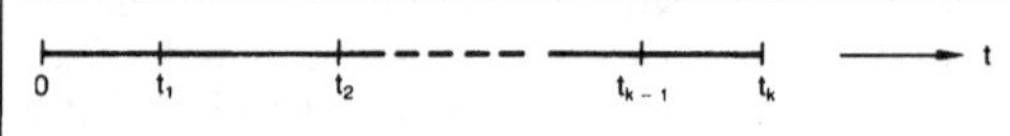

Lebensdauertest 1: Zensierte Stichprobe; der Versuch endet zum Zeitpunkt t_k des Ausfalls der k-ten Einheit.

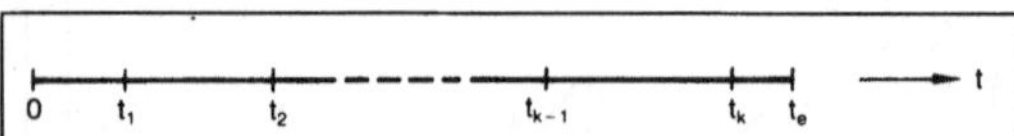

Lebensdauertest 2: Gestutzte Stichprobe; der Zeitpunkt t_e des Versuchsendes fällt nicht mit dem Zeitpunkt t_k des Ausfalls der k-ten Einheit zusammen.

Bei der zensierten Stichprobe endet der L. zum Zeitpunkt t_k des Ausfalls der k-ten Einheit. Bei der *gestutzten* Stichprobe wird das Experiment zu einem vorher festgelegten Zeitpunkt t_e beendet. Hier fällt der Zeitpunkt t_k des Ausfalls der k-ten Einheit nicht mit dem Ende des Tests t_e zusammen. Der Schätzwert $\hat{\lambda}$ der →Ausfallrate errechnet sich zu

$$\hat{\lambda} = \frac{k}{nt_k}, \text{ bzw. } \hat{\lambda} = \frac{k}{nt_e}.$$

Bei der Bestimmung der oberen Grenze des Vertrauensbereichs dieser Schätzwerte wird bei der gestutzten Stichprobe von (k + 1) ausgefallenen Einheiten ausgegangen, da eventuell eine Einheit direkt nach t_k hätte versagen können. *Schrüfer*

Lebensdauerverteilung. L. beschreiben die →Zuverlässigkeit, →Ausfallwahrscheinlichkeit, →Ausfalldichte und →Ausfallrate von Komponenten. Die entsprechenden Informationen werden aus Lebensdauertests im Prüffeld oder aus der Auswertung von Betriebsdaten gewonnen. Wurden zum Zeitpunkt t_o insgesamt n_o Einheiten in Betrieb genommen und sich zum Zeitpunkt t noch n(t) Einheiten funktionsfähig, so wird der Quotient $n(t)/n_o$ als →*Überlebenswahrscheinlichkeit* oder *Zuverlässigkeit* (reliability) R(t) definiert:

$$R(t) = \frac{n(t)}{n_o}$$

Das Einserkomplement der Überlebenswahrscheinlichkeit ist die *Ausfallwahrscheinlichkeit* (failure probability) F(t). Sie gibt die Wahrscheinlichkeit an, daß die Zufallsvariable „Lebensdauer X" kleiner oder gleich der Zeit t ist:

$$w(X \leqq t) = F(t)$$
$$F(t) = 1 - R(t)$$

Hat die Funktion F(t) keine Sprungstellen, so ist sie mindestens abschnittsweise differenzierbar und damit eine Stammfunktion der Ausfalldichte f(t):

$$f(t) = \frac{dF(t)}{dt} = -\frac{dR(t)}{dt}$$

Wird die Ausfalldichte f(t) auf den Teil der noch funktionsfähigen Elemente $n(t)/n_o$, d. h. auf die Überlebenswahrscheinlichkeit R(t) bezogen, so ergibt sich die *Ausfallrate z(t):*

$$z(t) = \frac{f(t)}{R(t)} = -\frac{1}{R(t)} \frac{dR(t)}{dt}$$

Der jeweilige Verlauf der Überlebens- und Ausfallwahrscheinlichkeit hängt natürlich von den betrachteten Einheiten ab und ist von Komponente zu Komponente verschieden. Zufallsausfälle folgen der →Exponentialverteilung, während Verschleißausfälle durch die →Normalverteilung beschrieben werden. Häufig wird auch mit der →*Weibull*-Verteilung gerechnet.

Charakteristische Größen für die L. sind
- der Modalwert t_w,
- der Median t_{50} und
- die mittlere Lebensdauer $\bar{t}$.

Der Modalwert der Lebensdauer ist diejenige Lebensdauer, bei der die Ausfalldichte ein Maximum hat. Der Median t_{50} ist die Lebensdauer, die von der Hälfte der Komponenten erreicht wird. Die mittlere

Lebensdauer $\bar{t}$ errechnet sich als Erwartungswert E(t) aus der folgenden Gleichung

$$E(t) = \bar{t} = \int_0^\infty t\, f(t)\, dt,$$

die nach einer partiellen Integration übergeht in

$$\bar{t} = \int_{t=0}^{\infty} R(t)\, dt$$

Als Beispiel zeigt das Bild die L. der Menschen in der Bundesrepublik Deutschland. Die Überlebenswahrscheinlichkeit R geht infolge der Säuglingssterblichkeit zunächst zurück, vermindert sich noch geringfügig bis zum Alter von etwa 50 Jahren und strebt dann steil dem Wert 0 zu. Die Sterbewahrscheinlichkeit (Ausfallwahrscheinlichkeit F) der Männer ist im gesamten Altersbereich höher als die der Frauen. Die Statistiker bezeichnen die Männer als *übersterblich.* Jeder zweite männliche Neugeborene erreicht ein Alter von 71 Jahren (Medianwert), jeder zweite weibliche Neugeborene 77 Jahre. Die durchschnittliche Lebenserwartung, die mittlere Lebensdauer, beträgt für Jungen 67,4 und für Mädchen 73,8 Jahre.

Die Sterbewahrscheinlichkeit pro Jahr (Ausfallrate z) ist getrennt herausgezeichnet. Nach einer relativ hohen Sterblichkeit im ersten Lebensjahr sinken die Sterbewahrscheinlichkeiten bis zu einem Minimum bei den elfjährigen Kindern und steigen bei den 15- bis 20jährigen steil an. In dieser Altersgruppe gehen 80 % der Sterbefälle auf unnatürliche Todesursachen zurück (50 % Kraftfahrzeugunfälle). Die Höhe der Säuglingssterblichkeit der Knaben wird erst von den über 63jährigen Männer, die der Mädchen von den über 68jährigen Frauen erreicht und übertroffen. *Schrüfer*

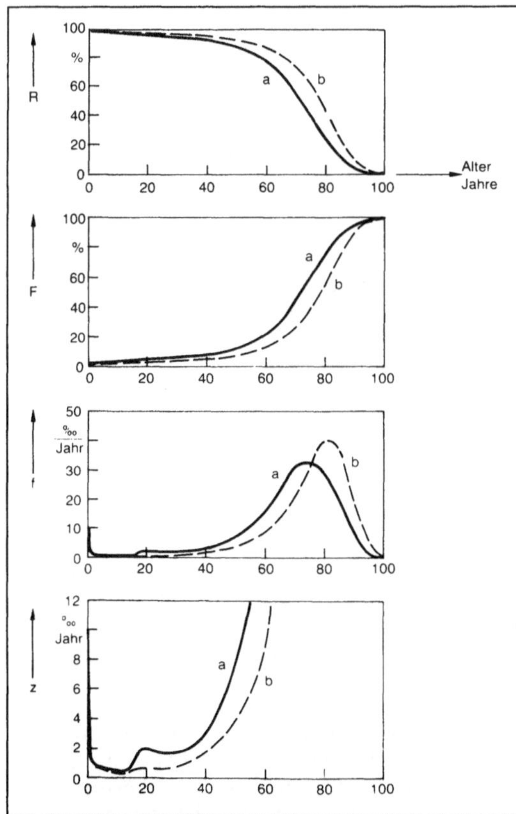

R) Überlebenswahrscheinlichkeit, F) Ausfallwahrscheinlichkeit, f) Dichtefunktion der Ausfallwahrscheinlichkeit, z) Ausfallrate: a) männliche, b) weibliche Bevölkerung

Lebensdauerverteilung: L. bei Menschen. (Quelle: Statistisches Bundesamt)

Literatur: *Schrüfer, E.:* Zuverlässigkeit von Meß- und Automatisierungseinrichtungen. München 1984. – Statistisches Bundesamt Wiesbaden: Allgemeine Sterbetafel für die Bundesrepublik Deutschland, 1970/72. Stuttgart.

LED (Lichtemittierende Diode). →Lumineszenzdiode, die für das menschliche Auge sichtbare Strahlung ($380 < \lambda < 780$ nm) emittiert.

Die ersten und heute noch in großen Stückzahlen hergestellten LEDs basieren auf $GaAs_{1-x}P_x$. Sie werden durch Gasphasenepitaxie auf GaAs-Substraten gewachsen, wobei eine Pufferschicht zur kontinuierlichen Anpassung der Gitterkonstante zwischen Substrat und aktiver Schicht nötig ist. Bestimmender Faktor für Farbe, Helligkeit und Quantenwirkungsgrad ist das Mischungsverhältnis x. Sichtbares Licht emittierende Dioden ergeben sich für $x > 0{,}2$; jedoch nimmt ab $x = 0{,}35$ der externe Quantenwirkungsgrad durch nichtstrahlende Prozesse ab. Für $x > 0{,}45$ resultiert ein indirekter Halbleiter. Da andererseits die Augenempfindlichkeit steigt, wird der höchste Leuchtwirkungsgrad für $x = 0{,}4$ ($\lambda = 660$ nm) erreicht.

Der Einbau von Stickstoff-Störstellen (N-Traps) ermöglicht aber auch in Mischkristallen mit indirekten Bandübergängen ($x > 0{,}45$) eine effiziente →Lumineszenz. In diesem Fall werden die Schichten mit der Gasphasenepitaxie auf GaP aufgewachsen, ein Material, das für die emittierte Strahlung transparent ist. Derartige TSN-(transparent substrate N-doped-) Elemente gibt es als orange-rot- ($x = 0{,}6$), orange- ($x = 0{,}7$) und gelb ($x = 0{,}85$) emittierende Dioden.

Neben GaAsP ist GaP das am weitesten verbreitete Material; es hat eine indirekte Bandstruktur. Der Einbau sog. isoelektrischer Störstellen (Stickstoff oder Zink und Sauerstoff) führt zur strahlenden Rekombination von an diesen Störstellen gebundenen Exzitonen. Stickstoff mit einer Konzentration $N < 10^{19}$ cm^{-3} (N-Zentren) ergibt grüne-, eine höhere Konzentration $N > 10^{19}$ cm^{-3} (NN-

Paare) gelbe Lumineszenz. Der pn-Übergang wird durch Zn-Diffusion in Stickstoff angereicherte, mit Gasphasenepitaxie gewachsene GaP-Schichten hergestellt. Die Selbstabsorption ist sehr hoch. Spezielle, mit Flüssigphasenepitaxie gewachsene Dotierungsprofile, zeigen eine deutlich geringere Selbstabsorption, insbesondere für grün leuchtende Dioden.

Mit der Flüssigphasenepitaxie können durch Zugabe von Zink und Sauerstoff (Dotierung der ZnO-Komplexe etwa 10^{16} cm^{-3}) auch rot emittierende Dioden hergestellt werden. Sie erreichen mit etwa 15 % einen der höchsten externen Quantenwirkungsgrade (Lumineszenzdiode-Wirkungsgrad).

Zweifarbig emittierende Dioden entstehen durch N-Dotierung auf der Oberseite und ZnO-Dotierung auf der Rückseite eines gemeinsamen Substrates. Je nach Ansteuerung einzelner bzw. beider Dioden entsteht grüne, rote oder gelbe Lumineszenz, da das Substrat für die rote Strahlung durchlässig ist (Bild 1).

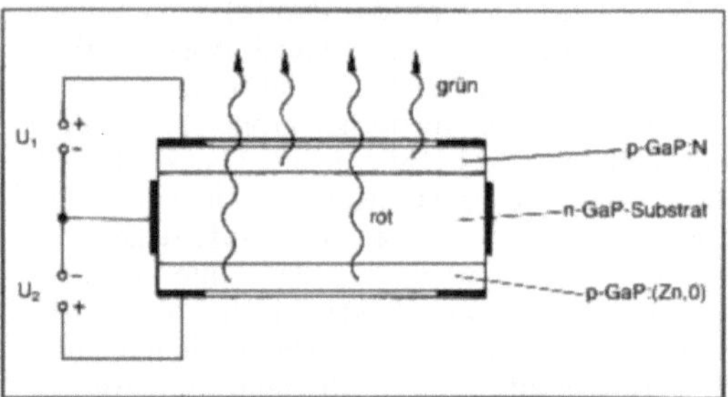

LED 1: Zweifarbige emittierende Diode, Aufbau.

Durch den Fortschritt der $Ga_{1-x}Al_xAs$-Lasertechnologie werden zunehmend auch $Ga_{0,6}Al_{0,4}As$-Lumineszenzdioden mit ($\lambda = 670$ nm) hergestellt. Dabei handelt es sich um Einfach- oder Doppelheterostrukturen mit hohem Injektionswirkungsgrad und geringer Selbstabsorption, so daß hohe Leuchtwirkungsgrade erzielt werden. Sie sind als die *sichtbaren* Variaten der infraroten Hochleistungs-Lumineszenzdioden anzusehen.

$In_{1-x}Ga_xP$ und $In_{1-x}Al_xP$ auf GaAs sind ebenfalls potentielle Mischkristalle für die Herstellung von LEDs, jedoch lassen die erheblichen technologischen Schwierigkeiten einen baldigen kommerziellen Einsatz nicht erwarten.

Ein besonderes Problem stellen blau emittierende LEDs dar; sie erreichen bezüglich Wirkungsgrad und Preis bei weitem nicht den für gelb, grün und rot leuchtende Dioden bekannten Standard. Zur Anwendung kommen Galliumnitrid (GaN) und Siliziumkarbid (SiC).

GaN ist ein direkter Halbleiter ($E_{gap} = 3{,}5$ eV); Lithium, Cadmium und Zink-Störstellen sind für gelbe, grüne und blaue Lumineszenz verantwortlich. Hauptprobleme bilden die Herstellung größerer Einkristalle (Substrate) und die p-Dotierung. Technologisch möglich sind kleinflächige einkristalline Schichten auf Saphir oder Spinell und semiisolierendes Material (Kompensation der n-Leitung durch Zink und Mangan-Dotierung) (Bild 2). Die Herstellung erfolgt mit der Gasphasenepitaxie. Die Leuchtwirkungsgrade liegen bei weniger als 30 mlm/W.

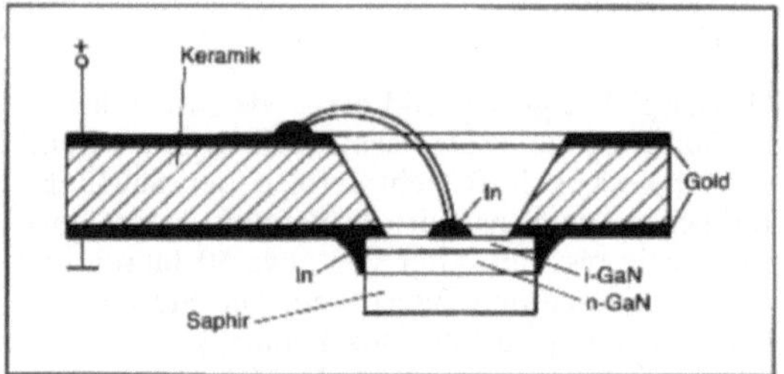

LED 2: GaN-Lumineszenzdiode, Aufbau.

SiC in der sog. α-Modifikation hat eine indirekte Bandstruktur mit einem Abstand von $E_{gap} = 3{,}02$ eV. Bipolare Leitfähigkeit ist möglich durch Bor (n-) oder Al- (p-) Dotierung. Blaue SiC-Dioden werden mit der Flüssigphasenepitaxie hergestellt mit einem epitaktisch gewachsenen oder diffundierten pn-Übergang. Es gibt z. Zt. keine Vorstellung von dem der Lumineszenz zugrunde liegenden elektronischen Übergang.

II-VI-Verbindungen haben trotz ihrer direkten Bandstruktur und ihres Potentials, den gesamten sichtbaren Bereich abzudecken, keine praktische Bedeutung, da es nicht möglich ist, p- und n-leitende Bereiche des gleichen Materials herzustellen.

LEDs werden vor allem einzeln als Leuchtindikatoren oder als →Arrays zur Darstellung alphanumerischer Zeichen (LED-Anzeige) verwendet. Infolge der geringen Lichtleistung verbunden mit der Farbigkeit haben sie für Beleuchtungszwecke keine Bedeutung.

Die einzelne Diode hat meist quadratische Form mit einer Kantenlänge von 300–700 µm. Die Rückseite ist i. a. ganz, die Abstrahlseite teilweise metallisiert. Der Halbleiter wird auf einen entsprechenden Träger montiert und mit einem farbigen Kunststoff mit angesetzter Linse vergossen (Bild 3). Auf diese Weise werden die leuchtende Fläche, der optische Wirkungsgrad, die Abstrahlcharakteristik (Lumineszenzdiode-Abstrahlcharakteristik) und der Farbenkontrast verbessert. Daneben gibt es eine Vielzahl planarer geometrischer Formen als Anzeige- und Hinweiselemente. In jüngster Zeit werden auch unvergossene Elemente auf Keramikträgern ohne Anschlüsse angeboten, um die Flexibilität für den Anwender zu erhöhen.

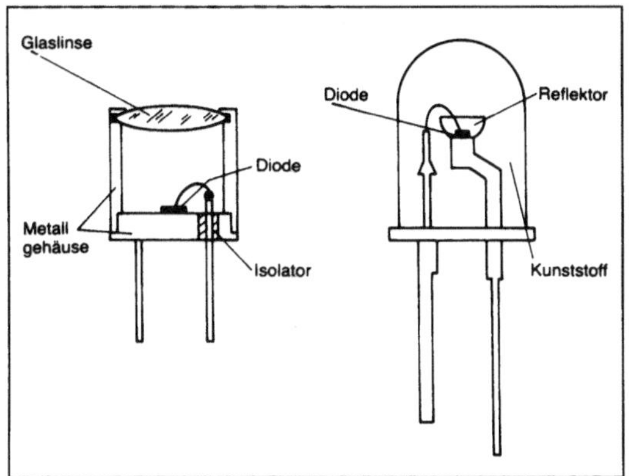

LED 3: Ausführungsformen: a. TO-18 Gehäuse mit aufgesetzter Linse oder Abschlußplatte und b. vergossenes Kunststoffgehäuse mit Kugellinsenfläche.

Vorteile der LEDs sind: klein, leicht, robust, niedrige Betriebsspannung, hohe →Lebensdauer (> 10^5 Stunden). Hauptnachteil ist der geringe Wirkungsgrad. *Rosenzweig*

LED. Tabelle: Eigenschaften

Material	Wellenlänge	Leuchtwirk. Grad.
$GaAs_{0,6}P_{0,4}$	660 nm	400 mlm/W
$GaAs_{0,6}P_{0,4}$: N	650 nm	
$GaAs_{0,3}P_{0,7}$: N	630 nm	1 200 mlm/W
$GaAs_{0,15}P_{0,85}$: N	590 nm	1 400 mlm/W
GaP : N	565 nm	4 000 mlm/W
GaP : NN	580 nm	450 mlm/W
GaP : Zn, O	690 nm	3 000 mlm/W
$Ga_{0,6}Al_{0,4}As$	670 nm	9 000 mlm/W
GaN	440 nm	30 mlm/W
SiC	480 nm	15 mlm/W

Literatur: *Bleicher, M.:* Halbleiter-Optoelektronik. Heidelberg 1986; – *Paul, R.:* Optoelektronische Halbleiterbauelemente. Stuttgart 1985.

Leerlaufempfindlichkeit. →Empfindlichkeit eines Sensors unter der Annahme, daß der elektrische Ausgang des Sensors nicht durch einen Wirk- oder Scheinwiderstand belastet wird. Diese Annahme wird im allgemeinen bei Anwendung potentiometrischer Ausgangsstufen realisiert. *Schaumburg*

Leistungsmessung, elektrische. Die Leistung ist der Differentialquotient aus Arbeit (Energie) W und Zeit t:

$$P = \frac{dW}{dt}$$

Soweit W keine Funktion der Zeit t ist, kann man auch schreiben:

$$P = \frac{W}{t}$$

Für die elektrische Leistung ergibt sich zunächst für Gleichstrom $P = U \cdot I = I^2 \cdot R = U^2/R$. Bei Wechselstrom ist die Leistung zeitabhängig. Man gibt daher ihren zeitlichen Mittelwert über eine Periode an: →Mittelwert einer periodischen Zeitfunktion. Allgemein gilt hier:

$$S = P + jQ$$
mit $S = U \cdot I$ (Scheinleistung),
$P = U \cdot I \cos\varphi$ (Wirkleistung),
$Q = U \cdot I \sin\varphi$ (Blindleistung).

U und I sind die Effektivwerte von Spannung und Strom, φ ist der Phasenwinkel zwischen U und I. Maßgebend für den Energieumsatz ist die Wirkleistung P. Ihre SI-Einheit ist das →Watt (W). Die Blindleistung Q beschreibt den Strombedarf (nicht Energiebedarf) für den Blindanteil des Verbraucherwiderstands. Die Scheinleistung $S = U \cdot I = \sqrt{P^2 + Q^2}$ faßt beide Anteile zusammen. Sie ist ein Maß für den technischen Aufwand, da die Spannung U eine bestimmte Isolation, der Strom I einen bestimmten Leiterquerschnitt erfordert.

Die vorstehenden Gleichungen zeigen, daß man zur L. zwei Größen miteinander multiplizieren muß, wobei U und I im Falle von Wechselstrom zeitveränderlich sind. Hierzu bieten sich folgende Möglichkeiten:

□ Getrennte Messung von U und I und anschließende Produktbildung (bei Gleichstrom und bei Wechselstrom mit Verbraucher ohne Blindanteil): →Spannungsmessung, elektrische, →Strommessung, elektrische.

□ Wenn der Widerstand R des Verbrauchers bekannt ist: Messung entweder von U oder von I und Berechnung von P aus U^2/R oder $I^2 \cdot R$.

□ Einsatz eines Multiplizierers. Dabei ist zu bemerken, daß alle →Multiplizierer, die die Momentanwerte von Spannung und Strom miteinander multiplizieren und anschließend den Mittelwert über eine Periode bestimmen, die Gleichung $P = U \cdot I \cdot \cos\varphi$ realisieren, also die evtl. vorhandene Phasenverschiebung zwischen Spannung und Strom berücksichtigen und somit die Wirkleistung liefern. Auch bei nichtsinusförmigen Spannungen und Strömen wird die Wirkleistung ermittelt.

Im einzelnen seien hier für Zwecke der L. folgende Multiplikationsverfahren genannt:

– Elektrodynamisches Meßwerk (→Meßgerät, elektrisches). Prinzip: Multiplikation über magnetische Wirkungen des elektrischen Stroms, Mittelwertbildung für Frequenzen >10 Hz durch mechanische Trägheit des beweglichen Organs. Anwendungen von 10 Hz bis etwa 10 kHz.

– →Hall-Generator (Hall-Sonde). Prinzip: Ausnutzung des Halleffekts bei Halbleitern, Mittelwertbildung über angeschlossenes Drehspulinstrument (Multiplizierer).
– Thermischer Leistungsmesser. Multiplikation mittels Thermoumformer, einer Kombination von Heizdraht und →Thermoelement (Multiplizierer). Mittelwertbildung erfolgt durch thermische Trägheit der Thermoumformer. Anwendungen für Frequenzen von 5 Hz bis über 400 kHz.
– Ausnutzung des logarithmischen Zusammenhangs zwischen Spannungsabfall und Durchlaßstrom von Silicium-Diodenstrecken (Bild 1).

Leistungsmessung, elektrische 1: Leistungsmesser mit analogem Multiplizierer. (Quelle: Marek)

Zur Wirkleistungsmessung bei Wechselstrom kann man die Schaltungen nach Bild 2 a benutzen. Es ist hier für den Leistungsmesser jeweils das Schaltzeichen für ein elektrodynamisches Meßwerk eingesetzt, obwohl sich auch die anderen angeführten Multiplikationsverfahren zur L. verwenden lassen. Bei Schaltung a) fließt durch den Leistungsmesser der gleiche Strom wie durch den Verbraucher Z. Dagegen ist die am Leistungsmesser anliegende Spannung um den Spannungsabfall im Strompfad des Leistungsmessers U_I größer als die Spannung U am Verbraucher. Vom Verbraucher Z aus gesehen ist die Schaltung a) „stromrichtig"; die angezeigte Leistung P_a ist größer als die in Z umgesetzte Leistung P. Ob der entsprechende Fehler korrigiert werden muß, hängt von U_I und damit vom Widerstand des Strompfads ab. Ähnliche Überlegungen gelten für die „spannungsrichtige" Schaltung nach Bild 2 b). Für Spannungen über etwa 1 kV und Ströme über etwa 10 A schaltet man →Spannungswandler und →Stromwandler vor die Leistungsmesser.

Zur Blindleistungsmessung bei Wechselstrom muß der durch den Spannungspfad des Leistungsmessers fließende Strom gegenüber der ihn verursachenden Spannung um 90° phasenverschoben sein. Diese erreicht man durch Zwischenschaltung spezieller Phasenschieberschaltungen, z. B. der Hummelschaltung.

Will man die Scheinleistung bestimmen, muß man die Phasenverschiebung zwischen U und I eliminieren. Man formt dann die Effektivwerte in Gleichströme um und zeigt die Scheinleistung z. B. auf einem elektrodynamischen Meßwerk an.

Zur Wirkleistungsmessung bei Drehstrom benötigt man drei Leistungsmesser, wenn es sich um ein Vierleitersystem mit beliebig belasteten Phasen handelt (Bild 3). Bei einem Dreileitersystem sind

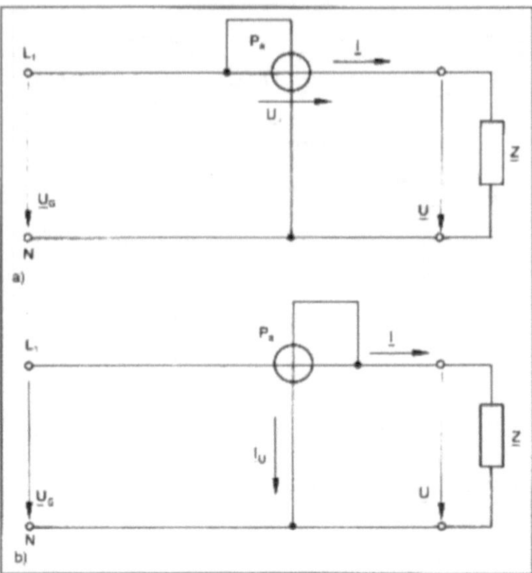

Leistungsmessung, elektrische 2: Leistungsmesserschaltungen. Vom Verbraucher Z aus gesehen.
a) Stromrichtig
b) Spannungsrichtig.

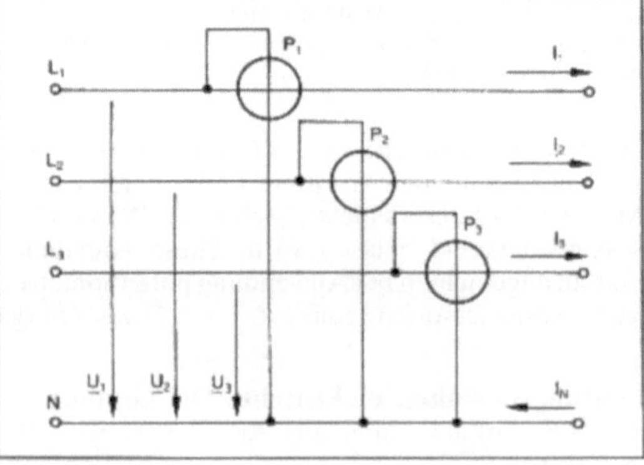

Leistungsmessung, elektrische 3: Wirkleistungsmessung für Vierleitersystem und beliebig belasteten Phasen.

zwei Leistungsmesser erforderlich (Bild 4). Ist ein Drehstromsystem symmetrisch belastet, genügt nur ein Leistungsmesser, dessen Anzeige man verdreifacht.

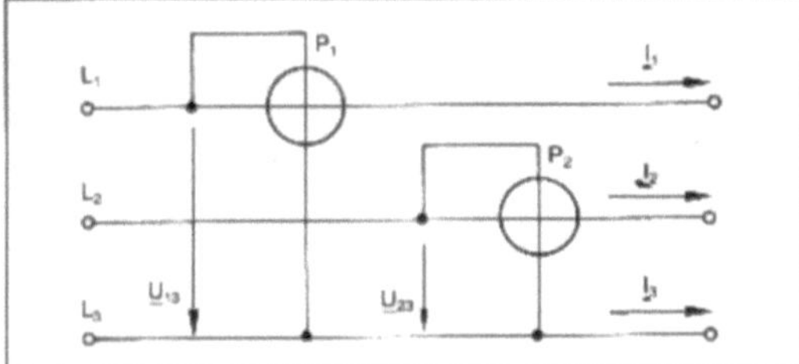

Leistungsmessung, elektrische 4: Wirkleistungsmessung für Dreileitersystem mit beliebig belasteten Phasen (Aronschaltung).

Zur Blindleistungsmessung bei Drehstrom braucht man keine gesonderten Phasenschieberschaltungen. Man nutzt hier die 90°-Phasenverschiebung zwischen den Sternspannungen und den entsprechenden Dreieckspannungen des Drehstromsystems aus.

Abschließend sei noch erwähnt, daß man auch nichtelektrische Leistungen (mechanisch, thermisch) auf elektrische bzw. elektronische Weise messen kann. *Hammerschmidt*

Literatur: *Schrüfer, E.*: Elektrische Meßtechnik. München 1990.

Leistungstest. Test, der die Leistung eines Leitsystems bei der Bearbeitung einer typischen, nicht leichten Aufgabe (Benchmark) ermitteln soll. Ergebnis eines derartigen L. ist nicht nur die Bearbeitungszeit, sondern vielmehr auch der für die Bearbeitung der Aufgabe erforderliche Aufwand an Hard- und Software (→Benchmarktest).
Strohrmann

Leiterplattenbaugruppe. (Abk. LPBG) Bezeichnung für eine elektronische Baugruppe nach Empfehlungen der VDI/VDE-Gesellschaft Feinwerktechnik (→FWT). *Winter*

Leiterplattenprüfung. Prüfung, ob alle Verbindungen auf einer unbestückten Baugruppe oder einer ihrer einzelnen Lagen vorhanden sind und ob alle Leitungen und Einzelanschlüsse (isolierte Punkte) voneinander elektrisch getrennt (isoliert) sind.

Als →Meßverfahren wird häufig die elektrische Prüfung mit →Strom- und →Spannungsmessung, jedoch werden auch, vornehmlich bei Innenlagen, optische Verfahren eingesetzt (optische L.).

Die Prüfprogrammerstellung bei der elektrischen Prüfung erfolgt entweder durch ‚Selbstgenerieren' (Lernverfahren), durch Generieren des Programmes aus den Daten des zur Baugruppenentwicklung eingesetzten Layout-Systemes oder manuell. Beim Selbstgenerieren werden alle galvanisch zusammenhängenden Anschlußpunkte sowie Einzelanschlüsse automatisch erkannt und diese Information in die entsprechenden Prüfbefehle umgesetzt. Hierzu muß bereits ein fertiger Prüflingsadapter vorliegen. Bei der Generierung aus den Daten des Layoutsystemes werden zusammen mit der Adapterdatengenerierung Prüfprogramme vollautomatisch erzeugt. In der Regel nur bei Prüfprogrammänderungen wird manuelle Prüfprogrammerstellung praktiziert.

Die Kontaktierung bei der Prüfung kann abhängig von der Baugruppe von jeweils einer Seite oder beidseitig erfolgen. Dabei werden entweder prüflingsindividuell gefertigte Adapter oder sogenannte Universaladapter angewandt. In besonderen Fällen kommen auch sogenannte Streifenadapter zum Einsatz.

Leiterplattenprüfung 1: Adaptiervorrichtung für unbestückte Leiterplatten. (Quelle: Luther & Maelzer)

□ L., optisch: Bei der optischen Prüfung wird das Bild der Leiterplatte von einer Fernsehkamera aufgenommen und die gewonnenen Bildsignale hardwaremäßig mit den Signalen, die von einer als gut erkannten Leiterplatte aufgenommen wurden, verglichen oder hinsichtlich allgemeiner Design-Regeln (Gerade, Kreis, rechter Winkel) kontrolliert. Die optische Prüfung läuft in der Regel schneller ab als die elektrische, erkennt jedoch z. B. keine →Fehler innerhalb Durchkontaktierungen oder Fehler durch ungenügende Isolation.

□ Streifenadapter: Bei Baugruppen mit vielen Kontaktpunkten oder sehr feinem Raster wird bei der L. die Prüfung mit Hilfe eines Streifenadapters durchgeführt. Dabei wird jeweils ein Teilbereich einer Baugruppe überprüft und danach der Streifenadapter automatisch zu einer neuen Position verfahren, wobei sich die einzelnen Positionen immer um einen bestimmten Betrag überlappen, um eine vollständige Prüfung sicherzustellen. Für jede Position des Streifenadapters wird ein bestimmter Teilabschnitt eines Prüfprogrammes benötigt. Voraussetzung für die Prüfung mit Streifenadapter ist, daß alle zu kontaktierenden Punkte in einem einheitlichen Raster liegen. Bei Verwendung eines Streifenadapters werden seitens des Verdrahtungsprüfautomaten wesentlich weniger Automatenpins benötigt im Vergleich zur gleichzeitigen Adaptierung aller Kontaktpunkte. Die mechanische Bewegung des Adapters während der Prüfung wirkt sich allerdings auf die →Prüfzeit aus. *Winter*

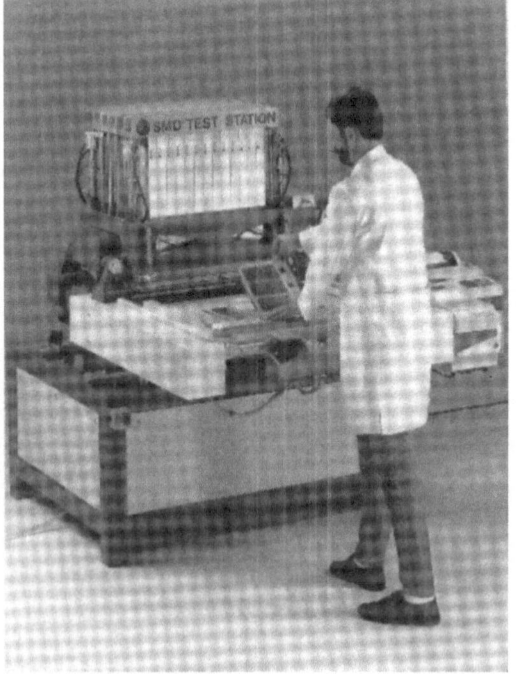

Leiterplattenprüfung 2: Leiterplatten-Prüfautomat mit Adaptiervorrichtung für doppelseitige Leiterplatten.

Leiterplattensteckverbinder →Steckverbinder für gedruckte Schaltungen

Leitfähigkeitsmessung. Die L. wird zur Bestimmung der Konzentration von Salzen, Laugen und Säuren durchgeführt. Sie beruht im wesentlichen auf der Erscheinung, daß Elektrolyte, d. h. wäßrige, dissoziierte Lösungen des zu untersuchenden Stoffes, den elektrischen Strom durch Ionentransport leiten. Je größer der Dissoziationsgrad ist, desto höher ist die elektrolytische Leitfähigkeit κ, die in Siemens/cm bzw. mS/cm oder μS/cm gemessen wird und dem spezifischen elektrischen Leitwert der Lösung entspricht.

Ist U die an den Elektroden angelegte Spannung, so läßt sich der Widerstand R der zwischen den Elektroden befindlichen Flüssigkeitssäule aus einer →Strommessung bestimmen. Die spezifische Leitfähigkeit der Flüssigkeit $\kappa = 1/\rho$ (ρ = spezifischer Widerstand) ergibt sich aus der Größe R, dem Abstand der Elektroden und der Querschnittsfläche zu

$$R = \frac{U}{I} = \rho \cdot \frac{l}{A} = \frac{1}{\kappa} \cdot \frac{l}{A} \text{ und}$$

$$\kappa = \frac{1}{R} \cdot C \text{ mit } C = \frac{l}{A}.$$

C wird als Widerstandskapazität bezeichnet und in cm^{-1} angegeben. Bei bekannter Widerstandskapazität ist der Widerstand also ein Maß für die Leitfähigkeit und damit ein Maß für den Salzgehalt. Entsprechendes gilt für Säuren und Basen.

Voraussetzung für die eindeutige Konzentrationsbestimmung ist, daß sich in der Lösung nur ein einziges Salz befindet. Sind die Lösungen stark verdünnt, so besteht ein linearer Zusammenhang zwischen Leitfähigkeit und Konzentration. Ab einer bestimmten Konzentration fällt die Leitfähigkeit wieder. Die Konzentration kann also nur eindeutig bestimmt werden, wenn sichergestellt ist, daß entweder im steigenden oder im fallenden Ast der Leitfähigkeitskurve gemessen wird.

Die elektrolytische Leitfähigkeit ist sehr stark von der Temperatur abhängig und erreicht bei manchen Lösungen 1,5–2,5 %/Kelvin. Dieser Temperaturgang muß daher kompensiert werden. Wegen der auftretenden Polarisation wird mit Wechselspannung gearbeitet. Dieses Verfahren ist nur für Stoffe anwendbar, die in wäßriger Lösung Ionen bilden. Eine große Anzahl organischer Stoffe wie z. B. Alkohol oder Zucker können aus diesem Grunde nicht mit diesem Verfahren gemessen werden.

F. Schneider

Leitfeld. Teil eines vorgestalteten oder anlagenspezifischen Videobildes, in dem die Informations- und Bedienelemente für MSR-Stellen zusammengefaßt sind. L. haben eine aufgabengemäße Kombination von Digital- und Balkenanzeigen für Ist-, Soll-, Stell- und Grenzwerte, Zustandsanzeigen, Strichkurven, Notizfelder und – bei der →Prozeßführung über virtuelle Tasten – auch von Tastern für die Prozeß- und Systembedienung. L. entsprechen damit den Leitstationen der konventionellen Prozeßleitsysteme (→Informationsdarstellung auf Bildschirmen). *Strohrmann*

Leitgerät. Gerät, das die zur Führung von Meß-, Steuer- und Regelkreisen (MSR-Kreisen) erforderlichen Informations- und Eingriffselemente zusammenfaßt. Leitstationen und L. haben im allgemeinen Analog- oder Digitalanzeigen für Ist-, Soll- und Stellwerte, Anzeigen der Betriebsart (Hand, Automatik, Kaskade), →Schalter zum Wählen der Betriebsarten und Einsteller für die Soll- und Stellwerte. Unter Leitstation versteht man eine mikrorechnergestützte Einheit aus Bildschirm und zugehörigem →Tastenfeld, mit der eine größere Zahl von MSR-Kreisen geführt werden kann (→Informationsdarstellung auf Bildschirmen; →Funktionstastatur; →Tastenfeld, virtuelles). Ein L. ist dagegen zur Führung eines einzelnen analog instrumentierten MSR-Kreises geeignet. Die Kombination von L. mit zugehörigem →Regler heißt Kompaktregler (Bild). *Strohrmann*

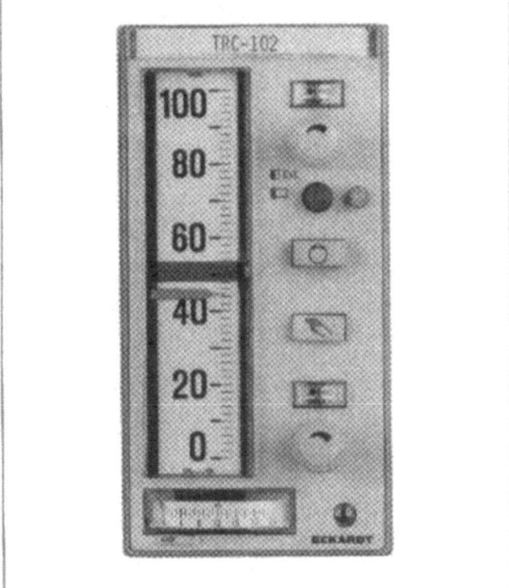

Leitgerät: Frontansicht eines Kompaktreglers. Die Frontseite des Kompaktreglers zeigt das L., über das sich der angeschlossene Regelkreis führen läßt. (Quelle: Eckardt)

Leitstation →Leitgerät

Leitsteuerung. Die L. in hierarchisch gegliederten Steuerungen oder Steuerungssystemen ist der obersten Steuerungsebene zugeordnet. Ihre Aufgabe besteht in der Führung von Gesamtprozessen aufbauend auf den Operationen der →Gruppensteuerungsebene oder -ebenen. Dazu muß sie neben der Bedienung, Beobachtung, Überwachung und Protokollierung die Koordinierung der Prozeßabläufe, die Behandlung lokaler Störungen sowie Aufgaben der Optimierung von z. B. Material, Energie und Produktionszeit bewältigen.

Die L. selbst erhält ihre Aufträge von der ihr überlagerten Produktionssteuerung in der Form von Kommandos, Produkt- und Termindaten inkl. der zugehörigen Rezepturen, die die Maschinenprogramme, Produktionsabläufe und produktspezifische Parameter etc. enthalten.

L. werden infolge der Komplexität und der Vielfalt der Aufgaben und der hohen zu verarbeitenden Datenmengen überwiegend als Prozeßrechensysteme ausgeführt. *Freyberger*

Leitsteuerungsebene. Ebene eines hierarchisch strukturierten →Prozeßleitsystems, das die Funktionseinheiten zum Führen des Gesamtprozesses umfaßt. Die →Leitsteuerung kann zugehörigen Gruppensteuerungen übergeordnet sein (→Gruppensteuerungsebene; →Gruppenleitebene). *Strohrmann*

Leittechnik. Nach DIN 19222 sinngemäß die Gesamtheit aller technischen Mittel, die einen im Sinne festgelegter Ziele erwünschten Ablauf eines technischen Prozesses bewirken. Die technischen Mittel umfassen alle für die Aufgabe des Leitens verwendeten Geräte und Programme sowie im weiteren Sinne auch Anweisungen und Vorschriften. Im Hinblick auf die zu erreichenden Ziele können z. B. Sollwerte, Sollzustände, deren Verläufe oder ein Gütekriterium festgelegt werden. Der im Sinne dieser Ziele erwünschte Prozeßablauf läßt sich durch Eingangs-, Zustands- und Ausgangsgrößen und deren Beziehung untereinander beschreiben. Unter technischen Prozessen ist z. B. zu verstehen: Die Erzeugung elektrischer Energie in einem Kraftwerk, die Verteilung von Energie, die Erzeugung von Roheisen in einem Hochofen, die Raffinierung verschiedener Kohlenwasserstoffe aus Erdöl, die Fertigung eines Getriebes, der Transport von Stückgütern in einem Container-Frachtsystem oder die Durchführung eines Fluges.

Zum Leiten gehören die Aufgaben: Messen, Zählen, Steuern, Regeln (→Druckregelung, →Durchflußregelung, →Füllstandregelung, →Temperaturregelung), Stellen (→Stellhahn, →Stellklappe, →Stellventil), Optimieren, Überwachen, Sichern (→Anlagensicherung), Schützen, Auswerten, Anzeigen (→Anzeiger), Melden, Aufzeichnen, Registrieren (→Linienschreiber, →Punktdrucker, →Trendschreiber), Protokollieren, Eingreifen, Datenerfassen, Datenübertragen, Datenausgeben und Dateneingeben.

Neben dem Begriff L. werden in ähnlichem Sinne die Begriffe Automatisierungstechnik und MSR-Technik (→Meß-, →Steuerungs- und →Regelungstechnik) gebraucht.

Die L. hat in den letzten 50 Jahren eine durch moderne Technologien beeinflußte Entwicklung erfahren. Ursprünglich geschah das Messen weitgehend dezentral mit direkt – d. h. ohne Zwischenschaltung einer Hilfsenergie – messenden Manometern, Berührungsthermometern, Standrohren und Schaugläsern sowie U-Rohren und Ringwaagen für Durchflußmessungen. Auch das Regeln, Steuern und Stellen geschah weitgehend dezentral unter Zwischenschaltung des Menschen, der aufgrund der Meßergebnisse per Hand auf die Stellgeräte einwirkte. In den 50er Jahren führten dann mit pneumatischer und elektrischer Hilfsenergie (→Hilfsenergie, elektrische; →Hilfsenergie, pneumatische) betriebene Meß-, Steuerungs- und Regelungsgeräte zu einer Zentralisierung der →Prozeßführung verbunden mit einer Entlastung des Menschen von untergeordneten Tätigkeiten. Die Prozeßleitwarten konnten frei von Meß- und Stellstoffen gehalten werden (→Wartengestaltung). Zunächst herrschten mit der selbsttätigen →Regelung und →Steuerung einzelner Kreise voll parallele Strukturen (→Strukturen von Leitsystemen) vor. In den 60er Jahren begann zögernd der Einsatz der ersten zentralen →Prozeßrechner für eine weitergehende Automatisierung. Ab Ende der 70er Jahre setzten sich dann sehr schnell dezentrale →Automatisierungssysteme und speicherprogrammierbare →Steuerungen zur →Prozeßautomatisierung durch.

Der Anteil der Kosten für die Prozeßautomatisierung stieg von anfänglich einigen Prozent der Gesamtkosten für die Produktionsanlage bis zu Anteilen von 20 % und noch wesentlich mehr bei kleineren Anlagen mit geringen Apparatekosten (→Kostenschätzmethode). *Strohrmann*

Literatur: DIN 19222: Messen Steuern Regeln, Leittechnik, Begriffe. März 1985. – *Strohrmann, G.:* Automatisierungstechnik, Bd. 1 Grundlagen, analoge und digitale Prozeßleitsysteme. 2. Aufl. München–Wien 1990.

Lernverfahren. Methode zur Vereinfachung der Prüfdatenerstellung, bei der diese von einem Referenzprüfling abgenommen werden.

Die manuelle Erstellung der Solldaten eines →Prüflings bedeutet meist einen erheblichen Aufwand. Beim L. wird ein Referenzprüfling, z. B. eine digitale Baugruppe mit den entsprechenden Eingangsdaten beaufschlagt. Die als Reaktion entstehenden Ausgangssignale werden abgegriffen und als Solldaten für die Prüfung abgespeichert. Meist wird für die Kompression der Solldaten die →Signaturanalyse verwendet. Besonders einfach können die Solldaten bei der →Verdrahtungsprüfung von Kabeln, ganzen Verdrahtungseinheiten und Leiterplatten mit Hilfe des L. gewonnen werden, da keine Stimulierung sondern nur Widerstandsmessungen vorgenommen werden (→Verdrahtungsprüfung; →Digitalprüfung; →Prüfdaten). *Mettler*

Leuchtpigment →Elektrolumineszenz-Anzeige

Lichtgriffelbedienung. Betätigen virtueller Anwahl-, Tasten- oder Leitfelder eines Bildschirmes mit einem Lichtgriffel, um sich Informationen ausgeben zu lassen oder Stell- und Schaltglieder zu verstellen. Die L. beansprucht wegen ihrer Sinnfälligkeit den Bediener kognitiv geringer als bei Bedienung mit einer →Funktionstastatur, verlangt aber eine bestimmte Position des Bedieners zum Bildschirm, im allgemeinen eine Sitzhaltung.

Strohrmann

Lichtmessung. Messung lichttechnischer Größen und daraus abgeleiteter Kennzahlen. L. ist ein Teilgebiet der Photometrie, die sich außerdem noch mit der Definition lichttechnischer Größen befaßt.

Photometrie und Radiometrie unterscheiden sich darin, daß in der Photometrie die Strahlung gemäß der spektralen Hellempfindlichkeit des menschlichen Auges gewichtet wird. Radiometrie dagegen bedeutet Messung der Strahlung in definierten Wellenlängenbereichen ohne spektrale Gewichtung.

In der Photometrie kann man drei Helligkeitsbereiche unterscheiden:

□ den Bereich des Nachtsehens (Nachtsehen, skotopischer Bereich), unterhalb 10^{-5} cd/m², näherungsweise bereits unterhalb 10^{-3} cd/m²,

□ den Bereich des Tagessehens (Tagessehen, photopischer Bereich) oberhalb 10^{2} cd/m², näherungsweise bereits oberhalb 10 cd/m²,

□ den dazwischenliegenden Bereich des Dämmerungssehens (Dämmerungssehen, mesopischer Bereich).

Im Bereich des Nachtsehens und des Tagessehens sind die spektralen Hellempfindlichkeitsfunktionen unabhängig vom Helligkeitsniveau. Im Dämmerungsbereich ist die spektrale Empfindlichkeit niveauabhängig.

Für die lichttechnische Praxis von besonderer Bedeutung ist der Bereich des Tagessehens mit der $V(\lambda)$-Funktion als spektraler Gewichtsfunktion. Wenn nicht anders erwähnt, bedeutet L. die Messung ($V(\lambda)$-bewerteter Größen.

Man unterscheidet zwischen visueller und physikalischer Photometrie. Die visuelle Photometrie basiert auf einem Helligkeitsabgleich zwischen der zu bewertenden Strahlung und einer bekannten Vergleichsstrahlung. Aus der Gleichheit der Helligkeit wird auf Gleichheit der Leuchtdichte geschlossen. Für die praktische L. hat die visuelle Photometrie ihre Bedeutung verloren. L. heißt heute physikalische Photometrie, bei der die Lichtstrahlung mit Hilfe von lichtelektrischen Empfängern gemessen wird, die an die spektrale Hellempfindlichkeit des menschlichen Auges angepaßt wurden.

Lichtmeßgeräte beruhen in der Regel auf einer Absolutmessung. Bewertet ein $V(\lambda)$-angepaßter Empfänger die Strahlung linear, dann ist dessen elektrisches → Signal, z. B. der Photostrom i_{ph}, proportional zum auf die Empfängerfläche auffallenden Lichtstrom. Durch Dimensionierung des Proportionalitätsfaktors wird dann die zu messende Größe direkt angezeigt.

Bild 1 zeigt die grundsätzlichen Anordnungen zur Messung von Beleuchtungsstärken (Anordnung 1 und 2) und Leuchtdichten (Anordnung 2, 3 und 5). Dabei ist in den Leuchtdichtestrahlengängen der Photostrom proportional zur mittleren Leuchtdichte der schraffiert gezeichneten Fläche und zur Raumwinkelwinkelprojektion der mit dieser Leuchtdichte ausgefüllten Öffnung. In Anordnung 2 wird der Öffnungswinkel α durch eine Blende begrenzt. Dadurch lassen sich mit einem Beleuchtungsstärkemesser auch Leuchtdichten bestimmen. In Anordnung 3 und 5 wird das Meßobjekt auf dem

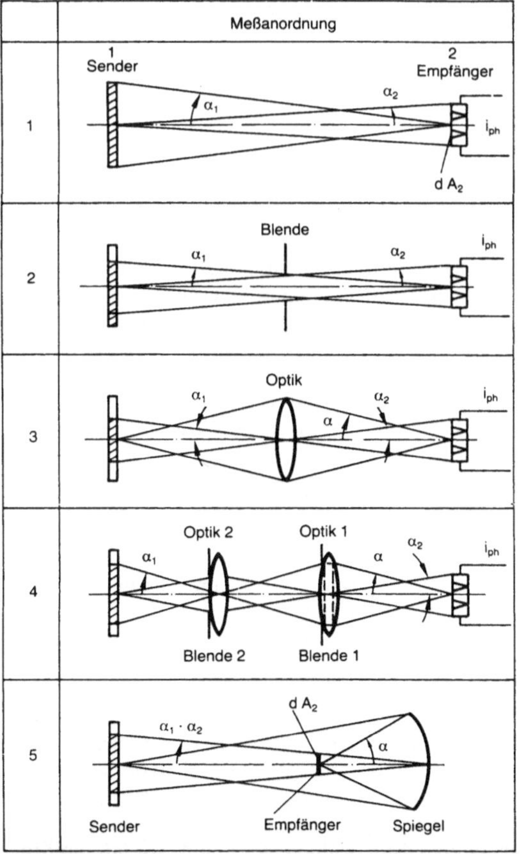

Lichtmessung 1: Grundsätzliche Anordnungen zur Messung von Beleuchtungsstärken und Leuchtdichten.

Empfänger abgebildet. Diese Strahlengänge sind typisch für Leuchtdichtemesser. Mit dem verschränkten Strahlengang in Anordnung 4 können die Größe eines Meßfeldes (α_1) und die Größe der ausgeleuchteten Fläche auf dem Empfänger (α_2) unabhängig voneinander eingestellt werden. Anordnung 5 entspricht Anordnung 2; statt einer Linsenoptik wird eine Spiegeloptik verwendet.

Die Messung von Lichtstärken wird durch Anwendung des photometrischen Entfernungsgesetzes (photometrisches Grundgesetz) auf eine Beleuchtungsstärkemessung zurückgeführt. Bild 2 zeigt dazu ein Beispiel. Ist I_v die Lichtstärke eines Lichtstärkenormals und ist I_x die zu messende Lichtstärke einer Lichtquelle, dann gilt für den Fall, daß beide Lichtquellen am Ort des Photometerkopfes die gleiche Beleuchtungsstärke erzeugen: $I_x = I_v(r_v/r_x)^2$. Voraussetzung ist, daß die Abstände r außerhalb der photometrischen und optischen Grenzentfernung liegen.

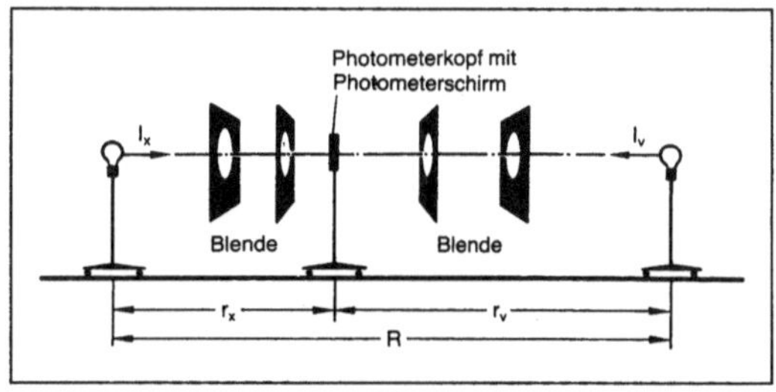

Lichtmessung 2: Beispiel für die Messung der Lichtstärke einer Lichtquelle auf einer Photometerbank.

Zur Bestimmung des Lichtstromes von Lichtquellen kommen folgende Möglichkeiten in Frage:

□ Direkte Messung mit Hilfe eines lichtstromintegrierenden Hohlkörpers (Ulbricht-Kugel),

□ Berechnung aus der räumlichen Lichtstärkeverteilung gemäß $\Phi = \leqslant I\, d\Omega$,

□ Abtastung der Beleuchtungsstärke E auf einer geschlossenen Hüllfläche A und Berechnung gemäß $\Phi = \leqslant E\, dA$. Die Abtastung erfolgt durch Goniophotometer.

Die Messung lichttechnischer Stoffkennzahlen (Reflexionsgrade, Transmissionsgrade) erfordert spezielle Hilfseinrichtungen (Optiken, Kugeln), um die jeweilige Ein- und Ausstrahlung zu realisieren (DIN 5036). Die Glanzbewertung erfolgt mit sogenannten Reflektometern, die die reflektierte Leuchtdichte im Spiegelwinkel messen (DIN 67530).

Lichttechnische Messungen können auch nach einem → Vergleichsverfahren durchgeführt werden. Über eine Schwächungseinrichtung im Vergleichsstrahlengang wird ein Nullabgleich hergestellt. Die Meßgröße selbst ergibt sich dann aus der Einstellung der kalibrierten Schwächungsvorrichtung.

Die → Kalibrierung von Lichtmeßgeräten erfolgt durch Sekundär-Lichtnormale, die von der Physikalisch-Technischen-Bundesanstalt (PTB) geeicht werden. Die entsprechenden Normallampen (Bild 3 zeigt zwei Beispiele), werden von Lampenherstellern angeboten. *Kokoschka*

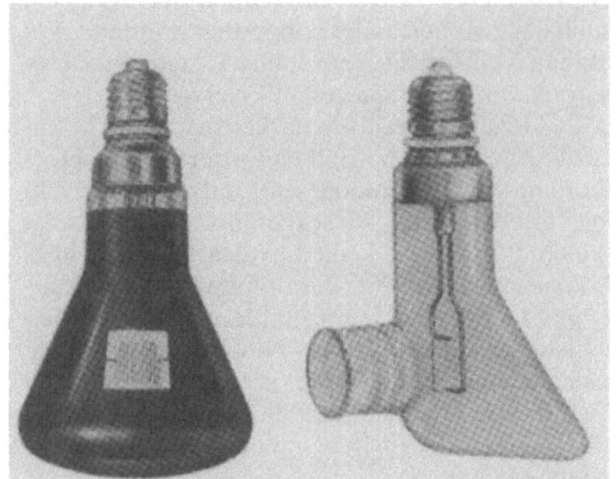

Lichtmessung 3: Beispiele für Sekundär-Lichtnormale. Links ein Lichtstärke- und Farbtemperaturnormal, rechts eine Wolframbandlampe als Normal für die spektrale Strahldichteverteilung im sichtbaren Bereich.

Literatur: DIN 5032 (Lichtmessung). – *Helbig, E.*: Grundlagen der Lichtmeßtechnik, Leipzig 1972. – *Stimson, A.*: Photometry and Radiometry for engineers. Chichester 1974. – *Walsh, J.*: Photometry. Constable & Company, London 1961.

Lichtschranke. Einfacher optischer →Sensor, der im einfachsten Fall aus einer Lichtquelle besteht, die auf einen Lichtdetektor gerichtet ist. Die Einstrahlung kann durch optisch nicht transparente Gegenstände unterbrochen werden. In einer anderen Ausführung ist auf dem Gegenstand ein reflektierender Körper angebracht, der das Licht auf den Detektor lenkt. *Schaumburg*

Lichtschranke, faseroptische. Sammelbegriff für eine Vielzahl optischer Sensoren mit optischen Glasfasern für die Zu- und Abführung des Lichtes. Die f. L. ist die einfachste Form eines extrinsischen faseroptischen Sensors.

Ihre Funktion ist es, die Anwesenheit bzw. Abwesenheit optisch markanter Objekte zu detektieren. Wesentliches Merkmal ist es dabei, daß sie berührungslos arbeitet. Anwendungsbreite und Typenvielfalt der f. L. sind groß: Zähl-, Prüf-, und Sicherheitseinrichtungen, Grenzwertgeber, Taktgeber, Bewegungsmelder, etc.

Entsprechend dem Verlauf des Lichtweges unterscheidet man Transmissions- und Reflexionstypen, wobei die letzteren entweder mit zwei getrennten Fasern oder Faserbündeln arbeiten können oder mit einer Einzelfaser und einem Y-Koppler zur Trennung von Ein- und Ausgangssignal. Die benutzten Faserlängen liegen im Bereich von cm bis km.

Als Lichtquelle dient typisch eine Leuchtdiode (→LED); bevorzugte Wellenlängen liegen bei 850 nm, also im infraroten Teil des Spektrums. Der Detektor ist meist eine PIN-Photodiode. Außer diesen Elementen und den Glasfasern gehört zu einer f. L. grundsätzlich noch ein elektronischer Schwellwertentscheider für die Auswertung. Er vergleicht das vom Detektor kommende, stetig veränderliche Analogsignal mit einem voreingestellten Schwellwert und erzeugt bei Über- bzw. Unterschreitung das digitale Ausgangssignal der f. L. (Bild). *Ulrich*

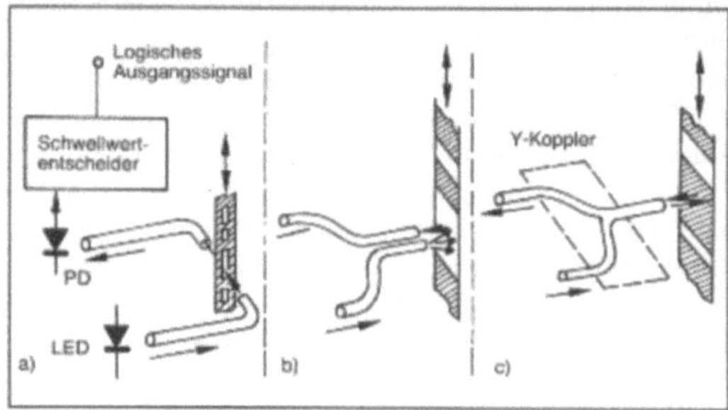

Lichtschranke, faseroptische: Schematische Darstellung
a) in Transmission
b), c) in Reflexion.

Lichtstrahlschreiber →Registriergerät

Lichtwellenleiter. L. sind dielektrische optische Leiter mit rechteckigem oder kreisförmigen Querschnitt, in denen sich optische Wellen in Richtung der Längsachse ausbreiten. Sie bestehen aus einem Wellenleiterkern mit der Brechzahl n_k und einem Wellenleitermantel mit der Brechzahl n_m, wobei $n_k > n_m$ sein muß, damit eine Wellenführung erfolgen kann.

Die Ausbreitung von optischen Wellen im L. wird mathematisch mit der →*Maxwell*-Theorie beschrieben. In vielen Fällen ist aber die strahlenoptische Betrachtungsweise ausreichend, nach der sich die Strahlen durch Totalreflexion am Wellenleitermantel, dem optisch dünneren Medium, ausbreiten.

Die wichtigsten Größen, mit denen L. beschrieben werden, sind Brechzahlprofil, →Akzeptanzwinkel, geometrische Abmessungen des Lichtwellenleiterkernes, Dämpfung (→Glasfaserdämpfung) und Dispersion. Man unterscheidet zwischen ebenen (Schichtwellenleiter) und zylindersymmetrischen Wellenleitern (Glas- und Kunststoffasern).

Glasfaserlichtwellenleiter sind aus Gläsern verschiedener Brechzahlen aufgebaut, so daß ein Stufen- oder Gradientenbrechzahlprofil (→Stufenfaser, →Gradientenfaser) entsteht. Im Wellenleiterkern können sich ein (→Monomodefaser) oder mehrere →Moden (→Multimodefaser, →Glasfasermoden) ausbreiten.

In der optischen Nachrichtentechnik werden als L. Glas- oder Kunststoffasern eingesetzt, wobei Kunststoffasern für kurze Reichweiten und niedrige Übertragungsraten eine preiswerte, mechanisch weniger empfindliche Lösung darstellen, Glasfasern (i. a. auf SiO_2-Basis) für große Entfernungen und hohe Übertragungsraten geeignet sind.

Das elektrische analoge oder digitale Nachrichtensignal wird in einem elektrooptischen →Wandler in ein optisches Signal - i. a. im nahen infraroten Spektralbereich - umgewandelt, vom L. übertragen und von einem optoelektronischen Wandler zurückverwandelt. Im Vergleich zur Nachrichtenübertragung auf Kupferleitungen oder über Funk bieten Glasfaser- bzw. Kunststoffwellenleiter folgende Vorteile:

- Kleine Abmessungen und geringes Gewicht (1 g Glas ersetzt ca. 15 g Kupfer)
- Korrosionsfestigkeit
- hohe Flexibilität
- unempfindlich gegenüber elektromagnetischen Feldern
- kein Übersprechen, abhörsicher, keine Streustrahlung nach außen
- galvanische Trennung von Eingang und Ausgang der Übertragungsstrecke, keine Erdschleifen
- keine Funkenbildung bei Kabelbruch oder an Verbindungsstellen
- verlustarm herstellbar und daher große Regeneratorabstände
- hohe Übertragungskapazität (speziell mit Monomodefasern).

Die derzeitigen Nachteile sind vor allem in der schwierigen Verbindungs- und Verzweigungstechnik (→Glasfasersteckverbindung, →Glasfaserverzweiger) zu sehen, da hier ein hohes Maß an optomechanischer Stabilität gewährleistet sein muß. Der technologische Fortschritt auf den genannten Gebieten wird diese Probleme in den Hintergrund treten lassen.

Für die Zukunft ist zu erwarten, daß →Glasfaserkabel für viele Anwendungsgebiete die heute noch bevorzugten Kupferkabel ersetzen werden, da der weltweit wachsende Bedarf an hoher Übertragungskapazität der Nachrichtennetze nur mit Glasfaserübertragungssystemen wird gedeckt werden können.

Auf folgenden Gebieten finden L. praktische Anwendungen: Öffentliche und private Fernsprechnetze, Kabelfernsehen, Computersysteme, Meßwertübertragungen, Unterseekabel, Einsatz in Flugzeug, Auto, Bergwerk, Schiffen, Sensortechnik. *Krauser*

Literatur: *Glaser, W.:* Lichtwellenleiter. Berlin 1990.

LiCl-Feuchtemeßgeber. Mit dem L.-F. läßt sich die (absolute) Feuchte von Luft oder anderen Gasen messen (→Feuchtemessung). Grundlage hierfür ist, daß eine LiCl-Lösung hygroskopisch ist und Wassermoleküle anzieht. Bei einer gesättigten Lösung von LiCl stellt sich ein Gleichgewicht zwischen dem Dampfdruck des Wassers in der Luft und dem in der Lösung ein. Fließt ein elektrischer Strom durch die Lösung, so erwärmt sie sich, und Wasser wird bis zur Sättigungskonzentration verdampft. Dabei heizt sich die Lithiumchlorid-Lösung selbsttätig bis zur Umwandlungstemperatur auf, bei der die den elektrischen Strom leitende Lösung in ein nichtleitendes Salz übergeht. Die Umwandlungstemperatur des LiCl ist streng mit dem Wasserdampfgehalt in der Luft gekoppelt (Kurve 2 von Bild 1). Zum Bestimmen der absoluten Feuchte ist nur die LiCl-Temperatur zu messen. Wird diese z. B. zu 80 °C ermittelt, so ist die absolute Feuchte 30 g/m³, und die zugehörige Taupunkttemperatur beträgt 28 °C.

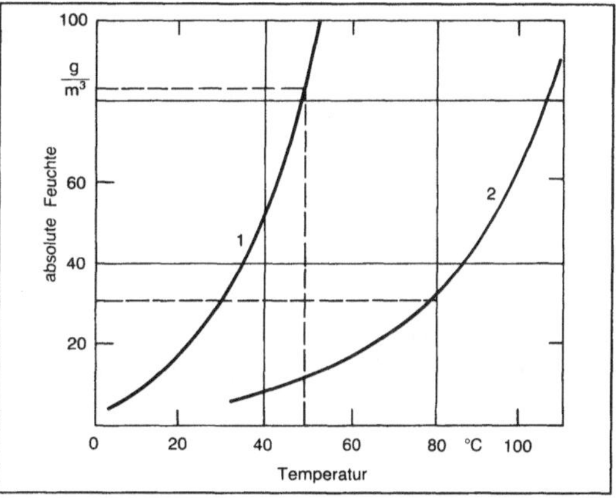

LiCl-Feuchtemeßgeber 1: Zusammenhang zwischen der Sättigungsfeuchte der Luft (1) und der Umwandlungstemperatur von LiCl (2).

Beim L.-F. (Bild 2) ist ein Gewebe aus Glasseide mit der LiCl-Lösung getränkt. In dem Gewebe liegen Elektroden, über die der zur Heizung des Lithiumchlorid nötige Wechselstrom fließt. Die Temperatur des LiCl wird mit einem →Widerstandsthermometer erfaßt und z. B. auf einem Meßgerät mit →Quotientenmeßwerk angezeigt. Dessen Skale kann direkt in Einheiten der absoluten Feuchte (g Wasserdampf/m³ Luft) ausgeführt werden. Wird ein zweites Widerstandsthermometer zum Messen der Lufttemperatur verwendet, so kann dieses Widerstandsthermometer anstelle des Festwiderstands 5 in den zweiten Strompfad des Quotientenmessers gelegt werden. Dessen →Anzeige hängt dann von dem Verhältnis aus der LiCl- und der Lufttemperatur ab, aus dem sich die relative Feuchte errechnen läßt. *F. Schneider*

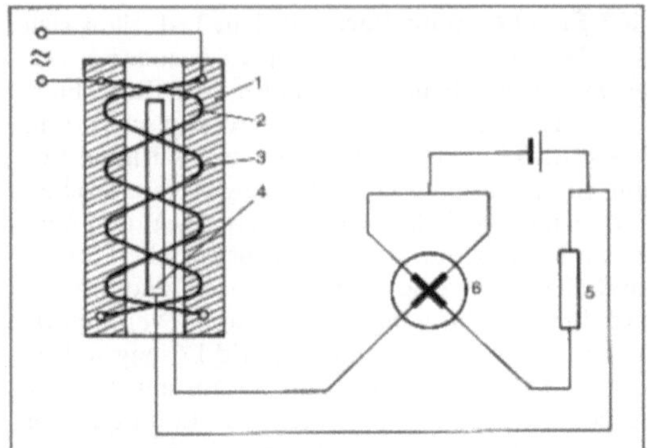

1 LiCl-getränktes Glasgewebe, 2, 3 Elektroden, 4 Widerstandsthermometer zur Messung der LiCl-Temperatur, 5 Festwiderstand, 6 Quotientenmesser

LiCl-Feuchtemeßgeber 2: Messung der absoluten Feuchte.

Literatur: *Schrüfer, E.*: Elektrische Meßtechnik. München, Wien 3. Auflage, 1988.

Life-Zero. In Einheitssignalen mit L.-Z. (lebendem Nullpunkt) ist dem Meßanfang nicht der Signalwert Null, sondern ein höherer Wert zugeordnet. Die Werte einer Meßgröße, z. B. einer Temperatur von 0–80 °C, werden bei pneumatischen Signalen in den Signalbereich von 0,2 bis 1,0 bar, bei elektrischen in den Signalbereich von 4 bis 20 mA umgeformt (Bild). Das Arbeiten mit L.-Z. hat die Vorteile, daß sich die Nullpunkte der →Meßumformer definiert einstellen lassen und daß elektrische Geräte in →Zweileitertechnik installiert werden können. *Strohrmann*

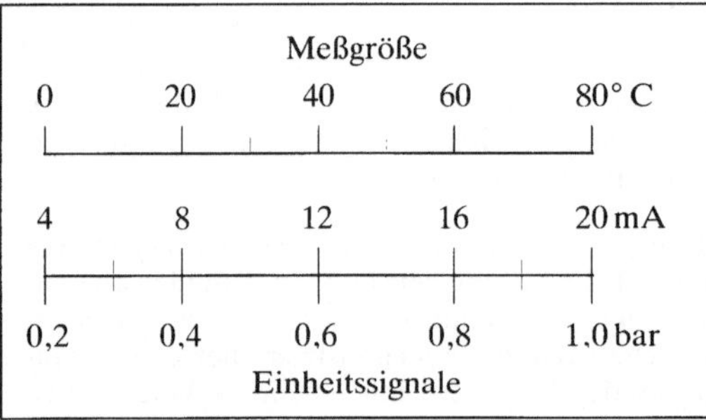

Life-Zero: Abbildung von Temperaturen zwischen 0 und 80 °C in pneumatische und elektrische Einheitssignale.

Linearisierung. Eine besonders einfache Auswertung von Sensorsignalen ist möglich, wenn ein linearer Zusammenhang zwischen dem elektrischen →Signal des Sensors und der Meßgröße besteht. Häufig läßt sich ein nichtlinearer Kennlinienverlauf durch eine nachgeschaltete Elektronik linearisieren.

Bei resistiven Sensoren läßt sich eine näherungsweise L. um einen vorgegebenen Meßpunkt durch Parallelschaltung eines Widerstandes realisieren. Die Dimensionierung des Parallelwiderstandes erfolgt so, daß die zweite Ableitung der Parallelschaltung von →Sensor und Widerstand nach der Meßgröße bei dem vorgegebenen Meßpunkt verschwindet. *Schaumburg*

Linearität →Meßgerät

Linienschreiber. Geräte, die den zeitlichen Werteverlauf von Größen kontinuierlich als Linienzug aufzeichnen. Mit einem L. lassen sich bis zu vier analoge Größen in unterschiedlicher Farbe registrieren. Es ist für jede Größe ein eigenes, meist servogetriebenes Meßwerk erforderlich. Eingangsgrößen für L. in Prozeßleitwarten sind im allgemeinen elektrische oder pneumatische Einheitssignale.

Die L. passen sich in den Abmessungen und in der Informationsdarstellung dem Systemkonzept an. Da sich für die Kompaktregler und -anzeiger eine senkrechte Zeigerbewegung durchgesetzt hat, wurden dazu passende →Schreiber mit waagerechter Papierführung entwickelt. Für Tafeleinbau werden aber auch noch Schreiber der herkömmlichen, technisch günstigeren Kombination: waagerechte Zeigerbahn mit senkrechter Papierführung geliefert. Die Frontrahmenmaße sind entweder 144 × 144 mm oder 72 mm Breite und 144 mm Höhe.

Das Bild zeigt Frontansicht und Innenschaltung eines auch für viele ähnliche Geräte charakteristischen 72 mm breiten L. mit drei servogetriebenen Meßwerken. Die Registrierung geschieht mit Faserschreibern, die Fehlergrenze ist ±0,5 % des Skalenendwertes. Das schmale sichtbare Stück des Diagramms läßt sich durch Herausziehen des Einschubes auf 190 mm verlängern. Wie aus der Innenschaltung zu ersehen, hat jedes Meßsystem einen eigenen Meßsatz und →Verstärker. Die Schrittmotoren für die Servoantriebe und den Schrittmotor für den Papiervorschub steuert ein →Mikroprozessor. Zeitbasis ist ein →Quarzoszillator. Der Mikroprozessor steuert die Servoantriebe so lange, bis sich Eingangs- und Stellungsrückmeldesignale angeglichen haben. Seilzüge übertragen die Stellung der Schrittmotoren auf die zugehörigen Anzeige- und Schreibwerke (→Punktdrucker). *Strohrmann*

Literatur: *Strohrmann, G.*: Automatisierungstechnik, Bd. 1 Grundlagen, analoge und digitale Prozeßleitsysteme. 2. Aufl. München–Wien 1990.

LISP-Maschine. →Arbeitsplatzrechner mit besonderen Hardware- und Software-Vorrichtungen zur Entwicklung und Exekution von LISP-Program-

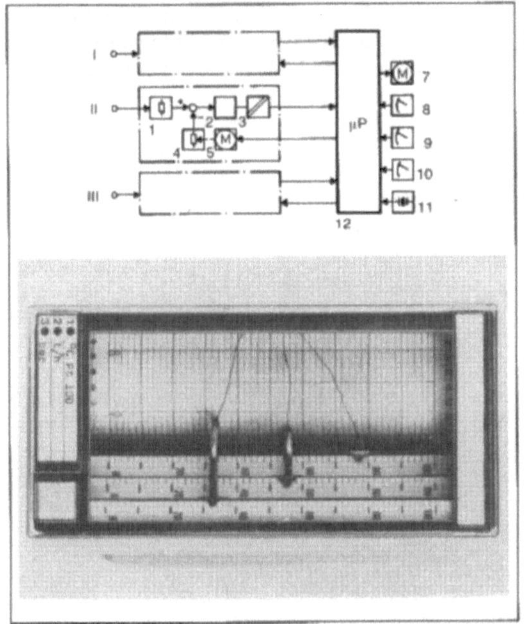

1 Meßsatz, 2 Polaritätsdiskriminator, 3 Galvanische Trennung, 4 Potentiometer für Stellungsrückmeldung, 5 Servo-Schrittmotor, 7 Schrittmotor für Papiervorschub, 10 Schalter für Einstellzeit, 11 Quarzoszillator, 12 Mikroprozessor

Linienschreiber: Frontansicht und Innenschaltung eines L. (Quelle: Philips)

men. L.-M. wurden zunächst am MIT (Cambridge, USA) entwickelt und seit 1980 kommerziell angeboten. Ihre wesentlichen innovativen Merkmale waren:

- Großer virtueller Adreßraum
- Hochauflösender Bildschirm mit Maus
- Inkrementelle Speicherbereinigung
- LISP-Programmierumgebung.

Die für L.-M. entwickelten Programmierumgebungen tragen wesentlich zu ihrer Leistungsfähigkeit bei. Effektive Möglichkeiten zum Editieren, Inspizieren und Fehlersuchen erlauben schnelle Prototypenentwicklung. L.-M. haben die Entwicklung moderner Arbeitsplatzrechner in vieler Hinsicht vorweggenommen.

Die oben genannten Merkmale, mit Ausnahme der für inkrementelle Speicherbereinigung erforderlichen Spezialhardware, gehören seit ungefähr 1988 zur Standardausstattung von Arbeitsplatzrechnern.

L.-M. werden seit 1988 auch als Coprozessoren zum Einschub in konventionelle Rechner angeboten. *Neumann*

Liter. Gesetzliche Volumeneinheit, keine SI-Einheit. Einheitenzeichen l. 1 l = 10^{-3} m^3. *Hammerschmidt*

Loadboard. Ein L. (auch Performance Board genannt) ist eine Leiterplatte, die beim →Test von integrierten Schaltungen als Verbindungsglied zwischen dem →Testhead des Testautomaten und dem Testobjekt dient.

Das L. enthält Verbindungsleitungen (i. A. mit definiertem Wellenwiderstand, z. B. 50 Ohm) und kann Zusatzbeschaltungen, wie z. B. Lastwiderstände, →Relais oder kleine Testschaltungen aufnehmen.

Für IC's im Gehäuse kann der Testsockel direkt auf dem L. montiert sein. (man spricht von einem „Solid-Center-Loadboard")

Oft wird aber auch in der Mitte noch eine zweite kleinere Leiterplatte, das →DUT-Board auf das L. montiert, das dann den Testsockel trägt. Ein L. ist dann für verschiedene Gehäuseformen oder auch verschiedene IC-Typen verwendbar. Mit einem solchen L. kann auch eine →Nadelkarte für den Wafertest verbunden werden (Wegen des Lochs in der Mitte eines solchen L. spricht man auch von einem „Hollow-Center-Loadboard").

Speziell beschaltete L. werden zur →Kalibrierung des Testautomaten verwendet. *Obermeir*

Local memory. (auch *engl.* Pattern memory oder Truthtable buffer). Der Teil der →Pinelektronik bei Digitalprüfautomaten, der die momentan benötigte logische Information für die Prüfung beinhaltet. *Winter*

Logik.

Allgemein. Wissenschaft der Gesetze, Formen, des folgerichtigen Aufbaus und der Struktur widerspruchsfreien Denkens.

Mathematische Logik. Formale mathematische Sprache, um mit Symbolen und Regeln die Verknüpfung von mathematischen Symbolen auszudrücken. Die Gesetze, Formeln und Symbole der mathematischen L. werden in der Elektronik angewendet (z. B. Schaltungsalgebra, Boolsche Algebra, Logikschaltungen). Dabei ist eine Zuordnung zwischen logischen Zuständen und physikalischen Größen der Schaltung (z. B. Spannungspegel) erforderlich.

Elektronik. Gesamtheit der Schaltungen und Systeme, die Logikfunktionen ausführen (dafür wird häufig der Ausdruck logische Schaltung verwendet). Die zu verknüpfenden Signale werden durch zwei verschiedene Spannungs- (seltener Strom-)pegel gekennzeichnet (Logikpegel), die den logischen Zuständen „1" (logisch aktiv) und „0" (logisch inaktiv) zugeordnet sind (Bild). Die Spannungspegel bedeuten: positiverer Pegel H-Pegel, negativerer L-Pegel (Tabelle). Nach der Zuordnung zwischen lo-

gischen Zuständen und Spannungspegel unterscheidet man:
positive L.: H = 1, L = 0,
negative L.: L = 1, H = 0.

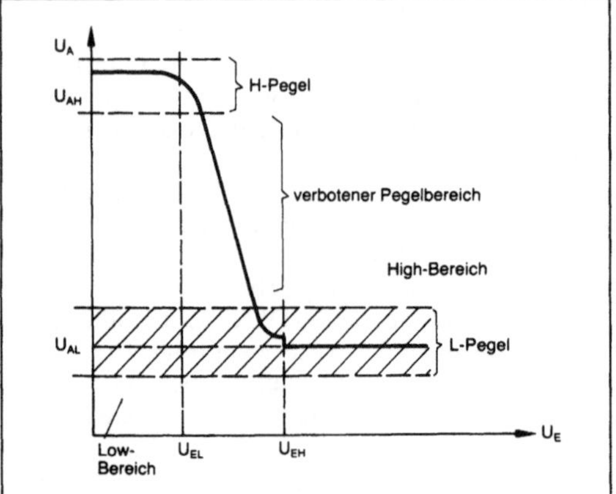

Logik: Logikpegel-Übertragungskennlinie.

Logik. Tabelle: H- und L-Pegel wichtiger digitaler Schaltkreisfamilien.

Schaltkreis-familie	U_L V	U_H V
T^2L	0 . . . 0,5	2,5 . . . 5
ECL	≈ 3	≈ 4 . . . 5
I^2L	≈ 1	2 . . . 5
NMOS	−1 . . . +1	5 . . . 10
CMOS	1 . . . 2	4 . . . 15

Die Absolutwerte der Logikpegel und die Zuordnung hängt von der jeweiligen Schaltungsfamilie ab. Sehr verbreitet ist die positive L. Wechselt man bei einer logischen Schaltung die Pegelzuordnung, so kehren sich ODER- in UND-Funktion um und umgekehrt.

Wegen unvermeidlicher Toleranzen der Schaltung, der Versorgungsspannungen u. a. werden anstelle der Pegel zulässige Pegelbereiche (Toleranzbereiche) angegeben. Der zwischen beiden Pegelbereichen liegende Bereich ist verboten, weil sonst eine einwandfreie Ausführung der Logikfunktion nicht gewährleistet ist. *R. Paul*

Logikanalysator. L. sind aus den →Elektronenstrahl-Oszilloskopen hervorgegangen, sind z. T. aus denselben Funktionselementen aufgebaut, dienen aber zum Untersuchen digitaler Schaltungen.

Der wesentliche Unterschied zum Oszilloskop liegt darin, daß die über die Tastköpfe gemessenen Signale (Bild) auf dem Bildschirm nicht direkt angezeigt, sondern in einem →Halbleiterspeicher zwischengespeichert werden. Die wichtigsten Funktionselemente eines L. sind die Tastköpfe, der Halbleiterspeicher, die Takterzeugung, die →Triggerung, der Bildschirm und die zugehörigen Datenverarbeitungs- und -darstellungsfunktionen.

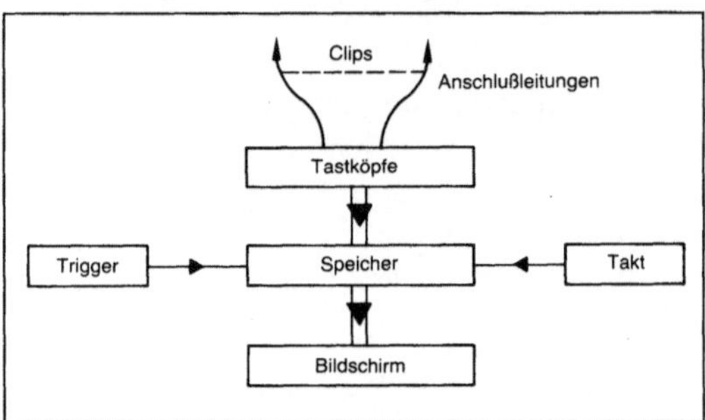

Logikanalysator: Blockschaltbild.

Der L. dient zum genauen Untersuchen des zeitlichen Ablaufs von digitalen Funktionen (Timing-Analyse) und zum Erfassen und Darstellen des Ablaufs komplexer digitaler Ereignisse (Zustandsanalyse). Im ersten Fall werden möglichst hohe Abtastfrequenzen (bis 1 GHz), hohe Speichertiefe je Kanal (mindestens 1 024 Worte), aber eine relativ geringe Anzahl von Kanälen (Eingängen) verwendet. Im zweiten Fall werden nur mittlere Abtastfrequenzen (bis 25 MHz), dafür aber eine große Anzahl von Kanälen (bis 96) und umfangreiche Triggermöglichkeiten benötigt.

Das Messen der n ausgewählten Signale erfolgt über die Tastköpfe. Diese haben die Aufgaben, die analogen Eingangssignale bei möglichst geringer Belastung des Meßobjekts in digitale Signale umzuwandeln. Entsprechende Eingangsverstärker sorgen für Eingangsimpedanzen von 1 MΩ/≤5 pF. Mit Hilfe eines Komparators wird der Schalt- oder Entscheidungspegel (Threshold) festgelegt. Wird der Schaltpegel überschritten, schaltet der Komparatorausgang auf logisch „1“.

Die so erzeugten „0“- oder „1“-Pegel der n Kanäle werden sequentiell an die Eingänge eines Schreib-Lesespeichers gelegt und mit Hilfe eines zusätzlichen Takts in diesen Speicher nach Art eines Schieberegisters hineingeschoben. Die Tiefe des Datenaufnahmespeichers beträgt je nach Anwendungsgebiet und Gerät zwischen 256 und 4 096 bit pro Kanal. Es gibt auch L., bei denen die Speichertiefe durch Hintereinanderschalten von Speichern auf Kosten der Anzahl der Kanäle verändert werden kann. Dieser Vorgang des sequentiellen Durchschiebens von Daten dauert so lange, bis die Triggerung erfolgt und das Speichern angehalten wird.

Erst danach erfolgt die Ausgabe auf dem Bildschirm.

Der Takt, der die Daten sequentiell in den Speicher lädt, wird entweder mittels internen Taktgenerators erzeugt, oder es wird der Systemtakt des zu untersuchenden Systems verwendet. Im ersten Fall spricht man von einer asynchronen Datenaufnahme. Sie ist erforderlich, wenn das genaue Zeitverhalten (hohe Abtastrate) einer Signalfolge oder Störimpulse untersucht werden. Die synchrone Datenaufnahme wird insbesondere bei der Analyse von Mikrorechnern verwendet, da hier alle Daten mit dem Systemtakt gesteuert werden. Um aus der Datenflut z. B. eines Mikrorechners die interessierenden Bereiche herauszufiltern, benützt man sog. Takt- und/oder Datenqualifizierer. Bei der Triggerung wird die Beendigung der Datenaufnahme dann eingeleitet, wenn ein eingestelltes Triggerwort mit einem Eingangssignal auf n Kanälen (Datenwort) übereinstimmt. Dieser sog. Worterkenner gibt in diesem Fall ein Ausgangssignal ab und löst die Triggerung flanken- oder pegelsensitiv aus. Die Stelle des Datenwortes im Speicher, wo dieser Vergleich stattfinden soll, läßt sich frei wählen. Durch die Triggerpositionen „Begin, End, Center" wird eingestellt, ob nur die Vorgeschichte, nur die Nachgeschichte oder beides eines Ereignisses interessiert.

Neben dieser einfachsten Triggermöglichkeit besitzen moderne L. noch eine Vielzahl von weiteren Triggermöglichkeiten. Stehen mehrere Worterkenner zur Verfügung, so lassen sich diese in ihrer Funktion logisch verknüpfen (kombinatorische Triggerung). Weiterhin gibt es „IF-THEN-ELSE"-Worterkennung, Zeit- und Ereigniszähler, automatische Vergleichsfunktion (Referenzspeicher) u. a.

Ist der Speicher nach erfolgter Datenaufnahme voll, schaltet der L. automatisch in den Datendarstellungsbetrieb um. Die verschiedenen Darstellungen werden von einem Formatierer erzeugt und an den Bildschirm, meistens eine Rasterröhre, ausgegeben. Im Timing-Diagramm werden die gespeicherten Binärinformationen der n Kanäle als 1-0-Impulsdiagramm untereinander mit der entsprechenden Kanalbezeichnung ausgegeben. Als Hilfsmittel zum Untersuchen der Gleichzeitigkeit von Flanken lassen sich ein oder mehrere Leuchtmarken (→Cursor) einblenden. Im Timing-Diagramm ist dies eine senkrechte Linie.

Für die synchrone Datenaufnahme wird i. a. die Tabellendarstellung gewählt. In der einfachsten Form zeigt man die Daten, so wie sie im Speicher stehen, im Binärformat an. Die Informationen aller Kanäle auf der gleichen Speicherstelle werden nebeneinander und die verschiedenen Speicherplätze untereinander dargestellt. Da immer nur ein kleiner Ausschnitt aus dem Speicher gleichzeitig darstellbar ist, kann sich der Bedienende den Gesamtbereich mittels Durchrollen der Daten oder seitenweise ansehen, bzw. mittels Such- und Vergleichsfunktionen den interessierenden Bereich ermitteln. Insbesondere bei der Analyse von Mikrorechnerdaten ist die hexadezimale Darstellung üblich.

Die Fehleranalyse in Mikroprozessorsystemen wird vereinfacht, wenn man statt der Hexadezimaldarstellung von Befehlen und Daten die symbolischen Namen der Befehle und Operanden darstellt. Diesen Vorgang des Zuordnens zwischen symbolischer Schreibweise und den aufgenommenen Daten nennt man Disassemblierung, das Programm hierzu Disassembler. Neben diesem für jeden gängigen →Mikroprozessor vorhandenen Software-Modul benötigt man einen entsprechenden Hardware-Adapter für jeden Prozessor, der die Pinbelegung durchführt. Für 8-bit-Prozessoren reichen meistens die sog. mehrpoligen Clip-Adapter, die man direkt über den Prozessor klemmt. Für 16-bit-Prozessoren sind wegen ihrer komplexeren Struktur sog. Personality-Moduln erforderlich. Das Modul wird statt des Prozessors in dessen Sockel eingesteckt; der Prozessor hingegen kommt in einen Stecker auf dem Modul. Mittels Personality-Modul kann man z. B. die richtige Befehlsfolge erkennen, selbst wenn diese durch einen Interrupt unterbrochen wird.

Ein wichtiges Anwendungsgebiet der L. ist schließlich die Software-Leistungsanalyse, mit deren Hilfe sich die Effizienz eines laufenden Programms bestimmen läßt. *F. Schneider*

Logikbaustein, elektrischer →Grundfunktionsglied →Steuerung, elektromechanische →Steuerung, elektronische

Logikbaustein, fluidischer →Steuerung, fluidische, →Grundfunktionsglied

Logikbaustein, hydraulischer →Steuerung, fluidische, →Steuerung, elektrohydraulische

Logikbaustein, pneumatischer →Steuerung, fluidische

Logiksimulation. Simulationsverfahren zu Entwurf und Überprüfung der logischen Funktion eines digitalen Systems oder Funktionsblockes unter Verwendung logischer Grundelemente, insbesondere zur Erkennung logischer Entwurfsfehler, der Analyse kritischer Laufzeiten und zur Fehlersimulation (Prüfung von Testmustern). Ziel ist dabei eine →Simulation logischer Signalwerte über der Zeit unter möglichst realistischen Bedingungen, wie sie später durch die ausgeführte Schaltung gegeben sind.

Im weitesten Sinne umschließt die L. folgende Simulationsebenen:

□ Schalter-Simulation (*engl.* Switch-level-Simulation): Hier wird der Transistor durch einen einfach

spannungsgesteuerten Schalter ersetzt, Verbindungsstrukturen (RC-Leitungen) einbezogen und so eine Brücke zwischen Gatter- und Schaltungsebene hergestellt.
□ Gatter-Simulation (*engl.* Gate level Simulation): Sie geht von Grundgattern (NAND, NOR) als logische Modellelemente aus und berücksichtigt in vielen Fällen auch Zeitverzögerungen (Gatterlaufzeiten).
□ Register-Transfer-Simulation: Hier dienen Funktionsblockbeschreibungen (insbesondere Register und →Zähler) als Ausgangselemente für den Daten-Transfer und die Daten-Transformation zwischen synchron getakteten Registern. Der innere Aufbau des Schaltwerkes aus Gattern bleibt dabei unberücksichtigt. Verfahrensmäßig erfolgt die RT-Simulation
– durch Transformation der RT-Beschreibung in eine Programmiersprache und Programmausführung
– durch Überführung der RT-Beschreibung in eine Form, die nur noch Gatter und Speicherelemente enthält und mit einer L. abgearbeitet werden kann.

Die L. im engeren Sinne umfaßt nur die Simulation auf Gatterebene. Sie läuft entweder compilierend oder ereignisorientiert ab.

Beim älteren compilierenden Verfahren wird zunächst die Schaltung strukturiert, den Grundelementen Ebenen (nummeriert) zugewiesen und anschließend von den Eingangsbelegungen her ein Code generiert, der die Grundfunktionen der Modellelemente ausführt und Grundlage der Simulation ist. Die neuere ereignisorientierte Simulation berücksichtigt, daß während der einzelnen Zeitschritte in einer logischen Schaltung nur ein Bruchteil (20 %) aller zum System gehörenden Gatter arbeitet. Deshalb ist es vorteilhafter, nicht alle Elemente für jeden Zeitschritt zu berechnen, sondern nur von den Zustandswechseln als Basiselemente eines zeitschrittorientierten Simulators auszugehen.

Bekannte Logiksimulatoren sind TEGAS, DLASAR, LOGCAP, DISIM u. a. Mit zur L. wird auch die Timing-Analyse gezählt. Sie dient als Zwischenstufe zur →Schaltungssimulation zur Analyse von zeitkritischen Bereichen (Blöcke, Signalpfade). Dazu wird die Schaltung durch Bauelemente beschrieben. Die Signale können kontinuierlich sein, so daß sich genauere Zeitverläufe z. B. zur Beachtung von Anstiegs- und Abfallzeiten ergeben. Durch vereinfachte Bauelemente und einfache Iterationsverfahren ergeben sich kürzere Rechenzeiten als bei der Schaltungssimulation, jedoch mit demgegenüber etwas reduzierter Genauigkeit.

Die Timing-Simulation eignet sich daher für größere Schaltungsanordnungen, für die die Schaltungssimulation zu umfangreich würde und bei denen nur das Zeitverhalten interessiert. Bekannte Timing-Simulatoren sind MOTIS und SIMPL, mehr schaltungsorientierte MOSTAP, DIANA und mehr logikorientierte z. B. MASCOT. Timing-Analyse kann auch in anderen Simulatoren eingeschlossen sein, man spricht dann von Mixed-Mode-Simulation (z. B. SPLICE). *R. Paul*

Logiktreiber. Prüfsysteme müssen bei den digitalen Bauelementen und Baugruppen die Prüflingseingänge mit Signalen stimulieren. Hierzu sind L. im Prüfsystem erforderlich. Die Spannungspegel U_{Low} und U_{High} der L. sind in einem spezifizierten Spannungsbereich programmierbar. Somit lassen sich die unterschiedlichen Logikfamilien unter verschiedenen Prüfbedingungen testen. L. müssen außerdem die Eigenschaft besitzen, die Signalstrekke Tester–Prüfling einschl. der Prüflingseingangslast mit der jeweiligen Schaltkreistechnik entsprechenden Signalqualität treiben zu können. Werden L. bei bidirektionalen Prüflingspins eingesetzt, so müssen sie auch hochohmig geschaltet werden können. *Tannhäuser*

Luftüberwachungsmeßnetz. Ein L. dient zur dezentralen →Meßwerterfassung der Immissionen und zur zentralen Verarbeitung und Speicherung der Meßwerte. In der Bundesrepublik Deutschland sind diese Meßnetze länderweit organisiert, so mißt z. B. das Lufthygienische Landesüberwachungssystem Bayern (LÜB) die Belastungen der Luft mit Schadstoffen innerhalb Bayerns.

Aufgaben des Meßnetzes: In Belastungsgebieten müssen die Luftverunreinigungen auf Grund des →Bundes-Immissionsschutzgesetzes dauernd gemessen werden. Die Festlegung eines Gebietes als Belastungsgebiet ist Ländersache (z. B. in Bayern sind die Räume Aschaffenburg, Augsburg, Burghausen, Erlangen–Fürth–Nürnberg, Ingolstadt–Neustadt–Kelheim, München, Regensburg und Würzburg als Belastungsgebiete ausgewiesen). Die Hauptaufgabe ist die Früherkennung von Smogbildung bei austauscharmen Wetterlagen und die Anzeige und laufende Beobachtung von gefahrdrohenden Immissionslagen zum Zwecke der Einleitung und Kontrolle von Alarmmaßnahmen entsprechend der Smogverordnungen. Darüber hinaus dienen sie zum Sammeln der lufthygienischen Meßdaten für die Erstellung von Wochen-, Monats- und Jahresberichten und zur mittel- und langfristigen Trendbeobachtung für landesplanerische Zwecke (Siedlungs-, Industrie- und Verkehrsplanung). Ferner lassen sich damit Sondermessungen, wie z. B. Ursachenforschung für das „Waldsterben", durchführen und die Transmission der Schadstoffe untersuchen.

Gemessen werden im wesentlichen die Hauptschadstoffe; das sind Schwefeldioxid (SO_2), Kohlenmonoxid (CO), Gesamtkohlenwasserstoffe

(C_nH_m) mit oder ohne Methan, Stickoxide (NO_x), Ozon (O_3), Staubkonzentration und Staubniederschlag. Darüber hinaus werden in einzelnen Stationen zusätzlich die meteorologischen Daten wie Windrichtung, Windgeschwindigkeit, Niederschlag, pH-Wert des Niederschlags, Lufttemperatur, Luftfeuchte, Luftdruck, Globalstrahlung und Strahlungsbilanz gemessen. Letztere dienen insbesondere zur Untersuchung des Zusammenhangs zwischen Wetterlage und Schadstoffbelastung.

Aufbau des Meßnetzes: Die Messungen vor Ort werden in den sog. Meßstationen durchgeführt. Diese Meßstationen sind in der Regel aus standardisierten Meßkabinen aufgebaut und bestehen aus den Probenahmensystemen für Staub und für Schadgase, den unterschiedlichen Meßgeräten für die Schadstoffkomponenten, der digitalen Meßwerterfassungsanlage und einer Einrichtung zur Datenfernübertragung zur Meßnetzzentrale.

Die Probenahme für Staub erfolgt senkrecht über dem Meßplatz und ragt ca. 1,50 m über das Dach der Station hinaus. Für Schadgase besteht der Probenahmekopf aus einem zylinderförmigen Vorabscheider zur Zurückhaltung grober Verunreinigungen. Die Probenluft wird mittels Radiallüfter durch die Probenleitung gesaugt. Diese besteht überwiegend aus Borsilikatglas. An diese Probenleitung werden die Meßgeräte in der Reihenfolge ihrer reaktiven Eigenschaften angeschlossen.

Die Meßgeräte müssen für den automatischen Betrieb angepaßt sein und werden von der Meßwerterfassungsanlage über standardisierte Schnittstellen angesteuert (einheitlicher Datenstecker). Bestimmte Funktionen wie z. B. das Nachkalibrieren sind fernsteuerbar, ferner werden alle Betriebszustände und alle wesentlichen Funktionsstörungen angezeigt und automatisch über den Stationsrechner erfaßt. Je nach Schadstoff arbeiten die Meßgeräte nach den unterschiedlichsten physikalischen oder chemischen Meßverfahren, wobei in den letzten Jahren die Tendenz eindeutig zu den physikalischen Verfahren geht (ohne wartungsintensive Reaktionslösungen).

Die Meßwerterfassungsanlage besteht in der Regel aus einem →Mikrorechner mit entsprechendem Speicherausbau. Das Programm wird im Nur-Lese-Speicher (→EPROM) abgelegt, die laufenden Daten im RAM. Über den Prozeßbus werden die Meßgerätemodule, über die die verschiedenen Meßgeräte angesteuert werden, angeschlossen. Über eine automatische Wähleinrichtung (AWD) kann die einzelne Unterstation Verbindung über das Telefonnetz mit der Zentrale aufnehmen. Sind in der näheren Umgebung einer Unterstation weitere Meßstationen aufgestellt (wie z. B. in Belastungsgebieten), so werden diese häufig nicht direkt an die Zentrale angeschlossen, sondern über Standleitungen an eine Unterstation. Dadurch kann die Anzahl der erforderlichen Wählverbindungen reduziert werden. Die Daten werden zur Zentrale seriell übertragen über Datenfernübertragungseinrichtung (DFÜ) und Modem.

Die Meßnetzzentrale besteht aus einem →Prozeßrechnersystem mit entsprechenden Externspeichern (→Magnetplatten, Magnetbänder), Druckern, Sichtgeräten und graphischen Ausgabemöglichkeiten. Um einen unterbrechungsfreien Betrieb sicherzustellen, ist das Prozeßrechnersystem häufig als Doppelrechnersystem ausgeführt. Der Anschluß der Unterstationen geschieht – analog zu den Unterstationen – über DFÜ, Modem und AWD.

Funktion: Die Unterstationen fragen zyklisch die einzelnen Meßgeräte ab und bilden aus den eingelesenen und auf Plausibilität geprüften Meßwerten den Halbstundenmittelwert. Diese können für alle Meßgeräte einer Unterstation für eine bestimmte Zeit (z. B. 24 Stunden) dort gespeichert werden. Ferner wird geprüft, ob der Halbstundenwert eine eingestellte Grenze überschreitet. In einem solchen Fall wählt die Unterstation von sich aus über die AWD die Zentrale an und überträgt die Meßwerte spontan. Neben diesen zyklischen Aufgaben löst die Unterstation in entsprechenden Abständen die Kalibrierfunktionen der Meßgeräte aus und überprüft die Meßgeräte und sich selbst auf Funktionstüchtigkeit.

Die Meßnetzzentrale wählt z. B. alle acht Stunden die Unterstationen über das Fernsprechwählnetz nacheinander an, ruft die dort gespeicherten Halbstundenwerte ab, überprüft sie und legt sie in entsprechenden Tagesdateien ab. Ferner werden Tages-, Monats- und Jahreswerte und Summenhäufigkeiten über verschiedene Zeiträume gebildet. Bei Grenzwertüberschreitungen löst die Anlage Alarm aus. Breiten Raum nehmen die Ausgabemöglichkeiten auf Drucker, Sichtgerät und Plotter ein. Für eine langfristige Speicherung besteht häufig eine Verbindung zu einer übergeordneten Datenverarbeitungsanlage. Besonders in der Meßnetzzentrale ist die frühzeitige Erkennung von Störungen für den unterbrechungslosen Betrieb von großer Wichtigkeit. Bei Vorhandensein eines entsprechend ausgerüsteten Doppelrechnersystems wird im Fehlerfall auf den intakten (Einzel-)Rechner umgeschaltet.

F. Schneider

Literatur: *Heise, S.; G. Gietl, G. Köhler:* Das Lufthygienische Landesüberwachungssystem Bayern (LÜB). Siebente Ausbaustufe. Schriftenreihe Bayerisches Landesamt für Umweltschutz. Heft 53. München 1982.

Lumen. SI-Einheit des Lichtstromes. Einheitenzeichen lm. 1 lm = 1 cd · sr (→Einheiten des SI). *Hammerschmidt*

Lumineszenz. L. ist die zusätzlich zur Temperaturstrahlung auftretende elektromagnetische Strahlung eines Körpers von endlicher Dauer, wobei die Dauer wesentlich größer als die Periode der Schwingung der Strahlung ist. Diese Definition beinhaltet die Abgrenzung zur Temperaturstrahlung (thermisches Gleichgewicht, schwarzer Strahler), zur Streuung (z. B. Raman- oder Brillouinstreuung) und zu anderen Emissionsprozessen. Ursache für die L. ist immer ein vorangegangener Anregungsprozeß.

Während die Temperaturstrahlung in der Regel aus breiten Emissionsbanden besteht, die wenig materialspezifisch sind, besteht das Lumineszenzspektrum, insbesondere bei tiefen Temperaturen aus schmalen Banden, durch die sich die verschiedenen Materialien voneinander unterscheiden (Bild).

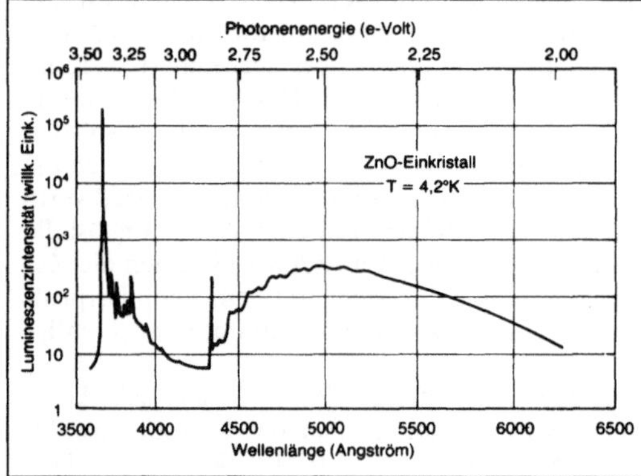

Lumineszenz: Lumineszenzspektrum eines ZnO-Kristalls (nach Mollwo und Solbrig).

Allgemein gilt für die L. die *Stokes*'sche Regel, die besagt, daß die Wellenlänge λ des Lumineszenzlichtes langwelliger oder gleich der des anregenden Lichtes ist. Nach der Entdeckung der *Planck*'schen Beziehung $E = h\frac{c}{\lambda}$ wurde sie sofort als Formulierung des Energiesatzes verständlich. Es werden aber auch Anti-Stokes'sche Lumineszenzbanden beobachtet, bei denen ein Teil der inneren Energie des angeregten Körpers beim Lumineszenzprozeß mit abgegeben wird. Die antistokessche L. muß aber mit Annäherung der Temperatur an den abs. Nullpunkt verschwinden, eine verständliche Folge des 3. Hauptsatzes der Thermodynamik.

Den gesamten Lumineszenzvorgang kann man in einzelne Stufen zerlegen:

□ Absorption der Anregungsenergie,

□ Emissionsprozeß.

Danach ergibt sich eine Möglichkeit verschiedene Lumineszenzarten nach der Quelle der Anregungsenergie zu unterscheiden (Tabelle).

Technisch genutzt werden die Kathodolumineszenz bei den Fernseh- und Oszillographenröhren, die

Lumineszenz. Tabelle: Lumineszenzarten, unterschieden nach der Anregungsenergie.

Lumineszenzart	Quelle der Anregungsenergie
Photolumineszenz	elektromagnetische Strahlung
Kathodolumineszenz	Elektronenstrahlung (Kathodenstrahlen)
Radiolumineszenz	radioaktive Strahlung
Elektrolumineszenz	elektrisches Feld
Chemilumineszenz	chemische Reaktion
Biolumineszenz (s. d.)	biochemische Reaktion
Tribolumineszenz	mechanische Reibung
Thermolumineszenz	Temperaturerhöhung nach vorangegangener Anregung bei tiefer Temperatur

Elektrolumineszenz (*Destriau*effekt) bei den Lumineszenzdioden, die Photolumineszenz bei Lasern und Leuchtstoffröhren (Quecksilberlampe), die Radiolumineszenz bei den Szintilisationszählern zum Nachweis radioaktiver Strahlung und die Thermolumineszenz zur → Dosismessung. Bei den aufgeführten Lumineszenzarten können ganz verschiedene Emissionsprozesse auftreten, z. B. die Emission durch angeregte Atome oder Moleküle in Gasen, Emission durch angeregte Störstellen in Festkörpern, die Rekombination freier Ladungsträger (Elektronen, Löcher) oder die Rekombination freier Ladungsträger an Störstellen. Auch andere elektronische Anregungen des Festkörpers wie exzitonische Polaritonen oder gebundene Exzitonen können zur L. beitragen.

Der angeregte Zustand eines Festkörpers kann aber auch durch die Anregung von Gitterschwingungen (Phononen) ohne Abgabe elektromagnetischer Strahlung zerfallen (strahlungslose Rekombination). Der Anregungsprozeß hat dann nicht zur L., sondern zur Temperaturerhöhung der Probe geführt. Die strahlungslose Rekombination führt dazu, daß die Lumineszenzausbeute η $\left(\eta = \frac{\text{Lumineszenzleistung}}{\text{Anregungsleistung}}\right)$ für die meisten Festkörper nur wenige Prozent ist. Oft wird die L. durch den Einbau bestimmter Störstellen (Aktivatoren, z. B. KC1: Te) erst hervorgerufen, andere Störstellen (Coaktivation) tragen durch Beeinflussung des Ladungsgleichgewichtes im Festkörper zur Erhöhung der Lumineszenzausbeute bei. Manche Störstellen (Löschzentren, Killer) fördern die strahlungslose Rekombination. (Elektroluminiszenz; Fluoreszenz; Phosphoreszenz) *Helbig*

Literatur: *Curie, D.*: Luminescence in Crystals Methuen, London, 1963 – *Riehl, N. (Ed.).*: Einführung in die Lumineszenz, Stuttgart 1971.

Lumineszenzdiode. →Halbleiterdiode, die durch strahlende Rekombination elektrisch injizierter Ladungsträger Licht erzeugt und aussendet.

Eine L. besteht i. a. aus einem pn-Übergang hoher Dotierung (10^{17}–10^{18} cm^{-3}), der in Flußrichtung betrieben wird. Dabei werden Elektronen aus dem n-Gebiet und Löcher aus dem p-Gebiet als Minoritätsladungsträger in das jeweils anders dotierte Gebiet injiziert. Im Grenzgebiet sind dann beide Ladungsträger vorhanden und können miteinander rekombinieren; die Energiedifferenz wird als Photon ausgesendet. Diese Injektionslumineszenz tritt in Homo- und Heteroübergängen, aber auch in Schottky- und MIS-Übergängen der typischen Lumineszenzhalbleiter auf.

In Homoübergängen wird das lumineszierende (aktive) Volumen begrenzt durch die Diffusionslängen der Ladungsträger (Bild 1). Da die emittierte Strahlung außerhalb des aktiven Volumens wieder zur Erzeugung von Elektron-Loch-Paaren herangezogen werden kann (Selbstabsorption), sollte der pn-Übergang dicht unterhalb der Oberfläche liegen.

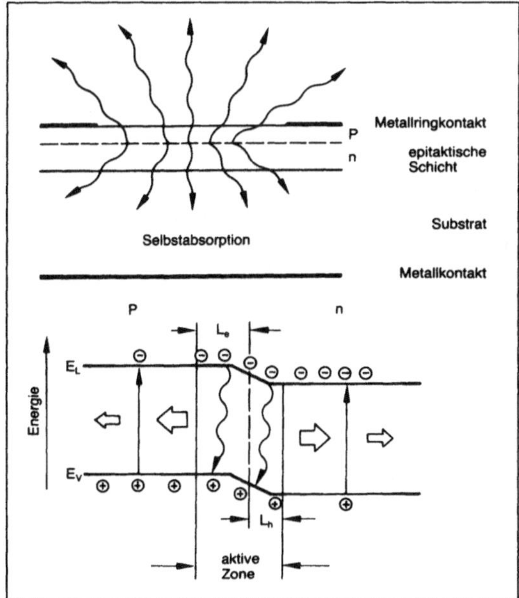

Lumineszenzdiode 1: Homojunction-L.: schematischer Aufbau und Bandenergieverlauf bei geringer Vorspannung in Flußrichtung (unten).

Hetero- und Doppelheteroübergänge bieten deutliche Verbesserungen. Eine dünne Schicht (dünner als die Diffusionslängen) des aktiven Materials ist eingebettet zwischen dickeren Schichten eines Materials größeren Bandabstandes (Bild 2). Ladungsträger werden über die Bereiche des größeren Bandabstandes in die aktive Schicht injiziert, können sie durch die Potentialbarrieren aber nicht verlassen, so daß bereits bei geringen Stromdichten eine ausreichende Ladungsträgerkonzentration für eine effiziente strahlende Rekombination erreicht wird. Die →Lumineszenz ist auf die aktive Schicht begrenzt und wird von den angrenzenden Schichten nicht absorbiert, da diese einen höheren Bandabstand haben. Heteroübergänge lassen so generell einen höheren Wirkungsgrad erwarten.

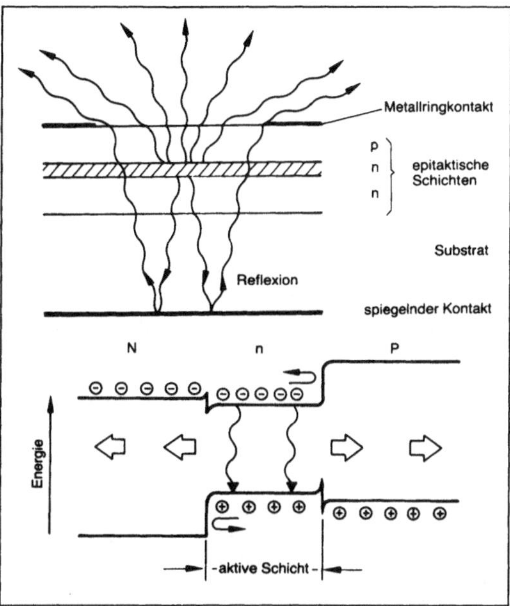

Lumineszenzdiode 2: Heterojunction-L.: schematischer Aufbau und Bandenergieverlauf bei geringer Vorspannung in Flußrichtung.

Können Halbleiter nicht gleichzeitig in n- und p-leitender Form hergestellt werden (z. B. GaN und II-VI-Halbleiter), so bilden Metall-Halbleiter-Übergänge eine Alternative. In diesem Fall werden Minoritätsträger vom Metall in den Halbleiter injiziert, um dort strahlend zu rekombinieren (in Flußrichtung betriebene →Schottky-Diode). Problematisch ist allerdings der sehr viel größere Minoritätsträgerstrom aus dem Halbleiter heraus. Er kann durch Inversions- oder dünne isolierende Zwischenschichten verringert werden (MIS-Struktur). Die Wirkungsgrade derartiger L. sind gering. Durch Tunneleffekte ist Injektionslumineszenz auch in Schottky-Dioden und MIS-Strukturen möglich, die in Sperrichtung betrieben werden.

L. werden mit aufwendigen Verfahren hergestellt. Die mit den typischen Kristallzuchtverfahren gewachsenen Halbleiterkristalle enthalten zu viele Störungen, die zu nichtstrahlenden Rekombinationen führen. Sie können daher nur als Substrat verwendet werden, auf das die aktiven Schichten mit verschiedenen Epitaxieverfahren aufgewachsen werden. Anschließend erfolgen (gegebenenfalls)

Diffusion, lithographische Strukturierung und Ätzprozesse.

Aus den Herstellungsverfahren resultiert meist eine planare Bauform. Der schichtseitige Kontakt wird transparent oder ringförmig ausgebildet, der substratseitige spiegelnd, sofern das Substrat für die emittierte Strahlung transparent ist.

Auch ohne Selbstabsorption verläßt nicht die gesamte Lumineszenzstrahlung den Kristall. Die zunächst in alle Raumrichtungen emittierte Strahlung wird an der Grenzfläche des Halbleiters zur Luft zu einem großen Teil in den Kristall zurückreflektiert (Lumineszenzdiode-Wirkungsgrad). Verbesserungen bringen günstige Formgebung oder das Einbetten des Kristalls in ein optisches Material geeigneter Form, wodurch sich auch die Abstrahlcharakteristik (prinzipiell Lambert-Strahler) beeinflussen läßt. Besondere Bauformen haben L. für die optische Nachrichtentechnik (Hochleistungs-Lumineszenzdioden); sie sind sowohl als Flächen- als auch als Kantenstrahler aufgebaut. Das aktive Volumen wird dabei durch Verwendung von Heteroübergängen und kleine Kontakte begrenzt, so daß hohe Leuchtdichten entstehen, die direkt in die optische Faser eingekoppelt werden können.

Die von einer L. emittierte Leistung steigt linear mit dem Strom an bis zu einigen 10 µW bzw. einigen mW, je nach Typ (→Lumineszenzdiode-Kennlinie), bis bei höheren Strömen Sättigung infolge der Erwärmung auftritt. Der Strahlungsfluß läßt sich durch den Strom direkt modulieren (Lumineszenzdiode-Modulation).

Die spektrale Verteilung der Lumineszenz wird bestimmt durch den energetischen Abstand der Bänder bzw. der beteiligten Störstellenniveaus des aktiven Materials (→Lumineszenzdiode-Spektrum). Je nachdem, ob die Strahlung für das menschliche Auge sichtbar ist oder nicht, wird zwischen Licht-emittierenden Dioden (→LED) und Infrarot-emittierenden Dioden (IRED) unterschieden. LEDs finden ihre Anwendung als Anzeigeelemente einzeln oder in Arrays, IREDs dagegen in der optischen Nachrichtentechnik, Medizin und Meßtechnik. *Rosenzweig*

Literatur: *Bleicher, M.*: Halbleiter-Optoelektronik. Heidelberg 1986; – *Paul, R.*: Optoelektronische Halbleiterbauelemente. Stuttgart 1985.

Lumineszenzdiode – Kennlinie. Zusammenhang zwischen Strom und Spannung (U-I) bzw. optischer Leistung und Strom (P-I) einer →Lumineszenzdiode.

Die I-U-Kennlinie einer Lumineszenzdiode entspricht der eines normalen pn-Überganges. Der Strom I steigt exponentiell mit der angelegten Spannung U an

$$I = I_o \exp\left(\frac{e_0\,(U - R_S I)}{n_i k T}\right)$$

(I_o Sättigungsstrom, e_o Elementarladung, R_S Serienwiderstand, k Boltzmann-Konstante, T Temperatur und n_i sog. Ideality-Faktor, der die Abweichung der Kennlinie von der Theorie ($n_i = 2$) angibt). Die für die praktische Beschreibung der U-I-Kennlinie übliche Schleusenspannung ist direkt proportional zum Bandabstand, d. h. umgekehrt proportional zur Wellenlänge der emittierten Strahlung (Bild 1).

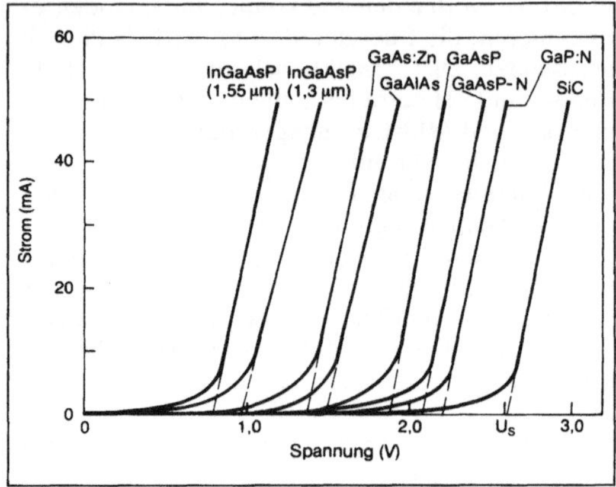

Lumineszenzdiode-Kennlinie 1: Strom-Spannungskennlinien von Lumineszenzdioden verschiedener Materialien.

Die optische Leistung (P-I-Kennlinie) steigt, abgesehen von geringen Nichtlinearitäten bei geringen Strömen, linear mit dem Strom an; die Steigung entspricht dem externen Quantenwirkungsgrad (Lumineszenzdiode – Wirkungsgrad). Bei höheren Strömen treten Sättigungserscheinungen infolge der Erwärmung des Halbleiters auf (Bild 2). Die maximal erreichbare Leistung hängt vom Material und

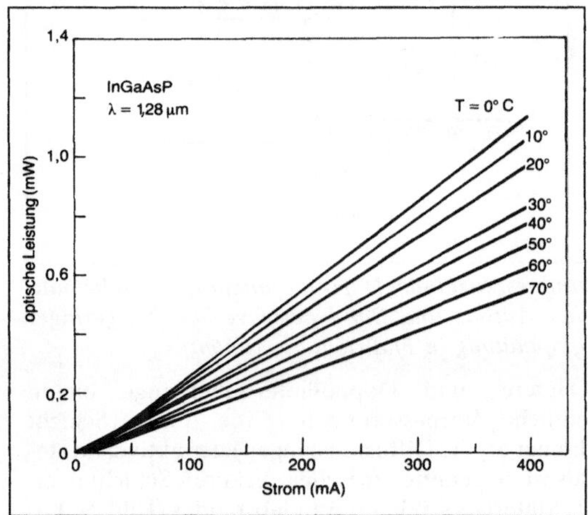

Lumineszenzdiode-Kennlinie 2: P-I-Kennlinien einer infraroten InGaAsP-Lumineszenzdiode für verschiedene Temperaturen.

der Bauform der Diode ab. Sie beträgt einige 10 µW für einfache Anzeigedioden und bis zu 10 mW für Hochleistungs-Lumineszenzdioden. Mit wachsender Temperatur nimmt die Steigung der P-I-Kennlinie um ca. 1–2 %/K ab, da der interne Quantenwirkungsgrad sinkt. *Rosenzweig*

Literatur: *Paul, R.:* Optoelektronische Halbleiterbauelemente. Stuttgart 1985.

Lumineszenzdiode – Spektrum. Die spektrale Verteilung der emittierten Strahlung einer →Lumineszenzdiode hängt ab vom verwendeten Material, der Bauform und den Betriebsbedingungen.

Die spektrale Lage der →Lumineszenz wird in erster Linie bestimmt durch den Bandabstand des Materials bzw. den Energieabstand der an der strahlenden Rekombination beteiligten Störstellenzustände (Lumineszenzhalbleiter). Die Halbwertsbreite der in erster Näherung gaußförmigen, i. a. unstrukturierten Bande beträgt 20–50 nm im sichtbaren Spektralbereich (→LED) bis zu 100–120 nm im infraroten Bereich (IRED) (Bild). Sie nimmt mit wachsender Dotierung zu.

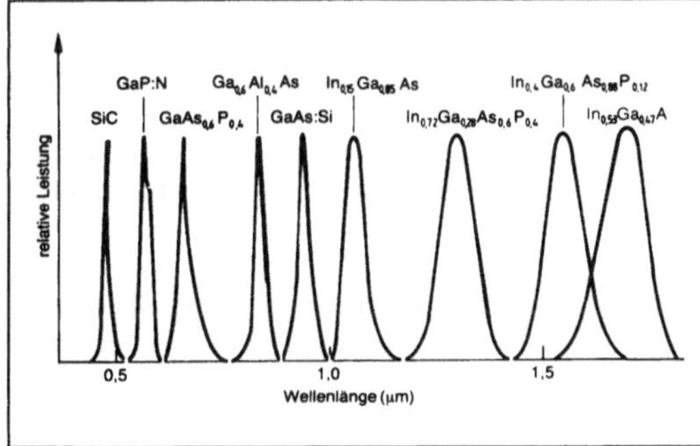

Lumineszenzdioden-Spektrum: Spektrale Lichtverteilung verschiedener Lumineszenzdioden.

Die insbesondere bei Homodioden auftretende Selbstabsorption ist stark wellenlängenabhängig. Sie schwächt vor allem den kurzwelligen Anteil der Strahlung, so daß mit zunehmender Materialdicke über dem pn-Übergang eine Verschiebung des Maximums zu längeren Wellen erfolgt. Die Absorption nimmt außerdem mit der Höhe der Dotierung zu.

Entsprechend der Temperaturabhängigkeit der →Bandkante eines Halbleiters verschiebt sich die Lumineszenzbande im Bereich der Zimmertemperatur um 0,3–0,5 nm/K zu längeren Wellen. Gleichzeitig nimmt die Halbwertsbreite geringfügig zu. Eine Erhöhung des Betriebsstromes zur Steigerung der optischen Leistung verschiebt die Bande ebenfalls zu längeren Wellen infolge der zunehmenden Erwärmung des Halbleiters. *Rosenzweig*

Literatur: *Kersten, R. Th.:* Einführung in die optische Nachrichtentechnik. Berlin–Heidelberg–New York 1983.

Lux. SI-Einheit der Beleuchtungsstärke. Einheitenzeichen lx. 1 lx = 1 lm/m² = 1 cd · sr/m² (→Einheiten des SI). *Hammerschmidt*

Lyolumineszenz-Dosimeter. Gewisse Festkörper haben die Eigenschaft, die beim Bestrahlen mit ionisierender Strahlung gespeicherte Energie in Form von sichtbarem Licht abzugeben, sobald sie in Lösung gehen.

Lyolumineszenzeigenschaften haben vor allem organische Stoffe wie Farbstoffe, Aminosäuren und Vitamine; auch andere Stoffe, wie z. B. Enzyme und Komponenten der DNS sind lyolumineszenzfähig.

Als Lösungsmittel dienen Wasser oder organische lumineszierende Flüssigkeiten. Die Empfindlichkeit dieser kann u. U. durch Verwenden von Lumineszenzverstärkern erhöht werden.

Die Auswerteapparatur besteht aus einer Meßzelle, in der die bestrahlte Dosimetersubstanz in das Lösungsmittel eingebracht wird, einem Sekundärelektronenvervielfacher und einem →Anzeigegerät und entspricht damit weitgehend der in der Thermolumineszenzdosimetrie verwendeten. Bei ihrer Anwendung ist darauf zu achten, daß Temperatur und pH-Wert der Lösungsmittel das Meßergebnis beeinflussen können.

L.-D. überdecken einen Dosisbereich von 2–4 Dekaden, der von etwa 0,1 Gy bis 100 kGy geht. Mit ihnen können Photonen, Elektronen, Korpuskularstrahlungen und Neutronen nachgewiesen werden. Die erreichbare Genauigkeit geht bis zu ± 5 %. Ihr Vorteil ist eine meist nur kleine Energieabhängigkeit. Verwendet wird die Lyolumineszenzmethode bei der Lebensmittelbestrahlung und Sterilisierung von medizinischen Verbrauchergütern. *Wachsmann*

M

Mach-Zehnder-Interferometer, integriert optisches. In einem integriert optischen M-Z-I. werden die in einem monomodalen Eingangswellenleiter sich ausbreitenden Wellen durch einen Y-Verzweiger (→Glasfaserverzweiger) auf die beiden Interferometerarme aufgeteilt und nach einer Lauflänge l wiederum durch einen Y-Verzweiger im monomodalen Ausgangswellenleiter vereinigt. Je nach Phasenlage der beiden Wellen kommt es zu konstruktiver oder destruktiver Interferenz (Bild). Das Umschalten kann durch ein elektrisches Feld unter Ausnutzung des elektrooptischen Effektes (→Schalter, elektrooptischer) erreicht werden.

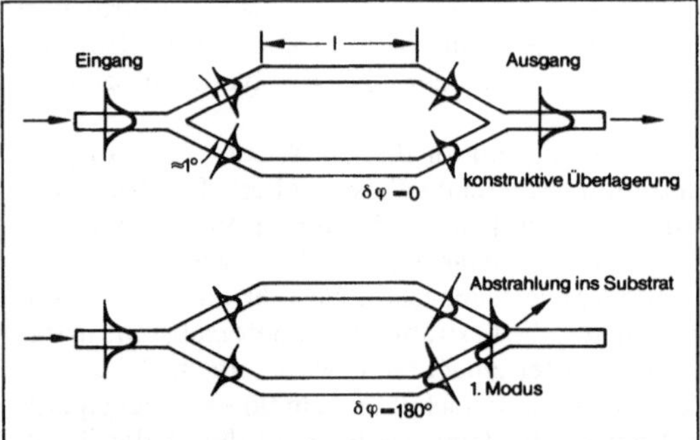

Mach-Zehnder-Interferometer: Das elektrische Feld des Lichtes im integriert-optischen M.-Z.-I. für die Phasendifferenz $\delta\Phi = 0°$ und $\delta\Phi = 180°$.

Bei konstruktiver Interferenz überlagern sich die beiden Teilwellen phasengleich zum Grundmodus (Schichtwellenleiter) mit der ursprünglichen Amplitude, während bei destruktiver Interferenz der erste Modus entsteht. Dieser ist aber im monomodalen Ausgangswellenleiter nicht ausbreitungsfähig und wird daher ins Substrat abgestrahlt.

Integriert optische M-Z-I. werden als elektrooptische Modulatoren eingesetzt. Sie können sowohl aus $LiNbO_3$ als auch aus Halbleitermaterialien (wie z. B. GaAs, InP) als Substratmaterial bestehen. Mit $LiNbO_3$ werden Modulationsbandbreiten von mehr als 10 GHz erreicht. *Krauser*

Magnetbandeinheit. M. sind Komponenten innerhalb von Speichersystemen, die, gesteuert von einer Kontrolleinheit, Signale in Form magnetischer Felder auf Magnetbänder schreiben oder von ihnen lesen. Sie arbeiten nach dem Prinzip der magnetomotorischen Speicher (→Magnetplattenlaufwerk).

Unter den Massenspeichern, die an moderne Informationsverarbeitungssysteme angeschlossen sind, nehmen sie nach Anschaffungswert – allerdings mit großem Abstand – hinter den Magnetplattenspeichern die zweite Stelle ein.

M. eignen sich für die Aufzeichnung kodierter und nicht kodierter Informationen, die in der Reihenfolge ihrer Aufzeichnung – sequentiell – gelesen und verarbeitet werden sollen.

Besondere Vorzüge:

– Aufgezeichnete Informationen können auf einfache Art gelöscht und überschrieben werden, die Datenträger sind wiederverwendbar.

– Die Datenträger sind auswechselbar und bieten eine kostengünstige Lösung für Archivierung von Daten, auf die nur selten zugegriffen wird bzw. die archivierungspflichtig sind. Häufige Verwendung: Sicherungskopien von Dateien, deren Originale auf Plattenspeichern liegen.

□ Funktionsprinzip: Von Elektromotoren getrieben, wird ein Magnetband mit möglichst konstanter Geschwindigkeit an normalerweise mehreren parallelen, feststehenden Schreib-/Leseköpfen vorbeigeführt, um die Signale entweder zu schreiben oder zu lesen. Jeder Schreib-/Lesekopf ist normalerweise einer Spur zugeordnet.

□ Adressierung: Vom Rechner werden *Blöcke* mit einer definierten Anzahl von Zeichen verlangt, für die vom Programm entsprechende Bereiche im Hauptspeicher vorgesehen sind. Die meisten Informationsverarbeitungssysteme erlauben eine breite Variation der programmabhängig gewählten Blocklängen. M. zeichnen Block für Block auf. Zwischen den Blöcken befinden sich *Klüfte.* Häufig enthalten Kennsätze – auch genormte Kennsätze – am Anfang jedes Bandes oder jeder Datei für Rechner und Kontrolleinheit erforderliche Informationen, z. B. über die Aufzeichnungsart, Lage und Umfang von Dateien. Eine aufgeklebte Marke kann das Ende des beschreibbaren Teils eines Bandes kennzeichnen.

□ Ausführungsalternativen: Das Angebot von Laufwerken der seit den fünfziger Jahren etablierten Magnetbandtechnologie ist außerordentlich breit gefächert nach Preis/Leistung/Funktion, unterschiedlichen Datenträgern, genormten und nicht genormten Aufzeichnungsverfahren (parallel oder schräg zur Laufrichtung), feststehende oder (bei Schrägaufzeichnung) bewegte Schreib-/Leseköpfe,

Luftschmierung oder Berührung von Kopf und Band usw.

Im oberen Leistungsbereich werden auf längere Sicht wesentlich sein:

– Laufwerke für der Norm unterliegende, bitparallele, zeichenserielle Aufzeichnung (1600 Zeichen PE, [phase encoded] oder 6250 Zeichen/Zoll, gruppenkodiert), Start/Stopp-Betrieb, Reibradantrieb mit Bandschlaufen in Unterdruckschächten zur Minderung der Massenträgheit, doppelt ausgeführte Kopfreihen für simultanes Schreiben und Prüfen, vorwärts und rückwärts lesen/schreiben, Übertragungsleistung von 0.12 bis 1.25 Millionen Zeichen/s, genormte Bänder, ½ Zoll breit, unterschiedliche Rollendurchmesser bis 10.5 Zoll.

– Einheiten für Kassetten (Bild).

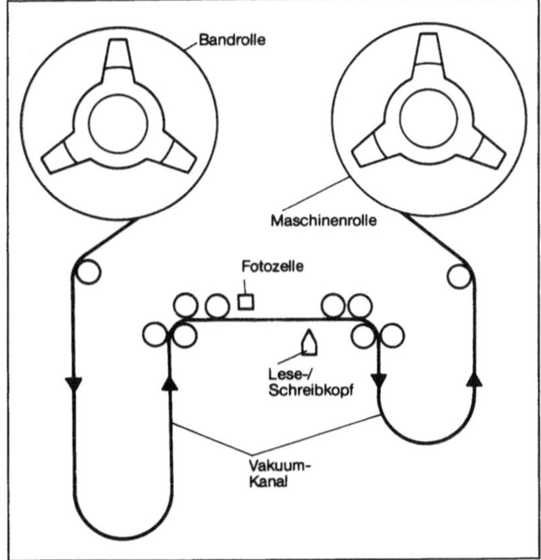

Magnetbandeinheit: Funktionselemente eines traditionellen Magnetbandlaufwerkes.

□ Redundanz: Üblicherweise wird bei der Zeichendarstellung auf Magnetbändern ein Prüfbit hinzugefügt (z. B. 8-Bits + 1 Bit zur Prüfung auf immer geradzahlige- oder ungeradzahlige Kombinationen). Darüber hinaus sind jedem Block zusätzliche Zeichen beigefügt, bei hoher Aufzeichnungsdichte über 30 %, die zur Korrektur von Bitfehlern durch die Mikroprogramme der Kontrolleinheiten dienen, ferner zum Berichtigen bei nicht einwandfreier Erkennbarkeit paralleler Bit-Kombinationen (nach „Schiefziehen" des Bandes).

□ Verbindung: Meist mehradrige Kupferkabel. Einführung von Glasfaserkabeln für höhere Geschwindigkeit und größere Entfernung später denkbar.

□ Leistung: Breites Angebot unterschiedlicher Übertragungsleistung: Von unter 20 000 bis 3 Millionen Zeichen/s, bei steigender Tendenz. Übertragungsleistung (nominal) abhängig von der Bit-Dichte, der Zahl der parallelen Spuren auf dem Band und der Bandgeschwindigkeit.

□ Technische Besonderheiten, Entwicklungstrend: Die traditionelle Start/Stopp-Technik hatte Mitte der siebziger Jahre einen so hohen Entwicklungsstand erreicht (6250 Zeichen je 9 Benutzerbits pro Zoll, Bandgeschwindigkeit über 5 m/s, 1.25 Millionen Zeichen/s), daß einer Weiterentwicklung dieser Technologie Grenzen gesetzt waren. Stopp und Beschleunigung auf Sollgeschwindigkeit innerhalb einer halben Kluft (z. B. auf 5 m/s innerhalb von 3.8 mm) setzte hohen technischen Aufwand voraus.

Deswegen sind jüngere M. als *Streamer* ausgeführt. Das ist „durchlaufender Betrieb" über mehrere Blöcke und Klüfte, anschließend verhältnismäßig langsames Abbremsen und Zurücksetzen in die letzte Kluft. Die modernsten Einheiten arbeiten bislang mit 18 Spuren, zwei Zeichen parallel, rund 19 000 Bits pro Zoll innerhalb einer Spur (das ergibt 38 000 Zeichen pro Zoll) und erreichen bei einer Bandgeschwindigkeit von nur 2 m/s eine Übertragungsrate von 3 Millionen Zeichen/s. Voraussetzung für diese Technik waren:

– Ein dynamisch verwalteter elektronischer Pufferspeicher in der Kontrolleinheit mit einem variablen Segment für jede angeschlossene Einheit, photolithographische Methoden beim Herstellen der Schreib-/Leseköpfe mit geringeren Fertigungstoleranzen und neues Bandmaterial für höhere Aufzeichnungsdichte (Magnetbänder).

– Der Transportmechanismus kann weniger kompliziert ausgeführt sein (Rolle zu Rolle) und erweiterte Mikroprogramme tragen neben der Mechanik zu bis dahin nicht erreichter Zuverlässigkeit bei.

– Magnetbandkassetten begünstigen einfachste Montage. Gegenüber früheren Lösungen wurden niedrigere Werte bei Raum- und Energiebedarf erreicht. Für die lineare Aufzeichnungsdichte und die Zahl der parallelen Datenspuren besteht Entwicklungspotential und damit auch für die Übertragungsgeschwindigkeit. *Voss*

Literatur: *Scholz, C.:* Handbuch der Magnetbandspeichertechnik. Berlin 1980.

Magnetfeldmessung. Kennzeichnende Größe für ein Magnetfeld ist die magnetische Flußdichte oder Induktion B mit der SI-Einheit →Tesla: 1 T = 1 Vs/m².

Die Induktion B_o im Vakuum ergibt sich aus der magnetischen Feldstärke H (SI-Einheit A/m) über die magnetische Feldkonstante μ_o:

$B_o = \mu_o \cdot H$ mit $\mu_o = 4\pi \cdot 10^7$ Vs/Am.

Bei Anwesenheit eines Stoffs im Magnetfeld verändert sich die Induktion von B_o auf $B = \mu_r \cdot B_o$. Darin ist μ_r die Permeabilitätszahl.

Man kann unterscheiden:
- Stoffe mit $\mu_r \gg 1$ sind ferromagnetisch,
- Stoffe mit $1 < \mu_r < 2$ sind paramagnetisch,
- Stoffe mit $\mu_r < 1$ sind diamagnetisch.

Besondere praktische Bedeutung haben die ferromagnetischen Materialien mit ihrem besonders großen, aber nicht konstanten μ_r. Der Zusammenhang zwischen H und B wird durch die Hystereseschleife (Bild 1) beschrieben, aus der man alle wesentlichen magnetischen Eigenschaften des Materials entnehmen kann, wie z. B. die Koerzitivfeldstärke H_c, die Sättigungsinduktion B_s und die nach Wegnehmen der magnetischen Feldstärke verbleibende Remanenz-Induktion B_r. Mit einer Meßeinrichtung nach Bild 2 kann man die Hystereseschleife einer ferromagnetischen Materialprobe direkt auf dem Schirmbild eines →Elektronenstrahl-Oszilloskops (EO) darstellen. Ist das Magnetfeld im ganzen (Ring-)Kern räumlich konstant, so läßt sich die Feldstärke H mit Hilfe des Durchflutungsgesetzes aus dem Strom i durch die Erregerwicklung errechnen:

$$H(t) \cdot l_e = i(t) \cdot N_E;$$

l_e mittlere Eisenweglänge des Kerns, N_E Windungszahl der Erregerspule.

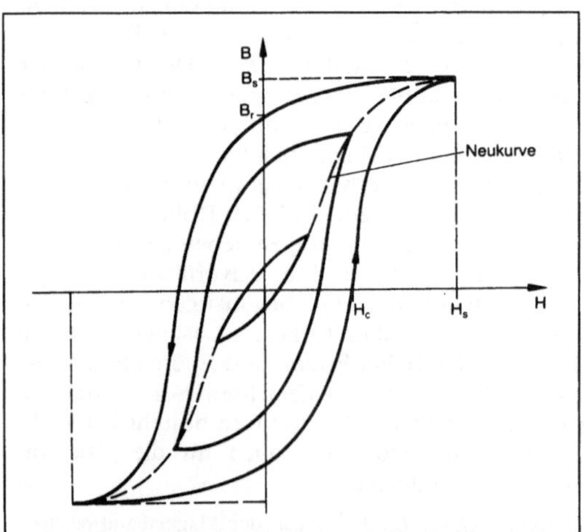

Magnetfeldmessung 1: Hystereseschleife.

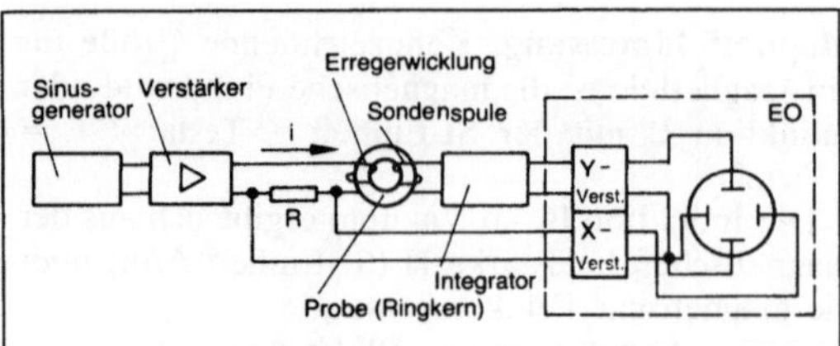

Magnetfeldmessung 2: Meßschaltung zum Darstellen der Hystereseschleife auf dem Bildschirm eines Elektronenstrahl-Oszilloskops (EO).

Der Spannungsabfall an R ist zu i und damit zu H proportional und wird nach Verstärkung als U_x an die X-Platten des Elektronenstrahl-Oszilloskops angelegt.

Die in der Sondenspule induzierte Spannung u_i ergibt sich nach dem Induktionsgesetz zu

$$u_i(t) = -N_s \cdot A \cdot \frac{dB(t)}{dt};$$

N_s Windungszahl der Sondenspule, A Fläche, die von der Induktion B durchsetzt ist.

Aus $u_i(t)$ ermittelt der Integrator B(t):

$$B(t) = -\frac{1}{N_s \cdot A} \int u_i(t)\, dt.$$

Die Ausgangsspannung des Integrators wird verstärkt und als U_Y an die Y-Platten des EO angelegt. Bei entsprechender Veränderung des mit f periodischen Stroms i durch die Erregerspule kann man alle Teilkurven in Bild 1 am Bildschirm des Elektronenstrahl-Oszilloskops sichtbar machen.

Bei einem rechnergestützten Meßplatz, der auf dem gleichen Prinzip beruht, ergeben sich u. a. folgende Modifizierungen: Steuerung der Erregung vom Rechner aus, Erfassung des Erregerstroms und der induzierten Spannung über →Analog/Digital-Umsetzer, Integration der induzierten Spannung im Rechner, Ausgabe auf Bildschirm oder Plotter, Daten beliebig speicherbar.

Wenn nicht wie vorstehend die Eigenschaften eines Ferromaterials, sondern lediglich ein Magnetfeld wie in Bild 3 erfaßt werden soll, bieten sich verschiedene →Meßaufnehmer an.

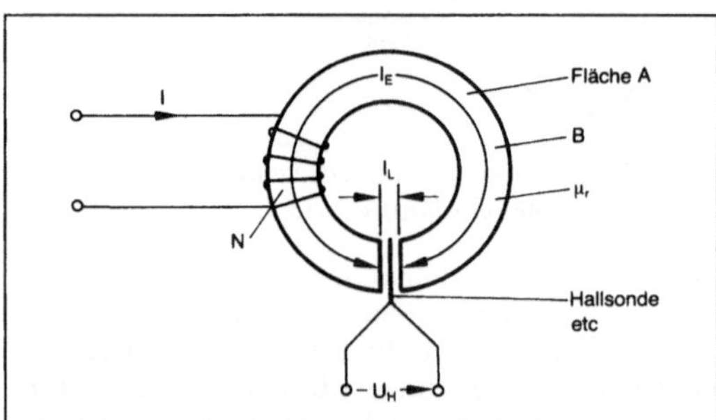

Magnetfeldmessung 3: Messung der Induktion B.

Eine Spannung im mV-Bereich proportional zu B liefert die Hallsonde. Bei der →Feldplatte (→Sensor, magnetoresistiver) hängt der elektrische Widerstand ungefähr quadratisch von B ab. Mit der Feldplatte läßt sich demnach zunächst nicht die Richtung eines Magnetfelds feststellen. Ist dies erforderlich, kann man die Feldplatte durch einen Dauermagneten magnetisch vorspannen. Wenn das zu messende Magnetfeld seine Richtung wechselt, ändert sich das Vorzeichen des resultierenden Magnetfelds nicht und ermöglicht so eine eindeutige

Messung. Neben der direkten Bestimmung von Magnetfeldern werden Feldplatten hauptsächlich als →Endlagenschalter (Positionserkennung) und zur kontakt- und berührungslosen →Längen- und Winkelmessung eingesetzt.

Die in Bild 3 enthaltene Anordnung Sondenspule und Integrator ist natürlich auch allgemein zum Messen der magnetischen Induktion geeignet.

Wenn man einer unbekannten magnetischen Feldstärke H_x eine einstellbare bekannte Feldstärke H_l so entgegenschaltet, daß sich die Wirkungen gegenseitig aufheben ($B = 0$, z. B. über Hallgenerator zu messen), so ist $H_x = H_l$ (→Kompensations-Meßverfahren).

Die Weiterentwicklung einer Magnetfeldsonde nach dem Sättigungskernprinzip (*Förster*sonde) unter Verwendung weichmagnetischer amorpher Metalle führte zu einem miniaturisierten Low-cost-Magnetfeldsensor mit extrem hoher Empfindlichkeit (ab ca. 10 nT). Messung kleinster Magnetfelder (bis herab zu 10^{-15} T) mittels →SQUID.

Käufliche Meßgeräte erfassen je nach Typ magnetische Induktionen zwischen ca. 100 nT und ca. 10 T. *Hammerschmidt*

Magnetfeldsensor. Zur Messung von Magnetfeldern werden vorrangig zwei physikalische Effekte herangezogen: der →Hall-Effekt (→Hallspannung, →Hall-Generator, →Hall-Element) und der magnetische Widerstandseffekt (→Widerstandsänderung, magnetische, →Feldplatte).

Im Gegensatz zum Effekt der magnetischen Widerstandsänderung zeigt der Hall-Effekt nicht nur die Stärke, sondern auch die Richtung des Magnetfeldes an. *Schaumburg*

Magnetooptische Effekte. Die Beeinflussung des (sichtbaren oder auch infraroten) Lichtes durch ein magnetisches Feld oder eine magnetische Polarisation. Der wichtigste Effekt, der *Faraday*-Effekt, der eine Drehung der Polarisationsebene des Lichtes bei der Transmission beschreibt, läßt sich formal auf einen unsymmetrischen Beitrag im Tensor der Dielektrizitätskonstante ε zurückführen. Die Drehrichtung wechselt mit dem Vorzeichen der Magnetisierung, ist aber unabhängig von der Fortpflanzungsrichtung des Lichts. Spiegelt man das Licht nach dem Durchtritt durch das magnetische Medium, so hebt sich die Drehung nicht wie im Fall der optischen Aktivität wieder auf, sondern verdoppelt sich. Auf Grund dieser Eigenschaft lassen sich nicht-reziproke Bauelemente konstruieren, bei denen die Transmission eines Lichtstrahls von der Fortpflanzungsrichtung abhängt. Besonders stark ist der →Faraday-Effekt im optischen Bereich in transparenten ferrimagnetischen Oxiden wie z. B. den Granaten (bis zu 30 000 °/cm).

Der magnetooptische Kerr-Effekt beschreibt eine Drehung der Polarisationsebene des Lichts bei der Reflexion an einer magnetischen Probe. Er dient vor allem der Beobachtung magnetischer Bereichsstrukturen und läßt sich mit Interferenzschichten durch Mehrfachreflexion verstärken. Bei der magnetooptischen Aufzeichnung (Magnetspeichertechnik) dient der Kerr-Effekt zum Auslesen der Informationen aus der Speicherschicht.

Weitere m. E. sind der *Voigt- oder Cotton-Mouton*-Effekt, eine magnetisch induzierte Doppelbrechung, und der *Zeeman*-Effekt, eine Verschiebung und Aufspaltung der Spektrallinien in einem magnetischen Feld. *Hubert*

Magnetplatte. M. sind die Datenträger in →Magnetplattenlaufwerken, auf denen die Signale in Form sehr kleiner magnetischer Felder aufgezeichnet werden. Üblicherweise ist auf einer oder beiden Seiten einer runden Scheibe aus einem nicht magnetisierbarem Stoff eine dünne Schicht aus magnetisierbarem Material aufgebracht. Häufigste Materialien sind für die Platte: Aluminium und für die Beschichtung: Winzige Teilchen aus Eisenoxid, Chromdioxid – seltener Eisen – in einem organischen Bindemittel.

Es ist Voraussetzung für die Funktion, daß die Speicherschicht hartmagnetische Eigenschaften (eine hohe Remanenz) besitzt:

Die durch den Schreib-/Lesekopf im →Magnetplattenlaufwerk als Signale erzeugten kleinen Felder mit unterschiedlicher Magnetisierungsrichtung, auch Bitzellen genannt, müssen über lange Zeiträume für ein eindeutiges Nutzsignal eine hohe Stärke bewahren.

Weitere Voraussetzungen: Eine bestimmte Koerzitivkraft, die Eigenschaft, bei einem entgegengesetzten äußeren magnetischen Feld die vorhandene Magnetisierungsrichtung beizubehalten. „Bestimmte Koerzitivkraft" heißt, ab einer bestimmten Stärke muß ein entgegengesetztes Magnetfeld die Koerzitivkraft aufheben und die Magnetisierungsrichtung ändern. Auf diese Weise werden Signalmuster geändert, wird geschrieben. Beim Schreiben soll die Magnetisierungsrichtung vom *Sättigungszustand* – der höchstmöglichen Remanenz des Materials – in der einen Richtung, in den Sättigungszustand in der anderen Richtung übergehen. Sättigungsmagnetisierung und Remanenz des Materials sollten sich möglichst wenig voneinander unterscheiden (gilt allgemein für magnetische Aufzeichnung binärer Informationen). Das Verhalten unterschiedlicher Materialien wird graphisch als Hystereseschleife (Bild) dargestellt. Sie sollte dem Ideal des Rechtecks weitgehend angenähert sein. Unter Magnetplattenlaufwerk ist beschrieben, wie die Platte mit einer Beschichtung aus magnetisch remanentem

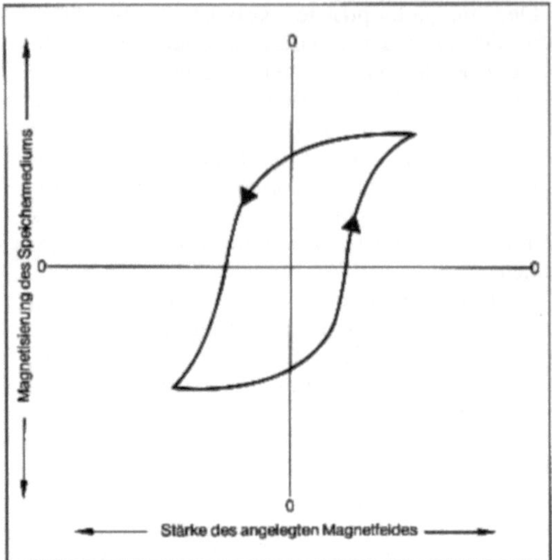

Magnetplatte: Hystereseschleife.

Material und der Schreib-/Lesekopf mit einem Magnetkern ohne Remanenz beim Lesen und Schreiben von Informationen zusammenwirken.

Gängige Durchmesser bei M. werden meist in Zoll (1 Zoll = 2.54 cm) angegeben: 3½, 5¼, 8, 14 Zoll. Mehrere M. werden häufig auf eine gemeinsame Achse montiert und bilden einen Magnetplattenstapel.

Homogenität der Beschichtung einer Plattenoberfläche mit geeignetem Material ist ein entscheidender Beitrag zu leistungsfähigeren Magnetplattenspeichern mit höherer Datendichte.

Die Beschichtung mit magnetisierbaren Partikeln im organischen Bindemittel wurde ständig verbessert, um durch Oberflächenbehandlung zu erreichen:

- Schichthöhe vom Mittelpunkt zum Rand der Platte ansteigend, weil der Schreib-/Lesekopf mit zunehmendem Abstand vom Zentrum höher fliegt (ideales Verhältnis Flughöhe/Schichtstärke = 1 : 1).
- Oberfläche rauh genug, damit ein tragfähiger Luftstrom – angepaßt an die aerodynamischen Eigenschaften des Schreib-/Lesekopfes – entsteht, andererseits nicht zu rauh, damit der Kopf nicht zu hoch fliegt.

Die magnetischen Eigenschaften werden durch Ausrichtung der Magnetpartikel in tangentialer Richtung durch starke Magnetfelder – vor dem Aushärten des Bindemittels – verbessert. Trotzdem ist innerhalb einiger Spuren auf einer Platte manchmal die Partikelkonzentration niedrig. Es treten schwache Nutzsignale auf. Bei einer Oberflächenprüfung werden die Schwachstellen erkannt und ihre Lage – relativ zum Anfang der Spur – in durch die Schreibprogramme auswertbarer Form festgehalten. Diese Stellen werden nicht zur Speicherung benutzt. Man weicht deswegen aber nicht auf Reservespuren aus, die für den Fall von Spurdefekten vorgesehen sind. Von jüngeren, aufwendigeren Beschichtungsverfahren wird eine Homogenität erwartet, die auch bei wesentlich höherer Aufzeichnungsdichte weniger Korrekturen verlangt:

- naßchemisch erzeugte Filme (z. B. mit Nickel/Kobaltlegierungen, polykristallin)
- Sputtern, ein Kathodenzerstäubungsverfahren (z. B. mit einer Kobalt/Chromlegierung)
- Bedampfen (z. B. mit Kobalt/Samarium)

Neben Kobalt/Chromlegierungen eignet sich Bariumferrit für *vertikale Aufzeichnung,* bei der (bisher überwiegend im Laborversuch) die Magnetfelder parallel zur Achse ausgerichtet sind und dichter gepackt sein können.

Vertikal – oder horizontal –, die Aufzeichnungsdichte bei M. kann noch dramatisch verbessert werden. Im Labor wurden Datenspuren aus einer Kobaltlegierung von nur 0.5 µm Breite aufgebracht (Verfahren ähnlich der Photolithographie).

Danach gelang es, *Bitzellen* auf einer Fläche von 0.5 × 0.5 µm einwandfrei zu schreiben, zu lesen, zu löschen. Das ist etwa ein achtzigstel einer 1987 üblichen Fläche für eine Bitzelle in einem Magnetplattenspeicher mit hoher Leistung. *Voss*

Magnetplattenlaufwerk. M. sind Einheiten innerhalb eines Speichersystems, die nach dem Prinzip der magnetomotorischen Speicher (Bild 1) arbeiten. Unter den Massenspeichern, auf die moderne Informationssysteme zugreifen, nehmen sie nach Anschaffungswert weltweit die erste Stelle ein, mit großem Abstand vor →Magnetbandeinheiten.

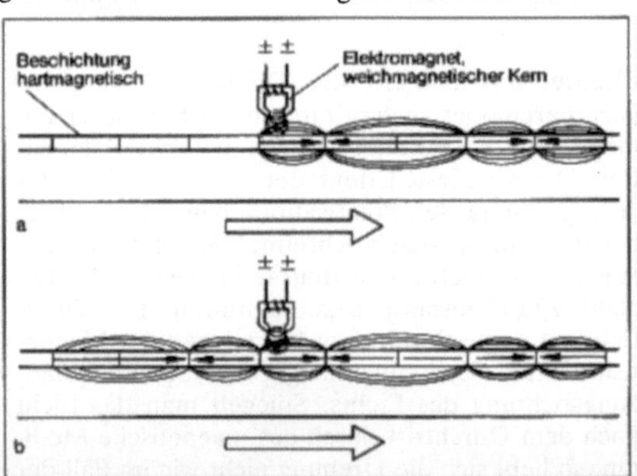

Magnetplattenlaufwerk 1: Funktionsprinzip magnetomotorischer Speicher.
a) Schreiben: Stromfluß in der Spule des Elektromagneten erzeugt permanente Magnetfelder in der magnetisierbaren Schicht;
b) Lesen: In der magnetisierten Schicht vorhandene Felder induzieren Stromfluß in der Spule des Elektromagneten

Magnetplattenspeicher sind universell für die Aufzeichnung kodierter und nicht kodierter Informationen einsetzbar und eignen sich für Anwendungen, bei denen gestreut und direkt auf Informationen zugegriffen wird (*engl.* random access), wie für Anwendungen, bei denen Informationen in der Reihenfolge ihrer Aufzeichnung (sequentiell) verarbeitet werden. Ein besonderer Vorzug ist die Möglichkeit, auf einfache Art Informationen zu schreiben, zu löschen und zu überschreiben.

□ Funktionsprinzip: Datenträger ist eine mit einer magnetisierbaren Schicht versehene, an einer drehbar gelagerten Achse befestigte Platte, die →Magnetplatte. Der Schreib-/Lesekopf ist ein Elektromagnet über der Platte mit einem in etwa ringförmigen Kern, dessen Spalt – und damit die Magnetpole – gegenüber dem Datenträger liegen.

□ Schreiben: Kurze, durch die Spule des Elektromagneten fließende Stromimpulse erzeugen zwischen den Polen ein magnetisches Feld, das auch in die magnetisierbare Schicht der rotierenden Platte austritt und dort auf begrenzter Fläche ein bleibendes Feld erzeugt, das im rechten Winkel zur Achse liegt. Man kann diese Fläche mit einem Stabmagneten vergleichen. Abhängig von der Richtung des Stromimpulses ist er unterschiedlich gepolt.

□ Lesen: Die beim Schreiben entstandenen Magnetfelder induzieren in von ihrer Polung abhängigen Richtungen elektrische Spannungsimpulse in der Spule des Elektromagneten. Zur Identifizierung der Informationen dienen meistens die Flußwechsel zwischen hintereinander liegenden magnetischen Flächen (z. B. Flußwechsel während der Taktzeit = logisch 1, kein Flußwechsel = logisch 0). Die der Signaldarstellung dienenden Magnetfelder sind in Form von konzentrischen Kreisen, den *Spuren*, auf der Platte angeordnet. Spuren werden heute meistens mit Hilfe eines geregelten Linearmotors angesteuert (Bild 2).

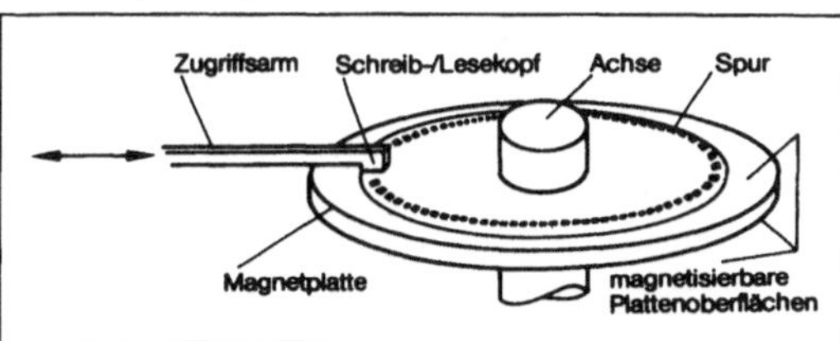

Magnetplattenlaufwerk 2: Funktionsprinzip des Magnetplattenspeichers.

□ Funktionsprinzip: Eine bestimmte Plattenoberfläche eines Magnetplattenstapels wird vom Hersteller einmalig mit speziellen Servospuren (einem Pulsraster) beschrieben. Der Servokopf am Zugriffskamm leitet von diesen Spuren ab, wo der Kamm steht und gibt diese Information an eine elektronische Steuerung weiter. Beim Suchen (Bild 3) ändert die Steuerung den Stromfluß in einer in einem Permanentmagneten befindlichen Tauchspule und variiert so die Stärke eines dem Feld des Permanentmagneten entgegengesetzten Feldes. Dementsprechend wird die Tauchspule solange vorwärts oder rückwärts bewegt, bis der starr mit ihr verbundene Kamm, genauer, die an ihm befestigten Schreib-/Leseköpfe, die vorgegebene Position erreichen. Dort wird der Zugriffskamm durch ständige Regelung zuverlässig gehalten. Es liest oder schreibt außer dem ständig aktiven Servokopf nur ein weiterer Kopf Daten nach einem von der Servoplatte abgeleiteten Taktsignal. Dadurch werden Drehzahlschwankungen ausgeglichen und die Signale exakt abgegrenzt.

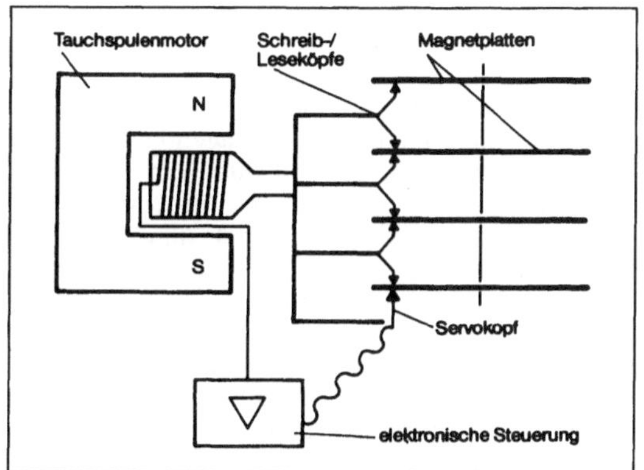

Magnetplattenlaufwerk 3: Prinzip des Servomechanismus für die Suchbewegung.

Ausführungen von M.:

□ Festeingebaute oder auswechselbare Magnetplatten oder Magnetplattenstapel

□ Antrieb für Plattenumdrehung: Elektromotor

□ Zugriffsmechanismus:

– Feststehende Schreib-/Leseköpfe über jeder Spur (weniger gebräuchlich).

– bewegliche Schreib-/Leseköpfe, meist als Zugriffskamm ausgebildet, Parallelführung in radialer Richtung oder am Schwenkarm (Rotationszugriffsmechanismus).

– Antrieb für Kopfpositionierung: Außer dem geregelten Linearmotor auch Mechanik mit fest vorgegebenen Spurpositionen (Zahnkreuz, Zahnstange und dergleichen, Hydraulik).

Bei Hochleistungsspeichern schweben die Schreib-/Leseköpfe über der rotierenden Platte. Die Laufwerksachsen stehen senkrecht oder liegen horizontal und sind einseitig oder beidseitig gelagert. In die zugehörigen Plattenstapel greifen ein oder mehrere (einzeln adressierbare) Zugriffskämme. Eine Einheit kann ein oder mehrere Laufwerke enthalten und oft sind mehrere Einheiten zu einem „Laufwerkstrang" zusammengeschraubt, dessen Kopfeinheit zusätzlich Kontrolleinheitenelemente enthält.

Kapazitäten: unterschiedlich, fast zwei Milliarden Zeichen pro Zugriffsmechanismus erreicht.
□ Adressierung: M. werden innerhalb eines Speichersystems von einer Kontrolleinheit gesteuert, an die häufig mehrere Laufwerke oder Laufwerkstränge angeschlossen sind.

Als physikalische Adreßangaben stellt der Rechner zur Verfügung:
- Steuereinheit, Zugriffsmechanismus
- Suchposition, auch „Zylinder" als Bezeichnung für die Summe aller Spuren, die in jeweils einer von z. B. 885 möglichen Positionen gleichzeitig unter den Schreib-/Leseköpfen liegen.
- Spur (aktiv wird nur der Kopf, der zur in der Adresse definierten Spur eines Zylinders gehört).
- Sektor - bestimmter Abstand vom Spuranfang, auf dem Datenträger vorgezeichnet.

Aktivierung des Kopfes meist im Sektor vor dem Zielsektor. Die Zahl der zu übertragenden Zeichen ist im Programm definiert und wird vom Speichersystem eingehalten. Bezeichnung für eine solche Informationskette: Satz oder Block, muß für jede Datei definiert sein.

Adressierbare Informationsmengen, die auch geschlossen übertragen werden können, sind bei Laufwerken für variable Satzlänge der Zylinder, ein oder mehrere Spuren oder ein physischer Satz aus vom Benutzer definierter beliebiger Anzahl Zeichen. Daneben gibt es, vor allem an mittleren Datenverarbeitungsanlagen, Magnetplattensysteme mit fester Blockung, bei denen z. B. physische Sätze von 512 Zeichen oder Vielfache davon übertragen werden. Das führt zu vereinfachter Steuerung mit einfacheren Kontrolleinheiten.
□ Redundanz: Steigende Aufzeichnungsdichte und immer höhere Signalfrequenz führen bei M. zu einer Verschiebung des Signal-zu-Rauschen-Verhältnisses, das von Anfang an eine Rolle spielte. Es treten also nicht eindeutige oder fehlerhafte Signale auf. Deswegen werden normalerweise der kleinsten übertragbaren Informationsmenge (physischer Satz) systematisch zusätzliche Signale (Redundanz - Größenordnung 100 bis 300 Zeichen) beigegeben, um auftretende →Fehler mit entsprechenden Routinen der Mikroprogramme in den Kontrolleinheiten zu beheben. Nicht korrigierbare Fehler werden erkannt, dem Rechner angezeigt und führen üblicherweise zur Programmunterbrechung.
□ Verbindung: Kupferkabel, →Glasfaserkabel später denkbar.
□ Leistung: Moderne M. benötigen die Verbindungen zu Kontrolleinheit und Rechner nur noch, solange sie Steuerungsinstruktionen empfangen und Daten übertragen, nicht mehr während der gesamten Operation. Ihre Leistung hängt von der Geschwindigkeit ab, mit der folgende Funktionen ausgeführt werden:
- Suchen: den definierten Zylinder mit dem Zugriffskamm je nach Weglänge bei Hochleistungseinheiten in Zeiten zwischen etwa 2 und 30 ms ansteuern.
- den Sektor aufsuchen (durchschnittlich etwa eine halbe Plattenumdrehung, bei 3600 U/min z. B. ca. 8.3 ms).
- Übertragen, bei 3 Millionen Zeichen/s für z. B. einen physischen Satz von 4000 Zeichen: 1.3 ms, eine volle Spur von ca. 50 000 Zeichen: 16.6 ms, einen vollen Zylinder, 750 000 Zeichen: 249 ms.

Die nutzbaren Zeichen, die im Rechner ankommen, sind immer um die Redundanz zu vermindern. Deswegen liegt die nutzbare (systemeffektive) Datenrate an einer Schnittstelle des Speichersystems mit beliebig vielen, überlappt arbeitenden Einheiten zum Rechner immer unter der Übertragungsgeschwindigkeit der Laufwerke. Die Übertragungsgeschwindigkeit ist ein technisches Maß: die Zahl der Bits oder Zeichen, die pro Zeiteinheit unter einem Schreib-/Lesekopf hindurchlaufen (Angabe meist in Zeichen [Bytes] pro Sekunde).

In der Vergangenheit waren Wartezeiten im besonderem Maße auf hochbelastete Datenpfade zurückzuführen. Wenn der Datenpfad beim Erreichen eines Zielsektors von einem anderen Laufwerk im gleichen Speichersystem belegt ist, vergeht eine volle Umdrehung, bis die Übertragung wieder versucht werden kann. Heute führen in der höchsten Leistungsklasse bis zu vier alternative Datenpfade zu einem Zugriffsmechanismus und die Wahrscheinlichkeit einer zusätzlichen Umdrehung wird sehr gering.
□ Technische Besonderheiten, Entwicklungstrend: Die Weiterentwicklung bei M. hat höhere Kapazität, Leistung und →Zuverlässigkeit zum Ziel. Bei gleicher Umdrehungsgeschwindigkeit führt höhere Signaldichte innerhalb der Spur automatisch zu höherer Übertragungsleistung. →Winchesterfestplatte, Magnetplatten, Datendichte, Photolithographie (Köpfe, Träger).

Verbesserte Suchzeiten sind vor allem auf leichtere Materialien für den servogesteuerten Zugriffsmechanismus zurückzuführen.

Mit andersartigen Schreib-/Leseköpfen und Plattenoberflächen, bei denen die Magnetfelder parallel zur Antriebsachse ausgerichtet sind, wird experimentiert, die Aufzeichnungsdichte würde zusätzlich gesteigert. Angesichts erkannter Entwicklungsmöglichkeiten des heutigen Verfahrens ist mit Vertikalaufzeichnung in naher Zukunft aber nicht zu rechnen.

Zunehmende Präzision der Schreib-/Leseköpfe und Platten lassen schnell zunehmende Aufzeichnungsdichte und damit Leistung der Magnetplattenspeicher erwarten. Die Kosten für das gespeicherte Zeichen werden weiter sinken. Gegenwärtig ist keine Technologie erkennbar, die Magnetplattenspeicher kurzfristig ablösen könnte.

Voss

Literatur: *Kryder, M. H.:* Spektrum der Wissenschaft (1987) Nr. 12.

Magnetventil. M. haben als →Stellglieder für Gase und Flüssigkeiten unterschiedlichster Art in digitalen Steuereinrichtungen ein breites Anwendungsfeld gefunden. Sie werden als einfache Auf/Zu-Ventile oder als Mehrwegeventile entsprechend den variierenden Anforderungen in verschiedensten Ausführungsformen und Größen(Nennweiten) hergestellt.

M. bestehen aus dem Ventilgehäuse, aus Metall oder Kunststoff gefertigt, und dem, in der Regel mit Ventilspindel und Ventilkegel zu einer Baueinheit konstruktiv verbundenen, Elektromagneten. Er ist als Tauchankermagnet, Topfmagnet oder Kippankermagnet ausgebildet. Der Anker wird bei Erregung der Spule in diese hineingezogen, die Rückstellkraft wird durch Federn und ggfs. durch Druckkräfte des gesteuerten Mediums verstärkt, hervorgerufen. Magnetanker und Ventilspindel sind unmittelbar miteinander verbunden. Der Anker bewegt sich je nach Ausführungsform in Luft, im Medium direkt oder in einer Ölvorlage. Beispielsweise bei aggressiven Stoffen oder besonders hohen Druck- oder Temperaturbelastungen wird der Ankerraum vom Stoffstrom getrennt. Die Ansteuerung der Magnete erfolgt durch Gleichstrom, durch Wechselstrom mit im Spulensystem eingebauter Gleichrichtung oder aufwandsärmer direkt durch Ein- oder Mehrphasenwechselstrom. Der prinzipbedingte Nachteil, daß bei konstantem Erregerstrom die Haltekraft groß, die Anzugskraft jedoch gering ist, kann durch besondere Ansteuerschaltungen, die mit erhöhtem Einschaltstrom arbeiten, ausgeglichen werden.

Hinsichtlich der Betätigung des Drosselkörpers oder Ventilkegels lassen sich bei M. drei Arbeitsprinzipien unterscheiden:

□ Direktgesteuerte M. (Bild a). Bei diesen betätigt der Magnetanker unmittelbar den mit ihm festverbundenen Drosselkörper. Sie können infolge der relativ kleinen Magnetkräfte nur für kleine Drücke und Nennweiten ausgeführt werden.

□ Zwangs- oder hilfsgesteuerte M. Bei diesen (Bild b) wird durch den Magneten ein Hilfskegel über einer Überströmöffnung (kleiner Querschnitt) im Hauptventilkegel betätigt. Beim Öffnen des Hilfskegels kommt es zu einer Druckentlastung auf Abströmdruck über dem Hauptkegel und das Ventil öffnet sich. Nach dem Schließen der Überströmöffnung baut sich über dem Hauptkegel der Anströmdruck auf und der Hauptkegel wird über die Rückstellfeder geschlossen. Die nötige, magnetisch er-

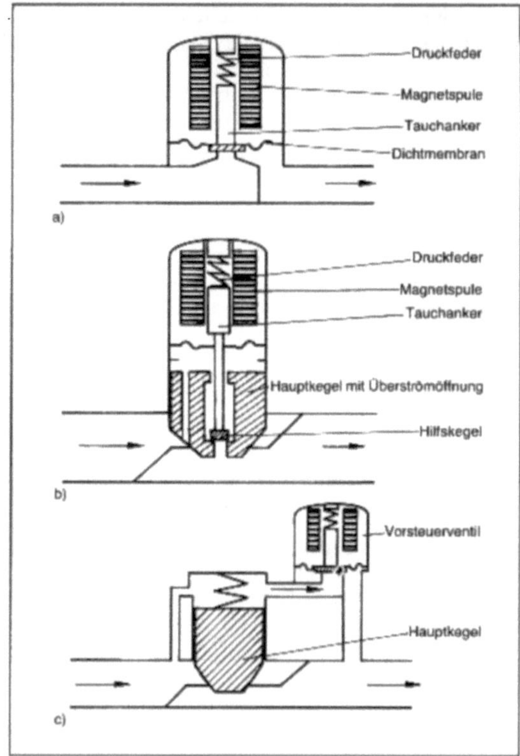

Magnetventil: Prinzipieller schematischer Aufbau (Darstellung im Schließzustand).
a) direktgesteuert
b) hilfsgesteuert
c) vorgesteuert.

zeugte Stellkraft kann damit gering gehalten werden. Flatterneigung beim Schließen und Druckstöße beim Öffnen sind Nachteile dieses Arbeitsprinzips.

□ Vorgesteuerte M. (Bild c). Sie werden auch als servogesteuert bezeichnet und benötigen im Vergleich zu den hilfsgesteuerten Magnetventilen noch geringere Stellkräfte. Das Wirkungsprinzip ist dem der hilfsgesteuerten vergleichbar, wobei der Hilfskegel, hier das sog. Vorsteuerventil, und der Hauptkegel konstruktiv getrennt sind. Für eine einwandfreie Funktion ist eine gewisse Mindestdruckdifferenz über dem Ventil nötig. Diese Ventile neigen bei zu geringen Durchflüssen zum Schwingen.

M. sind sehr robust und schnell mit Stellzeiten im Bereich von 20–200 ms. Ihr Einsatzbereich beschränkt sich derzeit auf Nennweiten bis ca. NW 200 und Differenzdrücke bis ca. 50 MPa. Einsatzgrenzen werden durch Zähigkeit und Konsistenz des Stoffstromes sowie durch die Magnetkraft und der damit verbundenen Eigenerwärmung des Spulensystemes gesetzt. *Freyberger*

Manipulator. An einem manuellen →Spitzenmeßplatz (Handmeßplatz) werden Prüfspitzen mit Meßpunkten auf einem IC kontaktiert. Ein M. ist notwendig um bei den kleinen Strukturen auf einem IC, die →Prüfspitze so genau zu positionieren, daß ein guter Kontakt entsteht, keine Kurzschlüsse erzeugt werden und Leiterbahnen nicht durchstoßen werden.

Über den M. kann die Prüfspitze in x-, y- und z-Richtung fein positioniert werden. Die Übersetzung kann dabei rein mechanisch sein (Mikrometerschrauben) oder beispielsweise auch über Servomotoren erfolgen. Die Beobachtung der Prüfspitze und des Meßpunkts, während des Einstellvorgangs mit Hilfe des M., erfolgt über ein Mikroskop oder über eine Videokamera. *Obermeir*

Mantelthermoelement →Thermoelement

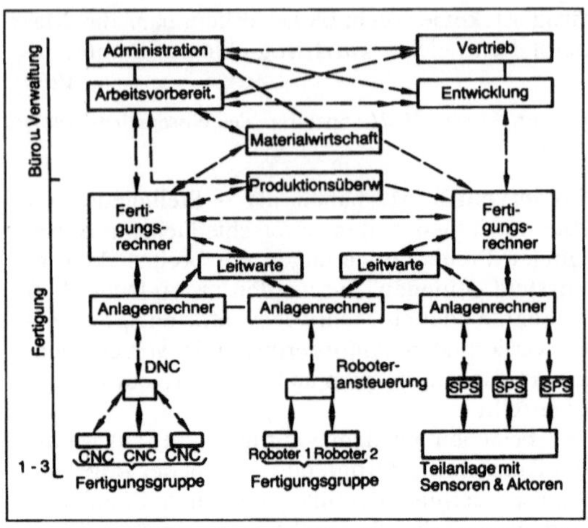

MAP 1: Kommunikationsablauf innerhalb eines Unternehmens (Ausschnitt).

MAP. Abk. für *engl.* Manufacturing Automation Protocol. Ein ursprünglich von General Motors entworfener Standard für die Datenkommunikation in Fertigungsumgebungen (Bild 1, 2).

MAP entstand 1980. Unter Leitung von General Motors schlossen sich eine Reihe führender Hersteller der Computer- und Automatisierungsbranche zusammen, um für den Fertigungsbereich eine gemeinsame Kommunikationsarchitektur festzulegen.

Diese Architektur basiert auf den Normen und Normvorschlägen, die von der →ISO im Rahmen des ISO-Referenzmodells entworfen wurden bzw. werden (Tabelle). 1982 wurde die erste offizielle MAP-Spezifikation vorgestellt, die derzeit aktuelle Version ist 3.0. (EMUG, RS511, MMFS). *Spaniol*

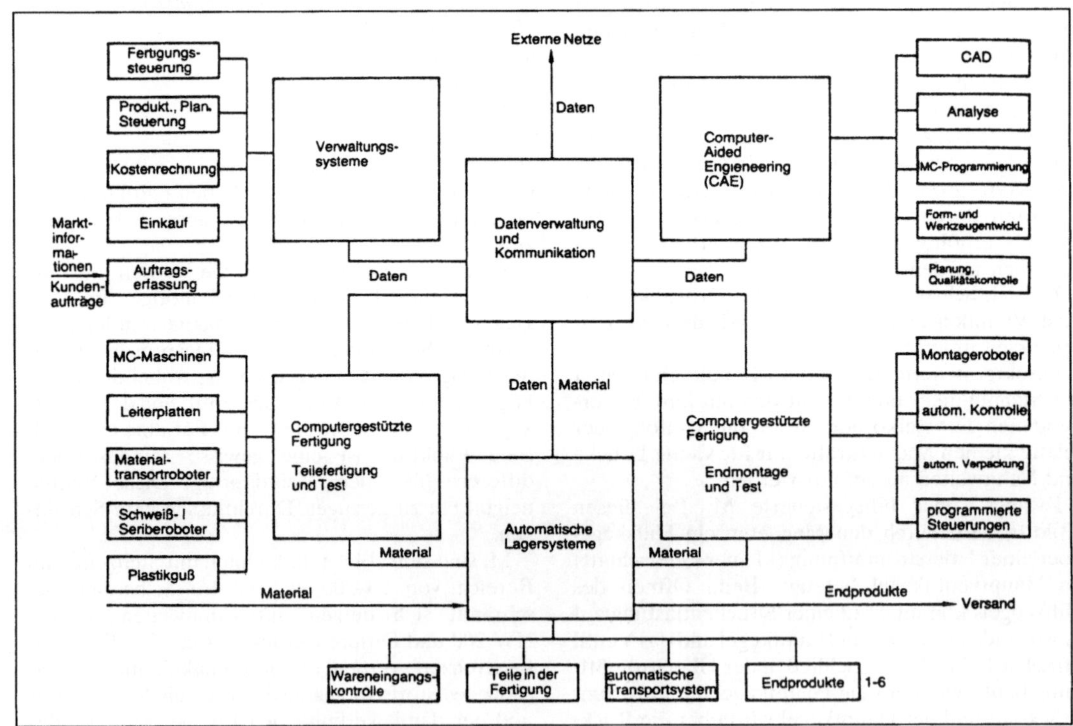

MAP 2: Informations- und Materialfluß.

MAP. Tabelle: Übersicht MAP und ISO Schichten (Quelle: Borowka).

ISO-Layer	Aufgabe	MAP-Spezifikation
Anwender-Programm (Netzwerk-Nutzer)	–	MMFS/EIA 1393 A
Layer 7: Application	Dienstschnittstelle für den Anwender	ISO-Case-Subset ISO-FTAM-Subset MAP-Messaging MAP-Directroy-Dienste MAP-Netzwerk-Management
Layer 6: Presentation	Anpassung/Umwandlung von Formaten, Kodierung usw.	Null
Layer 5: Session	Synchronisation und Verwaltung von Verbindungen	ISO-Session-Kern
Layer 4: Transport	Zuverlässige Ende-zu-Ende-Verbindungen	ISO-Transportklasse 4
Layer 3: Network	Protokollanpassung zwischen verschiedenen Netzen, Routing	Null z. Zeit (Absicht: CLNS inaktiv und subset)
Layer 2: Data Link	Fehlerentdeckung, Transfer zwischen topologisch benachbarten Knoten, Medienzugang	IEEE 802.2 LLC Typ 1 IEEE 802.4 Token-Bus
Layer 1: Physikal	Kodierung und bitserielle Übertragung von Paketen	IEEE 802.4 Token-Bus-Breitband

Literatur: *Gora, W.:* MAP. Informatik Spektrum. 9/1986. – *Suppan-Borowka, J.* und *T. Simon:* MAP-Datenkommunikation in der automatisierten Fertigung. Pulheim 1986.

Maskierung. Ausgangspins, deren logischer Zustand zu bestimmten Zeiten während der Prüfung nicht bekannt ist oder nicht eindeutig hergestellt werden kann, werden für diese Zeit maskiert, d. h. bei der Fehlerbewertung ausgenommen. Der Zustand wird meistens mit ‚X' (unknown) oder ‚non relevant' im →Prüfprogramm beschrieben. *Winter*

Maßnahme, sicherheitsgerichtete / nicht sicherheitsgerichtete. Eine eindeutig sicherheitsgerichtete M. ist eine M., die bei Fehlauslösung keine andere für die Sicherheit notwendige M. verhindern kann.

Eine nicht eindeutig sicherheitsgerichtete M. ist eine M., die bei Fehlauslösung eine andere für die Sicherheit notwendige M. verhindern kann.

M., die einen Prozeß in den energielosen, ungefährlichen Zustand überführen (z. B. durch eine Abschaltung), sind sicherheitsgerichtet. In der Praxis sind aber häufig auch Schalthandlungen durchzuführen, die je nach dem Betriebszustand der technischen Anlage entweder als gefährlich oder ungefährlich angesehen werden müssen. In diesen Fällen werden M. ergriffen, die andere Schutzaktionen blockieren und verhindern können. Diese sind dann nicht sicherheitsgerichtet. *Schrüfer*

Master-Slave-Prüfung. Verfahren in der →Prüftechnik, bei dem der Soll-Ist-Vergleich zwischen einem Referenzprüfling und dem eigentlichen →Prüfling vorgenommen wird.

Besonders die Digitalprüftechnik ist gekennzeichnet durch eine große Menge an →Prüfdaten. Für alle zu prüfenden Zustände und Signalfolgen müssen die Solldaten vorliegen. Zur Vermeidung der Speicherung dieser Datenmenge werden bei der M.-S.-P. die Solldaten an dem Referenzprüfling erst während des Prüfablaufes abgegriffen und für den Vergleich benutzt. Es erfolgt auch keine Abspeicherung der Istdaten. Dazu werden Referenzprüfling als Master und der eigentliche Prüfling als Slave völlig synchron parallel mit identischen Stimulidaten versorgt und die Ausgangsdaten beider Prüflinge verglichen.

Das Verfahren ist auch in anderen Bereichen anwendbar, sofern keine großen Genauigkeitsansprüche an Signalparameter gestellt werden (→Pinelektronik). *Mettler*

Master-Slave-Verfahren →Programmierung von Robotern

Match-Mode. M.-M. bedeutet die →Triggerung auf Äquivalenz, also auf das Auftreten eines bestimmten vorgegebenen logischen Zustandes im Gegensatz zur Antivalenz im Fehlerfall. Der M.-M. wird benutzt zum Herstellen eines bestimmten logischen Zustandes bei nicht direkt einstellbaren/rücksetzbaren Schaltungen (z. B. →Zähler ohne Rücksetzmöglichkeit), wie er für weitere Prüfungen vorausgesetzt wird. Das →Prüfprogramm wird dabei in der Regel in einer Schleife solange durchlaufen, bis der gewünschte Zustand erreicht ist. *Winter*

Matrix, aktive. Die elektrooptischen Leistungsmerkmale von →Elektrolumineszenz- und →Flüssigkristall-Anzeigen hängen entscheidend von der Multiplexrate ab, mit der die Anzeige angesteuert wird. Optimale Helligkeit, Kontrastwerte etc. werden jedoch nur bei statischer Ansteuerung erreicht. Eine statische Ansteuerung setzt den direkten Anschluß jedes einzelnen Bildpunktes an die Ansteuerungsschaltung voraus. Vom Rand z. B. der Flüssigkristall-Zelle, liegt in diesem Fall eine transparente Elektrode bis zu jedem einzelnen Bildpunkt der Zelle. Bei Großanzeigen, wie einer numerischen Anzeige mit z. B. 60 oder 70 mm Zeichenhöhe, ist dies das übliche Verfahren. Bei Anzeigen mit hohem Informationsinhalt und hoher Auflösung ist diese Anordnung aus Platzgründen jedoch nicht realisierbar, da die Elektroden zwischen den eng liegenden Bildpunkten nicht hindurchgeführt werden können. Anzeigen mit hohem Informationsinhalt und kleinen Bildpunktabmessungen verwenden deshalb eine Multiplexansteuerung. Dabei muß die Verschlechterung der optischen Leistungsmerkmale der Anzeigen bewußt in Kauf genommen werden.

Bereits zu Beginn der siebziger Jahre wurde deshalb der Vorschlag gemacht, jeden Bildpunkt einer Anzeige mit einem nichtlinearen Schaltelement – z. B. einem Transistor – zu integrieren. Die einzelnen Schaltelemente müssen dann in der Form einer Matrix angesteuert werden.

Als Realisierungsweg wurden in der Folgezeit folgende Wege beschritten

□ Aufbau von Transistoren auf einer Si-Scheibe und Integration dieser Scheibe in eine Flüssigkristall- oder in eine Elektrochrom-Anzeige. In beiden Fällen wurde die Si-Platte als rückwärtige Wandung der Anzeige verwendet. Die Anzeigen sind nur als reflektive Anzeige einzusetzen, da die Si-Platte nicht transparent ist.

□ Aufbau von Metall-Isolator-Metall (MIM)-Elementen oder von einer Dünnschicht-Transistor-Matrix (TFT-Matrix) auf einer Glasplatte und Integration dieser Platte in eine Elektrolumineszenz- oder Flüssigkristall-Anzeige

Als besonders aussichtsreich erweisen sich die Lösungen in →Dünnschichttechnik (MIM und TFT) in Kombination mit einer Flüssigkristall-Anzeige.

Die Dünnschicht-Transistorschaltungen wirken sowohl als Schaltelement, als auch als Informationsspeicher für je ein bit. Man bezeichnet sie deshalb als a. M.

Dabei sind alle Transistoren (Bild 1) an vertikal bzw. horizontal verlaufende Elektroden angeschlossen und können nur durch Signale angesteuert werden, die gleichzeitig über beide Leitungen eintreffen.

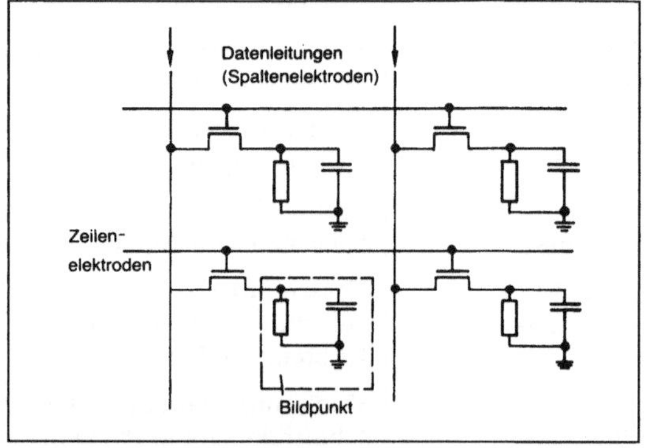

Matrix, aktive 1: Schaltbild für vier benachbarte Bildpunkte einer TFT-Matrix.

Für die vertikalen Leitungen ist ein Schieberegister mit Datenspeicher und die horizontal verlaufenden Elektroden ein Schieberegister mit Schaltfunktion vorgesehen. Ein Bild wird dann in der folgenden Weise aufgebaut:

- Einschreiben von Bilddaten für eine Zeile in die Speicherzellen
- Freigabe der entsprechenden Zeilenelektrode
- Übergabe der Daten aus dem Speicher auf die Transistoren der angesteuerten Zeile

Das Bild wird also Zeile für Zeile aufgebaut. Zur Darstellung von bewegten Bildern, z. B. Fernsehbilder, beträgt die Bildwiederholfrequenz mindestens 25 Hz. Dies bedeutet, daß die Schaltzeiten der Dünnschicht-Transistoren im µs-Bereich liegen müssen.

Bei einer Anzeige mit integrierter TFT-Matrix (Bild 2), werden alle Schichten unter Einsatz von Dünnschichttechniken, wie →Aufdampfen, Kathodenzerstäubung und photolithographische Strukturierung hergestellt. Die Transistormatrix und die Ansteuerungselektroden der →Anzeigeelemente sind auf einer Wandung der Anzeige integriert. Die kleinen Transistoren erhalten ihre Ansteuerungssignale über die horizontal und vertikal verlaufenden Buselektroden. Sie steuern direkt die großflä-

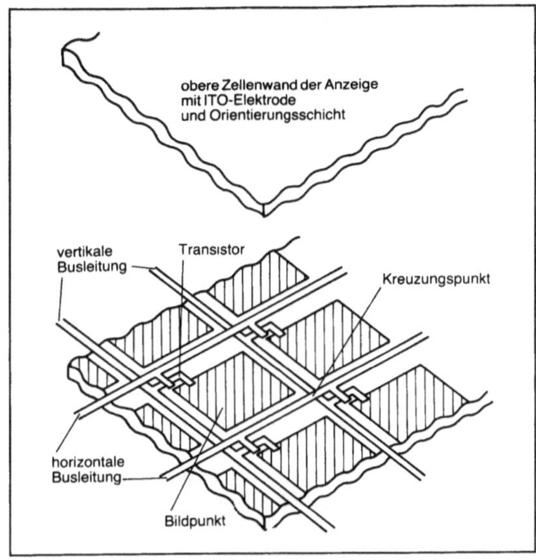

Matrix, aktive 2: Grundaufbau einer Anzeige mit integrierter TFT-Matrix.

chigen, transparenten Elektroden der einzelnen Anzeigeelemente. Deren Gegenelektroden sind auf der gegenüberliegenden Wandung der Anzeige aufgebracht.

Als halbleitendes Material werden meist amorphes Silizium (a-Si), polykristallines Silicium (poly-Si) oder polykristallines Cadmium-Selenid (CdSe) eingesetzt. Zur Zeit hat jedoch keines dieser Materialien alle Leistungserwartungen erfüllt. Insbesondere können die für Serienprodukte erwarteten Ausbeuten noch nicht erreicht werden.

Anzeigen mit einer aktiven TFT-Matrix zur Ansteuerung sind bereits als kleine Taschenfernseher am Markt. Weitere Produkte, wie großflächige flache Fernsehbildschirme, Datenschirme z. B. in Fahrzeugen etc. werden in überschaubarer Zeit auf den Markt kommen. Mit diesen Produkten dürfte der →Kathodenstrahlröhre eine ernsthafte Konkurrenztechnologie erwachsen. *Pottharst*

Matrixanzeige. Elektrooptische →Anzeige, bei der die Bildpunkte in jeweils parallele und äquidistanten Zeilen und Reihen angeordnet sind. Sie dient der Darstellung von Schriften, Zeichen, Graphiken oder Bildern.

M. können mit allen heute gebräuchlichen elektronischen Anzeigetechniken hergestellt werden. Dabei sind jedoch Grenzen des Verhältnisses von Größe der Bildpunkte, Abstände der Bildpunkte und Größe der Anzeigefläche zu beachten. Soll nämlich eine Anzeigefläche aufgebaut werden, die größer als die der einzelnen Anzeige – z. B. einer →Kathodenstrahlröhre, oder einer Flüssigkristall-Zelle – ist, so ergeben sich nicht schaltbare Linien zwischen benachbarten Einheiten. Sie können durch eine geschickte Anpassung der vorher genannten Größen weitgehend unsichtbar gestaltet werden.

Bei Verwendung von Kathodenstrahlröhren wird die Matrix-Struktur der Anzeigefläche durch ein Helltasten des Elektronenstrahls in gleichen Abständen erzeugt. Diese Abstände müssen größer sein, als der Durchmesser des Elektronenstrahls, da sonst ein zu geringer Kontrast zwischen benachbarten Bildpunkten entsteht, bzw. benachbarte Bildpunkte nicht mehr getrennt erkannt werden können. Außerdem sind die Abbildungsfehler der →Bildröhre, wie Kissen- und Tonnenverzeichnung, sowie merkliche Änderungen der Strahlgeometrie unmerklich klein zu halten.

Bei allen flachen Anzeigetechnologien wird die Bildpunktstruktur durch die Lage der Elektroden gegeben und damit bereits bei der Herstellung der Anzeige festgelegt. Die gebräuchlichste Anordnung ergibt sich aus streifenförmigen Elektroden, die orthogonal zueinander auf beiden Seiten der aktiven Schicht aufgebracht sind. Bei den zellenartig aufgebauten Anzeigen, wie Flüssigkristall-Anzeigen oder Plasmaanzeigen, bedeutet dies, daß jede Innenseite der Zellenwandungen eine Elektrodenstruktur in Form eines Streifenmusters trägt. Dabei ist mindestens eine der Elektroden aus einem elektrisch leitenden transparenten Werkstoff – z. B. Zinn-Indium-Oxid (ITO) – hergestellt.

Zur Aktivierung der Bildpunkte wird das Ansteuerungssignal an die z. B. vertikal und horizontal verlaufenden Elektroden angelegt. Dadurch wird nur der Bildpunkt aktiviert, der im Kreuzungspunkt beider Elektroden liegt. Voraussetzung dafür sind ausgeprägte nicht-lineare elektrische Eigenschaften der aktiven Schicht mit einer definierten Schwellenspannung für die Erzeugung eines optischen Signals. Für das Ansteuerungssignal unter den Kreuzungspunkten der Elektroden – es ergibt sich aus der Summe des Signals an der zugehörigen Zeile und Spalte – muß man einen Wert oberhalb, an allen anderen Punkten jedoch einen Wert unterhalb des Schwellenwertes erreichen. Die Zeilenelektroden werden durch Signale sequentiell nacheinander freigegeben und gleichzeitig werden die Signale an alle diejenigen Bildpunkte dieser Zeile gelegt, die aktiviert werden sollen (zeilensequentielles Ansteuerungsverfahren). Dieses Ansteuerungsverfahren wird oft auch als Multiplex-Ansteuerung von Flachanzeigen bezeichnet. Zur Erzeugung eines flimmerfreien Bildes sind alle Zeilen so schnell nacheinander anzusteuern, daß das Betrachterauge einen Wechsel zwischen Ein- und Ausschalten nicht wahrnehmen kann. Daraus ergibt sich eine Bedingung für die Schaltgeschwindigkeit der Anzeige von $= 1/N$, wobei N die Zahl der Zeilen der Anzeige bedeutet. Diese Anforderung läßt sich durch inhärente, bistabilen Speichereigenschaften der aktiven Schicht vermeiden.

Der wesentliche Vorteil der Multiplex-Ansteuerung besteht in der Tatsache, daß für die Ansteuerung von $n \times m$ Bildpunkten einer Anzeige (n – Zahl der Spalten; m – Zahl der Zeilen) nur $n + m$ Elektroden und damit $n + m$ elektrische Schalter erforderlich sind. Auf der anderen Seite erfordert dieses Verfahren eine nichtlineare Kennlinie und eine ausreichend hohe Schaltgeschwindigkeit der aktiven Schicht. Die gleichzeitige Optimierung dieser elektrischen und der optischen Leistungsmerkmale zur Erzielung optimaler Kontraste stellt Anforderungen, die nur bei optimaler Anpassung mehrerer Grundeigenschaften der aktiven Schicht erfüllt werden können. Einen realisierbaren Ausweg aus dieser doppelten Anforderung besteht in der Integration einer elektrischen Ansteuerungsschaltung in den elektrooptischen Wandler z. B. in Form einer Schaltung auf einer Si-Halbleiterscheibe, einer Dünnschicht-Transistor-Schaltung (TFT-Ansteuerung), oder einer nichtlinearen elektrischen Schicht (MIM-Ansteuerung). Diese Schaltungen können dann zur Erfüllung der elektrischen Anforderungen optimiert werden.

Eine weitere Erschwerung der Anforderungen an die flachen M. mit Multiplex-Ansteuerung ergibt sich, wenn eine Graustufenregelung, oder sogar eine Farbtauglichkeit gefordert wird, wie z. B. bei der Darstellung von Farbgraphiken oder Farbbildern erforderlich ist. Für die Ansteuerung der Graustufen wird entweder die elektrooptische Kennlinie der Anzeige in Stufen angesteuert, oder es wird ein Impulslängen-Modulationsverfahren angewendet. Bei Ausnutzung der Kennlinie werden bei steilen Kennlinien, wie sie für Anzeigen mit Multiplex-Ansteuerung notwendig sind, besonders hohe Anforderungen an die Konstanz der Ansteuerungssignale gestellt. Wird jedoch eine aktive Schicht mit flacher Kennlinie verwendet, so ist die Multiplexrate und damit die maximal darstellbare Informationsmenge begrenzt. Deshalb wird bei den meisten flachen Anzeigetechnologien auf das Impulslängen-Modulationsverfahren zurückgegriffen. Aber auch dabei werden wegen der zusätzlich geforderten hohen Schaltgeschwindigkeiten weitere Anforderungen an die Leistungsmerkmale der aktiven Schicht gestellt. Auf die Verfahren zur Erzeugung von Farbsignalen wird auf die Diskussion der einzelnen Anzeige-Technologien verwiesen.

Für M. werden nahezu alle modernen Technologien eingesetzt. So verwendet man für Anzeigen mit hohem Informationsinhalt mit mehr als 640×640 Bildpunkten bisher nahezu ausschließlich Kathodenstrahlröhren. Plasmaanzeigen eignen sich besonders für die Darstellung von monochromen Graphik-Informationen unter erschwerten Einsatzbedingungen, wie militärische Anwendungen, oder Anwendungen in Schienenfahrzeugen. Elektrolumineszenz-Anzeigen werden vornehmlich in der Industrie als monochrome Anzeigen oder im militärischen Gerät eingesetzt, während die Flüssigkristall-Anzeigen vornehmlich Anwendungen bedienen, bei denen der Leistungsbedarf – wie in batteriebetriebenen Geräten – begrenzt werden muß. Das größte Entwicklungspotential für nahezu alle Anwendungen wird aus heutiger Sicht den Flüssigkristall-Anzeigen zugeschrieben. *Pottharst*

Maximal-Auswahl-Gerät. Gerät oder Softwaremaßnahme, das aus mehreren analogen Signalen dasjenige auswählt, das den höchsten Wert hat. Die Auswahl pneumatischer Signale geschieht mit mechanischen Geräten, die Auswahl analoger elektrischer Signale durch Diodennetzwerke und bei digitaler Signalverarbeitung leiten bedingte Sprungbefehle eine Auswahl ein. Das Bild zeigt, wie Dioden die Signale mit dem niedrigeren Pegel so absperren, daß nur das jeweils höchste Analogsignal durch das Netzwerk läuft (→Extremwertauswahl). *Strohrmann*

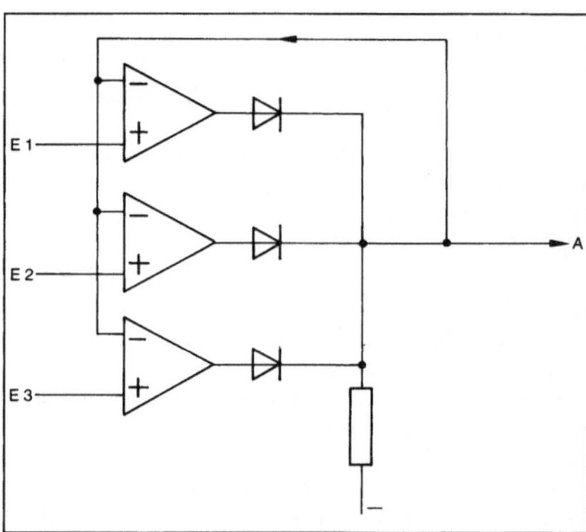

Maximal-Auswahl-Gerät: Netzwerk aus Operationsverstärkern und Dioden zur Auswahl des Analogsignales mit dem höchsten Signalpegel.

Maxwell. Einheit des magnetischen Flusses im elektro-magnetischen →CGS-System. Einheitenzeichen M. 1 M = 10^{-8} Wb. In der Bundesrepublik Deutschland im geschäftlichen und amtlichen Verkehr nicht mehr zugelassen (→Einheiten des SI). *Hammerschmidt*

Mega. . . SI-Vorsatz für Einheiten im Meßwesen. Abk. M. Bezeichnet das 10^6fache der jeweiligen Einheit. *Hammerschmidt*

Mehrgrößensystem. Ein M. ist ein dynamisches System mit mehreren Eingängen und mehreren

Ausgängen. Jedes Eingangssignal u_i (i = 1, . . ., p) kann einige oder alle Ausgangssignale v_k (k = 1, . . ., q) beeinflussen; man spricht auch von einem verkoppelten System.

Bei den Eingangssignalen kann es sich um →Stell- und →Störgrößen handeln (→Regelkreis). Allgemein bezeichnet man sie auch als Steuergrößen, weil sie gezielt oder störend das System steuern.

Ein markantes Beispiel für ein M. ist das Flugzeug: Schub, Höhen-, Quer- und Seitenruder, sowie Landeklappen steuern Fahrt, Vertikalgeschwindigkeit, Kurs, Nick- und Querlage; Windböen aus verschiedenen Richtungen beeinflussen als Störgrößen die Fluglage. Ein weiteres Beispiel ist eine Klimaanlage: Temperatur und Luftfeuchtigkeit sind über Heizung/Kühlung und Feuchtigkeitszufuhr auf bestimmten Werten zu halten; störend wirken die Außentemperatur und die sonstigen klimatischen Bedingungen. Oder im elektrischen Netzverbund müssen Frequenz, Spannung und Leistungswerte eingehalten werden.

Unter Voraussetzung linearer Zusammenhänge kann das →Übertragungsverhalten vom Eingang u_i zum Ausgang v_k durch die →Übertragungsfunktion $F_{ki}(s)$ beschrieben werden. Für die Laplace-Transformierten der Signale gilt dann $V_k(s) = F_{ki}(s)\ U_i(s)$.

Faßt man alle Ausgangsgrößen $v_1, \ldots, v_q$ zum Ausgangsvektor $\underline{v}$ bzw. der Laplace-Transformierten zu $\underline{V}(s)$ und alle Steuergrößen $u_1, \ldots, u_p$ zum Steuervektor $\underline{u}$ bzw. $\underline{U}(s)$ zusammen, so kann man für das M. in geschlossener Form ansetzen

$$\underline{V}(s) = \underline{G}(s)\ \underline{U}(s) \tag{1}$$

Die Elemente der Übertragungsmatrix $\underline{G}(s)$ sind die Übertragungsfunktionen $F_{ki}(s)$; k = 1, . . ., q und i = 1, . . ., p.

Die Untersuchung solcher Systeme, vor allem der Entwurf von Reglern, ist in dieser Darstellung sehr umständlich, da man mit Vektoren und Matrizen arbeiten muß, deren Elemente Funktionen des Operators s bzw. bei Anwendung der Frequenzgangmethode komplexe Funktionen der variablen Kreisfrequenz ω sind. Auch ist es schwierig, in ähnlicher Weise wie beim einfachen Regelkreis →Regler auszulegen, wenn nicht markante Beeinflussungen von jeweils einer Eingangsgröße auf eine Ausgangsgröße erkennbar sind.

Allgemein lassen sich für die →Regelung von M. folgende Merkmale aufstellen:

□ Da an einem System mehrere Größen geregelt werden, sind mehrere Regler und Stellglieder vorhanden.

□ Zwischen Stell- und Regelgrößen besteht ein verzweigter Wirkungsablauf. Diese Kopplung hat nachstehende Folgen:

– Die Regelgüte einer →Regelgröße ist im allgemeinen geringer als beim Einzelregelkreis gleicher Dynamik.

– Eine →Führungsgröße wirkt auf die ihr nicht zugedachten Regelgrößen als →Störgröße.

– Eine Störgröße wirkt streuend auf verschiedene Regelgrößen.

□ Im Vergleich zum Einzelregelkreis gibt es mehrere Verhaltensformen, und für den Einzelregelkreis aufgestellte Gesetze sind nicht unmittelbar auf die Mehrfachregelung anzuwenden. So kann z. B. die Erhöhung der Verstärkung eines Reglers in einem M. stabilisierend wirken, was im Einzelregelkreis nicht der Fall ist.

Mathematisch zuverlässiger und übersichtlicher lassen sich M. in der Darstellung mit Zustandsgrößen bearbeiten. Die Beschreibung der physikalischen Zusammenhänge liefert eine oder mehrere Differentialgleichungen. Nach geeigneter Wahl von Zustandsgrößen x_j, j = 1, . . ., n kann man n Differentialgleichungen erster Ordnung oder zusammengefaßt eine Vektordifferentialgleichung ansetzen – für ein lineares M.

$$\dot{\underline{x}} = \underline{A}\ \underline{x} + \underline{B}\ \underline{u} \tag{2}$$

Hinzu kommt die Ausgangsgleichung

$$\underline{v} = \underline{C}\ \underline{x} + \underline{D}\ \underline{u} \tag{3}$$

Durch →Rückführung der Zustandsgrößen bzw. des Zustandsvektors $\underline{x}$ lassen sich die Konzepte der →Zustandsregelung realisieren.

Durch Anwendung der Laplace-Transformation auf Gl. (2) und Einsetzen in Gl. (3) läßt sich ein Zusammenhang zwischen der Übertragungsmatrix $\underline{G}(s)$ und den Matrizen $\underline{A}$, $\underline{B}$, $\underline{C}$ und $\underline{D}$ herstellen

$$\underline{V}(s) = [\underline{C}\ (s\underline{I}\underline{B} + \underline{D}]\underline{U}(s) \tag{4}$$

$\underline{I}$ ist die Einheitsmatrix, die hochgestellte −1 kennzeichnet die Inversion der durch den Klammerausdruck beschriebenen Matrix. *Böttiger*

Literatur: *Korn, U.* und *H.-H. Wilfert:* Mehrgrößenregelungen. Berlin 1982. – *Starkermann, R.:* Mehrgrößenregelsysteme. Mannheim 1974.

Meile. Längeneinheit, die nur noch in den angelsächsischen Ländern in Gebrauch ist. 1 Meile = 1609 m. *Hammerschmidt*

Meldesignal. Das M. ist ein →Signal, das Informationen über normale wie auch über unvorhergesehene Betriebszustände und Zustandsänderungen von Prozessen gibt. Es ist in der Regel ein binäres Signal.

Betriebszustände und ihre Änderungen können sowohl den gesteuerten Prozeß z. B. Überschreiten eines Grenzwertes, Beendigung eines Füllvorganges, als auch die →Steuerung selbst, z. B. Ausfall einer Ein/Ausgabebaugruppe, Aufruf zu einer

Quittungseingabe, betreffen. Die Meldungen dienen also der Bestätigung erfolgter Bedieneingriffe und der Signalisierung von Fehlern.

Bei der Meldung von Fehlern wird in der Regel zwischen dem Alarm und einer, im Gefahrengrad niedrigeren Warnung unterschieden. Die einzelnen M. selbst oder die zu Gruppen, z. B. hinsichtlich Fehlerart oder Fehlerort zusammengefaßten Gruppenmeldesignale führen zu optischen (Dauerlicht, Farbumschlag bei symbolhafter Darstellung auf dem Bildschirm, Blinken mit unterschiedlichen Frequenzen wie z. B. 2 oder 8 Hz) und/oder akustischen (Dauerhupton, Tonfolge) Meldungen. Sie ziehen die Aufmerksamkeit des Anlagenbedieners auf sich und erfordern entsprechende Reaktionen z. B. Bedienoperationen durch Quittierungen oder Behebungsmaßnahmen wie im Falle von Fehlern.

Freyberger

Meldesystem. System, das eingehende Grenz- und andere binäre Signale zu →Meldesignalen aufbereitet. Es warnt über →Sicht- und →Hörmelder die Apparatefahrer vor Fehlzuständen und informiert über den Anlagenzustand und besonders über Zustandsänderungen. Über Signalregistrierer kann der zeitliche Einlauf eingehender Meldungen festgehalten werden.

Technisch sind M. entweder modular in Relais- oder Halbleitertechnik als Hardware realisiert (Bild 1), oder ihre Funktionen können als Firm- oder Software in Prozeßrechnern und dezentralen Prozeßleitsystemen programmiert werden.

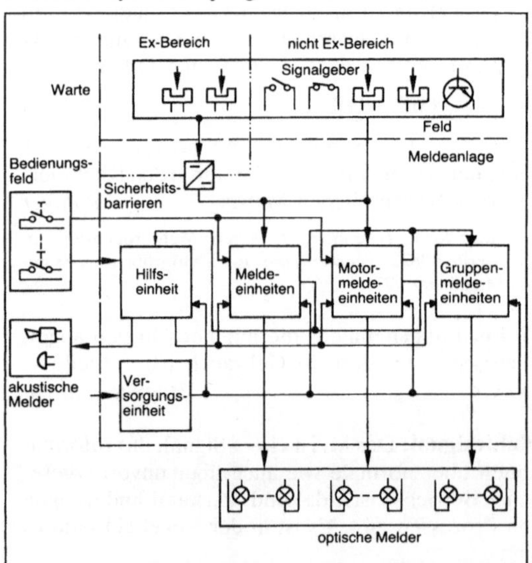

Meldesystem 1: Modularer Aufbau einer Meldeanlage.

Funktionell ist es Aufgabe der M., die Signale einer Vielzahl (bis zu einigen Tausend) von Grenzsignal- und anderen Signalgebern so aufzubereiten und zu verarbeiten, daß es der Bedienungsmannschaft leicht möglich wird, die einlaufenden Meldungen zu erkennen, ihre Bedeutung fehlerfrei zu interpretieren und die erforderlichen Konsequenzen zu ziehen. Das hat besonders bei kritischen Prozeßzuständen Bedeutung, bei denen Fehlsignale in sehr schneller Folge einlaufen können.

Die M. haben dazu insbesondere
- neu hinzukommende Grenzwertüberschreitungen hervorzuheben, →Neuwertmeldung,
- die zeitliche Reihenfolge mehrerer Fehlsignale auch dann aufzulösen, wenn diese innerhalb eines sehr kurzen Intervalles eingelaufen sind, →Erstwertmeldung, und
- den zeitlichen Verlauf von Signalzuständen zu registrieren, →Signalregistrierung.

Erfaßte Signale sind zu quittieren, um volle Aufmerksamkeit neuen Störungen widmen zu können.

Grundsätzlich läuft eine Grenzwertmeldung so ab: Bei Änderung des Grenzsignales vom Gut- zum Fehlzustand werden gleichzeitig Sicht- und Hörmeldungen ausgelöst. Die Hörmeldung weist den Apparatefahrer darauf hin, daß irgendein Fehlsignal eingelaufen ist. Sie soll ihn veranlassen, mit Hilfe des Sichtmelders denjenigen Kanal herauszufinden, dessen Signal sich geändert hat, um daraus den Zustand des Prozesses zu beurteilen. Um das möglich zu machen, sind die →Sichtmelder beschriftet oder in einem →Schaufließbild angeordnet.

Sowohl die Hör- als auch die Sichtmeldungen müssen quittiert werden. Dabei wird die Hörmeldung abgeschaltet. Nach dem Quittieren zeigt der Sichtmelder den Fehlzustand an, solange das Fehlsignal ansteht. Er erlischt beim Quittieren, wenn das Fehlsignal innerhalb der Erkennungszeit abgeklungen ist. Das Festhalten des Meldezustandes des Sichtmelders bis zum Quittieren ist erforderlich, um auch kurzzeitige Grenzwertüberschreitungen zu erkennen. Sicht- und Hörmelder können gemeinsam oder getrennt quittiert werden.

Bild 2 zeigt den zeitlichen Verlauf der Melderzustände der Meldeart: Meldung mit Dauerlicht bei Grenzsignaländerungen (→Anlagensicherung).

Strohrmann

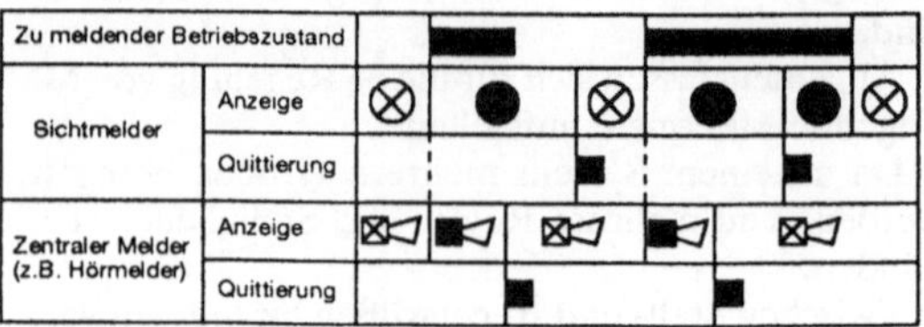

Meldesystem 2: Funktionsdiagramm für Meldung mit Dauerlicht (nach DIN 19235)

Literatur: DIN 19235: Steuerungstechnik, Meldung von Betriebszuständen. Ausg. Juli 1983. – *Strohrmann, G.:* Anlagensicherung mit Mitteln der MSR-Technik. München–Wien 1983.

Membranschalter. M. sind →Schalter, die nicht von Hand sondern mittels einer eingebauten Membrane betätigt werden; die benötigte Bewegung der Membrane wird durch Druck, bzw. Unterdruck eines Medium (z. B. Öl, Preßluft) ausgelöst. Daher sind die Schalter auch mit Anschlußvorrichtung für Über- bzw. Unterdruck-Systeme ausgerüstet (z. B. mit Gewindeansatz und Dichtring).

Typisches Anwendungsbeispiel für einen M. ist der Bremslichtschalter eines Automobils. Der Druck auf das Bremspedal wird über die im Bremssystem vorhandene Bremsflüssigkeit auf die Membrane des hier angeschlossenen M. übertragen und bringt diese zur Bewegung. Durch die Bewegung der Membrane werden die Kontakte des Schalters geschlossen und das Bremslicht eingeschaltet. Läßt der Druck nach, werden die Membrane und die Kontakte des Schalters durch eine eingebaute Rückholfeder in ihre Ausgangslage gebracht; das Bremslicht erlöscht. *Pagnin*

Mengenmessung. Eine auch im Alltagsleben häufig vorkommende Messung ist die M. Die dazu eingesetzten Meßgeräte wie Wasserzähler, Gasuhren, →Elektrizitätszähler, Benzinuhren an Zapfsäulen dienen zum Verrechnen der verbrauchten Mengen. In der Industrie werden sie außer zur Verrechnung auch zum genauen Dosieren einzelner Komponenten eingesetzt. Die Menge wird in Masseeinheiten, z. B. in Tonnen, bestimmt, aber auch Volumeneinheiten, z. B. m^3, sind üblich (Gaswirtschaft Normkubikmeter, Wasserzähler m^3).

Eng verwandt zur M. ist die →Durchflußmessung, denn der Durchfluß ist die auf die Zeiteinheit bezogene Menge bzw. die Menge der über die Zeit aufsummierte (Masse-)Durchfluß. Daher sind auch die Meßverfahren z. T. gleich.

Für die M. strömender Gase und Flüssigkeiten kommen bevorzugt Volumenzähler zum Einsatz. Um daraus die Menge zu ermitteln, muß die Dichte und insbesondere bei Gasen Druck und Temperatur bekannt sein. Können diese Größen nicht konstant gehalten werden, so sind sie zu messen. Mit Gleichungen oder Tabellen läßt sich die Menge bestimmen.

Drehkolbengaszähler, Ringkolbenzähler und Ovalradzähler sind unmittelbare Volumenzähler und arbeiten nach dem gleichen Prinzip. Beim Ovalradzähler werden die Ovalräder, zwei Zahnräder mit etwa elliptischem Querschnitt, durch den Produktstrom angetrieben (Bild 1). Ihre Drehzahlen liegen zwischen 400 für große Zähler und 1 250 Umdrehungen pro Minute für kleine Zähler. Die Ovalräder fördern bei jeder Umdrehung vier zwischen dem Ovalrad und der Meßkammer abgegrenzte Teilvolumina durch den →Zähler. Über Magnetkupplungen wird die Drehzahl der Ovalräder auf mechanische Zählwerke übertragen oder über einen induktiven Abgriff in elektrische Impulse umgewandelt.

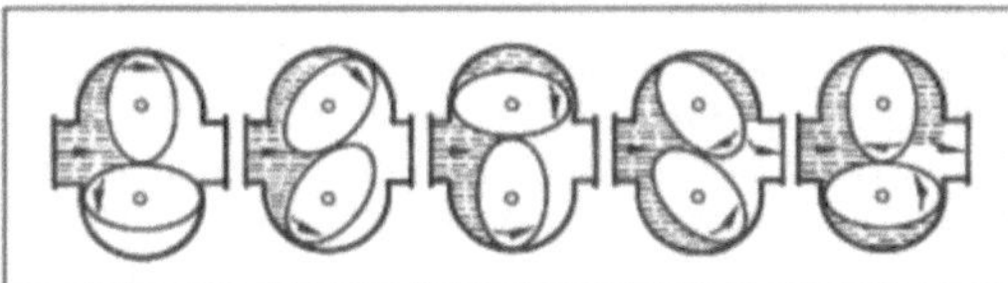

Mengenmessung 1: Wirkungsweise eines Ovalradzählers.

Beim Turbinenradzähler (Bild 2) wird das Volumen nicht unmittelbar in abgeschlossenen Portionen durch den Zähler gefördert, sondern aus der Messung der Strömungsgeschwindigkeit durch ein propellerartiges Laufrad mittelbar bestimmt. Da ein linearer Zusammenhang zwischen Strömungsgeschwindigkeit und Drehgeschwindigkeit besteht, ergibt sich auch ein linearer Zusammenhang zwischen gefördertem Volumen und Drehzahl. Woltmannzähler (Bild 3) sind Turbinenradzähler, die zum Messen größerer Mengen kalten oder heißen Wassers eingesetzt werden. Sie haben ein örtliches

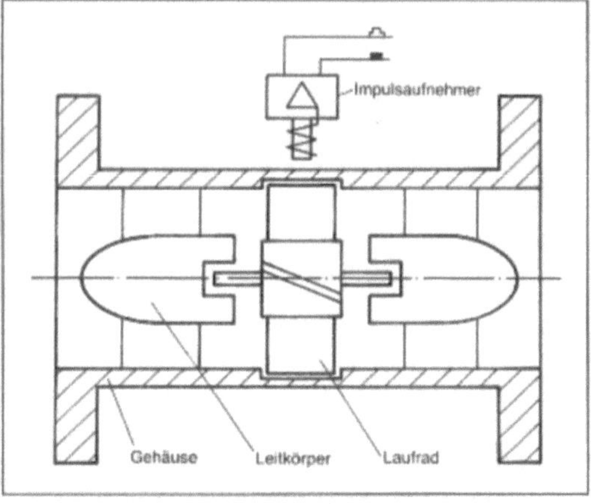

Mengenmessung 2: Prinzipbild eines Turbinenradzählers für Flüssigkeiten.

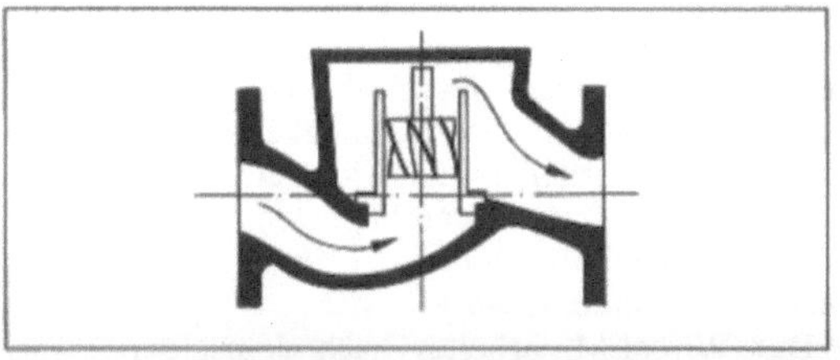

Mengenmessung 3: Woltmannzähler mit vertikaler Achse. (Quelle: Bopp & Reuther)

Zählwerk, das ein Turbinenrad mechanisch antreibt.

Beim Flügelradzähler wird das Flügelrad durch den Flüssigkeitsstrom tangential beaufschlagt und in Drehung versetzt. Ein Zählwerk zählt die Anzahl der Umdrehungen. Die bekannteste Anwendung des Flügelradzählers ist die Wasseruhr.

Gaszähler der öffentlichen Gasversorgung werden als trocken arbeitende Membransysteme oder auch als nasse Gaszähler mit einer Sperrflüssigkeit gebaut. Beim trockenen Gaszähler werden abwechselnd zwei membranbegrenzte Kammern gefüllt, die nach Umschaltung entleert werden. Die Membranhübe treiben einerseits das Steuergetriebe, andererseits zählt ein Rollenzählwerk ihre Anzahl.

Beim nassen Gaszähler oder Trommelzähler (Bild 4) strömt das Gas durch die zentrale Öffnung in eine von vier Kammern des trommelartigen Meßsystems. Die vier Zwischenwände sind so ausgebildet, daß sich die Trommel dabei dreht. Die Sperrflüssigkeit, meistens Wasser, sorgt für dichten Abschluß des Kammervolumens. Beim Weiterdrehen der Trommel verdrängt die Sperrflüssigkeit das Gasvolumen, das durch die Austrittsöffnung abströmt.

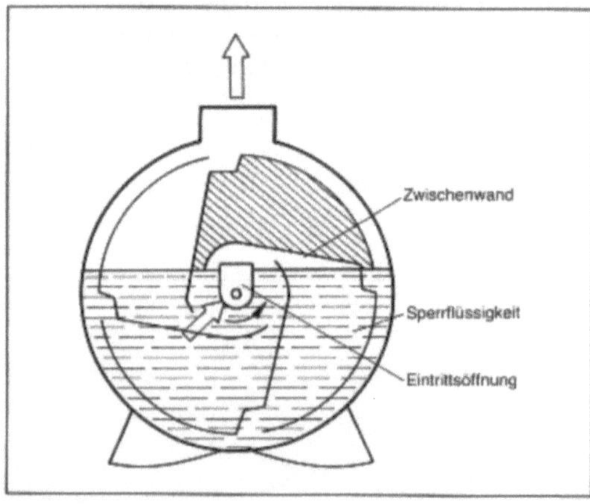

Mengenmessung 4: Prinzip eines Trommelgaszählers.

Drallmengenmesser haben keine beweglichen Teile und sind zum Messen von Flüssigkeiten und Gasen geeignet. Leitschaufeln versetzen das Fluid in rotierende Bewegung. Es entsteht ein Wirbelkern, der sich spiralförmig mit der Grundströmung stromabwärts bewegt. Durch die Wirbel entstehen kleine Druck- und Geschwindigkeitsänderungen, die Impulse werden mittels Piezoelementen bzw. Thermistoren erfaßt. Jeder dabei gemessene Impuls entspricht einem bestimmten Teilvolumen, das zur Menge aufsummiert wird.

Der Wirbel-M. arbeitet nach demselben Prinzip wie der →Wirbelfrequenz-Durchflußmesser. *F. Schneider*

Literatur: *Strohrmann, G.:* Einführung in die Meßtechnik im Chemiebetrieb. München 1980.

Mengensensor →Mengenmessung

Mensch-Maschine-Kommunikation →Mensch-Prozeß-Kommunikation

Mensch-Prozeß-Kommunikation. Wechselspiel zwischen Erfassen und Verarbeiten von Informationen aus dem Prozeß und dem Eingriff auf den Prozeß durch den Menschen. Ursprünglich geschah die Kommunikation signalorientiert, d. h. der den Prozeß Führende mußte sich den Prozeßzustand aus einer großen Zahl dauernd anstehender Meßwerte und Zustandsmeldungen ableiten. In modernen Prozeßleitsystemen bereiten Digitalrechner die Meßwerte und Zustandsmeldungen zu Informationen über den Prozeßzustand auf und stellen davon auf dem Bildschirm nur das dar, was für die Kommunikation aktuell ist. Das geschieht zudem noch in für das menschliche Aufnahmevermögen geeigneter Form, z. B. als Graphik oder Semigraphik (→Informationsdarstellung auf Bildschirmen). Manchmal wird zwischen Mensch-Maschine- und Mensch-Prozeß-Kommunikation unterschieden, um den Unterschied zwischen der signalorientierten und der informationsorientierten Kommunikation herauszuheben. *Strohrmann*

Merkersignal. Das M., abgek. auch Merker genannt, ist ein Hilfssignal bei speicherprogrammierbaren Steuerungen (→SPS), das während des Steuerungsablaufes als Zwischenergebnis gewonnen, im Merker gespeichert und an anderer Stelle im Verlauf des Steuerungsprogrammes erneut benötigt wird, z. B. bei der Realisierung von Mehrfachverknüpfungen, zur Erzeugung logischer, d. h. durch Verarbeitung von physikalischen Signalen gewonnener, Fehlersignale oder zur internen Steuerung des Programmablaufes. Daneben können an entsprechenden Stellen im Steuerungsprogramm Zwischenergebnisse, die bestimmte Zustände der Steuerung beschreiben, auf Merkern abgelegt werden.

Solche Informationen lassen sich mit Vorteil bei der Überwachung des Steuerungsablaufes und vor allem bei Programmtest und Inbetriebnahme nutzen. Des weiteren läßt sich u. a. durch den Einsatz von Merkern ein definiertes Wiederanlaufen der Steuerung z. B. nach einem Ausfall der Versorgungsspannung erreichen. Hierzu ist es allerdings notwendig, daß die Steuerung über sog. remanente Merker verfügt. Diesen Merkern muß also ein gewisser Teil des in der Regel batteriegepufferten Arbeitsspeichers reserviert sein. *Freyberger*

Meß- und Automatisierungstechnik. Um elektrische oder auch nichtelektrische Größen messen zu können (→Meßtechnik, elektrische), ist die interessierende Größe zunächst in ein elektrisches →Signal umzuformen (→Aufnehmer, →Meßumformer, →Sensor). Dieses Signal ist im allgemeinen noch zu verarbeiten (→Meßsignalverarbeitung, →Meßverstärker, →Analog/Digital-Umsetzer), bis die gewonnene Information ausgegeben werden kann. Dabei geht es nicht nur um die Darstellung der gesuchten Größe nach Zahl und Einheit (→Einheiten im Meßwesen), sondern die Meßtechnik schließt auch die Gewinnung abgeleiteter oder berechneter Größen und auch die Extraktionen von Kennwerten oder Mustern ein.

Eine spezielle Anwendung findet die Meßtechnik in der →Prüftechnik auf dem Gebiet des automatischen Testens (→ATE). Dabei soll während der Fertigung von elektrischen, elektronischen oder auch mechanischen Komponenten ein defektes Teil möglichst frühzeitig erkannt werden, um evtl. Reparaturkosten zu vermeiden oder wenigstens zu minimieren. Getestet wird in jeder Stufe der Fertigung (→Bauelementeprüfung, →Verdrahtungsprüfung, →Funktionsprüfung, →In-Circuit-Test). Wichtig ist, daß bei dem Entwurf und der Entwicklung der Geräte schon auf die Prüfbarkeit geachtet wird. Die Prüftechnik hilft, Produkte gleichbleibend guter Qualität zu liefern (→Qualitätssicherung).

Die Meßtechnik wird nicht nur im wissenschaftlichen Laboratorium und im Prüffeld eingesetzt, sondern in einem noch größeren Umfang zur Prozeßkontrolle. Zusammen mit der →Steuerungstechnik, der →Regelungstechnik und der Prozeßrechnertechnik (→Prozeßrechner, →Mikroprozessor, →Signalprozessor) bildet sie das Gebiet der →Prozeßleittechnik und der →Automatisierungstechnik.

Kennzeichen der →Steuerung (Open-Loop-Control) ist der offene, nicht geschlossene Steuerkreis ohne →Rückführung des Ausgangssignals an den Eingang. Bei der →Verknüpfungssteuerung werden die Steuerbefehle aufgrund von logischen Verknüpfungen der binären Eingangssignale gewonnen. Im Unterschied dazu ist die →Ablaufsteuerung zeitgeführt. Die Steuerbefehle werden schrittweise, in einer bestimmten Reihenfolge gebildet. Von der Gerätetechnik her lassen sich die Steuerkreise verdrahtungsprogrammiert mit Hilfe von →Relais, Schützen, elektronischen Gattern, Logikarrays oder auch speicherprogrammiert mit Hilfe von Mikroprozessor-Systemen realisieren.

Bei einer →Regelung (Closed-Loop-Control) wird die zu regelnde Größe erfaßt (gemessen), mit einer →Führungsgröße (Sollwert) verglichen und in Richtung einer Angleichung an den Sollwert beeinflußt. Der sich dabei ergebende Wirkungsablauf findet in einem geschlossenen Kreis, dem sogenannten →Regelkreis statt. Die dynamischen Eigenschaften der Strecke und das Regelverhalten werden mit Hilfe des →Frequenzganges, der →Übertragungsfunktion oder der →Systemantwort beschrieben.

Die Automatisierungssysteme müssen nun nicht nur die Funktionen des Messens, Steuerns, Regelns und Rechnens erfüllen, sie müssen diese Funktionen auch zuverlässig erledigen. Diesem Gesichtspunkt der →Zuverlässigkeit und →Verfügbarkeit ist schon bei dem Entwurf, der Auslegung und der Fertigung Rechnung zu tragen. Die erreichte Zuverlässigkeit kann bei Bauelementen und Komponenten mit Hilfe der →Ausfallrate, bei Geräten und Systemen mit Hilfe einer →Ausfalleffektanalyse oder einer →Fehlerbaumanalyse zahlenmäßig angegeben werden. Grundlage des Aufbaus fehlertoleranter Systeme ist die →Ausfallerkennung. Bei einer geeigneten Struktur des Systems (→Redundanz, →Diversität) ist die Verfügbarkeit des Systems besser als die der für das System benutzten Komponenten (→Ausfallwahrscheinlichkeit redundanter Systeme).

Die Automatisierungstechnik hilft, z. B. in der Verfahrens- und Energietechnik, in der Fertigungstechnik und im Verkehrswesen, die Prozesse so zu steuern oder zu regeln, daß der Energie- und Materialeinsatz minimiert wird. Dadurch werden die Ressourcen geschont. Gleichzeitig wird die Entstehung unerwünschter Nebenprodukte verringert. Damit wird die Umwelt weniger belastet. In der Verfahrenstechnik und in der Chemie entfallen etwa 20% der Kosten für Neuinvestitionen auf die Prozeßleittechnik. 1985 wurden in der Bundesrepublik Deutschland etwa 12 Milliarden DM auf dem Gebiet der Automatisierungstechnik ausgegeben.

Schrüfer

Meßfühler →Sensor

Meßabweichung →Meßfehler

Meßaufnehmer, induktiver. Die Induktivität einer →Spule ergibt sich unter Vernachlässigung von Streufeldern zu

$$L = \frac{N^2 \cdot \mu_o \cdot \mu_r A}{\varrho}$$

Die Induktivität L läßt sich also über den Querschnitt A, die Länge l oder die Permeabilitätszahl μ_r des magnetischen Kreises ändern. Bei i. M. wird meist der Einfluß einer Änderung s der Länge des magnetischen Kreises oder einer Änderung von μ_r infolge mechanischer Beanspruchung (z. B. beim magnetoelastischen →Kraftaufnehmer) ausgenutzt (Bild).

Differentialtransformatoren bestehen aus drei Spulen, von denen eine mit einer Wechselspannung

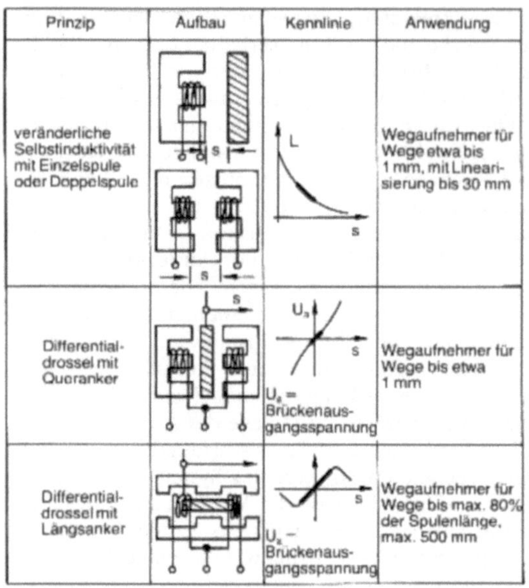

Prinzip	Aufbau	Kennlinie	Anwendung
veränderliche Selbstinduktivität mit Einzelspule oder Doppelspule			Wegaufnehmer für Wege etwa bis 1 mm, mit Linearisierung bis 30 mm
Differentialdrossel mit Queranker		U_a = Brückenausgangsspannung	Wegaufnehmer für Wege bis etwa 1 mm
Differentialdrossel mit Längsanker		U_a – Brückenausgangsspannung	Wegaufnehmer für Wege bis max. 80% der Spulenlänge, max. 500 mm

Meßaufnehmer, induktiver: Passive induktive Aufnehmer.

gespeist wird, während in den beiden anderen Spulen Spannungen induziert werden, deren Größe von der Stellung eines verschieblichen Ankers abhängen. Ebenfalls zur Gruppe der i. M. gehören Drehmelder zur →Fernmessung und Fernübertragung von Drehwinkeln (→Längen- und Winkelmessung). *Hammerschmidt*

Literatur: *Schrüfer, E.:* Elektrische Meßtechnik. München 1988. – *Stöckl, M.* u. *K.-H. Winterling:* Elektrische Meßtechnik. Stuttgart 1978.

Meßaufnehmer, kapazitiver. Die Kapazität eines Plattenkondensators ergibt sich unter Vernachlässigung von Randeffekten zu

$$C = \varepsilon_0 \, \varepsilon_r \, \frac{A}{d}$$

Die Kapazität C läßt sich demnach über den Plattenabstand d, die wirksame Plattenoberfläche A oder die Dielektrizitätszahl ε_r beeinflussen. Die Kapazitätsänderung des Kondensators wird mittels →Meßbrücken und Resonanzkreisen erfaßt (Bild). Eingangsgröße ist ein Weg oder ein Winkel, Ausgangsgröße ist die Kapazitätsänderung (→Längen- und Winkelmessung). *Hammerschmidt*

Literatur: *Rohrbach, Chr.:* Handbuch für elektrisches Messen mechanischer Größen. Düsseldorf 1967. – *Schrüfer, E.:* Elektrische Meßtechnik. München 1990. – *Stöckl, M.* u. *K.-H. Winterling:* Elektrische Meßtechnik. Stuttgart 1978.

Meßbrücke. M. dienen dem meßtechnischen Erfassen von Widerständen, Induktivitäten, Kapazitä

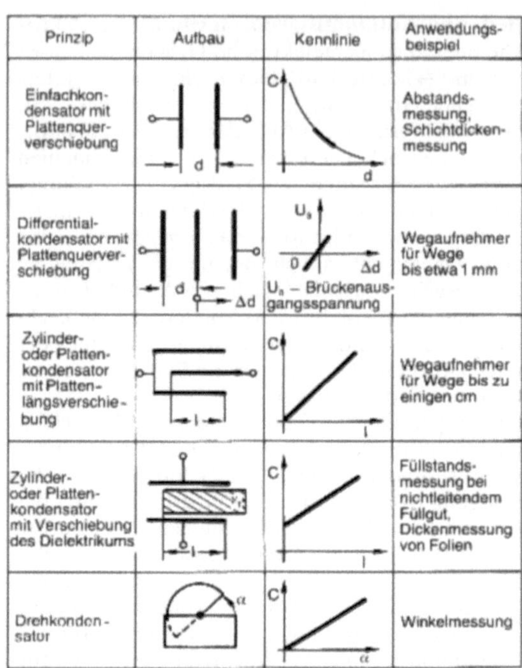

Prinzip	Aufbau	Kennlinie	Anwendungsbeispiel
Einfachkondensator mit Plattenquerverschiebung			Abstandsmessung, Schichtdickenmessung
Differentialkondensator mit Plattenquerverschiebung		U_a – Brückenausgangsspannung	Wegaufnehmer für Wege bis etwa 1 mm
Zylinder- oder Plattenkondensator mit Plattenlängsverschiebung			Wegaufnehmer für Wege bis zu einigen cm
Zylinder- oder Plattenkondensator mit Verschiebung des Dielektrikums			Füllstandsmessung bei nichtleitendem Füllgut, Dickenmessung von Folien
Drehkondensator			Winkelmessung

Meßaufnehmer, kapazitiver: Übersicht möglicher Verfahren und Anwendungen.

ten und gelegentlich auch Frequenzen sowie von Änderungen der vorstehenden Größen gegenüber einem Bezugswert. In der Grundstruktur einer M. (Bild 1) werden aus einer gemeinsamen Spannungs- oder Stromquelle die jeweils in Reihe geschalteten Impedanzen Z_1 und Z_2 sowie Z_3 und Z_4 gespeist. Die Spannung U_d zwischen den Punkten A und B wird auch Spannung im Nullzweig oder in der Brükkendiagonalen genannt. Sie ist für die leistungslose Messung (d. h. $I_d = 0$) bei Speisung der Brücke mit eingeprägter Spannung U_s bzw. mit eingeprägtem Strom I_s angegeben.

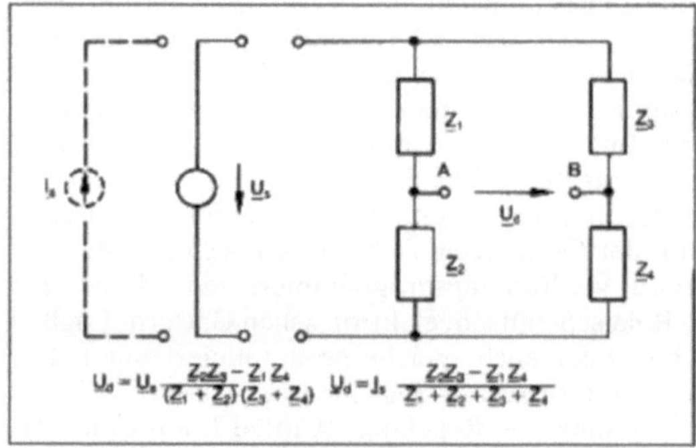

Meßbrücke 1: Grundstruktur.

Bei Brücken unterscheidet man zwei Betriebsarten. Wenn man die Impedanzen Z_1 bis Z_4 so abgleicht, daß der im Nullzweig eingesetzte Nullindikator $U_d = 0$ anzeigt, kann man durch Auswerten von $Z_2Z_3 - Z_1Z_4 = 0$ die gewünschte Größe ermitteln, z. B. eine unbekannte Impedanz (Abgleichbrücke). Im Gegensatz dazu verwendet man in der industriellen Meßtechnik sehr häufig Brückenschaltungen, bei denen in mindestens einem Brückenzweig →Meßaufnehmer eingeschaltet sind, die einer Impedanzänderung unterliegen. Nur im Ruhezustand ist die M. abgeglichen. Wirkt nun eine Meßgröße, so ist die Brücke nicht mehr im Abgleich, und das im Diagonalzweig eingesetzte →Meßgerät wird ausschlagen (Ausschlagbrücke). Der Ausschlag ist der Meßgröße genau oder näherungsweise proportional.

□ Abgleichbrücke für Gleichstrom. Nachstehend werden einige wichtige Abgleichbrücken dargestellt. Setzt man in der M. nach Bild 1 für Z_1 bis Z_4 ohmsche Widerstände R_1 bis R_4 ein, so erhält man die Wheatstone-Brücke. Wenn $R_2 = R_x$ ein unbekannter Widerstand ist und bei R_1 ein einstellbarer Widerstand sowie bei R_3 und R_4 konstante Widerstände eingesetzt werden, erhält man bei Abgleich ($U_d = 0$):

$$R_x = R_1 \cdot \frac{R_3}{R_4}$$

Abgleich ist auch möglich für konstantes R_1, wenn das Verhältnis R_3/R_4 variabel ist. Bei entsprechend kleinen Fehlergrenzen von R_1 und R_3/R_4 und großer →Empfindlichkeit des Nullindikators sind mit der Wheatstone-Brücke sehr genaue Widerstandsmessungen möglich. Für Präzisionsmessungen an Widerständen unter etwa $10\,\Omega$ setzt man statt der Wheatstone- die Thomson-Brücke ein, die es erlaubt, den Einfluß des Widerstands der Anschlußleitungen bei der Messung zu eliminieren.

Abgleichbrücken für Widerstandsmessungen im Betrieb und im Labor werden vielfach durch digitale elektronische Meßgeräte verdrängt. (→Multimeter; →Widerstandsmessung).

□ Abgleichbrücke für Wechselstrom. Die bisher beschriebenen Abgleichbrücken werden meist mit Gleichstrom betrieben. Zum Messen von Impedanzen wird eine Brücke gemäß Bild 1 mit Wechselspannung bzw. Wechselstrom gespeist. Für die abgeglichene Brücke gilt

$$\frac{\underline{Z}_1}{\underline{Z}_2} = \frac{\underline{Z}_3}{\underline{Z}_4}$$

Nach den Gesetzen für die komplexe Rechnung folgt daraus für die Beträge

$$\frac{Z_1}{Z_2} = \frac{Z_3}{Z_4}$$

und für die Phasenwinkel

$$\varphi_1 - \varphi_2 = \varphi_3 - \varphi_4$$

Jede der beiden Gleichungen muß für sich erfüllt werden, so daß man mindestens zwei veränderliche Brückenelemente benötigt, die man abwechselnd in Richtung auf den Abgleich betätigt.

Aus der Vielzahl von M. für Impedanzen sollen hier einige Beispiele gebracht werden. Die Induktivitäts-M. nach *Maxwell* und *Wien* (Bild 2) besitzt neben zwei Widerständen R_2 und R_3 eine feste Vergleichskapazität C_4 mit Parallelwiderstand R_4. Bei Abgleich gilt für die unbekannte verlustbehaftete Induktivität:

$$L_x = R_2\, R_3\, C_4$$

$$R_x = R_2 \frac{R_3}{R_4}$$

Vertauscht man in der Schaltung nach Bild 2 die Brückenzweige 2 und 4 miteinander (Bild 3), kann man statt L_x und R_x eine verlustbehaftete Kapazität (Parallelschaltung von C_x und R_x) ausmessen. Die Abgleichbedingungen lauten hier:

$$C_x = C_2 \frac{R_4}{R_3}$$

$$R_x = R_2 \frac{R_3}{R_4}$$

Weitere Wechselstrom-M. werden eingesetzt z. B. zum Messen von Gegeninduktivitäten, bei Elektrolytkondensatoren, zur Verlustfaktormessung bei Hochspannungseinrichtungen (*Schering*-Brücke), zum Fehlerortbestimmen bei Kabelfehlern, zum Frequenzmessen (*Wien-Robinson*-Brücke), zum Bestimmen von Impedanzunterschieden.

□ Ausschlagbrücke. Wichtigster Einsatzbereich für Ausschlagbrücken sind industrielle →Meßumfor-

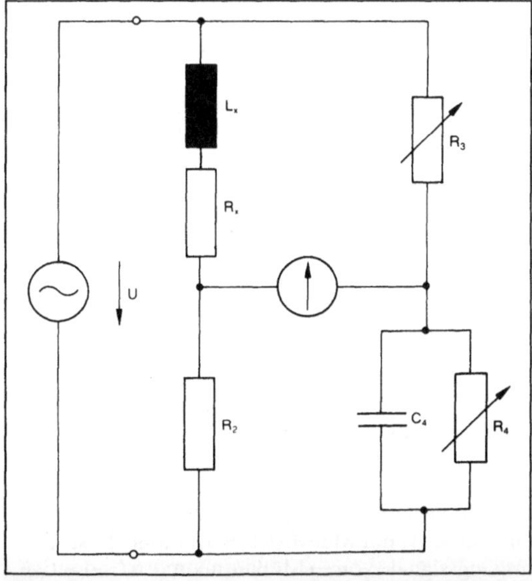

Meßbrücke 2: Induktivitäts-M. nach Maxwell und Wien.

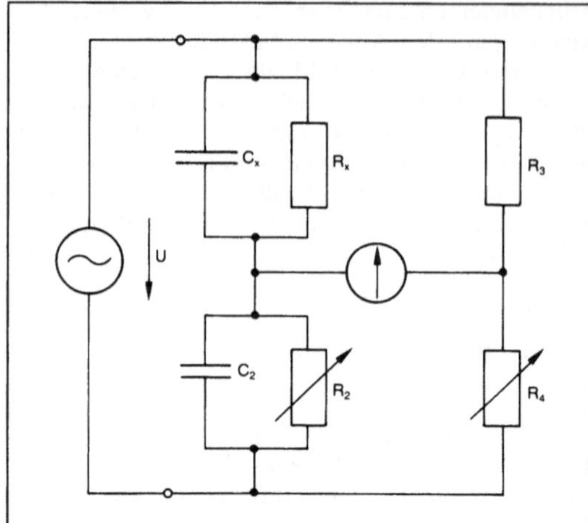

Meßbrücke 3: Kapazitäts-M. nach Wien.

mer (Meßgeräte). Viele Meßgrößen lassen sich über Widerstands-, Induktivitäts-, Kapazitäts- und manchmal auch Frequenzänderungen mittels einer Ausschlagbrücke in eine Brückendiagonalspannung umformen. Von den Meßaufnehmern, die auf einer Widerstandsänderung beruhen, seien der →Dehnungsmeßstreifen (DMS) und das →Widerstandsthermometer genannt. Wenn nur einer der vier Brückenwiderstände (Viertelbrücke) von der Meßgröße x (z. B. Dehnung oder Temperatur) gemäß

$$R = R_0 (1 + \alpha x) = R_0 + \Delta R$$

abhängt, ergibt sich die Brückendiagonalspannung unter der Voraussetzung, daß $Z_1 = R$ und $Z_2 = Z_3 = Z_4 = R_0$ (Bild 1), zu

$$U_d \approx \frac{1}{4} U_s \frac{\Delta R}{R_0} \text{ bzw. } U_d \approx \frac{1}{4} I_s \Delta R.$$

Bei Dehnungsmessungen schaltet man mehr als einen DMS in die Brücke. Wenn es gelingt, den ersten DMS einer Dehnung und einen zweiten einer Stauchung auszusetzen (z. B. bei →Biegebalken), hat man gegenüber der Viertelbrücke den doppelten Meßeffekt und außerdem störende Temperatureinflüsse eliminiert (Bild 4, Halbbrücke):

$$U_d = \frac{1}{2} U_s \frac{\Delta R}{R_0} \quad \text{bzw.} \quad U_d = \frac{1}{2} I_s \Delta R$$

Vier passend verschaltete DMS ergeben eine Vollbrücke. Bei allen Ausschlagbrücken ist wichtig, daß Speisespannung bzw. Speisestrom sehr genau konstant gehalten werden, da sie direkt in die Diagonalspannung U_d eingehen. Weiterhin soll die Diagonalspannung leistungslos ($I_d = 0$) abgenommen werden, was z. B. mit Meßverstärkern möglich ist. Die Ausgangssignale von →Meßaufnehmern (induktive und kapazitive) werden ebenfalls mit Hilfe von Ausschlagbrücken erfaßt. *Hammerschmidt*

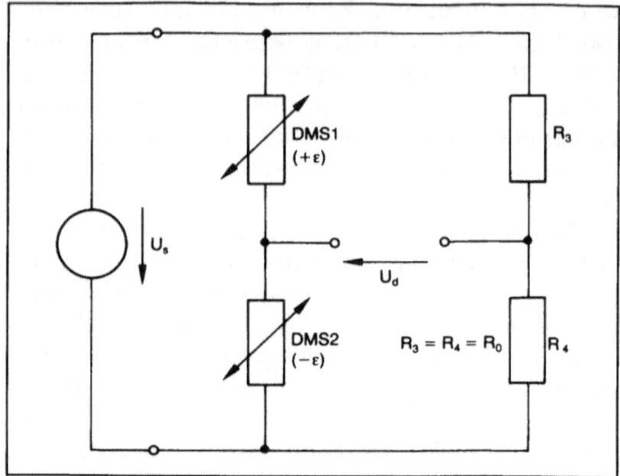

Meßbrücke 4: DMS-Halbbrücke.

Meßeinrichtung. Die Aufgabe einer M. ist die Aufnahme einer den Meßwert repräsentierenden physikalischen Größe, deren Weiterleitung und Umformung und die Ausgabe des gesuchten Meßwerts. Eine M. besteht aus einem →Meßgerät oder mehreren zusammenhängenden Meßgeräten mit zusätzlichen Einrichtungen, die ein Ganzes bilden (Bild).

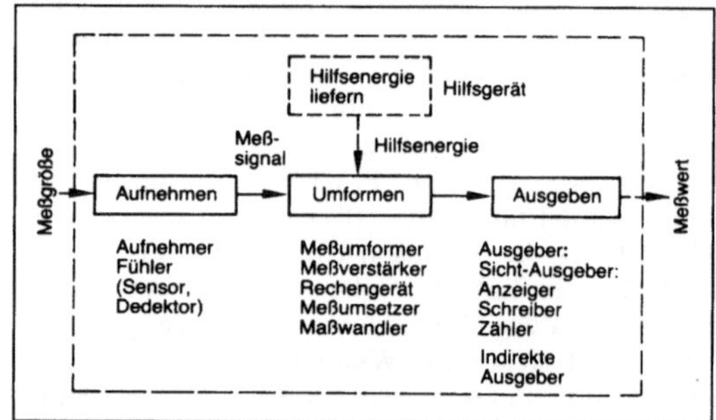

Meßeinrichtung: Benennung von Meßgeräten nach Aufgaben im Rahmen der Meßeinrichtung. (Quelle: VDI/VDE 2600 Bl. 3)

Das erste Glied in einer M. wird oft →Meßaufnehmer (Aufnahmewandler) genannt; es wandelt die zu messende physikalische Größe in ein →Meßsignal um. Dabei wird derjenige Teil des Aufnehmers, der die Meßgröße unmittelbar erfaßt und auf diese empfindlich ist, Fühler genannt. Gelegentlich werden Fühler auch als Detektoren oder Sensoren bezeichnet. Das letzte Glied heißt Ausgabegerät oder Ausgeber und kann ein direkter Ausgeber (z. B. ein anzeigendes Meßgerät oder ein →Schreiber) oder ein indirekter Ausgeber (z. B. Speichergerät) sein.

Die Übertragungsglieder jeder Art zwischen →Aufnehmer und Ausgeber bilden die wesentlichen Teile der Übertragungsstrecke, sie heißen →Meßumformer. Sie haben die Aufgabe, die Information über den Meßwert durch vorhandene Meßsignale in andere geeignete Meßsignale umzuformen und bis zum ausgebenden (oder weiterverarbeitenden) Gerät weiterzuleiten. Die Information über den Meßwert muß dabei eindeutig und unverfälscht erhalten bleiben.

Meßumsetzer (Codeumsetzer) sind Meßgeräte, die im Ein- und Ausgang verschiedene Signalstruktur (analog-digital; digital-analog) oder nur digitale Signalstruktur haben.

Eine M. wird als ein System, das vor allem aus Aufnehmer, in Kette geschalteten Übertragungsgliedern (Meßumformer) und Ausgeber zusammengesetzt ist, auch →Meßkette genannt.

Eine Meßanlage umfaßt mehrere, voneinander unabhängige M., die in räumlichem oder funktionalem Zusammenhang stehen. *Hammerschmidt*

Literatur: VDI/VDE 2600: Richtlinien Metrologie (Meßtechnik). (Ausg. Nov. 1973).

Messen. (→Meßgerät, →Meßgerät, elektrisches, →Meßtechnik). M. ist der experimentelle Vorgang, durch den ein spezieller Wert (Meßwert) einer physikalischen Größe (Meßgröße) als Vielfaches einer Einheit oder eines Bezugswerts ermittelt wird. Der Meßwert wird als Produkt aus Zahlenwert und Einheit der Meßgröße angegeben, z. B. 3,156 m. Die Meßabweichung (früher →Fehler) ist die Differenz zwischen dem Meßwert und einem festgelegten Bezugswert. Das Meßergebnis wird i. a. aus mehreren Meßwerten einer einzelnen Meßgröße oder aus Meßwerten verschiedener Meßgrößen mit Hilfe einer vorgegebenen eindeutigen Beziehung erhalten. Im einfachsten Fall kann ein einzelner Meßwert bereits das Meßergebnis darstellen. Für jedes Meßergebnis sind die physikalischen und sonstigen Bedingungen, unter denen es zustande kam (z. B. Druck, Temperatur, Anzahl der Einzelmeßwerte) anzugeben, soweit sie von Einfluß sind. Zum Meßergebnis gehört die Angabe der Meßunsicherheit oder der Fehlergrenzen, →Meßfehler (Meßabweichung).

Beispiel: Die Länge eines Stabes bei 20 °C ist $l = 1{,}284\,\text{m} \pm 0{,}001\,\text{m}$.

Meßprinzip heißt die charakteristische physikalische Erscheinung, die bei der Messung benutzt wird.

Beispiele:

Meßgröße	Meßprinzip
Länge	Lichtinterferenz Kapazitätsänderung
Temperatur	Längenausdehnung thermoelektrischer Effekt Änderung des elektrischen Widerstandes

Einen Überblick über zur Signalwandlung benutzte physikalische und/oder chemische Vorgänge gibt die Tabelle.

Die praktische Anwendung eines Meßprinzips führt auf ein →Meßverfahren, wobei man direkte und indirekte Meßverfahren unterscheidet. Bei den direkten Meßverfahren (→Vergleichsverfahren oder relative Meßverfahren) wird der gesuchte Meßwert einer Meßgröße durch unmittelbaren Vergleich mit einem Bezugswert derselben Meßgröße gewonnen.

Beispiele: Es kann gemessen werden:
- eine Masse durch Vergleich mit geeichten Gewichtstücken,
- der elektrische Widerstand durch Vergleich mit einem Normalwiderstand.

Bei den indirekten Meßverfahren wird der gesuchte Meßwert einer Meßgröße auf andersartige physikalische Größen zurückgeführt und aus diesen unter Verwendung physikalischer Zusammenhänge ermittelt.

Beispiele. Es kann gemessen werden:
- die Dichte aus Masse und Volumen,
- der elektrische Widerstand aus Stromstärke und Spannung.

Weiterhin unterscheidet man zwischen analogen und digitalen Meßverfahren.

Man nennt ein Meßverfahren *analog,* ein Meßgerät und eine Meßeinrichtung analog arbeitend, wenn der Eingangsgröße (Meßgröße) eine Ausgangsgröße zugeordnet wird, die mindestens im Idealfall eine eindeutig umkehrbare Abbildung der Meßgröße ist.

Man nennt ein Meßverfahren *digital,* ein Meßgerät und eine Meßeinrichtung digital arbeitend, wenn der Meßgröße durch das Verfahren, das Gerät oder die Einrichtung eine Ausgangsgröße zugeordnet wird, die eine mit fest gegebenen Schritten quantisierte, zahlenmäßige Darstellung der Meßgröße ist.

Beispiele:
- M. der elektrischen Spannung mit einem Spannungsmesser mit Zeiger und Skale (analoges Meßverfahren mit →Skalenanzeige; →Meßgeräte, elektrische).
- M. der elektrischen Spannung mit einem Digital-Spannungsmesser (digitales Meßverfahren mit →Ziffernanzeige, →Analog/Digital-Umsetzer).

Kontinuierlich arbeitende Meßverfahren können zu jedem Zeitpunkt einen neuen Meßwert liefern, während diskontinuierlich arbeitende Verfahren nur zu bestimmten, oft äquidistanten Zeitpunkten einen Meßwert abgeben. Eine solche Meßeinrichtung enthält mindestens ein diskontinuierlich arbeitendes Gerät, das nur zu diskreten Zeitpunkten arbeitet. Man spricht hier auch von Abtastsystemen. Zwischen den Abtastzeitpunkten wird die Meßgröße nicht erfaßt. Deshalb muß die Häufigkeit der

Messen. Tabelle: Meßeffekte

Ausgangsgrößen	Meßgrößen: mechanisch (Kraft, Masse, Weg)	thermisch (Temperatur, Enthalpie)	magnetisch (magn. Feldstärke)	elektrisch (Spannung, Strom etc.)	optisch (Lichtintensität etc.)	molekular (Konzentration etc.)
mechanisch	Hebelwirkung Massenträgheit Gravitation Elastizität	Wärmedehnung Dampfdruck	Kraftwirkung im magnetischen Feld Magnetostriktion	Kraftwirkung im elektrischen Feld Elektrostriktion piezoelektr. Effekt	Strahlungsdruck	Sorption Quellung Osmose
thermisch	adiabat. Zustandsänderung Coulomb'sche Reibung Flüssigkeitsreibung (Zähigkeit)	Zustandsänderung bei konstantem Volumen	Wirbelstrom-Verlustwärme	Joule'sche Wärmeerzeugung dielektr. Verlustwärme Peltier-Effekt	Strahlungsabsorption	spez. Wärme Wärmeleitfähigkeit exotherme Reaktionen
magnetisch	Magnetostriktion	Curie-Weiss-Effekt	Dia-, Para-, Ferromagnetismus Hysterese Influenz	Elektromagnetismus		Verhalten paramagnet. Gase im Magnetfeld Kernresonanz
elektrisch	Induktion kapazitiver Effekt piezoelektr. Effekt piezoresist. Effekt Lenard-Effekt	Temperaturabhängigkeit des elektrischen Widerstands Seebeck-Effekt pyroelektr. Effekt (Widerstandsrauschen)	Induktion Hall-Effekt Thomson-Effekt Wiegand-Effet	elektr. Strom in Festkörpern, Flüssigkeiten, Gasen Influenz	Photoeffekt Photowiderstand Photoionisation	galvanische Zelle elektrolyt. Leitung Elektrophorese Polarisation Kontakt- bzw. Konzentrations-Potential Oberflächenreaktionen
optisch	Interferenz Tribolumineszenz Photoelastizität Reflexion Brechung	Wärmestrahlung Thermolumineszenz	Faraday-Effekt (opt. Drehung) magnetoptischer Kerr-Effekt Zeeman-Effekt (Spektrallinienspaltung)	elektroopt. Kerr-Effekt Elektrolumineszenz Laser Flüssigkristall	nichtlineare Optik Lumineszenz Fluoreszenz	Dispersion Absorption Spektren
molekular	Abhängigkeit chem. Reaktionen von mechan. Spannung Umkehrosmose	Thermofarbeneffekte Temperaturabhängigkeit chemischer Reaktionen		galvanotechn. Effekte Flüssigkristall	photochem. Effekte	chemische Reaktionen

Abtastungen der erwarteten Änderungsgeschwindigkeit der Meßgröße angepaßt werden. Alle digitalen Meßverfahren sind auch diskontinuierlich. Auch bei ansonsten analogen Verfahren ist eine diskontinuierliche Ausgabe der Meßwerte z. B. über einen →Punktdrucker (→Registriergerät) möglich.

Eine weitere grundlegende Unterscheidung ist zwischen Ausschlag- und Kompensationsverfahren möglich (→Kompensations-Meßverfahren).

Zählen ist das Ermitteln der Anzahl von Elementen oder von Ereignissen (z. B. Personen oder Dingen, elektrischen Impulsen, Umdrehungen, Partikeln beim radioaktiven Zerfall), die bei dem zu untersuchenden Vorgang in Erscheinung treten. Die Meßtechnik bedient sich mehr und mehr des Zählens zum Ermitteln eines Meßwerts (Analog/Digital-Umsetzer).

Prüfen heißt feststellen, ob der Prüfgegenstand (Probekörper, Probe, Meßgerät) eine oder mehrere vereinbarte oder vorgeschriebene oder erwartete Bedingungen erfüllt, insbesondere ob vorgegebene Fehlergrenzen oder Toleranzen eingehalten werden. Mit dem Prüfen ist daher immer der Vergleich mit vorgegebenen Bedingungen verbunden.

Beispiele:
- Der Meßkolben hat einen Riß (subjektiv durch Sicht- und Hörprüfung).
- Der Widerstand liegt in den vorgeschriebenen Fehlergrenzen von 2,00 Ω ±0,01 Ω (objektiv mit Prüfgerät).

Justieren (Abgleichen) heißt, ein Meßgerät so einzustellen oder abzugleichen, daß die Meßabweichungen möglichst klein werden oder daß die Abweichungen innerhalb der Fehlergrenzen bleiben. Das Justieren erfordert also einen Eingriff, der das Meßgerät oft bleibend verändert.

Beispiele:
- Justieren eines Widerstands auf seinen richtigen Wert durch Ändern der Drahtlänge.
- Justieren eines Elektrizitätszählers auf eine gewünschte Anzahl von Umdrehungen je Kilowattstunde.

Kalibrieren (Einmessen) im Bereich der Meßtechnik heißt, die Meßabweichungen am fertigen Meßgerät feststellen. Beim Kalibrieren erfolgt kein technischer Eingriff am Meßgerät.

Beispiel:
- Ermitteln der Meßabweichung der →Anzeige eines Strommessers von den richtigen Werten der Stromstärke.

Das (amtliche) Eichen eines Meßgeräts umfaßt die von der zuständigen Eichbehörde nach den Eichvorschriften vorzunehmenden Prüfungen und die Stempelung. Durch Prüfen wird festgestellt, ob das vorgelegte Meßgerät den Eichvorschriften entspricht, d. h. ob es den an seine Beschaffenheit und seine meßtechnischen Eigenschaften zu stellenden Anforderungen genügt, insbesondere, ob es die Eichfehlergrenzen einhält. Durch Stempeln wird beurkundet, daß das Meßgerät im Zeitpunkt der Prüfung diesen Anforderungen genügt hat und daß zu erwarten ist, daß es bei einer Handhabung entsprechend den Regeln der Technik innerhalb der Nacheichfrist „richtig" bleibt. Welche Meßgeräte der Eichpflicht unterliegen und welche davon befreit sind, ist gesetzlich geregelt.

Beispiele
- Eichen von Waagen, Gewichtsstücken, Fieberthermometern.

Eichen sollte man nur in diesem Sinne verwenden und nicht, wie vielfach üblich, Justieren oder Kalibrieren. *Hammerschmidt*

Literatur: DIN 1319: Grundbegriffe der Meßtechnik. Tl. 1 (Ausg. Juni 1985). – *Profos, P.*: Meßfehler. Stuttgart 1984.

Meßfehler (auch Meßabweichung). Es ist das Ziel jeder Messung, den wahren Wert einer Meßgröße zu ermitteln. Doch wird jedes Meßergebnis verfälscht, durch Unvollkommenheiten des Meßgegenstands, der →Meßgeräte und der →Meßverfahren, außerdem durch Einflüsse der Umwelt wie auch des Beobachters, sowie durch zeitliche Veränderungen bei allen derartigen Fehlerquellen.

Einflußgrößen sind veränderliche physikalische Größen, die auf die Verknüpfung von Eingangs- und Ausgangsgrößen in Meßgeräten von außen einwirken. Wichtige Einflußgrößen sind: Temperatur, Feuchte, Luftdruck, Lage des Meßgeräts, Erschütterungen und Stöße, elektrisches →Rauschen, elektrische und magnetische Störfelder, Hilfsenergie, Störspannungen, Belastung des Meßgeräts, Fremdlicht.

Man muß stets mit Meßabweichungen rechnen (hier nur Abweichungen genannt, früher auch mit Fehler bezeichnet). Dabei unterscheidet man systematische und zufällige Abweichungen. Wenn man Abweichungen nach Betrag und Vorzeichen angeben kann, handelt es sich um bekannte systematische Abweichungen, die man durch Korrektionen ausschalten sollte, denn sonst würde das Ergebnis unrichtig. Es gibt auch systematische Abweichungen, die aufgrund experimenteller Erfahrungen vermutet oder deutlich werden, deren Betrag und Vorzeichen aber nicht eindeutig angegeben werden können. Solche unbekannten systematischen Abweichungen können in vielen Fällen abgeschätzt werden. Nicht beherrschbare, nicht einseitig gerichtete Einflüsse während mehrerer Messungen am selben Meßobjekt innerhalb einer Meßreihe führen zu einer Streuung der Meßwerte um den Mittelwert einer Meßreihe und damit zu zufälligen Abweichungen der Meßwerte vom wahren Wert. Sie machen das Meßergebnis unsicher. Wegen der verschiedenen Einflüsse gibt es keine Möglichkeit, den wahren Wert x_w zu finden. Man geht deshalb gedanklich davon aus, daß die bei mehreren Einzelmessungen einer Meßreihe erhaltenen Werte, die Meßwerte x_i, Realisierungen einer Zufallsgröße X sind. Diese Zufallsgröße X folgt einer Wahrscheinlichkeitsverteilung, die insbesondere durch die beiden Parameter Erwartungswert μ und Standardabweichung σ gekennzeichnet ist. Bei Abwesenheit von systematischen Abweichungen stimmt der Erwartungswert μ mit dem wahren Wert x_w der Meßgröße überein. Die Standardabweichung σ ist ein Streuungsmaß für die zufällige Abweichung eines einzelnen Meßwerts vom Erwartungswert der Meßgröße.

Die Parameter μ und σ der Wahrscheinlichkeitsverteilung sind i. a. nicht bekannt. Es besteht die Aufgabe, aus einer Meßreihe Schätzwerte für sie zu ermitteln. Üblicherweise werden der arithmetische Mittelwert $\bar{x}$ als Schätzwert für μ und die (empirische) Standardabweichung s der Meßreihe als Schätzwert für σ benutzt.

$$\bar{x} = \frac{1}{n} \sum_{i=1}^{n} x_i \qquad (1)$$

$$s = \sqrt{\frac{1}{n-1} \sum_{i=1}^{n} (x_i - \bar{x})}$$

$$= \sqrt{\frac{1}{n-1}\left[\sum_{i=1}^{n} x_i^2 - \frac{1}{n}\left(\sum_{i=1}^{n} x_i\right)^2\right]} \qquad (2)$$

Weil die Meßwerte Realisierungen einer Zufallsgröße sind, werden x von μ und s von σ zufällig abweichen. Geht man von einer Annahme über den Verteilungstyp der Meßwerte aus (DIN 1319/Tl. 3 setzt →Normalverteilung voraus), so läßt sich mit Hilfe von x und s ein →Vertrauensbereich angeben, der mit einer vorgegebenen Wahrscheinlichkeit – dem Vertrauensniveau (1–α) – den Erwartungswert μ überdeckt. Durch diesen Vertrauensbereich wird der Einfluß der zufälligen Abweichungen auf das Meßergebnis erfaßt. Wenn nichts anderes vereinbart ist, soll das Vertrauensniveau $1 - \alpha = 95\,\%$ benutzt werden. Mit 95 % Wahrscheinlichkeit liegt dann der Erwartungswert μ je nach der Anzahl n der Einzelmeßwerte in dem Vertrauensbereich

$$\bar{x} - \frac{t}{\sqrt{n}} s \leq \mu \leq \bar{x} + \frac{t}{\sqrt{n}} s$$

mit $\frac{t}{\sqrt{n}}$ nach folgender Tabelle und μ sowie s nach Gl. (1) und (2):

n	2	5	10	50	> 200
$\frac{t}{\sqrt{n}}$	8,98	1,24	0,71	0,28	$\frac{1,96}{\sqrt{n}}$

Man sieht, daß man bei unbekanntem σ und kleinem n einen weiten Vertrauensbereich in Kauf nehmen muß. Ist die Standardabweichung σ aus früheren Messungen ausreichend bekannt, so ergibt sich für das Vertrauensniveau 95 % folgender Vertrauensbereich:

$$\bar{x} - \frac{1{,}96\,\sigma}{\sqrt{n}} \leq \mu \leq \bar{x} + \frac{1{,}96\,\sigma}{\sqrt{n}}$$

Rechnet man statt mit $1{,}96\,\sigma$ mit dem glatten Wert $2\,\sigma$, so beträgt das Vertrauensniveau 95,5 %.

Das endgültige Meßergebnis x_w aus einer Meßreihe ist der um die bekannten systematischen Abweichungen berichtigte Mittelwert $\bar{x}_E$, verbunden mit einem Intervall, dessen Grenzen um $\pm u$ um $\bar{x}_E$ herumliegen: $x_w = \bar{x}_E \pm u$. Dabei beträgt die Meßunsicherheit u i. a. die Hälfte des obenangegebenen Vertrauensbereichs, der erweitert ist um einen Zuschlag für die unbekannten systematischen Abweichungen. Dieser Zuschlag sollte nach Erfahrungen bzw. Herstellerangaben festgelegt werden.

Fehlergrenzen sind vereinbarte Höchstbeträge für (positive oder negative) Abweichungen der →Anzeige oder Ausgabe von Meßgeräten. Fehlergrenzen werden im Hinblick auf systematische Abweichungen der Meßwerte vom richtigen oder einem anderen festgelegten vereinbarten Wert der Meßgröße vorgegeben; sie dürfen auch durch zufällige Abweichungen nicht überschritten werden! Häufig sind obere und untere Fehlergrenze gleich. Man spricht dann von symmetrischen Fehlergrenzen. Fehlergrenzen dürfen in Einheiten der betreffenden Größe oder bezogen auf den Endwert des Meßbereichs oder bezogen auf einen anderen Wert angegeben werden. Die relative Angabe erfolgt meist in %, beispielsweise in % des Endwerts des Meßbereichs eines elektrischen Meßgeräts. Die Angabe 1,5 bedeutet z. B., daß der angezeigte Meßwert um ±1,5 % des Endwerts vom wahren Wert abweichen darf.

Bei Meßgeräten mit →Ziffernanzeige kommt hier noch der →Quantisierungsfehler hinzu (±1 in der letzten Stelle der Anzeige). Eichfehlergrenzen sind durch den Gesetzgeber in der →Eichordnung vorgeschrieben. *Hammerschmidt*

Literatur: DIN 1319: Grundbegriffe der Meßtechnik. Tl. 3 (Aug. 1983). – VDI/VDE 2600: Richtlinien Metrologie (Meßtechnik), Bl. 1 bis 6, (Ausg. Nov. 1973).

Meß(wert)fühler. Früher übliche Bezeichnung für →Sensor.

Vor der weitgehenden Einführung der Halbleiterelektronik war eine elektronische Datenaufbereitung platz-, energie- und kostenintensiv. Deshalb spielten früher Eigenschaften von M., wie

- □ Größe des Ausgangssignals
- □ →Signal-Rausch-Verhältnis
- □ →Störsicherheit
- □ →Linearität

eine weitaus wichtigere Rolle als in der Gegenwart. *Schaumburg*

Meßgerät. M. sind die im Signalfluß liegenden Geräte einer →Meßeinrichtung. Die zwischen den M. ausgetauschten →Meßsignale enthalten die Information über die zu messende Größe. Beispiele für nichtelektrische M. sind Meterstab und →Waage, für elektrische bzw. elektronische M. der häusliche →Elektrizitätszähler bzw. eine Quarzuhr.

Die meßtechnischen Eigenschaften eines M. werden durch sein statisches und dynamisches Verhalten sowie durch die Größe der unvermeidlichen Meßabweichungen charakterisiert.

Der stationäre Zustand (oder Beharrungszustand) eines M. ist bei zeitlicher Konstanz aller Eingangsgrößen nach Ablauf aller Ausgleichsvorgänge erreicht. Für diesen Zustand beschreibt die Kennlinie (Bild 1) die Abhängigkeit des Ausgangssignals x_a vom Eingangssignal x_e:

$x_a = f(x_e)$

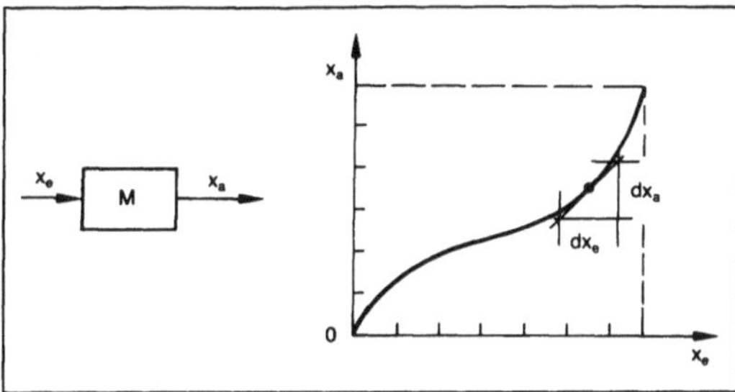

M Meßgerät

Meßgerät 1: Kennlinie.

Aus der Kennlinie ergibt sich die →Empfindlichkeit E eines M. Sie ist der Quotient aus einer beobachteten Änderung des Ausgangssignals (oder der →Anzeige) dx_a und der sie verursachenden kleinen Änderung des Eingangssignals (oder der Meßgröße) dx_e:

$$E = \frac{dx_a}{dx_e}$$

Ein M. hat eine lineare Kennlinie und eine konstante Empfindlichkeit, wenn der Zusammenhang zwischen der Eingangsgröße und der Ausgangsgröße durch eine Gerade (lineare Funktion) dargestellt wird. Dabei werden lineare Maßstäbe auf Abszisse und Ordinate vorausgesetzt. Eine Kennlinie ist nichtlinear, wenn sie keine Gerade darstellt.

Bei M. mit →Skalenanzeige ist die Empfindlichkeit E der Quotient aus der Änderung ΔL der Anzeige und der sie verursachenden Änderung ΔM der Meßgröße, also $E = \Delta L/\Delta M$.

Beispiel: Ein Fieberthermometer, dessen Quecksilbersäule bei 38 °C um 9 mm länger ist als bei 37 °C, hat eine Empfindlichkeit E = 0,9 mm/K.

Bei M. mit →Ziffernanzeige ist die Empfindlichkeit E der Quotient aus der Anzahl ΔZ der Ziffernschritte, um die sich die Anzeige ändert, und der sie verursachenden Änderung ΔM der Meßgröße, also $E = \Delta Z/\Delta M$.

Der Quotient aus einem ersten deutlich erkennbaren Unterschied der Anzeige und der sie verursachenden Änderung der Meßgröße ist keine Empfindlichkeit im vorstehend definierten Sinn, sondern er wird als Ansprechschwelle bezeichnet. In manchen Bereichen der Meßtechnik benutzt man bevorzugt den Kehrwert der Ansprechschwelle und bezeichnet diesen als Auflösung. Die Auflösung ist die erforderliche Änderung der Eingangsgröße, um eine festgelegte geringe Änderung der Anzeige zu bewirken. Bei Geräten mit Ziffernanzeige versteht man unter Auflösung oft den Ziffernschritt.

Beispiel: Ein Strommesser mit vierstelliger Ziffernanzeige und einem Anzeigebereich bis 2 A kann Änderungen des zu messenden Stroms bis zu 1 mA herab erkennen. Die Auflösung beträgt hier also 1 mA pro Ziffernschritt. Es sei hier ausdrücklich darauf verwiesen, daß diese Auflösung nicht zu verwechseln ist mit der →Genauigkeit oder Meßunsicherheit der hier vorgenommenen Messung. Der →Meßfehler, der bei Messungen mit dem beschriebenen Gerät gemacht wird, hängt von den Eigenschaften des Geräts und den Einsatzbedingungen ab und kann wesentlich größer als 1 mA sein.

Das dynamische Verhalten oder Zeitverhalten kennzeichnet den zeitlichen Verlauf der Ausgangsgröße bei einem vorgegebenen Verlauf der Eingangsgröße. In der Meßtechnik werden zur Kennzeichnung des Zeitverhaltens vorwiegend sprungförmige oder sinusförmige Änderungen der Eingangsgrößen verwendet, die mathematisch ineinander überführbar sind. Viele M. benötigen nach einer sprungförmigen Änderung des Wertes der Eingangsgröße eine gewisse Einstellzeit, bis der Wert der Ausgangsgröße dauernd innerhalb vorgegebener Grenzen eingeschwungen ist (Bild 2). Diese Einstellzeit ist bei Messungen abzuwarten.

Beispiel: Ein Thermometer mag zeitlich konstante Temperaturen relativ genau erfassen können, infolge seiner Trägheit kann es aber einer rasch veränderlichen Temperatur nur ungenau folgen.

Bei abtastenden (diskontinuierlichen) Verfahren können Abweichungen dadurch entstehen, daß die Abtastrate nicht der Änderungsgeschwindigkeit der Meßgröße angepaßt ist.

□ Meßgeräte mit direkter Ausgabe (Sichtausgeber). Von einem anzeigenden M. kann der Meßwert unmittelbar abgelesen oder abgenommen werden.

Ein registrierendes M. zeichnet einzelne Meßwerte oder den Verlauf – und zwar meist den zeitlichen Verlauf – von Meßwerten auf (→Schreiber, Drucker, →Registriergerät).

Ein zählendes M. (z. B. Stückzähler, Meßeinrichtung zum Zählen von Alphateilchen) gibt als Meßwert eine Anzahl aus, oder es gehört zu den

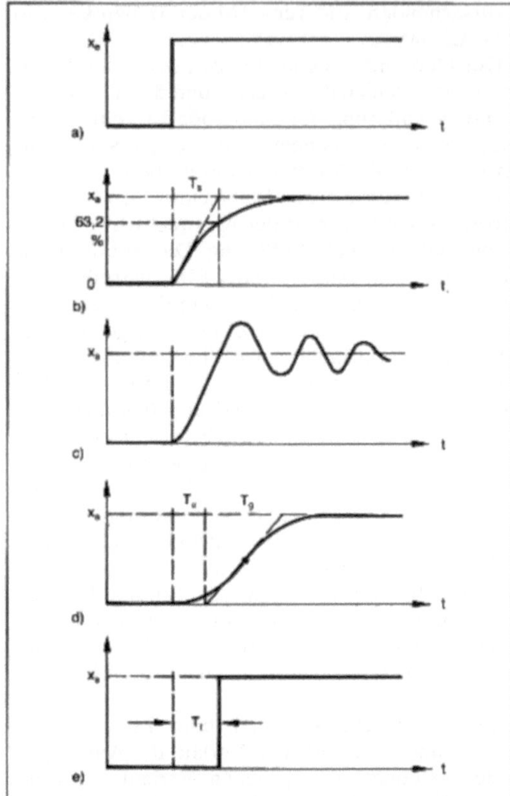

T_s Zeitkonstante, T_u Verzugszeit, T_g Ausgleichszeit

Meßgerät 2: Sprungantworten.
a) Sprungförmig sich änderndes Eingangssignal x_e
b) Ausgangssignal x_a eines M. mit Zeitverhalten 1. Ordnung
c) Ausgangssignal x_a eines M. mit Zeitverhalten höherer Ordnung; schwingende Annäherung an den neuen Endwert
d) Ausgangssignal x_a eines M. mit Zeitverhalten höherer Ordnung; kriechende Annäherung an den neuen Endwert
e) Ausgangssignal x_a eines M. mit der Totzeit T_t.

meist ebenfalls →Zähler genannten, eine Meßgröße über die Zeit integrierenden M. (z. B. Elektrizitätszähler, Gasdurchfluß-Integratoren).

Bei den M. mit Skalenanzeige (Bild 3 a) stellt sich eine Marke (z. B. eine bestimmte Stelle eines körperlichen Zeigers oder eines Lichtzeigers) meist kontinuierlich auf eine Stelle der Skale (Teilung) des Geräts ein oder die Skale wird darauf eingestellt. M., elektrische.

Bei den M. mit Ziffernanzeige ist die Ausgangsgröße eine mit fest gegebenem kleinsten Schritt quantisierte zahlenmäßige Darstellung der Meßgröße. Der Meßwert erscheint diskontinuierlich als Summe von Quantisierungseinheiten oder als Summe von Impulsen, z. B. in einer Ziffernfolge. Solche M. haben daher keine stetig ablesbare Skale (Bild 3 b).

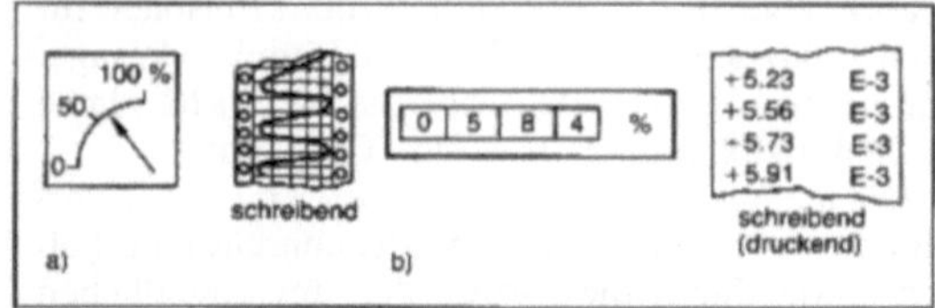

Meßgerät 3: Direkte Meßwertausgabe.
a) Meßwertausgabe mit Skalenanzeige
b) Meßwertausgabe mit Ziffernanzeige.

Maßverkörperungen sind M., die bestimmte, i. a. unveränderliche einzelne Werte oder auch eine Folge von Werten einer Meßgröße verkörpern (z. B. Endmaße, Meßkolben, Gewichtstücke, Widerstandsnormale). Sie haben keine während der Messung beweglichen Marken.

□ Anzeigebereich, Meßbereich. Der Anzeigebereich ist der Bereich aller Werte der betrachteten Meßgröße, die an einem M. abgelesen werden können. Bestimmte M., z. B. Thermometer mit Erweiterungen, können mehrere Teilanzeigebereiche haben.

Der Meßbereich ist derjenige Bereich von Meßwerten der Meßgröße, in dem vorgegebene, vereinbarte oder garantierte Fehlergrenzen nicht überschritten werden.

Bei M. mit mehreren Meßbereichen können für die einzelnen Bereiche unterschiedliche Fehlergrenzen gelten (Beispiel: Mehrbereich-M.).

Der Meßbereich wird durch seine Grenzen, Meßanfang und Meßende, angegeben. Die Differenz zwischen Meßende und Meßanfang heißt Meßspanne (Bild 4).

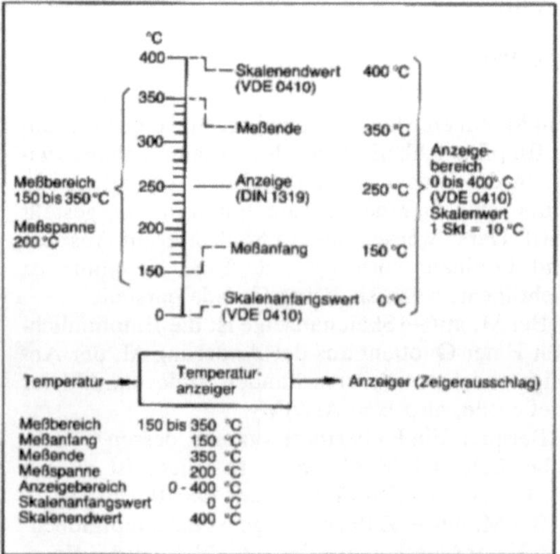

Meßgerät 4: Beispiel für ein M. mit Skalenanzeige.

Bei anzeigenden M. ist der Meßbereich ein Teil des Anzeigebereichs. Er kann den ganzen Anzeigebereich umfassen, wird aber oft nur aus einem oder mehreren Teilen des Anzeigebereichs bestehen.

Hammerschmidt

Literatur: *Schrüfer, E.*: Elektrische Meßtechnik. München 1990. – VDI/VDE 2600: Richtlinien Metrologie (Meßtechnik). (Ausg. Nov. 1973).

Meßgerät, elektrisches. Wenn die Eingangs- und/oder Ausgangssignale von Meßgeräten durch elektrische Größen dargestellt werden, spricht man von e. M. Soweit dabei auch elektronische Bauelemente eingesetzt sind, deren Eigenschaften bestimmend für die Funktion des Geräts werden, handelt es sich um elektronische Meßgeräte (Bild 1).

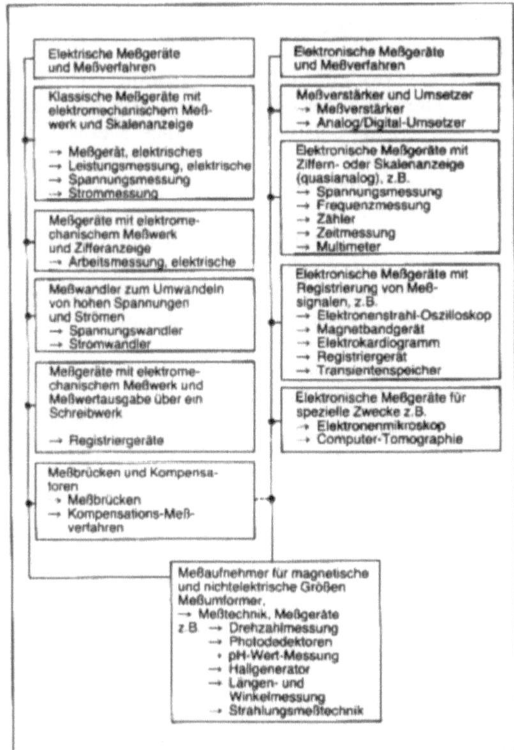

Meßgerät, elektrisches 1: Übersicht.

Als e. M. versteht man die klassischen Meßgeräte, d. h. jene Bauarten zum Messen von Gleich- und Wechselstromgrößen, die über ein elektromechanisches →Meßwerk verfügen, das feinwerktechnisch gefertigt ist. Ein Meßwerk besteht aus den eine Bewegung erzeugenden Teilen (z. B. Magnet, →Spule) und dem beweglichen Organ (z. B. Spulen, Eisenteile, Zeiger), dessen Lage von dem Wert der Meßgröße abhängt. Die feststehenden Teile tragen üblicherweise die Skale, während das bewegliche Organ den Zeiger oder den Drehspiegel für eine Lichtzeigeranordnung trägt. Das bewegliche Organ wird durch Spiralfedern oder Torsionsbänder (bei der Spannbandlagerung) in seine Ruhelage gebracht. Beim ausgelenkten beweglichen Organ sind elektrisch erzeugtes Drehmoment und das durch die Federn aufgebrachte Rückstellmoment im eingeschwungenen Zustand gleichgroß. Um Schwingungen beim Einstellvorgang klein zu halten, muß man die Bewegung dämpfen. Zum Schutz gegen den Einfluß magnetischer Fremdfelder kann man die Meßwerke mit einer Abschirmung aus hochpermeablem Nickeleisenblech umgeben.

Die wichtigsten in klassischen Meßgeräten eingesetzten Meßwerke werden nachfolgend kurz beschrieben.

□ Drehspulmeßwerke enthalten einen feststehenden Dauermagneten (Magnete), dessen Pole man häufig so ausbildet, daß sich ein radialhomogenes Magnetfeld ergibt. In diesem Magnetfeld ist eine rahmenförmige Drehspule angeordnet, in die der Meßstrom über zwei Spiralfedern oder zwei Spannbänder geleitet wird (Bild 2). Bei linearer Charakteristik der Federn ist der Ausschlag dem Mittelwert (→Mittelwerte einer periodischen Zeitfunktion) des durchfließenden Stroms proportional, die Skale kann linear geteilt sein.

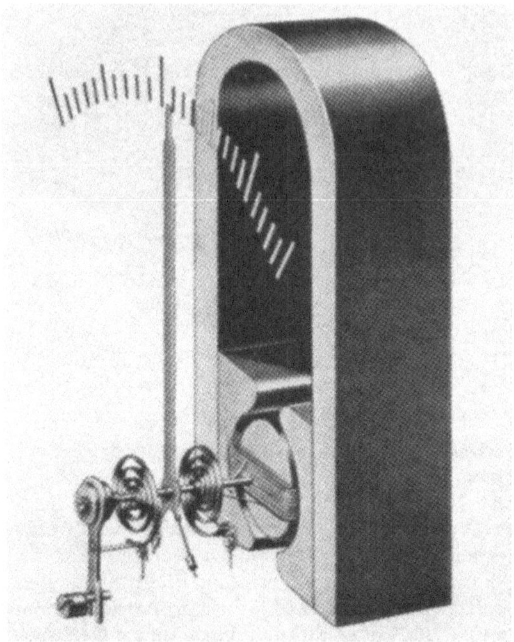

Meßgerät, elektrisches 2: Drehspulmeßwerk mit Außenmagnet. (Quelle: H & B)

Man wendet Drehspulmeßwerke zur →Spannungsmessung, →Strommessung bei Gleichstrom, in Verbindung mit Gleichrichtern (→Halbleiterdioden) auch bei Wechselstrom an. Die handelsüblichen Vielfachinstrumente mit →Skalenanzeige enthalten Drehspulmeßwerke, umschaltbare Vor- und Nebenwiderstände sowie →Gleichrichter, so daß sich eine Vielzahl von Meßbereichen für Gleichspannung, Gleichstrom, Wechselspannung und Wechselstrom ergibt.

□ Drehmagnetmeßwerke haben einen drehbar gelagerten Dauermagneten, der im Magnetfeld feststehender Spulen ausgelenkt wird. Sie sind sehr robust, weil sie keine bewegliche Stromzuführung benötigen.

□ Drehspulquotientenmeßwerke (Kreuzspulmeßwerke) haben zwei gekreuzte, starr miteinander verbundene Drehspulen. Das Magnetfeld ist durch entsprechende Gestaltung der Polschuhe inhomogen ausgeführt. Rückstellfedern sind nicht vorhanden (Bild 3). Bei Stromdurchgang durch die beiden Drehspulen entstehen zwei entgegengesetzt gerichtete Drehmomente. Der Zeigerausschlag hängt vom Quotienten der beiden Ströme ab. Anwendung zur →Widerstandsmessung.

Meßgerät, elektrisches 3: Kreuzspulmeßwerk. (Quelle: H & B)

□ Das Prinzip des elektrodynamischen Meßwerks ist gleich dem des Drehspulmeßwerks, wenn der →Permanentmagnet durch einen Elektromagneten ersetzt wird. Der Ausschlag ist proportional dem Produkt der beiden Ströme, die durch die Drehspule bzw. den Elektromagneten fließen. Mit diesem Meßwerk kann man z. B. die elektrische Leistung ($P = U \cdot I \cdot \cos \alpha$) messen (→Leistungsmessung, elektrische). Bei entsprechender Beschaltung läßt sich auch der quadratische Mittelwert einer zeitveränderlichen elektrischen Größe bestimmen (→Effektivwertmessung).

□ Beim Dreheisenmeßwerk (Rundspulausführung) sind in einer ringförmigen Spule zwei Eisenbleche angeordnet. Fließt ein Strom durch die Spule, entsteht zwischen den Eisenblechen eine abstoßende Kraft, die proportional dem Quadrat des Stroms ist. Das eine Eisenblech wird fest, das andere drehbar angebracht. Das Instrument ist für Gleich- und für Wechselstrom geeignet, bei Wechselstrom ist der Ausschlag dem quadratischen Mittelwert (Effektivwert) des durchfließenden Stroms proportional (→Induktionsmeßwerk, →Arbeitsmessung, elektrische).

□ Das Bimetallmeßwerk beruht auf der thermischen Wirkung des zu messenden Stroms. Ein Bimetallstreifen (zwei fest miteinander verbundene Metallstreifen mit unterschiedlichen Wärmeausdehnungskoeffizienten) krümmt sich durch die Erwärmung. Die Ausdehnung ist ein Maß für den quadratischen Mittelwert eines Stroms über einen Zeitraum in der Größenordnung von 10 min.

□ Beim Thermoumformer-Meßwerk wird die vom Stromfluß erzeugte Erwärmung eines Meßwiderstands mit Hilfe eines Thermoelements gemessen und auf einem Drehspulinstrument angezeigt. Die Thermospannung liegt in der Größenordnung von 10 mV und ist wiederum ein Maß für den quadratischen Mittelwert (→Effektivwertmessung) des fließenden Meßstroms. Anwendung: Messung des Effektivwerts von Wechselspannungen und Wechselströmen im Frequenzbereich bis weit über 1 MHz.

Eine Übersicht über Sinnbilder für elektrische Meßinstrumente gibt Bild 4.

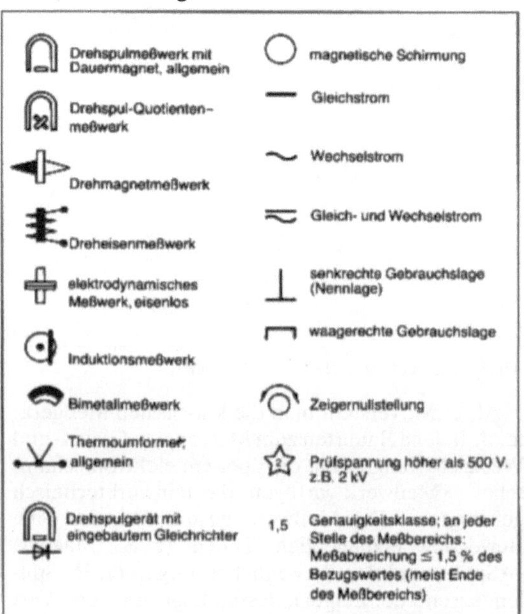

Meßgerät, elektrisches 4: Sinnbilder und Zeichen für Meßwerke nach VDE 0410.

Die Bedeutung der klassischen e. M. nimmt durch das Vordringen der elektronischen, digital arbeitenden Meßgeräte (Bild 1) mit Skalen- und Ziffernanzeige ab. Gründe dafür sind höherer Bedienungskomfort und geringerer Aufwand beim Herstellen elektronischer M. (z. B. →Multimeter).

In der elektronischen Meßtechnik werden die Eigenschaften der Meßgeräte durch den Einsatz elektronischer Bauelemente geprägt (Elektronik). Dadurch ergeben sich viele Vorteile gegenüber der klassischen Meßtechnik:

- Übertragen von Meßwerten über große Entfernungen Übertragungstechnik,
- Messen kleinster Signale durch den Einsatz von Meßverstärkern,
- Einsatzmöglichkeit preisgünstiger Sensoren für eine Vielzahl von Meßgrößen,
- leistungsarme bzw. leistungslose Meßwertaufnahme z. B. →Kompensations-Meßverfahren,
- berührungslose Meßwertaufnahme z. B. →Photodetektoren, →Feldplatte,
- fast trägheitslose Aufzeichnung von Schwingungen z. B. →Elektronenstrahl-Oszilloskop,
- Meßwertverarbeitung in Prozeßrechnern, wobei nach der Analog/Digital-Umsetzung die Fehler sehr klein gehalten werden können,
- Meßwertspeicherung in Digitalrechnern und mittels analoger und digitaler Magnetbandgeräte.

Die Bedeutung der elektronischen Meßtechnik wird deshalb für die gesamte Technik, die Naturwissenschaften, die Medizin und die Biologie weiterhin zunehmen. *Hammerschmidt*

Literatur: *Profos, P.*: Handbuch der industriellen Meßtechnik. Essen 1984. – *Schrüfer, E.*: Elektrische Meßtechnik. München 1990. – *Stöckl, M.* u. *K. H. Winterling:* Elektrische Meßtechnik. Stuttgart 1978.

Meßgerät für Immissionsmessungen →Immissionsmessung

Meßgerät für magnetische Größen →Magnetfeldmessung

Meßgerät für mechanische Größen. Es sind alle Geräte und →Aufnehmer für mechanische Größen, angefangen von den Basisgrößen des SI, Länge, Masse und Zeit, bis hin zu den unterschiedlichsten abgeleiteten SI-Größen (→Einheiten des SI). Hierbei spielt das Messen dieser nichtelektrischen Größen mit Hilfe elektrischer Methoden eine herausragende Rolle, da für die Weiterverarbeitung und Übertragung von Meßwerten diese als elektrische Signale vorliegen müssen.

Die →Längenmessung, →Mengenmessung (Masse) und →Zeitmessung dient dem Messen der mechanischen Basisgrößen des SI. Von den abgeleiteten SI-Größen sei auf die →Winkelmessung, →Geschwindigkeitsmessung, →Beschleunigungsmessung, →Drehzahlmessung, →Kraftmessung, →Druckmessung, →Dehnungsmessung, →Frequenzmessung und →Schwingungsmessung verwiesen. *F. Schneider*

Meßgerät für optische Größen. Hierzu zählen die Meßgeräte und →Aufnehmer für die optischen Größen des SI, insbesondere zur Lichtstärkemessung, Lichtstrommessung und Beleuchtungsstärkemessung (→Lichtmessung). Es sei ferner auf →Photodiode, →Phototransistor und →Photodetektor verwiesen. Der Belichtungsmesser mißt in der Photometrie die Belichtung als Produkt aus Beleuchtungsstärke und Zeit (lx · s). Von besonderer Bedeutung sind heute Bildaufnehmersysteme. Bei einer Fernsehkamera besteht die Wandlerschicht aus einer Vielzahl (mehrere Millionen) voneinander isolierter Mosaikzellen auf einem transparenten Metallfilm. Jede Mosaikzelle ist ein kleiner Kondensator, dessen Ladung vom auffallenden Licht abhängt. Durch einen Elektronenstrahl wird die Wandlerschicht entsprechend der Fernsehnorm mit 625 Zeilen abgetastet. Weitere →Bildsensoren sind die ladungsgekoppelten Halbleiter (charged coupled devices, CCD). Bildsensoren werden zur →Mustererkennung, zur Lage- und Positionsbestimmung (von Werkstücken) und insbesondere in Montagesystemen eingesetzt. In faseroptischen →Sensoren wird das Licht zum Übertragen und/oder Erfassen der gewünschten Meßgröße verwendet. *F. Schneider*

Meßgerät für thermische Größen →Temperaturmessung, →Wärmemengenmessung, →Thermoelement, →Widerstandsthermometer, →Pyrometer, →Thermographie

Meßgleichrichter. Für sinusförmige Wechselspannungsgrößen gibt es (Bild 1) verschiedene Kennwerte. Diese Kennwerte sind wie folgt definiert:

Linearer Mittelwert: $\bar{u} = \frac{1}{T}\int_0^T \hat{u} \sin \omega t \, dt \, [= 0]$,

Gleichrichtwert: $\overline{|u|} = \frac{1}{T}\int_0^T |\hat{u} \sin \omega t| \, dt$

$$\left[= \frac{2}{\pi} \cdot \hat{u} = 0{,}637 \, \hat{u}\right]$$

Effektivwert: $u_{eff} = \sqrt{\frac{1}{T}\int_0^T (\hat{u} \sin \omega t)^2 \, dt}$

$$\left[= \frac{\hat{u}}{\sqrt{2}} = 0{,}707 \quad \hat{u} = 1{,}11 \cdot \overline{|u|}\right]$$

Die eingeklammerten Zahlenwerte 0, 0,637, 0,707 und 1,11 gelten nur für Sinusform. Das Verhältnis $k = \frac{u_{eff}}{|u|}$ von periodischen Spannungen wird mit Kurvenformfaktor bezeichnet.

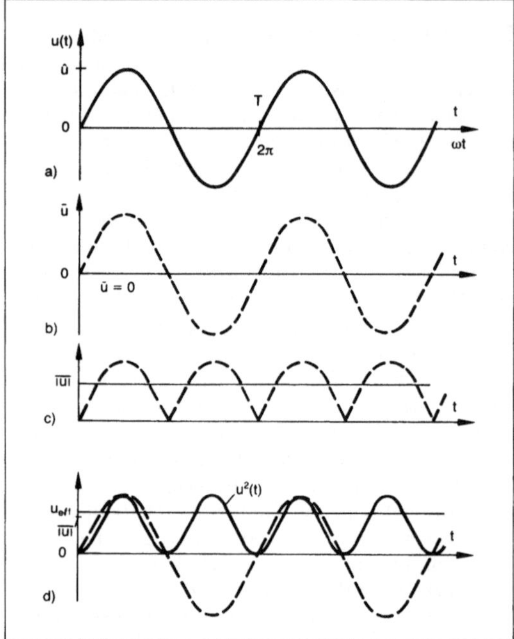

Meßgleichrichter 1: Wechselspannungsgrößen.
a) Augenblickswert u(t) = û sinωt (û = Scheitelwert)
b) Linearer Mittelwert ū
c) Gleichrichtwert $\overline{|u|}$
d) Quadratischer Mittelwert $u^2(t)$ und Effektivwert u_{eff}.

Elektromechanische Meßwerke (→Meßgerät, elektrisches) können schon bei niedrigen Frequenzen den Augenblickswerten von Wechselspannungen nicht mehr folgen und zeigen so nur gemittelte Werte an. Meist ist dies der lineare Mittelwert ū. Bei einer reinen Sinusspannung wäre ū = 0 (Bild 1 b), das →Meßwerk würde nichts anzeigen. Um zu einer →Anzeige zu kommen, muß man mittels M. dafür sorgen, daß dem Meßwerk ein →Signal zugeführt wird, dessen Mittelwert von 0 verschieden und proportional zur Meßgröße ist. Dies geschieht bei der Einweggleichrichtung (Bild 2 b) durch Unterdrücken z. B. der negativen Halbwellen mittels einer Diode D. Die Vollweggleichrichtung mit vier Dioden (Bild 2 c) legt den Betrag oder Gleichrichtwert |u| (Bild 1 c) an das Meßwerk, woraus sich ein doppelt so großer Ausschlag wie beim Einweggleichrichter ergibt. Man nennt diese Anordnung von vier Gleichrichterdioden auch *Graetz*-Schaltung. Die Kennlinien (Bild 2 a) gelten nur für ideale Dioden. Reale Si-Dioden mit ihrer Durchlaßspannung von ca. 0,6 V verursachen bei der Messung kleinerer Spannungen erhebliche Abweichungen von der Proportionalität zwischen Meßgröße und Anzeige, denen man durch eine nichtlineare Skale teilweise begegnen kann. Eleganter löst man dieses Problem durch Verwendung eines Meßverstärkers mit eingeprägtem Ausgangsstrom (Bild 3). Hier spielen die Diodendurchlaßspannungen keine Rolle mehr. Eine besondere Ausführung dieses Präzisionsgleichrichters erlaubt es, das Meßgerät einpolig an Masse zu legen.

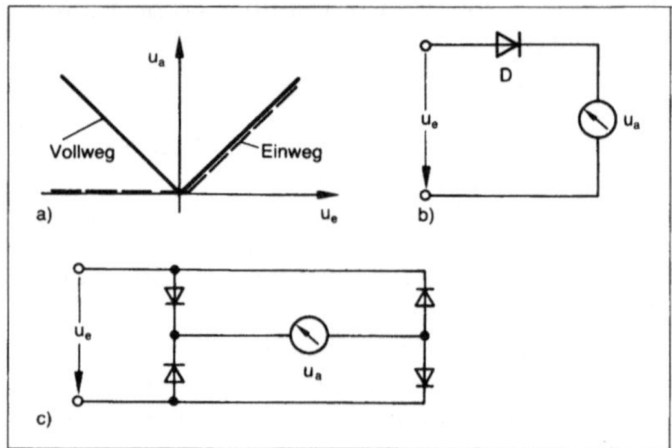

Meßgleichrichter 2: Einweg- und Vollweggleichrichter.
a) Kennlinien
b) Einweggleichrichter
c) Vollweggleichrichter.

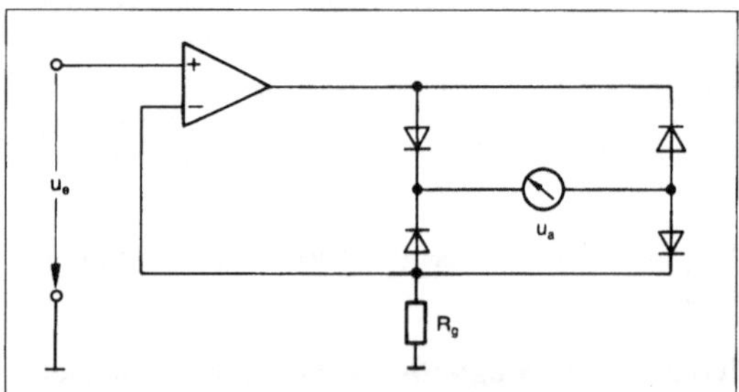

Meßgleichrichter 3: Präzisionsgleichrichter mit Verstärker.

Da nach obigen Angaben der Scheitelwert û einer sinusförmigen Spannung in einem festen Verhältnis zu den Mittelwerten steht, ist auch die Erfassung von û meßtechnisch sinnvoll. Im einfachsten Fall läßt sich der Scheitelwert auf einem Kondensator C speichern, der über eine Diode D aufgeladen wird (Bild 4 a). Durch Einsatz eines Verstärkers läßt sich auch hier der Einfluß der Diodendurchlaßspannung eliminieren (Bild 4 b). Praktisch ausgeführte Scheitelwertmesser enthalten weitere Komponenten. Bei den Verfahren, die auf der Speicherung des Scheitelwerts beruhen, erhält man je Periode maximal zwei Meßwerte für û. Dies kann für regeltechnische

Anwendungen zu wenig sein. Deshalb differenziert man fortlaufend elektronisch das Signal û(t) = û sinωt und faßt bei bekannter Frequenz die beiden Signale u(t) und u'(t)/ω wie folgt zusammen:

$$\sqrt{u^2(t) + (u'(t)/\omega)^2} = \sqrt{\hat{u}^2 \sin^2\omega t + \hat{u}^2 \cos^2\omega t} = \hat{u}.$$

Nach diesem Prinzip arbeitende Schaltungen liefern am Ausgang kontinuierlich eine Spannung, die dem jeweiligen Scheitelwert der angelegten Sinusschwingung entspricht.

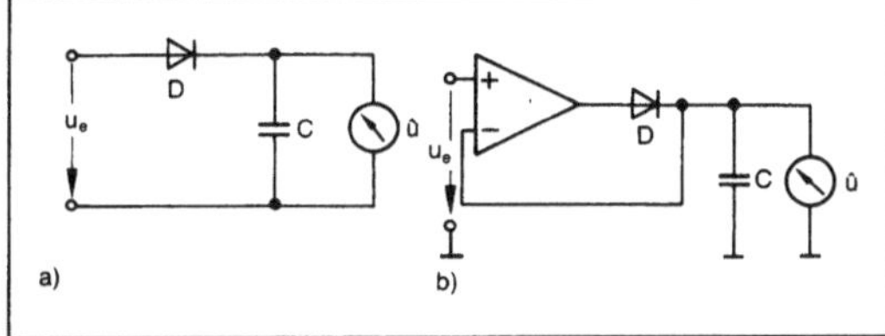

Meßgleichrichter 4: Scheitelwertgleichrichter.
a) Diode und Kondensator
b) Verstärker mit eingeprägtem Ausgangsstrom.

Auch den Effektivwert einer sinusförmigen Wechselspannung kann man über die Messung des Gleichrichtwerts (multipliziert mit k = 1,11) oder des Scheitelwerts (dividiert durch $\sqrt{2}$) ermitteln. Bei vielen handelsüblichen Meßgeräten ist bei den Skalen für Wechselgrößen der Kurvenformfaktor 1,11 berücksichtigt. Es ergeben sich dann bei nicht sinusförmigen Meßgrößen in Abhängigkeit von der →Kurvenform folgende Abweichungen:

- Gleichstrom, Rechteck: +11 %,
- Dreieck: −4 %,
- weißes Rauschen: −11 %.

Bei diesen und anderen Kurvenformen kann man auch zur echten →Effektivwertmessung übergehen (→Leistungsmessung, elektrische).

Wenn die zu messende Wechselspannung aus einer →Meßbrücke oder aus einem Trägerfrequenzverstärker (→Meßverstärker) kommt, enthält sie in ihrer Phasenlage (bezogen auf die Speisewechselspannung) das Vorzeichen der zugrundeliegenden Meßgröße (z. B. Dehnung, kleine Gleichspannung), egal ob diese positiv oder negativ ist. Die bisher besprochenen Gleichrichtverfahren können die Phasenlage nicht erkennen, sind also nur für Meßgrößen mit einer Polarität geeignet. Synchrongleichrichter oder phasenselektive Gleichrichter arbeiten synchron mit der Speisespannung und haben diesen Nachteil nicht. *Hammerschmidt*

Literatur: *Tietze, U.* u. *Ch. Schenk:* Halbleiter-Schaltungstechnik. 8. Aufl. Berlin 1986.

Meßkette →Kettenstruktur

Meßnetz zur Luftüberwachung →Luftüberwachungsmeßnetz

Meßsignal. Das M. ist das zwischen den Geräten einer →Meßeinrichtung ausgetauschte →Signal. Es enthält die Information über die gemessene Größe (→Meßtechnik, elektrische). *Schrüfer*

Meßsignalverarbeitung. Zur M. zählen alle die Operationen, die notwendig sind, um aus dem Eingangssignal eines Meßkreises die Information über die zu messende Größe in der gewünschten Form zu gewinnen (→Meßtechnik, elektrische). Im Hinblick auf die Art der behandelten Signale wird die analoge Signalverarbeitung von der digitalen unterschieden.

Die analoge Signalverarbeitung ist von großer Bedeutung, da die meisten →Aufnehmer zunächst analoge Meßsignale liefern. Bei den ohm'schen, induktiven und kapazitiven Aufnehmern sind umfangreiche Anpasserschaltungen, wie z. B. Brükkenschaltungen, notwendig. Praktisch immer müssen die →Meßsignale verstärkt, evtl. auch kompensiert oder gefiltert werden. Die verarbeiteten analogen Meßsignale werden dann mit einer →Skalenanzeige ausgegeben oder aufgezeichnet (→Meßgeräte, elektrische) oder in analogen Reglern direkt weiterverarbeitet.

Die digitale Signalverarbeitung gewinnt mit den Fortschritten der Mikroelektronik zunehmend an Bedeutung. In den Fällen, in denen zunächst analoge Signale vorliegen, werden diese mittels →Analog/Digital-Umsetzern ins digitale Datenformat umgesetzt. In dieser Form lassen sich besonders effektiv Rechnungen durchführen wie z. B. zur

- Festlegung des Meßbereichs,
- →Linearisierung der Kennlinie,
- Korrektur von Störgrößen,
- digitalen Filterung,
- Selbstüberwachung und →Plausibilitätskontrolle,
- Selbstkalibrierung,
- Bildung von Grenzwerten,
- Berechnung nicht direkt meßbarer Größen.

Desweiteren lassen sich im digitalen Datenformat die Meßwerte einfacher speichern als im analogen.

Besonders umfangreich ist die M., wenn z. B. eine →Amplitudenverteilung gewonnen oder eine Spektralanalyse (→Frequenzanalyse) durchgeführt werden soll. In diesen Fällen wird, wie auch in der →Korrelationsmeßtechnik, die Verarbeitung jeweils mit Hilfe von Rechnern vorgenommen.

Schrüfer

Literatur: *Arnolds, F.:* Elektronische Meßtechnik. Stuttgart 1976. – *Müseler, H.* u. *T. Schneider.:* Elektronik-Bauelemente und Schaltungen. München 1981. – *Schrüfer, E.:* Elektrische Meßtechnik. München 1983. – *Seifart, M.:* Analoge Schaltungen und Schaltkreise. Ost-Berlin 1980. – *Seifart, M.:* Digitale Schaltungen und Schaltkreise. Heidelberg 1982. – *Steudel, E.* u. *P. Wunderer:* Gleichstromverstärker kleiner Signale. Frankfurt/M. 1967. – *Tietze, U.* u. C. Schenk: Halbleiterschaltungstechnik. Berlin.

Meßstellenumschalter. Eine Anordnung von Analogschaltern zur Auswahl eines von mehreren Analogsignalen. Multiplexer (MUX) oder M. werden vielfach angewendet, um mehrere anstehende →Meßsignale nacheinander auf einen →Verstärker mit nachfolgendem →Analog/Digital-Umsetzer zu schalten, (Bild 1). Es lassen sich so Komponenten bzw. Übertragungsleitungen in Systemen zur Meßdatenverarbeitung einsparen. Die →Steuereinrichtung bewirkt das Durchschalten der Kanäle, wobei jeder Kanal ein Schaltelement bzw. zwei Schaltelemente bei erdfreier →Eingangsschaltung (Differentialeingang) erfordert. Die Reihenfolge der Abfragen oder Abtastungen ergibt sich aus einem in der Steuereinrichtung vorhandenen Programm, oder sie wird durch den steuernden Rechner festgelegt. Weiterhin sorgt die Steuereinrichtung dafür, daß die Analog/Digital-Umsetzung erst nach Ablauf der jeweils notwendigen Einschwingzeit begonnen wird. Als Schaltelemente sind die verschiedenen elektromechanischen und elektronischen →Analogschalter (Bild 2) einsetzbar. Die wichtigsten Forderungen an Multiplexer beziehen sich auf →Genauigkeit, Abtastrate und Übersprechen zwischen den Kanälen. Bei Differentialeingängen kommt noch die →Gleichtaktunterdrückung hinzu, d. h. Unempfindlichkeit der Ausgangsspannung gegenüber gleichsinniger Aussteuerung an den beiden Eingangsklemmen; Analogeingabe. Die Abtastrate hängt in erster Linie vom verwendeten Schaltelement ab und kann bis 250/s bei elektromechanischen und über 1 Mio/s bei elektronischen Schaltern gehen. Elektronische Multiplexer werden als Hybridschaltungen oder als LSI-Schaltkreise angeboten.

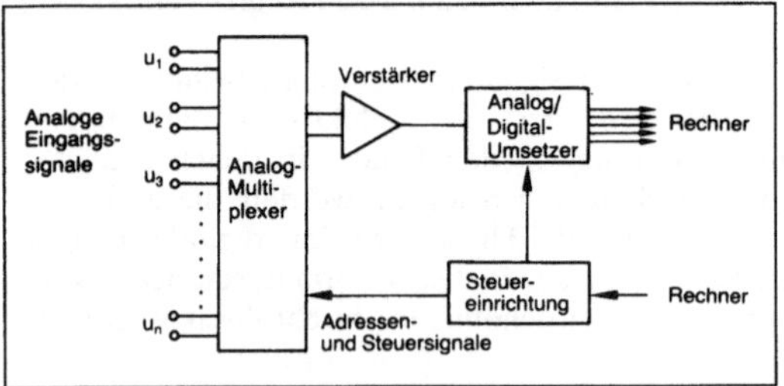

Meßstellenumschalter 1: Analog-Multiplexer in einer analogen Eingabe.

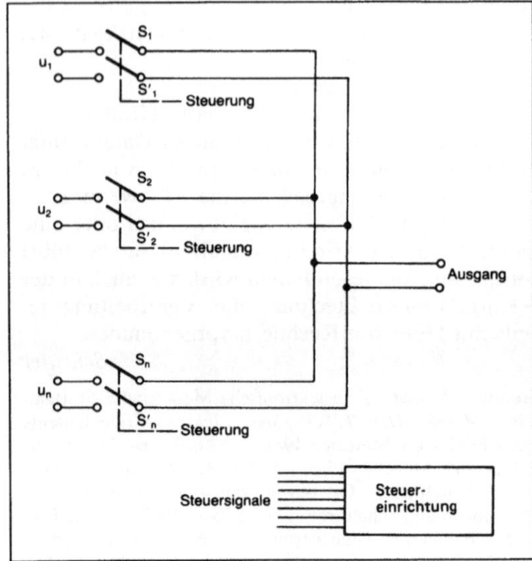

Meßstellenumschalter 2: Prinzip.

Eine andere Anwendung eines Analogmultiplexers liegt vor, wenn ein →Punktdrucker (→Registriergeräte) den zeitlichen Verlauf mehrerer Meßgrößen aufschreiben soll. Der Punktdrucker steuert dann einen M., der die Meßsignale einzeln auf das Meßwerk durchschaltet. *Hammerschmidt*

Meßtechnik, digitale. Ihr Kennzeichen ist die Verarbeitung wertdiskreter Signale (→Meßtechnik, elektrische). Die notwendige Quantisierung der Meßsignale kann dabei am Anfang, innerhalb einer →Meßkette oder an ihrem Ende erfolgen. Nur wenige →Aufnehmer wie z. B. die codierten und inkrementalen Längenaufnehmer liefern schon diskrete Signale. Hier kann die gesamte →Meßeinrichtung digital aufgebaut werden. In den meisten Fällen jedoch liegen zunächst analoge Signale vor, die mit Hilfe von →Analog-Digital-Umsetzern in diskrete Signale umzusetzen sind, bevor der Meßwert als Zahl dargestellt und ausgegeben werden kann. Die Digitaltechnik läßt sich so nicht nur für die Messung einiger spezieller Größen, sondern allgemein einsetzen. Besonders geeignet ist sie für Meßaufgaben, bei denen die Tätigkeit des Zählens erforderlich ist oder angewendet werden kann.

In der d. M. werden die schon erwähnten →A/D-Umsetzer, die üblichen Komponenten der digitalen Schaltungstechnik wie Gatter, Kippstufen, Register, Taktgeber, und die aus diesen Komponenten aufgebauten Digitalvoltmeter, →Zähler und →Mikroprozessoren benutzt. In dem Maße, in dem die Produkte der Mikroelektronik immer leistungsfähiger, preiswerter und zuverlässiger werden, wird auch die digitale Signalverarbeitung mehr und mehr eingesetzt (→Meßsignalverarbeitung). *Schrüfer*

Meßtechnik, elektrische. Die e. M. ist die Disziplin, die sich mit

- der Gewinnung des elektrischen Meßsignals (elektrische/elektrische-Umformung und nichtelektrische/elektrische-Umformung)
- der Struktur der →Meßeinrichtung
- den Eigenschaften der Meßsignale
- der Übertragung und Verarbeitung der →Meßsignale und

- der Ausgabe und Darstellung der gewonnenen Information

befaßt.

Die e. M. mißt (→Messen) oder verarbeitet (→Meßsignalverarbeitung) elektrische Größen wie z. B.

- Spannung
- Ladung, Strom
- Widerstand, Induktivität, Kapazität
- Phasenwinkel
- Frequenz.

Dabei kann die zu messende Größe nur selten direkt auf einem Instrument angezeigt werden. Oft müssen die Meßsignale galvanisch getrennt, entkoppelt, übertragen und fast immer auch verarbeitet werden, wie z. B. verstärkt, kompensiert, umgeformt, umgesetzt, gefiltert, gespeichert, umgerechnet, linearisiert, bevor das Meßergebnis auf einer

- Skalen-, Ziffern- oder Bildschirmanzeige ausgegeben,
- mittels eines Schreibers oder Druckers festgehalten und dokumentiert, oder auch
- direkt zur Überwachung, →Steuerung oder →Regelung eines Prozesses benutzt werden kann.

→Meßgeräte sind die im Signalfluß liegenden Geräte einer Meßeinrichtung, die die Qualität eines Meßergebnisses, wie z. B. →Genauigkeit und die Anzeigegeschwindigkeit beeinflussen. Sie müssen nicht, wie in Bild 1, in Reihe geschaltet sein (→Kettenstruktur), sondern können auch andere Strukturen bilden (→Parallelstruktur, →Kreisstruktur). Die zwischen den Meßgeräten ausgetauschten →Meßsignale enthalten die Information über die zu messende Größe. Diese Information kann z. B. in der Amplitude oder Frequenz einer elektrischen Größe stecken oder auch quantisiert in Form eines codierten Signals vorliegen.

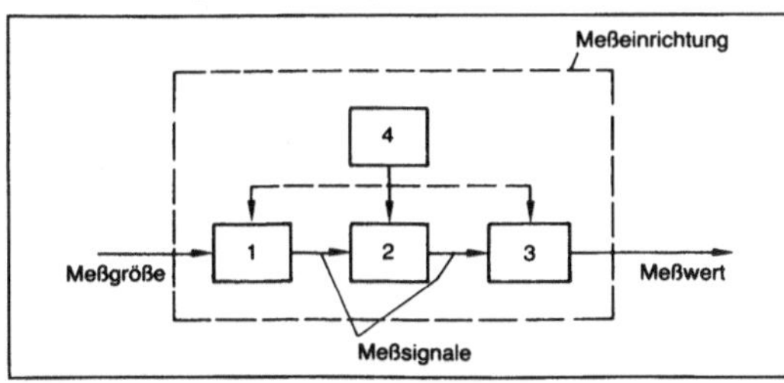

1), 2), 3) Meßgeräte, 4) Hilfsgerät zur Lieferung der Hilfsenergie

Meßtechnik, elektrische 1: Meßeinrichtung.

Das elektrische Messen hat seine große Bedeutung vor allem dadurch gewonnen, daß es gelungen ist, über verschiedene physikalische Effekte nichtelektrische Größen in elektrische umzuformen. Die dafür benötigten →Aufnehmer, →Sensoren, Detektoren, Fühler sind für sehr viele zu messende Größen verfügbar (Bild 2), so daß praktisch jede physikalische Größe als elektrisches Signal dargestellt und dann mit den Methoden der elektrischen Meßsignalverarbeitung weiterbehandelt werden kann.

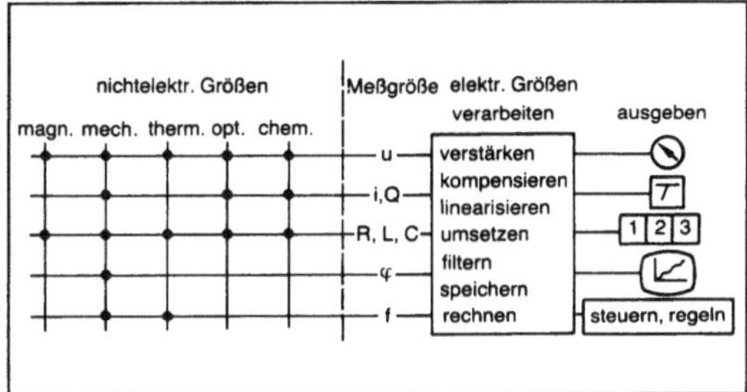

Meßtechnik, elektrische 2: Mit Hilfe von Sensoren oder Aufnehmern werden nichtelektrische Größen in elektrische umgeformt und damit der elektrischen Messung zugänglich.

Aufgabe des Meßtechnikers ist, jeweils den geeigneten Aufnehmer auszuwählen, die Struktur zu entwerfen, die Signalform festzulegen, um die, hinsichtlich der Genauigkeit (→Meßfehler) und →Störsicherheit, kostengünstigste Ausführung zu erhalten.

Die e. M. ist dabei anderen Verfahren insbesondere überlegen durch

- das leistungsarme bis leistungslose Erfassen von Meßwerten
- das hohe →Auflösungsvermögen
- das gute dynamische Verhalten
- die stete Meßbereitschaft
- die bequeme Übertragbarkeit über weite Entfernungen
- die leichte Verarbeitung der Meßdaten.

Schrüfer

Literatur: *Arnolds, F.:* Elektronische Meßtechnik. Stuttgart 1976. – *Bergmann, K.:* Elektrische Meßtechnik. Braunschweig 1981. – *Grave, H. F.:* Elektrische Messung nichtelektrischer Größen. Frankfurt/M. 1965. – *Hartmann & Braun* (Hrsg.): Meßtechnik; Einführung, Anwendung, L 3350. Frankfurt/Main. – *Jüttemann, H.:* Grundlagen des elektrischen Messens nichtelektrischer Größen. Düsseldorf 1974. – *Hofmann, D.:* Handbuch der Meßtechnik und Qualitätssicherung. Ost-Berlin 1986. – *Kronmüller, H.:* Methoden der Meßtechnik. Karlsruhe 1979. – *Kronmüller, H.; B. Zehner:* Prinzipien der Prozeßmeßtechnik I und II. Karlsruhe. – *Niebuhr, J.:* Physikalische Meßtechnik; Bd. I: Aufnehmer und Anpasser; Bd. II: Meßprinzipien und Meßverfahren. München, Wien 1977. – *Profos, P.* (Hrsg.): Handbuch der industriellen Meßtechnik. Essen 1978. – *Richter, W.:* Grundlagen der elektrischen Meßtechnik. Ost-Berlin 1985. – *Rohrbach, C.:* Handbuch für elektrisches Messen mechanischer Größen. Düsseldorf 1967. – *Samal, E.:* Elektrische Messung von Prozeßgrößen. AEG-Telefunken-Handbücher Band 17. Berlin 1974. – *Schrüfer, E.:* Elektrische Meßtechnik. München 1988. – Siemens: Messen in der Prozeßtechnik. Berlin, Siemens AG 1972. – *Stöckl, M.; K. H. Winterling:* Elektrische Meßtechnik. Stuttgart.

Meßtoleranz. Angabe, um welchen Absolutbetrag oder Relativbetrag ein Meßwert von einem vorgegebenen Wert maximal abweichen darf. Die M. wird im →Prüfprogramm vorgegeben und bei der Auswertung der Messung vom →Prüfautomatenbetriebssystem berücksichtigt. *Winter*

Meßumformer. Der M. oder Transmitter ist ein in der industriellen Technik eingesetztes Gerät, das Meßsignale in standardisierte Einheitssignale umformt.

Die →Aufnehmer und →Sensoren zur elektrischen →Messung nichtelektrischer Größen liefern in der Regel schwache Signale, die noch verstärkt werden müssen. Diese Verstärkung soll möglichst nahe am Aufnehmer durchgeführt werden, um schon leistungsstarke, durch elektrische Einstreuungen weniger störbare Signale übertragen zu können. Darüber hinaus benötigen die passiven Aufnehmer auch eine spezielle Energieversorgung. Die elektronischen Baugruppen zur Stromversorgung und zur elektrischen Signalaufbereitung werden also zweckmäßig in einem Gehäuse untergebracht, das, im Falle der Messung nichtelektrischer Größen, entweder den Aufnehmer direkt enthält (z. B. Druck- und Differenzdruck-M.) oder in seiner Nähe angeordnet ist (z. B. Temperatur-M.). Die unterschiedlichen Meßbereiche werden dabei in die Normsignale 0 bis 20 mA, 0 bis 10 V, 4 bis 20 mA oder 2 bis 10 V abgebildet. Durch diese genormten Schnittstellen ist sichergestellt, daß einheitliche Anzeige-, Registrier- oder Regelgeräte an den M. angeschlossen werden können. Manchmal enthalten die M. auch noch →Analog/Digital-Umsetzer und liefern so, zusätzlich zum analogen, noch ein digitales Ausgangssignal.

Neben der Signalverstärkung und Analog/Digital-Umsetzung lassen sich im M., insbesondere bei Verwendung von Mikroprozessoren, noch weitere Funktionen implementieren wie z. B.:

- Einstellung und Überwachung des Nullpunkts
- Einstellung und Überwachung der Verstärkung
- Korrektur herstellungsbedingter Streuungen
- Linearisieren der Kennlinie
- Korrektur von Störgrößen
- Korrektur des dynamischen Verhaltens
- Frequenzselektive Auswahl des Meßsignals durch →Filter
- Berechnung nicht direkt meßbarer Größen
- Selbstkalibrierung
- Selbstüberwachung und →Plausibilitätskontrolle
- Bildung von Grenzwerten.

M. sind für die Messung elektrischer Größen (z. B. Spannung, Strom, Leistung, Widerstand) und nichtelektrischer Größen (z. B. mechanische, thermische, optische, chemische Größen) verfügbar. In der vier-Leiter-Schaltung dienen zwei Adern zur Stromversorgung und zwei Adern zur Übertragung des Ausgangssignals. In der zwei-Leiter-Schaltung entfallen die beiden Leitungen zur Stromversorgung. Diese erfolgt über die Adern, die das Ausgangssignal übertragen. Dabei muß mit einem *lebenden Nullpunkt,* z. B. mit einem Ausgangsstrom von 4–20 mA gearbeitet werden. Die elektronischen Baugruppen des M. werden dann aus einer aus dem Grundstrom von 4 mA gewonnenen Spannung versorgt. Diese zwei-Leiter-Technik hat den Vorteil, daß

- Netzzuleitungen zum M. eingespart werden
- die Netzspannung vom M. und von der Anlage ferngehalten wird
- der M. in der Bauart *eigensicher* ausgeführt werden kann
- Leitungsunterbrechungen zu einer Unterbrechung des Stroms führen und damit erkennbar werden. *Schrüfer*

Meßunsicherheit →Meßfehler, →Genauigkeit

Meßverfahren. Der Begriff M. ist nicht genau abgrenzbar und wird oft synonym mit Meßmethode oder Meßprinzip gebraucht. Er beschreibt die Art und Weise, wie ein Meßwert gewonnen wird (→Meßtechnik, elektrische; →Messen).

Die M. lassen sich nach verschiedenen Gesichtspunkten unterteilen:

- Hinsichtlich der Signalart (amplitudenanaloge, frequenzanaloge und digitale M.), (→Meßsignal)
- Hinsichtlich des Vergleichs der zu messenden mit der Referenzgröße (direkte und indirekte M.)
- Hinsichtlich der Struktur der Meßanordnung (Ausschlag-, Differenz-, Kompensations- oder Nachlaufmethode; →Kettenstruktur, →Parallelstruktur, →Kreisstruktur)
- Hinsichtlich des der Messung zugrunde liegenden physikalischen Effekts (z. B. M. unter Anwendung des Induktionsgesetzes; M. unter Anwendung des piezoresistiven Effektes), (→Aufnehmer)
- Hinsichtlich der gemessenen Größe (z. B. Temperatur-M., Durchfluß-M.)
- Hinsichtlich des Einsatzgebietes (Labor-M., industrielle M.)
- Hinsichtlich des Zeitverhaltens (kontinuierliche und diskontinuierliche M.)
- Hinsichtlich der gerätetechnischen Lösung (z. B. M. mit oder ohne →Mikroprozessor). *Schrüfer*

Meßverfahren zur Immissionsmessung →Immissionsmessung

Meßverstärker. Die M. dienen in der elektrischen →Meßtechnik zur Verstärkung der von den analogen Meßfühlern, Aufnehmern oder Sensoren gelieferten Signale. Die M. müssen besonderen Ansprüchen hinsichtlich ihres Eingangswiderstandes, ihrer

→Genauigkeit und ihres dynamischen Verhaltens erfüllen. Neben dem definierten →Übertragungsverhalten sind insbesondere die folgenden Eigenschaften wichtig:
- geringe Rückwirkung auf die Meßgröße (um das Meßobjekt nicht zu belasten, soll bei der →Spannungsmessung der Eingangswiderstand des Verstärkers hoch, bei der →Strommessung niedrig sein)
- hohes →Auflösungsvermögen
- gutes dynamisches Verhalten (das Ausgangssignal des Verstärkers soll möglichst schnell dem richtigen Meßwert entsprechen).

□ Ersatzschaltbild: Der M. wird als ein von der Meßgröße gesteuerter Generator betrachtet. Im idealen Fall erfolgt die Steuerung leistungslos. Bei einer Spannungsmessung ist der Eingangswiderstand des Verstärkers unendlich groß und bei einer Strommessung null. Der →Verstärker benötigt immer eine Hilfsenergie. Aus ihr stammt dann die am Verstärkerausgang abgegebene Leistung. Der Terminus *Verstärkung* bezieht sich insbesondere auf das Verhältnis von Ausgangs- zu Eingangsleistung.

Eingangsseitig werden Spannungs- und Stromverstärker unterschieden. Sowohl ein Spannungssignal u_e wie auch ein Stromsignal i_e kann entweder den eine Ausgangsspannung u_a oder einen Ausgangsstrom i_a liefernden Generator steuern, so daß die folgenden vier Verstärkertypen entstehen (Bild):
- der u/u-Verstärker mit dem Übertragungsfaktor $k_u = u_a/u_e$
- der u/i-Verstärker mit $k_G = i_a/u_e$
- der i/u-Verstärker mit $k_R = u_a/i_e$
- der i/i-Verstärker mit $k_i = i_a/i_e$.

□ Gegengekoppelter Operationsverstärker: Besonders häufig werden direkt gekoppelte Gleichspannungs-Differenzverstärker (→Operationsverstärker) eingesetzt. Diese erhalten ihre Meßeigenschaften durch die Gegenkopplung. Dadurch wird
- die Genauigkeit des gegengekoppelten Verstärkers unabhängig vom Verstärkungsgrad des nicht gegengekoppelten
- der Eingangswiderstand des Spannungsverstärkers vergrößert
- der Eingangswiderstand des Stromverstärkers erniedrigt
- die Bandbreite und damit die Anzeigegeschwindigkeit vergrößert.

Die gegengekoppelten Operationsverstärker lassen sich in zwei unterschiedlichen Betriebsarten, nicht invertierend oder invertierend, betreiben. Der nicht invertierende Verstärker hat einen hohen Eingangswiderstand (→Elektrometer-Verstärker, →Spannungsfolger, →Instrumentenverstärker) und ist damit insbesondere für die Verstärkung von Spannungen geeignet. Demgegenüber ist der Eingangswiderstand des gegengekoppelten invertierenden Verstärkers niedrig. Sein Einsatzgebiet ist die Verarbeitung von Strömen. Durch die Gegenkopplung lassen sich ganz unterschiedliche Kennlinien realisieren, so daß der invertierende Verstärker eingesetzt wird zum

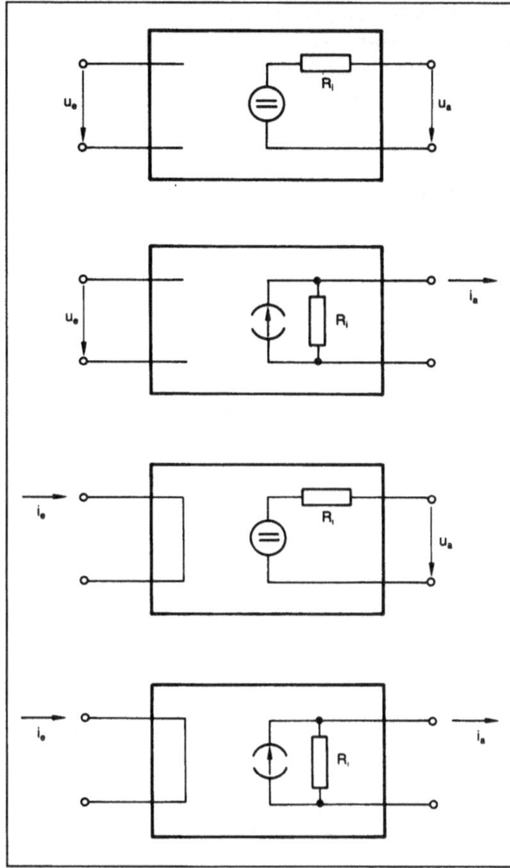

Meßverstärker: Die vier Grundtypen.

- addieren (→Addierverstärker)
- subtrahieren (→Subtrahierverstärker)
- multiplizieren (→Multiplizierer)
- dividieren (→Dividier-Verstärker)
- radizieren (→Verstärker, radizierender)
- differenzieren (→Differenzierverstärker)
- integrieren (→Integrationsverstärker, ladungsempfindlicher Verstärker)
- logarithmieren (→Verstärker, logarithmischer).

Unerwünscht ist die →Gleichtaktverstärkung des nicht invertierenden Verstärkers. Beim invertierenden Verstärker spielt sie keine Rolle, da der nicht invertierende Eingang mit dem Massepotential verbunden ist. Die Meßgenauigkeit der Gleichspannungsverstärker wird insbesondere durch ihre Nullpunktsdrift (→Drift, →Offset) und ihr →Rauschen begrenzt.

□ Wechselspannungsverstärker: Im Unterschied zum Gleichspannungsverstärker hat der Wechselspannungsverstärker keinen Nullpunktfehler. Aus diesem Grunde werden, bei der Verstärkung sehr geringer Gleichspannungen, diese oft in eine Wechselspannung umgeformt, als solche verstärkt und dann wieder in eine Gleichspannung zurückgewandelt (→Modulationsverstärker, →Zerhackerverstärker). Wechselspannungs-Verstärker werden auch in den Trennverstärkern benutzt, deren Ausgangsspannung von der Eingangsspannung elektrisch isoliert ist. *Schrüfer*

Literatur: *Schrüfer, E.*: Elektrische Meßtechnik, München 1983. – *Seifart, M.*: Analoge Schaltungen und Schaltkreise. Ost-Berlin 1987. – *Steudel, E.* u. *P. Wunderer:* Gleichstromverstärker kleiner Signale. Frankfurt 1967. – *Tietze, U.* u. *C. Schenk:* Halbleiter-Schaltungstechnik. Berlin 1985.

Meßwerk →Meßgerät, elektrisches

Meßwerk, elektrodynamisches →Leistungsmessung, elektrische

Meßwerterfassung. Unter einer M. faßt man die Aufnahme und Aufbereitung der Sensorsignale am Meßort, sowie die Übertragung dieser Signale zu einem übergeordneten System. *Schaumburg*

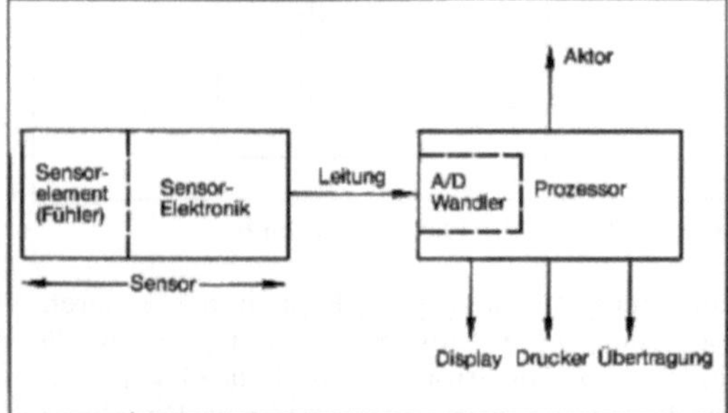

Meßwerterfassung: Typische Komponenten.

Meßwertfühler →Aufnehmer; →Sensor

Meßwiderstand →Widerstandsmeßaufnehmer

Metalloxid-Gassensor. Metalloxide wie SnO_2 und ZnO können mit einer Sauerstoffatmosphäre in ihrer Umgebung dadurch reagieren, daß sich ein thermisches Gleichgewicht zwischen der Sauerstoffkonzentration (bzw. Sauerstoff-Leerstellenkonzentration) im Metalloxid und der Sauerstoffkonzentration des zu messenden Gases einstellt. Bei diesen Metalloxiden sind die Sauerstoff-Leerstellen aus Gründen der Ladungsneutralität zweifach negativ geladen, die entsprechenden Elektronen sind aber nur relativ schwach gebunden, so daß sie durch einen geringen Energieaufwand (z. B. thermische Aktivierung) in das Leitungsband des Metalloxids

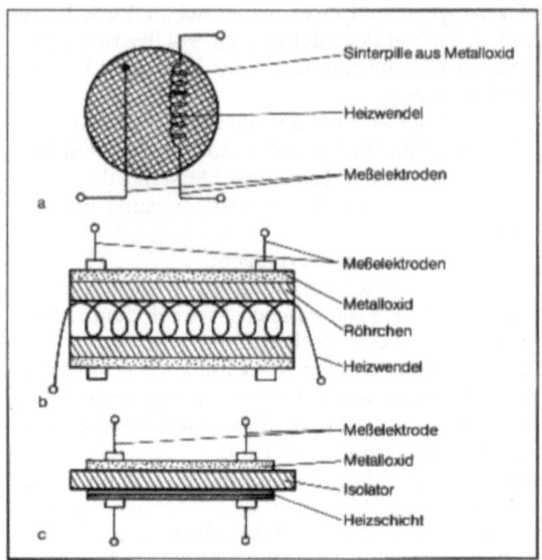

Metalloxid-Gassensor: Ausführungsformen, mit einer integrierten Heizvorrichtung hergestellt. (Quelle: Heywang)
a) Sinterkörper
b) Rohrausführung
c) planare Ausführung.

angehoben werden können. Dort verändern sie die elektrische Leitfähigkeit.

Andere Wechselwirkungsmechanismen entstehen durch die Adsorption bzw. chemische Reaktion der Metalloxid-Oberfläche von Gasatomen, auch in diesem Fall kann sich die Leitfähigkeit verändern.

M.-G. sind daher im allgemeinen resistive Sensoren, sie werden aus Gründen der →Empfindlichkeit und Reaktionsgeschwindigkeit in der Regel bei höheren Temperaturen (200–500 °C) betrieben. *Schaumburg*

Literatur: *Heywang, W.*: Sensorik. Berlin 1984.

Meter. SI-Einheit der Länge. Einheitenzeichen m (→Einheiten des SI). *Hammerschmidt*

Metrisches System. Als m. S. wird ein Einheiten- oder Maßsystem bezeichnet, das von der Längeneinheit →Meter ausgeht und bei dem die Einheiten dezimal geteilt werden. Mit der weltweiten Einführung des internationalen Einheitensystems (SI) hat die rund zweihundertjährige Entwicklung des m. S. ihren vorläufigen Abschluß gefunden (→Einheiten des SI). *Hammerschmidt*

Metrologie. Viele Staaten betreiben metrologische Staatsinstitute, die für die Festlegung, experimentelle Darstellung, Bewahrung und Weitergabe der Basiseinheiten (→Einheiten des SI) sowie von praktisch besonders wichtigen abgeleiteten Einheiten zuständig sind, was einen beträchtlichen meßtechnischen Aufwand erfordert. In der Bundesrepublik Deutschland ist dies die →Physikalisch-Technische Bundesanstalt (PTB) in Braunschweig, in den USA das National Bureau of Standards (NBS), in Großbritannien das National Physical Laboratory (NPL). Die PTB gibt die Ergebnisse ihrer Arbeit in den „PTB-Mitteilungen" bekannt.

Hammerschmidt

MFDT (*engl.* mean failure detection time, mittlere für Ausfallerkennung benötigte Zeit). Die mittlere für die →Ausfallerkennung benötigte Zeit ergibt sich als Kehrwert der →Ausfallerkennungsrate ε:

$$\mathrm{MFDT} = \frac{1}{\varepsilon}.$$

Schrüfer

Mikro.... SI-Vorsatz für →Einheiten im Meßwesen, bezeichnet das 10^{-6}fache der jeweiligen Einheit. Abk. μ.

Hammerschmidt

Mikromechanik. Bei der M. handelt es sich um eine relativ neue Technik, die auf den Verfahren der Halbleitertechnologie beruht und eine Bearbeitung von verschiedenen Stoffen (nicht nur um Halbleiter) mit der Präzision der Halbleitertechnologie erlaubt. Zusätzliche Vorteile resultieren daraus, daß die Planartechnologie eine serienmäßige Bearbeitung mit sehr guter Ausbeute ermöglicht. Dadurch können die Elemente in der M. mit sehr günstigen Kosten hergestellt werden.

Mit ihren guten mechanischen Eigenschaften, die eine Konsequenz aus ihren kovalenten Bindungen sind und infolge des hochentwickelten Kristallziehens bieten sich Halbleiter als günstige Materialien an. Besonders erfolgreich ist die Verwendung von →Silicium.

Die folgenden Verfahren sind hier besonders wichtig:

- □ die Maskierung, als Vorbereitung für die
- □ Lithographie, durch die die benötigten Formen entstehen,
- □ Selektive Ätzverfahren, wodurch eine in Schichtdicke, Material und Richtung kontrollierte Abtragung möglich ist, und
- □ andere Dünnschichttechnologien, wie Epitaxie, →Aufdampfen und CVD (→Schichtabscheidung).

Das wichtigste Verfahren ist das „selektive" →Ätzen. Meistens werden flüssige Ätzmittel benutzt, deren Ätzgeschwindigkeit wesentlich von Kristallorientierung und Dotierung abhängen. (Für solche Naßätzen geht die →Selektivität bis rund 1 : 100.) Damit ist es möglich, selbsttragende Membranen als Grundformen herzustellen. Kombiniert mit Dotierung und Lithographie, ist auch Ätzen von komplizierten Formen möglich, die, dank guter mechanischer Eigenschaften des Siliciums verhältnismäßig hoch belastbar sind.

Als Beispiele von mikromechanischen Bauelementen sind besonders bemerkenswert: Druck- und Beschleunigungssensoren, Gaschromatographen, Siliciummotoren, Integrierte Chipkühlungen und Silicium-Membranpumpen.

Mikromechanische Elemente sind direkt integrierbar mit anderen Bauelementen (z. B. →Sensorik) und auch mit den zur Datenverarbeitung benötigten integrierten mikroelektronischen Schaltungen, wodurch der Aufbau intelligenter Sensoren möglich ist.

Ryssel

Literatur: *Schumm, B.*, jr. und *C. C. Liu, R. A. Powers, E. B. Yeager* (Eds.): Sensor Science und Technology. Proc. Vol. 87-15, The Electrochemical Society, 1987.

Mikroprozessor. Prozessor einer Rechenanlage, der unter Verwendung hochintegrierter Halbleitertechnik auf kleinstem Raum realisiert ist. Monolithische M. sind Prozessoren auf genau einem Halbleiterchip. Dagegen bestehen Multichip-M. aus einigen wenigen Bausteinen. Als monolithische →Mikrorechner bezeichnet man M., die neben Leit- und Rechenwerk auf einem →Chip noch in beschränktem Umfang Programm- und Datenspeicher (meist getrennt als Fest- und Direktzugriffsspeicher) sowie Ein-/Ausgabewerke umfassen. Bitslice-M. sind dagegen nur Teilscheiben der Grundeinheiten von Rechenanlagen wie Rechenwerk, Leitwerk, Unterbrechungswerk etc.

Bode

Mikrorechner. Der M. ist ein vollständiger Digitalrechner, der aus einem oder wenigen integrierten Bausteinen besteht und in der Regel auf einer einzigen elektronischen Baugruppe Platz findet. Dabei ist der zentrale Baustein ein →Mikroprozessor mit 8-, 16- oder 32-Bit Verarbeitungsbreite. Dieser enthält heutzutage neben der eigentlichen Zentraleinheit häufig auch schon einen beschränkten Anteil an ROM und RAM-Speicher, ferner eine gewisse Anzahl von Digitalein-/ausgaben, eine Analogeingabe mit einigen Meßstellenschaltern und ein oder mehrere serielle Schnittstellen.

Die Erweiterung des Speichers und der Prozeßein-/ausgaben wie auch die analoge Signalanpassung mit Hilfe weiterer integrierter Bausteine macht den M. zu einer abgeschlossenen Automatisierungseinheit für spezielle Aufgaben (so z. B. zu einem intelligenten Kompaktregler), wenn insbesondere noch einige einfache Bedien- und Anzeigelemente angebracht werden.

F. Schneider

Mikrorechner, dedizierter. →Mikrorechner für weitgehend standardisierte Automatisierungs- und Bedienfunktionen. Im Mikrorechner ist ein Funktionsvorrat in →Firmware vorkonfektioniert. Durch Konfigurieren lassen sich aus dem Funktionsvorrat die zur Lösung der Aufgabe erforderlichen Funktionen aktivieren und durch Parametereingabe den Betriebszuständen anpassen. In verteilten Automatisierungssystemen arbeiten d. M. in größerer Zahl miteinander. Sie sind durch Datenwege – vorwiegend Busse – miteinander verbunden (→Konfigurierung; →Parametrierung; →Prozeßleitsystem; →Programmbaustein, dedizierter).

Strohrmann

Mikrotechnik. Die zweite Hälfte des 20. Jahrhunderts kann als Entstehungszeitraum der M. angesehen werden. Unter M. versteht man folgendes:

– die Entwicklung, Herstellung und Anwendung kleinster Bauelemente, Schaltungen und Funktionsgruppen mit elektronischen, optischen oder mechanischen Wirkprinzipien im Mikrometerbereich bzw.

– als Oberbegriff, Gesamtheit oder Zusammenfassung der Entwicklungs-, Werkstoff- und Produktionstechnik von Mikroelektronik, Mikrooptik und von →Mikromechanik sowie der Grenzgebiete →Optoelektronik, Mechatronik und Optomechanik.

Die M. steht eng mit der →Feinwerktechnik zusammen, erweitert, ergänzt und vervollkommnet diese. Sie ist durch folgende Eigenschaften gekennzeichnet:

– eine Abmessung der Struktur liegt im Mikrometerbereich und darunter;
dadurch entstehen Volumen- und Masseverkleinerungen der Bauelemente und höhere Gebrauchswerte,

– Nutzung bekannter und neuer physikalischer, chemischer und biologischer Effekte,

– Einsatz neuer Technologien, die i. a. nur ökonomisch rentabel sind, wenn massenhafte Anwendung gesichert wird,

– Eignung zur Informationsaufnahme, -übertragung, -verarbeitung oder zur Informationsausgabe,

– Anwendung als eigenständige Bauelemente oder Baugruppen,

– M. ist intelligenz- und arbeitsintensiv und ökonomisch nur in einer hochentwickelten Volkswirtschaft realisierbar.

Nachstehende Voraussetzungen müssen erfüllt sein, damit M. entwickelt und umfassend genutzt werden kann:

– die Herstellung verschiedener Werkstoffe wie Silicium, Germanium usw., ferner Sinterkeramik, Kunststoff und Glas in höchster Reinheit,

– ein hohes Niveau der Präzisionstechnik und der Automatisierung muß gegeben sein,

– Erfahrungen in den Technologien von Teilgebieten der M. z. B. in der Mikroelektronik, müssen vorhanden sein.

Die in der M. angewandten Technologien richten sich nach den zu verarbeitenden Werkstoffen, nach der Art der Bauelemente (mikroelektronisch, mikrooptisch, mikromechanisch), nach den Produktionsstückzahlen (Kosten) und nach der Qualität (Reproduzierbarkeit der Eigenschaften). Es existieren bereits industriell ausgereifte technologische Verfahren z. B. die

– Silicium-Technologie (Photolithographie, Ätztechnik, →Schichtabscheidung),
– Dünnschicht-Technologie,
– Dickschicht-Technologie,
– Folien-Technologie,
– Sinter-Technologie.

Beispiele: Es gibt heute sehr viele Beispiele, die zur M. gerechnet werden können.

□ Aus der Mikroelektronik: Chips mit 10^6 und mehr Bauelementen, 1-Mbit- und 4-Mbit-Speicherschaltkreise, 8-bit-, 16-bit- und 32-bit-Mikroprozessoren, →Mikrorechner mit der Leistungsfähigkeit früherer Großrechner, →Halbleiterspeicher, Digitalschaltkreise, Analogschaltkreise, Leistungstransistoren, Schalttransistoren, →Sensoren für physikalische Größen ohne und mit eingebautem →Verstärker.

□ Zur Mikrooptik gehören: optoelektronische Sensoren (→Photodioden), CCD-Zeilen, CCD-Matrizen, Lichtleiter (Faseroptik), Optokoppler, Licht-Emitter-Dioden (LED-Anzeige-Elemente), Bildplatten (LCD-Bildschirme), Laser-Drucker, Laser-Mikrobearbeitung (gravieren, bohren, schweißen).

□ Zur Mikromechanik zählen: Sensoren für Kraft, Druck, Beschleunigung, Temperatur, Gaskonzentration, Feuchte u. a.; mikromechanische Relais; Mikromotoren.

Die M. steht am Anfang einer stürmischen Entwicklung. Leistungen der Natur oder Biologie werden technisch nachgebildet werden können. Es wird für möglich gehalten, in den nächsten Jahren u. a. dreidimensionale mikroelektronische Schaltkreise zu erzeugen, mikrooptische Computer zu entwikkeln, mikromechanische Baugruppen und mikrotechnische Geräte herzustellen.

Damit werden für die Meß- und Rechentechnik, für Steuerungen und Automatisierung neue leistungsfähige Lösungen entstehen. *Lauruschkat*

Military Handbook 217. Das MIL-HDBK-217 wird vom Department of Defense, Washington, herausgegeben. Es ist eine äußerst detaillierte Sammlung von Ausfallraten, die auf Grund der bei den militärischen Stellen und bei der NASA angefallenen Betriebserfahrungen ermittelt wurden. Die erste Ausgabe erschien 1962, die Fassung D 1982 und die Version E 1986. Die Ausfallraten des MIL-HDBK-217 sind herstellerübergreifend, d. h. sie beziehen sich nicht auf die Produkte einer einzigen Gesellschaft. Darüberhinaus sind im Handbuch Rechenmodelle für die →Ausfallrate entwickelt. Diese Modelle werden für viele firmenspezifische Ausfallratensammlungen übernommen.

Die Ausfallrate λ eines integrierten Schaltkreises für lineare oder digitale Schaltungen errechnet sich z. B. aus dem folgenden Ansatz:

$$\lambda_p = \pi_Q \ \pi_L \ [C_1 \ \pi_T \ \pi_V + (C_2 + C_3) \ \pi_E] \ \text{Ausfälle}/10^6 \ \text{h}$$

π_Q Qualitätsfaktor
π_L Lernfaktor
π_T Temperaturfaktor
π_V Spannungsfaktor
π_E Umgebungsfaktor
C_1, C_2 Integrationsgrad-Faktoren
C_3 Gehäusefaktor

Die in der obigen Gleichung stehenden Faktoren sind im Handbuch tabelliert. In der eckigen Klammer werden zwei Terme additiv verknüpft. Der erste steht für die Ausfallmechanismen, die von der Temperatur (π_T Temperaturfaktor) oder von der Spannung (π_V →Belastungsfaktor) abhängen. Der zweite Term berücksichtigt die Ausfallursachen, die direkt oder indirekt auf mechanische Beanspruchungen zurückgehen (π_E →Umweltfaktor).

Die Ausfallraten des MIL-HDBK-217 Handbuchs beziehen sich auf Bauelemente, die nach MIL-Spezifikationen gefertigt und geprüft sind. Demgegenüber sind die im europäischen zivilen Bereich verwendeten Bauelemente in den meisten Fällen nicht nach MIL-Spezifikationen, sondern nach firmenspezifischen Richtlinien hergestellt. Ohne eine zusätzliche Begründung können die MIL-Ausfallraten auf diese Komponenten nicht angewendet werden. *Schrüfer*

Literatur: US Department of Defense: Military Handbook 217, Ausgabe D, Washington 1982.

Milli.... SI-Vorsatz für →Einheiten im Meßwesen, bezeichnet das 10^{-3}fache der jeweiligen Einheit. Abk. m. *Hammerschmidt*

Mindesttestmenge. Eine Testmenge ist in einer digitalen Schaltung (Schaltnetz oder →Schaltwerk) ein Satz von Eingangsbelegungen (→Testmuster), bei denen sich jeweils mindestens ein logischer Fehler (→Klemmfehler) gegenüber dem fehlerfreien Fall durch eine Änderung des Schaltungs-Ausgangssignals bemerkbar macht. Eine vollständige Testmenge erkennt alle vorher in einem →Fehlermodell definierten Fehler. Sie ist eine M., wenn sich die Zahl der für den →Test benötigten Eingangsbelegungen nicht mehr verringern läßt.

M. lassen sich nach verschiedenen Methoden gewinnen, so z. B. mit Hilfe
- der *Bool'schen* Differenz,
- des D-Algorithmus,
- der Bestimmung der kritischen Signalwege,
- der Bestimmung der Äquivalenzklassen,
- des Zuverlässigkeits-Ersatzschaltbildes.

Im Grundsatz gehen diese Verfahren alle auf die gleiche Idee zurück, nämlich darauf, die Eingänge so zu belegen, daß jeder einzelne logische Fehler das Ausgangssignal gegenüber dem fehlerfreien Fall verändert und damit erkennbar wird. Die Verfahren werden ausschließlich rechnergestützt durchgeführt. *Schrüfer*

Literatur: *Geisselhardt, W.*: Fehlerdiagnose in Geräten der Digitaltechnik. München 1978. – Stuttgart 1973. – *Görke, W.*: Fehlerdiagnose digitaler Schaltungen. – *Kadzioch, G.*: Erstellung vollständiger Mindesttestmengen für digitale Schaltungen, Diss. TU. München – *Hübner, D.* u. *E. Schönherr:* Diagnostik in der Digitaltechnik. Berlin 1982. – *Schrüfer, E.*: Zuverlässigkeit von Meß- und Automatisierungseinrichtungen. München 1984.

Minimal-Auswahl-Gerät. Gerät oder Softwaremaßnahme, das aus mehreren analogen Signalen dasjenige auswählt, das den niedrigsten Wert hat. Die Auswahl pneumatischer Signale geschieht mit mechanischen Geräten, die Auswahl analoger elektrischer Signale durch Diodennetzwerke und bei digitaler Signalverarbeitung leiten bedingte Sprungbefehle eine Auswahl ein (→Maximal-Auswahl-Gerät; →Extremwertauswahl). *Strohrmann*

Minimierung. M. im Bereich der binären Steuerungstechnik bedeutet in erster Linie eine Reduktion des Realisierungsaufwandes. Hierzu werden die aufgrund der Steuerungsaufgabe entwickelten Steuerwerke und Verknüpfungen hinsichtlich der notwendigen Anzahl von logischen Grundgliedern, wie UND-, ODER-, Negation und Speicherglieder etc., minimiert. Hierfür sind aus dem Anwendungsbereich kombinatorischer Netzwerke und Automaten die klassischen Verfahren von *Quine* und *McClusky*, das *Karnaugh*-Verfahren und die Methode von *Huffman* und *Mealy* zu nennen. Für größere Netzwerke stehen heute leistungsfähige Rechnerprogramme zur M. und zum simulativen Test zur Verfügung. Aufgrund des generell hohen Aufwandes bei der M. wird sie in der Regel nur beim Entwurf von Steuerungen angewendet, für die große Stückzahlen projektiert sind und eine Realisierung u. a. mittels kunden- und semikundenspezifischen integrierten Schaltkreisen (→Gate Array, PAL-Baustein etc.) vorgesehen ist. *Freyberger*

Literatur: *Zander, H. J.*: Logischer Entwurf binärer Systeme. Berlin 1985.

Minute.

1. Gesetzliche Einheit für ebene Winkel, keine SI-Einheit. Einheitenzeichen '. 1' = 1°/60 = π/10 800 rad (→Einheiten, gesetzliche).

2. Gesetzliche Zeiteinheit, keine SI-Einheit. Einheitenzeichen min. 1 min = 60 s (Einheiten, gesetzliche). *Hammerschmidt*

MIS. Abk. für Management Information System, →Test Area Manager.

Mischventil. →Stellventil, das zwei eingehende Stoff- oder Energieströme A und B vermischt. Die Zusammensetzung des abfließenden Produktstromes ist eine Funktion des Stellhubes: In den Endstellungen kann jeweils nur die Komponente A oder B das Ventil durchströmen. In den Zwischenstellungen werden beide Teilströme mehr oder weniger stark so gedrosselt, daß sich die gewünschte Produktzusammensetzung im abfließenden Strom einstellt. Das Bild zeigt ein Doppelsitzventil für Produktmischungen. Die K_{vs}-Werte beider Sitz-Kegel-Garnituren sind in solchen Ventilen meist gleich oder doch nicht sehr unterschiedlich. Haben die einlaufenden Produktströme sehr unterschiedliche Stärke oder sehr unterschiedliche Drücke, so läßt sich die Aufgabe der Produktmischung besser mit zwei Durchgangsventilen lösen. Die Wirkungsweise ist so zu wählen, daß ein Ventil mit steigendem Stellsignal öffnet, das andere schließt (→Verteilerventil). *Strohrmann*

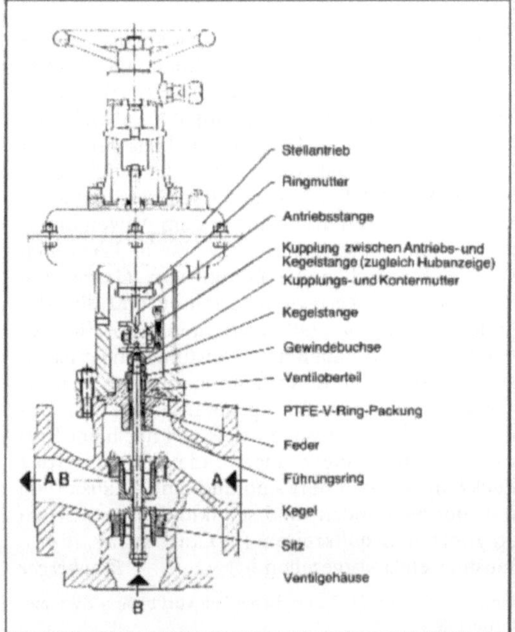

Mischventil: Dreiwege-Stellventil mit Sitz-Kegel-Anordnung für Mischbetrieb. (Quelle: Samson)

Mittelwert →Mittelwert einer periodischen Zeitfunktion

Mittelwert, quadratischer →Mittelwert einer periodischen Zeitfunktion

Mittelwert einer periodischen Zeitfunktion. Der lineare Mittelwert einer periodischen Zeitfunktion u(t) mit der Periodendauer T ist definiert zu

$$\bar{u} = \frac{1}{T} \int_0^T u(t)dt,$$

der lineare Mittelwert des Betrags $|u(t)|$ der Zeitfunktion ergibt sich zu

$$\overline{|u|} = \frac{1}{T} \int_0^T |u(t)|dt$$

und wird Gleichrichtwert genannt.

Der quadratische Mittelwert einer periodischen Zeitfunktion u(t) ist

$$u_{eff} = + \sqrt{\frac{1}{T}\int_0^T u^2(t)dt}$$

und wird auch als Effektivwert bezeichnet.

Wenn eine periodisch zeitveränderliche Spannung u(t) in einem ohmschen Widerstand die gleiche Wärmeleistung entwickelt wie eine Gleichspannung U, so entspricht ihr Effektivwert dieser Gleichspannung:
$U_{eff} = U$.

Der Effektivwert ist der praktisch wichtigste Mittelwert für alle elektrischen Wechselgrößen.

Bei sinusförmigen Wechselgrößen mit der Amplitude û gelten folgende Beziehungen:

$$\bar{u} = 0,$$

$$\overline{|u|} = \frac{2}{\pi} \cdot \hat{u} \approx 0{,}637\, \hat{u},$$

$$u_{eff} = \frac{1}{\sqrt{2}}\, \hat{u} \approx 1{,}11\, \overline{|u|}\,.$$

Wenn man eine Netzspannung mit 220 V angibt, so meint man damit den Effektivwert; der Scheitelwert (die Amplitude) ist um den Faktor $\sqrt{2}$ (Scheitelfaktor) größer. (→Meßgerät, elektrisches; →Spannungsmessung; →Strommessung; →Meßgleichrichter; →Effektivwertmessung). *Hammerschmidt*

MKSA-System. Technisches Einheitensystem mit den vier Basiseinheiten →Meter, →Kilogramm, →Sekunde und →Ampere; Vorläufer des Internationalen Einheitensystems SI (→Einheiten des SI). *Hammerschmidt*

mmHg. Die konventionelle Millimeter-Quecksilbersäule (mmHg) ist eine gesetzliche Druckeinheit nur für den Blutdruck und den Druck anderer Körperflüssigkeiten, keine SI-Einheit. (1 mmHg = 133,322 Pa (→Einheiten des SI). *Hammerschmidt*

MMS. Die MMS (*engl.* Manufacturing Message Specification) ist aus dem MMFS (Manufacturing Message Format Standard) der MAP-Spezifikation 2.1/2.2 entstanden. Der ursprüngliche, zum Teil nicht ISO-kompatible Entwurf von MMFS wurde – mangels verfügbarer internationaler Normen – als →MAP – spezifische Übergangslösung erstellt, um die nötige Funktionalität für die Fertigungsumgebung zur Verfügung zu haben. *Spaniol*

Mnemotechnik. Anwenden von Lernhilfen. In der →Leittechnik erleichtern solche Lernhilfen die →Prozeßführung über Bildschirme sowie die →Konfigurierung und →Programmierung der Anwenderprogramme. Ein Beispiel dafür ist die Bildschirmdarstellung des Prozeßablaufes als Fließbild, in das die aktuellen Prozeßdaten und die jeweiligen Stellungen der Stellglieder sowie die Schaltzustände von Antrieben eingeblendet sind und über das auch auf den Prozeßablauf eingewirkt werden kann. Diese Darstellungsform erspart es der Bedienungsmannschaft, sich z. B. die Meßstellennummern merken zu müssen (→Fließbilddarstellung).
Strohrmann

Modell. Ein Abbild eines bereits real existierenden oder geplanten oder gedachten Objekts bzw. Systems.

Bei der Abbildung (Modellbildung) sollen die für die jeweilige Betrachtung wesentlichen Eigenschaften erhalten bleiben. Beispiele für M.: eine Spielzeugeisenbahn – sie soll originalgetreu aussehen und sich auf den Modellgeleisen und -weichen wie eine „richtige" Eisenbahn verhalten; ein M. einer im Entwurf befindlichen Autokarosserie – es soll form- und farbgetreu sein (für den Designer), dazu den richtigen Luftreibungskoeffizienten haben (für den Windkanal), zusätzlichen Anforderungen für andere Untersuchungen genügen (Innenraum, Geräuschdämpfung etc.) – und das M. wird dann so lange verfeinert, bis man schließlich mit einer prototyphaften „richtigen" Karosserie experimentiert. M. anderer Art sind z. B. ein mathematisches →Simulationsmodell einer Volkswirtschaft, ein solches soll die ökonomisch relevanten Daten korrekt abbilden und Prognosen erlauben, oder das M. einer Brennkammer, es soll neben den technischen Daten auch das Verhalten darstellen.

Die obigen Beispiele suggerieren, daß ein M. etwas Spielerisches, zumindest aber etwas Vorläufiges ist. Tatsächlich ist die →Simulation an und mit einem M. wohl das wissenschaftlich fundierteste Herumprobieren mit Hypothesen über Strukturen, deren Parameter und andere Eigenschaften z. T. unbekannt sind.

Man unterscheidet dem Zwecke nach zwei Typen von M.:

□ zum Planen und Entwerfen physisch noch nicht existenter Systeme die Planungs- bzw. Entwurfsmodelle, und

□ zur Beschreibung, Vorhersage und Manipulation bereits vorhandener Systeme die Simulations-, Prognose- und Steuerungs- bzw. Regelungsmodelle.

Der Realisierung nach unterscheidet man

– physische M., so z. B. die o. a. Spielzeug- oder Modell-Eisenbahn oder das Holzmodell im Windkanal, und

– formale (auch abstrakte oder mathematische M. genannt), zu denen auch die graphischen M. und die Computermodelle, d. h. die in Programmiersprachen und Programmen dargestellten M., gehören.

Physische M. sind mehr in der Mechanik, in der Elektrotechnik, beim Sport oder beim Materialtest verbreitet, sie stellen meist die Objekte dar, an denen innerhalb eines Systems bestimmte Eigenschaften untersucht werden. Der Übergang vom M. zum Prototyp ist fließend.

Formale M., wie sie innerhalb der Systemtheorie (und ihren Anwendungen) und in der Informatik benutzt werden, stellen zumeist das gesamte betrachtete System mit allen Objekten und ihren Beziehungen untereinander dar. Hierin wird dabei vor allem das Verhalten des Systems untersucht.

Der entscheidende Punkt bei der Modellbildung ist die gewählte Abbildung, die bestimmt wird durch das Konzept (*engl.* the conceptual model, des Modellbildners Bild von der Welt), das hinter dem Modellierungsprozeß steht.

Das gewählte Darstellungsmittel wie Graphik, Netz, (Differential-) Gleichungssystem, Programmiersprache etc. ist von erheblicher, meist einschränkender Bedeutung. Denn Eigenschaften und Konzepte, die in einer Sprache nicht vorgesehen sind, lassen die Übertragung bestimmter Systemkomponenten vom Originalsystem auf das Modellsystem ggf. nicht mehr zu. Beispiel: durch die Wahl einer sequentiellen Sprache, z. B. FORTRAN, ist keine Übertragung von parallel ablaufenden Vorgängen, wie sie im Originalsystem vorkommen könnten, in eine entsprechende Darstellung im Modellsystem möglich.

Von den Praktikern in der Simulation werden häufig M. auch unabhängig von dem Abbildungsgedanken erstellt. Man konstruiert ein neues System, meist ein Computer-Modell, bei dem die gewünschten Objekte – genauer: Variablen mit einem solchen Namen – vorkommen, und auch noch für einen überprüfbaren Bereich die gewünschten Werte annehmen (Prognose ex post).

Neuere Trends in der Modellierung arbeiten allerdings darauf hin, daß der Abbildungsaspekt wieder mehr Gewicht erhält, bis hin zur Modellbildung durch Kopie-Erstellung. *Fuss*

Literatur: *Reisig, W.:* Systementwurf mit Netzen. Berlin–Heidelberg–New York 1983.

Modellbibliothek. In einer M. werden Schaltungsmodelle zum Zwecke der →Simulation, Laufzeitanalyse, →Testmustergenerierung usw. von oft gebrauchten Teilschaltungen (Bauelemente, Standard-Zellen u. a.) abgelegt. Die Verwaltung der M. (Eintrag neuer Modelle, Löschen nicht mehr benötigter Modelle, Ändern vorhandener Modelle) erfolgt über spezielle Programme. *Trischler*

Moden →Wellenleitermoden

Modenkonversion. Umwandlung einer Wellenleitermode in eine andere, analog zu gekoppelten Schwingungen (z. B. Pendeln), bei denen Energie periodisch von einer Mode (Schwingung) auf eine andere übertragen wird. Die Kopplung der →Moden kann verschiedene Ursachen haben, am bekanntesten ist das *optische Tunneln* zwischen zwei parallelen Wellenleitern mit einem kleinen Abstand zwischen ihnen (Richtkoppler).

Auch verschiedene Moden in einem Wellenleiter können koppeln, z. B. TE- und TM-Moden durch den →Faraday-Effekt in magnetooptischen Wellenleitern (optischer →Isolator). Die Kopplung führt nur bei Phasenanpassung zu einer totalen M. Dies bedeutet, daß die beiden beteiligten Moden gleiche Fortpflanzungsgeschwindigkeit besitzen, in Analogie z. B. zu gekoppelten Pendeln, bei denen nur bei gleicher Schwingungsfrequenz eine vollständige Energieübertragung erfolgt und die Pendel abwechselnd vollständig zur Ruhe kommen. *Dammann*

Modenkopplung. M. tritt durch Störstellen in nicht idealen Fasern auf. Dabei wird unter den sich ausbreitenden Moden (→Glasfasermoden) optische Leistung ausgetauscht, so daß sich im Mittel ein gewisser Laufzeitausgleich ergibt.

Die Laufzeitdifferenzen zwischen den Moden ändern sich nicht mehr linear mit Länge der Glasfaser, sondern nach einer gewissen Koppellänge l_c sublinear. Dadurch wirkt sich die Modendispersion jenseits der Länge l_c weniger stark aus als am Anfang der Faser. Dieser Effekt wird durch den Modenkopplungskoeffizienten σ, $0{,}6<\sigma<1$, beschrieben. Der Koeffizient der Modendispersion τ_{mod} wird dann in ns/km^{σ} angegeben. Allerdings nimmt auch mit stärker werdender M. die →Glasfaserdämpfung zu, da auch Strahlungsmoden angeregt werden. Daher muß der Effekt der →Modenkonversion in Grenzen gehalten werden. Dies geschieht dadurch, daß Zug- und Biegespannungen in einer Faser weitgehend vermieden werden sollten. *Krauser*

Modulationsverstärker. Der M. ist ein →Meßverstärker zur Vervielfachung kleiner Gleichspannungen. Diese werden in Wechselspannungen umgeformt, indem sie mit einer Wechselspannung, der sog. Trägerspannung, multipliziert werden. Die mit der Gleichspannung multiplizierte (d. h. modulierte) Wechselspannung wird verstärkt. Anschließend wird über einen Demodulator (phasenselektiver →Gleichrichter) das verstärkte Signal wieder in eine Gleichspannung zurückgewandelt. Die modulierte Wechselspannung wird oft als Trägerspannung und das Modulationsverfahren dementsprechend als Trägerfrequenzverfahren bezeichnet.

Die M. haben gegenüber den direkt gekoppelten Gleichspannungsverstärkern den Vorteil der geringeren Nullpunktsdrift. Dieser Vorteil wird mit einem größeren Aufwand erkauft.

Arbeitsweise: Bild 1 zeigt die für einen M. erforderlichen Funktionseinheiten, nämlich den →Multiplizierer als Modulator für die Umformung der Gleich- in eine Wechselspannung, den Wechselspannungsverstärker und den phasenselektiven Gleichrichter oder Demodulator, der aus der verstärkten Wechselspannung wieder eine Gleichspannung bildet. Modulator und Demodulator werden synchron von dem Generator TFG gesteuert, der die sinusförmige Trägerspannung liefert. Diese wird mit der zu messenden Gleichspannung multipliziert. Die Gleichspannung u_e ist damit in die Wechselspannung $u_m = u_e \cdot u_T$ umgeformt. Wechselt die Gleichspannung das Vorzeichen, so springt die Phase der modulierten Spannung jeweils um 180°.

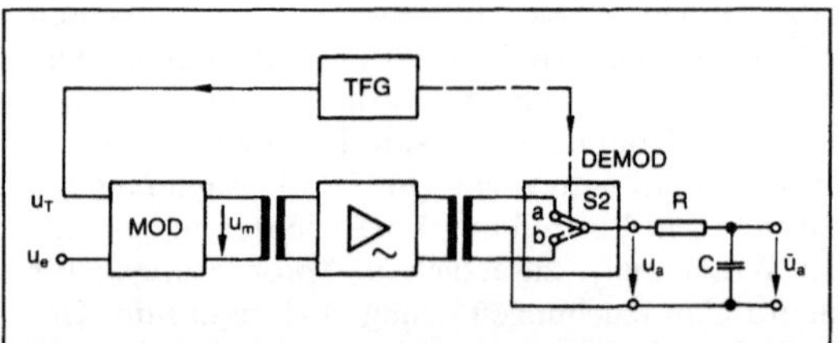

Modulationsverstärker 1: Blockschaltbild mit Modulator MOD, Wechselspannungsverstärker, gesteuertem Schalter als Demodulator DEMOD und Trägerfrequenzgenerator TFG.

Nach der Verstärkung ist die Wechselspannung zu demodulieren, d. h. phasenselektiv gleichzurichten. Dies wird durch den Schalter S2 (Polaritätswender) erreicht. Er wird vom Trägerfrequenzgenerator TFG so gesteuert, daß er bei der positiven Halbwelle der Trägerspannung in der Stellung a, bei der negativen Halbwelle in der Stellung b steht. Bei der negativen Halbwelle wird so die Polarität der vom Übertrager gelieferten Spannung umgedreht (Bild 2). Die gleichgerichtete Spannung u_a kann damit positive und negative Werte annehmen. Sie wird in dem RC-Tiefpaß noch geglättet und ist dem

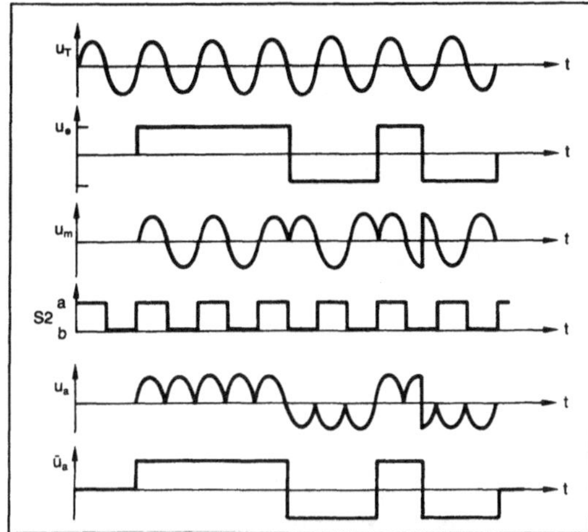

Modulationsverstärker 2: Signale eines M.

Vorzeichen und der Höhe nach proportional der Eingangsspannung u_e.

Modulator mit Kapazitätsdioden: Ein spezielles Bauelement zur Modulation einer Wechselspannung mit einer kleinen Gleichspannung ist die Kapazitätsdiode. Deren Sperrschichtkapazität hängt von der anliegenden Spannung ab. Sie nimmt mit steigender Spannung zu (Bild 3). Betrieben werden die Dioden mit Spannungen, die kleiner als die Knickspannung im Durchlaßbereich bleiben, so daß

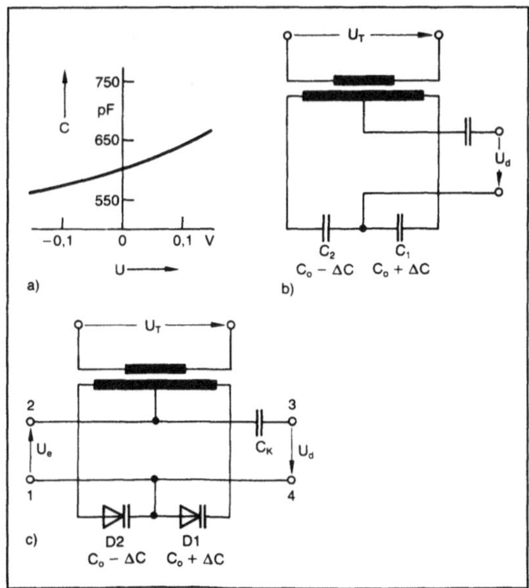

Modulationsverstärker 3: Modulator mit Kapazitätsdioden.
a) Dioden-Kennlinie
b) Halbbrücke mit zwei Kapazitäten C_1 und C_2
c) Halbbrücke mit zwei Kapazitätsdioden D_1 und D_2.

weder in Sperr- noch in Durchlaßrichtung Ströme fließen. Zur Umformung der Gleich- in eine Wechselspannung sind die Kapazitätsdioden oft in der in Bild 3c gezeigten Übertragerbrücke verschaltet. Die Gleichspannung wird über die Anschlüsse 1 und 2 an die Kapazitätsdioden gelegt. Diese Gleichspannung erhöht die Kapazität der Diode D 1 und vermindert die der Diode D 2 um jeweils $\Delta C = kU_e$, wobei k die Steigung der Kennlinie ist. Die zuvor abgeglichene Brücke wird durch die Gleichspannung U_e verstimmt und liefert an den Klemmen 3 und 4 die Wechselspannung

$$U_d = \frac{U_T}{2C_0}\Delta C = \frac{k}{2}\frac{U_T}{C_0}U_e$$

Die Gleichspannung U_e ist damit in eine ihr proportionale Wechselspannung übergeführt. Die Spannungsquelle wird nicht belastet, da weder über die Dioden noch über den Koppelkondensator C_k ein Strom fließen kann. Die Gleich- und Wechselspannungen müssen dabei jedoch so niedrig bleiben, daß die Dioden auch in Durchlaßrichtung nicht stromführend werden.

Zu den M. zählen auch die →Zerhackerverstärker. *Schrüfer*

Modulator, akusto-optischer. M. oder →Schalter, der die Ausbreitungsrichtung einer optischen Welle durch die Beugung an einem durch Schallwellen erzeugten Phasengitter ändert (→Effekt, akusto-optischer).

Es sind zwei prinzipielle Typen zu unterscheiden:

□ Beim *Raman-Nath*-M. durchsetzt die optische Welle (λ) die akustische (Λ) rechtwinklig; die Wechselwirkungslänge L ist relativ kurz $(L \ll \frac{\Lambda^2}{\lambda})$. Es erfolgt eine Beugung der optischen Wellen an einem Transmissions-Phasengitter, so daß symmetrisch zum transmittierten Strahl (0. Ordnung) Beugungsmaxima höherer Ordnung m unter dem Winkel

$$\sin\Theta_m = m\frac{\lambda}{\Lambda}$$

entstehen (Bild 1). Da die Hauptintensität in der 0. Ordnung liegt, ist die Modulationstiefe relativ gering. Eine Anwendung als Schalter ist nicht möglich.

□ Beim *Bragg*-M. ist die Wechselwirkungslänge groß $(L \ll \frac{\Lambda^2}{\lambda})$, die Welle fällt unter dem spezifischen Bragg-Winkel

$$\sin\Theta_B = \frac{\lambda}{2\Lambda}$$

ein. Sie wird an den Gitterebenen reflektiert, die Teilwellen überlagern sich phasenrichtig, so daß die

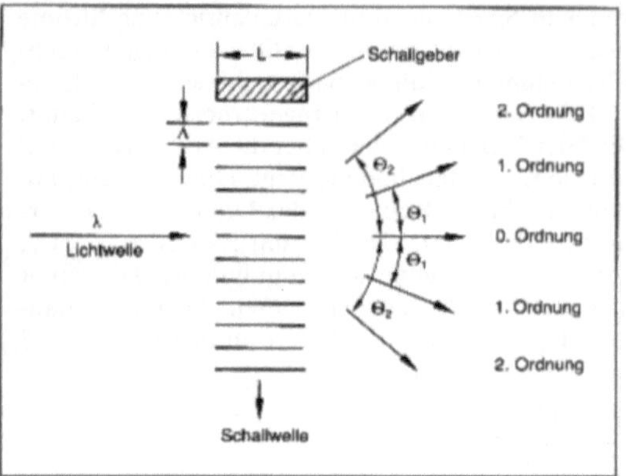

Modulator, akusto-optischer 1: Prinzip des Raman-Nath-Modulators.

gesamte Intensität in die erste Beugungsordnung unter dem Winkel $2\Theta_B$ zur ursprünglichen Richtung konzentriert wird (Bild 2). In dieser Anordnung lassen sich M. mit hoher Modulationstiefe (nahe 100 %) und Schalter realisieren.

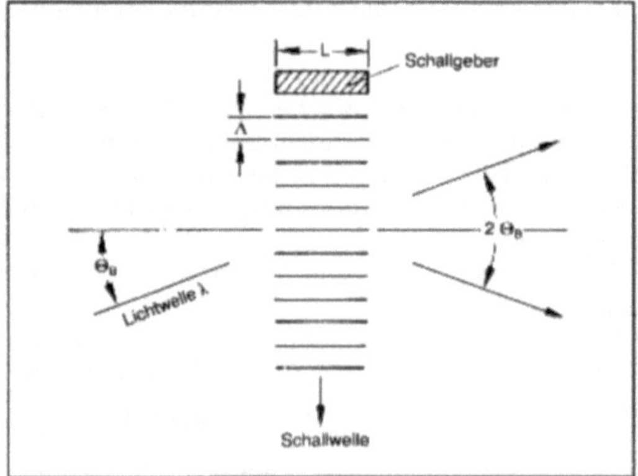

Modulator, akusto-optischer 2: Prinzip des Bragg-Modulators.

Die akustischen Wellen werden durch sog. piezoelektrische →Transducer erzeugt und eingekoppelt. Dazu werden auf Materialien mit hohen photo-elastischen und piezo-elektrischen Konstanten (Quartz, $LiNbO_3$) fingerförmige Elektroden im Abstand der Schallwellenlänge aufgebracht und durch den piezoelektrischen Effekt Dichtewellen, d. h. Schallwellen erzeugt mit Frequenzen bis zu 300 MHz. Die Frequenz- und Bandbreite der Schalter und M. wird i. a. durch den piezoelektrischen Transducer begrenzt.

Prinzipiell haben Volumen- und Oberflächen-M. gleiche Eigenschaften. Letztere werden hauptsächlich für optische integrierte Schaltkreise der Nachrichtentechnik auf Wellenleiterbasis eingesetzt; der Hauptvorteil liegt in den geringen Schalleistungen (Bild 3).

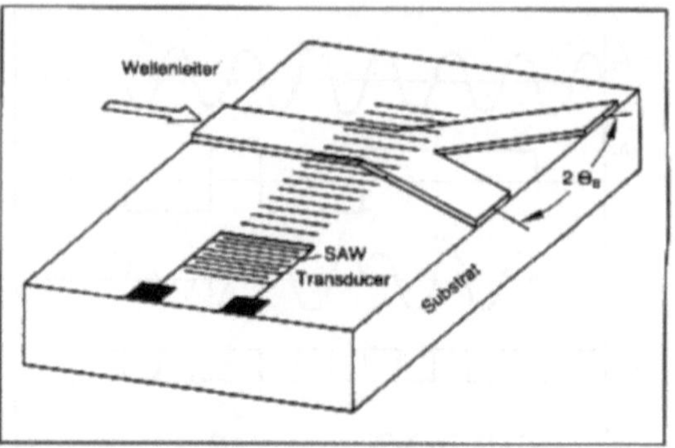

Modulator, akusto-optischer 3: Akusto-optischer Wellenleiter-Modulator mit einem SAW-Wandler (Surface-accustic-wave transducer).

Akusto-optische M. werden benutzt als Modenkoppler in Lasern, als M. und Schalter in der integrierten Optik und als Spektralanalysatoren für Licht und Mikrowellen. *Rosenzweig*

Literatur: *Hunsperger, R. G.:* Integrated Optics: Theory and Technology. Berlin–Heidelberg–New York 1982.

Modulator, magneto-optischer. Der M. arbeitet nach dem Prinzip des magneto-optischen →Schalters, wobei von den abgehenden Lichtwegen nur einer benutzt wird. Das doppelbrechende Element zum Trennen der beiden verschieden polarisierten Lichtwellen kann durch einen einfachen Polarisator ersetzt werden. Die Drehung der Polarisationsebene kann weniger als 45° betragen bei entsprechend verkleinertem Modulationsgrad. *Dammann*

Mol. SI-Basiseinheit der Stoffmenge. Einheitenzeichen mol (→Einheiten des SI). *Hammerschmidt*

Monomodefaser. (auch Einmodenfaser) In einer M. kann sich bis zu einer bestimmten Grenzwellenlänge nur ein Wellentyp (→Glasfasermoden), der Grundmodus, ausbreiten.

Die Monomodebedingung wird mit dem Strukturparameter $V = 2\pi a A_N/\lambda$ (a: Kernradius, $A_N = (n_k^2 - n_m^2)^{1/2}$: Numerische Apertur (→Akzeptanzwinkel), n_k: Kernbrechzahl, n_m: Mantelbrechzahl, λ: Wellenlänge) angegeben. Für Stufenprofil (Stufenfaser) gilt $V \leq 2{,}4$, für ein Potenzprofil (→Gradientenfaser) mit dem Profilexponenten $g = 2$ gilt $V \leq 3{,}4$. V sollte größer als 1,5 sein, da andernfalls das optische Feld weit in den Fasermantel reicht und nur wenig optische Leistung im Kern geführt wird (Bild 1). V wird bei gegebener Wellenlänge durch das Produkt aus numerischer Apertur A_N und dem Kernradius a bestimmt. Hierbei ist zu beachten, daß einerseits a nicht zu klein gewählt wird, damit die Ankopplung sich nicht zu aufwendig gestaltet, andererseits darf A_N nicht zu klein sein, da bei kleinen Brechzahldifferenzen zwischen Kern und Mantel das optische Feld nur schwach im Kern geführt wird, so daß z. B. durch Krümmungen Leistung in den Mantel abgestrahlt wird und die Dämpfung der Faserstrecke damit erhöht wird. Für den Wellenlängenbereich $\lambda = 1$ µm bis $\lambda = 1{,}6$ µm haben sich Kernradien von 2,5 µm bis 5 µm als sinnvoll erwiesen.

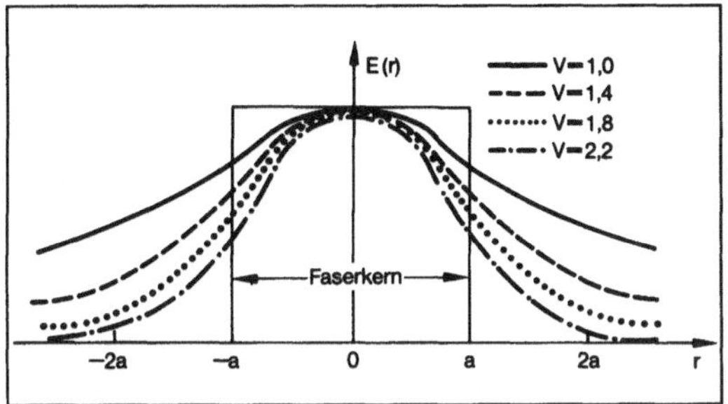

Monomodefaser 1: Verteilung des elektrischen Feldes des Grundmodus in einer Stufenindexfaser mit dem Kernradius a in Abhängigkeit vom Ort r mit verschiedenen Strukturkonstanten V als Parameter.

Das optische Feld in einer M. läßt sich näherungsweise durch eine Gaußfunktion beschreiben (Bild 2):

$$E(r) = E_0 \exp(-r^2/w_0^2).$$

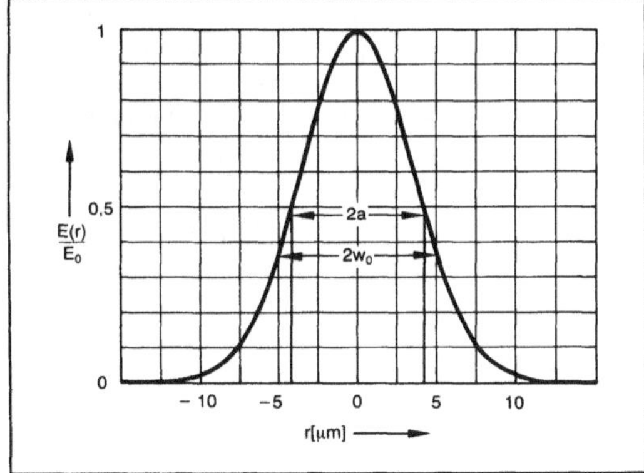

Monomodefaser 2: Zur Definition des Modenfeldradius.

Darin bezeichnet w_0 den Ort, bei dem das optische Feld auf 1/e seines Maximalwertes abgefallen ist. Dies ist als Modenfeldradius (Feldradius, Fleckradius, Spot-size) definiert. Für den Bereich von $1{,}6<V<2{,}4$ kann w_0 abgeschätzt werden:

$$w_0 = 2{,}6 \frac{a}{V}$$

Der Feldradius hat große praktische Bedeutung: Z. B. ist die Übereinstimmung der Feldradien (nicht der Kernradien) zweier Fasern für deren verlustarme Verkopplung maßgebend (→Glasfasersteckverbindung).

Strenggenommen können sich in einer M. zwei Arten von Grundmoden ausbreiten: nämlich senkrecht zueinander stehende Polarisationsrichtungen mit gleicher radialer Feldverteilung. In einer ideal rotationssymmetrischen Faser haben beide Polarisationsrichtungen die gleiche Ausbreitungsgeschwindigkeit. Im Realfall haben die Fasern jedoch z. B. leicht elliptische Kerne, was zu kleinen Geschwindigkeitsunterschieden zwischen beiden Polarisationsrichtungen führt. Diese Polarisationsdispersion ist sehr gering, so daß sie weitgehend vernachlässigt werden kann. Den Hauptbeitrag zur Dispersion liefern Material- und Wellenleiterdispersion. Mit M. sind extrem hohe Übertragungsbandbreiten (über 1000 GHz bei einer Faserlänge von 1 km) erreichbar. *Krauser*

Monomodefaser. Tabelle: Typische Parameter von M.

Modenfelddurchmesser		9 µm ± 1 µm 10 µm ± 1 µm
Kerndurchmesser 2a		8 µm
Außendurchmesser		125 µm ± 3 µm
Norm. Brechzahldifferenz δ		0,003
Numerische Apertur A_N		0,1
Grenzwellenlänge		1100 nm — 1280 nm
Dämpfung	bei 1,3 µm	<0,4 dB/km
	bei 1,55 µm	<0,25 dB/km
Chromatische Dispersion		
	bei 1,3 µm	<3,5 ps/(nm · km)
	bei 1,55 µm	<20 ps/(nm · km)

Monte-Carlo-Methode. Unter dem Begriff M.-C.-M. werden Rechenverfahren zusammengefaßt, die numerische Näherungslösungen für insbesondere wahrscheinlichkeitstheoretische Probleme liefern. Der Begriff *Monte-Carlo* steht dabei für „Glücksspiele", das heißt für Zufallsexperimente. Die Anwendung der M.-C.-M. setzt leistungsfähige Digitalrechner voraus.

In den Ingenieurwissenschaften lassen sich für stochastische Prozesse wie zum Beispiel Verkehrsflüsse, Warteschlangen, Ersatzteilhaltung, Ausfalleffektanalysen und Fehlerbäume die entsprechenden Modelle aufstellen. Mit Hilfe von Zufallsgeneratoren werden Basisereignisse gewürfelt und als Startwerte für die Rechnung (→Simulation) eingegeben. Die Auswertung der Rechnung liefert dann einen Schätzwert für einen den interessierenden Prozeß beschreibenden →Parameter. Werden derartige Simulationsläufe mit neuen zufälligen Eingangswerten wiederholt durchgeführt, so läßt sich dann auch die Verteilung der Parameter und damit zum Beispiel deren Mittelwert und Standardabweichung ermitteln.

In der Mathematik wird die M.-C.-M. darüber hinaus zum Beispiel zur Inversion von Matrizen, zur Lösung algebraischer Gleichsysteme, zur Berechnung von Integralen und zur Integration gewöhnlicher und partieller Differentialgleichungen eingesetzt. *Schrüfer*

MSR-Technik →Leittechnik

MTBF (*engl.* mean time between failures, mittlere Betriebszeit). Die mittlere Betriebszeit ist bei Komponenten mit wiederholten Erneuerungen die mittlere Zeit zwischen zwei Ausfällen. Sie berechnet sich als Kehrwert der Geräteausfallrate λ (→Reparaturwahrscheinlichkeit, →Verfügbarkeit):

$$MTBF = \frac{1}{\lambda}.$$

Schrüfer

MTTFF (*engl.* mean time to first failure, mittlere Zeit bis zum ersten Ausfall). Die mittlere Zeit bis zum ersten →Ausfall ist bei Komponenten ohne Reparatur identisch mit der mittleren →Lebensdauer. Sie ergibt sich aus dem Kehrwert der →Ausfallrate λ (→Exponentialverteilung):

$$MTTFF = \frac{1}{\lambda}.$$

Schrüfer

MTTR. (*engl.* mean time to repair, mittlere Reparaturzeit). Die mittlere Reparaturzeit ist bei Komponenten mit wiederholten Erneuerungen die mittlere, für die Reparatur benötigte Zeit. Sie berechnet sich als Kehrwert der →Reparaturrate μ (→Reparaturwahrscheinlichkeit):

$$MTTR = \frac{1}{\mu}.$$

Schrüfer

Multimeter. Elektronisches Vielfachmeßgerät mit einer größeren Anzahl von Meßbereichen für Spannung, Strom, Widerstand und manchmal auch für Temperatur, das digital arbeitet und über eine elektronische →Ziffernanzeige verfügt. Infolge vielfältiger Vorteile bei der Herstellung und Anwendung der Digital-M. (DMM) verdrängen diese die elektromechanischen Meßgeräte für die gleichen Zwekke (→Meßgerät, elektrisches, →Spannungsmessung).

Vorzüge sind große Meßempfindlichkeit bei mechanischer Unempfindlichkeit, hohe →Zuverlässigkeit, gute →Ablesbarkeit, weitgehende Wartungsfreiheit und minimale Betriebskosten. Der Anzeigeumfang der DMM reicht von 0-1999 („$3^1/_2$-stellig") bis 0– > 10 000 000. Auflösungen bis 10 nV, 100 pA und 10 μΩ werden bei teuren Geräten erreicht. Wesentlicher Bestandteil eines DMM ist der →Analog/Digital-Umsetzer samt entsprechend genauer Referenzspannungsquelle. Bei komfortablen Geräten werden verschiedene Funktionen wie z. B. Nullpunkt-Korrektur und Mittelung bei gestörten Meßwerten von einem eingebauten →Mikrorechner erledigt (Bild).

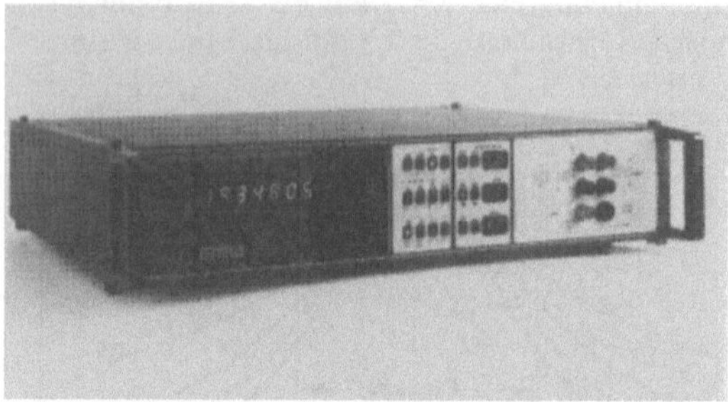

Multimeter: System-M. (Quelle: Prema GmbH)

An weiteren Funktionen, über die nicht jedes DMM verfügt, wären zu nennen: Echte →Effektivwertmessung, d. h. Effektivwertmessung bei nichtsinusförmigen Signalverläufen, Messen von Kapazitäten, Messen von Frequenzen und Zeitintervallen sowie Messen der Wirkleistung. Wenn viele Meßgrößen von einem einzigen DMM erfaßt werden sollen, kann man einen →Meßstellenumschalter vorschalten, der die Meßgrößen nacheinander oder nach einem Programm zum Meßgerät schaltet. Verfügt ein DMM über eine geeignete →Schnittstelle am Ausgang, läßt es sich zusammen mit anderen Meßgeräten in eine rechnergesteuerte Meßanlage einbeziehen, in der die einzelnen Komponenten durch einen sog. →Bus (z. B. →IEC-Bus) miteinander verbunden sind. *Hammerschmidt*

Multimodefaser. In M. sind mehrere Eigenwellen (→Glasfasermoden) ausbreitungsfähig. Man unterscheidet zwischen →Stufen- und →Gradientenfaser.

Es kann sich nur eine bestimmte Anzahl von Strahlen, die innerhalb des Akzeptanzwinkels auf die Faserstirnfläche fallen, im Faserkern ausbreiten. Außer der Bedingung der Totalreflexion muß die phasenrichtige (konstruktive) Überlagerung der Wellen gewährleistet sein. Die Anzahl M der ausbreitungsfähigen →Glasfasermoden ist durch den Strukturparameter $V=2\pi a A_N/\lambda$ (λ: Wellenlänge, a: Kernradius, A_N: numerische Apertur) gegeben. Es gilt: $M \approx \frac{1}{2}V^2\left(\frac{g}{g+2}\right)$ mit g: Profilexponent (Gradientenfaser).

Für ein Stufenindexprofil ($g \to \infty$) ergibt sich $M \approx \frac{1}{2}V^2$, für ein parabolisches Gradientenindexprofil mit $g=2$ erhält man $M \approx \frac{1}{4}V^2$. Eine Gradientenfaser mit parabolischem Brechzahlprofil führt somit bei gleichem Kerndurchmesser und gleichem →Akzeptanzwinkel nur halb so viele Moden wie eine Stufenfaser.

Die →Verbindungstechnik und Einkopplung in M. ist wegen des relativ großen Kernradius (typisch ≥ 25 μm) erheblich einfacher als bei Monomodefasern, so daß kostengünstige Systeme mit M. aufgebaut werden können. Andererseits ist aufgrund der Modendispersion die Übertragungbandbreite weitaus geringer als bei Monomodefasern. Mit Stufenfasern können Übertragungsbandbreiten von ca. 30 MHz, bei Gradientenfasern bis zu 10 GHz für eine Faserlänge von jeweils 1 km erreicht werden. Um auch über große Faserlängen die hohe Bandbreite nutzen zu können, ist es erforderlich den Profilexponenten g und damit das Brechzahlprofil beim Glasfaserherstellungsprozeß sehr genau einzuhalten. Abweichungen von einigen Prozent reduzieren die Bandbreite bereits um den Faktor 10 und mehr. *Krauser*

Multiplexer →Multiplizierer

Multiplizierer. Die wichtigste nichtlineare Operation bei der Verknüpfung von (Meß)-Signalen ist die Multiplikation. Sie wird z. B. bei der →Leistungsmessung benötigt. Von den analogen Multiplikationsverfahren sollen hier folgende genannt werden:

□ Hall-M.: Direkte multiplikative Verknüpfung über den →Hall-Effekt bei Halbleitern. Anwendungsbeispiel zur Leistungsmessung (Bild 1).

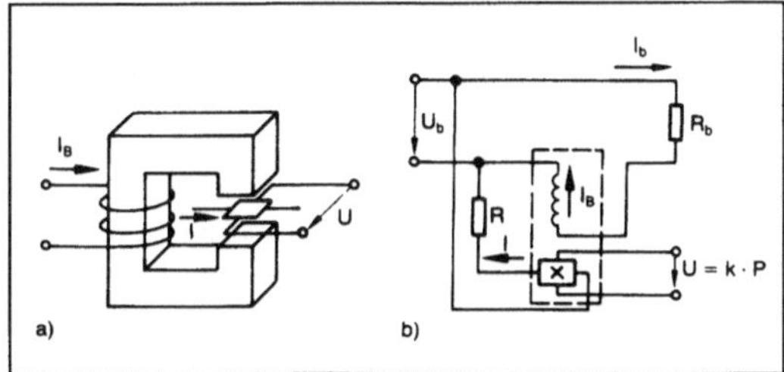

Multiplizierer 1: Hall-M.
a) Aufbau zur Leistungsmessung
b) Anwendung zur Leistungsmessung.

□ Zwei-Parabel-M. (Analogrechner). Prinzip: Zwei Größen x und y werden gemäß folgender Gleichung multipliziert:

$x \cdot y = \frac{1}{4}[(x+y)^2 - (x-y)^2]$.

Summe und Differenz von x und y werden mittels zweier aus Diodennetzwerken bestehender Parabeln quadriert und anschließend subtrahiert (Bild 2).

□ Thermischer M. Prinzip: Hier liegt dieselbe Gleichung wie beim Zwei-Parabel-M. zugrunde. Das Quadrieren wird aber mittels Thermoumformern durchgeführt. Thermoumformer sind eine Kombination von Heizdraht und →Thermoelement. Die

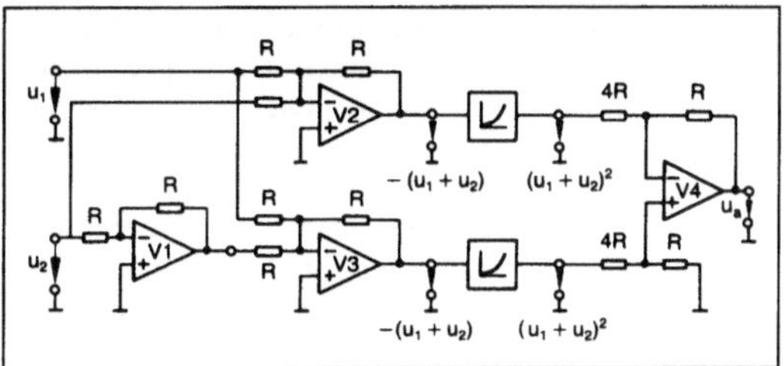

Multiplizierer 2: Parabel-M.

Temperaturerhöhung und damit die entstehende Thermospannung ist dem Quadrat des durch den Heizdraht fließenden Stroms proportional. In der Schaltung (Bild 3) ist bei entsprechender Dimensionierung von R_0, R_1 und R_2 die Spannung U_{Th} dem Produkt von U und I proportional: $U_{Th} = k \cdot U \cdot I$.

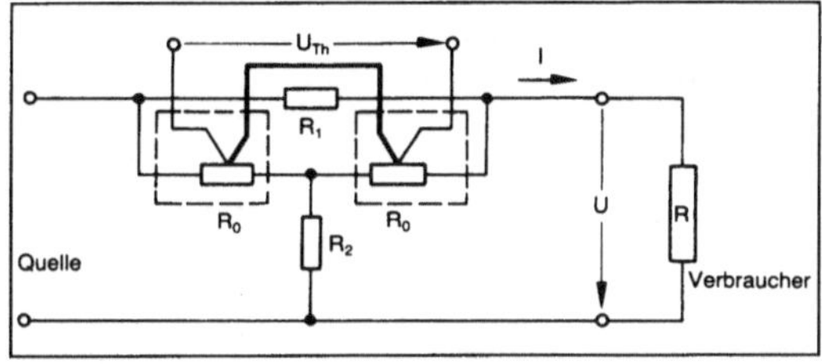

Multiplizierer 3: Leistungsmeßglied mit Thermoumformern.

Mittelwertbildung erfolgt durch die thermische Trägheit der Thermoumformer. Anwendung für Frequenzen von 5 Hz bis über 400 kHz.

□ Zeitteilungs-M. (Time-Division-M.). Prinzip: Bei diesem Modulationsverfahren wird die eine der zu multiplizierenden Größen mit einer Modulationsfrequenz f_0 in eine symmetrische (Quasi-)Rechteckschwingung umgewandelt, deren Tastverhältnis von der anderen Größe gesteuert wird. Mittelwertbildung bei der dem Produkt entsprechenden Ausgangsspannung über einen Tiefpaß. Die höchsten Frequenzanteile in den zu multiplizierenden Signalen müssen wesentlich kleiner als f_0 sein.

□ Multiplikation über Logarithmen. Ausnutzung des logarithmischen Zusammenhangs zwischen Spannungsabfall und Durchlaßstrom von Silicium-Diodenstrecken. Die Multiplikation bzw. Division geht dann in eine leicht realisierbare Addition bzw. Subtraktion über. Nach Delogarithmierung erhält man das gewünschte Ergebnis:

$$\frac{x \cdot y}{z} = e^{(\ln x + \ln y - \ln z)}$$

für $x,y,z > 0$.

M. dieser Art sind als integrierte Schaltungen erhältlich. Abbildung eines Meßgeräts nach diesem Prinzip: →Leistungsmessung, elektrische.

□ Steilheits-M. (*engl.* Transconductance amplifier). Die Steilheit eines Bipolartransistors ist proportional zum Kollektorruhestrom. Die Änderung des Kollektorstroms ist demnach proportional zum Produkt aus Eingangsspannungsänderung und Kollektorruhestrom. Diese Eigenschaft liegt den sog. Steilheits-M. zugrunde, die ebenfalls als monolithisch integrierte Schaltungen erhältlich sind.

Die Verfahren arbeiten zunächst nur dann, wenn beide Eingangsgrößen positiv sind (Einquadranten-M.).

Mit entsprechenden Maßnahmen, z. B. Betragsbildung und separates Verarbeiten der Vorzeichen, können die Vorzeichen beider Eingangsgrößen beliebig sein (Vierquadranten-M.).

Wird der M. in der →Rückführung eines Meßverstärkers betrieben, erhält man einen →Dividierer (Bild 4). Ein Quadrierer entsteht, wenn eine einzige Eingangsgröße an beide Eingänge gelegt wird. Durch einen Quadrierer in der Rückführung eines Meßverstärkers ergibt sich ein Radizierer.

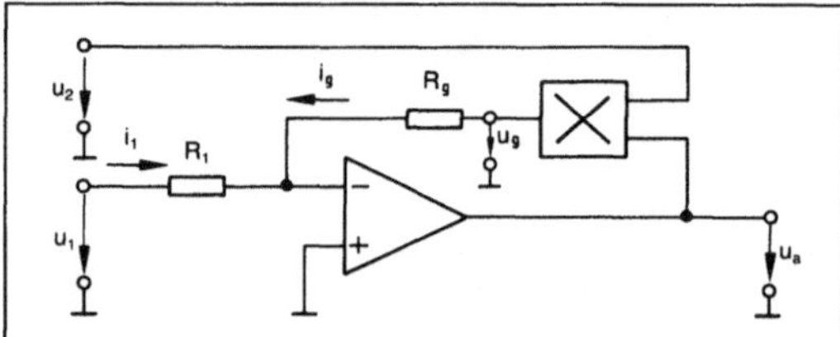

Multiplizierer 4: Dividierer.

$$u_a = -\frac{R_g}{R_1}\frac{u_1}{u_2}$$

Die Multiplikation ist auch mittels vollintegrierter digitaler M. möglich. Prinzip: Die Momentanwerte der zu multiplizierenden Größen werden hinreichend oft abgetastet und auf →Analog/Digital-Umsetzer gegeben. Multiplikation der digitalen Momentanwerte im M. Ausgabe des Produkts digital oder über →Digital/Analog-Umsetzer.

Hammerschmidt

Literatur: *Tietze, U.* u. *C. Schenk:* Halbleiterschaltungstechnik. Berlin 1986. – *Schrüfer, E.:* Elektrische Meßtechnik. München 1988.

Multiplizierschaltung, analoge. Nichtlineare elektronische Schaltung, die zwei (oder mehr) analoge Eingangsgrößen so verknüpft, daß die Ausgangsgröße dem Produkt der Eingangsgröße proportional ist. Können dabei die Eingangsgrößen beide Polaritäten haben, so spricht man von Vierquadranten-M., sinngemäß gibt es Zwei- und Einquadranten-M., wenn nur eine oder beide Eingangsgrößen lediglich eine Polarität haben.

Die Multiplikation kann entweder direkt oder indirekt durchgeführt werden (Bild):

□ Direkte Verfahren.

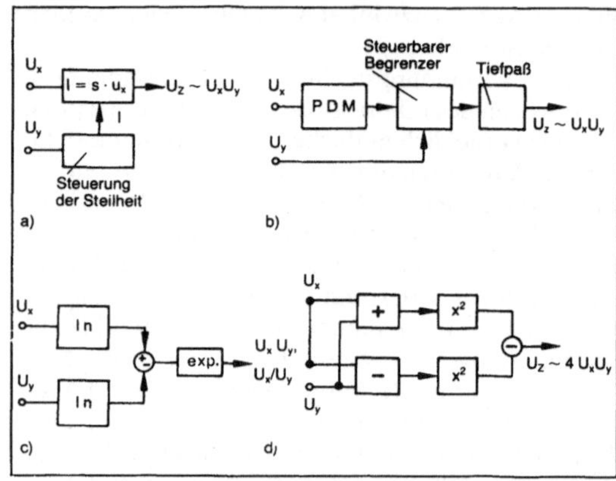

Multiplizierschaltung, analoge: Analoge Multiplikationsverfahren.
a) mit Steilheitssteuerung
b) Pulsbreitenmodulation
c) logarithmierter Multiplizierer/Dividierer
d) Parabelmultiplizierer.

– Verbreitet ist das Verfahren mit veränderlichem Übertragungsfaktor. Dabei wird z. B. durch Steilheitssteuerung des Bipolar- oder Feldeffekttransistors in einer Differenzstufe die Stromverteilung durch beide Transistoren gegensinnig so verändert (sog. Produktmodulator oder *Gilbert*-Zelle der integrierten Schaltungstechnik), daß ein Multiplikationsprodukt entsteht. Grundsätzlich sind hier alle bauelementebedingten Multiplikationseffekte einzuschließen.

– Eine andere Möglichkeit bieten Modulationsverfahren, insbesondere die Pulsbreitenmodulation (Time-Division-Verfahren). Hier wird der Mittelwert einer Rechteckschwingung durch Modulation der Pulsbreite verändert.

– Amplitudenmodulation der beiden zu verknüpfenden Eingangsgrößen und anschließende Demodulation, wobei die Ausgangsgröße das Produkt beider Eingangsgrößen enthält.

□ Indirekte Verfahren. Hierbei werden z. T. nichtlineare Kennlinien von Bauelementen benutzt, um damit durch geschicktes Zusammenschalten eine Multiplikation zu realisieren. Sind x, y die beiden Eingangsgrößen, so wird die Ausgangsgröße z häufig nach folgenden Verfahren gewonnen:

– logarithmischer Multiplizierer

$$z = xy = a^{(a \log x + a \log y)},$$

eignet sich besonders für Bipolarbauelemente,

– Parabelmultiplizierer

$$z = xy = 1/4\,[(x+y)^2 - (x-y)^2]$$

für Feldeffekttransistoren,

– integrierender Multiplizierer

$$z = xy = \int xdy + \int ydy$$

für die Schalter-Kondensator-Technik.

Analoge M. nach diesen und anderen Verfahren stehen heute in breitem Spektrum als Analogschaltkreise zur Verfügung. Sie werden sehr vielfältig angewendet, z. B. zur Effektivwertbildung, als analoge Rechenschaltung, als Modulatoren, als Chopperverstärker, zur Multiplikation zweier Frequenzwerte, als Korrelatoren und Demodulatoren. Multiplizierschaltungen können, z. B. mit einem weiteren Eingang versehen, auch für andere mathematische Operationen (z. B. Quadratwurzelbildung, Quotientenbildung) verwendet werden. *R. Paul*

Multiplizierschaltung, digitale. Elektronische Digitalschaltung für die Multiplikation zweier Binärzahlen, wobei die Multiplikation auf eine wiederholte Addition der zu verknüpfenden Operanden zurückgeführt wird. Damit beinhaltet die Multiplikation drei Operationen:

- Verschiebung des Multiplikanden entsprechend dem Stellenwert des Multiplikatorteiles
- Nullsetzen des verschobenen Wertes, wenn der Multiplikatorteil gleich Null ist
- Addition der verschobenen Werte.

Dabei wird der Ablauf der durchzuführenden Operationen durch ein Mikroprogramm (im Rechner) gesteuert. Nach der Reihenfolge, in der die Additionen ausgeführt werden, sind serielle, parallele und seriell/parallele Verfahren möglich.

Bei der seriellen Multiplikation ergibt sich das Produkt der beiden Zahlen dadurch, daß der Multiplikand um jeweils eine Stelle nach links verschoben wird und addiert bzw. nicht addiert wird, je nachdem, ob der Multiplikator der jeweiligen Stelle Null oder Eins beträgt. Somit erfolgt eine serielle Verarbeitung der einzelnen Multiplikatorziffern. Sie läßt sich technisch durch einen Addierer und ein Schieberegister ausführen, wobei letzteres durch eine → Ablaufsteuerung betrieben wird. Dabei wird der Stellenwert durch jeden Taktimpuls verschoben (Bild 1). Multiplikand und Multiplikator werden in zwei Register eingegeben. Der Volladdierer wird an den a-Eingängen von den Ausgängen der UND-Glieder und an den b-Eingängen von den Akkumulatorausgängen gesteuert. Die Ausgangsdaten des Addierers werden zwischengespeichert, das Ergebnis steht im Produktregister. Zur Steuerung der gesamten Rechenoperation dient der Schiebetakt.

Der Schiebevorgang kann aber auch allein durch ein Schaltnetz erfolgen, wenn für eine N-bit-Zahl N Addierer entsprechend versetzt zusammengeschaltet werden. Bei einem 4-Bit-Multiplizierer (Multiplikand $x_3 \ldots x_0$, Multiplikator $y_3 \ldots y_0$) werden zunächst über die UND-Gatter die Teilprodukte gebildet, die Volladdierer besorgen anschließend die Addition dieser Produkte. Dieses Verfahren verzichtet auf ein Steuerprogramm und bietet hohe Rechengeschwindigkeit. Es ist leicht auf höhere Bitbreiten zu erweitern. Derartige parallel arbeitende Verfahren wurden in zahlreichen Varianten entwickelt, für größere Bitbreiten hat sich dabei ein Verfahren herausgebildet, daß auf der Multiplizierzelle (Bild 2) beruht. Die UND-Verknüpfung bildet die Teilprodukte aus x_i und y_i. Gleichzeitig bilden diese beiden Eingänge auch Ausgänge. Ein Volladdierer addiert die Überträge v und w aus niedrigeren Stellen hinzu: $x_i \cdot y_i + v + w$. Der Summenausgang s des Volladdierers ergibt den Ausgang der Multiplizierzelle und den neuen Übertrag ü für die nächsthöhere Stelle. Für einen 4-Bit-Multiplizierer z. B. benutzt man 16 Multiplikationszellen der beschriebenen Art. In den einzelnen Zellen sind die jeweiligen Teilprodukte eingetragen. Nicht benötigte Eingänge liegen auf L-Signal (Masse).

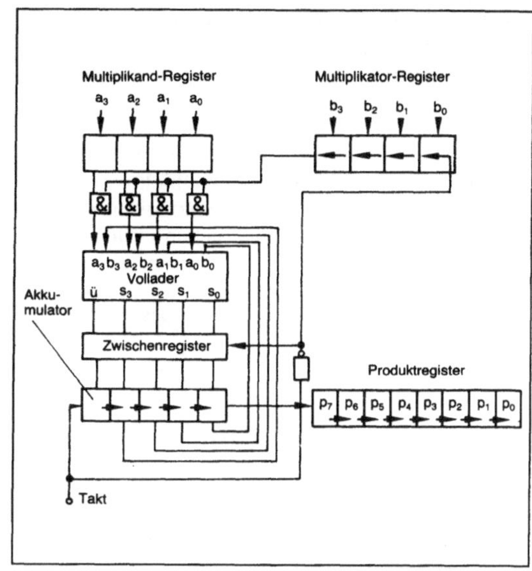

Multiplizierschaltung, digitale 1: Ausführung mit Stellenverschiebung am Beispiel zweier 4-Bit-Zahlen.

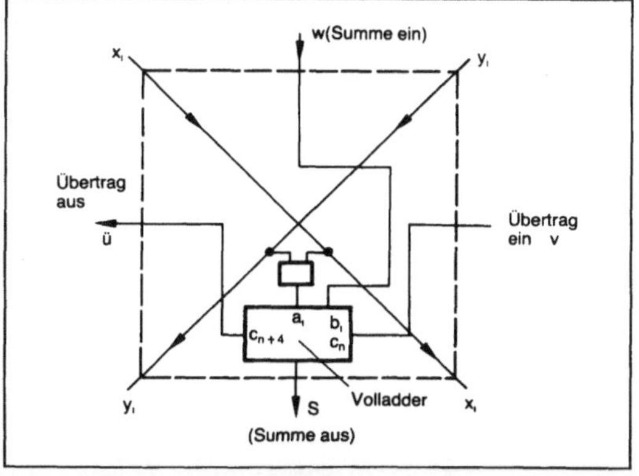

Multiplizierschaltung, digitale 2: Aufbau einer digitalen Multiplizierzelle.

Außer diesen Grundverfahren wurde noch eine Reihe von Multiplikationsvarianten entwickelt, die vor allem auf minimale Rechenzeiten abzielen.

R. Paul

Mustererkennung. Im engeren Sinn das Klassifizieren unbekannter Muster oder Objekte an Hand von Merkmalen (*engl.* pattern recognition), z. B. Lesen von handschriftlichen Zeichen (Bild).

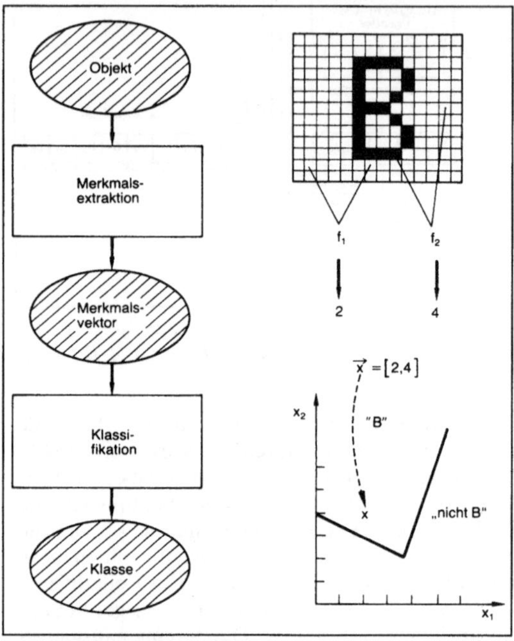

Mustererkennung: Mustererkennungsparadigma. Wichtigste Schritte.

Durch Merkmalsextraktion wird ein Zahlenvektor (hier zweidimensional) gewonnen. Seine Lage im Merkmalsraum bestimmt die →Klassifikation des unbekannten Objektes.

M. im weiteren Sinn umfaßt Analyse und Interpretation von Daten, speziell Bilddaten, mit Verfahren aller Art.

Neumann

Musterprüfprogramm. Das M. dient als „Muster" bei der Prüfprogrammgenerierung. Es enthält als Gerüst für ein →Prüfprogramm alle konstanten Einträge und wird später vom →Prüfprogrammgenerator oder manuell um die aktuellen Stimuli- und Meßparameter ergänzt.

Winter

Mustervergleich. (*engl.* pattern matching) Vergleich und Anpassung zweier Zeichenketten. M. ist ein grundlegender Prozeß, der in verschiedenen Problemen der →Künstlichen Intelligenz (KI) eine Rolle spielt und durch viele KI-Programmiersprachen unterstützt wird. Typische Anwendungen von M. sind:

1. Datenabruf aus einer assoziativen Datenbasis. Das Muster stellt eine partielle Datenspezifikation dar. Es werden die Daten abgerufen, auf die das Muster „paßt".

2. Mustergesteuerter Prozeduraufruf in PLANNER-artigen Programmiersprachen. Das Aufrufmuster wird mit den Parametermustern von Prozeduren verglichen. Bei Übereinstimmung erfolgen Parameterübergabe und Prozeduraktivierung (Dämonprozeduren).

3. Unifizieren beim automatischen Beweisen. Zwei Ausdrücke werden verglichen und ggf. durch geeignete Ersetzungen aneinander angepaßt.

Je nach Anwendung kann der M. asymmetrisch (1 und 2) oder symmetrisch sein (3) und nach unterschiedlichen Regeln ablaufen. Das folgende Beispiel illustriert assoziativen Datenzugriff in der KI-Programmiersprache FUZZY.

Suchmuster: (A ?X !Y D ??Z)
Datum: (A B C D E F)

A bis F sind Konstante, ?X ist eine wertannehmende Variable, !Y ist eine wertabgebende Variable (hier sei der Wert C), ??Z ist eine wertannehmende Segmentvariable. Der M. ist erfolgreich und bindet B an X sowie (E F) an Z.

Neumann

MUT. Abk. für *engl.* Module Under Test, →UUT.

Obermeir

N

Nachlaufregelung. Eine N. ist eine mechanische →Folgeregelung. Die →Regelgröße x läuft als Winkel oder Position der →Führungsgröße w nach.

Das Folgeradarsystem als Beispiel einer Folgeregelung enthält je einen Nachlaufregelkreis für den Azimut- und den Elevationswinkel.

Bei Werkzeugmaschinen findet man häufig eine N.: z. B. liegt die Form des zu fertigenden Werkstückes als Zeichnung vor (Führungsgröße), so tastet ein →Sensor die Kontur ab und der Nachlaufregelkreis führt das bearbeitende Werkzeug nach.

Als einfache N. sind Servosysteme zu nennen. Bei einer Servolenkung beispielsweise wird der Radeinschlag entsprechend dem Einschlag des Lenkrades nachgeführt. Jedoch kommt es weniger auf die Genauigkeit als auf die schwingungsfreie schnelle Nachführung sowie auf die Kraftverstärkung an. Der Fahrer soll viel weniger Kraft aufwenden müssen, als zur Lenkung nötig ist. Die Rudermaschinen im Flugzeug oder Schiff arbeiten auch nach diesem Prinzip (hydraulisch). *Böttiger*

Nachstellzeit →PI-Übertragungsverhalten, →PID-Übertragungsverhalten

Nadeladapter. Form des Prüfadapters, bei dem die Kontaktierung einer →Leiterplattenbaugruppe (in der Regel von der Lötseite her) über federnde Kontaktnadeln hergestellt wird. Das Nadelfeld wird dabei z. B. pneumatisch in seiner Gesamtheit gegen den →Prüfling gepreßt oder der Prüfling wird mit Hilfe von Unterdruck, erzeugt durch eine Vakuumpumpe, zum Nadelfeld hingezogen. Die einzelnen Nadeln sind abhängig vom Aufsetzpunkt auf dem Prüfling (Durchkontaktierung, →Prüfpad, Anschlußpin) unterschiedlich ausgeführt (Spitze, Krone).

Nadeladapter: Nadelbettadapter für den Baugruppentest. (Quelle: Hewlett Packard)

Der N. erlaubt im Gegensatz zur Kontaktierung über Stecker eine schnelle und automatisiert ablaufende Kontaktierung, u. a. auch von inneren Knoten einer Schaltung. Die Kontaktiermöglichkeiten werden bereits bei der Layouterstellung einer Leiterplatte berücksichtigt. *Winter*

Nadelkarte. Die N. (*engl.* probe card) trägt Prüfspitzen zur Kontaktierung eines Chips auf einer Halbleiterscheibe (Wafer). Sie wird in der Regel individuell für jeden Prüflingstyp gefertigt und wird über das Loardboard mit dem Komponententester verbunden. Die Halbleiterscheibe liegt dabei normalerweise auf dem →Chuck eines →Waferprobers.

Die Prüfspitzen der N. setzen beim automatischen Test in der Regel auf die Pads am Rande des Chips auf und sind dazu sternförmig auf der N. angeordnet. Da oft sehr viele Nadeln auf engstem Raum angebracht werden müssen und ein sicherer Kontakt aller Nadeln gewährleistet sein muß, wird eine hohe Präzision bei der Fertigung der N. verlangt. *Obermeir*

Nadelzählrohr →Auslösezählrohr

Näherungssensor. N. dienen zur Erkennung der Position eines Objektes. Sie liefern entweder Positionsmeßwerte oder, wie häufiger der Fall, eine binäre Aussage ob das entsprechende Objekt sich in der überwachten Position befindet oder nicht. Binäre N. gehören zu den wichtigsten Geberelementen der →Steuerungstechnik. Ihnen eigen ist, daß sie bezüglich Annäherung und Entfernung des detektierten Objektes eine charakteristische, mehr oder weniger große Schalthysterese aufweisen. Hinsichtlich der Arbeitsweise wird zwischen berührend und nichtberührend arbeitenden Sensoren unterschieden.

Bei den *berührenden* Sensoren sind als wichtigste Gruppe die →Schnappschalter zu nennen, die in den unterschiedlichsten Ausführungsformen als →Endlagenschalter oder Passierkontrollen eingesetzt werden.

Bei den *berührungslosen* N. werden eine Vielzahl von verschiedenen Prinzipien angeboten, die sich durch das physikalische Meßprinzip, die Reichweite und das umweltbedingte Einsatzgebiet (Temperatur, Feuchte, Schmutz etc.) unterscheiden. Genutzt werden induktive und kapazitive Effekte, der →Hall-Effekt, die Laufzeit von Ultraschall sowie diverse optoelektronische Anordnungen.

□ Induktive N. (Bild 1) arbeiten mit dem Prinzip des bedämpften LC-Oszillators. Der harmonische →Oszillator erzeugt in der Sensorspule, die Bestandteil des Schwingkreises ist, ein hochfrequentes Wechselfeld. Beim Eintritt von Metall in das Wechselfeld der Sensorspule wird dem System durch Wirbelstrombildung Energie entzogen, die Schwingungsamplitude wird kleiner. Eine daraus resultierende Stromänderung wird in der nachgeschalteten Elektronik ausgewertet. Beim Entfernen des Metalls aus dem Ansprechbereich steigt die Schwingungsamplitude wieder auf ihren ursprünglichen Wert an. Induktive N. detektieren gut leitfähige Materialien. Der Ansprechbereich beträgt ca. 0,5 bis 40 mm bei einer Hysterese von ca. 10 % vom aktuellen Wert.

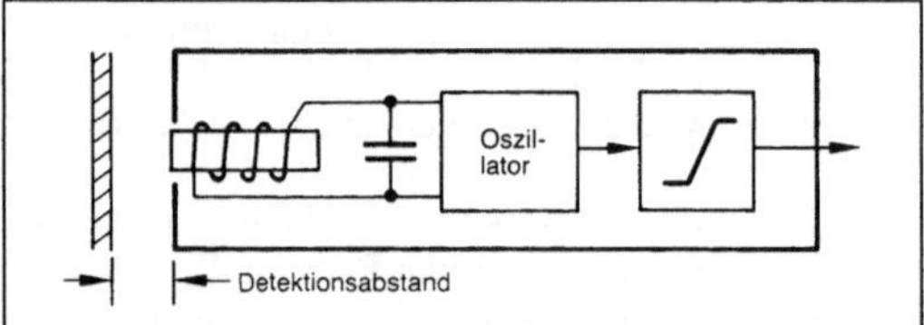

Näherungssensor 1: Funktionsprinzip des induktiven N.

□ Halleffekt-N. (Bild 2) sind nur zur Detektierung magnetischer Materialien geeignet. Sie bestehen aus einer →Hallsonde, einem Dauermagneten und Materialien zur Führung des Magnetfeldes (offener Magnetkreis). Bei Annäherung eines magnetischen Objektes an den Magnetkreis verändert sich die →Hallspannung aufgrund des daraus resultierenden Magnetkreisschlusses. Diese Änderung wird elektronisch ausgewertet. Der maximale Meßbereich beträgt ca. 5–10 mm. Mit sog. Feldplatten lassen sich ähnlich konstruierte magnetische Näherungssensoren aufbauen.

□ Kapazitive N. (Bild 2) bestehen aus einem LC- oder seltener einem →RC-Oszillator. Sensor und Meßobjekt bilden ein Kondensatorelement, das bei Annäherung des Meßobjektes (dielektrische Eigenschaften oder elektrische Leitfähigkeit) verändert wird. Durch die abstandsabhängige Kapazitätsänderung resultiert eine Amplitudenänderung bzw. ein Abbruch der Oszillatorschwingung. Dieser Effekt wird in der nachgeschalteten Elektronik ausgewertet. Kapazitive Näherungssensoren sind für praktisch alle Materialien einsetzbar. Die maximalen Reichweiten liegen bei ca. 3 bis 70 mm.

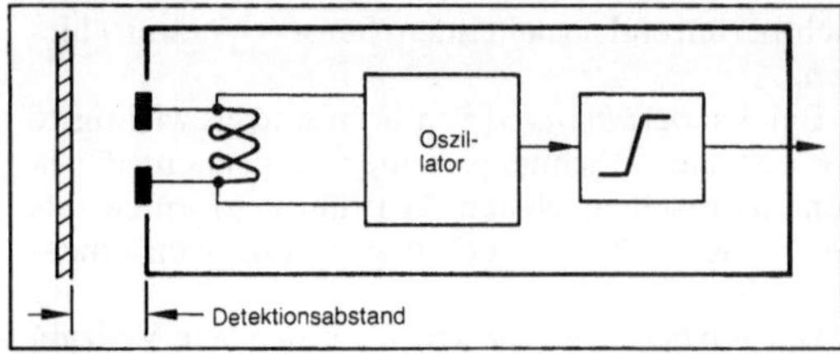

Näherungssensor 2: Funktionsprinzip des kapazitiven N.

□ Ultraschall-N. (Bild 3) messen die Laufzeit von modulierten Ultraschallsignalen, die sich zwischen Sender, reflektierendem Objekt und →Empfänger ergibt. Sie ist abhängig von der Schallgeschwindigkeit und dem zurückgelegten Weg. Unterschiedliche Schallgeschwindigkeiten bei verschiedenen Umgebungstemperaturen werden durch eine zusätzliche Temperaturerfassung ausgeglichen. Typische Ultraschallfrequenzen liegen bei 40 bis 220 kHz. Einsetzbar ist dieser Sensor bei praktisch allen Materialien ausgenommen solche, die den Ultraschall absorbieren wie z. B. spezielle Kunststoffe. Typische Meßbereiche liegen bei 0,15–1,5 m.

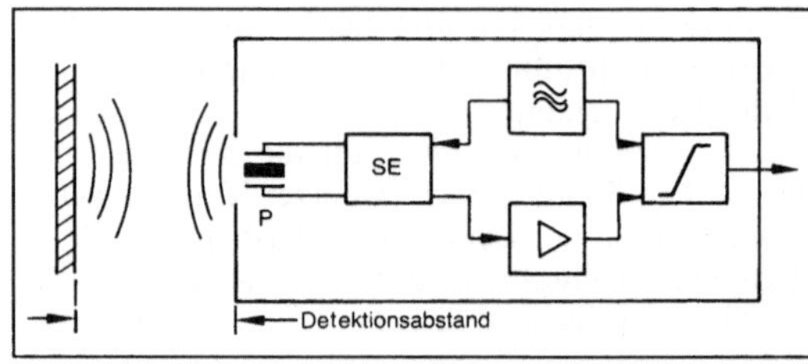

Näherungssensor 3: Funktionsprinzip des N. nach dem Ultraschall-Laufzeit-Prinzip (P-Piezo-Sende/Empfänger, SE-Sende- und Empfangselektronik, Z-Zähler-Auswertelektronik).

□ Optoelektronische N. (Bild 4) besitzen eine große Bedeutung unter den N. Erfaßt wird die Unterbrechung eines Lichtstrahls, meist infrarotes (IR)-Licht, das zur Verminderung von Streulichtstörungen (Raumbeleuchtung, Sonneneinstrahlung etc.) moduliert wird. Praktisch jedes Material kann detektiert werden. Innerhalb dieser Sensorgruppe wird zwischen Einweglichtschranken, Reflexlichtschranken und Reflexlichttastern unterschieden.

– Bei den Einweglichtschranken befinden sich Lichtsender und Empfänger in verschiedenen Gehäusen, die gegenüberliegend montiert werden. Ausgewertet wird die Unterbrechung des Lichtstrahles zwischen Sender und Empfänger. Bei diesem Prinzip sind Reichweiten von < 1 mm (Gabellichtschranken) bis 500 m und mehr bei Verwendung von Laserlicht möglich.

– Im Unterschied zur Einweglichtschranke sind bei der Reflexlichtschranke Sender und Empfänger in einem gemeinsamen Gehäuse untergebracht. Der Lichtstrahl wird von einem Reflektor zum Sensor zurückgeworfen. Ausgewertet wird die Unterbre-

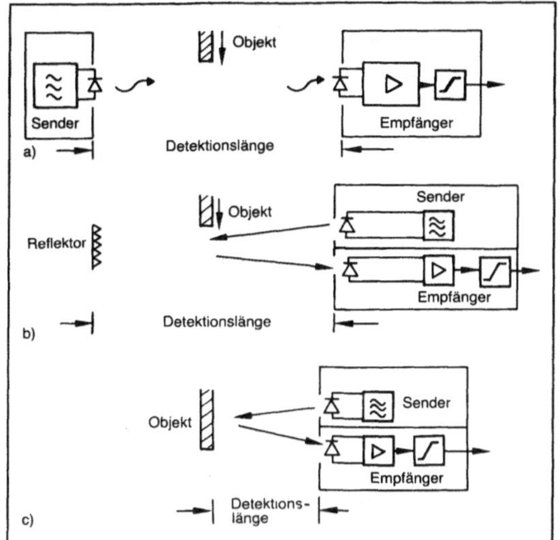

Näherungssensor 4: Funktionsprinzipien optischer N.
a) Strahlunterbrechung
b) Strahlunterbrechung und Strahlreflektor
c) Strahlreflexion am Meßobjekt.

chung des Lichtstrahles. Reflexlichtschranken haben eine typische Reichweite von ca. 1 cm bis 20 m. Ihr Vorteil liegt im geringeren Verkabelungsaufwand gegenüber der Einweglichtschranke.

- Eine weitere Methode zur optoelektronischen Erkennung von Objekten ist der Reflexlichttaster. Wie bei der Reflexlichtschranke sind Sender und Empfänger in einem Gehäuse untergebracht. Der Lichtstrahl wird vom Objekt direkt reflektiert. Ausgewertet werden die beiden Zustände Reflexion oder keine Reflexion. Der Meßbereich dieses Verfahrens beträgt ca. 1 mm–3 m. *Freyberger*

NAMUR. Abk. für Normen-Arbeitsgemeinschaft für Meß- und Regelungstechnik in der chemischen Industrie. Diese Arbeitsgemeinschaft dient neben der Schaffung von Normen in der chemischen Industrie auch als Diskussionsforum für technische Entwicklungen und ihre Auswirkungen auf die chemische Industrie. *F. Schneider*

NAND-Glied. Das N.-G. (Abk. für *engl.* Not **And** Glied) ist ein →Grundfunktionsglied der →Steuerungstechnik. Es verknüpft binäre Eingangssignale nach der UND-Funktion (Konjunktion) und negiert dieses Ergebnis zum Ausgangssignal.

Im Bild sind beispielhaft mathematischer Ausdruck in boolescher Schreibweise, Schalttabelle und Funktionsplan-Symbol zusammengestellt. Da sich aus N.-G. praktisch jeder Verknüpfungstyp realisieren läßt, kommt ihnen technisch große Bedeutung zu. *Freyberger*

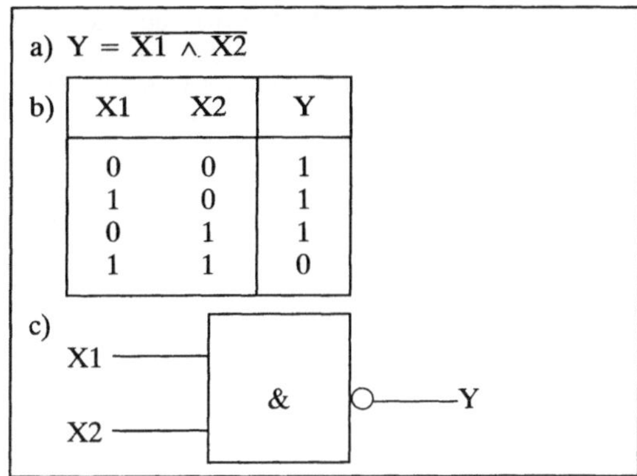
a) $Y = \overline{X1 \wedge X2}$

b)

X1	X2	Y
0	0	1
1	0	1
0	1	1
1	1	0

NAND-Glied: Darstellung.
a) Mathematischer Ausdruck
b) Schalttabelle und
c) Funktionsplan-Symbol

Nano.... SI-Vorsatz für →Einheiten im Meßwesen, bezeichnet das 10^{-9}fache der jeweiligen Einheit. Abk. n. *Hammerschmidt*

Navigation. Verfahren zur Ortsbestimmung und Bahnführung (Schiffe) auf See. In Abhängigkeit vom gewählten Ortungsverfahren zur Positionsbestimmung unterscheidet man zwischen astronomischer N., technischer N. und terrestrischer Navigation. Werden Wettereinflüsse mit als bahnbestimmender Parameter herangezogen, spricht man von der meteorologischen →N.

Die N. als wesentliche Teilaufgabe der nautischen Schiffsführung läßt sich in die Bereiche Bahnplanung, Ortsbestimmung während der Reise, Ermittlung der Bahnkorrekturwerte und Bahnkorrektur einteilen. Dabei kann der zur Erhaltung der Bahn erforderliche Regelungsprozeß kurzfristig ablaufen, wenn z. B. einem anderen Schiff ausgewichen werden muß, oder auf einen längeren Zeitraum abgestellt werden, wenn z. B. konstante Meeresströmungen zu berücksichtigen sind. Innerhalb der nautischen Wissenschaften ist die N. ein eigenständiges Gebiet. *Froese*

Navigation, astronomische. Unter a. N. werden diejenigen Verfahren zusammengefaßt, bei denen mit Hilfe astronomischer Beobachtungen eine Position festgestellt wird. Von den verschiedenen Verfahren ist fast ausschließlich das Höhenverfahren noch in Gebrauch.

Das Höhenverfahren beruht auf der Tatsache, daß es für jedes Gestirn zu jedem Zeitpunkt einen bestimmten Ort auf der Erde gibt, für den das Gestirn im Zenit steht. (Bildpunkt des Gestirns) Die geographische Breite des Bildpunktes ist zahlenmäßig gleich der Deklination, die geographische Länge gleich dem Stundenwinkel des Gestirns bezogen auf den Meridian von Greenwich. Beide Werte sind für Sonne, Mond, die hellen Planeten und hellen Fixsterne im Nautischen Jahrbuch zusammengestellt. Zur Bestimmung des Stundenwinkels ist außerdem die genaue gehende Uhrzeit erforderlich, da die geographische Länge des Bildpunktes sich infolge der Erddrehung in 4 Zeitminuten um 1 Längengrad ändert.

Man beobachtet mit einem Sextanten die Höhe eines Gestirns h_b über dem Horizont. Wird die Höhe eines Gestirns z. B. zu $h_b = 60°$ gemessen, so folgt daraus, daß der Beobachtungsort auf einem Kreis um den Bildpunkt des Gestirns mit dem sphärischen Radius $90° - h_b = 30°$ liegt. Dieser Kreis wird Höhengleiche genannt, da von jedem Punkt dieses Kreises aus das Gestirn in der gleichen Höhe $h_b = 30°$ erscheint.

Der Schiffsort ist durch Loggerechnung angenähert bekannt. Man berechnet für diesen die Höhe h_r und gleichzeitig das Azimut des Gestirns. In der Regel werden dann h_r und h_b nicht übereinstimmen. Das bedeutet, daß der aus der Beobachtung resultierende Ort auf einer anderen Höhengleiche liegt als der Loggeort. Das errechnete Azimut gilt mit hinreichender →Genauigkeit auch für den beobachteten Ort.

Da der Bildpunkt des Gestirns auf der Seekarte, die Loggeort und beobachteten Ort enthält, wegen der großen Entfernung nicht enthalten sein wird, bedient man sich einer Hilfskonstruktion. Man bildet die Differenz $h_b - h_r = \Delta h$. Δh gibt dann die Differenz der Radien der Höhengleichen von Loggeort und beobachteten Ort. Ist Δh positiv, liegt der beobachtete Ort dichter am Bildpunkt als der Loggeort, ist Δh negativ, liegt er weiter weg. Da Δh Stück eines Großkreises ist, ist es in Winkelminuten gleich der Differenz der Radien in Seemeilen. Man trägt nun in einer Seekarte den Loggeort ein und zeichnet durch diesen den Azimutstrahl (Radius der Höhengleiche), dessen Richtung man durch Rechnung gefunden hat.

Auf ihm trägt man nun vom Loggeort aus das errechnete Δh entsprechend seinem Vorzeichen ab. Der so gefundene Punkt auf dem Azimutstrahl ist ein Punkt der Höhengleiche, auf der der beobachtete Ort liegt. Durch diesen Punkt zeichnet man statt der Höhengleiche die Tangente. Sie steht auf dem Radius (Azimutstrahl) senkrecht. Die Tangente an Stelle des Kreisbogens zu setzen ist zulässig, da bei einem Radius von 30° der Abstand zwischen Tangente und Kreis 60 sm vom Berührungspunkt erst 1 sm beträgt. Die Tangente an die Höhengleiche ist eine Standlinie, auf der der beobachtete Ort liegt.

Durch Beobachtung eines zweiten Sterns erhält man auf die gleiche Weise eine zweite Standlinie. Der Schnittpunkt beider Standlinien ergibt den beobachteten Ort. Zur Kontrolle werden häufig mehr als zwei Sterne beobachtet.

Zur Ermittlung von h_r und Azimut stehen mehrere Verfahren zur Verfügung. Sie sind alle aus den Sätzen der sphärischen Trigonometrie, insbesondere dem sphärischen Cosinussatz hergeleitet. Die ältere Methode der logarithmischen Rechnung mit Hilfe spezieller Logarithmentafeln (Nautische Tafeln) ist heute stark in den Hintergrund getreten. Es werden fast ausschließlich Höhentafeln oder elektronische Rechner benutzt. Höhentafeln nennt man ein umfangreiches Tabellenwerk in dem für über 50 000 Loggeorte und für jeweils sieben Sterne bzw. Sonne oder Planeten h_r und Azimut für jeden beliebigen Zeitpunkt vorausberechnet und tabelliert sind. Für einen geübten →Beobachter dauert die Ermittlung einer Standlinie mit einer Höhentafel ca. 5 Minuten: mit einem Taschenrechner benötigt man etwa die gleiche Zeit. Mit programmierbaren oder fest programmierten Taschenrechnern ist es möglich, eine Standlinie in ca. 2 Minuten zu ermitteln. *Froese/Winnicker*

Navigation, meteorologische. Das Aufsuchen günstiger und das Vermeiden ungünstiger Wetterlagen, um die Seereise schnell und sicher durchzuführen.

Dazu erfolgt die Festlegung der Reiseroute vom Ausgangs- zum Bestimmungshafen aufgrund jahreszeitlich bedingter Wind-, Wetter- und Strömungsverhältnisse, die Monatskarten, Atlanten und Seehandbüchern entnommen werden, unter Berücksichtigung schiffsseitiger Parameter wie Art, Größe, Ladung, Bunkervorrat und zeitliche Vorgaben. Das Ergebnis dieser Bahnplanung ist eine an statistischen Wetterdaten optimierte Route. Die tatsächlichen Wetterverhältnisse können aber anders als die erwarteten sein und zwingen evtl. zur Korrektur der geplanten Bahn. Besondere meteorologische Ereignisse wie z. B. ein Orkan zwingen zu laufender Anpassung der Schiffsbahn an die aktuelle Situation (→Navigation). *Froese*

Navigation, technische. Teilgebiet der →Navigation, das die Positionsbestimmung und Bahnführung auf See mit Hilfe technischer Systeme beinhaltet. Zu unterscheiden sind Ortungssysteme (Funknavigation, →Satellitennavigation), Kurssysteme (→Kreiselkompaß, Magnetkompaß), Fahrtmeß-Systeme (→Fahrtmessung) und Tiefenmeß-Systeme (→Echolot). Diese Einzelsysteme werden häufig zu Regel- und Steuersystemen integriert, die die komplexe Bahnführungsaufgabe unterstützen können. *Froese*

Navigation, terrestrische. Bei den Verfahren der t. N. wird die Position eines Schiffes mit Hilfe von festen oder fest verankerten schwimmenden Objekten bestimmt. Solche Objekte können sein: Hügelkuppen, Landspitzen, kleine Inseln, Flußmündungen oder künstliche Anlagen wie Leuchttürme, Feuerschiffe, Baken, Tonnen, auffällige Bauwerke. Ehe ein Schiff in ein Fahrwasser, eine Bucht oder einen Hafen einläuft, muß sich der Navigator mit Hilfe von Seekarten, Seehandbüchern und anderen nautischen Veröffentlichungen einen Überblick über die vorhandenen für die →Navigation geeigneten terrestrischen Objekte verschaffen.

Mit Kompaß und Diopter ermittelte Peilungen sind die am häufigsten verwendeten Standlinien in der t. N. Auch mit dem Radargerät können solche Peilungen festgestellt werden. Die →Peilung zu einem einzelnen Objekt ergibt eine Standlinie. Kennt man zusätzlich den Abstand, z. B. durch Radarmessung, so kann damit schon der Standort ermittelt werden. Die beiden Standlinien sind in diesem Fall die Peilung und der Entfernungskreis um das Peilobjekt. Bei zwei oder mehr Landmarken, die gleichzeitig gepeilt werden können, schneiden sich die Standlinien in einem Punkt, dem Standort. Dieses Verfahren nennt man Kreuzpeilung.

Die Meerestiefe kann in flachen Gewässern ebenfalls zur Ortsbestimmung eines Schiffes herangezogen werden, in dem das gelotete Tiefenprofil in die durch die Seekarte gegebene Morphologie des Seegrundes eingepaßt wird. Dieses Verfahren ist jedoch nur anwendbar, wenn die Morphologie des Seegrundes signifikante Besonderheiten aufweist.

Froese

NC (Abk. *engl.* Numerical Control) →Steuerung, numerische

Nebenläufigkeit →Ablaufsteuerung

Neper →Dezibel

Nernst-Stift. →Ionenleiter oder →Feststoffelektrolyt aus dem Material 85 % Zirkonoxid und 15 % Yttriumoxid mit Sauerstoffionen als Ladungsträger. Der N.-S. führte zu einer Deutung der physikalischen Effekte in Ionenleitern. *Schaumburg*

Netzwerkanalyse →Schaltungssimulation

Neutronen-Beta-Detektor →Self Powered Detector

Neutronen-Dosismessung. Aufgabe der N.-D. ist die meßtechnische und rechnerische Bestimmung der bei Bestrahlung mit Neutronen in einem Körper absorbierten Dosis (→Dosismessung). Die Wechselwirkung der Neutronen mit der Materie hängt dabei sehr von der Energie der Neutronen ab. Diese kann zwischen 0,025 eV bei thermischen Neutronen und bis zu 20 MeV bei den schnellen Neutronen liegen. In Abhängigkeit von der Energie der Neutronen werden unterschiedliche Reaktionen zur Dosismessung ausgenutzt.

□ Das →^{3}He-Zählrohr wird oft in tragbaren Geräten zum Messen der →Äquivalentdosis verwendet. Das →Zählrohr ist mit einem wasserstoffhaltigen, geschichteten Moderator umgeben. Dieser ist so ausgelegt, daß die Äquivalentdosis möglichst unabhängig von der Neutronenenergie gemessen wird.

□ Das Albedo-Dosimeter besteht aus einem dem Körper zugewandten Detektor für langsame Neutronen und einer diesen Detektoren gegen von außen kommende Neutronen abschirmenden Absorberschicht. Neutronen, die den Körper treffen, werden in diesem abgebremst, gestreut und mit einer gewissen Wahrscheinlichkeit auch zurückgestreut (Albedo). Der den Detektor treffende Anteil an langsamen Neutronen kann dann als Maß für die Exposition des Körpers genommen werden.

Der Detektor selbst kann beispielsweise ein Thermolumineszenzdetektor aus LiF sein, wobei das Lithium das Isotop ^{6}Li enthält. In diesem sind die langsamen Neutronen über die Reaktionen ^{6}Li (n,α)^{3}H nachzuweisen. Da dieser Detektor aber auch auf Photonenstrahlung anspricht, wird deren Beitrag durch einen zweiten Detektor, der gegen langsame Neutronen unempfindlich ist (z. B. mit einem LiF-Thermolumineszenz-Dosimeter, das ^{7}Li enthält), bestimmt und abgezogen. Die →Empfindlichkeit des Albedo-Dosimeters nimmt zwischen 10 keV und 10 MeV um mehr als zwei Größenordnungen ab, so daß das →Dosimeter in jedem Strahlenfeld eigens kalibriert werden muß.

□ Aktivierungsdosimeter. Zahlreiche Stoffe werden bei Bestrahlung mit Neutronen radioaktiv. Diese Radioaktivität kann als Maß für die eingestrahlte Neutronendosis genommen werden. Da jedoch der Wirkungsquerschnitt der Aktivierung in hohem Maße von der Energie der einfallenden Neutronen abhängt, muß diese für genaue Messungen jeweils bekannt sein.

Als Detektormaterialien werden häufig Schwefel, Indium und Gold benutzt. Die Halbwertzeiten der dabei entstandenen Radionuklide sind lang genug, um die Auswertung auch noch einige Zeit nach erfolgter Bestrahlung vornehmen zu können. Die Zeit zwischen Bestrahlung und Auswertung muß jedoch bekannt sein, um einigermaßen zuverlässige Ergebnisse zu erhalten. Die Methode wird insbesondere in der Unfalldosimetrie benützt.

□ →Rückstoßzählrohr und Rückstoß-Ionisationskammer. Rückstoßzählrohre lassen sich zum Messen der von schnellen Neutronen verursachten →Personendosis verwenden, wenn die Zählrohrmaterialien und das Füllgas gewebeäquivalent sind. Gewebeäquivalenz bedeutet in diesem Zusammenhang eine dem menschlichen Gewebe ähnliche Gewichtszusammensetzung der wesentlichen Elemente H, C, O und N. Der Gewichtsanteil von H (10,1 %) ist dabei besonders wichtig, da der größte Teil der Neutronenenergie über Rückstoßprotonen übertragen wird. Aus der Impulsrate des Zählrohrs oder aus dem Strom der Ionisationskammer läßt sich dann die →Energiedosis berechnen.

Wachsmann

Literatur: ICRU 26: Neutron Dosimetry for Biology and Medicine. International Commission on Radiation Units and Measurements, Washington 1977. – ICRU: Clinical Dosimetry for Neutrons. International Commission on Radiation Units and Measurements, Washington 1988. – *Jung, H.*, u. *E. Piesch*, (Hrsg.): Neutron Dosimetry in Radiation Protection. Radiat. Prot. Dosim. Vol. 10, (1985) S. 1–4. – *Schneider, W.*: Neutronenmeßtechnik und ihre Anwendung an Kernreaktoren. Berlin, New York 1973. – *Schrüfer, E.*: Strahlung und Strahlungsmeßtechnik in Kernkraftwerken. Berlin 1974.

Neutronenflußmessung. In den Urankernen der Forschungs- und Leistungsreaktoren ist die Zahl der Spaltungen proportional dem dort herrschenden Neutronenfluß. Dieser Neutronenfluß wird gemessen, um jederzeit, d. h. bei abgeschaltetem und betriebenem Reaktor, über den Zustand des Kerns informiert zu sein.

Bei abgeschaltetem Reaktor beträgt der Neutronenfluß weniger als 10^{-10} des Flusses bei Vollast. Das bedeutet, daß der Neutronenfluß über den weiten Bereich von mehr als zehn Zehnerpotenzen gemessen werden muß. Dies ist nicht mit einem einzigen Detektor möglich. Das Meßsystem, das auf den Vollastbereich ausgelegt ist, ist für den abgeschalteten Reaktor zu unempfindlich, und umgekehrt müssen die Detektoren, die schon die Messung niedriger Neutronenflüsse gestatten, im Leistungsbereich aus den Gebieten hoher Neutronenflüsse herausgefahren werden, um nicht infolge Abbrands ihre →Empfindlichkeit zu schnell zu verlieren. Die N. wird also auf verschiedene Bereiche, z. B. den Anfahr-, Übergangs- und Leistungsbereich aufgeteilt und wird mit Hilfe der entsprechenden Meßkanäle realisiert. Ein Meßkanal besteht dabei aus dem Neutronendetektor und den zugehörigen Baugruppen zur analogen und digitalen Signalverarbeitung. Die Detektoren werden dabei hinsichtlich ihrer Neutronenempfindlichkeit, Gammaempfindlichkeit, ihrem Abbrand, ihrer Anzeigegeschwindigkeit und selbstverständlich auch im Hinblick auf die Umgebungsbedingungen am Meßort (Temperatur, Druck, Medium) ausgewählt.

Im Hinblick auf die Unterbringung der Neutronendetektoren wird die Außeninstrumentierung (die Detektoren befinden sich außerhalb des Reaktordruckgefäßes) von der Inneninstrumentierung oder Incore-Instrumentierung (die Detektoren befinden sich innerhalb des Reaktordruckgefäßes im Reaktorkern) unterschieden (Bild 1, 2). Bei gleicher Reaktorleistung ist der Neutronenfluß außerhalb des Reaktordruckgefäßes um etwa einen Faktor 30 000 geringer als im Reaktorkern.

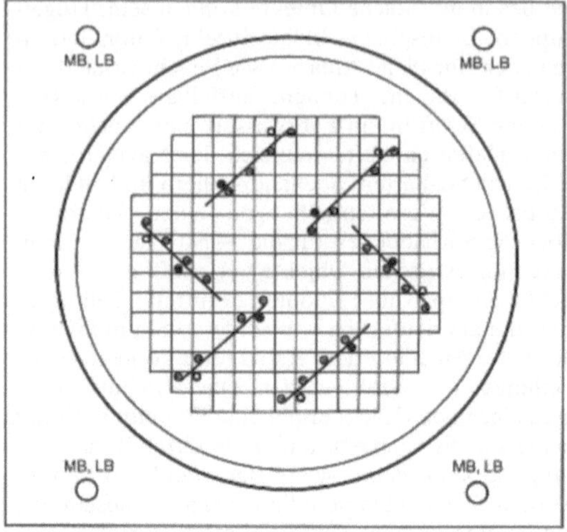

R) Reaktordruckgefäß MB) Mittelbereichs-Dekektor, LB) Leistungsbereichs-Detektor

Neutronenflußmessung 1: Neutronenflußmeßpositionen eines 1300-MW-Druckwasserreaktors.

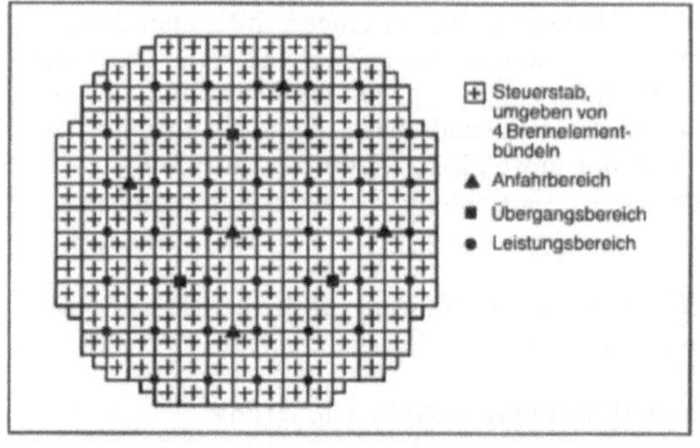

Neutronenflußmessung 2: Neutronenflußmeßpositionen im Kern eines 1300-MW-Siedewasserreaktors (incore-Messung).

Ein Anfahrkanal verwendet in der Regel ein BF_3-Zählrohr oder eine impulsliefernde →Spaltkammer als Neutronendetektor. Die von Gammaquanten ausgelösten Impulse lassen sich mit Hilfe eines Diskriminators unterdrücken, so daß die Zählrate der Detektoren ein Maß für den Neutronenfluß ist. Oft wird auch die Zählrate nach der Zeit differenziert. Damit ergibt sich ein Maß für die Änderungsgeschwindigkeit des Neutronenflusses, d. h. ein Maß für die Reaktorperiode.

Der Übergangs- oder Weitbereichskanal mißt den Neutronenfluß etwa zwischen 10^{-6} und 10 % Reaktornennleistung. Als Detektoren werden Bor-Ionisationskammern oder Spaltkammern benutzt. Die Messung erfolgt entweder mit logarithmischer Kennlinie oder mit einem linearen →Verstärker, der in seiner Empfindlichkeit umschaltbar ist. Im ersten Fall wird der sich über sieben Zehnerpotenzen erstreckende Neutronenfluß ohne Umschaltung auf einer Skala angezeigt. Oft wird, wie bei den Anfahrkanälen, die Reaktorperiode ermittelt.

Bei den stromliefernden →Ionisationskammern des Übergangsbereichs ist die Kompensation des auf die Gamma-Strahlung zurückgehenden Signalanteils schwieriger als bei den impulsliefernden Detektoren des Anfahrkanals. Um sie zu erreichen, sind z. B. elektrisch oder mechanisch kompensierte Ionisationskammern zu verwenden.

Eine weitere Möglichkeit zur Reduzierung der Gamma-Empfindlichkeit bietet die sog. Wechselstrommessung. Der Ausgangsstrom einer →Bor-Ionisationskammer oder einer Spaltkammer ist ein Gleichstrom mit einem überlagerten stochastischen Anteil. Dieser resultiert aus der Statistik der physikalischen Prozesse. Bei der üblichen Gleichstrommessung wird der stochastische Anteil weggefiltert und nur der lineare Mittelwert des Ionisationskammersignals wird verwertet. Es läßt sich nun zeigen, daß auch der quadratische Mittelwert allein des stochastischen Signals proportional dem Neutronenfluß ist. Um diesen quadratischen Mittelwert zu bestimmen, wird der Gleichstromanteil des Ionisationskammersignals über einen Kondensator abgeblockt. Das übrigbleibende stochastische Signal (Wechselstrom) wird verarbeitet. Der quadratische Mittelwert wird z. B. mit Hilfe der →Korrelationsmeßtechnik gewonnen und als Maß für den Neutronenfluß genommen (noise amplifier, Campbelling neutron detection system). Der Vorteil dieser Methode liegt darin, daß über die Quadrierung der von Neutronenprozessen herrührende Signalanteil gegenüber dem aus Gammaprozessen stammenden stärker bewertet wird. Infolge dessen lassen sich bei gleicher Gamma-Dosisleistung mit dem Wechselstromkanal noch etwa 1 000- bis 10 000mal kleinere Neutronenflüsse als bei der Gleichstrommessung spezifisch messen.

Im Leistungsbereich ist der Neutronenfluß so groß, daß die Gamma-Strahlung nicht mehr stört. Als Detektoren finden Bor-Ionisationskammern und Spaltkammern Verwendung.

Eine zusätzliche Meßaufgabe entsteht bei räumlich ausgedehnten Reaktorkernen dadurch, daß die örtliche Leistungsverteilung möglichst direkt zu messen ist. Zu diesem Zweck werden Neutronenfluß-Meßlanzen an ausgewählten Positionen in die Spalte zwischen den Brennelement-Kästen eingesetzt. Die Lanzen enthalten mehrere übereinander sitzende Neutronenflußdetektoren wie z. B. Spaltkammern oder →Self Powered Detektoren.

Diskontinuierlich läßt sich die Leistungsverteilung mit Hilfe des →Kugelmeßsystems oder des Fahrkammersystems bestimmen. Die letztgenannten Systeme werden auch benötigt, um die stationär eingebauten Detektoren zu kalibrieren. Insgesamt liefern die fest eingebauten Leistungsverteilungsdetektoren, das →Kugelmeßsystem oder das →Fahrkammersystem, die Eingangsdaten für die nukleare Kernberechnung, welche axiale und radiale Leistungsprofile, Heizflächenbelastungen, den Abbrand und die Konzentration an Spaltprodukten ermitteln.

Generell dienen die Neutronenflußmeßkanäle nicht nur zur Anzeige. Von den Signalen werden Regel- und Steuerbefehle abgeleitet, um den Reaktor innerhalb vorgegebener Grenzen zu betreiben. Gegebenenfalls löst die N. auch eine Reaktorschnellabschaltung aus. *Schrüfer*

Literatur: *Kaiser, G.* u. a.: Reaktorinstrumentierung; Berlin, Offenbach 1983. – *Schrüfer, E.* u. a.: Strahlung und Strahlungsmeßtechnik in Kernkraftwerken; Berlin 1974.

Neuwertmeldung. Die N. hebt diejenigen Fehlsignale durch Blinklicht hervor, die nach der letzten Quittierung eingelaufen sind. Die zugeordneten →Sichtmelder blinken bis zum Quittieren. Steht das Fehlsignal beim Quittieren noch an, so geht das Blinken in Dauerlicht über. Es erlischt beim Gutsignal des →Grenzsignalgebers. Steht bereits beim Quittieren das Gutsignal wieder an, so erlischt der Sichtmelder beim Quittieren. Den zeitlichen Signalverlauf zeigt das Bild (→Meldesystem). *Strohrmann*

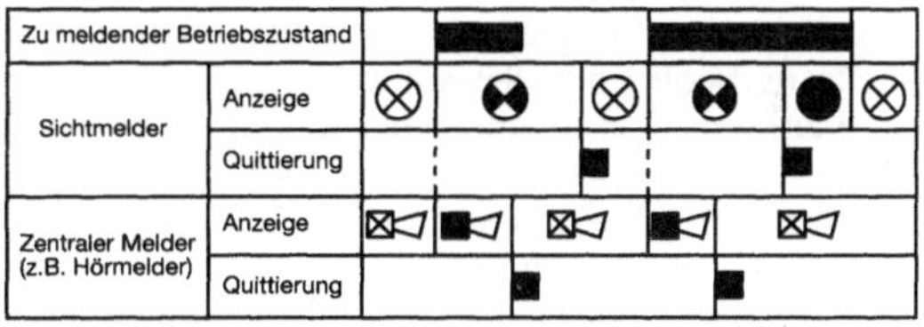

Zu meldender Betriebszustand	
Sichtmelder	Anzeige
	Quittierung
Zentraler Melder (z.B. Hörmelder)	Anzeige
	Quittierung

Neuwertmeldung: Funktionsdiagramm für N. mit Einfachblinklicht (nach DIN 19235).

Newton. SI-Einheit der Kraft, nach *Sir Isaac Newton* (1643–1727) benannt. Einheitenzeichen N. 1 N = 1 kgm/s² (≈1/9,81 kp) (→Einheiten des SI). *Hammerschmidt*

Nichtanregung. Eine Komponente eines Sicherheitssystems fällt so aus, daß die nötige Schutzmaßnahme (Meldung, Abschaltung) nicht mehr ausgelöst werden kann. Dadurch wird die Sicherheit verletzt.

Ein Beispiel wäre die Drucküberwachung eines Kessels. Bei einem →Ausfall der Überwachungseinheit in der gefährlichen Richtung wird ein zu hoher Druck nicht mehr gemeldet und die nötige Schutzmaßnahme wie z. B. die Abschaltung wird nicht mehr ausgelöst.

Eine zweite Art des Ausfalls ist die →Fehlanregung.

In Seriensystemen, in denen mehrere in Reihe liegende Geräte das Schutzsignal bilden, ist die N. wahrscheinlicher als die Fehlanregung. Das einfachste System, das bei einem Einzelausfall sowohl gegen N. als auch gegen Fehlanregung schützt, ist die (zwei von drei)-Auswahlschaltung (→Auswahlschaltung). *Schrüfer*

Nichtverfügbarkeit. Die N. ist die Wahrscheinlichkeit, daß eine Komponente ausgefallen, für den Betrieb nicht verfügbar ist (→Verfügbarkeit). *Schrüfer*

Niveauwächter. →Grenzsignalgeber für Füllstand. N. sollen das Überfüllen oder Leersaugen von Behältern verhindern. Von besonderer Bedeutung sind N. als Überfüllsicherung für Behälter für die Lagerung brennbarer Flüssigkeiten und für Behälter für die Lagerung nicht brennbarer wassergefährdender Flüssigkeiten. Diese Geräte müssen gemäß den Technischen Regeln für brennbare Flüssigkeiten (TRbF) bzw. nach dem Wasserhaushaltsgesetz (WHG) zugelassen werden (→Anlagensicherung). *Strohrmann*

NOR-Glied. Das N.-G. (Abk. für *engl.* **N**ot-**Or**-Glied) ist ein →Grundfunktionsglied der →Steuerungstechnik. Es verknüpft binäre Eingangssignale nach der negierten ODER-Funktion (Disjunktion) zum Ausgangssignal.

Im Bild sind beispielhaft mathematischer Ausdruck, in boolescher Schreibweise, Schalttabelle und Funktionsplan-Symbol zusammengestellt. Da sich aus N.-G. ebenso wie aus NAND-Gliedern praktisch jeder Verknüpfungstyp realisieren läßt, kommt ihnen technisch große Bedeutung zu. *Freyberger*

a) $Y = \overline{X1 \vee X2}$

b)

X1	X2	Y
0	0	1
1	0	0
0	1	0
0	0	0

c)

NOR-Glied: Darstellung.
a) Mathematischer Ausdruck
b) Schalttabelle und
c) Funktionsplan-Symbol

Normale. Die Definitionen der sieben Basiseinheiten des Internationalen Einheitensystems (SI) sind unter →Einheiten des SI zusammengestellt. Einrichtungen zur Darstellung der sieben Basiseinheiten werden N. genannt und bei den obersten Eichbehörden der Länder bereitgehalten (→Metrologie). Alle Einheiten des SI lassen sich aus den Basiseinheiten herleiten. Man hat für eine Reihe von Größen bequem handhabbare Gebrauchs- oder Meßnormale geschaffen. Dies gilt insbesondere für Gleichspannung, ohmschen Widerstand, Kapazität, Induktivität und Zeit bzw. Frequenz.

Meßnormale für Gleichspannung werden benötigt für die abgleichenden →Meßverfahren (→Kompensations-Meßverfahren; →Analog/Digital-Umsetzer). Das internationale Weston-N.-Element ist ein galvanisches Element, dessen Spannung zeitlich sehr konstant ist und bei 20 °C den Wert 1,01865 V hat. Der →Temperaturkoeffizient beträgt ca. $4 \cdot 10^{-5}\,K^{-1}$. Wegen der geringen Strombelastbarkeit können *Weston*-Normalelemente nur in Kompensationsschaltungen eingesetzt werden. Robustere Spannungs-N. basieren auf Silicium-Z-Dioden (→Halbleiterdioden). Dabei sind Temperaturkoeffizienten bis $10^{-6}\,K^{-1}$ erreichbar (→Konstantspannungsquelle, →Konstantstromquelle). Neuere Entwicklungen auf dem Gebiet der Spannungsnormale beruhen auf dem →Josephson-Effekt.

Normalwiderstände sind Einzelwiderstände höchster →Genauigkeit und Konstanz mit getrennten Anschlüssen für Spannung und Strom, um →Fehler durch Übergangswiderstände an den Anschlußklemmen auszuschließen. Fehlergrenzen von 0,01 % vom Sollwert sind üblich. Widerstandswerte mit dekadischer Stufung zwischen $10^{-4}\Omega$ und $10^{6}\Omega$ werden gebaut. Als Widerstandsmaterialien sind Kupfer- oder Nickellegierungen wie Manganin oder Isa-Ohm gebräuchlich. Einsatz z. B. zum Umformen von Strömen in Spannungen (→Strommessung) und in →Meßbrücken. Darstellung der Einheit →Ohm ist besonders präzise über den quantisierten Hall-Widerstand (→Von-Klitzing-Effekt) möglich.

Normalkapazitäten haben ein Dielektrikum aus Luft oder Gas und eine einfache geometrische Form, so daß die Kapazität leicht berechenbar ist. Gebrauchsnormale als Luftkondensator haben Kapazitäten zwischen 100 pF und 10 000 pF. Einsatz z. B. in Meßbrücken für Wechselstrom.

Gebrauchsnormale für Induktivität werden mehrlagig mit etwa quadratischem Wicklungsquerschnitt hergestellt und sind mit Induktivitäten von 0,1 mH bis 1 H erhältlich.

N. für Zeit und Frequenz: →Zeitmessung. *Hammerschmidt*

Normalverteilung. Die →Lebensdauern von Komponenten, die durch Abnützung oder Verschleiß ausfallen, sind normalverteilt. Aus der →Ausfalldichte f(t)

$$f(t) = \frac{1}{\sigma\sqrt{2\pi}} e^{-\frac{1}{2}\left(\frac{t-\bar{t}}{\sigma}\right)^2}$$

ergibt sich die →Ausfallwahrscheinlichkeit F(t) zu

$$F(t) = \frac{1}{\sigma\sqrt{2\pi}} \int_{z=-\infty}^{t} e^{-\frac{1}{2}\left(\frac{z-\bar{t}}{\sigma}\right)^2} dz$$

Die →Überlebenswahrscheinlichkeit oder →Zuverlässigkeit R(t) wird

$$R(t) = \frac{1}{\sigma\sqrt{2\pi}} \int_{z=t}^{\infty} e^{-\frac{1}{2}\left(\frac{z-\bar{t}}{\sigma}\right)} dz.$$

Die→Ausfallrate z(t) als Quotient der Ausfalldichte und der Überlebenswahrscheinlichkeit ist zeitabhängig. Sie steigt am Ende der Lebensdauer steil an (Bild 1).

Abnutzungsausfälle begrenzen z. B. die Lebensdauer von Glühlampen oder die von Autoreifen. Zunächst sind alle Komponenten funktionsfähig. Die Zuverlässigkeit R(t) ist praktisch unabhängig von der Zeit. Am Ende der Nutzungsdauer fallen dann alle Komponenten innerhalb einer relativ engen Zeitspanne aus. Bei der mittleren Lebensdauer $\bar{t}$ ist die Hälfte der Komponenten funktionsunfähig.

Die N. ist durch die beiden Parameter mittlere Lebensdauer $\bar{t}$ und Standardabweichung σ festgelegt und wird als ($\bar{t}$; σ)-N. bezeichnet.

□ (0; 1)-N.: Eine beliebige ($\bar{t}$; σ)-N. läßt sich durch die →Koordinatentransformation

$$u = \frac{t-\bar{t}}{\sigma};\ t = \bar{t} + \sigma u;\ dt = \sigma du$$

in die (0; 1)-N. überführen. Bei der mittleren Lebensdauer $t = \bar{t}$ hat die neue Variable u den Wert Null. Bei $t = \bar{t} \pm \sigma$ ergibt sich für u der Wert $u = \pm 1$. Die so normierte Ausfalldichte $f_n(u)$ und die normierte Ausfallwahrscheinlichkeit $F_n(u)$ lauten nach der Koordinatentransformation

$$f_n(u) = \frac{1}{\sqrt{2\pi}} e^{-\frac{1}{2}u^2}$$

$$F_n(u) = \frac{1}{\sqrt{2\pi}} \int_{v=-\infty}^{u} e^{-\frac{1}{2}v^2} dv$$

Diese Funktionen sind tabelliert (Bild 2), womit Zahlenwerte für die elementar nicht mehr auswertbaren Integrale der N. zur Verfügung stehen.

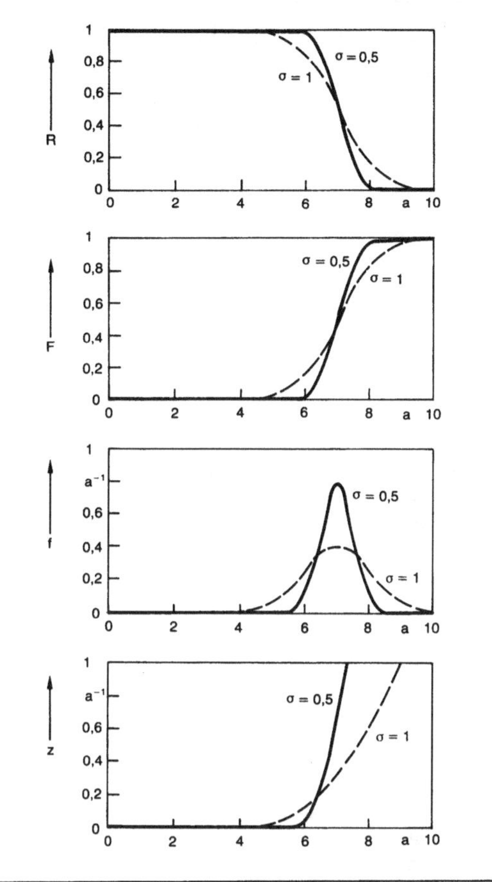

Normalverteilung 1: Überlebenswahrscheinlichkeit R(t), Ausfallwahrscheinlichkeit F(t), Dichtefunktion f(t) und Ausfallrate z(t) bei normalverteilten Lebensdauer

Beispiel: Die Brenndauer (Zufallsvariable X) von Glühbirnen ist normalverteilt mit einem Mittelwert von 1200 h und einer Standardabweichung von 100 h.

a) Die Wahrscheinlichkeit, daß eine beliebig herausgegriffene Glühbirne mindestens 1350 h brennt, ist

$w(X \geqq 1350) = 1 - w(X \leqq 1350) = 1 - F(1350) = 1 - F_n(\frac{1350-1200}{100}) = 1 - F_n(1{,}5) = 0{,}067.$

b) Die Wahrscheinlichkeit, daß eine herausgegriffene Glühbirne höchstens 900 h brennt, ist

$w(X \leqq 900) = F(900) = F_n(\frac{900-1200}{100}) = F_n(-3) = 0{,}001.$

c) Die Wahrscheinlichkeit, daß eine herausgegriffene Birne zwischen 1000 und 1400 Stunden brennt, ist

u	$f_n(u)$	$\int_{-\infty}^{u} f_n(v)dv$
$-\infty$	0,000	0,000
−3,0	0,004	0,001
−2,5	0,018	0,006
−2,0	0,054	0,023
−1,5	0,130	0,067
−1,0	0,242	0,159
−0,5	0,352	0,309
−0,4	0,368	0,345
−0,3	0,381	0,382
−0,2	0,391	0,421
−0,1	0,397	0,460
0,0	0,399	0,500
0,1	0,397	0,540
0,2	0,391	0,579
0,3	0,381	0,618
0,4	0,368	0,655
0,5	0,352	0,691
1,0	0,242	0,841
1,5	0,130	0,933
2,0	0,054	0,977
2,5	0,018	0,994
3,0	0,004	0,999
∞	0,000	1,000

$\int_{-\infty}^{u} f_n(v)dv$	u
0,000	$-\infty$
0,001	−3,090
0,005	−2,576
0,01	−2,326
0,05	−1,645
0,10	−1,282
0,15	−1,036
0,20	−0,842
0,25	−0,672
0,30	−0,524
0,40	−0,253
0,50	0,000
0,60	0,253
0,70	0,524
0,75	0,672
0,80	0,842
0,85	1,036
0,90	1,282
0,95	1,645
0,99	2,326
0,995	2,576
0,999	3,090
1,000	∞

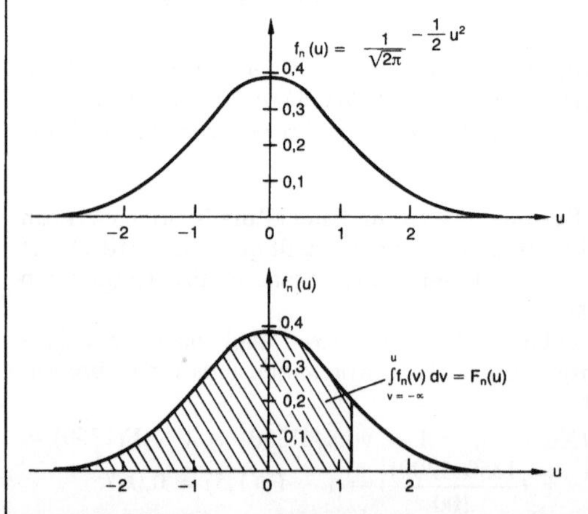

Normalverteilung 2: (0; 1) – N.

$w(1000X \leqq X \leqq 1400) = F(1400) - F(1000) = F_n\left(\frac{1400-1200}{100}\right) - F_n\left(\frac{1000-1200}{100}\right) = F_n(2) - F_n(-2) = 0{,}977 - 0{,}023 = 0{,}954.$

d) Gesucht ist die Brenndauer, die von 90 % aller Glühlampen erreicht wird, bzw. die von einer Glühlampe mit einer Wahrscheinlichkeit von 90 % eingehalten wird.

Wenn 90 % der Glühbirnen länge als die gesuchte Lebensdauer brennen, dann sind 10 % schon vorher ausgefallen. Nach der Tabelle von Bild 2 gehört zu der Wahrscheinlichkeit $F_n(u) = 0{,}1$ das Argument $u = -1{,}282$, woraus sich die gesuchte Brenndauer t ergibt zu

$$t = \bar{t} + \sigma u = 12000 + 100 \cdot (-1{,}282) = 1072 \text{ h};$$

90 % der Glühbirnen brennen also länger als 1072 Stunden.

e) Ist der Bereich um den Mittelwert gefragt, in dem 90 % aller Lebensdauern liegen, so folgt für

$$\int_{-u}^{u} f_n(v)\,dv = 0{,}90$$

das Argument $u = 1{,}645$. Mit einer Wahrscheinlichkeit von 90 % gilt dann die Ungleichung

$$\bar{t} - \sigma u \leqq t \leqq \bar{t} + \sigma u$$
$$1200 - 100 \cdot 1{,}65 \leqq t \leqq 1200 + 100 \cdot 1{,}65$$
$$1035 \text{ h} \leqq t \leqq 1365 \text{ h}$$

Normalverteilung. Tabelle: Messung der Anzugszeit von n_o = 49 Hilfsrelais.

Anzugszeit x in ms liegt im Intervall	95 bis 96	96 bis 97	97 bis 98	98 bis 99	99 bis 100	100 bis 101	101 bis 102	102 bis 103	103 bis 104	104 bis 105
Zahl n_i der Relais	1	6	13	5	10	9	1	2	1	1
Σn_i	1	7	20	25	35	44	45	47	48	49
$F(x) = \frac{\Sigma n_i}{n_o}$	0,02	0,14	0,41	0,51	0,71	0,89	0,91	0,96	0,98	1,00

Die Brenndauer einer Glühlampe ist mit einer Wahrscheinlichkeit von 0,95 größer als 1035 h und mit einer Wahrscheinlichkeit von 0,95 kleiner als 1365 h.

□ Graphische Ermittlung von Mittelwert und Standardabweichung: Werden die bei einem Versuch erhaltenen Werte für die Zufallsvariable geordnet, so sollte bei normalverteilten Variablen die Dichtefunktion glockenförmig und die Summenfunktion s-förmig verlaufen. Normalerweise streuen jedoch die Versuchswerte; die Kurven sind gestört und die Ausgleichung ist unter Umständen schwierig. Sie vereinfacht sich, wenn die Ergebnisse in dem *Wahrscheinlichkeitspapier* aufgetragen werden. Dieses Papier enthält ein Koordinatennetz, dessen Abszisse linear (Größe x) unterteilt ist. Die Ordinate (Summenfunktion F(x)) ist so auseinandergezogen, daß die Schlangenlinie zu einer Geraden wird. Der Vorteil ist, daß sich die Gerade einfacher durch streuende Punkte hindurch legen läßt. Der zu $F(x) = 0{,}5$ gehörende Abszissenwert ist dann der Mittelwert $\bar{x}$: Zu dem Ordinatenwert $F(x) = 0{,}1587$ gehört das Argument $x = \bar{x} - \sigma$, zu dem Ordinatenwert $F(x) = 0{,}8413$ das Argument $x = \bar{x} + \sigma$. Damit kann auf der Abszisse die Standardabweichung σ abgelesen werden.

Beispiel: Die Zufallsvariable X sei die bei den 49 Relais der Tabelle gemessene Anzugszeit. Wird die Summenfunktion

$$w(X \leqq x) = F(x) = \frac{\Sigma n_i}{n_o}$$

auf Wahrscheinlichkeitspapier aufgetragen, so läßt sich (Bild 3) eine Gerade durch die Meßwerte legen. Diese sind also annähernd normalverteilt mit einem Mittelwert von $\bar{x} \approx 98{,}4$ ms und einer Standardabweichung von $\sigma \approx 2{,}3$ ms. *Schrüfer*

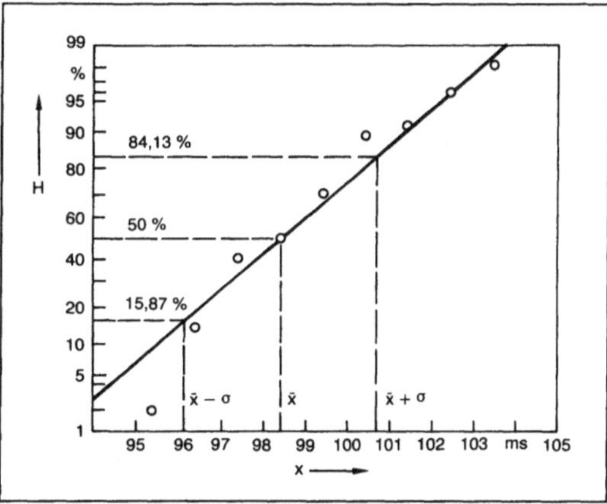

Normalverteilung 3: Darstellung der Meßwerte von der Tabelle auf Wahrscheinlichkeitspapier, Mittelwert $\bar{x} \approx 98{,}4$ ms, Standardabweichung $\sigma \approx 2{,}3$ ms.

Literatur: *Gaede, K. W.:* Zuverlässigkeit, Mathematische Modelle. München, Wien 1977. – *Härtler, G.:* Statistische Methoden für die Zuverlässigkeitsanalyse. Berlin 1983. – *Heinhold, J.* u. *K. W. Gaede:* Ingenieur-Statistik. München 1964. – *Köchel, P.:* Zuverlässigkeit technischer Systeme. Leipzig 1983, Thun und Frankfurt/Main. – *Kreyszig, E.:* Statistische Methoden und ihre Anwendungen. Göttingen 1975. – MBB: Technische Zuverlässigkeit. Berlin, Heidelberg 1977. – *Schrüfer, E.:* Zuverlässigkeit von Meß- und Automatisierungseinrichtungen. München 1984. – *Störmer, H.:* Mathematische Theorie der Zuverlässigkeit, Einführung und Anwendung. München 1970.

Normalverteilung, logarithmische. Eine Zufallsgröße X heißt logarithmisch normalverteilt, falls die Zufallsgröße Z = log X oder Z = ln X normalverteilt ist.

In der Zuverlässigkeitstechnik sind manchmal Werte einer Zufallsgröße X zu ordnen, die über Zehnerpotenzen streuen. In den Fällen, in denen die Zufallsvariable nur positive Werte annimmt (z. B. Abmessungen von Werkstücken, →Lebensdauer von Bauteilen), läßt sich der Logarithmus log X oder ln X der Merkmale bilden, und es läßt sich untersuchen, ob die Größen log X oder ln X evtl. normalverteilt sind. In diesem Fall gehört zu jedem der beobachteten Werte x_i ein Wert z_i mit

$$z_i = \ln x_i = \frac{1}{\log e} \cdot \log x_i$$

Sind die z-Werte normalverteilt, so sind Erwartungswert $\bar{z}$ und Median z_{50} gleich mit

$$z_{50} = \bar{z} = \frac{1}{n} \Sigma z_i = \frac{1}{n} \Sigma \ln x_i$$

Ihre Varianz σ_z^2 errechnet sich zu

$$\sigma_z^2 = \frac{1}{n-1} \Sigma (z_i - \bar{z})^2 = \frac{1}{n-1} \Sigma (\ln x_i - \bar{z})^2 .$$

Damit sind die eine →Normalverteilung bestimmenden Parameter bekannt und die Summenfunktion der l. N. wird

$$F(x) = \frac{1}{\sigma_z\sqrt{2\pi}} \int_{v=-\infty}^{\ln x} e^{-\frac{1}{2}\left(\frac{v-\bar{z}}{\sigma_z}\right)^2} dv$$

Kennwerte: Die Dichtefunktion f_x der l. N. verläuft asymetrisch (Bild 1), wobei die wenigen großen x-Werte den Mittelwert nach rechts verschieben. So sind zu unterscheiden

– der wahrscheinlichste Wert oder Modalwert x_w

$$x_w = e^{\bar{z} - \sigma_z^2}$$

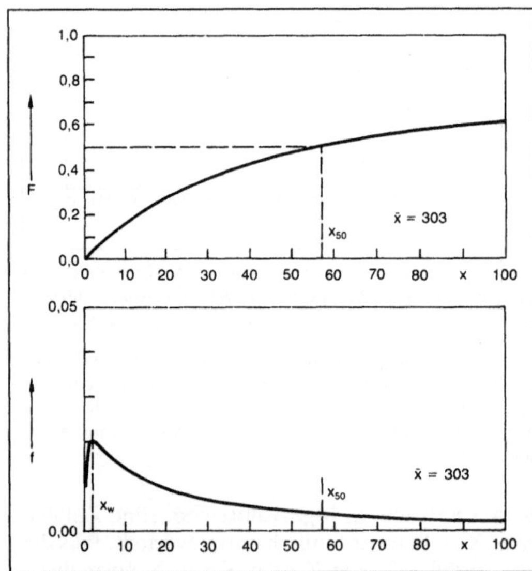

Normalverteilung, logarithmische 1: Dichtefunktion f(x) und Summenfunktion F(x) mit den Werten der Tabelle.

– *der Median* x_{50}

$$x_{50} = e^{\frac{1}{n} \Sigma \ln x_i}$$

– *der Erwartungswert oder Mittelwert* $\bar{x}$

$$\bar{x} = e^{\bar{z} + 0{,}5\sigma_z^2} .$$

Bei technischen Systemen ist $\sigma_z \neq 0$ und $\sigma_z^2 > 0$.

Damit entsteht die Ungleichung

$$e^{\bar{z} - \sigma_z^2} < e^{\bar{z}} < e^{\bar{z} + 0{,}5\,\sigma_z^2}$$

$$x_w < x_{50} < \bar{x}$$

Der wahrscheinlichste Wert ist kleiner als der Median und dieser wiederum wird vom Mittelwert übertroffen.

Bei den z-Werten ist die Differenz zwischen der 84-%-Fraktile und dem Median gleich der Standardabweichung σ_z:

$$z_{84} - z_{50} = \sigma$$

Das bedeutet, daß die 84-%-Fraktile der x-Werte e^{σ_z}-mal so groß ist, wie der Median der x-Werte:

$$\ln \frac{x_{84}}{x_{50}} = \sigma_z; \frac{x_{84}}{x_{50}} = e^{\sigma_z}$$

Graphische Ermittlung von Mittelwert und Standardabweichung: Werden die Werte x_i einer logarithmisch normalverteilten Größe auf Wahrscheinlichkeitspapier mit logarithmisch geteilter Merkmalsachse aufgetragen, so können sie durch eine Gerade ausgemittelt werden. Dazu bekommt bei insgesamt n Meßwerten der i-te Wert die Ordinate

$$\frac{100}{2 \cdot n} + (i-1) \frac{100}{n}$$

In Bild 2 sind die Daten der Tabelle entsprechend behandelt. Der Median der x-Werte liegt offensichtlich in dem Intervall zwischen 55 und 60, das den berechneten Wert $x_{50} = 57{,}71$ einschließt. Das Verhältnis x_{84}/x_{50} bzw. x_{50}/x_{16} ergibt sich zu

$$\frac{360}{57} \approx \frac{57}{9{,}3} \approx 6 .$$

Schrüfer

Normalverteilung, logarithmische. Tabelle: Logarithmisch normalverteilte Zufallsvariable X.

i	1	2	3	4	5	6
x_i	5	12	50	80	220	700
$z_i = \ln x_i$	1,6094	2,4849	3,9120	4,3820	5,3936	6,5511
$F(x_i) = \frac{100}{2 \cdot 6} + (i-1) \frac{100}{6}$	8,5	25	42	58	75	91,5

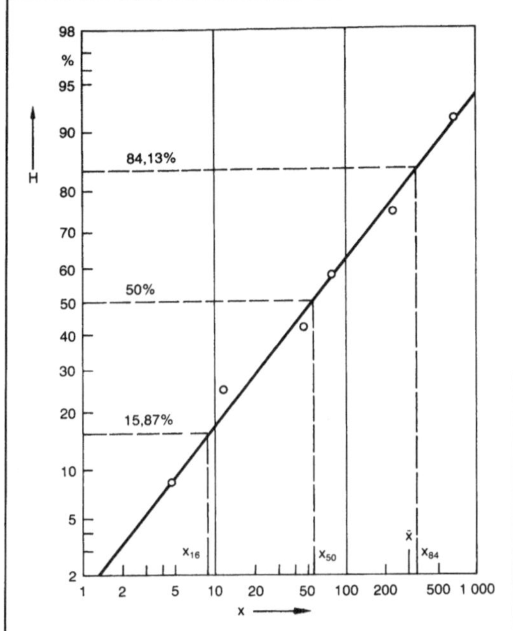

Normalverteilung, logarithmische 2: Darstellung der Meßwerte der Tabelle auf Wahrscheinlichkeitspapier; Median $x_{50} \approx 58$, Mittelwert $\bar{x} \approx 303$.

Literatur: Deutsche Risikostudie Kernkraftwerke. Studie im Auftrag des Bundesministeriums für Forschung und Technologie, 1979. – *Schrüfer, E.:* Zuverlässigkeit von Meß- und Automatisierungseinrichtungen. München 1984.

Normblende →Drosselgerät

Normdüse →Drosselgerät

Normenausschuß. Ein NA im →DIN Deutsches Institut für Normung e. V. ist ein Arbeitsgremium des DIN, das die Normung (→Normung, technische, →Normungsarbeit) auf seinem Fach- und Wissensgebiet verantwortlich trägt.

Die fachliche Arbeit im Rahmen der nationalen Normung wird in Arbeitsausschüssen bzw. Komitees, einer Untergliederung eines NA, das für die Normungsarbeit auf dem ihm zugewiesenen Teil eines Fachgebietes verantwortlich ist, durchgeführt. Für eine bestimmte Normungsaufgabe ist jeweils nur ein Arbeitsausschuß bzw. ein Komitee zuständig, der (das) zugleich diese Aufgaben auch in den europäischen (CEN/CENELEC, →Normung, regionale) und internationalen Normungsorganisationen (→ISO/→IEC, →Normung, internationale) wahrnimmt.

In der Regel sind mehrere Arbeitsausschüsse zu einem NA im DIN zusammengefaßt (Bild), der als Träger auf der Norm erscheint.

Die fachliche Arbeit in den einzelnen Gremien des NA wird von ehrenamtlichen Mitgliedern geleistet, die dabei von hauptamtlichen Bearbeitern (z. B. dem Geschäftsführer) des DIN unterstützt werden.

Die ehrenamtlichen Mitarbeiter sind Fachleute aus den interessierten Kreisen (z. B. Anwender, Behörden, Berufsgenossenschaften, Berufs-, Fach- und Hochschulen, Handel, Handwerkswirtschaft, industrielle Hersteller, Prüfinstitute, Sachversicherer, selbständige Sachverständige, Technische Überwacher, Verbraucher, Wissenschaft). Die ehrenamtlichen Mitarbeiter müssen von den sie entsendenden Stellen für die Arbeit in den Arbeits- und Lenkungsgremien autorisiert und entscheidungsbefugt sein. Bei der Zusammensetzung der Arbeitsausschüsse ist der Grundsatz zu berücksichtigen, daß die interessierten Kreise in einem angemessenen Verhältnis vertreten sind. Für die Planung, Koordinierung, Finanzierung und für Grundsatzentscheidungen bildet der NA einen Beirat, der auch Lenkungsausschuß genannt werden kann (Bild).

Der NA setzt sich auch für die Einführung der Deutschen Normen (→DIN-Normen) seines Fachgebietes in den davon berührten Lebensbereichen ein und wirkt bei der Bearbeitung von Zertifizierungsaufgaben mit (→Normenkonformität, Deutsche Gesellschaft für Warenkennzeichnung, DGWK). *Krieg*

Literatur: DIN 820 Teil 1. Normungsarbeit, Grundsätze. – Richtlinie für Normenausschüsse im DIN, Juni 1990. – Satzung des DIN Deutsches Institut für Normung e. V. – Alles enthalten in: Normenheft 10. Grundlagen der Normungsarbeit des DIN. 5. Aufl. Berlin, 1987.

Normenkonformität. Erfüllt ein Erzeugnis, ein Verfahren oder eine Dienstleistung alle in einer technischen Norm vorgeschriebenen Anforderungen (Festlegungen, die zu erfüllende Kriterien vorgeben), liegt eine Übereinstimmung (Konformität) mit der Norm vor. Die N. kann durch eine eigenverantwortliche Konformitätserklärung, z. B. seitens eines Lieferanten, durch ein von einer Zertifizierungskörperschaft ausgestelltes Konformitätszertifikat oder geschütztes Konformitätszeichen nach außen dokumentiert werden.

Je vielseitiger das Angebot von Gütern wird, umso mehr bedürfen sowohl die nichtgewerblichen Verbraucher als auch die einzelnen Unternehmen (als Anbieter und Abnehmer) eindeutiger Warenkennzeichnungen und Warenbeschreibungen, durch die die Beschaffenheit einer Ware kenntlich gemacht (Warenkenntnis) und eine Vergleichbarkeit innerhalb einer Angebotspalette erreicht werden kann (Marktübersicht, Markttransparenz).

Eine wichtige Informationsquelle zum Erlangen besserer Warenkenntnisse und größerer Markt-

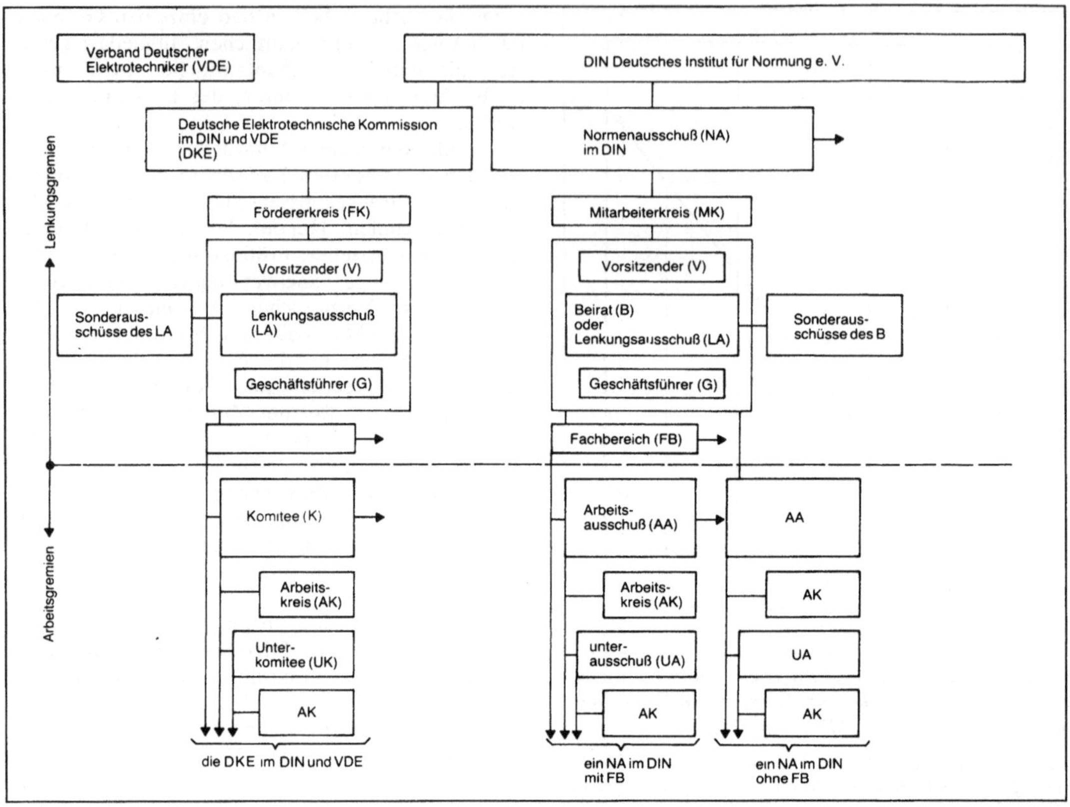

Verband Deutscher Elektrotechniker (VDE)

DIN Deutsches Institut für Normung e. V.

Deutsche Elektrotechnische Kommission im DIN und VDE (DKE)

Normenausschuß (NA) im DIN

Lenkungsgremien

Fördererkreis (FK)

Mitarbeiterkreis (MK)

Vorsitzender (V)

Sonderausschüsse des LA

Lenkungsausschuß (LA)

Geschäftsführer (G)

Vorsitzender (V)

Beirat (B) oder Lenkungsausschuß (LA)

Sonderausschüsse des B

Geschäftsführer (G)

Fachbereich (FB)

Arbeitsgremien

Komitee (K)

Arbeitskreis (AK)

Unterkomitee (UK)

AK

die DKE im DIN und VDE

Arbeitsausschuß (AA)

Arbeitskreis (AK)

unterausschuß (UA)

AK

ein NA im DIN mit FB

AA

AK

UA

AK

ein NA im DIN ohne FB

Normenausschuß: Schema für NA im DIN

transparenz sind Aussagen zur N. und Produktinformationen. Für die Aussage der N. bestimmter Erzeugnisse, Verfahren oder Dienstleistungen gibt es in der Bundesrepublik Deutschland folgende Möglichkeiten:

□ Verwendung des Verbandszeichen DIN oder der DIN-Nummer im Sinne einer Konformitätserklärung.

Unter einer Konformitätserklärung ist hierbei die Feststellung eines Anbieters zu verstehen, der unter seiner alleinigen Verantwortlichkeit behauptet, daß sein Erzeugnis z. B. in Übereinstimmung mit einer bestimmten DIN-Norm ist. Bei Verwendung des Zeichens DIN muß das betreffende Erzeugnis darüber hinaus auch noch den sonstigen berechtigterweise zu stellenden Gebrauchsanforderungen genügen (§ 459 und § 633 BGB).

□ Verwendung des DIN-Prüf- und Überwachungszeichens (Bild 1) und des VDE-Zeichens (Bild 2) als Konformitätszeichen. Während ersteres in der Regel keinen Aussageschwerpunkt hat, ist das VDE-Zeichen ein sicherheitstechnisches Konformitätszeichen, speziell für elektrotechnische Erzeugnisse. Grundsätzlich ist ein Konformitätszeichen ein geschütztes Zeichen (Marke), das aufgrund durchgeführter Prüf- und Überwachungsmaßnahmen durch eine anerkannte Prüfstelle anzeigt, daß hinreichendes Vertrauen gegeben ist, daß das diesbezügliche Erzeugnis in Übereinstimmung mit einer bestimmten DIN-Norm, im Falle des VDE-Zeichens mit einer bestimmten DIN-VDE-Norm (DIN-Norm), ist.

□ Führen eines Konformitätszertifikats, das allerdings nicht zum Führen eines Konformitätszeichens berechtigt, dessen Erteilung aber auf den gleichen Grundlagen basiert.

Konformitätszeichen und Konformitätszertifikate werden gemäß den Regeln eines Zertifizierungssystems von einer Zertifizierungskörperschaft auf

Normenkonformität 1: DIN-Prüf- und Überwachungszeichen.

Normenkonformität 2: VDE-Zeichen.

der Grundlage eines zuvor nur für das betreffende Produkt (Produktgruppe) festgelegten Zertifizierungsprogramms vergeben. Voraussetzung ist, daß entsprechende Normen existieren, in denen alle wesentlichen Anforderungen an das Produkt (also Gebrauchs- und/oder Sicherheitsanforderungen, Leistungsdaten) und die zugehörigen Prüfverfahren enthalten sind. Das Zertifizierungsprogramm enthält detaillierte, produktspezifische Festlegungen über Art, Umfang und Häufigkeit der Prüfungen, Zahl und Umfang der Proben, Bestimmungen über die Eigen- und Fremdüberwachung, Geltungsdauer usw.

Im Falle des DIN-Prüf- und Überwachungszeichens und des Konformitätszertifikats werden alle Zertifizierungsprogramme in Zusammenarbeit zwischen der Deutschen Gesellschaft für Warenkennzeichnung (DGWK) als Zertifizierungskörperschaft und dem jeweils für die betreffende DIN-Norm zuständigen →Normenausschuß des →DIN Deutsches Institut für Normung e. V. aufgestellt. Träger des VDE-Zeichens ist der Verband Deutscher Elektrotechniker (→VDE) mit eigener Prüfstelle.

Beide Konformitätszeichen gehören aufgrund der vor der Vergabe durchzuführenden Prüfungen zu der großen Gruppe der Prüfzeichen.

Ein weiteres wichtiges Prüfzeichen ist das GS-Zeichen des Bundesministeriums für Arbeit und Sozialordnung (BMA). Dieses Sicherheitszeichen soll kenntlich machen, daß das betreffende Produkt den durch anerkannte Regeln der Technik (z. B. →DIN-Normen) konkretisierten sicherheitstechnischen Anforderungen des Gerätesicherheitsgesetzes entspricht.

Obwohl es in Deutschland derzeit über 200 verschiedene Prüfzeichen (einschließlich Güte- und Baustoffüberwachungszeichen) gibt, decken die unterschiedlichen Kennzeichnungen und Zertifikate doch nicht alle Verbrauchsgüter ab. Darüber hinaus werden z. T. auch direkte Informationen über bestimmte Eigenschaften der Produkte erwartet.

Die Produktinformation (PI) soll deshalb den Verbraucher über die wichtigsten Leistungsmerkmale (Kennzeichnungselemente) eines Produktes in einer für die Erzeugnisgruppe einheitlichen Form informieren. Zuständig für diese Art der Warenbeschreibung ist die Deutsche Gesellschaft für Produktinformation (DGPI), deren Geschäftsführung beim DIN liegt. Die von den Fachausschüssen der DGPI erarbeiteten Produktinformationen werden in den DIN-Mitteilungen (DIN Deutsches Institut für Normung e. V.) angezeigt und in der Reihe „Musterblätter für Produktinformationen" veröffentlicht. Entsprechend dem jeweiligen Musterblatt sollen alle geforderten Angaben über das Produkt in der vorgegebenen Reihenfolge in dem Anbieterkatalog (Prospekt) aufgeführt sein. Neben dem Musterblatt wird, bis auf einige wenige Ausnahmen, ein Teil der festgelegten Produktinformationen auszugsweise auf Anhängern bzw. Aufklebern am Erzeugnis oder an der Verpackung wiedergegeben. Der Aufkleber besitzt einen gelben Grund und schwarze Schrift. *Krieg*

Literatur: Zertifizierung der Normenkonformität. Berlin: Deutsche Gesellschaft für Warenkennzeichnung GmbH. – Normenheft 10. Grundlagen der Normungsarbeit des DIN. 5. Aufl. Berlin 1987 – ISO/IEC Guide 2–1986 (D). Allgemeine Fachausdrücke und deren Definitionen betreffend Normung und damit zusammenhängende Tätigkeiten [1]) – ISO/IEC Guide 16–1978. Grundsätze für unabhängige Zertifikationssysteme und diesbezügliche Normen (in englischer Sprache) [1]) – ISO/IEC Guide 28–1982. Allgemeine Regelungen für ein unabhängiges Produktzertifizierungssystem (Modell) (in englischer Sprache) – ISO/IEC-Leitfaden 36. Erarbeitung von genormten Verfahren zur Prüfung von Gebrauchsmerkmalen von Konsumgüterm (SMMP). DIN-Fachbericht 24. Berlin, 1989 – ISO/IEC Guide 42–1984. Leitsätze zum schrittweisen Entstehen eines internationalen Zertifizierungssystem (in englischer Sprache) [1]) – ISO/IEC Guide 44–1985. Allgemeine Grundsätze für unabhängige internationale Zertifizierungsprogramme für Produkte im Rahmen von ISO und IEC (in englischer Sprache) [1]) – Normung, Zertifizierung, Zulassungsverfahren in Japan. DIN-Normungskunde Bd. 19. Berlin 1984 – Zertifizierung in Europa – Meinungen und Perspektiven. DIN-Manuskriptdruck. Berlin, 1989 – DGPI 1001/79. Richtlinien für Produktinformationen in der Bundesrepublik Deutschland. Berlin – *Volkmann, D.:* Bedeutung von Prüfzeichen für die Produktqualität. In: DIN-Mitt. **65** (1986), Nr. 3, S. 171 bis 172. – *Volkmann, D.:* Aktivitäten in der EG auf dem Gebiet der Zertifizierung und Qualitätssicherung. In: DIN-Mitt. **66** (1987), Nr. 9, S. 419 bis 421. – *Warner, A.:* Nationale und internationale Prüfstellen- und Zertifizierungsaktivitäten auf dem Gebiet der Elektrotechnik. In: DIN-Mitt. **62** (1983), Nr. 2, S. 85 bis 89. – *Weissinger, R.:* Industrielle Normung in der Volksrepublik China im Rahmen der Modernisierungspolitik 1978–1983. DIN-Normungskunde. Bd. 24. Berlin 1985.

Normenwerk. Ein N. ist die Gesamtheit der von einer internationalen, regionalen oder nationalen Normungsorganisation herausgegebenen technischen Normen (→Normung, internationale; →Normung, regionale; →DIN Deutsches Institut für Normung e. V.; Deutsches Normenwerk; →Normung, technische).

Die in der →ISO (Normung, internationale) organisierten Mitgliedskörperschaften (nationale Normungsorganisationen) lassen sich aufgrund des Zustandekommens und der Rechtsverbindlichkeit ihrer N. in vier Gruppen unterscheiden:

– Die erste Gruppe ist die der Länder mit einer zentralen Planwirtschaft (z. B.: die Sowjetunion). Die Normung hat dort den Charakter einer Werknormung (Werknorm) in einem Großkonzern. Die Anwendung der Normen ist für jedermann verbindlich. Die Normen erarbeitenden Gremien sind weisungsgebundener Teil der staatlichen Wirtschaftsverwaltung. Beispiel hierfür sind die GOST-Normen der UdSSR.

– Die zweite Gruppe bilden die Länder der Dritten Welt und sog. Schwellenländer.

Hier ist die Normung eines der Mittel, um die Industrialisierung unter gleichzeitiger Wahrung eines bestimmten Qualitätsniveaus zu forcieren. Die Normeninstitute gehören zur allgemeinen staatlichen Wirtschaftsverwaltung im Rahmen einer teils staatlichen, teils privaten Wirtschaftsordnung. Sie sind in der Regel mit einer Prüfanstalt, dem Eichamt und Ämtern für die Exportförderung und die Warenkennzeichnung (→Normenkonformität) gekoppelt.

Beispiele hierfür sind die KS-Normen aus Kenia, die NIS-Normen aus Nigeria und die GB-Normen aus der Volksrepublik China.

– Die dritte Gruppe bilden kleinere, seit langem industrialisierte Staaten Westeuropas, z. B. die Niederlande, Dänemark, Österreich. Sie besitzen in der Regel eigene Normeninstitute, sind jedoch entscheidend auf die →Normungsarbeit der internationalen Normungsorganisationen und derjenigen der großen Industrienationen angewiesen. Sie stellen teilweise überhaupt keine eigenen Normen auf oder übernehmen in großem Umfang die Normen Dritter in einem Übernahmeverfahren (→DIN-Normen werden z. B. in der Schweiz und in Österreich angewendet).

Beispiele sind die ÖNORM aus Österreich, die DS-Normen aus Dänemark und die NEN-Normen aus den Niederlanden.

– Die vierte Gruppe bilden die großen Industrieländer. Hier sind die Normenorganisationen Selbstverwaltungsorgane der Wirtschaft mit einer unterschiedlich festen Anbindung an den Staat.

Beispiele sind die DIN-Normen in Deutschland, die BS-Normen aus Großbritannien und die NF-Normen aus Frankreich.

In dieser Gruppe bilden die USA und Kanada wegen der extremen Zersplitterung ihrer Normungsorganisationen Ausnahmen. *Krieg*

Literatur: *Becker, K.*: Normung in Afrika. In: DIN-Mitteilungen **61** (1982), Nr. 8, S. 458–461. – *Kaiser, T.-C.*: 50 Jahre technische Normung in Argentinien. In: DIN-Mitteilungen **65** (1986), Nr. 1, S. 46, 47. – *Kaiser, T.-C.*: Technische Normung in Korea. In: DIN-Mitteilungen **66** (1987), Nr. 4, S. 202–205. – Normung, Zertifizierung, Zulassungsverfahren in Japan. DIN-Normungskunde. Band 19. Berlin 1984. – Industrielle Normung in der Volksrepublik China im Rahmen der Modernisierungspolitik 1978–1983. DIN-Normungskunde. Band 24. Berlin 1985. – *Oberheiden, W.* und *Winckler R.*, Neue britische Normenpolitik. In: DIN-Mitteilungen **62** (1983) Nr. 4, S. 201–202. – *Peyton, D. L., USA*: Normung, Prüfung und Zertifizierung in den Vereinigten Staaten von Amerika – Ein persönlicher Ausblick. In: DIN-Mitteilungen **69** (1990), Nr. 3, S. 141–143. – *Schulz, K.-P.*: BSI schließt mit britischer Regierung Normenvertrag ab. In: DIN-Mitteilungen **62** (1983), Nr. 4, S. 202–203. – *Schulz, K.-P.* und *Trotier, R.*: Neue französische Rechtsverordnung über Normung. In: DIN-Mitteilungen **63** (1984), Nr. 5, S. 255–258. – *Wachter, Th.*: Neue Impulse für die Normungsarbeit in Frankreich. Übersetzung aus Enjeux. Nr. 49. Juli/August 1984, S. 3–6. In: DIN-Mitteilungen **63** (1984), Nr. 11, S. 610–612.

Normung, internationale. Die i. N. (→Normung, technische) ist ein wesentlicher Bestandteil der weltweiten Harmonisierungsbestrebungen. Internationale Normen bilden die Grundlage für den Abbau tarifärer und nichttarifärer (technischer) Handelshemmnisse und erleichtern damit weltweit den Ex- und Import von Waren.

Die Mitgliedschaft in einer internationalen Normungsorganisation steht den anerkannten normenschaffenden Institutionen (Normungsorganisationen) aller Länder offen. Die deutsche „Nationale Normungsorganisation" ist das →DIN Deutsches Institut für Normung e. V.

Zuständig für die i. N. ist die Internationale Normungsorganisation →ISO (International Standards Organization) und die Internationale Organisation für elektrotechnische Normung →IEC (International Electrotechnical Commission).

Ungeachtet dessen, daß einzelne nationale Mitgliedsorganisationen in ihren jeweiligen Ländern einen Behördenstatus bekleiden, sind ISO und IEC privatrechtliche internationale Organisationen mit Sitz in Genf. Zwischen ihnen und internationalen oder europäischen Organisationen mit Regierungs- und Behördenbeteiligung gibt es zahlreiche Querverbindungen und Wechselwirkungen.

Bild 1 zeigt beispielhaft Verflechtungen der Normungsorganisationen untereinander und mit anderen Organisationen.

Neben ISO und IEC erarbeiten und veröffentlichen noch andere weltweite Organisationen Festlegungen zur Klärung wissenschaftlicher und wirtschaftlicher Probleme – also Normen im weitesten Sinne. Zu nennen sind hier u. a. die Internationale Organisation für Gesetzliches Meßwesen OIML (Organisation Internationale de Métrologie Légale), das Internationale Arbeitsamt ILO (International Labour Organization), die Internationale Organisation für Zivile Luftfahrt ICAO (International Civil Aviation Organization) und die Internationale Fernmeldeunion UIT (Union Internationale des Télécommunications), die bereits über hundert Jahre besteht.

ISO und IEC haben aus einem Land jeweils nur ein Mitglied, das die gesamten Normungsinteressen dieses Landes zu vertreten hat. Die deutsche Betei-

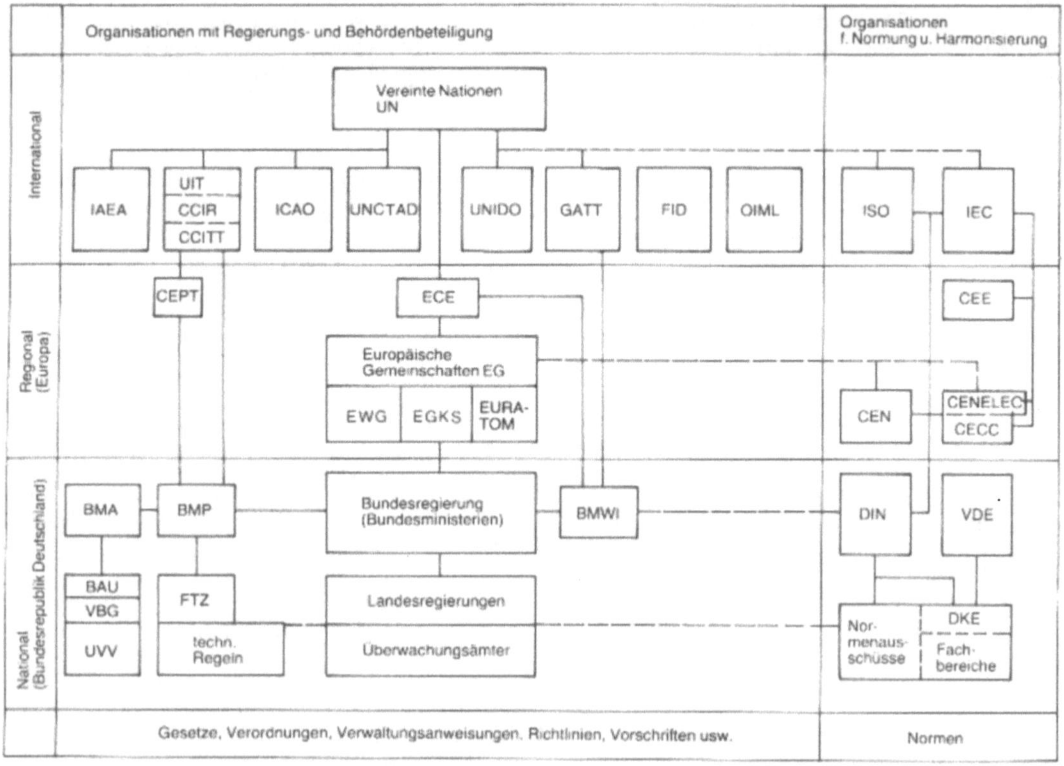

Organisationen mit Regierungs- und Behördenbeteiligung
Organisationen f. Normung u. Harmonisierung
International
Vereinte Nationen UN
IAEA
UIT
CCIR
CCITT
ICAO
UNCTAD
UNIDO
GATT
FID
OIML
ISO
IEC
Regional (Europa)
CEPT
ECE
CEE
Europäische Gemeinschaften EG
EWG
EGKS
EURATOM
CEN
CENELEC
CECC
National (Bundesrepublik Deutschland)
BMA
BMP
Bundesregierung (Bundesministerien)
BMWi
DIN
VDE
BAU
VBG
UVV
FTZ
techn. Regeln
Landesregierungen
Überwachungsämter
Normenausschüsse
DKE
Fachbereiche
Gesetze, Verordnungen, Verwaltungsanweisungen, Richtlinien, Vorschriften usw.
Normen

Normung, internationale 1: Normung im Wirkungsgrad von Organisationen

ligung an der i. N. bei ISO und IEC vollzieht sich ausschließlich über das DIN Deutsches Institut für Normung e. V. Die ISO ist auf die fachliche Zuarbeit und auf die Finanzierung aus den Mitgliedsländern angewiesen.

Der organisatorische Aufbau von ISO und IEC folgt weitgehend gemeinsamen Prinzipien (Bild 2).

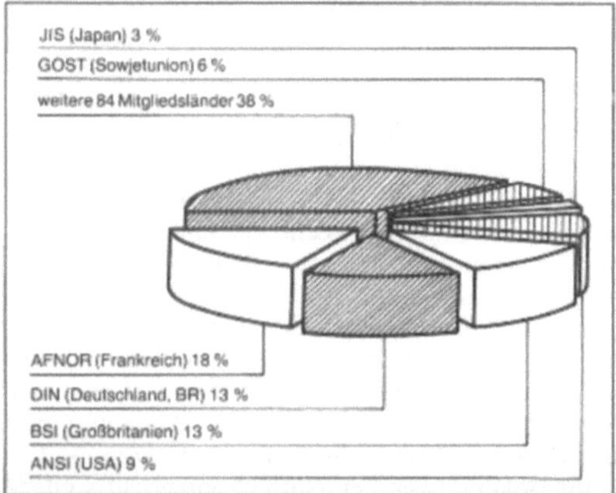

JIS (Japan) 3 %
GOST (Sowjetunion) 6 %
weitere 84 Mitgliedsländer 38 %
AFNOR (Frankreich) 18 %
DIN (Deutschland, BR) 13 %
BSI (Großbritanien) 13 %
ANSI (USA) 9 %

Normung, internationale 2: Grundsätzlicher organisatorischer Aufbau internationaler Normungsorganisationen.

Die Facharbeit (→Normungsarbeit), d. h. das Erarbeiten der Internationalen Normen wird dezentral in technischen Komitees (TC) (beim DIN sind es die Normenausschüsse) durchgeführt, deren Arbeitsgebiete durch ein für die Koordinierung der Facharbeit zuständiges Gremium geprüft und genehmigt werden. Teilbereiche der Arbeitsgebiete können auf Unterkomitees (SC) (vergleichbar den Arbeitsausschüssen beim DIN, →Normenausschuß), vorbereitende Arbeiten auf Arbeitsgruppen verteilt sein. Zu den Sitzungen der technischen Komitees und Unterkomitees entsenden die Mitglieder offizielle Delegationen. Neben diesen nehmen auch häufig Vertreter internationaler und europäischer Verbände und Organisationen an den Sitzungen als Beobachter teil.

Die in den Arbeitsgruppen mitarbeitenden Experten werden gewöhnlich von den Mitgliedsländern, d. h. deren Normungsorganisationen als Personen benannt. Die Sekretariate (Geschäftsstellen) der technischen Komitees und ihre Unterteilungen werden jeweils durch ein Mitglied und dort von dem jeweils fachlich zuständigen Normenausschuß betreut. Das Zentralsekretariat ist hierbei insbesondere für Koordinierungsfragen und für die Veröffentlichung der Normungsergebnisse zuständig.

Die offiziellen Verhandlungssprachen (in diesen Sprachen werden auch die Normen veröffentlicht) sind Englisch, Französisch und Russisch. Für die Verständigung in den Arbeitsgremien und für untergeordnete Dokumente spielt die englische Sprache eine dominierende Rolle. Die Grundregeln für die Arbeit der internationalen Normenorganisationen ISO und IEC finden sich in ihren Satzungen und ergänzenden Geschäftsordnungen. Daneben gibt es Geschäftsordnungen (Directives, International Regulations) für die Facharbeit. Festlegungen zu allgemein interessierenden Einzelfragen (z. B. Normungstechnik, Zertifizierung, grundlegende Terminologie) werden häufig als Leitfäden (Guides) veröffentlicht.

ISO und IEC arbeiten zunehmend enger zusammen. Für die Informationstechnik haben ISO und IEC ein gemeinsames Technisches Komitee gebildet. Darüber hinaus haben sie die Regeln für ihre Facharbeit vereinheitlicht. Um die Entwicklung auf ein gemeinsames internationales Normeninstitut auch äußerlich kenntlich zu machen, werden sie künftig als „International Standardization Union ISO/IEC" auftreten.

Hauptarbeitsziel von ISO und IEC ist die Veröffentlichung Internationaler Normen (ISO- und IEC-Normen).

Das Präsidium des DIN Deutsches Institut für Normung e. V. hat in einem Beschluß festgehalten, daß eine Internationale Norm, der das DIN zugestimmt hat, vorzugsweise ohne fachliche Überarbeitung in das Deutsche Normenwerk übernommen werden soll.

Für die Übernahme Internationaler Normen der ISO und der IEC sind drei Verfahren festgelegt worden:

– Die *unveränderte Übernahme* läßt den Inhalt der Internationalen Norm vollständig und unverändert sowie im Aufbau formgetreu wieder in der Deutschen Norm entstehen. Der Inhalt der Internationalen Norm wird ohne Änderungen ins Deutsche übertragen. Im Titelfeld der Norm steht ein Zusatz – Identisch mit ISO oder IEC (Nummer mit Ausgabe und englischen Originaltitel). Die Nummer der Internationalen Norm darf in die DIN-Norm-Nummer übernommen werden. Die →DIN-Normen werden dann als DIN-ISO- oder DIN-IEC-Normen gekennzeichnet (Beispiel: Aus ISO 2431 wird DIN ISO 2431).

– Bei der *teilweisen Übernahme* wird eine Deutsche Norm in Anlehnung an die Internationale Norm erarbeitet. Die DIN-Norm-Nummer darf keinen Hinweis auf die Internationale Norm-Nummer enthalten. Der sachliche Zusammenhang wird in einer Vorbemerkung erwähnt und in den Erläuterungen näher ausgeführt.

– Bei der *modifizierten Übernahme* wird der Inhalt der Internationalen Norm vollständig und im Aufbau formgetreu wiedergegeben, jedoch durch lesbar bleibende Streichungen, Änderungen und Ergänzungen national modifiziert. Die DIN-Norm-Nummer bleibt unverändert. Im Titelfeld der Norm steht ein Zusatz ISO . . . (Nummer) modifiziert oder IEC . . . (Nummer) modifiziert. Diese Methode ist insbesondere dann geeignet, wenn die Änderungen zwar fachlich wichtig, jedoch von geringem Umfang sind. *Krieg*

Literatur: DIN 820 Teil 15, Normungsarbeit; Übernahme von Internationalen Normen der ISO und der IEC; Begriffe und Gestaltung. – IEC/ISO Directives for the technical work. 1989. (drei Teile). – ISO Constitution and rules of procedure. 1985. – IEC Statutes and Rules of Procedure. – Handbuch der Normung, Innerbetriebliche Normungsarbeit, Bd. 1. Grundlagen der Normungsarbeit. 7. Aufl. Berlin, 1989. – *Sturen, O.:* Die Perspektiven der ISO. In: DIN-Mitteilungen **61** (1982), Nr. 10. – *Sturen, O.:* Die Zusammenarbeit zwischen Industrie und Entwicklungsländern auf dem Gebiet der internationalen Normung. In: DIN-Mitt. **61** (1982) Nr. 1. – *Sturen, O.:* Normen im internationalen Handelsverkehr. International Organization for Standardization (ISO). Genf: 1984.

Normung, regionale. Mit der wechselseitigen wirtschaftlichen Verflechtung benachbarter Länder und Ländergruppen wird eine übereinstimmende Normung (→Normung, technische) immer wichtiger, weil sonst mitunter gravierende Handelshemmnisse auf vielen Gebieten bestehenbleiben. Diese Aufgabe, bestehende nationale Normen zu harmonisieren und neue, regional geltende Normen zu entwickeln, übernehmen supranationale, auf Kontinente oder kleinere miteinander verflochtene Wirtschaftsräume beschränkte Normungsorganisationen.

Die für die r. N. in Westeuropa (EG- und EFTA-Staaten) zuständigen, eng miteinander verbundenen Normeninstitutionen sind das Europäische Komitee für Normung CEN (Comité Européen de Normalisation) und das Europäische Komitee für elektrotechnische Normung CENELEC (Comité Européen de Normalisation Electrotechnique). Zwischen ihnen und den nationalen sowie internationalen Normungsorganisationen und Organisationen mit Regierungs- und Behördenbeteiligung bestehen enge, wechselseitige Beziehungen (Normung, internationale).

CEN/CENELEC sind keine staatlichen Körperschaften. Es sind privatrechtliche und gemeinnützige Vereinigungen mit Sitz in Brüssel. Ihre Gründung geht auf das Jahr 1961 zurück und steht damit (nicht zufällig) in einem zeitlichen Zusammenhang mit der Gründung der Europäischen Wirtschaftsgemeinschaft. CEN/CENELEC haben sich in einer Vereinbarung vom August 1982 zur „Gemeinsamen Europäischen Normeninstitution" erklärt.

Ihr organisatorischer Aufbau entspricht weitgehend mit Generalversammlung, Verwaltungsrat, Technischem Büro (dem fachlichen Koordinierungsgremium), Zentralsekretariat und Technischen Komitees (den Normenausschüssen vergleichbar) weitgehend dem der →ISO (→Normung, internationale).

Die Arbeitsteilung ist wie zwischen →IEC und ISO geregelt. So ist CENELEC für die Normungsfragen auf dem Gebiet der Elektrotechnik und Elektronik zuständig, während die übrigen Gebiete in den Zuständigkeitsbereich von CEN fallen.

Deutsches Mitglied im CEN ist das →DIN Deutsches Institut für Normung e. V., im CENELEC die Deutsche Elektrotechnische Kommission (DKE) im DIN und →VDE. Eine deutsche Beteiligung an der europäischen Normung bei CEN/CENELEC ist also nur über das DIN möglich.

Die europäische Normung hat, verglichen mit der internationalen oder der deutschen Normung, eine schwierigere Rolle zu übernehmen.

Auf Beschluß des Rates der Europäischen Gemeinschaften (EG) gehört die Vollendung des Europäischen Binnenmarktes zu den vordringlichsten Zielen der EG. Zu den Vorgaben, die helfen sollen dieses Ziel zu verwirklichen, gehört auch die Entschließung des Rates über eine neue Konzeption auf dem Gebiet der technischen Harmonisierung und Normung. Der Kern dieser Konzeption besagt, daß die nach den Römischen Verträgen vorgesehene Angleichung der Rechtsvorschriften der einzelnen EG-Staaten, sich bei festzulegenden technischen Sachverhalten auf die grundlegenden Sicherheitsanforderungen (Sicherheitsziele) beschränken soll. Die Konkretisierung, d. h. die Ausfüllung des Rahmens mit detaillierten technischen Festlegungen, soll den freiwilligen Europäischen Normen vorbehalten bleiben, auf die z. B. mittels der Generalklauselmethode (technische Regel) verwiesen werden kann.

Bei diesem Bezug auf technische Normen werden die Europäischen Normen (EN-Normen) von CEN/CENELEC bevorzugt.

Die Basis der Zusammenarbeit zwischen der EG und CEN/CENELEC bildet eine zwischen CEN/CENELEC und der EG-Kommission getroffene Vereinbarung. Auch die Europäische Freihandelsassoziation (EFTA) hat gleichgeartete Leitsätze für die Zusammenarbeit mit CEN/CENELEC vereinbart.

Das Hauptziel der europäischen →Normungsarbeit, wie es auch in allen Leitsätzen beschrieben wird, ist es, neben dem Erstellen eines umfassenden Europäischen Normenwerkes insbesondere die Harmonisierung der bestehenden nationalen Normen zu forcieren. Hierbei müssen soweit wie möglich internationale Normen zugrunde gelegt werden, um nicht an den Grenzen der EG neue technische Handelshemmnisse gegenüber Drittländern im Sinne des GATT entstehen zu lassen.

Anders als auf der internationalen Ebene gibt es Europäische Normen nicht als eigenständige Dokumente (mit Ausnahme der „Master Copies" in den Archiven der Zentralsekretariate), sondern lediglich in ihren nationalen Umsetzungen. Die offiziellen Sprachen für veröffentlichte Arbeitsergebnisse von CEN/CENELEC sind Deutsch, Englisch und Französisch. Anders als im Falle der Internationalen Normen verpflichtet die Zustimmung (oder das Überstimmtwerden) zu einer Europäischen Norm das betreffende Mitglied zur unveränderten Übernahme in das nationale Normenwerk (gewichtete Abstimmung; die qualifizierte Mehrheit entscheidet). Die Übernahme einer Europäischen Norm in das Deutsche Normenwerk (DIN Deutsches Institut für Normung e. V.) geschieht vorrangig durch Hinzufügen einer nationalen Titelseite zu der deutschen Originalfassung der Europäischen Norm.

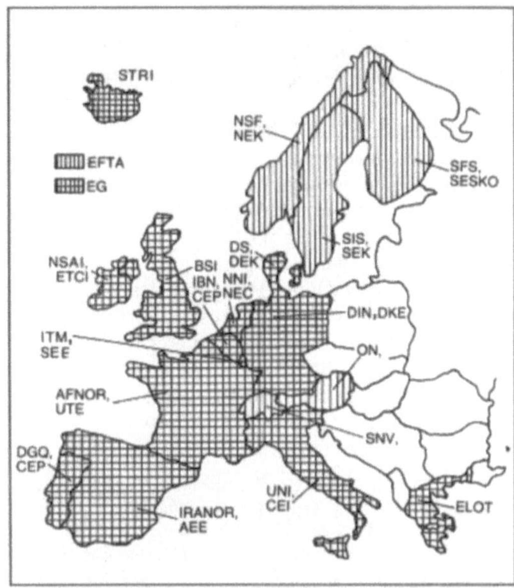

Normung, regionale: Mitglieder von CEN und CENELEC

Bei dieser unveränderten Übernahme darf in das Nummernfeld der DIN-Norm die EN-Nummer übernommen werden (→DIN-EN-Norm).

Die Übernahmeverpflichtung einer Europäischen Norm bedeutet nicht nur, dieser den Status einer nationalen Norm zu geben, sondern auch etwaige andere entgegenstehende nationale Normen zum gleichen Thema zurückzuziehen.

Wenn aufgrund begründeter nationaler Abweichungen keine Europäische Norm zustande kommen kann, wird dafür häufig ein Europäisches Harmonisierungsdokument erstellt. Zu Harmonisierungsdokumenten (HD) sind nationale Abweichungen erlaubt, die zwar nicht Teil des HD sind, aber zusammen mit ihm veröffentlicht werden. Hierbei wird zwischen A-Abweichungen aufgrund von (Rechts- oder Verwaltungs-)Vorschriften außerhalb der Zuständigkeit des Mitgliedes und B-Abweichungen aufgrund besonderer technischer Bedürfnisse (für eine festgelegte Übergangsfrist) unterschieden.

Die CEN/CENELEC-Mitglieder haben eine Stillhaltevereinbarung geschlossen. Diese verpflichtet sie, während einer gegebenen Zeitspanne keine neue oder überarbeitete nationale Norm zu veröffentlichen, die nicht völlig in Einklang mit bestehenden EN-Normen oder HD steht.

Auf der Grundlage einer Richtlinie des Rates der EG wurde ein EG-Informationsverfahren eingeführt. Sowohl Regelsetzer als auch Regelanwender werden damit über alle neuen Normungsvorhaben, alle Norm-Entwürfe und alle Entwürfe für technische Vorschriften (Rechtsnormen-Entwürfe) in ihren Nachbarländern informiert.

Literatur: CEN/CENELEC-Geschäftsordnung. Teil 1, Organisation und Verwaltung. Teil 2, Gemeinsame Regeln für die Normungsarbeit. – DIN 820 Teil 13 Normungsarbeit; Übernahme von Europäischen Normen und von Harmonisierungsdokumenten des CEN und des CENELEC; Begriffe und Gestaltung. – Europäische Normen für 1992. Ein Leitfaden des DIN. Berlin, 1989. – Europäisches Recht der Technik. EG-Richtlinien, Bekanntmachungen, Normen. DIN. Berlin, 1989. – Entschließung des Europäischen Parlaments vom 8. April 1987 über die technische Harmonisierung und Normung in der Europäischen Gemeinschaft. In: DIN-Mitt. **66** (1987) Nr. 7, S. 338, 339. – Handbuch der Normung. Innerbetriebliche Normungsarbeit. Bd. 1. Grundlagen der Normungsarbeit. 7. Aufl. Berlin, 1989. – ISO/IEC Guide 2-1986 (D), Allgemeine Fachausdrücke und deren Definitionen betreffend Normung und damit zusammenhängende Tätigkeiten.– *Mohr, C.:* Das EG-Informationsverfahren. In: DIN-Mitt. **62** (1983) Nr. 6, S. 323–326. – *Mohr, C.:* Vereinbarung EG-Kommission – CEN/CENELEC. In: DIN-Mitt. **64** (1985) Nr. 2, S. 78, 79. – *Mohr, C.:* Europäische Normung im Aufbruch. In: DIN-Mitt. **64** (1985), Nr. 8, S. 395–401. – *Mohr, C.:* Der Gemeinsame Markt braucht Europäische Normen. In: DIN-Mitt. **66** (1987), Nr. 5 S. 231, 232. – *Reihlen, H.:* Auswirkungen des EG-Binnenmarktes auf die technische Regelsetzung. In: DIN-Mitt. **68** (1989) Nr. 9, S. 449–457.

Normung, technische. Normung ist ganz allgemein ein Mittel zur Ordnung und Grundlage für ein sinnvolles Zusammenarbeiten und Zusammenleben.

Die t. N. bietet Lösungen für immer wiederkehrende Aufgaben unter Berücksichtigung der neuesten Erkenntnisse aus Wissenschaft und Technik; dies unter Beachtung der wirtschaftlichen Gegebenheiten und vor dem Hintergrund der jeweiligen Wertordnungen und sozialen Tatbestände.

Normung ist die planmäßige, durch interessierte Kreise (→Normenausschuß) gemeinschaftlich durchgeführte Vereinheitlichung von materiellen und immateriellen Gegenständen zum Nutzen der Allgemeinheit. Sie darf nicht zu einem wirtschaftlichen Sondervorteil einzelner führen.

Sie fördert die Rationalisierung und →Qualitätssicherung in Wirtschaft, Technik, Wissenschaft und Verwaltung. Sie dient der Sicherheit von Menschen und Sachen sowie der Qualitätsverbesserung in allen Lebensbereichen.

Sie dient außerdem einer sinnvollen Ordnung und der Information auf dem jeweiligen Normungsgebiet.

Die Normung wird auf nationaler, regionaler und internationaler Ebene durchgeführt (→DIN Deutsches Institut für Normung e. V.; →Normung, regionale; →Normung, internationale).

Diese Definition entspricht dem neuesten Stand der Normung. Sie berücksichtigt die Zuwendung der Normung zu immateriellen Gütern, wie den Problemen des Umweltschutzes. Eine der ersten Definitionen der Normung, von Prof. *Kienzle*, ist noch ganz auf die Anfänge der Normung ausgerichtet, also auf den technisch-industriellen Bereich. Er definierte die Normung im Gegensatz dazu:

□ Normung ist das einmalige Lösen einer sich wiederholenden technischen und/oder organisatorischen Aufgabe unter Mitarbeit möglichst aller Beteiligten mit dem Ergebnis einer, den jeweiligen Stand der Technik/Organisation auswertenden zeitlich begrenzten Bestlösung.

Diese unterschiedlichen Definitionen zeigen deutlich die Erweiterung der Ziele der Normung im Laufe der Zeit.

Auch die heutige t. N. enthält als wesentlichen Bestandteil starke Elemente des Rationalen. Rationalisierung, als Bestlösung sich wiederholender technischer und/oder organisatorischer Aufgaben, ist nach wie vor das wichtigste Ziel, das durch die Normung angestrebt wird. Der Begriff „Rationalisierung" muß allerdings aus seiner betriebswirtschaftlichen Einengung herausgelöst werden, so daß er als die Optimierung verschiedener Zielwerte, wie Materialeinsatz, Arbeitseinsatz, Energieeinsatz, Sicherheit, Gesundheit und natürliche Umwelt, verstanden werden kann. Dieser Rationalisierungsbegriff beinhaltet dabei auch das Ziel der Wirtschaftlichkeit.

Die t. N., die ein Spiegelbild der Geisteshaltung ihrer Zeit ist, tendiert damit immer mehr zu einer ganzheitlichen Erfassung aller Lebensbedingungen und Umstände.

Seitdem der technische Fortschritt auch als Bedrohung empfunden wird, sind technische Normen zu einer Vertrauen schaffenden Grundlage des Gebrauches der Technik geworden. Ihre Festlegungen sollen vor unerwünschten und schädigenden Folgen der Technik schützen. Sicherlich nicht zuletzt aus diesem Grunde haben z. B. die →DIN-Normen für den Verbraucherschutz, den Arbeitsschutz, den Unfallschutz, den Datenschutz und den Umweltschutz eine besondere Bedeutung gewonnen.

Die t. N. hat z. B. als nationale (DIN) europäische, internationale Normung (CEN/CENELEC,

ISO/IEC) oder als Werknormung (Werknorm) beim methodischen und rationellen Konstruieren in Systemen eine große Bedeutung. Dabei steht die lösungsbeschränkende Zielsetzung der Normung in keinem Gegensatz zu der eine Lösungsvielfalt anstrebenden Konstruktionsmethodik, da die Normung sich im wesentlichen auf die Festlegung einzelner Elemente, Teillösungen, Werkstoffe, Berechnungsverfahren, Prüfvorschriften und dgl. konzentriert. Die Lösungsvielfalt und Lösungsoptimierung kann durch eine geschickte Kombination bzw. Synthese bekannter Elemente und Gegebenheiten erreicht werden. Die Normung ist also nicht nur eine wichtige Ergänzung, sondern sogar eine Voraussetzung für die bausteinartig vorgehende Methodik.

Weitere wichtige Vorteile der t. N. bzw. →Normungsarbeit sind u. a. die Verbesserung der Eignung von Erzeugnissen, Verfahren und Dienstleistungen für ihren geplanten Zweck, die Vermeidung von Handelshemmnissen und die Erleichterung der technischen Zusammenarbeit.

In Deutschland ist die t. N. eine Aufgabe der Selbstverwaltung der an der Normung interessierten Kreise unter Einschluß des Staates. Das DIN Deutsches Institut für Normung e. V. ist hierbei der runde Tisch, an dem sich Hersteller, Handel, Gewerkschaften, Verbraucher, Wissenschaft, technische Überwachung und Staat, jedermann, der ein Interesse an der Normung hat, zusammensetzen, um den Stand der Technik zu ermitteln und in nationalen technischen Normen, hier DIN-Normen, niederzuschreiben (→Normungsarbeit).

Aufgrund ihres Status als Normen, ihrer öffentlichen Erarbeitungsverfahren und Zugänglichkeit sowie ihrer laufenden Anpassung an den sich wandelnden Stand der Technik werden internationale, regionale und nationale Normen als anerkannte Regeln der Technik (technische Regel) angesehen.

Krieg

Literatur: Handbuch der Normung. Band 1 bis 3. Berlin: Beuth Verlag GmbH, 1989. – *Kienzle, O.:* Normung und Wissenschaft. In: Z. VDI. Band (1943), Nr. 5, S. 68 bis 76. – *Kienzle, O.:* Grenzen der Normung. In VDI-Z **92** (1950), Nr. 22, S. 622 bis 627. – Normenheft 10. Grundlagen der Normungsarbeit des DIN. 5. Aufl. Berlin, 1987.

Normungsarbeit. Bezeichnung für eine Tätigkeit zur Erstellung von Festlegungen für die allgemeine und wiederkehrende Anwendung, die auf aktuelle oder absehbare Probleme Bezug hat und die Erzielung eines optimalen Ordnungsgrades in einem gegebenen Zusammenhang anstrebt.

Sie besteht im besonderen aus den Vorgängen zur Formulierung, Herausgabe und Anwendung von Normen (in Deutschland →DIN-Normen) sowie deren Anpassung an den jeweiligen Stand der technischen Entwicklung. Diese Arbeit (Tätigkeit) für die Normung wird überbetrieblich von Normungsorganisationen wahrgenommen und auf verschiedenen Normungsebenen abgewickelt (→Normung, technische, →Normenarten, →Normungsprozeß, →Normung, regionale, →Normung, internationale).

Die deutsche „Nationale Normungsorganisation" ist das →DIN Deutsches Institut für Normung e. V.

Im DIN wird die N. von in der Regel zu →Normenausschüssen zusammengefaßten Arbeitsausschüssen durchgeführt. Bei ihrer Arbeit sind die Ausschüsse an die Beschlüsse des Präsidiums des DIN, an die Richtlinie für Normenausschüsse und an dic in der Normenreihe DIN 820 festgelegten Grundlagen für die N. gebunden.

Die N. beginnt mit einem Normungsantrag und folgt dann dem nachstehend in groben Zügen beschriebenen Arbeitsablauf (Bild):

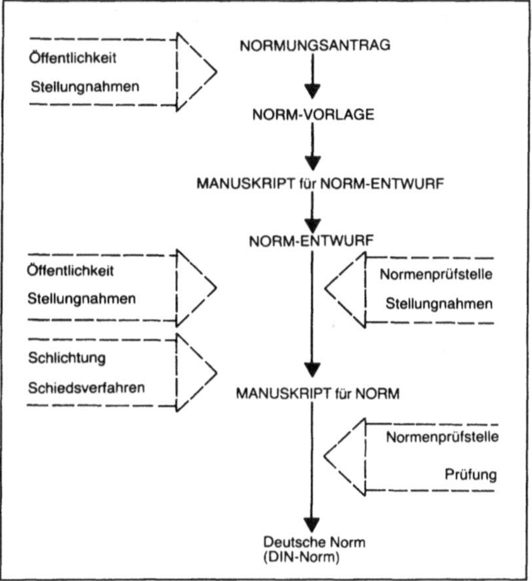

Normungsarbeit: Werdegang einer DIN-Norm

– Behandeln eines *Normungsantrages* (er kann von jedermann gestellt werden und soll möglichst einen Norm-Vorschlag enthalten) in dem zuständigen →Normenausschuß

– wird der Normungsantrag angenommen, so wird der Arbeitstitel des vorgesehenen Normungsvorhabens veröffentlicht (Möglichkeit der Stellungnahme für die Öffentlichkeit) und zu gegebener Zeit eine *Norm-Vorlage* erstellt

– Beraten bis zum Verabschieden der Norm-Vorlage als Manuskript für den *Norm-Entwurf*

– Prüfen des Manuskriptes durch die Innere Normenprüfstelle (ob die für die N. geltenden Grundsätze und Regeln berücksichtigt wurden) und Veröffentlichen des *Norm-Entwurfs*

– Stellungnahmen zum Norm-Entwurf seitens der Öffentlichkeit (jedermann kann Stellung nehmen) und der Normenprüfstelle (Ausschuß des Präsidiums des DIN, das die Einhaltung der Grundsätze und Regeln überwacht, z. B. auf Fristen und Widersprüchlichkeiten achtet)
– Behandeln der zum Norm-Entwurf eingegangenen Stellungnahmen im Arbeitsausschuß (Einsprecher erhalten die Möglichkeit ihre Stellungnahme vor dem Ausschuß zu vertreten; im Falle der Ablehnung seines Einspruches ist er berechtigt, ein Schlichtungs- und gegebenenfalls ein Schiedsverfahren zu beantragen)
– Ergeben sich keine wesentlichen Änderungen des Inhaltes, kann eine, gegebenenfalls überarbeitete Fassung als endgültige Fassung der Norm verabschiedet und als *Manuskript für die Norm* eingereicht werden
– Abschließende Prüfung des Manuskriptes durch die Normenprüfstelle und Anfertigung eines Kontrollabzuges
– Aufnehmen der Norm in das →Deutsche Normenwerk (→DIN-Norm) durch die Normenprüfstelle und Veröffentlichen der DIN-Norm.

Das Überprüfen bestehender Normen (spätestens nach Ablauf von fünf Jahren) gehört ebenfalls zur N. Entspricht dabei eine Norm nicht mehr dem Stand der Technik (technische Regel) oder den mit ihr im Zusammenhang stehenden anderen Normen, muß sie überarbeitet oder zurückgezogen werden.

Arbeitsablauf und Verfahren der N. folgen demokratischen Prinzipien. Der Inhalt einer Norm soll im Wege gegenseitiger Verständigung mit dem Bemühen festgelegt werden, eine gemeinsame Auffassung (Konsens) zu erreichen – möglichst unter Vermeiden formeller Abstimmungen. *Krieg*

Literatur: ISO/IEC Guide 2-1986 (D). Allgemeine Fachausdrücke und deren Definitionen betreffend Normung und damit zusammenhängende Tätigkeiten. – Normenheft 10. Grundlagen der Normungsarbeit des DIN. 5. Aufl. Berlin 1987.

NRZ. Abk. für *engl.* Non Return to Zero. Bezeichnet ein Testsignalformat. (→Format von Prüfbitmustern). *Obermeir*

Nullspannung. Störender Effekt bei →Hall-Elementen oder Hall-Generatoren.

Auch bei einem Steuerstrom Null kann in einem →Hall-Generator eine scheinbare →Hallspannung auftreten durch Induktionseffekte, die durch eine zeitlich veränderliche magnetische Induktionsflußdichte hervorgerufen werden, diese wird als induktive N. bezeichnet.

Liegen die Kontakte zum Abgreifen der Hallspannung nicht exakt symmetrisch zur Bahn des Steuerstroms, dann entsteht eine ohmsche N., die ebenfalls zu Meßfehlern führt. *Schaumburg*

Nutzenprüfung. Begriff aus der →Leiterplattenprüfung. Unter Nutzen versteht man die Zusammenfassung mehrerer gleicher oder auch unterschiedlicher Leiterplatten oder ihrer einzelnen Lagen zu einer mechanisch zusammenhängenden Einheit. Alle Fertigungsprozesse werden somit mit relativ großen mechanischen Einheiten durchgeführt und führen damit zu einer wirtschaftlicheren Produktion. Die einzelnen Leiterplatten werden erst relativ spät im Fertigungsprozeß aus dem Nutzen herausgetrennt.

Die N. bezieht sich entsprechend auf die Prüfung mehrerer zu einem Nutzen zusammengefaßten Einzelleiterplatten. Die Adapterdatengenerierung im CAE-System kann bereits frühzeitig erfolgen, wenn Lage und Drehwinkel der einzelnen Leiterplatten/-lagen auf dem Nutzen festgelegt sind. *Winter*

Nyquist-Kriterium. Mit dem N.-K. wird die →Stabilität eines Regelkreises untersucht. Es dient auch als Grundlage zur Reglerauslegung.

Das N.-K. baut auf die →Schwingungsbedingung auf, wozu die →Kreisübertragungsfunktion $F_0(s)$ gegeben sein muß. Der →Frequenzgang $\underline{F}_0(j\omega)$ wird zerlegt in den Betrag $A_0(\omega)$ und die Phase $\varphi_0(\omega)$ (Bild). Der →Regelkreis ist stabil, wenn für die kritische Kreisfrequenz ω_K, mit $\varphi_0(\omega_K) = -180°$, der Betrag des Kreisfrequenzgangs $A_0(\omega_K) < 1$ ist.

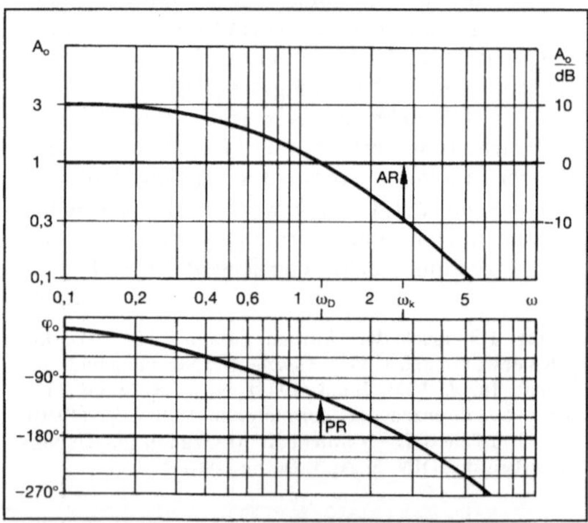

Nyquist-Kriterium: Bode-Diagramm zur Erläuterung des N.-K.

Eine andere Formulierung geht von der Durchtrittskreisfrequenz ω_D aus, das ist die Kreisfrequenz für die $A_0(\omega_D) = 1$, d. h. an der Stelle „tritt der →Amplitudengang durch die 0-dB-Linie": Der Regelkreis ist stabil, wenn für die Durchtrittsfrequenz ω_D, mit $A_0(\omega_D) = 1$, der Phasenwinkel $\varphi_0(\omega_D) > -180°$ ist. Aus diesen beiden Formulierungen sind Gütemaße für die Stabilität, gewissermaßen als Abstand von der Stabilitätsgrenze, definiert worden:

Amplitudenrand

$$AR = \frac{1}{A_0(\omega_k)} \text{ bzw. } \frac{AR}{dB} = -\frac{A_0(\omega_k)}{dB}$$

Phasenrand $PR = 180° + \varphi_0(\omega_D)$

Das N.-K. ist gut anwendbar für Systeme höherer Ordnung, vor allem bei Anwesenheit von einer Totzeit (→Totzeitglied), die die analytische Berechnung erschwert. Dem Beispiel in der Abbildung liegt ein System zweiter Ordnung ($T_1 = 2$ s; $T_2 = 0{,}5$ s) mit zusätzlicher Totzeit ($T_t = 0{,}3$ s) zugrunde. Man entnimmt dem Diagramm: $\omega_K \approx 2{,}8/s$ und $AR \approx 3$ bzw. 10 dB; $\omega_D \approx 1{,}3/s$ und $PR \approx 60°$ (berechnet $\omega_D = 1{,}25/s$; $PR = 58{,}3°$). Übliche Forderungen sind $AR > 2{,}5$ bzw. 8 dB und $PR > 30°$.

Solche Vorgaben verwendet man zur Reglerauslegung. Der Frequenzgang der →Regelstrecke $\underline{F}_S(j\omega)$ ist gegeben. Man legt nun den Reglerfrequenzgang $\underline{F}_R(j\omega)$ so in das Diagramm, daß die Bedingungen bezüglich Amplituden- und Phasenrand erfüllt werden. Wegen des logarithmischen Maßstabes können Amplituden- und Phasengänge direkt addiert werden.

Mit dem N.-K. wird der Frequenzgang des offenen Kreises untersucht, um Aussagen über die Stabilität des geschlossenen Kreises zu erhalten. *Böttiger*

O

ODER-Glied. Das O.-G. (*engl.* OR-Glied) ist ein →Grundfunktionsglied der →Steuerungstechnik. Es verknüpft binäre Eingangssignale nach der ODER-Funktion (*Boole*sche Summe oder Disjunktion) zum Ausgangssignal. Im Bild sind beispielhaft mathematischer Ausdruck in boolescher Schreibweise, Schalttabelle und Funktionsplan-Symbol zusammengestellt. *Freyberger*

a) X1 V X2 = Y

b)

X1	X2	Y
0	0	0
1	0	1
0	1	1
1	1	1

c)
X1
X2
≥1
Y

ODER-Glied: Darstellung.
a) Mathematischer Ausdruck
b) Schalttabelle und
c) Funktionsplan-Symbol

Oersted. Einheit der magnetischen Feldstärke im elektro-magnetischen →CGS-System. Einheitenzeichen Oe. 1 Oe = $(10^3/4\pi)$ A/m. In der Bundesrepublik Deutschland im geschäftlichen und amtlichen Verkehr nicht mehr zugelassen (→Einheiten des SI). *Hammerschmidt*

Öffner. Auch Ruhekontakt als →Kontakt eines elektromechanischen →Relais oder Schalters, der geöffnet ist, wenn das Schaltbauteil im Arbeitszustand und geschlossen, wenn es im Ruhezustand ist.

Im Fall des monostabilen Relais bedeutet dies, daß der Ö. bei erregter Spule geöffnet, bei unerregter geschlossen ist. *Rauterberg*

Offset. Bei der Inbetriebnahme werden die →Operationsverstärker (→Meßverstärker) so abgeglichen, daß ohne eine Eingangsspannung auch keine Ausgangsspannung auftritt. Dieser Abgleich ist leider nicht von Dauer. Die intern im →Verstärker fließenden Ströme verschieben seinen Nullpunkt (→Drift), so daß er schon ohne eine Eingangsspannung eine Ausgangsspannung liefert.

□ Offsetspannung U_{os} (*engl.* input offset voltage): Sie ist als die Spannung definiert, die an den Eingang angelegt werden muß, damit die Ausgangsspannung zu null wird. Zu Nullpunktsfehlern führt dann die O.-Spannungsdrift ΔU_{os}, die die Änderung der O.-Spannung in Abhängigkeit von der Temperatur ϑ, der Versorgungsspannung U_v und der Zeit t beschreibt:

$$\Delta U_{os} = \frac{\partial U_{os}}{\partial \vartheta} \Delta \vartheta + \frac{\partial U_{os}}{\partial U_v} \Delta U_v + \frac{\partial U_{os}}{\partial t} \Delta t$$

Von diesen Einflußgrößen ist die Temperatur die wichtigste.

□ Eingangsruhestrom und Offsetstrom: Der Eingangsruhestrom I_b (input bias current) ist der Mittelwert aus dem Strom I_p am p-Eingang und dem Strom I_n am n-Eingang,

$$I_b = \frac{I_p + I_n}{2}.$$

Die Differenz dieser Ströme führt zum Eingangsoffsetstrom I_{os} (input offset current)

$$I_{os} = I_p - I_n.$$

Diese Ströme fließen über die an den Eingängen liegenden Widerständen und führen zu Spannungsabfällen, die wie zusätzliche O.-Spannungen wirken. Auch die Eingangsströme ändern sich mit der Temperatur, der Betriebsspannung und der Zeit.

□ Ersatzschaltbild: Um den Einfluß der O.-Größen auf die Ausgangsspannung zu ermitteln, sind in dem Schaltbild des Verstärkers die Quellen U_{os}, I_p und I_n eingeführt.

Bei der →Spannungsmessung (Bild 1) bleibt im wesentlichen die Wirkung der O.-Spannungen übrig, die, wie die zu messende Eingangsspannung, verstärkt wird:

$$U_a(U_{os}) = \frac{R_1 + R_2}{R_2} U_{os}$$

Bei der →Strommessung (Bild 2) ist im allgemeinen der Einfluß der O.-Spannung zu vernachlässigen. Die Wirkung der Ströme wird reduziert, wenn der p-Eingang über den gestrichelt gezeichneten Widerstand R_p an Masse gelegt wird. Die O.-Ströme führen dann zur Ausgangsspannung

$$U_a(I_p,I_n) = R_g(I_p - I_n).$$

Sie verschwindet für $I_p = I_n$.

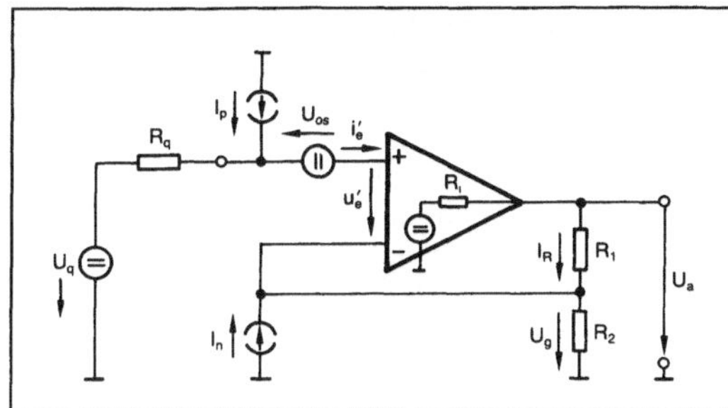

Offset 1: Offsetgrößen bei einer Spannungsmessung.

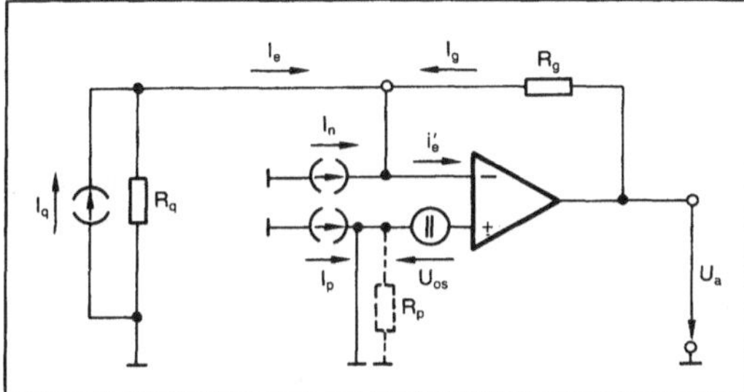

Offset 2: Offsetgrößen bei einer Strommessung; der p-Eingang kann über den Widerstand R_p an Masse gelegt werden.

□ Operationsverstärker mit automatischem Nullabgleich: Um die Wirkung der O.-Spannungs- und O.-Stromdrift möglichst gering zu halten, empfiehlt sich ein häufiger Nullabgleich. Dieser läßt sich automatisieren und dann entsprechend oft durchführen. Ein derartiger Operationsverstärker mit automatischem Nullabgleich ist zweikanalig aufgebaut. Der entsprechende integrierte Schaltkreis enthält zwei Verstärker mit einer →Steuereinrichtung und einem Umschalter. Er verarbeitet die zu messende Spannung abwechselnd in beiden Kanälen. Während der eine Verstärker nach außen hin aktiv ist, wird die O.-Spannung des anderen ermittelt und gespeichert. Nach Umschaltung auf den zweiten Kanal wird die O.-Spannung von der zu messenden Spannung abgezogen und letztere ohne Nullpunktfehler angezeigt.

□ Verstärkerrauschen: Werden die Nullpunktfehler beherrscht, so liegt die Meßungenauigkeit in einem Spannungsbereich, der durch das →Rauschen des Verstärkers geprägt ist. Die Bilder 1 und 2 können als Ersatzschaltbilder dienen, wenn jetzt die Quellen U_{os}, I_p und I_n als Rauschquellen interpretiert werden. Die Rauschspannungen und -ströme wirken ähnlich wie die O.-Größen und die vorstehend angestellten Überlegungen gelten weiter. Die Rauschspannung wird bei der Spannungsmessung direkt verstärkt, während der Rauschstrom I_p erst über den Quellwiderstand R_q zu einer störenden Spannung wird.

Die Tabelle (S. 420) gibt typische Drift- und Rauschwerte für einige Operationsverstärker an. Bei niederohmigen Signalquellen ist das Spannungsrauschen maßgebend, bei hochohmigen Quellen das Stromrauschen. Die Tabelle zeigt noch, daß die Typen mit automatischem Nullabgleich zwar eine geringe O.-Spannungsdrift, aber keine besseren Rauschwerte als die stabilisierten Verstärker haben. In der Praxis kann das Rauschen noch wesentlich größere Werte als die in der Tabelle mitgeteilten typischen erreichen. *Schrüfer*

Ohm. SI-Einheit des elektrischen Widerstandes, nach *G. S. Ohm* (1787–1854), benannt. Einheitenzeichen Ω. $1\,\Omega = 1\,\mathrm{V/A} = 1\,\mathrm{m^2\,kg\,s^{-3}A^{-2}}$ (→Einheiten des SI). *Hammerschmidt*

Operationsverstärker. Linearer Gleichspannungsverstärker mit sehr hohem Verstärkungsfaktor (Offenschleifenverstärkung) und möglichst großer →Grenzfrequenz bei großem Eingangs- und kleinem Ausgangswiderstand. Der O. ist die universellste Baugruppe der Analogtechnik und wird heute fast nur noch als monolithische Schaltung mit einem sehr großen Variationsbereich typischer Eigenschaften angeboten. Ursprünglich für die Analogrechentechnik entwickelt (Rechenverstärker!), können mit dem O. wegen seiner hohen Verstärkung eine Fülle typischer Übertragungseigenschaften realisiert werden, die nur von der äußeren Beschaltung mit zwei Impedanzen $\underline{Z}_2$, $\underline{Z}_1$ abhängen.

Heute ist der O. das grundlegende Element der Analogschaltungstechnik und dadurch auch Bestandteil vieler komplexerer Schaltkreise, wie z. B. →Filter, →Multiplizierer, A/D-Wandler u. a. Aufbaumäßig besteht er im Regelfall aus einer Differenzstufe am Signaleingang (→Differenzierverstärker), einer nachfolgenden Koppelstufe und einer Endstufe, meist komplementär als Gegentaktschaltung ausgeführt (Bild 1). Schaltungstechnisch sind z. B. als Lastelemente Konstantstromquellen sehr verbreitet. Dieser typische Aufbau trifft sowohl auf bipolare als auch MOS-O. zu.

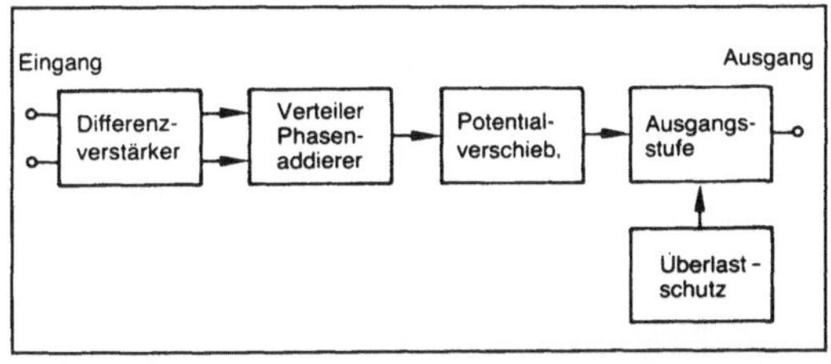

Operationsverstärker 1: Prinzipieller Aufbau.

O. haben üblicherweise zwei Signaleingänge (invertierend, nicht invertierend) sowie einen Ausgang

Offset. Tabelle: Drift- und Rauschdaten von Operationsverstärkern (typische Werte).

Typ	Eingangs-offset-spannungs-drift µV/°C	Eingangs-ruhe-strom pA	Rausch-spannung u_{ss} in µV f = 0,1..10 Hz	Rausch-strom i_{ss} in pA f = 0,1..10 Hz	Rausch-strom-dichte $fA/\sqrt{Hz}$ bei 10 Hz	Verstär-kungs-Band-breite-Produkt MHz	Bemerkungen
OP-07 A	0,2	700	0,35	14		0,6	bipolar
OPA 27 EZ	0,2	10 000	0,08	50		8	bipolar
OPA 111 BM	0,5	0,5	1,2	0,01		2	FET-Eingang
MAX 420 C	0,02	10	1,1		10	0,5	CMOS-Operationsverst. mit automatischem Nullpunktabgleich
ICL 7652 CPA	0,01	15	0,7		10	0,45	
ICL 7650	0,01	1,5	2		10	2	
LTC 1052 C	0,01	1	1,5		0,6	1,2	
LT 1012 C	0,2	30	0,5	0,14		1	niedriger Versorgungsstrom
AMP-01E	0,1	1 000	0,2			0,57	instrumentation amplifier

und erfordern eine geteilte Versorgungsspannung (Bild 2). Für die zwischen beiden Eingängen liegende Differenzspannung ist die (Differenz-)Verstärkung am größten, für eine zwischen beiden Klemmen und Masse liegende (Gleichtakt-)Spannung ist die (Gleichtakt-)Verstärkung sehr klein. Wichtige Parameter des O. sind:

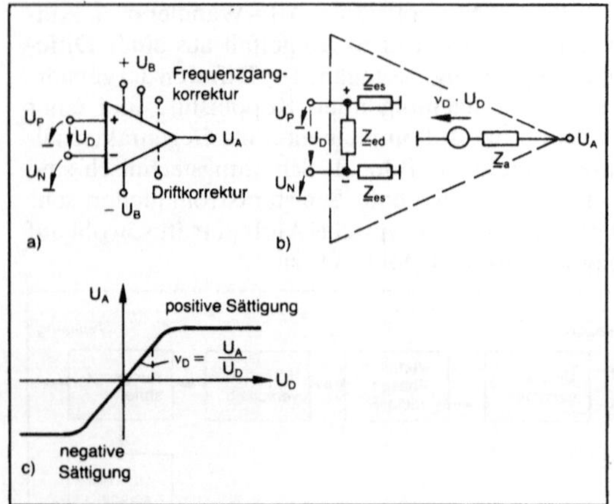

Operationsverstärker 2:
a) Prinzipschaltung
b) Ersatzschaltung des realen Operationsverstärkers
c) Übertragungs-Kennlinie.

– die Differenzverstärkung (ideal ∞, real Größenordnung 10^5–10^6)
– die →Gleichtaktverstärkung (ideal 0, real $\lesssim 10^2$) oder besser durch die →Gleichtaktunterdrückung gekennzeichnet (typisch 80–100 dB)
– Offsetspannung und -strom (ideal Null, real in der Größenordnung 1–10 mV bzw. $\lesssim$ 0,1 nA)
– das →Verstärkung-Bandbreite-Produkt (real 1–100 MHz)
– die Anstiegsrate (Slew-Rate) der Ausgangsspannung als Reaktion auf eine impulsförmige Eingangsspannungsänderung (ideal ∞, real 1–100 V/µs)
– die mittlere Ausgangsspannung (typisch +/− 10 bis 15 V an R_a = 1 kΩ)
– die Rauschzahl.

Die Tabelle gibt eine Übersicht typischer Werte von O. ausgeführt in verschiedenen Technologien. Bipolare Schaltungstechniken kommen hauptsächlich für Präzisions-Operationsverstärker zum Einsatz, wobei sich durch FET-Eingangsstufen (BIFET) manche Eigenschaften (z. B. →Offset, →Rauschen) deutlich verbessern lassen. Operationsverstärker in MOS-Technik – besonders CMOS-Technik – haben in den letzten Jahren deutlich an Bedeutung gewonnen, hauptsächlich in größeren Systemen.

Neben dem heute breiten Angebot verfügbarer Universaloperationsverstärker stehen für Spezial-

Operationsverstärker. Tabelle: Typische Daten integrierter Operationsverstärker.

	Bipolar-Standardausführung	FET-Eingangsstufe	NMOS	CMOS
Differenzverstärkung	$(20..500) \cdot 10^3$	$< 300 \cdot 10^3$	$< 10 \cdot 10^3$	$(10..30) \cdot 10^3$
Gleichtaktunterdrückung (dB)	60 . . . 120	60 . . . 140	< 80	< 100
Gleichtakt-Eingangswiderstand ($\sim Z_{es}$, MΩ)	> 10	> 100	$> 10^4$	$> 10^4$
Differenz-Eingangswiderstand ($\sim Z_{ed}$, MΩ)	> 1	≈ 100	$> 10^3$	$> 10^3$
Verstärkungs-Bandbreiteprodukt (MHz)	1 . . . 500	< 100	< 50	< 50
Anstiegsrate (V/µs)	< 100	< 30	≈ 10	< 20
Offsetspannung (mV)	< 1	< 1	< 10	<5

anwendungen eine Reihe von Typen mit speziellen Eigenschaften bereit:

□ O. mit SFET als Eingangsstufe für extrem geringes Rauschen programmierbare O., bei denen durch externe Einstellung die Betriebsleistung gesenkt werden kann oder sich die Verstärkung einstellen läßt,

□ O. für eine Versorgungsspannung oder solche für sehr hohe Betriebsspannungen,

□ O. mit Differenzstromeingang durch eine → Konstantstromquelle am Eingang (Schaltung oft als Nortonverstärker bezeichnet, erfordert nur eine Versorgungsspannung),

□ O. mit automatischer Offsetkompensation u. a.

Mit O. können durch ein zusätzliches lineares oder nichtlineares Gegenkopplungsnetzwerk zahlreiche Funktionen realisiert werden. Darauf gründet sich seine große Anwendungsbreite. *R. Paul*

Literatur: *Millman, J.* and *A. Grabel:* Microelectronics. New York 1986. – *Tietze, U.* und *Ch. Schenk:* Halbleiterschaltungstechnik. Berlin 1985.

Optical Disc. Der englische Ausdruck für Optische Speicherplatten hat sich eingebürgert als Sammelbegriff für Datenträger in Form runder Scheiben, auf die man Informationen (physikalisch unterschiedlich) mit Laserstrahlen aufzeichnet und von denen man ebenfalls unter Verwendung von Laserstrahlen liest.

Weltweit erforschen weit über 100 Firmen und Labors unterschiedliche Prozesse mit verschiedenen Materialien oder entwickeln Geräte und Medien. Die Innovationsfrequenz ist unverändert hoch, seit man zu Beginn der siebziger Jahre mit der Erforschung der Lasertechnik für Speicherzwecke begann. Das Angebot neuer marktreifer Produkte wächst aber langsam. Deswegen muß jede Bewertung unterscheiden zwischen dem was ist und dem was zukünftig möglich sein kann.

Alle bekannten Grundverfahren eignen sich prinzipiell zur Aufzeichnung digitaler und analoger, kodierter und nicht kodierter Informationen, auf die beim Lesen direkt zugegriffen wird oder die sequentiell verarbeitet werden sollen. Dementsprechend hat man optische Speicherplatten als Massenspeicher für Aufgaben eingesetzt, die auch mit magnetischen Medien (Disketten, Platten, Bändern) oder Mikroverfilmung lösbar sind. Neben bereits hoher Aufzeichnungsdichte pro Flächeneinheit (bis zum dreißigfachen gegenüber Magnetplatten gleichen Durchmessers) liegt der Vorteil der Medien in ihrer Unempfindlichkeit gegen Umwelteinflüsse. Sie eignen sich deswegen für manuell verwaltete oder automatisierte Informationsarchive (bisher ähnlich den Schallplattenwechselautomaten realisiert, *engl. juke-box*), ferner für Informationsverbreitung auf üblichen Versandwegen (Compact Disc).

Erreichte maximale Zugriffs- bzw. Übertragungsgeschwindigkeiten der Geräte liegen bislang deutlich unter der Leistung von magnetomotorischen Speichern der oberen Klasse. Die am weitesten verbreiteten optischen Medien (WORM-Platten, write once – read many) sind, anders als magnetische, nur einmal beschreibbar und können beliebig oft gelesen werden. Das magnetoptische Verfahren und das Kristallin-Amorph-Verfahren erlauben Schreiben, Löschen und Wiederbeschreiben. (Einbrennverfahren).

□ Ausführungen: Gängige oder geplante optische Platten haben Durchmesser von 3.5, 4.7, 5.25, 8, 12 oder 14 Zoll.

□ Besonderheiten der Technologie, Entwicklungstrends: Die optischen Verfahren verlangen (im Gegensatz zu Magnetplattenlaufwerken) weder Reinstluftumgebung in den Geräten, noch hochpräzise Aerodynamik im Bereich von Kopf und Platte. Die Schreib-/Leseeinrichtung kann wegen der Fokussierung der Laserstrahlen weit genug – bis zu einigen mm – von der Platte entfernt bleiben, um Berührung zuverlässig zu vermeiden und läßt darüber hinaus eine schützende Kunststoffschicht über der Speicherschicht und damit unempfindliche Medien zu. Besondere Servo-Oberflächen für die Steuerung der Suchbewegung (→Magnetplattenlaufwerke) entfallen, weil die eingeprägten Spuren in den Datenträgern als Servoinformationen dienen. Preisgünstige Miniaturdiodenlaser – überwiegend aus Japan – stehen in angemessener Qualität zur Verfügung. Die Kommerzialisierung des Verfahrens in der Unterhaltungsindustrie ist weit fortgeschritten, u. a. durch ökonomische, mechanische Vervielfältigungsverfahren (Compact Disc, Laser-Vision-Bildplatte).

□ Entwicklungspotential:

– Neues Material für magnetooptisches Verfahren (Basis: Gadolinium, Terbium, Eisen, Kobalt), bei dem die Magnetisierung eines Bereiches durch Aufheizen (ohne äußeres Magnetfeld) umgekehrt werden kann. Mit optischen Doppelsystemen, deren Brennpunkte nur einige Mikrometer auseinanderliegen, wird Überschreiben (update in place) wie bei magnetischen Medien möglich (*Mark H. Kryder*, Carnegie-Mellon University).

– Weiterentwicklung des vermutlich kostengünstigen Kristallin-Amorph-Verfahrens für löschbare und wiederbeschreibbare optische Platten.

– Noch höhere Aufzeichnungsdichte, eventuell auch durch →Laser mit gegenüber dem heute üblichen Grün geringerer Wellenlänge, die noch kleinere Signalflächen (Pits) ermöglichen.

– Der Nachteil langsamer Suchbewegung (Positionierung auf adressierte Spuren) wegen der Massenträgheit der heute etwa 150 g schweren optischen Schreib-/Leseeinrichtungen kann durch geänderte Konstruktion verringert werden, z. B. mit →Glasfaserkabeln (nur die Linsen werden bewegt) oder schwenkbaren Spiegeln (zumindest über bestimmte Bereiche nahezu massenträgheitsfreie Positionierung, teilweise schon realisiert).

– Normung im Interesse miteinander verträglicher Datenträger und Schnittstellen unterschiedlicher Hersteller.

Die Geschwindigkeit der Datenaufzeichnung und des Auslesens bei optischen und magnetooptischen Verfahren wird wahrscheinlich auch in absehbarer Zukunft immer deutlich unter den Werten für magnetische Verfahren bleiben, bei denen ebenfalls noch erhebliches Innovationspotential besteht. Heute leisten die meisten optischen Speichereinheiten mit Übertragungsraten von ca. 150 000 bis 200 000 Zeichen/s erst etwa 5 bis 6% dessen, was auch bei mittleren Magnetplattenspeichern inzwischen üblich ist. Demzufolge ist damit zu rechnen, daß innerhalb einer Speicherhierarchie (→Speichertechnologien) O. D. weiterhin unterhalb der Magnetplattenspeicher einzuordnen sein wird (z. B. als Archivspeicher neben Magnetbändern) und für universellen Einsatz – wie bereits geschehen – am ehesten in Datenverarbeitungssystemen der unteren bis mittleren Leistungsklasse verbreitet sein wird. WORM-Platten werden ihre Berechtigung dort behalten, wo eine nachträgliche Änderung zu archivierender Daten ausgeschlossen werden soll.

Im übrigen wird die Entwicklung von Leistung und Preis im Vergleich zu Alternativen während der neunziger Jahre über die Verbreitung als Massenspeicher entscheiden. *Voss*

Literatur: *Schulte-Hillen, J.* und *U. Schwerhoff*: Optische Speicher. Essen, 1986.

Optik, integrierte. Technik zur Herstellung miniaturisierter optischer Bauelemente auf Substraten aus z. B. Glas, Silicium, oder anderen Materialien. Oft werden auch die so hergestellten Bauelemente selbst als I. O. bezeichnet.

Die Bezeichnung I. O. entstand in Analogie zur Technik der „integrierten" Schaltungen der Mikroelektronik. Beide Techniken nutzen photolithographische Verfahren mit Maskenvorlagen zur preiswerten Massenherstellung feinster Strukturen.

Die wichtigsten Anwendungen bestehen in der optischen Nachrichtentechnik (in Verbindung mit Lichtleitfasern, z. B. zur Modulation oder zum Schalten optischer Informationskanäle), optischen Meßtechnik (z. B. in faseroptischen →Gyroskopen und →Sensoren), und in der allgemeinen optischen Signalverarbeitung. *Ulrich*

Optimum, symmetrisches. Das s. O. liefert eine Vorschrift zur Einstellung der Reglerkennwerte für eine →Folge- oder →Nachlaufregelung.

Der →Regelkreis besteht aus einer →Regelstrecke ohne Ausgleich, dem Nachführmechanismus, und einem →Regler mit →PI-Übertragungsverhalten, so daß Eingangsfunktionen mit konstanter Geschwindigkeit ohne Schleppfehler nachgeführt werden können (→Folgeverhalten, →Führungsverhalten).

Eine Regelstrecke ohne Ausgleich kann als →Verzögerungsglied mit →I-Übertragungsverhalten angenähert werden, kurz als I-T_1-Glied, mit dem Übertragungsfaktor K_I und der Ersatzzeitkonstanten T_e (Übergangsfunktion in Bild 1). Ihr stationärer Abstand von der idealen Anstiegsfunktion ist $\alpha = K_I T_e$ Mit dem PI-Regler $F_R(s) = K_R(1 + 1/T_n s)$ wird die →Kreisübertragungsfunktion

$$F_0(s) = \frac{K_0(1 + T_n s)}{T_n s^2 (1 + T_e s)}$$

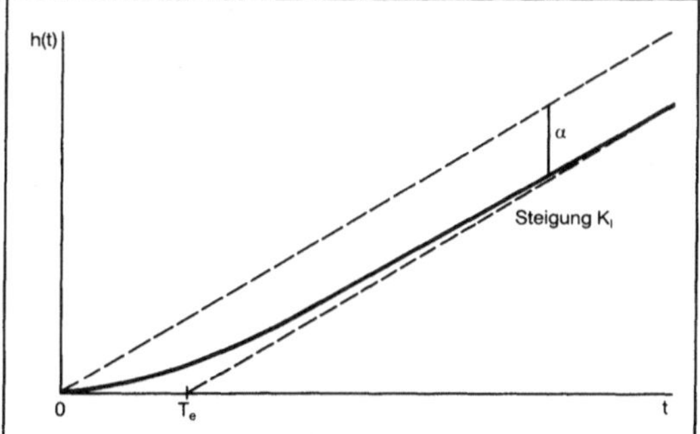

Optimum, symmetrisches 1: Übergangsfunktion einer Regelstrecke ohne Ausgleich in einer Folgeregelung.

wobei $K_0 = K_R K_I$. Die Bezeichnung s. O. kommt aus dem *Bode*-Diagramm für den →Frequenzgang $\underline{F}_0(j\omega)$ (Bild 2). Für die →Stabilität des Regelkreises muß die Bedingung $T_n > T_e$ erfüllt sein (→Nyquist-Kriterium, →Hurwitz-Kriterium). Der →Phasengang $\varphi_0(\omega)$ ist symmetrisch und erreicht sein Maximum für die Kreisfrequenz $\omega_m = 1/\sqrt{T_n T_e}$. Legt man an dieser Stelle den →Phasenrand φ_R fest, dann muß für den →Amplitudengang $A_0(\omega)$ gelten $A_0(\omega_m) = 1$ (man beachte auch hier die Symmetrie). Daraus folgt $K_0 = \omega_m = 1/\sqrt{T_n T_e}$. Für den Phasenrand gilt mit dieser Festlegung

$$\tan \varphi_R = \frac{1}{2}\left(\sqrt{\frac{T_n}{T_e}} - \sqrt{\frac{T_e}{T_n}}\right)$$

Durch Vorgabe des Phasenrandes bei symmetrischer Einstellung kann das Verhältnis Nachstellzeit/Ersatzzeitkonstante berechnet werden

$$\frac{T_n}{T_e} = \frac{1 + \sin \varphi_R}{1 - \sin \varphi_R}$$

Günstige Einstellungen liegen im Bereich $4 \leq T_n/T_e \leq 9$. Dann hat der geschlossene Kreis ein

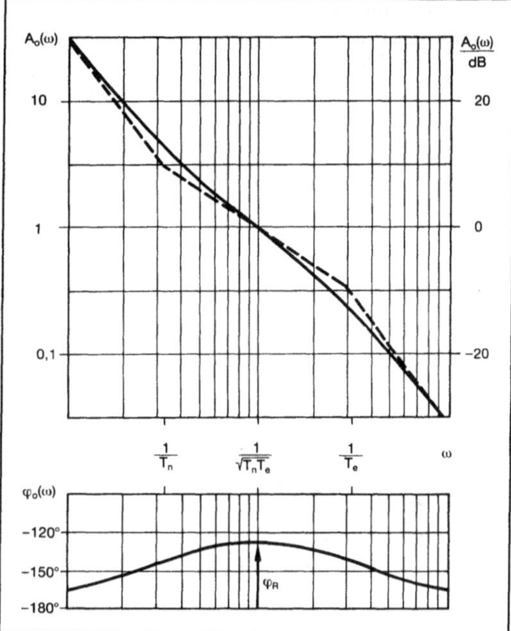

Optimum, symmetrisches 2: Bode-Diagramm zur Reglereinstellung nach dem s. O.

konjugiert komplexes Polpaar mit dem →Dämpfungsgrad $d = 0{,}5\,(\sqrt{T_n/T_e} - 1)$ und der →Kennkreisfrequenz $\omega_0 = \omega_m$ und einen reellen Eigenwert $s_3 = -\omega_m$.

Die Reglereinstellung nach dem s. O. wird überwiegend in der Antriebstechnik angewendet.

Böttiger

Literatur: *Böttiger, A.*: Regelungstechnik. München 1988. – *Leonhard, W.*: Regelung in der elektrischen Antriebstechnik. Stuttgart 1974. – *Leonhard, W.*: Einführung in die Regelungstechnik. Braunschweig 1981.

Optoelektronik. O. (auch Optronik) ist ein Teilgebiet der Elektronik und beschreibt die Anwendung physikalischer Effekte, die auf der Wechselwirkung von elektromagnetischer Strahlung mit elektrischen Ladungsträgern, basieren. In optoelektronischen Bauelementen kann optische Strahlung erzeugt, detektiert, übertragen, verarbeitet und gespeichert werden.

Optoelektronische Bauelemente werden unterschieden in Strahlungsemitter, Strahlungsempfänger und Optokoppler.

In einem Strahlungsemitter wird elektrische Energie in elektromagnetische Strahlung im sichtbaren, ultravioletten und infraroten Spektralbereich umgewandelt. Als optische Sender werden z. B. Glühlampen, Gasentladungslampen, →Laser, →Lumineszenzdioden sowie Bildanzeigeeinheiten eingesetzt.

Als Strahlungsempfänger, in denen optische Strahlung in elektrische Energie umgewandelt wird, dienen Detektoren (→Photodetektor, →Empfänger, optoelektronischer), bei denen der äußere oder innere photoelektrische →Effekt ausgenutzt wird. Hierzu gehören z. B. Photoelektronenvervielfacher, Photozellen, Sperrschicht-Photodioden, Photoelemente (→Solarzellen), Phototransistoren (Photofeldeffekttransistor), Photothyristoren, Photowiderstände (→Photoleiter) Bildverstärker, Bildaufnahmeeinheiten (→Bildwandler).

Optokoppler sind Komponenten, die aus einem optischen Sender, einem Empfänger und einer kurzen optischen Übertragungsstrecke bestehen. Sind Sender und Empfänger räumlich weit voneinander entfernt, handelt es sich um ein optisches Nachrichtensystem. Die Übertragung kann direkt durch den freien Raum oder über abbildende bzw. wellenleitende (→Lichtwellenleiter) Systeme erfolgen.

Optoelektronische Schaltungen können in diskreter Form als Einzelbauelement, in hybrider Form oder als integrierte Schaltung (Integrierte →Optik) vorliegen.

Im weiteren Sinne werden zur O. auch Bauelemente gerechnet, bei denen optische Strahlung durch elektrische Felder beeinflußt werden (→Schalter, elektrooptischer, Wellenleitermodulatoren, →Effekt, elektrooptischer).

Optoelektronische Bauelemente finden in allen Zweigen der Naturwissenschaft und Technik weit verbreitete Anwendungen, wie z. B. in der industriellen Elektronik, Unterhaltungselektronik, Datenverarbeitung, Meßtechnik, Nachrichtentechnik, Medizintechnik, Sicherheitstechnik, Militärtechnik, Bildverarbeitung und Signalverarbeitung.

Krauser

OR-Glied →ODER-Glied

Organdosis →Dosismessung

Ortsdosis →Dosismessung

Oszillator. Der O. ist eine elektronische Schaltung zur Erzeugung eines periodischen sinusförmigen oder nichtsinusförmigen Signals. Der O. erzeugt die Grundschwingung, die z. B. durch Frequenzsynthese den Träger eines Funksenders für Nachrichtenübertragung bzw. →Navigation (Kurzwellenverbindungen; Nachrichtenmeßtechnik) oder die Träger in einem Trägerfrequenzweitverkehrssystem bildet (Trägerfrequenzsysteme), oder die als Taktfrequenz in einem Pulsmodulationssystem (Modulation) oder als Überlagerungsfrequenz in einem Empfänger gebraucht wird. Bei den früheren O. wurde ein Schwingkreis über eine Funkenstrecke zu gedämpften Schwingungen angeregt. Heutige O. verwenden vorwiegend Halbleiter.

□ O. mit sinusförmigen Ausgangssignal: Sie enthalten ein frequenzbestimmendes Glied, eine Rückkopplung über einen →Verstärker, um die Verluste im frequenzbestimmenden Glied auszugleichen und eine Regel- bzw. Begrenzungseinrichtung zur Konstanthaltung der Schwingungsamplitude. Der O. schwingt auf der Frequenz für die die Phasenbedingung erfüllt ist, d. h. die Rückkopplungsspannung muß mit der am Eingang des Verstärkers erforderlichen Steuerspannung genau in Phase sein. Eine einfache und häufig angewandte O.-Schaltung ist die Dreipunktschaltung nach *Hartley* (Bild 1) oder *Colpitts* (Bild 2).

Das frequenzbestimmende Glied ist jeweils ein Schwingkreis aus Induktivität und Kapazität. Der Punkt drei ist ein Abgriff an der Induktivität oder Kapazität. Damit wird eine Phasendrehung der Rückkopplungsspannung von 180° erreicht, um die, bei einem einstufigen Transistorverstärker, zwischen seinem Eingangsstrom an der Basis und seinem Ausgangsstrom am Kollektor auftretende Gegenphase aufzuheben.

Der Emitterwiderstand begrenzt den Kollektorstrom und damit die Schwingungsamplitude. Der O. nach *Meißner* ist ähnlich Bild 1, jedoch ist zur Rückkopplung auf die Basis des Transistors eine eigene Wicklung vorgesehen. Eine für →Feldeffekttransistoren wegen ihres hohen Eingangswiderstandes am Gitter günstige Schaltung ist der elektronengekoppelte O. (Bild 3).

Der Sourcestrom wird an einen Abgriff der Induktivität gelegt. Bei O. für sehr hohe Frequenzen wird das frequenzbestimmende Glied aus symmetri-

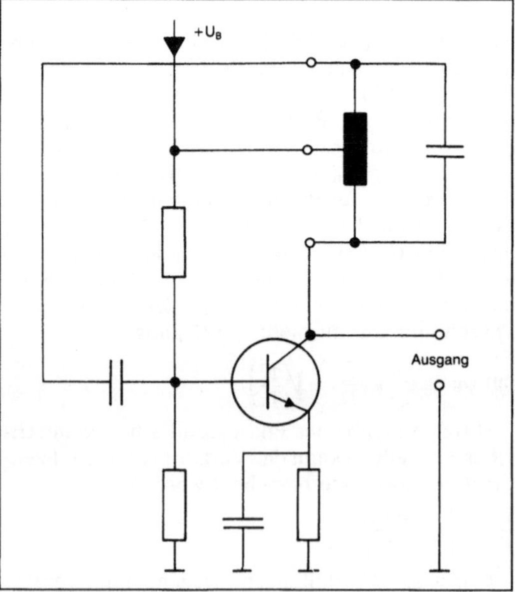

Oszillator 1: Hartley-O.

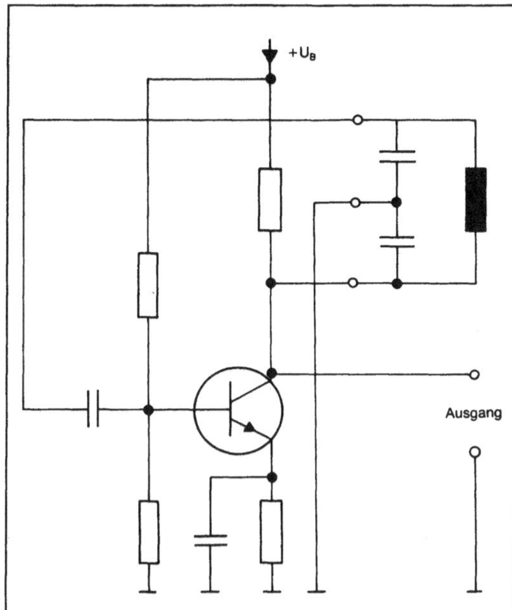

Oszillator 2: Colpitts-O.

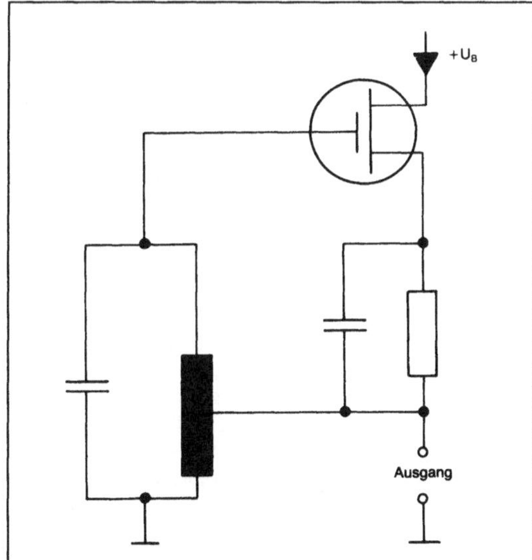

Oszillator 3: Elektronengekoppelter O. mit Feldeffekttransistor (FET).

schen oder koaxialen Leitungskreisen gebildet. Die Störkapazitäten und Laufzeiteigenschaften des Verstärkungselementes bestimmen dann wesentlich die O.-Frequenz mit.

□ Dynatron-O.: Eine fallende Strom-Spannungskennlinie stellt einen negativen Widerstand dar. Schaltet man diesen mit einem Schwingkreis zusammen, so entsteht ein im Aufbau einfacher O. Ein für sehr hohe Frequenzen geeigneter Dynatron-O. ist der Tunneldioden-O.

□ RC-O.: Der →RC-Oszillator wird vorwiegend bei niedrigen Frequenzen verwendet. Das frequenzbestimmende Element besteht aus Widerständen (R) und Kondensatoren (C). Bild 4 zeigt den *Wien-Brücke-Oszillator.* Ein Zweig der →Brückenschaltung besteht aus einer Serien- und Parallelschaltung von Kondensator und Widerstand. Dieser hat die Eigenschaft, daß bei einer bestimmten Frequenz, nämlich der O.-Frequenz, die Phasendrehung null ist. Zur Amplitudenregelung wird einer der beiden Widerstände des zweiten Zweigs durch einen temperaturabhängigen Widerstand oder durch den Source-Drain-Widerstand eines Feldeffekttransistors ersetzt.

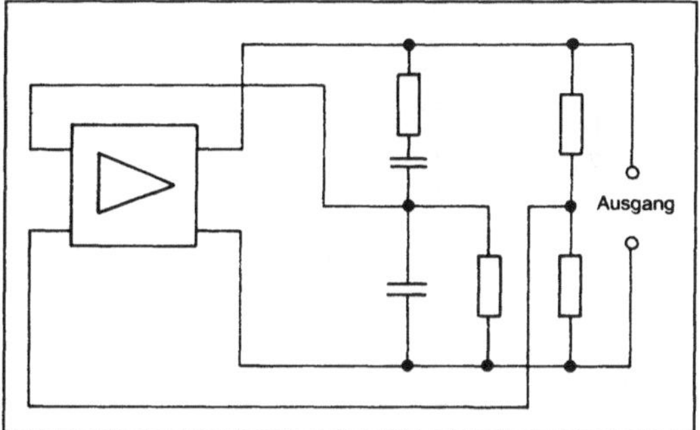

Oszillator 4: Wien-Brücke-O.

□ Der Phasenschieber-O. (Bild 5) enthält drei in Reihe geschaltete Widerstands-Kondensatorglieder, die zusammen bei der O.-Frequenz die erforderliche Phasendrehung von 180° bewirken.

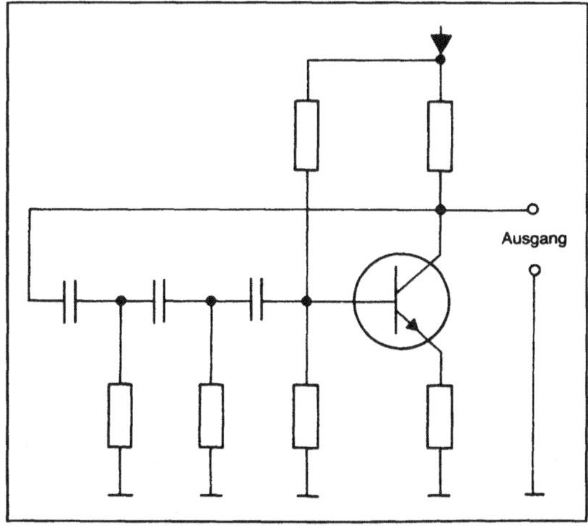

Oszillator 5: Phasenschieber-O.

□ Quarz-O.: Die Frequenzkonstanz eines O. ist wesentlich durch die Konstanz des frequenzbestimmenden Gliedes festgelegt. Für besonders hohe Anforderungen werden deshalb *Quarzoszillatoren* verwendet (Schwingquarze). Eine häufig angewandte Schaltung ist der *Clapp-Oszillator* (Bild 6). Der →Quarz stellt einen Schwingkreis mit sehr hoher Güte dar. Unstabilitäten der Schwingschaltung können daher die Frequenzkonstanz des Quarzes kaum beeinflussen. Der Temperatur- und Alterungseinfluß ist sehr gering, so daß eine Frequenzkonstanz von $1 \cdot 10^{-6}$ erreicht wird. Durch Einbau des Quarzes in einem →Thermostat kann die Frequenzkonstanz noch wesentlich erhöht werden. Weitere Quarz-O.-Schaltungen wurden von *Pierce, Heegner* und *Meacham* angegeben.

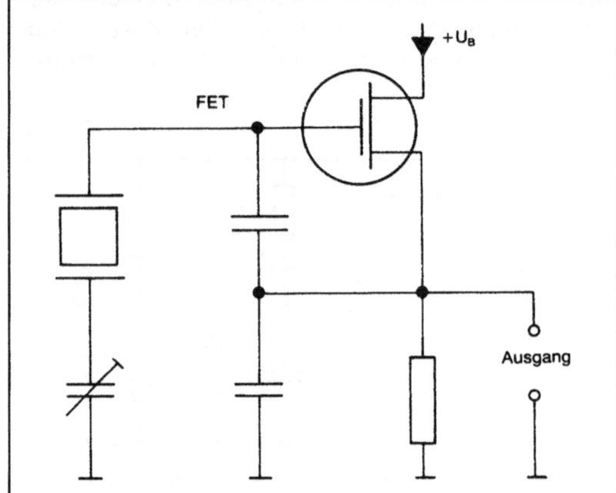

Oszillator 6: Clapp-O. mit Quarz.

□ Der Multivibrator (Bild 7) ist ein O. mit nichtsinusförmigen Ausgangssignal. Er liefert am Kollektor jedes Transistors ein Rechtecksignal. Die Schwingungsdauer ist durch die Summe der Zeitkonstanten aus Kondensator und Basiswiderstand bestimmt. Entsprechend werden die beiden Transistoren abwechselnd ein- und ausgeschaltet. Der O. nach dem *Relaxationsprinzip* verwendet ein Halbleiterbauteil mit negativer Strom-Spannungskennlinie. Bild 8 zeigt eine Schaltung mit dem Unijunction-Transistor (UJT).

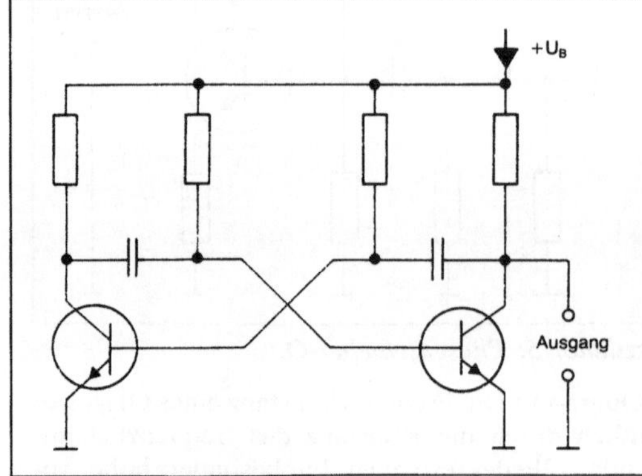

Oszillator 7: Multivibrator.

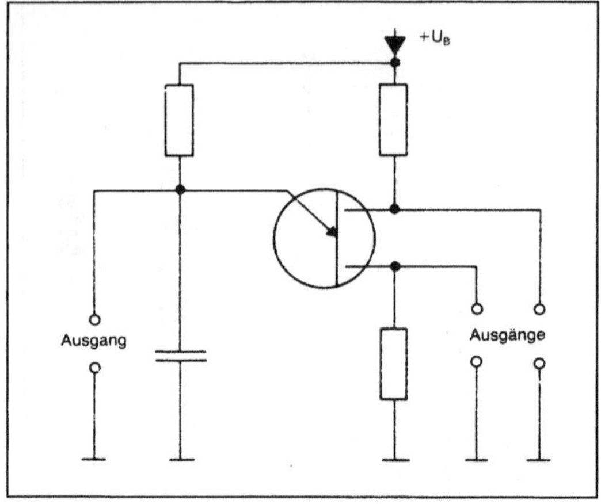

Oszillator 8: Relaxations-O. mit Unijunction-Transistor.

Der Kondensator wird über den Vorwiderstand aufgeladen und bei Zündung des UJT entladen. Am Kondensator (Ausgang links) steht deshalb eine Sägezahnspannung, an den beiden Ausgängen (rechts) ein schmaler positiver bzw. negativer Impuls zur Verfügung.

□ Spannungsgesteuerter O.: Um z. B. die Frequenz eines O. mit der Frequenz einer anderen Schwingung zu synchronisieren, muß die O.-Frequenz durch eine Gleichspannung verändert werden können. Dazu wird ein durch eine Spannung veränderbarer Blindwiderstand, z. B. eine Kapazitätsdiode, in das frequenzbestimmende Glied des O. geschaltet. Beim Multivibrator und ähnlichen O. dient die Steuerspannung direkt als Ladespannung für die Kondensatoren und bestimmt damit die Frequenz.

□ Phasengeregelter O.: Er ist die komplette Regelschleife, um die Frequenz eines O. exakt auf eine Vergleichsfrequenz zu synchronisieren und die Phasenabweichung bis auf den Regelfehler anzugleichen (Bild 9). Er besteht aus einem Phasendiskriminator φ, der entsprechend dem Phasenunterschied zwischen der Schwingung des spannungsgesteuerten O. und der Vergleichsfrequenz f_v eine Gleichspannung liefert, die über einen Tiefpaß gereinigt den O. nachstellt. Anwendung, z. B. im Fernsehempfänger, zur Synchronisierung von Zeilen- und Bildkippgeneratoren. Liegt die Eigenfrequenz des O. in der Nähe eines ganzzahligen Vielfachs der Vergleichsfrequenz, so kann der phasengeregelte

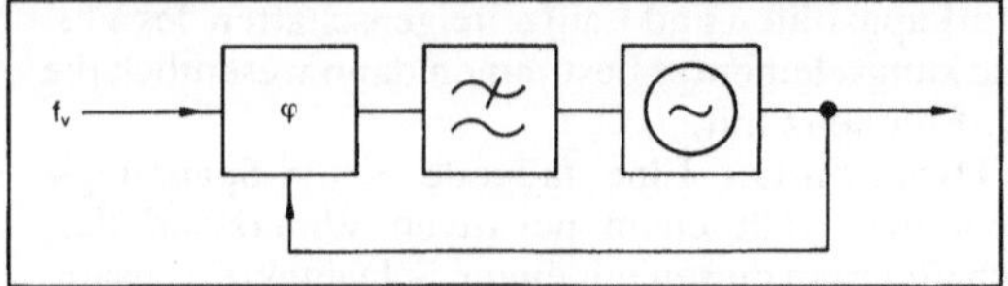

Oszillator 9: Phasengeregelter O.

O. zur Frequenzvervielfachung verwendet werden. Um besonders bei großer Vervielfachung ein Einrasten in ein falsches Vielfaches zu vermeiden, wird in den Rückführungsweg häufig ein →Frequenzteiler eingeschleift. *Hornung/S.*

Oxidhalbleiter. Viele Metalloxide haben halbleitende Eigenschaften, wichtige Beispiele dafür sind SnO_2, ZnO und WO_3. In der →Sensorik finden sie Anwendung bei →Metalloxid-Gassensoren. *Schaumburg*

P

P-Bereich →(Proportionalitätsbereich) Regler

P-Übertragungsverhalten. Bei einem →Übertragungsglied mit P-Verhalten ist das Ausgangssignal v(t) proportional dem Eingangssignal u(t). Es wird daher kurz als P-Glied bezeichnet.

Mit dem Proportionalbeiwert K_P ist

$$v(t) = K_P\, u(t)$$

Ein →Regler mit P-Verhalten heißt entsprechend P-Regler. *Böttiger*

Paperless repair. Verfahren zur Weitergabe aller zur Reparatur elektronischer Baugruppen notwendigen Informationen mit Computerunterstützung, also ohne Fehlerausdrucke. Die erfaßten →Fehler, aber auch früher abgespeicherte Angaben zu Fehlerursachen, werden im Rechner gespeichert und können am Reparaturplatz beliebig abgerufen oder ergänzt/korrogiert werden (→Qualitätsdaten-Managementsystem). *Winter*

Parallelstruktur. In der Meßtechnik wird von P. dann gesprochen, wenn zwei oder mehrere Meßgeräte parallel liegen und ihre Signale addiert oder subtrahiert werden.

□ P. mit analoger Signalverarbeitung; Differenzbildung zur →Gleichtaktunterdrückung: Das Meßsystem (Bild 1) verarbeitet die beiden Eingangssignale x_{e1} und x_{e2} und liefert das Ausgangssignal $x_a = x_{a1} - x_{a2} = k(x_{e1} - x_{e2})$.

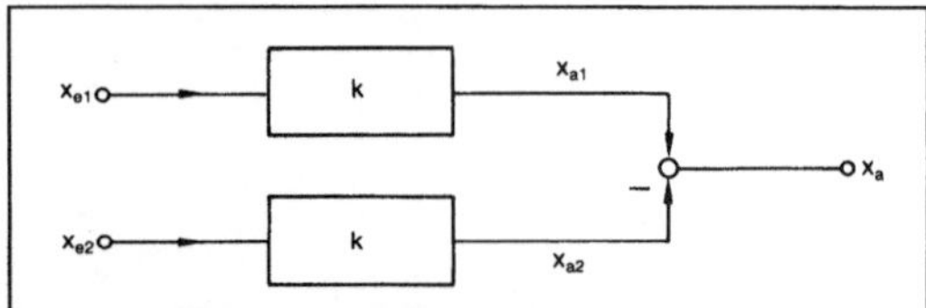

Parallelstruktur 1: Meßanordnung mit Differenzstruktur zur Gleichtaktunterdrückung.

Durch die Differenzbildung wird im einfachsten Fall der Nullpunkt unterdrückt und der Meßbereich damit besser ausgenutzt. Ist x_{e1} z. B. eine zu messende Spannung zwischen 0 und 250 V und interessieren nur Spannungswerte größer als 200 V, so kann durch Verwendung einer Referenzspannung $x_{e2} = 200$ V der Meßbereich entsprechend eingeengt werden.

Die Referenzgröße muß dabei nicht konstant bleiben. So besteht, z. B. bei der Messung geringer radioaktiver Strahlungen, das Problem, daß ein Detektor jeweils die Summe aus der natürlichen und künstlichen Radioaktivität erfaßt. Wird jetzt ein zweiter Detektor zur Messung allein der natürlichen Strahlung benutzt und wird dessen Signal als *Nulleffekt* von dem des ersten Detektors abgezogen, so ist das entstehende Differenzsignal ein Maß für die Stärke der künstlichen Quelle.

Die Differenzmessung ist des weiteren geeignet, unerwünschte Einflüsse auf die Meßgeräte zu korrigieren. Ist die Meßgröße x_{e1} z. B. der Wert eines Widerstandes, der von R_0 ausgehend sich infolge einer Temperaturänderung um ΔR_T und infolge einer Dehnung um ΔR_s ändert und wird als Meßgröße x_{e2} derselbe Widerstand genommen und nur der Temperaturänderung ausgesetzt, so hängt die Differenz x_a der beiden Signale

$$\begin{aligned} x_a &= x_{a1} - x_{a2} = k(R_0 + \Delta R_T + \Delta R_\sigma) - k(R_0 + \Delta R_T) \\ &= k\Delta R_\sigma \end{aligned}$$

nur noch von der Dehnung ab. Der Grundwiderstand R_0 und seine Zu- oder Abnahme mit der Temperatur gehen nicht in das Meßergebnis ein.

Ein Spezialfall ist die Verwendung sogenannter Differential-Aufnehmer, deren Signale sich in Abhängigkeit von einer Meßgröße gegensinnig ändern. So läßt sich z. B. eine Strecke s messen, indem der Abgriff eines Potentiometers um diese Strecke verstellt und die Differenz der abgegriffenen Widerstände gebildet wird. Von der Mittelstellung des Potentiometers ausgehend nimmt der Widerstand der einen Potentiometerhälfte um ΔR zu, der der anderen um ΔR ab. Das →Meßsignal

$$x_a = k\left(\frac{R}{2} + \Delta R\right) - k\left(\frac{R}{2} - \Delta R\right) = 2k\Delta R$$

ist also doppelt so groß wie bei Verwendung einer Potentiometerhälfte und einer Nullpunktsunterdrückung von R/2. Darüber hinaus ist die Kennlinie der Differential-Aufnehmer in einem gewissen Bereich auch dann linear, wenn die der Geberhälften gekrümmt ist.

In diesen Beispielen hoben sich durch die Differenzbildung die jeweils gleichen Signalanteile gegenseitig auf, und nur die unterschiedlichen lieferten einen Beitrag zum Ausgangssignal. Die Meßeinrichtungen sind unempfindlich gegen Gleichtaktstörungen. Additive Störgrößen fallen heraus. Beispiele für diese Strukturen sind die Differenzverstärker und die Brückenschaltungen.

□ P. mit digitaler Signalverarbeitung, Verhältnisbildung zur Eliminierung der Meßgeräteempfindlichkeit: Bei einer digitalen Signalverarbeitung wird die Differenz der Meßsignale nicht kontinuierlich, sondern zu diskreten Zeitpunkten gebildet. Die Meßeinrichtung von Bild 2, bei der drei Meßsignale nacheinander über einen Schalter an das Meßgerät angeschlossen werden können, erläutert diese Vorgehensweise. Unterstellt wird, daß das Meßgerät schon ohne Eingangssignal das Ausgangssignal x_{a0} liefert (fehlerhafter Nullpunkt) und die →Empfindlichkeit k besitzt. Werden als Eingangssignale x_{ei} z. B. 0, die zu messende Größe x_e und eine bekannte Referenzgröße x_r gewählt, so werden nacheinander die folgenden Ausgangssignale x_{ai} erhalten:

1. Schritt: $x_{e1} = 0 \quad x_{a1} = x_{a0}$
2. Schritt: $x_{e2} = x_e \quad x_{a2} = x_{a0} + kx_c$
3. Schritt: $x_{e3} = x_r \quad x_{a3} = x_{a0} + kx_r$.

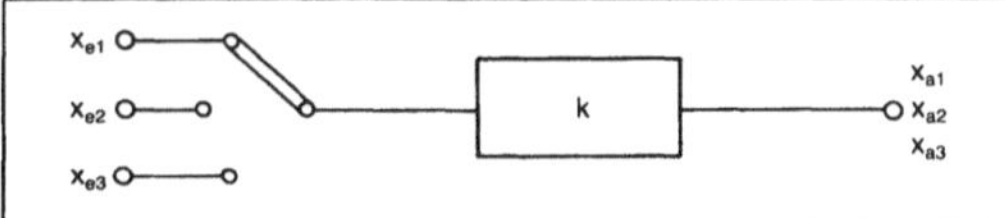

Parallelstruktur 2: Serielle Meßstellenabfrage und -verarbeitung.

Die Signale x_{ai} werden abgespeichert und weiterverarbeitet. Wird x_{ai} von x_{a2} subtrahiert, so fällt ein eventueller Nullpunktsfehler heraus und die Differenz ist proportional zu x_e. In der gleichen Weise kann auch x_{a3} hinsichtlich des Nullpunkts korrigiert werden:

$$x_{a2} - x_{a1} = x_a^* = kx_e$$
$$x_{a3} - x_{a1} = x_r^* = kx_r.$$

Wird jetzt noch das Verhältnis der korrigierten Signale gebildet, so kürzt sich die Empfindlichkeit k heraus und die zu messende Größe x_e ist gleich dem Referenzsignal x_r, multipliziert mit dem Verhältnis aus den korrigierten Meßwerten x_a^* und x_r^*:

$$\frac{x_a^*}{x_r^*} = \frac{kx_e}{kx_r}; \qquad x_e = x_r \frac{x_a^*}{x_r^*}.$$

Durch die Verwendung einer Referenzgröße und die Bildung des Verhältnisses gehen die Meßgeräteempfindlichkeit und ihre Änderung nicht mehr in das Meßergebnis ein (multiplikative Störgrößen fallen heraus). *Schrüfer*

Literatur: *Schrüfer, E.*: Elektrische Meßtechnik, München 1983.

Parameter. Die P. einer →Steuerung umfassen alle für den Steuerungsablauf nötigen Zahlenwerte z. B. für Führungsgrößen und Führungsgrößenverläufe, für Verweilzeiten, Reaktionszeiten, Verzögerungszeiten, Zykluszahlen, Grenzwerte, Fertigungslosgrößen, technologische Kennwerte. Die →Parametrierung entspricht der Zuweisung dieser Werte zu den entsprechenden Größen.

Die Ermittlung und Festlegung aller für eine Steuerung in der Parameterliste zusammengefaßten P. spielt eine wesentliche Rolle beim →Steuerungsentwurf. Die Festlegung der Werte erfolgt häufig erst während der Inbetriebnahme. Steuerungsprogramm und P.-Liste stellen für eine gesteuerte Anlage jeweils das produktspezifische Fertigungsrezept dar. *Freyberger*

Parameteridentifikation. Teilgebiet der →Systemidentifikation mit dem Ziel, die Koeffizienten oder darin enthaltene physikalische Größen einer ein System beschreibenden Differentialgleichung, häufig im →Zustandsraum dargestellt, zu schätzen. Die Problemstellung ist nichtlinear, weil die Koeffizienten mit den meßbaren Bewegungsgrößen multiplikativ verknüpft sind.

Im Bereich der adaptiven →Regelung werden P.-Verfahren in begrenztem Umfang eingesetzt, um einzelne, sich langsam ändernde Kennwerte eines Prozesses zu bestimmen und die Reglerkennwerte diesen Änderungen im Sinne einer optimalen Regelung anzupassen.

Die meisten der angebotenen P.-Verfahren lassen sich auf Grund ihres hohen Rechenzeitbedarfes nur schwer in einen →Regelkreis einbinden. Sie eignen sich z. B. zur Schätzung von quantitativen mathematischen Modellen für das dynamische Verhalten von Flugzeugen, um anschließend einen Flugsimulator wirklichkeitsnah zu betreiben.

Von dem Prozeß muß Identifizierbarkeit verlangt werden (→Beobachtbarkeit). An den Schätzalgorithmus können Forderungen hinsichtlich der statistischen Eigenschaften und der numerischen Lösungsverfahren gestellt werden. Auf Fragen der Numerik wird in diesem Beitrag nicht eingegangen.

Als statistische Eigenschaften werden in der Literatur die Kriterien erwartungstreue, passende, wirksame und erschöpfende Schätzung genannt. Unter einer erwartungstreuen (*engl.* unbiased) Schätzung ist zu verstehen, daß ein Schätzwert mit einer asymptotisch gegen Unendlich strebenden Zahl von Messungen gegen den wahren Wert konvergiert. Ist die Wahrscheinlichkeit, daß der Schätzwert erwartungstreu ist, identisch Eins, so ist er auch passend (*engl.* consistent). Ein wirksamer (*engl.* efficient) Schätzwert weist gegenüber jedem anderen eine kleinere Varianz des Schätzfehlers auf. Eine Schätzung ist erschöpfend (*engl.* sufficient), wenn weitere Messungen den gefundenen Wert nicht mehr beeinflussen.

Bei allen Parameterschätzverfahren wird ein quadratisches Gütekriterium (→Regelung, optimale) ausgewertet. Als frühestes Verfahren ist die Methode der kleinsten Quadrate zu nennen. Eines der modernsten und das am erfolgreichsten eingesetzte ist das Maximum-Likelihood-Prinzip.

Scheithauer/Böttiger

Literatur: *Unbehauen, H.* u. a.: Parameterschätzverfahren zur Systemidentifikation. München 1974.

Parameter-Optimierung. Für einen festgelegten Reglertyp (mit →P-, →PI- oder →PID-Übertragungsverhalten) oder eine gewählte Regelungsstruktur (→Zustandsregelung) werden die Kennwerte oder →Parameter so berechnet, daß der →Regelkreis oder das Regelungssystem ein optimales Verhalten zeigt. Zur Bewertung dessen, was unter optimal zu verstehen ist, dient ein Gütekriterium oder eine Kostenfunktion. Diese Kostenfunktion muß einen Extremwert (meist einen Minimalwert) annehmen (→Regelung, optimale). *Böttiger*

Parameterprüfung. Prüfung von Spannungspegeln, Flankensteilheiten, Eingangs-/Ausgangsströmen der einzelnen Anschluß-Pins einer elektronischen Schaltung im Gegensatz zur →Funktionsprüfung, die das funktionelle Verhalten, also die globale Reaktion des Prüflings auf passend angelegte →Stimuli, prüft. I. a. beim Test integrierter Schaltungen gebräuchlich (→AC-/DC-Test, →PMU).

Winter

Parametrierung. P. bedeutet, den Bausteinen eines →Prozeßleitsystems solche Werte ihrer Kenngrößen zuweisen, die ein gewünschtes Verhalten bewirken. Parametrieren ist z. B. die Eingabe von Soll-, Grenz- und Stellwerten, Regelparametern sowie – in Chargenprozessen – von Rezepturen. Die P. geschieht im laufenden Betrieb und ist sowohl Aufgabe des Anlagenfahrers als auch des Personals der für die Automatisierung zuständigen Fachabteilungen. *Strohrmann*

Pascal. SI-Einheit des Druckes, nach *B. Pascal* (1623–1662) benannt. Einheitenzeichen Pa. 1 Pa = 1 N/m^2 = 1 kgm^{-1} s^{-2} = 10^{-5} bar (=1/98 066,5 kp/cm^2) (→Einheiten des SI).

Hammerschmidt

Pattern →Prüfbitmuster

Patternrate. Die P. ist die Rate, mit der die Prüfpattern (→Prüfbitmuster) an den →Prüfling angelegt werden. Die P. darf nicht mit der Prüfzyklusfrequenz verwechselt werden, die in der Regel gleich (bei -Formaten mit konstantem logarithmischen Wert) oder kleiner ist. *Winter*

PD-Übertragungsverhalten. Durch Parallelschaltung von zwei linearen →Übertragungsgliedern mit →P- und →D-Übertragungsverhalten entsteht ein PD-Glied. Mit anderen Worten: das Eingangssignal u(t) wird gleichzeitig auf ein P- und ein D-Glied gegeben, die Summe der Ausgangssignale bildet das Ausgangssignal v(t) des PD-Gliedes. Somit lautet die Differentialgleichung

$$v(t) = K_P\,u(t) + K_D\,\dot{u}(t) = K_P[u(t) + T_v\dot{u}(t)]$$

Die Vorhaltzeit $T_v = K_D/K_P$ könnte im menschlichen Bereich als Maß für das „Vorausschauen" oder „Vorausdenken" angesehen werden. Da der Vorhalt (der D-Anteil) mindestens eine einfache Verzögerung enthält, muß auch für das reale PD-Glied eine Verzögerung berücksichtigt werden. Für dieses PD-T_1-Glied wird obige Differentialgleichung mit $T\dot{v}$ ergänzt, so daß

$$v(t) + T\dot{v}(t) = K_P[u(t) + T_v\dot{u}(t)]$$

Man erhält als →Übergangsfunktion (Bild 1)

$$v(t) = h(t) = K_P[1 + (T_v/T - 1)\,e^{-t/T}]\,\sigma(t)$$

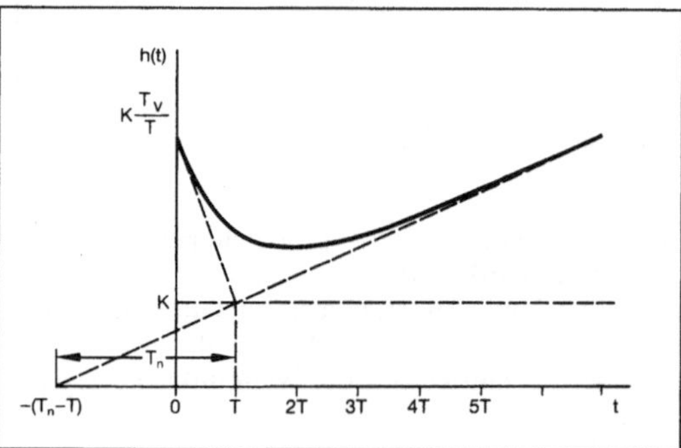

PD-Übertragungsverhalten 1: Übergangsfunktion für das PD-T_1-Glied (——) und das PP-T_1-Glied (- - -).

Die ausgezogene Linie gilt für $T_v > T$ die gestrichelte für $T_v < T$. Der echte Vorhalt gilt nur für den ersten Fall, weil anfangs eine starke Reaktion eintritt, die dann auf den P-Anteil abklingt.

Für $T_v < T$ kommt zunächst eine schwache Reaktion, die sich verzögert auf den stationären Endwert aufbaut. In diesem Fall spricht man von einem PP-T_1-Glied, weil es aus einer Parallelschaltung von P- und P-T_1-Gliedern entsteht.

Der →Frequenzgang mit dem →Amplitudengang $A(\omega) = K_P\sqrt{1+\omega^2 T_v^2}/\sqrt{1+\omega^2 T^2}$ und dem →Phasengang $\varphi(\omega) = \arctan(\omega T_v) - \arctan(\omega T)$ zeigt Entsprechendes (→Bode-Diagramm) (Bild 2). Beim echten PD-Verhalten mit $T_v > T$ ist mit steigender Kreisfrequenz ω zunächst die Eckfrequenz des Zählers wirksam, so daß die Amplitude zunimmt. Der Phasengang zeigt die Phasenanhebung. Dagegen kommt beim PP-T_1-Verhalten (gestrichelte Linie) zuerst der Einfluß der Eckfrequenz des

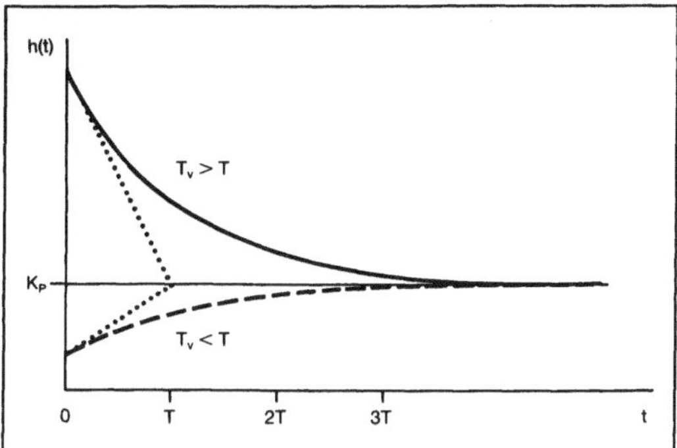

PD-Übertragungsverhalten 2: Bode-Diagramm für das PD-T_I-Glied (—) und das PP-T_I-Glied (- - -).

Nenners mit einer Amplitudenabnahme und einer Phasenabsenkung.

Ein PD-Regler ist ein PD-T_I-Glied, dessen Vorhaltzeit größer als die →Zeitkonstante ist.

Böttiger

PDV-Bus. Das PDV (Prozeß-Daten-Verarbeitung)-Bussystem ist als DIN-Norm 19241 „Bitserielles Prozeßbus-Schnittstellensystem" von der UK 933.3 des →DIN und der →VDE (DKE) spezifiziert worden. Die Norm legt funktionelle, elektrische und mechanische Eigenschaften für ein bitserielles Feldbussystem (→Feldbus) fest, das für Anwendungen in der Automatisierungstechnik bestimmt ist, für die Echtzeitbedingungen einzuhalten sind und elektromagnetische Störfreiheit nicht vorausgesetzt werden kann. Im Vergleich zu anderen Feldbussystemen wie z. B. der PROWAY (PROWAY C) ist der PDV-B. insbesondere für Anwendungen in prozeßnahen Bereich entworfen worden und unterstützt den Anschluß von einfachen Prozeß-Ein-/Ausgabegeräten sowie der Übertragung kurzer Nachrichten.

Die Architektur des PDV-Bussystems läßt sich den Ebenen 1, 2 und 7 des →ISO-Referenzmodells zuordnen. Für die physikalische Ebene ist eine Bus- oder Baumtopologie (Bushierarchie) mit einer Übertragungsrate von 1 MBit/s vorgesehen. Die Leitungsart ist nicht festgelegt. Durch spezielle Buskoppler können Nahbereichs- und Fernbereichs-Bussysteme verbunden werden.

Das Übertragungsprotokoll wird in der Übertragungssteuer-Einheit (ÜSE) realisiert. Der Zugang zum gemeinsamen Übertragungsmedium wird zentral durch eine →Leitstation gesteuert. Die Leitstation kann die Zugangskontrolle von sich aus oder auf Anforderung zeitweise an berechtigte Unterstationen abgeben. Um Übertragungsanforderungen zu erkennen werden zyklische Kurzabfragen durch Globalaufrufe gestartet, die dann von allen Stationen beantwortet werden. Stationen ohne Anforderung senden nur ihre Stationsadresse als Antwort, während Stationen mit Anforderungswünschen diese durch ein Bitmuster in der Antwort spezifizieren. Als Standard-Protokollfunktionen stehen der sendeberechtigten Station Funktionen wie die Normalisierung, die Statusabfrage, Schreiben/Lesen indirekt und direkt zur Verfügung.

Spaniol

Literatur: DIN 19241: Messen Steuern Regeln, Bitserielles Prozeßbus-Schnittstellensystem, Serielle Digitale Schnittstelle (SDS), Teil 1–3. Berlin.

Peilung. P. ist ein in der Horizontalebene gemessener Winkel. Er wird von einer Bezugsrichtung aus im Uhrzeigersinn von 0° bis 360° gezählt. Bei Seitenpeilung (Bezugsrichtung ist die Vorausrichtung des Schiffes) und bei Radar-Seitenpeilung ist halbkreisige Zählung (0° bis 180°) mit dem Zusatz steuerbord oder backbord zulässig. Wird die P. mit Hilfe eines Kompasses durchgeführt, spricht man von einer Kompaßpeilung, wobei häufig durch Zusatz die Kompaßart (→Kreiselkompaß, Magnetkompaß) angegeben wird. Die Richtung zu einem Objekt wird mit einer Visiereinrichtung, die häufig mit einem Fernrohr mit Fadenkreuz (Diopter) versehen ist, gepeilt.

Zur angenäherten Festlegung einer P., z. B. Meldung eines Ausgucks an Bord an den Wachoffizier über das Insichtkommen eines anderen Fahrzeugs, bedient man sich auch heute noch der sonst aus dem Gebrauch gekommenen Stricheinteilung der Kompaßrose. Der Vollkreis wird dabei in 32 Striche eingeteilt. Der rechte Winkel demnach in acht Striche. Durch einfaches fortgesetztes Halbieren des rechten Winkels kann man eine Richtung in Strichen recht gut schätzen (→Navigation, terrestrische).

Froese

Pellistor. →Gassensor aus einem Sintermaterial mit integrierter Heizung und →Temperaturmessung. Bei Anwesenheit spezifischer Gase entsteht eine katalytische Reaktion mit dem Sintermaterial, meistens wird das Gas dabei oxidiert. Die entstehende Wärmetönung kann über die Temperaturmessung erfaßt werden.

Der Sinterkörper erzeugt eine große Oberfläche, auf der die Reaktion stattfinden kann. Wird als Heizwendel z. B. ein Platindraht verwendet, dann kann dieser gleichzeitig als →Temperatursensor verwendet werden.

Schaumburg

Peltier-Effekt. Fließen Elektronen aus einem Material (vorzugsweise Halbleiter, Halbleiterkühlelement) mit hoher Elektronenkonzentration in ein benachbartes Material mit einer niedrigeren, dann entspannt sich das Elektronengas. Bei einer adiabatischen Versuchsführung führt das zu einer Temperaturabsenkung.

In der Praxis wird durch einen Halbleiter, der an zwei Stellen mit einem anderen Material kontaktiert ist, ein Strom I geleitet. Dann entsteht an dem einen Kontakt eine Temperatursenkung, an dem anderen eine Temperaturerhöhung. Die auftretende Wärmemenge ΔQ in der Zeit Δt ist:

$$\frac{\Delta Q}{\Delta t} = \Pi I$$

mit dem Peltier-Koeffizient Π.
→Thermoelektrischer Effekt *Schaumburg*

Peltier-Element. Bauelement, das unter Nutzung des →Peltier-Effekts über einen elektrischen Stromfluß direkt eine Temperaturabsenkung erzeugen kann. Zur Anwendung kommen vorwiegend Halbleiterkühlelemente. *Schaumburg*

Performance Board →Loadboard

Periodendauermessung →Frequenzmessung, →Zeitmessung

Peripherik. Sammelbegriff für die Komponenten im Feld, die den Materialfluß in einen Informationsfluß (→Sensoren) und den Informationsfluß wieder in einen Materialfluß (→Aktoren) umformen (→Aktorik). *Strohrmann*

Permanentmagnet. Dauermagnete oder P. sind Werkstoffe, die nach dem Magnetisieren ihre magnetischen Eigenschaften mehr oder weniger unabhängig von äußeren Feldern, Erschütterungen und Temperaturänderungen beibehalten.

Die magnetische Erscheinung ist seit dem Altertum bekannt. Bis Mitte des vorigen Jahrhunderts war der Kompaß jedoch die einzige gewichtige Anwendung des Magnetismus und erst mit der Entwicklung einer elektronischen Industrie gegen Ende des vorigen Jahrhunderts entstand eine ständig steigende Nachfrage nach P. Diese setzte sich in unserem Jahrhundert verstärkt fort, insbesondere als die Rundfunk- und Fernsehempfänger-Industrie große Stückzahlen für Lautsprecher und andere Zwecke benötigte. Weitere wichtige Anwendungsgebiete wurden →Meßgeräte, Haftanordnungen, →Relais und vor allem kleine Gleichstrommotoren (z. B. als Hilfsmotor für Kraftfahrzeuge, bei denen die P. zur Felderregung dienen).

Das magnetische Moment in P. ist auf die Bahn- und Spinmomente der Elektronen im *Bohr*schen-Atommodell zurückzuführen. Die Addition der in der Elektronenhülle auftretenden Momente kann auf verschiedene Weise erfolgen. Hierbei ist der Dia-, Para- und Ferromagnetismus zu unterscheiden.

Der bei den Dauermagneten vorliegende Ferromagnetismus tritt bei den Übergangsmetallen Eisen, Nickel, Kobalt und den Seltenen Erden auf. Bei diesen Metallen erfolgt im kristallinen Zustand eine spontane Parallelstellung der magnetischen Momente innerhalb eines *Weis*schen Bereiches. Die Durchmesser der Weisschen Bereiche liegen zwischen 1 bis 100 µm. Die einzelnen Bereiche werden durch *Bloch*wände getrennt, in denen eine Drehung der Magnetisierungsrichtung erfolgt. Die spontane Magnetisierung nimmt mit steigender Temperatur ab und verschwindet bei der Curie-Temperatur. Bei dieser stoffabhängigen Temperaturgrenze wird das jeweilige Material unmagnetisch, und der Magnet wird völlig entmagnetisiert. Nach Abkühlung unter diese Temperatur kann bei Hartferrit-Werkstoffen der alte Zustand durch erneute Magnetisierung wieder hergestellt werden. Bei Werkstoffen mit Anlaßtemperaturen im Bereich der Curie-Temperatur, wie z. B. Alnico und Selten-Erd-Kobalt, ist dieses nicht möglich.

Ein äußeres genügend starkes Magnetfeld bewirkt, daß die Weisschen Bereiche, die zufällig etwa in Richtung des Feldes orientiert sind, auf Kosten solcher mit anderer Orientierung wachsen. Dieser Prozeß kann reversibel und irreversibel verlaufen und wird mit der Hysterekurve beschrieben (Bild 1). Zur Definition von Dauermagneten dienen die verschiedenen Kenngrößen der Hystereseschleife (Bild 2):

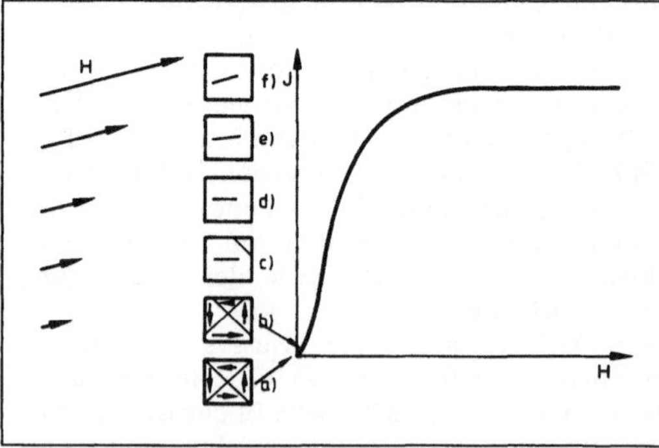

Permanentmagnet 1: Neukurve mit verschiedenen Bereichen, in denen bestimmte Ummagnetisierungsvorgänge überwiegend auftreten.
a) nach außen unmagnetischer Zustand
b) reversible Wandverschiebungen
c) irreversible Wandverschiebungen
d) Wandverschiebungen beendet
e) reversible Drehprozesse
f) Sättigung.

□ Die remanente Flußdichte B_r: Dieses ist die in einem magnetisch geschlossenen Kreis nach Durchlaufen des Sättigungszustandes bei Feldstärke Null verbleibende Flußdichte. Zwischen der magneti-

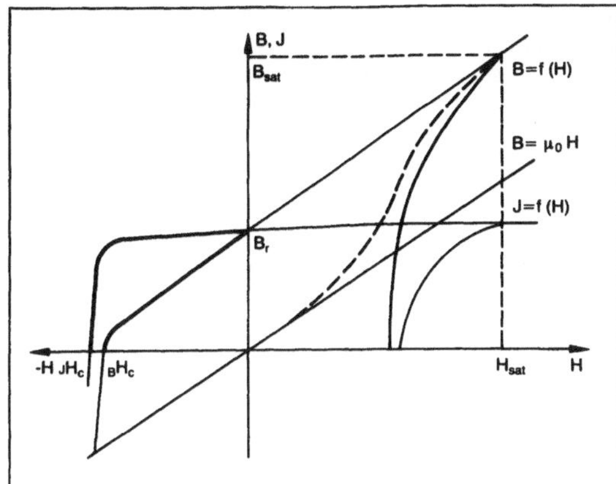

Permanentmagnet 2: Magnetische Flußdichte B und magnetische Polarisation J in Abhängigkeit von der Feldstärke H.

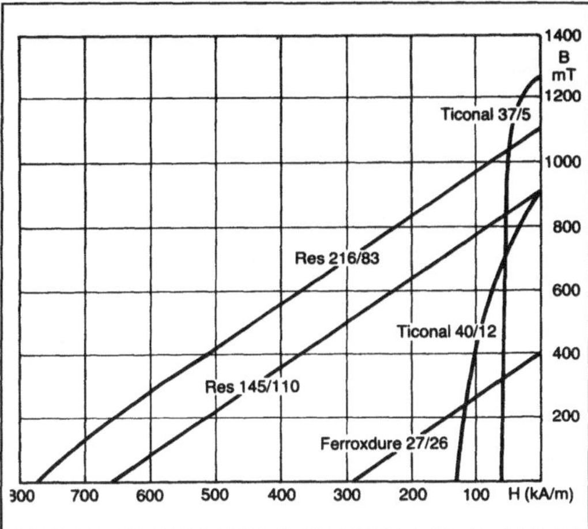

Permanentmagnet 3: Typische Entmagnetisierungskennlinie von verschiedenen Magnetwerkstoffen. (Quelle: Philips Components)

schen Flußdichte B und der magnetischen Polarisation J besteht die Beziehung $B = J + \mu_o \times H$.

□ Die Koerzitivfeldstärke H_c: Hierunter versteht man die magnetische Feldstärke, bei der die magnetische Flußdichte B bzw. die magnetische Polarisation J eines vorher bis zur Sättigung magnetisierten Magneten Null wird. Hierbei sind $_BH_C$ und $_JH_C$ zu unterscheiden.

□ Die größte remanente Energiedichte $(B \times H)_{max}$. Dieses ist der (doppelte) maximale Energieinhalt eines Magneten pro Volumeneinheit im Bereich der Entmagnetisierungskennlinie.

Bei der Berechnung eines magnetischen Kreises, bestehend aus Dauermagneten und Flußleitstücken sind verschiedene Punkte zu berücksichtigen. Von wesentlichem Einfluß sind der Streufluß und die Lage des Arbeitspunktes auf der Entmagnetisierungskennlinie mit den Auswirkungen zusätzlicher Fremdfelder, Temperaturverschiebungen oder Veränderung der Luftspaltweite.

Durch Fortschritte in der Werkstoffentwicklung liegt inzwischen ein breites Spektrum von modernen Werkstoffen vor: Hartferrite, Plastoferrite, Alnico-, FeCo- und CrFeCo-Legierungen sowie intermetallische Verbindungen auf Basis von Samarium und Kobalt- bzw. Neodym-Eisen und Bor. Jeder dieser Werkstoffe hat vorteilhafte und nachteilige technische bzw. wirtschaftliche Eigenschaften, die im Einzelfall abgeschätzt werden müssen (Bild 3, 4).

□ Hartferrit: Die oxydkeramischen Werkstoffe auf der Basis von $BaFe_{12}O_{19}$ und $SrFe_{12}O_{19}$ konnten sich insbesondere durch wirtschaftliche Herstellungsverfahren zu den meistverwendeten Werkstoffen entwickeln. Entdeckt wurden die Bariumferrite um 1950 und Mitte der 50er Jahre durch die Strontiumferrite ergänzt. Durch intensive Entwicklungen wird inzwischen 80 % der theoretisch möglichen Energiedichte in Serienfertigung erreicht. Für dynamische Anwendungen werden Koerzitivfeldstärken von bis zu $_JH_C = 520$ kA/m erzielt. Ferritmagnete werden vorzugsweise für elektroakustische Wandler in Ringform, für permanentmagnetisch erregte Gleichstrommotoren in Segmentform und für magnetmechanische Systeme als Ringe, Platten und Scheiben eingesetzt.

□ Plastoferrit: Im Kunststoff als Matrix eingebettetes Hartferritpulver ermöglicht die Herstellung von Magneten unter Ausnutzung der in der Kunststoffindustrie bekannten Fertigungsverfahren, vorzugsweise als Platten und Streifen. Durch den Einsatz der Spritzgußtechnik können auch engtolerierte Ringe realisiert werden.

□ Intermetallische Verbindungen aus einem Seltenerdmetall und Kobalt oder Eisen $SmCo_5$, Sm_2Co_{17}, Nd Fe B: Während die Samarium-Kobalt-Werkstoffe mit hohen magnetischen Eigenschaften Mitte der 70er Jahre in die Kleinserienfertigung gingen, wurde ca. zehn Jahre später der neueste Werkstoff aus Neodym-Eisen-Bor entwickelt. Magnete aus dieser Werkstoff-Familie weisen erheblich höhere magnetische Werte gegenüber Samarium-Kobalt auf. So werden maximale Energiedichten $(BH)_{max}$ von bis zu 300 kJ/m^3 erreicht. Es kommen Ringe, Scheiben, Platten und Segmente zur Anwendung.

□ Alnico-Legierung: Die Anfänge dieser Legierung aus Aluminium, Nickel, Kobalt und Eisen reichen bis in die Mitte der 30er Jahre zurück. 20 Jahre später kamen die hochkoerzitiven titanhaltigen Legierungen mit der isothermen Magnetfeldwärmebehandlung und die hochremanenten Werkstoffe mit Stengelkristallisation hinzu. Weitere 20 Jahre später hat diese Werkstoffgruppe den Höhepunkt der Entwicklung überschritten. Sie behauptete sich vor-

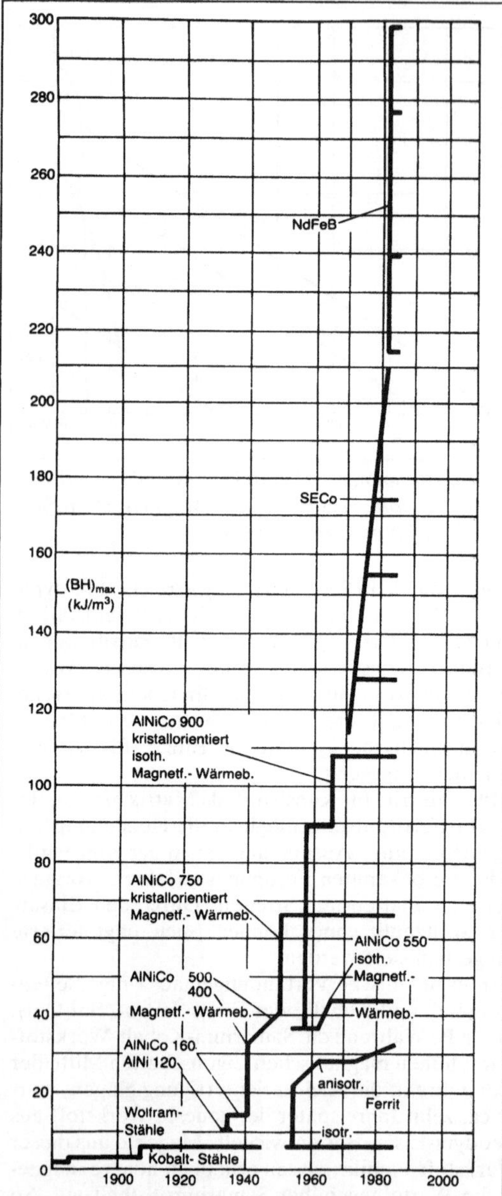

Permanentmagnet 4: Die Entwicklung der $(BH)_{max}$-Werte bei wichtigen Magnetwerkstoffen.

zugsweise bei Anforderungen bezüglich kleiner Temperaturkoeffizienten, wie z. B. bei Meßinstrumenten. Alnico Magnete werden als Ringe, Platten und Scheiben hergestellt.

□ FeCoVCr + CrFeCo-Legierungen. Durch die ausreichende Plastizität ist die Herstellung von Drähten, Bändern, Blechen und Stanzteilen gegeben. Die Magnete finden jedoch nur in speziellen Applikationen Eingang (Bild 4). *Plaumann*

Literatur: *Broek, van den C. A. M.* und *A. L. Stuijts:* Ferroxdure. Philips Techn. Rundschau 37 (1977/78). Nr. 7. – *Ruschmeyer, K.:* Permanentmagnete und ihre Weiterentwicklung. Valvo Berichte. Hamburg 1985. – *Schüler, K.* und *K. Brinkmann:* Dauermagnete, Werkstoffe und Anwendungen. Berlin 1970. – *Stäblein, H.* und *W. Baran:* Die Anwendungen von Dauermagneten Techn. Mitt. Krupp-Forsch.-Ber. 43 (1885) Nr. 3.

Personendosis → Dosismessung

Peta.... SI-Vorsatz für → Einheiten im Meßwesen, bezeichnet das 10^{15}fache der jeweiligen Einheit. Abk. P. *Hammerschmidt*

Pfadverfolgung. Fehlersuchverfahren vornehmlich im Zusammenhang mit der → Funktionsprüfung von Digitalbaugruppen, bei dem fehlerhafte Signale bis zum Fehlerort verfolgt werden.

Ein Fehler äußert sich bei der Funktionsprüfung durch ein fehlerhaftes Signal an einem Anschluß der Baugruppe (Stecker oder Prüfpunkt). Die Methode der P. (*engl.* Guided Probe) besteht darin, von dem fehlerhaften Anschluß die Signalpfade ins Innere der Schaltung solange zu verfolgen, bis wieder fehlerfreie Signale vorhanden sind. Voraussetzung ist, daß sich ein Fehler nur in Signalflußrichtung ausbreiten kann (Rückwirkungsfreiheit, → Fehlersuche). Dies ist nur bei digitalen Schaltungen gegeben.

Die P. ist bis auf die Kontaktierung der einzelnen Prüfpunkte (Knoten) automatisiert. Dem Prüfsystem werden bei der → Prüfvorbereitung die Schaltungsbeschreibung (Verbindungen der einzelnen digitalen Schaltungseinheiten mit Ein- und Ausgängen) und die Solldaten aller Knoten eingegeben. Die Solldaten werden durch → Simulation oder → Lernverfahren ermittelt. Dem Bediener werden dann bei der Fehlersuche die nacheinander mit einer Tastspitze zu kontaktierenden Knoten anhand der Signalpfade auf einem → Anzeigegerät vorgegeben und vom Prüfautomaten die abgetasteten Signale mit den Solldaten verglichen. Das Bild zeigt das Beispiel einer Kontaktierfolge. Der fehlerhafte Knoten ist lokalisiert, nachdem an allen Eingängen des NAND-Gatters G1 die Signale als fehlerfrei ermittelt wurden.

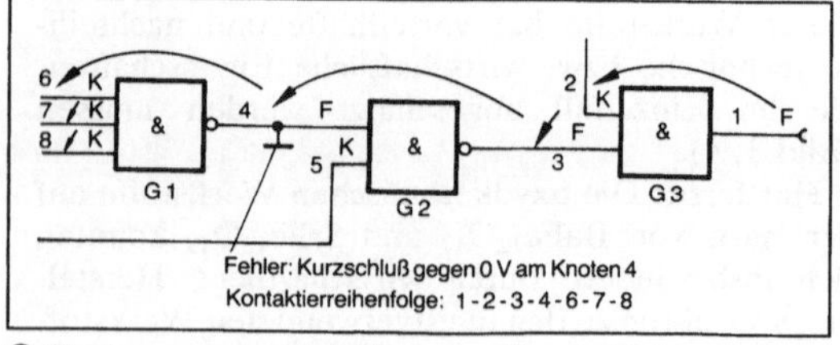

① Knotennummer, F) fehlerhaftes Signal, K) korrektes Signal

Pfadverfolgung: Schematische Darstellung am Beispiel einer Kontaktierfolge.

Eine Knotenanalyse zur genauen Ermittlung des defekten Bauelementes (G1, G2 oder die Leiterbahn) schließt sich an. Fehler in Rückkopplungsschleifen werden lokalisiert, indem mit einem aktiven Stimuli-Taktstift durch →Backdriving ein kurzer Impuls am Gattereingang aufgeprägt wird, während gleichzeitig das Ausgangssignal über die Tastspitze abgegriffen wird.

Fehler, die auf Knotenebene lokalisiert werden können, sind:

- Kurzschluß gegen OV, Versorgungsspannung, Hi- oder Lo-Pegel.
- fehlender Anschluß an OV oder Versorgungsspannung
- Leiterbahnunterbrechungen
- fehlerhafter Signalpegel.

(→Digitalprüfung; →Pinelektronik; →Design for Testability). *Mettler*

pH-Meßkette. Sie dient zur potentiometrischen Messung des pH-Werts (pH-Wert) und enthält eine Meß- und eine Bezugselektrode, die beide in die zu überwachende Flüssigkeit eintauchen (Bild 1). Die dafür verwendeten Glaselektroden sind mit speziellen Lösungen gefüllt, die so ausgewählt sind, daß die abgegebene Spannung weitgehend nur von der Konzentration der Wasserstoff-Ionen abhängt und nicht durch oxidierende oder reduzierende Substanzen, durch Salze oder Elektrodengifte gestört wird. Im Innern der Meßelektroden befindet sich eine Lösung mit dem pH-Wert pH_O, die den Nullpunkt festlegt. Unterscheidet sich dieser von dem pH-Wert pH_m der zu messenden Flüssigkeit, so entsteht entsprechend der Nernstschen Gleichung die Spannung U

$$U = 0{,}2\ T\ (pH_O - pH_m)\ mV,$$

in der T die absolute Temperatur bezeichnet. Diese Zahlenwert-Gleichung liefert bei 25 °C und einer pH-Wert-Differenz von 1 eine Spannung von

$$U = 59{,}6\ mV\ \text{(Nernstspannung bei 25 °C)}.$$

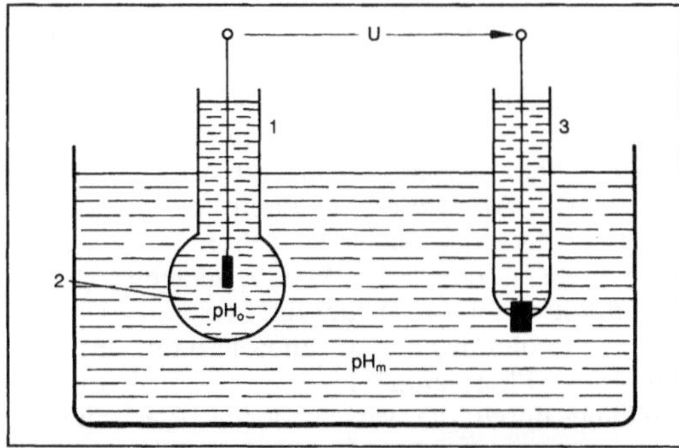

1 Meßelektrode, 2 Glasmembran, 3 Bezugselektrode

pH-Meßkette 1: Glaselektrode zum Messen des pH-Werts.

Die entstehenden Spannungen sind von ihrer Größe her zur Weiterverarbeitung gut geeignet. Da aber Glas von Natur ein Isolator ist, ist die Glasmembran eine sehr hochohmige Spannungsquelle ($R_i \approx 10^9\ \Omega$). Dies erfordert einen sehr hochohmigen Meßverstärker ($Ri > 10^{11}\ \Omega$). Außerdem ist der Eingang sorgfältig gegen Erde zu isolieren, und die Meßleitung zwischen Elektroden und Meßverstärker muß gut abgeschirmt werden, da Einstreuungen in diesen hochohmigen Kreis nicht abfließen und das Meßergebnis verfälschen. Oft wird die Messung zusätzlich durch die feuchte, schmutzige und aggressive Umgebung so erschwert, daß eine häufige und aufwendige Reinigung und Neukalibrierung der Elektroden erforderlich wird. Dies läßt sich in manchen Fällen, z. B. bei Fermentationsanlagen, durch eine Bypass-Messung umgehen.

Als →Meßverstärker läßt sich ein u/i-Verstärker (Bild 2) einsetzen, der die von den Elektroden gelieferte Spannung U in einen Strom I_a umformt

$$I_a = \frac{U}{R_g} = \frac{U}{R_\vartheta + R_o}$$

Hierbei ist der Gegenkopplungswiderstand R_g in zwei Widerstände R_ϑ und R_o aufgeteilt, von denen der erste temperaturabhängig, der zweite temperaturunabhängig ist. Werden die Werte von R_ϑ und R_o so gewählt, daß die Summe der Widerstände R_g denselben →Temperaturkoeffizienten aufweist wie die Elektrodenspannung, so ist der Ausgangsstrom I_a temperaturunabhängig. *F. Schneider*

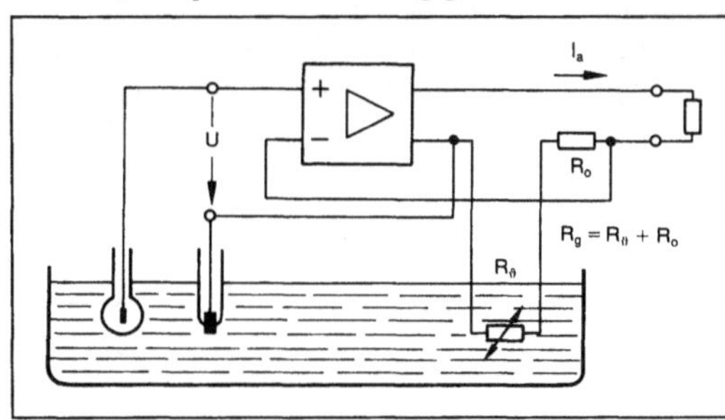

pH-Meßkette 2: Verstärkung der von den pH-Elektroden gelieferten Spannung mit automatischer Temperaturkorrektur.

Literatur: *Schrüfer, E.:* Elektrische Meßtechnik. München, 3. Auflage, 1988

Phantomkammer →Ionisationskammer-Dosimeter

Phasengang →Bode-Diagramm

Phasenmessung. Feststellung des Phasenunterschieds einer Wechselspannung gegenüber einer Bezugswechselspannung gleicher oder harmonischer Frequenz. Wenn die beiden Wechselspannungen nicht miteinander synchronisiert sind, ist der Phasenunterschied nicht konstant.

Mit Hilfe eines Zweikanaloszilloskops (→Elektronenstrahl-Oszilloskop) läßt sich der Phasenunterschied zwischen zwei Wechselspannungen (Bild) direkt beobachten. Durch „gechoppten" Betrieb oder durch externe →Triggerung mit der Bezugswechselspannung muß man dabei sicherstellen, daß nicht die zeitliche Zuordnung der beiden Spannungen verfälscht wird.

Auch mit Hilfe der am →Elektronenstrahl-Oszilloskop darstellbaren Lissajous-Figuren (→Frequenzmessung) lassen sich Phasenunterschiede messen.

Den Cosinus des Phasenwinkels (cos φ) zwischen Spannung U und Strom I eines komplexen Verbrauchers kann man ermitteln über die separate Messung von U und I sowie der Wirkleistung P (→Leistungsmessung, elektrische). Der cos φ ist das Verhältnis von Wirkleistung P zur Scheinleistung U · I:

$$\cos\varphi = \frac{P}{U\,I}$$

Es gibt auch besondere Meßgeräte, die den cos φ direkt anzeigen. Weiterhin läßt sich mittels phasenselektiver Gleichrichtung (→Meßgleichrichter) der cos φ zwischen Signalspannung und Bezugsspannung messen.

Ein Digitalzähler mit zwei Kanälen (→Zähler) ermöglicht es, die P. auf eine →Zeitmessung zurückzuführen, indem man z. B. das Zeitintervall zwischen vergleichbaren Nulldurchgängen von Signalspannung u(t) und Bezugsspannung $u_B(t)$ digital erfaßt. *Hammerschmidt*

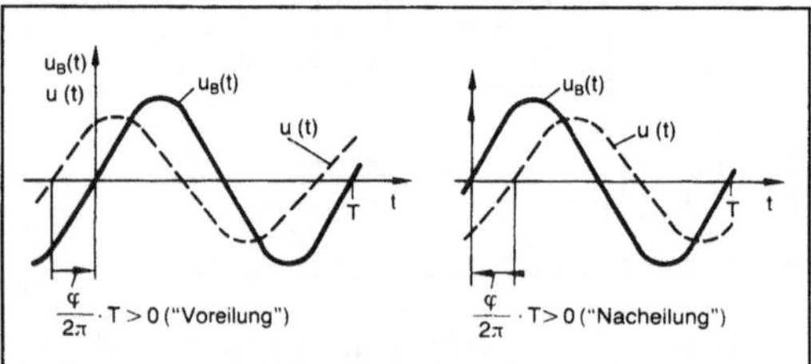

$u_B(t) = \hat{u}_B \sin 2\pi ft$ (Bezugsspannung)
$u(t) = \hat{u} \cdot \sin(2\pi ft+\varphi)$

Phasenmessung: P. mit dem Elektronenstrahl-Oszilloskop.

Phasenrand →Nyquist-Kriterium

Phon. Einheit des subjektiv ermittelten Lautstärkepegels (Lautstärke, Akustik). *Hammerschmidt*

Phoswich-Strahlendetektor →Szintillationsmeßkopf

Photodetektor. P. dienen zur Umwandlung von elektromagnetischer Strahlung des optischen Spektralbereiches (Ultraviolett bis fernes Infrarot) in ein elektrisches Strom- oder Spannungssignal (optoelektronische Signalumwandlung).

Die Gruppe der P., bestehend aus einer Vielzahl unterschiedlicher Typen, bildet eine Teilmenge der Strahlungsdetektoren (Strahlungsempfänger), wobei unter dem Begriff Strahlungsdetektoren alle Detektoren zusammengefaßt sind, die den Nachweis von elektromagnetischer Strahlung oder Teilchenstrahlung ermöglichen. P. werden auch in Strahlungsdetektoren eingesetzt, die für eine Detektion höherer energetischer elektromagnetischer Strahlungen ausgelegt sind. So bestehen z. B. Detektoren zur Messung von Röntgen- oder Gammastrahlung im wesentlichen aus einem Szintillatorkristall und einem Photoelektronenvervielfacher als P. (Szintillationszähler).

Je nach Art der beteiligten Wechselwirkung zwischen Licht und Materie (Festkörper) unterscheidet man zwischen direkter und indirekter optoelektronischer Signalumwandlung (Bild 1) und klassifiziert in:

□ Thermische →Photodetektoren: Die Wechselwirkung des Lichtes erfolgt mit den Gitteratomen des Festkörpers (Photon-Phonon-Wechselwirkung) und bewirkt indirekt über eine von der eingestrahlten Lichtleistung abhängige Temperaturänderung des Detektormaterials das elektrische Ausgangssignal (Strom, Spannung).

□ Quanten-P. (Photonendetektoren): Die Wechselwirkung des Lichtes erfolgt mit den quasifreien oder gebundenen Elektronen im Festkörper (Photon-Elektron-Wechselwirkung) und erzeugt direkt durch den photoelektrischen Effekt ein von der eingestrahlten Lichtleistung abhängiges elektrisches Ausgangssignal (Strom, Spannung). Photonendetektoren, die den äußeren photoelektrischen Effekt ausnutzen, werden auch als photoemissive Detektoren bezeichnet, da sie mit Photokathoden ausgerüstet sind, die bei Beleuchtung Photoelektronen emittieren (z. B. Photozellen, Photoelektronenvervielfacher). Diejenigen Detektoren, deren Wirkungsweise auf dem inneren photoelektrischen Effekt beruht, werden in Sperrschichtphotodetektoren und Photoleitfähigkeitsdetektoren unterteilt (Bild 1). Die Absorption der Photonen beeinflußt entweder das elektrische Verhalten von Sperrschichten an pn- oder Schottky-Übergängen (Sperrschichtphotodetektoren) oder ruft in einem Halbleiter eine Photoleitung hervor (Photoleitfähigkeitsdetektoren, →Photoleiter).

Bedingt durch die verschiedenen Wechselwirkungsprozesse, die den thermischen P. und den Quanten-P. zugrunde liegen, besitzen diese i. a. ebenso unterschiedliche Eigenschaften bezüglich Zeitverhalten und spektraler Arbeitsbereiche. So

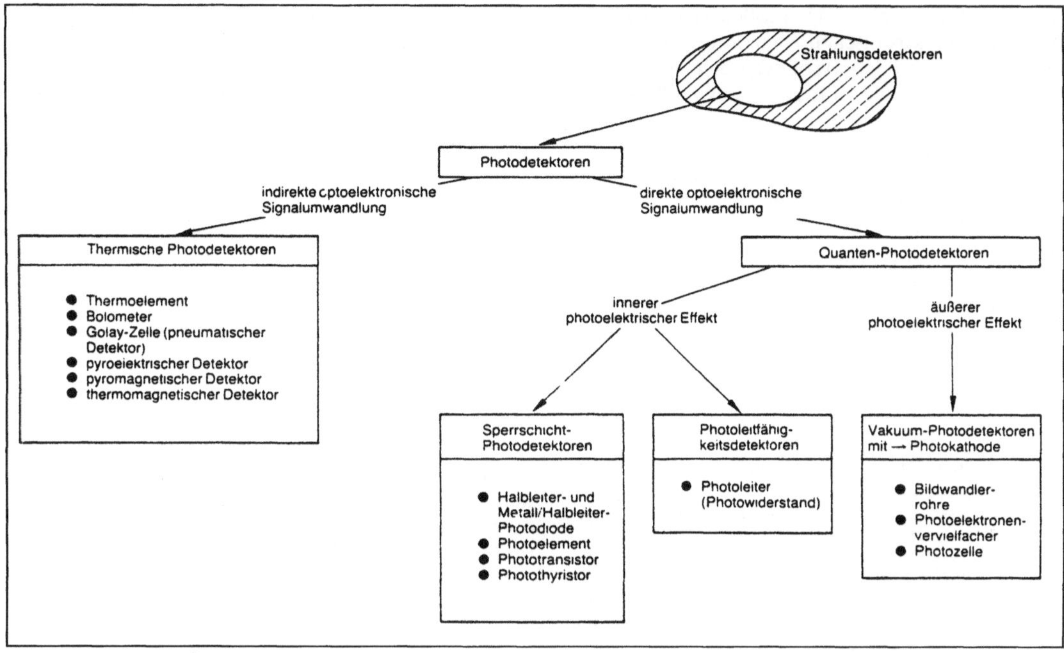

Photodetektor 1: Übersicht.

lassen sich die thermischen Detektoren im allgemeinen nur mit Signalfrequenzen bis zu maximal einigen hundert MHz betreiben (abhängig vom Detektortyp), weisen jedoch über größere Spektralbereiche eine von der Wellenlänge λ des Lichtes unabhängige Photoempfindlichkeit auf (Bild 2). Dagegen ist das Frequenzverhalten der Photonendetektoren zwar wesentlich besser (je nach Detektortyp bis zu mehreren GHz), die Photoempfindlichkeit aber materialspezifisch von der Lichtwellenlänge abhängig. Das spektrale Arbeitsgebiet eines solchen Detektors wird damit auf einen relativ kleinen Bereich eingeschränkt ist (Bild 2).

Anforderungen und Kenngrößen: Die wichtigsten Eigenschaften, die ein idealer P. aufweisen sollte, sowie die zu deren Beschreibung notwendigen Kenngrößen (Gütekriterien) lassen sich wie folgt zusammenfassen:

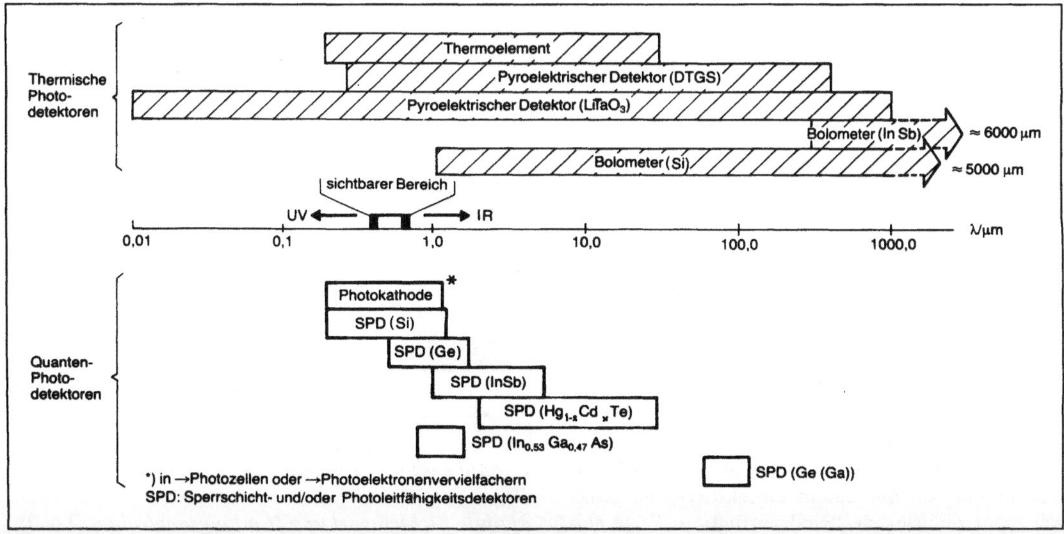

Photodetektor 2: Spektrale Arbeitsbereiche von thermischen und Quanten-P.

– Der P. soll einen möglichst großen Wirkungsgrad bei der optoelektronischen Signalumwandlung im geforderten spektralen Arbeitsbereich aufweisen. Maße für die Güte dieser Energieumwandlung sind die Photoempfindlichkeit bzw. der Quantenwirkungsgrad des Detektors.
– Der P. soll schnell sein, d. h. eine unverfälschte Wiedergabe der empfangenen Lichtsignale auch bei hohen Modulationsfrequenzen gewährleisten. Photoempfindlichkeit bzw. Quantenwirkungsgrad müssen über einen großen Frequenzbereich konstant sein. Die Frequenz, bei der die elektrische Ausgangsleistung des Detektors um 3 dB abgenommen hat, wird i. a. als →Grenzfrequenz f_G bezeichnet und dient zur Charakterisierung der maximalen Frequenzbandbreite (Demodulationsbandbreite). Die Grenzfrequenz ist mit der Ansprechzeit oder →Zeitkonstante τ_A des P. verbunden $\left(f_G = \frac{1}{2\pi \cdot \tau_A}\right)$. In den Datenblättern der Hersteller werden häufig zur Charakterisierung des Zeitverhaltens auch Anstiegs- und Abfallzeiten aufgeführt. Sie geben die Zeiten an, in der sich das →Signal am Detektorausgang zwischen 10 % und 90 % seines Maximalwertes ändert.
– Der P. soll den Nachweis geringster Lichtsignalleistungen ermöglichen. Die kleinste noch detektierbare Strahlungsleistung wird außer von der Photoempfindlichkeit hauptsächlich vom Rauschen des Detektors (→Photodetektor-Rauschen) festgelegt und durch Angabe der äquivalenten →Rauschleistung (NEP) charakterisiert. Eine weitere oft verwendete Kenngröße ist die →Detektivität D (D = 1/NEP).

Neben diesen drei wichtigsten Anforderungen an einen P. lassen sich noch weitere Ansprüche formulieren:
– Unempfindlichkeit gegenüber Temperaturschwankungen und Änderungen in den Betriebsspannungen.
– →Zuverlässigkeit, Robustheit und große →Lebensdauer.
– Der Betriebszustand sollte möglichst einfach sein, d. h. keine zusätzlichen Regelkreise erforderlich machen.
– Speziell die Sperrschicht- und Photoleitfähigkeitsdetektoren sollten möglichst monolithisch integrierbar mit anderen optischen und optoelektronischen Komponenten sein. Motivation hierfür ist die Herstellung von OEICs (**O**pto-**E**lectronic-**I**ntegrated-**C**ircuits) mit unterschiedlich hohen Integrationsgraden.
– Kostengünstige Herstellung.

Die Erfüllung sämtlicher, hier dargestellter Anforderungen von nur einem Detektortyp ist praktisch nicht realisierbar. Real verfügbare P. zeigen Eigenschaften, die in den einzelnen Punkten mehr oder weniger stark von den Idealvorstellungen abweichen. In der Praxis wird daher immer ein Kompromiß zwischen den mit der jeweiligen Aufgabe verbundenen Anforderungen und den zur Verfügung stehenden P. mit ihren unterschiedlichen Eigenschaften einzugehen sein. *R. Kaiser*

Literatur: *Bleicher, M.*: Halbleiter-Optoelektronik, Heidelberg, 1986. – *Dennis, P. N. J.*: Photodetectors: An Introduction to Current Technology, New York–London, 1985. – *Sze, S. M.*: Physics of Semiconductors Devices, 2. Ed., New York–Chichester–Brisbane–Toronto–Singapore, 1981. – *Winstel, G.* und *C. Weyrich*: Optoelektronik II. Reihe: Halbleiter-Elektronik, Bd. 11, Berlin–Heidelberg–New York, 1986.

Photodetektor, pyroelektrisch. Der pyroelektrische Detektor gehört zur Gruppe der thermischen →Photodetektoren. Das Wirkungsprinzip beruht auf der in ferroelektrischen Materialien entstehenden Pyroelektrizität, welche proportional einer durch Lichtabsorption hervorgerufenen Temperaturänderung ist.

Ferroelektrische Materialien mit spontaner dielektrischer Polarisation $\vec{P}_D$ weisen – besonders in der Nähe der Curietemperatur – eine starke Temperaturabhängigkeit in ihrer Polarisation auf ($\vec{P}_D = \vec{P}_D(T)$). Durch eine absorbierte Lichtleistung dP_O entsteht in derartigen Materialien eine Temperaturänderung dT, die eine entsprechende Polarisationsänderung $d\vec{P}_D$ bewirkt:

$$\vec{P}_D\,(T + dT) = \vec{P}_D(T) + d\vec{P}_D.$$

(Bild). Diese ist wiederum mit einer Änderung der effektiven Ladungsträgeranzahl $Q_O(T)$ um dQ an den Kristalloberflächen verbunden. Die ursprüngliche Ladungsneutralität zwischen diesen Oberflächenladungen $Q_O(T)$ und den dadurch induzierten Ladungen auf den Elektroden $Q_i(T)$ ist dann nicht mehr gewährleistet. Der Ladungsausgleich erfolgt

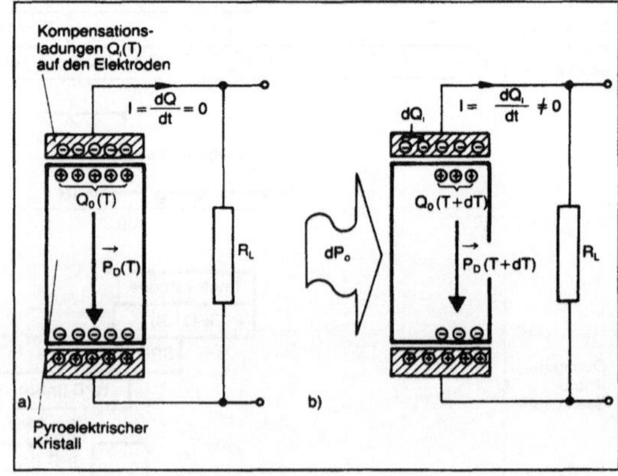

Photodetektor, pyroelektrisch: Funktionsprinzip (R_L : Lastwiderstand).
a) ohne Lichteinwirkung (Ladungsneutralität, I = 0)
b) mit Lichteinwirkung (Stromfluß, I ≠ 0).

über einen externen Lastwiderstand R_L. Der abfließende Strom $I = dQ_i/dt$ erzeugt eine elektrische Spannung U gemäß

$$U(T) = R_L \cdot I = R_L \cdot (dQ_i/dt) = R_L \cdot (d\vec{P}_D/dT) \cdot (dT/dP_O)$$

Diese Pyroelektrizität tritt nur bei Temperaturänderungen auf. Die Messung konstanter Lichtleistungen mittels pyroelektrischer Detektoren ist daher nur im Pulsbetrieb möglich (z. B. Lock-In-Technik). Verglichen mit anderen thermischen Photodetektoren zeigen diese Detektoren bei Raumtemperatur recht gute Absolutwerte bezüglich Photoempfindlichkeit [$S \approx (10^{-5} \ldots 10^{-4})$ A/W] und Zeitauflösung (bis in ns-Bereich möglich). *R. Kaiser*

Literatur: *Dennis, P. N. J.*: Photodetectors: An Introduction to Current Technology. New York–London, 1985.

Photodetektor, thermisch. T. P. sind →Photodetektoren, die eine elektrische Ausgangsgröße (Spannung, Strom) indirekt über eine von der eingekoppelten Strahlungsleistung abhängigen Temperaturänderung erzeugen.

Als wichtigste Vertreter dieser Detektorart sind der pyroelektrische Detektor, das →Thermoelement, das Bolometer und die Golay-Zelle (pneumatischer Detektor) zu nennen. Ebenso gehören zu dieser Gruppe der pyromagnetische und der thermomagnetische Detektor, deren Anwendung jedoch i. a. nicht so verbreitet ist.

Die prinzipielle Wirkungsweise der thermischen Detektoren läßt sich vereinfacht mittels zweier aufeinanderfolgender Vorgänge deuten. Zunächst erfährt das absorbierende Detektormaterial eine von der eingestrahlten Lichtleistung abhängige Temperaturänderung dT (Photon-Phonon-Wechselwirkung), die ihrerseits eine thermisch/elektrische Energieumwandlung hervorruft. Diese Umwandlung erfolgt, je nach Detektortyp, unterschiedlich: Z. B. durch Veränderung der elektrischen Leitfähigkeit (Bolometer), Entstehung einer Thermospannung (Thermoelement, Thermosäule), Veränderung von elektrischen Ladungen an den Oberflächen ferroelektrischer Kristalle (pyroelektrischer →Photodetektor), Änderung einer Magnetisierung (pyromagnetischer Detektor) oder durch das Auftreten bestimmter magnetischer Effekte (z. B. Nernst-Ettinghausen-Effekt beim thermomagnetischen Detektor). Bei der Golay-Zelle wird die Expansion eines Gases ausgenutzt, die durch eine zusätzliche optoelektronische Einrichtung ein elektrisches Signal erzeugt.

Im Gegensatz zu Quanten-Photodetektoren weisen t. P. eine von der Wellenlänge des Lichtes unabhängige Photoempfindlichkeit (Quantenwirkungsgrad) auf. Die spektralen Arbeitsbereiche liegen überwiegend im nahen und fernen Infrarot. Die Zeitauflösung dieser Detektoren ist aufgrund größerer thermischer Relaxationszeiten im allgemeinen nur gering. *R. Kaiser*

Literatur: *Dennis, P. N. J.*: Photodetectors: An Introduction to Current Technology, New York–London, 1985.

Photodetektor – Rauschen. Statistische Schwankungen des elektrischen Stromes am Ausgang eines →Photodetektors, welche die untere Grenze der Nachweisempfindlichkeit (NEP) eines Detektors festlegen.

Für diese Fluktuationen sind im wesentlichen die folgenden Ursachen (Rauschquellen) verantwortlich:

□ Signalrauschen: Hierbei handelt es sich um den Rauschanteil, der auf statistische Leistungsschwankungen der Lichtsignale, die bereits am Ort der Entstehung im Sender oder durch Störeinflüsse während der Übertragung zum →Photodetektor verursacht werden, sowie auf die statistische Erzeugung der elektrischen Ladungsträger durch Photonenabsorption im Detektor zurückzuführen ist. Das Signalrauschen ist detektorunabhängig und nicht zu vermeiden. Selbst wenn sich alle störenden Einflüsse ausschalten ließen und der Detektor optimal dimensioniert wäre (Quantenwirkungsgrad $\eta = 1$), verbleibt als unvermeidbare Rauschquelle das Quantenrauschen (Photonenrauschen), resultierend aus der statistisch schwankenden Photonenemission der Lichtquelle und Stromerzeugung im Detektor.

□ Hintergrundrauschen: Von gleicher Natur wie das Signalrauschen, wobei der Photostrom jedoch nicht durch die nachzuweisenden Lichtsignale, sondern durch eine unkontrolliert in den Photodetektor fallende Streustrahlung (Hintergrundstrahlung) entsteht.

□ Detektorrauschen: Unter diesem Begriff sind alle Rauschquellen zusammengefaßt, die vom Typ, der Struktur und der Dimensionierung des Photodetektors beeinflußt werden:

– Dunkelstromrauschen: Der stets in Photodetektoren fließende Dunkelstrom führt zu einem Stromrauschen (z. B. Schrotrauschen in Sperrschicht-Photodetektoren und Photoelektronenvervielfachern, Generations/Rekombinationsrauschen in Photoleitern).

– Thermisches Rauschen (*Johnson-* oder *Nyquist*-Rauschen): Rauschanteil, der auf die ungerichtete thermische Bewegung von Ladungsträgern in einem Festkörper zurückzuführen ist (Widerstandsrauschen in Lastwiderständen).

– Zusatzrauschen: Detektoren mit verstärkenden Eigenschaften (Lawinenphotodiode, Photoelektronenvervielfacher) bewirken, außer einer Verstärkung der Signal-, Hintergrund- und Dunkelströme, auch eine Verstärkung des Detektorrauschens. Da sowohl die Lawinenmultiplikation in Lawinenphotodioden als auch die Sekundärelektronenvervielfachung in Photoelektronenvervielfachern statistische Prozesse sind, treten ferner zusätzliche Fluktuationen im Stromsignal auf, die durch Einführung eines Zusatzrauschfaktors F_Z erfaßt werden. Das Schrotrauschen einer Lawinenphotodiode, ausgedrückt durch das mittlere Stromschwankungsquadrat $\overline{i_s^2}$, läßt sich z. B. wie folgt beschreiben:

$$\overline{i_s^2} = 2 \cdot e \cdot (I_S + I_H + I_D) \cdot \overline{M^2} \cdot F_Z(M) \cdot \Delta f$$

(e: Elementarladung, I_s: Signalphotostrom, I_H: Photostrom durch Hintergrundstrahlung, I_D: Dunkelstrom, $\overline{M^2}$: mittleres Verstärkungsquadrat, Δf: Frequenzbandbreite)

□ Verstärkerrauschen: Wird dem Photodetektor ein →Verstärker nachgeschaltet (z. B. Bipolar- oder Feldeffekttransistor, komplette Verstärkerstufe), so verursacht dieser einen zusätzlichen Rauschanteil am Ausgang einer solchen Kombination.

R. Kaiser

Literatur: *Müller R.:* Rauschen. Reihe: Halbleiter-Elektronik, Bd. 15, Berlin–Heidelberg–New York, 1979. – *Ross, D. A.:* Optoelektronik, München–Wien, 1982.

Photodiode →Photoelement

Photoeffekt. (Auch photoelektrischer oder lichtelektrischer Effekt). Auslösung eines Elektrons eines Atoms oder Festkörpers aus seiner Bindung heraus durch Bestrahlung mit elektromagnetischen Wellen (Photonen).

Beim äußeren P. verläßt das Photoelektron das Atom bzw. den Festkörper ganz, man spricht auch von Photoemission. Die Wellenlänge λ der einfallenden Strahlung muß dazu einen Maximalwert λ_{max} (Grenzwellenlänge) unterschreiten. Dies ist eine Folge der Quantennatur elektromagnetischer Strahlung, nach der das Strahlungsfeld aus kleinsten Einheiten (Photonen) mit der Energie $W = h\nu = hc/\lambda$ aufgebaut ist (ν = Wellenfrequenz, c = Lichtgeschwindigkeit, h = Plancksches Wirkungsquantum). Diese Energie muß größer sein als die totale Bindungsenergie W_B des auszulösenden Elektrons, d. h. $W = h\nu = hc/\lambda > W_B$, so daß sich als maximaler Wert der Wellenlänge $\lambda_{max} = hc/W_B$ ergibt. Für z. B. die Leitungselektronen eines Metalls muß die Austrittsarbeit W_A zum Verlassen des Metalls aufgebracht werden, d. h. $W_B = W_A$, so daß sich $\lambda_{max} = hc/W_A$ ergibt. Ist $\lambda < \lambda_{max}$, so bleibt Energie übrig, um dem Elektron noch kinetische Energie W_{kin} im Außenraum mitzugeben, was durch die photoelektrische Gleichung (nach Einstein) beschrieben wird:

$$W_{kin} = h\nu - W_A.$$

Je mehr Photonen mit $\lambda < \lambda_{max}$ eingestrahlt werden, desto mehr Photoelektronen werden emittiert. Durch Absaugen mit einer äußeren Spannung entsteht ein Photostrom, der der Intensität des Strahlungseinfalls proportional ist (Photozelle). Die entstehende Stromdichte j hängt auch von der absoluten Temperatur T ab, was durch die *Fowler*-Gleichung $j = BT^2 f((h\nu - W_A)/kT)$ beschrieben wird (k = Boltzmann-Konstante). Dabei ist B eine Konstante und f eine in der Literatur tabellierte Funktion.

Für $\lambda > \lambda_{max}$ lassen sich jedoch auch für große Intensitäten keine Elektronen auslösen, da die Energie des einzelnen Photons die notwendige Austrittsarbeit unterschreitet. Mit wachsender Photonenenergie können auch Elektronen ausgelöst werden, die stärker gebunden sind als die Leitungselektronen des Metalls. Bei der Herauslösung aus atomaren Energieniveaus ist dazu meist bereits Röntgenstrahlung notwendig (Röntgenemission). Aus dem Auftreten von Photoelektronen bei bestimmten Wellenlängen kann so auf diese elementspezifischen Niveaus zurückgeschlossen werden (Photoelektronenspektroskopie), was zu einem chemischen Analyseverfahren ausgenutzt werden kann (ESCA).

Der innere P. unterscheidet sich vom äußeren durch die Tatsache, daß das aus einer Bindung ausgelöste Elektron im Festkörper verbleibt, d. h. dort nur in einen anderen energetischen Zustand übergeht. Ein besonders wichtiges Beispiel hierzu ist der Halbleiter-P., bei dem auf einen Halbleiter einfallende Photonen Elektronen aus dem Valenzband oder aus Störniveaus im verbotenen Band in das Leitungsband anheben, wo sie praktisch frei beweglich sind. Dies führt zur wichtigen Erscheinung der Photoleitung.

Heinz

Literatur: *Simon, H.* und *R. Suhrmann:* Der lichtelektrische Effekt und seine Anwendungen, Berlin-Heidelberg-New York 1958.

Photoelement. Wird die Raumladungszone eines pn-Halbleiters von Lichtquanten genügend hoher Energie getroffen, so werden Elektronenbindungen zerstört, und Elektronen werden vom Valenz- in das Leitungsband gehoben. Die dadurch gebildeten Elektron-Loch-Paare werden durch das elektrische Feld der Raumladungszone getrennt. Der dabei entstehende Strom ist direkt proportional der Beleuchtungsstärke (innerer lichtelektrischer Effekt, Sperrschicht-Photoeffekt).

Ausgenutzt wird dieser Effekt z. B. in Selen und Silicium zum Bau von P. und Photodioden (Bild 1). Das Selen-Element, bei dem sich die Sperrschicht zwischen dem Selen und dem Cadmium-Sulfid aufbaut, wird vornehmlich in der Lichttechnik benutzt. Seine spektrale Empfindlichkeit ist der des menschlichen Auges ähnlich. Die Silicium-Aufnehmer hingegen werden mehr in der optischen Nachrichtentechnik eingesetzt.

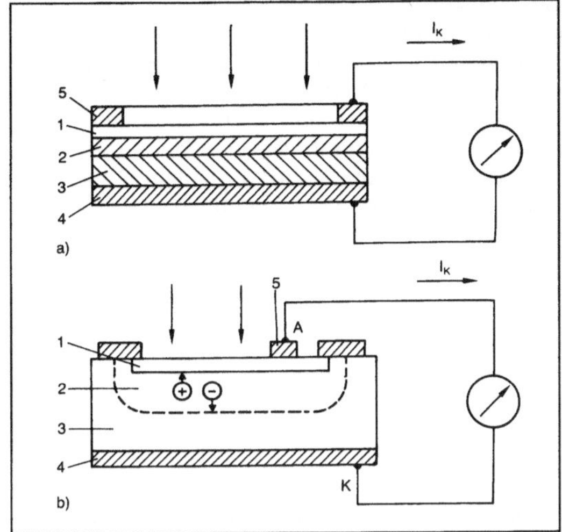

1) durchsichtige Metallelektrode, 2) CdS-Schicht, 3) Selenschicht, 4) Trägermetall, 5) Kontaktring

Photoelement 1: Schematische Darstellung
a) Selen-P.

1) p-leitende Zone, 2) Raumladungszone, 3) n-leitende Zone, 4), 5) Kontaktierung

b) Silicium-P.

□ Betrieb als P.: Die im IV. Quadranten des Kennlinienfeldes von Bild 2 verlaufenden Kurven charakterisieren die Betriebsart *Element.* Möglich ist beim Elementbetrieb die Messung des Kurzschlußstroms I_K bei $U_{AK} = 0$. Der Kurzschlußstrom steigt linear mit der Beleuchtungsstärke (Bild 3b).

Wird die Leerlaufspannung U_L des Elements gemessen, so fließt kein Strom durch die Diode, $I_{AK} = 0$. Die Leerlaufspannung steigt mit dem Logarithmus der Beleuchtungsstärke an (Bild 3c).

Kurzschlußstrom (Ordinate) und Leerlaufspannung (Abszisse) begrenzen den Betriebsbereich eines Photoelements. Dazwischen kann praktisch jeder →Arbeitspunkt erreicht werden, indem das

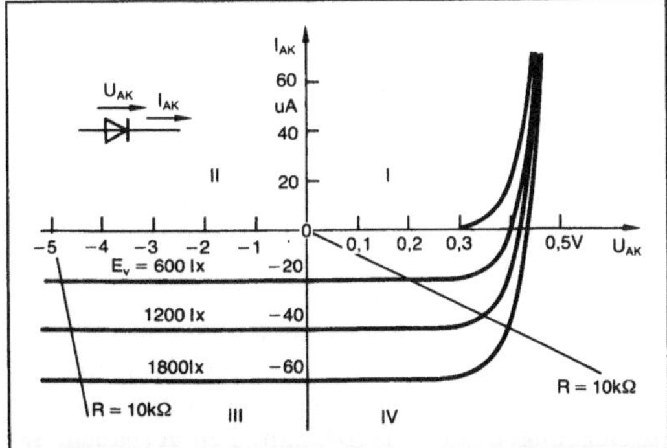

Photoelement 2: Kennlinie der Si-Photodiode BPW 20.

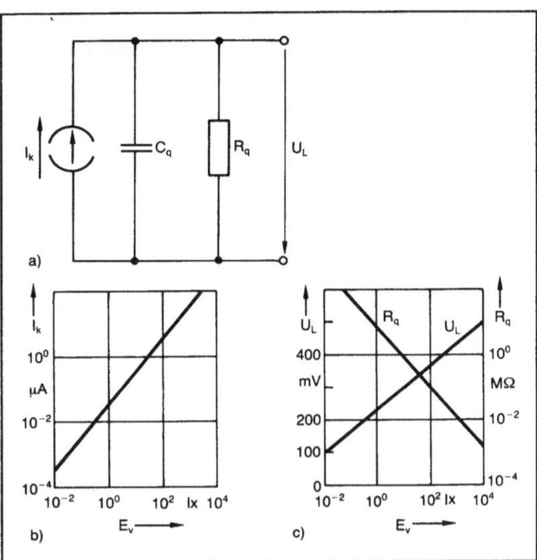

I_K Kurzschlußstrom, U_L Leerlaufspannung, R_q Innenwiderstand, E_v Beleuchtungsstärke

Photoelement 3:
a) Ersatzbild und
b), c) Kennlinien eines P.

Element mit einem Widerstand R belastet wird. In diesem Fall kann entweder der im Kreis fließende Strom oder die am Widerstand abfallende Spannung gemessen werden. Beide Größen hängen nichtlinear von der Beleuchtungsstärke ab.

P., die so ausgelegt sind, daß sie im Spektralbereich des Sonnenlichtes einen möglichst hohe Empfindlichkeit haben, werden als Solarzellen bezeichnet.

□ Betrieb als Photodiode: Im Diodenbetrieb wird eine Spannung in Sperrichtung an den →Aufnehmer gelegt (III. Quadrant des Kennlinienfeldes). Dadurch ändert sich nicht der vom Aufnehmer gelieferte Strom. Ein Lastwiderstand kann jetzt relativ groß gewählt werden, ohne daß der lineare Zusammenhang zwischen der Beleuchtungsstärke und dem im Meßkreis fließenden Strom oder der am Widerstand abfallenden Spannung verloren geht. Durch die in Sperrichtung angelegte Spannung vergrößert sich die Breite der Raumladungszone, womit die Kapazität der Diode sinkt. Dadurch verbessert sich das Zeitverhalten. Photodioden können Frequenzen im MHz-Bereich messen, während P. nur Frequenzen von höchstens einigen kHz folgen können. Außer in pn-Sperrschichten tritt der Photoeffekt auch in Metall-Halbleiter-Kontakten auf (Schottky-Kontakt, →Schottky-Diode). *Schrüfer*

Photoleiter (Photoleitfähigkeitsdetektor, Photowiderstand). Als P. werden →Photodetektoren bezeichnet, deren Wirkungsweise auf einer durch

Strahlungsabsorption hervorgerufenen Veränderung der elektrischen Leitfähigkeit (Photoleitung) beruht.

Mit der elektrischen Leitfähigkeit σ eines Halbleiter- oder Isolatormaterials wird ebenso dessen elektrischer Widerstand gemäß $R = l/(\sigma \cdot A) = l/(\sigma \cdot b \cdot d)$ von der eingestrahlten Lichtleistung P_o (bzw. Beleuchtungsstärke E_o) abhängig ($R = R(\sigma(P_o))$, l,b,d: geometrische Abmessungen, Bild).

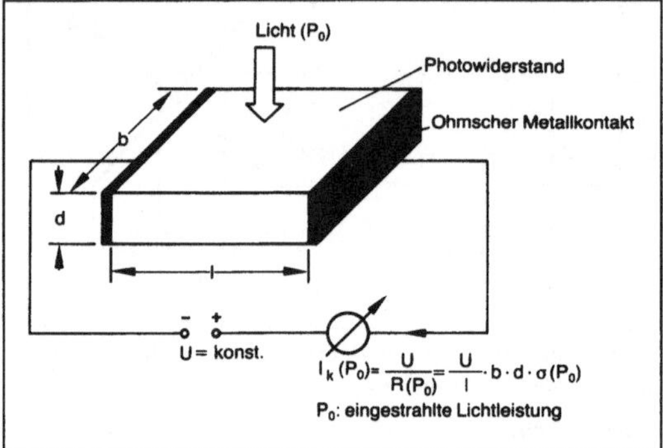

Photoleiter: Prinzipieller Aufbau und geometrische Dimensionen.

Durch Anlegen einer elektrischen Spannung U fließt bei Lichteinfall ein entsprechender Kurzschluß-Photoleitungsstrom $I_K(P_o)=U/R(P_o)$ (Bild). Dieser im äußeren Stromkreis auftretende Strom ist im allgemeinen um einen Faktor G größer als der Photostrom I_{PH}, der allein aus der Photonenabsorption resultiert ($I_K(P_o) = G * I_{PH}(P_o)$). Die Größe G wird als innere Verstärkung oder Gewinn (*engl.* gain) eines P. bezeichnet. Entsprechend der Natur der erzeugten Photoleitung unterscheidet man hauptsächlich zwischen folgenden Typen:

□ Extrinsischer- oder Störstellen-P.: Bei Photoneneinstrahlung wird in einem möglichst reinen Halbleitermaterial mit gezielt eingebauten Fremdatomen eine extrinsische Photoleitung hervorgerufen. Die elektronischen Energieniveaus der Fremdatome liegen i. a. relativ dicht an der Valenz- oder Leitungsbandkante, wodurch bereits geringe Photonenenergien die Freisetzung von Ladungsträgern bewirken. Daher eignen sich diese P. besonders zum Nachweis langwelliger Lichtstrahlung (fernes Infrarot). Extrinsische P., bei denen die Energieabstände ΔE der Störstellen von der jeweiligen Bandkante kleiner oder gleich der thermischen Energie $E_{th} = k{*}T$ bei Raumtemperatur sind, müssen gekühlt betrieben werden (k: Boltzmannkonstante, T: Temperatur des Kristalls). Ohne Kühlung wäre kein →Photoeffekt zu beobachten, da die Anregung der elektrischen Ladungsträger aller Störstellen bereits thermisch erfolgt. Der Verstärkungsfaktor G ist bei einer homogenen, zeitlich konstanten Lichteinstrahlung abhängig von der mittleren →Lebensdauer (Rekombinationszeit) τ_L der an den Störstellen entstehenden, ortsfesten Ladungen und der Transitzeit t_T der freigesetzten, beweglichen Ladungsträger ($G = \tau_L/t_T$). Die Transitzeit ist die Zeit, die bewegliche Ladungsträger bei einer angelegten elektrischen Spannung U im Mittel zum Durchlaufen der Photoleiterlänge l benötigen. Solange die Störstellen ionisiert sind, erfolgt eine ständige Nachlieferung von Ladungsträgern über die Elektroden des Photowiderstandes. So fließen z. B. während der Lebensdauer einer erzeugten positiven Störstelle (ionisierter Donator) G Elektronen durch den Stromkreis ($G>1$). Für $G=1$ ist der auftretende Kurzschluß-Photoleitungsstrom I_K gleich dem erzeugten Photostrom I_{PH}.

Typische Störstellen-P. sind z. B. Si- oder Ge-Halbleiter-Einkristalle, die mit Au-, Hg-, Cu- oder Zn-Atomen als Fremdatome dotiert sind. Auch bei maximaler Dotierstoffkonzentration ist die Lichtabsorption jedoch kleiner als bei intrinsischen Materialien, wodurch die geometrischen Dimensionen dieser P. relativ groß sind (mm-Bereich).

□ Intrinsischer- oder Eigenleitungs-P.: Photonen, deren Energie mindestens so groß wie die Bandlücke E_G eines Halbleitermaterials ist, erzeugen in diesem eine intrinsische Photoleitung. Der Verstärkungsfaktor G wird bestimmt von den Lebensdauern τ_L der erzeugten Elektronen (τ_L^e) und Löcher (τ_L^h), sowie von deren Transitzeiten (t_T^e, t_T^h). In der Praxis gebräuchliche intrinsische Photoleitermaterialien sind z. B. CdS, CdSe, InAs, InSb, $Hg_{1-x}Cd_xTe$, PbS, PbSe.

□ Intraband-P.: Durch Photonenabsorption wird in bestimmten Materialien (GaAs, Ge, n-InSb,..) eine Intraband-Photoleitung erzeugt. Die auf einem solchen Effekt basierenden Leitfähigkeitsdetektoren werden als Heißelektronen-Bolometer (Hot-Electron-Bolometer), Freie-Elektronen-Bolometer oder *Putley*-Detektoren bezeichnet und erlauben den Nachweis extrem langwelliger Strahlung (sub-mm bis mm). Für den Betrieb dieser Detektorart sind Temperaturen von nur wenigen →Kelvin erforderlich.

□ Barrieren-P. (Dünnfilmphotoleiter): Durch optische Anregung wird eine Barrieren-Photoleitung in dünnen polykristallinen Halbleiterfilmen hervorgerufen, die auf isolierenden Trägermaterialien (Substraten) aufgebracht sind (z. B. CdS, CdSe auf Glas- oder Keramiksubstraten). Gegenüber einkristallinen P. ist eine wesentlich größere Photoempfindlichkeit zu beobachten.

Die Vorteile der Photowiderstände als Strahlungsdetektoren liegen sowohl in den erreichbaren hohen Photoempfindlichkeiten bei kleinen Strahlungsleistungen ($G \approx 1\text{–}10^6$, zum Teil vergleichbar mit Photoelektronenvervielfachern) als auch in ihrer Einfachheit bezüglich Aufbau, Herstellung und

Schaltungstechnik. Neben der begrenzten Temperaturstabilität ist als weiterer Nachteil das Zeitverhalten zu nennen. Die Anstiegs- und Abfallzeiten nehmen im allgemeinen mit der Höhe des Gewinns G zu, da maximale innere Verstärkungen Materialien mit möglichst großen Lebensdauern τ_L der generierten Ladungsträger erfordern und der Verkürzung der Transitzeiten t_T technologische Grenzen gesetzt sind.

Zur Erfassung niederfrequenter Lichtsignale finden die Photoleitfähigkeitsdetektoren jedoch in der Naturwissenschaft und Technik ein breites Anwendungsfeld. Praktische Einsatzgebiete sind z. B. die Meß-, Regel- und Steuerungstechnik (z. B. in Lichtschranken), die Forschung (z. B. in der Infrarot(IR)-Spektroskopie), die Photographie (z. B. in Belichtungsmesser), die IR-Photographie (Nachtsichtgeräte) oder der Umweltschutz (u. a. zur Messung der Luftverschmutzung). *R. Kaiser*

Literatur: *Bleicher, M.:* Halbleiter-Optoelektronik, Heidelberg, 1986. – *Winstel, G.* und *C. Weyrich:* Optoelektronik II, Reihe: Halbleiter-Elektronik, Berlin–Heidelberg–New York, 1986.

Photonenzählung. (*engl.* Photon Counting) Die P. ist ein →Meßverfahren zum Nachweis geringer optischer Signalleistungen bei vorgegebener Lichtwellenlänge.

Dieses Verfahren basiert auf der Zählung einzelner Strom- oder Spannungspulse und wird nachfolgend am Beispiel einer Anordnung mit einem Photoelektronenvervielfacher (PEV, Photovervielfacher) als →Photodetektor beschrieben. Betreibt man einen geeigneten PEV bei konstanter Betriebsspannung und Temperatur, so liegen die am Ausgang des Detektors entstehenden Pulse, die allein aus der Absorption der nachzuweisenden Lichtquanten in der Photokathode resultieren, innerhalb eines begrenzten Bereiches (Signalbereich), gruppiert um einen ganz spezifischen Wert P_S (Bild 1). Die →Amplitudenverteilung derjenigen Pulse, die nicht auf die Absorption der zu messenden Photonen zurückzuführen ist, erstreckt sich dagegen über ein größeres Gebiet. Verursacht wird dieser Rauschanteil hauptsächlich durch die Freisetzung von Elektronen aus der Photokathode und aus den Dynoden des Sekundärelektronenvervielfachers (z. B. durch thermische Emission, den Einfall von Höhenstrahlung, Streulicht).

Eine beträchtliche Steigerung des →Signal/Rausch-Verhältnisses ist zu erreichen, wenn lediglich die innerhalb des Signalbereiches auftretenden Pulse gezählt werden. In einer Photonenzählanordnung führt man daher die verstärkten Signale des PEV einem sogenannten →Diskriminator zu, der durch Setzen eines einstellbaren elektronischen Fensters die Unterdrückung der unerwünschten Rauschsignale bewirkt (Bild 1). Die Pulse, die zwar

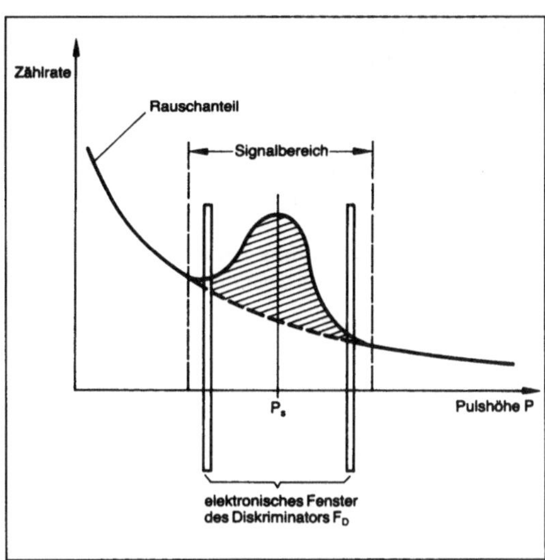

Photonenzählung 1: Pulshöhenverteilung eines Photoelektronenvervielfachers.

unterschiedliche Amplituden aufweisen, jedoch innerhalb des eingestellten Fensters F_D liegen, werden vom Diskriminator zusätzlich in Pulse mit einheitlicher Höhe und Breite (Normpulse, Bild 2) umgeformt. Eine nachgeschaltete Zähleinheit (Vielkanalzähler, Computer) summiert diese Einzelpulse schließlich auf.

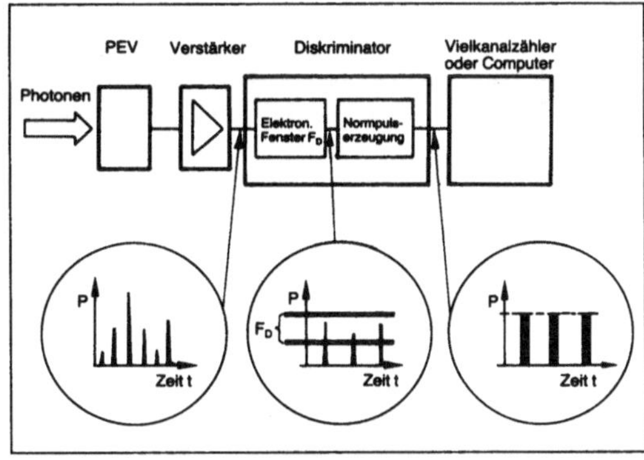

Photonenzählung 2: Prinzipieller Aufbau einer Photonenzählanordnung mit Photoelektronenvervielfacher (PEV).

Seit einigen Jahren werden zunehmend Lawinenphotodioden (Avalanche-Photodioden) oder Channel-Plates als Photodetektoren zur P. herangezogen. Die wesentlichen Vorteile des Photonenzählverfahrens gegenüber anderen Meßmethoden wie Gleichstrommessung oder Lock-In-Technik lassen sich wie folgt zusammenfassen:

- optimales →Signal/Rausch-Verhältnis (auch bei Signalen, die durch einzelne Photonen erzeugt werden),

- großer Dynamikbereich,
- sehr gute Langzeitstabilität,
- Messung zeitabhängiger optischer Phänomene bis in den ns-Bereich (für die Analyse schnellerer Prozesse sind spezielle Photonenzählverfahren notwendig, z. B. Einzel-P.).

Zur Anwendung gelangt die P. überall in den Bereichen, wo der Nachweis geringer Lichtleistungen mit hoher Zeitauflösung gefordert wird (z. B. auf dem Gebiet der Spektroskopie). *R. Kaiser*

Literatur: *Donecker, J.*: Experimentelle Technik der Festkörperspektroskopie. Berlin 1985. – *Meade, M. L.*: Instrumentation aspects of photon counting applied to photometry, J. Phys. E: Sci. Instrum. 14, 1981, S. 909–918.

Phototransistor. Intern verstärkender Sperrschicht-Photodetektor, der einen bei Beleuchtung entstehenden Photostrom nach dem Transistorprinzip verstärkt.

P. sind als Bipolartransistoren oder als Unipolartransistoren (Photo-Feldeffekttransistor) herstellbar. Das elektrische Verhalten gleicht dem herkömmlicher Bipolar- oder Feldeffekttransistoren. Anstelle des Basisstromes wird in den Kennlinienfeldern lediglich die eingekoppelte Strahlungsleistung bzw. Beleuchtungsstärke als Parameter angegeben.

□ Bipolar-P.: Zur Realisierung einer Stromverstärkung wird dieser Transistor häufig in der Emitterschaltung betrieben. Der pn-Übergang zwischen Basis (B) und Kollektor (C) ist als → Photodiode zu betrachten. Der Basiskontakt ist meist nicht angeschlossen, kann jedoch zwecks einer Regelung der Verstärkung β zusätzlich angesteuert werden. Ohne Lichteinwirkung ist der Transistor gesperrt und die externe Kollektor(C)-Emitter(E)-Spannung U_{CE} liegt nahezu vollständig an der hochohmigen B-C-Diode (Bild). Bei Beleuchtung der Anordnung, z. B. durch eine transparente Emitterschicht (Photonenergie $W_{PH} < \text{Bandabstand } E_G$), werden Ladungsträger in der Basiszone erzeugt, welche die Sperrfähigkeit der B-C-Photodiode verringern. Damit erhöht sich die Durchlaßspannung am E-B-Übergang. Dies bewirkt beispielsweise bei einem npn-Phototransistor (Bild) die Injektion zusätzlicher Elektronen über die E-B-Diode in die Basis. Dort diffundieren sie zum B-C-Übergang und gelangen anschließend über diese – für sie in Durchlaßrichtung gepolte Diode – auf die Kollektorseite, um den generierten Photostrom I_{Ph} zu erhöhen:

$I_C = (1+\beta) * (I_{Ph} + I_D)$; I_D: Dunkelstrom, β: Stromverstärkung

Zur Erlangung besonders hoher Stromverstärkungen kann der P. einen nachgeschalteten Transistor ansteuern (*Darlington*-P.). Gegenüber Photodioden zeigen P. i. a. geringere Grenzfrequenzen.

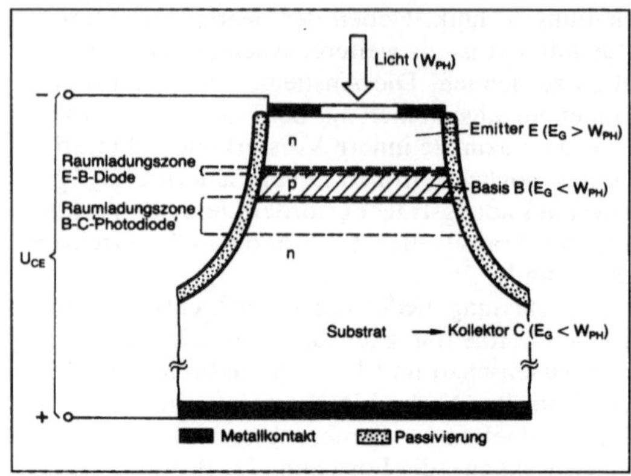

Phototransistor: Prinzipieller Aufbau eines Wide-Gap-npn-P. als Mesastruktur ohne Basisanschluß (offene Basis, $I_B=o$).

□ Unipolar-P.: Photo-Feldeffekttransistor. Sperrschicht-Photodetektor, der aus einem lichtempfindlichen Felddeffekttransistor (FET) besteht. *R. Kaiser*

Literatur: *Winstel, G.* und *C. Weyrich:* Optoelektronik II, Reihe Halbleiter-Elektronik, Berlin–Heidelberg–New York, 1986.

Photowiderstand. Bei Absorption von Lichtquanten ausreichender Energie können in einem Halbleiter Elektronen vom Valenz- in das Leitungsband gehoben werden. Dadurch nimmt die Leitfähigkeit zu und der Widerstand entsprechend ab.

Ausgenutzt wird dieser innere lichtelektrische Effekt im P. Dieser besteht aus einer auf einem Träger aufgebrachten dünnen lichtempfindlichen Schicht, in der die kammartig angeordneten Elektroden liegen (Bild). Auf diese Weise wird eine große lichtempfindliche Fläche mit einem geringen Elektronenabstand kombiniert. Damit können die freigesetzten Elektronen vor einer Rekombination mit positiven Ladungsträgern zu den Elektroden abfließen.

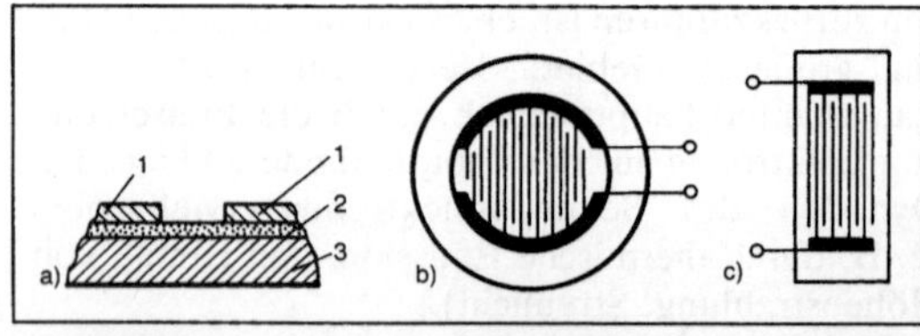

1) Elektroden, 2) lichtempfindlicher Halbleiterschicht, 3) Glasplatte

Photowiderstand 1: Schematische Darstellung.
a) Schnitt
b) und c) Draufsicht.

P. verhalten sich wie ohm'sche Widerstände. Die Polarität der angelegten Spannung ist ohne Bedeutung. Der elektrische Widerstand nimmt nahezu linear mit der Beleuchtungsstärke ab. Bei Verwendung von Cadmium-Sulfid oder Cadmium-Selenid reagieren die P. auf den sichtbaren Teil des Spektrums.

P. sind langsamer als die →Photoelemente und Photodioden. Nachteilig ist weiterhin eine hohe Temperaturabhängigkeit und starke Alterung.

Schrüfer

Physikalisch-Technische Bundesanstalt (PTB). Bundesoberbehörde im Geschäftsbereich des Bundesministers für Wirtschaft. Nationales metrologisches Staatsinstitut, zuständig für die Einheitlichkeit der Maße.

Die PTB ist seit 1960 Nachfolgerin der 1887 in Berlin gegründeten Physikalisch-Technischen Reichsanstalt (PTR), des ersten derartigen Staatsinstituts der Erde. Als wissenschaftliches Staatsinstitut der Bundesrepublik Deutschland für Physik und Technik sowie als Technische Oberbehörde für das Meßwesen und für Teile der Sicherheitstechnik schafft die PTB die Grundlagen für das wissenschaftliche, technische und gesetzliche Meßwesen und übt Kontrollaufgaben auf dem Gebiet des Meßwesens sowie der Sicherheitstechnik aus. Sie stellt die gesetzlichen →Einheiten im Meßwesen dar, prüft Meßgeräte und -einrichtungen, wirkt in Fachgremien und gesetzgebenden Körperschaften mit, die sich mit Fragen des Meß-, Norm- und Prüfwesens, der →Qualitätssicherung und der Sicherheitstechnik befassen, und betreibt Forschungs- und Entwicklungsarbeiten, besonders auf dem Gebiet des Meßwesens. Wichtigste Grundlagen ihrer gesetzlichen Aufgaben sind das Gesetz über die Einheiten im Meßwesen, das Gesetz über die Zeitbestimmung und das →Eichgesetz.

Die PTB ist in zehn Abteilungen gegliedert:

□ Mechanik und Akustik (Gruppen: Masse, Kraft, Fluidmechanik, Physikalische Akustik, Hörakustik);

□ Elektrizität (Elektrische Einheiten, Hochfrequenzmeßtechnik, Elektrische Energiemeßtechnik, Elektrophysik);

□ Wärme (Thermodynamische Grundlagen, Thermophysikalische Stoffeigenschaften, Chemische Physik, Grundlagen der physikalischen Sicherheitstechnik, Explosionsschutz elektrischer Betriebsmittel);

□ Optik (Licht und Strahlung, Bild- und Wellenoptik, Länge, Zeit/Frequenz);

□ Fertigungsmeßtechnik (Mikrometrologie, Längenmeßtechnik, Meßgerätetechnik);

□ Atomphysik (Ionen-, Elektronen- und Röntgenstrahlen, Strahlenschutzmetrologie, Radioaktivität, Photonen- und Elektronendosimetrie);

□ Neutronenphysik (Neutronenerzeugung, -metrologie, -dosimetrie, Physik der kondensierten Materie, Theorie und Prozeßdatenverarbeitung);

□ Technisch-Wissenschaftliche Dienste (Physikalische Grundlagen, Technische Dienste, Technisch-Wissenschaftliche Referate, Datenverarbeitung);

□ Temperatur, Medizinische Meßtechnik (Angewandte Wärmemeßtechnik, Hochtemperatur- und Vakuumphysik, Tieftemperaturmeßtechnik, Medizinische Meßtechnik);

□ Institut Berlin, Dienststelle Friedrichshagen (Technologietransfer. Neue Technologien, Messungen an Maschinen, Grundlagen der methrologischen Informationstechnik, Rechnerintegrierte Meßdatenverarbeitung, Meßtechnische Dienste).

Leitung: Präsident.

Ressourcen: 2 000 Beschäftigte, 160,9 Mio DM (Soll 1990).

(Physikalisch-Technische Bundesanstalt, Bundesallee 100, 3300 Braunschweig). *Altenmüller*

Physikalische Gleichungen →Einheiten im Meßwesen

PI-Übertragungsverhalten. Das PI-Verhalten entsteht durch die Parallelschaltung von zwei linearen Übertragungsgliedern mit →P- und →I-Übertragungsverhalten.

Die Beziehung zwischen dem Eingang u(t) und dem Ausgang v(t) wird beschrieben durch die Differentialgleichung des PI-Gliedes $\dot{v}(t) = K_P\dot{u}(t) + K_I u(t)$ oder integriert

$$v(t) = v(t_0) + K_P[u(t) + \frac{1}{T_n} \int_{t_0}^{t} u(\tau)d_z]$$

mit der →Nachstellzeit $T_n = K_P/K_I$

Die →Übergangsfunktion setzt sich daher zusammen aus einer Sprungfunktion mit der Sprunghöhe K_P und einer Anstiegsfunktion mit der Steigung K_I bzw. K_P/T_n

$$v(t) = h(t) = K_P(1 + t/T_n)\sigma(t)$$

Man kann sie auch als reine Rampe betrachten, die um die Nachstellzeit T_n vor Einsetzen des Eingangssprunges begonnen hat.

Der →Frequenzgang $F(j\omega) = K_P(1 + 1/j\,\omega T_n)$ zeigt entsprechend kombiniertes Verhalten. Für niedrige Kreisfrequenzen $\omega < 1/T_n$ verhält sich das PI-Glied wie ein I-Glied, für hohe Kreisfrequenzen $\omega > 1/T_n$ wie ein P-Glied. An der Eckkreisfrequenz $\omega_0 = 1/T_n$ ist der Betrag

$A(\omega_0) = \sqrt{2}\,K_P$ und der Phasenwinkel $\varphi(\omega_0) = -45°$.

PI-Glieder kommen überwiegend als PI-Regler vor (→Regler). *Böttiger*

PID-Übertragungsverhalten. Das PID-Ü. entsteht durch die Parallelschaltung von linearen Übertragungsgliedern mit →P-, →I- und →D-Übertragungsverhalten. Das PID-Glied wird überwiegend als PID-Regler eingesetzt.

Wegen der unvermeidlichen Verzögerung des D-Anteils (D- und →PD-Übertragungsverhalten) muß im Ansatz der Differentialgleichung wenigstens eine →Zeitkonstante T berücksichtigt werden.

$$v(t) + T\dot{v} = v(t_0) + K\left[u(t) + \frac{1}{T_n}\int_{t_0}^{t} u(\tau)d\tau + T_v\dot{u}(t)\right]$$

Die Übertragungskonstante K kennzeichnet den P-Anteil, die →Nachstellzeit T_n den I-Anteil (→PI-Übertragungsverhalten) und die →Vorhaltezeit T_v den D-Anteil oder Vorhalt (Bild). (→PD-Übertragungsverhalten. →Regler. →Regler, digitale) *Böttiger*

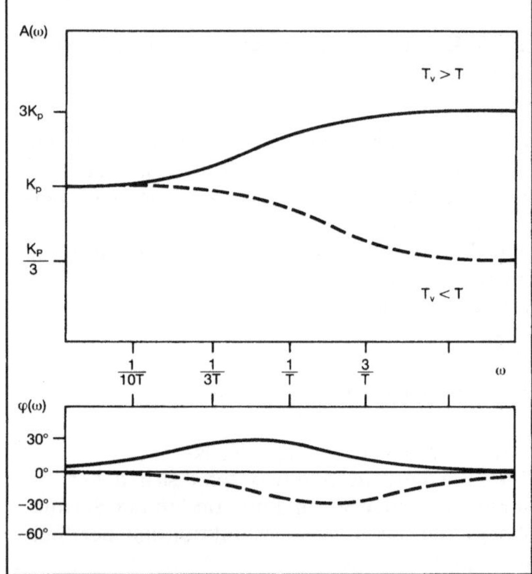

PID-Übertragungsverhalten: Übergangsfunktion eines realen PID- bzw. PID-T_1-Gliedes.

piezoelektrisch. Die Elemente des Spannungstensors lassen sich in *Vogt*'scher Notation zu einem sechskompontentigen Vektor $\vec{\sigma}$ zusammenfassen. Wirkt die Spannung auf ein p. Material (Keramik, piezoelektrisch), dann kann über eine Ausrichtung elektrischer Dipole eine dielektrische Verschiebung stattfinden, die zu Oberflächenladungen führt. Der Zusammenhang zwischen der dielektrischen Verschiebungsdichte $\vec{D}$ einem elektrischen Feld $\vec{E}$ und $\vec{\sigma}$ ist:

$$\vec{D} = (\varepsilon_{ik})\,\vec{E} + (d_{ik})\,\vec{\sigma}$$

(ε_{ik}) ist der 3 × 3-Tensor der Dielektrizitätskonstanten, (d_{ik}) ein 6 × 3-Tensor der p. Komponenten.

Je nach Richtung der Polarisation unterscheidet man zwischen einem longitudinalen (L) und einem transversalen (T) p. Effekt (Bild).

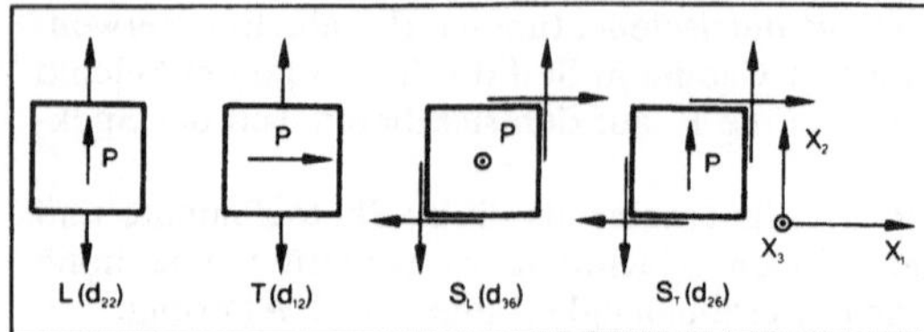

piezoelektrisch: Vier Arten des direkten p. Effekts. (Quelle: Tichý, Gautschi)

piezoelektrisch. Tabelle: Koeffizienten bei den p. Koeffizienten (Quelle: Tichý, Gautschi)

	T_1	T_2	T_3	T_4	T_5	T_6
D_1	d_{11} L	d_{12} T	d_{13} T	d_{14} S_L	d_{15} S_T	d_{16} S_T
D_2	d_{21} T	d_{22} L	d_{23} T	d_{24} S_T	d_{25} S_L	d_{26} S_T
D_3	d_{31} T	d_{32} T	d_{33} L	d_{34} S_T	d_{35} S_T	d_{36} S_L

Der p. Effekt findet vielfältige Anwendungen bei Drucksensoren, Schwingquarzen und elektromechanischen Wandlern. *Schaumburg*

Literatur: *Tichý, J.* und *P. Gautschi:* Piezoelektrische Meßtechnik. Berlin 1980.

Piezokeramik. Piezoelektrische Elemente werden für Sensoren und Aktuatoren benutzt. Der piezoelektrische Effekt wurde 1880 von *J.* und *P. Curie* an Quarzkristallen entdeckt. Quarzkristalle laden sich auf Elektrodenflächen elektrisch auf, wenn sie in einer bestimmten Richtung zur Polarisation mechanisch beansprucht werden (Bild 1). Dieser Effekt ist reversibel. Wenn in dem Kristall eine elektrische Feldstärke erzeugt wird, z. B. durch Anlegen einer Spannung an die Elektrodenflächen, so verändern sich die Abmessungen der Kristalle *(reziproker Piezoeffekt).*

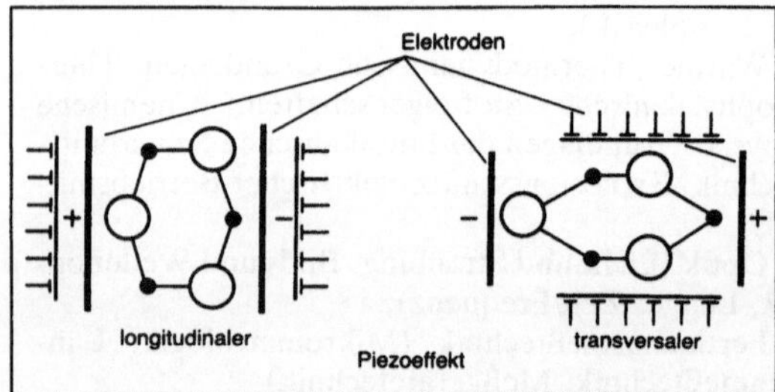

Piezokeramik 1: Schematische Darstellung des longitudinalen und des transversalen Piezoeffektes.

Die hohe Güte vom →Quarz macht ihn für frequenzkonstante Schwinger besonders geeignet. So werden Schwingquarze in Quarzoszillatoren und

Filtern verwendet. Für Druck- und Körperschallsensoren werden Quarze nur für sehr genaue Meßsensoren benutzt, da die Kennlinie linearer und die Temperaturabhängigkeit geringer ist als bei keramischen Elementen.

Seit etwa 30 Jahren werden polykristalline keramische Körper mit piezoelektrischen Eigenschaften benutzt. Die Keramik wird während des Fertigungsganges durch eine hohe elektrische Feldstärke in der gewünschten Richtung polarisiert (Bild 2). Durch die unterschiedlichen Eigenschaften dieser Werkstoffe im Vergleich zu Quarz sind sie für verschiedene Anwendungen geeignet. So werden die keramischen Elemente für die üblichen piezoelektrischen Sensoren zur Messung von Schall, Ultraschall, Körperschall, Beschleunigungen verwendet (Bild 3). Die Zusammenhänge sind:

$E = -gT$

E = elektrische Feldstärke

g = piezoelektrische Spannungskonstante

T = mechanische Spannung

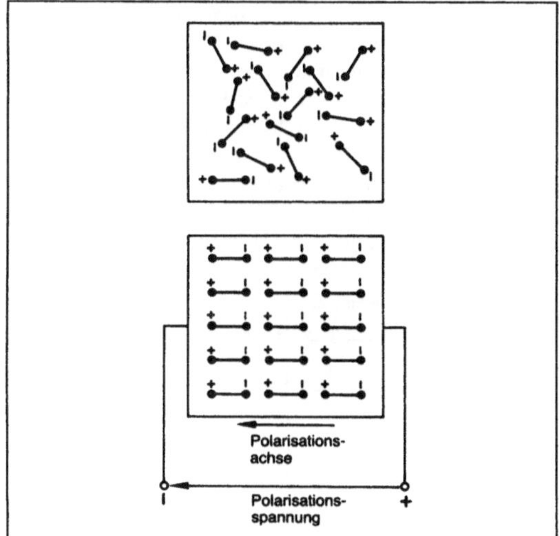

Piezokeramik 2: Erzeugung einer Polarisation in einem polykristallinen keramischen Körper.

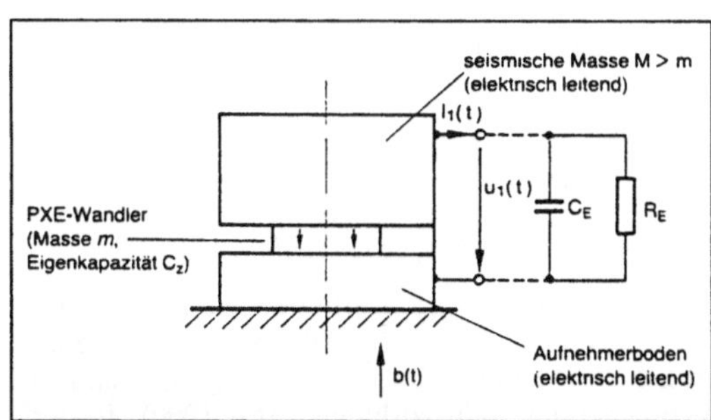

Piezokeramik 3: Prinzipieller Aufbau eines Beschleunigungsaufnehmers mit axial beanspruchter PXE-Scheibe.

Hieraus kann abgeleitet werden:

$Q = d \cdot F$

Q = elektrische Ladung

d = piezoelektrische Ladungskonstante

F = mechanische Kraft

Die elektrische Ladung ist der einwirkenden mechanischen Kraft direkt proportional. Es können somit Druckänderungen ermittelt werden. Die erreichbaren Zeitkonstanten betragen einige hundert Minuten. Gleichdrücke über lange Zeiten können also nicht ermittelt werden.

Der reziproke piezoelektrische Effekt beschreibt die Änderungen der Abmessungen des Körpers bei Erzeugung einer elektrischen Feldstärke im Inneren.

$S = d \cdot E$ wobei

S = relative Dehnung

Hieraus kann abgeleitet werden

$\triangle l = d \cdot U$ wobei $\triangle l$ = Maßänderung, U = elektrische Spannung ist.

Für die Schwingungserzeugung im Schall- oder Ultraschallbereich werden Biegewandler (Bild 4) oder zusammengesetzte →Wandler (Bild 5) verwendet. Biegewandler werden zur Messung von Schall und Ultraschall in Gasen, zusammengesetzte Wandler für die Erzeugung von Ultraschall in Flüssigkeiten (Reinigungsgeräte, →Echolot) und Festkörpern (Bohren, Schweißen) eingesetzt.

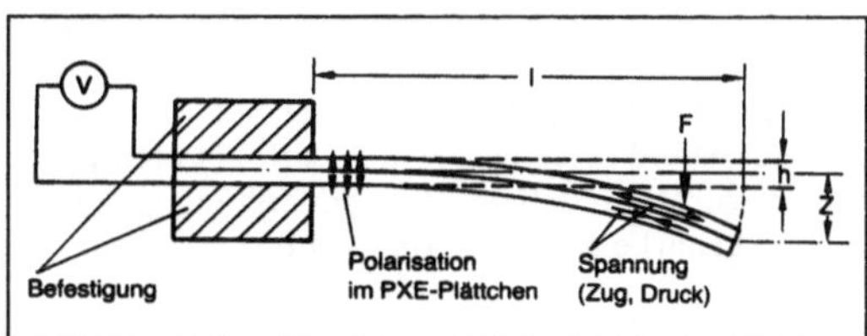

Piezokeramik 4: Einseitig eingespanntes PXE-Biegeelement.

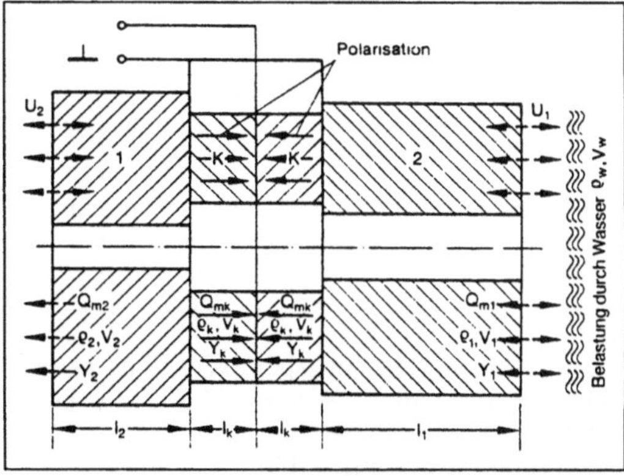

Piezokeramik 5: Zusammengesetzter Wandler.

Komplizierte Strukturen werden z. B. in der Medizintechnik zur Untersuchung von Menschen und

Tieren oder in der Elektrotechnik bei Oberflächenwellenfiltern verwendet. Letztere nehmen als Verzögerungsleitungen in Fernsehempfängern zur definierten Laufzeitverzögerung von Signalen einen wichtigen Platz ein. *Ruschmeyer*

Literatur: Piezoxide-Wandler. Hamburg 1988. – Valvo-Datenbuch Piezoxide. Hamburg 1988.

Piezowiderstand, longitudinal. Wirkt auf einen Leiter eine uniaxiale Kompression oder Dilatation in Richtung des Stromflusses, dann führt der →Piezowiderstandseffekt zu einer Änderung des elektrischen Widerstandes des Leiters. Diesen bezeichnet man als l. P. *Schaumburg*

Piezowiderstand, transversal. Wirkt auf einen Leiter eine uniaxiale Kompression oder Dilatation senkrecht zu einem Stromfluß, dann führt der →Piezowiderstandseffekt auch bei dieser Stromrichtung zu einer Widerstandsänderung. Den Widerstand des Leiters bei dieser Anordnung bezeichnet man als t. P. *Schaumburg*

Piezowiderstandseffekt. Unter dem Einfluß einer mechanischen Spannung ändert sich der anisotrope Widerstand (dargestellt durch einen Widerstandstensor) eines kristallinen Materials. Für isotrope Materialien reduziert sich die Widerstandsmatrix auf einen Skalar ρ_{sp}, der Einfluß der Spannung auf den Widerstand (Piezowiderstandseffekt) bleibt jedoch anisotrop, so daß der Zusammenhang gilt zwischen Feldstärke $\vec{E}$ und Stromdichte $\vec{j}$:

$$\vec{E} = \rho_{sp}\left(1 + \frac{\delta\rho_{sp}}{\rho_{sp}}\right)\vec{j}$$

Für den letzten Term in dem eingeklammerten Tensor gilt der Zusammenhang mit dem Spannungsvektor $\vec{\sigma}$ (→piezoelektrisch)

$$\frac{\delta\rho_{sp}}{\rho_{sp}} = (\pi)\,\vec{\sigma}$$

(π) wird als der Tensor der Piezowiderstandskoeffizienten bezeichnet. *Schaumburg*

Piezowiderstandskoeffizient. Die Komponenten des Tensors der P. (→Piezowiderstandseffekt) unterscheiden sich erheblich in ihrer Größe, sie können positives und negatives Vorzeichen haben.

In p-leitendem Silicium (spez. Wid. 0,08 Ωcm) ergeben sich die Werte (in Einheiten $\times 10^{-12}$m²/N)

$\pi_{11} = 66$, $\pi_{12} = -11$, $\pi_{44} = 138$

in n-leitendem Silicium (0,11 Ωcm):

$\pi_{11} = -1022$, $\pi_{12} = 534$, $\pi_{44} = -136$

Die anderen P. verschwinden wegen der kubischen Symmetrie des Siliciumkristalls. *Schaumburg*

Piko.... SI-Vorsatz für →Einheiten im Meßwesen, bezeichnet das 10^{-12}fache der jeweiligen Einheit. Abk. p. *Hammerschmidt*

Pin. Bezeichnung für den einzelnen Anschlußpin eines Bauteiles oder für den Steckerstift einer →Leiterplattenbaugruppe, aber auch einen Anschlußpin eines Prüfautomaten (Charakterisierung von Prüfautomaten durch die „Pinanzahl"). *Winter*

Pinelektronik. Teil der Prüfperipherie eines Prüfautomaten zum Senden und Empfangen digitaler →Prüfbitmuster großer Breite zur Prüfung digitaler Schaltungen wie integrierte Schaltkreise und Baugruppen.

Für die →Digitalprüfung ist es infolge der hohen Anzahl an Prüfschritten mit Stimulieren (Senden), Empfangen und Auswerten von Prüfmustern großer Breite zur Erzielung annehmbarer Prüfzeiten notwendig, ein spezielles Prüfgerät zu verwenden, welches für jeden Prüflingsanschluß (→Pin) einen Treiber und einen Empfänger bereitstellt. Dadurch entfallen Relais mit prellenden Kontakten für die Signaldurchschaltungen wie bei der →Analogprüfung üblich. Dieses Gerät heißt P. oder Digitaltesteinheit (DTE). Der Sprachgebrauch ist nicht einheitlich, oft wird als P. auch der pinnahe Teil – hier das Pinelement – bezeichnet.

Die Treiber-Empfänger-Einheiten (Bild 1) dienen der Anpassung der Logikpegel zwischen

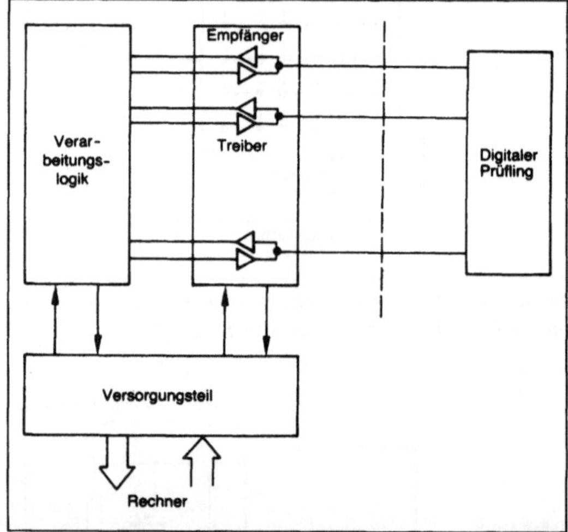

Pinelektronik 1: Prinzipieller Aufbau.

→Prüfling und der im Verarbeitungsteil verwendeten Schaltkreisfamilie z. B. TTL. Sie bilden die eigentliche →Schnittstelle zum Prüfling und sind in entsprechender Zahl vorhanden (bis 1000). In der Verarbeitungslogik werden die Prüfmuster mit Hilfe von Speichern und Takten erzeugt und durch Online-Vergleiche mit den Sollmustern Fehler ermittelt. Der Versorgungsteil stellt die benötigten Takt- und Abtastsignale, für Treiber und Empfänger die programmierbaren Spannungen sowie andere zentrale Funktionen zur Verfügung.

Treiber, Empfänger und der pinspezifische Teil der Verarbeitungslogik bilden zusammen ein Pinelement, wie es für jeden Pin einmal vorhanden ist (Bild 2). Im Sendebetrieb wird das Prüfbit mit dem Takt A über den Treiber als Pegelumsetzer an den Prüflingspin gelegt. Soll der Treiber hochohmig sein, wird das Tristatebit ausgegeben.

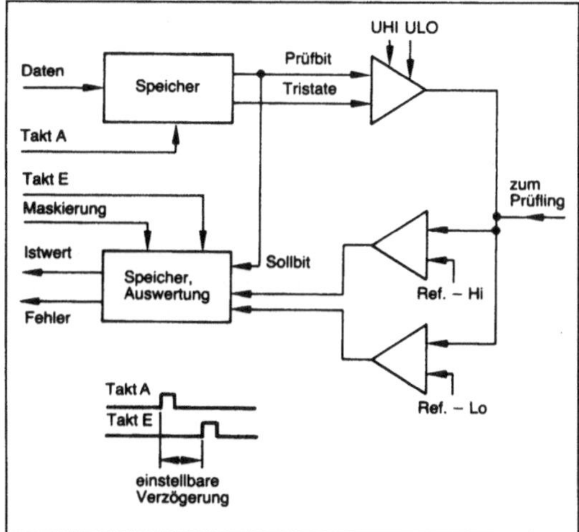

Pinelektronik 2: Pinelement.

Ist der Prüflingspin ein Ausgang, arbeitet das Pinelement als Empfangskanal und der Treiber wird hochohmig geschaltet. Das Prüflingssignal durchläuft zunächst den Empfänger zur Pegelanpassung. Mit dem Abtasttakt E wird das Empfänger-Ausgangssignal abgespeichert. Takt E ist gegenüber Takt A um eine einstellbare Zeit verzögert, um die →Reaktionszeit des Prüflings auf die Stimulierung an anderen Pins zu berücksichtigen. Eine Auswertung über einen Vergleich des gespeicherten Istwertes mit dem Prüfbit, welches jetzt den Sollwert darstellt, ergibt einen eventuellen Fehler. Soll ein Empfangskanal nicht an der Auswertung teilnehmen, weil z. B. das Prüflingssignal den x-Zustand (undefinierter Zustand) annimmt, wird der Vergleich durch das Signal „Maskierung" unterdrückt.

Die Takte A und E werden zentral im Versorgungsteil erzeugt und parallel an alle Pinelemente ausgegeben. Dadurch werden ein gleichzeitiger Bitmusterwechsel an alle Prüflingseingängen und eine simultane Abtastung aller Prüflingsausgangssignale erzielt. Abweichungen von der exakten Gleichzeitigkeit werden als →Skew bezeichnet.

Ein wesentliches Unterscheidungsmerkmal von P., welches sich erheblich im Preis widerspiegelt, ist die Programmierbarkeit der Spannungspegel für Signale vom und zum Prüfling. Die Festpegelausführungen verwenden als Treiber ein Leistungsgatter (Buffer) und als Empfänger meist einen Schmitt-Trigger der auf dem Prüfling eingesetzten Schaltkreisfamilie (vorwiegend TTL). Damit liegen die Eigenschaften der Treiber und Empfänger fest und die Spannungspegel können nicht variiert werden. Für Prüfungen mit wechselnden Spannungspegeln für unterschiedliche Schaltkreisfamilien oder für Tests unter Grenzbedingungen werden daher Ausführungen mit programmierbaren Pegeln eingesetzt (Bild 2). Der Treiber ist im Prinzip ein Schalter, der nach Maßgabe des Prüfbits zwischen den einstellbaren Spannungen UHI und ULO hin- und herschaltet.

Auf der Empfängerseite wird ein →Komparator verwendet, der das Prüflingssignal mit einer Referenzspannung vergleicht. Zur Erreichung einer hohen Prüfschärfe ist es sinnvoll, getrennte Vergleichsspannungen für den Hi- und den Lo-Pegel einzuführen und diese am Komparatoreingang gemäß Sollbit zu schalten. Eine bessere Möglichkeit besteht darin, zwei Komparatoren vorzusehen, die einen ständigen Vergleich mit den Referenzspannungen durchführen (Bild 2). Dieser Fenster-Komparator überprüft laufend die Pegelbereiche und liefert neben der Aussage Hi- oder Lo-Pegel im Fehlerfall noch die Zusatzinformation Pegelfehler, wenn der Signalpegel zwischen beiden Referenzspannungen liegt.

Verschiedene Zusatzeinrichtungen des Pinelementes erhöhen die Flexibilität der P. (Bild 3):

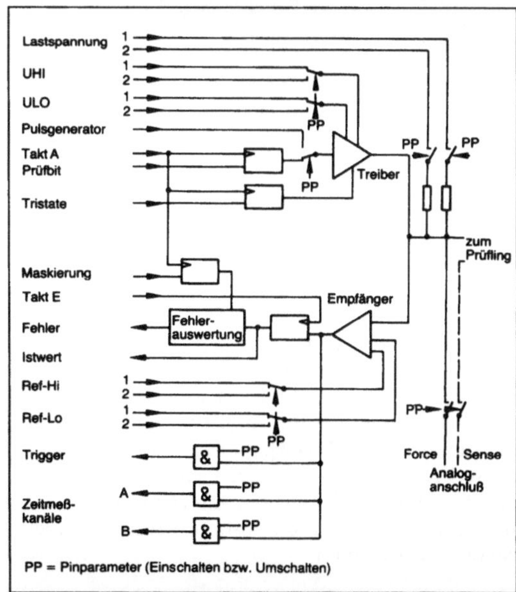

Pinelektronik 3: Pinelement mit Zusatzeinrichtungen.

– Anschaltung eines Pulsgenerators an den Treiber
– Zuschaltbare Lastwiderstände mit einstellbaren Lastspannungen
– Anschaltung des Empfängersignals an einen Triggerkanal oder an die beiden Eingänge einer Zeitmeßeinrichtung
– Umschaltung der Treiber- und Empfängerreferenzspannungen zwischen zwei einstellbaren Spannungspaaren für Hi und Lo
– Speicher für Prüfbit, Tristate und Maskierung
– Ein sogenannter Analoganschluß, mit dem entweder eine oder mehrere Relaisschienen über alle Pins für Analoggeräte gebildet werden oder der Anschluß an ein Schaltfeld hergestellt werden kann (→ Hybridprüfung).

Der Versorgungsteil stellt neben den für alle Pinelemente verfügbaren Signalen auch die Funktionen → Zeitmessung und → Triggerung zur Verfügung. Letztere ist z. B. notwendig, um die Takte der P. mit dem Prüflingstakt zu synchronisieren. *Mettler*

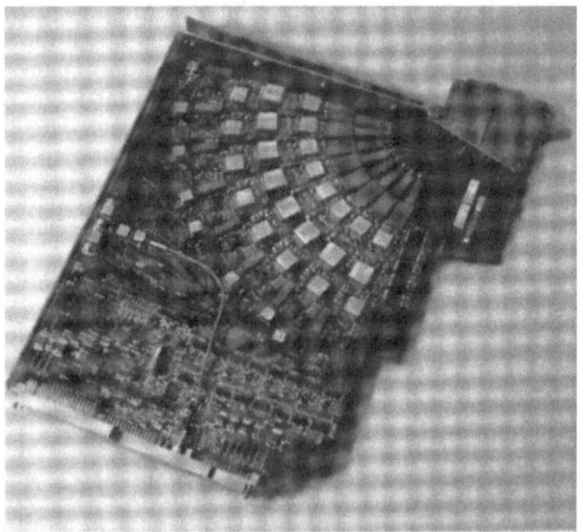

Pinelektronik 4: Typische P.-Karte (bestehend aus bipolaren ASICs) eines digitalen Testers (Quelle: Teradyne).

Pinmap. Teil des → Prüfprogrammes, der die Zuordnung zwischen den Anschlüssen des Prüflings und denen des dazugehörigen Prüfautomaten bzw. dessen Prüfadapter beschreibt. Das → Prüfautomatenbetriebssystem arbeitet intern in der Regel mit den Nummern der Testerpins bzw. ihrer bitorientierten Darstellung und kann z. B. für die Fehleranzeige mit Hilfe der P. aus der internen Pindarstellung die Umsetzung in die lesbare Prüflingspinbezeichnung vornehmen. *Winter*

Pinspeicher. Schreib-/Lesespeicher (RAM), der bei Testern mit dynamischen Testmöglichkeiten die log. Zustände für die einzelnen Testerpins beinhaltet. Die Informationen im P. werden zunächst vom → Prüfautomatenbetriebssystem geladen und nach der Auslösung eines Bursts hardwaregesteuert der → Pinelektronik zugeführt. P. unterscheiden sich durch die Speicherlänge („Bittiefe"), die Bitbreite (Zahl der „Bitspuren") und die Geschwindigkeit der Schreib-/Lesevorgänge. Die Adressierung eines bestimmten Patterns innerhalb des P. erfolgt über die *Pattern address*.

Die einzelnen Bitspuren enthalten folgende Informationen jeweils je Zyklus: logischer Wert, Driver-Format, Inhibit-Format, Maskierung, Timing-Information und die Zeitmarkenzuordnung. Zur Reduzierung der Aufwände für → Bausteintester werden bestimmte ‚Bitspuren' mehreren Pins zugeordnet, also z. B. die Formatumschaltung gemeinsam für jeweils 16 Pins. *Winter*

Pixel. Kleinste Auflösungseinheit eines Gitters von Struktureinheiten. In der Technik hochintegrierter Schaltungen und Halbleiter-Bildsensoren ist ein P. die kleinstmögliche Fläche, die in einem Photolithographieprozeß und Ätzschritt noch aufgelöst werden kann. Dadurch wird das → Auflösungsvermögen der → Bildsensoren begrenzt.

Für hochentwickelte Fertigungsprozesse liegt ein P. heute unterhalb von einem Quadratmikrometer. *Schaumburg*

Planartechnik für Sensoren. In der Halbleitertechnik hat sich überwiegend eine planare Technik durchgesetzt, in der die Strukturierung und Bearbeitung der Halbleiterscheiben von einer Oberfläche her durchgeführt wird. Typische Fertigungsschritte der P. sind die Deposition dünner leitender und isolierender Schichten und deren Strukturierung über eine Photolithographie. Ähnliche Techniken werden auch zunehmend für die Herstellung von Sensoren eingesetzt. *Schaumburg*

Literatur: *Schaumburg, H.:* Werkstoffe und Bauelemente der Elektrotechnik. Bd. 2: Halbleiter. Stuttgart 1991.

Plasmaanzeige. Den Gasentladungsanzeigen oder auch P. liegt das Prinzip der elektrischen Entladung in einem Gas zugrunde. Der Entladungsvorgang resultiert in einer Lichtemission der Gasmoleküle.

P. bestehen aus einer Zelle, die von zwei miteinander verschmolzenen Glasträgern für die Elektroden begrenzt sind. Die Elektroden im Sichtbereich des Plasma-Displays bestehen aus einem transparenten Halbleitermaterial (z. B. Indium-Zinn-Oxid oder ITO). Ihr Abstand liegt im Bereich von mehreren Millimetern. Die Elektroden werden durch Verschmelzungen der Zelle nach außen geführt und können hier mit den Zuleitungen für die elektrischen Signale verbunden werden.

Primär im Gasraum befindliche Ladungsträger werden durch das elektrische Feld auf eine der Elektroden hin beschleunigt. Dort erzeugen sie beim Auftreffen Sekundärelektroden, die dann ebenfalls durch das elektrische Feld zur Anode hin beschleunigt werden. Auf ihrem Wege kollidieren sie mit Gasmolekülen. Bei ausreichender Energie der Ladungsträger werden die Gasmoleküle in einen angeregten Zustand gebracht. Die Elektronen in den angeregten Zuständen können dann unter Lichtemission wieder in den Grundzustand zurückspringen. Die Farbe des Emissionslichtes ist deshalb charakteristisch für den Anregungszustand der Gasmoleküle und damit für den Mechanismus des Entladungsvorgangs, d. h. die Emissionsfarbe hängt entscheidend von der Gasmischung und den Betriebsbedingungen die Gasentladung ab.

Gasentladungen sind stark nichtlineare Vorgänge (Bild 1).

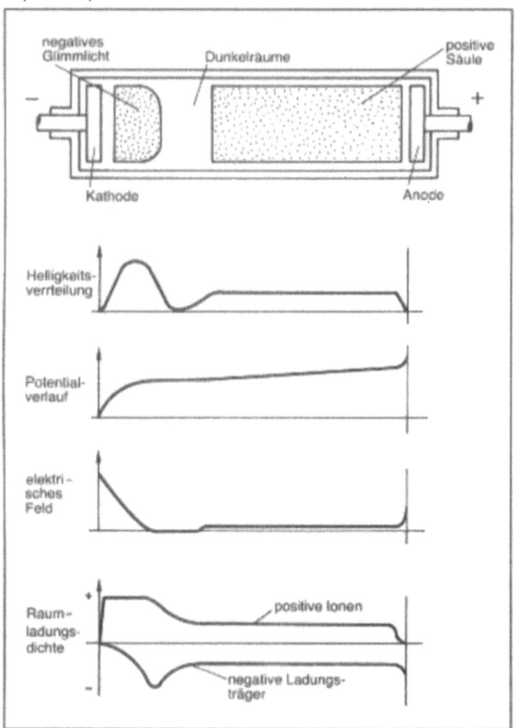

Plasmaanzeige 1: Typische Merkmale einer Gasentladung.

Bei einem Plasma-Display mit matrixartiger Elektrodenstruktur (Bild 2) sind die Elektroden als Streifen auf beiden Glasplatten aufgebracht. Die Elektrodensysteme auf Front- bzw. Rückplatte sind orthogonal zueinander angeordnet. Jeder Kreuzungspunkt zweier Elektroden stellt einen Bildpunkt dar.

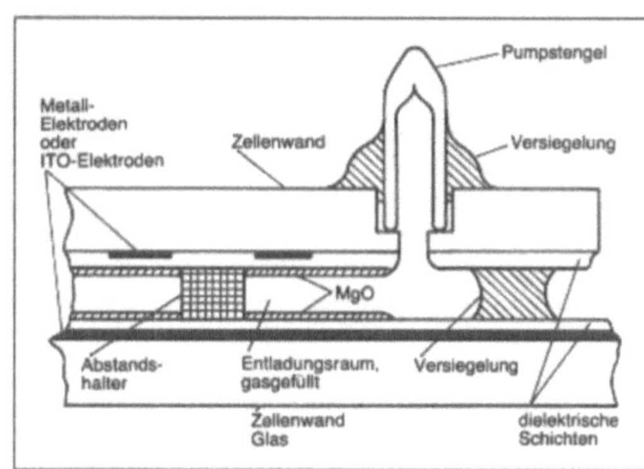

Plasmaanzeige 2: Schnitt durch ein AC-Plasma-Display. (Quelle: IBM)

Zur Anregung der P. legt man an eine der Zeilenelektroden ein Spannungssignal an. Dessen Amplitude ist kleiner als die Anregungsspannung. Gleichzeitig legt man an eine Spaltenelektrode ein zweites Signal, das ebenfalls kleiner als die Anregungsspannung ist, an. Am Kreuzungspunkt beider Elektroden überschreitet die resultierende Spannung die Anregungsschwelle. Nur hier wird das Gas wegen der nichtlinearen Kennlinie zur Emission von Licht angeregt.

Die Matrix-Anordnung der Elektroden bringt den Vorteil mit sich, daß gleichzeitig alle Bildpunkte einer Zeile angesteuert werden können. Dazu werden gleichzeitig die Signale für alle Bildpunkte dieser Zeile an die Spaltenelektroden angelegt. Die Zeilen werden dann nacheinander in entsprechender Weise angesteuert. Nach Durchlaufen aller Zeilen konnte jeder Bildpunkt des Bildschirms einmal angeregt werden (Multiplex-Ansteuerung).

Bei der Realisierung von P. tritt eine Vielzahl von technologischen Problemen, wie die Anordnung der Elektroden, die Gasmischung, die Werkstoffauswahl etc. auf. Dies hat zu mehreren prinzipiell unterschiedlichen Grundanordnungen geführt.

So wurden Bildschirme entwickelt, die mit Gleichspannungssignalen angeregt werden können (dc-Plasma-Displays).

Bei diesen Displays spielt die Erzeugung einer ausreichend großen Zahl von Primärladungsträgern eine entscheidende Rolle. Sie werden z. B. in separat geführten Entladungsstrecken erzeugt.

An den Elektroden von dc-Plasma-Displays treten u. U. Polarisierungseffekte auf, die dann zu einer Abnahme der Helligkeit während des Betriebes führen.

Bedeckt man die Elektroden mit einer dünnen Isolatorschicht, so kann man Spannungssignale wechselnder Polarität an die Elektroden legen (ac-Plasma-Displays). Diese Displays verfügen über einen inerten „Speichereffekt", d. h. ein einmal angesteuerter Bildpunkt bleibt solange angesteuert, solange das Ansteuerungssignal anliegt, ohne daß je Schirmzyklus ein erneuter Zündvorgang erforderlich ist.

Die Anregungsspannung von P. liegt im Bereich von 100–250 V. Damit sind zur Ansteuerung teure Halbleiterschaltungen (IC's) erforderlich.

Die Emissionsfarbe einer P. wird im wesentlichen durch die Gasmischung bestimmt. Die meist verwendeten Edelgasgemische emittieren im gelb-orange Spektralbereich. Es sind jedoch auch solche Displays realisiert worden, deren Gasmischung im ultravioletten Bereich emittieren. In einem solchen Display kann auf die Wandung ein Farbwandler aufgebracht werden, der das uv-Licht in den sichtbaren Bereich überträgt. Entsprechende Anordnungen werden zum Aufbau von farbigen P. ausgewählt. Nebeneinander liegende Bildpunkte tragen dann Farbwandler, die in rot, grün oder blau emittieren.

P. haben sich in den vergangenen Jahren eine feste Marktposition überall dort erobern können, wo ihr robuster Aufbau und die sichere Funktion auch unter extremen Bedingungen, wie tiefe Temperaturen, Vorteile brachte und die hohen Kosten eine weniger bestimmende Rolle spielen. Typisches Beispiel hierfür sind militärische Anwendungen und Anwendungen im öffentlichen Verkehr (Lokomotiven).

Die hohen Kosten und das hohe Gewicht der P. läßt kaum erwarten, daß sich diese Displaytechnologie einen Massenmarkt, wie den der Fernsehgeräte, erobern kann. *Pottharst*

Plastikszinillator → Szintillationsmeßkopf

Plausibilitätskontrolle. Prüfung, ob verschiedene, auf Grund theoretischer Überlegungen zusammenhängende Signale miteinander verträglich sind.

Bei vielen Prozessen hängen die einzelnen Größen in einer definierten Weise voneinander ab. Bei Sattdampf z. B. sind die Temperatur und der Druck über die Siedekurve gekoppelt. Hier läßt sich kontrollieren, ob gemessene Temperatur- und Druckwerte zueinander passen, oder ob eine der beiden Meßstellen gestört ist.

Die P. zur → Ausfallerkennung läßt sich insbesondere dann anwenden, wenn Komponenten oder Teilsysteme mit Hilfe eines mathematischen Modells nachgebildet werden können. Dieses → Modell wird einem → Prozeßrechner zur Verfügung gestellt, der dann prozeßgekoppelt die Meßwerte auf ihre Plausibilität, d. h. auf ihre Verträglichkeit mit dem Modell hin überprüfen kann. Dabei können nicht nur gleichartige Größen, sondern auch unterschiedliche, und nicht nur direkt gemessene Größen, sondern auch berechnete verglichen werden.

Die P. hilft auch in Ausnahmesituationen zu entscheiden, ob ungewöhnliche Meßsignale vertrauenswürdig sind und damit ungewöhnliche Betriebsbedingungen anzeigen.

Die Vorgehensweise bei der P. wird anhand des Bildes deutlich. Der gezeigte Kreislauf besteht aus einer Rohrleitung mit Pumpe und einem Wärmeaustauscher, durch den das Kühlmittel gepumpt wird. Gemessen werden die Förderhöhe H als Differenzdruck und die Durchflußmenge Q. Bekannt sind weiterhin die Kennlinie P der Pumpe (große Fördermenge bei kleiner Förderhöhe) und die Kennlinie R der Rohrleitung (großer Widerstand bei großem Durchfluß). Der Nennbetriebspunkt mit der Fördermenge Q_o und der Förderhöhe H_o ergibt sich als Schnittpunkt der beiden Kennlinien (Bild, b). Die gemessenen Werte sind die Durchflußmenge Q_m und die Förderhöhe H_m. Bei bestimmungsgemäßem Betrieb wird der Nennbetriebspunkt erreicht, $Q_m = Q_o$ und $H_m = H_o$. Weichen die gemessenen Werte von den gespeicherten Kennlinien ab, so lassen sich folgende Störungen identifizieren:

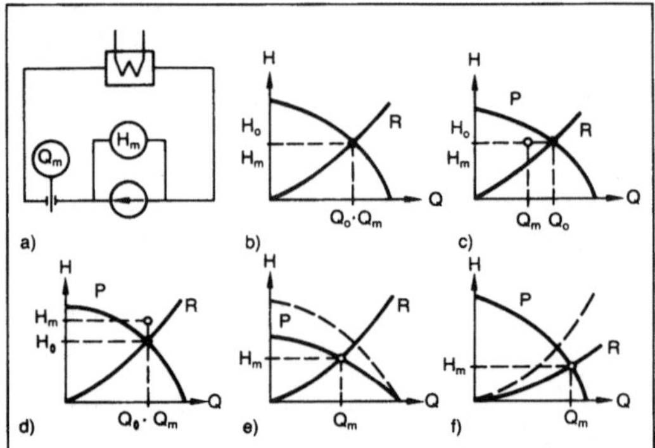

Plausibilitätskontrolle: Kühlkreislauf mit einer Differenzdruckmessung H_m und einer Durchflußmessung Q_m.
a) Schema
b) Kennlinie im ungestörten Betrieb
c) Fehlerhafte Durchflußmessung
d) Fehlerhafte Differenzdruckmessung
e) Pumpenversagen
f) Leck der Rohrleitung.

– Fehlerhafte → Durchflußmessung; Das Wertepaar H_m, Q_m paßt zu keiner Kennlinie. Der Vergleich der gemessenen und berechneten Werte identifiziert mit $H_m - H_o = 0$ und $Q_m - Q_o \neq 0$ die Durchflußmessung als gestört.
– Fehlerhafte → Differenzdruckmessung; das Wertepaar H_m, Q_m liegt wieder außerhalb der Kennlinie. Mit $Q_m - Q_o = 0$ und $H_m - H_o \neq 0$ wird die gestörte Differenzdruckmessung gefunden.
– Pumpenversager; die Kennlinie der Pumpe ist in Richtung niedrigerer Förderhöhen verschoben. Die

gemessene Fördermenge Q_m ist kleiner als Q_o; das Wertepaar Q_m und H_m liegt auf der ursprünglichen Rohrleitungskennlinie.
– Leck der Rohrleitung; die Kennlinie der Rohrleitung ist in Richtung niedrigerer Strömungswiderstände verschoben. Die gemessene Fördermenge Q_m ist größer als Q_o. Das Wertepaar Q_m und H_m liegt auf der ursprünglichen Kennlinie der Pumpe. Eine Verschiebung der Rohrleitungskennlinie in Richtung höherer Differenzdrücke weist auf eine verschmutzte Rohrleitung hin. *Schrüfer*

Literatur: *Hawickhorst, W.:* Ein neues rechnergestütztes Konzept für die Inspektion der technischen Sicherheitseinrichtungen in Kernkraftwerken. Diss. TU. München 1977. – *Schrüfer, E.:* Zuverlässigkeit von Meß- und Automatisierungseinrichtungen. München 1984.

Play-Back-Verfahren →Programmierung von Robotern

PMU. Abk. für *engl.* parameter measurement unit. Die PMU ist Teil der analogen Meßeinrichtungen eines →Prüfautomaten, mit denen Parameter von Ein- und Ausgangssignalen (Spannungspegel, Ströme, Flankensteilheiten) gemessen werden. Die PMU ist mit entsprechenden Meßgeräten ausgestattet und wird in der Regel über eine Relaismatrix oder elektronisch mit den einzelnen Pins der →Pinelektronik bei Bedarf verbunden (→Parameterprüfung).

In der Regel können PMU's auch Spannungen oder Ströme *einprägen.* Eine besondere Form der PMU ist dabei eine *Four Quadrant* PMU. Sie besitzt die Fähigkeit, alle vier Kombinationsmöglichkeiten für die Polarität von Strömen/Spannungen (+/+, +/–, –/+, –/–) am →Prüfling einzuprägen und gleichzeitig messen zu können, also z. B. positiv einprägen/positiv messen usw. *Winter*

Pneumatikmotor. Bei P. oder Pneumatikantrieben unterscheidet man pneumatische Linearmotoren und rotierende P. Die Linearmotoren sind als Zylinder- oder Membranantriebe ausgeführt. Sie arbeiten gegen eine Feder oder auch federlos. Membranantriebe dienen u. a. als Stellantriebe für Regelventile. Zylinderantriebe, für weite Bereiche der Stellhübe und Stellkräfte geeignet, sind in großer Anzahl in nahezu allen Bereichen industrieller Technik vertreten.

Für drehende Pneumatikantriebe, z. B. für Werkzeugantriebe im Fertigungsbereich, ist der sog. Lamellenmotor weit verbreitet. Er wandelt unter Ausnutzung der Expansion die potentielle Energie der Druckluft in kinetische Energie um. Der Motor besteht im Prinzip aus einem Zylinder, einem exzentrisch montierten Rotor mit axial angebrachten Kunststofflamellen und den Rotordeckeln. Durch diese Anordnung (Bild) entstehen zwischen Zylinder, Lamellen und Rotor eine Vielzahl von Arbeitskammern (Vielzellen-Entspannungsmaschine). Die durch die Zylinderschlitze oder die Einlaßöffnung im Rotordeckel einströmende Luft wirkt auf die Lamellenflächen und erzeugt die aufgrund der unterschiedlichen Flächen der herausragenden Lamellen (Bild) ein Drehmoment und damit die Drehbewegung.

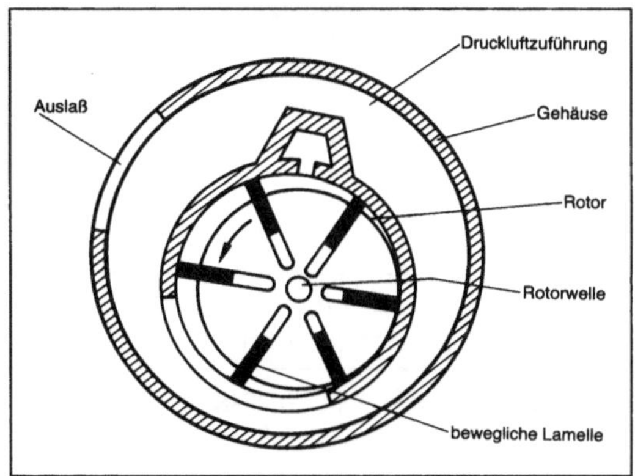

Pneumatikmotor: Prinzipschema eines Pneumatik-Lamellenmotors.

Lamellenmotoren sind sehr robust und besitzen bei kleiner Baugröße eine große Leistung, so leistet z. B. ein Motor mit 5 cm Durchmesser und 10 cm Länge mehr als 500 W. Sie bieten sich für Einsätze unter rauhen Bedingungen an, da sie auch starken Vibrationen und anderen mechanischen sowie chemischen Belastungen ausgesetzt werden können. Hinzu kommt, daß in vielen Industriebetrieben Druckluft als hierfür notwendige →Hilfsenergie verfügbar ist. Durch das günstige Leistungs/Gewicht-Verhältnis lassen sich mit dem Lamellenmotor leichte und handliche Werkzeuge herstellen. *Freyberger*

Poise. Einheit der dynamischen Viskosität im →CGS-System. Einheitenzeichen P. 1 P = 0,1 Pa · s. In der Bundesrepublik Deutschland im geschäftlichen und amtlichen Verkehr nicht mehr zugelassen (→Einheiten des SI). *Hammerschmidt*

Poisson-Verteilung. In der Zuverlässigkeitstechnik sind Ereignisse von Bedeutung, die zu zufälligen Zeitpunkten stattfinden. Die Zufallsvariable X ist die Zahl x der Ereignisse in einem Zeitintervall. Ist der Mittelwert für die Zahl der Ereignisse bekannt mit $\bar{x} = \alpha$, so läßt sich die Wahrscheinlichkeit, daß die Zufallsvariable X den Wert x annimmt, aus der Dichtefunktion f(x) der P.-V. errechnen:

$$f(x) = \frac{\alpha^x}{x!} e^{-\alpha}$$

Die Wahrscheinlichkeit, daß die Zufallsvariable X einen Wert $\leq$ x erreicht wird durch die Summenfunktion F(x) geliefert:

$$F(x) = \sum_{k=0}^{x} \frac{\alpha^k}{k!} e^{-\alpha}$$

Die Zufallsvariable X, als eine Zahl von Ereignissen, kann nur einen ganzzahligen Wert annehmen. Die P.-V. ist damit in Abhängigkeit von x eine diskrete Verteilung (Bild 1, Tabelle 1).

Die Fragen, die mit Hilfe der P.-V. zu beantworten sind, haben im allgemeinen die folgende Struktur: Für ein Ereignis ist das durchschnittliche Auftreten $\bar{x} = \alpha$ bekannt, und zu berechnen ist die Wahrscheinlichkeit, mit der das Ereignis *nicht, genau, höchstens, mindestens, mehr als* x-mal eintritt.

□ Wahrscheinlichkeit für den Mittelwert α bei einer bekannten Zahl x der Ereignisse: Eine andere Art der Fragestellung tritt auf, wenn bei einem Versuch x = k Ereignisse gefunden wurden und wenn nun der Erwartungswert oder Mittelwert $\bar{x} = \alpha$ gesucht ist. Die gewünschte Variable α kann prinzipiell jeden Wert annehmen, ist also stetig. Die Wahrscheinlichkeiten für die einzelnen Werte sind natürlich unterschiedlich.

Poisson-Verteilung. Tabelle 1: Dichtefunktion und Verteilungsfunktion

x	α = 0,1		α = 0,2		α = 0,3	
	f(x)	F(x)	f(x)	F(x)	f(x)	F(x)
0	0,9048	0,9048	0,8187	0,8187	0,7408	0,7408
1	0,0905	0,9953	0,1637	0,9825	0,2222	0,9631
2	0,0045	0,9998	0,0164	0,9989	0,0333	0,9964
3	0,0002	1,0000	0,0011	0,9999	0,0033	0,9997
4	0,0000	1,0000	0,0001	1,0000	0,0003	1,0000

x	α = 0,5		α = 0,7		α = 1,0	
	f(x)	F(x)	f(x)	F(x)	f(x)	F(x)
0	0,6065	0,6065	0,4966	0,4966	0,3679	0,3679
1	0,3033	0,9098	0,3476	0,8442	0,3679	0,7358
2	0,0758	0,9856	0,1217	0,9659	0,1839	0,9197
3	0,0126	0,9982	0,0284	0,9942	0,0613	0,9810
4	0,0016	0,9998	0,0050	0,9992	0,0153	0,9963
5	0,0002	1,0000	0,0007	0,9999	0,0031	0,9994
6			0,0001	1,0000	0,0005	0,9999
7					0,0001	1,0000

x	α = 1,5		α = 2,0		α = 3,0	
	f(x)	F(x)	f(x)	F(x)	f(x)	F(x)
0	0,2231	0,2231	0,1353	0,1353	0,0498	0,0498
1	0,3347	0,5578	0,2707	0,4060	0,1494	0,1991
2	0,2510	0,8088	0,2707	0,6767	0,2240	0,4232
3	0,1255	0,9344	0,1804	0,8571	0,2240	0,6472
4	0,0471	0,9814	0,0902	0,9473	0,1680	0,8153
5	0,0141	0,9955	0,0361	0,9834	0,1008	0,9161
6	0,0035	0,9991	0,0120	0,9955	0,0504	0,9665
7	0,0008	0,9998	0,0034	0,9989	0,0216	0,9881
8	0,0001	1,0000	0,0009	0,9998	0,0081	0,9962
9			0,0002	1,0000	0,0027	0,9989
10					0,0008	0,9997
11					0,0002	0,9999
12					0,0001	1,0000

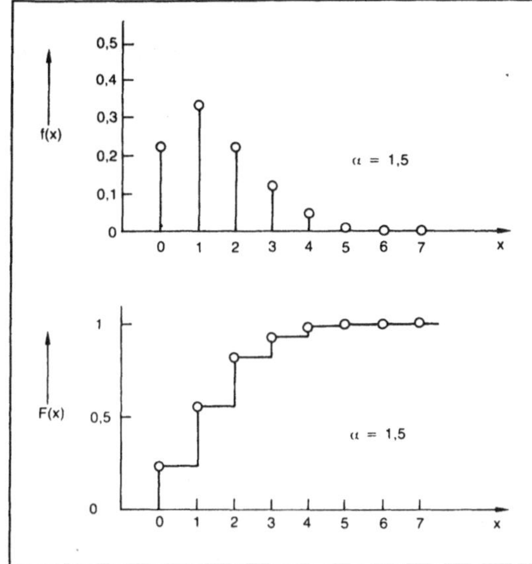

Poisson-Verteilung 1: Dichtefunktion f(x) und Summenfunktion F(x) der P.-V. für α = 1,5 in Abhängigkeit von der Zahl der Ereignisse x.

Die Dichte- und Summenfunktion der Verteilung haben die Form:

$$f(\alpha) = \frac{\alpha^k}{k!} e^{-\alpha}$$

$$F(\alpha) = \int_{v=0}^{\alpha} \frac{v^k}{k!} e^{-v} \, dv$$

Bild 2 zeigt die Dichtefunktion der P.-V. in Abhängigkeit von α mit x = k als Parameter. Die Maxima der Funktionen liegen bei α = k. Das heißt, der

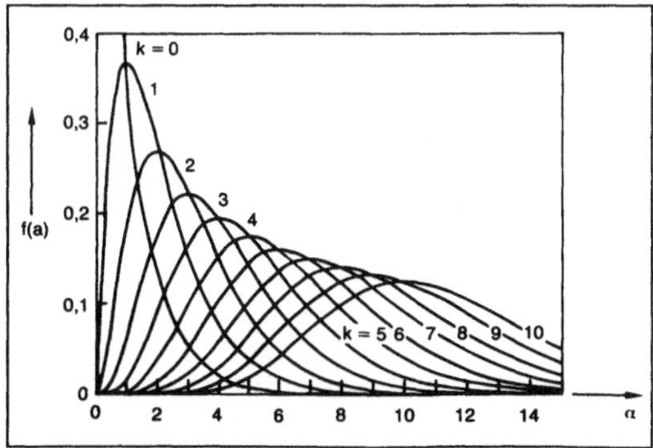

Poisson-Verteilung 2: Dichtefunktion der P.-V. in Abhängigkeit von α mit x = k als Parameter. Die Maxima der Funktionen liegen bei α = k. Die Funktion mit dem Parameter k − 1 schneidet die Funktion mit dem Parameter k bei ihrem Maximum. Für k = 0 ergibt sich die e-Funktion. Für k > 10 lassen sich die Funktionen durch Gauß-Verteilungen annähern.

im Versuch aufgetretene Wert k ist der wahrscheinlichste. Er ist aber nicht identisch mit dem Erwartungswert, der sich ergibt zu

$$E(\alpha) = \bar{\alpha} = k+1$$

In Bild 2 schneiden die Funktionen mit dem Parameter k−1 die Funktionen mit dem Parameter k bei ihrem Maximum. Für k = 0 ergibt sich die Exponential-Funktion. Für k > 10 lassen sich die P.-V. durch Gauß-Verteilungen annähern.

Die Wahrscheinlichkeiten für verschiedene α-Werte in Abhängigkeit von der Zahl k der beobachteten Ereignisse können der Tabelle 2 (S. 456) entnommen werden. *Schrüfer*

Literatur: *Gaede, K. W.:* Zuverlässigkeit, Mathematische Modelle. München, Wien 1977. – *Härtler, G.:* Statistische Methoden für die Zuverlässigkeitsanalyse. Ost-Berlin 1983. – *Heinhold, J.:* u. *K. W. Gaede:* Ingenieur-Statistik. München 1964. – *Köchel, P.:* Zuverlässigkeit technischer Systeme. Leipzig 1983, Thun und Frankfurt/Main. – *Kreyszig, E.:* Statistische Methoden und ihre Anwendungen. Göttingen 1975. – MBB: Technische Zuverlässigkeit. Berlin, Heidelberg 1977. – *Schrüfer, E.:* Zuverlässigkeit von Meß- und Automatisierungseinrichtungen. München 1984. – *Störmer, H.:* Mathematische Theorie der Zuverlässigkeit, Einführung und Anwendung. München 1970.

Polarisationsfolie. Elektronische →Anzeigen, wie Flüssigkristall-, ferroelektrische und magnetooptische Anzeigen, benötigen Polarisationsfilter auf ihrer Front- und Rückseite, um die Schaltzustände dieser Anzeigen sichtbar zu machen.

Polarisationsfilter werden als Folien am Markt angeboten. Diese Folien werden direkt mit den Zellen verklebt.

Die aktive Polarisationsschicht einer P. (Bild) für den transmissiven Betrieb besteht i. a. aus Polivinylalkohol (PVA). In diese Schicht sind mehratomige Jod-Moleküle, oder auch dichroitische Farbstoffmoleküle eingelagert. Zur einheitlichen Ausrichtung dieser Moleküle in der PVA-Schicht wird sie gereckt.

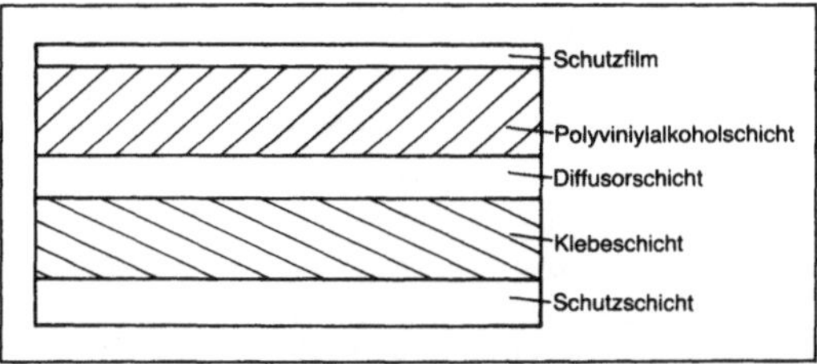

Polarisationsfolie: Querschnitt durch Schichtfolge.

Natürliches Licht besteht aus vielen voneinander unabhängigen Wellenzügen, wobei jeder einzelne von ihnen in einer bestimmten Richtung schwingt. Die Schwingungsebenen können durch Vektoren beschrieben werden, deren Schwingungsrichtungen senkrecht zueinander sind.

Poisson-Verteilung. Tabelle 2: Quantile

Beispiel: Bei 10 beobachteten Ereignissen (k = 10) ist mit der Wahrscheinlichkeit F (α) = 0,05 der Wert von α kleiner oder gleich 6,169.

k	F(α) 0.005	0.05	0.25	0.5	0.75	0.95	0.995
0	0.0050	0.0513	0.2877	0.6931	1.3863	2.9957	5.2983
1	0.1035	0.3554	0.9613	1.6783	2.6926	4.7439	7.4301
2	0.3379	0.8177	1.7273	2.6741	3.9204	6.2958	9.2738
3	0.6722	1.3663	2.5353	3.6721	5.1094	7.7537	10.9775
4	1.0779	1.9702	3.3686	4.6709	6.2744	9.1535	12.5941
5	1.5369	2.6130	4.2192	5.6702	7.4227	10.5130	14.1497
6	2.0373	3.2853	5.0827	6.6696	8.5585	11.8424	15.6597
7	2.5711	3.9808	5.9561	7.6692	9.6844	13.1481	17.1336
8	3.1324	4.6952	6.8376	8.6690	10.8024	14.4347	18.5782
9	3.7169	5.4254	7.7259	9.6687	11.9138	15.7052	19.9984
10	4.3213	6.1690	8.6198	10.6685	13.0196	16.9622	21.3978
11	4.9431	6.9242	9.5186	11.6684	14.1206	18.2075	22.7792
12	5.5801	7.6896	10.4217	12.6682	15.2173	19.4426	24.1449
13	6.2307	8.4639	11.3286	13.6681	16.3102	20.6686	25.4967
14	6.8933	9.2463	12.2388	14.6680	17.3999	21.8865	26.8360
15	7.5670	10.0360	13.1521	15.6679	18.4865	23.0971	28.1640
16	8.2506	10.8321	14.0680	16.6679	19.5704	24.3012	29.4820
17	8.9433	11.6343	14.9865	17.6678	20.6518	25.4992	30.7906
18	9.6444	12.4420	15.9073	18.6677	21.7310	26.6918	32.0907
19	10.3533	13.2547	16.8301	19.6677	22.8080	27.8792	33.3830
20	11.0692	14.0720	17.7550	20.6676	23.8831	29.0620	34.6680
21	11.7918	14.8937	18.6816	21.6676	24.9564	30.2404	35.9463
22	12.5207	15.7195	19.6099	22.6675	26.0281	31.4148	37.2183
23	13.2553	16.5490	20.5397	23.6675	27.0982	32.5854	38.4844
24	13.9954	17.3821	21.4710	24.6675	28.1668	33.7524	39.7450
25	14.7406	18.2186	22.4038	25.6674	29.2340	34.9161	41.0004
26	15.4906	19.0581	23.3378	26.6674	30.3000	36.0766	42.2510
27	16.2452	19.9006	24.2730	27.6674	31.3647	37.2342	43.4969
28	17.0042	20.7460	25.2094	28.6674	32.4283	38.3889	44.7384
29	17.7672	21.5940	26.1469	29.6673	33.4907	39.5410	45.9758
30	18.5342	22.4445	27.0855	30.6673	34.5521	40.6905	47.2093
31	19.3049	23.2975	28.0250	31.6673	35.6126	41.8376	48.4391
32	20.0791	24.1527	28.9655	32.6673	36.6720	42.9824	49.6652
33	20.8567	25.0101	29.9069	33.6673	37.7306	44.1251	50.8880
34	21.6376	25.8696	30.8492	34.6672	38.7883	45.2656	52.1074
35	22.4215	26.7312	31.7923	35.6672	39.8452	46.4041	53.3238
36	23.2085	27.5946	32.7361	36.6672	40.9013	47.5407	54.5372
37	23.9982	28.4599	33.6808	37.6672	41.9566	48.6755	55.7477
38	24.7908	29.3270	34.6262	38.6672	43.0112	49.8085	56.9554
39	25.5859	30.1957	35.5723	39.6672	44.0651	50.9397	58.1605

Trifft Licht auf eine P., so absorbieren die Poly-Jodmoleküle, bzw. die dichroitischen Farbstoffmoleküle, den Anteil des Lichtes stärker, der in Richtung ihrer Molekülländsachsen schwingt. Licht, das die Folie passiert hat, hat damit einen höheren Intensitätsanteil, mit einer Schwingungsrichtung senkrecht zur Streckachse der PVA-Folie.

PVA-Filme sind sehr empfindlich. Deshalb müssen sie für den technischen Einsatz beidseitig mit einer Schutzschicht z. B. Celluloseschicht, abgedeckt sein.

Die Klebeschicht zum Glas hat auf der einen Seite leichte Verarbeitung, d. h. sichere Klebung nach einem einmaligen Auflaminieren zu garantieren. Dabei dürfen keine Luftblasen zwischen Glas und P. sichtbar sein. Die Frontseite der P. ist meist mit einer kratzfesten Oberfläche versehen. In Sonderausführungen werden P. auch mit einer Schicht zur Verminderung von Reflexen versehen. Andere P. sind zum Schutz der Flüssigkristall-Mischung mit einer zusätzlichen Absorptionsschicht für uv-Strahlung ausgerüstet.

Zum Aufbau von elektrooptischen Anzeigen für den reflektiven Betrieb können P. zusätzlich mit einem besonders effizienten Metallreflektor ausgerüstet sein. Zur Vermeidung von Reflexen in bevorzugte Richtungen sollten die Reflektorschichten stark streuende Eigenschaften haben. Reflektorfolien werden dann auf die Rückseite der Anzeige geklebt.

Die Dicke der P. liegt üblicherweise bei 0,2 bis 0,3 mm.

Die wichtigsten Merkmale der Folien sind:

□ Polarisationsgrad: er beträgt meist 85–99 %; dies resultiert in einer Schwächung des Lichtes nach Durchlaufen gekreuzter Filter um 98–99,9 %.

□ Transmission: die Werte liegen im Bereich von meist 40–49 %.

□ Stabilität der Folien gegenüber Umwelteinflüssen: als kritischer Parameter tritt hier besonders die Luftfeuchtigkeit auf.

Die Auswahl einer günstigen Polarisatorkombination ist entscheidend für das optische Erscheinungsbild der Anzeigen. Der hohe Intensitätsverlust in den P. läßt Anzeigen meist relativ dunkel erscheinen. Deshalb werden insbesondere für reflektive Anzeigen Folien mit hoher Transmission eingesetzt. Dies muß jedoch mit relativ geringen Kontrasten erkauft werden. In einer reflektiven Anzeige haben sich jedoch Kontraste von 1 : 2 bis 1 : 6 als ausreichend erwiesen. Für den Betrieb von Anzeigen im transmissiven Modus sind dagegen Kontraste von mehr als 1 : 20 erforderlich.

Für eine Reihe von Anwendungen werden Anzeigen gewünscht, die in heller Umgebung wie eine reflektive Anzeige erscheinen; in der Dunkelheit sollen sie jedoch hinterleuchtet werden können. Dazu wurden sogenannte Transflektorfolien entwickelt. Sie unterscheiden sich von den Reflektorfolien lediglich dadurch, daß die Reflexion auf ca. 50–75 % reduziert wurde. *Pottharst*

Polarisationszustand. Lichtwellen lassen sich immer in verschieden polarisierte Teilwellen zerlegen, die sich in einem doppelbrechenden Material unterschiedlich ausbreiten. Nach Durchlaufen eines doppelbrechenden Mediums stellt sich dann eine Phasendifferenz ein, die von außen leicht meßbar ist.

Bei einigen Materialien verändern sich die doppelbrechenden Eigenschaften unter Einfluß einer mechanischen Spannung (Spannungsoptik). Diese Tatsache kann zur Herstellung von Drucksensoren ausgenutzt werden. *Schaumburg*

Literatur: *Schaumburg, H.:* Werkstoffe und Bauelemente der Elektrotechnik. Bd. 1: Werkstoffe. Stuttgart 1990.

Polvorgabe. Die P. ist ein Verfahren zur Auslegung von →Reglern (oder Regelungen), um dem →Regelkreis (oder Regelungssystem) ein bestimmtes dynamisches Verhalten zu geben.

Die Pole oder Eigenwerte eines Systems sind die Lösungen seiner charakteristischen Gleichung. Mit ihnen wird die →Eigenbewegung des Systems beschrieben. Für gegebene Eigenwerte $s_1, \ldots, s_n$ erhält man als charakteristische Gleichung

$$(s - s_1)(s - s_2) \ldots (s - s_n) = 0 \quad (1)$$

und ausmultipliziert

$$s^n + a_{n-1}s^{n-1} + \ldots + a_2 s^2 + a_1 s + a_0 = 0 \quad (2)$$

Nun stellt man die charakteristische →Gleichung auf, wie sie sich aus der Struktur der →Regelung ergibt. Für einen einschleifigen Regelkreis mit der →Kreisübertragungsfunktion $F_0(s)$ lautet sie

$$F_0(s) + 1 = 0 \quad (3)$$

wobei $F_0(s)$ die freien Reglerparameter enthält (z. B. Übertragungskonstante K, →Nachstellzeit T_n, Vorhaltzeit T_v). Für eine →Zustandsregelung (→Zustandsgrößen) lautet die charakteristische Gleichung

$$\det(s\underline{I} - \underline{A} + \underline{B}\,\underline{R}) = 0 \quad (4)$$

Hier sind die Elemente der Regelungsmatrix $\underline{R}$ (bzw. bei nur einer →Stellgröße des Regelungsvektors $\underline{r}$) noch frei. Gl. (3) bzw. (4) muß auf die Form der Gl. (2) gebracht werden. Dann sind die freien Parameter so festzulegen, daß die Koeffizienten a_0 bis a_{n-1} von (3) und (2) bzw. (4) und (2) übereinstimmen. *Böttiger*

Polymer, piezoelektrisch. Einige Polymere haben ausgeprägt piezoelektrische und pyroelektrische Eigenschaften. Beispiele dafür sind Polyvinylidendifluorid (PVDF) und Triglycinsulfid. Charakteristische Daten sind in der Tabelle →Keramik, piezoelektrisch zusammengestellt. *Schaumburg*

Polysilicium. Polykristallines Silicium. →Silicium, das aus einer großen Zahl kleiner Kristallite besteht und sich in einer Reihe von Eigenschaften vom einkristallinen Silicium unterscheidet. P. wird in der Halbleitertechnik und Mikroelektronik sehr umfangreich eingesetzt, z. B.

– als Ausgangsprodukt für die Si-Einkristallherstellung

– als Material für Gateelektroden (für MOS-Transistoren) und Leiterbahnen, insbesondere in der MOS-Technik
– als Trägermaterial für dielektrische isolierte Schaltungen sowie als elektrisch isolierendes Füllmaterial in manchen Halbleitertechnologien,
– als halbleitende Schicht auf einem isolierenden Substrat, in der durch lokale Rekristallisation (Aufschmelzen durch Elektronen- oder Laserstrahl und anschließendes Erstarren) einkristalline Bereiche hergestellt werden können (SOI-Technik). Solche Verfahren sind für die dreidimensionale Integration interessant.

Polykristallines Silicium ermöglichte durch seinen Einsatz selbstjustierende Strukturierungsverfahren, durch die parasitäre Elemente deutlich reduziert und die elektrischen Eigenschaften der Schaltkreise verbessert werden konnten. Seine große Einsatzbreite verdankt es der Tatsache, daß der spezifische Widerstand durch Dotierung aus dem nahezu eigenleitenden Gebiet bis in Bereiche guter Leitfähigkeit eingestellt werden kann. Für den Höchstintegrationsbereich sind die Leitungswiderstände von Poly-Si-Leitungen wegen des stark abnehmenden Querschnittes noch zu groß; hier ist ein Übergang zu Silicid-Schichten (oder eine Kombination von Poly-Si und Silicid-Schicht) im Trend.

R. Paul

Literatur: *Sze, S. M.:* VLSI Technology. New York 1983.

Positionsgeber →Kinetik und Kinematik eines Roboters

Positionsgenauigkeit →Regelungsverfahren

Positionsmeldung. Das bedeutendste überregional organisierte Positionsmeldesystem ist das 1958 von der United States Coast Guard eingerichtete Automated Merchant Vessel Report System AMVER für den Atlantischen und Pazifischen Ozean, die Karibik und den US Golf. Die Schiffs-P. werden über eine Küstenfunkstelle (Kommunikation, maritime) oder direkt über Satellit (→Satellitenkommunikation) an das AMVER-Center in New York weitergeleitet und dort ständig aktualisiert. Monatlich werden so ca. 17 000 Schiffsbewegungen erfaßt. Muß der Schiffahrt in einem Notfall Hilfe geleistet werden, gibt das AMVER-Center die Position des betreffenden Schiffes und der in der Nähe stehenden anderen Schiffe, auch z. B. mit Angabe, ob ein Schiffsarzt an Bord ist, an die zuständige Rettungsleitstelle (Rescue Coordination Center) weiter und ermöglicht so eine schnelle und effektive Hilfeleistung.

Eine automatische P. über Satellit im Seenotfall erfolgt im Rahmen eines in der Erprobung befindlichen Seenotrufsystems DRCS (*engl.* Distress Radio Call System). Dabei wird die in einer bei Schiffsuntergang selbstaufschwimmenden Bake die jeweils aktuelle Schiffsposition automatisch gespeichert und im Aktivierungsfall gesendet. Der mittlere Zeitbedarf von der Aktivierung der Bake bis zur Auslösung des Seenotalarms bei der nächsten Rettungsleitstelle beträgt dabei nur ca. eine Minute. Die Einführung dieses Systems in die Praxis ist die Grundlage für den Wegfall der Vorschrift, Schiffe mit einem Funkoffizier zu besetzen.

Froese

Positionssensor. →Sensor zur Ermittlung der Ortskoordinaten eines Gegenstandes. Zur Anwendung kommen verschiedene Prinzipien:
□ optische Verfahren: Erfassung des Gegenstandes mit einem →Bildsensor, →CCD-Sensor u. a. und Auswertung des Bildes bezüglich der Position.
□ magnetische Verfahren: Die Gegenstände sind entweder selbst magnetisch aktiv oder sie sind mit magnetisch aktiven Markierungen versehen. In beiden Fällen ändern sie in vorbestimmbarer Weise das Magnetfeld in der Umgebung eines Magnetsensors.

Für spezielle Anwendungen gibt es eine Vielzahl weiterer Verfahren. Kann der Gegenstand durch einen kleinen Lichtfleck (z. B. Laserstrahl) repräsentiert werden, dann können Silicium-P. (*engl.* PSD, photosensitive detector) eingesetzt werden (Bild). Auf einer photoempfindlichen Fläche kann durch Addition, Subtraktion und Division der an den vier Seitenkanten des PSD abgegriffenen Signale die Position des Lichtflecks elektronisch ermittelt werden.

Schaumburg

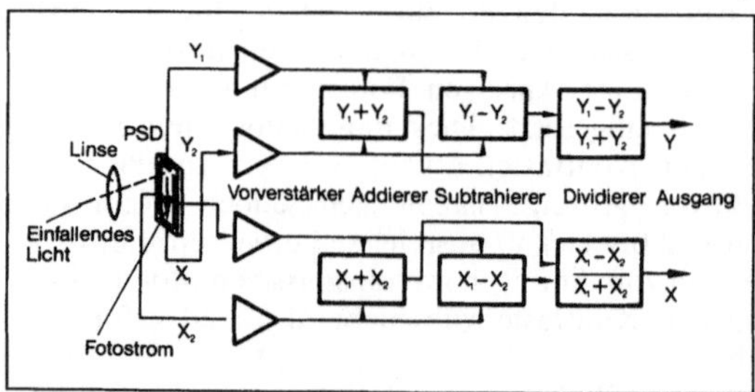

Positionssensor: Zweidimensionale Positionsmessung mit einem PSD. (Quelle: Schanz)

Literatur: *Schanz, G. W.:* Sensoren. Heidelberg 1986.

Positionssteuerung →Regelungsverfahren

Prescreening. Begriff aus der Baugruppenprüftechnik: Das P. dient zum Erkennen einfacher →Fertigungsfehler und wird mit Hilfe eines einfachen analogen →In-Circuit-Tests durchgeführt. In der Regel werden nur Spannungen/Ströme, also keine komplexen Signale, an den einzelnen Bauelementen eingeprägt und an den Ausgängen wird eine Impedanzmessung durchgeführt.

Winter

Probenahmesystem →Immissionsmessung, →Luftüberwachungsmeßsetz

Processor-Oriented-Device. Abk. POD. Hardwarezusatz in einem →Prüfautomaten, mit dem sich prozessortypische Signale (Steuersignale, Adreß- und Datenbuszustände) i. d. Regel passend jeweils zu einem bestimmten Prozessor nachbilden lassen. Die Daten auf den Adressbus- und den Datenbusleitungen können eingeprägt und die Information auf den Datenleitungen zum gewünschten Zeitpunkt gelesen werden. Die Prüfung von →Leiterplattenbaugruppen mit unterschiedlichen Prozessoren erfordert somit jeweils ein eigenes POD. Moderne Prüfautomaten enthalten daher programmierbare POD's, deren Hardware das zeitabhängige Verhalten (Timing) beliebiger Prozessoren nachbilden kann. *Winter*

Produktionsprüfung. →Baugruppenprüfung, bei der im wesentlichen →Fehler erkannt werden, die in der Regel beim Produktionsvorgang auftreten können: Bestückungsfehler, Lötfehler, Leiterbahnunterbrechungen, Kurzschlüsse, nicht z. B. Parametermessungen an Signalen. Der Produktionstest wird meist als →In-Circuit-Test durchgeführt. *Winter*

PROFIBUS. Der P. (Abk. *engl.* PROcess FIeld BUS) ist ein →Feldbus, der 1987 vom Zentralverband der Elektrotechnik und Elektronikindustrie (ZVEI) als Grundlage für einen Feldbusstandard ausgewählt wurde. Die Umsetzung des P.-Konzeptes erfolgte im Verbundprojekt „Feldbus", das von 14 deutschen Industriefirmen und fünf Hochschulinstituten getragen und vom Bundesminister für Forschung und Technologie (BMFT) im Rahmen des Förderprogrammes „Mikroperipherik" gefördert wurde. Erste Messedemonstrationen des P. haben in 1989 stattgefunden (ISH und INTERKAMA), wobei auf der INTERKAMA auch eine eigensichere Ausführung (→Feldbus, eigensicher) zu sehen war. Als Vornorm liegen die Schichten 1 und 2 des →ISO-Referenzmodells seit 1988 vor (PROFIBUS DIN V19245 Teil 1). Die Anwendungsschicht (Schicht 7) wird als Vornorm noch in 1990 veröffentlicht (PROFIBUS DIN V19245 Teil 2). Ferner gibt es zur Anwenderunterstützung und -beratung seit Dezember 1989 die „PROFIBUS Nutzerorganisation e. V." in Bonn.

Die Übertragung erfolgt auf verdrillten, geschirmten Zweidrahtleitungen mit Bitübertragungsraten zwischen 9.6 und 500 kBit/s im Halb-Duplex-Betrieb. Die Hamming-Distanz beträgt mindestens d = 4. Besonderer Wert wurde auf ein gutes Verhältnis zwischen zu übertragenden Gesamtdaten zu Nutzdaten bei kurzen Nachrichten gelegt. Der Zugriff auf den Bus wird dezentral über ein Token-Verfahren geregelt. Bei diesem darf nur das Feldgerät senden, welches den sog. Token (= Sendeberechtigung) besitzt. Nach Abarbeitung des Sonderwunsches wird der Token von Gerät zu Gerät weitergereicht, dabei bilden die einzelnen Geräte einen durch Nummern festgelegten logischen Ring. Während in der Vornorm DIN V19245 Teil 1 das Übertragungsmedium, die Übertragungstechnik, die Schnittstellendienste und das Übertragungs- und Buszugriffsprotokoll (Schichten 1 und 2) geregelt sind, soll im Teil 2 die Anwendungsschicht als eine Teilmenge der MMS-Dienste (Manufacturing Messages Specification, ISO DIS 9506) festgeschrieben werden. *F. Schneider*

Programmable load. Der Teil der →Pinelektronik, der die ohmschen und kapazitiven Belastungsverhältnisse für Ausgangspins, wie sie beim reellen Betrieb vorkommen, simuliert. Die Einstellung der P. l. erfolgt per →Prüfprogramm. Fehlt eine P. l., müssen die Belastungsverhältnisse über den →Prüflingsadapter hergestellt werden. Typische Werte sind z. B.: 50 Ohm, 20 pF. *Winter*

Programmbaustein, dedizierter. Vorprogrammierter, ausgetesteter Baustein für eine Funktion der →Leittechnik, wie Meßwertverarbeitung, →Steuerung, →Regelung oder Überwachung. Aus Programmbausteinen läßt sich durch Konfigurieren das →Anwenderprogramm generieren. D. P. sind in dezentralen →Automatisierungssystemen meist als →Firmware vorhanden. Sie arbeiten mit Schreib-Lese-Speichern für Konfigurierdaten, Parameter und Variable zusammen. In vielen Systemen ist auch das Einbinden freiprogrammierbarer Bausteine möglich. Das Bild (S. 460) zeigt die Struktur eines Programmbausteines für stetige Regelung. Der wie für eine Analogregelung dargestellte Signalfluß wird softwaremäßig realisiert. Vorzugeben ist noch, welche Funktionen in den Einzelblöcken durchlaufen werden sollen. Für den Block „Verarbeitung Regelgröße" z. B., ob die →Regelgröße linearisiert, geglättet oder radiziert werden soll, ob sie auf Grenzwertüberschreitung zu überwachen ist usw. *Strohrmann*

Programmiergerät. Speicherprogrammierbare Steuerungen (→SPS) verfügen in der Regel über keine unmittelbare Möglichkeit der Programmierung, des Programmtests, der Programmkorrektur und der Dokumentation des Programmes. Für diese Aufgaben stehen für jede SPS herstellerspezifische P. verschiedener Leistungsklassen zur Verfügung.

An der unteren Stufe stehen Taschenprogrammiergeräte mit →Funktionstastatur und ein- oder mehrzeiliger alphanumerischer →Anzeige. Diese P. werden zur Programmerstellung an die SPS ange-

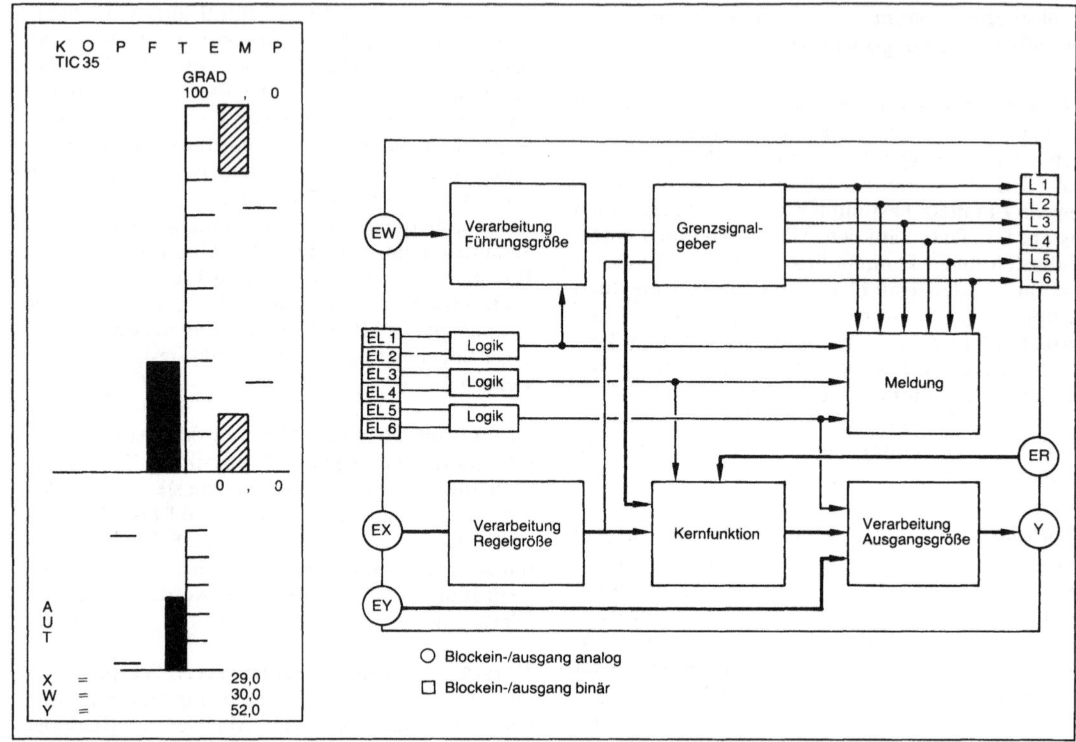

Programmbaustein, dedizierter: Struktur eines Programmbausteins für stetige Regelung. (Quelle: Eckardt)

schlossen online oder als eigenständige Geräte offline betrieben. Das in der Form der → Anweisungsliste oder auch als → Kontaktplan vorbereitete Programm wird zeilenweise über die Tastatur eingegeben, in maschinengerechten Code umgesetzt und bei online Betrieb direkt in den → Programmspeicher übertragen. Diese Übertragung erfolgt dabei unmittelbar in den Arbeitsspeicher der Steuerung oder nach einer Transferanweisung blockweise über einen Zwischenspeicher im P. Während der Programmeingabe führt das Gerät Syntaxprüfungen durch, überwacht die Bedienung und meldet eventuelle Fehler in einer der Anzeigezeilen. Nach der Übertragung des Programmes in den Arbeitsspeicher der Steuerung erfolgt der Start und der Test ebenfalls mit Hilfe des P. Monitorfunktionen ermöglichen die Darstellung und die Veränderung von Signalzuständen und Steuerungsparametern sowie die Anwahl und Modifikation bestimmter Anweisungen. Mit Hilfe dieser Funktionen lassen sich Fehler im Steuerungsprogramm beseitigen und die Arbeitsweise optimieren. Ein ausgetestetes, fertiges Steuerungsprogramm wird dann in einen nichtflüchtigen Speicher wie z. B. → EPROM übertragen und als Steckmodul in die SPS eingesetzt.

Bei SPS die mit EEPROM ausgerüstet sind, kann die Übertragung d. h. Löschen und Programmieren des Lesespeichers ebenfalls durch das P. erfolgen.

Zur Programmdokumentation ist in der Regel der Anschluß eines Druckers an das P. vorgesehen.

Für den Ablauf des Steuerungsprogrammes wird das P. nicht benötigt und steht nach Abschluß der Programmierung der SPS für weitere Programmierarbeiten zur Verfügung.

Komplexere P. unterscheiden sich von den beschriebenen Taschenprogrammiergeräten dadurch, daß sie über Massenspeicher (Floppy-Disk-Laufwerke) verfügen, graphische Programmierung in der Form des Funktionsplanes, des Kontaktplanes und Petri-Netz-ähnlicher Ereignisgraphen am Bildschirm ermöglichen, komplexe Funktionsbausteine besitzen und ausgefeiltere Test-, Fehlersuch- und Dokumentationsmöglichkeiten bieten. Diese P. sind in ihrer Ausstattung und Leistungsfähigkeit Personal-Computern vergleichbar. Neben den üblichen Standard-Peripheriegeräten, wie Drucker und Bildschirm, sind sie mit einer um steuerungstechnische Funktionstasten erweiterten Standardtastatur, einer UV-Löscheinrichtung und entsprechender Programmiermöglichkeit für EPROM-Module ausgerüstet. Die Programmierung kann offline d. h. das Steuerungsprogramm wird im Programmiergerät erzeugt, in ein EPROM-Modul übertragen und dieses in die SPS eingesetzt oder online, wie oben beschrieben, erfolgen. *Freyberger*

Programmierung von Robotern. Über die Benutzungsschnittstelle einer Robotersteuerung ist es möglich, Roboterprogramme in die Robotersteuerung einzugeben, d. h. den Roboter zu programmieren. Um die gewünschten Bewegungen und Arbeitsabläufe zu erhalten, stehen verschiedene Programmierungsverfahren zur Verfügung. Die wichtigsten sind:

□ Programmierverfahren vor Ort
- Teach-in-Verfahren
- Play-Back-Verfahren
- Master-Slave-Verfahren

□ Off-line Erstellung von Ablaufprogrammen
- textuelle P.
- P. über CAD-Systeme

Das Teach-in-Verfahren wird heute am häufigsten eingesetzt. Es eignet sich für nicht zu komplexe Einsatzfälle von Robotern mit mäßigen Genauigkeitsanforderungen, wie etwa Punktschweißaufgaben oder Lackierung. Bei der Teach-in-P. erfolgt ein sequentielles Anfahren und Speichern von Bahnpunkten. Der Roboter wird durch Drücken von Tasten eines meist portablen Handprogrammiergerätes manuell an bestimmte Positionen gefahren. Die so erreichten Roboterstellungen werden unter Nutzung der internen Wegmeßsysteme des Roboters, z. B. über Zählereingänge in die Steuerung eingelesen und abgespeichert. Später wird das so erhaltene Programm unter Kontrolle des Ablaufsystems der Robotersteuerung interpretiert und abgefahren. Der Bediener muß bei der Teach-in-P. in Winkel- und Längsbewegungen der Achsen des IR denken, um von einem Startpunkt zu einem Zielpunkt (Orientierung der Hand mit einbezogen) zu gelangen. Auch bei Vorgabe der Orientierung der Hand gibt es mehrere Möglichkeiten der Verfahrweise der Achsen, d. h. Anzahl der beteiligten Achsen und/oder ihre Verfahrreihenfolge, um von einem Startpunkt zu einem Zielpunkt zu gelangen (Bild 1). Werden die Achsen des Industrie-Roboters bei nicht vorgegebener Orientierung optimal verfahren, so hängt die insgesamt erforderliche Zeit, um von einem Startpunkt A zu einem Zielpunkt B zu gelangen, von der ausgeführten Verfahrweise ab. Der Vorteil der Teach-in-P. liegt im geringen Hard- und Softwareaufwand der dafür vorgesehenen Robotersteuerung. Nachteilig ist der hohe Aufwand des Programmiervorgangs bei komplexen Aufgaben.

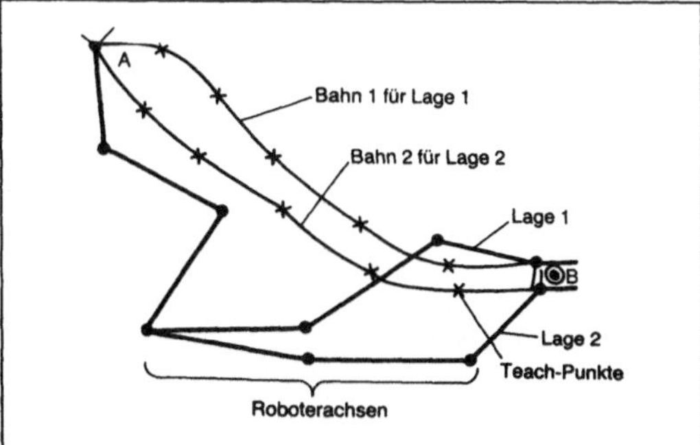

Programmierung 1: Zwei Möglichkeiten der Lagen eines Roboters nach der Bewegung von Startpunkt A zum Zielpunkt B bei nicht festvorgegebener Orientierung der Hand.

Bei der Play-Back-P. wird entweder der Roboter direkt vom Bediener angefaßt und mit Servounterstützung auf den zu programmierenden Bahnen bewegt oder der Bediener führt ein leichtes, mit Positionssensoren ausgestattetes Programmierungsgestell, dessen Bewegungsablauf on-line aufgezeichnet wird. In Automatikbetrieb führt der Roboter dann genau diese Bewegung in gleichem zeitlichen Ablauf aus. Auch hier gibt es verschiedene Möglichkeiten der Bahnbewegung, um von einem Startpunkt A zu einem Zielpunkt B (Bild 1) zu gelangen, auch bei Berücksichtigung der Orientierung der Hand. Durch einen Lernprozeß beim Führen des Roboters oder Benutzen des Programmiergestells ist es dem Bediener möglich, eine Bahn zu programmieren, die zeitliche und räumliche Anforderungen erfüllt.

In speziellen Anwendungsfällen (Arbeiten in Gefahrenbereichen) wird die Master-Slave-P. eingesetzt. Zur Ausführung eines Arbeitsvorganges bewegt ein Bediener den Masterarm eines Programmiermodells des Roboters, während der Slavearm, d. h. der Roboter selbst, diesen Bewegungen synchron folgt. Gleichzeitig werden Kräfte und Momente, die auf den Slavearm einwirken, mechanisch oder elektrisch auf die Masterseite übertragen, so daß der Bediener diese fühlen kann (Kraftreflexion). Die →Genauigkeit einer durch den Master geführten Bewegungsbahn hängt nicht nur von der Bewegungsgeschwindigkeit, sondern auch von der Bewegungsweite, d. h. der Entfernung von einem Startpunkt A zu einem Zielpunkt B, ab.

Die Aufgabenstellung des bedienergeführten Betriebs, d. h. eine „gute" Bahn bezüglich Zeit und Ort zu finden, ist schwer zu lösen. Die Bewegungskoordination in allen Freiheitsgraden ist schwierig. Selbst Hilfsmaßnahmen durch Rechner bei einer Koordinierung des Bewegungsablaufes bringen nach heutigem Stand der Technik und des Wissens über den auszuführenden Lernprozeß des Bedieners noch keine große Verbesserung.

Da die Aufgabenstellung, Bewegungsbahnen für Roboter zu erstellen (wie bei der Montage oder dem sensorgesteuerten Bearbeiten von Materialien), immer umfangreicher wird, ist die P. eines Roboters vor Ort zeit- und kostenintensiv. Eine off-line Erstellung der Ablaufprogramme verringert Zeit- und Kosten. Bei den vor-Ort-Verfahren ist die wesentliche Größe die →Wiederholgenauigkeit eines Roboters, bei der off-line-P. kommt die absolute Meßgenauigkeit des Roboters hinzu.

Für Programmier- und Testablauf bei der off-line Erstellung von Ablaufprogrammen für Bewegungsbahnen gibt es zwei verschiedene Lösungen, die Compiler- und die Interpretertechnik.

Bei der Compilertechnik wird das komplette Programm zunächst mit einem Editor eingegeben. Die syntaktische Fehlerprüfung erfolgt anschließend durch einen Übersetzer (Compiler). Fehler in der Programmlogik lassen sich hier nicht immer automatisch erkennen. Treten Fehler auf, muß das Programm erneut mit dem Editor behandelt und vollständig übersetzt werden.

Bei der Interpretertechnik erfolgen Eingabe und Übersetzen des Programms nicht getrennt. Jede Eingabe wird sofort auf syntaktische Korrektheit überprüft und ein syntaktischer Fehlerfall beantwortet. So entstehen syntaktisch fehlerfreie Anweisungen. Die Programmeingabe ist vereinfacht. Der Testlauf zur Prüfung auf logische Fehler kann nach der Programmeingabe erfolgen. Da die Interpretertechnik wesentlich stärker interaktiv ist als die Compilertechnik, führt die Interpretertechnik zu kürzeren Programmentwicklungszeiten als die Compilertechnik.

Eine Möglichkeit interpretativ oder mit Compilertechnik off-line Ablaufprogramme für Roboter zu erstellen, besteht in der textuellen P. Das textuelle Programmieren ist eine symbolische Beschreibung von Operationen und Daten, die durch Zeichenfolgen dargestellt werden und durch diese Beschreibung die Bewegungen eines Roboters festlegen. Eine Möglichkeit ist die textuelle Koordinatenangabe. Bei der textuellen Koordinatenangabe werden die Lage und die Orientierung eines Bewegungspunktes beschrieben, wobei sich eine Bewegungsbahn aus mehreren Punkten zusammensetzt. Es wird unterschieden, ob kartesische, zylindrische, Roboter- oder andere Koordinaten verwendet werden und ob sich die Koordinatenangaben auf den Greifpunkt, das Werkzeug, das Handgelenk oder verschiedene Armgelenke beziehen. Die Orientierungsangabe kann über *Euler*'sche Winkel, Rotationen um kartesische Hauptachsen oder andere Drehachsen erfolgen. Mit den verschiedenen textuellen Programmiersprachen entstanden auch verschiedene Konzepte der textuellen Koordinatenangabe, wie z. B. das *Frame*-Konzept. Ein Frame beschreibt Lage und Orientierung eines Bewegungspunktes mit Hilfe kartesischer Koordinaten (Bild 2).

Für die Planung und P. einer Bewegungsbahn benötigt der Programmierer (wie der Bediener bei der vor-Ort-Erstellung von Roboterprogrammen) große Erfahrung, um zeitlich und räumlich günstige Bedingungen beim Bewegungsablauf des Industrieroboters zu erhalten (kollisionsfreie Bahnen).

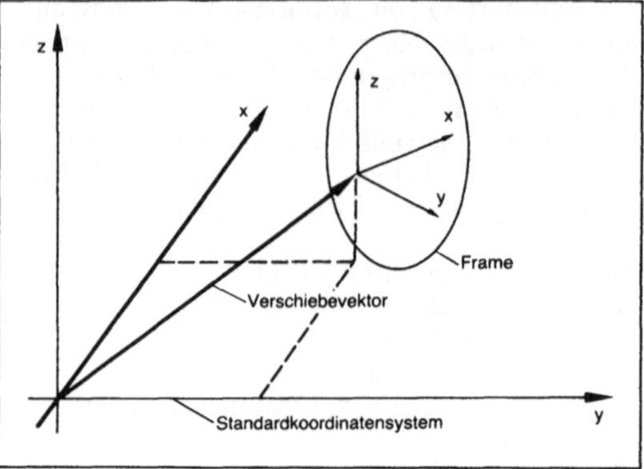

Programmierung 2: Geometrische Darstellung eines Frames.

Dieses Problem verringert eine weitere off-line-P., die P. mit Hilfe von CAD-Systemen. Unter CAD-P. versteht man die off-line Generierung eines lauffähigen Roboterprogrammes mit Hilfe von CAD-Simulationsmodellen, d. h. direkt aus den Beschreibungsdaten von Roboter, Einsatzumgebung und zu handhabenden Teilen oder Fertigungsvorgängen. Erforderlich sind hierbei Algorithmen und Programmodule zur wirklichkeitsnahen Erfassung des Roboters und seiner Umwelt. Aufgaben einer CAD-P. sind z. B.

- Projektierungshilfen einer Roboterarbeitszelle,
- Kollisionserkennung und Kollisionsvermeidung,
- Entwurf von Bewegungstrajektorien.

Durch den Einsatz von CAD-Simulationssystemen können bei der Durchführung von Roboterprojekten viele Probleme zu einem wesentlich früheren Zeitpunkt (vor Beginn von Fertigung und Montage) erkannt werden. Ohne CAD-Simulationen können viele Detailprobleme bezüglich Robotertypauswahl, Werkzeugauswahl und Layoutgestaltung eine Roboterarbeitszelle erst an der bereits fertig installierten Anlage studiert werden. Änderungen sind deshalb teuer. Kosten können erheblich eingespart werden, wenn in der Planung mit mathematischen Modellen der Roboterarbeitszelle gearbeitet wird. Für die Auswahl und Optimierung des Roboterstandorts ist die Frage der Abfahrbarkeit von programmierten Bewegungsbahnen entscheidend. Sie kann nur mit Unterstützung eines Rechners überprüft werden. Auch hier ist eine sehr wichtige Anforderung an die Bewegungsbahnen die Ermittlung der Verfahrzeiten. Diese sind ein wichtiger Bestandteil der gesamten Taktzeit der Roboterarbeitsstelle, die in den meisten Fällen fest vorgegeben ist.

Ein weiteres Einsatzgebiet der CAD-P. ist die Kollisionserkennung und -Vermeidung bei komplexen und sich häufig ändernden Arbeitsabläufen. Anwendungen für einen industriellen Einsatz basieren auf Stapelbetrieb und auf dreidimensionalen

Daten. Hierbei werden die Achskörper (Arme) der Roboter entsprechend ihrer Bewegung schrittweise im Modellraum bewegt und anschließend mit den Körpern, die die Peripherie im Modellraum darstellen, auf Durchdringung untersucht. Stand der Technik sind hierbei im Modellraum feststehende Hindernisse. In Zukunft werden jedoch auch bewegte Hindernisse betrachtet, wie z. B. andere Roboter oder Flurförderfahrzeuge. Neben der Kollisionserkennung gewinnt auch die Kollisionsvermeidung an Bedeutung. So kann eine automatische Weggenerierung und Wegoptimierung aus CAD-Information sowohl die Programmierzeiten als auch die Zykluszeiten für den Industrieroboter selbst erheblich verkürzen. Diese Verkürzung der Zykluszeit geht bei den meisten Industrierobotersystemen direkt in die Wirtschaftlichkeitsbetrachtung der Gesamtzelle ein.

CAD-Programmiersysteme erlauben auch die graphische Planung von Roboterbewegungsbahnen (Robotertrajektorien), auf komplexen Oberflächen, die in Form von mathematischen Modellen gegeben sind. Aus vorgegebenen Kurven und Segmenten, wie z. B. Linien- und Kreissegmenten, werden Trajektorien erzeugt, deren Orientierungen von den sie berührenden Oberflächen abhängen. Bei explizitem Definieren von Trajektorien in eine graphische Modellwelt kann der Entwurfsvorgang für Trajektorien wesentlich beschleunigt werden, wenn dem Benutzer die Möglichkeit gegeben wird, Positionen und Orientierungen mit graphischen Hilfsmitteln rechnergestützt zu bestimmen.

Steusloff

Literatur: *Blume, C.*, et al.: Was leisten Programmiersprachen für Industrieroboter? Elektronik Nr. 6 (1982) S. 65–70. – *Dessiger, K.* et al.: Industrieroboter und Handhabungsgeräte Aufbau, Einsatz, Dynamik. Modellbildung und Regelung. München–Wien 1985. – *Dillmann, R.* et. al.: Ein CAD-unterstützter Trajektorien Entwurfseditor. Robotersysteme (1988), Nr. 4 S. 161–171. – *Gampp, W.:* Eine Programmiersprache für Industrieroboter Anforderungen und Realisierung. Automatisierungstechnische Praxis atp, **28** (1986), Nr. 4 S. 196–200. – *Köhler, G. W.:* Vorteile von elektrischen Master-Slave-Manipulatoren. Robotersysteme Nr. 2, (1986) S. 214–246. – *Kröplin, B.* et al.: Roboter im CIM-Konzept. Roboter (1987), Nr. 3 S. 32—36. – *Meisch, K. H.:* Integrierter Sensoreinsatz bei Industrieroboteranwendungen. Konzept und Realisierungsmethoden für die Robotersteuerung. Dissertation Universität des Saarlandes, Saarbrücken, 1986. – *Meisel, K.-M.:* et al.: Maßgeschneidert von der Stange. Roboter, Juni 1985, Heft 3, S. 40–44. – *Süss, U.:* Eine Ergonomiestudie über den Bediener eines Master-Slave-Manipulators. Robotersysteme Nr. 4, (1988), S. 139–144. – *Warnecke, H. J.* et. al.: Zwei Verfahren zur Kollisionserkennung und Vermeidung bei der off-line-Programmierung von Industrierobotern. Robotersysteme (1986), Nr. 2 S. 163–169. – *Wörn, H.* et. al.: CAD-Simulation unterstützt Robotereinsatz, Robotersysteme 2 (1986), Nr. 2 S. 170–176.

Programmpaket. Vom Systemhersteller für bestimmte Aufgaben fertig programmierte, modular aufgebaute Software, die der Anwender durch →Konfigurierung und →Parametrierung seiner Aufgabenstellung anpassen kann, ohne über Programmierkenntnisse verfügen zu müssen. Eine typische Aufgabe, für welche die P. zur Verfügung stehen, ist die Automatisierung kontinuierlicher und diskontinuierlicher Prozesse. Besonders für die vielfältigen und oft komplexen Aufgaben rezeptgeführter →Ablaufsteuerungen sind P. ein wirkungsvolles Hilfsmittel zur Erstellung der →Anwenderprogramme.

P. setzen sich aus Programm-Moduln für die einzelnen Grundfunktionen zusammen. Solche Module gibt es z. B. für Meßwertverarbeitung, →Regelung oder Grenzwertmeldung, aber auch für die Grundfunktionen von Chargenprozessen wie Inertisieren, Dosieren, Mischen, Heizen oder Entleeren. In der Projektierungsphase wird zunächst die Automatisierungsaufgabe als Kombination von den Programm-Modulen entsprechenden Grundfunktionen dargestellt. Aus diesen Angaben wird dann das P. generiert. Es enthält neben den Modulen noch Listen, in denen Speicherplätze für die Parameter zur Anpassung an die speziellen Prozeßzustände vorhanden sind. (→Anwenderprogramm).

Strohrmann

Programmspeicher. Als P. einer →Steuerung wird der Teil einer Steuerungskomponente verstanden, in dem das die Steuerungsoperationen bestimmende Programm abgelegt ist. Bei speicherprogrammierbaren Steuerungen (→SPS) handelt es sich dabei um →Halbleiterspeicher. Verwendung finden:

– mit Batteriepufferung gegen Informationsverlust bei Ausfall der Stromversorgung des Steuergerätes geschützte RAM (*engl.* **R**andom **A**ccess **M**emory). Dieser Schreib-Lese-Speicher wird als Arbeitsspeicher z. B. für das Ablegen des jeweils gültigen Prozeßabbildes, von Merkern etc. verwendet.

– EPROM-Bausteine (*engl.* **E**rasable **P**rogrammable **R**ead **O**nly **M**emory) in einem Steckmodul, das nach der Programmierung in die SPS gesteckt wird. Die Programmeingabe erfolgt im Programmiermodus des Bausteins mit elektrischen Impulsen. Zum Löschen muß der Baustein bzw. das Modul mit ultraviolettem (UV) Licht bestrahlt werden.

– fest im →Steuergerät eingebauter Speicherbereich mit EEPROM-Bausteine (**E**lectrically **E**rasable **P**rogrammable **R**ead **O**nly **M**emory). Bei diesen Bausteinen wird der Lösch- und der Programmiervorgang mit elektrischen Impulsen vorgenommen.

Der Speicherumfang, der auf den Speichermodulen oder Steckkarten zur Verfügung steht hängt von der Leistungsfähigkeit der entsprechenden SPS ab und reicht von ca. 512 oder abgekürzt 0,5 k – Anweisungen bis etwa 128 k. Die Bausteine selbst in

MOS-(NMOS und CMOS) Technologie ausgeführt, sind byteweise organisiert und stehen heute in Größen bis zu 1 (2) MByte als Chips zur Verfügung. *Freyberger*

Projektionsanzeige. Zur Darstellung von Bildern auf sehr großer Fläche verwendet man P. Sie bestehen im wesentlichen aus einem weitgehend konventionell aufgebauten Projektor. Als lichtsteuerndes Element werden anstelle des bekannten Diapositivs unterschiedliche elektronisch punktweise ansteuerbare Elemente, wie Flüssigkristall-Zellen oder Kleinströhren mit einem aus ferroelektrischen Target, wie z. B. Kalium-Dihydrogen-Phosphat (KDP), verwendet.

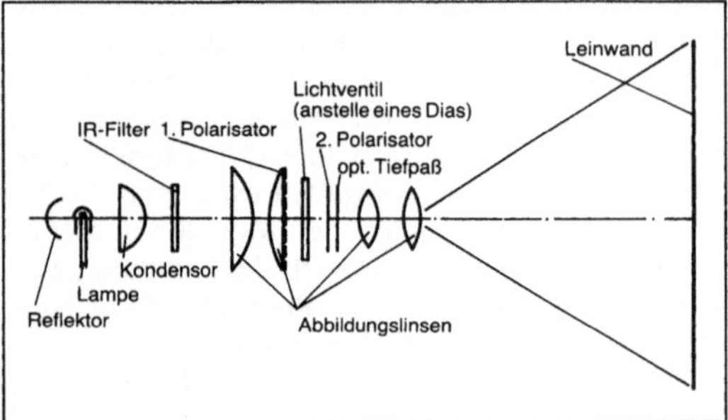

Projektionsanzeige 1: Grundaufbau einer P. mit Flüssigkristall-Lichtventil. (Quelle: Lüder)

Bei der Kleinströhre werden in das KDP-Plättchen Punkte mit wechselnder dielektrischer Polarisation eingeschrieben. Diese Punkte sind dann gleichzusetzen mit einer Struktur der Doppelbrechung des Targets, oder dessen Reflexionseigenschaften. Die Struktur kann dann mit Hilfe von polarisiertem Licht auf einen Projektionsschirm vergrößert dargestellt werden. So konnte mit Hilfe einer ca. 30 mm großen Röhre ein Fernsehbild mit einer Fläche bis ca. 50 m² dargestellt werden.

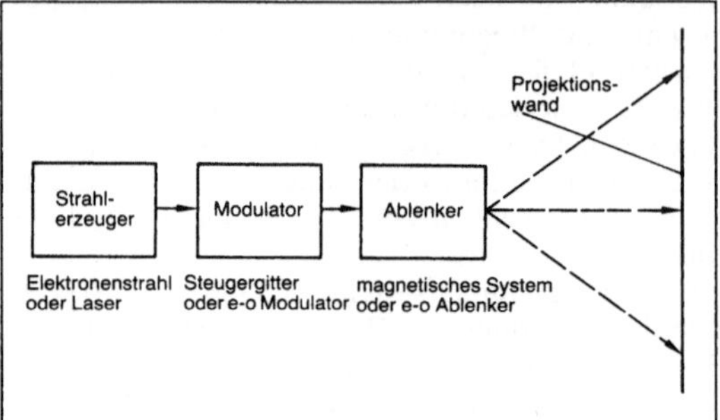

Projektionsanzeige 2: Grundaufbau

Bei Verwendung einer Flüssigkristall-Zelle zeichnen sich die angesteuerten Bildpunkte durch unterschiedliche Transmission aus. Die Zelle wirkt im Strahlengang des Projektors wie ein Diapositiv. Um farbige Bilder darzustellen, wird in dem Projektor

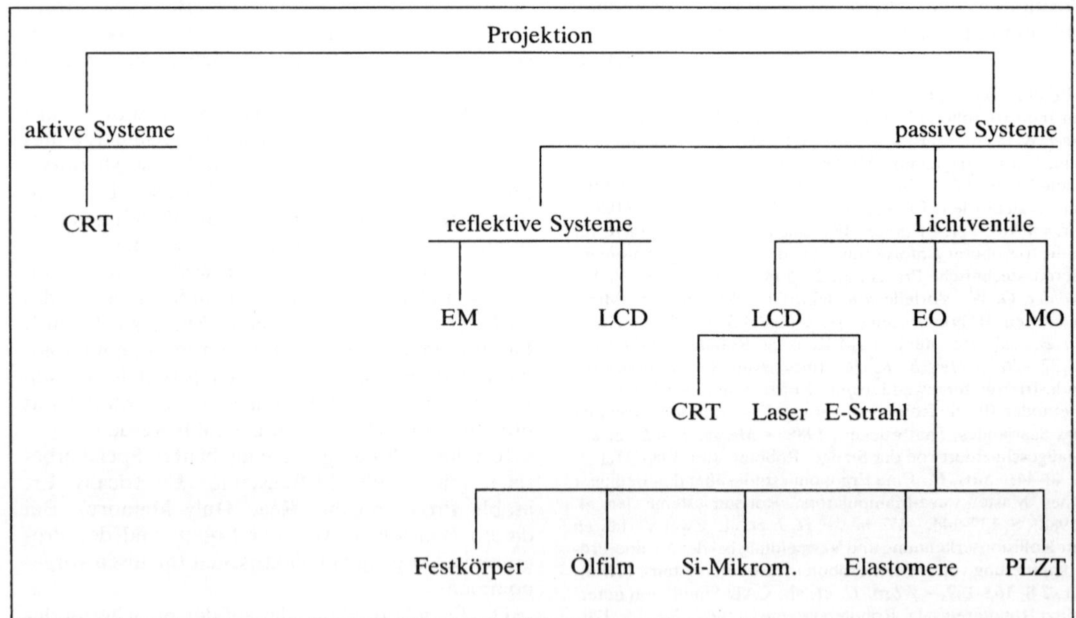

CRT Kathodenstrahlröhre, EM Elektromechanische Techniken, LCD, Flüssigkristall-Anzeigen EO, Elektrooptische Techniken, MO, Magnetooptische Techniken, E-Strahl, Elektronenstrahl-Ansteuerung, PLZT transparente Keramik aus Blei-Zirkonat-Titanat, Lanthan-dotiert

Projektionsanzeige 3: Überblick der wichtigsten P.-Anordnungen

für jede der drei Grundfarben je eine Zelle eingebaut und das Bild in dieser Grundfarbe projiziert. Systeme dieser Bauart werden zur Zeit für das geplante hochauflösende Fernsehsystem (HDTV) u. a. in Japan und in der Bundesrepublik Deutschland entwickelt. *Pottharst*

Literatur: *Lüder, E.* u. a.: ITG-Fachtagung Vakuumelektronik und Displays, 1989.

Propagation delay. Zeit zwischen einem Signalwechsel am Eingang eines Prüflings und dem Signalwechsel an einem bestimmten inneren Knoten oder einem bestimmten Ausgang (→Laufzeitmessung). *Winter*

Proportionalitätsbereich →Regler

Proportionalzählrohr. Bei dem P. ist die Anzahl der zur Messung gelangenden Ionen proportional der Zahl der primär erzeugten. Damit hängt sie von der Art und Energie der sie auslösenden Strahlung ab. Die P. sind daher zur Messung der auftretenden Energiedosen und der Aktivität von Radionukliden geeignet.

Bei dem Messen von Teilchen kleiner Reichweite lassen sich mit P. Ansprechwahrscheinlichkeiten von nahezu 100% erreichen; bei Röntgen- und Gammastrahlung liegt der Wirkungsgrad dagegen in der Größenordnung von wenigen Prozent, bei hohen Energien sogar bei 0,1%. Deshalb werden P. vielfach durch den →Szintillationsmeßkopf verdrängt, der ihnen durch größeres Ansprechvermögen und bessere Zeitauflösung überlegen ist.

Die Bauart der P. kann dem Verwendungszweck gut angepaßt werden. Für Strahlenschutzzwecke finden Großflächen-P. mit 2 π-Geometrie in Kontaminationsmonitoren Verwendung. Zur Absolutbestimmung von Aktivitäten benützt man Zählrohre mit 4 π-Geometrie, bei denen die Meßprobe in das →Zählrohr selbst eingebracht wird.

Auch die Gasfüllung der P. wird dem jeweiligen Verwendungszweck entsprechend gewählt; so werden z. B. die Zählrohre zum Messen schneller Neutronen mit Wasserstoff und die zum Messen thermischer Neutronen vorzugsweise mit BF_3 gefüllt (→Neutronen-Dosismessung).

Die →Lebensdauer von P. ist infolge irreversibler Vorgänge im Zählgas auf etwa 10^{12} Impulse begrenzt. *Wachsmann*

Prozeßautomatisierung. Wichtiges Anwendungsgebiet der →Sensorik. In der Regel wird bei der P. eine Vielzahl unterschiedlicher Sensoren, teilweise mit erheblicher →Redundanz, eingesetzt. Die elektronische Aufarbeitung, Weiterleitung und →Verknüpfung ist aufwendig. Hierbei werden Busstrukturen, Ringstrukturen und Sternstrukturen eingesetzt. *Schaumburg*

Prozeßführung. Führung verfahrenstechnischer Prozesse durch Einsatz von selbsttätigen Reglern, von →Verknüpfungs- und →Ablaufsteuerungen, von dezentralen →Automatisierungssystemen und von Prozeßrechnern. In unterschiedlichen Hierarchiestufen wird damit die P. rationalisiert und das Betriebspersonal von Routineaufgaben entlastet. In der untersten Hierarchieebene liegen Festwertregelungen, Einzel- oder Antriebssteuerungen, in der nächsten Kaskaden-, Verhältnis- und Auswahlregelungen sowie Verknüpfungs- und Ablaufsteuerungen verfahrenstechnischer Teilprozesse (→Gruppensteuerungsebene) und schließlich läßt sich mit rezeptgeführten Ablaufsteuerungen und Optimierungsrechnern der Gesamtprozeß führen →(Leitsteuerungsebene).

Zur technischen Realisierung dieser Rationalisierungsmöglichkeiten bieten sich unterschiedlich strukturierte Leitsysteme an (→Strukturen von Leitsystemen). Sie sind zwar alle grundsätzlich in der Lage, die Anforderungen der Hierarchiestufen zu erfüllen, der Aufwand, sie besonders für die höheren Ebenen aufzurüsten, ist aber sehr unterschiedlich: Die voll parallelen Systeme eignen sich besonders für die Aufgaben der Einzelsteuerungsebene, speicherprogrammierbare →Steuerungen und dezentrale →Automatisierungssysteme auch für die Gruppensteuerungsebene, während für die Aufgaben der →Leitsteuerungsebene im allgemeinen freiprogrammierbare →Prozeßrechner erforderlich sind (→Struktur, hierarchische). *Strohrmann*

Prozeßinterface. Weitgehend synonym gebrauchter Begriff zu →Prozeßperipherie. *Strohrmann*

Prozeßleitebene →Leitsteuerungsebene

Prozeßleitsystem. System, das Meß-, Steuerungs-, Regelungs- und Automatisierungsaufgaben in technischen Prozessen erfüllt sowie Sicherungsaufgaben, wenn diese mit Mitteln der →Prozeßleittechnik realisiert werden. Es ist zu unterscheiden zwischen

- voll parallelen pneumatisch oder elektrisch instrumentierten P.,
- dezentralen P. und
- zentralen P.

Für Systeme mit pneumatischen oder elektrischen Kompaktreglern ist allerdings der Begriff P. weniger gebräuchlich. Die dezentralen und zentralen Systeme werden auch Automatisierungs- oder Prozeßrechnersysteme genannt, abhängig davon, ob sie mit vorprogrammierter oder freiprogrammierbarer Software arbeiten (→Automatisierungssystem, dezentrales; →Strukturen von Leitsystemen). *Strohrmann*

Literatur: *Strohrmann, G.*: Automatisierungstechnik, Bd. 1 Grundlagen, analoge und digitale Prozeßleitsysteme. 2. Aufl. München–Wien 1990.

Prozeßleittechnik. Teilgebiet der Ingenieurtechnik, das sich mit der →Meß-, →Steuerungs-, →Regelungs- und Automatisierungstechnik verfahrenstechnischer Prozesse befaßt. Die Bearbeitung sicherheitstechnischer Aufgaben gehört im allgemeinen nur soweit zur P., wie dabei die technischen Mittel der P. zum Einsatz kommen. Zur Abgrenzung von der Fertigungstechnik wird das Gebiet neuerdings auch →Verfahrensleittechnik genannt. Synonym werden weiter die Begriffe MSR-Technik (Meß-, Steuerungs- und Regelungstechnik) sowie Automatisierungstechnik gebraucht (→Leittechnik). *Strohrmann*

Prozessortest. Teil der Prüfung von mikroprozessorbestückten →Leiterplattenbaugruppen, bei dem im wesentlichen die Funktionen des Prozessors geprüft werden. Nach Möglichkeit werden dabei die Steuer-, Daten- und Adressleitungen kontaktiert. Mehrere Verfahren werden dabei angewandt:

- Verfolgung von auf der Baugruppe gespeicherten Programmen im Einzelschnittbetrieb (Single-Step-Betrieb).
- Abarbeitung von Programmen durch den Prozessor, die mit Hilfe von Zusatzschaltungen und ggf. externen Speichern im Single-Step-Betrieb oder in Echtzeit dem Prozessor zugeführt werden.
- Bei Einchip-Computern: Kontrolle des Speicherinhaltes.

Anhand des Geschehens auf Daten- und Adreßleitungen kann die ordnungsgemäße Funktion des Prozessors überprüft werden. An die o. g. Verfahren schließt sich in der Regel ein Baugruppenfunktionstest an, mit dem auch dynamische Fehler erkannt werden, die sich erst beim Zusammenwirken aller Baugruppenkomponenten zeigen (→Processor-oriented-device). *Winter*

Prozeßperipherie. Komponenten eines Prozeßrechners oder eines Automatisierungssystems zum Austausch von Daten zwischen den Sensoren und Aktoren im Feld einerseits und den zentralen Einheiten und Speichern des Systems andererseits. Die P. besteht aus den Komponenten →Signalformer, →Multiplexer, →Analog-Digital- und →Digital-Analog-Umsetzer, Interface sowie aus Haltegliedern. Die P. bereitet damit eingangsseitig aus dem Prozeß kommende analoge, binäre, digitale und Impulsfolge-Signale auf, speichert sie und leitet sie als digitale Signale an den Rechner weiter. Sie nimmt andererseits vom Rechner kommende digitale Signale auf, speichert sie, formt sie um und gibt sie als analoge, digitale oder binäre Stell- und Schaltsignale aus.

In dezentralen →Automatisierungssystemen ist die P. oft Teil einer →Prozeßstation, die zusätzlich zu den Aufgaben der P. auch Regelungs-, Steuerungs- und Sicherungsfunktionen durchführt.

Der Begriff P. wird manchmal auch synonym zum Begriff →Peripherik gebraucht. Dann werden die Komponenten des Prozeßrechners oder Automatisierungssystems zum Datenaustausch zwischen den peripheren Geräten und den zentralen Einheiten und Speichern des Systems als →Prozeßinterface bezeichnet. *Strohrmann*

Prozeßrechner. Freiprogrammierbarer Digitalrechner, der über die →Prozeßperipherie Daten mit den peripheren Sensoren und Aktoren eines technischen Prozesses direkt austauschen kann und der mit dem Prozeß eingangsseitig direkt gekoppelt ist, es heißt auch: on-line arbeitet. Es ist zu unterscheiden zwischen offener und geschlossener Prozeßkoppelung.

Bei offener Prozeßkoppelung (On-line-open-loop-Betrieb) ist der P. eingangsseitig mit der →Sensorik verbunden und erfaßt die Prozeßzustände im Echtzeitbetrieb (Echtzeit-Datenverarbeitung), greift aber nicht direkt auf den Prozeß ein. Das geschieht vielmehr aufgrund der Informationen des Rechners ausschließlich durch das Betriebspersonal. Stehen noch rechnerunabhängige Informationen zum Führen des Prozesses in ausreichendem Maße zur Verfügung, so führt ein Rechnerausfall in dieser Betriebsart nicht zu einer Unterbrechung der Produktion.

Bei geschlossener Prozeßkoppelung (On-line-closed-loop-Betrieb) ist der P. auch ausgangsseitig über die →Aktorik mit dem Prozeß verbunden und greift direkt auf den Prozeß ein. Bei dieser Betriebsart muß der Rechner den Einsatzbedingungen angemessene, oft sehr hohe Anforderungen an →Verfügbarkeit und →Zuverlässigkeit erfüllen, die oft nur durch redundante Einrichtungen realisiert werden können.

Im Unterschied zu universellen Rechenanlagen (z. B. in Rechenzentren) steht bei den P. die Ausstattung mit Geräten zur →Meßwerterfassung (→Analog-Digital-Umsetzer) und eine schnelle Reaktion auf asynchrone Ereignisse (Unterbrechungswerk) im Vordergrund. P. werden auch meist mit speziellen →Programmiersprachen programmiert. *Strohrmann/Bode*

Prozeßrechnersystem, verteiltes. System, in dem mehrere →Prozeßrechner für beliebige leittechnische Funktionen über Datenwege miteinander verbunden sind. Sie sind so wenig vorkonfektioniert, daß eine weitgehend individuelle Projektierung und Programmierung möglich ist. Im Gegensatz zu dezentralen → Automatisierungssystemen ist sowohl auf der Ebene der Prozeßstationen als auch auf der Ebene der Leitstationen die volle Prozeßrechnerintelligenz vorhanden. Sie läßt sich besonders dann vorteilhaft nutzen, wenn über den in den Automatisierungssystemen meist reichlich vorhandenen Funktionsvorrat hinausgegangen werden muß. Das kann z. B. bei der Integration komplexer, rezeptgeführter Ablaufsteuerungen in das gesamte Automatisierungskonzept der Fall sein, besonders bei der Gestaltung der Videobilder zur → Prozeßführung (→ Automatisierungssystem, dezentrales).

Strohrmann

Prozeßsignal. P. sind Träger der Informationen über den jeweiligen sich zeitlich verändernden Prozeßzustand. Sie umfassen damit alle als Signale abgebildeten Eingangsgrößen (Stellsignale) und Ausgangsgrößen (→ Meßsignale) des Prozesses. Abhängig von der Art des Prozesses und/oder der die P. verarbeitenden Komponente werden unterschieden:

□ analoge P., die in den zeitlichen Verläufen und in den Amplituden kontinuierlich sind. Sie sind Abbild der ebenfalls zeit- und amplitudenkontinuierlichen Prozeßgrößen. Charakterisiert werden die analogen P. durch die Eigenschaft der physikalischen Repräsentation, durch Anfangswert, Signalspanne und das Abbildungsgesetz, z. B. linearer Zusammenhang zwischen Prozeßgröße und P.

□ digitale P., bei denen entweder die bereits zeit- und amplitudendiskret vorliegenden Prozeßgrößen z. B. Zählerstand oder die durch eine Analog/Digital-Umsetzung mit in der Regel linearer Kennlinie gewonnenen digitalisierten Prozeßgrößen auf ein digitales, durch Format und Code beschriebenes → Signal abgebildet werden.

□ binäre P., bei denen Prozeßgrößen mit nur zwei relevanten Zuständen, z. B. Ein/Aus, Auf/Zu, auf ein zweiwertiges Signal beschrieben durch entsprechende logische Zuordnung abgebildet werden.

Von großer praktischer Bedeutung ist die physikalische Repräsentation dieser Signalarten. Gebräuchlich sind elektrische Ströme und Spannungen, pneumatische und hydraulische Drücke und Flüsse wie auch elektro-optische Größen. Genormt sind bei analogen Signalen der eingeprägte Strom in den Bereichen 0–20 mA und 4–20 mA, die eingeprägte Spannung in den Vorzugsbereichen ±5 V und ±10 V, sowie das Einheitsdrucksignal von 0,2–1,0 bar.

Bei digitalen Signalen liegen die Verhältnisse komplexer. So gibt es neben zahlreichen firmenspezifischen Signalfestlegungen für die serielle Übertragung digitaler Signalwerte die Vereinbarungen zur seriellen Spannungs- und Stromschnittstelle (V24, RS 232, RS 422, DIN 66022) mit festgelegten Übertragungsgeschwindigkeiten, Steckeranschluß etc.

Binäre elektrische P. sind z. B. in DIN 19240 festgelegt (Bild). Damit wird Kompatibilität von Meß- und Stellgeräten erreicht sowie die schaltungstechnische Auslegung der Eingangs- und Ausgangsschaltungen der Steuerungen vereinheitlicht.

Freyberger

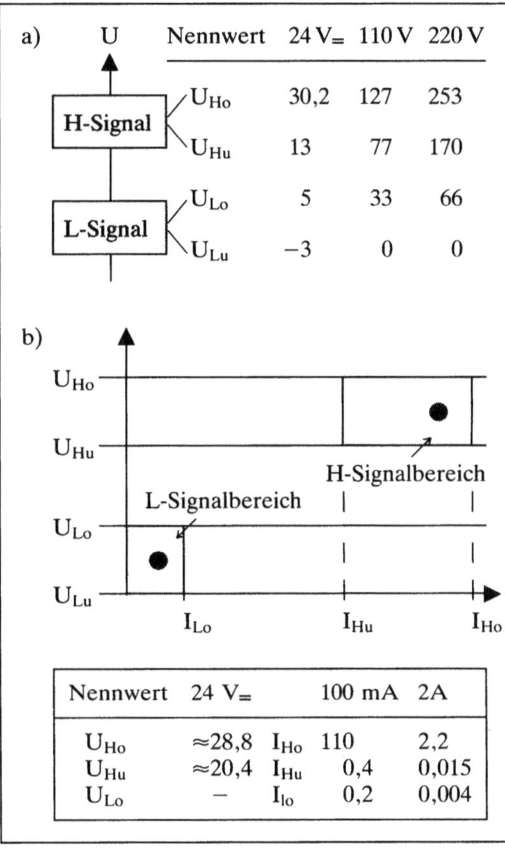

Nennwert	24 V=	110 V	220 V
U_{Ho}	30,2	127	253
U_{Hu}	13	77	170
U_{Lo}	5	33	66
U_{Lu}	−3	0	0

Nennwert	24 V=		100 mA	2A
U_{Ho}	≈28,8	I_{Ho}	110	2,2
U_{Hu}	≈20,4	I_{Hu}	0,4	0,015
U_{Lo}	–	I_{lo}	0,2	0,004

Prozeßsignal: Zur Festlegung der binären Ein-/Ausgangssignale bei Gleich- und Wechselspannungen (DIN 19240)
a) Eingangssignalwerte/-bereiche
b) Ausgangssignalbereiche und zugehörige Werte

Prozeßstation. Autarke, prozeßnahe Funktionseinheit dezentraler Automatisierungssysteme, auch PNK, prozeßnahe Komponente genannt. Sie bereitet analoge Signale von Aufnehmern (→ Meßumformer, → Widerstandsthermometer, → Thermoelemente usw.) sowie binäre Signale von Grenzwertgebern und Schaltern auf, vergleicht sie mit von Leitstationen vorgegebenen Soll- und Grenzwerten und gibt Stell- und Schaltsignale aus.

P. haben unterschiedlichen Bearbeitungsumfang. Er liegt etwa zwischen acht und 100 Regelkreisen und bietet damit unterschiedliche Möglichkeiten zur → Strukturierung des Prozeßleitsystems. Da die → Mensch-Prozeß-Kommunikation allgemein über zentral angeordnete Leitstationen geschieht, die über Busverbindungen mit den P. verbunden sind, haben P. zwar keine oder nur eingeschränkte Kommunikationsmöglichkeiten, können aber bei Ausfall der Busverbindungen ihre Aufgaben mit den zuletzt gültigen Soll- und Grenzwerten für eine begrenzte Zeit autark weiterführen (→ Automatisierungssystem, dezentrales). *Strohrmann*

Prüfautomat. Ein P. beinhaltet alle Hilfsmittel in Hard- und Software, die zur Durchführung einer Prüfung von Bausteinen, Leiterplattenbaugruppen notwendig sind: → Stimuli, Meßgeräte, Stromversorgung, Grundadapter, Steuerrechner mit Prüfbetriebssystem (Bild).

Mit Hilfe der Stimuli werden die für die jeweiligen Prüfungen notwendigen Signale erzeugt und dem → Prüfling zugeführt (logische Signale, analoge Signale).

Die Meßgeräte empfangen die vom Prüfling kommenden Signale, bewerten sie ggf. oder geben sie an den Steuerrechner zur Weiterverarbeitung weiter (logische Signale, Frequenzen, Spannungen usw.). Zu den Meßgeräten gehört z. B. auch die Elektronik für die automatisierte → Fehlersuche.

Die Stromversorgung stellt die zum Betrieb des Prüflings notwendigen Spannungen/Ströme zur Verfügung.

Der Grundadapter ermöglicht den Anschluß universeller oder prüflingsspezifischer Adapter.

Der Steuerrechner mit dem → Prüfautomatenbetriebssystem kontrolliert den Prüfablauf, steuert Stimuli, Meßgeräte und Stromversorgung an, bewertet die Meßergebnisse und vermittelt die Kommunikation mit der Bedienperson des P. Darüber hinaus beinhaltet er Programme zur automatisierten Lokalisierung von Fehlern (Automatisierte Fehlersuche), zur Erstellung der Statistik über das Prüfgeschehen, Hilfen zur Prüfprogrammerstellung und -Korrektur usw.

Bei P. wird hinsichtlich der Prüfobjekte unterschieden zwischen
- Verdrahtungstester/Leiterplattentester
- Wafertester, Bausteintester
- Baugruppentester und Testern für spezielle Anwendungen z. B. Hochfrequenztester, Tester für Datenübertragungssignale, Tester für Stromversorgungen usw.

Abhängig von der Art der zu prüfenden Signale wird unterschieden zwischen
- digitalen P.
- analogen P.
- hybriden P. mit gemischt digitaler/analoger Funktion

Unterschiede im Prüfverfahren führen zu einer Einteilung in
- □ In-Circuit-Tester (digital und/oder analog) (→ In-Circuit-Test)
- □ Funktionstester (digital und/oder analog) (→ Funktionstest).

Eingesetzt werden P. zur Bausteinspezifikation bei Fertigungstest, Wareneingangskontrolle, → Endkontrolle und Dauerprüfung sowie beim Reparaturtest. *Winter*

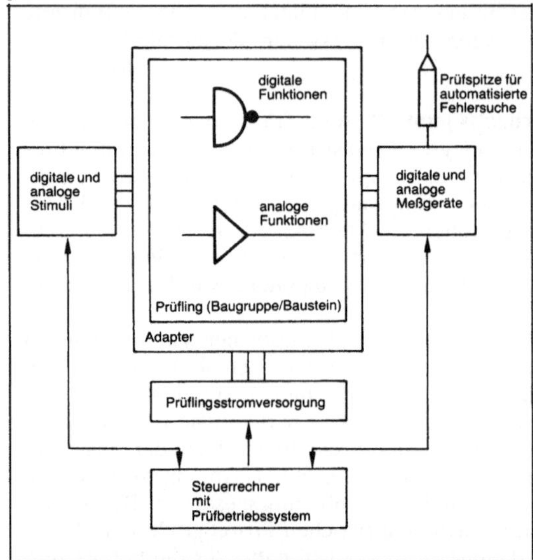

Prüfautomat: Prinzipieller Aufbau.

Prüfautomatenbetriebssystem. Spezielle Software, die zum Betrieb eines Prüfautomaten und zur Erstellung der Prüfprogramme notwendig ist und auch an die Erfordernisse eines bestimmten Prüfautomatentyps individuell angepaßt ist. Das P. erweitert dabei die Funktionalität des grundsätzlich vorhandenen Standardrechnerbetriebssystem (z. B. DOS, UNIX, VMS). Abhängig von der Art des Prüfautomaten enthält das P. folgende spezielle Programmpakete:
- Prüfprogrammverwaltung zur Buchführung über vorhandene Prüfprogramme, zur Archivierung und zur Versionsverwaltung bei Prüfprogrammodifikationen, zum Löschen, Neueingeben oder Editieren von Prüfprogrammen.
- Prüfspracheneditor zum komfortablen Erstellen und Korrigieren von Prüfprogrammen.
- → Prüfsprachencompiler zum Übersetzen der Prüfprogramme in einen ablauffähigen Objektcode oder einen zur → Prüfzeit zu interpretierenden Zwischencode (→ Prüfspracheninterpreter).
- Prüfautomaten-Controller zur Steuerung des Prüfablaufes, d. h. zur Parametrierung und Datenversorgung der Prüfhardware, zur Übernahme und Auswertung der Meßergebnisse, zur Steuerung der

Ablaufrichtung des Prüfprogrammes abhängig u. U. auch vom Prüflingsverhalten.
- Testhilfe (→Debugger) zum Austesten von Prüfprogrammen.
- Hilfsmittel zur voll- oder teilautomatisierten →Fehlersuche und -lokalisierung (→Pfadverfolgung) als Hilfe bei nachfolgenden Reparaturen.
- Bedienerführung zur korrekten Hantierung am →Prüfling oder →Prüflingsadapter.
- Aufzeichnung der Prüfergebnisse zur Qualitätsbeurteilung des Fertigungsprozesses oder auch zum Aufbau eines Erfahrungskataloges (→Qualitätsdatenmanagementsystem).
- Kommunikation mit übergeordneten Rechnersystemen im Fertigungsgeschehen. *Winter*

Prüfautomaten-Regelprüfer. Der P.-R. (*engl.* tester rule checker) überprüft bei z. B. aus der →Simulation stammenden →Prüfdaten, ob die einzelnen Prüfpattern (Zeit- und Wertefolgen) von einem konkreten Prüfautomaten auch verarbeitet werden können. Bei Regelverstößen werden Hinweise darüber ausgegeben, welche Unstimmigkeiten erkannt wurden und wie sie gegebenenfalls behoben werden können. In Zusammenarbeit mit oder als Bestandteil eines →Prüfprogrammgenerators kann dies auch automatisch geschehen. Dem P.-R. muß eine Beschreibung der Eigenschaften des →Prüfautomaten (Formate, Patternrate, Zeitmarkenzahl, Zeitmarkenrasterung usw.) vorgegeben werden. *Winter*

Prüfautomatenselbsttest. Mit Hilfe des P. wird sichergestellt, daß alle Prüfautomatenfunktionen fehlerfrei arbeiten. Hierzu werden alle →Stimuli mit bestimmten Werten programmiert und die damit erzeugten Signale mit den Meßeinrichtungen des Prüfautomaten überprüft. Sofern nicht Stimuli-Pins elektronisch oder über →Relais verbunden werden können, müssen hierzu eine oder mehrere spezielle Leiterplatten mit entsprechender Verdrahtung anstelle eines Prüflings mit dem Prüfautomaten verbunden werden. Im →Prüfautomaten laufen dann die Selbsttestprogramme ab, die in der Regel eine Fehlerlokalisierung bis zur defekten Baugruppe des Prüfautomaten oder eines ihrer Systeme erlauben. Selbsttestprogramme werden entweder in der →Prüfsprache des Prüfautomaten geschrieben, so daß auch das Prüfautomatenbetriebssystem mitgetestet wird, oder z. B. in der Assemblersprache des Steuerrechners, was größte Flexibilität bei der Wahl der notwendigen Prüfautomatenfunktionen, aber auch erheblichen Aufwand bei der Erstellung bedeutet. *Winter*

Prüfbarkeitsanalyse →Testbarkeitsanalyse

Prüfbitmuster. Logische Bitmuster (→Pattern, Vektoren), die zum Test digitaler Schaltungen benutzt werden. Die P. stimmen nicht unbedingt mit den Bitmustern überein, die im realen Betrieb vorkommen. Wesentlich ist hier die leichte Generierbarkeit und das Ziel, mit Hilfe von möglichst wenigen P. den Funktionsnachweis durchzuführen bzw. im Fehlerfall eine möglichst schnelle und exakte Fehlerlokalisierung vornehmen zu können.

Die P. werden manuell erzeugt, wenn kein CAE-System zur Verfügung steht, oder sie entstehen mit Hilfe des Einsatzes der →Prüfsimulation oder der →Testmustergenerierung. In bestimmten Fällen werden auch Zufallsmuster hardwaremäßig generiert (→Random-Generator). *Winter*

Prüfdaten. Daten und Parameter zur Beschreibung der Stimuli- und Sollsignale und ihres zeitlichen Ablaufs für Prüfung und →Fehlersuche in der →Prüftechnik.

Die für die Prüfaufgabe Stimulieren – Messen – Vergleichen erzeugten Signale eines Prüfautomaten bzw. vom Prüfling empfangenen Signale werden für die Geräteeinstellungen und den Soll-Ist-Vergleich in ihren Parametern durch die P. beschrieben.

Zu den P. für die Stimulierung zählen
- alle notwendigen Signalparameter wie Spannung, Strom, Frequenz, Pulsdauer usw.,
- Bitmuster, Testvektoren, Signaturen (→Prüfmuster) und zugehörige Angaben für den zeitlichen Ablauf (→Pinelektronik),
- Schaltfeldangaben für die Zuordnung der Signale zu den Anschlüssen (Pinmap)
- zusätzliche Parameter für spezielle Prüfverfahren, z. B. Guardpunkte beim →In-Circuit-Test und
- Angaben zum Prüfablauf (*engl.* Testflow).

Für die Solldaten zum Vergleich mit den Istwerten des Prüflings sind neben Angaben entsprechend obiger Stimulidaten noch notwendig:
- Toleranzen für die gemessenen Signalwerte,
- Daten für interne Prüfpunkte und Schaltungsknoten, die während der Prüfung oder Fehlersuche abgefragt werden.

Zusätzlich müssen für bauelement- oder knotenbezogene Prüfungen die Benennungen der Bauteile und die Lage der Prüfpunkte bekannt sein. Der In-Circuit-Test benötigt die genauen Bezeichnungen der Bauelementetypen.

Die P. sind entweder direkt im →Prüfprogramm enthalten (meist bei Analogprüfungen) oder in Dateien abgelegt, die im Prüfprogramm aufgerufen werden (→Digitalprüfung). Sie werden für die →Analogprüfung noch manuell erzeugt. Für die Erstellung digitaler P. steht eine Reihe komfortabler Hilfsmittel zur Verfügung (Digitalprüfung). Die P. von Standardbauelementen werden bei →Bauelementeprüfung und beim In-Circuit-Test vom Hersteller des Prüfautomaten geliefert. *Mettler*

Prüfgas. P. werden in der →Umweltmeßtechnik (→Immissionsmessung) benötigt, um die Richtigkeit der Meßergebnisse und die Funktionstüchtigkeit der Meßgeräte sicherzustellen. Diese Prüfung der →Kalibrierung kann vor, nach und ggf. zwischen den Messungen erfolgen. Bei kontinuierlichen Messungen in →Luftüberwachungsmeßnetzen wird die Kalibrierfunktion in festen Zeitabständen, z. B. einmal täglich geprüft. Da die meisten der heute verwendeten Meßgeräte eine lineare oder linearisierte Kennlinie haben, beschränkt man diese Prüfung auf eine Kontrolle von zwei Punkten der Kalibriergeraden mittels zweier P. bekannter Zusammensetzung.

P. für Immissionsmeßeinrichtungen weisen normalerweise Konzentrationen der Meßkomponenten von 1 ppm und weniger auf. Die Herstellung derartig niederer Konzentrationen bedeutet daher Zudosierung geringer Mengen der Meßkomponenten in einen Trägergasstrom bzw. entsprechendes Verdünnen der Meßkomponenten mit Trägergas. Daher unterscheidet man zwischen statischen Verdünnungsmethoden und dynamischen Herstellungsverfahren.

Statische Verdünnungsmethoden: Bei den statischen Verdünnungsmethoden werden die Gasgemische volumetrisch, manometrisch oder gravimetrisch in einem geschlossenen System hergestellt. Als handelsübliche Prüfgasgemische kommen Gasgemische in Druckflaschen in Betracht. Die Praxis hat gezeigt, daß bei den geforderten niedrigen Konzentrationen Fehler durch Absorptionseffekte an den Wänden der Druckgasflaschen auftreten können, so daß nur für relativ inerte Gase kommerziell erhältliche P. mit ausreichender Stabilität einsetzbar sind. Die vom Markt angebotenen P. werden auf Wunsch mit entsprechenden Prüfzertifikaten geliefert. Die Haltbarkeitsgarantie erstreckt sich je nach Komponente auf Zeiten zwischen 3 und 12 Monaten.

Um Fehler durch druck- und temperaturabhängige Wandeffekte zu vermeiden, empfiehlt es sich, die P.-Flaschen in einer thermostatisierten Umgebung zu lagern und die Druckflaschen nicht ganz zu entleeren. Die Flaschen werden mit einem Überdruck zwischen 150 und 200 bar geliefert, sie sollten etwa bei einem Restdruck von 15 bar spätestens ausgewechselt werden.

Dynamische Herstellungsverfahren: Bei den dynamischen Herstellungsverfahren wird kontinuierlich oder diskontinuierlich eine bestimmte Menge der Meßkomponente einem Trägergasstrom beigemischt. Die wichtigsten Dosiermöglichkeiten zum Herstellen von P.-Gemischen für Immissionsmeßverfahren sind:

□ Dosieren über Kapillaren und Blenden: Dabei wird das Gas durch einen bestimmten Druck über eine kleine Öffnung wie z. B. eine Glaskapillare, gedrückt. Man kann damit fast alle Gase dosieren. Für Immissionskonzentrationen ist meist eine mehrstufige Verdünnung nötig.

□ Dosieren mittels chemischer Umwandlung: Aus stabilen Ausgangsgasen wird mit Hilfe einer chemischen oder photochemischen Umwandlung eine bestimmte Konzentration der Meßkomponenten im Trägergas erzeugt. Von Bedeutung für die Immissionsanalytik sind hier vor allem photochemische Prozesse. So lassen sich z. B. durch Bestrahlen entsprechender Ausgangsgasgemische Spuren von O_3 oder NO erzeugen oder durch Reaktion von NO mit photochemisch erzeugtem O_3 Spuren von NO_2 herstellen.

□ Mechanische Dosierungssysteme: Unter diese Gruppe fallen alle Dosiersysteme, bei denen volumetrisch oder durch Verdrängung eines Gases dosiert wird. Beispiele sind der Einsatz von Drehküken, Dosierpumpen, Motorinjektionsspritzen u. dgl. Derartige Dosiersysteme eignen sich hauptsächlich für den Laborbetrieb.

□ Dosieren durch Permeation: Dies beruht auf der zeitabhängigen Diffusion der im Permeationsröhrchen vorliegenden Meßkomponente in das Trägergas. Dazu werden die Permeationsröhrchen in thermostatisierten Behältern auf bestimmten Betriebstemperaturen gehalten und mit einem Trägergasstrom gespült. Die Konzentration des P. errechnet sich aus der Permeationsrate und der eingestellten Trägergasmenge.

Die Permeationsrate, d. h. die pro Zeiteinheit permeierende Stoffmenge, wird durch die zur Verfügung stehende Wandungsfläche, Wandungsdicke und die Art des Wandungsmaterials des Röhrchens bestimmt. Diese Parameter liegen für die einzelnen Permeationsröhrchen fest. *F. Schneider*

Literatur: *Birkle, M.*: Meßtechnik für den Immissionsschutz. München 1979.

Prüfgeschwindigkeit. Bei der Prüfung von Bauelementen und Baugruppen wird als P. die Prüfschrittfrequenz bezeichnet.

$$\text{Prüfschrittfrequenz} = \frac{1}{\text{Prüfschrittzeit}}$$

Ein Prüfschritt beinhaltet die Stimulierung des Prüflings (analog und/oder digital) und die Bewertung des Prüflings (analog und/oder digital).

Tannhäuser

Prüfkosten. Alle Kosten, die sich aus dem Erwerb, Betrieb und Erhalt (Wartung) der Prüfmittel, sowie aus den Aufwänden für die →Prüfvorbereitung und die Durchführung der Prüfung ergeben. In bestimmten Fällen wird dabei auch die Reparatur mit einbezogen. *Winter*

Prüfling. Das zu prüfende Objekt für einen →Prüfautomaten: Teilschaltung eines Wafers, Baustein, Einzellage oder vollständige unbestückte Leiterplatte, bestückte →Leiterplattenbaugruppe, Kabel, Gerät, System. *Winter*

Prüflingsabgleich. Einstellen bestimmter variabler Bauelemente (z. B. Potentiometer) einer Baugruppe mit Hilfe des →Prüfautomaten. Mit passenden Prüfprogrammroutinen wird der Abgleich manuell im Dialog mit dem Prüfer oder auch vollautomatisch mittels spezieller Zusatzhardware im →Prüflingsadapter durchgeführt. *Winter*

Prüflingsadapter. Verbindungselement zwischen →Prüfautomat und →Prüfling. Über den P. wird die Prüfautomatenschnittstelle mit der Prüflingsschnittstelle verbunden. Die Prüfautomatenschnittstelle besteht in der Regel aus einem einheitlichen Steckerfeld oder aus einem Nadelfeld, an die die einzuspeisenden oder zu messenden Signale, aber auch die Stromzuführung für den Prüfling angeschlossen werden. Im Falle des Leiterplattentests kann die P.-Schnittstelle auch als Kontaktflächenfeld ausgebildet sein.

Von der Verwendbarkeit in bezug auf einen bestimmten Prüfling oder eine Klasse von Prüflingen wird unterschieden zwischen Universaladapter, Familienadapter oder prüflingsspezifischem Adapter.

Bei Universaladaptern (→Nadeladapter) werden die Positionen für die einzelnen Nadeln in einem einheitlichen Rasterfeld festgelegt. Dies bedeutet, daß auch die Aufsetzpunkte auf dem Prüfling (Durchkontaktierungen, Prüfpads) in einem einheitlichen Raster liegen müssen. Die individuelle Adaptierung erfolgt durch die entsprechende elektrische Auswahl der notwendigen Nadeln.

Familienadapter sind so gestaltet, daß sie mechanisch mit mehreren unterschiedlichen Prüflingen verbunden werden können, die aber z. B. alle – bedingt durch eine bestimmte Einbautechnik – gleichartige Steckverbindungen verwenden. Hierbei gibt es u. U. individuelle Anpassungen im elektrischen Teil.

Prüflingsspezifische Adapter sind individuell mechanisch wie elektrisch ausschließlich auf einen bestimmten Prüfling ausgerichtet, entsprechend teuer und nur schwer modifizierbar.

Die Kontaktierung des Prüflings erfolgt in der Regel von der Lötseite her, jedoch ist auch eine Kontaktierung von der Bauteilseite oder auch gleichzeitig von beiden Seiten her möglich. Letzteres trifft in Zukunft immer mehr bei SMD-bestückten Leiterplattenbaugruppen zu. Bestimmte Adapterformen erlauben ein gezieltes Anpressen bestimmter Nadelgruppen z. B. beim kombinierten In-Circuit-Test/Funktionstest (Stufenadapter).

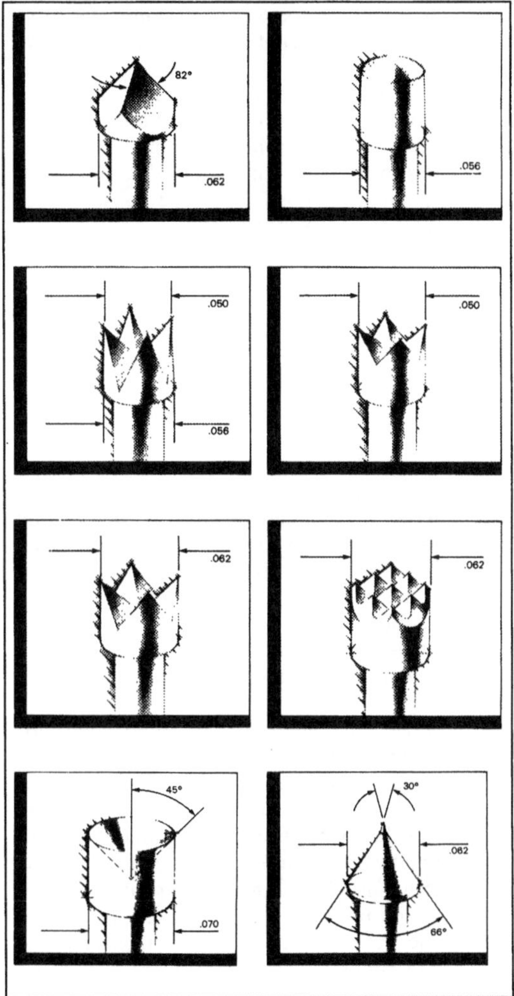

Prüflingsadapter: Typische Nadelformen für die Nadelbettadaptierung. (Quelle: Gen Rad)
a) dreiseitiges Stichel
b) sphärisch
c) selbstreinigende Krone
d) Krone mit 50 mm Durchmesser
e) Krone mit 62 mm Durchmesser
f) gezackt
g) becherförmig
h) konisch.

Hinsichtlich Kontaktierverfahren wird unterschieden zwischen Steckadapter, wenn die Anschlußstecker mit dem Prüflingsadapter verbunden werden oder Nadeladapter, wenn Leiterbahnen, Lötaugen oder speziell für die Prüfung vorgesehene Prüfpads mittels gefederter Nadeln kontaktiert werden. In Sonderfällen kann auch die Adaptierung mit einem Clip (zangenförmiges Gebilde mit elektrischen Kontakten) an einzelnen – vornehmlich digitalen – Bausteinen erfolgen. Bestimmte Mischformen der genannten Adaptiertechniken werden im Einzelfall angewandt.

Der Vorgang der Verbindung des Prüflings mit dem Adapter erfolgt manuell (Steckadapter) oder automatisiert und kontrolliert durch den Steuerrechner des Prüfautomaten mittels Vakuumansaugung oder durch pneumatische, hydraulische oder elektromechanische Anpressung.

Eine besondere Form der Adaptierung erfordern Bausteine und Wafer (→Testhead, →Waferprober, →Handler).

□ Design und Fertigung von P.: Die Fertigungsdaten, also z. B. die Angabe der Nadelpositionen für prüflingsspezifische Adapter, werden aus der auf Filmen dargestellten Graphik für das Layout gewonnen.

Werden die Daten direkt per Programm aus CAE-Daten abgeleitet, spricht man von Adapterdatengenerierung mit dem Ziel eines weitgehend automatisierten Designs und einer maschinellen Fertigung der prüflingsspezifischen Teile eines P.

Im einzelnen werden dabei Art und Koordinaten der Kontaktierpunkte, ihr logischer Zusammenhang (Netzlisteninformation) und die Geometrie der Leiterplattenumrandung aus dem CAE-System gewonnen.

Der hierzu verwendete Adapterdatengenerator legt fest, an welchen Stellen Nadeln gesetzt werden, wie sie beschaffen sein müssen und wie ihre Verdrahtung erfolgen soll. Darüber hinaus wird bestimmt, wie die mechanische Aufnahme des Prüflings gestaltet werden muß. Die Daten hierfür werden in Form von NC-Daten für Bohr- und Fräsmaschinen, in Form von Bestückungslisten für die Nadeln, sowie in Form von Verdrahtungslisten zur Verfügung gestellt.

Folgende von Hand nur mit großem Aufwand durchführbaren Funktionen sind damit möglich:

- Günstigste Plazierung und Auswahl von Nadeln unter Berücksichtigung von Leitungslängen, max. Flächendrücken und unterschiedlichen Kontaktierungsmöglichkeiten innerhalb eines elektrischen Netzes;
- beliebige Koordinatentransformation bei vom CAE-System abweichender Drehlage des Prüflings;
- Festlegung zusätzlicher Prüfpunkte;
- Berücksichtigung von einseitiger oder doppelseitiger Adaptierung;
- automatisierte Erstellung des Pinzuordnungsteiles im →Prüfprogramm (→Pinmap) mit Berücksichtigung unterschiedlicher funktioneller Eigenschaften der einzelnen Prüfautomatenanschlüsse.

□ Adapter mit zusätzlicher Elektronik (Aktive Adapter): P. mit zusätzlicher Elektronik, die bestimmte Umgebungsbedingungen für den Prüfling herstellt oder bestimmte Meßwerte transformiert, werden als aktive Adapter bezeichnet. Auf diese Weise können für einen bestimmten Prüfling individuell angepaßte Prüfverfahren gewählt werden und im Einzelfall auf einen teuren Prüfautomaten mit sonst ungenutzten speziellen Eigenschaften verzichtet werden. *Winter*

Prüflingsmagazin. Bei automatischer Beschickung eines Prüfautomaten werden die zu prüfenden Bausteine oder →Leiterplattenbaugruppen in sog. Magazinen bereitgehalten. Auch die getesteten Prüflinge, getrennt nach guten oder schlechten, werden wieder in Magazinen abgelegt (→Handler). *Winter*

Prüflingsmagazin: Prüfautomat für SMD-Baugruppen mit Beschickungseinrichtung. (Quelle: Hewlett Packard)

Prüflingsstromversorgung. Der Teil der Prüfautomatenstromversorgung, der für die Versorgung des Prüflings notwendig ist. Die P. kann per →Prüfprogramm auf die gewünschten Spannungen eingestellt werden, auch kann z. B. eine Strombegrenzung für den Fehlerfall per Prüfprogramm eingestellt werden. An die P. werden hohe Anforderungen hinsichtlich Programmiergeschwindigkeit und Präzision der angelegten Spannung gestellt. Die Präzision der Spannung erfordert z. B., daß die Force- und Senseleitungen der Stromversorgung erst in unmittelbarer Nähe des Prüflings im Prüfadapter zusammengeführt werden. *Winter*

Prüfmuster →Prüfbitmuster; →Testmuster

Prüfpad. Kontaktiermöglichkeit für die Nadeln des →Prüfadapters im Inneren einer elektronischen →Leiterplattenbaugruppe. P. sind Kupferflächen unterschiedlicher Form und Größe, die mit den zu prüfenden Leitungen elektrisch verbunden sind. *Winter*

Prüfpattern →Prüfbitmuster

Prüfperipherie. Typischer Teil der für die Prüfung benötigten Hardware eines →Prüfautomaten. *Winter*

Prüfplanung. Alle planerischen Maßnahmen zur Vorbereitung und Durchführung einer qualitativ hochwertigen, wirtschaftlich akzeptablen und termingerechten Prüfung. Zur P. gehört u. a. die Erarbeitung einer optimalen →Prüfstrategie, die Beschaffung der Prüfmittel und die Planung des Prüfautomateneinsatzes. Die P. beeinflußt bereits die Entwicklung eines elektronischen Produktes durch Vorgaben im Hinblick auf die gewählte →Prüftechnik und die Erzielung der gewünschten Qualität. *Winter*

Prüfprogramm. Übergeordneter Begriff für alle Software-Daten, die zur Prüfung eines bestimmten Objektes notwendig sind.

Ein P. enthält die Beschreibung aller Signale, die an einen →Prüfling angelegt oder an den Ausgängen des Prüflings gemessen werden sollen, ihren zeitlichen Ablauf, aber auch z. B. die Beschreibung der Randbedingungen, unter denen eine Prüfung (z. B. Verdrahtung mit dem Prüfautomaten, Zusatzbeschaltung) abläuft. Die Beschreibung kann allgemein erfolgen aber auch auf die speziellen Funktionen der →Stimuli und Meßgeräte eingehen.

Ein P. wird üblicherweise in einer problembezogenen →Prüfsprache geschrieben. In bestimmten Fällen kann die Programmierung auch in einer Assembler- oder Hochsprache erfolgen.

P. werden in der Regel vor ihrer Abarbeitung compiliert und der entstehende Code vom →Prüfautomatenbetriebssystem entweder unmittelbar interpretiert (Zwischencodelösung) oder als Rechnerprogramm direkt zum Ablauf gebracht. In bestimmten Fällen, wenn die Ausführungszeit unkritisch ist und vor allem Korrekturen während der laufenden Prüfung möglich sein sollen, wird das P. direkt vom Prüfbetriebssystem interpretiert und in die entsprechenden Steuer- und Meßvorgänge umgesetzt. *Winter*

Prüfprogrammaustauschformat. Allgemein verwendbares Datenformat, mit dem sich Prüfprogramme zwischen unterschiedlichen Prüfsystemen aber auch z. B. zwischen CAE-Systemen und Prüfsystemen in einheitlicher Weise austauschen lassen. Ein einheitliches P. ist zur Zeit (M. 91) nur als Ziel zu sehen. Verschiedene Hersteller oder bestimmte Institutionen arbeiten daran (→EDIF). *Winter*

Prüfprogrammbibliothek. Prüfprogramme zur Prüfung von Bauelementen und Baugruppen werden in einer P. gesammelt und auf äußere Speicher wie z. B. Magnetplattenspeicher untergebracht. Die Verwaltung der in einer Bibliothek zusammengefaßten Prüfprogramme geschieht mit speziellen Programmen. *Tannhäuser*

Prüfprogrammgenerator. Software-Paket zur automatisierten Erzeugung von Prüfprogrammen. Meistens wird ein Programmrahmen vorgegeben, in den über Masken oder Windowtechnik vom Prüfprogrammersteller die prüflingsspezifischen Parameter eingetragen werden. Der Begriff P. taucht auch auf, wenn Prüfprogramme aus CAE-Verfahren abgeleitet und zu Prüfprogrammen umgesetzt werden, wobei die Eigenschaften des Prüfautomaten berücksichtigt werden. *Winter*

Prüfprogrammtest →Debugger

Prüfsignal. P. dienen zur Kontrolle der Funktionsfähigkeit einer Meß- oder Automatisierungseinheit. Die P. sind in der Regel auf Grund der gewonnenen Erfahrungen intuitiv gewählt und nicht aus irgendwelchen Algorithmen berechnet. Die zu überwachende Einrichtung wird zu bestimmten Zeiten mit dem P. stimuliert. Kontrolliert wird, ob das Ausgangssignal den erwarteten Wert annimmt. *Schrüfer*

Prüfsimulation. Nachbildung des Verhaltens einer Digitalschaltung an einer Rechenanlage zum Zwekke ihrer Prüfung an einem →Prüfautomaten. Bei der P. werden insbesondere die relevanten Eigenschaften des jeweiligen Prüfautomaten berücksichtigt. *Trischler*

Prüfspitze. In der Baugruppenprüftechnik verwendete Sonde mit einer Nadel als Kontaktiervorrichtung und einer – in der Regel nahe der P. angeordneten – speziellen Meß- oder auch Stimuluseinrichtung, wie sie bei der automatisierten →Fehlersuche (Guided-Probe-Verfahren) benutzt wird. Mit der P. können bei der →Baugruppenprüfung Signale gemessen oder auch eingeprägt werden.

Der Prüfer erhält vom →Prüfautomatenbetriebssystem Anweisungen, welche innere Knoten jeweils zu kontaktieren sind. Das Prüfautomatenbetriebssystem wertet die jeweiligen Meßergebnisse aus, speist ggf. bestimmte Signale ein und ermöglicht damit letztlich die Lokalisierung von Fehlerursachen. Die P. wird u. U. auch während des Prüfprogrammtests (→Debugger) verwendet. Bei sehr aufwendigen Prüfautomaten kann die P. auch vollautomatisch über eine Robotersteuerung nach den aus dem Baugruppenlayout abgeleiteten Daten positioniert werden. *Winter*

Prüfsprache. Definition aller Sprachhilfsmittel, ihrer Verknüpfungen und der zulässigen Parameter, die zur Erstellung eines Prüfprogrammes notwendig sind. Typische P. enthalten Konstrukte, die einen unmittelbaren Bezug zu gewünschten Funktionen assoziieren, z. B. PINMAP, DCMEASURE, ACTEST, BURST, RAMTEST.

Beispiele für häufig verwendete einheitliche P. sind ATLAS oder auf BASIC basierende P.

Die ATLAS-P. (Abk. für *engl.* Abbreviated Test Language for All Systems) ist eine leicht erlernbare und relativ weit verbreitete Prüfsprache. Sie wurde zunächst im militärischen Bereich angewendet, hat jedoch auch im zivilen Bereich z. B. in der Flugzeugfabrikation Bedeutung erlangt. Mit ATLAS lassen sich auch nichtelektrische Größen bei der Prüfung beschreiben, z. B. Druck, Temperatur, Drehzahl, so daß sie sich auch ausgezeichnet für den →Systemtest eignet. BASIC als verbreitete Programmiersprache im PC-Bereich ist Basis für verschiedene herstellerabhängige Definitionen von P. *Winter*

Prüfsprachencompiler. Compiler, der ein in einer bestimmten →Prüfsprache geschriebenes Prüfprogramm entweder in ein ablauffähiges Assemblerprogramm für den Steuerrechner eines →Prüfautomaten umsetzt oder einen während der Prüfung leicht vom →Prüfautomatenbetriebssystem interpretierbaren Zwischencode erzeugt.

Das Compiler-Verfahren erlaubt schnellste Ausführung von Prüfprogrammen, ist jedoch problematisch, wenn in der Testphase Änderungen rasch durchgeführt werden sollen (Compilierungszeit!). Bei bestimmten Testsystemen wird das Compiler-Verfahren daher mit einem →Prüfspracheninterpreter kombiniert. *Winter*

Prüfspracheninterpreter. Ein P. liest Prüfprogramme im Source-Code, interpretiert die einzelnen Sprachkonstrukte und reagiert in der Regel unmittelbar, indem er die entsprechenden Meß- und Steuervorgänge im Prüfautomaten sofort auslöst.

Im Gegensatz zum Compiler-Verfahren ist die Ausführung der Prüfung mit einem interpretierenden System in der Regel zeitaufwendiger, aber – von Bedeutung beim Prüfprogrammtest – wesentlich flexibler wegen sehr rasch durchführbarer und unmittelbar kontrollierbarer Prüfprogrammänderungen (→Prüfsprachencompiler). *Winter*

Prüfstrategie. Festlegung der Prüfverfahren und sonstigen Qualitätssicherungsmaßnahmen und ihrer Reihenfolge, um z. B. eine möglichst wirtschaftliche, schnelle oder präzise Prüfung durchführen zu können. Die P. ist abhängig von der Art des →Prüflings. Bei der →Baugruppenprüfung wird z. B. eine Lötkontrolle und ein →In-Circuit-Test durchgeführt oder nur ein Funktionstest oder es werden mehrere Prüfverfahren kombiniert. *Winter*

Prüftechnik. Aufgabe der P. für elektrische/elektronische Produkte ist es, sicherzustellen, daß die spezifizierten elektrischen Eigenschaften des Produktes mit geeigneten Prüfmitteln zuverlässig nachgewiesen werden. Zusätzlich muß sie im Fehlerfall eine Analyse ermöglichen, worauf die erkannten Abweichungen von der Spezifikation zurückzuführen sind (Fehlerverfolgung, Fehlerlokalisierung) und wie die Fehlerursachen gegebenenfalls beseitigt werden können (Erstellen einer ausführlichen Reparaturanleitung im Idealfall). Die P. muß das Umfeld für die Prüfung vorbereiten (→Prüfvorbereitung) und darüber hinaus dazu beitragen, die bei der Prüfung gewonnenen Erkenntnisse in die Verbesserung von Entwicklung (→Design for Testability), Bauteilbeschaffung (→Wareneingangsprüfung) und Produktionsverfahren (→Produktionstest) eines Produktes einfließen zu lassen, um auf diesem Wege zu insgesamt fehlerfreien und ausfallsicheren Produkten zu kommen (Qualitätsdatenmanagement). Die Aufgaben der Prüftechnik sind dabei auch unter dem Aspekt der wirtschaftlich akzeptablen Gesamtaufwände für Entwicklung, Fertigung und →Qualitätssicherung eines Produktes zu sehen.

Die Objekte, bei denen die P. Anwendung findet, sind: passive Bauelemente (Widerstände, Kondensatoren, Spulen), aktive Bauelemente (Transistoren, Thyristoren, →Operationsverstärker usw.), Wafer, hochintegrierte elektronische Bauelemente einschl. Mikroprozessorkomponenten, unbestückte Leiterplatten bzw. deren Einzellagen, bestückte Leiterplattenbaugruppen, Kabel, komplette Geräte und Systeme, zum Teil in Verbindung mit den passenden Sensoren und Aktoren.

Entsprechend vielfältig ist die Palette unterschiedlicher teils speziell angepaßter Prüfgeräte oder auch universell einsetzbarer Prüfautomaten wie manuell bedienter Meßplätze, →Bausteintester für Wafer und Bausteine, Leiterplattentester, Baugruppentester für analoge, digitale oder gemischt bestückte Leiterplattenbaugruppen, Kabeltester (→Kabelprüfung), Dauertesteinrichtungen (→Dauertest) oder spezieller Geräte für den →Systemtest.

Der hohe Automatisierungsgrad, den die P. bereits erreicht hat, zeigt sich in den komplexen Softwareprogrammen, die dic Prüfautomaten steuern (→Prüfautomatenbetriebssystem, →Diagnoseverfahren), die Erstellung von Prüfprogrammen erleichtern oder sogar automatisieren (→Prüfprogrammgenerator, →Datenkomprimierung, →Lernverfahren), Prüfprogramme compilieren (→Prüfsprachencompiler) und letztlich auch die Kommunikation zur Fertigungssteuerung in einer Fabrik oder zu Hilfsmitteln für die Qualitätsüberwachung (Prüfstatistik, →Qualitätsdatenmanagementsystem) herstellen.

Die Art des Prüfobjektes bestimmt das Prüfverfahren, nämlich zunächst die Messung elementarer elektrischer Grundgrößen wie Spannung, Strom, Widerstand, Kapazität, Zeit, Frequenz und die Interpretation dieser Größen bezüglich Vorgaben in einem →Prüfprogramm. Aufbauend auf diesen elementaren Prüfungen basieren komplexere Prüfungen unter Verwendung zusätzlicher Hardwarefunktionen oder unter Zuhilfenahme entsprechender Softwarefunktionen als Teil des Prüfautomatenbetriebssystemes wie →Isolationsprüfung, →Durchgangsprüfung, →Analogprüfung und →Digitalprüfung in Form von →Prescreening, →In-Circuit-Test oder →Funktionsprüfung bis hin zu hochkomplexen parametrisierbaren Prüfungen wie z. B. →Kurzschlußprüfung, →Bustest, →Prozessortest, →Speicherprüfung, Systemtest.

Die P. wird in den verschiedensten Stufen des Entwicklungs- und Fertigungsprozesses eingesetzt, nämlich zur Verifikation (→Verifier) und Spezifikation bei der Entwicklung, beim Wareneingang (Wareneingangskontrolle), in den verschiedenen Fertigungsstufen, beim →Dauertest, bei der →Endkontrolle und bei der Reparatur. Die P. gilt somit nicht als letzte Kontrollinstanz nach Abschluß der Fertigung, sondern sie ist in alle Stufen des Entwicklungs- und Fertigungsprozesses eines elektronischen Produktes voll integriert.

Bereits in der Entwicklungsphase müssen Prüfbelange berücksichtigt werden, in dem durch Modifikationen in den Schaltungen (Design for Testablity) oder durch Zusatzschaltungen (→Boundary Scan, →Built in Self test) die Voraussetzungen für eine exakte und wirtschaftliche Prüfung geschaffen werden. Dies gilt z. B. auch im Hinblick auf die zur Verfügung stehenden Prüfautomaten (→Prüfautomaten-Regelprüfer).

Ein erheblicher Rationalisierungseffekt besteht darin, daß aus den beim Design entstehenden Daten Prüfprogramme (→Prüfprogrammgenerator) und z. B. Adapterkonstruktionsdaten (Adapterdatengenerierung) automatisch abgeleitet werden können. Durch den Produktionstest werden Fertigungsparameter automatisch beeinflußt. Die Auswertung der Prüfstatistik bestimmt das Investment in Fertigungs- und Prüfmittel und die ausgewählte →Prüfstrategie für ein bestimmtes Produkt.

Die Aufwände für die Prüfung eines elektronischen Produktes beanspruchen heute einen immer größer werdenden Anteil an den Gesamtentwicklungs- und Herstellkosten. Viele Produkte könnten heute ohne eine aufwendige P. überhaupt nicht mehr wirtschaftlich hergestellt werden. Dies führt zwangsläufig zu immer größeren Aufwänden hinsichtlich der Automatisierung des Prüfprozesses und zwar von der Automatisierung beim Design bis hin zur robotergesteuerten Prüfung, zur →Fehlersuche und Fehlerlokalisierung bei Leiterplattenbaugruppen und z. B. zur automatisierten Reparatur bei hochkomplexen Bausteinen. Die P. ist von einem offensichtlich notwendigen teuren Übel zu einem bestimmenden Faktor im modernen Produktionsprozeß geworden. *Winter*

Literatur: *Köcher, D.:* Einführung in das automatische Testen bestückter Leiterplatten. München 1979. – Prüfung von Leiterplattenbaugruppen LPBG. Empfehlungen der VDI-Gesellschaft Feinwerktechnik. München–Wien 1990. – *Stover, A. C.:* ATE-Automatic Test Equipment. New York 1984. – Tester-Kompendium. Firmeninformation Rhode & Schwarz München.

Prüfvorbereitung. Zusammenfassung der notwendigen Tätigkeiten, um einen neuen →Prüfling erstmals oder nach Prüflingswechsel an einem Prüfautomaten prüfen zu können.

□ Soll ein Prüflingstyp erstmals auf einen Prüfautomaten gebracht werden, sind eine ganze Reihe von Tätigkeiten vorzunehmen:

– Festlegung der →Prüfstrategie und damit evtl. Auswahl des Prüfautomaten aus mehreren vorhandenen.

– Falls nicht bereits geschehen und noch möglich, Berücksichtigung der Regeln des →Design for Testability bei der Entwicklung, um die Prüfung zu vereinfachen.

– Erstellung und Test des Adapters als Bindeglied zwischen →Prüfautomat und Prüfling.

– Erstellung des →Prüfprogrammes und der notwendigen →Prüfdaten je nach Prüflingstyp manuell oder rechnerunterstützt mit den entsprechenden Hilfsmitteln (→Lernverfahren, →Simulation).

– Einbringen der geometrischen und mechanischen Anforderungen in das Umfeld des Prüflingautomaten wie Handler, Roboter für die Beschickung des Adapters und den Adapterwechsel, An- und Abtransport der Prüflinge.

– Test des Zusammenspiels von Prüfautomat, →Prüfprogramm mit Prüfdaten, Adapter und Prüfling.

□ Bei einem Wechsel zu einem neuen, aber bereits mit Prüfprogramm, Adapter usw. (siehe oben) ausgestatteten Prüfling ist folgendes zu tuen:

– Wechsel des Adapters

- Laden und Aufruf des neuen Prüfprogrammes mit allen zugehörigen Dateien für Programm und Prüfdaten (auch für Handler und Roboter).
- Falls ein eigener zusammengestellter Prüfplatz mit Einzelgeräten verwendet wird, evtl. Neukonfigurierung der Geräte.

Diese Arbeiten werden meist von besonders in der Automatenbedienung geschultem Personal durchgeführt. *Mettler*

Prüfzeit. Die Zeit, welche für die Prüfung eines Prüflings benötigt wird, einschließlich aller Nebentätigkeiten.

Zur P. zählen die Komponenten
- Rüstzeit,
- Prüfprogrammlaufzeit und oft auch
- Fehlersuchzeit.

Die Rüstzeit beinhaltet das Entnehmen des Prüflings aus seinem Transportbehälter, den Anschluß an den Adapter durch Einstecken, Einlegen oder Verbindung von Kabeln und den Start des Prüfprogrammes. Sie ist besonders hoch, wenn manuell Kabel anzuschließen sind, wie dies bei der →Verdrahtungsprüfung z. B. von verdrahteten Baugruppenrahmen der Fall ist. Nach der Prüfung wird der →Prüfling gekennzeichnet, vom Adapter entfernt und wieder in den Transportbehälter gelegt.

Die Programmlaufzeit zählt vom Start des Prüfprogrammes bis zum Programmende mit der Meldung „Prüfling in Ordnung oder fehlerhaft". Ihre Länge hängt wesentlich von der Menge der →Prüfdaten ab. Bei digitalen Prüflingen spielt dabei ein Neuladen der →Pinspeicher eine Rolle. Bei analogen Schaltungsteilen können die Zeitkonstanten bei Kapazitäten und Induktivitäten sehr lang sein. Zur Programmlaufzeit gehören auch alle manuelle Handlungen wie Abgleiche, Schalterbetätigungen, visuelle Prüfung von Anzeigen usw.

Die Fehlersuchzeit wird nicht immer zur P. gerechnet, sie tritt bei manchen Prüfverfahren nicht gesondert in Erscheinung. Bei der →Bauelementeprüfung gibt es keine →Fehlersuche.

Die P. soll in allen ihren Komponenten so klein wie möglich gehalten werden, da sie entscheidenden Einfluß auf die Prüfkosten hat. *Mettler*

Prüfzyklus. Zeitraum, in welchem Eingangssignale an einen →Prüfling angelegt und die zugehörigen Ausgangssignale kontrolliert werden. Bei ‚statischen' Prüflingen wird mit dem Zyklusende wieder ein Zustand erreicht, der über beliebig lange Zeiten unverändert bestehen bleiben kann. Bei ‚dynamischen' Prüflingen müssen u. U. weitere Zyklen ohne Unterbrechung folgen.

Ein typischer P. läßt sich vereinfacht anhand eines Lesezugriffes auf eine Speicherzelle in einem RAM oder ROM darstellen:
- Adresse an den Adreßbus anlegen,
- Steuersignale cs (chip select) und rd (read memory) auslösen,
- Lesedatum (= Speicherinhalt) erscheint zu der erwarteten Zugriffszeit und wird entweder für eine spätere Auswertung im Prüfautomaten zwischengespeichert oder sofort hardwaremäßig auf Richtigkeit kontrolliert.

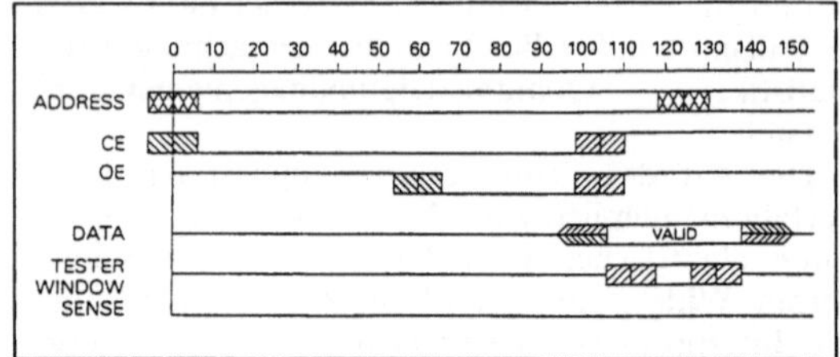

Prüfzyklus: Zeitdiagramm für ein Speicher-Lese-Zyklus. (Quelle: GenRad)

Nach Ausführung der o. g. Vorgänge kann der nächste P. mit veränderter Adreßinformation ablaufen. *Winter*

PS. Pferdestärke, veraltete Einheit der Leistung. 1 PS ≈ 0,735 kW. Seit 1. 1. 1978 in der Bundesrepublik Deutschland im geschäftlichen und amtlichen Verkehr nicht mehr zugelassen (→Einheiten des SI). *Hammerschmidt*

Pulsdauermodulation. Amplitudenunabhängige Übertragungsart von elektrischen Signalen, bei der die Dauer oder Länge von digitalen Impulsen abhängig von der zu übertragenden Größe moduliert wird. Die Demodulation erfolgt z. B. durch eine zeitliche Mitteilung. *Schaumburg*

Pulswechselzahlmethode →Datenkomprimierung

Pumpgrenzregelung. →Regelung, die das „Pumpen" von Turboverdichtern bei Verminderung des Fördervolumens oder bei Erhöhung des Förderdruckes vermeiden soll. Abhängig von einer aus Fördervolumen und Förderdruck zusammengesetzten Funktion als →Regelgröße wird vor Erreichen der Pumpgrenze ein Gasstrom von der Druckseite zur Saugseite des Verdichters zurückgeführt. Pumpen ist die Bezeichnung eines instabilen Betriebszustandes eines Turboverdichters. Es kommt dabei zu periodischen Unterbrechungen des Förderstromes. Diese Erscheinung ist mit starken Geräuschen sowie mit thermischen und mechanischen Wechselbeanspruchungen der Maschine verbunden, die zu einer Beschädigung oder gar Zerstörung führen können, wenn nicht eingegriffen wird. *Strohrmann*

Literatur: *Strohrmann, G.:* Automatisierungstechnik, Bd. 2: Stellgeräte, Strecken, Projektabwicklung. München–Wien 1990.

Punkt-zu-Punkt-Steuerung →Regelungsverfahren

Punktdrucker. Geräte, die den zeitlichen Werteverlauf von Größen als dichte Folge einzelner Punkte darstellen. Voraussetzung ist, daß sich die Werte relativ zum Abtastzyklus, der meist zwischen 120 und 24 s liegt, langsam ändern. Mit einem, im allgemeinen servogetriebenen Meßwerk lassen sich bis zu 32 Größen registrieren, die sequentiell an das Meßwerk gelegt werden. Unterschieden wird durch Farbe, Punktform und Beschriftung. Eingangsgrößen sind neben Einheitssignalen auch Widerstands- und Thermoelementmessungen sowie Qualitätsmeßgrößen.

P. werden weniger in direkter Kombination mit Kompaktreglern wie die →Linienschreiber eingesetzt, sondern mehr getrennt in Tafeln montiert. Die Frontabmessungen gehen von 144 mm mal 144 mm bis zu 360 mm mal 288 mm. Die kleineren →Schreiber haben Fehlergrenzen von ±0,5 %, die größeren von ±0,25 %. Das Bild zeigt einen P. mit mikroprozessorgesteuertem feststehenden Druckkopf mit 250 Punkten für Thermoregistrierpapier von 100 mm Schreibbreite. Sechs Meßstellen können versatzfrei alle 20 bis 50 ms gedruckt werden. Mit →Digitalanzeige und Tastatur lassen sich die Geräte programmieren. Durch die für einen P. sehr schnelle Punktfolge, die auch Spitzen wiedergibt, entstehen ähnliche Kurvenzüge wie bei Linienschreibern. *Strohrmann*

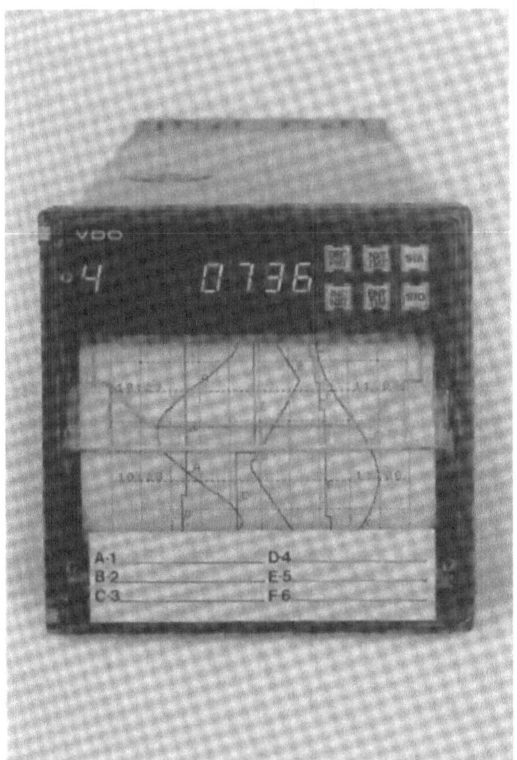

Punktdrucker: Frontansicht eines Thermoschreibers. Die Frontabmessungen sind 144 × 144 mm. (Quelle: Sensycon)

Literatur: *Strohrmann, G.:* Automatisierungstechnik, Bd. 1 Grundlagen, analoge und digitale Prozeßleitsysteme. 2. Aufl. München–Wien 1990.

Punktsensor, faseroptischer. Ein Typ faseroptischer Sensoren zur Erfassung von Meßwerten an einer klar definierten Meßstelle. Gegensatz: verteilter faseroptischer →Sensor. *Ulrich*

pyroelektrisch. Änderung der elektrischen Polarisation eines Materials mit der Temperatur. Eine Pyroelektrizität entsteht z. B. durch die Temperaturabhängigkeit der Piezoelektrizität aufgrund einer thermischen Ausdehnung und anderer Effekte. Auch der elektrokalorische Effekt (Temperaturänderung nach Veränderung der elektrischen Polarisation durch äußere Felder) zählt zu den pyroelektrischen Eigenschaften.

Jeder pyroelektrische Kristall ist auch piezoelektrisch, die Umkehrung gilt nicht.

Der Zusammenhang zwischen der dielektrischen Verschiebungsdichte $\vec{D}$ und einem eindimensionalen Temperaturgradienten ΔT wird beschrieben durch

$$\vec{D} = \vec{p}\,\Delta T$$

Dabei sind in $\vec{p}$ die pyroelektrischen Konstanten zusammengefaßt. Besonders ausgeprägt ist der pyroelektrische Effekt bei temperaturinduzierten Phasenübergängen (Tabelle).

pyroelektrisch. Tabelle: Eigenschaften pyroelektrischer Materialien. (Quelle: Heywang)

	P C (m² · K)	ε_r	p · c WS (m³ · K)	ϑ_C °C	k_π^2 1)	tan δ	$\sqrt{\frac{k_\pi^2}{\tan\delta}}$
Einkristalle:							
TGS	$3{,}5\times10^{-4}$	30	$2{,}5\times10^{6}$	49	7,5%	5×10^{-3} 3×10^{-2}	2,5
$LiTaO_3$	2×10^{-4}	45	$3{,}2\times10^{6}$	618	1%	10^{-4}	3
Keramiken:							
$BaTiO_3$	4×10^{-4}	1000	3×10^{6}	120	0,2%	6×10^{-3}	0,6
PZT	$4{,}2\times10^{-4}$	1600	$2{,}7\times10^{6}$	340	0,14%	$1{,}8\times10^{-2}$	0,3
Polymere:							
PVDF	$0{,}4\times10^{-4}$	12	$2{,}3\times10^{6}$	80 2)	0,2%	10^{-2}	0,4

In der Sensorik werden pyroelektrische Materialien zur Wärmestrahlungsmessung eingesetzt, teilweise auch mit Ortsauflösung. *Schaumburg*

Literatur: *Heywang, W.:* Sensorik. Berlin 1984. – *Tichý, J.* und *P. Gautschi:* Piezoelektrische Meßtechnik. Berlin 1980.

Pyrometer. Strahlungsthermometer (auch Strahlungs-P. genannt) benutzen die von jedem Körper ausgesandte Temperaturstrahlung zum Messen seiner Temperatur.

Jede Oberfläche mit einer absoluten Temperatur $T > 0$ K sendet elektromagnetische Strahlung im Wellenlängenbereich $0{,}1 < \lambda < 1000\,\mu m$ aus, die Temperaturstrahlung. Trifft ein solcher Strahlungsfluß auf eine andere Oberfläche, so wird er teilweise reflektiert, absorbiert oder durchgelassen. Ein Körper, der weder Strahlung durchläßt noch reflektiert, sondern die ganze einfallende Strahlung absorbiert, hat den Absorptionsgrad $\alpha = 1$ und wird als Schwarzer Körper bezeichnet. Er ist technisch in guter Näherung realisierbar durch einen Hohlraum mit kleiner Öffnung. Ein solcher Körper emittiert auch Strahlung und wird daher auch als Schwarzer Strahler bezeichnet. Die spektrale spezifische (auf Wellenlänge und Oberfläche bezogene) Strahlungsleistung $M_{\lambda s}(T)$ eines Schwarzen Strahlers bei der Temperatur T ergibt sich aus dem Planckschen Strahlungsgesetz und ist in Bild 1 dargestellt (Infrarot). Dabei steht der Index s für Schwarzer Strahler. Ein beliebiger Temperaturstrahler ($\alpha < 1$) hat eine spektrale spezifische Strahlungsleistung
$M_\lambda(T) = \varepsilon(\lambda, T) \cdot M_{\lambda s}(T)$.

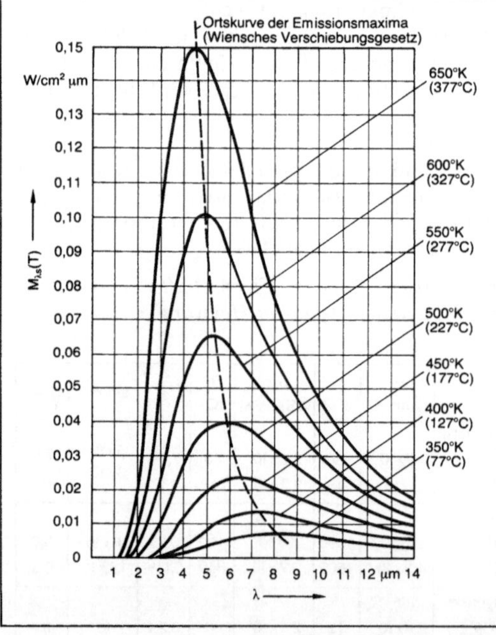

Pyrometer 1: Spektrale spezifische Strahlungsleistung $M_{\lambda s}(T)$ in Abhängigkeit von der Wellenlänge λ für unterschiedliche Temperaturen.

Darin ist $\varepsilon(\lambda, T)$ der von λ und T abhängige Emissionsgrad des betrachteten Strahlers. Für den Schwarzen Strahler gilt:
$\varepsilon_s(\lambda, T) = 1$.

Nach dem Kirchhoffschen Gesetz ist für jeden Strahler der Emissionsgrad ε gleich dem Absorptionsgrad α:
$\varepsilon(\lambda, T) = \alpha(\lambda, T)$.

Integriert man $M_\lambda(T)$ bei konstantem T über λ, so erhält man die gesamte spezifische (flächenbezogene) Strahlungsleistung M(T) bei der Temperatur T
$M(T) = \varepsilon_g \cdot \sigma \cdot T^4$.

(Stefan-Boltzmannsches Strahlungsgesetz mit dem Gesamtemissionsgrad $\varepsilon_g \leq 1$ ($\varepsilon_{gs} = 1$) und der Stefan-Boltzmann-Konstante $\sigma = 5{,}670 \cdot 10^{-8}$ W/m^2K^4).

Aus Bild 1 ersieht man, daß die spektrale spezifische Strahlungsleistung des Schwarzen Strahlers ein Maximum hat, das sich mit abnehmender Temperatur T zu längeren Wellenlängen λ hin verschiebt.

Nach dem Wienschen Verschiebungsgesetz liegt das Maximum bei

$$\lambda_{max} = \frac{2896\ \mu m\ K}{T}$$

Bei einem Menschen mit einer Oberflächentemperatur von 35 °C (308 K) ist $\lambda_{max} \approx 9{,}4\,\mu m$.

Für Strahlungs-P. ergeben sich aus den Strahlungsgesetzen drei prinzipielle Realisierungsmöglichkeiten:
- Erfassen der gesamten Strahlungsleistung M(T), d. h. der Fläche unter einer Kurve mit T = konst. (Bild 1) (Gesamtstrahlungs-P.),
- Messen der Strahlungsleistung $M_\lambda(T)$ in einem bestimmten Wellenlängenband $\lambda_1 \ldots \lambda_2$ (Band- oder Teilstrahlungs-P.),
- Messen der Strahlungsleistungen $M_{\lambda K}(T)$ und $M_{\lambda L}(T)$ für zwei verschiedene Wellenlängenbänder (Farben) λ_K und λ_L und Bilden des Quotienten (Farb-P.).

Hier sollen nur solche Verfahren behandelt werden, bei denen die Temperatur mittels eines Detektors unmittelbar aus der Strahlungsleistung (Strahldichte) ermittelt wird, nicht aber Verfahren, die auf einem subjektiven Vergleich mit Hilfe des Auges beruhen.

Vorteile der →Temperaturmessung mit P.:
- Das Messen erfolgt berührungslos, daher kein Energieentzug und keine Störung des Temperaturfelds durch das Messen, im Gegensatz zu Berührungsthermometern (→Thermoelement, →Widerstandsthermometer).
- Die Messung kann an bewegten Teilen oder an schlecht zugänglichen Orten durchgeführt werden.
- Die Einstellzeit ist kürzer als bei den meisten Berührungsthermometern.
- Auch sehr hohe Temperaturen (> 3000 °C) lassen sich erfassen.

Als Nachteile sind zu nennen:
- Wenn der Emissionsgrad ε nicht genau genug bekannt oder zu niedrig ist oder wenn er sehr schwankt, ist die Meßunsicherheit relativ groß. Einige Beispiele für den Emissionsgrad ε verschiedener Materialien zeigt die Tabelle.
- Niedrige Temperaturen lassen sich nicht gut erfassen.

Voraussetzung für die berührungslose Temperaturmessung ist, daß die Luft mit den enthaltenen Kohlendioxiden, Stickoxiden und Wasserdampf in einigen Bereichen, den sog. atmosphärischen Fenstern, gut durchlässig ist für Infrarotstrahlung.

Ein Strahlungs-P. besteht aus drei Hauptteilen: der Optik, dem strahlungsempfindlichen Detektor und dem Gehäuse, das Optik und Detektor mechanisch und thermisch schützt.

Folgende Detektoren werden eingesetzt (→Sensoren):

□ Thermische Detektoren (messen ein breites Wellenband):
a) Thermoelement, einzeln oder in Serie (Thermosäule),
b) Bolometer (→Widerstandsthermometer, →Thermistor),
c) Pyroelektrische Empfänger, die durch Wärme polarisiert werden, z. B. PVDF (Polyvinylidendifluorid)-Folie,
d) Bimetall- und pneumatische Empfänger.

□ Photoelektrische Detektoren (schmalbandig):
a) Photozellen (äußerer lichtelektrischer Effekt),
b) Photowiderstände,
c) Photoelemente, -dioden, -transistoren.

Durch die Konstruktion wird dafür gesorgt, daß das elektrische Ausgangssignal proportional der vom Detektor absorbierten Strahlungsleistung ist, nicht aber von der Meßentfernung abhängt. Beim Verwenden von Linsen kann man auch in größeren Entfernungen die Temperaturen kleiner Flächen messen. Bei üblichen P. ist der Meßfelddurchmesser 1/10-1/200 der Meßentfernung. Dem Hauptproblem der Pyrometrie, daß der Emissionsgrad ε freistrahlender Körper von der Temperatur, der Wellenlänge, vom Material und von der Oberflächenbeschaffenheit abhängt und deshalb i. a. mehr oder weniger vom idealen Wert 1 des Schwarzen Strahlers abweicht, begegnet man bei ausgeführten P. auf verschiedene Weise.

Beim Gesamtstrahlungs-P. wird das gesamte Spektrum der vom Meßobjekt ausgehenden Strahlungsleistung $M(T)$ erfaßt. Man kann so die Temperatur T ermitteln, falls der Körper schwarz strahlt. Diese Voraussetzung schränkt die Strahlungspyrometrie nicht so sehr ein, wie es zunächst scheint. Bringt man nämlich einen Körper mit beliebigem Emissionsgrad in einen Hohlraum, so strahlt eine kleine Öffnung darin ebenfalls schwarz. Dem Hohlraumstrahler kommen in der Praxis viele technische Öfen recht nahe. Bei jedem Körper, der sich nicht in einem Hohlraumstrahler befindet, weicht der Emissionsgrad von 1 ab. Wenn der Emissionsgrad bekannt ist, läßt sich dieser Einfluß korrigieren. Ge-

Pyrometer. Tabelle: Emissionsgrad ε für verschiedene Materialien

Metalle	ε	Sonstige Stoffe	ε
Metalle, blank poliert	0,03—0,05	Papier, Holz	0,80
Aluminiumblech, roh	0,07	Schamotte	0,85
Nickel, matt	0,11	Ziegel, unverputzt	0,88
Messing, matt	0,22	Emaille, Lacke	0,91
Stahl, blank geschmirgelt	0,24	Porzellan, glasiert	0,92
Zink, grau oxidiert	0,26	Mörtel, Putz	0,93
Blei, grau oxidiert	0,28	Glas, glatt	0,93
Aluminium, gesandstrahlt	0,40	schwarzer Mattlack	0,93–0,98
Kupfer, oxidiert	0,60	Wasser, Eis	0,96
Stahl, rot angerostet	0,61	Asbestschiefer	0,96
Stahlblech, Walzhaut	0,77	menschl. Haut	0,98
Stahl, stark verrostet	0,85	Schwarzer Körper	1,00

samtstrahlungs-P. verwenden als Detektoren z. B. Thermosäulen oder Bolometer. Mit solchen P. lassen sich Temperaturen von −40 °C bis 800 °C und höher messen.

Ein Bandstrahlungs-P. wertet die Strahlungsleistung eines Wellenbands aus. Bei dem P. nach Bild 2 wird die einfallende Strahlung durch die Objektivlinse auf eine elffach-Thermosäule konzentriert. Um den Einfluß der Gehäusetemperatur auf die Anzeige zu kompensieren, ist ein temperaturabhängiger Widerstand parallel zum Strahlungsempfänger geschaltet, Meßbereiche von 0 bis ca. 2000 °C, eingeteilt in mehrere Intervalle.

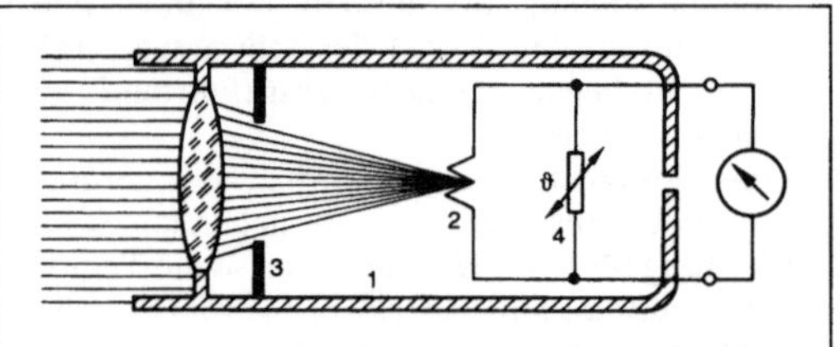

1 Gehäuse, 2 Thermosäule, 3 Blende, 4 Temperatur-Kompensationswiderstand

Pyrometer 2: Schematische Darstellung eines Bandstrahlungs-P. (Quelle: Ardometer, Siemens AG)

Beim Teilstrahlungs-P. wird die Strahlung eines schmalen Wellenlängenbereichs registriert. Bild 3 zeigt den prinzipiellen Aufbau eines Intensitäts-P. Durch die spektrale Empfindlichkeit des Photoelements wird automatisch nur ein Teilbereich der ausgesandten Strahlung zum Messen verwendet. Der vom → Photoelement abgegebene Kurzschlußstrom ist ein Maß für die Temperatur des Strahlers. Ein Vorteil der Teilstrahlungs-P. in den bekannten technischen Ausführungen den Gesamtstrahlungs-P. gegenüber ist die bessere Kenntnis des Emissionsgrads $\varepsilon(\lambda, T)$ bei einer Wellenlänge λ oder in einem schmalen Wellenlängenbereich. Die ausgeführten Meßbereiche liegen im Temperaturbereich zwischen 200 °C und 1800 °C.

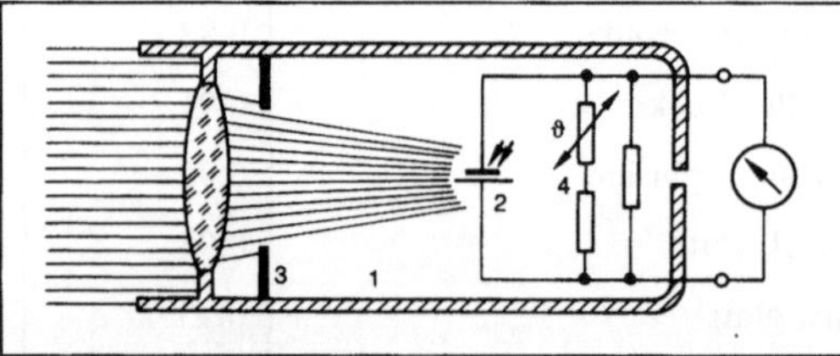

1 Gehäuse, 2 Photoelement, 3 Blende, 4 Temperatur-Kompensationswiderstand

Pyrometer 3: Schematische Darstellung eines Teilstrahlungs-P. (Quelle: Ardofot, Siemens AG)

Wesentlicher Nachteil der beschriebenen P. ist, daß sie ohne Korrektur zu wenig anzeigen, wenn $\varepsilon < 1$ ist. Das Meßergebnis verfälschen außerdem absorbierende Teilchenschichten z. B. Rauch, Wasserdampf usw. Diesen Fehlern begegnet in gewissen Grenzen das Farb-P. Bei ihm nützt man das Plancksche Strahlungsgesetz aus. Der Quotient der Strahlungsleistungen $M_{\lambda K}(T)$ und $M_{\lambda L}(T)$ bei zwei Wellenlängen λ_K und λ_L hängt von der Temperatur T ab, denn die Strahlungsleistung bei den kleineren Wellenlängen ändert sich stärker mit der Temperatur als bei größeren Wellenlängen. Da ein solches Verhalten im sichtbaren Gebiet als Farbänderung zum Ausdruck kommt, nennt man die das Intensitätsverhältnis messende Geräte Farb-P. Man kann nachweisen, daß der Quotient der Strahlungsleistungen unabhängig wird vom Emissionsgrad des Strahlers und somit ein Maß für die wahre Temperatur ist, wenn das Meßobjekt und u. U. vorgelagerte Teilchenschichten zumindest in den beiden Wellenlängen gleichen Emissionsgrad haben. Bild 4 zeigt die grundlegende Schaltung des Farb-P. „Ardocol". Durch die (leider geringfügig temperaturabhängige) Eigenschaft des Indiumphosphidfilters, im wesentlichen Licht der Wellenlänge um $\lambda_2 = 1{,}0\,\mu m$ durchzulassen und Licht der Wellenlänge $\lambda_1 = 0{,}9\,\mu m$ zu reflektieren, wird die Spannung $U_{\lambda 2}$ des einen Photoelements von der Strahldichte der Wellenlänge λ_2, die Spannung $U_{\lambda 1}$ des zweiten Photoelements von der Strahldichte der Wellenlänge λ_2 abhängig. Die Division erfolgt elektronisch. Es lassen sich Temperaturen bis über 3000 °C messen.

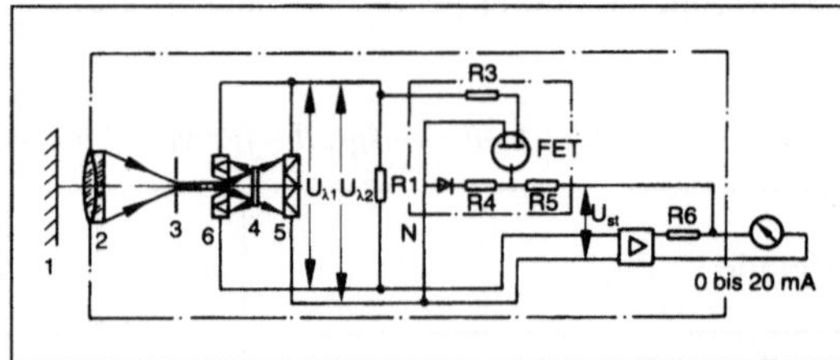

1 Strahler, 2 Objektiv, 3 Lichtleitstab, 4 Indiumphosphid-Filter, 5, 6 Silicium-Photoelement, $U_{\lambda 1}$, $U_{\lambda 2}$ Photoelement-Spannungen, N Netzwerk (thermostatisiert), U_{St} Gegenkopplungsspannung, FET Feldeffekttransistor

Pyrometer 4: Schematische Darstellung eines Farb-P. mit eingebautem Meßumformer. (Quelle: Ardocol, Siemens AG)

Eine neue Entwicklung (1986) mißt die Strahldichte bei ca. acht verschiedenen Wellenlängen. Aus dem so entstehenden überbestimmten Gleichungssystem lassen sich die Temperatur T und der Emissionsgrad ε der strahlenden Oberfläche errechnen.

Mit Hilfe der schon erwähnten pyroelektrischen PVDF-Folie läßt sich einfach ein sog. Passiv-Infrarot-Detektor aufbauen. Ein gegenüber der Umgebung wärmerer oder kälterer Körper erzeugt auf der PVDF-Folie eine Ladung, die elektrisch erfaßt werden kann. Dieser Sensor funktioniert nur, wenn er mit Temperaturänderungen beaufschlagt wird, für das Messen gleichbleibender Temperaturen ist er wegen der elektrischen Ausgangsgröße-Ladung nicht geeignet. Anwenden läßt sich ein Passiv-Infrarot-Detektor, um Licht (im Treppenhaus oder in Wohnräumen), Wasserarmaturen oder Händetrockner ein- und auszuschalten; auch für Türöffner, Liftsteuerungen und Alarmanlagen ist er geeignet. Zum berührungslosen Messen der Temperaturverteilung auf Oberflächen: →Thermographie. →Temperaturmessung. *Hammerschmidt*

Literatur: *Liebler, E.* u. *R. Plesch:* Lexikon der Analysen-, Meß- und Regelungstechnik. Siemens, Berlin/München 1980. – *Lieneweg, F.:* Handbuch technische Temperaturmessung. Braunschweig 1976. – *Walter, L.* u. *D. Gerber:* Infrarotmeßtechnik. Berlin 1983.

Q

Q-Wert (Qualitätswert). Der Q.-W. gibt eine Aussage darüber, welcher Prozentsatz von Prüflingen fehlerfrei produziert wird. Häufig wird bei der Baugruppenfertigung der Q-W. als das Verhältnis aller fehlerfreien Baugruppen zur Zahl der insgesamt gefertigten angegebenen, also z. B. Q85, d. h. 85 % aller gefertigten Baugruppen sind fehlerfrei. Der Q-W. wird in der Regel auf den Zustand einer Baugruppe nach der Bearbeitung im Lötbad bezogen. *Winter*

QMS → Qualitätsdatenmanagementsystem

Quadrierer → Multiplizierer

Qualifikation. Nachweis, daß eine Komponente für eine vorgesehene Aufgabe geeignet ist und dementsprechend in der Fertigung verwendet werden darf.

Ist eine Komponente (Bauelement) nach einer bestimmten Spezifikation gefertigt oder auch gütebestätigt (→ Gütebestätigung), so ist noch nicht ihre Eignung für eine konkrete Aufgabe nachgewiesen. Diese Eignung für eine bestimmte Anwendung wird in Form einer Q. untersucht. Das Bild informiert beispielhaft über die Maßnahmen, die zur Q. eines integrierten Schaltkreises durchgeführt wurden.

Ist die generelle Eignung festgestellt, so wird die Komponente vom Gerätehersteller für den Einbau in die Geräte freigegeben und der Umfang der Eingangsprüfungen wird festgelegt. Empfohlen wird, die LSI- und VLSI-Schaltkreise Stück für Stück zu prüfen und ggfs. auch vorzubehandeln. Fehlerhafte Komponenten werden damit so früh wie möglich und damit kostengünstig entdeckt. Frühausfälle der bestückten Geräte während der Garantiephase werden vermieden.

Die Bauelemente können entweder beim Anwender oder in einem externen Prüfinstitut qualifiziert und geprüft werden. Abhängig von der Zahl der

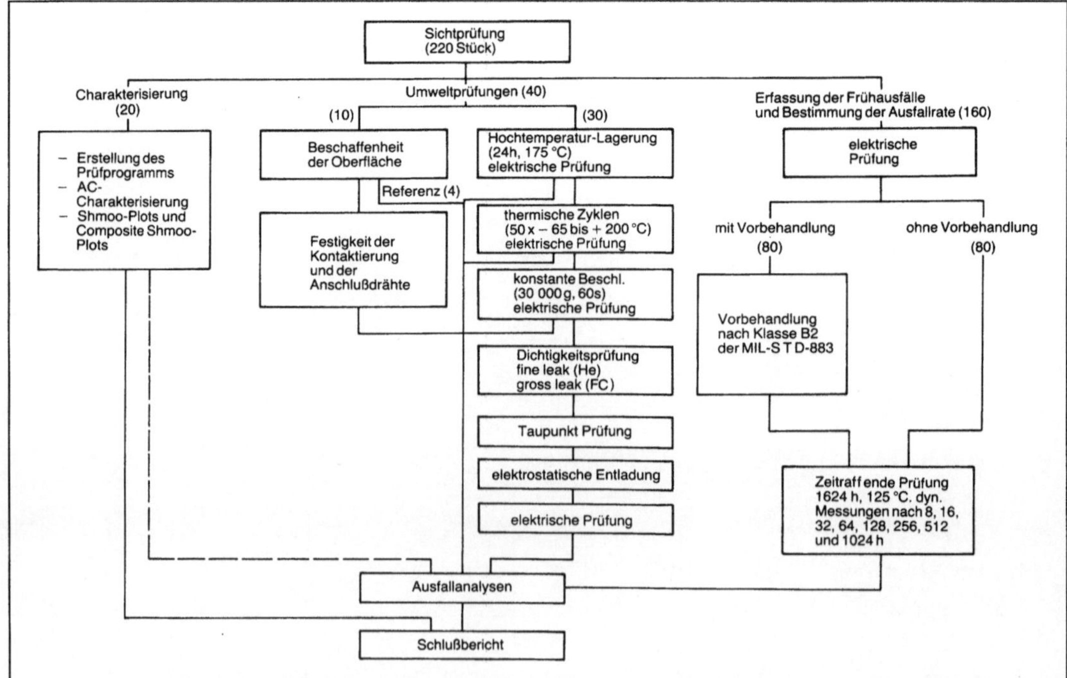

Qualifikation: Qualifikationsprüfung einer CMOS LSI-Semi-Kundenschaltung in Keramikgehäuse am CSEE (Centre Suisse d'essais des Composants Electroniques CH-2000 Neuchâtel). (Quelle: Birolini, A.)

durchzuführenden Q. ist die eine oder andere Lösung die kostengünstigere. *Schrüfer*

Literatur: *Birolini, A.*: Möglichkeiten und Grenzen der Qualifikation, Prüfung und Vorbehandlung integrierter Schaltungen. QZ 27 (1982) H. 11, S. 321/352.

Qualitätsdatenmanagementsystem (Abk. QMS). Das Q. dient dazu, Reparaturen zu erleichtern und die Produktqualität aufgrund erkannter →Fehler zu verbessern. Die bei der Reparatur erkannten Fehlerursachen werden zusammen mit dem Fehlerbild in einer Datenbank abgespeichert und analysiert. Nach entsprechender Aufbereitung dieser Daten können im Reparaturfall Empfehlungen zur Fehlerbeseitigung gegeben werden und auf Grund der Statistik der Fehlerarten passende Eingriffe in den Produktionsprozeß oder sogar in die Entwicklung vorgenommen werden. *Winter*

Qualitätsklasse. Die Q. (*engl.* quality level) definiert die zur Sicherung der Qualität eines Erzeugnisses ergriffenen organisatorischen und technischen Maßnahmen. Diese Maßnahmen sind für verschiedene Q. unterschiedlich.

Unter der Annahme, daß der Entwurf, die Konstruktion, das Material, die Herstellung und Verarbeitung, die Lagerung und der Transport, entsprechend dem Qualitätssicherungssystem des herstellenden Betriebs erfolgen, hängt die erreichte Qualität hauptsächlich davon ab, ob es gelingt, vor Auslieferung die schlechten Komponenten zu selektieren. Durch eine gezielte Vorbehandlung und Prüfung wird versucht, die vorgeschädigten Bauelemente zu finden und vor der Lieferung an den Kunden auszusondern. Die Schärfe der Prüfung (screening) richtet sich dabei nach der für das Lieferlos angestrebten →Zuverlässigkeit. Für Einzelhalbleiter zum Beispiel sind in der MIL Spezifikation STD-750 fünf Qualitätsstufen (quality levels) definiert. *Pl* steht für Plastik-gekapselte Bauelemente; *L* für *lower,* für normale Handelsware. Mit dem patentrechtlich geschützten Warenzeichen JAN dürfen die Produkte nur gestempelt werden, wenn

- die Bauelemente in ihren elektrischen, mechanischen und physikalischen Eigenschaften bestimmten MIL-Spezifikationen genügen,
- der Hersteller sich generell für die Fertigung der Bauteile qualifiziert hat und
- die Prüfung auf Übereinstimmung mit der geforderten Qualität stichprobenartig an dem Lieferlos durchgeführt ist.

Die bessere Qualitätsstufe JAN TX (testing extra) verlangt vor Auslieferung einen Betrieb bei erhöhten Temperaturen (burn in) und eine gezielte Auswahlprüfung nicht nur stichprobenartig, sondern an allen zu liefernden Bauteilen. Die Sichtprüfung vor dem Verschließen der IC's (visual precup inspection) kommt bei den TXV-Typen noch hinzu.

Ähnliche Qualitätsstufen sind auch für andere Bauelemente definiert. In der Tabelle sind die jeweils anzuwendenden Spezifikationen, die darin erklärten Q. und die zugehörigen π_Q-Faktoren zusammengestellt. Diese Faktoren sind auf die höchste Q. bezogen. Die →Ausfallrate eines plastikgekapselten Transistors ist also 10mal so groß wie die eines Transistors mit der Qualitätsstufe JAN und dessen Ausfallrate ist nochmals um den Faktor 10 größer als die eines Transistors der Klasse JAN TXV.

Die in den einzelnen Q. durchzuführenden Maßnahmen sind z. B. für diskrete Halbleiter in der Spezifikation MIL-STD-750 und für integrierte Schaltkreise in MIL-STD-883 definiert. Einige dieser Schritte werden im folgenden kurz erläutert:

□ Hochtemperturlagerung: Sie dient zur Stabilisierung der elektrischen und mechanischen Parameter. Die Bauelemente liegen mit den Anschlüssen auf einer Metallplatte in Wärmeschränken, ohne daß sie elektrisch betrieben werden.

□ Thermische Zyklen: Bei dieser Prüfung werden die Bauelemente Temperaturänderungsgeschwindigkeiten von mindestens 50 °C/min ausgesetzt. Sie werden dadurch *mechanisch* beansprucht. Durch das unterschiedliche Wärmeleitungsvermögen und durch die unterschiedlichen Temperatur-Ausdehnungskoeffizienten der verwendeten Werkstoffe bauen sich mechanische Spannungen auf, welche die Schwachstellen in den Strukturen zerstören. Um diese Prüfung durchzuführen, sind Wärmeschränke mit zwei getrennten Kammern notwendig. Das Prüfgut kann dann direkt von der heißen Kammer in die kalte und umgekehrt gebracht werden (Zwei-Kammer-Schocktest). Manchmal werden auch zwei auf unterschiedlichen Temperaturen befindliche Flüssigkeitsbäder verwendet, in die das Prüfgut abwechselnd eingetaucht wird (Flüssigkeits-Schocktest).

□ Burn in: Eine Kombination von →Hochtemperaturlagerung und elektrischem Betrieb. Ziel dieses Schrittes ist, durch die erhöhte Temperatur zeitraffend Frühausfälle hervorzurufen. Diese Prüfung ist zwar relativ aufwendig, aber sehr effektiv.

□ Konstante Beschleunigung: Dieser Schritt wird praktisch nur bei IC's in Keramikgehäusen durchgeführt. Er soll die mechanische Festigkeit der Anschlußdrähte, der Kontaktierung und der Verbindung zwischen Kristall und Gehäuse prüfen. Die IC's werden dabei in eine Zentrifuge gelegt und für eine Minute der angegebenen Beschleunigung ausgesetzt.

□ →Dichtigkeitsprüfung: Auch dieses Verfahren wird nur bei IC's in Keramikgehäusen durchgeführt. Bei der Feinprüfung (fine leak) werden die gekapstelen IC's zunächst für eine Stunde in eine Vakuumkammer mit einem Druck von 0,5 mmHg

Qualitätsklasse. Tabelle: Normierte Qualitätsfaktoren π_Q nach MIL HDBK 217 D (1982). Die Zahlenwerte gelten nicht absolut, sondern sind auf die höchste Q. bezogen.

Bauelement und Spezifikation	Qualitätsklassen und Qualitätsfaktoren								
Monolithische integrierte Schaltungen (MIL-M-38510, MIL-STD-883)	S 1	B 2	B-0 4	B-1 6	B-2 13	C 16	C-1 26	D 35	D-1 70
Hybride integrierte Schaltungen (MIL-M-38510, MIL-STD-883)		B 1						D 60	
Diskrete Halbleiterbauelemente (MIL-S-19500, MIL-STD-750)		JANTXV 1	JANTX 2	JAN 10	Lower 510	Plastic 100			
Widerstände (ohne Pot.) (MIL-STD-199, MIL-STD-202)	S 1	R 3.3	P 10	M 33	NE 165	Lower 500			
Kondensatoren (MIL-STD-199, MIL-STD-202)	S 1	R 3.3	P 10	M 33	L 50	NE 100	Lower 333		

gelegt und dann 20 Stunden lang in einer Heliumatmosphäre von 5 bar gelagert. Nach einer Wartezeit in Luft von ca. 30 Minuten wird dann im Vakuum mit einem Massenspektrometer das ausfließende Helium gemessen und die Undichtigkeit wird bestimmt. Bei der Grobprüfung (gross leak) liegen die IC's zunächst eine Stunde lang in einer Unterdruckkammer mit einem Druck von etwa 5 mmHg, dann für drei Stunden in Fluorcarbon FC 72 bei einem Druck von 5 bar. Nach einer kurzen Wartezeit in Luft werden die IC's in ein Bad gelegt, wobei evtl. aufsteigende Blasen einen → Ausfall kenntlich machen.

□ Wirksamkeit der verschiedenen Prüfungen: Die Bauelemente können aus verschiedenen Ursachen potentiell geschädigt sein. Um diese Schwachstellen zu finden, sind dann mehrere, unterschiedlich wirksame Tests erforderlich. Bei der Untersuchung von integrierten Schaltkreisen in Keramikgehäusen entdeckten die einzelnen Verfahrensschritte den folgenden Anteil von geschädigten Bauelementen:

Hochtemperaturlagerung	5–10 %
Thermische Zyklen	5–15 %
Burn in	50–70 %
Konstante Beschleunigung	5–10 %
Dichtigkeitsprüfung	10–20 %.

Bei einer sorgfältigen Vorbehandlung und Prüfung werden weitgehend alle geschädigten Bauelemente erkannt und eliminiert. Das dem Anwender gelieferte Los zeigt dann eine konstante, auf zufällig wirksam werdende Mechanismen zurückgehende Ausfallrate (Bild). *Schrüfer*

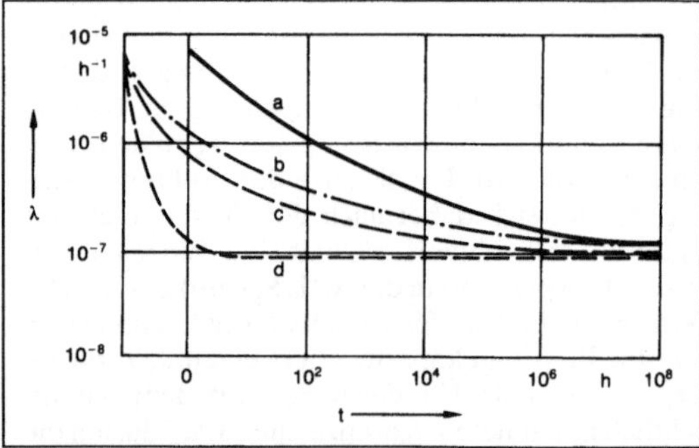

t = 0 Zeitpunkt der Auslieferung an den Kunden, a) ohne Vorbehandlung, b) nur elektrische Tests, c) Hochtemperaturlagerung, Temperaturzyklen und elektrische Tests, d) Hochtemperaturlagerung, Temperaturzyklen und burn in

Qualitätsklasse: Einfluß der Vorbehandlung auf die Ausfallrate von integrierten Schaltkreisen.

Literatur: *Birolini, A.*: Qualität und Zuverlässigkeit technischer Systeme. Berlin 1985. – *Schrüfer, E.*: Zuverlässigkeit von Meß- und Automatisierungseinrichtungen. München 1984.

Qualitätssicherung. Die Gesamtheit aller technischen und administrativen Maßnahmen, die sicherstellen, daß die Eigenschaften und Merkmale von Produkten, Dienstleistungen und Tätigkeiten vorgegebenen Forderungen entsprechen. Das gilt auch für zugeliefertes Material und Zwischenprodukte in der Fertigung, wie für alle Vorgänge in der Verwaltung. Diese Maßnahmen müssen geplant, die die Qualität bestimmenden Abläufe und Verfahren entsprechend gelenkt und das Ergebnis in allen Phasen der Entstehung des Produkts oder der Dienstleistung geprüft werden. Q. besteht daher aus externer und interner Qualitätsplanung, -lenkung und -prüfung (Prüfplanung und -ausführung). Sie bedient sich der Methoden der Qualitätstechnik.

Q. ist Aufgabe aller Sparten, Bereiche und Abteilungen, in letzter Konsequenz jedes Mitarbeiters des Unternehmens. Sie geht damit weit über die Qualitätskontrolle hinaus, die die Qualitätsverantwortung für das Produkt letztlich einer überwachenden/sortierenden betrieblichen Instanz aufbürdet. Die englische Bezeichnung *quality control* hat wegen der wörtlichen, aber nicht sinngemäßen Übersetzung zu Mißverständnissen beigetragen. DIN 55350 empfiehlt daher, den Begriff Qualitätskontrolle nicht mehr zu verwenden.

Die Qualität kann durch sporadische, punktuelle Aktionen nicht optimal gesichert werden. Nur aufeinander abgestimmte, das ganze Unternehmen erfassende, dauerhaft angelegte Maßnahmen begründen seine Qualitätsfähigkeit. Diese Erkenntnis veranlaßte das Verteidigungsministerium der USA bereits 1952, durch den MilSt 9858a verbindliche Vorschriften für das Q.-System der Lieferanten der Streitkräfte zu erlassen. Dabei wurden lediglich die Aufgaben, nicht die Details ihrer Lösung festgelegt. Die NATO entwickelte diesen Standard in ihren AQAP's (Allied Quality Assurance Publications) weiter. Inzwischen überzeugen sich auch zivile Besteller vor Auftragsvergabe, ob der potentielle Auftragnehmer ein wirkungsvolles Q.-System hat.

Um Ordnung in die Vielzahl denkbarer Anforderungen an derartige Systeme zu bringen, sind in zahlreichen Ländern entsprechende Normen entstanden (Kanada CSA Z 299, Großbritannien BS 5179, Schweiz SN 29 100, Österreich A 6672). Sie sehen den Nachweis innerbetrieblicher Q. in 3 bzw. 4 Anforderungsstufen vor. Eine internationale Norm ist in Form der DIN-ISO 9000-9004 im Jahr 1987 für die Bundesrepublik Deutschland wörtlich übernommen worden. Es ist Aufgabe der Unternehmensleitung, das Q.-System einzurichten und den einzelnen Funktionen ihre Qualitätsverantwortung zuzuweisen. Sie stützt sich dabei auf das Fachwissen der leitenden Mitarbeiter des Qualitätswesens.

Das Q.-System wird in einem Qualitätshandbuch dokumentiert. Es muß mindestens enthalten: Eine Erklärung der Unternehmensleitung zur Qualitätspolitik, d. h. die Grundsätze, nach denen die Unternehmensleitung Q. verwirklicht und im konkreten Fall qualitätsrelevante Entscheidungen trifft, den organisatorischen Aufbau und die Abläufe der Q. und der Art ihrer Dokumentation. Im Verkehr mit Außenstehenden dient das Handbuch dem Nachweis, wie das Q.-System im Unternehmen aufgebaut ist. Im Innenverhältnis ist es nützlich zum Rückgriff in Streitfällen.

Die Erfüllung der Normen für Q.-Systeme kann in vielen Ländern durch unabhängige Organisationen geprüft und bestätigt werden. In der Bundesrepublik Deutschland geschieht dies durch die Deutsche Gesellschaft zur Zertifizierung von Qualitätssicherungssystemen mit Sitz in Frankfurt am Main, eine Gemeinschaftsgründung des →DIN Deutschen Instituts für Normung und der Deutschen Gesellschaft für Qualität (→DGQ). *Masing*

Literatur: *Feigenbaum, A. V.:* Total Quality Control, 3. Aufl. New York 1983. – *Masing, W.* (Hrsg.): Handb. Qualitätssicherung. 2. Aufl. München, Wien 1988.

Quality level →Qualitätsklasse

Quantisierungsfehler. Ein Q. tritt immer auf, wenn eine analoge wertkontinuierliche Größe in eine Zahl mit endlich vielen Stellen umgesetzt wird. Dies ist zum Beispiel bei der Analog/Digital-Umsetzung oder bei der digitalen →Zeitmessung der Fall. Die absolute Größe des Q. hängt von den niedrigwertigsten bit (*engl.* least significant bit, lsb) oder allgemein von der niedrigwertigsten Stelle (least significant digit, lsd) der Zahlendarstellung ab. Der Q. liegt für den Fall der mathematischen Rundung im Bereich $-\frac{1}{2}$ lsb $\leqq$ Q $\leqq$ $\frac{1}{2}$ lsb.

Sind die Q. rein zufällig und voneinander statistisch unabhängig, so lassen sie sich durch eine wiederholte Messung des Signals und durch Mittelwertbildung reduzieren. Werden N quantisierte Meßwerte gemittelt, so verringert sich der zufällige Anteil des Q. proportional zu $1/\sqrt{N}$.

Der Nachweis der statistischen Unabhängigkeit läßt sich über die Untersuchung der →Autokorrelationsfunktion führen. Im Fall völliger Unabhängigkeit ist die Autokorrelationsfunktion ein nadelförmiger Impuls. Zu diesem Impuls gehört im Frequenzbereich ein konstantes Leistungsdichtespektrum, das sog. weiße Quantisierungsrauschen. Unter diesen Voraussetzungen kann durch eine geeignete Mittelwertbildung, durch die sog. →Überabtastung die Auflösung eines →Analog/Digital-Umsetzers soweit erhöht werden, daß sie besser als ein Quantisierungsschritt wird. *Schrüfer/Knappe*

Quantisierungsrauschen →Quantisierungsfehler

Quarz. Wichtiges piezoelektrisches Material für Drucksensoren. Industriell verwendet wird häufig α-Quarz, das bis zu 573 °C stabil ist. In jeder Elementarzelle befinden sich bei dieser Struktur drei Moleküle von SiO_2.

Q. kommt ein- und polykristallin in hochwertiger Form als natürliches Mineral vor, es läßt sich aber auch synthetisch herstellen. *Schaumburg*

Quarzoszillator →Schwingquarz

Quarzthermometer →Temperaturmessung

Quecksilberrelais. Elektromechanisches (Schalt-) →Relais, dessen →Kontaktwerkstoff aus (flüssigem) Quecksilber besteht.

Häufig sind Q. als →Reedrelais mit einer quecksilberbenetzten Kontaktfeder ausgeführt. In diesem Fall ist das Glasröhrchen, das als Schaltkammer dient, in angenähert vertikaler Einbaustellung zu betreiben. Die Einspannstelle der Kontaktfeder befindet sich in einem Quecksilbervorrat am unteren Ende des Glasröhrchens. Das an der Feder durch Kapillarkräfte hochsteigende Quecksilber stellt die dauernde Benetzung der Kontaktstelle sicher.

Q. sind mit einem reduzierenden Gas, i. a. Wasserstoff, gefüllt.

Vorteil des Quecksilberkontaktes gegenüber Festkontakten ist das Ausbleiben von Kontaktprellungen (d. h. wiederholten Öffnungs- und Schließvorgängen bis zum endgültigen Schließen des Kontaktes) und der gleichbleibende Kontaktwiderstand durch die sich ständig erneuernde Kontaktoberfläche. *Rauterberg*

Querankeraufnehmer →Längen- und Winkelmessung

Quereffekt. Bei unterschiedlicher Orientierung von Polarisation und äußerem Spannungsfeld unterscheidet man bei piezoelektrischen Materialien einen Längseffekt, →Schereffekt und Q. (→piezoelektrisch). *Schaumburg*

Querempfindlichkeit. Unerwünschte Eigenschaft vieler Sensoren, nicht nur auf den gewünschten, sondern auch auf andere Umweltparameter anzusprechen. Insbesondere ist die Q. zur Temperatur in den meisten Fällen vorhanden und erfordert eine →Temperaturkompensation.

Ausgeprägt ist die Q. bei Gassensoren, bei denen häufig auch eine →Empfindlichkeit gegenüber anderen als den zu messenden Gasen vorliegt. Eine quantitative Messung wird dadurch wesentlich erschwert. *Schaumburg*

Quotientenmeßwerk →Meßgerät, elektrisches

R

Rad. 1. Frühere Einheit der →Energiedosis bei ionisierender Strahlung (*engl.* Rad = Radiation absorbed dose). Einheitenzeichen rd. 1 rd = 1/100 Gy. In der Bundesrepublik Deutschland keine gesetzliche Einheit mehr. Gültige SI-Einheit: →Gray (Gy) (→Einheiten des SI).

2. rad ist das Einheitenzeichen der SI-Einheit für den ebenen Winkel (→Radiant). *Hammerschmidt*

Radiant. SI-Einheit des ebenen Winkels. Einheitenzeichen rad. 1 rad = 1 m/m = $180°/\pi \approx 57{,}3°$; Definition: →Einheiten des SI. *Hammerschmidt*

Radiophotolumineszenz-Dosimeter. Radiophotolumineszenz nennt man die Fähigkeit gewisser Gläser, wie z. B. von Silberphosphatglas, nach der Einwirkung ionisierender Strahlungen beim Anleuchten mit ultraviolettem Licht sichtbares Fluoreszenzlicht auszusenden. Dieses Licht ist dabei proportional der Dosis, mit der der Detektor bestrahlt wurde und kann als Maß für diese verwendet werden. Die Information kann von Glas-Dosimeterdetektoren auch in größeren Zeitabständen praktisch verlustlos beliebig oft ohne nennenswertes Fading abgefragt werden; sie sind also „unlöschbare" →Dosimeter.

Das vom Detektor ausgesandte Licht wird (Bild 1) in einem Photomultiplier in einen dosisproportionalen Strom umgesetzt und dieser über einen →Verstärker einem →Anzeigegerät zugeführt. Bei entsprechender →Kalibrierung zeigt dieses die Dosis, der der Detektor ausgesetzt war, unmittelbar an.

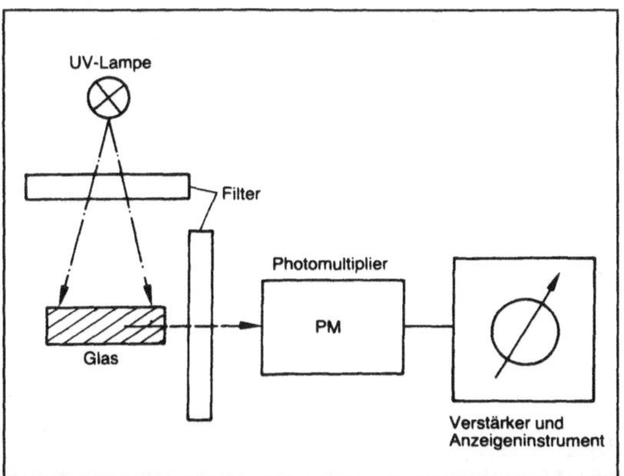

Radiophotolumineszenz-Dosimeter 1: Schema der Auswertung.

Glas-Dosimeter sind insbesondere zum Messen von Röntgen- und Gammastrahlen, bei entsprechender Dimensionierung, aber auch von schnellen Elektronen geeignet. Bei Strahlungen unter etwa 300 keV effektiver Quantenenergie ist ihre Energieabhängigkeit relativ groß (Bild 2).

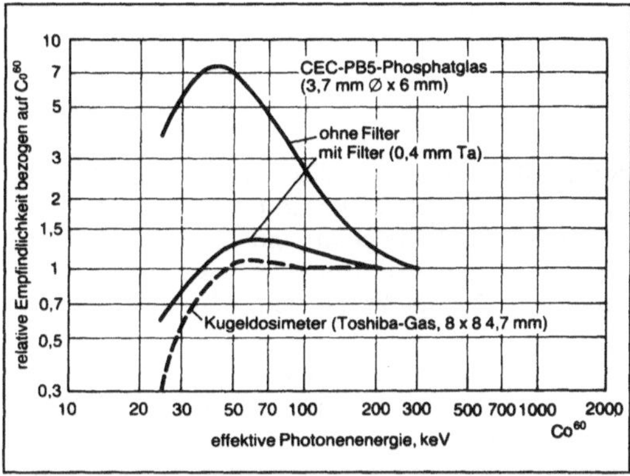

Radiophotolumineszenz-Dosimeter 2: Energieabhängigkeit von Silberphosphatglas ohne und mit Kompensationsfiltern.

Um diese nach Möglichkeit auszugleichen, werden Kompensationsfilter verwendet, wobei diese Kugeldosimeter den Detektor als gelochte Umhüllung am besten allseitig umschließen und damit von der Strahleneinfallsrichtung unabhängig machen. Auf diese Weise kann man Strahlungen herunter bis etwa 50 keV praktisch fehlerfrei messen. Benutzt man dagegen mehrere Glasdosimeter hinter verschiedenen Filtern, so lassen sich auch Aussagen über die Energie der gemessenen Strahlungen machen.

Der Meßbereich von R.-D. reicht von etwa 1 mGy bis 50 Gy oder auch höher. Die erreichbare →Genauigkeit liegt besonders bei höheren Dosen innerhalb von etwa ± 10 %.

Glasdosimeter können durch eine thermische Behandlung bei höheren Temperaturen auch regeneriert, d. h., die in ihnen gespeicherte Information kann gelöscht werden, so daß ihre wiederholte Verwendung möglich ist.

Vorteile der Glasdosimetrie sind, daß die Detektoren bei ausreichender →Empfindlichkeit klein sein können (einige mm^3 bis etwa 1 cm^3), daß sie mechanisch, chemisch und thermisch sehr widerstandsfähig sind, daß sie die beliebig oft abfragbare

Information lange Zeit speichern und schließlich, daß mindestens die Detektoren (nicht die Auswertegeräte!) kostengünstig sind. *Wachsmann*

Literatur: DIN 6800 Tl. 6: Dosismeßverfahren in der radiologischen Technik, Photolumineszenzdosimetrie, Hrsg. Dt. Inst. f. Normung. Ausg. 1980.

Radizierer →Multiplizierer

Raffungsfaktor →Arrhenius-Gleichung

RAM-Test →Speicherprüfung

Random-Generator. Hardwareeinrichtung im Prüfautomaten, die automatisch Zufallsbitmuster mit hoher Geschwindigkeit z. B. für den Speichertest erzeugt. *Winter*

Rankineskala. In den englisch-sprachigen Ländern bislang verwendete Temperaturskala, die beim absoluten Nullpunkt beginnt und nach Fahrenheit-Graden unterteilt ist. Einheitenzeichen °R. Umrechnung: →Temperaturskalen. *Hammerschmidt*

Rauschen. Schwankungen in den Eigenschaften des Sensormaterials und der Ladungsträger führen zu entsprechenden Schwankungen des Sensorstroms; Sie werden als R. bezeichnet.

Bei optischen Sensoren definiert man eine NEP (*engl.* noise equivalent power) durch das Verhältnis von Rauschstrom zu Strahlungsempfindlichkeit bei einem →Signal-Rausch-Verhältnis von 1.

Ein besonderer Vorteil von piezoelektrischen und pyroelektrischen Sensoren – im Gegensatz zu den resistiven Sensoren – ist das außerordentlich geringe R. *Schaumburg*

Rauschleistung, äquivalente. (*engl.* Noise-Equivalent-Power, NEP) Die ä. R. ist diejenige 100% modulierte Strahlungsleistung, die am Ausgang eines Strahlungsdetektors einen Signalstrom hervorruft, dessen Effektivwert gleich dem gesamten effektiven Rauschstrom des Detektors ist (Signal-Rausch-Verhältnis S/N = 1).

Diese Größe legt die Nachweisgrenze eines Detektors fest, da Signale mit kleineren Leistungen als die NEP i. a. nicht nachweisbar sind. Die dem →Rauschen eines Photodetektors äquivalente Lichtleistung ist abhängig von der Photoempfindlichkeit S und dem sämtliche Rauschanteile enthaltenden effektiven Rauschstrom I_N:

$$\mathrm{NEP} = \frac{I_N}{S} = f(\lambda, T, \Delta f, A, \ldots);$$ Einheit: →Watt (W),

λ: Lichtwellenlänge, T: Temperatur, Δf: Signal-Frequenzbandbreite, A: Detektorfläche.

Die Abhängigkeit von der Lichtwellenlänge λ ist durch die Photoempfindlichkeit gegeben. Der bestimmende Faktor für die NEP ist der Rauschstrom I_N, da moderne Photodetektoren bereits sehr hohe Photoempfindlichkeiten bzw. Quantenwirkungsgrade η aufweisen (η ≥ 90% technisch realisierbar). Häufig wird die ä. R. auch auf die Quadratwurzel aus dem Produkt von Signalfrequenzbandbreite Δf und Detektorfläche A bezogen:

$$\mathrm{NEP} = \frac{I_N}{S} \cdot \frac{1}{\sqrt{\Delta f \cdot A}}\text{; Einheit: } \frac{\mathrm{W}}{\sqrt{\mathrm{H_z}} \cdot \mathrm{cm}}$$

Eine weitere Größe zur Charakterisierung der Nachweisempfindlichkeit eines Detektors, die vielfach in den Datenblättern der Hersteller angegeben wird, ist die durch den Kehrwert der NEP definierte →Detektivität. *R. Kaiser*

Literatur: *Ross, D. A.:* Optoelektronik, München–Wien, 1982.

RC-Oszillator. →Oszillator

Reaktionszeit. Die für einen →Sensor erforderliche Zeit, bis die Änderung einer Umweltgröße am Ausgang des Sensors mit hinreichender →Genauigkeit reflektiert wird. Diese Zeitdauer enthält alle Verzögerungen, von der Übertragung der Umweltgröße auf das Sensorelement, die Umsetzung dort in ein elektrisches →Signal, sowie die Übertragung an den Ausgang des Sensors.

Besonders lange R. ergeben sich häufig im Bereich der chemischen Sensoren (→Gassensoren). *Schaumburg*

Reaktorschutzsystem. Das R. ist der Teil des Sicherheitssystems, welcher die für die Sicherheit der Reaktoranlage und Umgebung, wesentlichen Prozeßvariablen zur Vermeidung von unzulässigen Beanspruchungen und zur Erfassung von Störfällen, überwacht, verarbeitet und Schutzaktionen auslöst, um den Zustand der Reaktoranlage in sicheren Grenzen zu halten (Sicherheitstechnische Regel des →Kerntechnischen Ausschusses KTA 3501).

Die *Auslegung* des R. erfolgt aufgrund einer Störfallanalyse (→Ereignisablauf-Analyse), wobei z. B. Störungen der Leistungserzeugung, der Leistungsabfuhr und der Kühlmittelversorgung angenommen werden. Dabei sind

- die Kriterien des Bundesministers des Innern (BMI-Kriterien),
- die Leitlinien der Reaktorsicherheitskommission (RSK-Leitlinien) und
- die Sicherheitstechnische Regel des Kerntechnischen Ausschusses KTA 3501

zu beachten.

Das R. wird so ausgeführt, daß es seine Aufgabe auch bei Eintreten der folgenden versagensauslösenden Ereignisse noch erfüllt:

□ versagensauslösende Ereignisse innerhalb des R. (z. B. Zufallsausfälle von Komponenten oder gleichzeitig oder kurzfristig aufeinanderfolgende systematische Ausfälle in Untersystemen des R.).

□ versagensauslösende Ereignisse innerhalb der Reaktoranlage (z. B. Brände, Wassereinbruch, schlagende Rohrleitungen oder auch Fehler bei der Bedienung und Wartung des R. durch das Personal).

□ versagensauslösende Ereignisse außerhalb der Reaktoranlage (z. B. Ereignisse wie Überflutung, Blitz und Sturm).

Bei diesen versagensauslösenden Ereignissen werden

- der Zufallsausfall,
- der systematische →Ausfall,
- Folgeausfälle und
- der Instandhaltungsfall (Inspektion, Wartung, Instandsetzung)

betrachtet. Das R. läßt einen Geräteausfall und einen Reparaturfall zu, ohne daß die sicherheitstechnische Funktion unzulässig beeinträchtigt wird.

Das R. muß von Betriebssystemen so unabhängig sein, daß, bei bestimmungsgemäßen Betrieb und bei versagensauslösenden Ereignissen in Betriebssystemen, die Funktion des Reaktorschutzsystems erhalten bleibt.

Der *Aufbau* eines R. gliedert sich gewöhnlich in die Teile

- Messung der Prozeßvariablen (Anregeebene)
- Grenzwertbildung und logische Verknüpfung (Logikebene, Auswahlschaltungen)
- Gewinnung der Auslösesignale (Steuerebene).

Die Prozeßvariablen oder Sicherheitsvariablen werden in der Regel dreifach gemessen und verarbeitet (→Redundanz als Schutz gegen zufällige Ausfälle). Darüber hinaus werden grundsätzlich zur Erkennung jeden Störfalls mindestens zwei Sicherheitsvariable ausgewählt (→Diversität als Schutz gegen systematische Ausfälle, Ausfall, abhängiger). Sind zwei zueinander diversitäre physikalische Meßgrößen nicht vorhanden (z. B. bei der →Füllstandsmessung im Reaktordruckbehälter), so müssen bei der →Meßwerterfassung der einen physikalischen Meßgröße unterschiedliche →Meßverfahren, unterschiedliche Meßgeräte und verkürzte Prüfzyklen oder gleichwertige Maßnahmen vorgesehen werden. In allen Fällen werden die Meßkanäle kontinuierlich durch Vergleicher auf etwaige Fehler hin überwacht.

Die Grenzwertbildung und logische Verknüpfung erfolgt in der Regel ausfallsicher (fehlererkennend) unter Verwendung dynamischer Signale (→Signal, dynamisches).

Die Auslösesignale werden

- für die Aktivierung der Reaktorschnellabschaltung und
- zur Steuerung der aktiven Komponenten in den Sicherheitseinrichtungen benötigt (→Sicherheitssystem).

Die Reaktorschnellabschaltung ist in der Regel als Ruhestromsystem ausgeführt. Die aktiven Sicherheitseinrichtungen, wie z. B. Antriebe, Pumpen und Armaturen, werden unter Umständen auch für betriebliche Steuerungen benötigt. In diesen Fällen ist durch eine Vorrangschaltung die Priorität der Signale des R. vor den betrieblichen Signalen sichergestellt. Die Ansteuerung der aktiven Sicherheitseinrichtungen ist während des Betriebs der Anlage prüfbar.

Die Tabelle informiert über die den denkbaren Störfällen zugeordneten Gegenmaßnahmen (Schutzaktionen). Eine derartige Schutzaktion ist in der Regel sicherheitsgerichtet, kann aber auch nicht eindeutig sicherheitsgerichtet sein (Maßnahme, nicht sicherheitsgerichtet). Des weiteren können die Maßnahmen richtig oder auch fehlerhaft ausgelöst sein (→Fehlanregung). Auch bei einer Fehlauslösung einer nicht eindeutig sicherheitsgerichteten Schutzteilaktion müssen die noch verbleibenden Schutzteilaktionen die erforderliche sicherheitstechnische Aufgabe erfüllen.

Zum Schutz gegen Einwirkungen von außen ist bei neueren Kernkraftwerken das R. zum großen Teil in einem gegen Einwirkungen von außen gesicherten Bereich untergebracht. Im nicht gegen Einwirkungen von außen gesicherten Bereich befindet sich lediglich der Teil des R., der die eindeutig sicherheitsgerichteten Signale für die Reaktorschnellabschaltung bildet.

Im gesicherten Bereich ist eine Notsteuerstelle vorhanden, die bei Störfällen durch Einwirkungen von außen einen Überblick über die automatisch vom R. eingeleiteten Maßnahmen gibt. Darüber hinaus besteht die Möglichkeit auch von Hand Schutzaktionen einzuleiten.

In dem R. eines 1300-MW-Druckwasserreaktors werden ca. 250 analoge Meßsignale verarbeitet. Über 400 Reaktorschutz-Auslösesignale steuern 900 Komponenten in den Sicherheitseinrichtungen an. Die hierfür benötigten Geräte der Logikebene füllen etwa 80 Elektronikschränke. *Schrüfer*

Literatur: *Bachmann, G.* u. *W. Sych:* Aufgaben und Konzept des Reaktorschutzsystems. atw (1987) S. 134–138. – *Preusche, G.:* Verfahrenstechnische Auslegung des Reaktorschutzes in Kernkraftwerken, erläutert am Beispiel eines Kraftwerkes mit Siedewasserreaktor. Energie und Technik 25 (1973), H 9. – *Schrüfer, E.:* Zuverlässigkeit von Meß- und Automatisierungseinrichtungen. München 1984. – *Smidt, D.:* Reaktor-Sicherheitstechnik. Berlin 1979.

Reaktorschutzsystem. Tabelle: Zuordnung zwischen Störfällen und Maßnahmen bei einem Druckwasserreaktor.

Maßnahmen ↓ / Störfälle →	Reaktivitätsstörungen	Ausfall Hauptkühlmittelpumpen	Leck im Reaktorkühlsystem	Dampferzeuger – Heizrohrbruch	Leck im Frischdampf-/Speisewasserkreislauf	Ausfall Eigenbedarf	Zerstörung ungesicherter Bereich
Reaktorschnellabschaltung	×	×	×	×	×	×	×
Kernnotkühlung			×	×			
Gebäudeabschluß			×	×			
Sekundärseitiges Abfahren			×	×			
Druckhaltersprühen				×			
Notspeisung der Dampferzeuger					×		×
Sekundärabschluß					×		×
Primärkreisabschluß, Zusatzborierung							×
Notstromversorgung						×	
Notspeise-Notstromversorgung						×	×
Sekundärseitiges Abfahren von Hand aus der Notsteuerstelle							×
Abfahren über Nachkühlkette von Hand aus der Notsteuerstelle							×

real-time-Bearbeitung → Echtzeitbearbeitung

real time simulation. → Echtzeit-Simulation, d. h. eine Computer-Simulation, in der die Abläufe im simulierenden System nicht länger dauern als die Prozesse im simulierten (also im realen) System, da die Simulationsergebnisse sofort zu derselben Zeit weiterverwendet werden sollen, in der sie anfallen. *Fuss*

Rechnerkopplung. Möglichkeiten des Datenaustausches zwischen Leitsystemen und übergeordneten Prozeß- oder anderen Digitalrechnern, die z. B. Optimierungsaufgaben oder Rezeptursteuerungen durchführen und dazu dem Leitsystem Sollwerte oder Steuerbefehle vorgeben.

Die Kopplung von Prozeßrechnern mit in analoger Technik arbeitenden elektrischen oder pneumatischen Einzelreglern geschieht im DDC- oder SPC-Verfahren über Geräte mit → Digital-Analog-Umsetzern.

Die Kopplung zwischen Digitalrechnern und in digitaler Technik arbeitenden Leitsystemen geschieht über Rechneranschaltbaugruppen, auch Computer-Interface-Stationen oder Gateways genannt, die den Datenverkehr zwischen dem Systembus des Leitsystems und dem Rechner steuern. Diese Stationen müssen im allgemeinen mit aufwendiger Hardware ausgerüstet sein. Die im Bild gezeigte Station hat einen eigenen Mikrorechner sowie eine Leitungsprotokoll-Steuerung mit den zugehörigen Registern und Datensicherungselementen. *Strohrmann*

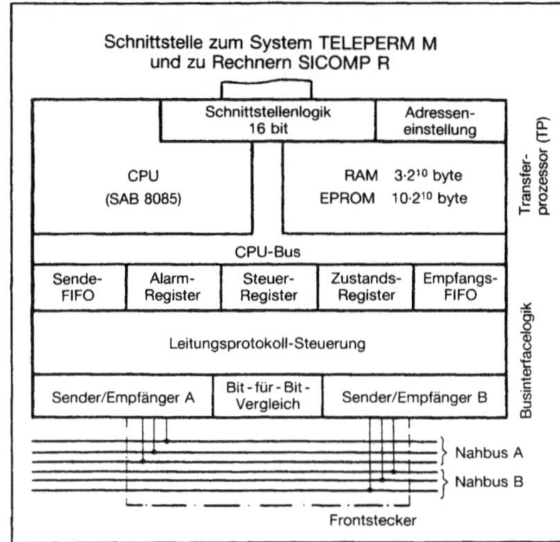

Rechnerkopplung: Busanschaltgruppe. Über die Baugruppe kann das Leitsystem mit dem Prozeßrechner Daten austauschen. (Quelle: Siemens)

Redundanz.

1. R. ist in der Informationstheorie die Bezeichnung für das Vorhandensein von an sich überflüssigen Elementen in einer Nachricht, die keine zusätzlichen Informationen liefern, sondern lediglich die beabsichtigte Grundinformation stützen.

2. R. ist das Vorhandensein von mehr funktionsbereiten technischen Mitteln, als zur Erfüllung der vorgesehenen Funktion notwendig ist (Definition in der Regel des Kerntechnischen Ausschusses KTA 3501).

In einem System läßt sich der Zufallsausfall eines Geräts beherrschen, wenn Reservegeräte die Funktion des ausgefallenen übernehmen. Die Reservegeräte, die im Überfluß vorhanden sind werden als redundant bezeichnet. Bei der *aktiven R.* sind die Ersatzeinheiten dauernd eingeschaltet und in Betrieb, bei der passiven R. (stand by equipment) wird die Reserveeinheit erst nach →Ausfall der Originaleinheit aktiviert.

Die aktive R. wird gewöhnlich durch parallel geschaltete Kanäle realisiert. Gebräuchlich sind Auswahlschaltungen (Bild). Ein Kontakt genügt zum Schalten der Spannung, der andere parallel liegende ist redundant. Die notwendige Funktion wird auch dann noch erbracht, wenn einer der als unabhängig angenommenen Kontakte versagen würde.

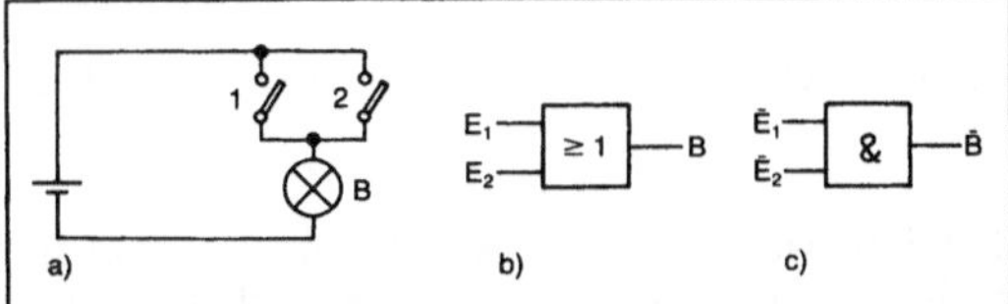

Redundanz: Beispiel eines (1 von 2)-Systems.
a) Parallelschaltung mit
b) Erfolgsbaum und
c) Fehlerbaum.

Bei der im Bild gezeigten Schaltung fließt ein Strom über die Lampe (Ereignis B), wenn entweder der Schalter 1 oder der Schalter 2 oder beide geschlossen sind. Diese Ereignisse E_i haben die Wahrscheinlichkeit $w(E_i)$.

E_i: Der Kontakt i schaltet
$\overline{E}_i$: Der Kontakt i schaltet nicht
$B = E_1 \vee E_2$: Die Lampe brennt
$\overline{B} = \overline{E}_1 \wedge \overline{E}_2$: Die Lampe brennt nicht
$w(E_i) = 1\text{-}p$: Wahrscheinlichkeit, daß der Kontakt i schaltet
$w(\overline{E}_i) = p$: Wahrscheinlichkeit, daß der Kontakt i nicht schaltet.

In einer Schaltung mit zwei Komponenten ist die Wahrscheinlichkeit für den Erfolg

$$w(B) = 1 - p^2$$

und die für den Ausfall

$$w(\overline{B}) = w(\overline{E}_1) \cdot w(\overline{E}_2) = p \cdot p = p^2$$

Die Wahrscheinlichkeit für den Erfolg nimmt, da p eine Zahl kleiner 1 ist, mit der Zahl der Komponenten zu.

In der obigen Gleichung wurden die Wahrscheinlichkeiten $w(\overline{E}_i)$ für den Ausfall der Komponenten multipliziert. Dies ist nur bei unabhängigen Ereignissen richtig. Sind die Ereignisse E_i nicht unabhängig, so ist mit *bedingten* Wahrscheinlichkeiten zu rechnen. In diesem Falle wird bei einer völligen Abhängigkeit der beiden Kontakte mit $w(\overline{E}_2|\overline{E}_1) = 1$ die letzte Gleichung lauten:

$$w(\overline{B}) = w(\overline{E}_1) \cdot w(\overline{E}_2|\overline{E}_1) = p \cdot 1 = p$$

Die R. schützt also nicht gegen die abhängigen Ausfälle. Zur Beherrschung dieser common mode failures, dieser Ausfälle, die aufgrund einer einzigen gemeinsamen Ursache entstehen, sind andere Maßnahmen wie z. B.

- →Diversität
- räumliche Trennung
- elektrische Entkopplung

notwendig.

Redundante Schaltungen ermöglichen eine Ausfallerkennung durch den Vergleich der Ergebnisse (→Ausfallerkennung durch Redundanz). *Schrüfer*

Reedrelais. Elektromechanisches (Schalt-)Relais, bei dem die Trennung von Magnetsystem und →Kontaktsatz fehlt (Bild). Die Kontaktfedern bestehen aus ferromagnetischem Material. Unter der Wirkung des magnetischen Flusses, der von der Erregerspule erzeugt wird und die Kontaktfedern durchfließt, ziehen sie sich an und schließen so den Kontaktkreis. Nach dem Abschalten des Spulenstromes öffnet sich der →Kontakt aufgrund der mechanischen Rückstellkräfte der Federn wieder (→Relais, monostabiles). Durch Verwendung von Dauermagneten lassen sich auch bistabile Ausführungen realisieren (→Relais, bistabiles). Statt zweier Federn kann auch nur eine Feder vorliegen, die gegen ein starres Polblech als Gegenkontakt schaltet. Die Federn sind an ihren kontaktgebenden Enden mit →Kontaktwerkstoff beschichtet. Sie sind in einem Glasröhrchen eingeschmolzen, das mit einem Schutzgas (z. B. Stickstoff) gefüllt ist.

Rauterberg

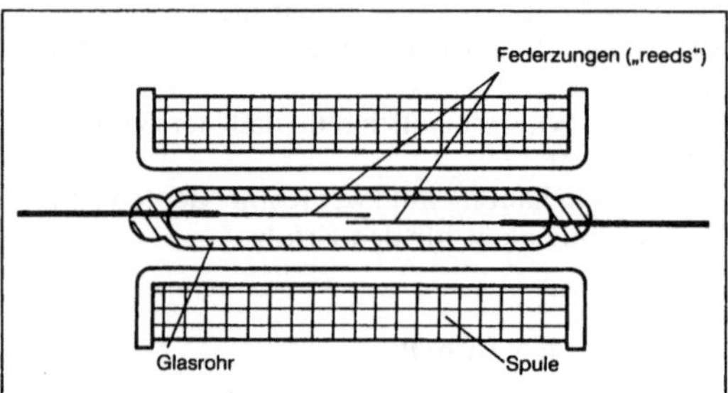

Reedrelais: Prinzipieller Aufbau.

Referenzelement. (auch Spannungsreferenzelement) Elektronische Schaltung, heute durchweg auf Halbleiterbasis, und insbesondere auch in monolithisch integrierter Technik ausgeführt, die an zwei Ausgangsklemmen eine Referenzspannung bei weitgehend variablem Klemmenstrom liefert. Das R. wird deshalb häufig auch als →Konstantspannungsquelle bezeichnet. Schaltungstechnisch sind z. B. folgende Lösungen üblich (Bild):

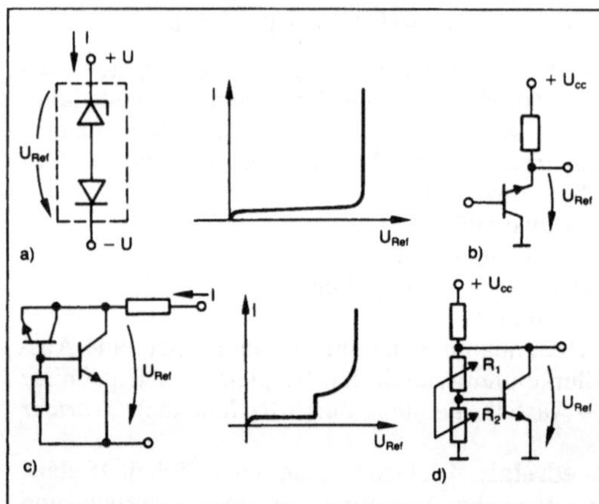

Referenzelement: Erzeugung von Referenzspannung.
a) Reihenschaltung von Dioden
b) Bipolartransistor als Z-Diode
c) Schaltung mit Z-Diode und Paralleltransistor
d) Schaltung mit einstellbarer Referenzspannung.

□ Flußspannung einer Si-Diode bei gegebenem Flußstrom, die etwa eine Referenzspannung von 0,7 V mit negativem TK ergibt oder Reihenschaltung mehrerer Dioden. Die Verwendung von →LED ermöglicht höhere Spannungsabfälle,

□ in Sperrichtung betriebene Basis-Emitter-Diode im npn-Transistor, die wegen der hohen Dotierung als Z-Diode arbeitet mit einer Durchbruchspannung von 5–8 V bei positivem TK. Die Schaltung kann auch so abgewandelt werden (Bild c), daß sie als Z-Diode arbeitet, die mit Konstantstrom versorgt wird.

□ Reihenschaltung von Z-Dioden mit flußgepolter Si-Diode (Kompensation der TK).

□ Referenzspannungsschaltung mit Bipolartransistoren (Bild d), deren Referenzwert einstellbar ist.

□ Bandgapreferenzspannungsquellen. Das sind Schaltungen, bei denen der Temperaturgang des Bandabstandes von Silicium zur Kompensation des Temperaturganges der Temperaturspannung U_T herangezogen wird, um eine konstante Referenzspannung zu erhalten.

R. – die es auch in MOS-Technik gibt –, finden sich heute als vielseitig eingesetzte Schaltungsgruppe in vielen analogen, aber auch digitalen Schaltkreisen.

R. Paul

Reflexionszeitmessung. (*engl.* Time Domain Reflectrometry). Messung der Laufzeit kurzer Impulse in einem Kabel. Die ausgesandten Impulse werden an den (offenen) Leitungsenden oder an Fehlstellen reflektiert und die Zeit für Hin- und Rücklauf ausgewertet. Angewandt bei der Prüfung/Reparatur fehlerhafter Kabel und beim Deskewing (→Skew) zur Bestimmung der aktuellen Signallaufzeiten an den einzelnen Pins der →Pinelektronik.

Winter

Refraktometer, optisches. Meßinstrument zur Bestimmung des optischen →Brechungsindex fester, flüssiger oder gasförmiger Materialien. Die bekannteste Ausführung eines o. R. geht auf *E. Abbe* zurück. Sie beruht auf der Bestimmung des Grenzwinkels der Totalreflexion von Licht an der Grenzfläche zwischen einem Prisma und der zu messenden Substanz. Andere o. R. haben die Form optischer →Interferometer.

Ulrich

Regelabweichung →Regelkreis, →Folgeverhalten

Regelalgorithmus. Der R. ist eine Rechenvorschrift für einen digitalen →Regler, nach der er aus Eingangssignalen ein oder mehrere Stellsignale berechnet.

Solch ein Algorithmus liegt meistens in Form von Differenzengleichungen vor, die in ein Rechner-

Programm umgesetzt werden können (→Regler, digitaler). *Böttiger*

Regeldifferenz →Regelkreis, →Folgeverhalten

Regeleinrichtung →Regler

Regelfaktor →Regelkreis, →Festwertregelung

Regelgröße →Regelkreis

Regelkreis. In einem R. wird eine →Regelung durchgeführt. Der R. besteht aus dem vorhandenen Prozeß (oder der Anlage) und der Regeleinrichtung, die meist folgende Elemente enthält: Regelgrößenaufnehmer, →Meßumformer, →Regler mit Führungsgrößeneingabe oder Sollwerteinsteller, Stellgerät, bestehend aus →Stellantrieb und →Stellglied (Bild 1) (nach DIN 19225).

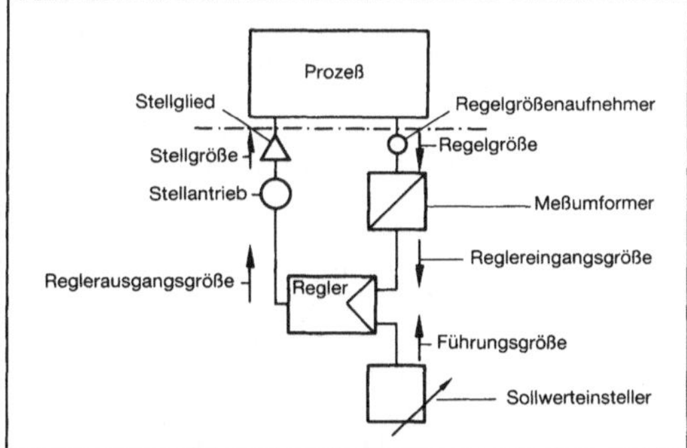

Regelkreis 1: R. bestehend aus dem Prozeß und der Regeleinrichtung (DIN 19225).

Zur Untersuchung des R. werden die Elemente zu den wichtigsten Blöcken zusammengefaßt, so daß der Wirkungsplan (Bild 2) entsteht. Die Zusammenfassung ist meist gerätetechnisch bedingt. Im allgemeinen bilden das Stellglied mit dem Prozeß, dem Regelgrößenaufnehmer und dem Meßumformer die →Regelstrecke. Der Stellantrieb wird als Bestandteil des Reglers betrachtet. Der Vergleich von Regel- und →Führungsgröße, der im Regler vorgenommen wird, wird als wichtiges Element des R. herausgezogen. So wird erkennbar gemacht, daß die →Rückführung als Gegenkopplung zu schalten ist. (Falls eines der Übertragungsglieder eine Vorzeichenumkehr bewirkt, muß diese herausgezogen werden). Aus dem Vergleich der Regelgröße x mit der Führungsgröße w ergibt sich die Regeldifferenz $e = w - x$. Aus ihr bildet der Regler durch seine →Übertragungsfunktion $F_R(s)$ die →Stellgröße y, mit der er die Regelstrecke über ihre Steuerübertragungsfunktion $F_S(s)$ steuert. Meist wird die Regelstrecke durch ihre Umgebung belastet. Der Einfluß solch einer →Störgröße z wird durch die Übertragungsfunktion $F_L(s)$ charakterisiert.

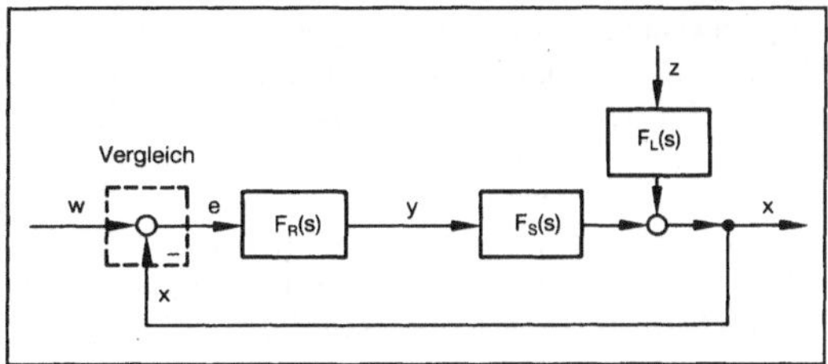

Regelkreis 2: Vereinfachter Wirkungsplan.

Bezogen auf die mögliche Anregung des R. durch Stör- oder Führungsgröße wird er auf sein →Störverhalten oder sein Führungs- bzw. →Folgeverhalten hin untersucht. Dazu wird entweder die Störübertragungsfunktion

$$F_z(s) = \frac{\Delta X(s)}{\Delta Z(S)} = \frac{F_L(s)}{1 + F_0(s)}$$

angesetzt, die angibt, wie eine Störgrößenänderung Δz auf die Regelgröße mit Δx wirkt, oder die Führungsübertragungsfunktion

$$F_w(s) = \frac{X(s)}{W(s)} = \frac{F_0(s)}{1 + F_0(s)}$$

die angibt, wie gut die Regelgröße der Führungsgröße folgt. $F_0(s) = F_R(s)\, F_S(s)$ ist die →Kreisübertragungsfunktion (Ketten- und Kreisschaltung in →Übertragungsglied, linear). Die Abweichung vom theoretischen Idealverhalten wird mit der Fehlerübertragungsfunktion

$$F_e(s) = \frac{1}{1 + F_o(s)}$$

untersucht (→Folgeregelung, →Nachlaufregelung). Stationär, d. h. für $t \to \infty$ wird sie als Regelfaktor r bezeichnet, der dann als Quotient von „bleibender Abweichung mit Regelung durch bleibende Abweichung ohne Regelung" definiert ist, oder analytisch

$$r = \frac{1}{1 + F_0(s)} \Big|_{s=0}$$

Der Regler ist so auszulegen, daß der Regelfaktor möglichst klein wird oder ganz verschwindet (→Festwertregelung).

Alle Übertragungsfunktionen haben denselben Nenner $1 + F_0(s)$, gelegentlich auch als „Effekt der Regelung" bezeichnet. Er bestimmt die Dynamik des R. Als charakteristische Gleichung $1 + F_0(s) = 0$ des Kreises dient der Ausdruck zur Untersuchung der →Stabilität und darauf aufbauend z. B. durch →Polvorgabe zur Reglerauslegung. *Böttiger*

Literatur: *Böttiger, A.*: Regelungstechnik. München 1988.

Regelsetzer, technische. Ein t. R. ist eine Körperschaft (Körperschaften sind Organisationen, Behörden, Firmen und Stiftungen), die auf dem Gebiet der technischen Regelsetzung (Erstellung von technischen Regeln) anerkanntermaßen tätig ist. Die Rechtsformen reichen von privatrechtlichen technisch-wissenschaftlichen Vereinigungen bis zu öffentlich-rechtlichen Körperschaften.

Unter technischen Regeln werden nicht nur →DIN-Normen und Veröffentlichungen anderer privater Regelsetzer (Regelwerkersteller) verstanden, sondern auch rechtsverbindliche Vorschriften (Gesetze, Verordnungen usw.) mit technischen Festlegungen. Die Vielfalt der technischen Regeln spiegelt sich allein schon in den sehr unterschiedlichen Bezeichnungen wider, die die Regelsetzer für die von ihnen herausgegebenen technischen Regeln gewählt haben. Beispiele dafür sind: Normen, Richtlinien, Arbeitsblätter, Merk- und Betriebsblätter, Einheitsblätter, Prüf- und Sicherheitsregeln, Bestimmungen, Schriften, Vorschriften, Verordnungen usw.

Der *DIN-Katalog für technische Regeln,* herausgegeben vom Deutschen Informationszentrum für technische Regeln (DITR) im →DIN Deutsches Institut für Normung e. V. (das einzige Gesamtverzeichnis für technische Regeln in Deutschland), weist rund 50 000 technische Regeln nach. Insgesamt sind in Deutschland etwa 120 verschiedene Regelsetzer tätig. Im allgemeinen läßt sich weder aus der Bezeichnung noch aus dem Inhalt einer technischen Regel auf deren faktische oder rechtliche Bedeutung schließen. Als Regelsetzer treten in Deutschland z. B. folgende Organisationen auf:
- privatrechtliche Organisationen
- öffentlich-rechtliche Körperschaften, Behörden und Dienststellen
- technische Ausschüsse gemäß § 24 Gewerbeordnung (im Bereich überwachungsbedürftiger Anlagen)
- Träger der gesetzlichen Unfallversicherungen.

Die privatrechtlichen Organisationen geben die weitaus meisten technischen Regeln heraus.

Die Arbeitsgemeinschaft Druckbehälter (AD) bei der Vereinigung der Technischen Überwachungs-Vereine (VdTÜV) legt in ihren AD-Merkblättern sicherheitstechnische Anforderungen, Berechnungsverfahren, Prüfungen und Werkstoffe, auch für Sonderfälle im Druckbehälterbau fest. Abwasser- und Abfalltechnik stehen im Mittelpunkt des ATV/VKS-Regelwerkes. Regelsetzer sind die Abwassertechnische Vereinigung e. V. und der Verband Kommunaler Städtereinigungsbetriebe.

Das vom DIN Deutsches Institut für Normung e. V. herausgegebene Deutsche Normenwerk (DIN-Normen, →Normung, technische) ist mit Abstand das größte und hinsichtlich seiner Einbindung in die internationale und europäische Normung sowie aufgrund seines hohen Einführungsgrades auch wichtigste technische Regelwerk.

Das vom DVGW Deutscher Verein des Gas- und Wasserfaches e. V. erstellte DVGW-Regelwerk beinhaltet neben den selbst erstellten Arbeitsblättern, Merkblättern usw. auch einschlägige DIN-Normen. Es befaßt sich in erster Linie mit Fragen der technischen Sicherheit und Hygiene bei Anlagen der Gas- und Wasserversorgung.

Der Deutsche Verband für Schweißtechnik e. V. (DVS) erarbeitet in enger Verbindung mit dem DIN, im Vorfeld der Normung DVS-Merkblätter und -Richtlinien für die speziellen Belange auf dem Gebiet der Schweißtechnik. Die vom Verein Deutscher Ingenieure (→VDI) herausgegebenen →VDI-Richtlinien geben Empfehlungen auf Gebieten der Technik, die noch nicht normungsfähig bzw. normungswürdig sind. Viele VDI-Richtlinien werden nach Bewährung in der Praxis in DIN-Normen überführt.

Beispiele für *öffentlich-rechtliche Körperschaften, Behörden und Dienststellen,* die als t. R. in Erscheinung treten, sind: die Bundesanstalt für Straßenwesen (BAST-Empfehlungen und Technische Bestimmungen), das Bundesbahn-Zentralamt der Deutschen Bundesbahn (z. B. Bundesbahn-Normenwerk, Technische Lieferbedingungen), das Fernmeldetechnische Zentralamt der Deutschen Bundespost TELEKOM (FTZ-Spezifikationen), und der Kerntechnische Ausschuß (KTA-Regeln auf dem Gebiet der Kerntechnik).

Beispiele für *Technische Ausschüsse gemäß § 24 Gewerbeordnung* sind: DAA Deutscher Aufzugsausschuß (Technische Regeln für Aufzüge TRA), DDA Deutscher Dampfkesselausschuß (Technische Regeln für Dampfkessel TRD) und DGA Deutscher Druckgasausschuß (Technische Regeln für Druckgase und Druckbehälter TRG). Die amtliche Bekanntmachung dieser technischen Regeln (TR) wird vom Bundesminister für Arbeit und Sozialordnung im Bundesarbeitsblatt vorgenommen.

Beispiele für die vom *Träger der gesetzlichen Unfallversicherungen* herausgegebenen technischen Regeln sind die Unfallverhütungsvorschriften (UVV) der Bundesarbeitsgemeinschaft der Unfallversicherungsträger der öffentlichen Hand e. V. (BAGUV), des Bundesverbandes der landwirtschaftlichen Berufsgenossenschaften e. V. und des Hauptverbandes der gewerblichen Berufsgenossenschaften e. V., dessen VBG-Vorschriften sowie die ZH-1 Schriften ebenfalls in diesen Bereich der technischen Regeln fallen.

Innerhalb des Systems der technischen Regelsetzung in Deutschland nimmt das DIN Deutsches Institut für Normung e. V. eine zentrale Stellung ein. Dies hat verschiedene Gründe:

– die Funktion des Deutschen Normenwerkes, als Nahtstelle zur internationalen und europäischen Normung,
– die Tatsache, daß nach der DIN-Norm zur Gestaltung technischer Regeln sich praktisch alle technischen Regelsetzer richten,
– die Anerkennung des DIN durch die Bundesregierung, als die zuständige Normungsorganisation im Bundesgebiet,
– das Deutsche Informationszentrum für technische Regeln im DIN (DITR) ist sowohl für das Inland, als auch für das Ausland die Zentrale Informationsstelle für alle zu beachtenden technischen Regeln (regionale EG-Informationsverfahren). Darüber hinaus ist das DIN mit dem ihm angeschlossenen Beuth Verlag auch gleichzeitig die zentrale Bezugsquelle für diese Regeln (DIN Deutsches Institut für Normung e. V.). Ein wesentlicher Grund ist auch darin zu sehen, daß sich die internationale und europäische Harmonisierung (→Normung, internationale →Normung, regionale) technischer Regeln ausschließlich über das DIN vollzieht. Auf Grund seiner zentralen Funktionen ist das DIN darum bemüht, daß die technische Regelsetzung in Deutschland durch die privaten und öffentlichen Institutionen keine Doppelarbeit und Widersprüchlichkeit erzeugt.

Es betreibt daher seit Jahren eine konsequente Politik der Abstimmung und des Ausgleichs mit anderen Regelsetzern. Dies insbesondere auch unter dem Aspekt, daß die Gesamtheit der deutschen Regelungen in die weltweite Harmonisierung mit einbezogen werden muß. *Krieg*

Literatur: *Bachof, O.*: Teilrechtsfähige Verbände des öffentlichen Rechts. Die Rechtsnatur der Technischen Ausschüsse des § 24 Gewerbeordnung. In: Archiv des öffentlichen Rechts. Band 83 (1958), S. 208–279. – DIN-Katalog für technische Regeln. Berlin: Beuth Verlag GmbH, Erscheinungsweise: Jährlich mit monatlichen, kumulierten Ergänzungsheften. – *Götz/Lukes, R.*: Zur Rechtsstruktur der Technischen Überwachungs-Vereine. Heidelberg, 1975, S. 55f. – Handbuch der Normung, Band 1 bis 3. Berlin, 1989. – *Leßmann, H.*: Die öffentlichen Aufgaben und Funktionen privatrechtlicher Wirtschaftsverbände. Schriften zum Wirtschafts-, Handels-, Industrierecht. Band 13. Köln, Berlin, Bonn, München, 1976. – Die Rolle des wissenschaftlich-technischen Sachverstandes bei der Genehmigung chemischer und kerntechnischer Anlagen. Hrsg.: *Nicklisch, F./Schottelius, D./Wagner, H.*: Heidelberg, 1982.

Regelstrecke. Die R. als Teil des →Regelkreises repräsentiert die gegebene Anlage (bzw. den Prozeß), deren Ausgangssignal, die →Regelgröße x, die im Bereich des Arbeitspunktes verharren oder einen bestimmten Funktionsverlauf haben soll, unabhängig von Störungen, gekennzeichnet als →Störgröße z.

Um die genannten Bedingungen einzuhalten, muß eine →Steuerung mit der →Stellgröße y als Ausgang des Reglers möglich sein. Die R. kann durch zwei →Übertragungsfunktionen dargestellt werden (Bild).

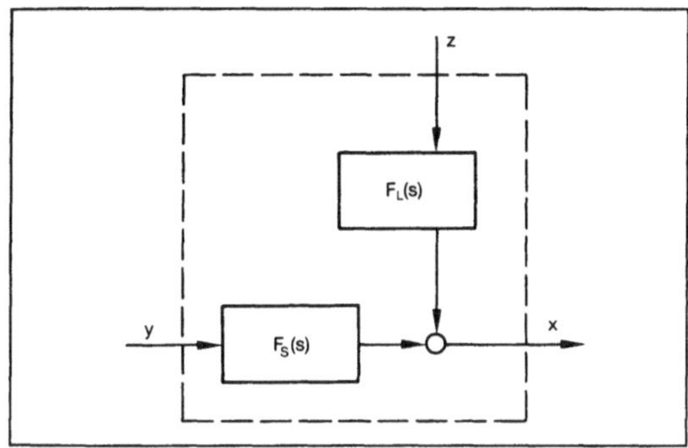

Regelstrecke: Darstellung der R. durch Steuer- und Störübertragungsfunktion.

□ Die Störübertragungsfunktion $F_L(s)$ beschreibt den Einfluß der Störgröße z auf die Regelgröße x bei konstanter Stellgröße y.
□ Die Steuerübertragungsfunktion $F_S(s)$ beschreibt den Einfluß der Stellgröße y auf die Regelgröße x bei konstanter →Störung (meist Belastung).

Man unterscheidet zwei Arten von R.:
– Die R. mit Ausgleich hat stationär ein →P-Übertragungsverhalten, d. h. zu einer konstanten Stellgröße y gehört eine konstante Regelgröße x (im allgemeinen gilt Entsprechendes für die Störgröße z). Beispiel: ein elektrischer Antrieb hat bei konstanter Ankerspannung als Stellgröße eine konstante Drehzahl als Regelgröße; wesentliche Störgröße ist das Lastmoment (→Wendetangentenverfahren).
– Die R. ohne Ausgleich hat stationär ein →I-Übertragungsverhalten, d. h. zu einer konstanten Stellgröße y gehört eine konstante Geschwindigkeit $\dot{x}$ der Regelgröße. Beispiel: ein Behälter mit dem Zufluß y und dem Pegel x. In Nachlaufregelkreisen haben die Regelstrecken keinen Ausgleich. *Böttiger*

Regelung. Die R. ist ein Vorgang, bei dem die zu regelnde Größe (→Regelgröße) fortlaufend erfaßt, mit einer anderen Größe, der →Führungsgröße, verglichen und im Sinne einer Angleichung an die Führungsgröße beeinflußt wird. (DIN 19226 Teil 1).

Im Wesentlichen lassen sich drei Grundprobleme unterscheiden, die eine R. erfordern:
□ Verbesserung des Störverhaltens: Die Drehzahl eines Antriebs fällt ab, wenn seine Belastung zunimmt. Um diesen Störeinfluß zu reduzieren, wird die Drehzahl gemessen und das Signal einem →Regler zugeführt. Dieser vergleicht es mit einem gegebenen Sollwert und erzeugt ein Stellsignal zur →Steuerung des Antriebs (z. B. über Gashebel oder Steuerspannung) (→Festwertregelung).

□ Verbesserung des Folgeverhaltens (→Führungsverhalten): Bei einem Folgeradar soll die Mittellinie des Schirmes auf das zu verfolgende bewegliche Ziel zeigen. Dazu werden die gemessenen Zieldaten mit den Stellungswerten des Schirmes in einem Regler verglichen. Aus der Differenz bildet er Stellsignale, die den Schirm nachführen (→Folgeregelung).
□ Verbesserung der →Stabilität: Beim Prinzip des elektromagnetischen Schwebens, wie es für die Magnetschwebebahn angewendet wird, „hängt“ der Magnet unter der Schiene. Aufgrund der Anziehungskräfte soll ein konstanter Abstand gehalten werden. Das geht nur, wenn der Strom in der Magnetspule abhängig vom Abstand gesteuert wird. Ohne Regelung würde der Magnet vollständig angezogen oder hinunterfallen; diese →Regelstrecke ist instabil.

In der Praxis treten die drei Probleme oft kombiniert auf. Neben dem zweiten und/oder dem ersten Problem ist das dritte, die Stabilität, immer zu berücksichtigen, und sei es nur, um starke Schwingungen zu dämpfen.

Aus allen drei Beispielen ergibt sich als Kennzeichen einer R. (DIN 19226, Teil 1): Kennzeichen einer R. ist der geschlossene Wirkungsablauf, bei dem die Regelgröße im Wirkungsweg des Regelkreises fortlaufend sich selbst beeinflußt.

Allen Regelungsaufgaben gemeinsam ist die Forderung nach größtmöglicher →Genauigkeit und Schnelligkeit, d. h. der Störeinfluß soll so schnell wie möglich verschwinden, oder die Regelgröße soll möglichst schnell gleich der Führungsgröße sein.

Im allgemeinen sind folgende Schritte zum Entwurf einer R. üblich:
- Analyse: Beschreibung der Regelstrecke durch ihr Steuerverhalten und - wenn erforderlich - durch ihr →Störverhalten (Identifizierung)
- Synthese: Berechnung des Reglers oder eines Regelungskonzeptes aufgrund von Forderungen an die R. (Dimensionierung)
- Konstruktion des Reglers als Gerät (Realisierung)

Oft liefert die Synthese eine Reglerfunktion, die sich nur mit sehr großem Aufwand oder überhaupt nicht realisieren läßt. Deshalb ersetzt man diesen Schritt, vor allem, wenn ein konventioneller Regler konzipiert wird, durch die Auswahl des „besten“ Reglers aus einer Gruppe von verfügbaren Reglern (solchen mit →P-, →PI- oder →PID-Übertragungsverhalten) und Festlegung seiner Kennwerte, d. h. statt Synthese erneute Analyse mit dem gewählten Regler.

In diesem Fall erübrigt sich der letzte Schritt, die Realisierung, weil die konventionellen Regler im Handel erhältlich sind, z. B. als elektrische oder digitale Regler. *Böttiger*

Literatur: *Böttiger, A.:* Regelungstechnik. München 1988.

Regelung, adaptive. Ein adaptiver Regler paßt sein →Übertragungsverhalten den sich ändernden Eigenschaften des zu regelnden Prozesses (→Regelstrecke) oder seiner Signale an. Er wird dann eingesetzt, wenn sich die →Parameter des Prozesses mit der Zeit (z. B. durch Alterung) oder abhängig von der Umgebung (z. B. mit dem Luftdruck, mit der Temperatur) verändern, oder wenn sie unbekannt sind. Manchmal kann ein adaptiver Regler bei einer nichtlinearen Regelstrecke ein besseres Regelkreisverhalten bewirken als ein konstanter Regler.

In der Literatur werden im wesentlichen drei Konzepte der a. R. genannt:
□ Beim *Gain-Scheduling* (Bild a), werden die Reglerparameter r_i anhand einer Parameter-Liste (r_i-Liste) in Abhängigkeit von Hilfsgrößen des zu regelnden Prozesses verstellt. Letztere enthalten Informationen über Änderungen der Prozeßdynamik. Für dieses Konzept müssen die physikalischen Zusammenhänge des Prozesses gut bekannt sein. Ursprünglich war das Ziel, die →Kreisverstärkung

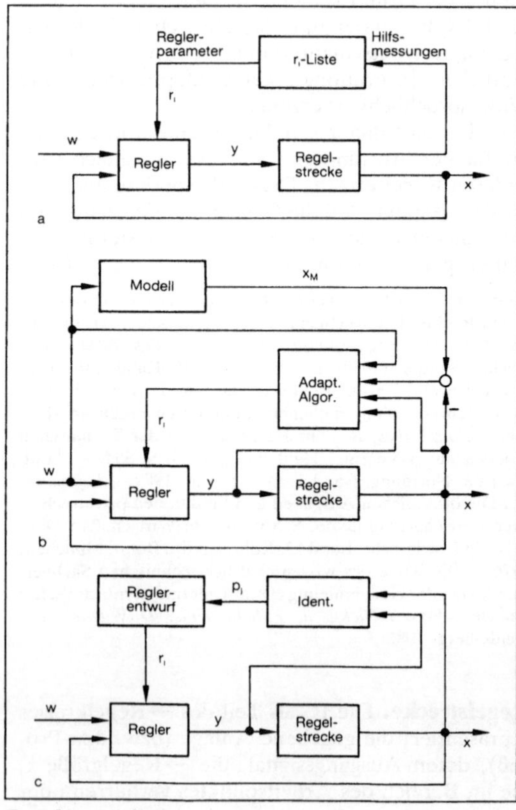

Regelung, adaptive: Konzepte.
a) A. R. mit Gain-Scheduling
b) A. R. nach dem Modell-Referenz-Verfahren (MRAS)
c) A. R. nach dem Self-Tuning-Verfahren (STR).

(*engl.* gain = Verstärkung) konstant zu halten. Scheduling (*engl.* = Zeit- oder Ablaufplan) schreibt die Abhängigkeit zwischen Hilfsgrößen und Reglerparametern vor. Der Begriff Gain-Scheduling wurde dann auch für andere Anpassungen beibehalten, z. B. bezüglich Frequenz und Amplitude eines →Grenzzyklus. Kommerzielle adaptive Regler, vor allem digitale Regler, geben in gewissen Abständen, wenn gerade keine Regelung abläuft, ein Testsignal auf die Regelstrecke (z. B. eine Sprungfunktion) und werten die Antwort zur Einstellung der Reglerkennwerte aus. Beim Gain-Scheduling handelt es sich um einen fest vorgegebenen Zusammenhang ohne Kontrolle und damit um eine gesteuerte adaptive Regelung.

□ Für das *Modell-Referenz-Verfahren* (*engl.* MRAS, Model Reference Adaptive System) wird das gewünschte Verhalten des Regelkreises, z. B. das →Führungsverhalten (Bild b), als →Modell vorgegeben. Aus dem Unterschied zwischen Modellregelgröße x_M und Prozeßregelgröße x werden über einen adaptiven Algorithmus die Reglerkennwerte r_i berechnet und eingestellt. Das Modell kann als Gerät aufgebaut werden (z. B. als elektrisches Analog) oder auf dem →Prozeßrechner softwaremäßig dargestellt werden. Das ganze System besteht aus zwei Schleifen: der ursprüngliche →Regelkreis und der übergeordnete Kreis zur Anpassung des Reglers. Diese Struktur erschwert die Überprüfung der →Stabilität.

□ Beim *Self-Tuning-Verfahren* (*engl.* STR, Self Tuning Regulator = Selbsteinstellender Regler) werden aus →Stell- und →Regelgröße mittels eines Identifikations-Algorithmus Prozeßparameter p_j geschätzt und aus ihnen in einem Entwurfs-Algorithmus die Reglerkennwerte r_i ermittelt (Bild c). Man bezeichnet dieses Konzept als explizites oder indirektes Verfahren im Gegensatz zu einem vereinfachten, dem impliziten oder direkten Verfahren, bei dem die Reglerparameter direkt geschätzt werden. Auch hier sind zwei Regelkreise verkoppelt, wodurch Stabilitätsprobleme entstehen können.

Diese drei Verfahren werden auf Mehrgrößensysteme übertragen, indem man die Regelgröße durch den Zustandsvektor $\underline{x}$ (ggf. durch den Ausgangsvektor $\underline{v}$), die →Stellgröße durch den Steuervektor $\underline{u}$ und die →Führungsgröße durch den Führungsvektor $\underline{w}$ ersetzt (→Zustandsgrößen, →Zustandsregelung).

In der Praxis werden diese Verfahren auch kombiniert angewendet. Ganz allgemein sind zur Regleranpassung drei Schritte erforderlich:

– Erkennen oder Identifikation des Prozesses, seiner Parameter oder von Änderungen in der Prozeßdynamik,
– Entscheidung (*engl.* Decision) über die Anpassung des Reglers,
– Durchführung oder Modifikation, d. h. Einstellung des Reglers.

Zur Entscheidung über die Regleranpassung dienen Kriterien. Als Festwertkriterium ist die Vorgabe von →Amplituden- und →Phasenrand (Frequenzbereich) denkbar oder die Forderung nach einem bestimmten →Dämpfungsgrad oder einer Überschwingweite (Zeitbereich). Es kann auch die Pol-Nullstellen-Konfiguration (→Übertragungsfunktion) vorgeschrieben werden. Häufig wird als Kriterium ein Güteindex definiert, der durch die Anpassung einen Extremwert (meist einen Minimalwert) annehmen muß. Man spricht dann von Extremwertregelung (→Regelung, optimale).

Verfahren der a. R. werden angewendet in der Luft- und Raumfahrt. Denn bei Flugzeugen und Raketen ändert sich das dynamische Verhalten mit Treibstoffverbrauch, Beladung, Geschwindigkeit, Höhe, Beschaffenheit der Luft und anderen Faktoren. Ebenso findet man a. R. bei chemischen Prozessen und Kernreaktoren, da ihre Eigenschaften z. B. von Temperaturänderungen oder Änderungen der Katalysatoraktivität beeinflußt werden.

Böttiger

Literatur: *Aström, K. J.*: Theory and Applications of Adaptive Control – A Survey. Automatica 19 (1983) Nr. 5, S. 471–480. – *Böcker, J.* und *I. Hartmann, Ch. Zwanzig:* Nichtlineare und adaptive Regelungssysteme. Berlin 1986. – *Unbehauen, H.*: Regelungstechnik III. Braunschweig 1985. – *Unbehauen, H.* (Hrsg.): Methods and Applications in Adaptive Control. Berlin 1980. – *Weber, W.*: Adaptive Regelungssysteme. München 1971.

Regelung, digitale →Regler, digitaler

Regelung, direkte digitale. Auch: direkte digitale Steuerung (*engl.* DDC, Direct Digital Control). Diese Bezeichnung wurde eingeführt, als man anfing, die zu regelnden Anlagen direkt mit dem →Prozeßrechner anzusteuern.

Da inzwischen die Digitalrechner immer kleiner und leistungsfähiger geworden sind, und viele Einzelregler (Kompaktregler) Mikroprozessoren enthalten, spricht man nur noch von einer digitalen Regelung oder einem digitalen →Regler. Ein Prozeßrechner wird eingesetzt zur Regelung mehrerer Prozesse oder Anlagen, und er muß zusätzlich Überwachungs- und Dokumentationsaufgaben übernehmen. *Böttiger*

Regelung, optimale. Eine o. R. ist so ausgelegt, daß das System (oder der →Regelkreis) ein optimales Verhalten zeigt. Zur Bewertung dessen, was im jeweiligen Anwendungsfall unter optimal zu verstehen ist, muß ein Gütemaß oder Gütekriterium gegeben sein.

Allgemein unterscheidet man zwischen statischer Optimierung, bei der nur der stationäre Zustand bewertet wird (z. B. Festlegung des optimalen Arbeitspunktes), und dynamischer Optimierung, bei der auch der Übergang vom Anfangs- in den Endzustand optimal ablaufen soll. Letztere wird unterteilt in →Parameter-Optimierung, wenn die Reglerkonfiguration gegeben ist und nur die besten Kennwerte gesucht sind, und in Struktur-Optimierung, wenn die optimale Reglerstruktur mit den zugehörigen optimalen Kennwerten zu bestimmen ist. Bei der o. R. geht es überwiegend um dynamische Optimierung.

Für den einfachen Regelkreis wird der →Regler (mit →P-, →PI- oder →PID-Übertragungsverhalten) gegeben. Zusätzlich wird die Eingangsfunktion vorgeschrieben. Meistens wird das →Führungsverhalten (→Folgeregelung) optimiert und somit die →Führungsgröße als Sprung- oder Anstiegsfunktion angesetzt. Dem Gütekriterium wird die →Regeldifferenz e(t), der Folgefehler, zugrunde gelegt. Dabei ist zu prüfen, ob der bleibende Fehler $e_\infty = \lim_{t\to\infty} e(t)$ verschwindet; sein Wert ist vom Reglertyp und von der →Kreisverstärkung abhängig. Das Gütekriterium als Zeitintegral über einer Funktion von e(t) muß durch geeignete Festlegung der Reglerkennwerte (K, T_n, T_v) zu einem Minimum gemacht werden, d. h.

$$I\,(K, T_n, T_v) = \int_0^\infty L(t)\,dt \rightarrow \text{Min.}$$

Wegen der Integration wird der Begriff „Regelfläche" verwendet. Man unterscheidet drei Kriterien:

□ Das ISE-Kriterium als Integral des Fehlerquadrates (*engl.* Integral of Squared Error), die quadratische Regelfläche mit $L(t) = (e(t) - e_\infty)^2$

□ Das IAE-Kriterium als Integral des absoluten Fehlers (*engl.* Integral of Absolute Error), die Betragsregelfläche mit $L(t) = |\,e(t) - e_\infty\,|$

□ Das ITAE-Kriterium als Integral des zeitlich gewichteten absoluten Fehlers (*engl.* Integral of Time-weighted Absolute Error) mit $L(t) = t\,|\,e(t) - e_\infty\,|$

Alle drei Kriterien liefern gutes dynamisches Verhalten mit einem →Dämpfungsgrad $0{,}5 < d < 1{,}0$. Man wählt meist das Integral, das sich am besten berechnen und minimieren läßt.

Strukturoptimierung wird eigentlich nur für Mehrgrößensysteme, speziell für Zustandsregelungen entworfen. Das Gütekriterium bewertet im allgemeinen den Endzustand zum Zeitpunkt t_e und das zeitliche Integral über einer Funktion des Zustandsvektors $\underline{x}(t)$ und des Steuervektors $\underline{u}(t)$ (→Zustandsgrößen). Die mathematische Formulierung der Optimierungsaufgabe lautet dann: Man bestimme die optimale Steuerfunktion $\underline{u}(t)$ oder das optimale Regelgesetz $\underline{u}(\underline{x})$ durch Minimieren des Funktionals

$$I(\underline{u}) = S\,(\underline{x}\,(t_e),\, t_e) + \int_{t_0}^{t_e} L\,(\underline{x}\,(t),\, \underline{u}\,(t),\, t)\,dt$$

mit der Prozeßdynamik $\dot{\underline{x}}\,(t) = \underline{f}\,(\underline{x}\,(t), \underline{u}\,(t), t)$ als Nebenbedingung und den Randbedingungen $\underline{x}\,(t_0) = \underline{x}_0$ sowie $\underline{g}\,(\underline{x}\,(t_e), t_e) = \underline{0}$. Oft gibt es noch Beschränkungen bezüglich Zustandsgrößen (z. B. maximale Beschleunigung oder Geschwindigkeit) vor allem aber der Steuergrößen (Stellbereiche). Meistens arbeitet man mit linearen oder linearisierten Systemen, so daß die Prozeßdynamik der linearen Vektordifferentialgleichung $\dot{\underline{x}} = \underline{A}\,\underline{x} + \underline{B}\,\underline{u}$ gehorcht. Die Zeit t tritt explizit nur in zeitvarianten Systemen auf. Die Vektorfunktionen $\underline{f}$ und $\underline{g}$ sowie die skalaren Funktionen S und L müssen zweimal stetig nach ihren Variablen differenzierbar sein; ferner müssen S und L positive Funktionen sein. Wird die Zeit t_e nicht festgelegt, d. h. ist die obere Grenze $t_e \rightarrow \infty$ zugelassen, dann wird die Funktion $S\,(\underline{x}\,(t_e), t_e) = 0$

Technisch interessant sind folgende Anforderungen an die Optimierung

□ Minimaler Energiebedarf (energieoptimal), der Steuervektor $\underline{u}$ geht quadratisch in die Funktion L ein

□ Minimaler Verbrauch (verbrauchsoptimal), der Steuervektor $\underline{u}$ geht betragsmäßig in die Funktion L ein

□ Minimale Zeitdauer (zeit- oder schnelligkeitsoptimal), $L(.) = 1$

Hieraus erklären sich auch die Begriffe Kosten- oder Straffunktion für das Gütekriterium.

Übliche Verfahren zur Lösung des Optimierungsproblems sind die Variationsrechnung nach *Hamilton* und das Maximum-Prinzip von *Pontrjagin*. Jedoch liefern sie meist nur, wenn eine Lösung existiert, eine optimale Steuerfunktion $\underline{u}(t)$. Ein optimales Regelgesetz $\underline{u}(\underline{x})$ ist schwer oder gar nicht zu finden. Das Dynamische Programmieren nach *Bellman* kann ein Regelgesetz liefern; dazu ist aber eine ungeheure Rechnerkapazität erforderlich. Deshalb wird, wo vertretbar, ein „quadratisches Gütekriterium" gewählt. Es ist eine Art Energiefunktion und enthält quadratische Formen von Zustands- und Steuervektor. Die Variationsrechnung liefert ein lineares Regelgesetz $\underline{u} = \underline{K}\,\underline{x}$, den *Riccati*-Regler, d. h. die Struktur ist dann bekannt, und der Algorithmus dient zur Berechnung der Rückführungs-Matrix $\underline{K}$.

Gelegentlich findet man die Begriffe „off-line Optimierung" und „on-line Optimierung". Die erstere berechnet das Konzept im voraus, und die Regelung wird fest eingestellt. Bei der letzteren wird während des Betriebes immer wieder neu optimiert. Diese Extremwertregelung ist ein Sonderfall der adaptiven →Regelung. *Böttiger*

Literatur: DIN 19236: Optimierung. – *Föllinger, O.:* Optimierung dynamischer Systeme. München 1985. – *Unbehauen, H.:* Regelungstechnik III. Braunschweig 1985. – *Weihrich, G.:* Optimale Regelung linearer deterministischer Prozesse., München 1973.

Regelung, robuste. Durch Entwurf einer r. R. sollen trotz Parameteränderungen der →Regelstrecke gewünschte Systemeigenschaften innerhalb gegebener Grenzen bleiben.

Solche Systemeigenschaften sind Stabilitätsreserven (z. B. →Amplituden- und →Phasenrand), Schnelligkeit, maximale Überschwingweite oder stationäre Genauigkeit. Der robuste Regler hat konstante Kennwerte und stellt somit für viele Anwendungsfälle eine preiswerte Alternative zum adaptiven oder selbsteinstellenden →Regler dar (→Regelung, adaptive). *Böttiger*

Literatur: *Ackermann, J.:* Abtastregelung. Bd. II: Entwurf robuster Systeme. Berlin 1983.

Regelungstechnik. R. ist die Wissenschaft von der gezielten Beeinflussung dynamischer Prozesse während des Prozeßablaufs (unabhängig von der speziellen Natur des Prozesses) und von der Anwendung der hierbei entwickelten Methoden zur Systembeschreibung und -untersuchung (*O. Föllinger,* Karlsruhe). Sie ist die Grundlage zur Automatisierung (→Regelung, →Regelkreis). *Böttiger*

Regelungsverfahren für Industrieroboter. Aufgabe einer Industrieroboter (IR)-Bahnsteuerung ist, die Positionen (Lagen) und Geschwindigkeiten der IR-Achsen, die mittels interner Sensoren (Resolver oder Winkelcodierer, Tachogenerator) gemessen werden, so zu regeln, daß die IR-Hand der Sollbahn und Soll-Orientierung, festgelegt durch eine Bahnberechnung, möglichst gut folgt. Eine allgemeine Struktur der IR-Lageregelung zeigt Bild 1. Der Stellgrößenvektor $\underline{F}$ wird abhängig von den Regelabweichungsvektoren $\underline{e}$ und $\underline{\dot{e}}$ durch den Mehrgrößenregler festgelegt. Regelgrößen sind der Positionsvektor $\underline{q}$ und der Geschwindigkeitsvektor $\underline{\dot{q}}$. Führungsgrößen sind der Referenzpositionsvektor $\underline{q}$ und der Referenzgeschwindigkeitsvektor $\underline{\dot{q}}$.

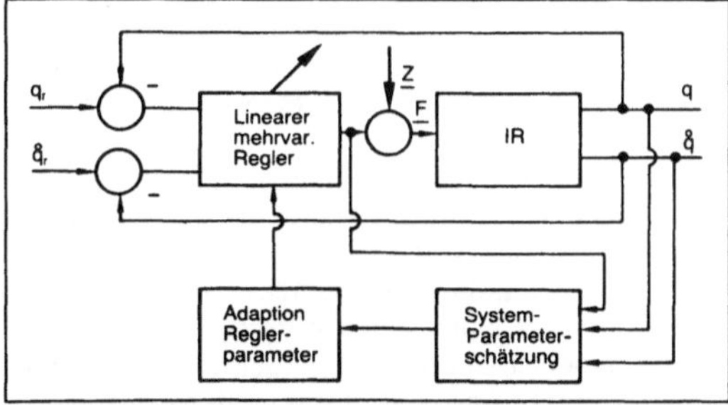

Regelungsverfahren 1: Struktur eines allgemeinen Industrieroboter-Lageregelkreises.

Der Reglerentwurf für eine IR-Regelung kann durch die Nichtlineratäten sowie durch die dynamischen Kopplungen der IR-Achsen der Gleichung (→Kinetik)

$$\underline{F} = \underline{\underline{M}}(q)\,\ddot{q} + \underline{\underline{H}}\,\dot{q} + f(q, \dot{q}) + g(q) \qquad (1)$$

erschwert sein. Für den Reglerentwurf bieten sich unterschiedliche Verfahren an

- Reglerentwurf mit Entkopplung
- Reglerentwurf ohne Entkopplung
- adaptiver Reglerentwurf.

□ Reglerentwurf mit Entkopplung:

Eine ideale Entkopplung bei gleichzeitiger →Linearisierung ergibt sich, wenn es gelingt, vor den Eingang der mehrvariablen, verkoppelten →Regelstrecke ein Entkopplungsfilter zu schalten, in dem das Systemverhalten vollständig invertiert wird. Bei IR sind die Bewegungsgleichungen mit dem inversen Systemmodell identisch und entsprechen dem gesuchten Entkopplungsfilter. Bild 2 zeigt eine Positionsregelung (→Lageregelung) eines IR mit Entkopplung. Die Entkopplung ermöglicht einen getrennten, anwendungsspezifischen Reglerentwurf für jede Achse des IR.

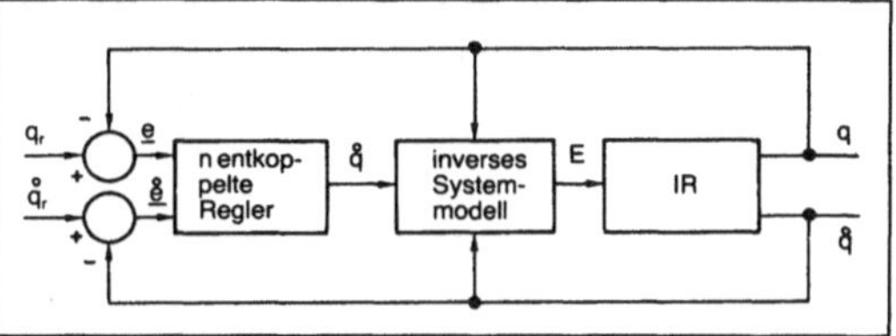

Regelungsverfahren 2: Positionsregelung eines Industrieroboters mit Entkopplung.

Für das Fahren von off-line-berechneten, gespeicherten Bahnen kann es sinnvoll sein, lineare PID-Regler der Struktur

$$\dot{q} = k_{1i} \int (q_{ri} - q_i)\,dt + k_{2i}\,(q_{ri} - q_i) + k_{3i}\,(\dot{q}_{ri} - \dot{q}_i) \qquad (2)$$
$$(i = 1, \ldots, 6)$$

einzusetzen. Durch geeignete Wahl der Parameter k_{1i}, k_{2i} und k_{3i} kann ein optimales Führungs- und →Störverhalten vorgegeben werden.

Bei anderen Handhabungsaufgaben, bei denen es weniger auf die Bahntreue als auf Schnelligkeit der Fahrt zwischen zwei Punkten (→Punkt-zu-Punkt-Steuerung) ankommt, wird es sinnvoller sein, nichtlineare, zeitoptimale bzw. suboptimale Regelungsalgorithmen einzusetzen.

Für bestimmte anspruchsvolle Handhabungsaufgaben, bei denen mehrere Gütekriterien miteinander zu verknüpfen sind, erweisen sich strukturvariable →Regler im Einsatz günstig. Strukturvariabilität besteht z. B. dann, wenn der Regler Zeitoptimalität im Großsignalbereich und überschwingfreies PID-Verhalten im Kleinsignalbereich besitzt.

Ein anderes strukturvariables Regelungskonzept, die *Sliding-Mode*-Regelung, geht davon aus, in dem durch die Regelabweichungen $\underline{e}$ und $\dot{\underline{e}}$ gebildeten →Zustandsraum Schaltebenen einzuführen. Während der Bewegung des IR wird nun unendlich oft zwischen diesen Schaltebenen durch das Regelungsgesetz geschaltet, so daß der IR exponentiell gegen die gewünschte Endlage strebt. Das Regelungsgesetz führt in diesen „Gleitmode" während des Prozeßverlaufes zu einer Entkopplung und Linearisierung.

Eine alternative Form der Entkopplung ergibt sich durch die Einführung einer hierarchischen Mehrebenenregelung. Hier wird jeder Achse ein dezentraler Regler zugeordnet. Dieser Regler hat die Aufgabe, Nichtlinearitäten zu kompensieren und eine lineare Regelung durchzuführen. Die Führung der dezentralen Achsregelung übernimmt ein zentraler Koordinator, so daß eine Entkopplung und Synchronisation der Subsysteme entsteht.

Das Prinzip der Entkopplung läßt sich nicht nur auf den internen Systemzustand ($\underline{q}$, $\dot{\underline{q}}$), sondern auch auf den extremen Systemzustand der IR-Hand ($\underline{p}$, $\dot{\underline{p}}$) im kartesischen Weltkoordinatensystem anwenden. Eine externe Entkopplung eröffnet die Möglichkeit, die kartesische Position und Orientierung der IR-Hand, gemessen durch externe Sensoren, unmittelbar unter Umgehung störender Elastizitäten, Lose und Reibungen in den Achsen zu regeln. Die Regelungsalgorithmen mit Entkopplung sind in der Realisierung allerdings sehr umfangreich und sollten auf einem eigenen →Mikrorechner oder sogar auf einem Mehrprozessorsystem implementiert werden.

□ Reglerentwurf ohne Entkopplung

Der Aufwand, eine Entkopplung zu berücksichtigen, läßt sich dann umgehen, wenn aufgrund spezieller IR-Konstruktionen und/oder Handhabungsaufgaben Terme der Nichtlinearitäten und der Kopplungen vernachlässigbar klein sind. Auch hier wird der Reglerentwurf für jede Achse des IR getrennt durchgeführt.

Ein mögliches Regelungskonzept ist die bei heutigen Industrierobotern anzutreffende →Kaskadenregelung, die aus dem in der Antriebstechnik üblichen Drehzahlregelkreis (Geschwindigkeit) und einem überlagerten Lageregelkreis besteht. Kennzeichen einer Kaskadenregelung ist, daß mehrere Regelkreise vermascht sind, so daß die Regelgrößen der inneren Kreise die Stellgrößen für die äußeren Kreise bilden. Der innere Drehzahlregelkreis kann als P- oder PI-Regler, der übergeordnete Lageregelkreis als PI-Regler ausgelegt werden. Diese konventionellen Kaskadenregelungen lassen sich bei einem Minimum von apriori-Kenntnissen auf analog-(Drehzahlregler)/digitalen(Lageregelung) Hardwarestrukturen mit geringem Aufwand implementieren.

Anspruchsvoller ist eine prädiktive Achsregelung. Mit Hilfe eines einfachen internen Achsmodells kann das Systemverhalten innerhalb eines vorgebbaren Zeithorizonts voraus berechnet werden. Für die betrachtete Achse wird eine Referenzkurve berechnet, entlang der die aktuelle (abgewichene) Position innerhalb des Zeithorizontes weich in den Sollzustand überführt werden kann. Basierend auf dem internen Modell wird eine Stellstrategie für den Motorstrom entwickelt, die eine minimale Abweichung von der Referenzkurve gewährleistet. Nach Ausführung des ersten Stellaktes wird die Berechnung auf der Grundlage der neuen aktuellen Achsenposition wiederholt. Der Regleralgorithmus ist auf einem →Mikroprozessor zu implementieren.

□ Adaptive Regelung

Die Mehrzahl der adaptiven Regelungsalgorithmen geht davon aus, das Systemverhalten der IR, das durch Positions- und Geschwindigkeitsabhängigkeit seiner Massenmatrix und Kopplungssysteme gekennzeichnet ist, als ein mehrvariables, lineares, zeitinvariantes Systemmodell zu beschreiben. Mit Hilfe geeigneter On-Line-Identifikationsverfahren lassen sich dessen veränderliche Modellparameter, auf deren Grundlage die Parameter des gewählten Regelungsalgorithmus ermittelt und entsprechend nachgestellt werden, rekursiv bestimmen (Bild 3).

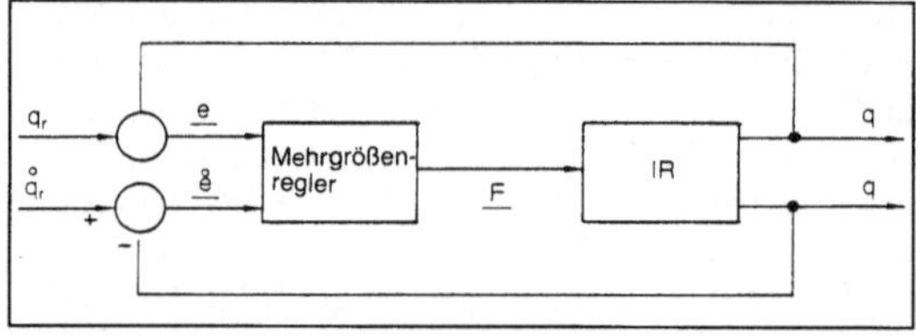

Regelungsverfahren 3: Adaptive Positionsregelung.

Gegenüber den Regelungsalgorithmen mit Entkopplung weisen die adaptiven Regelungsalgorithmen zwei Vorteile auf. Es kann von einfachen linearen Modellstrukturen ausgegangen werden und reale Massenschwankungen (z. B. verursacht durch die veränderliche Masse des Handhabungsobjektes) werden berücksichtigt. Der hohe Rechenaufwand des iterativen Identifikationsalgorithmus sowie der Adaption verlangen eine Implementierung auf Mikrorechnersystemen.

Der Entwurf von IR-Regelungen sollte durch vergleichende Untersuchungen über deren Vor- und Nachteile mit Hilfe von Simulationen, z. B. blockorientierten Simulationssprachen, durchgeführt werden. Hierbei kann gleichzeitig die →Stabilität und das Überschwingverhalten der Regelung bei Punkt-zu-Punkt- und Bahnfahren überprüft werden.

Der Einsatz von IR für genaue Positionierungs- oder Bearbeitungsaufgaben erfordert eine ständige genaue Messung von Position und Orientierung der Roboterhand. Auch soll im Verlauf der Zeit die zu verfahrende Bahn des IR unverändert bleiben. Diese Positions- und →Wiederholgenauigkeit der Bahn läßt sich mit der indirekten Messung der Position über Resolver oder Winkelcodierer nur ungenau messen, da die Kinematik von IR nicht frei von Elastizität und Lose ist. Eine Möglichkeit zur Verbesserung der Messung der Position ist der Einsatz von laseroptischen oder ultraschalltechnischen externen Meßverfahren. *Steusloff*

Literatur: *Jacubasch* et. al.: Anwendung eines neuen Verfahrens zur schnellen und robusten Positionsregelung von Industrierobotern. Robotersysteme (1987) Nr. 3, S. 129–138. – *Patzelt, W.*: Zur Lageregelung von Industrierobotern auf der Grundlage des inversen Systems. Dissertation, Universität Duisburg, 1982. – *Rössler, J.*: A decentralized hierarchical control concept for large reale systems. Proc. 2nd IFAC Symp. on large scale Systems, Toulouse, France, 1980. – *Sinning, H.*: Steuerung und Regelung der Bewegungsachsen von Handhabungseinrichtungen. München–Wien 1980. – *Utlin, V.*: Variable structure systems with sliding modes. IEEE Trans. Autom. Control. AC-22 (1977), S. 212–222.

Registriergerät. Registrierende oder schreibende Meßgeräte gehören zu den Ausgabegeräten einer →Meßeinrichtung (→Meßgerät). Sie zeichnen den Verlauf einer Meßgröße als Funktion der Zeit oder einer anderen Größe fortlaufend auf. Im praktischen Einsatz befinden sich häufig →Schreiber mit elektrischer oder pneumatischer Eingangsgröße. Andere Meßgrößen werden durch geeignete Meßaufnehmer oder →Meßumformer zweckmäßig in elektrische oder pneumatische Meßsignale umgeformt und sind so ebenfalls registrierbar. Die von schreibenden Meßgeräten gelieferten Diagramme oder Schriebe dokumentieren den Ablauf z. B. von Laborversuchen, Betriebsvorgängen und Betriebsstörungen. Für die verschiedenen Anwendungsfälle gibt es eine Vielzahl von Gerätearten, die sich insbesondere unterscheiden bezüglich der Meßsysteme und der Schreibsysteme. Nachstehend sollen wegen ihres universellen Einsatzes bevorzugt schreibende Meßgeräte mit elektrischer Eingangsgröße behandelt werden.

□ Meßsysteme. Langsam veränderliche Größen lassen sich kostengünstig mit Meßwerkschreibern registrieren. Diese Geräte besitzen ein klassisches Meßwerk (z. B. Drehspule, Meßgerät, elektrisches), auf dessen Zeiger eine Schreibeinrichtung montiert ist. Der Vorschub des Registrierpapiers erfolgt senkrecht zur Achse der Drehspule durch ein Federwerk oder einen Synchronmotor. Es ergibt sich ein fortlaufender oder punktförmiger Kurvenzug, die Meßgröße wird als Funktion der Zeit dargestellt. Dabei ist für eine Aufzeichnung in rechtwinkligen Koordinaten eine mechanische Geradführung (z. B. Ellipsenlenker, Koppellenker) erforderlich, die den Winkelausschlag des Meßwerks in eine möglichst lineare, geradlinige Bewegung der Schreibfeder umsetzt.

Ein →Kompensationsschreiber ist ein automatisierter →Gleichspannungskompensator (Bild 1) der mit einer Servoeinrichtung selbsttätig den Abgleich herbeiführt (→Kompensations-Meßverfahren). Die Meßspannung U_y wird mit einer Kompensationsspannung U_K verglichen, die Spannungsdifferenz ΔU wird verstärkt und auf einen Meßmotor M gegeben, der z. B. über ein Schleifdraht-Potentiometer die Kompensationsspannung so lange verändert, bis die Differenz zu null geworden ist. Die Stellung des Schleifers am Potentiometer ist ein Maß für die Meßspannung. Auf der Motorachse ist eine Seilscheibe befestigt; ein von ihr angetriebenes Seil zieht einen Schlitten mit der Schreibeinrichtung auf einer Führungsschiene. Diese Seilgeradführung arbeitet fehlerfrei, so daß sich eine nahezu lineare Kennlinie ergibt. In Bild 1 sind der Abgriff eines linearen Potentiometers und das Schreibsystem direkt miteinander verbunden. Als Stellungsabgriffe werden neben Potentiometern auch verschleißfreie Meßaufnehmer (→Meßaufnehmer, kapazitiver) eingesetzt. Zusammen mit linearen Stellungsabgriffen sind als Meßmotoren auch Linearmotoren möglich. Durch das hohe Drehmoment bzw. die hohe Zugkraft des Meßmotors läßt sich gegenüber den Meßwerkschreibern eine höhere Schreibgeschwindigkeit und wegen der größeren bewegbaren Massen ein robusterer Aufbau des Schreibsystems erreichen. Ebenfalls günstig ist der große Eingangswiderstand des Servosystems, so daß die Meßspannung nahezu ideal erfaßt wird. Erkauft werden diese Vorteile mit einem höheren technischen Aufwand und – besonders bei Potentiometerabgriffen – mit einer gewissen Störanfälligkeit des Abgriffsystems. Moderne Kompensationsschreiber verdrängen mehr und mehr die klassischen Meßwerkschreiber.

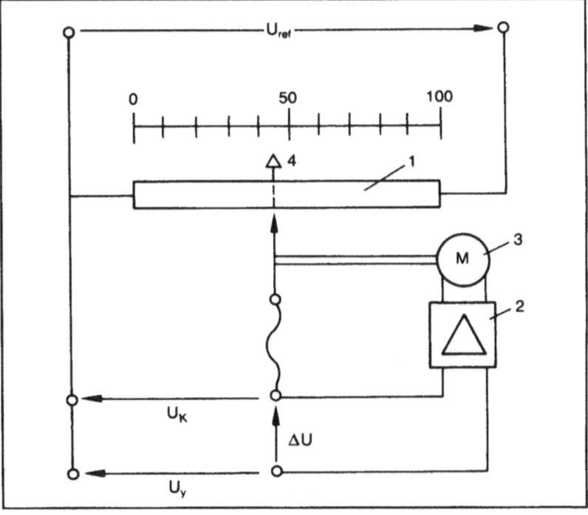

1 Meßpotentiometer, 2 Differenzverstärker, 3 Meßmotor, 4 Schreibwerk

Registriergerät 1: Prinzipschaltung eines Kompensationsschreibers.

Servosysteme mit Schrittmotor benötigen kein Meßpotentiometer. Hier wird das Eingangssignal in einen Digitalwert umgesetzt (→Analog/Digital-Umsetzer). Der Meßmotor wird dann um die Anzahl von Schritten weitergedreht, die der Differenz zwischen dem momentanen und dem vorhergehenden Digitalwert entspricht. Bei diesem Verfahren können Zählfehler auftreten, die einer Korrektur bedürfen. Ein anderes Verfahren mit Schrittmotor stellt die Stellung des Schreibsystems mit Hilfe eines absolut kodierten Maßstabs fest (→Längen- und Winkelmessung), so daß sich eine Zählfehlerkontrolle erübrigt. Diese Systeme sind besonders geeignet für jene Ausgabegeräte von Digitalrechnern, auf denen Kurven ausgegeben und beschriftet werden (Plotter, Zeichengerät).

□ Schreibsysteme, Schreiberbauarten. Die technische Ausführung des Schreibsystems wird wesentlich dadurch bestimmt, wieviele langsam- oder schnellveränderliche Meßgrößen vorliegen, ob die Registrierung kontinuierlich (→Linienschreiber) oder nur zu bestimmten Zeitpunkten (Punktschreiber) erfolgt.

□ Linienschreiber. Ein Großteil aller Schreiber für Frequenzbereiche unter 1 Hz ist mit einem Tintensystem (Röhrenfeder und Tintentank) oder mit einem Faserstiftsystem ausgestattet. Das Aufbauprinzip eines Schreibers mit Kompensationsmeßwerk für den Einsatz in Labor oder Betrieb ist in Bild 2 dargestellt. Üblich sind bei derartigen Schreibern bis zu zehn parallele Kanäle, bis zu 250 mm Schreibbreite und mit den eingebauten Meßverstärkern empfindliche Meßbereiche bis unter 0,5 mV bei voller Schreibbreite.

Wenn jeder der n parallelen Kanäle die ganze Schreibbreite überstreichen kann, ergäbe sich bei

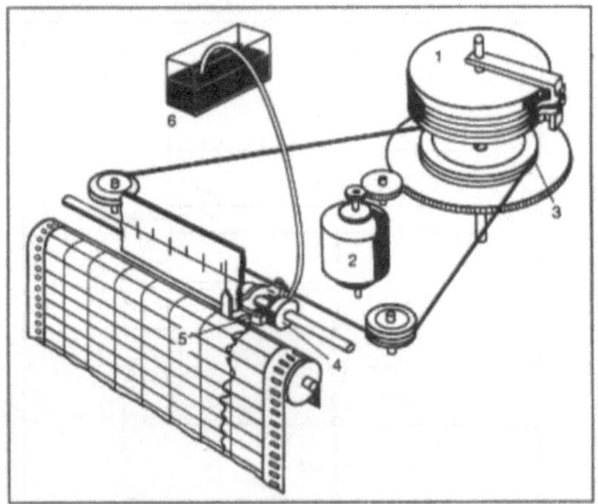

1 Meßpotentiometer, 2 Meßmotor, 3 Seilscheibe, 4 Schreibwagen, 5 Schreibfeder, 6 Tintentank

Registriergerät 2: Kompensations-Linienschreiber Kompensograph, Aufbauprinzip. (Quelle: Siemens AG)

gleichzeitiger direkter Registrierung der verschiedenen Kanäle ein zeitlicher Versatz der einzelnen Schriebe. Deshalb gibt es Schreiber mit n-1 Zwischenspeichern, die n-1 Meßsignale so lange verzögern, bis das bewegte Papier unter der jeweiligen Feder angekommen ist.

Zum kontinuierlichen Aufzeichnen schnellveränderlicher Meßgrößen eignen sich Tintenstrahl-, Thermo- und Lichtschreiber. Bei einem Tintenstrahlschreiber wird eine Schreibflüssigkeit unter hohem Druck durch eine feine Spritzdüse (ca. 10 µm), die mit dem Meßwerkzeiger verbunden ist, auf den Registrierstreifen gespritzt. Der Schreibarm üblicher Schreiber ist hier also durch einen Tintenstrahl ersetzt. Bei einem Thermoschreiber bewegt sich ein beheizter Schreibstift über ein chemisch präpariertes Papier, wodurch der Kurvenzug entsteht. Die beiden letztgenannten Schreibertypen werden in der Regel als Meßwerkschreiber (mit einem besonderen Kompensationssystem) für Grenzfrequenzen bis zu einigen 100 Hz gebaut. Bei Lichtschreibern (Lichtstrahloszillograph, Galvanometerschreiber) wird die Aufzeichnung mit Hilfe eines vom Meßwerk gesteuerten Lichtstrahls auf lichtempfindlichem Papier vorgenommen. Das Licht einer Quecksilber-Höchstdrucklampe fällt auf einen am Meßwerk (→Galvanometer) angebrachten Spiegel und wird dort entsprechend abgelenkt. Das Meßwerk, ein Schleifenschwinger (nur eine Windung) oder Spulenschwinger, wird nur durch den Spiegel belastet, der Lichtzeiger selbst ist trägheitslos. Deshalb lassen sich sehr kurze Einstellzeiten erzielen, so daß schnellveränderliche Vorgänge mit Frequenzen bis zu mehreren kHz registriert werden können.

Die bisher behandelten Linienschreiber registrieren Meßsignale jeweils als Funktion der Zeit. Für den Laboreinsatz benötigt man jedoch auch Schreiber, die eine oder mehrere Größen über einer anderen Größe aufzeichnen, die nicht zeitproportional ist. Diese XY-Schreiber oder Koordinatenschreiber haben für die X-Achse und jeden Y-Eingang getrennte Servosysteme. Übliche Schreibflächen haben die Größe DIN A4 oder DIN A3. Mit einem besonderen Papierantrieb lassen sich XY-Schreiber auch als Zeitschreiber einsetzen.

Linienschreiber ohne elektrischen Netzanschluß werden eingesetzt z. B. zur fortlaufenden Registrierung von Temperatur- und Luftfeuchte in Räumen. Sie enthalten nichtelektrische Meßwerke; das Registrierpapier wird mittels Federwerk oder über einen batteriegespeisten Motor an den Schreibwerken vorbeibewegt.

Zum Registrieren sehr schneller periodischer Vorgänge dient das →Elektronenstrahl-Oszilloskop; bei schnellen nichtperiodischen Vorgängen kann man das Schirmbild des Oszilloskops photographieren, ein Oszilloskop mit Speicherröhre oder ein Digital-Oszilloskop einsetzen.

□ Punktschreiber. Mit herkömmlichen Punktschreibern können die Meßwerte mehrerer Meßstellen auf einem gemeinsamen Registrierstreifen aufgezeichnet werden, wenn es sich um relativ langsam veränderliche Vorgänge handelt. Durch einen Umschalter werden die einzelnen Meßstellen fortlaufend in einem festgelegten Zyklus zum Meßwerk durchgeschaltet. Bei Punktschreibern mit klassischem Meßwerk kann sich der Zeiger frei auf den jeweiligen Meßwert einstellen. Erst bei der Registrierung des Meßpunkts wird der Zeiger von einem Fallbügel in regelmäßigen Zeitabständen kurz auf das unter dem Zeigerende ablaufende Registrierpapier gedrückt und ein Meßpunkt erzeugt.

In Punktschreibern mit Servosystem ist der Zeiger häufig durch ein rotierendes, mehrfarbiges Faserstiftsystem ersetzt. Damit läßt sich eine übersichtliche Darstellung der verschiedenen Meßgrößen erreichen.

Ein neues piezoelektrisches Aufzeichnungsverfahren (Piezoelektrizität), auch Ink-Jet-Prinzip genannt (Bild 3, 4), ermöglicht es, die Eigenschaften von Linien- bzw. Punktschreibern und alphanumerischen Druckern zu vereinigen. Die prinzipielle Darstellung der Meßwertaufzeichnung auf der Rückseite des Diagrammpapiers zeigt Bild 5. Es können ca. 30 verschiedene Kurven mit bis zu sieben Farben geschrieben und durch Textzeilen kommentiert werden. Bei anderen neuen Schreibertypen gibt es kein mechanisch bewegtes Meßwerk mehr, sondern einen Fest-Schreibkopf mit z. B. 720 oder 1024 Schreibstellen bzw. vier oder mehr Schreibstellen je Millimeter. Hier muß nur noch das Papier bewegt werden. Die Schreibstellen sind z. B. einzeln ansprechbare Heizelemente, die auf thermosensitives Papier wirken, oder einzeln ansprechbare Elektroden, die auf elektrostatisch ausgerüstetem Papier ein Bild erzeugen, das ähnlich wie im Laser-Drucker sichtbar gemacht und fixiert wird. Als → Grenzfrequenz wird hier 10 kHz angegeben. Auch bei diesen Verfahren werden die Diagrammlinien und die Beschriftung aus einzelnen Punkten zusammengesetzt.

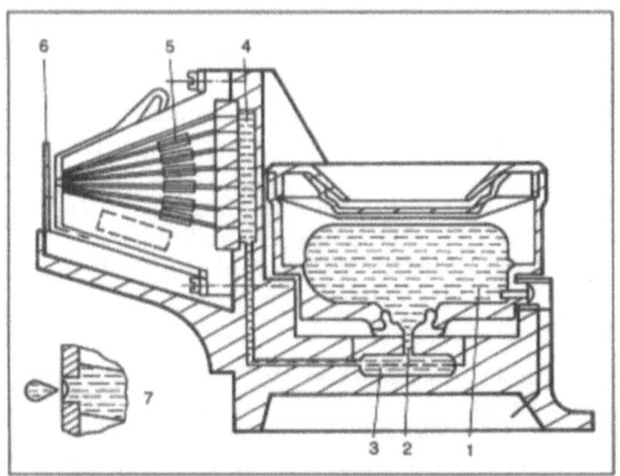

1 Tintentank, 2 Stahlröhrchen, 3 Filter, 4 Verteiler, 5 Piezoelektrisches Röhrchen, 6 Düsenplatte, 7 Schreibdüsenöffnung vergrößert

Registriergerät 3: Aufbau eines piezoelektrischen Schreibwerks. (Quelle: Siemens AG)

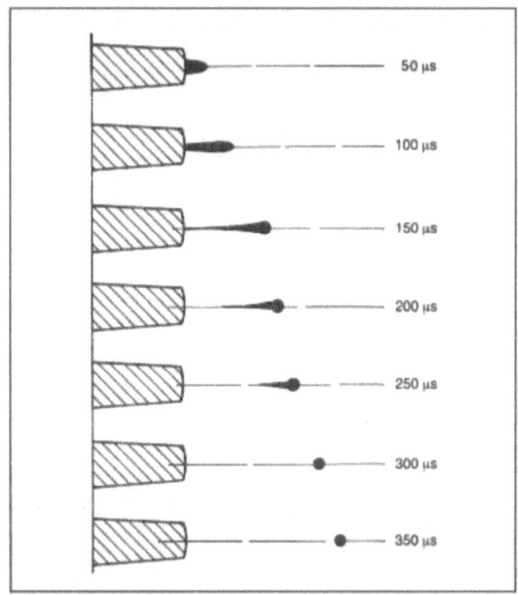

Registriergerät 4: Austritt des Tintentröpfchens aus der Düse.

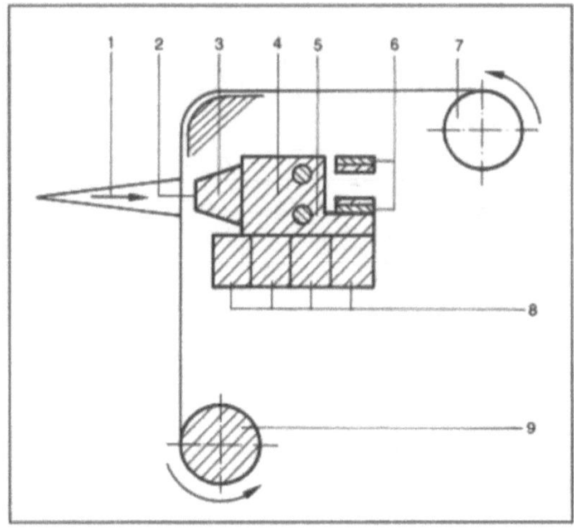

1 Betrachtungsrichtung, 2 Schreibstelle, 3 Düsenbaugruppe, 4 Schreibkopf, 5 Führungsstange, 6 Zahnriemen, 7 Papiervorratsrolle, 8 Tintentanks, 9 Aufwickelrolle

Registriergerät 5: Prinzipielle Darstellung der Meßwertaufzeichnung.

Eine ebenfalls im Prinzip diskontinuierliche Registrierung sehr schneller einmaliger Vorgänge ist mit →Transientenspeichern möglich. Diese tasten ein Signal in sehr schneller Folge ab, setzen die abgetasteten Analogwerte mittels eines →Analog/Digital-Umsetzers in Digitalwerte um und speichern diese. Anschließend können die gespeicherten Werte beliebig oft und beliebig langsam auf einem Schreiber oder Plotter analog dargestellt werden.

Hammerschmidt

Regler. Die Aufgabe einer Regeleinrichtung besteht darin, die →Regelgröße x laufend mit der →Führungsgröße w zu vergleichen und beim Auftreten einer Abweichung ein Stellsignal y zu liefern, das diese Abweichung verringert oder ganz beseitigt.

So gehört zur Regeleinrichtung die →Vergleichsstelle, die die →Regeldifferenz $e = w - x$ bildet, und das →Übertragungsglied, das die Reglerübertragungsfunktion $F_R(s)$ übernimmt (Bild 1). Bei kommerziellen R., besonders solchen, die in Schalttafeln eingebaut werden, ist die Vergleichsstelle nicht zugänglich. Sofern die Führungsgröße zur Vorgabe des Betriebspunktes dient (→Festwertregelung), wird sie an einer Skala eingestellt. Unabhängig davon, ob das Übertragungsglied mit $F_R(s)$ oder die ganze Einrichtung betrachtet wird, spricht man vom R.

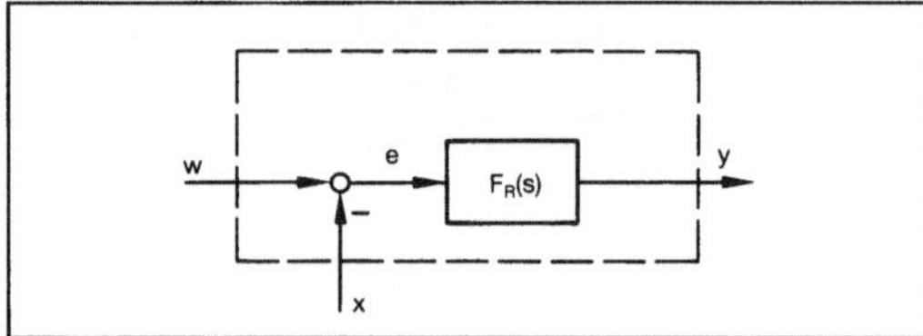

Regler 1: Elemente und Signale eines R.

R. werden nach verschiedenen Kriterien eingeteilt:

□ nach dem Verlauf der Kennlinie in stetige (meist linear) und unstetige R. (z. B. →Zweipunktregler, →Dreipunktregler),

□ nach dem dynamischen Verhalten (→P-, →PI-, →PID-Übertragungsverhalten),

□ nach der Betriebsart: mit →Hilfsenergie (elektrische, pneumatische und hydraulische R.) und ohne Hilfsenergie,

□ nach der Funktionsweise: zeitkontinuierlich und zeitdiskret (z. B. digitale R.).

Der lineare R. hat eine Kennlinie wie im Bild 2. Das Eingangssignal, die Regeldifferenz e, darf den →Aussteuerbereich X_h nicht überschreiten. Die →Stellgröße y kann sich nur im →Stellbereich Y_h bewegen; ihm ist der →P-Bereich X_p (Proportionalbereich) zugeordnet. Solange die Regeldifferenz e innerhalb des P-Bereichs bleibt, arbeitet der R. linear mit dem Übertragungsfaktor $K = Y_h/X_p$.

Um von physikalischen Größen unabhängig zu sein, werden die Regelsignale und -bereiche in Prozent angegeben. Die Signale dürfen 100 % nicht übersteigen, so daß Stell- und Aussteuerbereich mit 100 % festgelegt sind. Mit dem P-Bereich X_p wird der Übertragungsfaktor K eingestellt: $X_p > 100\,\%$, $K < 1$; $X_p = X_h = 100\,\%$, $K = 1$ oder $X_p < 100\,\%$, $K > 1$. Mit $X_p = 0$ hätte man die Kennlinie eines idealen Zweipunktreglers. Die gepunktete Linie (Bild 2) gilt für inversen Betrieb: für zunehmende Regeldifferenz e nimmt die Stellgröße y ab. Der →Arbeitspunkt wurde in diesem Beispiel mit $W_0 = 50\,\%$ und $Y_0 = 50\,\%$ gewählt.

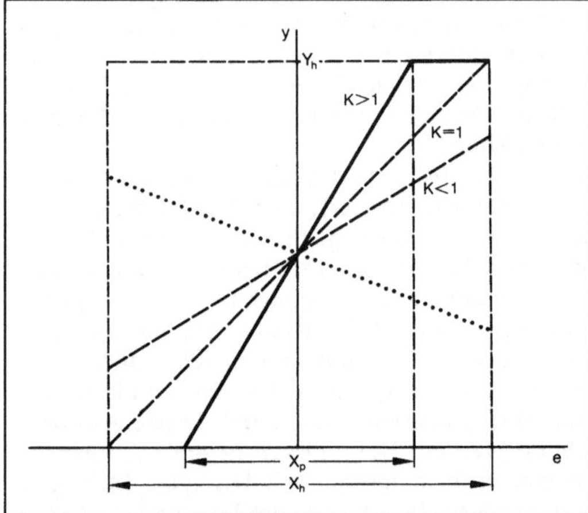

Regler 2: Kennlinien eines linearen R.

Die kommerziellen R. arbeiten mit Einheitssignalen: 100 % entsprechen 20 mA (gelegentlich 10 V) bei elektrischen und 10^5 Pa (=1 bar) bei pneumatischen R. Liegen andere Signale oder Werte an, müssen Signalwandler zwischengeschaltet werden.

R. mit Hilfsenergie haben meistens folgende Konfiguration (Bild 3): Im Vorwärtszweig ist ein →Verstärker mit hohem Verstärkungsfaktor V. Das dynamische Verhalten wird durch die →Rückführung mit der →Übertragungsfunktion $F_r(s)$ erzeugt. Die Reglerübertragungsfunktion ist dann

$$F_R(s) = \frac{V}{1 + V\,F_r(s)}$$

Für hohe Verstärkung V gilt angenähert $F_R(s) \approx 1/F_r(s)$

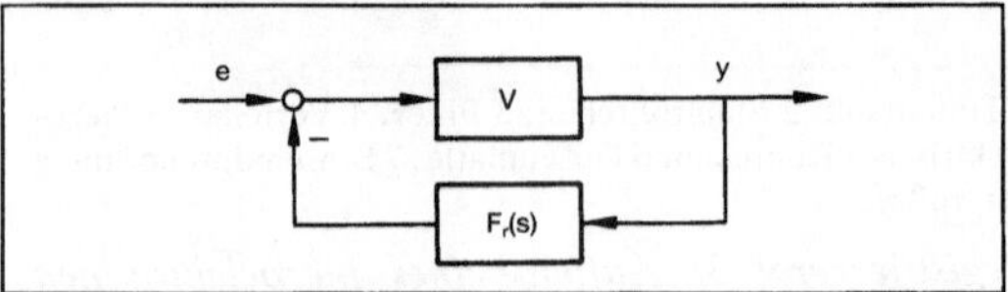

Regler 3: Konfiguration eines R. mit Hilfsenergie.

Für →PI-Übertragungsverhalten benötigt man eine nachgebende Rückführung (verzögertes →D-Übertragungsverhalten)

$$F_r(s) = \frac{T_n s}{K_R (1 + T_n s)}$$

Betrachtet man die →Übergangsfunktion des realisierten R. (Bild 4) so stellt man fest, daß, je größer die Vorwärtsverstärkung V im Vergleich zum angestrebten Reglerübertragungsfaktor K_R ist, desto besser wird das PI-Übertragungsverhalten erreicht. Alle Kurven streben für $t \to \infty$ gegen den Wert V.

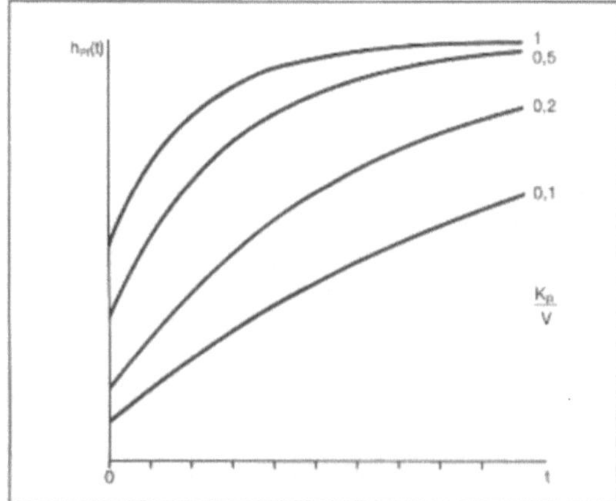

Regler 4: Übergangsfunktionen eines realen PI-R.

Für einen PID-R. benötigt man die Rückführung

$$F_r(s) = \frac{T_n s}{K_R (1 + T_n s + T_n T_v s^2)}$$

Die Übergangsfunktion (Bild 5) zeigt eine Verzögerung des D-Anteils. Sie kommt daher, weil V nicht beliebig groß gewählt werden kann. Alle Kurven springen auf den Anfangswert V und laufen in den Endwert V ein. Auch hier wird für ein kleines Verhältnis K_R/V das PID-Verhalten besser wiedergegeben.

R. ohne Hilfsenergie werden immer seltener eingesetzt. Man findet sie noch als Druck- und Temperaturregler. Ein solcher R. ist z. B. der Radiatorregler, wie er an Heizkörpern zu finden ist (Bild 6). Er arbeitet nach dem Prinzip der Flüssigkeitsausdehnung infolge von Temperaturerhöhung. Temperaturänderungen am →Thermostat führen zu einer Hubänderung des Arbeitsstiftes. An ihm sitzt der Ventilkegel, der den Ventilquerschnitt am Heizkörper verändert, bzw. das Ventil schließt oder öffnet. Der Radiatorregler hat im wesentlichen →P-Übertragungsverhalten, jedoch einen kleinen P-Bereich. Mit dem Skalenring wird die Position des Arbeitsstiftes entsprechend der gewünschten Betriebstemperatur eingestellt. *Böttiger*

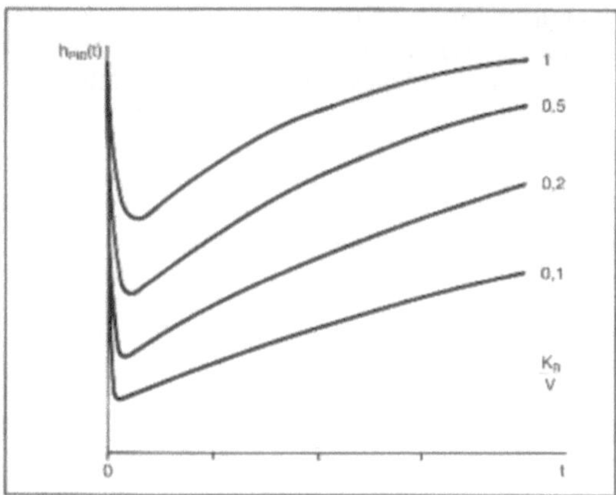

Regler 5: Übergangsfunktionen eines realen PID-R.

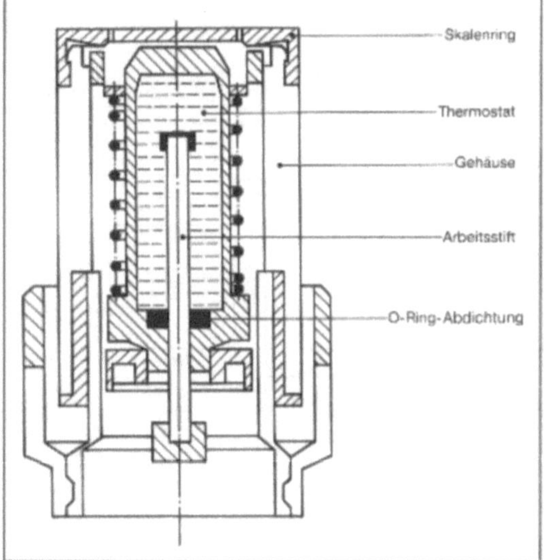

Regler 6: Querschnitt eines Radiatorreglers. (Quelle: Samson)

Regler, digitaler. Ein d. R. ist im Prinzip ein Rechner, der in seiner Architektur, mit seinen Schnittstellen und seiner Software auf die speziellen Erfordernisse „genau und schnell zu regeln" zugeschnitten ist.

Wo immer ein d. R. eingesetzt wird, handelt es sich um eine →Abtastregelung. Dabei werden die Signale nur zu diskreten Zeitpunkten $t_1, t_2, \ldots, t_k, \ldots$ abgefragt. Bei äquidistanter Tastung mit einer Zykluszeit T_0 ist dann $t_k = k\,T_0$. Diese Tastzeit T_0 hat großen Einfluß auf das dynamische Verhalten von digitalen Regelungen. Sie muß deshalb besonders sorgfältig festgelegt werden (Abtastregelung). Die Amplitudenquantisierung der Signale ist ausschlaggebend für die →Genauigkeit.

Wichtigstes Modul eines digitalen Kompaktreglers (Bild) ist der Regel-Prozessor. Er bearbeitet den →Regelalgorithmus, führt gegebenenfalls Linearisierungen durch und übernimmt Alarmmeldungen. Der Bedienfeld-Prozessor verarbeitet die Eingaben vom →Tastenfeld und gibt die Daten aus für die Anzeigen. Der optionale Schnittstellen-Prozessor ermöglicht über analoge Schnittstellen eine externe Sollwertvorgabe und die Ausgabe von Meßwerten (z. B. die Regeldifferenz). Über digitale Schnittstellen können z. B. ein übergeordneter →Prozeßrechner und ein Drucker zur Protokollierung angeschlossen werden. Der nichtflüchtige Speicher enthält Informationen über Struktur und Organisation des Reglers. Der A/D-Wandler (hier 16 bit) formt das analoge Eingangssignal, die →Regelgröße x, in ein digitales Signal um. Die Ausgangskarte liefert die →Stellgröße y für das →Stellglied.

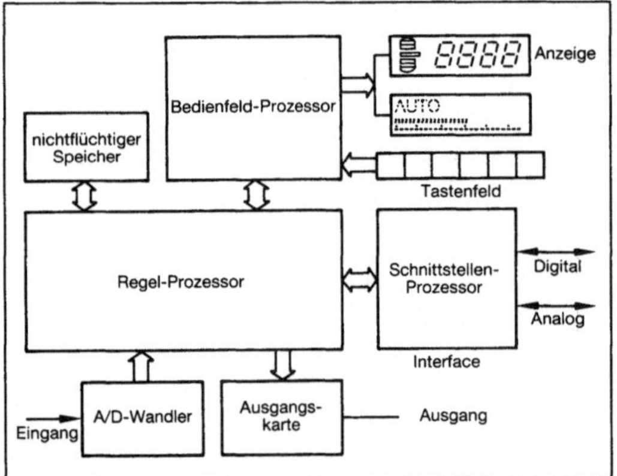

Regler, digitaler: Blockdiagramm eines d. R. (Quelle: Eurotherm)

Der Regelalgorithmus dieses Reglers ist ein sog. Stellungs-Algorithmus. Ausgehend von der Differential-Integral-Gleichung eines Reglers mit →PID-Übertragungsverhalten wird durch Rechteckintegration und einfache Differenzbildung der Algorithmus erstellt. P-, I- und D-Anteile werden getrennt berechnet und die entsprechenden Ausgangssignale werden addiert. Bei diesem Standardregler werden die Werte der Einheitssignale in Prozent angegeben; einstellbar sind der →P-Bereich X_p (in Prozent), die Integralzeit T_I und die Differentialzeit T_D (in sek.). Dem D-Anteil ist ein →Verzögerungsglied (→Übertragungsglied erster Ordnung) als Filter vorgeschaltet mit der →Zeitkonstante $T_1 = T_D/4$. Dieses soll die Wirkung des Vorhaltes verlängern und verhindern, daß sein Ausgangssignal in die Begrenzung springt. Wegen dieser Verzögerung unterscheiden sich T_I und T_D geringfügig von den für ein analoges verzögertes PID-Glied definierten Kenngrößen, die →Nachstellzeit T_n und die Vorhaltzeit T_v. Der Algorithmus liefert für die Signale von P-, I- und D-Anteil, bezogen auf die Regeldifferenz e, folgende Werte zum Zeitpunkt $t_k = k\ T_0$.

$$\text{P-Anteil } Y_p(k) = \frac{100\,\%}{X_p}\, e(k)$$

$$\text{I-Anteil } Y_I(k) = \frac{100\,\%}{X_p}\,\frac{T_n}{T_I}\sum_{i=0}^{k-1} e(i)$$

D-Anteil {mit Verzögerung}

$$Y_D(k) = \frac{100\,\%}{X_p}\,\frac{T_D}{T_0}[e(k) - e(k-1)] - \left\{\left[1 - \frac{T_0}{T_1}\right] Y_D(k-1)\right\}$$

Der Stellungs-Algorithmus dieses PID-Reglers umfaßt die Summe der drei Anteile. So ergibt sich als Stellgröße am Reglerausgang

$$y(k) = Y_p(k) + Y_I(k) + Y_D(k)$$

Der hier als Beispiel betrachtete Digitalregler wird zur Temperaturregelung eingesetzt. Seine Tastzeit am Eingang wird mit $T_0 = 80$ ms angegeben; sie ist verglichen mit den Zeitkonstanten einer Temperaturregelstrecke sehr kurz.

Im Stellungs-Algorithmus müssen für die numerische Integration alle Werte e(i); i = 0, . . ., k − 1; gespeichert werden. Bei vielen Reglern wird der Speicheraufwand mit dem Geschwindigkeits-Algorithmus reduziert. Er berechnet nur die Änderung $\Delta y(k)$, die zum letzten Wert $y(k-1)$ addiert werden muß, so daß

$$y(k) = y(k-1) + \Delta y(k)$$

Aus dem Ansatz des Stellungs-Algorithmus für y(k) und y(k − 1) erhält man durch Subtraktion den Geschwindigkeits-Algorithmus

$$\triangle\ y(k) = \frac{100\,\%}{X_p}\left[\left(1 + \frac{T_v}{T_0}\right) e(k) - \left(1 + 2\,\frac{T_v}{T_0} - \frac{T_0}{T_n}\right) e(k-1) + \frac{T_v}{T_0}\, e\,(k-2)\right]$$

Hier wurde die Verzögerung im D-Anteil nicht berücksichtigt. Deshalb erscheinen in der obenstehenden Gleichung die Nachstellzeit T_n und die Vorhaltzeit T_v.

In komplexen Anlagen wird zur digitalen Regelung ein Prozeßrechner eingesetzt. Er kann mehrere Regelkreise bedienen und zusätzlich Überwachung, Organisation und prozeßbegleitende Dokumentation übernehmen. Vor allem Konzepte der →Zustandsregelung sind nur mit dem Prozeßrechner zu realisieren, wie z. B. adaptive und optimale Regelung. Bei den Kompaktreglern geht man immer mehr dazu über, sie mit Mikroprozessoren zu bestücken, so daß diese d. R. die analogen Regler – überwiegend nichtelektrische, wie z. B. pneumatische Regler – allmählich vom Markt verdrängen werden. Es sind dann lediglich Signalumformer für die nichtelektrischen Größen erforderlich. *Böttiger*

Literatur: *Ackermann, J.:* Abtastregelung. Bd. I. Berlin 1983. – DIN 19225. – *Isermann, R.:* Digitale Regelsysteme. Berlin 1987. – *Latzel, W.:* Regelung mit dem Prozeßrechner (DDC). Mannheim 1977. – *Unbehauen, H.:* Regelungstechnik II. Braunschweig 1983.

Regler, elektrischer. Der e. R. arbeitet mit elektrischer →Hilfsenergie. Als Standardregler ist er für Einheitssignale ausgelegt: 100 % entsprechen entweder 20 mA oder 10 V. Der e. R. besteht im wesentlichen aus drei Funktionseinheiten (Bild 1): →Eingangsschaltung, Regelverstärker und →Ausgangsschaltung.

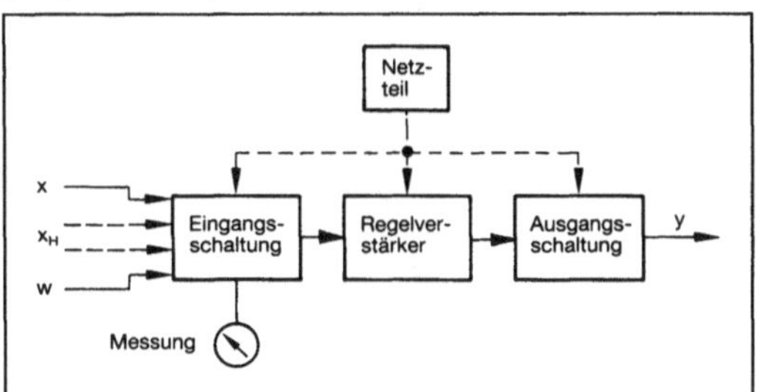

Regler, elektrischer 1: Prinzipieller Aufbau eines e. R. (Quelle: H & B)

Die Eingangsschaltung mit Eingängen für die →Regelgröße x und gegebenenfalls Hilfsregelgrößen x_H sowie für die →Führungsgröße w (falls der Sollwert nicht am Gerät eingestellt wird) bildet die →Regeldifferenz als Eingangssignal für den Regelverstärker. Dieser ist entweder ein linearer →Verstärker oder ein →Schalter (→Zweipunktregler) mit einer →Rückführung zur Erzeugung des Regelverhaltens (→P-, →PI- oder →PID-Übertragungsverhalten). Die Ausgangsschaltung liefert potentialfrei die →Stellgröße y. Je nach Ausstattung kommen Grenzwertschaltungen und -meldeeinrichtungen hinzu. Das Netzteil liefert die elektrische Hilfsenergie.

Der →Funktionsplan (Bild 2) ist dem Handbuch eines kommerziellen Reglers entnommen. Zum besseren Verständnis sind die wesentlichen Funktionseinheiten (Bild 3) herausgezogen. Block 4 enthält die Einstellung des Übertragungsfaktors K_P und den linearen Verstärker. Die nachgebende Rückführung, Block 5, hat die →Übertragungsfunktion $F_n(s) = T_n s/(1 + T_n s)$. Die Gesamtübertragungsfunktion von Block 4 und 5 ergibt PI-Verhalten. Über Block 6 kann die Regelgröße x differenziert werden, seine Übertragungsfunktion ist $F_D(s) = T_D s/(1 + T_1 s)$. Es wird also nur die Regelgröße x differenziert und nicht die Führungsgröße w. Denn bei einer →Festwertregelung sollen nur Änderungen in der Regelgröße x schnelle Reaktionen hervorrufen. Dagegen würde eine Differentiation von w das Hochfahren oder Einstellen des Regelkreises erschweren. Solch eine Signalführung ist bei kommerziellen Reglern oft zu finden.

Durch Zusammenfassung des gesamten Wirkungsplanes unter der Annahme, daß die Vorwärtsverstärkung unendlich hoch ist, ergibt sich die Übertragungsfunktion für den Regler als verzögertes PID-Glied

$$F_R(s) = A K_p \left(1 + \frac{1}{A T_n s} + \frac{T_v s}{A}\right) \frac{1}{1 + T_1 s}$$

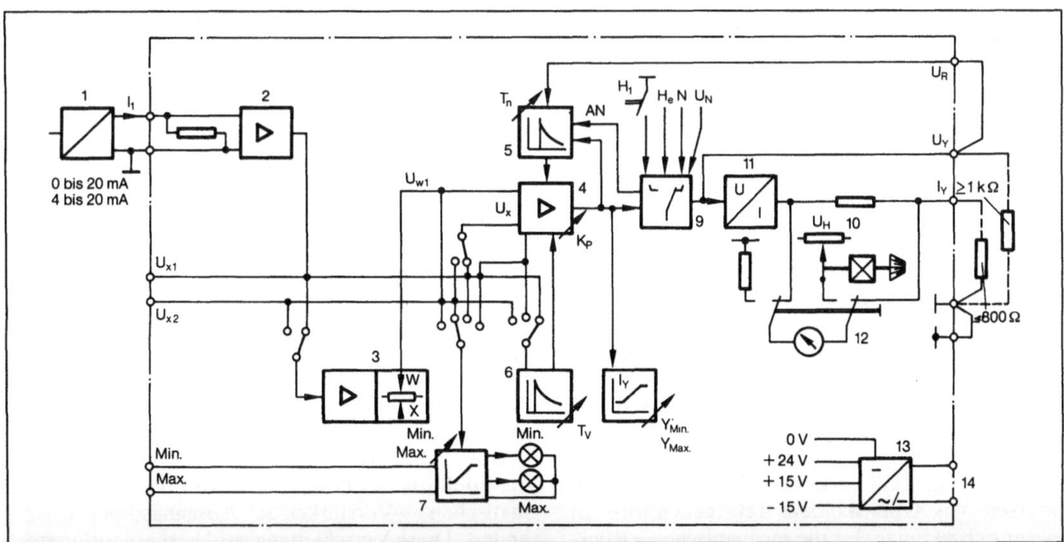

Regler, elektrischer 2: Funktionsplan eines e. R. Teleperm 300. (Quelle: Siemens)

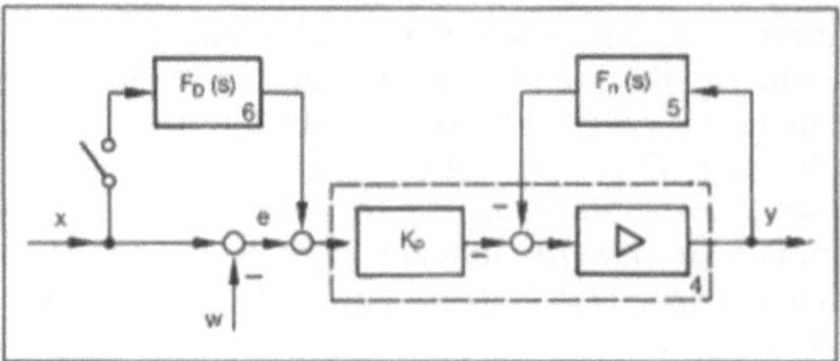

Regler, elektrischer 3: Vereinfachter Wirkungsplan zu Bild 2.

mit der Vorhaltzeit $T_V = T_D + T_1$ und dem Abhängigkeitsfaktor $A = 1 + T_V/T_n$. Meistens ist die eingestellte →Nachstellzeit $T_n \geq 4\ T_V$, dann ist der Abhängigkeitsfaktor $1 < A < 1{,}25$. Das bedeutet, daß die tatsächlich wirksamen Kennwerte gegenüber den eingestellten bis zu 25 % abweichen können. Die Praxis läßt diese Abweichungen zu, da die Festlegung der Kennwerte aufgrund von ungenauen oder angenäherten Regelstreckenparametern selbst nicht genau sein kann. Bei abgeschaltetem D-Anteil ($T_D = T_1 = 0$) wird $A = 1$, und aus dem PID-Regler wird ein PI-Regler.

Wird statt des linearen Verstärkers, Block 4, ein Schalter verwendet, dann ist das Ausgangssignal eine Impulsfolge. Im allgemeinen wird eine verzögerte Rückführung, ein P-T_1-Glied gewählt, so daß sich für den Mittelwert des Schalterausgangs ein PD-T_1-ähnliches Verhalten ergibt. Ein nachgeschalteter →Stellantrieb, der die Impulsfolge integriert, macht aus der ganzen Einheit einen PI-Regler. Er wird kommerziell als Schrittregler bezeichnet.

Zu den e. R. gehören auch die elektronischen Regler. Man unterscheidet zwei Gruppen. Bei der ersten Gruppe werden die Reglerfunktionen durch beschaltete →Operationsverstärker realisiert; sie werden als analoge elektronische Regler überwiegend für Einzel- oder Versuchsaufbauten verwendet. Die zweite Gruppe enthält Mikroprozessoren, die mit Ein- und Ausgabe- sowie dem →Regelalgorithmus programmiert sind. Diese digitalen Regler werden im Laufe der Zeit die elektrischen und vor allem die pneumatischen Regler ersetzen. *Böttiger*

Regler, hydraulischer. Der h. R. arbeitet mit Öl als Energieträger. Er wird dort eingesetzt, wo große Stellkräfte erforderlich sind.

Der elektro-hydraulische Schubantrieb (Bild) kann als hydraulischer P-Regler angesehen werden. Er wird elektrisch angesteuert, nämlich durch eine Stromänderung in der Steuerspule. Als Folge davon wird die Prallplatte ausgelenkt. Die dadurch entstehende Druckdifferenz verschiebt den Steuerkolben, so daß der Ölzufluß entweder zur Ober- und zur Unterseite des Arbeitskolbens freigegeben wird. Er bewegt sich so lange, bis die mechanische →Rückführung die Prallplatte in die Mittelstellung gebracht hat. Der Arbeitszylinder mit Arbeitskolben stellt einen hydraulischen →Verstärker mit I-Verhalten dar und bildet mit der starren Rückführung ein verzögertes P-Glied (→Übertragungsglied erster Ordnung). Die Verstärkung ist abhängig vom Versorgungsdruck, er liegt im allgemeinen zwischen 50 und $100 \cdot 10^5$ Pa (=50 . . . 100 bar). Mit einer nachgebenden Rückführung (verzögertes →D-Übertragungsverhalten) bekommt das System ein →PI-Übertragungsverhalten. Jedoch wird das dynamische Verhalten leichter durch einen vorgeschalteten →Regler realisiert. Heute werden dazu immer häufiger digitale Regler eingesetzt. Dann erübrigt sich die alternativ vorgesehene pneumatische Ansteuerung (Bild, oben links).

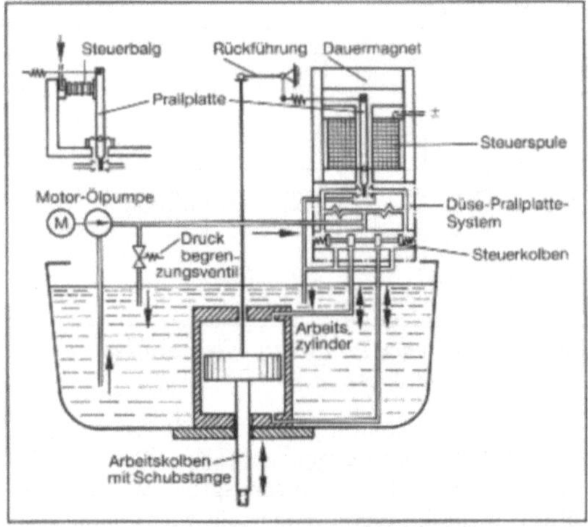

Regler, hydraulischer: Arbeitsprinzip des elektro-hydraulischen Schubantriebes; oben links pneumatische Ansteuerung. (Quelle: Siemens)

Solche hydraulische Verstärker werden als →Stellantrieb zur Betätigung des Stellgliedes (→Regelkreis) eingesetzt, und zwar dort wo große Stellkräfte gebraucht werden. Dieser Schubantrieb (Bild) z. B. erbringt eine Kraft von maximal 30 kN und einen Hub bis zu 100 mm. *Böttiger*

Regler, pneumatischer. Der p. R. arbeitet mit Luftdruck als →Hilfsenergie. Als Standardregler ist er für Einheitssignale ausgelegt: 100 % entsprechen einem Druck von 10^5 Pa (=1 bar).

Ein p. R. in robuster und kompakter Bauform (Bild 1), auch als Kreuzbalgregler bezeichnet, arbeitet nach dem Prinzip des Kraftvergleichs, der an einer →Waage durchgeführt wird. Der Ring ist somit ein gebogener Waagebalken. Durch Verschieben des Ringes vor der Düse – an dieser Stelle hat er die Funktion der Prallplatte – wird über den pneumatischen →Verstärker der Ausgangsdruck y verändert. Diese Verschiebung wird hervorgerufen stationär durch Verstellen der Düse H zur Festlegung des P-Bereiches X_p und dynamisch durch den Kraftvergleich in den gegeneinandergeschalteten Bälgen. Die beiden Drosseln verzögern die Druckänderungen in dem D- und dem I-Balg.

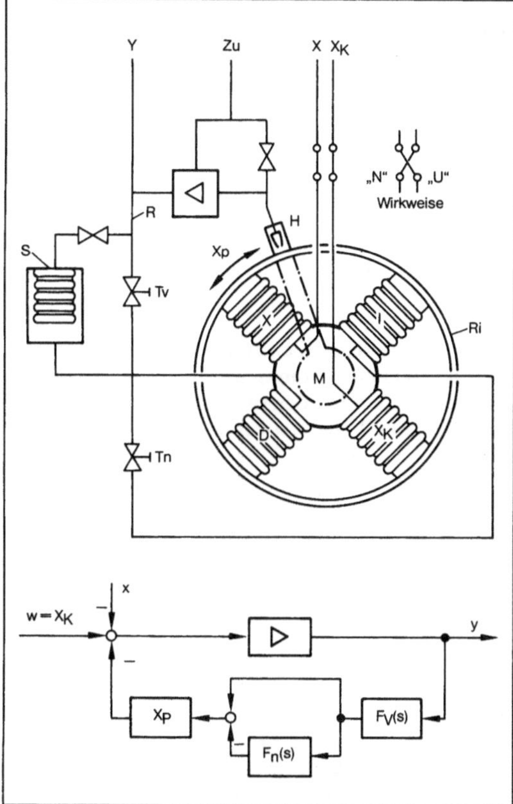

Regler, pneumatischer 1: Funktions- und Wirkungsplan des pneumatischen Kreuzbalgreglers. (Quelle: Eckardt)

Die Übertragungsglieder $F_v(s)$ und $F_n(s)$ (Bild 1) haben ein verzögertes →P-Übertragungsverhalten (→Verzögerungsglied. →Übertragungsglied erster Ordnung) mit dem Proportionalbeiwert 1 sowie den Zeitkonstanten T_v und T_n. Letztere bestimmen Vorhaltzeit und →Nachstellzeit des PID-Reglers. Unter Annahme einer unendlich hohen Vorwärtsverstärkung erhält man als Reglerübertragungsfunktion

$$F(s) = \frac{A}{X_p}\left(1 + \frac{1}{AT_n s} + \frac{T_v s}{A}\right)$$

mit dem Abhängigkeitsfaktor $A = 1 + T_v/T_n$. Da die Vorwärtsverstärkung nicht beliebig hoch sein kann, kommt noch eine Verzögerung hinzu.

Bei anderen Ausführungen ist der Waagebalken gestreckt, das Prinzip ist das gleiche. P. R. werden dort eingesetzt, wo Explosionsgefahr besteht, und vor allem dort, wo Ventile direkt angesteuert werden sollen. Mit der Entwicklung des Mikroprozessors werden die p. R. nach und nach durch digitale →Regler ersetzt. Denn bei letzteren kann die Reglerfunktion besser realisiert werden, und die Einstellung der Kennwerte ist genauer. So werden nur noch Signalumformer (Bild 2) gebraucht. Im elektro-pneumatischen Signalumformer wird das elektrische Signal in ein pneumatisches umgewandelt, nach dem Prinzip des Kraftvergleichs. Und es gibt genügend Meßgeber, die bei einer →Druckmessung ein elektrisches Signal abgeben. So werden die p. R. bald der Vergangenheit angehören. *Böttiger*

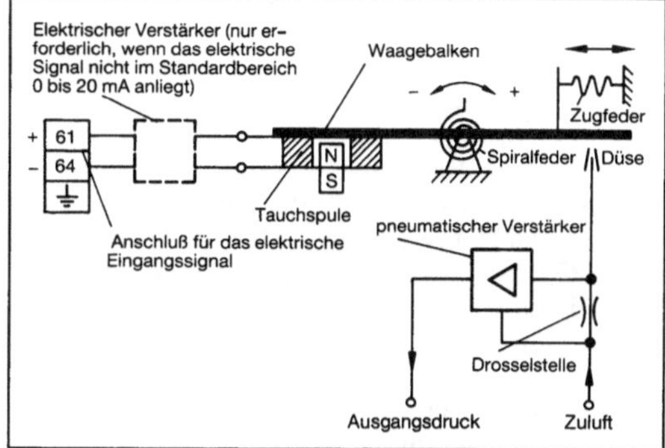

D-Differentialbalg, H-Düsenhebel, I-Integralbalg, M-Mittelstück, N-Wirkungsweise normal, R-Rückführleitung, Ri-Ring, S-Stabilisierungselement, T_n-einstellbare I-Drossel, T_v-einstellbare D-Drossel, U-Wirkungsweise umgekehrt, X-Istwert, X_k-Sollwert, Y-Stelldruck, Zu-Zuluft

Regler, pneumatischer 2: Funktionsplan eines elektro-pneumatischen Signalumformers. (Quelle: Hartmann & Braun)

Regler, selbsteinstellender. Der s. R. stellt seine Kennwerte (z. B. Übertragungsbeiwert, →Nachstellzeit, →Vorhaltezeit) aufgrund von Messungen am Prozeß (an der →Regelstrecke) und nach vorgegebenen Kriterien selbst ein. Er wird zur adaptiven →Regelung eingesetzt. Kommerzielle, digitale →Regler werden häufig als selbsteinstellende oder sogar selbstoptimierende Regler angeboten.
Böttiger

Regressionskoeffizient. Läßt sich in einer →Ausgleichsrechnung der Zusammenhang zwischen zwei Größen durch eine Gerade darstellen, so wird die Steigung dieser Gerade als R. bezeichnet. *Schrüfer*

Regressionsrechnung. Synonym für →Ausgleichsrechnung

Reibungskraft →Kinetik und Kinematik eines Roboters

Relais. Elektrisches Schaltbauteil oder Gerät, das aufgrund von elektrischen Steuerspannungen (Eingang) einen oder mehrere Stromkreise (Ausgang) schließt oder unterbricht.

Dadurch ergeben sich folgende Anwendungsfälle:

- Schalten großer Leistungen, gesteuert durch kleine.
- Trennung verschiedener Spannungsniveaus (Potentiale), z. B. Niederspannungen auf der Eingangsseite und Netzspannungen auf der Ausgangsseite.
- Trennung von Gleich- und Wechselstromkreisen.
- Gleichzeitiges Schalten mehrerer Stromkreise durch ein einziges Steuersignal.
- Verknüpfen von Informationen, dadurch Aufbau von Steuerungsabläufen.

Historisch bedingt verbergen sich hinter dem Begriff Relais bzgl. Bauform, Baugröße und Einsatzbereich sehr unterschiedliche Bauteile bzw. Geräte (Bild). So sind Überwachungs-, Meß- und Schutzrelais den Geräten zuzuordnen. Sie können Abmessungen bis zur Größe eines Schaltschrankes einnehmen und werden vornehmlich in der Energietechnik eingesetzt.

Auch →Zeitrelais – zumindest solche mit einstellbarer Verzögerungszeit – sind eher als Geräte einzustufen. Dagegen ist das R. im engeren Sinne, auch als →Schaltrelais bezeichnet, ein Bauteil, das im gesamten Bereich der Elektrotechnik Einsatz findet.

Erster Anwendungsfall von R. war seit Mitte des 19. Jahrhunderts der Einsatz in der Telegraphie zur Auffrischung der Fernschreibsignale bei der Überbrückung großer Entfernungen. Dabei wurde die Verstärkungswirkung von R. ausgenutzt, d. h. die Fähigkeit aufgrund der Ansteuerung mit kleinen Spannungen und Strömen sehr viel größere zu schalten. Diesem Anwendungsfall dürfte das R. – in Anlehnung an die *Relaisstationen,* bei denen die Pferde der Postkutschen gewechselt wurden – seinen Namen verdanken. *Rauterberg*

Literatur: *Rint C.* (Hrsg.): Handbuch für Hochfrequenz- und Elektrotechniker. Bd. 1. München/Heidelberg 1979.

Relais, bistabiles. Elektromechanisches →Relais, i. a. →Gleichstromrelais, mit zwei stabilen Schaltstellungen, in denen es wahlweise nach Abschalten des Erregerstromes der →Spule verbleibt.

Das bistabile Schaltverhalten wird meist durch Dauermagnete im Magnetsystem erzielt, d. h. bistabile Relais sind meist gepolte Relais. In diesem Fall bestimmt die Richtung (Polarität) des Spulenstromes, welche Schaltstellung eingenommen wird. *Rauterberg*

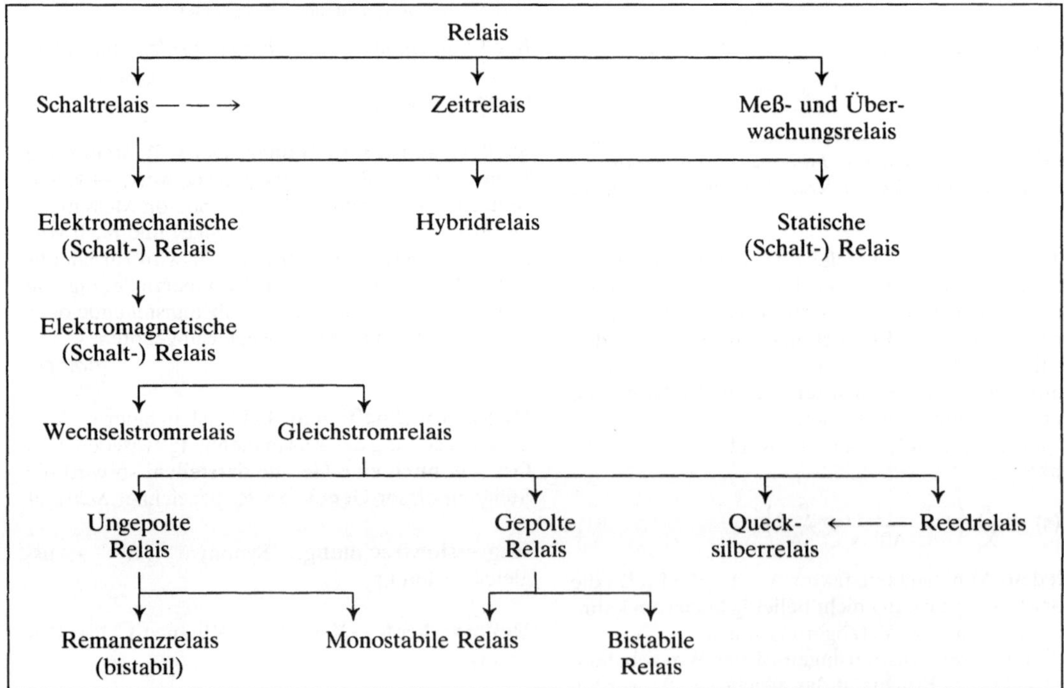

Relais: Übersicht, zur Vereinfachung ist nur ein Teil der denkbaren Verzweigungen eingetragen. So gibt es z. B. auch bei den Reed- und Quecksilberrelais ungepolte und gepolte, mono- und bistabile R.

Relais, elektromechanisches. Das e. R. – oder genauer elektromechanische →Schaltrelais – ist die am weitesten verbreitete Form des →Relais. Es dient universellen Schaltaufgaben im gesamten Bereich der Elektrotechnik.

Wie alle Bauteile sind auch Relais in den letzten Jahrzehnten erheblich kleiner geworden (Bild 1). Das Volumen des größten und kleinsten dieser Reihe vergleichbarer Relais, die zwischen 1934 und 1987 entwickelt wurden, unterscheidet sich um mehr als den Faktor 1000.

Weitaus häufigstes Antriebsprinzip ist das elektromagnetische, das auf der Krafteinwirkung eines Magnetfeldes auf Eisenteile beruht.

Grundbestandteile des e. R. sind (Bild 2): Magnetsystem und →Kontaktsatz.

Der Steuerstrom wird über die Relaisanschlüsse zur →Spule des Magnetsystems geführt. Der Strom in der Spule erzeugt einen Magnetfluß. Dieser fließt durch den Eisenkern zum Arbeitsluftspalt, tritt dort auf den Anker über und fließt über das Joch zum Kern zurück. Im Arbeitsluftspalt übt der Magnetfluß auf den Anker eine Zugkraft aus und bewegt ihn bis zum Anschlag auf der Polfläche.

Die Ankerbewegung wird – häufig über ein Zwischenglied, den Schieber – auf die Federn des Kontaktsatzes übertragen. Dadurch wird eine Berührung zwischen den Kontaktstücken verursacht oder aufgehoben. Die Kontaktfedern und Kontaktstücke werden beim Einsatz des Relais – über die Relaisanschlüsse – mit einem elektrischen Kreis verbunden. Diesen schließen oder unterbrechen sie, wenn das Relais betätigt wird.

Beim →Reedrelais entfällt die Trennung zwischen Magnetsystem und Kontaktsatz.

Man unterscheidet zwischen monostabilen und bistabilen Relais entsprechend der Zahl der Schaltstellungen, die nach Abschalten der Steuerspannung vorliegen können.

Gemäß der Art ihrer Eingangs- oder Steuerspannung wird zwischen Gleichstrom- und →Wechselstromrelais unterschieden.

Prinzipiell unterschiedliche Magnetsysteme haben das ungepolte und das gepolte Relais. Das letztere enthält einen oder mehrere Dauermagnete, deren magnetischer Fluß sich dem von der stromdurchflossenen Spule erzeugten überlagert.

→Remanenzrelais bilden eine Zwischengruppe. Bei diesen wird bistabiles Schaltverhalten dadurch bewirkt, daß Teile des magnetischen Kreises durch den von der Spule erzeugten magnetischen Fluß im Wechsel der Ansteuerimpulse auf- und entmagnetisiert werden.

E. R. gibt es in verschiedenen Gehäuse- und Anschlußformen. Man unterscheidet zwischen offenen, staubgeschützten, waschdichten und hermetisch dichten Relais.

Die Anschlüsse können zum Einlöten auf Leiterplatten, zum Einsetzen in Fassungen, zum Anlöten von Schaltdrähten oder zum Aufschieben von Kabelsteckern ausgebildet sein.

Folgende Einsatzbereiche sind zu unterscheiden:

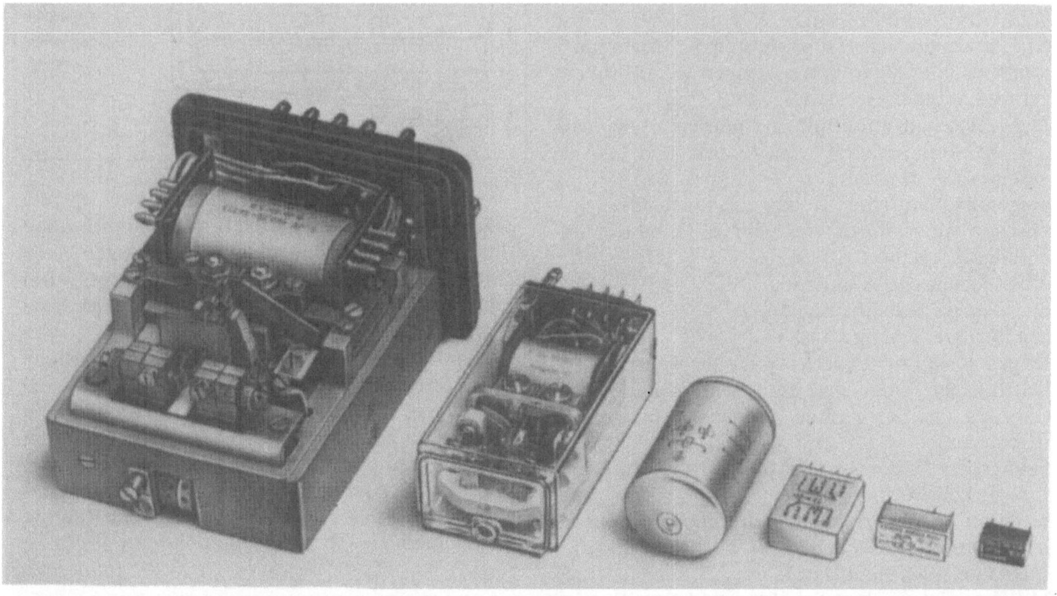

Relais, elektrtomechanisches 1: Miniaturisierung von Relais: Gepolte Relais aus den Jahren 1934 (links) bis 1987 (rechts).

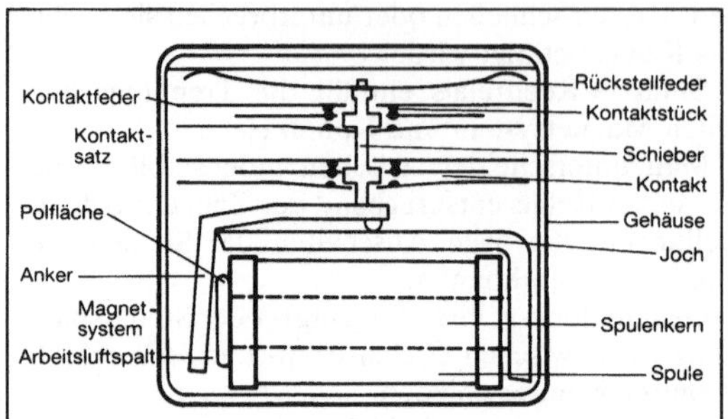

Relais, elektromechanisches 2: Ungepoltes Relais mit vier Wechslern.

□ Schwachstromanwendungen: Diese Relais haben Gehäusegrößen von z. T. unter 1 cm^3. Sie werden fast ausschließlich auf Leiterplatten eingesetzt. Die Schaltspannungen reichen bis etwa 150 V, die Schaltströme bis 2 A. Die erforderliche Steuerleistung liegt z. T. unter 1/10 W. Lebensdauern von bis zu einer Milliarde Schaltungen werden erzielt.

Einsatzgebiete sind vor allem Telekommunikation, Medizinische Technik, Datenverarbeitung und →Meßtechnik.

□ Anwendungen, bei denen Netzspannungen (220/380 V) geschaltet werden: Hier bestehen hohe Sicherheitsanforderungen (IEC- und Europanormen, VDE-Vorschriften, Regelwerke der Berufsgenossenschaften u. a.). Einsatzgebiete sind z. B.: Steuer- und Regeltechnik, Hausgeräte (Fernsehgeräte, Waschmaschinen, Herde, etc.). Installationstechnik und sicherheitstechnische Einrichtungen (Aufzüge, hydraulische Pressen).

□ Kfz-Anwendungen: In modernen Kraftfahrzeugen gibt es über 50 Relaisfunktionen vom Blinker bis zum Antiblockiersystem.

Die Einschalt-Stromspitzen betragen bis zu 200 A. Kfz-Relais sind extrem robuste und relativ kostengünstige Bauteile.

Gegenüber statischen Relais und sonstigen elektronischen Alternativen wird beim e. R. häufig als nachteilig betrachtet:
- die mechanische Abnutzung
- die kleinere Schalthäufigkeit
- das hörbare Schaltgeräusch

Dagegen sind folgende Vorteile anzuführen:
- Sehr kleiner Widerstand des geschlossenen Kontaktkreises, dadurch geringe Verlustleistung, geringe Erwärmung.
- Sehr großer Widerstand des offenen Kontaktkreises, d. h. kein Reststrom.
- Integration mehrerer getrennter Schaltfunktionen (→Öffner, →Schließer, →Wechsler) im selben Bauteil (→Kontaktsatz).
- Mit ein und demselben Schaltkontakt eines Relais können Wechselspannungen und Gleichspannungen beliebiger Polarität innerhalb eines großen Strom- und Spannungsbereiches geschaltet werden.
- Hohe kurzzeitige Überlastbarkeit von Eingang und Ausgang bzgl. Strom und Spannung, geringe →Empfindlichkeit gegenüber Störspannungen.
- Geringe Empfindlichkeit gegenüber kurzzeitig hohen Temperaturen.
- Ausführbarkeit als Sicherheitsschalter durch starre mechanische Koppelung mehrerer Schaltfunktionen.
- Speicherung des Betriebszustandes (bistabile Relais) bei →Ausfall der Spannungsversorgung.

Diese Eigenschaften und die Tatsache, daß elektromechanische Schaltrelais vielfach die wirtschaftlichste Realisierung einer Schaltaufgabe ermöglichen, führen dazu, daß sie im gesamten Bereich der Elektrotechnik Anwendung finden. *Rauterberg*

Literatur: *Köhler, W. M.:* Relais. München 1978.

Relais, elektronisches →Relais, statisches

Relais, gepoltes. Auch polarisiertes Relais. Elektromechanisches →Relais, speziell →Gleichstromrelais, dessen Magnetsystem mindestens einen Dauermagneten enthält. Der magnetische Fluß des Dauermagneten überlagert sich mit dem durch den Spulenstrom erzeugten Steuerfluß (Bild).

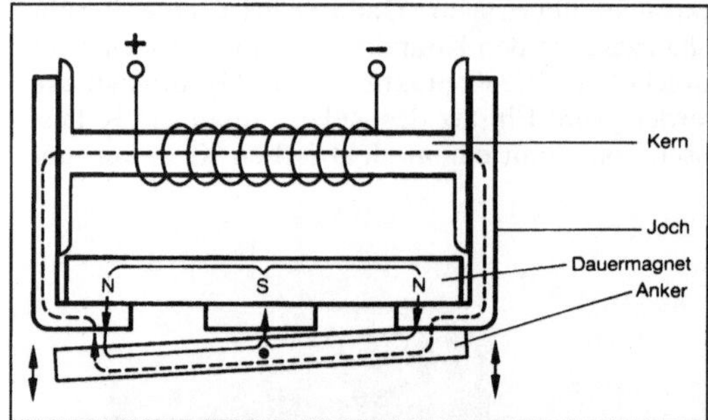

Relais, gepoltes: Gepoltes Magnetsystem.

Damit die Addition und Subtraktion der Flußanteile in den Arbeitsluftspalten im richtigen Sinne erfolgt, muß die Richtung des Steuerflusses stimmen. Das erfordert auch eine vorgegebene Richtung (Polarität) des Spulenstromes.

Gründe für den Einsatz gepolter Magnetsysteme – trotz ihres aufwendigeren Aufbaus – sind:
- Durch die Flußüberlagerung, d. h. Summen- und Differenzbildung, erhält das System einen erhöhten Wirkungsgrad gegenüber ungepolten →Relais. Es benötigt also eine geringere Eingangsleistung.
- Die Haftkraft des Dauerflusses kann zur Realisierung bistabiler →Relais genutzt werden.

Rauterberg

Relais, monostabiles. Elektromechanisches →Relais, das – im Gegensatz zum bistabilen Relais

– nur eine stabile Schaltstellung besitzt. In diese kehrt es nach Abschalten des Erregerstromes selbsttätig zurück.

M. R. können sowohl ungepolte als auch gepolte Relais sein. *Rauterberg*

Relais, statisches. (auch elektronisches Relais oder Halbleiterrelais, *engl.* solid state relay, SSR). Relais, insbesondere →Schaltrelais, das aus elektronischen Schaltungen ohne mechanisch bewegte Teile besteht.

S. R. werden sowohl auf der Eingangs- als auch der Ausgangsseite für Gleich- oder Wechselstrom und für kleine oder große elektrische Leistungen angeboten. Häufige Anwendung ist der Einsatz als Eingangs- oder Ausgangsbauteil für speicherprogrammierbare Steuerungen.

Ausgangsbauteil ist meist ein Triac oder Thyristor, wenn Wechselspannungen zu schalten sind bzw. ein oder mehrere Leistungstransistoren zum Schalten von Gleichspannungen.

Die elektrische Trennung (Potentialtrennung) zwischen Eingangs- und Ausgangsseite wird meist durch einen Optokoppler, gelegentlich auch durch einen Übertrager (Transformator) vorgenommen. Ausführungen, die zur Trennung ein →Reedrelais enthalten, sind wegen der bewegten Reedfeder nicht den statischen, sondern den →Hybridrelais zuzurechnen.

Außer der reinen Schaltfunktion kann das s. R. noch weitere Zusätze enthalten. Diese können z. B. dazu dienen, das s. R. gegen hohe Störspannungen zu schützen (Transientenschutz). Auch der Nullpunktschalter ist ein solcher Zusatz. Er wählt beim Schalten von Wechselspannungen automatisch den günstigsten Ein- und Ausschaltzeitpunkt. Dies ist besonders wichtig beim möglichst störungsfreien Schalten von Induktivitäten. Der günstigste Zeitpunkt ist beim Einschalten der Nulldurchgang der Spannung und beim Ausschalten der des Stromes. (→Relais, elektromechanisches) *Rauterberg*

Relais, ungepoltes. Auch nicht polarisiertes oder neutrales Relais. Elektromechanisches Relais, dessen Magnetsystem keine Dauermagnete enthält. Daher ist das ungepolte Relais auch von der Richtung (der Polarität) des Spulenstromes unabhängig (→Relais, elektromechanisches). *Rauterberg*

Relais-Matrix. Die R.-M. ist Teil der →Pinelektronik und ermöglicht die Verbindung beliebiger →Stimuli und Meßgeräte mit beliebigen Prüflingspins über eine matrixförmige Anordnung von →Relais, die unter Kontrolle des →Prüfautomatenbetriebssystems geschaltet werden (Bild).

Durch den Einsatz der R.-M. lassen sich Aufwände für die Pinelektronik zu Lasten längerer Prüfprogrammlaufzeiten (Relaisschaltzeiten) einsparen (→Tester channel). *Winter*

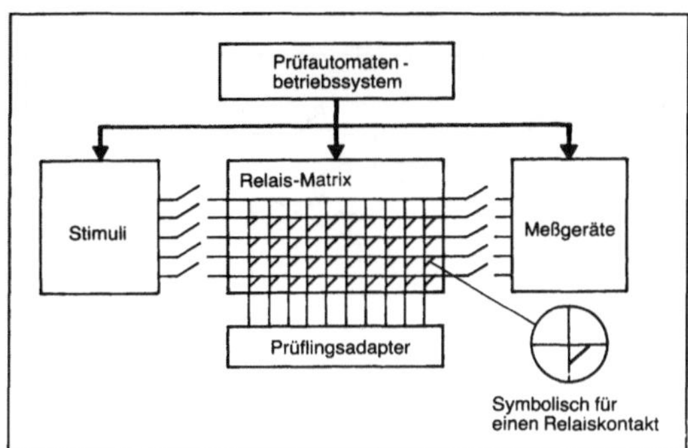

Relais-Matrix: Schematische Darstellung.

Relaxationsoszillator. Eine astabile Kippschaltung, die dauernd ihren Zustand wechselt, bildet einen R. (Multivibrator). Die frequenzbestimmenden Bauteile sind Widerstände, Kondensatoren und Spannungen. Werden zwei dieser Größen konstant gehalten, so läßt sich die dritte als digitale meßbare Frequenz oder Periodendauer darstellen. Die R. werden so nicht nur als Taktgeneratoren, sondern auch als Frequenzumsetzer verwendet.

Astabile Kippschaltung zur R- oder C-Frequenz-Umsetzung: Das Bild zeigt die Schaltung eines R., der aus →Integrationsverstärker, Invertierer und →Komparator besteht. Seine Frequenz f und seine Periodendauer T ergeben sich zu

$$f = \frac{1}{T} = \frac{1}{4}\,\frac{R_1 + R_2}{R_2}\,\frac{R_4}{R_3}\,\frac{1}{RC}.$$

Wird bei einer Widerstands-Frequenz-Umsetzung eine Frequenz proportional zu einem unbekannten Widerstand R_x benötigt, so kann der unbekannte Widerstand R_x an der Stelle von R_4 eingesetzt werden. Ist umgekehrt eine Kennlinie $f = k/R_x$ gewünscht, so könnte einer der Widerstände R_2, R_3 oder R durch R_x ausgetauscht werden. Werden schließlich die Widerstände konstant gehalten und wird die Kapazität C variiert, so ergibt sich der Zusammenhang $f = k_1/C$.

Generell kann der Anwender noch entscheiden, ob die →Periodendauermessung eventuell der →Frequenzmessung vorzuziehen ist. In diesem Fall würde der R. nicht als Frequenz-, sondern als Zeitumsetzer benutzt.

Die gezeigte Schaltung zeichnet sich dadurch aus, daß die Offsetdriften (→Offset) der →Operationsverstärker nicht in die Meßgenauigkeit eingehen. Damit bietet sich der R. auch als Alternative für die Meßaufgaben an, bei denen sonst auf einen Zerhakker- oder Trägerfrequenz-Verstärker (→Modulationsverstärker) hätte zurückgegriffen werden müssen. *Schrüfer*

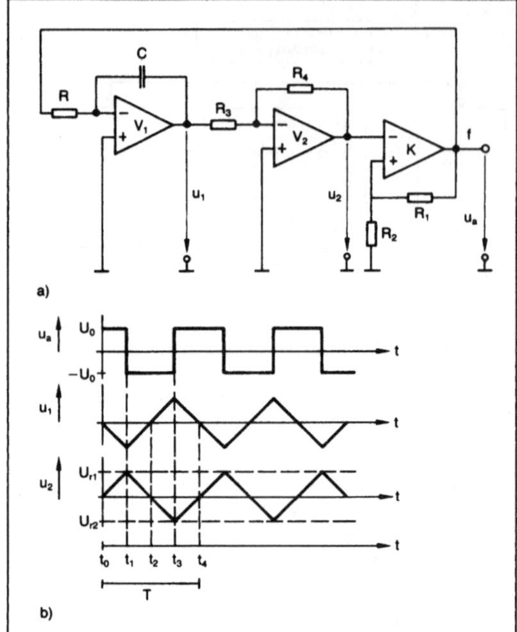

Relaxationsoszillator: Astabile Kippschaltung mit Integrationsverstärker und Komparator.
a) Schaltung
b) Signale.

Rem. *Engl.* Röntgen equivalent man; frühere Einheit der Äquivalentdosis bei ionisierender Strahlung. Einheitenzeichen rem. 1 rem = 10^{-2} Sv. Anwendung beim Strahlenschutz. In der Bundesrepublik Deutschland keine gesetzliche Einheit mehr. Gültige SI-Einheit: →Sievert (Sv); →Einheiten des SI. *Hammerschmidt*

Remanenzrelais. Elektromechanisches (Schalt-) →Relais, bei dem der remanente, d. h. verbleibende Magnetfluß das Magnetsystem in Arbeitsstellung hält, auch wenn der Spulenstrom abgeschaltet worden ist. Das R. hat daher zwei stabile Schaltstellungen, zählt also zu den bistabilen Relais.

Der relativ hohe remanente Fluß wird dadurch gewährleistet, daß Teile des Magnetsystems, meist der Spulenkern, aus einem sog. halbharten ferromagnetischen Material - z. B. Eisen mit hohem Kohlenstoffgehalt - bestehen. Diese Werkstoffe liegen in der Koerzitivfeldstärke und Remanenz zwischen den weichmagnetischen und den hart- oder permanent magnetischen Werkstoffen und stellen einen Kompromiß zwischen niedrigem magnetischen Widerstand und hoher erreichbarer Dauermagnetisierung dar.

Vorteile gegenüber anderen bistabilen Relais sind die Einsparung eines gesonderten Dauermagneten einschließlich zugehöriger Flußführungsteile sowie die Tatsache, daß eine der beiden Schaltstellungen, die Arbeitsstellung, nur durch den Erregerstrom, nicht jedoch durch noch so starke mechanische Erschütterungen (bleibend) eingenommen wird. *Rauterberg*

Reparaturrate. Die R. μ ist ein Parameter zur Beschreibung der →Reparaturwahrscheinlichkeit. Ihr Kehrwert ergibt die mittlere Reparaturzeit (mean time to repair) →MTTR

$$\frac{1}{\mu} = \text{MTTR} \quad .$$

Schrüfer

Reparaturwahrscheinlichkeit. Die R. (auch Wartbarkeitsfunktion, *engl.* maintenance function) ist die Wahrscheinlichkeit, daß eine ausgefallene, reparierbare Komponente wieder in den funktionsfähigen Zustand zurückgeführt ist.

In Übereinstimmung mit der Praxis werden für die Erneuerung unterschiedlich lange Reparaturzeiten angenommen. Einige Ausfälle lassen sich schnell beheben, andere erst nach einer längeren Zeit (Bild). Mit Hilfe des Parameters →Reparaturrate μ [h^{-1}] läßt sich die R. M(t) definieren

$$M(t) = \frac{\text{Zahl der reparierten Geräte}}{\text{Zahl der ausgefallenen Geräte}} = 1 - e^{-\mu t}$$

Der Kehrwert der Reparaturrate ist die mittlere Reparaturzeit oder →MTTR (mean time to repair),

$$\text{MTTR} = \frac{1}{\mu} \quad .$$

Bei reparierbaren Geräten wird die mittlere Zeit zwischen zwei Ausfällen als mittlere Betriebszeit →MTBF (mean time between failures) bezeichnet. Sie ist bei exponentiell verteilten Lebensdauern wie

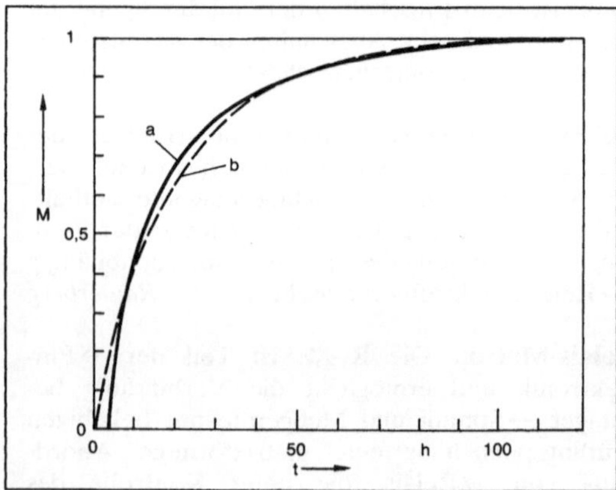

Reparaturwahrscheinlichkeit: Reparaturzeiten von Diesel-Motoren. Die Kurve a (beobachtete Zeiten) läßt sich approximieren durch die Kurve b mit der Reparaturrate $\mu = 5.10^{-2}h^{-1}$.

die →MTTFF gleich dem Kehrwert der Ausfallrate

$$MTBF = \frac{1}{\lambda} \quad .$$ *Schrüfer*

Literatur: *Rasmussen, N. C.* Reactor Study – An Assessment of Accident Risks in US Commercial Nuclear Power Plants, United States Nuclear Regulatory Commission, WASH-1400 (NUREG-75/014), 1975.

Resolver →Kinetik und Kinematik eines Roboters

Resonator. Wird ein strahlendes System – wie z. B. eine →Lumineszenzdiode – in einen R. eingebaut, dann tritt neben der spontanen Emission eine induzierte Emission auf (diese führt zum Prinzip des Lasers). Es kann zur Ausbildung einer kohärenten Strahlung in einem äußerst schmalen Wellenlängenbereich führen. *Schaumburg*

Response, response data. Beschreibung der Reaktion eines Prüflings als Folge der Stimulierung (→Stimulus, →Expect data). *Winter*

Restfehleranteil →Ausfallerkennung

Riccati-Regler. Der R.-R. ist ein optimaler Zustandsregler für eine lineare →Regelstrecke höherer Ordnung, dem ein quadratisches Gütekriterium zugrunde liegt (→Zustandsgrößen; →Zustandsregelung; →Regelung, optimale).

Zum Reglerentwurf wird eine lineare Regelstrekke vorausgesetzt, beschrieben durch die Vektordifferentialgleichung

$$\dot{\underline{x}} = \underline{A}\,\underline{x} + \underline{B}\,\underline{u}$$

Die optimale Regelung $\underline{u}\,(\underline{x})$ soll das quadratische Gütekriterium

$$I\,(\underline{u}) = \frac{1}{2}\,\underline{x}^T\,(t_e)\,\underline{S}\,\underline{x}\,(t_e) + \frac{1}{2}\int_{t_0}^{t_e} [\underline{x}^T\,(t)\,\underline{Q}\,\underline{x}\,(t) + \underline{u}^T\,(t)\,\underline{R}\,\underline{u}\,(t)]\,dt$$

zu einem Minimum machen. Die Anfangswerte zum Zeitpunkt t_0 seien gegeben. Die Variationsrechnung nach *Hamilton* liefert ein lineares Regelgesetz

$$\underline{u}_{opt} = -\,\underline{R}^{-1}\,\underline{B}^T\underline{P}\,(t)\,\underline{x}$$

Diese Rückführung ist zeitabhängig, wenn eine endliche Zeit t_e für den Regelvorgang festgelegt wird. Die Matrix $\underline{P}(t)$ ist dann die Lösung der Riccati-Differentialgleichung

$$\dot{\underline{P}} = -\,(\underline{P}\,\underline{A} + \underline{A}^T\underline{P}) + \underline{P}\,\underline{B}\,\underline{R}^{-1}\,\underline{B}^T\underline{P} - \underline{Q}$$

mit der Randbedingung $\underline{P}(t_e) = \underline{S}$. Läßt man eine beliebige Dauer, d. h. $t_e \to \infty$, zu, dann ist $\dot{\underline{P}} = 0$, und man erhält als Lösung der Riccati-Gleichung eine konstante Matrix $\underline{P}$ und somit ein konstantes, lineares Regelgesetz.

Die Problematik dieser Optimierung liegt in der Wahl der Bewertungsmatrizen $\underline{R}$ und $\underline{Q}$; sie müssen symmetrisch und positiv bzw. positiv definit sein. Es ist üblich, beide Matrizen nur in der Hauptdiagonalen zu besetzen. Für eine günstige Wahl ihrer Elemente wird oft probiert und verglichen. Manchmal kann man von den zulässigen Grenzwerten für Zustands- und Steuergrößen ausgehen. Die Optimierung basiert also auf einer Vorgabe der Elemente für $\underline{R}$ und $\underline{Q}$, was eine gewisse Willkür bezüglich des Gütekriteriums bedeutet. (Eine Bewertung des Endzustandes durch die symmetrische, positive Matrix $\underline{S}$ kommt selten vor, da er im allgemeinen gegeben ist.)

Trotzdem wird die Optimierung nach *Riccati* gerne angewendet, weil es fertige Lösungsalgorithmen gibt und weil die Lösung Stabilität gewährleistet. Oft ist diese Reglerauslegung bequemer als die gemäß Polvorgabe. *Böttiger*

Literatur: *Föllinger, O.:* Optimierung dynamischer Systeme. München 1985. – *Unbehauen, H.:* Regelungstechnik III. Braunschweig 1985.

Ring, neutraler. Bei einer kreisförmigen →Druckmembran ändern sich die Radial- und Tangentialspannungen vom Mittelpunkt zum Rand nach Größe und Vorzeichen. Die kreisförmige Linie auf der Membran für den spannungsfreien Zustand nennt man n. R.

Auch für die relative Widerstandsänderung gibt es einen n. R. (Druckmembran), allerdings nur für den radialen →Piezowiderstandseffekt. Der n. R. für den tangentialen Effekt liegt außerhalb der Einspannung. *Schaumburg*

Ringlaser-Gyroskop →Laserkreisel

Ringstruktur. Verbindungsstruktur für die Datenkommunikation im Nahbereich. Im Gegensatz zur →Sternstruktur und →Busstruktur sind die Teilnehmer ringförmig miteinander verbunden und können jeweils mit ihrem nächsten Nachbarn kommunizieren. Nachrichten an weiter entfernte Teilnehmer müssen von einem Nachbarn zum nächsten weitergegeben werden. *Schaumburg*

Risiko. In der Entscheidungstheorie ist das R. der Erwartungswert der Verluste. Es berechnet sich als Produkt aus der Eintrittswahrscheinlichkeit eines Ereignisses und dem durch dieses Ereignis verursachten Schaden. *Schrüfer*

Roboterkoordinaten. Als R. bezeichnet man ein auf den Roboter selbst bezogenes System zur Beschreibung der Lage aller Freiheitsgrade (Achsen) und der Handorientierung. Üblich ist ein Aneinanderketten von Einzelkoordinatensystemen, ausgehend von der Grundachse des Roboters, die gleichzeitig die Verbindung zum Weltkoordinatensystem herstellt. Damit beschreiben R. die relative Lage jeder Achse, bezogen auf ihre Vorgängerachse. Der Vorsprung von Achsenkoordinatensystemen liegt zweckmäßig jeweils in den Gelenken.

Ist die →Koordinatentransformation (KT), d. h. der Zusammenhang der Achsen-Koordinatensysteme eines Roboters analytisch gegeben, so lassen sich durch Vorgabe der Lage und der Orientierung der Hand in →Weltkoordinaten die R. berechnen (Koordinatentransformation), um die einzelnen Achsen des Roboters ansteuern zu können. Als Beispiel sei der dreiachsige Roboter (Bewegungsbahn) mit den drei R. (gewonnen aus der Koordinatentransformation) gegeben.

$$\theta_2^R = \arccos \frac{(x_3 - a_0)^2 + y_3^2 - a_2^2 - a_1^2}{2a_1a_2}$$

$$\theta_1^R = \arctan \frac{Ay_3 - B(x_3 - a_0)}{A(x_3 - a_0) + By_3}$$

mit

$$A = a_2 \cos \theta_2^R + a_1$$

$$B = a_2 \sin \theta_2^R$$

$$\theta_3^R = \arctan$$

$$\frac{\cos \theta_1^E \sin(\theta_1^R + \theta_2^R) + \sin \theta_1^E \cos(\theta_1^R + \theta_2^R)}{\cos \theta_1^E \cos(\theta_1^R + \theta_2^R) - \sin \theta_1^E \sin(\theta_1^R + \theta_2^R)}$$

mit

θ_1^R : Robotergelenkwinkel

θ_1^E: EULER Winkel

Für Werte $a_0 = 0{,}3$ m, $a_1 = 1{,}5$ m und $a_2 = 1{,}0$ m ergibt sich bei einer in sieben Punkten äquidistant unterteilten kartesischen linearen Bewegung folgende Tabelle. *Steusloff/Schill*

Literatur: *Meisel, K.-H.:* Integrierter Sensoreinsatz bei Industrieroboteranwendungen — Konzept und Realisierungsmethoden für die Robotersteuerung. Dissert. Univ. des Saarlandes, Saarbrücken 1986.

Roboterprogrammierung →Programmierung von Robotern

Robotik. R. ist eine wissenschaftliche Disziplin, die sich mit der Konstruktion und der Nutzung von Robotern befaßt. Unter dem Begriff Roboter seien hier alle Einrichtungen verstanden, die zur Handhabung von Materialien aller Art geeignet sind unter der Voraussetzung, daß diese Handhabungseinrichtungen programmierbar sind und damit ihre Aufgaben selbsttätig aufgrund ihrer Programme ausführen können.

R. ist außerdem eine Teildisziplin der →künstlichen Intelligenz, wo sie im Umfeld der Bildverarbeitung und der natürlichsprachigen Systeme die intelligente Durchführung komplexer Handhabungsaufgaben behandelt. Der Begriff der Intelligenz bedeutet hier, daß Eigenschaften des Menschen durch Rechnerprogramme und technische Systeme nachgebildet werden sollen.

Die R. befaßt sich mit der Integration von Sensoren und wissensgestützten Verfahren zur Bewegungsplanung und Bewegungsausführung zum Zwecke der Erhöhung der Autonomie bei der Ausführung von Handhabungsaufgaben.

Die R. erfaßt alle Aspekte von Handhabungssystemen, die durch folgende Stichworte charakterisiert seien:

□ Gerätetechnik, insbesondere die mechanischen und sensorischen Komponenten. Von besonderer Bedeutung sind mit taktiler Sensorik ausgestattete Greifersysteme, deren vielfältige Konfigurationen eine flexible Anpassung an komplizierte Greifaufgaben gestatten.

□ →Regelung und →Steuerung unter Berücksichtigung von mechanischen Strukturen der Kinematik, für die die bislang übliche Voraussetzung eines starren und exakt reproduzierbaren Verhaltens nicht mehr gilt. Elastizitäten mechanischer Komponenten oder notwendige Reaktionen auf dynamische Umgebungseinflüsse bei mobilen Handhabungssystemen stellen an die Regelung und Steuerung von Robotern zusätzliche Anforderungen, die

Roboterkoordinaten. Tabelle: Werte für einen dreiachsigen Roboter.

	x_3	y_3	θ_1^E	θ_1^R	θ_2^R	θ_3^R
P_1	2,50 m	0,30 m	0°	−14,14°	55,94°	41,80°
P_2	2,55 m	0,25 m	15°	−13,83°	51,32°	52,49°
P_3	2,60 m	0,20 m	30°	−13,21°	46,11°	62,90°
P_4	2,65 m	0,15 m	45°	−12,22°	40,09°	72,85°
P_5	2,70 m	0,10 m	60°	−10,67°	32,86°	82,19°
P_6	2,75 m	0,05 m	75°	− 8,13°	23,32°	90,19°
P_7	2,80 m	0,00 m	90°	0°	0°	0°

durch modellgestützte und wissensbasierte Verfahren berücksichtigt werden können.

□ Bildauswertung und Bildverstehen gehören zum Gesamtbereich der Sensorik, sind jedoch in ihrer Bedeutung für die R. besonders hervorzuheben. Während die Bildauswertung sich auf die Detektion und Vermessung von Konturen und Formen in elektronisch aufgenommenen Bildern beschränkt, befaßt sich das Bildverstehen mit der inhaltlichen Bedeutung solcher Konturen und Formen. Bildauswertung und -verstehen gehören zu den Voraussetzungen für das autonome Verhalten von Systemen der R. in unbekannter wie auch in bekannter aber gestörter Umgebung.

□ Bewegungsplanung bezeichnet das Aufgabenfeld der statischen Festlegung und dynamischen Veränderung der tatsächlich von einem Robotersystem mit Hilfe der Kinematik und der Regelung und Steuerung durchgeführten Bewegung. Während die statische Planung von Bewegungsbahnen durch die Roboterprogrammierung erfolgt, stützt sich die dynamische Bewegungsplanung und -bahnkorrektur auf die Meßergebnisse von Sensoren.

□ Roboterprogrammierung bedeutet die Festlegung der Bewegungsbahnen von Robotern bezogen auf den vorgesehenen Einsatzfall. Die Hilfsmittel für die Roboterprogrammierung gehören zum Aufgabengebiet der R.

□ Diagnose und Mensch-System-Schnittstelle sind vor allem im Zusammenhang mit der Künstlichen Intelligenz Aufgabengebiete der R. Während die wissensgestützte Systemdiagnose die Verhinderung oder Behandlung komplexer Störfälle unterstützt, ist an der Mensch-System-Schnittstelle der natürlichsprachige Dialog bei →Programmierung und Betrieb von Robotersystemen von Bedeutung. In beiden Fällen soll die Qualifikation des mit dem Robotersystem kommunizierenden Menschen erweitert werden. *Steusloff*

Literatur: *Puppe, F.:* Einführung in Expertensysteme. Berlin 1988 – Robotics Research. MIT Press; Cambridge, Massachusetts. – *Vukobratovic, M.:* Introduction to Robotics. Berlin–Heidelberg–New York–London–Paris–Tokyo 1989.

ROM-Test →Speicherprüfung

Röntgen. Frühere Einheit der Ionendosis bei ionisierender Strahlung. Einheitenzeichen R. 1 R = $2{,}58 \cdot 10^{-4}$ C/kg. In der Bundesrepublik Deutschland keine gesetzliche Einheit mehr. Gültige SI-Einheit ist das Coulomb durch Kilogramm (C/kg) (→Einheiten des SI). *Hammerschmidt*

Röntgenmeßtechnik. Überprüfung unbestückter Leiterplatten mittels Röntgenstrahlen. Im Gegensatz zu elektrischen Prüfungen können damit z. B. auch fehlerhafte Leiterbahnen mit nicht ausreichendem Querschnitt im Innern einer Leiterplatte entdeckt werden. Das Verfahren findet sinngemäß Anwendung auch bei der Analyse integrierter Schaltungen. *Winter*

Rotationssensor →Gyroskop, faseroptischer

Rückführung. Auch Rückkopplung (*engl.* feedback). In einer R. wird Energie oder Information vom Ausgang eines Systems zu seinem Eingang übertragen.

$F_1(s)$ (Bild) ist das →Übertragungsglied im Vorwärtszweig und $F_2(s)$ das Übertragungsglied in der R. In der Annahme, daß beide Übertragungsglieder keine Vorzeichenumkehr bei den Signalen bewirken, gilt das Minuszeichen für Gegenkopplung. Dabei wird die Differenz von Eingangs- und Rückführungssignal $u - r$ auf den Vorwärtszweig gespeist. Bei der Mitkopplung wird das Summensignal $u + r$ auf $F_1(s)$ gegeben. Die Gesamtübertragungsfunktion vom Eingang u zum Ausgang v ist dann

$$\frac{V(s)}{U(s)} = \frac{F_1(s)}{1 \underset{(-)}{+} F_1(s)\,F_2(s)}$$

Hier gilt das Pluszeichen für Gegenkopplung und das Minuszeichen für Mitkopplung. Das Produkt im Nenner wird meist durch die →Kreisübertragungsfunktion $F_0(s) = F_1(s)F_2(s)$ ersetzt.

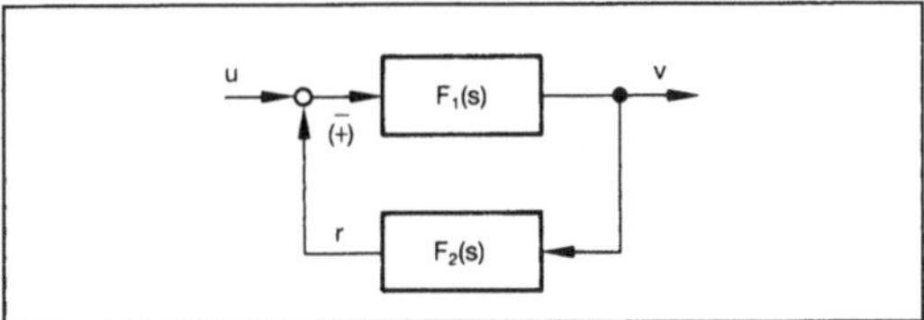

Rückführung: System mit R.

Im →Regelkreis wird die Rückkopplung als Gegenkopplung geschaltet, nämlich am Reglereingang zum Vergleich von →Führungs- und →Regelgröße. Meist hat man im Vorwärtszweig →Regler und →Regelstrecke, so daß $F_1(s) = F_R(s)F_S(s)$, mit einer Einheitsrückführung $F_2(s) = 1$.

Die gerätemäßige Ausführung eines Reglers selbst besteht oft aus einem →Verstärker mit der erforderlichen Stellenergie am Ausgang und einer (meist passiven) R., die das dynamische Verhalten (z. B. →PI- oder →PID-Übertragungsverhalten) erzeugt.

Ganz allgemein lassen sich folgende Gründe nennen, warum in einem System eine R., vorzugsweise eine Gegenkopplung, eingesetzt wird:

□ zur Änderung des Frequenzgangs eines Systems, also um z. B. den Stabilitätsgrad oder die →Grenzfrequenz zu ändern, oder um die Verstärkung über einen größeren Frequenzbereich konstant zu halten,

- zur Verringerung der Einflüsse von Nichtlinearitäten,
- zur Verringerung der Einflüsse von Parameteränderungen,
- zur Verringerung des Ausgangsrauschens,
- zur Änderung von Eingangs- und Ausgangsimpedanzen, besonders bei Verstärkern,
- zur Begrenzung der Amplitude von einer oder mehreren Systemgrößen.

R. kommen auch oft in nichttechnischen Systemen vor, beispielsweise in wirtschaftlichen und biologischen Systemen. *Böttiger*

Rückkopplung →Rückführung

Rückmeldesignal. Das R. ist eine besondere Form des Meldesignals. Es bestätigt, in der Regel binär codiert, die Ausführung eines Steuerungsbefehles. In diesem Sinne ist z. B. der Wechsel des Signals eines Endlagenschalters an einem Stellventilantrieb nach einer zugehörigen Befehlsausgabe ein R. Es repräsentiert den momentanen Zustand dieses Antriebs nach dem Übergang. R. spielen bei →Ablaufsteuerungen für das Fortschalten der Schritte und bei definiertem Wiederanlauf von Steuerungen nach Störungen eine wichtige Rolle. *Freyberger*

Rückstoßionisationskammer →Neutronen-Dosismessung

Rückstoßzählrohr. R. sind mit Wasserstoff oder einem wasserstoffhaltigen Gas gefüllte Proportionalzählrohre zum Messen von schnellen Neutronen. Ihr Nachweisprinzip beruht auf dem elastischen Stoß eines Neutrons mit dem gleich schweren Wasserstoffkern. Je nach dem Winkel zwischen der Flugbahn des Neutrons und des Rückstoßprotons wird die kinetische Energie des Neutrons ganz („gerader Kugelstoß") oder teilweise auf das Proton übertragen, dessen Energieabgabe im Zählvolumen bestimmt wird. Da der Wirkungsquerschnitt für die Reaktion sehr genau bekannt ist (bei 1 MeV $\sigma = 4{,}26 \times 10^{-24}$ cm^2), eignet sich das →Zählrohr sehr gut zum absoluten Bestimmen der Neutronenflußdichte.

Die Neutron-Proton-Streuung ist im Schwerpunktsystem bis etwa 14 MeV istotrop und mit den Gesetzen des mechanischen, verlustlosen Kugelstoßes beschreibbar. Daher eignet sich das Zählrohr auch zur Spektrometrie von Neutronen. Mit zunehmender Energie nimmt der Wirkungsquerschnitt und damit auch das Ansprechvermögen des Zählrohrs ab. Störend wirkt sich der Wandeffekt aus, wenn die Rückstoßprotonen nicht ihre gesamte Energie im Zählvolumen abgeben können, sowie der durch Photonenstrahlung in der Zählrohrwand und im Gas ausgelöste Elektronenuntergrund.

In Spezialausführungen sind R. auch zur →Dosismessung geeignet (→Neutronen-Dosismessung). *Wachsmann*

Rückstreumeßtechnik, optische. Die o. R. wird benutzt, um den Dämpfungsverlauf (→Glasfaserdämpfung) einer Glasfaser (→Lichtwellenleiter) ortsaufgelöst zu untersuchen, wobei nur ein Faserende zugänglich zu sein braucht. Außerdem können →Fehler geortet und Kabellängen bestimmt werden.

Ein kurzer Laserimpuls wird in eine Glasfaser eingekoppelt. Das rückgestreute bzw. reflektierte Licht fällt über einen Strahlteiler auf den →Photodetektor (Bild 1). Aus der Laufzeit des an einer Fehlstelle (z. B. Kabelbruch, Spleiß- oder Steckverbindung) gestreuten Lichtes können der Ort der Fehlstelle sowie der durch sie verursachte Dämpfungssprung ermittelt werden. Das Prinzip der Dämpfungsmessung beruht darauf, daß im Wellenlängenbereich zwischen 0,8 µm und 1,6 µm die Dämpfung hauptsächlich auf die Rayleighstreuung zurückzuführen ist. Dabei wird das Licht gleichmäßig in alle Richtungen, auch rückwärts, gestreut. Die rückgestreute Lichtleistung ist um ca. 10 000 bis 100 000 mal kleiner als die eingestrahlte Lichtleistung.

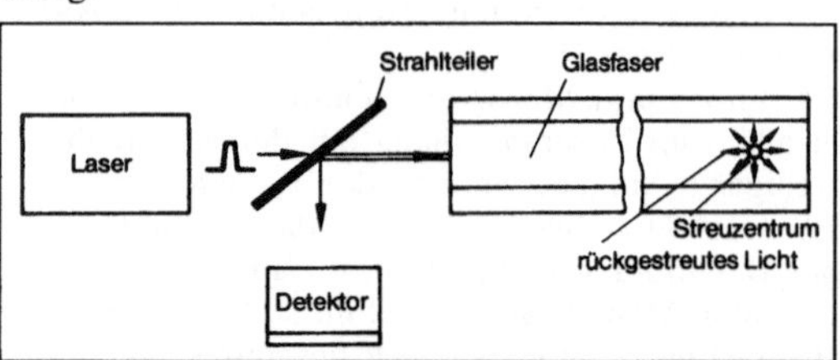

Rückstreumeßtechnik, optische 1: Blockdiagramm.

In Bild 2 ist eine Rückstreukurve dargestellt. Die am Anfang auftretende Spitze (1) wird durch die Reflexion an der Faserstirnfläche verursacht. Für eine ungestörte Faser ergibt sich dann ein exponen-

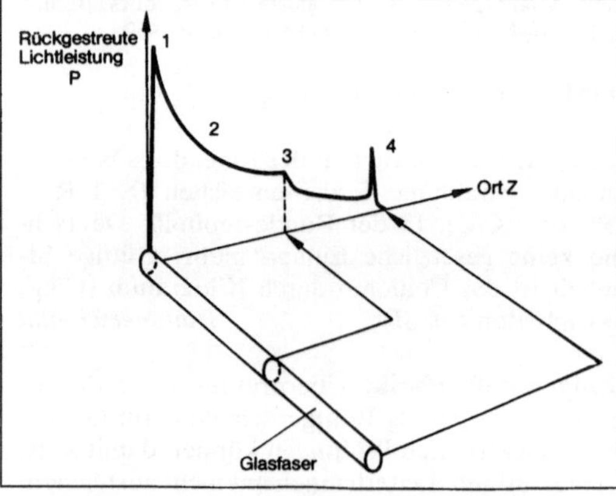

Rückstreumeßtechnik, optische 2: Rückstreukurve.

tieller Abfall (2). Der Dämpfungssprung (3) kann durch eine Spleiß- oder Steckerverbindung hervorgerufen sein. Das folgende Maximum (4) ist durch die Reflexion am Faserende bedingt.

Die Dämpfung α der Faser ergibt sich unter der Voraussetzung, daß homogene Verhältnisse zwischen den Meßorten z_1 und z_2 vorliegen, aus $\alpha(\text{dB/km}) = [10/2(z_2 - z_1)] \cdot \lg[P(z_1)/P(z_2)]$. *Krauser*

RZ. Abk. für *engl.* Return to Zero. Bezeichnet ein Testsignalformat. (→Format von Prüfbitmustern). *Obermeir*

S

Sägezahngenerator →Elektronenstrahl-Oszilloskop

Sagnac-Effekt. Ein geschlossener Weg S, der eine starre Fläche A umrandet, erscheint gleich lang, unabhängig davon, in welcher der beiden möglichen Richtungen er durchmessen wird. Bei strenger, allgemein-relativistischer Betrachtung gilt dieser Satz jedoch nur, falls die Fläche keine Drehbewegung ausführt. Rotiert A mit einer Winkelgeschwindigkeit Ω um eine Achse senkrecht zu A, so benötigt ein Lichtsignal länger zum Umlauf um S, falls es mit der Drehung läuft, kürzer bei Ausbreitung entgegen der Drehrichtung. Die Laufzeitdifferenz zwischen beiden Fällen entspricht einer Längendifferenz von $\delta S = 4A\Omega/c$, wobei c die Vakuumlichtgeschwindigkeit bedeutet.

Dieser Effekt ist zwar sehr klein, kann aber dennoch optisch mit hoher →Genauigkeit gemessen werden. Er bildet die Grundlage für die Methoden der optischen Rotationsmessung. Im →Laserkreisel ist S der Umfang eines Dreiecks, an dessen Ecken Spiegel stehen, die den →Resonator eines Ringlasers bilden. Die Drehung Ω führt zu einer Frequenzdifferenz entgegengesetzt umlaufender Lasermoden. Im faseroptischen →Gyroskop ist S durch eine aufgewickelte optische Glasfaser gegeben. Hier führt die Drehung Ω zu einer Phasendifferenz zwischen zwei sich entgegengesetzt in der Faser ausbreitenden Lichtwellen. *Ulrich*

Sample-and-Hold-Glied →Abtast- und Haltekreis

Sampling-Oszilloskop →Elektronenstrahl-Oszilloskop

Satellitenkommunikation. Der Seefunk mit Hilfe eines speziellen Satelliten-Systems bildet eine Alternative zum terrestrischen Mittel-, Grenz- und Kurzwellenfunk. Vorteile der S. sind u. a.
- wesentlich höhere Qualität der Nachrichtenverbindung
- größere →Zuverlässigkeit
- ständige →Verfügbarkeit bei unabhängiger Bedienung
- größere geografische Abdeckung
- Möglichkeit für automatische Funkdienste (z. B. Telex, Hochgeschwindigkeitsübertragung von Daten)
- Aufbau eines verbesserten und automatischen Notfall- und Sicherheitskommunikationssystems.

Daneben machte die zunehmende Überlastung des herkömmlichen terrestrischen Seefunks die Weiterentwicklung und die Schaffung zusätzlicher Kommunikationsmöglichkeiten erforderlich.

Schon seit der Mitte der 60er Jahre wird in der International Maritime Organization (IMO) über eine Nutzung von Satelliten für den Seefunkdienst beraten, 1979 unterzeichneten 26 Staaten ein Abkommen zur Gründung einer internationalen Organisation, die für die Planung, Beschaffung und den Betrieb eines Satelliten-Seefunkdienstes zuständig sein sollte, die International Maritime Satellite Organization (INMARSAT). Bis dahin aufgebaute nationale Satelliten-Seefunkdienste (z. B. MARISAT in den USA) wurden integriert.

Das INMARSAT-System besteht aus drei Komponenten:
- das Weltraumsegment (drei geostationäre Satelliten in Betrieb, mehrere Reservesatelliten)
- das Bodensegment (mehrere Küsten-Erdefunkstellen als Bindeglied zum terrestrischen Fernmeldenetz)
- das Nutzersegment (die Schiffs-Erdefunkstellen an Bord)

Es werden im System folgende Frequenzbereiche benutzt:

□ Küsten-Erdefunkstelle – Satellit

aufwärts	6 GHz-Bereich
abwärts	4 GHz-Bereich

□ Schiffs-Erdefunkstelle – Satellit

aufwärts	1,6 GHz-Bereich
abwärts	1,5 GHz-Bereich

Das INMARSAT-System bietet zahlreiche Anschlußmöglichkeiten, z. B.:
- Telefon
- Telex
- Tele(Fax)kopierer
- Datenübertragung (Computer)
- automatischer Notruf bei Seenotfällen

Die Ausrüstung von Schiffen mit Satelliten-Kommunikationsanlagen liegt zur Zeit bei ca. 5 % der Welthandelsflotte.

Es ist dabei jedoch zu berücksichtigen, daß der Betrieb einer solchen Anlage doch noch höhere Kosten verursacht als eine herkömmliche Seefunkanlage. Außerdem besteht nach wie vor eine Ausrüstungspflicht mit einer Sprechfunk- bzw. Telegrafiefunkanlage für die Seeschiffahrt, so daß die Ausrüstung mit einer Satelliten-Seefunkanlage vorwiegend nach individuellen wirtschaftlichen Überlegungen vorgenommen wird. *Froese*

Satellitennavigation. Die S. ist ein technisches Funkortungsverfahren (→Navigation, technische) nach dem Prinzip der Hyperbel-Navigation.

Das derzeit in der Seeschiffahrt eingesetzte System Navy Navigation Satellite System (NNSS), auch Transit-Verfahren genannt, wurde in den USA für die militärische Nutzung entwickelt und 1967 von der US Navy auch für den zivilen Einsatz freigegeben. Durch die Entwicklung von preisgünstigen Empfängern erfuhr das Transit-Verfahren eine rasche weltweite Verbreitung in der Seeschiffahrt.

Das System besteht aus drei Komponenten:

□ das Weltraumsegment (zwischen vier und sechs Satelliten umkreisen auf polaren Bahnen in ca. 1 100 km Höhe die Erde)

□ das Bodenkontrollsegment (vier weltweit verteilte Bodenstationen überwachen die Bahnen der Satelliten. Die Zentralbodenstation in den USA programmiert die Satelliten kontinuierlich mit neuen Bahndaten)

□ das Nutzersegment (ein kombinierter Rechner/Empfänger an Bord zur Ermittlung der Schiffsposition).

Die die Erde in polaren Umlaufbahnen umrundenden Satelliten senden kontinuierlich ihre Bahndaten und Zeitmarken zur Erde, die vom Bord-Empfänger aufgenommen werden. Aus der Differenz der Frequenz des empfangenen Signals (Dopplereffekt) und der vom Satelliten gesendeten Frequenz lassen sich Entfernungsdifferenzen zu Satellitenbahnpunkten berechnen. Orte mit gleicher Entfernungsdifferenz zu zwei Bahnpunkten liegen auf einem Hyperboloid mit den Bahnpunkten als Brennpunkten. Der Schnitt dieses Hyperboloids mit der Erdoberfläche ergibt die Standlinie, auf der sich das Schiff befindet. Aus dem Schnittpunkt mehrerer nacheinander gewonnener Standlinien ergibt sich der Schiffsort. Abhängig von der geographischen Schiffsposition und den Satellitenbahnen und zeitlichen Folgen können zwischen zwei Ortungsmöglichkeiten mehrere Stunden liegen. Das „Transit"-Verfahren ist daher für eine kontinuierliche Ortsbestimmung nicht geeignet.

Dieser Nachteil wird durch ein neues Satelliten-Navigationssystem mit der Bezeichnung NAVSTAR/GPS (*engl.* Navigation System with Time and Ranging / Global Positioning System) behoben. Das System, das z. T. bereits installiert ist, soll Anfang der 90er Jahre vollständig aufgebaut sein. Im Unterschied zum Transit-System soll die ständige →Verfügbarkeit von vier bis sieben Satelliten zur Ortsbestimmung gewährleistet sein, insgesamt 18 Satelliten umkreisen dann die Erde auf sechs Bahnen, die ca. 60° gegenüber der Äquator-Ebene geneigt sind. Durch eine hochpräzise Zeitkoordinierung wird das Prinzip der →Laufzeitmessung für die Ortsbestimmung angewendet. Aus der Laufzeit der in einem festgelegten Zeitschema gesendeten Satelliten-Signale werden gleichzeitig drei Entfernungen zu den Bahnpunkten von drei Satelliten ermittelt. Daraus läßt sich der Standort nach drei Koordinaten festlegen. In der Schiffahrt wird man sich mit zwei Koordinaten begnügen. Mit diesem neuen Satelliten-Navigationssystem wird eine sehr genaue und vor allem kontinuierliche Ortsbestimmung mit weltweiter Verfügbarkeit möglich sein. *Froese*

Sauerstoffanalysator, thermomagnetischer. Die Analyse von Sauerstoff (O_2) aus einem Gasgemisch ist auf Grund seines von der Temperatur abhängenden paramagnetischen Verhaltens möglich. Da nur wenige andere Gase (z. B. NO) ähnlich stark paramagnetisch sind wie Sauerstoff, ist das im folgenden erläuterte Sauerstoff-Meßgerät recht selektiv.

Die Meßkammer eines Sauerstoff-Meßgeräts (Bild 1) enthält einen Magneten, von dessen Feld der Sauerstoff angezogen wird. Im Magnetfeld liegt ein beheizter Widerstandsdraht. In seiner Nachbarschaft erwärmt sich der Sauerstoff und verliert dabei seine paramagnetische Eigenschaft. Der heiße Sauerstoff kann von dem nachdrängenden kälteren aus dem Magnetfeld entfernt werden. Eine Sauerstoffströmung entsteht, ein magnetischer Wind, der den Hitzdraht abkühlt. Die entsprechende Temperaturänderung wird gemessen.

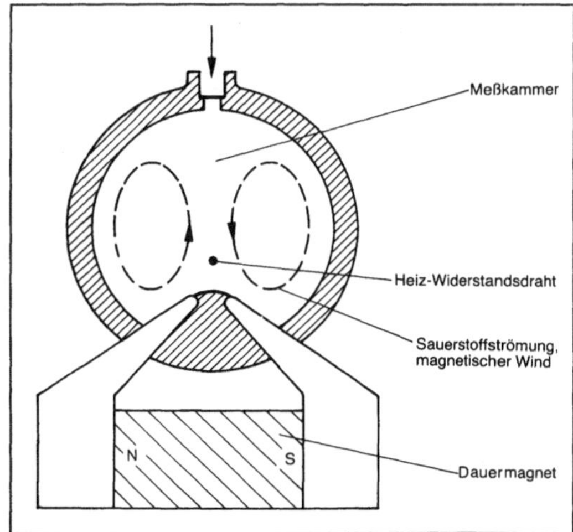

Sauerstoffanalysator, thermomagnetischer 1: Meßkammer.

In der industriellen Praxis werden vier Meßkammern benutzt, von denen zwei ein Magnetfeld enthalten (Bild 2). Das Meßgas durchströmt alle vier Kammern. In jeder Kammer befindet sich ein beheizter Widerstandsdraht. Die vier Drähte sind in einer Brücke verschaltet. Gleichtaktstörungen kompensieren sich und die Diagonalspannung ist ein Maß für den Sauerstoffgehalt. Der Endwert des kleinsten ausführbaren Meßbereichs liegt bei 1 Vol.-% O_2. Die Meßunsicherheit ist geringer als 3 % vom Endwert. *F. Schneider*

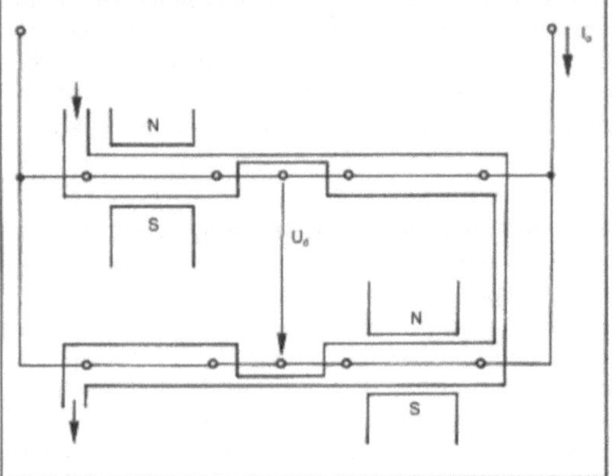

N) Nordpol, S) Südpol.

Sauerstoffanalysator, thermomagnetischer 2: Grundschaltung.

Literatur: *Schrüfer, E.*: Elektrische Meßtechnik. München 1988.

Sauerstoffsensor. Sensor zur Messung des Sauerstoff-Partialdrucks in einem Gas, gelegentlich auch in einer Flüssigkeit. Zur Anwendung kommen häufig S. mit Feststoffelektrolyten (Bild). Der Druckausgleich zwischen zwei Drücken P_1 und P_2 erfolgt dabei durch den Feststoffelektrolyten, der mit porösen Platinelektroden bedeckt ist. Beim Eindringen in den Sensor werden die Sauerstoffatome zweifach negativ ionisiert, beim Austritt wird die Ionisierung rückgängig gemacht. Die Spannung zwischen den beiden Platinelektroden ist proportional dem natürlichen Logarithmus des Druckunterschiedes. Bei der →Lambda-Sonde wird die Leitfähigkeit des Feststoffelektrolyten zur Messung der Sauerstoffkonzentration herangezogen. *Schaumburg*

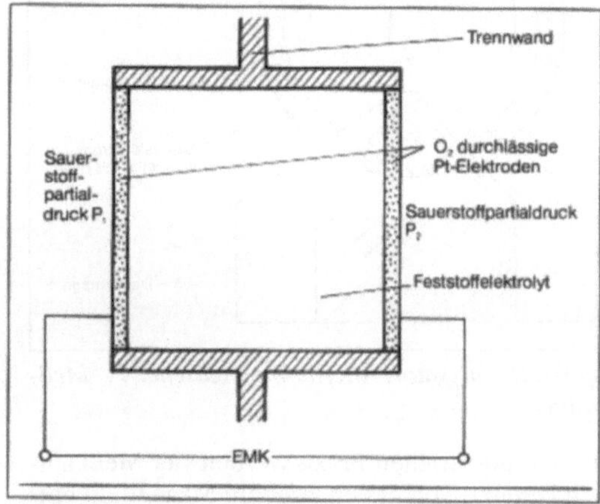

Sauerstoffsensor: Ausführung mit Feststoffelektrolyt. (Quelle: Heywang)

Literatur: *Heywang, W.*: Sensorik. Berlin 1984.

SAW-Bauelement. (*engl.* Surface Acoustic Wave, akustische Oberflächenwelle, AOW) Akustoelektronisches Bauelement, das die Wechselwirkung zwischen elastischen Wellen an der Oberfläche piezoelektrischer Festkörper und Ladungsträgern zur Signalübertragung und -verarbeitung nutzt. Ein S. muß grundsätzlich durchführen:

□ Weiterleitung und Übertragungsbeeinflussung (Dämpfung, Verstärkung) der Welle,

□ Rückwandlung der Welle in ein elektrisches →Signal durch elektrostriktive (umgekehrt piezoelektrische) Effekte. Als Werkstoff für S. dient hauptsächlich Lithiumniobtat ($LiNbO_3$).

Die erste Wandlungsaufgabe wird mit dem sog. Interdigitalwandler durchgeführt. Er besteht aus ineinandergreifenden kammartigen Metallelektroden (Bild 1), deren konstruktive Gestaltung (Zahl der Fingerpaare, Geometrie, gegenseitige Überdeckung) dem Wandlungsvorgang eine Frequenzcharakteristik verleiht und diese bestimmt. Ein solcher →Wandler arbeitet grundsätzlich umkehrbar, er kann deshalb auch als Empfänger verwendet werden. Nachteilig ist ferner, daß er Wellen nach beiden Richtungen abstrahlt. Das erfordert an beiden Enden des Substrates eine Dämpfungsmasse, um ungewollte Reflexionen zu vermeiden.

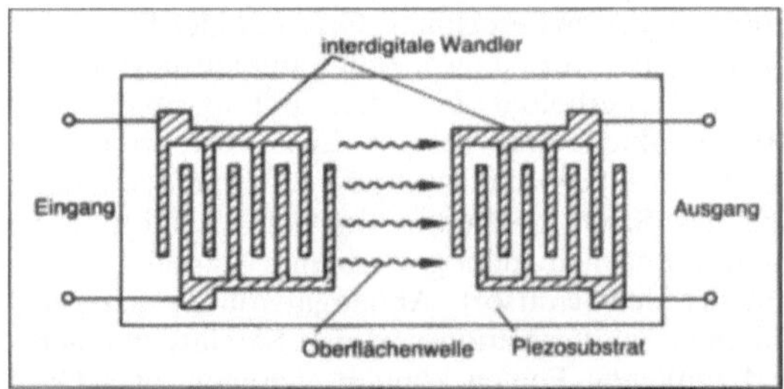

SAW-Bauelement 1: Prinzip des Oberflächenwellenfilters.

Ein S. besitzt zwei derartige Wandler, und seine Übertragungscharakteristik wird hauptsächlich durch die Frequenzgänge der Wandler bestimmt.

Der Anwendungsvorteil der S. ergibt sich vor allem aus den stark verschiedenen Fortpflanzungsgeschwindigkeiten (Faktor 10^5) mechanischer und elektrischer Wellen im freien Raum, weil die Wellenlänge jetzt um einem Faktor 10^5 kleiner ist. Im Gegensatz zu piezoelektrischen Schwingern, bei denen das ganze Volumen an der mechanischen Bewegung teilnimmt, bietet die Beschränkung auf die

Oberfläche eine deutlich höhere Übertragungsfrequenz.

Neben diesem passiven, verstärkungslosen S. gibt es auch aktive, d. h. solche, die mit Verstärkung arbeiten. Sie basieren auf der Wechselwirkung zwischen der Oberflächenwelle und Ladungsträgern, die parallel zur Wellenausbreitung als Folge eines Gleichfeldes driften. Bewegen sich die Ladungsträger schneller als die Ausbreitungsgeschwindigkeit der Schallwelle (etwa 1–5 · 10^3 m/s), so können sie Energie an die Wellen abgeben und diese verstärken. Konstruktiv läßt sich eine Verstärkung z. B. dadurch erreichen (Bild 2), daß auf das piezoelektrische Material Isolator-Halbleiterschichten gebracht werden, von denen in letzterer ein Längsfeld erzeugt wird. Sind die Dicken beider Schichten vergleichbar oder kleiner als die akustische Wellenlänge, so besteht eine direkte akustische Kopplung zum Substrat.

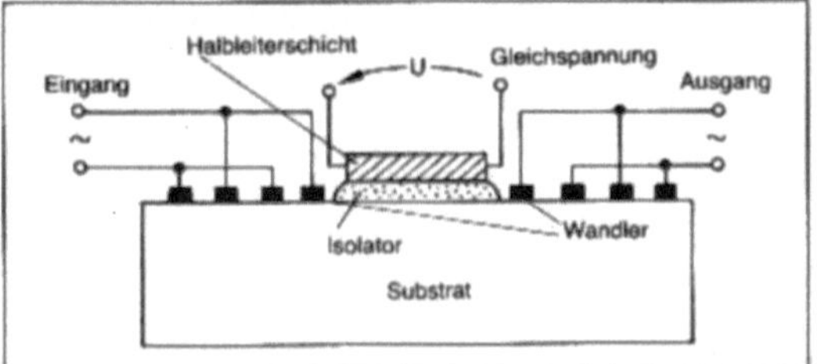

SAW-Bauelement 2: Verstärker mit akustischer Kopplung.

S. werden bisher hauptsächlich als Verzögerungsleitungen, als →Filter, Richtkoppler, Pulsformer oder (mit Verstärkern) als →Oszillatoren angewendet. Dabei dominieren die beiden erstgenannten Beispiele bei weitem (Dispersionsfilter zur Kompression und Dehnung von Radarsignalen, Bandfilter für Fernseh- und Rundfunkgeräte, Optimalfilter für die Signalkodierung). *R. Paul*

Scanner →Meßstellenumschalter

Scanpath →Boundary Scan

Schallmessung →Lärm

Schalter. Elektromechanische Bauelemente, deren Aufgabe es ist, Stromkreise zu schließen oder zu trennen. Zu diesem Zweck besitzen sie einen oder mehrere elektrische Kontakte, die je nach Stellung des Betätigers geöffnet oder geschlossen werden. Bei geschlossenen Kontakten müssen die elektrischen Ströme weitgehend verlustfrei übertragen werden, bei geöffneten Kontakten muß der Stromfluß gesperrt sein. Dies soll oft über eine hohe Zahl von Schaltungen und bei ungünstigen Umweltbedingungen – ob häufig oder selten betätigt – gewährleistet sein. Es soll auch keine Gefahr für Sachen und Personen von S. ausgehen, die gemäß ihrer Bestimmung und Einbauvorschrift in elektrische Geräte oder Anlagen eingebaut sind.

Um die dementsprechende Qualität der S. zu gewährleisten, sind diverse Prüfnormen und Prüfvorschriften festgelegt worden, z. B. in der Bundesrepublik Deutschland durch die DIN 41640 und begleitende Normen sowie – betreffend Sicherheit von S., die in Stromkreisen mit lebensgefährlicher Spannung eingebaut werden können – VDE-Vorschriften; S., die den VDE-Vorschriften entsprechen, tragen meistens auch das VDE-Zeichen und Angaben über die zugelassenen Ströme und Spannungen.

Die S. können nach diversen Sachmerkmalen aufgeteilt werden. (DIN 4000).

□ Aufteilung nach Betätigungsart, z. B.:
– Drehschalter: Betätigung durch Drehknopf, -knebel, ggf. mittels Schraubenzieher
– Schiebeschalter: Betätigung durch Verschieben des Betätigers
– Druckknopfschalter: Betätigung durch Druck auf den Betätiger; im Unterschied zu Tasten bleibt nach dem Loslassen des Betätigers der Schaltzustand erhalten. Erst bei nochmaliger Betätigung wird der Schaltzustand geändert.
– Kippschalter, Kipphebelschalter: Betätigung durch Kipp-Hebel des S.
– Wippschalter, Wippenschalter: Betätigung durch Druck auf den entsprechenden Teilabschnitt einer Wippe

□ Aufteilung nach Art der Kontakte, z. B.:
– →Öffner
– →Schließer
– →Wechsler, Umschalter

□ Aufteilung nach Schaltart, z. B.:
– unterbrechend schaltend: Stromkreis 1 wird unterbrochen bevor Stromkreis 2 geschlossen wird
– überbrückend schaltend: Stromkreis 1 wird erst unterbrochen, wenn Stromkreis 2 bereits geschlossen ist

□ Aufteilung nach Anzahl der Pole:
– einpolig
– zwei- oder mehrpolig: Die Polzahl gibt an, wie viele Stromkreise bei Betätigung des Schalters gleichzeitig geschaltet werden können.

□ Aufteilung nach Anzahl der Schaltebenen:
– Einebenenschalter (einstöckiger Schalter)
– Zwei- oder Mehrebenenschalter (zwei- oder mehrstöckiger Schalter): Eine Schaltebene kann ein- oder mehrpolig ausgeführt werden. Die Anzahl der Schaltebenen mal Anzahl der Pole gibt an, wie viele Stromkreise bei Betätigung des S. gleichzeitig geschaltet werden können.

□ Aufteilung nach Anschlußart, z. B.:
– Anschlüsse für gedruckte Schaltung (GS), zum Einstecken der Lötanschlüsse in Bohrungen einer

Leiterplatte und anschließendem Schwall-Löten bestimmt.
- Lötanschlüsse für Einzeldrähte (Lötösen zum Einlöten von Einzeldrähten, Kabeln, Litzen)
- Steckanschlüsse: Anschlüsse, die z. B. als Flachstecker (DIN 46244) zu den an den Leitungen angebrachten Steckhülsen (DIN 46245) passend ausgeführt sind
□ Nach Anzahl der Schaltstellungen
- zweistufig: zwei Schaltstellungen des Betätigers möglich, z. B. Ein-/Aus-Schalter.
- drei- oder mehrstufig: drei oder mehrere Schaltstellungen des Betätigers möglich.
□ Aufteilung nach Bestimmung, z. B.:
- Installationsschalter: z. B. Lichtschalter für die Haus- oder Wohnungsinstallation
- Geräteschalter: z. B. für Haushaltgeräte, für Meß- und Prüfgeräte, Bürogeräte
- Service- und Einstellschalter: z. B. für die Einstellung der Betriebszustände von elektronischen Baugruppen
- Kfz-Schalter: z. B. für Beleuchtung, Heizung, Hupe, Scheibenwischer, elektrische Fensterheber eines Pkw
- Lastschalter, Trenner, Lasttrenner und Schalter-Sicherungs-Einheiten für die Industrie. *Pagnin*

Literatur: DIN 4000 Teil 56: Sachmerkmal-Leisten für elektrische Schalter und Schaltgeräte. - DIN 46244. - DIN 46245.

Schalter, elektrooptischer. Mit e. S. oder Modulatoren wird unter Ausnutzung des elektrooptischen →Effektes Licht von einem Wellenleiter zum anderen umgeschaltet bzw. moduliert.

Die Modulation von Lichtwellen, die in einem Wellenleiter geführt werden, ist besonders effektiv, da die Überlappung der geführten Wellen mit der modulierenden Steuergröße relativ groß ist. Mit Wellenleiterbauelementen können die Intensität (Intensitätsmodulator), Phase (Phasenmodulator) oder Polarisation (Polarisationsmodulator) des Lichtes moduliert werden.

Nach Anbringen geeigneter Elektroden an den Wellenleiter können große elektrische Felder mit kleinen Spannungen (typische Größenordnung 10 V) erzeugt werden. Wegen der kleinen Kapazitäten der Steuerelektroden ist der Aufbau sehr schneller Modulatoren und Schalter möglich.

Materialien: Außer isolierenden Materialien werden auch Halbleiter für elektrooptische Wellenleiterschalter/modulatoren eingesetzt. In Halbleitermaterialien wird das elektrische Feld durch in Sperrichtung betriebene pn-Übergänge, Schottky- oder MOS-Konfigurationen erzeugt.

Bauelemente: Im folgenden werden die wichtigsten elektrooptischen Modulatoren/integriert optischen Schalter diskutiert:

Phasenmodulatoren bestehen aus einem monomodalen Streifenwellenleiter, dessen Brechzahl n durch Anlegen eines elektrischen Feldes E variiert wird (Bild 1). Mit speziellen Elektrodenanordnungen sind mit $LiNbO_3$-Phasenmodulatoren Bandbreiten von mehr als 10 GHz erreicht worden.

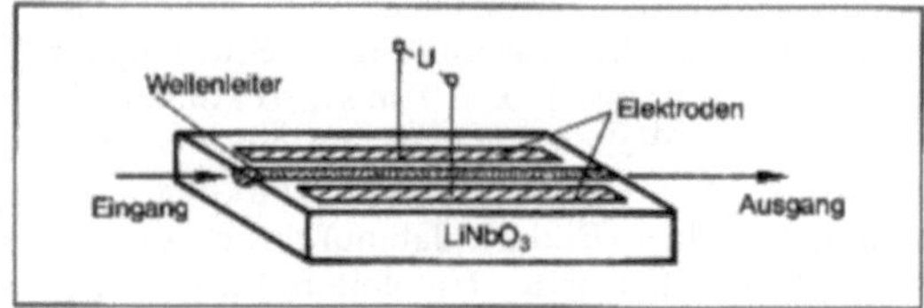

Schalter, elektrooptischer 1: Prinzip eines Phasenmodulators.

Mit Richtkopplermodulatoren/Schaltern ist es möglich, das Verhältnis der optischen Leistungen beider Ausgänge elektrooptisch einzustellen (Bild 2). Ein von außen angelegtes elektrisches Feld bewirkt eine Variation der Brechzahl in beiden Wellenleitern, wodurch die Koppellänge verändert wird. Eine Modifikation des Richtkopplers ist der X-Schalter (Bild 3), bei dem sich zwei monomodale Wellenleiter kreuzen. X-Schalter wegen ihrer geringen Länge z. B. für den Einsatz in Schaltmatrizen gut geeignet.

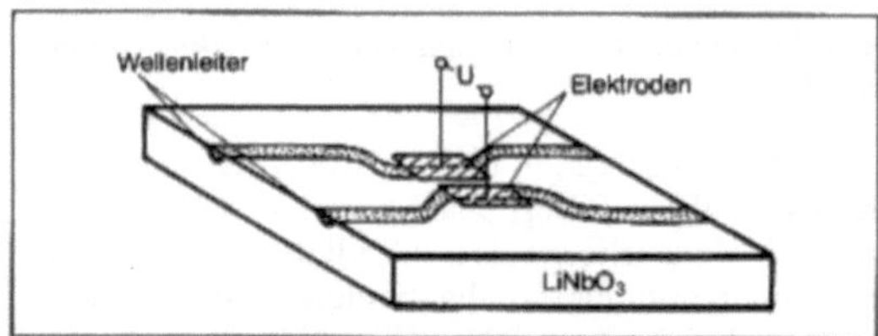

Schalter, elektrooptischer 2: Prinzip eines Richtkopplerschalters/modulators.

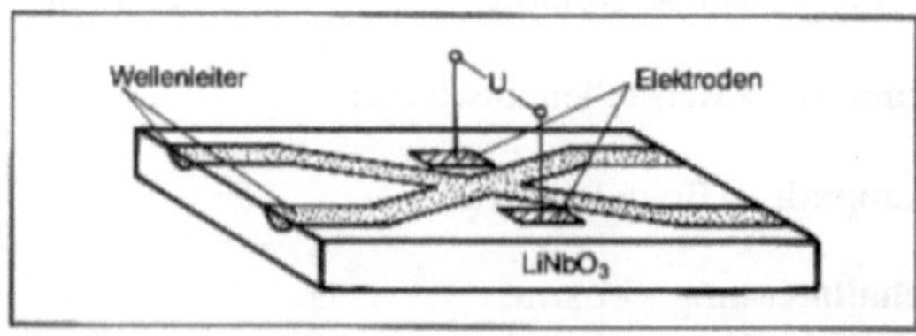

Schalter, elektrooptischer 3: Prinzip eines X-Schalters.

Als Intensitätsmodulator kann ein integriert optisches →Mach-Zehnder-Interferometer benutzt werden (Bild 4). Durch Anlegen einer Spannung wird die Brechzahl in den Wellenleiterarmen in unterschiedlicher Weise variiert; dadurch ändert sich die Phasenlage der beiden Lichtwellen, so daß Verstärkung oder Auslöschung auftritt. Mit dieser Anordnung können Modulationsbandbreiten von mehr als 10 GHz erreicht werden.

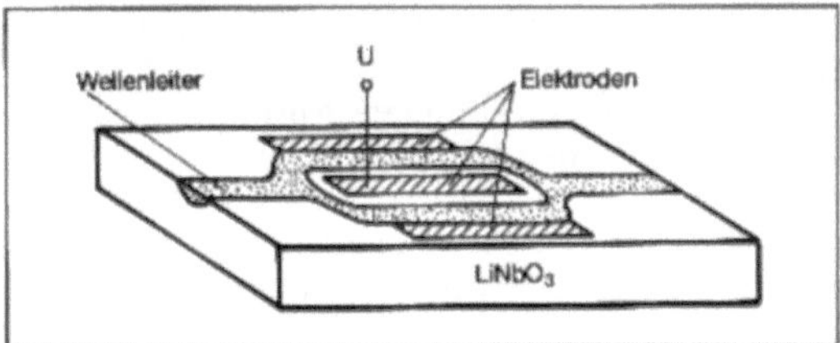

Schalter, elektrooptischer 4: Prinzip eines Mach-Zehnder-Intensitätsmodulators.

Polarisationsmodulatoren (-konverter) bestehen aus einem einzelnen Wellenleiter; seine Richtung und die Orientierung des elektrischen Feldes bezüglich der Kristallachsen müssen so orientiert sein, daß es je nach angelegter Spannung zu einer Umwandlung der beiden orthogonalen Polarisationsrichtungen kommt.

Die hier vorgestellten Schalter/Modulatoren sind prinzipiell mit den in der Tabelle angegebenen Materialien realisierbar. *Krauser*

Schalter, elektrooptischer. Tabelle: Übersicht häufig verwendeter Materialien für elektrooptische Wellenleitermodulatoren

Material	Elektrooptischer Koeffizient 10^{-12} m/V	Brechzahl n(λ = 0,6 µm)
$LiNbO_3$ (Isolator)	$r_{33} = 30{,}8$ $r_{13} = 8{,}6$ $r_{22} = 3{,}4$ $r_{42} = 28$	$n_o = 2{,}29$ $n_e = 2{,}20$
$LiTaO_3$ (Isolator)	$r_{33} = 30{,}3$ $r_{13} = 5{,}7$	$n_o = 2{,}175$ $n_e = 2{,}180$
GaAs* (Halbleiter)	$r_{41} = 1{,}6$	n = 3,3**
InP*	$r_{41} = 1{,}6$	n = 3,21**

* Auch die ternären (AlGaAs, InAlAs) und quaternären (InGaAsP, InGaAlAs) Verbindungen werden als Materialien eingesetzt (Streifenwellenleiter).
** für λ = 1,3 µm.

Literatur: *Hunsperger:* Integrated Optics: Theory and Technology. New York, Berlin, Wien 1982. – *Krauser, J.:* Conf. Proc. MIOP87 (1987), 8B1.

Schalter, magneto-optischer. Komponente zum Umschalten von Lichtwegen, deren Wirkung auf dem →Faraday-Effekt in einem magnetooptischen Material, vorzugsweise magnetischem →Granat, beruht. Durch Umschalten eines äußeren Magnetfeldes kann die Magnetisierung von einer Richtung parallel zum Lichtweg in eine Richtung antiparallel dazu geschaltet werden. Dadurch wird die Drehung der Polarisationsebene von linear polarisiertem Licht von 45° in −45° geändert. Ein geeignet orientiertes, nachgeschaltetes, doppelbrechendes Element (z. B. Wollaston-Prisma) lenkt die beiden senkrecht zueinander polarisierten Lichtwellen in zwei verschiedene Richtungen, die somit durch Schalten der Magnetfeldrichtung angewählt werden können.

Der Schalter arbeitet mit linear polarisiertem Licht. Andernfalls muß das Licht in die beiden senkrecht zueinander polarisierten Anteile getrennt werden. Nach dem Schalten werden die beiden Anteile wieder zusammengeführt. *Dammann*

Schaltfolgeplan. Der S. (auch Schaltfolgediagramm oder Zeitablaufdiagramm) stellt die zeitliche und logische Zuordnung der Ein- und Ausgangssignale (Schaltfolgen) eines dynamischen, ereignisorientierten Prozesses in graphischer Form dar. Dabei können sich abhängig von der jeweiligen Ereigniskonfiguration der Eingangssignale unterschiedliche Prozeßabläufe und damit S. ergeben.

Diese Form der Darstellung des Prozessgeschehens einerseits wie auch der Steuerungseingriffe andererseits hat sich als brauchbares, anschauliches Entwurfs- und Beobachtungswerkzeug für sequentielle Steuerungen kleinen bis mittleren Umfangs erwiesen. Im einzelnen werden im S. über der Zeit aufgetragen:

– Eingangssignale, bezogen auf die →Steuerung sind dies Bedien-, Prozeßmeß- und Hilfssignale sowie als
– Ausgangssignale, die erforderlichen Stellsignale und gewünschten Beobachtungssignale.

Solche Diagramme werden sowohl für den ungestörten Betriebsfall (Normalbetrieb) als auch für die von der Steuerung zu beherrschenden Störfälle erstellt. Ihnen lassen sich unmittelbar (Beharrungs-) Zustände für die Steuerung und Transitionsbedingungen für die Übergänge zwischen den Zuständen bzw. die Steuerungsschritte, Bedingungen für den Schrittwechsel und entsprechende Befehlsausgaben entnehmen.

Der Aufbau eines Schaltfolgediagrammes für einen ungestörten Betriebsablauf sei am Beispiel einer einfachen Mischungssteuerung (Bild) erläutert. Die vorliegende Steuerungsaufgabe ist folgendermaßen beschrieben:

Der leere Mischbehälter wird zunächst aus Tank I bis zum Füllstand (Grenzwert L1) und dann aus Tank II bis zum Füllstand (Grenzwert L2) gefüllt, der Motor des Rührwerks gestartet und nach Ablauf der Rührzeit (T1) die Mischung durch das Abfüllventil V1 abgelassen. Die Entleerung des Mischbehälters signalisiert der Füllstandsgrenzwert-Geber L3.

Der ungestörte Betriebsablauf dieser Steuerungsaufgabe ist, wie sich aus dem Schaltfolgediagramm (Bild c) unschwer ablesen läßt durch fünf Zustände

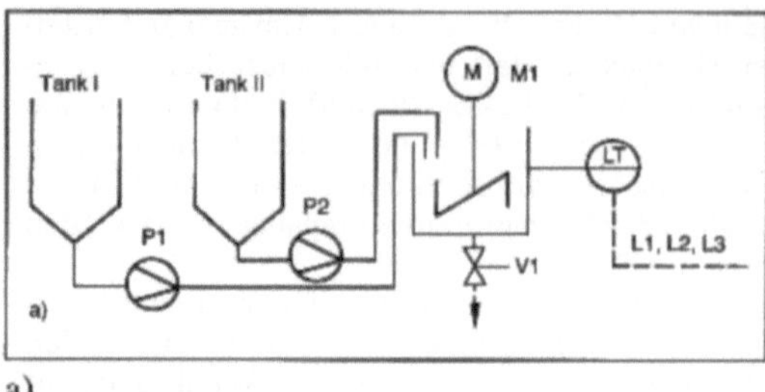

a)

Variablenname	Kennzeichen	Funktion
X 01	LT	Grenzwert L 1
X 02	LT	Grenzwert L 2
X 03	LT	Grenzwert L 3
Y 01	P1	Pumpe Tank I
Y 02	P2	Pumpe Tank II
Y 03	M1	Motor Rührwerk
Y 04	V1	Ablaufventil

b)

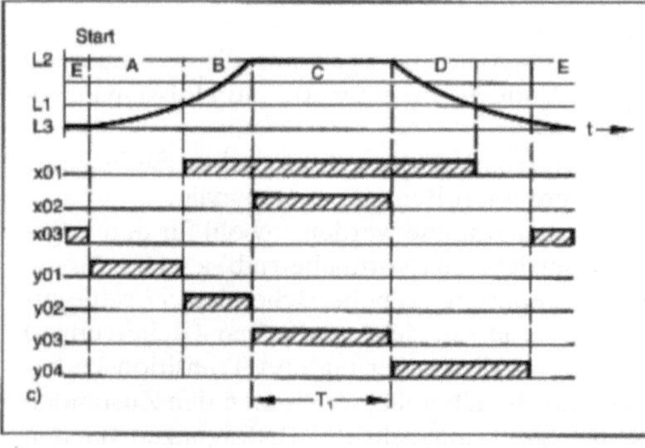

c)

Schaltfolgeplan: Entwicklung eines S. am Beispiel einer Mischanlage
a) Technologieschema der Mischanlage
b) Zuordnungstabelle der Ein- und Ausgangssignale
c) S. für einen ungestörten Mischvorgang.

(A, B, C, D und E) und die zugehörigen Übergangsbedingungen charakterisiert. *Freyberger*

Schaltrelais. Relais für universelle Schaltaufgaben im gesamten Bereich der Elektrotechnik. Im Gegensatz zum Meßrelais (das zu den Geräten zählt) ist das S. zur Ansteuerung mit definierten Spannungspegeln vorgesehen, die entweder Null oder nahe der jeweiligen Nennspannung sind. Wenn von dem Relais als Bauteil die Rede ist, ist immer das S. gemeint.

Die am weitesten verbreitete Ausführung ist das elektromechanische (Schalt-)→Relais.

Daneben gibt es statische →Relais, auch als Halbleiterrelais und elektronische Relais bekannt. Diese enthalten keine bewegten Teile. Relais, die sowohl elektronische Schaltungen als auch mechanisch bewegte Teile enthalten, sind die →Hybridrelais.

Historisch bedingt fallen gemäß der deutschen Normung auch →Zeitrelais in die Gruppe der S.

Rauterberg

Schaltschrank. Der S. für die →Steuerungstechnik ist allgemein betrachtet ein Gehäuse für die flexible Montage und Verschaltung sowie den Schutz elektrischer und elektronischer Komponenten. Er dient damit der Aufnahme und der Verdrahtung der für die →Steuerung nötigen elektrischen, elektronischen Steuerungsbaugruppen sowie der erforderlichen Hilfseinrichtungen. In ihm werden die Ein- und Ausgangssignale sowie die Stromversorgung verteilt und verschaltet. Daneben kann er gewisse Bedien- und Beobachtungselemente enthalten.

Der S. ist typischerweise als Metall- oder Kunststoffgehäuse ausgeführt und verfügt im Prinzip über

- einen Montagebereich zur Aufnahme der Einbauten (z. B. 19″-Einschubtechnik),
- einen Frontbereich als Verschluß und/oder zur Aufnahme von Bedien- und Beobachtungselementen,
- Kabelräume für die Verteilung zuführender und abgehender, signal- und leistungsführender Kabel sowie
- freie Zonen für die Führung der Schrankbelüftung.

Er muß so gestaltet sein, daß er zum einen die Einbauten vor der rauhen Prozeßumgebung (Feuchte, Staub, aggressive Gase, elektromagnetische Störungen etc.), in der er in der Regel installiert ist, schützt und daß er zum anderen bei Eingriffen zum Zwecke der Wartung oder Reparatur einfache Zugänglichkeit, größtmögliche Übersicht und Sicherheit gewährleistet.

Diese und weitere Anforderungen, z. B. nach einfacher Aufbautechnik, leichter Erweiterbarkeit, klarer Führung und Trennung von Signalkabeln und von leistungsführenden Leitungen, Tauglichkeit für unterschiedliche Klimazonen etc. haben zahlreiche Schranksysteme für spezifische Einsatzfelder entstehen lassen, die ebenso zahlreichen Normen und Vorschriften genügen. *Freyberger*

Schaltungssimulation. Beim Entwurf elektronischer Schaltungen ist deren Funktion mit Hilfe geeigneter Programme auf Digitalrechnern zu simulieren. Unterschieden wird dabei zwischen der →Simulation analoger Schaltungen (Netzwerkanalyse, Circuit-Analyse) und der digitaler Schaltungen (→Logiksimulation).

Moderne Netzwerkanalyseprogramme sind in CAD-Systeme eingebunden und erlauben die Simulation linearer wie nichtlinearer Schaltungen. Der typische Ablauf einer S. umfaßt:
- Schaltplaneingabe meist grafisch mittels eines CAD-Programmes
- Definition der Eingangsbelegung der Schaltung
- Netzlistengenerierung durch Einbinden der mathematischen Modelle aus der Bausteinbibliothek
- Simulation entsprechend der gewünschten Analyseart
- Darstellung der Ergebnisse auf einem Bildschirm, Drucker oder Plotter.

Bezüglich der Simulationsebene unterscheiden sich die Programme nur wenig. Widerstände, Induktivitäten, Kapazitäten, Dioden und Transistoren werden auf Bauelementebene modelliert. Für häufig verwendete Funktionseinheiten wie z. B. →Operationsverstärker, Komparatoren usw. werden Makromodelle (Behaviour-Modelling) in der Simulation verwendet.

Die Netzwerkanalyseprogramme bieten folgende Analysearten:

□ Gleichstrom (DC)-Analyse: Untersucht wird das Verhalten der Schaltung bei Anregung mit Gleichgrößen, entweder für eine einzige Kombination der Eingangssignale (Arbeitspunktanalyse) oder für mehrere Eingangsbelegungen, d. h. für mehrere Arbeitspunkte (Kennlinienanalyse). Als Ergebnis der Simulation werden die Strom- und Spannungsverläufe der interessierenden Knoten tabellarisch bzw. grafisch ausgegeben.

□ Wechselstrom (AC)-Analyse: Untersucht wird das Kleinsignalverhalten einer Schaltung bei Anregung mit sinusförmigen Eingangssignalen in einem vorgegebenen Frequenzbereich. Zunächst werden die Arbeitspunkte in einer vorgeschalteten DC-Analyse berechnet. Die nichtlinearen Bauelemente werden gegebenenfalls in diesen Punkten linearisiert. Durch die Variation der Frequenz ergibt sich der →Amplituden- und →Phasengang, die Ortskurve bzw. der Verlauf der Gruppenlaufzeit.

□ Zeitbereichsanalyse, Einschwing (Transient)-Analyse: Diese grundlegende Analysenart simuliert für beliebige Eingangssignalverläufe (Sinus, Rechteck, Impuls, Exponentialform, Polynomdarstellung) das zeitliche Verhalten der Schaltung. Dazu werden für ausgewählte Knoten die Strom-/Spannungsverläufe tabellarisch bzw. graphisch dargestellt. In einer nachfolgenden Fourier-Analyse (→Frequenzanalyse) sind dann Untersuchungen im Spektralbereich möglich.

□ Rausch (Noise)-Analyse: Für die einzelnen Bauelemente werden ihre Strom- und Spannungs-Rausch-Ersatzquellen betrachtet, wobei meist nur die Fälle fehlender bzw. völliger →Korrelation vorgesehen sind. In einem vom Anwender festgelegten Frequenzbereich wird nach dem Prinzip der AC-Analyse die Auswirkung dieser Rauschquellen ermittelt.

□ Empfindlichkeits (Sensivity)-Analyse: Bauelementeparameter zeigen Abweichungen vom Nominalwert auf Grund von Fertigungstoleranzen, Temperatureinflüssen, Driften und Alterung. In der Empfindlichkeitsanalyse (→Toleranzanalyse) werden die Auswirkungen der Parameteränderung eines einzelnen Bauelementes auf interessierende Schaltungsknoten (z. B. Ausgangssignale) untersucht. Durch Simulationsläufe mit unterschiedlichen Parameterwerten lassen sich die Bereiche aufzeigen, in denen die Ausgangssignale liegen können.

□ Statistische Monte-Carlo-Analyse: Untersucht wird der Einfluß der Bauelementparameter, die oft als gleichverteilt oder normalverteilt angenommen werden. Mittels eines Pseudo-Zufallsgenerators werden die Parameter der Bauelemente derart eingestellt, daß sie der gegebenen Verteilung gehorchen. Es erfolgt eine große Zahl von Simulationsläufen, so daß dann die Verteilung der Ausgangssignale mit Erwartungswert und Standardabweichung angegeben werden kann.

Bekannte Netzwerksanalyseprogramme sind z. B.
- SPICE, entwickelt an der University of California Berkeley,
- PSPICE, die SPICE-Version von MicroSim für Personalcomputer,
- SABER von Analogy,
- MICRO-CAP von Spectrum-Software
- SCEPTRE von GOULD Inc.
- ASTAP von IBM
- ESCAP von Electronic Centralen.

Im Hochfrequenzbereich werden Programme wie z. B. Super-Compact von Compact-Software, Touch Stone von EESOF und SANA von RTI München eingesetzt. *Schrüfer/Lebelt*

Literatur: *Hoefer, E. E. E.; H. Nielinger:* SPICE, Analyseprogramme für elektronische Schaltungen. Berlin–Heidelberg 1985. – *Horneber, E.-H.:* Simulation elektrischer Schaltungen auf dem Rechner. Berlin–Heidelberg 1985. – IC-Master, Bd. 3: Hearst Business Communications 1988. – *Tuingenga, W.:* SPICE, A guide to Circuit Simulation and Analysis Using PSpice. Englewood Cliffs New Jersey 1988.

Schaltwerk, elektromechanisches. Mit Schaltwerk wird im allgemeinen Sinne eine Verarbeitungseinrichtung bezeichnet, die binäre Signale verarbeitet. Steuerungstechnisch stellt damit die Realisierung jeder →Verknüpfungssteuerung – auch als Schaltnetzwerk bezeichnet – und jeder binären →Ablaufsteuerung ein Schaltwerk dar.

E. S. dieser Kategorie bestehen aus →Relais, mechanisch betätigten Kontakten und aus elektrisch betätigten Nocken- und Drehschaltern. Die Antriebe hierfür sind Synchronmotoren, Schrittmotoren mit elektromechanisch schaltbaren Getrieben etc. Die Schaltwerke werden entweder aus diesen Bauteilen einzelverdrahtet oder, wie für Schaltwerke die in großen Stückzahlen gefertigt werden, als komplette Einheiten, hinsichtlich Konstruktion und Fertigung optimiert, aufgebaut.

Typische Anwendungen aus dem Konsumbereich finden sich bei Waschmaschinen und Geschirrspülmaschinen. Kompakte, preiswerte Bauweise sind Vorzüge für die elektromechanische Realisierung der entsprechenden Schaltwerke.

Allerdings werden auch in den Anwendungsfällen des Konsumbereiches die elektromechanischen Lösungen zunehmend durch elektronische, mit kundenspezifischen, also aufgabenangepaßten, integrierten Schaltkreisen (ASIC's) realisierte Lösungen ersetzt. In der Regel ist dieser Ersatz mit gleichzeitiger Erweiterung des Funktionsumfanges und des Bedienkomforts verbunden. *Freyberger*

Schätzwert und Vertrauensbereich der Ausfallrate.

□ Schätzwert der Ausfallrate: Die aus einem Test ermittelte Ausfallrate gilt für die beobachteten Komponenten. Die untersuchten Elemente sind im allgemeinen als →Stichprobe aus einer Grundgesamtheit ausgewählt. Es ist zu erwarten, daß eine andere Elemente enthaltende Stichprobe eine etwas andere Ausfallrate geliefert hätte. Die im Test gewonnene Ausfallrate kann aus diesem Grunde nur als Schätzwert $\hat{\lambda}$ für die wahre Ausfallrate genommen werden. Dieser S. läßt sich graphisch (→Exponentialverteilung) oder analytisch aus der folgenden Beziehung ermitteln:

$$\hat{\lambda} = \frac{k}{\sum_{i=1}^{k} t_i + (n-k)t_k}$$

In dieser Gleichung bedeutet n die Zahl der getesteten Komponenten, k die Zahl der ausgefallenen. Die i-te Komponente wurde zum Zeitpunkt t_i funktionsunfähig. Der Test wurde zum Zeitpunkt t_k des Ausfalls der k-ten Einheit beendet. Die ausgefallenen Einheiten wurden nicht ersetzt.

Der S. ergibt sich als Quotient aus der Zahl der Ausfälle (→Zähler) und dem Bauteil-Lebensdauer-Produkt (Nenner). Hier ist im allgemeinen die Zahl k der ausgefallenen Einheiten klein gegenüber der Zahl n der eingesetzten, so daß kt_k und Σt_i gegenüber nt_k vernachlässigt werden dürfen. Damit entsteht die Näherungsformel für die Berechnung eines Ausfallratenschätzwerts

$$\hat{\lambda} \approx \frac{k}{nt_k}.$$

Im Nenner der letzten Gleichung steht das Produkt aus der Zahl n der eingesetzten Einheiten und der Beobachtungszeit t_k. Diese beiden Größen sind bei exponentiell verteilten Lebensdauern gegeneinander austauschbar. So kann – anders als bei Verschleißausfällen – eine Ausfallrate mit weniger Testobjekten und längerer Versuchsdauer oder mit mehr Komponenten und kürzerer Testzeit ermittelt werden. Soll eine Ausfallrate von $10^{-7}\ h^{-1}$ bei insgesamt k = 10 Ausfällen nachgewiesen werden, so sind $nt_k = k/\hat{\lambda} = 10^8$ Bauteile-Stunden notwendig.

□ Vertrauensbereich für den Schätzwert der Ausfallrate: Da in einem Test nur S. der Ausfallrate $\hat{\lambda}$ gewonnen werden können, ist der Vertrauensbereich, das Konfidenzintervall, anzugeben, in dem mit einer gewissen Wahrscheinlichkeit die wahre Ausfallrate liegt. Dies ist mit Hilfe der →Poisson- oder der →Chi-Quadrat-Verteilung möglich.

Der Vertrauensbereich ist umso breiter, je höher die gewünschte Aussagesicherheit ist. Soll z. B. mit einer Wahrscheinlichkeit von 90% die wahre Ausfallrate kleiner als eine obere Ausfallrate λ_o und größer als eine untere Ausfallrate λ_u sein, so nimmt die Spanne zwischen λ_o und λ_u mit der Zahl k der beobachteten Ausfälle ab (Bild). Aus diesem Grunde empfiehlt es sich, Lebensdauertests nicht schon nach dem →Ausfall der ersten Einheiten abzubrechen.

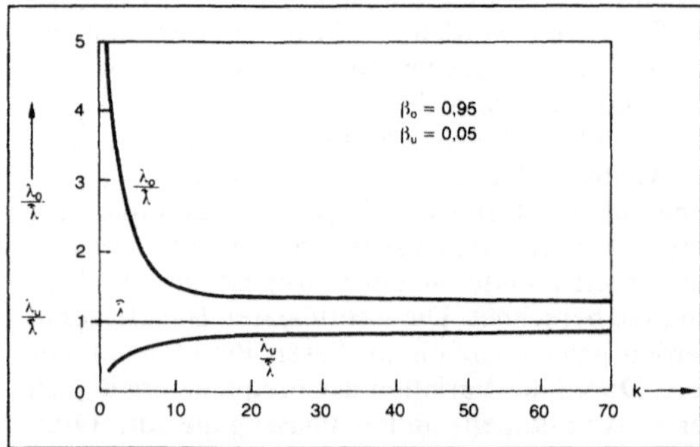

Schätzwert und Vertrauensbereich der Ausfallrate: Der obere Wert λ_o und der untere Wert λ_u der Ausfallrate liegen um so näher am Schätzwert $\hat{\lambda}$, je größer die Zahl k der beobachteten Ausfälle ist.

□ Berechnung der Vertrauensgrenzen mit der →Poisson-Verteilung: Die Ausfallrate λ ist in dem Parameter α der Poisson-Verteilung enthalten,

$$\alpha = n\lambda t_k$$

Zu einem bestimmten Wert α_i gehört ein definierter Wert λ_i der Ausfallrate

$$\alpha_i = n\lambda_i t_k$$

Einer mit der Wahrscheinlichkeit β_o nicht überschrittene oberen Ausfallrate λ_o entspricht der Parameter α_o. Entsprechend führt die mit der Wahrscheinlichkeit β_u nicht überschrittene Ausfallrate λ_u zu dem Wert α_u. Die λ-Werte sind *poissonverteilt.* Die entsprechenden Quantilen können der Tabelle 2 der *Poisson*-Verteilung entnommen werden. Dabei ist nicht mit der Zahl k der Ausfälle, sondern mit der Zahl (k-1) der Erneuerungen zu rechnen (→Lebensdauertest). Lediglich bei der gestutzten Stichprobe, bei der für die obere Grenze der Ausfallrate k + 1 Ausfälle angenommen werden, erscheint in der Poisson-Verteilung die Zahl k (Tabelle).

Beispiel, zensierte Stichprobe: $n = 10^4$ Einheiten werden bis zum Ausfall der 8. Einheit, $k = 8$, bei dem Zeitpunkt $t_k = 10^3$ h untersucht. Aus diesem Experiment errechnet sich der S. der Ausfallrate zu:

$$\hat{\lambda} = \frac{k}{nt_k} = \frac{8}{10^4 \cdot 10^3} = 8 \cdot 10^{-7}\ \text{h}^{-1}$$

Für eine obere Grenze α_o des Parameters α, die mit einer Wahrscheinlichkeit $\beta_o = 0{,}95$ unterschritten oder erreicht wird, liefert die *Poisson*-Verteilung (dort Tabelle 2) für k-l = 7 den Wert:

$$\alpha_o(k-1;\ \beta_o) = \alpha_o(7;\ 0{,}95) = 13{,}148.$$

Die Grenze α_u, die lediglich mit einer Wahrscheinlichkeit von $\beta_u = 0{,}05$ unterschritten oder erreicht wird, findet sich bei $k - 1 = 7$ zu

$$\alpha_u(7;\ 0{,}05) = 3{,}981.$$

Mit 95 %–5 % = 90 % Wahrscheinlichkeit liegt der α-Wert im Intervall

$$\alpha_u \leqq \alpha \leqq \alpha_o$$

$$3{,}981 \leqq \alpha \leqq 13{,}148.$$

Von dem Parameter α wird nun auf die Ausfallrate λ übergegangen

$$3{,}981 \leqq n\lambda t_k \leqq 13{,}148$$

$$\frac{3{,}981}{nt_k} \leqq \lambda \leqq \frac{13{,}148}{nt_k}$$

$$3{,}981 \cdot 10^{-7}\ \text{h}^{-1} \leqq \lambda \leqq 13{,}148 \cdot 10^{-7}\ \text{h}^{-1}.$$

Die wahre Ausfallrate λ liegt also mit einer Wahrscheinlichkeit von 90 % zwischen $4 \cdot 10^{-7}$ und $13{,}1 \cdot 10^{-7}\ \text{h}^{-1}$. Dieser Bereich schließt den Schätzwert $\hat{\lambda} = 8 \cdot 10^{-7}\ \text{h}^{-1}$ ein.

□ Berechnung der Vertrauensgrenzen mit der χ^2-Verteilung: Die Chi-Quadrat-Verteilung vom Grad

$$N = 2(k+1)$$

entspricht der *Poisson*-Verteilung mit dem Parameter k. Dabei ist das Argument x der χ^2-Verteilung doppelt so groß wie die Variable α der *Poisson*-Verteilung,

$$x = 2\alpha$$

Bei der Bestimmung der Ausfallraten-Vertrauensgrenzen ist die Chi-Quadrat-Verteilung wie die *Poisson*-Verteilung zu handhaben, wobei die gesuchten x-Werte der Tabelle der Chi-Quadrat-Verteilung entnommen werden können:

– Bestimmung der oberen Grenze α_o, λ_o
– – Der Freiheitsgrad N ist festzulegen,
$N = 2k$ bei einer zensierten Stichprobe (k = Zahl der ausgefallenen Einheiten)
$N = 2(k + 1)$ bei einer gestutzten Stichprobe
– – Die gewünschte Aussagesicherheit β_o ist festzulegen
– – Der Tabelle 1 der Chi-Quadrat-Verteilung ist der Wert $x_o(N, \beta_o)$ zu entnehmen
– – $\alpha_o = x_o/2$ ist zu berechnen
– – Aus α_o ist λ_o zu bestimmen.
– Bestimmung der unteren Grenze α_u, λ_u
– – Der Freiheitsgrad ist festzulegen; $N = 2k$
– – Die gewünschte Aussagesicherheit β_u ist festzulegen
– – Der Tabelle 1 der Chi-Quadrat-Verteilung ist der Wert $x_u(N; \beta_u)$ zu entnehmen
– – $\alpha_u = x_u/2$ ist zu berechnen
– – Aus α_u ist λ_u zu bestimmen. *Schrüfer*

Literatur: *Härtler, G.:* Statistische Methoden für die Zuverlässigkeitsanalyse. Ost-Berlin 1983. – *Heinhold, J.* u. K. W. Gaede: Ingenieur-Statistik. München 1964. – *Köchel, P.:* Zuverlässigkeit technischer Systeme. Leipzig 1983, Thun und Frankfurt/Main. – *Kreyszig, E.:* Statistische Methoden und ihre Anwendungen. Göttingen 1975. – MBB: Technische Zuverlässigkeit. Berlin, Heidelberg 1977. – *Schrüfer, E.:* Zuverlässigkeit von Meß- und Automatisierungseinrichtungen. München 1984.

Schätzwert und Vertrauensbereich der Ausfallrate. Tabelle: Parameter k und N, die für die Berechnung der Vertrauensgrenzen der Ausfallrate benötigt werden; k ist die Zahl der bei einem Test ausgefallenen Einheiten.

	Poisson-Verteilung		χ^2-Verteilung	
	obere Grenze	untere Grenze	obere Grenze	untere Grenze
zensierte Stichprobe	k−1	k−1	N = 2k	N = 2k
gestutzte Stichprobe	k	k−1	N = 2(k + 1)	N = 2k

Schätzwert und Vertrauensbereich der mittleren Lebensdauer.
□ Schätzwert für die mittlere →Lebensdauer und für die Standardabweichung: Die in einem Versuch ermittelte mittlere Lebensdauer $\bar{t}$ und die Standardabweichung σ gelten für die beobachteten Komponenten. Die untersuchten Einheiten sind als Stichproben, ausgewählt aus allen Einheiten des zu untersuchenden Typs, zu betrachten. Eine anders zusammengesetzte →Stichprobe hätte wahrscheinlich andere Zahlenwerte geliefert. Die erhaltenen Werte sind aus diesem Grunde nur als Schätzwerte anzusehen und können z. B. durch das Zeichen ∧ als solche gekennzeichnet werden.

Die S. lassen sich graphisch (→Normalverteilung) oder analytisch aus den folgenden Beziehungen ermitteln:

$$\hat{\bar{t}} = \frac{1}{n} \sum_{i=1}^{n} t_i$$

$$\bar{\sigma}^2 = \frac{1}{n-1} \sum_{i=1}^{n} (t_i - \hat{\bar{t}})^2$$

In diesen Formeln steht n für die Zahl der beobachteten Einheiten, und mit t_i werden ihre Lebensdauern bezeichnet. Der S. für die mittlere Lebensdauer ist also das arithmetische Mittel der Lebensdauern. In der Rechenvorschrift für die Standardabweichung wird, um einen erwartungstreuen S. zu erhalten, nicht durch die Zahl der ausgefallenen Einheiten n, sondern nur durch (n-1) dividiert.
□ Vertrauensbereich für den Schätzwert der mittleren Lebensdauer: Die aus verschiedenen Stichproben ermittelten S. $\hat{\bar{t}}_i$ sind ihrerseits wieder normalverteilt. Das arithmetische Mittel der $\hat{\bar{t}}_i$ liefert den wahren Mittelwert $\bar{t}$. Ist $\hat{\sigma}$ die Standardabweichung einer Stichprobe, so ist bei n Elementen pro Stichprobe die Standardabweichung σ_n der Verteilung der S. auf

$$\sigma_n = \frac{\bar{\sigma}}{\sqrt{n}}$$

zurückgegangen.

Die S. bilden also eine ($\bar{t}$; $\sigma/\sqrt{n}$)-Normalverteilung. Die Wahrscheinlichkeit für ein Intervall, in dem der wahre Wert der mittleren Lebensdauer $\bar{t}$ zu liegen kommt, läßt sich nach der →Koordinatentransformation

$$u = \frac{\hat{\bar{t}} - \bar{t}}{\sigma/\sqrt{n}};\ \hat{\bar{t}} = \bar{t} + \frac{\sigma}{\sqrt{n}}u;\ d\hat{\bar{t}} = \frac{\sigma}{\sqrt{n}}du$$

$$v = \frac{z-\bar{t}}{\sigma/\sqrt{n}};\ z = \bar{t} + \frac{\sigma}{\sqrt{n}}v;\ dz = \frac{\sigma}{\sqrt{n}}dv$$

mit Hilfe der Normalverteilung berechnen.

Beispiel: Die mittlere Lebensdauer eines Kollektivs ist zu bestimmen. Dazu wird eine Stichprobe von neun Einheiten bis zum →Ausfall der letzten Einheit betrieben, n = 9. Die dabei aufgetretenen Lebensdauern t_i sind in der Tabelle zusammengestellt. Der S. $\hat{\bar{t}}$ der mittleren Lebensdauer errechnet sich zu

$$\hat{\bar{t}} = \frac{1}{k} \sum_{i=1}^{k} t_i = \frac{8072\ h}{9} = 897\ h$$

Die Standardabweichung der Komponenten-Lebensdauern beträgt $\sigma = 33$ h. Dann ist mit einer Aussagesicherheit von 0,95 die wahre mittlere Lebensdauer $\bar{t}$ des Kollektivs kleiner oder gleich 915,8 h:

$$\bar{t} \leqq \hat{\bar{t}} + 1{,}645\ \sigma/\sqrt{n}$$

$$\bar{t} \leqq 897{,}7 + 1{,}645 \cdot 33/\sqrt{9} = 915{,}8\ h$$

und mit einer Wahrscheinlichkeit von 0,90 liegt die mittlere Lebensdauer $\bar{t}$ im Intervall

$$\bar{t} = \hat{\bar{t}} \pm 1{,}645 \cdot 33/\sqrt{9} = 897{,}7 \pm 18\ h.$$

Schrüfer

Schaufließbild. Vereinfachte Darstellung des Verfahrensablaufes im oberen Teil der MSR-Tafeln in Prozeßleitwarten. In diese Darstellung sind Meldeleuchten für Grenzsignale, für den Lauf von Maschinen und – besonders bei →Chargenprozessen – Schauzeichen für die Stellung von Stellgeräten integriert (→Wartengestaltung). *Strohrmann*

Scheinleistungsmessung →Leistungsmessung, elektrische

Scheitelfaktor →Mittelwert einer periodischen Zeitfunktion, →Crestfaktor

Schereffekt. Bei unterschiedlicher Orientierung von Polarisation und äußerem Spannungsfeld unterscheidet man bei piezoelektrischen Materialien einen Längseffekt, S. und →Quereffekt. (→piezoelektrisch). Die Polarisation wird z. B. durch eine Scherspannung hervorgerufen. *Schaumburg*

Schätzwert und Vertrauensbereich der mittleren Lebensdauer. Tabelle: Normalverteilte Lebensdauern t_i von neun Komponenten

i	1	2	3	4	5	6	7	8	9
t_i in h	830	860	880	910	912	915	915	920	930

Schichtabscheidung. Die Abscheidung von Schichten aus der Gasphase wird im allgemeinen als CVD (*engl.* Chemical Vapour Deposition) bezeichnet. Hierbei reagieren die gasförmigen Komponenten unter Bildung eines festen Films auf der Substratoberfläche. Die folgenden chemischen Reaktionen sind dabei bestimmend für den Abscheideprozeß:

1. Diffusion der Ausgangsstoffe an die Oberfläche
2. Adsorption der Ausgangsstoffe an der Oberfläche
3. Chemische Reaktion der adsorbierten Stoffe untereinander oder mit nachgelieferten Ausgangsstoffen
4. Desorption gewisser Reaktionsprodukte von der Oberfläche
5. Diffusion gewisser Reaktionsprodukte in der Gasphase

Die Schritte 2. bis 4. sind durch die Oberfläche aktivierte Teilprozesse. Die Gesamtgeschwindigkeit der Reaktion wird durch die langsamste Teilreaktion bestimmt. Die Abscheiderate hängt entscheidend ab von den Prozeßparametern Temperatur, Druck sowie der Gasflußdynamik im Reaktor. Im folgenden werden die einzelnen Schichtabscheideverfahren besprochen.

□ APCVD, Atmospheric Pressure CVD: Von Hydriden ausgehend findet die Gasphasenreaktion bei Temperaturen unterhalb 500 °C bei atmosphärischem Druck statt. Diese Methode wird im kommerziellen Maßstab beispielsweise zur Abscheidung von PSG eingesetzt. Die Abscheiderate, Spannungen im Material, Filmzusammensetzung und -qualität werden z. B. beim PSG-Prozeß durch die folgenden Parameter beeinflußt:

- Substrat-Temperatur
- Sauerstoff/Hydrid-Flußratenverhältnis
- Silan/Phosphin-Flußratenverhältnis

□ LPCVD, Low Pressure CVD: Der Hauptunterschied zu APCVD besteht in einer drastischen Änderung des Diffusionskoeffizienten und damit der Massentransfer-Rate der gasförmigen Reaktionsprodukte relativ zur Oberflächen-Reaktionsrate (Bild 1). Bei Normaldruck sind beide Raten von gleicher Größenordnung, während bei LPCVD-Prozessen die Adsorption der Ausgangsstoffe an der Oberfläche der geschwindigkeitsbestimmende Schritt ist (Schritt 2). Bei der Niederdruckabscheidung sind kritische Parameter wie z. B. der Diffusionskoeffizient nicht zu berücksichtigen. Auf diese Weise werden Filme erzielt, die in bezug auf die Schichtdickenhomogenität, die elektrischen Eigenschaften, Kantenbedeckung und Partikelgenerierung hervorragend sind.

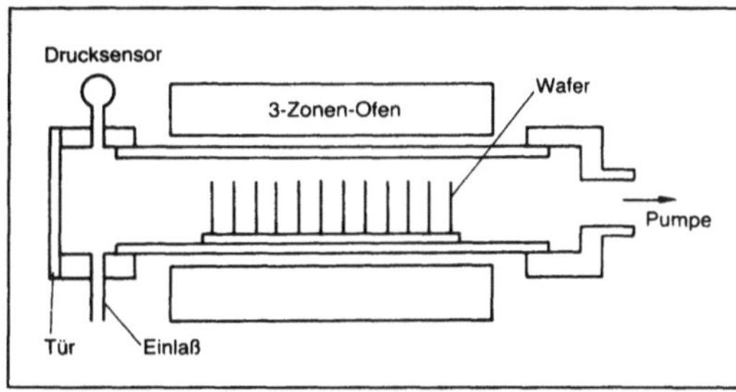

Schichtabscheidung 1: Schema eines LPCVD-Reaktors.

Das im LPCVD-Ofen bei diesen Temperaturen hergestellte SiO_2 wird LTO (*engl.* Low Temperature Oxide) genannt.

□ PECVD, Plasma Enhanced CVD (Bild 2): Das Plasma wird bei den hier interessierenden Prozessen durch eine Glimmentladung im Druckbereich von ca. (0,013–1,3) 10^2 Pa erzeugt. Dabei ist die Tatsache besonders wichtig, daß sich kein Temperatur-Gleichgewicht ausbildet. Während die Moleküle eine kinetische Energie entsprechend der Prozeßtemperatur haben, ist die Temperatur der Elektronen um eine bis zwei Größenordnungen höher. Das führt zu Reaktionsprodukten, die ansonsten nur bei hohen Temperaturen erzeugt werden können. Mit

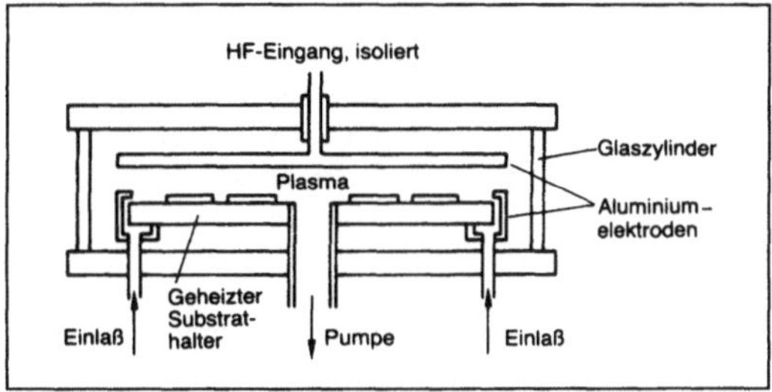

Schichtabscheidung 2: Schema eines Reaktors zur plasmaunterstützten CVD.

Schichtabscheidung. Tabelle: Abscheideparameter der in der Halbleiter-Industrie am häufigsten benötigten Schichten aufgelistet

Film	Ausgangsprod. z. B.	Temperatur (°C)	Druck (Pa)	Abscheiderate (Å min^{-1})
SiO_2	SiH_4, O_2	ca. 430	ca. 30	ca. 130
Si_3N_4	SiH_2Cl_2, NH_3	ca. 770	ca. 30	ca. 35
Poly-Si	SiH_4	ca. 620	ca. 30	ca. 75

Hilfe dieser Methode lassen sich also Schichten bei wesentlich niedrigeren Temperaturen (bei Siliciumnitrid z. B. ca. 300 °C) auf temperaturempfindlichen Materialien, wie z. B. fertigen Bauelementen, abscheiden. Nachteile dieses Verfahrens sind kleiner Durchsatz, schlechte Kantenbedeckung und Filmeigenschaften, sowie hohe Partikelgenerierung während des Prozesses.

□ MOCVD, Metall Organic CVD: Diese Methode ist für fast alle Metalle mit Ausnahme der Alkali- und Erdalkalimetalle realisierbar. Die häufigsten Prozesse sind dabei zum einen die thermische Abscheidung, zum anderen die Pyrolyse von organometallischen Komponenten. Auch die H_2-Reduktion von Metallhalogeniden, Oxyhalogeniden, Carbonylhalogeniden oder anderen O_2-haltigen Komponenten findet Anwendung. Die Abscheidung beispielsweise von Wolfram beruht auf der H_2-Reduktion von WF_6 oder WCl_6 z. B. an SiO_2- oder Saphir-Oberflächen bei ca. 700 °C:

$$WF_6 + 3\,H_2 \rightarrow W + 6\,HF$$

An Si-Oberflächen erfolgt die direkte Kontaktreduktion bei Temperaturen oberhalb 400 °C:

$$2\,WF_6 + Si \rightarrow 2\,W + 3\,SiF_4$$

Neben der beschriebenen Wolfram-Abscheidung werden auf diese Weise Schichten aus transparenten Metalloxiden, z. B. SnO_2, In_2O_3, VO_3, sowie Metallsilicide und III-V-Verbindungshalbleiter aufgebracht.

□ Laser-CVD (Bild 3): In konventionellen Systemen kann durch Reaktionen an den heißen Wänden der Reaktoren die Zusammensetzung der Gasphase beeinflußt werden. Im Falle eines Polysilicium-Prozesses wird Silan dabei verbraucht, Wasserstoff gebildet. Dadurch entstehen u. U. Inhomogenitäten in den abgeschiedenen Schichten. Durch Einsatz von Lasern, beispielsweise CO_2-Laser, wird dieses Problem umgangen, da das Silan direkt beheizt wird und so keine heißen Reaktionswände auftreten. Der Nachteil der Methode besteht zur Zeit noch darin, daß die genaue Temperatur in der beheizten Zone nicht exakt nachvollziehbar ist und die Reaktionszone nicht mittels Massenspektroskopie abgetastet werden kann.

□ ECR, Electron Cyclotron Resonance: In letzter Zeit wurde ein neues Verfahren entwickelt, bei dem die Reaktionsgase in einem Reaktorgefäß mittels der Elektronenzyklotronresonanz bei 3 GHz aktiviert und auf den Halbleiter abgeschieden werden. *Ryssel*

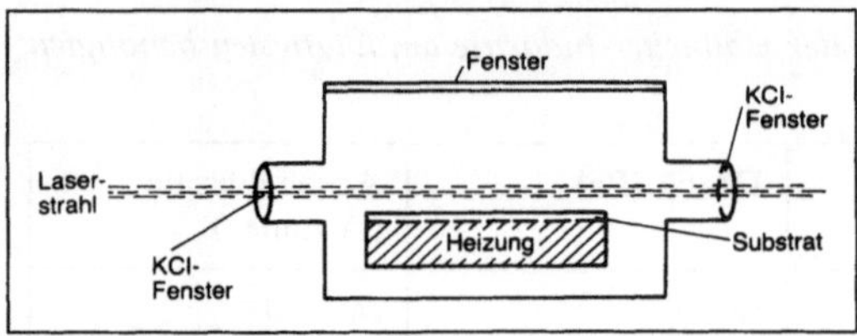

Schichtabscheidung 3: Schematische Darstellung eines Laser-CVD-Reaktors.

Literatur: *Einspruch, N. G.:* VLSI Electronics. Microstructure Science. New York 1981. – *Sze, S. M.:* VLSI Technology. New York 1983.

Schleifendetektor, induktiver. Der i. S. besteht aus einer oder mehreren in die Fahrbahn eingebetteten Leiterschleifen. Gemessen wird die Induktivität dieser Schleifen. Überfährt ein Fahrzeug die Schleife, so wird durch das ferromagnetische oder leitfähige Material des Fahrzeugs das magnetische Feld verformt und die Induktivität wird für die Dauer der Überfahrt verändert (Bild). Aus ihrer Messung lassen sich Zahl und Art der Fahrzeuge und ggfs. auch ihre Geschwindigkeit erkennen. Aufgrund dieser Daten werden dann Verkehrssignale gesteuert.

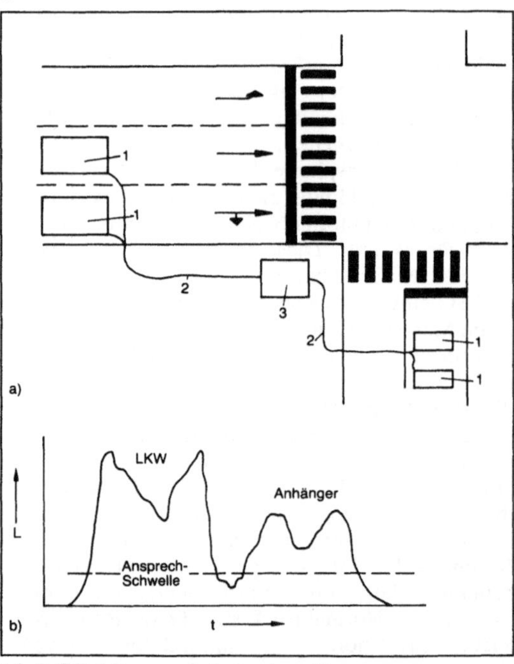

1 i. S. 2 Zuleitungen, 3 Auswertegerät

Schleifendetektor, induktiver: Funktionsprinzip.
a) Straßenkreuzung mit i. S.
b) Änderung der Schleifeninduktivität durch einen über die Schleife fahrenden Lastzug.

Die induktiven Detektoren sind praktisch keinem Verschleiß unterworfen, arbeiten auch bei den unterschiedlichen Witterungsbedingungen zuverlässig und sind leicht zu installieren. Hierzu ist nur ein schmaler Schlitz in die Fahrbahndecke zu fräsen, in den die Leiterschleife gelegt und vergossen wird. *Schrüfer*

Schleifenschwinger-Meßwerk →Registriergerät

Schließer. Auch Arbeitskontakt. →Kontakt eines elektromechanischen →Relais oder Schalters, der geschlossen ist, wenn das Schaltbauteil im Arbeitszustand und geöffnet, wenn es im Ruhezustand ist.

Im Fall des monostabilen →Relais bedeutet dies, daß der Schließer bei erregter Spule geschlossen, bei unerregter geöffnet ist. *Rauterberg*

Schnappschalter. Auch Mikroschalter. →Schalter besonderer Bauart, welche einen Sprungmechanismus besitzen, der – ausgelöst durch den Betätiger – schlagartig die Lage der Kontakte ändert. Dies ist besonders vorteilhaft, wenn höhere elektrische Lasten geschaltet werden, wie z. B. beim Ein- und Ausschalten eines Elektromotors. Die Gefahr von Beschädigung der Kontaktflächen, insbesondere durch die beim Schalten höherer elektrischer Lasten entstehenden Lichtbogen (Abbrandgefahr), wird hier erheblich verringert, da die Wirkungsdauer der Lichtbogen durch den schnellen Schaltvorgang minimiert wird. Die Mikroschalter weisen daher auch eine hohe →Lebensdauer (Anzahl der Schaltungen) auf und finden breite Anwendung in industriellem wie auch im Konsumgüter-Bereich (→Grenztaster). *Pagnin*

Schneidklemmverbindung. Die S. besteht aus einem federnden, geschlitzten, metallischen Anschlußstück mit einem eingelegten Leiter und wird zur Herstellung einer permanenten elektrischen Klemmverbindung eingesetzt.

Im ersten Schritt des Kontaktvorganges wird die Isolierhülle des Leiters von der Schneidklemme durchschnitten. Es ist also nicht erforderlich den Leiter abzuisolieren, wie es z. B. beim Lötanschluß notwendig ist. Im zweiten Schritt werden die ein- oder mehrdrähtigen Leiter in die Schneidklemme gepreßt. Der Schlitz der Schneidklemme und der Leiterdurchmesser sind so aufeinander abgestimmt, daß nach der Verbindung die erforderliche Kontaktkraft wirksam ist. Der Leiter wird dabei soweit verformt, daß eine genügend große Kontaktfläche für einen niedrigen, gleichbleibenden Kontaktwiderstand entsteht.

Es können S. für Leiterquerschnitte von etwa 0,1 mm² bis ca. 1,5 mm² eingesetzt werden. Der Aufbau der Leitung kann in Form einer Rund- oder Flachleitung erfolgen. Bei der Flachleitung können auf diese Weise mehr als 60 Adern in einer Ebene angeordnet sein. S. werden in Bandkabelsteckverbindern und Steckverbindern mit Einzeldrahtanschluß eingesetzt. *Pagnin*

Schnittstelle →Bildsensor, →Robotik

Schottky-Diode. →Halbleiterdiode, die den Schottky-Kontakt oder (sperrenden) Metall-Halbleiter-Übergang als Grundstruktur benutzt und deren grundsätzliche elektronische Eigenschaften durch diesen Übergang bestimmt sind.

Die S. besteht aus einer Halbleiter-Metall-Kombination, die so gewählt wird (Dotierung, Austrittsarbeit, Elektronenaffinität), daß sich an ihrer Grenzfläche eine Verarmungszone bildet (Bild). Eine sehr verbreitete Materialbasis dafür ist der Aluminium-N-Silicium-Kontakt. Das Strom-Spannungs-Verhalten (Kennlinie) dieser Anordnung hängt stark von der Richtung der anliegenden Spannung ab. Man unterscheidet:

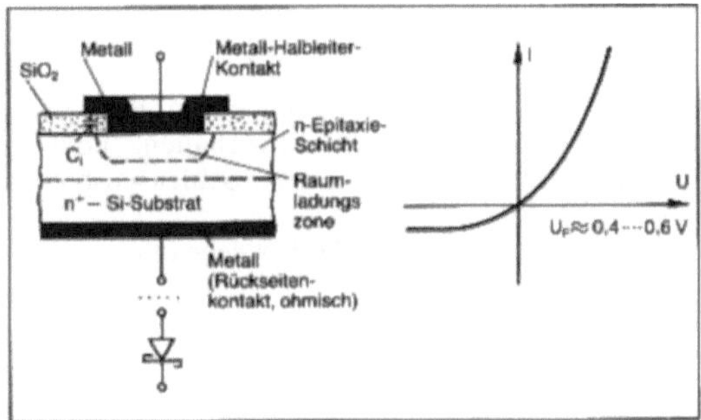

Schottky-Diode: Aufbau, Schaltungssymbol und Kennlinie.

□ die Durchlaß- oder Flußrichtung (Metall positiv gegen N-Silicium gepolt) mit großem Durchlaßstrom, wobei sich die Verarmungszone verkleinert und

□ die Sperrichtung (Metall negativ gegen N-Silicium gepolt) mit sehr kleinem Sperrstrom, wobei sich die Verarmungszone stark ausweitet.

Dieser Zusammenhang wird in guter Näherung durch die Kennlinie

$$I = I_S \left(e^{U/U_T} - 1\right)$$

(I_S Sättigungsstrom, $U_T = kT/q = 26$ mV Temperaturspannung), ähnlich der einer pn-Diode, beschrieben, obwohl sich das Wirkprinzip des Metall-Halbleiter-Überganges grundsätzlich von dem des pn-Überganges unterscheidet. Im besonderen fehlt die dort dominante Minoritätsinjektion und damit auch ausgeprägte Ladungsträgerspeichereffekte.

Im Vergleich zur pn-Diode hat die S. deshalb teilweise gleiche, z. T. auch andere elektrische Eigenschaften:

– geringere Schleusenspannung (um etwa 0,2–0,3 V geringer, sie läßt sich durch die Materialkombination in gewissen Grenzen beeinflussen),

– deutlich kleinerer Sättigungsstrom, jedoch auch stark temperaturabhängig,

– Existenz einer Sperrschichtkapazität, nicht aber der Diffusionskapazität. Dadurch ergibt sich eine

kürzere Umschaltzeit, insbesondere ist die Abschaltzeit durch Wegfall der Speicherzeit (Schaltdiode) merklich kleiner.
– Durchbruchsverhalten im Sperrbereich z. T. sehr ausgeprägt, weshalb die erreichbaren Durchbruchspannungen erheblich niedriger als bei pn-Dioden sind.

Als Halbleiterwerkstoffe kommen N-Si und zunehmend N-GaAs in Frage.

Die Einsatzgebiete der S. ergeben sich direkt aus den Unterschieden zur pn-Diode. Günstigeres Schaltverhalten bzw. höhere →Grenzfrequenz führen zu
– Mikrowellenanwendungen (→Gleichrichter, Schaltdiode, Varaktor-Diode),
– Anwendungen als Leistungsgleichrichterdiode für nicht zu große Sperrspannungen, insbesondere in Schaltnetzteilen (Frequenzbereich bis zu 100 kHz; besseres Umschaltverhalten, höherer Wirkungsgrad durch kleinere Schleusenspannung,
– Anwendung als Klammerdiode wegen der kleineren Schleusenspannung,
– Anwendung als optoelektronischer Strahlungsempfänger für sehr kurzwelliges Licht (bestimmt durch die Austrittsarbeit).

Sehr umfangreich wird der Schottky-Kontakt bzw. die S. außerdem in anderen Halbleiterbauelementen und integrierten Schaltungen z. T. im Wirkprinzip, aber auch zur Eigenschaftsverbesserung eingesetzt: MESFET, Schottky-TTL, Schottky-I^2L. *R. Paul*

Literatur: *Kesel, G.* und *J. Hammerschmitt; F. Lange:* Signalverarbeitende Dioden. Berlin 1982. – *Paul, R.:* Halbleiterdioden. Heidelberg 1977.

Schreiber. Geräte, die den zeitlichen Werteverlauf von Größen, meist handelt es sich um Meßgrößen, aufzeichnen. Das kann kontinuierlich geschehen (→Linienschreiber) oder in Abtastzyklen (→Punktdrucker). Zur herkömmlichen Registrierung auf Papier mit Tinte, Farbbändern oder Faserschreibern und Schreibgeschwindigkeiten von meist 20 mm/h kommt für stark oszillierende Meßwerte das elektrische Einbrennen der Werte auf Metallpapier sowie für gelegentlichen Einsatz die thermosensitive Registrierung in Frage. Für Aufgaben der →Anlagensicherung werden Störschreiber (→Signalregistrierung) mit vom Betriebszustand abhängiger Schreibgeschwindigkeit eingesetzt und in dezentralen Prozeßleitsystemen →Trendschreiber mit vorgebbarem, unterschiedlichem Papiervorschub zum gelegentlichen Überwachen von Meß-, Stell- und Störgrößen. *Strohrmann*

Literatur: *Strohrmann, G.:* Automatisierungstechnik, Bd. 1 Grundlagen, analoge und digitale Prozeßleitsysteme. 2. Aufl. München–Wien 1990.

Schreibtaste. S. sind Tasten, die speziell zum Aufbau von Tastaturen, z. B. für Schreibmaschinen, Bildschirmarbeitsplätze, Personalcomputer, Bank-Terminals, Fernschreiber usw. bestimmt sind. Neben dem mechanischen Kontakt (→Schließer) werden bei der Konstruktion von S. auch andere physikalische Effekte genützt, wie z. B. Kapazitäts- oder Induktivitätsänderung, Schallgeschwindigkeit, Lichtstrahl-Unterbrechung, oder -Ablenkung. Gemeinsame Merkmale der S. ergeben sich jedoch aus der an sie gestellten Aufgabe, eine sehr häufig beanspruchte Schnittstelle zwischen Mensch und Gerät zu bilden und aus den damit verbundenen ergonomischen Forderungen. Sie müssen für eine möglichst ermüdungs- und fehlerfreie Eingabe von Texten und Ziffern sowohl durch ungeübte, wie auch durch professionelle Anwender, die z. B. mittels Zehn-Finger-Schreibweise bis zu 600 Anschläge pro Minute erreichen können, geeignet sein.

Den neuesten ergonomischen Erkenntnissen zufolge ist es vorteilhaft, wenn die zur Betätigung einer S. benötigte Kraft am Anfang und am Ende des Betätigungsweges bestimmte Richtgröße erreicht und wenn sie während des Betätigungsweges nicht linear aufsteigt, sondern kurz vor dem Schaltpunkt der →Taste einen steil ansteigenden und anschließend einen abfallenden Bereich aufweist (*Druckpunkt* oder *taktile Rückmeldung*).

Ein weiteres wichtiges Merkmal einer ergonomisch optimierten S. ist die Bauhöhe. Sie muß so bemessen sein, daß eine Tastatur mit einem Abstand von 30 mm von der Tischplatte bis Oberkante von der Tastenkappe, gemessen bei der mittleren Tastenreihe (z. B. bei deutscher Beschriftung die Reihe der Buchstaben A, S, D usw.) realisiert werden kann (DIN 2137).

Schließlich soll der Betätigungsweg der S. – insbesondere wenn professionelle Anwendung beabsichtigt – ca. 4 mm betragen.

Auch an die Tastenkappen der S. wird eine Reihe ergonomischer Forderungen gestellt; So soll z. B. die Oberfläche der Tastenkappen blendfrei sein, Kappenfarbe hell und die Farbe der Beschriftung dunkel sein (bei Kontrastverhältnis von mindestens 3 : 1) sowie die Kappenform und die Betätigungsfläche so gestaltet, daß die außermittige Betätigung und damit die Gefahr vom Mitreißen der nebenstehenden Tasten (z. B. durch Fingernagel) möglichst vermieden wird. *Pagnin*

Schrittelement. Das S. (DIN 40719, DIN IEC 65A [Sec] 67) wird zum Aufbau der Ablaufketten von →Ablaufsteuerungen eingesetzt. Es ist ein zusammengesetztes Steuerungselement (Bild) und besteht aus einem Speicherelement das aufgrund der Setz- oder Transitionsbedingung (UND-Verknüpfung der Übernahmesignale X, X_1, X_2, X_3) gesetzt wird und über eine weitere Bedingung (ODER-Verknüpfung) wieder rückgesetzt werden kann. Von den beiden Ausgängen Y des S. dient der eine der Ansteuerung von Befehlselementen und der andere zum Aufbau der Ablaufketten. Ist das S. inneres Glied einer →Ablaufkette, so erfolgt das Rücksetzen in der Regel durch das Setzen des folgenden Schrittes.

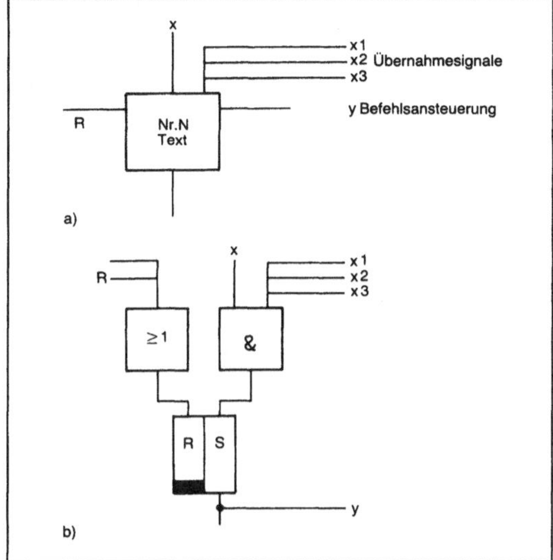

Schrittelement: Darstellung.
a) Symbol
b) prinzipieller Funktionsplan.

Im Vergleich zu den Elementen von Ereignisgraphen, wie das Petri Netz, vereinigt das S. in sich Transition und Platz, wobei der gesetzte Schritt dem markierten Platz entspricht.

Als Symbol wurde ein Rechteck gewählt in das die Schrittnummer und ggfs. eine klartextliche Bezeichnung des Schrittes eingetragen werden kann. Die Wirkungslinien für die →Verknüpfung mit vorausgegangenem und nachfolgendem Schritt, die Signale für die Weiterschalt- oder Transitionsbedingung, die Rücksetzbedingung sowie die Schrittausgabe zur weiteren Verarbeitung werden (wie im Bild) am Schrittsymbol ergänzt. Der Aufbau von Ablaufketten mit Schrittsymbolen erfolgt stets von oben nach unten im Sinne der Folgeschritte. Der erste Schritt wird besonders gekennzeichnet.

S. sind wie Befehlselemente oder Aktionselemente erweiterte Funktionsbausteine für den Entwurf und die Dokumentation von Ablaufsteuerungen. In der Form von Software-Funktionsbausteinen stehen sie bei speicherprogrammierbaren Steuerungen zur Konfigurierung bzw. Erstellung des Steuerungsprogrammes zur Verfügung. *Freyberger*

Schütz. S. sind elektromechanische Leistungsschalter, die zum Schalten von Elektromotoren, Widerstandsheizungen, etc. verwendet werden. Sie enthalten einen Elektromagneten, dessen Anker gleitend oder drehbar gelagert ist und die beweglichen Kontaktstücke betätigt. Beim Schalten des S. werden die Kontaktstücke durch die elektromagnetische Kraft gegen die Schwerkraft oder eine Federkraft auf die Kontakte gepreßt und der Kontaktschluß erzeugt.

Das Standard-S. wird wechselstrombetätigt. Es hat drei Hauptkontakte und verschiedene Hilfskontakte. Die Kontakte bewegen sich in Luft. S. sind meist so konstruiert, daß die wichtigsten Verschleißteile wie Kontakte und Spulen leicht, also auch im eingebauten Zustand ausgetauscht werden können. S. werden oft in Selbsthalte-Schaltung betrieben oder auch selbsthaltend ausgeführt, so daß Impulse zum Ein- und Ausschalten genügen (Betätigung von mehreren Orten aus).

Die Einschaltzeit von S. beträgt ca. 10–100 ms, die Ausschaltzeit ist aufgrund der durch Federkraft bewirkten Trennbewegung der Kontakte in der Regel kürzer. Diese unterschiedlichen Schaltzeiten bewirken, daß z. B. beim Umsteuern von Motoren oft Verzögerungsglieder die Schaltphasen anpassen müssen um Kurzschlüsse während des Schaltens zu vermeiden.

Neben dem Standard-S. gibt es abgestimmt auf spezielle Anwendungen Sonderformen (Öl-, Gleichstrom-, Läufer-, Kondensator-, Steuerschütze), von denen das Hybridschütz, ein mit Halbleitern kombinierter S., besonders erwähnenswert ist. Hier wird der Dauerstrom verlustarm durch die Schützkontakte geführt während Ein- und Ausschaltströme durch vor- bzw. nacheilend gesteuerte Thyristoren geschaltet werden. Dadurch wird nicht nur der Ein- und Ausschaltvorgang beschleunigt, sondern auch Kontaktbrand beim Schalten vermieden und damit die →Lebensdauer der Kontakte erheblich verlängert. Allerdings ist bei diesem S. erhöhter Aufwand für die galvanische Trennung zwischen Steuer- und Leistungsseite nötig. Für diesen Zweck kann z. B. ein sog. Trennschütz, das leistungslos geschaltet wird, vorgeschaltet werden.

Aufgrund hoher Lebensdauer und großer Schaltleistung bei gleichzeitig niedriger Ansteuerleistung gehören S. zu den wichtigsten industriell genutzten →Schaltelementen. *Freyberger*

Schutzeinrichtung. Leittechnische S. verhindern vorrangig Personenschäden, Schäden an Maschinen oder Apparaten sowie größere Produktionsschäden.

Es kann zweckmäßig sein, die S. entsprechend ihrem Schutzziel weiter zu unterteilen, z. B. in Einrichtungen

– die vorrangig dazu bestimmt sind, eine Personengefährdung zu verhindern und in solche,
– die vorrangig dazu bestimmt sind, Sachschäden zu verhindern. (→Klassifizierung leittechnischer Einrichtungen). *Strohrmann*

Schutzeinrichtung, redundante. R. S. der →Prozeßleittechnik sind meist zwei- oder dreikanalig ausgelegt und – je nach Anforderungsprofil – Eins-von-Zwei, Zwei-von-Zwei oder Zwei-von-Drei bewertet. Maßgebend für die Schutzfunktion ist die geforderte sicherheitsbezogene →Verfügbarkeit. Sie läßt sich mit in der Literatur angegebenen Formeln näherungsweise abschätzen. Darin gehen ein: die vermutete sicherheitstechnische →Unverfügbarkeit der Einzelkanäle, die Prüfmodalitäten und die Art der Bewertung (→Anlagensicherung). *Strohrmann*

Schützensteuerung →Steuerung, elektromechanische, →Schütz

Schutzsystem. Ein S. ist eine technische Einrichtung, um eine Komponente (ein Aggregat), eine Anlage oder die Umgebung einer technischen Anlage vor Schäden zu schützen.

Der Komponentenschutz ist eine Einrichtung, die einer Komponente zugeordnet ist und diese vor Betriebsbedingungen, für die die Komponente nicht ausgelegt und bestimmt ist, schützen soll (KTA 3501). Zum Komponentenschutz zählt z. B. die elektrische Sicherung eines Kabels (Vermeidung unzulässiger Ströme) oder die Abschaltung eines Bügeleisens oder einer Kaffeemaschine bei zu hoher Temperatur.

Ähnlich läßt sich der Schutz einer Anlage oder eines Systems definieren. Bei einem Motor-Generatorsatz gehört z. B. die Prozeßvariable
– Druck des Schmieröls,
– Temperatur des Kühlwassers,
– Drehzahl des Generators
zu dem Anlagenschutz. Bei zu niedrigem Schmieröldruck, zu hoher Kühlwassertemperatur und zu hoher Generatordrehzahl ist der Motor-Generatorsatz abzuschalten, um ihn vor einer Beschädigung zu bewahren.

In einer anderen Bedeutung zählen zum Anlagenschutz auch die Einrichtungen, die die Anlage vor dem Eindringen unbefugter Personen schützen sollen.

Die technischen Einrichtungen, die dem Schutze der Umgebung dienen, sind besonders sorgfältig auszuführen. Derartige Systeme werden z. B. in der Chemie (Vermeidung des unkontrollierten Austretens von Schadstoffen) oder in der Kerntechnik (→Reaktorschutzsystem, →Sicherheitssystem) verwendet.

Die für den Schutz einer Komponente, einer Anlage oder der Umgebung notwendigen Eingriffe erfolgen in der Regel automatisch. In gewissen Fällen können dann die Interessen des Umgebungsschutzes mit denen des Komponentenschutzes kollidieren. Es ist denkbar, daß eine Rohrleitung im Interesse des Umgebungsschutzes abzusperren ist, der Überstromauslöser des Stellantriebs (Komponentenschutz) diese Absperrung aber verhindert. In dieser Ausnahmesituation ist eine gewisse Flexibilität für den Betreiber wünschenswert. Die Möglichkeit eines Handeingriffs soll bestehen. Der Betreiber kann nach Abwägen aller Vor- und Nachteile eine Beschädigung des Motors und des Stellantriebs riskieren, den Überstromauslöser überbrücken und versuchen, den →Stellantrieb ohne Komponentenschutz zu betätigen. Eventuell gelingt es dann, die Leitung zu schließen und damit den Schutz der Umgebung zu gewährleisten. *Schrüfer*

Schwarzer Körper (auch schwarzer Strahler). Idealfall eines Körpers, der alle auftretenden elektromagnetische Strahlung absorbiert. Nach dem *Kirchhoff-Gesetz* hat er dann auch das größte Emissionsvermögen für elektromagnetische Strahlung, die seinem thermodynamischen Gleichgewichtszustand entspricht. Die Realisierung eines s. K. ist schwierig; Ruß, Platinschwarz u. ä. sind im obigen physikalischen Sinne nicht völlig schwarz.

Die beste Annäherung an den s. K. wird durch den Strahlungshohlraum (Bild) erreicht.

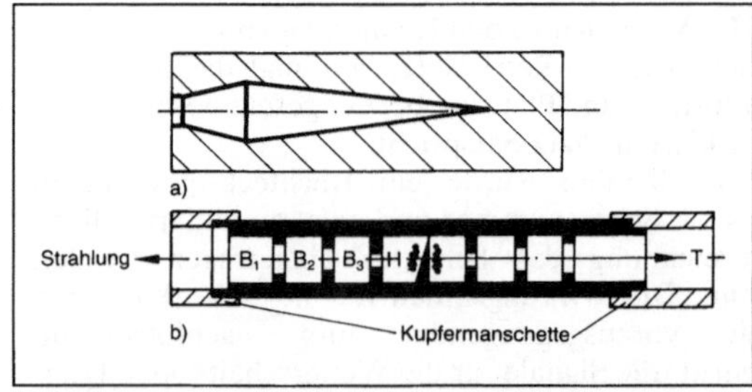

Schwarzer Körper: Realisierungsmöglichkeiten.
a) einfacher konischer Hohlraum approximiert den s. K. bis auf 1 %
b) s. K. aus Wolfram mit Strahlungshohlraum H, der mit Wolframwolle „aufgerauht" ist. B_1, B_2, B_3 sind Blenden, das gesamte Rohr wird durch Strom geheizt. Diese Anordnung approximiert den s. K. bis auf 1 ‰.

Bei der Untersuchung der Energiedichte der Strahlung eines s. K. (Hohlraumstrahlung) entdeckte *M. Planck* 1900 das Wirkungsquantum und legte damit einen Grundstein für die Entwicklung der Quantenmechanik. Für die Strahlung des s. K. gelten folgende Strahlungsgesetze:

□ für die spektrale Strahldichte die *Planck*'sche Strahlungsformel

$$J(\lambda)\,d\lambda = \frac{C_1}{\lambda^5} \cdot \frac{1}{\exp\left(\frac{C_2}{\lambda T}\right) - 1}$$

dabei sind

λ = Wellenlänge der Strahlung in nm
T = Temperatur des schwarzen Körpers in K
$J(\lambda)$ = spektrale Strahldichte = emittierte Strahlungsleistung pro m^2 Fläche und Raumwinkel im Wellenlängsintervall
C_1 = $1{,}19 \cdot 10^{-16}$ Watt · m^2
C_2 = $1{,}44 \cdot 10^{-2}$ Meter · Grad

□ für die Gesamtstrahlung (integriert über alle Wellenlängen) gilt das *Stefan-Boltzmann*-Gesetz

$$M = \sigma T^4$$

mit
M = Strahlungsdichte in den Halbraum in Watt · m^{-2}
T = Temperatur des schwarzen Körpers in K
σ = $5{,}67 \cdot 10^{-8}$ W · $m^{-2} K^{-4}$ (Stefan-Boltzmann-Konstante)

□ *Wien*sches Verschiebungsgesetz: verknüpft die Wellenlänge λ des Maximums der spektralen Strahlungsdichte mit der Temperatur T des schwarzen Körpers durch

$$\lambda_{max} \cdot T = \text{const} = 2{,}898 \cdot 10^{-3}\ \text{m} \cdot \text{K}$$

Von einem *grauen* Körper spricht man, wenn die von ihm ausgesandte Strahlung die gleiche spektrale Verteilung wie die des s. K. hat, nur niedrigere Intensität. *Helbig*

Schwingquarz. Der S. wird als frequenz-, takt- und zeitbestimmendes Bauelement verwendet. In Nachrichtengeräten, Uhren, Computern, Kfz-Motorsteuerungen und ABS-Systemen werden S. wegen ihrer hohen Frequenzkonstanz und →Zuverlässigkeit eingesetzt.

In Quarzfiltern für die Frequenzselektion und in Q. zur Erzeugung von sehr frequenzstabilen elektrischen Schwingungen ist der Schwingquarz das frequenzbestimmende Bauelement.

Das Quarzelement (Bild 1), aus einem reinen Quarzkristall (SiO_2) in bestimmter Weise geschnitten, geschliffen und mit aufgedampften Elektroden versehen, bildet den Quarzvibrator. Dieser ist an geeigneten Federn, die gleichzeitig als elektrische Anschlüsse dienen, so aufgehängt, daß er freie mechanische Scherschwingungen ausführen kann. Die Anregung mechanischer Schwingungen wird durch die piezoelektrische Eigenschaft des Quarzelementes möglich (piezoelektrischer Effekt). Quarzelemente werden in bestimmten Orientierungen aus dem Kristall herausgeschnitten, um bestimmte Frequenzen und Frequenz-Temperaturverhalten zu erreichen (Bild 2).

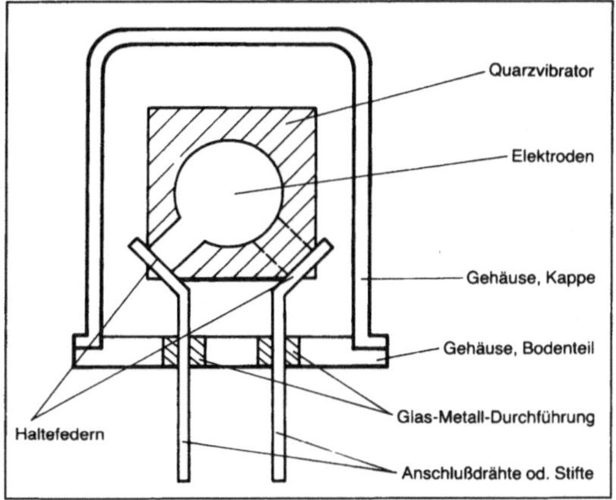

Schwingquarz 1: Prinzipieller Aufbau eines S. mit AT-Schnitt.

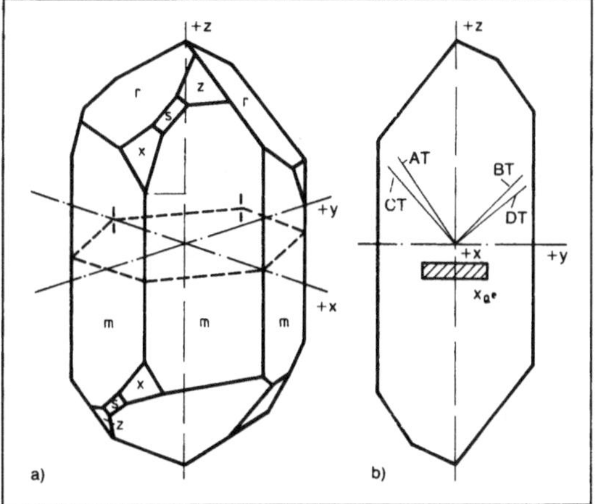

Schwingquarz 2: Quarzkristall und Lage der gebräuchlichsten Quarzschnitte.
a) Im horizontalen Querschnitt erkennt man die sechszählige Symmetrie. Die z-Achse ist die neutrale optische Achse, die x-Achse (senkrecht auf z) die piezoelektrische Achse. Die y-Achse steht senkrecht auf z und x. Die mit m, r, x, s und z bezeichneten Flächen sind die typischen Kristallflächen
b) Schnitt in der y-z-Ebene. Im X-Schnitt ist ein Plättchen (Quarzelement) gezeichnet.

S. mit technisch vernünftigen Abmessungen lassen sich für Resonanzfrequenzen zwischen etwa 1 kHz und 250 MHz realisieren. Oberhalb von ca. 30 MHz werden Dickenscherungsschwinger in ihren ungeraden Oberschwingungen angeregt *(Obertonquarze)*.

Das elektrische Ersatzschaltbild des S. ist eine Zweipolanordnung elektrischer Schaltelemente, die das elektrische Verhalten in der Nähe der Resonanzstelle darstellt (Bild 3). In einigen Sonderfällen kann der S. auch als Dreipol ausgebildet sein.

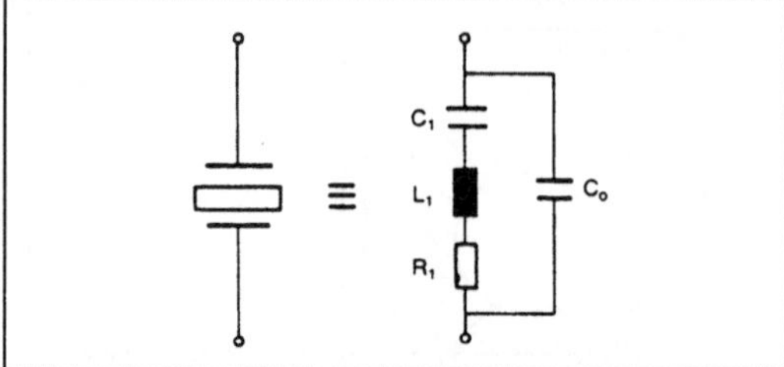

Schwingquarz 3: Ersatzschaltung eines S.

Die Frequenz eines S. wird in erster Linie durch die mechanischen Abmessungen des Quarzvibrators bestimmt. In geringem Maße ist sie aber auch von der elektrischen Beschaltung abhängig. Die Frequenz bei Leerlauf, *Antiresonanzfrequenz* genannt, liegt je nach Quarzschnitt um ca. 0,1 % höher als die Kurzschlußfrequenz, die international *Resonanzfrequenz* genannt wird (Bild 4).

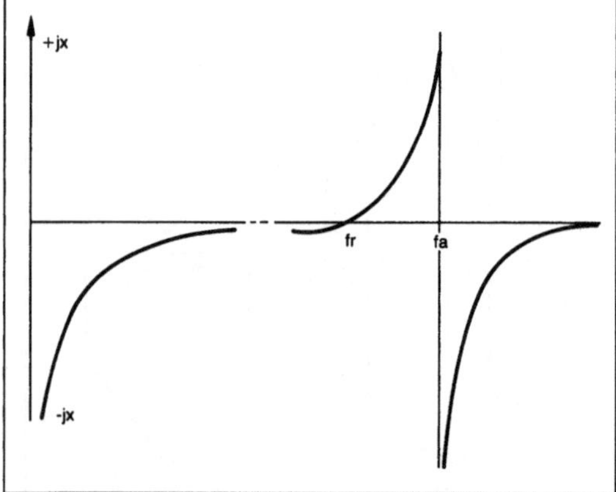

Schwingquarz 4: Blindwiderstandsverlauf eines S. als Funktion der Frequenz. Bei der Resonanzfrequenz fr und der Antiresonanzfrequenz fa ist der Blindwiderstand zwar Null, aber bei fr ist der Schwingquarz niederohmig (3 bis 100 Ohm beim AT-Schnitt) und bei fa sehr hochohmig (10k Ohm bis 20 MOhm).

Das Kapazitätsverhältnis

$\frac{C_0}{C_1} = r$ ist ein Maß für den Abstand von f_r zu f_a.

$$\frac{f_a - f_r}{f_r} \cong \frac{C_1}{2C_0} = \frac{1}{2\,r}.$$

Durch Zuschalten eines Blindwiderstandes, meistens eine Lastkapazität, in Reihe zum Schwingquarz, kann dieser um einen geringen Betrag in seiner Frequenz geändert oder gezogen werden (Bild 5).

S. haben eine hohe elektrische Güte, deren Ursache in den guten elastischen Eigenschaften des reinen Quarzkristalls liegt. Die elektrischen Güten liegen zwischen $5 \cdot 10^4$ bei einfachen Grundwellenquarzen und $5 \cdot 10^6$ bei hochwertigen Obertonquarzen für Normalfrequenzoszillatoren.

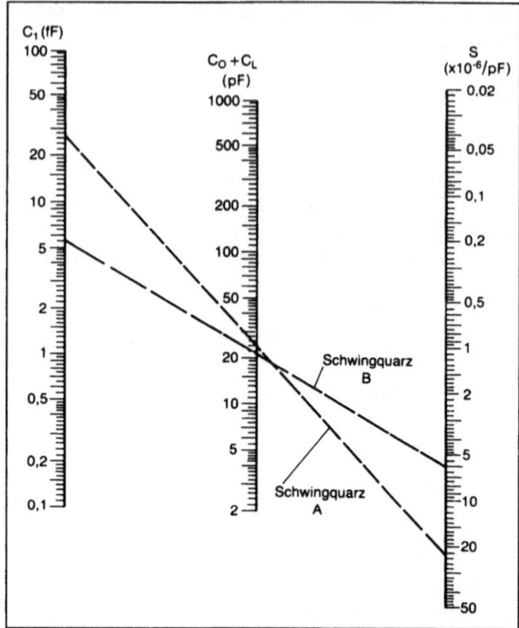

Schwingquarz 5: Nomogramm zur Ermittlung der Ziehempfindlichkeit S. (Quelle: Philips Components)

Trotz der Verwendung von →Quarz, einem Halbedelstein hoher Güte, als Vibrator weisen auch S. eine Alterung (zeitliche Änderung) der Frequenz auf. Diese ist auf die Kontaminierung der Elektroden und ihrer Diffussion in den Kristall hinein zurückzuführen. Auch Umkristallisation kann eine Rolle spielen. Alterungsraten $\Delta f/f$ liegen zwischen $10 \cdot 10^{-6}$/Jahr für einfache Schwingquarze und $< 1 \cdot 10^{-6}$/30 Jahre für Normalfrequenzquarze.

Die Änderung der Frequenz über der Temperatur nennt man *Temperaturgang.* Dieser ist im allgemeinen in guter Näherung eine Funktion 2. Grades für Biegungs-, Längs- und Flächenschwinger und bei AT-Schnitten eine Funktion 3. Grades mit nahezu konstantem Wendepunkt und ohne quadratischem Glied. Die Lage des Scheitelpunktes der quadratischen Parabel bzw. die Extremweite der kubischen Parabel können durch entsprechende Schnittwinkelvariationen den Erfordernissen angepaßt werden. Bei S. für Frequenzfilter *(Filterquarze)* sind auch die auftretenden Nebenresonanzen (unerwünschte Schwingungsmoden), die bei Dickenscherungsschwingern außer den mechanischen Oberschwingungen der Grundfrequenz auftreten, zu beachten. Frequenzlage und Resonanzwiderstand können bei der Dimensionierung beeinflußt werden (Bild 6).

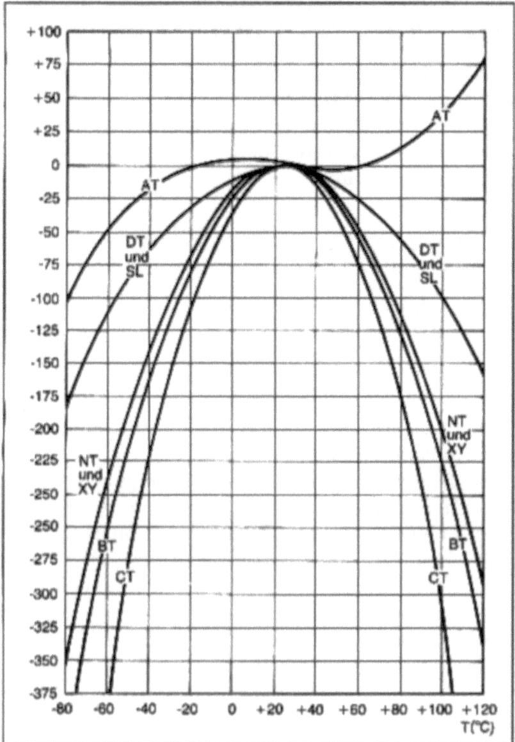

Schwingquarz 6: Frequenz/Temperaturkurven (Temperaturgänge) einiger gebräuchlicher Quarzschnitte. (Quelle: IEC Pub. 122–2)

Die Hauptbestimmungsgrößen für S. sind: Nennfrequenz, Frequenztoleranz, Arbeitstemperaturbereich, Temperaturgang, Resonanzwiderstand, Gehäuseform *Fick*

Literatur: *Cady, W. G.:* Pioezoelectricity. New York 1946. – *Heising, R. A.:* Quartz crystals for electrical circuits. New York 1946. – *Herzog, W.:* Siebschaltungen mit Schwingkristallen. Wiesbaden 1949. – *Poschenrieder, W.* und *F. Schöfer:* Das elektromechanische Quarzfilter. Frequenzen 17 (1963) H. 3. – *Sykes, R. A.* und *D. Beaver:* High Frequency Monolithic Crystal Filters. Proc. 20th Annual Frequency Control Symposium 1966. S. 288–308. – Hrsg. ZVEI: Schwingquarze, ein unverzichtbares Bauelement in der Elektronik. Berlin 1982.

Schwingsaiten-Frequenzumsetzer. Die Eigenfrequenz f_o einer eingespannten, schwingenden Saite (Länge l, Dichte ρ und Elastizitätsmodul E) hängt von der Spannung σ bzw. der Dichte ε ab:

$$f_o = \frac{1}{2l}\sqrt{\frac{\sigma}{\varrho}} = \frac{1}{2l}\sqrt{\frac{\varepsilon E}{\varrho}}$$

Wird die Schwingsaite durch eine unbekannte zu messende Kraft gespannt, so läßt sich letztere aus der Frequenz der Saite ermitteln. Die schwingende Saite wird so zu einem frequenzanalogen Aufnehmer, mit dem mechanische Größen, wie z. B. Massen, Kräfte, Drücke, Drehmomente, Wege, Winkel, Dehnungen oder auch Temperaturen, gemessen werden können (Bild 1).

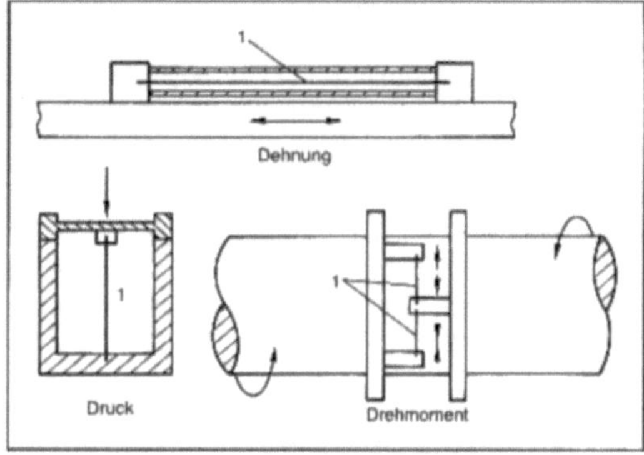

1) Meßsaite

Schwingsaiten-Frequenzumsetzer 1: Die schwingende Saite ist ein Basissensor für die Messung mechanischer Größen.

Dabei sind zwei unterschiedliche Betriebsarten, der intermittierende und der kontinuierliche Betrieb möglich.

□ Intermittierend, gedämpft schwingende Meßsaite: Ein Stromimpuls durch einen Elektromagneten lenkt die vormagnetisierte Saite aus, die anschließend frei und gedämpft ausschwingt (Bild 2 a). Während dieser Zeit wird in der → Spule eine Spannung induziert, die in Form einer gedämpften Schwingung abklingt. Die Frequenz dieser Schwingung wird gemessen. Sie ist ein Maß für die zu bestimmende nichtelektrische Größe.

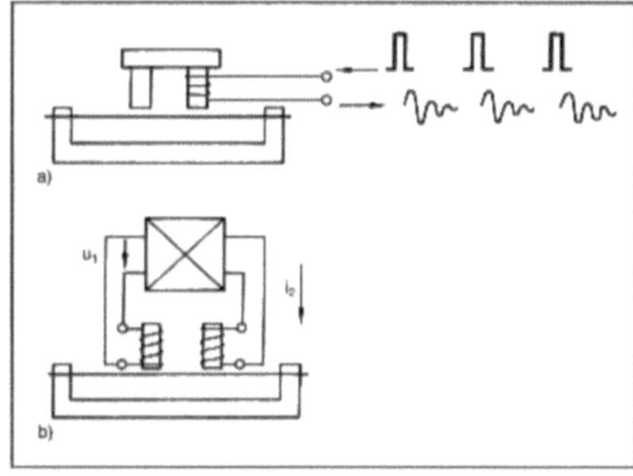

Schwingsaiten-Frequenzumsetzer 2: Anregung einer Meßsaite.
a) intermittierende
b) kontinuierliche

□ Kontinuierlich, ungedämpft schwingende Meßsaite: Für die Erzeugung kontinuierlicher, ungedämpfter Schwingungen ist ein aktiver Kreis mit einer Amplituden- und Phasenregelung erforderlich, der die, hauptsächlich durch die Reibung der Luft verursachten, Energieverluste ausgleicht (Bild 2b). Die Saite kann dabei elektromagnetisch oder elektrodynamisch beeinflußt werden. Bei der ersten Methode sind zwei getrennte Elektromagnete, der eine zur Anregung der vormagnetisierten Saite und der andere zur Aufnahme der induzierten Spannung, erforderlich. Die induzierte Spannung u_1 ist Eingangssignal eines Regelkreises, der den Strom i_2 des Anregemagneten so einstellt, daß eine ungedämpfte Schwingung zustande kommt.

Die kontinuierlich angeregte Saite schwingt mit ihrer Eigenfrequenz. Die Kennlinie zwischen der zu bestimmenden nichtelektrischen Größe und der gemessenen Frequenz ist im allgemeinen nichtlinear, so daß besondere Maßnahmen zur →Linearisierung erforderlich werden. Diese sind bei der Anwendung eines Differentialaufnehmers überflüssig. Bei Waagen z. B. werden zwei vorgespannte Saiten benutzt. Die Kraft wird so eingeleitet, daß die eine Saite gespannt und die andere entspannt wird. Beide Saiten werden zu ungedämpften Schwingungen angeregt. Die Differenz der Eigenfrequenzen wird gemessen. Dabei entsteht eine Kennlinie mit einem Wendepunkt im Nullpunkt, die gut durch eine Gerade angenähert werden kann. *Schrüfer*

Schwingungsanalyse →Frequenzanalyse

Schwingungsbedingung im Regelkreis. Die S. ist ein mathematischer Ansatz, mit dem festgestellt wird, ob in einem →Regelkreis eine Dauerschwingung existieren kann, und welche Voraussetzungen dazu erforderlich sind. Für lineare Regelkreise beschreibt eine Dauerschwingung die Stabilitätsgrenze (→Stabilität), für nichtlineare Kreise den →Grenzzyklus.

→Regler und →Regelstrecke bilden die →Kreisübertragungsfunktion $F_0(s) = F_R(s)\, F_S(s)$. Im eingeschwungenen Zustand seien die Signale Sinusschwingungen: $e(t) = \hat{e} \sin\omega t$ und $x(t) = \hat{s}(\omega) \sin(\omega t + \Phi(\omega))$. Die Schwingung kann als Dauerschwingung mit der Kreisfrequenz ω_k nur bestehen, wenn

$\hat{x}(\omega_k) = A_0(\omega_k)\hat{e} = \hat{e}$ d. h. $A_0(\omega_k) = 1$ und $\Phi(\omega_k) = 180°$ (→Frequenzgang, →Bode-Diagramm).

Komplex geschrieben lautet die S.

$\underline{F}_0(j\omega_k) + 1 = 0$ oder $\underline{F}_0(j\omega_k) = -1$

Für lineare Regelkreise liefert diese komplexe Gleichung die kritische Schwingungsfrequenz ω_k und die kritische →Kreisverstärkung K_k. Für nichtlineare Regelkreise wird ein →Übertragungsglied, z. B. der Regler, durch das nichtlineare ersetzt, d. h. an die Stelle des Frequenzgangs $\underline{F}_R(j\omega)$ tritt die →Beschreibungsfunktion

$\underline{B}(\hat{e})$, so daß $\underline{F}_0(j\omega) = \underline{B}(\hat{e})\underline{F}_S(j\omega)$. Die S. $\underline{B}(\hat{e}) = -1/\underline{F}_S(j\omega_k)$ bzw. $\underline{F}_S(j\omega_k) = -1/\underline{B}(\hat{e})$

liefert als Lösungen die Kreisfrequenz ω_k und die Amplitude $\hat{e}$ der Grundwelle des Grenzzyklus.

Wenn es keine Lösung gibt, führt der Kreis keine Schwingung aus. Die S. bildet die Grundlage zum →Nyquist-Kriterium. *Böttiger*

Schwingungsgeber, elektrodynamischer. Bei diesem wird das Induktionsgesetz in der Form

$$u = -B \cdot l \frac{ds}{dt}$$

angewendet. Der Leiter in Form einer →Spule (Bild) ist an einer schwingungsfähigen Membran aufgehängt und taucht in das Feld eines Dauermagneten mit der Flußdichte B ein. Wird die Membran z. B. durch Schallwellen in Schwingungen versetzt (Tauchspul-Mikrophon), so wird in der Spule eine der Geschwindigkeit ds/dt proportionale Spannung u induziert. Interessiert die Amplitude s der Schwingung, so muß die induzierte Spannung integriert werden. Durch Differentiation der induzierten Spannung nach der Zeit erhält man ein Maß für die Beschleunigung d^2s/dt^2. *F. Schneider*

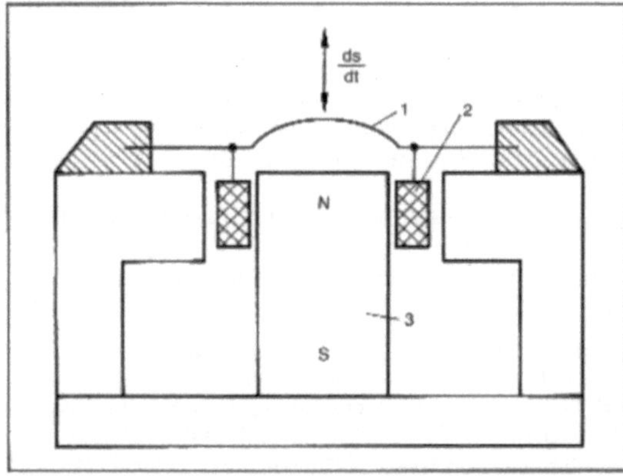

1 Membran, 2 Tauchspule, 3 Magnet

Schwingungsgeber, elektrodynamischer: Anwendung beim Tauchspul-Mikrophon.

Schwingungsgeber, magnetostriktiver. Wird ein ferromagnetischer Stoff in ein magnetisches Wechselfeld gebracht, so bewirkt die Richtungsänderung der Elementarmagnete eine periodische Formänderung und es entstehen mechanische Schwingungen (Magnetostriktion). Die Umkehrung der Magnetostriktion ist der magnetoelastische Effekt. Bei einer Beanspruchung durch Zug oder Druck ändert sich die Magnetisierung ferromagnetischer Stoffe. Beim magnetostriktiven bzw. magnetoelastischen Schwingungsaufnehmer (Bild) besteht der Kern aus einem Ferrit oder aus einem Paket lamellierter, fer-

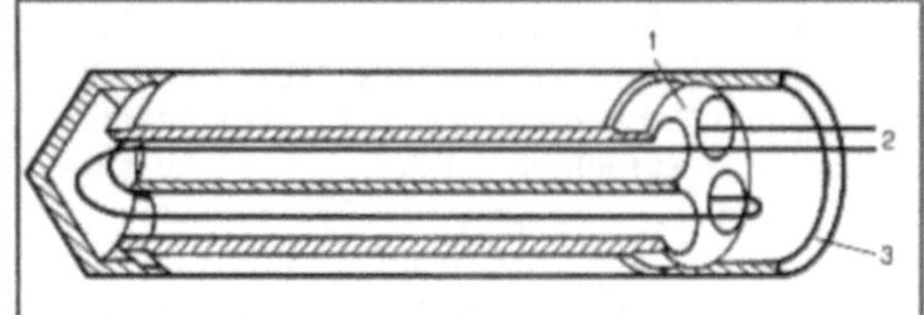

1 Kern, 2 mineralisierte Spule, 3 Schutzrohr

Schwingungsgeber, magnetostriktiver: Aufbau.

romagnetischer Bleche. In der um diesen Kern gewickelten Spule wird durch wechselnden Druck eine Wechselspannung induziert.

Auf diese Weise werden Schall- und Ultraschalldrücke in Flüssigkeiten gemessen. Die →Empfindlichkeit eines derartigen Gebers ist frequenzabhängig; sie liegt bei etwa 1 μV/Pa bei einer Schwingung von 1 kHz. Der Geber läßt sich für Betriebstemperaturen bis etwa 1 000 °C auslegen und ist nur für dynamische Druck- oder Zugbelastungen einsetzbar. *F. Schneider*

Schwingungsmessung. Mechanische Schwingungen elastischer Medien werden häufig anhand ihrer Frequenz unterschieden. Bei Frequenzen unterhalb der Hörschwelle werden sie Infraschall genannt, im Bereich von 16 Hz bis 20 kHz Schall und darüber hinaus Ultraschall. Je nach Ausbreitungsmedium unterscheidet man unabhängig von der Frequenz Luftschall, Flüssigkeitsschall und Körperschall. In Gasen und Flüssigkeiten breiten sich Schwingungen nach denselben Gesetzmäßigkeiten aus. Die Teilchen schwingen nur in der Ausbreitungsrichtung. Nur longitudinale Wellen können sich ausbreiten. In festen Körpern hingegen, die Schubspannungen aufnehmen, sind auch Schwingungen quer zur Ausbreitungsrichtung, Transversalschwingungen, möglich. Insgesamt können viele unterschiedliche Schwingungsformen auftreten, die von der Form des Körpers abhängen. So ist die Analyse des Körperschalls u. U. kompliziert und erfordert einen mathematischen Aufwand.

Bei Schwingungen interessieren neben der Frequenz f bzw. der Kreisfrequenz $\omega = 2\pi f$

- der Schwingweg x,
- die Schwinggeschwindigkeit oder Schnelle dx/dt,
- die Schwingbeschleunigung d^2x/dt^2.

Eine einfache Form eines Schwingungsaufnehmers besteht aus einer seismischen Masse m, einer Feder mit der Federkonstanten c und einer geschwindigkeitsproportionalen Dämpfung d. Die Bezeichnung seismische Masse stammt von den Erdbebenschreibern (Seismographen). Wenn sich nur die Masse relativ zum Gehäuse bewegt und das Gehäuse in Ruhe bleibt, spricht man von relativer S. Ein Beispiel dafür ist das Tauchspulmikrophon, bei dem die induzierte Spannung der Schwinggeschwindigkeit proportional ist.

Größere praktische Bedeutung hat die absolute S., bei der dem Gehäuse die Bewegung x (in absoluten Koordinaten gemessen) aufgezwungen wird. Der Momentanwert der Auslenkung der Masse gegenüber dem Gehäuse sei y (Bild 1). Die Summe aller auf das Gehäuse wirkenden Kräfte ist null:

$$m \frac{d^2(x + y)}{dt^2} + d \frac{dy}{dt} + c\,y = 0$$

oder $$m \frac{d^2y}{dt^2} + d \frac{dy}{dt} + c\,y = - m \frac{d^2x}{dt^2}$$

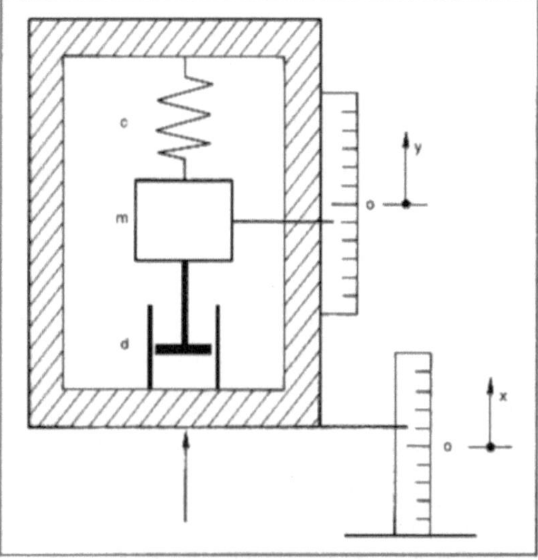

Schwingungsmessung 1: Schwingungsaufnehmer.

Mit den Abkürzungen

$\omega_0 = \sqrt{c/m}$ = Eigenkreisfrequenz des ungedämpften Systems,

$D = \frac{d}{2 \cdot m\,\omega_0}$ = Dämpfungskonstante,

$a = \frac{d^2x}{dt^2}$ = Beschleunigung des Gehäuses

erhält man

$$\frac{d^2y}{dt^2} + 2 \cdot D\,\omega_0 \frac{dy}{dt} + \omega_0^2\,y = - \frac{d^2x}{dt^2} = - a.$$

Drei Sonderfälle dieser Gleichung seien betrachtet:

1. Federkonstante c sehr groß, d. h. sehr steife Feder, m und d klein (D klein, ω_0 sehr groß):

$$\omega_0^2\,y \approx - \frac{d^2x}{dt^2} = - a,$$

$$y \approx - \frac{1}{\omega_0^2} \frac{d^2x}{dt^2} = - a \frac{m}{c}$$

Bei steifer Feder und großer Eigenfrequenz ist die Relativbewegung y der Beschleunigung a proportional, das System ist beschleunigungsempfindlich.

2. Dämpfung d groß, m und c relativ klein (D sehr groß):

$$2 \cdot D\,\omega_0 \frac{dy}{dt} \approx -\frac{d^2x}{dt} = -a,$$

$$y \approx -\frac{1}{2 \cdot D\omega_0}\frac{dx}{dt}$$

Bei stark gedämpften Systemen ist die Beschleunigung a der Relativgeschwindigkeit dy/dt der Masse gegenüber dem Gehäuse proportional, während die Relativbewegung y der Geschwindigkeit dx/dt der äußeren Anregung proportional ist. Das System ist geschwindigkeitsempfindlich. Die Beschleunigung könnte durch einmaliges Differenzieren gewonnen werden.

3. Masse m groß, d und c relativ klein (D und ω_0 relativ klein):

$$\frac{d^2y}{dt^2} \approx -\frac{d^2x}{dt^2} = -a,$$

$$y \approx -x$$

Die Masse m macht die aufgezwungene Bewegung x des Gehäuses nicht mit, bei y kann man den vom Gehäuse zurückgelegten Weg ablesen, das System ist wegempfindlich. Die Beschleunigung a könnte durch zweimaliges Differenzieren von y ermittelt werden.

Bei S. erhält man also für Frequenzen unterhalb der Eigenfrequenz des Aufnehmersystems

$$f_o = \frac{\omega_0}{2\pi}$$

die Beschleunigung (Sonderfall 1), bei Frequenzen oberhalb von f_o den Schwingweg (Sonderfall 3). Mit Rücksicht auf den ausnutzbaren Frequenzbereich muß f_o bei Beschleunigungsaufnehmern möglichst hoch, bei Wegaufnehmern möglichst niedrig sein. Optimale Bedingungen für den ausnutzbaren Frequenzbereich ergeben sich, wenn man eine Dämpfungskonstante D = 0,65 wählt. Läßt man einen →Meßfehler bis 1,5 % zu, kann man Beschleunigungsaufnehmer für Meßfrequenzen $f_M \leq 0{,}62\,f_o$ verwenden, bei Wegaufnehmern gilt entsprechend $f_M \geq 1{,}65\,f_o$. Wegen der Abhängigkeit der Ausgangsgröße y von der Dämpfungskonstanten D hat der zweite Sonderfall keine praktische Bedeutung für die Messung der Schwinggeschwindigkeit erlangt, weil die Dämpfungskonstante D häufig sehr temperaturabhängig ist.

Praktische Ausführungen: In serienmäßigen Schwingungsaufnehmern zum Messen von absoluten Schwingungen wird entweder die relative Auslenkung y oder die Reaktionskraft F erfaßt. Zum Messen der relativen Auslenkung eignen sich die verschiedenen Wegaufnehmer, z. B. Widerstandsaufnehmer, →Aufnehmer, induktiver, →Aufnehmer, kapazitiver, →Längen- und Winkelmessung. →Kraftmessungen sind möglich z. B. mit Piezoaufnehmern und Widerstandsaufnehmern (→Dehnungsmeßstreifen). Mit Piezoaufnehmern lassen sich keine statischen Messungen durchführen, da die Ausgangsgröße eine Ladung ist (kleinste Meßfrequenz etwa 0,2 Hz). Für die Messung der Schwinggeschwindigkeit kann man wegempfindliche Schwingungsaufnehmer mit einem elektrodynamischen Abgriff einsetzen. Diese liefern aufgrund des Induktionsgesetzes eine Ausgangsspannung, die der 1. Ableitung des Schwingwegs proportional ist. Im übrigen lassen sich durch elektrische Schaltungen zur Differentiation und Integration aus Wegen Beschleunigungen und umgekehrt ermitteln. Beim Differenzieren muß man allerdings damit rechnen, daß das unvermeidliche →Rauschen verstärkt auftritt.

Beschleunigungsaufnehmer gibt es in vielen Ausführungen für Zwecke der Trägheitsnavigation, für Messungen auf Fahrzeugen, an Maschinen und bei Explosionsvorgängen. Die Nenndaten liegen etwa in folgenden Bereichen:
Meßbereichsendwerte $10^{-5}\,m/s^2 \leq a \leq 10^6\,m/s^2$,
Gesamtmassen $500\,g \geq m_g \geq 0{,}2\,g$,
Eigenfrequenzen $15\,Hz \leq f_o \leq 100\,kHz$,
Frequenzbereich für Messungen 0 Hz bzw. $0{,}2\,Hz \leq f_M \leq 0{,}62\,f_o$,

Betriebstemperaturen etwa bis 600 °C möglich.

Als Ausgangsgröße erhält man bei der jeweils maximal meßbaren Beschleunigung 1–50 mV je 1 V Brückenspeisespannung bei Widerstandsaufnehmern, 0,1–1 mV bei induktiven Aufnehmern und eine Ladung von 5–50 nC bei piezoelektrischen Aufnehmern. Für Beschleunigungsmessungen in drei zueinander senkrechten Richtungen werden drei Beschleunigungsaufnehmer gleicher →Empfindlichkeit in einem gemeinsamen Gehäuse angeordnet. Anwendungen in der Trägheitsnavigation erfordern Beschleunigungsaufnehmer mit Meßunsicherheiten von 0,001 % bis 0,01 %, um die für die Bestimmung der Bewegungsgeschwindigkeit (durch einmalige Integration) und des zurückgelegten Wegs (durch zweimalige Integration der Beschleunigung) geforderte →Genauigkeit einhalten zu können.

Eine Anwendung im Kraftfahrzeug zeigt Bild 2. Aufgabe dieses Beschleunigungssensors ist, bei einem Aufprall entweder das Airbag- oder das Gurtstraffersystem auszulösen. Der Sensor besteht aus einer dreieckförmigen Biegefeder mit vier in Form einer Vollbrücke aufgedampften Dehnungsmeßstreifen. Die seismische Masse ist als zylinderförmige Scheibe an der Spitze der Feder befestigt. Die

Dämpfung wird durch eine Ölfüllung des Gehäuses erreicht. Bei einem Aufprall des Fahrzeugs dehnt sich die Biegefeder mit den aufgedampften Widerständen. Aus der Verstimmung der Brücke wird die (negative) Beschleunigung des Fahrzeugs ermittelt. Bei Überschreiten einer vorher eingestellten Grenze werden die Gurte gestrafft, bevor der Körper des Fahrers nach vorn fallen kann. Der Airbag ist etwa 30 ms nach dem Aufprall aufgeblasen und fällt etwa 100 ms später wieder in sich zusammen, um die Sicht nicht zu behindern.

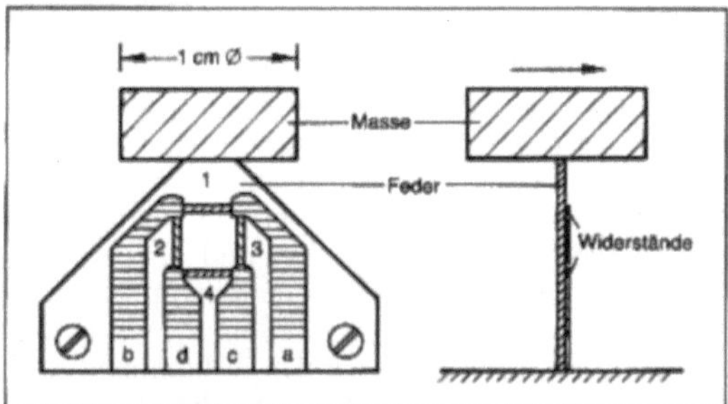

1, 2, 3, 4 Dünnschichtwiderstände, a bis d Anschlußpunkte. Der Pfeil bezeichnet die Fahrtrichtung.

Schwingungsmessung 2: Beschleunigungssensor für Airbag und Gurtstraffer. (Quelle: Robert Bosch GmbH)

Drehbeschleunigungen lassen sich über Aufnehmer mit drehbar angeordneter Masse messen. Weiterhin lassen sie sich auch durch elektrische Differentiation von Drehzahlen ermitteln.

Schwingwegaufnehmer haben folgende Daten:
Meßbereichsendwerte zwischen ± 1 mm und ± 25 mm,
Schwingmassen $500\,g \geq m \geq 20\,g$,
Eigenfrequenzen $0{,}5\,Hz \leq f_o \leq 10\,Hz$,
Frequenzbereich für Messungen $1{,}65\,f_o \leq f_M \leq 1\,kHz$.

Die Empfindlichkeit kann z. B. 50 mV je 1 V Brückenspeisespannung für den Meßbereichsendwert betragen. *Hammerschmidt*

Schwingungsüberwachung. Zur S. bei rotierenden Maschinen werden Absolutweggeber (Beschleunigungsgeber, seismische Geber, →Schwingungsmessung) und Relativweggeber (→Aufnehmer, induktiver) eingesetzt. Ausgewertet werden im allgemeinen die Amplituden und Frequenzen dieser Meßsignale.

Neben Komponenten sind auch komplette verfahrenstechnische Systeme im Hinblick auf ihre Schwingungen zu überwachen. In diesen Systemen werden z. B. mit großen Strömungsgeschwindigkeiten Medien umgewälzt oder transportiert, so daß Rohrleitungen und Einbauten zu Schwingungen bei ihren Eigenfrequenzen angeregt und eventuell zerstört werden können. Schon vor Eintritt eines derartigen Schadens läßt die S. Veränderungen im System erkennen. Aufgrund dieser Informationen können dann rechtzeitig Gegenmaßnahmen getroffen werden.

Die S. an verfahrenstechnischen Systemen basiert zunächst wieder auf den Signalen der Absolut- und Relativweggeber. Darüber hinaus lassen sich auch andere verfahrenstechnische Größen wie z. B. der Mediendruck oder – bei Kernreaktoren – der Neutronenfluß verwenden. In dem stochastischen Anteil dieser Meßsignale sind Vibrationen und Schwingungen zu erkennen. Die Auswertung erfolgt rechnergestützt über eine →Frequenzanalyse und/oder mit Hilfe der →Korrelationsmeßtechnik. *Schrüfer*

Literatur: *Bauernfeind, V.; B. Olmar; R. Sunder* u. *D. Wach:* Bewertung und Untersuchungen von Schadenfrüherkennungsverfahren zur Schwingungs- und Körperschallüberwachung am Primärkreis von Kernkraftwerken. Bericht GRS-A-1193 (1986) der Gesellschaft für Reaktorsicherheit Garching.

Second-cycle strobing. Fähigkeit eines Prüfautomaten, nach einem abgeschlossenen →Prüfzyklus, also erst während des nachfolgenden, abzutasten (Abtastzeitpunkt) und die Meßwerte aufzuzeichnen. Die erwarteten Zustände, →expect data, müssen somit am →Prüfling entsprechend spät auftreten bzw. entsprechend lange zur Verfügung stehen. *Winter*

Seemeile. Längeneinheit, die in der See- und Luftfahrt noch verwendet wird. Einheitenzeichen sm. 1 sm = 1852 m. In der Bundesrepublik Deutschland keine gesetzliche Einheit. Die Einheit hat ihren Ursprung von der Länge einer Bogenminute auf dem Äquator. *Hammerschmidt*

Sekunde. 1. Gesetzliche Einheit für ebene Winkel. Einheitenzeichen ″. Keine SI-Einheit.
$1'' = 1'/60 = 1°/3600 = (\pi/648\,000)$ rad.

2. SI-Basiseinheit der Zeit. Einheitenzeichen s. (→Einheiten des SI) *Hammerschmidt*

Selbsttest.

Meßtechnik. Verfahren, um die statische und/oder dynamische →Empfindlichkeit von Meßgeräten zu kontrollieren.

Ein S. ist z. B. durch eine Stimulation mit bekannten Prüfsignalen möglich. Werden einer Waage zwei bekannte Gewichte x_i aufgelegt, so lassen sich bei einer linearen Kennlinie aus den angezeigten Werten y_i der Nullpunktfehler a_o und die Empfindlichkeit k ermitteln:

$$a_o = y_1 - \frac{y_2 - y_1}{x_2 - x_1}\, x_1$$

$$k = \frac{y_2 - y_1}{x_2 - x_1},$$

Eine eventuelle Abweichung von der ursprünglichen Kennlinie weist auf →Fehler hin (→Ausfallerkennung). Bei den selbstkalibrierenden Geräten wird im Falle einer Abweichung die richtige Empfindlichkeit selbsttätig wieder eingestellt. *Schrüfer*

Prüftechnik. Die Fähigkeit einer elektrischen Funktionseinheit, sich selbst zu überprüfen.

□ Ein →Prüfautomat enthält Einrichtungen in Hard- und Software, welche eine Überprüfung der Funktionen und auch der Genauigkeiten der Meß- und Stimuligeräte vornehmen. Die Funktionsüberprüfung erfolgt zum einen beim Ablauf der Prüfprogramme z. B. als laufende Überwachung der internen Versorgungsspannungen, Lastströme und Zeitabläufe. Zum anderen kann der Anwender zyklisch oder zu beliebiger Zeit einen Teil- oder Gesamttest des Prüfautomaten mit einem eigenen Selbsttestprogrammpaket vornehmen.

Je nach Ausstattung des Prüfautomaten mit →Prüfperipherie kann der S. mit automateninternen Geräten oder unter Einbeziehung von extern zuzuschaltenden Geräten vorgenommen werden. Für die Genauigkeitsüberprüfungen sind auf jeden Fall externe geeichte Geräte als Referenz zu verwenden (→Prüfautomatenselbsttest).

□ Ein integrierter Schaltkreis oder eine Baugruppe mit Steuerungsfähigkeiten kann bereits Zusatzeinrichtungen enthalten, die zumindest eine Teilprüfung vornehmen. Diese Eigenschaft wird bei der →Funktionsprüfung ausgenutzt und in den Prüfablauf einbezogen (→Built-in-self-Test). *Mettler*

Selektivität. Eigenschaft von →Gassensoren, in einem Gasgemisch nur auf die Anwesenheit spezieller Gase zu reagieren. Typische Beispiele sind Sauerstoffsensoren und Wasserstoffsensoren.

In der Praxis ist die S. häufig nicht streng einzuhalten, so daß →Querempfindlichkeiten entstehen. *Schaumburg*

Self Powered Detector. Bei der →Neutronenflußmessung wird unter S. P. D. (→Neutronen-Beta-Detektor, Stromdetektor) ein Detektor verstanden, der ohne Hilfsenergie Neutronenflüsse zu messen gestattet. Der Detektor (Bild) enthält den gegen die Außenhülle isolierten Emitter aus einem Material, das Neutronen einfängt. Dabei entstehen hauptsächlich

- die Neutronen-Einfang-Gammastrahlung und
- die Beta- und Gamma-Strahlung aus dem Zerfall des Aktivierungsprodukts.

Die bei der Absorption der Gammastrahlung im Emitter gebildeten Photo- und Compton-Elektronen führen zusammen mit den Beta-Teilchen des zerfallenden Aktivierungsprodukts zu einem Strom zwischen Emitter und Hülle. Der Emitter ist mit dem Innenleiter eines mineralisolierten Kabels verbunden, die Detektorhülle mit der Kabelhülle, so daß der Strom meßbar wird.

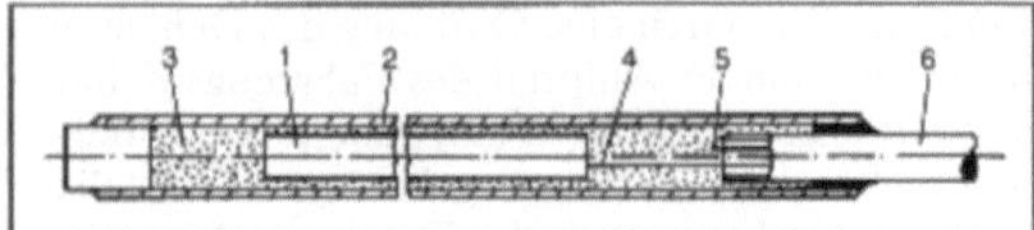

1) Emitter (z. B. Co-59), 2) Außenhülle (Kollektor, z. B. Inconel), 3) Isolator (z. B. Al_2O_3), 4) Emitterleitung, 5) Kompensationsleitung, 6) mineralisoliertes Mantelkabel

Self Powered Detector: Aufbau eines Self Powered Neutronenflußdetektors (SPND).

In den Materialien des Zuleitungskabels treten im Prinzip dieselben Effekte wie im Emitter auf. Um den dadurch im Kabel hervorgerufenen Strom zu kompensieren, enthält das Kabel den sog. Kompensationsdraht. Gemessen wird dann der Differenzstrom zwischen dem Emitterleiter und dem Kompensationsleiter, der dem Neutronenfluß proportional ist.

Als Emitter-Materialien werden in kommerziellen Detektoren hauptsächlich die Nuklide Vanadium-51, Kobalt-59 und Rhodium-103 mit den folgenden (n,γ)-Einfangreaktionen benutzt:

V-51 (n,γ) V-52; $\sigma = 4{,}9 \cdot 10^{-24}$ cm^{-2}
Co-59 (n,γ) Co-60; $\sigma = 37 \cdot 10^{-24}$ cm^{-2}
Rh-103 (n,γ) Rh-104, $\sigma = 150 \cdot 10^{-24}$ cm^{-2}

Die entsprechenden Detektoren unterscheiden sich hauptsächlich hinsichtlich ihrer statischen und dynamischen →Empfindlichkeit (Tabelle). Bei dem Vanadium- und Rhodium-Emitter trägt die Beta-Strahlung des aktivierten Produkts merklich zum Detektorstrom bei. Diese Detektoren sind relativ empfindlich, reagieren bei schnellen Änderungen des Neutronenflusses jedoch um die Halbwertszeit des Aktivierungsprodukts verzögert. Beim frischen Kobalt-Emitter hingegen geht praktisch der gesamte Strom auf die prompte Einfang-Gammastrahlung zurück. Die statische Empfindlichkeit dieses Detektors ist geringer. Er reagiert aber unverzögert auf Neutronenflußänderungen. Im Laufe der Zeit baut sich jedoch noch ein Strom infolge des Beta-Zerfalls des Kobalt-60 auf, der dann rechnerisch herauszukorrigieren ist. Die Gamma-Empfindlichkeiten der verschiedenen Detektoren liegen bei etwa $5 \cdot 10^{-17}$ A/R/h.

Der Abbrand der Detektoren ist proportional zum Wirkungsquerschnitt für die (n,γ)-Reaktion. Die Empfindlichkeit des Kobalt-Detektors z. B. geht bei einem integrierten Neutronenfluß von 10^{21} cm^{-2} um 10 % zurück.

Die S. P. D. zeichnen sich durch kleine Außendurchmesser zwischen 1 und 4 mm und durch ihren einfachen und robusten Aufbau aus. Die maximal zulässigen Umgebungstemperaturen liegen bei 500 °C, die Drücke zwischen 150 und 250 bar. *Schrüfer*

Self Powered Detector. Tabelle: Technische Daten einiger Neutronen-Beta-Detektoren.

Emitter-material	radioaktives Produkt	Halbwerts-zeit	Strahlung (MeV)	Neutronen-empfindlich-keit ($A/cm^{-2}s^{-1}$)	Ansprech-zeit
V-51	V-52	3,76 min	β: 2,47 γ: 1,43	$1{,}4 \cdot 10^{-20}$	325 s für 63 %
Co-59	Co-60	5,26 a	β: 0,32 γ: 1,17 γ: 1,33	$1{,}6 \cdot 10^{-22}$	prompt
Rh-103	Rh-104	42 s	β: 2,4 γ: 0,556	$1{,}2 \cdot 10^{-20}$	60 s für 63 %

Literatur: *Kaiser, G.* u. a.: Reaktorinstrumentierung. Berlin, Offenbach 1983. – *Schrüfer, E.* u. a.: Strahlung und Strahlungsmeßtechnik in Kernkraftwerken. Berlin 1974.

Self powered radiation detector →Silicium-Dosimeter

Sensor. Der Begriff des S. geht über den herkömmlichen des →Meß(wert)fühlers hinaus. Während man unter dem letzteren Begriff praktisch alle Bauelemente zusammenfaßt, die auf eine Umweltgröße in meßbarer Weise reagieren und diese vorzugsweise in ein elektrisches →Signal umsetzen, verknüpft man mit dem Begriff des S. im allgemeinen die Randbedingungen der gegenwärtigen Mikroelektronik:

□ gute Voraussetzungen für eine Anpassung an eine hochentwickelte elektronische Datenaufbereitung bis hin zur vollständigen Integrierbarkeit (→Sensor, integrierter)

□ hohe →Zuverlässigkeit bei niedrigem Preis. Die letztere Bedingung wird häufig durch eine Eignung für eine Massenfertigung ermöglicht.

→Regelungsverfahren *Schaumburg*

Sensor, bildverarbeitender →Bildsensor

Sensor, faseroptischer. (*engl.* Fibre Optic Sensor, FOS). Meßwertaufnehmer für elektrische und nichtelektrische Meßgrößen, bei dem entweder die Erfassung oder die Übertragung des Meßwertes mittels einer Lichtleitfaser erfolgt. Je nach Funktion der Faser kann man sog. intrinsische und extrinsische f. S. unterscheiden.

In einem intrinsischen f. S. dient die Faser selbst als das empfindliche Element, in dem Wandlung der Meßgröße in ein optisches Signal erfolgt (Modulation). In vielen Fällen ist dabei die Höhe des erzeugten optischen Signales proportional zur Länge der Faser. Durch Verwendung langer Fasern lassen sich dann Sensoren herstellen, die besonders hohe →Empfindlichkeit besitzen, z. B. faseroptische →Interferometer, Magnetometer und →Gyroskope. Als „verteilte" Sensoren werden f. S. bezeichnet, bei denen man ausnutzt, daß die Empfindlichkeit über die gesamte Länge der Faser (bis zu 1 km oder mehr) verteilt ist, wobei der Sensor die lokalen Werte der Meßgröße entweder über diese Länge mittelt oder sie ortsaufgelöst anzeigt (Beispiele: verteilter Berührungssensor, →Temperatursensor, Struktursensor). Beim faseroptischen Hydrophon ist die Benutzung einer Faser als Sensor vorteilhaft, um ausgeprägte akustische Richtcharakteristiken zu erzielen.

In extrinsischen f. S. ist der primäre Zweck der Faser die möglichst störungsfreie Übertragung des Meßwertes vom Meßort zu einem entfernt gelegenen Auswerteort. Die Modulation, d. h. die Wandlung der Meßgröße in ein optisches Signal, erfolgt dabei am Meßort außerhalb der Faser, z. B. mittels integriert-optischer oder mikro-optischer Komponenten. Der Einsatz derartiger f. S. ist immer dann angebracht, wenn am Meßort oder auf dem Übertragungsweg meßtechnisch „schwierige" Umgebungsbedingungen herrschen, etwa starke elektrische oder magnetische Störfelder, hohe Temperaturen, explosive oder korrosive Atmosphären, oder wenn der kleine Durchmesser und die hohe Flexibilität der Glasfaser vorteilhaft sind, wie in medizinischen Sensoren für intravenöse oder intramuskuläre Anwendungen (Temperatursensor, faseroptischer). Häufig deckt sich die Forderung nach ungestörter Meßwertübertragung mit Forderung nach →Streckenneutralität des Sensors.

Die besonders hohe Empfindlichkeit der Faser gegenüber bestimmten Einflüssen (Meßgrößen) im Fall der intrinsischen f. S. einerseits und ihre besonders niedrige Empfindlichkeit gegenüber den Umgebungsbedingungen bei extrinsischen f. S. andererseits scheinen sich zu widersprechen. Man kann die gewünschte (Un-)Empfindlichkeit jedoch jeweils durch besondere Gestaltung der Faser und durch die Wahl ihrer Ankopplung bzw. Isolation erreichen: sie wird darüber hinaus auch wesentlich durch die optischen Betriebsbedingungen und die verwendeten Modulationsverfahren mitbestimmt (Bild).

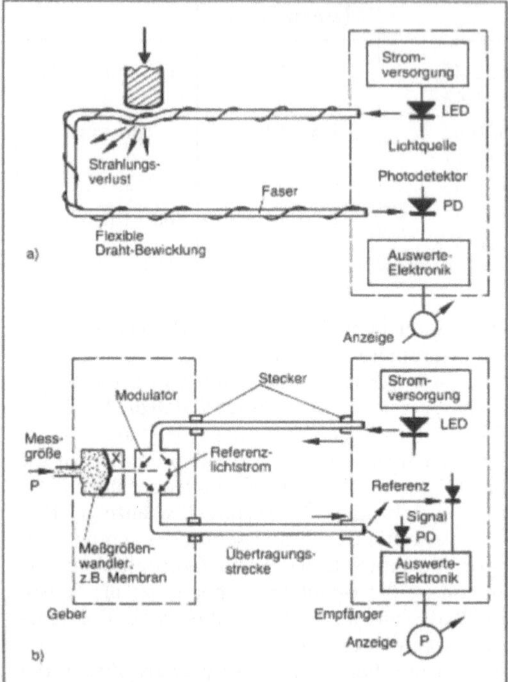

Sensor, faseroptischer: Beispiele, schematisch
a) Berührungssensor. Infolge Bewicklung der Faser mit dünnem Draht entsteht bei seitlicher Krafteinwirkung eine lokale Verbiegung der Faser. Der resultierende Strahlungsverlust wird von der Auswerte-Elektronik erfaßt und als „Berührung" angezeigt. (Intrinsischer Sensor mit über die gesamte Faserlänge verteilter Empfindlichkeit)
b) Drucksensor. Der zu messende Druck p verbiegt eine elastische Membran, und deren Auslenkung x steuert einen Teil des Lichtstromes. Ein anderer Teil des Lichtstromes bleibt unmoduliert und dient als Referenz. Die Auswerte-Elektronik vergleicht Signal- und Referenzlichtstrom und erzeugt daraus streckenneutral die Druckanzeige p. (Extrinsischer Sensor mit Meßgrößenwandlung p–x).

Die Entwicklung der f. S. begann Mitte der 70er Jahre. Sie wurde stark beeinflußt und gefördert durch Entwicklungen auf dem Gebiet der optischen Nachrichtentechnik, wo viele der faseroptischen und integriert-optischen Komponenten, die für f. S. wesentlich sind, bereits in ähnlicher Form entstanden. Inzwischen gibt es Konzepte von f. S. für zahlreiche technisch interessierende Meßgrößen, eine Anzahl von Sensortypen wurde bereits zu kommerziell erfolgreichen Produkten weiterentwickelt (vgl. die genannten Beispiele).

Alle f. S. beruhen auf der Möglichkeit, mittels Glasfasern Licht (genauer: elektromagnetische Strahlungsleistung, meist im infraroten Spektralbereich bei 0,7–0,9 μm Wellenlänge) dämpfungsarm über größere Strecken zu übertragen. Die in die Faser eingekoppelten Strahlungsleistungen liegen typisch bei 10^{-3} W. Da die verwendeten Halbleiter-Photodetektoren sehr empfindlich sind (10^{-9}–10^{-12} W rauschäquivalente Strahlungsleistung), steht eine optische Dynamik von 60–90 dB zur Verfügung für die Variation der Lichtleistung infolge der optischen Modulation, für die Übertragungsverluste in der Faser und in Steckern und Spleißen, sowie für die optischen Verluste in den anderen Komponenten des Sensors (Linsen, Koppler, Filter).

Intrinsische Sensoren beruhen auf Effekten, mit denen die Lichtausbreitung in der Faser von außen her beeinflußt werden kann: Die Intensität des Lichtstromes am Ende der Faser hängt von ihrer Dämpfung ab, also von den Verlusten infolge Absorption, Abstrahlung oder Streuung. Durch Dotierung mit Ionen der seltenen Erden erhält man Fasern mit temperaturabhängiger Absorption, geeignet für faseroptische Thermometer. Ionisierende Strahlung läßt sich durch die von ihr erzeugte Zusatzabsorption in der Faser nachweisen. Verluste durch Abstrahlung entstehen in der Faser bei scharfer Krümmung, dies wird in Sensoren für Kraft, Druck und Berührung ausgenutzt. Verteilte Temperatursensoren erfassen die temperaturabhängige Fluoreszenz oder die *Raman*-Lichtstreuung aus der Faser. Eine Beeinflussung der Phase der Lichtausbreitung besteht bei Temperaturänderungen der Faser sowie bei Längenänderungen durch elastische Dehnung oder hydrostatischen Druck (Hydrophon). Die Erfassung der Phase erfolgt in faseroptischen Interferometern. Einseitiger Druck auf die Faser. Faserverbiegungen und Magnetfelder erzeugen Änderungen in der Phase, die unterschiedlich groß sind für verschiedene Polarisationszustände. Solche Effekte werden besser beschrieben als Änderungen der Doppelbrechung der Faser. Hierauf beruhen Kraftsensoren sowie der Strommesser.

Extrinsische f. S. umfassen allgemein einen Geber für die Meßinformation und einen zugehörigen Empfänger. Geber und Empfänger sind über Lichtleitfasern miteinander verbunden. Im Geber wirkt die Meßgröße direkt oder nach einer Meßgrößenwandlung auf den von einer Quelle kommenden Lichtstrom ein und moduliert ihn. Der Meßwert wird somit durch bestimmte Merkmale des zum Empfänger geführten Lichtstromes repräsentiert (Codierung). Im Empfänger werden diese Merkmale des Lichtstromes detektiert und ausgewertet, d. h. die Meßinformation wird decodiert und angezeigt. Die Modulation erfolgt entweder digital (→Lichtschranke) oder analog (stetige Änderung mittels verschiebbarer Blenden, Gitter, etc., oder mittels Polarisationsdrehungen aufgrund elasto-optischer, elektro-optischer oder magneto-optischer Effekte.

Zu den f. S. rechnen auch diverse Anordnungen zur Spektralanalyse mittels sichtbarer, ultravioletter oder infraroter Strahlung, bei denen diese Strahlung über Lichtleitfasern zwischen Meßort und Auswerteort übertragen wird. Ähnliche Systeme finden neuerdings auch Anwendung bei der Überwachung der Konzentration explosiver Gase (z. B. Methan, Propan) z. B. in Schachtanlagen und Raffinerien. *Ulrich*

Sensor, integrierter. Nach dem gegenwärtigen Stand der Technik wird der weitaus größte Teil der integrierten Schaltungen auf Kristallen des Halbleiters →Silicium realisiert, in weitem Abstand gefolgt von Galliumarsenid. Bei vielen Sensortypen, insbesondere den Siliciumsensoren, ist es möglich, den →Sensor als zusätzliches Bauelement der integrierten Schaltung hinzuzufügen, so daß beide in einem gemeinsamen Fertigungsprozeß hergestellt werden können. Sie haben dann den erheblichen Vorteil von besonders kurzen und wenig störanfälligen elektrischen Verbindungsleitungen.

In vielen Fällen muß allerdings die Technologie von i. S. besonders auf die Anforderungen des Sensors angepaßt werden, da die elektrischen Eigenschaften des für den Sensor notwendigen Materials auch bei Siliciumsensoren anders sein können als die für integrierte Schaltungen. Das gilt erst recht, wenn für den Sensor andere Materialien zur Anwendung kommen.

Weiterhin ist nachteilig, daß bei i. S. auch die Auswerteelektronik denselben Umweltbedingungen unterworfen ist wie der Sensor selbst, was zu erheblichen Einschränkungen in der Anwendung führen kann, z. B. im zulässigen Temperaturbereich. *Schaumburg*

Sensor, intelligenter. Unter einem i. S. wird ein →Sensor verstanden, bei dem eine Anzahl verschiedener oder gleichartiger physikalischer Meßgrößen über einen oder mehrere „Meßköpfe" erfaßt, korrigiert und vorverarbeitet wird. Die einzelnen „Meßköpfe" werden in der Regel über einen →Feldbus an eine übergeordnete Automatisierungseinheit angeschlossen. Der einzelne „Meßkopf" besteht aus dem (den) einzelnen Elementarsensor(en), der analogen Meßsignalanpassung, einer digitalen Verarbeitungseinheit, die das (die) Meßsignal(e) digitalisiert und mittels angepaßter Verarbeitungsalgorithmen einen korrigierten Meßwert ermittelt, sowie der Anpassung an den Feldbus. *F. Schneider*

Sensor, ionenimplantierter. Mit Hilfe der Ionenimplantations-Technologie ist es möglich, Materialien mit einer sehr genau dosierten Menge von Fremdatomen zu dotieren, auch im Bereich außerordentlich niedriger Konzentrationen. Dabei werden die Fremdatome ionisiert, in einem Massenseparator selektiert und nach Durchlaufen einer Beschleunigungsstrecke in das Material implantiert. Dort kann die Anzahl – oder Dosis – der auftreffenden Ionen leicht über eine →Ladungsmessung bestimmt werden.

Wegen der engen Fertigungstoleranzen, die für die Sensorherstellung in vielen Fällen notwendig sind, eignet sich die Ionenimplantation besonders als Dotierverfahren für Sensoren. Das gilt insbesondere für Halbleitersensoren (→Silicium-Sensor), bei denen Dotierungen bis weniger als 10^{-10} Atomprozente erforderlich sein können. *Schaumburg*

Sensor, ionensensitiver. Sensor zur Messung von Ionenkonzentrationen, vorwiegend in Flüssigkeiten. Ein Prinzip für ionensensitive Sensoren ist der ionensensitive Feldeffekttransistor (ISFET) (→Gassensoren).

Beim i. S. für die Messung in Flüssigkeiten (Bild) gelangt die Flüssigkeit direkt an das Gateoxid des Feldeffekttransistors, ein sich dort aufbauendes elektrochemisches Potential wirkt dann wie eine Gatespannung. Sie steuert damit den Gatestrom. Das elektrochemische Potential ist eng korreliert mit den vorhandenen Ionen und deren Konzentration. *Schaumburg*

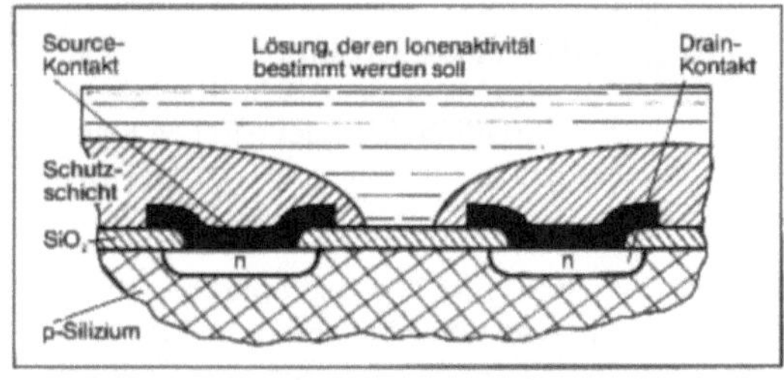

Sensor, ionensensitiver: Prinzipieller Aufbau eines ionensensitiven Feldeffekttransistors (ISFET) zum Nachweis der Ionenaktivität in einer Lösung. (Quelle: Heywang)

Literatur: *Heywang, W.:* Sensorik. Berlin 1984.

Sensor, magnetoresistiver. →Magnetfeldsensor, der bei Anlegen eines Magnetfeldes seinen elektrischen Widerstand ändert. Ein typisches Ausführungsbeispiel ist die →Feldplatte, neuerdings werden aber auch andere magnetoresistive Werkstoffe auf der Basis von Metall-Dünnschichten (NiFe, NiCo) eingesetzt. *Schaumburg*

Literatur: *Dibbern, U.:* Sensors and Actuators **4** (1983) S. 221. – *Schaumburg, H.:* Werkstoffe und Bauelemente der Elektrotechnik. Bd. 1: Werkstoffe. Stuttgart 1990.

Sensor, optischer. Sensor, der die Beschaffenheit und Intensität der optischen Strahlung mißt oder der mit Hilfe optischer Strahlung einen anderen Umweltparameter bestimmt.

In die erste Kategorie fällt eine Vielzahl optischer Detektoren, die bevorzugt auf der Basis von Halbleitereffekten arbeitet (→Halbleiter-Detektor, →Bildsensor). Für die Messung infraroter optischer Strahlung werden auch →Pyrometer, welche das Strahlenspektrum auswerten, eingesetzt, sowie Bolometer, die die optische Strahlung zur Aufwärmung dünner Schichten einsetzen, deren Temperaturerhöhung durch Temperatursensoren erfaßt wird.

Zur zweiten Kategorie gehören Sensoren, die nach dem Lichtschranken-Prinzip arbeiten und Spektralphotometer, welche die Lichtabsorption oder -reflexion der zu untersuchenden Materie mißt. Eine wichtige Gruppe bilden die faseroptischen →Sensoren: Das kohärente Licht eines Lasers wird in einem Strahlenteiler in zwei Strahlen aufgeteilt, wobei der eine der zu untersuchenden Umwelt ausgesetzt wird und der andere als Referenz dient. Nach einer Zusammenführung beider Strahlen ergeben sich typische Interferenzen, aus denen auf die Stärke der Umweltbeeinflussung geschlossen werden kann.

Typische Umweltparameter, mit denen die Eigenschaften des Lichts beeinflußt werden können, sind der mechanische Druck, die Temperatur, das Magnetfeld u. a., sowie eine Vielzahl von daraus abgeleiteten Umweltgrößen. *Schaumburg*

Sensor, rezeptiver. Passiver Sensor, der die Energie eines Umweltsignals in elektrische Energie umwandelt. Die Verarbeitung des elektrischen Signals erfolgt in einer nachgeschalteten Auswerteelektronik. *Schaumburg*

Sensor, verteilter. Ein Typ faseroptischer →Sensoren zur Erfassung von Meßwerten entlang eines ausgedehnten Weges oder auf einer ausgedehnten Fläche. Zu diesem Zweck wird die Faser eines intrinsischen Sensors an dem interessierenden Weg bzw. der Fläche entlang geführt. Gegensatz: faseroptischer →Punktsensor. Beispiel: Verteilter faseroptischer →Temperatursensor auf der Basis von Ramanstreuung. *Ulrich*

Sensorabgleich. Jedem →Sensor ist eine Sollkurve zugeordnet, in welcher die Abhängigkeit des elektrischen Ausgangssignals von der Umweltgröße festgelegt ist. Unter den Bedingungen einer Massenfertigung muß ein individueller Sensor an diese Sollkurve angepaßt werden, im allgemeinen über einen größeren Temperaturbereich.

Der S. kann über ein Netzwerk äußerer Einstellelemente, wie z. B. ein Widerstandsnetzwerk, erfolgen. Bei Dickschichtschaltungen erfolgt der Abgleich häufig über ein Lasertrimmen, d. h. ein gesteuertes Verändern der Widerstandswerte. Bei anderen Verfahren erfolgt das Trimmen direkt am Sensorelement. *Schaumburg*

Sensorelektronik. Die dem Sensorelement direkt nachgeschaltete Elektronik, welche der Aufbereitung und Verstärkung des Signals dient und evtl. die Weiterleitung des Sensorsignals an eine größere Verarbeitungseinheit (z. B. Prozessor) vorbereitet. *Schaumburg*

Sensorik. Das Wissen über das Gebiet der Sensoren insgesamt wird als S. bezeichnet. Es umfaßt einerseits das Wissen um die für den Bau von Sensoren notwendigen physikalischen Effekte, wie andererseits dessen Umwandlung in technische Produkte, deren Ausführungsformen und Eigenschaften. *Schaumburg*

Sensorkombination. Häufig ist zur Charakterisierung eines Umweltzustandes die Messung verschiedener weitgehend voneinander unabhängiger Meßgrößen erforderlich. Für deren Bestimmung ist häufig eine Vielzahl verschiedenartiger Sensoren erforderlich, deren Signale systemgerecht miteinander verknüpft werden müssen. Die Auswertung der Einzelsignale zur Bestimmung des Umweltzustandes erfolgt in der →Sensorelektronik und/oder einem nachgeschalteten Prozessor. *Schaumburg*

Sensorschnittstelle. Unter S. versteht man die Festlegung des Ausgangs des →Sensors in mechanischer, elektrischer und logischer Hinsicht. Während je nach angewandtem Meßeffekt es höchst unterschiedliche Sensorausgangssignale gibt, hat man in einigen Gebieten Standardschnittstellen geschaffen wie z. B. die analoge 0(4)-20 mA-Schnittstelle in der Verfahrenstechnik. Wegen des Installationsaufwandes, aber auch wegen der digitalen Verarbeitungsmöglichkeiten ist seit einigen Jahren eine digitale S. in Diskussion, allerdings bisher erst realisiert in unterschiedlichen Demonstrationsprojekten. Der →Feldbus stellt eine derartige digitale S. dar. *F. Schneider*

Sensorsignalverarbeitung. Aufbereitung des Sensorsignals für die störungsarme Erkennung und Weiterleitung, sowie für eine Auswertung in Verbindung mit den anderen Randbedingungen des Sensorproblems, z. B. einer →Sensorkombination. Zweckmäßig ist in vielen Fällen eine zentrale Steuerung der S. über einen Rechner. *Schaumburg*

Sensorsystem. In der Regel hierarchisch aufgebautes System mit einer →Sensorkombination und einer →Sensorsignalverarbeitung in Subsystemen.

Aufwendige S. können die charakteristischen Eigenschaften von intelligenten →Sensoren haben.

S. finden umfangreiche Anwendungen in der →Prozeßautomatisierung. *Schaumburg*

Sensorzeile. Reihenförmige Anordnung einer Vielzahl identischer oder nahezu identischer Sensoren. Die Auslesung einer S. kann parallel erfolgen, häufig wird für jeden Punkt der Zeile ein Zwischenspeicher vorgesehen.

Eine serielle Auslesung der S. ist beim →CCD-Sensor möglich. *Schaumburg*

Sequence control. Fähigkeit eines Prüfautomaten, die im →Pinspeicher hinterlegten →Prüfbitmuster nicht linear hintereinander, sondern in einer beliebigen (auch Zufalls-)Reihenfolge wiederzugeben wie z. B. auch Schleifen, Unterprogramme, unbedingte Sprünge oder Sprünge abhängig von Prüflingszuständen zu einer anderen ‚pattern address', Wartezyklen usw. *Winter*

Servomeßwerk. →Meßwerk, in dem das →Meßsignal mit elektrischer oder mit pneumatischer →Hilfsenergie verstärkt wird. Meist wird das Ausgangssignal des Verstärkers elektrisch oder mechanisch zurückgeführt und mit dem Meßsignal verglichen. Im Rückführzweig können die Meßsignale auch linearisiert werden, z. B. Temperaturwerte von Widerstandsthermometern oder Thermoelementen. S. werden oft auch Kompensationsmeßwerke genannt. Anzeige- und Schreibwerke arbeiten häufig mit der *Poggendorf*-Schaltung, bei der die Eingangsspannung mit der in einer →Brückenschaltung erzeugten Kompensationsspannung verglichen wird. Das Abgleichelement, z. B. ein Potentiometer, ist mit dem Zeiger oder Schreibwerk mechanisch verbunden. Es wird von einem Motor so lange verstellt, bis Meß- und Kompensationsspannung gleich sind (Bild). *Strohrmann*

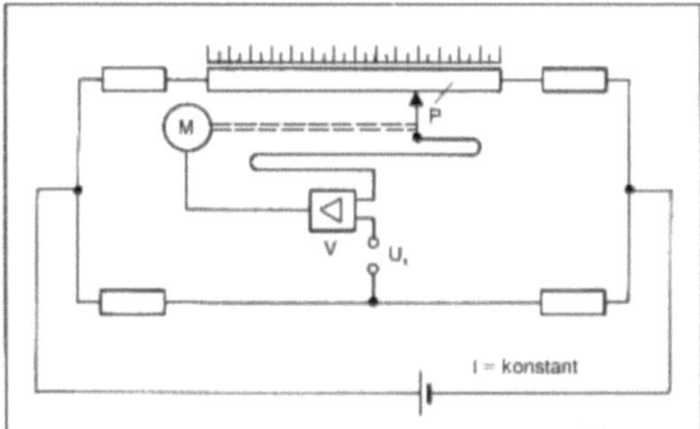

Servomeßwerk: Poggendorf-Schaltung. Die Widerstände rechts und links vom Potentiometer P ermöglichen es, Ausschnitte aus dem Meßbereich zu wählen. u_x Eingangsspannung, M Motor, V Verstärker.

Sextant. Der S. ist ein Winkelmeßgerät, das vor allem in der astronomischen →Navigation zum Messen der Höhe eines Gestirns Anwendung findet. Gelegentlich wird er auch zum Messen des Winkels zwischen zwei Landobjekten in der terrestrischen Navigation und in der Vermessung verwendet. Er besteht aus dem Instrumentenkörper, der durch einen mensurierten Gradbogen G begrenzt ist (Bild 1). Im Mittelpunkt dieses Gradbogens ist ein beweglicher Arm, *Alhidade* C genannt, drehbar gelagert. Mit der Alhidade fest verbunden und mit dieser drehbar, ist ein beweglicher Spiegel B. In Richtung der Achse eines Fernrohrs befindet sich ein auf dem Sextantenkörper fest angebrachter fester Spiegel A, der aber nur zur Hälfte verspiegelt ist. Die andere Hälfte ist durchsichtig.

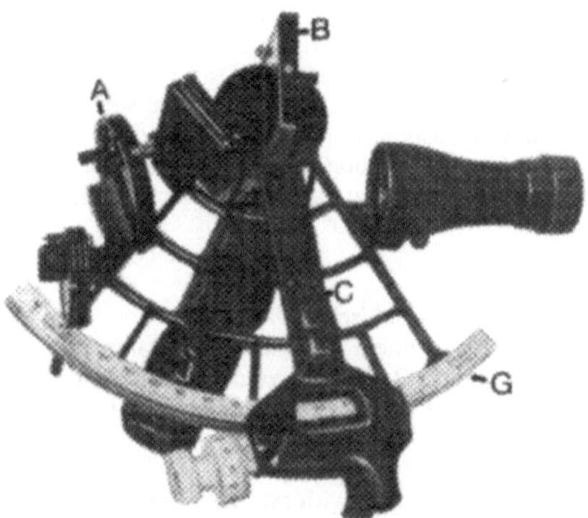

A) fester Spiegel, B) beweglicher Spiegel, C) Alhidade, G) Gradbogen.

Sextant 1: Ausführung.

Die Funktion ist in Bild 2 schematisch dargestellt. Will man die Höhe eines Gestirns S über dem Horizont H messen, so richtet man den S. so aus, daß die Geräteebene senkrecht zur Horizontalebene steht und die Verbindungslinie Gerät-Stern in dieser Ebene liegt. Mit Hilfe des Fernrohrs T peilt man jetzt durch den durchsichtigen Teil des festen Spiegels A den Horizont H (die Kimm) an. Anschließend bewegt man die Alhidade C zusammen mit dem beweglichen Spiegel B so lange, bis das zweifach gespiegelte Bild des Gestirns ebenfalls im Fernrohr sichtbar wird und bringt es mit der Kimm zur Deckung. Wegen der Reflexionsgesetze ist der Winkel CBD, um den die Alhidade gedreht werden muß, halb so groß wie der Winkel SBH, um den das Gestirn über der Kimm steht. Will man den Winkel zwischen zwei Landobjekten messen, hält man den Sextantenkörper horizontal. Das eine Objekt übernimmt die Rolle der Kimm H und das andere die des Gestirns S. Ein geübter Beobachter kann mit

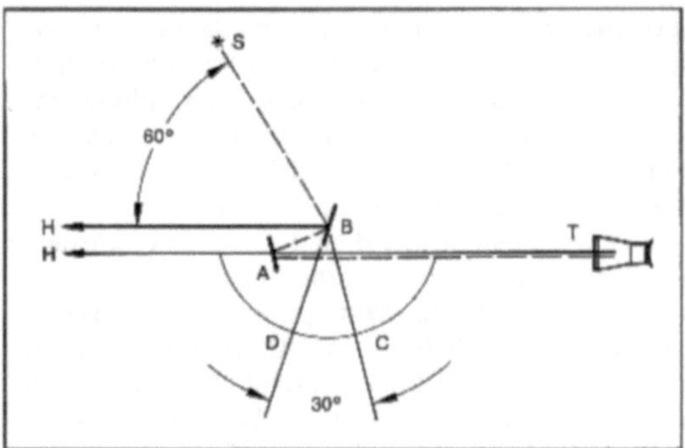

Sextant 2: Strahlengang an einem S.

einem Sextanten eine Meßgenauigkeit von ±1 Winkelminute erreichen.

Konstruktionsbedingt ist der maximale Winkel, um den die Alhidade gedreht werden kann, begrenzt. Beträgt dieser Winkel 60°, also ⅙ Kreisbogen, so kann man Winkel bis zu 120° messen. Wegen der ⅙ Kreisbogenlänge nennt man das Gerät Sextant. Ist der Gradbogen nur 45°, also ⅛ Kreisbogenlänge, nennt man das Gerät Oktant. Mit ihm kann man Winkel bis 90° messen.

Froese/Winnicker

Shmoo-Plot. Graphische Darstellung von Meßwerten, die von einem oder mehreren Parametern abhängig sind (z. B. Speicherzugriffszeit in Abhängigkeit von der Betriebsspannung oder der Temperatur) (Bild).

Winter

Shunt (*engl.* Nebenwiderstand) →Strommessung, elektrische

SI-Einheiten →Einheiten des SI

Sicherheitssystem. Das S. ist die Gesamtheit aller Einrichtungen einer Reaktoranlage, die die Aufgabe haben, die Anlage vor unzulässigen Beanspruchungen zu schützen und bei auftretenden Störfällen deren Auswirkungen auf das Betriebspersonal, die Anlage und die Umgebung in vorgegebenen Grenzen zu halten (Sicherheitstechnische Regel des Kerntechnischen Ausschusses KTA 3501).

Das S. besteht aus dem →Reaktorschutzsystem und den von dem Reaktorschutzsystem angesteuerten Sicherheitseinrichtungen. Das S. eines Kernkraftwerks soll z. B. die folgenden Sicherheitsfunktionen gewährleisten:
- Reaktorschnellabschaltung (die Kettenreaktion der Kernspaltung wird unterbrochen)
- Gebäudeabschluß (das unkontrollierte Entweichen radioaktiver Stoffe in die Umgebung wird unterbunden)
- Nachkühlen (Abführen der nach dem Abschalten des Reaktors noch durch den Zerfall radioaktiver Nuklide entstehenden Energie, um eine Überhitzung des Reaktorkerns zu vermeiden).

Wie bei dem Reaktorschutz sind auch bei der Auslegung der Sicherheitseinrichtungen die folgenden Prinzipien beachtet:
- →Redundanz als Schutz gegen zufällige Ausfälle
- →Diversität als Schutz gegen common mode failures (→Ausfall, abhängiger)
- räumliche Trennung und baulicher Schutz
- →Ausfallerkennung und Prüfbarkeit
- automatischer Betrieb (die Sicherheitsfunktionen

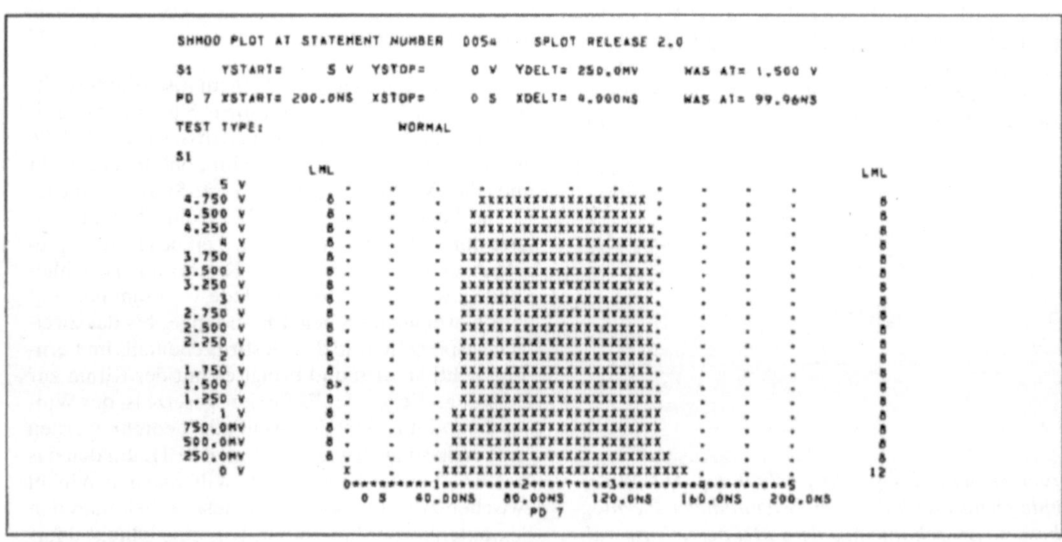

Shmoo-Plot: Graphische Darstellung des zeitlichen Verhaltens der Betriebsspannung eines Ausgangs. (Quelle: Siemens)

laufen vollautomatisch und mit Vorrang vor Handeingriffen ab). *Schrüfer*

Sichtmelder. Optische Einrichtungen zur Meldung von Betriebszuständen. Gebräuchlich sind Signalleuchten, Schauzeichen, pneumatische Binäranzeiger und Signaltableaus, aber auch durch Hervorheben einzelner Felder (z. B. Zeilen) von → Videobildern auf Bildschirmen durch unterschiedliche Farbgebung oder Helligkeit lassen sich Betriebszustände optisch melden. Wichtig ist, die S. so anzuordnen, daß eine Meldung leicht lokalisiert und ihre Bedeutung für das Verfahren schnell erkannt werden kann.

Die Farbgebung der S. ist in DIN IEC 73/VDE 0199 festgelegt. Es signalisieren:
- Rot „Gefahr"
- Gelb „Vorsicht"
- Grün „Sicherheit"
- Blau „Spezielle Information"

Alle anderen Zustände sind mit weißem Licht zu melden.

Für die Rückmeldung ist die Farbe Grün auch für „Motor ein", „Stellglied auf" oder entsprechende Informationen zulässig, die Farbe Rot nicht (→ Meldesystem). *Strohrmann*

Siebschaltung → Filter

Siemens. SI-Einheit des elektrischen Leitwertes, nach *W. von Siemens* (1816–1892) benannt. Einheitenzeichen S. 1 S = 1 A/V = 1 $m^{-2}kg^{-1}$ S^3A^2. (→ Einheiten des SI). *Hammerschmidt*

Sievert. SI-Einheit der → Äquivalentdosis (ionisierender Strahlung), nach dem schwedischen Physiker *R. M. Sievert* (1896–1966) benannt. Einheitenzeichen Sv. 1 Sv = 1 J/kg = 1 m^2s^{-2}. Ein Sv ist gleich der Äquivalentdosis, die sich als Produkt aus der → Energiedosis 1 Gray und dem Bewertungsfaktor 1 ergibt (→ Einheiten des SI). *Hammerschmidt*

Sigma-Delta-Modulator SDM. Die Sigma-Delta-Modulation gestattet sowohl → Analog/Digital-Umsetzer als auch → Digital/Analog-Umsetzer zu realisieren. Dabei lassen sich mit einfachen analogen Komponenten in Verbindung mit einer digitalen Signalverarbeitung (→ Überabtastung) eine hohe Auflösung und → Genauigkeit erzielen.

Der lineare SDM besteht aus einem Funktionsblock zur → Delta-Modulation mit einem vorgeschalteten Integrierer (Σ Sigma, Bild a). Der Delta-Modulator kodiert also das Integral des Eingangssignals x(t). Die spätere Rekonstruktion des Eingangssignals erfolgt dann durch Hinzufügen eines Differenzierers in den Decoderteil des Delta-Modulators. Dadurch wird die zusätzliche Integration des Eingangssignals im Codierer ausgeglichen. Das be-

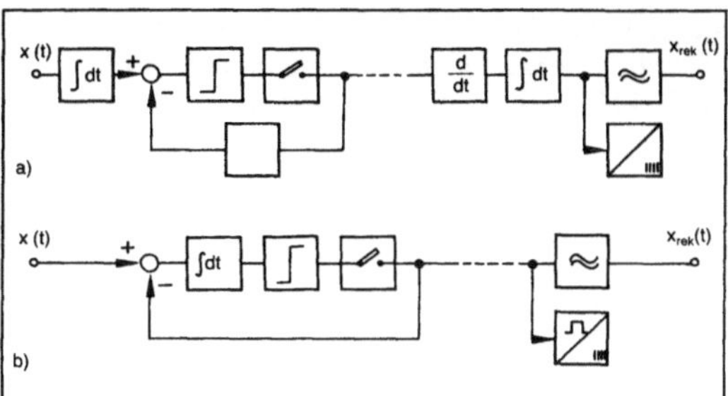

Sigma-Delta-Modulator: Blockschaltbild
a) Schaltung entstanden aus der eines Delta-Modulators
b) äquivalente Schaltung zu a).

reits vorhandene Tiefpaßfilter unterdrückt die hochfrequenten, durch die Quantisierung entstandenen Signalanteile und wirkt als Interpolator.

Das Bild zeigt die Anordnung der Funktionsblökke Codierer und Decodierer der Sigma-Delta-Modulation. Da im → Decoder sich die Integration und Differentation gegenseitig aufheben, können beide Blöcke entfallen und der Decoder vereinfacht sich zu einem steilflankigen Tiefpaßfilter. Die beiden Integratoren im Codierer können durch einen einzigen Integrator nach der Summationsstelle für das Fehlersignal im Delta-Modulator ersetzt werden, so daß schließlich für die Sigma-Delta-Modulation das ein äquivalentes System entsteht (Bild a, b). Auffallend ist, daß ein SDM aus denselben Funktionsblökken besteht wie ein Delta-Modulator; lediglich ihre Anordnung ist unterschiedlich. Der Mittelwert der meist mit hoher Abtastrate vorliegenden und nur ein bit breiten Wortfolge L(t) repräsentiert innerhalb der durch den → Quantisierungsfehler vorgegebenen Grenzen das Eingangssignal x(t). Dieser Mittelwert kann als Zahl entweder durch einen → Zähler oder durch ein digitales → Filter gewonnen werden.

Das Spektrum des Quantisierungsfehlers am Ausgang des SDM ist nicht mehr gleichverteilt, sondern infolge des Integrierers in der geschlossenen Schleife so verformt, daß die niederfrequenten Anteile stark unterdrückt werden. Die hohe Schleifenverstärkung regelt langsame Störungen aus. Die höherfrequenten Anteile hingegen werden angehoben, da in diesem Frequenzbereich die Schleifenverstärkung gegen Null geht. Diese spektrale Verformung des Quantisierungsrauschens (noise shaping) hat in Verbindung mit einer Überabtastung den Vorteil, daß nur ein geringer Teil der Rauschleistungen im Nutzband verbleibt und der überwiegende Anteil durch die digitale Tiefpaßfilterung unterdrückt wird.

Mit mehreren Integratoren und/oder Tiefpaßfiltern in der Schleife ergeben sich SDM höherer Ordnung. Bei diesen läßt sich das Spektrum des Quantisierungsrauschens so verformen, daß zum Beispiel bei einem →Signal mit der maximalen Frequenz von 50 kHz und bei einer Abtastrate von 6,4 MHz und einer Quantisierung mit nur einem bit (Vergleicher) am Ausgang eines geeigneten digitalen Tiefpaßfilters 16 bit Worte mit 100 kHz Abtastrate erscheinen. *Schrüfer/Knappe*

Literatur: *Goßlau, A.:* Rückgekoppelte Analog/Digital-Umsetzer als nichtlineare zeitdiskrete Systeme. Dissertation Univ. München 1989. – *Hölzler, E., H. Holzwarth:* Pulstechnik. (2 Bd.) 2. Aufl., Berlin–Heidelberg–New York 1984. – *Matsuya, T.* et al.: A 16-bit oversampling a-to-d conversion technology using triple-integration noise shaping. IEEE J. Solid-State Circuits SC-22 (1987) 6, pp. 921–929. – *Steele, R.:* Delta-Modulation Systems. London 1975.

Signal. Ein (elektrisches) S. ist die Darstellung einer Information durch eine elektrische Größe (z. B. elektrische Spannung). S. werden zwischen den einzelnen Geräten eines meß-, steuerungs-, regelungs- oder nachrichtentechnischen Systems ausgetauscht. Dabei werden insbesondere die folgenden Signalarten oder Datenformate benutzt:

- Amplitudenanaloges S.: Die Amplitude des S. ist proportional dem Meßwert.
- Digitales S.: Der Meßwert wird codiert durch parallele oder serielle Binärsignale geliefert.
- Zeitanaloges S.: Die Zeitdauer eines Impulses ist proportional dem Meßwert.
- Frequenzanaloges S.: Die Frequenz einer periodischen oder stochastischen Impulsfolge ist proportional dem Meßwert.

Diese S. unterscheiden sich zunächst hinsichtlich der Werte, die sie annehmen können. Die analogen Signale sind wertkontinuierlich. Innerhalb des Definitionsbereichs führt jeder Wert der Eingangsgröße zu einem eigenen Wert der Ausgangsgröße (Bild 1). Das digitale S. hingegen ist wertdiskret. Die Kennlinie eines derartigen Geräts verläuft treppenförmig. Innerhalb einer Stufe ist verschiedenen Werten der Eingangsgröße ein einziger Wert der Ausgangsgröße zugeordnet. Das einfache digitale S. ist das zweiwertige oder binäre S., das nur zwei unterschiedliche Zustände wie z. B. „hoch“ oder „niedrig“ annimmt und kennzeichnet.

Weitere Unterschiede liegen im Zeitverhalten. Die amplitudenanalogen S. stehen jederzeit zur Verfügung; sie sind zeitkontinuierlich. Dasselbe gilt für die digitalen S., die von direkt codierten Umsetzern geliefert werden. Bei den zeitanalogen S. hingegen wird die zu messende Größe als Zeitintervall dargestellt, dessen Dauer erst noch auszuzählen ist (→Analog-Digital-Umsetzer). Ähnlich ist auch eine gewisse Zeit erforderlich, um die Frequenz eines frequenzanalogen S. zu erfassen. Dementsprechend kann der Wert eines Zeitintervalls oder einer Frequenz nur zu diskreten Zeitpunkten angegeben werden.

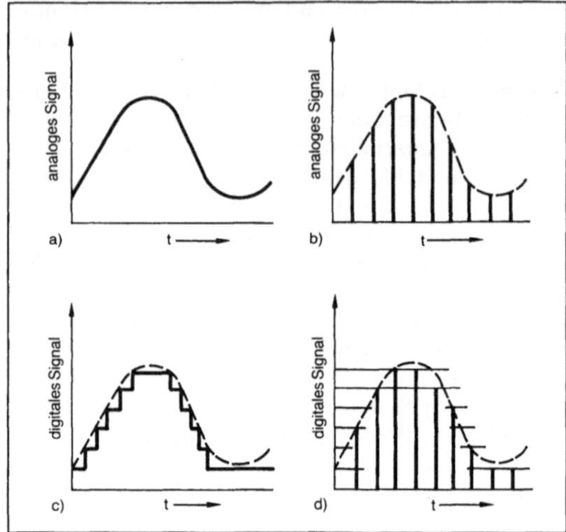

Signal 1: Einteilung der S.
a) wert- und zeitkontinuierliches S.
b) wertkontinuierliches, zeitdiskretes S.
c) wertdiskretes, zeitkontinuierliches S.
d) wert- und zeitdiskretes S.

Einige weitere, für die →Meßtechnik wichtige Signaleigenschaften sind in der Tabelle angesprochen. Die meisten →Aufnehmer liefern und sehr viele Meßgeräte verarbeiten amplitudenanaloge S. Vorteilhaft sind das erreichbare hohe →Auflösungsvermögen und die zeitkontinuierliche Darbietung des S. Bei der Weiterverarbeitung und Übertragung des S. kann eine Amplitude allerdings durch verschiedene Effekte wie z. B. induktive und kapazitive Einstreuungen, oder durch Änderungen der Leitungseigenschaften verfälscht werden. Nachteilig ist weiterhin, daß die amplitudenanalogen S. nur mit größerem Aufwand galvanisch getrennt und nur unter Zwischenschaltung eines A/D-Umsetzers auf einem Rechner weiterverarbeitet werden können.

Das digitale Datenformat kann zwar direkt in einen Rechner eingegeben werden, steht aber nur bei wenigen Aufnehmern zur Verfügung. Die digitalen Schaltkreise arbeiten sehr schnell, so daß schon kurze Störimpulse, die die viel langsameren Geräte der Analogtechnik nicht beeinflussen würden, zu Fehlschaltungen führen.

Eine Zwischenstellung nehmen die zeit- und frequenzverschlüsselten S. ein. Bei deren Verarbeitung interessiert nicht die Amplitude des übertragenen S., sondern nur dessen Nulldurchgänge. Das →Meßgerät ist solange unempfindlich gegen Einstreuungen und Störimpulse, solange die Frequenz des S. nicht geändert wird. Vorteilhaft ist weiterhin, daß, unter Verwendung eines Zählers, Impulsbreiten und Frequenzen leicht als Zahlen dargestellt

Signal. Tabelle: Eigenschaften.

	amplitudenanaloges Signal	digitales Signal parallel kodiert	digitales Signal seriell kodiert	zeitanaloges Signal	frequenzanaloges Signal
Auflösungsvermögen	theoretisch unbegrenzt	begrenzt	begrenzt	theoretisch unbegrenzt	theoretisch unbegrenzt
Meßunsicherheit	am Ende des Meßbereichs gering	im ganzen Meßbereich gering	im ganzen Meßbereich gering	gering	gering
Zeitverhalten des Signals	kontinuierlich	kontinuierlich	diskret	diskret	diskret
Empfindlichkeit gegen äußere Störungen	vorhanden	vorhanden	vorhanden	gering	gering
Empfindlichkeit gegen Änderungen der Leitungsparameter	vorhanden	nicht vorhanden	nicht vorhanden	nicht vorhanden	nicht vorhanden
erforderliche Bandbreite bei der Signalverarbeitung	gering	gering	mittel	groß	mittel
galvanische Trennung	aufwendig	weniger aufwendig	einfach	einfach	einfach
Anpassung an einen Rechner	aufwendig über A/D-Umsetzer	vorhanden	vorhanden	einfach über Zähler	einfach über Zähler

und in digitalen Systemen weiterverarbeitet werden können.

In Abhängigkeit vom informationstragenden Parameter werden die →Meßsignale auch als amplitudenmodulierte, pulscodemodulierte, impulsbreitenmodulierte und frequenzmodulierte charakterisiert. Die amplitudenmodulierten S. stellen an die Bandbreite des Übertragungskanals die geringsten Forderungen. Schnellere Geräte sind für impulsbreitenmodulierte S. notwendig. Hier muß die Anstiegs- und Abfallzeit der Impulse klein gegenüber ihrer Dauer bleiben. Weniger anspruchsvoll ist dagegen die Übertragung der frequenz- oder pulscodemodulierten S.

Die speziellen Vorteile der einzelnen S. haben zur Folge, daß innerhalb einer →Meßeinrichtung häufig von einem Datenformat auf das andere übergegangen wird (Bild 2). So können amplitudenanaloge Größen mit direktvergleichenden A/D-Umsetzern oder über die Umformung in ein Zeitintervall oder eine Frequenz und deren digitale Messung numerisch dargestellt werden. Auch die Umsetzung in umgekehrter Richtung ist jeweils möglich. *Schrüfer*

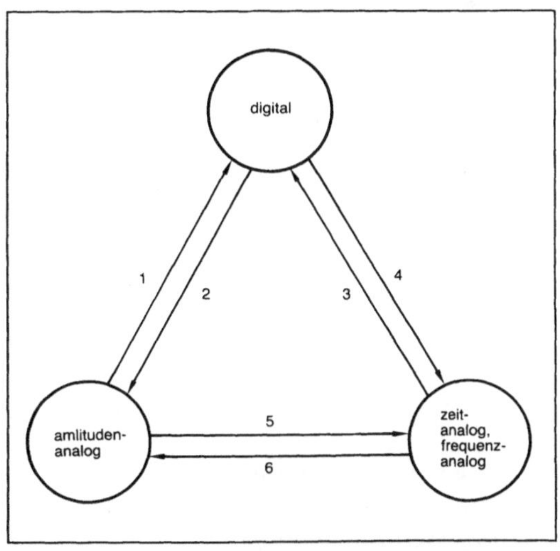

1) direktvergleichender A/D-Umsetzer, 2) D/A-Umsetzer, 3) Zähler, 4) spannungsgesteuerter Oszillator, 5) Spannung/Zeit-Umsetzer oder Spannung/Frequenz-Umsetzer, 6) Tiefpaß- oder Zählraten-Umsetzer

Signal 2: Signalumsetzung.

Signal, dynamisches. In der Zuverlässigkeitstechnik wird unter einem d. S. ein Signal verstanden, das dauernd seinen Spannungs- oder Stromwert ändert und damit z. B. in Form einer Impulsfolge vorliegt.

Die in einem ein d. S. liefernden Gerät enthaltenen Bauelemente wechseln dauernd zwischen dem stromführenden und dem stromsperrenden Zustand. Bei eventuellen Bauelementausfällen sind diese Umschaltungen nicht mehr möglich. Die daraus resultierenden →Klemmfehler führen zum Verschwinden der Impulsfolge. Dadurch machen sich sowohl Kurzschlüsse als auch Unterbrechungen der Bauelemente im Signal bemerkbar.

Ein d. S. ist also ein Signal mit den beiden sich einander ausschließenden Zuständen E und $\bar{E}$:

E: die Impulsfolge ist vorhanden

$\bar{E}$: die Impulsfolge ist nicht vorhanden; ein statisches S. mit gleichbleibendem Spannungs- oder Strompegel (0 oder 1) liegt vor.

Das d. S. wird in der Zuverlässigkeitstechnik dem Zustand einer Maschine oder eines Prozesses so zugeordnet, daß bei ungefährlichem Betrieb die Impulsfolge ansteht und

- bei Überschreiten festgelegter Grenzen (gefährlicher Zustand) oder
- bei einem Bauelementausfall

verschwindet und in ein statisches Signal übergeht. Damit ist der →Ausfall eines ein d. S. liefernden Gerätes sicherheitsgerichtet (→Ausfall, sicherheitsgerichteter).

Als Beispiel eines ausfallsicheren, ein d. S. liefernden Geräts, zeigt das Bild eine Grenzwerteinheit. Die Grenzwerteinheit vergleicht die Spannung u_1 mit der Spannung u_r und benützt dabei eine Hilfsspannung u_2, die etwas größer als die →Vergleichsspannung ist,

$u_2 = u_r + \Delta u$.

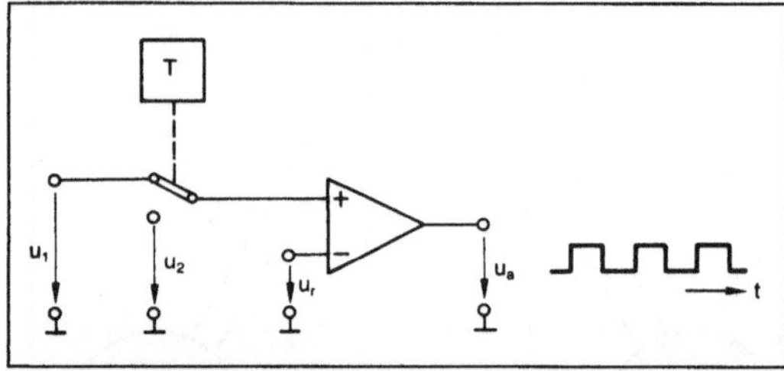

u_1 zu überwachende Spannung, u_r Referenzspannung, u_2 Hilfsspannung, u_a Ausgangsspannung (dynamisches Signal), T Steuerung des Umschalters

Signal, dynamisches: Prinzip einer Grenzwerteinheit mit sicherheitsgerichteten Ausfällen.

Über den Umschalter am Eingang des Komparators werden abwechselnd die unbekannte Spannung u_1 und die Hilfsspannung u_2 mit der Referenzspannung verglichen. Für

$u_1 < u_r$ liefert der →Komparator die Ausgangsspannung $-U_v$

$u_2 > u_r$ liefert der Komparator die Ausgangsspannung $+U_v$.

Ist die zu messende Spannung kleiner als die Vergleichsspannung, so entsteht am Ausgang des Komparators im Takt des Schalters eine Folge von Rechteckimpulsen. Diese verschwinden, wenn der Grenzwert erreicht ist (statisch $+U_v$). Eine →Ausfalleffektanalyse zeigt, daß auch bei jedem Bauelementausfall das d. S. in ein statisches übergeht. Bleibt z. B. der Umschalter hängen, so liefert der Komparator stationär entweder die positive oder negative Versorgungsspannung.

Des weiteren wird sogar eine →Drift der Ansprechschwelle in der gefährlichen Richtung entdeckt, sobald die Drift größer als $+\Delta_u$ geworden ist.

Weitere Beispiele für ausfallsichere Komponenten mit d. S. sind

- das Logisafe-System von AEG-Telefunken
- das Decontic-System von BBC
- das Simatic-EMT-System der Siemens AG.

Schrüfer

Signal-Rausch-Verhältnis. Ein →Signal mit dem Effektivwert U_s und der Leistung P_s enthalte einen Rauschanteil mit dem Effektivwert U_r und der Leistung P_r. Das zugehörige S.-R.-V. (*engl.* signal to noise ratio SNR) kann als Amplitudenverhältnis U_s/U_r oder als Leistungsverhältnis P_s/P_r angegeben werden. Oft wird das S.-R.-V. auch als dekadischer Logarithmus nach den Beziehungen 20 lg (U_s/U_r) = 10 lg (P_s/P_r) in →Dezibel (dB) ausgedrückt (Tabelle).

Signal-Rausch-Verhältnis. Tabelle: Das S.-R.-V. läßt sich als Amplitudenverhältnis, Leistungsverhältnis oder auch logarithmisch in dB ausdrücken:

$\frac{U_s}{U_r}$	$\frac{P_s}{P_r}$	Verhältnis in dB $20\lg\frac{U_s}{U_r} = 10\lg\frac{P_s}{P_r}$ dB
1	1	0
$\sqrt{2}$	2	3
2	4	6
10	10^2	20
10^2	10^4	40
10^3	10^6	60
10^4	10^8	80
10^5	10^{10}	100
10^{-1}	10^{-2}	−20
10^{-2}	10^{-4}	−40

In analogen Schaltungen wird das S.-R.-V. überwiegend durch physikalische Effekte wie zum Beispiel Widerstands-, Halbleiter- oder Schrotrauschen bestimmt. Wird ein derartiges analoges Signal mittels eines Analog/Digital-Umsetzers in das digitale Datenformat umgesetzt, so kommt ein zusätzliches Quantisierungsrauschen hinzu. Wird eine Gleichspannung in einem idealen →Analog/Digital-Umsetzer mit einem dem niedrigwertigsten bit entsprechenden →Auflösungsvermögen ΔU umgesetzt, so hat das Quantisierungsrauschen den Effektivwert $\Delta U/\sqrt{12}$. Bei einem Analog/Digital-Umsetzer mit n bit Auflösung und dementsprechend $m = 2^n$ Quantisierungsstufen ergibt sich das S.-R.-V. zu $m\Delta U\sqrt{12}/\Delta U = 2^n\sqrt{12}$. Im logarithmischen Maß ausgedrückt hat das S.-R.-V. den Wert

$$20 \lg \frac{2^n \Delta U}{\Delta U} \sqrt{12} = 20 \lg 2^n + 20 \lg \sqrt{12}$$
$$\approx 6{,}02\,n + 10{,}8\,\text{dB}$$

Bei einem sinusförmigen Nutzsignal ist der Signal-Effektivwert kleiner und das S.-R.-V. ergibt sich bei Vollaussteuerung zu 6,02 n + 1,76 dB.

Unter dieser Voraussetzung beträgt das maximal mögliche S.-R.-V.

≈ 50 dB bei einem Umsetzer mit 2^8,

≈ 74 dB bei einem Umsetzer mit 2^{12},

≈ 98 dB bei einem Umsetzer mit 2^{16} Quantisierungsstufen.

Wurde bei sinusförmiger Vollaussteuerung ein bestimmtes SNR gemessen, so kann daraus die sogenannte effektive Bitzahl n_{eff} ermittelt werden. Dazu wird die Beziehung $SNR = 6{,}02 \cdot n + 1{,}76$ in dB nach n aufgelöst. Man erhält: $n_{eff} = (SNR - 1{,}76)/6{,}02$ als diejenige Bitzahl, die dem gemessenen SNR entspricht. *Schrüfer/Knappe*

Signal to Noise Ratio SNR →Signal-Rausch-Verhältnis

Signalanalyse →Frequenzanalyse

Signalausgang, ratiometrischer. Häufig ist ein Sensorsignal direkt abhängig von einer Betriebsspannung, so daß diese stabilisiert werden muß. Zur Vermeidung dieses zusätzlichen Aufwandes erzeugt man häufig ein Sensorsignal, das direkt proportional zur Betriebsspannung ist und wählt die Betriebsspannung als Referenz. Diese Anordnung wird als r. S. bezeichnet.

Mit Hilfe der Referenzspannung wird dann die weitere →Sensorsignalverarbeitung, z. B. A/D-Umwandlung, geregelt. *Schaumburg*

Signalformer. Funktionseinheiten, die kontinuierliche oder diskontinuierliche Signale so formen, daß die Signale die für die Weiterverarbeitung erforderlichen Eigenschaften besitzen. S. können die Amplitude, den Frequenzgehalt oder die Flankensteilheit verändern. Die entsprechenden Geräte heißen →Verstärker, →Filter bzw. Impulsformer. S. sind z. B. Komponenten der →Prozeßperipherie, elektronischer →Zähler oder digitaler Drehzahlmesser. *Strohrmann*

Signalisolation. S. bezeichnet in elektrischen Signalkreisen eine Signalankopplung oder -übertragung ohne galvanische Verbindung der Signalteilkreise. Beschrieben wird die Signalisolation bzw. Potentialtrennung durch die Werte für die Isolationsspannung d. h. die zulässige Spannungsdifferenz in der Entkopplungsstelle zwischen den Teilkreisen.

Durch den Einsatz der S. z. B. durch Trenn- oder Isolierverstärker wird eine klare Trennung der anlagenseitigen Stromversorgungskreise, die in der Regel einen hohen Leistungsbedarf abdecken und Störungen aufweisen, von den Signalstromkreisen bewirkt. Damit wird eine Verminderung von Signalstörungen erreicht. Daneben sei auch auf den Einsatz der S. bei der Ausführung sog. eigensicherer Signalkreise (DIN EN 50039) in explosionsgefährdeten Anlagenbereichen hingewiesen, für die besondere Anforderungen zu erfüllen sind.

Für die S. sowohl von analogen wie auch von binären und digitalen Signalen stehen Komponenten zur Verfügung oder sind entsprechende Maßnahmen bereits in den Ein- und Ausgangsschaltungen der Steuerungen eingebaut. Zur Potentialtrennung von analogen Signalkreisen werden sog. →Isolierverstärker verwendet, bei digitalen und binären Signalen finden optoelektronische Koppelelemente, elektromechanische →Relais und seltener auch induktive Koppelelemente Verwendung. *Freyberger*

Signalkorrektur. Um das →Signal eines individuellen Sensors mit der Sensor-Sollkurve oder -Eichkurve in Übereinstimmung zu bringen, ist in der Regel eine S. über einen →Sensorabgleich erforderlich.

Eine weitere Form der S. ist die Ausschaltung oder weitgehende Begrenzung des Einflusses anderer Umweltparameter als der gemessenen, z. B. der Temperatur (→Temperaturkompensation). Eine weitere wichtige S. ist die Nullpunktkorrektur (→Nullspannung). Zur Korrektur anderer Querempfindlichkeiten sind häufig aufwendige Sensorsysteme erforderlich. *Schaumburg*

Signalprozessor. Prozessor einer Rechenanlage, der in seiner Struktur auf die Aufgabe der digitalen Signalverarbeitung zugeschnitten ist. Digitale Signalverarbeitung beschreibt den Prozeß der Extraktion von Information aus Signalen in diskreter Zeit und mit diskreten Werten durch numerische Verfahren. Wesentliche Schritte sind Filterung, Spektralanalyse, Konvolution und →Korrelation sowie Modulation und Dezimierung. Anwendungen der digitalen Signalverarbeitung sind Kommunikationseinrichtungen, Radar, Bild- und Sprach-Verarbeitung, Steueraufgaben, geologische Untersuchungen, Medizintechnik.

S. sind auf die schnelle Verarbeitung numerischer Algorithmen spezialisiert. Sie unterscheiden sich daher vor allem in der Struktur des Rechenwerks von Allzweck-Prozessoren. Sie umfassen in der Regel mehrere Rechenwerke (Addierer, →Multiplizierer), die in ihrer Arbeitsweise auch unmittelbar verkettet sein können. Neben Allzweckregistern werden meist spezielle Register oder Speicher für Daten und Koeffizienten bereitgestellt, deren →Adressierung gegebenenfalls durch autonome Adreßrechenwerke erfolgt. Entsprechend der größeren Anzahl von verarbeitenden und speichernden Elementen ist auch die Anzahl der verknüpfenden Datenpfade im S. größer als im Allzweck-Prozessor. Das Leitwerk von S. ist wegen der hohen Komplexität des Rechenwerkes meist mikroprogrammiert (Mikroprogrammierung).

S. können diskret aufgebaut sein, also aus einer größeren Zahl physikalischer Elemente bestehen. Die hohe Integrationsdichte der Halbleitertechnologie erlaubt jedoch auch die Bereitstellung digitaler S. auf genau einem VLSI-Baustein. Man spricht dann von einem →Mikroprozessor für die digitale Signalverarbeitung. *Bode*

Signalregistrierung. Registrieren des zeitlichen Verlaufes sicherheitsrelevanter Betriebsgrößen. Im einfachsten Fall wird registriert, wann Gut- und wann Fehlsignal anlagen. Es kann aber auch der analoge Wert der Betriebsgröße im Verlauf einer →Störung festgehalten werden. Zur Auflösung der zeitlichen Folge zusammengehöriger Signale ist es möglich, das →Registriergerät beim Eintreten einer Störung sehr schnell laufen zu lassen. Den Schnellauf kann z. B. das Erstsignal veranlassen.

Für diese Aufgaben stehen speziell entwickelte Geräte zur Verfügung. Außerordentlich vorteilhaft lassen sie sich aber mit Prozeßrechnern erfüllen. Dabei sind den Kombinationsmöglichkeiten kaum Grenzen gesetzt, und der Aufbau aussagekräftiger, leicht auswertbarer Störungsprotokolle ist gut möglich (→Meldesystem). *Strohrmann*

Signalumsetzung. Die Mehrzahl der Sensoren liefert ein analoges Ausgangssignal wie Strom, Spannung, Kapazität u. a., das zur weiteren Aufarbeitung und Weiterleitung in der →Sensorsignalverarbeitung digitalisiert werden muß. Dieses erfolgt in der S., dabei muß das Verarbeitungsformat (z. B. →Busstruktur) des Gesamtsystems berücksichtigt werden. *Schaumburg*

Signalverarbeitung →Meßsignalverarbeitung

Signaturanalyse. Verfahren zur Erfassung und Datenkompression von seriellen Digitalsignalen in der →Prüftechnik.

Das Mittel zur Datenreduktion ist ein Pseudo-Zufallszahlengenerator, der aus einem über einen Modulo-2-Addierer rückgekoppelten Schieberegister mit 16 Bit besteht (Bild). Dieses nimmt taktgesteuert alle möglichen Zustände in einer reproduzierbaren pseudozufälligen Reihenfolge an. Durch Einspeisung serieller taktsynchroner →Prüfdaten in die Rückkopplung entsteht eine andere Zufallsfolge. Mathematisch entspricht diese Überlagerung einer Division der Prüfdaten durch das charakteristische Polynom des Pseudozufallszahlengenerators. Am Ende der von den Prüfdaten bestimmten Taktzahl bildet der Inhalt des Schieberegisters die vierstellige Signatur. Sie wird in einer hexadezimalähnlichen Schreibweise mit den Buchstaben A, C, F, H, P und U für die Pseudotetraden angegeben.

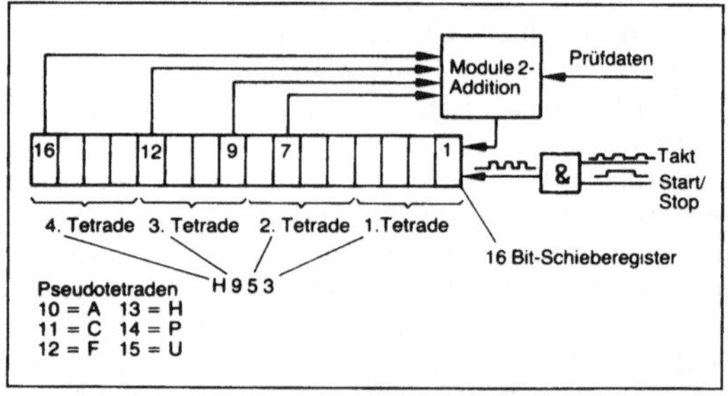

Signaturanalyse: Pseudo-Zufallszahlengenerator.

Die Erfassung der Prüfdaten erfordert eine Taktsynchronisierung zwischen →Prüfautomat und →Prüfling. Das Taktfenster muß so gewählt werden, daß reproduzierbare Signaturen entstehen. Die Signatur repräsentiert die charakteristische Aktivität an dem betreffenden Schaltungspunkt für einen definierten Zeitraum. Jede Änderung im Signalverhalten führt zu einer anderen Signatur und damit zur →Fehlererkennung durch einen Vergleich mit der zuvor durch Lernen (→Lernverfahren) ermittelten Soll-Signatur. In Datenfolgen, die länger sind als die Zufallsfolge, werden Einzelbitfehler hundertprozentig erkannt, während bei Mehrfachfehlern eine Unsicherheit von etwa 0,015 % besteht. Bei kürzerer Datenfolge werden auch Mehrfachfehler hundertprozentig erkannt. *Mettler*

Silicium. S. (Si, Ordnungszahl 14, Atomgewicht 28,06, Bandabstand 1,14 eV) ist ein Halbleiter aus der IV. Gruppe des Periodensystems, der, ebenso wie Germanium, im Diamantgitter kristallisiert. Mit ca. 25 % ist es das zweithäufigste Element nach Sauerstoff. Wegen seiner überragenden Eigenschaften (Tabelle) und den ebenso überragenden Eigenschaften seines natürlichen Oxids, des SiO_2, hat es Anfang der 60er Jahre das Germanium als wichtigstes halbleitendes Material abgelöst.

Silicium. Tabelle: Eigenschaften von Silicium bei T = 300K

Parameter	Wert
Schmelzpunkt	1 417 °C
Dichte	2,33 g/cm³
Gitterkonstante a	5,491 Å
Zahl der Atome im Volumen	ca. $5 \cdot 10^{22}$ cm^{-3}
Bandabstand E_g	
– bei 300 K	1,14 eV
– bei 0 K	1,08 eV
Bandübergang	indirekt
Eigenleistungskonzentration n_i	$1,5 \cdot 10^{10}$ cm^{-3}
Max. Elektronenbeweglichkeit μ_n	1 500 cm²/V·s
Max. Löcherbeweglichkeit μ_p	600 cm²/V·s
Elektronenbeweglichkeit μ_n bei Elektronenkonz. $N_s = 10^{17}$ cm^{-3}	800 cm²/V·s
Sättigungsgeschwindigkeit	10^7 cm/s (bei 15 kV/cm)

SiO_2 läßt sich durch thermische Oxidation herstellen und hat gegen Dotierelemente eine sehr gute maskierende Wirkung. Dadurch ist die →Planartechnik und die Herstellung integrierter Schaltungen möglich. Die guten Isolator- und Grenzflächeneigenschaften von SiO_2 ermöglichen darüber hinaus die MOS- bzw. CMOS-Technik. Mit mehr als 90 % Anteil an allen Halbleiterbauelementen ist S. zur Zeit das wichtigste Halbleitermaterial.

Amorphes S. findet steigend Anwendung für Solarzellen und bei Trommeln für Photokopiergeräte, →Polysilicium ist ein weitverbreitetes Kontaktmaterial in der MOS-Technik. *Ryssel*

Silicium-Dosimeter. Dioden aus p-Silicium (→Halbleiter-Strahlungsdetektor) in Verbindung mit Elektrometern niedriger Eingangsimpedanz eignen sich zum Messen von Photonen- und Elektronenstrahlen. Sie sind empfindlicher als Ionisationskammern, da sie infolge ihrer hohen Dichte die zu messende Strahlung stärker absorbieren und zum Erzeugen eines Elektron-Loch-Paars weitaus geringere Energiebeträge notwendig sind als zum Erzeugen eines Elektron-Ion-Paares im Füllgas einer Ionisationskammer. Dies erlaubt sehr kleine Detektorvolumina (1–2 mm³) und ermöglicht Messungen in inhomogenen Strahlenfeldern. Der Umstand, daß sie ohne eine äußere Spannungsquelle betrieben werden (self powered detector), erleichtert ihre Verwendung und die →Meßwerterfassung besonders im klinischen Betrieb. Allerdings weisen sie eine ausgeprägtere Energie- und Richtungsabhängigkeit als Ionisationskammern auf.

Noch ein anderer Effekt läßt sich zur →Dosismessung nutzen:

Bei Bestrahlung mit Neutronen oder sehr hochenergetischen Photonen und Elektronen können in Halbleitern auch bleibende Gitterfehlstellen erzeugt werden, die die Strom-Spannungs-Charakteristik einer pin-Siliciumdiode verändern. Dieser Effekt, der proportional zur →Energiedosis ist, kann durch Messen der Spannung in Durchlaßrichtung bei aufgeprägtem Strom zur Dosimetrie benutzt werden. Solche Dioden sind somit sehr kleine, während der Bestrahlung vom Auswertgerät unabhängige, integrierende →Dosimeter, die sich bei Messungen in Nutzstrahlenfeldern und in der Unfalldosimetrie anwenden lassen. *Wachsmann*

Silicium-Sensor. Halbleiter sind für viele Sensoranwendungen ein empfindliches und relativ leicht zu bearbeitendes Ausgangsmaterial (→Halbleiter-Detektor). Besondere Vorteile bietet der Halbleiter →Silicium der neben seiner grundsätzlichen Anwendbarkeit für Temperatur-, Druck-, Magnetfeld- und optische Sensoren noch den Vorteil bietet, daß seine Fertigung in Verbindung mit der Herstellung integrierter Schaltungen sehr weit ausgereift ist. Dieselben Fertigungstechniken lassen sich häufig zur Herstellung engtolerierter S.-S. einsetzen. Von besonderem Vorteil ist die potentielle Möglichkeit, die Herstellung des Sensors mit der einer →Sensorsignalverarbeitung in einem gemeinsamen Prozeß zu verbinden (→Sensor, integrierter). *Schaumburg*

Simulation. (von *lat.* simile, ähnlich.) Bezogen auf die gerade in Betracht kommenden Eigenschaften, soll das →Modell dem Original möglichst so ähnlich sein, daß man von dem Verhalten des Modells bzw. Modellsystems Rückschlüsse auf das Verhalten des Original(system)s ziehen kann. Eine S. soll im wesentlichen das Probieren, Experimentieren und Versuche ersetzen, sofern es angebracht ist.

Gründe für S., obwohl man da wohl immer Einbußen an →Genauigkeit – bis hin zur Grenze der Glaubwürdigkeit – hinnehmen muß, liegen auf der Hand: zuerst Kostengründe: es ist billiger, mit einem Flugsimulator „notzulanden“, als ein echtes Flugzeug in den Sand zu setzen, ebenso ist es billiger, Störfälle in einem Kernkraftwerk zu simulieren (und Gegenmaßnahmen einzuüben), als mit echten Reaktoren zu experimentieren. Das letzte Beispiel zeigt auch noch andere Gründe auf, nämlich ethische: Es ist viel zu gefährlich, mit Kernkraftwerken, Krankheitserregern, Volkswirtschaften etc. beim Experimentieren in Grenzsituationen zu geraten. Auch muß man zur S. greifen, wenn man gar nicht die faktische Macht hat, Einfluß auf die →Parameter (in dem Maße) auszuüben, wie die Untersuchung es erforderte. Im letztgenannten Beispiel: den Sparwillen der Bevölkerung, die Auslandsgeschäfte und Währungsparitäten etc, sie sind nicht unmittelbar beeinflußbar, vor allem nicht sofort. Und das zeigt den nächsten Grund für eine S.: Zeitgründe. In der realen Welt mögen die realen Prozesse mit ganz anderen Geschwindigkeiten ablaufen und sich damit der menschlichen →Beobachtbarkeit entziehen: biologische und astronomische Prozesse müßte man ggf. über Generationen, die letzteren vielleicht über Jahrmillionen beobachten, wollte man Experimente in der Realwelt machen. Andere Prozesse (physikalische, technische) mögen für die menschliche Reaktion viel zu schnell ablaufen, oder unter Arbeitsbedingungen, die ein Mensch zum realen Experimentieren nicht aushalten könnte (z. B. Temperaturen, Strahlungen, Gravitationskräfte etc. wie auf anderen Sternen) – um nur die häufigsten Gründe aufzuzählen.

Ein Modell wird erstellt durch Übertragung (Abbildung) des realen Systems in ein anderes, oder durch Neukonstruktion eines ähnlichen Systems. Dabei soll möglichst die äußere Form, sofern sie von Belang ist, mehr aber noch die innere Struktur mit ihren Wirkungsmechanismen, also die Zustands/Ereignis-Struktur, verhaltensgetreu abgebildet werden. Wie wahrheitsgetreu diese Abbildung gelungen ist, bestimmt nachher weitgehend den Wert und die Güte des Modells. Ein anderes Qualitätsmerkmal des Modells (und damit die Verläßlichkeit bestimmend) sind die Daten, d. h. die Anfangswerte für die Berechnungen, und die Parameter für die fortlaufende Berechnung. *Fuss*

Literatur: *Kreutzer, W.:* System Simulation. Programming Styles and Languages. Wesley 1986. – *Reisig, W.:* Systementwurf mit Netzen. Berlin–Heidelberg–New York 1985.

Robotik. Unter S. sei hier die Darstellung oder Nachbildung von

- Reglerstrukturen mit Robotermodell der →Regelstrecke
- Bahnkurven
- kollisionsvermeidenden Algorithmen

für Industrieroboter (IR) durch mathematische (geometrische) oder physikalische Modelle mit Hilfe der digitalen Datenverarbeitung verstanden.

S. sind dadurch sinnvoll, daß die IR-Untersuchungen einfacher, billiger oder ungefährlicher ablaufen als bei realen Versuchen. Die theoretischen, durch S. gewonnenen Ergebnisse sind danach in die reale Welt einzuordnen und zu bewerten.

Für IR gibt es verschiedene Regelungskonzepte (→Regelungsverfahren). In Simulationsstudien ist es kostengünstig möglich, durch Vorgabe einer ausgewählten Führungstrajektorie als Bahnkurve, diese Regelungskonzepte gleichen Anforderungen zu unterziehen. Aufgrund der Ergebnisse und deren Einordnung in die reale Welt kann die Verwendbarkeit eines Regelungskonzeptes für eine Zielsetzung überprüft werden. Bild 1 zeigt den Vergleich eines PI- und eines prädiktiven Lagereglers für eine Führungstrajektorie, die in ähnlicher geometrischer Gestalt in vielen Anwendungen (Bahnschweißen, Kle-

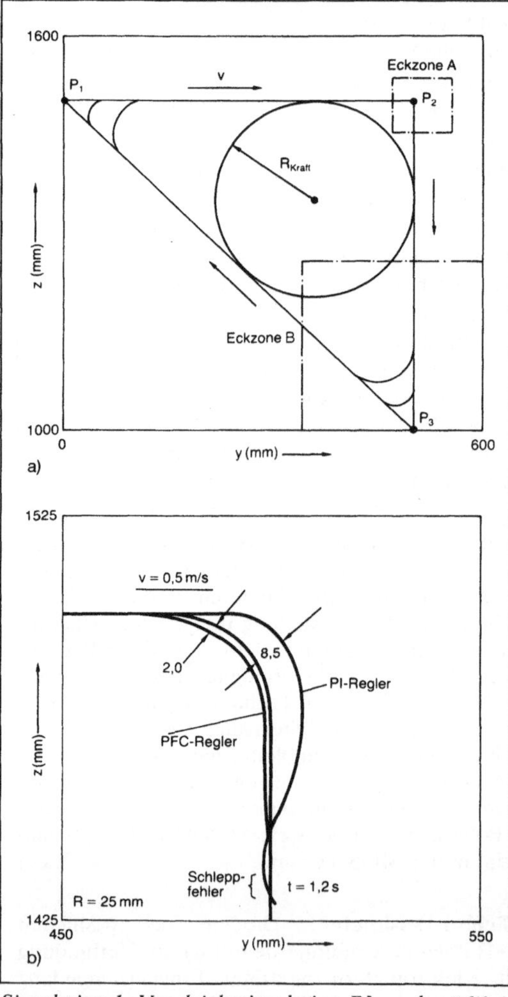

Simulation 1: Vergleichssimulation PI- und prädiktiver Lageregelung.
a) Führungstrajektorie
b) Bahnverlauf bei PI- und prädiktiver Regelung in Eckzone A.

berauftrag) auftritt. Das S.-Ergebnis zeigt die Überlegenheit des prädiktiven Reglers für diese spezielle Bahnlinie. Weitere Kriterien für die Entscheidung „PI- oder prädiktiver Regler" sind wertanalytische Gesichtspunkte wie Kosten und Realisierbarkeit.

Bei der Bahnberechnung lassen sich Ergebnisse durch S., insbesondere auch hinsichtlich der dynamischen Eigenschaften verschiedener Roboter, auf die Einhaltung von vorgegebenen Geschwindigkeits- und Beschleunigungsverläufen untersuchen. Die S. zeigt, mit welcher Genauigkeit ein IR der vorgegebenen Bahn folgt. In Zukunft werden Bahnsimulationssysteme in CAD-Systeme integriert werden, um die Ausführbarkeit von durch Roboter zu lösenden Aufgaben (z. B. bei der Oberflächenbearbeitung) schon im Konstruktionsstadium untersuchen zu können. Schließlich dient die Bahnkurvensimulation zur Ermittlung des Energieaufwandes und ggf. der Energieoptimierung beim Einsatz von IR.

Ein neues Einsatzgebiet von S. sind Planungen geeigneter Bahnen in einer Umwelt mit Hindernissen zur Vermeidung von Kollisionen. Bild 2 zeigt beispielhaft eine Möglichkeit der Bahnplanung für die Bewegung eines dreiachsigen IR von Punkt A nach Punkt B mit gleichbleibender Orientierung der Hand. Die Bahn wird z. B. mit Lichtgriffel von A nach B unter Umgehung des Hindernisses gezeichnet. Aufgabe eines CAD-Systems ist es, die Positionen der Roboterachsen zu ermitteln und graphisch (hier als Skelett) auszugeben. Die Graphik hat die Aufgabe, anzuzeigen, ob Kollisionen mit dem Hindernis während der Bahnfahrt stattfinden; ggf. sind andere Bahnen einzuplanen. Ist eine kollisionsfreie Bahn gefunden, können die so ermittelten →Roboterkoordinaten (Positionen der IR-Achsen) als Sollwerte dem IR in realer Umwelt vorgegeben werden. *Steusloff*

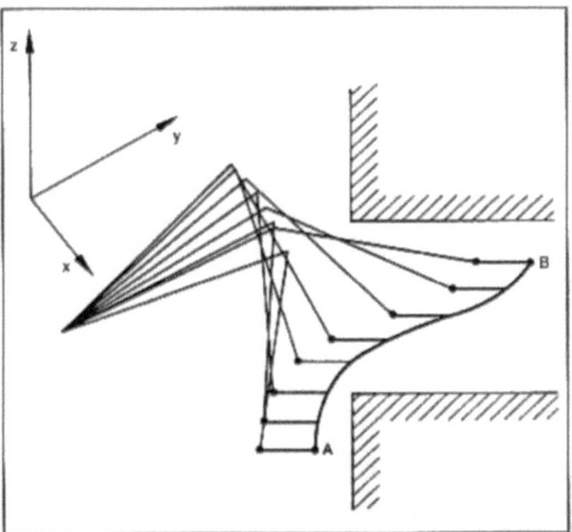

Simulation 2: Bahnplanung der Bewegung eines dreiachsigen Industrieroboters von Punkt A nach Punkt B mit gleichbleibender Orientierung der Hand.

Literatur: *Büchsenschütz, B.*, et. al.: Ein-/Ausgabe-Farbbildschirmsystem zur Bahnvorgabe. Messen, Steuern, Regeln, Wege zu sehr fortgeschrittenen Handhabungssystemen (Hrsg. H. Steusloff), Berlin–Heidelberg–New York 1980, S. 77–83. – *Jacubasch, A.*, et. al.: Anwendung eines neuen Verfahrens zur schnellen und robusten Positionsregelung von Industrierobotern. Robotersysteme (1987), Nr. 3, S. 129–138.

Simulation, verteilte. Ein relativ junges Gebiet der computergestützten Simulationsmethodik, bei dem die Simulationsrechnung auf mehrere Rechner verteilt ist. Ein Grund dafür, die Simulationsrechnungen zu verteilen, wäre wenn die Berechnungen zu umfangreich sind, um sie auf nur einem Rechner in der gewünschten Zeit (→Echtzeit-Simulation) durchführen zu können; ein anderer Grund für eine v. S. ist ein organisatorischer, nämlich daß die für die Simulationsrechnung benötigten Eingabe-Daten räumlich verteilt sind und man sie – z. B. aus Datensicherheits- oder Geheimhaltungsgründen – nicht versenden kann oder will. Die Handhabung solcher Programme ist schwierig, da sie exakte Beachtung der →Nebenläufigkeit erfordert. *Fuss*

Literatur: *Reynolds, P. (Ed.):* Distributed Simulations SCS Simulation Series Vol. 15 No. 2.

Simulationsmodell. Ein →Modell zum Zweck der →Simulation. Nahezu ein Pleonasmus, denn so gut wie alle Modelle (Planungs-, Regelungs- und Prognose-Modelle; dazu: Versuchs-Modell und Modell-Versuch) sollen ein reales Objekt bzw. ein reales System in ein (bezüglich der betrachteten Eigenschaften) zum Verwechseln ähnliches Objekt bzw. System überführen, um eben damit zu simulieren. Meistens meint man mit der Modelldarstellung eine Abbildung eines ganzen Systems, und zwar derart, daß eine Verhaltenssimulation möglich ist; d. h. daß man aus dem Verhalten des Modellsystems Rückschlüsse auf das Verhalten des Originalsystems ziehen kann (Bi-Simulation).

Von der Realisation her unterscheidet man physische und abstrakte (bzw. formale) Modelle, letztere sind meist Computer-Modelle, unter denen gibt es diskrete und kontinuierliche, digitale und analoge, nebenläufige und sequentielle, stochastische etc. *Fuss*

Literatur: *Park, D.:* Concurrency and automata on infinite sequences. in: LNCS 104, New York–Tokio 1981.

Single Slope Converter →A/D-Einrampen-Umsetzer

Skalenanzeige. In Radios und Recordern wird zur Anzeige der Empfängerabstimmung, der Lautstärke etc. eine Proportionalanzeige eingesetzt. Derartige Anzeigen sind – in Röhrentechnik z. B. unter dem Begriff des magischen Auges bekannt geworden. In modernen Geräten wird die Aufgabe von Linearanzeigen in Vakuumfluoreszenz-Technik oder in Flüssigkristall-Technik verwendet.

Linearanzeigen in Vakuumfluoreszenz-Technik zeichnen sich durch ihr leuchtend grün-blaues Erscheinungsbild und die hohe Schaltgeschwindigkeit aus. Die entsprechenden Anzeigen in Flüssigkristall-Technik sind merklich langsamer. Sie sind meist in reflektiver Ausführung im Gebrauch.

Als Anzeige-Instrument für Drehzahl und Geschwindigkeit (Tachometer) wurden neuartig gestaltete Analoganzeigen entworfen. Man findet sie in Fahrzeugen mit elektronischen Anzeigeinstrumenten meist als hinterleuchtete Anzeigen. Die Farbe der Segmentbereiche kann dann unterschiedlich gestaltet werden.
→Meßgerät *Pottharst*

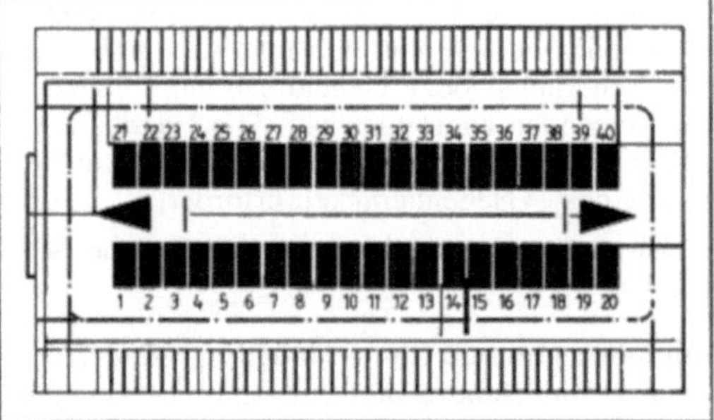

Skalenanzeige: Beispiel für die Ausführung einer Linearanzeige in Flüssigkristall-Technik.

Skew. Zeitmaß für die Bewertung des möglichst gleichzeitigen Signalwechsels bei mehreren gleichzeitig ausgelösten (getriggerten) Digitalsignalen. Die Angabe des S. erfolgt meist in +/− n Pikosekunden für die max. spezifizierte Abweichung von einem Referenzzeitpunkt.

Ein zu großer S. in den Treiber- und Empfangskanälen der →Pinelektronik kann bei der →Digitalprüfung mit schnellen Signalen Fehler bei der Stimulierung und der Abtastung der Prüflingssignale bewirken (Bild). Ursache des S. sind unterschiedliche Durchlaufzeiten durch die im Signalweg liegenden Bauelemente und uneinheitliche Signallaufzeiten durch unterschiedliche Leitungslängen. Daher sind die parallelen Treiber/Empfänger-Kanäle einer schnellen Pinelektronik meist symmetrisch aufgebaut. Zudem enthalten sie manuelle und zum Teil automatische Abgleicheinrichtungen für den S. (Autoskew) (→Digitalprüfung; →Pinelektronik; →Logiktreiber). *Mettler/Winter*

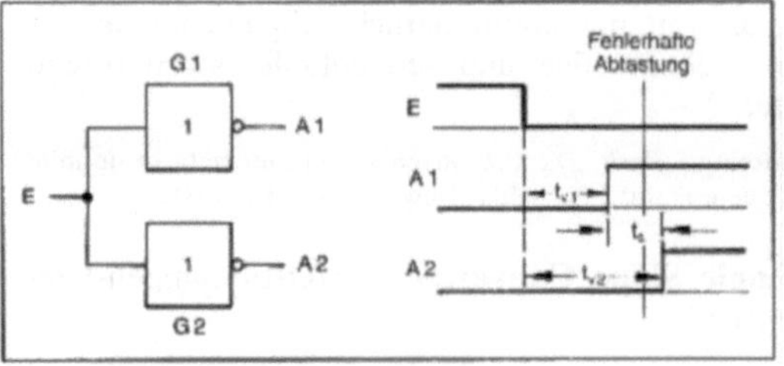

t_{v1}) Verzögerungszeit des Gatters G1, t_{v2}) Verzögerungszeit des Gatters G2, t_s) Skew

Skew: Schematische Darstellung.

Sliding-mode →Regelungsverfahren

SMD-Verbindung. Die SMD-V. (*engl.* SMD, Surface Mounted Devices = oberflächenmontierbare Bauelemente) der elektromechanischen Bauteile ist eine Lötverbindung für Oberflächenmontage auf Leiterplatten. Dieses Montageverfahren benötigt im Gegensatz zur herkömmlichen Technik keine Leiterplattenlöcher, in die die Bauteile vor dem Lötvorgang eingesteckt werden. Es sind an den Anschlußstellen Lötflächen mit Lötzinnbeschichtung vorhanden. Die Bauteile werden flach mit ihren Anschlüssen – in L – oder J-Form ausgeführt – auf die Leiterplatte aufgelötet. *Pagnin*

SNR →Signal/Rausch-Verhältnis

Solarzelle. Halbleiterbauelement (pn-Diode oder Schottky-Kontakt), das elektromagnetische Strahlung direkt in elektrische Energie umwandelt und dabei in seinem technologischen Aufbau auf einen möglichst hohen Wirkungsgrad bzgl. Sonnenlicht ausgerichtet ist (→Photoelement).

Die Photonen eines Strahlungsfelds erzeugen in einem Halbleiter freie Elektronen und Löcher, wenn ihre Energie den Bandabstand übersteigt. Im inhomogenen Halbleiter herrscht ein inneres elektrisches Feld, das diese Ladungen trennt und damit eine Photospannung erzeugt. Bei Anschluß eines Verbrauchers fließt ein Strom, Strahlungsenergie ist direkt in elektrische Energie konvertiert. Dieses Prinzip des Photoelements wird bei der S. technologisch optimiert, um einen möglichst hohen Wirkungsgrad bzgl. Sonnenlicht zu erzielen.

Der Zusammenhang zwischen erzeugtem Strom und Spannung (→Kennlinie) ist in Bild 1 a wiedergegeben, wobei man für den Leerlauf ($I = O$) die Photospannung als Leerlaufspannung U_L ablesen kann. Der Kurzschlußstrom I_K ($U = O$) repräsentiert die pro Zeiteinheit durch das Licht generierten Ladungsträger (Photostrom). Arbeitet die Zelle an einem Punkt A der Kennlinie (→Arbeitspunkt), so kann ihr die Leistung $L_A = U_A I_A$ entnommen werden. Man versucht, den Arbeitspunkt durch →Anpassung des Verbrauchers so zu legen, daß die Leistung maximal wird, $L_M = U_M I_M$. Diese wird um so höher, je näher die Kennlinie einem Rechteckverlauf kommt, wobei die Rechteckfläche dann $U_L I_K$

wäre. Der Quotient $F = U_M I_M / U_L I_K$ wird daher oft als Gütemaß (Füllfaktor) benutzt. Durch innere Widerstände und Verlustströme wird die Kennlinie in ungünstiger Weise verändert (Bild 1b, 3b). Der Wirkungsgrad ist als Quotient zwischen maximal abgegebener und aufgenommener (Strahlungs-) Leistung P gegeben, $w = I_M U_M / P = F U_L I_K / P$.

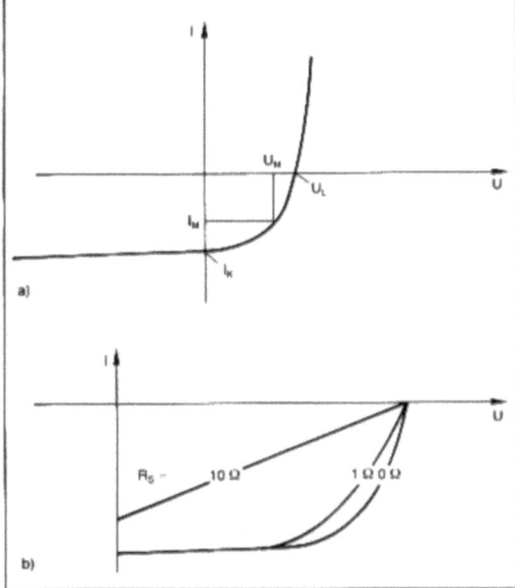

Solarzelle 1: Kennlinie einer S.
a) ideal und
b) mit inneren Verlusten durch einen Serienwiderstand R_s.

Die S. soll einen möglichst hohen Wirkungsgrad zur Konversion der Sonnenenergie aufweisen, d. h. F, U_L und I_K müssen in diesem Sinne optimiert sein. Dabei konkurrieren Forderungen nach gleichzeitig großem U_L und I_K miteinander. Ein großes I_K verlangt einen geringen Bandabstand W des Halbleiters, denn nur dann können auch die niederenergetischen Photonen des Sonnenlichts (Infrarot) Elektron-Loch-Paare erzeugen. Andererseits ist aber W/e (e = Elementarladung) die obere Schranke für die Leerlaufspannung U_L (Photospannung). Der erreichbare Wirkungsgrad ist in Bild 2 als Funktion von W für verschieden stark fokusiertes Sonnenlicht wiedergegeben (1 Sonne = Normalsonnenschein, d. h. unfokussiert). Da die Photospannung mit der Bestrahlungsstärke steigt (Photospannung), ist der Wirkungsgrad fokusierungsabhängig. Die Daten verschieben sich etwas, wenn man nicht Licht auf der Erdoberfläche betrachtet, dessen →Spektrum und Intensität durch die Luftabsorption modifiziert ist (AM1 = Air Mass 1), sondern Licht im Weltraum (AMO), wie es für die Nutzung in der Raumfahrt wichtig ist.

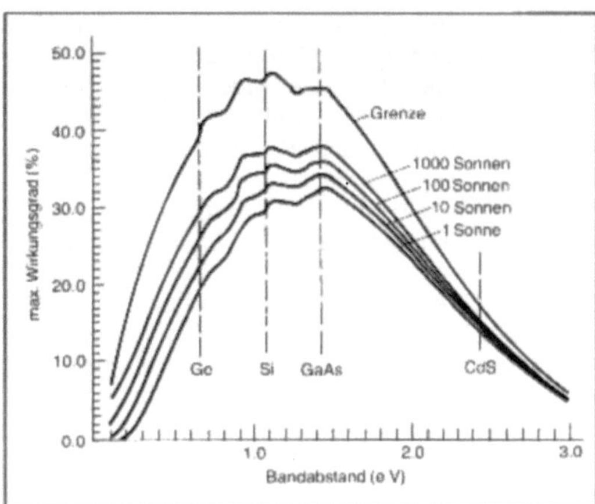

Solarzelle 2: Maximaler Wirkungsgrad einer S. als Funktion des Bandabstands bei steigender Konzentration des Sonnenlichts.

Man erkennt (Bild 2), daß Si und GaAs im Bereich des Maximums liegen. Die Entwicklung konzentriert sich daher auf diese Halbleiter, obwohl auch andere Substanzen erprobt werden. GaAs hat den Vorteil der direkten optischen Absorption, so daß man mit sehr dünnen Schichten auskommt. Si als indirekter Halbleiter benötigt für die Lichtabsorption einen längeren Lichtweg (ca. 100–300 μm) und daher auch mehr Halbleitermaterial. Es wird aber infolge seines geringen Preises, praktisch unbegrenzter →Verfügbarkeit und hohen technologischen Produktionsstandards voll konkurrenzfähig.

Die angegebenen Wirkungsgrade (Bild 2) werden in der Praxis nicht erreicht, da zu den Verlusten durch Photonen mit zu niedriger Energie weitere treten. Photonen mit Energien größer als W werden hoch ins Leitungsband angeregt und verwandeln ihre Überschußenergie durch thermische Relaxationsprozesse in nutzlose Wärme. Außerdem schaffen nicht alle erzeugten Ladungsträger die Diffusion in das Gebiet des inneren Feldes zur Ladungstrennung (Verlustfaktor: innerer Quantenwirkungsgrad, *engl.* collection efficiency) und die Photospannung U_L erreicht nicht den maximalen Wert der Diffusionsspannung (Verlustfaktor: Spannungsfaktor). Weitere Verluste entstehen z. B. durch Reflexion des Lichts an der Zellenoberfläche oder verstärkte Rekombination im Oberflächenbereich.

Verschiedene technische Ausführungen von S. versuchen, die Verluste möglichst gering zu halten. Neben den pn-Dioden, bei denen man den Homo- und Heterokontakt unterscheidet (p- und n-Gebiet aus gleichem bzw. verschiedenem Halbleitergrundmaterial), gibt es den Metall-Halbleiter-Kontakt (Schottky-Kontakt).

Bei einer typischen pn-Solarzelle (Bild 3a) ist sonnenseitig der Kontakt zum Durchlaß des Sonnenlichts kammartig aufgebracht. Das elektronische Ersatzschaltbild (Bild 3 b) ist das eines Stromgenerators, wobei der Serienwiderstand R_s Spannungsabfälle innerhalb der Zelle (Bahnwiderstand) und der Shuntwiderstand R_{sh} Verlustströme berücksichtigt. Am verbreitesten ist die Silicium-Solarzelle mit einem typischen Wirkungsgrad von derzeit 18–20 %. Im Labor sind bei hohen Lichtkonzentrationen Werte bis ca. 25 % erreicht worden. Zellen auf GaAs-Basis erreichen (ohne Fokussierung) etwa 22 %. Allerdings sind Zellen mit hohem Wirkungsgrad teuer, da sie hochreine Halbleitereinkristalle benutzen. Dies gilt besonders auch für Zellen, die zur besseren Ausnutzung des Sonnenspektrums Systeme aus mehreren hintereinandergeschalteten pn-Übergängen mit fallendem Bandabstand bestehen (multijunction-cells).

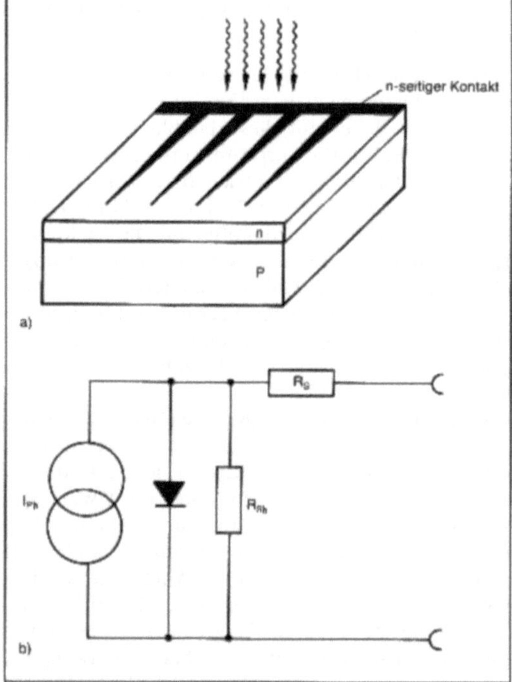

Solarzelle 3: pn-S.
a) Schematischer Aufbau
b) Ersatzschaltbild.

Die Anwendung dieser teuren Lösungen ist auf Fälle begrenzt, bei denen die Generation elektrischer Energie auf anderem Wege nur schwer möglich ist, z. B. im Weltraum. Durch die Ausbreitung großflächiger Sonnensegel werden hier Leistungen im kW-Bereich gewonnen. Für die Massenanwendung billigere, aber auch weniger leistungsfähige Lösungen ergeben sich mit polykristallinem oder amorphem Material, wobei mit →Silicium z. Zt. etwa 8–10 % erreicht werden. Bei kleinflächigen Zellen beschränkt sich die Anwendung natürlich auf leistungsarme Einsätze, z. B. bei Taschenrechnern oder Uhren. Die Forschung auf dem Gebiet der S. ist weltweit intensiv und erstreckt sich über alle Varianten, vom Einkristall-Homokontakt bis zum polykristallinen bzw. amorphen Dünnschicht-Schottky-Kontakt. *Heinz*

Literatur: *Fahrenbruch, A. L.* and *R. H. Bube:* Fundamentals of Solar Cells. London 1983. – *Palz, W.:* Solar Electricity. London 1978. – *Selders, M.* und *D. Bonnet:* Solarzellen. Physik in unserer Zeit. 10 (1979) Nr. 1. Proceedings of the 18. IEEE Photovoltaic Specialists Conference, The Institute of Electrical and Electronics Engineering, New York 1985.

Sollbahn →Regelungsverfahren

Spaltkammer. Die S. (*engl.* fission chamber) ist eine →Ionisationskammer, von deren Elektroden mindestens eine mit spaltbarem Material belegt ist. Sie wird zur →Neutronenflußmessung verwendet, wobei das größte Einsatzgebiet die Incore-Messung, die Messung im Kern großer Leistungsreaktoren, darstellt. Die Kammern müssen dementsprechend Drücke bis 150 bar, Temperaturen bis 400 °C, Gamma-Dosisleistungen bis 10^8 R/h und natürlich Neutronenflüsse bis 10^{14} cm^{-2}s^{-1} aushalten.

Aufbau und Prinzip sind im Bild 1 dargestellt. Die Innenelektrode ist auf der der Außenelektrode zugewandten Seite mit dem spaltbaren Material belegt. Der Spalt zwischen Innen- und Außenelektrode mit einer Ausdehnung von 0,2 mm bildet das empfindliche Volumen. Die Kammer ist mit Argon gefüllt. Die nachzuweisenden Neutronen führen in dem spaltbaren Material zu Spaltungen. Die Spaltbruchstücke ionisieren das Füllgas, wodurch ein der Neutronenflußdichte proportionaler Ionisationskammerstrom entsteht. Darüber hinaus führt auch die Gamma-Strahlung über den Photo- und Compton-Effekt im Füllgas zu einem von der Gamma-Dosisleistung abhängigen Ionisationskammerstrom.

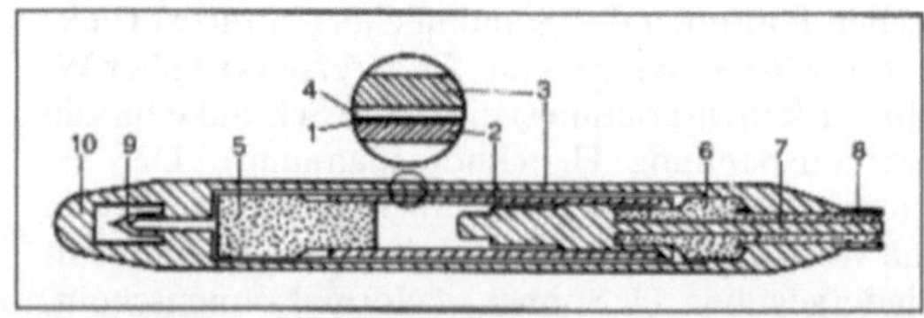

1) Uranschicht, 2) Innenelektrode, 3) Außenelektrode, Gehäuse, 4) Gasfüllung, 5) Isolator, 6) Metall-Keramik-Dichtung, 7) Innenleiter, 8) Kabelmantel, 9) Füllstutzen, 10) Schutzkappe

Spaltkammer 1: Schnitt durch eine S.

Als neutronenempfindliches Material dient gewöhnlich zu 90 % angereichertes Uran-235. Dessen großer Wirkungsquerschnitt von etwa

$400 \cdot 10^{-24}$ cm^2 (Siedewasserreaktorspektrum bei Betriebstemperatur) führt einerseits zu einer guten →Empfindlichkeit, andererseits aber auch zu einem wegen des Abbrands mit der Zeit abnehmenden Ionisationskammerstrom. Die Kammern müssen daher regelmäßig nachkalibriert werden (→Fahrkammersystem).

Der Gammastrom der S. nimmt mit dem Abbrand nicht ab. Dadurch verringert sich das Verhältnis von Neutronen- zu Gamma-Strom. In Leistungsreaktoren werden die S. ausgetauscht, wenn dieses Verhältnis auf etwa 5 : 1 gesunken ist. Dies ist in Siedewasserreaktoren nach etwa 3 bis 4 Jahren der Fall.

Die S. können in den Betriebsarten *Impulszählung* und →*Strommessung* eingesetzt werden. Im ersten Fall, bei geringeren Neutronenflüssen, werden die Spaltungen als Einzelereignisse gezählt. Bei größeren Neutronenflüssen überlagern sich die Einzelimpulse zu einem stochastischen Gleichstrom, der dann als Maß für den Neutronenfluß dient.

Brutkammer: Um den vorzeitigen Austausch einer S. infolge Abbrands zu vermeiden, wurden die sog. Brutkammern entwickelt. Deren neutronenempfindliche Schicht besteht z. B. aus einem Gemisch von 20 % Uran-235 und 80 % Uran-234. Zunächst ist nur das Uran-235 spaltbar. Im Laufe der Zeit bildet sich jedoch aus dem Uran-234, infolge Neutroneneinfangs, das Nuklid Uran-235 nach und kompensiert das schon gespaltene Uran-235. Hinzu kommt, daß sich auch, infolge der entstandenen Spaltproduktgase, die Empfindlichkeit verbessert. Damit können die Brutkammern solange betrieben werden, bis sich schließlich der Abbrand des Urans-234 bemerkbar macht (Bild 2).

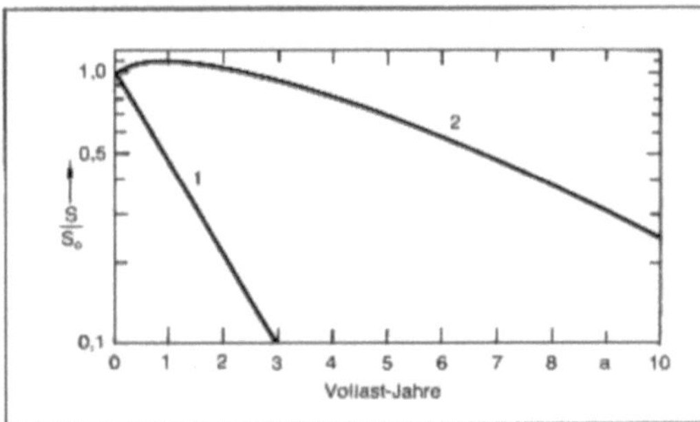

Kurve 1) Spaltkammer mit Uran-235 beschichtet, Anfangsempfindlichkeit $S_0 = 1 \cdot 10^{-17}$ $A/cm^{-2}s^{-1}$; Kurve 2) Brutkammer, beschichtet mit einem Gemisch aus Uran-234 und Uran-235; Anfangsempfindlichkeit $S_0 = 0{,}6 \cdot 10^{-17}$ $A/cm^{-2}s^{-1}$.

Spaltkammer 2: Abnahme der Empfindlichkeit von incore-S. im Siedewasserreaktor; ein Vollast-Jahr entspricht einem integrierten Neutronenfluß von $2 \cdot 10^{21}$ cm^{-2}.

Nasser oder trockener Einsatz: Die S. sind in sog. Lanzen eingebaut, die ihrerseits in den steuerstabfreien Wasserspalten zwischen den Brennelementen sitzen. Bei dem nassen Einsatz der S. sind diese vom Reaktorkühlmittel umflossen (Bild 3 a). Eine derartige Lanze besteht aus dem druckdichten Fingerhutrohr für die Fahrkammer, an das, seitlich und in der Höhe versetzt, vier oder mehr S. angeordnet sind. S. und Fingerhutrohr sind von einem Hüllrohr umgeben, das im Bereich des Reaktorkerns mit Öffnungen versehen ist.

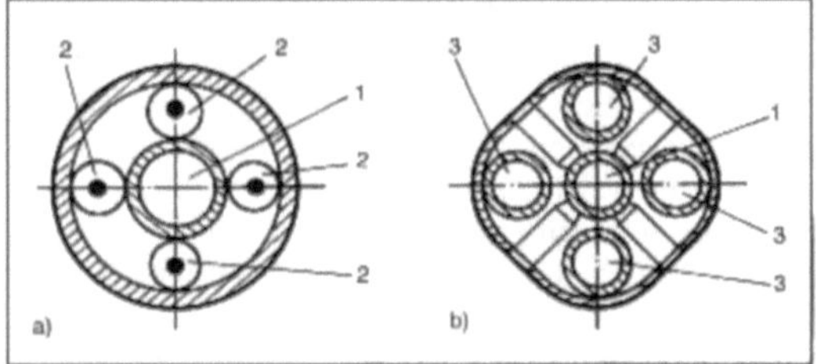

Spaltkammer 3: Schnitt durch Spaltkammerlanzen.
a) Nasser Einbau der S.,
b) Trockener Einbau der S.

1) Fingerhutrohr für Fahrkammern, 2) Spaltkammer, gekühlt von Reaktorkühlmittel, 3) Fingerhutrohr für den trockenen Einbau einer Spaltkammer

Die trockene Lanze (Bild 3 b) enthält fünf druckdichte Fingerhutrohre. Vier dienen zur Aufnahme der stationären S. und das mittlere für die Fahrkammer. Die S. sitzen in einer trockenen Atmosphäre. Sie werden jetzt weniger gut gekühlt als beim nassen Einsatz, müssen aber andererseits auch nicht der Korrosion durch das Kühlmittel widerstehen. Nach den bis jetzt vorliegenden Erfahrungen fallen die trockenen Kammern durch mechanische Defekte weniger häufig aus als die nassen. *Schrüfer*

Literatur: Neutronenmeßsystem für Siedewasserreaktoren. Produktinformation A96000-D1684 der Siemens AG, UB KWU. – *Schrüfer, E.* u. a.: Strahlung und Strahlungsmeßtechnik in Kernkraftwerken. Berlin 1974.

Spannungs-Frequenz-Umsetzer →A/D-Sägezahnumsetzer

Spannungs-Frequenz-Umsetzung. →Signalumsetzung, bei der das analoge Spannungssignal eines Sensors in eine spannungsabhängige Frequenzänderung umgewandelt wird. Bei kapazitiven Sensoren erhält man eine S.-F.-U. unmittelbar, wenn das Sensorelement als frequenzbestimmendes Glied in einer Oszillatorschaltung eingesetzt wird. Eine Umwandlung einer Sensorspannung in eine Kapazitätsänderung läßt sich auch über Kapazitätsvariations-Dioden (Varaktoren) erreichen. Weiterhin werden integrierte Schaltungen mit einer VCO-Funktion (*engl.* voltage controlled oscillator, spannungsgesteuerte Oszillatoren) hergestellt, mit denen die S.-F.-U. unmittelbar durchgeführt werden kann. *Schaumburg*

Spannungs-Zeit-Umsetzer →A/D-Einrampen-Umsetzer; →A/D-Zweirampen-Umsetzer

Spannungsfolger. Der S. (auch Impedanzwandler) ist ein derartig gegengekoppelter Gleichstromverstärker, daß die Ausgangsspannung u_a gleich der Eingangsspannung u_e ist (Bild). Bei seiner Verwendung wird die die Eingangsspannung u_e liefernde Quelle nur mit dem sehr hohen Eingangswiderstand des S. belastet, während die Ausgangsspannung u_a des Verstärkers aus einer Quelle mit niedrigem Innenwiderstand stammt. Dieser Quelle können dann Ströme entnommen werden. Der S. oder Impedanzwandler ändert also nicht die Höhe der Eingangsspannung, sondern erleichtert ihre Weiterverarbeitung durch die Herabsetzung des Quellwiderstandes.

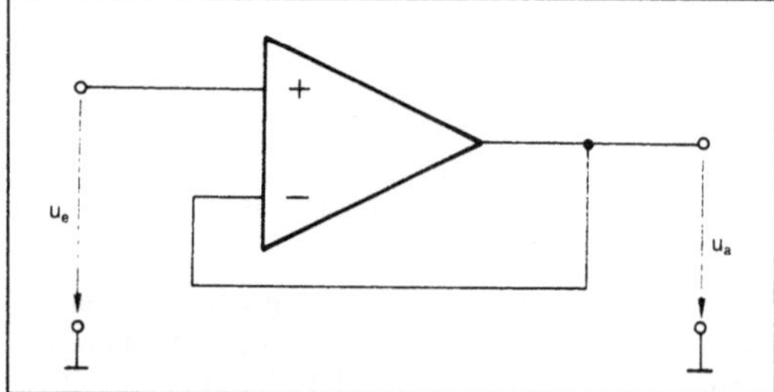

Spannungsfolger: Prinzipieller Aufbau

Seine Verwendung empfiehlt sich in den Fällen, in denen Spannungen aus hochohmigen Quellen zu messen oder hinsichtlich des Innenwiderstands an andere Geräte anzupassen sind. *Schrüfer*

Spannungsmessung, elektrische. Die klassischen Meßgeräte (→Meßgerät, elektrisches) führen die S. meist auf eine →Strommessung zurück, wobei der Ausschlag infolge der magnetischen Wirkungen des Stroms dem linearen oder quadratischen Mittelwert des Stroms oder seines Betrags (→Meßgleichrichter) proportional ist. Der quadratische Mittelwert von nichtsinusförmigen Spannungen und Strömen läßt sich allgemein durch eine Quadrierung mit folgender Mittelwertbildung messen (→Mittelwert einer periodischen Zeitfunktion, →Effektivwertmessung). Zur Quadrierung werden elektronische →Multiplizierer eingesetzt (→Leistungsmessung, elektrische).

Sofern eine bestimmte zu messende Spannung den Meßbereich des Spannungsmessers übersteigen würde, kann man durch Einschalten eines *Vorwiderstandes* R_v den Meßbereich beliebig erweitern (Bild 1). Der vom Meßgerät benötigte Strom $I_m = \frac{U_K}{R_m + R_v}$ beträgt unabhängig von R_v je nach Ausführung ca. 1 µA – 1 mA. Der Strom I_m muß von der Quelle, deren Spannung U_0 gemessen werden

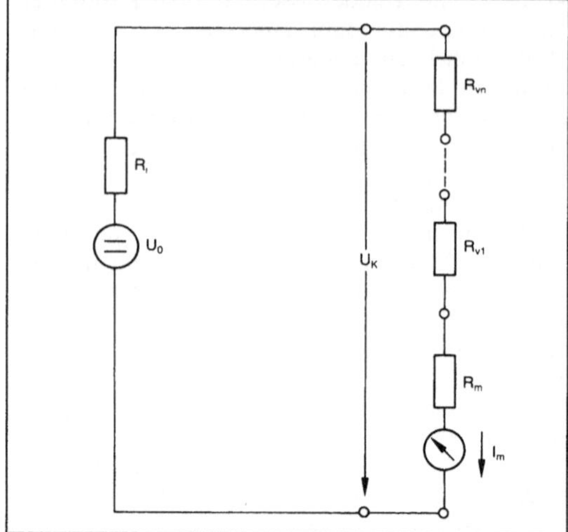

Spannungsmessung, elektrische 1: Spannungsmesser mit Vorwiderständen.

soll, geliefert werden. Da Spannungsquellen mit einem Innenwiderstand R_I behaftet sind, läßt sich an den Klemmen zumindest theoretisch niemals die Spannung U_0, sondern nur die Klemmenspannung

$$U_K = U_0 - I_m R_i,$$

$$= U_0 \cdot \frac{1}{1 + \frac{R_i}{R_m + R_v}},$$

$$U_K = U_0 \cdot \left(1 - \frac{R_i}{R_m + R_v}\right)$$

abgreifen. Man sieht, daß dieser durch den Eigenverbrauch des Meßgeräts verursachte systematische →Meßfehler um so geringer ist, je größer $R_m + R_v$ im Vergleich zu R_i ist. Bild 2 zeigt ein Vielfachmeßgerät mit mehreren Meßbereichen für Gleich- und Wechselspannung. Außerdem erlaubt es die Messung von Gleich- und Wechselstrom sowie des elektrischen Widerstands (→Strommessung, →Widerstandsmessung). Da elektronische Komponenten im Vergleich zu mechanischen immer preisgünstiger werden, nimmt der Einsatz von elektronischen Vielfachmeßgeräten wie in Bild 3 (→Multimeter) mit →Ziffernanzeige und manchmal mit paralleler →Skalenanzeige (Quasianaloganzeige) immer mehr zu, wodurch die klassischen Meßgeräte verdrängt werden.

Messungen an Spannungsquellen mit sehr großem R_i lassen sich mit klassischen Meßgeräten nicht durchführen. Man schaltet hier →Meßverstärker vor, die genügend hochohmig sind. Meßverstärker werden auch stets in den Multimetern eingesetzt, die Spannungen nach einer Analog/Digital-Umsetzung in Ziffern anzeigen. Besondere Formen von

Spannungsmessung, elektrische 2: Vielfachmeßgerät.

Spannungsmessung, elektrische 3: Elektronisches Vielfachmeßgerät (Multimeter). (Quelle: Siemens AG)

Meßverstärkern für Spannungen: Differenzverstärker für die Verstärkung von (kleinen) Potentialdifferenzen; Isolations- oder →Trennverstärker, bei denen das →Meßsignal über ein isolierendes Bauteil (Optokoppler, Transformator) übertragen wird, wodurch die Meßstelle auf einem anderen, z. B. viel höheren Potential als der Rest der Meßeinrichtung liegen darf.

Meßverfahren, die auf dem Vergleich der zu messenden mit einer einstellbaren Normalspannung beruhen, nennt man →Kompensations-Meßverfahren. Hierbei wird vom Prinzip her dem Meßobjekt keine Leistung entnommen. Weitere Möglichkeiten der S. sind gegeben durch das →Elektronenstrahl-Oszilloskop und durch →Registriergeräte. Messen hoher Spannungen: →Spannungswandler, berührungslose Messung von Spannungen und Spannungsverläufen in integrierten Schaltungen im Hochvakuum mittels Elektronenstrahl-Meßtechnik. *Hammerschmidt*

Spannungswandler. S. und →Stromwandler sind Meßgeräte (→Meßgeräte, elektrische) und gehören zu den Meßwandlern. Diese werden in elektrischen Anlagen eingesetzt und dienen dazu, höhere Spannungen und Ströme in gefahrlos erfaßbare Werte zu transformieren und außerdem den Meßkreis vom Betriebsstromkreis zu isolieren. Meßwandler für reine Wechselgrößen werden als Transformatoren mit besonderen Anforderungen an die →Genauigkeit des Übersetzungsverhältnisses und des Phasenwinkels zwischen Primär- und Sekundärwicklung aufgebaut.

→Wandler für Wechselspannung sind Transformatoren, die sekundärseitig praktisch im Leerlauf arbeiten. Die Klemmenbezeichnungen gemäß Bild sind genormt, ebenso die Sekundärspannung U_2 mit 100 V sowie andere wichtige Wandlereigenschaften. Alle angeschlossenen Meßgeräte sind parallel geschaltet, sie stellen die Bürde des Wandlers dar. Um im Fall eines Isolationsfehlers im Wandler gefährliche Spannungen im Meßkreis zu vermeiden, sind alle S. sekundärseitig zu erden. Es gibt auch Meßwandler für höhere Gleichspannungen bzw. für Wechselspannungen mit Gleichanteil. Diese wandeln die Eingangsspannung durch einen Zerhacker in eine Wechselspannung höherer Frequenz um, die dann mittels eines Trenntransformators herabtransformiert und anschließend phasenrichtig gleichgerichtet wird. Gleich-S. benötigen stets eine gesonderte zugeführte →Hilfsenergie.

Hammerschmidt

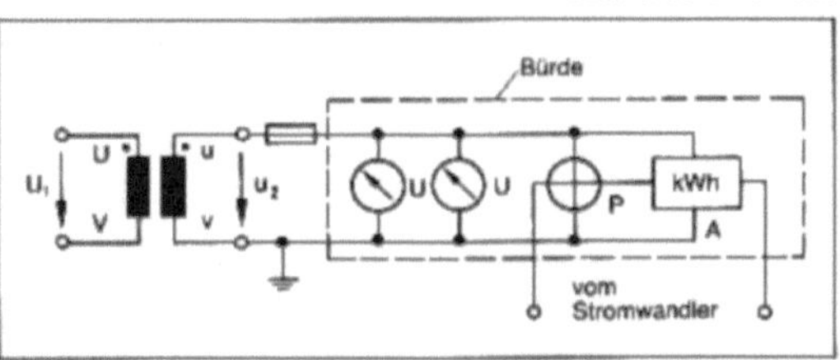

Spannungswandler: Wechselspannungswandler mit angeschlossenen Meßgeräten (Bürde).

SPC. (Abk. für *engl.* Setpoint Control). →Kaskadenregelung, bei der der Führungsregler ein →Prozeßrechner, der Folgeregler ein elektrischer oder pneumatischer Analogregler ist. Bei einem Rechnerausfall arbeitet der untergeordnete → Regler mit dem zuletzt gültigen Sollwert weiter. Gegenüber der DDC-Regelung ergibt sich so ein günstigeres Verhalten bei Rechnerausfall. Nachteilig gegenüber → DDC kann sein, daß die Regelparameter des Folgekreises nicht vom Prozeßrechner adaptiert werden können. *Strohrmann*

Speicherglied. Das S. ist ein elementares Funktionsglied für den Aufbau von Steuerungen. Das bistabile Verhalten dieser S. (Flip-Flop-Verhalten) wird zur Speicherung eines binären Wertes eingesetzt.

S. verfügen im allgemeinen über Setz-, Rücksetz- und Takteingänge, die auf statische Signale oder auf Wechsel der Signalzustände ansprechen. Sie besitzen in der Regel zwei Ausgänge, einen, der den Zustand des Speichergliedes und einen, der den invertierten Zustand wiedergibt.

S. können unterschieden werden nach der Art und Dominanz des Setzens und Rücksetzens sowie der Ausgangsfunktion bei unbestimmter, im allgemeinen nicht eindeutiger Ansteuerung, z. B. logisch 1 an Setz- und Rücksetzeingang. Sie werden graphisch durch Funktionsplansymbole oder tabellarisch beschrieben. Bei der Aufstellung einer Schalttabelle ist jeweils der Speicherzustand vor und nach (A^v, A^n) einem Eingangssignalwechsel zu berücksichtigen. Funktionsplansymbole und zugehörige Schalttabellen zweier typischer S. sind in Bild 1 wiedergegeben. Dabei handelt es sich um:

a) Funktionssymbol — Schalttabelle

S, R — A_1, A_2

S	R	A_1^n	A_2^n
0	0	A_1^v	A_2^v
1	0	1	0
1	1	1	0
0	1	0	1

b)

D — A_1, A_2

D	T	A_1^n	A_2^n
0	0→1	0	1
1	0→1	1	0
0	1→0	A_1^v	A_2^v

Speicherglied 1: Darstellung und Beschreibung:
a) RS-Speicherglied (Setzeingang dominant)
b) D-Speicherglied.

– Setz/Rücksetz-S.(RS-), das statisch angesteuert wird, wobei der Setzeingang dominiert. Im Grundzustand d. h. nach einer Initialisierung ist es rückgesetzt, kenntlich gemacht durch eine Balkenmarkierung beim negierten Ausgang A_2.

– S. mit einem dynamischen Eingang für die Ansteuerung und einem statischen Eingang für den zu speichernden binären Wert. Der Wert am Eingang D wird dann vom S. übernommen wenn sich am dynamischen oder flankengesteuerten Eingang, gekennzeichnet durch eine Pfeilspitze, ein Wechsel des binären Signales von logisch 0 auf 1 (positive Flanke, positiver Wechsel) ereignet.

Neben den in Bild 1 gezeigten S. sind weitere Typen gebräuchlich.

S. lassen sich im Prinzip aus logischen Grundgliedern aufbauen. Dies ist beim Entwurf fluidischer Steuerungen und bei der Programmerstellung einfacher → speicherprogrammierbarer Steuerungen von Nutzen. Ein Beispiel für den Aufbau eines RS-S. aus NOR-Gliedern zeigt Bild 2. *Freyberger*

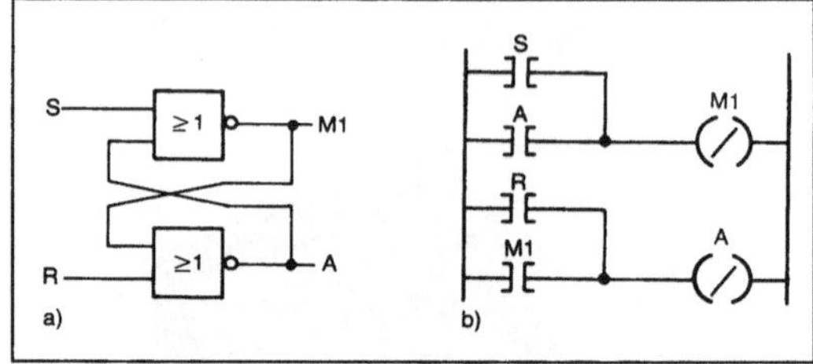

Speicherglied 2: Prinzipieller Funktionsplan und Koppelplan für ein aus NOR-Gliedern aufgebautes RS-S.

Speicheroszilloskop → Elektronenstrahl-Oszilloskop

Speicherprogrammierbare Steuerung (Abk. SPS). SPS sind Automatisierungsgeräte, vorzugsweise für den Einsatz bei prozeß- und zeitgeführten → Ablaufsteuerungen. Sie sind modulare, flexibel an die jeweilige Steuerungsaufgabe, hinsichtlich der hardwaremäßigen Konfigurierung und der softwaremäßigen Ausführung der Steuerungsprogramme, anpaßbare Steuergerätesysteme. Das Steuerungsprogramm befindet sich in einem in der Regel austauschbaren, programmierbaren Halbleiter-Nurlesespeicher.

Die SPS besteht im Kern aus:

□ Zentraleinheit, die je nach Leistungsumfang als spezielles Hardwaresteuerwerk, als Bit- oder Wort-Prozessor oder auch als Mehrprozessoranordnung ausgeführt ist. Sie steuert die zyklische Bearbeitung des Steuerungsprogramms und führt dabei die Verknüpfungen, die arithmetischen und sonstigen Verarbeitungsoperationen aus. Als weitere Aufgaben wickelt sie den Datenaustausch zwischen Speichern,

Verarbeitungseinheiten und diversen Interface-Einheiten ab. Diese Operationen laufen taktsynchron (→Steuerung, synchrone) ab.
□ Schreib/Lesespeicher für die Speicherung des Prozeßabbildes d. h. der Werte aller Ein- und Ausgangssignale der Steuerung, von Zwischenergebnissen, von Merkerinhalten etc., meistens als batteriegepufferter →Halbleiterspeicher (**R**andom **A**ccess **M**emory, RAM) ausgeführt.
□ Nurlesespeicher, der üblicherweise aus mit UV-Licht löschbaren →EPROM-Bausteinen (**E**rasable **P**rogrammable **R**ead **O**nly **M**emory) oder aus elektrisch löschbaren EEPROM-Bausteinen (**E**lectrically **E**rasable **P**rogrammable **R**ead **O**nly **M**emory) aufgebaut ist. Dieser austauschbare Speicher ist in der Regel ausbaubar in Vielfachen von 1 kByte und dient der nichtflüchtigen Speicherung des Steuerungsprogrammes.
□ Koppelinterface für den Anschluß von Ein/Ausgabeeinheiten zur Aufnahme der Eingangs- und Ausgangsschaltungen, die in Anzahl und Art bedarfsabhängig aufgerüstet werden können. Über diese Einheiten wird die Steuerung mit dem Prozeß sowie den Bedien- und Beobachtungskomponenten verbunden. Der Anschluß der Ein/Ausgabeeinheiten über das Koppelinterface an die Steuerung erfolgt durch parallele, bei manchen Systemen auch durch serielle Busverbindung (Ein/Ausgabebus).
□ Koppelinterface zum Anschluß eines speziellen Programmier- und Testgerätes für die Erstellung des Steuerungsprogrammes, das Programmieren und ggfs. Löschen des Nurlesespeichers und für die Inbetriebnahme der Steuerung, für Fehlersuche, Korrekturen, Erweiterungen sowie die Dokumentation des Steuerungsprogrammes.
□ Busanschaltung (Buskoppler) für die Vernetzung mehrerer SPS und ggfs. weiterer Automatisierungs- und Leitgeräte ist in der Regel bei SPS für komplexe Steuerungsfunktionen und umfangreiche Steuerungsaufgaben bedarfsabhängig einbaubar. Neben der Verwendung einfacher serieller Schnittstellen, wie z. B. V 24, RS 232 oder RS 422, finden firmenspezifische bitserielle Bussysteme und standardisierte lokale Netzwerke wie z. B. ETHERNET, →MAP Anwendung.

Der Anschluß des SPS-Kerns an den Prozeß über die Meß- und Stellgeräte sowie an die Einrichtungen zur Bedienung und Beobachtung, erfolgt über die →Eingangs- und Ausgangsschaltungen in den E/A-Einheiten. Für die aufgabenabhängige Ausstattung der E/A-Einheiten stehen in der Regel für einfache analoge, binäre und digitale Ein/Ausgangssignale und komplexere Anschaltungen mit Verarbeitungsfunktionen z. B. Zähl- und Zeitfunktionen, Regelungsfunktionen zur Auswahl. Gemessen am zulässigen Ausbau der SPS mit E/A-Einheiten und zugehörigen Baugruppen, also der Zahl der anschließbaren Ein/Ausgabesignale, werden SPS nach Größenklassen eingeteilt (Tabelle).

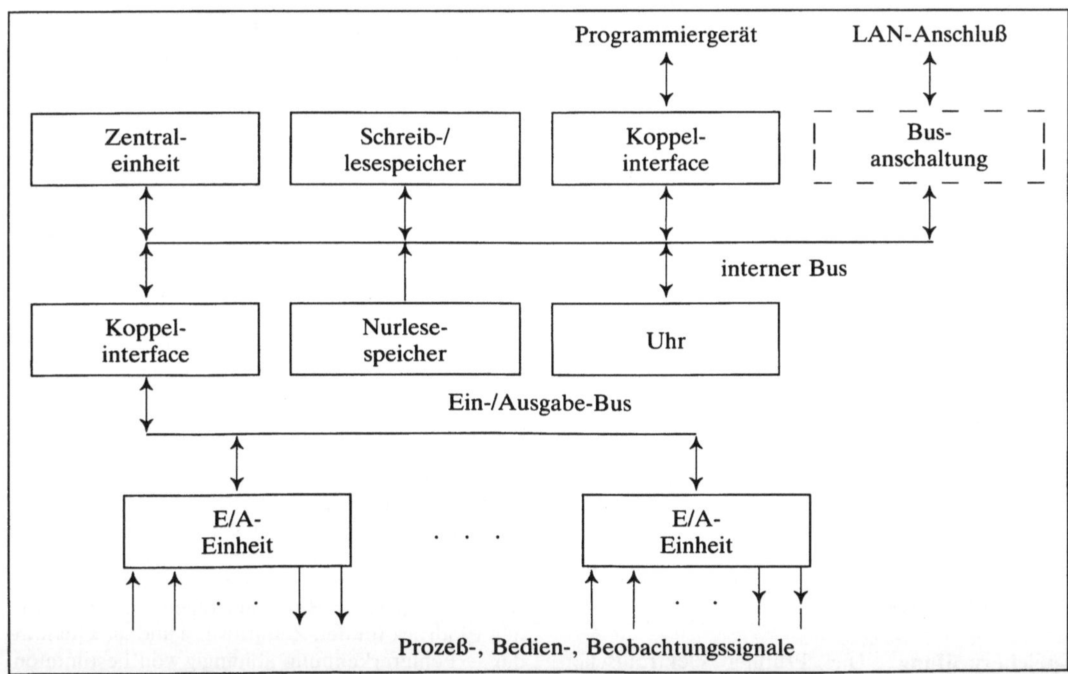

Speicherprogrammierbare Steuerung: Prinzipieller Hardware-Aufbau.

Speicherprogrammierbare Steuerung. Tabelle: Größencharakterisierung von SPS.

Größe	Zahl der E/A-Signale	Funktionen	Zahl der Anweisungen
klein	< 64	Logik	4 K
mittel	<1 000	Logik, Arithmetik, Kopplung	<16 K
groß	>1 000	Logik, Arithmetik, Grafik, Kopplung	>16 K

Neben Ausbaubarkeit und Größe der SPS sind weitere wichtige Kenngrößen die Bearbeitungszeit der Steueranweisung, die bei Werten zwischen 1 und 50 ms für 1 000 Anweisungen liegt und die →Reaktionszeit, d. h. die Zeit zwischen dem Erkennen einer Signaländerung am Eingang und einer Durchschaltung auf einen Ausgang. Hier werden Zeiten zwischen 2 μs in Sonderfällen und typisch 0,5–20 ms angegeben.

Die Programmierung der SPS bzw. des Nurlesespeichers erfolgt mit speziellen Programmiergeräten. Sie werden für die Programmerstellung, -fehlersuche, -korrektur, und -dokumentation, bei der Inbetriebnahme für Tests an der Anlage, für Speichern oder Löschen des Programmes im Nurlesespeicher benötigt. Für den Steuerungsbetrieb nach der Fertigstellung des Programmes ist das →Programmiergerät wieder für neue, andere Programmieraufgaben verfügbar.

Die Programmerstellung erfolgt im einfachsten Falle in der Form der →Anweisungsliste, die in mnemotechnischer und/oder mathematischer Darstellung die einzelnen Steuerungsanweisungen in der Reihenfolge der Bearbeitung enthält. Die Steuerungsanweisung ist dabei die kleinste Programmeinheit. Sie besteht aus Operationsteil und Operandenteil. Neben der Anweisungsliste sind auch graphische Programmerstellung in der Form des Funktionsplans, des Kontaktplans oder als →Steuergraph eingeführt. Eine weitere Art für die Erstellung des Steuerungsprogrammes sind Tabellentechniken für die Festlegung der Eingangssignalverknüpfungen und der Ausgangssignalzuordnung. *Freyberger*

Literatur: *Frei, F.* und *M. Bleicher:* Speicherprogrammierbare Steuerungen. Heidelberg, 1985. – *Petry, J.:* Speicherprogrammierbare Steuerungen. Projektierung und Programmierung. Heidelberg 1988.

Speicherprüfung. Die Prüfung elektronischer Speicherbausteine teilt sich auf in die Prüfung von Schreib-/Lesespeicher (RAM) und die Prüfung von Lesespeichern (ROM) auf. Beide werden unterschiedlich behandelt.

□ Prüfung von RAM's (RAM-Test).

Beim Test von RAM's wird geprüft, ob alle Speicherzellen für sich alleine und möglichst viele Kombinationen unter allen denkbaren Speicherinhalten unter verschiedenen Voraussetzungen fehlerfrei geschrieben und gelesen werden können.

Hierzu werden jeweils einzelne Zellen oder der komplette Speicher mit bestimmten →Prüfbitmustern beschrieben und danach wieder gelesen und die gelesenen Prüfbitmuster mit den eingeschriebenen Prüfbitmustern verglichen. Zu beachten bei der Wahl der Bitmuster ist dabei u. a. die Tatsache, daß bestimmte Regionen eines Speichers intern u. U. mit der inversen Information im Vergleich zu der am Datenbus anliegenden Information beschrieben werden („regional inversion").

Neben den Bitmustern werden die Adressierungsreihenfolge, die zeitliche Aufeinanderfolge (der Versatz) der Steuersignale, der Lesezeitpunkt und z. B. die Betriebsspannung oder auch die Umgebungstemperatur in geeigneter Weise variiert. Auf diese Weise lassen sich sowohl statische →Fehler (defekte Speicherzellen, Adressierungsfehler), wie auch dynamische Fehler (Übersprechen) erkennen.

Einen einfach durchzuführenden Test von Speichern stellt der *Existence Test* dar. Dieser stellt sicher, daß bei einem Speicher alle Zellen mit den logischen Werten HI und LO eindeutig beschrieben und diese auch wieder eindeutig gelesen werden können. Fehlerhafte Speicherzellen oder Fehler in der Adressierlogik des Speichers (z. B. Kurzschlüsse oder Unterbrechungen in den Adreßleitungen) werden damit erkannt.

Im Falle der Prüfung dynamischer RAM's (DRAM) sind die entsprechenden refresh-Zyklen für den Speicher zu beachten, also die maximal erlaubte Zeit (pause time) zwischen zwei Zugriffen auf eine Speicherzelle, innerhalb der kein Datenverlust auftreten darf.

Typische Bitmusterfolgen werden mit Checkerboard (Schachbrett-Muster), Walking Zero, Walking one, GALPAT (Galopping Pattern) usw. angegeben. Diese unterscheiden sich in der Qualität der Fehlererkennungsmöglichkeiten und der Ausführungszeit, die u. U. quadratisch mit der Speicherlänge zunehmen kann. Bestimmte Speichertypen sind dabei sensibel für bestimmte Prüfverfahren, so daß ein vollständiger Test für einen bestimmten Speichertyp u. U. eine Kombination bestimmter einzelner Bitmusterfolgen erfordert. Einen Eindruck für den Zeitaufwand und die Qualität der →Fehlererkennung abhängig von bestimmten Bitmustern vermittelt die Tabelle.

Speicherprüfung. Tabelle: RAM-Test-Relativer Zeitbedarf und Fehlererkennungsmöglichkeiten beim Speichertest abhängig von der Patternart. Die Ausführungszeit ergibt sich durch Einsetzen der Zellenzahl N und Multiplikation mit der Prüfzykluslänge.

Testpattern	Relative Ausführungszeit
MASEST	10N
MARCH	10N
WAKPAT	$2(N^2 + N)$
GALPAT	$2(N^2 + N)$
GALTDIA	$2(3N^{3/2} + 5N)$
GALTCOL	$2(3N^{3/2} + 6N)$
DIAPAT	$2(3N^{3/2} + 5N^{1/2} + 4N)$
WAKCOL	$2(N^{3/2} + 3N)$
DUAL WAKCOL	$2[(1/2)N^{3/2} + 3N]$
HAFCOL	$2(N^{3/2} + 3N)$
CHEKCOL	$2[(1/4)N^{3/2} + (1/4)N^2 + N]$
HAMPAT	$2(N^{3/2} + 2N)$

Das Ergebnis der S. kann in einer Bitmap graphisch dargestellt werden, aus der die Topologie bez. der guten und der fehlerhaften Zellen hervorgeht. Soll das Ergebnis abhängig von gewissen Umgebungsbedingungen dargestellt werden, wird ein shmoo-plot durchgeführt.

Folgende Trends zeichnen sich insbesondere im Zusammenhang mit immer größerem Speichervolumen (Megabytebereich) ab:
- Verwendung von Prüfbitmustern, deren Zahl möglichst wenig mit der Speicherlänge, z. B. logarithmisch, wächst;
- möglichst breiter ‚paralleler' Zugriff mit dem Ziel der Reduktion der Zahl der Zugriffe;
- Einbeziehung von Selbsttestmöglichkeiten;
- Berücksichtigung der automatisierten Reparaturmöglichkeiten beim Test, soweit Redundanzen mit eingebaut sind.

□ Prüfung von ROM's (ROM-Test). Beim Test von ROM's wird geprüft, ob die im ROM eingeschriebene Information korrekt gelesen werden kann und die Daten auch zum vorgeschriebenen Zeitpunkt innerhalb eines Lesezyklus zur Verfügung stehen. Die Variationen der Meßbedingungen erfolgt ähnlich wie beim RAM-Test. Es erfolgt in der Regel jedoch nur eine lineare Adressvariation.

Beim ROM-Test werden die Speicherzellen einzeln gelesen und mit der Sollinformation verglichen. Dies setzt voraus, daß im Testsystem ein vollständiges Abbild der Sollinformation vorhanden ist. Eine vielfach praktiziertes Verfahren ist es deshalb, eine checksum (→Signaturanalyse) über den ganzen Speicherinhalt durch den Prüfautomaten per Hardware oder Software zu bilden und diese checksum zu vergleichen. Der Sollwert der checksum kann dabei – u. U. mit weiteren Identifikationen wie Bausteinposition, Ausgabebestand – an einer vereinbarten Stelle im ROM abgelegt sein, so daß die Prüfprogrammerstellung unabhängig von verschiedenen Ausgabeständen universell für mehrere Bausteinversionen oder ROM-bestückte Baugruppen erfolgen kann. *Winter*

Literatur: *Abadir, M. S.* and *H. K. Reghbati:* Functional Testing of Semiconductor Random Access Memories. Computing Surveys 15 (1983) No. 3.

Speichertechnologien (auch Speichertechniken). Als S. werden die physikalisch/technischen Grundlagen für Vorrichtungen bezeichnet, die dazu dienen, Informationen so aufzubewahren, daß sie zu beliebigen Zeitpunkten wiedergefunden und abgerufen werden können. Gegenstand dieses Überblicks sind die sogenannten Massenspeicher, die nicht auf Halbleitertechnologie aufgebaut und als externe Speicher an Rechner angeschlossen sind. Innerhalb der Systeme zur Informationsverarbeitung werden verbreitet magnetomotorische Speicher eingesetzt wie:
- Magnetplattenlaufwerke
- Magnetbandeinheiten
- Diskettenlaufwerke

außerdem zunehmend optische Speicherplatten (→Optical Disc).

Bis zur Serienfertigung entwickelt – wenn auch nur begrenzt eingesetzt – wurden Magnetblasenspeicher. Ladungskopplungsspeicher, wenn auch nicht als Massenspeicher realisiert, sind interessant wegen ihrer Fähigkeit der taktgebundenen Verarbeitung auch analoger Signale.

Zukünftig können bedeutungsvoll werden: Holographie-Speicher, aber eher noch Speicher, die das Frequenz-Domänen-Verfahren benutzen.

Die Laser-Vision-Bildplatte, im rein analog aufzeichnenden Gerät, ist als mögliches Medium zum Übertragen auch bewegter Bilder in Verbundnetzen der Informationsverarbeitung aufgeführt.

Magnetkernspeicher waren bis zum Ende der sechziger Jahre als Arbeits-Speicher der Rechner weit verbreitet, wurden aber ab etwa 1970 von den schnelleren und preisgünstigeren Halbleiterspeichern abgelöst. Sie werden im einzelnen nicht mehr behandelt, ebenso wie Magnettrommelspeicher, die nach dem gleichen Prinzip arbeiten wie Magnetplattenspeicher mit feststehenden Schreib-/Leseköpfen. Sie waren in den sechziger und siebziger Jahren verbreitet eingesetzt für Daten, auf die besonders häufig zugegriffen wurde (Speicherfähigkeit).

Unter Speichersystem und Kontrolleinheit sind Prinzipien erläutert, nach denen Anlagen zur Informationsverarbeitung Daten adressieren und abrufen. Gleiche Verfahren – z. B. magnetische und optische Aufzeichnung – können sich für digitale und analoge Darstellung eignen.

Für die hier überwiegend betrachteten Massenspeicher ist die digitale Aufzeichnung von Bedeutung. Zähleinheit für digitale Binärentscheidungen ist das →Bit. Sie wird auch als Maßeinheit zur Quantifizierung der Speicherkapazität und der Übertragungsleistung (Bits/s) von Informationsspeichern benutzt. Häufig werden die Elemente eines Zeichensystems in Form einer Verschlüsselung mit 8 Bits dargestellt, z. B. die Buchstaben des Alphabets, die Zahlen von 0 bis 9 und eine Reihe von Sonderzeichen. Dafür hat sich die Bezeichnung *Byte* eingebürgert, die ebenfalls als Maßeinheit für Kapazität und Leistung benutzt wird. Oft wird statt Byte einfach Zeichen verwendet.

Andere S. als die der überaus leistungsfähigen Halbleiter (heute als integrierte Schaltungen ausgeführt) sind wegen ihrer physikalischen Eigenschaften und aus Gründen der Wirtschaftlichkeit notwendig oder berechtigt; zum Beispiel:

□ Physikalische Eigenschaften: →Halbleiterspeicher verlieren bei Abfall oder Unterbrechung der für ihre Funktion notwendigen elektrischen Spannung die Information. Magnetische Aufzeichnung – weil von Energiezufuhr unabhängig – bleibt auch dann erhalten, wenn ein auf dieser Grundlage arbeitendes Gerät abgeschaltet wird. Magnetische Datenträger eignen sich demzufolge für die dauerhafte Aufbewahrung von Informationen, Halbleiterspeicher nicht.

□ Wirtschaftlichkeit: Zu einem Zeitpunkt, als die Anschaffungskosten für eine Erweiterung des Arbeitsspeichers in einem bestimmten Rechner um 1 Million Bytes etwa 20 000 DM betrugen, kostete die gleiche Kapazität auf einem betriebsfertig angeschlossenen Magnetplattenspeicher etwa 50 DM, auf einem Magnetband im Archiv (Medienkosten) etwa 0,12 DM. Die Wirtschaftlichkeit der Datenverarbeitung wird also in starkem Maße von einer sinnvollen Zuordnung der größeren Datenbestände zu verschiedenen Arten von Speichern bestimmt:

– Während der unmittelbaren Verknüpfung von Informationen in Rechnern mit einer Leistung bis zu einigen Millionen Verarbeitungsschritten (Instruktionen) pro Sekunde sollten die zum jeweiligen Zeitpunkt relevanten Daten im Hauptspeicher mit kürzesten Zugriffszeiten stehen, damit die Rechnerkapazität ausgenützt wird – der Rechner nicht auf die Daten als Gegenstand der Verknüpfung – oder auf Programmbestandteile warten muß.

– Aktive Daten, auf die mit hoher Wahrscheinlichkeit in absehbarer Zeit zugegriffen wird, sollten innerhalb von Millisekunden von einem an den Rechner angeschlossenen (On-line-)Massenspeicher in den Rechner abrufbar sein.

– Datenbestände mit periodischer Aktivität sollten – solange sie inaktiv sind – auf dem Speicher mit den niedrigsten Kosten liegen. Das kann ein manuell verwaltetes, nicht im Zugriff des Systems liegendes (Off-line-)Archiv sein. Die Wirtschaftlichkeit ist allerdings nur solange gegeben, wie die Perioden der Inaktivität lang genug sind, damit die Kosten für das Ausfassen, die Montage und gegebenenfalls noch das Übertragen der Daten auf einen Plattenspeicher den Vorteil der kostengünstigen Lagerung außerhalb des Systems nicht überkompensieren.

Die absoluten Werte der im Beispiel erwähnten Speicherkosten sind nur zeitlich begrenzt gültig, denn mit der immer noch fortschreitenden Steigerung der Datendichte bezogen auf den Flächen- und Raumbedarf etablierter Technologien und der Serienreife weiterer Technologien werden Medienkosten und Verfahrenskosten unverändert stark sinken.

Aber Kostenunterschiede in Größenordnungen zwischen 1–3 Zehnerpotenzen zwischen benachbarten Stufen einer Speicherhierarchie nach Preis und 4–6 Zehnerpotenzen zwischen der höchsten und niedrigsten Stufe bleiben wahrscheinlich.

Die Leistung der Speicher, hauptsächlich gemessen nach der Zugriffsgeschwindigkeit, aber auch nach der Übertragungsgeschwindigkeit, wird bei ständiger Verbesserung ebenfalls weiterhin Unterschiede zwischen 1–4 Zehnerpotenzen von Stufe zu Stufe aufweisen, bei entsprechend höheren Differenzen zwischen der höchsten und niedrigsten Stufe.

Die Tabelle soll diesen Zusammenhang verdeutlichen und gleichzeitig eine Orientierung zur Einordnung bestehender und zukünftiger S. bieten. Unter Zugriff ist der Zeitraum zwischen dem Auftreten einer Anforderung nach Daten vom externen Speicher im Rechner und dem Zeitpunkt zu verstehen, zu dem das erste Glied einer beliebig langen Kette von Informationseinheiten im Arbeitsspeicher des Rechners steht. Bei umgekehrtem Informationsfluß ist es der Zeitpunkt, zu dem die erste Informationseinheit auf den vorbestimmten Ort auf einem externen Speicher „geschrieben" wird. Die Dauer der gesamten Eingabe/Ausgabe Operation hängt zusätzlich von der Länge der Informationskette und der Übertragungsleistung ab. Im allgemeinen kann man davon ausgehen, daß Technologien mit kürzeren Zugriffszeiten gleichzeitig höhere Übertragungsleistungen bieten. *Voss*

Speicherzugriff. Das Auffinden bestimmter Daten aus einem Speicher. Grundsätzlich gibt es drei verschiedene Möglichkeiten des Zugriffs zum Inhalt eines Speichers (→Halbleiterspeicher):

Speichertechnologien. Tabelle: Speicherhierarchie bei größeren Datenverarbeitungsanlagen

Klassifizierung	Technologien/Verfahren	Einsatzgebiet/Art, Überwiegend
Hochleistungs-Speicher Zugriff im Nano-Sekunden Bereich	Halbleiter (Integrierte Schaltungen)	Als Rechnerkomponenten – Pufferspeicher – Hauptspeicher – Erweiterungsspeicher
Mittlere Leistung Zugriff im Millisekunden Bereich	– Halbleiterspeicher, extern – Ladungskopplungsspeicher – Magnetblasenspeicher – Holographie-Speicher – Frequenz-Domänen-Verfahren – Magnetplattenspeicher – Optische Plattenspeicher	Im direkten Zugriff des Rechners (On-line) – Pufferspeicher in Steuereinheiten externer Speicher – Externe Massenspeicher
Unterer Leistungsbereich Zugriff im Sekundenbereich	– Automatische Archive, Magnetband oder optische Speicherplatten	
Unterster Leistungsbereich Zugriff innerhalb von Minuten	– Magnetbandarchive und Magnetbandeinheiten – Wechselplattenarchive und -einheiten (magnetisch, optisch) – Diskettenarchive und -laufwerke	Manuelle Montage (Off-line) – Informationsarchive (Zugriff innerhalb längerer Perioden oder aufbewahrungspflichtige Informationen)

SPEICHERKOSTEN ↓ ANTWORTZEITVERHALTEN ↑

□ Wahlfreier Zugriff, wenn die Speicherzellen matrixartig angeordnet sind und damit durch Auswahl der Spalten und Zeilen jede Einzelzelle direkt angesteuert werden kann.
□ Serieller Zugriff, wenn nur eine Folge von gespeicherten Daten zugängig ist, die dann der Reihe nach gelesen werden müssen, bis die gewünschte Information gefunden ist. Beispiele dafür sind Schieberegister oder allgemeiner Umlaufspeicher (Halbleiterspeicher) und natürlich Platten- und Bandspeicher.
□ Inhaltsorientierter Zugriff, wenn eine mit dem Inhalt zusammen abgespeicherte Codebezeichnung (für die Kennzeichnung eines bestimmten Inhaltes oder Sachverhaltes) ermöglicht, alle Informationen des gleichen Inhalts in einem Schritt auszulesen. Dazu sucht man den gesamten Speicherinhalt nach dieser Codebezeichnung ab.

Die zum S. erforderliche Zeit heißt Zugriffszeit. Es ist die Zeitspanne vom Aufruf eines Speicherplatzes (Anlegen der Adresse) bis zur Verfügbarkeit der gespeicherten Information am Ausgang. Beim wahlfreien Zugriff ist die Zugriffszeit zu jeder Zelle etwa gleich und relativ klein (Zeitdauer einige 10–100 ns), beim seriellen Zugriff hängt sie sehr von der räumlichen Lage der Information ab und ist entsprechend größer (z. B. bei Band- und Plattenspeichern im Bereich von Millisekunden bis Sekunden. So hat eine 8-Zoll Standard-Diskette etwa 10 ms, eine 5¼-Zoll Mini-Diskette etwa 40 ms und ein Festplattenspeicher etwa 50 ms Zugriffszeit. Die Zugriffszeit hängt naturgemäß sehr stark vom verwendeten Speicherprinzip ab (Bild). Auf der einen Seite stehen die Halbleiterspeicher mit sehr kurzen Zugriffszeiten, aber begrenzter Speicherkapazität, auf der anderen Seite gibt es die relativ langsamen Band- und Plattenspeicher verschiedenster Art. Im Zwischenbereich liegen CCD-Speicher und Magnetblasenspeicher. Die Entwicklung ist stark im Fluß. *R. Paul*

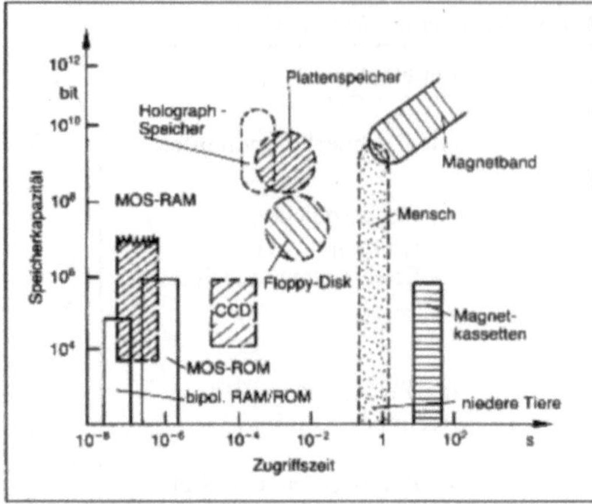

Speicherzugriff: Typische Speicherkapazitäten und Zugriffszeiten ausgewählter Speicherlösungen.

Spektralanalyse →Spektrum, →Frequenzanalyse

Spektrometer für Neutronenstrahlung →^{3}He-Zählrohr

Spektrum. (*lat.* Bild, Vorstellung). Im engeren Sinn ist ein S. die Darstellung einer Eigenschaft einer elektromagnetischen Größe in Abhängigkeit von der Energie, der Frequenz oder Wellenlänge. Beispiele sind das Intensitätsspektrum des sichtbaren oder infraroten Lichtes (Strahlungsflußdichte in W/m^2 als Funktion der Wellenlänge in m oder der Wellenzahl in cm^{-1}), das Amplitudenspektrum eines Signals (Amplitude z. B. in V/Hz als Funktion der Frequenz in Hz), das Leistungsdichtespektrum eines Signals (Leistungsdichte z. B. in V^2/Hz als Funktion der Frequenz in Hz). Die spektrale Zerlegung eines Signals erfolgt in Spektrometern mit Hilfe von dispersiven Bauteilen oder mittels spezieller Berechnungsverfahren. So erlaubt die →Fourier-Transformation aus einer gemessenen Zeitfunktion x(t) das zugehörige Amplitudenspektrum X(f) oder X(ω) zu berechnen. Bei einem abgetasteten Zeitsignal $x(nT_a)$ ist die Diskrete Fourier-Transformation anzuwenden.

Im weiteren Sinn wird der Begriff S. auch in der Akustik (Klang- oder Schallspektrum) und für Häufigkeitsverteilungen benutzt. So stellt z. B. das Geschwindigkeitsspektrum (Energiespektrum) von Teilchen die Häufigkeit der Teilchen pro Geschwindigkeitsintervall (Energieintervall) dar und das Massenspektrum einer analysierten Probe ist die Aufzeichnung der Zahl der Teilchen pro Masseintervall. *Schrüfer*

Spektrumanalysator. Gerät zur Analyse der Frequenzanteile in einem Frequenzgemisch. Es werden die Amplituden der einzelnen Frequenzen ausgegeben. Die Darstellung erfolgt in der Regel graphisch auf einem Bildschirm (→Frequenzgang). *Winter*

Sperrschichttemperatur. Die für den →Ausfall der Halbleiter-Bauelemente maßgebende Temperatur ist die der Sperrschicht. Die S. T_j läßt sich aus der Umgebungstemperatur T_u und aus der im Bauelement umgesetzten elektrischen Leistung P = UI ermitteln, wenn der thermische Widerstand R_{ju}(°C/W) zwischen Sperrschicht und der umgebenden Luft bekannt ist:

$$T_j = T_u + R_{ju}P$$

Der thermische Widerstand kann den Datenblättern entnommen werden (Tabelle). Bei integrierten Schaltkreisen wird er in der Regel für die Sperrschichten in der wärmsten Zone des IC's, z. B. in der Nähe der Ausgangsstufe, angegeben. Hat ein Transistor einen Wärmewiderstand R_{ju} = 450 °C/W, so beträgt die S. bei einer Umgebungstemperatur T_u = 70 °C und bei einer im Transistor umgesetzten Leistung P = 0,2 W

$$T_j = 70° \text{ C} + 450 \cdot 0{,}2° \text{ C} = 160° \text{ C}$$

Im Interesse der →Zuverlässigkeit empfiehlt es sich, durch eine geringe elektrische Belastung und durch eine gute Wärmeableitung die Temperatur der Bauelemente niedrig zu halten. Die →Ausfallraten der Dioden verdoppeln sich bei einer Temperaturerhöhung um 10 °C; die der Transistoren nimmt etwas weniger stark zu. *Schrüfer*

Sperrschichttemperatur. Tabelle: Richtwerte für den thermischen Widerstand R_{ju} verschiedener Gehäuse.

Gehäuse	Zahl der Anschlüsse	R_{ju}
DIL	6– 8	150 °C/W
DIL	14–18	90 °C/W
DIL	22–48	70 °C/W
T05		140 °C/W

Spitzenmeßplatz. →Meßeinrichtung als Zusatz für einen →Bausteintester für die →Fehlersuche oder genaue Untersuchung von Wafern, wobei mit einer extrem feinen Kontaktierungsspitze einzelne Knoten auf dem →Chip gezielt kontaktiert werden können. Der Einsatz des S. erfolgt analog zur Anwendung der →Prüfspitze bei →Leiterplattenbaugruppen. *Winter*

Spitzenwertgleichrichtung →Meßgleichrichter

Split-range-Regelung. Aufspaltung des Stellsignals eines Reglers in zwei oder mehrere Abschnitte, um vom Stellsignal zwei oder mehrere Stellglieder nacheinander öffnen, nacheinander schließen oder eines schließen und das andere öffnen zu können (→Temperaturregelung). *Strohrmann*

Sprungantwort. Die S. ist die Ausgangsfunktion v(t) eines Übertragungsgliedes, an dessen Eingang eine Sprungfunktion $u(t) = S\,\sigma(t)$ gelegt wird. S ist die Sprunghöhe; $\sigma(t)$ ist die Einheitssprungfunktion mit folgender Definition

$$\sigma(t) = \begin{cases} 0 \text{ für } t < 0 \\ 1 \text{ für } t \geq 0 \end{cases}$$

Für ein Übertragungsglied mit der Übertragungsfunktion

$$F(s) = \frac{V(s)}{U(s)}$$

ist die Laplace-Transformierte der S. $V(s) = F(s)\ S/s$ da $U(s) = S/s$ (→Übergangsfunktion, →Systemantwort). *Böttiger*

Sprungausfall →Ausfall

SPS →Speicherprogrammierbare Steuerung

Spule. Bezeichnung für ein Wickel eines Stromleiters, z. B. einer Wicklung aus Kupferdraht. S. bilden, meist in Verbindung mit einem magnetischen Kern, entweder ein frequenzbestimmendes Bauelement für die Elektronik, eine technische Induktivität oder einen Teil eines elektromagnetischen Wandlers, z. B. in →Relais.

S. werden allgemein Induktivitäten genannt und nutzen den physikalischen Effekt der Selbstinduktion. Der Wert des Selbstinduktionskoeffizienten als elektrische Größe wird ebenfalls Induktivität genannt und in →Henry (H) angegeben. Die Induktivität L einer Spule ergibt sich aus dem Produkt einer Spulenkonstanten A_L in der die magnetischen Eigenschaften des Kernmaterials zum Ausdruck kommen und dem Quadrat der Wicklungswindungszahl N.

$$L = A_L \cdot N^2\ [H]$$

S. haben im Wechselstromkreis einen sich aus der Induktivität L und der Frequenz f ergebenden Blindwiderstand X_L, der in →Ohm angegeben wird.

$$X_L = 2\pi f \cdot L\ [\Omega]$$

S. werden meist verwendet mit Kernen, die die magnetische Leitfähigkeit gegenüber Luft stark erhöhen. Als Kernmaterial kommen Ferrite zur Anwendung, wenn die Spulen in frequenzbestimmenden Kreisen oder Filtern in der HF-Technik eingesetzt werden. Blechkerne aus Dynamoblech werden benutzt, wenn S. bei niederen Frequenzen oder in Wandlern eingesetzt werden.

S., die zur Dämpfung von Wechselstromamplituden benutzt werden, heißen *Drosseln* bzw. HF-Drosseln, wenn sie im Hochfrequenzbereich (kHz bis GHz) eingesetzt werden. Sie werden Speicherdrosseln genannt, wenn sie als Speicher elektrischer Energie benutzt werden.

Weitere Anwendungen von S. in der Elektronik sind beispielsweise in Lautsprechern oder Mikrophonen als →Wandler von elektrischer in mechanischer Energie und umgekehrt. S. befinden sich weiterhin in Ablenkeinheiten zur Beeinflussung des Elektronenstrahls in Bildröhren, in Schreib- oder Leseköpfen von Magnetbandgeräten, in Antennenverstärkern, in Sensoren induktiver Näherungsschaltern, in Induktionsschmelzöfen sowie in allen Elektromotoren.

Werden zwei elektrisch getrennte S. von einem gemeinsamen Magnetfeld durchdrungen und physikalisch der Effekt der Gegeninduktion genutzt, dann wird dieses Gebilde Transformator bzw. Übertrager (Wandler) genannt.

Die einfachste Form einer S. besteht aus einer den Anforderungen entsprechend berechneten Anzahl von Windungen eines Leiters auf einem nicht magnetischen Träger. Diese S. mit Luft als Spulenkern, haben also keinen die magnetische Leitfähigkeit erhöhenden Kern und besitzen deshalb eine relativ kleine Induktivität. Sie werden meist gemeinsam mit Kondensatoren in Schwingkreisen oder Frequenzfiltern hoher Güte bei sehr hohen Frequenzen in Sender- und Empfängerschaltungen eingesetzt.

Für S. mit höherer Induktivität werden Wicklungen mit Kernen, die die magnetische Leitfähigkeit erhöhen verwendet. Diese Kerne bestehen je nach Anwendungsfrequenz und nach räumlichen Gegebenheiten aus Ferritmaterial oder Dynamoblechen. Bei diesen S. kommt die volle Breite der vielfältigen Kernformen, die auf dem Markt zu finden sind, zur Anwendung (Ferritkern). *Both*

Sputter-Epitaxie. Erzeugung epitaktischer (d. h. einkristalliner) Schichten auf geeigneten Substraten mit Hilfe der Hochfrequenzkathodenzerstäubung. Auf diese Weise lassen sich z. B. magnetische Granatschichten hoher Qualität erzeugen, wie sie für die Realisierung nicht-reziproker Bauelemente in Wellenleiterstruktur benötigt werden. *Dammann*

Sputtern. S. oder Kathodenzerstäuben ist ein physikalischer Prozeß, mit dem im Prinzip jedes als Festkörper vorliegende Material auf einem beliebigen Substrat als Schicht mit guter Haftung abgeschieden werden kann. In der Silicium-Halbleitertechnologie werden mit Sputterprozessen vor allem Metallisierungsschichten für Kontakte und Leiterbahnen (z. B. Aluminium) und Passivierungsschichten zum Schutz von fertigen integrierten Schaltungen (z. B. Silicium-Nitrid, Si_3N_4, Siliciumdioxid, SiO_2) hergestellt.

Durch den Sputterprozeß selbst werden die Halbleiterscheiben nur auf relativ niedrige Temperaturen (ca. 200 °C) aufgeheizt. In einer Vakuumkammer wird bei niedrigem Druck ein Argonplasma erzeugt. Die positiv geladenen Argonionen aus dem Plasma werden zum auf negativem Potential liegenden Target (Kathode), welches aus dem abzuscheidenden Material besteht, aufgrund des elektrischen Feldes beschleunigt. Durch das Auftreffen der Argonionen wird aus dem Target Material herausgeschlagen, welches sich dann an der gegenüberliegenden Oberfläche, auf der sich die Substrate befinden, abscheidet.

Die Sputterausbeute, d. h. die Anzahl der pro Argonion aus dem Target herausgeschlagenen Atome, ist abhängig von der Atommasse des Targetmaterials und der Energie, mit der ein Argonion auftrifft (Bild 1).

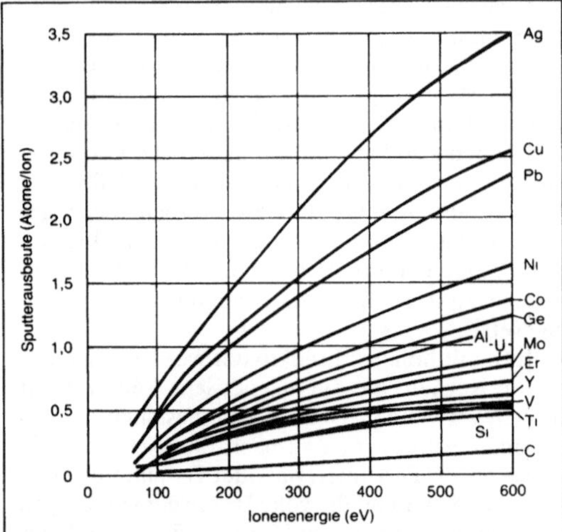

Sputtern 1: Sputterausbeute für einige Metalle in Abhängigkeit von der Energie eines Argon-Ions.

□ Gleichspannungs-Planar-Dioden-Sputteranlage (Bild 2): In der Vakuum-Kammer wird ein konstanter Argondruck von ca. 10^{-2} mbar gehalten. Beim Anlegen einer Gleichspannung von bis zu ca. 3000 V zwischen Target (Kathode) und Substrathalter (Anode) entsteht ein elektrisches Feld. In diesem elektrischen Feld werden freie Elektronen, die immer in einem Gas vorhanden sind, in Richtung Anode beschleunigt. Wegen des geringen Gasdrucks ist die freie Weglänge der Elektronen so groß, daß sie bei einem unelastischen Stoß mit einem Argonatom genügend kinetische Energie besitzen, um das Atom zu ionisieren. Es entstehen Paare von Elektronen und positiv geladenen Argonionen. Die Argonionen werden zur Kathode beschleunigt, aus der sie wegen ihrer relativ großen Atommasse Atome des Targetmaterials herausschlagen. Gleichzeitig werden damit auch Elektronen aus der Kathodenoberfläche frei. Diese werden als Sekundärelektronen bezeichnet und tragen zur Erhaltung des Plasmas bei. Das Targetmaterial fliegt nach allen Richtungen weg, wobei es sich u. a. auf den Substraten niederschlägt. Mit Anlagen dieser Art erhält man Sputterraten von etwa 200 nm/min. Durch Elektronenbeschuß können sich die Substrate z. B. bei 1 kW Leistungsaufnahme der Anlage auf bis zu 300 °C aufheizen.

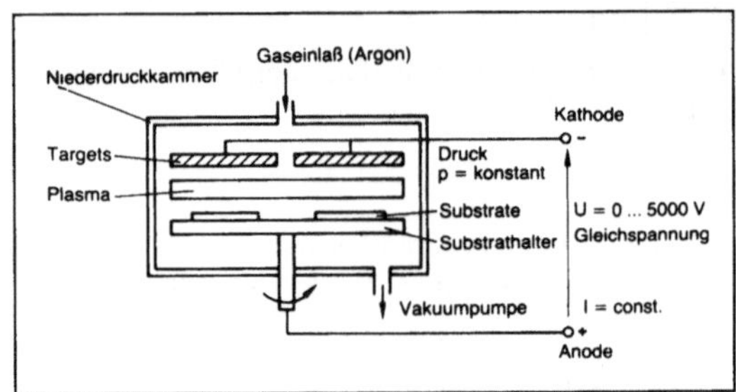

Sputtern 2: Schematische Darstellung einer Gleichspannungs-Planar-Dioden-Sputteranlage.

□ Hochfrequenz-S.: Dabei wird statt einer Gleichspannung eine Hochfrequenz-Wechselspannung an das Target gelegt. Industriell wird eine Frequenz von 13,56 MHz verwendet. Die Amplitude der Wechselspannung erreicht je nach Anlagenbauart bis ca. 3000 V. Gegenüber dem Sputterprozeß mit Gleichspannung kann mit einem geringeren Gasdruck gearbeitet werden ($2 \cdot 10^{-4}$ Torr). Man erhält daher sehr reine Schichten mit einem sehr geringen Argon-Gehalt. Es ist mit dieser Methode auch möglich, Isolatormaterial zu sputtern.

Hochfrequenzwechselspannung zum S. von →Isolator wird verwendet, da sich bei Gleichspannung die Targetoberfläche durch den Beschuß mit positiv geladenen Argonionen positiv auflädt. Dieser Aufladungseffekt bewirkt, daß ein Teil der Spannung über dem Target abfällt und der Rest für die Gasentladung nicht mehr ausreicht. Das Plasma erlischt, und es findet kein Ionenbeschuß mehr statt. Von der Hochfrequenzwechselspannung können nur die Elektronen beschleunigt werden, wogegen die schwereren Ionen praktisch ortsfest bleiben. Die Ionisation in einem Hochfrequenzfeld ist daher effektiver, und es kann mit geringerem Gasdruck gearbeitet werden. Auf die Targetoberfläche und auf den Substrathalter können zunächst nur Elektronen gelangen. Durch Erdung des Substrathalters fließen die Elektronen dort zur Masse ab, während sie auf der isolierten Targetoberfläche gehalten werden. Es entsteht ein stationäres elektrisches Feld zwischen Targetoberfläche und Substrathalter, durch welches die Argonionen auf das Target beschleunigt werden. Die negative Ladung auf der Targetoberfläche wird durch den Ionenbeschuß vermindert. Der Verlust wird durch Elektronen aber immer wieder ausgeglichen. Es stellt sich im Mittel ein stationäres elektrisches Feld ein, dessen Betrag etwas geringer ist als die Amplitude des Wechselfelds.

□ Bias-S.: Um den Elektronenbeschuß auf die Substrate zu beeinflussen, wird an den Substrathalter eine →Vorspannung gelegt. Die Temperatur der Substratoberfläche bzw. der aufgebrachten Schicht steigt mit Erhöhung des Elektronenbeschusses. Die Temperatur der Schicht und die Energie der auf die Substrate auftreffenden Elektronen beeinflussen die Qualität des aufgesputterten Films. Der Einbau von Argonatomen, der Schichtwiderstand sowie auch der Schichtverlauf über Stufen wird durch die Substrat-Vorspannung beeinflußt.

In Anlagen für Bias-S. ist meist die Niederdruckkammer geerdet oder eine extra Anode vorhanden. Der Substrathalter ist gegen das Gehäuse isoliert und liegt an dem negativen Pol der Vorspannung. Es wird Gleichspannung verwendet, bei isolierenden Substraten neuerdings auch Hochfrequenzspannung mit einer Amplitude bis zu 250 V.

□ Co-S.: Durch Verwenden von mehreren Targets unterschiedlichen Materials lassen sich periodische Schichtfolgen erzeugen, wenn der Substrathalter mit den Silicium-Scheiben während des Prozesses rotiert. Man kann z. B. Tantal-Silicid-Schichten herstellen, indem man in einer Anlage (Bild 2) Tantal und Silicid-Targets verwendet und die Rotationsgeschwindigkeit des Substrathalters und der gewünschten Dicke der einzelnen Schichten anpaßt. Durch einen Hochtemperaturprozeß (Tempern) vermischen sich durch Diffusion die einzelnen Schichten, und es bildet sich Tantalsilicid.

□ Target: Targets werden aus dem Material hergestellt, welches gesputtert werden soll. In Sputter-Anlagen sind verschiedene Arten von Targets gebräuchlich. Durch die Formgebung und den Aufbau läßt sich die Sputterrate und die Schichtdickenhomogenität auf dem Substrat beeinflussen.

Beim Planartarget ist die Oberfläche eben. Die Form der ca. 1 cm starken Materialplatte ist unterschiedlich: rund, rechteckig, Kreissegment. Die Targets werden als Kathoden in Gleichspannungs- und Hochfrequenz-Sputteranlagen eingebaut. Ist die Targetfläche größer als die Substratfläche, lassen sich gute Schichthomogenitäten erreichen. Eine weitere Verbesserung der Schichtdickenhomogenität wird durch Bewegung der Substrate relativ zu dem Target erreicht.

Planar-Magnetron-Targets können statt eines normalen Planar-Targets verwendet werden. Durch die geschickte Anbringung eines Magnetfeldes (ca. 150 Gauß) nahe der Targetoberfläche wird erreicht, daß die Elektronen sich nicht weit vom Target entfernen können. Man erreicht so eine hohe Plasmadichte direkt an der Targetoberfläche innerhalb eines Bereichs, in dem das Magnetfeld stark genug ist. Das hat einen unterschiedlichen Abtrag des Materials zur Folge. Mit der Zeit wird die Targetoberfläche an den Stellen am stärksten vertieft, an denen das Magnetfeld am größten ist. Verwendet man ein rechteckiges Planar-Magnetron-Target (Bild 3) in einer Anlage, kann man die Inhomogenität der abgeschiedenen Schichtdicke durch Rotieren des Substrathalters unter dem Target ausgleichen.

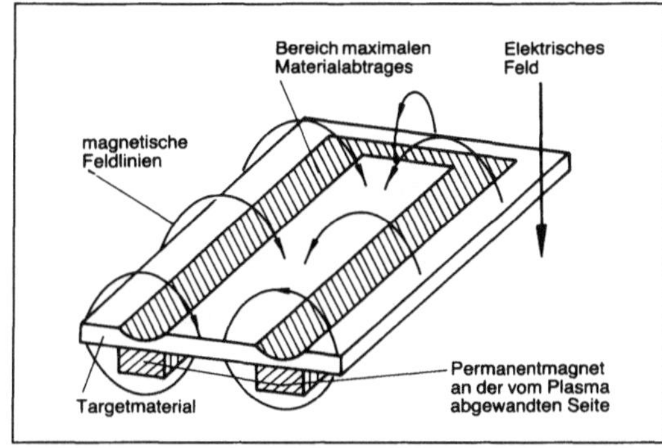

Sputtern 3: Schnittdarstellung des Planar-Magnetron-Targets.

Durch Verwendung eines Planar-Magnetron-Targets kann die Sputterrate bei gleichem Argondruck gegenüber der Verwendung eines normalen Planar-Targets um das ca. Vierfache erhöht werden. Da das Magnetfeld Elektronen einfängt und so weniger Elektronen zum Substrat gelangen und dieses aufheizen, vermindert sich die Substrattemperatur. Bei 2,5 kW Leistung wird das Substrat nur 180 °C heiß. *Ryssel*

SQUID. (*engl.* Superconducting Quantum Interference Device, supraleitendes Quanteninterferometer). Anordnung auf Grundlage des Josephson-Effektes, die zur Messung magnetfeldabhängiger Größen benutzt wird.

Das Grundprinzip besteht darin, zwei Josephson-Kontakte (Josephson-Tunnelelemente, Punktkontakte oder Josephson-Brücken) in Form eines supraleitenden Ringes parallel zu schalten (Bild 1). Die umschlossene Fläche A bestimmt dabei u. a. die →Empfindlichkeit. Das Magnetfeld Φ_A tritt senkrecht durch die Fläche A hindurch. Flußänderungen erzeugen – nach dem Gleichstrom-Josephson-Effekt – eine periodische Änderung des kritischen Stromes I_m

$$I_m\,(H \neq 0) = I_m\,(H = 0) \cdot \left[\frac{\sin \dfrac{\pi\Phi_a}{\Phi_o}}{\dfrac{\pi\Phi_a}{\Phi_o}}\right]$$

durch den einzelnen →Kontakt (Φ_a magnetischer Fluß durch die Isolationsschicht der Tunnelbarriere, $\Phi_o = h/2c = 2{,}07 \cdot 10^{-15}$ Vs, Flußquant). Der maximale Strom durch das SQUID in Abhängigkeit vom Magnetfluß beträgt dann:

$$I_m\ (H \neq 0) = 2\ I_m\ (H = 0) \cdot \left[\frac{\dfrac{\sin \pi\Phi_a}{\Phi_o}}{\dfrac{\pi\Phi_a}{\Phi_o}}\right] .$$

$$\left[\cos \frac{\pi\Phi_A}{\Phi_o}\right] \sim \left[\cos \frac{\pi\Phi_A}{\Phi_o}\right]$$

Da die SQUID-Fläche A üblicherweise sehr viel größer als die Fläche a des Einzelkontaktes ist ($A \gg a$), gilt für kleine Magnetfelder

$$I_m\ (H \neq 0) = 2\ I_m\ (H = 0) \cdot \left[\cos \frac{\pi\Phi_A}{\Phi_o}\right]$$

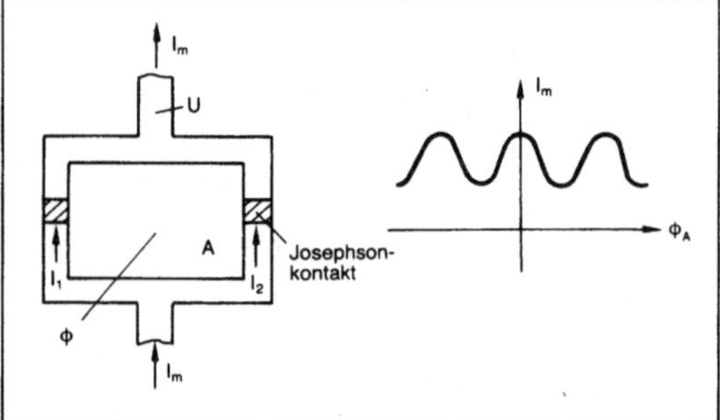

SQUID 1: Schematischer Aufbau.

Der maximale Suprastrom durch das S. oszilliert mit der Periode des Flußquants Φ_o (Bild 2). Bei konstantem Betriebsstrom (und überschrittenem I_m) oszilliert dann umgekehrt die Spannung über dem SQUID. Nach diesem Prinzip können Spannungen bis 10^{-17}–10^{-15} V, Ströme $\lesssim 10^{-9}$ A und Magnetfelder bis herab zu 10^{-14} T gemessen werden.

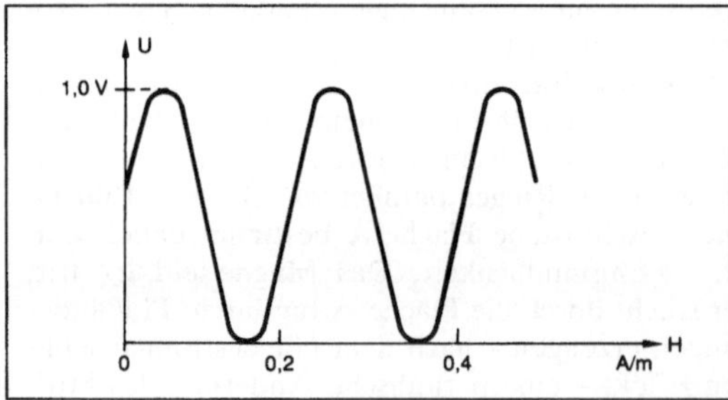

SQUID 2: Spannungsverlauf in Abhängigkeit vom einwirkenden Magnetfeld.

SQUIDs werden hauptsächlich in der →Meßtechnik für wissenschaftliche Zwecke zur →Magnetfeldmessung, zur Messung der magnetischen Suszeptibilität für die Magnetokardiographie u. a. m. verwendet, ferner gibt es eine große Zahl von Schaltungs- und Speichervorschlägen. Wird beispielsweise dem S. über einem Tunnelübergang ein Steuerstrom überlagert, so kann der Stromfluß durch diesen Übergang so beeinflußt werden, daß der Ringstrom seine Richtung ändert. Mit einer zweiten Steuerleitung und einer Leseleitung versehen, läßt sich so eine SQUID-Speicherzelle realisieren. Auf ähnliche Weise lassen sich auch logische Funktionen realisieren. *R. Paul*

Stabilität. S. ist eine Eigenschaft, die für jedes System (technisch, wirtschaftlich oder biologisch) gefordert wird. Eine anschauliche Beschreibung dieser Eigenschaft lautet wie folgt: Ein System ist stabil, wenn seine Signale oder physikalischen Größen nach einmaligen Anstoß in ihre Ruhelage zurückkehren.

Für ein →Übertragungsglied mit einer Eingangs- und einer Ausgangsgröße wird die Übertragungsstabilität definiert: Ein Übertragungsglied ist stabil, wenn bei begrenzter Eingangsgröße die Ausgangsgröße begrenzt bleibt. Hierfür gibt es den Begriff BIBO-S. (*engl.* bounded input – bounded output).

Etwas enger ist die Definition bezüglich der →Gewichtsfunktion (→Systemantwort): Ein Übertragungsglied ist stabil, wenn seine Gewichtsfunktion $g(t)$ für $t \to \infty$ gegen Null strebt. Diese Forderung ist gleichwertig mit der Bedingung, daß alle Eigenbewegungen eines Systems oder Übertragungsgliedes abklingen müssen. Daraus ergibt sich als mathematische Definition: Ein lineares System ist stabil, wenn seine Eigenwerte negativen Realteil haben.

Für Systeme höherer Ordnung sind die Eigenwerte als Lösungen oder Wurzeln der charakteristischen Gleichung ohne technische Hilfsmittel nur schwer zu berechnen. Deswegen sind im Lauf der Zeit Kriterien entwickelt worden, die es erlauben, S. oder Instabilität eines Systems festzustellen, ohne die charakteristische Gleichung lösen zu müssen. Solche Stabilitätskriterien untersuchen entweder die Koeffizienten der charakteristischen Gleichung (z. B. →Hurwitz-Kriterium) oder den →Frequenzgang der →Kreisübertragungsfunktion (z. B. →Nyquist-Kriterium). Beim Wurzelortsverfahren (→Wurzelortskurve) wird näherungsweise der Verlauf der Eigenwerte in Abhängigkeit eines freien Parameters gezeichnet. Da es heute genug Rechnerprogramme zur direkten Lösung der charakteristischen Gleichung gibt, sind die Näherungsverfahren nur sinnvoll, wenn die Aussagen über S. wesentlich schneller zu ermitteln sind.

Problematisch ist die Stabilitätsuntersuchung für nichtlineare Systeme. Hier werden die Methoden

von *Ljapunov* oder das *Popov*-Kriterium eingesetzt. Für einfache nichtlineare Regelkreise kann bei Anwendung der →Beschreibungsfunktion die →Schwingungsbedingung untersucht werden.
→Regelungsverfahren *Böttiger*

Literatur: *Böttiger, A.:* Regelungstechnik. München 1988. – *Föllinger, O.:* Nichtlineare Regelungen I und II. München 1982/80. – *Unbehauen, H.:* Regelungstechnik I. Braunschweig 1982. – *Willems, J. L.:* Stabilität dynamischer Systeme. München 1973.

Stabilitätsreserve. Die S. ist gewissermaßen ein Gütemaß für die →Stabilität eines →Regelkreises, das sich auf die Lage der Eigenwerte oder Pole in der komplexen s-Ebene bezieht. →(Wurzelortskurve)

Für ein stabiles System müssen alle Eigenwerte $s = \sigma + j\omega$ in der linken s-Halbebene liegen. Je größer der Abstand von der Imaginärachse ist, desto schneller klingt die zugehörige →Eigenbewegung ab. Mit der absoluten S. wird ein Mindestabstand $\sigma < -a$ von der Imaginärachse gefordert und damit ein Minimalwert der Abklingkonstanten (Bild). Diese Vorgabe ist vor allem für Eigenwerte nahe der reellen Achse wichtig. Für Eigenwerte mit gegenüber dem Realteil großem Imaginärteil wird mit der relativen S. ein Mindestdämpfungsgrad $d_m = \sin \Theta_r$ festgelegt, so daß die Schwingungen der Eigenbewegung mit $d > d_m$ gedämpft sind. *Böttiger*

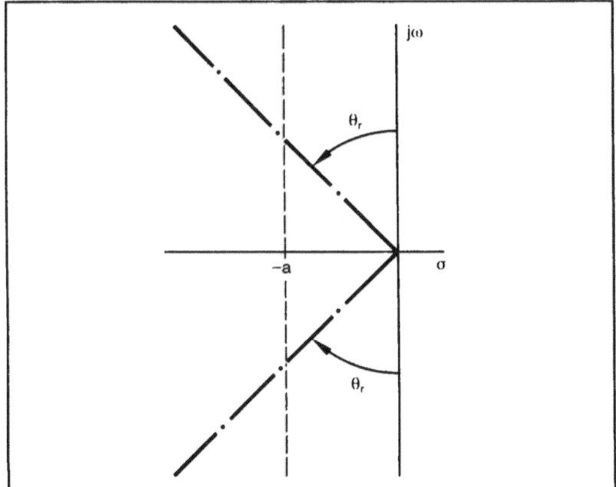

Stabilitätsreserve: Absolute und relative S.

Stand-by-System. Synonyme Bezeichnung für →Back-up-System. *Strohrmann*

Ständigfehler →Klemmfehler

Statussignal. Signal, das über den Status, d. h. die Funktionsfähigkeit einer Meß- oder Automatisierungseinrichtung, informiert.

Die selbsttätige →Ausfallerkennung ist besonders für solche elektrische Einrichtungen wichtig, die nur in größeren Zeitabständen beobachtet und kontrolliert werden können. Dies trifft z. B. im Bereich der Umwelt-Meßtechnik für unbesetzte Stationen zur Luft- und Wasserüberwachung zu. Hier ist es üblich, verschiedene Betriebsparameter laufend zu kontrollieren und bei zu großen Abweichungen vom →Arbeitspunkt Alarmmeldungen an die Zentrale zu geben. Diese binären S. können sich z. B. beziehen auf

- Elektrische →Hilfsenergie; Versorgungsspannungen und Versorgungsströme
- Pneumatische →Hilfsenergie; Druck der Versorgungsluft
- Menge und Temperatur des Kühlwassers
- Menge und Temperatur des überwachten Mediums
- Eventuelle Störungen in der Probenaufbereitung (Kondensat)
- Spannungen, Ströme und Frequenzen an ausgewählten Punkten der Meßanordnung
- Grenzwertüberschreitungen der Meßgröße.

Schrüfer

Steckverbinder. Der S. ist ein elektromechanisches Bauteil, an dessen Kontakte elektrische Leiter anschließbar sind. Das dazu passende Gegenstück stellt die elektrische Verbindung her und ermöglicht so die Trennung aller Stromkreise. Mit je einem zusammenhängenden Kontaktpaar kann damit ein Stromkreis geschlossen oder geöffnet werden. S. werden hauptsächlich in der Datentechnik, Nachrichtentechnik, →Meß- und Automatisierungstechnik, Installationstechnik, Konsumgütertechnik und Militärtechnik eingesetzt.

Der elektrische und mechanische Aufbau der S. ist von der Verwendung abhängig. Es werden S. für gedruckte Schaltungen, Einschübe, zum Messen und Prüfen sowie für Leitungen unterschieden. Sie sind aus starren und federnden Kontaktteilen, die elektrisch gegeneinander isoliert und zum Schutz vor Beschädigungen im Isolierstoffgehäuse eingebaut sind, aufgebaut. Die starren Kontakte haben meist die Form von Stiften oder von Messern. Die dazu passenden federnden Kontaktteile sind als Buchsen oder Federn ausgebildet. Die Kontaktfeder oder -buchse hat die Aufgabe, die für die elektrische Verbindung erforderliche Kontaktkraft zu erzeugen. Die Höhe der erforderlichen Kontaktkraft kann abhängig von der Oberfläche der Kontakte variieren; für Goldoberflächen genügt beispielsweise eine kleinere Kraft als für Zinnoberflächen.

Die erforderliche Kraft zum Betätigen der S., also für Verbinden oder Lösen der Verbindung, ist abhängig von der Höhe der Kontaktkraft und der Anzahl der zu verbindenden Kontakte. Nimmt die Betätigungskraft höhere Werte als z. B. 200 N an, sind geeignete mechanische Zusatzelemente wie

Schrauben, Hebel erforderlich. Die elektrischen Eigenschaften des Steckkontaktes sollen möglichst wenig von dem verbundenen Leiterstück abweichen und deshalb einen vergleichbaren ohmschen Widerstand sowie ähnliche Kapazität und Induktivität besitzen.

Zur Weiterleitung der elektrischen Ströme erhalten die S. an ihrer Anschlußseite eine feste elektrische Verbindung. Verwendete Anschlußtechniken für Leitungen oder Leiterplatten sind Crimp-, Einpreß-, Wire-wrap-, Schneidklemm- oder Lötverbindungen. *Pagnin*

Steckverbinder für gedruckte Schaltungen. Diese S. verbinden aus gedruckten Schaltungen aufgebaute steckbare Baugruppen mit den weiteren Baugruppen eines Gestelles, über rückseitige Verdrahtungen. Diese Verdrahtung kann aus einzelnen Leitungen oder als gedruckte Schaltung ausgeführt sein. Abhängig von der Packungsdichte und Anzahl der verwendeten Bauelemente und Schaltkreise müssen bis zu 100 Pole, in Sonderfällen mehr als 100 Pole verbunden werden. Die S. werden als direkte oder indirekte S. ausgeführt.

Codiereinrichtungen an den S. verhindern das Stecken von Baugruppen in falsche Gestellplätze. Der Anschluß der Leiterbahnen der gedruckten Schaltungen an den S. wird als Löt- oder →Einpreßverbindung ausgeführt. Fest eingebaute S. mit Anschlußmöglichkeit für Einzel- oder Flachleitung werden mit Crimp-, Schneidklemm-, Wire-wrap- oder Lötverbindung ausgeführt. *Pagnin*

Steckverbinder, direkt/indirekt. Zur Herstellung einer lösbaren Verbindung zwischen Elektronikbaugruppen und Rückwandleiterplatten können →Steckverbinder nach dem direkten bzw. indirekten Steckverbinderprinzip gewählt werden. Beim *direkten* S. wird die Leiterplatte der Baugruppe direkt in den Stecker der Rückwandleiterplatte gesteckt. Beim *indirekten* Prinzip trägt die Baugruppe einen eigenen Stecker, der in der Rückwandleiterplatte kontaktiert wird. Vorteil: hohe Kontaktzuverlässigkeit. *Pagnin*

Steckverbinder, geschirmt. Um Störungen von Datenübertragungen über Kabel, die durch Fremdstrahlung auftreten bzw. um das unzulässige Abstrahlen von Signalen im Betrieb zu verhindern, müssen Kabel und →Steckverbinder geschirmt werden. Dies geschieht in der Regel durch das Anbringen metallischer, leitender Flächen. *Pagnin*

Steckverbinder, metrischer. Mit der Modulordnung nach IEC 917 wird weltweit die Metrik in die Elektromechanik eingeführt, welche die zöllige Bauweise nach DIN 41494 ablösen soll. Dieser Standardisierungsprozeß für metrische Bauweisen ist für Baugruppenträger, Baugruppe, Rückwandplatine, →Steckverbinder und Übergabesystem seit Mitte der 80er Jahre im Entstehen; für Steckverbinder gibt es bereits eine Norm nach DIN 41642. Es handelt sich hierbei um modular anreihbare →Einschubsteckverbinder im Raster 2,5 mm × 2,5 mm mit mehr als 400 Steckpunkten (bezogen auf Doppeleuropakartenformat). Die →Normung eines noch hochpoligeren Stecksystems im Raster 2,0 mm × 2,0 mm findet zur Zeit statt. *Pagnin/Heilmann*

Steckverbinder, schwimmend. →Steckverbinder mit schwimmender Montage sind mit einem gewissen seitlichen Spiel befestigt und können einen Montageversatz des Gegensteckers ausgleichen. Sie werden besonders bei Einschubbauweise verwendet. *Pagnin*

Stellantrieb. Gerät oder Geräteteil zum Verstellen eines mechanisch betätigten Stellgliedes. Das →Stellglied kann über Hebel oder Handräder direkt am Stellort oder über mit elektrischer, pneumatischer oder hydraulischer →Hilfsenergie arbeitende S. fernverstellt werden. Bild 1 zeigt einen pneumatischen S.: In einer zylindrischen Kammer grenzen Rollmembran und Membranteller einen Druckraum ab. Auf das System wirkt von einer Seite ein variabler Luftdruck, von der anderen wirken Federpakete, die dem S. eine dem Stelldruck proportionale Stellung aufprägen und ihn bei Ausfall der Druckluft in eine Endstellung überführen. Die Federn im linken Bildteil bewegen die Spindel bei Luftausfall nach oben, im rechten Bildteil nach unten. Bei den gebräuchlichen Sitz-Kegel-Anordnungen in Stellventilen wird von der linken Anordnung das Ventil von Federkraft geöffnet, in der rechten dagegen geschlossen. Die wirksamen Membranflächen liegen meist zwischen 200 und 3 000 cm^2, die maximalen Stelldrücke bei 6 bar und der maximale

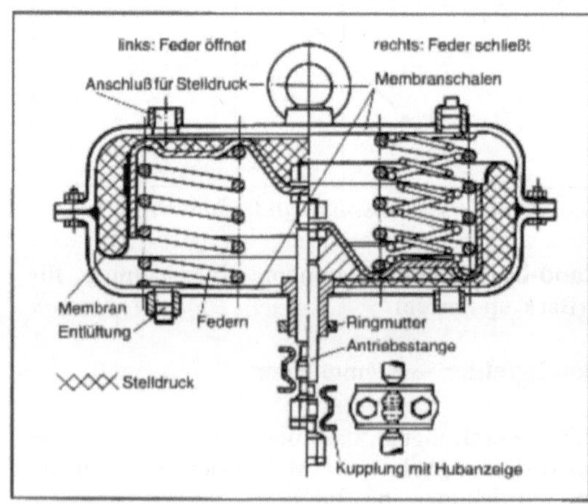

Stellantrieb 1: Schnittbild eines pneumatischen Membranantriebes.

Stellhub etwa bei 100 mm. Damit können Membranantriebe mit einfachen Mitteln relativ große Stellkräfte erzeugen, allerdings bei etwas eingeschränkten Stellwegen.

Weitere Vorteile pneumatischer S. sind große Stellgeschwindigkeiten und der Wegfall von Explosionsschutzmaßnahmen in explosionsgefährdeten Anlagen. Neben den Membranantrieben gibt es noch pneumatische Kolben- und Drehkolbenantriebe, die bei größeren Nennhüben und zur Verstellung von Stellklappen und Stellhähnen zum Einsatz kommen. Nachteile der pneumatischen Antriebe sind, daß die Stellsignale durch die Kompressibilität der Luft verzögert wirksam werden und daß für die →Hilfsenergieversorgung ein Druckluftnetz mit getrockneter, öl- und staubfreier Druckluft erforderlich ist.

Hydraulische S. sind für große Stellkräfte – z. B. bis etwa 700 kN – und große Nennhübe geeignet. Sie können als Kompaktantrieb – ein Gerät, das elektrisch angetriebene Zahnradpumpe, Stellzylinder, Steuerungselemente und Hydraulikflüssigkeit integriert (Bild 2) – oder als System mit zentraler Energieversorgung und räumlich verteilten Antrieben geliefert werden. Vorteilhaft ist, daß das Stellsignal wegen der Inkompressibilität der Hydraulikflüssigkeit unverzögert wirksam wird. Nachteilig ist der relativ zur Pneumatik hohe Aufwand und die Gefahr von Leckagen. Sicherheitsstellungen sind bei Einsatz von Hydrospeichern möglich.

Stellantrieb 2: Elektrohydraulischer Kompaktantrieb. (Quelle: Reinecke)

Elektromotorische S. sind für große Stellwege geeignet. Große Stellkräfte lassen sich über Getriebe auf Kosten der Stellgeschwindigkeit erzielen. Der Aufwand ist höher als bei pneumatischen S., besonders, wenn Explosionsschutz zu beachten ist oder Sicherheitsstellungen gefordert werden (→Stellhahn; →Stellklappe; →Stellungsregler; →Stellventil). *Strohrmann*

Literatur: *Hengstenberg, J., B. Sturm* und *O. Winkler:* Messen, Steuern und Regeln in der Chemischen Technik. 3. Aufl., Bd. III. Berlin–Heidelberg–New York 1981. – *Strohrmann, G.:* Automatisierungstechnik, Bd. 2: Stellgeräte, Strecken, Projektabwicklung. München–Wien 1990.

Stellausgabe, inkrementelle. Ausgabe der Änderungen des Stellsignals auf integrierende Steller wie motorische Antriebe oder Halteverstärker. Im Gegensatz dazu steht die Ausgabe des Stellsignals für →Stellantriebe mit proportionaler Zuordnung ihrer Stellung zum Stellsignal. Bei i. S. muß die Stellung des →Stellgliedes zum →Regler zurückgeführt werden, um Proportionalregelungen verwirklichen zu können. *Strohrmann*

Stellbereich →Regler

Stellglied, intelligentes. In der →Prozeßautomatisierung wird häufig der Gesamtkomplex der →Prozeßführung so aufgeteilt, daß typische Meß- und Regelaufgaben in Subeinheiten (Automatisierungsinseln) zusammengefaßt werden. Diese lassen sich mit Hilfe von intelligenten Sensoren einfacher realisieren, sie werden dann als i. S. bezeichnet. *Schaumburg*

Stellglied-Berechnung. Berechnung der erforderlichen Durchflußwerte eines Stellgliedes aus den strömungstechnischen Kenngrößen der zu regelnden Anlage. Maßzahl für den Durchflußwert eines Stellgliedes ist sein K_v-Wert, der experimentell ermittelt wird. Zur Berechnung der erforderlichen k_v-Werte aus den Anlagedaten gibt es Näherungsformeln für Flüssigkeiten und Gase nach VDI/VDE 2173, in die Volumen- oder Massendurchfluß, →Druckabfall und bei Flüssigkeiten die Dichte bzw. bei Gasen Normdichte, Betriebstemperatur und Betriebsdruck eingehen. Genauere von →IEC standardisierte Gleichungen zur Stellglieddimensionierung berücksichtigen zusätzlich: Einflüsse der Verdampfung von Flüssigkeiten im Stellglied, nichtideales Verhalten und die Expansion von Gasen, Einflüsse von Reynoldszahlen, die kleiner sind als die bei der experimentellen Bestimmung vorliegenden sowie Einflüsse der Rohrgeometrie. Letzteres hat besonders Bedeutung, wenn →Stellhähne, →Stellklappen oder →Stellschieber über Reduzierstücke mit Rohrleitungen größerer Nennweite verbunden werden. Weder die VDI/VDE- noch die

IEC-Gleichungen sind auf Zweiphasenströmungen anwendbar. *Strohrmann*

Literatur: DIN IEC 534-2-1: Stellventile für die Prozeßregelung, Durchflußkapazität, Bemessungsgleichungen für inkompressible Fluide. – DIN IEC 534-2-2: Stellventile für die Prozeßregelung, Durchflußkapazität, Bemessungsgleichungen für kompressible Fluide. – *Meffle, K.*: Grundlagen zur optimalen Auslegung von Stellventilen. Automatisierungstechnische Praxis **29** (1987), H. 6, S. 248–252. – *Strohrmann, G.*: Automatisierungstechnik, Bd. 2: Stellgeräte, Strecken, Projektabwicklung. München–Wien 1990. – VDI/VDE-Richtlinie 2173: Strömungstechnische Kenngrößen von Stellventilen und deren Bestimmung. Ausg. Sept. 1962.

Stellgröße →Regelkreis; →Regelungsverfahren

Stellhahn. Gerät, das Stoff- und Energieströme in Rohrleitungen absperrt oder durch Ändern des Widerstandes kontinuierlich stellt. Die Widerstandskörper lassen sich senkrecht zur Rohrleitungsachse verdrehen. Sie haben bei Absperrhähnen Bohrungen, die dem Innendurchmesser der anschließenden Rohrleitungen entsprechen.

In Regelhähnen werden die Strömungen meist eingeschnürt oder verwirbelt. Die Widerstandskörper von Kugelhähnen haben kugelige, die von Kükenhähnen konische oder zylindrische Formen. Bei einem Durchgangskugelhahn (Bild) drosselt die zylindrisch durchgebohrte Kugel in Offenstellung die Strömung nicht. Durch eine Drehung um 90° wird der Hahn geschlossen und die Strömung abgesperrt. Feste oder angefederte Sitzringe aus PTFE, aus glasfaserverstärktem PTFE oder – für Temperaturen über etwa 200 °C – aus metallischen Werkstoffen bewirken einen praktisch dichten Abschluß der Strömung. Für die Abdichtung der Schaftdurchführung nach außen ist eine Stopfbuchse oder andere Abdichtung erforderlich. Bei der Ausführung im Bild ist die Kugel schwimmend gelagert: Die linienförmigen Dichtelemente sind zugleich Führungselemente für die Kugel. In geschlossener Stellung drückt der Strömungsdruck die Kugel gegen die Dichtringe, so daß ein Nachstellen nicht erforderlich ist. Die hochglanzpolierte Kugel hat in Verein mit den PTFE-Dichtringen geringe Reibungskoeffizienten, so daß nur geringe Drehmomente erforderlich sind für das Stellen des Hahnes, das hier über einen Schaft geschieht, der in einen in die Kugel eingearbeiteten Schlitz eingreift.

Für größere Nennweiten und höhere Betriebsdrücke würden schwimmend gelagerte Kugeln zu sehr an die Dichtringe gepreßt, und die Kugel muß deshalb durch zusätzliche Lagerzapfen oben und unten fixiert werden. Kugelhähne sind wegen des schnellen Verschleißes der in Zwischenstellungen freiliegenden Dichtringe und wegen der relativ ungünstigen Grundkennlinie in ihrer Standardausführung weniger gut zum kontinuierlichen Regeln geeignet. Der Verbesserung des Regelverhaltens und der Verringerung der Schallemission dienen in der

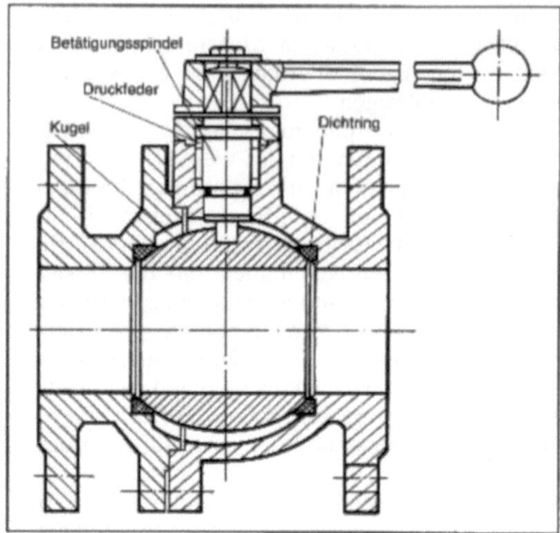

Stellhahn: Schnittbild eines schwimmend gelagerten Kugelhahns.

Durchflußöffnung der Kugel parallel angeordnete, perforierte Platten, die das Druckgefälle beim Strömungsdurchlauf unterteilen. Kugelhähne mit metallischen Dichtelementen oder in Ausführungen, bei denen auch bei Wegschmelzen der PTFE-Dichtringe noch eine Notdichtfunktion gegeben ist, können Produktströme auch noch im Brandfall absperren und erfüllen damit Fire-safe-Forderungen.

Beim Kükenhahn kann sich das Küken, ein durchbohrter Metallkonus, in einer im Gehäuse eingepreßten PTFE-Büchse bewegen. Diese Büchse stellt eine reibungsarme flächenhafte Führung und Dichtung dar, die auch die Abdichtung der Schaftdurchführung nach außen übernimmt, so daß eine Stopfbuchse entfallen kann. Meist wird jedoch noch ein zusätzlicher Dichtring (PTFE-Membran) eingesetzt, der in Funktion tritt, wenn die Büchse beschädigt sein sollte. Für Regelaufgaben kann in das Küken ein am Gehäuseboden gegen Verdrehen fixierter Drosselkörper eingebracht werden. Seine freie Querschnittsfläche bestimmt den K_{vs}-Wert des Stellhahnes. Die Grundkennlinie dieser Regelhähne liegt zwischen einer gleichprozentigen und einer linearen Kennlinie, sie läßt sich durch Kurvenscheiben im →Stellungsregler in eine lineare oder in eine gleichprozentige →Durchflußkennlinie überführen. Auch Kükenhähne sind in Fire-safe-Ausführung lieferbar.

S. werden aus Stählen, rostfreien Stählen, aber auch aus Nichteisenmetallen oder Keramik sowie mit verschiedenen Auskleidungen hergestellt. Als Antriebe kommen pneumatisch betriebene Membran-, Zylinder- und Drehflügelantriebe oder elektromotorische zum Einsatz. Fail-safe-Verhalten ist – besonders für Hähne mit größerer Stellarbeit – oft mit Druckluftpuffern besser zu realisieren als durch

Federrückstellung. S. eignen sich mit Nennweiten bis zu 250 mm in der Standardausführung bzw. bis zu 400 mm in Sonderausführungen zum Stellen mittlerer Durchflüsse. Die Grenzen für den Betriebsdruck liegen bei 100 bar, die für die Betriebstemperatur beim Einsatz von PTFE-Dichtungen bei etwa 200 °C, bei metallischen Dichtungen bei 600 °C. Wegen ihrer kompakten Abmessungen und des freien Durchganges auch für Reinigungsmolche sind sie auch für Absperraufgaben in Pipelines interessant (→k_v-Wert; →Lärmschutzmaßnahme; →Mischventil; →Stellantrieb; →Stellglied-Berechnung; →Stellklappe; →Stellschieber; →Stellungsregler; →Stellventil; →Verteilerventil).

Strohrmann

Literatur: *Hengstenberg, J., B. Sturm* und *O. Winkler:* Messen, Steuern und Regeln in der Chemischen Technik. 3. Aufl., Bd. III. Berlin–Heidelberg–New York 1981. – *Strohrmann, G.:* Automatisierungstechnik, Bd. 2: Stellgeräte, Strecken, Projektabwicklung. München–Wien 1990.

Stellklappe. Gerät, das Stoff- und Energieströme in Rohrleitungen absperrt oder durch Ändern des Widerstandes kontinuierlich stellt. Dazu wird die Strömung mit einer schwenkbaren Klappenscheibe gedrosselt, deren Stellwinkel den Widerstandsbeiwert der S. bestimmt. Regelklappen nutzen nur einen begrenzten Öffnungsbereich aus. Er liegt zwischen 10° und – abhängig vom Profil der Klappenscheibe – 60–80°.

Mit durchgehender Welle, außenliegenden Wälzlagern und innenliegenden, mit einem Brillenflansch nachziehbaren Stopfbuchsen ist die S. nach Bild 1 zum kontinuierlichen Stellen von Stoffströmen für hohe Anforderungen ausgelegt. Die auf der Welle verstiftete Klappenscheibe hat ein besonderes Profil, das einen weiten Stellbereich und eine günstige →Durchflußkennlinie bewirkt. Das flanschlose Klappengehäuse (Sandwich-Bauweise) wird zwischen die Flanschen der anschließenden Rohrleitungsstücke mit Ankerschrauben eingespannt. Als Werkstoffe für Klappengehäuse, -scheibe und -welle kommen zum Einsatz alle gängigen Metalle und Metallegierungen, insbesondere Stähle und rostfreie Stähle, aber auch Auskleidungen aus Blei, Email oder Kunststoffen.

Es gibt sehr unterschiedliche andere Konstruktionen von S.; so z. B. S. mit innenliegenden Gleitlagern und außenliegenden Stopfbuchsen. Die Stopfbuchsen können bei beiden Arten auch jeweils doppelt ausgeführt sein mit einer Revisionsbohrung zum Aufdrücken eines Sperrmediums, eines Schmiermittels oder zur Leckprüfung. Weiterhin kann die Welle in zwei Wellenstümpfe geteilt sein sowie alternativ die Klappenscheibe durchschlagen, schräg anschlagen oder sich an einen Anschlag im Gehäuse legen. Zu letzterer Art gehören die O-Ring-Absperrklappen, die doppelt exzentrisch gelagert sind und einen durchgehenden metallischen oder Kunststoff-Dichtring haben (Bild 2). Auch die Profile der Klappenscheiben werden unterschiedlich gestaltet, um den Klappen ein günstiges Regelverhalten aufzuprägen, geringe Antriebsmomente zu verursachen oder die Geräuschemission zu vermindern.

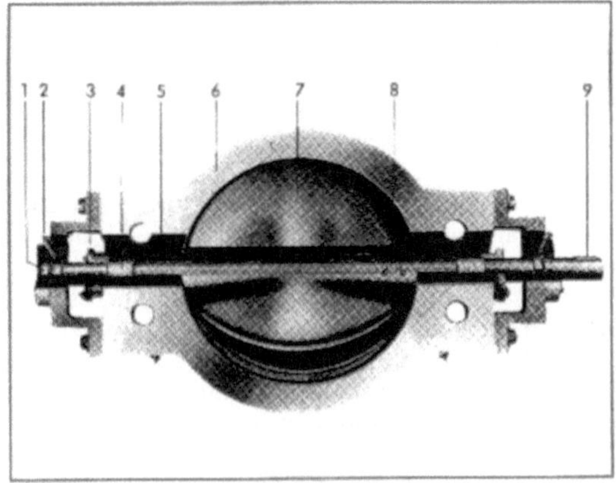

1) Wälzlager 2) Schmiernippel 3) Stopfbuchsbrille (die Packung kann ohne Ausbau der Lager ausgetauscht werden 4) Packungsringe 5) durchgehende Klappenwelle 6) Klappengehäuse 7) Klappenscheibe 8) Konusstifte zum Verbinden der Klappe mit der Welle 9) Halbrundfeder zur Übertragung der Antriebskraft.

Stellklappe 1: S. in Sandwichausführung (Quelle: Fisher Controls)

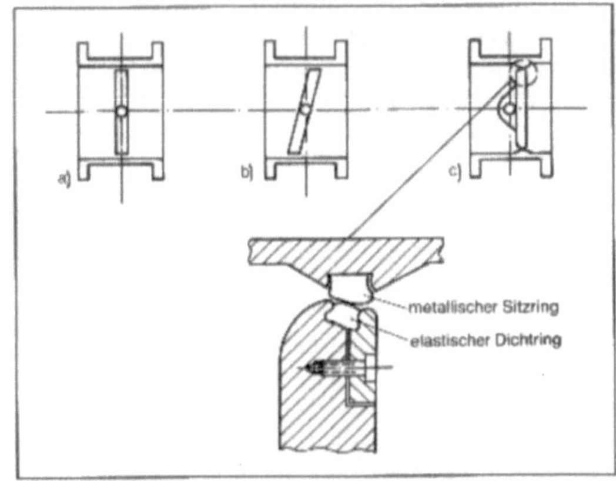

Stellklappe 2: Ausführungsformen von S.
a durchschlagende S.
b) anschlagende S.
c) O-Ring-Klappe.

Als Antriebe kommen pneumatisch betriebene Membran-, Zylinder- und Drehflügelantriebe oder elektromotorische zum Einsatz. Fail-safe-Verhalten ist – besonders für Klappen mit größerer Stellarbeit – oft mit Druckluftpuffern besser zu realisieren als durch Federrückstellung.

S. zeichnen sich durch geringen Platzbedarf und durch relativ zur Nennweite hohe K_{vs}-Werte aus. Sie eigenen sich mit K_{vs}-Werten etwa ab 200 zum Stellen mittlerer bis sehr großer Durchflüsse. Wegen der relativ einfach anpaßbaren Konstruktion sind Einsatzgrenzen allenfalls eher durch zu hohe Druckabfälle oder zu große Schallemissionen zu beachten als durch hohe Betriebsdrücke oder hohe oder tiefe Betriebstemperaturen. Die Grundkennlinien von S. sind für begrenzte Öffnungsbereiche gleichprozentigen Kennlinien ähnlich, ihre nutzbaren Stellverhältnisse liegen zwischen 30 : 1 und 100 : 1. Die Leckraten sind bei O-Ring-Klappen äußerst gering, bei schräg anschlagenden liegen sie bei 0,5 % von K_{vs} und bei durchschlagenden sind sie - konstruktionsbedingt - relativ hoch (→k_v-Wert; →Lärmschutzmaßnahme; →Mischventil; →Stellantrieb; →Stellglied-Berechnung; →Stellhahn; →Stellschieber; →Stellungsregler; →Stellventil; →Verteilerventil). *Strohrmann*

Literatur: *Hengstenberg, J., B. Sturm* und *O. Winkler:* Messen, Steuern und Regeln in der chemischen Technik. 3. Aufl., Bd. III. Berlin–Heidelberg–New York 1981. – *Strohrmann, G.:* Automatisierungstechnik, Bd. 2: Stellgeräte, Strecken, Projektabwicklung. München–Wien 1990.

Stellschieber. Gerät, das Stoff- oder Energieströme in Rohrleitungen absperrt, in Einzelfällen auch kontinuierlich stellt. Der Widerstandskörper (Schieberplatte) wird beim S. translatorisch senkrecht zur Strömungsrichtung bewegt. Es ist im wesentlichen zwischen Flachplatten- und Keilschieber zu unterscheiden. Schieber sind von kleinen bis zu sehr großen Nennweiten erhältlich, praktisch für alle vorkommenden Druck- und Temperaturbereiche einsetzbar und werden in vielen Werkstoffen und Werkstoffkombinationen auch mit Kunststoffauskleidungen hergestellt.

Relativ zu den →Stellventilen, →Stellklappen und →Stellhähnen erfordern S. im allgemeinen höhere Antriebsleistungen, höheren Raumbedarf und meist auch höhere Kosten. Als →Stellantriebe kommen wegen der größeren Stellhübe elektromotorische Antriebe sowie hydraulische oder pneumatische Stellzylinder in Frage. Bei Ausfall der Hilfsenergie behält der S. im allgemeinen seine Lage bei, in besonderen Fällen kann durch elektrische, hydraulische oder pneumatische Energiepuffer eine Sicherheitsstellung aufgeprägt werden. *Strohrmann*

Literatur: *Strohrmann, G.:* Automatisierungstechnik, Bd. 2: Stellgeräte, Strecken, Projektabwicklung. München–Wien 1990.

Stellungsregler. Regelgerät, das eine gewünschte Stellung des Stellgliedes gegenüber äußeren Einflüssen beibehalten oder einstellen soll. Äußere Einflüsse sind u. a. die Stopfbuchsenreibung, die Reibung der Lager- oder Führungsbuchsen und vor allem die statischen und dynamischen Kräfte des Stoff- oder Energiestromes.

Ein S. empfängt als →Führungsgröße das von einem →Regler kommende Stellsignal und als →Regelgröße den durch direkte mechanische Verbindungen aufgenommenen Hub oder Drehwinkel des Stellgliedes. Er vergleicht beide Werte und modifiziert sein Ausgangssignal so, daß dem Stellsignal die gewünschte Stellung des Stellgliedes entspricht. Der Zusammenhang zwischen Stellsignal und Hub oder Stellwinkel ist oft linear, es kann aber auch ein nichtlinearer Zusammenhang vorgegeben sein, um dem →Stellglied eine gewünschte Grundkennlinie aufzuprägen, es kann weiter nur ein Teil des Stellsignals dem vollen Hubbereich zugeordnet werden (→Split-range-Regelung), aber auch die Wirkrichtung im Stellungsregler invertiert werden.

Auch der Signalpegel und die Art der →Hilfsenergie läßt sich im S. umformen, z. B. arbeiten pneumatische Stellantriebe meist mit höheren Stelldrücken als es dem →Einheitssignal entspricht und elektropneumatische S. empfangen elektrische Stellsignale und geben pneumatische Antriebssignale aus (Bild). *Strohrmann*

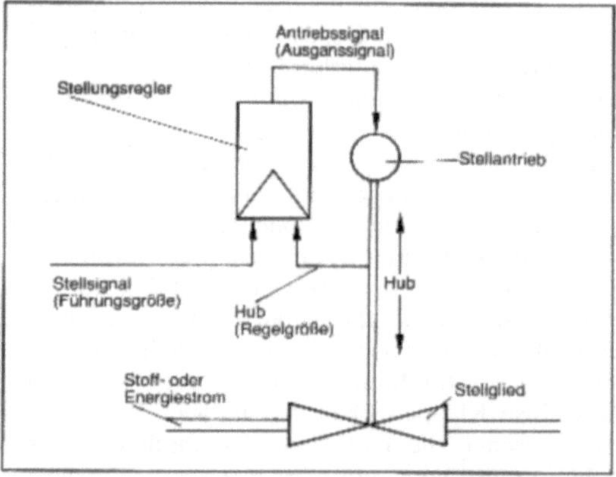

Stellungsregler: Schematische Darstellung (Aufbau, Arbeitsweise, Begriffe).

Literatur: *Hengstenberg, J., B. Sturm* und *O. Winkler:* Messen, Steuern und Regeln in der Chemischen Technik. 3. Aufl., Bd. III. Berlin–Heidelberg–New York 1981. – *Strohrmann, G.:* Automatisierungstechnik, Bd. 2: Stellgeräte, Strecken, Projektabwicklung. München–Wien 1990.

Stellventil. Gerät, das Stoff- und Energieströme in Rohrleitungen durch Ändern des Widerstandes beeinflußt. In einem S. wird die Strömung umgelenkt und der Widerstandsbeiwert durch den von einem →Stellantrieb gestellten Hub eines Ventilkegels bestimmt.

Ein Einsitzventil besteht aus dem Ventilgehäuse mit feststehendem Ventilsitz und beweglichem Ventilkegel, der über eine Ventilstange mit dem Stellantrieb verbunden ist. Für dichten Abschluß des Druckraumes nach außen sorgt eine Stopfbuchsendichtung (Bild 1). Die Gehäuse werden meist gegossen, aber auch geschmiedet und – seltener – aus einem Block gefertigt. Als Werkstoffe kommen zum Einsatz: Gußstähle, Chromnickelstähle, andere Legierungen wie Hastelloy B und C, Monel, aber auch Titan, Tantal sowie Kunststoffe und Keramik oder Auskleidungen aus Kunststoffen, Blei, Email oder keramischen Materialien.

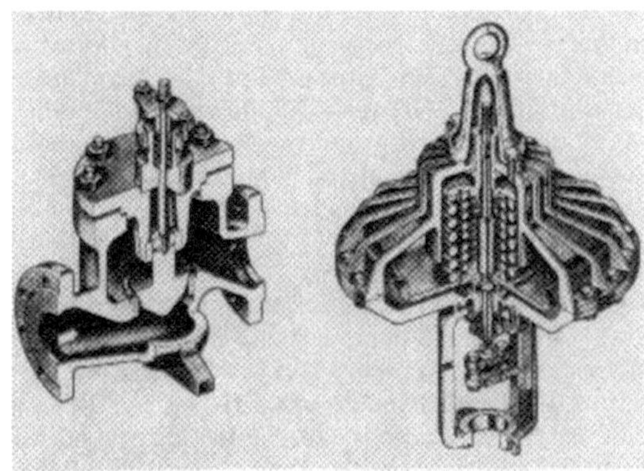

Stellventil 1: Einsitz-S. der Bauart Dreiflansch mit Schaftführung und pneumatischer Stellantrieb mit zentralen Federn. (Quelle: Eckardt)

Ist durch hohe Strömungsgeschwindigkeiten, Kavitation oder Erosion ein hoher Verschleiß zu erwarten, so können Kegel und Ventilsitz zusätzlich durch eine Panzerung (z. B. Stellit) geschützt werden. Sind hohe Anforderungen an dichtes Absperren zu erfüllen, werden in die Dichtflächen von Sitz oder Kegel Weichdichtungen (z. B. aus PTFE) eingearbeitet. Der Kegel hat ein Parabol- oder V-Port-Profil (Bild 2) und für erhöhte Anforderungen eine besondere Kegelschaftführung, während bei manchen Standardkonstruktionen ein ungeführter Kegel starr mit einer geführten Kegelstange verbunden ist. Durch Formgebung des Kegels können S. mit

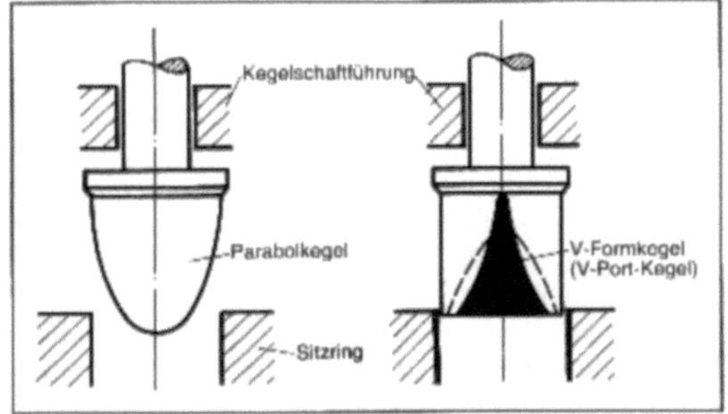

Stellventil 2: Parabol- und V-Port-Kegel. Die Ausnehmungen von V-Port-Kegeln können unsymmetrisch sein, im Bild ist angedeutet, daß die rückseitige Ausnehmung flacher ist.

einer gewünschten Kennlinie ausgerüstet werden, z. B. mit einer gleichprozentigen oder mit einer linearen. Die Stellverhältnisse liegen zwischen 1 : 30 und 1 : 50 und die Leckraten unter 0,05 % von K_{vs} bei Einsitzventilen und unter 0,5 % von K_{vs} bei Doppelsitzventilen. Der Hubbereich beträgt mindestens 20 % des freien Sitzdurchmessers.

Für die Stopfbuchsendichtung gibt es nachziehbare Ring-, Schnur- und Knetpackungen aus PTFE-, Graphit- und Fasermaterialien sowie federbelastete, nicht nachziehbare Dachmanschetten mit PTFE-Lippendichtungen (Bild 3). Die Stopfbuchsen können auch doppelt vorhanden sein, mit Anschlußbohrungen für eine Schmiereinrichtung, ein Sperrmedium oder zur Leckprüfung. Für besondere Anforderungen an die Dichtheit sind Faltenbalgabdichtungen gebräuchlich. Vor sehr hohen oder sehr tiefen Temperaturen müssen die Stopfbuchsen durch Isolierzwischenstücke geschützt werden.

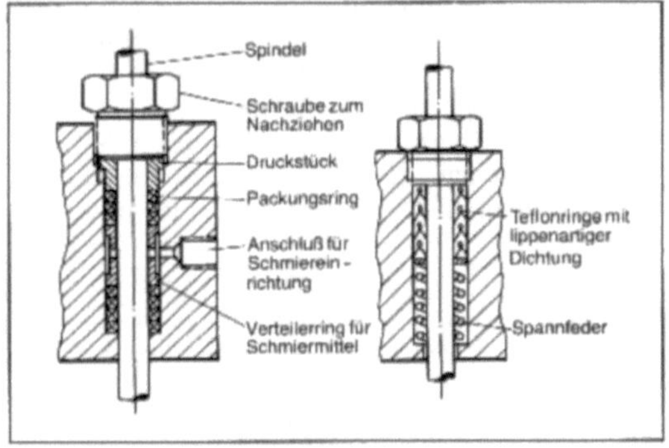

Stellventil 3: Stopfbuchsdichtungen. Links eine nachziehbare Ringpackung mit Schmiereinrichtung, rechts eine federbelastete Lippendichtung.

Als Stellantriebe kommen in der →Prozeßleittechnik meist federbelastete Membranantriebe zum Einsatz (Bild 1), die durch die Stellfedern ein definiertes Ausfallverhalten haben. Durch Wahl des Antriebes läßt sich so erreichen, daß das Ventil bei Ausfall der Druckluft öffnet oder schließt und dem Ventil so ein Fail-safe-Verhalten aufgeprägt wird.

Neben Einsitzventilen gibt es Einsitzventile mit Druckentlastung oder Doppelsitzventile für hohe Druckabfälle bei größeren K_{vs}-Werten, Eckventile für den Einsatz bei sehr hohen Drücken, Dreiwegeventile zum Mischen oder Verteilen von Fluiden, Drehkegelventile mit geringem Druckverlust, Bodenauslaufventile an Behältern und Membran-Ventile für verkrustende, abrasive oder staubhaltige Fluide.

S. eignen sich mit Nennweiten (DN) bis meist 200 mm, in schweren Konstruktionen auch bis 400 mm, und K_{vs}-Werten von 10^{-6} bis 600 bzw. 2 400 bei DN 400 zum Stellen kleinster bis mittlerer Durchflüsse. Sie sind für maximale Betriebsdrücke bis 400 bar, für kleinere DN auch noch wesentlich höher, z. B. 4 000 bar bei DN 45 und für Temperaturen zwischen −270 (flüssiges Helium) und +800 °C einsetzbar (→k_v-Wert; →Lärmschutzmaßnahme; →Mischventil; →Stellantrieb; →Stellglied-Berechnung; →Stellhahn; →Stellklappe; →Stellschieber; →Stellungsregler; →Verteilerventil). *Strohrmann*

Literatur: *Hengstenberg, J., B. Sturm* und *O. Winkler:* Messen, Steuern und Regeln in der Chemischen Technik. 3. Aufl., Bd. III. Berlin–Heidelberg–New York 1981. – *Strohrmann, G.:* Automatisierungstechnik, Bd. 2: Stellgeräte, Strecken, Projektabwicklung. München–Wien 1990.

Stellwert-Begrenzung. Feste Begrenzung der Stellwerte eines Reglers durch eine Einstellvorrichtung oder variable durch eine externe Größe. Durch die fest eingestellte Begrenzung kann verhindert werden, daß ein Stellglied voll öffnet oder voll schließt oder daß ein Führungsregler einem Folgeregler zu große oder zu kleine Sollwerte vorgibt. Mit der variablen Begrenzung lassen sich →Auswahlschaltungen aufbauen: Eine maximale Begrenzung des Stellwertes führt zur Minimal-Auswahl-Schaltung, eine minimale zur Maximal-Auswahl-Schaltung (→Maximal-Auswahl-Gerät; →Minimal-Auswahl-Gerät). *Strohrmann*

STEP. Abk. für *engl.* Standard for the Exchange of Product Model Data. Weltweit unter Regie von →ISO (International Standard Organisation) in Entwicklung befindliches Datenaustauschformat für den CAE-Bereich. STEP wird Definitionen aus mehreren vorhandenen Schnittstellen (z. B. aus →EDIF) übernehmen und im ‚STEP physical file format' auf Basis der Modellierungssprache EXPRESS transportieren. Entsprechend wird der Datenaustausch zwischen Prüfautomaten und zwischen CAE-Systemen und Prüfautomaten miteinbezogen. *Winter*

Steradiant. SI-Einheit des Raumwinkels. Einheitenzeichen sr. Definition: →Einheiten des SI. *Hammerschmidt*

Sternstruktur. Spezielles System der Datenorganisation: Alle Teilnehmer sind durch eine eigene Übertragungsleitung mit einer zentralen Einheit verbunden. Je nach Aufbau der Zentraleinheit können sie alle gleichzeitig kommunizieren, oder sie erhalten von der Zentraleinheit nacheinander die Übertragungsberechtigung zugeteilt. *Schaumburg*

Sternverbund. Leitungsnetz mit Punkt-zu-Punkt-Verbindung und unidirektionaler Einzelsignalübertragung zwischen zentralen Teilen eines Systems und seinen peripheren Komponenten. In Prozeßleitsystemen, in denen die Meß- und Stellwerte als analoge Einheitssignale übertragen werden, ist der S. noch vorherrschend, ggf. läßt sich dieser durch Einsatz von Feldmultiplexern auf räumlich begrenzte Anlagenteile einschränken. Vorteilhaft ist, daß sich durch die Punkt-zu-Punkt-Verbindung eine kurze →Reaktionszeit und eine hohe →Verfügbarkeit ergibt, daß die Signalübertragung standardisiert ist – Geräte verschiedener Hersteller lassen sich problemlos miteinander verbinden – und daß über die Signalkabel auch die Sensoren und Aktoren mit →Hilfsenergie versorgt werden können. Nachteilig ist, daß der Informationsinhalt der Signale beschränkt ist – Grenz- und Statussignale können z. B. nicht gleichzeitig übertragen werden –, daß die Übertragungsgenauigkeit begrenzt und der Verdrahtungsaufwand erheblich ist (→Feldbus; →Feldmultiplexer). *Strohrmann*

Steuerbarkeit. Ein Prozeß ist steuerbar, wenn jeder Anfangszustand durch gezielte Einwirkung von außen in endlicher Zeit in jeden beliebigen Zustand überführt werden kann. Nach DIN 19226, Teil 2 heißt es: Ein →Übertragungsglied heißt bezüglich seiner Zustandsbeschreibung steuerbar zum Zeitpunkt t_0, wenn es mit Hilfe eines zulässigen Eingangsvektors gelingt, ausgehend von einem beliebigen Anfangszustand $\underline{x} = \underline{x}\,(t_0)$ einen beliebigen Zustand im →Zustandsraum während eines endlichen Zeitintervalls zu erreichen.

Die Theorie der Steuer- und →Beobachtbarkeit ist erstmals von *Kalman* systematisiert worden. Sie ist sehr stark an die Zustandsraumdarstellung (→Zustandsgrößen) gebunden. S. ist dann gegeben, wenn der Rang der Matrix $[\underline{B}|\underline{A}\,\underline{B}|\,\ldots\,|\underline{A}^{n-1}\underline{B}]$ so groß ist wie die Systemordnung n.

Ein Kennzeichen der S. ist es auch, daß durch die Eingangsgrößen alle →Eigenbewegungen des Systems angeregt werden können. *Scheithauer/Böttiger*

Literatur: *Unbehauen, H.:* Regelungstechnik II. Braunschweig 1983. – DIN 19226.

Steuereinrichtung. Die S. umfaßt, aus dem Blickwinkel der gerätetechnischen Realisierung, alle der →Steuerung zuzurechnenden Komponenten (Bild). Es sind dies die →Meßeinrichtung, die Bedieneinrichtung, die Steuerung und die Stellsignalanpassung (Steller) mit ggfs. nachgeschaltetem →Stellantrieb.

Der eigentliche Stelleingriff (Stellglied) wird zweckmäßigerweise als Teil des Prozesses (Steuerstrecke) betrachtet, da er in der Regel konstruktiv mit den Prozeßaufbauten verbunden ist. Dies gilt in sehr anschaulicher Form z. B. für die Ventile bei Durchflußsteuerungen oder auch für Walzgerüste bei der Grobblechherstellung. *Freyberger*

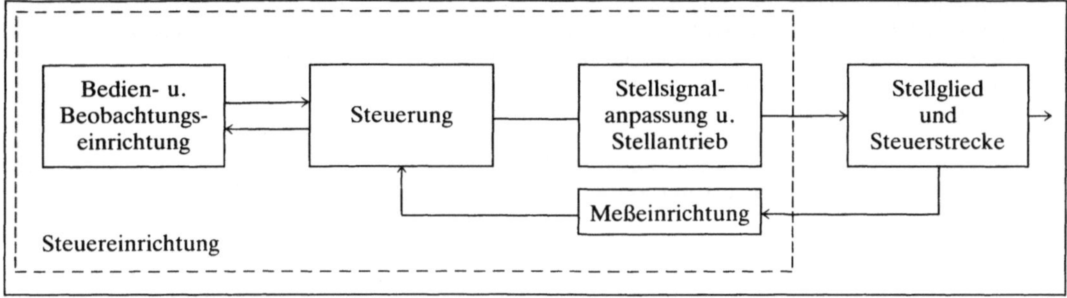

Steuereinrichtung: Prinzipieller Aufbau.

Literatur: DIN 19226 Teil 5: Regelungstechnik und Steuerungstechnik. Funktionelle und gerätetechnische Begriffe. Entwurf. Januar 1986.

Steuergerät. Darunter wird ein Betriebsmittel verstanden, das Steuerungsaufgaben bearbeitet. Abkürzend wird dafür auch der Begriff der →Steuerung gebraucht. In der Regel erfolgt durch entsprechende Beifügungen eine weitere Spezifizierung des S. wie pneumatisches S., speicherprogrammierbares S. (→SPS), elektromechanisches S. etc.

Freyberger

Steuergerät, verdrahtungsprogrammiert
→Steuerung, programmierbare

Steuergraph. Der S. ist eine Darstellungsform für Steuerungsabläufe. Er kann als ein verallgemeinerter Zustandsgraph interpretiert werden. Der S. ist gerichtet, seine Elemente sind Knoten und Kanten (Bild).

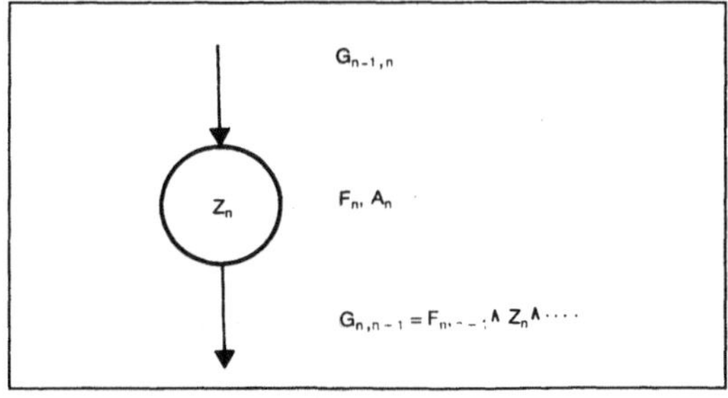

Z_n binäre Zustandsvariable, F_n Ausgabebedingung, A_n Ausgabevariable, $G_{n.n+1}$ Übergangsbedingung

Steuergraph: Elemente des S. in vereinfachter Form: Knoten und gerichtete Kante.

□ Der Knoten beschreibt durch den Zustand und die mit dem Zustand verbundene Ausgabeoperation einschließlich einer Ausgabebedingung. Im S. können gleichzeitig mehrere Knoten aktiv sein (Petri-Netz).

□ Die Kanten sind bewertet. Die Bewertung umfaßt die Übergangsbedingung zwischen den Knoten, die eine Funktion von Eingangssignalen, dem Zustand des Knotens von dem die Kante ausgeht und im Falle von Verzweigungen und Vereinigungen, von den Zuständen anderer Knoten sind.

Im Gegensatz zum bekannten Zustandsgraph ermöglicht der S. die Behandlung paralleler, nebenläufiger Prozesse in übersichtlicher, anschaulicher Form.

Der S. stellt ein gutes Werkzeug für den Entwurf, den simulativen Test und die Dokumentation von Ablaufsteuerungen dar. Er ermöglicht vor allem Prüfungen hinsichtlich der Eindeutigkeit der Lösung und deren Lauffähigkeit. Da der Erstellungsaufwand bei mittlerem Steuerungsumfang bereits erheblich ist, setzt die Anwendung des S. entsprechende Entwurfs- und Simulationswerkzeuge auf Arbeitsplatzrechnern voraus. *Freyberger*

Literatur: *Zander, H. J.:* Logischer Entwurf binärer Systeme. Berlin, 1985.

Steuerung (*engl.* control). S. ist eine Maßnahme zur gerichteten, planmäßigen Beeinflussung von Abläufen und Prozessen um ein vorgegebenes projektiertes Ziel (Sollziel) zu erreichen. Diese allgemeine Festlegung gilt für Abläufe und Prozesse beliebiger Art, unterschiedlicher Komplexität und Aufgabengröße. Wichtige Einsatzgebiete bei hier interessierenden technischen Anwendungen liegen u. a. vor in der:

- →Automatisierungstechnik
- →Leittechnik
- Rechner- und Prozessortechnik
- Nachrichtentechnik
- Kommunikationstechnik.

Der Begriff S. wird dabei sowohl für die (selbsttätig ablaufende) Maßnahme, als auch für die Komponente d. h. das Steuerungsgerät bzw. Gerätesystem verwendet.

Die Steuerungsmaßnahme ist charakterisierbar als die Gesamtheit von Informationsverarbeitungsprozessen, zusammengefaßt im Steuerungsprogramm, die schritthaltend d. h. in Echtzeit mit dem gesteuerten Prozeßgeschehen ablaufen. Dazu werden Meßdaten, die den momentanen Prozeßzustand wiedergeben und Bedienkommandos, die die Zielvorgaben beinhalten, benötigt (Bild 1). Ergebnisse sind Steuer- oder Stellgrößen, die in den Prozeßablauf einwirken sowie Beobachtungsinformationen für die Überwachung und Bedienerunterstützung. Je nach Prozeß werden dabei Energie-, Materieströme, Stückgüter sowie Daten- und Informationsflüsse beeinflußt, d. h. verarbeitet, verteilt, gespeichert etc.

Die Ausformung der Steuerungsmaßnahme sowie die Methodiken zur Analyse und Synthese werden entscheidend vom jeweiligen Prozeßtyp geprägt. Hierbei sind die zwei grundlegenden Arten der in Amplitude und zeitlichem Ablauf stetigen Prozesse (z. B. Energieerzeugung) und der zeit- und/oder amplitudendiskreten ereignisorientierten Prozesse (z. B. Produktion elektronischer Baugruppen) zu unterscheiden.

Diese Beschreibung der S. bezüglich des Wirkungssinnes zwischen Eingangsgrößen/-informationen und Ausgangsgrößen/-informationen ist allgemein gefaßt und trägt der derzeitigen Entwicklung auf diesem Gebiet Rechnung.

Einen guten Überblick über die Vielfalt der Erscheinungsformen von S. geben die heute gebräuchlichen Arten ihrer Charakterisierung wieder. Diese unterscheiden nach Art der

□ Signal- und Informationsdarstellung z. B. analoge, binäre, digitale S.,

□ Daten- und Informationsverarbeitung z. B. taktsynchrone, asynchrone S., Verknüpfungs-, Ablaufsteuerungen

□ Realisierung des Steuerungsprogrammes z. B. festprogrammierte S., →speicherprogrammierbare Steuerungen (SPS)

In Bild 2 ist der Zusammenhang zwischen den Charakterisierungsarten verdeutlicht. Generell läßt sich festhalten, daß binäre und/oder digitale programmierbare Ablaufsteuerungen als sog. speicherprogrammierbare Steuerungen (SPS) ausgeführt, eine dominante Rolle im technischen Einsatz bei der Automatisierung spielen.

Eine weitere anschauliche Beschreibungsart für S. legt die physikalische Informationsdarstellung zugrunde und unterscheidet elektromechanische, elektronische, fluidische, pneumatische, und hydraulische S.

Bei der S. komplexer Prozesse wie verfahrenstechnischer, fertigungstechnischer oder energietechnischer Anlagen wird die Gesamtsteuerung in der Regel aus Teilsteuerungen verschiedener Steuerungsebenen hierarchisch strukturiert aufgebaut. Dies führt zur aufgabenorientierten Gliederung. Sie weist in der maschinen- bzw. prozeßnahen untersten Ebene (Einzelsteuerebene) Einzelsteuerungen auf. Diesen überlagert sind in der Gruppensteuerebene die Gruppensteuerungen und darüber angeordnet die Leitsteuerungen in der Leitsteuerebene (→Regelungsverfahren). *Freyberger*

Literatur: DIN 19222: Leittechnik. Begriffe. März 1985, Berlin. – DIN 19226: Regelungstechnik und Steuerungstechnik. Begriffe und Benennungen. Mai 1968, Berlin. – DIN 19237: Steuerungstechnik. Begriffe; Februar 1980, Berlin.

Steuerung, analoge. A. S. sind Steuerungen bei denen analoge Signalverarbeitung vorherrscht. Aus zeit- und amplitudenkontinuierlichen, stetigen Meß- und Bediensignalen werden aufgrund des Steuerungsprogrammes – hier auch häufig als Steuerungsgesetz bezeichnet – durch Verarbeitung mit analog wirkenden Funktionselementen, die in der Regel ebenfalls zeit- und amplitudenkontinuierliche Stell- und Beobachtungssignale erzeugt. Analog wirkende Funktionselemente sind z. B. →Verstärker mit proportionaler, logarithmischer oder anderer wählbarer Kennlinie, →Multiplizierer, Addierer, →Komparatoren, Modulatoren, Demodulatoren sowie →Filter und andere Elemente, die analoge Signale im Zeitverlauf modifizieren. Diese Funktionselemente können elektronisch, pneumatisch oder hydraulisch realisiert sein.

Aufwandsarmer Aufbau von Steuerungen mit kleinem Umfang, charakterisiert durch wenige Eingangs- und einige Ausgangsgrößen sowie hohe erzielbare Verarbeitungsgeschwindigkeit, sind wichtige Vorzüge der elektronischen a. S. gegenüber solchen, die digital realisiert sind und quasistetig arbeiten. Allerdings zeichnet sich das Schwinden der

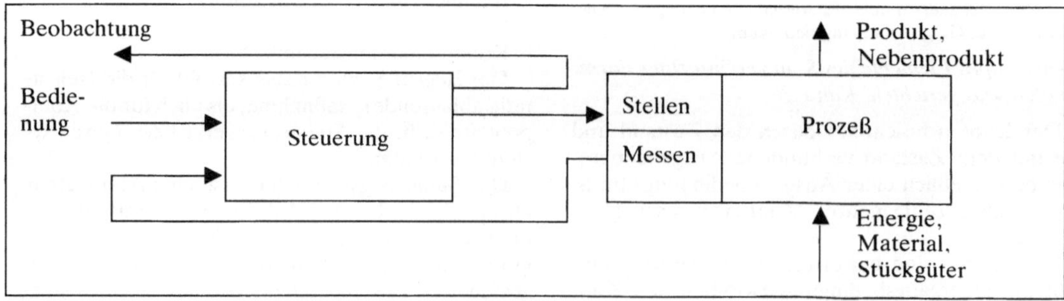

Steuerung 1: Wirkungsschema eines gesteuerten Prozesses.

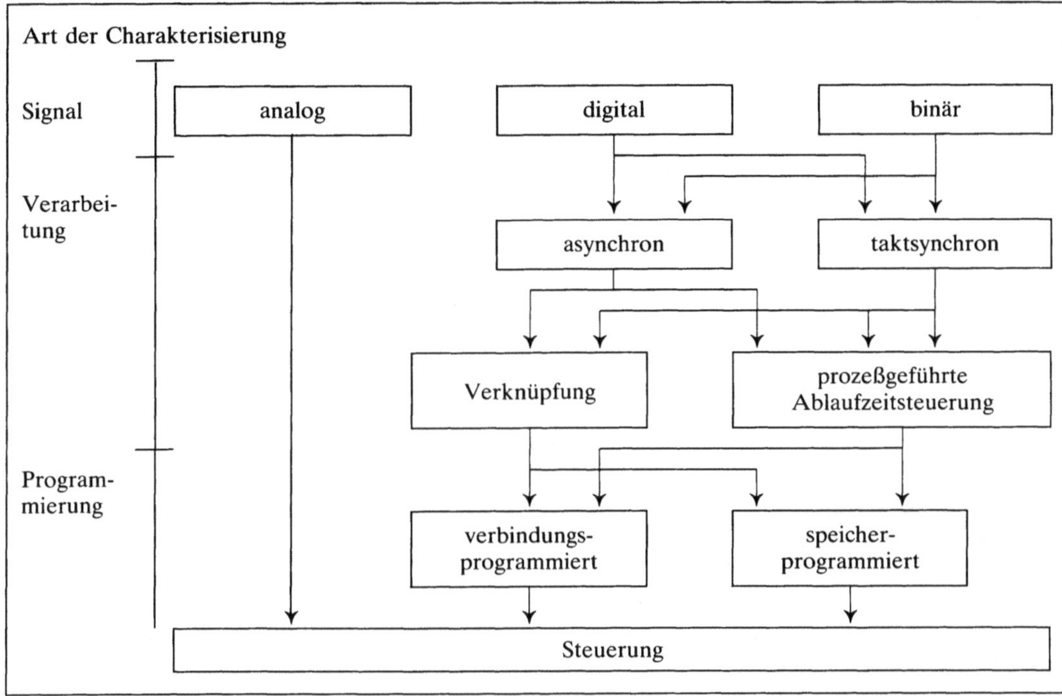

Steuerung 2: Einteilung.

Bedeutung der analogen zugunsten solcher digital realisierten Steuerungen heute deutlich ab. Gründe dafür sind u. a. →Stabilität und →Genauigkeit neben einer größeren Vielfalt und Flexibilität der in Software realisierbaren quasistetigen Funktionen.

Ein typisches Beispiel für eine a. S. ist die Phasenanschnittsteuerung bei gesteuerten Gleichrichtern oder Triac-(Wechselstrom-)Schaltern. Diese häufig eingesetzte →Steuerung, für die integrierte Schaltkreise zum Aufbau zur Verfügung stehen, findet sich z. B. bei der Helligkeitssteuerung der Raumbeleuchtung oder der Drehzahlsteuerung bei Bohrmaschinen. *Freyberger*

Steuerung, asynchrone. Das Beiwort asynchron beschreibt die Art des zeitlichen Ablaufes der Verarbeitung von Steuerungsanweisungen. Es bringt zum Ausdruck, daß die Verarbeitung in der Steuerung nicht an ein festes Zeitraster, einen Takt, gebunden ist, sondern asynchron, d. h. nur von den Zuständen der Meß- und Bediensignale und deren Veränderungen beeinflußt, abläuft. Die Steuerung reagiert also unmittelbar nach Ablauf der Bearbeitungszeit (Signallaufzeiten, Schaltzeiten, Rechenzeiten etc.) der an der jeweiligen Steuerungsanweisung beteiligten Funktionselemente und der Ein/Ausgangsschaltungen.

Ein typisches Beispiel für eine a. S. ist die Endlagensicherung bei einem →Stellantrieb. Ihre Aufgabe ist es zu bewirken, daß der Antrieb zum einen

– bei Erreichen einer der Endlagen, erfaßt durch das Ansprechen des jeweiligen Endlagenschalters (RE oder LE, Bild), stromlos geschaltet und damit vor Überlastung geschützt wird und daß er zum anderen

– auf einem Stellbefehl, der ihn aus der erreichten Endlage steuert, entsprechend reagiert.

Den prinzipiellen Stromlaufplan, dieser in der Regel mit Schützen aufgebauten, asynchron arbeitenden →Verknüpfungssteuerung zeigt das Bild. Die Befehlskontakte O für Öffnen, S für Schließen (Arbeitskontakte) und H für Halt (Ruhekontakt) sind Befehlseingabeelemente für die Steuerung und werden extern betätigt.

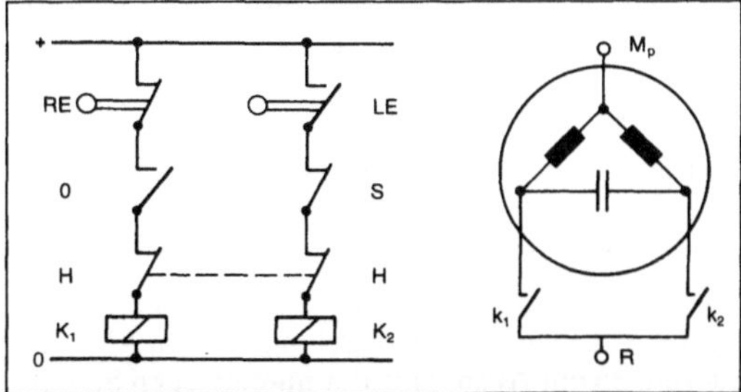

Steuerung, asynchrone: Vereinfachter Stromlaufplan einer asynchronen Schütz-Steuerung zur Endlagensicherung eines Stellantriebes.

Die beiden Schütze K_1 und K_2 betätigen die Arbeitskontakte k_1 und k_2. Die gezeigte Kontaktstellung gibt den Fall wieder, daß der Schließkontakt S geschlossen ist, der Antrieb die zugehörige Endlage erreicht hat (LE geöffnet) und der folgerichtig stromlos geschaltet ist. Durch den Befehl „Öffnen" (Öffnen von S und Schließen von O) kann er diese Endlage wieder verlassen. *Freyberger*

Steuerung, binäre. Das Beiwort binär beschreibt die Art der Steuerungsanweisungen und der zugehörigen Signaldarstellung. Das →Signal trägt die binäre d. h. zweiwertige Information, beschrieben durch z. B. die logischen Zustände „Wahr" oder „Falsch", „Offen" oder „Zu", „Ein" oder „Aus" sowie die symbolischen Bezeichnungen 1 oder 0, H (**H**igh) oder L (**L**ow). Verarbeitungselemente innerhalb der Steuerungsanweisungen sind die *Boole*schen Grundoperationen wie Konjunktion, Disjunktion und Negation sowie Speichern und zeitliche Modifikationen in Form der Signalverzögerung, -verlängerung und -begrenzung. Als komplexere Funktionselemente, die in der Regel aus Grundfunktionen zusammengesetzt sind, sind Schritt- und Befehlsfunktionen hinzuzurechnen.

Für den Aufbau solcher Steuerungen werden im Prinzip nur wenige Grundbausteine wie UND- und Negationsbausteine sowie Verzögerungsbausteine benötigt. In der Tabelle sind einige physikalische Realisierungsarten und die zugehörige Signalrepräsentation zusammengestellt. Im allgemeinen kann dabei die binäre Information durch die beiden Zustände energiefrei und energiebehaftet dargestellt werden.

Steuerung, binäre: Tabelle: Realisierungsarten und Signalrepräsentation für binäre Funktionselemente.

Realisierungsart	physikalische Signalrepräsentation
elektromechanisch	Kontakt: geöffnet, geschlossen
elektronisch	Strom, Spannung: ein, aus
pneumatisch	Luftdruck: hoch, niedrig
hydraulisch	Flüssigkeitsdruck: hoch, niedrig
fluidisch	Flüssigkeits-, Gasströmung: groß, gering

Typische Vertreter der b. S. sind →Verknüpfungssteuerungen, →Verriegelungen und Ablaufsteuerungen mit Ausnahme der numerischen Steuerungen und der Wegplansteuerungen. *Freyberger*

Literatur: *Fasol, K. H.:* Binäre Steuerungstechnik. Eine Einführung. Berlin–Heidelberg–New York 1988.

Steuerung, digitale. Das Beiwort digital beschreibt die Art der Darstellung der für die Bearbeitung der Steuerungsanweisungen notwendigen Daten und Informationen. Sie werden in digitaler, ziffernmäßiger Darstellung repräsentiert, vorwiegend in byte-orientierter, binär-codierter Form. Verarbeitungselemente der d. S. sind universelle Prozessoren und spezielle numerische Prozessoren. Kern einer Steuerungsanweisung ist üblicherweise ein numerischer Algorithmus. Programme und Daten (Parameter, Signalwerte, Ergebnisse etc.) sind im zugehörigen digitalen Speicher abgelegt.

Typische Vertreter der d. S. sind quasistetig arbeitende Einzelsteuerungen und →speicherprogrammierbare Steuerungen (SPS) mit hoher Arithmetik-Leistungsfähigkeit. Bei SPS ist im allgemeinen digitale und binäre Verarbeitung stets gemeinsam vorzufinden, wobei jeweils eine, von der Steuerungsaufgabe abhängige, Gewichtsverschiebung zu digitalen oder binären Operationen hin vorhanden sein wird. Diesem Anforderungsprofil trägt im besonderen der Hersteller von SPS durch ein entsprechend differenziertes Angebot an Hardware- und Software-Komponenten Rechnung und unterstützt damit eine aufgabenangepaßte, aufwandsoptimierte Konfiguration der Steuerung. *Freyberger*

Steuerung, elektrohydraulische. Das Beiwort elektrohydraulisch bezeichnet die Technologie, in der die Steuerung ausgeführt ist. Bei e. S. findet üblicherweise bei der Stellsignalausgabe ein Übergang statt, von der elektronischen Informationsverarbeitung innerhalb der Steuerung auf die mit hydraulischer →Hilfsenergie versorgten Baueinheiten der Stellantriebe bzw. Stelleingriffe.

Der Erzeugung dieser Hilfsenergie dienen Hydropumpen für das Hydrauliköl, die üblicherweise elektromotorisch angetrieben und druck- oder flußgeregelt arbeiten. Die Koppelelemente zur schaltenden oder stetigen Beeinflussung des Hydrauliköldruckes oder -flusses vor den Hydromotoren für rotatorische oder den Hydrozylindern für die translatorische Bewegung sind sog. Wege- oder Servoventile. Diese werden mit elektrischer Spannung oder elektrischem Strom angesteuert. Dabei erfüllt das Wegeventil eine einfache, binäre Auf/Zu-, und/oder Umschaltfunktion. Das Servoventil dient als Umform- und Verstärkerelement. Es ermöglicht, z. B. einbezogen in einen Positions- oder Drehzahl- bzw. Geschwindigkeitsregelkreis die stetige Steuerung der Hydromotoren und -zylinder für Stellaktionen.

Einige Vorzüge für den Einsatz der Hydraulik auf der Stellseite der Steuerungen sind u. a.:

– hohe Stellkräfte und -stellmomente bei kleinem Bauvolumen der Steuerelemente und Motoren,

– gute →Steuerbarkeit und hohe Dynamik aufgrund kleiner Massenträgheitsmomente,
– Eignung für den Einsatz in explosionsgefährdeter Umgebung.

Typische Einsatzbereiche für elektrohydraulisch gesteuerte Antriebe sind Werkzeugmaschinen, Hebezeuge, Getriebeprüfeinrichtungen, Regelventile, Roboter für Sonderanwendungen wie z. B. Lackieren sowie zahlreiche weitere Antriebsaufgaben in der Luft- und Schiffahrtstechnik. *Freyberger*

Steuerung, elektromechanische. Das Beiwort elektromechanisch beschreibt die Technologie, in der die Steuerung ausgeführt ist. Die Baueinheiten von e. S. sind:
– für die Eingangsschaltungen: →Schalter, Taster, Hilfsschütze und →Relais mit den Aufgaben der Signalpegelanpassung, der galvanischen Signalentkopplung und der Kontaktvermehrfachung,
– für die Signalverarbeitung: Relais zum Aufbau logischer Grundverknüpfungen sowie impulsgesteuerte oder zeitgeführte, z. B. netzsynchron angetriebene Schalt- und Zählwerke zur Erzeugung prozeß- und/oder zeitgeführter Schaltsequenzen,
– für die Erzeugung der Ausgangssignale: Leistungsschütze zur Bereitstellung der Schaltleistung und ggfs. der galvanischen Entkopplung zwischen →Steuergerät und gesteuertem Prozeß.

Die Bedeutung der e. S. ist zugunsten elektronischer im Schwinden. Gründe dafür sind u. a. Verschleiß durch Kontaktabbrand, begrenzte Schaltgeschwindigkeit, Montageaufwand und Bauvolumen. Allerdings stellen sie derzeit bei Massenanwendungen für Steuerungen mit geringem Programmumfang wie z. B. bei Waschmaschinen etc. durch einfachen Aufbau, wie in der Ausführung als sog. Programmschaltwerke, vorteilhafte Lösungen dar. Daneben finden Relais oder Kleinschützen, insbesondere auch in bistabilen Ausführungen als Schaltverstärker für die Ausgangssignale von elektronischen Steuerungen zur direkten Ansteuerung von Stellgeräten ein großes Anwendungsfeld.

Die Entwicklungen im Relaisbau lassen sich durch Steigerung der Schaltverstärkung, der Schaltgeschwindigkeit, der Isolationsspannung zwischen Erregerspule und →Kontaktsatz und der →Lebensdauer sowie einer Minimierung des Bauvolumens charakterisieren. Die Daten des Relais MRPl (Siemens AG) machen diese Entwicklung deutlich: Baugröße $12{,}9 \times 7{,}6 \times 6{,}9$ mm; Ansteuerleistung 30 mW (bistabile Ausführung; Schaltleistung 24 V DC, 1 A, Kontaktwiderstand <40 mOhm über 5.10^6 Schaltspiele; Prüfspannung 1,5 KV AC. *Freyberger*

Literatur: *Rauterberg, U.:* Schaltvermögen und Lebensdauer eines gepolten Mikrominiatur-Relais. Elektronik Entwicklung (1987) Nr. 6, S. 8–12.

Steuerung, elektronische. Das Beiwort elektronisch beschreibt die Technologie in der die Steuerung ausgeführt ist. Bei den elektronischen Bauelementen, aus denen e. S. heute aufgebaut sind, spielen integrierte digitale und analoge Schaltkreise und Schaltkreisfamilien unterschiedlicher Technologien wie ECL, TTL, MOS, CMOS etc. die entscheidende Rolle. Für den Aufbau der e. S. stehen in den Schaltkreisfamilien Bausteine verschiedenster Funktionsvielfalt und -umfang zur Verfügung. Dabei handelt es sich um Schaltkreise für feste Funktionen, wie z. B. →Operationsverstärker, →Multiplizierer, Logarithmierer, A/D- und D/A-Umsetzer, Gatter, Register, →Zähler, Multiplexer etc. und programmierbare Schaltkreise, wie z. B. programmierbare Array-Logik-Bausteine (PAL), Peripherie-, Graphik- und Netzwerkprozessoren, Mikrocontroller, Single-chip-Mikrocomputer etc.

Daneben sind semikundenspezifische und kundenspezifische integrierte Schaltkreise, sog. ASIC's, basierend z. B. auf Gate-Array-Technologie, zunehmend von Bedeutung. Sie beinhalten komplette elektronische Schaltwerke nicht nur für rein binäre und digitale sondern auch für hybride, also vermischt analoge und digitale Steuerungsfunktionen.

Hohe Leistungsfähigkeit, nahezu unbegrenzte Funktionsvielfalt, niedriger Energieverbrauch und kleines Bauvolumen sind herausragende Vorzüge elektronischer Realisierung von Steuerungen und begründen ihre dominierende Rolle. *Freyberger*

Steuerung, fluidische. Das Beiwort fluidisch beschreibt die Technologie, in der die Steuerung ausgeführt ist. Physikalische Grundlage fluidischer Technologie sind statische und/oder dynamische Strömungs- und Druckeffekte von Fluiden in strömungsmechanischen Konstruktionen. Fluide sind in diesem Zusammenhang Gase in der pneumatischen Technik oder Flüssigkeiten in der hydraulischen Technik. Basiselemente der Fluidik besitzen Verstärkungs- und/oder Schaltcharakteristik zum Aufbau sowohl logischer Grundfunktionen wie auch analoger Verstärkungsoperationen. Bei diesen Elementen sind drei grundlegende Wirkungsprinzipien zu verzeichnen.

□ Statische Elemente: Bei diesen Elementen repräsentieren statische Drücke in relativ weiten Bereichen die in der Regel binäre Information. Sie besitzen üblicherweise bewegte Teile wie Kölbchen, Kugeln oder Membranen, die vorzugsweise durch pneumatischen Druck betätigt werden. Sie erzeugen eine Schaltfunktion durch Verschließen oder Öffnen von signalführenden Leitungen (Bild 1). Die Elemente arbeiten entweder passiv, d. h. durch direkte Verknüpfung der Signaldrücke oder aktiv d. h. durch Steuerung eines Hilfsdruckes über ein

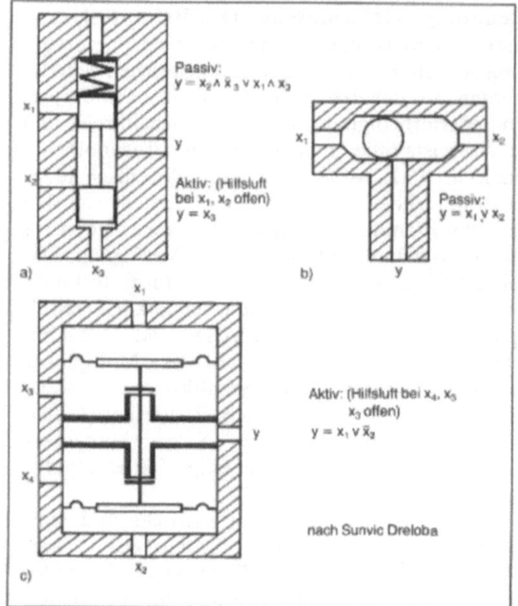

Steuerung, fluidische 1: Prinzipanordnungen bei statischen fluidischen Elementen
a) Kölbchenelement
b) passives Kugelelement
c) aktives Membranelement.

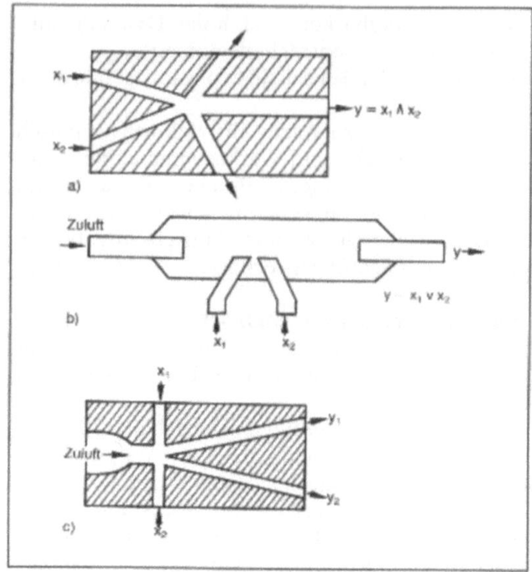

Steuerung, fluidische 2: Prinzipanordnung bei dynamischen fluidischen Elementen
a) Impulselement
b) Turbulenzelement
c) Wandstrahlelement.

Mehrwegeventil. Die aktiven Elemente wirken entkoppelnd und signalverstärkend.

□ Semi-statische Elemente: Bei diesen Elementen repräsentieren ebenfalls wie bei den statischen Elementen statische Drücke die in der Regel binäre Information, allerdings erfolgt der Schaltübergang bei den dort verwendeten Kugeln, Mikromembranen oder Folien aufgrund von strömungsmechanischen Vorgängen, d. h. einer während des Schaltvorganges notwendigen Umströmung des beweglichen Elementes. Mit dieser Arbeitsweise ist stets ein zwar geringer, im Vergleich zu statischen Elementen jedoch höherer Leckverlust und damit höherer Arbeitsdruck verbunden. Auf diesem Wirkungsprinzip basierend, lassen sich fluidische Grundelemente, die bistabiles oder monostabiles Verhalten besitzen, einfach realisieren.

□ Dynamische Elemente (Bild 2): Im Gegensatz zu den statischen Elementen erfordert die Arbeitsweise der dynamischen Elemente eine sich wechselseitig beeinflussende Durchströmung der fluidischen Elemente. Die Durchströmung kann sowohl hydraulischer als auch pneumatischer Natur sein. Die Elemente besitzen keine bewegten Teile. Die Tiefe der die Strömung führenden Kanäle und Düsen liegt im Bereich von wenigen zehntel Millimetern. Die Grundfunktionen sind die proportionale Verstärkung, die auch für analoge Steuerungszwecke eingesetzt wird, sowie logische Verknüpfungen.

Nach ihrem Wirkungsprinzip werden die Elemente in Impuls-, Turbulenz- und Grenzschichtelemente eingeteilt.

– Beim Impulselement wird die Ausgangströmung oder besser der Ausgangsstrahl durch Aufeinandertreffen zweier freier turbulenter Strahlen erzeugt. Dabei erfolgt Impulsaustausch und proportionale Steuerung des resultierenden Ausgangsstrahls des Elementes.

– Beim Turbulenzelement wird davon Gebrauch gemacht, daß eine laminare Strömung, die quer zu ihrer Strömungsrichtung angeströmt wird, in eine turbulente Strömung umschlägt. Dieser Effekt wird verwendet, um die laminare Hauptströmung die am Ausgang des Elementes aufgefangen und weitergeleitet wird, zu steuern. Dadurch lassen sich proportionale Verstärkung wie auch logische NOR-Verknüpfung realisieren.

– Grenzschichtelemente oder auch Wandstrahlelemente beruhen auf dem Effekt, daß sich ein turbulenter freier Strahl, dem eine Wand parallel bzw. in einem bestimmten Winkel zur Strahlachse angenähert wird, an diese anschmiegt (*Coanda* Effekt). Wird eine derartige Anordnung symmetrisch aufgebaut, so besitzt sie im Prinzip bistabiles Verhalten.

Aus dynamischen fluidischen Elementen lassen sich aufgrund der kleinen Abmessungen, der vorwiegend flächigen Struktur und der fehlenden bewegten Teile Schaltungen, in einer der Chip-Technologie vergleichbaren Art aufbauen. Damit können kompakte Steuerungen realisiert werden, die bei Verwendung keramischer Materialien hochtemperaturfest (>700 °C) sind. Ein weiterer Vorzug gegenüber elektronischen Steuerungen ist die durch das Arbeitsprinzip bedingte Unempfindlichkeit gegenüber energiereicher Strahlung, z. B. radioaktiver Strahlung. Die Ansprechzeiten der dynamischen Elemente liegen bei <0,1 ms. Damit ergibt sich eine Verarbeitungsgeschwindigkeit, die um den Faktor 500 bis 1 000 langsamer ist als bei elektronischen Steuerungen. Eine weitere Schwäche liegt darin, daß für die Stellsignalausgabe häufig ein konstruktionsbedingt langsameres statisches Element eingesetzt werden muß, um die nötige Ausgangssignalleistung zu erzielen.

Die Bedeutung kompletter fluidischer, also hydraulischer oder pneumatischer Steuerungen bleibt, mit Ausnahme der Bedeutung in der Stellgerätetechnik, besonderen Einsatzfällen vorbehalten. In den Bereichen der Stell- und Antriebstechnik zeichnen sich durch das Zusammenwirken mikroelektronischer, sensorischer und fluidischer Komponenten neue interessante Entwicklungen zu einfacheren, kleineren und leistungsfähigeren elektrofluidischen Lösungen ab. *Freyberger*

Literatur: *Fasol, K. H.* und *P. Vingron:* Synthese industrieller Steuerungen. München–Wien 1975. – *Metral, A.:* Sur un phenomene de deviation des veines fluides et ses applications (Effect Coanda). Proc. of the fifth Int. Congr. Appl. Mechanics (1938) S. 456. – *Multrus, V.:* Pneumatische Logikelemente und Steuerungssysteme. Bd. 14. Buchreihe Ölhydraulik und Pneumatik. Mainz 1970.

Steuerung, hierarchisch gegliederte. Die Beifügung „hierarchisch gegliedert" beschreibt die Gliederungsstruktur bzw. die Aufbauorganisation eines Steuerungssystems. Ein solches ist aus mehreren Teilsteuerungen aufgebaut, die eindeutig sog. Steuerungsebenen fester Rangfolge zugeordnet sind. So koordinieren, lenken und überwachen Teilsteuerungen der jeweils übergeordneten Ebene oder Ebenen die der untergeordneten über vereinbarte Schnittstellen. Die erforderlichen Reaktionszeiten der Steuerungsmaßnahmen nehmen dabei in der Regel von den unterlagerten zu den überlagerten Steuerungsebenen zu, ebenso wie die Komplexität und der Grad der Verkopplung der Maßnahmen.

Dieses Aufbauprinzip hat allgemein gültigen Charakter, unabhängig von der jeweiligen Steuerungsaufgabe oder Realisierung der Steuerung. Die hierarchische Gliederungsstruktur unterstützt die, in der Regel von globalen Steuerungsfunktionen hin zu prozeßnahen einzelnen Steuerungsaufgaben ablaufende Synthese der Steuerung (sog. top down design). Sie bietet unbestrittene Vorzüge beim damit möglichen schrittweisen Test und der sukzessiven Inbetriebnahme der Teilsteuerungen von der untersten bis zur obersten Ebene (bottom up).

Die Bedeutung dieser Struktur wird auch dadurch unterstrichen, daß im Bereich der →Prozeßleittechnik feste Begriffe für die wesentlichen Ebenen (DIN 19222, DIN 19237) eingeführt sind. Diese sind (Bild):

- die Einzelsteuerebene als die unterste, unmittelbar am Prozeß wirkende. In ihr sind alle Einzelsteuerungen gleichen Ranges zusammengefaßt. Sie wirken in der Regel unmittelbar auf die Stelleinrichtungen und damit auf den gesteuerten Prozeß ein.
- die Gruppensteuerebene mit in der Regel mehreren Schichten. Ihr werden die Steuerungen zugeordnet, die abgegrenzte, weitgehend entkoppelte Teilprozesse steuern.
- die Leitsteuerebene, die die →Leitsteuerung umfaßt für die Führung des Gesamtprozesses.

Für die informationstechnische →Verknüpfung der Steuerungen der einzelnen Ebenen untereinander sind vereinbarte Schnittstellen und Vernetzungssysteme (Bussysteme, **L**ocal **A**rea **N**etworks, →LAN) erforderlich.

In der Tabelle sind für den Bereich Kraftwerkstechnik und Fertigungstechnik aufgabenorientierte Beispiele für Steuerungen der einzelnen Ebenen zusammengestellt. *Freyberger*

Steuerung, hierarchisch gegliederte. Tabelle: Beispiele.

Ebenen	Kraftwerkstechnik	Fertigungstechnik
Einzelsteuerungen	Generator Ölbrenner Rauchgas etc.	Transportband Werkzeugmaschine Zwischenlager Prüfmaschine
Gruppensteuerungen	Dampferzeugung Turbine/Generatoreinsatz etc.	Fertigungszelle Transportsystem Prüfzelle etc.
Leitsteuerung	Kraftwerksblock	Fertigungsstraße

Literatur: DIN 19222. Leittechnik Begriffe. März 1985. – DIN 19237. Steuerungstechnik Begriffe. Vornorm Februar 1980.

Steuerung, numerische. Das Beiwort numerisch charakterisiert die in der Steuerung überwiegend vorgenommene Signalverarbeitung. Sie erfolgt numerisch, also zahlenmäßig wie bei digitalen Steuerungen. Der Begriff der n. S. oder *engl.* **N**umerical **C**ontrol (NC-Steuerung) kennzeichnet heute in

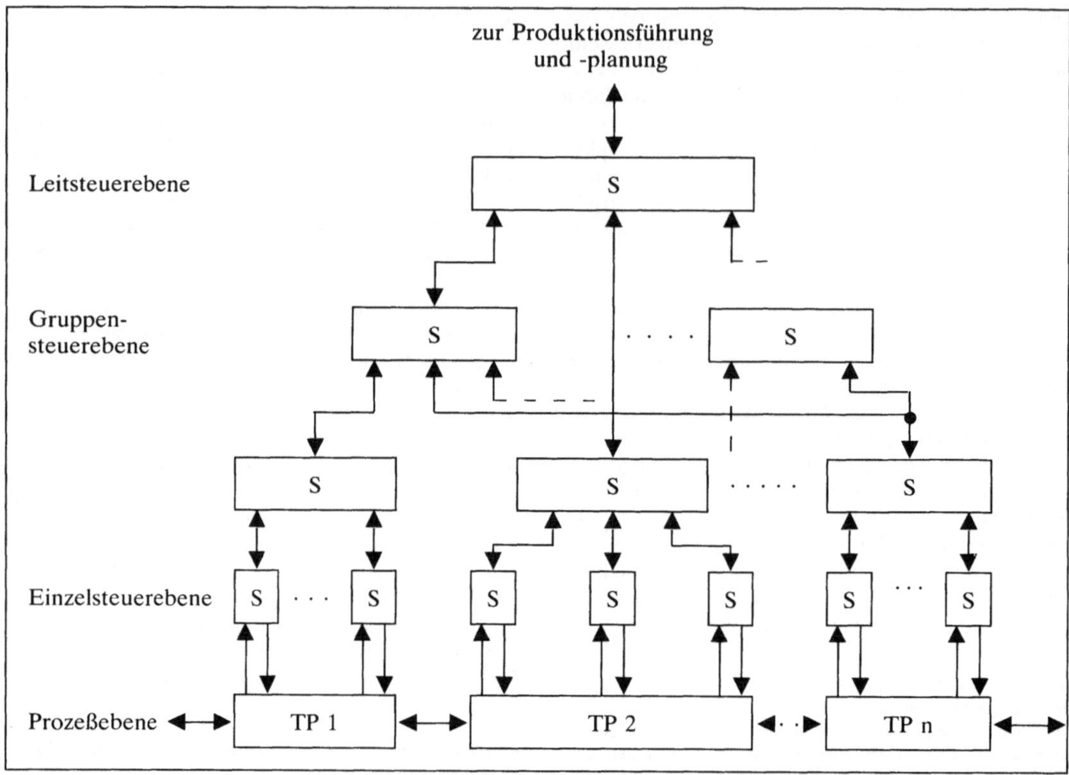

Steuerung, hierarchisch gegliederte: Schema einer h. g. S. (S Teilsteuerung, TP n-ter Teilprozeß).

erster Linie programmierbare Steuerungen für Werkzeugmaschinen, Roboter, Zeichenmaschinen etc.

Die Aufgabe dieser Steuerungen ist es, programmabhängig, die für die Bearbeitung eines Werkstückes notwendigen numerischen Geometrie- und Technologieinformationen sowie binäre Schaltinformationen in für die Ansteuerung der Maschinenantriebe (Achs- und Werkzeugantriebe) und sonstiger Maschineneinrichtungen (Spannvorrichtung, Werkzeugwechsel etc.) geeigneten Form schrittweise vorzugeben und die Ausführung zu überwachen. Bei der Steuerung der Bewegungsachsen, also der Achsantriebe, wird unterschieden zwischen einfacher

– Punkt zu Punkt Steuerung ohne Spezifikation des Bahnverlaufs zwischen den Punkten z. B. bei Bohrwerken und Punktschweißmaschinen,

– Streckensteuerung mit geradliniger Bewegung vorzugsweise in Richtung der Bewegungsachsen z. B. bei einfachen Dreh- und Fräsmaschinen, sowie

– Bahnsteuerung für beliebige zwei- und dreidimensionale Bahnen für die Werkzeugführung während der Bearbeitung, wie z. B. bei Dreh-, Fräs-, Brennschneidemaschinen und Robotern.

Weitere Grundoperationen sind Koordinatentransformationen bei mehrachsiger Bewegung, Interpolation und Korrekturfunktionen für Werkstücklage, Werkzeuglängen und -radiusänderung z. B. aufgrund von Werkzeugwechsel oder Werkzeugabnutzung.

Die für die Bearbeitung eines Werkstückes notwendigen Bewegungsinformationen sowie die technologischen und binären Steuerungsinformationen werden bei Zerlegung der Bearbeitung in einzelne Arbeitsschritte festgelegt und in der entsprechenden maschineneigenen →Fachsprache satzweise programmiert. Die Aufbereitung und Programmierung erfolgt rechnerunterstützt in der Arbeitsvorbereitung in zunehmendem Maße als ein Folgeschritt auf den Entwurf des Werkstückes mit CAD- (**C**omputer **A**ided **D**esign)-Werzeugen. Die Feinkorrekturen des Programmes erfolgen in der Regel unmittelbar an der Werkzeugmaschine über die Bedientastatur der NC-Steuerung von Hand.

N. S. werden zur Führung von bis zu acht Bewegungsachsen ausgeführt. Der Steuerungskern besteht bei einfachen Ausführungen aus einem speziellen Hardware-Schaltwerk oder aus einer schnellen echtzeitfähigen Multi-Mikrorechner-Hardware mit eigenem →Programmspeicher. Für die Ausführungsform der rechnerbasierten n. S. hat sich der Begriff der CNC-Steuerung (*engl.* **C**omputerized **N**umerical **C**ontrol) allgemein eingeführt.

Die Programmeingabe erfolgt bei
- einfachen n. S., die mit Hardware-Schaltwerk aufgebaut sind, schrittweise parallel zur Abarbeitung mittels Lochstreifenleser und acht-Kanal-Lochstreifen, der auf einem eigenen Programmierrechner vorher erstellt wird.
- CNC-Systemen während der Initialisierung über Lochstreifen, magnetische Programmträger oder bei vernetzter CNC-Steuerung über eine serielle Datenverbindung. *Freyberger*

Literatur: *Spur, G.; G. Stute,* und *M. Weck* (Herausg.): Rechnergeführte Fertigung. Reihe: Fortschritte der Fertigung auf Werkzeugmaschinen 4. München–Wien 1977.

Steuerung, pneumatische →Steuerung, fluidische

Steuerung, programmierbare. Das Beiwort programmierbar bringt zum Ausdruck, daß die Steuerungsanweisungen in ihrer Gesamtheit als Steuerungsprogramm in die Steuerung eingebbar sind. Diese allgemeine Charakterisierung wird durch weitere Beifügungen hinsichtlich der Programmverwirklichung differenziert in:
- verbindungsprogrammiert oder
- speicherprogrammiert.

Verbindungsprogrammiert sind solche Steuerungen, bei denen die Steuerungsanweisungen durch elektrische, pneumatische oder auch hydraulische Signalverbindungen der entsprechenden Grundfunktionsbauglieder, wie Verknüpfungs-, Speicher, Zeitglieder sowie komplexer, zusammengesetzter Funktionselemente erzeugt, bzw. hardwaremäßig vorgegeben werden. Sind diese Verbindungen nicht, z. B. mit Hilfe von Steckverbindungen und/oder Austausch von Funktionselement-Modulen leicht und systematisch änderbar, so liegt eine festprogrammierte Steuerung vor; andernfalls spricht man von umprogrammierbarer Steuerung. Typische Vertreter festprogrammierter Steuerungen sind z. B. festverdrahtete Schützsteuerungen. Umprogrammierbare Steuerungen sind z. B. solche, bei denen das Steuerungsprogramm auf einer, mittels Steckern programmierbaren Diodenmatrix oder über steckbare Halbleiter-Bausteine, z. B. PAL-Bausteine, ROM-Bausteine, gewechselt werden kann.

Bei den →speicherprogrammierbaren Steuerungen (SPS) liegt das Steuerungsprogramm üblicherweise in codierter, digitaler Form in einem digitalen Speicher im →Steuergerät vor. Weitere Unterscheidungsmerkmale sind die Arten der Programmerstellung und des Programmaustausches.

SPS sind freiprogrammierbar, wenn die Programmierung im Steuerungsgerät selbst erfolgt. Sie kann online, d. h. während das Steuerungsgerät am Prozeß angeschlossen ist und Steuerungsoperationen ausführt, oder offline d. h. bei nicht am Prozeß arbeitendem, nur in den Programmiermodus geschaltetem Steuerungsgerät, vorgenommen werden. Der →Programmspeicher ist in der Regel als Halbleiterspeicher (RAM) ausgeführt.

SPS sind austauschprogrammierbar, wenn der Programmspeicher, als ein Nurlesespeicher (ROM, EPROM oder EEPROM) ausgeführt, in das Steuergerät im offline-Betrieb eingesetzt wird. Die Programmierung des Programmbausteines erfolgt dann üblicherweise in einem speziellen, externen →Programmiergerät. *Freyberger*

Steuerung, sequentielle →Ablaufsteuerung

Steuerung, speicherprogrammierbare →Speicherprogrammierbare Steuerung; →Steuerung, programmierbare

Steuerung, synchrone. Das Beiwort synchron beschreibt die Art der zeitlichen Folge der Abarbeitung von Steuerungsanweisungen. Sie erfolgt an ein festes Zeitraster, einen Takt, gebunden und damit synchron zu diesem. Diese abtastende Arbeitsweise hat zur Folge, daß sich die →Reaktionszeit der s. S. im Vergleich zur asynchronen →Steuerung erheblich verändert. Die Reaktionszeit der Steuerung ist dabei die Zeit, die zwischen dem Auftreten einer Signaländerung am Eingang und einer aufgrund der zugehörigen Steuerungsanweisung resultierenden Stellsignalausgabe vergeht.

Dieser Effekt sei für →speicherprogrammierbare Steuerungen (SPS), der am weitesten verbreiteten Gattung der s. S., genauer betrachtet. Die Anweisungen des Steuerungsprogrammes liegen im →Programmspeicher in fester, durch die Programmierung vorgegebener Reihenfolge vor. Das Programm wird zyklisch abgearbeitet. Die Zykluszeit ergibt sich damit aus der Zahl der Anweisungen pro Zyklus, also der Programmlänge und der, von der Leistungsfähigkeit der Zentraleinheit der Steuerung abhängigen Verarbeitungszeit pro Anweisung. Die Reaktionszeit hängt damit vom relativen Zeitpunkt des Auftretens einer Eingangssignaländerung zum momentanen Stand der Bearbeitung des Steuerungsprogrammes und der Bearbeitungszeit pro Steuerungsanweisung ab. Sie kann im ungünstigsten Fall gleich der Zykluszeit für das gesamte Programm sein. Übliche Verzögerungen in den Ein-/Ausgabeeinheiten sind dabei nicht berücksichtigt.

Durch diese abtastende Arbeitsweise können Signaländerungen nur dann sicher erkannt werden, wenn sie länger als die Reaktionszeit andauern. Werden sehr kurze Reaktionszeiten z. B. zur Behandlung von Alarmzuständen erforderlich, so sind zusätzliche programmtechnische Maßnahmen vorzusehen. Solche sind z. B. kurze Programme, mehrfache Abfragen von speziellen Signaleingängen im Programmablauf oder, wie bei großen SPS, ein Multi-Tasking-Betrieb mit separaten hochpriorisierten Alarmprogrammen. *Freyberger*

Steuerung, verdrahtungsprogrammierte
→Steuerung, programmierbare

Steuerungsentwurf. Der S. ist ein mehrstufiger Entwurfsprozeß, dessen Teilschritte iterativ, mehrfach durchlaufen werden. Die Phasen des, von übergeordneten Aufgabenstellungen bis hin zum Detail, in mehreren Schichten angelegten Entwurfs, auch als top down design bezeichnet zeigt das Bild. Inwieweit die einzelnen Phasen vollständig durchlaufen werden, wird vom Umfang und der Komplexität der Steuerungsaufgabe sowie von der angestrebten Realisierung entscheidend geprägt.

In der ersten Phase, der Aufgabenbeschreibung, wird ausgehend von ersten groben Vorstellungen über die Aufgaben der Steuerung und die Leistung des gesteuerten Prozesses eine Systematisierung und Vervollständigung der Anforderungen an die zu entwerfende Steuerung vorgenommen. Dies erfolgt anhand:
– der Erstellung der für die Steuerung relevanten Technologie- und/oder Anlagenschemata,
– der Beschreibung des gewünschten gesteuerten Betriebsablaufes für den ungestörten normalen Betriebsfall inkl. zulässiger alternativer Betriebsweisen,
– der Beschreibung der Fehlerfälle, für die Ersatz-Steuerstrategien vorgesehen oder Stillsetzoperationen eingeplant werden sollen,
– der Beschreibung der für die Bedienung und Beobachtung einzusetzenden Maßnahmen sowie
– der Festlegung der Meß- und Stellsignale, der Bedien- und Beobachtungssignale und der →Parameter.

Das Ergebnis dieser ersten Phase stellt einen Teil des Pflichtenheftes für die Steuerung dar.

In der nächsten Phase erfolgt die Strukturierung der Steuerung. Insbesondere bei Großprozessen ist eine Zerlegung in Teilprozesse, die möglichst schwach mit Nachbarprozessen verkoppelt sein sollen, nötig. Angepaßt an diese Zerlegung kann die Gesamtsteuerung aus den Teilsteuerungen für die jeweiligen Teilprozesse und entsprechenden Steuerungen, die diese Teilsteuerungen koordinieren – in der Regel hierarchisch strukturiert – aufgebaut werden. Dokumentation, Test und Inbetriebnahme werden bei dieser Vorgehensweise vorteilhaft unterstützt, da die Teile zunächst getrennt bearbeitet und dann schrittweise zusammengefügt werden können.

In der dritten Phase erfolgt die Detaillierung der einzelnen Steuerungsabläufe einschl. der Fehlerbehandlungsfälle für die Teil- und Koordinationssteuerungen zum Zwecke der Überprüfung der logischen Konsistenz, der Auffindung von Engpässen sowie der Optimierung der Abläufe. Die Detaillierung ist der erste Schritt zur Erstellung des Steuerungsprogrammes. Sie sollte nach Möglichkeit bereits die spätere Realisierung der Steuerungskomponente berücksichtigen. Zweckmäßige Beschreibungsformen für diesen Entwurfsschritt sind Ereignisnetze wie Petri-Netz und →Steuergraph, ggfs. auch Funktionspläne und Schaltfolgepläne. Für ihre Erstellung ist es nötig die Zustände der Prozeß- oder Teilprozeßabläufe, in der Regel charakterisiert durch bestimmte Kombinationen von Eingangssignalen (Meß- und Bediensignale) und von Ausgangssignalen (Stell- und Beobachtungssignale) festzulegen und die Bedingungen für die, von Ereignissen erfaßt durch den Wechsel von Eingangssignalen abhängigen Übergänge der Zustände, die sog. Transitionen, zu formulieren. Voraussetzung für diese Vorgehensweise sind interaktive rechnerunterstützte Entwurfshilfsmittel und geeignete Simulationswerkzeuge.

Für die vierte Phase, die Phase der Realisierung lassen sich grob drei Wege angeben. Die Auswahl des Weges hängt dabei von der Art der Steuerungsaufgabe und weiteren Realisierungsanforderungen ab.

□ Steuerungen mit kleinem Umfang für hohe Produktstückzahlen wie z. B. Interface-Steuerungen für Computerperipheriegeräte, Steuerungen für den Einsatz im Auto oder in Geräten der Konsumelektronik werden verstärkt auf Chip-Ebene als Kunden- oder Semikundenspezifischer-Schaltkreis, auch als ASIC (**A**pplication **S**pecific **I**ntegrated **C**ircuit) bezeichnet, gelöst. Diesen Schaltkreisen zuzurechnen sind u. a. PAL-(**P**rogrammable **A**rray **L**ogic) oder Gate-Array-Bausteine. Die Codierung des Steuerungsprogrammes erfolgt auf CAD-Plätzen auf der Basis der jeweiligen Funktionsbaustein-Bibliothek und Chip-spezifischer Regeln.

□ Steuerungen für Anwendungen mit mittlerem bis hohem Umfang, die in der Regel Einzellösungen darstellen, z. B. die Steuerung von Chargenprozessen, Fertigungsprozessen, Lager- und Verteilprozessen, werden vorwiegend mit →**s**peicher**p**rogrammierbaren **S**teuerungen sog. SPS gelöst. Die Programmierung erfolgt in spezieller →Fachsprache, wobei sich heute →Kontaktplan, →Funktionsplan und Ereignisgraph, z. B. Petri-Netz, Steuergraph, GRAPH 5 (Siemens AG), GRAFCET (Telemecanique) etc. für graphische Programmierung und die →Anweisungsliste zur mnemotechnisch alphanumerischen Programmierung eingeführt haben. Der Befehlsumfang dieser Fachsprachen umfaßt die logischen Grundfunktionen, Speicher-, Zähl- und Zeitfunktionen sowie erweiterte Funktionen wie Befehlsausgabe-, Ablaufschritt-, Arithmetik-, Regelungs- und Filterfunktionen. Mit diesem Funktionsumfang steht eine hervorragende →Firmware zur Verfügung, um die in der dritten Phase erarbeitete Steuerung programmtechnisch zu realisieren.

□ Die Implementierung der Steuerung auf einem →Prozeßrechner, eingebunden in ein Echtzeitbetriebssystem, stellt einen dritten Weg dar. In diesem Falle ist die Umsetzung z. B. der Steuergraphendarstellung in Flußdiagramme oder Struktogramme (*Nassi-Schneiderman*-Diagramm) empfehlenswert. Diese stellen eine geeignete, übersichtliche genormte Grundlage für die notwendige Formulierung des Steuerungsprogrammes in einer auf dem Prozeßrechner zur Verfügung stehenden Hochsprache dar.

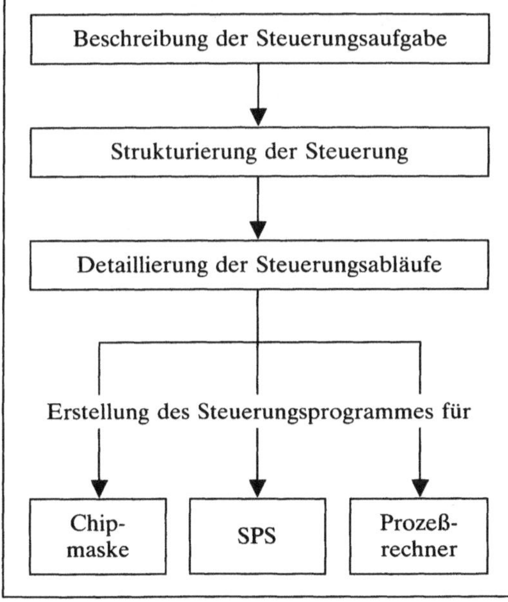

Steuerungsentwurf: Darstellung der unterschiedlichen Phasen.

Gebräuchliche Hochsprachen sind FORTRAN, ADA, C, BASIC, PASCAL aber auch speziell für Echtzeitaufgaben z. B. Prozeß-Steuerungen entwickelte Sprachen wie PEARL. *Freyberger*

Steuerungstechnik. Die S. bezeichnet die Wissenschaft von der gezielten, planmäßigen Beeinflussung von sich zeitlich entwickelnden, also dynamischen Prozessen um ein vorgegebenes, projektiertes Ziel zu erreichen. Sie bedient sich angepaßter Methoden der Systembeschreibung und -untersuchung zum Zwecke der Aufgabenanalyse und zur Unterstützung des Entwurfs der Steuerungen. Hinsichtlich der behandelten Prozesse und der ihnen zugrundeliegenden Systeme bestehen prinzipiell keine Einschränkungen, so daß technische wie auch nicht technische Systeme und Prozesse eingeschlossen sind.

Die Systembeschreibungen orientieren sich am grundsätzlichen Verhalten der zu steuernden Systeme.

Bei der Behandlung zeit- und amplitudenkontinuierlicher (stetiger) Systeme ist die Beschreibung u. a. durch Bilanzgleichungen und durch Systeme linearer und/oder nichtlinearer Differentialgleichungen sowie in geeigneten Fällen im Frequenzbereich durch Übertragungsfunktionen vorherrschend.

Bei der Behandlung zeit- und amplitudendiskreter ereignisorientierter Systeme, z. B. dem Stückgutdurchsatz in einem Hochregallager, bieten sich u. a. zugeschnittene Verfahren der Automatentheorie und der Graphentheorie an. Für diese Klasse von Systemen bestehen zur Steuerungsanalyse und -synthese derzeit allerdings wenige, allgemein anwendbare systematische Ansätze.

Die S. ist neben der →Regelungstechnik wesentliche Grundlage der →Automatisierungstechnik. *Freyberger*

Steuerwerk. S. im allgemeinsten Sinne sind Schaltungen die einen Ablauf in definierter Weise nach einem Programm steuern. Als typisches Beispiel sei auf das S. eines digitalen Rechners verwiesen. Es bildet mit dem Rechenwerk zusammen den wichtigsten Teil der Zentraleinheit und steuert dieses gemäß einem vorgegebenen Programm.

Bei →Ablaufsteuerungen ist es Aufgabe des S. den schrittweisen Ablauf zu steuern und die Eingänge der jeweils angesteuerten Befehle zu aktivieren. S. mit dieser sehr spezialisierten Funktionsweise werden auch als Ablaufschaltwerke oder anschaulicher als Schrittschaltwerke bezeichnet. *Freyberger*

Stichprobe →Lebensdauertest

Stilb. Frühere Einheit der Leuchtdichte. Einheitenzeichen sb. 1 sb = 10^4 cd/m². In der Bundesrepublik Deutschland im geschäftlichen und amtlichen Verkehr nicht mehr zugelassen. Gültige Einheit: →Candela, cd (→Einheiten des SI). *Hammerschmidt*

Stimmgabel-Frequenzumsetzer. Die Eigenfrequenz f_0 einer Stimmgabel ist über einen Proportionalitätsfaktor k mit der schwingenden Masse des Resonators m_r und der des mitbewegenden Meßgutes m_g verknüpft:

$$f_0 = k \frac{1}{\sqrt{m_r + m_g}}$$

Diese Beziehung wird ausgenutzt, um z. B. die Dichte von Gasen aus der Frequenz der Stimmgabel zu ermitteln. Dabei sind oft auf die Stimmgabeln Halbschalen aufgesetzt, um die Masse des mitschwingenden Gases zu vergrößern.

Die obige Gleichung gilt auch für einen u-förmigen, hohlen, von einem zu untersuchenden Fluid durchströmten →Resonator (Bild). Hier nimmt ein genau definiertes Volumen des Meßgutes an der Schwingung teil und verändert entsprechend seiner Masse und, da das Volumen festliegt, auch entsprechend seiner Dichte die Eigenfrequenz des Resonators. Aus ihr läßt sich dann die Dichte des Fluids ermitteln.

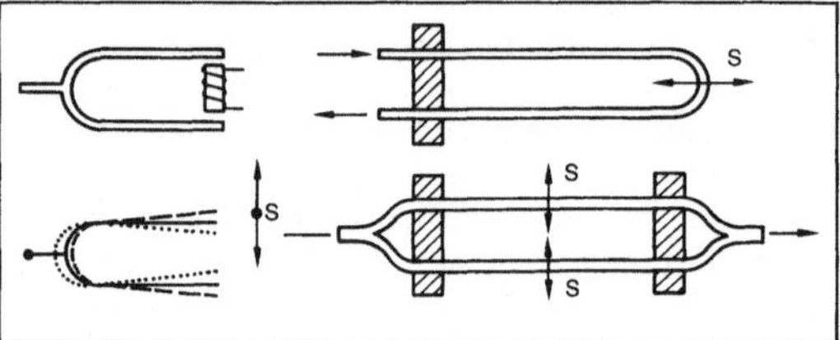

Stimmgabel-Frequenzumsetzer: Stimmgabel und u-förmiger Resonator zur Dichtemessung.

Die Stimmgabel und der u-förmige Resonator sind oft aus einem ferromagnetischen Material ausgeführt. Sie werden über einen Stromimpuls durch einen Elektromagneten zu einer Schwingung angeregt. Derselbe Elektromagnet dient dann zur Messung der Amplitude und Frequenz der Schwingung. *Schrüfer*

Stimulus, Stimuli. Alle Hardwareeinrichtungen eines Prüfautomaten, die bewirken, daß bestimmte Reaktionen eines Prüflings ausgelöst werden können. Gewöhnlich sind dies die Treiberpins der →Pinelektronik mit ihren logischen Signalen oder ihren analogen Signalformen. Aber auch eine programmierbare Stromversorgung kann in diesem Sinne S. sein. *Winter*

Stokes. Einheit der kinematischen Viskosität im →CGS-System. Einheitenzeichen St. 1 St = 10^{-4} m²/s. In der Bundesrepublik Deutschland im geschäftlichen und amtlichen Verkehr nicht mehr zugelassen (→Einheiten des SI). *Hammerschmidt*

Störfall-Ablaufanalyse →Ereignisablauf-Analyse

Störfall-Ablaufdiagramm →Ereignisablauf-Analyse

Störgröße →Regelkreis; →Festwertregelung; →Störverhalten; →Störgrößenaufschaltung

Störgrößenaufschaltung. Bei der S. wird ein von der Störgröße abgeleitetes Signal zusätzlich auf den →Regelkreis geschaltet, um sein →Störverhalten für eine →Festwertregelung zu verbessern.

Eine S. ist nur möglich, wenn die Wirkung der →Störung oder die Störgröße selbst meßbar ist. So wirkt bei einer Temperaturregelung die Umgebungstemperatur als Störgröße. Sie kann gemessen werden und als →Meßsignal auf den →Regler geschaltet werden. Bei der Spannungsregelung eines Generators wirkt die Belastungsänderung als Störung. Aus der Messung des Laststromes läßt sich ein Signal zur S. herleiten.

Eine Konfiguration zur S. wird im Bild 1 dargestellt. Der Regelkreis wurde erweitert um das →Übertragungsglied mit der →Übertragungsfunktion $F_{St}(s)$, das aus der Störgröße z ein Signal für den Reglereingang erzeugt. So wird erreicht, daß der Störeinfluß am Reglereingang schneller festgestellt wird als über die →Regelgröße x. Man unterscheidet zwischen starrer S., dann hat $F_{St}(s)$ ein →P-Übertragungsverhalten, und nachgebender S., dann hat $F_{St}(s)$ ein →D-Übertragungsverhalten, bzw. D-T_1-Verhalten (→Verzögerungsglied). Meist kombiniert man beides, so daß $F_{St}(s)$ ein →PD-Übertragungsverhalten (bzw. PD-T_1-Verhalten) bekommt. Wenn die Störgröße z über $F_L(s)$ positiv auf den Regelkreis einwirkt, dann muß der Einfluß über $F_{St}(s)$ negativ erfolgen. Das Störverhalten wird damit durch die Störübertragungsfunktion $F_Z(s)$ beschrieben

$$F_z(s) = \frac{F_L(s) - F_{St}(s)\,F_0(s)}{1 + F_0(s)}$$

mit der →Kreisübertragungsfunktion $F_0(s) = F_R(s)F_S(s)$. Für eine ideale S., nämlich $F_Z(s) = 0$, müßte gelten $F_{St}(s) = F_L(s)/F_0(s)$. $F_0(s)$ hat jedoch eine höhere Ordnung als $F_L(s)$, somit müßte $F_{St}(s)$ mehrfache D-Anteile enthalten.

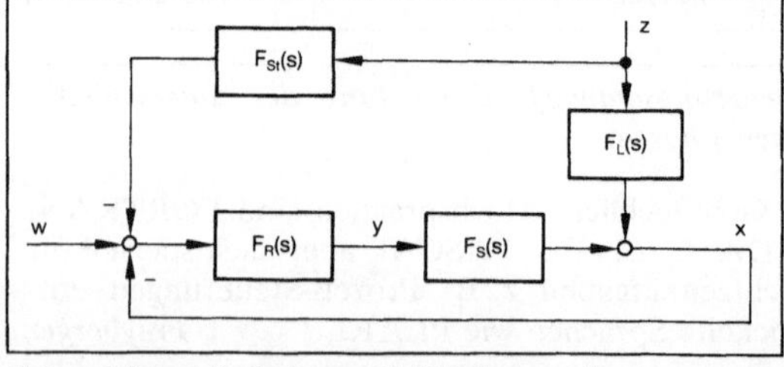

Störgrößenaufschaltung 1: Wirkungsplan.

Für die Störsprungantworten (→Übergangsfunktion) wurde für $F_L(s)$ eine einfache Verzögerung angenommen (Verzögerungsglied, Übertragungsglied erster Ordnung) als P-T_1-Glied mit der Übertragungskonstanten K_L und der Zeitkonstanten T_L. Das Steuerverhalten der →Regelstrecke mit Ausgleich, $F_S(s)$, ist ein mehrfach verzögertes P-Glied.

Um die →Stabilität des Kreises so wenig wie möglich zu verschlechtern, wird ein P-Regler eingesetzt. Der Verlauf (Bild 2, gepunktete Linie) der Störsprungantwort für die reine →Regelung zeigt, daß ein Störeinfluß bestehen bleibt, da der →Regelfaktor $r = 1/(1 + K_0)$ nicht verschwindet (K_0 als →Kreisverstärkung). Mit einer starren S., $F_{St}(s) = K_{St} = k \cdot K_L/K_0$ (gestrichelt), kann dieser Einfluß verringert werden. Die Einstellung $k = 0{,}5$ halbiert den Einfluß; mit $k = 1$ verschwindet er. Jedoch zeigt sich ein starkes Überschwingen. Dieses Überschwingen kann durch eine zusätzliche nachgebende S. reduziert werden. Hier wurde ein optimaler D-Anteil ermittelt aus der Summe aller Zeitkonstanten von $F_s(s)$, bzw. der Summe von Ausgleichs- und Verzugszeit (→Wendetangentenverfahren), vermindert um T_L. Die beiden zugehörigen →Sprungantworten (ausgezogene Linien) unterscheiden sich durch die Zeitkonstanten T_l der nachgebenden Aufschaltung. (Verlauf a: $T_l = T_L$; Verlauf b: $T_l = 0{,}25\ T_L$. Mit der kleineren Zeitkonstanten (Verlauf b) kann die Aufschaltung schneller reagieren und so das Überschwingen verringern sowie die Einschwingzeit verkürzen.

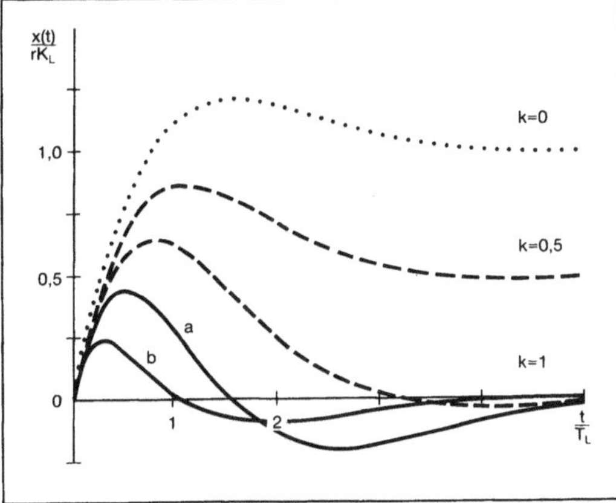

Störgrößenaufschaltung 2: Störsprungantworten für einen Regelkreis mit S.

Der Vorteil der S. liegt darin, daß man trotz Einsatz eines einfachen Reglers ein sehr gutes dynamisches und stationäres Störverhalten erzielen kann. Zwar kann man mit einem I- oder PI-Regler die bleibende Abweichung ausregeln, aber man muß starkes und langes Einschwingen in Kauf nehmen (→Festwertregelung). Außerdem hat die S. keinen Einfluß auf das Anfahrverhalten (→Folgeverhalten). Beim Hochfahren des Regelkreises wird die Dynamik nur durch Regler, $F_R(s)$, und Regelstrekke, $F_s(s)$, bestimmt. *Böttiger*

Literatur: *Böttiger, A.*: Regelungstechnik. München 1988. – *Föllinger, O.*: Regelungstechnik. Heidelberg 1985. – *Unbehauen, H.*: Regelungstechnik I. Braunschweig 1982.

Realisierung. Zur Verbesserung der Regelgüte bieten →Prozeßleitsysteme unterschiedliche technische Möglichkeiten, Werte von Störgrößen auf die Ist-, Soll- und Stellwerte von Regelkreisen aufzuschalten. Die S. läßt sich besonders gut und flexibel mit digital arbeitenden Prozeßleitsystemen durch z. T. vorprogrammierte Software lösen. In die elektrischen Analogregler sind Standardfunktionen zur S. integriert, während die pneumatische Instrumentierung nur begrenzte Möglichkeiten zur S. bietet. *Strohrmann*

Störsicherheit.

1. Allgemein: Unempfindlichkeit elektronischer Schaltungen und Geräte gegenüber induzierten kapazitiven und induktiven Störsignalen, insbesondere Störimpulsen.

Die Maßnahmen zur Erhöhung der S. bestehen einerseits aus Abschirmungen, zum anderen aus dem Einbau von Filtern in die Spannungsversorgungsleitungen, dem Einsatz von RC-Filtern an Steuereingängen, der räumlichen Trennung von Leitungen, zwischen denen große Stromunterschiede auftreten.

2. Bei Digitalschaltungen, insbesondere integrierten Schaltkreisen kennzeichnet die S. das Verhalten des Schaltkreises hauptsächlich auf Spannungsstörungen, d. h. Abweichungen von den Normpegeln. Man unterscheidet hier

□ Statische S. Sie kennzeichnet die Sicherheit der Schaltung gegenüber langsamen Störungen, deren Dauer groß im Vergleich zu seiner mittleren Verzögerungszeit ist. Diese S. gibt die maximal zulässige Eingangsspannungsänderung an, die den logischen Zustand der Schaltung noch nicht ändert (Bild). Sie wird als statischer Störabstand S_L, S_H bezeichnet.

□ Dynamische S. Sie charakterisiert die Sicherheit der Schaltung gegenüber kurzen Störungen (kurz gegen die mittlere Verzögerungszeit). Dabei ist die eingekoppelte Störenergie (Amplitude, Dauer) maßgebend. Deshalb wird die S. für schnelle Impulse größer als die statische S. Schlußfolgernd sind

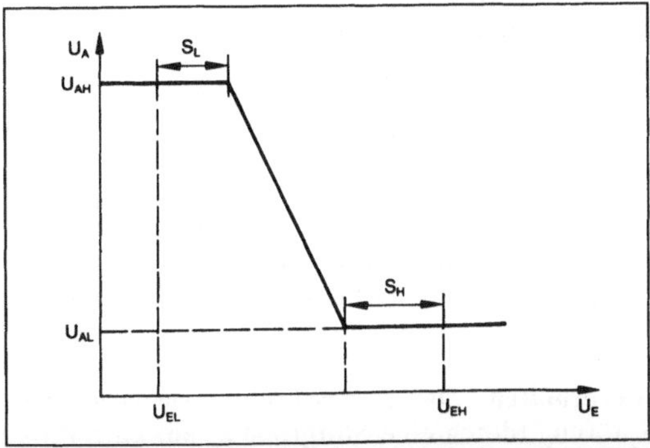

Störsicherheit: Störabstand S_H, S_L – statischer H- bzw. L-Störabstand.

langsame Schaltkreise im Vergleich zu schnellen nur dann deutlich störunempfindlicher, wenn die Störsignale kurz gegen die Gatterverzögerungszeit sind. *R. Paul*

Störstrahlungsprüfung →EMV-Test

Störung, elektromagnetische. Die Geräte der Meß- und Nachrichtentechnik verarbeiten durchweg niedrige Signale, die durch elektromagnetische Einstreuungen gestört werden können. Mit der Weiterentwicklung der Technik nimmt die Beeinflussung, die Unverträglichkeit, zunächst zu. Die Gründe hierfür liegen in den schon erwähnten niedrigen Signalpegeln, in den zum Teil hochohmigen Leitungen, in der großen Packungsdichte elektronischer Geräte und in der Schnelligkeit digitaler Systeme, die auch auf sehr kurze Impulsstörungen schon ansprechen. Ungünstig ist, daß die einen ersten Schutz gegen Einstreuungen von außen bietenden Metallgehäuse immer mehr durch Kunststoffgehäuse ersetzt werden.

Die Störquellen können außerhalb eines Geräts oder auch innerhalb auftreten. Sie können leitungsgebunden sein oder auch sich über elektromagnetische Felder fortpflanzen (hochfrequente Abstrahlungen aus Sendern von Sprech-, Steuerungs- und Sicherungsanlagen). Auch die →Entladung statischer Elektrizität zählt zu den Störquellen. Im Prinzip erzeugt jedes elektrische Gerät beabsichtigt oder unbeabsichtigt störende elektromagnetische Felder und verschmutzt damit seine Umgebung. Besondere Störungen treten dabei beim Schalten elektrischer Leistungen auf.

Um die elektromagnetische Verträglichkeit sicherzustellen, sind unterschiedliche Maßnahmen zu ergreifen. Lassen sich die Störquellen nicht weiter eindämmen, so gilt es, die Kopplungsmöglichkeiten zu reduzieren. Maßnahmen hierfür sind:
- die galvanische Trennung zwischen Stromversorgungs- und Meßleitungen
- die Vermeidung von Erdströmen
- eine definierte Erdung
- die Verwendung verdrillter Leitungen als Schutz gegen induktive Einstreuungen
- die Verwendung abgeschirmter Leitungen als Schutz gegen kapazitive Einstreuungen
- die Verwendung von Drosseln und Filtern.

Die elektromagnetische Verträglichkeit ist ggfs. nachzuweisen. Dazu wird das betrachtete Gerät im Prüffeld mit definierten Störsignalen beaufschlagt und die Wirkung dieser Signale wird gemessen. *Schrüfer*

Störverhalten. Das S. beschreibt, wie sich eine →Störung (durch eine Störgröße z) auf eine Prozeßgröße (die →Regelgröße x) einer Anlage auswirkt. Zu unterscheiden ist zwischen dem S. der →Regelstrecke und dem des ganzen →Regelkreises. Um die Verbesserung des S. geht es bei der →Festwertregelung (→Regelung). *Böttiger*

Strahlenschutzverordnung (StrlSchV). Die Verordnung über den Schutz vor Schäden durch ionisierende Strahlen vom 13. Oktober 1976 (seither sechsmal, zuletzt am 8. Januar 1987 geändert) regelt im Rahmen des *Atomgesetzes* und ergänzt durch die *Röntgenverordnung* die Genehmigungspflicht (mit gewissen Freigrenzen) für den Umgang mit radioaktiven Stoffen, für ihre Ein- und Ausfuhr und ihre Beförderung, ferner die Genehmigungs- oder Anzeigepflicht für die Errichtung und den Betrieb von Anlagen zur Erzeugung ionisierender Strahlen. Die StrlSchV schreibt sodann organisatorische und physikalisch-technische Schutzmaßnahmen und medizinische Vorkehrungen vor zur Verhütung von Schäden an Menschen und Sachen durch ionisierende Strahlen radioaktiver Stoffe und durch ionisierende Strahlen, die von Geräten ausgehen.

Strahlenschutzverantwortliche und Strahlenschutzbeauftragte haben über die Einhaltung der in der Verordnung festgesetzten Strahlendosis-Grenzwerte zu achten. Über diese Grenzwerte hinausgehend schreibt die StrlSchV als fundamentalen Strahlenschutzgrundsatz rechtsverbindlich ein Minimierungsgebot vor: Jede unnötige Strahlenexposition oder Kontamination von Personen, Sachgütern oder der Umwelt ist zu vermeiden, jede nicht vermeidbare Strahlenexposition oder Kontamination von Personen, Sachgütern oder der Umwelt ist so gering wie möglich zu halten. Die StrlSchV in der jetzigen Fassung löste die 1. und 2. StrlSchV von 1960 bzw. 1964 ab. *W. Hoffmann*

Strahlungsdetektor. Der S. liefert auf Grund eines physikalischen Effekts ein elektrisches Ausgangssignal (Impuls, Strom), das als Maß für die zu messende Größe genommen werden kann. Im Idealfall ist das Detektorsignal direkt proportional der Aktivität, der Energie, der Dosisleistung oder der Dosis der auftreffenden Strahlung (→Strahlungsmessung, →Dosismessung).

Der Detektor soll sich zum Messen der Meßgröße eignen und unabhängig von äußeren Störgrößen sein.

Von den Eigenschaften des S. hängen letzten Endes die Eigenschaften der kompletten →Meßeinrichtung ab. *Wachsmann*

Strahlungsmessung. Unter S. im weiteren Sinn wird jede Messung einer für eine Teilchen- oder Wellenstrahlung charakteristischen Kenngröße verstanden. Die Wellenstrahlung umfaßt dabei die elektromagnetischen Strahlungen (z. B. Radiostrahlung, Mikrowellen-Strahlung, infrarote Strahlung, Strahlung des sichtbaren Lichts, UV-Strahlung, Röntgen-Strahlung) und auch die akustischen Strahlungen, die sich in Form von Schallwellen ausbreiten.

Gemessen wird im allgemeinen die Energie, Frequenz und Wellenlänge der Strahlung und insbesondere der Strahlungsfluß, die je Zeit- und Wellenlängeneinheit von einer Fläche abgegebene oder auf eine Fläche auftreffende Strahlenenergie ($W/cm^2 \cdot \mu m$). Darüber hinaus lassen sich über die S. eine Reihe nichtelektrischer Größen *berührungslos* erfassen. So dienen die →Pyrometer z. B. zur →Temperaturmessung. Unter Verwendung von optischen, infraroten und akustischen Strahlen lassen sich viele nichtelektrische Größen wie z. B. Entfernungen, Positionen, dimensionelle Größen, Durchflüsse usw., messen. In diesem Zusammenhang ist auch an die optischen →Spektrometer zu erinnern, die in der Analytik nicht mehr wegzudenken sind.

Die S. im engeren Sinne bezieht sich auf die Kernstrahlung, wobei unter diesem Begriff Gammaquanten, Alpha- und Beta-Teilchen und Neutronen zusammengefaßt werden. Gemessen wird hier die Art der Teilchen, ihre Energie (→Amplitudenverteilung, Gamma-Spektroskopie), die Aktivität der radioaktiven Produkte (Zerfälle/s, →Aktivitätsmessung), die →Aktivitätskonzentration und die z. B. im menschlichen Körper absorbierte Energie (J/K, →Dosismessung). Wichtig für den bestimmungsgemäßen und sicheren Betrieb der Kernreaktoren ist die →Neutronenflußmessung.

Die ionisierende Strahlung ist auch überall dort nachzuweisen, wo sie, wie z. B. in der Medizin, zur Diagnostik und Therapie oder, in der Verfahrenstechnik, zur Schichtdicken-, →Füllstands- und →Dichtemessung eingesetzt wird. *Schrüfer*

Streckenneutralität. Extrinsische faseroptische →Sensoren verwenden Lichtleitfasern zur Übertragung des Meßwertes. Ein Sensor, dessen Ausgangssignal nicht von den evtl. wechselnden Eigenschaften der faseroptischen Übertragungsstrecke abhängt, wird als streckenneutral bezeichnet.

Die Eigenschaften der Strecke können sich aufgrund vieler Ursachen ändern. Die Verluste in Fasersteckern und Faserspleißen sind nicht reproduzierbar. Die Faserdämpfung hängt von der Länge der Faser ab und ändert sich mit Temperatur, Druck, Zug und Biegung der Faser. Die S. eines Sensors kann erreicht werden durch geeignete optische Codierung des Meßsignales, z. B. in das Leistungsverhältnis zweier gleichzeitig über die Faser geführter Lichtströme. *Ulrich*

Streßfaktor →Belastungsfaktor

Strichcode. (*engl.* barcode). Bei bestimmten elektronischen Baugruppen und Bausteinen erfolgt die Identifizierung mit Hilfe eines aufgedruckten/aufgeklebten S. Auf diese Weise läßt sich mit geringem manuellem Aufwand z. B. im Falle von Reparaturen oder Modifikationen der Zustand eines Prüfobjektes (Änderungsstand, Reparaturen) über deren gesamte Lebenszeit verfolgen. *Winter*

Strichcodeleser. Codeleser dienen u. a. zur Identifizierung von Gütern im Materialfluß anhand eines aufgebrachten Codes. Der kennzeichnende →Code kann von einem am Objekt angebrachten aktiven Geber geliefert oder einer passiven Markierung, zu denen die Strich- oder Barcodes gehören, entnommen werden. Sichere, zuverlässige Identifizierung spielt dabei eine entscheidende Rolle.

Bei aktiver Codierung wird der Code zur Identifizierung durch einen Sender erzeugt und von Empfängern ausgewertet. Der das Objekt begleitende Code kann in diesem Falle mit jeweils aktualisierten Daten versehen und zur Produktionsführung und -überwachung herangezogen werden.

Codeleser für passive Codemarken arbeiten entweder berührend oder berührungslos. Bei den berührenden Systemen erfolgt der Lesevorgang durch mechanische Abtastung mit Kontaktgebern, durch induktive Abtastung von Magnetstreifen oder optoelektronisch. Große Bedeutung besitzen daneben die berührungslos arbeitenden optoelektronischen Codeleser. Dabei haben sich die S. gegenüber Lesern, die optoelektronisch Lochkarten abtasten, durchgesetzt.

Der →Strichcode (Barcode) besteht aus einer Folge von breiten und schmalen Strichen und breiten und schmalen Lücken. Die Sequenz dieser Striche und Lücken repräsentiert in codierter Form die in der Regel alphanumerisch dargestellte Information (Bild 1, S. 600). Die Striche und Lücken werden normalerweise in einem Verhältnis (schmal : breit) von 1 : 2 bis 1 : 3 gedruckt. Diese Dimensionierung ermöglicht es, praktisch von der Qualität des in der Regel durch Drucktechnik aufgebrachten Strichcodes unabhängige, sicher interpretierbare Lesesignale optoelektronisch zu erzeugen. Zusätzliche Maßnahmen zur Sicherung der Information beim Lesen sind:

- selbstüberprüfbar aufgebaute Codes, z. B. Aufbau eines jeden Zeichens für die Identifikation aus einer festen Anzahl von Strichen und Lücken
- Einfügen einer Prüfziffer, z. B. Berechnung nach Modulo 10.

Je nach gewünschter Informationsdichte, Informationsinhalt und/oder Lesegeschwindigkeit kommen verschiedene rein numerische oder auch alphanumerische Codes zum Einsatz.

Zeichen	S1	L1	S2	L2	S3
1	1	0	0	0	1
2	0	1	0	0	1
3	1	1	0	0	0
4	0	0	1	0	1
5	1	0	1	0	0
6	0	1	1	0	0
7	0	0	0	1	1
8	1	0	0	1	0
9	0	1	0	1	0
0	0	0	1	1	0
Start	S	0	0	0	0
Stop	S	0	0	0	0

Elemente: Drei Striche S1–S3, zwei Lücken L_1, L_2, (1 ≙ breiter Strich/Lücke; 0 ≙ schmaler Strich/Lücke; S ≙ überbreiter Strich).

Strichcodeleser 1: Code-Tabelle für einen 5-elementigen Strichcode und Code-Beispiel für die Zahl 1234.
a) Code-Tabelle
b) Code-Beispiel 1234

Gelesen wird der Strichcode durch handgeführte Lesestifte (Lagerbereich, Bibliotheken, Ausweise) oder automatisch durch selbstabtastende Laserscanner, die auch auf größere Distanz einsetzbar sind. Lesestifte arbeiten meist mit Rot- oder Infrarot(IR)-Licht. Gemessen wird die Intensität des reflektierten Lichtes, die aus den dunklen und hellen Streifen resultiert. Ein nachgeschalteter → Decoder kompensiert die unterschiedlichen Lesegeschwindigkeiten bei manueller Abtastung und decodiert die Information. Für Anwendungen von Lesestiften muß der Codedruck sehr kontrastreich sein (weiß/schwarz).

Beim Laserscanner (Bild 2) wird der Laserstrahl über einen rotierenden Polygonspiegel abgelenkt und überstreicht den in seinem Ablenkwinkelbereich liegenden Strichcode automatisch. Der aufgrund unterschiedlicher Reflexionen auf Code-Strichen und Hintergrund intensitätsmodulierte Empfangsstrahl wird ausgewertet und decodiert. Mit Laserscannern können Strichcodes je nach Druckgröße aus Entfernungen bis zu einem Meter gelesen werden. *Freyberger*

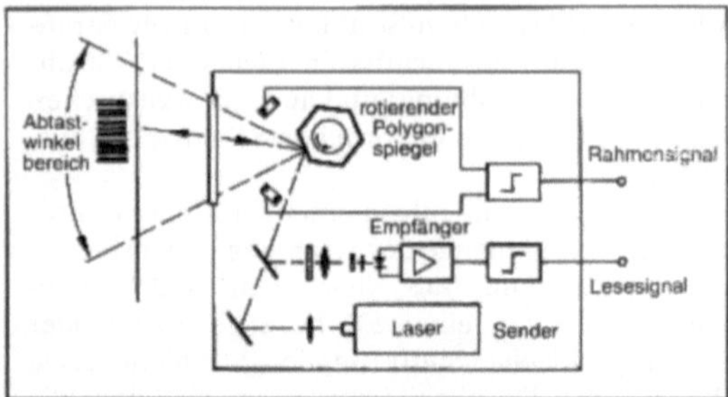

Strichcodeleser 2: Prinzipanordnung bei einem Laser-Scanner zum Lesen von Strichcodes

Strobezeitpunkt → Abtastzeitpunkt

Stroboskop. Ein S. dient zur Beobachtung des Bewegungsablaufs schneller periodischer oder quasiperiodischer Vorgänge (z. B. bei rotierenden oder schwingenden Gegenständen) sowie zum berührungslosen und damit rückwirkungsfreien Messen von Drehzahlen oder Schwingungsfrequenzen. Wenn man die schnelle Bewegung eines Gegenstands mit einer geeigneten Frequenz jeweils für eine kurze Zeit sichtbar macht, erscheint dieser durch die Trägheit des menschlichen Auges so, als stünde er fest oder bewege sich nur sehr langsam.

Man unterscheidet zwei Arten zum Erzeugen kurzer Beobachtungszeiten:
- das Blendenverfahren, wobei die Beobachtung durch eine Schlitzblende erfolgt,
- das Lichtblitzverfahren, bei dem kurzzeitige Lichtblitze den Vorgang beleuchten.

Die modernen Verfahren sind von letzterer Art. Mittels einer Xenon-Impulslampe wird der Gegenstand im Takt der Steuerfrequenz f angeleuchtet. Die Dauer eines Lichtblitzes beträgt etwa 5 µs. Die Steuerfrequenz f wird zwischen einigen Hertz und einigen 100 Hz so eingestellt, daß sich ein stehendes Bild ergibt. Zu einer stroboskopischen → Drehzahlmessung (Bild) werden an der Welle m Hell/Dunkel-Abschnitte (hier m = 9 Abschnitte) angebracht. Es ergibt sich ein stehendes Bild für die Umdrehungsfrequenz f_x:

$$f_x = \frac{i}{m} f, \qquad \text{mit } i = 1,2,3,\ldots$$

Da sich immer dann stehende Bilder ergeben, wenn die Marken auf der S.-Scheibe im Takt von f_x

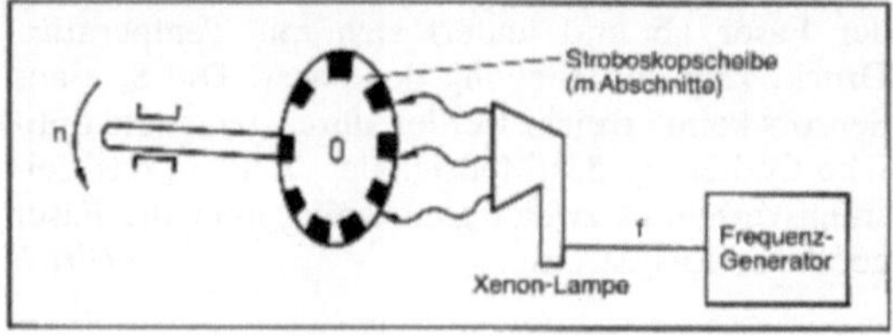

Stroboskop: Stroboskopische Drehzahlmessung.

bei jeder i-ten Umdrehung beleuchtet werden, ist die Anzeige nicht eindeutig. Um diese Vieldeutigkeit auszuschalten, ist es notwendig, zwei unmittelbar benachbarte Stillstandsfrequenzen zu suchen, um die Umdrehungsfrequenz f_x eindeutig zu erhalten aus der Beziehung:

$$f_x = \frac{1}{m} \frac{f_1 f_2}{f_1 - f_2} \text{ mit } f_1 > f_2$$

Die eingestellte Taktfrequenz f wird mittels einer Ziffern- oder Skalenanzeige ausgegeben. Wird die Taktfrequenz f, bei der ein schwingender Gegenstand stillzustehen scheint, geringfügig verändert, so kann man den Schwingungsvorgang ähnlich der Zeitlupe beim Film genau studieren.

Andere Verfahren zum Ermitteln einer Umdrehungsfrequenz f_x: →Drehzahlmessung; →Frequenzmessung. *Hammerschmidt*

Stromkompensation →Kompensations-Meßverfahren

Strommessung, elektrische. Die klassischen Meßgeräte (→Meßgerät, elektrisches) messen den Strom über dessen magnetische Wirkungen. Der Ausschlag ist dabei dem linearen oder dem quadratischen Mittelwert proportional (→Mittelwert einer periodischen Zeitfunktion). Sofern der zu messende Strom den Meßbereich des Strommessers übersteigen würde, kann man durch Einschalten eines Nebenwiderstands (engl. shunt) R_n den Meßbereich beliebig erweitern (Bild 1) (nicht beim Dreheisenmeßwerk). Der Strommesser ist zwischen die Stromquelle (U_o, R_i) und den Verbraucher R_L geschaltet. An ihm entsteht ein kleiner Spannungsabfall in der Größenordnung von ca. 3-300 mV, bei Meßgeräten mit eingebautem →Gleichrichter (→Meßgleichrichter) für Wechselstrommessungen bis ca. 1 V. Ähnlich wie bei der →Spannungsmessung führt dieser Spannungsabfall zu einem Eigenverbrauch des Strommessers und zu einer Verminderung des ohne Strommesser durch den Verbraucher R_L fließenden Stroms. Der Einfluß des Strommessers auf den Meßkreis ist um so geringer, je kleiner der Widerstand des Strommessers – bestehend aus R_m und Nebenwiderständen R_n – bezogen auf den Lastwiderstand R_L ist. Ströme lassen sich mittels →Kompensations-Meßverfahren auch ohne Leistungsaufnahme aus dem Meßkreis messen.

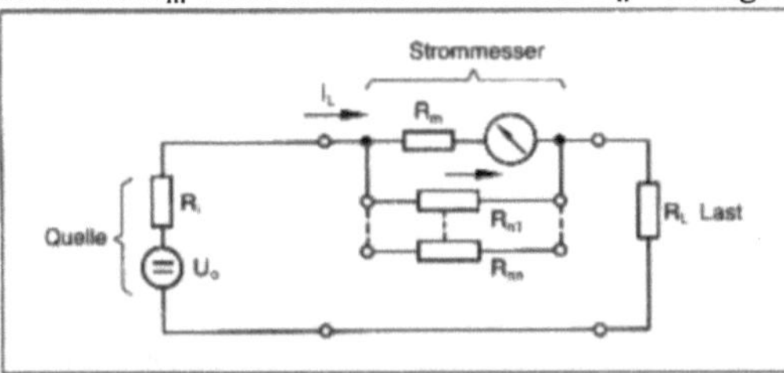

Strommessung, elektrische 1: Strommesser mit Nebenwiderständen.

Weitere Möglichkeiten der S. ergeben sich, wenn man den durch den Strom an einem Widerstand erzeugten Spannungsabfall durch Verfahren der Spannungsmessung erfaßt. Messung hoher Ströme: →Stromwandler; elektronische S.: →Multimeter. Messen von Strömen ohne Auftrennen des Stromkreises durch Erfassen des erzeugten Magnetfelds z. B. mittels Hallsonde unter Verwenden einer Stromzange (Bild 2). Die in einem Eisenkreis um einen stromführenden Leiter auftretende Induktion B wird mittels einer Hallsonde erfaßt (→Magnetfeldmessung). Nach Verstärken und Linearisieren wird der Meßwert ziffernmäßig angezeigt. Wenn man in dem Eisenkreis noch eine Hilfswicklung vorsieht und durch diese einen so geregelten Kompensationsstrom schickt, daß die Induktion B = 0 wird (zu messen mit der Hallsonde), dann ist der Hilfsstrom dem zu messenden Strom proportional (→Kompensations-Meßverfahren). Anwendung bei Gleich- und Wechselströmen. *Hammerschmidt*

Strommessung, elektrische 2: Mini-Stromzange für Gleichströme bis 200 A. (Quelle: Mannesmann Hartmann & Braun AG)

Strommessung, faseroptische. Zur optischen Messung einer elektrischen Stromstärke mittels in Glasfasern geführten Lichtes wird typisch der *Faraday*-Effekt benutzt, also die Drehung der Polarisationsebene des Lichtes unter der Wirkung des mit dem Strom verbundenen Magnetfeldes.

Im faseroptischen Strommesser ist eine Monomode-Glasfaser in einer oder mehreren Windungen um den elektrischen Leiter herumgelegt, in dem der zu messende Strom I fließt (Bild). Damit verläuft die Faser überall im wesentlichen parallel zu den den Leiter umschlingenden magnetischen Feldlinien H des Stromes. In den Anfang der Faser wird Laserlicht mit linearer Polarisation eingekoppelt, das am anderen Ende der Faser wieder austritt. Dort wird sein →Polarisationszustand analysiert, ausgewertet und dann als Stromstärke I zur Anzeige gebracht. Der Faraday-Drehwinkel ist $\varnothing = V \cdot \int H ds = V \cdot N_e \cdot N_o \cdot I$, wenn V die sog. *Verdet*-Konstante des Fasermaterials bezeichnet, ds ein Wegelement, und N_e und N_o die Anzahl der miteinander verketteten elektrischen bzw. optischen Windungen.

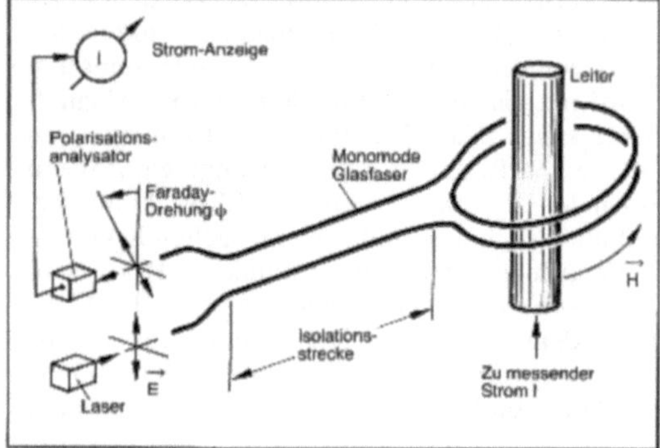

Strommessung, faseroptische: Schematische Darstellung.

Der Hauptvorteil der f. S. gegenüber herkömmlichen Methoden der Strommessung liegt in der Isolationsfähigkeit der Glasfaser. Die Faser ermöglicht es ohne besonderen Aufwand, Ströme auch in Leitern zu messen, die sich auf hohem elektrischen Potential befinden. Dies ist besonders in Höchstspannungsanlagen ($U \geq 200$ kV) interessant, wo der bei konventionellen Strommessern nötige Isolationsaufwand sehr rasch ($\approx U^3$) mit der Spannung U ansteigt. Ein anderer wichtiger Vorteil der f. S. ist die erzielbare große elektrische Bandbreite. Sie reicht von der Frequenz Null (Gleichstrom) bis zu 1 MHz oder höher. Diese Bandbreite erlaubt die Erfassung auch schneller Ausgleichsvorgänge (z. B. bei Blitzschlag) in Hochspannungs-Stromverteilungsanlagen.

In anderen Anordnungen zur f. S. durchläuft das Licht die Faser zweimal, indem es am zweiten Faserende reflektiert wird. Da die Drehungen auf dem Hinweg und dem Rückweg im gleichen Sinne erfolgen, verdoppelt sich so die erzielte Gesamtdrehung. Zugleich können mittels des doppelten Durchganges kleine Abweichungen der Polarisation eliminiert werden, die von doppelbrechenden Störungen der Faser verursacht sind.

Ferner gibt es faseroptische Strommesser, in denen die Polarisationsdrehung infolge des zu messenden Stromes kompensiert wird durch einen Hilfsstrom, der eine entgegengesetzte Faraday-Drehung bewirkt, und dessen Stärke durch einen →Regelkreis stets auf solcher Größe gehalten wird, daß die Gesamt-Drehung verschwindet. Der Polarisationsanalysator wirkt dann quasi als Nullinstrument.

Ulrich

Strommessung, potentialfreie. Jeder Stromfluß durch einen Leiter ist mit einem radialsymmetrischen Magnetfeld verbunden (Durchflutungsgesetz). Eine Messung der Stromstärke kann daher über eine Messung der magnetischen Feldstärke (→Magnetfeldsensor) erfolgen, ohne daß der eigentliche Stromkreis unterbrochen werden muß. Insbesondere in der Starkstromtechnik spielt dieses Verfahren eine wichtige Rolle, z. B. bei der Überwachung von Leitungen. *Schaumburg*

Stromwaage. Die Darstellung der Stromeinheit →Ampère des internationalen Einheitensystems ist gemäß der Definition (→Einheiten des SI) nicht möglich, da dabei viel zu geringe Kräfte ($2 \cdot 10^{-7}$ N/m) auftreten würden. Deshalb wird das Ampère mittels einer Waage gemessen, die den Vergleich von mechanisch und elektromagnetisch erzeugten Kräften erlaubt. Eine solche S. enthält zwei eisenlose stromdurchflossene Spulen, zwischen denen Kräfte in der Größenordnung 0,1 N auftreten. Die Meßunsicherheit der S. beträgt etwa $\pm 3 \cdot 10^{-6}$.

Hammerschmidt

Literatur: *Kind, D.*: Fortschritte bei der Darstellung der elektrischen Einheiten. Technisches Messen atm (1977) H. 7/8, S. 243/48.

Stromwandler. S. sind Meßgeräte (→Meßgerät, elektrisches), die größere Ströme in bequem handhabbare Werte umformen. Weitere grundsätzliche Angaben: →Spannungswandler. S. für Wechselströme sind Transformatoren, die sekundärseitig im Kurzschluß betrieben werden, so daß der Sekundärstrom dem Primärstrom proportional ist. Der Sekundärkreis muß wegen der Gefahr von Isolationsdefekten im Wandler stets geerdet sein, weiterhin ist ein Betrieb mit sekundärseitigem Leerlauf ($I_2 = 0$) wegen der Gefahr hoher Spannungen zwischen den Sekundärklemmen unzulässig. Sicherungen sind sekundärseitig deshalb nicht gestattet. Für Arbeiten an den angeschlossenen Meßgeräten (Bürde) muß der Sekundärkreis kurzgeschlossen werden. Die Klemmenbezeichnungen (Bild 1) sind

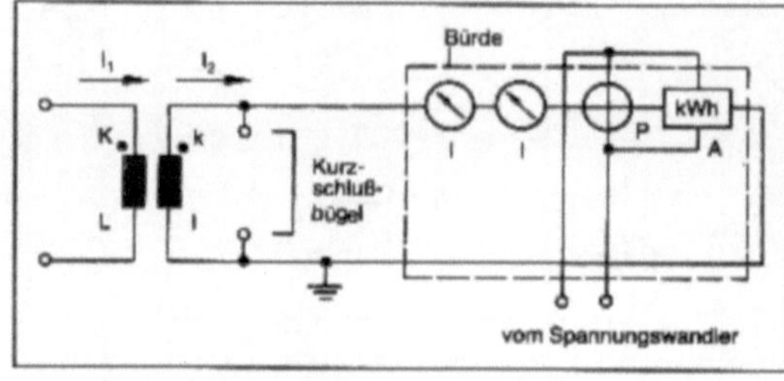

Stromwandler 1: Wechselstromwandler mit angeschlossenen Meßgeräten (Bürde).

genormt, ebenso die Ausgangsströme mit 1 A oder 5 A sowie andere wichtige Wandlereigenschaften. Für hohe Ströme besteht die Primärwicklung nur aus einem einzigen durchgesteckten Leiter. Für Betriebsmessungen gibt es auch Zangenwandler, deren Eisenkreis wie eine Zange den stromführenden Leiter umfaßt (Bild 2). Eine Stromzange für Gleichströme bis 200 A ist unter → Strommessung, elektrische abgebildet. Für Messungen hoher Gleichströme werden S. nach verschiedenen Meßprinzipien eingesetzt, die stets der Zuführung einer Hilfsenergie bedürfen. *Hammerschmidt*

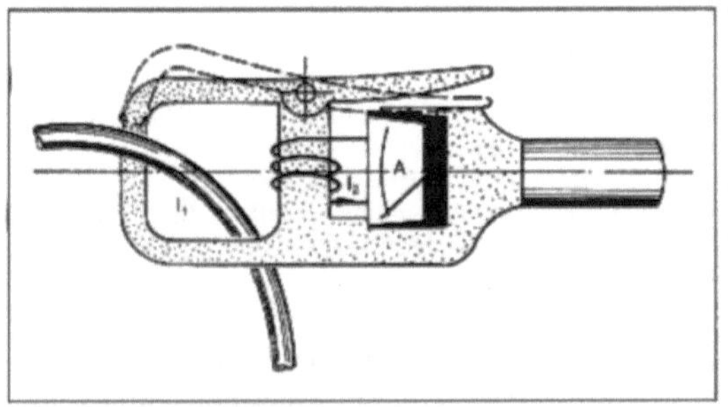

Stromwandler 2: Zangenstromwandler für Wechselstrom mit angebautem Strommesser.

Literatur: *Profos, P.:* Handbuch der industriellen Meßtechnik. Essen 1984.

Struktur, hierarchische. Pyramidenartige Struktur in Leitsystemen zur Erhöhung der → Verfügbarkeit oder zur Verbesserung der → Prozeßführung. Bei einem hierarchisch strukturierten Ebenenmodell (Bild 1) ist zu ersehen, welche leittechnischen Funktionen den vier Ebenen zugeordnet sind und mit welchen technischen Systemen sie so realisiert werden können, daß die Teilsysteme möglichst eigenständig ihre Funktionen erfüllen können.

Hierarchisch strukturiert sind meist auch die Informations- und Eingriffsmöglichkeiten der Videobilder zur bildschirmgestützten Prozeßführung: Je höher die Ebene, desto besser ist die Übersicht, desto mehr sind aber auch die Informationen verdichtet. Je niedriger die Ebene, desto detaillierter sind die Darstellungen und desto besser sind die Möglichkeiten, auf den Prozeß einzuwirken (Bild 2, S. 604). *Strohrmann*

Literatur: *Peters, R. W.:* Chem.-Ing.-Tech. **57** (1985) Nr. 3, S. 210–218. – *Polke, M.:* Prozeßleittechnik für die Chemie – Status und Trend. Automatisierungstechnische Praxis **27** (1985), Nr. 5, S. 214–223.

Struktur-Optimierung → Regelung, optimale

Strukturen von Leitsystemen. Es ist zu unterscheiden zwischen voll parallelen, dezentralen und zentralen Leitsystemen (Bild).

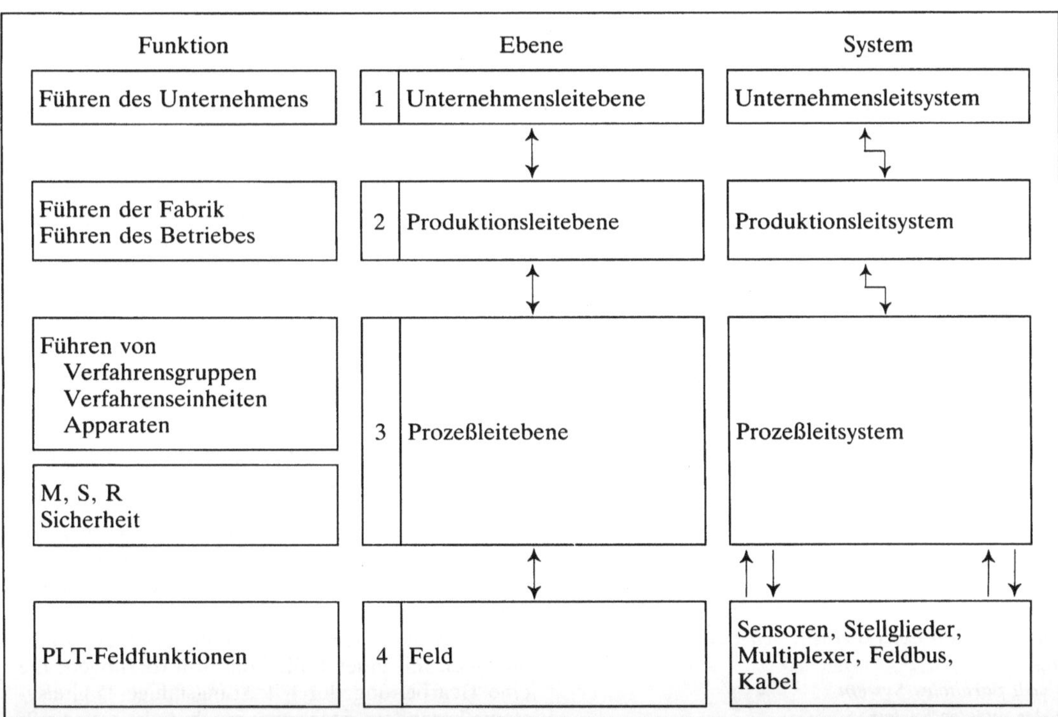

Struktur, hierarchische 1: Ebenenmodell (nach R. W. Peters).

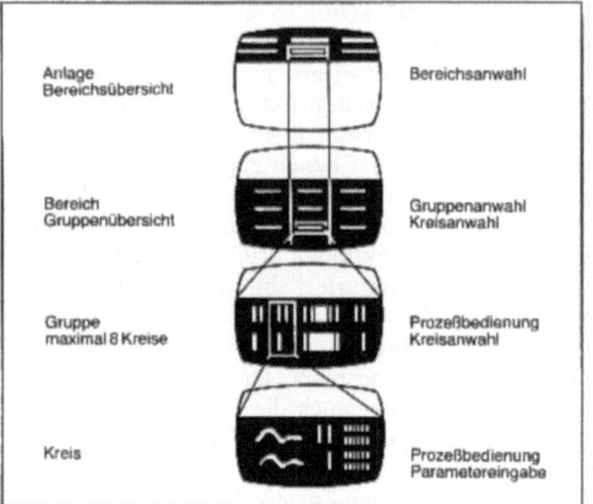

Struktur, hierarchische 2: H. S. von Videobildern in Blockdarstellung. (Quelle: Siemens)

In voll parallelen Systemen ist jedem →Regelkreis ein Einzelregler zugeordnet. Der →Ausfall eines Reglers ist meist unproblematisch, eine zentrale →Prozeßführung über Bildschirme ist nicht möglich und ein Anpassen an die Struktur des zu automatisierenden Prozesses ist nur durch geeignete Gruppierung der Kompaktregler, →Anzeiger und →Schreiber im Leitstand erforderlich.

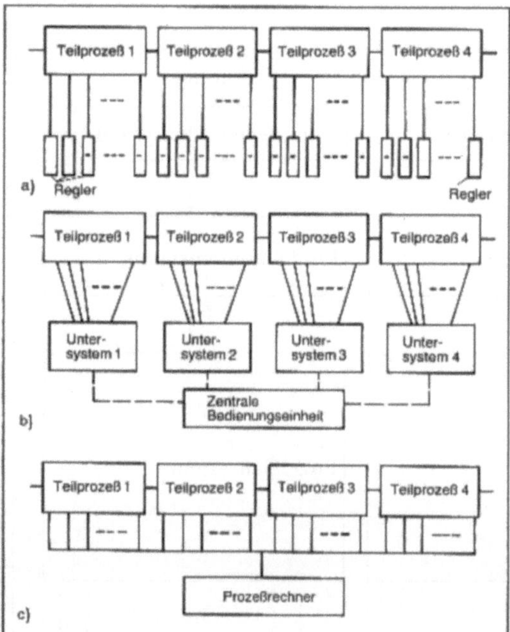

Strukturen von Leitsystemen: Schematische Darstellung
a) voll paralleles System
b) dezentrales System
c) zentrales System.

In dezentralen Systemen bearbeitet ein →Mikrorechner zyklisch eine Anzahl bis etwa maximal 50 Regelkreise, die einem in sich möglichst autarken Prozeßabschnitt zuzuordnen sind. Die so entstehenden Untersysteme können den Prozeß auch weiterführen, wenn die zentrale bildschirmgestützte Bedienungseinheit ausfällt, ggf. mit gewissen Einschränkungen der Bedien- und Optimierungsfunktionen.

In zentralen Systemen laufen alle Automatisierungsfunktionen über einen →Prozeßrechner, der aus Zuverlässigkeitsgründen meist redundant ausgelegt sein muß. Das Strukturieren der Regel-, Steuerungs- und Kommunikationsfunktionen geschieht über konfigurierbare und freiprogrammierbare Software. *Strohrmann*

Literatur: *Hengstenberg, J., B. Sturm* und *O. Winkler:* Messen, Steuern und Regeln in der Chemischen Technik. 3. Aufl., Bd. III, IV Berlin–Heidelberg–New York 1981, 1983. – *Strohrmann, G.:* Automatisierungstechnik, Bd. 1 Grundlagen, analoge und digitale Prozeßleitsysteme. 2. Aufl. München–Wien 1990.

Strukturierung von Prozeßleitsystemen. Anpassen der Hardwarestruktur des Prozeßleitsystems an die Struktur des zu automatisierenden Prozesses. Bei der S. ist zu unterscheiden, ob es sich um →Konti- oder →Chargenprozesse handelt, ob diese mit parallelen Produktionslinien oder einsträngig arbeiten, ob zwischen den Teilprozessen Speicher vorhanden sind oder ob die Teilprozesse zeitkritisch zusammenwirken, und es ist zu beachten, wie der Prozeß in das Gesamtproduktionsgeschehen eingebunden ist.

Beim Strukturieren geht es meist um ein funktionelles und seltener um ein räumliches Zuordnen. Es kommt zunächst darauf an, ein geeignetes System auszuwählen. Das System ist dann unter Beachtung von Zuverlässigkeits-, Sicherheits- und Verfügbarkeitsanforderungen des Prozesses zu strukturieren. Das gilt zwar grundsätzlich für alle Systeme, hat aber besondere Bedeutung für dezentrale Prozeßleitsysteme, weil diese meist sehr flexible Möglichkeiten dazu bieten.

Ein →Prozeßleitsystem für kontinuierliche Prozesse wird so ausgelegt (Bild 1), daß sich mit dem zu automatisierenden Prozeß möglichst eigenständige Funktionsgruppen wie Reaktion, Verdichtung und Destillation ergeben. Der Produktionsabschnitt Destillation läßt sich z. B. dann weiter so unterteilen, daß jeder Kolonne eine eigene →Prozeßstation zugeordnet wird. Damit wird erreicht, daß bei Ausfall einer Prozeßstation nur eine Kolonne ausfällt.

Eine mögliche S. für Chargenprozesse zeigt Bild 2. Wegen meist recht komplexer Steuerungsaufgaben mit einer Fülle von Anforderungen, die eine Bearbeitung durch leistungsfähige Digitalsysteme besonders interessant machen, ist hier die S. nicht ganz so einfach und auch mehr von den Mög-

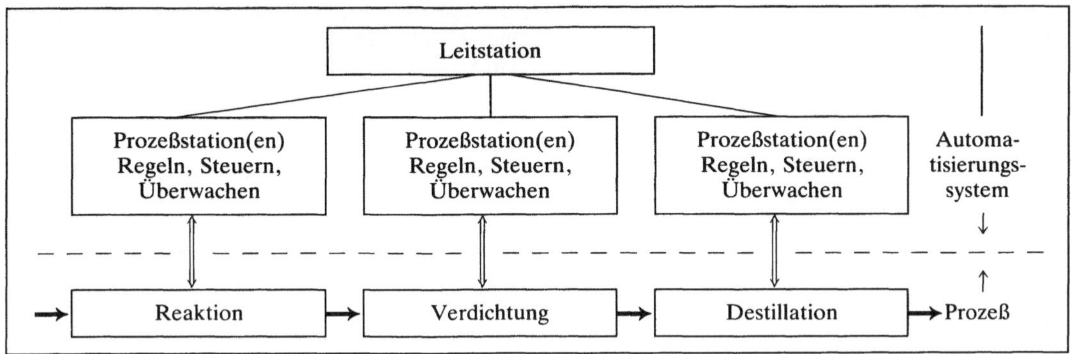

Strukturierung von Prozeßleitsystemen 1: Struktur eines Prozeßleitsystems für einen kontinuierlich ablaufenden Prozeß.

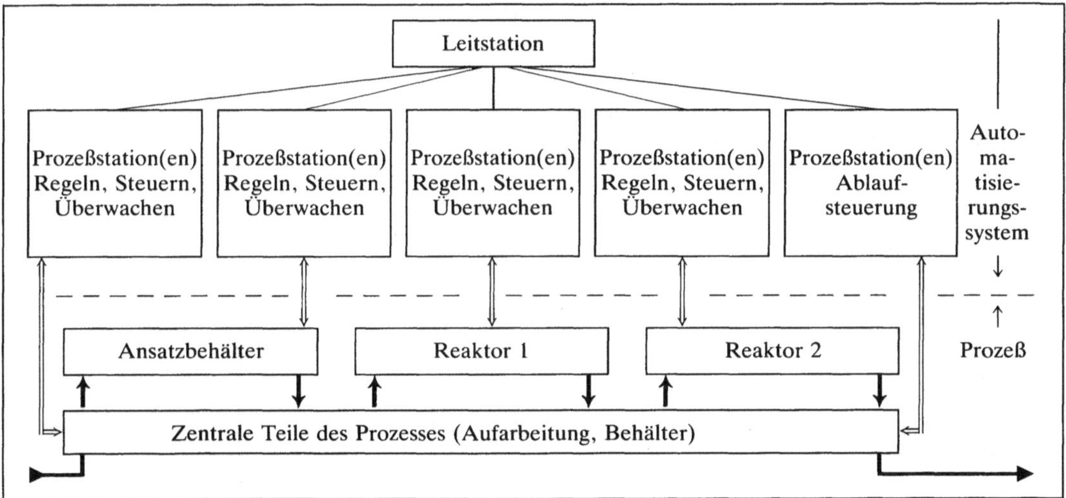

Strukturierung von Prozeßleitsystemem 2: Struktur eines Prozeßleitsystems für einen Chargenprozeß

lichkeiten des Prozeßleitsystems abhängig als bei kontinuierlichen Prozessen. *Strohrmann*

Literatur: *Hengstenberg, J.; K. H. Schmitt,; B. Sturm* und *O. Winkler:* Messen, Steuern und Regeln in der Chemischen Technik. 3. Aufl., Bd. IV. Berlin–Heidelberg–New York–Tokyo 1983. – *Strohrmann, G.:* Automatisierungstechnik, Bd. 1 Grundlagen, analoge und digitale Prozeßleitsysteme. 2. Aufl. München–Wien 1990.

Struktursensor, faseroptischer. Ein intrinsischer faseroptischer →Sensor zur Überwachung mechanischer Bauteile und Strukturen. In die Struktur (z. B. Tragfläche eines Flugzeuges) werden bei der Herstellung optische Glasfasern eingebettet. Eine kontinuierliche oder wiederholte Messung der optischen Transmission oder der Rückstreuung der Fasern erlaubt die Detektion innerer Spannungen sowie langsamer oder plötzlicher Veränderungen der Struktur, insbesondere von Überdehnungen bis hin zu Rissen (Faserbruch). *Ulrich*

Strukturumschaltung. Umschalten des Algorithmus eines Reglers von P- auf PI-Verhalten und umgekehrt. Die S. kombiniert das für Anfahr- und Zuschaltvorgänge günstige Einschwingverhalten eines P-Reglers mit dem für kontinuierlichen Betrieb günstigeren lastunabhängigen PI-Verhalten. Das Umschalten wird meist bei Erreichen eines einstellbaren Wertes der →Regel- oder →Stellgröße ausgelöst, aber auch andere Signale können die Struktur umschalten. Die S. hat besonders bei Anfahrvorgängen in →Chargenprozessen und beim Eingreifvorgang eines Pumpgrenzreglers Bedeutung. *Strohrmann*

Stuckfehler →Klemmfehler

Stufenfaser. Eine S. ist ein zylindersymmetrischer →Lichtwellenleiter mit einer über den gesamten Kernbereich konstanten Brechzahl n_k, einem

Brechzahlsprung an der Grenzfläche Kern-Mantel und einer Brechzahl n_m im Mantelbereich (Bild).

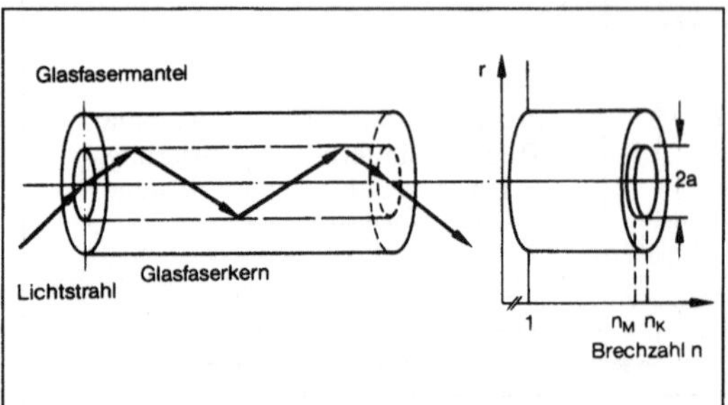

Stufenfaser: Brechzahlprofil und Lichtausbreitung.

Kern und Mantel von S. können aus Quarzglas (SiO_2-Faser), aus einem Glaskern und einem Mantel aus transparentem Kunststoff, PCS (Plastic Clad Silica)-Faser, oder aus einem Kunststoffkern und Kunststoffmantel (Plastikfaser) aufgebaut sein. PCS-Fasern zeigen ein anderes spektrales Dämpfungsverhalten als SiO_2-Fasern. Außerdem ist die Dämpfung stark temperaturabhängig. Die Vorteile von PCS- und Plastikfasern liegen in der hohen numerischen Apertur (→Akzeptanzwinkel) und kostengünstigen Herstellungsverfahren.

In einer S. (→Multimodefaser) können sich i. a. mehrere Eigenwellen (→Glasfasermoden) ausbreiten. Ihre Anzahl ist näherungsweise gegeben durch $M \approx \frac{1}{2}V^2$, wobei $V = 2\pi a(n_k^2 - n_m^2)^{1/2}/\lambda$ als Strukturparameter bezeichnet wird (λ: Wellenlänge, a: Kernradius). Die unterschiedlichen Laufzeiten der einzelnen →Glasfasermoden (Modendispersion) führen zu erheblichen Laufzeitunterschieden (10–100 ns/km bei SiO_2-Fasern), die als wesentlicher Nachteil dieser Faser anzusehen sind. Wird der Kerndurchmesser so klein, daß für $V \leq 2{,}4$ gilt, ist nur der Grundmodus ausbreitungsfähig (→Monomodefaser). Typische Werte für SiO_2-Multimode- und Monomode-S. sind:

	Multimode-Stufenfaser	Monomode-Stufenfaser
Kerndurchmesser 2a	30–200 μm	3–10 μm
Manteldurchmesser d	100–250 μm	100–125 μm
Relative Brechzahldifferenz δ	0,008–0,02	0,003–0,005
Akzeptanzwinkel $\alpha_{max.}$	11°–18°	6°–9°

Krauser

Stufenprofilfaser. Die Übertragungseigenschaften eines Lichtwellenleiters hängen wesentlich ab von dem Verlauf des →Brechungsindexes innerhalb der Faser. Bei S. besteht der Kern der Faser aus einem Material mit hohem, der Rand hingegen aus einem Material mit niedrigerem Brechungsindex. Die Lichtwellenleitung erfolgt größtenteils über eine Totalreflexion am Rand des inneren Leiters. Kurze Lichtpulse werden bei einer Übertragung mit S. erheblich verbreitert. Dieser Übertragungseffekt läßt sich reduzieren bei Anwendung von Gradientenfasern.

S. werden üblicherweise zur Übertragung vieler Lichtmoden eingesetzt (→Multimodefasern).

Schaumburg

Stunde. Gesetzliche Zeiteinheit. Einheitenzeichen h. 1 h = 3600 s. Keine SI-Einheit (→Einheiten, gesetzliche). *Hammerschmidt*

Stützstelle. Hängt ein zu steuernder Parameter von den Werten verschiedener Sensoren ab, dann wird ein zwei- oder mehrdimensionales Kennfeld (→Kennfeldoptimierung) aufgestellt. Für eine numerische Auswertung durch den Rechner wird das Kennfeld durch eine Vielzahl diskreter Punkte (Stützstellen) definiert, zwischen denen der Rechner durch eine Interpolationsvorschrift die übrigen Werte berechnen kann. *Schaumburg*

Subtrahierverstärker. Ein →Meßverstärker, dessen Ausgangsspannung u_a proportional der Differenz der Eingangsspannungen u_1 und u_2 ist (Bild):

$$u_a = -\frac{R_5}{R_4}(u_1 - u_2)$$

Sind die Spannungen u_1 und u_2 hochohmig zu messen, so sind dem Subtrahierer (Bild) noch →Elektrometer-Verstärker vorzuschalten. Derartige Geräte in Form von integrierten Schaltkreisen sind als Instrumenten-Verstärker verfügbar.

Schrüfer

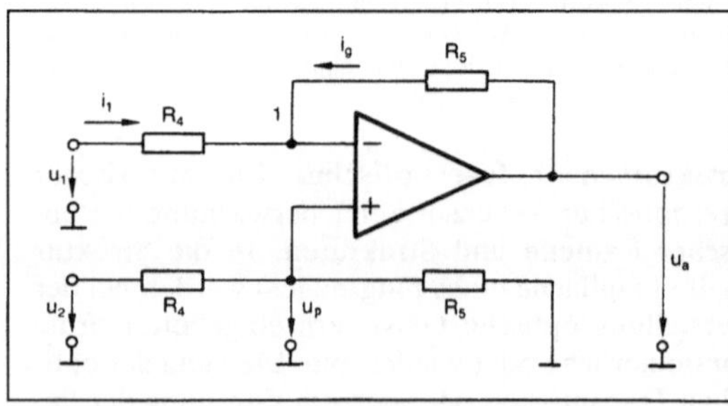

Subtrahierverstärker: Prinzipieller Aufbau.

Systemantwort. Die S. ist der zeitliche Verlauf des Ausgangssignals v(t) eines Systems oder Übertragungsgliedes bei einem gegebenen zeitlichen Verlauf des Eingangssignals u(t).

Zur Untersuchung von Systemen oder Regelkreisen werden besondere Eingangssignale als Testfunktionen verwendet, am häufigsten die Sprungfunktion oder der Einheitssprung zur Bestimmung der →Sprungantwort oder der →Übergangsfunktion h(t). So wird das →Störverhalten einer →Festwertregelung durch sprungartige Störgrößenänderungen ermittelt. Für →Nachlauf- oder →Folgeregelungen wird die Anstiegsfunktion gewählt, die die Anstiegsfunktion liefert. Die →Gewichtsfunktion g(t) als Antwort auf den *Dirac*-Impuls ist für praktische Messungen ungeeignet, hat aber für mathematische Untersuchungen eine gewisse Bedeutung.

Bei diesen drei S. (Bild) handelt es sich mathematisch um die vollständige Lösung der das System beschreibenden Differentialgleichung. Im Gegensatz dazu wird bei einer sinusförmigen Testfunktion nur die stationäre Lösung (eingeschwungener Zustand) bestimmt. Das Ausgangssignal hat dann den gleichen zeitlichen Verlauf wie das Eingangssignal. Jedoch sind Ausgangsamplitude und -phasenlage von der gewählten Frequenz abhängig. Man untersucht daher nicht eine Sinusantwort, sondern den →Frequenzgang des Übertragungsgliedes. *Böttiger*

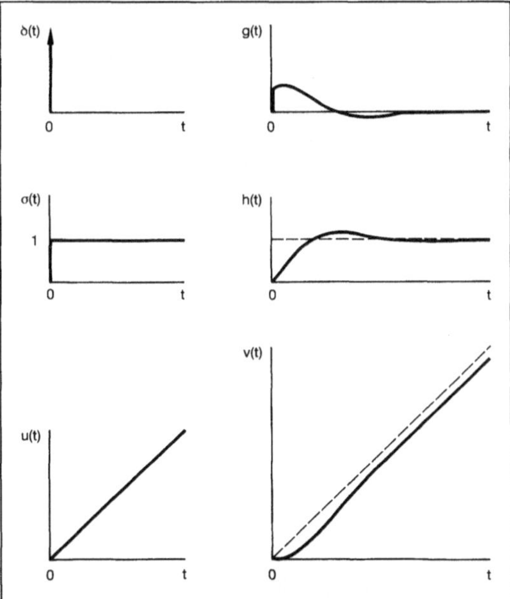

Systemantwort: Gewichtsfunktion g(t), Übergangsfunktion h(t), Anstiegsantwort v(t) eines Übertragungsgliedes. Die gestrichelten Linien deuten die ideale (unverzögerte) Antwort an.

Systemauswahl. Auswahl eines geeigneten Leitsystems durch Entscheidungshilfen wie Checklisten, Fragebögen, katalogartige Marktübersichten und Leistungstests. Checklisten enthalten Stichworte, die bei der Auswahl oder beim Auslegen eines Leitsystems Punkt für Punkt durchgesprochen werden müssen. Das hat projektbezogen zu geschehen, denn ein System, das für alle Projekte gleich gut geeignet ist, gibt es nicht. Checklistenartig ist z. B. die Richtlinie VDI/VDE 3693 aufgebaut, die sich mit verteilten →Prozeßleitsystemen befaßt (Bild). Daraus ergibt sich, daß bei der Systemauswahl nicht nur die Hardware, sondern auch die Aktivitäten beim Systemeinsatz und – was bei komplexen Systemen oft besonders wichtig ist – die Zusammenarbeit mit dem Systemlieferanten ins Kalkül zu ziehen sind. Fragebögen sind oft so aufgebaut, daß jede Frage entweder mit einer Zahl oder mit Ja oder Nein zu beantworten ist. Von neutralen Stellen erstellte katalogartige Übersichten sind ein weiteres Mittel der Systemauswahl. Der DPCS (Distributed Process Control Systems)-Report vergleicht so dezentrale Prozeßleitsysteme verschiedener Hersteller durch Auflisten der Komponenten und deren Eigenschaften getrennt nach Hard- und Software (→Leistungstest; →Benchmarktest). *Strohrmann*

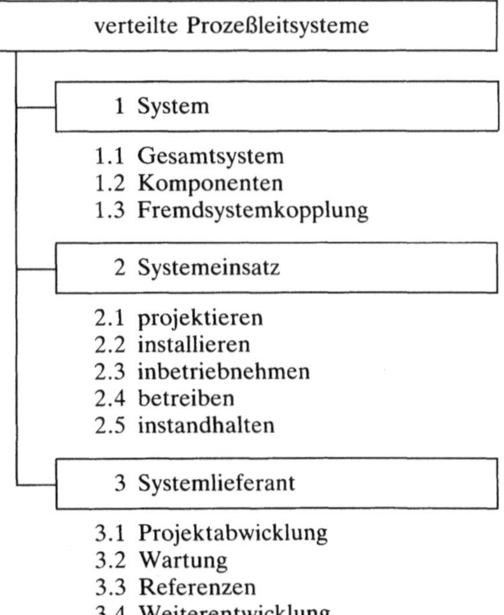

Systemauswahl: Gliederung der Prüfliste von VDI/VDE 3659.

Literatur: DPCS Report. Infodas Köln. – VDI/VDE 3552: Leistungskriterien von Prozeßrechensystemen. Ausg. Jan. 1977. – VDI/VDE 3693: Verteilte Prozeßleitsysteme, Prüfliste für den Einsatz. Ausg. Mai 1985. – *Weidlich, S.* und *G. Prutz:* Auswahlkriterien für den Einsatz digitaler dezentraler Automatisierungssysteme. Regelungstechnische Praxis **24** (1982), Nr. 5, S. 146–152.

Systemidentifikation. Unter S. ist die Anwendung aller Techniken zu verstehen, die auf Grund der bekannten Eingangs- und Ausgangsgrößen Rückschlüsse auf den inneren Zustand und die Eigenschaften eines Systems erlauben. Die zur Verfügung stehenden Identifikationsverfahren lassen sich in parametrische und nichtparametrische trennen.

Zu den nichtparametrischen Verfahren gehören alle Frequenzbereichsverfahren sowie Korrelationsanalysen. Für ihre Anwendung muß in der Regel vorausgesetzt werden, daß der zu untersuchende Prozeß weitgehend linearisierbar ist. Weitere Bedingungen an die Modellstruktur sind nicht gestellt.

Alle Zeitbereichsverfahren gehören zu den parametrischen Verfahren. Sie können sowohl auf lineare als auch auf nichtlineare Systemzusammenhänge angewendet werden. Eine Modellstruktur, die die tatsächlichen Wirkungszusammenhänge des Prozesses mit ausreichender Genauigkeit widerspiegelt, muß angenommen werden oder ist selbst ein Gegenstand der S.

Im Hinblick auf lineare Prozesse, die im →Zustandsraum dargestellt sind, ist es bei den parametrischen Identifikationsverfahren sinnvoll, zwischen der Schätzung der Zustandsgrößen und der der Systemeigenschaften zu unterscheiden.

Die →Zustandsidentifikation stellt ein lineares Schätzproblem dar, da die Zustandsgrößen mit den Eingangs- und Ausgangsgrößen über die Zustandsgleichungen linear verknüpft sind.

Demgegenüber ist der Zusammenhang zwischen den Koeffizientenmatrizen und den Eingangs- und Ausgangsgrößen nichtlinear. Von →Parameteridentifikation spricht man im engeren Sinn dann, wenn Elemente dieser Matrizen geschätzt werden sollen.

Die zur parametrischen S. am erfolgreichsten eingesetzten Algorithmen gehören zur Klasse der Ausgangsfehlerverfahren. Bei diesen Verfahren wird der Eingangsvektor $\underline{u}(t)$ parallel zum Prozeß auch einem mathematischen →Modell des Systems zugeführt. Bei Identität des Prozeßverhaltens mit dem des mathematischen Modells muß der reale Ausgangsvektor $\underline{v}(t)$ mit dem synthetisierten $\hat{\underline{v}}(t)$ übereinstimmen. Da aber das mathematische Modell den realen Prozeß im allgemeinen nur unvollkommen wiedergibt, werden sich mit fortschreitender Zeit immer größere Abweichungen ergeben. Ausgangsfehlerverfahren nutzen diese Abweichung $\underline{e}(t) = \underline{v}(t) - \hat{\underline{v}}(t)$ (Bild), um das mathematische Modell mit einem geeigneten Bewertungsalgorithmus an den realen Prozeßverlauf anzupassen. Bei diesem Vorgehen muß sichergestellt sein, daß von dem zur Verfügung stehenden Ausgangsvektor $\underline{v}(t)$ her auf alle Teile des Prozesses zurückgeschlossen werden kann (→Beobachtbarkeit).

Scheithauer/Böttiger

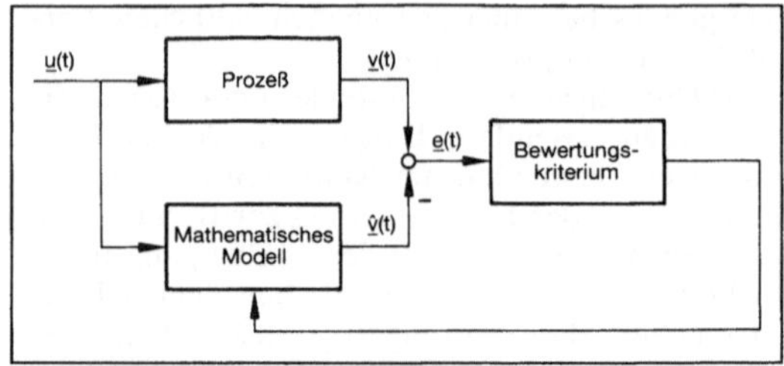

Systemidentifikation: Prinzip eines Ausgangsfehlerverfahrens.

Systemtest. Test des Echtzeitbetriebes und des Zusammenwirkens einer →Leiterplattenbaugruppe mit anderen Baugruppen wie im realen Einsatz im Endprodukt oder in einer Anlagenkomponente. Vor allem dynamische →Fehler werden hier erkannt, aber auch Fehler im Wechselwirken mit anderen z. B. auch nichtelektronischen Komponenten (→Sensoren, →Aktoren). Der Systemtest wird u. U. mit dem →Dauertest kombiniert. *Winter*

Systemtheorie. Die Lehre von der Struktur, den Eigenschaften und dem Funktionieren natürlicher, technischer, sozialer, abstrakter, theoretischer etc. Systeme. Ziel ist es, Einsichten in die Systematik des Verhaltens solcher Systeme zu gewinnen, um vorhandene Systeme zu beeinflussen oder zumindest ihr Verhalten vorherzusagen (und sich selbst darauf einstellen zu können), oder um neue Systeme zu konstruieren und beherrschen zu können, also für Prognose und Systementwurf.

Ein Bild, das man sich von einem bereits existierenden oder von einem zu erstellenden System macht, nennt man →Modell, das Durchspielen seiner Verhaltensweisen: simulieren oder eine →Simulation, den Funktionsablauf in einem solchen System: einen Prozeß.

Zu den früher mehr statischen und deskriptiven Betrachtungsweisen, zu heuristischen und statistischen Beschreibungsmitteln sind in der jüngeren Zeit, spätestens im letzten Jahrzehnt, immer mehr die kausalen Ursache/Wirkung-Beziehungen in den Vordergrund getreten, zum einen die bekannten physischen, aber andererseits auch immer mehr die immateriellen, die informationstechnischen Relationen.

Die aus der Physik bekannte Tatsache, daß die Signalübertragungsgeschwindigkeit endlich ist (maximal Lichtgeschwindigkeit), hat für praktische Systeme nicht bloß hypothetische Bedeutung. Man leitet daraus natürlich sofort her, daß alle Übertragungsgeschwindigkeiten in allen Systemen endlich sind, möglicherweise sind sie nicht gleich groß auf allen Wegen. Die Maximalgeschwindigkeit kann sogar recht klein sein, man denke an Nachrichten in einer Hauspost oder Öl in einer Tankerflotte. Diese

Überlegungen führten zu neuen Theorien, speziell zu Theorien über verteilte Systeme und parallele, genauer: nebenläufige Prozesse. Sie ergänzen die Zeitmodelle dort, wo diese wegen ihrer vereinfachenden und idealisierenden Annahmen über grundlegende Systemparameter, die Raum/Zeit-Struktur betreffend, nicht mehr gelten können.

Ausgelöst wurde diese Entwicklung durch technische Fortschritte in der Elektronik, speziell Computertechnik. Dort nämlich zeigten sich vermehrt und als die üblicherweise auftretenden Programmierfehler nicht mehr zu erklärende Fehlersituationen und Betriebssystemzusammenbrüche, die zwar einerseits meist nicht reproduzierbar waren, andererseits aber deutlich als systematische Fehlersituation zutage traten. Nicht reproduzierbar waren sie, wenn man nicht mehr die genauen (zeitlichen) Verhältnisse im Zusammenspiel der Systemteile wiederherstellen konnte, und trotzdem ein Programmfehler, obwohl man beim Austesten jedes einzelnen Moduls keinen solchen feststellen konnte. Denn erst im Zusammenwirken mit anderen Moduln traten die sich gegenseitig störenden oder gar ausschließenden Situationen auf. Deshalb sind auch die neueren größeren Fortschritte in der S. im Zusammenhang mit der Informationstheorie zu finden.

Die klassische unter den formalen Theorien der S. ist die Automatentheorie, die klassischen Simulationsmodelle sind die Differentialgleichungsmodelle (Rückkopplungsmodell, →Regelkreis – feed back control). Die Vielfalt der realen Erscheinungsformen und die Unbestimmtheiten in der Abgrenzung von (Mengen von) realen Objekten versucht die Theorie der *fuzzy sets (L. A. Zadeh)* in den Griff zu bekommen. Im Zusammenhang mit Optimierungsproblemen stellte sich die Frage, ob man, anders als durch das manchmal spielerische Ausprobieren von Situationen und Szenarien mittels Simulation, nicht auch Erkenntnisse über ein System und sein Verhalten durch formale, mathematische Betrachtungen am System selbst gewinnen könne. Eine Antwort in dieser Art lieferte schon die lineare Programmierung (Simplexmethode von *G. B. Dantzig*). Allgemeiner ist dies die Frage nach geschlossenen Lösungen, nach Konstanten oder Invarianten eines Systems.

Die neueren Zweige der S. gehen von Ereignis-Strukturen (Warteschlangentheorie, CCS, CSP, SIMULA, etc.) aus, die größten Fortschritte in der Theorie wurden erzielt durch die Betrachtung von Zustands/Ereignis-Strukturen (Concurrency). *Fuss*

Literatur: *Smith, E.*: Zur Bedeutung der Concurrency-Theorie für den Aufbau hochverteilter Systeme. München–Wien 1988. – *Wedde, H.* (Ed.): Adequate Modeling of Systems. Berlin–Heidelberg–New York 1983. Lecture Notes in Computer Science (Springer). – *Zeigler, B. P.*: Theory of Modelling and Simulation. New York 1976.

Szintillationsmeßkopf. Ein S. besteht aus dem von der Strahlung zur →Emission von Lichtblitzen angeregten Szintillationsmaterial und dem die Lichtblitze in elektrische Signale umsetzenden Photomultiplier. Als Szintillatoren werden anorganische Kristalle (Natriumiodid (NaI), Cäsiumiodid (CsI), Zinksulfid (ZnS) u. a.) oder organische Substanzen (Anthracen und Stilben) verwendet. Der ideale Szintillator hat eine hohe Nachweiswahrscheinlichkeit für die einfallende Strahlung, eine gute Linearität bei der Umsetzung der absorbierten Strahlenenergie in Licht, eine kurze Abklingzeit für die zur Lichtemission führenden Anregungszustände und eine hohe Transparenz für das erzeugte Licht. Keines der gebräuchlichen Szintillationsmaterialien erfüllt alle angegebenen Eigenschaften gleich gut, so daß die Art des Szintillators der Meßaufgabe angepaßt werden muß.

Am weitesten verbreitet, sind die mit geringen Mengen Thallium aktivierten Natriumiodid-Einkristalle. Mit ihrer relativ hohen Nachweiswahrscheinlichkeit für Photonenstrahlung von 10 keV bis 1 MeV, der guten Linearität, einer relativ guten Auflösung des Energiespektrums (unter optimalen Bedingungen können 7 % Auflösung erreicht werden) und ihrem relativ niedrigen Preis haben sie sich in der Gamma-Spektrometrie ein weites Anwendungsgebiet geschaffen. In neuerer Zeit werden sie mehr durch die besser auflösenden Halbleiter-Strahlungsdetektoren verdrängt.

Cäsiumiodid und die sog. Plastikszintillatoren (organische Substanzen) werden wegen der bei ihnen von der Art der Energieübertragung abhängigen Abklingkurve zur Identifizierung unterschiedlich geladener Teilchenstrahlung eingesetzt. Das polykristalline Zinksulfid (mit Silber dotiert) dient dagegen als Detektor für Alphastrahlung. Sonderformen sind:

□ Bohrlochkristall: Die mit einem Bohrloch versehenen Kristalle werden bevorzugt zum Nachweis der Strahlung von kleinen radioaktiven Proben eingesetzt. Sie haben wegen ihrer 4 π-Geometrie eine hohe absolute Nachweiswahrscheinlichkeit.

□ Flüssigszintillator: Besonders zum Nachweis niederergetischer Betastrahlung verwendet man szintillierende Flüssigkeiten aus den Phenylderivaten (POPOP oder PPO), die in Toluol oder Xylol gelöst sind. Das strahlende Material wird mit dem Szintillator vermischt.

□ Phoswichdetektoren: Die Kombination von zwei Teilkristallen (üblicherweise Natriumiodid und Cäsiumiodid) in einem Kristall ermöglicht die Unterdrückung von Umgebungsstrahlung und dient bevorzugt dem Messen von Photonen- und Betastrahlen. *Wachsmann*

T

TA Lärm →Technische Anleitung zum Schutz gegen Lärm

TA Luft →Technische Anleitung zur Reinhaltung der Luft

Tag. Gesetzliche Zeiteinheit, keine SI-Einheit. Einheitenzeichen d. 1 d = 86 400 s (→Einheiten, gesetzliche). *Hammerschmidt*

Taste. T. sind Druckknopfschalter, die ihren Schaltzustand (Ruhestellung) bewahren und lediglich während der Betätigung ändern. Läßt die Betätigungskraft nach, schalten sie selbsttätig – mit Federkraft – in den ursprünglichen Schaltzustand (Ruhestellung) zurück.

Es werden auch →Schalter mit anderer Betätigungsart (z. B. Dreh-, Kipp- und Wippschalter) oft mit einer oder zwei Taststellungen ausgestattet, wie z. B. ein Wippschalter für die elektrisch angetriebenen Fensterheber oder für das Schiebedach eines Kraftfahrzeugs; das Öffnen bzw. Schließen erfolgt nur solange der Schalter betätigt wird. *Pagnin*

Tastenfeld, virtuelles. Tastenfeld mit variabler Zuordnung von Funktionen zu den Tasten. Die Tasten können auf dem Bildschirm abgebildet und durch Antippen mit einem Lichtgriffel oder auch durch einfaches Berühren betätigt werden. In anderen Systemen ist nur die Bedeutung auf dem Bildschirm dargestellt und die Betätigung geschieht über eine Tastatur. Die Zuordnung der Tastatur zum v. T. kann durch räumlichen Bezug sinnfällig sein oder durch einen Lichtgriffel oder durch eine bewegliche Lichtmarke (→Cursor) hergestellt werden. Die Bewegung der Lichtmarke kann mit Steuerknüppel, Rollkugel oder Maus geschehen (→Funktionstastatur; →Lichtgriffelbedienung). *Strohrmann*

Tastteiler →Elektronenstrahl-Oszilloskop

Tauchanker-Aufnehmer →Längen- und Winkelmessung

Taupunktsensor. Typ eines Feuchtesensors, bei dem die Temperatur bestimmt wird, bei welcher Wasserdampf zu kondensieren beginnt. In vielen Ausführungen von T. wird eine Fläche soweit abgekühlt, bis diese Fläche benetzt wird, was über eine Zunahme der Oberflächenleitfähigkeit meßbar ist. *Schaumburg*

TDM. Abk. für *engl.* Time Domain Reflectrometry, →Reflexionszeitmessung. *Winter*

Teach-in-Verfahren →Programmierung von Robotern

Technische Anleitung zum Schutz gegen Lärm (TALärm). Die TALärm als „Allgemeine Verwaltungsvorschrift über genehmigungsbedürftige Anlagen nach § 16 der *Gewerbeordnung* – Technische Anleitung zum Schutz gegen Lärm (TALärm)" datiert vom 16. Juli 1968 und ist als Beilage zum Bundesanzeiger Nr. 137 vom 26. Juli 1968 erschienen. Nach § 66 (2) BImSchG ist sie bis zum Inkrafttreten von entsprechenden allgemeinen Verwaltungsvorschriften nach BImSchG weiterhin maßgebend. Sie ist als Handlungsanweisung für immissionsschutzrechtlich tätige Vollzugsbehörden (z. B. Gewerbeaufsichtsämter) zu verstehen, die bei der Prüfung der Anträge auf Genehmigung zur Errichtung einer Anlage oder zu deren wesentlichen Veränderung sowie bei nachträglichen Anordnungen über Anforderungen an die technische Einrichtung und den Betrieb einer Anlage zu beachten ist.

Bei der Genehmigung neuer Anlagen ist nach TALärm darauf zu achten, daß die dem jeweiligen Stand der Lärmbekämpfungstechnik entsprechenden Schutzmaßnahmen vorgesehen sind und die Immissionsrichtwerte im gesamten Einwirkungsbereich der Anlage eingehalten werden. Die Immissionsrichtwerte als Kernpunkt der Vorschrift sind in dB (A) je nach Nutzung des betroffenen Gebiets unterschiedlich für die Tag- und Nachtzeit angegeben. Ausführliche Angaben macht die Vorschrift ferner für das Verfahren zur Ermittlung der Geräuschimmissionen und nennt Anforderungen an Meßgeräte und -verfahren, deren Auswertung, Ort und Zeit der Messungen sowie über die Anforderungen an das Meßprotokoll. *W. Hoffmann*

Technische Anleitung zur Reinhaltung der Luft (TALuft). Das →Bundes-Immissionsschutzgesetz enthält in § 48 die Ermächtigung für die Bundesregierung, allgemeine Verwaltungsvorschriften insbesondere über Immissions- und Emissionswerte sowie über die Verfahren zur Ermittlung der Emissionen und Immissionen zu erlassen. Die Ermächtigung findet Ausdruck in der 1. Allgemeinen Verwaltungsvorschrift zum BImSchG – Technische Anleitung zur Reinhaltung der Luft (TALuft) – vom 27. 2. 1986 (GMBl. Nr. 7 vom 28. Februar 1986). Die TALuft ist das zentrale Vorschriftenwerk für die Luftreinhaltung bei genehmigungsbedürftigen Anlagen in der Bundesrepublik Deutschland. Als Verwaltungsvorschrift richtet sie sich an die Vollzugsbehörden (z. B. Gewerbeaufsichtsämter), jedoch kann auch der Anlagenbetreiber bei Einhaltung ihrer Vorschriften auf Genehmigung und Betrieb seiner Anlagen trauen. Sie stellt damit auch eine verläßliche Investitionsgrundlage dar. Die TA-Luft aktualisiert insbesondere die sich aus § 5 (2) des BImSchG ergebenden Vorsorgepflichten entsprechend dem Stand der Luftreinhaltetechnik. Dabei weist das Konzept vier Kernelemente auf:

□ Grundsätzliche und teilweise drastisch verschärfte Anforderungen und Emissionsbegrenzungen für Stäube, Staubinhaltsstoffe, anorganische und organische Gase sowie geruchsintensive Stoffe;
□ verbindliche meßtechnische Vorschriften für die Emissionsüberwachung;
□ Einzelregelungen für bestimmte Anlagen;
□ ein Altanlagensanierungskonzept unter Berücksichtigung marktwirtschaftlicher Modelle, angelegt für bestimmte Fristen.

Gegenüber den früheren Ausgaben der TALuft erfolgt in der TALuft '86 eine klare Trennung der Vorschriften für Emissions- und Immissionsbeschränkungen und eine Angleichung an den Stand der Technik zur Emissionsbegrenzung.
→Umweltmeßtechnik, →Immissionsmessung, →Immissionsgrenzwerte, →Emissionsgrenzwerte

W. Hoffmann

Technische Informationsbibliothek (TIB). Unselbständige Anstalt des Landes Niedersachsen. Zentrale Fachbibliothek der Bundesrepublik für Ingenieurwissenschaften/Technik und deren Grundlagenwissenschaften.

Die TIB wurde 1959 gegründet. Mit der Universitätsbibliothek (UB) Hannover in räumlichem und organisatorischem Verbund bildet sie die Zentralbibliothek für Technik einschließlich Chemie, Mathematik, Physik. Sie erwirkt die technische und naturwissenschaftliche Literatur vor allem des Auslandes. Bei der möglichst umfassenden Beschaffung und Bereitstellung der Literatur werden schwer zu beschaffende und sprachlich schwer zugängliche Neuerscheinungen besonders berücksichtigt. Die TIB stellt die Literatur grundsätzlich jedem Interessenten in der Bundesrepublik Deutschland zur Verfügung, wenn die Publikationen nicht in dessen regionalen Bibliotheken bereitgestellt werden können. Diese Bestellungen sind kostenpflichtig. Auf dem Gebiet der Information und Dokumentation liegt bei der TIB die Literaturversorgung für eine Reihe von natur- und ingenieurwissenschaftlichen Fachinformationssystemen. In Kooperation mit den Fachinformationszentren wertet sie ostsprachige Fachliteratur aus und stellt die Ergebnisse diesen zur Information und Speicherung zur Verfügung.

Die TIB/UB verfügt (1991) über einen Literaturbestand von rund 2,6 Mio Buchbinderbänden und 1 Mio Mikroformen; sie bezieht 20 000 Zeitschriften. 1990 wurden 615 000 Bestellungen am Ort und 450 000 Bestellungen von auswärts gezählt.

Organisation (UB/TIB): Direktion, drei Abteilungen, 12 Dezernate, Bibliothekskommission des Senats der Universität Hannover, TIB-Fachbeirat (neun Mitglieder).

Ressourcen 153 Stellen (1991), 21,8 Mio DM (Soll 1991). (30 % Bund, 70 % Bundesländer).

(Technische Informationsbibliothek, Welfengarten 1 B, 3000 Hannover). *Altenmüller*

Technische Überwachungs-Vereine (TÜV). Selbstverwaltungseinrichtungen der Wirtschaft, Sachverständigenorganisationen zur Beratung, Begutachtung, Prüfung und Überwachung auf den Gebieten der Sicherheitstechnik und des Umweltschutzes.

Die TÜV sind eingetragene Vereine privaten Rechts. Als von der Wirtschaft getragene Selbsthilfeeinrichtungen erbringen sie insbesondere auf den Gebieten der Sicherheitstechnik, des Umweltschutzes und der Energietechnik Leistungen, die der Staat nicht ohne verhältnismäßig hohen Aufwand erbringen könnte. Ihre Vorläufer sind die ehemaligen Dampfkessel-Überwachungs-Vereine (der erste wurde 1866 in Mannheim gegründet), die sich zu einem Verband (seit 1872) zusammengeschlossen hatten. Nach den Neugründungen in den neuen Bundesländern gehören dem Verband (bis 1990: Vereinigung) der Technischen Überwachungs-Vereine (VdTÜV) heute in Deutschland 14 regional verteilte TÜV an, außerdem fünf industrielle Eigenüberwacher mit eigenen betriebsinternen Überwachungsstellen an.

Arbeitsgebiete der TÜV sind Prüfungs-, Überwachungs- und Gutachtertätigkeiten

□ im Rahmen der Gewerbeordnung: Anlagen zur Lagerung, Abfüllung und Beförderung von brennbaren Flüssigkeiten, Aufzugsanlagen, Dampfkesselanlagen, Druckbehälter, Druckgasbehälter und Füllanlagen für Druckgase, Elektrische Anlagen in gefährdeten Räumen, Leitungen unter innerem

Überdruck für brennbare, ätzende oder giftige Gase, Dämpfe oder Flüssigkeiten, Werkstoff- und Schweißtechnik;
□ im Rahmen der Straßenverkehrsgesetzgebung: Eignungsuntersuchungen in Medizinisch-Psychologischen Untersuchungsstellen, Kraftfahrzeugführer- und Fahrlehrerprüfungen, Transport gefährlicher Güter, Sicherheitsüberprüfungen an Kraftfahrzeugen und deren Teilen, Typprüfungen von Kraftfahrzeugen und deren Zubehör;
□ auf weiteren technischen Gebieten: Anlagen zur Lagerung, Abfüllung und Beförderung von wassergefährdenden Flüssigkeiten, Arbeitsmedizin und Sicherheitstechnik, Elektrotechnik, Fliegende Bauten (z. B. Karussels), Fördertechnik (z. B. Krane, Fahrtreppen), Freiwillige Kraftfahrzeug-Überwachung, Kerntechnik und Reaktorsicherheit, Materialprüfung, Rohrleitungen der öffentlichen Gasversorgungen, Seilbahnen, Strahlenschutz, Technische Arbeitsmittel, Technische Chemie, Umweltschutz (z. B. Lärmbekämpfung, Reinhaltung der Luft, Abwasserfragen), Wärme- und Energietechnik.

Organe: Mitgliederversammlung, Vorstand, Geschäftsführer; Mustersatzung der TÜV 1977. VdTÜV: Mitgliederversammlung, Vorstand, Geschäftsführer, beratendes Kuratorium.

Ressourcen (1990) in den alten Bundesländern: 15 737 Beschäftigte, davon 10 804 technisches Personal (TÜV Bayern 3 104 Beschäftigte, TÜV Berlin-Brandenburg 627, TÜV Hannover 1 682, TÜV Hessen 184, TÜV Norddeutschland 1 482, TÜV Pfalz 283, Rheinisch-Westfälischer TÜV 2 237, TÜV Rheinland 3 297, TÜV Saarland 253, TÜV Südwest 2 544, VdTÜV 44; dazu die neuen TÜV Nord ‹Mecklenburg-Vorpommern›, Sachsen, Sachsen-Anhalt, Thüringen).

(Verband der Technischen Überwachungs-Vereine (VdTÜV) e. V., Kurfürstenstraße 56, 4300 Essen 1). *Altenmüller*

Technologieschema. Das T. eines Prozesses stellt in graphischer, abstrahierender Form den technologischen Wirkungsablauf mit dem Material- und Energiefluß und den beteiligten Einrichtungen dar. Es wird in der Regel mit den für eine →Steuerung notwendigen Meß- und Stellkomponenten erweitert. In der verfahrenstechnischen Industrie, bei der kontinuierlich ablaufende Prozesse, sog. Fließprozesse, und chargenweise gesteuerte Prozesse eine dominierende Rolle spielen, hat sich dafür auch der Begriff Fließschema, aufgrund des die technologischen Abläufe verbindenden Material- und Energieflusses, eingeführt. Die erweiterte Form wird in diesem Zusammenhang als Rohr- und Instrumentierungs-(R&I)-Fließschema bezeichnet.

Das T. spielt bei der Anlagenplanung und dem Entwurf der zugehörigen Steuerung eine wichtige Rolle. In übersichtlicher Form lassen sich im T. die Meß- und Stellmaßnahmen darstellen und damit die für den →Steuerungsentwurf wesentlichen Prozeßsignale festlegen. Daneben wird es zur Visualisierung des Prozeßgeschehens für den Anlagenbediener (Mensch/Maschine–Schnittstelle) eingesetzt. Es dient dabei in erster Linie der anlagenorientierten graphischen Darstellung des Prozeßverlaufs und -zustandes. In heutigen Bedien- und Beobachtungssystemen der Prozeß- und Fertigungsleittechnik mit Farbgraphik-Bildschirmen werden im T., das als statischer Bildanteil ausgeführt ist, als dynamische Bildanteile, online aktualisiert u. a. Prozeßvariable, Betriebsart, momentaner Ablaufschritt und Meldungen entsprechend eingeblendet. Damit erhält der Anlagenbediener die zur Führung der Prozesse nötigen Informationen in anschaulicher, an das Prozeßgeschehen angebundener Form.

Für die Konstruktion der T. bestehen speziell für die chemische Technik vereinbarte Sinnbilder (DIN 19227, DIN 28004). Daneben spielt die freie, aufgabenorientierte Gestaltung der Darstellung, unterstützt durch eine hohe Flexibilität der Farbgraphik-Bildschirm-Bediensysteme, eine wachsende Rolle. *Freyberger*

Teilausfall →Ausfall

Temperaturfaktor. Faktor, der bei elektronischen Bauelementen die Abhängigkeit der →Ausfallrate von der Temperatur (→Arrhenius-Gleichung) berücksichtigt.

Die Bilder 1 und 2 zeigen beispielhaft, wie nach den Modellen des MIL-HDBK-217 die Ausfallrate elektronischer Bauelemente mit der Temperatur zunimmt. *Schrüfer*

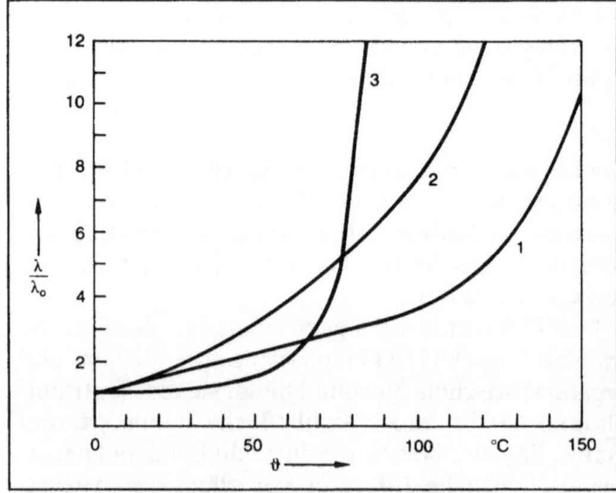

1) Silicium-PNP-Transistoren (Tab. 5.1.3.1–8),
2) Silicium-Dioden (Tab. 5.1.3.4–7),
3) Kondensatoren (Tab. 5.1.7.1–5)

Temperaturfaktor 1: Relative Zunahme der Ausfallrate mit der Temperatur (MIL-HDBK-217).

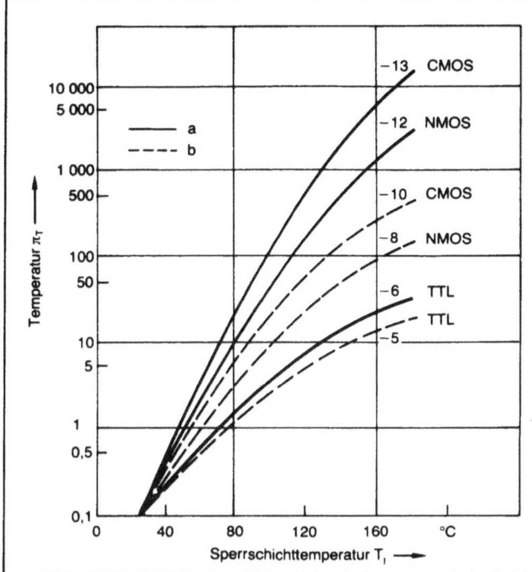

a) nonhermetic package (Plastik), b) hermetic package (Keramik oder Metall); die in der Abbildung angegebenen Zahlen xx sind die Endziffern der Tabellen 5.1.2.5-xx des MIL-Handbuchs

Temperaturfaktor 2: Temperaturfaktor π_T in Abhängigkeit von der Sperrschichttemperatur T_j für integrierte Schaltkreise. (MIL-HDBK-217)

Literatur: US Department of Defense, Washington, Military Handbook 217, Ed. D 1982.

Temperaturkoeffizient. Der T. α beschreibt die mittlere relative Änderung des elektrischen Widerstands je Kelvin von Metallen und Halbleitern zwischen 0 und 100 °C:

$$\alpha_{0;100} = \frac{R_{100} - R_0}{R_0 \cdot 100\ \mathrm{K}}$$

Er ist von der Temperatur abhängig (stark bei Halbleitern, weniger stark bei Metallen).

Einige Beispiele:
Platin: $\alpha_{0;100} = 3{,}85 \cdot 10^{-3}\ \mathrm{K}^{-1}$,
Nickel: $\alpha_{0;100} = 6{,}18 \cdot 10^{-3}\ \mathrm{K}^{-1}$,
Kupfer: $\alpha_{0;100} = 4{,}26 \cdot 10^{-3}\ \mathrm{K}^{-1}$,
Kaltleiter (PTC): $\alpha \approx 0{,}25\ \mathrm{K}^{-1}$ (80–150 °C),
Heißleiter (NTC): $\alpha \approx -0{,}04\ \mathrm{K}^{-1}$ (bei 20 °C);

Anwendung z. B. beim →Widerstandsthermometer. *Hammerschmidt*

Temperaturkompensation. Korrektur von Sensor-Meßwerten, bei der ein verfälschender Einfluß der Temperatur minimiert wird (Signalkorrektur, →Sensorabgleich).

Bei einer Vielzahl von Sensoren wird ein Anwendungsbereich im Temperaturintervall von −50 °C bis +150 °C verlangt, dieses erfordert in der Regel temperaturkompensierende Maßnahmen.

Im einfachsten Fall erfolgt die T. durch ein Netzwerk von Widerständen mit bekannter Temperaturabhängigkeit. In schwierigen Fällen erfolgt die T. über einen Prozessor.

Ein wichtiger Beitrag zur T. ist die Korrektur der Temperaturabhängigkeit der Offsetspannung in Brückenschaltungen. *Schaumburg*

Temperaturmessung. Entsprechend den vielfältigen Aufgabenstellungen beim Messen von Temperaturen wird eine große Anzahl von Effekten meßtechnisch ausgenutzt, bei denen physikalische und chemische Stoffeigenschaften temperaturabhängig sind (Bild 1). Mit Ausnahme optoelektronischer Temperaturmeßverfahren beruhen alle Temperaturmeßaufnehmer auf dem Transport von Wärme zum Meßfühler. Bei den mechanischen und elektrischen Berührungsthermometern geschieht dieser Wärmetransport durch Wärmeleitung und Konvektion, bei den Strahlungsthermometern (berührungslosen Thermometern) durch Wärmestrahlung. Nach Erreichen des thermischen Gleichgewichts zwischen dem zu untersuchenden Körper und dem →Meßaufnehmer kann man auf die zu messende Temperatur schließen.

□ Mechanische Berührungsthermometer. Fast alle beruhen auf der unterschiedlichen Wärmeausdehnung verschiedener Stoffe. Bei Flüssigkeits-Glasthermometern dehnt sich die Meßflüssigkeit stärker als der umgebende Glasbehälter aus. Die Meßflüssigkeit befindet sich zum größten Teil in einem kugel- oder zylinderförmigen Gefäß, dem eigentlichen Meßfühler, das in eine lange dünne Kapillare mündet. An dieser Kapillare ist eine Skala angebracht, für deren Teilstrichabstand je nach Meßflüssigkeit und Meßbereich Werte zwischen 0,01 und 10 K genormt sind. Genaue Thermometer werden stets in ganz eingetauchtem Zustand justiert. Wenn bei einer Messung nicht die ganze Meßflüssigkeit der zu messenden Temperatur ausgesetzt ist, was häufig der Fall ist, kann man den dadurch entstehenden →Meßfehler durch eine Korrektur für den herausragenden Teil der Kapillare eliminieren. Eine besondere Ausführungsform des Flüssigkeits-Glasthermometers ist das Minima-Maxima-Thermometer mit Alkohol als Meßflüssigkeit, die in einer Kapillare einen Quecksilberfaden hin- und herschiebt. Die Extremwerte werden durch Stahlstäbchen angezeigt (Bild 2).

Das Flüssigkeitsfederthermometer besteht aus einem Metallgefäß als Temperaturfühler, in dem sich die Hauptmenge der Meßflüssigkeit befindet, einem anschließenden dünnen Metallrohr als Kapillare und einem Anzeigeteil mit einem elastischen Meßorgan, das die Volumendehnung der Flüssigkeit in einen Weg oder Winkel umformt. Statt des Anzeigeteils kann auch ein Schalter vorgesehen werden, der beim Durchfahren einer einstellbaren

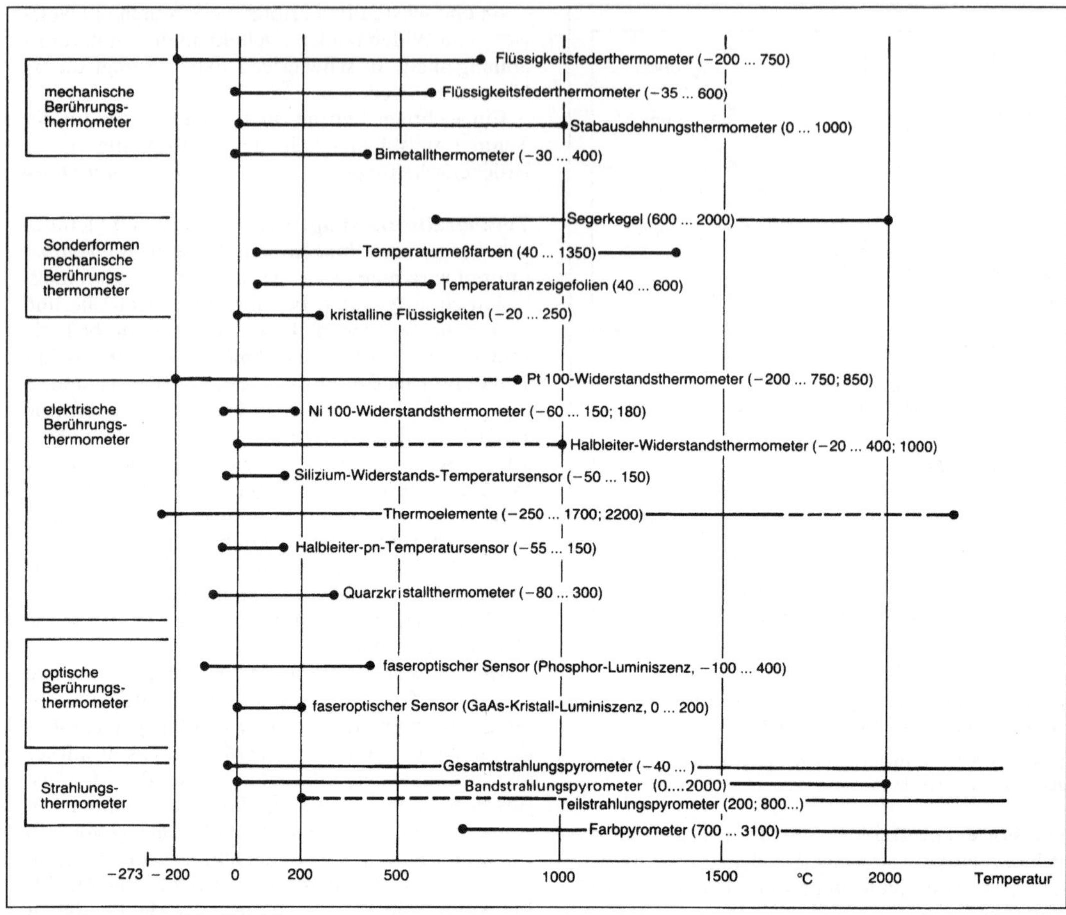

--- weniger verwendete Bereiche

Temperaturmessung 1: Thermometer und ihre Einsatzbereiche.

Schwelle umschaltet. Diese Ausführungsform, die eine Temperaturregelung ermöglicht, ist häufig bei Kühlschränken und Waschmaschinen anzutreffen. Wenn Meßort und Anzeigeort räumlich getrennt sein müssen, kann das Kapillarrohr bis zu 60 m lang sein. Die Meßfühler in Heizkörperthermostatventilen arbeiten ebenfalls nach dem vorstehend beschriebenen Meßprinzip.

Zwei Metalle, die sich unter Temperatureinfluß unterschiedlich stark ausdehnen, lassen sich zu einem Metallausdehnungsthermometer kombinieren. Wenn beide Metalle in Stabform vorliegen, ist die auswertbare Längendifferenz relativ gering, da man die Stäbe nicht beliebig lang machen kann. Derartige Stabausdehnungsthermometer können jedoch große Kräfte ausüben; deshalb setzt man sie in direktwirkenden Temperaturreglern ein. Zwei oder mehr aufeinandergewalzte Werkstoffe mit unterschiedlichen Ausdehnungskoeffizienten reagieren mit einer Biegung auf eine Temperaturänderung. Dieser Effekt, der wesentlich größer ist als die Dehnungsdifferenz bei den Stabausdehnungsthermometern, liegt den Bimetallthermometern zugrunde.

Durch schraubenförmige oder spiralige Anordnung des Bimetalls lassen sich diese Thermometer sehr klein gestalten. Meist werden sie nur zu Anzeigezwecken verwendet, mit einem Schalter kombiniert sind sie jedoch auch zur Temperaturregelung geeignet, z. B. im Bügeleisen.

□ Sonderformen mechanischer Berührungsthermometer. Einige spezielle berührende nichtelektrische Temperaturmeßverfahren seien noch genannt:

– Segerkegel sind kleine schmale Pyramiden aus keramischen Materialien, die bei bestimmten Temperaturen erweichen. Sobald sich die Spitze bis zur Unterlage geneigt hat, ist die Nenntemperatur des Segerkegels etwa erreicht. Segerkegel sind für viele Nenntemperaturen erhältlich und werden z. B. in Brennöfen in der keramischen Industrie eingesetzt.

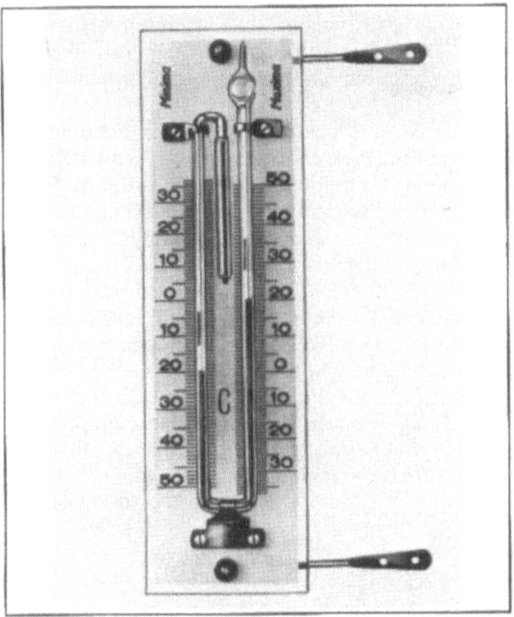

Temperaturmessung 2: Minima-Maxima-Thermometer. (Quelle: Eschenbach-Optik)

– Temperaturmeßfarben (Thermofarben oder Thermokreiden) wechseln in Abhängigkeit von der Temperatur ihre Farbe. Mit ihnen kann man die Temperatur und die Temperaturverteilung auf größeren Flächen mit begrenzter Genauigkeit bestimmen.
– Temperaturanzeigefolien zeigen bei Erreichen einer vorgegebenen Temperatur einen irreversiblen Farbumschlag. Sie erlauben es, die Oberflächen z. B. von Maschinen oder Elektronikbauteilen zuverlässig bezüglich Überschreitens von Grenztemperaturen zu überwachen.
– Es gibt kristalline Flüssigkeiten, die einen stetigen reversiblen Farbumschlag von Rot nach Blau mit allen Zwischenfarben in Abhängigkeit von der Temperatur zeigen.

□ Elektrische Berührungsthermometer. Den mechanischen Berührungsthermometer haftet ein entscheidender Nachteil an: Ihre Ausgangssignale können nicht über größere Strecken übertragen und auch nicht mit anderen Meßsignalen in meßwertverarbeitenden Systemen verknüpft werden. Deshalb beruhen in der industriellen Meßtechnik Temperaturmeßverfahren hauptsächlich auf der Temperaturabhängigkeit entweder des elektrischen Widerstands von Metallen oder Halbleitern (→Widerstandsthermometer) oder des thermoelektrischen Effekts (→Thermoelement). Nach Erfassen dieser Meßeffekte und geeigneter elektrischer Umformung erhält man Meßsignale, die über beliebige Entfernungen übertragbar und beliebig verknüpfbar sind.

Besonders präzise Messungen sind mit dem volldigitalen Quarzkristallthermometer möglich, dessen →Schwingquarz so hergestellt ist, daß er z. B. bei 0 °C mit f ≈ 28,2 MHz schwingt, wobei f mit 1 kHz/K temperaturabhängig ist. Man vergleicht nun f mit der Schwingungsfrequenz eines Referenzkristalls, die durch ein anderes Herstellungsverfahren praktisch unabhängig von der Temperatur ist. Die Differenzfrequenz wird mittels eines elektronischen Zählers gemessen. Das Quarzkristallthermometer arbeitet sehr genau, seine Meßfehler übersteigen 0,075 K nicht. Temperaturdifferenzen lassen sich noch genauer ermitteln, da die Auflösung um so besser ist, je größer man die Zählzeit des Zählers wählt; bei 10 s Zählzeit beträgt die Auflösung 0,0001 K. Ein neuentwickeltes Quarzthermometer (*QuaT,* 1986) ist dank der eingesetzten mikroelektronischen Komponenten bei guter Genauigkeit so preisgünstig, daß es eine Alternative zu den herkömmlichen Verfahren darstellt. Bis zu 16 Quarzsensoren lassen sich an derselben Zwei-Draht-Leitung betreiben.

Mit den Mitteln der Halbleitertechnologie gefertigte, preisgünstige Temperatursensoren beruhen auf der linearen Temperaturabhängigkeit der Kollektor-Emitter-Spannung eines als Diode geschalteten Silicium-Transistors, der mit konstantem Strom gespeist wird. Durch eine entsprechende Beschaltung kann man die Ausgangsspannung eines solchen Si-pn-Sensors direkt proportional zur Kelvin- oder zur Celsius-Temperatur machen, z. B. 10 mV/°C; Meßunsicherheit ca. ±2 °C.

□ Optische Berührungsthermometer. Faseroptische →Temperatursensoren sind über einen →Lichtwellenleiter mit dem Empfangsteil und der Auswerteelektronik verbunden. Zwei derartige Geräte seien erläutert. Beim ersten Gerät speist eine Leuchtdiode Licht mit einem Intensitätsmaximum bei ca. 750 nm in ein Multimode-Faserkabel ein, an dessen Ende sich ein kleiner GaAs-Kristall befindet (Bild 3). Das Luminiszenzlicht des Sensorkristalls gelangt über das gleiche Faserkabel in den Empfangsteil. Dort werden aus dem Luminanzspektrum zwei schmale Bänder isoliert. Das Intensitätsverhältnis wird elektronisch gebildet. Es ist ein Maß für die Temperatur des Sensors; Schwankungen der Eigenschaften der Leuchtdiode, des Faserkabels und der Koppelstellen spielen fast keine Rolle. Das Gerät hat einen Meßbereich 0–200 °C, eine Auflösung von ca. 0,1 °C und eine Meßunsicherheit von ca. ±1 °C. Bei einem anderen Gerät (Luxtron) wird die Photolumineszenz von Phosphor genutzt, der sich am Ende des Lichtwellenleiters befindet. Ein kurzer blauer Lichtimpuls regt den Phosphor an. Die Abklingzeit des daraufhin emittierten Lichts hängt von der Temperatur im Sensormaterial ab und wird gemessen. Meßbereich – 100–400 °C, Auflösung ca. 0,1 °C, Meßunsicherheit ca. ±1 °C. Der Lichtwel-

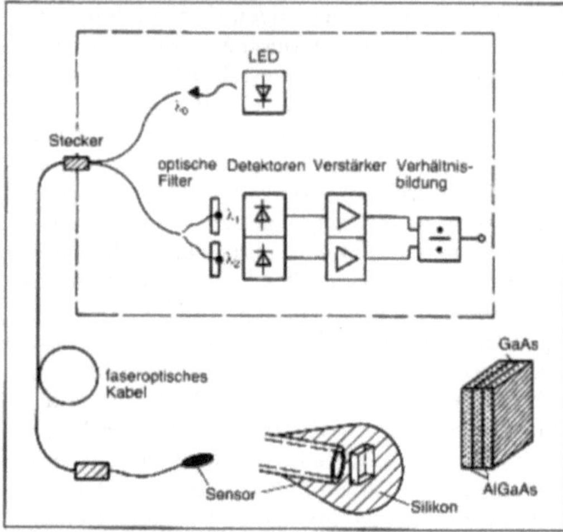

Temperaturmessung 3: Faseroptisches Temperaturmeßsystem auf der Basis von Photolumineszenz. (Quelle: ASEA)

lenleiter muß nicht fest mit dem Phosphor verbunden sein. Wenn man etwas Phosphor auf der Oberfläche anbringt, deren Temperatur gemessen werden soll, kann bei Verwenden einer Linse die optische Signalübertragung berührungslos über max. ca. 10 cm erfolgen.

Der T. mit Berührungsthermometern sind nach zwei Seiten hin Grenzen gesetzt. Zum einen sind durch die Materialeigenschaften bei diesen Temperaturfühlern obere Temperaturgrenzen festgelegt. Zum anderen kommt es in der Verfahrenstechnik häufig vor, daß die Temperatur schnell bewegter Objekte bestimmt werden muß. Berührende Meßmethoden sind dazu ungeeignet. Man muß dann zur T. einen physikalischen Effekt heranziehen, der berührungslos erfaßbar ist. Ein solcher Effekt ist die Temperaturstrahlung (Infrarot). Die auf ihm beruhenden Thermometer heißen Strahlungsthermometer oder Strahlungspyrometer (→Pyrometer).

Hammerschmidt

Literatur: *Liebler, E.* u. *R. Plesch:* Lexikon der Analysen-, Meß- und Regelungstechnik. Berlin, München: Siemens 1980. – *Lieneweg, F.:* Handbuch technische Temperaturmessung. Braunschweig 1976. – *Profos, P.:* Handbuch der industriellen Meßtechnik. Essen 1984. – *Weichert, L.:* Temperaturmessung in der Technik. Grafenau 1976.

Temperaturregelung. Regelung der Temperatur strömender Fluide, von Reaktor- oder Behälterinhalten, Oberflächen usw. durch Heizen oder Kühlen. Temperaturregelstrecken der Verfahrenstechnik sind meist verzögerungsbehaftet. Einer Verzugszeit folgt ein Anstieg mit großer Ausgleichszeit. Bedingt durch dieses träge Verhalten kann der →Regler Störungen, z. B. Druckschwankungen im Heizdampfstrom, oft nicht schnell genug entgegenwirken, so daß vielen T. dynamisch schnelle Druck-, Durchfluß- aber auch Temperaturregelkreise in Kaskadenschaltungen untergeordnet werden.

Für die T. über elektrische Heizeinrichtungen von Extrudern, Pressen usw. gibt es in großer Zahl →Zwei- und →Dreipunktregler mit auf diese Regelstrecken zugeschnittenen, fest eingestellten Regelparametern. Für manche Regelaufgaben muß auch gekühlt und geheizt werden. So muß beispielsweise bei der T. eines Rührkessels (Bild), je nach Reaktionsschritt, dem Reaktorinhalt Energie zugeführt oder entzogen werden. Der Temperaturregler arbeitet dazu als →Split-range-Regelung: Seinem →Stellbereich sind die Stellgeräte so zugeordnet, daß bei Temperaturanstieg erst das Heizdampfventil schließt und bei weiterem Anstieg das Kühlwasserventil öffnet (→Kontrollpunktregelung).

Strohrmann

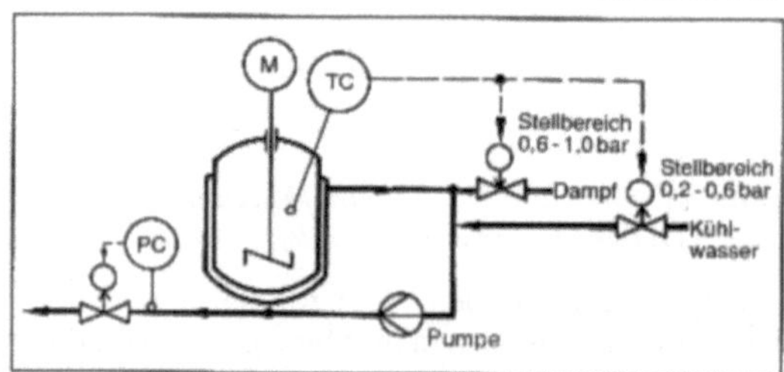

Temperaturregelung: T. eines Rührkessels. Darstellung nach DIN 19227.

Literatur: *Hengstenberg, J.; B. Sturm* und *O. Winkler:* Messen, Steuern und Regeln in der Chemischen Technik. 3. Aufl., Bd. III. Berlin–Heidelberg–New York 1981. – *Strohrmann, G.:* Automatisierungstechnik, Bd. 1 Grundlagen, analoge und digitale Prozeßleitsysteme. 2. Aufl. München–Wien 1990.

Temperatursensor. Ein Überblick über die verschiedenen Arten von T., zusammen mit dem Meßbereich in der Anwendung und dem zugrundegelegten physikalischen Effekt ist nachstehende Tabelle zusammengestellt.

Schaumburg

Literatur: *Heywang, W.:* Sensorik. Berlin 1984.

Temperatursensor, faseroptischer. Sensor (Thermometer) zur Messung einer Temperatur oder Temperaturverteilung mittels optischer Glasfasern. Dabei kann entweder die Messung außerhalb der Faser erfolgen und die Faser zur störungsfreien Meßwertübertragung verwendet werden (sog. extrinsischer Sensor), oder die Faser kann selbst zur →Temperaturmessung dienen (sog. intrinsischer Sensor). Bei ersterem f. T. liegt ein Hauptvorteil in seiner insgesamt nichtmetallischen Bauweise, bei letzterem in der Möglichkeit, große Faserlängen (bis zu 1 km und darüber) zu verwenden und damit die Temperaturverteilung größerer Gebiete von ei-

Temperatursensor. Tabelle: Temperaturmeßverfahren

Temperatursensor	Meßbereich in °C	Physikalischer Effekt
Thermoelement	− 200 . . . + 1 600	Seebeck-Effekt
Metall-Widerstandsthermometer	− 270 . . . + 850	Temperaturabhängigkeit des elektrischen Widerstandes
Si-Elemente	− 50 . . . + 150	
Kaltleiter	− 30 . . . + 350	
Heißleiter	− 50 . . . + 350	
Photodiode Photoleiter	0 . . . + 4 000	Temperaturabhängigkeit der Flußspannung eines pn-Überganges
pyroelektrischer Detektor	0 . . . + 4 000	Temperaturstrahlung
Dehnungsthermometer	− 200 . . . + 1 000	Wärmeausdehnung
Gasthermometer	− 250 . . . + 1 000	
Temperaturmeßfarben	− 30 . . . + 1 600	Temperaturabhängigkeit chemischer Reaktionen

ner Stelle aus zentral zu überwachen (Feuermeldeeinrichtung).

Bedeutende Anwendung finden f. T. in der Medizin zur Temperaturmessung im Inneren von Gewebe, das zur Hyperthermie-Therapie mittels Hochfrequenz- oder Mikrowellen-Bestrahlung erwärmt wird. Hierfür sind nichtmetallische Temperatursensoren vorteilhaft, da sie nicht von den auftretenden starken elektromagnetischen Feldern beeinflußt werden und auch selbst diese Felder nicht verzerren.

Zur Konstruktion extrinsischer f. T. sind zahlreiche temperaturabhängige optische Effekte geeignet. Einer der wichtigeren ist die Temperaturabhängigkeit der Fluoreszenz von Festkörpern, z. B. von „direkten“ Halbleiterkristallen oder von Gläsern und Kristallen, die mit Ionen der Seltenen Erden dotiert sind. Es wird entweder die Temperaturabhängigkeit der Fluoreszenzleistung (→Temperaturmessung, Bild 3 dort) oder der Fluoreszenzabklingzeit ausgesuchter Spektrallinien benutzt. Besonders die letztere Methode der Codierung liefert eine sehr gute →Streckenneutralität.

Das faseroptische →Pyrometer ist ein →Punktsensor, bei dem die vom Meßobjekt der Temperatur T ausgehende Wärmestrahlung von einer Glasfaser erfaßt und zu einem entfernt gelegenen →Photodetektor geleitet wird. Dort erzeugt sie einen Photostrom, dessen Stärke monoton mit der Temperatur T ansteigt. Der Meßbereich ist nach unten bei etwa 100–300 °C begrenzt durch die spektrale →Empfindlichkeit des verwendeten Detektors. Nach oben wird er begrenzt durch die Temperaturbeständigkeit der Faser. Mit einer Saphir-Faser wurden Temperaturen bis zu 2 000 °C gemessen. *Ulrich*

Temperaturskalen. Zur Angabe von Temperaturen sind im SI (→Einheiten des SI) die Einheiten →Kelvin (K) und →Grad Celsius (°C) vorgesehen. In den angelsächsischen Ländern sind auch noch die Einheiten Fahrenheit (°F) (→Fahrenheitskala) und Rankine (°R) (→Rankineskala) in Gebrauch. Der Zusammenhang zwischen den vier T. sowie die Formeln zur Umrechnung von Temperaturangaben in die →SI-Einheiten Grad Celsius und Kelvin sind in den beiden Abbildungen dargestellt (S. 618). *Hammerschmidt*

Tera.... SI-Vorsatz für →Einheiten im Meßwesen, bezeichnet das 10^{12}fache der jeweiligen Einheit. Abk. T. *Hammerschmidt*

Tesla. SI-Einheit der magnetischen Flußdichte, nach *N. Tesla* (1856–1943) benannt. Einheitenzeichen T. $1\ T = 1\ Wb/m^2 = 1\ kgs^{-2}A^{-1}$ (→Einheiten des SI). *Hammerschmidt*

Test, dynamischer →Digitalprüfung

Test, statischer →Digitalprüfung

Test, statistischer. Test, der die zu untersuchende Einheit mit Hilfe von (zufällig ausgewählten)

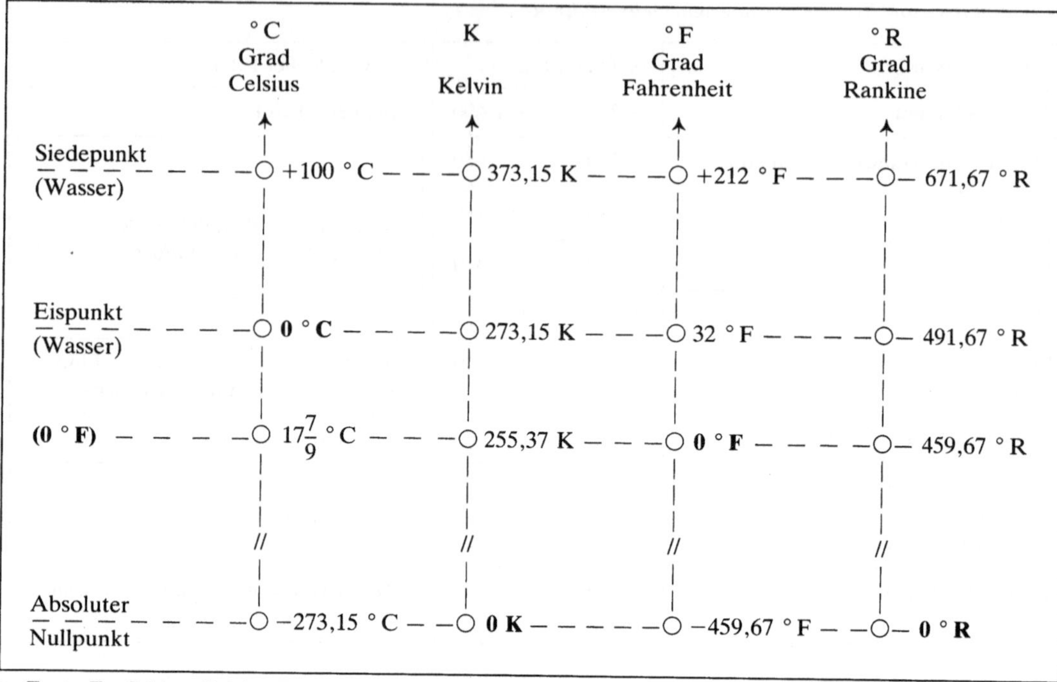

t_C, T_K, t_F, T_R: Celsius-, Kelvin-, Fahrenheit- und Rankine-Temperaturen

Temperaturskalen 1: Zusammenhang zwischen den vier T.

Gegebene Temperatur in:	Umrechnung in °C	Umrechnung in K
°C	1	$\frac{T_K}{K} = \frac{t_C}{°C} + 273{,}15$
K	$\frac{t_C}{°C} = \frac{T_K}{K} - 273{,}15$	1
°F	$\frac{t_C}{C} = \frac{1}{1{,}8}\left(\frac{t_F}{°F} - 32\right)$	$\frac{T_K}{K} = \frac{1}{1{,}8}\left(\frac{t_F}{°F} + 459{,}67\right)$
°R	$\frac{t_C}{°C} = \frac{1}{1{,}8} \cdot \frac{T_R}{°R} - 273{,}15$	$\frac{T_K}{K} = \frac{1}{1{,}8} \cdot \frac{T_R}{°R}$

Temperaturskalen 2: Umrechnung von Temperaturangaben in die SI-Einheiten Grad Celsius und Kelvin.

→Testmustern prüft. Der Test ist unvollständig, und sein Ergebnis kann nur in Form einer Wahrscheinlichkeit angegeben werden.

Höher integrierte Schaltkreise, oder auch Programme, können nicht mehr vollständig für alle Eingangsbelegungen und alle Folgen von Eingangsbelegungen und alle internen Zustände geprüft werden. Die Menge der Eingangssignale in Abhängigkeit von der Zeit ist praktisch unendlich groß, so daß nicht alle Eingangsmuster durchgespielt werden können. Es bleibt nur übrig, sich auf eine Stichprobe zu beschränken. Durchgeführt werden also n Tests mit unterschiedlichen Eingangsbelegungen und beobachtet werden die Ergebnisse. Waren diese in insgesamt k Fällen falsch, so wird als Schätzwert r für die Restfehlerwahrscheinlichkeit genommen:

$$r = \frac{k}{n}$$

Dabei ist vorausgesetzt, daß die benutzten →Testmuster repräsentativ sind. Die Vertrauensgrenzen für den →Schätzwert lassen sich mit Hilfe

– entweder der → *Poisson*-Verteilung mit dem Parameter $\alpha = nr = k$
– oder der → Chi-Quadrat-Verteilung
angeben.

Beispiel: n = 10 000 Eingangsbelegungen wurden untersucht. Davon führten k = 3 zu einem falschen Ergebnis. Der Parameter α der *Poisson*-Verteilung hat den Wert $\alpha = k = 3$. Der gesuchte obere Wert α_o von α, der mit einer Wahrscheinlichkeit von $\beta_o = 95\,\%$ unterschritten wird, ergibt sich für k = 3 aus der Tabelle 2 der *Poisson*-Verteilung zu

$$\alpha_o(k;\alpha_o) = \alpha_o(3; 0{,}95) = 7{,}754$$

Mit

$$\alpha_o = nr_o = 7{,}754$$

berechnet sich die obere Grenze r_o der Restfehlerwahrscheinlichkeit zu

$$r_o = \frac{7{,}754}{10^4} = 7{,}754 \cdot 10^{-4}$$

S. T. von Programmen: Mit den vorausgegangenen Überlegungen läßt sich auch die Restfehlerwahrscheinlichkeit von Programmen bestimmen. Für einen derartigen Test sind notwendig (Bild):
– ein Generator, um die Eingangsdaten zu erzeugen
– der zu prüfende Rechner R 1
– ein Vergleichsrechner R 2
– der Ergebnisvergleich.

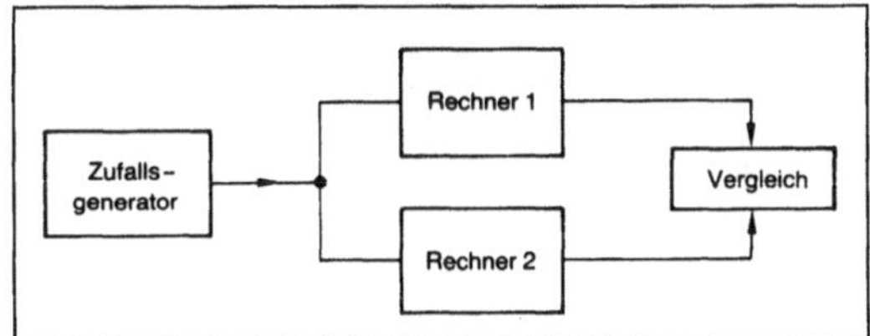

Test, statistischer: Schematische Darstellung.

Der Vergleichsrechner R 2 (Rechenzentrum) löst dieselben Aufgaben, wie das auf dem Prozeßrechner R 1 laufende zu testende Programm. Beiden Rechnern werden dieselben Eingangsmuster angeboten. Liefern sie dasselbe Ergebnis, so wird dieses als richtig angesehen. Unterscheiden sich ihre Ausgangssignale, so sind weitere Untersuchungen notwendig, um das eine oder andere Ergebnis als richtig zu identifizieren. Wird weiterhin die Gerätetechnik als fehlerfrei unterstellt, so ergibt sich aus der Zahl n der insgesamt durchgeführten Tests und der Zahl k der falschen Ergebnisse die Wahrscheinlichkeit r für einen im Programm noch enthaltenen → Fehler. *Schrüfer*

Test Area Manager. Übergeordnetes Programmsystem zur Steuerung und Überwachung aller z. B. in einem Prüffeld zusammengefaßten Prüfautomaten. Der T.A.M. erlaubt darüber hinaus eine gezielte Auswertung und Statistik der Testergebnisse mit dem Ziel, bestimmte Vorgänge in der Produktion aber auch in der Entwicklung gezielt beeinflussen zu können (→ Qualitätsdaten-Managementsystem). *Winter*

Test program time. Angabe für die Ausführungszeit eines Prüfprogrammes im Gutfall. *Winter*

Testbarkeitsanalyse. Unter T. wird eine Reihe approximativer Verfahren zur quantitativen Bewertung der Testbarkeit einer Schaltung verstanden. Dabei wird die Testbarkeit einer Schaltung mit Hilfe von Einstellbarkeits-, Beobachtbarkeits- und Testbarkeitsmaßen abgeschätzt. Die meisten Ansätze zur T. machen vereinfachende Annahmen über die Struktur der zu analysierenden Schaltung (z. B. keine rekonvergierenden Verzweigungen und Rückkopplungen), so daß sich ihr Einsatz im Rahmen des → Design for Testability nicht bewährt hat. Die erwähnten Maße werden jedoch zur Steuerung von → Testmustergenerierungsalgorithmen erfolgreich eingesetzt. *Trischler/Sarfert*

Literatur: *Wojtkowiak, H.:* Test und Testbarkeit digitaler Schaltungen. Stuttgart 1988.

Tester channel. Zusammenfassender Begriff für alle Hardwareeinrichtungen (→ Stimuli, Meßeinrichtung) in der → Pinelektronik, die man für einen Prüflingsanschluß benötigt. Aus Aufwandsgründen – insbesondere bei → In-Circuit-Testern – kann ein T. c. mehreren Prüflingspins (Multiplexbetrieb) zugeordnet werden. In diesem Fall erfolgt eine automatische Umschaltung elektronisch oder per Relais durch das → Prüfautomatenbetriebssystem (→ Relais-Matrix). Die Zahl der T. c. ist ein wichtiges Maß für die Leistungsfähigkeit eines Prüfautomaten. *Winter*

Tester per pin. Hochgeschwindigkeitstester für digitale Schaltungen, bei dem für jeden → Pin alle Hardwareeinrichtungen für die Signalerzeugung eigens vorhanden sind, so daß beliebige Signalformen an jedem Pin unabhängig von denen anderer Pins erzeugt werden können: Format, log. Pegel, Spannung, → Prüfbitmuster, Timingdarstellung (→ Pinspeicher). *Winter*

Tester-Regelprüfer. (*engl.* Tester Rule Checker) → Prüfautomaten-Regelprüfer.

Testhead. Umfassender Begriff für die komplette Adaptiervorrichtung eines Bausteintesters (Bild). *Winter*

Testhead: Bausteintester mit T. (Quelle: Teradyne)

Testmuster. Bei digitalen Schaltungen ist ein T. eine derartige Belegung der Eingangsvariablen, daß ein Fehler in der digitalen Schaltung das Ausgangssignal gegenüber dem fehlerfreien Fall verändert (→Mindesttestmenge). *Schrüfer*

Testmustergenerierung. Erstellung von →Testmustern, die eine vorgegebene Menge der →Fehler einer zu überprüfenden Digitalschaltung erkennen. Die Erstellung kann manuell und rechnergestützt (halbautomatisch und vollautomatisch) erfolgen.

Bei manueller Erstellung werden sowohl Eingangs- als auch Ausgangsmuster definiert, bei halbautomatischer T. werden Eingangsmuster manuell erstellt, während die Ausgangsmuster über →Simulation errechnet werden. Vollautomatische T. basiert auf einem →Testmustergenerierungsalgorithmus und erzeugt sowohl Ein- als auch Ausgangsmuster. Bei rechnergestützter T. wird in der Regel eine Fehlersimulation zur Beschleunigung des Erstellungsvorgangs eingesetzt. *Trischler*

Testmustergenerierung für regelmäßige Strukturen. Begriff aus der →Digitalprüfung. In Prüfautomaten integrierte Hardware- oder Software-Verfahren zur Erzeugung von umfangreichen →Prüfbitmustern für →Prüflinge, deren Funktion mit Hilfe bestimmter Algorithmen beschrieben werden kann (Algorithmic Pattern Generator (APG), →Datenkomprimierung, →Speichertest). *Winter*

Testmustergenerierungsalgorithmus. Ein T. hat die Aufgabe, für einen gegebenen →Fehler innerhalb einer digitalen Schaltung ein →Testmuster zu erstellen.

Die modernen Algorithmen führen gestützt auf die Schaltungsstruktur eine systematische Suche nach einem Testmuster durch. Alle gängigen Verfahren bauen während der Generierung eines Testmusters einen Entscheidungsbaum auf und benutzen ein Backtracking-Suchverfahren. Die bekanntesten Algorithmen sind: D-Algorithmus, PODEM, FAN und SOCRATES.

Ein T. wird als vollständig bezeichnet, wenn er in der Lage ist, in endlicher Rechenzeit für jeden testbaren Fehler ein Testmuster zu erstellen. Nur vollständige T. können alle nicht testbaren (redundanten) Fehler einer Digitalschaltung ermitteln. *Trischler/Sarfert*

Literatur: *Fujiwara, H.:* Logic Testing and Design for Testability. (MIT Press Series in Computer Systems), Cambridge, 1985. – *Schulz, M. H.:* Testmustergenerierung und Fehlersimulation in digitalen Schaltungen mit hoher Komplexität. Informatik Fachberichte (1988) Nr. 173.

Testverfahren. Die Art des Vorgehens, wie ein →Prüfling in einer bestimmten Prüfstufe geprüft wird (→In-Circuit-Test, →Funktionsprüfung, →Emulationstest, →Selbsttest usw.) *Winter*

Thermistor. Häufig als Synonym für Temperatursensoren nach dem Prinzip der temperaturabhängigen Widerstände gebraucht.

Eine wichtige Anwendung ist das Thermistoranemometer zur Messung von Gasströmungen (→Durchflußsensor). Hierbei wird der T. durch Selbstaufheizung über einen Stromfluß auf eine hohe Temperatur gebracht und durch den Gasstrom gekühlt. Die Kühlung ist über die Widerstandsänderung des T. direkt meßbar und ein Maß für die Strömungsgeschwindigkeit. *Schaumburg*

Thermoelektrische Effekte. Beschreibung der Wechselwirkungen zwischen thermischen und elektrischen Transportvorgängen in einem Festkörper. Alle t. E. sind schwach, so daß sie durch eine lineare Beziehung zwischen den Feldern (elektrisches Feld, Temperaturgradient) und den Strömen (elektrischer Strom, Wärmestrom) dargestellt werden können.

Der wichtigste der t. E. ist der *Seebeck*-Effekt:

$$E_x = \varphi \, {}^{dT}/_{dx} \qquad (1)$$

E_x: Elektrisches Feld in x-Richtung
${}^{dT}/_{dx}$: Temperaturgradient in x-Richtung
φ: Seebeck-Koeffizient oder differentielle Thermospannung.

Der Seebeck-Koeffizient ist materialabhängig. Bringt man zwei verschiedene Leiter in das gleiche Temperaturfeld, dann kann man an den Enden eine Potentialdifferenz, die Thermospannung, messen (Bild 1), welche ein Maß für die Temperaturdifferenz T_1–T_2 ist.

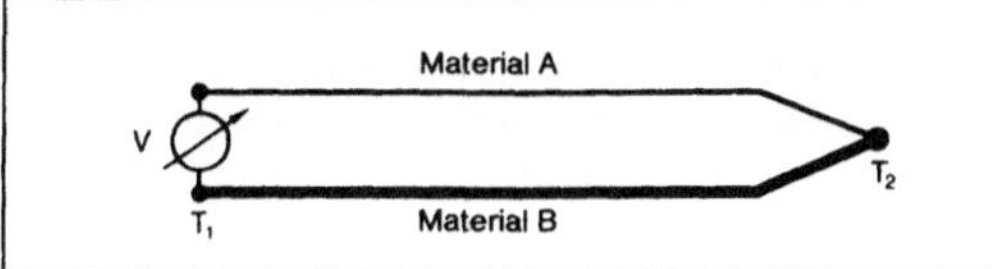

Thermoelektrische Effekte 1: Wirkungsweise eines Thermoelements.

Man nennt eine solche Anordnung ein →Thermoelement. Thermoelemente stellen in der Technik das wichtigste Hilfsmittel zur →Temperaturmessung dar. Dabei ist es nützlich, wenn die Thermospannung möglichst linear von der Temperatur abhängt. Für die meisten Werkstoffe gilt das keineswegs, jedoch hat man Kombinationen von Legierungen (Tabelle) gefunden, die in bestimmten Temperaturintervallen ein einigermaßen lineares Verhalten zeigen.

Die Umkehrung des Seebecks-Effekts stellt der *Peltier*-Effekt dar:

$w_x = \varphi \cdot T \cdot j_x$
w_x: Wärmestrom in x-Richtung
j_x: Elektrische Stromdichte in x-Richtung
T: absolute Temperatur

Der Koeffizient φ ist identisch mit dem Seebeck-Koeffizienten. Verbindet man zwei Leiter mit einem möglichst unterschiedlichen Peltier-Koeffizienten zu einem Stromkreis, dann kann man je nach der Stromrichtung Wärme oder Kälte an der Verbindungsstelle erzeugen. In der Praxis verwendet man zu diesem Zweck spezielle, unterschiedlich dotierte Halbleiter, da der Peltier-Koeffizient in p- und n-dotierten Halbleitern ein entgegengesetzes Vorzeichen hat. Man kann auf diese Weise kleine und gut kontrollierbare Kühlaggregate bauen (Bild 2). Dabei ist zu bedenken, daß die gewöhnliche Wärmeleitung dem Peltiereffekt entgegenwirkt, und daß auch die Ohmsche Wärme zusätzlich anfällt. Der Halbleiterwerkstoff soll also eine möglichst schlechte Wärmeleitfähigkeit und eine möglichst gute elektrische Leitfähigkeit besitzen. Silicium-Germanium-Mischkristalle und andere Mischkristalle z. B. das Bi-Sb-Te-System erfüllen diese Forderungen noch am ehesten. Insgesamt ist der Wirkungsgrad thermoelektrischer Kälteaggregate oder auch Generatoren jedoch nicht sehr gut, so daß sie nur für Spezialzwecke eingesetzt werden.

Hubert

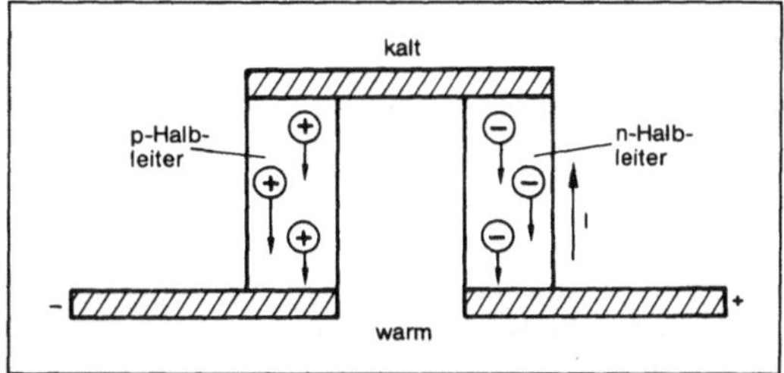

Thermoelektrische Effekte 2: Prinzip eines Peltier-Kühlelements.

Thermoelement. →Meßaufnehmer zur →Temperaturmessung. Verbindet man zwei Drähte aus verschiedenen Metallen oder Metallegierungen an den Enden miteinander, so erhält man ein Thermopaar. In ihm entsteht infolge des thermoelektrischen Effekts eine elektrische Spannung, wenn die zwei Verbindungsstellen (Meßstelle und Vergleichsstelle) verschiedenen Temperaturen ausgesetzt werden (Bild 1 a). Die Thermospannung wird experimentell in Abhängigkeit von der Temperatur bei konstant gehaltener Vergleichstemperatur ermittelt. Zur praktischen Temperaturmessung hat sich eine Anzahl von Werkstoffen als geeignet erwiesen. Sie alle sind reine Metalle oder homogene Mischkristalle,

Thermoelektrische Effekte. Tabelle: Die gebräuchlichsten Thermoelement-Werkstoffe

Bezeichnung		Legierung	Temperaturbereich [°C]	Thermospannung (Mittelwert) [µV/K]
Platin-	(+)	Pt	0–1300	10,5
Platinrhodium	(−)	Pt Rh 10 %	(1600)	
Nickel-	(−)	Ni Al 2 % (Si, Mn)	0–1000	41,3
Chromnickel	(+)	Ni Cr 10 % (Si, Mn, Fe)	(1300)	
Eisen-	(+)	Fe	−200–700	54
Konstantan	(−)	Cu Ni 45 % (Si, Mn, Fe)	(900)	
Kupfer-	(+)	Cu	−200–400	52
Konstantan	(−)	Cu Ni 45 % (Si, Mn, Fe)	(600)	

* In Klammern: bei kurzzeitiger Belastung

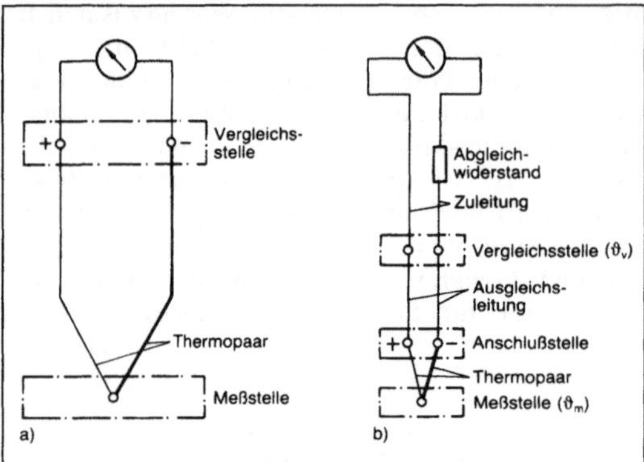

Thermoelement 1: Prinzipielle Darstellung.
a) Grundanordnung
b) Mit Ausgleichsleitung.

die im Temperaturbereich ihrer Verwendung keine Phasenumwandlung erleiden. Dies ist die Voraussetzung, daß die von einem Thermopaar abgegebene Thermospannung mit steigender Temperaturdifferenz zwischen Meßstelle und Vergleichsstelle ohne Knickpunkt ansteigt. Die praktisch einzusetzenden Werkstoffpaarungen, ihre Thermospannungsgrundwerte, die Berechnung der Grundwerte durch Polynome und die zulässigen Liefertoleranzen der Thermospannungen sind in DIN IEC 584-1 und 584-2 (Januar 1984) genormt. Unter Grundwerten versteht man hier für bestimmte Temperaturen festgelegte Werte des elektrischen Ausgangssignals. Eine Übersicht über die genormten Thermopaare gibt die Tabelle.

Bei industriellen Anwendungen werden T. in ähnliche Schutzrohre wie →Widerstandsthermometer eingebaut. Für Meßaufgaben, bei denen es auf schnelles Ansprechen und kleine Bauform ankommt, wurden T. entwickelt, bei denen die beiden Thermodrähte isoliert von einem hermetisch dichten flexiblen Metallmantel umschlossen sind. Diese Mantel-T. (Bild 2) sind mit Außendurchmessern von 0,2–6 mm lieferbar. Weiterhin gibt es T. in Folienform ähnlich wie →Dehnungsmeßstreifen. Eine Beschleunigung der Temperaturerfassung ist mittels dynamischer Korrektur möglich. Dazu wird die Thermospannung elektronisch bandbegrenzt differenziert. Wenn man dann das erhaltene Signal gewichtet zur Thermospannung addiert, wird der Endwert eines Temperatursprungs bis zu 100mal schneller erkennbar.

Meß- und Regelgeräte befinden sich i. a. nicht in unmittelbarer Nähe der Maschinen und Öfen, in denen die Temperatur überwacht wird. Deshalb muß die vom Thermopaar abgegebene Thermo-

Thermoelement. Tabelle: Wichtige Thermopaare (Quelle: DIN IEC 584)

Thermopaar	Kennbuchstabe	mittlere Empfindlichkeit (in mV/100 K)	Temperaturbereich	technisch nutzbarer Temperaturbereich
Pt 10 % Rh – Pt	S	1,04	– 50 °C – + 1 769 °C	0 °C – + 1 500 °C
Pt 13 % Rh – Pt	R	1,18	– 50 °C – + 1 769 °C	0 °C – + 1 600 °C
Pt 30 % Rh – Pt 6 % Rh	B	0,76	0 °C – + 1 820 °C	0 °C – + 1 700 °C
Fe – CuNi	J	5,26	–210 °C – + 1 200 °C	–200 °C – + 750 °C
Cu – CuNi	T	4,05	–270 °C – + 600 °C	–200 °C – + 400 °C
NiCr – CuNi	E	6,78	–270 °C – + 1 000 °C	–200 °C – + 900 °C
NiCr – Ni	K	3,73	–270 °C – + 1 372 °C	–200 °C – + 1 000 °C
NICROSIL – NISIL	N	3,43	–200 °C – + 1 600 °C	–200 °C – + 1 300 °C
W 5 % Re – W 26 % Re	–	1,22 bei 2 000 °C	bis + 2 200 °C	bis + 2 200 °C

Erläuterungen:

1) Pt Platin, Rh Rhodium, Fe Eisen, Cu Kupfer, Ni Nickel, Cr Chrom, W Wolfram, Re Rhenium; die %-Angabe bezieht sich auf Rh bzw. Re
2) Die Legierung Kupfer/Nickel wurde bisher als Konstantan bezeichnet.
3) Die Polarität der Thermospannung ist dann positiv, wenn die Meßstelle wärmer als die Vergleichsstelle ist, wobei am jeweils erstgenannten Material die Plusklemme liegt.
4) Die Normung des Thermopaares Nicrosil-Nisil (Typ N) ist in Vorbereitung. Der positive Schenkel besteht aus 84,4 %2 Ni, 14,2 % Cr und 1,4 % Si, der negative Schenkel enthält 95,6 % Ni und 4,4 % Si. Dieses Thermopaar bietet im Bereich 250 °C – 550 °C einige Vorteile gegenüber dem Typ K und ersetzt bis max. 1 300 °C auch noch die Typen S und R.
5) Das Thermopaar W 5 % Re – W 26 % Re für Hochtemperaturanwendungen ist nicht genormt.

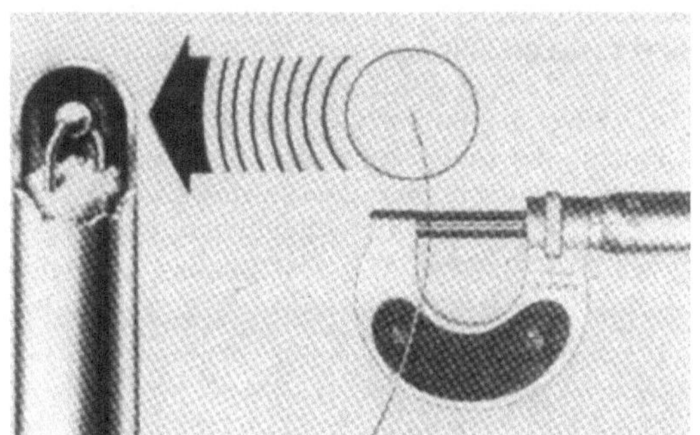

Thermoelement 2: Miniatur-Mantelthermoelement. (Quelle: Philips)

spannung zu den weiter entfernten Meßgeräten geleitet werden. Hierfür werden Ausgleichsleitungen verwendet, die im Temperaturbereich zwischen 0 und 200 °C dieselbe Thermospannungscharakteristik wie die zugehörigen Thermopaare besitzen (Bild 1 b). Angewendet werden die Ausgleichsleitungen wegen ihres geringeren Preises und ihres geringeren elektrischen Widerstands.

Die →Empfindlichkeit eines T. liegt nach Tabelle nicht höher als rd. 6 mV/100 K, d. h. sie beträgt nur rd. 1/100 der eines Metallwiderstandsthermometers.

Die Thermospannung einiger T.-Typen in Abhängigkeit von der Temperatur zeigt Bild 3.

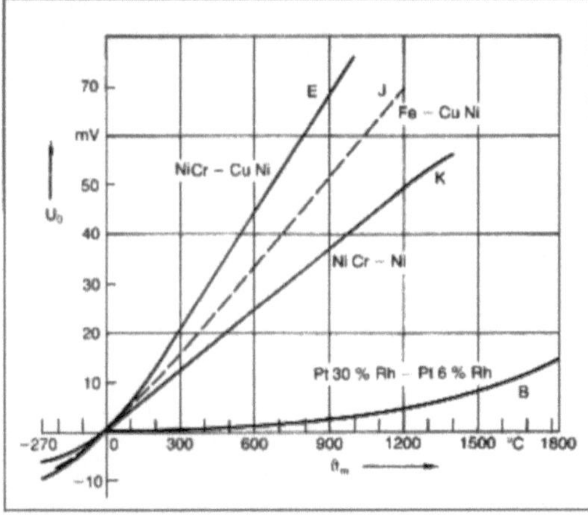

Thermoelement 3: Thermospannungen U_o über der Temperatur ϑ_m ($\vartheta_v = 0\,°C$).

Mit Meßverstärkern wird die Thermospannung hochohmig und damit rückwirkungsfrei abgegriffen und zum Zwecke der Anzeige oder Weiterverarbeitung verstärkt. Die Spannung kann auch durch ein →Kompensations-Meßverfahren gemessen werden. Bei diesen wird der zu messenden Thermospannung eine bekannte Spannung entgegengeschaltet und so lange geändert, bis beide Spannungen gleich sind. Aus der Stromlosigkeit des Meßkreises ergibt sich der Hauptvorteil der Kompensationsmessung: Änderungen des Meßkreiswiderstands beeinflussen das Meßergebnis nicht.

Die Thermospannung ist ein Maß für den Temperaturunterschied zwischen Meß- und Vergleichsstelle. Soll ein Instrument die Meßtemperatur selbst anzeigen, so muß die Temperatur der Vergleichsstelle berücksichtigt werden. Eine im Labor angewandte Methode ist, die Vergleichsstelle in schmelzendes Eis zu legen, sie also auf 0 °C zu halten. Zum Berücksichtigen der Vergleichsstellentemperatur T_v kann man zur Thermospannung auch eine solche Spannung hinzufügen, die Abweichungen von T_v vom Bezugswert kompensiert (Bild 4). In Reihe mit dem Thermopaar ist in den Meßkreis die Diagonalspannung einer mit Gleichstrom gespeisten Brücke geschaltet, in der einer der Widerstände temperaturabhängig und räumlich mit der Vergleichsstelle zusammengebaut ist. Die Brücke ist so bemessen, daß bei jeder Vergleichsstellentemperatur die Diagonalspannung so groß und so gepolt ist, daß sie die Thermospannung auf den der Bezugstemperatur entsprechenden Wert ergänzt.

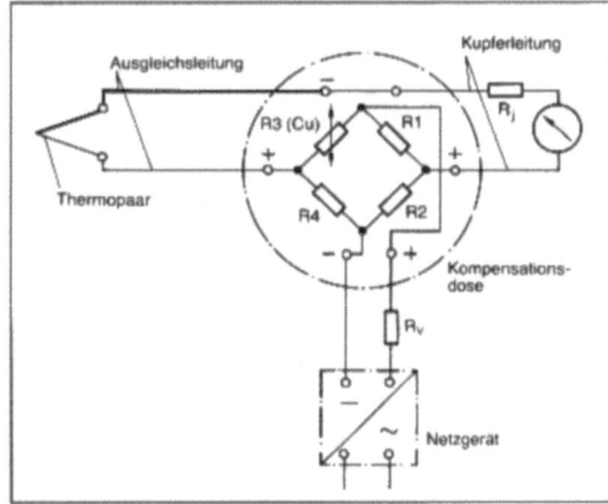

R1, R2, R4 Brückenwiderstände, R3 Temperaturabhängiger Brückenwiderstand, R_j Abgleichwiderstand, R_v Vorwiderstand je nach Thermopaarart

Thermoelement 4: Zusammenschaltung von T., Kompensationsdose und Netzgerät.

Mit Verfahren der Halbleitertechnologie lassen sich integrierte Signalumformer für die verschiedenen T. herstellen. Diese erfassen die Temperatur der Vergleichsstelle z. B. mit einem Halbleitersensor und korrigieren das Meßergebnis entsprechend. Sie überwachen das Thermopaar auf Leitungsbruch, berücksichtigen z. T. die Nichtlinearität der T.-Kennlinie und geben die Temperatur analog, z. B. als Spannung von 10 mV/°C oder digital in seriellem oder parallelem Datenformat aus (Bild 5). *Hammerschmidt*

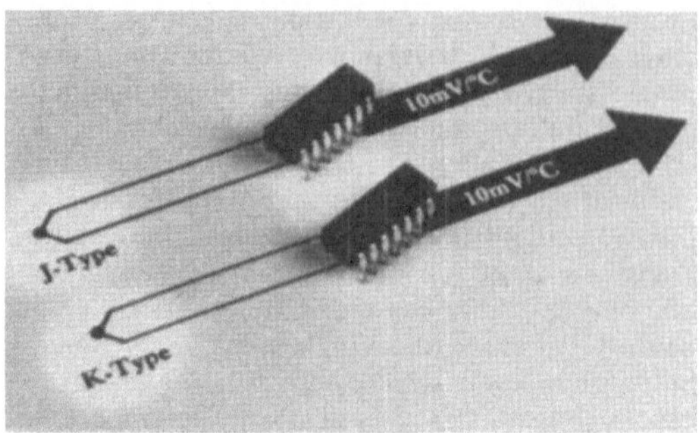

Thermoelement 5: Integrierte T.-Signalumformer. (Quelle: Analog Devices GmbH)

Literatur: DIN IEC 584-1, 584-2 (Jan. 1984). - DIN 43710 (Dez. 1985). - DIN 43712 (E. Jan. 1985). - DIN 43732–35 (März 1986). - DIN IEC 65B(60)60 (E. Jul. 1987).

Thermoelement-Bruchsicherung. →Überwachungseinrichtung, die den Bruch eines Thermoelements erkennen läßt.

Thermoelemente sind oft Istwertgeber für Temperaturregelungen. Fällt ein →Thermoelement durch einen Drahtbruch aus, so wird dem Temperaturregler eine zu niedrige Temperatur vorgetäuscht. Dieser wird versuchen, die Sollwertabweichung durch eine erhöhte Wärmezufuhr zu verringern. Dadurch kann eine Überhitzung mit nachfolgender Zerstörung des Produkts und der Anlage entstehen. Um diesen potentiell gefährlichen Bruch eines Thermoelements zu entdecken, enthält ein →Verstärker für Thermospannungen die sog. T.-B. (Bild). Dabei wird über einen hohen Vorwiderstand ein kleiner Strom in den Meßkreis eingespeist, der bei intaktem Thermoelement mit einem zu vernachlässigenden Spannungsabfall über das niederohmige Thermoelement und nicht über den hochohmigen Verstärker fließt. Bricht jedoch ein Thermoelement-Schenkel, so liegt am Verstärkereingang die Spannung U_h der Hilfsstromquelle. Der Verstärker wird, wie bei einer sehr hohen Temperatur, ausgesteuert. Eine angeschlossene Grenzwerteinheit kann ein Warnsignal auslösen und eine Schutzmaßnahme einleiten. *Schrüfer*

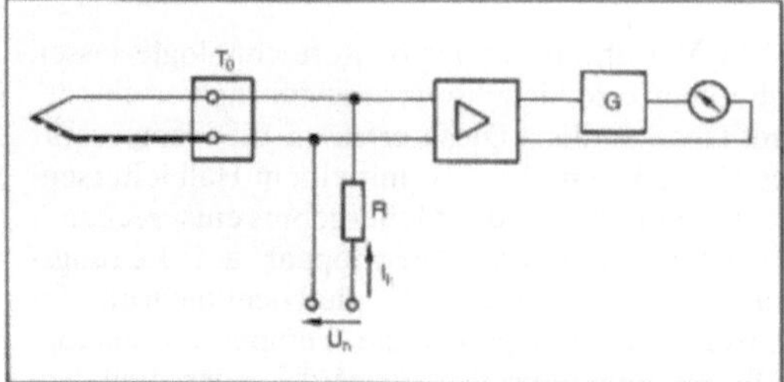

Thermoelement-Bruchsicherung: T_o Vergleichsstellentemperatur, I_h Hilfsstrom, G Grenzwerteinheit.

Thermographie. Die T. oder Wärmebildtechnik gehört zu den berührungslosen Temperaturmeßverfahren (→Temperaturmessung). Diese Technik wurde durch die Publikation von Temperaturbildern mehr oder weniger gut wärmegedämmter Gebäude auch unter dem Namen Infrarotkamera allgemein bekannt (Bild). Im Gegensatz zu den →Pyrometern wird nicht die Wärmestrahlung als Mittel-

Thermographie: Beispiele.
a) Thermogramm einer Hauswand. Unten im Bild der Temperaturverlauf entlang der gekennzeichneten Bildzeile; schwarz = 0 °C, weiß = 4 °C, Linienabstand 1 °C.
b) Photographie der gleichen Hauswand, der vom Thermogramm erfaßte Bildausschnitt ist markiert. (Quelle: Atomika Technische Physik GmbH, München)

wert über die ganze erfaßte Oberfläche auf einmal, sondern von vielen einzelnen kleinen Teilflächen erfaßt.

Ein leistungsfähiges Wärmebildsystem besteht aus dem Infrarot-Meßkopf, einem digitalen Bildprozessor und einem Farbmonitor als Sichtgerät. Die Wärmestrahlung tritt durch ein Silicium-Fenster, das im Wellenlängenbereich 2–5,6 μm durchlässig ist, in den Meßkopf ein. Durch einen rotierenden Polygonspiegel und einen Umlenkspiegel wird die Strahlung horizontal und vertikal abgetastet. Über eine Fokussierlinse trifft sie dann auf einen sechsteiligen photoelektrischen Quantendetektor aus Indium-Antimonid (InSb). Da diese Quantendetektoren bei Raumtemperatur ein großes Eigenrauschen zeigen, müssen sie auf sehr tiefe Temperaturen, z. B. −200 °C, gekühlt werden. Die Kühlung ist möglich durch Expansion eines hochverdichteten Gases, z. B. Argon mit 350 bar, oder mittels flüssigem Stickstoff. Das Abtastsystem erzeugt 15 Bilder je Sekunde mit 256 Bildpunkten je Linie horizontal und 60 Zeilen, also 15360 Punkten je Bild. Bei einem Gesichtsfeld von 15° horizontal und 7,5° vertikal ergibt dies eine Auflösung von rd. 2 mrad. Die Signale der sechs Detektoren werden nach Verstärken über einen →Analog/Digital-Umsetzer dem Bildprozessor zugeführt. Dieser setzt die Daten so in die bekannten Wärmebilder um, daß bestimmten Temperaturen bestimmte Grau- oder Farbwerte entsprechen. Für diesen Zweck enthält das System auch noch einen Referenzstrahler. Der Bildprozessor übernimmt auch noch folgende Aufgaben: Steuerung des Infrarot-Meßkopfes, Verarbeitung der Meß- und Darstellungsparameter, Errechnung und Darstellung von Temperaturprofilen an gewünschten Koordinaten des Wärmebilds, Darstellung von Einzelisothermen (Bereiche gleicher Temperatur). Da für Emissionsgrade $\varepsilon < 1$ (→Pyrometer) zu niedrige Temperaturen gemessen würden, kann man den Wert von ε manuell eingeben, damit das Ergebnis vom Bildprozessor korrigiert werden kann. Bei blanken Metallen können wegen des kleinen und nicht genau bekannten ε hier eventuell Probleme entstehen; deshalb empfiehlt sich bisweilen eine Oberflächenbehandlung z. B. mit schwarzem Mattlack.

Bei entsprechender Erfahrung des Bedienungspersonals läßt sich die T. überall dort nützlich einsetzen, wo berührungslos und meist auch schnell die Temperaturverteilung auf Oberflächen gemessen werden soll, z. B.
- zum Untersuchen der Wärmeverluste von Gebäuden,
- beim Entwickeln und Herstellen von elektronischen Schaltungen (Leiterplatten) zum Lokalisieren von Wärmestaus und Kurzschlüssen,
- bei Geräten der Leistungselektronik,
- in der Kunststoffverarbeitung,
- für Entwicklungsaufgaben in der Fahrzeugtechnik,
- zur zerstörungsfreien Materialprüfung.

Neuere Entwicklungen der T. zielen darauf hin, mit weniger Mechanik in den Infrarotkameras auszukommen. *Hammerschmidt*

Thermolumineszenz-Dosimeter. T.-D. haben die Fähigkeit gewisser Stoffe einen Teil der eingestrahlten Energie ionisierender Strahlungen zu speichern und diese bei Erwärmen auf bestimmte Temperaturen in Form von sichtbarem Licht abzugeben. Als Detektormaterial kommen dabei z. B. Calciumfluorid (CaF_2), Aluminiumoxid (Al_2O_3), Lithiumfluorid (LiF) oder Lithiumborat ($Li_2B_4O_7$) – jeweils mit geeigneten Aktivatoren dotiert – in Betracht.

Die zum Auswerten von T.-D. benutzte Apparatur (Bild 1) besteht aus einer Ausheizvorrichtung, die den Detektor in definierter Weise bis auf etwa 300 °C erwärmt, einem Lichtfilter, Photomultiplier, Verstärker und Anzeigeinstrument. Der von diesem gemessene Strom ist dabei proportional der Strahlendosis, der der Detektor ausgesetzt war. Ein Detektor kann höchstens 2–3mal mit stufenweise gesteigerten Temperaturen ausgeheizt werden; T. sind keine unlöschbaren →Dosimeter.

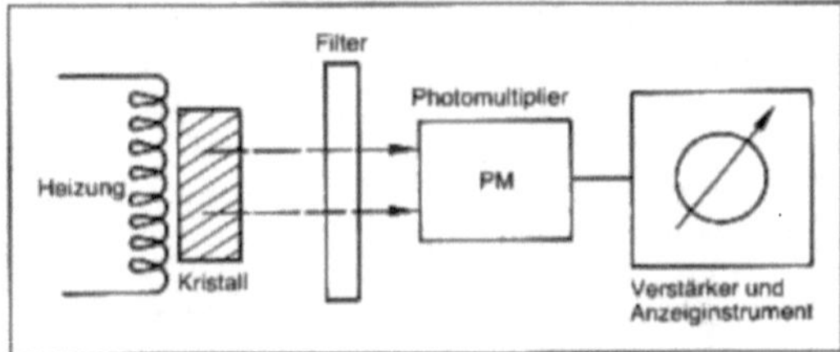

Thermolumineszenz-Dosimeter 1: Schema der Auswertungsapparatur.

Mit T.-D. kann Photonenstrahlung bis herunter zu etwa 10 keV effektiver Energie und bei entsprechender Dimensionierung des Detektors auch Elektronen- und Betastrahlung oberhalb einiger 100 keV Energie mit Genauigkeiten von etwa ±5% gemessen werden. Darüber hinaus ist mit geeigneten Detektoren auch der Nachweis von thermischen Neutronen möglich. Werden gleichzeitig mehrere Detektoren benutzt, denen Filter verschiedener Dicke vorgesetzt sind, so können mit ihrer Hilfe auch Aussagen über die Energie der einwirkenden Strahlungen gemacht werden. Der Meßbereich von T.-D. ist von der Art des Detektormaterials, der Größe der verwendeten Detektoren und der →Empfindlichkeit der Auswerteapparatur abhängig und reicht von etwa 0,01 mGy bis über 100 Gy (Bild 1).

Die Energieabhängigkeit von T.-D. hängt sehr von dem verwendeten Detektormaterial ab; Bild 2 zeigt einige Beispiele. Daraus erkennt man, daß die

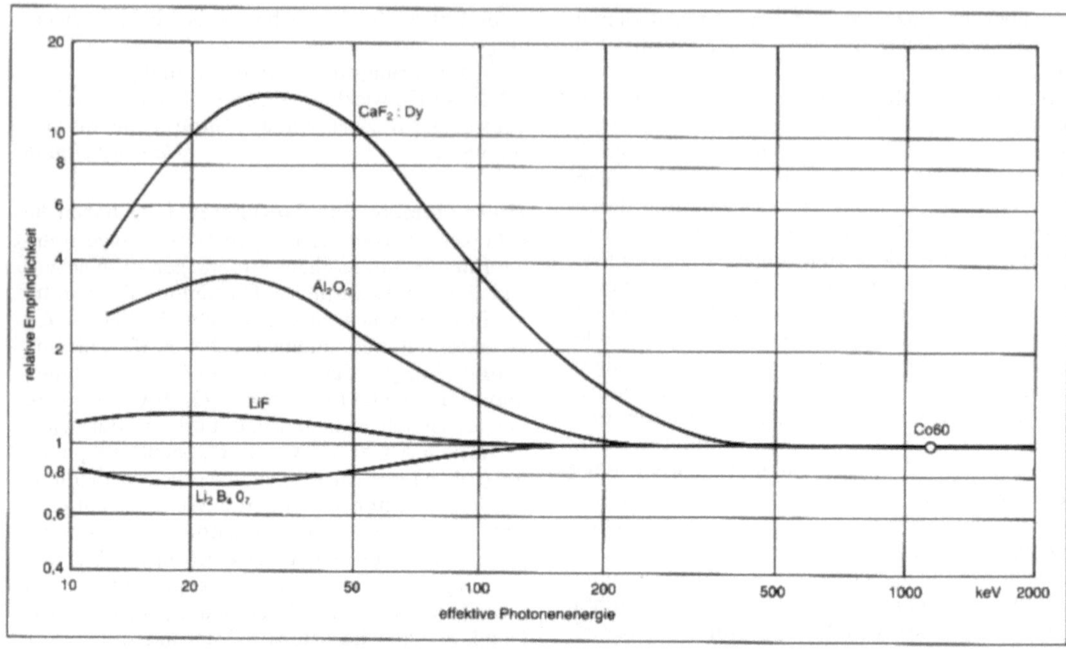

Thermolumineszenz-Dosimeter 2: Energieabhängigkeit verschiedener Thermolumineszenzmaterialien.

Lithium enthaltenden Thermolumineszenzsubstanzen (effektive Ordnungszahl ähnlich der von Wasser) Strahlungen bis herunter zu 10 keV effektiver Quantenenergie mit befriedigender →Genauigkeit zu messen gestatten. Calciumfluoriddosimeter sind dafür aber etwa 10mal empfindlicher.

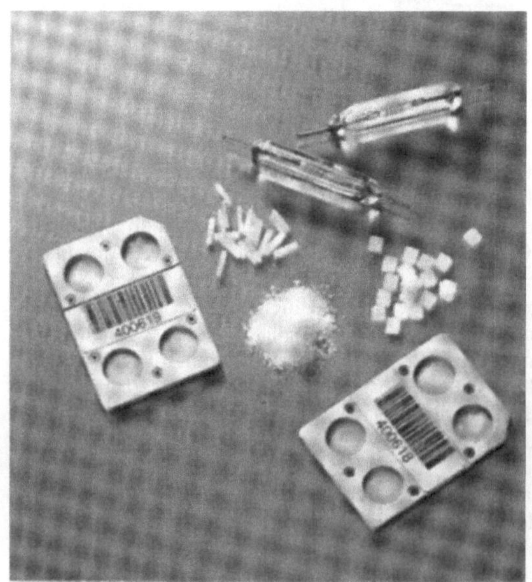

Thermolumineszenz-Dosimeter 3: Beispiele eines in der Personendosimetrie benutzten T.-D. (Quelle: Harshaw, USA)

Beim Verwenden von T.-D. ist darauf zu achten, daß die Stärke des abgegebenen Signals besonders in den ersten Stunden nach einer Exposition sehr abnehmen kann (Fading).

Thermolumineszenzdetektoren können wiederholt auch 100mal und mehr verwendet werden, ohne ihre Empfindlichkeit nennenswert zu verändern. Vor Wiederverwenden sind die Detektoren einer genau vorgeschriebenen thermischen Behandlung zu unterziehen, um sie wieder in den Zustand der anfänglichen Empfindlichkeit zu versetzen.

Hauptanwendungsgebiet von T.-D. ist die Personendosimetrie, in der sie – neben dem →Filmdosimeter – zweifellos die am besten geeignete Methode sind. Außerdem können sie aber auch in der medizinischen Dosimetrie, besonders zu Messungen der Dosisverteilung in Phantomen oder im Körperinnern und bei vielen anderen Anwendungen, gute Dienste leisten. *Wachsmann*

Literatur: *Becker, K.* u. *A. Scharmann:* Einführung in die Festkörperdosimetrie. Bd. 56, München 1975.

Thermometer →Temperaturmessung

Thermometer, faseroptisches. →Temperatursensor, faseroptischer

Thermostat. T. ist eine veraltete Form für die Bezeichnung eines speziellen, stark konstruktiv geprägten Temperaturreglers.

Bei diesen Reglertypen bilden Meßgeber, Sollwertsteller – falls der Regler nicht für →Festwertregelung ausgelegt ist – proportional wirkende Reglereinheit und →Stellglied eine Baueinheit. Typische Beispiele hierfür sind Bimetallfedern die unter Temperatureinfluß sich biegen und Springkontakte betätigen (Zweipunkt-Charakteristik) oder T. die im Prinzip an der Stelle des Bimetalls eine Anordnung aus Druckdose und Kapillarrohr besitzen, die mit einer sich unter Temperatureinfluß ausdehnenden Flüssigkeit oder Paste gefüllt sind. Eine vergleichbare Anordnung wird verwendet um an der Stelle eines Springkontaktes zur Beeinflussung elektrischer Energie unmittelbar den Ventilkegel eines Stellventils, z. B. eines Heizkörperventils (Thermostatventil), zu betätigen.

T. solcher und ähnlicher Bauformen sind aufgrund ihres niedrigen Preises und der brauchbaren Regelergebnisse in hohen Stückzahlen im Einsatz.

Freyberger

Thyristor-Leistungssteller →Gleichrichter, gesteuerter

Tiefendosis, relative →Dosisverteilung-Ermittlung

Tiefenlage des Dosismaximums →Dosisverteilung-Ermittlung

Time-Division-Rechenverfahren →Multiplizierer

Time Domain Reflectrometry. engl. Bezeichnung für →Reflexionszeitmessung.

Time-Set. Bei einem →Prüfautomaten ist das Timing-Subsystem neben dem Testvektorspeicher eine wichtige Einheit zur Ansteuerung eines Testobjekts. Für jeden Testzyklus erzeugt ein →Prüfautomat die →Stimuli und Strobes für die Ein- und Ausgänge des Testobjekts durch eine Überlagerung von Testvektoren aus einem Testvektorspeicher und Signalen aus dem Timing-Subsystem.

Z. B. entsteht ein Clockpuls durch eine logische 1 im Testvektorspeicher und eine Überlagerung des Ausgangs eines Timinggenerators, der mit den Werten Td als Verzögerungszeit und dem Wert Tw als Pulsbreite programmiert ist. Durch eine logische 0 im Testvektorspeicher kann der Clockpuls unterdrückt werden.

Das T.-S. umfaßt einen Satz aller Zeiten die notwendig sind, das Timing-Subsystem zu programmieren. Das sind alle Verzögerungszeiten und Pulsbreiten, die für die Input-Timinggeneratoren von Bedeutung sind, Verzögerungszeiten und Fensterbreiten für die Strobes, die Dauer der Testerperiode

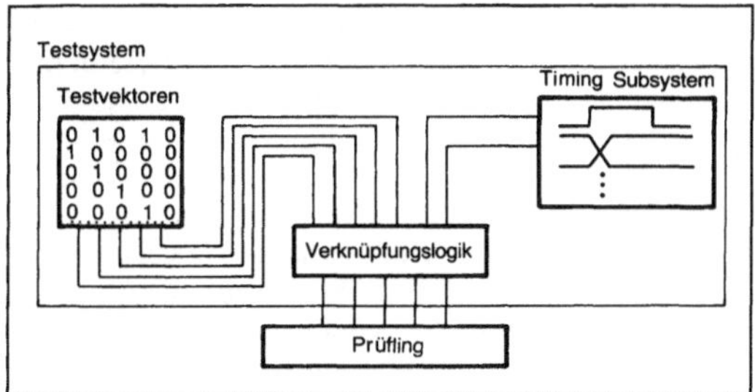

Time-Set: Schematische Darstellung.

selbst, und für bidirektionale Pins auch Umschaltzeitpunkte von Eingang auf Ausgang und umgekehrt.

Bei Testautomaten mit nur einem T.-S. können diese Verzögerungszeiten während eines Funktionstests nicht dynamisch umgeschaltet werden. Beim oben erwähnten Clockpuls sind dann Breite und Verzögerungszeit während eines Testlaufs nicht veränderbar. Der Testlauf muß i. A. für einige Millisekunden angehalten werden, um das Timingsystem umzuprogrammieren.

Bei Testautomaten mit mehreren T.-S. können solche Zeiten während eines Testlaufs umgeschaltet werden, ohne daß testerbedingte Wartezeiten auftreten. Man sagt, der Tester kann das →Timing on the fly umschalten. Die Auswahl der T.-S. erfolgt in der Regel zusammen mit den →Testvektoren.

Obermeir

Timing-Generator. Der T.-G. erzeugt hardwaremäßig die Zeitmarken (Impulse), zu denen bestimmte Signalzustände innerhalb eines →Prüfzyklus' aktiviert oder geändert bzw. Meßvorgänge (→Abtastzeitpunkt) ausgelöst werden sollen. Im Zusammenhang mit der Beschreibung eines T.-G. finden sich die Begriffe

□ *TG delay* = Timing generator delay: Beginn eines Impulses des Prüfautomaten bezogen auf den Beginn des Prüfzyklus und

□ *TG width* = Timing generator width: Dauer eines Impulses des Prüfautomaten innerhalb eines Prüfzyklus.

Winter

Timing on the fly. Kann ein Testautomat das T. o. F. umschalten, ist es möglich, während eines Funktionstests die Verzögerungszeiten, z. B. der →Timing-Generatoren oder auch die Länge des Testerzyklus zu verändern, ohne daß durch den Tester bedingte Pausen auftreten (→Time-Set).

Obermeir

Tintenstrahldrucker →Registriergerät

Toleranzanalyse. Die T. ist ein Verfahren, das die Wirkung eines Bauelementparameters auf die Zielgröße einer Schaltung zu ermitteln gestattet.

Elektronische Schaltungen sind aus Bauelementen aufgebaut. Die Parameter dieser Bauelemente streuen im allgemeinen um ihren Nennwert. So wird der Widerstand eines 1 000-Ohm-Widerstands nicht immer exakt 1 000 Ω betragen, sondern kann auch etwas kleiner oder größer sein. In einem Los vieler Widerstände sind die Widerstandswerte verteilt mit einem Mittelwert und einer Standardabweichung.

Werden elektronische Schaltungen gefertigt, so enthalten diese keine exakt identischen Bauelemente. Dementsprechend wird auch die Zielfunktion der Schaltung, z. B. ein gewünschter Verstärkungsgrad, etwas unterschiedlich sein. Dies ist der Fall unabhängig davon, daß die Schaltung natürlich mit einer gewissen Toleranzfähigkeit gegenüber Parameterschwankungen oder -änderungen aufgebaut ist. Letztere entstehen z. B. durch Temperaturänderungen, Driften und Alterung.

Zur T. wird die elektronische Schaltung mit Hilfe eines Netzwerkanalyseprogramms untersucht (→Schaltungssimulation). Dazu ist die Schaltung nachzubilden und die technischen Daten der Bauelemente sind einzugeben. Die →Simulation zeigt dann, wie weit eine bestimmte Bauelementeigenschaft das Ausgangssignal der Schaltung beeinflußt.

Mit Hilfe von Monte-Carlo-Rechnungen lassen sich auch Erwartungswert und Standardabweichung der Zielfunktion errechnen. Dazu sind die Bauelemente mit jeweiligem Erwartungswert und Standardabweichung (bzw. mit ihren minimalen und maximalen Werten) einzugeben. Mit Hilfe von Zufallsgeneratoren werden dann Sätze von Bauelementparametern vorgegeben. Die Knotenpotentiale und Ströme des Netzwerkes werden berechnet, woraus sich dann das Ausgangssignal der Schaltung ergibt. Derartige Rechnungen werden so oft durchgeführt, daß für die Zielgröße die Verteilung angegeben werden kann. *Schrüfer*

Tonne. Gesetzliche Masseneinheit, keine SI-Einheit. Einheitenzeichen t. 1 t = 10^3 kg. *Hammerschmidt*

TOP. (Abk. für *engl.* Technical and Office Protocol) Anwendungsbezogenes Standardisierungsvorhaben zur offenen →Kommunikation zwischen EDV-Systemen im Bürobereich. *Strohrmann*

Torr. Früher gebräuchliche Druckeinheit. 1 Torr = 1,33322 · 10^2 Pa. In der Bundesrepublik Deutschland im geschäftlichen und amtlichen Verkehr nicht mehr zugelassen. Gültige Einheit: →Pascal (→Einheiten des SI). *Hammerschmidt*

Torsionsmessung. Die Messung der mechanischen Torsion eines um die eigene Achse verdrehten Zylinders ist durchführbar mit →Dehnungsmeßstreifen, die mechanisch eng mit dem Torsionszylinder verbunden sind (z. B. Aufkleben). *Schaumburg*

Totalausfall →Ausfall

Totzeitglied. Ein T. (T_t-Glied) ist ein lineares →Übertragungsglied, bei dem der zeitliche Verlauf des Eingangssignals u(t) um die Totzeit T_t verschoben als Verlauf des Ausgangssignals v(t) auftritt.

Mathematisch läßt sich diese Eigenschaft durch eine einfache Differenzengleichung beschreiben:

$$v(t) = u(t - T_t)$$

Die →Übertragungsfunktion erhält man durch Anwendung des Verschiebungssatzes der Laplace-Transformation

$$F_t(s) = V(s)/U(s) = e^{-T_t s}$$

Der →Frequenzgang (mit s = jω) hat also einen konstanten Betrag und einen negativen Phasenwinkel proportional zur Kreisfrequenz ω, nämlich $\Phi(\omega) = -\omega T_t$. Das bedeutet, daß das T. Schwingungen beliebiger Frequenz durchläßt, ohne seine Amplitude zu verändern (Eigenschaft eines Allpasses); jedoch nimmt die Phasennacheilung mit der Frequenz zu. Ist die Schwingungsdauer gleich der vierfachen Totzeit, dann eilt der Ausgang dem Eingang um 90° nach; bei der zweifachen Totzeit sind es 180°. Ein T. im →Regelkreis hat immer einen nachteiligen Einfluß auf die →Stabilität.

Jeder Transportvorgang wird durch ein T. beschrieben. Ein markantes Beispiel ist ein Förderband. Auf das eine Ende wird das Material als Eingangssignal u(t) geschüttet und am anderen Ende als Ausgangssignal v(t) abgenommen. Die Totzeit wird bestimmt durch Länge und Geschwindigkeit des Förderbandes. Eine elektrische Analogie bildet ein Tonband, bei dem Schreib- und Lesekopf in einem bestimmten Abstand angebracht sind. Lange elektrische Leitungen (auch Laufzeitglieder) haben Totzeit-Verhalten, ebenso die „Lange Leitung" beim Menschen. In digitalen Regelkreisen (→Abtastregelung) entsteht durch Abtasten und Festhalten des Signalwertes über eine Tastperiode eine Totzeit von etwa der halben Tastperiode. Jedoch wird die Tastfrequenz sehr hoch im Vergleich zu den Eigenfrequenzen gewählt, so daß die Stabilität kaum verschlechtert wird. *Böttiger*

Trägerfrequenzbrücke →Meßbrücke

Transducer →Aufnehmer

Transientenspeicher. T. oder Transientenrecorder erlauben das schnelle digitale Speichern elektrischer Meßsignale. Dabei werden die analogen Signale entweder direkt mittels eines →A/D-Umsetzer in digitales Datenformat umgesetzt oder aber unter Zwischenschaltung einer elektronischen Schreib-Lese-Röhre. Im Direktverfahren erreicht man je nach Auflösung Abtastraten bis über 100 MHz; mit Konverterröhre sind äquivalente Abtastraten bis 100 GHz möglich. Im normalen Betrieb werden die Meßsignale kontinuierlich in einem Durchlaufspeicher gespeichert. Mit einem eintreffenden Triggersignal oder Störsignal wird der Vorgang so abgebrochen, daß man die Meßsignale um den Triggerzeitpunkt herum im Speicher hat. Die gespeicherten Signale kann man sich dann beliebig oft auf einem Bildschirm ansehen oder mittels eines Schreibers (→Registriergerät) oder eines Plotters dokumentieren. (Digitaloszilloskop, →Elektronenstrahl-Oszilloskop). *Hammerschmidt*

Translator. Form eines Nadelträgers in einem Prüfadapter, bei dem die regelmäßig strukturierte Standard-Geometrie des Grundadapters (z. B. 1/10-Zoll-Rasterung) auf die Geometrie des (in der Regel feinstrukturierteren) Prüflings umgesetzt wird. *Winter*

Trendschreiber. →Linienschreiber zur vorübergehenden Registrierung auswählbarer Größen in zentralen oder dezentralen →Prozeßleitsystemen. Über eine Anwahltastatur kann eine beliebige Kombination der Werte von drei oder vier Größen, das können z. B. Ist-, Stell- und Störwerte einer zu optimierenden →Regelstrecke sein, auf den T. gelegt und dessen Papiervorschubsgeschwindigkeit vorgegeben werden. Wenn die Werteverläufe der Größen in einem Massenspeicher abgelegt sind, lassen sich auch Vergangenheitswerte mit kontinuierlichen Übergängen zu den aktuellen Werten ausgeben. *Strohrmann*

Trennverstärker. →Meßverstärker, bei dem der Eingangs- und der Ausgangskreis voneinander isoliert sind. Diese galvanische Trennung der Signalquellen (Meßfühler, →Aufnehmer, →Sensor) von der Signalverarbeitung ist z. B. bei medizinischen Geräten (Schutz des Patienten vor Überspannungen) und ggfs. auch in der Verfahrenstechnik (Explosionsschutz) notwendig. Darüberhinaus werden durch die galvanische Trennung elektromagnetische Einstreuungen vermindert oder reduziert, womit sich eine störsichere Meßwertverarbeitung ergibt.

Die galvanische Trennung wird häufig durch Übertrager oder Optokoppler erreicht. *Schrüfer*

Triac-Leistungsstellglied. T.-L. sind Halbleiterstellkomponenten für die, im Sinne des zeitlichen Mittelwertes, quasistetige Steuerung wie auch für das binäre Schalten von Wechselströmen in einem weiten Leistungsbereich.

Der Triac selbst ist ein schneller Halbleiterschalter für positive und negative Stromflußrichtung. Er benötigt zum Durchschalten einen Zündimpuls und ist selbsthaltend solange ein bestimmter Schaltstrom nicht unterschritten wird oder kein Nulldurchgang der angelegten Netzspannung erfolgt. Durch den Zündzeitpunkt kann der zeitliche Verlauf des Stromes und damit die Leistung gesteuert werden.

Zur Ansteuerung der Triacs gibt es eine Vielzahl integrierter Schaltkreise, die durch geringe externe Beschaltung auf die gewünschte Anwendung abgestimmt werden können. Allen gemeinsam ist ein sog. Nullspannungsdetektor, der dafür sorgt, daß die Schaltung nur Zündimpulse liefert, wenn eine Wechselspannung proportional der Schaltspannung gerade durch Null geht. Dadurch wird die Belastung des Schaltelementes wie auch des Netzes günstig gestaltet und unerwünschte Hochfrequenzstörungen im Netz vermieden.

Angeboten werden Triac-Stellglieder mit quasistetiger Leistungs-Kennlinie für Ansteuerung durch das analoge Strom-Normsignal z. B. als Stellglieder für elektrisch beheizte Industrieöfen. Eine andere Ausführungsform besitzt binäres Schaltverhalten mit Ansteuerung über ein Spannungssignal, z. B. Halbleiterschütz. Geschaltet werden Ströme im A- bis kA-Bereich. Häufige Anwendungsgebiete sind Temperaturregelungen (Öfen, Herde), Licht- und Motorsteuerungen. Das Bild veranschaulicht die Funktionseinheiten eines Triac-Stellgliedes mit Nullspannungsschalter und galvanischer Trennung vom Leistungsnetz durch Optokoppler. *Freyberger*

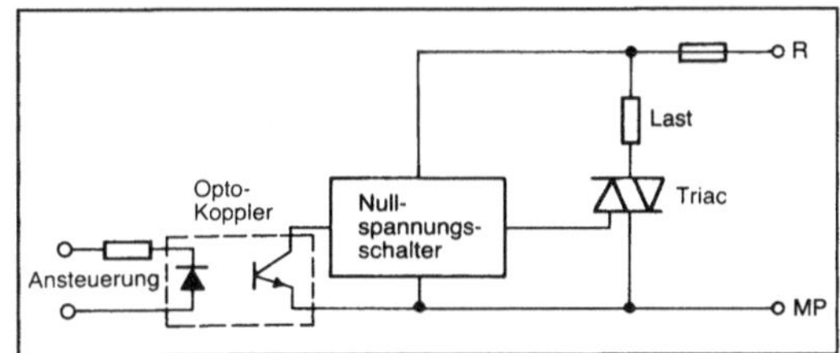

Triac-Leistungsstellglied: Prinzipanordnung.

Triggerung →Elektronenstrahl-Oszilloskop

Tristate-Prüfung. Bei Bus-Systemen innerhalb digitaler Schaltungen müssen die mit dem →Bus verbundenen Bausteine jeweils abwechselnd als Sender (*aktiv* = stromeinspeisend) oder als Empfänger (*inaktiv/tristate* = stromlos) geschaltet werden können. Bei der T. wird festgestellt, ob der Tristate-Zustand erreicht wird und wie lange der Zustandswechsel dauert.

Die T. im Sinne einer Parameterprüfung wird im wesentlichen auf eine →Strommessung zurückgeführt bzw. es wird ein Leckstrom gemessen. Eine übliche Methode hierzu ist es, hochohmig über einen Widerstand Strom an den zu prüfenden Pins einzuspeisen. Im Tristate-Zustand dürfen die zu messenden Pins den vorgegebenen Spannungswert nicht beeinflussen.

Innerhalb der dynamischen → Funktionsprüfung, also bei sehr schnellen Patternfolgen, können keine Ströme mehr direkt gemessen werden. In diesem Falle werden nur noch Spannungspegel kontrolliert. Diese müssen dann zwischen dem maximal erlaubten Low-Pegel und dem minimal erlaubten High-Pegel liegen. Beim Funktionstest werden dabei auch die Umschaltezeiten aktiv/inaktiv bzw. inaktiv/aktiv gemessen. *Winter*

Two pass test. Prüfverfahren, bei dem ein → Prüfprogramm zweimal mit veränderten Prüfparametern durchlaufen wird. Angewandt z. B. bei Prüfsystemen mit einer Vergleichsspannung (→ Komparator), wo einmal mit dem max. erlaubten Low-Pegel und einmal mit dem min. erlaubten High-Pegel geprüft wird, so daß unerlaubte Pegel (‚between') entdeckt werden können. *Winter*

U

Überabtastung. Das Abtasttheorem verlangt, daß zur ungestörten Rekonstruktion eines bandbegrenzten Signals die Abtastfrequenz mehr als das Doppelte der höchsten im Signal enthaltenen Frequenzkomponente beträgt. Ist die Abtastfrequenz deutlich höher als durch das Abtasttheorem gefordert, so liegt Ü. (*engl.* Oversampling) vor. Bei der Ü. lassen sich in Verbindung mit zusätzlichen Maßnahmen in der digitalen Signalverarbeitung die folgenden Vorteile erzielen:

- Infolge der hohen Abtastfrequenz kann das analoge →Antialiasing-Filter mit niedrigerer Ordnung realisiert werden.
- Der Frequenzbereich wird nach der Abtastung und Quantisierung durch die digitale Tiefpaßfilterung, die einer Mittelung entspricht, sehr steilflankig und genau auf den gewünschten Wert begrenzt.
- Das Spektrum der →Quantisierungsfehler, das Quantisierungsrauschen, ist im allgemeinen zwischen null und der halben Abtastfrequenz gleichverteilt. Durch die digitale Tiefpaßfilterung verbleibt nur ein geringer Teil des Rauschspektrums im Durchlaßbereich des digitalen Tiefpasses. Der überwiegende höherfrequente Anteil wird unterdrückt. Die gefilterten Werte sind so mit einer geringeren Unsicherheit behaftet und die Auflösung ist gestiegen. Steigt die Abtastfrequenz bei konstanter Meßbandbreite auf das vierfache, so nimmt die Auflösung um den Faktor 2, das heißt um 1 bit zu. Falls sich das Spektrum des Quantisierungsrauschens noch zusätzlich verformen läßt (noise shaping, Sigma-Delta-Modulation), kann der Gewinn an Auflösung noch wesentlich höher sein (Bild).

Soll sich nicht nur die Auflösung, sondern auch die Genauigkeit verbessern, so müssen die Grenzen der Quantisierungsintervalle mit der erhöhten Genauigkeit vorliegen. Dies ist bei →Analog/Digital-Umsetzern im allgemeinen nicht der Fall. Daher kann durch die Ü. zwar immer die Auflösung, selten jedoch auch die Genauigkeit gesteigert werden.

Bei konstanten Signalen versagt diese vereinfachte Form der Ü., da alle Quantisierungsfehler gleich, systematisch und nicht unabhängig sind. Es tritt kein Mittelungseffekt auf und die Auflösung nimmt nicht zu. Wird jedoch dem →Meßsignal ein geeignetes Rauschsignal überlagert, das später in den Sperrbereich des digitalen Tiefpaßfilters fällt, so sind die Quantisierungsfehler jetzt unabhängig.

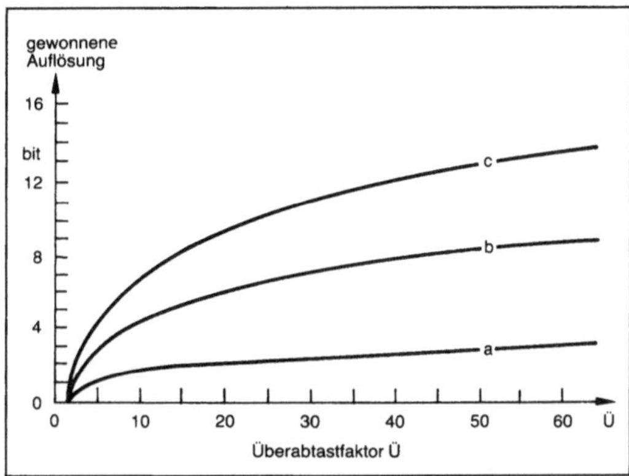

Überabtastung: Gewinn an Auflösung durch Ü. und noise shaping; der Überabtastfaktor Ü ist das Verhältnis aus der Abtastfrequenz f_a und des Doppelten der maximalen Signalfrequenz f_{max},

$$\ddot{U} = \frac{f_a}{2\,f_{max}}.$$

Kurve a: Ü. ohne noise shaping
Kurve b: Ü. mit noise shaping 1. Ordnung
Kurve c: Ü. mit noise shaping 2. Ordnung.

Demzufolge läßt sich nun durch die Ü. die Auflösung verbessern. *Schrüfer/Knappe*

Übergangsfunktion. Die Ü. h(t) ist die auf die Sprunghöhe bezogene →Sprungantwort eines Übertragungsgliedes, oder die Antwort eines Übertragungsgliedes, an dessen Eingang ein Einheitssprung σ(t) gelegt wird. Sie beschreibt den Übergang von einem Zustand in einen anderen.

Da die Laplace-Transformierte des Einheitssprunges 1/s ist, ist die Laplace-Transformierte der Ü. H(s) eines Übertragungsgliedes mit der →Übertragungsfunktion F(s) gegeben durch H(s) = F(s)/s (→Systemantwort). *Böttiger*

Überlastsicherung. Temperatursensoren nach dem Kaltleiterprinzip weisen bei einer typischen Temperatur (z. B. 150 °C) einen Anstieg des Widerstandes um mehrere Größenordnungen auf. Wird ein →Kaltleiter mit einem elektrischen Verbraucher in Reihe geschaltet, dann dient er als Ü.: Bei Betriebstemperaturen (z. B. bis 100 °C) hat der Kaltleiter einen niedrigen Widerstand. Steigen die Temperaturen jedoch über eine durch den Kaltleiter festgelegte Schwelltemperatur an, dann vergrößert sich der Kaltleiterwiderstand so stark, daß der Stromfluß praktisch unterbrochen wird. Ein ähnlicher Effekt ergibt sich bei einem plötzlichen starken Stromanstieg, weil dann der Kaltleiter über Selbstaufheizung seine Schwelltemperatur erreicht.

Schaumburg

Literatur: *Schaumburg, H.:* Werkstoffe und Bauelemente der Elektrotechnik. Bd. 1: Werkstoffe. Stuttgart 1990.

Überlebenswahrscheinlichkeit. Die Ü. ist die Wahrscheinlichkeit, daß eine Betrachtungseinheit ihren Anforderungen genügt. Die Ü. wird häufig als Synonym für die →Zuverlässigkeit gebraucht (→Lebensdauerverteilung). *Schrüfer*

Überlebenswahrscheinlichkeit, sicherheitsbezogene. Für die s. Ü. werden nur die gefährlichen Ausfälle und nicht die nicht gefährlichen betrachtet (→Ausfalleffektanalyse). Die s. Ü. $R_s(t)$ ist das Einserkomplement zur sicherheitsbezogenen →Ausfallwahrscheinlichkeit $F_s(t)$:

$$R_s(t) + F_s(t) = 1 \quad .$$

Schrüfer

Übertragungsfunktion. Diese Funktion beschreibt das →Übertragungsverhalten eines Systems oder Übertragungsgliedes. Sie ist die Laplace-Transformierte der →Gewichtsfunktion dieses Systems.

Mathematisch gesehen ist die Ü. eine spezielle Darstellungsform der das System beschreibenden Differentialgleichung. Sie entsteht durch die Anwendung der Laplace-Transformation mit der Voraussetzung, daß alle Anfangswerte verschwinden. Die Differentialgleichung eines Systems mit u(t) als Eingang und v(t) als Ausgang sei

$$a_0 v(t) + a_1 \frac{dv(t)}{dt} + a_2 \frac{d^2 v(t)}{dt^2} + \ldots a_n \frac{d^n v(t)}{dt^n} = b_0 v(t) + b_1 \frac{du(t)}{dt} + \ldots b_m \frac{d^m u(t)}{dt^m} \tag{1}$$

Für die Laplace-Transformation gilt, wenn alle Anfangswerte Null gesetzt werden

$$\frac{d^k x(t)}{dt^k} = s^k X(s) \tag{2}$$

Der Differentialoperator s gibt mit seiner Potenz an, die wievielte Ableitung im Zeitbereich gebildet werden soll. Gl. (2) auf Gl. (1) angewendet liefert

$$(a_0 + a_1 s + a_2 s^2 + \ldots + a_n s^n)\, V(s) = (b_0 + b_1 s + \ldots + b_m s^m)\, U(s) \tag{3}$$

Der Quotient der Laplace-Transformierten V(s) dividiert durch U(s) wird als Ü. F(s) bezeichnet

$$F(s) = \frac{V(s)}{U(s)} = \frac{b_0 + b_1 s + \ldots b_m s^m}{a_0 + a_1 s + \ldots a_n s^n} \tag{4}$$

In Gl. (4) bilden Zähler und Nenner jeweils ein Polynom in s. Der Nenner der Ü. ist das charakteristische Polynom. Dieses gleich Null gesetzt, bildet die charakteristische Gleichung des Systems mit den Lösungen $p_1, \ldots, p_n$ als seine Pole oder Eigenwerte. Das Zählerpolynom gleich Null gesetzt, liefert als Lösungen die Nullstellen $z_1, \ldots, z_m$. Wenn die Pole und Nullstellen einer Ü. bekannt sind, schreibt man sie gelegentlich als Produktform

$$F(s) = \frac{b_m}{a_n} \frac{(s - z_1)(s - z_2) \ldots (s - z_m)}{(s - p_1)(s - p_2) \ldots (s - p_n)}$$

Oder man verwendet die graphische →Darstellung als Pol-Nullstellen-Plan. Für ihn werden die Pole und Nullstellen in die komplexe s-Ebene eingetragen. Aus der Konfiguration kann man auf die Dynamik des Systems schließen (→Wurzelortskurve). Die Ordnung n eines realen Systems ist größer als die Anzahl m seiner Nullstellen, im allgemeinen gilt $n \geq m + 2$. (Für einen begrenzten Frequenzbereich ist $n = m$ möglich.)

Die Ü. ist hervorragend geeignet zur Untersuchung von Regelkreisen oder Systemen, die aus mehreren Übertragungsgliedern zusammengesetzt sind. Nach Gl. (4) ist die Laplace-Transformierte V(s) am Ausgang gleich der Laplace-Transformierten U(s) am Eingang multipliziert mit der Übertragungsfunktion F(s), nämlich $V(s) = F(s)U(s)$. Daher läßt sich ein System oder →Regelkreis leicht zu einem Übertragungsglied höherer Ordnung zusammenfassen, um so sein Gesamtübertragungsverhalten festzustellen. *Böttiger*

Literatur: *Böttiger, A.:* Regelungstechnik. München 1988.

Übertragungsglied, linear. Übertragungsglied ist die allgemeine Bezeichnung für ein Element, das ein oder mehrere Signale bzw. Informationen überträgt. Regelungstechnisch ist ein Übertragungsglied das Grundelement eines Systems, normalerweise mit einem Eingangs- und einem Ausgangssignal.

Ein Übertragungsglied ist linear, wenn das Verstärkungs- und das Überlagerungsprinzip gelten: bewirken die Eingangssignale u_1 und u_2 am Ausgang jeweils die Signale v_1 und v_2, dann bewirkt die gewichtete Überlagerung $u = k_1u_1 + k_2u_2$ am Ausgang die gleiche Überlagerung $v = k_1v_1 + k_2v_2$. Ein nichtlineares →Übertragungsglied erfüllt diese Bedingung nicht.

Ein Übertragungsglied ist zeitinvariant, d. h. seine Eigenschaften verändern sich nicht mit der Zeit, wenn es dem Verschiebungsprinzip genügt: bewirkt ein Eingangssignal u(t) am Ausgang das Signal v(t), so muß das um die Zeit T später einsetzende Signal $u(t - T)$ das entsprechende Signal $v(t - T)$ zur Folge haben. Wenn diese Bedingung nicht erfüllt wird, ist das Übertragungsglied zeitvariant.

In der symbolischen Darstellung eines l. Ü. (Bild 1) wird vorausgesetzt, daß es rückwirkungsfrei ist, d. h. die Signale laufen nur in der angegebenen Wirkungsrichtung. Eine Rückwirkung des Ausgangs v auf den Eingang u ist nur über eine →Rückführung möglich.

$$\xrightarrow{u} \boxed{F(s)} \xrightarrow{v} \frac{V(s)}{U(s)} = F(s)$$

Übertragungsglied, linear 1: Symbolische Darstellung im Wirkungsplan

Die →Regelungstechnik befaßt sich überwiegend mit linearen, zeitinvarianten Übertragungsgliedern. Die Beziehung zwischen Aus- und Eingang beruht auf den physikalischen Eigenschaften und wird als →Übertragungsverhalten meist durch eine Differentialgleichung oder durch die →Übertragungsfunktion F(s) beschrieben. Gelegentlich wird zur Kennzeichnung die →Übergangsfunktion verwendet. Beim Zusammenschalten mehrerer Übertragungsglieder wird ausschließlich die Übertragungsfunktion verwendet mit den Laplace-Transformierten der Signale, so daß $V(s) = F(s) \cdot U(s)$.

Entsprechend der Dynamik unterscheidet man verschiedene Übertragungsglieder, z. B. elementare Übertragungsglieder mit P- und →I-Übertragungsverhalten. Aus ihnen lassen sich durch Reihen-, Parallel- und Kreisschaltung alle anderen als zusammengesetzte Übertragungsglieder bilden (z. B. solche mit →PI- oder →PD-Übertragungsverhalten oder Übertragungsglieder zweiter Ordnung). Diese Grundschaltungen mit ihrer Gesamtübertragungsfunktion V(s)/U(s) sind im Bild 2 zusammengestellt. *Böttiger*

$$\xrightarrow{u} \boxed{F_1(s)} \rightarrow \boxed{F_2(s)} \xrightarrow{v} \frac{V(s)}{U(s)} = F_1(s)\,F_2(s)$$

$$\frac{V(s)}{U(s)} = F_1(s) \pm F_2(s)$$

$$\frac{V(s)}{U(s)} = \frac{F_1(s)}{1 + F_1(s)\,F_2(s)}$$

Übertragungsglied, linear 2: Ketten-, Parallel- und Kreisschaltung

Übertragungsglied, nichtlinear. Ein n. Ü. genügt im Gegensatz zum linearen →Übertragungsglied weder dem Verstärkungs- noch dem Überlagerungsprinzip.

In der →Regelungstechnik wird nur die Nichtlinearität bezüglich der Kennlinie betrachtet, d. h. der nichtlineare Zusammenhang zwischen dem stationären Ausgangs- und Eingangssignal. Das lineare Übertragungsglied hat eine lineare Kennlinie mit konstanter Steigung K, so daß das Verhältnis zwischen dem Ausgangssignal v und dem Eingangssignal u konstant ist, d. h. $v = K\,u$. Für das n. Ü. gilt dagegen eine beliebige Funktion $v = f(u)$, die als analytischer Ausdruck oder graphisch als Kennlinie gegeben ist.

Bei einem stetigen Verlauf der Kennlinie und nur kleinen Änderungen Δu um einen →Arbeitspunkt U_0 ersetzt man den Bereich durch die Steigung (oder durch die lineare Verbindung der Bereichsendpunkte), d. h. man linearisiert:

$$\Delta v = \left.\frac{d\,f(u)}{du}\right|_{U_0} \Delta u$$

Gelegentlich kommen n. Ü. mit zwei Eingangsgrößen vor, z. B. die Multiplikation $v = M u_1 u_2$ oder Division $v = D\,u_1/u_2$. Durch Bildung des vollständigen Differentials am Arbeitspunkt liefert die →Linearisierung eine gewichtete Addition bzw. Subtraktion der zwei Eingangssignale.

Bei →Zwei- und →Dreipunktreglern mit unstetiger Kennlinie kann nicht linearisiert werden.

Böttiger

Übertragungsglied erster Ordnung. Das dynamische Verhalten eines linearen →Übertragungsgliedes erster Ordnung wird durch eine gewöhnliche Differentialgleichung erster Ordnung beschrieben. Das Übertragungsglied enthält somit eine einfache Verzögerung mit einer Zeitkonstanten (→Verzögerungsglied).

Für das einfachste Übertragungsglied dieser Gruppe mit dem Eingang u(t) und dem Ausgang v(t) lautet die Differentialgleichung

$$v(t) + T\dot{v}(t) = K\,u(t).$$

Das verzögerte →P-Übertragungsverhalten dieses $P\text{-}T_1$-Gliedes ist an der →Übergangsfunktion (Bild 1) erkennbar

$$v(t) = h(t) = K(1 - e^{-t/T})\sigma(t).$$

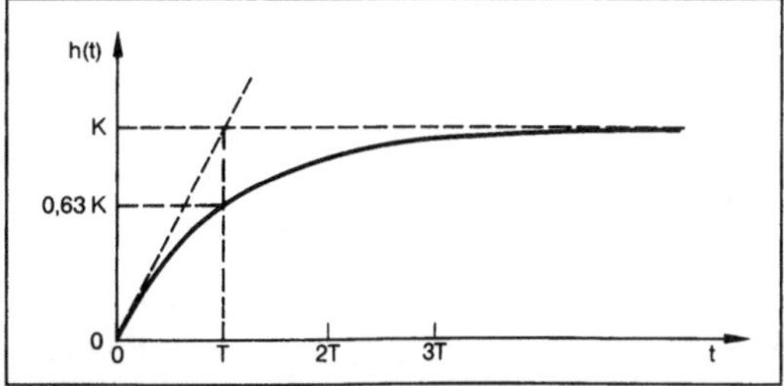

Übertragungsglied erster Ordnung 1: Übergangsfunktion eines $P\text{-}T_1$-Gliedes.

Nach einer Dauer von fünf Zeitkonstanten T ist der Endwert mit einer Toleranz von weniger als 1 % der Gesamtänderung erreicht. Im Zeitbereich $t \ll T$ verhält sich das P-T_1-Glied wie ein I-Glied (→I-Übertragungsverhalten), für $t \gg T$ wie ein P-Glied. Entsprechendes zeigt der →Frequenzgang im →Bode-Diagramm (Bild 2), mit dem →Amplitudengang $A(\omega) = K/\sqrt{1+\omega^2T^2}$ und dem →Phasengang $\varphi(\omega) = -\arctan(\omega T)$.

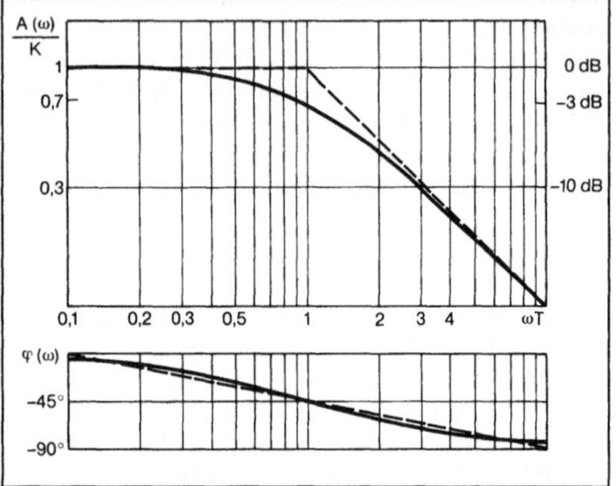

Übertragungsglied erster Ordnung 2: Bode-Diagramm des P-T_1-Gliedes.

P-Verhalten liegt vor für $\omega T \ll 1$ und I-Verhalten für $\omega T \gg 1$: mit der Abnahme von −20 dB/Dekade bzw. der Neigung −1 im Amplitudengang. Die entsprechenden geradlinigen Annäherungen (gestrichelt) schneiden sich in der Eckkreisfrequenz $\omega_0 = 1/T$. An dieser Stelle ist mit $A(\omega_0) = K/\sqrt{2}$ (3 dB-Abfall) die maximale Abweichung von der Näherung. Der Phasengang läßt sich ebenfalls durch Geraden annähern und zwar für $\omega T < 0{,}1$: $\varphi(\omega) = 0°$; für $0{,}1 < \omega T < 10$: $\varphi(\omega) = -45° \lg(10\,\omega T)$; für $\omega T > 10$: $\varphi(\omega) = -90°$. Die größte Abweichung vom exakten Verlauf ist kleiner als 6°. Deswegen arbeitet man bei zusammengesetzten Frequenzgängen immer mit den Näherungen. Das P-T_1-Glied tritt oft in Kombination mit anderen Übertragungsgliedern auf, besonders bei solchen mit →D-, →PD- und →PID-Übertragungsverhalten. Dann lassen sich im Bode-Diagramm gerade Linienzüge schnell addieren.

P-T_1-Glieder werden häufig als Speicher bezeichnet, da man beim Auffüllen eines geschlossenen Behälters ein solches Verhalten feststellen kann. Die Ladespannung eines Kondensators, der über einen Widerstand an eine konstante Spannung gelegt wird, hat einen Verlauf wie h(t) (Bild 1); ebenso der Druck beim Auffüllen eines Druckluftbehälters. *Böttiger*

Übertragungsglied zweiter Ordnung. Das dynamische Verhalten eines Ü. z. O. wird durch eine Differentialgleichung zweiter Ordnung beschrieben. Das Übertragungsglied enthält somit eine zweifache Verzögerung (→Verzögerungsglied).

Die Differentialgleichung für solch ein Übertragungsglied mit stationärem →P-Übertragungsverhalten lautet

$$v(t) + \frac{2d}{\omega_0}\dot{v}(t) + \frac{1}{\omega_0^2}\ddot{v}(t) = K\,u(t)$$

Dazu gehört die →Übertragungsfunktion

$$\frac{V(s)}{U(s)} = F(s) = \frac{K}{1 + 2d\frac{s}{\omega_0} + \left(\frac{s}{\omega_0}\right)^2}$$

Mit den zwei Polen $s_{1,2} = -d\,\omega_0 \pm \omega_0\sqrt{d^2-1}$

Während die →Kennkreisfrequenz ω_0 als Maßstabsfaktor (für Zeit oder Frequenz) betrachtet werden kann, hat der →Dämpfungsgrad d einen wesentlichen Einfluß auf das dynamische Verhalten. Für $d > 1$ sind beide Pole reell. Man setzt als Zeitkonstanten

$$T_{1,2} = -\frac{1}{s_{1,2}} = \frac{1}{\omega_0}\left(d \pm \sqrt{d^2-1}\right)$$

und kann so die Übertragungsfunktion in ein Produkt zerlegen als Kettenschaltung von zwei P-T_1-Gliedern (→Übertragungsglied, linear; →Verzögerungsglied; →Übertragungsglied erster Ordnung)

$$F(s) = \frac{K}{(1 + T_1 s)(1 + T_2 s)}$$

Deswegen ist die Bezeichnung zweifach verzögertes P-Glied oder P-T_2-Glied üblich. Die zugehörige →Übergangsfunktion

$$v(t) = h(t) = K\left[1 - \frac{1}{T_1 - T_2}\left(T_1\,e^{-t/T_1} - T_2\,e^{-t/T_2}\right)\right]\sigma(t)$$

zeigt, z. B. für d = 2 (Bild 1) einen kriechenden Verlauf. Bei reellen Polen oder Eigenwerten bzw. bei einem Dämpfungsgrad $d > 1$ spricht man daher vom Kriechfall.

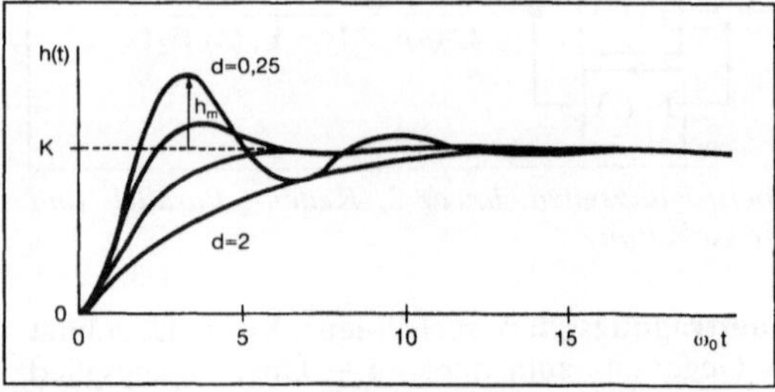

Übertragungsglied zweiter Ordnung 1: Übergangsfunktion eines P-T_2-Gliedes für d = 0,25; 0,5; 1; 2.

Für $d < 1$ sind die Pole konjugiert komplex $s_{1,2} = -\omega_0 d \pm j\,\omega_e$ mit der →Eigenkreisfrequenz $\omega_e = \omega_0 \sqrt{1-d^2}$. Die Übergangsfunktion

$$h(t) = K\left[1 - \frac{e^{-\omega_0 dt}}{\sqrt{1-d^2}}\cos(\omega_e t - \theta)\right]\sigma(t)$$

mit $\theta = \arcsin d$, zeigt schwingendes Verhalten (Bild 1), für $d = 0{,}25$ und $d = 0{,}5$, weswegen der Fall $d < 1$ als Schwingfall bezeichnet wird. Das erste Überschwingen, die Überschwingweite $h_m = K \exp(-\pi \tan\theta)$ kann zur Bestimmung des Dämpfungsgrades d verwendet werden.

Zwischen diesen Bereichen liegt der aperiodische Grenzfall für $d = 1$. Beide Eigenwerte sind gleich $s_1 = s_2 = -\omega_0$ und liefern die Übergangsfunktion

$$h(t) = K[1 - (1 + \omega_0 t)e^{-w_0 t}]\sigma(t)$$

Im →Frequenzgang als →Bode-Diagramm (Bild 2) erkennt man das P-Verhalten für niedrige und das I^2-Verhalten für hohe Frequenzen. Beide Asymptoten schneiden sich in der Kennkreisfrequenz ω_0, dort ist $A(\omega_0) = K/2d$ und $\varphi(\omega_0) = -90°$. Für $d < 1/\sqrt{2}$ gibt es die Resonanzüberhöhung an der Resonanzkreisfrequenz $\omega_r = \omega_0\sqrt{1-2d^2}$. Der Maximalwert der Amplitude ist

$$A(\omega_r) = K/(2d\sqrt{1-d^2}).$$

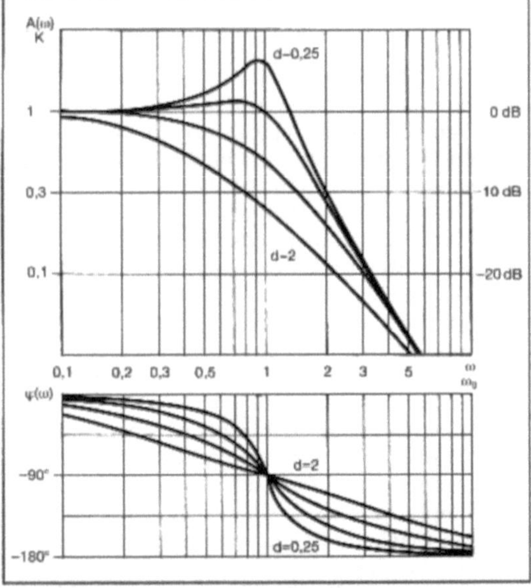

Übertragungsglied zweiter Ordnung 2: Bode-Diagramm des P-T_2-Gliedes für $d = 0{,}25$; 0,5; 1; 2.

Das geläufigste Beispiel für ein Ü. z. O. ist der Schwingkreis (elektrisch als RLC-Netz oder mechanisch bestehend aus Feder, Masse und Dämpfer). Je nach Wahl von Eingangs- und Ausgangssignal erhält man P-T_2-, D-T_2- oder D^2-T_2-Übertragungsverhalten. *Böttiger*

Übertragungsverhalten. Das Ü. beschreibt die Dynamik eines Übertragungsgliedes. Nach DIN 19226 Teil 2, ist es die eindeutige Zuordnung aller Eingangsgrößen zu den Ausgangsgrößen.

Einfache Übertragungsglieder mit einem Eingangssignal und einem Ausgangssignal unterscheidet man z. B. nach →P-, →PD-, →PI- oder →PID-Übertragungsverhalten. *Böttiger*

Überwachungseinrichtung. Leittechnische Ü. melden Zustände der Anlage, die einer Fortführung des Betriebes aus Gründen der Sicherheit nicht entgegenstehen, jedoch erhöhte Aufmerksamkeit erfordern (→Klassifizierung leittechnischer Einrichtungen). *Strohrmann*

Uhr. Die Zeit ist eine der sieben Basisgrößen des Internationalen Einheitensystems. Als Zeiteinheit ist die →Sekunde (s) festgelegt. Bis in die 60er Jahre war die Sekunde mit Hilfe der Dauer eines mittleren Sonnentages festgelegt (zu 86 400 s). Die nun gültige genauere Definition lautet: 1 s ist das 9 192 631 770fache der Periodendauer der dem Übergang zwischen den beiden Hyperfeinstrukturniveaus des Grundzustands von Atomen des Nuklids Cs 133 entsprechenden Strahlung. Diese Periodendauer gilt als absolut unveränderlich. Mit der Darstellung und Verbreitung der so definierten gesetzlichen Zeit ist in der Bundesrepublik Deutschland die Physikalisch-Technische Bundesanstalt (PTB) in Braunschweig beauftragt. Dazu verfügt die PTB in ihrem Atomuhrenhaus über einige Atom-U. Darunter ist ein selbst entwickeltes „primäres Zeitnormal" mit einer Unsicherheit von (umgerechnet) 1 s in rd. 400 000 a. Die PTB stimmt die eigenen Messungen mit dem Bureau International de l'Heure in Paris ab. Das Ergebnis dieser Zusammenarbeit wird über Langwelle 77,5 kHz von dem Normalfrequenz- und Zeitzeichensender DCF 77 in Mainflingen bei Frankfurt ausgestrahlt. Dieser Sender überträgt jede Minute in einer BCD-kodierten Form die für die nächste Minute geltenden Daten von Uhrzeit, Wochentag und Datum.

Dazu wird die Amplitude einer frequenzstabilisierten 77,5-kHz-Trägerschwingung zu Beginn einer jeden Sekunde bei einer zu übertragenden logischen 0 für 0,1 s und bei einer logischen 1 für 0,2 s auf 25 % des normalen Werts abgesenkt. Die Sekunden innerhalb einer Minute sind über die Amplitudenänderungen inkremental zu zählen. Das Fehlen der 59. Sekundenmarke weist auf den Beginn der folgenden Minute hin. Bild 1 gibt ein Beispiel eines derartigen Telegramms, wobei die in den ersten 19 s übertragenen, die UTC (coordinated universal time) betreffenden Informationen, nicht dargestellt sind. Die drei Prüfbits P dienen der Störerkennung.

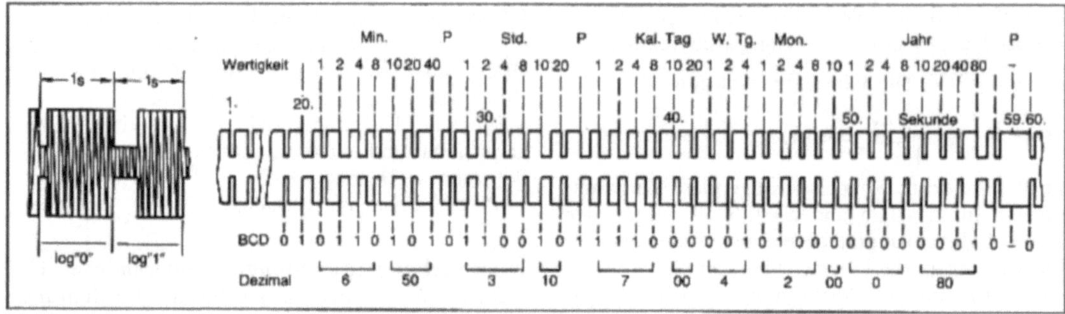

Uhr 1: Beispiel eines Telegramms des Normalfrequenz- und Zeitzeichensenders DCF 77; das gezeichnete Beispiel gilt für Donnerstag (4), den 7. 2. 1980, 13.56 Uhr.

Rundfunk, Fernsehen und Bundesbahn, aber auch viele Privatunternehmen beziehen ihre Zeit-Information vom Sender DCF 77. Verkehrssignalanlagen können über das Signal des DCF 77 miteinander synchronisiert werden, ohne daß eine Kabelverbindung zwischen ihnen besteht.

In weit größerem Umfang, besonders in der elektronischen Meß- und Nachrichtentechnik, verwendet man sekundäre Zeit- und Frequenznormale. Ihre geringere Genauigkeit und Konstanz ist für die praktischen Bedürfnisse völlig ausreichend, zumal es handelsübliche Geräte gibt, mit denen man jederzeit – bei Bedarf auch vollautomatisch – die sekundären →Normale drahtlos an Primär-Normale „anschließen“ kann. Der geringeren Genauigkeit von Sekundär-Normalen stehen durch einfacheren Aufbau die Vorteile gegenüber: große Betriebssicherheit sowie die vergleichsweise geringen Anschaffungs- und Betriebskosten, die solche Geräte einschl. den Hilfseinrichtungen zum „Anschluß“ an die weltweit verfügbaren (Primär-) Normalfrequenzsendungen aufweisen.

U. für den Privatgebrauch messen die Zeit weniger aufwendig. Auch sie beruhen jedoch auf einer Grundstruktur (Bild 2) und haben folgende Komponenten:

- Energiequelle,
- →Oszillator,
- →Zähler,
- →Anzeige bzw. Ausgabe.

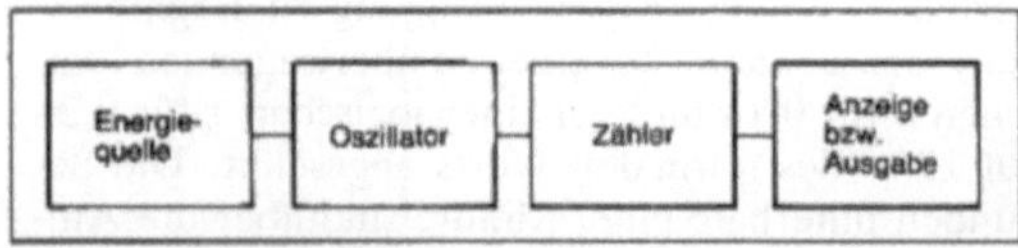

Uhr 2: Grundstruktur.

Wie diese Komponenten bei den einzelnen U.-Bauarten beschaffen sind, zeigt die Tabelle. Stopp-U. zum Messen von Zeitintervallen haben Zusatzeinrichtungen zum Starten und Stoppen des Oszillators und zum Rücksetzen der Anzeige. Diese Einrichtungen werden auch benötigt von →Zeitgebern in →Registriergeräten und in →Elektronenstrahl-Oszilloskopen (→Zeitmessung). *Hammerschmidt*

Literatur: *Profos, P.*: Handbuch der industriellen Meßtechnik. Essen 1984.

Ultraschallsensor. Sensoren, die Ultraschallsignale aufnehmen und in der Regel auch erzeugen können. Die Frequenzen des Ultraschalls liegen oberhalb des Hörbereichs. Technisch ausgenutzt wird der Bereich zwischen 20 kHz und 10 MHz. Die Frequenz f, die Wellenlänge λ und die Ausbreitungsgeschwindigkeit (Schallgeschwindigkeit) c_0 sind durch die Beziehung

$$C_0 = f \cdot \lambda$$

verknüpft. Die Schallgeschwindigkeit ist von den Eigenschaften des Mediums und insbesondere von seiner Temperatur abhängig. Sie beträgt bei Raumtemperatur in Luft 344 m/s, in Wasser 1 483 m/s. Daraus folgt für einen 100 kHz-Schall in Wasser die Wellenlänge λ zu $\lambda = 15$ mm.

Ultraschallwellen werden häufig mit Hilfe piezoelektrischer Materialien erzeugt (Piezoelektrizität, →Piezokeramik). In der Betriebsweise „Sender“ wird elektrische Energie in mechanische umgewandelt. Bei Anlegen einer entsprechenden Wechselspannung schwingen die piezoelektrischen Scheiben bei ihrer Eigenfrequenz und strahlen die entsprechenden Schallwellen senkrecht zur Oberfläche ab (Bild 1). Bei speziellen Ausführungen lassen sich auch schräglaufende Wellenfronten erreichen.

Als Empfänger für den Ultraschall werden wieder dieselben Elemente benutzt. Jetzt wird die mechanische in die elektrische Energie umgeformt. Die ankommende Schallwelle regt die piezoelektrische Scheibe zu Schwingungen an. Über den reziproken piezoelektrischen Effekt entsteht die zum Nachweis der Schallwelle dienende elektrische Spannung. In der Praxis wird oft dasselbe Bauteil abwechselnd als Sender und Empfänger benutzt.

Hauptanwendungsgebiete: Mikrofone und Echolote für Körperschall werden zur Materialuntersuchung, als Glasbruchsensoren und zur Schallemis-

Uhr. Tabelle: Typische Bauformen (Quelle: Profos)

Element \ Bauform	mechanisch	piezoelektronisch	Elektronen-resonanz	Molekülresonanz
Energiequelle	Spiralfeder, Gewichte u. dgl.	Batterie	Akkus, elektrisches Netz	
Oszillator Frequenz Entdämpfung	Unruh, Pendel 1...6 Hz Hemmung	Piezoquarz 100 kHz...5 MHz*) elektronischer Verstärker	Elektron zwischen 2 Niveaus Cs:9,192 GHz Quarz-stabilisierter Mikrowellen-Schwingkreis	Atom innerhalb Molekül NH_3:23 GHz
Zähler	Gesperr-Rad	Schaltungen der Digitalelektronik Schrittmotor		
Umkodierung Ausgabe, Anzeige	Zahnradgetriebe Zifferblatt mit Zeigern	Schaltungen der Digitalelektronik Zifferblatt mit Zeigern (körperlich oder LCD) **) direkte Ziffernanzeige (LED, LCD) **)		
relativer Fehler (pro Tag)	10^{-5}	$10^{-5}...10^{-10}$	$10^{-10}...10^{-12}$	10^{-12}

*) für Armbanduhren f = 8'192 Hz = 2^{13} Hz; 32'768 Hz = 2^{15} Hz; 4'194'304 Hz = 2^{22} Hz
**) LCD: Flüssigkristallanzeige, LED: Leuchtdiodenanzeige

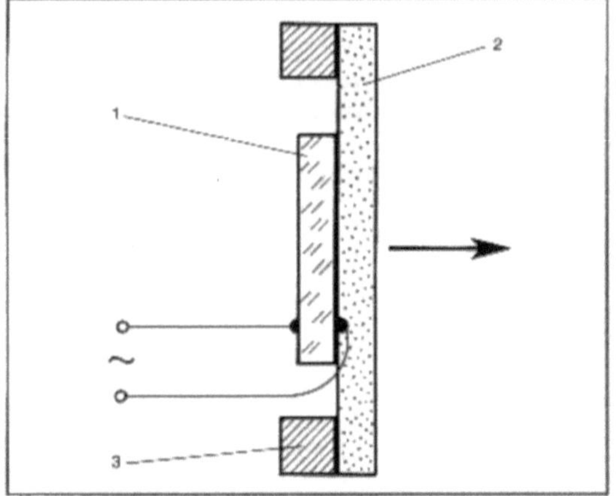

1 metallisierte piezoelektrische Scheibe, 2 Material zur akustischen Anpassung, 3 ringförmige Halterung.

Ultraschallsensor 1: Prinzipieller Aufbau eines piezoelektrischen Ultraschallwandlers. Die Abstrahlung erfolgt in Form einer Keule senkrecht zur Oberfläche des Elements.

sionsmessung eingesetzt. Wasserschallecholote eignen sich zur →Durchflußmessung, →Füllstandsmessung und werden auch in der medizinischen Diagnostik (Sonographie) angewandt. Luftultraschallecholote dienen der Abstandsmessung und können in der →Robotik in Kombination mit intelligenter Signalverarbeitung auch Form und Lage von Gegenständen erkennen.

Anwendungsbeispiel: Durchflußmessung mittels U. durch Messung der Laufzeitdifferenz. Dazu werden die Schallwandler (Bild 2) im Abstand L in die Rohrleitung eingebaut. Das Rohr wird von einem Fluid mit der mittleren Strömungsgeschwindigkeit v durchströmt. Sendet der Wandler 1 und empfängt der Wandler 2, so nimmt die Ausbreitungsgeschwindigkeit c_0 infolge der Fließgeschwindigkeit um den Term v cos α zu, im umgekehrten Fall um denselben Betrag ab. Die Ultraschallmessung ermittelt die mittlere Strömungsgeschwindigkeit v, aus der nach Multiplikation mit dem Rohrquerschnitt der Volumendurchfluß folgt. Die Laufzeit vom Sender 1 zum Empfänger 2 wird mit t_1 und die vom Sender 2 zum Empfänger 1 wird mit t_2 bezeichnet:

$$t_1 = \frac{L}{c_o + v \cos \alpha}, \qquad t_2 = \frac{L}{c_0 - v \cos \alpha}.$$

Daraus folgt nach einigen Umformungen die mittlere Strömungsgeschwindigkeit v ohne jede Vernachlässigung zu

$$v = \frac{L}{2 \cos \alpha} \frac{t_2 - t_1}{t_1 t_2}.$$

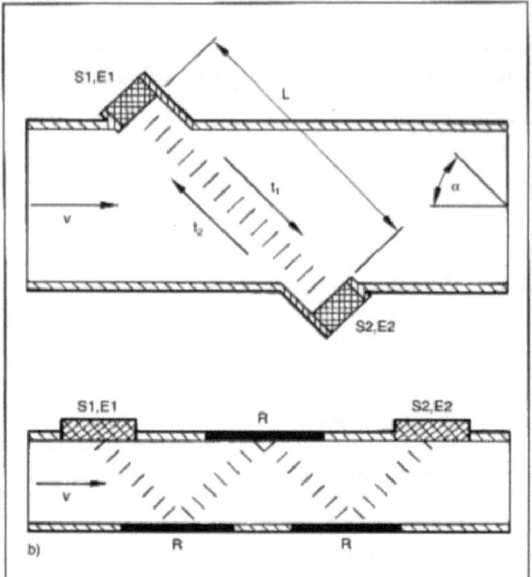

Ultraschallsensor 2: Aufbau von Ultraschall-Durchfluß-Meßstrecken
a) schräger Einbau der Ultraschall-Wandler mit einer Abstrahlung senkrecht zu ihrer Oberfläche
b) formschlüssiger Einbau von schräg abstrahlenden Ultraschall-Wandlern; bei kleinen Nennweiten läßt sich die Meßlänge L mit Hilfe von Reflektoren R vergrößern.

Um die Laufzeiten gut messen zu können, werden schnell anschwingende Ultraschallwandler benötigt. Sie sollen die Impulse mit steilen Flanken liefern. Die sich einander gegenüberliegenden Wandler senden dabei die Ultraschallknalle zur gleichen Zeit. Sie arbeiten zunächst als Sender, um dann als Empfänger das gesendete →Signal des gegenüberliegenden Partners zu erfassen. Die Strömungsgeschwindigkeit läßt sich nach diesem Verfahren sehr schnell messen.

Andere Auswerteverfahren bei der gleichen Meßanordnung gehen von der Frequenzdifferenz aus oder regeln auf konstante Wellenlänge (Phasenregelung). →Wärmemengenmessung.

Hammerschmidt

Literatur: *Heywang, W.:* Sensorik. Berlin 1984. – *Schrüfer, E.:* Elektrische Meßtechnik. München 1990.

Umweltfaktor. Faktor, der die Abhängigkeit der →Ausfallrate von den Umgebungsbedingungen berücksichtigt:
- hohe oder tiefe Temperaturen,
- häufige Temperaturwechsel,
- Taupunktunterschreitungen,
- aggressive Komponenten in der Umgebungsluft und
- Stöße, Beschleunigungen, Vibrationen

verkürzen die →Lebensdauer. Diese Einflüsse werden in der Ausfallratensammlung des MIL-HDBK-217 insoweit berücksichtigt, als für die verschiedenen Umgebungsbedingungen Multiplikationsfaktoren für die Basisausfallrate angegeben sind. Für den industriellen Einsatz interessieren dabei insbesondere die beiden Klassen G_B (ground, benign) und G_M (ground, mobile).

□ Klasse G_B (ground, benign): Hier herrschen fast ideale Bedingungen. Die Bauelemente sind in ortsfest installierten Geräten untergebracht. Die entsprechenden Räume sind geheizt. Taupunktunterschreitungen treten nicht auf. Die Geräte werden von sachverständigem Personal gewartet. Diese Bedingungen können z. B. für Meß-, Steuer-, Regel- und Rechengeräte in Elektronikräumen von Industrieanlagen gelten.

□ Klasse G_M (ground, mobile and portable): Die Bauelemente sind Komponenten von tragbaren Geräten oder von Geräten in Landfahrzeugen. Stöße und Erschütterungen sind nicht zu vermeiden. Die entstehende Wärme wird unter Umständen weniger gut abgeführt. Die Geräte werden eventuell nur in größeren Zeitabständen von angelerntem Personal gewartet. *Schrüfer*

Umweltmeßtechnik. Die U. beschäftigt sich mit dem Messen von Verunreinigungen in der Luft, im Wasser und im Boden zum Zweck der Analyse, der Überwachung, ggf. der Steuerung und der Vorwarnung.

Das Wasser wird insbesondere auf seine Verwendbarkeit als Trinkwasser untersucht (Trinkwasserversorgung), die Abwässer von kommunalen und industriellen Kläranlagen auf Einhaltung der gesetzlich vorgeschriebenen Grenzwerte. Die Untersuchung des Bodens geschieht stichpunktartig. Besonders wichtig ist die Messung luftverunreinigender Stoffe.

Luftverunreinigende Stoffe sind gemäß VDI 2450 Bl. 1 Stoffe bzw. Stoffgemische in bestimmten Zuständen, die infolge menschlicher Tätigkeit oder natürlicher Vorgänge in die Atmosphäre gelangen bzw. dort entstehen und nachteilige Wirkungen auf den Menschen und seine Umwelt haben können. Vielfach wird der Ausdruck „luftfremde Stoffe" gebraucht.

Die Messung luftverunreinigender Stoffe kann grundsätzlich bei der Emission, Transmission und/oder Immission erfolgen. Bei der Emissionsmessung wird an der Emissionsquelle oder in ihrer direkten Umgebung gemessen (z. B. Abgaskamin). Der Emittent – das sind eine Gesamtheit von technischen Einrichtungen und Quellen, die luftverunreinigende Stoffe emittieren – kann punktförmig (Schornstein), linienförmig (Straße) oder flächenförmig (Hausbrand in einer Stadt) sein. Für die Durchführung von Emissionsmessungen werden

manuelle, d. h. diskontinuierliche, sowie automatische, d. h. kontinuierlich registrierende →Meßverfahren eingesetzt. Zweck der Emissionsmessungen ist:
- der Nachweis, daß die im Einzelfall festgelegten Emissionsbegrenzungen nicht überschritten werden. Grundlage der im Genehmigungsbescheid festgelegten Emissionsbegrenzungen sind die Emissionswerte, die für eine große Anzahl von Schadstoffen und für viele industrielle Anlagen in der TA Luft (→Technische Anleitung zur Reinhaltung der Luft), neueste Fassung vom 27. 2. 1986, festgelegt sind;
- die Beurteilung technischer Maßnahmen zur Schadstoffverminderung,
- in Sonderfällen die Steuerung von Verfahrensschritten der Anlage.

Für die einzelnen Schadstoffe werden Meßgeräte eingesetzt, bei deren Auswahl neben der zu messenden Komponente auch die übrigen emittierten Schadstoffe wie auch die Schadstoffmengen eine wesentliche Rolle spielen. Sie sind von der eingesetzten Technik her eine Erweiterung und Ergänzung der Betriebs- und Prozeßmeßtechnik und daher anlagenabhängig.

Emissionen werden angegeben in:
- Masse der emittierten Stoffe bezogen auf das Volumen von Abgas im Normzustand (0 °C; 1013 HPa) vor oder nach Abzug des Feuchtegehalts an Wasserdampf als Massenkonzentration in den Einheiten g/m^3 oder mg/m^3;
- Masse der emittierten Stoffe bezogen auf die Zeit als Massenstrom in den Einheiten kg/h, g/h oder mg/h; der Massenstrom ist die während einer Betriebsstunde bei bestimmungsgemäßem Betrieb einer Anlage unter den für die Luftreinhaltung ungünstigsten Betriebsbedingungen auftretende gesamte Emission;
- Verhältnis der Masse der emittierten Stoffe zur Masse der erzeugten oder verarbeiteten Produkte (Emissionsfaktoren) als Massenverhältnis in den Einheiten kg/t oder g/t.

Für gemäß →Bundes-Immissionsschutzgesetz (BImSchG) genehmigungsbedürftige Anlagen werden im Genehmigungsbescheid oder in einer nachträglichen Anordnung Emissionsbegrenzungen festgelegt. Grundlage hierfür sind die in der TA Luft zusammengefaßten Emissionswerte. Die Emissionsbegrenzungen für eine Anlage beinhalten:
□ die zulässigen Massenkonzentrationen von Luftverunreinigungen im Abgas. Für den so festgelegten Wert gilt:
- Alle Tagesmittelwerte dürfen diesen Wert nicht überschreiten;
- 97 % aller Halbstundenmittelwerte müssen kleiner als 6/5 dieses Werts sein;
- alle Halbstundenmittelwerte müssen kleiner als das zweifache dieses Werts sein;
□ die zulässigen Massenverhältnisse
□ die zulässigen Emissionsgrade (= Verhältnis der im Abgas emittierten Masse eines luftverunreinigenden Stoffs zu der mit den Brenn- oder Einsatzstoffen zugeführten Masse),
□ die zulässigen Massenströme,
□ die einzuhaltenden Geruchsminderungsgrade und/oder
□ die sonstigen Anforderungen zur Vorsorge gegen schädliche Umwelteinwirkungen durch Luftverunreinigungen.

In der TA Luft sind Emissionswerte festgelegt, die für alle Anlagen staubförmige anorganische, dampf- oder gasförmige anorganische und organische Stoffe begrenzen. Dabei werden die Stoffe jeweils in verschiedene Klassen eingeteilt, wobei die angegebenen Grenzwerte auch bei Vorhandensein mehrerer Stoffe derselben Klasse nicht überschritten werden dürfen.

Darüber hinaus enthält die TA Luft ergänzende oder abweichende Regelungen für eine Vielzahl von Anlagenarten.

Emissionsmessungen sind gemäß den Meßverfahren, die in den Richtlinien des VDI-Handbuches Reinhaltung der Luft beschrieben sind, durchzuführen. Hierzu zählen einmal die →VDI-Richtlinien zur →Emissionsmeßtechnik, die die Messung der einzelnen Schadstoffkomponenten behandeln, zum anderen die VDI-Richtlinien zu Prozeß- und Gasreinigungstechniken. Aus den Einzelmeßwerten wird der Halbstundenmittelwert gebildet. Diese werden zum Bilden von Häufigkeitsverteilungen über das Kalenderjahr und von Tagesmittelwerten verwendet.

Das Messen luftverunreinigender Stoffe bei der Transmission wird routinemäßig nicht durchgeführt, da hierzu nicht nur eine flächendekkende Verteilung von Meßstationen erforderlich wäre, sondern auch in verschiedenen Höhen gemessen werden müßte. Ein gewisser Einblick in die Transmissionsvorgänge läßt sich aus Immissionsmessungen herleiten, bei denen gleichzeitig die meteorologischen Daten wie Windrichtung, -stärke, Temperatur, Luftdruck usw. erfaßt werden.

Besonders wichtig ist dagegen die →Immissionsmessung, da sie die auf Menschen, Tiere, Pflanzen oder andere Sachen einwirkenden Luftverunreinigungen mißt. *F. Schneider*

Literatur: Technische Anleitung zur Reinhaltung der Luft (TA Luft) vom 27. Februar 1986. Köln, Berlin, Bonn, München.

UND-Glied. Das UND-G. (*engl.* AND-Glied) ist ein →Grundfunktionsglied der →Steuerungstechnik. Es verknüpft binäre Eingangssignale nach der UND-Funktion (Boolesches Produkt oder Konjunktion) zum Ausgangssignal. Im Bild sind mathematischer Ausdruck, Schalttabelle und Funktionsplan-Symbol zusammengestellt. *Freyberger*

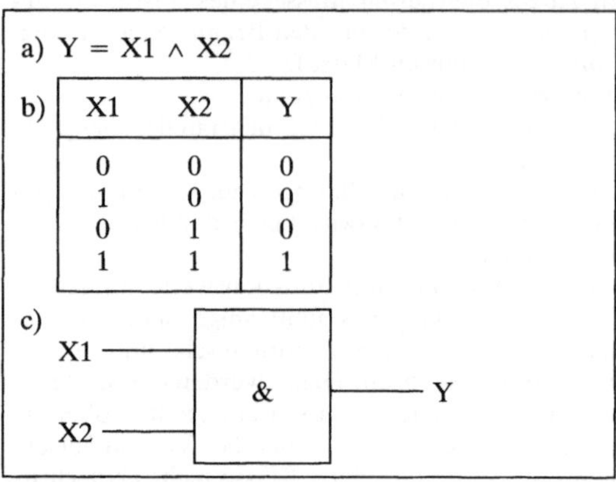

X1	X2	Y
0	0	0
1	0	0
0	1	0
1	1	1

UND-Glied: Darstellung.
a) Mathematischer Ausdruck
b) Schalttabelle und
c) Funktionsplan-Symbol

Universalzähler →Zähler, →Meßtechnik

Unverfügbarkeit. Die U. ist die Wahrscheinlichkeit, daß eine Komponente ausgefallen und für den Betrieb nicht verfügbar ist (→Verfügbarkeit). *Schrüfer*

Unverfügbarkeit infolge erkennbarer/nicht erkennbarer Ausfälle. Eine Komponente mit erkennbaren und nicht erkennbaren Ausfällen läßt sich durch *Markow*-Ketten im eingezeichneten Bild beschreiben. Sie haben die Zustände:
Zustand 1: Die Komponente ist infolge erkennbarer Ausfälle nicht ausgefallen
Zustand 21: Die Komponente ist infolge erkennbarer Ausfälle ausgefallen
Zustand 2: Die Komponente ist infolge nicht erkennbarer Ausfälle nicht ausgefallen
Zustand 22: Die Komponente ist infolge nicht erkennbarer Ausfälle ausgefallen.

Die →Ausfallrate für die erkennbaren Ausfälle ist λ_{21}, die für die nicht erkennbaren λ_{22}. ε ist die →Ausfallerkennungsrate. Unterstellt wird eine unendlich schnelle Reparatur ($\mu \rightarrow \infty$), so daß zum Zeitpunkt der Entdeckung des Ausfalls auf eine funktionsfähige Komponente umgeschaltet wird. Die Zustände 1 und 2, bzw. 21 und 22 können gleichzeitig besetzt werden. Dies sind vereinbare Ereignisse.

Die Besetzungswahrscheinlichkeit für den Zustand 21 ist die U. infolge erkennbarer Ausfälle. Sie nimmt einen stationären Wert an,

$$w_{21}(t \rightarrow \infty) = \lambda_{21}/\varepsilon$$

Die Besetzungswahrscheinlichkeit für den Zustand 22 ist die →Ausfallwahrscheinlichkeit infolge nicht erkennbarer Ausfälle,

$$w_{22}(t) = 1 - e^{\lambda_{22} t}$$

Sie strebt dem Wert 1 zu. Nach hinreichend langer Zeit ist die Komponente infolge nicht erkennbarer Ausfälle nicht mehr funktionsfähig.

Die gesamte U. U_{ges} errechnet sich als die Summe der einzelnen U.

$$U_{ges} = w_{21} + w_{22} - w_{21}w_{22}$$

Obwohl im Bild die Rate für nicht erkennbare Ausfälle nur 1 % der Rate für die erkennbaren beträgt, sind bei einer Ausfallerkennungsrate von $\varepsilon = 5 \cdot 10^{-2}\ h^{-1}$ die nicht erkennbaren Ausfälle ab 1000 h für die U. bestimmend. *Schrüfer*

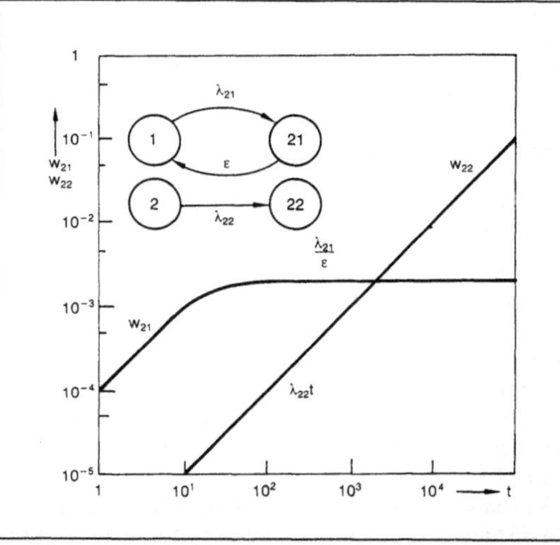

Unverfügbarkeit infolge erkennbarer/nicht erkennbarer Ausfälle: Sicherheitsbezogene Unverfügbarkeit bei Ausfallerkennung mit sofortiger Reparatur; Ausfallrate $\lambda_{21} = 1 \cdot 10^{-4}\ h^{-1}$, Ausfallerkennungsrate $\varepsilon = 5 \cdot 10^{-2}\ h^{-1}$, Ausfallrate $\lambda_{22} = 1 \cdot 10^{-6} - h^{-1}$.

UUT. Abk. für *engl.* Unit Under Test. So kann allgemein ein zu testendes Objekt bezeichnet werden. In der Elektronik kann dies ein einzelnes System auf einer Halbleiterscheibe (Wafer), ein fertiges IC im Gehäuse, eine Dickschicht- oder Dünnfilmschaltung oder auch ein anderes größeres Objekt sein. UUT ist eine Verallgemeinerung des Begriffs →DUT. *Obermeir*

V

Vakuumfluoreszenz-Anzeige. Unter dem Begriff der V. (VFD) faßt man flache Anzeigen zusammen, deren Funktionsprinzip dem einer Triode (magisches Auge) entspricht. Dabei wird die Anode der Triode mit einem →Leuchtpigment beschichtet, das bereits bei geringer Energie der auftreffenden Elektronen zum Leuchten angeregt wird.

Der Grundaufbau (VFD) (Bild 1): Die Kathoden sind aus Wolframdrähten mit einer Dicke von ca. 20 μm aufgebaut. Sie sind mit einer Masse mit geringer Austrittsarbeit für die Elektronen, z. B. BaO, beschichtet. Die Emissionsmasse hat bereits bei einer Temperatur von 650 °C einen ausreichend hohen Emissionsgrad. Bei dieser Temperatur zeigen diese Kathoden außerdem ausreichend gute Stabilität gegenüber einer „Kathodenvergiftung" und andererseits hohe →Lebensdauer, d. h. geringe Erschöpfungserscheinungen des halbleitenden Emissionsmaterials. Halterung und Spannmethode für die Heizdrähte stellen hohe Anforderungen an Konstruktion, Herstellverfahren und Werkstoffauswahl.

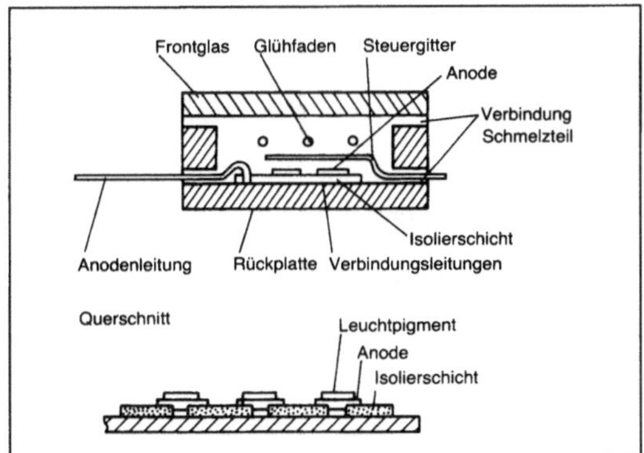

Vakuumfluoreszenz-Anzeige 1: Grundaufbau.

Die Steuergitter bestehen aus einem Netz dünner Edelstahlfäden, oder aus einem geätzten Edelstahlsieb. Um einen hohen Transferanteil für Elektrone zu gewährleisten, beträgt die optische Transmission der Gitter nahezu 90%. Steuergitter dienen als Auswahlelektroden, z. B. für eine Ziffer oder für Spalten- bzw. Zeilenelektroden einer Matrixanordnung. Die Gitterspannungen liegen typisch zwischen −2 und −5 V.

Die Anoden (zur Passivierung graphitbeschichtetes Silber) werden meist durch Siebdruck direkt auf die innere Seite der Rückplatte des Glasgehäuses aufgetragen. Die zusätzliche Beschichtung mit dem Leuchtpigment erfolgt durch Elektrophorese.

Die Anregung der Leuchtpigmente und die Betrachtung der Anzeige erfolgen aus der gleichen Richtung. Bringt diese Anordnung auf der einen Seite einen Gewinn an Helligkeit, so müssen andererseits die Kathodenanordnung und die Gitter so ausgelegt sein, daß sie das Sichtfeld der Anzeige nicht stören. Auf vielen V. machen sich die Gitter als Strukturierung des leuchtenden Zeichens bemerkbar.

Die Leuchtpigmente bestehen vornehmlich aus dotiertem ZnO-Pasten. Dieses Material zeigt bereits bei sehr geringer Energie der auftreffenden Elektronen eine ausreichend hohe Leuchtdichte.

Die Anodenspannung (25–50 V) beschleunigt die Elektronen. Sie treffen direkt auf die Pigmente auf und führen hier über Anregungsmechanismen zu der Leuchterscheinung. Um die Ausbildung einer elektrischen Aufladung der Pigmentschicht zu vermeiden, wird sie sehr dünn und geringfügig leitend gemacht. Die Eindringtiefe der Elektronen beträgt bei den geringen Spannungen nur wenige Atomlagen. Die Herstellung der Leuchtpigmentschicht hat deshalb besonders sorgfältig zu erfolgen, so daß unerwünschte Belegung der Pigmente bei Herstellung und Betrieb ausgeschlossen werden können.

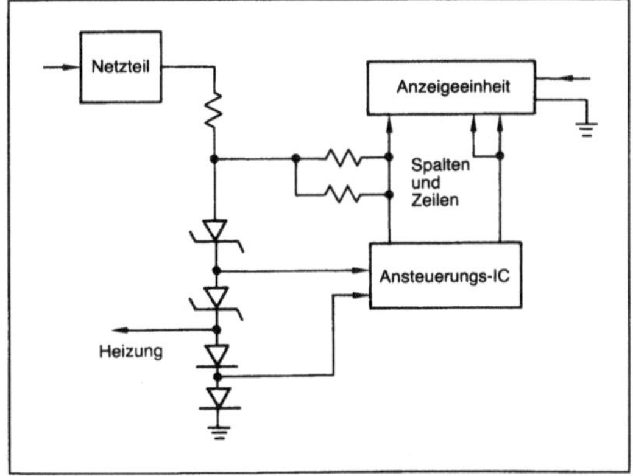

Vakuumfluoreszenz-Anzeige 2: Blockschaltbild einer typischen VFD.

Die wichtigsten Anwendungsbereiche der V. sind z. Zt. Meßgeräte, Geräte der braunen Warenbereiche, wie Videorecorder, Radios etc. und Kraftfahrzeuge.

Entsprechend haben die gängigsten Typen der V. einen relativ geringen Informationsinhalt von wenigen Ziffern bis zu z. B. 4 × 40 Zeichen einer 5 × 7 Punktmatrix. Seit kurzem sind auch graphikfähige Bildschirme bekannt.

Vakuumfluoreszenz-Anzeige. Tabelle: Typische Leistungsmerkmale einer Vakuumfluoreszenz-Anzeige

Heizspannung	4– 10 V
Heizstrom	10– 450 mA
Anodenspannung	20– 50 V
Multiplexrate	10– 175
Helligkeit	500–1 000 cd/m^2
Informationsinhalt	16– 160 Zeichen 5 × 7 Format
	60 × 280 Bildpunkte

Weiterführende Ziele der Entwicklung auf diesem Gebiet richten sich auf technologische Verbesserungen, die Integration der Ansteuerungsschaltung in das Vakuumgehäuse, z. B. unter Verwendung von aufgedampften Transistoren und damit letztlich auf einen flachen fernsehtauglichen Farbbildschirm. *Pottharst*

Var. Gesetzliche Einheit für die elektrische Blindleistung. Einheitenzeichen var. 1 var = 1 W. Ist kohärent mit der SI-Einheit →Watt, aber nicht als SI-Einheit anerkannt (→Einheiten, gesetzliche). *Hammerschmidt*

VDE. Der Verband Deutscher Elektrotechniker (VDE) e. V.

Der VDE ist ein im Jahr 1893 gegründeter technisch-wissenschaftlicher Verein und hat seither einen hervorragenden Anteil an der Entwicklung der Elektrotechnik und der Berufsgruppe der Elektrotechniker. Er ist gemeinnützig und hat in 26 Bezirksvereinen mit 50 Zweigstellen über 31 000 Elektrotechniker und Studierende der Elektrotechnik als persönliche Mitglieder, davon rund 150 im Ausland. Als korporative Mitglieder gehören ihm alle bedeutenden Unternehmen der Elektroindustrie, der Elektrizitätswirtschaft und zahlreiche Bundesbehörden mit einschlägigen Arbeitsgebieten an.

Zu den Aufgaben des VDE gehört u. a. die fachliche Betreuung seiner Mitglieder in fünf wissenschaftlichen Fachgesellschaften

□ Informationstechnische Gesellschaft im VDE (ITG)

□ Energietechnische Gesellschaft im VDE (ETG) und gemeinsam mit dem →Verein Deutscher Ingenieure (VDI)

□ VDI/VDE-Gesellschaft Meß- und Automatisierungstechnik (→GMA)

□ VDI/VDE-Gesellschaft Feinwerktechnik (FWT)

□ VDE/VDI-Gesellschaft Mikroelektronik (GME).

Zu weiteren ständigen Aufgaben des VDE zählt neben der Herausgabe und Förderung des technisch-wissenschaftlichen Schrifttums u. a. das Mitwirken bei der Ausgestaltung des technischen Bildungswesens und bei der Unfallforschung auf dem Gebiet der Elektrotechnik, ferner beim Sichtbarmachen der Zusammenhänge von Technik und Gesellschaft und deren Auswirkungen. Darüber hinaus vertritt der VDE berufsorientierte Interessen auf der Basis der Berufsforschung.

Der VDE ist Herausgeber des VDE-Vorschriftenwerkes, das die Deutsche Elektrotechnische Kommission im →DIN und VDE (DKE) erarbeitet und das im vde-verlag gmbh erscheint. Die DKE wird vom VDE getragen und ist ein Organ des DIN und des VDE. →VDE-Bestimmungen und VDE-Leitlinien sind →DIN-Normen und damit Bestandteil des Deutschen Normenwerkes. Elektrotechnischen Erzeugnissen, die diesen Bestimmungen entsprechen, wird von der VDE-Prüfstelle auf Antrag das bekannte VDE-Prüfzeichen erteilt.

Im übrigen ist der VDE Gesellschafter des VDI/VDE-Technologiezentrums Informationstechnik GmbH. *Debelius*

VDE Bestimmungen →DIN-Norm, →DIN Deutsches Institut für Normung e. V.

VDI →Verein Deutscher Ingenieure

VDI-Richtlinien →Regelsetzer, technischer

VDI-Technologiezentrum Physikalische Technologien. Einrichtung des →Vereins Deutscher Ingenieure (VDI). Unterstützung der Überführung naturwissenschaftlicher Erkenntnisse in industrielle Produkte und Verfahren.

Der VDI wurde 1975 Projektträger des Bundesministeriums für Forschung und Technologie (BMFT) im Bereich Physikalische Technologien. 1978 wurde in Berlin das VDI-Technologiezentrum gegründet. Mit erweiterten Zielen und Aufgaben existiert das VDI-Technologiezentrum Physikalische Technologien in seiner heutigen Form seit 1983 im VDI-Haus in Düsseldorf. 1986 wurde das VDI-Technologiezentrum in Berlin in die VDI/VDE-Technologiezentrum Informationstechnik GmbH (VDI/VDE-IT) umgewandelt. Gesellschafter sind der VDI und der Verband Deutscher Elektrotechniker (→VDE).

Das VDI-Technologiezentrum wirkt als Moderator für die Abstimmung von Inhalten und Vorgehen bei fach- und spartenübergreifenden gemeinsamen Anstrengungen von Wissenschaft und Industrie. Seine Aufgaben sind:

□ Analyse naturwissenschaftlicher Ansätze für zukünftige Technologie;
□ Zukunftstechnologien durch Förderung von Forschung und Entwicklung an die industrielle Schwelle heranzuführen als Projektträger des BMFT für Physikalische Technologien (Neue Supraleiter und Tieftemperaturtechnologie, Dünnschichttechnologien, Plasmatechnologie, Neue Gebiete) sowie für Laserforschung- und -technik;
□ Die Sicherheit technischer Systeme zu erhöhen, um Gefahren beim Umgang mit Technik zu vermeiden als Projektträger des BMFT für Sicherheitsforschung und Sicherheitstechnik
□ Technikfolgenabschätzung und Technikbewertung als Projektträger des BMFT für Technikfolgenabschätzung zu fördern.
□ Verbreitung der neuen wissenschaftlich-technischen Erkenntnisse durch Technologietransfer.

Aufgaben des VDI/VDE-IT sind Beratung, Analysen und Wirkungsforschung, Qualifikationsförderung und Qualifizierungsmanagement, Veranstaltungen, Publikationen sowie Projektträgerschaft für den Förderungsschwerpunkt „Mikroperipherik" und den Modellversuch „Technologieorientierte Unternehmensgründungen" des BMFT. Neben der Hauptgeschäftsstelle in Berlin hat die VDI/VDE-IT Geschäftsstellen in Bremen und Kassel sowie ein Büro in Mülheim/Ruhr.

(VDI-Technologiezentrum Physikalische Technologien, Graf-Recke-Straße 84, 4000 Düsseldorf 1. – VDI/VDE-Technologiezentrum Informationstechnik GmbH, Budapester Straße 40; 1000 Berlin 30). *Altenmüller*

Verbindungstechnik, Aufbautechnik. Elektronische Systeme dienen der Erzeugung, der Übertragung und der Verarbeitung elektrischer Signale. Schaltkreise sind Teile elektrischer Systeme, in denen an bestimmten Stellen eine definierte Signalbearbeitung erfolgt. Dazu werden elektronische Funktionsträger benötigt. Ein Schaltplan gibt darüber Auskunft, welche elektrischen Funktionen in welcher Art des Zusammenwirkens gebraucht werden. Der Schaltkreis selbst besteht aus den Funktionsträgern oder Funktionselementen, denen diese Funktionen eindeutig zugeordnet werden. Die Träger dieser elektronischen Funktionen können entweder getrennt vom geplanten Schaltkreis als einzelne Bauelemente aufgebaut werden, oder entstehen erst beim Zusammenbau des Schaltkreises. Der Zusammenbau des Schaltkreises besteht darin, daß elektrische Verbindungen hergestellt werden zwischen den einzelnen Anschlußpunkten der elektronischen Funktionsträger.

Elektrische Verbindungen sind elektrisch leitende Teile des Schaltkreises, die in eine elektrisch isolierende Umgebung eingebettet sind. Sie dienen dem Potentialausgleich durch Ladungstransport. Die Verbindungen werden entweder als Striche in den Schaltplan (Stromlaufplan) eingetragen oder der Übersichtlichkeit halber mit Ziffern, Buchstaben oder Symbolen bezeichnet. Der Schaltplan sagt noch nichts über die topografische Lage der Bauelemente aus, an welcher Stelle also die Bauelemente beispielsweise in einer Ebene angeordnet werden. Diese Aufgabe wird nach dem Schaltungsentwurf durch ein Anordnungsschema der Bauelemente gelöst, mit grafischen Mitteln ausgearbeitet und stufenweise verbessert. Das Ergebnis besteht im Layout, der maßstäblichen Darstellung von Schaltkreisen mit elektronischen Funktionsträgern und Verbindungen in einer Schaltkreisebene.

Die Aufbautechnik der Mikroelektronik umfaßt die Schaltungsebenen der diskreten und integrierten Bauelemente, der Hybridintegration und der Leiterplattentechnik. Zur Aufnahme hochintegrierter Bauelemente werden Zwischenträger eingeschaltet, über die im Rahmen der Miniaturisierung die elektrischen Verbindungen zwischen Anschlüssen unterschiedlicher Abmessungen hergestellt werden (Tabelle).

Größere elektronische Systeme werden aus mehreren gedruckten Leiterplatten zusammengeschaltet. Diese stecken in Rahmen und werden mit weichgelöteten Flachbändern oder Steckerleisten verbunden. Klemmen, Polschuhe, Stifte und Buchsen dienen als klassische, aus der Feinwerktechnik übernommene Verbindungselemente überwiegend der Übertragung höherer Ströme und Spannungen in der Leistungs- und High-Fidelity-Elektronik. In Versuchsschaltungen und Spezialaufbauten werden Sonderformen wie Klammern (Thermi-Point), Drahtwickelverbindungen (→Wire-wrap-Verbindung), Drahtschnapp- und Drahtschweißverbindungen eingesetzt.

Elektrische Verbindungen, die gänzlich in einer Schaltungsebene liegen, werden als innere Verbindungen bezeichnet. Sie treten als Dünnschichten oder Dickfilme in der Ebene der diskreten oder integrierten Bauelemente, in der Ebene der übergeordneten Hybridschaltkreise, der Leiterplatten, der Steckplatten und der Baugruppenträger auf. Entsprechend gelten Verbindungen zwischen verschiedenen Ebenen als äußere Verbindungen, hergestellt durch Mikrofügeverfahren. Orte, an denen sich innere und äußere Verbindungen treffen, heißen Stützstellen. Mehrere Verbindungen aus einer Ebene, auch aus der nächsten untergeordneten Schaltkreisebene, treffen in Knoten zusammen.

In Bauelementen einfacher Bauart gehen die äußeren Anschlüsse direkt zu den elektrischen Funktionsträgern über, so z. B. bei Widerständen von Anschlußdraht über die Anschlußelektrode zur Widerstandsschicht oder bei Kondensatoren von den Anschlußdrähten zu den Elektroden am Dielektrikum. An Bauelementen, die im Vergleich zu ihrer

Verbindungstechnik. Tabelle: Elektrische Verbindungsführung von den elektronischen Funktionsträgern durch die Schaltungsebenen

Schaltkreisebene	elektronische Funktionen	Spezifische Verbindungsarten		
		elektrisch	mechanisch	thermisch
diskrete und integrierte Bauelemente	diskrete R, C diskrete Tr integrierte MOS, CMOS Bipolarschaltkreise	R↓, L τ L		κ
Übergeordnete Schaltkreisebene	analoge passive R, C digitale aktive Netzwerke analoge Netzwerke		hohe Stabilität	κ
Leiterplatte	analoge Gebrauchselektronik Nachrichtentechnik Rechner-Elektronik	L, τ L, τ	Haltbarkeit hohe Betriebssicherheit	beständig gegen T-Wechsel

R↓ = niedriger ohmscher Widerstand; L = definierter komplexer Widerstand; C = Kapazität; τ = kurze Schaltzeit; Tr = Transistorfunktion; κ = gute Wärmeleitung.

elektronischen Umgebung geringe Abmessungen aufweisen, und in Hybridschaltkreisen (Hybridintegration) durchlaufen die Verbindungen verschiedene Schaltkreisebenen. Der Pfad führt meist von Stützstellen (Pins oder Beinchen, Fahnen) über Lötverbindungen (Weichlöttechnik) zu schichtförmigen Leiterbahnen, von diesen über Mikrolötverbindungen (Mikrolöttechnik) direkt – der über Mikroschweißverbindungen (Mikroschweißen) mittels Drahthalbzeug indirekt – zu den Chip-Bauelementen (Bild 1).

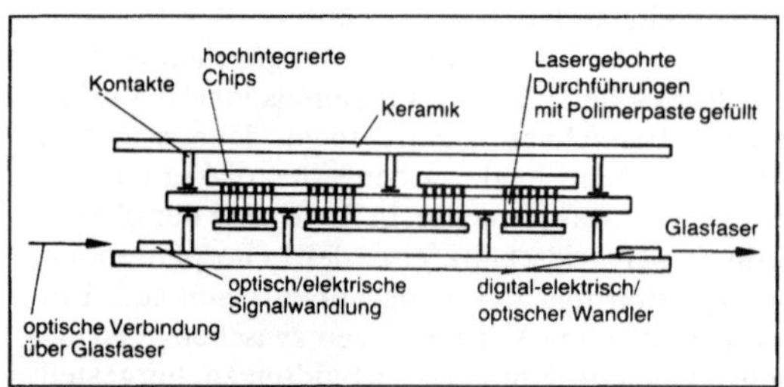

Verbindungstechnik 1: Schaltungsaufbau für hohe Übertragungsgeschwindigkeiten. (Quelle: C. A. Neugebauer)

Für Schaltkreise der Analogtechnik, der niederfrequenten Nachrichtentechnik und digitalen Meßtechnik genügt es, beim Zusammenbau auf die topologische Zuordnung von Verbindungen, hauptsächlich an Stützstellen und Kontakten, zu achten. Die Leitung des elektrischen Stromes und die Potentialübertragung können auch über Umwege erfolgen. Damit lassen sich Bauelemente und übergeordnete Schaltkreise platzsparend und übersichtlich (elektrische Prüfung) in einer Ebene anordnen. Schaltkreise mit erhöhten technischen Anforderungen benötigen eine besondere geometrische Anordnung der Verbindungen: die Güte von passiven Hochfrequenzkomponenten, die Pulsdämpfung in schnellen Digitalschaltkreisen und die Wärmeableitung aus Schaltkreisteilen mit Energiedissipation. (Beispiel Mikrowellentechnik). Kriterien sind dort die Geradheit von Leiterbahnen (Striplines) und deren gegenseitiger Abstand, die Oberflächenrauhigkeit (Hochfrequenz-Dämpfung infolge des Skineffektes) sowie die geometrische Maßhaltigkeit (Resonanzfrequenz und Eigendämpfung).

Bauelemente besitzen eine Masse, die bei der Montage von Schaltkreisen berücksichtigt werden muß. Entweder spielt das Gewicht des Bauelementes eine Rolle oder die träge Masse dann, wenn eine schwingende oder stoßartige Beanspruchung der Schaltkreise erwartet wird (Beispiel: Fahrzeugelektronik).

Des weiteren wird in den Bauelementen und in hybridintegrierten Schaltkreisen Wärme entwikkelt: Joulesche Wärme in ohmschen Widerständen und Halbleitern, Wärme aus dielektrischen und aus Wirbelstromverlusten in Kondensatoren und Induktivitäten. Die entwickelte Wärme muß abgeführt werden. Je höher das Verhältnis zwischen der Leistungsdichte (gemessen als spezifische Verlustleistung) und dem Wärmewiderstand (gemessen als Temperaturdifferenz zwischen Bauelement und Umgebung geteilt durch die erzeugte Verlustleistung) wird, um so weniger reicht die Wärmeabfuhr

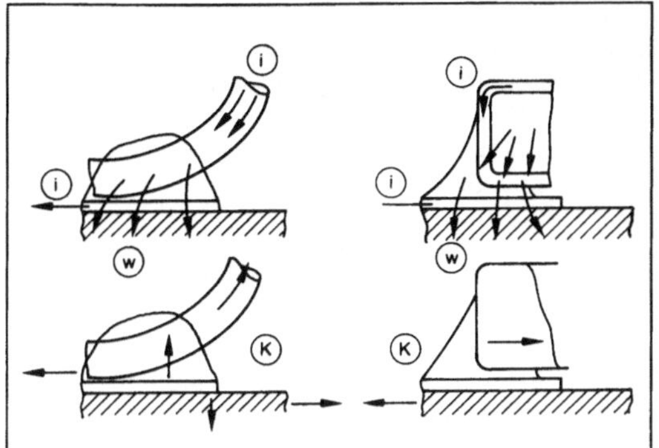

Verbindungstechnik 2: Flüsse und Kräfte in Anschlüssen von Bauelementen: i – elektrischer Strom, W – Wärme (ohne Konvektion), K – mechanische Kraft.

durch die Umhüllungen in die umströmende Luft, in Leiterplatten und in Gehäuse aus.

Neben den elektrischen Verbindungen sind in Schaltkreisen also immer mechanische und häufig auch thermische Verbindungen erforderlich. Enthalten die Schaltkreise Bauelemente mit optischer, magnetischer oder chemischer Wechselwirkung, so sind jeweils Verbindungen mit den geforderten Eigenschaften herzustellen. Schaltkreise mit Signalfrequenzen im GHz-Bereich erfordern optische Signalleitungen zur Überbrückung von Abständen mehrerer cm. Elektrische Signalleitungen werden in diesen Schaltungen auf kurze Abstände eingeschränkt.

Die erforderlichen Verbindungsarten werden soweit wie möglich kombiniert: Elektrische Verbindungen dienen fast immer auch der mechanischen Halterung der Bauelemente und übergeordneter Schaltkreise. Die mechanischen Befestigungen werden gleich als elektrische Verbindungen verwendet. Bei steigendem Integrationsgrad lassen sich die Grenzen der Bauelemente weniger genau festlegen. Äußere Verbindungen gehen ganz oder teilweise in innere Verbindungen über. Diese werden innerhalb des Herstellungsprozesses für die elektrischen Funktionsträger erzeugt. Beispiele sind passive Funktionsträger und die in Hybridschaltkreisen integrierten Leiterbahnen. Oder die Verbindungen werden unter Verwendung zusätzlicher Hilfsmittel innerhalb einer Schaltkreisebene hergestellt: Metallbeschichtungen, Fähnchen, Brücken aus Draht.

In der elektronischen Aufbautechnik werden im Rahmen der weitgehend automatisierten Herstellungsverfahren die schaltungstechnisch erforderlichen Verbindungen als strukturierte Beschichtung in eine Schaltungsebene gelegt, die Zahl der zusätzlich anzubringenden Fügeverbindungen wird so gering wie möglich gehalten. Für die →Fehlersuche und Reparatur defekter Systeme ist daher das Lösen ganzer Gruppen z. B. von Weichlötverbindungen erforderlich, damit integrierte oder Hybridschaltkreise ausgetauscht werden können. *Hieber*

Verdrahtungsprüfung. Die V. dient zur Überprüfung von unbestückten Leiterplatten, Rückwandverdrahtungen, Kabeln, Steckleitungen und Verdrahtungen aller Art. Die Prüfung erfolgt auf elektrischem Wege mit Verdrahtungsprüfautomaten. Alle galvanisch verbundenen Leitungen werden auf Durchgang und gegeneinander auf Isolation geprüft. Bei der →Durchgangsprüfung wird u. U. mit hohen Strömen, bei der Isolationsmessung mit hohen Spannungen gearbeitet. Feinere Meßverfahren erlauben auch die Bestimmung von Leitungswiderständen, der Polarität von Dioden und z. B. die Messung von Isolationswiderständen. Hierzu lassen sich die Parameter Prüfspannung, Prüfstrom, Belastungszeit und Widerstandsschwellen oder -fenster manuell oder per Programm vorgeben.

Die Prüfprogrammerstellung erfolgt in der Regel durch Selbstgenerierung an Hand eines fehlerfreien Prüflings. *Winter*

Verein Deutscher Ingenieure (VDI). In den 135 Jahren seines Bestehens hat der Verein Deutscher Ingenieure als heute größter technisch-wissenschaftlicher Verein Europas maßgeblich an Forschung und technischer Entwicklung mitgewirkt. Die Ergebnisse der technisch-wissenschaftlichen Arbeit des VDI stehen als →VDI-Richtlinien Wissenschaft und Wirtschaft zur Verfügung.

In Ausschüssen, Beiräten und Arbeitskreisen der VDI-Fachgliederungen, der VDI-Hauptgruppe und der VDI-Bezirksvereine arbeiten mehrere tausend Fachleute aus Wissenschaft und öffentlichem Dienst ehrenamtlich zusammen. Der VDI hat 117 000 persönliche Mitglieder; Sitz des Vereins ist Düsseldorf.

Der VDI ermöglicht durch den Zusammenschluß in seinen 42 VDI-Bezirksvereinen, deren 104 Bezirksgruppen und rund 400 fachlichen Arbeitskreisen die persönliche Begegnung der Ingenieure.

Durch seine Fachtagungen, durch die Lehrgänge des VDI-Bildungswerkes sowie durch die Vorträge und Fachveranstaltungen der VDI-Bezirksvereine mit ihren Arbeitskreisen fördert der VDI den Ingenieur in seinem beruflichen Weiterkommen. 1991 nahmen ca. 205 000 Teilnehmer an insgesamt ca. 4 300 Veranstaltungen in den VDI-Bezirksvereinen teil.

Neue Erkenntnisse und Erfahrungen aus den verschiedenen Bereichen der Technik und die Ergebnisse der VDI-Arbeit werden vom VDI-Verlag, veröffentlicht.

Die ständige Bereitschaft zur Erweiterung des Leistungsangebots im Hinblick auf den technischen Fortschritt erfordert eine Organisation und Dienstleistungen, die die verantwortungsbewußte Zusammenarbeit der Ingenieure unterstützt und fördert.

VDI-Fachgliederungen: Die fachliche Gliederung der Arbeit erstreckt sich auf 16 VDI-Gesellschaften, zwei VDI-Kommissionen, zwei interdisziplinäre Gremien und drei Gemeinschaftsausschüsse. In ihnen wirken maßgebliche Fachleute aus allen Bereichen der Forschung und Lehre, Industrie und Behörden ehrenamtlich mit. Arbeitsschwerpunkte sind: fachlicher Erfahrungsaustausch, Erarbeiten von VDI-Richtlinien, nationale und internationale Tagungen, fachliche Unterstützung für das VDI-Bildungswerk und für Arbeitskreise der VDI-Bezirksvereine.

Weiterhin sind Bestandteile der technisch-wissenschaftlichen Arbeit des VDI die fachliche Zusammenarbeit mit anderen technisch-wissenschaftlichen Institutionen und mit in- und ausländischen Personen sowie das gemeinsame Gespräch mit Vertretern von Wirtschaft, Wissenschaft und Verwaltung.

Die einzelnen Fachgliederungen sind in Fachbereiche unterteilt. Hier werden in freiwilliger Selbstkontrolle Regeln der Technik erarbeitet, die keine zwingenden Vorschriften, sondern Erfahrungen und Richtwerte angeben; diese VDI-Richtlinien werden ständig der technischen Entwicklung angepaßt. Damit stellen sie in flexibler Weise den Stand der Technik bestimmter Fachgebiete in einer oft sehr frühen Entwicklungsphase dar. In hierfür geeigneten Fällen können sie nach einigen Jahren erfolgreicher Anwendung teilweise oder ganz in eine Norm – entsprechend der Koordinierung zwischen VDI und →DIN – überführt werden.

Im VDI bestanden 1991 folgende VDI-Fachgliederungen: Bautechnik; Energietechnik; Entwicklung, Konstruktion, Vertrieb; Fahrzeugtechnik; Feinwerktechnik (VDI/VDE); Fördertechnik, Materialfluß, Logistik; Kunststofftechnik; Akustik, Lärmminderung und Schwingungstechnik; Argartechnik; Meß- und Automatisierungstechnik (VDI/VDE); Mikroelektronik (VDE/VDI); Produktionstechnik (ADB); Reinhaltung der Luft; Technische Gebäudeausrüstung; Textil und Bekleidung (ADT); VDI Koordinierungsstelle Umwelttechnik; Verfahrenstechnik und Chemieingenieurwesen; Werkstofftechnik; Industrielle Systemtechnik und Wertanalyse; Bürokommunikation; Computer Integrated Manufacturing (CIM).

VDI-Hauptgruppe: Die VDI-Hauptgruppe, Der Ingenieur in Beruf und Gesellschaft, hat die Aufgabe, die Mitarbeit der Ingenieure an der sozialen, politischen und rechtlichen Gestaltung des öffentlichen Lebens zu fördern. Sie will Kontakte zu anderen gesellschaftlichen Teilbereichen schaffen und damit eine Basis des Vertrauens in die Technik und in das Ingenieurwesen auf- und ausbauen. Die VDI-Hauptgruppe gliedert sich in die Bereiche: Berufs- und Standesfragen, Ingenieuraus- und weiterbildung, Mensch und Technik, Technikgeschichte, Technik und Recht, Technikbewertung, Technik und Bildung.

Die VDI-Auskunftsstelle für berufspolitische Fragen informiert über alle Fragen, die im Zusammenhang mit dem Ingenieurstudium und dem Beruf des Ingenieurs stehen. Hier werden mündliche und schriftliche Anfragen beantwortet und in Einzel- oder Gruppengesprächen Probleme bei der Studienwahl, der Berufszielfindung und der Karriereplanung diskutiert und geklärt.

Das VDI/VDE-Technologiezentrum Informationstechnik Berlin, hat als Hauptaufgabe die Förderung kleiner und mittlerer Unternehmen bei der industriellen Anwendung der Informationstechnik. Mit Trendanalysen und Methoden des Technologie-Marketings werden künftige Entwicklungslinien der Informationstechnik, und ihrer Marktpotentiale verfolgt und abgeschätzt.

Das VDI/VDE-Technologiezentrum Informationstechnik strukturiert das neue Themenfeld Mikrosystemtechnik.

Das →VDI-Technologiezentrum Physikalische Technologie in Düsseldorf ist Projektträger des Bundesministeriums für Forschung und Technologie auf den Fördergebieten Supraleitung, Oberflächen- und Dünnschichttechnologie, Laserforschung und -technik, Plasmatechnologie und Mikrostrukturtechnologie. Die Förderaktivitäten werden von Qualifikations-, Sicherheits- und Wirkungsstudien begleitet. Das VDI-Technologiezentrum Physikalische Technologien unterstützt das Bundesministerium für Forschung und Technologie bei der Erarbeitung eines neuen Konzeptes für Technikfolgenabschätzung. *Mauel*

Vereinigung. Bei →Ablaufsteuerungen ist nach dem Durchlaufen der Schritte paralleler Ablaufketten oder alternativer Kettenzweige in der Regel eine Zusammenführung der Wirkungspfade in einem gemeinsamen Schritt nötig.

Diese erfolgt im Falle paralleler Abläufe im Sinne einer UND-V. Sie besitzt die Wirkung der Synchronisation d. h. das Weiterschalten in den nächsten gemeinsamen Kettenschritt erfolgt erst wenn alle parallelen Abläufe abgearbeitet sind.

Im Falle alternativer Abläufe erfolgt die Zusammenführung entsprechend der jeweils durchlaufenen →Ablaufkette, d. h. der alternativen →Verzweigung. Diese Form der Zusammenführung weist ODER-Wirkung auf. *Freyberger*

a)
Zweig a
Zweig b
N−1, a
N−1, b
&
N
b)
Zweig a
Zweig b
N−1, a
N−1, b
≥1
N

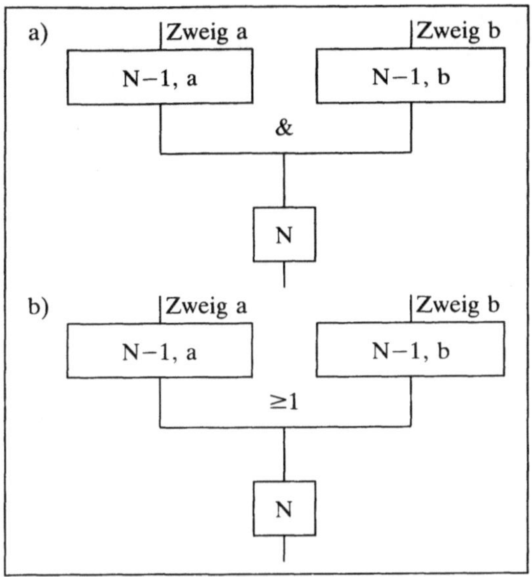

Vereinigung: Beispiele für die Zusammenführung von Ablaufketten bei
a) parallelem (UND) und
b) alternativem (ODER) Ablauf.

Verfahren, filteranalytisches →Filmdosimeter

Verfahrensleittechnik. Weitgehend synnonym gebrauchter Begriff zu →Prozeßleittechnik.

Strohrmann

Verfärbungs-Dosimeter. Unter dem Einfluß ionisierender Strahlungen verfärben bzw. entfärben sich verschiedene Stoffe wie z. B. Glas, Kunststoffe oder Kristalle. Dies kann dazu benutzt werden, die einwirkenden Dosen zu bestimmen oder wenigstens abzuschätzen. Die Tabelle zeigt Richtwerte für die Dosisbereiche, die mit verschiedenen Stoffen abgedeckt werden können.

V.-D. eignen sich insbesondere zum Bestimmen hoher Dosen. Ist die effektive Ordnungszahl der benutzten Dosimetersubstanzen etwa gleich der von Luft oder Wasser, so sind die ermittelten Dosiswerte bis herunter zu weichen energiearmen Quantenstrahlungen von etwa 20 keV weitgehend unabhängig von der Strahlenenergie. Dies gilt z. B., wenn Kunststoffe als Dosimetersubstanz verwendet werden. Ist dies nicht der Fall, wie z. B. bei Blei- oder Phosphatglas, so ergibt sich erst oberhalb von

Verfärbungs-Dosimeter. Tabelle: Meßbereiche verschiedener V.-D. (Richtwerte).

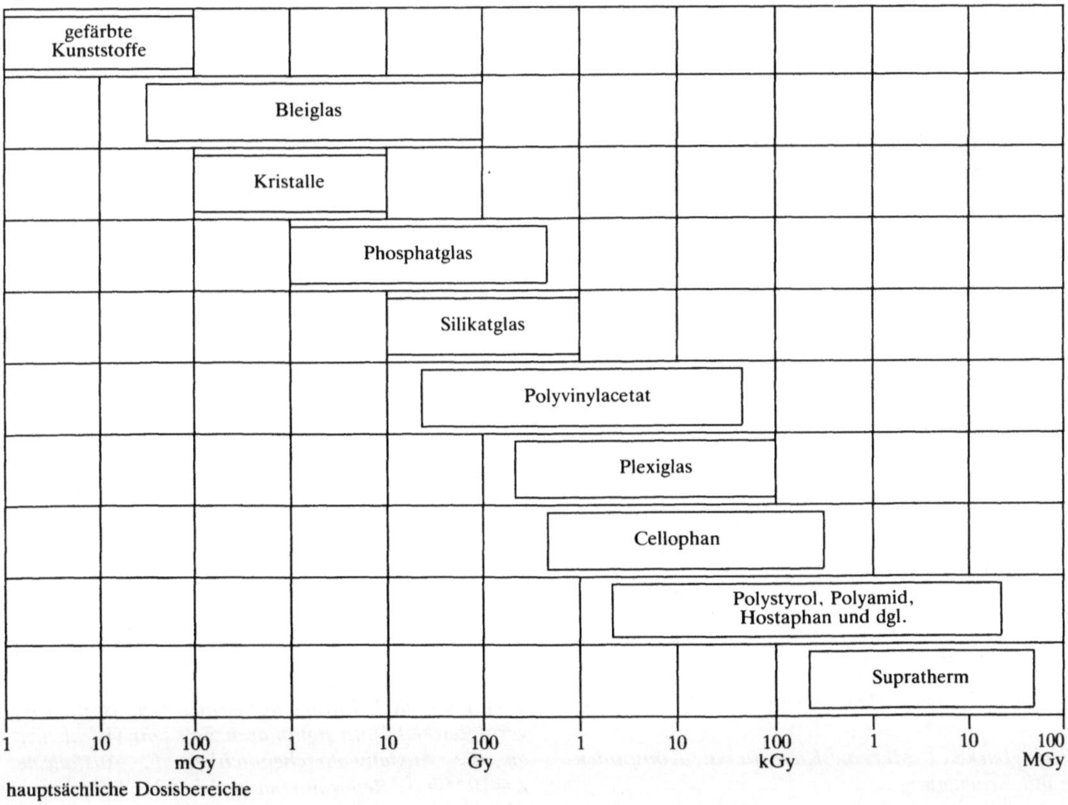

gefärbte Kunststoffe
Bleiglas
Kristalle
Phosphatglas
Silikatglas
Polyvinylacetat
Plexiglas
Cellophan
Polystyrol, Polyamid, Hostaphan und dgl.
Supratherm
1 10 100 mGy
1 10 100 Gy
1 10 100 kGy
1 10 100 MGy
hauptsächliche Dosisbereiche

200–300 keV eine einigermaßen befriedigende Energieunabhängigkeit.

Viele der benutzten V.-D. zeigen Effekte, die linear mit der einwirkenden Dosis ansteigen. Dies erleichtert die Auswertung. Ein weiterer Vorteil der V.-D. ist u. U. auch, daß sie i. a. nur auf Quanten- und Betastrahlung ansprechen, nicht aber auf Neutronen. Ein Einfluß der Dosisleistung ist meist nicht gegeben.

Das Auswerten der V.-D. erfolgt roh einfach visuell durch Vergleich mit aus gleichem Material bestehenden mit bekannten Dosen bestrahlten Stücken. Dabei ist aber nur eine ungefähre Ermittlung der Dosen mit geringer →Genauigkeit zu erreichen. Photometrische und spektralphotometrische Auswertungsgeräte lassen dagegen höhere Genauigkeit erzielen. Trotzdem ist die Methode aber nur zum Abschätzen hoher Dosen geeignet.

Wachsmann

Literatur: *Scharmann, A.*: Dosimetry of large doses of radiation by coloration or decoloration of glasses and plastics. Sel. topics in Rad. Dosimetry; IAEA, Wien 1961, S. 511/519.

Verfügbarkeit. Die V. (*engl.* availability) V(t) ist die Wahrscheinlichkeit, daß eine reparierbare Komponente im funktionsfähigen Zustand ist. Bei bekannter →Ausfallrate λ und bekannter →Reparaturrate μ berechnet sich die V. aus dem die *Markow*-Kette (Bild 1) beschreibenden System von Differentialgleichungen.

Im Zustand 1 ist die Komponente funktionsfähig, d. h. verfügbar. Im Zustand 2 ist die Komponente ausgefallen, d. h. nicht verfügbar. Mit der Ausfallrate λ geht die Komponente vom Zustand 1 in den Zustand 2 über. Mit der Reparaturrate μ wird die Komponente in den funktionsfähigen Zustand wieder zurückgeführt. Die Besetzungswahrscheinlichkeit des Zustandes i wird mit w_i und ihre zeitliche Änderung wird mit $\dot{w}_i = dw_i/dt$ bezeichnet. Zu der *Markow*-Kette gehören die folgenden Differentialgleichungen:

$$\dot{w}_1 = -\lambda w_1 + \mu w_2$$

$$\dot{w}_2 = \lambda w_1 - \mu w_2$$

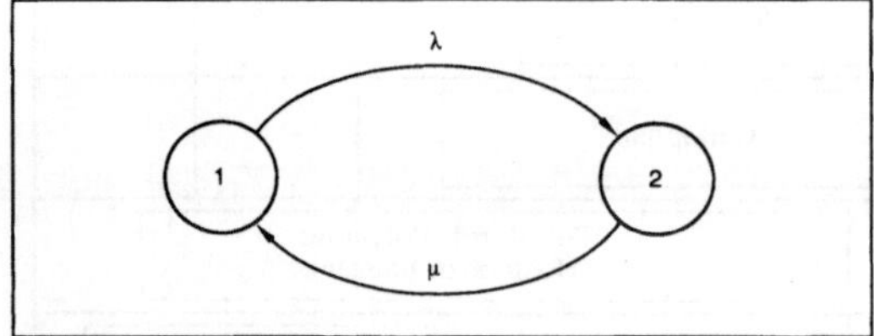

λ) Ausfallrate, μ) Reparaturrate; Zustand 1: Gerät ist funktionsfähig, Zustand 2: Gerät ist ausgefallen und in Reparatur

Verfügbarkeit 1: Markow-Kette für eine Komponente mit Erneuerung.

Mit den Anfangswerten $w_1(t=0) = a$, $w_2(t=0) = 1-a$ und der Randbedingung $w_1 + w_2 = 1$ ergibt sich die Wahrscheinlichkeit w_1 für die Besetzung des Zustands 1 zu

$$w_1(t) = \frac{\mu}{\lambda+\mu} + \left(a - \frac{\mu}{\lambda+\mu}\right) e^{-(\lambda+\mu)t}$$

Aus der Randbedingung läßt sich dann auch

$$w_2(t) = 1 - w_1(t)$$

berechnen.

Die V. V(t) ist die Besetzungswahrscheinlichkeit für den Zustand 1. Ihr Einserkomplement ist die →Nichtverfügbarkeit oder →Unverfügbarkeit (unavailability) U(t). Die Nichtverfügbarkeit als Besetzungswahrscheinlichkeit für den Zustand 2 ergibt sich zu

$$w_2(t) = U(t) = \frac{\lambda}{\lambda+\mu} - \frac{\lambda}{\lambda+\mu} e^{-(\lambda+\mu)t}$$

Während bei nicht reparierbaren Einheiten die →Überlebenswahrscheinlichkeit R(t) und die →Ausfallwahrscheinlichkeit F(t) die →Zuverlässigkeit charakterisieren (→Lebensdauerverteilung), sind es bei reparierbaren Komponenten die Kenngrößen V. V(t) und Nichtverfügbarkeit U(t). Bei kleinem Exponenten $(\lambda + \mu)t \ll 1$ unterscheiden sich die Funktionen F und U nicht (Bild 2). Ist die Ausfallwahrscheinlichkeit sehr klein, so ist naturgemäß keine Reparatur erforderlich, und die Kurve für die Unverfügbarkeit fällt mit der der Ausfallwahrscheinlichkeit zusammen. Aus den entsprechenden Gleichungen entstehen dieselben Näherungen:

$$F(t) = \lambda t \text{ für } \lambda t \ll 1$$

$$U(t) = \lambda t \text{ für } (\lambda+\mu) \ll 1$$

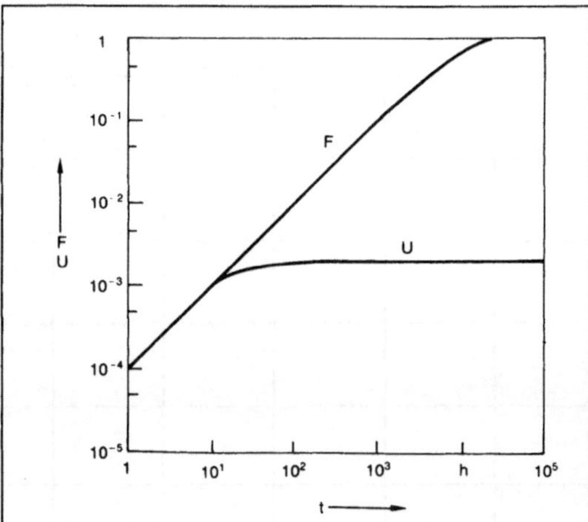

Verfügbarkeit 2: Infolge der Erneuerung ist die Unverfügbarkeit U im stationären Fall sehr viel kleiner als die Ausfallwahrscheinlichkeit F; Ausfallrate $\lambda = 10^{-4}\ h^{-1}$, Reparaturrate $\mu = 5 \cdot 10^{-2}\ h^{-1}$.

Bei größeren Zeiten und größeren Ausfallwahrscheinlichkeiten kommt dann aber der Vorteil der Reparatur zum Tragen. Nach einer genügend langen Zeit ist eine nicht reparierte Komponente mit Sicherheit ausgefallen, $F(t \rightarrow \infty) = 1$, während eine wiederherstellbare Einheit nur mit der Wahrscheinlichkeit $U(t \rightarrow \infty)$ nicht verfügbar ist. Dieser stationäre Wert der Unverfügbarkeit ist etwa nach $1/\mu = \text{MTTR}$ erreicht:

$$U(t\rightarrow\infty) = w_2(t\rightarrow\infty) = \frac{\lambda}{\lambda+\mu}$$

Im allgemeinen ist die Ausfallrate sehr viel kleiner als die Reparaturrate und kann dementsprechend im Nenner der obigen Gleichung vernachlässigt werden:

$$U(t\rightarrow\infty) = \frac{\lambda}{\mu} \text{ für } \lambda \ll \mu$$

Bei den Zahlenwerten des Bildes 2 beträgt die stationäre Unverfügbarkeit $2 \cdot 10^{-3}$; in 99,8 % der Zeit ist das Gerät betriebsfähig und in 0,2 % der Zeit in Reparatur.

Indem in der Gleichung für U(t) Zähler und Nenner mit $1/\lambda\mu$ multipliziert werden, läßt sich die stationäre Nichtverfügbarkeit auch durch die Zeiten MTTR und →MTBF ausdrücken:

$$U(t\rightarrow\infty) = w_2(t\rightarrow\infty) = \frac{\lambda}{\lambda+\mu} = \frac{1/\mu}{1/\mu + 1/\lambda} = \frac{\text{MTTR}}{\text{MTBF} + \text{MTTR}}$$

Entsprechend ergibt sich die stationäre V. zu

$$V(t\rightarrow\infty) = w_1(t\rightarrow\infty) = \frac{\mu}{\lambda+\mu} = \frac{1/\lambda}{1/\lambda + 1/\mu} = \frac{\text{MTBF}}{\text{MTBF} + \text{MTTR}}$$

Schrüfer

Verfügbarkeit, sicherheitsbezogene. Für die s. V. und für die sicherheitsbezogene →Nichtverfügbarkeit werden nur die die Sicherheit berührenden, die gefährlichen Ausfälle betrachtet und nicht auch die ungefährlichen (Ausfalleffektanalyse). Die →Ausfallrate für die gefährlichen erkennbaren Ausfälle ist λ_{21}, die für die gefährlichen nicht erkennbaren Ausfälle ist λ_{22}. Unterstellt wird, daß auf ein Reservegerät umgeschaltet wird ($\mu \rightarrow \infty$), sobald die ersteren mit der →Ausfallerkennungsrate ε_1 gefunden sind. Die nicht erkennbaren Ausfälle werden nicht entdeckt. Die Komponente ist gefährlich ausgefallen oder für die Sicherheit nicht verfügbar bei mindestens einem der beiden Ereignisse:

□ $\overline{E}_1$: Die Komponente ist wegen erkennbarer Ausfälle nicht verfügbar; die Wahrscheinlichkeit hierfür wird konservativ mit dem maximal möglichen Wert abgeschätzt zu

$$w(\overline{E}_1) = w_{21} = \frac{\lambda_{21}}{\varepsilon_1}$$

□ $\overline{E}_2$: Die Komponente ist nicht erkennbar gefährlich ausgefallen;

$$w(\overline{E}_2) = w_{22} = 1 - e^{-\lambda_{22}t} \approx \lambda_{22}t \text{ für } \lambda_{22}t \ll 1$$

Die gesamte sicherheitsbezogene →Unverfügbarkeit U_s errechnet sich als die Summe der Einzelwahrscheinlichkeiten für $\lambda_{22}t \ll 1$ zu

$$U_s(t) \approx \frac{\lambda_{21}}{\varepsilon_1} + \lambda_{22}t\,.$$

Die s. V. $V_s(t)$ ergibt sich als das Einserkomplement zur Unverfügbarkeit $U_s(t)$ zu

$$V_s(t) = 1 - \frac{\lambda_{21}}{\varepsilon_1} - \lambda_{22}t\,.$$

Schrüfer

Verfügbarkeit redundanter Systeme. Die Reparatur ist das wirksamste Mittel, um die V. eines Systems zu verbessern. Bei dem aktiv redundanten System mit zueinander parallelen Kanälen wird zunächst ein Kanal ausfallen. Das System ist über die parallelen Wege noch funktionsfähig. Der ausgefallene Kanal läßt sich reparieren. Das (m von n)-System versagt erst dann, wenn von den vorhandenen n Kanälen mehr als n − m ausgefallen sind (→Redundanz, →Ausfallwahrscheinlichkeit redundanter Systeme).

In den Fällen, in denen keine Einschränkung für die Reparatur wirksam ist, läßt sich dieser Sachverhalt mit der *Markow*-Kette (Bild 1) für ein (1 von 3)-System verdeutlichen. Die einzelnen Zustände sind wie folgt definiert:

Zustand 1: drei Einheiten sind funktionsfähig und in Betrieb

Zustand 2: zwei Einheiten sind in Betrieb, eine Einheit ist ausgefallen

Zustand 3: eine Einheit ist in Betrieb, zwei Einheiten sind ausgefallen.

Zustand 4: alle Einheiten sind ausgefallen.

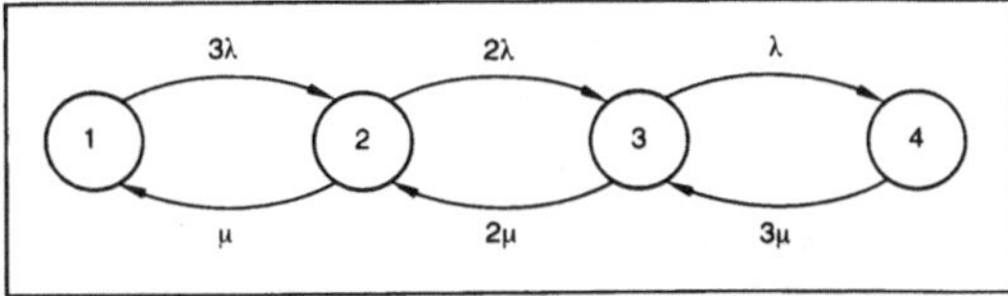

Verfügbarkeit redundanter Systeme 1: Markow-Kette eines reparierbaren (1 von 3)-Systems.

Mit der →Ausfallrate λ oder der →Reparaturrate μ wechselt das System seine Zustände. Es hat keinen absorbierenden Zustand. Nach einer gewissen Betriebszeit ist ein Gleichgewicht zwischen

Wert für die Besetzungswahrscheinlichkeit des Zustandes 4 ist deutlich kleiner als 1,

$w_4(t \to \infty) \ll 1$

Die →Nichtverfügbarkeit für den stationären Fall ergibt sich, wenn in die Formeln für die Ausfallwahrscheinlichkeit (Tabelle 1 der →Ausfallwahrscheinlichkeit) anstelle des Zahlenwertes p die stationäre Nichtverfügbarkeit eines Kanals eingesetzt wird mit

$$p = U(t \to \infty) = \frac{\lambda}{\lambda + \mu}$$

Die entsprechenden Werte sind:

System	stationäre Nichtverfügbarkeit
Einzelkomponente	$\frac{\lambda}{\lambda + \mu}$
(1 von n)-System	$(\frac{\lambda}{\lambda + \mu})^n$
(2 von 3)-System	$3 (\frac{\lambda}{\lambda + \mu})^2 - 2 (\frac{\lambda}{\lambda + \mu})^3$

Der stationäre Wert (Bild 2) der Nichtverfügbarkeit ist nach etwa fünf mittleren Reparaturzeiten erreicht (→MTTR).

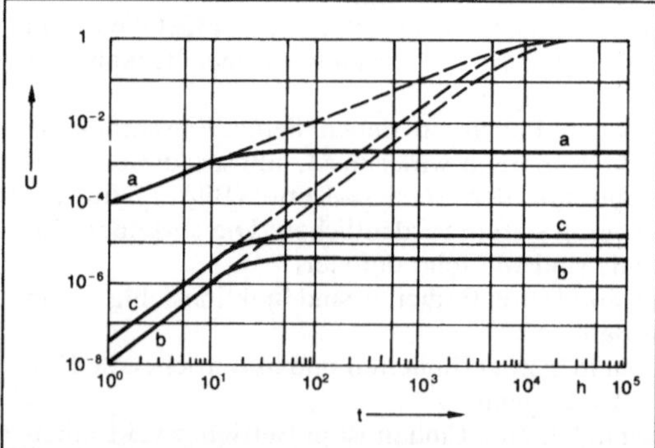

a) Einzelkomponente, b) (1 von 2)-System mit aktiver Redundanz, c) (2 von 3)-System mit aktiver Redundanz

Verfügbarkeit redundanter Systeme 2: Unverfügbarkeit (ausgezogene Linie) reparierbarer Systeme mit $\lambda = 10^{-4}\ h^{-1}$, $\mu = 5 \cdot 10^{-2}\ h^{-1}$; die Ausfallwahrscheinlichkeit der nicht reparierbaren Systeme ist gestrichelt eingetragen.

Der Gewinn an V. durch die Reparatur tritt natürlich nur dann ein, wenn die Ausfälle erkannt sind und anschließend beseitigt werden. Liegen nicht entdeckte Ausfälle vor, so ist nicht mit der →Unverfügbarkeit, sondern mit der Ausfallwahrscheinlichkeit zu rechnen. Letztere erreicht nach einer gewissen Zeit den Wert 1. Eine vollständige →Ausfallerkennung ist also auch für Auswahlschaltungen wichtig. *Schrüfer*

Vergleichsspannung. Spannung, die zur Unterscheidung zwischen log. LOW- und log. HIGH-Pegel bei digitalen Schaltungen dient. Die V. ist in der Regel programmierbar und wird an einem Eingang des Spannungskomparators in der →Pinelektronik angeschlossen. Eine gemessene Spannung, die unter der V. liegt, wird als log. LOW, eine Spannung, die über der V. liegt, als log. HIGH interpretiert.

Ist nur eine V. vorhanden, muß ein →Prüfprogramm in der Regel zweimal und zwar mit dem höchsten spezifizierten LOW-Pegel und dem niedrigsten spezifizierten HIGH-Pegel durchlaufen werden. Schnelle Prüfautomaten arbeiten daher u. U. mit einem oder mehreren Vergleichsspannungspaaren, so daß beide Vorgänge – auch bei Vorkommen unterschiedlichen Bausteintechnologien – zu einem Vorgang zusammengefaßt werden können. *Winter*

Vergleichsstelle →Thermoelement

Vergleichsverfahren. Prüfverfahren, bei dem die Reaktion des zu prüfenden Objektes mit der eines fehlerfreien Objektes verglichen wird. Beide digitalen Prüflinge werden dabei z. B. mit einem →Random-Generator einheitlich parallel stimuliert und ihre Ausgangsbitmuster verglichen. Bei Nichtübereinstimmung der Ausgangsbitmuster wird eine Fehlermeldung abgegeben.

Das Verfahren ist problematisch bei Prüflingen, die einer Initialisierung bedürfen bzw. die in irgendeiner Form synchronisiert werden müssen. Es entstehen im übrigen erhebliche Aufwände, weil für jeden →Prüfling ein fehlerfreies Muster für die Zeit seines Lebenszyklus bereitgehalten werden muß.

Um im letztgenannten Punkt Abhilfe zu verschaffen, wird das sog. LEAD-Verfahren (*engl.* Learned Executioned Diagnose Method) angewandt. Hier werden die Daten eines guten Prüflings aufgezeichnet und bei späteren Prüfungen zum Vergleich herangezogen.

Das V. besticht zunächst wegen des minimalen Programmieraufwandes, wird jedoch wegen der o. a. Problematiken kaum mehr angewandt. *Winter*

Verhältnisleitgerät. Zum Führen von Verhältnisregelungen sind in pneumatisch und z. T. auch in elektrisch instrumentierten Prozeßleitsystemen zusätzlich zu den Kompaktreglern V. erforderlich. Sie multiplizieren den Durchflußwert des Führungsreglers mit einem Faktor, der entweder mit einem

Handsteller oder durch ein externes Eingangssignal vorgegeben werden kann (→Durchflußregelung).
Strohrmann

Verifier. Bezeichnung für ein (Labor-)Testgerät mit im Vergleich zu einem für großen Prüflingsdurchsatz konzipierten Prüfautomaten reduzierten Funktionsumfang. Eingesetzt beim Prototypentest oder beim z. B. stichprobenweisen Wareneingangstest für Bausteine. Es werden jeweils nur Prüfungen nach ganz bestimmten Kriterien durchgeführt, z. B. funktionales Verhalten einer logischen Schaltung, aber keine Charakterisierung. Wegen der vereinfacht aufgebauten →Pinelektronik müssen bestimmte Stimuli- und Meßvorgänge, die üblicherweise parallel ablaufen, hintereinander mit relativ großem Zeit- und Projektierungsaufwand durchgeführt werden. *Winter*

Verifier: Testsystem für Bausteine. (Quelle: Hewlett-Packard)

Verknüpfung. V. (→Verknüpfungssteuerung) bezeichnet im Anwendungsbereich der →Steuerungstechnik vorwiegend die Verarbeitung binärer Signale nach den Booleschen Gesetzen. Die binären, logischen Grundoperationen dabei sind UND-, ODER- und Negationsoperation. *Freyberger*

Verknüpfungssteuerung. Bei V. werden die Steuerungseingriffe, also die Ausgangssignale der Steuerung durch logische →Verknüpfung der Eingangssignale im Sinne der Booleschen Algebra erzeugt. Die drei Grundfunktionen dieses Steuerungstyps sind die UND-, die ODER-Verknüpfung sowie die Negation.

Die Darstellung der Verknüpfungsbeziehungen kann als Boolesche Funktion, als →Funktionsplan, als Schalttabelle oder realisierungsnah als →Kontaktplan oder Verknüpfungsmatrix erfolgen (Bild 1, 2). *Freyberger*

a) $Y = (X1 \lor X2) \land \overline{X3}$

b) X1, X2, X3 → ≥1, & → Y

c)

X1	X2	X3	Y
0	0	1/0	0
1	0	1	0
0	1	1	0
1	1	1	0
1	0	0	1
0	1	0	1
1	1	0	1

Verknüpfungssteuerung 1: Prinzipielle Formen
a) Boolescher Ausdruck
b) Funktionsplan
c) Schalttabelle.

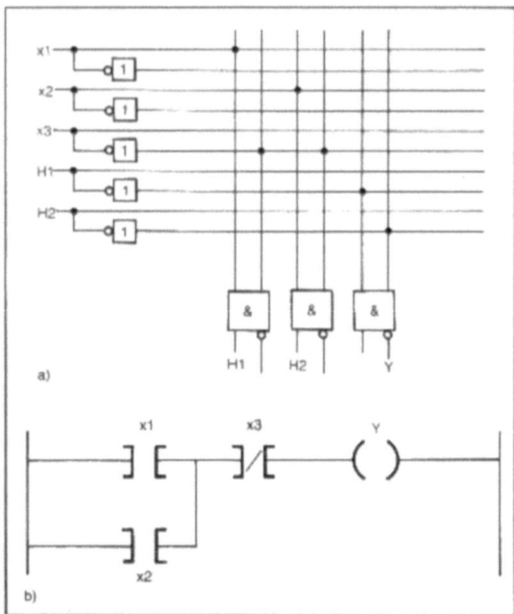

Verknüpfungssteuerung 2: Prinzipielle Formen
a) Verknüpfungsmatrix
b) Kontaktplan.

Integration. V. werden auf unterschiedliche Art in Automatisierungskonzepte integriert: Für sicherheitsrelevante Aufgaben setzt man bevorzugt gesonderte, bauteilfehlersichere oder redundante, meist verbindungsprogrammierte Systeme ein, während andere Aufgaben mit in den Prozeßleitsystemen oder Prozeßrechnern vorhandenen Möglichkeiten boolescher Verknüpfungen softwaremäßig gelöst werden. Das kann durch freie Programmierung geschehen oder durch →Konfigurierung. Letzteres in Form von →Anweisungslisten, durch Kontaktplandarstellung oder durch Funktionsplandarstellung. *Strohrmann*

Literatur: *Strohrmann, G.*: Automatisierungstechnik, Bd. 1 Grundlagen, analoge und digitale Prozeßleitsysteme. 2. Aufl. München–Wien 1990.

Verlustwinkel. Ideale induktive und kapazitive Widerstände sind technisch nicht zu realisieren. Spulen und Kondensatoren haben immer auch eine ohmsche Komponente, die bei Stromdurchgang zu Energieverlusten führt. Der Phasenwinkel φ zwischen Spannung und Strom beträgt nicht 90 °, sondern ist um den V. δ geringer:

$\delta = 90° - \varphi$.

Bei einer →Spule tragen der ohmsche Widerstand der Wicklung, die Wirbelströme im Eisen und die Ummagnetisierung des Eisens zu den Verlusten bei. Bei einem Kondensator sind es die begrenzte Isolation der Elektroden und des Dielektrikums.

Das Verhalten von Spule und Kondensator wird durch eine Ersatzschaltung beschrieben, in der die Wirkkomponente durch einen ohmschen Widerstand in Reihe oder parallel zum Blindwiderstand berücksichtigt wird (Bild). Den Tangens des V. δ nennt man Verlustfaktor. Er hängt von der Frequenz und der Temperatur ab. *Hammerschmidt*

Ersatzschaltung	Zeigerdiagramm	tan δ
$\underline{U}$, $\underline{I}$, $\underline{U}_L$, $\underline{U}_R$, L, R_r	$\underline{U}_R$, $\underline{U}_L$, δ, φ, $\underline{U}$, $\underline{I}$	$\frac{U_R}{U_L}$ $\frac{R_r}{\omega L}$
$\underline{U}$, $\underline{I}$, $\underline{U}_C$, $\underline{U}_R$, C, R_r	$\underline{I}$, φ, $\underline{U}_C$, δ, $\underline{U}$, $\underline{U}_R$	$\frac{U_R}{U_C}$ $R_r\,\omega C$
$\underline{U}$, $\underline{I}$, $\underline{I}_L$, L, $\underline{I}_R$, R_P	$\underline{U}$, φ, $\underline{I}_L$, δ, $\underline{I}$, $\underline{I}_R$	$\frac{I_R}{I_L}$ $\frac{\omega L}{R_p}$
$\underline{U}$, $\underline{I}$, $\underline{I}_C$, C, $\underline{I}_R$, R_p	$\underline{I}_R$, $\underline{I}_C$, δ, φ, $\underline{I}$, $\underline{U}$	$\frac{I_R}{I_C}$ $\frac{1}{R_p\omega C}$

Verlustwinkel: Reihen- und Parallel-Ersatzschaltung für verlustbehaftete induktive und kapazitive Widerstände.

Verriegelung. Die V. bedeutet in der Steuerungstechnik das Blockieren von

– Ausgabe- und Bediensignalen, z. B. Stellsignale oder Betriebsartenumschaltung und von

– Operationen, z. B. Verzweigen in einer →Ablaufkette oder Ansteuerung eines Stellbefehlelementes,

durch ein →Signal. Dieses sog. Verriegelungssignal kann ein →Prozeßsignal, z. B. ein Grenzwertsignal, oder ein aufgrund einer →Verknüpfung, der sog. Verriegelungsbedingung, gewonnenes Signal sein.

Die Bedingung wird dabei häufig als eine Verknüpfung mehrerer Signale und ggfs. Warte- und Überwachungszeitsignale formuliert.

Die negierte V. kann auch als sog. Freigabe interpretiert werden.

Eine besondere Bedeutung kommt der Sicherheits-V. zu, die den Schutz von Mensch, Umwelt und Anlage, durch Ausschluß fehlerhafter Ausgabe- und Bedienoperationen gewährleisten muß. Eine typische Schutzverriegelung wird, z. B. bei Waschmaschinen mit Hilfe eines Deckelschalters aufgebaut, um zu verhindern, daß ein Anlauf bei offenem Deckel erfolgt. Dazu wird der Kontakt des Deckelschalters (geschlossen bei geschlossenem Deckel) in Reihe mit dem Einschaltkontakt (Verknüpfung gemäß Boolescher UND-Funktion) verschaltet. *Freyberger*

Verschleißausfall. Der V. einer Komponente tritt infolge Abnutzung am Ende der →Lebensdauer auf (→Badewannenkurve, →Normalverteilung, →Weibull-Verteilung). *Schrüfer*

Verstärker, invertierend. Der i. V. ist ein →Operationsverstärker, bei dem der n-Eingang beschaltet und der p-Eingang auf Masse gelegt ist. Er kann so gegengekoppelt werden (Bild), daß seine Ausgangsspannung u_a gleich der negativen Eingangsspannung u_e ist, $u_a = -u_e$. *Schrüfer*

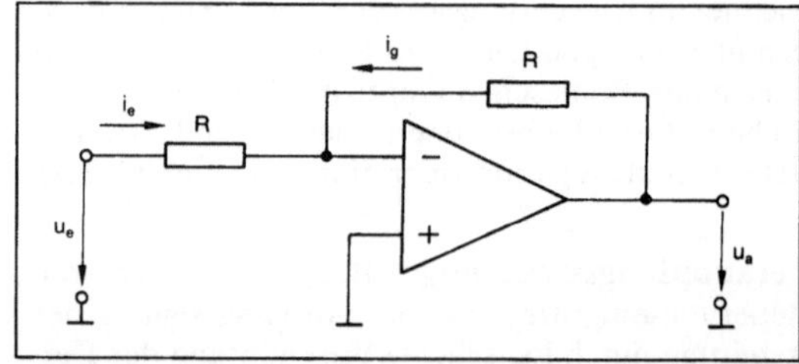

Verstärker, invertierend: Polaritätsumkehr durch den i. V.

Verstärker, ladungsempfindlich →Integrationsverstärker

Verstärker, logarithmisch. Der Logarithmierer ist ein →Meßverstärker (invertierender →Operationsverstärker) mit einer Diode in der Gegenkopplung (Bild). Die exponentielle Kennlinie der Diode führt dazu, daß die Ausgangsspannung U_a des invertierenden Verstärkers von dem Logarithmus des Eingangsstroms I_e abhängt. Ist I_s der Sperrstrom der benutzten Diode, so gilt

$$U_a = -0{,}026 \ln \frac{I_e}{I_s} = -0{,}06 \log \frac{I_e}{I_s} \text{ in V.}$$ *Schrüfer*

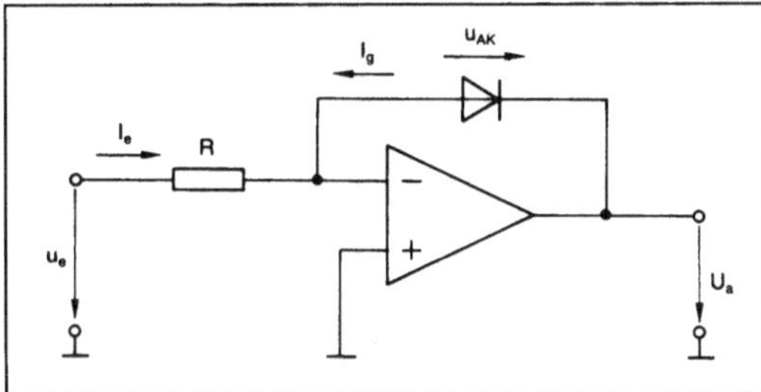

Verstärker, logarithmisch: Logarithmieren mit dem Umkehrverstärker.

Verstärker, nichtinvertierend →Elektrometer-Verstärker

Verstärker, radizierend. Der r. V. ist ein →Meßverstärker (invertierender →Operationsverstärker), dessen Ausgangsspannung u_a proportional der Wurzel der Eingangsspannung u_l ist. Dies wird erreicht, indem ein →Multiplizierer mit $u_g = ku_au_a$ in die Gegenkopplung des invertierenden Verstärkers gelegt wird (Bild). Dessen Ausgangsspannung u_a ist dann

$$u_a = -\sqrt{\frac{R_g}{kR_l}\, u_l}.$$ *Schrüfer*

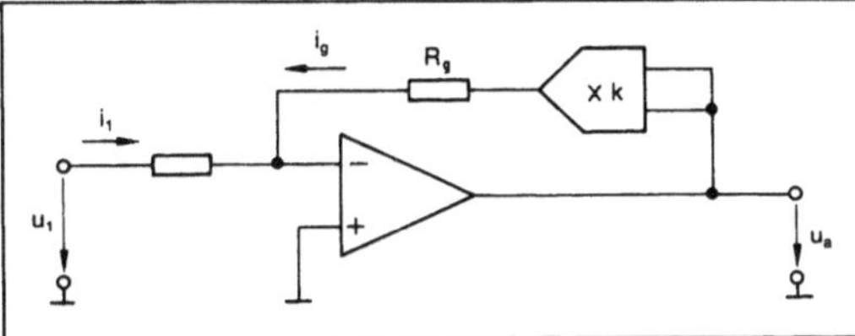

Verstärker, radizierend: Prinzipieller Aufbau.

Verstärkungs-Bandbreite-Produkt. Produkt aus dem Verstärkungsfaktor (in der Mitte des zu übertragenen Bandes) und der Bandbreite eines Verstärkers (Transistor, →Verstärker, Verstärkerstufe, →Operationsverstärker u. a.). Verstärker zeigen Tiefpaßverhalten. Deshalb wird die Bandbreite durch die →Grenzfrequenz (meist durch die „3 dB-Bandbreite") definiert. Nun trifft zu, daß eine Erhöhung der Verstärkung die Bandbreite senkt und umgekehrt. Deshalb wird besser das V. angegeben.

Bei exaktem Tiefpaßverhalten (Tiefpaß erster Ordnung) hat das V. – auch bei beliebiger Gegenkopplung – einen konstanten Wert, wenn die Verstärkung mit wachsender Frequenz um 20 dB/Dekade fällt. Im besonderen ergibt sich dann bei einem Abfall der Verstärkung auf V = 1 die sog. f_1-Grenzfrequenz (keine Verstärkerwirkung mehr vorhanden, Grenzfrequenz). Bei Operationsverstärkern gibt es – je nach Aufbau und →Frequenzgang – Bereiche mit einem Abfall von 20 dB/Dekade, aber auch solche mit größerem Abfall. Für intern kompensierte Verstärker kann man aber in guter Näherung mit einem 20 dB/Dekade Abfall rechnen.

R. Paul

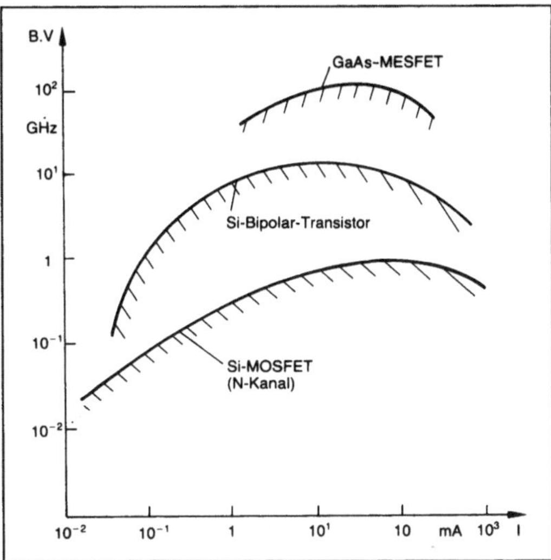

Verstärkungs-Bandbreite-Produkt: Verlauf für analoge Verstärkerstufen tendenziell über dem Strom dargestellt, wie sie in Mikrowellenstufen Anwendung finden. Man erkennt die deutliche Überlegenheit des MESFET.

Verteilerventil. →Stellventil, das einen einlaufenden Stoff- oder Energiestrom in zwei Teilströme A und B verteilt. Die Verteilung ist eine Funktion des Stellhubes: In den Endstellungen wird der eingehende Strom entweder vollständig in den Teilstrom A oder in den Teilstrom B überführt, in den Zwischenstellungen wird durch Drosselung in den Sitz-Kegel-Garnituren die gewünschte Aufteilung eingestellt. Das Bild zeigt ein Doppelsitzventil für Produktverteilungen. Die K_{vs}-Werte beider Sitz-Kegel-Garnituren sind in solchen Ventilen meist gleich oder doch nicht sehr unterschiedlich. Haben die ablaufenden Ströme sehr unterschiedliche Stärke oder sehr unterschiedliche Drücke, so läßt sich die Aufgabe der Produktverteilung besser mit zwei Durchgangsventilen lösen. Die Wirkungsweise ist so zu wählen, daß mit steigendem Stellsignal ein Ventil öffnet, das andere schließt (→Mischventil). *Strohrmann*

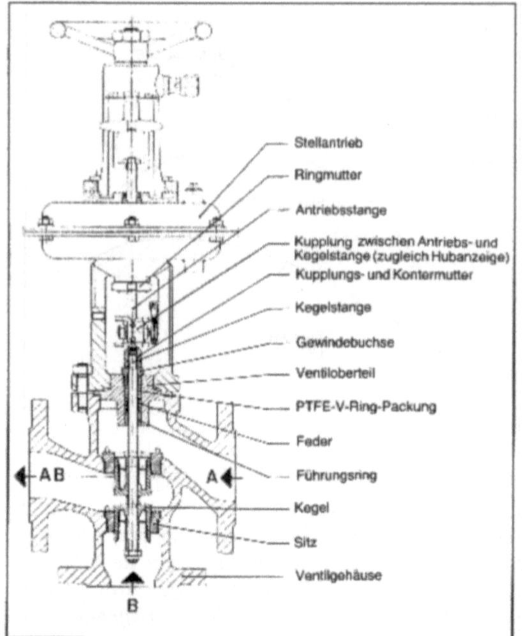

1. Ventilgehäuse, 2. Sitz, 3. Kegel, 4. Stopfbuchse, 4.1 Feder, 4.2 PTFE-V-Ring-Packung, 4.4 Kontrollanschluß, 5. Ventiloberteil, 5.1 Führungsring, 5.2 Gewindebuchse, 6. Kegelstange, 6.1 Kupplungs- und Kontermutter, 7. Kupplung zwischen Antriebs- und Kegelstange (zugleich Hubanzeige), 8. Stellantrieb, 8.1 Antriebsstange, 8.2 Ringmutter, 9. Zusätzl. Metallbalgabdichtung, 10. Abdichtungsmetallbalg

Verteilerventil: Dreiwege-Membranventil mit Sitz-Kegel-Anordnung für Verteilbetrieb. (Quelle: Samson)

Verteiltes Automatisierungssystem →Automatisierungssystem, dezentrales.

Vertrauensbereich →Schätzwert und Vertrauensbereich der Ausfallrate; →Schätzwert und Vertrauensbereich der mittleren Lebensdauer

Verzögerungsglied.

Steuerungstechnik. Das V. ist Grundglied der Steuerungstechnik. Es modifiziert den zeitlichen Verlauf eines binären Signales durch Signalverzögerung. Sie kann sich auf:
- den Einschaltvorgang (→Einschaltverzögerung)
- den Ausschaltvorgang (→Ausschaltverzögerung)
- den Einschalt- wie den Ausschaltvorgang (Einschalt- und Ausschaltverzögerung)

auswirken. Die zeitliche Dauer der Verzögerung kann je nach Ausführung dieses Grundgliedes fest oder einstellbar sein. Schaltfolgediagramme und Funktionsplansymbole dieser V. sind im Bild zusammengestellt. *Freyberger*

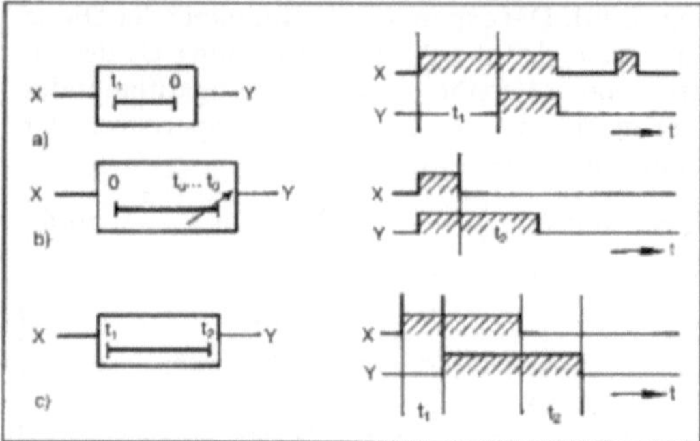

Verzögerungsglied: Beispiele für V. mit fester und einstellbarer Verzögerungszeit
a) Einschaltverzögerung t_1 fest
b) Ausschaltverzögerung $t_u < t_2 < t_0$ variabel
c) Einschalt-/Ausschaltverzögerung t_1, t_2 fest.

Regelungstechnik. Ein V. hat stationär →P-Übertragungsverhalten. Das Ausgangssignal ist jedoch gegenüber dem Eingangssignal verzögert. Bei einer einfachen Verzögerung mit nur einer Zeitkonstanten T handelt es sich um ein →Übertragungsglied erster Ordnung, und es wird als P-T_1-Glied bezeichnet. Mehrfache Verzögerungen werden durch einen entsprechenden Index gekennzeichnet, z. B. als P-T_k-Glied. Es kann aus einer Kettenschaltung (→Übertragungsglied, linear) von k P-T_1-Gliedern bestehen (→Übertragungsglied zweiter Ordnung). Verzögerungen treten immer bei Übertragungsgliedern mit →D-Übertragungsverhalten auf. Dann hat man es beispielsweise mit einem D-T_1-Glied zu tun (→PD-, →PID-Übertragungsverhalten). *Böttiger*

Verzögerungsleitung. (*engl.* delay line) In der Nachrichtentechnik, der Datentechnik und der Regelungstechnik besteht oft die Aufgabe, ein elektrisches Signal um eine bestimmte Zeit zu verzögern, z. B.:
- in der Elektroakustik zur künstlichen Erzeugung von Echos und Nachhall (einige Zehntel Sekunden bis Sekunden)
- in der Fernsehtechnik, System PAL, zur Verzögerung einer Bildzeile um eine Zeilendauer (64 µs), um Farbfehler zu eliminieren,
- in Datensichtgeräten als Wiederholspeicher
- in der Zeitmultiplex-Vermittlungstechnik zur Verschiebung der Sprachsignale (Puls) eines Fernsprechkanals in eine freie Zeitlage (bis 125 µs)
- in Laufzeitröhren zur Anpassung der Ausbreitungsgeschwindigkeit des zu verstärkenden Hochfrequenzsignals an die Elektronengeschwindigkeit.

Um ein →Signal zu verzögern, nutzt man die Ausbreitungszeit des Signals in einem geeigneten Medium aus. Für viele praktische Anwendungen, wo Laufzeiten von einigen µs bis ms gebraucht werden, eignen sich Schallwellen in festen Körpern.

Dazu wird das elektrische Signal durch einen entsprechenden →Wandler in ein akustisches Signal umgewandelt, in den festen Körper am Anfang eingekoppelt und am Ende durch einen umgekehrten Wandler in ein elektrisches Signal zurückverwandelt.

Für Verzögerungszeiten bis zu 50 µs eignen sich Stahldrähte als Träger von logitudinalen Schallwellen. Die Schallgeschwindigkeit in Stahl beträgt etwa 5000 m/s, so daß der Draht für 50 µs eine Länge von 25 cm haben muß. Um den Draht elektromagnetisch ankoppeln zu können, verwendet man magnetostriktiven Stahldraht. Da die Magnetostriktion unabhängig vom Vorzeichen der Magnetisierung ist, muß der Draht durch ein permanentes Magnetfeld vormagnetisiert werden, andernfalls würde Frequenzverdoppelung auftreten. Mit der Stärke der Vormagnetisierung läßt sich auch ein →Arbeitspunkt einstellen, bei dem die Magnetostriktion am größten ist. Akustische Absorber an den Drahtenden verhindern störende Reflexionen. Die höchste anwendbare Frequenz ist 4 MHz. In einer Abwandlung des Prinzips werden Torsionswellen im Stahldraht benutzt (3000 m/s). Damit sind Verzögerungszeiten bis zu 2 ms erreicht worden. Der mehrere Meter lange Draht wird in einigen Windungen aufgespult.

Akustische Oberflächenwellen lassen sich auf piezoelektrischen Substraten mit Metallelektroden anregen. Als Materialien werden verwendet: →Quarz, Lithiumniobat, Lithiumtantalat, Wismuth-Germanium-Oxid. Die Schallgeschwindigkeit beträgt etwa 3000 m/s, so daß sich Verzögerungszeiten von 20 µs erreichen lassen.

Im PAL-Farbfernsehempfänger muß das Signal einer Zeile um eine Zeitdauer von 64 µs verzögert werden. Man verwendet dazu einen Glasstab von etwa 18 cm Länge mit einem Querschnitt von 2 cm · 2 cm. Das Videosignal (0 bis 5 MHz) wird in einem →Modulator einer Trägerfrequenz aufmoduliert (Modulation). Das entstehende Zweiseitenband-Trägerfrequenzsignal reicht von 20–30 MHz. Es wird einem piezoelektrischen Wandler an einem Ende des Glasstabs zugeführt. Das Ultraschallsignal gelangt nach 64 µs an den zweiten Wandler am unteren Ende des Glasstabs und wird dort in ein elektrisches Signal zurückverwandelt. Es folgen ein Verstärker und ein Demodulator.

Mit der Entwicklung der integrierten Schaltungen werden in der digitalen Technik, insbesondere der Datentechnik und der Zeitmultiplex-Vermittlungstechnik zunehmend Schieberegister als Verzögerungsglieder benutzt. Diese benötigen ein Taktsignal zu ihrer Steuerung. Sie arbeiten noch bis zu Taktfrequenzen von einigen 100 MHz. Schieberegister werden auch für wertkontinuierliche Signale bis 10 MHz verwendet (Pulsamplitudenmodulation; Modulation). Es wird über Versuche berichtet, nach denen Analogwert-Schieberegister bis 100 MHz Taktfrequenz gearbeitet haben.

Für die Erzeugung von künstlichen Echos und Nachhall werden Magnetbandgeräte mit endlosem Band verwendet (Tonaufzeichnung). Hinter dem Aufnahmekopf sind mehrere Hörköpfe und ein Löschkopf angebracht. An den Hörköpfen lassen sich die Verzögerungszeiten und die Intensitäten der Echos bzw. des Nachhalls einstellen.

Bei Laufzeitröhren wird eine hochfrequente Welle so weit verzögert, daß sie mit einem Strahl aus beschleunigten Elektronen in Wechselwirkung treten und Energie zur Schwingungsanregung oder Verstärkung aufnehmen kann. Verwendet werden dazu Drahtwendeln, meist aus Molybdän, oder gekoppelte Resonatoren, die aus Kupfer hergestellt werden. Da sich neben der Nutzwelle auch noch weitere Teilwellen als Störwellen ausbreiten können, muß die V. entsprechend ausgelegt werden.

→Piezokeramik *Kiesel/Bath*

Literatur: *Dillenburger, W.*: Einführung in die Fernsehtechnik. Bd. 2. Studiogeräte und Empfänger für Schwarz/Weiß- und Farbfernsehen. Berlin 1969.

Verzweigung. Die Signalverzweigung (vgl. DIN 19237, DIN 40719 Teil 6) innerhalb der →Steuerungstechnik kann im einfachsten Falle unkonditioniert erfolgen wenn z. B. ein Eingangssignal zur Realisierung der gewünschten Steuerungsfunktion mehreren Verknüpfungsnetzwerken zugeführt werden muß. Dazu wird ohne weitere Kennzeichnung die Wirkungslinie verzweigt (Bild a, S. 656).

Bei der Verschaltung von Ablaufketten zu Ablaufsteuerwerken ist zwischen UND- und ODER-V. zu unterscheiden.

Im Falle der UND-V. werden bei gesetztem Vorläuferschritt und erfüllter Transition die nachgeschalteten Ablaufketten parallel durchlaufen. Der Vorläuferschritt wird dann rückgesetzt wenn alle Anfangsschritte der parallelen, nachfolgenden Ablaufketten gesetzt sind. Damit lassen sich Steuerungen mit parallel ablaufenden Prozessen, sog. nebenläufigen Prozessen, aufbauen.

Im Falle der ODER-V. wird jeweils alternativ nur die nachfolgende →Ablaufkette durchlaufen für die die zugeordnete Transitionsbedingung zuerst erfüllt ist. *Freyberger*

VHDL. Abk. für *engl.* Very High Speed Integrated Circuit Hardware Description Language. Allgemein einsetzbares Sprachformat zur Beschreibung der funktionellen Eigenschaften von elektronischen Schaltungen. VHDL und insbesondere das daraus aufbauende Format WAVES (Waveform and Vector Exchange Specification) können in Zukunft als Basis für eine einheitliche Erstellung und den Austausch von Prüfprogrammen betrachtet werden (→Prüfprogrammaustauschformat). *Winter*

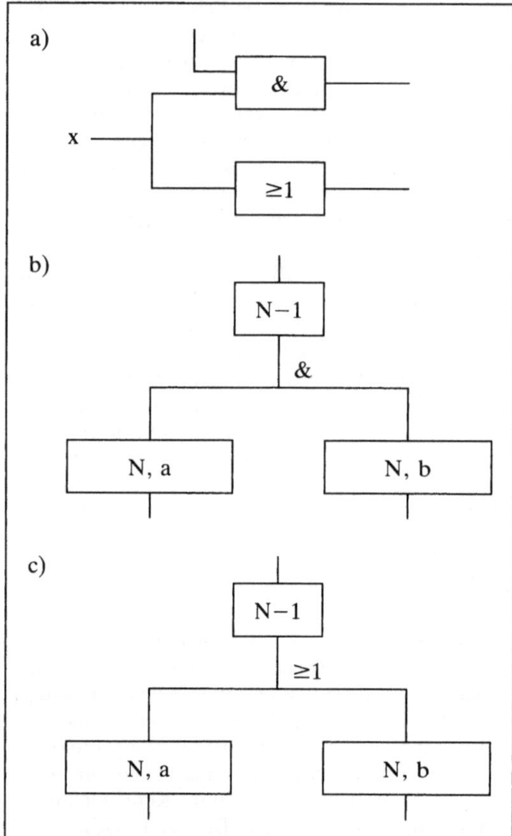

Verzweigung: Beispiele der Signalverzweigung.
a) V. der Wirkungslinie bei Mehrfachnutzung
b) UND-V. bei Ablaufketten
c) ODER-V. bei Ablaufketten.

Videobild. Alphanumerische oder graphische, meist farbige Darstellungen auf Bildschirmen zur →Prozeßführung oder zum Konfigurieren von Anwenderprogrammen (→Informationsdarstellung auf Bildschirmen). *Strohrmann*

Vielfachmeßgerät →Multimeter; →Spannungsmessung, elektrische

Vierleitertechnik. Anschlußart von Meßumformern mit Strom- oder Spannungssignal. Im Gegensatz zur →Zweileitertechnik werden die →Meßumformer im Feld getrennt mit Energie versorgt. Geräte mit Vierleiteranschluß können neben Signalen mit →Life-Zero auch 0 bis 20 mA- und Spannungssignale ausgeben. *Strohrmann*

Volt. SI-Einheit der elektrischen Spannung, nach *A. Volta* (1745–1827) benannt. Einheitenzeichen V. $1\,V = 1\,m^2\,kg\,s^{-3}\,A^{-1}$ (→Einheiten des SI). *Hammerschmidt*

Von-Klitzing-Effekt. *Klaus von Klitzing*, Nobelpreisträger für Physik 1985, untersuchte den →Hall-Effekt (→Hall-Generator) in dünnen Silicium-Schichten bei tiefen Temperaturen und hohen Magnetfeldern. Er fand, daß die Elektronen nur diskrete Energieniveaus annehmen, d. h. auf diskreten Bahnen laufen. Der *Hall*-Widerstand R, als Quotient aus der *Hall*-Spannung U und dem Steuerstrom I, ist quantisiert. Wird er, bei einem festen Magnetfeld der Induktion B, in Abhängigkeit von einer die Konzentration der Ladungsträger steuernden Spannung U_g gemessen, so treten charakteristische Stufen auf (Bild). Die Widerstandswerte der Stufen hängen ausschließlich von dem *Planck'schen* Wirkungsquantum h, der Elementarladung e_o und dem Zählerparameter z ab, der die möglichen Energieniveaus kennzeichnet:

$$R = \frac{U}{I} = \frac{1}{ne_o}\frac{1}{d}B = \frac{1}{z}\frac{h}{e_0^2}\frac{Ws\cdot s}{As\cdot As}.$$

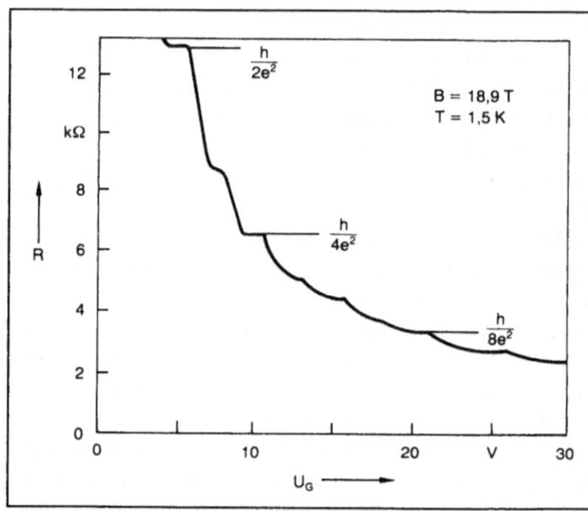

Von-Klitzing-Effekt: Stufenförmiger Verlauf des Hall-Widerstandes bei tiefen Temperaturen und hohen Magnetfeldern.

Diese Widerstandswerte sind unabhängig von der Geometrie und von dem Material der verwendeten Sonden. Damit ist es gelungen, das →Ohm als Einheit des elektrischen Widerstandes auf zwei Naturkonstanten, d. h. auf ein Naturmaß zurückzuführen. Der *Hall-Effekt* bietet damit eine Möglichkeit zur genauen und reproduzierbaren Darstellung der Einheit Ohm. *Schrüfer*

Literatur: *von Klitzing, K.*: Quantisierter Hall-Widerstand zweidimensionaler Elektronensysteme. PTB-Ber. PTB-E-18, 1981, S. 117/130.

Vorhaltzeit →PD-Übertragungsverhalten, →PID-Übertragungsverhalten

Vorspannung, magnetische. Bei einer →Differentialfeldplatte in →Brückenschaltung ergibt sich die maximale relative Widerstandsänderung bei einer bestimmten magnetischen Induktionsflußdichte (z. B. 0,3 Tesla). Zur Steigerung der Meßempfindlichkeit wird diese Induktionsflußdichte häufig durch einen Permanentmagneten vorgegeben.

Schaumburg

Vorsteuerung. Auch Vorwärtssteuerung oder Führungsgrößenaufschaltung. Die V. wird als eine der →Regelung überlagerte →Steuerung eingesetzt, um das →Führungsverhalten einer →Folgeregelung zu verbessern.

Die V. arbeitet nach dem gleichen Prinzip wie die →Störgrößenaufschaltung bezogen auf die →Führungsgröße. Diese wird über ein Steuerungselement zusätzlich auf den Reglerausgang geschaltet, so daß trotz Einsatz eines einfachen Reglers ein gutes dynamisches und stationäres →Folgeverhalten erreicht wird.

Wenn die Aufschaltung auf den Reglerausgang mit gerätetechnischem Aufwand verbunden ist, wird ein Vorfilter verwendet. Die Führungsgröße wird, bevor sie auf den Reglereingang gegeben wird, durch ein vorgeschaltetes →Übertragungsglied so beeinflußt, daß die Verzögerung des Regelkreises mindestens teilweise kompensiert wird. Dieses Vorfilter muß deshalb einen Vorhalt erzeugen, d. h. es muß →PD-Übertragungsverhalten haben. Dann wird die →Regelgröße schneller gleich der Führungsgröße als durch die Regelung allein.

Böttiger

Literatur: *Böttiger, A.:* Regelungstechnik. München 1988. – *Leonhard, W.:* Einführung in die Regelungstechnik. Braunschweig 1981.

Vorwärtssteuerung →Vorsteuerung

W

Waage → Wägen

Waferprober. Zusatz zu einem Bausteinprüfautomaten, mit dem Siliciumscheiben, sog. Wafers, die eine Vielzahl gleicher Schaltungen enthalten, vor dem Auftrennen in einzelne Schaltungen, geprüft werden können.

Der W. enthält feine Kontaktierspitzen in Form der → Nadelkarte, die die Anschlußflächen der Einzelschaltungen kontaktieren.

Defekte Schaltungen werden maschinell mit einem Farbtupfen markiert oder ihre Position mit Hilfe eines Rechners in einer *Wafer map* erfaßt und an weitere Bearbeitungswerkzeuge weitergegeben.

Winter

Waferprüfung. Im Fertigungsprozeß elektronischer Bauelemente sind auf einer Siliciumscheibe (Wafer) eine Vielzahl von Einzelschaltungen untergebracht. Bevor nun die Trennung der Einzelkomponenten durchgeführt wird, werden alle Einzelschaltungen nacheinander geprüft. Dies bezeichnet man als W. Hierzu wird mit einem → Waferprober eine → Nadelkarte nacheinander an alle Einzelschaltungen kontaktiert und mit einem Prüfsystem der Test der Einzelschaltung vorgenommen. Defekte Schaltungen werden mit einem Tintenspritzer gekennzeichnet. Ziel der W. ist es, nur gute Einzelschaltungen zur nächsten Fertigungsstufe (Gehäusemontage) durchzulassen. *Tannhäuser*

Waferscan. W. bezeichnet einen Wafertest, bei dem alle Systeme auf einer Halbleiterscheibe gemessen werden. Die Messung eines Systems muß dabei nicht alle Funktionen erfassen, da das fertige Bauelement mit Gehäuse in der Regel noch einmal getestet wird.

Beim W. werden die als fehlerhaft erkannten Systeme (Chips) mit Hilfe eines „Inkers" markiert, um sie von der Weiterverarbeitung auszunehmen.

Obermeir

Wäge-Umsetzer → A/D-Umsetzer mit sukzessiver Approximation

Wägen. W. heißt, die Masse eines Körpers mit einer Waage messen. Primäre Meßgröße ist das Gewicht. Die Masse ist eine Grundeigenschaft der Körper, die sich (in der nichtrelativistischen Mechanik) als träge Masse und schwere Masse äußert. Die träge Masse strebt gleichförmig geradlinige Bewegungen an und übt gegen jede Geschwindigkeitsänderung nach Betrag und Richtung eine Widerstandskraft aus, die schwere Masse ist Ausgangs- und Angriffspunkt der gegenseitigen Massenanziehung (Gravitation). Beim W. bestimmt man gewöhnlich die Masse als Maß für die im Körper enthaltene Stoffmenge. In der Regel begnügt man sich, das mit der Waage bestimmte Gewicht als Maß für die Stoffmenge zu verwenden. Das Gewicht eines Körpers ist die Kraft, die das Schwerefeld der Erde auf diesen ausübt (genauer: das Gewicht resultiert aus der Massenanziehung zwischen Erde und Körper sowie der von der Erdrotation stammenden Zentrifugalkraft). So definiert (DIN 1305), ergibt sich das Gewicht als Produkt aus Masse und lokaler Erdbeschleunigung. Letztere ist vom Wägeort abhängig. Sie beträgt z. B. in München 9,80733 ms^{-2}, in Paris 9,80943 ms^{-2}, in Rom 9,80367 ms^{-2}. Eine Waage für genauere Wägungen sollte daher am Wägeort mit einem Massennormal geeicht werden, wenn die Wägung nicht auf einem direkten Massenvergleich beruht.

Waagenmerkmale: Waagen lassen sich anhand folgender meßtechnischer Merkmale einteilen:

□ Höchstlast (abgekürzt „Max"),

□ Digitaler Teilungswert d_d. Die Anzahl der Anzeigeschritte ist $n = Max/d_d$.

Die Waagen werden in vier Genauigkeitsklassen eingeteilt:

I.	Feinwaagen	$d_d \approx 5\ \mu g$,	$n \approx 10^2$
		$d_d \approx 1\ mg$,	$n \approx 10^5$
II.	Präzisionswaagen	$d_d \approx 1\ mg$,	$n \approx 10^5$
		$d_d \approx 1\ g$,	$n \leq 10^4$
III.	Handelswaagen	$d_d \approx 0{,}1\ g$,	$n \leq 10^4$
		$d_d \approx 10\ g$,	$n \leq 10^3$
IV.	Grobwaagen	$d_d \approx 10\ g$,	$n \leq 10^2$
		$d_d \approx 10\ kg$,	$n < 10^3$

Bei den Laboratoriumswaagen ist weiter folgende Unterteilung gebräuchlich:

	Anzeige	Höchstlast
Ultramikro-Analysenwaage	$d_d \approx 0{,}1\ \mu g$	Max 3 g
Mikroanalysenwaage	$d_d \approx 1\ \mu g$	
Semimikro-Analysenwaage	$d_d \approx 0{,}01\ mg$	Max 150 g
Makro-Analysenwaage	$d_d \approx 0{,}1\ mg$	Max 150 g
Präzisionswaage	$d_d > 1\ mg$	
	$d_d \approx 1\ g$	Max 25 kg

Hinsichtlich der Bauform ist zu unterscheiden zwischen unterschaligen Waagen mit frei hängender Lastschale und oberschaligen Waagen (Bild 1, 2). Feinwaagen besitzen in der Regel erstere Bauform. Hochauflösende Feinwaagen haben ein windgeschütztes Wägeabteil. Anstelle der Schneidelager verwendet man in neueren Waagen auch Torsionsband- oder Kreuzbiegelager. In jedem Fall bietet das unterschalige Bauprinzip die höchste →Genauigkeit und feinste Auflösung kleiner Gewichtsunterschiede. Oberschalige Waagen mit geführter Wägeplattform (Bild 2) besitzen nicht den Nachteil der Schalenpendelung und bieten besseren Zugang zur Waagschale. Die Trägersäule der Waagschale wird durch zwei Lenkerpaare mit elastischen Biegelagern senkrecht gehalten und geführt. Feinwaagen sind auch hier mit einem Windschutz ausgerüstet.

Nach dem Wägeprinzip kann man die Waagen grob einteilen in elektronische Waagen mit digitaler →Anzeige und mechanische Waagen mit schaltbaren Gewichten. Feinwaagen sind oft mit einem schaltbaren Substitutionsgewichtssatz ausgestattet und arbeiten im Feinwägebereich nach dem elektronischen Prinzip.

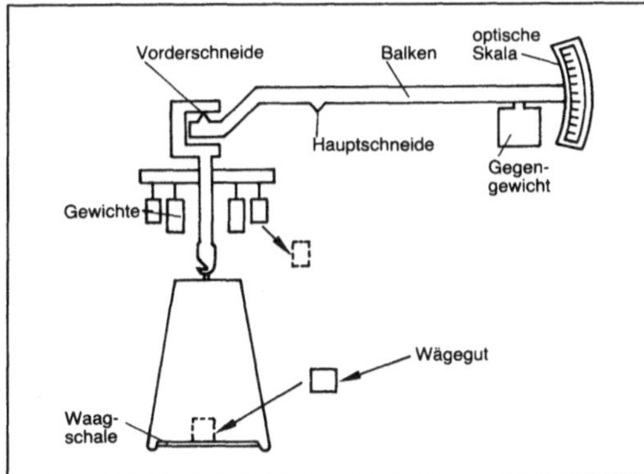

Wägen 1: Unterschalige mechanische Waage mit schaltbarem Substitutionsgewichtssatz.

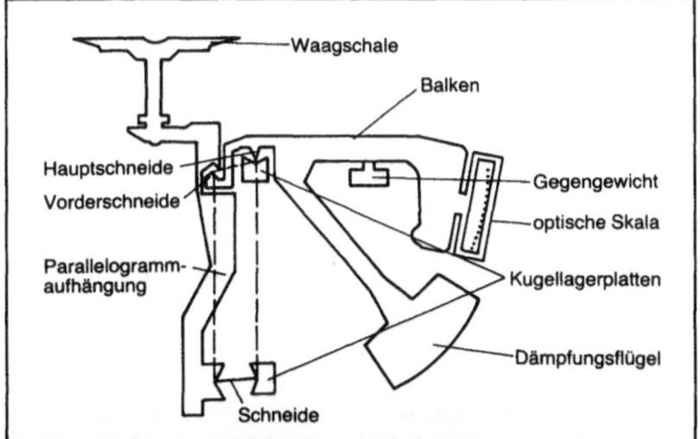

Wägen 2: Oberschalige mechanische Waage mit senkrechter Führung der Trägersäule.

Die Eingangswägelast ist mit Hilfe von Hebeln (Waagebalken) und Lenkern in eine meßbare Einzelkraft F zu überführen. Bei elektronischen Waagen wird diese Kraft F auf elektromagnetischem Wege kompensiert, wobei ein zur Eingangskraft proportionales Ausgangssignal z. B. eine elektrische Spannung oder Frequenzänderung erzeugt wird. Dieses →Signal wird ausgewertet und schließlich als Massenbetrag digital angezeigt.

Der Wägeplatz soll frei von Erschütterung und Luftzug sein. Die Waage ist ins Lot zu stellen, die Unterlage muß fest genug sein, damit sie sich bei Belastung nicht durchbiegt. Ein vorgegebener Temperatur- und Luftfeuchtigkeitsbereich sollte aufrechterhalten werden. Bei genauen Wägungen ist der Luftauftrieb zu berücksichtigen. Die Reproduzierbarkeit, die Anzeigedrift und Änderungen der Anzeige, wenn die Last am Rande der Waagschale aufliegt, sind regelmäßig zu überprüfen.

Heidberg/Schrüfer

Literatur: *Biétry, L.*: Mettler-Wägelexikon. Prakt. Leitfaden der wägetechnischen Begriffe. Greifensee 1984. – *Kochsiek, M.* (Hrsg.): Handbuch des Wägens. Braunschweig 1989. – *Kupper, W.* in Ullmanns Encyklopädie der technischen Chemie, 4. Aufl., Band 5, Bandherausgeber H. Kelker, Verlag Chemie, Weinheim (1980).

Wahrheitstabelle. (*engl.* Truth table) Tabellarische Darstellung der Ein- und der jeweils zugehörigen Ausgangszustände eines digitalen Prüflings. Die W. ist Basis für die Erstellung von Prüfprogrammen für den statischen Test. *Winter*

INPUTS					OUTPUTS	
$\overline{PRE}$	$\overline{CLR}$	$\overline{CLK}$	J	$\overline{K}$	Q	$\overline{Q}$
L	H	X	X	X	H	L
H	L	X	X	X	L	H
L	L	X	X	X	H‡	H‡
H	H	↓	L	L	Q_0	$\overline{Q}_0$
H	H	↓	H	L	H	L
H	H	↓	L	H	L	H
H	H	↓	H	H	TOGGLE	
H	H	H	X	X	Q_0	$\overline{Q}_0$

Wahrheitstabelle: Beispiel. Für die einzelnen Pins $\overline{PRE}$, $\overline{CLR}$ usw. sind je Zeile jeweils die logischen Zustände L (LOW), H (HIGH), X (UNKNOWN), ↓ (Übergang zu log. LOW) usw. aufgetragen. (Quelle: Texas Instruments)

Wandler, aktiver. Wird eine vorgegebene elektrische Größe (z. B. Strom oder Spannung) durch einen →Sensor gesteuert, dann bezeichnet man den Sensor als a. W. Dazu gehören gebräuchliche Sensoren wie Widerstandstemperatursensoren oder Photowiderstände. *Schaumburg*

Wandler, optisch-elektrischer. Passiver →Wandler, der optische Strahlungsenergie in elektrische Energie umwandelt. Der physikalische Effekt ist besonders ausgeprägt bei pn-Übergängen in Halbleitern: Optisch erzeugte Elektron-Loch-Paare werden durch das innere elektrische Feld des pn-Überganges separiert, so daß räumlich getrennte Überschußladungen entgegengesetzten Vorzeichens entstehen. Diese erzeugen eine äußere Spannung, welche durch einen Stromfluß abgebaut werden kann. *Schaumburg*

Wandler, passiver. Wandelt ein →Sensor eine von außen zugeführte Energie direkt in elektrische Energie um, dann spricht man von einem p. W. Beispiele hierfür sind optisch-elektrische, piezoelektrische und thermoelektrische →Wandler. *Schaumburg*

Wandler, piezoelektrischer. Passiver →Wandler, der mechanische in elektrische Energie umwandelt (→piezoelektrisch). Das Verhältnis der entsprechenden Energiedichten wird durch den →Kopplungsfaktor bestimmt. *Schaumburg*

Wandler, thermoelektrischer. Passiver →Wandler, der thermische in elektrische Energie umwandelt. Beispiele hierfür sind das →Thermoelement und pyroelektrische Wandler. *Schaumburg*

Wareneingangsprüfung. Die W. stellt sicher, daß alle Bauelemente, die in den Fertigungsprozeß gelangen, fehlerfrei sind. Es wird eine vollständige oder eine stichprobenartige Prüfung durchgeführt. Dabei wird die mit dem Hersteller vereinbarte Qualitätsspezifikation (AQL) zu Grunde gelegt. *Winter*

Wärmeleitsensor. Die Wärmeleitfähigkeit verschiedener Gassorten unterscheidet sich erheblich. Wird ein temperaturabhängiger Widerstand durch Selbsterwärmung auf eine bestimmte Temperatur gebracht, dann hängt diese Temperatur – und damit der Widerstandswert – von der Kühlung durch das den Widerstand umgebende Gas ab. Bei geeigneten Meßbedingungen kann daher aus dem Widerstandswert auf die Anwesenheit und Konzentration bestimmter Gase geschlossen werden. *Schaumburg*

Wärmemengenmessung. Bei fast allen physikalischen und chemischen Vorgängen treten Wärmemengenänderungen auf. Diese zu messen und die Einflüsse verschiedener Parameter zu bestimmen, ist Aufgabe der Kalorimetrie. Hier seien dagegen Verfahren zum Messen des Verbrauchs von Wärme besprochen, die durch strömende Medien (z. B. Dampf, Wasser) transportiert wird. Bild 1 zeigt das Grundprinzip der W. Der Massendurchfluß $\dot{m}$ läßt sich mit den Methoden der →Durchflußmessung messen, für die →Temperaturmessung eignen sich Thermoelemente und →Widerstandsthermometer. Multiplikation mittels mechanischer oder elektronischer Verfahren: →Leistungsmessung, elektrische; Integration geschieht mittels mechanischer Zählwerke (→Zähler, →Arbeitsmessung, elektrische) oder elektronisch. Ein modernes Gerät, bei dem der Durchfluß ohne bewegte oder stark querschnittsverengende Teile gemessen wird, zeigt Bild 2. Die Auswertung und Speicherung erfolgen über einen eingebauten →Mikrorechner elektronisch.

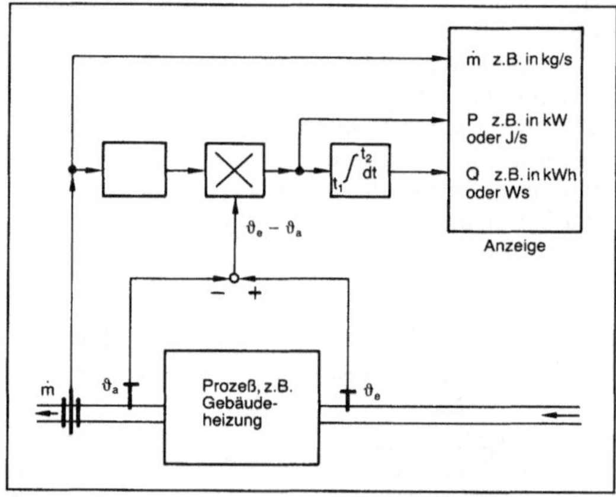

$\dot{m}$ Massenstrom (Messung im Rücklauf), ϑ_e, ϑ_a Temperatur am Eintritt bzw. Austritt, c spez. Wärmekapazität des Trägermediums, z. B. in J/kg, P Wärmeleistung, die momentan an den Prozeß abgegeben wird, Q Wärmemenge, die in der Zeit t_2–t_1 an den Prozeß abgegeben wurde

Wärmemengenmessung 1: Prinzip.

Wenn in einem Mehrfamilienhaus die Heizleitungen als Steigleitungen verlegt sind, durch die übereinanderliegende Räume verschiedener Wohnungen versorgt werden, eignen sich diese „Wärmezähler" nicht zur Heizkostenabrechnung. Sie sind für den Einsatz am einzelnen Heizkörper technisch zu aufwendig und zu teuer. Man benutzt dann Meßhilfsverfahren wie Verdunster oder elektronische Heizkostenverteiler, die die Wärmeabgabe der Heizanlage an die Wohnung mit etwas geringerer Genauigkeit, aber auch wesentlich preiswerter bestimmen. Dieser Mangel an Genauigkeit, insbesondere bei den preisgünstigen Verdunstern, erscheint nicht sehr gravierend, da etwa Wärmeabflüsse von gut beheizten Wohnungen zu schlecht beheizten Wohnungen in einem Mehrfamilienhaus kaum korrekt erfaßbar sind und daher die Messung der zugeführten Wärmemenge nur an den Heizkörpern fragwürdig machen. Bei Einsatz von Heizkostenvertei-

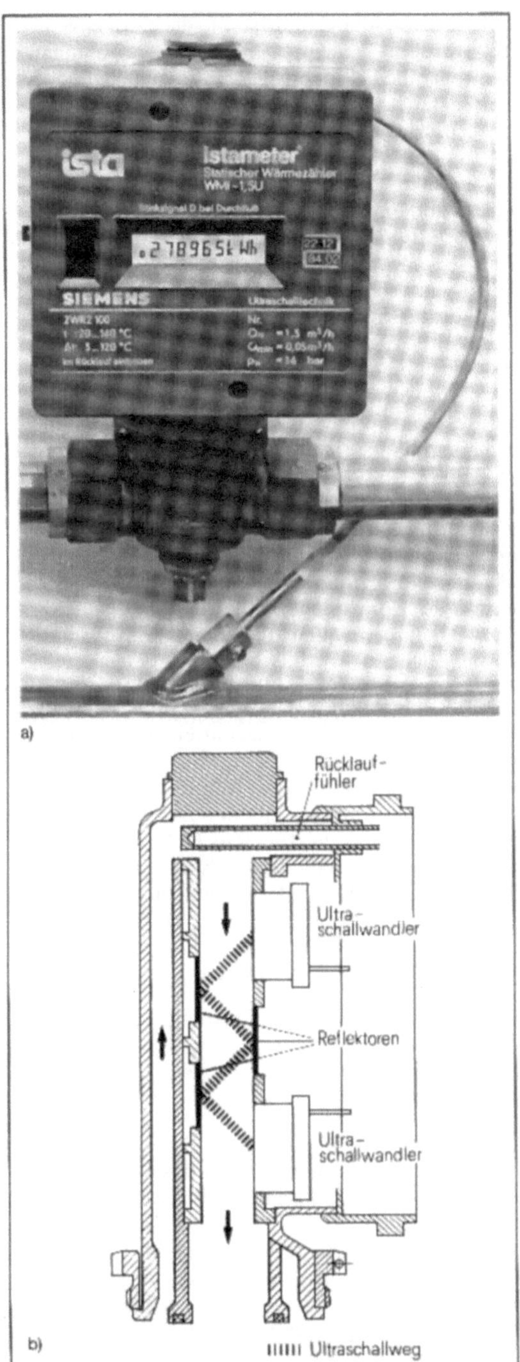

Wärmemengenmessung 2: Wärmezähler mit Ultraschall-Durchflußmessung. (Quelle: Siemens AG)
a) Einbau des Geräts im Rücklauf; mit Vorlauf-Temperaturfühler
b) Anordnung der Ultraschallwandler und des Rücklauf-Temperaturfühlers.

lern dürfen ohnehin höchstens 70 % der Heizkosten nach deren Meßwerten aufgeteilt werden. Derzeit befindet sich eine neue Generation von preisgünstigen elektronischen Wärmemengenmessern in Entwicklung, die in Mehrfamilienhäusern wirtschaftlich einsetzbar und eichfähig sein sollen.

Hammerschmidt

Wartbarkeitsfunktion (*engl.* maintenance function) →Reparaturwahrscheinlichkeit

Wartengestaltung. Aufgabengerechtes funktionelles und konstruktives Anpassen der Prozeßleitgeräte im Wartengebäude. Zum Wartengebäude gehören die Prozeßleitwarte und die Nebenräume. In der Prozeßleitwarte sind die Geräte und Einrichtungen zur Kommunikation zwischen Mensch und Prozeß untergebracht. Das sind Instrumententafeln, Fließbilder und Pulte, die →Anzeiger, →Sichtmelder, →Schreiber, Sichtgeräte (Bildschirme) und Bedienelemente (→Tasten, →Schalter und →Leitgeräte), aber auch Telefone und Sprechanlagen aufnehmen. Nebenräume sind für Schaltschränke oder -gestelle, Signalverteiler, Einrichtungen zur →Hilfsenergieversorgung und ähnliche Geräte erforderlich, die normalerweise keine laufenden Bedieneingriffe erfordern. Weiter gibt es Nebenräume für →Prozeßrechner, zum Unterbringen der Dokumentation sowie Sozialräume.

Für die Anordnung der Geräte in der Prozeßleitwarte bietet es sich bei konventioneller Instrumentierung an, die Geräte mit Bedienelementen, z. B. die Kompaktregler, in Pulten unterzubringen und Geräte, die nur zu beobachten sind wie Schreiber oder Signaltableaus, in dahinterliegenden Meßtafeln. Ein →Schaufließbild der Anlage kann verfahrensgerecht eingebrachte Sichtmelder aufnehmen, die Grenzwertüberschreitungen melden oder – in Chargenprozessen – den Ablauf der Verfahrensschritte anzeigen (Bild 1). Bei der Gestaltung der Tafeln, Pulte und Schaufließbilder ist darauf zu achten, daß sich dem Betriebspersonal ein übersichtliches Konzept mit sinnfälliger Zuordnung der Geräte zu den Komponenten des Prozesses auch dann darbietet, wenn bei Störungen einmal schnelle und im normalen Betriebsablauf ungewohnte Eingriffe erforderlich sind. Wichtig ist auch, daß der Betreiber schon bei Beginn der Projektierung Überlegungen bezüglich späterer Ergänzungen und Erweiterungen anstellt, um nicht schon bei der nächsten derartigen Gelegenheit das Konzept infrage stellen zu müssen. In Warten mit bildschirmgestützter →Prozeßführung müssen diese Gesichtspunkte innerhalb des Prozeßleitsystems realisiert werden. Neben den Anforderungen durch den Prozeß und neben den anthropotechnischen und ergonomischen Gesichtspunkten sind auch Überlegungen zur →Fehlererkennung, →Fehlerortung und leichten

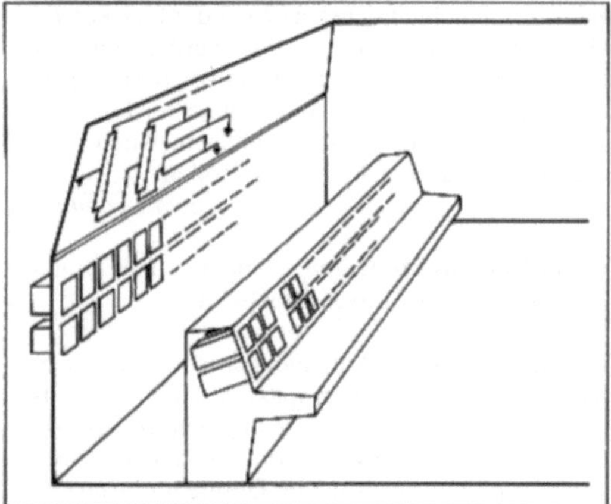

Wartengestaltung 1: Anordnung von Tafeln, Pulten und Schaufließbildern in Prozeßleitwarten mit konventioneller Instrumentierung.

Reparaturmöglichkeit in das Konzept einzubeziehen.

Bei der konstruktiven Gestaltung muß die Raumaufteilung vor allem in den Schalträumen ausreichenden Platz für Transport, Montage und Reparatur auch sperriger Gegenstände lassen. Bild 2 zeigt eine mögliche Anordnung des Schaltraumes direkt hinter der Meßtafel mit Empfehlungen für die Schrankabstände, für die Lage und für die Abmessungen der freien Durchgänge. Dabei ist auch an die Fluchtwege zu denken. *Strohrmann*

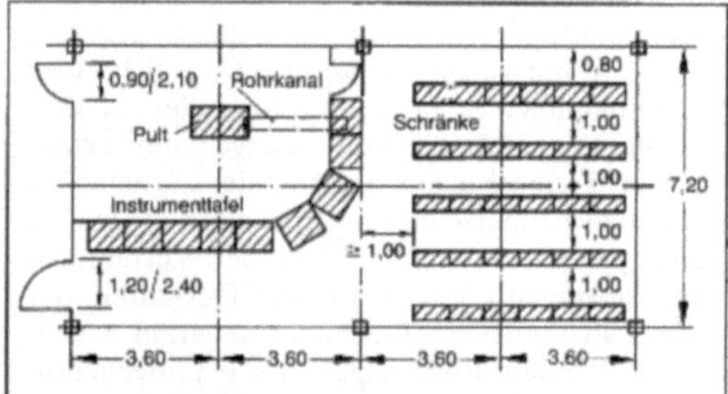

Wartengestaltung 2: Beispiel für die Ausführung einer Prozeßleitwarte mit dahinter liegendem Schaltraum (nach VDI/VDE 3546, Blatt 2).

Literatur: *Hengstenberg, J.; K. H. Schmitt; B. Sturm* und *O. Winkler:* Messen, Steuern und Regeln in der Chemischen Technik. 3. Aufl., Bd. V. Berlin–Heidelberg–New York–Tokyo 1985. – *Strohrmann, G.:* Automatisierungstechnik, Bd. 2: Stellgeräte, Strecken, Projektabwicklung. München–Wien 1990. – VDI/VDE 3546 Blatt 1, Allgemeiner Teil; Blatt 2, Bautechnische Maßnahmen; Blatt 3, Ausführung des Leitstandes; Blatt 4, Ausführung von Nebenräumen (Schalträumen); Blatt 5, Anordnung von Bildschirmen.

Warteschlangenmodell. Eine spezielle Art von →Simulationsmodell. Charakteristisch für dieses Konzept ist, daß man sich an den Aktionsstellen jeweils Warteschlangen vorstellt, die dort abgearbeitet werden. Der Input für die Berechnungen wird durch einen (Pseudo-) →Zufallszahlengenerator erzeugt, und zwar in der Art, wie die Modell-Hypothese es erwartet, z. B. normalverteilt (für regelmäßige) oder Poisson-verteilt (für seltene Ereignisse). Typische Beispiele sind Abfertigungsschalter, wo die Kunden zufällig erscheinen, aber auch Produktionsstätten und Verwaltungsstellen mit ihren Akten.

Das Warteschlangenkonzept, verallgemeinert, birgt allerdings auch die Gefahr prinzipieller Irrtümer in sich: es ist ja denkbar, daß die Reihenfolge, in der Arbeiten erledigt werden, nicht belanglos ist, sondern in Abhängigkeit von der Reihung verschiedene Resultate bringt, so z. B. Abfragen aus und Schreiben in eine Datenbank: die Abfrage wird nach dem Schreiben (bzw. Ändern eines Eintrags) ein anderes Ergebnis liefern als eine Abfrage vor der Änderung. In solchen Fällen, in denen es auf die Sequentialisierung von nebeneinander stehenden Tasks im Wartezimmer ankommt, muß das W. ebenfalls die Kontrolle über die Reihung der Tasks er- bzw. behalten, damit die Simulationsresultate verläßlich bleiben. *Fuss*

Wasserstoffsensor. →Gassensor nach dem IS-FET-Prinzip: Die Gate-Kapazität einer MOS-Diode bzw. die Kanalleitfähigkeit eines MOS-Feldeffekttransistors hängt unter anderem von der Austrittsarbeit des Gate-Metalls ab. Bei einer Gate-Metallisierung mit dem Element Palladium ändert sich diese Austrittsarbeit nach Adsorption von Wasserstoff: Es bildet sich an der Grenzschicht zwischen dem Palladium-Gate und der Gate-Oxidschicht (in der Regel Silicium-Dioxid) eine Dipolschicht aus polarisierten Wasserstoff-Atomen. *Schaumburg*

Watt. SI-Einheit der Leistung bzw. des Wärmestroms, nach *J. Watt* (1736–1819) benannt. Einheitenzeichen W. $1\ \mathrm{W} = 1\ \mathrm{J/s} = 1\ \mathrm{m^2\,kg\,s^{-3}}$ (→Einheiten des SI). *Hammerschmidt*

Waveset. In einem W. sind ein →Time-Set und ein →Format-Set kombiniert. Durch das W. und den Testvektor ist innerhalb eines Testerzyklusses der Kurvenverlauf für die Eingänge und die Form der Strobes für die Ausgänge vollständig bestimmt.

Da die Formatinformation (→Format von Prüfbitmustern) nicht bei allen Testern in Format-Sets abgespeichert ist, gibt es den Begriff W. nur bei manchen Testautomaten.

Die Auswahl des W. erfolgt im Allgemeinen über den Testvektorspeicher. *Obermeir*

Weber. SI-Einheit des magnetischen Flusses, nach *W. E. Weber* (1804–1891) benannt. Einheitenzeichen Wb. $1\ \mathrm{Wb} = 1\ \mathrm{Vs} = 1\ \mathrm{m^2\,kg\,s^{-2}A^{-1}}$ (→Einheiten des SI). *Hammerschmidt*

Wechselstrom/Gleichstrom-Komparator. Die Einheiten der elektrischen Größen sind als Gleichgrößen definiert. So entsteht die Aufgabe, die Wechselstrommessung auf die Gleichstrommessung zu beziehen. Dies ist bei niedrigen Frequenzen mit dem Dreheiseninstrument (→Meßgerät, elektrisches) möglich, bei höheren Frequenzen mit dem Thermoumformer (→Leistungsmessung, elektrische). Das dem Bild zugrundeliegende Transferverfahren benutzt für die Gleichstrom- und Wechselstrommessung jeweils einen eigenen Thermoumformer. Durch einen einstellbaren Widerstand wird der Gleichstrom solange verändert, bis die auf dem Nullinstrument angezeigte Differenz der Thermospannung zu null geworden ist und die beiden Widerstandsdrähte die gleiche Temperatur angenommen haben. Der Effektivwert des Wechselstroms ist jetzt gleich dem des Gleichstroms, der mit Hilfe des Instruments 3 direkt gemessen werden kann.

Hammerschmidt

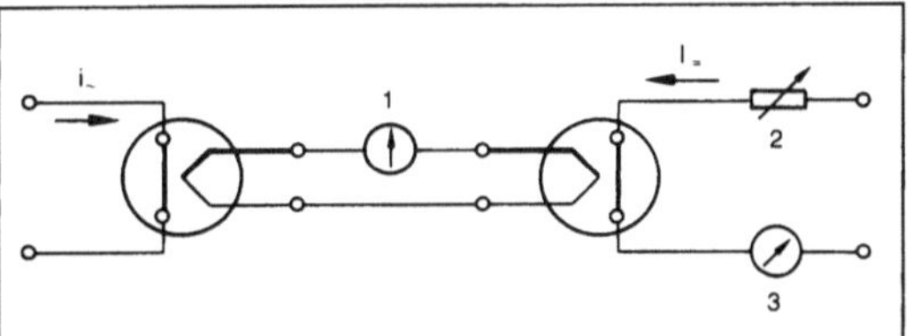

1 Nullinstrument, 2 Widerstand zur Einstellung des Gleichstroms, 3 Meßinstrument zur Anzeige des eingestellten Gleichstroms

Wechselstrom/Gleichstrom-Komparator: Schematische Darstellung

Wechselstrombrücke →Meßbrücke

Wechselstromrelais. Elektromechanisches (Schalt-)Relais, das mit Wechselspannung/Wechselstrom (50 oder 60 Hz Netzfrequenz) angesteuert werden kann.

Würde man die →Spule eines →Gleichstromrelais mit Wechselspannung betreiben, so würde es im Takt der Wechselspannung vibrieren oder schalten. Soll dagegen das Relais so lange durchgehend betätigt bleiben wie die Spannung anliegt, muß gewährleistet sein, daß auch in der Nähe des Stromnullpunktes noch eine genügend große Kraft auf den Anker des Magnetsystems wirkt.

Hierzu wird der magnetische Fluß an der Polfläche (→Relais, elektromechanisches) in zwei magnetische Pfade aufgespalten. Eine der beiden Teilpolflächen wird von einem Kurzschlußring aus Kupfer umgeben. Der im Kupfer-Ring induzierte Wirbelstrom erzeugt einen Zusatzfluß, der sich zum größten Teil auf dem kurzen Weg über die benachbarte Teilpolfläche schließt.

Durch Überlagerung mit dem – direkt durch die Spule erzeugten – Erregerfluß ergibt sich eine Phasenverschiebung zwischen den Teilflüssen an den beiden Polflächen. Dadurch ist jeweils einer der beiden Teilflüsse – und damit auch Kraftanteile – von Null verschieden, wenn der andere Null wird.

Rauterberg

Wechsler. (auch Umschalter) →Kontakt eines elektromechanischen →Relais oder Schalters, der aus der Kombination eines Öffners und eines Schließers mit einem beiden gemeinsamen Kontaktpartner besteht.

Beim Schaltvorgang wird jeweils ein Kontakt geöffnet, der andere geschlossen. Der Öffnungsvorgang findet jeweils vor dem Schließvorgang statt.

Bei umgekehrtem Ablauf, bei dem für eine gewisse Zeit während des Umschaltens alle drei Kontaktpartner in Berührung miteinander sind, spricht man vom Folgewechsler oder Folgeumschalter.

Rauterberg

Wegmessung →Längen- und Winkelmessung

Weibull-Verteilung. Die von der Zeit unabhängige →Ausfallrate der →Exponentialverteilung tritt in der Praxis nur mit Einschränkung auf. Häufig ist die →Badewannenkurve zu beobachten. Die Ausfallrate nimmt, von einem höheren Wert ausgehend, zunächst ab (Frühausfälle, Phase a), bleibt dann über einen weiten Bereich niedrig und konstant (exponentiell verteilte →Lebensdauer, Phase b) und steigt schließlich am Ende der Nutzungsdauer infolge von Verschleißausfällen (Phase c) wieder an. Dieses Verhalten läßt sich stückweise durch die nach dem schwedischen Ingenieur *W. Weibull* genannte Verteilung beschreiben. In ihrer zweiparametrigen Form mit den beiden Parametern T und a, $T>0$ und $a>0$, sind die Lebensdauerfunktionen wie folgt definiert (Bild 1):

$$R(t) = e^{-\left(\frac{t}{T}\right)^a}$$

$$F(t) = 1 - e^{-\left(\frac{t}{T}\right)^a}$$

$$f(t) = \frac{a}{T^a}\, t^{a-1}\, e^{-\left(\frac{t}{T}\right)^a}$$

$$z(t) = \frac{a}{T^a}\, t^{a-1}$$

Der Parameter T hat die Einheit einer Zeit und wird als *charakteristische Lebensdauer* oder →Zeitkonstante bezeichnet. Sind die Lebensdauern nach *Weibull* verteilt, so sind zum Zeitpunkt $t = T$ etwa 63 % der Einheiten ausgefallen.

Der Parameter a heißt →*Ausfallsteilheit* und erreicht in der Praxis Werte zwischen 0,5 und 5.

Für $0<a<1$ nimmt die Ausfallrate der W. von theoretisch unendlich bei $t = 0$ mit der Lebensdauer

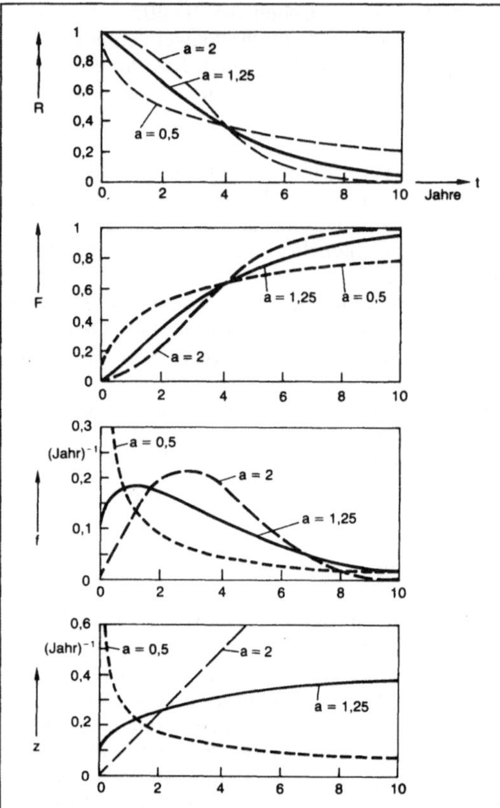

Weibull-Verteilung 1: Überlebenswahrscheinlichkeit R(t), Ausfallwahrscheinlichkeit F(t), Dichtefunktion f(t) und Ausfallrate z(t) der W.-V.

ab. Sie beschreibt die Frühausfälle infolge nicht erkannter Mängel.

Für $a = 1$ geht die *W.*-V. in die Exponentialverteilung über mit $\lambda = 1/T$.

Für $a > 1$ nimmt die Ausfallrate von 0 beginnend mit der Lebensdauer zu. Die Zunahme ist bei $1 < a < 2$ anfangs schnell und dann langsamer (degressiv), bei $a = 2$ linear und bei $a > 2$ progressiv. Die Ausfallrate wächst dann immer schneller. Für $3 \leqq a \leqq 5$ verläuft die W.-V. nahezu symmetrisch und läßt sich gut durch die *Gauß'sche* Normalverteilung ersetzen.

Graphische Darstellung: Mit dem von der Deutschen Gesellschaft für Qualität empfohlenen Wahrscheinlichkeitspapier können die Parameter T und a der W.-V. auf graphischem Wege leicht ermittelt werden. Die Koordinaten dieses Lebensdauernetzes sind so gewählt, daß die Funktionen →Überlebenswahrscheinlichkeit R(t) und →Ausfallwahrscheinlichkeit F(t) zu geraden Linien werden. Dazu ist die Abszisse einfach logarithmisch ($x = \ln t$) und die Ordinate doppelt logarithmisch ($y = \ln \ln [1/R]$) geteilt.

In das →Lebensdauernetz sind die geordneten Daten einzutragen und durch eine Gerade auszumitteln (Tabelle, Bild 2). Der Abszissenwert, der zur Ausfallwahrscheinlichkeit $F(t) = 0{,}63$ führt, ist dann ein →Schätzwert für die charakteristische Lebensdauer T. Die Ausfallsteilheit a kommt in der Neigung der ausgemittelten Geraden zum Ausdruck. Diese ist bis zum Pol P parallel zu verschieben. Der Schnittpunkt mit der rechten Ordinate liefert den Schätzwert für die Ausfallsteilheit a.

Schrüfer

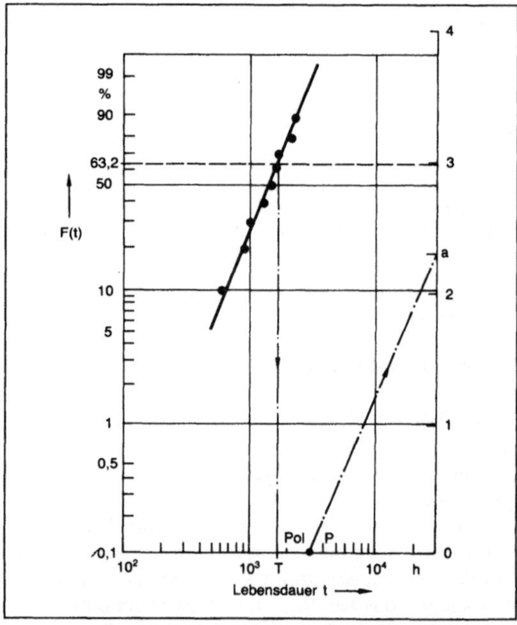

Weibull-Verteilung 2: Darstellung der Meßwerte der Tabelle im Lebensdauernetz; Charakteristische Lebensdauer $T \approx 1650$ h, Ausfallsteilheit $a \approx 2{,}3$.

Literatur: DGQ-Frankfurt: Das Lebensdauernetz, Erläuterung und Handhabung. Köln 1975.

Weibull-Verteilung. Tabelle: Nach Weibull verteilte Lebensdauern von zehn Einheiten

Einheit Nr.	1	2	3	4	5	6	7	8	9	10
Lebensdauer t in 100 h	6	9	10	13	15	16	17	22	23	>23
F(t)	0,1	0,2	0,3	0,4	0,5	0,6	0,7	0,8	0,9	1

Weichmagnetische Werkstoffe. Leicht unmagnetisierbare magnetische Werkstoffe, die vor allem in drei Bereichen der Technik Anwendung finden:
□ als Eisenkerne induktiver Bauelemente (Transformatoren, Motoren, Generatoren, Drosseln, Übertrager etc.)
□ als magnetische Abschirmung,
□ als Flußleitstücke in Magneten und anderen magnetischen Kreisen.

Allgemein sind w. W. durch ein homogenes Gefüge mit großen Körnern gekennzeichnet. Dadurch können die Ummagnetisierungsprozesse leicht erfolgen, ohne durch Ausscheidungen oder Korngrenzen zu sehr behindert zu werden. Besonders hohe Permeabilitäten erzielt man dann, wenn durch geeignete Werkstoffwahl die magnetischen Anisotropien und die magnetisch induzierten Gitterverzerrungen (Magnetostriktion) klein gehalten werden. Für andere Anwendungen sind eine hohe Sättigungsmagnetisierung oder geringe magnetische Verluste bei höherer Frequenz von primärer Bedeutung (Tabelle).

Für induktive Bauelemente verwendet man bei technischen Frequenzen (16–300 Hz) vorwiegend Siliciumeisen-Elektrobleche (hohe Sättigung), bei mittleren Frequenzen bis ca. 20 kHz vielfach Nickeleisen-Werkstoffe (hohe Permeabilität) und für höhere Frequenzen Ferrite (hoher spezifischer Widerstand, also niedrige Wirbelstromverluste). Abschirmungen werden bevorzugt aus Permalloy-Legierungen hergestellt, während Flußleitstücke günstig und preiswert aus reinem Eisen gefertigt werden. Kobalteisen kann wegen seines hohen Preises nur für Spezialzwecke eingesetzt werden, bei denen sich seine besonders hohe Sättigungsmagnetisierung auszahlt.

Die meisten w. W. sind auch mechanisch weich. Zwischen diesen beiden Eigenschaften besteht jedoch kein naturgesetzlicher Zusammenhang, wie schon die harten und spröden Ferrite zeigen. Auch unter den Metallen gibt es Speziallegierungen, die mechanische Härte mit magnetischer Weichheit vereinen. Solche Werkstoffe werden z. B. für die Aufzeichnungs- und Leseköpfe von Magnetbandgeräten benötigt. Auch die metallischen Gläser vereinen mechanische Festigkeit mit ausgezeichneten weichmagnetischen Eigenschaften.

Im folgenden werden die wichtigsten Untergruppen der w. W. kurz diskutiert:
□ Das Material, aus dem die Eisenkerne der elektrischen Maschinen und Transformatoren bestehen, wird *Elektroblech* genannt. Es besteht in der Regel aus Siliciumeisen (Fe 2–3Gew.%Si), das in Form dünner, isolierter Bleche von 0,3–0,5 mm Dicke hergestellt wird, um die Wirkung der Wirbelströme zu begrenzen. Für Transformatoren wird orientiertes Elektroblech bevorzugt, das durch spezielle Wärmebehandlung eine ausgeprägte Kristall-Vorzugsorientierung, die Goss-Textur, besitzt, benannt nach dem Amerikaner *N. Goss* (1935). Die würfel-

Weichmagnetische Werkstoffe. Tabelle: Typische Kennwerte einiger w. W.

Name	Werkstoff	Sättigungsmagnetis. I_s [T]	Koerzitivfeldstärke H_c [A/m]	Anfangspermeabilität	Spez. Widerstand ρ [Ωm]	Curie temperatur T_c [°C]
Reineisen	Eisen	2,14	6–30	500–2.000	$10 \cdot 10^{-8}$	770
Kobalteisen	Fe49 Co49 V2	2,35	~40	~1.000	$35 \cdot 10^{-8}$	950
Siliziumeisen	Fe Si3	2,03	~10	~3.000	$40 \cdot 10^{-8}$	750
Nickeleisen	Ni5o Fe50	1,6	1–5	~50.000	$45 \cdot 10^{-8}$	500
Mumetall	Ni81 Fe14 Mo5	0,78	0,4–1	~10^5	$60 \cdot 10^{-8}$	400
Mangan-Zink-Ferrit	$Mn_\chi Zn_{1-\chi}O \cdot Fe_2O_3$	~0,38–0,46	4–100	600–1.000	0,2-5	120–200
Nickel-Zink-Ferrit	$Ni_\chi Zn_{1-\chi}O \cdot Fe_2O_3$	0,11–0,4	100–1.000	8–250	10^5	200–400
Metallische Gläser	$T_{80}M_{20}$ (amorph) T=Fe, Co, Ni M=B, P, Si	0,8–1,7	1–10	10^3–10^5	$150 \cdot 10^{-8}$	300–400
Pulverkerne	Fe-Partikel mit Kunststoff	1,2–1,9	400–1.500	3–20	0,05–1	-
Granate	Yttrium-Eisen-Granat	0,177	sehr klein		$>10^{10}$	280

förmige Elementarzelle des Eisens steht in ihr auf der Kante und mit dieser parallel zur Walzrichtung des Blechs ((110)-[001]-Textur). Es gelingt heute, diese Textur mit Abweichungen von weniger als 3° von der idealen Würfelkantenorientierung herzustellen. Goss-Blech stellte die erste Nutzung einer Kristalltextur in einem technischen Werkstoff dar. Es setzte sich ab den 50er Jahren weltweit im Transformatorenbau durch. Motoren und Generatoren werden dagegen in der Regel aus nicht orientiertem siliciumhaltigem oder auch siliciumfreiem Blech gebaut.

□ Die Werkstoffe mit den höchsten technisch erreichbaren Permeabilitäten (relative Anfangspermeabilitäten bis einige 10^5) sind die *Nickel-Eisen-* oder *Permalloy*-Legierungen. Sie enthalten etwa 75–80 % Nickel, ca. 15 % Eisen und verschiedene Zusätze wie Mo, Cr, Cu etc. Zwei Beispiele: Mumetall Ni76 Fe14 Mo5 Cu5, Supermalloy Ni79 Fe16 Mo5.

Die maximale Permeabilität wird bei Permalloy-Legierungen dadurch erreicht, daß die Magnetostriktion und die magnetische Anisotropie gleichzeitig zum Verschwinden gebracht werden. Dabei wird die starke Abhängigkeit der Anisotropie vom Ordnungsgrad der Legierung ausgenutzt, der durch eine genau bemessene Wärmebehandlung eingestellt werden muß.

Permalloy-Legierungen werden vor allem für magnetische Abschirmungen und für induktive Bauelemente bei mittleren Frequenzen eingesetzt. Auch dünne magnetische Schichten bestehen meist aus Permalloy.

□ Die weichmagnetischen *Spinell-Ferrite* sind chemisch dem Magnetit Fe_3O_4 äquivalent, der jedoch wegen seiner zu hohen Leitfähigkeit magnetisch wertlos ist. In den synthetischen Spinell-Ferriten ist das zweiwertige Eisen durch andere Ionen substituiert: $MeO \cdot Fe_2O_3$ mit Me = Mn, Ni, Zn, Mg, Cu, Co oder auch Al und Li in verschiedenen Kombinationen. Solange vermieden wird, daß das gleiche Ion in zwei verschiedenen Wertigkeiten vorkommt, ist die Leitfähigkeit gering und der Werkstoff auch für hohe Frequenzen brauchbar.

Die Spinell-Struktur besteht aus einem kubisch-flächenzentrierten Gerüst der relativ großen Sauerstoff-Ionen, in deren Lücken die kleineren Kationen eingelagert sind. Man unterscheidet Oktaeder- und Tetraeder-Lücken, wobei doppelt so viele Oktaeder- wie Tetraeder-Lücken besetzt sind. Die Oktaeder- und Tetraederplätze bilden auch die beiden entgegengesetzt magnetisierten Untergitter der ferrimagnetischen Spinstruktur. Im Manganferrit $MnO \cdot Fe_2O_3$ besetzt eines der Eisenionen die Tetraeder-Lücken, während das andere Eisenion sich mit dem Mangan die Oktaederplätze teilt. Substituiert man einen Teil des Mangans durch Zink (Mangan-Zink-Ferrit), dann verdrängt das Zink das Eisen aus den Tetraederplätzen. Da durch das unmagnetische Zinkion das Tetraeder-Untergitter geschwächt wird, erklärt sich, daß die resultierende Magnetisierung des Manganferrits durch geringe Zinkzusatz erhöht wird.

Mangan-Zink-Ferrit stellt den wichtigsten Ferrit-Werkstoff dar, der für Frequenzen von 1 kHz bis 1 MHz vorherrschend ist. Für höhere Frequenzen bis 100 MHz wird Nickel-Zink-Ferrit mit einer noch geringeren Leitfähigkeit eingesetzt, Mangan-Magnesium-Ferrite spielen neben Lithiumferrit und den Granaten im Mikrowellenbereich eine Rolle. Aus Mangan-Magnesium-Ferriten lassen sich auch Kerne mit einer Rechteckschleife herstellen, die in den Ferrit-Kernspeichern genutzt werden.

□ Der Ferromagnetismus ist ebensowenig wie die elektrische Leitfähigkeit an den kristallinen Zustand der Materie gebunden. Auch amorphe Substanzen, insbesondere die schnell abgeschreckten *metallischen Gläser* können magnetisch sein. Typische magnetische metallische Gläser bestehen zu 75–80 % aus Fe, Co und Ni und zu 20–25 % aus den Metalloiden (B, P, Si, C), die zur Stabilisierung des amorphen Zustands benötigt werden. Die amorphen Ferromagnetika erreichen deshalb nur etwa 80 % der Sättigungsmagnetisierung entsprechender kristalliner Werkstoffe, jedoch besitzen sie, bedingt durch die Abwesenheit von Gitterfehlern und Kristallanisotropien, generell sehr gute weichmagnetische Eigenschaften. Auch amorphe Ferromagnetika besitzen gewisse Anisotropien, die einerseits auf inneren Spannungen beruhen können, andererseits auf anisotropen Paarordnungen der Legierungspartner innerhalb des amorphen Zustands zurückgeführt werden können. Die Anisotropien können durch Wärmebehandlungen unterhalb der Kristallisationstemperatur (≈ 400°C) verringert werden, wodurch sich die weichmagnetischen Eigenschaften verbessern. Amorphe Ferromagnetika lassen sich auch durch Verdampfen oder Kathodenzerstäubung (→dünne Schichten) herstellen. So werden durch Zerstäubung gewonnene Legierungen auf Terbium-Eisen-Basis für die magnetooptische Aufzeichnung verwendet.

□ Aus magnetischem Pulver durch Pressen mit einem Bindemittel hergestellte Magnetkerne werden *Pulver-* oder *Massekerne* genannt. Massekerne aus Eisen- oder Nickeleisenpulver stellen eine Alternative zu den Ferriten als w. W. für höhere Frequenzen dar. Ihr Vorteil liegt in der höheren Sättigungsmagnetisierung, jedoch sind die erreichbaren relativen Permeabilitäten auf einige 100 begrenzt.

□ Die *magnetische Granate* gehören zu den oxidischen w. W. Ihre allgemeine Formel $A_3B_2C_3O_{12}$ leitet sich von den natürlichen Granaten ab, für die z. B. A = Ca^{2+}, B = Fe^{3+} und C = Si^{4+} gilt. Magnetische Granate entstehen, wenn man A durch ein dreiwertiges Selten-Erd-Ion und zum Ladungsausgleich C ebenfalls durch ein dreiwertiges Ion ersetzt. Der bekannteste Vertreter, der Yttrium-Eisen-Granat (YIG) besitzt die Formel $Y_3Fe_5O_{12}$. Die Y-Ionen bilden hierbei zusammen mit den Sauerstoffionen ein kubisches Gerüst, dessen sämtliche Oktaeder- und Tetraeder-Lücken von Eisen besetzt sind. Dank seiner hohen Regelmäßigkeit und der Abwesenheit verschiedenwertiger Ionen ist YIG ein ausgezeichneter transparenter Isolator mit sehr geringen magnetischen Verlusten. Seine Hauptanwendung liegt im Mikrowellenbereich. *Hubert*

Literatur: *Boll, R.*: Weichmagnetische Werkstoffe. Berlin, München, 1987.

Weichstrahlkammer → Ionisationskammer-Dosimeter

Weißlichtinterferometrie. Zum Betrieb optischer → Interferometer werden gewöhnlich Lichtquellen möglichst geringer spektraler Breite (→ Laser mit möglichst großer Kohärenzlänge) eingesetzt. Im Gegensatz dazu benutzt man in der W. Quellen mit großer spektraler Breite (sog. „Weißlicht"), d. h. mit kleiner Kohärenzlänge, typisch im Bereich von 3–30 μm. Dadurch verschwindet die Sichtbarkeit der Interferenz am Ausgang eines Interferometers, sobald sein Gangunterschied Γ_1 größer wird als diese Kohärenzlänge. Dennoch bleibt auch bei beliebig großem Gangunterschied die Information über den Wert von Γ_1 im Lichtstrom erhalten.

Eine Interferenz kann erneut hergestellt werden und damit der Wert von Γ_1 bestimmt werden, indem das Licht durch ein zweites Interferometer geschickt wird, dessen Gangunterschied Γ_2 nahezu gleich Γ_1 ist. Dies ist das Prinzip der W. Sie findet Anwendung bei faseroptischen → Sensoren zur streckenneutralen Übertragung von Meßwerten. Diese werden in einem Geber-Interferometer in den Gangunterschied Γ_1 „codiert", und vom zweiten Interferometer durch systematische Variation von Γ_2 wieder „decodiert". *Ulrich*

Weltkoordinaten. Man spricht von W. eines Industrieroboters, wenn die Lage und Orientierung in einem ortsfesten, roboterunabhängigen Koordinatensystem beschrieben sind.

Die Orientierung der Hand ist durch den gewünschten Vektor ihrer Annäherungs- oder Arbeitsbewegung, den sog. Approachvektor, und die durch diesen Vektor festgelegte Ebene bestimmt. Nach Bild 1 wird das ortsfeste Dreibein (Bezugskoordinatensystem B) durch drei aufeinanderfolgende starre Drehungen in seine gewünschte Endlage, gebracht. Die drei Drehwinkel sind die *Euler*'schen Winkel Φ, Ψ und θ.

Um für eine → Koordinatentransformation in → Roboterkoordinaten die gewünschte Drehmatrix $\underline{D}$ (vom Koordinatensystem K nach Koordinatensystem B) zu erhalten, sind folgende Drehungen auszuführen:

1. Drehung: Drehachse Z_K'', Drehwinkel θ_k

$$\underline{C}_{K \to K''} = \begin{pmatrix} \cos\theta_k & -\sin\theta_k & 0 \\ \sin\theta_k & \cos\theta_k & 0 \\ 0 & 0 & 1 \end{pmatrix} \quad (1)$$

2. Drehung: Drehachse X_K'', Drehwinkel Ψ_k

$$\underline{B}_{K'' \to K'} = \begin{pmatrix} 1 & 0 & 0 \\ 0 & \cos\Psi_k & -\sin\Psi_k \\ 0 & \sin\Psi_k & \cos\Psi_k \end{pmatrix} \quad (2)$$

3. Drehung: Drehachse X_K', Drehwinkel Φ_k

$$\underline{A}_{K' \to B} = \begin{pmatrix} \cos\Phi_k & -\sin\Phi_k & 0 \\ \sin\Phi_k & \cos\Phi_k & 0 \\ 0 & 0 & 1 \end{pmatrix} \quad (3)$$

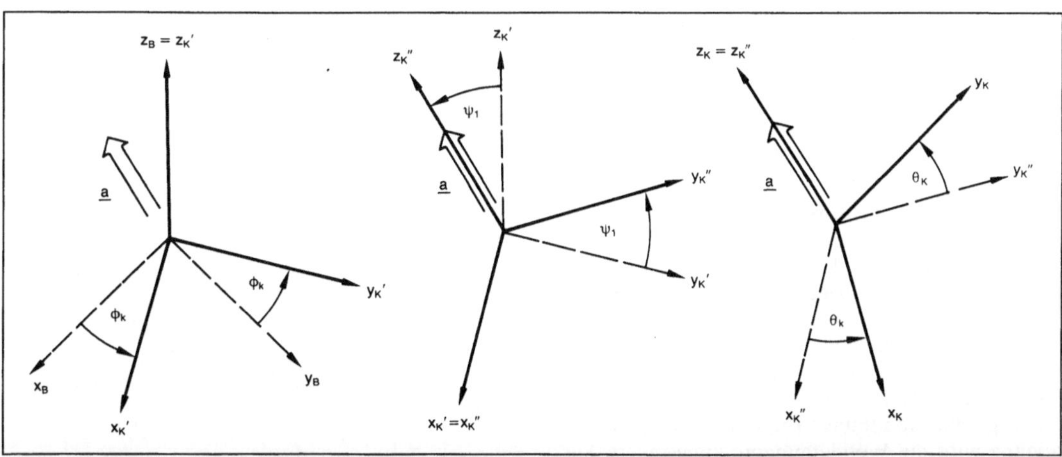

Weltkoordinaten 1: Überführung eines Bezugskoordinatensystems B in den Approachvektor $\underline{a}$ mit Orientierung seines Ebenenkoordinatensystems durch die drei Eulerwinkel Φ, ψ und θ.

Die Matrix D lautet:

$$\underline{D}_{K\to B} = \underline{A}_{K'\to B} \cdot \underline{B}_{K''\to K'} \cdot \underline{C}_{K\to K''}$$

$$= \begin{pmatrix} \cos\theta_k \cos\Phi_k & -\sin\theta_k \cos\Phi_k & \sin\Psi_k \sin\Phi_k \\ \sin\theta_k \cos\Psi_k \sin\Phi_k & \cos\theta_k \cos\Psi_k \sin\Phi_k & \\ \cos\theta_k \sin\Psi_k & -\sin\theta_k \sin\Phi_k & -\sin\Psi_k \cos\Phi_k \\ \sin\theta_k \cos\Psi_k \cos\Phi_k & \cos\theta_k \cos\Psi_k \cos\Phi_k & \\ \sin\theta_k \sin\Psi_k & \cos\theta_k \sin\Psi_k & \cos\Psi_k \end{pmatrix} \quad (4)$$

Als Beispiel werde die Lage und Orientierung der Hand eines Roboters nach Bild 2 betrachtet. Die Lage der Hand beträgt (x_3, y_3, z_3). Die Orientierung ist durch die EULER-Winkel $\Phi = 0°$, $\Psi = 180°$ und $\theta = \theta_1$ gegeben. Damit ergibt sich für die →DH-Matrix

$$I_3 = \begin{pmatrix} & \underline{D} & & x_3 \\ & & & y_3 \\ & & & z_3 \\ 0 & 0 & 0 & 1 \end{pmatrix} = \begin{pmatrix} l_1 & m_1 & n_1 & x \\ l_2 & m_2 & n_2 & y \\ l_3 & m_3 & n_3 & z \\ 0 & 0 & 0 & 1 \end{pmatrix} \quad (5)$$

mit

$$\begin{array}{llll} l_1 = \cos\theta_1 & m_1 = -\sin\theta_1 & n_1 = 0 & x = x_3 \\ l_2 = -\sin\theta_1 & m_2 = -\cos\theta_1 & n_2 = 0 & y = y_3 \\ l_3 = 0 & m_3 = 0 & n_3 = -1 & z = z_3 \end{array}$$

Steusloff

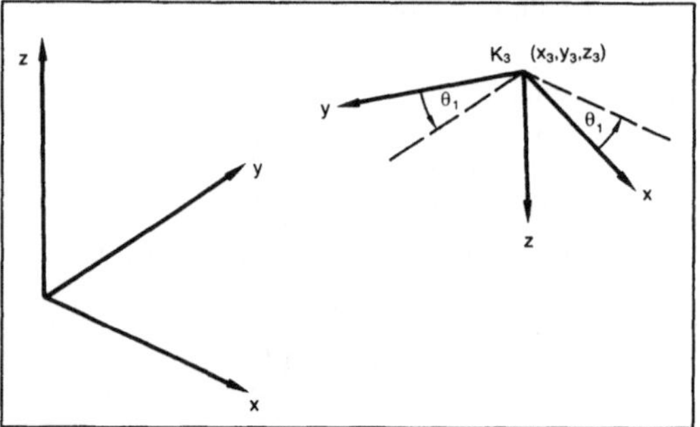

Weltkoordinaten 2: K_3-Koordinatensystem des dreiachsigen Roboters um den Winkel θ ausgelenkt.

Literatur: *Meisel, K.-H.:* Integrierter Sensoreinsatz bei Industrieroboteranwendungen – Konzept und Realisierungsmethoden für die Robotersteuerung. Univ. des Saarlandes, Saarbrücken. – *Paul, P.:* Robot Manipulators: Mathematics, Programming, And Control. MIT Pressd. 1981.

Wendetangentenverfahren. Mit diesem graphischen Verfahren werden aus der →Übergangsfunktion einer →Regelstrecke Parameter entnommen, aus denen man Einstellwerte für den vorgesehenen →Regler ermittelt.

Im allgemeinen handelt es sich um Regelstrecken mit Ausgleich und starker Verzögerung (→Verzögerungsglied). Eine typische Übergangsfunktion h(t) zeigt die Abbildung. Im Punkt der steilsten Steigung wird die Wendetangente angetragen. Sie schneidet die Zeitachse für h = 0 im Punkt T_u und sie erreicht den Endwert $K_S = h\,(t \to \infty)$ im Punkt

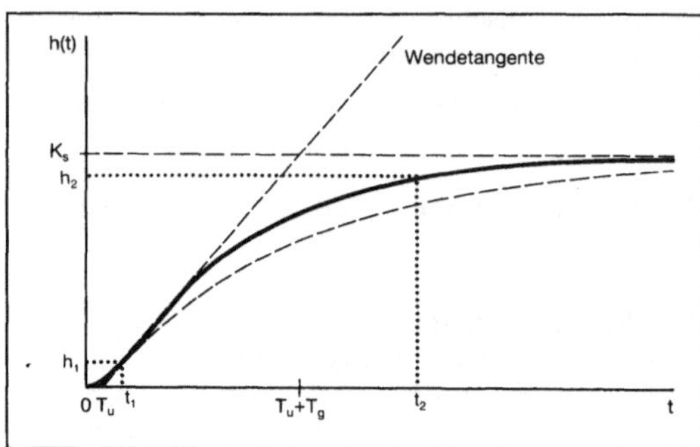

Wendetangentenverfahren: Übergangsfunktion einer Regelstrecke mit Ausgleich.

$T_u + T_g$. Mit diesen drei Kennwerten, nämlich der Übertragungskonstanten K_s, der Ausgleichszeit T_g und der Verzugszeit T_u wird die Regelstrecke als →Übertragungsglied erster Ordnung mit Totzeit (→Totzeitglied) angenähert, d. h. als P-T_1-T_t-Glied. Dann ist die Ersatzübergangsfunktion

$$h_{er}(t) = K_s\left(1 - e^{-\frac{t - Tu}{Tg}}\right)\sigma(t - T_u)$$

und die Ersatzübertragungsfunktion

$$F_{er}(s) = \frac{K_s e^{-T_u s}}{1 + T_g s}$$

wobei T_u als Ersatztotzeit und T_g als Ersatzzeitkonstante eingesetzt werden (gestrichelter Verlauf). Das Verhältnis T_g/T_u wird als Maß für die Regelbarkeit der Strecke betrachtet. Nach dem dargestellten Beispiel (Bild) ist es etwa 12, und die Regelstrecke ist als gut regelbar einzustufen (→Einstellregeln).

Da die Bestimmung des Wendepunktes, der Punkt in dem die Übergangsfunktion die steilste Steigung hat, sehr ungenau ist, setzt man das sog. *Zeitprozent-Kennwerte-Verfahren* ein. Dazu werden der Übergangsfunktion h(t) zwei Werte entnommen: $h_1 = h(t_1)$ unterhalb des Wendepunktes (empfohlen wird $h_1 = 0{,}1\ k_s$) und $h_2 = h(t_2)$ oberhalb des Wendepunktes (z. B. $h_2 = 0{,}9\ k_s$). Aus diesen beiden Werten berechnet man die Ausgleichszeit

$$T_g = \frac{t_2 - t_1}{\ln \dfrac{K_s - h_1}{K_s - h_2}}$$

und die Verzugszeit

$$T_u = T_g \ln\left(1 - \frac{h_i}{K_s}\right) + t_i$$

mit i = 1 oder 2 *Böttiger*

Werkstückerkennung →Bildsensor

Wheatstone-Meßbrücke →Meßbrücke

Widerstand, thermischer →Sperrschichttemperatur

Widerstands-Temperaturfühler →Widerstandsthermometer

Widerstandsänderung, magnetische. Eigenschaft elektrischer Leiter, nach Einwirkung eines magnetischen Feldes ihren Widerstand zu ändern (→Magnetfeldsensor, →Feldplatte). Der physikalische Effekt ist durch die Ablenkung der Ladungsträger im Magnetfeld zu erklären, der in der Regel zu einer Vergrößerung der Strombahn führt. *Schaumburg*

Widerstandsferngeber →Längen- und Winkelmessung

Widerstandsmeßaufnehmer. W. dienen der Umformung nichtelektrischer Meßgrößen in elektrische Widerstände. Der Widerstand R eines Leiters mit dem Querschnitt A, der Länge l und dem spezifischen Widerstand ρ lautet

$$R = \varrho \frac{l}{A}$$

Die Veränderung jeder der drei Größen ρ, l und A wird praktisch zu Meßzwecken ausgenutzt (Tabelle). Zur Auswertung der Widerstandsänderungen werden Meßbrücken eingesetzt (→Widerstandsmessung). *Hammerschmidt*

Literatur: *Günzel, K.:* VDI Ber. 348 (1979), S. 101/12

Widerstandsmessung. Widerstandsbestimmungen im Labor lassen sich durch →Strommessung und →Spannungsmessung durchführen, wobei sich der gesuchte Widerstand R_x nach dem Ohmschen Gesetz zu

$$R_x = \frac{U_x}{I_x}$$

Widerstandsmeßaufnehmer. Tabelle: Passive Sensoren, bei denen der elektrische Widerstand $R = \rho \cdot \frac{l}{A}$ *durch nichtelektrische Meßgrößen gesteuert wird*

gesteuerter Parameter	physikalischer Effekt	Anwendungsbeispiel
Länge l	Widerstandsabgriff	Weg- und Winkelaufnehmer Potentiometer, Längen- und Winkelmessung
Querschnitt A	Längen- und Querschnittsänderung durch Krafteinwirkung	Draht- und Foliendehnungsmeßstreifen Dehnungsmeßstreifen
spezifischer Widerstand ϱ	piezoresistiver Effekt	Halbleiter-Dehnungsmeßstreifen
	Temperaturabhängigkeit des spezifischen Widerstands	Halbleiter-Temperaturfühler Widerstandsthermometer
	innerer Photoeffekt	Photowiderstand Photodetektor
	galvanomagnetischer Effekt	Feldplatte
	Veränderung der Leitfähigkeit von Flüssigkeiten durch gelöste Stoffe	Meßaufnehmer für Salzkonzentrationen
	Beeinflussung der Leitfähigkeit durch Gasbelag	Gasdetektor

ergibt. Dabei muß man beachten, daß der Eigenverbrauch der Meßgeräte das Meßergebnis verfälschen kann. Mit einem sog. Ohmmeter oder mit dem Widerstandsmeßbereich eines Multimeters mißt man den Widerstand R_x über den durchfließenden Strom, der umgekehrt proportional zu R_x ist. $R_x = 0$ entspricht dann Vollausschlag, für steigendes R_x nimmt der Ausschlag ab. Die Skala ist nichtlinear. Eine direkte Widerstandsanzeige liefert auch das Drehspulquotientenmeßwerk (→Meßgerät, elektrisches). →Widerstandsmeßaufnehmer in der industriellen Meßtechnik sind in eine →Meßbrücke (Ausschlagverfahren) geschaltet. Eine entsprechende Weiterverarbeitung des Brückendifferenzsignals sorgt dafür, daß der Meßbereich in einen Ausgangsstrombereich 0–20 mA bzw. 4–20 mA abgebildet wird. *Hammerschmidt*

Widerstandsthermometer. →Meßaufnehmer zur →Temperaturmessung, die als Meßeffekt die Temperaturabhängigkeit des elektrischen Widerstands von Metallen oder Halbleitern ausnutzen (→Sensor).

Metall-W. haben Meßfühler aus Platin (Pt) oder Nickel (Ni), deren Widerstand wie bei allen reinen Metallen angenähert linear und gut reproduzierbar mit der Temperatur zunimmt. Der Nennwiderstand R_0 beträgt bei 0 °C genau 100 Ω („Pt 100", „Ni 100"), bei 100 °C ist der Widerstand $R_{100} = 138{,}5\,\Omega$ (Pt) bzw. 161,8 Ω (Ni). Die Beziehung zwischen Temperatur und Widerstand wird in Grundwertreihen angegeben. Diese sind für Platinmeßwiderstände in DIN IEC 751 (10/85) und für Nickelmeßwiderstände in DIN 43 760 (10/80) festgelegt. Es gibt auch andere Nennwerte für R_0, z. B. 10 Ω, 500 Ω, 1000 Ω. Einen Richtwert für die Widerstandsänderung metallischer Leiter mit der Temperatur vermittelt der →Temperaturkoeffizient $\alpha_{0,100}$. Er gibt die mittlere relative Widerstandsänderung je K zwischen 0 und 100 °C an:

$$\alpha_{0;\,100} = \frac{R_{100} - R_0}{R_0 \cdot 100\,\text{K}}$$

Es bedeuten: R_{100} den Widerstand bei 100 °C, R_0 den Widerstand bei 0 °C. Metall-W. aus Ni werden im Temperaturbereich −60 °C–180 °C, solche aus Platin von −200 °C–+850 °C eingesetzt.

In der Praxis ist der Widerstandstemperaturfühler oft rauhen Betriebsbedingungen ausgesetzt. Die Wicklung des Meßwiderstands wird daher auf einen stabilen Träger (z. B. Glas, Keramik) aufgebracht und durch eine Bandage oder eine Deckschicht aus Glas oder Keramik festgehalten. Die Fehlergrenzen solcher Meßwiderstände sind größer als bei Anordnungen mit lose (spannungsfrei) auf einen Träger aufgewickelten Platindraht, da die thermischen Ausdehnungskoeffizienten der einzelnen Materialien (z. B. Platin und Keramik) nicht völlig übereinstimmen. Der →Meßwiderstand ist meist in einen Meßeinsatz eingebaut. Dieser ist durch ein äußeres Schutzrohr gegen Druck, Strömung und Korrosion geschützt. Der Meßeinsatz kann auch während des Betriebs leicht aus dem Schutzrohr ausgebaut und ausgetauscht werden (Bild 1). Meßeinsätze sind in DIN 47 762 genormt. Durch die Konstruktion der Meßwiderstände lassen sich sowohl angenähert punktförmige Messungen als auch Mittelwert-Messungen über größere Flächen durchführen. W. wie in Bild 1 brauchen bei Temperaturänderungen einige 10 s (in Wasser) oder gar mehrere Minuten (in Luft), um den neuen Temperaturwert anzunehmen. Wenn ein besseres dynamisches Verhalten verlangt ist, kann man auch Schicht- oder Film-W. einsetzen. Bei diesen wird mit den Mitteln der Halbleitertechnologie ein dünner Metallfilm auf einen Keramikträger aufgebracht und abgeglichen. Ein Beispiel mit einem Tantal-Nickel-Dünnschichtsystem zeigt Bild 2, das eine →Zeitkonstante von unter 1 s hat, wenn es geeignet gekapselt ist. Eine weitere Möglichkeit zur relativ schnellen Temperaturmessung bieten Thermoelemente.

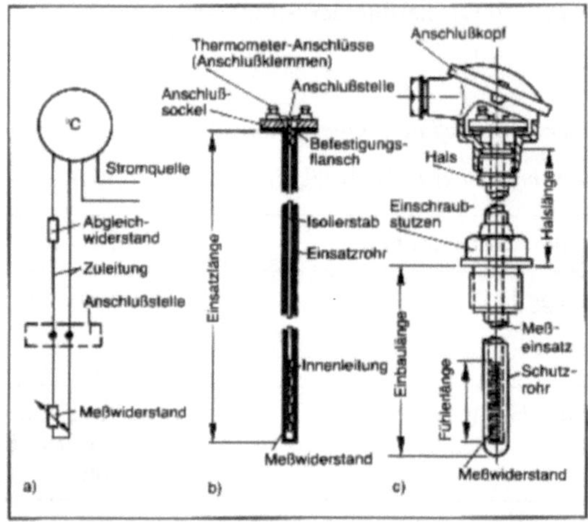

a) Schaltung, b) Meßeinsatz, c) Schnittbild des vollständigen Widerstandsthermometers.

Widerstandsthermometer 1: W. für industriellen Einsatz (Quelle: Siemens AG).

Zu der bei W. notwendigen →Widerstandsmessung ist stets eine Stromquelle erforderlich. Zwischen Meßort und dem Ort der Anzeige oder Weiterverarbeitung liegt immer eine mehr oder weniger große Entfernung. Deshalb werden die Meßwiderstände je nach verlangter Meßgenauigkeit mit zwei, drei oder vier Leitungen an die nachfolgende Schaltung angeschlossen, häufig eine im Ausschlagverfahren betriebene Meßbrücke. Der durch den Meßwiderstand fließende Strom I soll wegen der Eigenerwärmung des Meßwiderstands 10 mA nicht über-

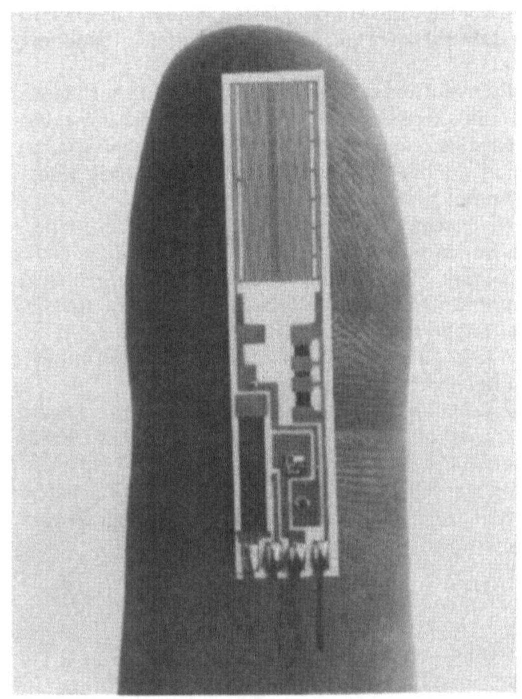

Widerstandsthermometer 2: Dünnschicht-W. (Quelle: Robert Bosch)

steigen. An einem Pt 100 fällt dabei bei 0 °C genau 1 V ab, bei 100 °C ist der Spannungsabfall 1,385 V. Daraus ergibt sich die →Empfindlichkeit des Pt 100 mit I = 10 mA in diesem Temperaturbereich zu 3,85 mV/K. Die Empfindlichkeit des Metall-W. kann man bei Bedarf durch →Meßverstärker vergrößern. Wenn das →Meßsignal weiterverarbeitet werden soll, formt man es mittels eines Einheitsmeßumformers (→Meßgerät) in ein Einheitsmeßsignal 0–20 mA bzw. 4–20 mA um. Dabei wird die am Meßwiderstand abfallende Spannung durch ein →Kompensations-Meßverfahren gemessen.

Halbleiter-W. haben gegenüber den metallischen W. eine wesentlich größere Temperaturempfindlichkeit, die jedoch stärker nichtlinear ist. Im Arbeitsbereich haben →Heißleiter (NTC-Thermistoren) und →Kaltleiter (PTC-Thermistoren) eine exponentielle Kennlinie. Durch Parallelschalten eines metallischen Widerstands kann man die Kennlinie in einem gewissen Meßbereich linearisieren. Auf diese Weise lassen sich mit Heißleitern einfache und robuste Temperaturgeräte aufbauen, z. B. auch zum Messen der Körpertemperatur (Bild 3). Heißleiter besitzen gegenüber anderen elektrischen Temperaturfühlern folgende Vorteile und haben deshalb erhebliche Bedeutung erlangt:

- Wegen des hohen Widerstands ist der Einfluß der Zuleitungen vernachlässigbar, es genügt also ein Zweileiteranschluß;

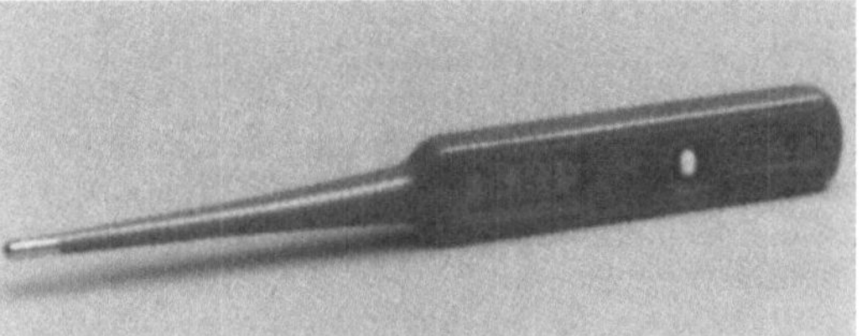

Widerstandsthermometer 3: Fieberthermometer mit Thermistor-Fühler. (Quelle: Roland Arzneimittel)

- wegen des großen Temperaturkoeffizienten sind Auflösungen bis unter 10^{-4} K erreichbar;
- sehr kleine Bauformen (ab 0,4 mm Durchmesser sind möglich, dadurch schnelles Ansprechen.
- wegen günstigen Preisen vielfach eingesetzt z. B. in Hausgeräten wie Gefrierschränken, Waschmaschinen, Geschirrspülern und Warmwasserbereitern sowie als Sensoren in der Heizungs- und Klimatechnik.

Nachteilig können die Streuungen der Materialkonstanten und die schlechte Linearität sein.

Typische Anwendungsfälle für Kaltleiter sind die Temperaturüberwachung von elektrischen Maschinen und die Füllstandsüberwachung bei Heizöltanks.

Zu den Halbleiter-W. gehört auch der Silicium-Widerstands-Temperatur-Sensor. Der →Ausbreitungswiderstand eines Si-Einkristalls (ohne pn-Übergang) mit bestimmter Dotierung steigt näherungsweise proportional zur Temperatur an. Bei Raumtemperatur ist der Temperaturkoeffizient doppelt so groß wie der von Platin. Ein praktisch ausgeführter Sensor hat einen Nennwiderstand von 2 kΩ bei 25 °C und einen Arbeitsbereich von −50 °C–+150 °C. *Hammerschmidt*

Wiederholgenauigkeit →Regelungsverfahren

Wiegand-Sensor. Ein W.-S. enthält einen Draht mit einem weichmagnetischen Kern, umgeben von einem Material mit höherer Koerzitivkraft. Wird der Draht aufmagnetisiert, so kippt zuerst der Kern und dann der magnetisch härtere Mantel in die Richtung des äußeren Magnetfeldes. Um den Draht ist eine Spule gewickelt. In dieser wird bei jedem der schnell verlaufenden Übergänge ein Spannungsimpuls induziert. Diese Impulse treten in umgekehrter Reihenfolge auf, wenn die Hysteresekurve in umgekehrter Richtung durchfahren wird. Dabei ist der Impuls, der bei der Richtungsänderung des Kerns entsteht, der größere. Aus diesem Grund wird oft die äußere Feldstärke nur bis zur Ummagnetisierung des Kernes geändert.

Draht und Spule bilden den W.-S. Er wird als berührungsloser →Endlagenschalter eingesetzt. Dazu werden an dem Werkstück, dessen Weg zu überwachen ist, zwei entgegengesetzt gerichtete

Dauermagnete befestigt. Läuft dieses Werkstück an dem feststehenden Sensor vorbei, so wird die Hysteresekurve (Bild) in der Richtung 0-1-2-3-0 durchfahren. Die sprunghafte Änderung der magnetischen Flußdichte bei den Zeitpunkten t_1 und t_2 führt zu zwei Spannungsimpulsen, deren Höhe nicht von der Geschwindigkeit des Werkstückes, sondern nur von der Änderung der Flußdichte dB/dt des Drahtes abhängt. Auch bei schleichender Annäherung an den Auslösepunkt liefert der Sensor reproduzierbare und gut auswertbare Spannungsimpulse.

Schrüfer

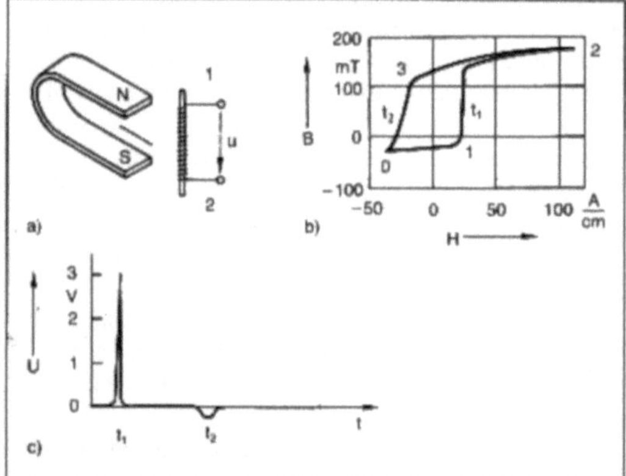

1 Draht, 2 Spule

Wiegand-Sensor: Prinzip und Wirkungsweise.
a) Aufbau.
b) asymmetrische Erregung eines W.-S.
c) induzierte Spannungen bei asymmetrischer Erregung.

Winchesterfestplatte. *Winchester* war der Laborname für ein Magnetplattenspeicherentwicklungsprojekt eines Herstellers (IBM, 1973).

Die gesamte Industrie übernahm wesentliche konstruktive Merkmale, die zum großen Teil bis heute in Magnetplattenlaufwerken für hohe Leistung zu finden sind:

□ Magnetplattenstapel und Zugriffsmechanismus (Schreib-/Leseköpfe gefedert an den Armen des Zugriffskammes befestigt) bilden eine Einheit im geschlossenen Gehäuse (*engl.* Head Disc Assembly – HDA). Im Gegensatz zu den bis dahin üblichen Wechselplattenspeichern liest immer der gleiche Kopf, der auch geschrieben hat. Seine Lage relativ zum Servokopf bleibt unverändert: Keine Justage wie bei Wechselplattenspeichern, keine Toleranzen, wesentlich höhere Spurdichte möglich. In der ersten Ausführung waren die Datenmoduln (später HDA) mit maximal 70 Millionen Zeichen Kapazität noch auswechselbar. Ab 1976 führte gesteigerte Aufzeichnungsdichte zu über 300 Millionen Zeichen pro Zugriffsmechanismus. Auswechselbare Datenträger aus Wirtschaftlichkeitsgründen wurden überflüssig. Mit dem festen Einbau der Datenmoduln entfielen ca. 70 % der potentiellen Störstellen.

□ Reinstluftumgebung durch Absolutfilter, notwendig wegen der geringen Flughöhe der Schreib-/Leseköpfe (0.5 µm und darunter). Partikel, die Platte oder Schreib-/Leseköpfe beschädigen könnten, werden ausgefiltert.

□ Neuartige, miniaturisierte Schreib-/Leseköpfe aus einem Ferritkörper mit manuell aufgebrachter Wicklung, Gleitkufen, Federandruck gegen die Platte < 5 g, senken sich beim Abschalten auf die Plattenoberfläche ohne Beschädigung von Platte und Kopf. Ein dünner Film flüssigen Schmiermittels auf der Platte erhöht die Sicherheit.

□ Zwei Schreib-/Leseköpfe je Oberfläche beschreiben zwei relativ schmale Speicherbänder je Plattenoberfläche: Kurze Suchwege, schnelle Suchbewegung bei geringer Kraft, verbesserter Ausgleich des Unterschiedes der Nutzsignale in Abhängigkeit von der Entfernung zum Plattenmittelpunkt.

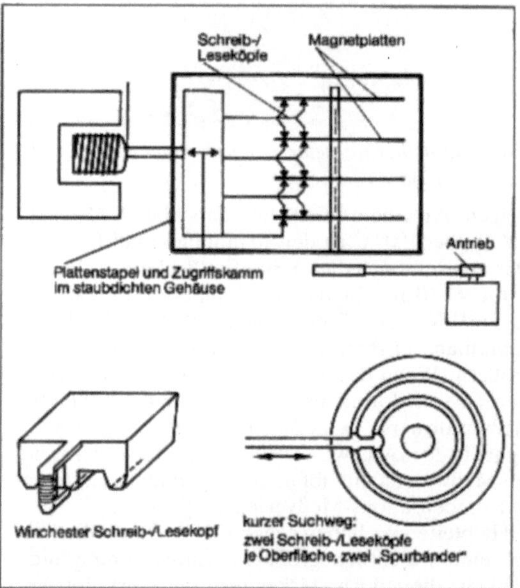

Winchesterfestplatte: Prinzip der Winchester-Magnetplattenspeicher-Technologie.

□ Prinzip des servogesteuerten Zugriffsmechanismus unter Verbesserung von früheren Magnetplattenspeichern übernommen, wegen der kurzen Suchwege jedoch nur ein Teil der Servoplatte belegt (nur ein Servo-Speicherband). Das zweite Speicherband wurde gelegentlich für den Spuren fest zugeordnete, nicht bewegliche Schreib-/Leseköpfe genutzt, die ohne Suchzeit zu besonders schnellen Antwortzeiten führen. Heute wegen der Möglichkeit von Pufferspeichern in den Kontrolleinheiten nicht mehr üblich.

□ Prinzip von Platten und Plattenbeschichtung wie bei früheren Magnetplatten.

Weiterentwicklung (realisiert):

- Photolithographisch mit geringeren Toleranzen hergestellte noch kleinere Schreib-/Leseköpfe
- Verbesserte Magnetplatten für höhere Bitdichte
- Leichtere, schnellere Zugriffsmechanismen, geringere Massenträgheit.
- Magnetplattenstapel horizontal beidseitig gelagert (ursprünglich senkrecht, einseitig gelagert)
- Verfeinerte Routinen zur →Fehlererkennung und -korrektur im Speichersystem.

Auswirkung:

- Steigende Anzahl der Zeichen/Spur (z. B. seit 1976 von ca. 19 000 auf ca. 50 000 im Jahre 1983).
- Steigende Spurdichte (1976: 555 Zylinder/Zugriffsmechanismus, 1987: 2655 Zylinder bei gleichem Plattendurchmesser)
- Höhere Übertragungsrate (1976 ca. 1,2 Millionen Zeichen/s, 1983 ca. 3.0 Millionen bei unveränderter Umdrehungsgeschwindigkeit, 3600 U/min.

Insgesamt: Niedrigerer Preis für das gespeicherte Zeichen (Medienkosten, Datendichte) und höhere Leistung. Das Entwicklungspotential ist noch nicht ausgeschöpft. *Voss*

Winkelmessung. W. spielen eine wichtige Rolle in Wissenschaft und Technik, z. B. in der Astronomie, Geodäsie, Antriebstechnik und in der industriellen Fertigung. Einige Winkelmeßaufnehmer der industriellen Meßtechnik seien nachstehend erläutert.

Einfachster analoger Winkelmeßaufnehmer ist ein kreisförmig angeordnetes Potentiometer, das einen Winkelbereich 0–ca. 300 °C in einen elektrischen Widerstand umformt. Derartige Potentiometer kann man auch so ausführen, daß erst mit 10 vollen Umdrehungen der ganze Widerstandsbereich durchfahren wird, so daß der Meßbereich hier von 0–3 600 °C läuft.

Auch →Meßaufnehmer, induktive und Meßaufnehmer, kapazitive lassen sich so konstruieren, daß ihre Eingangsgröße ein Drehwinkel ist. Wenn man eine Hallsonde in einem homogenen Magnetfeld B drehbar anordnet, wird die →Hallspannung u_H dem Cosinus des momentanen Stellungswinkels proportional (Bild 1). Mit Hilfe eines anderen magnetischen Sensors, der →Feldplatte, läßt sich ein praktisch verschleißfreier Winkelaufnehmer, das Feldplattenpotentiometer, aufbauen (Bild 2).

Auch der Drehmelder gehört zu den analogen Winkelgebern.

Die digitale W. beruht auf der Zählung oder Decodierung einzelner Schritte, in die der zu zählende Winkelbereich eingeteilt ist. Hier lassen sich Auflösungen von 0,000 01 ° mit einer Toleranz von 0,000 06 ° (± 0,2 Winkelsekunden) erreichen. (→Längen- und Winkelmessung). *Hammerschmidt*

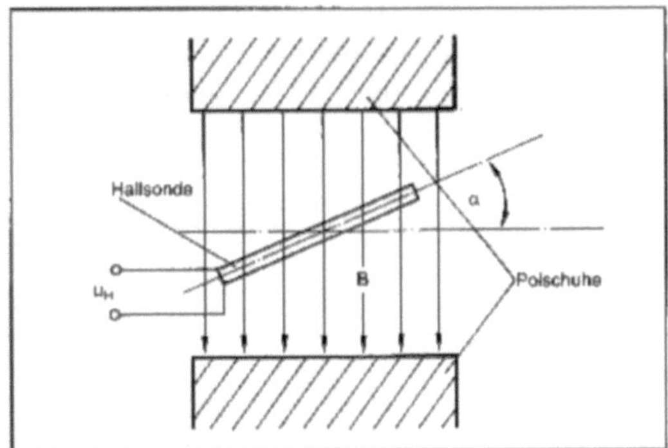

Winkelmessung 1: Winkelgeber mit Hallsonde.

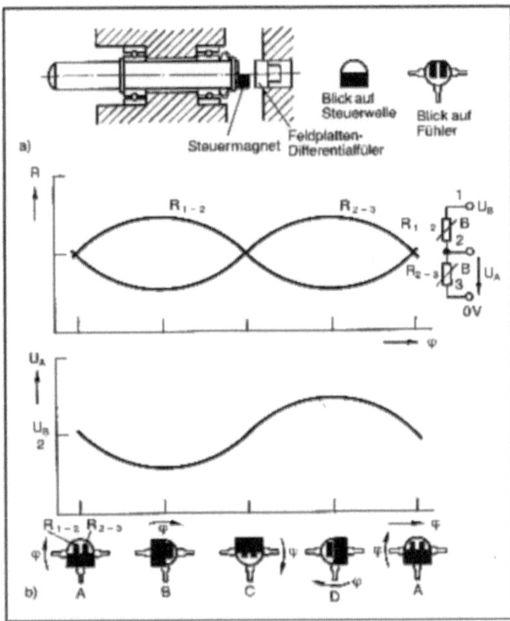

Winkelmessung 2: Feldplattenpotentiometer. (Quelle: Siemens AG)
a) Mechanischer Aufbau
b) Ansteuerung des Feldplatten-Differentialfühlers Widerstands- und Ausgangsspannungsverlauf.

Wirbelfrequenz-Durchflußmesser. Läßt man einen Störkörper von der zu messenden Flüssigkeit umströmen, so bilden sich hinter diesem Wirbel (Bild). Dieser Effekt wurde von *Strouhal* und *Karmann* untersucht; die erzeugten Wirbel werden auch als Karmann-Wirbelstraße bezeichnet. An den Kanten des Störkörpers lösen sich wechselseitig Wirbel ab, deren Frequenz f direkt proportional der mittleren Strömungsgeschwindigkeit v bzw. des mittleren Durchflusses und umgekehrt proportional der Breite a der Wirbelstraße ist. Es gilt

$$f = \frac{S}{a} \cdot v$$

mit S = Strouhal-Zahl, die in Abhängigkeit von der Formgebung des Störkörpers in einem weiten Bereich als unabhängig von der Reynolds-Zahl betrachtet werden kann.

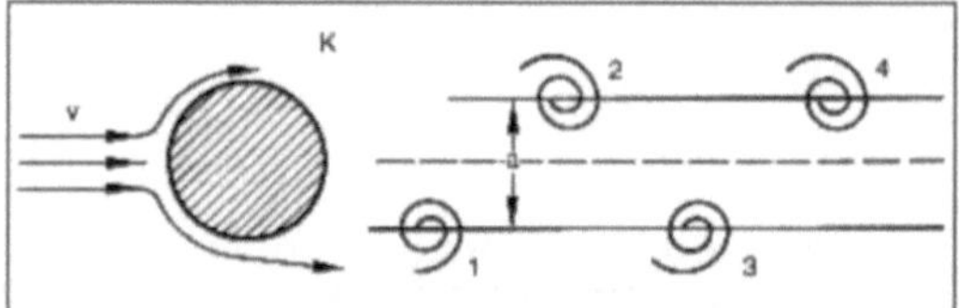

Wirbelfrequenz-Durchflußmesser: Schematische Darstellung der Wirbelbildung hinter dem Störkörper K.

Die Wirbelfrequenz f läßt sich mit Hilfe beheizter Thermistoren, die entweder vor, in der Mitte oder auch hinter dem Störkörper angebracht werden, ermitteln, da deren Abkühlung sich mit der Strömungsgeschwindigkeit ändert. Die auftretenden Druckschwankungen lassen sich auch mit →Dehnungsmeßstreifen erfassen, oder die Wirbel werden induktiv oder mittels Ultraschallschranke detektiert. Die Kennlinie des W.-D. ist linear und ändert sich nicht mit der Betriebszeit. Verschmutzungen oder leichte Beschädigungen des Störkörpers haben keinen Einfluß auf die Wirbelfrequenz. Die zu messende Durchflußmenge kann zwischen 10 und 100 % des Meßbereichs schwanken. Durch Zählen der Impulse erhält man eine →Mengenmessung.

F. Schneider

Wire-wrap-Verbindung. Lötfreie Anschlußtechnik bei der um einen scharfkantigen Stift ein Draht unter Zug gewickelt wird. An den Kanten entsteht durch hohen Druck eine gut leitende, dauerhafte elektrische Verbindung zwischen Leiter und Wickelstift. Größten Einfluß auf die gute Verbindung hat deshalb der kleine Kantenradius des Stiftes. Bei den Stiften werden vorwiegend rechteckige und quadratische Querschnittsformen benutzt. Es werden eindrähtige Leiter verwendet, deren Oberfläche blank, verzinnt, versilbert oder vergoldet sein kann. Die Leiterquerschnitte liegen üblicherweise zwischen 0,03 und ca. 0,5 mm^2.

Es werden zwei Wickelverfahren unterschieden. Bei der *standardgewickelten Verbindung* werden alle Windungen aus isolierten Leitern gebildet. Bei der *modifizierten Wickelverbindung* ist mindestens eine Windung mit Leiterisolation gewickelt. W. können mit Wickelwerkzeugen von Hand, halbautomatisch oder vollautomatisch hergestellt werden. Sie werden z. B. in Rückwandverdrahtungen von Fernsprech-Nebenstellenanlagen in mehreren Ebenen aufgebracht. *Pagnin*

Wischerkontakt →Wischsignal

Wischsignal. Das W. in der Steuerungstechnik ist ein spezielles →Impulssignal. Es wird aus einem binären Eingangssignal durch extreme Verkürzung der Dauer, z. B. auf Signallaufzeit der Steuerungselemente gewonnen und zum Löschen und Setzen von Speichergliedern, wie bei gespeicherten Befehlen, eingesetzt. Erzeugen andererseits Meßgeber oder andere signalgebende Steuerungsglieder W., also Impulse, deren Dauer unterhalb der Abtastzeit (Dauer zwischen dem Ein- und Auslesen des Prozeßabbildes) der →Steuerung liegt, so müssen diese von der →Eingangsschaltung zwischengespeichert oder entsprechend verlängert werden. Damit läßt sich sicherstellen, daß diese Impulse von der Steuerung erkannt werden.

Der Begriff des W. entstand bei elektromechanisch aufgebauten Steuerungen, bei denen solche kurzzeitigen Impulse durch spezielle Relaisschaltungen oder Springkontakte (Wischerkontakte) erzeugt wurden. *Freyberger*

Wissensrepräsentation. Repräsentation strukturierter, bedeutungsvoller Daten in Systemen der →Künstlichen Intelligenz (KI). Mit Wissen werden analog zu menschlichem Wissen Fakten, Zusammenhänge, Methoden und Regeln bezeichnet, die für komplexe Informationsverarbeitungsprozesse erforderlich sind. W. umfaßt die computerinterne, operationale Repräsentation von Wissen und von Verfahren zur →Wissensverarbeitung. Sorgfältige und fundierte W. ist ein wesentliches Mittel zur Bewältigung komplexer KI-Aufgaben.

Ein Wissensrepräsentationsformalismus enthält Vorschriften zur W. Wichtige Repräsentationsformalismen sind semantische Netze, Schemata, logische Formeln, Produktionen (Produktionensysteme) und Beschränkungen (Beschränkungssysteme).

Strukturiertes Wissen wird computerintern durch Symbole und Beziehungen zwischen Symbolen repräsentiert. Die ISA- und INSTANCE-Beziehung haben grundlegende Bedeutung. ISA bedeutet Subsumption (auch „Teilklasse-von", „Spezialisierung-von") und setzt zwei Konzepte (Klassen, Mengen) in Beziehung.

Z. B. erbt das speziellere Konzept „Pferd" alle Eigenschaften des allgemeinen Konzeptes „Tier" (Bild a). Durch ISA-Beziehungen können Vererbungshierarchien aufgebaut werden. INSTANCE weist ein konkretes Objekt (eine „Instanz", instantiieren) als Mitglied einer Klasse (Element einer Menge) aus (Bild b).

Instanzen erben alle Eigenschaften eines mit INSTANCE angebundenen Konzeptes.

Prozeduren zum Aufbau einer Wissensbasis, zum Zugriff und zur Konsistenzwahrung sind Bestandteile des Wissensrepräsentationsformalismus. Mo-

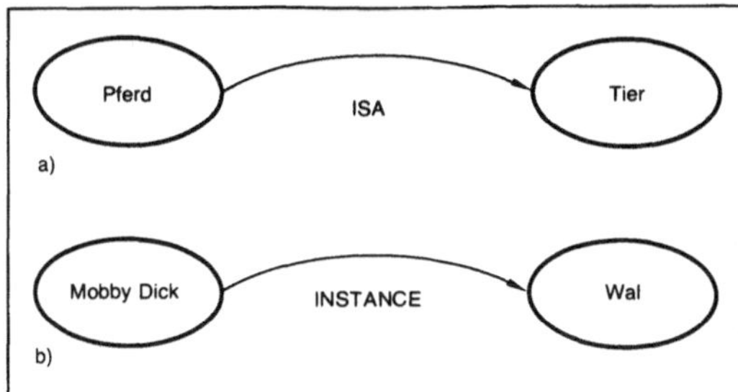

Wissensrepräsentation: Beispiel für
a) ISA-Beziehung
b) INSTANCE.

derne Programmierwerkzeuge zur Entwicklung von KI-Systemen umfassen Werkzeuge zur W. (Expertensystem-Shell). *Neumann*

Wissensrepräsentation, deklarative. Grundform der →Wissensrepräsentation in Systemen der →Künstlichen Intelligenz (KI), bei der Wisseneinheiten explizit und modular repräsentiert werden. Gegensatz zu prozeduraler Wissensrepräsentation, bei der Wissen implizit durch ein Programm (eine Prozedur) repräsentiert wird. Typische Mittel der d. W. sind semantische Netze, Schemata, logische Formeln, Produktionen (Produktionensysteme) und Beschränkungen (Beschränkungssysteme). D. W. bietet auf Grund der guten Lesbarkeit der Wissensbasis Vorteile beim Beherrschen und Verstehen komplexer Systeme. Gegenüber einer prozeduralen Repräsentation können sich allerdings Effizienznachteile ergeben, weil deklaratives Wissen interpretiert werden muß und nicht von sich aus ablauffähig ist. *Neumann*

Wissensrepräsentation, hybride. →Wissensrepräsentation mit gemischten Repräsentationsformalismen. Durch Verwenden mehrerer Repräsentationsformalismen innerhalb einer einzigen Wissensbasis können
- die Vorteile der jeweiligen Formalismen ausgenutzt und
- die Inhalte in der adäquatesten Weise repräsentiert werden.

Komplexe Schemata sind Beispiele hybrider Repräsentation. Sie verbinden die deklarative Repräsentation durch semantische Netze mit der prozeduralen Repräsentation durch Dämonprozeduren. Moderne Programmierwerkzeuge der →Künstlichen Intelligenz bieten häufig hybride Repräsentationsmöglichkeiten durch die gleichzeitige Verwendungsmöglichkeit von Regeln, Schemata, logischen Formeln und Beschränkungen. Das Expertensystemwerkzeug BABYLON ist ein Beispiel dafür. *Neumann*

Wissensrepräsentation, prozedurale. Grundform der →Wissensrepräsentation in Systemen der →Künstlichen Intelligenz (KI), bei der Wissen implizit durch ablauffähige Programmteile (Prozeduren) repräsentiert wird. Gegensatz zu deklarativer Wissensrepräsentation, bei der Wissen explizit und modular in Datenstrukturen repräsentiert wird. P. W. kann verschiedene Vorteile bieten:
- Wissen braucht erst bei Bedarf berechnet zu werden (z. B. mit Hilfe von Dämonprozeduren).
- Wissen kann effektiv und anwendungsbezogen eingesetzt werden. Eine Interpretation (z. B. durch eine Inferenzkomponente) entfällt.

Ein bekanntes System mit vorwiegend prozeduraler Wissensrepräsentation ist *Winograd*'s SHRDLU. Es erlaubt einen natürlichsprachlichen Dialog über Manipulationen in der Blockswelt. Syntax, Semantik und Pragmatik sind als mustergesteuerte Prozeduren in der Programmiersprache PLANNER repräsentiert. *Neumann*

Wissensverarbeitung. Informationsverarbeitung in wissensbasierten Systemen der →Künstlichen Intelligenz (KI). W. in engerem Sinn beschreibt die Aktivität einer Inferenzkomponente, die nützliche Folgerungen aus einer Wissensbasis ableitet. Im weiteren Sinne umfaßt W. alle Prozesse und die ihnen zugrundeliegenden Methoden, die in wissensbasierten Systemen eine Rolle spielen. Dazu gehören insbesondere Wissensakquisition, →Wissensrepräsentation, Deduktionstechniken, →Lernverfahren, KI-Programmierwerkzeuge sowie KI-Rechner (z. B. →LISP-Maschinen).

W. bietet gegenüber herkömmlicher Datenverarbeitung Vorteile bei der Bewältigung komplexer Aufgaben aus dem Bereich der KI. Ein wesentlicher Vorteil liegt in der expliziten und modularen Repräsentation der für eine Aufgabe relevanten Informationen in einer Wissensbasis und der Verwendung standardisierter Inferenztechniken. *Neumann*

Workstation. *Engl.* Bezeichnung für einen höherwertigen →Arbeitsplatzrechner, meist integriert in ein lokales Netz. *Schindler/Bormann*

worst-case-Analyse. Spezielle Art der →Toleranzanalyse. Unterstellt wird, daß in einer Schaltung die Bauelemente jeweils die für die Schaltung ungünstigsten, gerade noch innerhalb der Toleranz liegenden Parameterwerte haben. Untersucht wird, wie weit die Zielfunktion der Schaltung bei den minimalen, bzw. maximalen Bauelementwerten von ihrem Sollwert abweicht.

Da die Bauelementkennwerte oft normalverteilt sind mit positiven und negativen Abweichungen vom Mittelwert, ist es äußerst unwahrscheinlich, daß sich in einem Gerät jeweils die ungünstigsten

Toleranzen addieren. Sie werden sich vielmehr jeweils ausmitteln. Der worst-case-Zustand wird also äußerst selten auftreten. *Schrüfer*

Wurzelortskurve. Die W. ist der Verlauf der Eigenwerte in der komplexen s-Ebene in Abhängigkeit eines freien Systemparameters, der entweder nicht genau bekannt ist oder sich infolge von Einflüssen ändert, oder für gutes dynamisches Verhalten eingestellt werden soll.

Das Wurzelortsverfahren wird für einschleifige Regelkreise dann verwendet, wenn die W. gezeichnet werden kann, ohne die charakteristische Gleichung lösen zu müssen. Dazu müssen die Pole p_j und die Nullstellen z_i der → Kreisübertragungsfunktion bekannt sein. Der freie Parameter ist die → Kreisverstärkung oder ein Faktor V. Dann ist die charakteristische Gleichung des Kreises

$$F_0(s) = V\frac{(s-z_1)\,(s-z_2)\,.\,.\,.\,(s-z_m)}{(s-p_1)\,(s-p_2)\,.\,.\,.\,(s-p_n)} = -1 \quad (1)$$

mit den Lösungen $s_1, \ldots, s_n$.

Aufgrund der bekannten Pole und Nullstellen von $F_0(s)$ lassen sich geometrische Eigenschaften herleiten, mit deren Hilfe man die W. zeichnen kann (in der allg. Fachliteratur zur → Regelungstechnik meist als Konstruktionsregeln eingeführt). Wichtig ist die Aussagekraft der W.

Die als Beispiel gewählte Kreisübertragungsfunktion hat drei Pole: $p_{1,2} = -1{,}5 \pm j\,1{,}5$; $p_3 = 0$; jedoch keine endliche Nullstelle (Bild). Daraus ergibt sich der analytische Ausdruck

$$F_0(s) = \frac{V}{s\,(s^2 + 3s + 4{,}5)}$$

Der geschlossene Kreis hat dann für $0 < V < \infty$ zwei konjugiert komplexe Eigenwerte $s_{1,2} = \sigma_1 \pm j\,\omega_1$ und einen reellen Eigenwert $s_3 < 0$. Die W. besteht daher aus drei Ästen. Für das komplexe Polpaar ist nur der Hyperbelast in der oberen Halbebene gezeichnet, nämlich $\omega_1 = \sqrt{3\sigma_1^2 + 6\sigma_1 + 4{,}5}$, gültig für $\sigma_1 > -1{,}5$. Der Ast mit negativem Imaginärteil liegt symmetrisch zur reellen Achse. Die gestrichelte Linie ist die Asymptote für den positiven Hyperbelast. Der dritte Ast der W. ist die negative reelle Achse.

Im allgemeinen wählt man die konjugiert komplexen Eigenwerte durch Vorgabe eines Mindestdämpfungsgrades $d = \sin\theta_r$ (relative → Stabilitätsreserve; → Polvorgabe). Für $d = 0{,}5$ bzw. $\Theta_r = 30°$ ergibt

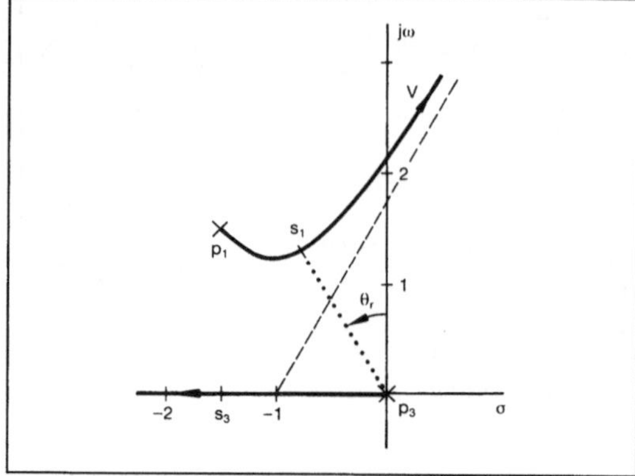

Wurzelortskurve: W. zu einem Beispiel dritter Ordnung.

sich $s_{1,2} = -0{,}75 \pm j\,1{,}3$. Den dritten Pol berechnet man für dieses Beispiel mit $s_3 = -3 - 2\,\sigma_1 = -1{,}5$. Aus Gl.(1) ermittelt man den einzustellenden Faktor, z. B. mit s_3:

$$V_r = |s_3 - p_1|\;|s_3 - p_2|\;|s_3 - p_3| = 3{,}375.$$

Dann hat die zugehörige → Eigenbewegung die Form

$$x(t) = A_r\,e^{-0{,}75t}\cos(1{,}3\,t + \Phi_r) + B_r e^{-1{,}5t}$$

Die drei freien Konstanten A_r, B_r und Φ_r werden durch die Anfangswerte bestimmt.

Der Schnittpunkt der W. mit der Imaginärachse kennzeichnet die Stabilitätsgrenze, denn zu den imaginären Eigenwerten $s_{1,2} = +j\,\omega_k$, $\omega_k = 3/\sqrt{2} = 2{,}12$ gehört eine Dauerschwingung; der dritte Pol ist $s_3 = -3$ und der kritische Faktor $V_k = 13{,}5$. Somit ist die Eigenbewegung an der Stabilitätsgrenze

$$x_k(t) = A_k\cos(2{,}12t + \Phi_k) + B_k e^{-3t}$$

Am häufigsten wird die W. zur Untersuchung der Fahrzeugdynamik (See-, Land- und Luftfahrzeuge) eingesetzt. Für jeden veränderbaren (oder veränderlichen) Parameter läßt man die W. (meist mit sechs und mehr Ästen) vom Digitalrechner zeichnen, um für den betrachteten Parameterbereich die Eigenbewegung schnell abschätzen zu können. *Böttiger*

Literatur: *Böttiger, A.:* Regelungstechnik. München 1988. – *Föllinger, O.:* Regelungstechnik. Heidelberg 1985. – *Schmidt, G.:* Grundlagen der Regelungstechnik. Berlin 1982. – *Unbehauen, H.:* Regelungstechnik I. Braunschweig 1982.

X

X-Einheit. Längeneinheit zur Angabe von Wellenlängen von Röntgen- oder Gammastrahlung. Einheitenzeichen X.E.

1 X.E. = $1{,}00202 \cdot 10^{-13}$ m = 100,202 fm. In der Bundesrepublik Deutschland im geschäftlichen und amtlichen Verkehr nicht mehr zugelassen.

Hammerschmidt

Z

Zähler. Einrichtung oder Gerät zum Summieren von Stückzahlen, Ereignissen, Impulsen und einer Vielzahl anderer Phänomene. Entsprechend den vielfältigen Einsatzzwecken gibt es die verschiedene Arten von mechanischen, elektromechanischen und elektronischen Z.

Für viele Anwendungen genügen einfache mechanische Z. Diese können je Minute bis zu 1 000 Ereignisse oder einige 1 000 Umdrehungen erfassen (Bild 1). Da jede Mechanik einer Abnützung unterworfen ist, hat ein mechanischer Z. nur eine begrenzte →Lebensdauer. Ein typischer Wert dafür ist etwa 50 Millionen Zählungen. Einige Anwendungsbeispiele: Kilometer-Z. im Kfz, Band-Z. im Tonbandgerät, Registrierwerk im Elektrizitäts-Z. (→Arbeitsmessung, elektrische), Zählwerke in Gas- und Wasserverbrauchsmeßgeräten. Soweit erforderlich, können mechanische Z. mit Rückstelleinrichtungen ausgerüstet werden.

Den elektromechanischen Z. wird das Eingangssignal nicht mechanisch, sondern als elektrischer Impuls eingegeben. Die Fortschaltung des Zählwerks erfolgt hier durch einen Elektromagneten. Bis zu 25 Impulse je Sekunde können verarbeitet werden. Einige Beispiele für Impulsgeber: Schalterkontakte, Lichtschranken, Annäherungsschalter. Typischer Anwendungsfall ist der Gesprächs-Z. beim Telephon zur Gebührenerfassung. Elektromechanische Z. „vergessen" ihren Z.-Inhalt bei Netzausfall nicht.

Elektronische Z. müssen dort eingesetzt werden, wo die Höhe der Zählfrequenz dies erfordert oder wo die Lebensdauer der elektromechanischen Z. nicht mehr ausreichen würde (Bild 2). Sie wurden ursprünglich zur Impulszählung von →Geiger-Müller-Zählrohren entwickelt. Elektronische Zählschaltungen basieren auf passend verschalteten binären Schaltgliedern, z. B. Flip-Flops, und werden als integrierte Schaltungen angeboten, die alle notwendigen Komponenten enthalten. Die einzelnen Zähldekaden bestehen nach Bild 3 z. B. aus vier hintereinandergeschalteten JK-Flip-Flops, deren Eingänge J und K jeweils verbunden sind. Mit jeder neuen negativen Impulsflanke T_i ändert jedes Flip-

Zähler 1: Mechanischer Hubzähler mit Klinkenschaltung. (Quelle: J. Hengstler KG)

Flop i seinen Ausgangszustand Q_i, solange J = K = 1. Wenn der Z. zu Beginn auf 0 gesetzt wurde, geben die Ausgänge Q_i jeweils die Anzahl der eingelaufenen Impulse im dualen Zahlensystem an. Diese Zahl läßt sich ins dezimale Zahlensystem überführen, wenn man die Wertigkeiten der Ausgänge berücksichtigt: Q_0: $2^0 = 1$, Q_1: $2^1 = 2$, Q_2: $2^2 = 4$, Q_3: $2^3 = 8$. Nach dem 6. Impuls liegt z. B. an Q_1 und Q_2 „1", an Q_0 und Q_3 „0", so daß der Z.-Stand somit 6 beträgt. Der Z. würde nach dem 16. Impuls die Ausgänge Q_i aller Flip-Flops wieder auf 0 setzen und neu zu zählen beginnen. Da man jedoch Zählergebnisse dekadisch darstellen möchte, sorgt man durch besondere Leitungen dafür, daß der Z. nach 10 Impulsen auf 0 rückgesetzt wird und gleichzeitig ein Übertrag-Signal an die nächste Zähldekade abgibt. Diese Art der Zahlendarstellung bezeichnet man als BCD (binary coded decimal). Durch Hintereinanderschalten von Zähldekaden lassen sich mehrstufige Dezimal-Z. aufbauen. →Anzeige der Zählwerte nach Decodierung durch Ziffernanzeigen, bei denen die einzelnen Ziffern aus Balken oder Punkten zusammengesetzt werden, z. B. Luminiszenzdioden (→LED), →Flüssigkristallanzeigen (LCD).

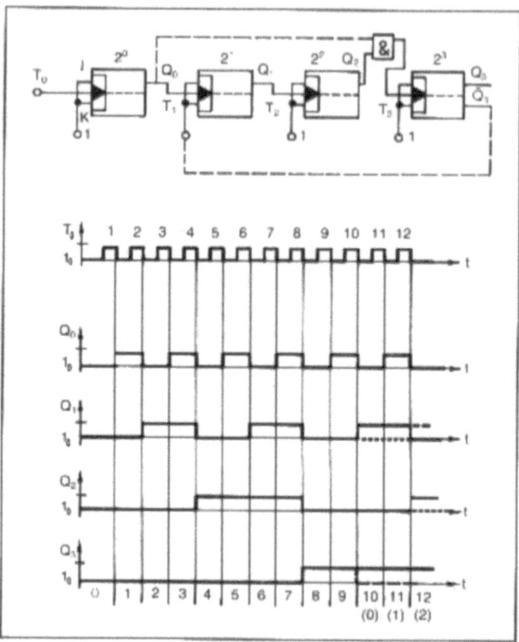

Zähler 3: Prinzipschaltung eines vierstufigen Dualzählers und Ablaufdiagramm (gestrichelte Linie für Rückstellung auf null nach dem 10. Impuls: Zähldekade).

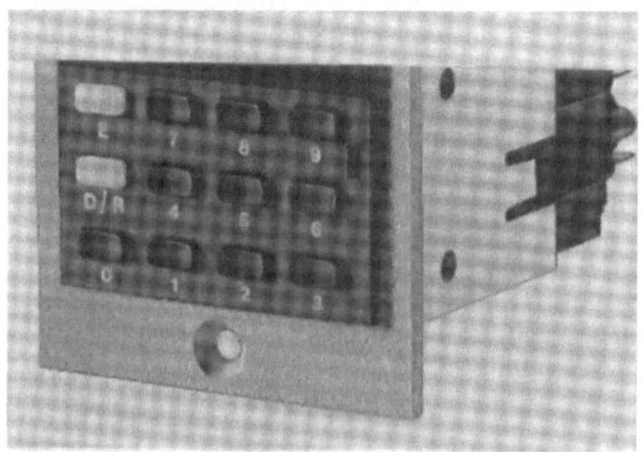

Zähler 2: Elektronischer Tastatur-Vorwahlzähler. (Quelle: J. Hengstler KG)

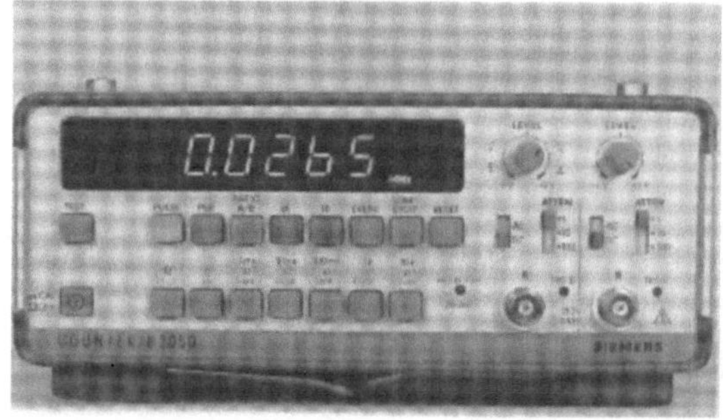

Zähler 4: Elektronischer Universalzähler für Frequenzen bis 50 MHz. (Quelle: Siemens AG)

Wichtiges Anwendungsbeispiel für elektronische Zählschaltungen ist der elektronische Universal-Z., der bei folgenden Meßaufgaben eingesetzt wird: Zählung von Ereignissen, →Zeitmessung, →Frequenzmessung, Frequenzverhältnismessung. Er enthält neben den vorstehend beschriebenen Komponenten zum Zählen und Anzeigen u. a. einen genauen, auf einem →Schwingquarz beruhenden Zeitbasisgenerator, Schmitt-Trigger zur Impulsformung, Torschaltungen zum Verknüpfen von logischen Signalen. Universal-Z. können Frequenzen bis weit über 1 GHz direkt erfassen, mit Zusatzeinrichtungen für Mikrowellenanwendungen auch noch bis 100 GHz (Bild 4).

Es gibt auch elektronische Z., mit denen man vorwärts und rückwärts zählen kann sowie Vorwahl-Z., die bei Erreichen eines voreinzustellenden Z.-Stands ein Signal abgeben (Bild 2).

Hammerschmidt

Zählrohr. Ein Z. ist ein Detektor zum Nachweis ionisierender Strahlen. Er enthält zwei (zylinderförmige) Elektroden, die auf unterschiedlichem elektrischem Potential liegen und ein elektrisches Feld aufbauen. Der Raum zwischen den Elektroden ist mit einem ionisierbaren Gas gefüllt. Gelangt nun ein ionisierendes Teilchen in den Gasraum, so wird das Füllgas ionisiert und die dabei entstandenen Ladungen werden unter der Wirkung des elektrischen Feldes getrennt. Die Elektronen fließen zur der Elektrode mit dem positiven Potential, die positiv geladenen Ionen zu der Elektrode mit dem negativen Potential. Die Ladungen werden an die Elektroden abgegeben, so daß im Außenkreis Stromimpulse meßbar werden. Auf diese Weise können α-Teilchen, β-Teilchen und auch γ-Quanten nachgewiesen werden. Letztere müssen allerdings erst über den →Photoeffekt, den Compton-Effekt oder die Paarbildung ein ionisierendes Elektron freisetzen.

In Abhängigkeit von den Vorgängen im ionisierbaren Gas sind verschiedene Betriebsarten möglich (Bild). Bei niedrigen elektrischen Feldstärken steigt zunächst die an die Elektroden abgeführte Ladung mit der Spannung an (Rekombinationsbereich) solange, bis alle durch das primär ionisierende Teilchen gebildeten Elektronen und Ionen die Elektroden erreicht haben. Dann werden alle primär gebildeten Ladungen abgeführt und der entstehende Strom ist in einem gewissen Bereich unabhängig von der anliegenden Spannung. Dies ist die Betriebsart der Ionisationskammer.

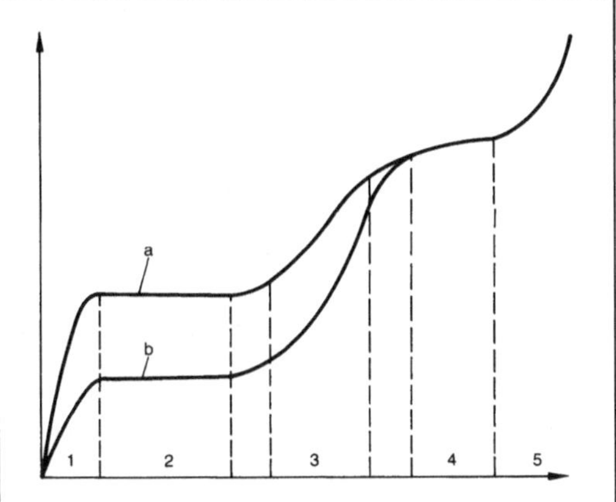

1 Rekombinationsbereich, 2 Sättigungsbereich (Plateau) der Ionisationskammer, 3 Proportionalbereich, 4 Auslösebereich (Geiger-Müller-Bereich), 5 Selbständige Entladung (Glimmbereich)

Zählrohr: Abhängigkeit des Stromes i eines Ionisationsdetektors von der Detektorspannung U.
Kurve a: Teilchen hoher Energie
Kurve b: Teilchen niedriger Energie.

Wird nun die Spannung zwischen den Elektroden weiter erhöht, so steigt die Feldstärke an. Ist eine der Elektroden z. B. als Draht ausgeführt, so ist die Feldstärke in der Nähe dieses Drahtes so hoch, daß die durch das ionisierende Teilchen gebildeten Elektronen zwischen zwei Stößen mit den Gasatomen so viel Energie aufnehmen können, daß sie ihrerseits weitere Gasatome ionisieren können. Die Zahl dieser sekundär gebildeten Ionen ist noch proportional der Zahl der primär erzeugten Elektronen (→Proportionalzählrohr). Infolge dieser Gasverstärkung wird in einem Proportionalzählrohr etwa die 10^4-mal so große Ladung wie in einer Ionisationskammer freigesetzt.

Wird nun immer noch die elektrische Feldstärke zwischen den Elektroden erhöht, so sind nicht nur die geladenen Partikel, sondern auch die bei den Stößen erzeugten Lichtemissionen von Bedeutung. Die freigesetzten Photonen sind nicht mehr an den Ort ihrer Entstehung gebunden, sondern erfüllen den gesamten Zählraum. Über den Photoeffekt können die Photonen Elektronen freisetzen, die ihrerseits wieder ionisieren. So wird eine →Entladung über den gesamten Gasraum ausgelöst. Der dabei erzeugte Ladungsimpuls hängt nicht mehr von der Energie des primär ionisierenden Teilchens, sondern nur noch von konstruktiven Parametern des Zählrohrs ab (→Auslösezählrohr, →Geiger-Müller-Zählrohr).

Durch besondere Maßnahmen ist hier dafür zu sorgen, daß die einmal ausgelöste Entladung wieder zum Erliegen kommt, damit dann das Z. wieder bereit ist für den Nachweis eines neuen Teilchens.

Schrüfer

Zeichenformat. In elektronischen Anzeigen werden Zeichen aus einzelnen, separat ansteuerbaren Bildpunkten erzeugt. Dazu befinden sich im elektrooptischen →Wandler Elektroden, die den Bildpunkt repräsentieren, sowie in der Ansteuerungsschaltung elektronische Schaltelemente.

Im Interesse einer variablen Zeichengestaltung und damit einer guten →Ablesbarkeit, sollten Zeichen deshalb aus möglichst vielen Bildpunkten erzeugt werden. Dem widerspricht die Forderung der Wirtschaftlichkeit. Sie verlangt nach Anzeigen mit möglichst geringem Aufwand und damit nach einer minimalen Anzahl von Bildpunkten.

Als Standard-Formate haben sich weitgehend durchgesetzt:

□ für Ziffern-Anzeigen die Darstellung mit einer 7-Segment-Anzeige

□ für alphanumerische Zeichen eine Punktmatrix mit mindestens 5 × 7 Bildpunkten.

Als komfortable, preiswerte Anzeigen sind ebenfalls Formate gebräuchlich, die die Zeichen aus z. B. 14 Balken darstellen.

So z. B. vereint das Format einer Multisegment-Anzeige (Bild) mit 39 Segmenten neben der gut lesbaren Darstellung der ASCII-Zeichen auch den Vorteil einer preiswerten Ansteuerung in sich. Ein heute gebräuchlicher Ansteuerungsbaustein verfügt über 78 Schaltelemente. Damit lassen sich zwei dieser Zeichen durch ein IC, auch bei Auswahl einer statischen Technik ansteuern.

Eine weitere Darstellungsmöglichkeit besteht in der Kreuzdot-Matrix. Mit ihr lassen sich Proportionalzeichen mit einem Minimum an Ansteuerungstechnik darstellen. Außerdem gestattet dieses For-

Zeichenformat: Beispiel einer Flüssigkristall-Anzeige unter Verwendung einer Multisegment-LCD-Zelle mit 39 Segmenten pro Zeichen.

mat die Darstellung unterschiedliche Schriftformate und Graphiken.

Künftig wird das Format einer Anzeige noch größere Bedeutung bekommen. So werden viele Produkte weltweit vertrieben und müssen deshalb neben der lateinischen Schrift auch kyrillische, arabische oder chinesische Zeichen darstellen können. Hierfür sind mindestens 32 × 32 Bildpunkte pro Zeichen erforderlich. Für die nicht-europäischen Schriften ist ein allgemein einsetzbares Format bisher nicht entwickelt worden.

Die meisten am Markt angebotenen Anzeigen haben ein vorgegebenes Z. in einer der oben beschriebenen Art (meist 7-Segment, oder 5 × 7-Matrix). Für den besonders variablen Gebrauch setzen sich mehr und mehr graphikfähige Anzeigen durch. Bei ihnen ist die Formatwahl weitgehend ein Problem der Software, da die Bildpunkte äquidistant über den Bildschirm verteilt sind. Die Zahl der Punkte einer →Graphikanzeige beträgt heute meist 240 × 64; 240 × 128; 480 × 128; 640 × 200; 640 × 400.

Andere Bildpunktformate müssen meist als kundenspezifische Anzeige entwickelt werden.

Pottharst

Zeitablaufdiagramm →Schaltfolgeplan

Zeitgeber. Z. sind Funktionseinheiten die während des Steuerungsablaufes auf ein Ansteuersignal hin von der Zeit abhängige binäre Signale erzeugen. Die Laufzeit dieser Signale ist im allgemeinen durch Software oder Einstellung in der Hardware parametrierbar. Wird der Z. als Folge eines Startsignales ausgelöst, ist die Bezeichnung Impulsgeber und →Impulsglied oder im Falle eines periodischen Zeitsignales Taktgeber oder →Uhr gebräuchlich.

Z. werden schaltungstechnisch als einstellbare monostabile Kippstufen oder ansteuerbare Synchronlaufwerke bei geringen Anforderungen an die →Genauigkeit und Reproduzierbarkeit der Zeitintervalle oder für höhere Anforderungen als Quarzoszillatoren mit entsprechenden binären Teiler- und Zählerschaltkreisen bzw. speziellen Prozessoren aufgebaut. Bei →speicherprogrammierbaren Steuerungen stehen sie als Funktionsbausteine, die intern als parametrierbare Zählschleifen in der Regel gebunden an den Systemtakt oder an eine Echtzeituhr zur Verfügung.

Je nach Anwendungsfall wie z. B. Verzögerung oder zeitliche Begrenzung eines Stellsignales oder Vorgabe eines Zeitplanes für eine →Ablaufsteuerung, liegen die Parameterbereiche für die Zeiten bei ms bis über Tage hinaus.

Als eine spezielle Form des Z. kann der sog. Zeitplangeber verstanden werden. Er produziert den zeitlichen Verlauf einer →Führungsgröße, die je nach Anwendungsfall analog, digital oder binär sein kann.

Freyberger

Zeitkonstante →Übertragungsglied erster Ordnung; →Verzögerungsglied

Zeitmessung. Messen und Festlegen der absoluten Zeit (→Uhr). Bei der industriellen Z. geht es meist um das Messen von Zeitintervallen und Periodendauern.

Z.- und Frequenzmessungen sind einander sehr ähnlich. Eine Impulsfolge der Frequenz f läuft jeweils während eines Zeitintervalls T in einen →Zähler ein und führt dort zu dem Zählerstand N mit

$$N = fT.$$

Bei der Z. ist die Frequenz bekannt, und der Zählerstand ist ein Maß für die gesuchte Zeit T, während bei der →Frequenzmessung die Meßzeit konstant gehalten und aus dem Zählerstand die Frequenz f ermittelt wird.

Zum Messen eines Zeitintervalls T_x ist ein Taktgeber notwendig, der eine Impulsfolge der bekannten Frequenz f_N liefert (Bild 1). Als Taktgeber und damit als Normal für die Zeitmessung dient ein mit einer sehr konstanten Frequenz schwingender →Oszillator, wie z. B. ein →Schwingquarz. Seine Impulse werden gezählt, solange das als Tor vor dem Zähler liegende UND-Gatter geöffnet ist. Dazu muß über einen Startimpuls das RS-Flipflop gesetzt und der entsprechende Eingang des UND-Gatters mit einer 1 belegt werden. Das Tor schließt, sobald durch einen Stop-Impuls das Flipflop rückgesetzt wird. Bei der bekannten Frequenz f_N ergibt sich die zwischen dem Start- und Stop-Impuls vergangene Zeit T_x als Zählerstand N_x zu

$N_x = f_N T_x$.

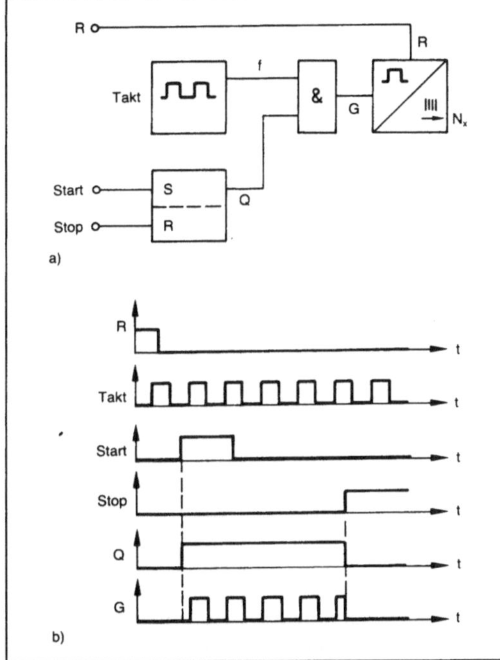

Zeitmessung 1: Zeitintervallmessung.
a) Aufbau
b) Ablaufdiagramm.

Sobald das Ergebnis abgelesen oder zwischengespeichert ist, wird der Zähler wieder zurückgesetzt, und die Anordnung ist bereit für eine neue Messung.

In dem gezeichneten Beispiel hat der Zähler fünf ansteigende Flanken des Taktsignals registriert. Der Startimpuls ist nicht mit dem Taktsignal synchronisiert und hätte auch bei einer anderen Phasenlage, z. B. eine halbe Taktperiode später, kommen können. In diesem Fall wären bei gleichem Zeitintervall zwischen Start- und Stop-Impuls nur vier ansteigende Flanken gezählt worden. Das Ergebnis ist also um ein Ereignis unsicher. Diese Unsicherheit wird als →Quantisierungsfehler bezeichnet. Der Zählerstand ist nach Bild 1 im Grenzfall korrekt, ansonsten um maximal ein Ereignis zu klein. Bei einer anderen Realisierungsform der Zeitmeßschaltung kann er im Grenzfall korrekt, ansonsten um maximal ein Ereignis zu groß sein. der Quantisierungsfehler hat demnach einen systematischen Anteil, der sich in Form seines arithmetischen Mittelwertes von −1/2 bzw. +1/2 äußert. Da die Realisierungsform der Zeitmeßschaltung i. a. nicht bekannt ist, wird der Zählerstand mit $N_x \pm 1$ angegeben.

Der Quantisierungsfehler von ±1 Ziffernschritt wirkt sich um so weniger aus, je größer die Anzahl der gezählten Perioden von f_N ist. Die Normalfrequenz f_N sollte demnach so gewählt werden, daß die Stellenkapazität des Zählers ausgenützt wird.

Beispiel: Für einen vierstelligen Zähler bedeutet die Anzeige 0025 ±1 Ziffernschritt:

Das Ergebnis liegt zwischen 0024 oder 0026, der sich daraus ergebende relative Fehler beträgt ±4 %.

Bei einer um den Faktor 100 größeren Normalfrequenz bedeutet die Anzeige 2500 ±1 Ziffernschritt:

Das Ergebnis liegt zwischen 2499 oder 2501, und der sich daraus ergebende relative Fehler beträgt ±0,04 % ohne Berücksichtigung des Fehlers der Normalfrequenz, der allerdings zu vernachlässigen ist, besonders dann, wenn er durch einen →Thermostaten oder durch →Temperaturkompensation mittels mathematischer Korrektur gering gehalten wird.

Um bei der Messung relativ kleiner Frequenzen (→Frequenzmessung) zu annehmbaren Meßzeiten zu kommen, mißt man gern die Periodendauer des Signals und erhält die Frequenz als Reziprokwert der Periodendauer. Für die →Periodendauermessung ist zunächst das analoge Signal in ein binäres Rechtecksignal umzuformen. Dies geschieht in einem →Komparator (Bild 2). Nach dem – nicht gezeichneten – Rücksetzen der Kippstufen und des Zählers wird von der ersten ansteigenden Flanke des Komparatorsignals das Flipflop T_1 gesetzt, mit

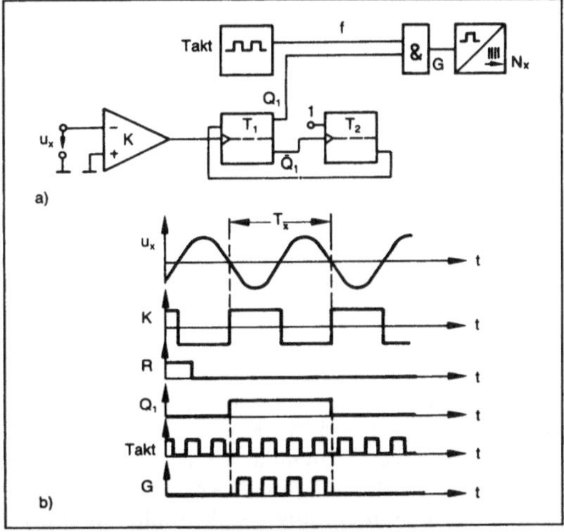

Zeitmessung 2: Periodendauermessung.
a) Aufbau
b) Ablaufdiagramm.

der zweiten Flanke wieder rückgesetzt. Der damit verbundene 0 auf 1-Übergang an Q_1 führt zum Setzen der Kippstufe T_2. Das 1-Signal am T-Eingang von Flipflop T_1 verschwindet, so daß dieses ab diesem Zeitpunkt im rückgesetzten Zustand bleibt. Die Impulse des Taktgenerators gelangen für eine genaue Periode T_x durch das UND-Gatter in den Zähler. Bei bekannter Frequenz f_N ist dann der Zählerstand N_x ein Maß für die Periodendauer T_x:

$$N_x = f_N \, T_x \, .$$

Auch eine Multiperiodendauermessung über mehrere Perioden ist möglich. Wird das Zählerergebnis durch die Anzahl der Perioden dividiert, ergibt sich die mittlere Dauer T_x einer Periode mit einer geringeren Unsicherheit als bei einer Einzelmessung, insbesondere wegen des verkleinerten Quantisierungsfehlers. Diesen Vorteil gewinnt man aus der Verlängerung der eigentlichen Meßzeit, was aber besonders bei tiefen Frequenzen zu nachteilig langen Meßzeiten führt.

Vorstehend beschriebene Messungen werden praktisch durchgeführt mit digitalen Universalzählern (Zähler). Auch in bestimmten →Analog/Digital-Umsetzern wird die analoge Größe in ein Zeitintervall umgesetzt, dessen Länge dann durch einen Zählvorgang bestimmt wird (→Frequenzmessung, →Uhr). *Hammerschmidt*

Literatur: *Schrüfer, E.*: Elektrische Meßtechnik. München 1990.

Zeitplangeber →Zeitgeber

Zeitreihe. Eine Reihe von Daten (Beobachtungen, Meßwerten), aufgenommen über eine längere Zeit, meistens in gleichen Abständen (z. B. der tägliche Kurs einer Aktie oder ein- und aussteigende Passagiere entlang einer Strecke). Z. werden in der Modellrechnung (wie überall anders auch) direkt als Eingabedaten benutzt; in der Statistik und Simulationstechnik aber auch noch indirekt, indem man aus vergleichenden Betrachtungen (Korrelationsrechnungen) über mehrere Z. Beziehungen zwischen verschiedenen Variablen herleitet und Parameter schätzt.

Es bleibt dabei jedoch völlig offen, ob man bei unbekannter Systemstruktur aus sogar sehr großen Übereinstimmungen eine kausale Beziehung herleiten darf – obwohl mit solchen statistischen Argumenten immer wieder öffentliche Überzeugungsarbeit getrieben wird und die kausalen Zusammenhänge zu bestehen scheinen (z. B. Rauchen – Krebstote, Staatsverschuldung – Arbeitsplätze, Geschwindigkeitsbeschränkung – Verkehrsunfälle). Doch gibt es auch – eher aus einem Studentenulk entstandene – Arbeiten, die genau diese Argumentationsweise ad absurdum führen sollen: eine in Schweden durchgeführte Zählung lieferte eine 99%ige Korrelation zwischen dem Geburtenrückgang der Bevölkerung und dem Verschwinden der Störche im Land, eine andere derartige Untersuchung lieferte einen ebenso präzisen Zusammenhang zwischen dem Bierkonsum und der Erzeugung von elektrischer Energie im Ruhrgebiet. *Fuss*

Zeitrelais. Relais, bei dem der Schaltvorgang um ein vorgegebenes Zeitintervall verzögert nach dem Anlegen der Eingangsspannung erfolgt. Die Verzögerungszeit kann fest oder einstellbar sein.

Z. können als statische →Relais, elektromechanische →Relais oder →Hybridrelais ausgeführt sein.

Nach deutschsprachiger Festlegung wird das Z. zu den →Schaltrelais gezählt.

Aufgrund seines relativ komplexen Aufbaues, seiner Abmessungen und seiner Anwendungen ist das Z. eher den Geräten als den Bauteilen zuzurechnen. *Rauterberg*

Zeitzeichensender →Uhr

Zenti.... SI-Vorsatz für →Einheiten im Meßwesen, bezeichnet das 10^{-2}fache der jeweiligen Einheit. Abk. c. *Hammerschmidt*

Zerhacker-Verstärker. Der Z.-V. ist ein spezieller →Modulationsverstärker zur Vervielfachung kleiner Gleichspannungen. Diese Gleichspannung wird durch den Zerhacker (→Modulator) in eine Folge von Rechteckimpulsen umgeformt. Diese werden in einem Wechselspannungsverstärker ohne Nullpunktfehler verstärkt. Anschließend werden die verstärkten Rechteckimpulse phasenselektiv gleichgerichtet (demoduliert) und als verstärkte Gleichspannung ausgegeben.

Im Bild wird als Zerhacker der Umschalter S1 benutzt. Er wird vom Generator G gesteuert und polt abwechselnd die Eingangsspannung u_e um. Er multipliziert also die Eingangsspannung periodisch mit ± 1. Dabei führt, wie bei der Modulation eines sinusförmigen Trägers, ein Wechsel im Vorzeichen der Eingangsspannung zu einem Sprung in der Phase des modulierten Signals. Die verstärkten Rechteckimpulse werden über den gesteuerten Umschalter S2 phasenrichtig gleichgerichtet. Die entsprechend gemittelte Ausgangsspannung ist dann, dem Vorzeichen und der Amplitude nach, proportional der Eingangsspannung.

Dem Stand der Technik entsprechend sind die im Bild gezeichneten mechanischen Kontakte weitgehend durch elektronische Schalter, wie z. B. →Feldeffekttransistoren, ersetzt. Beim Photo-Zerhacker werden lichtempfindliche, periodisch beleuchtete Widerstände als Schaltelemente verwen-

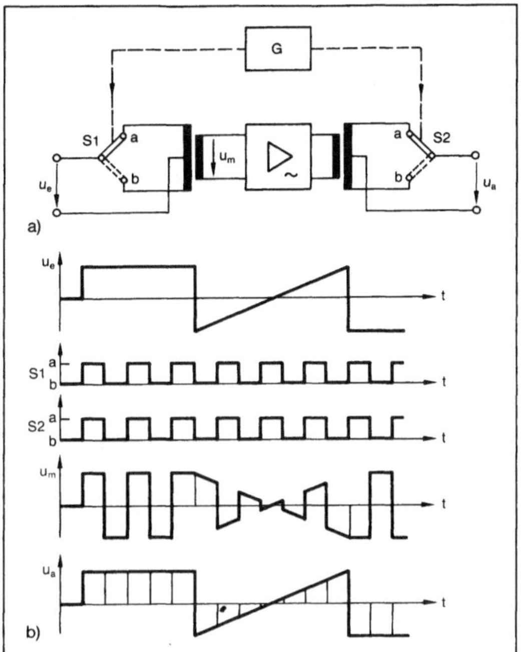

Zerhacker-Verstärker: Modulationsverstärker.
a) Blockschaltbild
b) Signalverlauf.

det. Auch der Hallgenerator ist als Modulator geeignet.

Die verschiedenen Prinzipien haben ihre eigenen Vor- und Nachteile. So entstehen zum Teil unerwünschte Rückwirkungen der Steuerspannung auf den Eingangskreis; teilweise führen die unterschiedlichen Temperaturkoeffizienten der Bauelemente zu Fehlern. So ist der Nullpunkt der Wechselspannungsverstärker zwar stabil, der der Modulatoren jedoch gewissen Driften unterworfen. *Schrüfer*

Ziffernanzeige →Meßgerät

Zirkon-Oxid-Sensor. Sensor, der aus einer beidseitig mit Platin gasdurchlässig beschichteten Platte des Feststoffelektrolyten Zirkondioxid besteht. Er wird vorwiegend als →Gassensor zur Sauerstoffbestimmung in den Abgasen von Verbrennungsmotoren eingesetzt (Lambda-Sensor). *Schaumburg*

Zoll. Längeneinheit in den angelsächsischen Ländern. Einheitenzeichen ″. 1 ″ = 25,4 mm. *Hammerschmidt*

Zufallszahlen. Eine Reihe von Zahlen, der keine erkennbare Regelmäßigkeit innewohnt und die die erforderlichen mathematischen Tests, ihre gleichmäßige Häufigkeitsverteilung betreffend, bestanden hat. Eine der wichtigsten Eigenschaften ist, daß man – wie lang auch immer die bisherige Sequenz von Zahlen ist – die nächste nicht vorhersagen kann. Man gebraucht Z. (Pseudo-Zufallszahlen-Generator) als Eingabe für bestimmte Simulationsprogramme während ihres Austestens, bisweilen auch während des Produktionslaufs, anstelle von realem Input, um dadurch auszuschließen, daß durch die (vielleicht subjektive) Wahl der Eingabedaten das Simulationsergebnis verfälscht oder manipuliert sein könnte.

Z. werden auch zum Erzeugen von Warteschlangen benutzt. *Fuss*

Zufallszahlen-Generator. Ein Computerprogramm, das sog. →Zufallszahlen generiert. Wegen der Determiniertheit von Computerprogrammen muß man eher von Pseudo-Zufallszahlen-Generatoren sprechen. *Fuss*

Zugriffszeitmessung. Begriff betreffend die →Speicherprüfung: Messung der Zeit, zu der Daten/Speicherdaten, bezogen auf den Prüfzyklusbeginn oder auf das Anlegen des Lesesignals am Ausgang der Schaltung zur Verfügung stehen. Die Zugriffszeit bewegt sich in der Regel in einem bestimmten Zeitintervall innerhalb eines →Prüfzyklus'. Bei der Z. werden u. U. bestimmte →Parameter (Versorgungsspannung, Lage und Länge von Steuersignalen) variiert. Das Ergebnis der Z. kann in einem →Shmoo plot dargestellt werden.

Die Z. kann dafür eingesetzt werden, Speicher bei logisch korrektem Verhalten in bestimmte Qualitätsklassen einzuordnen (→Binning). *Winter*

Zuordnungsliste. Als Z., Zuordnungstafel oder -tabelle wird die namentliche Zusammenstellung aller Ein- und Ausgangssignale einer →Steuerung sowie deren funktionelle, physikalische und/oder logische Bedeutung und Kennzeichnung festgelegt. Daneben werden in diese Tafel auch Signale sog. Merker aufgenommen. Sie sind Signale, die innerhalb des Steuerungsablaufes als Zwischenergebnisse von Verknüpfungen, als Koppelgrößen zwischen Teilsteuerungen, als logische Steuergrößen oder als sonstige logische Ein-/Ausgangsgrößen für interne komplexwertige Steuerungsfunktionen, wie z. B. Zeit-, Zähl- oder Arithmetikfunktionen notwendig sind.

Die Z. für →speicherprogrammierbare Steuerungen (SPS) umfaßt demnach neben Angaben über die Belegung der Ein- und Ausgangsschaltungen (physikalische Signaladressen) und sonstiger peripherer Betriebsmittel, die für das Steuerungsprogramm nötigen Festlegungen und Beschreibungen der Variablen und Parameter.

Bild und Tabelle zeigen den relevanten Ausschnitt aus einem →Technologieschema und die zugehörige Zuordnungsliste im prinzipiellen Aufbau. Dieser Aufbau hat allgemein gültigen Charakter. Allerdings ist die vollständige Ausformung von den Spezialitäten der jeweiligen Steuerungshardware und -software sowie vom zu steuernden Prozeß und der vorliegenden Prozeßinstrumentierung (Meß- und Stelleinrichtungen) abhängig.

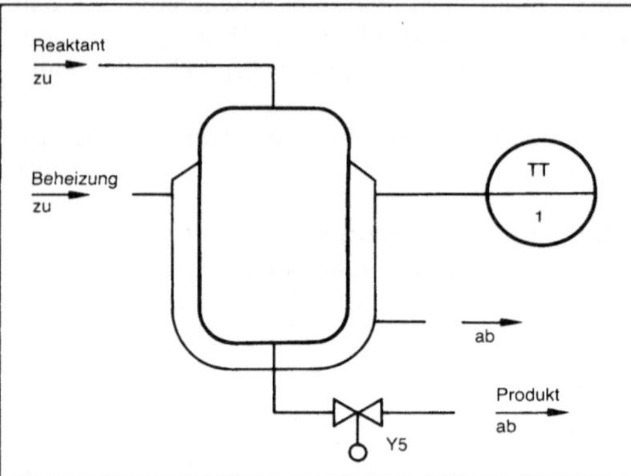

Zuordnungsliste: Technologieschema-Ausschnitt.

Zuordnungsliste. Tabelle: Steuerungs- und prozeßspezifische Beschreibung (Bild).

Variablen-name	Anschluß-platz	Kenn-zeichen	Funktion
.			
.			
E 10	EA 2.6	TT 1	Mantel-temperatur
.			
A 12	AB 1.12	Y5	Ablaßventil: Auf ≙ logisch 1
.			
.			
M 11			Merker: Füllen beendet

Die in der Tabelle vorgenommenen beispielhaften Eintragungen bedeuten:
- Die im Technologieschema als TT 1 eingetragene →Temperaturmessung (Temperatur Transmitter) ist in der Steuerung an die Baugruppe EA für analoge Eingangssignale am Eingang 2.6 angeschlossen. Diesem Eingangsplatz sei die logische Adresse 10 zugeordnet und damit der Variablenname E 10 für dieses Eingangssignal festgelegt. Die Funktionsbeschreibung bietet nähere Erläuterungen zu diesem Temperaturmeßsignal wie physikalische Einheit, Meßbereich, Signalbereich.
- Das im Technologieschema als Y 5 bezeichnete Ventil wird von der binären Ausgabebaugruppe AB 1.12 angesteuert und besitzt den Variablennamen A 12. Das Ventil ist im Grundzustand geöffnet d. h. Steuersignal entspricht logisch 0.
- Der Merker mit dem Variablennamen M 11 besitzt nach Abschluß der Teiloperation Füllen den logischen Zustand 1.

Für die Aufstellung der Z. sind bereits gute Kenntnisse über die Steuerungsabläufe nötig. Sie sollte stets so geführt werden, daß sie korrigier- und erweiterbar und der jeweilige Stand eindeutig erkenntlich ist. *Freyberger*

Zuordnungstabelle →Zuordnungsliste

Zuordnungstafel →Zuordnungsliste

Zustandsebene. Die Z. ist der zweidimensionale →Zustandsraum. Sie bietet die Möglichkeit das dynamische Verhalten eines →Übertragungsgliedes zweiter Ordnung zu illustrieren. Dabei wird die →Zustandsgröße $x_2(t)$ als Ordinate über der Zustandsgröße $x_1(t)$ als Abszisse für gleiche Zeitpunkte t aufgetragen.

Ein Übertragungsglied mit der →Übertragungsfunktion

$$\frac{V(s)}{U(s)} = \frac{K}{(1 + T_1 s)(1 + T_2 s)} \quad (1)$$

kann man sich als Kettenschaltung von zwei →Übertragungsgliedern erster Ordnung denken, nämlich

$$\frac{X_1(s)}{X_2(s)} = \frac{1}{1 + T_1 s} \text{ und } \frac{X_2(s)}{U(s)} = \frac{K}{1 + T_2 s} \quad (2)$$

Hieraus kann man direkt Zustandsdifferentialgleichungen ansetzen

$$\dot{x}_1 = -\frac{1}{T_1}x_1 + \frac{1}{T_1}x_2$$

$$\dot{x}_2 = -\frac{1}{T_2}x_2 + \frac{K}{T_2}u \quad (3)$$

Die Ausgangsgleichung $v = x_1$ ist in diesem Fall ohne Bedeutung. Bild 1 zeigt die →Eigenbewegung zu Gl. (3) für verschiedene Anfangswerte $(u = 0)$. Die Pfeile geben die Laufrichtung für $t \to \infty$ an. Das System ist stabil, weil die Trajektorien in den Ursprung münden.

Die Eigenbewegung des Systems besteht aus zwei zu den beiden Eigenwerten $\lambda_1 = -1/T_1$ und $\lambda_2 = -1/T_2$ gehörenden Exponentialfunktionen. Für bestimmte Anfangswerte wird nur eine der beiden Bewegungen angeregt; die entsprechende Zustandskurve ist eine Gerade (Eigenvektor). Im Bild 1 liegt der Verlauf für $\exp(-t/T_1)$ auf der x_1-Achse und die Zustandskurve für $\exp(-t/T_2)$ ist gestrichelt und mit (λ_2) markiert.

Bild 1 ist nicht die einzig mögliche Zustandsdarstellung. Nach Ausmultiplizieren des Nenners von

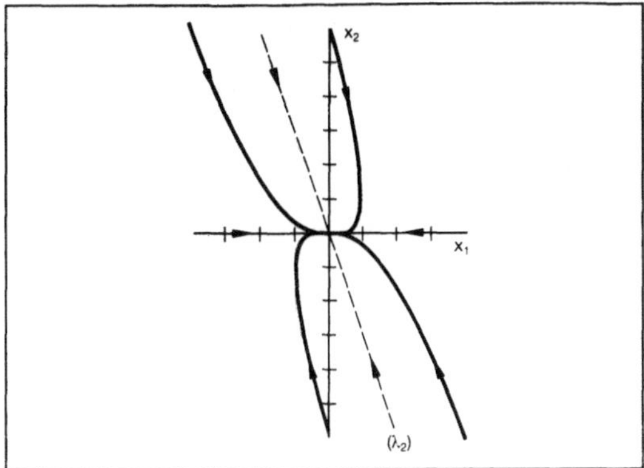

Zustandsebene 1: Zustandskurven zu Gleichung (3).

Gl. (1) kann man eine Differentialgleichung zweiter Ordnung anschreiben

$$v + (T_1 + T_2)\,\dot{v} + T_1T_2\,\ddot{v} = K\,u \qquad (4)$$

Wählt man die Zustandsgrößen $x_1 = v$ und $x_2 = \dot{v}$, erhält man als Zustandsdifferentialgleichungen

$$\dot{x}_1 = x_2$$

$$\dot{x}_2 = -\frac{1}{T_1T_2}x_1 - \left(\frac{1}{T_1} + \frac{1}{T_2}\right)x_2 + \frac{K}{T_1T_2}u \qquad (5)$$

Bei diesem Ansatz, nämlich $\dot{x}_1 = x_2$, wird oft von Phasenvariablen und von der Phasenebene gesprochen. Bild 2 zeigt die zu Bild 1 korrespondierenden Zustandskurven. Mathematisch handelt es sich nur um eine Koordinationstransformation. Die speziellen Lösungen (gestrichelt) sind mit (λ_1) und (λ_2) gekennzeichnet.

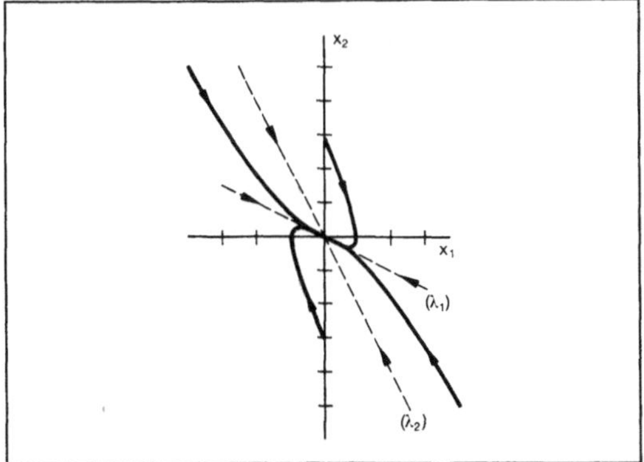

Zustandsebene 2: Zustandskurven zu Gleichung (5).

Die häufigste Anwendung der Darstellung mit Zustandskurven findet man bei Regelkreisen mit einem nichtlinearen →Übertragungsglied. Durch lokale →Linearisierung an besonderen Punkten kann man im Vergleich mit dem linearen System die Dynamik beurteilen. Oder bei Anwesenheit von Schaltern läßt sich die Schaltbedingung gut illustrieren. Als Beispiel hierzu diene eine →Regelstrecke zweiter Ordnung mit einem idealen →Zweipunktregler:

Regelstrecke $\dot{x}_1 = x_2$
$\dot{x}_2 = Ky$

Regler $y = \operatorname{sgn} r = \begin{cases} 1 \text{ für } r > 0 \\ -1 \text{ für } r < 0 \end{cases}$

Zustandsrückführung $r = -x_1 - k_2x_2$

Aus der Schaltbedingung $r = 0$ erhält man die Schaltgerade $x_2 = -x_1/k_2$

Auf dieser Geraden wird umgeschaltet. In Bild 3 werden zwei Fälle gezeigt: Im ersten Fall wird nur x_1 zurückgeführt, $k_2 = 0$, dann ist die x_2-Achse die Schaltgerade. Von jedem beliebigen Anfangswert ergibt sich eine geschlossene Zustandskurve (gepunktete Linie), die eine nichtlineare Dauerschwingung beschreibt (→Grenzzyklus). Im zweiten Fall für $k_2 > 0$ (gestrichelte Schaltgerade) werden die Schaltpunkte vorverlegt. Es entsteht eine abklingende Schwingung. *Böttiger*

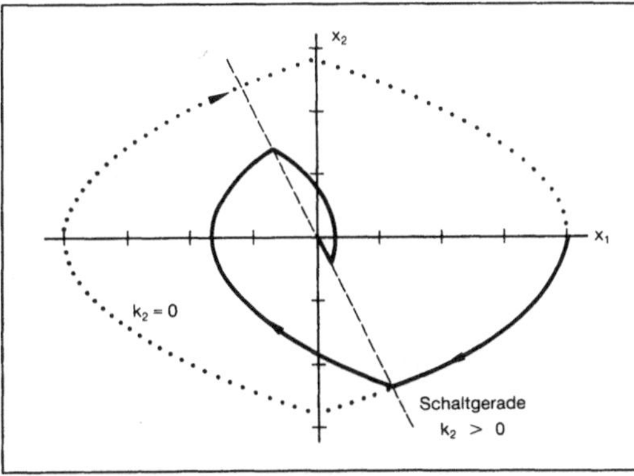

Zustandsebene 3: Zustandskurven für einen nichtlinearen Regelkreis.

Literatur: *Böttiger, A.:* Regelungstechnik. München 1988. – *Föllinger, O.:* Nichtlineare Regelung II. München 1980. – *Unbehauen, H.:* Regelungstechnik II. Braunschweig 1983.

Zustandsgröße. Z. x_j, $j = 1, \ldots, n$, sind diejenigen zeitveränderlichen Größen eines Systems oder Übertragungsgliedes, mit deren Kenntnis zu irgendeinem Zeitpunkt das weitere Verhalten des Systems bei gegebenen Eingangsgrößen eindeutig bestimmbar ist. Die Gesamtheit aller Z. des betrachteten Systems bildet den Zustandsvektor $\underline{x}$. (DIN 19226 Teil 1).

Für ein Übertragungsglied n-ter Ordnung mit der Eingangsgröße u und der Ausgangsgröße v läßt sich statt einer Differentialgleichung n-ter Ordnung ein System von n Differentialgleichungen erster Ordnung ansetzen.

$$\dot{x}_j = f_j\,(x_1, \ldots, x_n, u, t) \qquad j = 1, \ldots, n$$

Dazu gehört die Ausgangs- oder Meßgleichung

$v = g(x_1, \ldots, x_n, u, t)$

Mit dem Zustandsvektor $\underline{x}$ und der Vektorfunktion $\underline{f}\,(\,)$ faßt man alle n Differentialgleichungen zusammen als eine Vektordifferentialgleichung. Gemeinsam mit der Ausgangsgleichung bezeichnet man sie als Zustandsgleichungen

$$\dot{\underline{x}} = \underline{f}(\underline{x}, u, t) \qquad (1)$$
$$v = g(\underline{x}, u, t)$$

Für Mehrgrößensysteme werden die Skalare u, v und g( ) durch Vektoren entsprechender Dimension ersetzt.

Für lineare (bzw. am →Arbeitspunkt linearisierte), zeitinvariante Übertragungsglieder lauten die Zustandsgleichungen

$$\dot{\underline{x}} = \underline{A}\,\underline{x} + \underline{b}\,u$$
$$v = \underline{c}^T\underline{x} + d\,u \qquad (2)$$

und für Mehrgrößensysteme

$$\dot{\underline{x}} = \underline{A}\,\underline{x} + \underline{B}\,\underline{u}$$
$$\underline{v} = \underline{C}\,\underline{x} + \underline{D}\,\underline{u} \qquad (2\,a)$$

Die Elemente der Systemmatrix $\underline{A}$ charakterisieren die →Eigenbewegung des Systems, während die Eingangsmatrix $\underline{B}$ bzw. der -vektor $\underline{b}$ den Einfluß der Eingangsgröße(n) angibt. Die Ausgangsmatrix $\underline{C}$ bzw. der Zeilenvektor $\underline{c}^T$ kombiniert die Z. zum Ausgangsvektor bzw. zur Ausgangsgröße. Ein direkter Einfluß vom Eingang auf den Ausgang, gekennzeichnet durch die Durchgriffsmatrix $\underline{D}$ bzw. den Durchgriff d, kommt äußerst selten vor.

Neben der kontinuierlichen Beschreibung durch Differentialgleichungen wird vor allem für die Bearbeitung mit dem Digitalrechner die zeitdiskrete Darstellung durch Differenzengleichungen verwendet. Die Zeitachse wird in gleiche Abstände unterteilt, während eines solchen Tastintervalls T werden die Signale als konstant angenommen. Es ergeben sich somit Treppenfunktionen (→Abtastregelung). Für einen Tastschritt von t_k bis $t_{k+1} = t_k + T$ mit $u(t) = u_k$ bzw. $\underline{u}(t) = \underline{u}_k$ läßt sich die Vektordifferentialgleichung des Systems (2) oder (2 a) lösen, so daß

$$\underline{x}_{k+1} = \underline{\Phi}(T)\underline{x}_k + \underline{h}(T)\,u_k \qquad \text{bzw.}$$
$$\underline{x}_{k+1} = \underline{\Phi}(T)\underline{x}_k + \underline{H}(T)\,\underline{u}_k$$

An den Ausgangsgleichungen ändert sich nichts. Die Fundamentalmatrix oder Transitionsmatrix $\underline{\Phi}(T)$ hat für fest eingestellte Tastzeit T konstante Elemente, das Gleiche gilt für den Vektor $\underline{h}(T)$ bzw. die Matrix $\underline{H}(T)$.

Das Hauptproblem für die Lösung der Zustandsgleichungen ist die Bestimmung der Matrix $\underline{\Phi}(t)$. Als Lösung der homogenen Matrix-Differentialgleichung $\dot{\underline{\Phi}}(t) = \underline{A}\,\underline{\Phi}(t)$ mit der Einheitsmatrix als Anfangswerte $\underline{\Phi}(0) = \underline{I}$, enthält sie alle Eigenbewegungen. Sie wird auch analog zur Lösung einer skalaren Differentialgleichung als Exponentialfunktion geschrieben

$$\underline{\Phi}(t) = e^{\underline{A}t}$$

Für sie gilt entsprechend die Reihenentwicklung

$$e^{\underline{A}t} = \underline{I} + \underline{A}\,t + \frac{1}{2}\underline{A}^2 t^2 + \frac{1}{3!}\underline{A}^3 t^3 + \ldots$$

Für kleine Zeiten t bzw. Tastschritte t = T kann man die Reihe nach einigen Gliedern abbrechen. Aus der Integration der Differentialgleichung erhält man weiterhin

$$\underline{h}(T) = \underline{A}^{-1}(\underline{\Phi}(T) - \underline{I})\,\underline{b} \qquad \text{bzw.}$$
$$\underline{H}(T) = \underline{A}^{-1}(\underline{\Phi}(T) - \underline{I})\,\underline{B}$$

Der Vorteil der Zustandsdarstellung besteht darin, daß verschiedenartige Systeme und Probleme einheitlich behandelt werden können. Neben technischen können z. B. auch biologische oder ökonomische Systeme so beschrieben werden. Ein eigenes Forschungsgebiet, die →Systemtheorie, arbeitet mit diesem Formalismus, losgelöst von der Frage nach Realisierung. Den Regelungstechniker interessieren in diesem Zusammenhang vor allem die Untersuchung von →Stabilität, →Steuerbarkeit und →Beobachtbarkeit. Diese Eigenschaften bilden die Voraussetzung zur →Zustandsregelung (→Zustandsebene). *Böttiger*

Literatur: *Föllinger, O.* und *D. Franke:* Einführung in die Zustandsbeschreibung dynamischer Systeme. München 1982. – *Unbehauen, H.:* Regelungstechnik II. Braunschweig 1983.

Zustandsidentifikation. Unter Z. ist die Schätzung der Bewegungsgrößen eines dynamischen Systems zu verstehen. Sie ist damit ein Teilgebiet der →Systemidentifikation. Ausreichend genaue Kenntnisse der inneren Systemzusammenhänge müssen vorausgesetzt werden.

Bei den Verfahren zur Z. existieren zwei Entwicklungslinien. Im Fall rein deterministischer Prozesse mit teilweise nicht meßbaren Zustandsgrößen werden →Beobachter eingesetzt, um diese Zustandsgrößen aus den zugänglichen Eingangs- und Ausgangsgrößen zu synthetisieren und somit eine vollständige Zustandsrückführung realisieren zu können.

Für die Z. bei Prozessen mit stochastischen Störungen werden vornehmlich quadratische Gütekriterien (→Regelung, optimale) eingesetzt. Diese Schätzaufgabe stellt ein Spezialgebiet der →Ausgleichsrechnung dar. Mit der von *Gauß* begründeten Methode der kleinsten Quadrate können zufallsbedingte →Meßfehler, die von Messung zu

Messung statistisch unabhängig sind, ausgeglichen werden. Für die →Regelungstechnik ist die rekursive Variante dieser Methode zur Restaurierung von Zustandsgrößen aus den Eingangs- und den stochastisch gestörten Ausgangsgrößen von Bedeutung. Je nach den Vorauskenntnissen über die Art der stochastischen Störungen können die Gewichtsmatrizen des Gütekriteriums modifiziert werden, wie im Laufe der technischen Entwicklung vorgeschlagen wurde. Eine wesentliche Erweiterung für Prozesse, bei denen nicht nur zufallsbedingte Meßfehler auftreten, sondern auch die Eigenbewegungen des Systems durch stochastische Eingangssignale angeregt werden, bietet die Theorie des →*Kalman*-Filters. *Scheithauer/Böttiger*

Zustandsraum. Der Z. wird in seinen Koordinaten durch die Zustandsgrößen aufgespannt. Die Zustandsgrößen $x_1(t), \ldots, x_n(t)$ bilden im n-dimensionalen Z. die Komponenten des Zustandsvektors $\underline{x}(t)$, der zu jedem Zeitpunkt den Systemzustand festlegt. (DIN 19226 Teil 2)

Die Verbindungslinie der Endpunkte des Zustandsvektors $\underline{x}(t)$ zeigt als Trajektorie, Zustands- oder Bahnkurve den Übergang von einem Zustand in den anderen in Abhängigkeit von der Zeit t.

Die graphische Darstellung findet man hauptsächlich für den zweidimensionalen Z., die →Zustandsebene. *Böttiger*

Zustandsregelung. Bei der Z. werden einige oder alle →Zustandsgrößen einer →Regelstrecke zur →Regelung zurückgeführt.

Meistens geht man von einer linearen Reglerstruktur aus: bei einer →Stellgröße $u = y = \underline{r}^T(\underline{w} - \underline{x})$, bei einem →Mehrgrößensystem $\underline{u} = \underline{R}(\underline{w} - \underline{x})$.

Der Zeilenvektor $\underline{r}^T$ bzw. die Matrix $\underline{R}$ enthalten die Reglerparameter. Der Führungsvektor $\underline{w}$ enthält als Komponenten die zu jeder →Regelgröße x_j gehörenden Führungsgrößen w_j, $j = 1, \ldots, n$.

Für ein lineares, zeitinvariantes Mehrgrößensystem mit den Zustandsgleichungen

$$\dot{\underline{x}} = \underline{A}\,\underline{x} + \underline{B}\,\underline{u}$$
$$\underline{y} = \underline{C}\,\underline{x} + \underline{D}\,\underline{u}$$

liefert der Zustandsregler für den Mehrgrößenregelkreis ein entsprechendes Gleichungssystem

$$\dot{\underline{x}} = \underline{A}_0\underline{x} + \underline{B}_0\underline{w}$$
$$\underline{y} = \underline{C}_0\underline{x} + \underline{D}_0\underline{w}$$

mit

$$\underline{A}_0 = \underline{A} - \underline{B}\,\underline{R}; \underline{B}_0 = \underline{B}\,\underline{R}; \underline{C}_0 = \underline{C} - \underline{D}\,\underline{R}; \underline{D}_0 = \underline{D}\,\underline{R}$$

Für die Eingrößenregelung, u = y, oder die zeitdiskrete Darstellung mit Differenzengleichungen ergeben sich entsprechende Zusammenhänge. Die Beschreibungsformen für Regelstrecke und →Regelkreis sind also dieselben.

Einige Entwurfskonzepte, wie →Polvorgabe oder optimale Regelung (→Regelung, optimale; →Riccati-Regler), legen diese Gleichungssysteme zugrunde. Diese Konzepte sind für die zeitkontinuierliche Differentialgleichung genauso anwendbar wie für die zeitdiskrete Differenzengleichung.

Voraussetzung für den Erfolg einer Z. sind die Eigenschaften →Beobachtbarkeit und →Steuerbarkeit der Regelstrecke. *Böttiger*

Literatur: *Hippe, P.* und *Ch. Wurmthaler:* Zustandsregelung. Berlin 1985.

Zuverlässigkeit. Die Z. ist die Fähigkeit einer Betrachtungseinheit, innerhalb der vorgegebenen Grenzen denjenigen durch den Verwendungszweck bedingten Anforderungen zu genügen, die an das Verhalten ihrer Eigenschaften während einer gegebenen Zeitdauer gestellt sind (DIN 40041).

In einem konkreten Anwendungsfall genügt die Betrachtungseinheit den Anforderungen oder sie genügt nicht. Im Sinn von DIN 40 041 ist die Z. also eine binäre Größe.

Häufig wird jedoch in Anlehnung an MIL-STD-721 und der IEC-Publikation 271 der Begriff Z. synonym mit →*Überlebenswahrscheinlichkeit* gebraucht (→Lebensdauerverteilung). Als Z. wird also die Wahrscheinlichkeit, daß die Betrachtungseinheit ihren Anforderungen genügt, verstanden.

Um zuverlässige Geräte und Systeme zu erhalten, sind besondere Anstrengungen in allen Phasen der Produktentwicklung und -fertigung notwendig. Von großer Bedeutung ist dabei der Entwurf. Ist er ungeeignet, so ist es praktisch unmöglich durch nachträgliche Änderungen die gewünschte Z. noch zu erreichen.

Zunächst sind bei der Dimensionierung der Geräte die Größen zu beachten, die die →Ausfallrate der Bauelemente beeinflussen. Auf der Ebene der Geräte und Systeme ist die →Ausfallerkennung in Verbindung mit der Reparatur (→Reparaturrate) eine effektive Maßnahme, um ausfalltolerante Systeme zu erhalten. Bei der Anwendung von →Redundanz und →Diversität (→Ausfall, abhängiger) ergeben sich Systeme, deren Z. größer ist als die der Einzelkomponenten.

Die bei Geräten und Systemen erreichte Z., bzw. die noch vorhandene →Ausfallwahrscheinlichkeit, läßt sich entweder mit Hilfe einer →Ausfalleffektanalyse oder →Fehlerbaumanalyse ermitteln. *Schrüfer*

Literatur: *Birolini, A.:* Qualität und Zuverlässigkeit technischer Systeme. Berlin 1985. – *Dombrowski, E.:* Einführung in die Zuverlässigkeit elektronischer Geräte und Systeme. AEG-Tfk Berlin 1970. – *Görke, W.:* Zuverlässigkeitsprobleme elektrischer Schaltungen. Mannheim 1969. – *Green, A. E.* u. *A. J. Bourne:* Reliability Technology. London 1977. – *Kuhlmann, A.:* Einführung in die Sicherheitswissenschaft. 1981. – MBB: Technische Zuverlässigkeit. Berlin, Heidelberg 1977. – *Meyna, A.:* Einführung in die Sicherheitstheorie. München, Wien 1982. – *Peters, O. H.* u. *A. Meyna:* Handbuch der Sicherheitstechnik. München 1986. – *Preuß, H.:* Zuverlässigkeit elektronischer Einrichtungen. Ost-Berlin 1976. – *Rosemann, H.:* Zuverlässigkeit und Verfügbarkeit technischer Anlagen und Geräte. Berlin, Heidelberg 1981. – *Schaefer, E.:* Zuverlässigkeit, Verfügbarkeit und Sicherheit in der Elektronik. Würzburg 1979. – *Schneeweiss, W.:* Zuverlässigkeits-Systemtheorie, Methoden zur Beurteilung der Zuverlässigkeit technischer Systeme. Köln 1980. – *Schrüfer, E.:* Zuverlässigkeit von Meß- und Automatisierungseinrichtungen. München 1984. – VDI Handbuch Technische Zuverlässigkeit. VDI 4001–4010, Berlin, Köln.

Zuverlässigkeits-Ersatzschaltbild. Darstellung der logischen Verknüpfungen von Ereignissen, die zu einem Zielereignis führen.

Das Z.-E. informiert ähnlich wie ein →Erfolgsbaum oder →Fehlerbaum über die Wege, die zum Erreichen eines Zielereignisses führen. Im Schaltnetz (Bild 1) ist g die Ausgangsvariable (das Zielereignis) und a, b, c sind die Eingangsvariablen (Basisereignisse). Die Ausgangsvariable hängt von den Eingangs- und Zwischenvariablen gemäß den folgenden *Bool'schen* Gleichungen ab:

$$g = (\bar{a}_1 \vee b_1) \wedge (b_2 \vee a_2 \vee c)$$

$$(\bar{a}_1 \vee b_1) = \bar{e}$$

$$(b_2 \vee a_2 \vee c) = \bar{f}$$

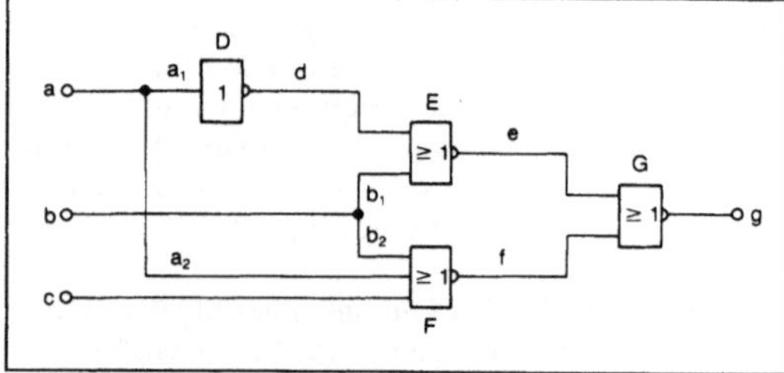

Zuverlässigkeits-Ersatzschaltbild 1: Schaltnetz.

Das Z.-E. stellt die Eingangs- und Zwischenvariablen als Kontakte dar. Ist eine Variable mit einer Ziffer 1 belegt, so ist der Kontakt geschlossen; bei einer mit 0 belegten Variablen ist der Kontakt geöffnet. ODER-verknüpfte Signale liegen parallel, UND-verknüpfte Signale in Reihe. Aus dem Z.-E. sind so die Wege ersichtlich, über die das Ausgangssignal erreicht werden kann. Bild 2 zeigt das Z.-E. für die obenstehende *Bool'sche* Funktion. Danach kann über die folgenden Wege (Variable ist jeweils mit 1 belegt)

$\bar{a}_1$ und b_2, $\bar{a}_1$ und c, b_1 und b_2, b_1 und a_2, b_1 und c

das Ziel erreicht werden (→Mindesttestmenge).

Schrüfer

Zuverlässigkeits-Ersatzschaltbild 2: Z.-E. des Schaltnetzes von Bild 1
a) Erfolgsbaum, $g = (\bar{a}_1 \vee b_1) \wedge (b_2 \vee a_2 \vee c)$
b) Fehlerbaum, $\bar{g} = (a_1 \wedge \bar{b}_1) \vee (\bar{b}_2 \wedge \bar{a}_2 \wedge c)$.

Zweileitertechnik. Anschlußart von Meßumformern mit Stromsignal und lebendem Nullpunkt (→Life-Zero). Die →Hilfsenergie für den →Verstärker des Meßumformers wird aus dem Stromsignal ausgekoppelt (Bild), und eine getrennte Energieversorgung wie bei der →Vierleitertechnik ist nicht erforderlich. Für die Z. sind Signale mit Life-Zero Voraussetzung.

Strohrmann

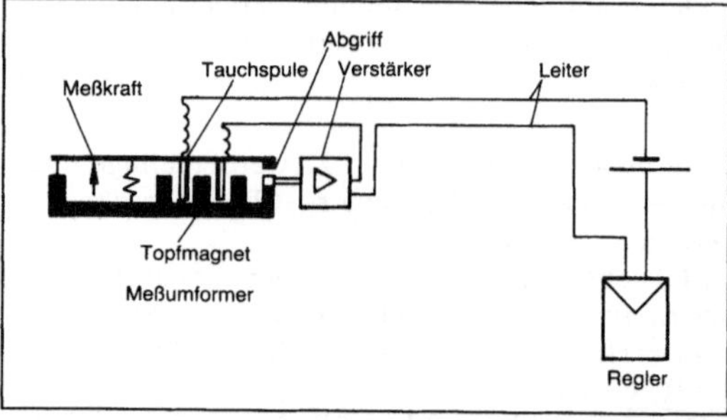

Zweileitertechnik: Vereinfachte Darstellung des Anschlusses eines Meßumformers in Z.

Zweipunktregler. Ein Z. ist ein nichtlineares →Übertragungsglied mit nur zwei Ausgangswerten; er ist ein →Schalter.

Der ideale Z. schaltet an einem bestimmten Wert des Eingangssignals, der →Regeldifferenz e, im allgemeinen bei Vorzeichenumkehr, d. h. für $e = 0$. Man unterscheidet zwei Möglichkeiten für die Schaltung:

□ Ein-Aus-Schalter (*engl.* on-off-controller) (Bild a): Die zwei Werte der Stellgröße y sind $y = 0$ für $e < 0$ und $y = Y_h$ für $e > 0$; oder zusammengefaßt $y = Y_h \sigma(e)$ mit $\sigma(e)$ als Einheitssprung (→Übergangsfunktion. →Sprungantwort) und Y_h als →Stellbereich (→Regler).

□ Symmetrischer Schalter (*engl.* bang-bang-controller) (Bild b): Hier ist $y = Y_h$ für $e > 0$ und

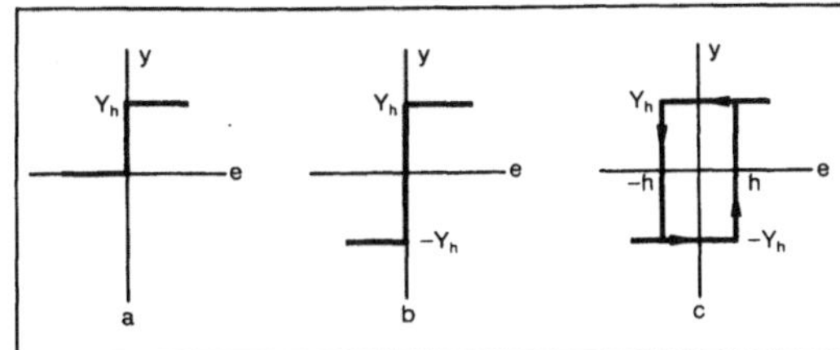

Zweipunktregler: Kennlinien eines idealen Reglers
a) Ein-Aus-Schalter
b) symmetrischer Schalter
c) symmetrischer Zweipunktregler mit Hysterese.

$y = -Y_h$ für $e < 0$ oder $y = Y_h \mathrm{sgn}(e)$. Die Signumfunktion, sgn( ), ist +1 für positives und −1 für negatives Argument.

In der Praxis, vor allem bei höheren Arbeitsfrequenzen tritt eine Schaltdifferenz für den symmetrischen Z. auf, die Kennlinie hat Hysterese (Bild c). Die Kennlinie wird in der angegebenen Pfeilrichtung durchlaufen: bei zunehmender Eingangsgröße, $\dot{e} > 0$ gilt der untere Teil, bei abnehmender Eingangsgröße, $\dot{e} < 0$, gilt der obere Teil der Kennlinie, $y = Y_h \,\mathrm{sgn}(e - h\,\mathrm{sgn}(\dot{e}))$.

Z. werden überwiegend zur Temperaturregelung eingesetzt, z. B. beim Kühlschrank (Kühlung ein – Kühlung aus) oder beim Bügeleisen. Bei aufwendigen Temperaturüberwachungen werden ein Heizungs- und ein Kühlregelkreis gegeneinandergeschaltet bzw. ein →Dreipunktregler verwendet. Schalter werden auch zum Aufbau kommerzieller Regler eingesetzt: der Schalter als robuster Vorwärtsverstärker mit einer →Rückführung beispielsweise zur Erzeugung vom →PI- oder →PID-Übertragungsverhalten. Der Mittelwert der Schaltimpulsfolge am Ausgang ist das Stellsignal (→Regler, elektrischer).

Bei Regelkreisen mit Z. treten häufig – bei solchen mit symmetrischer Kennlinie immer – Dauerschwingungen auf (→Grenzzyklus). *Böttiger*

Zweistrahl-Oszilloskop →Elektronenstrahl-Oszilloskop